BIOCHEMISCHES HANDLEXIKON

HERAUSGEGEBEN VON

EMIL ABDERHALDEN
GEH. MEDIZINALRAT PROFESSOR DR. MED. ET PHIL. H. C.
DIREKTOR DES PHYSIOLOGISCHEN INSTITUTS DER UNIVERSITÄT
HALLE A. S.

XIII. BAND (6. ERGÄNZUNGSBAND)

GUMMISUBSTANZEN · HEMICELLULOSEN · PFLANZENSCHLEIME ·
PEKTINSTOFFE · HUMINSTOFFE · STÄRKE · DEXTRINE · KOHLE-
HYDRATE DER INULINGRUPPE · CELLULOSEN · LIGNOCELLULOSE
UND LIGNIN · GLYKOGEN · EINFACHE KOHLEHYDRATE: MONO-
SACCHARIDE, DISACCHARIDE, TRISACCHARIDE · ABKÖMMLINGE
DER EINFACHEN ZUCKERARTEN · ANHANG: ALKOHOLE · EIN-
UND ZWEIBASISCHE SÄUREN · STICKSTOFFHALTIGE KOHLE-
HYDRATE · CYKLOSEN · GLYKOSIDE

BEARBEITET VON
GEZA ZEMPLÉN-BUDAPEST

BERLIN
VERLAG VON JULIUS SPRINGER
1931

ISBN-13:978-3-642-88974-5   e-ISBN-13:978-3-642-90829-3
DOI: 10.1007/978-3-642-90829-3

Vorwort.

Seit dem Erscheinen des letzten Bandes des vorliegenden Werkes, in dem die Kohlehydrate behandelt waren (Band X), hat die Kohlehydratchemie außerordentlich große Fortschritte gemacht. Es waren vor allen Dingen Studien über die Konfiguration der einfacheren Zucker, die zu ganz neuen Einblicken über den Aufbau der einzelnen Zuckerarten geführt haben. Dazu kamen ganz neue Forschungsmethoden insbesondere zur Feststellung des Aufbaus hochmolekularer Kohlehydrate, verbunden mit neuen Vorstellungen über den Bau hochmolekularer Verbindungen überhaupt. Jeder Fortschritt in der Erkenntnis des Aufbaus von Naturstoffen wirkt befruchtend auf die physiologisch-chemische Forschung. Es ist deshalb nicht verwunderlich, daß die Literatur über biologische Probleme auf dem Gebiete der Kohlehydrate außerordentlich angeschwollen ist. Von ganz besonders tiefem Einfluß auf die Erforschung des Kohlehydratstoffwechsels war die Entdeckung des Insulins. Sie hatte zur Folge, daß jedes einzelne Teilproblem des Kohlehydratstoffwechsels erneut und zum Teil von ganz neuen Gesichtspunkten aus in Angriff genommen wurde.

Möge auch dieser Band seine Aufgabe in vollem Umfang erfüllen, nämlich über den gegenwärtigen Stand der Kohlehydratchemie und -physiologie möglichst vollwertig zu unterrichten. Herrn Prof. Dr. Géza Zemplén sei auch an dieser Stelle dafür gedankt, daß er sein reiches Wissen, unterstützt durch eigene erfolgreiche Forschungen auf dem Gebiet der Kohlehydratchemie, in den Dienst des Werkes gestellt hat.

Halle a. S., den 1. Januar 1931.

Emil Abderhalden.

Inhaltsverzeichnis.

Inhaltsverzeichnis. V

Kohlehydrate (Bd. II, S. 1; Bd. VIII, S. 1; Bd. X, S. 213).

Arbeiten allgemeinen Inhalts.

Von

Géza Zemplén-Budapest.

Nomenklatur: Nach Gabriel Bertrand[1] sollen die Kohlehydrate Glycide heißen, die den Zuckern nahestehenden Alkohole die Endung „ol" erhalten, z. B. Mannitol, Glykol. Für die Diosen usw. werden die Namen Homodiglykoside, Homotriglykoside usw. vorgeschlagen, für die Verbindungen aus einfachem Zucker und einer prosthetischen Gruppe (die bisherigen Glykoside) Heteroglykoside[1].

Relative Vorschläge für die Nomenklatur der Glycide[2]:

Neue Namen	Tatsächliche Namen	Alte Namen
Glycide	Glycide	Kohlehydrate
Osen	Glykosen	Monosaccharide
Oside	Glykoside	—
Holoside	Hologlykoside	Saccharide, Polyosen
Heteroside	Heteroglykoside	Glykoside

Max Bergmann[3] stellt folgende Prinzipien für die Nomenklaturfrage auf: In einem reduzierenden Disaccharid erhält der Zucker, dessen reduzierende Gruppe noch intakt bleibt, die Endung: „ose", der andere wird als ein glykosidischer Substituent im Namen vorn hingestellt und durch eine Ziffer näher charakterisiert, die die Haftstelle dieses Substituenten im Molekül des Stammzuckers bedeutet. Sind zwei Zucker so zusammengefaßt, daß beiderseits die reduzierende Gruppe glykosidisch in Anspruch genommen ist, wie bei der Trehalose, so lautet die rationelle Bezeichnung: Glykosidoglykosid. Die Spannweite der Sauerstoffbrücken wird durch zwei Ziffern in gebrochenen Klammern ausgedrückt, z. B. Methylglykosid-⟨1, 5⟩ usw.

M. Bergmann[4] schlägt für Sauerstoffbrücken, welche 2 Zuckerreste verbinden, folgende Symbolik vor: Sauerstoffbrücken, die aus einem Spaltzucker eines Polysaccharids nach einem anderen Spaltzucker hinüberreichen, werden bei der Strukturbezeichnung des Polysaccharids durch einen zweiseitigen Pfeil: ⟵⟶ angedeutet, der je nach Bedarf über oder unter dem Namen des Polysaccharids angebracht wird. Der Pfeil wird nach beiden Seiten so weit fortgeführt, daß er bis zu den Namen derjenigen beiden Spaltzucker reicht, von welchen die Sauerstoffbrücke ausgeht. Durch je eine vor und hinter den Pfeil gesetzte Ziffer drückt man die Substitutionsstelle der Sauerstoffbrücke in den beiden Spaltzuckern aus. Raffinose wäre demnach:

$$1 \longleftrightarrow 6 \qquad 1 \longleftrightarrow 2$$

Galaktosido⟨1, 5⟩-glykosido⟨1, 5⟩-fructosid⟨2, 5⟩

Für Anhydride, die aus einem Saccharid durch Abspaltung von 1 Mol Wasser unter Beteiligung der Carbonyl- bzw. Lactolgruppe entstehen, ist die Endung „osan" die zweckmäßigste; bei Nichtbeteiligung dieser Gruppen ist die Bezeichnung der Zuckerderivate als Anhydro-

---

[1] Gabriel Bertrand: Bull Soc. Chim. biol. Paris **5**, 96 (1923) — Chem. Zbl. **1924 II**, 51.
[2] Gabriel Bertrand: Bull. Soc. Chim. biol. Paris **9**, 854 (1927) — Chem. Zbl. **1927 II**, 1685.
[3] Max Bergmann: Liebigs Ann. **434**, 84 (1923).
[4] M. Bergmann: Ber. dtsch. chem. Ges. **58**, 2647 (1925) — Chem. Zbl. **1926 I**, 2192.

zucker[1]. — Über die Schreibweise Glykose oder Glucose[2]. — Zusammenfassende Darstellungen[3].

Konstitution: Zusammenfassende Abhandlungen[4].

Vorkommen: Zusammenhang zwischen Konstitution ünd Vorkommen in der Natur[5]. Kohlehydrate des Hausschwammes (Merulius lacrymans)[6], des Plasmodiums von Reticularia lycoperdon[7], im Preßsaft der Leukoplasten[8], im Maispollen[9], in Kartoffeln[10].

Bildung (Bd. X, S. 213): Zusammenfassende Arbeiten[11].

Untersuchungen über die Photosynthese der Kohlehydrate[12]. Die Rolle des Kaliums beim Aufbau der Kohlehydrate[13]. — Polymerisierung von Formaldehyd zu höheren Kohlehydraten durch die Wasserpest[14]. Synthese von Polysacchariden aus einfachen Zuckern durch biologische Einflüsse[15]. Bei jedem Lebewesen bedingt jede Bildung eines Kohlehydrats einen sehr geringen Energieverlust, wenn sie auf Kosten eines anderen Kohlehydrats erfolgt, einen höheren, wenn sie auf Kosten der Fette erfolgt, und einen beträchtlichen, wenn sie auf Kosten der Eiweißstoffe vor sich geht. Die Energieausnutzungskoeffizienten der Kohlehydrate und Eiweißstoffe stehen untereinander ungefähr im Verhältnis 100 : 140[16]. Synthese des Kohlehydrats in Muskeln[17]. — Zur Frage der Kohlehydratbildung aus Fett[18]. — Beim Vermischen von Form-

---

[1] M. Bergmann: Ber. dtsch. chem. Ges. **58**, 2647 (1925) — Chem. Zbl. **1926 I**, 2192.

[2] Ernst Deussen: Z. angew. Chem. **37**, 508 (1924) — Chem. Zbl. **1924 II**, 1077. — C. Oppenheimer, B. Helferich u. K. Freudenberg: Z. angew. Chem. **37**, 831 (1924) — Chem. Zbl. **1924 II**, 2457.

[3] Armando Novelli: Rev. Centro Estudiantes Farmacia Bioquimica **17**, 312 (1928) — Chem. Zbl. **1929 I**, 503. — Karl Josephson: Sv. kem. Tidskr. **41**, 24 (1929) — Chem. Zbl. **1929 I**, 2165. — Hans Pringsheim: Naturwiss. **13**, 1084 (1925) — Chem. Zbl. **1926 I**, 2359 — Naturwiss. **12**, 360 (1924) — Chem. Zbl. **1924 II**, 24 — Z. angew. Chem. **35**, 345 (1922) — Chem. Zbl. **1922 III**, 1038. — P. Karrer: Dtsch. med. Wschr. **49**, 1074 (1923) — Chem. Zbl. **1923 III**, 1150 — Erg. Physiol. **20**, 433 (1923) — Chem. Zbl. **1923 III**, 199. — J. J. Lynst Zwikker: Chem. Weekbl. **21**, 349 (1924) — Chem. Zbl. **1924 II**, 1580.

[4] L. de Hoop: Chem. Weekbl. **19**, 106—107 (1922) — Chem. Zbl. **1922 I**, 1173. — P. Karrer: Helvet. chim. Acta **4**, 811 — Chem. Zbl. **1922 I**, 405 — Helvet. chim. Acta **6**, 402 (1923) — Chem. Zbl. **1923 III**, 1005. — J. C. Irvine: Advancement of Science **1922**, 17 — J. chem. Soc. Lond. **123**, 898 (1923) — Chem. Zbl. **1923 III**, 1603 — Chem. Rev. **1**, 41 (1924); **4**, 203 (1927) — Chem. Zbl. **1924 II**, 622; **1927 II**, 2386. — E. Votoček: Chem. Listy **20**, 314 (1926) — Chem. Zbl. **1926 II**, 1526. — M. Bergmann: Z. angew. Chem. **38**, 1141 (1925) — Chem. Zbl. **1926 I**, 3059 — Liebigs Ann. **452**, 121 (1927) — Chem. Zbl. **1927 I**, 1947. — K. Josephson: Sv. kem. Tidskr. **39**, 36 (1927) — Chem. Zbl. **1927 I**, 2293. — Walter Norman Haworth: Bull. Soc. chim. France (4) **45**, 1 (1929) — Chem. Zbl. **1929 I**, 1920 — Bull. Soc. ind. Mulhouse **94**, 662 (1928) — Chem. Zbl. **1929 I**, 742.

[5] W. N. Haworth: J. Soc. chem. Ind. I **46**, 295 (1927) — Chem. Zbl. **1927 II**, 1245.

[6] C. G. Schwalbe u. A. af Ekenstam: Cellulosechemie **8**, 13 — Beil. zu Papierfabr. **25** (1927) — Chem. Zbl. **1927 II**, 1342. — Lieser: Cellulosechemie **7**, 156 — Chem. Zbl. **1927 I**, 266.

[7] A. Kiesel: Hoppe-Seylers Z. **150**, 149 (1925) — Chem. Zbl. **1926 I**, 1423.

[8] Edgar J. Witzemann: J. physic. Chem. **28**, 305—312 (1924) — Chem. Zbl. **1924 II**, 1209.

[9] Suguru Miyake: J. of Biochem. **3**, 169—176 (1924) — Chem. Zbl. **1925 I**, 677.

[10] F. Schmid: C. r. Soc. Biol. Paris **91**, 287 (1924) — Chem. Zbl. **1924 II**, 1353.

[11] E. C. C. Baly u. J. M. Heilbron: J. Soc. chem. Ind. **40**, 377—379 (1921) — Chem. Zbl. **1922 I**, 417 — Wschr. Brauerei **38**, 265—266, 273—274 (1921) — Chem. Zbl. **1922 I**, 417, 876. — J. Breuilly, Béhal u. Pasteur: Ind. chimique **10**, 2 (1923) — Chem. Zbl. **1923 I**, 1145. — R. W. Thatcher: Ind. Chem. **14**, 1146 (1922) — Chem. Zbl. **1923 I**, 454.

[12] S. Kostytschew: Ber. dtsch. bot. Ges. **39**, 334—338 (1921) — Chem. Zbl. **1922 I**, 759. — M. Jacoby: Biochem. Z. **128**, 119—121 (1922) — Chem. Zbl. **1922 III**, 59. — W. W. Garner, C. W. Bacon, H. A. Allard: J. agricult. Res. **27**, 119 (1924) — Chem. Zbl. **1924 II**, 992. — L. Maquenne: C. r. Acad. Sci. Paris **177**, 853 (1923) — Chem. Zbl. **1924 I**, 1390. — Wo. Ostwald: Kolloid-Z. **33**, 356 (1923) — Chem. Zbl. **1924 I**, 1391. — M. Galurialo: Biochem. Z. **158**, 65 (1925) — Chem. Zbl. **1925 II**, 473. — M. G. Stålfelt: Med d. från statens skogoförsöksanstalt **18**, 221 (1921) — Ref.: Z. Pflanzenernährg u. Düngung B **1**, 552 (1922) — Chem. Zbl. **1923 I**, 460.

[13] A. Jacob: Z. angew. Chem. **41**, 298 — Chem. Zbl. **1928 I**, 2182.

[14] Th. Sabalitschka u. H. Weidling: Biochem. Z. **172**, 45 (1926) — Chem. Zbl. **1926 II**, 1053.

[15] H. Naganishi: Biochemic. J. **20**, 856 (1926) — Chem. Zbl. **1926 II**, 3061.

[16] E. F. Terroine, R. Bonnet, R. Jacquot u. G. Vincent: C. r. Acad. Sci. Paris **178**, 869 — Chem. Zbl. **1924 I**, 1597.

[17] O. Meyerhof, K. Lohmann u. R. Meier: Biochem. Z. **157**, 459—491 (1925) — Klin. Wschr. **4**, 341—343 (1925) — Chem. Zbl. **1925 II**, 317.

[18] Gustav Störring: Pflügers Arch. **221**, 282 (1928) — Chem. Zbl. **1929 I**, 2440. — Ernst Wertheimer: Pflügers Arch. **219**, 190 (1928) — Chem. Zbl. **1928 II**, 368.

aldehyd von 40% und NaOH von 48 Bé entwickelt sich nach einigen Minuten unter starker Abgabe von Gas eine Reaktion unter Kondensation und Aldolisation zu Zuckern, Aldehyden und Formiaten[1].

Darstellung: Entfernung der inkrustierenden Substanzen mit Chlordioxyd[2].

Nachweis und Bestimmung: Über die symbiotische gasige Gärung, ihre Anwendung zur Differenzierung gewisser Mikrobenarten und zum Nachweis gewisser Kohlehydrate[3]. — Über charakteristische Farbenreaktionen der Kohlehydrate mit Carbazol und Schwefelsäure[4]. — Colorimetrische Bestimmung von Kohlehydraten in Pflanzen nach der Pikrinsäuremethode[5].

Physiologische Eigenschaften: Zusammenfassende Abhandlungen über Kohlehydratabbau und Stoffwechsel[6]. — Kohlehydratstoffwechsel bei der anaeroben Atmung der Pflanzen[7]. Veränderungen im Gehalt der verschiedenen Kohlehydrate in Laubblättern[8]. — Tägliche Änderungen der Kohlehydrate in den Mais- und Sorghumblättern[9]. — Die quantitativen Veränderungen der Kohlehydratsubstanzen im Verlauf eines Tags in den Blättern von grünen Pflanzen zeigen folgende Regelmäßigkeiten: Saccharophyle (Polyanthes tuberosa) zeigen eine starke Veränderlichkeit der Tageskurve der löslichen Kohlehydrate und eine unbedeutende Veränderlichkeit der Polysaccharide, bei den typisch amylophylen ist die Lage umgekehrt (Medicago sativa) und bei den amylophylen sind die Unterschiede nicht so ausgeprägt. Im allgemeinen wechselt der Gehalt an Disacchariden prozentual am stärksten, quantitativ kann aber jedes der Kohlehydrate vorwalten. Der Gesamtgehalt fällt gegen Abend (4—6 Uhr), der der Monosaccharide kann sich während der Nacht erheben. Der höchste Kohlehydratgehalt findet sich im Sommer[10]. Untersuchungen über die Atmung der Kartoffeln[11]. Kohlehydratumsatz in keimenden Bohnen[12]. Reichliche Stickstoffzufuhr bei genügender Kohlehydratmenge begünstigt die Entwicklung der Sprosse an Tomatenstechlinge, beschränkte Stickstoffzufuhr bei reichlichem Kohlehydrat das Wurzelwachstum[13]. — Kohlehydratveränderungen während des Reifens von Bananen[14]. — Die Veränderungen einiger Kohlehydratreserven in Mercuriale vivace (Mercurialis perennis L.)[15]. Die Kurven der abs. Kohlehydratmenge der Blätter einer gleichen Anzahl Pflanzen steigen mit Zunahme des Kaliumgehalts des Bodens an bis zu einem Höchstbetrag, um dann wieder zu fallen. Der Höchstbetrag liegt bei verschiedenen Pflanzen nicht an derselben Stelle. Bei Überdüngung bleibt der Kaliumgehalt noch immer höher als ohne Düngung, und der Rückgang der Kohlehydratmenge ist wahrscheinlich infolge anderweitiger Beschädigungen zuzuschreiben[16]. Zur Kenntnis der Kohlehydratproduktion von

---

[1] R. Mestre: Bull. Assoc. Chim. Sucr. Dist. **44**, 315 (1927) — Chem. Zbl. **1927 II**, 1559.

[2] Erich Schmidt u. Erich Graumann: Ber. dtsch. chem. Ges. **54**, 1860—1873 (1921) — Chem. Zbl. **1921 III**, 1473.

[3] Aldo Castellani: Dtsch. Essigind. **32**, 340 (1928) — Chem. Zbl. **1929 I**, 585.

[4] Zacharias Dische: Biochem. Z. **189**, 77 (1927) — Chem. Zbl. **1928 II**, 1761.

[5] Walter Thomas u. R. Adams Dutcher: J. amer. chem. Soc. **46**, 1662 (1924) — Chem. Zbl. **1924 II**, 1250. — Walter Thomas: J. amer. chem. Soc. **46**, 1670 (1924) — Chem. Zbl. **1924 II**, 1251.

[6] Gustav Embden: Klin. Wschr. **1**, 401—403 (1922) — Chem. Zbl. **1922 I**, 886. — R. Kuhn: Naturwiss. **11**, 732 (1923) — Chem. Zbl. **1923 III**, 1416 — Hoppe-Seylers Z. **129**, 57 (1923) — Chem. Zbl. **1923 III**, 1173. — Otto Fürth: Österr. Chem.-Ztg **27**, 1 (1924) — Chem. Zbl. **1924 I**, 1208. — A. Gottschalk: Wien. klin. Wschr. **38**, 373—375 (1925) — Chem. Zbl. **1925 I**, 2386 — Klin. Wschr. **4**, 2454 (1925) — Chem. Zbl. **1926 I**, 1839. — Hugh Mac Lean: Lancet **210**, 1129 (1926) — Chem. Zbl. **1926 II**, 1874. — I. Abelin: Biochem. Z. **175**, 274—292 (1926) — Chem. Zbl. **1927 I**, 131. — Alfred Gottschalk: Erg. Physiol. **25**, 643 (1926) — Chem. Zbl. **1927 II**, 953. — O. Meyerhof: J. gen. Physiol. **8**, 531—542 — Chem. Zbl. **1927 II**, 1366.

[7] J. Stoklasa u. J. Bareš: Ann. Tschechosl. Akad. Landwirtsch. **1926**, 42 — Chem. Zbl. **1926 I**, 3067.

[8] H. Schroeder u. Trude Horn: Biochem. Z. **130**, 169 (1922) — Chem. Zbl. **1922 III**, 1175.

[9] Edwin C. Miller: J. agricult. Res. **27**, 785 (1924) — Chem. Zbl. **1924 II**, 1353.

[10] P. P. Stanescu: C. r. Acad. Sci. Paris **182**, 154 (1926) — Chem. Zbl. **1926 I**, 2010.

[11] E. F. Hopkins: Bot. Gaz. **78**, 311 (1924) — Chem. Zbl. **1925 II**, 1050.

[12] A. Maige: C. r. Acad. Sci. Paris **177**, 895 (1923) — Chem. Zbl. **1924 II**, 1597 — C. r. Soc. Biol. Paris **88**, 530 — Chem. Zbl. **1923 III**, 498 — C. r. Acad. Sci. Paris **180**, 1428 (1925) — Chem. Zbl. **1925 II**, 473.

[13] Mary E. Reid: Bot. Gaz. **77**, 404 (1924) — Chem. Zbl. **1925 I**, 852 — Amer. J. Bot. **13**, 548 (1926) — Chem. Zbl. **1927 II**, 1158.

[14] S. Ranganathau: J. Indian Inst. Sci. A **11**, 80 (1928) — Chem. Zbl. **1928 II**, 2478.

[15] P. Gillot: C. r. Acad. Sci. Paris **176**, 1657 (1923) — Chem. Zbl. **1923 IV**, 758 — J. Pharmacie (7) **26**, 250 (1923) — Chem. Zbl. **1923 II**, 547.

[16] Th. Sabalitschka: Z. angew. Chem. **37**, 690—693 — Chem. Zbl. **1924 II**, 1931.

Sonnen- und Schattenblättern[1]. Während des Absterbens der Blätter wandert nur ein Fünftel der ursprünglich in den Blättern vorhandenen Kohlehydrate in die Zweige zurück[2]. Über die Aufspeicherung von Kohlehydraten im Endosperm von türkischem Weizen[3]. Versuche an verschiedenen Samen zeigten, daß beim Übergang von Eiweißstoffen in Kohlehydrate ein Verlust von 35% der umgewandelten Energie eintritt, beim Übergange von Fette ein solcher von 23%. Der letzte Wert stimmt nahe mit dem von Zuntz bei der Bildung von Zucker aus Fetten berechneten (24%) überein[4]. Bei der Keimung von Samen geht die Umwandlung von Fetten in Kohlehydrate mit einem Energieverlust von 23%, die Umwandlung von Eiweißstoffen in Kohlehydrate mit einem Verlust von 35% vor sich. Es scheint sich dabei um ein allgemeines biologisches Gesetz zu handeln, daß auch für tierische Organismen gilt und im Einklang mit den Formeln von Zuntz, Chauveau und Coulanié zu bringen ist[5]. Etiolierte Pflanzenkeimlinge aus Samen mit hohem Gehalt an Reservekohlehydraten (Gerstensamen) zeichnen sich durch eine sehr energische Assimilation des Ammoniak-N aus, der in Amid-N (Asparagin) umgewandelt wird. Die etiolierten Keimlinge der an Reservekohlehydraten armen Samen der Lupine (Lupinus angustifolius) nehmen bei der Ernährung mit Glykose unter sterilen Bedingungen bedeutende NH_3-Mengen auf. Die etiolierten Keimlinge höherer Pflanzen verhalten sich gegen Ernährung mit NH_3-Salzen verschieden. Diese Verschiedenheit steht im kausalen Zusammenhang mit dem verschiedenen Gehalt an im Samen aufgespeicherten Kohlehydraten. Dieses Verhalten kann mit künstlicher Kohlehydratzufuhr in beliebigem Sinne geändert werden[6]. Über die Rolle der Phosphorylierung im intermediären Kohlehydratstoffwechsel der Pflanze[7]. — Über die Bedeutung der Säure und des Alkalis der Verdauungssäfte für den Abbau von Polysacchariden[8]. — Über eine Teilreaktion des enzymatischen Kohlehydratabbaues[9]. Säure und Alkali in ihrer Wirkung auf den Kohlehydratstoffwechsel der Hefezelle[10]. — Über allgemeine Wachstumshemmung durch experimentelle Beeinflussung des Kohlehydratabbaues[11]. — Kohlehydratstoffwechsel der Wale[12], des Hühnerembryos[13]. Zeitlicher Ablauf der Stickstoffausscheidung bei Verfütterung von Kohlehydraten zu Eiweiß[14]. — Einfluß des Kohlehydratstoffwechsels auf die Synthese der Hippursäure[15]. Einfluß der Eiweiß-Fettdiät auf den Kohlehydratstoffwechsel[16]. Einfluß von kohlehydratarmer Kost und von Adrenalininjektion auf die Zuckerausscheidungsschwelle[17]. Einfluß der Unterernährung mit Kohlehydraten und Eiweiß auf die Harnausscheidung des Kreatins und Kreatinins[18]. Einfluß von Fett und Kohlehydrat auf die Stickstoffverteilung im Urin[19]. Mechanismus der Fettbildung aus Kohle-

---

[1] M. G. Stålfelt: Mitt. a. d. forstl. Vers.-Amt Schwedens 18, 276 (1921) — Ref.: Z. Pflanzenernährg u. Düngung A 1, 402 (1923) — Chem. Zbl. 1923 I, 854.

[2] R. Combes u. D. Kohler: C. r. Acad. Sci. Paris 175, 590 (1922) — Chem. Zbl. 1923 III, 681 — C. r. Acad. Sci. Paris 175, 406 (1922) — Chem. Zbl. 1922 III, 1355.

[3] Lois Lampe u. Marion T. Meyers: Science (N. Y.) 61, 290—291 (1925) — Chem. Zbl. 1925 I, 2382.

[4] Emile F. Terroine, S. Trautmann u. R. Bonnet: C. r. Acad. Sci. Paris 180, 1181—1183 (1925) — Chem. Zbl. 1925 II, 194.

[5] Emile F. Terroine, Simone Trautmann u. R. Bonnet: Ann. de Physiol. 2, 172—191 (1926) — Ber. Physiol. 38, 216—217 (1927) — Chem. Zbl. 1927 I, 1700.

[6] A. J. Smirnow: Biochem. Z. 137, 1 (1923) — Chem. Zbl. 1923 III, 864.

[7] H. K. Barrenscheen u. Walter Albers: Biochem. Z. 197, 261 (1928) — Chem. Zbl. 1928 II, 1340.

[8] Emil Abderhalden: Pflügers Arch. 201, 1 (1923) — Chem. Zbl. 1924 I, 793.

[9] Ragnar Nilsson: Ark. Kemi, Min. och Geol. B 10, 1 (1928) — Chem. Zbl. 1928 II, 156.

[10] H. Elias u. St. Weiß: Biochem. Z. 127, 1—12 (1922) — Chem. Zbl. 1922 I, 886.

[11] Herbert Hentschel: Klin. Wschr. 7, 1086 (1928) — Chem. Zbl. 1928 II, 464.

[12] Teijiro Yazawa u. Takeo Sasaki: Jap. J. med. Sci., Trans. Biochem. 1, 159 (1927) — Chem. Zbl. 1928 I, 1200.

[13] Joseph Needham: C. r. Soc. Biol. Paris 97, 61—63 (1927) — Chem. Zbl. 1927 II, 1167.

[14] H. Firgan, K. Hartmann u. E. Voit: Z. Biol. 85, 557 (1927) — Chem. Zbl. 1927 II, 452.

[15] E. Widmark u. K. Jensen-Carlen: C. r. Soc. Biol. Paris 90, 1185 (1924) — Chem. Zbl. 1924 II, 493.

[16] Naomi Kageura: J. of Biochem. 1, 333 (1922) — Chem. Zbl. 1924 I, 795.

[17] Mototaro Nakayama: J. of Biochem. 4, 139—161 (1924) — Chem. Zbl. 1925 I, 2576.

[18] A. Palladin: Bull. Acad. St. Pétersbourg 6, 1129—1137 (1916) — Chem. Zbl. 1925 I, 2573.

[19] Edward Provan Cathcart: Biochemic. J. 16, 747 (1922) — Chem. Zbl. 1923 I, 990.

hydrat[1]. Vergleichende Fütterungsversuche mit Fleisch von normal und von ausschließlich mit geschliffenem Reis ernährten Tauben[2]. Die Reiserkrankung wird nur durch Kohlehydratfütterung hervorgerufen[3]. — Nach Versuchen an phlorrhizinvergifteten Hunden vermag die parenterale Proteinkörperzufuhr den Kohlehydratstoffwechsel der Tiere meist im Sinne einer besseren Verwendung der Kohlehydrate zu beeinflussen, jedoch mit individuell wechselnder Intensität[4]. Versuche mit reinen Nahrungsstoffen mit Überwiegen der Kohlehydrate bzw. eines Fettsäuren-Glyceringemisches[5]. Stoffwechsel bei reiner Kohlehydrat- und reiner Fleischkost[6]. Wachstum bei Kostformen reich an Kohlehydraten und reich an Fett[7]. — Ernährung und Wachstum bei Kostformen, in denen präformierte Kohlehydrate sehr mangelhaft vertreten sind oder ganz fehlen[8]. — Einfluß von Fett und Kohlehydratkost auf den Harnsäurespiegel im Blut[9]. — Respiratorischer Stoffwechsel des kohlehydratarmen Tieres[10]. Die spezifisch-dynamische Wirkung der Kohlehydrate[11] und ihre Abhängigkeit von der Steuerung des intermediären Wasserhaushaltes[12]. Graphische Darstellung des respiratorischen Quotienten und der Calorienzahlen, die durch Kohlehydrat geliefert werden[13]. Auf der von Lusk[14] gegebenen Formel wurden Dreiecksdiagramme gegeben, aus denen schnell der prozentige Anteil der von Eiweiß, Fett und Kohlehydraten gelieferten Calorien bei bekanntem respiratorischen Quotienten errechnet werden kann[15]. — Die Proteine und Kohlehydrate im Licht der modernen Ernährungslehre[16]. Beeinflussung des Kohlehydratstoffwechsels durch Fettzufuhr[17]. Einfluß von Kohlehydratzufuhr auf den respiratorischen Gaswechsel bei Krebskranken[18]. — Kohlehydratstoffwechsel verpflanzter Tumoren[19]. Über den Kohlehydratumsatz der Geschwülste und ihrer normalen Vergleichsgewebe sowie seine Beziehungen zum Milchsäurehaushalt des Körpers[20]. Über die Rolle der Biokatalysatoren beim Kohlehydratumsatz in Carcinomen[21]. — Kohlehydratstoffwechsel bei gewissen pathologischen Neubildungen[22]. — Über den Kohlehydrat-Phosphatstoffwechsel[23]. Wirkung des Phosphorsäureions auf den Kohlehydratstoffwechsel[24]. — Über die Wirkung des Schwefels auf den Kohlehydratstoffwechsel[25]. — Wirkung

---

[1] H. Haehn u. W. Kinttof: Chemie d. Zelle u. Gewebe **12**, 115—156 (1925) — Chem. Zbl. **1925 II**, 1178 — Wochenschr. Brauerei **42**, 213 (1925) — Chem. Zbl. **1926 II**, 49. — Laurence G. Wesson: J. of biol. Chem. **73**, 507—522 (1927) — Chem. Zbl. **1927 II**, 1864.

[2] Emil Abderhalden: Pflügers Arch. **197**, 89 (1922) — Chem. Zbl. **1923 I**, 857.

[3] Tomosaburo Ogata, Shintaro Kawakita, Harumichi Oka u. Shigeru Kagoshima: Mitt. med. Fak. Tokyo **27**, 467 (1921) — Chem. Zbl. **1929 I**, 1476.

[4] Anton Fischer u. Heinrich Weiß: Biochem. Z. **159**, 141—145 (1925) — Chem. Zbl. **1925 II**, 945.

[5] Emil Abderhalden: Pflügers Arch. **197**, 105 (1922) — Chem. Zbl. **1923 I**, 857.

[6] Franz Schroeter: Beitr. Physiol. **2**, 263—266 (1924) — Chem. Zbl. **1925 I**, 1100.

[7] A. H. Smith u. E. Carey: J. of biol. Chem. **58**, 425 (1923) — Chem. Zbl. **1924 II**, 695.

[8] T. B. Osborne, L. B. Mendel u. H. C. Cannon: J. of biol. Chem. **59**, 13 — Chem. Zbl. **1924 II**, 1599.

[9] Victor John Harding, Kathleen Drew Allin u. Blythe Alfred Eagles: J. of biol. Chem. **74**, 631 (1927) — Chem. Zbl. **1928 II**, 167.

[10] Leon Asher u. T. Okumura: Biochem. Z. **176**, 291—324 (1926) — Chem. Zbl. **1927 I**, 131.

[11] J. Abelin u. B. Kobori: Biochem. Z. **186**, 3 (1927) — Chem. Zbl. **1928 I**, 1058.

[12] Hanns Pollitzer u. Ernst Stolz: Wien. Arch. f. klin. Med. **11**, 319 (1925) — Chem. Zbl. **1926 II**, 1061.

[13] Eugen F. Du Bois: Proc. Soc. exper. Biol. a. Med. **21**, 62—63 (1923) — Ber. Physiol. **29**, 587 (1925) — Chem. Zbl. **1925 II**, 208 — J. of biol. Chem. **59**, 43 (1924) — Chem. Zbl. **1924 II**, 494.

[14] Graham Lusk: J. of biol. Chem. **59**, 41 (1924) — Chem. Zbl. **1924 II**, 494.

[15] Eugene F. du Bois: J. of biol. Chem. **59**, 43 (1924) — Chem. Zbl. **1924 II**, 494.

[16] W. Ekhard: Z. Spiritusind. **51**, 159 (1928) — Chem. Zbl. **1928 II**, 367.

[17] Tokuryna Takao: Biochem. Z. **172**, 272 (1926) — Chem. Zbl. **1926 II**, 2081.

[18] J. Geldrich u. M. Heksch: Z. klin. Med. **104**, 620—635 (1926) — Chem. Zbl. **1927 I**, 1187.

[19] Kenji Tadenuma, S. Hotta u. J. Homma: Biochem. Z. **1923 III**, 1047.

[20] C. Fahrig: Z. Krebsforschg **25**, 146 (1927) — Chem. Zbl. **1928 II**, 1357.

[21] Hans v. Euler u. Hugo Johansson: Sv. kem. Tidskr. **40**, 209 (1928) — Chem. Zbl. **1928 II**, 1905.

[22] Herbert Grace Grabtree: Biochemic. J. **22**, 1289 (1928) — Chem. Zbl. **1929 I**, 1122.

[23] J. Abelin: Klin. Wschr. **4**, 1732 — Chem. Zbl. **1925 II**, 2174.

[24] H. Elias u. A. Löw: Biochem. Z. **138**, 279 (1923) — Chem. Zbl. **1923 III**, 954. — H. Elias, C. Popescu-Inotesti u. C. St. Radoslav: Biochem. Z. **138**, 284, 294, 299 (1923) — Chem. Zbl. **1923 III**, 954.

[25] Eugen Földes: Z. exper. Med. **60**, 571 (1928) — Chem. Zbl. **1928 II**, 464. — D. Campanacci: Giorn. Clin. med. **8**, Separata (1927) — Chem. Zbl. **1928 II**, 1585.

von Selen, Tellur und Kobalt auf den Kohlehydratstoffwechsel der Kaninchen [1]. — Über den Einfluß des Opiums auf den Kohlehydratstoffwechsel [2]. Einfluß des Adrenalins auf den Kohlehydratstoffwechsel hungernder Ratten [3]. — Über die Beziehung zwischen Außentemperatur und Schilddrüse oder Insulin auf den Kohlehydratstoffwechsel der Ratten [4]. — Beziehungen der Hypophyse zum Kohlehydratstoffwechsel [5]. — Kohlehydratstoffwechsel der weißen Maus mit und ohne Insulin [6]. — Regulation des Kohlehydratstoffwechsels, Ausscheidung des Insulins durch die Nieren und ihre Bedingungen [7]. — Veränderungen im Kohlehydratstoffwechsel unter Bestrahlung [8]. — Neubildung von Kohlehydrat im Tierkörper [9]. Zusammenhang von Kreatin und Kohlehydratstoffwechsel [10]. Aufbau und Abbau der Kohlehydrate im Organismus [11]. Bei Mangel an Kohlehydraten kann Brenztraubensäure dieselben nicht ersetzen [12]. Kohlehydratstoffwechsel des Warmblutermuskels nach einseitiger Fetternährung [13]. Oxydation von Fetten, stickstoffhaltigen Substanzen und ihren Gemischen mit Kohlehydraten durch Licht und der Stoffwechsel bei normaler Gesundheit und bei Diabetes [14]. — Wirkung von Bicarbonatpuffern und von Kohlehydraten auf die motorischen Funktionen des isolierten Dünndarms von Kaninchen [15]. Muskeltätigkeit und Kohlehydratstoffwechsel [16]. — Versuch, das Kohlehydrat-Stoffwechselgleichgewicht zu beobachten bei schnellen Änderungen im Blutzucker und Leberglykogen [17]. — Der Kohlehydratstoffwechsel bei der Entwicklung des Amphibienembryos [18]. — Über den Kohlehydratbestand von Skeletmuskeln normaler Kaninchen [19]. Umwandlung der Kohlehydrate und Milchsäure ineinander in der Muskel [20]. — Intermediärer Kohlehydratumsatz in der Leber [21]. Injektion von Vorder- oder Hinterlappenextrakten (Pituglandol, Hypophysin, Pituitrin, Vorderlappenextrakt Sanabo) hat bei normalgefütterten Kaninchen keinen merklichen Einfluß auf den Gesamtkohlehydratgehalt der Leber. Die Wirkung der Schilddrüsenpräparate wird durch gleichzeitige Injektion von Hypophysenextrakten nicht beeinflußt [22]. —

---

[1] F. Pellegrino u. G. Caizzone: Arch. Farmacol. sper. **45**, 75 (1928) — Chem. Zbl. **1928 II**, 2165.

[2] Arata Noma u. Shoichi Sasai: Okayama-Igakkai-Zasshi (jap.) **39**, 1605 (1927) — Chem. Zbl. **1929 I**, 409.

[3] Carl F. Cori u. Gerty T. Cori: J. of·biol. Chem. **79**, 309, 321, 343 (1928) — Chem. Zbl. **1929 I**, 767.

[4] S. Miyamura: Fol. endocrin. jap. **4**, 94 (1928) — Chem. Zbl. **1929 II**, 588.

[5] A. K. Pickat: J. méd.-biol. **4**, 40 (1927) — Chem. Zbl. **1929 I**, 917.

[6] E. J. Lesser u. R. Ammon: Biochem. Z. **202**, 294 (1928) — Chem. Zbl. **1929 I**, 1020.

[7] Alexander Partos: Pflügers Arch. **221**, 562 (1929) — Chem. Zbl. **1929 I**, 2437.

[8] Ludwig Pincussen u. Dorothee Jacoby: Biochem. Z. **195**, 449 (1928) — Chem. Zbl. **1928 II**, 910 — Klin. Wschr. **1**, 274 — Chem. Zbl. **1922 I**, 834 — Z. exper. Med. **26**, 127—147 (1922) — Chem. Zbl. **1922 I**, 1082.

[9] H. Chr. Gellmuyden: Erg. Physiol. I **21**, 274 (1923) — Chem. Zbl. **1923 III**, 1046 — Erg. Physiol. **22**, 1—248 — Ber. Physiol. **26**, 61—63 — Chem. Zbl. **1924 II**, 1822.

[10] A. Palladin: Biochem. Z. **161**, 139 — Chem. Zbl. **1925 II**, 2001.

[11] Alfred Gigon u. Wilhelm Brauch: Helvet. chim. Acta 8, 97—106 (1925) — Chem. Zbl. **1925 I**, 2236.

[12] E. Aubel: C. r. Soc. Biol. Paris **88**, 667 (1923) — Chem. Zbl. **1923 III**, 1043 — C. r. Acad. Sci. Paris **176**, 332 (1923) — Chem. Zbl. **1923 III**, 318.

[13] O. Meyerhof u. H. E. Himwich: Pflügers Arch. **205**, 415—437 (1924) — Chem. Zbl. **1925 I**, 111.

[14] C. C. Palit u. N. R. Dhar: J. physic. Chem. **32**, 1663 (1928) — Chem. Zbl. **1929 I**, 1700.

[15] Torald Sollmann, W. F. von Oettingen u. Y. Ishikawa: Amer. J. Physiol. **86**, 661 (1928) — Chem. Zbl. **1929 I**, 410.

[16] A. V. Hill: Science (N. Y.) **60**, 505—514 (1924) — Chem. Zbl. **1925 I**, 1098. — K. Furasawa: Proc. roy. Soc. Lond. B 98, 65—76 (1925) — Chem. Zbl. **1925 II**, 945. — D. Rapport u. E. P. Ralli: Amer. J. Physiol. **83**, 450 — Chem. Zbl. **1928 I**, 1976.

[17] J. M. D. Olmsted u. H. S. Coulthard: Amer. J. Physiol. **83**, 513 (1928) — Chem. Zbl. **1928 II**, 1687.

[18] Joseph Needham: Quart. J. exper. Physiol. **18**, 153 (1927) — Chem. Zbl. **1928 II**, 1584.

[19] Hans Handovsky u. Kurt Westphal: Pflügers Arch. **220**, 399 (1928) — Chem. Zbl. **1928 II**, 2039.

[20] Dorothy Lilian Foster u. Dorothy Mary Moyle: Biochem. J. **15**, 672—680 (1921) — Chem. Zbl. **1922 I**, 894.

[21] Theodor Brugsch, Hans Horsters u. Giichi Shinoda: Biochem. Z. **151**, 318—334 (1924) — Chem. Zbl. **1925 I**, 697.

[22] Tomio Fukui: Pflügers Arch. **210**, 427 (1925) — Chem. Zbl. **1926 I**, 1432.

Über den Kohlehydratverlust der Leber hyperthyreoidisierter Ratten[1]. — Der Kohlehydratstoffwechsel nebennierenloser Ratten und Mäuse[2]. — Untersuchungen über die hormonale Regulation des intermediären Kohlehydratstoffwechsels[3]. — Sekretion des Nebennierenmarks und Kohlehydratstoffwechsel[4]. — Zur Frage der zentralen Regulation des Kohlehydratstoffwechsels[5]. — Bei Untersuchungen über die Rolle des vegetativen Nervensystems in Hinsicht auf den Kohlehydratstoffwechsel ergab sich, daß Adrenalin beinahe die gleiche Wirkung hat, in den leeren Magen gebracht, wie bei subcutaner Anwendung, die Schilddrüse habe auf den Blutzuckergehalt keinen merklichen Einfluß, das Atropin unterscheidet sich in der Wirkung auf den Kohlehydratstoffwechsel nicht nennenswert von Pilocarpin und Cholin[6]. Nervus vagus und Kohlehydratstoffwechsel[7]. Kohlehydrate und Avitaminose[8].

Physikalische und chemische Eigenschaften (Bd. X, S. 219): Bestimmung des Molekulargewichts der Kohlehydrate und ihrer Derivate in Eisessig[9]. Untersuchung von Form und Größe der Moleküle bei hochmolekularen Substanzen durch Ausbreiten zu monomolekular dicken Schichten auf einer Wasseroberfläche. Vergleich von Polysacchariden mit abgebauten Polysacchariden[10]. Studien, betreffend Kohlehydrate und Polysaccharide, Synthese von 2, 3-Dimethylcyclopentenaldehyd[11]. Synthese und relative Stabilität cyclischer Acetale aus 1, 2- und 1, 3-Glykolen[12]. — Studien über Acetalbildung mit Bezug auf Kohlehydrate und Polysaccharide. Verwendung von Acetylen zur Synthese cyclischer Acetale[13]. — Relative Leichtigkeit der Bildung von fünf- und sechsgliedrigen heterocyclischen Kohlenstoff-Sauerstoffringen[14]. — Die Leichtigkeit der Bildung und die Struktur gewisser sechs-, sieben- und höhergliedriger Kohlenstoff-Sauerstoffringe[15]. — Über Polymerisation der Aldehyde[16]. Die isomeren Benzylidenglycerine[17]; Trennung und Identifizierung isomerer Äthylidenglycerine[18]. — Beziehungen zwischen Vinylderivaten zu Zuckern und

[1] Tomio Fukui: Pflügers Arch. **210**, 410 (1925) — Chem. Zbl. **1926 I**, 1432.

[2] Carl F. Cori u. Gerty T. Cori: J. of biol. Chem. **74**, 473 (1927) — Chem. Zbl. **1928 II**, 1459.

[3] Alfred Gottschalk: Biochem. Z. **155**, 348—355 (1925) — Chem. Zbl. **1925 II**, 199.

[4] S. W. Britton, E. M. K. Geiling u. H. O. Calvery: Amer. J. Physiol. **84**, 141 (1928) — Chem. Zbl. **1928 II**, 167.

[5] E. Róth: Klin. Wschr. **7**, 842 (1928) — Chem. Zbl. **1928 II**, 71.

[6] G. C. Bolten: Niederl. Tijdschr. Geneesk. **69 I**, 2521—2532 (1925) — Chem. Zbl. **1925 II**, 741.

[7] N. Mirtovskij: Med. Ž. (russ.) **1925**, 76—82 und deutsche Zusammenfassung 82—83 — Ber. Physiol. **38**, 389—390 (1927) — Chem. Zbl. **1927 I**, 1852.

[8] J. A. Collazo u. Casimir Funk: J. metabol. Res. **5**, 187 (1926) — Chem. Zbl. **1926 II**, 2825. — J. A. Collazo u. S. N. Gohse: Biochem. Z. **139**, 285 (1923) — Chem. Zbl. **1923 III**, 1238. — L. A. Tscherkes: Biochem. Z. **151**, 181—186 — Chem. Zbl. **1924 II**, 2675. — H. A. Mattill: J. of biol. Chem. **55**, 717 (1923) — Chem. Zbl. **1923 III**, 572. — Stanislaw Kazimierz Kon: Biochomic. J. **21**, 837 (1927) — Chem. Zbl. **1928 I**, 1299. — L. Randoin u. E. Lelesz: C. r. Acad. Sci. Paris **180**, 1366—1368 (1925) — Chem. Zbl. **1925 II**, 1186. — N. R. Dhar: Chemie d. Zelle u. Gewebe **12**, 217 — Chem. Zbl. **1925 II**, 1999.

[9] Kurt Heß: Ber. dtsch. chem. Ges. **63**, 518 (1930) — Chem. Zbl. **1930 I**, 1981. — Karl Freudenberg u. Ernst Bruch: Ber. dtsch. chem. Ges. **63**, 535 (1930) — Chem. Zbl. **1930 I**, 1981.

[10] I. R. Katz u. P. I. P. Samuel: Liebigs Ann. **474**. 296 (1929) — Chem. Zbl. **1929 II**, 2667 — Liebigs Ann. **472** 241 (1929) — Chem. Zbl. **1929 II**, 2176.

[11] Roland R. Read u. Harold Hibbert: J. amer. chem. Soc. **46**, 1281 (1924) — Chem. Zbl. **1924 II**, 1460.

[12] Harold Hibbert u. John Arrend Timm: J. amer. chem. Soc. **46**, 1283 (1924) — Chem. Zbl. **1924 II**, 1461.

[13] Harold S. Hill u. Harold Hibbert: J. amer. chem. Soc. **45**, 3108 (1923) — Chem. Zbl. **1924 I**, 2509.

[14] Harold S. Hill u. Harold Hibbert: J. amer. chem. Soc. **45**, 3117 (1923) — Chem. Zbl. **1924 I**, 2510.

[15] Harold S. Hill u. Harold Hibbert: J. amer. chem. Soc. **45**, 3124 (1923) — Chem. Zbl. **1924 I**, 2511.

[16] Harold Hibbert u. Roland R. Read: J. amer. chem. Soc. **46**, 983 (1924) — Chem. Zbl. **1924 II**, 331. — Harold Hibbert u. C. P. Burt: J. amer. chem. Soc. **50**, 1411 (1928) — Chem. Zbl. **1928 I**, 3048. — Harold Hibbert, W. F. Gillespie u. R. E. Montonna: J. amer. chem. Soc. **50**, 1950 (1928) — Chem. Zbl. **1928 II**, 870.

[17] Harold S. Hill, Myron S. Whelen u. Harold Hibbert: J. amer. chem. Soc. **50**, 2235 (1928) — Chem. Zbl. **1928 II**, 1758.

[18] Harold S. Hill, Allan C. Hill u. Harold Hibbert: J. amer. chem. Soc. **50**, 2242 (1928) — Chem. Zbl. **1928 II**, 1759.

Polysacchariden[1]. — Die Struktur der isomeren Methylidenglycerine[2]. — p-Nitrobenzylidenglykole und Glycerine[3]. — Über Glycerin-β-methyläther[4]. — Vergleich der Neigung gesättigter und ungesättigter Aldehyde zur cyclischen Acetalbildung[5]. — Die isomeren Cinnamylidenglycerine[6]. Über die Polymerisation der Aldole[7]. — Ringveränderung bei Glycerincycloacetalen. Verhalten des p-Nitrobenzylglycerins[8]. — Synthese und Eigenschaften von Oxyalkylidenglykolen und Glycerinen[9]. — Struktur des Acetonglycerins[10]. — Wichtig für eventuelle Analogien in der Kohlehydratgruppe sind die Arbeiten über hochpolymere Verbindungen aus Formaldehyd, über die Polyoxymethylene[11]. — Quantitative Bestimmung des Fluorescenzvermögens (Spektrofluorescometrie) von Cellulose, Zucker und anderen Substanzen[12]. — Absorption der ultravioletten Strahlen durch Kohlehydrate[13]. — Untersuchungen über die Oberflächenaktivität der wässerigen Lösungen, Löslichkeit in Wasser und die Stärke des bitteren Geschmackes[14]. — Messung der Oberflächenspannung[15]. Wasserabsorptionsvermögen unter verschiedenen Bedingungen der Luftfeuchtigkeit[16]. Wirkung der Trocknungsmethode auf die Kohlehydrate von Pflanzengewebe[17]. — Die optische Inaktivität der aktiven Zucker in absorbiertem Zustand[18]. Beziehungen zwischen Drehungsvermögen und Struktur in der Zuckergruppe. Hudson hat die Ergebnisse seiner bisherigen Arbeiten auf dem Gebiete der Zuckerchemie zu einer systematischen Darstellung zusammengefaßt[19]. Flüssiger, trockener Ammoniak löst nicht nur einfache Zucker, sondern auch Inulin, Lichenin und Stärke. 1 Atom Alkalimetall und 1 Mol Kohlehydrat reagieren in dieser Lösung in wenigen Minuten unter Abscheidung weißer Alkoholate. Ca reagiert nicht. Di- und höhere Alkoholate können nicht erhalten werden[20]. Kohlehydrate geben bei der Destillation in saurer, neutraler oder alkalischer Lösung Formaldehyd, ferner Acetaldehyd ab[21].

---

[1] Harold S. Hill: J. amer. chem. Soc. **50**, 2725 (1928) — Chem. Zbl. **1928 II**, 2640.

[2] Harold Hibbert u. Neal M. Carter: J. amer. chem. Soc. **50**, 3120 (1928) — Chem. Zbl. **1929 I**, 379.

[3] Harold Hibbert u. Murray G. Sturrock: J. amer. chem. Soc. **50**, 3374 (1928) — Chem. Zbl. **1929 I**, 632. — Harold Hibbert u. Neal M. Carter: J. amer. chem. Soc. **50**, 3376 (1928) — Chem. Zbl. **1929 I**, 632.

[4] Harold Hibbert, Myron S. Whelen u. Neal M. Carter: J. amer. chem. Soc. **51**, 302 (1929) — Chem. Zbl. **1929 I**, 1322.

[5] Harold Hibbert, Eduard O. Houghton u. K. Austin Taylor: J. amer. chem. Soc. **51**, 611 (1929) — Chem. Zbl. **1929 I**, 1798.

[6] Harold Hibbert u. Myron S. Whelen: J. amer. chem. Soc. **51**, 620 (1929) — Chem. Zbl. **1929 I**, 1799.

[7] Max Bergmann u. Erich Kann: Liebigs Ann. **438**, 278 (1924) — Chem. Zbl. **1924 II**, 1078.

[8] Harold Hibbert, Muriel E. Platt u. Neal M. Carter: J. amer. chem. Soc. **51**, 3641 (1929) — Chem. Zbl. **1930 I**, 1120.

[9] Harold Hibbert u. Myron S. Whelen: J. amer. chem. Soc. **51**, 3115 (1929) — Chem. Zbl. **1930 I**, 197.

[10] Harold Hibbert u. J. G. Morazani: Canad. J. Res. **2**, 35 (1930) — Chem. Zbl. **1930 I**, 3023.

[11] H. Staudinger u. M. Lüthy: Helvet. chem. Acta. **8**, 41 (1925) — Chem. Zbl. **1925 I**, 1582 — Helvet. chim. Acta **8**, 65 (1925) — Chem. Zbl. **1925 I**, 1584. — H. Staudinger: Helvet. chim. Acta **8**, 87 (1925) — Chem. Zbl. **1925 I**, 1585.

[12] Samuel Judd Lewis: J. Soc. Dyers Colourists **38**, 68, 69 (1922) — Chem. Zbl. **1922 II**, 1227; **1922 IV**, 180.

[13] K. Šandera: Listy Cukrovarnické **44**, 569 — Z. Zuckerind. tschechosl. Republik **51**, 237 (1927). Chem. Zbl. **1927 I**, 2246. — H. Bierry: C. r. Soc. Biol. Paris **94**, 330 (1926) — Chem. Zbl. **1926 II**, 1941. — L. H. Dejust: C. r. Soc. Biol. Paris **94**, 328 (1926) — Chem. Zbl. **1926 II**, 1941 — C. r. Soc. Biol. Paris **94**, 123 (1926) — Chem. Zbl. **1926 I**, 2790.

[14] P. Brigl u. W. Scheyer: Hoppe-Seylers Z. **160**, 214 (1926) — Chem. Zbl. **1927 I**, 418.

[15] H. Cassel: Z. dtsch. Zuckerind. **52**, 1066 (1927) — Chem. Zbl. **1927 II**, 2479.

[16] C. A. Browne: Ind. Chem. **14**, 712 (1922) — Chem. Zbl. **1922 III**, 959.

[17] Davis, Daish u. Sauyer: J. agricult. Sci. **7**, 255 (1916). — Karl Paul Link: J. amer. chem. Soc. **47**, 470 (1925) — Chem. Zbl. **1925 I**, 1751.

[18] Shanti Swarup Rhatnagar u. Dasharath Lal Shrivastava: J. physic. Chem. **28**, 730 (1924) — Chem. Zbl. **1924 II**, 1323.

[19] C. S. Hudson: Department of commerce. Scientific papers of the bureau of standards **1926**, Nr 533, 241 (1927) — Chem. Zbl. **1927 I**, 997.

[20] L. Schmid u. B. Becker: Ber. dtsch. chem. Ges. **58**, 1966 (1925) — Chem. Zbl. **1926 I**, 56.

[21] G. Klein: Biochem. Z. **169**, 132 (1926) — Chem. Zbl. **1926 I**, 3221. — Neuberg: Biochem. Z. **67**, 127 (1914) — Chem. Zbl. **1914 I**, 591, 605. — Spöhr: Biochem. Z. **57**, 95 (1914) — Chem. Zbl. **1914 I**, 158.

Über die Destillation von Cellulose, Stärke, Lignin und Holzschliff unter Wasserstoffdruck mit Katalysatoren[1]. Ohne Katalysatoren verläuft die Destillation unter einem Wasserstoffdruck bis zu 300 Atmosphären nicht anders als ohne Wasserstoff. Zusatz von Eisenhydroxyd ist ohne Wirkung, da die Reduktion zu Eisen erst bei so hoher Temperatur erfolgt, daß die Hauptzersetzung des Materials dann schon beendet ist. Kupferhydroxyd wird zwar bei genügend tiefer Temperatur reduziert, und die Verflüchtigung der Cellulose konnte auch bis zu 80% getrieben werden, aber es wurde dabei ein unbrauchbarer Teer erhalten. Wesentlich günstiger wirkt Nickel. Man schlägt es als Nickelhydroxyd auf dem Material nieder, saugt ab, wäscht, trocknet und preßt unter 150—200 Atmosphären zu Zylinderchen zusammen. Stärke und Lignin werden trocken mit Nickelhydroxyd vermischt und nicht gepreßt. Bei den Versuchen wird die Temperatur zunächst so gehalten, daß das Nickelhydroxyd reduziert wird, bevor die Zersetzung der Substanz einsetzt, was an den Druckveränderungen leicht zu erkennen ist. Gleich nach Beginn der Zersetzung wird auch mit dem Abblasen begonnen, um die Zersetzungsprodukte der heißen Zone zu entziehen. Bei gutgelungenen Versuchen sind die letzten Mengen Destillat ölig, nicht schwarz, und der teerige Anteil schwimmt als gelbes bis braunes Öl auf der wässerigen Schicht. Der Geruch ist angenehm aromatisch, nicht brenzlig. Es tritt kein nennenswerter Verbrauch an Wasserstoff ein. Folgende Zersetzungsprodukte wurden nachgewiesen: 1. Wasser; 2. aromatische Phenole, meist Homologe des Xylenols, Guajacols usw.; 3. flüssige organische Säuren von der Ameisensäure bis zur Valeriansäure; 4. zahlreiche o-Diketone (Diacetyl); 5. sehr wenig Ketone (Aceton, Methyläthylketon, Cyclopentanon); 6. zahlreiche Alkohole, immer Methylalkohol, ferner Alkohol, Isopropylalkohol, Cyclohexanol, Furfuralkohol; 7. viel homologe Furane; 8. reichlich Dioxy-cyclo-pentan, $C_5H_{10}O_2$, Siedep. 72° bei 14 mm, spez. Gewicht 1,0320 bei 15°, $n_D^{20} = 1,44977$, fast geruchlos, löslich in Wasser; 9. Gase, hauptsächlich Kohlenoxyd, Kohlensäure und Methan, wenig Äthylen. Der Teer unterscheidet sich demnach weitgehend vom gewöhnlichen Holzteer. Übrigens enthält dieser ebenfalls Furane, die man bisher übersehen hat, weil sie bei der Reinigung mit konz. Schwefelsäure zerstört und weggelöst werden[1]. — Man erhielt Diacetyl beim Erhitzen von Dioxyaceton oder Glykose in wässeriger Lösung, aber auch durch trockene Destillation von Arabinose, Rohrzucker, Stärke, Filtrierpapier, Weinsäure[2]. Hexosen und andere Kohlehydrate werden in Lösungen, die Dinatriumhydrophosphat und Methylenblau enthalten, durch hindurchgesaugte Luft unter Bildung von Kohlensäure oxydiert[3]. — Zucker und Stärke können auch in neutraler Lösung vom Luftsauerstoff oxydiert werden, wenn $Fe(OH)_2$ oder Na_2SO_3 zugegen ist. Bei Anwendung von $Fe(OH)_2$ ordnen sich die Substanzen nach ihrer Oxydationsgeschwindigkeit wie folgt: Stärke > Maltose > Lactose > Fructose > Rohrzucker > Arabinose > Galaktose > Glykose; bei Anwendung von Na_2SO_3 Stärke > Lactose > Galaktose > Rohrzucker > Arabinose > Fructose. Bei der Oxydation der Zucker durch Luft in Gegenwart von $Fe(OH)_2$ wird die Oxydation durch steigenden Alkalizusatz verstärkt, ausgenommen beim Rohrzucker[4]. Oxydation von Kohlehydraten mit Salpetersäure zu Oxalsäure, Zuckersäure und Weinsäure[5]. Darstellung von Oxalsäure aus Kohlehydrate, Cellulose und cellulosehaltigen Materialien, dadurch gekennzeichnet, daß auf die betreffenden Materialien in Gegenwart stärkerer Schwefelsäure ein Gemisch von Sauerstoff und Stickoxyden mit oder ohne Anwendung von Katalysatoren zur Einwirkung gebracht wird[6]. — Bei der Behandlung von Kohlehydraten mit Salpetersäure in Gegenwart von Phosphorsäure mit oder ohne Zusatz von Vanadinsäure als Katalysator wird Oxalsäure gebildet[7]. — Oxydation durch Wasserstoffsuperoxyd und Ferrisalze[8]. — Verfahren zur Oxydation von

---

[1] Hans Eduard Fierz-David u. Max Hannig: Helvet. chim. Acta 8, 900 (1925) — Chem. Zbl. **1926 I**, 1394.

[2] H. Schmalfuß u. H. Barthmeyer: Ber. dtsch. chem. Ges. **60**, 1035 (1927) — Chem. Zbl. **1927 I**, 3183.

[3] H. A. Spöhr: J. amer. chem. Soc. **46**, 1494 (1924) — Chem. Zbl. **1924 II**, 937.

[4] C. C. Palit u. N. R. Dhar: J. physic. Chem. **30**, 939 (1926) — Chem. Zbl. **1926 II**, 2262 — J. physic. Chem. **29**, 799 (1925) — Chem. Zbl. **1925 II**, 1329.

[5] Allan F. Odell: A.P. 1425605 v. 14. Dez. 1915; Chem. Zbl. **1924 I**, 2010. — Forrest J. Rankin: A.P. 1520885 v. 9. Juni 1921, ausg. 30. Dez. 1924; Chem. Zbl. **1925 I**, 1366.

[6] Dr. Alexander Wacker, Gesellschaft für elektrochemische Industrie, G. m. b. H. (München), Erfinder Wolfgang Gruber (Burghausen), Felix Käufler (München) und Josef Wimmer (Burghausen): D.R.P. 409948, Kl. 12o v. 8. Mai 1923; Chem. Zbl. **1925 I**, 1910.

[7] Georg Kolsky (Marmaronech, New York): A.P. 1446012 v. 16. Dez. 1921; Chem. Zbl. **1925 II**, 1798.

[8] Sachindra Nath Chakrabarti u. N. R. Dhar: J. Ind. chem. Soc. **6**, 617 (1929) — Chem. Zbl. **1930 I**, 1311.

Zuckerarten zu vorwiegend Ozonen unter Anwendung eines Fe-Katalysators, dadurch gekennzeichnet, daß man die das gebildete oxydierte Kohlehydrat enthaltenden Lösungen mit $K_3Fe(CN)_6$ behandelt und den entstandenen Niederschlag zweckmäßig unter Bindung an Adsorptionsmittel abtrennt[1]. Einwirkung von Fluorwasserstoffsäure[2]. — Behandelt man Kohlehydrate mit einer mit HBr gesättigten Chloroformlösung, so gewinnt man ω-Brommethylfurfurol aus Cellulose in 56 proz., Cellobiose 27 proz., α-Methylglykosid 15 proz., Saccharose 35 proz., Glykose 12 proz., Lactose 7 proz. Ausbeute[3]. Kohlehydrate, auch Cellulose, geben unter geeigneten Bedingungen mit Phenol und Säure dem Phenol-Ligninharz sehr ähnliche Körper[4]. Geben beim Erhitzen mit salzsaurem Resorcin gefärbte Lösungen, z. B. Glykose, Fructose, Galaktose, Saccharose, Rhamnose, Xylose, Arabinose, Maltose, Glykogen und Dextrin. Bei Glykose ist die Intensität der Gelbfärbung proportional dem Glykosegehalt und lassen sich noch 0,01 mg damit feststellen; darum wurde die Reaktion zu einer colorimetrischen Mikrobestimmung des Blutzuckers ausgearbeitet[5]. Kohlehydrate, z. B. Cellulose, geben mit α- und β-Naphthol Färbungen, die zu ihrer Unterscheidung dienen können[6]. Diazomethan reagiert in ätherischer Lösung nicht mit Cellulose, wohl aber mit Lichenin, Inulin und wasserlöslicher Stärke[7]. Die löslichen Kohlehydrate des Roggenmehles[8]. — Die Rolle der Kohlehydrate und Eiweißkörper beim Altbackenwerden des Brotes[9]. — Verhalten der Kohlehydrate gegenüber Alkaloidfällungsmitteln[10].

Gärung: Spaltung der Kohlehydrate durch Bakterien[11]. Untersuchungen an 200 verschiedenen Anaerobierstämmen[12]. — Untersuchungen an Rassen des Bacillus pyocyaneus[13], Diphtherie[14], Pneumococcus[15], Bacterium pneumoniae Friedländer[16], Staphylokokken[17], Bacillus mesentericus[18], Propionsäuregärung[19], Buttersäuregärung[20], Bildung von Butylalkohol[21] und Butylalkohol + Aceton[22]. — Verhalten der Kohlehydrate gegen Mucor plum-

[1] Chem. Fabrik auf Actien (vorm. E. Schering), Erfinder A. Kraisy: D.R.P. 440389, Kl. 12o v. 19. Sept. 1924; Chem. Zbl. **1927 I**, 2020; D.R.P. 439115, Kl. 12o v. 4. April 1924; Chem. Zbl. **1927 I**, 1240.

[2] Burckhardt Helferich u. Stilfried Böttger: Liebigs Ann. **476**, 150 (1929) — Chem. Zbl. **1930 I**, 365.

[3] H. Hibbert u. H. S. Hill: J. amer. chem. Soc. **45**, 176 (1923) — Chem. Zbl. **1923 I**, 899.

[4] E. Legeler: Papierfabr. Beil. Cellulosechemie **4**, 61 (1923) — Chem. Zbl. **1923 IV**, 1016.

[5] B. Glaßmann: Hoppe-Seylers Z. **150**, 16 (1925) — Chem. Zbl. **1926 I**, 1465.

[6] F. Lewisch: Melliands Textilber. **7**, 863 (1926) — Chem. Zbl. **1926 II**, 2991.

[7] L. Schmid: Ber. dtsch. chem. Ges. **58**, 1963 (1925) — Chem. Zbl. **1926 I**, 890.

[8] T. Chrzaszcz u. W. Michalski: Przemysl Chem. **12**, 389 (1928) — Chem. Zbl. **1929 I**, 2364.

[9] L. Karácsonyi: Z. Unters. Lebensmitt. **56**, 479 (1928) — Chem. Zbl. **1929 I**, 1997.

[10] L. Rosenthaler: Helvet. pharm. Acta **3**, 93 — Chem. Zbl. **1928 II**, 373.

[11] Mackenzie Douglas: J. trop. Med. Hyg. **32**, 57 (1929) — Chem. Zbl. **1929 I**, 2545. — C. Coolhaas: Z. Bakter. II **75**, 161 (1928) — Chem. Zbl. **1928 II**, 1342. — Bokorny: Allg. Brauer- u. Hopfen-Ztg **65**, 743 (1925) — Chem. Zbl. **1925 II**, 1176. — H. J. Sears u. John J. Putnam: J. inf. Dis. **32**, 270 (1923) — Chem. Zbl. **1923 III**, 1285.

[12] J. Zeißler u. L. Raßfeld: Z. Bakter. I **110**, 24 (1929) — Chem. Zbl. **1929 I**, 1474.

[13] A. Rochaix u. E. Banssillon: C. r. Soc. Biol. Paris **89**, 538 (1923) — Chem. Zbl. **1923 III**, 1036.

[14] H. H. de Wolff: Pharm. Weekblad **64**, 1226 (1927) — Chem. Zbl. **1928 I**, 935.

[15] Oswald T. Avery u. Hugh J. Morgan: J. of exper. Med. **42**, 347 (1925) — Chem. Zbl. **1926 I**, 139.

[16] L. Müllerová: Studies from the plant physiol. laborat. of Charles univ., Prague **3**, 56—85 (1926) — Ber. Physiol. **40**, 588—589 — Chem. Zbl. **1927 II**, 1713.

[17] Otto Engeland: Zbl. Bakter. I **72**, 260—269 (1913) — Chem. Zbl. **1914 I**, 567.

[18] A. Muschel: Biochem. Z. **131**, 570 (1922) — Chem. Zbl. **1923 I**, 1040.

[19] The People of the United States, übertragen von James M. Sherman (Washington, Columbia) u. Roseoe H. Shaw (Chicago, Illinois): A.P. 1470885 v. 26. August 1922; Chem. Zbl. **1925 II**, 1798.

[20] Lefranc & Cie: E.P. 186572 v. 2. Febr. 1922; F.P. 541535 v. 26. Sept. 1921; Schw.P. 102755 v. 3. Aug. 1922; Canad.P. 234159, übertragen von Louis Lefrane, v. 18. Aug. 1922; Chem. Zbl. **1924 I**, 2646.

[21] Commercial Solvents Corporation: A.P. 1582408 v. 30. März 1925; Chem. Zbl. **1926 II**, 298; A.P. 1565543 v. 14. April 1924; Chem. Zbl. **1926 I**, 3578. — Société Ricard, Allenet et Cie: F.P. 568696 v. 7. Juli 1923; Chem. Zbl. **1925 II**, 761. — Goerg W. Freiberg: A.P. 1537597 v. 17. Juli 1924; Chem. Zbl. **1925 II**, 609.

[22] Charles Weizmann: Ö.P. 95449 v. 26. Juli 1920; Chem. Zbl. **1921 II**, 34; **1924 I**, 1712. — Nikolaus Moskovits: Ö.P. 97662 v. 6. März 1922, ausg. 25. Aug. 1924; Chem. Zbl. **1925 I**, 1025; Ö.P. 99640 v. 6. März 1922; Chem. Zbl. **1925 II**, 761; Ö.P. 99641 u. 99642 v. 6. März 1922; Chem. Zbl. **1925 II**, 762.

bens[1]. — Alkoholische Gärung durch Aspergillus flavus Brefeld[2]. — Visköse Gärung mit einer Torulaart[3]. — Kojisäure- (α, γ-Pyronderivat-) Bildung mit Aspergillus Oryzae[4]. Fumarsäurebildung mit Rhizopus nigricans[5]. Citronensäuregärung[6].

Derivate: Kondensationsprodukte mit Äthylenoxyd[7]. Aus verschiedenen Kohlehydraten und Äthylen unter Druck.

Unbekannte Kohlehydrate.

Kohlehydratgruppe der phosphorhaltigen Grundsubstanz des Milchcaseins[8]. Kocht man die Grundsubstanz einige Stunden mit konz. Salzsäure und destilliert nachher die Salzsäure ab, so geht gleichzeitig ein zwar mit Anilinacetat keine Furfurolreaktion gebendes Produkt über, das jedoch ein rotes Phloroglucid liefert und Fehlingsche Lösung reduziert.

Spezifisches Kohlehydrat von Bacterium enteritidis[9].

Darstellung: Durch Dialyse in der Hitze.

Physikalische und chemische Eigenschaften: Wenig löslich in Wasser, reduziert nicht Fehlingsche Lösung, gibt spez. Fällung mit Bact.-enteritidis-Antiserum.

Spezifisches Kohlehydrat der II-Pneumokokken[10].

Physikalische und chemische Eigenschaften: Die rechtsdrehende Substanz gibt nicht die üblichen Reduktionsreaktionen nach Trommer und Nylander. Durch 1stündiges Kochen mit normaler Salzsäure entstehen reduzierende Substanzen. Die Typenspezifität der gereinigten Substanz wird durch Hydrolyse aufgehoben bzw. abgeschwächt.

[1] Zikes: Allg. Z. Bierbrauerei u. Malzfabr. **52**, 43 (1924) — Chem. Zbl. **1924 II**, 62.
[2] John Leuis Yuill: Biochemic. J. **22**, 1504 (1928) — Chem. Zbl. **1929 I**, 1474.
[3] R. Guyot: C. r. Soc. Biol. Paris **97**, 857 (1928) — Chem. Zbl. **1928 II**, 822.
[4] Teijiro Yabuta: J. chem. Soc. Lond. **125**, 575 (1924) — Chem. Zbl. **1924 I**, 2605.
[5] A. Gottschalk: Hoppe-Seylers Z. **152**, 136 (1926) — Chem. Zbl. **1926 I**, 2930.
[6] R. Falck u. S. N. Kapur: Ber. dtsch. chem. Ges. **57**, 920 (1924) — Chem. Zbl. **1924 II**, 316.
[7] I. G. Farbenindustrie A.-G.: F.P. 650973 v. 17. März 1928; Chem. Zbl. **1929 I**, 2580.
[8] Gesellschaft für Chemische Industrie in Basel: D.R.P. 406963, Kl. 12p v. 13. März 1923; Chem. Zbl. **1925 I**, 1371.
[9] Sara E. Branham: Proc. Soc. exper. Biol. a. Med. **24**, Separata (1927) — Chem. Zbl. **1928 II**, 1781.
[10] Taishing Saito u. Werner Ulrich: Z. Hyg. **109**, 163 (1928) — Chem. Zbl. **1928 II**, 2567.

Gummisubstanzen,
Hemicellulosen, Pflanzenschleime, Huminstoffe.

Von

Géza Zemplén-Budapest.

A. Gummisubstanzen (Bd. II, S. 1; Bd. VIII, S. 1; Bd. X, S. 220).

Vorkommen: In kleinen Mengen in den Knollen von Cyperus esculentus[1], im Zuckerrohr[2], in Wein[3].

Nachweis und Bestimmung: Bestimmung in Zuckererzeugnissen: Ausfällung des Gummis mit Alkohol nach Ansäuern mit Salzsäure[4].

Physikalische und chemische Eigenschaften: Das Gummi von Entade sudanica besteht zu 90% aus in Wasser löslichem Gummi, etwa 10% sind Tragantgummi, in dem sich ein Fehlingsche Lösung reduzierender Zucker befindet[5].

Arabinsäure (Bd. II, S. 5).

Arabinsäure Scheiblers dürfte ein Gemisch des Arabans mit Salzen der Essigsäure und Resten Pektinsäure gewesen sein[6].

Physikalische und chemische Eigenschaften: Isoelektrischer Punkt in einer 2proz. Lösung an Ausflockungsversuchen bestimmt $2,10^{-3}$ HCl. — Viscositätsmessungen bei Zusatz verschiedener Elektrolyte und von Gelatine[7]. $[\alpha]_D = -27,9°$ [8].

Derivate[8]**: Lithiumsalz.** $[\alpha]_D = -17,8°$.

Ammoniumsalz. $[\alpha]_D = -19,8°$.

Natriumsalz. $[\alpha]_D = 21,7°$.

Kaliumsalz. $[\alpha]_D = 23,1°$.

Araban (Bd. II, S. 11; Bd. VIII, S. 2; Bd. X, S. 220).

Vorkommen: In den Zellwandverdickungen der Kotyledonen als Paragalaktoaraban[9].

Bildung: Bei der Spaltung der rohen Pektinsubstanz aus Rübenschnitzel mit Alkohol[10]. — Bildet sich aus dem Hydropektin der Zuckerrübe (s. dort) in einer Menge von 25—35%.

[1] Frederick B. Power u. Victor K. Chesnut: J. agricult. Res. **26**, 69—75 (1923) — Chem. Zbl. **1925 I**, 392.

[2] Julius Matz: Sugar **24**, 352 (1922) — Chem. Zbl. **1922 III**, 586.

[3] L. Semichon: Chimie et Industrie **17**, 25 (1927) — Chem. Zbl. **1927 I,**, 1897.

[4] H. T. Ruff u. J. R. Withrow: Ind. Chem. **14**, 1131 (1922) — Chem. Zbl. **1923 IV**, 61.

[5] L. Raybaud: C. r. Soc. Biol. Paris **85**, 933—935 (1921) — Chem. Zbl. **1922 I**, 696.

[6] Felix Ehrlich u. Robert v. Sommerfeld: Biochem. Z. **168**, 263 (1926) — Chem. Zbl. **1926 I**, 2367.

[7] F. W. Tiebackx: Pharm. Weekblad **59**, 1014, 1056 (1922) — Chem. Zbl. **1923 I**, 99 — Pharm. Weekblad **59**, 574 (1922) — Chem. Zbl. **1922 III**, 435.

[8] M. A. Rakusin: J. russ. phys.-chem. Ges. **49**, 247 (1917) — Chem. Zbl. **1923 III**, 739.

[9] F. Boas u. F. Merkenschlager: Ber. dtsch. bot. Ges. **41**, 187 (1923) — Chem. Zbl. **1923 III**, 1174.

[10] K. Smolenski, Eug. Smolenski, A. Komornicka u. W. Stypiński: Roczn. Chemji **3**, 86 (1924) — Chem. Zbl. **1924 II**, 316.

Darstellung: Im Gemisch mit einem Salz der Pektinsäure [1].

Nachweis und Bestimmung: Gibt mit salzsaurer Tryptophanlösung erhitzt die Arabinosereaktion [2].

Physikalische und chemische Eigenschaften: Araban aus dem Hydropektin der Zuckerrübe [3]: zeigt $[\alpha]_D$ durchschnittlich $-105°$, gibt nach Tollens 90% Pentose, wird schon durch kurzes Kochen mit verdünnter Schwefelsäure vollständig hydrolysiert und läßt so krystallisierte l-Arabinose bis zu 90% des Roharabans gewinnen, das noch geringe Mengen Pektinsäure und Saponine enthält, ferner Salze der Essigsäure, die jetzt auch als Bestandteil der Pektinsäure nachgewiesen wurde. Es handelt sich bei dem Araban um Gemische von verschiedenen Arabinoseanhydriden, zumeist anscheinend 2 $C_5H_{10}O_5-H_2O$ und 3 $C_5H_{10}O_5-2\,H_2O$; es ließ sich aber auch ein Araban ($C_5H_{10}O_5-H_2O$), vielleicht 2 $C_5H_{10}O_5-2\,H_2O$ mit $[\alpha]_D$ $= -173°$ isolieren. Die hohe Temperatur bei der Herstellung der Trockenschnitzel im Fabrikbetrieb dürfte im Verein mit dem verdampfenden Wasser schon hydrolysierend auf die Pektinsubstanz, besonders die Arabankomponente, wirken. Andere Kohlehydrate als Arabinose konnten in dem Araban nicht nachgewiesen werden, besonders nicht Galaktose. Die totale Aufspaltung scheint wesentlich leichter und schneller als bei anderen Pflanzenpentosanen zu erfolgen, sie gelingt schon beim Kochen mit verdünnten organischen Säuren: 1proz. Oxalsäurelösung. Benzoylierungsversuche ergaben nur sirupöse oder gummiartige Produkte, Acetylierungsversuche feste, gelbbraune, amorphe Körper, deren Acetylgehalt auf 2 Acetylgruppen für je 1 Mol Arabinose hinweist.

Gummi arabicum (Bd. II. S. 12; Bd. VIII. S. 2; Bd. X. S. 220).

Nachweis und Bestimmung: Trennung von Dextrinen und des Gummi arabicums [4].

Physiologische Eigenschaften: Verhalten gegen Bac. suisepticus [5]. Kulturmedium für Gummi arabicum [6]. Die Inaktivierung der krystallisierten Urease in starker Verdünnung bei Zimmertemperatur wird durch Gummi arabicum stark gehemmt [7]. Wenn man Fische mit 3,5% Gummi arabicum enthaltender Ringerlösung durchströmt, findet man, daß Lösungen mit $p_H = 5-7$ unwirksam sind, über 7,1 gefäßverengernd wirken. Für gleiche p_H ist die Reaktion der Gefäße bei verschiedenen Säuren gleich. Da diese Gefäßverengerung auch an mehrere Tage alten Präparaten eintritt, dürfte es sich um einen nichtvitalen, sondern Quellungsvorgang handeln, neben dem intra vitam noch nervöse Einflüsse mitspielen [8]. Gummilösung gleichzeitig mit Insulin Mäusen intraperitoneal eingespritzt, läßt einen verzögerten Insulineffekt erkennen [9]. Am überlebenden Katzenherzen zeigte sich eine elektroosmotisch gereinigte Gummi arabicum-Lösung einer gleichartigen-Lösung mit ungereinigtem Gummi als Speisungsflüssigkeit überlegen. Katzen bleiben in der Regel am Leben, wenn man ihnen 50% ihres Blutes entzieht und durch Tyrodelösung ersetzt. Benutzt man zum Blutersatz aber Gummi arabicum-Lösung, so kann man den Tieren bis 70% Blut entziehen. Nach einer Infusion von Tyrodelösung verschwindet die eingebrachte Flüssigkeit in 1,5 Stunden aus den Gefäßen, eine Gummilösung verschwindet dagegen in 24 Stunden noch nicht vollständig. Nach Infusion von Tyrodelösung sinkt der Blutdruck bereits nach wenigen Minuten ab, nach Infusion von Gummilösung bleibt er konstant [10]. Intravenöse Salzwassereinläufe mit und ohne Gummizusatz [11]. — Ver-

---

[1] Berliner Dextrin-Fabrik Otto Kutzner: Ö. P. 89300 v. 17. Febr. 1920; Chem. Zbl. **1923 IV**, 887; Fr.P. 518062; Chem. Zbl. **1921 IV**, 475.

[2] Pierre Thomas u. Elena Maftei: Bul. Soc. da Ştiinte din Cluj **3**, 41—44 (1926) — Chem. Zbl. **1927 I**, 779.

[3] Felix Ehrlich u. Robert v. Sommerfeld: Biochem. Z. **168**, 263 (1926) — Chem. Zbl. **1926 I**, 2367.

[4] André Hanny: Ann. Falsifications **21**, 24 (1929) — Chem. Zbl. **1929 I**, 2908.

[5] H. Bechhold: Umschau **28**, 21 (1924) — Chem. Zbl. **1924 I**, 1053.

[6] René van Saceghem: C. r. Soc. Biol. Paris **89**, 968 (1923) — Chem. Zbl. **1924 I**, 490.

[7] James B. Sumner: Proc. Soc. exper. Biol. a. Med. **24**, 287—288 (1927) — Ber. Physiol. **46**, 587 (1927) — Chem. Zbl. **1927 II**, 1850.

[8] Edgar Atzler u. Günther Lehmann: Arch. f. Physiol. **190**, 118—136 (1921) — Chem. Zbl. **1922 I**, 219.

[9] Hermann Lange u. Rudolf Schoen: Arch. f. exper. Path. **113**, 92 (1926) — Chem. Zbl. **1926 I**, 2072.

[10] Ryuki Ueki: Arch. f. exper. Path. **104**, 239—249 (1924) — Chem. Zbl. **1925 I**, 688.

[11] W. Nonnenbruch: Arch. f. exper. Path. **91**, 218—245 (1921) — Chem. Zbl. **1922 I**, 219.

suche mit arabischem Gummi über parenterale Depots wasserlöslicher Medikamente[1]. Normal-Kaninchenserum spaltet Gummi arabicum nicht, jedoch tritt Abbau dieses Polysaccharids ein, wenn Sera von Tieren benutzt werden, die eine 10proz. Lösung von Gummi arabicum parenteral erhalten haben[2].

Physikalische und chemische Eigenschaften: Quantitative Studien über die Adsorption von Lösungen an Trennungsschichten von Gummi arabicum[3]. Verändert die Verseifungsgeschwindigkeit von Äthylacetat in Benzol mit HCl[4]. Die Oxydation von frisch gefälltem und von Alkali befreitem $Fe(OH)_2$ beim Einleiten von O_2 in eine wässerige Lösung induziert die Oxydation von Gummi arabicum[5]. Gibt bei der Hydrolyse keine Essigsäure[6]. — Gibt eine viel geringere Verseifungszahl als Tragant, nämlich 9,2—17,6 gegen 155—180 des Tragants[7]. Darstellung von d-Glykuronsäure aus Gummi arabicum s. dort[8].

Akaziengummi (Bd. X, S. 220).

Physiologische Eigenschaften: Entgegen den Angaben von Kakinuma[9] bezüglich des Lungenextraktes konnten die anaphylaxieartigen Erscheinungen nach Akaziengummi durch 50proz. Rohrzuckerlösungen nicht beseitigt werden[10].

Xylan; Holzgummi (Bd. II, S. 28; Bd. VIII, S. 3; Bd. X, S. 221).

Zusammensetzung: Auf Grund von Mikroanalysen an 15 Xylanpräparaten verschiedener Herkunft wird die Formel $(C_5H_8O_4)_n$ abgeleitet[11].

Konstitution: Ist aus langen Ketten von β-Xylosemolekülen der pyroiden Form aufgebaut, ganz analog der Cellulose[12].

Vorkommen: In Rhodymenia palmata[13]. In Espartocellulose[14], in Holzzellstoff[15], in Sulfitzellstoff[16]. Im Bambusrohr[17]. In mandschurischer Maisseide[18].

Bildung: Vermutlich bildet sich Xylan aus der bei der Oxydation der Cellulose entstehenden Xylose, die durch weitere Spaltung der intermediär auftretenden Glykuronsäure auftritt[19].

Darstellung: Das Verfahren von Salkowski liefert keine befriedigende Resultate. Kriterium der Reinheit ist die Furfurolausbeute[20]. Zerlegung des Kupferxylans mit alkoholischer

[1] C. B. Strauch u. H. Bernhardt: Z. klin. Med. **104**, 744 (1926) — Chem. Zbl. **1924 I**, 1187.

[2] Kofu Nagashima: Acta Scholae med. Kioto **7**, 271 (1925) — Chem. Zbl. **1926 II**, 604.

[3] George L. Clark u. William A. Mann: J. of biol. Chem. **52**, 157 (1922) — Chem. Zbl. **1922 III**, 1109.

[4] R. C. Smith: J. chem. Soc. Lond. **127**, 2602 (1925) — Chem. Zbl. **1926 I**, 1523.

[5] N. N. Mittra u. N. R. Dhar: Z. anorg. u. allg. Chem. **122**, 146 (1922) — Chem. Zbl. **1923 I**, 570.

[6] Felix Ehrlich u. Robert v. Sommerfeld: Biochem. Z. **168**, 263 (1926) — Chem. Zbl. **1926 I**, 2367.

[7] L. Rosenthaler: Schweiz. Apoth.-Ztg **62**, 221 (1924) — Chem. Zbl. **1924 II**, 212.

[8] Fritz Weinmann: Ber. dtsch. chem. Ges. **62**, 1637 (1929) — Chem. Zbl. **1929 II**, 719.

[9] Kakinuma: Amer. J. Physiol. **50**, 9 (1920) — Chem. Zbl. **1921 I**, 259.

[10] Paul J. Hanzlik u. Howard Z. Karsner: J. of Pharmacie **23**, 237 (1924) — Chem. Zbl. **1924 II**, 366.

[11] Karl Paul Link: J. amer. chem. Soc. **52**, 2091 (1930) — Chem. Zbl. **1930 II**, 1519.

[12] Horace Arthur Hampton, Walter Norman Haworth u. Edmund Langley Hirst: J. chem. Soc. Lond. **1929**, 1739 — Chem. Zbl. **1930 I**. 508.

[13] C. Sauvageau u. G. Denigès: C. r. Acad. Sci. Paris **174**, 791 (1922) — Chem. Zbl. **1922 III**, 728.

[14] James Colquhoun Irvine u. Edmund Langley Hirst: J. chem. Soc. Lond. **125**, 15 (1924) — Chem. Zbl. **1924 I**, 2105.

[15] Erik Hägglund u. F. W. Klingstedt: Cellulosechemie **5**, 57—64 (1924) — Beil. zu Papierfabr. **22** (1924) — Chem. Zbl. **1925 I**, 591 — Liebigs Ann. **459**, 26 (1927) — Chem. Zbl. **1928 I**, 799.

[16] Kurt Heß u. Max Lüdtke: Liebigs Ann. **466**, 18 (1928) — Chem. Zbl. **1929 I**, 230.

[17] Max Lüdtke: Liebigs Ann. **466**, 27 (1928) — Chem. Zbl. **1929 I**, 230.

[18] K. Tsukumaga: J. pharm. Soc. Jap. **48**, 131 (1928) — Chem. Zbl. **1929 I**, 324.

[19] Victor Syniewski: Liebigs Ann. **441**, 277 (1925) — Chem. Zbl. **1925 I**, 1486.

[20] Emil Heuser u. Maria Braden: J. prakt. Chem. (2) **103**, 69—102 (1921) — Chem. Zbl. **1922 I**, 854.

Salzsäure führt zum Ziel[1]. — Weitere Reinigung durch Dialyse der Lösung in 10 proz. NaOH in Kollodiumembranen gegen fließendes Wasser und Elektrodialyse. Die mit Toluol versetzte kolloide Lösung ist lange haltbar[1]. Direktes Fällen der alkalischen Lösungen mit alkoholischer Salzsäure[2]. Darstellung aus Roggenstroh[3]. — Aus gereinigter Espartocellulose mit 12 proz. Natronlauge in 12 Stunden, isoliert durch Fällung mit Alkohol[4].

Nachweis und Bestimmung: Gibt mit salzsaurer Tryptophanlösung Xylosereaktion[5]. Ermittlung des Ligningehaltes durch Methoxylbestimmung[6] und des Methylxylans nach Ellett und Tollens[7]. Xylan wurde aus Sulfitzellstoff mit 17 proz. Natronlauge extrahiert und durch Alkohol gefällt; das Phloroglucid war, nach der Destillationsmethode erhalten, dunkelgrün. Die Destillation bei 140° gab zu kleine Furfurolausbeuten. Bei 160° ist die Furfurolbildung bei einem Destillat von 120 ccm beendet. Die richtigsten Werte werden erhalten, wenn man für die Berechnung des Xylangehaltes die Gesamtausbeute zugrunde legt. Oxymethylfurfurolbildung stört nicht merklich, wenn man nur nicht zu lange destilliert, wie aus Versuchen mit Gemischen von Xylose bzw. Xylan mit Zellstoff (Destillat 120 ccm) zu ersehen ist. In beiden Fällen wurden die erwarteten Werte erhalten[8]. Auf das Ergebnis der Holzgummibestimmung ist der Zerkleinerungsgrad des Zellstoffs und die Temperatur von weitgehendem Einfluß. Die Bestimmung des Holzgummis im Laugenauszug erfolgt durch Oxydation mit Chromsäure statt durch Fällung mit Säure und Alkohol und Wägung[9]. Xylan nimmt bei der Hydrolyse zu Xylose 1 Mol H_2O auf. Als Faktor zur Berechnung der Xylose aus dem beim Erhitzen mit Fehlingscher Lösung erhaltenen Cu ergab sich für etwa 0,1 proz. Lösung 0,5527 statt der von Stone für $^1/_4$ proz. Lösung angegebenen Zahl 0,51. Dieser Faktor gilt nur für rein wässerige Lösungen. Beim Erhitzen mit verdünnter HCl nimmt der Faktor ab. Bei der Bestimmung des Xylans als Phloroglucid ergibt sich sehr annähernd die in der Kröberschen Tabelle angegebene Zahl[10].

Physiologische Eigenschaften: Wird durch Schneckenenzymlösung höchstens bis 60% gespalten. Als einziges Produkt der Hydrolyse bildet sich Xylose[11]. Abbau durch die Cytase des Malzes[12].

Physikalische und chemische Eigenschaften: Ein Xylanpräparat aus Weizenstroh enthielt 45,23% C, 6,18% H, 0,77% Asche; ein Reisstrohpräparat: 45,03% C, 6,08% H und 1,54% Asche und zeigte $[\alpha]_D^{20} = -14,49°$ in 2,5 proz. Natronlauge[13]. Läßt sich aus Sulfitzellstoffen mit 17—18 proz. Natronlauge leicht und vollständig entfernen[14]. — Xylan löst sich in Kupferoxydammoniak schwerer als Cellulose. In der grünblauen Lösung wurde das Kupfer elektrolytisch, das Xylan durch Salzsäuredestillation bestimmt. Xylan dreht in Kupferammin stärker links als Cellulose. (Drehwertstabelle und Kurventafel im Original[3].) Verbrennungswärme 4242,8 cal pro 1 g[15]. Mit Hilfe der Elektroosmose kann das anormale Verhalten von Chlordioxyd gegenüber Xylan aufgeklärt werden: Wird der Aschengehalt des Xylans (3%) durch Elektroosmose auf etwa 0,1% vermindert, so erweist sich Chlordioxyd auch Xylan gegenüber als indifferent[16].

[1] E. Heuser: J. prakt. Chem. (2) **103**, 69 (1922) — Chem. Zbl. **1922 I**, 854. — M. Ehrenstein: Helvet. chim. Acta **9**, 332 (1926) — Chem. Zbl. **1926 I**, 3028.

[2] E. Schulze: Hoppe-Seylers Z. **16**, 403 (1892) — Chem. Zbl. **1892 I**, 700. — Emil Heuser u. Maria Braden: J. prakt. Chem. (2) **104**, 259 (1922) — Chem. Zbl. **1923 I**, 504.

[3] E. Hägglund u. F. W. Klingstedt: Liebigs Ann. **459**, 26 (1927) — Chem. Zbl. **1928 I**, 799.

[4] Horace Arthur Hampton, Walter Norman Haworth u. Edmund Langley Hirst: J. chem. Soc. Lond. **1929** 1739 — Chem. Zbl. **1930 I**, 508.

[5] Pierre Thomas u. Elena Meftei: Bul. Soc. da Stiinte din Cluj **3**, 41—44 (1926) — Chem. Zbl. **1927 I**, 779.

[6] Emil Heuser u. Maria Braden: J. prakt. Chem. (2) **104**, 259 (1922) — Chem. Zbl. **1923 I**, 504.

[7] Ellett u. Tollens: J. Landwirtsch. **53**, 13 (1908) — Chem. Zbl. **1905 I**, 834.

[8] F. W. Klingstedt: Z. analyt. Chem. **66**, 129 (1925) — Chem. Zbl. **1925 II**, 1478.

[9] Hermann Bubeck: Papierfabr. **25**, 617 (1927) — Chem. Zbl. **1928 I**, 132.

[10] E. Salkowski: Hoppe-Seylers Z. **177**, 48—60 (1921) — Chem. Zbl. **1922 I**, 325.

[11] M. Ehrenstein: Helvet. chim. Acta **9**, 332 (1926) — Chem. Zbl. **1926 I**, 3028.

[12] H. Lüers u. W. Volkamer: Wschr. Brauerei **45**, 83, 95 (1928) — Chem. Zbl. **1928 I**, 2263.

[13] Shigeru Komatsu, Tatsuji Inoue u. Risabuso Nakai: Mem. Coll. Sci. Engin. Imp. Univ. Kyoto A **7**, 25 (1923) — Chem. Zbl. **1924 I**, 898.

[14] F. W. Klingstedt: Biochem. Z. **202**, 106 (1929) — Chem. Zbl. **1929 I**, 1677.

[15] P. Karrer u. W. Fioroni: Helvet. chim. Acta **6**, 396 (1923) — Chem. Zbl. **1923 III**, 1005.

[16] Erich Schmidt, Eberhard Geisler, Paul Arndt u. Fritz Ihlow: Ber. dtsch. chem. Ges. **56**, 23 (1923) — Chem. Zbl. **1923 I**, 960.

Weißes, amorphes Pulver, $[\alpha]_D^{22} = -109,5°$ in 2,5 proz. wässeriger Natronlauge, unlöslich in kaltem Wasser. Hydrolyse mit 3 proz. siedender Salpetersäure liefert nach 1 Stunde 93% d-Xylose[1]. — Gibt bei der trocknen Destillation: Rückstand (Kohle) 31,6%, Teer 6,7%, wässeriges Destillat 43,8% und Gas 18,0%. Im Destillat wurden Säure, Furfurol und Allylalkohol festgestellt. Unter vermindertem Druck gibt Xylan folgende Ausbeuten: Rückstand 31,5 bzw. 38%, Gesamtdestillat 68,5—62,0%, Öl 21,4—19,1%, wässeriges Destillat 20,1—23,78%, Gas und Verluste 27,0—19,2%. Eine dem Lävoglykosan entsprechende Anhydroxylose liegt nicht vor[2]. Die Hydrolyse des Xylans sowohl mit 43 proz. HCl bei 0° als auch mit 4 proz. HCl durch Erhitzen liefert als Hauptprodukt Xylose. Hexosen und andere Zuckerarten entstehen nicht in bestimmbarer Menge[3]. Die schlechten Ausbeuten an Xylose sind bei verdünnten sauren Lösungen durch Furfurolbildung, bei Hydrolysen mit konz. Säuren durch Verkohlungen bedingt[4].

Aspenholzpentosan wurde aus dem gebleichten Aspenholzzellstoff nach dem Verfahren von Heuser und Braden in einer Ausbeute von 63,47% der Theorie gewonnen. Das Produkt war in 2 proz. Natronlauge vollkommen löslich, aber enthielt viel Asche: 4,28%, die durch 3 tägige Dialyse auf 0,99% herabgesetzt werden konnte. Nach der Furfuroldestillationsmethode enthielt das Präparat 94,43% reines Pentosan, bezogen auf trockene und aschefreie Substanz. Das Pentosan lieferte bei der Hydrolyse mit 3 proz. Salpetersäure nach Heuser und Jayme fast ausschließlich Xylose, identifiziert durch ihr β-Naphthylhydrazon vom Schmelzp. 122—124°. Mannan und Galaktan fehlen. — Bei der trocknen Destillation des Pentosans fand sich im Destillat nach Entfernung der Phenole 3,59% Säure, berechnet als Essigsäure. Unter den gleichen Bedingungen erhielt man aus Strohxylan 4,09 Essigsäure. Die Destillation begann bei 160—190°, erreichte ihren Höhepunkt bei 305—315° und war erst bei 400—420° beendet. Dauer etwa 2 Stunden. Das Aspenholzpentosan liefert also nahezu die gleiche Essigsäureausbeute wie Strohxylan, obgleich das Holz selbst bei der trocknen Destillation viel mehr Essigsäure liefert, als seinem Pentosangehalt entspricht. Die Mehrausbeute an Essigsäure bei der trocknen Destillation von Laubhölzern gegenüber der von Nadelhölzern kann also nicht dadurch erklärt werden, daß in jenen ein mehr Essigsäure lieferndes Pentosan enthalten ist. Dieser Unterschied muß vielmehr auf sekundäre Reaktionen zurückgeführt werden, die sich während der Destillation abspielen. Destilliert man nämlich künstliche Gemische von Cellulose und Xylan, Cellulose und Lignin oder Xylan und Lignin, so erhält man stets höhere Ausbeuten an Essigsäure, als es der Zusammensetzung der Gemische und den Essigsäureausbeuten der reinen Komponenten entspricht. — Ein Fichtenholz mit 10,2% Pentosan lieferte bei der Destillation 4,5% Essigsäure. Nach Zusatz von Pentosan bis zu einem Gehalt von 20% wurden 5,47% Essigsäure erhalten, während 4,5% berechnet sind. Laubholzcellulose und Xylan im Verhältnis 5 : 2 ergaben 4,13%, berechnet 2,98%, Laubholzcellulose und Lignin 2 : 1,1 ergaben 2,85%, berechnet 2,07%. Laubholzcellulose und Xylan 3 : 2 ergaben 3,31%, berechnet 2,4% Essigsäure[5].

Beim Lösen des Xylans in 45 Teile 3 proz. HNO_3 bei 100° entstehen kolloidale Zwischenprodukte (Xylodextrine?), die vielleicht den Cellulosedextrinen entsprechen. Durch 1 stündiges Kochen mit 3 proz. HNO_3 kann man in 85 proz. Ausbeute gut krystallisierende d-Xylose erhalten, ohne daß Furfurolbildung eintritt[6]. Gibt bei der Oxydation mit HNO_3 (D. = 1,2) Xylotrioxyglutarsäure in 21,7 proz. Ausbeute. Mit einem Überschuß an HNO_3 entsteht vorwiegend Oxalsäure[7]. Einfluß des Xylangehaltes der Cellulose auf die Beschaffenheit der daraus hergestellten Nitrocellulosen und Nitrierungsversuche mit Xylan[8]. — Die Kalischmelze von 1 Teil Xylan mit 10 Teilen Kaliumhydroxyd und 10 Teilen Wasser bei Temperaturen zwischen 170 und 280°

---

[1] Horace Arthur Hampton, Walter Norman Haworth u. Edmund Langley Hirst: J. chem. Soc. Lond. **1929**, 1739 — Chem. Zbl. **1930 I**, 508.

[2] E. Heuser u. A. Scherer: Brennstoffchemie **4**, 97 (1923) — Chem. Zbl. **1923 I**, 1489.

[3] Emil Heuser u. E. Kürschner: J. prakt. Chem. (2) **103**, 69—102 (1921) — Chem. Zbl. **1922 I**, 854.

[4] Emil Heuser u. Ludwig Brunner: J. prakt. Chem. (2) **104**, 259 (1922) — Chem. Zbl. **1923 I**, 504. — Emil Heuser u. Kürschner: J. prakt. Chem. (2) **103**, 69 (1921) — Chem. Zbl. **1922 I**, 854.

[5] Emil Heuser u. August Brotz: Papierfabr. **23**, 69 (1925) — Chem. Zbl. **1915 II**, 1531.

[6] E. Heuser u. G. Jayme: J. prakt. Chem. (2) **105**, 232 (1923) — Chem. Zbl. **1923 III**, 367. — E. Heuser u. L. Brunner: J. prakt. Chem. (2) **104**, 264 (1923) — Chem. Zbl. **1923 I**, 505.

[7] E. Heuser u. G. Jayme: J. prakt. Chem. (2) **105**, 283 (1923) — Chem. Zbl. **1923 III**, 368.

[8] Berthold Rassow u. Eduard Dörr: J. prakt. Chem. **108**, 113 (1924) — Chem. Zbl. **1924 II**, 2137. Siehe bei Nitrocellulose.

und Gesamtdauer von 3—7 Stunden, wobei die Masse $^1/_2$—2 Stunden auf die Höchsttemperatur erhitzt war, gibt unter Entwicklung von Wasserstoff als Hauptprodukt Oxalsäure, Essigsäure und Ameisensäure. Die Menge der Oxalsäure beträgt 7—53%, die höchste Ausbeute ist bei 220—240°, Essigsäure und Ameisensäure bilden sich zusammen in einer Menge von 4—20%, davon im Durchschnitt 13—15% Essigsäure und 9—12% Ameisensäure. — Bernsteinsäure konnte nur qualitativ nachgewiesen, aber nicht isoliert werden. Spuren Brenzcatechin und Protocatechusäure sind offenbar nur auf Verunreinigungen des Xylans zurückzuführen. — Woher die großen Mengen Oxalsäure stammen, bleibt noch aufzuklären. — Über die Ameisensäure können sie höchstens teilweise entstanden sein, da die gebildete Wasserstoffmenge zu gering ist. — Da die Schmelze reich an Carbonat ist, so scheint es, daß der allergrößte Teil der Ameisensäure zu Kohlensäure zersetzt wird[1].

Derivate: Alkalixylane. Darstellung verschiedener Produkte mit Kalilauge, Natronlauge, Lithiumhydroxyd und Rubidiumhydroxyd und Einwirkenlassen von Schwefelkohlenstoff auf die gewonnenen Substanzen[2].

Xylanxanthogenate[2].

Xylankupferverbindung[3].

Xylandiacetat[4]. Bei der Einwirkung von Essigsäureanhydrid oder Acetylchlorid ohne oder in Gegenwart von Pyridin; mit Essigsäureanhydrid und wenig Salpetersäure. Leicht löslich in Pyridin; schwerer löslich in Chloroform und Aceton; unlöslich in Wasser, Alkohol, Äther und Methylalkohol. Essigsäuregehalt 55,4%. — Verbrennungswärme 4548 und 4535 cal pro 1 g[5].

Methyloxylan, Dimethylxylan, Xylandimethyläther[6] $C_5H_6O_2(OCH_3)_2$.

$$\left[\begin{array}{c} \text{H} \\ \diagdown \diagup \\ \text{C} \\ | \\ \text{H—C—O—CH}_3 \\ | \\ \text{CH}_3\text{—O—C—H} \\ | \\ \text{H—C—O—} \\ | \\ \text{CH}_2 \end{array} \right]_n$$

Durch Methylierung von Xylanpräparaten aus Weizen- und Reisstroh mit Dimethylsulfat und 30 proz. Natronlauge und Nachbehandlung des Rohproduktes mit Methyljodid und Silberoxyd 3 Tage bei 100°. Nach Extraktion mit Chloroform Sirup, der nach 3 wöchigem Trocknen unter vermindertem Druck bei 80° fest wird. Erweicht bei 50—60°. $[\alpha]_D^{20} = +30{,}45°$ in Chloroform. Bei der Hydrolyse mit 5 proz. Salzsäure bei 100° (4 Stunden) entsteht eine Dimethylxylose, Sirup, die Fehlingsche Lösung reduziert, aber nicht Permanganat[6]. Leicht löslich in Chloroform, Methyljodid, Aceton, Eisessig; wenig löslich in Äther[8]. Aus Xylan mit der 100 fachen Menge 45 proz. Kalilauge und der 80 fachen Menge Dimethylsulfat 5 Stunden bei Zimmertemperatur, dann 1 Stunde bei 100°, und Wiederholung der Methylierung. Reinigung durch Umfällen aus Chloroform mit absol. Äther. Weißes Pulver, Schmelzp. 194—196°, unter schwacher Zersetzung. $[\alpha]_D^{18,5} = -92°$ in Chloroform. Leicht löslich in Chloroform, Acetylentetrachlorid, Benzol, Eisessig, warmem Tetrachlormethan, schwer löslich in siedendem Methylalkohol, unlöslich in Wasser, Alkohol, Äther, Aceton und Petroläther mit methylalkoholischer Salzsäure entsteht in 90 proz. Ausbeute 2, 3-Dimethyläther des Methylxylopyranosids[7].

<hr>

[1] Emil Heuser: J. prakt. Chem. **107**, 1 (1924) — Chem. Zbl. **1924 I**, 2582.

[2] Emil Heuser u. Gerhard Schorch: Cellulosechemie **9**, 93, 109 (1928) — Chem. Zbl. **1928 II**, 2719.

[3] Emil Heuser: Papierfabr. **25**, 238 (1927) — Chem. Zbl. **1927 II**, 194.

[4] Emil Heuser u. Paul Schlosser: Ber. dtsch. chem. Ges. **56**, 392 (1923) — Chem. Zbl. **1923 I**, 899.

[5] P. Karrer u. W. Fioroni: Helvet. chim. Acta **6**, 396 (1923) — Chem. Zbl. **1923 III**, 1005.

[6] Shigeru Komatsu, Tatsuji Inoue u. Risabubo Nakai: Mem. Coll. Sci. Engin. Imp. Univ. Kyoto A **7**, 25 (1923) — Chem. Zbl. **1924 I**, 898.

[7] Horace Arthur Hampton, Walter Norman Haworth u. Edmund Langley Hirst: J. chem. Soc. Lond. **1929**, 1739 — Chem. Zbl. **1930 I**, 508.

[8] Emil Heuser u. Wilhelm Ruppel: Ber. dtsch. chem. Ges. **55**, 2084 (1922) — Chem. Zbl. **1922 III**, 667.

Nitroderivat. Holzgummi, dargestellt durch Extraktion des Holzes von Picca Ayanensis mit 5proz. Natronlauge bei gewöhnlicher Temperatur, Neutralisieren und schließlich Ansäuern mit Salzsäure gab ein in Aceton und alkoholischer Campherlösung unlösliches Nitroderivat, das wenig stabil war. Nitrierung des Äther-Alkohol-Extraktes aus demselben Holz führte teilweise zu Oxydation, teilweise zu einem Nitroderivat, das wenig beständig war und eine Lösung von niedriger Viscosität lieferte[1].

Tragant (Bd. II, S. 33; Bd. X, S. 221).

Nachweis und Bestimmung: Tragant kann man außer durch das Fehlen von oxydierenden Fermenten und das abweichende Verhalten gegen Bleiacetat und Bleiessig durch den Nachweis von Methoxyl und Acetylgruppen von Gummi arabicum unterscheiden. v. Fellenberg fand 5,38% Methoxyl, auf die cellulose-, stärke- und aschenfreie Trockensubstanz berechnet. Nach Rosenthaler[2], liegt der Methoxylgehalt der kleinasiatischen und persischen Tragante zwischen 3,57 und 5,35%. Die Acetylgruppe wurde als Silbersalz nachgewiesen. Der Gehalt an Ameisensäure ist nur gering; gefunden 0,12%. Dem Vorkommen von Acetyl- und Formylgruppen entsprechend läßt sich von Tragant eine Verseifungszahl bestimmen; gefunden 155 bis 180. Gummi arabicum gibt eine viel kleinere Verseifungszahl: 9,2—17,6. Das Methoxyl des Tragants dürfte aus dem Pektin bzw. der Intercellularsubstanz stammen[2].

Physiologische Eigenschaften: Versuche über parenterale Depots wasserlöslicher Medikamente[3].

Physikalische und chemische Eigenschaften: Bei Arzneibuchware wurden 0,155% bei persischem Tragant 0,745% Stickstoff gefunden. Beim Eintragen einiger Körnchen der Tragante in Schwefelsäure geben gute Sorten innerhalb 1 Minute keine Färbung, nach 1 Stunde eine rein braune. Geringere Sorten geben in 1 Minute Orangefärbung und in 1 Stunde Braun-, Rotbraun- bis Dunkelorangefärbung, häufig mit purpurnen Streifen[4]. Zeigt sehr häufig Zellstruktur mit eingeschlossenen Stärkekörnern; Gummi ist strukturlos. Alle Tragante geben die Guajac- und die Pyrogallolreaktionen. Nachweis von Oxydasen und Gummi im Tragantschleim[5]. Gibt bei der Hydrolyse etwa 2,3% Essigsäure[6]. — Verzögert leicht die Säurehydrolyse von Estern in heterogenen Systemen[7].

Mesquitegummi.

Physikalische und chemische Eigenschaften: Die Zusammensetzung von Mesquitegummi ist nach den Analysenergebnissen: 11% Feuchtigkeit, 2,13% Asche, 0,7% N entsprechend 4,73% Protein, 18,7% d-Galaktose, 50,7% l-Arabinose, 3,25% CO_2 nach der Lefévre-Methode, entsprechend 13% eines Aldehydlactons der Glykuronsäuregruppe[8].

Hefegummi (Bd. II, S. 36; Bd. VIII, S. 5; Bd. X, S. 221).

Vorkommen: Ein Hefeautolysat vom Invertasezeitwert 1,19 enthielt, bezogen auf Trockengewicht, 7,3% Hefegummi[9].

Bildung: Bei der Selbstgärung der Hefe[10].

Darstellung: Der Gummi wird aus der Zelle mit Papain oder Diastase freigelegt, danach die Hefe bei 37° mit Essigester abgetötet, die Hefegummilösungen durch Dialyse und Alkohol-

---

[1] Katsumoto Atsuki: J. Fac. Eng. Tokyo Imp. Univ. **15**, 117 (1924) — Chem. Zbl. **1925 I**, 1254.

[2] L. Rosenthaler: Schweiz. Apoth.-Ztg **62**, 221 (1924) — Chem. Zbl. **1924 II**, 212.

[3] C. B. Strauch u. H. Bernhardt: Z. klin. Med. **104**, 744 (1926) — Chem. Zbl. **1924 I**, 1187.

[4] L. Rosenthaler: Schweiz. Apoth.-Ztg **62**, 632 (1924) — Chem. Zbl. **1924 II**, 2779.

[5] W. Peyer: Pharm. Zentralhalle **65**, 637—740 (1924) — Chem. Zbl. **1925 I**, 408.

[6] Felix Ehrlich u. Robert v. Sommerfeld: Biochem. Z. **168**, 263 (1926) — Chem. Zbl. **1926 I**, 2367.

[7] R. Chr. Smith: J. chem. Soc. Lond. **127**, 2602 (1925) — Chem. Zbl. **1926 I**, 1523.

[8] Ernest Anderson u. Lila Sands: J. amer. chem. Soc. **48**, 3172—3177 (1926) — Chem. Zbl. **1927 I**, 1330.

[9] Richard Willstätter, Karl Schneider u. Erwin Wenzel: Hoppe-Seylers Z. **151**, 1 (1926) — Chem. Zbl. **1926 I**, 2477.

[10] A. Gottschalk: Hoppe-Seylers Z. **153**, 215 (1926) — Chem. Zbl. **1926 I**, 3555.

fällung und nachheriger Behandlung mit Kaolin und Tonerde gereinigt[1]. — Das Kriterium der Reinheit des Hefegummis ist sein Verhalten bei der Adsorption an Orthoaluminiumhydroxyd und an mit HCl ausgekochtem Kaolin. Herstellung nach Salkowski[2]: Die aus Löwenbräuhefe gewonene Hefegummi-Kupfer-Verbindung wurde durch wiederholten Zusatz von HCl und NaOH mehrmals umgefällt, in wenig HCl gelöst und mit der 5fachen Menge abs. Alkohol wiederum mehreremal gefällt. Dieses einheitlich anzusehende Produkt wurde mittels Kaolin weiter gereinigt, bis die Adsorptionskurve die Form der normalen Adsorptionsisotherme angenommen hat[3].

Bestimmung: Man fällt mit dem 5—6fachen Volum Alkohol, zentrifugiert nach einigen Stunden und extrahiert den Niederschlag in der Zentrifuge 4mal mit je 5 ccm 20n-Essigsäure. Die erhaltene reinere Lösung von Hefegummi wird mit 20 ccm Fehlingscher Lösung auf dem Wasserbad erwärmt, der Niederschlag nach 4—5 Stunden abzentrifugiert, nach Lösen in 2 ccm 8proz. Salzsäure mit 35 ccm 95proz. Alkohol gefällt, mit 15 ccm Alkohol ausgewaschen und in ein Meßkölbchen von 10 ccm gespült. Die Bestimmung des Hefegummis erfolgt durch Polarisation, $[\alpha]_D^{20} = +80{,}3°$ für exsiccatortrockenen Hefegummi; 1 mg Hefegummi entspricht ungefähr $0{,}03°$[4].

Physiologische Eigenschaften: Hefegummi wird durch Takadiastase, Emulsin, Aspergillus niger-Auszug, Grünmalz oder Darrmalz nicht gespalten[5]. Wird durch Acetonpräparate aus untergärigen Hefen und durch Macerationssäfte aus Trockenpräparaten von Unterhefen vergoren[6]. Ist als Reservekohlehydrat der Hefe zu betrachten. Seine Menge nimmt beim Schütteln der Hefe mit Glykose an der Luft um 29—56% zu[7].

Physikalische und chemische Eigenschaften: Das reine Produkt ist hygroskopisch, seine Zusammensetzung stimmt auf die Formel $(C_6H_{10}O_5)_n$; $[\alpha]_D^{20} = +88{,}8°$. Das Salkowskische Präparat, das als nicht einheitlich zu betrachten ist, unterscheidet sich bloß in den Adsorptionsverhältnissen[8]. Gibt mit fuchsinschwefliger Säure keine Reaktion[9].

Tiergummi[10] (Bd. II, S. 35).

Vorkommen: Im Fuße der Schnecken Helix aspersa und Helix pomatia sowie im Schleim derselben neben Mucoitinschwefelsäure.

Physikalische und chemische Eigenschaften: Entspricht wohl dem Sinistrin Hammarstens. Wenig löslich in Wasser; leicht löslich in starken Mineralsäuren, auch in gewissem Grade in Alkalien. Die Lösungen waren meist zu opak, um zuverlässige Bestimmungen des Drehungsvermögens zu gestatten; soweit eine Ermittlung möglich war, erschien die Substanz rechtsdrehend, einige Male inaktiv. Gegenwart kleiner Mengen Stickstoff und Schwefel zeigte, daß noch etwas Mucoitinschwefelsäure zugegen war. Die Spaltung ergab maximal 60% als Glykose berechnet eines Monosaccharides, das sich als Galaktose erwies, und 20—30% Essigsäure. Möglicherweise ist in den Geweben ein zweites Polysaccharid vorhanden; das aus den Spaltprodukten gewonnene Phenylosazon war häufig optisch inaktiv und vom Schmelzp. 202°, doch konnte nach Oxydation mit Salpetersäure nur Schleimsäure mit Sicherheit isoliert werden.

Lävan (Bd. II, S. 39; Bd. VIII, S. 6; Bd. X, S. 222).

Bildung: Im Gegensatze zu der Anschauung, das Sekretion von Invertase für die Bildung von Gummi wesentlich sei, fand Owen[11], daß schnelle Inversion die Bildung völlig hindert, wobei die Invertase auch die Gummibildung aus noch nicht invertiertem Zucker hemmt. Die

[1] H. Kraut, F. Eichhorn u. H. Rubenhauer: Ber. dtsch. chem. Ges. **60**, 1644 (1927) — Chem. Zbl. **1927 II**, 1160.

[2] Salkowski: Hoppe-Seylers Z. **69**, 470 (1910).

[3] H. Kraut u. F. Eichhorn: Ber. dtsch. chem. Ges. **60**, 1639 (1927) — Chem. Zbl. **1927 II**, 1160.

[4] R. Willstätter, K. Schneider u. E. Bamann: Hoppe-Seylers Z. **147**, 248 (1925) — Chem. Zbl. **1926 I**, 688.

[5] H. Kraut, F. Eichhorn u. H. Rubenhauer: Ber. dtsch. chem. Ges. **60**, 1644—1648 — Chem. Zbl. **1927 II**, 1160.

[6] A. Gottschalk: Hoppe-Seylers Z. **153**, 215 (1926) — Chem. Zbl. **1926 I**, 3555.

[7] Joseph Warkany: Biochem. Z. **150**, 271—280 — Chem. Zbl. **1924 II**, 2407.

[8] H. Kraut u. F. Eichhorn: Ber. dtsch. chem. Ges. **60**, 1639—1643 — Chem. Zbl. **1927 II**, 1160.

[9] K. Josephson: Ber. dtsch. chem. Ges. **56**, 1771 (1923) — Chem. Zbl. **1923 IV**, 352.

[10] P. A. Levene: J. of biol. Chem. **65**, 683 (1925) — Chem. Zbl. **1926 I**, 1431.

[11] William L. Owen: J. Bacter. **8**, 421 (1923) — Chem. Zbl. **1924 II**, 63.

Fähigkeit zur Lävangummibildung läßt sich bei einer Kultur von Bac. vulgatus durch zweckmäßige Züchtung beträchtlich steigern. Alle Gummibildner scheinen Abkömmlinge des Kartoffelbacillus zu sein [1].

Dextran (Bd. II, S. 40; Bd. X, S. 222).

Bildung: Dextran ist das Erzeugnis eines tiefen Zerfalles des Rohrzuckers, hervorgerufen durch eine Schleimgärung [2].

B. Hemicellulosen (Bd. II, S. 42; Bd. VIII, S. 6; Bd. X, S. 224).

Vorkommen: In Flechten [3], unter den Kohlehydraten des Maispollens [4], in den Scheidewänden der Citrone [5], in Campanula rotundifolia 4,4% [6].

Bildung: Verbindungen vom Typus der Hemicellulosen bilden sich bei der Behandlung von Pektinogen mit Alkalien neben Pektinsäure [7].

Darstellung: Aus Weizenmehl kann nach Entfernung des Gliadins durch heißem 70proz. Alkohol, der Stärke durch Einwirkung von Takadiastase nach Gelatinieren mit heißem Wasser und des Glutenins durch Ausziehen mit 0,1proz. NaOH-Lösung bei weiterer Behandlung mit 4proz. NaOH-Lösung eine Hemicellulose gewonnen werden; sie ist in heißem Wasser völlig klar löslich, scheidet sich daraus beim Abkühlen amorph aus. Die Reinigung kann durch Umlösen aus Wasser oder über das Cu-Salz erfolgen [8]. Aus Sago-, Mais-, Weizen-, Reis-, Tapioka- und Kartoffelstärke wird die gleiche Hemicellulose wie aus Weizenmehl erhalten. Die Ausbeuten steigen von fast 0 (Kartoffel) bis etwa 4% (Sago) [9]. Sägemehl wird zuvor mit heißem Wasser ausgezogen und mit 4proz. NaOH-Lösung behandelt. Die Hemicellulose wird aus der Lösung durch Fällung mit Säure (vollständig erst nach Zusatz von Alkohol) gefällt und über die Cu-Verbindung, dann durch Ausziehen mit siedendem abs. Alkohol gereinigt [10]. Darstellung von Hemicellulose A aus Buchenholz: Mit heißem Wasser und 0,2proz. NaOH vorbehandeltes Sägemehl wird mit 4proz. NaOH extrahiert, nach Zusatz von Kalkwasser filtriert und mit Eisessig gefällt; Reinigung durch Umfällen und Elektrodialyse; Ausbeute 5% an einer amorphen, weißen Substanz. Darstellung von Hemicellulose B: Zusatz von 2 Volumen 95proz. Alkohol zu dem eingeengten Filtrat des Eisessigniederschlages, dann wiederholtes Umfällen. Ausbeute 1%. Im nichtverholzten Gewebe überwiegt Hemicellulose B, im verholzten A [11].

Nachweis und Bestimmung: Analyse: Man entfernt zunächst die Stärke durch Hydrolyse mit Speicheldiastase, die besser wirkt als Takadiastase. — Nachher werden die Hemicellulosen durch Hydrolyse mit verdünnter Schwefelsäure ermittelt [12].

Physiologische Eigenschaften: Einfluß der Reife auf die Veränderungen der Hemicellulosen der Erbsen [13].

Physikalische und chemische Eigenschaften: Über den Begriff der Hemicellulosen [14]. — Im Gegensatz zu den früheren Angaben sind am Aufbau der Hemicellulosen in der Zell-

---

[1] William L. Owen: J. Bacter. 8, 421 (1923) — Chem. Zbl. **1924 II**, 63.

[2] J. J. Dochlenko: Zapiski 1924, 1, 123 — Chem. Zbl. **1925 II**, 2104.

[3] Emile Votoček u. Jean Burda: Bull. Soc. chim. France (4) **39**, 248 (1926) — Chem. Zbl. **1926 I**, 3160.

[4] Suguru Miyake: J. of Biochem. 3, 169—176 (1924) — Chem. Zbl. **1925 I**, 677.

[5] Antonio Fichera: Ann. chim. appl. **15**, 568 (1925) — Chem. Zbl. **1926 I**, 2111.

[6] Friedrich Springer: Mh. Chem. **43**, 13 (1922) — Chem. Zbl. **1922 III**, 1057.

[7] Frederick Walter Norris u. Samuel Barnett Schryver: Biochemic. J. **19**, 676 (1925) — Chem. Zbl. **1926 I**, 415.

[8] D. H. F. Clayson u. S. B. Schryver: Biochemic. J. **17**, 493 (1923) — Chem. Zbl. **1923 III**, 1622. — D. H. F. Clayson, F. W. Norris u. S. B. Schryver: Biochemic. J. **15**, 643 (1922) — Chem. Zbl. **1922 I**, 358.

[9] S. B. Schryver u. E. M. Thomas: Biochemic. J. **17**, 496 (1923) — Chem. Zbl. **1923 III**, 1622.

[10] M. H. O'Dwyer: Biochemic. J. **17**, 501 (1923) — Chem. Zbl. **1923 III**, 1622.

[11] M. H. O'Dwyer: Biochemic. J. **20**, 656 (1926) — Chem. Zbl. **1927 I**, 111.

[12] W. E. Tottingham u. F. Gerhardt: Ind. Chem. **16**, 139 (1924) — Chem. Zbl. **1924 II**, 132.

[13] C. F. Muttelet: Ann. Falsifications **18**, 5 (1925) — Chem. Zbl. **1925 I**, 2120.

[14] Emil Heuser: Papierfabr. **25**, 238 (1927) — Chem. Zbl. **1927 II**, 194.

membran von Flachs (Linum usitatissimum) nicht geringe Mengen Galaktose beteiligt, diejenigen Hemicellulosen, die an Cellulose gebunden sind, enthalten keine d-Galaktose. Die gleiche Schlußfolgerung ergibt sich aus den Untersuchungen der Zellmembran der Fichte (Picea excelsa), wonach in den an die Cellulose gebundenen Hemicellulosen keine Galaktose vorhanden ist. Die in den Hemicellulosen des Fichtenholzes aufgefundene Galaktose ist sonst ebenfalls als Baustein der Hemicellulosen der Inkruste zu betrachten. Siehe noch bei Galaktose[1]. Die Hemicellulose A ist eine amorphe, weiße Substanz, unlöslich in verdünnten Säuren und Alkohol, löslich in Alkalien, nach dem Trocknen in kaltem Wasser unlöslich; nach Behandlung mit heißem Wasser und Abkühlung entsteht eine gelatinöse Masse. Grünfärbung mit Jod; $[\alpha]_D$ in 1 proz. NaOH-Lösung $-107°$; Fehlingsche Lösung wird nicht reduziert; Furfurolausbeute nach Tollens 50 %; bei der Oxydation mit HNO_3 entsteht keine Schleimsäure.

Die Hemicellulose B ist eine amorphe, dunkle Substanz, löslich in Wasser, verdünnten Säuren und Alkalien; unlöslich in Alkohol und Äther; reduziert Fehlingsche Lösung nicht, entfärbt Jodlösung etwas. $[\alpha]_D$ in 0,5 proz. NaOH-Lösung $-120°$; Furfurolausbeute 42,7 %[2]. Aus Buchenholz erhaltene Hemicellulosen A und B liefern bei der Hydrolyse mit starken Säuren Xylose und eine 11 % Glykuronsäure entsprechende Menge CO_2 bzw. Arabinose, etwas Galaktose und eine 63 % Galakturonsäure entsprechende Menge CO_2[6]. Die Natur der Hemicellulose hängt vom Alter des Holzes ab. Bei einem 80 jährigen Buchenholz wurden 80 % der Hemicellulose A vollständig acetyliert, während nur 20 % derselben Substanz einer noch älteren Buche und eines Eichenkernholzes in derselben Weise reagierten. Die Hemicellulosen beider Holzarten enthalten eine gewisse Menge Methoxyl, von dem die Hälfte als Ester auftritt; der Rest läßt sich auch mit energischen Methoden nicht verseifen. Bei der Methylierung der Acetylierungsrückstände von Eichenholz nimmt der Methoxylgehalt zu, was auf freie Hydroxylgruppen schließen läßt. Nach der Wiederveresterung der Substanz war jedoch der Aschengehalt viel höher, da sich eine Na-Verbindung gebildet hatte[3].

In der leicht hydrolysierbaren Hemicellulose der Fichte, welche 18 % des Holzgewichts ausmacht, sind in hydrolysiertem Zustand vorhanden: 17,0 % Pentosen, 42,7 % Mannose, 4,2 % Galaktose, 3,2 % Galakturonsäure, 4 % Fructose und 28,9 % Glykose[4]. Über Hemicellulosen der Flachspflanze[5]. — Die Hemicellulose des Weizenmehles ist in heißem Wasser völlig klar löslich, scheidet sich daraus beim Abkühlen amorph aus. Löslich in n-NaOH, daraus durch Säuren fällbar. $[\alpha]_D^{20} = +150°$ (in $^1/_2$ n-NaOH)[6]. Die Hemicellulose der Stärkearten gibt bei der Spaltung mit verdünnten Säuren von reduzierenden Zuckern nur d-Glykose, daneben aber andere Produkte, wahrscheinlich dextrinartige[7]. Verhalten bei der Tollensschen Destillation[8]. Elektrolysiert man eine bei der Viscoseherstellung abfallende Hemicellulose enthaltende alkalische Lösung, so oxydiert sich an der Anode die Hemicellulose vollständig zu Kohlensäure und Wasser. In dem Maße, wie Natriumhydroxyd in Natriumcarbonat übergeht, wird die Hemicellulose weniger löslich, sie setzt sich schließlich ab[9].

Hemicellulose der Asparagussamen[10].

In den Samen von Asparagus officinalis var. Palmetto befindet sich eine Hemicellulose, wahrscheinlich ein Glykofructomannan.

---

[1] Erich Schmidt, Friedrich Trefz u. Hans Schnegg: Ber. dtsch. chem. Ges. **59**, 2635 bis 2646 (1926) — Chem. Zbl. **1927 I**, 1191

[2] M. H. O'Dwyer: Biochemic. J. **20**, 656 (1926) — Chem. Zbl. **1927 I**, 111 — Biochemic. J. **17**, 501 (1923) — Chem. Zbl. **1923 III**, 1622.

[3] M. H. O'Dwyer: Biochemic. J. **22**, 381 — Chem. Zbl. **1928 II**, 981 — Biochemic. J. **19**, 694 (1925) — Chem. Zbl. **1926 I**, 416.

[4] Erich Hägglund, F. W. Klingstedt, Truls Rosenquist u. Helmut Urban: Hoppe-Seylers Z. **177**, 248 (1928) — Chem. Zbl. **1928 II**, 2128.

[5] Stanley Thomas Henderson: J. chem. Soc. Lond. **1928**, 2117 — Chem. Zbl. **1928 II**, 2032.

[6] D. H. F. Clayson u. S. B. Schryver: Biochemic. J. **17**, 493 (1923) — Chem. Zbl. **1923 III**, 1622. — D. H. F. Clayson, F. W. Norris u. S. B. Schryver: Biochemic. J. **15**, 643 (1922) — Chem. Zbl. **1922 I**, 358.

[7] S. B. Schryver u. E. M. Thomas: Biochemic. J. **17**, 496 (1923) — Chem. Zbl. **1923 III**, 162.

[8] Walter Gierisch: Cellulosechemie **6**, 61 (1925) — Chem. Zbl. **1925 II**, 1822.

[9] E. Lenoble: Chimie et Industrie **13**, 560 (1925) — Chem. Zbl. **1925 II**, 994.

[10] W. E. Cake u. H. H. Bartlett: J. of biol. Chem. **51**, 93 (1922) — Chem. Zbl. **1922 I**, 1376.

Mannan (Bd. II, S. 48; Bd. VIII, S. 6; Bd. X, S. 222).

Vorkommen: Amorphophallus Konjaku enthält große Mengen Mannan, des bei der Hydrolyse Mannose und Glykose liefert[1]. — In Flechten[2]. In der Karafutofichte „Todomatsu"[3]. In den japanischen Hanfpalmen- und Schwammkürbisfasern[4]. Holzzellstoff enthält 3,2% Mannan, bezogen auf aschefreie Trockensubstanz[5]. Ein Natronzellstoff aus Fichte enthielt 3,28% Mannan[6]. — In Sulfitzellstoff[7]. — Im Holz von Sequoia gigantea[8].

Darstellung: Im Gegensatz zu Pringsheim und Seifert[9], die eine Hemicellulosemodifikation des Mannans darstellen, isoliert Patterson ein Mannan in Form von Mannocellulose aus pflanzlichem Elfenbein. Steinnußmehl wird mit 10proz. NaOH von N-haltigen und Harzsubstanzen befreit, der Rückstand in siedender 20proz. NaOH gelöst, die Lösung vom unveränderten Mehl filtriert und mit einem Drittel des Volumens Alkohol ein NaOH-Polysaccharidkomplex als gelatinöser Niederschlag gefällt. Nach Filtrieren und Waschen mit Alkohol wird der Niederschlag in Wasser gelöst und das Polysaccharid durch verdünnte Essigsäure gefällt. Der unveränderte Rückstand der ersten Extraktion wird abermals bis 8mal mit 20proz. NaOH extrahiert und weiter verarbeitet. Die Ausbeute an reinem Mannan von der Zusammensetzung $C_6H_{10}O_5$ beträgt 8—10% des trocknen Mehles[10].

Nachweis und Bestimmung: Mannan wird zur Bestimmung durch 3stündiges Kochen mit 3proz. H_2SO_4 hydrolysiert und die gebildete Mannose bestimmt[11].

Physiologische Eigenschaften: Von zahlreichen geprüften Bakterienarten vermochten nur 3 Mesentericusarten (fuscus, flavus und vulgatus) und Bac. leptosporus das Konjak-Mannan zu verflüssigen. Mannose wurde niemals abgespalten[12]. Das Mannan der Steinnuß wird durch Einwirkung der eigenen Enzyme in Mannose überführt, wobei höchstwahrscheinlich als Zwischenprodukt ein Trisaccharid gebildet wird. Nach 10tägiger Einwirkung der Enzyme ist nur noch Mannose nachzuweisen[13]. Aus den Salepknollen (Tubera Salep) dargestelltes Mannan wird durch ein in den Malzauszügen befindliches Ferment quantitativ in Mannose zerlegt. Diese Mannosidase besteht aus 2 Teilfermenten und ist wahrscheinlich mit der Cellobiase identisch[14].

Physikalische und chemische Eigenschaften: Patterson hält Mannan für eine Polyanhydromannose von der Zusammensetzung $(C_6H_{10}O_5)_x$, wobei x sehr groß ist. Bei der Bildung des Polysaccharids verliert jedes Hexosemoleküle zwei OH-Gruppen, drei OH-Gruppen bleiben frei. Dies folgt aus der Bildung der Trimethylmannose bei der Methylierung und nachheriger Hydrolyse des Mannans[10]. Mannan der Steinnuß ist nach dem Röntgenbild amorph[15]. — Die Hydrolyse des aus Steinnußmehl dargestellten Mannans mit verdünnter H_2SO_4 nach der von Hudson angegebenen Methode liefert einen zähen gelben Sirup, der nicht krystallisiert. $[\alpha]_D$ in Wasser $+3,9°$. Mit Anilin entsteht durch Kondensation krystallisiertes Mannoseanilid. Die Hydrolyse des Polysaccharids mit verdünnter HCl liefert einen Sirup mit $[\alpha]_D = +10°$, der in harte Krystalle übergeht = Mannose[10]. Bei der Hydrolyse der Kohlehydrate

[1] Kiko Goto: J. of Biochem. **1**, 201 (1922) — Chem. Zbl. **1924 I**, 781.

[2] Emile Votoček u. Jean Burda: Bull. Soc. chim. France (4) **39**, 248 (1926) — Chem. Zbl. **1926 I**, 3160.

[3] Y. Ueda u. G. Yamada: J. Cellulose-Inst. Tokyo **2**, 25 (1926) — Chem. Zbl. **1926 II**, 3083.

[4] S. Masuda: Cellulose-Industry **3**, 38 (1927) — Chem. Zbl. **1928 I**, 1598.

[5] E. Hägglund u. F. W. Klingstedt: Liebigs Ann. **459**, 26 (1927) — Chem. Zbl. **1928 I**, 799 — Cellulosechemie **5**, 57—64 (1924) — Beil zu Papierfabr. **22** (1924) — Chem. Zbl. **1925 I**, 591.

[6] Erik Hägglund u. F. W. Klingstedt: Cellulosechemie **9**, 77 (1928) — Chem. Zbl. **1928 II**, 1873.

[7] Kurt Heß u. Max Lüdtke: Liebigs Ann. **466**, 18 (1928) — Chem. Zbl. **1929 I**, 230.

[8] Kurt Heß, Max Lüdtke u. Herbert Rein: Liebigs Ann. **466**, 58 (1928) — Chem. Zbl. **1929 I**, 232.

[9] H. Pringsheim u. K. Seifert: Hoppe-Seylers Z. **123**, 205 (1923) — Chem. Zbl. **1923 I**, 407.

[10] J. Patterson: J. chem. Soc. Lond. **123**, 1139 (1923) — Chem. Zbl. **1923 III**, 833.

[11] A. R. Ling, D. R. Nanji u. F. J. Paton: J. Inst. Brewing **31**, 316 — Wschr. Brauerei **42**, 205 — Chem. Zbl. **1925 II**, 2170.

[12] Minoru Mayeda: J. of Biochem. **1**, 131 (1922) — Chem. Zbl. **1922 III**, 628.

[13] Frederic James Paton, Dinshaw Rattonji Nanji u. Arthur Robert Ling: Biochemic. J. **18**, 451 (1924) — Chem. Zbl. **1924 II**, 1210.

[14] Hans Pringsheim u. Alexander Genin: Hoppe-Seylers Z. **140**, 299—304 (1924) — Chem. Zbl. **1925 I**, 532.

[15] R. O. Herzog: Naturwiss. **12**, 1153 (1924) — Chem. Zbl. **1925 II**, 133.

des Steinnußsamens wurde von Baker und Pope[1] ein wasserunlösliches Produkt isoliert, das bei der Hydrolyse nur Mannose gibt und dabei ein Restkörper, „Mannocellulose" genannt, zurückbleibt. M. Lüdtke ist es gelungen, dieses Produkt durch Lösen in Schweizerlösung + Ammoncarbonat und sorgfältig vorgenommener Fällung in zwei Mannanen zerlegen und die Mannocellulose als Cellulose identifizieren. — Mannan A ist das von Baker und Pope beschriebene Präparat. Weißes, hygroskopisches Pulver, leicht löslich in Natronlauge. $[\alpha]_D^{20}$ = —44,94° in n-NaOH. Der Drehwert schwankt mit der Alkalikonzentration. Acetylderivat des Mannans A $[\alpha]_D^{20}$ = —29,41° in $^n/_1$-NaOH. Mannan B zeigt andere Löslichkeitsverhältnisse, färbt sich mit Chlorzinkjod (im Gegensatz zu dem indifferenten Mannan A) blauviolett. Weißes, hygroskopisches Pulver. $[\alpha]$ = +0,52° in Kupferlösung; das Acetylderivat des Mannans B $[\alpha]_D^{17}$ = —25,2° in Chloroform. Das Hydrolysenprodukt des Mannans B ergibt die Selivanoffsche Reaktion, p-Bromphenylhydrazon, Schmelzp. 206—207°[2]. Mit Hilfe der Elektroosmose kann das anomale Verhalten von Chlordioxyd gegenüber Mannan aufgeklärt werden; wird der Aschegehalt des Mannans durch Elektroosmose stark vermindert, so erweist sich Chlordioxyd auch Mannan gegenüber als indifferent[3]. — Ein aus Steinnußspäne erhaltenes Präparat gab bei der Acetylierung Zahlen, die auf ein Anhydrodimannoseacetat stimmten und bei der Acetolyse ein Acetylprodukt, das nach dem Verseifen ein Disaccharidosazon lieferte[4].

Derivate: Mannankupferverbindung[5].

Mannanacetat[4] $C_{12}H_{16}O_8$. Entsteht bei 5tägigem Stehen von Mannan mit Bromwasserstoff-Essigsäureanhydrid. Die gallertige Masse wird auf Eis gegossen, filtriert, getrocknet und zur Entfernung von nichtacetyliertem Mannan in Essigsäure gelöst und mit Wasser wieder ausgefällt. Das getrocknete Produkt wird durch Kochen mit Alkohol von tieferen Abbauprodukten befreit. Weißes, amorphes Pulver[4]. Aus Mannan mit einem Gemisch von Essigsäure und Essigsäureanhydrid + SO_2Cl_2. Amorphes Pulver, Schmelzp. 128—145°, $[\alpha]_D$ in Chloroform —3,0°. Wird mittels methylalkoholischer HCl am Rückflußkühler zu Methylmannosid hydrolysiert[6].

Trimethylmannan[6]. Mannan wird in einer Lösung in 40proz. NaOH mehrmals methyliert. Es entsteht ein in Chloroform lösliches Produkt, welches bei weiterer Methylierung schließlich ein Trimethylmannan mit 42,6% Methoxyl liefert. Gibt bei der Hydrolyse Trimethylmannose. Ein Gemisch von Tetra- und Dimethylmannose liegt nicht vor.

Salepmannan[7].

$$C_6H_{10}O_5 \, (?)$$

Das im offiziellen Salepschleim (aus Orchidaceenknollen) enthaltene Salepmannan ist ausschließlich aus Mannoseresten aufgebaut.

Darstellung: Man gibt fein gepulverte Tubera Salep in Anteilen von 14,3 g in 2 l-Flaschen, in denen sich 1 l Wasser befindet, füllt auf 2 l auf, zentrifugiert nach 2—3 Tagen Ungelöstes ab, gießt durch Faltenfilter, dampft die Lösung im Vakuum bis zur dunkelgelben Gallerte ein, fällt mit abs. Alkohol, saugt nach 3—4 Tagen ab, wäscht reichlich mit Alkohol nach, läßt mit Alkohol stehen, saugt ab und wäscht nochmals sehr oft mit Alkohol nach, bis das Filtrat farblos abläuft und trocknet den Kuchen über $CaCl_2$ ohne Vakuum. Zu scharfes Trocknen ist zu vermeiden.

Physikalische und chemische Eigenschaften: Enthält < 1% Asche, lufttrocken 10—11% Feuchtigkeit. In 0,24proz. wässeriger Lösung optisch inaktiv[7].

Derivate: Salepmannantriacetat $C_6H_7O_5(COCH_3)_3$. Man übergießt das Mannan unter Eiskühlung mit Acetanhydrid, Eisessig und Pyridin und läßt $1^1/_2$ Wochen bei 37° stehen, gießt in Wasser, trocknet im Hochvakuum, löst in Chloroform und gießt in Petroläther. Schnee-

[1] Baker u. Pope: Proc. Chem. Soc. **16**, 72 (1900) — Chem. Zbl. **1900 I**, 847.

[2] P. Picard: Bull. Soc. Chim. biol. Paris **9**, 692 (1927) — Chem. Zbl. **1927 II**, 1354. — Hans Pringsheim u. Karl Seifert: Hoppe-Seylers Z. **123**, 205 (1922) — Chem. Zbl. **1923 I**, 407.

[3] Erich Schmidt, Eberhard Geisler, Paul Arndt u. Fritz Ihlow: Ber. dtsch. chem. Ges. **56**, 23 (1923) — Chem. Zbl. **1923 I**, 960.

[4] Hans Pringsheim u. Karl Seifert: Hoppe-Seylers Z. **123**, 205 (1922) — Chem. Zbl. **1923 I**, 407.

[5] Emil Heuser: Papierfabr. **25**, 238 (1927) — Chem. Zbl. **1927 II**, 194.

[6] J. Patterson: J. chem. Soc. Lond. **123**, 1139 (1923) — Chem. Zbl. **1923 III**, 833.

[7] H. Pringsheim u. G. Liss: Liebigs Ann. **460**, 32 (1927) — Chem. Zbl. **1928 I**, 1167.

weißes Pulver, $[\alpha]_D^{19}$ in Chloroform $= -28,9$ bzw. $-29,4°$. Molekulargewicht je nach Konzentration in Eisessig 293—717, in Nitrobenzol 518—1355; die Werte stimmen auf ein aggregiertes Mannoseanhydridacetat. Die Viscosität (Auslaufzeit) der 1proz. Lösung in Nitrobenzol beträgt bei 25, 45, 65, 85° das 1,93-, 1,84-, 1,72-, 1,65fache von der des reinen Nitrobenzols[1].

Pentosomannan.

Darstellung: In der Cellulose der Weißtanne, nach der Methode von Cross und Bevan erhalten, ist ein leicht hydrolysierbares Kohlehydrat in einer Menge von 12% vorhanden, das sich von der Cellulose durch anhaltendes Kochen mit Wasser trennen läßt. Man erhält es nach dem Einengen der wässerigen Extrakte und Fällen mit Alkohol.

Physikalische und chemische Eigenschaften: Weißes Pulver, das in Wasser sehr leicht löslich ist und beim Stehen an der Luft zerfließt. Zuweilen wurden Krystalle beobachtet, die ebenfalls zerfließlich waren. Es reduziert wenig Fehlingsche Lösung und gibt keine Reaktion auf Mannose. — Nach der Hydrolyse mit verdünnten Säuren steigt das Reduktionsvermögen auf das 5fache, und läßt sich Mannose sowie Pentosen nachweisen. — Das Trocknen der Cellulose vermehrt am stärksten die Menge des wasserlöslichen Materials, besonders nach der Behandlung mit Essigsäure. Entfernt man die Essigsäure durch Ammoniak, so sinkt die Ausbeute sehr. Das wasserlösliche Material wird erst durch dreimaliges 4stündiges Kochen mit Wasser entfernt. Während der Extraktion findet zum Teil Hydrolyse statt. — Es ist aschefrei, unlöslich in Alkohol, Chloroform, Aceton, Methylalkohol und Benzol. Es beginnt bei 220° sich dunkel zu färben und zersetzt sich bei 225° unter Schwarzfärbung. Es reagiert nicht mit Phenylhydrazin. Der Pentosegehalt ist 37,4%, der Gehalt an Mannose 42,8%[2].

Mannocellulose (Bd. II, S. 48).

Physikalische und chemische Eigenschaften: Enthält neben 5—10% Glykose nur Mannose und keine Fructose[3]. — Aus Steinnußspänen extrahierte Mannocellulose wurde nach dem von Bertrand und Benoist[4] angegebenen Verfahren mit Acetanhydrid und H_2SO_4 derartig behandelt, daß möglichst kein Abbau bis zur Mannose eintrat. In Wasser gegossen, wurde das Acetatgemisch mit kalter alkoholischer KOH verseift, die abgeschiedenen K-Verbindungen der Zucker in wässeriger Lösung mit $HClO_4$ und etwas Alkohol behandelt und das Filtrat im Vakuum eingeengt. Der erhaltene Sirup enthält hauptsächlich Mannose, liefert aber nach zahlreichen Fraktionierungen mit Alkohol verschiedener Stärke zwei neue mikrokrystallinische Zucker, der eine gebildet aus 4 Mol Mannose-3 H_2O, Tetramannoholosid genannt, der andere aus 5 Mol Mannose-4 H_2O, Pentamannoholosid genannt. Außer diesen beiden Zucker entstehen noch andere Zucker, darunter bestimmt ein Di- und Trimannoholosid, identisch oder verwandt mit den von Pringsheim und Seifert[3] beschriebenen Verbindungen, und ein oder mehrere komplexe Zucker, deren Reduktionsvermögen geringer ist als das des Pentamannoholosids und durch Hydrolyse auf das 7fache erhöht wird[5].

Tetramannoholosid[5, 6].

Mol-Gewicht: 666,34.

Zusammensetzung: $C_{24}H_{42}O_{21}$.

Bildung: Siehe bei Mannocellulose.

Physikalische und chemische Eigenschaften: Krystallisiert aus seinen übersättigten alkoholischen Lösungen langsam in zuerst durchsichtigen, dann opalescierenden Sphärokrystallen, welche eine zusammenhängende porzellanartige Masse bilden und nach dem Trocknen hemisphärische Körner darstellen. Sie zerfließen nicht, sind aber ziemlich hygroskopisch. Nach 24stündiger Dehydratisierung im H_2SO_4-Vakuum bei 40° nehmen sie an der Luft schnell

[1] H. Pringsheim u. G. Liss: Liebigs Ann. **460**, 32 (1927) — Chem. Zbl. **1928 I**, 1167.

[2] E. C. Sherrard u. G. W. Blanco: Ind. Chem. **15**, 1166 (1924) — Chem. Zbl. **1924 I**, 2712.

[3] Hans Pringsheim u. Karl Seifert: Hoppe-Seylers Z. **123**, 205 (1922) — Chem. Zbl. **1923 I**, 407.

[4] G. Bertrand u. S. Benoist: C. r. Acad. Sci. Paris **176**, 1583; **177**, 85 — Chem. Zbl. **1923 III**, 1213, 1604.

[5] G. Bertrand u. J. Labarre: C. r. Acad. Sci. Paris **185**, 1419 (1927) — Chem. Zbl. **1928 I**, 899.

[6] G. Bertrand u. J. Labarre: Bull. Soc. chim. France (4) **43**, 311 — Chem. Zbl. **1928 I**, 2379.

etwa 1 und langsamer etwa 2 H_2O auf, ohne ihr Aussehen zu verändern. Der Zucker wird durch heiße 1proz. HCl quantitativ zu Mannose hydrolysiert[1]. Löslichkeit: in Wasser leicht, in 95gradigem Alkohol kaum, in 75gradigem Alkohol zu 0,20% bei 20°. Schmelzp. 278—280° (Maquenne-bloc). $[\alpha]_D^{20} = -25° 20'$ in 5proz. wässeriger Lösung ohne Mutarotation. Reduktionsvermögen etwa 4,5mal schwächer als das der Mannose. Hydrolyse mit 1proz. HCl bei 100° erhöht das Reduktionsvermögen auf das 4,3fache. Elementaranalyse und kryoskopische Molekulargewichtsbestimmung entsprechen obiger Formel. Liefert ein p-Bromphenylosazon[2].

Pentamannoholosid[1, 2].

Mol-Gewicht: 764,57.

Zusammensetzung: $C_{30}H_{52}O_{22}$.

Bildung: Siehe bei Mannocellulose.

Physikalische und chemische Eigenschaften: Krystallisiert aus seinen übersättigten alkoholischen Lösungen langsam in zuerst durchsichtigen, dann opalescierenden Sphärokrystallen, welche eine zusammenhängende porzellanartige Masse bilden und nach dem Trocknen hemisphärische Körner darstellen. Sie zerfließen nicht, sind aber ziemlich hygroskopisch. Nach 24stündiger Dehydratisierung im H_2SO_4-Vakuum bei 40° nehmen sie an der Luft schnell etwa 1 und langsamer etwa 2 H_2O auf, ohne ihr Aussehen zu verändern. Der Zucker wird durch heißer 1proz. HCl quantitativ zu Mannose hydrolysiert[1]. Löslichkeit: in Wasser leicht, in 95gradigem Alkohol kaum, in 75gradigem Alkohol 0,06% bei 20°. Schmelzp. 298—300° (Maquenne-bloc). $[\alpha]_D^{20} = -31° 40'$ in 5proz. wässeriger Lösung, ohne Mutarotation. Reduktionsvermögen etwa 5mal schwächer als das der Mannose. Hydrolyse mit 1proz. HCl bei 100° erhöht das Reduktionsvermögen auf das 5fache. Elementaranalyse und kryoskopische Molekulargewichtsbestimmung entspricht obiger Formel. Der Zucker liefert ein p-Bromphenylosazon[2].

Arabomannan.

Vorkommen: In den Samen von Iris pseudacorus, I. foetidissima und germanica[3].

Fructomannan (Bd. II, S. 50).

Vorkommen: In dem Mannan aus Steinnußspänen ist keine Fructose vorhanden[4].

Galaktan (Bd. II, S. 51; Bd. VIII. S. 8; Bd. X, S. 223).

Vorkommen: In der Kapselsubstanz des Friedländerschen Pneumobacillus[5]. In Flechten[6], im Hirsesirup[7], in den Scheidewänden der Citronen[8]. In den japanischen Hanfpalmen- und Schwammkürbisfasern[9]. In der abendländischen Lärche (Larix occidentalis Nuttall) zu 8—17%[10]. In mandschurischer Maisseide[11].

Bildung: Bei der Hydrolyse der Pektine der Sellerierübe, von Stachys tubifera und der Orangeschalen[12].

Physikalische und chemische Eigenschaften: Wird durch verdünnte Säuren leicht in Galaktose verwandelt[10].

[1] G. Bertrand u. J. Labarre: Bull. Soc. chim. France (4) **43**, 311 — Chem. Zbl. **1928 I**, 2379.

[2] G. Bertrand u. J. Labarre: C. r. Acad. Sci. Paris **185**, 1419 (1927) — Chem. Zbl. **1928 I**, 899.

[3] H. Colin u. A. Augen: Schweiz. Apoth.-Ztg **66**, 404 (1928) — Chem. Zbl. **1929 I**, 1012.

[4] Hans Pringsheim u. Karl Seifert: Hoppe-Seylers Z. **123**, 205 (1922) — Chem. Zbl. **1923 I**, 407.

[5] Eugen Kramár: Zbl. Bakter. I **87**, 401—406 (1921) — Chem. Zbl. **1922 I**, 579.

[6] Emile Votoček u. Jean Burda: Bull. Soc. chim. France (4) **39**, 248 (1926) — Chem. Zbl. **1926 I**, 3160.

[7] J. J. Willaman u. F. R. Davison: Ind. Chem. **16**, 609 (1924) — Chem. Zbl. **1924 II**, 1521.

[8] Antonio Fichera: Ann. chim. appl. **15**, 568 (1925) — Chem. Zbl. **1926 I**, 2111.

[9] S. Masuda: Cellulose-Industry **3**, 38 (1927) — Chem. Zbl. **1928 I**, 1598.

[10] E. C. Sherrard: Ind. Chem. **14**, 948 (1922) — Chem. Zbl. **1923 II**, 266.

[11] K. Tsukunaga: J. pharm. Soc. Jap. **48**, 131 (1928) — Chem. Zbl. **1929 I**, 324.

[12] F. Charpentier: Bull. Soc. Chim. biol. Paris **6**, 142—156 — Chem. Zbl. **1924 II**, 2171.

Galaktopentosan.

Vorkommen: In Knautia sibirica Dreb [1].

Galaktoaraban [2].

Vorkommen: Im unreifen Lupinnesamen.

Konstitution: Dem freien Galaktoaraban wird die Formel eines Trisaccharids $C_{16}H_{28}O_{14}$, bestehend aus 2 Mol Pentose und 1 Mol Galaktose zugeschrieben.

Darstellung: Die Lupinensamen werden nach verschiedenen Arbeitsgängen im allgemeinen zunächst mit Alkohol und Äther extrahiert, dann schließlich mit 2proz. KOH das K-Salz des Galaktoarabans erhalten, das als vorgebildet angesehen wird. Die wässerige Lösung wird mit $MgSO_4$, $(NH_4)_2SO_4$ und NaCl ausgesalzen, durch Phosphorwolframsäure gefällt.

Physikalische und chemische Eigenschaften: $[\alpha]_D^{20} = +75{-}78{,}81°$. Mit $CuSO_4$ wird eine beständige Additionsverbindung erhalten, ähnliche mit $Pb(NO_3)_2$ und $ZnSO_4$, leicht zersetzliche mit Ag- und Hg-Salzen.

Derivate: K-Verbindung $C_{16}H_{28}O_{14} \cdot KOH$. Schwach gelbliche, faserige, leicht zerreibliche Substanz, löslich in kaltem Wasser, leicht löslich in heißem Wasser mit gegen Lackmus neutraler Reaktion, unlöslich in organischen Lösungsmitteln.

$C_{16}H_{28}O_{14}CuSO_4$. Beständige Additionsverbindung mit $CuSO_4$ [2].

Paragalaktoaraban [3] (Bd. II, S. 11, 43, 54).

$$C_6H_{10}O_5 \cdot C_5H_8O_4 \cdot 8 H_2O$$

Vorkommen: In den Samenlappen von Anagyris foetida.

Darstellung: Durch Lösen der Samenlappen in heißem destillierten Wasser und Fällen mit Alkohol.

Physikalische und chemische Eigenschaften: Unlöslich in organischen Lösungsmitteln; wenig löslich in Wasser. Mit Salpetersäure entsteht Schleimsäure. Neben einem Pentosazon vom Schmelzp. $160{-}162°$ erhält man ein Hexosazon vom Schmelzp. $188{-}192°$.

Galaktoxylan.

Vorkommen: In der Rübenmelasse [4].

Glykosanpentosan.

Vorkommen: Das Schneckenmucin enthält neben dem Eiweiß eine stickstofffreie Komponente vielleicht folgender Zusammensetzung $C_{33}H_{62}O_{31} = 3 (C_{11}H_{20}O_{10}) + H_2O$ [5].

Myxoglykosan [6].

Vorkommen: In der Wandung der Fruchtkörper des Schleimpilzes Lycogala epidendron.

Physikalische und chemische Eigenschaften: Ist durch Säure schwer hydrolysierbar und auch in 8proz. NaOH nur unvollständig löslich.

Pentosane (Bd. II, S. 60; Bd. VIII, S. 10; Bd. X, S. 225).

Vorkommen: In Amanita muscaria L. [7]. Das spanische Moos (Tillandsia usneoides) besitzt an Pentosanen etwa 15,68% (geröstet 18,13), hauptsächlich an Araban und Xylan [8]. In

---

[1] Julius Zellner: Mh. Chem. **44**, 247 (1924) — Chem. Zbl. **1924 II**, 677.

[2] A. Heiduschka u. H. Tettenborn: Biochem. Z. **189**, 203 (1927) — Chem. Zbl. **1928 I**, 706.

[3] P. Condorelli u. A. Chindemi: Ann. chim. appl. **18**, 313 (1928) — Chem. Zbl. **1928 II**, 1675.

[4] D. N. Gupta, H. D. Sen u. E. R. Watson: J. Soc. chem. Ind. **43**, 291 (1924) — Chem. Zbl. **1924 II**, 2094.

[5] O. Schmiedeberg: Arch. f. exper. Path. **87**, 31 (1920) — Chem. Zbl. **1920 III**, 635.

[6] A. Kiesel: Hoppe-Seylers Z. **150**, 102 (1925) — Chem. Zbl. **1926 I**, 1423.

[7] L. Bard u. J. Zellner: Mh. Chem. **44**, 9 (1923) — Chem. Zbl. **1923 III**, 680.

[8] A. W. Schorger: Ind. Chem. **19**, 409—411 — Chem. Zbl. **1927 II**, 1710.

den Knollen von Nephrolepis cordifolia Prsl. in 0,604%[1]. Sägespäne des Bambus „Mösö-chiku" enthalten 22,95% Pentosan[2]. In den japanischen Hanfpalmen- und Schwammkürbis-fasern[3]. Die „Tundra" (Torf) aus dem südlichen Karafuto (Sachalin) enthält 12,5, 7,2, 7,0% Pentosan[4]. In Juneus effusus[5] 20,09%. — In Wachholderbeeren 6,42—7,23%[6]. Im Mehle der Samen von Lathyrus Cicera: 6,18%[7]. — In den Samenhaaren von Asclepias syriaca 34,55%[8]. Im Fichtenholz 9,7%[9].

In 100 Teilen Zellmembran
Pentosane % (Mittelwert)

Wurzelgewächse[10]	23,32
Blattgemüse	20,71
Obstarten	33,77

In Campanula rotundifolia L.[11] 3,46%. Vergleich zwischen Haferstroh, Roggenstroh und Haferschalen bezüglich des Gehalts an Pentosan[12]. Die Cellulose von Zuckerrohrabfall (Bagasse) enthält 25% Pentosan[13]. In Handelssulfatzellstoff[14]. In Guignetcellulose 0,56%, in Sulfitzellstoff 5,2%[15]. Baumwolle (sterilisierte Watte) erwies sich bei der Furfuroldestilla-tionsmethode bei 160° vollkommen pentosanfrei[16]. — In der Trockensubstanz des Extraktes von dunklem Münchner Bier[17].

Darstellung: Die Pentosanmenge, die aus Aspenholz durch Behandeln mit verdünnter Natronlauge in der Kälte entfernt wird, erreicht rasch einen Mindestbetrag, die Stärke der Natronlauge beeinflußt die Pentosanentfernung[18].

Nachweis und Bestimmung: 0,5—0,8 g Substanz werden mit 12proz. Salzsäure destilliert, bis das Destillat keine Färbung mit Anilinacetat mehr gibt. Alle Verschlüsse usw. müssen aus Glas, nicht aus Kork hergestellt werden. Das Destillat wird mit Salzsäure auf 500 ccm auf-gefüllt. In 4 gut verschlossene Flaschen werden je 25 ccm etwa $^1/_{10}$n-Bromid-Bromatlösung gegeben, zu 2 Flaschen 200 ccm des Destillats und zu den 2 anderen 200 ccm 12proz. Salz-säure. Nach 1 stündigem Stehen im Dunkeln wird nach Zusatz von 10 ccm 10proz. Kalium-jodidlösung das freie Jod titriert. — Die Differenz des Resultats der Titration des Destillats und des blinden Versuchs ergibt ein Maß für die Menge des gebildeten Furfurols. 1 Mol Furfurol reagiert mit 4 Atomen Brom. — Vergleichende Verfahren dieser titrimetrischen mit der gravi-metrischen Methode ergaben gute Übereinstimmung[19].

Die Beobachtung, daß bei der Pentosanbestimmung das Furfurol erst dann überdestil-liert, wenn die Salzsäure schon so konzentriert wird (18—20%), daß sie zerstörend auf das Furfurol wirkt, empfiehlt folgende Arbeitsweise: Man leitet durch ein Gemisch von 0,2 bis 0,5 g pentosanhaltigem Material und 200 ccm 12proz. Salzsäure (spez. Gewicht 1,06) in einen $^3/_4$-l-Kolben einen langsamen Dampfstrom und erwärmt mit einer kleinen Flamme der-art, daß die Dämpfe eine Temperatur von 103—105° haben. Am Ende der Destillation enthält

---

[1] L. H. Ducloux u. M. Awschalom: Rev. Fac. Ciencias Quim. Univ. Nac. de La Plata I **2**, 75 (1923) — Chem. Zbl. **1926 II**, 2318.

[2] Y. Ueda, K. Kasama u. K. Kimura: Cellulose-Industry **4**, 12 — Chem. Zbl. **1928 II**, 157.

[3] S. Masuda: Cellulose-Industry **3**, 38 (1927) — Chem. Zbl. **1928 I**, 1598.

[4] S. Komatsu u. O. Hiki: Sexagint. Collection of Papers dedicated to Y. Osaka, in cele-bration of his 60. Birth-day, Kyoto **1927**, 229 — Chem. Zbl. **1928 I**, 2327.

[5] Julius Zellner: Mh. Chemie **43**, 121 (1922) — Chem. Zbl. **1922 III**, 1228.

[6] J. Pritzker u. R. Jungkunz: Schweiz. Apoth.-Ztg **60**, 245 (1922) — Chem. Zbl. **1922 IV**, 445.

[7] Sabato Visco: Arch. Farmacol. sper. **37**, 105 (1924) — Chem. Zbl. **1924 II**, 71.

[8] A. W. Schorger: Ind. Chem. **17**, 642 (1925) — Chem. Zbl. **1926 I**, 135.

[9] Erik Hägglund: Mitt. Nr 1 Holzchem. Inst. Åbo, Sept. 1922 — Chem. Zbl. **1923 IV**, 505.

[10] Max Rubner: Arch. f. Physiol. **1918**, 53—134 — Chem. Zbl. **1922 I**, 1246.

[11] Friedrich Springer: Mh. Chem. **43**, 13 (1922) — Chem. Zbl. **1922 III**, 1057.

[12] T. E. Blasweiler: Papierfabr. **21**, 309 (1923) — Chem. Zbl. **1923 IV**, 341.

[13] H. Kumagawa u. K. Shimomura: Z. angew. Chem. **36**, 414 (1923) — Chem. Zbl. **1923 IV**, 679.

[14] C. G. Schwalbe: Zellstoff u. Papier **2**, 279 (1922) — Chem. Zbl. **1923 II**, 538.

[15] C. G. Schwalbe u. W. Lange: Z. angew. Chem. **39**, 606 (1926) — Chem. Zbl. **1926 II**, 190.

[16] F. W. Klingstedt: Z. anal. Chem. **66**, 129 (1925) — Chem. Zbl. **1925 II**, 1478.

[17] O. Jung: Z. Brauwesen **46**, 74 (1923) — Chem. Zbl. **1923 IV**, 250.

[18] A. W. Schorger: Ind. Chem. **16**, 141—144 (1924) — Chem. Zbl. **1924 II**, 130.

[19] Walter James Powell u. Henry Whittaker: J. Soc. chem. Ind. I **43**, 35 (1924) — Chem. Zbl. **1924 I**, 2483.

der Kolben etwa die Hälfte des ursprünglichen Volumens. Nach dieser Methode wurden bei allen reinen pentosehaltigen Substanzen die berechneten Werte für Furfurol erhalten[1].

Die Bestimmung des abdestillierten Furfurols geschieht titrimetrisch. Zu einer Lösung, die 0,1—0,2 g Furfurol enthält, gibt man auf je 100 ccm 5 ccm einer 20proz. Kaliumbromidlösung und bringt den Säuregehalt auf 4 Gewichtsprozent. Unter ständigem Rühren läßt man aus einer Bürette eine Lösung von 0,1 n-Kaliumbromat langsam zufließen, bis eine schwache Gelbfärbung, die bald verschwindet, sich bemerkbar macht. Den Endpunkt bestimmt man mit einem einfachen elektrometrischen Apparat. Das Produkt, Anzahl der ccm 0,1 n-Bromatlösung × 0,004803 ergibt die Menge Furfurol. Eine Beimengung von Oxymethylfurfurol beeinflußt den Wert nur so wenig, daß man sie unberücksichtigt lassen kann. Lävulinsäure ist ohne Wirkung, dagegen werden Methylpentosen mitbestimmt [2].

Die von Tollens und Krüger beschriebene Phloroglucidmethode zur Bestimmung der Pentosen bzw. Pentosane gibt oft ungenaue Werte, z. B. bei der Bestimmung von kleiner Pentosanmengen in Gegenwart von Hexosen und hexosenabspaltenden Polysacchariden und Vegetabilien. Die Störung durch die Hexosen beruht darauf, daß diese Zuckerarten bei der Destillation mit 12proz. Salzsäure in das Oxymethylfurfurol umgewandelt werden, welches sich mit Phloroglucin kondensiert. Auch eine Reihe von anderen Autoren vorgeschlagener Methoden werden verglichen. Die Untersuchungen umfassen hauptsächlich die Prüfung der Löslichkeit der Phloroglucide aus verschiedenen Zuckern und Vegetabilien. — Das Phloroglucid des Methylfurfurols ist noch nach 8stündigem Trocknen bei 95—100° vollständig löslich in Alkohol, während Furfurolphloroglucid in ungetrocknetem Zustand etwa 10% in Alkohol lösliche Bestandteile enthält, die durch 4stündiges Erhitzen auf 95—100° fast unlöslich in Alkohol werden[3].

Bei der Furfuroldestillationsmethode geben die untersuchten Hexosen: Mannose, Galaktose, Glykose und Fructose, bei der Destillation ungefähr dieselbe Phoroglucidausbeute von 1—2%. Ungetrocknet ist das Phloroglucid zu 85—100% löslich in Alkohol; durch Trocknung geht die Löslichkeit merklich zurück (bis 50—65%), ohne daß sie nach 8stündigem Trocknen gleich Null wird[3].

Die Kondensation des gebildeten Furfurols mit Phloroglucin soll bei Zimmertemperatur erfolgen, der Niederschlag soll mit Alkohol extrahiert werden. Aus dem ungetrockneten Phlorglucid berechnet sich der Maximalwert, aus dem getrockneten Phloroglucid der Minimalwert des Pentosangehaltes. Eine genauere Analyse kann man bei Stoffen, die nicht aus einigermaßen reinen Pentosen oder Pentosanen bestehen, überhaupt nicht mit der Phloroglucinmethode durchführen. Der Gehalt an Methylpentosan läßt sich nach dieser Methode überhaupt nicht bestimmen[4].

Pentosanbestimmungen im Holz[5]. Bei der Destillation nach Tollens erreicht die Furfurolabspaltung aus Xylose bereits nach 5 ccm Destillat ihre volle Höhe, die Methylfurfurolproduktion aus Rhamnose setzt später ein als die des Furfurols und erreicht erst bei etwa 35 ccm Destillat ihren Höchstwert. Die Oxymethylfurfurolbildung aus Cellulose steigt ebenfalls bis zu 30 ccm Destillat und bleibt dann konstant; die Oxymethylfurfurolbestimmung aus Monosacchariden (Glykose, Mannose) erfolgt dagegen fast allein innerhalb der ersten 35 ccm des Destillats. Das Phloroglucidverfahren eignet sich in oxymethylfurfurolhaltigen Destillaten nur zur Feststellung der Summe aller 3 Furfurole, da das Phloroglucid des Oxymethylfurfurols nur teilweise in Alkohol löslich ist. Das Semioxamazidverfahren ist in den Destillaten nach Tollens nicht ohne weiteres anwendbar und bietet keine Vorteile vor den anderen Verfahren. Die Barbitursäurefällung gibt in oxymethylfurfurolhaltigen Destillaten die günstigsten Werte; sie gibt die Summe des Furfurols und Methylfurfurols an; das reine Oxymethylfurfurol wird durch Barbitursäure nur in hohen Konzentrationen gefällt. Die Furfurolausbeute ist in hohem Maße von der Menge der Einwaage abhängig. Mit Rotbuchenholz durchgeführte fraktionierte Destillation nach Tollens, wobei Fällungen mit Phloroglucin und Barbitursäure vorgenommen wurden, zeigten den hydrolytischen Abbau der Hexosane und Pentosane wie folgt: In den ersten 60 ccm fand sich in abnehmendem Maße Oxmethylfurfurol, dessen Menge zwischen 60 und 90 ccm einen niedrigsten Wert erreicht und dann wieder bis zum Schlusse der Destil-

[1] Norville C. Pervier u. Ross A. Gortner: Ind. Chem. **15**, 1167 (1924) — Chem. Zbl. **1924 I**, 2617.

[2] Norville C. Pervier u. Ross A. Gortner: Ind. Chem. **15**, 1255 (1924) — Chem. Zbl. **1924 I**, 2618.

[3] F. W. Klingstedt: Z. anal. Chem. **66**, 129—160 (1925) — Chem. Zbl. **1925 II**, 1478.

[4] F. W. Klingstedt: Z. anal. Chem. **66**, 129—160 (1925) — Chem. Zbl. **1925 II**, 1480.

[5] Walter Gierisch: Cellulosechemie **6**, 61, 81 (1925) — Chem. Zbl. **1925 II**, 1822.

lation (bis 420 ccm) ansteigt. Die Abspaltung des Furfurols steigert sich von Beginn der Destillation an, erreicht zwischen 30 und 60 ccm ihren Höchstwert und ist mit 150 ccm beendet. Bildung von Methylfurfurol findet nach 150 ccm Destillat auch nicht mehr statt. Es ist anzunehmen, daß die leicht hydrolysierbaren Anteile der Hexosane, die Hemicellulosen, bereits im Anfange der Destillation völlig abgebaut werden; das später übergehende Oxymethylfurfurol kann nur noch der Cellulose entstammen. Bei der Destillation mit 12 proz. Salzsäure nach Tollens und der Destillation ohne Nachfüllen mit 200 ccm Salzsäure derselben Konzentration zeigte sich in den Rückständen beider Destillationen bis zum Übergehen von etwa 120 ccm Destillats annähernd die gleiche Säurekonzentration. Es wird deshalb vorgeschlagen, bei Verwendung der Barbitursäurefällung die letztere Art der Destillation unter Berücksichtigung gewisser Vorschriften (Erhitzen im Calciumchloridbad, Einwaage von höchstens 2 g, Übergießen des Holzes mit der siedenden Säure) anzuwenden.

Bestimmung in Sulfitzellstoff. Die Umwandlung des Pentosans bei der Salzsäuredestillationsmethode geschieht gleich am Anfang der Destillation (120—150 ccm). Die Gesamtausbeute an Phloroglucid war 6,2—6,8%, bei vollständigem Zerfall 8,5—8,8%. — Der ungetrocknete Niederschlag war zu 25%, der getrocknete zu 11% löslich in Alkohol. Der lösliche Teil hat nicht die Eigenschaften des Methylfurfurolphloroglucids, sondern die des Oxymethylfurfurolphloroglucids. Die Phloroglucidmethode gibt hier nur angenäherte Werte[1].

Bestimmung in Nitrocellulosen[2]. Hier läßt sich der Pentosangehalt nicht nach der üblichen Methode: Destillation mit Salzsäure und Bestimmung als Furfurol ausführen; es ist hierzu die vorherige Denitrierung erforderlich. Dies geschieht durch eine alkoholische Kaliumhydrosulfid- und noch besser durch alkoholische Ammoniumhydrosulfidlösung. Diese Reaktion ermöglicht es, den Pentosangehalt in Nitrocellulosen quantitativ zu bestimmen und auch zu unterscheiden, ob die Nitrocellulose aus Holz- bzw. Strohzellstoff oder aus Baumwollcellulose hergestellt wurde. Wenn eine Nitrocellulose unter 1% Pentosane enthält, bezogen auf denitriertes Produkt, so ist sie aus Baumwolle, wenn sie über 1% enthält, aus Holzzellstoff hergestellt worden. — Bei der Bestimmung des Pentosangehaltes der denitrierten Nitrocellulosen ergab sich, daß Zellstoffe mit ursprünglich niedrigem Pentosangehalt eine Zunahme von Pentosanen aufweisen; richtige Werte wurden erst erhalten, als der Phloroglucidniederschlag nach Tollens und Ellett[3] mit Alkohol extrahiert wurde. Auf Grund der Untersuchungen von Heuser und Stöckigt[4] muß man annehmen, daß bei der Nitrierung mit wasserhaltigen Säuren Abbauprodukte der Cellulose entstanden sind, die bei der Destillation mit Salzsäure Methylfurol liefern, dessen Phloroglucid in Alkohol löslich ist.

Bestimmung der Pentosane im Getreidemehle nach Tollens[5]

Physiologische Eigenschaften: Bei Züchtung auf xylosehaltigen Medien enthalten die Pilze mehr Pentosane als bei Züchtung auf Rohrzucker[6]. — Die Pentosane (aus Maisstroh, Alfalfa und Handelspektin) werden von Clostridium thermocellum zu 31—78% vergoren[7]. Durch Reinkulturen des die Cellulose fermentierenden Bacillus flavigens und eines chromogenisch Pentose fermentierenden Mikroorganismus, welcher aus dem grünen Maisgewebe isoliert wurde, und durch B. coli communis wurden bis zu 12,8% Pentosane des grünen Maises zerstört[8].

Es wurden Versuche mit mehreren Aspergillusarten, Penicillium glaucum, Rhizopus nigricans und einer Cunninghamella ausgeführt, indem der Nährlösung fein gepulverter Mais oder gepulvertes Roggenstroh nebst den Sporen zugesetzt wurde. Die Pilze konnten bei 28° im Mais innerhalb 100 Tagen etwa 50%, im Roggenstroh in 300 Tagen etwa 35% der Pentosane zersetzen. Im Mycel der Pilze finden sich Pentosane zu etwa 1%, auch bei pentosefreien Nährböden, sie können dem Pilz später als Kohlehydratquelle dienen. Bei Züchtung auf xylose-

---

[1] F. W. Klingstedt: Z. anal. Chem. **66**, 129 (1925) — Chem. Zbl. **1925 II**, 1478.

[2] Berthold Rassow u. Eduard Dörr: J. prakt. Chem. **108**, 113 (1924) — Chem. Zbl. **1924 II**, 2137.

[3] Tollens u. Ellett: J. Landw. **53**, 13 (1905).

[4] Heuser u. Stöckigt: Cellulosechemie **3**, 61 (1922) — Chem. Zbl. **1922 IV**, 558.

[5] Schmoorl: Z. ges. Mühlenwesen **5**, 34 — Chem. Zbl. **1928 II**, 197.

[6] E. G. Schmidt, W. H. Peterson u. E. B. Fred: Soil. Sci. **15**, 479 (1923) — Chem. Zbl. **1926 II**, 684.

[7] W. H. Peterson, E. B. Fred u. E. A. Marten: J. of biol. Chem. **70**, 309—317 (1926) — Chem. Zbl. **1927 I**, 470.

[8] J. J. ver Hulst, W. H. Peterson u. E. B. Fred: J. agricult. Res. **23**, 655 (1923) — Chem. Zbl. **1924 II**, 2854.

haltigem Nährboden enthalten die Pilze mehr Pentosane als bei Züchtung auf Rohrzucker. — Holz (Erle, Pappel, Birke) führte bei obiger Versuchsanordnung nicht zum Wachstum der Pilze. Es wurde im Boden bei 30° gehalten, worin nach 2 Monaten Gerste und Rotklee ausgesät wurden. Dabei wurde schnelle Zerstörung der Pentosane, in 6 Monaten zu etwa 60%, festgestellt; sie wurden leichter angegriffen als Cellulose, Lignin und andere Bestandteile[1].

Im Verlaufe der Keimung findet eine merkliche Vermehrung der Pentosane statt, und zwar vornehmlich im Embryo und im Würzelchen. — Durch das Weichen der Gerste verschwinden 4% der Gesamtpentosane, dieser Verlust erstreckt sich fast ausschließlich auf die Spelzen. Während die Keimung eine besonders auffallende Erhöhung der Pentosane in den Würzelchen hervorruft, ist die Erhöhung in denselben infolge des Darrprozesses nur gering, wahrscheinlich infolge des durch die erhöhte Temperatur[2] bedingten Mangels an Wasser. — Bei pathologischen Citronenschalen findet sich auf Kosten der normal vorhandenen Hexosen eine starke Anreicherung an Pentosanen[3]. Verteilung der Pentosane in der Maispflanze während der verschiedenen Entwicklungsstadien. Von einem Gehalt von 7,4% in den Körnern nimmt der Pentosangehalt im Laufe der Entwicklung bis zur Reproduktion bis zu 31,8% in den Kolben zu. Die einzelnen Teile der Pflanze zeigen geringere Schwankungen, doch nimmt auch hier die Gesamtmenge der Pentosane und der Prozentgehalt beständig zu. Methylpentosane waren in der Maispflanze nur in Spuren, 0,37%, enthalten[4]. — Als Mittelwert der Verdaulichkeit für Pentosane nennt Rubner beim Hunde 48,11%. — Bezüglich der Ausscheidung der Pentosane beim Menschen findet er die beste Resorption bei Gemüse und Obst, eine weniger gute bei Brot, im verfälschten Brot eine noch geringere[5]. Nach Pentosanzufuhr sind keine Pentosen im Blut nachweisbar[6].

Physikalische und chemische Eigenschaften: Allgemeines[7]. Theoretische Erwägungen über die Prozentualformel der Pentosane[8]. Bei Dialysierversuchen dialysiert aus den Pentosanen des Extraktes von dunklem Münchner Bier 49,01%, 50,97% dialysieren nicht[9]. Bei einer Kochung über 80° bilden die Pentosane mit $Ca(HSO_3)_2$ eine Verbindung, die auf ein Bisulfitmolekül 4 Pentosanreste enthält. Bei Steigerung der Temperatur auf 136° tritt eine neue Anlagerung von Bisulfit ein, wobei eine Verbindung entsteht, die auf ein Molekül $Ca(HSO_3)_2$ 2 Pentosanreste enthält. Bei Temperaturen über 136° verkohlen die Pentosanreste, wobei $Ca(HSO_3)_2$ in $CaSO_4$ übergeht. Freie SO_2 ohne Bisulfit reagiert schneller als bei Gegenwart von Bisulfit. Mg als Base verursacht keine wesentliche Änderung in der Reaktion. Die Bildung von $CaSO_4$ wird größtenteils, vielleicht sogar völlig, durch die Zersetzung der Bisulfit-Pentosan-Verbindung bedingt. Diese zersetzt sich mit NH_4OH unter Abscheidung von $CaSO_3$ oder beim Erhitzen mit Mineralsäuren unter Abgabe von SO_2[10]. Versuche ergaben, daß Salzsäure, Schwefelsäure und Phosphorsäure erhöhend auf die Furfurolausbeute aus Maisspindeln wirken, wenn sie in solchen Mengen zugesetzt werden, daß das Ausgangsmaterial dadurch neutralisiert wurde. Stärkere Zusätze waren ohne Wirkung. Die Mineralsäuren machen vor allem Ameisensäure und andere organische Säuren frei, die die Ausbeute erhöhen. Aus diesem Grunde ergab auch der direkte Zusatz von Ameisensäure die höchste Ausbeute. Ähnlich wirkt schweflige Säure, wodurch zu ersehen ist, daß die Ausbeute durch reduzierende Substanzen bedingt ist. — Die Ausbeute beträgt bei Anwendung von Schwefelsäure und schwefliger Säure 9%[11]. Bei

---

[1] E. G. Schmidt, W. H. Peterson u. E. B. Fred: Soil Sci. **15**, 479 (1923) — Chem. Zbl. **1924 II**, 684.

[2] Marc H. van Laer u. A. Masschelein: Bull. Soc. chim. Belgique **32**, 402 (1923) — Chem. Zbl. **1924 I**, 2834.

[3] E. T. Bartholomew u. William J. Robbins: Amer. J. Bot. **13**, 342—354 — Ber. Physiol. **40**, 519 — Chem. Zbl. **1927 II**, 1709.

[4] J. H. ver Hulst, W. H. Peterson u. E. B. Fred: J. agricult. Res. **23**, 655 (1923) — Chem. Zbl. **1924 II**, 2854.

[5] Max Rubner: Arch. f. Physiol. **1918**, 53—134 — Chem. Zbl. **1922 I**, 1246.

[6] Andrée Roche: C. r. Soc. Biol. Paris **99**, 1973 (1929) — Chem. Zbl. **1929 I**, 1709.

[7] E. Heuser: J. prakt. Chem. (2) **104**, 80 (1922) — Chem. Zbl. **1923 I**, 1216 — J. prakt. Chem. (2) **103**, 70 (1922) — Chem. Zbl. **1922 I**, 854. — E. Salkowski: Hoppe-Seylers Z. **117**, 48 (1922) — Chem. Zbl. **1922 I**, 325.

[8] G. Schorsch: Papierfabr. **25** — Ver. d. Zell. u. Pap.-Chem. u. Ing. **1927 II**, 576 — Chem. Zbl. **1927 II**, 2541.

[9] O. Jung: Z. ges. Brauwesen **46**, 74 (1923) — Chem. Zbl. **1923 IV**, 250.

[10] L. P. Zhereboff: Paper Trade J. **86**, Nr 6, 55 — Chem. Zbl. **1928 II**, 509.

[11] Frederick B. La Forge u. Gerald H. Mains: Ind. Chem. **15**, 1057 (1923) — Chem. Zbl. **1924 II**, 758.

der Herstellung von Furfurol aus pentosanhaltigen Substanzen ist die Wahl des Verhältnisses zwischen Flüssigkeit und festen Bestandteilen von großer Bedeutung für die Höhe der Ausbeute. Bei Haferschalen ergab sich das Verhältnis 1:1 als bestes. Bei 6 at 5 Stunden lang mit 2,1 proz. Schwefelsäure behandelt, werden von 4500 Teilen 1600 Teile mit Wasserdampf überdestilliert[1]. Einfluß des Pentosangehaltes der Cellulose auf die Beschaffenheit der daraus hergestellten Nitrocellulose[2]. — Pentosane, die mit etwas konz. H_2SO_4 angefeuchtet sind, geben, wenn 1 Tropfen Guajacol zugesetzt wird, wie Metaldehyd charakteristische Farbenreaktionen[3]. Über die Beeinflussung des Nachweises von Stärkezucker in Wein durch die Gegenwart von Pentosan[4].

Methylpentosan (Bd. II, S.61; Bd. X, S. 230).

Vorkommen: In Amanita muscaria L.[5]. — In Juncus effusus[6] 1,50%. — In den Samenhaaren von Asclepias syriaca 1,05%[7]. Die „Tundra" (Torf) aus dem südlichen Karafuto (Sachalin) enthält 3,5, 2,1, 1,9% Methylpentosan[8].

Nachweis und Bestimmung: Die Bestimmung von Methylpentosanen in Zerealien gibt nach der Methode von Tollens ungenaue Werte, da Stärke und gewisse Kleiebestandteile bei der Destillation mit Salzsäure Hydroxymethylfurfurol bilden, welches sich gegenüber Phloroglucin und Anilinacetat genau wie Methylfurfurol verhält. Diese Fehlerquelle läßt sich ausschalten, wenn man das erste Destillat zum zweiten Male überdestilliert und dann erst die Phloroglucinfällung vornimmt[9]. — Methylpentosanbestimmung durch Auskochen des Furfurolphloroglucidniederschlages mit Alkohol kann nicht richtig sein[10].

Rhamnosan[11].
$(C_6H_{10}O_4)_n$

Vorkommen: In den Blumenkronen der Knospen von aufs Trockne gesetzten gelben Wasserrosen.

Physiologische Eigenschaften: Zusatz von frisch ausgepreßtem Milchsaft der gelben Wasserrose spaltet Rhamnose ab.

Physikalische und chemische Eigenschaften: Wasserhelle apfelgeleeartige Substanz. Ist frisch in Wasser löslich, trocknet ein zu einer glasigen Masse und wird dann unlöslich. Alkohol fällt aus der frischen, stark linksdrehenden Lösung einen amorphen Niederschlag, der sich in Wasser nicht wieder löst und bei vorsichtigem Trocknen einen gummiähnlichen Rückstand hinterläßt. Ist gegen Alkalien und Säuren empfindlich und gibt bei der Säuredestillation reichlich Methylfurfurol.

Hexapentosan.

Ist aus 3 Mol Pentosan, 1 Mol d-Galaktose und 1 Mol d-Fructose aufgebaut: Galaktan-Fructosan-Xylan-Diaraban[12].

Darstellung: Durch heißes Wasser wird das unlösliche Pektin des Flachses (Linum usitatissimum) hydrolysiert und bis zu 18% Hydropektin gewonnen. Aus dem alkoholischen

---

[1] Harold J. Brownlee: Ind. Chem. **19**, 422—424 — Chem. Zbl. **1927 II**, 1306.

[2] Berthold Rassow u. Eduard Dörr: J. prakt. Chem. **108**, 113 (1924) — Chem. Zbl. **1924 II**, 2137. Siehe bei Nitrocellulose.

[3] P. Bruére: Bull. Soc. Chim. biol. Paris 8, 462 (1926) — Chem. Zbl. **1926 II**, 2988.

[4] Luigi Casale: Staz. sperim. agrar. ital. **58**, 183 (1925) — Chem. Zbl. **1925 II**, 1904.

[5] L. Bard u. J. Zellner: Mh. Chem. **44**, 9 (1923) — Chem. Zbl. **1923 III**, 680.

[6] Julius Zellner: Mh. Chem. **43**, 121 (1922) — Chem. Zbl. **1922 III**, 1228.

[7] A. W. Schorger: Ind. Chem. **17**, 642 (1925) — Chem. Zbl. **1926 I**, 135.

[8] S. Komatsu u. O. Hiki: Sexagint. Collection of Papers dedicated to Y. Osaka, in celebration of his 60. Birth-day, Kyoto **1927**, 229 — Chem. Zbl. **1928 I**, 2327.

[9] G. Testoni: Staz. sperim. agrar. ital. **56**, 378 (1923) — Chem. Zbl. **1924 I**, 947.

[10] Schorger: Ind. Chem. 9, 562 (1917) — Chem. Zbl. **1928 I**, 843. — Erik Hägglund u. Carl B. Björkmann: Biochem. Z. **147**, 74 (1924) — Chem. Zbl. **1924 II**, 623.

[11] Edmund O. v. Lippmann: Ber. dtsch. chem. Ges. **58**. 425 (1925) — Chem. Zbl. **1925 I**, 1749.

[12] F. Ehrlich u. F. Schubert: Biochem. Z. **169**, 13 (1926) — Chem. Zbl. **1926 I**, 3340. — E. Correns: Faserforschg **1**, 229 (1922) — Chem. Zbl. **1922 I**, 696.

Auszug vom Hydropektin erhält man das Hexapentosan von $[\alpha]_D = -23,1°$. Mit Alkohol fallender Konzentration extrahiert, erhält man Präparate von $[\alpha]_D = -144°$ [1].

Physikalische und chemische Eigenschaften: Das Produkt von $[\alpha]_D = -23,1°$ gibt die Orcinreaktion, reduziert Fehlingsche Lösung schwach, nach der Hydrolyse stark. Das Präparat von $[\alpha]_D = -144°$ gibt bei der Hydrolyse mit verdünnter H_2SO_4 ein Zuckergemisch mit 55% Pentosan, 17% d-Galaktose, 20% d-Fructose. In den Pentosen wurde l-Arabinose nachgewiesen, wahrscheinlich ist das Vorhandensein von 1 Mol Xylose [2].

Pflanzliche Zellmembranen.

Physikalische und chemische Eigenschaften: Verhalten gegen Chloralhydrat [3]. Untersuchungen über die Einwirkung von Chlordioxydlösungen [4]. Ein ähnlicher Vorgang, wie die Einwirkung von Chlordioxyd auf Phenole liegt auch bei der Einwirkung von Chlordioxyd auf pflanzliche Zellmembranen zugrunde, wobei wasserunlösliche Produkte derselben in wasserlösliche Produkte überführt werden. Diese bestehen aus Oxydationsprodukten der von Chlordioxyd angreifbaren Membranbestandteile und aus Kohlehydraten. Der Hauptbestandteil der letzteren ist Galakturonsäure, die jedoch nicht aus Kohlehydraten durch Oxydation mit Chlordioxyd entstanden sein kann. Erich Schmidt [5] und Mitarbeiter nehmen an, daß in der Zellmembran ein Teil der Polysaccharide chemisch mit dem von Chlordioxyd angreifbaren Membranbestandteil verbunden ist; neben der Esterbildung kommt eine glykosidische Verknüpfung in Frage. Der Begriff der Inkrusten wird dahin erweitert, daß unter Inkruste nicht der unhydrolysierbare Anteil der Zellmembran, sondern der von Chlordioxyd in Wechselwirkung mit Natriumsulfit angreifbare Anteil zu verstehen ist. Auf Grund dieser Definition wird der Inkrustengehalt des Flachses zu 38,86% bestimmt; die Bestimmung erfolgt, indem die quantitativ ermittelte Skeletsubstanz der Zellmembran unter Berücksichtigung von Asche, Extraktivstoffen und Feuchtigkeit des Ausgangsmaterials von 100 substrahiert wird. Die an den von Chlordioxyd angreifbaren Membranbestandteil gebundenen Polysaccharide stehen im Gegensatz zu denjenigen, die, mit Cellulose bzw. Chitin verbunden, die Skeletsubstanz darstellen. Die bisher untersuchten Hemicellulosen, die an die Cellulose gebunden sind und demnach am Aufbau der Skeletsubstanz beteiligt sind, tragen ebenfalls Carboxylgruppen, die der Galakturonsäure zukommen; die Galakturonsäure vermittelt die Bindung von Hemicellulose mit der von Chlordioxyd angreifbaren Inkruste. Die gesamte pflanzliche Zellmambran ist als zweifacher Ester zu betrachten, dessen Alkohol in der Skeletsubstanz die Cellulose bzw. das Chitin, in der Inkruste der von Chlordioxyd angreifbare Membranbestandteil ist. Bei den Zellmembranen von lufttrockenem Flachs (Linum usitatissimum) und Hanf (Cannabis sativa) ergab sich ein Gesamtwert für Säure von 6,3% aus den in den Polysacchariden und Skeletsubstanz gefundenen Säuremenge; an der ursprünglichen Membran gemessen, beträgt dieser Wert 6,8%. — Die Aufspaltung der Zellmembranen von Flachs und Hanf in Inkrusten und Hanf in Inkrusten und Skeletsubstanzen geschah durch 4malige Behandlung mit $^1/_5$ n-Chlordioxyd und 2proz. Natriumsulfitlösung. Die an die Cellulose gebundenen Hemicellulosen wurden durch 3malige Behandlung der Skeletsubstanz mit 5proz. Natronlauge gewonnen und nach jeder Behandlung durch Alkohol gefällt. Flachs lufttrocken enthält: Feuchtigkeit 7,7%, Asche 3,51%, Skeletsubstanz 50,3% (Asche 0,87%); Inkruste 38,86%. Hanf lufttrocken enthält: Feuchtigkeit 7,72%, Asche 2,65%, Skeletsubstanz 50,61% (Asche 0,57%); Inkruste 29,31% [5]. — Über die Kohlehydrate der Zellwand des Bambusrohres [6]. — Die Umschließung der Celluloseschichten mit einem Fremdhautsystem z. B. im Falle der Bambusfaser beweist,

[1] F. Ehrlich u. F. Schubert: Biochem. Z. **169**, 13 (1926) — Chem. Zbl. **1926 I**, 3340.

[2] F. Ehrlich u. F. Schubert: Biochem. Z. **169**, 13 (1926) — Chem. Zbl. **1926 I**, 3340. — E. Correns: Faserforschg **1**, 229 (1922) — Chem. Zbl. **1922 I**, 696.

[3] K. Thomas u. J. Kapfhammer: Pflügers Arch. **201**, 6 (1923) — Chem. Zbl. **1924 I**, 813.

[4] Erich Schmidt u. Duysen: Ber. dtsch. chem. Ges. **54**, 3241 (1921) — Chem. Zbl. **1922 I**, 579. — Erich Schmidt, Eberhard Geisler, Paul Arndt u. Fritz Ihlow: Ber. dtsch. chem. Ges. **56**, 23 (1923) — Chem. Zbl. **1923 I**, 960. — Erich Schmidt u. Albert Miermeister: Ber. dtsch. chem. Ges. **56**, 1438 (1923) — Chem. Zbl. **1923 III**, 393. — E. Schmidt: Naturwiss. **14**, 1282 (1926) — Chem. Zbl. **1927 I**, 1173.

[5] Erich Schmidt, Walther Haag u. Ludwig Sperling: Ber. dtsch. chem. Ges. **58**, 1394 (1925) — Chem. Zbl. **1925 II**, 1765.

[6] Max Lüdtke: Liebigs Ann. **466**, 27 (1928) — Chem. Zbl. **1929 I**, 230 — Ber. dtsch. chem. Ges. **61**, 465 (1928) — Chem. Zbl. **1928 I**, 2264.

daß Cellulose mit dem Lignin und den anderen Membranstoffen in der Zellwand nicht chemisch verknüpft sein kann[1]. — Protein konnte in der pflanzlichen Zellwand nicht nachgewiesen werden, da es, wenn überhaupt vorhanden, neben den Cellulose- und Pektinreaktionen nicht zu erkennen ist. Quantitative Bestimmungen zeigen im Maximum 0,001% Protein in der Membran[2].

C. Pflanzenschleime (Bd. II, S. 65; Bd. VIII, S. 15; Bd. X, S. 230).

Physikalische und chemische Eigenschaften: Es wurden verschiedene Pflanzenschleime mit Phosphormolybdensäurelösung, dann mit Jod-Zinkchlorid gefärbt, die hierbei in den verschiedenen Zellen auftretenden Färbungen werden beschrieben[3].

Agar-Agar (Bd. II, S. 73; Bd. VIII, S. 15; Bd. X, S. 230).

Vorkommen: Das Hauptrohmaterial des Kanten (japanischer Agar-Agar) ist Gelidium, nebenbei werden Camphylaphora Hypnaeoides und Gracillaria verwendet. Sie enthalten sämtlich Hexosane, Pentosan und Methylpentosan[4].

Nachweis und Bestimmung: Bestimmung in Konserven[5].

Physiologische Eigenschaften: Über die Gasbildung in Zuckeragar[6]. — Mit 2% Agar-Agar enthaltenden Nahrungsgemischen entsteht bei Ratten ausgesprochene Rachitis[7]. Agar ruft mit Serum von Rind oder Pferd keine anaphylaxieartigen Symptome und keine Änderung der Blutgerinnung hervor, wohl aber histologische Veränderungen in den Lungen[8]. — Die von Joumain[9] aufgeworfene Frage, warum das mit Agar-Agar versetzte Serum durch Kaolin entgiftet wurde, während einerseits normales Serum, mit Kaolin vorbehandelt, seine Fähigkeit, mit Agar-Agar giftig zu werden, nicht verliert, und andererseits das Kaolin durch den Kontakt mit Agar-Agar seine Entgiftungskraft nicht einbüßt, wohl aber, wenn es mit frischem Serum in Berührung war, sei sehr einfach dadurch zu erklären, daß das Kaolin im Agar-Agar-Serum die Suspension der sehr feinen giftigen Niederschläge an sich reiße, den Substanzen aber, die im normalen Serum mit dem Agar-Agar die giftigen Substanzen bilden, nichts anhaben können, trotzdem es sich mit einigen Serumeiweißsubstanzen belädt, und dadurch sein Entgiftungs-vermögen verliert[10]. — Dient als Bestandteil verschiedener synthetischer Nahrungsgemische für die Ernährung von Tauben[11]. Versuche mit Agar über parenterale Depots wasserlöslicher Medikamente[12].

Physikalische und chemische Eigenschaften: Absorbiert, im Vakuum über P_2O_5 getrock-net, aus der Luft bei 20° 0,88, 20,34, 42,98% Feuchtigkeit (die Luftfeuchtigkeit war 1. 60% nach 1 Stunde, 2. 60% nach 9 Tagen, 3. 100% nach 25 Tagen)[13]. Spaltet bei der Destillation in saurer, neutraler oder alkalischer Lösung Formaldehyd ab[14]. Hauptmenge der Asche ist Schwefelsäure und Calcium neben etwas SiO_2. Es handelt sich um eine einbasische Säure mit 1 Atom Schwefel. Das Maximum der Zähigkeit besitzt die Agargallerte beim isoelek-trischen Punkt[15]. Durch Dialyse kann es nicht aschefrei erhalten werden. Nach Elektro-

---

[1] Kurt Heß: Biochem. Z. **203**, 409 (1928) — Chem. Zbl. **1929 I**, 2429.

[2] F. M. Wood: Ann. of Bot. **40**, 547 (1926) — Chem. Zbl. **1927 II**, 267.

[3] P. Lipták: Magyar gyógyszerésztudományi Társaság Értesitője [Ber. ungar. pharm. Ges.] **4**, 17 — Chem. Zbl. **1928 I**, 1559.

[4] Hidesaburo Matsui: J. Coll. Agric. Tokyo **5**, 413 (1916) — Chem. Zbl. **1925 I**, 1239.

[5] J. King: Analyst **50**, 371 (1925) — Chem. Zbl. **1926 I**, 261.

[6] Emmy Klieneberger: Zbl. Bakter. I **96**, 181 (1925) — Chem. Zbl. **1926 I**, 419.

[7] E. V. McCollum, N. Simmonds, J. E. Becker u. P. G. Shipley: J. of biol. Chem. **54**, 249 (1922) — Chem. Zbl. **1923 III**, 1421.

[8] Paul J. Hanzlik u. Howard T. Karsner: J. of Pharmacol. **23**, 243 (1924) — Chem. Zbl. **1924 II**, 366.

[9] Jaumain: C. r. Soc. Biol. Paris **89**, 91 (1923) — Chem. Zbl. **1923 III**, 1581.

[10] A. Lumière u. H. Conturier: C. r. Soc. Biol. Paris **94**, 195 (1926) — Chem. Zbl. **1926 I**, 2807.

[11] K. Sugiura u. S. K. Benedict: J. of biol. Chem. **55**, 33 (1923) — Chem. Zbl. **1923 I**, 1095.

[12] C. B. Strauch u. H. Bernhardt: Z. klin. Med. **104**, 744 (1926) — Chem. Zbl. **1924 I**, 1187.

[13] C. A. Browne: Sugar **25**, 73 (1923) — Chem. Zbl. **1923 III**, 120.

[14] G. Klein: Biochem. Z. **169**, 132 (1926) — Chem. Zbl. **1926 I**, 3221.

[15] M. Samec u. V. Isajevič: Kolloidchem. Beih. **16**, 285 (1923) — Chem. Zbl. **1923 III**, 970. — M. Samec u. A. Mayer: Kolloidchem. Beih. **16**, 89 (1923) — Chem. Zbl. **1923 I**, 46. — Carl Neuberg u. Heinz Ohle: Biochem. Z. **125**, 311—313 (1921) — Chem. Zbl. **1922 I**, 697.

dialyse von Bacto-Agar (18 Stunden, 11,65 Amperestunden, 220 Volt) enthält die von den stark gequollenen und durchscheinenden Agarkörnern filtrierte, nichtvisköse Flüssigkeit 0,7% Trockensubstanz. Diese Lösung besitzt eine starke Schutzwirkung für AgCl-, AgOH- und $BaSO_4$-Sole. Hydrolyse findet bei der Elektrodialyse nicht statt; beim Erhitzen der elektrodialysierten Flüssigkeit tritt dagegen teilweise Autohydrolyse ein. $p_H = 2,475$, einer $0,003 n-H_2SO_4$ entsprechend. Die Agarsäure erwies sich bei der elektrometrischen Titration als eine starke Säure, die fast völlig bis $p_H = 4$ neutralisiert wird. Na-, K-, Ca-, Mg-, Ba-, Sr- und Li-Salze bilden nach dem Erhitzen steife Gallerten, ebenso die Verbindungen der freien Säure mit Anilin, Strychnin und Cinchonidin. Mol-Gewicht der Agarsäure 3000, berechnet aus den Titrationswerten, den Alkaloid- und dem S-Gehalt. Agarsäure ist ein Polysaccharidschwefelsäureester: $R—O—SO_2—OH$ (R=Polysaccharid). Nach dem Einengen der 0,7% Trockensubstanz enthaltenden Lösung bei 60° hinterblieb ein kohlschwarzer, in Wasser leicht löslicher Rückstand[1].

Viscosin (Bd. X, S. 225).

Es kommt in Amanita muscaria L. vor. Aus dem wässerigen Auszug wird es durch Alkohol gefällt. Es enthält als wesentliche Komponenten Glykose und Methylpentose, hingegen keine Mannose und Galaktose. Ist identisch mit dem Viscosin von Boudier[2].

Algin (Bd. II, S. 75; Bd. VIII, S. 16; Bd. X, S. 231).

Darstellung[3].

Derivate: Man verwandelt Algin in unlösliche Alginate, vermischt mit erweichenden alkalischen Stoffen und formt unter Druck. 15 Teile Algenblätter werden getrocknet und gemahlen und das erhaltene Pulver mit 5 Teilen einer 28 proz. Ammoniaklösung innig vermischt und unter Druck geformt, man erhält einen gleichförmigen harten Formling, der bei gleichmäßigem Trocknen nur wenig schrumpft. An Stelle des Ammoniaks kann man auch Alkalihydroxyde oder -carbonate verwenden. Man behandelt Algenblätter unmittelbar oder nach dem Behandeln mit Alkalien mit löslichen Kupfersalzen und trocknet. 15 Teile des so erhaltenen Kupfersalzes werden gemahlen, mit 5% einer 28 proz. Ammoniaklösung vermischt und unter Druck geformt[4].

Alginsäure (Bd. X, S. 231).

Darstellung[5]: Aus Macrocystis pyrifera, das zunächst mit 0,5 proz. Salzsäure vorbehandelt, dann mit 2 proz. Natriumcarbonatlösung extrahiert wird. Ausbeute 15%.

Physikalische und chemische Eigenschaften: Nimmt über 200% Wasser auf. Die Hydrolyse mit 80 proz. Schwefelsäure liefert eine C_6-Aldehydzuckersäure, vermutlich d-Mannuronsäure, durch weitere Oxydation Mannozuckersäure[5].

Derivate: Natriumsalz[5] $[\alpha]_D^{20} = -133°$.

Gelose (Bd. II, S. 1, 28, 33, 53).

Darstellung: Die Algen werden im Autoklaven behandelt oder in einer Kolloidmühle zerkleinert[6].

Physiologische Eigenschaften: Die Kerne der Epidermzellen von Froschlarven werden durch Eintauchen in Essigsäure durchsichtig nach einer gewissen Zeit, die von der Säurekonzentration abhängig ist. Geloseinjektion erhöht die Permeabilität, die Kerne werden schneller durchsichtig[7].

[1] W. F. Hoffmann u. R. A. Gortner: J. of biol. Chem. **65**, 371 (1925) — Chem. Zbl. **1926 I**, 961.
[2] L. Bard u. J. Zellner: Mh. Chem. **44**, 9 (1923) — Chem. Zbl. **1923 III**. 680.
[3] Maurice Deschiens: Rec. des produits Chim. **29**, 289 (1926) — Chem. Zbl. **1926 II**, 501.
[4] Kelp Products Co. Inc., übertr. von Chaucey C. Loomis u. Arthur L. Kennedy: A.P. 1603783 v. 17. Aug. 1921, ausg. 19. Okt. 1926; Chem. Zbl. **1927 I**, 1093.
[5] William L. Nelson u. Leonard H. Cretcher: J. amer. chem. Soc. **51**, 1914 (1929) — Chem. Zbl. **1929 II**, 758.
[6] F.P. 31868 v. 6. Mai 1926; Zus. zu F.P. 386692; Chem. Zbl. **1925 II**, 621; **1927 II**, 1631.
[7] G. Bannevart: C. r. Soc. Biol. Paris **96**, 423 (1927) — Chem. Zbl. **1927 I**, 2553.

Carragheenschleim (Bd. II, S. 74; Bd. VIII, S. 17).

Bestimmung: Zur Bestimmung des Schleims mißt man ab oder wägt eine Menge seiner Lösung, die etwa 0,2 g des trockenen Extraktes entspricht. Die Lösung verdünnt man auf etwa 100 ccm, säuert mit 4 Tropfen 4n-HCl an und fällt mit 150 ccm einer Benzidinchloridlösung, die 4 g Benzidin und 5 ccm konz. HCl in 2 l enthält. Man läßt 10 Minuten stehen, filtriert ab, wäscht mit gesättigter Lösung von Benzidinsulfat, bis sie frei von Benzidinchlorid wird; dann wird der Niederschlag mit dem Filter in Wasser aufgeschlämmt und bei 80° mit $^1/_{10}$n-NaOH und Phenolphthalein titriert. 1 ccm $^1/_{10}$n-NaOH entspricht 0,0324 g Schleim. Das ganze Verfahren erfordert etwa 2 Stunden; es ist auch in Gegenwart anderer schleimiger Stoffe ausführbar und ermöglicht somit den Nachweis und die Bestimmung von Carragheen in Marmeladen, Gelees und anderen Stoffen[1].

Physikalische und chemische Eigenschaften: Der Pflanzenschleim des irischen Mooses (Carragheen in Irland) ist ein Gemisch zweier Stoffe, deren einer in kaltem Wasser löslich ist (kaltes Extrakt) und beim Einengen und Abkühlen keine Gallerte gibt. Der andere Teil ist nur wenig in kaltem Wasser löslich, löst sich dagegen in heißem Wasser zu einer viscosen Lösung (heißes Extrakt), die beim Abkühlen geliert, wenn die Konzentration etwa 2% überschreitet. Benzidinchloridlösung fällt sowohl aus kaltem wie aus heißem Extrakt die Schleimstoffe quantitativ aus, und zwar ist diese Reaktion für Carragheen spezifisch. Zwischen heißem und kaltem Extrakt ist kein großer Unterschied, 1 g trockenem Extrakt sind im Mittel 30,9 ccm $^1/_{10}$n-NaOH äquivalent[1].

Fucosan (Bd. II, S. 76; Bd. VIII, S. 17; Bd. X, S. 231).

Vorkommen: In Meeresalgen[2]. Die Lokalisation und Menge des Fucosans in Fucus serratus L.[3].

Nachweis und Bestimmung: Mikrochemischer Nachweis durch Farbenreaktionen mit Kaliumbichromat oder Vanillin[3].

Laminarin (Bd. II, S. 75; Bd. VIII, S. 16; Bd. X, S. 231).

Physikalische und chemische Eigenschaften: Laminarin hat typisch kolloidale Eigenschaften. Von den bei ultramikroskopischer Betrachtung sichtbaren Teilchen verschiedener Größe haben die kleinsten Brownschen Schwingungen, die durch Alkohol und Alkalien gehemmt werden. — Alkohol fällt Laminarin, Alkalien verursachen bei Zusatz von Alkohol und Äther gelegentlich Krystallisation rechteckiger Tafeln. — Spontane Ausflockung im Laufe der Zeit ist vielleicht durch Polymerisation bedingt, sie wird durch Salzsäure beschleunigt[4].

Andere Pflanzenschleime (Bd. II, S. 79; Bd. VIII, S. 17).

Schleim von Azotobacter chroococcum. Azotobacter chroococcum bildet einen Schleim, der aus einem kohlehydratartigen Stoff besteht, liefert bei der Inversion einen rechtsdrehenden, reduzierenden und vergärbaren Zucker, gibt positive Furfurolreaktion[5].

Lichenin (Bd. II, S. 76; Bd. VIII, S. 17; Bd. X, S. 232).

Ist der Name für das bisher „Reservecellulose"[6] (Bd. II, S. 43, 44) genannte Material und findet sich in allen bisher geprüften Flechten und in den meisten Samen vor[6].

Vorkommen: Findet sich nicht nur in Cetraria Islandica, sondern auch in vielen anderen Flechten, wie Evernia vulpina, Usnea barbata L. und Parmelia furfuracea Ach. — Aus der Tatsache, daß die Lichenase im Samen vieler Pflanzen gefunden wurde, muß gefolgert

[1] P. Haas u. B. Russell-Wells: Analyst **52**, 265 (1927) — Chem. Zbl. **1927 II**, 854.

[2] L. Laroux: Rev. gén. des Sci. pures et appl. **37**, 471 (1926) — Chem. Zbl. **1926 II**, 2318.

[3] C. Pontillon: C. r. Soc. Biol. Paris **95**, 970 (1926) — Chem. Zbl. **1927 I**, 112.

[4] Z. Gruzewska: Bull. Soc. Chim. biol. Paris **5**, 216 (1924) — Chem. Zbl. **1924 II**, 847.

[5] C. Stapp: Zbl. Bakter. II **61**, 276 (1924) — Chem. Zbl. **1924 II**, 350.

[6] P. Karrer, M. Staub, A. Weinhagen u. B. Joos: Helvet. chim. Acta **7**, 144 (1924) — Chem. Zbl. **1924 I**, 1767.

werden, daß das Lichenin ebenfalls in diesen Pflanzen vorkommt[1]. In allen 3 Sektionen der Gattung Cetraria. Fehlt bei Sticta pulmonacea Ach. = Lobaria pulmonaria[2].

Darstellung: Um ein Trockenpräparat zu gewinnen, das leicht und restlos in siedendem Wasser löslich, von lockerer, pulveriger Beschaffenheit ist, wird das durch mehrfaches Umfällen gereinigte Lichenin 2mal je 12 Stunden in frischem 95proz. Alkohol, danach etwa 2 Tage in abs. Äther belassen, dann in den Vakuumexsiccator gebracht und der Äther langsam abgedunstet, indem man den geschlossenen Exsiccator durch sehr kurzes, alle 12 Stunden wiederholtes Auspumpen von den Dämpfen befreit. Dieses Präparat wird als „lösliches Lichenin" bezeichnet im Gegensatze zu den als „schwer löslich" bezeichneten, durch direktes Eintrocknen der wasserfeuchten Masse erhaltenen zusammengebackenen Präparaten, die in heißem Wasser nur wenig löslich sind. Beide Arten von Präparaten zeigen sehr verschiedene Reaktionsfähigkeit[3]. Evernia vulpina wird fein geschnitten, 4 Stunden mit siedendem Äther, dann 10 Stunden mit siedendem Alkohol extrahiert, dann nach mehrtägigem Liegen in 2proz. Sodalösung mit Wasser ausgekocht und das Filtrat eingeengt[1].

Nachweis und Bestimmung: Wird durch Tannin gefällt, und diese Eigenschaft kann zum Nachweis dienen[2].

Physiologische Eigenschaften: Zu wachsenden Gonidienkolonien von Cystococcus (4 Arten) und Coccomyxa (1 Art) und zu Kolonien von Chlorella lichina und Palmellococcus symbioticus auf Agar-Agar wurde Lichenin zugesetzt und nach 3 Monaten durch Vergleich mit Kontrollproben festgestellt, daß auf Kosten des Lichenins keine Entwicklung erfolgt sei, was im Falle von Glykose immer der Fall ist, mithin die Gonidien kein licheninspaltendes Ferment enthalten[4]. In der Weinbergschnecke ist ein Ferment, das Lichenin sehr energisch abbaut. Diese Lichenase führt in Wasser gelöstes Lichenin in wenig Stunden quantitativ in Glykose über. Optimum bei $p_H = $ etwa 5,2. Nur während des ersten Stadiums der Reaktion folgt diese Hydrolyse dem Gesetze der monomolekularen Reaktion, dann bis zu etwa 60% Abbau der Schützschen Regel. Es wird berechnet, daß gleiches auch für den Abbau durch Malzfermente (Pringsheim und Seifert[3]) gilt. Die Schnelligkeit ist stark abhängig von dem Dispersitätsgrad des Lichenins. Auch in der Wurmart Lumbricus herculeus Savigny sind Enzyme, die Lichenin vollkommen in Glykose verwandeln[5]. Aus 2,35 g Lichenin wurden 2,7 g krystallisierte Glykose gewonnen. Das erhaltene Produkt war frei von Fructose und Galaktose; das Osazon aus 70proz. Alkohol umkrystallisiert zeigte Schmelzp. 208° und $\alpha_D = -0,67°$[6]. — Der enzymatische Abbau des Lichenins verläuft in zwei Stufen, durch die Einwirkung der Lichenase bis zur Cellobiose und durch die Einwirkung der Cellobiose bis zur Glykose[7]. — Über die Einwirkung von Lichenase auf Lichenin[8]. Reines Lichenin läßt sich durch Malzauszüge, in welchen die Cellobiose durch 6monatiges Altern vernichtet und nur die Lichenase erhalten ist, zu 100% in Cellobiose zerlegen. Die Cellobiose wurde durch Überführung in das β-Oktaacetat vom Schmelzp. 195° identifiziert[9]. — Die Hydrolyse durch Lichenase wird durch Zusatz von Glykose, Galaktose, Fructose, Rohrzucker, Maltose, Cellobiose, Gentiobiose gemindert[10]. — Fermentative Spaltungsversuche mit Malz verschiedener

---

[1] P. Karrer, M. Staub u. J. Staub: Helvet. chim. Acta **7**, 159 (1924) — Chem. Zbl. **1924 I**, 1768.

[2] A. v. Lingelsheim: Pharm. Zentralhalle **69**, 355 (1928) — Chem. Zbl. **1929 I**, 993.

[3] P. Karrer, B. Joos u. M. Staub: Helvet. chim. Acta **6**, 800 (1923) — Chem. Zbl. **1923 III**, 1454. — P. Karrer: Helvet. chim. Acta **6**, 402 (1923) — Chem. Zbl. **1923 III**, 1005. — P. Karrer u. B. Joos: Biochem. Z. **136**, 537 (1923) — Chem. Zbl. **1923 III**, 834.

[4] R. Chodat u. Lucie Chodat: Arch. Sc. phys. et nat. Genève (5) **6**, 74—76 — Chem. Zbl. **1924 II**, 2406.

[5] P. Karrer: Dtsch. med. Wschr. **49**, 1074 (1923) — Chem. Zbl. **1923 III**, 1150 — Erg. Physiol. **20**, 433 (1923) — Chem. Zbl. **1923 III**, 199.

[6] P. Karrer u. M. Staub: Helvet. chim. Acta **7**, 518 (1924) — Chem. Zbl. **1924 II**, 173.

[7] H. Pringsheim u. J. Leibowitz: Hoppe-Seylers Z. **131**, 262 (1923) — Chem. Zbl. **1924 I**, 923. — P. Karrer, M. Staub, A. Weinhagen u. B. Joos: Helvet. chim. Acta **7**, 144 (1924) — Chem. Zbl. **1924 I**, 1767. — P. Karrer, M. Staub u. B. Joos: Helvet. chim. Acta **7**, 154 (1924) — Chem. Zbl. **1924 I**, 1767.

[8] P. Karrer: Z. angew. Chem. **37**, 1003 (1924) — Chem. Zbl. **1925 I**, 643.

[9] H. Pringsheim u. W. Kusenack: Hoppe-Seylers Z. **137**, 265 (1924) — Chem. Zbl. **1924 II**, 1210. — H. Pringsheim u. A. Beiser: Biochem. Z. **172**, 411 (1926) — Chem. Zbl. **1926 II**, 2975.

[10] P. Karrer u. M. Staub: Helvet. chim. Acta **7**, 916 (1924) — Chem. Zbl. **1924 II**, 2487.

Herkunft[1]. — Aus der essigsauren Schneckenfermentlösung läßt sich durch wiederholte Behandlung mit Aluminiumhydroxyd die Cellobiase vollständig entziehen. Eine derartig veränderte Enzymlösung greift Lichenin noch kräftig an. Unterbricht man die Reaktion, wenn das Reduktionsvermögen etwa die Hälfte des größtmöglichen beträgt, so enthält die Flüssigkeit neben wenig Glykose und anderen Produkten, die Fehlingsche Lösung noch sehr wenig reduzieren und keine krystallisierbaren Osazone liefern, ein neues Trisaccharid, die Lichotriose, die als Phenylosazon isoliert werden konnte[2]. — Weiteres über Lichenin und Lichenase[3]. Lichenin wird bei Verfütterung an Mäuse zu etwa 60% verdaut[4].

Physikalische und chemische Eigenschaften: Röntgenographische Untersuchungen[5]. Fluorescenzerscheinungen[6]. Viscosität und Alterungserscheinungen der Lösungen[7]. — Das Lichenin verdankt seine Quellbarkeit der Veresterung mit Kieselsäure, welche bei gereinigtem Lichenin bis 2,6% der Asche beträgt[8]. — Enthält 0,0055% Phosphor, der Gehalt an Phosphor ist evtl. höher, da bei der Darstellung ein Teil verlorengehen kann. Der Aschegehalt ist 0,9—1%, sie enthält viel Calcium, Magnesium und Eisen. Bei rascher Destillation im Vakuum entsteht Lävoglykosan[9]. Rein weiß. Aschegehalt 0,6%. $[\alpha]_D^{20} = +28{,}9°$ (in 2n-NaOH)[10]. Der Drehwert in Kupferamminlösung [4 mg Mol $C_6H_{10}O_5$, 10 mg Mol $Cu(OH)_2$, 20 mg Mol NaOH und 1000 mg Mol NH_3 in 100 ccm Lösung] $\alpha_{435,8}^{20} = -1{,}75$ bis $-2{,}04°$. — Reinigung der Substanz[11]: 1. Durch Lösen in der 70fachen Menge verdünnter Natronlauge, Neutralisieren mit Kohlensäure und Ausfrieren, 1—2mal wiederholt; $\alpha_{435,8}^{20} = -2{,}33$ bis $-2{,}35°$. — 2. In eine verdünnte alkalische Licheninlösung wird unter Kühlung Ammoniak eingeleitet und das Lichenin mit 33proz. Natronlauge gefällt. Ausbeute 50—60% an reinem Lichenin; $\alpha_{435,8}^{20} = -2{,}17°$ bis $-2{,}24°$. — 3. Das nach 1. gereinigte Präparat wurde zweimal aus einer Lösung in Kupferoxydammoniak mit 38proz. Natronlauge als Kupferalkaliverbindung gefällt, darauf einmal aus Wasser mit Essigsäure; $\alpha_{435,8}^{20} = -2{,}35°$. — Wiederholte fraktionierte Fällung nach dieser Methode ergab keine Erhöhung des Drehwertes $[\alpha]_D^{20} = +8{,}33°$ in 2n-Natronlauge[11]. — Bei der Drehwertuntersuchung in Kupferoxydammoniak verhält sich Lichenin ähnlich wie die Cellulose. Zusatz von Natronlauge bis zu 20 mg Mol NaOH in 100 ccm erhöhte den Drehwert, bei weiterem Zusatz sinkt der Drehwert, und bei etwa 50 mg-Molen erfolgt Ausfällung einer Kupferalkaliverbindung des Lichenins. Die bei Gegenwart von 20 mg Mol NaOH in 100 ccm Lösung durch Variation der Kupfer- und Licheninkonzentration durchgeführte Äquivalenzprobe ergab bei allen Präparaten das Verhältnis 9 Cu : 10 $C_6H_{10}O_5$. — Es ist möglich, daß auch das gereinigte Lichenin nicht einheitlich ist, und daß die komplexbildende Komponente des Lichenins mit Kupfer im Verhältnis 1:1 reagiert[12]. — Das Lichenin des isländischen Moses, Cetraria islandica, liefert bei der Acetolyse mit Acetanhydrid und konz. H_2SO_4 bei 120° Oktaacetylcellobiose etwa in derselben Ausbeute wie Cellulose. In der gleichen Weise wie die Cellulose läßt es sich in ein Triacetyllichenin überführen. Lichenin gibt mit Acetylbromid bei 40° Acetobromcellobiose. Im allgemeinen ähnelt also das Lichenin

---

[1] H. Pringsheim u. K. Bauer: Hoppe-Seylers Z. **173**, 188 (1927) — Chem. Zbl. **1928 I**, 2706. — H. Pringsheim u. K. Seifert: Hoppe-Seylers Z. **128**, 284 (1923) — Chem. Zbl. **1923 III**, 1006.

[2] P. Karrer u. H. Lier: Helvet. chim. Acta **8**, 248 (1925) — Chem. Zbl. **1925 II**, 1953. — P. Karrer, P. Schubert u. W. Wehrli: Helvet. chim. Acta **8**, 797 (1925) — Chem. Zbl. **1926 I**, 2194.

[3] R. Hazard: Rev. Plast. **2**, 73 (1926) — Chem. Zbl. **1926 I**, 3138. — H. Pringsheim, W. Knoll u. E. Kasten: Ber. dtsch. chem. Ges. **58**, 2135 (1925) — Chem. Zbl. **1926 I**, 622. — M. Bergmann u. E. Knehe: Liebigs Ann. **448**, 76 (1926) — Chem. Zbl. **1927 I**, 1151. — H. Pringsheim u. O. Routala: Liebigs Ann. **450**, 255 (1926) — Chem. Zbl. **1927 I**, 1151.

[4] Alb. Wallenstein: Biochem. Z. **166**, 157 (1925) — Chem. Zbl. **1926 II**, 1660.

[5] R. O. Herzog: Naturwiss. **12**, 1153 (1924) — Chem. Zbl. **1925 II**, 133 — Hoppe-Seylers Z. **152**, 119 (1926) — Chem. Zbl. **1926 I**, 2676. — E. Ott: Helvet. chim. Acta **9**, 31 (1926) — Chem. Zbl. **1926 I**, 1966 — Physik. Z. **27**, 174 (1926) — Chem. Zbl. **1926 I**, 3028. — Jean J. Trillat: Rev. gén. Colloides **6**, 89 (1928) — Chem. Zbl. **1928 II**, 2326.

[6] Hans Pringsheim u. Otto Gerngroß: Ber. dtsch. chem. Ges. **61**, 2009 (1928) — Chem. Zbl. **1928 II**, 1978.

[7] H. Pringsheim u. H. Braun: Liebigs Ann. **460**, 42 (1927) — Chem. Zbl. **1928 I**, 1168. — H. Pringsheim u. O. Routala: Liebigs Ann. **450**, 255 (1926) — Chem. Zbl. **1928 I**, 1151.

[8] H. Pringsheim u. W. Kusenack: Hoppe-Seylers Z. **137**, 265 (1924) — Chem. Zbl. **1924 II**, 1210.

[9] P. Karrer u. M. Staub: Helvet. chim. Acta **7**, 928 (1924) — Chem. Zbl. **1924 II**, 2460.

[10] H. Pringsheim u. H. Braun: Liebigs Ann. **460**, 42 (1927) — Chem. Zbl. **1928 I**, 1168.

[11] Kurt Heß u. Hermann Friese: Liebigs Ann. **455**, 180 (1927) — Chem. Zbl. **1927 II**, 1343.

[12] Kurt Heß, Hermann Friese u. E. Meßmer: Liebigs Ann. **455**, 180 (1927) — Chem. Zbl. **1927 II**, 1343. — K. Heß: Z. angew. Chem. **37**, 993 (1924) — Chem. Zbl. **1925 I**, 1289.

in seinem chemischen Verhalten sehr der Cellulose[1]. Die Acetolyse geht beim Lichenin schwieriger und unvollständiger vor sich als bei Cellulose, bei „schwer löslichen" Lichenin und Zimmertemperatur überhaupt nicht[2]. Spaltet bei der Destillation in saurer, neutraler oder alkalischer Lösung Formaldehyd ab[3]. Die Methylierungsprodukte des Lichenins stimmen weitgehend mit den analog erhaltenen Produkten aus Baumwollcellulose überein[4].

Derivate: Alkoholate mit Alkalimetallen. $C_6H_9O_5Me$ (Me $=$ K oder Na)[5].

Triacetyllichenin $C_6H_7O_5$ (CO $\cdot$ CH$_3$)$_3$ $=$ $C_{12}H_{16}O_8$. Fast unlöslich in Alkohol und in Aceton; leicht löslich in Chloroform, besonders auf Zusatz einiger Prozent Alkohol. $[\alpha]_D^{19}$ $=-23{,}86°$ (in Chloroform, das 10% CH_3OH enthält). Bei der Einwirkung von PBr_5 auf Licheninacetat entsteht in geringer Menge Aceto-1, 6-dibromglykose[1]. Licheninacetat besitzt das Drehungsvermögen $[\alpha]_D = -32°$, die Verseifungsprodukte erwiesen sich noch erheblich verunreinigt[6]. — Schneeweißes Pulver[7]. Verhält sich in kryoskopischer Beziehung weitgehend analog dem Celluloseacetat, zeigt aber erheblich leichtere Löslichkeit und eine nach der Auflösung recht schnell einsetzende Assoziation beim Stehen der Lösung[8]. — Aus Lichenin mit Acetanhydrid und wenig H_2SO_4. Rein weißes Pulver (aus der mit Carboraffin geklärten Chloroformlösung durch Eintropfen in eiskalten Äther). $[\alpha]_D = -17{,}7, -17{,}7, -17{,}8, -20{,}0,$ $-23{,}0, -23{,}1°$ (in Chloroform). Die von Heß und Schultze[9] beobachtete Drehung $[\alpha]_D$ $=-35°$ wurde nicht bestätigt. Verseifung zu Lichenin gelingt nicht oder unvollständig mit NH_3 in wasserfreiem Methanol, leicht dagegen mit NH_3 in feuchtem Methanol oder nach Zusatz von Wasser[10]. Aus Lichenin mit Pyridin und Acetanhydrid oder Na-Acetat und Acetanhydrid bei 60°, aus Chloroform durch Petroläther, farblos erhalten, $[\alpha]_D^{19} = -35{,}7°$ in Chloroform[11]. Aus Lichenin von Cetraria islandica mit Pyridin und Essigsäureanhydrid acetyliert. $[\alpha]_D^{20} = -35{,}2°$ in Chloroform. — Ergibt in Essigsäurelösung unter Vakuum eine mittlere Teilchengröße von 310. — Die erhaltenen Werte bleiben während mehreren Wochen hinreichend konstant[12]. Das mit Essigsäureanhydrid-Schwefelsäure[6] nach dem von Heß und Schultze[13] angegebenen Verfahren dargestellte Licheninacetat ($[\alpha] = -18$ bis $-24°$ in Chloroform) wird durch fraktioniertes Fällen aus Aceton mit Äther und Benzol-Methylalkohol bis zum Drehwert $[\alpha]_D = -38$ bis 39° in Chloroform gereinigt. Die Substanz ist leicht löslich in Chloroform, Aceton, Essigester, Pyridin, schwer löslich in Methanol und Alkohol, unlöslich in Äther und Petroläther. Mit Essigsäureanhydrid und Schwefeldioxyd-Chlor nach Barnett wurde ähnlich ein Acetyllichenin $[\alpha]_D = -35{,}8°$ erhalten. Durch Acetylieren mit 2 Teilen Essigsäureanhydrid und 3 Teile Pyridin bei 50—60° wird ein Präparat erhalten, das nicht durch fraktionierte Fällung gereinigt zu werden braucht. $[\alpha]_D^{19} = -35{,}31°$ in Chloroform; $-14{,}04°$ in Aceton; $[\alpha]_D^{18} = -10{,}16°$ in Essigester, $[\alpha]_D^{20} = -53{,}69°$ in Pyridin. — Das durch Verseifen mit 2n-methylalkoholischer Natronlauge erhaltene Lichenin zeigt $[\alpha]_D^{20} = +8{,}62°$ in 2n-Natronlauge[6].

Methyllichenin[14]. Nach 20maligem Methylieren von Lichenin mit Dimethylsulfat und Natronlauge wurde ein Produkt mit 41,76% Methoxyl erhalten, dessen Methoxylgehalt nach weiterer 4maliger Behandlung mit Methyljodid und Silberoxyd nicht wesentlich erhöht wurde. Die Substanz ist in Wasser klar, aber kolloidal löslich, ebenso in Alkohol, Chloroform, Bromoform, Äther, Ligroin. Die Spaltung nach dem Irvine und Hirstschen Verfahren gab bei der Destillation im Hochvakuum folgende Fraktionen: I. Siedep. 119—121°; II. Siedep. 121°; III. Siedep. 121—128°; IV. 127—129°; es hinterblieb kein Rückstand. I: $n_D^{15} = 1{,}4590$; $[\alpha]_D = +64{,}54°$ in Wasser und $+67{,}5°$ in Methylalkohol. — Fraktion IV zeigte $n_D^{15} = 1{,}4625$,

---

[1] P. Karrer u. B. Joos: Biochem. Z. **136**, 537 (1923) — Chem. Zbl. **1923 III**, 834.

[2] P. Karrer, B. Joos u. M. Staub: Helvet. chim. Acta **6**, 800 (1923) — Chem. Zbl. **1923 III**, 1454. — P. Karrer: Helvet. chim. Acta **6**, 402 (1923) — Chem. Zbl. **1923 III**, 1005. — P. Karrer u. B. Joos: Biochem. Z. **136** (1923) — Chem. Zbl. **1923 III**, 834.

[3] G. Klein: Biochem. Z. **169**, 132 (1926) — Chem. Zbl. **1926 I**, 3221.

[4] P. Karrer u. H. Nishida: Helvet. chim. Acta **7**, 363 (1924) — Chem. Zbl. **1924 I**, 2680.

[5] L. Schmid u. B. Becker: Ber. dtsch. chem. Ges. **58**, 1966 (1925) — Chem. Zbl. **1926 I**, 56.

[6] Kurt Heß u. Hermann Friese: Liebigs Ann. **455**, 180 (1927) — Chem. Zbl. **1927 II**, 1343.

[7] K. Heß: Z. angew. Chem. **37**, 993 (1924) — Chem. Zbl. **1925 I**, 1289.

[8] Kurt Heß u. Guido Schultze: Liebigs Ann. **448**, 99—120 (1926) — Chem. Zbl. **1926 II**, 387.

[9] K. Heß u. G. Schultze: Liebigs Ann. **448**, 99 (1926) — Chem. Zbl. **1926 II**, 387.

[10] H. Pringsheim u. O. Routala: Liebigs Ann. **450**, 255 (1926) — Chem. Zbl. **1927 I**, 1151.

[11] M. Bergmann u. E. Knehe: Liebigs Ann. **452**, 151 (1927) — Chem. Zbl. **1927 I**, 1949.

[12] Max Bergmann, Ewald Knehe u. Ernst v. Lippmann: Liebigs Ann. **458**, 93 (1927) — Chem. Zbl. **1927 II**, 2763.

[13] Kurt Heß u. Schultze: Liebigs Ann. **448**, 106 (1926) — Chem. Zbl. **1926 II**, 387.

[14] P. Karrer u. K. Nishida: Helvet. chim. Acta **7**, 363 (1924) — Chem. Zbl. **1924 I**, 2680.

$[\alpha]_D = +90,3°$ in Wasser, diese Fraktion war schwach gelblich gefärbt. Fraktion II ergab bei der Hydrolyse mit 5proz. Salzsäure 2, 3, 6-Trimethylglykose, $[\alpha]_D = +95,5°$ in Methylalkohol. Krystalle aus Äther vom Schmelzp. 116°. — Aus Lichenin kann man durch Methylierung 2 Produkte erhalten, ein in Alkohol unlösliches mit 17,37% CH_3O und ein in Alkohol lösliches mit 21,62% CH_3O [1].

Licheninxanthogenat [2]. Wird in ähnlicher Weise wie Cellulosexanthogenat hergestellt und besitzt ähnliche Zusammensetzung wie letzteres.

Lichosan(?) [3].
$(C_6H_{10}O_5)_n$

Bildung: Soll beim Erhitzen von Lichenin in Glycerin auf 240° nach $1^1/_2$ Stunde entstehen und wird durch Lösen in Wasser und Fällen mit Alkohol isoliert. — Ausbeute 30%.

Physiologische Eigenschaften: Malzauszug spaltet Lichosan in Glykose. — Verhält sich gegen Lichenase wie Lichenin [4].

Physikalische und chemische Eigenschaften: Weißes, wasserlösliches Pulver. $[\alpha]_D$ in Wasser ±0,00°, in 2n-Natronlauge +33,5°, in 95proz. Pyridin +93,2° [5]. Soll den Elementarkörper des Lichenins darstellen, was aber angezweifelt wird [6]. Liefert bei der Acetolyse Oktaacetylcellobiose, bei der Methylierung nach 4 Arbeitsgängen die Dimethylverbindung und mit 37proz. Salzsäure in 4 Stunden Biose A, nach längerer Einwirkung, 4 Tage, Biose B [3]. Alterungserscheinungen in den Lösungen [7].

Derivate: Lichosanphosphorsäureester $C_6H_9O_4 \cdot O \cdot PO_3H_2$. Aus Lichosan und $POCl_3$ in Pyridin bei −15°. Gelatinös unlöslich in Wasser [8].

Lichosanacetat $C_{12}H_{16}O_8$. Aus Alkohol flockiges Pulver, $[\alpha]_D^{20} = +32,7°$ in Chloroform. — Molekulargewichtsbestimmungen in Phenollösung geben Zahlen zwischen 300—400 [3].

Lichohexosan [9].
$(C_6H_{10}O_5)_x$

Bildung: Entsteht beim Erwärmen von Lichenin mit wasserfreiem Glycerin auf 240° nach Pringsheim (s. bei Lichosan). Das nach dem Trocknen gewonnene Produkt beträgt im besten Falle 25% des angewandten Lichenins.

Physikalische und chemische Eigenschaften: Graues Pulver, leicht löslich in Wasser. Reagiert nicht mit Phenylhydrazin und mit 1proz. methylalkoholischer Salzsäure, und bildet bei der Acetolyse Cellobioseacetat. Das Lichohexosan steht in der Festigkeit seines übermolekularen Zusammenschlusses zwischen den einfachen Zuckern und den bisher bekannten Monoseanhydriden einerseits und dem unlöslichen Cellobioseanhydrid und den natürlichen komplexen Kohlehydraten andererseits. (?) — Schon eine geringe Menge Asche genügt, um die Aggregationstendenz des Hexosans herabzusetzen und in wässeriger Lösung Molekulargewichte von etwa 200 zu geben. — Bei der Verseifung des Triacetyllichohexosans entsteht ein Produkt mit dem Molekulargewicht 583—628, in Gegenwart von 2% Kaliumacetat: 220. — Die durch Erhitzen von Acetyllichenin in Glycerin oder Naphthalin erhaltene Substanz, die von Pringsheim und Mitarbeitern mit „Lichosan" und von Bergmann und Knehe mit „Lichohexosan" bezeichnet wurde, wird von Kurt Heß und Hermann Friese [10] der fraktionierten Fällung aus Aceton mit Äther und aus Benzol-Methanol unterworfen. — Dabei wurden Fraktionen erhalten, die sich auf Grund ihres Drehwertes in Chloroform, Aceton, Essigester und

---

[1] L. Schmid: Ber. dtsch. chem. Ges. **58**, 1963 (1925) — Chem. Zbl. **1926 I**, 890.

[2] P. Karrer u. Th. Lieser: Cellulosechemie **7**, 1 (1926) — Chem. Zbl. **1926 I**, 2675.

[3] Hans Pringsheim, Werner Knoll u. Erich Kasten: Ber. dtsch. chem. Ges. **58**, 2135 (1925) — Chem. Zbl. **1926 I**, 622.

[4] H. Pringsheim u. A. Beiser: Biochem. Z. **172**, 411 (1926) — Chem. Zbl. **1926 II**, 2975. — H. Pringsheim u. H. Braun: Liebigs Ann. **460**, 42 (1927) — Chem. Zbl. **1928 I**, 1168.

[5] H. Pringsheim u. O. Routala: Liebigs Ann. **450**, 255 (1926) — Chem. Zbl. **1927 I**, 1152.

[6] M. Bergmann u. E. Knehe: Liebigs Ann. **452**, 151 (1927) — Chem. Zbl. **1927 I**, 1949.

[7] H. Pringsheim u. H. Braun: Liebigs Ann. **460**, 42 (1927) — Chem. Zbl. **1928 I**, 1168. — H. Pringsheim u. O. Routala: Liebigs Ann. **450**, 255 (1926) — Chem. Zbl. **1928 I**, 1151.

[8] H. Pringsheim u. H. Braun: Liebigs Ann. **460**, 42 (1927) — Chem. Zbl. **1928 I**, 1168.

[9] Max Bergmann u. Ewald Knehe: Liebigs Ann. **448**, 76 (1926) — Chem. Zbl. **1926 II**, 558.

[10] Kurt Heß u. Hermann Friese: Liebigs Ann. **455**, 180 (1927) — Chem. Zbl. **1927 II**, 1343.

Pyridin mit Triacetyllichenin als identisch erwiesen. Ebenso war das durch Verseifen mit 2 n-methylalkoholischer Natronlauge erhaltene Kohlehydrat identisch mit Lichenin. Nach den Untersuchungen von Heß und Friese[1] sind Lichosan und Lichohexosan und ihre Derivate nicht einheitliche Substanzen, sondern verunreinigtes Lichenin bzw. dessen Derivate, deshalb sind sämtliche auf Grund dieser Beobachtungen gezogenen Schlußfolgerungen hinfällig. — Eine wässerige Lösung von Lichohexosan, die bei 20° kein Drehungsvermögen zeigt, dreht bei 70° rechts, $[\alpha]_D^{70} = +8,7°$; die Drehung verschwindet beim Abkühlen. Die Drehung ist eine Funktion des Aggregationsgrades und anderer mit der Temperatur veränderlicher übermolekularer Bindungen. Die optische Indifferenz des Lichohexosans ist nicht die Folge von Kompensationserscheinungen innerhalb der Individualgruppen; die Aktivität des völlig dispergierten Lichohexosans wird in wässeriger Lösung bei Zimmertemperatur durch Assoziationserscheinungen auf einen nicht mehr erkennbaren Wert herabgedrückt[2].

Derivate: Lichohexosantriacetat[3] $C_{12}H_{16}O_8$. Durch 2tägige Einwirkung von Essigsäureanhydrid auf rohes Hexosan in Pyridinlösung bei 37°. Die mit Wasser abgeschiedene Verbindung wurde aus Essigester + Petroläther und aus Alkohol umgefällt. Gelbe mikroskopische Nädelchen. Sehr leicht löslich in Chloroform, Essigester und Aceton, wenig löslich in Essigsäure, heißem Methylalkohol und Alkohol, wenig löslich in Pyridin, Benzol und Petroläther. Sintert bei 145°, Schmelzp. 180—182°. — Mol-Gewicht in Essigsäure 264—278. $[\alpha]_D^{22} = -18,9$ und 19,5° in Chloroform. Bei 2tägigem Schütteln mit alkoholischer Kalilauge entsteht Lichohexosan.

Isolichenin (Bd. II, S. 77; Bd. X, S. 232).

Darstellung: 1 kg isländisches Moos wird mit 10 kg siedendem Wasser ausgelaugt; das Filtrat wird 24 Stunden im Eisschrank stehengelassen, wobei das Lichenin ausfällt. Die Lösungen werden eingeengt und durch Dialyse gereinigt, dann mit Alkohol gefällt[4].

Physiologische Eigenschaften: Diastase spaltet Maltose ab, Emulsin hydrolysiert in 240 Stunden zu 50 %[4]. — Der Bacillus macerans vermag eine Isolicheninlösung zu vergären[5].

Physikalische und chemische Eigenschaften: Rein weißes Pulver, mit Jodjodkalium rein blau, reduziert nicht Fehlingsche Lösung. $[\alpha]_D^{20} = +189,4°$ in Wasser. — Kalte konz. Salzsäure gibt Amylobiose, in Glycerin bei 185—190° entsteht Dihexosan[4]. Es wird nachgewiesen, daß dieses Polysaccharid ein Gemisch verschiedener Kohlehydrate ist. Durch Fehlingsche Lösung bei alkalischer Reaktion gelingt die Trennung in eine unlösliche Cu-Verbindung (A) und eine lösliche (B). Reinigung durch Umfällen in wässeriger salzsaurer Lösung mit Alkohol. A ist in warmem Wasser leicht löslich, reduziert Fehlingsche Lösung nicht. $[\alpha]_D = +88°$. Mit 5proz. HCl hydrolysiert gibt sie 21% Mannose, 35% Galaktose, 45% andere Kohlehydrate, hauptsächlich Glykose. Fraktion B leicht löslich in kaltem Wasser. reduziert Fehlingsche Lösung spurenweise und färbt sich mit J-Lösung schwach blau. $[\alpha]_D = +148°$. Die Substanz ist nicht einheitlich. Nach 2stündiger Hydrolyse mit 5proz. Salzsäure ließ sich titrimetrisch die Anwesenheit von 90,2% Galaktose feststellen[6]. Aus dem Hydrolysat von Isolichenin ließ sich 5—6% Mannosephenylhydrazon isolieren. Das Isolichenin kann also keine reine, aus Maltose aufgebaute Polyamylose sein[7]. Ziegenspeck[8] isolierte aus den Asci von Xanthoria parietina eine hornartige Substanz, die in kaltem Wasser nur quoll und sich erst nach dem Aufkochen löste. In der Lösung erzielte vorsichtiger Zusatz von J ein prachtvolles Kornblumenblau. Gegen Speicheldiastase war dieses Isolichenin beständig. Innerhalb $^3/_4$ Stunde wurde dieser Körper fast vollständig durch 4proz. H_2SO_4 verzuckert. Diese Substanz war demnach der Stärke analog. In dem Invertate befand sich nach dem Ausscheiden der Monosaccharide durch Alkohol neben wenig Methylpentosan (Aceton) nur Glykose (Zuckersäure, Osazon). Dasselbe Ergebnis wurde mit Cladonia conifera und Ramalina fraxinea erzielt[8].

[1] Kurt Heß u. Hermann Friese: Liebigs Ann. **455**, 180 (1927) — Chem. Zbl. **1927 II**, 1343.
[2] M. Bergmann u. E. Knehe: Liebigs Ann. **452**, 151 (1927) — Chem. Zbl. **1927 I**, 1949.
[3] Max Bergmann u. Ewald Knehe: Liebigs Ann. **448**, 76 (1926) — Chem. Zbl. **1926 II**, 558.
[4] Hans Pringsheim u. W. Kusenack: Ber. dtsch. chem. Ges. **57**, 1581 (1924) — Chem. Zbl. **1924 II**, 2245. — Hans Pringsheim: Hoppe-Seylers Z. **144**, 241 (1925) — Chem. Zbl. **1925 II**, 913.
[5] H. Pringsheim u. K. Seifert: Hoppe-Seylers Z. **128**, 284 (1923) — Chem. Zbl. **1923 III**, 1006.
[6] P. Karrer u. B. Joos: Hoppe-Seylers Z. **141**, 311 (1924) — Chem. Zbl. **1925 I**, 1288.
[7] P. Karrer: Hoppe-Seylers Z. **148**, 62 (1925) — Chem. Zbl. **1926 I**, 623.
[8] H. Ziegenspeck: Ber. dtsch. bot. Ges. **42**, 116 — Chem. Zbl. **1924 II**, 1596.

Ophryoscolecin [1].

In der Skeletsubstanz der Ophryoscoleciden, einer im Darm von Huftieren parasitierenden Infusoriengruppe, befindet sich eine celluloseähnliche Substanz. Da der betreffende Stoff gegen Lösungsmittel etwas weniger widerständsfähig ist als echte Pflanzencellulose, wurde ihr obiger Name erteilt. Ophryoscolecin ist wahrscheinlich identisch mit Butschlis Paraglykogen [2].

Unbekanntes Kohlehydrat aus Myxomyceten [3].

Myxomyceten enthalten manchmal ein Kohlehydrat, welches bei der Spaltung durch Säure oder Takadiastase Glykose liefert.

D. Pektinstoffe (Bd. II, S. 80; Bd. VIII, S. 18).

Pektin (Bd. II, S. 80; Bd. VIII, S. 18).

Vorkommen:

Beeren von Lonicera xylosteum [4]	. . . .	2,41 %
„ „ „ nigra	. . . .	3,80 %
„ „ Viburnum Opulus	. . . .	5,30 %
„ „ „ Lantana	. . . .	2,94 %
„ „ Sambucus nigra	. . . .	3,51 %
„ „ „ racemosa	. . . .	2,78 %
„ „ Symphoricarpus racemosa [4]	. . . .	2,57 %

Bestimmungen in verschiedenen Früchten [5]: Die erkrankten Blätter („silberne" Apfelblätter) enthalten weniger Pektin als die normalen Blätter desselben Baumes [6]. — Citronenschalen enthalten 37 g Pektin in 800 g Rohmaterial [7]. Die mittlere Lamelle junger Stämme zeigte sich aus neutraler Pektinsubstanz zusammengesetzt, während sie bei alten aus Lignin, Gummis und Hemicellulose ohne Pektin besteht [8]. — In den Flachsfasern. Ist das Flachsfaserbündel vollständig von den Rindengeweben getrennt, so enthält es sehr wenig Pektin, nicht mehr als etwa 2%. Der größere Teil davon ist mit der Mittellamelle verbunden [9]. Die Dawa-Dawa-Schoten von der Goldküste (botanische Abstammung wahrscheinlich Parkia filicoidea, Welw. in der Familie der Leguminosen) enthalten reichlich Pektine [10]. In der Frucht von Samuela carnerosana Trelease [11]. Gelblich weißer Hohlzahn (Herba Galeopsidis grandiflorae) und Impatiens nolitangere L. enthalten pektinartige Kohlehydrate, die bei der Hydrolyse Galaktose und Pentosen liefern [12].

Bildung: Durch mikroskopische und chemische Untersuchung wurde gefunden, daß im Gewebe der Äpfel ein unlöslicher Pektinstoff ist, welcher durch Hydrolyse in das lösliche Pektin übergeht [13]. Einfluß der Acidität auf die Bildung der Pektinstoffe [14].

Darstellung: Aus Äpfeln: Man läßt die feingeschnittenen Früchte viele Stunden lang bei tiefer Temperatur stehen, dann wird auf einer Handpresse trocken gepreßt und mehrmals mit kaltem Wasser angerieben, bis man aus 50 g 2 l Preßsaft erhält, der sofort aufgekocht wird. Aus der Lösung wird nach der Bestimmungsmethode 0,3 g Calciumsalz erhalten [15]. Man erhält

[1] V. Dogiel: Biol. Zbl. **43**, 289 (1923) — Chem. Zbl. **1924 I**, 2162.
[2] Paul Schulze: Z. Biol. A **2**, 643 (1924); Chem. Zbl. **1925 II**, 933.
[3] Nicolaus Iwanow: Biochem. Z. **162**, 441 (1925) — Chem. Zbl. **1926 I**, 703.
[4] Gisela Nowak u. Julius Zellner: Mh. Chem. **42**, 293 (1922) — Chem. Zbl. **1922 III**, 731.
[5] L. H. Lampitt u. E. B. Hughes: Analyst **53**, 32—34 (1928) — Chem. Zbl. **1928 I**, 1814.
[6] Frank Tutin: Biochemic. J. **19**, 414 (1925) — Chem. Zbl. **1925 II**, 1534.
[7] Lal Singh: Ind. Chem. **14**, 710 (1922) — Chem. Zbl. **1922 IV**, 846.
[8] Maneck Merwanji Mehta: Biochemic. J. **19**, 979 (1925) — Chem. Zbl. **1926 I**, 2712.
[9] W. Honneyman: J. Textile Ind. **16 I**, 370 (1925) — Chem. Zbl. **1926 I**, 2412.
[10] Bull. Imperial Inst. Lond. **20**, 461 (1922) — Chem. Zbl. **1923 III**, 497.
[11] O. F. Black u. J. W. Kelly: Amer. J. Pharmacy **94**, 477 (1922) — Chem. Zbl. **1923 III**, 497.
[12] J. Zellner, J. Falkowsky u. H. A. Spitzer: Arch. Pharmaz. **265**, 27 (1927) — Chem. Zbl. **1927 I**, 1489.
[13] Marjorie Harrioke Carré: Biochemic. J. **19**, 257 (1925) — Chem. Zbl. **1925 II**, 573.
[14] Alfred Mehlitz: Konservenindustrie **12**, 73, 86, 123 (1925) — Chem. Zbl. **1925 II**, 99.
[15] Marjorie Harrioke Carré u. Dorothy Haynes: Biochemic. J. **16**, 60 (1922) — Chem. Zbl. **1922 IV**, 615.

eine weit größere Ausbeute an Pektin, wenn das dünn geschnittene unreife Apfelfleisch erst mit kaltem Alkohol erschöpft, zerrieben, mit Alkohol gewaschen, nach dem Trocknen zerrieben, gesiebt und dann erst mit Wasser erschöpft wird [1]. Äpfel werden ausgepreßt und der Rückstand kurze Zeit mit siedendem Methylalkohol behandelt, wobei Zucker, aber keine nennenswerten Mengen Pektin gelöst werden sollen. Der ungelöste Teil wird mit stark verdünnten organischen Säuren ausgekocht, die Lösung mit Enzymen behandelt, um Protein und Stärke zu zerstören, und die filtrierte Flüssigkeit eingedampft [2]. Aus Apfeltrestern wird zunächst durch kalte Extraktion eine braune, sirupartige Flüssigkeit: „Pomosinextrakt M", mit 35,76% Extrakt, 2,56% Pektin, $[\alpha]_D = -15,1°$, erhalten, dann durch heiße Extraktion eine etwa leimfarbene, durchscheinende Flüssigkeit von hoher Viscosität, das Apfelpektin des Handels mit 11,16% Extrakt, 4,7% Pektin, $[\alpha]_D = +31,7°$ [3]. — Das Fleisch von Äpfeln wird mit Wasser von 100° nach schwacher Ansäuerung etwa 12 Stunden lang zerkleinert, dann unter Druck bei 115—120° gekocht, schnell abgekühlt, dann nochmals gekocht und unter Luftabschluß zentrifugiert [4]. Ein roher, z. B. aus Citrusfrüchten mittels verdünnter Schwefelsäure erhaltener Pektinextrakt wird zwecks Ausfällung des Pektins mit kolloidalem Aluminiumhydroxyd und einer geringen Menge eines löslichen Aluminiumsalzes behandelt, worauf man den Niederschlag von der Mutterlauge trennt, ihn nach dem Trocknen mit einer alkoholischen Säurelösung neutralisiert, mit Wasser auswäscht, bis alle Aluminiumsalze entfernt sind, und dann nochmals trocknet. Es wird ein von allen Verunreinigungen befreites Pektin von hohem Gelatinierungsvermögen erhalten [5]. — 180 reife Früchte der Citrone, Citrus medica acida, vom Totalgewicht 9000 g ergaben durch Abschälen 280 g frische, weiße Rinde, aus welcher nach maschineller Zerkleinerung durch 3—4malige Extraktion mit kaltem und 2malige mit heißem Alkohol 100 g eines lufttrockenen Materials gewonnen wurden. Der Feuchtigkeitsgehalt war 9,3 g, die Asche 3,8 g. Von dem entstehenden Extrakt wurde die Wasserstoffionenkonzentration auf colorimetrischem Wege und die Viscosität durch die Ausflußgeschwindigkeit bestimmt. Es ergab sich, daß die Gesamtmenge des extrahierten Pektinogens direkt mit der Wasserstoffionenkonzentration sich ändert, wenn die Extraktion unterhalb des Siedepunktes vorgenommen wird. Sie ist der Temperatur direkt proportional, wenn die resultierende Reaktion des Extraktes weniger sauer als $p_H = 2,0$ ist. Alkalische Extrakte sind pektinogenfrei. Bei 126° im Autoklaven und p_H über 2,0 wird Pektinogen zerstört durch Hydrolyse. Die Viscosität der Extrakte hängt mehr von den Herstellungsbedingungen als von dem Pektinogengehalt ab [6]. — Die feinzerteilten Schalen und Abfälle der Citronen werden mit angesäuertem Wasser erhitzt und der Extrakt mit Kieselgur geklärt. Die bitteren Bestandteile werden aus dem gepulverten Pektin, welches aus konzentrierten Lösungen hergestellt wird, mittels Alkohol entfernt [7]. — Werden die Orangenfrüchte vor der Saftgewinnung (Expression) maceriert, so vermehrt sich durch den Einfluß der Säuren und Fermente die Menge der Pektinsubstanzen im Saft [8]. Als Ausgangsmaterial dient die weiße Schicht von Citronenschalen, welche mit Alkohol extrahiert und dann bei 65° getrocknet wird. Nach Zerkleinern wird mit 0,01 n-HCl bei 90° extrahiert. Man dialysiert die Lösung durch Pergament gegen 0,01 n-HCl, wodurch die anorganischen Verunreinigungen, hauptsächlich Ca-Salze, entfernt werden und fällt das Pektin durch tropfenweisen Zusatz von Alkohol und Ausflocken des gelatinösen Niederschlags durch Elektrolysieren zwischen Pt-Elektroden 2 Stunden bei 110 Volt. Man saugt durch ein Filtertuch, wäscht mit Alkohol und zuletzt mit Äther. Es stellt ein schneeweißes Pulver mit 11% Wasser und 0,18% Asche dar [9]. Zur Trennung von der in den Samenschalen enthaltenen SiO_2 kocht man die Schalen mit einer schwachen NaOH-Lösung und trennt dann die dadurch gebildete Natrium-

---

[1] F. Tutin: Biochemic. J. **17**, 510 (1923) — Chem. Zbl. **1923 III**, 1640 — Biochemic. J. **17**, 83 (1923) — Chem. Zbl. **1923 I**, 1617. — T. v. Fellenberg: Biochem. Z. **85**, 118 (1918) — Chem. Zbl. **1928 I**, 515.

[2] Stuart L. Crawford: A.P. 1507338 v. 20. Okt. 1920; Chem. Zbl. **1925 I**, 177.

[3] C. Griebel u. M. Nothnagel: Z. Unters. Nahrgsmitt. usw. **49**, 352 (1925) — Chem. Zbl. **1925 II**, 2110.

[4] Roger Paul: F.P. 602336, 1926; Chem. Zbl. **1926 II**, 124.

[5] California Fruit Growers Exchange (Los Angeles, Cal.), übertr. von Eloise Jameson u. Francis N. Taylor (Corona) u. Clarence P. Wilson (Pomona, Cal.): A.P. 1497884 v. 22. Aug. 1923; Chem. Zbl. **1924 II**, 1523.

[6] Frederick Hardy: Biochemic. J. **18**, 283 (1924) — Chem. Zbl. **1924 II**, 1213.

[7] H. D. Poore: J. Franklin Inst. **199**, 699 (1925) — Chem. Zbl. **1925 II**, 573.

[8] F. W. Norris: Biochemic. J. **20**, 993 (1926) — Chem. Zbl. **1927 I**, 1962 — Biochemic. J. **19**, 676 (1926) — Chem. Zbl. **1926 I**, 416.

[9] M.A. Griggs u. R. Johnstin: Ind. Chem. **18**, 623 (1926) — Chem. Zbl. **1926 II**, 836.

silicatlösung von dem Rückstand[1]. Früchte werden mit etwa der gleichen Menge Wasser einige Minuten auf 125° erhitzt, die faserigen Stoffe abgeschieden, zu der flüssigen Masse feinverteilte Kohle gegeben, bei vermindertem Druck eingeengt und dann die Kohle abfiltriert[2]. Früchte oder andere Vegetabilien werden mit einer alkalischen Lösung ausgezogen und der Auszug mit einer Säure gefällt, wobei sich eine Gallerte aussscheidet, die durch reines Wasser nicht kolloidal gelöst wird[3]. Aus Kartoffeln, Karotten wird Pektin durch Kochen mit angesäuertem Wasser, Filtration, Auspressen und Eindampfen zunächst bis zur Dichte 1050—1060 g im Liter, dann weiter bis auf 1300 g[4]. Man trennt die zu Brei verarbeiteten Früchte oder dergleichen von dem Saft und behandelt den Rückstand mit verdünnter Essigsäure, wodurch ein Extrakt erhalten wird, welcher die Pektinsubstanzen und den größten Teil des Zuckers enthält. Diesen Extrakt unterwirft man der alkoholischen Gärung, die man unterbricht, sobald der gesamte Zucker vergoren ist, die Gärung der Pektine aber noch nicht begonnen hat, destilliert den Alkohol ab, filtriert und dampft das Filtrat ein[5]. — Rohes oder teilweise gereinigtes Pektin wird mit einer Lösung eines Salzes einer starken Base und einer schwachen Säure, z. B. von Na-Citrat oder Na-Acetat, in Alkohol gewaschen. Hierdurch wird eine Umsetzung der in dem Pektin als Verunreinigung enthaltenen starken Säure (HCl) mit dem Na-Salz erreicht, so daß in dem Produkt eine schwache Säure verbleibt und der p_H-Wert in demselben zwischen 3, 4 und 7 liegt[6]. Zur Gewinnung von weißem und gereinigtem Pektin wird es aus seiner Lösung durch Aceton ausgefällt und das Produkt noch mehrmals mit Aceton gewaschen[7]. Pektinhaltige Substanzen werden in Lösung gebracht, mit $CaCO_3$ neutralisiert, der Einwirkung der Pektase unterworfen und abgepreßt. Die erhaltene, entfärbte, filtrierte und konzentrierte Flüssigkeit wird mit Alkohol versetzt und der erhaltene Niederschlag von reinem Pektin getrocknet[8]. Man fügt zu einer konz. wässerigen Pektinlösung Alkohol hinzu und trocknet und mahlt den erhaltenen Niederschlag[9]. Die Pektinlösungen werden geklärt, dann zentrifugiert und zur Befreiung von Stärke bzw. Proteinen mit einem geeigneten Enzympräparat (Protozym von Jacques Wolf u. Co., Passaic, New Jersey) das aktive Enzym gewisser Pilze, besonders von Aspergillus oryzae, behandelt, wozu 20—60 Minuten bei 47,8—48,9° erforderlich sind. Dann muß erhitzt werden auf 76,7°, um das Enzym zu zerstören, weil es sonst bei der Konzentrierung der Lösung das Pektin selbst angreift[10]. — Man extrahiert Pektin aus solches enthaltenden pflanzlichen Stoffen mit Hilfe von Lösesalzen ($[NH_4]_2SO_4$, NH_4-Phosphat, Tartrat, Citrat usw.)[11]. Reinigung durch Elektrodialyse[12]. Extraktion und Reinigung von Pektinstoffen aus Früchten, Trestern usw. durch Behandlung der Stoffe oder der wässerigen Lösung mit konz. Alkohol, wodurch die Pektinstoffe ausgefällt werden, während die Verunreinigungen, wie Schleimstoffe, Tannin und Farbstoffe, in den Alkohol gehen. Die in reiner Form gewonnenen Pektinstoffe werden mittels kalten Wassers oder Wasserdampfs vom Alkohol befreit und in warmem Wasser gelöst[13]. Patentliteratur über die Herstellung von Pektin[14].

Nachweis und Bestimmung: Nachweis in Konserven und Marmeladen[15]. Pektin erwies sich in 80—90 proz. Alkohol sehr wenig löslich. Der Niederschlag kann bei reinem Pektin

[1] R. Morgenier: Can.P. 249675 v. 10. Juni 1924; Chem. Zbl. **1926 I**, 2263.

[2] Ralph H. Mc Kee (New York): A.P. 1380572 v. 29. April 1919 [7. Juni 1921]; Chem. Zbl. **1922 IV**, 44.

[3] Frederick William Huber (Riverside, Cal.): A.P. 1410920 v. 8. Nov. 1920; Chem. Zbl. **1922 II**, 1173.

[4] Distillerie des Deux-Sèvres: F.P. 595349, 1925; Chem. Zbl. **1926 I**, 1064.

[5] J. F. Laucks, Inc (Seattle), übertr. von Glenn Davidson (Seattle, Washington): A.P. 1528469 v. 18. Aug. 1921; Chem. Zbl. **1925 I**, 2419.

[6] California Fruit Growers Exchange, übertr. von E. Jameson: A.P. 1611528 v. 17. Okt. 1925; E.P. 259948 v. 5. Okt. 1926; Chem. Zbl. **1927 I**, 2251.

[7] R. Paul u. R.-H. Grandseigne: F.P. 614882 v. 22. April 1926; Chem. Zbl. **1927 I**, 2954.

[8] Hazel Mary Leo u. Herbert T. Leo: A.P. 1513615 v. 26. April 1921; Chem. Zbl. **1925 I**, 1465.

[9] Grande Cidrerie de Lorient: F.P. 576401 v. 28. Jan. 1924; Chem. Zbl. **1925 I**, 1139.

[10] Wm. A. Rooker: Fruit Products J. and Amer. Vinegar Ind. **5**, 14 (1926) — Chem. Zbl. **1926 I**, 2633.

[11] D. R. Nanji u. F. J. Paton: F.P. 611788 v. 5. Jan. 1925; Chem. Zbl. **1927 I**, 1243.

[12] A. M. Emmeth: Biochemic. J. **20**, 564 (1926) — Chem. Zbl. **1926 II**, 2126.

[13] J. Rennotte: F.P. 578463 v. 22. Mai 1923; Chem. Zbl. **1928 I**, 3128.

[14] C. P. Wilson: Ind. Chem. **17**, 1065 (1925) — Chem. Zbl. **1926 I**, 2154.

[15] J. King: Analyst **50**, 371 (1925) — Chem. Zbl. **1926 I**, 261.

unsichtbar sein, flockt aber durch Elektrolyte aus[1]. Um aus einer Flüssigkeit das Pektin als Calciumsalz zu fällen, läßt man sie mit 100 ccm $1/_{10}$n-Natronlauge am besten über Nacht stehen, dann fügt man 50 ccm normale Essigsäure und nach 5 Minuten 50 ccm einer molaren Chlorcalciumlösung hinzu. — Nach 1stündigem Stehen kocht man einige Minuten, filtriert durch ein gerilltes Filter und wäscht mit siedendem Wasser, bis kein Chlor mehr nachweisbar ist. Der Niederschlag wird bei 100° bis zur Gewichtskonstanz getrocknet. Die Mengenangaben beziehen sich auf eine Lösung, die etwa 0,02—0,03 g Pektat liefert. — Die Formel berechnet sich auf $C_{17}H_{22}O_{26}Ca$ [2]. — Angesäuerter Alkohol fällt das Pektin praktisch in allen Konzentrationen vollständig. Der Niederschlag kann nicht frei von HCl gewaschen werden, ohne daß wieder Pektin gelöst wird. Er kann aber dazu dienen, das Pektin auch dann einwandfrei als Ca-Salz zu bestimmen, wenn in der Flüssigkeit andere, durch Cu fällbare Substanzen, wie Oxalate, zugegen sind. Man fällt dann erst durch sauren Alkohol, wäscht den Niederschlag mit solchem Alkohol aus und fällt nach Lösung des Niederschlags das Ca-Pektinat[3]. Der Pektingehalt nach der Calciumpektatmethode scheint den besten Maßstab für die Gelierfähigkeit zu geben[4]. — Bestimmung durch Titration[5]. Man fällt 10 ccm Saft mit 20 ccm 98proz. Alkohol, läßt $1^{1}/_{4}$ Stunde stehen, filtriert durch ein gewogenes Faltenfilter, spült mit 98proz. Alkohol nach, trocknet im Luftstrome bei 25° und wägt. Für praktische Zwecke genügt es, 100 ccm einer siedenden Lösung von 100 g Zucker in 600 g Wasser mit 10 ccm Pektinlösung zu versetzen, weiter bis auf 104° zu erhitzen, sofort in ein Glasgefäß umzugießen und festzustellen, innerhalb welcher Zeit Gelieren eintritt. Eine gute Gelierung beansprucht im Mittel $1/_{2}$ Stunde[6]. — Bestimmung von Pektin, dadurch gekennzeichnet, daß die Prozente Kohlensäure aus der Entcarboxylierung mit 5,66 multipliziert die Menge Pektinogen und Pektinsäure angeben[7]. Man fällt die Proteine zunächst mit Tanninessigsäure aus und sammelt das Pektin aus dem Filtrat nach dem Fällen mit Kupfersulfat[8].

Physiologische Eigenschaften: Grüne Blätter der Eßkastanie führen stets mehr Pektinstoffe als chlorote[9]. — Das lösliche Pektin nimmt bei Äpfeln im Reifestadium zu, dann während der Überreife wieder ab[10]. Die Röste des Flachses wird durch das anaerobe Granulobacter pectinovorum bewirkt. Omeljanski und Kononowa[11] zeigen, daß seine Tätigkeit unter gewöhnlichen Bedingungen durch das Mitwirken von aeroben Bacterium fluorescens liquefaciens, Bact. coli commune, Bac. mycoides, Bac. mesentericus vulgatus, Oidium lactis ermöglicht wird. Das sporenbildende Granulobacter wird nur durch 20 Minuten langes Erhitzen auf 120° zerstört, während die sporenlosen Aeroben auch schwächere Erhitzung nicht vertragen[11]. Bei der Gerinnung des Pektins haben Calciumsalze keine spezifische Wirkung, sie können vielmehr durch Salze von Barium, Strontium, Magnesium ersetzt werden und werden durch Salze von Kupfer und Eisen weit übertroffen. Alle Salze, die in Gegenwart von Pektase auf Pektin koagulierend wirken, haben solche Wirkung direkt, teilweise (Kupfer, Eisen) stärkere als die Pektase selbst. Alkalisalze wirken nicht antagonistisch gegen Pektase, ihre Gegenwart ist vielmehr für die Umwandlung des Pektins durch das Ferment erforderlich, wenn sie auch nicht zur Bildung eines Gerinnsels führt. Für optimale Wirkung der Pektase ist neutrale Reaktion am geeignetsten; Säuren lähmen sie, Alkalien haben koagulierende Eigen-

---

[1] H. J. Wichman: J. Assoc. official agricult. Chemists 7, 107—112 (1923) — Chem. Zbl. 1925 I, 445. — Carré-Haynes: Biochemic. J. 16, 60 (1922) — Chem. Zbl. 1922 IV, 615.

[2] Marjorie Harriotte Carré u. Dorothy Haynes: Biochemic. J. 16, 60 (1922) — Chem. Zbl. 1922 IV, 617. — Alfred Mehlitz: Konservenindustrie 12, 607 (1925) — Chem. Zbl. 1926 I, 1620.

[3] A. M. Emmett u. M. H. Carré: Biochemic. J. 20, 6 (1926) — Chem. Zbl. 1926 I, 2982. — A. Mehlitz: Konservenindustrie 13, 149, 154 (1926) — Chem. Zbl. 1926 I, 3188. — H. Eckart: Konservenindustrie 12, 487 (1926) — Chem. Zbl. 1927 I, 199.

[4] Hanns Eckart: Z. Unters. Nahrgsmitt. usw. 50, 405 (1925) — Chem. Zbl. 1926 I, 2518.

[5] C. F. Ahmann u. H. D. Hooker: Ind. Chem. 18, 412 (1926) — Chem. Zbl. 1926 I, 3510.

[6] Hanns Eckart: Konservenindustrie 1925 — Chem. Zbl. 1925 I, 2417.

[7] Dinshaw Rakonji Nanji, Frederic James Paton u. Arthur R. Ling: J. chem. Soc. Ind. 44, 253 (1925) — Chem. Zbl. 1925 II, 394.

[8] G. Issoglio: Atti II. Congresso Nazionale Chim. pura applicata, Palermo 1926, 1025 — Chem. Zbl. 1928 I, 2882.

[9] H. Colin u. A. Grandsire: C. r. Acad. Sci. Paris 179, 288 (1924) — Chem. Zbl. 1924 II, 1476.

[10] M. H. Carré: Biochemic. J. 16, 704 (1922) — Chem. Zbl. 1923 II, 1261 — Ann. of Bot. 34, 811 (1925) — Ber. Physiol. 34, 491 (1926) — Chem. Zbl. 1926 II, 234.

[11] W. Omeljanski u. M. Kononowa: Arch. Sci. biol. St. Pétersb. 26, 53 (1926) — Chem. Zbl. 1926 II, 2980.

wirkung. Bei der Arbeit des Ferments in Gegenwart der Elektrolyten tritt saure Reaktion auf, nicht, wenn das Gemisch von Pektase und Pektin gründlich dialysiert wird. Das durch Pektase in Gegenwart von Elektrolyten umgewandelte saure Pektin ist nicht mehr durch Alkohol fällbar, gleiches gilt für gründlich dialysierte Pektase. — In ein Gemisch von so behandelter und gekochter Pektase und Elektrolyten bleibt das Pektin fällbar[1]. — Über eine auffällige Form der Pektinverflüssigung bei der Nachreife verschiedener Rosaceenfrüchte[2]. — Die enzymatische Abspaltung von Methylalkohol aus Pektin durch ein Ferment des Tabaks[3]. In vitro beeinflußt Pektin die Blutkoagulation nicht, dagegen tritt in vivo eine Veränderung des Blutes ein, die sich außerhalb des Körpers in einer Koagulationsverzögerung äußert[4]. Hämostatische Wirkung[5]. Werden etwa 2 kg schwere Kaninchen mit 100 ccm 1 proz. Pektinlösung oder 20 ccm Pektaselösung aus Luzernen injiziert, so tritt keine Reaktion ein. Werden die Lösungen aber nacheinander im Abstande von 10 Minuten ein und demselben Tiere injiziert, so wird es unruhig, bleibt liegen und verendet nach tetanischen Krämpfen; bei der Sektion zeigt sich Blutstockung, Lebervergrößerung, verstopfte Eingeweide, normale Milz, gesunde Lungen und erweitertes Herz; das Blut ist flüssig, die Herzkammern enthalten keine Blutgerinnsel[6]. — Pektin als Nahrungsmittel[7].

Physikalische und chemische Eigenschaften: Zusammenfassung der Ergebnisse der Pektinforschung[8]. — Physikalisch-chemische Studien an Pektinstoffen unter besonderer Berücksichtigung ihrer kolloiden Eigenschaften[9]. Pektingehalt und Pektinziffer als Faktoren zur Beurteilung des Handelswertes von Pektinlösungen[10]. — Untersuchungen an verschiedenen Stroharten zeigen keine Abhängigkeit der Festigkeit vom Gehalt an Pektinstoffen[11]. — Schilderung der Vorgänge bei der Geleebildung durch Pektin, Zusammenstellung der Pektingehalte der wichtigsten Geleefrüchte und Analysenzahlen für Handelspektine. Die Gelierung erfolgt am besten bei $p_H = 4-4,5$[12]. Abhängigkeit der Gelierkraft von der Wasserstoffionenkonzentration[13]. — $[\alpha]_D^{23} = +230°$ bei einem Präparat aus Citronenschalen[14]. — Gelierungskraft in Gegenwart verschiedener Säuren[15]. — Pektin setzt die $[H^{\cdot}]$ einer Säurelösung nicht herab, sondern erhöht die $[H^{\cdot}]$ der Gemische infolge vorzugsweiser Anionenadsorption. Der irrtümliche Eindruck einer Pufferwirkung des Pektins beruht auf der Nichtberücksichtigung der Gegenwart salzartiger Verunreinigungen und auf Betrachtung der tatsächlichen p_H, statt der durch Zusatz einer gegebenen Säuremenge hervorgebrachten p_H-Änderung[16]. — Wichtige Angaben geben die Bestimmung des Wassergehaltes, der Gelierbarkeit und des

[1] W. Kopaczewski: Bull. Soc. Chim. biol. Paris **7**, 419 (1925) — Chem. Zbl. **1925 II**, 650.

[2] C. Griebel: Z. Unters. Nahrgsmitt. usw. **49**, 90 (1925) — Chem. Zbl. **1925 II**, 1050.

[3] C. Neuberg u. M. Kobel: Biochem. Z. **179**, 459 (1926) — Chem. Zbl. **1927 I**, 1326. — C. Neuberg u. B. Ottenstein: Biochem. Z. **188**, 217 — Chem. Zbl. **1927 II**, 2633. — C. Neuberg u. M. Kobel: Biochem. Z. **190**, 232 (1927) — Chem. Zbl. **1928 I**, 2411.

[4] R. Feissly: C. r. Soc. Biol. Paris **92**, 317—318 (1925) — Chem. Zbl. **1925 II**, 411.

[5] W. Peyer u. H. Imhof: Apoth.-Ztg **43**, 613 — Chem. Zbl. **1928 II**, 270.

[6] H. Violle u. L. de Saint-Rat: C. r. Acad. Sci. Paris **180**, 603 (1925) — Chem. Zbl. **1925 I**, 1883.

[7] W. H. Dore: Ind. Chem. **16**, 1042—1044 (1924) — Chem. Zbl. **1925 I**, 176.

[8] S. Desider Faragó: Konservenindustrie **1924**, 543 — Chem. Zbl. **1925 I**, 1026. — Hanns Eckart: Konservenindustrie **12**, 268 (1925) — Chem. Zbl. **1925 II**, 694 — Z. med. Chem. 4, 19 (1926) — Chem. Zbl. **1926 I**, 3508. — W. H. Dore: J. chem. Education **3**, 505 (1926) — Chem. Zbl. **1926 II**, 836. — L. Semichon: Chimie et Industrie **17**, 25 (1927) — Chem. Zbl. **1927 I**, 1897. — Hanns Eckart u. A. von Gyalókay: Z. med. Chem. **5**, 17 (1927) — Chem. Zbl. **1927 I**, 1900; **1927 II**, 342. — R. B. Mc Kinnis: J. amer. chem. Soc. **50**, 1911 — Chem. Zbl. **1928 II**, 871. — Rudolf Ripa: Konservenindustrie **15**, 810 (1928) — Chem. Zbl. **1929 I**, 1869.

[9] A. Mehlitz: Kolloid-Z. **41**, 130 (1927) — Chem. Zbl. **1927 I**, 959, 2611.

[10] Alfred Mehlitz: Konservenindustrie **12**, 229 (1925) — Chem. Zbl. **1925 II**, 99.

[11] Dinshaw Rakonji Nanji, Frederic James Paton u. Arthur R. Ling: J. chem. Soc. Ind. **44**, 253 (1925) — Chem. Zbl. **1925 II**, 394.

[12] G. Issoglio: Atti II. Congresso Nazionale Chim. pura applicata, Palermo **1926**, 1025 — Chem. Zbl. **1928 I**, 2882.

[13] Gerta Wendelmuth: Kolloidchem. Beih. **19**, 115 (1924) — Chem. Zbl. **1924 II**, 557. — Alfred Mehlitz: Konservenindustrie **12**, 467 (1925) — Chem. Zbl. **1925 II**, 2110. — Eloise Jameson: Ind. Chem. **17**, 1291 (1925) — Chem. Zbl. **1926 I**, 1620. — H. Eckart u. A. v. Gyalókay: Konserveninindustrie **14**, 2, 13, 37 (1927) — Chem. Zbl. **1927 I**, 1900.

[14] M. A. Griggs u. R. Johnstin: Ind. Chem. **18**, 623 (1926) — Chem. Zbl. **1926 II**, 836.

[15] Georg L. Baker: Ind. Chem. **18**, 89 (1926) — Chem. Zbl. **1926 II**, 122.

[16] Gene Spencer: J. phys. Chem. **34**, 410 (1930) — Chem. Zbl. **1930 I**, 2875.

Säuregehaltes[1]. Borax besitzt ein auffallendes Lösungsvermögen für Pektin. Die Pektinstoffe zeigen die Saponinreaktion mit 90proz. Phenollösung nach Kobert[2]. Bei längerer Behandlung des Pektins mit Wasser bei hoher Temperatur, namentlich in Gegenwart von Säure, gehen CH_3OH und Aceton verloren. Die Berechnung der CH_3OH-Ausbeute aus der Menge des zur Hydrolyse erforderlichen Alkalis liefert gleiche Ergebnisse wie die Zeiselsche Methode[3]. Bei einer Apfelpektinlösung wird durch Kochen bis zu 10 Stunden 16% der gesamten Pektinmenge zerstört. Bei der Pektinzuckerlösung war nach 8 Stunden eine leichte Erhöhung der Acidität eingetreten, nach 10 Stunden betrug der Pektinverlust 19,4% [4]. Die Veränderung der Pektine während des Kochprozesses[5]. Bestimmung der Pektinindividuen einer Apfelpektinlösung mit fraktionierter Membranfiltration[6]. — Die Bildung der flüchtigen Säuren, die beim Einengen von Pektinstoffen entweichen, geschieht besonders leicht, schon in der Kälte bei geringem Überschuß von Alkali, langsamer mit verdünnten Mineralsäuren. Nachgewiesen wurde Essigsäure, etwa 11,5% der gereinigten Pektinsubstanz und 3,5% der Rübenschnitzel[7]. Mit 1proz. Schwefelsäure wird Essigsäure abgespalten[8]. — Das Verhältnis Säure:Zucker:Pektin kann für jeden der einzelnen Komponenten in gewissen Grenzen verringert werden, wenn die Mischung 0,5—1,0% Calciumchlorid enthält[9]. Eigenschaften des Präparates der Firma Klopfer[10].

Derivate: Tetramethyl- und Trimethylpektin[11].

Flachspektin[12].

Pektinstoffe der Rübenschnitzel[13].

Pektin aus Apium graveolens dulce[14].

Protopektin[15] (Bd. II, S. 83; Bd. VIII, S. 20).

Existiert nach Tutin[16] nicht.

[1] Wm. A. Rooker: Fruit Products J. and Amer. Vinegar Ind. **5**, 22 (1926) — Chem. Zbl. **1926 I**, 2633.

[2] C. Kleefeld: Z. dtsch. Zuckerind. **1923**, 421 — Chem. Zbl. **1927 I**, 1114.

[3] F. Tutin: Biochemic. J. **17**, 83 (1923) — Chem. Zbl. **1923 I**, 1617 — Biochemic. J. **15**, 494 (1921) — Chem. Zbl. **1921 III**, 1229.

[4] A. Mehlitz: Konservenindustrie **13**, Nr 2, 1 (1926) — Chem. Zbl. **1926 I**, 2154.

[5] Alfred Mehlitz: Chem. Zelle **12**, 353 (1926) — Chem. Zbl. **1926 II**, 502.

[6] A. Mehlitz: Konservenindustrie **13**, 464, 475, 485, 492, 503, 513, 521 (1926) — Chem. Zbl. **1927 I**, 959.

[7] Kazimierz Smoleński: Roczn. Chem. **4**, 72 (1924) — Chem. Zbl. **1924 II**, 2140.

[8] E. K. Nelson: J. amer. chem. Soc. **48**, 2945 (1926) — Chem. Zbl. **1927 I**, 266.

[9] Evelyn G. Halliday u. Grave R. Bailey: Ind. Chem. **16**, 595 (1924) — Chem. Zbl. **1924 II**, 1460.

[10] W. Peyer u. H. Imhof: Apoth.-Ztg **43**, 613 — Chem. Zbl. **1928 II**, 270.

[11] D. R. Nanji u. A. G. Norman: J. chem. Soc. Ind. I **45**, 337 (1926) — Chem. Zbl. **1927 I**, 1190.

[12] Erich Correns: Faserforschg **1**, 229—240 (1921) — Chem. Zbl. **1922 I**, 696. — F. Ehrlich u. F. Schubert: Biochem. Z. **169**, 13 (1926) — Chem. Zbl. **1926 I**, 3340. — Stanley Thomas Henderson: J. chem. Soc. Lond. **1928**, 2117 — Chem. Zbl. **1928 II**, 2032.

[13] K. Smoleński, Eug. Smoleńska, A. Komornicka u. W. Stypiński: Roczn. Chem. **3**, 86 (1924) — Chem. Zbl. **1924 II**, 316. — C. Kleefeld: Z. dtsch. Zuckerind. **1923**, 421 — Chem. Zbl. **1927 I**, 1114. — Kazimierz Smoleński u. Wanda Włostowska: Roczn. Chem. **7**, 591 (1927) — Chem. Zbl. **1928 II**, 439. — Felix Ehrlich u. Friedrich Schubert: Ber. dtsch. chem. Ges. **62**, 1974 (1929) — Chem. Zbl. **1929 II**, 2672.

[14] J. Charpentier: Bull. Soc. Chim. biol. Paris **6**, 142—156 — Chem. Zbl. **1924 II**, 2171.

[15] M. H. Carré: Biochemic. J. **16**, 704 (1922) — Chem. Zbl. **1923 II**, 1261. — R. Sucharipa: J. amer. chem. Soc. **46**, 145 (1924) — Chem. Zbl. **1924 I**, 1046.

[16] F. Tutin: Biochemic. J. **17**, 510 (1923) — Chem. Zbl. **1923 III**, 1640 — Biochemic. J. **17**, 83 (1923) — Chem. Zbl. **1923 I**, 1617.

Pektinogen (Bd. X, S. 235).

Auf die Bestimmungen von Calcium, Kohlensäure und Furfurol wird eine Formel diskutiert, bestehend aus 4 Mol Galakturonsäure und je 1 Mol Arabinose und Galaktose[1]. Das in den Zellmembranen vorhandene Pektinogen wird angesehen als Pektinsäure, in der 3 Carboxylgruppen methyliert sind, und die vierte Carboxylgruppe ist zur lockeren Bindung von Calcium befähigt.

Darstellung: Pektinogen wird erhalten durch Extraktion der Zellmembranen mit warmen 0,5proz. Lösungen von Ammoniumoxalat oder Oxalsäure[2].

Physikalische und chemische Eigenschaften: Die Zusammensetzung des erhaltenen Pektinogens hängt von der Extraktionsdauer ab; kürzere Dauer gibt Produkte, die dem in den Zellmembranen vorhandenen Pektinogen am ähnlichsten sind. Alkalien, z. B. Kalkwasser, bewirken die Umwandlung von Pektinogen in Pektinsäure; hierbei findet aber nicht nur Verseifung statt, sondern auch Abspaltung von Substanzen des Typus der Hemicellulose; dieser Bestandteil scheint veränderlich zu sein, seine Zusammensetzung wird nicht konstant gefunden. Diese den Hemicellulosen ähnliche Substanzen konnten auch durch unmittelbare Extraktion aus der Zellmembran mit Ätzalkalien erhalten werden[2]. — Pektinogen zeigt bei der Untersuchung mit kochender Salzsäure große Unterschiede in der abgespalteten Kohlensäuremenge, dies deutet auf die Gegenwart von Verunreinigungen. Man kann das Pektinogen über sein Eisensalz reinigen, verseifen zu Pektinsäure mit einer Ausbeute von 95% der Theorie an Calciumpektat[1].

Hydratopektin[3] (Hydropektin[4]).

Darstellung: Zuckerrüben-Trockenschnitzel werden erst bei 50—55° erschöpfend mit Wasser ausgelaugt, um die Zuckerreste völlig zu entfernen, dann 2 Stunden mit Wasser ausgekocht, wobei die Pektinstoffe in Lösung gehen. 500 g Trockenschnitzel geben 137—142 g Hydratopektin, enthaltend 8—10% Wasser (lufttrocken), sowie geringe Mengen caramelartige Farbstoffe und Saponine.

Physikalische und chemische Eigenschaften: Galakturonsäuregehalt 45—54% nach Tollens-Lefèvre. Quillt in Wasser leimartig auf zu einem stark klebenden Sirup. Läßt sich mit 70proz. Alkohol in 2 Substanzen trennen: ein darin lösliches, links drehendes Araban, und das darin unlösliche, rechtsdrehende Calcium-Magnesiumsalz der Pektinsäure.

Pektinsäure.

$$C_{41}H_{60}O_{36}$$

Arbeiten über die Konstitution der Pektinsäure[5].

Darstellung[6]**:** Aus Hydropektin nach Extraktion des Arabans mit 70proz. Alkohol, durch

---

[1] Dinshaw Rakonji Nanji, Frederic James Paton u. Arthur R. Ling: J. soc. Chem. Ind. **44**, 253 (1925) — Chem. Zbl. **1925 II**, 394.

[2] Frederick Walter Norris u. Samuel Barnett Schryver: Biochemic. J. **19**, 676 (1925) — Chem. Zbl. **1926 I**, 415.

[3] Felix Ehrlich u. Friedrich Schubert: Ber. dtsch. chem. Ges. **62**, 1974 (1929) — Chem. Zbl. **1929 II**, 2672.

[4] Felix Ehrlich: Z. dtsch. Zuckerind. **49**, 1046 (1924) — Chem. Zbl. **1924 II**, 2797. — Felix Ehrlich u. Robert v. Sommerfeld: Biochem. Z. **168**, 263 (1926) — Chem. Zbl. **1926 I**, 2367.

[5] Wichmann u. Csernoff: J. Assoc. Offizial Agr. chem. **8**, 129 (1924). — F. Ehrlich u. R. v. Sommerfeld: Biochem. Z. **168**, 263 (1926) — Chem. Zbl. **1926 I**, 2367. — E. K. Nelson: J. amer. chem. Soc. **48**, 2412 (1926) — Chem. Zbl. **1926 II**, 2416. — Frederick Walter Norris u. Samuel Barnett Schryver: Biochemic. J. **19**, 676 (1925) — Chem. Zbl. **1926 I**, 415. — F. W. Norris: Biochemic. J. **20**, 993 (1926) — Chem. Zbl. **1927 I**, 1962 — Biochemic. J. **19**, 676 (1925) — Chem. Zbl. **1926 I**, 416. — F. Ehrlich u. F. Schubert: Biochem. Z. **169**, 13 (1926) — Chem. Zbl. **1926 I**, 3340. — M. H. Carré: Ann. of Bot. **39**, 811 (1925) — Ber. Physiol. **34**, 491 (1926) — Chem. Zbl. **1926 II**, 234.

[6] Felix Ehrlich u. Friedrich Schubert: Ber. dtsch. chem. Ges. **62**, 1974 (1929) — Chem. Zbl. **1929 II**, 2672. — Berliner Dextrin-Fabrik Otto Kutzner: Österr.P. 89300 v. 17. Februar 1920; Chem. Zbl. **1923 IV**, 887; F.P. 518062; Chem. Zbl. **1921 IV**, 475. — Margaret Helena O'Dwyer: Biochemic. J. **19**, 694 (1925) — Chem. Zbl. **1926 I**, 416. — F. Ehrlich u. F. Schubert: Biochem. Z. **169**, 13 (1926) — Chem. Zbl. **1926 I**, 3340.

Fällung der wässerigen Lösung des rohen Calcium-Magnesiumsalzes der Pektinsäure mit Salzsäure und Alkohol.

Physikalische und chemische Eigenschaften[1]: Amorphe Flocken, die sich gut absetzen und bei Behandlung mit Alkohol und Äther in ein amorphes Pulver übergehen. $[\alpha]_D^{20}$ ist verschieden je nach der speziellen Darstellungsweise und schwankt zwischen +125 und +185°. Die bei 110° getrocknete Säure nimmt an der Luft bei gewöhnlicher Temperatur in 5 Tagen 33% Wasser auf, ohne ihr Aussehen zu verändern. Mol-Gewicht in Wasser bestimmt 1321 bis 1380, berechnet 1128. Löst sich in kaltem Wasser nach anfänglichem Aufquellen vollständig, ist aber in allen anderen Lösungsmitteln unlöslich. Die wässerige Lösung färbt sich mit überschüssiger Natronlauge stark gelb und scheidet nach einiger Zeit unter Entfärbung einen sehr feinkörnigen Niederschlag des Natriumsalzes einer demethoxylierten Pektinsäure aus. Mit Erdalkali und Magnesiumsalzen geben die wässerigen Lösungen der Pektinsäure keine Niederschläge, mit Aluminium oder Zinksulfat feinflockige Niederschläge, mit Mangan, Eisen, Nickel, Quecksilber, Zinksalzen keine Niederschläge, mit Kupfersulfat einen hellblauen schleimigen Niederschlag, mit neutralem und basischem Bleiacetat dicke farblose Gallerten, mit Uranylacetat hellgelbe Ausscheidung, mit Gerbsäure keinen Niederschlag. Pektinsäure ist aufgebaut aus 4 Mol Galakturonsäure, 1 Mol Arabinose, 1 Mol Galaktose, 2 Mol Essigsäure und 2 Mol Methylalkohol, die durch Austritt von 9 Mol Wasser zusammengeschlossen sind. Infolge ihres kolloiden Charakters kann die Säure in verschiedenen Hydratformen auftreten, die sich durch eine verschieden große Drehung unterscheiden. Der Methylalkohol ist esterartig gebunden und durch Verseifung mit kalten Laugen abspaltbar. Über die Haftstellen der Acetylgruppen und der Zuckerkomponenten ist noch nichts bekannt. Durch vorsichtige Hydrolyse der Pektinsäure mit 2—5proz. Salzsäure bei 100° läßt sich das aus 4 Galakturonsäureresten aufgebaute Kernstück heraussprengen.

Derivate: Pektinsaures-Ca-Mg. Reagiert neutral. $[\alpha]_D = +93°$. OCH_3-Gehalt etwa 3,6% [2].

Tetragalakturonsäure A[3].

$$C_{24}H_{32}O_{24}$$

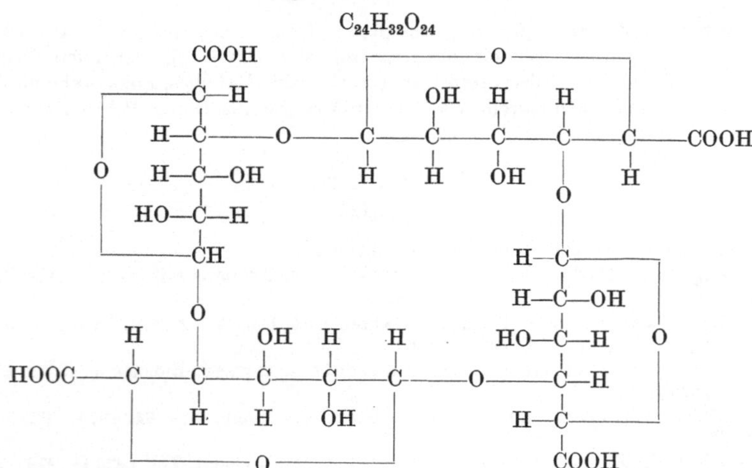

Darstellung: Aus niedrigdrehender Pektinsäure durch 8stündiges Erhitzen mit 2proz. Salzsäure auf 100° oder direkt aus Hydratopektin mit 5proz. Salzsäure 6 Stunden bei 80—85°.

Physikalische und chemische Eigenschaften: Schneeweißes, amorphes Pulver, das an der Luft 12—15% Wasser anzieht, aber bereits unter vermindertem Druck über Schwefel-

[1] Felix Ehrlich u. Friedrich Schubert: Ber. dtsch. chem. Ges. **62**, 1974 (1929) — Chem. Zbl. **1929 II**, 2672. — M. H. Carré: Ann. of Bot. **39**, 811 (1925) — Ber. Physiol. **34**, 491 (1926) — Chem. Zbl. **1926 II**, 234. — Felix Ehrlich u. Robert Sommerfeld: Biochem. Z. **168**, 263 (1926) — Chem. Zbl. **1926 I**, 2367. — F. Ehrlich u. F. Schubert: Biochem. Z. **169**, 13 (1926) — Chem. Zbl. **1926 I**, 3340. — Rudolf Sucharipa: Konservenindustrie **13**, 534 (1926) — Chem. Zbl. **1927 I**, 959.
[2] F. Ehrlich u. F. Schubert: Biochem. Z. **169**, 13 (1926) — Chem. Zbl. **1926 I**, 3340.
[3] Felix Ehrlich u. Friedrich Schubert: Ber. dtsch. chem. Ges. **62**, 1974 (1929) — Chem. Zbl. **1929 II**, 2672.

säure bei Zimmertemperatur wieder abgibt. Löslichkeit in Wasser bei 20° 0,63%, bei 100° 3,15%; unlöslich in anderen Lösungsmitteln. In ihrer Stärke entspricht sie der Milchsäure. In 0,02n-Lösung ist $p_H = 2,9$. $[\alpha]_D^{20} = +277,7°$ in Wasser bei $c = 0,65$. Die schwach saure oder alkalische Lösung zeigt fast die gleiche Drehung. Bildet leicht übersättigte Lösungen, die durch Mineralsäuren ausgeflockt werden. Der Ausflockungspunkt liegt bei $p_H = 1,4$. Kann auch mit Kochsalz ausgesalzen werden. — Konzentrierte Salzsäure greift bei 0° nicht merklich an. Die wässerige Lösung der Säure gibt mit überschüssiger Natronlauge unter Gelbfärbung das in Natronlauge wenig lösliche Natriumsalz der Tetrasäure C, mit Kalk oder Barytwasser steife Gallerten der entsprechenden Salze, auch schon mit Calcium, Strontium, Bariumsalzen entstehen gallertartige Niederschläge, während Magnesiumsulfat keine Fällung gibt. Mit Zink, Aluminium und Mangansalzen bilden sich weiße, flockige Niederschläge. Das Eisensalz bildet gelbliche, das Nickelsalz grünliche, das Kupfersalz hellblaue, das Zinnsalz farblose Flocken. Neutrales und basisches Bleiacetat gibt dicke, durchsichtige Gallerten, Uranylacetat hellgelbe Schleimabscheidung, Quecksilberchlorid und Gerbsäure keinen Niederschlag. 1 g Säure reduziert 5 ccm Fehlingsche Lösung.

Derivate: Natriumsalz $C_{24}H_{28}O_{24}Na_4 \cdot H_2O$. Weißes, amorphes Pulver, leicht löslich in kaltem Wasser mit neutraler Reaktion. $[\alpha]_D^{20} = +245,3°$ in Wasser bei $c = 1,867$.

Tetragalakturonsäure B[1].

$$C_{24}H_{32}O_{24}$$

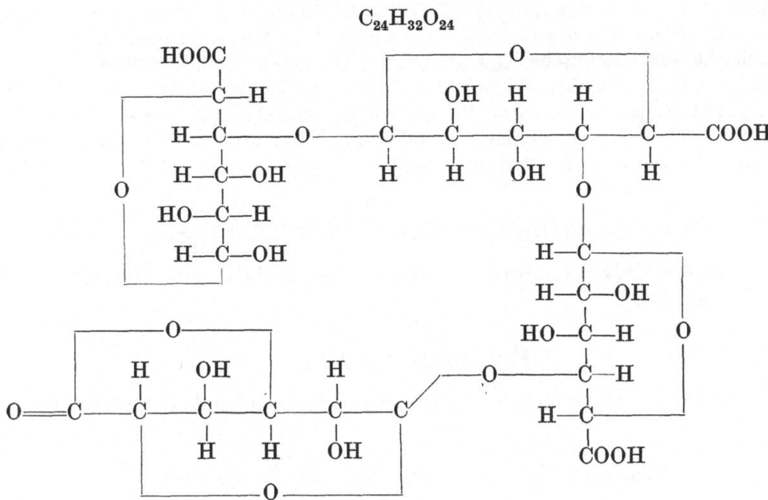

Darstellung: Aus den Mutterlaugen der Tetragalakturonsäure A von ihrer Darstellung aus Hydratopektin bzw. aus Pektinsäure oder durch 8 stündige Hydrolyse der Tetragalakturonsäure A mit 5 proz. Salzsäure bei 100°. Die Isolierung geschieht durch Fällen der salzsauren Lösung mit der 5 fachen Menge 96 proz. Alkohols. Sie kann auch durch längeres Kochen der wässerigen Lösung oder durch 30 Minuten langes Erhitzen auf 125° aus der Säure A oder C gewonnen werden.

Physikalische und chemische Eigenschaften: Amorphes Pulver, das an der Luft 12—15% Wasser anzieht. $[\alpha]_D^{20} = +250,5°$ in Wasser, bei $c = 1,958$. Leicht löslich in Wasser. Die 0,02n-Lösung zeigt $p_H = 2,8$. Sie ist aus wässeriger Lösung mit Alkohol nicht fällbar, sondern nur in Gegenwart eines Elektrolyten. 1 g der Säure reduziert in 2 Minuten etwa 20 ccm Fehlingsche Lösung. Gibt mit Alkali Gelbfärbung, Trübung, flockigen Niederschlag, mit Erdalkalisalzen nur unvollkommene Fällung. Gibt sonst die gleichen Fällungsreaktionen wie die Tetragalakturonsäure C.

Derivate: Natriumsalz $C_{24}H_{28}O_{24}Na_4 \cdot H_2O$. Amorphes Pulver, $[\alpha]_D^{20} = +217°$ in Wasser bei $c = 1,849$.

---

[1] Felix Ehrlich u. Friedrich Schubert: Ber. dtsch. chem. Ges. **62**, 1974 (1929) — Chem. Zbl. **1929 II**, 2673.

Tetragalakturonsäure C[1].

$$C_{24}H_{32}O_{24} \cdot H_2O$$

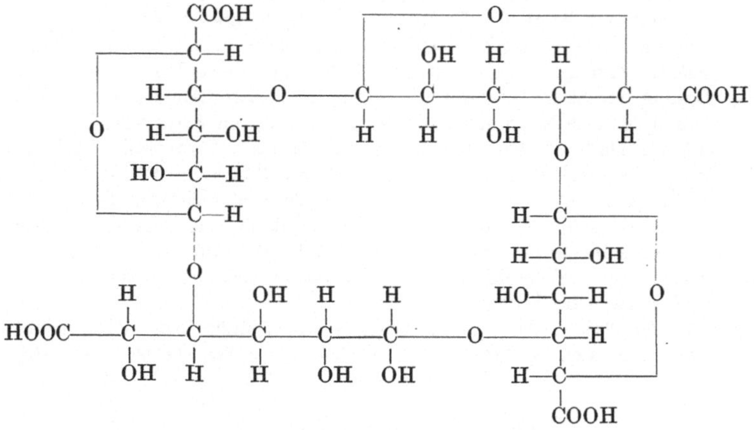

[Strukturformel der Tetragalakturonsäure C]

Darstellung: Durch Behandlung der Tetragalakturonsäure A mit Alkali bzw. Ammoniak oder durch hydrolytische Spaltung der hochdrehenden Pektinsäure mit 2proz. Salzsäure bei 100°.

Physikalische und chemische Eigenschaften: Amorphes, weißes Pulver; $[\alpha]_D^{20} = +285°$ in $^n/_{10}$-Natronlauge bei $c = 2{,}021$. — Löslichkeit in Wasser bei 20° 0,35%, bei 100° 0,87%. — Ausflockungspunkt bei $p_H = 2{,}3$. Gibt dieselben Fällungsreaktionen wie die Säure A, jedoch haben die Niederschläge eine schleimigere Konsistenz. Das Natriumsalz ist identisch mit dem aus der Tetragalakturonsäure A erhaltenen Salz.

Metapektinsäure (Bd. II, S. 7, 26, 81, 83).

Metapektinsäure Frémys dürfte ein Gemisch des Arabans mit Acetaten und Resten Pektinsäure gewesen sein[2].

Pektinige Säuren.

Entstehen durch hydrolytischen Zerfall von Pektosen und Pektinen in überreifen Früchten[3].

Pektose (Bd. II, S. 80, 85; Bd. X, S. 237).

Wasserfreies Rübenmark besteht aus 88,1% Kohlehydraten, 7,4% Stickstoffsubstanzen und 4,5—x% Carbonatasche. Der nach Abzug der Cellulose verbleibende Rest von Kohlehydraten, etwa 61%, wurde als Protopektin, die hypothetische Pektose Frémys angenommen[4]. Befindet sich als wasserunlösliche Verbindung in den Zellwänden der Äpfel neben Cellulosen[3].

Patta-Pektin.

Patta-Pektin ist ein Ersatz für Tragant und ähnliche Pflanzenschleime, ein Pektin aus überseeischen Früchten, dessen Lösung Emulsionen mit Ölen, Harzen, Kohlenwasserstoffen u. dgl. gibt. Die Eigenschaften der Substanz werden beschrieben. Es handelt sich tatsächlich um einen Pflanzenschleim[5].

[1] Felix Ehrlich u. Friedrich Schubert: Ber. dtsch. chem. Ges. **62**, 1974 (1929) — Chem. Zbl. **1929 II**, 2673.

[2] Felix Ehrlich u. Robert v. Sommerfeld: Biochem. Z. **168**, 263 (1926) — Chem. Zbl. **1926 I**, 2367.

[3] M. H. Carré: Ann. of Bot. **39**, 811 (1925) — Ber. Physiol. **34**, 491 (1926) — Chem. Zbl. **1926 II**, 234.

[4] Hermann Gaertner: Z. dtsch. Zuckerind. **1919**, 233 — Chem. Zbl. **1919 IV**, 577.

[5] L. Rosenthaler: Schweiz. Apoth.-Ztg **62**, 632 (1924) — Chem. Zbl. **1924 II**, 2779.

Cytopektinsäure[1].

Ist wohl nicht anders als Pektinsubstanz.

Pektinartige Kohlehydrate.

Vorkommen: In den vegetativen Organen von Viscum album L. [2]. In den Blättern und Beeren von Loranthus europaeus L. [2].

Polysaccharide aus Pneumokokken[3].

Pneumococcus Typ I enthält in den Zellbestandteilen ein rechts drehendes Polysaccharid, das nicht ganz stickstofffrei gewonnen wurde, basische und saure Eigenschaften besitzt und bei der Säurehydrolyse Galakturonsäure liefert[3]. — Pneumococcus Typ II enthält ein stickstofffreies Polysaccharid, rechtsdrehend, das bei der Hydrolyse Glykose ergibt und Eigenschaften einer schwachen Säure besitzt[3]. Pneumococcus Typ III enthält ein linksdrehendes, stickstofffreies Polysaccharid[3]. Das Hydrolysat ist eine Verbindung von Glykose mit einer Hexoseuronsäure. Das Reduktionsvermögen dieses Produktes ist 50% desjenigen der Glykose. Ein Morphinsalz der Säure konnte krystallinisch gewonnen werden. — Die reduzierende Gruppe der Disaccharidsäure ist eine Aldehydgruppe, sie gibt mit Hypojoditlösung quantitativ die entsprechende Säure. Vermutlich ist die Bindung zwischen Glykose mit der Säure eine glykosidische[4].

Polysaccharid des Friedländer-Bacillus Typ A[5].

Physikalische und chemische Eigenschaften: Zerfällt bei der Hydrolyse mit normaler Schwefelsäure in 1 Mol Glykose, 1 Mol einer Aldobionsäure und 1 Mol einer neutralen Verbindung, die wahrscheinlich das Lacton einer zweiten Aldobionsäure darstellt. Die Aldobionsäure wird als Calciumsalz durch Fällung der wässerigen Lösung des Reaktionsgemischs mit Methylalkohol von den beiden anderen Komponenten abgetrennt. Sie zerfällt bei der Hydrolyse in Glykose und Glykuronsäure. Letztere wurde durch Spaltung der Aldobionsäure mit Bromwasserstoff und Brom durch die Bildung von saurem zuckersaurem Kalium nachgewiesen.

E. Huminsubstanzen (Bd. II, S. 99, Bd. VIII, S. 20; Bd. X, S. 237).

Humine (Humusstoffe) (Bd. II, S. 95, 101; Bd. X, S. 237).

Abhandlungen allgemeiner Natur[6].
Vorkommen: In den Kohlen[7].
Bildung: Bei der Einwirkung von überhitztem Wasserdampf auf Zuckerarten, Oxymethylfurfurol und Furfurol[8]. — Entsteht bei der Behandlung von Furfurol mit 18proz.

---

[1] Donald Herbert Frank Clayson, Frederick Walter Norris u. Samuel Barnett Schryver: Biochemic. J. **15**, 643—653 (1921) — Chem. Zbl. **1922 I**, 358.

[2] Josef Einleger, Jolantha Fischer u. Julius Zellner: Mh. Chem. **44**, 277 (1924) — Chem. Zbl. **1924 II**, 679.

[3] Michael Heidelberger u. Avery: Chem. Reviews **3**, 403 (1927) — Chem. Zbl. **1927 II**, 447.

[4] Michael Heidelberger u. Walther F. Goebel: J. of biol. Chem. **70**, 613 (1926) — Chem. Zbl. **1928 II**, 2567.

[5] Walther F. Goebel: J. of biol. Chem. **74**, 619 (1927) — Chem. Zbl. **1928 II**, 675.

[6] Sven Odén: Trans. Faraday Soc. **17**, 288 (1922) — Chem. Zbl. **1922 III**, 457. — A. Schellenberg: Brennstoffchemie **2**, 384 (1921) — Chem. Zbl. **1922 IV**, 389. — A. R. Pearson: J. Soc. chem. Ind. **42 I**, 68 (1923) — Chem. Zbl. **1923 IV**, 32. — W. A. Bone, A. R. Pearson, E. Sinkinson u. W. E. Stockings: Proc. roy. Soc. Lond., Serie A **100**, 582 (1922) — Chem. Zbl. **1922 IV**, 512. — H. Tropsch: Brennstoffchemie **8**, 369 (1927) — Chem. Zbl. **1928 I**, 772.

[7] A. R. Pearson: J. Soc. chem. Ind. **42 I**, 68 (1923) — Chem. Zbl. **1923 IV**, 32. — W. A. Bone, A. R. Pearson, E. Sinkinson u. W. E. Stockings: Proc. roy. Soc. Lond., Serie A **100**, 582 (1922) — Chem. Zbl. **1922 IV**, 512. — J. Marcusson: Z. angew. Chem. **40**, 1104 (1927) — Chem. Zbl. **1928 I**, 449.

[8] C. Tanaka: Sexagint. Collection of Papers dedicated to Y. Osaka, in celebration of his 60. Birth-day, Kyoto **1927**, 13 — Chem. Zbl. **1928 I**, 2080.

Salzsäure 1 Stunde auf dem Wasserbad oder anfangs unter Eiskühlung und dann 3 Wochen bei gewöhnlicher Temperatur[1]. Die natürlichen Humine entstehen wahrscheinlich aus den Ligninen[2].

Darstellung: Aus Kohlen[3].

Nachweis und Bestimmung: Bestimmung in Böden[4].

Physiologische Eigenschaften: Verhalten in den Böden bei Versuchskulturen[5].

Physikalische und chemische Eigenschaften: Durch Erhitzen von Ultrahumin mit konzentrierter oder mit rauchender Schwefelsäure bilden sich Oxydationsprodukte, sog. Oxahumine[6]. Ergebnisse der Druckoxydation[7]. — Vorsichtige Oxydation mit Wasserstoffsuperoxyd und Luft bei 150°[8]. — Autooxydation der natürlichen Humusstoffe und ihre Beeinflussung durch Alkali[9]. — Verhalten der Torfhuminkörper bei der Chlorierung[10]. Bei der Einwirkung von Chlordioxyd wird als wichtiges Spaltungsstück Maleinsäure erhalten[1]. — Colorimetrische Untersuchungen an alkalischen Lösungen[11].

Derivate: Humusphosphate[12].

Chloriertes Humin[13]. Untersuchungen über die Huminsubstanzen der Kohlen[14].

Huminsäuren (Humussäuren) (Bd. II, S. 102; Bd. VIII, S. 20; Bd. X, S. 238).

Arbeiten allgemeiner Natur[15].

Vorkommen: Versuche ergaben, daß die Sapropelite, besonders die aus dem Ostaschkowgebiet, keine Huminsäuren enthalten[16]. — Die hochwertige böhmische Kohle enthält zu 19,6% Huminsäureanhydride[17]. Die „Tundra" (Torf) aus dem südlichen Karafuto (Sachalin) enthält 1,8, 7,5, 12,0% Huminsäure (die erstere Zahl bezieht sich auf die oberste Schicht[18]).

---

[1] Erich Schmidt u. Matthias Atterer: Ber. dtsch. chem. Ges. **60**, 1671 (1927) — Chem. Zbl. **1927 II**, 942.

[2] C. E. Marshall u. H. J. Page: Nature **119**, 393 (1927) — Chem. Zbl. **1927 I**, 2378.

[3] J. Marcusson u. G. Wisbar: Z. angew. Chem. **37**, 917—918 (1924) — Chem. Zbl. **1925 I**, 362. — A. R. Pearson: J. Soc. chem. Ind. **42 I**, 68 (1923) — Chem. Zbl. **1923 IV**, 32. — W. A. Bone, A. R. Pearson, E. Sinkinson u. W. E. Stockings: Proc. roy. Soc. Lond., Serie A **100**, 582 (1922) — Chem. Zbl. **1922 IV**, 512. — M. Piettre: C. r. Acad. Sci. Paris **177**, 486 (1923) — Chem. Zbl. **1923 IV**, 962 — C. r. Acad. Sci. Paris **176**, 1329 (1923) — Chem. Zbl. **1923 IV**, 410.

[4] B. Fallot: Chimie et Ind. **11**, 873 (1924) — Chem. Zbl. **1924 II**, 878. — Piettre: C. r. Acad. Sci. Paris **177**, 139 (1923) — Chem. Zbl. **1923 III**, 1532 — C. r. Acad. Sci. **176**, 1329 (1923) — Chem. Zbl. **1923 IV**, 410.

[5] Hermann Fischer: Zbl. Bakter. II **54**, 481—486 (1921) — Chem. Zbl. **1922 I**, 110. — L. Raybaud: C. r. Soc. Biol. Paris **87**, 311 (1922) — Chem. Zbl. **1922 IV**, 593.

[6] A. R. Pearson: J. Soc. chem. Ind. **42 I**, 68 (1923) — Chem. Zbl. **1923 IV**, 32. — W. A. Bone, A. R. Pearson, E. Sinkinson u. W. E. Stockings: Proc. roy. Soc. Lond., Serie A **100**, 582 (1922) — Chem. Zbl. **1922 IV**, 512.

[7] Franz Fischer, Hans Schrader u. Wilhelm Treibs: Ges. Abh. z. Kenntnis d. Kohle **5**, 230 (1921) — Chem. Zbl. **1922 III**, 1186.

[8] W. Francis u. R. V. Wheeler: J. chem. Soc. Lond. **127**, 2236 (1925) — Chem. Zbl. **1926 I**, 961.

[9] Hans Schrader: Brennstoffchemie **3**, 161 (1922) — Chem. Zbl. **1922 IV**, 456.

[10] A. C. Thaysen, W. E. Bakes u. H. J. Bunker: Fuel **5**, 217 (1926) — Chem. Zbl. **1926 II**, 1218.

[11] U. Springer: Brennstoffchemie **8**, 17 (1927) — Chem. Zbl. **1927 I**, 1773.

[12] E. Bottini: Ann. chim. Appl. **15**, 358 (1925) — Chem. Zbl. **1926 I**, 1489.

[13] A. C. Thaysen u. W. E. Bakes: Biochemic. J. **21**, 895 (1927) — Chem. Zbl. **1927 II**, 2683.

[14] Schneider: Abh. Kohle **3**, 325 (1920) — Chem. Zbl. **1920 II**, 99. — Erdmann: Z. angew. Chemie **34**, 309 (1921) — Chem. Zbl. **1921 IV**, 535. — A. R. Pearson: Fuel **3**, 297 (1924) — Chem. Zbl. **1924 II**, 1536. — Wilhelm Eller: Liebigs Ann. **442**, 160 (1925) — Chem. Zbl. **1925 II**, 1683. — Paul Kaunert: Braunkohlenarchiv **1926**, 39—101 — Chem. Zbl. **1926 II**, 674.

[15] J. Marcusson: Mitt. Mat.prüfgsamt Berl.-Dahlem **40**, 245 (1922) — Chem. Zbl. **1923 I**, 1282 — Z. angew. Chem. **36**, 42 (1923) — Chem. Zbl. **1923 I**, 1282 — Ber. dtsch. chem. Ges. **58**, 869 (1925) — Chem. Zbl. **1925 II**, 162. — Bretislav G. Simek: Brennstoffchemie **9**, 381 (1928) — Chem. Zbl. **1929 I**, 710. — Fran Podbrcznik: Bull. Inst. Piu **1928**, 193, 209, 237; **1929 I**, 1701. — Sv. Odén: Die Huminsäuren. Chemische, physikalische und bodenkundliche Forschungen. Dresden 1922.

[16] N. W. Popow: Neftjansé i slancevve Chozjajstvo **5**, 100 (1923) — Chem. Zbl. **1924 I**, 2553.

[17] J. Marcusson: Z. angew. Chem. **40**, 1104 (1927) — Chem. Zbl. **1928 I**, 449.

[18] S. Komatsu u. O. Hiki: Sexagint. Collection of Papers, dedicated to Y. Osaka, in celebration of his 60. Birth-day, Kyoto **1927**, 229 — Chem. Zbl. **1928 I**, 2327.

Bildung: Sowohl bei Velener wie beim Lauchhammer-Torf nimmt der in hochkonzentrierter Salzsäure lösliche Anteil mit dem Alter ab; beim Velener Torf nimmt die alkalilösliche Substanz, d. h. die Huminsäure, mit dem Alter zu. Die Abnahme des Methoxylgehaltes bei höherem Alter läßt sich zwanglos durch die Abspaltung der Methoxylgruppen erklären[1]. — Beim Erhitzen von Torf mit Natronlauge am Rückflußkühler oder durch längeres Kochen mit Wasser; in erhöhter Ausbeute durch Druckerhitzung aus Torf. Auf demselben Wege bildet sie sich aus Oxycellulose[2]. — Bei der Behandlung von Humalsäure mit verdünnter Salzsäure. — Aus dem fast ligninfreien Sphagnumtorf läßt sich mit 10proz. Natronlauge Huminsäure ausziehen[2]. — Entsteht u. a. beim Behandeln von Kohlensorten mit 94—96proz. H_2SO_4[3]. Oxymethylfurfurol liefert bei der Einwirkung von überhitztem Wasser etwas Huminsäure mit 62,42% C und 4,61% H[4]. Bildet sich bei der Druckerhitzung der Cellulose mit Wasser[5]. Bei der Einwirkung von Merulius lacrymans auf Hölzer[6].

Darstellung: Aus Braunkohlen[7]. — Durch erschöpfende Extraktion von mulmiger Braunkohle mit Benzol und Aceton erhält man nach der Peptisation eine typisch kolloide Huminsäure[8]. Aus pulverisierter Steinkohle mit Salpetersäure und nachheriger Reduktion mit Zink oder Eisen[9]. — Aus Rohtorf mit überhitztem Wasserdampf[10].

Nachweis und Bestimmung: Die Analysen der Huminsäuren, die Temperaturen über 80° ausgesetzt waren, liefern unbrauchbare Werte[11]. Bestimmung der Carbonylzahl[12].

Physiologische Eigenschaften: In Humusböden wird die Giftwirkung des Natriumcarbonats auf das Wachstum der Pflanzen bedeutend dadurch herabgemindert, daß die Humussäure die Hydroxylionenkonzentration zurückdrängt[13]. — Über den Einfluß der Humussäuren auf die Assimilation der Phosphorsäure[14].

Physikalische und chemische Eigenschaften: Die durch Sedimentation erhaltenen Huminsäuren waren durch 1—1,2% Asche verunreinigt und wurden mit Hilfe der Elektroosmose so gereinigt, daß der Aschegehalt nur noch 0,1% betrug. Die Untersuchung auf Abspaltung von Kohlensäure bei niederer Temperatur ergab, daß die bis zu 70° ausgetriebene Kohlensäure infolge Absorption aus der Luft aufgenommen war. Es wurden noch das kolloidale Verhalten, die Bildung von Salzen und das Verhalten gegen Sauerstoff untersucht[15]. Löslich in Phenol[16]. — Untersuchungen über die saure Reaktion der Humussäuren[17]. Acidum huminicum (Merck) gab bei erschöpfender Extraktion mit Äther im Soxhletapparat, Waschen mit kaltem und heißem Wasser 25% Hymatomelansäure, 13% in Wasser lösliche Substanzen, 62% in Wasser und Alkohol unlösliche Huminsäuren. Die Humussäure bindet pro g im Mittel 6,8 mg Bariumhydroxyd[18]. — Über die Wasserstoffionkonzentration der Humussäuren[19]. Trockne Destillation der Huminsäuren und ihrer mit Alkali erhaltenen Veränderungsprodukte[20]. — Alkalischmelze und Druckerhitzung von Huminsäuren aus Braunkohlen[20]. — Einwirkung

---

[1] Franz Fischer u. Hans Schrader: Ges. Abh. z. Kenntnis d. Kohle **5**, 553 (1920) — Chem. Zbl. **1922 IV**, 1044.

[2] J. Marcusson: Z. angew. Chem. **38**, 339 (1925) — Chem. Zbl. **1925 II**, 18.

[3] D. J. W. Kreulen: Brennstoffchemie **8**, 149 (1927) — Chem. Zbl. **1927 II**, 522.

[4] C. Tanaka: Sexagint. Collection of Papers dedicated to Y. Osaka, in celebration of his 60. Birth-day, Kyoto **1927**, 13 — Chem. Zbl. **1928 I**, 20, 80.

[5] E. Berl u. A. Schmidt: Liebigs Ann. **461**, 192 — Chem. Zbl. **1928 I**, 2935.

[6] K. Kürschner: Z. angew. Chem. **40**, 224 (1927) — Chem. Zbl. **1927 I**, 2030.

[7] Hans Tropsch u. Albert Schellenberg: Ges. Abh. z. Kenntnis d. Kohle **6**, 191 (1921) — Chem. Zbl. **1924 I**, 600.

[8] E. Wedekind u. G. Garre: Kolloid-Z. **44**, 205 — Chem. Zbl. **1928 I**, 2363.

[9] M. Piettre: F.P. 582400 v. 6. Sept. 1923; Chem. Zbl. **1927 I**, 2498.

[10] Eduard Dyckerhoff: D.R.P. 389404, Kl. 12o v. 5. April 1921; Chem. Zbl. **1924 II**, 906.

[11] W. Eller u. A. Schöppach: Brennstoffchemie **7**, 17 (1926) — Chem. Zbl. **1926 I**, 3477.

[12] H. Leopold: Brennstoffchemie **9**, 215 — Chem. Zbl. **1928 II**, 571.

[13] Daniel Fehér u. Stephan Vági: Biochem. Z. **158**, 359 (1925) — Chem. Zbl. **1925 II**, 928.

[14] Karl Mack: Chem.-Ztg **46**, 73—75 (1922) — Chem. Zbl. **1922 I**, 518.

[15] Ernst Biesalski u. Willy Berger: Braunkohle **23**, 197 (1924) — Chem. Zbl. **1924 II**, 671.

[16] M. Soum u. F. Podbrcznik: Bull. Inst. Piu **1929**, 61 — Chem. Zbl. **1929 I**, 2194.

[17] H. Heimann u. H. Kappen: Z. Pflanzenernährung u. -düngung, Abt. A, **1**, 435 (1922) — Chem. Zbl. **1923 I**, 1055.

[18] G. Stadnikow u. P. Korschew: Kolloid-Z. **47**, 136 (1929) — Chem. Zbl. **1929 I**, 2311.

[19] D. J. Hissink u. Jac. van der Spek: Verslagen van Landbouwkundige Onderzoekingen **1922**, 146 — Chem. Zbl. **1922 III**, 1106.

[20] Hans Tropsch u. Albert Schellenberg: Ges. Abh. z. Kenntnis d. Kohle **6**, 248 (1921) — Chem. Zbl. **1924 I**, 603.

von Salpetersäure auf Huminsäuren aus Braunkohlen[1]. — Verhalten gegen verdünnte Salpetersäure[2]. — Oxydation mit Wasserstoffsuperoxyd[3]. — Einwirkung von Thionylchlorid und von Brom auf Huminsäuren[4]. Einwirkung verschiedener anderer Reagenzien auf Huminsäuren aus Braunkohlen[5].

Derivate: Salze der Huminsäure. Darstellung aus den huminsäurehaltigen Mineralien[6].

Natriumhumat übt an verschiedenen Versuchstieren einen ausgesprochen formativen Gewebsreiz aus[7].

Nitrohuminsäure[8].

Huminsäurequecksilberverbindungen[9].

Verbindungen mit Carbamid und Pyrogallol[9].

Sulfonierte Huminsäuren[9].

Künstliche Huminsäuren.

Bildung: Durch Autooxydation von Furfurol[10]. — Durch längeres Erhitzen von Glykoselösungen mit Oxalsäure auf 130°[11].

Physikalische und chemische Eigenschaften: Eller[12] hält die qualitativen Nachweise von Furan und Pyrrol nicht für eindeutig. Die von Burian[13] dargestellten Huminsäuren aus Cellulose zeigen bei den Halogenen und Nitroderivaten grundlegende Verschiedenheiten gegenüber den entsprechenden Derivaten der natürlichen Huminsäuren[12]. — Verhalten bei der Methylierung[14]. Die Temperatur von 100° hat eine unerwartet große Zersetzung zur Folge[15]. — Liefert durch Erhitzen mit 35proz. $MgCl_2$-Lösung auf 180° eine kohleartige Masse[11]. Die künstlichen Huminsäuren werden von Salpetersäure leichter angegriffen als die natürlichen und das Lignin[16]. — Einwirkung von Chlor auf die Huminsäuren[17]. Einwirkung von Salpetersäure[18]. Verhalten der Kohlehydrathuminsäuren[19], der Phenolhuminsäuren[20], der Huminsäuren aus Salicylsäure[21], aus Phenol[22].

---

[1] Hans Tropsch u. Albert Schellenberg: Ges. Abh. z. Kenntnis d. Kohle **6**, 248 (1921) — Chem. Zbl. **1924 I**, 603.

[2] W. Fuchs: Z. angew. Chem. **41**, 851 — Chem. Zbl. **1928 II**, 1103.

[3] J. Marcusson: Z. angew. Chem. **40**, 1233 (1927) — Chem. Zbl. **1928 I**, 675 — Z. angew. Chem. **40**, 48 (1927) — Chem. Zbl. **1927 I**, 1430. — W. Fuchs: Z. angew. Chem. **41**, 85 — Chem. Zbl. **1928 I**, 1850.

[4] Walter Fuchs u. Heinrich Leopold: Brennstoffchemie **8**, 101 (1927) — Chem. Zbl. **1927 II**, 266.

[5] Hans Tropsch u. A. Schellenberg: Ges. Abh. z. Kenntnis d. Kohle **6**, 235 (1921) — Chem. Zbl. **1924 I**, 602.

[6] G. Reichelt: D.R.P. 424729, Kl. 12o v. 19. Nov. 1924 — Chem. Zbl. **1926 I**, 3633.

[7] Hermann Schrötter: Z. exper. Med. **34**, 59 (1923) — Chem. Zbl. **1923 III**, 508.

[8] W. Fuchs: Z. angew. Chem. **41**, 851 — Chem. Zbl. **1928 II**, 1103 — Brennstoffchemie **9**, 178 — Chem. Zbl. **1928 II**, 571. — W. Fuchs u. H. Leopold: Brennstoffchemie **8**, 101 — Chem. Zbl. **1927 II**, 266.

[9] Michael Melamid: F.P. 648141 v. 3. Febr. 1928 — Chem. Zbl. **1929 I**, 2238.

[10] J. Marcusson: Ber. dtsch. chem. Ges. **58**, 869 (1925) — Chem. Zbl. **1925 II**, 162 — Mitt. Mat.prüfgsamt Berl.-Dahlem **40**, 245 (1922) — Chem. Zbl. **1923 I**, 1282. — F. Fischer u. W. Frey: Brennstoffchemie **6**, 79 — Chem. Zbl. **1925 I**, 2129. — Erich Schmidt u. Matthias Atterer: Ber. dtsch. chem. Ges. **60**, 1671 (1927) — Chem. Zbl. **1927 II**, 942.

[11] C. G. Schwalbe u. R. Schepp: Ber. dtsch. chem. Ges. **58**, 2500 (1925) — Chem. Zbl. **1926 I**, 1077.

[12] Wilhelm Eller: Brennstoffchemie **6**, 55 (1925) — Chem. Zbl. **1925 II**, 924.

[13] Otto Burian: Brennstoffchemie **6**, 52 (1925) — Chem. Zbl. **1925 II**, 923.

[14] W. Fuchs u. H. Leopold: Brennstoffchemie **8**, 73 (1927) — Chem. Zbl. **1927 I**, 2204.

[15] W. Eller u. A. Schöppach: Brennstoffchemie **7**, 17 (1926) — Chem. Zbl. **1926 I**, 3477.

[16] Hans Tropsch u. Albert Schellenberg: Ges. Abh. z. Kenntnis d. Kohle **6**, 257 (1921) — Chem. Zbl. **1924 I**, 562.

[17] Wilhelm Eller, Ernst Herdieckerhoff u. Hans Saenger: Liebigs Ann. **431**, 177 (1923) — Chem. Zbl. **1923 III**, 242. — Wilhelm Eller: Liebigs Ann. **431**, 133 (1923) — Chem. Zbl. **1923 III**, 238 — Brennstoffchemie **3**, 49 (1922) — Chem. Zbl. **1922 I**, 823.

[18] Wilhelm Eller, Harry Meyer u. Hans Saenger: Liebigs Ann. **431**, 162 (1923) — Chem. Zbl. **1923 III**, 241.

[19] Wilhelm Eller u. H. Saenger: Lienigs Ann. **431**, 133 (1923) — Chem. Zbl. **1923 III**, 240.

[20] Wilhelm Eller u. K. Wenzel: Liebigs Ann. **431**, 133 (1923) — Chem. Zbl. **1923 III**, 240.

[21] Wilhelm Eller u. H. Seiler: Liebigs Ann. **431**, 133 (1923) — Chem. Zbl. **1923 III**, 240.

[22] Wilhelm Eller u. H. Pieper: Liebigs Ann. **431**, 133 (1923) — Chem. Zbl. **1923 III**, 240.

Humalsäure (Bd. X, S. 239).

Derivate: Salze der Humalsäure. Darstellung der Salze der Humalsäure aus Heidekraut, Moos, Flechten usw. durch Erhitzen mit Kalk und Wasser[1].

Calciumsalz. Hellbraunes, nicht hygroskopisches, nahezu geschmackloses Pulver mit 16% CaO, das bei intravenöser Injektion Beschleunigung der Atmung und bei lecksüchtigen Rindern auffallende Gewichtszunahme hervorruft[2].

Eisensalz. In Wasser mit saurer Reaktion löslich, Alkalien fällen $Fe(OH)_3$ erst bei 70 bis 80°[2].

---

[1] Paul Brat (Oldenburg): D.R.P. 388226 v. 31. Dez. 1920, Zus.P. 350923; Chem. Zbl. **1922 IV**, 194; **1924 I**, 2399.

[2] A. Schwarz: Pharm. Zentralhalle **62**, 705—708 (1921) — Chem. Zbl. **1922 II**, 457.

Stärke, Dextrine,
Kohlehydrate der Inulingruppe, Cellulosen usw.

Von

Géza Zemplén-Budapest.

A. Stärkearten.

Stärke (Bd. II, S. 114; Bd. VIII, S. 23; Bd. X, S. 241).

Arbeiten zusammenfassender Natur[1].

Konstitution: Nach den wahrscheinlichsten Annahmen stellt man sich Stärke heute als Ketten von Maltosegruppen vor, die nach den α-1, 4-Glykosylresten aufgebaut sind. Dies führt zu der Vorstellung von einem prinzipiell ähnlichen Bau wie bei der Cellulose (s. dort), nämlich einer Anordnung der Glykosereste nach einer diagonalen Schraubung. Die Maltoseketten der Stärke sind zum Unterschied von den Cellobioseketten der Cellulose zickzackförmig[2]. Weitere Arbeiten, die sich mit der Konstitution der Stärke befassen[3]. — Malfitano und Catoire[4] glauben, daß die Stärkemycellen Komplexe verschiedener Ordnung der Amylosephosphate und der Amylosesilicate von Erdalkalien sind. Die Komplexe sind im Wernerschen Sinne zu verstehen. Das Zentralradikal ist PO_4 oder SiO_2; es ist von polymeren Stärkemolekülen umgeben; an der Peripherie liegen austauschbare Metallionen.

Vorkommen: In den Pollenkörnern von Pinus silvestris[5] 38,02 %. In den Maispollen[6] 16,19 %. In den Knollen von Cyperus esculentus Linné bis zu 12,8 %[7]. In Carex flacca Schreb.[8],

---

[1] H. Pringsheim: Ber. dtsch. chem. Ges. **59**, 3008 (1926) — Chem. Zbl. **1927** I, 883. — H. L. B. Gray u. C. J. Stand: Chem. Rewiews **4**, 355 (1927) — Chem. Zbl. **1928** I, 1523. — K. Sjöberg: Sv. Kem. Tidskr. **40**, 43 — Chem. Zbl. **1928** I, 1950. — R. Weidenhagen: Z. dtsch. Zuckerind. **1927**, 474 — Chem. Zbl. **1927** II, 1341. — Paul Wengraf: Melliands Textilber. **10**, 805 (1929) — Chem. Zbl. **1929** II, 3125.

[2] Kurt H. Meyer, Heinrich Hopff u. H. Mark: Ber. dtsch. chem. Ges. **62**, 1103 (1929) — Chem. Zbl. **1929** II, 160.

[3] J. J. L. Zwikker: Rec. Trav. chim. Pays-Bas et Belg. (Amsterd.) **41**, 152 (1922) — Chem. Zbl. **1923** I, 1077 — Rec. Trav. chim. Pays-Bas et Belg. (Amsterd.) **41**, 49 (1922) — Chem. Zbl. **1922** III, 666. — P. Karrer: Helvet. chim. Acta **6**, 402 (1923) — Chem. Zbl. **1923** III, 1005. — Amé Pictet u. Rachel Salzmann: Helvet. chim. Acta **7**, 934 (1924) — Chem. Zbl. **1924** II, 2519. — Richard Kuhn: Liebigs Ann. **443**, 1 (1925) — Chem. Zbl. **1925** II, 405. — R. Kuhn u. W. Ziese: Ber. dtsch. chem. Ges. **59**, 2314 (1926) — Chem. Zbl. **1926** II, 2782. — E. Peiser: Hoppe-Seylers Z. **167**, 88 (1927) — Chem. Zbl. **1927** II, 1018 — Hoppe-Seylers Z. **161**, 210 (1927) — Chem. Zbl. **1927** I, 716. — M. Bergmann u. E. Knehe: Liebigs Ann. **452**, 141 (1927) — Chem. Zbl. **1927** I, 1948. — K. Josephson: Hoppe-Seylers Z. **174**, 179 — Chem. Zbl. **1928** I, 2378. — James C. Irvine: Rec. Trav. chim. Pays-Bas et Belg. (Amsterd.) **48**, 813 (1929) — Chem. Zbl. **1929** II, 2436. — Hamm: Dyer Calico Printer **63**, 202 (1930) — Chem. Zbl. **1930** I, 2546.

[4] G. Malfitano u. M. Catoire: C. r. Acad. Sci. Paris **177**, 1309 (1923) — Chem. Zbl. **1924** I, 644 — Bull. Soc. Chim. de France (4) **37**, 1014 (1925) — Chem. Zbl. **1925** II, 2279.

[5] Alexander Kiesel: Hoppe-Seylers Z. **120**, 85 (1922) — Chem. Zbl. **1922** III, 732.

[6] Suguru Migake: J. of biol. Chem. **2**, 27 (1922) — Chem. Zbl. **1924** I, 1211 — J. of Biochem. **3**, 169—176 (1924) — Chem. Zbl. **1925** I, 677.

[7] Frederick B. Power u. Victor K. Chesnut: J. agricult. Res. **26**, 69—75 (1923) — Chem. Zbl. **1925** I, 392.

[8] H. Swiatkowski u. J. Zellner: Mh. Chem. **48**, 475 (1927) — Chem. Zbl. **1927** II, 2682.

im Zuckerrohr[1]. Wilder Reis (Zirania aquatica) enthält 60,47—65,26% Stärke[2]. In der Hyacinthenzwiebel[3]. In Musa paradisiaca, Dioscorea alata, Igname indienrouge und Igname poguru jaune, Colocasia esculenta, Ruellia pavale, Marantha nobilis, Borassus flabelliformis, Artocarpus incisa, Arum esculentum, Phrynium dichotomum, Castanos permum australe[4], Pachira aquatica, Mangifera indica und Sicyos angulata. Die Knollen von Schiropepon Fargesii Cagnepain (fälschlich bezeichnet: Actinostemma paniculatum Maxim.) enthalten Stärke, im Herbst bis zu 7%, dann aber nicht mehr als 12% [5]. In der Frucht von Samuela carnerosana Trelease[6]. Der Stärkegehalt des Kastanienpulvers des Handels ist 42%, des Kotyledonenpulvers reifer Kastanien ist 49,5% der Trockenmasse[7]. Im Mehle der Samen von Lathyrus Cicera 42,71% [8]. Die Früchte des Kirondro enthalten 25% Stärke[9]. In den als Mandelersatz verwendeten Samenkernen Sapujaca-Pecan und Zirbelnuß[10]. — Vorkommen der Stärke in Erdnuß, Haselnuß (nur in etwa 10% aller Proben) und Anacardiensamen. Paranuß enthält keine Stärke[11]. Ein gleichzeitiges Vorkommen von Stärke und Inulin wurde bei auf Sonnenblumen gepfropften oder überpfropften Blüten von Helianthus tuberosus und Helianthus multiflorus in Stiel und Fruchtboden gefunden, einmal auch in einem Seitensproß eines gepfropften Topinamburs. Die Stärke fand sich im Endoderm, das Inulin in den farblosen Geweben und in den Holzgefäßen. Beide Kohlehydrate waren auch in natürlichen Blumenstielen und Fruchtböden von Jurinea alata und verschiedenen Centaureen vorhanden; in ihrem Verhältnis nach Lage der Schnitte und Alter der Organe wechselnd[12]. — Beiträge zur Züchtung stärkereicher und an großen Stärkekörnern reicher Kartoffelsorten[13]. — Der größte Teil der aus Hirsesirup mit Alkohol fällbaren Substanz besteht aus Stärke[14]. — Tabellarische Zusammenstellung des Gehaltes an Stärke im Safte von 15 verschiedenen Hirsearten[15]. — 20 kg frisches Apfelmark, entsprechend etwa 4,4 kg Mark mit 10% Wasser, enthalten mindestens 0,1 kg Stärke[16]. — Im Tragant sind stärkehaltige Substanzen vorhanden[17]. — Der Stärkegehalt von „Apfelpektinen" betrug etwa 0,5% [18].

Bildung: Die durch Jod blau gefärbte Substanz in Bacillus coli bei anaerober Vergärung von Glykose in Gegenwart von Calciumhydroxyd ist mit Stärke identisch. Sie findet sich am reichlichsten in der 16. bis 40. Stunde der Gärung, und in gewissen Perioden scheint die Glykose fast vollständig in nichtreduzierende Kohlehydrate, hauptsächlich Stärke, verwandelt zu werden[19]. — Die Bildung und Anhäufung der aus Photosynthese gebildeten Kohlehydrate erfolgt häufig nicht kontinuierlich und progressiv, sondern mit periodischen Schwankungen innerhalb 24 Stunden, die gegen Ende des Sommers und an Tagen mit klarem Himmel deutlicher hervortreten, bei im Schatten gewachsenen Blättern wenig oder gar nicht[20]. — Leukoplasten sind nach Witzemann[21] Enzyme, die das Gleichgewicht: Stärke $\rightleftharpoons$ Zucker katalysieren und sich im allgemeinen in der Zelle durch Teilung vermehren. Die Wirkung des Enzyms hängt von den äußeren Bedingungen ab. — Preßsaft, der Leukoplastensaft enthält, wirkt nicht stärkebildend, doch hydrolysiert er Polysaccharide. — Beobachtungen an Bohnen-

[1] L. Feuilherade: Sugar **30**, 168 — Chem. Zbl. **1928 I**, 2670.

[2] C. Kennedy: J. agricult. Res. **27**, 219 — Chem. Zbl. **1924 II**, 1222.

[3] H. Cohn u. H. Belval: C. r. Acad. Sci. Paris **176**, 1493 (1923) — Chem. Zbl. **1923 III**, 630.

[4] P. Wiegleb: Z. Spiritusindustrie **48**, 370 (1925) — Chem. Zbl. **1926 I**, 1728.

[5] H. Colin u. R. Franquet: C. r. Acad. Sci. Paris **186**, 890 — Chem. Zbl. **1928 I**, 2948.

[6] O. F. Black u. J. W. Kelly: Amer. J. Pharmacy **94**, 477 (1922) — Chem. Zbl. **1923 III**, 497.

[7] J. Huitric: Bull. Soc. Pharm. Bordeaux **64**, 184 (1926) — Chem. Zbl. **1927 I**, 1844.

[8] Sabato Visco: Arch. Farmacol. sperim. **37**, 105 (1924) — Chem. Zbl. **1924 II**, 71.

[9] Y. Volmar u. B. Samdahl: J. Pharmac. Chim. (8) **6**, 295, 346 (1927) — Chem. Zbl. **1928 I**, 1295 — C. r. Acad. Sci. Paris **184**, 393 — Chem. Zbl. **1928 I**, 2205.

[10] C. Griebel: Z. Unters. Lebensmitt. **55**, 236 — Chem. Zbl. **1928 II**, 902 — Z. Unters. Lebensmitt. **54**, 477 (1927) — Chem. Zbl. **1928 I**, 1882.

[11] C. Griebel: Z. Unters. Lebensmitt. **54**, 477 (1927) — Chem. Zbl. **1928 I**, 1882.

[12] Lucien Daniel: C. r. Acad. Sci. Paris **178**, 726 (1924) — Chem. Zbl. **1924 I**, 2712.

[13] E. Parow: Z. Spiritusind. **45**, 209 (1922) — Chem. Zbl. **1922 IV**, 901.

[14] J. J. Willaman u. F. R. Davison: Ind. Chem. **16**, 609 (1924) — Chem. Zbl. **1924 II**, 1521.

[15] S. F. Sherwood: Ind. Chem. **15**, 727 (1923) — Chem. Zbl. **1923 IV**, 671.

[16] G. Perrier: Ann. Falsifications **17**, 208 (1924) — Chem. Zbl. **1924 II**, 1292.

[17] S. Costa u. L. Boyer: C. r. Soc. Biol. Paris **87**, 858 (1922) — Chem. Zbl. **1923 I**, 971.

[18] C. Griebel u. M. Nothnagel: Z. Unters. Nahrgsmitt. usw. **49**, 352 (1923) — Chem. Zbl. **1925 II**, 2110.

[19] Egerton Charles Grey: Biochemic. J. **18**, 712 (1924) — Chem. Zbl. **1924 II**, 1358.

[20] P. P. Stanescu: C. r. Acad. Sci. Paris **178**, 117 (1924) — Chem. Zbl. **1924 I**, 1048.

[21] Edgar J. Witzemann: J. physic. Chem. **28**, 205—312 (1924) — Chem. Zbl. **1924 II**, 1209.

embryonen führen zu dem Schluß, daß die stärkebildenden Zellen zwei verschiedenartige Stärkeplastiden enthalten; die eine Art besitzt von Anfang an die Fähigkeit zur Bildung von Stärke, die zweite entwickelt diese Fähigkeit erst im Laufe der Entwicklung des Keimlings, und zwar dann, wenn die ersten Plastiden schon die Hydrolyse der Stärke einzuleiten beginnen. Bei weißen Lupinen dagegen läßt sich eine zweite Art von Plastiden nicht feststellen. Die gebildete Stärke verschwindet hier beim Reifen und Trocknen, um erst wieder bei der Keimung neu aufzutreten[1]. — Untersuchungen über die Entstehung der Stärke in der Bohne. Eine Tabelle gibt für Soissons-Stangenbohnen eine Übersicht über das Drehungsvermögen der gesamten löslichen Zuckerarten vor und nach der Inversion, über den Gehalt an löslichem Gesamtzucker, als Glykose berechnet, an reduzierenden Zuckerarten, an Saccharose, Stachyose und Stärke in den einzelnen Teilen[2]. — Bohnenkeimlinge und farblose Kartoffelschößlinge konnten aus Arabinose wechselnde Mengen, aus Glykose mehr Stärke bilden[3]. — Bei Blättern von Bohnen, Erbsen und weißer Akazie beförderte Tageslicht die Bildung von Stärke aus 10proz. Zuckerlösungen, in denen die Blätter lagen[4]. Durch mikroskopische Verfolgung der Bildung von Stärke bei 30° und 41° konnte A. Maige[5] feststellen, daß der Einfluß der erhöhten Temperatur sich sowohl quantitativ (verminderte Zahl und Größe von durch Jod färbbaren Körnchen) wie qualitativ (verminderte Kondensationsfähigkeit der „amylogenen Elemente") äußert[5]. Unter dem amylogenen Schwellenwert versteht man die kritische Konzentration an Zucker, oberhalb welcher Stärke in den Amyloplasten gebildet wird. In Versuchen an Embryonen von keimenden Bohnen fand man, daß hohe und niedere Temperaturen die amylogene Erregbarkeit der Zelle herabsetzen, was in einer Steigerung des Schwellenwertes zum Ausdruck gelangt[6]. — Untersuchungen über die Bildung der Stärke in den Nadeln der Strandkiefer[7]. — Versuchsanordnungen zur Bestimmung der Stärkekondensation in verschiedenen Zellen der Pflanzen. Der spezifische stärkebildende Charakter der Zellen steht in Beziehung zu einem weniger erhöhten Stand der Kondensationsschwelle[8]. Maige[9] untersuchte die Stärkebildung in der sog. runden Erbse und in der Erbse mit rauher Oberfläche. Die runde Art enthält nur ein Stärkekorn im Innern der Zelle, die runzligen enthalten dagegen zwei und meist sogar noch mehr. Beide Arten entwickeln sich anfangs gleichmäßig, später aber tritt bei der runzligen Art eine Verlangsamung ein, die bewirkt, daß die Stärkebildung nicht vollständig wird, sondern im Zustande der Stärkedextrinbildung zum Stillstand kommt[9]. Veränderungen im Pyrenoid während der Stärkeproduktion[10]. — Bei der Stärkebildung aus verschiedenen Zuckern ist das Eindringungsvermögen des betreffenden Zuckers maßgebend. Ist aber der Zucker toxisch, so kann jener Einfluß durch diesen, der mit der Temperatur steigt, ungünstig beeinflußt werden[11]. Bei der Bildung von Stärke in auf Zuckerlösungen keimenden Samen von Bohnen oder Lupinen kann man durch Jod-Kaliumjodid nachweisen, daß bei der Synthese dieselben Stadien durchlaufen werden wie bei der Hydrolyse der Stärke; diese Stadien können in ein und derselben Zelle nachgewiesen werden. Gewisse Plastiden färben sich mit Jod-Kaliumjodid dauernd rot, dies deutet darauf, daß dieses Stadium einen gewissen Stabilitätszustand darstellt, in dem manche Stärkekörner verharren[12]. — Wenn Algen mit Glykokoll, Tyrosin und Leucin ernährt werden, so bilden sie Stärke daraus[13]. Der Zucker- und Stärkegehalt der etiolierten Phaseolus multiflorus und Pelargonium wurde durch Formaldehyd im Dunkeln stets erhöht, und zwar war ersterer immer höher als letzterer[14].

---

[1] P. A. Maige: C. r. Acad. Sci. Paris 179, 1426 (1924) — Chem. Zbl. 1925 I, 679.

[2] H. Colin u. R. Franquet: C. r. Acad. Sci. Paris 187, 309 (1928) — Chem. Zbl. 1928 II, 1578.

[3] Michel Polonowski u. Frédéric Morvillez: C. r. Soc. Biol. Paris 92, 443 (1925) — Chem. Zbl. 1925 I, 2312.

[4] A. W. Reinhard: C. r. Soc. Biol. Paris 89, 1274 (1923) — Chem. Zbl. 1924 I, 1548.

[5] A. Maige: C. r. Soc. Biol. Paris 86, 685—686 (1922) — Chem. Zbl. 1922 III, 168.

[6] A. Maige: C. r. Soc. Biol. Paris 90, 685 (1924) — Chem. Zbl. 1924 I, 2785.

[7] M. N. Bargues: Bull. Inst. Piu 1928, 1 — Chem. Zbl. 1928 I, 1537.

[8] A. Maige: C. r. Acad. Sci. Paris 182, 588 (1926) — Chem. Zbl. 1926 I, 3555.

[9] A. Maige: C. r. Acad. Sci. Paris 183, 669 (1926) — Chem. Zbl. 1927 I, 114 — C. r. Soc. Biol. Paris 94, 697 (1926) — Chem. Zbl. 1926 II, 450.

[10] Fr. Steinecke u. H. Ziegenspeck: Ber. dtsch. bot. Ges. 46, 678 (1929) — Chem. Zbl. 1929 I, 1706.

[11] A. Maige: C. r. Soc. Biol. Paris 87, 303 (1922) — Chem. Zbl. 1922 III, 629.

[12] A. Maige: C. r. Acad. Sci. Paris 178, 1998 (1924) — Chem. Zbl. 1924 II, 679.

[13] Bokorny: Allg. Brauer- u. Hopfenztg 64, 1214—1216 (1924) — Chem. Zbl. 1925 I, 1538.

[14] Th. Sabalitschka u. H. Riesenberg: Biochem. Z. 144, 545 (1924) — Chem. Zbl. 1924 I, 1808 — Biochem. Z. 144, 551 (1924) — Chem. Zbl. 1924 I, 1808.

In grünen Blättern der Eßkastanie findet sich stets Stärke, in chloroten Blättern tritt sie im Laufe der Vegetationsperiode nicht auf[1]. Über die Fähigkeit der grünen Pflanzen, Formaldehyd im Dunkeln zu Zucker und Stärke zu polymerisieren[2]. — Die Versuche über den Einfluß von Acetaldehyd auf den Kohlehydratgehalt von Pflanzen zeigen, daß eine Erhöhung des Stärkegehalts bei Pflanzen, deren normale C-Assimilation unterbunden ist, durch Acetaldehyd bewirkt werden kann. Wahrscheinlich verwertet die Pflanze den Aldehyd direkt zur Synthese der Kohlehydrate. Eine ähnliche Erhöhung des Zucker- und Stärkegehalts besteht bei Formaldehyd; bei Propionaldehyd konnte eine solche nicht festgestellt werden[3]. — Die Entstehung der Stärke in den Zerealien[4]. — Über den Einfluß der Kalidüngung bei verschieden hoher Stickstoffversorgung auf Ertrag und Stärkegehalt der Kartoffel[5].

Darstellung: Gewinnung von Florida-Arrowrot = Zamiastärke aus Zamia floridana D. C.[6]. Zusammenfassende Erörterung der Reinigung der Kartoffelstärke und der Reinigungseinrichtungen und -verfahren[7]. Dasselbe für Weizenstärke[8], Maisstärke[9]. Stärkegewinnung und Faserröste[10]. — Reinigung von Rohstärke mit Natriumhypochloritlösung zum Zerstören des Stärkealbumins[11].

Nachweis und Bestimmung: Mikroskopischer Nachweis nach der Form[12]; mit Jodlösung in Blättern[13], neben Dextrinen und Celluloseabkömmlingen[14]. — Gibt mit salzsaurer Tryptophanlösung die Glykosereaktion[15]. Apparat zur Bestimmung des Wassergehaltes[16]. — Vergleich der verschiedenen Stärkebestimmungsmethoden[17]. — Gravimetrische Schnellbestimmung[18]. — Bestimmung mit dem Interferometer[19]. — Polarimetrische Methode[20]. Zur Verwendbarkeit des jodometrischen Prinzips bei Stärkebestimmungen[21]. — Bestimmung durch Oxydation mit alkalischer Permanganatlösung[22]. Bestimmung in Gegenwart störender Polysaccharide: Man extrahiert das Material mit Äther und je nach der Substanz mit 25—36 proz. Alkohol, dann mit absolutem Alkohol und schließlich wieder mit Äther. Jetzt gelatiniert man und umwandelt die Stärke mit einer Gerstenmalzinfusion, entfernt dann die störenden Polysaccharide mit 60 proz. Alkohol, verdampft den Alkohol und hydrolysiert den Rückstand mit Salzsäure, reinigt die Glykoselösung mit Phosphorwolframsäure und bestimmt die Glykose durch Reduktion: Das Verfahren kann zur Bestimmung der Stärke im Pflanzenschleim sowie Öl enthaltenden Substanzen verwendet werden[23]. — Zur Bestimmung

[1] H. Colin u. A. Grandsire: C. r. Acad. Sci. Paris **179**, 288—291 (1924) — Chem. Zbl. **1924 II**, 1476.

[2] Th. Sabalitschka: Pharmaz. Mh. **4**, 169 (1923) — Chem. Zbl. **1923 I**, 356, 963; **1924 I**, 924. — Th. Sabalitschka u. H. Weidling: Biochem. Z. **172**, 45 (1926) — Chem. Zbl. **1926 II**, 1053.

[3] Th. Sabalitschka u. H. Weidling: Ber. dtsch. chem. Ges. **59**, 650 (1926) — Chem. Zbl. **1926 II**, 47. — Th. Sabalitschka: Biochem. Z. **176**, 210 (1926) — Chem. Zbl. **1926 II**, 2446.

[4] Victor Estienne: J. Pharm. Belg. **6**, 57 (1924) — Chem. Zbl. **1924 I**, 1048.

[5] H. Wießmann u. E. Schramm: Fortschr. Landw. **3**, 625 (1928) — Chem. Zbl. **1928 II**, 1027.

[6] Joseph F. Clevenger: Amer. J. Pharm. **94**, 98 (1922) — Chem. Zbl. **1922 II**, 1224. — T. E. Wallis: Pharmac. J. **110**, 235 (1923) — Chem. Zbl. **1923 I**, 1460.

[7] Sprockhoff: Z. Spiritusind. **50**, 210—211, 216—217 (1927) — Chem. Zbl. **1927 II**, 1764.

[8] O. K. A. Kritzkovsky: Z. Spiritusind. **46**, 123, 129, 131, 139 (1923) — Chem. Zbl. **1923 IV**, 954.

[9] O. K. A. Kritzkovsky: Chem.-Ztg **52**, 425, 466, 486, 526 — Chem. Zbl. **1928 II**, 1043.

[10] Erich Peschke u. F. Tobler: Faserforschg **4**, 252 (1925) — Chem. Zbl. **1925 II**, 1233.

[11] W. H. Uhland G. m. b. H.: F.P. 641277 v. 21. Sept. 1927 — Chem. Zbl. **1929 I**, 313.

[12] T. E. Wallis: Pharmac. J. **109**, (4) **55**, 82 (1922) — Chem. Zbl. **1922 IV**, 676.

[13] Fred. W. Emerson: Science **65**, 598—599 — Chem. Zbl. **1927 II**, 1586.

[14] M. Nopitsch: Melliants Textilber. **7**, 358, 445 (1926) — Chem. Zbl. **1926 II**, 514.

[15] Pierre Thomas u. Elena Maftei: Bul. Soc. da Stiinte din Cluj **3**, 41—44 (1926) — Chem. Zbl. **1927 I**, 779.

[16] Alexander Schustow: D.R.P. 412992, Kl. 421 v. 11. Dez. 1923; Chem. Zbl. **1925 II**, 1104.

[17] K. Alpers u. H. Ziegenspeck: Z. Unters. Nahrgsmitt. usw. **45**, 163 (1923) — Chem. Zbl. **1923 IV**, 671.

[18] O. S. Rask: J. Assoc. official. agricult. Chemists **10**, 168—120 — Chem. Zbl. **1927 II**, 1408.

[19] B. Elema: Z. angew. Chem. **42**, 199 (1929) — Chem. Zbl. **1929 I**, 3045. — Ottomar Wolff: Chem.-Ztg **48**, 206 (1924) — Chem. Zbl. **1924 I**, 2907.

[20] H. C. Gore: Ind. Chem. **20**, 865 (1928) — Chem. Zbl. **1929 I**, 584. — C. von Scheele u. G. Svensson: Sv. kem. Tidskr. **39**, 233 (1927) — Chem. Zbl. **1927 II**, 2724.

[21] Lauri Paloheimo: Biochem. Z. **222**, 150 (1930) — Chem. Zbl. **1930 II**, 1623. — E. Lepik: Mitt. Lebensmittelunters. **20**, 79 (1929) — Chem. Zbl. **1929 II**, 665.

[22] F. A. Quisumbing: Philippine J. Sci. **16**, 581 (1920) — Chem. Zbl. **1923 II**, 1002.

[23] George Pelham Walton u. Mayne R. Coe: J. agricult. Res. **23**, 995 (1923) — Chem. Zbl. **1924 II**, 2798.

der Stärke in stärkehaltigen Produkten werden diese mit Diastase bei 65—68° hydrolysiert, mit Säure zu Glykose abgebaut und eine Fehling-Bestimmung vorgenommen, jedoch wird bei 70° die Diastase geschädigt und wird daher zur diastatischen Flüssigkeit 4% KCl zugesetzt und bei 40—41° hydrolysiert. Als Antisepticum wird 0,25proz. Phenol oder Formol (0,15 ccm auf 100 ccm Flüssigkeit) genommen, nach 36 Stunden ist die Hydrolyse beendet. Die Temperatur braucht hier nicht so peinlich konstant zu sein[1]. Untersuchungsmethode für die Bestimmung der technisch gewinnbaren Stärke in Schlammstärke[2]. — Bestimmung in Gerste und Weizen: 5 g feingemahlene Gerste bzw. Weizen werden im Soxhlet-Apparat 3—4 Stunden mit 50proz. Alkohol extrahiert, wodurch Zucker und Eiweißstoffe entfernt werden. Der Rückstand wird mit heißem Wasser in üblicher Weise verkleistert und der auf 50° abgekühlte Kleister mit 15 ccm frisch hergestelltem Gerstenauszug (100 g feingemahlene Gerste mit 250 ccm Wasser bei gewöhnlicher Temperatur extrahiert) und mit einigen Tropfen Toluol versetzt. Zweckmäßiger benutzt man gefällte ungetrocknete Gerstendiastase; die Menge der bei jedem Versuch angewendeten Gerstendiastase entspricht der Diastase in dem Auszug von 10 g Gerste, der mit dem zweifachen Volum Alkohol gefällt wurde. Nach 12stündigem Stehen bei 50° wird aufgekocht, abgekühlt und auf 500 ccm aufgefüllt. Im Filtrat wird das spez. Gewicht und das Reduktionsvermögen gegen Hypojoditlösung bestimmt[3]. Gleichzeitig wird Kartoffelstärke unter den gleichen Bedingungen verzuckert, die gebildete Maltose bestimmt und in Prozenten der Stärketrockensubstanz berechnet. Da Kartoffelstärke nur Amylose und Amylopektin enthält, so kann der Prozentgehalt an Stärke in Gerste oder Weizen berechnet werden nach der Formel $100 \cdot M/M'$, worin M die in der Gersten- oder Weizenverzuckerung gefundene Maltose, berechnet auf 100 Teile Getreidetrockensubstanz, und M' die Maltosemenge bei Verzuckerung der Kartoffelstärke, berechnet auf 100 Teile Trockensubstanz[4]. Polarimetrische Bestimmung in Körnern und Müllereierzeugnissen[5]. Bestimmung in Mehl und Brot[6]. Bestimmung in Kindermehl[7]. Bestimmung in Kartoffeln[8]. Bestimmung der Stärke nach dem Gewichte ihrer Körner[9]. — Polarimetrische Bestimmung in Schokolade[10], in Marzipanersatzwaren[11], in Backmassen[12]. — Bestimmung in Pektinsäften[13]. Bestimmung in Trebern[14],

---

[1] M. Braun: Ann. Sci. agronom. franç. et étrangere **41**, 352—358 (1924) — Ber. Physiol. **29**, 518 (1925) — Chem. Zbl. **1925 I**, 2670.

[2] E. Parow u. Stirnus: Z. Spiritusind. **45**, 51 (1922) — Chem. Zbl. **1922 II**, 1224. — Sprockhoff: Z. Spiritusind. **47**, 160 (1924) — Chem. Zbl. **1924 II**, 896. — C. von Scheele u. G. Svensson: Z. Spiritusind. **51**, 290 (1928) — Chem. Zbl. **1928 II**, 2604.

[3] Baker u. Hulton: Analyst **46**, 90 (1921) — Chem. Zbl. **1921 II**, 1024.

[4] Arthur R. Ling, Dinshaw R. Nanji u. W. J. Harper: J. Inst. of Brewing **30**, 838 (1924) — Chem. Zbl. **1924 II**, 2802. — A. R. Ling: Wschr. Brauerei **39**, 281, 288 (1922) — Chem. Zbl. **1923 II**, 927. — H. Lüers u. F. Wieninger: Z. ges. Brauwesen **48**, 35 (1925) — Chem. Zbl. **1925 II**, 1396.

[5] Sigmund Hals u. Sverre Heggenhougen: Landw. Versuchsstat. **90**, 391—414 (1917). — Chem. Zbl. **1918 I**, 142. — C. v. Schéele u. G. Svensson: Teknisk Tidskr. **58**, 57, 65 (1928) — Chem. Zbl. **1928 II**, 2202 — Z. ges. Getreidewesen **15**, 229, 268; **16**, 15 (1929) — Chem. Zbl. **1929 I**, 1760. — B. G. Hartmann u. F. Hillig: J. Assoc. official. agricult. Chem. **9**, 482 (1926) — Chem. Zbl. **1927 I**, 3152.

[6] P. Fleury u. G. Boyeldieu: J. Pharmac. Chim. (8) **7**, 207, 249 — Chem. Zbl. **1928 I**, 2470 — Ann. Falsifications **21**, 124 — Chem. Zbl. **1928 I**, 3126. — O. S. Rask: J. Assoc. official. agricult. Chem. **10**, 473 (1927) — Chem. Zbl. **1928 I**, 983.

[7] Th. v. Fellenberg: Z. Unters. Lebensmitt. **55**, 473 (1928) — Chem. Zbl. **1928 II**, 1726 — Mitt. Lebensmittelunters. **19**, 51 — Chem. Zbl. **1928 I**, 1918.

[8] G. Ranckoff: Z. Unters. Lebensmitt. **53**, 138 (1927) — Chem. Zbl. **1927 II**, 183. — Ling: J. chem. Soc. Ind. **42**, 48 (1923) — Chem. Zbl. **1923 I**, 295. — Arthur R. Ling u. W. J. Price: J. Inst. Brewing **29**, 732 (1924) — Chem. Zbl. **1924 I**, 2747. — S. Reynaert: Natuurwetenschappelijk Tijdschr. **10**, 117 — Chem. Zbl. **1928 II**, 949.

[9] L. Lindet u. Nothin: Ann. Falsifications **16**, 134 (1923) — Chem. Zbl. **1923 IV**, 465.

[10] G. Savini: Ann. chim. Appl. **7**, 209 (1923) — Chem. Zbl. **1923 IV**, 804.

[11] A. Gronover u. E. Wohnlich: Z. Unters. Lebensmitt. **53**, 252 (1927) — Chem. Zbl. **1927 II**, 757.

[12] Baumann-Großfeld: Z. Unters. Lebensmitt. **33**, 97 (1916) — Chem. Zbl. **1917 I**, 695. — J. Großfeld: Z. Unters. Lebensmitt. **53**, 156 (1927) — Chem. Zbl. **1927 II**, 183.

[13] Hanns Eckart: Konservenindustrie **12**, 409 (1925) — Chem. Zbl. **1925 II**, 2106 — Chem. Zelle **12**, 243 (1925) — Chem. Zbl. **1926 I**, 1485. — H. Eckart u. A. Diem: Konservenindustrie **13**, 148 (1926) — Chem. Zbl. **1926 I**, 2985 — Z. Unters. Lebensmitt. **51**, 272 (1926) — Chem. Zbl. **1926 II**, 838.

[14] H. Weiß: Z. ges. Brauwesen **45**, 122 (1922) — Chem. Zbl. **1922 IV**, 1019.

in Papier[1]. Bestimmung in Fleischwaren durch Polarisation und Gewichtsanalysen[2]. Bestimmung in Margarine[3].

Physiologische Eigenschaften: Über die Autolyse der Stärke[4]. Wird von der Mondbohne, Phaseolus lunatus L., gespalten[5]. — Die Stärke der vorgetrockneten Tabakblätter verschwindet bei der eigentlichen Fermentation[6]. Hydrolyse der Stärke durch Blutfarbstoff und pflanzliche Peroxydase[7]. Dialysierte Schneckenlichenase spaltet Stärke nicht[8]. — Extrakte von Glycine hispida, Muskeln oder Oberschenkelknochen machen aus Stärke Phosphorsäure frei[9]. Die Spaltung der Stärke durch Emulsin nach Kuhn[10] erfolgt zweifellos nicht durch die β-Glykosidase, sondern durch eine Amylase; dies geht daraus hervor, daß man mit Malz + Emulsin (frei von Maltase) ebenso wie mit Malz (β) + Pankreas (α) eine in einigen Fällen sogar quantitative Bildung von Glykose aus Stärke erzielen konnte. Das stärkespaltende Enzym des Emulsins dürfte also nichts anderes als eine sehr schwache α-Amylase sein. — Dagegen bildet die Kombination Pankreas + Emulsin keine Glykose, was wiederum zeigt, daß im Emulsin eine α-Amylase enthalten ist[11]. — Untersuchungen über die Bildung von Diastase durch Aspergillus niger in Gegenwart von Stärke[12]. — Wenn Algen in Nährlösungen kultiviert werden, welche Stärke enthalten, nimmt die Amylasemenge zu[13]. Stärke verändert nicht die Wirkung des Invertins auf Rohrzucker[14]. — Die Inaktivierung der krystallisierten Urease in starker Verdünnung bei Zimmertemperatur wird durch Stärkekleister stark gehemmt[15]. Über die Bildung und Verschwinden der Stärke und Abhängigkeit vom Wassergehalt und Gegenwart anderer Kohlehydrate in Pflanzenblättern[16]. Versuche an Bohnenkeimlingen, die ihrer Kotyledonen und durch vorherige Züchtung auf destilliertem Wasser ihrer Stärkereserven beraubt waren, in Rohrzuckerlösungen verschiedener Konzentration zeigten mit dieser wachsende Bildung von Stärke in der Oberhautzelle schon etwa 2% an bis 10%, dann wenig verändert bis 15% und stark vermindert infolge Plasmolyse bei 20 und 30%. Turgescenz der Zelle steigert die Bildung etwas[17]. — Abgeschnittene Blätter von Tropaeolum majus, Boehmeria utilis, Urtica urens, Ipomaea sp., Galinsoga parviflora, Tolmiaea Menziesii und Impatiens parviflora verlieren ihre Stärke in trockener Luft, also bei starker Transpiration, viel rascher als in dunstgesättigter. Es ist nicht unwahrscheinlich, daß die Förderung der Stärkewandlung durch die beim Welken des Blattes eintretende Konzentration gewisser Stoffe, vielleicht der Diastase, bewerkstelligt wird[18]. Der Stärkegehalt der lebenden Pflanzen nimmt bei der Bestrahlung mit künstlichem polarisiertem Licht ab. Im Sonnenlicht nimmt er zu, im Dunkeln bleibt er unverändert[19]. Untersuchungen über die Verteilung und Abwanderung der Stärke im Laubblatt. Bernhauer[20] stellt dafür 2 Typen von Erscheinungen. Lehnt ab die Existenz von besonders zur Stärkebildung disponierten Zellen in den Blättern und den Begriff der „transitorischen" Stärke[20]. — Stärkehaltige Plastiden, die ihre Erregbarkeit zur Bildung von Stärke im Gefolge längerer Bildung von dieser

[1] H. Frankenbach: Papierfabr. **20**, 1173 (1922) — Chem. Zbl. **1922 IV**, 805. — W. H. Boast: Chemist-Analyst **17**, 15 (1928) — Chem. Zbl. **1928 II**, 1838.

[2] A. Düring: Z. Unters. Nahrgsmitt. usw. **47**, 248 (1924) — Chem. Zbl. **1924 II**, 900. — V. Jahn: Z. Unters. Lebensmitt. **53**, 262 (1927) — Chem. Zbl. **1927 II**, 758. — H. S. J. F. Snethlage: Chem. Weekblad **23**, 465 (1926) — Chem. Zbl. **1926 II**, 3010.

[3] M. van Aorde: J. Pharm. Belgique **5**, 629 (1923) — Chem. Zbl. **1923 IV**, 890.

[4] E. Rothlin: Fermentforschg **5**, 254 (1922) — Chem. Zbl. **1922 III**, 562.

[5] Leopold Rosenthaler: Fermentforschg **8**, 282 (1925) — Chem. Zbl. **1925 II**, 1447.

[6] C. Neuberg u. M. Kobel: Naturwiss. **14**, 1182 (1926) — Chem. Zbl. **1927 I**, 1030.

[7] W. Biedermann u. C. Jernakoff: Biochem. Z. **150**, 477 (1924) — Chem. Zbl. **1924 II**, 2168.

[8] P. Karrer u. M. Staub: Helvet. chim. Acta. **7**, 916 (1924) — Chem. Zbl. **1924 II**, 2487.

[9] Samec: C. r. Acad. Sci. Paris **181**, 532 (1925) — Chem. Zbl. **1926 I**, 1213.

[10] R. Kuhn: Ber. dtsch. chem. Ges. **57**, 884 (1924) — Chem. Zbl. **1925 I**, 235.

[11] Hans Pringsheim u. Jesaia Leibowitz: Ber. dtsch. chem. Ges. **58**, 1262 (1925) — Chem. Zbl. **1925 II**, 1363.

[12] G. L. Funke: Rec. Trav. bot. néerl. **23**, 200 (1926) — Chem. Zbl. **1927 II**, 706.

[13] K. Sjöberg: Biochem. Z. **133**, 218 (1922) — Chem. Zbl. **1923 III**, 160.

[14] Richard Kuhn: Hoppe-Seylers Z. **135**, 1 (1924) — Chem. Zbl. **1924 II**, 344.

[15] James B. Sumner: Proc. Soc. exper. Biol. a. Med. **24**, 287—288 (1927) — Ber. Physiol. **40**, 587 (1927) — Chem. Zbl. **1927 II**, 1850.

[16] H. Schroeder u. Trude Horn: Biochem. Z. **130**, 169 (1922) — Chem. Zbl. **1922 III**, 1175.

[17] A. Maige: C. r. Soc. Biol. Paris **86**, 856 (1922) — Chem. Zbl. **1922 III**, 439.

[18] Hans Molisch: Ber. dtsch. bot. Ges. **39**, 339—344 (1921) — Chem. Zbl. **1922 I**, 759.

[19] E. Sidney Semmens: Nature **114**, 719 (1924) — Chem. Zbl. **1925 I**, 102.

[20] K. Bernhauer: Beitr. bot. Zbl. **41**, Abt. A, 83 (1924) — Chem. Zbl. **1925 II**, 1452.

verloren haben, gewinnen sie während der Amylolyse wieder, in der einzelnen Zelle um so mehr, je stärker hier die Spaltung vor sich geht. Innerhalb derselben Zelle geht die Lösung von Stärke mit verschiedener Geschwindigkeit bei den einzelnen Plastiden vor sich; diejenigen, bei denen sie langsam erfolgt, haben stärkere amylogene Erregbarkeit als diejenigen, bei denen sie schnell erfolgt, entsprechend einer ausgesprochenen Hemmung der Amylasewirkung; diese Hemmwirkung ist als eine der Formen zu betrachten, in denen die amylogene Erregbarkeit auf den Zuckergehalt der Zelle reagiert, und regelt die Lösung der Stärke in jedem Plastiden bei der Hydrolyse[1]. — Über Stärkewanderung und Wanderstärke[2]. Die in den Stengeln und Blatt-stielen auftretende Stärke wird im allgemeinen „Wanderstärke" bezeichnet. Der aus den Blättern auswandernde, durch Abbau der zunächst entstehenden Stärke gebildete Zucker soll in den Zellen der Leitbahnen wieder in Stärke umgebildet werden, wodurch das Diffusions-gefälle erhöht und die Wanderung beschleunigt werden soll. Pringsheim vergleicht die wechselseitige Bildung von Stärke und Zucker auseinander mit dem Verhalten zwischen einem festen Stoff und dessen Lösung, und zeigt, daß auf physikalisch-chemischer Grundlage obige Vorstellung nicht aufrechterhalten werden kann. Auch wenn man annimmt, daß die lebende Zelle nach Belieben Stärke auf- oder abbauen kann, stößt man mit obiger Theorie auf Wider-sprüche. Pringsheim lehnt die „Wanderstärke" vollständig ab, da die Fähigkeit des Zuckers, zu wandern, vorläufig unbewiesen ist. Das Auftreten der Stärke hat mit der Leitung der Assi-milate nichts zu tun. Die Stärke ist da, wo sie auftritt, immer ein Reservestoff, der einmal für längere, einmal für kürzere Zeit in fester Form niedergeschlagen wird[2]. — Wirkung der Kationen von Salzen auf den Zerfall und die Bildung von Stärke in der Pflanze[3]. Strugger und Weber[4] untersuchten den Einfluß von Kaliumchlorid und Calciumchlorid auf den Stärkegehalt in Schließzellen und im Mesophyll von Ranunculus ficaria L. — Kaliumchlorid und Calciumchlorid wirken auf den Stärkeabbau der Schließzellen antagonistisch, auf den Mesophyllzellen in verschiedenem Maße. — Dadurch wird die Ansicht von Schmetz bestätigt, nach der die Stärken der Schließzellen und des Mesophylls in ihrem Verhalten gegen Außen-faktoren sich prinzipiell voneinander unterscheiden. — Durch Behandlung von intakten oder abgeschnittenen Wurzeln mit schwachen Lösungen von Chloriden der ein- oder zwei-wertigen Metalle verschwindet die Stärke in kurzer Zeit aus den Wurzelhaubenzellen. Zwei-wertige Kationen wirken im allgemeinen stärker als einwertige. Jedoch üben die Kationen keine Wirkung auf die Stärke mehr aus, wenn die Wurzeln vorher einer Temperatur von 50°, Äther- oder $CHCl_3$-Dämpfen oder einer schwachen Lösung von HCl, KOH oder Asparagin-säure ausgesetzt waren. Wahrscheinlich ist in diesen Fällen die Diastase inaktiviert[5]. Die Bildung und die Verdauung der Stärke in Pflanzenzellen sind katalytische Prozesse ver-schiedener Natur. Der amylogene Prozeß hat seinen Ursprung in den Plastiken des Stromas und besteht aus einem Kondensationsprozeß und einer Hemmungswirkung auf die Amylase im Cytoplasma[6]. — Sichtbare Digestion der Stärkekörner in den lebenden Zellen[7]. — Ent-wicklung der Stärkekörner in den Wurzeltrieben (Augen, Tubercules) der Kartoffel[8]. — In den Blättern, die eine ausgeprägte großzellige, die feinen Leitbündel umgebende Scheide besitzen, hat die Assimilation den gleichen Charakter. Vom Morgen bis zum Mittag konnte die Auflösung der Stärke in den Plastiden verfolgt werden. In der zweiten Tageshälfte wird die Stärke wieder schnell aufgespeichert, so daß am Abend alle Plastiden gefüllt sind. Am schnellsten stärkefrei wird die obere Blattseite. Die Ableitung der Stärke in den feinen Leitbündel geht im Xylem vor sich. Die unteren Blätter assimilieren langsamer als die oberen[9]. Die Frucht von Bassia longifolia zeigt in den ersten 3 Tagen nach dem Pflücken infolge Fermentwirkung eine starke Abnahme an Stärke. Der Stärkegehalt ist 35,69 und 6,77% am 1. bzw. 3. Tage[10].

---

[1] A. Maige: C. r. Acad. Sci. Paris **179**, 838 (1924) — Chem. Zbl. **1925 I**, 241.

[2] E. G. Pringsheim: Naturwiss. **14**, 305 (1926) — Chem. Zbl. **1926 I**, 3478.

[3] W. S. Iljin: Biochem. Z. **132**, 494, 511 (1922) — Chem. Zbl. **1923 III**, 253, 254.

[4] Siegfried Strugger u. Friedl Weber: Ber. dtsch. bot. Ges. **43**, 43 (1925) — Chem. Zbl. **1926 I**, 1424.

[5] J. Roubal: Stud. Plant. physiol. Labor. Charles Univ. Prague **3**, 706 (1926) — Ref. Ber. Physiol. **41**, 339 (1927) — Chem. Zbl. **1928 I**, 81.

[6] A. Maige: C. r. Acad. Sci. Paris **177**, 646 (1923) — Chem. Zbl. **1924 I**, 678.

[7] A. Maige: C. r. Acad. Sci. Paris **184**, 391 (1927) — Chem. Zbl. **1927 I**, 2083.

[8] L. Lindet u. P. Nottin: Bull. Assoc. Chimistes de Sucr. et Dist. **40**, 343 (1923) — Chem. Zbl. **1923 IV**, 397.

[9] W. G. Alexandrov: Ber. dtsch. bot. Ges. **44**, 217 (1926) — Chem. Zbl. **1926 II**, 442.

[10] G. J. Fowler u. T. Dinanath: J. Indian Inst. of Sci. **6**, 131 (1923) — Chem. Zbl. **1923 III**, 1579.

Über Veränderungen im Zellkern der Kartoffel während der Stärkeverdauung bei verschiedenen Temperaturen[1]. Bei reifenden Samen von Vicia Faba minor erreicht die Stärke am Anfang der Reifeperiode 19,4%, am Ende 39,9%; das Wachstum ist aber nicht regelmäßig und weckt den Anschein, als ob seine Verzögerung einem besonders raschen Anstieg der Proteine entspräche[2]. — Bei von der Mutterpflanze entfernte Samen blieb der Stärkegehalt unverändert, die Zucker haben viel eingebüßt[2]. — Einfluß der Reife auf die Veränderungen des Stärkegehaltes der Erbsen[3]. — Es gibt Maispflanzen, die farbstofffrei sich entwickeln, trotzdem aber die Kohlehydrate des Endosperms ausnutzen. Im Gegensatz hierzu gibt es eine ,,Glykostaktie'' genannte, dem tierischen Diabetes analoge, vererbte Erkrankung, bei welcher die pigmentfreien Pflanzen auch den beim Stärkeabbau im Endosperm gebildeten Zucker nicht ausnützen können[4]. — Es wurde gezeigt, daß die ultravioletten Strahlen die Oxydationsvorgänge in den Zellen beschleunigen können, was unter anderem auch die Bildung von Oxalsäure aus Stärke hervorruft. Hierbei bildet Zucker wahrscheinlich die intermediäre Zwischenstufe. Dies erklärt auch, warum die maximale Bildung von Ca-Oxalat in den Blättern mit dem Gehalt an Stärke in diesen zusammenhängt[5]. Stärkereiche Tomatenpflanzen geben in nitratfreier Nährlösung keine Reaktionen auf Nitrat, Nitrit, Ammoniak oder Aminosäuren. Bei Nitratgabe sind nach 24 Stunden überall Nitrate nachweisbar, zuweilen in der Sprossenspitze Spuren von Nitrit. In 36 Stunden zeigte sich letzteres an verschiedenen Stellen, dann stets auch Ammoniak, das nach 48 Stunden auf Kosten von jenem zugenommen hatte. Der Stärkegehalt nahm dabei deutlich ab[6]. — Über Veränderungen des Chlorophylls bei einer grünen Alge in Kulturversuche bei Gegenwart von Stärke[7]. — Wirkung des Speichels auf Stärke in Gegenwart von Magen- und Pankreassaft[8]. Einfluß einiger organischer Verbindungen auf die Hydrolyse der Stärke durch Speichel und Pankreasamylase[9]. Von Säure und von Alkali sind zu nachweisbarer Spaltung von Stärke erheblich größere Konzentrationen erforderlich, als in normalen Körpersäften außer Magensalzsäure vorkommen. Der von Seuffert und Thien[10] beobachtete Abbau von Stärke durch Hundespeichel dürfte daher als Wirkung eines Fermentes gesichert sein[11]. — 1 ccm Hundespeichel vermag bei 40° in 24 Stunden nur 1,3—2,2 mg Stärke in Dextrin zu verwandeln[12]. Der nachmittags entnommene menschliche Speichel wirkt mit und ohne Komplement (= mit Toluol verflüssigte Hefe) besser auf Stärke als der Morgenspeichel. Ein Einfluß der Nahrung (normal, stärkefrei, stärkereich) konnte nicht festgestellt werden. Amylase verwandelt Amylose quantitativ und dabei schneller als das Amylopektin in Maltose. Hierbei beeinflußt das Komplement nur die Spaltung der Amylose, nicht die des Amylopektins. — Pringsheim und Beiser[13] schließen daraus, daß das durch Amylase ohne Komplement nicht sichtbare Grenzdextrin ein Bruchstück des Amylopektins ist. — Die Temperaturoptima für Speichelamylase liegen bei den gleichen Punkten, wie sie für Gerstenamylase gefunden wurden[14]. — Die Verzuckerung der Kartoffelstärke durch Speicheldiastase verläuft sehr wahrscheinlich nach der Funktion einer monomolekularen Reaktion. Bei Reisstärke ist die Geschwindigkeit im früheren Stadium der Wirkung deutlich größer als bei Kartoffelstärke, im späteren umgekehrt. Der Speichel, durch Kauen von Paraffin täglich zu gleicher Zeit gewonnen, hatte fast konstante Verzuckerungskraft[15]. — Die Chloride

[1] A. Maige: C. r. Soc. Biol. Paris 89, 170 (1923) — Chem. Zbl. 1924 I, 924.

[2] A. Blagoweschtschenski: Bull. Acad. Sc. Pétersbourg (6) 1926, 423 — Chem. Zbl. 1925 I, 2012.

[3] C. F. Muttelet: Ann. Falsifications 18, 5 (1925) — Chem. Zbl. 1925 I, 2120. — Lasausse, Guérithault u. Pellerin: Bull. Sci. pharmacol. 35, 337 (1928) — Chem. Zbl. 1928 II, 824.

[4] William H. Eyster: Bot. Gaz. 78, 446 (1924) — Chem. Zbl. 1925 II, 1050.

[5] G. Nadson u. E. Rochline: C. r. Soc. Biol. Paris 99, 131 — Chem. Zbl. 1928 II, 1108.

[6] Sophia E. Eckerson: Bot. Gaz. 77, 377 (1924) — Chem. Zbl. 1925 I, 852.

[7] A. Perrier: C. r. Acad. Sci. Paris 188, 339 (1929) — Chem. Zbl. 1929 I, 2891.

[8] Salvatore Pastore: Arch. Farmacologia sperim. 30, 173—176, 177—184 (1920) — Chem. Zbl. 1922 I, 210.

[9] H. C. Sherman u. Nellie M. Naylor: J. amer. chem. Soc. 44, 2957 (1922) — Chem. Zbl. 1923 III, 1096.

[10] Seuffert u. Thien: Beitr. Physiol. 2, 147 (1923) — Chem. Zbl. 1923 III, 1095.

[11] Seuffert u. Wilhelm Uebe: Beitr. Physiol. 2, 161 (1923) — Chem. Zbl. 1924 II, 1209.

[12] Tullio Gayda: Arch. di Sci. biol. 7, 438 (1925) — Chem. Zbl. 1926 II, 594.

[13] Hans Pringsheim u. Arthur Beiser: Biochem. Z. 148, 336 (1924) — Chem. Zbl. 1924 II, 1211.

[14] R. Weitz u. R. Lecoq: C. r. Soc. Biol. Paris 91, 926—927 (1924) — Chem. Zbl. 1925 I, 235.

[15] K. Hattori: J. Pharm. Soc. Japan 1925, Nr 516, 9 — Chem. Zbl. 1925 II, 45.

von Natrium, Kalium, Ammonium und Calcium beschleunigen die Stärkeverdauung durch Speichel. Von den Fluoriden haben Natriumfluorid und Calciumfluorid keinen Einfluß, Kaliumfluorid und Ammoniumfluorid hemmen stark. Die Bromide sind ohne Wirkung. Von den Jodiden hemmen Ammoniumjodid und Calciumjodid; Natriumjodid und Kaliumjodid sind wirkungslos[1]. — Im Mörser zerkleinerte Stärke wird durch Speichel leichter verdaut als unzerkleinerte Stärke; darauf ist scheinbar der Zwischenprozeß bei Kräuter- und Körnerfressern zurückzuführen, bei dem infolge des langen Kauens bzw. des innigen Kontakts des Stärkekorns mit Sand Stärke leichter verdaulich gemacht wird[2]. — Entgegen den Befunden von Pringsheim und Leibowitz[3] konnte eine Aufspaltung der Stärke zu Glykose bei kombinierter Einwirkung von Speichel- und Pankreasamylase nicht gefunden werden[4]. Über die Verdauung von Stärke aus geschlossenen Pflanzenzellen und die Bedeutung dieses Vorganges für Physiologie und Pathologie der Verdauung beim Menschen[5]. — Untersuchungen über die Wirkungen der Amylase auf Stärke[6]. Die Einwirkung von Gerstenamylase auf Reis-, Weizen-, Arrowroot- oder Kartoffelstärke mit verschiedener Geschwindigkeit. Das Verhältnis zwischen den Stärken ändert sich nicht, wenn man die Stärken vorher mit Salzsäure löslich gemacht hat. Die gleiche Spezifität bleibt bemerkbar, wenn man den Stärkeabbau mit der Jodreaktion verfolgt[7]. — Wird durch Amylase aus ungekeimter Gerste nicht so weitgehend gespalten wie durch Malzamylase[8]. — Das früher beobachtete Optimum der Temperatur für die Wirkung von Gerstenamylase auf Stärke konnte von R. Lecoq nicht bestätigt werden, sondern auf rohe Stärke für 50°, auf gekochte Stärke für 70° gefunden[9]. Untersuchungen über den Einfluß der Substratkonzentration auf die Hydrolyse der Stärke durch die Amylase der gekeimten Gerste[10]. Untersuchungen über die stärkeverflüssigende Funktion der Malzamylase[11]. — Mais und Reisstärke geben mit Lösungen gefällter Malzdiastase bis 55° ein Gemisch bestehend aus 80% Maltose und 20% Isomaltose. — Bei Versuchen mit Kartoffelstärke wurden ähnliche Resultate erhalten[12]. — Dialysierter Malzauszug verzuckert Stärke in 120 Stunden zu 94,3% Maltose, während nach Zusatz eines gleichen Volums der äußeren Dialysenflüssigkeit der Malzauszug aus der Stärke 100% Maltose bildet[13]. — Das stärkeverzuckernde Vermögen der Gerstenauszüge steigt mit der Extraktionsdauer, ferner wenn zum Ausziehen ein Extrakt aus Merckschem Papain verwendet wird. Schnelles Erwärmen auf 61—67° oder längeres Erwärmen auf 54° vermindert das Verzuckerungsvermögen der Auszüge; dabei steigt die Menge der ausgefallenen Stärke zunächst bis zu einem

---

[1] Winifred Mary Clifford: Biochemic. J. **19**, 218 (1925) — Chem. Zbl. **1925 II**, 1062.

[2] E. Pozerski: C. r. Soc. Biol. Paris **96**, 1394 (1927) — Chem. Zbl. **1927 II**, 592 — C. r. Soc. Biol. **97**, 1592 (1927) — Chem. Zbl. **1928 I**, 818.

[3] H. Pringsheim u. J. Leibowitz: Ber. dtsch. chem. Ges. **58**, 1262 (1925) — Chem. Zbl. **1925 II**, 1363.

[4] P. Rona, D. Nachmanson u. H. W. Nicolai: Biochem. Z. **187**, 328 (1927) — Chem. Zbl. **1927 II**, 2089.

[5] J. Strasburger: Dtsch. med. Wschr. **53**, 1681 (1927) — Chem. Zbl. **1927 II**, 2408.

[6] K. Hizume: Biochem. Z. **146**, 52 (1924) — Chem. Zbl. **1924 II**, 477. — M. A. Maige: C. r. Soc. Biol. Paris **94**, 697 (1926) — Chem. Zbl. **1926 II**, 450. — A. Astruc u. A. Renaud: J. Pharm. et Chim. (7) **27**, 333 (1923) — Chem. Zbl. **1923 IV**, 483 — J. Pharm. et Chim. (7) **27**, 178 (1922) — Chem. Zbl. **1922 III**, 178. — E. Ohlsson: C. r. Soc. Biol. Paris **87**, 1183 (1922) — Chem. Zbl. **1923 III**, 451. — D. Maestrini: Atti Accad. naz. Lincei, Roma (5) **28 II**, 393—394 (1919) — Chem. Zbl. **1922 I**, 415. — P. Petit u. Richard: C. r. Acad. Sci. Paris **182**, 657 (1926) — Chem. Zbl. **1926 I**, 3027.

[7] R. Chodat, J. W. Roß u. M. Philia: Arch. Sci. phys. et nat. Genève (5) **6**, Suppl., 122 (1924) — Chem. Zbl. **1924 II**, 2850.

[8] Knut Sjöberg u. Elsa Erikson: Hoppe-Seylers Z. **139**, 118 (1924) — Chem. Zbl. **1924 II**, 2760.

[9] R. Lecoq: C. r. Soc. Biol. Paris **91**, 924—926 (1924) — Chem. Zbl. **1925 I**, 234.

[10] George Sharp Eadie: Biochemic. J. **20**, 1016—1023 (1926) — Chem. Zbl. **1927 I**, 904.

[11] W. Windisch, W. Dietrich u. A. Beyer: Wschr. Brauerei **40**, 49, 55, 61, 67 (1923) — Chem. Zbl. **1923 IV**, 252. — Jean Effront: C. r. Soc. Biol. Paris **86**, 269—271 (1922) — Chem. Zbl. **1922 II**, 610. — Urban Olsson: Hoppe-Seylers Z. **126**, 29 (1923) — Chem. Zbl. **1923 III**, 79. — Hans Pringsheim u. Karl Schmalz: Biochem. Z. **142**, 108 (1923) — Chem. Zbl. **1924 I**, 491. — Adolf Joszt: Roczniki Nauk Rolniczych **10**, 617 (1923) — Ber. Physiol. **29**, 66 (1924) — Chem. Zbl. **1925 I**, 1327.

[12] Arthur Robert Ling u. Dinshaw Rattonji Nanji: J. chem. Soc. Lond. **123**, 2666 (1923) — Chem. Zbl. **1924 II**, 313.

[13] Hans Pringsheim u. Arthur Beiser: Biochem. Z. **148**, 336 (1924) — Chem. Zbl. **1924 II**, 1211.

Maximum und sinkt dann bis 0 [1]. — Die dextrinierende Wirkung der Malzamylase verschiedener Getreidearten und einige Beobachtungen über die Reaktivierung der durch hohe Temperatur inaktivierten Amylase [2]. — Untersuchungen über Stärkehydrolyse mit Takadiastase, wobei vier verschiedene Meßmethoden angewandt wurden, ergaben untereinander gleiche Resultate [3]. — Bei der Amylolyse durch Maltin sowie durch Takadiastase reichert sich im jeweiligen kolloidalen Rest (Dextrin) der P an. Die P-Anreicherung scheint an der Hemmung der diastatischen Hydrolyse beteiligt zu sein [4]. Wirkung der Amylase von Phaseolus vulgaris [5]. Untersuchungen über die Wirkung der Pankreasamylase unter verschiedenen Bedingungen [6]. — Ultramikroskopische Beobachtungen der Stärkehydrolyse durch Pankreatin [7]. — Spektroskopische Beobachtungen der Pankreatinwirkung [8]. — Kartoffelstärke wird durch Pankreatin stärker als Maisstärke hydrolysiert, was auf einen Gehalt der Maisstärke an langsam hydrolysierbaren, den Hemicellulose ähnlichen Körpern zurückgeführt wird. Die enzymatische Reaktion erreicht ein (falsches) Gleichgewicht bei Bildung von 85% Maltose (bezogen auf die Stärkemenge). Behandeln der Stärke nach Lintner, Behandlung in Autoklaven (trocken oder in Lösung), Ausfrieren oder Extraktion mit Äther sind ohne Einfluß auf die enzymatische Spaltung. Ersatz des NaCl und des sekundären Phosphates im Verdauungsgemisch durch KCl oder NH_4Cl bzw. durch Na-Citrat, Succinat oder Natriumammoniumphosphat ändert die Wirkung des Enzyms nicht [9]. Die empirisch gefundenen besten Gemische von Pankreas- und Malzamylase (α- und β-Amylase) ergaben quantitative Verzuckerung zu Glykose. Speichelamylase kann im Verein mit Pankreasamylase die Aufspaltung der Stärke zu Glykose auch bewirken. Direkte Umwandlung erfolgt auch durch „Biolase" und durch die Fermente von Saccharomyces Ludwigii, die beide Maltose und Amylobiose nicht spalten [10]. Die Wirkung der Glykogenase (s. bei Glykogen) auf Stärke ergibt eine p_H-Kurve, die mit der der Pankreasamylase identisch ist [11]. Die Fähigkeit von Leberamylase, Stärke zu reduzierenden Substanzen zu hydrolysieren, wird von Jodiden gehemmt, die Bildung von Erythrodextrinen aber dadurch beschleunigt. Die Amylase von Malz, Speichel und Pankreas zeigen diese Fähigkeit nicht. — Bezüglich der Wirkung der Leberamylase wurde der Einfluß steigender Mengen Kaliumjodid auf die Herabsetzung derjenigen Menge Maltose, die bei Ausbleiben der Jodreaktion gebildet ist, quantitativ verfolgt. Im allgemeinen sinkt diese Menge mit steigender Normalität des Gemisches an Kaliumjodid [12]. — Wirkung gewisser Antiseptica auf die Aktivität von Amylasen [13]. Ein Zusatz von Glycin, Alanin, Phenylalanin oder Tyrosin erhöht unzweifelhaft die Geschwindigkeit der Hydrolyse von Stärke durch gereinigte Pankreatinamylase, Handelspankreatin, Speichel oder gereinigte Malzamylase. — Nicht so eindeutige Ergebnisse wurden mit dem weniger empfindlichen

[1] Adolf Joszt: Roczniki Nauk Rolniczych 11, 468 (1924) — Chem. Zbl. 1925 I, 1327.

[2] Tadeusz Chrząszcz: Biochem. Z. 150, 60—92 — Chem. Zbl. 1924 II, 1863.

[3] Herman S. Maslow u. Wilbert C. Davison: J. of biol. Chem. 68, 75 (1926) — Chem. Zbl. 1926 II, 48.

[4] M. Samec: Biochem. Z. 187, 120 (1927) — Chem. Zbl. 1927 II, 1450.

[5] Knut Sjöberg: Biochem. Z. 133, 294 (1922) — Chem. Zbl. 1923 III, 161.

[6] Carl Böhne: Fermentforschg 6, 200 (1922) — Chem. Zbl. 1923 I, 259. — A. E. Lingert: Chemist-Analyst. 1922, 18 — Chem. Zbl. 1923 II, 102. — H. C. Sherman u. Mary L. Caldwell: J. amer. chem. Soc. 44, 2926 (1922) — Chem. Zbl. 1923 III, 1096. — Domenico Foschini: Bull. Sci. med. Bologna 3, 235 (1925) — Chem. Zbl. 1926 I, 3487.

[7] K. Nagai: Acta Scholae med. Kioto 7, 569 (1925) — Ber. Physiol. 35, 18 (1926) — Chem. Zbl. 1926 II, 1014.

[8] Kihuo Nagai: Acta Scholae med. Kioto 8, 57 (1925); 8, 75 (1925) — Ref. Ber. Physiol. 38, 22, 23 (1926) — Chem. Zbl. 1927 I, 2538 — Acta Scholae med. Kioto 7, 577 (1926) — Chem. Zbl. 1926 II, 1014.

[9] James H. Walton u. Harry R. Dittmar: J. of biol. Chem. 70, 713—728 (1926) — Chem. Zbl. 1927 I, 1030.

[10] H. Pringsheim u. J. Leibowitz (Mitarb.: R. Perewosky u. W. Kusenack): Ber. dtsch. chem. Ges. 59, 991 (1926) — Chem. Zbl. 1926 I, 3403. — H. Pringsheim u. E. Schapiro: Ber. dtsch. chem. Ges. 59, 996 (1926) — Chem. Zbl. 1926 I, 3403. — H. Pringsheim, J. Leibowitz u. S. H. Silmann: Ber. dtsch. chem. Ges. 58, 1889 (1926) — Chem. Zbl. 1926 I, 55.

[11] Hans von Euler, Karl Myrbäck u. Signe Karlsson: Hoppe-Seylers Z. 143, 243—264 (1925) — Chem. Zbl. 1925 II, 305.

[12] Oskar Holmbergh: Biochem. Z. 145, 244 (1924) — Chem. Zbl. 1924 II, 478.

[13] H. C. Sherman u. Marguerite Wayman: J. amer. chem. Soc. 43, 2454 (1921) — Chem. Zbl. 1922 III, 929.

Malzextrakt und Takadiastase bzw. Aspergillusamylase erhalten[1]. — Arginin und Cystin beeinflussen ebenso wie Glycin und Phenylalanin die Hydrolyse von löslicher Stärke durch gereinigte Pankreatinamylase günstig, während es Histidin und Tryptophan nicht tun[2]. — Über den Temperaturkoeffizienten der Stärkespaltung und die Thermostabilität der Malzamylase und des Ptyalins[3]. — Kinetische Messungen über enzymatische Spaltung von löslicher Stärke, Amylose und Amylopektin haben gezeigt, daß durch Malzamylase die Gesamtmenge der Maltose in β-Form $[\alpha]_D = +112°$ in Freiheit gesetzt wird, während durch maltasefreié Pankreasamylase oder durch Takadiastase α-Maltose $[\alpha]_D = +158 \pm 5°$ gebildet wird. Bei der Verfolgung der raschen Stärkeverzuckerung durch α-Amylasen erkennt man, daß neben der eigentlichen zur Freilegung der Aldehydgruppen führenden Hydrolyse und neben der Mutarotation der Zucker noch eine von starkem Anstieg des Drehungsvermögens begleitete Reaktion läuft[4]. Einfluß der Temperatur auf die optimale Wasserstoffionenkonzentration für die diastatische Wirksamkeit von Malz[5]. Einfluß der Wasserstoffionenkonzentration auf die Depolimerisation von Stärke mittels gereinigter Amylase. Eine besonders günstige H-Ionenkonzentration für die dextrinierende Wirkung besteht nicht. Das p_H-Optimum hängt von vielen Faktoren ab. Für jede geänderte Reaktionsbedingung gilt ein anderes p_H-Optimum. Bei Änderung der Temperatur von 20 auf 75° ändert sich das Optimum für p_H von 4,4—5,4. Bei niederen Temperaturen bis 40° ist diese Grenze ziemlich weit und dehnt sich sowohl nach der alkalischen wie sauren Richtung aus. Bei hohen Temperaturen hat schon eine kleine Änderung von p_H einen großen Einfluß auf die Wirkung der Amylase. Die Konstante K der Reaktionsgeschwindigkeit ist bei jeder Temperatur von der p_H-Konzentration abhängig. Acetatregulatoren erhöhen die Geschwindigkeit der Dextrinierung von Stärke um 21—26%. Die Koeffizienten K und die Temperaturkoeffizienten nehmen mit zunehmender Temperatur ab. Die Inaktivierung der dextrinierenden Kraft der Amylase beginnt bei 30°, und sie ist vernichtet, je nach der H-Ionenkonzentration, oberhalb 60—65°[6]. In einem Trockenmalz der Byk-Guldenberg A.-G. fand sich eine Maltase, die auch bei saurer Reaktion, p_H 3 und p_H 7,5 am besten bei p_H 4,5—5, Stärke spaltete[7]. Feststellung der optimalen Wasserstoffionenkonzentration der enzymatischen Stärkehydrolyse durch Pankreas und Malzamylase bei wechselnden Bedingungen von Zeit und Temperatur[8]. Abbau der Stärke durch die Amylase des Aspergillus oryzae und des Malzes mit besonderer Berücksichtigung des Grenzabbaues[9]. — Über die Amylase im Kropf der Hühner[10], im Kaninchenblut[11]. Experimentelle Befunde über die optische Verfolgung des raschen Stärkeabbaues[12]. — Über die Aktivierung des fermentativen Stärkeabbaues[13]. Abbau der Stärke durch Amylase in Gegenwart von Proteinen[14]. — Über das Pringsheimsche Komplement der Amylase[15]. Über Antiamylase[16]. — Neuere Untersuchungen über die enzymatische Spaltung der Stärke[17]. Beeinflussung der enzymatischen

---

[1] H. C. Sherman u. Florence Walker: J. amer. chem. Soc. **43**, 2461 (1921) — Chem. Zbl. **1922 III**, 929.

[2] H. C. Sherman u. Mary L. Caldwell: J. amer. chem. Soc. **43**, 2469 (1921) — Chem. Zbl. **1922 III**, 929.

[3] E. Ernström: Hoppe-Seylers Z. **119**, 190 (1922) — Chem. Zbl. **1922 III**, 279.

[4] Richard Kuhn: Ber. dtsch. chem. Ges. **57**, 1965 (1924) — Chem. Zbl. **1925 I**, 235.

[5] Aksel G. Olsen u. Morris S. Fisie: Cereal Chemistry **1**, 215 (1925) — Chem. Zbl. **1925 II**, 1395.

[6] T. Chrząszcz, S. Bidziński u. A. Krause: Roczniki chemji **5**, 419 (1925) — Chem. Zbl. **1926 II**, 1407.

[7] Hans Pringsheim u. Jesaia Leibowitz: Biochem. Z. **161**, 456 (1925) — Chem. Zbl. **1926 I**, 130.

[8] H. C. Sherman, M. L. Caldwell u. Mildred Adams: J. amer. chem. Soc. **49**, 2000—2005 (1927) — Chem. Zbl. **1927 II**, 1850.

[9] S. Nishimura: Wschr. Brauerei **44**, 533 (1927) — Chem. Zbl. **1928 I**, 601.

[10] Alessandro Bernardi: Biochimica e Ter. sper. **11**, 227 (1924) — Chem. Zbl. **1925 I**, 1328.

[11] M. Magaram u. W. Engelhardt: Biochem. Z. **182**, 215 (1927) — Chem. Zbl. **1927 I**, 2557.

[12] Richard Kuhn: Liebigs Ann. **443**, 1 (1925) — Chem. Zbl. **1925 II**, 405.

[13] Hans Pringsheim: Z. angew. Chem. **39**, 1454—1457 (1926) — Chem. Zbl. **1927 I**, 462.

[14] H. Pringsheim u. M. Winter: Biochem. Z. **177**, 406 (1926) — Chem. Zbl. **1927 I**, 461 — Biochem. Z. **173**, 399 (1926) — Chem. Zbl. **1926 II**, 1425. — H. v. Euler u. E. Brunius: Ber. dtsch. chem. Ges. **59**, 1581 (1926) — Chem. Zbl. **1926 II**, 1131.

[15] Knut Sjöberg: Biochem. Z. **159**, 468 (1925) — Chem. Zbl. **1925 II**, 1364.

[16] Heinrich Lüers u. Felix Albrecht: Fermentforschg **8**, 52—72 — Chem. Zbl. **1924 II**, 2341.

[17] K. Sjöberg: Fermentforschg **22**, 329 — Chem. Zbl. **1928 I**, 1950; **1928 II**, 1200.

Stärkespaltung durch polarisiertes Licht[1]. — Einwirkung der glykolytischen Fermente der Froschmuskulatur[2]. Versuche mit dem abgetrennten, Milchsäure bildenden Ferment von Muskel[3]. — Wirkung von verschiedenen Organextrakten auf Stärke[4]. — Stärke bringt Fibrinogen auch dann zur Gerinnung, wenn es durch eine semipermeable Membran von ihm getrennt ist[5]. Stärke hat auf die Hämolyse durch Saponin keinen Einfluß[6]. Während die Haut von Menschen oder Meerschweinchen ohne Zusatz von Kohlehydrat keinen Acetaldehyd bilden kann, findet dies in starkem Maße statt bei Zusatz von Stärke[7]. Fördert die Beweglichkeit der Trypanosomen in vitro nicht[8]. Stärke wird vom Hydra (Süßwasserpolyp) nicht verdaut[9]. Wird weder von den Honigbienen[10] noch von ihren Larven ausgenutzt[11]. — Bei der Taube ist nach Versuchen mit Stärkefütterung und mikroskopischer Untersuchung des Magen-Darminhalts an der diastatischen Aufschließung allein die Darmverdauung beteiligt, wobei sie zu einer verhältnismäßig hohen Ausnutzung kommt[12]. Nur mit Stärke ernährte Ratten fressen sehr viel davon und gehen nach einigen Tagen zugrunde[13]. — Theorie des Nährwertes der Stärke[14]. — Bei Zufuhr von 16 g Benzoesäure an Schwein bei ausschließlicher Stärkefütterung wird die Hippursäurebildung sehr gefördert[15]. An Fütterungsversuche gesunder Merinoschafe wird gezeigt, daß kleine Mengen von eingegebener Takadiastase ohne Einfluß auf die Verdauung sind. — Erst bei einer Gabe von $^{40}/_{1000}$ des Lebendgewichtes wird die Stärke und Eiweißverdauung ein wenig beschleunigt[16]. — Rohe Stärke ist für den Pankreassaft des Hundes nicht angreifbar, Zerreiben und Säuerung macht sie teilweise verdaulich[17]. Bei Darmfistelhunden wirkte Stärke nicht anregend[18]. — Bei den Untersuchungen von Olaf Bergeim über die Reduktionen der verschiedenen Darmabschnitte wurde festgestellt, daß Stärke nur zu geringere Verminderung der Reduktionswerte führt[19]. Stört nicht die Verdauung der Proteine[20]. — Ein Teil der Stärkearten wird fast vollkommen verdaut, andere weniger gut, herab bis zu 50%. Es scheint eine direkte Beziehung zwischen Größe der Stärkekörner und ihrer Verdaulichkeit zu bestehen. Kleine Stärkemengen werden anscheinend viel besser verdaut als große[21]. Bei Verdauungsversuchen an Frauen wurden 49—100% im Durchschnitt 81% rohe Kartoffelstärke verdaut. Die Verdauungskoeffizienten von rohem Patentmehl, praktisch kleberfreiem Weizenmehl, Patent- und Grahammehl lagen zwischen 97—100%. Das charakteristische Kohlehydrat des Endosperms des rohen klebrigen Mais, eine durch Jod gefärbte Substanz, wurde zu 97% verdaut[22]. Die spezifisch-dynamische Wirkung beträgt bei peroraler Zufuhr an Mensch und Hund für Stärke etwa 9,5%[23]. — Bei Zugabe von

[1] J. W. M. Bunker u. E. G. E. Anderson: J. of biol. Chem. **77**, 473 — Chem. Zbl. **1928 II**, 1077. — Albert E. Navez u. B. B. Rubenstein: J. of biol. Chem. **80**, 503 (1928) — Chem. Zbl. **1929 I**, 1329.

[2] Fritz Laquer u. Paul Meyer: Hoppe-Seylers Z. **124**, 211 (1922) — Chem. Zbl. **1923 I**, 985.

[3] Otto Meyerhof: Naturwiss. **14**, 196 (1926) — Chem. Zbl. **1926 I**, 2809.

[4] Cesare Serono u. Alfonso Cruto: Rass. clinica Ter. e Sci. aff. **22**, 199 (1923) — Chem. Zbl. **1924 I**, 800. — Cesare Serono: Rass. clinica Ter. e Sci. aff. **24**, 253 (1925) — Chem. Zbl. **1926 I**, 2597. — Rintaro-Tateyama: Biochem. Z. **163**, 292 (1925) — Chem. Zbl. **1926 I**, 2719.

[5] B. Stuber u. M. Sano: Biochem. Z. **134**, 239 (1922) — Chem. Zbl. **1923 I**, 708.

[6] Walter Phillips Kennedy: Biochemic. J. **19**, 318—321 (1925) — Chem. Zbl. **1925 II**, 1059.

[7] J. Wohlgemuth: Biochem. Z. **173**, 258 (1926) — Chem. Zbl. **1926 II**, 1430.

[8] R. Kudicke u. E. Eves: Z. Hyg. **101**, 317 (1924) — Chem. Zbl. **1924 I**, 1551.

[9] Ruth Beutler: Z. vergl. Physiol. **1**, 1—56 — Ber. Physiol. **26**, 464—465 — Chem. Zbl. **1924 II**, 2534.

[10] E. F. Phillips: J. agricult. Res. **35**, 385 (1927) — Chem. Zbl. **1928 I**, 937.

[11] L. M. Bertholf: J. agricult. Res. **35**, 429 (1927) — Chem. Zbl. **1928 I**, 937.

[12] Ernst Mangold: Biochem. Z. **156**, 3—14 (1925) — Chem. Zbl. **1925 II**, 206.

[13] L. Berczeller u. A. Billig: Biochem. Z. **139**, 470 (1923) — Chem. Zbl. **1923 III**, 1103.

[14] Georg von Wendt: Skand. Arch. Physiol. (Berl. u. Lpz.) **43**, 264 (1923) — Chem. Zbl. **1923 III**, 266.

[15] Frank A. Csonka: J. of biol. Chem. **60**, 545—581 — Chem. Zbl. **1924 II**, 1949.

[16] Shin Sawamura: J. Coll. Agric. Tokyo **5**, 271 (1915) — Chem. Zbl. **1925 I**, 1328.

[17] E. Pozerski: C. r. Acad. Sci. Paris **98**, 1196 (1928) — Chem. Zbl. **1928 II**, 1686.

[18] A. C. Ivy u. G. B. McIlvain: Amer. J. Physiol. **67**, 124 (1923) — Chem. Zbl. **1924 I**, 1053.

[19] Olaf Bergeim: J. of biol. Chem. **62**, 49—60 (1924) — Chem. Zbl. **1925 I**, 701.

[20] Anton Fischer: Biochem. Z. **134**, 360 (1922) — Chem. Zbl. **1923 III**, 267.

[21] C. F. Langworthy u. Harry J. Deuel: J. of biol. Chem. **52**, 251 (1922) — Chem. Zbl. **1922 III**, 634.

[22] C. F. Langworthy u. A. T. Merrill: U. S. Dept. Agr. Bull. **1213**, 16 S. (1924) — Exp. Stat. Rec. **51**, 60—61 (1924) — Chem. Zbl. **1925 I**, 2088.

[23] Kurt Schirlitz: Biochem. Z. **183**, 23 (1927) — Chem. Zbl. **1927 II**, 586.

Phosphat ist (in Gaswechselversuchen an Ratten) die Erhöhung des respiratorischen Quotienten nach Reiszufuhr geringer als ohne Phosphat. Nach Verfütterung von Reis + Phosphat ist auch die Bildung von Glykogen in der Leber vermindert gegenüber der Verfütterung von Reis allein[1]. Wirksamkeit auf dem Zuckerspiegel[2]. Alimentäre Hyperglykämie[3]. — Behandlung Zuckerkranker mit gerösteten Stärkearten[4]. — Über Injektionen von Stärke in den Blutkreislauf[5]. Stärke ist bei Mensch und Hund auf die Magensaftsekretion ohne Wirkung[6]. Stärke und Avitaminose[7]. — Stärke und Anaphylaxie[8]. Glykosurie nach Injektion von Stärke bei durch die Wirkung des Insulins hypoglykämischen Hunden[9]. — Dakambrallistärke[10], wird gewonnen in Britisch-Guiana aus der Frucht des Baumes Aldina insignis, und wird bei Dysenterie als Medizin in Form eines mit Milch oder Wasser durch Kochen hergestellten Schleimes genommen.

Physikalische und chemische Eigenschaften: Zusammenfassende Abhandlungen[11]. — Über Trocknung von Reis und Weizenstärke[12]. — Der Wassergehalt von lufttrockenen Proben Kartoffelstärke aus dem Handel betrug 18,0—22,6%, im Mittel 20,5%[13]. — Physikochemische Eigenschaften einiger Stärkearten[14]:

	Kartoffelstärke	Maisstärke	Cassavastärke
Spez. Gewicht bis 21°	1,497	1,500	1,527
Spezifisches Volumen	0,667	0,666	0,654
Feuchtigkeit	10,6%	11,2%	11,0%
Asche: stets alkalisch gegen Lackmus, phosphathaltig	0,069%	0,250%	0,062%
Verbrennungswärme	4060 Cal/g	3990 Cal/g	3941 Cal/g
Säuregrad	1,70	1,68	1,94
Stärkekörner	0,005—0,036 mm	0,015—0,030 mm	0,045—0,100 mm
Gelatinierungstemperatur	69—70°	71—72°	66—67°
Refraktionsindex	1,5331	1,5253	1,5296

Stärke besitzt unter den Kohlehydraten das höchste Absorptionsvermögen für Wasser aus feuchter Luft[15]. — Über den Mycellarzustand der Stärke[16]. — Molekulargewichts-

[1] J. Abelin: Klin. Wschr. **4**, 1732 — Chem. Zbl. **1925 II**, 2174.

[2] Otto Folin u. Hilding Berglund: J. of biol. Chem. **51**, 213 (1922) — Chem. Zbl. **1922 III**, 69. — A. Schätti: Biochem. Z. **143**, 201 (1923) — Chem. Zbl. **1924 I**, 797. — F. Lipmann u. J. Planelles: Biochem. Z. **163**, 406 (1925) — Chem. Zbl. **1926 II**, 1868.

[3] John G. Reinhold u. Walter G. Karr: J. of biol. Chem. **72**, 345 (1927) — Chem. Zbl. **1928 I**, 375.

[4] E. Grafe: Dtsch. Arch. klin. Med. **143**, 1 (1923) — Chem. Zbl. **1923 III**, 1292. — E. Grafe u. Otto-Martiensen: Dtsch. Arch. klin. Med. **143**, 87 (1923) — Chem. Zbl. **1923 III**, 1331.

[5] Giuseppe Sunzeri: Ann. Clin. med. e Med. sper. **17**, Nr 1 (1928) — Chem. Zbl. **1928 II**, 1788.

[6] P. K. S. Lim, A. C. Ivy u. J. E. Mc. Carthy: Quart. J. exper. Physiol. **15**, 13 — Ref. Ber. Physiol. **31**, 572 — Chem. Zbl. **1925 II**, 1993.

[7] P. Rubino u. J. A. Collazo: Biochem. Z. **140**, 258 (1923) — Chem. Zbl. **1923 III**, 1418. — L. Randoin u. E. Lecoq: J. Pharmacie **6**, 340 (1927) — Chem. Zbl. **1928 I**, 1299.

[8] Auguste Lumière u. Henri Couturier: C. r. Acad. Sci. Paris **182**, 89 (1926) — Chem. Zbl. **1926 I**, 2806.

[9] Ugo Lombroso: Boll. Soc. Biol. sper. **2**, 685 (1927) — Chem. Zbl. **1928 II**, 1787. — S. E. de Jongh u. E. Laqueur: Biochem. Z. **163**, 403 (1925) — Chem. Zbl. **1926 II**, 1868.

[10] J. A. Goodson: Analyst **47**, 205 (1922) — Chem. Zbl. **1922 III**, 835.

[11] P. Karrer: Z. angew. Chem. **35**, 85 (1922) — Erg. Physiol. **20**, 433 (1922) — Ref. Ber. Physiol. **16**, 407 (1923) — Chem. Zbl. **1923 III**, 199. — A. Reychler: Bull. Soc. Chim. France (4) **29**, 833 (1921) — Chem. Zbl. **1923 I**, 296 — Bull. Soc. Chim. France (4) **29**, 311 (1921) — Bull. Soc. Chim. Belgique **30**, 223 (1921) — Chem. Zbl. **1921 III**, 1501. — B. Boehskandl: Z. Textilind. **29**, 248 (1926) — Chem. Zbl. **1926 II**, 664. — M. Nopitsch: Melliands Textilber. **7**, 528—531, 858—861, 944 (1926) — Chem. Zbl. **1927 I**, 202. — W. Ekhard: Z. Spiritusind. **30**, 172—173 — Chem. Zbl. **1927 II**, 1211. — A. R. Ling: J. Soc. chem. Ind. **46 I**, 279 (1927) — Chem. Zbl. **1927 II**, 1466.

[12] G. Frerichs: Apoth.-Ztg **43**, 543 — Chem. Zbl. **1928 I**, 2975.

[13] E. H. Vogelenzang: Pharmac. Weekbl. **64**, 1069 (1927) — Chem. Zbl. **1927 II**, 2723.

[14] Ellery H. Harvey: Amer. J. Pharmacie **96**, 752—758 (1924) — Chem. Zbl. **1925 I**, 390.

[15] C. A. Browne: Sugar **25**, 73 (1923) — Chem. Zbl. **1923 III**, 120. — C. A. Browne: Ind. Chem. **14**, 712 (1922) — Chem. Zbl. **1922 III**, 959.

[16] G. Malfitano u. M. Catoire: Kolloid-Z. **46**, 3 (1928) — Chem. Zbl. **1928 II**, 2714.

bestimmung an ein methyliertes Präparat ergab Werte zwischen 1000 und 2000[1]. Auch Werte bis 114000 findet man in der Literatur[2]. — Für die verschiedenen untersuchten Stärkearten (Kartoffel, Canna, Tulpe, Roggen) war der Dispersitätsgrad der Amylose verschieden; diese Unterschiede zeigten sich bei der Ultrafiltration in der Kälte hergestellter Auszüge aus mechanisch zerstörten Stärkekörnern. In der Wärme hergestellte Lösungen zeigten bei der Ultrafiltration keine Amylose. Roggenstärke enthält wenigstens 10% hochdisperser Amylose. Der kolloidale Zustand des Amylopektins ist verschieden. Die Amylophosphorsäure erlangt ihre amylopektinartige Eigenschaften durch die Art der Kationen, die zugegen sind und die große Einwirkung auf die Adsorptionsfähigkeit der Stärke haben. Dies konnte gezeigt werden an Tannin-, Baryt- und an Anilinfarben[3]. — Die Stärkekörner von Kartoffeln und Arrowroot bestehen fast ausschließlich aus Amylose und Amylopektin im Verhältnis 2:1, das auch bei anderen Stärken (Weizen, Gerste, Mais, Reis) konstant und nur in den absoluten Werten durch weiter vorhandene Bestandteile beeinflußt wird. In der Asche der Stärkekörner befindet sich nicht nur Phosphorsäure, sondern auch bei Gramineen- und besonders Reisstärke recht merklich Kieselsäure. — Die Kieselsäure sowie die Phosphorsäure sind ursprünglich wahrscheinlich als Estern vorhanden, die Phosphorsäure im Amylopektin, und ist vermutlich Ursache der Bildung von Gallerten, die Kieselsäure aber wahrscheinlich in Verbindung mit anderen Substanzen von Art der Hemicellulosen[4]. Peiser leugnet den Unterschied zwischen Amylose und Amylopektin ab; die Stärke soll einheitlich sein[5]. — Über krystallisierte Stärkepräparate[6]. — Krystallstruktur der Stärke[7]. Untersuchungen nach der röntgenometrischen Methode[8]. — Röntgenbestrahlung erzielt keinen chemischen Einfluß auf Stärke[9]. Quantitative Studien über die Adsorption von Lösungen an Trennungsschichten von Stärke[10]. — Es werden behandelt Hygroskopizität, Viscosität und Oberflächenspannung von Cassava-, Mais- und Kartoffelstärke. — Die angegebenen physikalisch-chemischen Werte genügen zur Kennzeichnung der durchschnittlichen rohen Handelsstärkesorten guter Qualität[11]. Eine viscosimetrische Untersuchung von Weizenstärken[12]. — Über die Viscosität und Fließelastizität der Stärkekleister[13]. — Fraktionierungsversuche an 1proz. Kartoffel- und Tapiokastärkekleister: Der Kleister wurde zentrifugiert und in eine dünnflüssige Lösung (A) und den kleisterförmigen Anteil der Fraktion (C) getrennt. Durch Auswaschen von (C) wurde eine dritte Fraktion B erhalten. — Untersuchung der Viscositäten, des Phosphorgehaltes, des Stickstoffgehaltes, der Jodreaktion und des Verhaltens bei der Acetylierung der verschiedenen Fraktionen[14]. — Als Schlichtmittel verwendete Stärkepasten und Mischungen wurden mit anderen Schlicht- oder Appreturmitteln zu dünnen Filmen eingetrocknet und untersucht. Die Elastizität eines Stärkefilms ist im allgemeinen sehr ähnlich der eines duktilen Metalls. Mais-, Getreide- und Sagostärkefilme haben im allgemeinen identische elastische Eigenschaften[15]. Plastizität einer 7proz.

[1] P. Karrer: Helvet. chim. Acta **3**, 620 (1920) — Chem. Zbl. **1920 III**, 881.

[2] Samec u. V. Isajevič: C. r. Acad. Sci. Paris **176**, 1419 (1923) — Chem. Zbl. **1923 III**, 1070. — Samec u. A. Meyer: Kolloidchem. Beih. **16**, 89 (1923) — Chem. Zbl. **1923 I**, 46.

[3] J. J. Lijust Zwikker: Rec. Trav. chim. Pays-Bas et Belg. (Amsterd.) **40**, 605 (1921) — Chem. Zbl. **1922 III**, 835.

[4] Arthur Robert Ling u. Dinshaw Rattonji Nanji: J. chem. Soc. Lond. **123**, 2666 (1923) — Chem. Zbl. **1924 II**, 313.

[5] E. Peiser: Hoppe-Seylers Z. **161**, 210 (1926) — Chem. Zbl. **1927 I**, 716.

[6] H. L. van de Sande-Bakhuyzen: Proc. Soc. exper. Biol. a. Med. **23**, 506 (1926) — Ref. Ber. Physiol. **36**, 745 (1927) — Chem. Zbl. **1927 I**, 265. — C. L. Alsberg u. E. P. Griffing: Proc. Soc. exper. Biol. a. Med. **23**, 728 — Ref. Ber. Physiol. **37**, 755 (1926) — Chem Zbl. **1927 I**, 2062.

[7] A. Reychler: Bull. Soc. Chim. Belgique **31**, 18—22 (1922) — Chem. Zbl. **1922 I**, 1077.

[8] O. L. Sponsler: J. gen. Physiol. **5**, 757 (1923) — Chem. Zbl. **1923 III**, 834 — J. gen. Physiol. **5**, 757 (1923) — Chem. Zbl. **1924 I**, 1659. — R. O. Herzog: Naturwiss. **12**, 1153 (1924) — Chem. Zbl. **1925 II**, 133. — E. Ott: Physik. Z. **27**, 174 (1926) — Chem. Zbl. **1926 I**, 3028.

[9] E. Schneider: Strahlenther. **23**, 326 (1926) — Ref. Ber. Physiol. **38**, 879 (1927) — Chem. Zbl. **1927 I**, 3065.

[10] George L. Clark u. William A. Mann: J. of biol. Chem. **52**, 157 (1922) — Chem. Zbl. **1922 III**, 1109.

[11] Ellery H. Harvey: Amer. J. Pharmacie **96**, 816 (1924) — Chem. Zbl. **1925 II**, 862.

[12] O. S. Rask u. C. L. Alsberg: Cereal Chemistry **1**, 7 (1924) — Chem. Zbl. **1925 II**, 557, 862.

[13] H. Freundlich u. H. Nitze: Kolloid-Z. **41**, 206 (1927) — Chem. Zbl. **1927 II**, 231.

[14] P. Karrer u. E. v. Krauß: Helvet. chim. Acta **12**, 1144 (1929) — Chem. Zbl. **1930 I**, 2544.

[15] S. M. Neall: J. Textile Inst. **15 I**, 443 (1924) — Chem. Zbl. **1926 I**, 1485.

Stärkelösung, untersucht im Plastometer von Bingham[1]. Peptisation der Stärke durch ultraviolette Strahlen[2]. — Versuche über die elektrische Aufladung durch Zerstäubung wässeriger Lösungen in Gegenwart von Stärke[3]. — Verbrennungswärme für Acetylstärke: 4499 cal pro g[4]. — Herstellung von Stärkeemulsionen[5]. — Wird Stärke bis zur Zertrümmerung des Korns fein gemahlen, so zeigt sie eine erhöhte Löslichkeit in kaltem Wasser und wird unbrauchbar zur Kleisterherstellung in der üblichen Konzentration[6]. Die Gelatinierungsfähigkeit der Stärke soll durch die Anwesenheit organisch gebundener Phosphorsäure bedingt sein[7]. — Unterhalb der Quellungstemperatur konnte keine merkliche Löslichkeit der Stärke bei 55° festgestellt werden[8]. — Geringer Alkalizusatz ($p_H = 6{,}2 - 6{,}3$) gibt viscoseren Kleister als fast neutrale Stärke. Weiterer Alkalizusatz führt zu steigender Verflüssigung, wobei der Kleister immer durchsichtiger wird. Zur Bestimmung der Viscosität eignet sich am besten die Plastometerprobe nach Herschel und Bergquist, Arbeitstemperatur 95°[9]. Während der Gelatinierung der Weizen- und Maisstärkesorten steigt die Viscosität um 25—30° ohne scharfen Übergang. Zu Beginn des Prozesses verliert die Stärke ihre Anisotropie. Es ist zweifelhaft, ob dabei Depolymerisation stattfindet[10]. — Getreidestärke kann durch Elektrophorese oder Ultrafiltration in α- und β-Amylose getrennt werden. Bei der Hydrolyse gibt nur der α-Teil Fettsäuren. Diese Fettsäuren bestehen aus etwa 24% Palmitinsäure, 40% Ölsäure, Dioxystearinsäure und 36% Linolsäure[11]. Quillt mit Kupferoxydäthylendiaminlösung stark auf und färbt sich dabei intensiv blau[12]. — Löst sich in Butylamin, Piperidin[13], und in flüssigem Ammoniak[14]. Leicht löslich in heißem Glycerin besonders in Gegenwart von Zinkchlorid. In Erythrit löst es sich bei 150—160° zu etwa 10%, in Mannit auch bei 180—190° viel schwerer, in Glykol sehr wenig, in Methylalkohol auch bei 185° nicht[15]. Berechnungen der Drehwerte der Stärke nach Hudson[16]. Herstellung einer in kaltem Wasser quellbaren Stärke durch Vermischen der trockenen Stärke mit geringen Mengen eines hydrierten Phenols oder Ketons, durch Zusatz von Alkalilauge und Neutralisieren mit einer organischen Säure[17]. — Durch Behandlung von Stärke mit Amylalkohol und Natronlauge[18]. — Stärke auf 93° erwärmt bleibt einige Tage unverändert, ist nach einer Woche cremefarben geworden; die Farbe wird nach 14tägigem Erhitzen dunkler, teilweise zeigten sich braune Flecke[19]. — Stärke bildet auch bei gewöhnlichem Druck Lävoglykosan, wenn man einen besonders kon-

---

[1] C. Bergquist: J. physic. Chem. **29**, 1264 (1925) — Chem. Zbl. **1926 I**, 1096.

[2] W. Ekhard: Z. Spiritusind. **50**, 184—185 — Chem. Zbl. **1927 II**, 1145.

[3] J. J. Nolan u. H. V. Gill: Philosophic. Mag. (6) **46**, 225 (1923) — Chem. Zbl. **1924 I**, 11.

[4] P. Karrer u. W. Fioroni: Ber. dtsch. chem. Ges. **55**, 2854 (1922).

[5] Walter Leonhardt (Berlin-Friedenau): D.R.P. 408523 Kl. 22i v. 30. September 1921; Chem. Zbl. **1925 I**, 1820.

[6] C. L. Alsberg: Ind. Chem. **18**, 190 (1926) — Chem. Zbl. **1926 I**, 2982.

[7] M. Samec u. V. Isajevič: Kolloidchem. Beih. **16**, 285 (1923) — Chem. Zbl. **1923 III**, 970. — M. Samec u. A. Mayer: Kolloidchem. Beih. **16**, 89 (1923) — Chem. Zbl. **1923 I**, 46.

[8] M. Samec u. N. Thomazo: Ber. dtsch. chem. Ges. **62**, 2076 (1929) — Chem. Zbl. **1929 II**, 2771.

[9] C. E. G. Porst u. M. Moskowitz: Ind. Chem. **15**, 166 (1923) — Chem. Zbl. **1923 II**, 1220.

[10] C. L. Alsberg u. O. S. Rasch: Proc. Soc. exper. Biol. a. Med. **21**, 533 (1924) — Chem. Zbl. **1925 I**, 1819.

[11] T. C. Taylor u. L. Lehrman: J. amer. chem. Soc. **48**, 1739 (1926) — Chem. Zbl. **1926 II**, 901. — Rach u. Phelps: Ind. Chem. **17**, 187 — Chem. Zbl. **1925 I**, 2174. — T. C. Taylor u. J. H. Werntz: J. amer. chem. Soc. **49**, 1584 (1927) — Chem. Zbl. **1927 II**, 837. — Leo Lehrman: J. amer. chem. Soc. **51**, 2185 (1929) — Chem. Zbl. **1929 II**, 1397. — J. amer. chem. Soc. **52**, 808 (1930) — Chem. Zbl. **1930 I**, 2545.

[12] Wilhelm Traube: Ber. dtsch. chem. Ges. **54**, 3220 (1921) — Chem. Zbl. **1922 I**, 541.

[13] L. Schmid u. G. Bilowitzki: Mh. Chem. **47**, 785 (1926) — Chem. Zbl. **1927 I**, 2914.

[14] L. Schmid u. B. Becker: Ber. dtsch. chem. Ges. **58**, 1966 (1925) — Chem. Zbl. **1926 I**, 56.

[15] Yojiro Tsuzuki: Bull. chem. Soc. Jap. **4**, 153 (1929) — Chem. Zbl. **1929 II**, 1911.

[16] Kurt H. Meyer, Heinrich Hopff u. H. Mark: Ber. dtsch. chem. Ges. **62**, 1103 (1929) — Chem. Zbl. **1929 II**, 160.

[17] Otto Meyer: Schweiz.P. 127025 v. 10. Dezember 1926; Chem. Zbl. **1929 I**, 155 — Ö.P. 109992 v. 13. Dezember 1926; Chem. Zbl. **1928 II**, 1397. — Haberland Mfg Co: A.P. 1677314 v. 12. August 1924; Chem. Zbl. **1928 II**, 2081.

[18] Franz Riethof: Ö.P. 112641 v. 6. Mai 1927; Chem. Zbl. **1929 I**, 2932.

[19] Edmund Knecht: Fuel **3**, 106 (1924) — Chem. Zbl. **1924 II**, 1034.

struierten Sublimationsapparat anwendet[1]. Bei der trockenen Destillation bildet sich Diacetyl[2]. — Gibt bei der Destillation in saurer, neutraler oder alkalischer Lösung Formaldehyd ab[3]. Die Depolymerisierung mittels Glycerin vollzieht sich nach dem Schema: Stärke → lösliche Stärke → Hexahexosan → Trihexosan → α-Glykosan[4]. Durch Erhitzen von Stärke mit Glycerin wird Isotrihexosan gebildet[5]. (Siehe dort.) — Bei der Behandlung von Stärke mit Wasser bei 55 und bei 80° bilden sich schon reduzierende Substanzen[6]. — Bei der Extraktion mit Wasser gibt Stärke kontinuierlich Substanz ab, das Maximum bei 72° also bei der Quelltemperatur der Stärkekörner. Bei fortgesetztem Kochen einer 1proz. Stärkelösung nimmt der p_H-Wert erheblich ab, das Reduktionsvermögen erheblich zu und $[\alpha]_D$ sinkt innerhalb 23 Tagen von $+141,9$ auf $+120°$[7]. — Untersuchungen über die Salzhydrolyse der Stärke[8]. — Bei reinen oder mit Salzen verschiedener Konzentration versetzten Lösungen von Stärke, falls sie sterilisiert werden, findet kein Abbau der Stärke statt[9]. — Löslichwerden der Stärke durch sehr schwache Mineralsalzzugaben und durch Regelung der Acidität[10]. Für das Aussalzen von Stärke und ihrer Abbauprodukte sind Magnesiumsulfat und Ammoniumsulfat besonders geeignet; dabei wirkt Magnesiumsulfat viel stärker[11]. Stärke liefert bei der Behandlung mit $NaHCO_3$ kein Acetol, auch wenn sie vorher 48 Stunden mit einer Lösung von Natriumpentacyanaquoferroat $+ O_2$ oxydiert wird[12]. Wirkung von Erdalkalien oder Ätzalkalien auf Stärke[13]. — Wird von 10proz. Kalkmilch schon in der Kälte quantitativ gefällt[14]. Stärkekörner verändern sich in einer Lösung von KOH in konzentriertem Alkohol in der Wärme, dabei treten die Veränderungen bei verschiedenen Stärkesorten verschieden schnell ein. Die alkoholische KOH greift Stärke nicht an, aber entfernt Fett und Eiweißstoffe[15]. Abhängigkeit der Drehung von der Konzentration der Stärke und Natriumhydroxyd[7]. Trockene Stärke, die bei 21° und Atmosphärendruck mit Äthylen behandelt wurde, wurde entsprechend dem Verhalten gegen Fehlingsche Lösung teilweise in reduziertem Zucker verwandelt. Hierbei ist es von Einfluß, ob die Stärkeemulsion vor der Sättigung mit Äthylen gekocht wird, und zwar wird eine Emulsion, die 10 Minuten gekocht wurde, rascher umgewandelt, als eine solche von 1 Minute Kochdauer[16]. Schwefeldioxyd wird von Stärke gebunden. Die Sättigung wird nach 100 Stunden erreicht und erreicht 0,05%, entsprechend 1 SO_2 auf 4 $C_6H_{10}O_5$. — Auch Kohlensäure wird in geringem Maße von der Stärke adsorbiert, in 48 Stunden 0,675%[17]. — Wird bei der Behandlung mit

---

[1] P. Karrer u. J. O. Rosenberg: Helvet. chim. Acta 5, 575 (1922) — Chem. Zbl. 1922 III, 667.

[2] H. Schmalfuß u. H. Barthmeyer: Ber. dtsch. chem. Ges. 60, 1035 (1927) — Chem. Zbl. 1927 I, 3183.

[3] G. Klein: Biochem. Z. 169, 132 (1926) — Chem. Zbl. 1926 I, 3221.

[4] Amé Pictet u. Rachel Salzmann: Helvet. chim. Acta 10, 276 (1927) — Chem. Zbl. 1927 I, 2406.

[5] Amé Pictet u. Hans Vogel: Helvet. chim. Acta 12, 700 (1929) — Chem. Zbl. 1929 II, 1787.

[6] K. Heß, Hermann Friese u. Franklin Artell Smith: Ber. dtsch. chem. Ges. 61, 1975 (1928) — Chem. Zbl. 1928 II, 2128.

[7] Kurt Heß u. Franklin Smith: Ber. dtsch. chem. Ges. 62, 1619 (1929) — Chem. Zbl. 1929 II, 721.

[8] W. Biedermann: Biochem. Z. 137, 35 (1923) — Chem. Zbl. 1923 III, 834 — Biochem. Z. 135, 282 (1923) — Chem. Zbl. 1923 III, 663. — W. S. Iljin: Biochem. Z. 132, 511 (1923) — Chem. Zbl. 1923 III, 254. — H. von Haehn u. H. Berentzen: Chem. Zelle 12, 286 (1926) — Chem. Zbl. 1926 I, 1428. — K. Takane: Biochem. Z. 175, 241 (1926) — Chem. Zbl. 1926 II, 3058. — E. Glimm u. R. Grimm: Biochem. Z. 197, 445 — Chem. Zbl. 1928 II, 1200.

[9] N. Malyschev: Biochem. Z. 206, 401 (1929) — Chem. Zbl. 1929 II, 860. — N. Iwanowski: J. exper. Biol. u. Med. 1928, 292 — Chem. Zbl. 1929 II, 1653.

[10] P. Petit: C. r. Acad. Sci. Paris 181, 259 (1925) — Chem. Zbl. 1926 I, 56.

[11] Hans Perger: Pflügers Arch. 196, 92 (1922) — Chem. Zbl. 1922 III, 1335.

[12] O. Baudisch u. H. J. Deuel: J. amer. chem. Soc. 44, 1581, 1585 (1922) — Chem. Zbl. 1923 IV, 280, 281.

[13] L. Runge: D.R.P. 381516, Kl. 22i v. 1. April 1922; Chem. Zbl. 1923 IV, 955. — Albert Reychler: D.R.P. 371365, Kl. 22i v. 1. März 1921; Chem. Zbl. 1923 I, 1221. — Singer: E.P. 188344, 1922; Chem. Zbl. 1923 II, 484.

[14] J. Schlemmer: Listy Cukrovarnické 45, 243 — Z. Zuckerind. tschechoslow. Rep. 51, 422 (1927) — Chem. Zbl. 1927 II, 881.

[15] F. Netolitzky: Festschrift A. Tschirch 1926, 362 — Chem. Zbl. 1927 I, 2933.

[16] H. E. Rea u. R. D. Mullinix: J. amer. chem. Soc. 49, 2116 (1927) — Chem. Zbl. 1927 II, 1816.

[17] Domenico Costa: Gazz. chim. ital. 54, 207 (1924) — Chem. Zbl. 1924 II, 458.

säurehaltigem Aceton nicht angegriffen[1]. — Stärke, die mit etwas konzentrierter H_2SO_4 angefeuchtet ist, gibt, wenn 1 Tropfen Guajacol zugesetzt wird, wie Metaldehyd charakteristische Farbenreaktion[2]. Bei der Hydrolyse der Stärke durch Schwefelsäure erscheint Glykose sofort nach dem Beginn der Hydrolyse in der Lösung. Bei Veränderung der äußeren Faktoren ändert sich die Geschwindigkeit der Hydrolyse sehr stark, aber der chemische Vorgang bleibt derselbe: So entspricht unter verschiedenen Bedingungen derselben gebildeten Menge Glykose dieselbe gebildete Menge Maltose. Wahrscheinlich ist, daß die Stärke bei der Einwirkung der Säure gleichzeitig in mehrere Produkte zerfällt: Glykose, Maltose, andere reduzierende Zucker, nicht reduzierende Polysaccharide, die dann ihrerseits durch die Säure gespalten werden können[3]. Magnesiumsulfat und Natriumsulfat hemmen stark die Stärkehydrolyse mit Schwefel- oder Salzsäure[4]. — Die Angabe über das Vorkommen von Amylobiose und -triose in der Stärke ließ sich nicht bestätigen. Die nach dem Verfahren von Pringsheim[5] gewonnenen amorphen Substanzen, ihr Drehungs- und Reduktionsvermögen änderten sich beim Umfällen dauernd. Produkte mit ähnlichen Drehungs- und Reduktionsvermögen entstehen auch bei der Einwirkung von HCl auf Maltose, Amylose und Amylopectin. Die als Amylobiose und -triose beschriebenen Substanzgemische können also gerade so gut als Reversionsdextrine wie als Abbauprodukte der Polyosen aufgefaßt werden[6]. Bei der Hydrolyse mit Säuren soll Isomaltose entstehen[7]. Reaktionskinetische Untersuchung der Stärkehydrolyse[8]. — Aus Stärke und Acetylbromid entsteht im Einschlußrohr mit bromreicheren Stoffen verunreinigte Acetobromglykose[9]. — Wird Weizenstärke bei 55° acetyliert, so entstehen angeblich Tetrasaccharide. Dagegen erhält man ein ungespaltenes Acetylderivat, wenn ganz vorsichtig acetyliert wird[10]. Völlig entwässerte Stärke quillt nicht in abs. Pyridin und wird auch nicht mit Essigsäureanhydrid acetyliert. Am stärksten ist die Quellung bei Anwendung völlig entwässerter Stärke in 80proz. Pyridin. 14 Tage lang verquollene Stärke wird schon bei Zimmertemperatur glatt und vollständig acetyliert. Das Reaktionsgemisch gelatiniert schon nach 24 Stunden vollständig[11]. Durch Acetylierung der Lösungen in Glycerin + Zinkchlorid wurde aus Kartoffelstärke eine Triacetylstärke, bei höherer Temperatur eine depolymerisierte Triacetylstärke, und aus Weizenstärke eine unvollständig acetylierte Stärke gewonnen[12]. — Läßt sich in alkalischer Lösung mit Sulfurylchlorid bei 5—7° sulfurilieren[13] — Gibt mit fuchsinschwefliger Säure[14] keine Färbung, Kartoffelstärke gibt schwache Rotfärbung[15]. Durch Zusatz eines Ag- oder Hg-Salzes ist es Fosse gelungen, Cyanwasserstoffsäure bei der Oxydation von Stärke durch Permanganate in ammoniakalischer Lösung in merklichen Mengen zu isolieren[16]. Oxydation mit Luft unter der Einwirkung des Sonnenlichts[17]. — Die Oxydation von frisch gefällten und von Alkali befreitem $Fe(OH)_2$ beim Einleiten von O_2 induziert die Oxydation von Stärke[18]. Bei der Oxydation mit HNO_3 bildet sich neben Oxalsäure auch Mesoxalsäure[19].

[1] Heinz Ohle u. Ilse Koller: Ber. dtsch. chem. Ges. 57, 1566 (1924) — Chem. Zbl. 1924 II, 2021.

[2] P. Brouére: Bull. Soc. Chim. biol. Paris 8, 462 (1926) — Chem. Zbl. 1926 II, 2988.

[3] P. Nottin: C. r. Acad. Sci. Paris 184, 1204 (1927) — Chem. Zbl. 1927 II, 2179 — C. r. Acad. Sci. Paris 179, 410 (1924) — Chem. Zbl. 1924 II, 1861.

[4] E. Angelescu u. O. Manolescu: Bull. Soc. Chim. Romania 11, 99 (1929) — Chem. Zbl. 1930 I, 2545.

[5] H. Pringsheim: Hoppe-Seylers Z. 144, 241 (1925) — Chem. Zbl. 1925 II, 9213.

[6] P. Karrer: Hoppe-Seylers Z. 148, 62 (1925) — Chem. Zbl. 1926 I, 623.

[7] D. R. Nanji u. R. G. L. Beazeley: J. Soc. chem. Ind. I 45, 215 (1926) — Chem. Zbl. 1926 II, 2022. — A. R. Ling u. D. R. Nanji: A.P. 1548721; Chem. Zbl. 1926 I, 254.

[8] R. G. Fargher u. M. E. Probert: J. Textile Inst. I 18, 559 (1927) — Chem. Zbl. 1928 I, 1915.

[9] László Zechmeister: Ber. dtsch. chem. Ges. 56, 573 (1923) — Chem. Zbl. 1923 I, 1308.

[10] E. Peiser: Hoppe-Seylers Z. 167, 88 (1927) — Chem. Zbl. 1927 II, 1018 — Hoppe-Seylers Z. 161, 210 (1927) — Chem. Zbl. 1927 I, 716.

[11] Kurt Heß u. Franklin Artell Smith: Ber. dtsch. chem. Ges. 62, 1619 (1929) — Chem. Zbl. 1929 II, 722.

[12] Yojiro Tsuzuki: Bull. chem. Soc. Jap. 4, 153 (1929) — Chem. Zbl. 1929 II, 1911.

[13] Max Samec: Mh. Chemie 53/54, 852 (1929) — Chem. Zbl. 1930 I, 513.

[14] Schiff: Liebigs Ann. 40, 131 (1866).

[15] K. Josephson: Ber. dtsch. chem. Ges. 56, 1771 (1923) — Chem. Zbl. 1923 IV, 352.

[16] R. Fosse: C. r. Soc. Biol. Paris 86, 175—178 (1922) — Chem. Zbl. 1922 I, 1227 — C. r. Acad. Sci. Paris 173, 1370 (1921) — Chem. Zbl. 1922 III, 249.

[17] C. C. Palit u. N. R. Dhar: J. physic. Chem. 32, 1263 (1928) — Chem. Zbl. 1928 II, 2549.

[18] N. N. Mittra u. N. R. Dhar: Z. anorg. u. allg. Chem. 122, 146 (1922) — Chem. Zbl. 1923 I, 570.

[19] F. D. Chattaway u. H. J. Harris: J. chem. Soc. Lond. 121, 2703 (1922) — Chem. Zbl. 1923 III, 1068.

Bei der Einwirkung der unterchlorigen Säure zerfällt Stärke zu 80—90% in eine Mischung von Dextrinen, Maltose und Glykose[1]. — Die Einwirkung von Chloral führt zu Dichloralglykosen[2]. Kartoffel-, Weizen-, Mais-, Reis-, Gersten-, Maranta- und Sagostärke geben alle mit HBr + Br, Silicowolfram- und Phosphormolybdänsäure mehr oder weniger starke Fällungen; mit Tanninlösung meist Trübungen[3]. Bei der Einwirkung von Bariumhypobromit auf Stärke unter Anwendung der Quecksilberquarzlampe bildet sich Maltobionsäure[4]. — Untersuchungen über das Verhalten von Stärke gegen Jod[5]. — Die Stärke entzieht verdünnten J-Lösungen relativ mehr J als konzentrierte. Aus alkoholischen Lösungen wird viel weniger J durch Stärke aufgenommen als aus wässerigen. Aus Lösungen in Benzol oder CCl_4 wird das J durch Stärke gar nicht gebunden[6]. Bei der Einwirkung von J-Lösung nimmt das Leuchten der Stärkekörner im Ultramikroskop zu, oft in ein Strahlen übergehend. Die Bilder kommen nur bei schwacher J-Lösung zu schöner Ausbildung und die Farbe der Körner im Ultramikroskop ist je nach der J-Menge gelblichbraun, rötlichbraun, violett oder blau[7]. Wirkung der Joddämpfe auf verschiedene Stärkearten[8]. — Bei der Einwirkung von Jod auf Stärke und ihre Derivate bilden sich chemische Verbindungen[9]. — Jodometrische Wertbestimmung beim oxydativen Stärkeabbau[10]. — Stärke reagiert nur mit 1 Mol Äthylmagnesiumbromid unter Bildung einer grauen Substanz. — Salzsäuregas wird von Stärke wie von Cellulose absorbiert. Während jedoch im letzten Falle die Absorption nach 4—5 Tagen zum Stillstand kommt, schreitet sie bei der Stärke dauernd fort unter Umwandlung derselben in eine schwarze, in Wasser völlig lösliche Masse. — Die Salzsäureaufnahme beträgt ein Vielfaches von der bei der Cellulose beobachteten. — Ammoniak wird von Stärke begierig aufgenommen, die Sättigung wird nach 24 Stunden erreicht mit einem Mittel von 8,94% Ammoniak, die auch in luftverdünntem Raum nicht abgegeben werden. Diese Menge entspricht etwa 1 NH_3 auf 1 $C_6H_{10}O_5$[11]. — Die Methylierung der Stärke mit Dimethylsulfat und Alkali gelingt ziemlich glatt bis zu einem Methoxylgehalt von 36—37%. Von den 9 freien Hydroxylgruppen sind also nur 7 alkyliert worden. Das hierbei resultierende Produkt zeigt $[\alpha]_D = +169,5°$ in Chloroform. Dagegen gelang die Acetylierung der restlichen Hydroxylgruppen ohne Schwierigkeit. Verwendet man Silberoxyd und Methyljodid als Methylierungsmittel, so werden nur 6 der vorhandenen Hydroxylgruppen methyliert, und man erhält eine Dimethylstärke I von $[\alpha]_D = +135,7°$ in Chloroform. Bei der Methylierung verhält sich die Stärke also ähnlich wie die Polyamylosen und Maltose. Erst wenn Stärke 24mal mit Methylsulfat und Alkali behandelt worden ist, konnte ein völlig methyliertes Produkt, Trimethylstärke, erhalten werden; hierfür ist $[\alpha]_D = +216,5°$ in Chloroform[12]. Die Hydrolyse der einzelnen Methylierungsprodukte mit salzsäurehaltigem Methylalkohol lieferte aus Dimethylstärke ein Dimethylmethylglykosid, aus dem 7 Methoxyle enthaltenden Produkt ein Gemisch, bestehend aus 1 Mol 2, 3, 6-Trimethylmethylglykosid und 2 Mol Dimethylmethylglykosid, aus Trimethylstärke in ausgezeichneter Ausbeute 2, 3, 6-Trimethylmethylglykosid vom Schmelzp. 57,5°. Die isomere Form 2, 3, 4 konnte nicht nachgewiesen werden. Nach diesen Untersuchungen ist Stärke im wesentlichen aus verschiedenen Polymerisationsprodukten einer Grundsubstanz, die alle in 2, 3, 6-Trimethylglykose umgewandelt werden können, aufgebaut. Der einfachste Baustein ist ein Trihexosan oder ein Multiplum davon. Das Vorhandensein von Polyamylosen mit einer geraden Anzahl von C_6-Ketten fordert die Annahme von Hexahexosan als Grund-

[1] James Craik: J. Soc. chem. Ind. **43**, 171 (1924) — Chem. Zbl. **1924 II**, 823.

[2] J. H. Roß u. J. M. Payne: J. amer. chem. Soc. **45**, 2363 (1923) — Chem. Zbl. **1924 I**, 1510.

[3] L. Rosenthaler: Pharmac. Acta Helv. **3**, 93 — Chem. Zbl. **1928 II**, 373.

[4] M. Hönig u. W. Ruziczka: Biochem. Z. **218**, 397 (1930) — Chem. Zbl. **1930 I**, 3031.

[5] E. Angelescu u. J. Mircescu: J. Chim. physique **25**, 327 — Chem. Zbl. **1928 II**, 438.

[6] L. Berczeller: Biochem. Z. **133**, 502 (1922) — Chem. Zbl. **1923 III**, 298 — Biochem. Z. **84**, 106 (1918) — Chem. Zbl. **1918 I**, 335.

[7] K. Nagai: Acta Scholae med. Kioto **7**, 577 (1925) — Ber. Physiol. **35**, 18 (1926) — Chem. Zbl. **1926 II**, 1014.

[8] V. Marino: Ann. Igiene **36**, 581 (1926) — Chem. Zbl. **1926 II**, 2503.

[9] Amé Pictet u. Hans Vogel: An. Soc. española fisica-quim. **27**, 450 (1930) — Chem. Zbl. **1930 I**, 2545.

[10] R. Haller, J. Hacke u. M. Frankfurt: Melliands Textilber. **9**, 757 (1928) — Chem. Zbl. **1929 I**, 2934.

[11] Domenico Costa: Gazz. chim. ital. **54**, 207 (1924) — Chem. Zbl. **1924 II**, 458.

[12] James Colquhoun Irvine u. John Macdonald: J. chem. Soc. Lond. **1926**, 1502 — Chem. Zbl. **1926 II**, 1264.

baustein[1]. — Methylierung mit ätherischer Diazomethanlösung und Untersuchung der erhaltenen Produkte[2]. — Mit Trioxymethylen entstehen bei höherer Temperatur Absorptionsverbindungen der Stärke mit Formaldehyd[3]. — Einwirkung verschiedener Agenzien auf Stärke[4]. — Die Untersuchungsmethoden der Stärke und ihrer Derivate[5].

Gärung: Verhalten von Stärkekleister gegen Bac- suisepticus[6]. Organismen, die dem Weizmann-Bacillus ähnlich sehen, sind in der Natur häufig; sie werden meist in Gegenwart von Stärke gefunden[7]. Aus dem Stuhl von 5 Diabetikern konnten Renshaw und Fairbrother ein Bacterium, Bacillus amyloclasticus intestinalis, isolieren, das auf festem oder halbfestem Stärkenährboden wächst und β-Oxybuttersäure, Acetessigsäure, Butylalkohol und Aceton bildet[8]. Stärke wird von einer Reinkultur eines Granulobactertyps vollständig vergoren, und die Acidität der Nährflüssigkeit fällt, nachdem sie ihr Maximum erreicht hat, wieder steil ab[9]. — Stärke wird durch Bacillus granulobacter pectinovorum normal zu Aceton und Butylalkohol vergoren[10]. — Verhalten der Stärke gegen Bacterium pneumoniae Friedländer P, Bacterium pneumoniae Friedländer U und Bacterium lactis aerogenes[11], Milzbrandbacillen[12], Cholerabacillen[13], Aceton und Butylalkoholgärung der Stärke[14]. — Verhalten gegen Schizosaccharomyces hominis[15]. Die Stärkespaltung durch Saccharomyces Sake wird bei $p_H = 6{,}5$ untersucht. Aus den Spaltprodukten konnte Amylobiose isoliert werden[16]. Über die Verzuckerung und Vergärung von Stärke durch maltasefreie Hefe[17]. Verhalten gegen Mucor[18] und Rhizopusarten[19], gegen Aspergillus flavus[20]. — Citronensäurebildung[21].

Derivate: Alkoholate mit Alkalimetalle[22] $C_6H_9O_5Me$ (M = K oder Na).

Natriumverbindung, erhalten durch Auflösen von Stärke in flüssigem, trockenem Ammoniak und Einwirkung von Natrium in Ammoniaklösung[23].

---

[1] James Colquhoun Irvine u. John Macdonald: J. chem. Soc. Lond. **1926**, 1502 — Chem. Zbl. **1926 II**, 1264.

[2] Leopold Schmid u. Margot Zentner: Mh. Chem. **49**, 111 (1928) — Chem. Zbl. **1928 II**, 1761.

[3] J. J. Blanksma: Rec. Trav. chim. Pays-Bas et Belg. (Amsterd.) **48**, 351 (1929) — Chem. Zbl. **1929 II**, 1155.

[4] Jules Amar: C. r. Acad. Sci. Paris **178**, 1317 (1924) — Chem. Zbl. **1924 II**, 51.

[5] F. L. P. Krizkovsky: Melliands Textilber. **9**, 594 (1928) — Chem. Zbl. **1928 II**, 1949.

[6] H. Bechhold: Umschau **28**, 21 (1924) — Chem. Zbl. **1924 I**, 1053.

[7] Gilbert J. Fowler u. V. Subramanyan: J. Indian Inst. Sci. **8**, 71 (1925) — Chem. Zbl. **1925 II**, 2169.

[8] Arnold Renshaw u. Thomas H. Fairbrother: Brit. med. J. **1922 I**, 674 — Chem. Zbl. **1922 III**, 1382.

[9] Guy C. Robinson: J. of biol. Chem. **53**, 125 (1922) — Chem. Zbl. **1922 III**, 1382.

[10] Horace B. Speakman: J. of biol. Chem. **58**, 395 (1923) — Chem. Zbl. **1924 I**, 2923.

[11] L. Müllerová: Stud. Plant physiol. Labor. Charles Univ. Prague **3**, 56—85 (1926) — Ber. Physiol. **40**, 588—589 — Chem. Zbl. **1927 II**, 1713.

[12] Martin Kristensen: Zbl. Bakter. I **101**, 220—224 (1927) — Chem. Zbl. **1927 I**, 1330.

[13] E. Gildemeister u. K. Herzberg: Zbl. Bakter. I **90**, 53 (1923) — Chem. Zbl. **1923 IV**, 7. — H. Kodama u. H. Takeda: Zbl. Bakter. I **88**, 513 (1923) — Chem. Zbl. **1923 II**, 228.

[14] E. W. Blair, T. S. Wheeler u. J. Reilly: J. Soc. chem. Ind. I **42**, 235 (1923) — Chem. Zbl. **1923 III**, 1034. — A. G. Gokhale: J. Indian Inst. Sci. **8**, 84 (1925) — Chem. Zbl. **1925 II**, 2169. — W. H. Peterson, E. B. Fred u. E. A. Marten: J. of biol. Chem. **70**, 309—317 (1926) — Chem. Zbl. **1927 I**, 470 — Chem. Trade J. **80**, 83 (1927) — Chem. Zbl. **1927 I**, 1640. — H. Tropsch: Brennstoff-Chem. **9**, 1 (1928) — Chem. Zbl. **1928 I**, 1109.

[15] T. Benedek: Zbl. Bakter. **104**, 491 (1927) — Chem. Zbl. **1928 I**, 368.

[16] K. Sjöberg: Hoppe-Seylers Z. **162**, 223 (1927) — Chem. Zbl. **1927 I**, 2683.

[17] Alfred Gottschalk: Wschr. Brauerei **43**, 487—488 (1926) — Chem. Zbl. **1926 I**, 2931; **1927 I**, 304.

[18] Giuseppe Mezzadroli: F.P. 551494 v. 16. Mai 1922 — Chem. Zbl. **1924 I**, 257.

[19] Walter Nill: Zbl. Bakter. II **72**, 21 (1927) — Chem. Zbl. **1927 II**, 2631. — J. Prükl: Ö.P. 101963 v. 23. Febr. 1925; Chem. Zbl. **1926 I**, 2983.

[20] W. O. Tausson: Biochem. Z. **155**, 356 (1925) — Chem. Zbl. **1925 I**, 1880.

[21] K. Bernhauer: Biochem. Z. **197**, 309 (1928) — Chem. Zbl. **1928 II**, 1342. — R. Falck: D.R.P. 426926, Kl. 12o v. 31. Mai 1921 — Chem. Zbl. **1926 II**, 942. — R. Falck u. van Beymathoe Kingma: Ber. dtsch. chem. Ges. **57**, 915 (1924) — Chem. Zbl. **1924 II**, 315.

[22] L. Schmid u. B. Becker: Ber. dtsch. chem. Ges. **58**, 1966 (1925) — Chem. Zbl. **1926 I**, 56. — F. Sichel Komm.-Ges. u. E. Stern: D.R.P. 389748, Kl. 89h v. 21. Sept. 1920; Chem. Zbl. **1924 I**, 1599.

[23] Leopold Schmid, Alfred Waschkau u. Ernst Ludwig: Mh. Chem. **49**, 107 (1928) — Chem. Zbl. **1928 II**, 1761.

Stärkeammoniak[1]: Ammoniak wird von Stärke begierig aufgenommen, die Sättigung wird nach 24 Stunden erreicht bei im Mittel 8,94% Ammoniak, die auch im luftverdünnten Raum nicht wieder abgegeben wird. — Diese Menge entspricht etwa 1 Ammoniak auf 1 $C_6H_{10}O_5$. — Eine äußere Veränderung der Stärke tritt dabei nicht auf.

Bariumstärke[2]: Stärke wird mit verdünnter Natronlauge zu einer Lösung von sog. Alkalistärke aufgeschlossen und die erhaltene Lösung mit $BaCl_2$ umgesetzt. Hierbei fällt die gesamte Stärkesubstanz als Oktaamylosebarium aus. Mit der so gewonnenen Bariumstärke lassen sich verschiedene Salze umsetzen, z. B. Alkali- und Erdalkalisulfate, Natriumchromat u. a., wobei die als Appreturmittel verwendbare Substanzen erhalten werden. — Eine Lösung von Oktaamylose gibt auf Zusatz von Baryt einen weißen amorphen Niederschlag. Die im Autoklaven gelöste Maisstärke ergab eine Fällung mit 15,06% Ba.

Ca- und Zn-Stärke werden in gleicher Weise erhalten durch Zusatz von $CaCl_2$ oder $ZnCl_2$[3].

Doppelverbindungen, wie BaAl-, BaMg-, BaFe- oder BaCu-Stärke. Die Metallstärke wird mit Sulfaten, wie Na_2SO_4, gemischt, verwendet: beim Behandeln mit Wasser bilden sich Alkalistärke und Metallsulfat. Diese Stärkeprodukte dienen zur Desinfektion (Cu-Stärke), als Malerleim oder als Quellmittel[3].

Calcium- und Strontiumhaloide der Stärke[4].

Stärke-Äthylmagnesiumbromid[1]. Aus Stärke und Äthylmagnesiumbromid in Äther. Graue Substanz.

Stärkeschwefelsäureester[5]: Durch Einwirkung von Chlorsulfonsäure auf Stärke in Pyridin bei 100° gelingt es, auf 1 $C_6H_{10}O_5$ zwei SO_3H-Gruppen einzuführen. Das Pyridinsalz wird aus Wasser mit Alkohol gefällt, ins Kaliumsalz überführt und geringe Mengen beigemengter Stärke mit Takadiastase gespalten. — Das Kaliumsalz $C_6H_8O_5[SO_3K]_2 + 2,5\,H_2O$, Pulver aus Wasser + Alkohol. Leicht löslich in Wasser. Gibt keine Jodreaktion mehr. $[\alpha]_D^{19} = +134,5°$ in Wasser. — Verbindungen aus Stärke bzw. stärkehaltigen Stoffen und Schwefelsäure[6]. Ein Stärkeschwefelsäureester wird erhalten bei der Einwirkung von Sulfurylchlorid auf alkalische Stärkekleister bei 5—7°[7].

Stärkephosphorsäure[8]. Die Chemischen Werke Marienfelde A.-G. stellen ein trockenes, weißes, geruchloses, sauer schmeckendes Pulver dar. Es enthält 12,46% Wasser, 17,02% Phosphorsäure, 70,52% Stärke. — Extrakte von Glycine hispida, Muskeln oder Oberschenkelknochen machen aus synthetischen Amylophosphaten Phosphorsäure frei[9].

Nitrostärke: Kesseler und Röhm geben eine kritische Übersicht über die bisherigen Veröffentlichungen über die Salpetersäureester der Stärke. Aus ihnen kann kein klares Bild über den Nitrierungsvorgang gewonnen werden[10]. Die Stärke wird in einen geeigneten Behälter eingefüllt, dem die Nitriersäure vom Boden aus zugeführt wird. — Es soll eine gleichmäßigere Nitrierung der Stärke erzielt werden[11]. Zwecks Stabilisierung behandelt man das Produkt mit schwefliger Säure bei Temperaturen von über 60°[12]. Okada behandelt die Schwierigkeiten der Herstellung und Stabilisierung von Stärkenitrat. Er nitriert Stärke nach verschiedenen Methoden, einmal direkt durch Eintragen in Nitriersäure verschiedener Zusammensetzung oder durch indirekte Behandlung mit Nitrierungsmitteln. Bei gutem Kühlen und Rühren gelingt es, alle Schwierigkeiten, die bei der Nitrierung, dem Auswaschen, der Stabilisierung und der Filtration auftreten, zu beseitigen. Das so erhaltene Stärkenitrat läßt sich

---

[1] Domenico Costa: Gazz. chim. ital. **54**, 207 (1924) — Chem. Zbl. **1924 II**, 458.

[2] E. Stern: Z. angew. Chem. **41**, 88 — Chem. Zbl. **1928 I**, 1848.

[3] E. Stern: A.P. 1661201 v. 20. März 1926; Chem. Zbl. **1928 I**, 2456.

[4] Emanuel Feilheim: D.R.P. 406820, Kl. 12o v. 21. April 1922; Chem. Zbl. **1925 I**, 1821.

[5] R. Tamba: Biochem. Z. **141**, 274 (1923) — Chem. Zbl. **1924 I**, 1022.

[6] Courtaulds Ltd.: Schweiz.P. 98297 v. 6. April 1922; Chem. Zbl. **1923 IV**, 618, 861; Schweiz. P. 98298 v. 6. April 1922; Chem. Zbl. **1923 IV**, 342, 861; D.R.P. 416015, Kl. 12o v. 13. April 1922; Chem. Zbl. **1925 II**, 2107; D.R.P. 416670, Kl. 12o v. 13. April 1922; Chem. Zbl. **1925 II**, 2107. — J. A. Lloyd, übertr. an Courtaulds Ltd.: A.P. 1455630 v. 31. März 1922; Chem. Zbl. **1923 IV**, 342.

[7] Max Samec: Mh. Chemie **53/54**, 852 (1929) — Chem. Zbl. **1930 I**, 513.

[8] Aufrecht: Pharm. Z. **69**, 332 (1924) — Chem. Zbl. **1924 I**, 2797.

[9] Samec: C. r. Acad. Sci. Paris **181**, 532 (1925) — Chem. Zbl. **1926 I**, 1213.

[10] K. Kesseler u. R. Böhm: Z. angew. Chem. **35**, 125—128 (1922) — Chem. Zbl. **1922 I**, 1104.

[11] George R. Anchors (St. Louis Mo.): A.P. 1376598 v. 19. März 1918 (3. Mai 1921) — Chem. Zbl. **1922 IV**, 44.

[12] Trojan Powder Company (New York), übertragen von Walter O. Snelling (Allentown Pa.): A.P. 1504986 v. 21. März 1921 — Chem. Zbl. **1924 II**, 2619.

durch Waschen mit Alkohol bei Gegenwart von Wasser oder Aceton, infolge der verseifenden Wirkung des Alkohols auf den Schwefelsäureester, stabilisieren. Denitriert wurde mit einer sehr verdünnten NH_4HS-Lösung in wässerigem Alkohol unter starker Kühlung, und entschwefelt wurde das Produkt mit H_2O_2, heißem Alkohol und heißem Aceton. Die auf diese Weise regenerierte Stärke stellt ein leichtes, weißes Pulver dar und gibt mit J eine Blaufärbung. Sie ist in Wasser klar löslich und hat eine Cu-Zahl von 1—3. Sie wird also bei der Nitrierung nicht in größerem Maße hydrolysiert und oxydiert als die Cellulose. Okada studiert noch weiter das Quellungsvermögen der nitrierten Stärke in Alkohol, Wasser-Aceton und Alkohol-Aceton und findet Wasser-Aceton am geeignetsten. Trotz der größeren Dichte der Stärkekörner enthält das Stärkenitrat den Schwefelsäureester nicht in größerer Menge als das Cellulosenitrat[1].

Acetylstärke: Bei der Acetylierung von Stärke können aromatische Sulfofettsäuren, die sog. Fettspalter vom Twitchell-Typ, mit sehr gutem Erfolg verwendet werden. Ohne schädlichen Molekülabbau befürchten zu müssen, kann man mit ihnen bei hohen Acetylierungstemperaturen — beste Temperatur 80° — arbeiten. Dem in den Fettspaltern enthaltenen Fettsäurerest kommt eine starke katalytische Wirkung zu. Im Acetate ist kein S nachzuweisen, der Chemismus muß also anders sein als bei Verwendung von H_2SO_4. Die Acetate sind amorph[2]. Durch Auflösen von Reisstärke in der 10fachen Menge Essigsäureanhydrid + Salzsäuregas 1—2tägiges Schütteln, bis der größte Teil gelöst ist; dann wird in Eiswasser gegossen, mit Chloroform ausgeschüttelt, mit Petroläther gefällt, 2—3mal aus Chloroform mit Petroläther umgefällt. — Es bildet ein lockeres, geruchloses Pulver. — Bei vorsichtiger Verseifung desselben erhält man Produkte vom Charakter der löslichen Stärke[3]. — Wie Stärke selbst, bindet auch acetylierte Stärke aus einer Jod-Kaliumjodidlösung sowohl Jod wie Kaliumjodid, aus einer Brom-Kaliumbromidlösung dagegen nur Brom, ebenfalls wie die Stärke selbst. Im ersten Falle betrug für den Acetylkörper mit etwa 45% Acetyl das Verhältnis von gebundenem Jod-Kaliumjodid = 7,1/1 bis 6,7/1; bei einem anderen Präparat mit 40,5% Acetyl = 4,4/1. — Die Inkonstanz dieser Werte spricht nicht gegen die Bildung einer chemischen Verbindung, da ja weder die Stärke noch die Acetylverbindung einheitliche Stoffe sind. Da trotz der Acetylierung sämtlicher Hydroxyle der Stärke und völliger Veränderung der Löslichkeitsverhältnisse des Esters diese Eigenschaft der Muttersubstanz erhalten bleibt, kann man annehmen, daß für die Bindung des Jods und Kaliumjodids gewisse Brückensauerstoffatome verantwortlich sind[3]. Weizenstärke wird mit wenig Wasser angerührt und in Wasser unter Rühren bei 70—80° eingetragen, so daß ein homogener Kleister entsteht. Die Stärke wird aus diesem mit Alkohol gefällt, abgesaugt und mit Alkohol gewaschen, Alkohol mittels Äther verdrängt, abgesaugt und A. im Exsiccator bei 0,3 mm über konzentrierte H_2SO_4 über Nacht getrocknet, B. ein Teil an der Luft bis zum Verschwinden des Äthergeruches getrocknet. — 10 g nach A. getrocknete Stärke wird nach der Vorschrift von Peiser mit 60 g Essigsäureanhydrid und 3 Tropfen H_2SO_4 in der Kälte versetzt. Nach 8stündigem Schütteln in Eiswasser filtriert, der geringe, ausfallende Niederschlag abgesaugt, mit Wasser und Alkohol gewaschen. Das Ungelöste nochmals acetyliert, beide Acetylprodukte in Chloroform gelöst, mit Alkohol gefällt, abgesaugt, mit Alkohol und Äther gewaschen, getrocknet. Ausbeute 25% der Stärke. — 10 g nach B. getrockneter Stärke werden wie oben acetyliert, heftige Reaktion und Erwärmung auf 80°, wobei der größte Teil der Stärke in Lösung ging. Weiterbehandlung wie vorher. — Nach B. gewonnene Stärke wurde zur Vermeidung der Erwärmung 1 Stunde unter Eiskochsalzlösung acetyliert und sonst wie oben weiterbehandelt. Ausbeute 60%[4]. Nach den Angaben von Peiser wird Stärke durch Fällen eines Stärkekleisters mit Alkohol hergestellt, mit Alkohol und Äther entwässert und über H_2SO_4 im Vakuumexsiccator scharf getrocknet. Man erhält bei der Acetylierung ein Acetat, das eine viel niedrigere Drehung zeigt als das von Peiser (+276°). — Das Reduktionsvermögen nach Bertrand ergab 4,4% des Reduktionsvermögens der Maltose. $[\alpha]_D^{17} = +180°$ (Chloroform), $[\alpha]_D^{17} = +178,8°$ (Chloroform). Trocknet man die Stärke an der Luft, so daß keine Verhornung eintreten kann, so kann man sie leichter und bis zu 60% acetylieren, man erhält ein Acetat von um $1/_2$%

---

[1] H. Okada: J. Cellulose Inst. Tokyo **3**, 1 (1927) — Chem. Zbl. **1927 I**, 2407.

[2] R. Escales u. H. Levy: Kunststoffe **13**, 25, 52, 64 (1923) — Chem. Zbl. **1923 III**, 486.

[3] Max Bergmann u. Stephan Ludewig: Ber. dtsch. chem. Ges. **57**, 961 (1924) — Chem. Zbl. **1924 II**, 457.

[4] H. Pringsheim u. P. Meyersohn: Hoppe-Seylers Z. **173**, 211 — Chem. Zbl. **1928 I**, 2705 — Ber. dtsch. chem. Ges. **60**, 1709 (1927) — Chem. Zbl. **1927 II**, 2386. — E. Peiser: Hoppe-Seylers Z. **161**, 210 (1926) — Chem. Zbl. **1927 I**, 716.

höherem Acetylgehalt. 1. Acetylieren unter Erwärmung auf 80° ergab ein Präparat mit 8,7% der Reduktionskraft der Maltose. $[\alpha]_D^{17} = +222,5$ (Chloroform), $[\alpha]_D^{17} = +220,7°$ (Chloroform). — 2. Acetylierung unter Eiskochsalzlösung: Die Reduktionskraft des verseiften Acetats beträgt 5% der Reduktionskraft der Maltose. $[\alpha]_D^{18} = +192,5°$ (Chloroform), $[\alpha]_D^{18} = +191,2°$ (Chloroform)[1]. Man schüttelt zunächst lufttrockene, wasserhaltige Stärke mit Pyridin bei Zimmertemperatur, oder quillt sie durch Erwärmen mit Pyridin auf 40—50° an, dann läßt sich die Substanz mit Essigsäureanhydrid leicht acetylieren, und aus dem Acetylprodukt regenerierte Substanz besitzt dieselben Eigenschaften wie die unveränderte Stärke[2]. — Stärke läßt sich mit Essigsäureanhydrid und Natriumrhodanid leicht acetylieren. Das entstehende Produkt gibt mit organischen Solvenzien hochviscose Lösungen und liefert eine mit Wasser verkleisternde Stärke zurück[3]. — Reisstärke, die nach Peiser einer Vorquellung mit Wasser unterworfen, mit Alkohol gefällt und an der Luft getrocknet worden ist, liefert bei der Acetylierung mit Essigsäureanhydrid und Pyridin bei 80° ein Triacetat von $[\alpha]_D^{19} = +162°$ in Chloroform bei $c = 1,2318$. Das Präparat wird von Chloroform und Essigsäure, wenn auch in kolloidaler Form, aufgenommen. Eine Wiederholung der Versuche von Friese und Smith ergab völlig identische Präparate. Es scheint, daß durch scharfes Trocknen das Acetat schwerer löslich wird. Dialysierversuche in Eisessig gaben völlig negative Resultate. Molekulargewichtsbestimmungen in siedendem Chloroform gaben keine meßbaren Werte[4]. — Die trockene Alkalistärke (1 Mol Alkali auf 1 Mol Stärke) wird mit etwas mehr als der dem Acetylgehalt der jeweils herzustellenden Produkte entsprechenden Menge Acetylchlorid vermischt und unter Kühlung zur Reaktion gebracht. Die erhaltene Acetylstärke ist in organischen Lösungsmitteln, wie Aceton, Benzol, ganz oder teilweise löslich[5]. Chloriert man die Acetylstärke mit PCl_5 in Toluol, so wird ein Cl aufgenommen, eine Aldehydgruppe wird frei unter Bildung einer Verbindung $C_{48}H_{56}O_{42}(CH_3CO)_{25}Cl$[6]. **Triacetylstärke**[7] $C_6H_7O_5(C_2H_3O)_3$. Durch Acetylierung von Stärke mit Essigsäureanhydrid und Zinkchlorid. Weißes Pulver aus Aceton + Alkohol, sintert bei 258°, zersetzt sich langsam oberhalb 270°. — Löslich in Essigsäure, Chloroform, Pyridin, Essigsäureanhydrid, Äthylenbromid, Bromoform, Phenol, ziemlich löslich in Aceton, Essigester, Toluol, wenig in Benzol, Tetrachlormethan, schwer löslich in Petroläther, Äther, Alkoholen, fast unlöslich in Wasser. — Die kalte Toluollösung fluoresciert. $[\alpha]_D^{28} = +170,2°$ in Chloroform, $[\alpha]_D^{28} + 160,4°$ in Essigsäure; $[\alpha]_D^{14} = +159,6°$ in Pyridin. Die durch Verseifung mit Natriummethylat in Toluollösung erhaltene Stärke ist amorph, weiß, etwas hygroskopisch, in genügend Wasser klar löslich, gibt mit Jod indigoblaue Färbung, reduziert nicht Fehlingsche Lösung, $[\alpha]_D^{21} = +189,3°$ in Wasser, wie die Ausgangsstärke. — Durch Reacetylierung erhält man dieselbe Triacetylstärke zurück. Molekulargewichtsbestimmungen sprechen für ein 18fach polymerisiertes Anhydroglykosetriacetat[7]. Man quillt Stärke mit Wasser, fällt mit Alkohol und acetyliert mit Essigsäureanhydrid unter Verwendung von Spuren Chlor sowie schwefliger Säure als Katalysator. Ausbeute 96%. Stimmt in seinen Eigenschaften mit der Triacetylamylose von Bergmann und Knehe überein. $[\alpha]_D^{20} = +170°$ in Chloroform bei $c = 1,0$. — Bei der Hydrolyse liefert es wasserlösliche Amylose. Läßt sich leicht methylieren[8]. Völlig entwässerte Stärke quillt nicht in absolutem Pyridin und wird auch nicht acetyliert. Am stärksten ist die Quellung bei Anwendung völlig entwässerter Stärke in 80proz. Pyridin. 14 Tage lang vorgequollene Stärke wird schon bei Zimmertemperatur glatt und vollständig acetyliert. Das Reaktionsgemisch gelatiniert schon nach 24 Stunden vollständig. Ein so hergestelltes Präparat löst sich sehr wenig in Chloroform, die Hauptmenge geht nur in einen stark gequollenen Zu-

---

[1] H. Pringsheim u. P. Meyersohn: Hoppe-Seylers Z. **173**, 211 — Chem. Zbl. **1928 I**, 2705 — Ber. dtsch. chem. Ges. **60**, 1709 (1927) — Chem. Zbl. **1927 II**, 2386. — E. Peiser: Hoppe-Seylers Z. **161**, 210 (1926) — Chem. Zbl. **1927 I**, 716.

[2] K. Heß, Hermann Friese u. Franklin Artell Smith: Ber. dtsch. chem. Ges. **61**, 1975 (1928) — Chem. Zbl. **1928 II**, 2128.

[3] Yojiro Tsuzuki: Bull. chem. Soc. Jap. **4**, 21 (1929) — Chem. Zbl. **1929 I**, 1677.

[4] Percy Brigl u. Richard Schinle: Ber. dtsch. chem. Ges. **62**, 99 (1929) — Chem. Zbl. **1929 I**, 2298.

[5] Ernst Stern: D.R.P. 411156, Kl. 12o v. 2. Nov. 1921, ausg. 25. März 1925; Chem. Zbl. **1925 I**, 2417.

[6] E. Peiser: Hoppe-Seylers Z. **167**, 88 (1927) — Chem. Zbl. **1927 II**, 1018 — Hoppe-Seylers Z. **161**, 210 (1927) — Chem. Zbl. **1927 I**, 716.

[7] Yojiro Tsuzuki: Bull. chem. Soc. Jap. **3**, 276 (1928) — Chem. Zbl. **1929 I**, 742.

[8] Walter Norman Haworth, Edmund Langley Hirst u. John Ivor Webb: J. chem. Soc. Lond. **1928**, 2681 — Chem. Zbl. **1929 I**, 992.

stand über[1]. Ein Gemisch von 20 g Kartoffelstärke, 20 g Glycerin und 2 g Zinkchlorid werden unter Kneten auf 160—170° erhitzt (15 Minuten), nach dem Erkalten auf 70° werden langsam 140 ccm Essigsäureanhydrid zugegeben und 30 Minuten auf 80° gehalten, dann von den Klümpchen abzentrifugiert und in Wasser gegossen. Ausbeute 95%. — Aus heißem Chloroform + Alkohol weißes Pulver. Schmelzpunkt nach Sintern 240—245° korr. Bräunung über 270°. Löslich in Essigsäure, Chloroform, Essigsäureanhydrid, Pyridin, Aceton, Essigester, konzentrierter Schwefelsäure. $[\alpha]_D^{18} = +164°$ in Chloroform. Molekulargewicht in siedendem Aceton 4000—6000. Durch Verseifen mit Natronlauge in Acetonlösung wird ein in Wasser mit schwacher Opalescenz löslich weißes Pulver erhalten, die Lösung scheidet nach längerem Stehen einen wolkigen Niederschlag. Reduziert nicht, wird mit Jod tiefblau, $[\alpha]_D^{15} = +189°$ in Wasser.

Depolymerisierte Triacetylstärke[2] $C_6H_7O_5(C_2H_3O)_3$. Beim Erwärmen von 20 g Kartoffelstärke mit 5 g $ZnCl_2$ und 30 g Glycerin auf 180—190° bis zur vollständigen Lösung und Acetylierung in demselben Reaktionsgemisch mit Essigsäureanhydrid. Schmelzp. 141 bis 144° korr. $[\alpha]_D^{12} = +146°$ in Chloroform, leichter löslich als die ähnlich dargestellte Triacetylstärke, die Lösungen sind weniger zähe, filtrierbarer. — Molekulargewicht in siedendem Aceton 3100—3200. Das Verseifungsprodukt zeigt $[\alpha]_D^{18} = +185°$ in Wasser.

Stärkedilaurinsäureester[3] $C_6H_8O_3(O \cdot CO \cdot C_{11}H_{23})_2$. — Schmelzp. 130°; löslich in Benzol und Homologen, Chloroform, Chlorderivate des Acetylens usw., unlöslich in Wasser, Alkohol und Aceton.

Stärkehexapalmitat $C_{12}H_{14}O_{10}(COC_{15}H_{31})_6$. Aus feingemahlener Zulkowskyscher Stärke mit Säurechlorid in Gegenwart von Pyridin. Sintert bei 54°, schmilzt bei 75°. $[\alpha]_D^{18} = +53,54°$ in Chloroform[4].

Hexastearat $C_{12}H_{14}O_{10} \cdot (COC_{17}H_{35})_6$. Sintert bei 69°, schmilzt bei 86°. $[\alpha]_D^{18} = +49,38°$ in Chloroform[4].

Laurin, Palmitin und Stearinsäureester der Stärke[5]. Aus Stärke und die entsprechenden Säurechloride in Gegenwart von Pyridin.

Stärkeleinölsäureester[6]. Aus Stärke, Dimethylanilin und Leinölsäurechlorid bzw. Stärke, Pyridin und Leinölsäurechlorid.

Stärkeglykolsäureäther[7]. Entsteht unter Bedingungen, die bei der Darstellung des Celluloseglykolsäureäthers beschrieben sind. Da Natronstärke in Wasser löslich ist, wird hier zweckmäßig das Kupfersalz der Verbindung ausgefällt. Bei einmaliger Einwirkung von Monochloressigsäure wird ein Gemisch von Mono- und Diglykolsäureäther erhalten. Das Natriumsalz, durch Dialyse des ursprünglichen Reaktionsproduktes isoliert, ist sehr hygroskopisch, leicht löslich in Wasser, sonst unlöslich, reduziert nicht Fehlingsche Lösung, wird von Jod violett gefärbt. — Die Erdalkalisalze sind löslich, die Metallsalze unlöslich. Wiederholte Einwirkung von Monochloressigsäure liefert ein Produkt mit $2\text{-}CH_2\text{—}COOH$-Reste auf C_6. Mehr Glykolsäurereste lassen sich nicht einführen. Das Natriumsalz bildet ein weißes amorphes Pulver, ähnlich dem vorigen, wird aber durch Jod nicht gefärbt. Sämtliche anderen Salze sind unlöslich. Die freie Säure aus dem Kupfersalz mit Salpetersäure dargestellt, ist ein Gemisch von Lacton und Säure. Weißes Pulver, sehr hygroskopisch, unlöslich, färbt sich mit Jod violett.

Gemischter Methyl und Glykolsäureäther der Stärke[7]. Bei der Methylierung des Natriumsalzes des Glykolsäureäthers mit Dimethylsulfat werden nur die Hydroxylgruppen der Stärke, nicht aber die Carboxylgruppe der Glykolsäure methyliert. Es wurden $1^2/_3$ Methyl eingeführt, so daß insgesamt $2^1/_2$ Hydroxyle der Stärke durch Methyl und Glykolsäure ersetzt sind. Das erhaltene Natriumsalz ist ein bräunliches Pulver, leicht löslich in Wasser, sonst unlöslich.

---

[1] Kurt Heß u. Franklin Artell Smith: Ber. dtsch. chem. Ges. **62**, 1619 (1929) — Chem. Zbl. **1929 II**, 721.

[2] Yojiro Tsuzuki: Bull. chem. Soc. Jap. **4**, 153 (1929) — Chem. Zbl. **1929 II**, 1911.

[3] H. Gault: C. r. Acad. Sci. Paris **177**, 592 (1923) — Chem. Zbl. **1924 I**, 165.

[4] P. Karrer u. Z. Zega: Helvet. chim. Acta **6**, 822 (1923) — Chem. Zbl. **1923 III**, 1454. P. Karrer, J. Peyer u. Z. Zega: Helvet. chim. Acta **5**, 856 (1923) — Chem. Zbl. **1923 I**, 583.

[5] H. Gault u. P. Ehrmann: Chimie et Industrie **1924**, 574 — Chem. Zbl. **1924 II**, 1785. — Soc. de Stéarinerie et Savonnerie de Lyon: E.P. 208655 v. 12. Febr. 1923; Chem. Zbl. **1924 I**, 1591.

[6] I. G. Farbenindustrie A.G. (Frankfurt): Ö.P. 104228 v. 29. Okt. 1924; Chem. Zbl. **1927 I**, 1742.

[7] J. K. Chowdhury: Biochem. Z. **148**, 76 (1924) — Chem. Zbl. **1924 II**, 623.

Stärkefettsäure. Man behandelt Stärke oder Dextrine mit Halogenfettsäuren in Gegenwart von Alkalien oder alkalisch wirkenden Mitteln. Die Alkalisalze sind in kaltem und heißem Wasser quellbar und löslich, unlöslich in Alkohol[1].

Stärkexanthogenat. Wird hergestellt, indem man Stärke in Schwefelkohlenstoff suspendiert, und mit 2 Mol 17,7proz. Natronlauge versetzt. — Das nach einiger Zeit gebildete gelbe, fadenziehende Produkt wird in Wasser gelöst, mit Alkohol gefällt und nach Wiederholung der Fällung über Phosphorpentoxyd getrocknet. Das farblose lederartige Produkt färbt sich allmählich gelb. Mit Metallsalzen entstehen Niederschläge[2].

Methylstärke. Mit ätherischer Diazomethanlösung erhält man ein Reaktionsprodukt mit rund 21% Methoxyl. Durch Hydrolyse kann daraus eine Dimethylglykose gewonnen werden mit $[\alpha]_D = +83{,}85°$[3].

Dimethylstärke[4]. Aus Stärke Dimethylsulfat und Natronlauge. Die Zugabe der Natronlauge muß langsam unter Rühren erfolgen. — Dimethylstärke ist ein weißes Pulver, löslich in Wasser, $[\alpha]_D = +135{,}7°$ in Chloroform bei $c = 1{,}916$. — Die Hydrolyse ergab geringe Mengen einer noch Methoxylgruppen enthaltenden Substanz, in der Hauptsache jedoch 2, 3-Dimethylglykose, $[\alpha]_D = +50{,}3°$ in Aceton bei $c = 1$.

Trimethylstärke. Wird die Einwirkung von Dimethylsulfat auf Stärke in Gegenwart von Natronlauge entsprechend oft, etwa 24mal wiederholt, so resultiert Trimethylstärke. Weißes, amorphes Pulver, Schmelzp. 143—146°, $[\alpha]_D = +216{,}5°$ in Chloroform bei $c = 1{,}7$. — In heißem Wasser weniger löslich als in kaltem, unlöslich in Äther. Die Hydrolyse mit salzsäurehaltigem Methylalkohol ergab in der Hauptsache Trimethylmethylglykosid und daraus nur 2, 3, 6-Trimethylglykose[4]. Durch Behandlung von Triacetylstärke in Aceton mit Dimethylsulfat und Alkali kann man 36% Methoxyl einführen. Durch 6malige Wiederholung der Operation konnten 89% der Theorie an Trimethylstärke erhalten werden. Weißes Pulver vom Schmelzp. 145° und $[\alpha]_D = +208°$ in Chloroform bei $c = 1{,}0$. — Bei der Hydrolyse entsteht fast ausschließlich Trimethylmethylglykosid und geringe Mengen von Dimethylmethyl-glykosid[5].

Methylierte Stärke mit 7-Methyl auf 9-Hydroxyl-Gruppe[4]. Entsteht analog der Dimethylstärke. Die Einwirkung von Silberoxyd und Methyljodid erhöhte den Methoxylgehalt nicht. $[\alpha]_D = +186{,}3°$ in Methylalkohol bei $c = 1{,}934$. Die Acetylierung dieses Produktes führte zu einer Verbindung von $[\alpha]_D = +191{,}7°$ in Chloroform. Die Hydrolyse mit salzsäurehaltigem Methylalkohol ergab ein Gemisch von Trimethyl- und Dimethylmethylglykosid. Daraus 2, 3, 6-Trimethylglykose und amorphe Dimethylglykose von $[\alpha]_D = +56{,}6°$ in Aceton. Das Ausbleiben der Phenylosazonreaktion und eines Kondensationsproduktes mit Aceton läßt auf 2, 3-Dimethylglykose schließen.

Monoallylstärke[6] aus Kartoffelstärke $C_{15}H_{24}O_{10}$. Sintert bei 160—165°, zersetzt sich bei 260—270° ohne zu schmelzen. Ein Präparat aus Kornstärke bildet ein amorphes Produkt, das sich bei 250—265° braun färbt.

Stärkealkyläther[7]. Man behandelt Stärke bei Gegenwart basischer Stoffe bei An- oder Abwesenheit von Lösungs- oder Verdünnungsmitteln mit alkylierenden Mitteln, insbesondere Alkylestern anorganischer Säuren. Die Alkyläther der Stärke sind weiße Pulver, in Wasser unlöslich, löslich in Aceton, CH_3OH, Eisessig, Ameisensäure, Anilin, Pyridin, CCl_4, Benzol, in zahlreichen Estern, Leinöl, Wachs, Lanolin, Triphenylphosphat usw. Manche Alkyläther sind in kaltem Wasser löslich, aber in heißem Wasser unlöslich.

Monobenzylkartoffelstärke[8]. Bei der Behandlung von Kartoffelstärke mit Benzylchlorid und Natronlauge bei 85—95°. Enthält auf 12 Kohlenstoffatome je einen Benzylrest.

---

[1] Farbenfabriken vorm. Friedr. Bayer u. Co.: D.R.P. 360651, Kl. 12o v. 14. Okt. 1920; Chem. Zbl. **1923 II**, 265.

[2] R. Wolffenstein u. E. Oeser: Kunstseide **7**, 27 (1925) — Chem. Zbl. **1925 II**, 366.

[3] Leopold Schmid u. Margot Zentner: Mh. Chem. **49**, 111 (1928) — Chem. Zbl. **1928 II**, 1761.

[4] James Colquhoun Irvine u. John Macdonald: J. chem. Soc. London **1926**, 1502 — Chem. Zbl. **1926 II**, 1264.

[5] Walter Normann Haworth, Edmund Langley Hirst u. John Ivor Webb: J. chem. Soc. Lond. **1928**, 2681 — Chem. Zbl. **1929 I**, 992.

[6] C. G. Tomecko u. Roger Adams: J. amer. chem. Soc. **45**, 2698 (1923) — Chem. Zbl. **1924 I**, 1915.

[7] L. Lilienfeld: D.R.P. 360415, Kl. 12o v. 27. Jan. 1914; Chem. Zbl. **1923 II**, 264.

[8] M. Gomberg u. C. C. Buchler: J. amer. chem. Soc. **43**, 1904 (1922) — Chem. Zbl. **1922 I**, 1396.

Löslich in Chlorhydrin, Essigsäure, unlöslich in Alkohol, Aceton, Äther, Chloroform, Benzol, Nitrobenzol, Essigester und Benzylbenzoat.

Benzylweizenstärke[1]. Bei der Behandlung von Weizenstärke mit Benzylchlorid und Natronlauge bei $85-95°$. — Enthält 2 Benzylgruppen auf je 12 Kohlenstoffatome. Schmelzpunkt $203-205°$. Löslich in Chlorhydrin und Essigsäure, unlöslich in Alkohol, Aceton, Äther, Chloroform, Benzol, Nitrobenzol, Essigester und Benzylbenzoat.

Triphenylmethylstärke[2] $C_{25}H_{24}O_5$. Aus Reisstärke Triphenylchlormethan und Pyridin. **Monochloracetyltriphenylmethylstärke**[2]. Durch Behandlung von Triphenylmethylstärke mit Chloracetylchlorid und Pyridin.

Jodstärke. Potentialmessungen von Jod = Jodion[3]. — Stärke nimmt aus Benzollösung Jod auf. Die Kurve der Jodaufnahme aus Lösungen verschiedener Konzentration zeigt, daß zwei definierte Jodverbindungen vorhanden sein müssen, welche unter bestimmten Joddissoziationsdrucken beständig sind. Hiernach läßt sich die Aufnahme von Jod durch Lösungen von löslicher Stärke nicht mehr als Adsorption oder Bildung einer Lösung von Jod in Stärke auffassen[4]. Beim Schütteln in Wasser verteilter Zulkowsky-Stärke[5] mit einer Lösung von J_2 in Benzol zeigt sich eine Zunahme der J_2-Aufnahme, wenn man dem Wasser KJ zugibt. Es ist also wahrscheinlich, daß die Stärke sowohl J_2 wie J_3K aufnimmt. Bei konstanten Konzentrationen der umgebenden wässerigen Lösung nimmt die J_2-Aufnahme der Stärke mit steigender Temperatur ab, entsprechend einem steigenden Dissoziationsdruck der Stärke-Jod-Verbindung[5]. In Lösungen von wechselndem Stärkegehalt ($0,27-1,9\%$) und konstantem KJ-Gehalt nimmt die J_2-Aufnahme aus Toluollösungen von gegebenem J_2-Gehalt nicht mit der Stärkekonzentration zu[6]. Eine Vorstellung über die Struktur der Jodstärke geben einige besonders einfach gebaute Verbindungen der Zuckergruppe, wie die Methylcycloacetale des Acetols und des Acetoins folgender Konstitution:

$$\left[CH_3\!-\!\!\underset{\underset{\displaystyle O}{|}}{\overset{\overset{\displaystyle O\!-\!CH_3}{|}}{C}}\!-\!CH_2 \right]_2 \qquad \left[CH_3\!-\!\!\underset{\underset{\displaystyle O}{|}}{\overset{\overset{\displaystyle O\!-\!CH_3}{|}}{C}}\!-\!CH\!-\!CH_3 \right]_2$$

Methylcycloacetal des Acetols   Methylcycloacetal des Acetoins

Sie geben mit Jod-Kaliumjodid schön krystallisierte Jodverbindungen, die außer elementarem Jod (4 Atome) auch Kaliumjodid (1 Mol) enthalten. — Sie sind wegen der großen Empfindlichkeit der Cycloacetale sehr unbeständig, frisch bereitet von blauer Farbe[7]. — Trockene Stärke mit Jodkrystallen im Exsiccator gibt keine Blaufärbung. Ist die Luft mit Wasserdampf gesättigt, so tritt Blaufärbung ein. Die Grenze für die Jodreaktion liegt also bei einem Wassergehalt der Stärkekörner, der bei Trocknung in Luft mit 50% relativer Feuchtigkeit und in dampfgesättigter Luft sich einstellt[8]. Jodstärke gibt bei Behandeln mit Chloroform das J vollkommen ab. Die Hüllsubstanz des Stärkekorns wird durch Jodlösung nicht gefärbt, sie besteht aus $Ca_3(PO_4)_2 + SiO_2$ und wahrscheinlich einem Eiweißkörper[9]. Das Verschwinden und Auftreten der Jodstärkereaktion beim Erwärmen verläuft nach dem Gesetz einer Hysteresiskurve. Aus dem erwärmten farblosen Präparat nimmt Chloroform mehr J auf als aus dem kalten blauen. Die Jodaufnahme erfolgt bis zu einem Gleichgewicht. Jodstärke ist elektronegativ[10]. Unter bestimmten Bedingungen tritt der 2. Teil der bekannten Reaktion — das Verschwinden der Blaufärbung in der Wärme — nicht ein. Hierin ist das Zusammenwirken

---

[1] M. Gomberg u. C. C. Buchler: J. amer. chem. Soc. **43**, 1904 (1922) — Chem. Zbl. **1922 I**, 1396.

[2] Burckhardt Helferich u. Hans Koester: Ber. dtsch. chem. Ges. **57**, 587 (1924) — Chem. Zbl. **1924 I**, 2104.

[3] A. Lottermoser: Z. Elektrochem. **27**, 496—501 (1921) — Chem. Zbl. **1922 I**, 738.

[4] H. v. Euler u. Karl Myrbäck: Ark. Kemi, Min. och Geol. **8**, Nr 9, 1—29 (1921) — Chem. Zbl. **1922 III**, 489.

[5] H. v. Euler u. S. Bergman: Kolloid-Z. **31**, 81 (1922) — Chem. Zbl. **1923 I**, 1616. — H. v. Euler u. K. Myrbäck: Liebigs Ann. **428**, 1 (1922) — Chem. Zbl. **1922 III**, 987.

[6] H. v. Euler u. S. Landergren: Kolloid-Z. **31**, 89 (1922) — Chem. Zbl. **1923 I**, 1617.

[7] Max Bergmann: Ber. dtsch. chem. Ges. **57**, 753 (1924) — Chem. Zbl. **1924 II**, 24.

[8] John Field: Proc. Soc. exper. Biol. a. Med. **23**, 310—312 (1926) — Ber. Physiol. **36**, 583 (1926) — Chem. Zbl. **1927 I**, 532.

[9] E. Peiser: Hoppe-Seylers Z. **161**, 210 (1926) — Chem. Zbl. **1927 I**, 716.

[10] K. Nagai: Acta Scholae med. Kioto **8**, 75 (1925) — Ref.: Ber. Physiol. **38**, 23 (1926) — Chem. Zbl. **1927 I**, 2538.

dreier Stoffe notwendig: 1. KJ, 2. H_2O_2 und 3. eine Säure, z. B. HCl. Einer oder zwei obiger Stoffe allein bewirken die Erscheinung nicht. Jodtinktur an Stelle von JK erfüllt auch nicht die Bedingungen. Vermutlich ist für die Jodstärkereaktion die Gegenwart von HJ notwendig, so daß chemisch reines J die Reaktion nicht gibt[1].

Lösliche Stärke (Bd. II, S. 154; Bd. VIII, S. 39; Bd. X, S. 259).

Darstellung: Zusammenfassende Arbeiten[2]. Man bereitet zunächst durch saure Hydrolyse eine dünne wässerige Stärkelösung und erhitzt diese dann ohne Zusatz irgendwelcher anderer Stoffe auf eine solche Temperatur, daß eine augenblickliche Verdampfung des Wassers erfolgt[3]. Man erhitzt die Stärke mit einem substituierten Chloramin, z. B. der Natriumverbindung des Toluol-p-sulfochloramids, und Wasser, bis eine klare Lösung erhalten wird[4]. — Man läßt auf Stärke in trockenem Zustande soviel heißes Wasser in feinverteilter Form einwirken, daß eine Verkleisterung der Stärke erfolgt und anschließend nur eine Trocknung an der Luft nötig ist[5]. Aus Stärke mit Bichromat oder Permanganat[6]. — Durch energische mechanische Behandlung des Stärkekleisters[7]. — Mit tiefsiedendem Petroläther behandelte Stärke ist besonders leicht in den löslichen Zustand überführbar[8]. — Durch Behandlung der Stärke mit wässerigen Lösungen neutraler Salze. Mit 13proz. Salzsäure[9]. — Durch Behandeln von Stärke mit höchstens 2% Feuchtigkeit mit Chlor[10].

Physiologische Eigenschaften: Vergärbarkeit durch Acetonpräparate aus untergärigen Hefen und Macerationssaft, aus Trockenpräparaten von Unterhefen[11]. Mittels Amylase bei 20° erhält man aus löslicher Stärke einen Niederschlag (2,74%), bestehend aus Cellulose und Stärke, welch letztere von ersteren geschützt wird, so daß sie nur schwer entfernbar ist. Der Niederschlag gleicht daher den kondensierten Amylosen[8]. Lösliche Kartoffelstärke wird durch Emulsin aus bitteren und süßen Mandeln weitgehend verzuckert. — Das Aciditätsoptimum der Hydrolyse ist etwa bei $p_H = 5{,}5$. — Bei Emulsin von „Kahlbaum" war das erste Drittel des Umsatzes monomolekular; bei einem 160mal wirksameren Präparat aus süßen Mandeln verzögerte sich die Hydrolyse stark nach Bildung von $^1/_4$ der theoretischen Maltosemenge[12]. — Wirkung auf die Insulingabe[13].

Physikalische und chemische Eigenschaften: Aus Kartoffelstärke, die nach Zulkowski zur Herstellung von löslicher Stärke mit heißem Glycerin behandelt wird, lassen sich bei weiterem Erhitzen der Lösung auf 200° Hexa-, Tetra-, Tri- und Dihexosane gewinnen, an denen Pictet[14] die Beziehungen zwischen Drehungsvermögen und Polymerisationskoeffizienten untersucht. Spezifische Drehung, Molekulargewichte und Molekulardrehungen $[\alpha]_D \cdot M/100$ werden in einer Tabelle zusammengestellt; die molekularen Drehungsvermögen sind den Polymerisationskoeffizienten direkt proportional und ergeben in graphischer Darstellung eine gerade Linie, auf der auch ein Punkt der löslichen Stärke entsprechen muß, wenn man diese als ein Polyhexosan ansieht. Für die Drehungswerte der löslichen Stärke, von der man bei dieser Extrapolation ausgehen muß, sind in der Literatur eine ganze Reihe von Werten zwischen 186 und 202° von den verschiedensten Autoren, die nach ganz verschiedenen Herstellungsmethoden arbeiteten, angegeben. Eine große Anzahl von Werten bewegt sich um

---

[1] M. Gramenitzki: Biochem. Z. **185**, 427 (1927) — Chem. Zbl. **1927 II**, 808.

[2] Parow: Z. Spiritusind. **45**, 169 (1922) — Chem. Zbl. **1922 IV**, 381.

[3] Adolph W. H. Lenders u. Hans F. Bauer: A.P. 1418311 v. 2. Juli 1917; Chem. Zbl. **1922 IV**, 504.

[4] Chemische Fabrik Pyrgos Ges. (Radebeul b. Dresden) u. R. Haller((Großenhain): E.P. 229623 v. 19. Aug. 1924; Chem. Zbl. **1925 II**, 98.

[5] Pfeiffer u. Dr. Schwandner G. m. b. H.: D.R.P. 445557, Kl. 89k v. 1. Nov. 1924; Chem. Zbl. **1927 II**, 988.

[6] A. Reychler: Bull. Soc. chim. Belgique **32**, 221 (1923) — Chem. Zbl. **1923 III**, 199.

[7] P. Petit u. Richard: C. r. Acad. Sci. Paris **182**, 657 (1926) — Chem. Zbl. **1926 I**, 3027. — A. Petit: C. r. Acad. Sci. Paris **181**, 259 (1925) — Chem. Zbl. **1926 I**, 56.

[8] P. Petit u. Richard: C. r. Acad. Sci. Paris **182**, 657 (1926) — Chem. Zbl. **1926 I**, 3027.

[9] H. C. Gore: Ind. Chem. **20**, 865 (1928) — Chem. Zbl. **1929 I**, 584.

[10] International Patents Development Co., übertragen von C. Bergquist (New York): E.P. 294979 v. 3. Juli 1928 — Chem. Zbl. **1929 I**, 1057.

[11] A. Gottschalk: Hoppe-Seylers Z. **153**, 215 (1926) — Chem. Zbl. **1926 I**, 3555.

[12] Richard Kuhn: Hoppe-Seylers Z. **135**, 12 (1924) — Chem. Zbl. **1924 II**, 345.

[13] E. Grafe u. F. Meythaler: Arch. f. exper. Path. **131**, 80 (1928) — Chem. Zbl. **1928 II**, 1003.

[14] Amé Pictet: Helvet. chim. Acta **9**, 33 (1926) — Chem. Zbl. **1926 I**, 1965.

den Wert 189°, der die Annahme zuläßt, daß es sich jedesmal um Stärken von gleicher Zusammensetzung handelte und als Grundlage für die folgende Berechnung angenommen wurde. Durch graphische Extrapolation kommt Pictet[1] zu einem Wert 5600 für das Molekulardrehungsvermögen, der einer $[\alpha]_D$ von 192° und dem Polymerisationskoeffizienten 18 entspricht. — $(C_6H_{10}O_5)_{18}$ wäre demnach lösliche Stärke. Auf Grund der zwei ersten Punkte der Geraden wird eine Gleichung für diese aufgestellt, in der das Molekulargewicht als einzige Unbekannte enthalten ist, die mit den gefundenen Werten hinreichend gut übereinstimmt. Die Erscheinung, daß die molekularen Drehungsvermögen auf einer geraden Linie liegen, ist nur so zu deuten, daß die sukzessive Kondensation der Hexosanmoleküle durch Anlagerung eines Hexosanmoleküls an das andere vor sich geht; ein anderer Vorgang würde sich durch die Kurve nicht rechtfertigen lassen, wäre aber möglich bei Molekülen der löslichen Stärke mit einem $[\alpha]_D$ größer als 196°, wie sie auch in der natürlichen Stärke vorkommen[1]. — Bei verschiedenen durch Oxydationsmittel erhaltenen löslichen Stärken wurde das „In Lösung-Gehen" makroskopisch und mikroskopisch verfolgt. In der wässerigen Lösung wurde die innere Reibung, die elektrische Leitfähigkeit, der Gehalt an potentiometrischen aktiven Wasserstoffionen, das Laugenbindungsvermögen, der osmotische Druck und der durch Kollodium permeable Substanzanteil bestimmt[2]. — Die Dialysierbarkeit löslicher Stärke wird zahlenmäßig festgelegt[3]. — Verändert die Verseifungsgeschwindigkeit von Äthylacetat in Benzol mit HCl[4].

Derivate: Acetat[5]. Aus Zulkowsky-Stärke bei der Acetylierung mit Pyridin und Essigsäureanhydrid. Es ist dem Glykogenacetat in seinen Eigenschaften ähnlich. Die Reinigung geschieht durch Reinigung aus Chloroformlösung mit Petroläther. Leicht löslich in Essigsäure und Essigester, weniger in Aceton.

Methylierte Derivate. Eine glatte Methylierung der löslichen Stärke mit Diazomethan gelingt nur in Gegenwart von etwas Wasser und führt zu 2 Produkten, einem in Alkohol unlöslichen Anteil mit 21,51% CH_3O und einem in Alkohol löslichen Anteil mit 22,25% CH_3O. Beide reduzieren Fehlingsche Lösung nicht und geben mit Jodlösung dunkelrote Färbungen[6].

Bariumverbindung. Die lösliche Stärke nach Zulkowski gibt auf Zusatz von Baryt und Alkohol eine Fällung mit 17,82% Ba[7].

Amylose und Amylopektin (Bd. X, S. 260).

Trennung von polymerisierter Amylose und Amylopektin[7]. Das Verfahren von Gatin-Gruzewska auf Grund der Unlöslichkeit des Amylopektins in Wasser gibt nur bei Anwendung von Stärkekleister, Erhaltung bei einer Temperatur etwas unterhalb des Gelatinierungspunktes (für Kartoffelstärke etwa 60°) und sorgfältiges Waschen mit Wasser derselben Temperatur richtige Resultate, und auch nur bei Anwesenheit von Hemicellulosen. Adsorptionsmethoden mit kolloider Tonerde und dialysiertem Eisen führen nicht zur Trennung. — Die Verfahren von Gatin-Gruzewska mit kohlensaurem bzw. Ätzalkali gaben keine befriedigenden Resultate; anscheinend erfolgt dabei teilweise Depolymerisation. Calciumhydroxyd, Strontiumhydroxyd und Baryumhydroxyd fällen Stärkekleister bei gewöhnlicher Temperatur vollständig; läßt man den Niederschlag längere Zeit unter Rühren mit dem Wasser in Berührung oder, besser, trocknet man den Niederschlag und zieht das Pulver mit Wasser aus, so geht Amylose in Lösung, während das Amylopektin als unlösliche Verbindung mit Erdalkali zurückbleibt. Die Einwirkung der Diastase aus ungekeimter Gerste wird auf Amylopektin völlig enthoben, wenn das Ferment mit Alkohol behandelt wird, während die Amylose auch dann in 12 Stunden vollständig in Maltose verwandelt wird. Die Schnelligkeit der Amylosespaltung kann durch gewisse Elektrolyten gesteigert werden[8]. — Trennung der Amylose von Amylopektin. I. Weizenstärke wird längere Zeit mit Wasser erwärmt und der Kleister mit Alkohol gefällt, dieses

[1] Amé Pictet: Helvet. chim. Acta **9**. 33 (1926) — Chem. Zbl. **1926 I**, 1965.
[2] M. Samec: Kolloidchem. Beih. **28**, 155 (1929) — Chem. Zbl. **1929 I**, 2527.
[3] Oskar Holmbergh: Ark. Kemi, Min. och Geol. 8, 1 (1923) — Chem. Zbl. **1924 I**, 928.
[4] R. C. Smith: J. chem. Soc. Lond. **127**, 2602 (1925) — Chem. Zbl. **1926 I**, 1523.
[5] Hans Pringsheim u. Max Laßmann: Ber. dtsch. chem. Ges. **55**, 1409 (1922).
[6] L. Schmid: Ber. dtsch. chem. Ges. **58**, 1963 (1925) — Chem. Zbl. **1926 I**, 890.
[7] E. Stern: Z. angew. Chem. **41**, 88 — Chem. Zbl. **1928 I**, 1848.
[8] Arthur Robert Ling u. Dinshaw Rattonji Nanji: J. chem. Soc. Lond. **123**, 2666 (1923) — Chem Zbl **1924 II**, 313.

Präparat (mit 0,07% Aschengehalt) wird mit 1proz. NaOH behandelt. Rückstand 1,38%, der zum größten Teil aus $Ca_3(PO_4)_2$ besteht. II. Stärke wird mit Acetanhydrid (+ wenig konz. H_2SO_4) durch 8stündiges Schütteln in der Kälte acetyliert; Rückstand 1,25%, dessen Asche aus $CaSO_4$ und Spuren Phosphorsäure besteht. Das Acetylderivat liefert bei der Verseifung mit alkoholischer NaOH Amylose. $[\alpha] = +192,2°$ (0,984proz. wässerige Lösung). Verbrennungswärme 3727,2 cal[1]. Man läßt einen Stärkebrei gefrieren und behandelt dann das Produkt mit Wasser oder einer verdünnten Alkalilösung bei einer Temperatur von 50—60°, um die Amylose in Lösung zu bringen und von dem Amylopektin zu trennen[2].

Amylose (Bd. II, S. 156; Bd. VIII, S. 40; Bd. X, S. 261).

$C_6H_{10}O_5$[3] (ist unbedingt eine polymere C_6-Verbindung).

Vorkommen: In denjenigen Stärken, die nur Amylose und Amylopektin enthalten, sind diese Stoffe im Verhältnis von 66,6 zu 33,3% enthalten. Die Abweichungen in den Befunden der Literatur werden dadurch erklärt, daß die Amylose in den Stärkekörnern in mehreren physikalischen Zuständen, möglicherweise auch verschiedenen Hydratationsstufen vorliegt. Die histologische Untersuchung zeigte etwa 25% in Form von Sphäriten, die ein Gehäuse um den Nabel des Korns herum bilden, leicht extrahierbar durch Wasser oder verdünntes Alkali, während der Rest, eine kolloide Phase, gleichmäßig in den Amylopektinschichten verteilt und anscheinend damit zu einer festen Lösung vereint oder so fest daran adsorbiert ist, daß er der Extraktion widersteht[4]. — Das Verhältnis von α- zu β-Amylose in Maisstärke ist nicht abhängig von der Art der Behandlung[5].

Darstellung: Getreidestärke kann durch Elektrophorese oder Ultrafiltration in α- und β-Amylose getrennt werden[6]. Angaben über die Darstellung von reiner Amylose[7]. — Reinigung der Getreide-, Reis- und Kartoffelstärke mit alkoholischer HCl nach Taylor und Nelson[8]. Beim Erwärmen des weißen Produktes mit NH_4-Thiocyanat in einem Gemisch von Wasser und Alkohol auf 40° unter Rühren zerfallen die Stärkekörner. Dann wird mit 95proz. Alkohol gefällt, das gelatinierte Produkt mit 95proz. Alkohol gewaschen und im Vakuum über H_2SO_4 getrocknet. Die Trennung der α- und β-Amylose erfolgt auf 2 Wegen: durch Ultrafiltration und Elektrodialyse. Zur Ultrafiltration werden Kollodiummembranen verschiedener Durchlässigkeit verwendet. So konnten Stärkekonzentrationen von 8—10% angewendet werden; die Filtrate waren in allen Fällen klar, und der Prozeß dauerte 1—3 Tage. Bei langem Stehen trüben sich die Lösungen der β-Amylose, und schließlich entsteht ein Niederschlag. Bei der Elektrodialyse flockte unter Benutzung eines Stromes von 110 Volt α-Amylose und wanderte zum positiven Pol, während die β-Amylose in Lösung blieb. Die weitere Reinigung der α-Amylose erfolgte durch fortgesetzte Elektrodialyse in destilliertem Wasser und darauffolgendem Trocknen mit absolutem Alkohol bei 105°[9].

Physiologische Eigenschaften: Die von Biedermann beobachtete Autolyse der Amylose wird durch eine Infektion mit Bakterien oder Pilzen und deren saccharifizierende Tätigkeit bewirkt[10]. Aus Amylose bildet Emulsin aus bitteren Mandeln in 2—3 Tagen 98% eines Disaccharids, das als Maltose identifiziert werden konnte; Glykose war nicht gebildet worden. — Es steht noch nicht fest, ob hier eine besondere Mandelamylase vorliegt[11]. — Amylase verwandelt Amylose quantitativ und dabei schneller als das Amylopektin in Maltose. Hierbei beeinflußt das Komplement nur die Spaltung der Amylose, nicht die des Amylopektins[12]. —

[1] E. Peiser: Hoppe-Seylers Z. **161**, 210 (1926) — Chem. Zbl. **1927 I**, 716.
[2] A. R. Ling u. D. R. Nanji: E.P. 217770 v. 28. Juni 1923 — Chem. Zbl. **1924 II**, 2619.
[3] M. Bergmann u. E. Knehe: Liebigs Ann. **452**, 141 (1927) — Chem. Zbl. **1927 I**, 1948.
[4] Arthur Robert Ling u. Dinshaw Rattonji Nanji: J. chem. Soc. Lond. **127**, 629 (1925) — Chem. Zbl. **1925 II**, 646.
[5] T. C. Taylor u. C. O. Beckmann: J. amer. chem. Soc. **51**, 294 (1929) — Chem. Zbl. **1929 I**, 1329.
[6] T. C. Taylor u. L. Lehrman: J. amer. chem. Soc. **48**, 1739 (1926) — Chem. Zbl. **1926 II**, 901.
[7] Ken Harada: J. of Biochem. **3**, 149 (1923) — Chem. Zbl. **1924 I**, 2104.
[8] Taylor u. Nelson: J. amer. chem. Soc. **42**, 1726 (1920) — Chem. Zbl. **1920 III**, 845.
[9] T. C. Taylor u. H. A. Iddles: Ind. Chem. **18**, 713 (1926) — Chem. Zbl. **1926 II**, 1798.
[10] E. Rothlin: Fermentforschg **5**, 236—253 (1921) — Chem. Zbl. **1922 I** 764.
[11] Richard Kuhn: Hoppe-Seylers Z. **135**, 12 (1924) — Chem. Zbl. **1924 II**, 345.
[12] Hans Pringsheim u. Arthur Beiser: Biochem. Z. **148**, 336 (1924) — Chem. Zbl. **1924 II**, 1211.

Wird durch Amylase aus ungekeimter Gerste nicht so weitgehend gespalten wie durch Malz-amylase[1]. — Die optimale Spaltung von Amylose durch Malz-, Pankreas- oder Takaamylase erfolgt beim gleichen p_H (bez. etwa 5; etwa 6,8; 4,5—5,0) wie die optimale Spaltung der Stärke. Die Spaltung von Amylose durch maltasefreie Malzauszüge kann je nach der Natur des an-gewandten Malzes zu etwa 100% oder nur zu etwa 70—80% Spaltung führen. Bei Spaltung durch Malzamylase wird bis zur Bildung von $^2/_3$—$^3/_4$ der theoretischen Maltosemenge reine Blaufärbung mit Jod beobachtet; bei Pankreasamylase dagegen erfolgt die Änderung der Färbung mit Jod schon bei Verzuckerung von $^1/_3$ der Stärke. Die Verschiedenheit der Ge-schwindigkeitsquotienten (Verschwinden der Jodreaktion): (Zuckerbildung) deutet hin auf eine Verschiedenheit der Reaktionswege. Der Grenzabbau durch Pankreasamylase wird bei Ver-größerung der Enzymmenge auf das 100fache von 75 auf 90% verschoben. Die Spaltung der Amylose durch Malzamylase wird durch äquimolekulare Zusätze von frisch gelöster β-Mal-tose und etwa $1^1/_2$mal stärker als von Gleichgewichts- (α, β-) Maltose gehemmt. β-Maltose hemmt immer am stärksten. Von den Glykosen hemmt nur die β-Form[2]. — Die vollständige Entfernung der Amylose aus Stärkekleister wird durch die Behandlung mit Gerstendiastase bei 50° ermöglicht, wobei Amylose in Maltose, Amylopektin in α, β-Hexaamylose verwandelt wird. — Bei Behandlung einer Lösung von Amylose mit einer geringen Menge Gersten- oder Malzdiastase bei $p_H = 4,5$ wird sie, am besten bei 30—40° bzw. 45°, schnell in Maltose ver-wandelt, ohne Bildung eines Zwischenkörpers. Bei 70° tritt kaum eine Einwirkung ein[3]. — Versuche mit dem abgetrennten, Milchsäure bildenden Ferment vom Muskel[4].

Physikalische und chemische Eigenschaften: Die in Wasser lösliche Inhaltssubstanz (β-Amylose) und die unlösliche Hüllsubstanz (α-Amylose) des Stärkekorns sind als verschiedene Hydratationsstufen der Amylose zu betrachten. Die Vorgänge sind reversibel. Durch Er-hitzen in Wasser oder durch Alkali, Neutralsalze (wie KJ) wird α-Amylose allmählich in β-Amylose übergeführt. Das Umgekehrte begünstigen Temperaturerniedrigung, Wasserentzug, Alkohol- oder Chloroformzusatz oder Tanninbehandlung[5]. Jodfärbung, J-Bindungsvermögen, Molatgewicht und kolloide Schutzwirkung der nach dem Verfahren von Samec und Mayer[6] aus Stärke erhaltenen Amylose[7]. Pringsheim und Leibowitz[8] folgern, daß Di- und Trihexosan nicht die wahren Elementarkörper des Amylopektins und der Amylose darstellen, sondern aus den sehr labilen Elementarkörpern durch innere Umlagerungen hervorgegangen sind. — Fluorescenzerscheinungen[9]. — Ein Präparat aus Triacetylamylose, durch Abspaltung der Acetyle durch Schütteln mit $^1/_2$n- abs. alkoholischer KOH bei 21° ($^1/_2$ Stunde) bereitet, zeigte folgende Eigenschaften: Feinpulvrig, $[\alpha]_D^{20} = +184,5°$; gibt mit Jodlösung Blaufärbung, zeigt negatives Verhalten gegen Fehling-Lösung, die wässerige Lösung trübt sich beim Stehen. Rückacetylierung gibt ein Triacetat $[C_{12}H_{16}O_8]$, $[\alpha]_D^{20} = +176,7°$ (in Chloroform)[10]. Liefert bei der Acetylierung ein Disaccharidacetat und bei der Depolymerisation mit Glycerin ein Di-hexosan[11]. — α- und β-Amylose unterscheiden sich in ihren physikalischen und chemischen Eigenschaften erheblich. Die α-Amylose ist in Wasser unlöslich und bildet nach dem Trocknen ein leicht braunes hartes Produkt, das beim Veraschen einen kleinen Rückstand hinterläßt. In Suspension gibt sie mit Jod eine rotviolette oder purpurne Färbung. Bei der Hydrolyse mit 10proz. HCl wird die Getreide-α-Amylose langsam angegriffen und hinterläßt beim voll-ständigen Zerfall einen flockigen Rückstand. Die β-Amylose ist bis zu 8% in Wasser löslich und bildet beim Fällen aus den Lösungen mit Alkohol ein rein weißes Pulver. Die Lösungen

---

[1] Knut Sjöberg u. Elsa Erikson: Hoppe-Seylers Z. **139**, 118 (1924) — Chem. Zbl. **1924 II**, 2760.

[2] Richard Kuhn: Liebigs Ann. **443**, 1 (1925) — Chem. Zbl. **1925 II**, 405.

[3] Arthur Robert Ling u. Dinshaw Rattonji Nanji: J. chem. Soc. Lond. **127**, 629 (1925) — Chem. Zbl. **1925 II**, 646.

[4] Otto Meyerhof: Naturwiss. **14**, 196 (1926) — Chem. Zbl. **1926 I**, 2809.

[5] H. L. van de Sande Bakhuyzen: Proc. Soc. exper. Biol. a. Med. **23**, 195 (1925) — Ref.: Ber. Physiol. **35**, 778 (1926) — Chem. Zbl. **1927 II**, 1956.

[6] M. Samec u. A. Mayer: Kolloidchem. Beih. **13**, 272 (1921) — Chem. Zbl. **1921 III**, 1000.

[7] M. Samec: C. r. Acad. Sci. Paris **181**, 477 (1925) — Chem. Zbl. **1926 I**, 883.

[8] Hans Pringsheim u. Jesaia Leibowitz: Ber. dtsch. chem. Ges. **58**, 2808 (1926) — Chem. Zbl. **1926 I**, 2567.

[9] Hans Pringsheim u. Otto Gerngroß: Ber. dtsch. chem. Ges. **61**, 2009 (1928) — Chem. Zbl. **1928 II**, 1978.

[10] M. Bergmann u. E. Knehe: Liebigs Ann. **452**, 141 (1927) — Chem. Zbl. **1927 I**, 1948.

[11] Hans Pringsheim u. Kurt Wolfsohn: Ber. dtsch. chem. Ges. **57**, 887 (1924) — Chem. Zbl. **1924 II**, 315.

geben mit Jod eine tiefblaue Färbung und sind in der Jodometrie verwendbar. Bei der Hydrolyse mit 10proz. HCl ergibt sich eine klare, farblose Lösung mit den reduzierenden Eigenschaften eines Zuckers, $\alpha_D^{25} = +186{,}7$. Beim Veraschen hinterläßt die β-Amylose keinen Rückstand. — Der bei der Hydrolyse von Getreide-α-Amylose verbleibende flockige Rückstand liefert bei der Extraktion mit Äther fettartige Stoffe. Wurden 17,353 g α-Amylose mit Äther ausgezogen, so ergaben sich 0,066 g Fettsäuren, nach erfolgter Hydrolyse hingegen 0,2042 ($= 1{,}18\%$) Fettsäuren mit einer Jodzahl 90,6 und 91,2. Das Fett ist also in gebundener Form vorhanden und bleibt bei der Trennung der Getreidestärke bei der α-Amylose. Gleiches gilt von der Reisstärke, die aber einen etwas höheren Gehalt an Fettsäuren besitzt. Bei der Kartoffelstärke, die einen merklichen Phosphorsäuregehalt hat, ist dies nicht der Fall. Die Rohstärke enthielt 0,087 bzw. 0,090% P, die β-Amylose 0,087% und die α-Amylose 0,049% [1].

Derivate: Triacetylamylose $C_{12}H_{16}O_8$. Amylose, dargestellt nach Ling und Nanji, $[\alpha]_D^{20} = +189{,}9°$ wird mit wasserfreiem Pyridin und Acetanhydrid 6—7 Tage unter häufigem Umschütteln aufbewahrt, die Flüssigkeit zentrifugiert, mit Eisessig verdünnt und in Eiswasser gegossen; die ausgeschiedenen Flocken werden in Essigester gelöst, von Verunreinigungen abzentrifugiert und mit Äther gefällt. Ausbeute 90%. Flocken. $[\alpha]_D^{16} = +176{,}6°$ (in Chloroform); unlöslich oder sehr wenig löslich in Chloroform, Eisessig. Molekulargewicht in gefrierendem Phenol zwischen 289 und 326 (7 Bestimmungen); 1mal 371 (bzw. 288). Nachacetylierung ändert die Zusammensetzung nicht [2]. Ergab in Essigsäure in 0,11proz. Lösung für die mittlere Teilchengröße Werte bis herunter zu 100 [3]. — Im Vakuum erhält man Werte gegen 290 [3]. — Erwärmt man Amylosetriacetat mit Naphthalin $^1/_2$ Stunde auf 260—270°, so tritt Lösung ein. Nach Entfernung des Naphthalins erhält man ein Präparat mit $[\alpha]_D^{20} = +176{,}8°$ in Chloroform. — Nach der Verseifung gewinnt man ein Amylosan, das in Wasser von Zimmertemperatur klar löslich ist, $[\alpha]_D = +188°$ zeigt. — Bei Abbau des Triacetats mit Benzolsulfosäure erhält man nach der Verseifung ein in Wasser lösliches, nicht reduzierendes, mit Jod sich blau färbendes Produkt, $[\alpha]_D = +189{,}9°$ [4].

Amyloseacetylderivat[5] $C_{48}H_{56}O_{42}(CH_3CO)_{26}$ (?). Weizenstärke wird längere Zeit mit Wasser erwärmt und der Kleister mit Alkohol gefällt; dieses Präparat (mit 0,07% Aschengehalt) läßt sich leicht mit Acetanhydrid in Gegenwart eines Katalysators (wenig konz. H_2SO_4) acetylieren. Die Acetylierlösung wird in Eiswasser gegossen, das Produkt wird aus Chloroform durch Fällen mit Alkohol gereinigt. $[\alpha]_D = +276{,}3°$ (0,73proz. Lösung in Chloroform). Liefert bei der Verseifung mit alkoholischer NaOH Amylose.

Acetylderivat $C_{24}H_{28}O_{22}(CH_3CO)_{14}$ [5] (?). Entsteht bei der Acetylierung mit Acetanhyrid + wenig konz. H_2SO_4 bei 55°. $[\alpha] = +238{,}2°$ (in 0,898proz. Lösung in Chloroform) bzw. $= +240{,}2°$ (in 0,712proz. Lösung in Chloroform).

Acetylderivat $C_{24}H_{29}O_{22}(CH_3CO)_{13}$ [5] (?). Darstellung durch 2 stündiges Erhitzen einer Lösung der Verbindung $C_{48}H_{56}O_{42}(CH_3CO)_{26}$ in Chloroform mit PCl_5, Eintropfen in Eiswasser. Reinigung aus Chloroform durch Fällen mit Alkohol.

Amylopektin (Bd. II, S. 159; Bd. VIII, S. 40; Bd. X, S. 261).

Darstellung [6]: Man behandelt gefrorenen Stärkekleister mit einem Extrakt aus nicht gekeimten Zerealien oder mit daraus hergestellter Diastase bei einer 50° nicht übersteigenden Temperatur und trennt dann die gebildete Maltose von dem Amylopektin durch Lösen in Wasser von 50—60° [7].

Physiologische Eigenschaften: Amylopektin wird durch den Saccharomyces Ludwigii, der frei von Maltase und Maltozymase ist, in Gegenwart von Co-Zymase (Kochsaft aus Unterhefe) bis zu 21,4 bzw. 25,6% vergoren. Die Gärung geht über Glykose als Zwischenstufe, ohne daß dabei Maltose auftritt. Die Vergärung der labilen Glykosemodifikation ist an die

---

[1] T. C. Taylor u. H. A. Iddles: Ind. Chem. **18**, 713 (1926) — Chem. Zbl. **1926 II**, 1798.

[2] M. Bergmann u. E. Knehe: Liebigs Ann. **452**, 141 (1927) — Chem. Zbl. **1927 I**, 1948.

[3] Max Bergmann, Ewald Knehe u. Ernst v. Lippmann: Liebigs Ann. **458**, 93 (1927) — Chem. Zbl. **1927 II**, 2763.

[4] Arnold Steingroever: Ber. dtsch. chem. Ges. **62**, 1352 (1929) — Chem. Zbl. **1929 I**, 3087.

[5] E. Peiser: Hoppe-Seylers Z. **161**, 210 (1926) — Chem. Zbl. **1927 I**, 716.

[6] Ken Harada: J. of Biochem. **3**, 149 (1923) — Chem. Zbl. **1924 I**, 2104.

[7] A. R. Ling u. D. R. Nanji: E.P. 217770 v. 28. Juni 1923; Chem. Zbl. **1924 II**, 2619.

Anwesenheit der Co-Zymase geknüpft und führt über die Stufe des Zymophosphates[1]. Versuche mit dem abgetrennten, Milchsäure bildenden Ferment vom Muskel[2]. — Amylase verwandelt Amylose quantitativ und dabei schneller als das Amylopektin in Maltose. Hierbei beeinflußt das Komplement nur die Spaltung der Amylose, nicht die des Amylopektins[3]. — Im Amylopektin sind drei verschiedene Bestandteile, welche zu 35,25 und 40% vorhanden sind. Diese werden verschieden schnell von Amylase abgebaut[4]. Wird durch Amylase aus ungekeimter Ge.ste nicht so weitgehend gespalten wie durch Malzamylase[5]. — Die Verzuckerung von Amylopektin durch Malzamylase wird durch β-Glykose und β-Maltose gehemmt[6]. — Bei Spaltung des Amylopektins mit Malzdiastase in Gegenwart von Maltose scheint $^1/_3$ als Maltose aufzutreten, der Rest als stabiles Dextrin. Das letzte scheint bei der Diastasespaltung in Abwesenheit von Maltose nicht aufzutreten, wie aus der fast 3 mal so großen Geschwindigkeit dieser Spaltung geschlossen wird[7].

Physikalische und chemische Eigenschaften: Das Kartoffelamylopektin (Erythroamylose-Phosphorsäureester) ist eine zweibasische Säure, welche im Gegensatz zu den Amylopektinen aus Samen bei der elektrodialytischen Reinigung die Kationen verliert und die freie Säure liefert. Die Amylophosphorsäure ist elektrolytisch nur in der ersten Stufe dissoziiert, doch bindet sie bis zur elektrometrisch festgestellten Neutralität nahezu das Doppelte jener Basenmenge, welche den freien H-Ionen entspricht. Manche Amylopektine zeigen eine höhere Säuerung[8]. Pringsheim und Leibowitz[9] folgern, daß Di- und Trihexosan nicht die wahren Elementarkörper des Amylopektins bzw. der Amylose darstellen, sondern aus den sehr labilen Elementarkörpern durch innere Umlagerungen hervorgegangen sind. — Fluorescenzerscheinungen[10]. Der kolloidale Zustand des Amylopektins ist verschieden; die Amylophosphorsäure erlangt ihre amylopektinartige Eigenschaft durch die Art der Kationen, die zugegen sind und die große Einwirkung auf die Adsorptionsfähigkeit der Stärke haben; dies konnte gezeigt werden an Tannin, Baryt und an Anilinfarben[11]. — Vergleichende kolloidchemische und physikalisch-chemische Untersuchungen an Kartoffelamylopektin verschiedener Darstellung[12]. — Liefert bei der Acetylierung ein Trisaccharidacetat und beim Erhitzen mit Glycerin ein Trihexosan[13]. — Aus pflanzlichen unterirdischen Speicherorganen sowie aus Samen werden durch Elektrodialyse Amylopektine hergestellt und auf Phosphorgehalt, Leitfähigkeit, Viscosität, Wasserstoffionenkonzentration untersucht. — Die Unterschiede sind beträchtlich, jedoch weitgehend in den beiden Gruppen der Stärke und des Amylopektins untereinander analog. Mittels der Phosphorylierungsmethode synthetisch hergestellte Amylopektine sind Produkte, bei denen die Unterschiede zwischen den einzelnen Stärkearten verschwunden sind[14].

Derivate: Acetylverbindung. Das phosphorfreie Kohlehydrat, das aus Amylopektin nach dem Barytverfahren erhalten war, gab nach der Acetylierung in Essigsäurelösung Zahlen für die mittlere Teilchengröße bis herunter zu 100[15]. — Im Vakuum erhält man Werte gegen 290[15].

---

[1] A. Gottschalk: Hoppe-Seylers Z. **168**, 267 (1927) — Chem. Zbl. **1927 II**, 2321 — Wschr. Brauerei **43**, 487 (1927) — Chem. Zbl. **1927 I**, 304.

[2] Otto Meyerhof: Naturwiss. **14**, 196 (1926) — Chem. Zbl. **1926 I**, 2809.

[3] Hans Pringsheim u. Arthur Beiser: Biochem. Z. **148**, 336 (1924) — Chem. Zbl. **1924 II**, 1211.

[4] Ken Harada: J. of Biochem. **4**, 123 (1924) — Chem. Zbl. **1925 I**, 1613.

[5] Knut Sjöberg u. Elsa Erikson: Hoppe-Seylers Z. **139**, 118 (1924) — Chem. Zbl. **1924 II**, 2760.

[6] Richard Kuhn: Liebigs Ann. **443**, 1 (1925) — Chem. Zbl. **1925 II**, 405.

[7] Arthur Robert Ling u. Dinshaw Rattonji Nanji: J. chem. Soc. Lond. **127**, 636 (1925) — Chem. Zbl. **1925 II**, 648.

[8] M. Samec: Festschrift Prof. Lozamič (Belgrad) **1922**, 5 — Chem. Zbl. **1925 I**, 731.

[9] Hans Pringsheim u. Jesaia Leibowitz: Ber. dtsch. chem. Ges. **58**, 2808 (1926) — Chem. Zbl. **1926 I**, 2567.

[10] Hans Pringsheim u. Otto Gerngroß: Ber. dtsch. chem. Ges. **61**, 2009 (1928) — Chem. Zbl. **1928 II**, 1978.

[11] J. J. Lijust Zwicker: Rec. Trav. chim. Pays-Bas et Belg. (Amsterd.) **40**, 605 (1921) — Chem. Zbl. **1922 III**, 835.

[12] M. Samec: Biochem. Z. **205**, 104 (1929) — Chem. Zbl. **1929 I**, 2526.

[13] Hans Pringsheim u. Kurt Wolfsohn: Ber. dtsch. chem. Ges. **57**, 887 (1924) — Chem. Zbl. **1924 II**, 315.

[14] M. Samec, M. Minaeff u. N. Ronžin: Kolloidchem. Beih. **19**, 203 (1924) — Chem. Zbl. **1924 II**, 443.

[15] Max Bergmann, Ewald Knehe u. Ernst v. Lippmann: Liebigs Ann. **458**, 93 (1927) — Chem. Zbl. **1927 II**, 2763.

Amylopektintriacetat[1]. 5proz. Stärkekleister wird bei $-12°$ ausgefroren, die nach dem Auftauen erhaltene watteartige Masse mit Wasser von $60°$ ausgezogen und die zurückbleibende, stark gequollene Substanz mit Alkohol und Äther entwässert. Die getrocknete Substanz gibt nach feinem Pulvern mit warmem Wasser einen homogenen Kleister, der auf Jodzusatz einen blauschwarzen Niederschlag gibt, $[\alpha]_D = +220°$. Das ätherfeuchte Produkt wird mit Essigsäureanhydrid und Pyridin bei Brutraumtemperatur acetyliert. Das Produkt gibt den Essigesterauszügen Amylosetriacetat ab. Der Rückstand ist Amylopektintriacetat. Gibt trübe, nicht polarisierbare Chloroform und Essigsäurelösungen. Beim Kochen mit Benzolsulfonsäure tritt kein Abbau ein[1].

Stärkeähnliche Kohlehydrate (Bd. X, S. 262).

Pilzstärke[2] (Amylose).

Vorkommen: In Kulturen von Aspergillus mit Rohrzuckerzusatz war die Bildung von Säure und von Pilzstärke besonders groß. Bei Veränderung des Verhältnisses N:C in der Nahrung nimmt die Bildung von Pilzstärke mit Sinken des Stickstoffgehaltes zu. Einen noch ungeklärten Einfluß auf die Bildung der Pilzstärke hat die Temperatur.

Physiologische Eigenschaften: Vergärt durch Bac. macerans, wird durch Amylase und Emulsin gespalten, wobei Maltose gebildet wird.

Physikalische und chemische Eigenschaften: Beim Eindampfen bildet es Häutchen; beim Stehen der Lösung erfolgt Retrogradation. — Bei der Hydrolyse durch Säure bildet sich Glykose.

Flechtenstärke (Bd. II, S. 52, 77).

In und an den Gonidien der Xanthoria parietina L. entsteht als Erzeugnis der Assimilation ein Kohlehydrat, das nach seinem Verhalten mit großer Wahrscheinlichkeit als Stärke anzusprechen ist[3].

Polysaccharid von Achorion Quinckeanum.

Der wirksame Stoff von Kulturen von Achorion Quinckeanum enthält ein Polysaccharid, das Kupfer nicht reduziert, Jod blau färbt und sein Gehalt an Stärke proportional mit seiner Wirksamkeit ist und welche erst durch Hydrolyse mit 12,5proz. Säure zerstörbar ist. Beim Abbau durch lebende Pilzkulturen werden 80% davon zerstört[4].

Amylohemicellulose.
$$C_{18}H_{34}O_{17}; \quad 3\,C_6H_{10}O_5 + 2\,H_2O\,[5]$$

Vorkommen: Die in den meisten Stärkearten, besonders von Gerste, Weizen, Reis, enthaltene Substanz von Hemicellulosenatur ist sehr verbreitet, besonders in den verschiedenen stärkehaltigen Früchten und Samen mit Stärke vergesellschaftet, anscheinend aber auch in Blättern und Stengeln als einer der Hauptbestandteile der Zellwände solcher Pflanzen schon in sehr frühen Entwicklungsstadien auftretend. Auch in verschiedenen Hölzern findet es sich in wechselnden Mengen. Da ihr Hauptanteil blaue Jodreaktion gibt, mag sie zuweilen mit Stärke verwechselt werden[6].

Physiologische Eigenschaften: Die Diastase angekeimter Gerste wirkt auf die Amylohemicellulose selbst bei längerer Bebrütung bei $50°$ nicht ein, wodurch sich ein Weg zur Isolierung bietet. Malzdiastase spaltet sie, frisch hergestellter Malzextrakt schneller und voll-

---

[1] Arnold Steingroever: Ber. dtsch. chem. Ges. **62**, 1352 (1929) — Chem. Zbl. **1929 I**, 3087.

[2] Dorothea Schmidt: Biochem. Z. **158**, 223 (1925) — Chem. Zbl. **1925 II**, 1177.

[3] Fr. Tobler: Ber. dtsch. bot. Ges. **41**, 406 (1924) — Chem. Zbl. **1924 I**, 2785.

[4] Br. Bloch, A. Labouchére u. Fr. Schaaf: Arch. f. Dermat. **148**, 413—424 (1925) — Chem. Zbl. **1925 II**, 411.

[5] S. B. Schryver u. E. M. Thomas: Biochemic. J. **17**, 496 (1923) — Chem. Zbl. **1923 III**, 1622.

[6] Arthur Robert Ling u. Dinshaw Rattonji Nanji: J. chem. Soc. Lond. **127**, 652 (1925) — Chem. Zbl. **1925 II**, 649.

ständiger als die gefällte Diastase. Bei der vollständigen Spaltung entsteht ausschließlich Maltose. Die Substanz wird daher als Derivat der α-Hexaamylose betrachtet, wofür auch das gleiche Verhalten beider gegen Malzdiastase bei 70° spricht[1].

Physikalische und chemische Eigenschaften: Enthält noch ein anderes Polysaccharid, das in Mengen von < 1% in Stärke enthalten ist. Die verschiedenen physikalischen Eigenschaften sind wahrscheinlich durch die Veresterung mit Kieselsäure zu erklären. Die Kieselsäure ist außerdem als Calcium, Magnesium oder Eisensalz vorhanden[1].

Amylocellulose (Bd. II, S. 115, 116; Bd. X, S. 262).

Hydrolysiert man Kartoffel- oder Maisstärke mit 0,5 n-Salzsäure, verdampft die Flüssigkeit und verascht den Rückstand, so erhält man eine Substanz, die zum größten Teil in Salzsäure unlöslich ist und mit Fluor eine flüchtige Verbindung liefert. Daraus folgt mit einiger Wahrscheinlichkeit, daß die große Widerstandsfähigkeit der Amylocellulose auf einer Verbindung mit Kieselsäure beruht[2].

B. Dextrine (Bd. II, S. 161; Bd. VIII, S. 41; Bd. X, S. 263).

Amylodextrin (Bd. II, S. 161; Bd. VIII, S. 41; Bd. X, S. 263).

α-Amylodextrin von Baker (Bd. II, S. 163) wurde als Abkömmling des Amylopektins erkannt. Es ist kein Amylodextrin, da es durch Ausziehen mit siedendem 80proz. Alkohol völlig vom Reduktionsvermögen befreit werden kann. Es hat vielmehr Ähnlichkeit mit den polymerisierten Amylosen, wird als polymerisierte α-β-Hexaamylose betrachtet, der Kürze wegen α-β-Hexaamylose bezeichnet[3]. — Die von Syniewski früher[4] aufgestellte Formel des Amylodextrins kann auch geschrieben werden:

$$[(C_{18}) \{> (C_{12})\}_3]_4$$

Das Symbol in der eckigen Klammer ist ein Amylogenrest, (C_{12}) sind die mittels ihres freien Carbonyls ($>$) an den Dextrinring (C_{18}) gebundenen Maltosereste, deren endständige Gruppe CH_2—OH frei ist und zu Carboxyl oxydiert wird[5].

Physiologische Eigenschaften: Über die Geschwindigkeit der unter Vermittlung von α-Diastase verlaufenden Stärkehydrolyse. Untersucht wurde die Geschwindigkeit, mit der das Amylodextrin in Maltose + Grenzdextrin I durch α-Diastase aus Gerste gespalten wird[6].

Physikalische und chemische Eigenschaften: Läßt sich in Gegenwart von Bariumcarbonat mit Brom zu einer Amylodextrinsäure oxydieren, siehe dort[7].

Amyloseoktadextrin[8].

Ist identisch mit dem Amylodextrin von Nägeli und Brown $[C_{12}H_{20}O_{10}]_8 \cdot H_2O$. Mol-Gewicht = 2160.

Bildung: Entsteht durch 3 monatige Einwirkung von etwa 11 proz. Salzsäure auf Kartoffelstärke bei gewöhnlicher Temperatur.

Physiologische Eigenschaften: Wird von Malzamylase etwas schneller als lösliche Stärke zu Maltose verzuckert, wobei jedoch ein Teil ungespalten bleibt, der sich ebenso verhält wie die Restsubstanz der Spaltung von Amylose mit Malzamylase[9].

---

[1] Arthur Robert Ling u. Dinshaw Rattonji Nanji: J. chem. Soc. Lond. **127**, 652 (1925) — Chem. Zbl. **1925 II**, 649.

[2] G. Malfitano u. M. Catoire: C. r. Acad. Sci. Paris **174**, 1128 (1922) — Chem. Zbl. **1922 III**, 717.

[3] Arthur Robert Ling u. Dinshaw Rattonji Nanji: J. chem. Soc. Lond. **123**, 2666 (1923) — Chem. Zbl. **1924 II**, 313.

[4] Victor Syniewski: Liebigs Ann. **324**, 255 (1902).

[5] Victor Syniewski: Liebigs Ann. **441**, 277 (1925) — Chem. Zbl. **1925 I**, 1486.

[6] Victor Syniewski: Biochem. Z. **162**, 228, 236 (1925) — Chem. Zbl. **1926 I**, 691.

[7] Victor Syniewski: Liebigs Ann. **441**, 285 (1925) — Chem. Zbl. **1925 I**, 1487.

[8] P. Klason u. K. Sjöberg: Ber. dtsch. chem. Ges. **59**, 40 (1926) — Chem. Zbl. **1926 I**, 1636 — Sv. kem. Tidskr. **37**, 290 (1925) — Chem. Zbl. **1926 I**, 2194.

[9] K. Sjöberg: Ber. dtsch. chem. Ges. **57**, 1251 (1924) — Chem. Zbl. **1924 II**, 2394.

Physikalische und chemische Eigenschaften: Fällt in Sphärokrystallen aus, krystallisiert mit 24 Mol Wasser, löst sich in Wasser im Verhältnis 0,25 : 100. Gegen Jodlösung verhält es sich ebenso wie Lintners Erythrodextrin II. Das Reduktionsvermögen für Fehlingsche Lösung beträgt 13,05 %. $[\alpha]_D = +195,6$. Mol-Gewicht 2125 (Gefrierpunktsmethode). Wird von 5 proz. Schwefelsäure in Glykose aufgespalten[1].

Amylodextrinsäure.

Syniewski[2] nimmt für die Amylodextrinsäure auf Grund der für Amylodextrin angenommenen Formel folgende Formel an:

$$[(C_{18})\{>(C_6)-O-\overset{\boxed{\qquad\qquad O\qquad\qquad}}{CH-CH(OH)-CH(OH)-CH(OH)-CH}-COOH\}_3]_4$$

Aus dem Glykoserest der Maltose ist der Glykuronsäurerest geworden, was auch experimentell durch die Orcinprobe, durch die Naphthoresorcinreaktion und die quantitative Bestimmung des durch Salzsäure gebildeten Furfurols nachgewiesen wird[2].

$$C_{216}H_{348}O_{198} = C_{204}H_{336}O_{174}(COOH)_{12}\;[2]$$

Gefundene Analysenzahlen 42,71 % C, 5,32 % H.

Darstellung[2]: Ein etwa 5 proz. Kartoffelstärkekleister wird im Autoklaven 12 Stunden auf 125—138° erhitzt, die Lösung des Amylodextrins filtriert, mit Bariumcarbonat versetzt, und bei Zimmertemperatur so lange, Tage bis Wochen, mit Brom behandelt, bis Jod keine Färbung mehr hervorruft. Nach Entfernung von Brom und Baryumcarbonat wird mit Schwefelsäure angesäuert und das Filtrat in Alkohol gegossen. Das Produkt wird durch mehrfaches Umfällen, dann fraktioniertes Fällen aus Wasser + Alkohol gereinigt, wobei sich ergab, daß alle Fraktionen unter sich und mit dem Rohprodukt identisch waren.

Physikalische und chemische Eigenschaften[2]: Weißes, leichtes, beim Reiben elektrisch werdendes Pulver, sehr leicht löslich in Wasser, von stark saurer Reaktion. $[\alpha]_D^{20} = +191,12°$. Reduziert Fehlingsche Lösung in 1 proz. Lösung 23,24 % der Maltose und alkalische Silberlösung; gibt mit α-Naphthol die Molischsche Reaktion mit karmesinroter Farbe; mit Ammoniak, Salzsäure und überschüssiger Kalilauge Rosafärbung, mit Ferrochlorid Rotfärbung. Die gelbe Lösung in Natronlauge wird beim Neutralisieren farblos. — Ist eine 12 basische Säure.

Derivate: Phenylhydrazid. Wahrscheinlich $C_{288}H_{420}O_{186}N_{24}$(?). Amorph, zinnoberrot, Schmelzp. 153°, rasch erhitzt; leicht löslich in heißem Wasser, wenig löslich in Alkohol, Anilin, unlöslich in Benzol, Chloroform.

Erythrodextrin (Bd. II, S. 165; Bd. VIII, S. 41; Bd. X, S. 263).

Zur Unterscheidung von Glykogen bei pflanzenmikrochemischen Untersuchungen ist am besten die Färbung der Schnitte mit 0,5 proz. Lösung von Orseillin BB in 90 proz. Alkohol während 10—15 Minuten. Glykogen färbt sich dabei carminrot, Erythrodextrin nicht[3].

Stabiles Dextrin.

Die Grundeinheit des stabilen Dextrins dürfte mit ziemlicher Sicherheit als aus 4 Glykoseeinheiten zusammengesetzt angenommen werden. — Es ist wahrscheinlich ein Gemisch eines Komplexes mit geschlossener und eines solchen mit offener Kette, von denen der zweite mit dem β-Maltodextrin $C_{24}H_{42}O_{21}$, der erste wesentlich höheres Mol-Gewicht hat. Im stabilen Dextrin wird 1 Mol β-Maltodextrin mit 2 Mol einer entsprechenden polymerisierten Tetraamylose angenommen[4](?).

Darstellung: Ein 7—8 proz. Kleister aus etwa 1 kg Kartoffelstärke mit 20 % Feuchtigkeitsgehalt wird mit 0,2 g gefällter Malzdiastase bei 40° behandelt, bis $[\alpha]_D$ etwa $+148°$

[1] P. Klason u. K. Sjöberg: Ber. dtsch. chem. Ges. **59**, 40 (1926) — Chem. Zbl. **1926 I**, 1636 — Sv. kem. Tidskr. **37**, 290 (1925) — Chem. Zbl. **1926 I**, 2194.

[2] Victor Syniewski: Liebigs Ann. **441**, 277 (1925) — Chem. Zbl. **1925 I**, 1486.

[3] Eva Mameli Calvino: Riv. Biol. **5**, 486 (1923) — Chem. Zbl. **1924 I**, 2291.

[4] Arthur Robert Ling u. Dinshaw Rattonji Nanji: J. chem. Soc. Lond. **127**, 629 (1925) — Chem. Zbl. **1925 II**, 646.

und das Reduktionsvermögen etwa 80,8 beträgt, die filtrierte Flüssigkeit zu dünnem Sirup konzentriert dieser noch heiß in dünnem Strahle in viel 95proz. Alkohol eingetragen, so daß dessen Stärke schließlich 85—86% beträgt. Das gefällte Dextrin wird mehrere Stunden mit Alkohol von dieser Stärke geknetet, dann in Wasser zu 15proz. Lösung gelöst, der Alkohol durch Kochen entfernt, die Flüssigkeit sterilisiert und mit frischer Brauerhefe etwa 1 Woche vergoren, bis das Reduktionsvermögen auf 14 gesunken ist und die Lösung kein krystallinisches Phenylosazo.‍. mehr gibt. Dann wird mit Norit entfärbt, dialysiert, auf dem Wasserbad zum Sirup konzentriert und dieser auf einer horizontalen Glasplatte, die mit einer Metallplatte von 40° in Berührung steht, eingetrocknet[1]. Ausbeute 22% der Stärke.

Physiologische Eigenschaften: Bei der Spaltung mit Diastase in Gegenwart oder Abwesenheit von Maltose ergaben sich keine merklichen Unterschiede der Reaktionsgeschwindigkeit, abgesehen von den letzten Stadien. Diese Geschwindigkeit wächst zwischen 30 und 40°, nimmt dann wieder ab. Die Spaltung mit gefällter Diastase liefert nur wenig Glykose neben viel Maltose; mit Malzdiastase in Gegenwart von 80% Maltose gleiche Mengen von dieser und von Isomaltose, mit Maltase nur Isomaltose, mit Emulsin Maltose und Glykose[1].

Physikalische und chemische Eigenschaften: $[\alpha]_D = +185°$, Reduktionsvermögen $= 14$[1].

Maltodextrin (Bd. II, S. 168; Bd. X, S. 265).

α-Maltodextrin.

$$C_{36}H_{62}O_{31}$$

Wird von der α, β-Hexaamylose abgeleitet durch einfache Öffnung des Ringes unter Bildung einer offenkettigen Verbindung aus 6 Glykoseresten[1](?).

β-Maltodextrin.

Setzt sich vermutlich aus 4 Glykoseresten zusammen, vielleicht nach folgendem Schema[1](?):

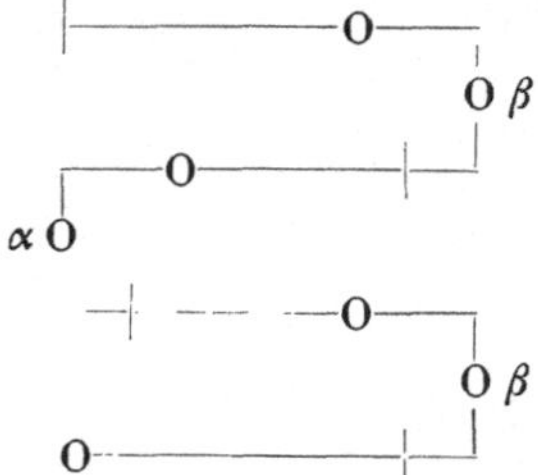

Grenzdextrin (Bd. II, S. 166, 168).

Physiologische Eigenschaften: Das aus dem Reaktionsgemisch Stärke und Pankreas-amylase nach Vergären der Maltose erhaltene Pankreasgrenzdextrin (Reduktionsvermögen auf Maltose $= 100$ berechnet) $= 12,8$ bzw. 22 und $[\alpha]_D^{17} = +164$ bzw. 149° wird von Taka, Pankreas, Speichel, Malzamylase oder Emulsin angegriffen, wobei die beiden letzten Enzyme etwa doppelt so viel Zucker erzeugen als Pankreas und Speicheldiastase. Emulsin wirkte dabei bei $p_H = 5,3 \pm 0,5$ am besten. Das Malzgrenzdextrin wird von den gleichen Fermenten ebenfalls gespalten. Die Affinitätsunterschiede zwischen verschiedenen Präparaten einer Amylase sowie bei Wirkung der gleichen Amylase auf Stärke oder den daraus bereiteten Restkörper sind außergewöhnlich groß[2].

Physikalische und chemische Eigenschaften: Soll nach Pringsheim und Beiser ein Trisaccharid $(C_6H_{10}O_6)_3$ sein; Mol-Gewicht 486, $[\alpha]_D^{20} = +158,9°$; Reduktionsvermögen: 0,1008 g Substanz entsprechen 9 mg Kupfer[3]. — Das von Euler und Lintner beim diastatischen

---

[1] Arthur Robert Ling u. Dinshaw Rattonji Nanji: J. chem. Soc. Lond. **127**, 636 (1925) — Chem. Zbl. **1925 II**, 649.

[2] Richard Kuhn: Liebigs Ann. **443**, 1 (1925) — Chem. Zbl. **1925 II**, 405.

[3] Hans Pringsheim u. Arthur Beiser: Biochem. Z. **148**, 336 (1924) — Chem. Zbl. **1924 II**, 1211.

Abbau von Stärke erhaltene „Grenzdextrin" kann durch Acetylbromid in Maltosederivate übergeführt werden, muß also auch noch Maltosegruppierungen enthalten[1].

Derivate: Acetylverbindung[2]. Durch Eingießen des zum Sieden erhitzten Gemisches von 1,5 g Grenzdextrin + 0,05 g Zinkchlorid in 15 ccm Essigsäureanhydrid in kaltes Wasser. Die Zusammensetzung entspricht der Formel $[(C_6H_7O_6)_3 \cdot (CH_3CO)_3]$; Mol-Gewicht 864 in Phenol. $[\alpha]_D^{20} = +146,5°$ in Acetylentetrachlorid.

Reduzierendes Grenzdextrin I[3].

Ist im wesentlichen identisch mit dem früher beschriebenen Grenzdextrin (Bd. II, S. 166).

Darstellung: Da das nichtreduzierende Grenzdextrin I intakte β-Bindungen enthält, so müßte es noch zur β-Hydrolyse befähigt sein. Dies trifft zu. Läßt man auf seine wässerige Lösung unter Zusatz von wenig Formaldehyd einen 5 Minuten auf 76° erhitzten Malzauszug einwirken, so ist nach einer gewissen Zeit das Jodfärbungsvermögen verschwunden. Die Isolierung erfolgt durch fraktionierte Fällung mit Alkohol.

Physikalische und chemische Eigenschaften: Eine besonders reine Substanz zeigte $[\alpha]_D^{20} = +187,97°$ und Reduktionsvermögen: 13,31% der Maltose.

Nichtreduzierendes Grenzdextrin I[3].

Für die Ableitung der Formel für das nichtreduzierende Grenzdextrin I ist zunächst hervorzuheben, daß die für das Amylodextrin ermittelte Formel (siehe dort) 69,09% Maltose erwarten läßt. Erwägt man, daß die der Berechnung zugrunde gelegte Weinsche Tabelle etwas zu niedrige Ergebnisse liefert, so kommt der wirkliche Befund dem theoretischen recht nahe. Die aus der Abspaltung der 12 Maltosereste hervorgehende Substanz kann höchstens 72 C und 12 Glykosereste enthalten. Da man ferner annehmen darf, daß eine symmetrisch gebaute Molekel dieser Art eine durch 12 teilbare Zahl von Hydroxylgruppen enthält, so läßt die gefundene Acetylzahl der Acetylverbindung auf 48 Hydroxyle schließen. Syniewski[3] gelangt somit zu der Formel $C_{72}H_{132}O_{60}$ für das primär gebildete Dextrin, entstanden nach der Gleichung:

$$C_{216}H_{372}O_{186} + 12\,H_2O = 12\,C_{12}H_{22}O_{11} + C_{72}H_{132}O_{60}$$

Die analysierte Substanz ist bereits ein Reversionsprodukt entsprechend dem Vorgang $3\,C_{72}H_{132}O_{66} - 9\,H_2O \rightarrow C_{216}H_{378}O_{189}$ (?).

Darstellung: Läßt man einen mit kaltem Wasser hergestellten Gerstenauszug, dem etwas Formaldehyd zugesetzt wird, auf eine Amylodextrinlösung bei Zimmertemperatur einwirken, so nimmt das Reduktionsvermögen der Lösung schnell zu; bei 0,9756 g Stärketrockensubstanz in 25 ccm Mischung war in 48 Stunden mit etwa 65% Maltose auf Amylodextrin der Endpunkt im wesentlichen erreicht; bei größerer Konzentration viel früher. Man erreicht also nicht dieselbe Maltosemenge wie bei der gewöhnlichen Verzuckerung, und im Gegensatz zu dieser bleibt die Jodreaktion fast rein blau. Die Lösung wird in wenig siedendem Wasser einlaufen gelassen und kurz gekocht, um die Diastase zu vernichten, darauf in Alkohol gegossen. Es scheiden sich Flocken aus. Die weitere Reinigung erfolgt durch fraktionierte Fällung aus Wasser + Alkohol. Schließlich resultiert eine Substanz, deren Analyse zwar zu der Formel $C_{72}H_{126}O_{66}$ paßt, aber Mol-Gewicht in Wasser 6002 zeigt.

Physiologische Eigenschaften: Wird von Diastase in reduzierendes Grenzdextrin I übergeführt.

Physikalische und chemische Eigenschaften: $[\alpha]_D^{18} = +193,73°$, klar löslich in Wasser. Eine konz. Lösung in siedendem Wasser erstarrt beim Erkalten zu einem Kleister. Färbung mit Jod rein blau. Reduktionskraft: 1,04% der Maltose.

Derivate: Acetylverbindung. Aus Essigsäure + Wasser, dann Chloroform + Benzin. Amorphes Pulver. Enthält 50,2% Acetyl.

---

[1] P. Karrer: Dtsch. med. Wschr. **49**, 1074 (1923) — Chem. Zbl. **1923 III**, 1150 — Erg. Physiol. **20**, 433 (1923) — Chem. Zbl. **1923 III**, 199.

[2] Hans Pringsheim u. Arthur Beiser: Biochem. Z. **148**, 336 (1924) — Chem. Zbl. **1924 II**, 1211.

[3] Victor Syniewski: Liebigs Ann. **441**, 285 (1925) — Chem. Zbl. **1925 I**, 1486.

Gummöses Dextrin[1].

Erhalten mit Bacterium macerans, ist ein relativ noch hochmolekulares, P-haltiges Abbauprodukt des Amylopektins.

Dextrin (Bd. II, S. 172; Bd. VIII, S. 41; Bd. X, S. 265).

Vorkommen: Unter den Kohlehydraten des Maispollens[2]. Im Mehle der Samen von Lathyrus Cicera: 5,38 % [3].

Darstellung: Es wird am besten bei einer Temperatur von 107° gearbeitet[4]. — Herstellung von Dextrin durch Rösten von Stärke oder stärkehaltigen Stoffen mit Säuren, welch letzteren eine geringe Menge eines Metallsalzes, wie $MnCl_2$, $AlCl_3$, $CoCl_2$, $PtCl_4$, oder anderer Chloride oder Nitrate, zugesetzt wird. Die so erhaltenen weißen Dextrine besitzen eine hohe Löslichkeit bei geringem Säuregehalt[5].

Nachweis und Bestimmung: Nachweis in Honig[6], in Wein[7]. Mit etwas konz. H_2SO_4 angefeuchtet gibt es, wenn 1 Tropfen Guajacol zugesetzt wird, wie Metaldehyd charakteristische Farbenreaktion[8]. Das Dextrin invertiert man durch 1 stündiges Erhitzen in siedendem Wasser bei Gegenwart von n-HCl und bestimmt die dadurch eintretende Zunahme des Glykosegehalts[9]. Bestimmung in Gemischen von Stärkezucker- und Rohrzuckerprodukten[10].

Physiologische Eigenschaften: Dextrinverzuckerungsversuche führten P. Petit und Richard zu der Hypothese, daß die Wirkung der Amylase auf Verzuckerungsdextrine von der Maltose herrührt. Die neue Amylasewirkung führt höchstens 47 % des bei 70° gebildeten Dextrins und nur 13 % des bei 50° entstandenen Dextrins in reduzierenden Zucker über[11]. Die optimale Tätigkeit des dextrinverflüssigenden Erregers der Takadiastase wurde bei $p_H = 4$, vollständige Hemmung bei $p_H = 2$ nach der viscosimetrischen Methode bei 34° gefunden[12]. Steigerung der phagocytotischen Wirkung[13]. — Wird von den Larven der Honigbienen verwertet[14], von den Bienen nicht[15]. — Fütterungsversuche an Tauben mit weißem und gelbem Dextrin ergaben eine Überlegenheit des gelben[16]. Mit einem 56,96 % gereinigtes Dextrin enthaltenden Nahrungsgemisch entsteht bei Ratten ausgesprochene Rachitis[17]. Bei den Untersuchungen von Olaf Bergeim über die Reduktionen der verschiedenen Darmabschnitte wurde festgestellt, daß Dextrin, das zu der charakteristischen Umstellung der Darmflora in acidurischen Typus führte, deutlichere Verminderung der Reduktionswerte verursacht[18]. Dextrin wirkt bei Meerschweinchen gegen anaphylaktischen Shock nicht antianaphylaktisch[19]. Wirksamkeit auf den Zuckerspiegel[20]. Dextrininfusion bewirkt bei Fiebernden starke Schwankungen der Tem-

---

[1] M. Samec: Biochem. Z. **187**, 120 (1927) — Chem. Zbl. **1927 II**, 1450.

[2] Suguru Miyake: J. of Biochem. **3**, 169—176 (1924) — Chem. Zbl. **1925 I**, 677.

[3] Sabato Visco: Arch. Farmacol. sper. **37**, 105 (1924) — Chem. Zbl. **1924 II**, 71.

[4] W. A. Darrah: Chem. Met. Eng. **30**, 825 (1924) — Chem. Zbl. **1924 II**, 1287.

[5] K. Perl & F. Steinitzer Chemisch-Technisches Inst.: D.R.P. 456841, Kl. 89h v. 6. Juli 1926; Chem. Zbl. **1928 II**, 1035.

[6] G. Borries: Z. angew. Chem. **36**, 352 (1923) — Chem. Zbl. **1923 IV**, 835. — T. v. Fellenberg: Mitt. Lebensmittelunters. **19**, 49 — Chem. Zbl. **1928 I**, 1919.

[7] W. Vaubel: Z. öffentl. Chem. **28**, 190 (1922) — Chem. Zbl. **1923 II**, 416.

[8] P. Brouère: Bull. Soc. Chim. biol. Paris **8**, 462 (1926) — Chem. Zbl. **1926 II**, 2988.

[9] J. M. Kolthoff: Pharm. Weekblad **60**, 394 (1923) — Chem. Zbl. **1923 IV**, 27. — A. Behre: Z. Unters. Nahrgsmitt. usw. **41**, 226—230 (1921) — Chem. Zbl. **1922 IV**, 59.

[10] D. R. Nanji u. R. G. L. Beazeley: J. Soc. chem. Ind. **45 I**, 220 (1926) — Chem. Zbl. **1926 II**, 2023.

[11] P. Petit u. Richard: C. r. Acad. Sci. Paris **185**, 224—225 (1927) — Chem. Zbl. **1927 II**, 1973.

[12] H. L. Maslow u. W. C. Davison: J. of biol. Chem. **68**, 95 (1926) — Chem. Zbl. **1926 II** 49.

[13] Kazuichi Usui: Trans. jap. path. Soc. **14**, 87 (1924) — Chem. Zbl. **1927 I**, 1973.

[14] L. M. Bertholf: J. agricult. Res. **35**, 429 (1927) — Chem. Zbl. **1928 I**, 937.

[15] E. F. Phillips: J. agricult. Res. **35**, 385 (1927) — Chem. Zbl. **1928 I**, 937.

[16] L. Randoin u. R. Lecoq: J. Pharm. et Chim. **4**, 289 (1926) — Chem. Zbl. **1926 II**, 2735.

[17] E. V. McCollum, N. Simmonds, J. E. Becker u. P. G. Shipley: J. of biol. Chem. **54**, 249 (1922) — Chem. Zbl. **1923 III**, 1421.

[18] Olaf Bergeim: J. of biol. Chem. **62**, 49—60 (1924) — Chem. Zbl. **1925 I**, 701.

[19] Howard T. Karsner u. Enrique E. Ecker: J. inf. Dis. **34**, 636—642 (1924) — Ber. Physiol. **29**, 478 (1925) — Chem. Zbl. **1925 I**, 2085.

[20] Otto Folin u. Hilding Berglund: J. of biol. Chem. **51**, 213 (1922) — Chem. Zbl. **1922 III**, 69.

peratur[1]. Das Auftreten von Dextrinen im Harn weist auf Funktionsstörungen in der Leber oder in der Hypophyse oder im Pankreas hin. Im Falle einer Einwirkung des Pankreas tritt Dextrin schon in einer Zeit im Harn auf, in der sonstige Anzeichen des Diabetes noch kaum erkennbar sind; die Beachtung dieser Erscheinung dürfte eine Frühdiagnose erleichtern[2].

Physikalische und chemische Eigenschaften: Quantitative Studien über die Adsorption von Lösungen an Trennungsschichten von Dextrin[3]. Bestimmung der Viscosität[4]. — Dextrin wird von $Al(OH)_3$ und Tierkohle irreversibel adsorbiert, wobei das Drehungsvermögen der Lösung sich ändert[5]. Spaltet bei der Destillation in saurer, neutraler oder alkalischer Lösung Formaldehyd ab[6]. Gibt beim Erhitzen mit salzsaurem Resorcin gefärbte Lösungen[7]. Ermittlung von Löslichkeiten in Alkohol, Essigester, Äther, Aceton und Chloroform[8]. Bringt man zu einer Lösung von $AgNO_3$ in konz. NH_3 und Dextrin pulverisiertes $KMnO_4$, so erhält man positive Berlinerblaureaktion (Bildung von HCN)[9].

Gärung: Verhalten gegen eine Reinkultur eines Granulobaktertyps[10], gegen Salmonellabacillen[11], Milzbrandbacillen[12]. Die Gruppe des Bacillus mycoides und seine nächsten Verwandten bilden Säure aus Dextrin (außer B. filamentosus sporadicus)[13]. Über dextrinvergärende Heferassen[14]. Verhalten gegen Torulaarten[15].

Derivate: Monoallyldextrin[16] $C_{15}H_{24}O_{10}$. Aus Chloroform, mit Äther gefällt, amorphe Masse, sintert bei $155-165°$, zersetzt sich bei etwa $240-250°$.

Monobenzyldextrin[17] $C_{12}H_{19}O_{10} \cdot C_7H_7$. Bei der Behandlung von einem in Wasser löslichen Dextrin mit Benzylchlorid und Natronlauge bei $85-95°$. Geschmackloses amorphes Pulver. Schmelzp. $208-209°$. Unlöslich in Wasser, Aceton, Äther; wenig löslich in Benzol und Nitrobenzol; quillt in Alkohol und Essigester auf und gibt mit Chloroform, Chlorhydrin und Essigsäure kolloidale Lösungen. Fehlingsche Lösung wird nicht reduziert.

Dextrinosan[18].

$$(C_6H_{10}O_5)_2 \ (?)$$

Bildung: Durch 12stündiges Erhitzen von Stärke und Glycerin auf $220°$, bis eine Probe mit Jod eine braunrote Färbung gibt, und Fällen mit absolutem Alkohol. Man kann die Reaktion beschleunigen durch Hinzufügen von Oxalsäure.

Physikalische und chemische Eigenschaften: Amorphe, weiße Substanz, leicht löslich in Wasser, wenig löslich in absolutem Alkohol, unlöslich in Äther, hygroskopisch; Schmelzpunkt $185-186°$; $[\alpha]_D^{20} = +150,3°$ in Wasser. Die wässerige Lösung wird durch Jod braun gefärbt, reduziert Fehlingsche Lösung nicht, wird durch verdünnte Salzsäure in Glykose verwandelt.

[1] Waclaw Moraczewski u. Egon Lindner: Biochem. Z. **125**, 49—68 (1921) — Chem. Zbl. **1922 I**, 986.

[2] P. J. Cammidge: Lancet **312**, 1386 (1927) — Chem. Zbl. **1928 I**, 1201.

[3] George L. Clark u. William A. Mann: J. of biol. Chem. **52**, 157 (1922) — Chem. Zbl. **1922 III**, 1109.

[4] A. Stirnus: Z. Spiritusind. **49**, 331—332 (1926) — Chem. Zbl. **1927 I**, 657.

[5] M. A. Rakusin: J. russ. phys.-chem. Ges. **48**, 1319 (1916) — Chem. Zbl. **1923 III**, 1070.

[6] G. Klein: Biochem. Z. **169**, 132 (1926) — Chem. Zbl. **1926 I**, 3221.

[7] B. Glaßmann: Hoppe-Seylers Z. **150**, 16 (1925) — Chem. Zbl. **1926 I**, 1465.

[8] E. Troje: Z. dtsch. Zuckerind. **1925**, 635 — Chem. Zbl. **1926 II**, 1891.

[9] R. Fosse: C. r. Acad. Sci. Paris **173**, 1370 (1921) — Chem. Zbl. **1922 III**, 249 — C. r. Soc. Biol. Paris **86**, 175—178 (1922) — Chem. Zbl. **1922 I**, 1227.

[10] Guy C. Robinson: J. of biol. Chem. **53**, 125 (1922) — Chem. Zbl. **1922 III**, 1382.

[11] Frank Wokes u. Joseph H. Irwin: Pharm. J. **118**, 747—751 — Chem. Zbl. **1927 II**, 1481.

[12] Martin Kristensen: Zbl. Bakter. I **101**, 220—224 (1927) — Chem. Zbl. **1927 I**, 1330.

[13] J. Perlberger: Zbl. Bakter. II **62**, 1 — Chem. Zbl. **1924 II**, 1217.

[14] Staiger u. M. Glaubitz: Z. Spiritusind. **48**, 320 (1925) — Chem. Zbl. **1926 I**, 425. — Adolf Joszt u. Józef Trojan: Przemysl Chem. **11**, 317 (1927) — Chem. Zbl. **1927 II**, 649. — F. Benedek: Zbl. Bakter. **104**, 491 (1927) — Chem. Zbl. **1928 I**, 268.

[15] Tasaku Akaghi, Iwawo Nakajima u. Kunijiro Tsugane: J. Coll. agricult. Tokyo **5**, 263—269 (1924) — Chem. Zbl. **1925 I**, 1024.

[16] C. G. Tomecko u. Roger Adams: J. amer. chem. Soc. **45**, 2698 (1923) — Chem. Zbl. **1924 I**, 1915.

[17] M. Gomberg u. C. C. Buchler: J. amer. chem. Soc. **43**, 1904 (1922) — Chem. Zbl. **1922 I**, 1396.

[18] Amé Pictet u. Hans Vogel: Helvet. chim. Acta **12**, 700 (1929) — Chem. Zbl. **1929 II**, 1787.

Derivate: Hexaacetat $C_{12}H_{14}O_{10}(COCH_3)_6$. Schmelzp. 140—143°, unlöslich in Wasser, wenig löslich in kaltem Alkohol, in Benzol und Äther, leicht löslich in Chloroform. $[\alpha]_D^{21} = +145,6°$ in Chloroform. Durch Einwirkung von konzentrierter Salzsäure entsteht Dextrinose.

Krystallinisches Dextrin (Bd. II, S. 177; Bd. VIII, S. 43; Bd. X, S. 268).

Polyamylosen (Bd. X, S. 268).

Die Glieder der beiden Polyamylosenreihen besitzen fast genau die gleiche Drehung, und Pringsheim[1] erblickt darin eine Stütze für die Annahme, daß die Polymerisation der Grundkörper Di- und Triamylose zu den höher molekularen Polyamylosen ausschließlich durch Betätigung von intermolekularen Kräften ohne intramolekulare Hauptvalenzverschiebung erfolgt. Das optische Verhalten ist also als eine Funktion der Konstitution der Strukturmolekel aufzufassen und von deren Polymerisations- bzw. Assoziationszustand fast unabhängig[1].

Darstellung: Gewinnung von Polyamylosen aus mit Hilfe von Bakterien vergorenen Maischen und Stärke oder stärkehaltigen Materialien, dadurch gekennzeichnet, daß man die Polyamylosen aus den zweckmäßig eingeengten vergorenen Lösungen durch Halogenabkömmlinge der Äthylenreihe in Form leicht abzufiltrierender Additionsverbindungen abscheidet, aus denen man die Polyamylosen selbst in bekannter Weise frei macht. — Die Verbindungen sind sehr leicht abzusaugen und können infolgedessen ohne Schwierigkeit von anhaftender Mutterlauge befreit werden[2].

Physiologische Eigenschaften: Durch Verdunklung stärkearm gemachter Spirogyrafäden waren nicht imstande, in der Lösung von Polyamylosen Stärke neu zu bilden. Auch reduzierende Zucker wurden aus den Polyamylosen nicht gebildet[3]. Es wird die fermentative Spaltung der Polyamylosen mit Takadiastase untersucht. Die Hydrolyse verläuft bei allen Polyamylosen langsamer, als einer monomolekularen Reaktion entspricht. Sie verläuft bei der α-Diamylose und α-Tetraamylose bzw. β-Triamylose und β-Hexaamylose qualitativ und quantitativ gleich, ist also unabhängig vom Polymerisationsgrad. In der α-Reihe tritt quantitative Spaltung zu Glykose ein, während in der β-Reihe allmählich Stillstand der Spaltung erfolgt, der aber durch Zugabe weiterer Fermentmengen aufgehoben wird. Man kann vermuten, daß die Spaltung der α- und β-Polyamylosen durch zwei verschiedene Fermente erfolgt. — Aus der Takadiastaselösung ließ sich in schwach saurer Lösung mit β-Aluminiumhydroxyd fast alle Amylase und die Hauptmenge der Maltase adsorbieren[4].

Physikalische und chemische Eigenschaften: Diskussion der Beziehungen von α- und β-Polyamylosen zur Inhalts- und Hüllsubstanz des Stärkekorns[5]. Bei Polyamylosen kann man neben der freien Halogenaufnahme von Jod und Brom auch eine beträchtliche Halogenidbildung feststellen[6].

Derivate: Polyamylosenleinölsäureester[7]. Aus Polyamylosen, Leinölsäurechlorid und Pyridin.

α-Polyamylosen.

Physiologische Eigenschaften: Amylase zerlegt die α-Amylosen nicht, wird aber an diesen adsorbiert[8].

---

[1] Hans Pringsheim u. Jesaia Leibowitz: Ber. dtsch. chem. Ges. **58**, 2808 (1926) — Chem. Zbl. **1926 I**, 2567.

[2] I. G. Farbenindustrie A.-G.: D.R.P. 442963, Kl. 89h v. 25. Jan. 1925; Chem. Zbl. **1927 I**, 2948.

[3] Hans Pringsheim u. Karl O. Müller: Hoppe-Seylers Z. **118**, 236—240 (1922) — Chem. Zbl. **1922 I**, 827.

[4] Jesaia Leibowitz u. Paul Mechlinski: Ber. dtsch. chem. Ges. **59**, 2737 (1926) — Chem. Zbl. **1927 I**, 997.

[5] Hans Pringsheim u. Kurt Goldstein: Ber. dtsch. chem. Ges. **55**, 1446 (1922).

[6] Hans Pringsheim u. Arnold Steingroever: Ber. dtsch. chem. Ges. **57**, 1579 (1924) — Chem. Zbl. **1924 II**, 2243.

[7] I. G. Farbenindustrie A.-G.: Ö.P. 104228 v. 29. Okt. 1924; Chem. Zbl. **1927 I**, 1742.

[8] L. Ambard: Bull. Soc. Chim. biol. Paris **5**, 693 (1923) — Chem. Zbl. **1924 II**, 478.

Physikalische und chemische Eigenschaften: Durch partielle Hydrolyse mit kalter konz. Salzsäure kann Amylobiose gewonnen werden[1]. — Die α-Amylosen verhalten sich gegen Jod der Stärke analog. Da sie Krystalloide sind, färben sie sich jedoch in verdünnter Lösung nicht, sondern erst, wenn die Konzentration so hoch geworden ist, daß die Amylosen auszukrystallisieren beginnen, d. h. wenn sich Molekularaggregate bilden. α-Amylosekrystalle werden durch Jod momentan gebläut[2].

α-Oktaamylose (Bd. X, S. 269).

Physikalische und chemische Eigenschaften: Nach röntgenometrischen Untersuchungen ergibt sich für Oktaamylose als Maximalformel $(C_6H_{10}O_5)_{63}$[3]. Verbrennungswärme für 1 g: 4620 cal[4]. Gibt in Lösung auf Zusatz von Baryt einen weißen amorphen Niederschlag[5].

Derivate: Phosphorylierte Oktaamylose. Nach der Methode von Robison ließen sich aus 600 g Roggensamen etwa 60 mg eines Bariumsalzes gewinnen, das wahrscheinlich das Bariumsalz einer phosphorylierten Oktaamylose darstellt[6].

Hexaamylose (Bd. X, S. 270).

Röntgenometrische Untersuchungen ergeben für Hexa- und Triamylose als Maximalformel $(C_6H_{10}O_5)_6$[3].

Physiologische Eigenschaften: Untersuchung über die Adsorption von Amylase[7]. — Hexaamylose bewirkt am Kaninchen nach oraler Eingabe keinen Glykogenansatz, sie wird jedoch im Organismus verbrannt[8].

Derivate: Hexaamylose-Natriumhydroxyd[9]. Aus einer Lösung von Amylose und 10proz. Natronlauge beim Fällen mit abs. Alkohol. Enthält nach mehrmaligem Waschen 9,2 % Natrium; mit 96proz. Alkohol mehrmals gewaschen 5,5 % Natrium. Beim Lösen der Hexaamylose in 10proz. Natronlauge, Fällen mit Alkohol, dann Lösen der Substanz in der 6fachen Menge Wasser und Fällen mit Alkohol, dann Waschen mit abs. Alkohol enthält die Substanz nur 2,9 und 2,6 % Natrium.

α-Hexaamylose (Bd. X, S. 270).

Soll ein Trimeres der Diamylose und verschieden von der β-Hexaamylose sein trotz entgegengesetzter Behauptung Karrers[10]. — Soll die Grundeinheit der polymerisierten Amylose sein[11].

Bildung: Durch Behandeln von Diamylose mit wenig Wasser (4 Tage), Lösen der unveränderten Diamylose in Wasser, Abzentrifugieren[12].

Derivate: Phosphorsäureester $C_6H_9O_4 \cdot O \cdot PO_3H_2$. Aus α-Hexaamylose mit Phosphoroxychlorid in Pyridinlösung bei $-15°$[13].

α-**Hexa-(triacetyl)-amylose.** Aus α-Hexaamylose mit Essigsäureanhydrid und Pyridin, umkrystallisiert aus Benzol. Molekulargewicht in Phenol 537. $[\alpha]_D^{20} = +96,5°$ (in Eisessig).

---

[1] Hans Pringsheim u. Jesaia Leibowitz: Ber. dtsch. chem. Ges. **57**, 884 (1924) — Chem. Zbl. **1924 II**, 315.

[2] P. Karrer: Helvet. chim. Acta **4**, 994 (1921) — Chem. Zbl. **1922 III**, 428.

[3] E. Ott: Physik. Z. **27**, 174 (1926) — Chem Zbl. **1926 I**, 3028.

[4] P. Karrer u. W. Fioroni: Ber. dtsch. chem. Ges. **55**, 2854 (1922).

[5] E. Stern: Z. angew. Chem. **41**, 88 — Chem. Zbl. **1928 I**, 1848.

[6] H. K. Barrenscheen u. Walter Albers: Biochem. Z. **197**, 261 (1928) — Chem. Zbl. **1928 II**, 1340.

[7] L. Ambard: Bull. Soc. Chim. biol. Paris **5**, 693 (1923) — Chem. Zbl. **1924 II**, 478.

[8] H. v. Hößlin u. H. Pringsheim: Hoppe-Seylers Z. **131**, 168 (1923) — Chem. Zbl. **1924 I**, 572.

[9] Hans Pringsheim u. Diamandi Dernikos: Ber. dtsch. chem. Ges. **55**, 1433 (1922).

[10] H. Pringsheim u. K. Goldstein: Ber. dtsch. chem. Ges. **56**, 1520 (1923) — Chem. Zbl. **1923 III**, 611. — P. Karrer: Ber. dtsch. chem. Ges. **55**, 1446 (1922) — Chem. Zbl. **1822 III**, 776.

[11] Arthur Robert Ling u. Dinshaw Rattonji Nanji: J. chem. Soc. Lond. **123**, 2666 (1923) — Chem. Zbl. **1924 II**, 313.

[12] H. Pringsheim u. J. Leibowitz: Ber. dtsch. chem. Ges. **59**, 2058 (1926) — Chem. Zbl. **1926 II**, 2157.

[13] H. Pringsheim u. K. Goldstein: Ber. dtsch. chem. Ges. **56**, 1520 (1923) — Chem. Zbl. **1923 III**, 611.

Wird das Produkt in 20facher Menge Naphthalin auf 200° erhitzt und 1 Stunde konstant gehalten, so wird das Abbauprodukt nach dem Umkrystallisieren aus Benzol mit Diamyloseacetat und nach dem Verseifen mit Diamylose identifiziert[1].

Triacetylschlamm; (Dodekaacetyl-α-hexaamylose)[2] $C_{12}H_{16}O_8$. Aus Amyloseschlamm mit Pyridin und Essigsäureanhydrid bei 48° in 18 Stunden. Mit Wasser amorphe Masse. Aus Benzol gallertartige Masse feiner Nädelchen. Sintert allmählich bei 135°, bis 215° kein scharfer Schmelzpunkt. $[\alpha]_D^{20} = +95,77°$ in Eisessig. Enthält 3 Acetyle. Alkoholisches Kali verwandelt es in Schlamm zurück.

Dodekamethyl-α-hexaamylose $[C_6H_8O_5(CH_3)_2]_6$. Darstellung aus α-Hexaamylose durch doppelte Methylierung. $[\alpha]_D^{20} = +148,73°$; 148,75°. Mol-Gewicht in Benzol 1170; 1136,6 (theoretisch 1140,92)[3].

β-Hexaamylose (Bd. VIII, S. 43; Bd. X, S. 270).

Soll ein Dimeres der Triamylose und verschieden von α-Hexaamylose sein trotz der Behauptung Karrers[4], daß die beiden Verbindungen identisch sind[3].

Physikalische und chemische Eigenschaften: Verbrennungswärme für 1 g: 4166 cal[5]. Viscositätsbestimmung mit 2,7proz. Lösung im Viscosimeter bei Temperaturen zwischen 20 und 100°. Molekulargewichtsbestimmung in Wasser bei Zimmertemperatur nach Barger-Rast (Vergleichslösung: Glykose): $(C_6H_{10}O_5)_6$, berechnet 972; gefunden 648—1296[6]. Durch partielle Hydrolyse mit kalter konz. Salzsäure soll Amylobiose gewonnen werden[7]. — Bildet mit Baryt auf Zusatz von Alkohol Fällung[8].

Phosphorsäureester $C_6H_9O_4 \cdot O \cdot PO_3H_2$. Bei der Behandlung mit Phosphoroxychlorid und Pyridin bei $-15°$[3].

Hexa-trimethyl-β-amylose[9] $C_{45}H_{96}O_{30}$. Die vollständige Methylierung der β-Hexaamylose gelingt selbst nach 22 aufeinanderfolgenden Methylierungen nicht. Ein Nebenprodukt verhindert dies, es kann aber durch Auskochen mit Petroläther entfernt werden. Dann krystallisiert die gesuchte Verbindung aus Äther, beim langsamen Verdunsten in Platten vom Schmelzpunkt 102—105°. — Das Molekulargewicht nach Rast in Campher ermittelt beträgt 1210 bis 1200; berechnet 1224. — Bei der Spaltung mit 1proz. methylalkoholischer Salzsäure bei 100° liefert es ausschließlich ein Gemisch von α- und β-Trimethylmethylglykosid ($n_D = 1,4582$, $[\alpha]_D^{20} = +66,4°$ in Methylalkohol bei $c = 1,341$), das in 8proz. Salzsäure bei 100° in 2, 3, 6-Trimethylglykose vom Schmelzp. 112° übergeht[9].

Dodekamethyl-β-hexaamylose $[C_6H_8O_5(CH_3)_2]_6$. Aus β-Hexaamylose durch Vormethylierung mit Dimethylsulfat und 33proz. KOH und Hauptmethylierung mit Jodmethyl und Ag_2O. $[\alpha]_D^{20} = +143,20°$, 142,55°. Molekulargewicht in Benzol 1033, 1105 (theoretisch 1140,92). Die Krystalle sind klein gestreckte Blättchen mit Doppelbrechung, die schiefe Auslöschung und negativen Charakter der Hauptzone zeigen[3].

β-Hexa-(triacetyl)-amylose. Aus β-Hexaamylose mit Essigsäureanhydrid und Pyridin, umkrystallisiert aus Toluol. Molekulargewicht in Benzol 1533, in Eisessig 772, in Phenol 797[10].

---

[1] H. Pringsheim u. P. Meyersohn: Ber. dtsch. chem. Ges. **60**, 1709 (1927) — Chem. Zbl. **1927 II**, 2386. — J. Leibowitz u. P. Mechlinski: Ber. dtsch. chem. Ges. **59**, 2738 (1927) — Chem. Zbl. **1927 I**, 997. — H. Pringsheim u. J. Leibowitz: Ber. dtsch. chem. Ges. **59**, 2058 (1926) — Chem. Zbl. **1926 II**, 2157.

[2] Hans Pringsheim u. Walter Persch: Ber. dtsch. chem. Ges. **55**, 1425 (1922).

[3] H. Pringsheim u. K. Goldstein: Ber. dtsch. chem. Ges. **56**, 1520 (1923) — Chem. Zbl. **1923 III**, 611.

[4] O. Karrer: Ber. dtsch. chem. Ges. **55**, 1446 (1922) — Chem. Zbl. **1922 III**, 76.

[5] P. Karrer u. W. Fioroni: Ber. dtsch. chem. Ges. **55**, 2854 (1922).

[6] H. Pringsheim u. J. Leibowitz: Ber. dtsch. chem. Ges. **59**, 2058 (1926) — Chem. Zbl. **1926 II**, 2157.

[7] Hans Pringsheim u. Jesaia Leibowitz: Ber. dtsch. chem. Ges. **57**, 884 (1924) — Chem. Zbl. **1924 II**, 315.

[8] E. Stern: Z. angew. Chem. **41**, 88 — Chem. Zbl. **1928 I**. 1848.

[9] James Colquhoun Irvine, Hans Pringsheim u. John Macdonald: J. chem. Soc. Lond. **125**, 942 (1924) — Chem. Zbl. **1924 II**, 622.

[10] H. Pringsheim u. P. Meyersohn: Ber. dtsch. chem. Ges. **60**, 1709 (1927) — Chem. Zbl. **1927 II**, 2386. — J. Leibowitz u. P. Mechlinski: Ber. dtsch. chem. Ges. **59**, 2738 (1927) — Chem. Zbl. **1927 I**, 997.

α, β-Hexaamylose[1].

Soll die Grundeinheit des Amylopektins sein.

Physiologische Eigenschaften: α, β-Hexaamylose wird unter Wirkung der Malzdiastase bei 70° je nach den Bedingungen in β-Glykosidomaltose, Isomaltose und Glykose gespalten. — Zwischen 30 und 70° entstehen in Gegenwart oder Abwesenheit von Maltose eine Reihe von Zwischenprodukten zwischen ihr und β-Glykosidomaltose. Bei Abwesenheit von Maltose liefert α, β-Hexaamylose 1 Teil Maltose und 2 Teile Isomaltose, bei Gegenwart von Maltose ein Gemisch beider in wechselnden Verhältnissen je nach Temperatur, Diastasemenge usw., aber mit der Grenze: 2 Maltose : 1 Isomaltose[2]. Die Optimaltemperatur für die Verzuckerung der α, β-Hexaamylose mit Diastase, die von derjenigen für die Verflüssigung zu unterscheiden ist, liegt wie bei α-Hexaamylose nahe bei 50°. Trotz Gegenwart von β-Bindungen wird es durch Emulsin aus bitteren Mandeln nicht gespalten, dagegen durch Hefemaltase langsam in Glykose und Isomaltose, schneller durch Malzdiastase. Wird diese vorher auf 70° erhitzt und eine Unterschreitung dieser Temperatur während der Hydrolyse sorglich vermieden, so entsteht dabei lediglich eine Hexatriose (α-Glykosidoisomaltose oder β-Glykosidomaltose).

Physikalische und chemische Eigenschaften: $[\alpha]_D = +193°$ [3].

α-Tetraamylose (Bd. VIII, S. 43; Bd. X, S. 271).

Nach röntgenometrischen Untersuchungen ergibt sich für Tetraamylose als Maximalformel $(C_6H_{10}O_5)_{12}$ [4].

Physiologische Eigenschaften: Untersuchung über die Adsorption von Amylase[5]. — Milchsäurebildung in Gegenwart von zerkleinerter Froschmuskulatur[6]. Tetraamylose bewirkt am Kaninchen nach oraler Eingabe keinen Glykogenansatz, sie wird jedoch im Organismus verbrannt. Beim Diabetiker erhöht sich die Glykosurie nicht, wenn der Nahrung bis 50 g Tetraamylose zugelegt wird[7]. — Tetraamylose wird durch überlebende Meerschweinchenleber nicht zu Glykogen aufgebaut[7].

Physikalische und chemische Eigenschaften: Verbrennungswärme für 1 g: 4196 cal[8]. Viscositätsbestimmungen mit einer 4,7 proz. Lösung im Viscosimeter bei Temperaturen zwischen 20 und 100° [9]. Gibt auch bei gewöhnlichem Druck beim Erhitzen geringe Mengen Lävuglykosan[10]. Die Methylierung der acetylierten Methylo-α-tetraamylose führt zur Dimethylostufe, aber nicht weiter[11]. — Bildet mit Baryt auf Zusatz von Alkohol Fällung[12].

α-**Tetraamylosedodekaacetat, Tetra-(triacetyl)-amylose**[13] $[C_6H_7O_2(O \cdot CO \cdot CH_3)_3]_4 = C_{48}H_{64}O_{32}$. Aus Tetraamylose mit Pyridin und Essigsäureanhydrid bei 45°. Die Lösung wird auf Eis gegossen. Der Niederschlag gibt aus Toluol oder Pyridin Nadeln, die mit Petroläther gewaschen werden. — Bei der Verseifung mit kalter alkoholischer Kalilauge bildet sich Tetraamylose zurück. Molekulargewicht in Benzol 1088, in Eisessig 528, in Phenol 624. Verseiftes Acetat in Wasser 641. Bei der Hitzedesaggregation in Naphthalin bei 200° gibt es Di-(triacetyl-)amylose[14].

---

[1] Arthur Robert Ling u. Dinshaw Rattonji Nanji: J. chem. Soc. Lond. **123**, 2666 (1923); **127**, 629 (1925) — Chem. Zbl. **1924 II**, 313; **1925 II**, 647.

[2] Arthur Robert Ling u. Dinshaw Rattonji Nanji: J. chem. Soc. Lond. **127**, 636 (1925) — Chem. Zbl. **1925 II**, 648.

[3] Arthur Robert Ling u. Dinshaw Rattonji Nanji: J. chem. Soc. Lond. **123**, 2666 (1923) — Chem. Zbl. **1924 II**, 313.

[4] E. Ott: Physik. Z. **27**, 174 (1926) — Chem. Zbl. **1926 I**, 3028.

[5] L. Ambard: Bull. Soc. Chim. biol. Paris **5**, 693 (1923) — Chem. Zbl. **1924 II**, 478.

[6] Fritz Laquer u. Paul Meyer: Hoppe-Seylers Z. **124**, 211 (1922) — Chem. Zbl. **1923 I**, 985.

[7] H. v. Hößlin u. H. Pringsheim: Hoppe-Seylers Z. **131**, 168 (1923) — Chem. Zbl. **1924 I**, 572.

[8] P. Karrer u. W. Fioroni: Ber. dtsch. chem. Ges. **55**, 2854 (1922).

[9] H. Pringsheim u. J. Leibowitz: Ber. dtsch. chem. Ges. **59**, 2058 (1926) — Chem. Zbl. **1926 II**, 2157.

[10] P. Karrer u. J. O. Rosenberg: Helvet. chim. Acta **5**, 575 (1922) — Chem. Zbl. **1922 III**, 667.

[11] Hans Pringsheim u. Arnold Steingroever: Ber. dtsch. chem. Ges. **59**, 1001 (1926) — Chem. Zbl. **1926 I**, 3531.

[12] E. Stern: Z. angew. Chem. **41**, 88 — Chem. Zbl. **1928 I**, 1848.

[13] Hans Pringsheim u. Diamandi Dernikos: Ber. dtsch. chem. Ges. **55**, 1433 (1922).

[14] H. Pringsheim u. P. Meyersohn: Ber. dtsch. chem. Ges. **60**, 1709 (1927) — Chem. Zbl. **1927 II**, 2386. — J. Leibowitz u. P. Mechlinski: Ber. dtsch. chem. Ges. **59**, 2738 (1927) — Chem. Zbl. **1927 I**, 997.

Oktamethyltetraacetyltetraamylose[1] $C_{10}H_{16}O_6$. Bei 18 stündigem Stehen von Oktamethyltetraamylose mit Pyridin und Essigsäureanhydrid. Die Flüssigkeit wird in Wasser gegossen und mit Chloroform ausgeschüttelt. Beim Verdampfen unter vermindertem Druck gelbe amorphe Masse, leicht löslich in Aceton. Die Lösung gibt mit Ligroin 6 seitige Säulen. Bräunt bei 120°, ohne vorher zu schmelzen. $[\alpha]_D^{20} = +118,62°$ und 119,11 in Alkohol.

Triamylose (Bd. VIII, S. 44; Bd. X, S. 272).

Nach **Karrer** identisch mit der β-Hexaamylose[2]. — Nach röntgenometrischen Untersuchungen ergibt sich für Hexa- und Triamylose als Maximalformel $(C_6H_{10}O_5)_6$ [3].

Physikalische und chemische Eigenschaften: Viscositätsbestimmungen mit einer 2,7 proz. Lösung im Viscosimeter bei Temperaturen zwischen 20 und 100°. Molekulargewichtsbestimmung in Wasser bei Zimmertemperatur nach **Barger-Rast** (Vergleichlösung: Glykose) $(C_6H_{10}O_5)_3$, berechnet 486, gefunden 324—648[4]. Verbrennungswärme für 1 g: 4165 cal[5]. $[\alpha]_D^{20°} = +151,4°$ in Wasser. — Löslichkeit in Wasser bei 20°: 1,3 Gewichtsprozent[2].

Derivate: Triamylosenatriumhydroxyd[6] $(C_6H_{10}O_5)_3 \cdot NaOH$. Beim Lösen von Triamylose in 10 proz. Natronlauge und Eingießen in abs. Alkohol oder bei der Verseifung von Triamyloseacetat mit Natriumäthylat. — Nach **Karrer**[5] ist es unverständlich, wie nach der Arbeitsweise von **Pringsheim** der Natriumhydroxydgehalt des Präparates herkommt.

Triamylosenonoacetat[6], **Tri-(triacetyl)-amylose**[7] $[C_6H_7O_2(O \cdot CO \cdot CH_3)_3]_3 = C_{36}H_{48}O_{24}$. — Aus β-Hexaamylose bei $^3/_4$ stündigem Erwärmen mit Pyridin und Essigsäureanhydrid auf dem Wasserbade. Die Reinigung geschieht durch Lösen in Toluol und Fällen mit Petroläther. $[\alpha]_D^{16} = +117,9°$ in Essigsäure. — Ein Produkt aus β-Hexaamylose mit Essigsäureanhydrid und Chlorzink: $[\alpha]_D^{16} = +116,3$ und 117,9° in Essigsäure[6]. Molekulargewicht berechnet 864, gefunden 1794 in Campher, 786 in Eisessig[4]. Mit Essigsäureanhydrid und $ZnCl_2$ umkrystallisiert aus Toluol. $[\alpha]_D^{20} = +113,1°$ (in Eisessig), $+117,3°$ (in Chloroform). Molekulargewicht in Benzol 1703, in Phenol 764,5[7].

Tribenzoyltriamylose[8] $(C_6H_9O_5 \cdot OC \cdot C_6H_5)_3$. Entsteht aus β-Hexaamylose in 1 proz. NaOH mit Benzoylchlorid in der Kälte.

Hexabenzoyltriamylose $[C_6H_8O_5(OC \cdot C_6H_5)_2]_3$. Aus β-Hexaamylose mit Benzoylchlorid, bei Zimmertemperatur, in stärkerer NaOH.

Hexamethyltriamylose[8] $[C_6H_8O_5(CH_3)_2]_3$. Entsteht bei der Methylierung aus der Triamylose. $[\alpha]_D^{20} = +138,38°$, 137,86°. Molekulargewicht in Benzol 690, in Phenol 575,1, 562,5 (theoretisch 570,46). Sie besteht aus rechtwinkligen Blättchen mit gerader Auslöschung und negativem Charakter in der Längsrichtung. Auch sind rechteckige Blättchen zu beobachten und vermutlich hexagonale Krystalle.

α-Diamylose (Bd. VIII, S. 44; Bd. X, S. 272).

Maximalformel nach röntgenographischen Untersuchungen $(C_6H_{10}O_5)_{22}$ [3].

Bildung: Beim Erhitzen von Dextrin α mit Essigsäureanhydrid und etwas Chlorzink entsteht ein Acetat, das mit alkoholischem Kali zu Diamylose verseift wird[1].

Physiologische Eigenschaften: Milchsäurebildung durch zerkleinerte Froschmuskulatur[9].

Physikalische und chemische Eigenschaften: Viscositätsbestimmungen einer 4,7 proz. Lösung im Viscosimeter bei Temperaturen zwischen 20 und 100°[4]. Verbrennungswärme für 1 g: 4285 cal[5].

[1] Hans Pringsheim u. Walter Persch: Ber. dtsch. chem. Ges. **55**, 1425 (1922).

[2] P. Karrer u. B. Joos: Hoppe-Seylers Z. **141**, 311 (1924) — Chem. Zbl. **1925 I**, 1288. — Karrer u. Bürklin: Helvet. chim. Acta **5**, 181 (1922) — Chem. Zbl. **1922 III**, 601.

[3] E. Ott: Physik. Z. **27**, 174 (1926) — Chem. Zbl. **1926 I**, 3028.

[4] H. Pringsheim u. J. Leibowitz: Ber. dtsch. chem. Ges. **59**, 2058 (1926) — Chem. Zbl. **1926 II**, 2157.

[5] P. Karrer u. W. Fioroni: Ber. dtsch. chem. Ges. **55**, 2854 (1922).

[6] Hans Pringsheim u. Diamandi Dernikos: Ber. dtsch. chem. Ges. **55**, 1433 (1922).

[7] H. Pringsheim u. P. Meyersohn: Ber. dtsch. chem. Ges. **60**, 1709 (1927) — Chem. Zbl. **1927 II**, 2386. — J. Leibowitz u. P. Mechlinski: Ber. dtsch. chem. Ges. **59**, 2738 (1927) — Chem. Zbl. **1927 I**, 997.

[8] H. Pringsheim u. K. Goldstein: Ber. dtsch. chem. Ges. **56**, 1520 (1923) — Chem. Zbl. **1923 IV**, 611.

[9] Fritz Laquer u. Paul Meyer: Hoppe-Seylers Z. **124**, 211 (1922) — Chem. Zbl. **1922 I**, 985.

Derivate: Diamylosehexaacetat, Di-(triacetyl)-amylose[1] $[C_6H_7O_5(CO \cdot CH_3)_3]_3$. Molekulargewicht berechnet 576, gefunden 1088 in Campher, 564 in Eisessig[2]. Aus Tetraamylose mit Essigsäureanhydrid und Zinkchlorid, umkrystallisiert aus Benzol. Entsteht auch bei der Hitzedesaggregation von Tetra-(triacetyl-)amylose bei 200° in Naphthalin. $[\alpha]_D^{20} = +99,5°$ (in Eisessig), $+107,1°$ (in Chloroform). Molekulargewicht in Benzol ∞[1].

Dibenzoyldiamylose $(C_6H_9O_5 \cdot OC \cdot C_6H_5)_2$. Aus Tetraamylose in 1proz. NaOH mit Benzoylchlorid (1 : 1). Molekulargewicht 498,1, 496,9 (theoretisch 532,36).

Tetrabenzoyldiamylose $[C_6H_8O_5(OC \cdot C_6H_6)_2]_2$. Aus Tetraamylose mit Benzoylchlorid in stärkerer NaOH bei Zimmertemperatur[3].

Tetramethyldiamylose[4] $C_{16}H_{28}O_{10}$. Bei der Methylierung von Diamylose mit Dimethylsulfat und Natronlauge, nachher mit Silberoxyd und Methyljodid. Sechsseitige Tafeln aus Aceton + Petroläther. Bis 200° keine Zersetzung. $[\alpha]_D^{20} = +143,74$ und 13,58° in Alkohol. Reduziert Fehlingsche Lösung erst nach der Säurehydrolyse.

C. Kohlehydrate der Inulingruppe.

Inulin (Bd. II, S. 185; Bd. VIII, S. 46; Bd. X, S. 275). (Polylävan[5].)

Zusammenfassende Abhandlungen[6].

Konstitution[7]: Inulin soll — nach Bergmann und Knehe — ein Difructoseanhydrid sein, das durch eine kräftige Tendenz zur Ausbildung übermolekularer Verbände ausgezeichnet ist[8]. Der Grundkörper des Inulins ist nach Schlubach und Elsner[9] h-Fructoseanhydrid [1, 2], [2, 5]. — Molekulargewichtsbestimmungen in siedendem Wasser zeigten, daß mindestens 20—24 Fructosekomplexe im Inulinmolekül vorhanden sind[10]. Spaltungsversuche ergeben, daß etwa 8% des gesamten aus Inulin durch Hydrolyse gebildeten Zuckers aus Glykose besteht, demnach enthält Inulin auf zwölf Fructosereste ein Glykoserest[5].

Vorkommen: Die Knollen von Nephrolepis cordifolia Prsl. enthalten 0,018% Inulin[11]. In Allium scorodoprasum[12]. In Campanula rotundifolia geringe Mengen[13]. Die „Jerusalem-Artischocke" (Helianthus tuberosus) enthält 15,5% Inulin[14]. Bei Assoziationen von Sonnenblume und Topinambur, in denen dieser als Mesobiot diente, wurde Inulin nur in ihm gefunden; es fehlte hier, wenn er nur in kleineren Stücken (10 cm grüner Stengel) aufgeimpft war[15]. In

---

[1] H. Pringsheim u. P. Meyersohn: Ber. dtsch. chem. Ges. **60**, 1709 (1927) — Chem. Zbl. **1927 II**, 2386. — J. Leibowitz u. P. Mechlinski: Ber. dtsch. chem. Ges. **59**, 2738 (1927) — Chem. Zbl. **1927 I**, 997.

[2] H. Pringsheim u. J. Leibowitz: Ber. dtsch. chem. Ges. **59**, 2058 (1926) — Chem. Zbl. **1926 II**, 2157.

[3] H. Pringsheim u. K. Goldstein: Ber. dtsch. chem. Ges. **56**, 1520 (1923) — Chem. Zbl. **1923 III**, 611.

[4] Hans Pringsheim u. Walter Persch: Ber. dtsch. chem. Ges. **55**, 1425 (1922).

[5] Hans Heinrich Schlubach u. Horst Elsner: Ber. dtsch. chem. Ges. **62**, 1493 (1929) — Chem. Zbl. **1929 II**, 722.

[6] P. Karrer: Erg. Physiol. **20**, 433 (1922) — Ref.: Ber. Physiol. **16**, 407 (1923) — Chem. Zbl. **1923 III**, 199. — T. Swann Harding: Sugar **24**, 14 (1922) — Chem. Zbl. **1922 III**, 428. — P. F. Richter: Dtsch. med. Wschr. **50**, 499 (1924) — Chem. Zbl. **1924 II**, 367.

[7] M. Bergmann u. A. Mickeley: Ber. dtsch. chem. Ges. **55**, 1390 (1922) — Chem. Zbl. **1922 III**, 247. — W. N. Haworth u. J. Law: J. chem. Soc. Lond. **109**, 1314 (1917). — J. C. Irvine u. G. Robertson: J. chem. Soc. Lond. **109**, 1305 (1917) — Chem. Zbl. **1927 I**, 1075, 1076. — H. Pringsheim u. A. Aronowsky: Ber. dtsch. chem. Ges. **55**, 1414 (1922) — Chem. Zbl. **1922 III**, 758. — H. Vogel u. A. Pictet: Helvet. chim. Acta **11**, 215 — Chem. Zbl. **1928 I**, 1391.

[8] M. Bergmann u. E. Knehe: Liebigs Ann. **449**, 302 (1926) — Chem. Zbl. **1926 II**, 2697.

[9] Hans Heinrich Schlubach u. Horst Elsner: Ber. dtsch. chem. Ges. **61**, 2358 (1928) — Chem. Zbl. **1929 I**, 45.

[10] Harry Dugald Keith Drew u. Walter Norman Haworth: J. chem. Soc. Lond. **1928**, 2690 — Chem. Zbl. **1929 I**, 993.

[11] L. H. Ducloux u. M. Awschalom: Rev. Fac. Ciencias Quim. Univ. Nac. de La Plata **2 I**, 75 (1923) — Chem. Zbl. **1926 II**, 2318.

[12] J. Kurosawa: J. of orient. Med. **2**, 84—89 (1924) — Ber. Physiol. **27**, 479 (1924) — Chem. Zbl. **1925 I**, 392.

[13] Friedrich Springer: Mh. Chem. **43**, 13 (1922) — Chem. Zbl. **1922 III**, 1057.

[14] A. T. Shohl: J. amer. chem. Soc. **45**, 2754 (1923) — Chem. Zbl. **1924 I**, 781.

[15] Lucien Daniel: C. r. Acad. Sci. Paris **177**, 1135 (1923) — Chem. Zbl. **1924 I**, 562.

den assimilierenden Blättern von Marcgravia macroscypha und Marcgravia umbellata findet sich nur Inulin und keine Stärke vor[1].

Darstellung[2]: Die Bestimmung des Inulins in Topinambur und in der Trockensubstanz der Zichorie spielt bei der Auswahl in der Zucht der Pflanzen eine entscheidende Rolle[3]. Als Ausgangsmaterial für die Darstellung von inulidfreiem Inulin eignen sich Dahlienknollen besser als Zichorien, da letztere beim Lagern rascher fermentativ zerlegt werden[4]. — Die günstigste Zeit zur Verarbeitung der Artischocken auf Inulin ist November und Dezember[5].

Nachweis und Bestimmung: Mikroskopischer Nachweis mit Benzidin[6]. Nachweis mit Guajacol und Schwefelsäure; nicht charakteristisch[7]. Identifizierung mit Monilia macedoniensis und tropicalis[8]. Bestimmung mit phosphorsaurer Molybdänlösung[9].

Physiologische Eigenschaften: Das Inulin wandert in den Luftknöllchen des Topinamburs von einem Knöllchen in ein anderes und kann zur Bildung neuer Reserveorgane während des Winterlebens führen[10]. — Inulin wandert im Stengel von Topinambur mehr durch die inneren Teile des Stengels als durch die äußeren, wodurch die Schälung an irgendeinem Teile des Stengels ohne Einfluß auf den Gehalt der Knollen bleibt. Es wird nicht ausschließlich in dem Bast Inulin gebildet. Die durch den Blattstiel gelieferten Zucker (Gemenge von Saccharose, Glykose, Fructose) dringen durch die Rinde hindurch in den Zentralzylinder ein, sowohl in das Mark wie in die Holzzellen. Was davon nicht sofort verbraucht wird, wandert von oben nach unten und wird im Laufe dieser Wanderung zu Inulin kondensiert, so daß dieses sich nach unten zu beständig vermehrt, während die Zucker verschwinden[11]. Wird durch Takadiastase in 4 Tagen zu 12,2% gespalten[12]; bei p_H 5—5,5 aber nicht[13]. Wird trotz seiner leichten Hydrolysierbarkeit durch verdünnte Säuren von Fermenten nur schwerlich angegriffen. Pankreas und Darmsaft hydrolysieren nicht, Pepsinsalzsäure spaltet entsprechend seiner Acidität. Im Knollen des Topinambur und der Hyacinthe findet sich im Frühling reichlich Inulase, die sich aber nicht extrahieren läßt. Sie findet sich auch in älteren Aspergillus niger-Kulturen, die vor der Sporenbildung getrocknet, pulverisiert und mit Wasser ausgezogen werden. Das Verhalten des Schimmelpilzes Boulard dem Inulin gegenüber ist dem des Aspergillus ähnlich[14]. Extrakte aus grünen inulinhaltigen Pflanzen sind schwach oder unregelmäßig wirksam. Die besten Resultate werden mit einem Ferment gewonnen, das aus Kulturen von Aspergillus niger extrahiert wird. — Bei 37° ist das Optimum dieses Fermentes bei p_H = 3,8; nach der basischen Seite verliert das Ferment rasch, nach der sauren langsamer seine Wirksamkeit[4]. Die Preßsäfte sind aktiver, wenn man die Pilze auf Inulin züchtet als auf Rohrzucker, ebenso bei längerem Wachstum. Wässerige Auszüge sind ebenso aktiv wie Extrakte mit 70proz. Glycerin. — Invertase greift Inulin nicht an, jedoch werden die reduzierenden Beimengungen von Inulin durch Invertase gespalten, weshalb Inulin durch Invertase auch nach Vorbehandlung mit Pepsinsalzsäure hydrolysiert wird[4]. Einfluß der Reaktion des Mediums auf die

---

[1] H. Melchior: Ber. dtsch. chem. Ges. **42**, 198 (1924) — Chem. Zbl. **1924 II**, 1354.

[2] H. Colin: Chimie et Ind. **1924**, Mai-Sondernummér 660—661 — Chem. Zbl. **1924 II**, 1861. — J. J. Willaman: J. of biol. Chem. **51**, 275—283 (1922) — Chem. Zbl. **1922 III**, 38. — H. J. Waterman, J. W. L. van Ligten u. Koloniale Bauh: Holl.P. 9260 v. 14. Juni 1920; Chem. Zbl. **1923 IV**, 774. — Chem. Fabr. auf Aktien (vorm. E. Schering): Fr.P. 628119 v. 26. Jan. 1927; Chem. Zbl. **1928 I**, 1109.

[3] Jacques de Vilmorin: Chimie et Ind. **7**, 864 (1922) — Chem. Zbl. **1922 III**, 1028.

[4] H. Pringsheim u. G. Kohn: Hoppe-Seylers Z. **133**, 80 (1924) — Chem. Zbl. **1924 I**, 2340.

[5] R. F. Jackson, C. G. Silsbee u. M. J. Proffitt: Sugar **28**, 170 (1926) — Chem. Zbl. **1926 II**, 118.

[6] H. Roques: C. r. Soc. Biol. Paris **95**, 575 (1926) — Chem. Zbl. **1926 II**, 1775.

[7] P. Bruère: Bull. Soc. Chim. biol. Paris **8**, 462 (1926) — Chem. Zbl. **1926 II**, 2988.

[8] Aldo Castellani u. Frank E. Taylor: Biochemic. J. **16**, 655 (1922) — Chem. Zbl. **1923 II**, 381.

[9] Walter R. Campbell u. M. J. Hanna: J. of biol. Chem. **69**, 703—711 (1926) — Chem. Zbl. **1927 I**, 779.

[10] Lucien Daniel: C. r. Acad. Sci. Paris **178**, 1205 (1924) — Chem. Zbl. **1924 II**, 194.

[11] H. Colin: C. r. Acad. Sci. Paris **179**, 1186—1188 (1924) — Chem. Zbl. **1925 I**, 533.

[12] C. Neuberg u. C. Rosenthal: Biochem. Z. **143**, 399 (1923) — Chem. Zbl. **1924 I**, 782. — Y. Takahashi: Biochem. Z. **144**, 199 (1924) — Chem. Zbl. **1924 I**, 1683.

[13] Hans v. Euler u. Holger Erdtman: Hoppe-Seylers Z. **145**, 261 (1925) — Chem. Zbl. **1925 II**, 1449.

[14] H. Colin u. V. Estienne: Bull. Soc. Chim. biol. Paris **6**, 431—435 — Chem. Zbl. **1924 II**, 1928.

Wirkung der Inulase des Aspergillus niger[1]. Untersuchungen über die Bildung von Diastase bei Aspergillus niger in Gegenwart von Inulin[2]. — Penicillium glaucum läßt sich, auf Inulin gezüchtet, mit Aceton in ein Dauerpräparat umwandeln, das Inulin in Gegenwart von Toluol zu Fructose spaltet. Dieses Ferment spaltete das desacetylierte Inulinacetat nicht. Der auf dem verseiften Inulinacetat gezüchtete Pilz spaltete in Form des Dauerpräparates das verseifte Inulinacetat[3]. Mit Penecillium glaucum-Extrakt kann man bei $p_H = 3{,}8$ eine bis 80 % Fructose erreichende Spaltung des Inulins hervorrufen[4]. — Die Spaltung von 10 g Inulin in 50 ccm Wasser + 3 ccm Toluol durch 250 ccm Hefeextrakt (entsprechend 12,5 g Acetonhefe) betrug nach 42 Stunden 0,244 %, nach 234 Stunden 0,650 %. Die Spaltung durch Wasser allein betrug am Ende der Versuchszeit 0,218 %. Aus den Lösungen konnte Fructose als Methylphenyl-osazon isoliert werden[5]. Dialysierte Schneckenlichenase spaltet Inulin nicht[6]. Inulin ver-ändert nicht die Wirkung des Invertins auf Rohrzucker[7]. — Fördert die Beweglichkeit der Trypanosomen in vitro nicht[8]. — In Gegenwart von Inulin nimmt die Phagocytose mit zu-nehmender Konzentration ab[9]. Inulin wird von Honigbienen nicht ausgenutzt[10]. Von Mäusen wird Inulin unverändert mit den Faeces wieder ausgeschieden. Meerschweinchen resorbieren Inulin, können sogar im Magen schon Inulin in Fructose umwandeln[11]. Von Ratten wird Inulin resorbiert und in Glykogen verwandelt[12]. Wird vom Diabetiker besser ausgenutzt als Glykose oder Fructose[13]. Ist gegen Insulin unwirksam[14].

Physikalische und chemische Eigenschaften: Die tensimetrische Molekulargewichts-bestimmung des Inulins in flüssigem Ammoniak gelöst ergab Werte, die auf ein Disaccharid passen. Das Inulin ist demnach in flüssigem Ammoniak als Disaccharid gelöst[15]. — In Piperidin-lösung konnte keine Depression beobachtet werden[16]. — Inulin löst sich in geschmolzenem Acet-amid auf und zeigt darin das Molekulargewicht von 2 mal $C_6H_{10}O_5$. Mit Alkohol ist aus dieser Lösung Inulan (siehe dort) fällbar[17]. Das Präparat enthält aber Alkohol und Acetamid, dem-nach zeigt die Molekulargewichtsbestimmung illusorische Werte[18]. — Röntgenographische Unter-suchungen[19]. Fluorescenzerscheinungen[20]. Die Aschebestandteile können durch Behandlung der siedenden Lösung mit Tierkohle und Ausfrieren zum größten Teil entfernt werden[21]. — Ver-brennungswärme für 1 g: 4190 cal[22]. — Die Krystallform des Inulins hängt nur von der Temperatur seiner wässerigen Lösungen kurz vor dem Auskrystallisieren ab derart, daß sich nur sphärokrystallinisches Inulin abscheidet, wenn es in Lösung auf eine bestimmte Tempe-

[1] A. Kiesel: Bull. Acad. St. Pétersbourg (6) **1915**, 1077—1092 — Chem. Zbl. **1925 I**, 2231.

[2] G. L. Funke: Rec. Trav. bot. néerl. **23**, 200 (1926) — Chem. Zbl. **1927 II**, 706.

[3] Hans Pringsheim u. Alexander Aronowsky: Ber. dtsch. chem. Ges. **55**, 1414 (1922).

[4] H. Pringsheim u. J. Fellner: Liebigs Ann. **462**, 231 (1928) — Chem. Zbl. **1928 II**, 138.

[5] R. Iwatsuru: Biochem. Z. **166**, 409 (1925) — Chem. Zbl. **1926 I**, 1826.

[6] P. Karrer u. M. Staub: Helvet. chim. Acta **7**, 916 (1924) — Chem. Zbl. **1924 II**, 2487.

[7] Richard Kuhn: Hoppe-Seylers Z. **135**, 1 (1924) — Chem. Zbl. **1924 II**, 344.

[8] R. Kudicke u. E. Eves: Z. Hyg. **101**, 317 (1924) — Chem. Zbl. **1924 I**, 1551.

[9] Kazuichi Usni: Trans. jap. path. Soc. **14**, 87 (1924) — Chem. Zbl. **1927 I**, 1973.

[10] E. F. Phillips: J. agricult. Res. **35**, 385 (1927) — Chem. Zbl. **1928 I**, 937.

[11] Lise Emerique: Ann. de Physiol. **1**, 123 (1925) — Chem. Zbl. **1926 I**, 2494.

[12] M. G. Bodey, H. B. Lewis u. J. F. Huber: J. of biol. Chem. **75**, 715 (1927) — Chem. Zbl. **1928 I**, 2961.

[13] Richard Offenbacher u. Walter Eliassow: Münch. med. Wschr. **69**, 1508 (1922) — Chem. Zbl. **1923 I**, 261.

[14] Carl Voegtlin, Edith R. Dunn u. J. W. Thompson: Amer. J. Physiol. **71**, 574—582 (1925) — Chem. Zbl. **1925 II**, 199.

[15] Hans Reihlen u. K. Th. Nestle: Ber. dtsch. chem. Ges. **59**, 1159 (1926) — Chem. Zbl. **1926 II**, 526.

[16] L. Schmid u. G. Bilowitzki: Mh. Chem. **47**, 743 (1927); **48**, 163 (1927) — Chem. Zbl. **1927 I**, 2914; **1927 II**, 1018.

[17] H. Pringsheim, J. Reilly u. P. P. Donovan: Ber. dtsch. chem. Ges. **62**, 2378 (1929) — Chem. Zbl. **1929 II**, 2319.

[18] E. Berner: Ber. dtsch. chem. Ges. **63**, 1361 (1930).

[19] R. O. Herzog: Naturwiss. **12**, 1153 (1924) — Chem. Zbl. **1925 II**, 133. — E. Ott: Physik. Z. **27**, 174 (1926) — Chem. Zbl. **1926 I**, 3028.

[20] Hans Pringsheim u. Otto Gerngroß: Ber. dtsch. chem. Ges. **61**, 2009 (1928) — Chem. Zbl. **1928 II**, 1978.

[21] Harry Dugald Keith Drew u. Walter Norman Haworth: J. chem. Soc. Lond. **1928**, 2690 — Chem. Zbl. **1929 I**, 993.

[22] P. Karrer u. W. Fioroni: Ber. dtsch. chem. Ges. **55**, 2854 (1922).

ratur ($94-95°$) erhitzt wurde. Geschieht dies nicht, so scheidet es sich in Nadelform aus[1]. Butylamin und Pyridin sind Lösungsmittel für Inulin, auch in Phenol löst sich Inulin, jedoch zeigt der Schmelzpunkt der Lösung gegenüber dem Schmelzpunkt des reinen Phenols eine überraschend geringe Depression im Vergleich mit den Ergebnissen, die mit flüssigem NH_3 erhalten worden sind. — Inulin, das aus einer Lösung in flüssigem NH_3, Phenol oder Piperidin regeneriert ist, hat die gleiche $[\alpha]$ wie das ursprüngliche Präparat[2]. Ein Handelspräparat zeigte $[\alpha]_D^{17} = -36,5°$ in Wasser; ein Präparat aus Cichorienwurzel: $[\alpha]_D^{22} = -36,2°$[3]. Die Leitfähigkeit von Inulinlösungen wird von Borsäure nicht beeinflußt[4]. Hydrolyse mit Wasser allein und in Gegenwart von Kohlensäure[5]. — Im letzteren Fall wurde ein Präparat gewonnen mit $[\alpha]_{5461}^{29} = -45,6°$ in Wasser bei $c = 2,28$[5]. — Hydrolysengeschwindigkeit mit 0,05% normaler Salzsäure 1,41[6]. Gibt bei der Destillation in saurer, neutraler oder alkalischer Lösung Formaldehyd ab[7]. Behandlung des Inulins in Pulverform mit Dämpfen von Chlorameisensäureäthylester führt durch Zwischenprodukte endlich zu Fructose[5]. — Verhalten beim Erhitzen mit Glycerin[8]. Wird bei der Behandlung mit säurehaltigem Aceton in Diacetonfructose überführt[9]. Über angebliche Gewinnung eines Trifructosannatriums bei der Verseifung des acetylierten Inulins[10]. Untersuchungen über die Einwirkung von Benzolsulfosäure auf die Chloroformlösung von Inulinacetaten[11]. — Bei der Hydrolyse mit 0,0732 n-Schwefelsäure bei $48,6°$ werden sämtliche Inulinanteile hydrolysiert bis auf ein Difructoseanhydrid, das über das krystallisierende Acetat isoliert werden konnte[12] (siehe dort). — Läßt sich mit Essigsäure-HBr leicht zu einem molekulardispers löslichen Acetat aufspalten und letzteres wieder zu Inulin verseifen[13]. Inulin zerfällt bei der Oxydation mit Chrommischung zunächst in Fructose, dann Formaldehyd[14]. — Gibt die Fichtenspanreaktion schwach[15]. Wird durch 10proz. Kalkmilch schon in der Kälte quantitativ gefällt[16]. Wird aus einer Lösung von $Al(OH)_3$ und Tierkohle nicht adsorbiert[17].

Gärung: Verhalten gegen einen Micrococcus[18], gegen eine Reinkultur eines Granulobactertyp[19], gegen Milzbrandbacillen[20], Salmonellabacillen[21], gegen ein anaerobes Bacterium aus ulceröser Appendicitis[22]. Vergärbarkeit durch Acetonpräparate aus untergärigen Hefen und Macerationssaft aus Trockenpräparaten von Unterhefen[23]. Kann nicht zur Ernährung

---

[1] Bodo Hoche: Z. dtsch. Zuckerind. **1926**, 821—833 (1926) — Chem. Zbl. **1927 I**, 1758.

[2] L. Schmid u. G. Bilowitzki: Mh. Chem. **47**, 785 (1926) — Chem. Zbl. **1927 I**, 2914.

[3] M. Bergmann u. E. Knehe: Liebigs Ann. **449**, 302 (1926) — Chem. Zbl. **1926 II**, 2697.

[4] K. Verschuur: Rec. Trav. chim. Pays-Bas et Belg. (Amsterd.) **47**, 423 — Chem. Zbl. **1928 I**, 2354.

[5] Harry Dugald Keith Drew u. Walter Norman Haworth: J. chem. Soc. Lond. **1928**, 2690 — Chem. Zbl. **1929 I**, 993.

[6] Hans v. Euler u. Holger Erdtman: Hoppe-Seylers Z. **145**, 261 (1926) — Chem. Zbl. **1925 II**, 1449.

[7] G. Klein: Biochem. Z. **169**, 132 (1926) — Chem. Zbl. **1926 I**, 3221.

[8] H. Pringsheim u. G. Kohn: Hoppe-Seylers Z. **133**, 80 (1924) — Chem. Zbl. **1924 I**, 2339.

[9] Heinz Ohle u. Ilse Köller: Ber. dtsch. chem. Ges. **57**, 1566 (1924) — Chem. Zbl. **1924 II**, 2021.

[10] Hans Pringsheim u. Alexander Aronowsky: Ber. dtsch. chem. Ges. **55**, 1414 (1922).

[11] Hans Pringsheim u. Joseph Reilly: Ber. dtsch. chem. Ges. **61**, 2018 (1928) — Chem. Zbl. **1928 II**, 2003.

[12] Richard F. Jackson u. Sylvia M. Goergen: Bureau Standards J. Res. **3**, 27 (1929) — Chem. Zbl. **1929 II**, 1653.

[13] H. Pringsheim u. A. Aronowsky: Ber. dtsch. chem. Ges. **54**, 1281 (1921) — Chem. Zbl. **1921 III**, 297. — M. Bergmann u. E. Knehe: Liebigs Ann. **445**, 1 (1925) — Chem. Zbl. **1926 I**, 350.

[14] Ottorino Angelucci: Giorn. Chim. ind. ed. appl. **6**, 538 (1924) — Chem. Zbl. **1925 I**, 895.

[15] H. Steudel u. E. Peiser: Hoppe-Seylers Z. **139**, 205—211 (1924) — Chem. Zbl. **1925 I**, 94.

[16] J. Schlemmer: Listy Cukrovarnické **45**, 243 — Z. Zuckerind. tschechosl. Republik **51**, 422 (1927) — Chem. Zbl. **1927 II**, 881.

[17] M. A. Rakusin: J. russ. phys.-chem. Ges. **48**, 1319 (1916) — Chem. Zbl. **1923 III**, 1070.

[18] S. Costa u. L. Boyer: C. r. Soc. Biol. Paris **88**, 493 (1923) — Chem. Zbl. **1923 III**, 501.

[19] Guy C. Robinson: J. of biol. Chem. **53**, 125 (1922) — Chem. Zbl. **1922 III**, 1382.

[20] Martin Kristensen: Zbl. Bakter. I **101**, 220—224 (1927) — Chem. Zbl. **1927 I**, 1330.

[21] Frank Wokes u. Joseph H. Irwin: Pharm. J. **118**, 747—751 — Chem. Zbl. **1927 II**, 1481.

[22] A. Ukil: C. r. Soc. Biol. Paris **87**, 1009 (1922) — Chem. Zbl. **1923 I**, 780.

[23] A. Gottschalk: Hoppe-Seylers Z. **153**, 215 (1926) — Chem. Zbl. **1926 I**, 3555

der Hefe dienen[1]. Verhalten gegen Schizosaccharomyces hominis[2]; gegen Moniliaarten[3]. — Citronensäurebildung[4].

Derivate: Inulinnatrium. Aus Inulin gelöst in flüssigem Ammoniak, mit Natrium gelöst in flüssigem Ammoniak[5]. — Aus Inulin in 10proz. Natronlauge und Fällen mit abs. Alkohol, Lösen in kaltem Wasser, wieder Fällen und Waschen mit Alkohol oder aus Inulinacetat beim Schütteln mit Natriumalkoholat[6].

Inulinphosphorsäure[7]. Aus Inulin, Phosphoroxychlorid und Pyridin.

Inulinacetat. Molekulargewichtsbestimmungen[8]. Verbrennungswärme für 1 g: 4522 cal.[9]. Fluorescenzerscheinungen[10]. 2 g (bei 0,1 mm getrocknetes) Inulin werden in 20 ccm Essigsäureanhydrid und 35 g wasserfreiem Pyridin gelöst, bei 20° in 8, bei 37 und 60° in ein bis zwei Tagen aufbewahrt, dann in Eiswasser gegossen. Aus Methylalkohol krystallisiert in mikrokrystallinischen Massen. Erweichen ab etwa 78°, Schmelzp. etwa 135°. Aus Handelspräparat gewonnenes Acetat (bei 20°): $[\alpha]_D^{23} = -39{,}5°$, bei 37° $[\alpha]_D^{21} = -39{,}4°$, bei 60° $[\alpha]_D^{18} = -39{,}6°$; Inulinacetat aus Zichorienwurzel: $[\alpha]_D^{24} = -39{,}6°$ (alle in Eisessig). Läßt sich durch Diffusion nicht in Fraktionen zerlegen und ist quantitativ zu Inulin verseifbar. Die Reacetylierung ergibt dasselbe Acetat[11]. — Präparat I. Dargestellt nach Pringsheim[12], gereinigt durch Umlösen aus 3 Teilen eines Gemisches von Methylalkohol-Eisessig (3:1). — II. Acetyliert wie I., mehrfach aus der 10fachen Menge Methylalkohol umgelöst. — III. Dargestellt nach Bergmann, gereinigt wie I. — IV. Acetyliert wie III. und gereinigt wie II. I.: $[\alpha]_D^{20} = -42{,}2°$ (Eisessig); II.: $-39{,}0°$; III.: $-39{,}3°$, IV.: $-41{,}9°$ [13]. Hitzedesaggregation des Inulinacetats[13]. — Trocknes Inulin wird mit Pyridin-Essigsäureanhydrid bei 30° in 40 Stunden acetyliert. Man gießt das Reaktionsgemisch in Wasser, löst aus Methylalkohol um und reinigt weiter aus Essigsäure durch Eingießen in Wasser. Schmelzp. 80—142°. Das Acetat aus Zichorien-Inulin zeigt $[\alpha]_D^{19} = -40{,}52°$ in Essigsäure, das Acetat des gereinigten Handelsinulins zeigt $[\alpha]_D^{21} = -39{,}71°$ in Eisessig und $[\alpha]_D^{17} = -40{,}5°$ in Eisessig. — Die zur Molekulargewichtsbestimmung benutzten Lösungen werden unter vermindertem Druck eingedampft und mit Wasser gefällt. $[\alpha]_D^{20} = -39{,}5°$ in Essigsäure. Das Acetat wird mit $^1/_2$ normaler methylalkoholischer Kalilauge verseift und aus Wasser mit Alkohol gefällt. $[\alpha]_D^{19} = -37{,}30°$. — Das Inulintriacetat löst sich in einer etwa 0,1proz. Konzentration bis zur Molekülgröße eines Fructosantriacetats $C_6H_7O_2(O \cdot CO \cdot CH_3)_3 = 288$. — Bei höheren Konzentrationen wird diese Grenze nicht erreicht. Oft verschwindet die Depression bei längerem Stehen vollständig. Für eine Molekulargewichtsgröße eines Disaccharidanhydridhexaacetats fanden sich keine Anhaltspunkte. Auch bei Gegenwart von Luft wurde als untere Grenze ein Molekulargewicht von 288 nicht unterschritten. Bei Konzentrationen von 0,06—0,23 % bleibt die Depression konstant; dabei ergibt sich wachsendes Molekulargewicht und bei Extrapolation unterhalb 0,06 % ein unmögliches Molekulargewicht kleiner als 288 [14].

---

[1] Bokorny: Allg. Brauer- u. Hopfen-Ztg 64, 1214—1216 (1924) — Chem. Zbl. 1925 I, 1538.

[2] F. Benedek: Zbl. Bakter. 104, 491 (1927) — Chem. Zbl. 1928 I, 268.

[3] Aldo Castellani u. Frank E. Taylor: Ann. Inst. Pasteur 36, 789 (1922) — Chem. Zbl. 1923 II, 297.

[4] K. Bernhauer: Biochem. Z. 197, 309 (1928) — Chem. Zbl. 1928 II, 1342.

[5] Leopold Schmid, Alfred Waschkau u. Ernst Ludwig: Mh. Chem. 49, 107 (1928) — Chem. Zbl. 1928 II, 1761. — L. Schmid u. B. Becker: Ber. dtsch. chem. Ges. 58, 1966 (1925) — Chem. Zbl. 1926 I, 56.

[6] Hans Pringsheim u. Alexander Aronowsky: Ber. dtsch. chem. Ges. 55, 1414 (1922).

[7] Max Lüdtke: Biochem. Z. 212, 475 (1929) — Chem. Zbl. 1930 I, 3547.

[8] Max Bergmann, Ewald Knehe u. Ernst v. Lippmann: Liebigs Ann. 458, 93 (1927) — Chem. Zbl. 1927 II, 2763. — Hans Pringsheim u. Max Laßmann: Ber. dtsch. chem. Ges. 55, 1409 (1922).

[9] P. Karrer u. W. Fioroni: Ber. dtsch. chem. Ges. 55, 2854 (1922).

[10] Hans Pringsheim u. Otto Gerngroß: Ber. dtsch. chem. Ges. 61, 2009 (1928) — Chem. Zbl. 1928 II, 1978.

[11] M. Bergmann u. E. Knehe: Liebigs Ann. 449, 302 (1926) — Chem. Zbl. 1926 II, 2697.

[12] H. Pringsheim u. A. Aronowsky: Ber. dtsch. chem. Ges. 54, 1281 (1921) — Chem. Zbl. 1921 III, 297.

[13] H. Pringsheim u. J. Fellner: Liebigs Ann. 462, 231 (1928) — Chem. Zbl. 1928 II, 138. — H. Pringsheim u. R. Perewosky: Hoppe-Seylers Z. 153, 138 — Chem. Zbl. 1926 II, 231.

[14] Kurt Heß u. Richard Stahn: Liebigs Ann. 455, 104 (1927) — Chem. Zbl. 1927 II, 555.

Inulinpalmitat[1] $C_6H_7O_5(COC_{15}H_{31})_3$. Das käufliche Inulin wird durch mehrmaliges Eingießen der wässerigen Lösung in Alkohol, bis Fehlingsche Lösung nicht mehr reduziert wird, gereinigt, je 24 Stunden mit abs. Alkohol und abs. Äther behandelt, bei 100° im Vakuum getrocknet und feinstens verrieben, dann mit dem Säurechlorid in Gegenwart von Pyridin bei 80° behandelt. Die Substanz sintert bei 45°, schmilzt bei 52,5°.

Stearat[1] $C_6H_7O_5(COC_{17}H_{35})_3$. Schmelzp. 60—63°. Leicht löslich in Äther, Benzol, CCl_4, Ligroin; teilweise löslich in heißem Aceton; unlöslich in Wasser und Alkohol.

Inulinglykolsäureäther[2]. Entsteht unter Bedingungen, die bei dem Celluloseglykolsäureäther beschrieben sind. Dreimalige Einwirkung von Monochloressigsäure lieferte ein Produkt, isoliert als Kupfersalz, mit $2^1/_2$ Mol Glykolsäure auf C_6. — Die durch Dialyse gereinigte Lösung des Natriumsalzes ist klar, nicht viscos, nicht optisch aktiv. Die Calcium-, Strontium-, Zink- und Mangansalze sind löslich, die übrigen unlöslich.

Dimethylinulin[3] $[C_6H_8O_3(OCH_3)_2]_x$. Bei der früher gegebenen Darstellung wurden die 40 ccm 48proz. Natronlauge durch 60 ccm 30proz. Natronlauge und die weiterhin verwendeten 140 ccm 50proz. Natronlauge durch 200 ccm 35proz. Natronlauge ersetzt. Nicht nur die Ausbeute, sondern auch die Löslichkeit des Produktes wird sehr stark beeinflußt durch die Qualität der zur Entfärbung benutzten Tierkohle. Die feste Form, löslich in Alkohol, Chloroform oder Aceton, unlöslich in Äther, zeigte $[\alpha]_D^{20}$ von —42,6° bis —44,9°. — Als Nebenprodukte entstehen wechselnde Mengen methylierter Inuline. Bei der Hydrolyse mit wässerig-alkoholischer Oxalsäurelösung entsteht Dimethyl-γ-fructose (dextro)[3]. — Ein durch Methylierung mit Diazomethan aus Inulin erhältliches Produkt ist in Alkohol und Wasser löslich, jedoch in heißem schwerer als in kaltem, enthält 25,24% CH_3O [4].

Trimethylinulin[5]. Durch Verwendung von 25 g einmal mit Natronlauge und Dimethylsulfat methylierten Inulins, 63 g Silberoxyd, 100 g Methyljodid, 30 ccm Methylalkohol (8 Stunden). Durch Extraktion mit Methylalkohol und weitere 4malige Methylierung wurde ein rechtsdrehendes Produkt erhalten, $[\alpha]_D^{20}$ in Chloroform $= +59,2°$, $c = 2$. Wird die Silberoxydmethode angewandt auf mit Dimethylsulfat schon so weit methyliertes Material, daß eine Zufügung von Lösungsmitteln unnötig ist und die Alkylierung in einer Operation durchgeführt werden kann, so ist das entstandene Trimethylinulin linksdrehend, wenn auch die Eigenschaften der verschiedenen Darstellungen stark schwanken. Die Drehungen von zwei Proben sind angenähert denen von Karrers Trimethylinulin: $[\alpha]_D^{20} = -46,62°$ und $-49,25°$ in Chloroform. — Schließlich wurden also 3 Formen des Trimethylinulins isoliert: 1. in Äther löslich, rechtsdrehend; 2. in Äther löslich, linksdrehend; 3. in Äther unlöslich, linksdrehend. Amorphes Pulver vom Schmelzp. 138—140°, unlöslich in Wasser oder Äther; leicht löslich in Chloroform, Benzol, Aceton. $[\alpha]_D^{20} = -50,5°$ (Chloroform; $c = 1,01$)[6].

Monoallylinulin[7] $C_{11}H_{24}O_{10}$. Aus Alkohol, schließlich aus Eisessig mit Äther gefälltes Produkt. Weiß, sintert bei 150—155°, zersetzt sich bei 205—210°.

Benzylinulin[8]. Bei der Behandlung von Inulin mit Benzylchlorid und Natronlauge bei 85—95°. Enthält je eine Benzylgruppe auf 12 Kohlenstoffatome.

Trifructose.

Die Trifructose Pringsheims[9] besitzt nicht ein einziges Merkmal chemischer Individualität[10].

Derivate: Trifructosenatrium[9] $(C_6H_{10}O_5)_3NaOH$. Soll bei der Verseifung eines Acetylderivates, gewonnen aus 1 Teil Inulin, 2 Teile Essigsäureanhydrid und 2 Teile Essigsäure, mit

[1] P. Karrer u. Z. Zega: Helvet. chim. Acta **6**, 822 (1923) — Chem. Zbl. **1923 III**, 1454. — P. Karrer, J. Peyer u. Z. Zega: Helvet. chim. Acta **5**, 856 (1923) — Chem. Zbl. **1923 I**, 583.

[2] J. K. Chowdhury: Biochem. Z. **148**, 76 (1924) — Chem. Zbl. **1924 II**, 623.

[3] James Colquhoun Irvine, Ettie Stewart Steele u. Mary Isobel Shannon: J. chem. Soc. Lond. **121**, 1060—1078 (1922) — Chem. Zbl. **1922 III**, 1334.

[4] L. Schmid: Ber. dtsch. chem. Ges. **58**, 1963 (1925) — Chem. Zbl. **1926 I**, 890.

[5] James Colquhoun Irvine, Ettie Stewart Steele u. Mary Isobel Shannon: J. chem. Soc. Lond. **121**, 1060—1078 (1922) — Chem. Zbl. **1922 III**, 1335.

[6] W. N. Haworth u. A. Learner: J. chem. Soc. Lond. **1928**, 619 — Chem. Zbl. **1928 I**, 2934.

[7] C. G. Tomecko u. Roger Adams: J. amer. chem. Soc. **45**, 2698 (1923) — Chem. Zbl. **1924 I**, 1915.

[8] M. Gomberg u. C. C. Buchler: J. amer. chem. Soc. **43**, 1904 (1922) — Chem. Zbl. **1922 I**, 1396.

[9] Hans Pringsheim u. Alexander Aronowsky: Ber. dtsch. chem. Ges. **55**, 1414 (1922).

[10] P. Karrer u. W. Fioroni: Ber. dtsch. chem. Ges. **55**, 2854 (1922).

Natriumäthylat entstehen. Zeigt 30% der Reduktionskraft der Fructose. In der Verbindung konnte Karrer[1] Natriumäthylat nachweisen.

Inulin-Läbulin[2].

Darstellung: Durch Behandlung von Inulin in Pulverform mit Dämpfen von Chlorameisensäureäthylester, Lösen der Produktes in Wasser und Fällen mit Aceton.

Physikalische und chemische Eigenschaften: Schmilzt bei 142° zu einer opaken Paste, die sich bei 185° in eine schaumige Masse verwandelt. Sie enthält 7,5% Wasser, 1% Asche und zeigt $[\alpha]_{5461}^{21} = -45,8°$ in Wasser bei $c = 4{,}778$. Die lufttrockne Substanz zeigt ein Molekulargewicht von 900—110, ein bei 90° im Vakuum getrocknetes Präparat 1200—1600.

Asphodillinulin (lösliches Inulin)[3].

Ist vom Inulin der Korbblüter wesentlich verschieden.

Vorkommen: In den Knöllchen der Asphodellen.

Physikalische und chemische Eigenschaften: Das getrocknete Produkt ist ein weißes, geruch- und geschmackloses, sehr hygroskopisches Pulver, bräunt sich ab 170° und zersetzt sich gegen 210°; sehr leicht löslich in Wasser, scheidet sich aus sirupösen Lösungen in mikroskopischen, sphärischen Körnchen ab. $[\alpha]_D^{15} = -18°$, nach der Hydrolyse $-67°$. Es handelt sich um einen Zucker von geringem Molekül, der leicht dialysiert und den Gefrierpunkt wie Rohrzucker erniedrigt.

Derivate: Ca-Derivat, löslich in Wasser und verdünntem Alkohol, durch CO_2 nicht zerlegbar; **Ba-Derivat** wird von Alkohol gefällt, durch CO_2 teilweise zerlegt[3].

Synanthrin (Bd. II, S. 191).

Vorkommen: Die polymerisierte Fructose kommt in der Jerusalem-Artischocke (Helianthus tuberosus) meistens in dieser Form vor[4].

Scillin (Bd. II, S. 194).

Physiologische Eigenschaften: Wird trotz seiner leichten Hydrolysierbarkeit durch verdünnte Säuren von Fermenten kaum angegriffen, Pankreas und Darmsaft sind ohne Wirkung, Pepsin-Salzsäure spaltet entsprechend seiner Acidität. Im Knollen des Topinambur und der Hyazinthe finden sich im Frühling reichliche Menge von Scillinase neben Inulase[5]. Wird nicht nur von Mensch und Tier kaum ausgenutzt, auch die Fermente der gewöhnlichen Mucedineen, von Aspergillus niger, Mucor Boulard, Schimmelpilzen usw. können nur mit Mühe Scillin assimilieren[6].

Sinistrin (Bd. II, S. 194).

Sinistrin A ist identisch mit dem Difructoseanhydrid von Vogel und Pictet[7].

Irisin (Bd. II, S. 195).

Darstellung: 400 g lufttrockenes Irisrhizom werden mit Seesand gemahlen und unter Toluolzusatz mit 2 l Wasser digeriert, filtriert, mit Bleiacetat gefällt, das Filtrat entbleit und

[1] P. Karrer u. W. Fioroni: Ber. dtsch. chem. Ges. **55**, 2854 (1922).

[2] Harry Dugald Keith Drew u. Walter Norman Haworth: J. chem. Soc. Lond. **1928,** 2690 — Chem. Zbl. **1929 I**, 993.

[3] H. Colin u. C. N. de Méons: C. r. Acad. Sci. Paris **185**, 1604 (1927) — Chem. Zbl. **1928 I**, 933.

[4] R. F. Jackson, C. G. Silsbee u. M. J. Proffitt: Sugar **27**, 9 (1925) — Chem. Zbl. **1925 I**, 2669.

[5] H. Colin u. V. Estienne: Bull. Soc. Chim. biol. Paris **6**, 431—435 — Chem. Zbl. **1924 II**, 1928.

[6] Victor Estienne: J. Pharm. Belgique **6**, 305 (1924) — Chem. Zbl. **1924 II**, 492.

[7] Hans Heinrich Schlubach u. Horst Elsner: Ber. dtsch. chem. Ges. **63**, 362 (1930) — Chem. Zbl. **1930 I**, 1767.

mit 4 Volum 90proz. Alkohol versetzt. Die Umfällung wurde 2mal wiederholt. Ausbeute 53 g lufttrockenes Irisin[1].

Physiologische Eigenschaften: Wird nicht nur von Mensch und Tier kaum ausgenutzt, auch die Fermente der gewöhnlichen Mucedineen, von Aspergillus niger, Mucor Boulard, Schimmelpilzen usw. können nur mit Mühe Irisin assimilieren[2]. — Wird trotz seiner leichten Hydrolysierbarkeit durch verdünnte Säuren von Fermenten kaum angegriffen, Pankreas und Darmsaft sind ohne Wirkung, Pepsin-Salzsäure spaltet entsprechend seiner Acidität. Sie wird auch von Extrakten von alten Aspergillus niger-Kulturen nur schwer angegriffen[3]. Irisin wird von Takadiastase nicht gespalten[1].

Physikalische und chemische Eigenschaften: Schmelzp. 209—210°. Zersetzt sich bei 215 bis 218°; $[\alpha]_D = -52,10°$ in Wasser (0,7886 g in 25 ccm); $[\alpha]_{Hg} = -55,48°$. — Mol-Gewicht nach der von v. Euler aufgestellten Formel: $DVM = $ Konstante aus der freien Diffusion in wässeriger Lösung: 10,300. Durch Acetolyse mit 2 Mol Essigsäure und 1 Mol Essigsäureanhydrid werden reduzierende, in Wasser leicht lösliche Acetate erhalten, welche nach Zersetzung mit Natriumbicarbonat als farblose Sirupe isoliert werden[1]. Hydrolysengeschwindigkeit mit 0,05n-Salzsäure: 1,0.

Derivate: Acetat $C_6H_7O_5(CO \cdot CH_3)_3$. Weißes, amorphes Pulver aus Essigsäure + Methylalkohol, Schmelzp. 206—208°. $[\alpha]_{Hg}^{20} = -24,18°$ (1,0265 g in 10 ccm Essigsäure); $[\alpha]_D = -22,70°$. Molekulargewicht durch Gefrierpunktsbestimmung in Äthylenbromid = 2220 und 2430 entsprechend 7,7 und 8,4 $C_6H_7O(CO \cdot CH_3)_3$. — Nach der Verseifung mit Natriumhydroxyd wird ursprüngliches Irisin zurückerhalten. Beim Erhitzen des Irisintriacetats mit Phenylhydrazin erfolgt Entacetylierung unter Bildung eines Polysaccharids $(C_6H_{10}O_5)_x$.

Natriumverbindung[1]. Aus der Lösung in Natriumhydroxyd mit Alkohol. Besitzt einen auf das Natriumsalz der Anhydrofructose stimmenden Natriumgehalt. Durch Behandeln des Triacetats mit Natriummethylat entsteht eine Natriumverbindung der Zusammensetzung $6(C_6H_{10}O_5)$ NaOH. Aus Irisin mit Natriummethylat entstehen Produkte mit 0,5 und 0,92% Natrium.

Bariumverbindung[1] $6(C_6H_{10}O_5) \cdot Ba(OH)_2$.

Polysaccharid aus Irisin[1].

$(C_6H_{10}O_5)_x$

Bildung: Beim Erhitzen von Irisintriacetat mit Phenylhydrazin erfolgt Entacetylierung und Bildung des Polysaccharids.

Physiologische Eigenschaften: Mit Hefe, Emulsin und Saccharase nicht spaltbar.

Physikalische und chemische Eigenschaften: Mol-Gewicht nach der Diffusionsmethode 3200, nach der Gefrierpunktmethode 1349 und 1404. — Die Abscheidung erfolgt aus Äther, die Reinigung aus Methylalkohol + Äther. — Farblos, leicht löslich in Wasser und Alkohol, hygroskopisch, Fehlingsche Lösung wird nicht reduziert. Mit Säure erfolgt Hydrolyse unter Bildung von Fructose. $[\alpha]_D^{20} = -49$ bis 50°.

Derivate: Acetylverbindung. Ein dem Irisintriacetat nahestehendes Produkt. Schmelzpunkt 200—202°, leicht löslich in Alkohol.

Graminin (Bd. II, S. 196).

Darstellung: Wurde aus einer Haferart Arrhenatherum bulbosum Presl. gewonnen. Es wurde aus wässeriger Lösung nach der Klärung mit Baryt gefällt und die entstandene Bariumverbindung mit Schwefelsäure zersetzt, dann nach der Konzentrierung der Mutterlauge mit Alkohol gefällt[4].

Physikalische und chemische Eigenschaften: Kann leicht getrocknet werden. Ist sehr hygroskopisch. Die Elementaranalyse ergibt die Formel $C_6H_{10}O_5$, die Molekulargewichtsbestimmung $(C_6H_{10}O_5)_n$, wobei n größer als 10 sein muß. Schmelzp. etwa 200°, $[\alpha]_D = -44°$. — Ist geruch- und geschmacklos, wird durch Schwermetalle nicht gefällt, gibt eine unlösliche Barytverbindung, aber lösliche Calcium- und Strontiumverbindungen. Feuchtes Salzsäuregas färbt rotviolett bis schwarz. Reduziert nicht Fehlingsche Lösung[4].

[1] Hans v. Euler u. Holger Erdtman: Hoppe-Seylers Z. **145**, 261 (1925) — Chem. Zbl. **1925 II**, 1449.

[2] Victor Estienne: J. Pharm. Belgique **6**, 305 (1924) — Chem. Zbl. **1924 II**, 492.

[3] H. Colin u. V. Estienne: Bull. Soc. Chim. biol. Paris **6**, 431—435 — Chem. Zbl. **1924 II**, 1928.

[4] H. Colin u. A. de Cugnac: Bull. Soc. Chim. biol. Paris **8**, 621 (1927) — Chem. Zbl. **1927 II**, 267.

Triticin (Bd. II, S. 196).

Darstellung: Aus Quecke (Triticum repens). Es wurde aus wässeriger Lösung nach der Klärung mit Baryt gefällt und die entstandene Bariumverbindung mit Schwefelsäure zersetzt, dann nach der Konzentrierung der Mutterlauge mit Alkohol gefällt[1].

Physikalische und chemische Eigenschaften: Wird schwer, als glasiger Sirup abgeschieden, läßt sich schwer trocknen und ist sehr hygroskopisch. Die Elementaranalyse ergibt die Formel $C_6H_{10}O_5$, die Molekulargewichtsbestimmung $(C_6H_{10}O_5)_n$, wobei n größer als 10 sein muß. Schmelzpunkt etwa 200°. $[\alpha]_D^{14} = -47°$. Ist geruch- und geschmacklos, wird durch Schwermetalle nicht gefällt, gibt eine unlösliche Barytverbindung, aber lösliche Calcium- und Strontiumverbindungen. Feuchter Chlorwasserstoff färbt rotviolett bis schwarz. Reduziert nicht Fehlingsche Lösung[1].

Scorodose[2].
$$(C_6H_{10}O_5)_4$$

Vorkommen: In der Zwiebel von Allium scorodoprasum L. Die getrocknete Zwiebel enthält 59,4%, der wässerige Auszug 49,8% lösliche Kohlehydrate als Hexose berechnet.

Darstellung: 1 kg trockenes Pulver von Allium scorodoprasum wird nacheinander mit Alkohol, kaltem Wasser, heißem Wasser und im Autoklaven extrahiert. Der wässerige Auszug wird im Vakuum eingedampft, mit Alkohol gefällt, der Niederschlag mit abs. Alkohol behandelt, in Wasser gelöst, mittels basischem Bleiacetat und Elektrodialyse gereinigt, entfärbt, mit Alkohol gefällt. Erhalten 465 g.

Physiologische Eigenschaften: Diastase, eine Hefeart und der wässerige Auszug der keimenden Zwiebel hydrolysieren sehr langsam.

Physikalische und chemische Eigenschaften: Weißes, geschmackloses, sehr hygroskopisches Pulver, bei 130° quellend, Schmelzp. etwa 200°. Mol-Gewicht kryoskopisch 646 und 694. Bei der Hydrolyse entsteht d-Fructose.

Derivate: Acetylderivat. Weiß, amorph. Schmelzp. 85—90°. Nach Analyse und Mol-Gewicht anscheinend eine Triacetylverbindung.

Benzoylderivat. Schmelzp. 159°.

Lävulosane (Bd. X, S. 282).

Vorkommen: Am reichsten an Lävulosan ist das Roggenkorn, das kurz nach seiner Bildung bis zu 40% der Trockensubstanz an linksdrehenden Stoffen enthält, kleine Mengen auch noch nach der Reife. Im Weizen ist bei gleicher Verteilung der Lävulosangehalt etwas geringer, dabei sehr gleichmäßig in den verschiedenen Arten. Dasselbe läßt sich von Gerste sagen. — Hafer enthält etwas Lävulosan in den grünen Halmen und in den Samen während ihrer Bildung, es verschwindet daraus aber vollständig in der Reife. Mais und Buchweizen sind davon frei[3]. — In lignin- und aschefreiem Zellstoff 2,5%[4]. In Iris foetidissima[5]. In der Hyacinthenzwiebel[6]. — Kommen nur in den Knollen, nie aber in den Blättern vor. Die Polymerisation bei der Bildung von Lävulosanen ist kein enzymatischer Vorgang[7].

Physiologische Eigenschaften: Werden nicht nur von Mensch und Tier kaum ausgenutzt, auch die Fermente der gewöhnlichen Mucedineen, von Aspergillus niger, Mucor Boulard, Schimmelpilzen usw. können nur mit Mühe die Lävulosane assimilieren[8].

Physikalische und chemische Eigenschaften: Reduziert erst nach der Hydrolyse mit Säuren. Erweicht gegen 180° (Bloch Maquenne), bläht sich dann auf und schmilzt unter Zersetzung. $[\alpha] = -40$ bis $-42°$. Fällt leicht aus wässerigen Lösungen durch $Ba(OH)_2$, nicht durch Bleiessig oder $Hg(NO_3)_2$. Die Spaltung liefert Fructose[6].

---

[1] H. Colin u. A. de Cugnac: Bull. Soc. Chim. biol. Paris 8, 621 (1927) — Chem. Zbl. 1927 II, 267.

[2] Yoshijiro Kihara: Proc. imp. Acad. Tokyo 5, 349 (1929) — Chem. Zbl. 1930 I, 696.

[3] H. Colin u. H. Belval: C. r. Acad. Sci. Paris 175, 1447 (1923); 177, 973 (1923) — Chem. Zbl. 1923 I, 1191; 1924 I, 487.

[4] Erik Hägglund u. F. W. Klingstedt: Cellulosechemie 5, 57—64 (1924) — Beil. zu Papierfabr. 22 (1924) — Chem. Zbl. 1925 I, 591.

[5] H. Colin u. A. Augem: C. r. Acad. Sci. Paris 185, 475 (1927) — Chem. Zbl. 1927 II, 2071 — Bull. Soc. Chim. biol. Paris 10, 489 (1928) — Chem. Zbl. 1928 II, 1222.

[6] H. Colin u. H. Belval: C. r. Acad. Sci. Paris 176, 1493 (1923) — Chem. Zbl. 1923 III, 630.

[7] H. Colin: Bull. Soc. Chim. biol. Paris 7, 173—180 (1925) — Chem. Zbl. 1925 I, 2382.

[8] Victor Estienne: J. Pharm. Belgique 6, 305 (1924) — Chem. Zbl. 1924 II, 492.

D. Cellulosen (Bd. II, S. 198; Bd. VIII, S. 49; Bd. X, S. 283).

Echte Cellulosen (Bd. II, S. 199; Bd. VIII, S. 49; Bd. X, S. 283).

Konstitution: Zusammenfassende Arbeiten über die Untersuchungen über die Konstitution der Cellulose sowie Arbeiten allgemeiner Natur über die Grundeigenschaften der Cellulose[1].

Auf Grund von Molekulargewichtsbestimmungen, die mit Derivaten der Cellulose ausgeführt wurden, glaubte man eine kurze Zeit lang, daß Cellulose ein eigentümlich gebautes

---

[1] L. E. Wise: Ind. Chem. **15**, 711 (1923) — Chem. Zbl. **1923 IV**, 680. — L. E. Wise u. W. C. Russell: Ind. Chem. **14**, 285 (1922) — Chem. Zbl. **1922 III**, 1373. — E. Dörr: Z. angew. Chem. **36**, 399 (1923) — Chem. Zbl. **1924 I**, 1509. — O. v. Faber u. B. Tollens: Ber. dtsch. chem. Ges. **32**, 2594 (1899). — H. Ost u. R. Prosiegel: Z. angew. Chem. **33**, 100 (1920) — Chem. Zbl. **1920 I**, 856. — K. O. Herzog: Naturwiss. **11**, 172 (1923) — Chem. Zbl. **1923 II**, 640, 1005. — Franz Fischer u. Hans Tropsch: Ber. dtsch. chem. Ges. **56**, 2418 (1923). — P. Karrer: Erg. Physiol. **20**, 433 (1922) — Ref.: Ber. Physiol. **16**, 407 (1923) — Chem. Zbl. **1923 III**, 199. — René Favre: J. Pharm. et Chim. (7) **28**, 398 (1923) — Chem. Zbl. **1924 I**, 1023. — P. Klason: Zellstoff u. Papier **4**, 213 (1924) — Chem. Zbl. **1924 II**, 2713. — A. Schamelhout: J. Pharm. Belgique **8**, 163, 183 (1926) — Chem. Zbl. **1926 I**, 2986. — G. J. Esselen jr.: Amer. Dyestuff Rep. **15**, 168 (1926) — Chem. Zbl. **1926 I**, 3581. — Ebner: Zellstoff u. Papier **6**, 389 (1926) — Chem. Zbl. **1926 II**, 2157. — K. Hess: Papierfabr. **25** (1927) — Verein d. Zellstoff- u. Papier-Chemiker u. -Ingenieure 541 — Chem. Zbl. **1928 I**, 323 — Liebigs Ann. **456**, 55 (1926) — Chem. Zbl. **1926 II**, 2892. — P. Ehrmann: Caoutchouc et Guttapercha **23**, 13030—13032, 13064—13065, 13099—13102, 13138—13139, 13175—13176, 13240 bis 13241, 13275—13276 (1926) — Chem. Zbl. **1927 I**, 204. — H. Pringsheim: Ber. dtsch. chem. Ges. **59**, 3008 (1926) — Chem. Zbl. **1927 I**, 883. — V. Hottenroth: Chem.-Ztg **50**, 1004—1006 (1926) — Chem. Zbl. **1927 I**, 1084. — W. Karp u. R. Turnau: Arb. Reichsgesdh.amt **57**, 531 (1926) — Chem. Zbl. **1927 I**, 1900. — J. Simonin: Rev. gén. Matières plast. **3**, 203 (1927) — Chem. Zbl. **1927 II**, 915. — G. J. Esselen jr.: Ind. Chem. **18**, 1031 (1926) — Chem. Zbl. **1927 II**, 1466. — M. Bergmann: Farben-Ztg **32**, 797 (1927) — Chem. Zbl. **1927 I**, 1425. — H. Gault u. P. Ehrmann: Caoutchouc et Guttapercha **24**, 13603, 13706, 13748 (1927) — Chem. Zbl. **1928 I**, 799. — J. J. Lynst Zwikker: Rec. Trav. chim. Pays-Bas et Belg. (Amsterd.) **41**, 49 (1922) — Chem. Zbl. **1922 III**, 666. — Louis E. Wise u. Walter C. Russell: Ind. Chem. **14**, 285 (1922) — Chem. Zbl. **1922 III**, 1374. — H. Ost u. R. Knoth: Papierfabr., Beibl. **3**, 25 (1922) — Chem. Zbl. **1922 III**, 127. — E. Heuser u. W. von Neuenstein: Cellulosechemie **3** (Beil. zu Papierfabr.) **20**, 89, 102 (1922) — Chem. Zbl. **1923 I**, 1425. — H. Hibbert u. H. J. Hill: J. amer. chem. Soc. **45**, 734 (1923) — Chem. Zbl. **1923 III**, 27. — E. C. Sherrard u. G. W. Blanco: J. amer. chem. Soc. **45**, 1008 (1923) — Chem. Zbl. **1923 III**, 1150. — Harold Hibbert u. John Arrend Timm: J. amer. chem. Soc. **45**, 2433 (1923) — Chem. Zbl. **1924 I**, 1509. — Harold Hibbert: Ind. Chem. **13**, 334 (1921) — Chem. Zbl. **1921 III**, 1000. — J. C. Irvine u. E. L. Hirst: J. chem. Soc. Lond. **123**, 518 (1923) — Chem. Zbl. **1923 III**, 1603. — D. Costa: Gazz. chim. ital. II **52**, 362 (1922) — Chem. Zbl. **1923 III**, 908. — Paul Bary: C. r. Acad. Sci. Paris **178**, 1159 (1924) — Chem. Zbl. **1924 II**, 25. — A. W. Schorger: Ind. Chem. **16**, 1274 (1924) — Chem. Zbl. **1925 I**, 836. — H. Brunswig: Cellulosechemie **7**, 118, Beil. zu Papierfabr. **24** (1926) — Chem. Zbl. **1926 II**, 1631. — Kurt Hess: Naturwiss. **12**, 1150 (1924) — Chem. Zbl. **1925 I**, 835. — R. O. Herzog: Cellulosechemie **6**, 39 (1925) — Chem. Zbl. **1925 II**, 913 — Helvet. chim. Acta **9**, 631 (1926) — Chem. Zbl. **1926 II**, 1731. — K. Heß: Naturwiss. **14**, 822 (1926) — Chem. Zbl. **1926 II**, 2157. — Harry Le B. Gray: Ind. Chem. **18**, 811 (1927) — Chem. Zbl. **1927 II**, 46. — H. Staudinger, H. Johner, R. Signer, G. Mie u. J. Hengstenberg: Z. physik. Chem. **126**, 425 (1927) — Chem. Zbl. **1927 II**, 2662. — G. Kita, J. Sakurada u. T. Nakashima: Cellulosechemie **8**, 105 (1927), Beil. zu Papierfabr. **25** — Chem. Zbl. **1928 I**, 487. — H. L. B. Gray u. C. J. Staud: Chem. Rev. **4**, 355 (1927) — Chem. Zbl. **1928 I**, 1523. — Technologie u. Chemie d. Papier- u. Zellstoff-Fabrikat. **25**, 52, Beil. zu Wchbl. Papierfabr. **59** — Chem. Zbl. **1928 I**, 3013. — Joh. Scheiber: Farbe u. Lack **1928**, 334, 336 — Chem. Zbl. **1928 II**, 1872. — R. E. Montonna: Paper Trade J. **86**, Nr 18, 61 — Chem. Zbl. **1928 II**, 509. — G. Oddo: Gazz. chim. ital. **58**, 301 (1928) — Chem. Zbl. **1928 II**, 873. — R. Michel-Jaffard: Chim. et Ind. **19**, 801 (1928) — Chem. Zbl. **1928 II**, 2004. — A. St. Klein: Zellstoff u. Papier **8**, 724 (1928) — Chem. Zbl. **1929 I**, 871. — H. Staudinger: Z. angew. Chem. **42**, 37, 77 (1929) — Ber. dtsch. chem. Ges. **61**, 2427 (1928) — Chem. Zbl. **1929 I**, 1094, 1095. — K. H. Meyer: Z. angew. Chem. **42**, 76 (1929) — Chem. Zbl. **1929 I**, 1094. — Kurt Heß: Ber. dtsch. Chem. Ges. **62**, 924 (1929) — Chem. Zbl. **1929 I**, 2527 — Die Chemie der Zellulose und ihrer Begleiter. Mit einem Beitrag: Micellartheorie u. Quellung der Cellulose von J. R. Katz und einem Anhang: Das färberische Verhalten der Baumwolle und der aus ihr hergestellten Kunstfasern von R. Haller. (XXI, 836 S.) Leipzig: Akad. Verlagsgesellschaft 1928. — O. Hassel: Tidskr. kem. Bergvaesen **9**, 85 (1929) — Chem. Zbl. **1929 II**, 2771. — H. Mark: Melliands Textilber. **10**, 695 (1929) — Chem. Zbl. **1929 II**, 3000. — Paul Wengraf: Melliands Textilber. **10**, 805 (1929) — Chem. Zbl. **1929 II**, 3125. — Harry Le B. Gray u. Cyril J. Staud: Paper-Maker **77**, 661 (1929) — Chem. Zbl. **1930 I**, 2875.

Glykoseanhydrid sei, das große Neigung zu höherer Molekülaggregatbildung habe[1]. Diese Ansicht konnte sich nicht aufrechterhalten.

Alle Glykosereste sind in der Cellulose strukturchemisch gleichartig. Durch Spaltung der Trimethylcellulose mit ätherischer Salzsäure entsteht eine sirupöse 2, 3, 6-Trimethyl-1-chlorglykose, die ein krystallisiertes Pyridiniumsalz bildet. Durch Einwirkung von Natrium auf die ätherische Lösung bei 20° entsteht ein Trimethylglykoseanhydrid. Es ist beständig gegen Fehlingsche Lösung, Permanganat und Bromwasser, enthält kein Hydroxyl und geht bei der Hydrolyse vollständig in 2, 3, 6-Trimethylglykose über[2]. Da das Anhydrid bei 0,1 mm bei 83—85° siedet, in Benzol ein normales Molekulargewicht zeigt und in allen Lösungsmitteln leicht löslich ist, während Trimethylcellulose bei 1 mm und 300° ein teeriges Destillat liefert, in Essigsäure ein unmeßbar großes Molekulargewicht und in Chloroform hochviscose Lösungen gibt, so kann gefolgert werden, daß Cellulose kein monomolekulares Glykoseanhydrid sein kann. Freudenberg und Braun sind der Ansicht, daß die Möglichkeit der Aufteilung der Cellulosederivate zu kleineren Einheiten besteht, aber die reversible Aufteilung zu monomolekularem Glykosan ausgeschlossen ist. Für den Aufbau der natürlichen Cellulose ist bis zu sehr großen Aggregaten die strenge Anwendung der Valenzlehre zu fordern. Deshalb ist die Cellobiose kein Aufbau, sondern ein Abbauprodukt[2]. — Nach der heutigen Auffassung ist die Cellobiose in der Cellulose präformiert, indem sämtliche in einer Kette gebundenen Glykosereste nach dem Cellobiosetyp (1—4-Bindung) miteinander verbunden sind nach folgendem Schema[3]:

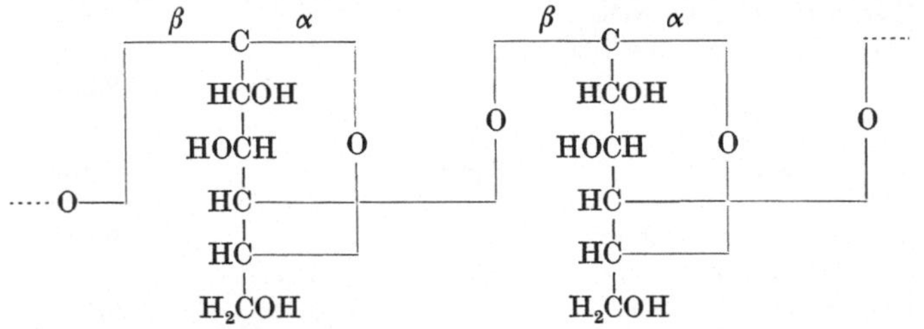

Die Auswertung der Röntgendiagramme, kombiniert mit den chemischen Tatsachen, führt zu einer einfachen Auffassung über den Bau der Cellulosefaser, die schematisch in folgendem Formelbild dargestellt werden kann[4]:

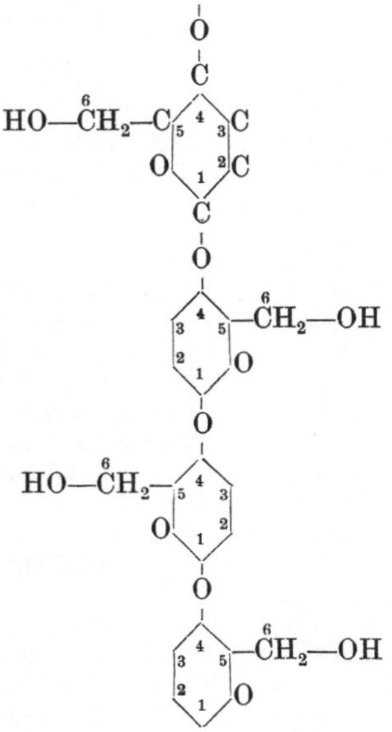

[1] Kurt Heß u. Guido Schultze: Liebigs Ann. 448, 99—120 (1926) — Chem. Zbl. 1926 II, 387. — Kurt Heß: Kolloidchem. Beih. 23, 93 (1926) — Chem. Zbl. 1926 II, 2563. — Fritz Micheel u. Kurt Heß: Ber. dtsch. chem. Ges. 60, 1898 (1927) — Chem. Zbl. 1928 I, 30.
[2] Karl Freudenberg u. Emil Braun: Liebigs Ann. 460, 288 (1928) — Chem. Zbl. 1928 I, 1848.
[3] Karl Freudenberg u. Emil Braun: Liebigs Ann. 460, 288 (1928) — Chem. Zbl. 1928 I, 1848. — K. Freudenberg: Liebigs Ann. 460, 288; 461, 130 — Chem. Zbl. 1928 I, 1848, 2936.
[4] Kurt H. Meyer u. H. Mark: Ber. dtsch. chem. Ges. 61, 593 (1928).

In diesem Schema sind die Kohlenstoffatome der einzelnen Glykosereste durch Zahlen bezeichnet. Aus dem nach obigen Voraussetzungen aufgebauten Raummodell der Cellulose ersieht man, daß die die einzelnen Monosebausteine verbindenden Sauerstoffatome abwechselnd freiliegen und durch die umgebenden Gruppen geschützt sind, woraus sich die Aufspaltung des Cellulosemoleküls in Cellobiose zwanglos erklärt[1].

Vorkommen: In den Tuberkelbacillen, 7,1%[2]. In Flechten[3]. Nicht nachweisbar in der Fongose des Aspergillus niger[4] und in der Wandung der Fruchtkörper des Schleimpilzes Lycogala epidendron[5]. In dem spanischen Moos (Tillandsia usneoides) 46,78%[6]. Aus Hausschwamm (Merulius lacrymans) dargestelltes Pilzholz enthält 15% Cellulose[7]. Die Knollen von Nephrolepis cordifolia Prsl. enthalten 0,644% Cellulose[8]. In der Membran der Sporen und Pollen[9]. In Juneus effusus[10] 35,06%. In Campanula rotundifolia L. (Rohfaser) 35,50%[11].

Luzernenheu[12]	(Rohfaser)	25,40%
Ödlandheu, rein	„	34,55%
Mitchellgrasheu	„	42,45%
Mais- und Hirsesilage	„	9,77%
Weizenkleie	„	9,84%
Maismehl[12]	„	2,03%
Theobroma grandiflorum-Samen[13] (Rohfaser)	. . . . .	14,3%
Hymenaea Courbarri-Samen	„	5,5%
Parinariumkerne aus Südamerika	„	8,2%
„ „ Sierra Leone	„	8,9%
Platoniasamen[12]	„	13,4%
Sudangrasheu[14]	(Rohfaser)	32,45%
Darso	„	3,82%
Zuckermohrhirsensamen	„	9,04%
Sonnenblumensilage	„	8,67%
Darsosilage[14]	„	6,46%
Im Mehle von den Samen aus Lathyrus cicera[15]	. . .	5,48%
In gesundem Eichenholz[16]	. . . .	62,26%
In befallenen, gelblichweißen Eichenholz	. . . . . .	60,49%
Picea jezoensis[17]	. . . .	50,58%
Abies nephrolepis	. . . .	51,86%
Abies holophylla[17]	. . . .	52,39%

[1] D. H. Brauns: J. amer. chem. Soc. **51**, 1820 (1929) — Chem. Zbl. **1929 II**, 861.

[2] J. Warkany: Z. Tbk. **42**, 184 (1925) — Ber. Physiol. **33**, 209 (1926) — Chem. Zbl. **1926 I**, 3244.

[3] Emile Votoček u. Jean Burda: Bull. Soc. chim. France (4) **39**, 248 (1926) — Chem. Zbl. **1926 I**, 3160.

[4] P. Karrer, B. Joos, M. Staub u. E. Bürklin: Helvet. chim. Acta **6**, 800 (1923) — Chem. Zbl. **1923 III**, 1454. — P. Karrer: Helvet. chim. Acta **6**, 402 (1923) — Chem. Zbl. **1923 III**, 1005. — P. Karrer u. B. Joos: Biochem. Z. **136**, 537 (1923) — Chem. Zbl. **1923 III**, 834.

[5] A. Kiesel: Hoppe-Seylers Z. **150**, 102 (1925) — Chem. Zbl. **1926 I**, 1423.

[6] A. W. Schorger: Ind. Chem. **19**, 409—411 — Chem. Zbl. **1927 II**, 1710.

[7] C. G. Schwalbe u. A. af Ekenstam: Cellulosechemie 8, 13, Beil. zu Papierfabr. **25** (1927) — Chem. Zbl. **1927 II**, 1342. — Lieser: Cellulosechemie **7**, 156 — Chem. Zbl. **1927 I**, 266.

[8] E. H. Ducloux u. M. Awschalom: Rev. Fac. Ciencias Quimicas Univ. Nac. de La Plata I **2**, 75 (1923) — Chem. Zbl. **1926 II**, 2318.

[9] F. Zetzsche u. K. Huggler: Liebigs Ann. **461**, 89 — Chem. Zbl. **1928 I**, 2180. — Alexander Kiesel: Hoppe-Seylers Z. **120**, 85 (1922) — Chem. Zbl. **1922 III**, 732. — Suguru Miyaka: J. of Biochem. **2**, 27 (1922) — Chem. Zbl. **1924 I**, 1211.

[10] Julius Zellner: Mh. Chem. **43**, 121 (1922) — Chem. Zbl. **1922 III**, 1228.

[11] Friedrich Springer: Mh. Chem. **43**, 13 (1922) — Chem. Zbl. **1922 III**, 1057.

[12] J. C. Brunnich u. V. S. Rawson: Queensland Agr. J. **15**, 195 (1921) — Chem. Zbl. **1922 III**, 932.

[13] Ohne Autor: Bull. imp. Inst. Lond. **20**, 1 (1922) — Chem. Zbl. **1922 III**, 559.

[14] T. Dowell u. W. G. Friedmann: Bull. agricult. exper. Stat. Oklahama **132** (1920) — Chem. Zbl. **1922 I**, 706.

[15] Sabato Visco: Arch. Farmacol. sper. **37**, 105 (1924) — Chem. Zbl. **1924 II**, 71.

[16] Robert Hasenöhrl u. Julius Zellner: Mh. Chem. **13**, 21 (1922) — Chem. Zbl. **1922 III**, 1062.

[17] Y. Uyeda u. T. Morita: Cellulose Industry **4**, 27 (1928) — Chem. Zbl. **1929 I**, 324.

Das trockene Holz des marokkanischen Arganbaumes (Argania sideroxylon) enthält 50,90% Cellulose α und 5,10% Cellulose $\beta + \gamma$[1]. Vergleich zwischen Haferstroh, Roggenstroh und Haferschalen bezüglich des Gehalts an Cellulose und Rohcellulose[2]. Sägespäne des Bambus „Mösö-chiku“ enthalten 41,56% Cellulose[3]. In den Steinnußsamen[4]. — In Cannabis ruderalis Janisch (wilder Hanf) 18,5%[5]. In den Steinzellen der Birne[6], in den Scheidewänden der Citrone[7]. — Die Scheidewände der Citronen bestehen aus Cellulose und Hemicellulosen[7]. In der Cellulosemembran von Helianthus annuus, Vicia Faba, Hyacinthus und Galtonia[8]. In den Samenhaaren von Asclepias syriaca 60,40% (darin 58,64% α-Cellulose)[9]. In den Kernen von Psidium guare L. (Guarebaum) 42%[10]. — Die geschälte Kakaobohne enthält 3—5% Cellulose, in den Schalen finden sich etwa 15%[11], in der Kakaomasse 4%[12]. In lignin- und aschefreiem Zellstoff: 87%[13]. — In der Korksubstanz[14]. In fossilem Holz einer Sequoja nach Renker bestimmt[15] 29,36%. Die „Tundra“ (Torf) aus dem südlichen Karafuto (Sachalin) enthält 18,14, 10,34, 8,85% Cellulose[16]. In Ligniten bis 12%[17]. Die hochwertige böhmische Kohle enthält zu 2,6% Cellulose[18].

Bildung: Zusammenfassende Besprechung der neueren Forschungsergebnisse über die Bildung der pflanzlichen Zellwand[19]. — Bei reifenden Samen von Vicia Faba minor nimmt die Menge der Cellulose relativ zu, nur gegen Ende des Reifens tritt eine jähe Verringerung derselben ein[20]. — Der Einfluß der Entwicklung auf die Zusammensetzung der Erbse ist derart, daß der Gehalt an Rohcellulose sich mit der Reife vermindert, er fällt von 11,3% bei den unreifen Erbsen bis auf 7,4 der völlig reifen und trocknen[21]. — Das Vorkommen von Sapperit-Lignitstücken, die teilweise in weiße, reine Cellulose übergegangen sind, wird auf eine Art natürlichen Sulfitlaugeprozesses zurückgeführt, bewirkt durch Sulfite, die aus der Einwirkung von O-haltigen Tagewässern auf Schwefelkies entstanden seien[22].

Darstellung: Arbeiten allgemeiner Natur, die sich mit den Darstellungsmethoden der verschiedenen Rohcellulosesorten beschäftigen[23]. — Verschiedene Verfahren der Zellstoffdarstel-

---

[1] A. d. C. Cabral: Bull. Inst. Pin **1927**, 289 — Chem. Zbl. **1928 I**, 1295.

[2] T. E. Blasweiler: Papierfabr. **21**, 309 (1923) — Chem. Zbl. **1923 IV**, 341.

[3] Y. Ueda, K. Kasama u. K. Kimura: Cellulose Industry **4**, 12 — Chem. Zbl. **1928 II**, 157.

[4] Max Lüdtke: Liebigs Ann. **456**, 201 (1927) — Chem. Zbl. **1927 II**, 1354.

[5] V. Fofonow: Ber. Saratower Naturforscherges. (russ.) **1**, Nr 4, 33—36 (1925) — Chem. Zbl. **1927 I**, 466.

[6] Ch. Dorée u. E. C. Barton-Wright: Biochemic. J. **20**, 502 (1926) — Chem. Zbl. **1926 II**, 1957.

[7] Antonia Fichera: Ann. chim. appl. **15**, 568 (1925) — Chem. Zbl. **1926 I**, 2111.

[8] F. M. Wood: Ann. of Bot. **38**, 273—298 — Ber. Physiol. **27**, 82 (1924) — Chem. Zbl. **1925 I**, 100.

[9] A. W. Schorger: Ind. Chem. **17**, 642 (1925) — Chem. Zbl. **1926 I**, 135.

[10] A. Aradian: Ann. Falsifications **15**, 405 (1922) — Chem. Zbl. **1923 I**, 962.

[11] G. Savini: Ann. chim. appl. **7**, 209 (1923) — Chem. Zbl. **1923 IV**, 804.

[12] F. Härtel u. F. Jäger: Z. Unters. Nahrgsmitt. usw. **44**, 291 (1922) — Chem. Zbl. **1923 IV**, 65.

[13] Erik Hägglund u. F. W. Klingstedt: Cellulosechemie **5**, 57—64 (1924), Beil zu Papierfabr. **22** (1924) — Chem. Zbl. **1925 I**, 591.

[14] P. Karrer, J. Peyer u. Z. Zega: Helvet. chim. Acta **5**, 853 (1922) — Chem. Zbl. **1923 I**, 583.

[15] Shigeru Komatsu u. Hidenosuke Ueda: Mem. Coll. Science Engin. Imp. Univ. Kyoto A **7**, 7 (1923) — Chem. Zbl. **1914 I**, 922.

[16] S. Komatsu u. O. Hiki: Sexagint. Coll. of Papers dedicated to Y. Osaka, in celebration of his 60. Birth-day, Kyoto **1927**, 229 — Chem. Zbl. **1928 I**, 2327.

[17] Ferdinand Schulz u. J. Hamackova: Bull. Soc. chim. France (4) **35**, 183 (1924) — Chem. Zbl. **1924 I**, 2577. — G. Wisbar: Braunkohle **22**, 789 (1924) — Chem. Zbl. **1924 II**, 131. — J. Marcusson u. G. Wisbar: Z. angew. Chem. **37**, 917—918 (1924) — Chem. Zbl. **1925 I**, 362.

[18] J. Marcusson: Z. angew. Chem. **40**, 1104 (1927) — Chem. Zbl. **1928 I**, 449.

[19] G. van Iterson jr.: Chem. Weekblad **24**, 166 (1927) — Chem. Zbl. **1927 I**, 3010.

[20] A. Blagoweschtschenski: Bull. Acad. St. Pétersbourg (6) **1916**, 423 — Chem. Zbl. **1925 I**, 2012.

[21] C. F. Muttelet: Ann. Falsifications **18**, 5 (1925) — Chem. Zbl. **1925 I**, 2120.

[22] W. Gothan: Braunkohle **25**, 986 (1927) — Chem. Zbl. **1927 I**, 1772.

[23] Gonzalo José Bustamante: F.P. 533188 v. 20. Jan. 1920 (23. Febr. 1922); Chem. Zbl. **1922 II**, 898. — E. Schmidt: E.P. 191357 v. 14. Febr. 1922; Chem. Zbl. **1923 II**, 933, 1223. — C. G. Schwalbe: Zellstoff u. Papier **3**, 73 (1923) — Chem. Zbl. **1923 IV**, 777 — Z. angew. Chem. **36**, 173 (1923) — Chem. Zbl. **1923 II**, 1261. — Peter Bäcker: D.R.P. 396607, Kl. 55b v. 3. Nov. 1923; Chem. Zbl. **1924 II**, 1035. — W. A. R. M. Mc Rae: E.P. 213003 v. 22. Dez. 1922; Chem. Zbl. **1924 II**, 1534. — P. Strahl: D.R.P. 370563, Kl. 53g v. 4. Jan. 1920; Zus. zu D.R.P. 317311, Kl. 53k v. 20. Juli 1917; Chem. Zbl. **1920 II**, 414. — Emil Heuser u. E. Boedeker: Z. angew. Chem. **34**,

lung nach dem Sulfitkochprozeß[1]. Über den Vorgang und Kontrolle des Sulfitkochprozesses[2].

461—464 (1921) — Chem. Zbl. **1921 III**, 1127. — Gonzalo José Bustamante: D.R.P. 345314, Kl. 55b v. 5. August 1919; Chem. Zbl. **1922 IV**, 76, 511. — Umberto Pomilio: Giorn. Chim. ind. appl. **6**, 223 (1924) — Chem. Zbl. **1924 II**, 566. — Harold J. Payne: Chem. Met. Eng. **30**, 817 (1924) — Chem. Zbl. **1924 II**, 1295. — Charles Weygand (Maidenhead, Engl.): D.R.P. 400524, Kl. 55b v. 13. Dez. 1922, ausg. 12. August 1924; Chem. Zbl. **1923 II**, 1121; **1924 II**, 1870. — Linn Bradley (Montclair, N. Y.) u. Edward P. McKeefe (New York): Canad.P. 233395 v. 29. Juni 1921; Chem. Zbl. **1924 I**, 2759. — Emil Heuser: Papierfabr. **22**, 157 (1924) — Chem. Zbl. **1924 II**, 130. — Zellstoffabrik Waldhof (Mannheim-Waldhof), Richard Willstätter (München) u. Hans Clemm (Mannheim-Waldhof): D.R.P. 395876, Kl. 55b v. 14. Okt. 1916; Chem. Zbl. **1923 II**, 693; **1924 II**, 1035. — Linn Bradley (Montclair, New Yersey) u. Edward P. McKeefe: Canad.P. 236532 v. 9. Dez. 1922; Chem. Zbl. **1924 II**, 2304. — Carl G. Schwalbe: Papierfabr. **24**, 38 (1926) — Chem. Zbl. **1926 II**, 506. — Carl G. Schwalbe: Kunstseide **7**, 286 (1925) — Chem. Zbl. **1926 II**, 134. — Societé Anonyme des Etablissement A. Olier (Clermont-Ferrand, Frankreich): D.R.P. 404506, Kl. 55b v. 23. April 1921, ausg. 18. Okt. 1924; Chem. Zbl. **1923 IV**, 960; **1924 I**, 1125; **1925 I**, 593. — F. Honcamp: Cellulosechemie **8**, 89—91 (1927) — Chem. Zbl. **1927 II**, 1768—1769. — Francesco Giordani u. Angelo Cittadini: Giorn. Chim. ind. appl. **9**, 165 (1927) — Chem. Zbl. **1927 II**, 520. — J. L. A. Macdonald: J. Soc. chem. Ind. **46**, 251—261 (1927) — Chem. Zbl. **1927 II**, 1774. — H. du Boistesselin: Rev. gén. Matières plast. **3**, 547 (1927) — Chem. Zbl. **1927 II**, 2728. — Svante Archenius: Medd. Kgl. Vetenskapsakad. Nobelinst. **6**, Nr 10, 1 (1924) — Chem. Zbl. **1924 II**, 1034. — Kurt Jochum: D.R.P. 396284, Kl. 55b v. 2. August 1921; Chem. Zbl. **1924 II**, 1035. — Rabbow, Willink u. Co. (Haag): D.R.P. 395957, Kl. 55b v. 20. Okt. 1920; Chem. Zbl. **1924 II**, 1034. — D. R. Nanji: E.P. 280629 (1927); Chem. Zbl. **1928 I**, 1599. — Hugo Wallin: D.R.P. 452946 (1927); Chem. Zbl. **1928 I**, 444. — Paul Martial Frédéric Chevalier-Girard: F.P. 580989 v. 2. August 1923; Chem. Zbl. **1925 I**, 1925. — Richard Wolffenstein: D.R.P. 410824, Kl. 55b v. 7. März 1923, ausg. 10. März 1925; Chem. Zbl. **1925 I**, 2269. — R. Morgenier: Canad.P. 249675 v. 10. Juni 1924; Chem. Zbl. **1926 I**, 2263. — E. H. Higgins: E.P. 238659 (1925); Chem. Zbl. **1926 I**, 2266. — M. W. Bray u. C. E. Peterson: Paper Trade J. **84**, Nr 23, 40; **86**, Nr 3, 48 — Chem. Zbl. **1927 II**, 992; **1928 I**, 1921. — A. S. Klein: Papierfabr. **25** (1927), Sonder-Nr 109 — Chem. Zbl. **1928 I**, 1341. — W. Sembritchi: Papierfabr. **25** (1927), Sonder-Nr 137 — Chem. Zbl. **1928 I**, 1341. — C. G. Schwalbe: Papierfabr. **25** (1927), Sonder-Nr 75 — Chem. Zbl. **1928 I**, 1341. — W. Schacht: Papierfabr. **25** (1927), Sonder-Nr 92 — Chem. Zbl. **1928 I**, 1341. — C. J. J. Fox u. L. Hall: Kunstseide **10**, 10 — Chem. Zbl. **1928 I**, 1341. — E. Hägglund: Z. angew. Chem. **41**, 6 — Chem. Zbl. **1928 I**, 1822. — E. R. Schafer u. C. E. Peterson: Paper Trade J. **86**, Nr 3, 51 — Chem. Zbl. **1928 I**, 1921.

[1] Zellstoffabrik Waldhof: E.P. 179150 v. 1. April 1922; Chem. Zbl. **1922 IV**, 51. — Emile Bronnert: Ö.P. 87808 v. 4. August; Chem. Zbl. **1922 IV**, 771; Schw.P. 93302 v. 4. August 1920; Chem. Zbl. **1922 IV**, 771. — J. J. Gähler: D.R.P. 370347, Kl. 55b v. 14. Mai 1921; Chem. Zbl. **1922 IV**, 1148; **1923 II**, 1121. — E. Bronnert: Norw.P. 36748 v. 4. August 1920; Chem. Zbl. **1923 II**, 202, 1121. — E. Elgerns: Ö.P. 93638 v. 3. März 1921; Chem. Zbl. **1923 IV**, 961. — R. Dieckmann: Wchbl. Papierfabr. **54**, 1642 (1923) — Chem. Zbl. **1923 IV**, 301. — Kymmene Aktiebolag (Erf.: H. Roschier): Schwed.P. 53422 v. 28. Juni 1920; Chem. Zbl. **1923 IV**, 861. — Erik Hägglund u. Sture Hansen: Acta Acad. Alvensio Mathematica et Physica **3**, 455 (1924) — Chem. Zbl. **1925 I**, 2422. — Carl G. Schwalbe: D.R.P. 410762, Kl. 55b v. 11. Okt. 1923; Chem. Zbl. **1925 I**, 2423. — E. Hägglund: Papierfabr. **25**, 60 (1927) — Chem. Zbl. **1927 II**, 993 — Papierfabr. **24** — Verein d. Zellstoff- u. Papier-Chemiker u. -Ingenieure **1926** 449, 483 — Chem. Zbl. **1926 II**, 1911. — M. W. Bray u. C. E. Peterson: Paper Trade J. **84**, Nr 23, 40 (1927) — Chem. Zbl. **1927 II**, 992. — L. Rys: Chemicky Alzor **1**, 330, 364 (1926) — Chem. Zbl. **1927 II**, 992. — Koholyt-A.-G.: D.R.P. 404504, Kl. 55b v. 11. Febr. 1922; Chem. Zbl. **1925 I**, 319; D.R.P. 404505, Kl. 55b v. 22. Febr. 1923; Chem. Zbl. **1925 I**, 319. — Erik Hägglund u. Carl B. Björkman: Sv. kem. Tidskr. **36**, 133—155 (1924) — Chem. Zbl. **1925 I**, 590. — Arthur St. Klein: Sv. kem. Tidskr. **36**, 193—194 (1924) — Chem. Zbl. **1925 I**, 591. — C. F. Cross u. A. Engelstad: J. Soc. chem. Ind. **43**, 253 (1924) — Chem. Zbl. **1924 II**, 1785. — A. Peetz: D.R.P. 432239, Kl. 55b v. 1. Mai 1924; Chem. Zbl. **1926 II**, 1706. — M. V. Brot u. M. Hirschel: Paper Idustry **8**, Nr 1, 97 (1926) — Chem. Zbl. **1926 II**, 510. —, C. G. Schwalbe u. K. Berndt: Wchbl. Papierfabr. **57**, Sonder-Nr 27 (1926) — Chem. Zbl. **1926 II**, 510. — W. H. Birchard: Paper Trade J. **85**, Nr 12, 59 (1927) — Chem. Zbl. **1927 II**, 2728. — Erik Ludwig Rinman: F.P. 627884 (1927); Chem. Zbl. **1928 I**, 276. — James Brookes Beveridge: A.P. 1649942 (1927); Chem. Zbl. **1928 I**, 863. — Brown Co.: A.P. 1654603 (1928); Chem. Zbl. **1928 I**, 1599. — J. Hansen: Wchbl. Papierfabr. **57**, 1421 (1926) — Chem. Zbl. **1927 I**, 537, 1245. — Yoshisuke Ueda u. G. Yamada: J. Cellulose Inst. Tokyo **2**, 25 (1926) — Chem. Zbl. **1926 II**, 3083.

[2] E. Hägglund: Sv. kem. Tidskr. **38**, 177 (1926) — Chem. Zbl. **1926 II**, 1478. — M. Hönig u. W. Fuchs: Ber. dtsch. chem. Ges. **60**, 782 (1927) — Chem. Zbl. **1927 I**, 2026. — R. Escourron u. P. Carpentier: Chim. et Ind. **18**, 13 (1927) — Chem. Zbl. **1927 II**, 2581 — Paper Trade J. **85**, Nr 26, 37 (1927) — Chem. Zbl. **1928 I**, 1243. — D. E. Cable: Paper Trade J. **85**, Nr 13, 43; Nr 14, 58; Nr 15, 50 (1927) — Chem. Zbl. **1928 I**, 1114.

Verschiedene Darstellungsverfahren mit Hilfe von Chlor[1]. Aus Holz durch Verkochen mit Alkalilauge, dann durch Behandlung mit Chlor[2]. — Mittels Cl_2O_4[3]. — Aufschließen mittels Salpetersäure[4]. — Aus Buchenholz mit einem Gemisch von Salpetersäure und Schwefelsäure[5]. Darstellung durch Aufschließen des cellulosehaltigen Materials mit Phenol[6].— Aufschließen von Stroh, Schilf u. dgl.[7]. — Darstellung aus Rotfichte[8], aus Tannenholz[9],

---

[1] U. Pomilio: Chim. et Ind. **6**, 267 (1921); **8**, 41 (1922) — Chem. Zbl. **1921 IV**, 1369; **1923 II**, 200. — De Perdiguier: Chim. et Ind. **7**, 238 (1922) — Chem. Zbl. **1922 IV**, 270. — Umberto Pomilio: Giorn. Chim. ind. appl. **4**, 207 (1922) — Chem. Zbl. **1922 IV**, 511. — Alessandro Cerruti: Gion. Chim. ind. appl. **4**, 211 (1922) — Chem. Zbl. **1922 IV**, 511. — Umberto Pomilio: Giorn. Chim. ind. ed appl. **4**, 303 (1922) — Chem. Zbl. **1922 IV**, 805 — Chim. et Ind. **11**, 1091 (1924) — Chem. Zbl. **1924 II**, 1990. — Ardisson de Perdiguier: Chim. et Ind. **11**, 1086 (1924) — Chem. Zbl. **1924 II**, 1990. — Willi Schacht: Papierfabr. **22**, 121 (1924) — Chem. Zbl. **1924 II**, 130. — Percy Waentig u. Richard Ziegenbalg: D.R.P. 380942, Kl. 29b v. 6. April 1922; Chem. Zbl. **1924 I**, 264. — P. Waentig: Papierfabr. **22**, 45 (1924) — Chem. Zbl. **1924 I**, 2033. — Ardisson de Perdiguier: Chim. et Ind. **10**, 429 (1923) — Chem. Zbl. **1924 I**, 455. — H. Silbermann: D.R.P. 432052, Kl. 29b v. 15. Nov. 1923; Chem. Zbl. **1926 II**, 1602; D.R.P. 407500; Chem. Zbl. **1925 I**, 918. — H. Wenzl: Papierfabr. **24**, Verein d. Zellstoff- u. Papier-Chemiker u. -Ingenieure 809—817 (1926) — Wchbl. Papierfabr. **57**, 1477—1483; **58**, 7—12 (1926) — Chem. Zbl. **1927 I**, 1245. — J. F. Clerc: Papierfabr. **21**, 201 (1922) — Chem. Zbl. **1923 IV**, 67. — L. Leskovic: Giorn. Chim. ind. appl. **3**, 562—563 (1921) — Chem. Zbl. **1922 II**, 650. — Beniamino Cataldi: A.P. 1424620 v. 17. Mai 1921; Chem. Zbl. **1922 IV**, 906. — P. Waentig: Zellstoff u. Papier **3**, 1 (1923) — Chem. Zbl. **1923 II**, 870. — C. G. Schwalbe u. E. Becker: D.R.P. 369606, Kl. 55b v. 19. August 1918; Chem. Zbl. **1923 II**, 870. — Willi Schacht: Papierfabr. **22**, Fest- u. Auslandsheft 72 (1924) — Chem. Zbl. **1924 II**, 1417. — A. Koch, Kommanditgesellschaft (Rothenburg) u. R. Runkel (Rothenburg): E.P. 213447 v. 23. April 1923; Chem. Zbl. **1924 II**, 1534. — J. Mutti u. M. Venturi: Ann. chim. appl. **17**, 391 (1927) — Chem. Zbl. **1927 II**, 2728. — A. R. de Vains: Fr.P. 25746 v. 14. Dez. 1921; Zus. zu Fr.P. 527146; Chem. Zbl. **1922 IV**, 771; **1923 IV**, 681; D.R.P. 397360, Kl. 55b v. 23. Dez. 1922; Chem. Zbl. **1924 II**, 1143. — Auguste M. L. Sorre: Fr.P. 575660 v. 27. März 1923; Chem. Zbl. **1925 I**, 918. — Milton S. Erlanger: Canad.P. 257881 (1926); Chem. Zbl. **1926 II**, 1760. — A. Chiappero u. B. Oglietti: Not. Chimico-Industriale **2**, 5 (1926) — Chem. Zbl. **1927 I**, 2026. — Cyprien Allegre, Henri Brunel, Gabriel Galinou, Jean Émile Lauriac, Drôme et Bouches-du-Rhône: F.P. 622007 v. 20. Jan. 1926; Chem. Zbl. **1927 II**, 654. — Brown Co.: E.P. 278767 (1927); Chem. Zbl. **1928 I**, 863. — Percy Waentig u. Richard Ziegenbalg: D.R.P. 397361, Kl. 55b v. 5. Juli 1922; Chem. Zbl. **1925 II**, 2189. — Mount Hope Finishing Company, übertr. von John Marsden: A.P. 1515691 v. 11. Nov. 1922; Chem. Zbl. **1925 I**, 1033. — Umberto Pomilio: Wchbl. Papierfabr. **56**, 1115 (1925) — Chem. Zbl. **1926 I**, 792. — Hermann Wenzl: Wchbl. Papierfabr. **58**, 834 bis 838 (1927) — Chem. Zbl. **1927 II**, 1910. — W. Gierisch: Technologie u. Chemie d. Papier- u. Zellstoff-Fabrikation **25**, 33 — Beilage zu Wchbl. Papierfabr. **59** — Chem. Zbl. **1928 I**, 2756. — U. Pomilio: J. Soc. chem. Ind. **47**, 85 — Chem. Zbl. **1928 I**, 2756. — F. Giordani: Ann. chim. appl. **18**, 87 (1928) — Chem. Zbl. **1928 II**, 34. — F. Giordani u. A. Cittadini: Giorn. Chim. ind. appl. **9**, 165 (1927) — Chem. Zbl. **1927 II**, 520. — H. W. Strong: J. Soc. chem. Ind. **47**, 87 (1928) — Chem. Zbl. **1928 II**, 34. — Maurice Brot: Science mod. **5**, 357 (1928) — Chem. Zbl. **1928 II**, 2308.

[2] E. Hägglund: E.P. 292534 v. 15. Juni 1928; Chem. Zbl. **1929 I**, 170.

[3] Max Duttenhofer, Adolf Kämpf u. Erich Schmidt (Berlin): D.R.P. 388343, Kl. 55b v. 12. Dez. 1922; Chem. Zbl. **1924 I**, 1126. — L. Kollmann: Z. Textilind. **29**, 613, 631 (1926) Chem. Zbl. **1927 I**, 1083.

[4] Paul Krais: D.R.P. 395191 u. 391713, Kl. 55b; Chem. Zbl. **1924 II**, 2622. — Brown Co., übertr. von George A. Richter, A.P. 1610323 v. 24. Dez. 1925, ausg. 14. Dez. 1926; Chem. Zbl. **1927 I**, 1643. — I. G. Farbenindustrie A.-G.: E.P. 274892 (1927); Chem. Zbl. **1928 I**, 444.

[5] Hermann Suida u. Hans Sadler: F.P. 636381 v. 21. Juni 1927; Chem. Zbl. **1928 II**, 1840.

[6] L. Kalb u. V. Schoeller: D.R.P. 365287, Kl. 12q v. 21. Sept. 1920; Chem. Zbl. **1923 II**, 933. — Cellulosechemie **4**, 37 (1923) — Chem. Zbl. **1923 IV**, 217. — E. Legeler: Papierfabr. Beil. Cellulosechemie **4**, 61 (1923) — Chem. Zbl. **1923 IV**, 1016.

[7] F. Honcamp u. E. Pommer: Land.Vers.Stat. **99**, 231 (1922) — Chem. Zbl. **1922 IV**, 595. — T. E. Blasweiler: Papier-Ztg **21**, 309, 321, 361, 373 (1923) — Chem. Zbl. **1923 IV**, 341, 680. — C. G. Schwalbe u. E. Becker: Schwed.P. 53197 v. 17. August 1920; Chem. Zbl. **1923 II**, 870; **1923 IV**, 681; D.R.P. 379268, Kl. 55b v. 10. März 1920; Zus. zu D.R.P. 369606; Chem. Zbl. **1923 II**, 870; **1923 IV**, 681. — West Virginia Pulp and Paper Company (New York), übertr. von Viggo Drewsen: A.P. 1511664 v. 19. Juli 1920, ausg. 14. Okt. 1924; Chem. Zbl. **1925 I**, 593. — George M. Rommel: Ind. Chem. **20**, 587, 716 (1928) — Chem. Zbl. **1928 II**, 2203. — Rose: Wchbl. Papierfabr. **55**, 990 (1924) — Chem. Zbl. **1924 II**, 566.

[8] E. C. Jahn u. L. E. Wise: Paper Ind. **10**, 244 — Chem. Zbl. **1928 II**, 952. — L. E. Wise u. W. C. Russel: Ind. Chem. **15**, 815 — Chem. Zbl. **1924 II**, 775. — L. Kalb u. V. Schoeller: Cellulosechemie **4**, 37, Beil. zu Papierfabr. **21** — Chem. Zbl. **1923 IV**, 217.

[9] Walter Freund: Chem.-Ztg **49**, 279 (1924) — Chem. Zbl. **1924 II**, 130.

aus Brennesseln, Jute, Schilf usw.[1], aus Eucalyptus[2], aus Maisstengeln[3], aus Zuckerrohrbagasse[4]. — Isolierung aus Torf[5]. Aus Sporen und Pollen durch Eintragen der extrahierten Sporen in ein gekühltes Gemisch von Diacetylorthosalpetersäure und Eisessig[6]. — Darstellung eines Präparates mit einem hohen Gehalt an α-Cellulose[7].

Darstellung einer Standardcellulose[8]. — 100 g Baumwolle werden 6 Stunden mit 95proz. Alkohol, darauf die gleiche Zeit mit Äther extrahiert. Dann wird 6 Stunden mit 3000 ccm frischer, ausgekochter 1proz. Natronlauge behandelt in einem Apparat, der gestattet, daß die Baumwolle immer mit frischer Lauge gekocht wird, die von Zeit zu Zeit automatisch abgehebert und durch neue Lauge ersetzt wird. Es wird im gleichen Apparat mit kaltem Wasser, dann auf einem Büchnertrichter ausgewaschen und an der Luft getrocknet[8].

Nachweis und Bestimmung: Mikroskopische Unterscheidung verschiedener Cellulosefasern[9]. — Farbenreaktionen verschiedener Pflanzenmaterialien und Cellulosederivate mit Chlorzinkjod sowie Jod-Jodkalium-Schwefelsäure[10]. — Cellulose gibt mit α- und β-Naphthol Färbungen, die zu ihrer Unterscheidung dienen können[11]. Methylenblauabsorption von Baumwollen verschiedenen Ursprungs[12]. — Bestimmung der α-Cellulose[13]: Das Komitee der Cellulosechemieabteilung der amerikanischen chemischen Gesellschaft schlägt folgende Methode als beste vor: 3 g Substanz werden in einem 250 ccm-Becherglas mit 35 ccm 17,5proz. Natron-

[1] C. A. Braun: D.R.P. 388998, Kl. 291 v. 8. Sept. 1920; Chem. Zbl. **1924 I**, 1463.

[2] L. R. Benjamin u. J. L. Somerville: Chem. News **137**, 387, 405; **138**, 5, 22 (1922) — Chem. Zbl. **1929 I**, 1873.

[3] Ludwig Béla von Ordody (Budapest): D.R.P. 396137, Kl. 55b v. 21. April 1929; Chem. Zbl. **1924 II**, 1035. — Federico Spirindelli: Not. Chimico-Industriale **1**, 412—413 (1926) — Chem. Zbl. **1927 I**, 1767. — Walter Sembritzky: Zellstoff u. Papier **8**, 664 (1928) — Chem. Zbl. **1928 II**, 2308.

[4] H. Kumagawa u. K. Schimomura: Z. angew. Chem. **36**, 414 (1923) — Chem. Zbl. **1923 IV**, 679. — Earnest Charles Hemmer Valet (Mexiko): A.P. 1603147 v. 9. August 1926; F.P. 620897 v. 31. August 1926; Chem. Zbl. **1927 II**, 654. — E. C. H. Valet: E.P. 287516 v. 10. Febr. 1928; Chem. Zbl. **1928 II**, 1162.

[5] K. Heß u. W. Komarewsky: Z. angew. Chem. **41**, 541 (1928) — Chem. Zbl. **1928 II**, 203.

[6] F. Zetzsche u. K. Huggler: Liebigs Ann. **461**, 89 — Chem. Zbl. **1928 I**, 2180.

[7] Brown Co., übertr. von G. A. Richter u. M. O. Schur: A.P. 1599489 v. 22. April 1925; Chem. Zbl. **1926 II**, 2855; A.P. 1643355 v. 9. April 1925; Chem. Zbl. **1928 I**, 133. — J. Rossmann: Paper Trade J. **86**, Nr 15, 59 — Chem. Zbl. **1928 I**, 3013.

[8] E. B. Corey u. H. Le B. Gray: Ind. Chem. **16**, 853—854 (1924) — Chem. Zbl. **1924 II**, 1991. — H. Hibbert, W. F. Henderson, B. Johnsen, W. O. Mitscherling u. L. E. Wise: Ind. Chem. **15**, 748 (1923) — Chem. Zbl. **1923 IV**, 958. — C. G. Schwalbe: Kolloid-Z. **39**, 178 (1926) — Chem. Zbl. **1926 II**, 1601. — H. Jentgen: Faserst. u. Spinnfl. **6**, 1 (1924) — Chem. Zbl. **1924 I**, 2483.

[9] W. Dickson: Analyst **50**, 317 (1925) — Chem. Zbl. **1925 II**, 1821. — Foulon: Zellstoff u. Papier **5**, 399 (1925) — Chem. Zbl. **1926 I**, 1329.

[10] M. Lüdtke: Ber. dtsch. chem. Ges. **61**, 465 (1928) — Chem. Zbl. **1928 I**, 2264.

[11] F. Lewisch: Melliands Textilber. **7**, 863 (1926) — Chem. Zbl. **1926 II**, 2991.

[12] C. Birtwell, D. A. Clibbens u. B. P. Ridge: Brit. Cokon Ind. Res. Assoc. Shirley Inst. Mem. **2**, 227 (1923) — Chem. Zbl. **1924 II**, 2713.

[13] P. Waentig: Faserstoffe **3**, 133—134 (1921) — Chem. Zbl. **1922 II**, 407 — Zellstoff u. Papier **2**, 225 (1922) — Chem. Zbl. **1923 II**, 110. — M. W. Bray u. T. M. Andrews: Ind. Chem. **15**, 377 (1923) — Chem. Zbl. **1923 IV**, 441. — Katsumoto Atsuki: J. Fac. Eng. Tokyo Imp. Univ. **15**, 117 (1924) — Chem. Zbl. **1925 I**, 1253. — F. W. Klingstedt: Z. analyt. Chem. **66**, 129 (1925) — Chem. Zbl. **1925 II**, 1479. — C. G. Schwalbe: Papierfabr. **23**, 232 (1925) — Chem. Zbl. **1925 II**, 366 — Papierfabr. **23**, 477 (1925) — Chem. Zbl. **1925 II**, 2329 — Papierfabr. **23**, Verein d. Zellstoff- u. Papier-Chemiker u. -Ingenieure 697 (1925) — Chem. Zbl. **1926 I**, 1489. — E. C. Jahn u. L. E. Wise: Paper Ind. **10**, 244 — Chem. Zbl. **1928 II**, 952. — D'Ans u. Jäger: Cellulosechemie **1923**, 13. — W. Weltzien: Seide **33**, 261 (1928) — Chem. Zbl. **1928 II**, 1838. — Ragnar Bergqvist: Wchbl. Papierfabr. **59** — Technologie u. Chemie d. Papier- u. Zellstoffabr. **25**, 69 (1928) — Chem. Zbl. **1928 II**, 2309 — Papierfabr. **27**, 119 (1929) — Chem. Zbl. **1929 I**, 1873. — Robert Hazard: Soies artificielles **4**, 165 (1929) — Chem. Zbl. **1929 I**, 2717. — Erwin Schmidt: Papierfabr. **27**, 249 (1929) — Chem. Zbl. **1929 I**, 2937. — H. Bubeck: Papierfabr. **24**, Sonder-Nr 6671 (1926) — Chem. Zbl. **1926 II**, 514. — H. E. Wahlberg: Amer. Dyestuff Rep. **15**, 398 (1926) — Chem. Zbl. **1926 II**, 956. — Percy Waentig: Papierfabr. **24**, Verein d. Zellstoff- u. Papier-Chemiker u. -Ingenieure 689—690 (1926) — Chem. Zbl. **1927 I**, 204. — N. L. Nourse: Paper Trade J. **85**, Nr 3, 45—46 (1927) — Chem. Zbl. **1927 II**, 1910. — E. Hägglund u. F. W. Klingstedt: Liebigs Ann. **459**, 26 (1927) — Chem. Zbl. **1928 I**, 799. — C. G. Schwalbe: Papierfabr. **26**, Verein d. Zellstoff- u. Papier-Chemiker u. -Ingenieure 189 — Chem. Zbl. **1928 I**, 2757 — G. Porovik: Papierfabr. **26**, Verein d. Zellstoff- u. Papier-Chemiker u. -Ingenieure 120, 133, 151, 179 — Chem. Zbl. **1928 I**, 2474 — Papierfabr. **26**, 81 — Chem. Zbl. **1928 I**, 1598.

lauge von 20° übergossen, 5 Minuten stehengelassen, dann mit einem plattgedrücktem Glasstab durchgerührt und innerhalb von 10 Minuten in 10 ccm-Portionen weitere 40 ccm Natronlauge von 20° zugefügt. Nach weiteren 30 Minuten Stehen im Wasserbad von 20° (Gesamtmercerisationsdauer 45 Minuten) werden 75 ccm Wasser zugefügt, verrührt und sofort auf einem 40 ccm-Goochtiegel abgesaugt, mit 750 ccm Wasser von 20° gewaschen, mit 40 ccm 10proz. Essigsäure 5 Minuten stehengelassen, abgesaugt und bis zum Verschwinden der sauren Reaktion mit Wasser von 20° gewaschen, dann bei 105° bis zur Gewichtskonstanz getrocknet[1]. — Bestimmung des Cellulosegehaltes von Holz und anderen Rohstoffen durch Einwirkung von Chlor in Tetrachlorkohlenstoff[2]. — Bestimmung durch quantitative Verzuckerung mittels Schwefelsäure[3]. Durch Behandlung mit einer 20 Vol.-proz. alkoholischen Salpetersäure 1 Stunde im Wasserbad[4]. Bestimmung in Torf[5]. Trennen von Seide: ein Gewebe aus Seide und Baumwolle wird mit einer Lösung von Nickeloxyd in Ammoniak behandelt, hierbei geht die Seide in Lösung, während die Cellulose oder Baumwolle ungelöst bleibt, nach dem Filtrieren wird die Baumwolle in Kupferoxydammoniak gelöst. Die erhaltenen Lösungen werden mit Hilfe des elektrischen Stromes von den Metallen befreit[6]. Bestimmung nach dem Chlorierungsverfahren von Cross und Bewan[7]. Rohfaserbestimmung in Milchschokolade[8], in Kakao und Cerealien[9], in Flachsabfälle[10], in Nahrungsmitteln und Faeces[11], in Futtermitteln mit tierischen Abfällen[12], in Pfeffer, Kardamomen usw.[13]. — Bestimmung des Wassergehaltes von Cellulosepräparaten durch Verdampfen des Wassers, welches aus Calciumcarbid Acetylen freimacht. Letzteres wird volumetrisch gemessen[14].—Anwendung eines besonderen Pyknometers[15].—Rohfaserbestimmungen: Verschiedene Ausführungsform[16].—Bestimmung der Kupferzahl[17].

[1] Georg J. Ritter: Ind. Chem. Analitical Edition 1, 52 (1929) — Chem. Zbl. 1929 I, 3054.

[2] F. Heuser u. H. Casseus: Papierfabr. 20, 80 (1922) — Chem. Zbl. 1922 IV, 562.

[3] A. Kiesel u. N. Semiganowsky: Ber. dtsch. chem. Ges. 60, 333—338 (1927) — Chem. Zbl. 1927 I, 1624. — A. Kiesel u. N. Ssemiganowski: Trans. Scient. chem.-pharm. Inst. Moskau (russ.) 1927, Nr 18, 83—94 — Chem. Zbl. 1927 I, 1624 u. 1927 II, 1741.

[4] Karl Kürschner u. Andreas Hoffer: Technologie u. Chemie d. Papier- u. Zellstoff-Fabrikation 26, 125 (1929) — Chem. Zbl. 1930 I, 146.

[5] Wassili Komarewski: Z. angew. Chem. 42, 336 (1929) — Chem. Zbl. 1929 I, 2604.

[6] Taylor Laboratories Inc. (New York), übertr. von Edwin Taylor: A.P. 1590600 v. 17. Juni 1924, ausg. 29. Juni 1926; Chem. Zbl. 1927 I, 1088.

[7] C. G. Schwalbe: Zellstoff u. Papier 2, 279 (1922) — Chem. Zbl. 1923 II, 538. — R. Sieber: Zellstoff u. Papier 3, 27 (1923) — Chem. Zbl. 1923 II, 1119. — G. J. Ritter u. L. C. Fleck: Ind. Chem. 16, 147 (1924) — Chem. Zbl. 1924 I, 1722. — G. J. Ritter: Ind. Chem. 16, 947 (1924) — Chem. Zbl. 1924 II, 2621. — A. Ehrenfried: Papierfabr. 25, Verein d. Zellstoff- u. Papier-Chemiker u. -Ingenieure 130 — Chem. Zbl. 1927 I, 2375. — G. J. Ritter u. L. C. Fleck: Ind. Chem. 20, 371 — Chem. Zbl. 1928 I, 3098. — Mark W. Bray: Ind. Chem. Analytical Edition 1, 40 (1929) — Chem. Zbl. 1929 I, 2367. — Clifford E. Peterson u. Mark W. Bray: Ind. Chem. 20, 1210 (1928) — Chem. Zbl. 1929 I, 3053.

[8] F. Härtel u. F. Jäger: Z. Unters. Nahrgsmitt. usw. 44, 291 (1922) — Chem. Zbl. 1923 IV, 65.

[9] Angelos D. Maranis: Z. Unters. Nahrgsmitt. usw. 45, 212 (1923) — Chem. Zbl. 1924 I, 833.

[10] P. P. Budnikoff u. P. W. Sobotareff: Z. angew. Chem. 36, 138 (1923) — Chem. Zbl. 1923 II, 970.

[11] T. Kohmoto u. S. Sakaguchi: J. of Biochem. 6, 61 (1926) — Chem. Zbl. 1926 II, 804.

[12] P. Mach u. W. Lepper: Landw.Vers.Stat. 104, 313 (1926) — Chem. Zbl. 1926 II, 839.

[13] W. Otte u. H. Weiss: Pharm. Zentralhalle 67, 401 (1926) — Chem. Zbl. 1926 II, 951.

[14] O. H. Weber: Wchbl. Papierfabr. 56, 357—358 (1925) — Chem. Zbl. 1925 I, 2268.

[15] Schr.: Paper 1924, 419 — Chem. Zbl. 1924 II, 1991.

[16] C. E. Lachele: Chemist-Analyst 1925, Nr 45, 11—12 — Chem. Zbl. 1927 I, 204. — C. A. Munsterman: Chemist-Analyst 1926, Nr 48, 12 — Chem. Zbl. 1927 I, 2374. — W. Kerp u. R. Turnau: Arb.Reichsgesdh.amt 57, 531 (1926) — Chem. Zbl. 1927 I, 1900. — Schmoorl: Z. Mühlenwesen 5, 34 — Chem. Zbl. 1928 II, 197.

[17] H. Gault u. B. C. Mukerji: C. r. Acad. Sci. Paris 179, 402 (1924) — Chem. Zbl. 1924 II, 1785. — Erwin Benesch: Chem.-Ztg 48, 861 (1924) — Chem. Zbl. 1925 I, 449. — Adanti: Boll. Chim. Farm. 55, 33 (1919) — Chem. Zbl. 1919 II, 505. — Kurt Heß, Wilhelm Weltzien u. Keizo Nakamura: Liebigs Ann. 440, 290 (1924) — Chem. Zbl. 1925 I, 949. — C. J. Staud u. H. Le B. Gray: Ind. Chem. 17, 741 (1925) — Chem. Zbl. 1925 II, 1821. — H. Wenzl: Wchbl. Papierfabr. 56, 994, 1024 (1925) — Chem. Zbl. 1926 I, 272. — Carl G. Schwalbe: Paper Trade J. 84, 51—53 — Chem. Zbl. 1927 II, 1636. — C. J. Staud u. H. L. Gray: Paper Trade J. 84, Nr 25, 41 (1927) — Chem. Zbl. 1927 II, 993. — D. Clibbens u. A. Geake: Papierfabr. 25, Verein. d. Zellstoff- u. Papier-Chemiker u. -Ingenieure 401 (1927) — Chem. Zbl. 1927 II, 994. — H. Le B. Gray u. C. J. Staud: Ind. Chem. 19, 854 (1927) — Chem. Zbl. 1928 I, 132. — H. Wenzl u. E. Köppe: Technologie u. Chemie d. Papier- u. Zellstoffabr. 25, 77 (1928) — Chem. Zbl. 1928 II, 720.

Kupferzahl in Papier[1]. Anwendung der molybdomanganimetrischen Methode[2]. Schnellbestimmung: Das verbleibende CuO wird mittels KJ in Cu_2J_2 übergeführt und das freiwerdende J_2 mit Thiosulfat gemessen[3]. Mikromethode[4]. Die mit Phenylhydrazin erhaltenen Werte scheinen zuverlässiger zu sein als die Kupferzahlen[5]. — Die Methode von Götze zur Bestimmung der Silberzahl ist einfacher und gibt genauere Resultate als die Kupferzahl[6].

Bestimmung der Adsorptionskraft der Faser: „Eisenoxydzahl"[7]: Man schüttelt die Faser eine Stunde lang mit einer Lösung von Ferriacetat, wobei Ferrihydroxyd absorbiert wird. — Das adsorbierte Eisen wird aus der Faser mit 10proz. Salzsäure herausgelöst und mit $1/_{80}$n-Kaliumpermanganatlösung titriert. Die auf absolut trockne und aschefreie Substanz bezogenen Werte werden als Eisenoxydzahl bezeichnet[7]. — Prüfung der Standardcellulosen auf Reinheit, wie die Bestimmungen der α-Cellulose, des Harz-, Fett- und Aschegehaltes, der Kupferzahl, der Hydratkupferzahl und der Hydrolysierzahl, ferner wissenschaftliche Standards für Stroh-, Flachs-, Hanf- und Holzcellulosen, technische Standards für Baumwoll-, Flachs-, Hanf- und Holzzellstoffe für Celluloseester und für die Papierfabrikation und Standards für Kunstseiden werden besprochen[8]. — Eine Methode zur Charakterisierung der verschiedenen Cellulosearten beruht auf der Viscosereaktion[9]. Charakterisierung von Cellulosepräparaten durch die Drehwertskurven[10].

Physiologische Eigenschaften: Übersichtsreferat über den bakteriellen Abbau der Cellulose. Nachweis des sich intermediär bildenden Acetaldehyds mit Hilfe des Abfangverfahrens[11]. — Gärungsversuche mit cellulosezersetzenden Bakterien[12]. Einfluß der Umgebung auf die Aktivität der cellulosezersetzenden Bodenbakterien[13]. Nitrobacter Winogradskyi, N. roseoalbus, N. flavus, N. punctatus und N. opacus können Cellulose angreifen, sie können ihren C-Bedarf aus derselben decken[14]. Für physiologische Studien über Celluloseabbau werden Chinablau-Aurin-Cellulosenährböden verwendet[15]. — Cellulosezersetzung durch Actinomyces melanogenes und 2 Arten Bacterium A und B bei hohen Salzkonzentrationen[16]. Auf Platten, die mit Silicagel gefüllt waren, wird eine runde Scheibe Filtrierpapier gedeckt, die mit einer schweren Nitratlösung getränkt wurde, diese Lösung diente als Stickstoffabgabe und war etwa $2-2^1/_2$proz. Auf das so behandelte Papier wurde Ackerboden oder besser Humuserde oder Kompostboden gebracht. Die Kolonien entwickelten sich sehr

---

[1] B. W. Scribner u. W. R. Brode: Paper Trade J. **85**, Nr 22, 47 (1927) — Chem. Zbl. **1928 I**, 2145, 2324.

[2] H. Gault u. Brindaban Chandra Mukerji: C. r. Acad. Sci. Paris **178**, 711 (1924) — Chem. Zbl. **1924 I**, 1982.

[3] J. Schandroch: Papierfabr. **23**, 43 (1925) — Chem. Zbl. **1925 I**, 1662.

[4] T. F. Heyes: J. Soc. chem. Ind. **47**, 90 (1928) — Chem. Zbl. **1928 II**, 88.

[5] C. J. Staud u. H. Le B. Gray: Ind. Chem. Analytical Edition **1**, 80 (1929) — Chem. Zbl. **1929 II**, 2281.

[6] J. Rinse: Ind. Chem. **20**, 1228 (1929) — Chem. Zbl. **1929 I**, 3054.

[7] C. G. Schwalbe u. Gustav Adolf Feldtmann: Papierfabr. **23**, 589 (1925) — Chem. Zbl. **1926 I**, 534.

[8] Carl G. Schwalbe: Papierfabr. **24**, Verein d. Zellstoff- u. Papier-Chemiker u. -Ingenieure 769—775 (1926) — Chem. Zbl. **1927 I**, 1246. — H. Hibbert, W. F. Henderson, B. Johnsen, W. O. Mitscherling u. L. E. Wise: Ind. Chem. **15**, 748 (1923) — Chem. Zbl. **1923 IV**, 958.

[9] Th. Lieser: Cellulosechemie **10**, 21 (1929) — Chem. Zbl. **1929 I**, 2123.

[10] Erik Hägglund u. F. W. Klingstedt: Liebigs Ann. **476**, 286 (1929) — Chem. Zbl. **1930 I**, 817. — K. Heß: Liebigs Ann. **476**, 298 (1929) — Chem. Zbl. **1930 I**, 818.

[11] C. Neuberg: Naturwiss. **11**, 657 (1923) — Chem. Zbl. **1923 III**, 908 — Biochem. Z. **139**, 527 (1923) — Chem. Zbl. **1923 III**, 1094.

[12] H. Schrader: Ges. Abh. zur Kenntnis d. Kohle **6**, 173 (1921) — Chem. Zbl. **1923 III**, 1649. — Vgl. F. Fischer, H. Schrader, A. Friedrich u. A. Schellenberg: Ges. Abh. z. Kenntnis d. Kohle **5**, 553 (1922) — Chem. Zbl. **1922 IV**, 1044. — F. Löhnis u. Grant Lochhead: Zbl. Bakter. II **58**, 430 (1923) — Chem. Zbl. **1923 III**, 628. — Windisch: Wschr. Brauerei **40**, 139 (1923) — Chem. Zbl. **1923 IV**, 465. — H. Langwell u. H. Lloyd Kind: J. Inst. Brewing **29**, 302 (1923) — Chem. Zbl. **1923 IV**, 249. — J. A. Viljoen, E. B. Fred u. W. H. Peterson: J. agricult. Sci. **16**, 1 (1926) — Chem. Zbl. **1926 I**, 2211. — H. B. Speakman: Canad. Chem. Met. **10**, 229—231 (1926) — Chem. Zbl. **1927 I**, 197. — J. Stewart Remington: Ind. Chem. a. Chem. Manufacturer **2**, 402—406 (1926) — Chem. Zbl. **1927 I**, 537.

[13] René J. Dubos: Ecology **9**, 12 (1928) — Chem. Zbl. **1929 I**, 2546.

[14] J. Sack: Zbl. Bakter. II **62**, 15 — Chem. Zbl. **1924 II**, 1216.

[15] J. R. Sauborn: J. Bacter. **14**, 395 (1927) — Chem. Zbl. **28 II**, 903.

[16] L. Rubentschik: Zbl. Bakter. II **76**, 305 (1928) — Chem. Zbl. **1929 I**, 764.

rasch, sie bildeten orangefarbene, rosa- und ockerfarbene Stellen, von denen die orange-farbene Kolonie sich am wirksamsten erwies. Durch geeignete Behandlung mit Alkohol und mit Farbstofflösungen gelingt es, die Fasern zu entfärben, dagegen nur die Mikroben zu färben, so daß man sie gut in ihrer Größe und Wirkung erkennen kann. Die Befunde Wino-gradskys weichen von den Hutchinsons und Claytons ab. Er rechnet die Mikroben nicht zu den Spirochäten, sondern zu einer Gruppe, die er mit dem Namen fibrolyte Vibrionen bezeichnet. — Der Angriff der Cellulose erfolgt unter Bildung eines Pseudogewebes, das zu-nächst das unterliegende Gewebe umhüllt und dann zersetzt. Chemisch erfolgt die Zersetzung unter Bildung einer Oxycellulose, die sowohl in kolloidaler als auch in krystalloider Form auf-treten kann. Winogradsky definiert den Unterschied zwischen den fibriolyten Vibrionen und den anderen Mikroben dahin, daß er sagt, die fibriolyten Vibrionen zerstören das Molekül, die anderen nur die Modifikation, unter der die Cellulose auftritt. Ohne die Stickstoffzufuhr ist die Zersetzung der Cellulose unmöglich[1]. Bei dem aeroben Abbau wird die Cellulosefaser rasch oxydiert, unter Bildung eines Produktes, das die Reaktionen der Oxycellulose gibt, aber keine reduzierenden Eigenschaften aufweist. Der Prozeß verläuft nur in Gegenwart von assi-milierbarem, vorzugsweise anorganischem Stickstoff[2]. Bei der Zersetzung der Cellulose mit den Bakterien von Hutchinson und Clayton wurde keine Gasentwicklung, noch das Auftreten einer Ansäuerung beobachtet, dagegen aber wurde das Silicagel zunehmend alkalischer. Die zersetzte Cellulose ist in den meisten Fällen in verdünntem Alkali löslich[3]. Über die Oxydation von Cellulose im Boden[4]. — Beiträge zur Physiologie der celluloselösenden aeroben Mikroorganis-men[5]. — Celluloseangreifende Bakterien wurden aus Gartenerde: 2 Stäbchen und 1 Coccus, und aus Schlamm: 1 Stäbchen isoliert. Die Stäbchen werden als Cellulomonas aurantius, flavus und albus, der Coccus als Cellulococcus albus beschrieben[6]. — Natürliche bakterielle Zersetzung der Cellulose[7]. — Die Zersetzung von Cellulose in frischen, ungeimpften Schlamm in und ohne Gegenwart von Kalk wird verfolgt. Die Versuche zeigen, daß sich Cellulose bei Abwesenheit von Kalk in 3 Wochen zu 71% zersetzt. Bei Gegenwart von Kalk werden in der ersten Woche 73%, nach 3 Wochen 96% zersetzt. Die Verzögerung der Zersetzung bei Ab-wesenheit wird durch Bildung von Säuren verursacht[8]. Zusammenfassender Bericht über die Energieverhältnisse bei der Zersetzung der Cellulose zu CO_2 und H_2O unter besonderer Berück-sichtigung des Abbaus durch thermophile, aerobe Bakterien. Die Einwirkung dieser Bakterien auf cellulosehaltige Abfallstoffe in besonderen Gärungskammern wird beschrieben und dies Verfahren für die Umwandlung von Abfallstoffen in wertvolles Düngematerial empfohlen[9]. Cellulose als Energiequelle für freilebende stickstoffbindende Mikroorganismen[10]. — Durch mikrobiologische Einwirkung allein kann nicht alle Cellulose aus pflanzlichen Geweben, die unter Torfbildung zerfallen, entfernt werden[11]. Verdauung der Cellulose durch die Darmflora beim Menschen[12]. — Der Bacillus cellulosae dissolvens, ein Anaerobier greift die Cellulose unter Bildung von Methan, Wasserstoff, Alkohol, Essigsäure und Buttersäure an[12]. Die Angaben von Trotman und Sutton[13], daß Bacillus subtilis und B. mesentericus Cellulose zu zersetzen vermögen, konnte nicht bestätigt werden[14]. Cellulosevergärende Bakterien im Darm der Rosenkäferlarven (Potosia cuprea Fbr.)[15]. Waksman und Henkelekian[16] stu-

[1] S. Winogradsky: C. r. Acad. Sci. Paris **183**, 691—694 (1926) — Chem. Zbl. **1927 I**, 116.

[2] S. Winogradsky: Ann. Inst. Pasteur **43**, 549 (1929) — Chem. Zbl. **1929 II**, 2571.

[3] S. Winogradsky: C. r. Acad. Sci. Paris **184**, 493 (1927) — Chem. Zbl. **1927 I**, 2328.

[4] S. Winogradsky: C. r. Acad. Sci. Paris **187**, 326 (1928) — Chem. Zbl. **1928 II**, 1429.

[5] Rudolf Bojanovsky: Zbl. Bakter. II **64**, 222 (1925) — Chem. Zbl. **1925 II**, 475. — René J. Dubos: J. Bacter. **15**, 223 (1929) — Chem. Zbl. **1929 I**, 2546.

[6] J. Sack: Zbl. Bakter. II **62**, 77 (1924) — Chem. Zbl. **1924 II**, 1357.

[7] Richard Falck: Cellulosechemie **9**, 1 (1928) — Chem. Zbl. **1928 I**, 1532.

[8] H. Henkelekian: Ind. Chem. **19**, 928 (1927) — Chem. Zbl. **1928 I**, 32.

[9] A. Itano: Ber. d. Ōhara-Inst. f. landwirtsch. Forsch. **3**, 215 (1926) — Chem. Zbl. **1927 I**, 1819.

[10] Pauli Tuorila: Zbl. Bakter. II **75**, 178 (1928) — Chem. Zbl. **1928 II**, 1340.

[11] A. C. Thaysen, W. E. Bakes u. H. J. Bunker: Fuel **5**, 217 (1926) — Chem. Zbl. **1926 II**, 1218.

[12] Khouvine-Delaunay: C. r. Soc. Biol. Paris **87**, 922 (1922) — Chem. Zbl. **1923 I**, 973. — Y. Khouvine: Ann. Inst. Pasteur **37**, 711 (1923) — Chem. Zbl. **1923 III**, 1421.

[13] Trotman u. Sutton: J. Soc. chem. Ind. **43**, 190 (1924) — Chem. Zbl. **1924 II**, 1294.

[14] Aage Christian Thaysen u. Henry James Bunker: Biochemic. J. **20**, 692—694 (1927) — Chem. Zbl. **1927 I**, 469.

[15] Erich Werner: Zbl. Bakter. II **67**, 297 (1926) — Chem. Zbl. **1926 II**, 1291.

[16] A. Waksman u. H. Henkelekian: Actas IV. Confér. Internat. Pédologie, Rom **1924 III**, 216 — Chem. Zbl. **1926 II**, 2446.

dieren die Zersetzung von Filtrierpapier in reinem Sand, der mit entsprechender Nährlösung versetzt war, durch Bakterien, Pilze und Actinomyceten. Trichoderma zersetzte in 42 Tagen 95 % der Cellulose, Fusarium in 21 Tagen 36,8 %, Penicillium in gleicher Zeit 85 %, Bacterium fimi in 52 Tagen 29 % [1]. Das Vergären der Cellulose zu Essigsäure erfolgt durch Behandlung von cellulosehaltigen Rohstoffen mit Stalldünger, Teichschlamm, faulendem Abwasserschlamm, Boden oder Küchenabfällen enthaltenden Bakterien bei 70° nicht übersteigender Temperatur, unter Lüftung der Maische, sowie unter Zusatz von Neutralisierungsmitteln, Nährstoffen und leicht vergärbaren Kohlehydraten, die zur Einleitung der Gärung dienen [2]. — Vergärung von cellulosehaltigem Material zwecks Gewinnung von Äthyl- und Buthylalkohol, Aceton, Butter und Milchsäure [3]. Clostridium thermocellum vergärt Cellulose unter Bildung von Essigsäure, Alkohol, CO_2 und Wasserstoff. Milchsäure entsteht dabei nicht [4, 5]. Schimmelpilze, speziell Cladosporium, zersetzen Cellulose in Gegenwart von Luft und Mineralnährsalz energisch, wobei sich zuerst Hexose bildet, die zu Kohlensäure zerlegt wird. In 256 Tagen waren etwa 25 % der Cellulose zersetzt. Die Verzuckerung erfolgt durch ein Enzym, daß isoliert worden ist. In der Natur findet während der Sommermonate ein ähnlicher Zerfall statt, wobei auch hier Zucker entsteht [6]. Reine Cellulose wird von Pilzen langsam und unvollkommen aufgebraucht; Zugabe von Nährsubstanzen beschleunigt diesen Vorgang; Bildung von Huminen findet nicht statt [7]. — Durch eine Trichoderma- und eine Penicilliumart wurde Cellulose vollständig zersetzt, wobei nur CO_2 als Abfallprodukt entstand und keine Zwischenprodukte im Nährboden blieben [8]. Verhalten gegen citronensäurebildende Organismen [9]. — Fermentative Spaltungsversuche mit Malz verschiedener Herkunft [10]. Sowohl Viscosecellulose wie Kupfercellulose wird von Hepatopankreassaft der Weinbergschnecke vollständig verzuckert. Auch aus Rhodancalciumlösungen umgelöste Cellulose wird von diesem Enzym weitgehend abgebaut. Mit Zinkchlorid kalt behandelte Watte wird dagegen viel schwerer angegriffen. Auch in Würmern und anderen Avertebraten konnte eine Cellulase nachgewiesen werden [11]. — Filtrierpapier wird leichter als Baumwolle, und mercerisierte Baumwolle noch leichter von Schneckencellulase angegriffen. Von den aus den Estern regenerierten Cellulosen steht die aus dem Trinitrat der nativen Cellulose am nächsten, während die anderen sehr leicht verzuckert werden. — Einzelne Alkalicellulosen werden ganz besonders leicht abgebaut. Bei den Handelsviscoseseiden zeigen sich große Unterschiede, woran weder der Faden noch der Fasertiter schuld ist, auch der Schwefel- und Feuchtigkeitsgehalt spielt keine Rolle. Eine bestimmte Ausbildung der Oberfläche erleichtert die Angreifbarkeit durch das Schneckenenzym. Auch zwischen der Färbbarkeit und der Enzymfestigkeit scheinen bei Viscosen Beziehungen zu bestehen, indem schwach anfärbbare Viscosen schwerer abgebaut werden als stark anfärbbare. — Native Cellulose kann bis zu 45 % abgebaut werden. Versuche mit Hilfe von Lichenaselösungen aus umgefällter Cellulose ein Zwischenprodukt zu isolieren, sind nicht gelungen [12]. — Aus dem unteren Ende des Verdauungstractus vom Schiffbohrwurm (Bankia setacea) konnte eine auf Sägespäne und Filtrierpapier wirkende Cellulose extrahiert werden. Die enzymatische

[1] A. Waksman u. H. Henkelekian: Actas IV. Confér. Internat. Pédologie, Rom **1924 III**, 216 — Chem. Zbl. **1926 II**, 2446.

[2] Herbert Langwell: A.P. 1443881 v. 29. Sept. 1919; Chem. Zbl. **1924 I**, 2313; F.P. 24578 v. 1. April 1921; Canad.P. 234367 v. 4. April 1921; Chem. Zbl. **1921 IV**, 277; **1924 I**, 2313.

[3] Herbert Langwell (Epsom), Elvi Ricard (Melle) u. William A. Buston (London): E.P. 271254 v. 26. Nov. 1925; Chem. Zbl. **1927 II**, 1627.

[4] Viljoen, Fred u. Peterson: J. agricult. Sci. **16**, 1 (1926) — Chem. Zbl. **1926 I**, 2211.

[5] W. H. Peterson, E. B. Fred u. E. A. Marten: J. of biol. Chem. **70**, 309—317 (1926) — Chem. Zbl. **1927 I**, 469.

[6] N. J. Kosin: Nachr. phys.-chem. Lomonossow-Ges. Moskau **2**, Nr 1, 57 (1921) — Chem. Zbl. **1922 III**, 874.

[7] C. Wehmer: Brennstoffchemie **6**, 101 (1925) — Chem. Zbl. **1925 II**, 931.

[8] H. Henkelekian u. Selman A. Waksman: J. of biol. Chem. **66**, 323 (1925) — Chem. Zbl. **1926 II**, 777.

[9] R. Falck u. Beyma thoe Kingma: Ber. dtsch. chem. Ges. **57**, 915 (1924) — Chem. Zbl. **1924 II**, 315.

[10] H. Pringsheim u. K. Bauer: Hoppe-Seylers Z. **173**, 188 (1927) — Chem. Zbl. **1928 I**, 2706.

[11] P. Karrer u. H. Illing: Kolloid-Z. **36**, Erg.-Bd. 91 (1925) — Chem. Zbl. **1925 II**, 1953 — Helvet. chim. Acta 8, 245 (1925) — Chem. Zbl. **1925 II**, 1953. — P. Karrer, P. Schubert u. W. Wehrli: Helvet. chim. Acta 8, 797 (1925) — Chem. Zbl. **1926 I**, 2194.

[12] P. Karrer u. P. Schubert: Helvet. chim. Acta **9**, 893 (1927); **11**, 129 (1928) — Chem. Zbl. **1927 II**, 192; **1928 I**, 2323.

Natur der Wirkung wurde nachgewiesen. Das Enzym ist hauptsächlich in den sog. Lebern vorhanden[1]. Das Sekret der Speicheldrüse des Insekts Dixippus morosus löst Cellulosemembranen[2]. — Die Wirkung ist kräftig, Alkalien fördern sie, Säuren verzögern, aber verhindern sie nicht vollständig. Beim Süßwasserpolyp Hydra fehlen die cellulosespaltenden Fermente[3]. Fütterung holzfressender Termiten mit reiner Cellulose aus Holz oder aus Baumwolle zeigt, daß sie mit Cellulose, als einziger Nahrung, auskommen[4]. Cellulose als Zusatz zu Nahrungsmitteln zwecks Erhöhung der Motilität des Darmes[5]. — In Ernährungsversuchen werden 75 % der in der Nahrung enthaltenen Cellulose ('Gehalt, der Nahrung an Cellulose 8,5 %) verdaut[6]. Verdauungskoeffizienten ermittelt durch Verfütterung an Schafe[7]: Aus „Celotex", dem Rückstand des Zuckerrohrs bei der Rohrzuckerherstellung, gewonnene Cellulose enthält reduzierende Zucker und Aminosäuren. In vitro wird die Cellulose durch Verdauungsfermente nicht angegriffen. Nährwert hat die untersuchte Cellulose für die Ratte nicht[8]. In Ausnützungsversuchen an Kaninchen und Hunden mit Filtrierpapier (Sulfitzellstoff), das nach dem Lehmannschen Verfahren unter Druck aufgeschlossen war, fanden Thomas und Pringsheim, daß der Hund vom vermahlenen Sulfitzellstoff nichts verdaute, während Kaninchen etwa 25 %, Hammel 50 % verdauten. Durch Behandlung des Sulfitzellstoffs mit siedender NaOH wurde die Verdaulichkeit nicht erhöht[9]. Durch den Rohfasergehalt der Nahrung wird bei Kaninchen die Ca-Ausscheidung im Kot gesteigert, bei Ca-armer Nahrung kann dieser Verlust teilweise durch verminderte Ausscheidung im Harn ausgeglichen werden. Die P-Ausscheidung wird durch die Rohfaser nur in geringem Maße gesteigert[10]. Rubner hat die sonst bestrittene Verdauung der Cellulose durch den Hund sichergestellt. Die Cellulose ist aber der weniger gut verdauliche Teil der Zellmembran. Mittelwert für die Verdaulichkeit der Cellulose ist 33,99 %. — Die Resorption der Cellulose war beim Menschen gering, höchstens 5,3 % der Gesamtnahrung, dem Hunde gegenüber aber günstiger[11]. Von den Substanzen der Zellmembran der Vegetabilien ist Cellulose vom Fleischfresser in gewissen Prozentsätzen, die individuell und bei den einzelnen Pflanzenarten variieren, verdaulich. Behandlung von Cellulose mit Alkali oder Säure erhöht ihre Verdaulichkeit nicht[12]. Mechanismus der Celluloseverdauung im Wiederkäuerorganismus[13]. — Bestimmung der Verdaulichkeit cellulosehaltiger Futterstoffe mit Hilfe von Pansenbakterien[14]. — Mit einem aus der Mitteldarmdrüse von Helix pomatia hergestellten Enzympräparat kann bei weißen Mäusen die Ausnutzung cellulosehaltigen Materials begünstigt werden[15]. Kultiviert man Phaseolus vulgaris in verdünnten Lösungen von Benzidin, so geben die Cellulosemembranen die Reaktion von Mangin-Raciborski[16]. Schwankungen des Cellulosegehaltes bei der Reifung der Erbsen[17].

---

[1] L. C. Boynton u. R. C. Miller: J. of biol. Chem. **75**, 613 (1927) — Chem. Zbl. **1928 I**, 1781. — R. C. Miller u. D. C. Boynton: Science (N. Y.) **63**, 524 (1926) — Chem. Zbl. **1926 II**, 786.

[2] Jan Belchràdek: Arch. internat. Physiol. **17**, 260 (1922) — Chem. Zbl. **1922 III**, 393.

[3] Ruth Beutler: Z. vergl. Physiol. **1**, 1—56 — Ber. Physiol. **26**, 464—465 — Chem. Zbl. **1924 II**, 2534.

[4] L. R. Cleveland: Biol. Bull. Mar. biol. Labor. Wood's Hole **48**, 289 (1925) — Ber. Physiol. **32**, 230 (1925) — Chem. Zbl. **1926 I**, 1593.

[5] E. R. Harding: Ind. Chem. **20**, 310 — Chem. Zbl. **1928 I**, 2881.

[6] T. Kohmoto u. S. Sakaguchi: J. of Biochem. **6**, 61 (1926) — Chem. Zbl. **1926 II**, 804. — Leo Strauß: Arch. Verdgskrkh. **34**, 288 (1925) — Chem. Zbl. **1926 I**, 2117.

[7] C. T. Dowell u. W. G. Friedmann: Bull. agricult. exper. Stat. Oklahoma **132**, 1 (1920) — Chem. Zbl. **1922 I**, 706.

[8] R. S. Allen u. A. J. Carlson: Amer. J. Physiol. **82**, 583 (1927) — Chem. Zbl. **1928 I**, 1544.

[9] Karl Thomas u. Hans Pringsheim, unter Mitarbeit von W. Fritze, K. Kindermann u. H. Schotte: Arch. f. Physiol. **1918**, 25—52 — Chem. Zbl. **1922 I**, 1246.

[10] B. Sjollema: J. of biol. Chem. **57**, 271 (1923) — Chem. Zbl. **1923 III**, 1329 — Versl. Akad. Wetensch. Amsterd., Wis- en natuurkd. Afd. **31**, 507 (1923) — Chem. Zbl. **1923 III**, 869.

[11] Max Rubner: Arch. f. Physiol. **1918**, 53—134 — Chem. Zbl. **1922 I**, 1246.

[12] M. Rubner: Sitzgsber. preuß. Akad. Wiss., Physik-math. Kl. **1928**, 127 — Chem. Zbl. **1928 II**, 463.

[13] H. E. Woodman: J. agricult. Sci. **17**, 333—338 — Chem. Zbl. **1927 II**, 1588.

[14] C. Brahm: Biochem. Z. **178**, 28 (1926) — Chem. Zbl. **1928 II**, 2573.

[15] N. Messerle: Biochem. Z. **172**, 31 (1926) — Chem. Zbl. **1926 II**, 608.

[16] C. Rouppert: C. r. Acad. Sci. Paris **182**, 533 (1926) — Chem. Zbl. **1926 I**, 3479.

[17] Lasausse, Guérithault u. Pellerin: Bull. Sci. pharmacol. **35**, 337 (1928) — Chem. Zbl. **1928 II**, 824.

Physikalische und chemische Eigenschaften (Bd. II, S. 211; Bd. VIII, S. 60; Bd. X, S. 302): Molekulargewichtsbestimmungen an Methylderivaten der Cellulose[1] und an Acetate[2]. — Aus dem optischen Verhalten der Cellulose in Schweitzers Reagens kann man entgegen den Annahmen von Heß[3] keine Rückschlüsse auf die Molekulargröße der Cellulose ziehen[4]. — Betrachtungen über das Molekulargewicht der Cellulose in Kupferamminlösungen[5]. — Untersuchungen über die Struktur der Baumwoll-, Flachs- und Hanffaser[6]. — Vergleich von Holz- und Baumwollcellulose[7], Eigenschaften der rohen und gereinigten Baumwollcellulose[8], der Jutecellulose[9], der Aspencellulose[10]. Flachscellulose ist, was die Ergebnisse der Methylierung, die Spaltung der Methylprodukte sowie der Acetolyse anbelangt, mit Baumwollcellulose identisch[11]. Über die Cellulose aus jungen Trieben und altem Kernholz[12]. — Sulfitzellstoff enthält Mannan und Xylan[13]. — Über die Kohlehydratbestandteile eines Natronzellstoffs aus Fichte[14]. — Die durch Chlorierung und nachfolgende Behandlung mit 2proz. Schwefelsäure gereinigte Cellulose wurde nach dem Verfahren von Irvine und Hirst[15] gespalten. Das sich nahezu quantitativ bildende Triacetat hatte $[\alpha]_D = -39,8°$ in Chloroform bei $c = 0,7352$ und gab mehr als 95 % eines Gemischs aus α- und β-Methylglykosid. Demnach scheint die Cellulose aus Posidonia wie die Baumwollcellulose dem Polyanhydroglykosetypus anzugehören, der höhere Drehungswert des Triacetats weist aber auf eine Verschiedenheit im Bau beider Cellulosen hin[16]. — Die aus dem Bambus, „Mösö-chiku" nach dem Chlorierungsverfahren gewonnene Cellulose besaß folgende Konstanten: Furfurol 4,11 %; Kupferzahl 0,705; α-, β- und γ-Cellulose 78,92, 17,91 und 3,17 %. Die Cellulose lieferte durch Acetolyse 27,00 % Cellobioseoctaacetat, durch Solfolyse 80,08 % Glykose[17]. Über das Vorhandensein einer Fremdsubstanz in der gereinigten Baumwolle[18], die erhalten wird, wenn man die Cellulose durch Acetolyse mit Bromwasserstoff-Acetylbromid zerstört[19]. — Einige Betrachtungen über die kolloidale Natur der Cellulose und der Celluloseester[20]. — Kolloidchemische Probleme der Celluloseindustrie[21]. Cellulose, die bei höheren Konzentrationen nur kolloidale Lösungen gibt, kann aus Lösungen auch in Krystallformen abscheiden. Diese unterscheiden sich charakteristisch von anderen Krystallen. Sie haben ein ausgesprochenes Quellungsvermögen, ein anomales Verhalten gegenüber Röntgenlicht[22]. Wird die Acetylierung

---

[1] Emil Heuser u. Georg Jayme: Ber. dtsch. chem. Ges. **56**, 1242 (1923). — E. Heuser u. N. Hiemer: Z. Elektrochem. **32**, 47 (1926) — Chem. Zbl. **1926 I**, 3028. — K. Hess: Z. Elektrochem. **31**, 613 (1925) — Chem. Zbl. **1926 I**, 1394.

[2] Oskari Routala u. Johan Sevon: Cellulosechemie **8**, 16—18 (1927) — Chem. Zbl. **1927 II**, 191.

[3] K. Heß: Naturwiss. **14**, 435 (1926) — Chem. Zbl. **1926 II**, 190.

[4] D. Mac Gillavry: Rec. Trav. chim. Pays-Bas et Belg. (Amsterd.) **48**, 18 (1929) — Chem. Zbl. **1929 I**, 2165.

[5] K. Heß: Rec. Trav. chim. Pays-Bas et Belg. (Amsterd.) **48**, 489, 583 (1929) — Chem. Zbl. **1929 II**, 1154, 1155. — Mac Gillavry: Rec. Trav. chim. Pays-Bas et Belg. (Amsterd.) **48**, 492 (1929) — Chem. Zbl. **1929 II**, 1155.

[6] W. L. Balls: Proc. roy. Soc. Lond. B **95**, 72 (1923) — Chem. Zbl. **1924 I**, 1388. — R. Bartunek: Cellulosechemie **5**, 25 (1924) — Chem. Zbl. **1924 II**, 129.

[7] S. A. Mahood u. D. E. Cable: Ind. Chem. **14**, 727 (1922) — Chem. Zbl. **1922 IV**, 995.

[8] E. Knecht u. G. H. Streat: J. Soc. Dyers Colourists **39**, 73 (1923) — Chem. Zbl. **1923 II**, 1221. — F. Reinthaler: Seide **32**, 226—258 (1927) — Chem. Zbl. **1927 II**, 2525. — H. Fikentscher: Melliands Textilber. **8**, 521, 606, 685, 855 (1927) — Chem. Zbl. **1927 II**, 2787.

[9] Adolf Lehne u. W. Schepmann: Z. angew. Chem. **38**, 93 (1925) — Chem. Zbl. **1925 I**, 1397.

[10] Emil Heuser u. August Brötz: Papierfabr. **23**, 69 (1925) — Chem. Zbl. **1925 II**, 1531.

[11] Georg W. Rigby: J. amer. chem. Soc. **50**, 3364 (1928) — Chem. Zbl. **1929 I**, 640.

[12] Kurt Heß, Max Lüdtke u. Herbert Rein: Liebigs Ann. **466**, 58 (1928) — Chem. Zbl. **1929 I**, 231.

[13] Kurt Heß u. Max Lüdtke: Liebigs Ann. **466**, 18 (1928) — Chem. Zbl. **1929 I**, 230.

[14] Erik Hägglund u. F. W. Klingstedt: Cellulosechemie **9**, 77 (1928) — Chem. Zbl. **1928 II**, 1873.

[15] Irvine u. Hirst: J. chem. Soc. Lond. **121**, 1585 (1923) — Chem. Zbl. **1923 I**, 1426.

[16] John Campbell Earl: J. chem. Soc. Lond. **125**, 1322 (1924) — Chem. Zbl. **1924 II**, 850.

[17] Y. Ueda, K. Kasama u. K. Kimura: Cellulose Industry **4**, 12 — Chem. Zbl. **1928 II**, 157.

[18] F. Micheel u. W. Reich: Liebigs Ann. **450**, 59 (1926) — Chem. Zbl. **1926 II**, 2893.

[19] Fritz Micheel u. Watroslav Reich: Liebigs Ann. **466**, 73 (1928) — Chem. Zbl. **1929 I**, 234.

[20] L. Clément u. C. Rivière: Chim. et Ind. **1924**, 578 — Chem. Zbl. **1924 II**, 1785.

[21] R. Sieber: Kolloid-Z. **31**, 308 (1922) — Chem. Zbl. **1923 II**, 1221.

[22] K. Heß u. G. Schultze: Naturwiss. **13**, 1003 (1926) — Chem. Zbl. **1926 I**, 885.

von Ramiefasern mit Essigsäureanhydrid-Schwefelsäure in Benzol, die unter Erhaltung der Faserstruktur verläuft, unterbrochen, bevor die Faser vollständig acetyliert ist, und werden darauf die acetylierten Anteile mit Chloroform abgelöst, so hinterbleibt der nicht acetylierte Teil der Faser in Gestalt von spindelförmigen, total auslöschenden Krystallen[1]. Über den Bau des krystallisierten Anteils der Cellulose: mit den Ergebnissen der Cellulosechemie und der Röntgenanalyse steht die Auffassung am besten in Einklang, daß im krystallisierten Anteil der Cellulose etwa 40 Glykosereste in ihrer 1,5-Ringform miteinander durch β-glykosidische Bindungen in 1, 4-Stellung zu einer gerade gestreckten Hauptvalenzkette vereinigt sind und je 40—60 solcher Ketten parallel zueinander gelagert sind und durch Micellarkräfte zu einen Cellulosekrystalliten zusammengehalten werden[2]. Untersuchungen mit Hilfe von Röntgenstrahlen an Cellulose[3]. — Änderungen im Faserröntgenogramm der Cellulose bei der Quellung in konzentrierten wässerigen Lösungen[4]. Über die Krystallitanordnung der Cellulose in einigen Pflanzenobjekten[5]. — Debye-Scherrer-Diagramme der Cellulose und ihrer Derivate[6]. — Röntgenographische Untersuchungen an gefärbter Cellulose[7]. — Um einen Einblick in die Form der Moleküle der Cellulose zu gewinnen, untersucht man die Ausbreitung der Substanz in monomolekularer, dünner Schicht auf einer Wasseroberfläche. Cellulose, in Form von Chloroformlösungen von Estern oder Äthern, breitet sich mit großer Geschwindigkeit über die ganze Wasseroberfläche aus (Chloroform tut das nicht), und nach dem Verdampfen des Chloroforms bleibt ein dünner Film zurück von stets reproduzierbarer Dicke. Für Äthylcellulose verschiedenen Viscositätsgrades wurde die Oberfläche gemessen zu 60—64 Å, die Dicke zu 5,3—5,5$^1/_2$, bei krystallisierten Derivaten von Heß betrugen die Zahlen 66$^1/_2$ bzw. 5,4$^1/_2$, für Methylcellulose aus alkalilöslicher Cellulose, aus Hydrocellulose und für den faserförmig wasserunlöslichen Teil war: Oberfläche 51—61 Å, Dicke 4,1—4,3 Å, krystallisiert 59 bzw. 4,3 Å; für Triacetylcellulose, hoch- und niedrigviscos und mit $ZnCl_2$ hergestellt: Oberfläche 40—40$^1/_2$ Å, Dicke 8,1$^1/_2$—8,7, krystallisiert 37$^1/_2$ bzw. 8,9 Å[8]. Anwendung der Micellartheorie auf das Studium der Cellulose[9]. Quantitative Bestimmung des Fluorescenzvermögens von

[1] K. Heß u. G. Schultze: Liebigs Ann. **456**, 55 (1927) — Chem. Zbl. **1927 II**, 1467.

[2] K. H. Meyer u. H. Mark: Ber. dtsch. chem. Ges. **61**, 593 — Chem. Zbl. **1928 I**, 2574 — Cellulosechemie **9**, 61 (1928) — Chem. Zbl. **1928 II**, 1551. — H. Mark u. Kurt H. Meyer: Z. physik. Chem. B **2**, 114 (1929) — Chem. Zbl. **1929 I**, 3087. — J. Hengstenberg u. H. Mark: Z. Krystallogr. Mineral. **69**, 271 (1928) — Chem. Zbl. **1929 I**, 3088.

[3] C. Moncada: Atti I. Congr. naz. Chim. pur. ed appl. **1923**, 300 — Chem. Zbl. **1924 I**, 2032. — R. O. Herzog: Naturwiss. **12**, 955 (1924) — Chem. Zbl. **1925 II**, 133 — Ber. dtsch. chem. Ges. **58**, 1254 (1925) — Chem. Zbl. **1925 II**, 1570. — E. Ott: Helvet. chim. Acta **9**, 31 (1926) — Chem. Zbl. **1926 I**, 1966. — R. O. Herzog: Hoppe-Seylers Z. **152**, 119 (1926) — Chem. Zbl. **1926 I**, 2676. — R. O. Herzog, W. Jancke u. D. Krüger: J. physic. Chem. **30**, 457 (1926) — Chem. Zbl. **1926 II**, 387. — J. J. Trillat: C. r. Acad. Sci. Paris **186**, 859 (1928) — Chem. Zbl. **1928 I**, 2778 — Rev. gén. Colloides **6**, 89 (1928) — Chem. Zbl. **1928 II**, 2326. — R. O. Herzog u. W. Jancke: Z. physik. Chem. A **139**, 235 (1928) — Chem. Zbl. **1929 I**, 2039. — E. A. Hauser: Ind. Chem. **21**, 124 (1929) — Chem. Zbl. **1929 I**, 2038. — Kurt Heß u. Karl Trogus: Ber. dtsch. chem. Ges. **61**, 1982 (1928) — Chem. Zbl. **1929 I**, 46. — Kurt H. Meyer u. H. Mark: Ber. dtsch. chem. Ges. **61**, 2432 (1928) — Chem. Zbl. **1929 I**, 46. — K. R. Andreß: Z. physik. Chem. B **1929**, 380 — Chem. Zbl. **1929 II**, 287. — S. Nishikawa u. S. Ono: Tokyo Sugaku-Butwigakkwai Mizi (2) **7**, Nr 8. — R. O. Herzog, W. Jancke u. M. Polanyi: Z. physik. Chem. **20**, 413 (1924) — Chem. Zbl. **1924 I**, 1174. — K. R. Andreß: Z. physik. Chem. B **4**, 190 (1929) — Chem. Zbl. **1929 II**, 1787. — H. Mark u. G. v. Susich: Z. physik. Chem. B **4**, 431 (1929) — Chem. Zbl. **1929 I**, 2036. — O. L. Sponsler: Nature (Lond.) **125**, 633 (1930) — Chem. Zbl. **1930 I**, 3667.

[4] J. R. Katz u. H. Mark: Z. physik. Chem. **115**, 385 (1925) — Chem. Zbl. **1925 II**, 2307. — J. R. Katz u. K. Heß: Z. physik. Chem. **122**, 126 (1926) — Chem. Zbl. **1926 II**, 1600.

[5] R. O. Herzog u. W. Jancke: Naturwiss. **16**, 238 (1928) — Chem. Zbl. **1928 I**, 2575. — R. O. Herzog: J. physic. Chem. **30**, 457 — Chem. Zbl. **1926 II**, 387. — O. L. Sponsler: Nature (Lond.) **120**, 767 (1927) — Chem. Zbl. **1928 I**, 1615 — J. gen. Physiol. **9**, 677 — Chem. Zbl. **1926 I**, 1931; **1926 II**, 699. — O. L. Sponsler u. W. H. Dore: J. amer. chem. Soc. **50**, 1940 (1928) — Chem. Zbl. **1928 II**, 2326.

[6] Jean J. Trillat: Rev. gén. Colloides **6**, 177 (1929) — Chem. Zbl. **1929 I**, 743. — A. Cassal u. J. Rolland: Rev. gén. Matières colorantes, Teinture etc. **1928**, 333 — Chem. Zbl. **1929 I**, 743. — R. O. Herzog u. W. Jancke: Z. Physik **52**, 755 (1929) — Chem. Zbl. **1929 I**, 1304.

[7] F. Bion: Helvet. phys. Acta **1**, 165 (1928) — Chem. Zbl. **1929 I**, 808.

[8] J. R. Katz u. P. J. P. Samwel: Naturwiss. **16**, 592 — Chem. Zbl. **1928 II**, 963.

[9] M. Catoire: Bull. Soc. Chim. biol. Paris **10**, 714 (1928) — Chem. Zbl. **1928 II**, 2719. — P. Karrer: Melliands Textilber. **6**, 751 (1925) — Chem. Zbl. **1926 I**, 883.

Cellulose und ihren Derivaten[1]. — Fluorescenzerscheinungen bei der Bestrahlung mit ultravioletten Strahlen[2]. — Über die Lichtempfindlichkeit von Cellulosefasern[3]. — Spezifisches Volumen verschiedener Baumwollcellulosearten[4]. Untersuchungen über Festigkeit der Cellulosefaser[5]. — Beziehung zwischen den amphoteren Eigenschaften und der Reinheit von Cellulose und ihren Derivaten[6]. — Absorptionsvermögen gegen Wasser aus feuchter Luft[7]. Absorbiert, im Vakuum über P_2O_5 getrocknet, aus der Luft bei 20° 0,89, 5,37, 12,57% Feuchtigkeit (die Luftfeuchtigkeit war 1. 60% nach 1 Stunde, 2. 60% nach 9 Tagen, 3. 100% nach 25 Tagen)[8]. Über die hydrophilen Eigenschaften von mit Formaldehyd behandelten Cellulosefasern (Stenose)[9]. — Über das Grenzflächenpotential verschiedener Cellulosearten in Wasser[10]. — Untersuchungen über das Quellungsvermögen der Cellulose[11]. — Beziehung zwischen Quellung, Salzbildung und Feinbau bei der Cellulosefaser[12]. — Adsorption und Quellung der Cellulose in Natriumhydroxydlösungen[13]. — Adsorption von NaOH, KOH und $Ba(OH)_2$[14]. — Bestimmung des Wasseraufnahmevermögens von Zellstoffen[15]: Pappenstreifen von 4 cm Breite und 8 cm Länge läßt man 4 Stunden in Wasser oder 1proz. Essigsäure quellen, dann genau 120 Sekunden abtropfen und wägt feucht. Als Grad der Aufnahmefähigkeit für das Quellungswasser in Prozenten ausgedrückt, wird die Zunahme des Gewichts der Zellstoffpappe, vom abs. Trockengewicht ab berechnet, bezogen auf 100 g wasser- und aschefrei gedachten Zellstoff, bezeichnet. Das Maximum der Wasseraufnahme tritt zwar erst nach 16 Stunden ein, jedoch unterscheiden sich die Vergleichswerte nicht wesentlich. In 1proz. Essigsäure ist unter diesen Bedingungen der Quellungsgrad der gleiche wie in Wasser. Die Essigsäure bewirkt lediglich eine schnellere Aufnahme des Wassers[15]. Gebleichte Zellstoffe zeigen ein geringeres

[1] S. Judd Lewis: J. Soc. Dyers Colourists **40**, 29 (1924) — Chem. Zbl. **1924 I**, 2035 — J. Soc. Dyers Colourists **37**, 201 (1921); **38**, 99 (1922); **40**, 111 (1924) — Chem. Zbl. **1922 II**, 407; **1922 IV**, 180; **1924 II**, 131.

[2] O. Gerngroß: Papierfabr. **25**, Verein d. Zellstoff- u. Papier-Chemiker u. -Ingenieure 49—52 (1927) — Chem. Zbl. **1927 I**, 1642. — H. Ditz: Z. angew. Chem. **40**, 1476 (1927) — Chem. Zbl. **1928 I**, 1021 — J. prakt. Chem. (2) **78**, 343 (1908). — Hans Pringsheim u. Otto Gerngroß: Ber. dtsch. chem. Ges. **61**, 2009 (1928) — Chem. Zbl. **1928 II**, 1978.

[3] P. Waentig: Melliands Textilber. **4**, 586 (1923) — Chem. Zbl. **1924 I**, 598.

[4] G. F. Davidson: J. Textile Inst. **18 I**, 175 (1927) — Chem. Zbl. **1927 II**, 2244.

[5] J. Huebner: J. Soc. Dyers Colourists **38**, 29 (1922) — Chem. Zbl. **1923 IV**, 30. — J. Huebner u. V. Malwin: J. Soc. chem. Ind. **42 I**, 66 (1923) — Chem. Zbl. **1923 IV**, 30. — Erik Hägglund: Sv. kem. Tidskr. **36**, 284 (1924) — Chem. Zbl. **1925 I**, 1033. — L. Lilienfeld: E.P. 253854 v. 17. Juli 1925; Chem. Zbl. **1927 I**, 206; Zus. zu E.P. 231806; Chem. Zbl. **1925 II**, 2331. — R. N. Miller: Paper Trade J. **82**, Nr 16, 44 (1926) — Chem. Zbl. **1926 II**, 515. — W. Weltzien: Seide **31**, 387 (1926) — Chem. Zbl. **1926 II**, 2646. — C. F. Goldthwait: Amer. Dysstuff Rep. **16**, 7 (1927) — Chem. Zbl. **1927 I**, 2145. — G. P. Genberg: Paper Trade J. **84**, Nr 8, 169 (1927) — Chem. Zbl. **1927 II**, 349. — Howard W. Laymon: Paper Trade J. **84**, Nr 8, 175 (1927) — Chem. Zbl. **1927 II**, 350. — Y. Kami: J. Cellulose Inst. Tokyo **2**, 39—40 (1926) — Chem. Zbl. **1927 I**, 1247.

[6] Kisou Kanamaru: Cellulose Industry **4**, 33 (1928) — Chem. Zbl. **1929 I**, 232.

[7] C. A. Browne: Ind. Chem. **14**, 712 (1922) — Chem. Zbl. **1922 III**, 959.

[8] C. A. Browne: Sugar **25**, 73 (1923) — Chem. Zbl. **1924 IV**, 120.

[9] L. Meunier u. R. Guyot: C. r. Acad. Sci. Paris **188**, 506 (1929) — Chem. Zbl. **1929 I**, 3159.

[10] P. Karrer u. P. Schubert: Helvet. chim. Acta **11**, 221 (1928) — Chem. Zbl. **1928 I**, 2323.

[11] P. P. v. Weimarn: Kolloid-Z. **29**, 198—199 (1921) — Chem. Zbl. **1922 I**, 189. — G. Bernardy: Z. angew. Chem. **39**, 259 (1926) — Chem. Zbl. **1926 I**, 2415. — C. G. Schwalbe: Z. angew. Chem. **23**, 924 (1910) — Chem. Zbl. **1910 II**, 339. — Robinoff: Diss. Darmstadt 1912. — W. Weltzien u. G. zum Tabel: Seide **31**, 132 (1926) — Chem. Zbl. **1926 II**, 512. — F. Hebler: Ö.P. 105353 v. 27. März 1922; Chem. Zbl. **1927 I**, 2029. — K. Götze: Seide **32**, 97 (1927) — Chem. Zbl. **1927 I**, 2493. — E. Ristenpart: Seide **32**, 104 (1927) — Chem. Zbl. **1927 I**, 2494. — I. G. Farbenindustrie A.-G.: E.P. 278684 v. 13. Sept. 1927; Chem. Zbl. **1928 I**, 863 — E.P. 297463 (1928) — Chem. Zbl. **1927 I**, 591.

[12] C. Trogus: Papierfabr. **27**, 55 (1929) — Chem. Zbl. **1929 I**, 1805 — Zellstoff u. Papier **8**, 798 (1928) — Chem. Zbl. **1929 I**, 1438.

[13] W. v. Neuenstein: Kolloid-Z. **41**, 183 (1927) — Chem. Zbl. **1927 I**, 2045. — P. Pawlow u. W. Toubakajew: Kolloid-Z. **44**, 44 (1928) — Chem. Zbl. **1928 I**, 1274. — G. E. Collins u. A. M. Williams: J. Textile Inst. **15 I**, 149 (1925) — Chem. Zbl. **1926 I**, 1328.

[14] S. Liepatow: Kolloid-Z. **36**, 148 (1925) — Chem. Zbl. **1925 I**, 2154.

[15] C. G. Schwalbe u. Gustav-Adolf Feldtmann: Papierfabr. **23**, 589 (1925) — Chem. Zbl. **1926 I**, 534.

Wasseraufnahmevermögen und eine kleinere Eisenoxydzahl als die ungebleichten. — Die Eisenoxydzahl ist am höchsten bei ungebleichten Mitscherlich-Zellstoffen, dann folgt unbleichbarer Ritter-Kellner-Zellstoff. Die Edelzellstoffe besitzen sehr verschiedene Eisenoxydzahlen, die aber beträchtlich unter den Werten für die beiden vorgenannten Zellstoffarten bleiben. Die niedrigsten Eisenoxydzahlen weist mit Natronlauge mercerisierte Baumwolle auf, wobei sich der Einfluß des Alters und der Konzentration der Natronlauge bei der Mercerisation deutlich erkennen läßt[1]. Verschiedene Papierrohstoffe nehmen als hydrophile Körper unter gleichen Bedingungen verschiedene Wassermengen aus der Luft auf, die nicht proportional dem Feuchtigkeitsgehalt derselben steigen[2]. Säuren werden mit großer Schnelligkeit adsorbiert; in der Zeit, in der die Cellulosepulpe zu der Lösung gegeben und vermischt wird, findet 95proz. Adsorption statt, und nach 1 Stunde ist sie beendet. Die Adsorption von Alkalien vollzieht sich viel langsamer, die Hälfte der gesamten Adsorption findet in der ersten halben Stunde statt, während das übrige erst im Verlauf von 20 und mehr Stunden aufgenommen wird[3]. Bei der Behandlung von Cellulose mit NaCl-Lösung zeigt der Auszug saure Reaktion. Die Acidität nimmt bei Wiederholung der Extraktion jedesmal rasch ab und wird nach 2—3maliger Extraktion gleich Null. Nach Behandlung der extrahierten Watte mit Wasser bis zur neutralen Reaktion ergibt erneute Extraktion mit NaCl wieder einen sauren Auszug. Ammoniumchlorid und Natriumsulfatlösungen verhalten sich wie NaCl, nur daß mit NH_4Cl das Alkali leichter durch Wasser ausgewaschen wird. $BaCl_2$ und $CaCl_2$ geben kleinere Aciditätswerte als NaCl. Mit CdJ_2 werden die Waschwässer nicht alkalisch; die extrahierte Säuremenge ist beträchtlich geringer. Natriumformiatlösung liefert einen gegen Methylorange neutralen, gegen Lackmus sauren Auszug[4]. Die Adsorption von Aluminiumhydroxyd aus Aluminiumsulfatlösungen wird wesentlich durch die Art der Vorbereitung der Faser beeinflußt[5]. — Für die Adsorption des Aluminiums durch die Faser selbst ist 1. ihr Gehalt an Oxy- und Hydrocellulose maßgebend, 2. der Mahlungs- und Quellungszustand der Faser. Als günstig für die Adsorption haben sich Lösungen von basischem Aluminiumsulfat mit einem Gehalt von 1,15—1,20% Al_2O_3 erwiesen. Die Versuche ergaben eindeutig, daß mit steigender Vorquellung die Adsorption von Aluminium durch die Faser wächst[6]. — Prüfung zahlreicher Pflanzenfaserstoffe in verschiedenem Zustand der Aufbereitung auf ihr Verhalten gegen Jod und Farbstoffe (Methylenblau und Metanilgelb)[7]. β- und γ-Cellulose zeigten größere Affinität gegen Farbstoffe als α-Cellulose[8]. — Die Absorption von Methylenblau an Baumwolle ist abhängig von der Wasserstoffionenkonzentration; sie ist in saurer Lösung geringer[9]. — Angaben über das Färben von Cellulose[10]. Verhalten gegen Leukoverbindungen der Indanthrenfarbstoffe[11], gegen Hydrosulfit und Zinkkalkküpen von Indigo und Thioindigo[12]. Adsorption verschiedener Säuren[13] und Phenole[14]. — Gebeizte Baumwolle wird durch Baicalin mit Chrom ockergelb, mit Al citronengelb, mit Sn blaßkanariengelb, mit Fe olivschwarz gefärbt[15]. Die Prüfung der Wasserstoffionenkonzentration nach der Indicatormethode ist

---

[1] C. G. Schwalbe u. Gustav-Adolf Feldtmann: Papierfabr. **23**, 589 (1925) — Chem. Zbl. **1926 I**, 534.

[2] H. Fay: Zellstoff u. Papier **6**, 201 (1926) — Chem. Zbl. **1926 II**, 510.

[3] Stephen R. H. Edge: J. Soc. chem. Ind. **48**, 118 (1929) — Chem. Zbl. **1930 I**, 514.

[4] H. Masters: J. chem. Soc. Lond. **121**, 2026 (1922) — Chem. Zbl. **1923 I**, 1271.

[5] Carl G. Schwalbe: Z. angew. Chem. **37**, 125 (1924) — Chem. Zbl. **1924 I**, 2032. — Alfred Tingle: Ind. Chem. **14**, 198—199 (1922) — Chem. Zbl. **1922 I**, 1104.

[6] Carl G. Schwalbe u. Günther Teschner: Papierfabr. **23**, 144 (1925) — Chem. Zbl. **1925 II**, 1570.

[7] J. Huebner u. J. N. Sinka: J. Soc. chem. Ind. **41**, 93 (1922); **42 I**, 255 (1923) — Chem. Zbl. **1922 IV**, 179; **1923 IV**, 778.

[8] Maneck Merwanji Mehta: Biochemic. J. **19**, 979 (1925) — Chem. Zbl. **1926 I**, 2712.

[9] D. A. Clibbens u. A. Geake: J. Textile Inst. **17 I**, 127 (1926) — Chem. Zbl. **1926 II**, 507.

[10] R. G. Foulds: Ind. Chemist chem. Manufacturer **3**, 205 (1927) — Chem. Zbl. **1927 II**, 993.

[11] K. Braß: Melliands Textilberichte **6**, 673 (1925) — Z. angew. Chem. **38**, 853 (1925) — Chem. Zbl. **1926 I**, 504.

[12] K. Braß u. G. Tosinus: Kolloid-Z. **45**, 256 (1928) — Chem. Zbl. **1928 II**, 1037.

[13] K. Braß u. J. K. Frei: Kolloid-Z. **45**, 244 (1928) — Chem. Zbl. **1928 II**, 1037.

[14] K. Braß u. E. Steinhilber: Z. angew. Chem. **40**, 1218 (1927) — Chem. Zbl. **1928 II**, 255. — K. Braß: Melliands Textilberichte **6**, 673 (1925) — Z. angew. Chem. **38**, 853 (1925) — Chem. Zbl. **1926 I**, 504.

[15] K. Shibata, S. Iwata u. M. Nakamura: Acta photochim. (Tokyo) **1**, 106 (1923) — Chem. Zbl. **1923 III**, 244.

eine der besten Reinheitsbestimmung der Cellulose. Der Aschegehalt des Filtrierpapiers ist ausschlaggebend für die Adsorption von Elektrolyten und Farbstoffen. Bei hohem Aschegehalt findet vorwiegend Austauschadsorption statt, während bei geringem Aschegehalt die elektrostatische Adsorption überwiegt. Bei gewöhnlichem Filtrierpapier gehen beide nebeneinander vor sich [1].

Löslichkeit (Bd. II, S. 213; Bd. VIII, S. 61; Bd. X, S. 303): Zur Kenntnis der alkalischen Kupferoxydlösungen und der Kupferoxyd-Ammin-Cellulose-Lösungen [2]. — In der Kupferhydroxyd-Ammoniakcellulose haben wir es mit einer Auflösung der Cellulose bis zu einem gewissen Cellulosegrundkörper zu tun, wobei dieser an Kupfer gebunden ist. Beim Ausfällen werden diese Kupferverbindungen aufgehoben, das Kupfer geht in normales Kupfersalz über, der Cellulosegrundkörper schließt sich wieder dank seiner Restaffinitäten zusammen und fällt in Klumpen von wahrscheinlich mikrokrystalliner Natur aus [3]. Die von Connerade [4] in Tabellen angegebenen Werte der Fixierung des Kupfers durch Cellulose rechnete Reychler [5] in Milliatome Kupfer und Millimole von Cellulose und Ammoniak um. Hierbei zeigte sich, daß in der Lösung stets eine konstante Menge Kupfer vorhanden ist, während der Rest des Kupfers in bestimmtem Verhältnis von der gelösten und in geringerem Maße von der nichtgelösten Cellulose absorbiert wird. Auch für die Ammoniakbindung jedes Kupferatomes scheint in großer Annäherung eine gewisse Abhängigkeit von der überschüssigen Ammoniakmenge der Lösung vorzuliegen [5]. — Abhängigkeit der celluloselösenden Wirkung von deren Herstellung und von der Temperatur [6]. — Ein Zusatz von Lactose oder Maltose erhöht die Haltbarkeit der Kupferoxydammoniaklösungen der Cellulose [7]. — Da Cellulose durch Vermittlung ihrer hochdrehenden Kupferkomplexverbindung mit großer Genauigkeit charakterisiert werden kann, werden durch das polarimetrische Bestimmungsverfahren Cellulosepräparate verschiedener Herkunft verglichen. Für die vergleichende Beurteilung diente ein Cellulosepräparat, das aus oft ungelöster, krystallisierter Acetylcellulose abgeschieden wurde. Alle untersuchten Präparate zeigten für Baumwollcellulose typische Drehwertskurven, sind also chemisch mit dieser identisch; Anzeichen für die chemische Uneinheitlichkeit der Cellulose selbst bestehen nicht. Dagegen steht der chemischen Identität der Cellulosepräparate eine große, mannigfache Verschiedenheit und Uneinheitlichkeit des physikalischen Zustandes gegenüber, die sich in Löslichkeit, Viscosität der Lösungen, Geschwindigkeit des Angriffs chemisch wirksamer Medien und andere äußert. Die vergleichenden Drehwertskurven zeigen, daß der Mercerisierungsvorgang mit einer Reinigung der Cellulosefaser verbunden ist, das mercerisierte Produkt muß als chemisch reine Cellulose bewertet werden. Über die Art der entfernten Fremdstoffe läßt sich etwas Bestimmtes nicht aussagen. Durch den Umfällungsvorgang ist ein Teil der Cellulose löslich geworden, ohne daß eine wesentliche chemische Veränderung eingetreten ist. Für die genaue chemische Charakterisierung eines Cellulosepräparates ist die prozentuale Abweichung ihrer Drehwertskurven von denen des Standardpräparates maßgebend. Nach Reduktion der Messungsreihen auf gleiche Temperatur betrug die mittlere prozentuale Abweichung der Drehwertskurven in Prozent bei Zellstoff —0,08, Ramie —1,04, amerikanische Baumwolle +0,9, ägyptische Baumwolle —0,05, Baumwollinters —2,08, mercerisierte Baumwolle aus Linters +1,11, Kupferseide —1,54, Kupferseide in 2n-Natronlauge unlöslicher Anteil —1,62, löslicher Anteil —2,14, Viscoseseide —2,57, Hydrocellulose aus mercerisierter Baumwolle —6,95, Viscoseseide —6,96, Kupferseide —5,68, Cellulosedextrin —21,27. — Der Drehwert nimmt mit steigender Temperatur ab; der Einfluß nimmt mit zunehmender Konzentration ab [8]. Reinste Cellulose ergab in einer Auflösung von 10 mg-Mol $Cu(OH)_2$, 4 mg-Mol Substanz, 20 mg-Mol NaOH und 1000 mg-Mol NH_3 in 100 ccm Lösung den Drehwert $\alpha_{435,8}^{18} = -3,43°$ [9]. Zur Charakteri-

---

[1] H. Tamiya u. N. Ishiuchi: Acta photochim. (Tokyo) 2, 139 (1927) — Chem. Zbl. 1927 II, 2164.

[2] Wilhelm Traube: Ber. dtsch. chem. Ges. 55, 1899 (1922).

[3] K. Heß: Textilb. üb. Wissensch., Ind. u. Handel 3, 41 (1922) — Chem. Zbl. 1922 I, 738.

[4] Connerade: Bull. Soc. chim. Belgique 28, 176 (1914) — Chem. Zbl. 1914 II, 317.

[5] A. Reychler: Bull. Soc. chim. Belgique 28, 310 (1922) — Chem. Zbl. 1922 III, 1155.

[6] O. Dischendorfer: Z. Mikrosk. 39, 97 (1922) — Chem. Zbl. 1923 IV, 765.

[7] K. Melkus: Kunstseide 10, 446 (1928) — Chem. Zbl. 1929 I, 459.

[8] Kurt Heß, Ernst Meßmer u. Noah Ljubitsch: Liebigs Ann. 444, 287 (1925) — Chem. Zbl. 1926 I, 886.

[9] K. Heß u. W. Komarewsky: Z. angew. Chem. 41, 541 — Chem. Zbl. 1928 II, 203.

sierung von Cellulosepräparaten mittels der Drehwertsmethode[1]. Entgegen den Annahmen von Heß und Baur ist der Drehungsfaktor (gesamte adsorbierte Kupfermenge pro Drehung 1) nicht konstant, sondern nimmt mit steigender adsorbierter Menge zu[2]. — Untersuchungen über die Viscosität von Celluloselösungen in Kupferoxydammoniak[3]. — Standardmethode zur Bestimmung der Viscosität von Cellulose in Kupferoxydammoniak[4]. — Baumwolle zeigt keine nennenswerte Viscositätsabnahme in Cuprammoniumlösung nach 6 stündigem Kochen mit 1 proz. NaOH-Lösung. Bei der Bestimmung der Cu-Zahl nach Braidy gehen die höheren Cu-Zahlen der umgewandelten Cellulosen auf durchschnittlich $^1/_5$ zurück bei 6 stündigem Kochen mit 1 proz. NaOH-Lösung unter atmosphärischem Druck und auf etwa $^1/_{10}$ bei einem Druck von 20 Pfund auf den Quadratzoll. Durch die Alkalikochung steigt die Methylenblauabsorption. Auch für die Gewichtsabnahme beim Kochen mit 1 proz. NaOH-Lösung lassen sich Gesetzmäßigkeiten aufstellen[5]. Kataphorese und Transport in Cuprammoniumlösungen[6]. Kupferoxydäthylendiamincelluloselösungen können als Alkoholatlösungen angesehen werden. Bei der Aufnahme von Cellulose durch Schweizersche Lösung ist die alkoholatbildende Base das Kupferammoniakhydroxyd $[Cu(NH_3)_4](OH)_2$. Cellulose löst sich in Kupferoxydäthylendiaminlösung nicht mehr, sobald dieser vorher Glycerin zugefügt wird[7]. Untersuchungen über die Vorgänge bei der Auflösung von Cellulose in Kupferoxydammoniak[8]. — Zur Dispersitätsfrage gelöster Cellulose in Schweizer-Lösung[9]. — Bestimmung der Fluidität von Celluloselösungen[10]. — Eine Anzahl von Metallthiocyanaten (Sr-, Ca-, Mg-, Mn, Li- usw.) lösen beim Erwärmen ihrer konz. Lösung Cellulose[11]. — Die Löslichkeit von Cellulose in Rhodancalcium ist kein chemischer Vorgang; eine Esterbildung findet nicht statt, es handelt sich um einen physikalischen Vorgang. Aus Versuchen auch mit anderen Rhodansalzen geht hervor, daß man die Konzentration der Salzlösungen vermindern kann durch Zugabe von Salzen, welche die Lösungswärmen nicht herabsetzen, aber die Viscosität erhöhen[12]. — Dispergierungen mit heißer Natriumrhodanatlösungen[13]. — Mit Petroläther, Amylalkohol, Äther und abs. Xylol extrahierte Cellulose kann mit Lösungen von Natriumrhodanat beim Erhitzen auf 145—150° in eine totale Dispersion übergeführt werden. Die Herstellung einer 1 proz. Celluloselösung erfordert nie mehr als 30 Minuten[14]. — Um Cellulose in konz. wässerigen Lösungen neutraler Salze mit Erfolg zu dispergieren, muß man sie vorher in einer Salzlösung gründlich zum Quellen bringen. Es wird von Herzog und Beck[15] zu-

[1] Kurt Heß u. Noah Ljubitsch: Liebigs Ann. **466**, 1 (1928) — Chem. Zbl. **1929 I**, 234. — K. Heß, E. Meßmer u. N. Ljubitsch: Liebigs Ann. **444**, 287 (1926) — Chem. Zbl. **1925 I**, 887. — E. Hägglund u. F. W. Klingstedt: Liebigs Ann. **459**, 26 (1927) — Chem. Zbl. **1928 I**, 799. — Emil Baur: Kolloid-Z. **36**, 257 (1925) — Chem. Zbl. **1925 II**, 649. — Kurt Heß u. Ernst Messmer: Kolloid-Z. **36**, 260 (1925) — Chem. Zbl. **1925 II**, 649. — K. Heß: Z. angew. Chem. **37**, 993 (1924) — Chem. Zbl. **1925 I**, 1289.

[2] H. Zeise: Kolloid-Z. **47**, 248 (1929) — Chem. Zbl. **1929 I**, 2746.

[3] L. Rys: Chemický Obeor **1**, 83—86 — Chem. Zbl. **1927 II**, 1419. — R. A. Joyner: J. chem. Soc. Lond. **121**, 1511, 2395 (1922) — Chem. Zbl. **1923 III**, 744. — Frederick Denny Farrow u. Sidney Maurice Nealer: Faserstoff u. Spinnfl. **6**, 53 (1924) — Chem. Zbl. **1924 II**, 776. — J. O. Small: Ind. Chem. **17**, 515 (1925) — Chem. Zbl. **1925 II**, 786. — F. C. Hahn u. H. Bradshaw: Ind. Chem. **18**, 1259 (1926) — Chem. Zbl. **1927 I**, 2027. — Ch. S. Venable: J. physic. Chem. **29**, 1239 (1925) — Chem. Zbl. **1926 I**, 1096.

[4] E. K. Carver, H. Bradshaw, E. C. Bingham u. C. S. Venable: Ind. Chem. Analytical Edition **1**, 49 (1929) — Chem. Zbl. **1929 I**, 3054.

[5] D. A. Clibbens, A. Geake u. B. P. Ridge: J. Textile Inst. **18 I**, 168, 277 (1927) — Chem. Zbl. **1927 II**, 188, 2364.

[6] S. M. Neale: J. Textile Inst. **16 I**, 363 (1925) — Chem. Zbl. **1926 I**, 2414.

[7] Wilhelm Traube: Ber. dtsch. chem. Ges. **54**, 3220 (1921) — Chem. Zbl. **1922 I**, 541.

[8] Kurt Heß u. Carl Trogus: Z. physik. Chem. A, **145** 401 (1929) — Chem. Zbl. **1930 I**, 2726.

[9] K. Heß: Kolloid-Z. **48**, 191 (1929) — Chem. Zbl. **1929 II**, 1397.

[10] D. A. Clibbens u. A. Geake: J. Textile Inst. **19**, 77 (1928) — Chem. Zbl. **1928 II**, 203.

[11] H. E. Williams: J. Soc. chem. Ind. **40 I**, 221—224 (1921) — Chem. Zbl. **1922 I**, 257—258. — Manchester Oxide Co. Ltd.: Schweiz.P. 90460 v. 18. Dez. 1918; Chem. Zbl. **1923 II**, 591 — Holl.P. 8351 (1923); Chem. Zbl. **1923 II**, 125. — Calico Printers Ass., Ltd. u. E. A. Fourneaux: E.P. 196696 v. 27. Jan. 1922; Chem. Zbl. **1923 IV**, 341. — A. Dubosc: Rev. prod. chim. **26**, 507 (1923) — Chem. Zbl. **1923 IV**, 743.

[12] André Dubosc: Rev. mens. du blanch. **8**, 43 (1923) — Chem. Zbl. **1924 I**, 2756.

[13] P. P. v. Weimarn: Kolloid-Z. **44**, 212 — Chem. Zbl. **1928 I**, 2363.

[14] P. P. v. Weimarn: Soies artificielles **4**, 13 (1929) — Chem. Zbl. **1929 I**, 2844.

[15] Herzog u. Beck: Z. physik. Chem. **111**, 287 — Chem. Zbl. **1921 I**. 614.

gegeben, daß hierfür nicht alle Salze in gleichem Maße geeignet sind. Erst nach gründlichem Aufquellen ist es zweckmäßig, zu der Dispersion des Zellstoffs durch Erwärmen überzugehen. Die Tatsache, daß die Reißfestigkeit eines Films, welcher mit einer derart dispergierten Cellulose hergestellt wurde, mit der Zeit zunehmen würde, war aus kolloidchemischen Gründen zu erwarten[1]. Die Lösung von Cellulose in einer wässerigen Lösung eines neutralen Salzes ist unabhängig von der chemischen Natur dieses Salzes, dagegen weitgehend abhängig von den physikalischen Eigenschaften der Salzlösung. Damit eine solche Lösung aktiv ist, muß sie zunächst ein flüssiges Hydrat, das ist ein Molekularkomplex aus Salz und Wasser, darstellen, und dieser Komplex muß eine bestimmte Viscosität und eine positive Verdünnungswärme haben. Diese Grenzen schwanken bei den verschiedenen Cellulosen und je nach Art ihrer Vorbehandlung[2]. Darstellung der nach von Weimarn dispergierten Cellulosen: in eine zum Sieden erhitzte Lösung von 50 ccm Wasser und 50 g Lithiumchlorid wurde 1 g in Stückchen zerrissenes Filtrierpapier gegeben und bis 160° erhitzt. Die grünlichgelb gefärbte Lösung wurde heiß in kaltes Wasser gegossen zur Ausfällung der Cellulose, durch Waschen mit Wasser und Zentrifugieren vom Lithiumchlorid befreit und zum Schluß mit Wasser aufgenommen. 20 ccm Suspension enthielten 185,6 mg Cellulose, gegenüber Fehling keine Reduktion. — Bei einem zweiten Ansatz enthielten 20 ccm 43,6 mg Cellulose. Bei der Einwirkung von gesättigter Calciumrhodanlösung auf Filtrierpapier in einer Druckflasche während 4 Stunden bei 95—100° erhielt man eine Suspension, von der 10 ccm 48,6 mg Cellulose enthielten[3].

Weiteres Verhalten: Anhaltendes trockenes Mahlen der Pflanzenfasercellulose (reinsten Filtrierpapierzellstoffs) bis zur äußersten Mehlfeinheit bildet wasserlösliche Anteile chemisch nicht veränderter Cellulose. Sie betrugen bisher 1,2% der vorher nichtlöslichen Cellulose. Auch das Vermahlen mit abs. Alkohol und die dispergierende Wirkung trocken mitvermahlener Salze wurde versucht[4]. Unterwirft man die zu untersuchende Probe im Trockenschrank einer Temperatur von 130—150°, so färbt sich Hydrocellulose braungelb, während Cellulose sich nicht verändert und Oxycellulose höchstens einen gelblichen Farbton annimmt[5]. Versuche mit Erhitzen von Baumwollcellulose in offenen, an einem Ende geschlossenen und in evakuierten Röhren auf 90° ergaben, daß in allen Fällen eine Schädigung des Garns eintritt, die wahrscheinlich zum größten Teil auf Luftoxydation beruht und im Vakuum am geringsten war[6]. Längere Einwirkung mäßiger Hitze[7]. Einfluß von Hitze (120 bis 240°) auf Baumwolle[8]. — Nach dem trocknen Erhitzen war die Cellulose (Baumwolle) gelb bis braun gefärbt. Nach dem Auskochen mit Wasser wurde 1,3—1,8% Extrakt erhalten. Mit Phenylhydrazin wurde ein gelbes Osazon (Schmelzp. 202—203°) erhalten, das offenbar mit Glykosazon identisch war[9]. Bei 24stündigem trocknem Erhitzen von Cellulose (Baumwolle) auf 150° entsteht unter erheblichem Gewichtsverlust ein schwarzbraunes, noch faseriges Produkt, dessen Kupferzahl und Adsorptionsvermögen für NH_3, HCl, SO_2 und CO_2 erheblich größer ist als dasjenige des Ausgangsmaterials. Wird Filtrierpapier 24 Stunden in siedendem Isoamylalkohol oder 12 Stunden in Glycerin bei 230° erhitzt, so nimmt es schwache Gelbfärbung an, und die Fasern werden kürzer und brüchig, sonst ist mikroskopisch keine Veränderung zu erkennen; Adsorptionsvermögen für Gase und Kupferdraht sind dieselben geblieben. Aus Schweizer-Lösung regenerierte Cellulose und Nitrocellulose geben erheblich höhere Kupferzahlen als die ursprüngliche Cellulose. Man schließt, daß das Adsorptionsvermögen von Cellulose für Gase nicht von der Länge und der physikalischen Struktur der Fasern, sondern von der chemischen Natur abhängt[10]. Werden gereinigte Baumwolle oder andere Cellulosen längere Zeit der Einwirkung von Wasser bei 35° ausgesetzt, so bilden sich aldehydartige Stoffe, ebenso

---

[1] P. P. v. Weimarn: Kolloid-Z. **29**, 197—198 (1921) — Chem. Zbl. **1922 I**, 189.

[2] André Dubose: Rev. mens. du blanch., Beilage zu Rev. gén. Matières colorantes **28**, 91 (1924) — Chem. Zbl. **1924 II**, 130.

[3] H. Pringsheim u. K. Baur: Hoppe-Seylers Z. **173**, 188 (1927) — Chem. Zbl. **1928 I**, 2706.

[4] H. Wislicenus: Text.-Forschg **3**, 204—207 (1921) — Chem. Zbl. **1922 I**, 630.

[5] Ed. Justin-Mueller: Bull. Soc. chim. France (4) **29**, 987—988 (1921) — Chem. Zbl. **1922 II**, 712.

[6] Edmund Knecht u. Erik Frank Muller: J. Soc. Dyers Colourists **41**, 43 (1925) — Chem. Zbl. **1925 I**, 1825.

[7] Edmund Knecht: Fuel **3**, 106 (1924) — Chem. Zbl. **1924 II**, 1033.

[8] A. H. Tiltmann u. B. D. Porritt: India Rubber J. **76**, 245 (1928) — Chem. Zbl. **1928 II**, 2307.

[9] J. W. Bain u. G. F. Kay: Trans. roy. Soc. Canada (3) III **18**, 269 (1924) — Chem. Zbl. **1925 I**, 1290.

[10] D. Costa: Ann. chim. appl. **16**, 636 (1926) — Chem. Zbl. **1927 I**, 1429.

wenn Cellulose der Dampfdestillation ausgesetzt wird. Beim Einweichen von Baumwolle in einer wässerigen Lösung von Na-Acetat während mehrerer Tage bei 35° ist die gebildete Menge des Aldehyds so beträchtlich, daß sie durch Destillation abgeschieden werden kann[1]. Die Cellulose zerfällt beim Erhitzen unter Druck in Gegenwart von Wasser mit steigender Temperatur in steigendem Maße in wasserlösliche Verbindungen, darunter Säuren, und in Gas, hauptsächlich Kohlensäure; schließlich hinterläßt sie nur noch verhältnismäßig wenig festen Rückstand. Der von Kohlensäure befreite Gasanteil besteht wahrscheinlich aus Wasserstoff. Bei 200° ist die Zersetzung noch schwach, bei 300° dagegen bereits recht weitgehend, so daß die gebildeten festen, dunkelbraunen Reaktionsprodukte nur noch etwa $1/4$ der Menge der angewandten Cellulose ausmachen. — In Alkalien lösliche Huminsäuren sind in den dunklen Reaktionsprodukten nur in geringer Menge vorhanden. — In Gegenwart von Alkalien unter Druck erhitzt, zeigt sich die Cellulose zunächst bei 200° widerstandsfähiger als das Lignin; bei 300° aber wird sie tiefgreifend verändert und unter reichlicher Kohlensäureabspaltung in Lösung gebracht. Dabei bilden sich geringe Mengen eines stark riechenden Öles, ferner Ameisensäure, Essigsäure und andere Umwandlungsprodukte der Cellulose[2]. Untersuchung der unlöslichen, in Wasser löslichen Produkte sowie der Gase, die beim Erhitzen der Cellulose mit destilliertem Wasser auf verschieden hohe Temperaturen erhalten werden[3]. — Entstehung von kohleartigen Produkten beim Erhitzen von Cellulose mit Kaliendlaugen[4]. Thermische Zersetzung der Cellulose unter hydrierenden Bedingungen: Baumwolle wurde in einer Wasserstoffatmosphäre 9 Stunden zur Maximaltemperatur von 429° erhitzt. Während der Versuche nahm der Druck in dem benutzten Autoklaven um durchschnittlich 3,5 at zu; demnach ist kein Wasserstoff verbraucht worden, oder die aus der Baumwolle entwickelte Gasmenge ist größer als die absorbierte Wasserstoffmenge. Das Gas bestand aus Wasserstoff (90—99°) mit geringen Beimengungen von Kohlensäure, Kohlenoxyd und Methan. An flüssigen Produkten wurden etwas Leichtöl und Teer erhalten. Als Katalysatoren wurden Nickeloxalat und Ferrivanadat verwandt, die auf der Faser gefällt wurden; danach wurde die Cellulose bei 110° getrocknet. Die Maximaltemperatur bei der Einwirkung von Wasserstoff betrug 400—440°. In Gegenwart von Nickel wurde fast die gesamte Cellulose in Flüssigkeit oder Gase umgewandelt, während der Vanadinkatalysator geringere Wirksamkeit zeigte. Der mit Nickel erhaltene Teer, 22,9 g aus 100 g Cellulose, war vollständig in Chloroform löslich; spez. Gewicht bei 15,5°: 1,0840; Gehalt an Carbonsäuren: 0, an Phenolen: 2,31 %, an Neutralöl: 76,85 %. — Das Neutralöl besteht nicht aus reinen Kohlenwasserstoffen, sondern ist sauerstoffhaltig, enthält 1,2—5,9 % Sauerstoff. Bei destruktiven Destillationen der Cellulose verursacht Nickeloxyd die größte Gasentwicklung und den größten Koksrückstand[5]. — Beim Erhitzen der Cellulose in Pastillenform in Gegenwart von H_2 von 110 at Anfangsdruck entstehen schon bei 225° erhebliche Mengen CO_2 und H_2O, Methan und Homologe treten merklich erst bei 450° auf. Bei 450° wird ein großer Teil des O als CO_2, CO und H_2O ausgetrieben und eine beträchtliche Menge H_2 absorbiert, der hauptsächlich von den Zersetzungsprodukten der Cellulose fixiert wird. In Abwesenheit von H_2 bilden sich bei 450° mehr Kohlenwasserstoffe, CO und H_2O und weniger CO_2, die Zersetzung scheint aber durch die Gegenwart von H_2 verhältnismäßig wenig beeinflußt zu werden. Bei Verwendung nicht in Pastillen gepreßter Watte wurde eine plötzliche starke Temperaturerhöhung beobachtet; gegen die von Bergius im Anschluß an ähnliche Beobachtungen angestellten Rechnungen lassen sich verschiedene Einwände erheben. Die Verbrennungswärme der Cellulose beträgt 4158 cal pro g, die des bei diesem Versuch erhaltenen kohligen Rückstandes 7832 cal pro g. Der Edeleanuextrakt gibt beim Erhitzen auf 450° allein 5—6 % Methankohlenwasserstoffe, etwas ungesättigte Kohlenwasserstoffe und H_2, in Gegenwart von H_2 unter hohem Druck wird etwas H_2 absorbiert und weniger CH_4 und Homologe gebildet. In Abwesenheit von H_2 liefert die Zersetzung von Cellulose und des Edeleanuextraktes für sich fast dieselben Ergebnisse wie die Zersetzung beider zusammen; bei Gegenwart von H_2 und des Dispersionsmittels wird dagegen die Cellulose bei 450° zum großen Teil verflüssigt. — Analyse

[1] J. Huebner u. F. Kaye: J. Soc. chem. Ind. **41 I**, 94 (1922) — Chem. Zbl. **1922 IV**, 179.
[2] Franz Fischer u. Hans Schrader: Ges. Abh. z. Kenntnis d. Kohle **5**, 332 (1921) — Chem. Zbl. **1922 III**, 1185. — H. Tropsch u. A. v. Philippowich: Abh. z. Kenntnis d. Kohle **7**, 84, (1925) — Chem. Zbl. **1926 II**, 1482. — R. Potonie: Braunkohle **21**, 365 (1922) — Chem. Zbl. **1923 IV**, 165.
[3] E. Berl u. A. Schmidt: Liebigs Ann. **461**, 192 (1928) — Chem. Zbl. **1928 I**, 2935.
[4] C. G. Schwalbe u. R. Schepp: Ber. dtsch. chem. Ges. **57**, 319 (1924) — Chem. Zbl. **1924 I**, 1174. — Carl G. Schwalbe: Ber. dtsch. chem. Ges. **57**, 881 (1924) — Chem. Zbl. **1924 II**, 260.
[5] A. R. Bowen, H. G. Shatwell u. A. W. Nash: J. Soc. chem. Ind. **44 I**, 507 (1925) — Chem. Zbl. **1926 I**, 2456.

der Produkte der Zersetzung von Wattepastillen im Vakuum (etwa 1 Stunde bei 300° und 40 mm Hg) ergab 5% CO_2, 20,8% H_2O, 37,8% sirupartiges braunes Destillat, 4,6% glänzende und 26,8% trübe Kohle; die Verbrennungswärmen betrugen: brauner Sirup (49,5% C; 6,4% H) 4690 cal pro g; glänzende Kohle (62,8% C, 4,8% H) 5885 cal pro g; trübe Kohle (69,6% C, 4,5% H) 6542 cal pro g[1]. Umwandlung in Huminsäuren[2]. Abbauende Destillation von Cellulose unter Druck: bei Gegenwart von Ni als Katalysator und bei 200 at Druck wurden 98% der Cellulose in flüchtige Verbindungen ähnlicher Zusammensetzung wie die beim Holz erhaltenen übergeführt. Bei Ersatz des Wasserstoffs durch Stickstoff nur 86%[3]. Beim Erhitzen von Watte in Mineralöl auf 200—250° tritt Abspaltung von CO_2 ein; die Watte zeigt nicht mehr Chlorzinkjodrekation. Beim Erhitzen mit NaOH entsteht Huminsäure[4]. Beim Erhitzen von Cellulose (Filtrierpapier) mit Paraffinöl oder Paraffin (Schmelzp. 50—52°) beginnt bei 230 bis 240° Gelbfärbung, bei 260—270° deutliche Zersetzung und Gasentwicklung unter Braunfärbung der Flüssigkeit. Die Gasentwicklung erreicht bei 280—290° ihren Höhepunkt und hört bei 300—310° auf, indem die Cellulose schwarzbraun und kohleähnlich wird. Die gebildeten gasförmigen Produkte sind hauptsächlich CO_2 und H_2O; der kohlige Rückstand, der noch faserige Struktur hat, enthält im Mittel 83,11% C; 6,40% H; 10,49% O. Aus Schweizer-Lösung regenerierte Cellulose ist gegen Erhitzen viel weniger widerstandsfähig, gibt aber einen Rückstand von fast derselben Zusammensetzung, wie bei ursprünglicher Cellulose erhalten wurde[5]. Bei der trockenen Destillation von Cellulose ist die entstehende Menge Wasser mehr als doppelt so groß wie beim Lignin (33 : 13), die entstehende Urteermenge nahezu doppelt so groß (23:12). Da ferner die Gasmenge etwa die gleiche ist (37:34), so liefert die Cellulose weniger als die Hälfte Halbkoks als das Lignin (25:57). Von den Bestandteilen des Urteers überwiegen bei Cellulose der neutralen Anteile die sauren, bei Lignin umgekehrt. — Bei Cellulose machten die neutralen Bestandteile 31% des Urteers aus, während nur 8% Phenole und 9% Soda zersetzende Bestandteile gefunden wurden; beim Lignin betrugen die neutralen Anteile 13%, die Phenole 34% und stärker sauren Verbindungen 16%. Die hohen Verluste sind durch die Löslichkeit eines Teils des Urteers in Wasser bedingt. Die Teerausbeute aus Cellulose ist sehr hoch (21 bzw. 24%)[6]. — Bei der Destillation der Cellulose findet zwischen 210 und 265° eine langsame Zersetzung statt unter Entwicklung von CO_2 und CO. Lävoglykosan konnte nicht isoliert werden. Die Extraktion von sorgfältig gewaschener und auf 200° erhitzter Baumwolle ergab an wasserlöslichen Substanzen: Ameisensäure, eine Hexose, geringe Spuren Fructose[7]. Gibt bei trockener Destillation Diacetyl[8]. Charakterisierung verschiedener Cellulosearten auf Grund der Dichte, der Calorien und der Ausbeute an Destillationsprodukten[9]. — Beziehung zwischen dem Kohlenstoff, Wasserstoff und Sauerstoffgehalt von Cellulose nach der thermischen Zersetzung und ihrem Gewichtsverlust[10]. — Aus Cellulose wird durch Vakuumdestillation etwa 43% eines wasserlöslichen Destillats erhalten, in welchem zufolge seiner optischen Aktivität Lävoglykosan vorhanden ist[11]. Bei der Vakuumdestillation fängt Cellulose bei etwa 150° an gelb zu werden, und es treten weiße Dämpfe auf, bei 200° beginnt die Destillation von Teer und dauert bis 300° fort; die maximale Gasentwicklung findet bei etwa 250° statt; über 300° hört die Destillation von Teer und die Gasentwicklung praktisch auf. Der durch Luftkühlung abgeschiedene, viscose, je nach der Celluloseart rote bis schwarze Teer ist in kaltem Wasser vollständig löslich, reduziert Fehlingsche Lösung und gibt mit Ferrichlorid einen braunen Niederschlag. Die Ausbeute an

---

[1] H. J. Waterman u. J. N. J. Perguin: Rec. Trav. chim. Pays-Bas et Belg. (Amsterd.) 45, 638 (1926) — Chem. Zbl. 1927 I, 69.

[2] F. Bergius u. P. Erasmus: Sv. kem. Tidskr. 39, 189 (1927) — Chem. Zbl. 1928 I, 448.

[3] P. K. Frolich, H. B. Spalding u. T. S. Bacon: Ind. Chem. 20, 36 — Chem. Zbl. 1928 I, 2222.

[4] J. Marcusson u. G. Wisbar: Z. angew. Chem. 37, 917—918 (1924) — Chem. Zbl. 1925 I, 362.

[5] D. Costa: Ann. chim. appl. 16, 647 (1926) — Chem. Zbl. 1927 I, 1429.

[6] Franz Fischer u. Hans Schrader: Ges. Abh. z. Kenntnis d. Kohle 5, 106 (1922) — Chem. Zbl. 1922 III, 1184.

[7] J. W. Bain, J. E. T. Musgrave, G. F. Kay, G. M. Chute u. S. A. Rowland: J. Soc. chem. Ind. 46 I, 193 (1927) — Chem. Zbl. 1927 II, 1018.

[8] H. Schmalfuß u. H. Barthmeyer: Ber. dtsch. chem. Ges. 60, 1035 (1927) — Chem. Zbl. 1927 I, 3183.

[9] D. L. C. J. Ramón: An. Soc. españ. Fisica Quim. 25, 434 (1927) — Chem. Zbl. 1928 I, 1167.

[10] Takeo Akahira: Scient. Papers Inst. physical. chem. Res. 9, 165 (1928) — Chem. Zbl. 1929 I, 232.

[11] F. Fischer u. H. Tropsch: Ges. Abh. z. Kenntnisd. Kohle 7, 181 (1925) — Chem. Zbl. 1926 II, 1482 — Sep. aus: Über Naturprodukte, Festschr. für Max Hönig, S. 8 — Chem. Zbl. 1923 III, 1400.

Teer und an Lävoglykosan steigt mit der Schnelligkeit der Destillation und mit abnehmendem Druck und fällt mit abnehmender Reinheit der Cellulose. — Bei gereinigter Baumwolle werden maximal 20%, bei Espartozellstoff (Chlorgasverfahren) und Viscoseseide nur 13% Lävoglykosan erhalten. α-Cellulose gibt dieselben Ausbeuten wie die Baumwolle. Bei der Destillation von β-Cellulose entstehen dagegen erheblich andere Produkte; der Teer nimmt ab, ist flüssiger, enthält Aldehyde, Ketone, Furfurol, aber kein Lävoglykosan und reagiert mit Eisenchlorid; das durch Eiskühlung kondensierte wässerige Destillat ist dem bei Baumwolle erhaltenen analog, die Gasentwicklung größer. Buchen- und Tannenholz und Espartogras verhalten sich wie β-Cellulose; nach $^3/_4$stündiger Vorbehandlung mit feuchtem Chlorgas werden im Teer geringe Mengen, in maximo 2,7% Lävoglykosan, im Teer und im wässerigen Destillat der $^3/_4$ Stunden lang mit Chlor behandelten Hölzer 5,2% Essigsäure gefunden[1]. — Beim Erhitzen der Cellulose entstehen Glykose, Ameisensäure und wahrscheinlich auch kleine Mengen Essigsäure[2]. Durch Erhitzen von Cellulose mit Äthylenglykol oder Monochlorhydrin wird sie abgebaut[3]. Spaltet bei der Destillation in saurer, neutraler oder alkalischer Lösung Formaldehyd ab[4]. Beim Erhitzen von Cellulose, Viscose und Hydrocellulose mit 5proz. Oxalsäure entsteht das Kiermayersche isomere Oxymethylfurfurol; die Ausbeute an diesem Produkt ist durch Bildung von huminartigen Stoffen beschränkt. — In dicht schließenden Autoklaven wurden dieselben Ergebnisse erhalten wie im Bombenrohr. Die höchsten Ausbeuten an Zucker und Aldehyd wurden aus Hydrocellulose erhalten, dann folgen Viscose und Cellulose[5]. — Zuckerbildung mit Oxalsäure bei 170°[6]. — Aus Viscose regenerierte Cellulose, mit 5proz. Ameisensäure im Rohr auf 160 und 180° erhitzt, gibt bei $^1/_2$stündigem Erhitzen auf 160° 17%, bei 1stündigem Erhitzen 50% Glykose. Oxymethylfurfurol ließ sich auch nachweisen. Die Rückstände sind Hydrocellulose[7]. Baumwolle gibt bei der Acetolyse 30,5, Sulfitzellstoff 27,4% Oktaacetylcellobiose[8]. 60 g Baumwolle ergaben bei der Acetolyse nach Knoth[9] 77 g Cellobioseoktaacetat und 95 g Dextrinacetate, die in Äther löslich waren. Aus den Dextrinacetaten wurden Fraktionen mit $[\alpha]_D^{20} = +18°$ bis 20,8° (Celloisobioseacetat) gewonnen. Die Acetolyse von Celluloseacetat A ergab durchweg geringere Ausbeuten an Cellobioseoctacetat als Baumwolle; daneben entstehen Celloisobioseacetat, Dextrinacetate und wasserlösliche Produkte[10]. Eingehende Untersuchungen über die Acetolyse der Cellulose, um die Höchstausbeute an Cellobioseacetat zu bestimmen[11], s. bei α-Oktaacetylcellobiose. Wird die Acetolyse der Cellulose unter bestimmten Vorsichtsmaßregeln ausgeführt, so kann sie vor der Bildung von Cellobioseacetat unterbrochen werden. Neben sehr wenig unlöslichen Dextrinen resultiert ein weißes, amorphes Pulver mit vom normalen Acetat der Cellulose verschiedenen Eigenschaften. Die Rechtsdrehung des Produktes spricht für weitgehende Depolymerisation. Die Verseifung mit wässerigem Dimethylamin führte zu Dextrinen und in der Hauptsache zu einem Gemisch, aus dem ein amorphes Disaccharid zu 20% isoliert werden konnte. Die Methylierung des Depolymerisationsproduktes verlief glatt und lieferte als Hauptprodukt 50% eines weißen, amorphen Pulvers, leicht löslich in organischen Lösungsmitteln. Die Hydrolyse dieses Produktes ergab, daß 70% als Tri-trimethylanhydroglykose vorlagen, während der Rest aus dem entsprechenden methylierten Trisaccharid bestand, denn beim Erhitzen mit säurehaltigem

---

[1] J. Mutti u. A. Montalti: Ann. chim. appl. 17, 188 (1927) — Chem. Zbl. 1927 II, 648.

[2] J. W. Bain u. G. M. Chute: Trans. roy. Soc. Canada (3) III 20, 189 (1926) — Chem. Zbl. 1927 II, 1686. — F. W. Bain, J. E. T. Musgrave, G. F. Kay, G. M. Chute u. S. A. Rowland: J. Soc. chem. Ind. 46 I, 193 (1927) — Chem. Zbl. 1927 II, 1018. — J. W. Bain u. G. F. Kay: Trans. roy. Soc. Canada (3) III 18, 269 (1924) — Chem. Zbl. 1925 I, 1290.

[3] I. G. Farbenindustrie A.-G.: E.P. 290377 v. 15. Febr. 1927; Chem. Zbl. 1928 II, 1818.

[4] G. Klein: Biochem. Z. 169, 132 (1926) — Chem. Zbl. 1926 I, 3221.

[5] Emil Heuser u. Wilhelm Schott: Cellulosechemie 4, 85 (1924) — Chem. Zbl. 1924 I, 1803. — E. Heuser u. F. Eisenring: Cellulosechemie 4 (Beih. zu Papierfabr. 21) 13, 25 (1923) — Chem. Zbl. 1923 III, 199. — E. Heuser u. W. v. Neuenstein: Cellulosechemie 3 (Beih. zu Papierfabr. 20) 89 (1923) — Chem. Zbl. 1923 I, 1425.

[6] C. G. Schwalbe u. R. Schepp: Ber. dtsch. chem. Ges. 58, 2500 (1925) — Chem. Zbl. 1926 I, 1077.

[7] Emil Heuser u. Wilhelm Schott: Cellulosechemie 6, 10 (Beil. zu Papierfabr. 23) (1925) — Chem. Zbl. 1925 I, 1398.

[8] Louis E. Wise u. Walter C. Roussell: Ind. Chem. 14, 285 (1922) — Chem. Zbl. 1922 III, 1374.

[9] Knoth: Diss. Hannover 1921.

[10] Kurt Heß, Wilhelm Weltzien u. Rudolf Singer: Liebigs Ann. 443, 71 (1925) — Chem. Zbl. 1925 II, 159, 2139.

[11] Clayton C. Spencer: Cellulosechemie 10, 61 (1929) — Chem. Zbl. 1929 II, 30.

Methylalkohol resultierte ein Gemisch von 90% Trimethylmethylglykosid und 10% Tetramethyl-methylglykosid. Hieraus konnte 2, 3, 6-Trimethylglykose und 2, 3, 5, 6-Tetramethylglykose isoliert werden. Cellulose liefert also unter bestimmten Bedingungen ein Gemisch von Acetaten von Dextrinen: 6% Anhydrotriglykose 35%, Triglykose 15% und Diglykose 20%. Hieraus folgt mit großer Wahrscheinlichkeit, daß Anhydrotriglykose am Aufbau der Cellulose beteiligt ist[1]. — Bei vorsichtiger Acetolyse von Cellulose entsteht eine Reihe höherer Polysaccharide mit freier Aldehydgruppe, die untereinander recht ähnliche Eigenschaften aufweisen, sich aber durch die Größe ihrer Saccharidketten unterscheiden, auch selbst wohl noch Gemische sind. Diese Substanzen binden auch Phenylhydrazin[2]. — Das beim acetolytischen Abbau erhaltene Biosanacetat zeigte in Bromoform ein Mol-Gewicht von 3000[3]. — Liefert nach 2stündiger Behandlung mit Schwefelsäurechlorhydrin und nachfolgender Umsetzung mit Essig-säureanhydrid unter Kühlung ein Rohprodukt, aus dem durch fraktionierte Krystallisation α-Oktaacetylcellobiose zu gewinnen ist. 5stündige Einwirkung von Schwefelsäurechlorhydrin auf Watte führt nach der Acetylierung zu geringen Mengen Tetraacetylglykose vom Schmelz-punkt 98°[4]. — Ein Gemisch von 32,5 g Acetylbromid und 12 g technischem Bromwasserstoff in Eisessig löst 4 g Cellulose in weniger als 2 Tagen auf und liefert nach Ausfällen mit Wasser und Ersatz des Broms durch Acetyl 0,9 g Pentaacetat, Schmelzp. 127—128° korr. und 0,3 g eines wahrscheinlich ein Cellobiose-oktaacetat darstellenden Körpers vom Schmelzp. 193 bis 194° kor.[5]. — Bei der Nitrierung zeigt die aus ungebleichter Sulfitpulpe dargestellte α-Cellulose gegenüber Baumwolle keinen Unterschied, bei der Acetylierung ist bei ersterer jedoch mehr Katalysator, Schwefelsäure, erforderlich als bei letzterer. β-Cellulose zeigt in ihrem Ver-halten große Ähnlichkeit mit aus Baumwolle dargestellter Oxycellulose, die Nitrate gleichen sich ebenfalls sehr; β-Nitrocellulosen zeigen jedoch weniger gute Eigenschaften infolge Gegen-wart von Beimengungen: Xylane[6]. Bei der Einwirkung von Acetylchlorid auf lufttrockene Baumwolle bei Zimmertemperatur resultiert schließlich eine Lösung, aus der isoliert werden konnten[7]: Celluloseacetat A und als Produkte eines acetolytischen Abbaus Cellodextrin-acetat sowie halogenzuckerhaltige Produkte, aus denen Acetochlorcellobiose abgetrennt werden konnte. Die bei der Reaktion entstehende Salzsäure sowie die Temperatur beeinflussen entscheidend die Ausbeuten der einzelnen Produkte. Salzsäurehaltiges Acetylchlorid reagiert schnell, reines Acetylchlorid bleibt wochenlang ohne Wirkung, feuchte Baumwolle, die aus Acetylchlorid Salzsäure frei macht, wird schnell angegriffen. Unterhalb 13° findet, auch bei hoher Salzsäurekonzentration fast keine Reaktion statt, über 25° werden reichlich die halogen-haltigen Verbindungen gebildet. Durch Verseifung des Acetats A entsteht Cellulose A, die sich durch ein ausgeprägtes Röntgenogramm als krystallisiert erweist. Drehwertsbestimmungen in Kupferoxydammoniak beweisen ihre strukturchemische Identität mit Baumwollcellulose, woraus sich ergibt, daß auch das Acetat A ein echtes Celluloseacetat ist. Die von Ost dar-gestellte Acetylcellulose unterscheidet sich vom Acetat A durch die verschiedene Löslichkeit. Wird jedoch die Ostsche Verbindung in Essigsäure zur Quellung gebracht und mit wechselnden Mengen Schwefelsäure bei 20—25° behandelt, so werden die erhaltenen Verbindungen dem Acetat A ähnlicher; dasselbe gilt von den Verseifungsprodukten, die mit stärkerer Säureein-wirkung immer alkalilöslicher werden. Aus dem Reduktionsvermögen des Verseifungsproduktes sowie der Drehung in Kupferoxydammoniaklösung ist zu schließen, daß eine Hydrolyse nicht stattgefunden hat, die Zunahme der Löslichkeit daher nicht auf strukturchemischen Verände-rungen beruht[7]. — Aus Baumwollcellulose und Fichtencellulose läßt sich ein reines Triacetat in gleicher Ausbeute gewinnen. Die Behandlung des Triacetats mit Methylalkohol und Salz-säure ergibt in beiden Fällen das gleiche α-Methylglykosid in gleicher Ausbeute. Durch Sulfolyse und Aufarbeitung nach Monier-Williams[8] erhält man aus beiden Cellulosen

[1] James Colquhoun Irvine u. George James Robertson: J. chem. Soc. Lond. **1926**, 1488 — Chem. Zbl. **1926 II**, 1264.

[2] Max Bergmann u. Hans Machemer: Ber. dtsch. chem. Ges. **63**, 316 (1930) — Chem. Zbl. **1930 I**, 1922.

[3] Kurt H. Meyer u. Heinrich Hopf: Ber. dtsch. chem. Ges. **63**, 790 (1930) — Chem. Zbl. **1930 I**, 3430.

[4] Erich Gebauer-Fülnegg, William H. Stevens u. Ernst Krug: Mh. Chem. **50**, 324 (1928) — Chem. Zbl. **1929 I**, 870.

[5] László Zechmeister: Ber. dtsch. chem. Ges. **56**, 572 (1923) — Chem. Zbl. **1923 I**, 1308.

[6] Katsumoto Atsuki: J. Fac. Eng. Tokyo Imp. Univ. **15**, 117 (1924) — Chem. Zbl. **1925 I**, 1254.

[7] Kurt Heß u. Wilhelm Weltzien: Liebigs Ann. **435**, 44 (1924).

[8] Monier-Williams: J. chem. Soc. Lond. **119**, 803 (1921) — Chem. Zbl. **1921 III**, 719.

die gleiche Menge krystallisierte Glykose[1]. — Wird bei der Behandlung mit säurehaltigem Aceton nicht angegriffen[2]. — Die Einwirkung von wasserfreier Fluorwasserstoffsäure führt zu „Cellan", siehe dort[3]. Drehungsvermögen in wasserfreier Fluorwasserstoffsäure sehr gering[3]. — Zur Kenntnis der Einwirkung von verdünnter Säure auf Zellstoff und Cellulose[4]. — Salzsäure von 36—37% führt bei der Verzuckerung von Cellulose höchstens zu einer Glykoseausbeute von 13,66%. Verzuckerung in Gegenwart von $ZnCl_2$ (20%) erhöht die Ausbeute auf 25—30%. Erhöhung der HCl-Konzentration ist ohne Einfluß[5]. Geschwindigkeit der sauren Hydrolyse von Baumwollcellulose durch Salzsäure allein und in Gegenwart von Alkalichlorid[6]. — Aus dem Holz der Fichte, Douglastanne, Birke wurde Cellulose dargestellt, in 40—41 proz. HCl gelöst und die spezifische Rotation dieser Lösungen mit solchen aus Baumwolle bei 20° verglichen. Die Kurven der Fichten- und Baumwollcellulose sind praktisch identisch, ungeachtet des Mannosegehalts der ersteren[7]. Hydrolyse der Jutecellulose mit hochkonzentrierter Salzsäure[8]. Wird native Cellulose einige Minuten mit überkonzentrierter HCl bei 0° behandelt, so erhält man eine im feuchten Zustand vollständig in 8 proz. NaOH leicht lösliche Cellulose mit 99% Ausbeute und einer Cu-Zahl 0,6, die alle Reaktionen der gewachsenen Cellulose gibt, nur verlaufen sie schneller. Die Löslichkeit wird mit der Bildung einer Molekülverbindung mit NaOH erklärt. Das Produkt steht chemisch der mercerisierten Cellulose sehr nahe, ist kein einheitliches Abbau- und kein Hydrolysenprodukt[9]. Werden die Lösungen von Cellulose (Verbandwatte) in hochkonzentrierter Salzsäure gelöst und an dem Zeitpunkte aufgearbeitet, wo die Zunahme der optischen Drehung sich erheblich verlangsamt, so können aus den Hydrolysenprodukten durch fraktionierte Fällung ein Tetrasaccharid, Cellotetraose, und ein Trisaccharid, Cellotriose, isoliert werden[10]. — Verzuckerung von cellulosehaltigem Material mit wasserfreiem Salzsäuregas[11]. — Cellulose absorbiert Salzsäuregas; nach 4—5 Tagen ist die Adsorption vollendet bei einer Salzsäuremenge von etwa 5,4%[12]. — Untersuchungen über die Einwirkung von wässerigen (0,1—0,6%) Lösungen von HCl in wasserfreiem Toluol auf graues, gereinigtes Baumwollgarn von verschiedenem Feuchtigkeitsgehalt[13]. Verhalten der Baumwolle gegen Glykol und Glykolsalzsäure[14]. Aus 10 g Cellulose werden nach dem Stehen über Nacht mit einer mit Bromwasserstoff gesättigten Chloroformlösung, dann 2 stündigem Erwärmen auf 100° 5,6 g ω-Brommethylfurfurol gewonnen[15]. — Verzuckerung der Cellulose mit 72 proz. Schwefelsäure[16], mit Chlorsulfonsäure oder Sulfurylchlorid[17]. Bei der Hydrolyse der Cellulose durch Säuren ist wichtig der Einfluß der physikalischen Beschaffenheit, des Alters und der Art des Trocknens der Fasergebilde und der verschiedenen Quellungsmittel[18]. — Es wird vorgeschlagen, als Cellulose jenen Teil in den Hölzern zu bezeichnen, der sich bei 100° nicht in einer Kochsäure löst, die 80 g Natriumbisulfit und 200 ccm normaler Salzsäure im Liter enthält. — Diese Cellulose ist teils krystallisiert: Cellulose I, teils amorph: Cellulose II. Charakteristisch für Cellulose I ist, daß sie sich auch in feinzerkleinerter Form in

---

[1] Emil Heuser u. S. S. Aiyar: Z. angew. Chem. **37**, 27 (1924) — Chem. Zbl. **1924 I**, 1659.
[2] Heinz Ohle u. Ilse Köller: Ber. dtsch. chem. Ges. **57**, 1566 (1924) — Chem. Zbl. **1924 II**, 2021.
[3] Burckhardt Helferich u. Stilfried Böttger: Liebigs Ann. **476**, 150 (1929) — Chem. Zbl. **1930 I**, 365.
[4] Rudolf Sieber: Papierfabr. **23**, 127 (1925) — Chem. Zbl. **1925 I**, 2127.
[5] P. Leone u. A. Noera: Ann. chim. appl. **18**, 205 — Chem. Zbl. **1928 II**, 1274.
[6] Edward Hunter: J. chem. Soc. Lond. **1928**, 2643 (1928) — Chem. Zbl. **1929 I**, 503.
[7] E. C. Sherrard u. A. W. Froehlke: J. amer. chem. Soc. **45**, 1729 (1923) — Chem. Zbl. **1924 I**, 1357.
[8] Adolf Lehne u. W. Schepmann: Z. angew. Chem. **38**, 93 (1925) — Chem. Zbl. **1925 I**, 1397.
[9] Th. Lieser: Cellulosechemie **7**, 85 (Beil. zu Papierfabr. **24**) (1926) — Chem. Zbl. **1926 II**, 511.
[10] Richard Willstätter u. László Zechmeister: Ber. dtsch. chem. Ges. **62**, 722 (1929) — Chem. Zbl. **1929 I**, 2039.
[11] M. M. Cory: A.P. 1677406 v. 3. Juli 1925; Chem. Zbl. **1928 II**, 2080.
[12] Domenico Costa: Gazz. chim. ital. **54**, 207 (1924) — Chem. Zbl. **1924 II**, 458.
[13] F. C. Wood u. E. Butterworth: J. Soc. chem. Ind. **46 I**, 375 (1927) — Chem. Zbl. **1927 II**, 2727.
[14] B. Rassow u. Fritz Weber: Papierfabr. **27**, 88 (1929) — Chem. Zbl. **1929 II**, 953.
[15] H. Hibbert u. H. S. Hill: J. amer. chem. Soc. **45**, 176 (1923) — Chem. Zbl. **1923 I**, 899.
[16] P. P. Budnikow u. P. W. Solotarew: Ber. Polytechnikum Iwanowo-Wosniessensk **4**, 119 (1921) — Chem. Zbl. **1922 IV**, 324.
[17] Carl Neuberg u. Elsa Reinfurth: D.R.P. 403705, Kl. 89i v. 1. April 1923; Chem. Zbl. **1925 I**, 311.
[18] Carl G. Schwalbe: Z. angew. Chem. **37**, 218 (1924) — Chem. Zbl. **1924 II**, 131.

starker Kochlauge bei 98° nicht löst, was bei der amorphen der Fall ist. Die theoretische Ausbeute an Cellulose liegt für frisches Fichtenholz bei 52—53%, in der Praxis liegt sie niedriger, weil das Holz stets etwas vom Schwamm angegriffen ist und die ersten Jahresringe auch etwas weniger Cellulose ergeben[1]. Reinste Cellulose wird beim Erhitzen unter Druck[2] durch schweflige Säure stark åbgebaut. — Unter der Einwirkung von sauren Sulfiten sinkt der Gehalt an α-Cellulose anfangs schnell, bekommt jedoch später einen konstanten Wert; gleichzeitig nimmt die Kupferzahl zu[3]. — Mercerisieren der Baumwolle mit Schwefelsäure[4]. — Einwirkung von SO_3 auf Cellulose siehe bei Derivate unter Celluloseschwefelsäureester. — Mercerisation mit Salpetersäure[5]. Bei der Quellung von Cellulose mit Salpetersäure vom spez. Gewicht 1,42 erhält man eine Additionsverbindung von der ungefähren Zusammensetzung $(2\,C_6H_{10}O_5 \cdot HNO_3)_n$. — Diese hat ein von der nativen Cellulose verschiedenes Röntgendiagramm[6]. — Verhalten von Cellulose gegen verschiedene organische und anorganische Säuren[7]. Wird Cellulose mit Essigsäure durch einfaches Erhitzen esterifiziert, so kommt die Reaktion zum Ende, wenn das Produkt 6—7% Acetyl enthält. Dies entspricht einer Zusammensetzung $C_{24}H_{39}O_{20}(CO \cdot CH_3)$. — Ähnlich verhalten sich Propion- und Buttersäure. — Hydratisierte Cellulose aus Nitraten, Viscose, Schweizers Reagens werden bis $C_6H_9O_5$ $(CO \cdot CH_3)$ verestert[8]. — Über die selektive Wirkung der 3 Hydroxylgruppen der Cellulose in bezug auf die Verätherung oder Veresterungsfähigkeit[9]. — Einwirkung von Chloral in Gegenwart von tertiären Basen auf Cellulose, wobei Lösung eintritt[10]. Die Einwirkung von Chloral führt nicht zur Bildung von Chloralcellulose, sondern es entstehen Dichloralglykosen[11]. Es ist nicht gelungen, Trithiocarbonat mit Cellulose in Reaktion zu bringen[12]. — Mit steigender Wirksamkeit der Kochbehandlung der Cellulose fällt die Erweichungstemperatur, steigt die Lösungstemperatur, und die Methylierung selbst verläuft glatter. Die Einwirkung der Natronlauge auf die Cellulose während der Methylierung dürfte kaum ins Gewicht fallen, da bereits in der 1. Etappe alkaliunlösliche Produkte entstehen[13]. — Eine teilweise Methylierung der Baumwollcellulose mit Diazomethan ist möglich[14]. Cellulose gibt unter geeigneten Bedingungen mit Phenol und Säure dem Phenol-Ligninharz sehr ähnliche Körper[15]. Besprechung der Literatur über die Einwirkung von Alkalien[16]. — Gereinigte Baumwolle, die, um ein leichteres Eindringen der Lauge zu ermöglichen, mit Wasser gekocht und dann getrocknet worden war, wurde 2 Stunden bei 15° mit Natronlauge von 5, 10, 20, 30, 40 und 50° Tw. behandelt; es ergab sich, daß die Schrumpfung des Gewebes bei einer Lauge von 20—30° Tw. am größten war, die Reißfestigkeit war am größten bei Behandlung mit einer Lauge von 5° Tw., sie fiel stark bei 10° Lauge und stieg danach wieder allmählich an. Die Reißfestigkeit eines durch Kochen mit 2proz. Natronlauge gereinigten Baumwollgewebes, von dem ein Teil gebleicht wurde, nahm bei Prüfung der ungebleichten, mit NaOH zwischen 5 und 10° Tw. behandelten Produkte nicht so stark ab wie das gelbleichte Produkt; dieses gleicht bezüglich der Abnahme der Reißfestigkeit dem nur leicht gereinigten vorher genannten Gewebe; bei einer Natronlaugen-

[1] Peter Klason: Papierfabr. **22**, 373 (1924) — Chem. Zbl. **1924 III**, 1990.
[2] W. H. Birchard: J. Soc. chem. Ind. **47**, 49 (1928) — Chem. Zbl. **1928 I**, 2756.
[3] Erik Hägglund u. F. W. Klingstedt: Sv. kem. Tidskr. **40**, 181 (1928) — Chem. Zbl. **1928 II**, 1872.
[4] W. B. Sellars u. W. C. Vilbrandt: Amer. Dyestuff Reporter **17**, 645, 685 (1928) — Chem. Zbl. **1929 I**, 458, 816.
[5] P. P. Budnikow u. M. A. Pahl: Faserst. u. Spinnfl. **5**, 64 (1923) — Chem. Zbl. **1923 IV**, 299.
[6] K. R. Andreß: Z. physik. Chem. **136**, 279 (1928) — Chem. Zbl. **1928 II**, 1874.
[7] P. E. Altmann: Chem.-Ztg **52**, 150 — Chem. Zbl. **1928 I**, 1822.
[8] C. J. Malm u. H. T. Clarke: J. amer. chem. Soc. **51**, 274 (1929) — Chem. Zbl. **1929 I**, 1329.
[9] Tadashi Nakashima u. Ichiro Sakurada: J. Soc. chem. Ind. Jap. (Suppl.) **32**, 9 B—10 B (1929) — Chem. Zbl. **1929 I**, 1678.
[10] Badische Anilin- u. Sodafabrik (Erfinder: Wilhelm Ruppel u. Kurt H. Meyer): D.R.P. 408821, Kl. 22h v. 30. Dez. 1922; Chem. Zbl. **1925 I**, 1663.
[11] J. H. Ross u. J. M. Payne: J. amer. chem. Soc. **45**, 2363 (1923) — Chem. Zbl. **1924 I**, 1510.
[12] Emil Heuser u. Max Schuster: Cellulosechemie **7**, 17 (1926) — Chem. Zbl. **1926 I**, 2856.
[13] Emil Heuser u. Norbert Hiemer: Cellulosechemie **6**, 101 (1925) — Chem. Zbl. **1926 I**, 1391 — Z. Elektrochemie **31**, 498 (1925) — Chem. Zbl. **1926 I**, 1394.
[14] M. Nierenstein: Ber. dtsch. chem. Ges. **58**, 2615 (1925) — Chem. Zbl. **1926 I**, 2195. — L. Schmid: Ber. dtsch. chem. Ges. **58**, 1963 (1925) — Chem. Zbl. **1926 I**, 890. — Geake u. Nierenstein: Hoppe-Seylers Z. **92**, 150 (1914).
[15] E. Legeler: Papierfabr. (Beil. Cellulosechemie) **4**, 61 (1923) — Chem. Zbl. **1923 IV**, 1016.
[16] Galo W. Blanco: Ind. Chem. **20**, 926 (1928) — Chem. Zbl. **1929 I**, 817.

konzentration von 50° Tw. sinkt die Reißfestigkeit, während sie bei genannter Konzentration bei dem gut gereinigten Produkt noch ansteigt; in allen Fällen ist die Reißfestigkeit der Kette größer als die des Einschlags. Es wurden die verschieden gereinigten Baumwollen, die mit Natronlaugen verschiedener Konzentration vorbehandelt waren, bezüglich ihrer Jodabsorption untersucht. Sowohl Garne als Gewebe, die mit Natronlauge verschiedener Konzentration behandelt worden waren, enthalten mehr Luftfeuchtigkeit absorbiert als die unbehandelten Produkte. Bezüglich der Kupferzahl der mit Natronlauge behandelten Garne ergibt sich, daß leichte Reinigung des Garns diesen Wert erniedrigt; durch Bleichen steigt die Kupferzahl; die durch Bleichen und Reinigen bedingten Unterschiede der Kupferzahl werden bei steigender Konzentration der Natronlauge wieder ausgeglichen, nach Behandlung mit Lauge von 50° Tw. sind die Kupferzahlen nahezu identisch. Bei Behandlung von gebleichtem und gereinigtem Garn mit Natronlauge von 70—100° wurde die Jodabsorption nicht merklich gegenüber den verdünnten Laugen geändert; die hygroskopische Feuchtigkeit bleibt hoch, das Maximum 11,1—11,5% wird nach Behandlung mit Lauge von 80° Tw. erreicht[1]. — Untersuchungen wurden angestellt, wobei die Absorption von Natriumhydroxyd an Cellulose bei verschiedenen Temperaturen, die Konzentrationen der Natronlauge und Cellulose, bei Gegenwart von Salzen sowie die Löslichkeit der Cellulose in den genannten Lösungsmitteln berücksichtigt wurden[2]. Die gefundenen Resultate stimmen mit den Arbeiten von Vieweg[3] in den wesentlichen Befunden überein. Für Zellstoff und Watte ist die Absorptionsfähigkeit von 16—24% Natriumhydroxyd nahezu konstant, bei 36% tritt ein zweiter, horizontaler Ast der Kurve in Erscheinung. Diese Konstanz ist auf eine Cellulosealkaliverbindung zurückgeführt worden, doch wird von D'Ans und Jäger diese Erklärung abgelehnt. Temperaturerniedrigung erhöht die Absorptionskraft über das ganze Gebiet, die beiden horizontalen Äste bleiben deutlich erhalten. Salzzusatz, z. B. Kochsalz oder Natriumcarbonat, beeinflußt die Absorptionskurve bei 12% Natriumhydroxyd kaum, weiterhin steigt mit der Salzmenge auch die Menge der absorbierten Natronlauge. Die Löslichkeit der Zellstoffe in Natronlauge steigt mit steigender Natronlaugenkonzentration bis zu einem Maximum bei 12% Natriumhydroxyd und fällt von da ab in scharfem Knick. Bei Temperaturen von 2° liegt das Löslichkeitsmaximum wenig unter 11% Natronlauge. Der Löslichkeitsabfall ist bei der Natrium-β-Cellulose größer als bei der Natrium-γ-Cellulose, aus welcher Tatsache eine Bestimmungsmethode für γ-Cellulose angeregt wird. Untersuchungen über das System Cellulose-Natriumhydroxyd-Wasser bei Gegenwart von Alkohol ergaben, daß die Absorption durch Alkoholzusatz wächst. Versuche mit verschiedenen Zellstoffen derselben Herkunft zeigen, daß die Löslichkeit mit der chemischen Beanspruchung des Materials stark wächst. Die maximale Löslichkeit liegt bei niederen Temperaturen bei kleineren Natriumhydroxydkonzentrationen als bei höheren Temperaturen. — Das ternäre System Cellulose-Natriumhydroxyd-Wasser wird phasentheoretisch mit besonderer Berücksichtigung der Quellungserscheinungen untersucht[2]. — Mit Natriumäthylat in Alkohol findet keine Aufnahme von Alkali durch Cellulose statt, was sich jedoch bei Zugabe von Wasser infolge Bildung von NaOH ändert. — Cellulose reagiert nicht mit Na, auch wenn man die Komponenten erhitzt[4]. Durch Einwirkung von wässeriger NaOH auf Watte entsteht bei einer Laugenkonzentration von 16—35% Verbindung $(C_6H_{10}O_5)_2 \cdot NaOH$, bei einer Konzentration über 40 Vol.-% entsteht Verbindung $(C_6H_{10}O_5)_2 \cdot 2\,NaOH_2$[5]. Mit KOH entsteht die Kalicellulose $(C_6H_{10}O_5)_2 \cdot KOH$ und mit LiOH die Verbindung $(C_6H_{10}O_5)_2 \cdot LiOH$[6]. Nach Liepatow soll die Verbindung $C_6H_9O_5 \cdot NaOH$ entstehen[7]. Es wurde festgestellt, daß bei der Einwirkung von NaOH bis zu 27° Tw. die Adsorptionskurve steigt, dann bis 50° Tw. konstant bleibt, wo der Cellulose-Alkali-Komplex der Formel $(C_6H_{10}O_5) \cdot 0,6\,NaOH$ entspricht. Von 50° Tw. an steigt dann wieder die Kurve bis zu einem Maximum, das bei 25 Teilen NaOH auf 100 Teile Cellulose liegt. Weiter verfolgen sie die Zeit, die die Adsorpiton einer NaOH von 50° Tw. benötigt. Es zeigte sich, daß diese sich außerordentlich rasch vollzieht. Die

---

[1] J. Huebner u. E. Wootton: J. Soc. Dyers Colourists **41**, 10 (1925) — Chem. Zbl. **1925 I**, 1145.

[2] J. D'Ans u. A. Jäger: Cellulosechemie **6**, 137 (1925) — Chem. Zbl. **1926 I**, 622.

[3] Vieweg: Ber. dtsch. chem. Ges. **40**, 3876 (1907) — Chem. Zbl. **41**, 3269 (1908).

[4] B. Rassow u. M. Wadewitz: J. prakt. Chem. **106**, 266 (1923) — Chem. Zbl. **1924 I**, 976.

[5] W. Vieweg: Z. angew. Chem. **37**, 1008 (1924) — Chem. Zbl. **1925 I**, 642 — Ber. dtsch. chem. Ges. **57**, 1917—1921 (1924) — Chem. Zbl. **1925 I**, 41. — Berthold Rassow u. Martin Wadewitz: J. prakt. Chem. **106**, 266 (1924) — Ber. dtsch. chem. Ges. **40**, 3877 (1907) — Chem. Zbl. **1924 I**, 976.

[6] Fr. Dehnert u. W. König: Cellulosechemie **5**, 107 (Beil. zu Papierfabr. **22**) (1924) — Chem. Zbl. **1925 I**, 1487.

[7] S. Liepatow: Kunststoffe **16**, 221 (1926) — Chem. Zbl. **1927 I**, 265.

Hauptmenge wird in den ersten 30 Sekunden aufgenommen, nach 30 Minuten ist das Maximum erreicht[1]. Untersuchungen über Mercerisation[2]. — Es wurden verschiedene mercerisierter Cellulosen mit 0,5 n-Natronlauge, Kalilauge und Lithiumhydroxydlösung behandelt, nachdem sie mit kaltem und heißem Wasser gewaschen, mit 6 proz. Essigsäure abgesäuert und wieder gut mit Wasser gewaschen worden waren. — Bei zuerst mit Natriumhydroxyd mercerisierte Cellulose konnte die zweite Aufnahme von Natriumhydroxyd mit den Vieweg schen Werten erst von 4 n-Lauge ab in Übereinstimmung gebracht werden; eine zuerst mit 4 n- und stärkerer Natronlauge mercerisierte Cellulose zeigte aus 0,5 n-Kalilauge und Lithiumhydroxydlösungen ebenfalls Aufnahme äquivalenter Mengen dieser Basen, und zwar durchschnittlich 0,125 Äquivalente pro Mol $C_6H_{10}O_5$. — Diese Alkaliwerte stehen zu denen, die bei der ersten Mercerisation der Cellulose mit den gleich starken Laugen erhalten wurden, im Verhältnis 3:2; es ergibt sich hieraus, daß das Molekül der mercerisierten Cellulose stärker sauer sein muß als das der gewöhnlichen Cellulosen. Mercerisierte Cellulosen, dargestellt durch Einwirkung von Kaliumhydroxyd, Lithiumhydroxyd, Trimethylsulfoniumhydroxyd und Phenylbenzyl-dimethylammoniumhydroxyd auf Cellulose und danach mit 0,5 n-Natriumhydroxydlösung behandelt, zeigten entsprechende Aufnahmewerte für Natriumhydroxyd. Charakteristisch tritt hierbei hervor, daß die Alkaliaufnahme von mercerisierter Cellulose gegenüber ursprünglicher Cellulose im Verhältnis 3:2 immer erst bei derjenigen Normalität der ersten Mercerisierungslauge auftritt, bei der die Verbindung $(C_6H_{10}O_5)_2 \cdot 1$ Äquivalent Base erreicht war[3]. Nur die Stufe $(C_6H_{10}O_5)_2 \cdot 1$ Äquivalent Base ist als Verbindung anzunehmen, denn Stufen, in denen man das Vorliegen von Verbindungen $(C_6H_{10}O_5)_2 \cdot 2$ Äquivalent Base annehmen mußte, machten sich bei der zweiten Behandlung mit Natriumhydroxyd gar nicht bemerkbar. — Die auf beliebigem Wege dargestellte mercerisierte Cellulose nimmt aus 0,5 n-Alkalilösung etwa 1 Äquivalent Base pro 8 Mol $C_6H_{10}O_5$ auf; da sicher nur die Verbindung $(C_6H_{10}O_5)_2 \cdot 1$ Äquivalent Base festgestellt werden konnte, ergibt sich hieraus, daß die mercerisierte Cellulose der Alkalimetalle in 0,5 n-Lösung zu 75 % hydrolysiert ist. Daß lediglich durch die erste Mercerisation eine chemische Veränderung des Cellulosemoleküls stattfindet, ergibt sich daraus, daß nach wiederholter Mercerisation innerhalb der Fehlergrenzen liegende gleiche Werte für die Alkaliaufnahme gefunden werden. Eine Steigerung der der Anfärbbarkeit mehrfach mercerisierter Cellulose durch substantive Baumwollfarbstoffe war gleichfalls nicht feststellbar[3]. — Bei der Mercerisierung wurde die Verteilung von NaOH zwischen Wasser und darin eingetauchter Rohcellulose bestimmt. Mit steigender Konzentration von NaOH in Wasser nimmt die durch eine Gewichtseinheit Cellulose aufgenommene Nenge NaOH erst langsam, dann sehr rasch, sehr langsam und schließlich mit der Anfangssteilheit zu. Das Gebiet des raschen Anstieges entspricht der starken Quellung der Cellulose, die dabei viel NaOH-Lösung einschließt. NaCl und andere Salze und noch mehr Alkohol und Glycerin schwächen die NaOH-Aufnahme im Gebiet der starken Quellung (wohl auch die Quellung selber) ab. KOH wird schwächer aufgenommen als NaOH. Die Menge NaOH, die aus gequollener Cellulose ausgepreßt werden kann, wird durch NaCl, Na_2CO_3, noch mehr durch Na-Acetat erhöht. Die NaOH-Aufnahme ist bei tieferen Temperaturen größer; bei 10° etwa 3 mal als bei 100°. — Reine Cellulose zeigt den starken Quellungsanstieg nicht. Daß er keine notwendige Voraussetzung der Mercerisierung bildet, folgt auch daraus, daß die Cellulose, deren Quellung um den von der starken „sekundären" Quellung herrührenden Betrag künstlich verringert worden war, dennoch normales Xanthogenat lieferte[4].

Heß[5] glaubt, daß bei der Mercerisation das ursprüngliche Fasergitter bei Behandlung mit salzbildenden Komponenten in ein Ionengitter übergeht. — Die vergleichenden Dreh-

---

[1] W. F. A. Ermen u. S. H. Jenkins: J. Soc. Dyers Colourists **43**, 9—12 (1928) — Chem. Zbl. **1927 I**, 1246. — E. Knecht u. J. H. Platt: J. Soc. Dyers Colourists **41**, 53 (1925) — Chem. Zbl. **1925 I**, 1700.

[2] A. Lottermoser u. H. Radestock: Chem.-Ztg **40**, 1506 (1927) — Chem. Zbl. **1928 I**, 861. — J. Pokorny: Rev. gén. des Matières colorantes etc. **28**, 49 (1923) — Chem. Zbl. **1923 II**, 108. — A. Nelson: A.P. 1441740 v. 7. Nov. 1921; Chem. Zbl. **1923 II**, 274, 1119. — Heberlein u. Co. A.-G.: E.P. 192227 v. 22. Nov. 1921; Chem. Zbl. **1923 IV**, 31. — E. Gminder (Reutlingen): E.P. 267470 v. 14. Dez. 1926; Zus. zu E.P. 264154; Chem. Zbl. **1927 I**, 1767; **1927 II**, 350. — M. Melliand: E.P. 273327 v. 24. Juni 1927; Chem. Zbl. **1927 II**, 2582. — Silver Springs Bleaching & Dyring Co., Ltd., F. E. Mason u. A. J. Hall: E.P. 274266 v. 2. Juli 1926; Chem. Zbl. **1927 II**, 2582. — Calico Printers' Ass. Ltd., L. A. Laute u. C. M. Keyworth: E.P. 273830 v. 12. April 1926; Chem. Zbl. **1927 II**, 2728. — H. Okada: Cellulose Industry **3**, 33 (1927) — Chem. Zbl. **1928 I**, 1115.

[3] Fr. Dehnert u. W. König: Cellulosechemie **6**, 1 (1925) — Chem. Zbl. **1925 I**, 2216.

[4] W. Scharkow: J. Soc. chem. Ind. **3**, 1148 (1926) — Chem. Zbl. **1927 I**, 2492.

[5] Kurt Heß: Z. Elektrochem. **31**, 316 (1925) — Chem. Zbl. **1925 II**, 913.

wertskurven zeigen, daß der Mercerisierungsvorgang mit einer Reinigung der Cellulosefaser verbunden ist; das mercerisierte Produkt muß als chemisch reine Cellulose bewertet werden. Über die Art der entfernten Fremdstoffe läßt sich etwas Bestimmtes nicht aussagen. — In den alkalischen Extrakten ist lösliche, aber chemisch unveränderte Cellulose unter anderen Substanzen vorhanden. Diese bildet sich, wenn Fasercellulose mit Säuren und Alkalien namentlich höherer Konzentration in Berührung kommt. — Die mercerisierte Baumwolle war zu etwa 6% in Kupferamminlösung unlöslich; dieser unlösliche Anteil ist nicht chemisch veränderte Baumwolle, sondern eher eine während der Quellung durch das Alkali unlöslich gewordene Modifikation[1]. — Versuche wurden angestellt über die Veränderungen in der Lauge, dem mittleren Durchmesser und der Zahl der Windungen, die einzelne Baumwollhaare beim Tauchen in Wasser oder Natronlaugelösungen erfahren. Laugenzunahme beruht ausschließlich auf Entfernung der Windungen. In einem Garn ist die Zusammenziehung der einzelnen, vollständig mercerisierten Haare um so größer, je vollständiger bei den vorhergehenden Behandlungen mit Wasser oder Natriumcarbonat die Windungen beseitigt sind. Aus Beobachtungen der Veränderungen im Durchmesser und der Lauge geht hervor, daß die größte Schwellung in 15proz. Natriumhydroxydlösung eintritt. Bei Versuchen mit Lösungen bis 48% Natriumhydroxyd wurde dasselbe gefunden. — Mercerisierte Baumwolle verhält sich wie ein amphoterer Elektrolyt mit vorwiegend saurem Charakter[2]. — Die Kontraktion der Baumwollhaare in Li-, Rb- und Cs-Hydroxyd ist viel geringer als in KOH und NaOH, nur in sehr konzentrierten Lösungen von CsOH dehnen sich die Haare. Bei NaOH-Lösungen wächst der Durchmesser um 55%, bei den anderen Hydroxyden um höchstens 30%. Bei den Hydroxyden von Li, Na, K und Rb tritt die größte Quellung ein bei Lösungen mit voll hydratisierten Ionen. Die größte Quellung fällt mit der größten elektrischen Leitfähigkeit nicht zusammen[3]. Zur Prüfung des Mercerisationsgrades von Baumwolle dient eine Mischung von 320 ccm H_2SO_4 und 260 ccm 40proz. Formaldehyd. Die Proben werden zusammen mit Standardproben von nativer und mercerisierter Baumwolle 2 Minuten bei Zimmertemperatur mit der Lösung behandelt, ausgewaschen, mit $NaCO_3$-Lösung neutralisiert und mit einer schwach alkalischen Lösung von Chlorazol Himmelblau GW heiß ausgefärbt. An der Farbtiefe im Vergleich zu den Standardproben läßt sich der Mercerisationsgrad bestimmen. Gefärbte Proben müssen vorher mit $Na_2S_2O_4$ oder Hypochlorit entfärbt werden[4]. Prüfung des Mercerisationsgrades mit Methylenblau[5]. — Mercerisierung von Sulfitcellulose mit Kalilauge in Gegenwart von Salzen[6]. — Mercerisation in Gegenwart von höhermolekularen Alkoholen, Ketonen oder Gemischen beider[7]. Die Wärmeentwicklung bei der Verquellung und Mercerisation der Cellulose, verglichen mit den Ergebnissen der Absorptionsversuche und der röntgenspektrographischen Messungen[8]. Die von 1 g lufttrockner Zellstoffpappe aufgenommenen g Natriumhydroxydlösung werden als Quellungsgrad bezeichnet. Die maximale Quellung liegt bei einer ungefähr 11—12 Vol.-proz. Natriumhydroxydlösung. Die Quellung ist von der Temperatur abhängig, mit fallender Temperatur nimmt sie ab. Kaliumhydroxydlösung gibt nicht das scharfe Maximum der Quellung wie Natriumhydroxydlösung bei etwa 12%, sondern nur ein flaches Maximum bei ungefähr 15 Vol.-%. Zusatz von Salzen und indifferenten Körpern verändert die Quellung der Zellstoffpappe stark. — Bei Versuchen, die Wärmeentwicklung beim Lagern von Natriumcellulose zu messen, wurde die Benetzungswärme für Zellstoff mit etwa 6% Wasser zu 2,6 cal/g bestimmt, die Wärmeentwicklung mit Natriumhydroxydlösung bedeckter Natriumcellulose wurde zu 0,417 cal/Stunde und g Zellstoff, die trockner Natriumcellulose zu 0,27 cal/Stunde und g Zellstoff ermittelt[9]. — Es wurde die Quellbarkeit von Sulfitzellstoff in Natron und Kalilauge bei verschiedener Temperatur untersucht. Die Quellbarkeit wurde in der Weise

[1] Kurt Heß, Ernst Meßmer u. Noah Ljubitsch: Liebigs Ann. **444**, 287 (1925) — Chem. Zbl. **1926 I**, 886.

[2] G. E. Collins u. A. M. Williams: J. Soc. Dyers Colourists **39**, 368 (1923) — Chem. Zbl. **1924 I**, 598.

[3] G. E. Collins: J. Textile Inst. **16 I**, 123 (1925) — Chem. Zbl. **1926 I**, 1902.

[4] H. Mennell: J. Textile Inst. **17 I**, 247 (1926) — Chem. Zbl. **1926 II**, 507.

[5] R. W. Kinkead: J. Textile Inst. **17 I**, 213 (1926) — Chem. Zbl. **1926 II**, 514.

[6] W. Scharkow: J. chem. Ind. (russ.: Shurmal Chimitscheskoi Promyschlennosti) **4**, 666 (1927); **3**, 1148 (1926) — Chem. Zbl. **1928 I**, 440, 2492.

[7] Chem. Fabr. Milch A.-G.: D.R.P. 430085, Kl. 8k v. 28. Juli 1925; Chem. Zbl. **1926 II**, 1214.

[8] J. R. Katz: Z. Elektrochem. **32**, 269 (1926) — Chem. Zbl. **1926 II**, 1478.

[9] J. D'Ans u. A. Jäger: Kunstseide **7**, 252 (1925) — Chem. Zbl. **1926 I**, 1738. — E. C. Jahn u. L. E. Wise: Paper Ind. **10**, 244 — Chem. Zbl. **1928 II**, 952.

bestimmt, daß Paletten von 1 g Trockengewicht in Laugen verschiedener Konzentrationen 1 1/2 Stunde lang bei konstanter Temperatur getaucht wurden. Nach Abtropfen bis zur Gewichtskonstanz wurde das Gewicht festgestellt. Bei NaOH-Lösung von 9,5—10% tritt das Maximum des Quellungsgrades anscheinend unabhängig von der Temperatur auf. Die Quellung in KOH-Lösung ist wesentlich geringer als in NaOH-Lösung, ein ausgeprägtes Maximum ist nicht oder nur schwach vorhanden. Die Viscosität von NaOH-Lösung steigt bei höherer Konzentration wesentlich stärker an als die von KOH-Lösung[1]. Es wurde die Quellung der Baumwollcellulose in Natron- und Kalilauge verschiedener Konzentrationen untersucht, wobei sich ein starkes Quellungsmaximum in NaOH-Lösung von 10 Gewichts-%. gab. Die für KOH-Lösung gewonnene Kurve entspricht ebenfalls der für Sulfitzellstoff ermittelten. Überraschend ist die über 40% plötzlich eintretende sehr hohe Quellbarkeit[2]. Weitere Versuche über Quellung mit Alkalilauge[3]. Methylalkohol (34%) setzt die Quellungsfähigkeit der Cellulose in Alkali herab, ohne aber die Absorptionskurve zu verändern. Ein Zusatz von 50% Methylalkohol zur Mercerier-Kalilauge ändert dagegen die Absorption wesentlich, indem die aufgenommene KOH-Menge auf ein Drittel sinkt[4]. — Die Dispergierung der Cellulose in 17proz. Natronlauge ist mit dem Zutritt von Sauerstoff in Zusammenhang und ist chemisch spezifisch bedingt[5]. — Einwirkung von Natriumhydroxydlösungen auf veränderte Baumwollcellulose bei gewöhnlicher Temperatur[6]. — Beim Kochen mit NaOH verlieren die verschiedenen Arten von Baumwolle 6—9% an Gewicht, davon kommen 3—4% auf Wachs, N-Verbindungen, Mineralsalze oder andere Verbindungen, die schon von kaltem Wasser oder kalten verdünnten Mineralsäuren herausgelöst werden. Der größte Teil wird schon beim Kochen unter gewöhnlichem Druck entfernt. Die Erhöhung der Konzentration des Alkalis ist von ebenso großer Bedeutung wie die Erhöhung der Temperatur. Der Gewichtsverlust ist bei der Anwendung von Kalk geringer als bei der äquivalenten Menge NaOH und entspricht bei 120° dem Verlust bei NaOH bei 100°. Mit Na_2CO_3 ist der Verlust geringer als bei NaOH von äquivalenter Konzentration, die Entfernung von Wachs, reduzierten Substanzen und gefärbten Verunreinigungen ist geringer, während die Absorption von Methylenblau oft nur wenig geringer ist. Wasser bei 120° entspricht in seiner Wirkung einer NaOH-Lösung bei 50°. Bei der Behandlung mit NaOH ist die Methylenblauabsorption ein qualitatives Maß des Gewichtsverlustes. Bei Temperaturen von 100—140° und Konzentration der NaOH von 0,5—3% ist die Absorptionskraft annähernd proportional dem Gewichtsverlust; die Abnahme der Methylenblauabsorption ist aber bei Baumwolle mit hohem Absorptionsvermögen größer. Für Kalk und Na_2CO_3 trifft dies nicht ganz zu. Die Cu-Zahl als Maß für den Reinigungsgrad anzusehen, ist nur bei Temperaturen unter 100° zulässig. Die Entfernung von Wachs entspricht dem Reinigungsgrad[7]. Kochen von Cellulose mit Natronlauge zwecks Reinigung für die Explosivstoffherstellung setzt die Viscosität der in Cuprammoniumlösungen gelösten Baumwolle herab; Konzentration und Temperatur sind dabei wichtig. Hohe Viscosität in Cuprammoniumlösung gelöster Baumwolle entspricht hoher Viscosität der Nitrocellulose. Cellulose verbindet sich bei 100° schon langsam mit Sauerstoff[8]. Cellulose in starker NaOH-Lösung verändert sich auch bei wochenlanger Einwirkung chemisch sehr wenig, in abgepreßtem Zustande dagegen wird sie in starker NaOH-Lösung zum großen Teil löslich. Solche Cellulose zeigt im mikroskopischen Bilde ausgezeichnete Fibrillenstruktur. Dies deutet in Zusammenhang mit dem Lösungsvorgang darauf hin, daß die Cellulose morphologisch nicht einheitlich ist. Bei der Zerstörung der Faser wirken wahrscheinlich geringe O_2-Mengen aus der Luft mit[9]. Alkalisieren in Gegenwart von

[1] O. Faust: Cellulosechemie 7, 153—155 (Beil. zu Papierfabr. 24) (1926) — Chem. Zbl. 1927 I, 203.

[2] O. Faust: Cellulosechemie 7, 155—156 (Beil. zu Papierfabr. 24) 1926 — Chem. Zbl. 1927 I, 203.

[3] Tadashi Nakashima: Cellulose Industry 5, 19 (1929) — Chem. Zbl. 1930 I, 458.

[4] W. J. Scharkow: J. angew. Chem. (russ.) 2, 579 (1929) — Chem. Zbl. 1930 I, 2875. — J. S. Rumbold: J. amer. chem. Soc. 52, 1013 (1930) — Chem. Zbl. 1930 I, 3667.

[5] R. O. Herzog u. D. Krüger: Naturwiss. 13, 1040 (1925) — Chem. Zbl. 1926 I, 1556.

[6] Constance Birtwell, Douglas Arthur Clibbens u. Arthur Geake: J. Textile Inst. 19 I, 349 (1928) — Chem. Zbl. 1929 I, 952.

[7] R. G. Fargher u. L. Higginbotham: J. Textile Inst. 17 I, 233 (1926) — Chem. Zbl. 1926 II, 841.

[8] Gustavus J. Esselen jr.: Ind. Chem. 15, 306 (1923) — Chem. Zbl. 1924 I, 599.

[9] P. Waentig: Papierfabr. 25, Sonder-Nr, 112 (1927) — Chem. Zbl. 1927 II, 991.

Luft und Stickstoffatmosphäre[1]. — Über die Einwirkung der Alkalien s. auch bei Viscose, wobei viele Einzelheiten zu finden sind[2]. — Cellulose (Filtrierpapier) wurde mit 5n-Natronlauge in einem eisernen Hochdruckautoklaven auf Temperaturen zwischen 240 bis 450° erhitzt. Bei 240° entstehen Säuren, die sich bei steigender Temperatur in alkaliunlösliche Öle umwandeln. Diese werden bei 400° in einer Höchstausbeute von 18% der angewandten Cellulose erhalten. Die Menge der flüchtigen Säuren (hauptsächlich Ameisensäure und Essigsäure) nimmt im allgemeinen mit steigender Temperatur zu und beträgt im Höchstfall für 60 g Cellulose 373 ccm Normalsäure. Die nichtflüchtigen Säuren nehmen mit steigender Temperatur ab. Oxalsäure bildet sich nur in ganz geringer Menge. Die nichtflüchtigen Säuren konnten zum Teil durch Äther als gelbliche bis bräunliche dickölige Flüssigkeiten gewonnen werden, zum Teil wurden sie aus dem Salzrückstand durch Alkohol braun und dickflüssig erhalten. Die in Äther löslichen Säuren bestehen der Hauptmenge nach aus Milchsäure. Durch Destillation der nicht mit Wasserdampf flüchtigen, mit Äther extrahierten Säuren im Aluminiumschwelapparat mit überhitztem Wasserdampf gelang es 58,3% derselben als Milchsäure zu gewinnen. — Außerdem wurde wahrscheinlich Brenzschleimsäure sowie Bernsteinsäure isoliert. Von dem bei höherer Temperatur gebildeten, in Alkali unlöslichen Öl war die Hälfte mit Wasserdampf flüchtig. Dieser Anteil bildet ein gelbes, nach Pfefferminz riechendes, optisch inaktives Öl vom Siedep. 80—285° und enthält 80,68% C und 11,27% H; löst sich in Petroläther und Aceton leicht, entfärbt Bromwasser und wird durch verdünnte Salpetersäure wenig angegriffen. Das mit Wasserdampf nichtflüchtige Öl läßt sich zu 55% unter 1 mm Druck destillieren. Das Destillat enthält 80,34% C und 9,82% H. Das in Alkali unlösliche Öl muß als ein Umwandlungsprodukt der Milchsäure angesehen werden[3]. — Sven Odén und S. Lindberg erhitzen Filtrierpapier in Autoklaven mit der 8fachen Menge 3,5n-NaOH langsam auf 102° und steigern dann innerhalb von 5 Stunden die Temperatur auf 372°, wobei der Druck auf 241 at ansteigt, dabei entsteht ein Gas, das zu 94% aus H besteht. Die fraktionierte Destillation der Lösung gibt in der Hauptsache Methanol und Aceton[4]. Die Kaliumhydroxydschmelze der Cellulose ergibt keine aromatischen Abbauprodukte, sondern nur Oxal-, Essig- und Ameisensäure. Die Oxalsäureausbeute wird weder durch Wasserstoff noch durch Eisen merklich beeinflußt, Oxalsäure wird also nicht durch Oxydation gebildet, vielleicht kommt alkalische Hydrolyse in Frage[5]. — Cellulose wurde durch geschmolzene kaustische Alkalien zu etwa 95% der reagierenden Menge vollständig oxydiert:

$$C_6H_{10}O_5 + 14\,NaOH \rightarrow 5\,Na_2CO_3 + Na_4CO_4 + 12\,H_2$$

während die verbleibenden 5% nach der Gleichung reagierten:

$$C_6H_{10}O_5 + 8\,NaOH \rightarrow 4\,Na_2CO_3 + H_2O + 2\,CH_4 + 4\,H_2 \quad [6]$$

Die Isosaccharinbildung, die bei der Kalkkochung der Oxycellulose und gewisser Hydrocellulosepräparate beobachtet wurde, tritt bei der nativen Cellulose nicht ein[7]. [H·] hat eine bestimmte Wirkung auf die Hydratisierung der Cellulose. Der mit Na_2CO_3 erhaltene Effekt beruht nicht auf der Na-Ionenkonzentration. Bei Baumwollcellulose wird die geringste Hydratisierung erhalten mit $p_H = 4$—4,5 und mit 10,5, die stärkste mit $p_H = 8,5$. Erhöhung der Konzentration von Na_2CO_3 und von NH_4OH erhöht die Hydratisierung. Festigkeitsprüfungen geben sichere Resultate als Prüfungen, bei denen Wasser aus dem angeschlämmten Stoff durch ein Sieb abläuft und gemessen wird. Die Wirkung von p_H auf Sulfitcellulose ist nicht dieselbe wie auf Baumwollcellulose[8]. — Die Adsorption von Ammoniak und die Bildung eines Alkoholats finden nicht statt[9]. — Beim Erhitzen von Cellulose mit 98,5proz. Hydrazin im Rohr entsteht neben einer nicht aufgeklärten amorphen

[1] Katsumoto Atsuki, Kichiro Shimoyama u. Hideo Matsudaira: J. Soc. chem. Ind. Jap. (Suppl.) **31**, 204 B (1928) — Chem. Zbl. **1929 I**, 1404.

[2] Emil Heuser u. Max Schuster: Cellulosechemie **7**, 17 (1926) — Chem. Zbl. **1926 I**, 2856.

[3] Franz Fischer u. Hans Schrader: Ges. Abh. z. Kenntnis d. Kohle **6**, 115 (1921) — Chem. Zbl. **1924 I**, 2421.

[4] Sven Odén u. S. Lindberg: Ind. Chem. **19**, 132—133 (1927) — Chem. Zbl. **1927 II**, 1774 bis 1775.

[5] Emil Heuser u. Fritz Herrmann: Cellulosechemie **5**, 1 (1924) — Chem. Zbl. **1924 I**, 2679.

[6] H. S. Fry u. Otto: J. amer. chem. Soc. **50**, 1138 — Chem. Zbl. **1928 I**, 2801.

[7] P. Karrer u. Th. Lieser: Cellulosechemie **7**, 1 (1926) — Chem. Zbl. **1926 I**, 2675.

[8] H. W. Morgan u. C. E. Libby: Papers Trade J. **85**, Nr 19, 55, Nr 20, 52 (1927) — Chem. Zbl. **1928 I**, 2025.

[9] G. Bernardy: Z. angew. Chem. **38**, 1195 (1925) — Chem. Zbl. **1926 I**, 1797.

Masse flüssiges Ammoniak; also hat hier Hydrazin oxydierend gewirkt[1]. — Guanidoniumhydroxyd wirkt auf Cellulose stark schrumpfend und quellend ein; Cellulose wird durch sie rötlichbraun wasserkochecht verfärbt, die Färbung ist durch Hypochlorit bleichbar. Versuche, Cellulose durch p-Methoxybenzoldiazoniumhydroxyd zu mercerisieren, gelangen nicht wegen der Unbeständigkeit der Base. Andeutungen, daß auch diese Base chemisch gebunden wird, liegen vor[2]. — Einwirkung von Metallhydroxyden auf Cellulose[3]. Methylmagnesiumjodid ist ohne Einwirkung[4]. Die Angabe von Costa[5] konnte nicht bestätigt werden[4]. — Verhalten gegen p-Chlorbenzylchlorid und 1, 2, 4-Chlordinitrobenzol[6]. — Mit Formaldehyd liefert Cellulose bei 160° Absorptionsverbindungen[7].

Verhalten gegen oxydierende Agenzien: Celluloseproben werden in NaOH von 10—50 Vol.-% gequollen und der Einwirkung von gasförmigem Sauerstoff ausgesetzt. Die aufgenommene Sauerstoffmenge pro $C_6H_{10}O_5$ steigt bei Baumwolle bis zur Laugekonzentration von 30% und ist bei höheren Konzentrationen geringer. Ähnlich erfolgt die Reaktion bei Kupferseide[8]. Einwirkung von 30proz. Wasserstoffsuperoxyd in Gegenwart von verschiedenen Metalloxyden bewirkt Zerfall der Faser. Besonders rasch wirkt Kupferhydroxyd[9]. — Natriumperborat verwandelt die Cellulose in Oxycellulose. Die Umwandlung wird durch Katalysatoren beeinflußt[10]. — In den ersten Stadien der Oxydation von Cellulose durch Permanganat in kalter saurer Lösung ist das Ansteigen der Kupferzahl annähernd proportional der Menge verbrauchten Oxydationsmittels. Ist $^1/_2$ Atom Sauerstoff verbraucht, so steigt die Kupferzahl stufenweise. Die Acetylierung oxydierter Cellulose gab keinen Aufschluß über die Wirkung der Oxydation auf die Hydroxylgruppen der Cellulose. Das beruhte auf der großen Abnahme der Ausbeute, hoch oxydierte Cellulose gibt viel in Wasser lösliche Produkte beim Acetylieren. Wird unter gleichen Bedingungen nitriert, so liefert oxydierte Cellulose Produkte mit erheblich weniger Stickstoff als Cellulose. Die Oxydation setzt also die Hydroxylaktivität herab. Infolge der stark reduzierenden Wirkung der oxydierten Cellulose war ein labiles Nitrat nicht zu erhalten[11]. — Die Oxydation verläuft in neutraler oder schwach alkalischer Lösung rascher als in saurer, und die Gewichtsverluste der Faser sind im ersten Falle größer. Ein Hauptprodukt der Oxydation ist CO_2. Die mit 2 O oxydierte Faser nimmt nur noch etwa 2 Acetylgruppen auf $C_6H_{10}O_5$ auf. Die Viscosität der ammoniakalischen Cu-Lösungen der oxydierten Cellulose ist viel kleiner. In saurer Lösung beginnt die Oxydation der Cellulose an der primären Alkoholgruppe und nach Verseifung an der freigelegten Aldehydgruppe. Von Alkalien wird die Oxydation beschleunigt, von verdünnten Säuren gehemmt. Die oxydierte Cellulose ist demnach als ein Gemisch zu betrachten von viel nichtoxydierter, aber teilweise in ihrer Struktur veränderter Cellulose mit den Oxydationsprodukten verschiedensten Grades von aldehydischer oder saurer Natur[12]. Die Oxydation der Cellulose scheint in 2 Stufen zu verlaufen; in der ersten herrscht wahrscheinlich die Oxydation von Hydroxyl zu Aldehyd- und Ketongruppen sowie die Spaltung des Cellulosekomplexes in kleinere Einheiten (C_6) vor, in der zweiten Stufe erfolgt dann der Übergang der Aldehyd- und Ketongruppen in Carboxyl und Spaltung der Cellulose in Verbindungen mit weniger als 6 Kohlenstoffatomen[13]. — Die Oxydation der in Kupferoxydammoniak gelösten Cellulose mit Permanganat ergab Resultate, woraus man schließen

---

[1] Ernst Müller u. Hertha Kraemer-Willenberg: Ber. dtsch. chem. Ges. 57, 575 (1924) — Chem. Zbl. 1924 I, 2119.

[2] Fr. Dehnert u. W. König: Cellulosechemie 6, 1 (1925) — Chem. Zbl. 1925 I, 2216.

[3] Voß: Kunststoffe 15, 192, 211 (1925) — Chem. Zbl. 1926 I, 1966.

[4] H. Niethammer: Cellulosechemie 10, 201 (1929) — Chem. Zbl. 1930 I, 672.

[5] De Costa: Gazz. chim. ital. 52 II, 362 (1922) — Chem. Zbl. 1923 III, 908.

[6] H. Niethammer u. W. König: Cellulosechemie 10, 201 (1929) — Chem. Zbl. 1930 I. 671.

[7] J. J. Blanksma: Rec. Trav. chim. Pays-Bas et Belg. (Amsterd.) 48, 361 (1929) — Chem. Zbl. 1929 II, 1155.

[8] W. Weltzien u. G. zum Tobel: Ber. dtsch. chem. Ges. 60, 2024 (1927) — Chem. Zbl. 1928 I, 31 — Papierfabr. 24, 413 (1926) — Chem. Zbl. 1926 II, 1805.

[9] R. Haller u. J. Munk: Text.-Forschg 4, 138 (1922) — Chem. Zbl. 1923 II, 1262.

[10] Yngve Dalström: Sv. kem. Tidskr. 39, 141—156 — Chem. Zbl. 1927 II, 1220.

[11] Edmund Knecht u. F. P. Thompson: J. Soc. Dyers Colourists 38, 132 (1922) — Chem. Zbl. 1922 III, 667.

[12] H. Hibbert u. J. L. Parsons: J. Soc. chem. Ind. 44 I, 473 (1925) — Chem. Zbl. 1926 I, 883. — Bull. Soc. ind. Mulhouse 92, 572 (1926) — Chem. Zbl. 1926 I, 883; 1927 I, 1430 — Cellulosechemie 7, 97 (Beil. zu Papierfabr. 24) (1926) — Chem. Zbl. 1926 I, 883; 1926 II, 1266. — R. R. Read u. H. Hibbert: J. amer. chem. Soc. 46, 1283 (1924) — Chem. Zbl. 1926 II, 1460.

[13] Katsumoto Atsuki: J. Fak. Eng. Tokyo Imp. Univ. 15, 55 (1924) — Chem. Zbl. 1925 I, 1252.

kann, daß zunächst eine primäre OH-Gruppe in eine Aldehydgruppe verwandelt wird. — Die bei stärkerer Oxydation entstehenden wasserlöslichen Produkte wurden nach dem Ansäuern durch Dialyse gereinigt. Aus ihnen ließ sich Glykuronsäure, die nicht durch die Membran diffundiert, als Cinchoninsalz isolieren[1]. Bei der Oxydation der Cellulose mit wachsenden Mengen Chromsäure (0,25—3 Atome aktiven O auf $C_6H_{10}O_5$) in 10proz. Schwefelsäure wird in einer Ausbeute von 94,6—87% eine Oxycellulose von etwa konstanten Kupferzahlen, Furfurol- und Kohlendioxydwerten erhalten[2]. Bei der Einwirkung von unterchloriger Säure auf Cellulose konnten nur Oxycellulose und Oxalsäure als Reaktionsprodukte nachgewiesen werden[3]. — Über die bleichende Wirkung von Chlor und Hypochlorit auf die Cellulosefaser[4]. — Durch Zusatz eines Ag- oder Hg-Salzes ist es Fosse gelungen, Cyanwasserstoffsäure bei Oxydation von Cellulose (in Schweizers Reagens gelöst) durch Permanganate in ammoniakalischer Lösung in merklichen Mengen zu isolieren[5]. Durch Druckoxydation der Cellulose bei 200° in Sodalösung wurden etwa 42% des angewandten Gewichts in Form von Säuren gewonnen. Von diesen war nur ein kleiner Teil, nämlich $1/_9$ Oxalsäure, dafür aber über die Hälfte Essigsäure. Ameisensäure war nur in geringen Mengen vorhanden. Nahezu $1/_4$ der gesamten Menge waren durch Äther extrahierbare, nicht flüchtige Säuren, das sind 9% der angewandten trockenen Cellulose. — Aus diesen Säuren wurden Fumarsäure und Bernsteinsäure isoliert. Die Ergebnisse der Druckoxydation weisen darauf hin, daß sich auch Fumarcarbonsäuren darunter befinden. Unter den Produkten der Oxydation wurden auch geringe Mengen Formaldehyd beobachtet, der als Vorstufe der Ameisensäure auftritt. Die Wirkung der Druckoxydation bei 200° ist einmal hydrolysierend, und dann oxydierend, so daß möglicherweise zum Teil Zuckerarten gebildet werden, die dann weiterer Oxydation unterliegen[6]. Aus den Natriumsalzen organischer Säuren, die durch Druckoxydation von 100 g trockener Cellulose in Gegenwart von Sodalösung bei 200° gebildet waren, wurden durch Druckerhitzung auf 400° erhalten: 6,5 l Gase, Öle: 1,5 g, teerartige Stoffe: 2,7 g, flüchtige Säuren (Essig und Ameisensäure) 0,28 Äquivalente, andere Säuren 1,2 g oder 0,014 Äquivalente[7]. — Oxydation unter der Einwirkung des Lichtes[8].

Derivate (Bd. II, S. 218; Bd. VIII, S. 67; Bd. X, S. 311).

Physikalische und chemische Eigenschaften: Untersuchungen über die Absorption von Cellulosederivaten im Ultraviolett[9].

Hydrocellulose (Bd. II, S. 218; Bd. X, S. 311).

Als Hydrocellulose bezeichnet Heß[10] eine Mischung aus Cellulose A und Cellulosedextrinen. Für die Dextrine des acetolytischen Abbaus wird die Isocellobiose als erstes wahres Hydrolysierungsprodukt aufgefaßt. — Zusammenstellung der Literatur[11].

---

[1] L. Kalb u. F. v. Falkenhausen: Ber. dtsch. chem. Ges. **60**, 2514 (1927) — Chem. Zbl. **1928 I**, 1020.

[2] H. Hibbert u. S. M. Hassan: J. Soc. chem. Ind. I **46**, 407 (1927) — Chem. Zbl. **1928 I**, 323. — H. Hibbert u. J. L. Parsons: J. chem. Soc. Ind. I **44**, 473 (1925) — Chem. Zbl. **1926 I**, 883.

[3] James Craik: J. Soc. chem. Ind. I **43**, 171 (1924) — Chem. Zbl. **1924 II**, 823.

[4] R. L. Taylor: J. Soc. chem. Ind. I **42**, 79 (1923) — Chem. Zbl. **1923 IV**, 162 — J. chem. Soc. Lond. **97**, 2541 (1911) — Chem. Zbl. **1911 I**, 533 — J. Soc. Dyers Colourists **38**, 93 (1922) — Chem. Zbl. **1922 IV**, 47. — S. R. Trotman: J. Soc. chem. Ind. I **42**, 2 (1923) — Chem. Zbl. **1923 II**, 1118.

[5] R. Fosse: C. r. Soc. Biol. Paris **86**, 175—178 (1922) — Chem. Zbl. **1922 I**, 1227. — C. r. Acad. Sci. Paris **173**, 1370 (1921) — Chem. Zbl. **1922 III**, 249.

[6] Franz Fischer, Hans Schrader u. Wilhelm Treibs: Ges. Abh. z. Kenntnis d. Kohle **5**, 211 (1921) — Chem. Zbl. **1922 III**, 1185.

[7] Franz Fischer, Hans Schrader u. Wilhelm Treibs: Ges. Abh. z. Kenntnis d. Kohle **5**, 311 (1921) — Chem. Zbl. **1922 III**, 1186.

[8] W. Scharwin u. A. Pakschwer: Z. angew. Chem. **41**, 1159 (1928) — Chem. Zbl. **1929 I**, 1404.

[9] B. Rassow u. W. Aehnelt: Cellulosechemie **10**, 169 (1930) — Chem. Zbl. **1930 I**, 1921.

[10] K. Heß: Papierfabr. **23**, 122 (1925) — Chem. Zbl. **1925 II**, 17. — E. Heuser u. W. von Neuenstein: Cellulosechemie **3** (Beil. zu Papierfabr. **20**) 89, 102 (1922) — Chem. Zbl. **1923 I**, 1425.

[11] P. H. Clifford: Rev. mens. du blanch. **18**, 26 — Textile Inst. **1923 I**, 69 — Chem. Zbl. **1923 III**, 1454.

Vorkommen : Findet sich mit Cellulose und Oxycellulose in verschiedenen Verhältnissen in den Cellulosemembranen von Helyanthus annuus, Vicia Faba, Hyacinthus und Galtonia[1].

Bildung: Bei Anwendung von 1, 2,5 und 5proz. Schwefelsäure bei gewöhnlicher Temperatur findet keine Bildung von Hydrocellulose statt. Wird die nach Behandlung mit Schwefelsäure erhaltene Masse, ohne das mit Wasser gewaschen wird, unter konstantem Druck getrocknet, so findet eine Umwandlung statt in dem Maße, wie die Konzentration der an der Faser haftenden verdünnten Säure zunimmt. Der Anstieg der Kupferzahl bei diesen Versuchen sowie für solche mit 5, 10 und 50proz. Schwefelsäure bei 65—90° und 5—45 Minuten wird in Kurven aufgetragen. Bei 5proz. Schwefelsäure beginnt die Umwandlung erst bei 70°. Die Beobachtung von Hauser und Herzfeld[2], daß eine Hydrocellulose mit hoher Kupferzahl 5,4 durch längeres Extrahieren im Soxhlet die Kupferzahl fast reiner Cellulose 0,88 zeigen kann, konnte nicht bestätigt werden[3]. — Beim Behandeln von aus Viscose regenerierter Cellulose mit 5proz. Ameisensäure im Rohr bei 160 und 180°[4]. Bei der Darstellung der Hydrocellulose nach Knoevenagel und Busch fallen die Ausbeuten mit der Ausdehnung der Zeit; die Löslichkeit in verdünnter NaOH bleibt bestehen. Mit steigender Menge des gleichzeitig zugeführten Wassers fällt die Ausbeute an Hydrocellulose, indem weitergehender Abbau eintritt. Außerdem aber wird die Hydrocellulose selbst immer reaktionsfähiger, denn sie liefert bei sekundärer Hydrolyse immer steigende Glykoseausbeuten[5]. Mit Phosphorsäure: Gut zerzupfte Watte wird in 84proz. Phosphorsäure eingerührt und während mehrerer Stunden unter gründlichem Durchrühren bei Zimmertemperatur stehengelassen. Darauf wird $^{1}/_{2}$ Stunde im Wasserbad auf 35° erwärmt, wobei allmählich Lösung eintritt. — Durch Einrühren von Eisstückchen wird die Cellulose langsam zur Ausfällung gebracht. Nach dem Absaugen wird mehrere Stunden mit Wasser gewaschen. — In diesem Zustand ist die Substanz in 8proz. Natronlauge spielend leicht löslich, nach dem Trocknen weniger leicht und nicht vollständig. — Zur Trocknung wird die Phosphorsäurehydrocellulose längere Zeit in Alkohol, danach in Äther gelegt; dieser schließlich im Vakuumexsiccator verdampft. — Kupferzahl 2,9[6]. — Verdoppelung der Einwirkungszeit der Säure bei der Hydrocellulosebildung erhöht die Cu-Zahl um 50%, Erhöhung der Temperatur um 10% steigert sie um das 2,3fache. Auch bei Zusatz eines Neutralsalzes wird die Cellulose stärker angegriffen[7].

Hydrocellulose kann man aus Baumwollcellulose, deren Faserstruktur jedoch noch erhalten ist, darstellen, indem Baumwolle bei Temperaturen von 20—100° mit einem Überschuß von Säuren verschiedener Konzentration behandelt wird, oder indem sie mit kleinen Mengen Säure getränkt und trocken erhitzt wird[4]. Bildet sich bei der Druckerhitzung der Cellulose mit Wasser[8].

Physiologische Eigenschaften: Fermentativer Abbau der Phosphorsäure-Hydrocellulose: 0,1 g trockene Phosphorsäure-Hydrocellulose, 1 ccm Phosphatpuffer ($p_H = 5,28$) und 4 ccm Schneckenenzym wurden 18 Tage im Brutschrank aufbewahrt. Nach der Filtration waren im Filtrat 99,6 mg Glykose, also 89,6% Spaltung[6].

Physikalische und chemische Eigenschaften: Durch Behandlung mit Phosphorsäure konnte eine in Alkali vollkommen lösliche Hydrocellulose dargestellt werden, deren Schwalbesche Kupferzahl unter 3 liegt. Ihr Reduktionsvermögen kommt demnach nahe an das bei manchen nativen Cellulosen beobachtete heran. Nach 4maligem Methylieren dieses Produktes betrug der Methoxylgehalt 42,5% gegen 45,5% für ein vollständig methyliertes Produkt. Durch Erhöhung der Alkalikonzentration und der Temperatur konnte eine Steigerung dieses

---

[1] F. M. Wood: Ann. of Bot. **38**, 273—298 — Ber. Physiol. **27**, 82 (1924) — Chem. Zbl. **1925 I**, 100.

[2] Hauser u. Herzfeld: Chem.-Ztg **39**, 689 (1915) — Chem. Zbl. **1915 II**, 1000.

[3] H. Gault u. B. C. Mukerji: C. r. Acad. Sci. Paris **179**, 402 (1924) — Chem. Zbl. **1924 II**, 1785.

[4] Emil Heuser u. Wilhelm Schott: Cellulosechemie **6**, 10 (Beil. zu Papierfabr. **23**) (1925) — Chem. Zbl. **1925 I**, 1398.

[5] E. Heuser u. F. Eisenring: Cellulosechemie **4** (Beil. zu Papierfabr. **21**) 13, 25 (1923) — Chem. Zbl. **1923 III**, 199. — E. Heuser u. W. von Neuenstein: Cellulosechemie **3** (Beil. zu Papierfabr. **20**) 89 (1923) — Chem. Zbl. **1923 I**, 1425.

[6] P. Karrer u. Th. Lieser: Cellulosechemie **7**, 1 (1926) — Chem. Zbl. **1926 I**, 2675.

[7] C. Birtwell, D. Clibbens u. A. Geake: J. Textile Inst. I **17**, 145 (1926) — Chem. Zbl. **1926 II**, 507.

[8] E. Berl u. A. Schmidt: Liebigs Ann. **461**, 192 — Chem. Zbl. **1928 I**, 2935.

Wertes nicht erzielt werden. Es verhält sich also Hydrocellulose mit niederer Kupferzahl beim Methylieren wie native Gerüstcellulose und Reservecellulose (Lichenin). Sie ist ebenso in kaltem Wasser klar löslich und fällt beim Kochen wieder aus[1]. — Hydrocellulosen zeigen keine nennenswerte Viscositätsabnahme in Cuprammoniumlösung nach 6stündigem Kochen mit 10proz. NaOH-Lösung[2]. Hydrocellulose aus Viscoseseide und Hydrocellulose aus Kupferseide zeigten Drehwertskurven der echten Cellulosekurven, nur liegen sie etwa 6—7% tiefer. — Sie enthalten also Hydrolysenprodukte der Cellulose, für die nach der positiven Seite hin verschobene Drehwerte zu erwarten sind. Vermutlich sind die hier in Frage stehenden Abbauprodukte im wesentlichen Isocellobiose[3]. — Hydrocellulosen liefern Kupferzahlen, die der von Cellulose A gleichkommen[4]. Die Entfernung des Reduktionsvermögens gelingt nicht mit siedender Fehlingscher Lösung. Die Kupferzahl konnte nach dem Verfahren von Schwalbe nur von 9,6 auf 3,3—3,4 herabgedrückt werden, während mittels der Lösung von Braidy[5] die Kupferzahl bis auf 1 herabgedrückt werden kann. Mit der so gereinigten Substanz erhielt man auch nach der Schwalbeschen Methode wiederum die Kupferzahl 3,4. — Das Auftreten des Reduktionsvermögens ist also augenscheinlich durch eine Einwirkung der Fehlingschen Lösung und der Ferrisulfatschwefelsäure während der Bestimmung zu erklären, die in dem Maße zunimmt, wie der Depolymerisationsgrad der untersuchten Cellulose steigt. Nach dem Verfahren von Weltzien und Nakamura[6] zeigte die oben erwähnte Hydrocellulose von der Kupferzahl 1 kein Reduktionsvermögen. Da das Reduktionsvermögen jedenfalls von weit abgebauten Celluloseprodukten herrührt, deren Methyläther in heißem Wasser löslich sind, so dürften diese durch das angewandte Reinigungsverfahren aus den Methylcellulosen entfernt worden sein[7]. Aus der Existenz einer alkalilöslichen Cellulose ohne Reduktionsvermögen ergibt sich, daß die Cu-Zahl von Hydrocellulose keinen abs. Wertmesser für den Schädigungsgrad der Cellulose darstellt[8]. Alle Hydrocellulosen haben größere Dichte als die Cellulosen, von denen sie stammen. Die Anzahl Calorien der Hydrocellulosen und Cellulosen ist ungefähr identisch. Die gesamte Gasmenge beträgt bei der Destillation nur 6%[9]. Von Hydrocellulose konnten 2 Arten unterschieden werden, von denen sich nur eine mit Jodjodkaliumlösung färbt[10]. — Die Abbauprodukte der primären Hydrolyse (mit HCl) von Hydrocellulose sind zunächst nur Dextrine. Bei der sekundären Hydrolyse (mit verdünnter H_2SO_4) liefert sie immer steigende Glykoseausbeuten. Hydrocellulose läßt sich durch überkonzentrierte HCl in der Kälte quantitativ in Glykose überführen. Mit NaOH geht sie als Alkaliverbindung $C_{12}H_{20}O_{10}$, 2 NaOH in Lösung. Mit Oxalsäure findet ein Abbau statt; es bildet sich Glykose, und diese geht in isomeres Oxymethylfurfurol über[11].

Die Acetolyse der Hydrocellulose ist langsamer als die der Baumwolle bei gewöhnlicher Temperatur, bei 120° (Dauer $1^1/_2$ Minuten) nahezu gleich. Man kann annehmen, daß die Auflösung der Hydrocellulose in Natronlauge auf einer Peptisation oder Bildung von Additionsverbindungen mit den Alkalihydroxyden beruht. Durch Leitfähigkeitsbestimmungen in 2mal n-Natronlauge war ein Beweis hierfür nicht zu erbringen. Die Leitfähigkeit der Lauge erfährt durch Auflösen von Hydrocellulose eine Verminderung. Zum Unterschied gegen Oxycellulosen fehlt guten Hydrocellulosen der saure Charakter. — Hydrocellulose besitzt nach der Reduktion mit Natriumamalgam gegen Fehlingsche Lösung kein Reduktionsvermögen, ist aber vollkommen alkalilöslich[1]. — Hat eine erhöhte Affinität zu basischen Farb-

[1] P. Karrer u. Th. Lieser: Cellulosechemie 7, 1 (1926) — Chem. Zbl. 1926 I, 2675.

[2] D. A. Clibbens, A. Geake u. B. P. Ridge: J. Textile Inst. I 18, 168, 227 (1927) — Chem. Zbl. 1927 II, 188, 2364.

[3] Kurt Heß, Ernst Messmer u. Noah Ljubitsch: Liebigs Ann. 444, 287 (1925) — Chem. Zbl. 1926 I, 886.

[4] K. Heß: Z. angew. Chem. 37, 993 (1924) — Chem. Zbl. 1925 I, 1289.

[5] Braidy: Rev. gén. matcol. 25, 35 (1921) — Chem. Zbl. 1921 IV, 62.

[6] Weltzien u. Nakamura: Liebigs Ann. 440, 290 (1925) — Chem. Zbl. 1925 I, 949.

[7] Emil Heuser u. Norbert Hiemer: Cellulosechemie 6, 101 (1925) — Chem. Zbl. 1926 I, 1391 — Z. Elektrochemie 31, 498 (1925) — Chem. Zbl. 1926 I, 1394.

[8] Th. Lieser: Cellulosechemie 7, 85 (Beil. zu Papierfabr. 24) (1926) — Chem. Zbl. 1926 II, 511.

[9] D. L. C. y Ramón: An. Soc. Espanola Fisica Quim. 25, 434 (1927) — Chem. Zbl. 1928 I, 1167.

[10] Maneck Merwanji Mehta: Biochem. J. 19, 979 (1925) — Chem. Zbl. 1926 I, 2712.

[11] E. Heuser u. F. Eisenring: Cellulosechemie 4 (Beih. zu Papierfabr. 21) 13, 25 (1923). — Chem. Zbl. 1923 III, 199. — E. Heuser u. W. von Neuenstein: Cellulosechemie 3 (Beih. zu Papierfabr. 20) 89 (1923) — Chem. Zbl. 1923 I, 1425.

stoffen. Zeigt in saurer und neutraler Lösung keinen Unterschied in der Farbstoffabsorption[1].

Derivate: Methylverbindungen. Methylderivat der Phosphorsäure-Hydrocellulose[2]. In 20proz. Natronlauge unter Rühren gelöst, dann Dimethylsulfat unter Turbinieren eingetropft, Temperatur unter 25°. Dann wird noch Natronlauge und Dimethylsulfat zugegeben, bis die Lösung gerade neutral geworden. Jetzt wird zum Sieden erhitzt und die ausgefallene Methylcellulose nach Absaugen mit siedendem Wasser gewaschen. Jetzt wird noch zweimal in der gleichen Art methyliert. Bei der dritten Methylierung wird das Reaktionsgemisch stets schwach alkalisch gehalten. Reaktionsdauer 2 Stunden, Temperatur 0°, Methoxylgehalt 42,5%.

Methylierung von Hydrocellulose aus Kupferammoncellulose (Stapelfaser)[3]. Die Kupferammonstapelfaser wurde nach Knoevenagel und Busch mit trocknem Chlorwasserstoff behandelt, wobei sie sich viel widerstandsfähiger erwies als die Viscosestapelfaser. Erst nach 48stündiger Einwirkung war das Produkt in 10proz. Natronlauge völlig löslich geworden. Auch ist bei diesem Produkt die Zertrümmerung der Faserstruktur nicht so weit vorgeschritten wie bei der Hydrocellulose aus Viscosestapelfaser. Das mit Wasser gewaschene Produkt wurde als Natriumverbindung der Methylierung unterworfen, und zwar auf 1 $C_6H_{10}O_5$ mit 4—5 NaOH und 4—5 Mol Dimethylsulfat. Nach 5maliger Methylierung wurde ein Produkt mit 36,2% Methoxyl erhalten, das nach der Reinigung folgende Eigenschaften hatte: Methoxyl: 37,17%, Asche: 0,095%, Lösungstemperatur: 12—15°, Erweichungstemperatur: 245—250°. — Die Depolymerisation der Cellulosesubstanz ist hier weiter fortgeschritten als bei dem Ausgangsmaterial. Mol-Gewicht nach der Gefriermethode 2680.

Methylierung von Hydrocellulose I aus Viscosestapelfaser[4]. Diese Hydrocellulose wurde aus der Viscosecellulose durch dreistündige Einwirkung von trocknem Chlorwasserstoff erhalten und gab bereits nach der dritten Methylierung mit nur 25proz. Natronlauge folgendes Produkt: Methoxyl: 36,07%, Lösungstemperatur: 48—53°, Erweichungstemperatur: 220—225°. Eine durch 53stündige Einwirkung von Salzsäuregas auf Viscosecellulose erhaltene Hydrocellulose II zeigte auffälligerweise keine höhere Kupferzahl als die Hydrocellulose I (7,4), lieferte aber schon in einer Operation mit 12proz. Natronlauge ein Methylprodukt mit 39,65% Methoxyl, Lösungstemperatur: 50—55°, Erweichungstemperatur: 200—205°. — Mol-Gewicht nach der Gefriermethode 1580.

Dimethylhydrocellulose. Entsteht aus der Hydrocellulose von Knoevenagel und Busch bei der Methylierung fast quantitativ. Ist in kaltem Wasser leicht löslich und fällt beim Erhitzen wieder aus.

Monoacetyldimethylhydrocellulose. Durch Acetylierung aus Dimethylhydrocellulose[5].

Trimethylhydrocellulose[6] $C_9H_{16}O_5$. Wird dargestellt wie Trimethylcellulose A. Enthält 44,9% Methoxyl; $[\alpha]_D^{16}$ in Wasser $= -17,1°$ ($\pm 0,9°$), in Eisessig: $-10,6$ ($\pm 0,2°$), in Chloroform: $-3,54°$ ($\pm 0,4°$). Schmelzp. 230—237°. — Gibt bei der Spaltung mit methylalkoholischer Salzsäure 2, 3, 6-Trimethyl-methylglykosid.

Dikohlensäuremethylester der Hydrocellulose[7] $C_6H_8O_3(O \cdot CO \cdot OCH_3)_2$. Man löst Hydrocellulose, die nach Knoevenagel hergestellt war, in 8proz. Natronlauge und versetzt langsam mit dem $1^1/_2$fachen der theoretischen Menge Chlorameisensäureester. — Das Produkt fällt als weißer Niederschlag aus. — Das Reaktionsgemisch wird mit Wasser verdünnt und durch ein Sieb filtriert, wobei der Celluloseester als körniger Rückstand auf dem Sieb bleibt. Weiße, amorphe Masse; unlöslich in Äther, Alkohol, Aceton, Benzol, klar löslich in Pyridin, hieraus durch Wasser wieder körnig fällbar bei konzentrierter Lösung. — Die Lösung in Chloroform ist schwach getrübt, der Ester hieraus ist durch Äther fällbar; die Lösung in Eisessig

---

[1] D. A. Clibbens u. A. Geake: J. Textile Inst. I **17**, 127 (1926) — Chem. Zbl. **1926 II**, 507. — C. Birtwell, C. Clibbens u. A. Geake: J. Textile Inst. I **17**, 145 — Chem. Zbl. **1926 II**, 507.

[2] P. Karrer u. Th. Lieser: Cellulosechemie **7**, 1 (1926) — Chem. Zbl. **1926 I**, 2675.

[3] Emil Heuser u. Norbert Hiemer: Cellulosechemie **6**, 101 (1925) — Chem. Zbl. **1926 I**, 1391.

[4] Emil Heuser u. Norbert Hiemer: Cellulosechemie **6**, 101 (1925) — Chem. Zbl. **1926 I**, 1391 — Z. Elektrochem. **31**, 498 (1925) — Chem. Zbl. **1926 I**, 1394.

[5] E. Heuser u. W. von Neuenstein: Cellulosechemie **3** (Beil. zu Papierfabr. **20**) 89, 102 (1922) — Chem. Zbl. **1923 I**, 1425.

[6] Kurt Heß u. Wilhelm Weltzien: Liebigs Ann. **442**, 46 (1925) — Chem. Zbl. **1925 I**, 1700. — Wilhelm Weltzien: Biochem. Z. **150**, 476 (1924) — Chem. Zbl. **1924 II**, 1908.

[7] Emil Heuser u. Fritz Schneider: Ber. dtsch. chem. Ges. **57**, 1389 (1924) — Chem. Zbl. **1924 II**, 2140.

ist ebenfalls trüb, durch Wasser körnig fällbar; durch freiwilliges Verdunsten des Eisessigs oder Pyridins hinterbleibt ein farbloser, durchsichtiger Film. Durch kaltes Wasser zum Teil, leichter durch heißes Wasser und sehr leicht durch 10 proz. wässerige Natronlauge wird der Ester verseift. — Variation der Menge der zur Reaktion angewandten Natronlauge und des Chlorameisensäureesters führt zu demselben Produkt.

Hydratcellulosen (Bd. II, S. 139, 220; Bd. VIII, S. 68).

Physikalische und chemische Eigenschaften: Das Translationsgitter der Hydratcellulose[1]. — Die Quellbarkeit von Hydratcellulose[2]. — Herstellung haltbarer schrumpffähiger Stoffe aus Cellulosehydraten[3]. Röntgenspektrographische Untersuchungen[4].
Derivate: Hydratcelluloseester[5].

Guignetcellulose (Bd. X, S. 312).

Darstellung: Verbandwatte wird mit 62—63% H_2SO_4 geschüttelt, bis ein milchigflüssiger Brei entsteht, der mit Wasser zentrifugiert wird. Nach 3 maliger Wiederholung wird die kolloidale Lösung zur Befreiung von der Säure 2 Tage in Fischblasen dialysiert und besitzt dann einen Gehalt von 0,25% Cellulose[6].

Physikalische und chemische Eigenschaften: Die Cu-Zahl ist mit 8,8 etwas niedriger als bei der letzteren (10,7) und nähert sich nach dem Umfällen der Cu-Zahl des Ausgangsmaterials. Deshalb ist vielleicht die Guignetcellulose identisch mit der Cellulose A von Heß[7]. Dagegen ist die Hydrolisierzahl mit 14,5 wesentlich höher als bei dem Produkt aus Baumwolle mit 72[8].

Pergamentcellulosen (Bd. X, S. 313).

Darstellung: Die Pergamentierung und Erzeugung der Klebfähigkeit wird durch Behandlung mit einem Gemisch von $ZnCl_2$ und H_2SO_4 bewirkt. Das Gemisch besitzt eine größere Binde- und Klebfähigkeit als H_2SO_4 allein[9].

Oxycellulosen (Bd. II, S. 222; Bd. VIII, S. 70; Bd. X, S. 314).

Es wird die Benennung „Oxydierte Cellulose" vorgeschlagen[10]. Sie sollen die Zusammensetzung $(C_6H_{10}O_5)_n \cdot C_6H_{10}O_6$ besitzen[11], oder: $C_{36}H_{60}O_{34}$; $2\,C_6H_{10}O_5 \cdot 4\,C_6H_{10}O_6$[12]. Nach Heß[13] bestehen alle bisher beschriebenen Oxycellulosen höchstwahrscheinlich zum allergrößten Teil aus Cellulose und Cellulose A. Als echtes Celluloseoxydationsprodukt ist Kohlensäure nachgewiesen, für deren Bildung je nach Art des Oxydationsmittels bis auf weiteres verschiedene Abbauwege der Cellulose in Frage kommen können. Saccharinsäuren haben als Zwischenkörper so lange auszuscheiden, als ihre Bildung durch Alkalibehandlung hervorgetreten ist. Auch Glykuronsäure kann nicht als Zwischenprodukt bewiesen gelten, sie ist

[1] Karl Weißenberg: Naturwiss. **17**, 181 (1929) — Chem. Zbl. **1929 I**, 2165.
[2] O. Faust: Cellulosechemie **9**, 74 (1928) — Chem. Zbl. **1928 II**, 2204.
[3] The Viscose Developement Co. Ltd. u. Charles Frederick Cross (England): F.P. 597738 v. 7. Mai 1925; Chem. Zbl. **1926 I**, 2522.
[4] A. Burgeni u. O. Kratky: Z. physik. Chem. B **4**, 401 (1929) — Chem. Zbl. **1929 II**, 2036. — K. Weißenberg: Naturwiss. **17**, 624 (1929) — Chem. Zbl. **1929 II**, 1524.
[5] Eastman Kodak Co., übertr. von H. T. Clarke u. C. J. Malm: A.P. 166945 v. 12. Jan. 1927; Chem. Zbl. **1928 II**, 833.
[6] H. Pringsheim u. K. Baur: Hoppe-Seylers Z. **173**, 188 (1927) — Chem. Zbl. **1928 I**, 2706.
[7] Heß: Z. angew. Chem. **37**, 994 — Chem. Zbl. **1924 I**, 1289.
[8] C. G. Schwalbe u. W. Lange: Z. angew. Chem. **39**, 606 (1926) — Chem. Zbl. **1926 II**, 190.
[9] C. Kochmann: D.R.P. 372335, Kl. 81 v. 12. Okt. 1919; Zus. zu D.R.P. 294797; Chem. Zbl. **1923 IV**, 302.
[10] J. L. Parsons: Ind. Chem. **20**, 491 — Chem. Zbl. **1928 II**, 981.
[11] Paul Bary: C. r. Acad. Sci. Paris **178**, 1159 (1924) — Chem. Zbl. **1924 II**, 25.
[12] N. Nastuhow, O. Golow u. A. J. Collie: Ber. dtsch. chem. Ges. **60**, 2591 (1927) — Chem. Zbl. **1928 I**, 1020.
[13] K. Heß: Papierfabr. **23**, 122 (1925) — Chem. Zbl. **1925 II**, 17 — Z. angew. Chem. **37**, 993 (1924) — Chem. Zbl. **1925 I**, 1289.

weder präparativ erhalten, noch bieten die Furfurol-Kohlensäureausbeuten einen indirekten Anhalt für ihre Entstehung. Als einziges zuckerartiges Oxydationsprodukt kommt die von Faber und Tollens aus mit Brom und Calciumcarbonat hergestellter Oxycellulose erhaltene Zuckersäure in Betracht, die nicht im Oxycellulosepräparat, sondern in der wässerigen Lösung gefunden wurde[1].

Vorkommen: Findet sich mit Cellulose und Hydrocellulose in verschiedenen Verhältnissen in den Cellulosemembranen von Helyanthus annuus, Vicia Faba, Hyacinthus und Galtonia[2].

Bildung: Der Betrag der Sauerstoffaufnahme und der Änderung in den Eigenschaften der Cellulose wurden an gebleichter Baumwolle gemessen, die mit Hypochloritlösungen von konstantem Gehalt an aktivem Chlor, aber wechselnder Acidität oder Alkalität behandelt wurde. Bei $p_H = 5—10$, die für die technischen Bleichflüssigkeiten charakteristisch sind, ergab sich die größte Oxycellulosebildung beim Neutralpunkt. Unter kontrollierbaren Bedingungen wirken schwach saure Hypochloritlösungen weniger rasch auf Baumwolle als neutrale, obgleich sie Einflüssen sehr leicht unterliegen, besonders solchen katalytischer Natur, die nicht leicht festzustellen sind und ihre Aktivität stark erhöhen. Diese Ergebnisse wurden erhalten mit gepufferten Lösungen. Spezifische Wirkungen der Puffersalze liegen nicht vor. — Hypobromit in stark alkalischer Lösung oxydiert viel rascher als Hypochlorit. Wässerige Dichromatlösungen verschiedener Acidität bilden Oxycellulose viel rascher in Gegenwart verdünnter Oxalsäure als verdünnter Schwefelsäure derselben äquivalenten Konzentration, auf die Analogie mit der Indigoätze mit Dichromat-Oxalsäure wird hingewiesen. Chemisch bereits leicht veränderte Baumwolle ist der Überführung in Oxy- oder Hydrocellulose nicht leichter zugänglich. Geringe Mengen Chrom in Baumwolle führen zu erheblich stärkerer Oxycellulosebildung beim Behandeln mit Hypochloritlösungen. Durch Einwirkung von Bichromat in schwefelsaurer Lösung erhaltene Oxycellulose enthält Spuren von Chrom, die durch Waschen nicht entfernt werden können, sie ist rasch angreifbar beim nachfolgenden Behandeln mit Hypochlorit. Durch Einwirkung von Bichromat in Oxalsäurelösung erhaltene Oxycellulosen sind leicht chromfrei zu erhalten, sie werden durch Hypochlorit nicht leichter oxydiert als unveränderte Baumwolle[3]. Beim alkalischen Abbau der Nitrocellulose in Methylalkohol[4].

Nachweis und Bestimmung: Die Annahme, daß die Anfärbbarkeit eines Gewebes durch Methylenblau auf dem Gehalt an Oxycellulose beruht, ist unrichtig; oxycellulosehaltige Ware und solche, von der die Oxycellulose restlos abgekocht ist, färben sich gleich[5]. Zum Nachweis und Bestimmung geeignet ist die Abkochung der gebleichten Probe mit Natronlauge und das Oxydieren der gelösten Substanz mit Permanganat[6]. — Oxycellulosen wurden im Gegensatz zu den Cellulosen und zu Hydrocellulosen durch Rutheniumrot gefärbt[7]. Nachweis auf gefärbter Baumwolle durch Reduktion der Fehlingschen Lösung[8]. Kritische Besprechung der bekannten Methoden zur Bestimmung von Oxycellulose. — Die Methode zur Bestimmung von Glykose und anderen Kohlehydraten durch Überführung in das Osazon, Reduktion mit Titanchlorid und Ermittlung des überschüssigen Reduktionsmittels durch Krystallscharlach[9] ist zur Bestimmung der verzuckerten Cellulose nicht geeignet, sie gibt aber gute Resultate in den Fällen, wo eine Bestimmung des Oxydationsgrades mittels Fehlingscher Lösung weniger zuverlässig ist[9]. — Ferri-Ferri-cyanid färbt Oxycellulose dunkelblau[10]. — Der Nachweis und die Bestimmung oxydierter Cellulosebestandteile mit Hilfe der Silberzahl: Im all-

---

[1] K. Heß: Papierfabr. 23, 122 (1925) — Chem. Zbl. **1925 II**, 17 — Z. angew. Chem. **37**, 993 (1924) — Chem. Zbl. **1925 I**, 1289.

[2] F. M. Wood: Ann. of Bot. **38**, 273—298 — Ber. Physiol. **27**, 82 (1924) — Chem. Zbl. **1925 I**, 100.

[3] Douglas Arthur Clibbens u. Bert Pusey Ridge: J. Textile Inst. I **18**, 135 (1922) — Chem. Zbl. **1927 II**, 188.

[4] Chemisch-Technische Reichsanstalt: Jahresber. VII. der C. T. R. **1928**, 25 — Chem. Zbl. **1930 I**, 1924.

[5] H. Kaufmann: Melliands Textilber. **6**, 591 (1925) — Chem. Zbl. **1926 I**, 536. — E. Ristenpart u. E. Pfau: Mschr. Textilind. **38**, 84 (1923) — Chem. Zbl. **1923 IV**, 67.

[6] H. Kaufmann: Melliands Textilber. **4**, 333, 385 (1923); **6**, 591 (1925) — Chem. Zbl. **1923 IV**, 743; **1926 I**, 536. — W. Barz: Z. ges. Textilind. **28**, 692, 705 (1925) — Chem. Zbl. **1926 I**, 1737. — Wilhelm Haaga: Melliands Textilber. **10**, 137, 390 (1929) — Chem. Zbl. **1929 II**, 985.

[7] Maneck Merwanji Mehta: Biochemic. J. **19**, 979 (1925) — Chem. Zbl. **1926 I**, 2712.

[8] E. Ristenpart: Melliands Textilber. **6**, 830 (1925) — Chem. Zbl. **1926 I**, 1072.

[9] Edmund Knecht: Melliands Textilber. **6**, 507 (1925) — Chem. Zbl. **1925 II**, 1320.

[10] W. F. A. Ermen: J. Soc. Dyers Colourists **44**, 303 (1928) — Chem. Zbl. **1929 I**, 325.

gemeinen kommt man mit einer 1proz. $AgNO_3$-Lösung, der man so viel konz. NH_4OH zugesetzt hat, daß sich der entstandene Niederschlag eben wieder löst, zum Nachweis oxydierter Cellulosebestandteile vollkommen aus. Zum quantitativen Nachweis erwärmt man die Fasern mit der gleichen Menge 1proz. Silberacetatslauge $^1/_2$ Stunde auf dem siedenden Wasserbad, saugt ab, wäscht, löst das Ag in 25proz. HNO_3 und titriert mit $^1/_{100}$n-Rhodanammon. Durch die Ag-Lösung erfolgt eine gleichmäßige Veränderung (Oxydation) der Faser. Es ist aber für die Ermittlung der Ag-Zahl unnötig, die Analyse bis zur Festlegung des Grundwertes zu treiben, es genügt die einfache Bestimmung. Für exakte wissenschaftliche Feststellungen ist aber die Durchführung bis zum Grundwert unerläßlich, die unter Benutzung des Grundwertes erhaltene Zahl wird als „korrigierte Ag-Zahl" bezeichnet. Auch rohe Baumwolle zeigt gegenüber Ag-Lösung ein starkes Reduktionsvermögen, das Abkochen mit Na_2CO_3-Lösung setzt die Reduktionskraft nicht herab. Nur die Phloroglucinreaktion läßt entscheiden, ob in einem Material oxydierte Cellulose vorliegt, auch wenn andere Reaktionen positiv verlaufen. Mercerisierte Baumwolle verhält sich bezüglich Ag- und KM_nO_4-Zahl wesentlich anders als unmercerisierte. Weitere Angaben beziehen sich auf die Beziehungen der Ag-, Cu- und KM_nO_4-Zahl in roher, abgekochter und gebleichter Baumwolle, sowie bei Viscoseseide mit 33,2% Alkalilöslichem[1]. Bei der Salzsäuredestillation geht die Zersetzung der Oxycellulose ziemlich langsam bei 160°, etwas schneller bei 100°, schneller bei 190° (500 ccm Destillat). Das ungetrocknete Phloroglucid ist in Alkohol zu 70—83% löslich; das getrocknete hat eine veränderte Löslichkeit von wechselndem Umfange (20—66%). Aus der Gesamtausbeute berechnen sich zu hohe Werte[2]. Aciditätszahl ist die Anzahl ccm Normallauge, die von 1 g Substanz bei der Titration gebunden werden (Phenolphthalein). Man löst die Oxycellulose in 2mal n-Natronlauge setzt Wasser zu und titriert zurück mit normaler Salzsäure[3].

Physikalische und chemische Eigenschaften: Alle Oxycellulosen haben geringere Dichte als die Cellulosen, von denen sie stammen. Umgekehrt ist die Anzahl Calorien bei Oxycellulosen größer. Bei der Destillation beträgt die gesamte Gasmenge nahezu 14%[4]. Oxycellulosen zeigen eine erhebliche Viscositätsabnahme in Cuprammoniumlösung nach 6stündigem Kochen mit 1proz. NaOH-Lösung[5]. Beziehungen von Kupferzahl, Methylenblauabsorption, Viscosität zur Echtheit der Färbungen bei Baumwoll-Oxycellulosen[6]. — Aus der Existenz einer alkalilöslichen Cellulose ohne Reduktionsvermögen ergibt sich, daß die Cu-Zahl von Oxycellulose keinen absoluten Wertmesser für den Schädigungsgrad der Cellulose darstellt, daß bei einer Prüfung auf Oxycellulose gleichzeitig die Reißfestigkeit geprüft werden muß[7]. Oxycellulosen enthalten trotz hoher Kupferzahl und großer Alkalilöslichkeit keine Furfurol abspaltenden Gruppen wie Glykuronsäure[8]. — Zum Unterschied gegen Hydrocellulosen besitzen die Oxycellulosen sauren Charakter, dessen Größe durch die Aciditätszahl ausgedrückt werden kann. — Die Isosaccharinbildung, die bei der Kalkkochung der Oxycellulose beobachtet wurde, tritt bei nativen Cellulosen nicht ein. — Nach der Dialyse der Lösungen von Oxycellulose in 10proz. Natronlauge bis zur Alkalifreiheit zeigt sich gallertartiges Ausflocken des größten Teiles der Cellulosepräparate in der Dialysierhülle. Oxycellulose, mit Natriumamalgam reduziert, zeigt ein spurenweises Reduktionsvermögen gegen Fehlingsche Lösung[3].

Oxycellulose wurde nach v. Faber und Tollens[9] mit Brom und Calciumcarbonat dargestellt. Durch Auskochen mit Wasser steigt zunächst der Drehwert in Kupferoxydammoniak und fällt wieder später bei mehrmaliger Wiederholung. Durch Schütteln mit 2n-NaOH bei Luftabschluß gingen 26,8% Substanz in Lösung, davon sind nur 37% wieder fällbar. Durch 5maliges Schütteln mit der 30fachen Menge 5proz. Natriumbicarbonatlösung änderte sich der Drehwert in Kupferoxydammoniak. 12,53% der Substanz sind in 2n-NaOH löslich[10].

---

[1] Kurt Götee: Melliands Textilber. **8**, 624—626, 696—699 (1927) — Chem. Zbl. **1927 II**, 1912—1913.

[2] F. W. Klingstedt: Z. analyt. Chem. **66**, 129 (1925) — Chem. Zbl. **1925 II**, 1479.

[3] P. Karrer u. Th. Lieser: Cellulosechemie **7**, 1 (1926) — Chem. Zbl. **1926 I**, 2675.

[4] D. L. C. y Ramón: An. Soc. Espanola Fisica Quim. **25**, 434 (1927) — Chem. Zbl. **1928 I**, 1167.

[5] D. A. Clibbens, A. Geake u. B. P. Ridge: J. Textile Inst. I **18**, 168 277, (1927) — Chem. Zbl. **1927 II**, 188, 2364.

[6] C. Birtwell, D. A. Clibbens u. B. P. Ridge: J. Textile Inst. I **16**, 13 (1925) — Chem. Zbl. **1926 I**, 1487 — Brit. Cotton Ind. Res. Assoc., Shirley Inst. Mem. **2**, 227 (1924) — Chem. Zbl. **1924 II**, 2713.

[7] Th. Lieser: Cellulosechemie **7**, 85 (Beil. zu Papierfabr. **24**) (1926) — Chem. Zbl. **1926 II**, 511.

[8] F. W. Klingstedt: Zellstoff u. Papier **8**, 471 (1928) — Chem. Zbl. **1928 II**, 952.

[9] O. v. Faber u. B. Tollens: Ber. dtsch. chem. Ges. **32**, 2592 (1892).

[10] K. Heß u. G. Katona: Liebigs Ann. **455**, 214 (1927) — Chem. Zbl. **1927 II**, 1342.

Oxycellulose wurde nach Nastukoff[1] mit 10proz. Permanganatlösung hergestellt. In 2n-NaOH waren 33,8% löslich, 60,5% davon mit Essigsäure fällbar. Reinigung durch 4malige Extraktion mit 5proz. Natriumbicarbonatlösung, wodurch der Drehwert in Kupferoxyd-ammoniak stieg. Die gereinigte Substanz ist mit reiner Cellulose identisch auf Grund einer Drehwertsreihe in Kupferoxydammoniak. 21,9% der gereinigten Substanz sind in 2n-NaOH löslich[2].

Oxycellulose mit Salpetersäure nach Croß und Bevan (Vorschrift von Nastukoff[3]) dargestellt zeigte folgende Eigenschaften: In 2n-NaOH löslich 22,7%, davon 34% mit Essig-säure ausfällbar. Reinigung mit Wasser und Natriumbicarbonatlösung. 8,9% der gereinigten Substanz sind in 2n-NaOH löslich, davon über 90% mit Essigsäure fällbar[2].

Oxycellulose mit Chromsäure nach Vignon[4] dargestellt zeigte folgende Eigenschaften: In 2n-NaOH löslich 40,54%, davon 19% mit Essigsäure fällbar. Nach der Behandlung mit Natriumbicarbonat wurde durch Behandeln mit $^1/_2$n-NaOH 'eine weitere Reinigung erzielt. 10,8% der gereinigten Substanz waren in 2n-NaOH löslich, über 90% davon mit Essigsäure fällbar[2].

Oxycellulose von ausreichendem Oxydationsgrad spaltet Furfurol, keineswegs aber Methylfurfurol ab. — Die Kupferzahlen der Oxycellulose allein können nicht zur Unterscheidung von Hydrocellulose herangezogen werden. Nur solche qualitative Reaktionen der Oxycellulose sind charakteristisch, die auf der Reaktionsfähigkeit der Carboxylgruppe beruhen, wie die Prüfung mit Methylorange nach Schwalbe und Becker und die Naphthoresorcinreaktion. — Eine charakteristische Eigenschaft der Oxycellulose ist die Kohlensäureabspaltung bei der Destillation mit verdünnter Salzsäure. Dadurch ist das Vorhandensein der Carboxylgruppe in der Oxycellulose direkt nachgewiesen. — Durch partielle Hydrolyse mit verdünnter Säure unter Druck konnte aus der Oxycellulose der sehr geringe oxydierte Anteil abgetrennt werden. Als Rückstand blieb eine hydrolytisch abgebaute Cellulose (Hydrocellulose). Die abgespaltene Carbonsäure wurde als Bariumsalz isoliert, konnte aber infolge Unbeständigkeit nicht näher charakterisiert werden[5].

Oxycellulose geht mit J nur eine verhältnismäßig lose Bindung ein, die sich durch Wasser ebenso schnell wie bei Cellulose löst[6]. Gegenwart von Oxycellulose erschwert die Langesche Probe $(J + ZnCl_2 + JK)$[6]. — Um die bei der Oxydation der Cellulose mit Chlorkalk ent-stehende Oxycellulose vor weiterem Angriff des Oxydationsmittels an der entstehenden C=O-Gruppe zu schützen, setzt Nastukoff diese mit Phenylhydrazin um. Bei der Oxydation ändert sich der N-Gehalt der Hydrazone nicht. Beim Auflösen der Oxycellulose in NaOH gingen nur 60% in Lösung. Diese gaben ein Hydrazon von gleichem N-Gehalt wie das nicht mit NaOH behandelte Produkt. Die in NaOH nicht lösliche Cellulose gab nach der Oxydation ein Hydrazon von gleichem N-Gehalt. — Zur Regenerierung der Oxycellulose aus dem Hydrazon wird dieses mit konz. HCl (d = 1,19) auf dem Wasserbade kurz erhitzt und mit Wasser ver-dünnt, filtriert und gut mit verdünntem NH_3 und verdünntem Alkohol gewaschen[7]. Oxy-cellulosemassen mit Phenolen und Aldehyden[8].

Cellulosenitrate, Nitrocellulosen (Bd. II, S. 226; Bd. VIII, S. 71; Bd. X, S. 316).

Bildung: Studien über die Nitrierungsgeschwindigkeit von Cellulose und Celluloseestern[9].

Darstellung: Vorschriften für die Baumwolle, H_2SO_4, HNO_3, Zusammensetzung der Nitriergemische und Angabe des Einflusses, den verschiedener Zusatz von Wasser zum Nitrier-

[1] A. Nastukoff: Ber. dtsch. chem. Ges. **34**, 720 (1901).
[2] K. Heß u. G. Katona: Liebigs Ann. **455**, 214 (1927) — Chem. Zbl. **1927 II**, 1342.
[3] A. Nastukoff: Ber. dtsch. chem. Ges. **34**, 3589 (1901).
[4] Vignon: Bull. Soc. chim. France (3) **19**, 811 (1898).
[5] Emil Heuser u. Fritz Stöckigt: Papierfabr. **20**, Beilage Cellulosechemie **3**, 61 (1922) — Chem. Zbl. **1922 III**, 559.
[6] E. Ristenpart: Melliands Textilber. **9**, 577 — Chem. Zbl. **1928 II**, 954.
[7] N. Nastukoff, O. Gelow u. A. J. Collie: Ber. dtsch. chem. Ges. **34**, 719, 3589 (1901); **60**, 2591 (1927) — Chem. Zbl. **1928 I**, 1020.
[8] G. Petroff: D.R.P. 380596, Kl. 39b v. 23. Juli 1921; Chem. Zbl. **1923 IV**, 962.
[9] Katsumoto Atsuki u. Masanori Ishiwara: Proc. imp. Acad. Tokyo **4**, 382 (1928) — Chem. Zbl. **1928 II**, 2234 — J. Soc. chem. Ind. Jap. (Suppl.) **31**, 262B—265B (1928) — Chem. Zbl. **1929 I**, 380.

gemisch auf den Nitrierprozeß hat[1]. Um der Nitrocellulose die größtmögliche Haltbarkeit zu verleihen, wird sie nach dem Nitrieren längere Zeit mit Wasser ausgekocht, oder noch besser mit Dampf behandelt. Zurückgebliebene Säurespuren können es nicht sein, die die Haltbarkeit der Nitrocellulose beeinträchtigen, da ein Auswaschen mit Sodalösung wirkungslos ist. Es kann höchstens eine sekundäre Reaktion des Nitriergemisches auf die Cellulose diese verschlechtern[2]. — Nitrieren nach dem Verfahren von Thomsen[3]. Man behandelt Cellulose zunächst mit Dämpfen von Salpetersäure, unter solchen Bedingungen, daß die faserige Struktur der Cellulose erhalten bleibt, und nitriert nach dem Waschen und Trocknen weiter[4]. — Baumwolle gibt bei kurzer Behandlung mit Salpetersäure von $40-41°$ Bé ein Produkt, das ein Mittelding zwischen Di- und Trinitrat ist[5]. Nitrierung in Gegenwart von Phosphorsäure[6].

Nachweis und Bestimmung: Mikromethode zur Bestimmung des Stickstoffgehalts von Nitrocellulose. Die Nitrocellulose wird mit $NaOH + H_2O_2$ verseift und in seiner mit geringen Änderungen von der üblichen Mikrokjeldahlbestimmung übernommenen Apparatur nach der Reduktion mit Devarda-Legierung als NH_3 bestimmt[7].

Physiologische Eigenschaften: Bakterienwachstum in Nitrocelluloselösungen[8].

Physikalische und chemische Eigenschaften: Die von Bruin[9] untersuchten Produkte bestehen angeblich aus Gemischen von einer Enneanitrocellulose $(C_{24}H_{31}O_{11})$ $(NO_3)_9$, einer Heudekanitrocellulose $(C_{24}H_{29}O_9)(NO_3)_{11}$, und zweier Dekanitrocellulosen $(C_{24}H_{30}O_{10})$ $(NO_3)_{10}$, von denen die eine in Äther-Alkohol löslich, die andere darin unlöslich ist. Bezüglich ihrer Beständigkeit unterscheiden sich die beiden Isomeren nicht voneinander. Diese Eigenschaft hängt lediglich von dem Stickstoffgehalt ab und kann als additiv betrachtet werden[9]. — Molekulargewichtsbestimmungen auf Grund des Schmelzdiagramms für das System Campher-Nitrocellulose[10]. Feuchtigkeit von Nitrocellulosen in Abhängigkeit von ihrem Gehalt an Schwefelsäure[11]. Einfluß der Nitrierungstemperatur auf die Eigenschaften des Cellulosenitrats[12].

Zellstoffe mit hohem Pentosangehalt lieferten die höchsten Werte für nichtnitrierte Bestandteile. Die Pentosane scheinen die Cellulosefasern hornartig zu verkleben und eine Schutzschicht zu bilden. Zur Ermittlung des besten Denitrierungsmittels wurden Versuche angestellt mit Kaliumhydrosulfid, Natriumhydrosulfid, Ammoniumhydrosulfid in Wasser, Kupferchlorid in Salzsäure, Ammoniumhydroxyd oder Ammoniumchloridlösung, ferner wurde die Einwirkung von nascierendem Wasserstoff aus aktiviertem Aluminium + Äther, Alkohol oder Amylacetat, elektrolytisch in $5-10$proz. Schwefelsäure und mittels Devardascher Legierung untersucht; die Resultate waren jedoch nicht befriedigend. Eine gute Denitrierung wurde schließlich durch alkoholisches Kaliumhydrosulfid und noch besser durch alkoholisches Ammoniumhydrosulfid erreicht. Diese Reaktion ermöglicht, den Pentosangehalt in Nitrocellulosen quantitativ zu bestimmen, und auch zu unterscheiden, ob die Nitrocellulose aus Zellstoff oder aus Baumwollcellulose hergestellt wurde. — Wenn eine Nitrocellulose unter 1% Pentosane, bezogen auf denitriertes Produkt, enthält, ist sie aus Baumwolle, wenn sie über 1% enthält, aus Holzzellstoff hergestellt worden. Ein Vergleich der Pentosangehalte der Zellstoffe vor der Nitrierung und der nach Nitrierung und Regenerierung erhaltenen Produkte ergibt, daß Zellstoffe mit wenig Pentosangehalt auch nach der Nitrierung fast denselben

[1] F. Schmitt: Caoutchouc et Guttapercha **20**, 11748 (1923) — Chem. Zbl. **1923 II**, 1119. — E. Berl u. W. von Boltenstern: Z. angew. Chem. **34**, 19 (1921) — Chem. Zbl. **1921 II**, 677. — R. Gabillon: Rev. gén. Matières plast. **2**, 81, 495 (1926); **3**, 15, 67, 226, 279 (1927) — Chem. Zbl. **1926 I**, 3190; **1927 II**, 886.

[2] F. Schmitt: Caoutchouc et Guttapercha **20**, 12022 (1923) — Chem. Zbl. **1924 I**, 2851.

[3] F. Schmitt: Caoutchouc et Guttapercha **21**, 12203 (1924) — Chem. Zbl. **1924 II**, 566.

[4] I. G. Farbenindustrie A.-G.: E.P. 303006 v. 6. Dez. 1928; Chem. Zbl. **1929 I**, 2369.

[5] P. Budnikow: Melliands Textilber. **6**, 661 (1925) — Chem. Zbl. **1926 I**, 536.

[6] C. K. Kranz u. F. J. Blechta: Chem. News **134**, 1, 177 (1927) — Chem. Zbl. **1927 I**, 1429 — Chemický Olzor **2**, 1 (1927) — Chem. Zbl. **1927 II**, 992.

[7] D. Krüger: Z. angew. Chem. **41**, 407 — Chem. Zbl. **1928 I**, 2849.

[8] Bokorny: Allg. Brauer- u. Hopfen-Ztg **65**, 743 (1925) — Chem. Zbl. **1925 II**, 1176.

[9] G. de Bruin: Rec. Trav. chim. Pays-Bas et Belg. (Amsterd.) (4) II **40**, 632 (1922) — Chem. Zbl. **1922 III**, 1155.

[10] C. Trogus u. M. A. el Shahid: Naturwiss. **16**, 315 — Chem. Zbl. **1928 II**, 5.

[11] A. Caille: Chim. et Ind. **19**, 402 — Chem. Zbl. **1928 I**, 2887.

[12] Katsumoto Atsuki u. Masanori Ishiwara: J. Soc. chem. Ind. Jap. (Suppl.) **31**, 268 B bis 269 B (1928) — Chem. Zbl. **1929 II**, 1788.

Pentosanwert zeigen, Zellstoffe mit hohem Pentosangehalt dagegen nach der Regenerierung einen erheblich niedrigeren Pentosangehalt aufweisen[1].

Lösungen von Nitrocellulosen in Äther-Alkohol oder Amylacetat, besonders solche aus Holznitrozellstoff, zeigen sehr oft Trübungen und geben infolgedessen auch nicht klare Filme. Die Trübung wird oft durch den Dispersitätsgrad bedingt; Alkalien, mineralische und andere unlösliche Bestandteile, z. B. hochnitrierte Cellulose. können ebenfalls zu Trübungen Veranlassung geben. Zugabe von Wasser bewirkt je nach der Art des Lösungsmittels Trübung oder keine Trübung. Z. B. geben in Alkohol-Aceton oder in Alkohol-Äther gelöste Nitrocellulosen mit Wasser trübe Lösungen beim Verdunsten, da hier das Lösungsmittel zuerst verdunstet, mit Amylacetat hergestellte Lösungen bleiben jedoch klar, ebenso wie Filme aus diesen Lösungen, weil hier bei Zugabe von Wasser und allmählichem Verdunsten Wasser zuerst fortgeht. — Durch chemische Mittel stark angegriffene Cellulose, die nitriert wird, liefert, selbst wenn die Nitrocelluloselösung in Äther-Alkohol oder Amylacetat klar ist, spröde Filme.

Hoher Pentosangehalt schützt die Cellulosefaser vor der Nitrierung; eine stark wasserhaltige Nitriersäure wirkt stark abbauend auf die in der Cellulose enthaltenen Pentosane, die zum Teil als nichtnitrierte Pentosane in der Nitrocellulose verbleiben; diese sind unlöslich in den Lösungsmitteln für Cellulose und bilden infolgedessen trübe Schleier. Die mit wasserarmen Nitriersäuren hergestellten Nitrocellulosen enthalten die Pentosane als Nitropentosane, die in den Lösungsmitteln für Nitrocellulose löslich sind, die Lösungen sind verhältnismäßig klar, die Filme jedoch trüb, weil die Nitropentosane ebenso wie die Abbauprodukte der Cellulose trübe Filme geben. Ein Pentosangehalt von 2—3%, bezogen auf denitrierte Nitrocellulose, ist für die Bildung klarer fester Filme stets ungünstig. Je weniger die Cellulose durch die Aufschließungsverfahren oder durch die Nitrierung angegriffen wird, desto bessere Filme oder Lacke werden erhalten[1]. — Die chemische Veränderung, die die Cellulose beim Nitrieren erfährt, kann festgestellt werden durch Bestimmung der Kupferzahl der aus der Nitrocellulose regenerierten Cellulose. Diese Regenerierung erfolgt am besten, indem die Nitrocellulose mit dem 100fachen Gewicht einer etwa 16proz. wässerigen Ammoniumhydrosulfidlösung 6 bis 10 Stunden bei 25—30° digeriert und danach mit verdünnter Chlorkalklösung, Natriumsulfitlösung und Wasser gewaschen wird. Hydrolyse oder Oxydation der Cellulose tritt bei diesem Verfahren nicht ein; ein Stickstoffgehalt von etwa 0,02% in der regenerierten Cellulose ist bedeutungslos[2]. — Enthält die Nitrocellulose einen dem Mononitrat entsprechenden oder einen höheren Stickstoffgehalt, so löst sie sich in Fehlingscher Lösung und gibt die durchschnittliche Kupferzahl 30; sinkt der Stickstoffgehalt unter den genannten, so bleibt etwas unlösliche, nicht nitrierte Cellulose zurück, die Kupferzahl der Cellulose fällt. Die aus verschiedenen Nitrocellulosen regenerierte Cellulose zeigt im Vergleich zur ursprünglichen Cellulose eine höhere Kupferzahl, und zwar ist der Unterschied um so größer, je größer der Wassergehalt im Nitriergemisch, je größer der Schwefelsäuregehalt, je höher die Nitrierungstemperatur oder Nitrierungsdauer und schließlich je höher die Kupferzahl der Ausgangscellullose ist. Während der Nitrierung muß die Cellulose demnach verändert werden, und zwar hauptsächlich zu Hydrocellulose, wodurch Abnahme der Viscósität und Zunahme der Löslichkeit bedingt werden. — Beim Nitrieren verschiedener unter wechselnden Bedingungen mittels Calciumhypochlorit erhaltener Oxycellulosen ergibt sich, daß mit höherer Kupferzahl der Oxycellulose die Ausbeute an Nitroderivat, ebenso der Stickstoffgehalt und Viscosität abnehmen, die Löslichkeit des Nitroderivats sowie die Kupferzahl der regenerierten Cellulose zunehmen[2]. Mit einem Gemisch von 54,69% Schwefelsäure, 26,87% Salpetersäure und 18,44% Wasser wurden 1 Stunde lang folgende Produkte nitriert: ungebleichte und gebleichte Sulfitpulpen, ungebleichte und gebleichte Natronpulpen, Schilfrohr, Reisstroh, Bambusrohrpulpen, Baumwolle und aus Lumpen hergestelltes Leimpapier. Alle Nitroderivate waren in 10proz. alkoholischer Campherlösung klar löslich. Bezüglich ihrer sonstigen Eigenschaften ergibt sich aus den Versuchen folgendes: Je größer in dem zu nitrierenden Produkt der Gehalt von α-Cellulose und je niedriger die Kupferzahl dieser α-Cellulose ist, ferner je geringer der Gehalt an Nichtcellulosestoffen und β- und γ-Cellulose ist, um so höher sind der Stickstoffgehalt, Ausbeute, Stabilität und Viscosität in alkoholischer Campherlösung, um so kleiner die Löslichkeit in Alkohol, und um so heller gefärbt ist das Nitroderivat. Die geringste Ausbeute, 142%, gab gebleichte Reisstrohpulpe beim Nitrieren, das Produkt zeigte geringe Stabilität und Vicosität, die damit

---

[1] Berthold Rassow u. Eduard Dörr: J. prakt. Chem. **108**, 113 (1924) — Chem. Zbl. **1924 II**, 2137.

[2] Katsumoto Atsuki: J. Fac. Eng. Tokyo Imp. Univ. **15**, 55 (1924) — Chem. Zbl. **1925 I**, 1252.

hergestellten Filme waren sehr zerbrechlich. — Die übrigen Nitroderivate ergaben beim Lösen in alkoholischer Campherlösung eine zur Herstellung von Celluloid geeignete Lösung, jedoch zeigten sich auch hier Unterschiede besonders bezüglich der Stabilität und der Viscosität. Nitroderivate aus gebleichten Sulfitpulpen waren von mittlerer Stabilität und Viscosität und waren schwach gelblich gefärbt, die aus Schilfrohr und Bambuspulpen dargestellten waren weniger viscos und beständig; die aus ungebleichter Sulfitpulpe erhaltenen Produkte hatten hohe Viscosität und niedrige Stabilität, die Nitroderivate aus Natronpulpe hatten geringe Viscosität. Die Viscosität von Nitrocelluloselösungen wird hauptsächlich bedingt durch Veränderungen, die die α-Cellulose und Kupferzahl erleidet; je höher die Kupferzahl ist, um so weniger Viscosität besitzt die Lösung; die Stabilität einer Nitrocellulose sowie ihre Farbe werden hauptsächlich durch Beimengungen bedingt, erstere besonders durch die Gegenwart von hartnäckig anhaftender Schwefelsäure oder deren Estern sowie von nitriertem Holzgummi und Harzstoffen; die die Färbung bedingenden Beimengungen sind saurer Natur, sie können durch Kochen mit Wasser größtenteils entfernt werden[1]. — Für die Herstellung von Nitrocellulose ist es von Wichtigkeit, den Gehalt an α-Cellulose des Ausgangsmaterials zu kennen. Mit Zunahme des α-Cellulosegehaltes und Abnahme der Kupferzahl und der nichtcelluloseartigen Produkte erhöht sich der Stickstoffgehalt der nitrierten Produkte, steigt die Ausbeute, die Löslichkeit in Alkohol sinkt, während die Viscosität und die Stabilität steigt. Die Viscosität und Stabilität ist bei den verschiedenen Arten von Cellulose sehr verschieden. Im allgemeinen haben Nitrocellulosen aus Sulfitzellstoff mittlere Viscositäten und mittlere Stabilitäten, während solche aus Reisstroh, Schilf und Bambus niedere Viscosität und geringe Stabilität zeigen. Ein ungebleichter Sulfitzellstoff gibt Nitrocellulosen von geringer Stabilität, aber hoher Viscosität, während eine Nitrocellulose aus Natronzellstoff eine solche von niederer Viscosität gibt. Die Viscosität, die Stabilität und die Weiße der Nitrocellulose sind abhängig von der Reinheit der Cellulose. Die Viscosität richtet sich vorwiegend nach der Kupferzahl, nach der Art der α-Cellulose, während die Stabilität und die Farbe von der Menge der Nicht-α-Celluloseprodukte beeinflußt wird[2]. — Änderung der Eigenschaften der Cellulosenitrate in Abhängigkeit von der Zusammensetzung der Abfallsäure[3]. — Wenn die Nitrierung von Cellulose unter schonenden Bedingungen vorgenommen wird, besteht zwischen der Teilchengröße der Nitrocelluloselösungen in Aceton und der Krystallitgröße der ursprünglichen Cellulose ein bestimmter Zusammenhang. Man kann daher aus der Teilchengröße der Acetonlösungen auf die Krystallitgröße des Ausgangsmaterials zurückschließen. Diffusionsversuche an Acetonlösungen nitrierter Alkalicellulosen in Aceton ergaben, daß bei der in der Viscoseindustrie üblichen Vorreife eine Teilchenverkleinerung des Zellstoffs eintritt. Diese Teilchenverkleinerung äußert sich auch in der Abnahme der Viscosität der Acetonlösungen mit steigender Reifungsdauer der Alkalicellulosen. Durch Bestimmung der Viscosität der unter geeigneten Bedingungen nitrierten Produkte kann das Fortschreiten der Reife verfolgt werden[4]. Untersuchungen über die Farbenerscheinung von Nitrocellulosen im polarisierten Licht[5]. — Röntgenographische Untersuchungen an Nitrocellulosen[6]. — Elastizitätskurven[7]. — Nichtwässerige kolloide Systeme mit besonderer Berücksichtigung der Nitrocellulose[8]. Diffusionsversuche mit Lösungen von Nitrocellulose in Aceton[9].

Die Löslichkeit der Nitrocellulose in Äther-Alkohol ist eine Funktion der Zusammensetzung der Nitriersäure, die außer von der Anfangsbeschaffenheit auch von der Menge der angewandten Nitriersäure im Verhältnis zum Nitriergut abhängt. Es ergibt sich eine regelmäßige Abnahme der Löslichkeit bei steigendem Gewichtsverhältnis von Nitriersäure zu Cellulose, da die Änderungen der Nitriersäure nach der Reaktion mit steigenden Mengen

[1] Katsumoto Atsuki: J. Fac. Eng. Tokyo Imp. Univ. **15**, 117 (1924) — Chem. Zbl. **1925 I**, 1253.
[2] M. Reclus: Rev. gén. Matières plast. **2**, 377, 519, 567, 645; **3**, 29 (1927) — Chem. Zbl. **1927 II**, 520. — Katsumoto Atsuki: J. Fac. Eng. Tokyo Imp. Univ. **15**, 117 (1924) — Chem. Zbl. **1925 I**, 1253.
[3] E. Berl u. E. Berkenfeld: Z. angew. Chem. **41**, 130 (1928) — Chem. Zbl. **1928 I**, 1598.
[4] Deodata Krüger: Cellulosechemie **8**, 1—3 (Beil. zu Papierfabr. **25**) (1925) — Chem. Zbl. **1927 I**, 1246.
[5] Tissot: Memorial des Poudres **22**, 31—56 (1927) — Chem. Zbl. **1927 I**, 1539.
[6] R. O. Herzog u. Th. Nickl: J. physic. Chem. **30**, 457 (1926) — Chem. Zbl. **1926 II**, 387. — F. D. Miles u. J. Craik: Nature (Lond.) **123**, 82 (1929) — Chem. Zbl. **1929 II**, 1653.
[7] S. E. Sheppard u. E. K. Carver: J. physic. Chem. **29**, 1244 (1925) — Chem. Zbl. **1926 I**, 1096.
[8] F. Sproxton: Trans. Faraday Soc. **16**, 76—80 (1921) — Chem. Zbl. **1921 III**, 1001; **1922 I**, 1015.
[9] D. Krüger: Z. angew. Chem. **41**, 407 — Chem. Zbl. **1928 I**, 2849.

geringer werden[1]. — Löst sich in $Ca(CNS)_2$ und quillt in $CaCl_2$ ohne merkliche Zersetzung[2]. Lösungen mit Hilfe von Sulfocyansäure oder Isosulfocyansäure oder deren Derivate in Gegenwart von Wasser oder organischen Lösungsmitteln[2]. Essigsäure, Methylformiat, Methylacetat, Benzaldehydaceton, Epichlorhydrin, Äthyltartrat sind ausgezeichnete Lösungsmittel. Methyläthylketon und Campher lösen leicht. Äther und Kohlenwasserstoffe zeigen keine oder nur wenig lösende Wirkung. Kresol, Benzylalkohol, Eugenol, Anilin und Kresolmethyläther lösen nicht. Die lösende oder dispergierende Wirkung einer Flüssigkeit hängt anscheinend von der spezifischen Art der Flüssigkeit ab[4]. Als Lösungsmittel für Cellulosenitrat eignet sich ein bei 80,1° konstant siedendes Gemisch von 47,5% Isopropylacetat und 52,5% Isopropylalkohol[5]. — Die auf 100° erwärmte Nitrocellulose löst sich nachträglich in Lösungsmitteln, die sonst Nitrocellulose nicht gut lösen[6]. — Lösungsmittel für Nitrocellulose aus Holzteerölen[7]. Eine Löslichkeitskurve zeigt, daß nur die zwischen 10,2 und 12,8% N-haltigen Nitrocellulosen zu 100% in Alkohol-Äther-Mischung löslich sind. Eine Nitrocellulose mit 10,2% N läßt sich aus einer Lösung in Aceton durch Fällen mit Wasser in Fraktionen zerlegen, die alle den gleichen N-Gehalt zeigen, was für eine einheitliche Verbindung spricht. Einer solchen entspricht eine Heptanitrocellulose von der Zusammensetzung $C_{24}H_{33}O_{13}(ONO_2)_7$ mit einem N-Gehalt von 10,18%[8]. Bei den Peptisationsversuchen wurde die Löslichkeit von Nitrocellulose in Alkohol-Benzol-Aceton (65:34:1) (extrahierte und nichtextrahierte Cellulose) untersucht. Die in Lösung gehende Menge nimmt mit steigender Menge des Bodenkörpers zu. Bei einem Versuch wurde ein Bodenkörper eines vorhergehenden Versuches verwendet, dessen absolute Löslichkeit wesentlich geringer war als die des Ausgangsmaterials. Hier wurde bei einer bestimmten Konzentration konstante, von der Bodenkörpermenge unabhängige Löslichkeit beobachtet[9]. Quellung und Löslichkeit von Nitrocellulosen aus Baumwolle, Sulfitzellstoff und Bambusfaser in Alkohol[10]. — Lösungs- und Weichmachungsmittel für Nitrocellulosen[11].

Sämtliche Proben mit derselben Nitriersäure geben Produkte mit genau demselben N-Gehalt, abgesehen von einer sehr kräftigen Vorbehandlung der Baumwolle. Sämtliche Produkte zeigten höheren N-Gehalt, als nach Clement-Rivière mit dem angewandten Säuregemisch zu erwarten war. Eine vorhergehende Behandlung der Baumwolle hat die größte Einwirkung auf die Löslichkeit des Nitrierproduktes in Alkohol. 6stündiges Erhitzen steigert die Löslichkeit auf das Doppelte, längeres bewirkt eine weitere Steigerung. Vollständige Löslichkeit wird nicht erreicht, auch nicht durch Mercerisieren. Dagegen gibt eine mercerisierte Baumwolle nach 6stündigem Erhitzen ein vollständig lösliches Produkt. — Die Nitrocellulosen aus nichtvorbehandelter und aus nur mercerisierter Baumwolle zeigen die gleiche Löslichkeit in verdünntem Alkohol (94,1 Gewichts-%). Erst nach dem Mercerisieren und längerem Erhitzen zeigt sich eine merkbare Steigerung der Löslichkeit[12]. Messung der Viscosität von Lösungen verschiedener Nitrocellulosesorten nach der Kugelfallmethode[13]. — Viscositätsmessungen[14]. — Einfluß des Lösungsmittels und Verdünnungsmittels auf die Viscosität von Nitrocelluloselösungen[15]. — Viscositätsabnahme der Nitro-

[1] H. Brunswig: Z. ges. Schieß- u. Sprengstoffwesen **23**, 337 (1928) — Chem. Zbl. **1929 I**, 1093.
[2] K. Schweiger: Hoppe-Seylers Z. **117**, 61—66 (1921) — Chem. Zbl. **1922 I**, 324.
[3] Société pour la Fabrication de la Soie Rhodiaseta: E.P. 246430 v. 22. April 1925; Chem. Zbl. **1926 II**, 1216.
[4] E. W. J. Mardles: J. Soc. chem. Ind. **42 I**, 127 (1923) — Chem. Zbl. **1923 IV**, 259.
[5] StandardDevelopmentCompany: A.P. 1485071 v. 13. März 1922; Chem. Zbl. **1924 I**, 2844.
[6] Atlas Powder Company: A.P. 1553494, 1553495 (1927); Chem. Zbl. **1926 I**, 1333.
[7] Ellis-Foster Co: A.P. 1558446 v. 27. März 1924; Chem. Zbl. **1926 I**, 1913.
[8] H. Brunswig: Cellulosechemie **7**, 118 (Beil. zu Papierfabr. **24**) (1926) — Chem. Zbl. **1926 II**, 1631.
[9] W. v. Neuenstein: Kolloid-Z. **41**, 183 (1927) — Chem. Zbl. **1927 I**, 2045.
[10] K. Atsuki: J. Fac. Eng. Tokyo Imp. Univ. **16**, 111 (1925) — Chem. Zbl. **1926 II**, 511.
[11] A. Noll: Farben-Ztg **32**, 1553 — Papierfabr. **25**, 65 (1927) — Chem. Zbl. **1927 I**, 3160 — Chem.-Ztg **51**, 546—548, 566—567 — Chem. Zbl. **1927 II**, 1315.
[12] S. K. Hagen: Z. angew. Chem. **40**, 1359 (1927) — Chem. Zbl. **1928 I**, 441.
[13] J. K. Speicher u. G. H. Pfeiffer: Colloid Symposion Monograph **5**, 267 (1927) — Chem. Zbl. **1928 II**, 272.
[14] H. Dabisch: Farben-Ztg **33**, 1105 (1928) — Chem. Zbl. **1928 I**, 1809.
[15] J. G. Davidson u. E. W. Reid: Ind. Chem. **18**, 669 (1926); **19**, 977 (1927) — Chem. Zbl. **1926 II**, 1465; **1928 I**, 442. — P. E. Marling u. J. M. Purdy: Ind. Chem. **19**, 980 (1927) — Chem. Zbl. **1928 I**, 442. — N. Kugelmass: Rec. Trav. chim. Pays-Bas et Belg. (Amsterd.) **41**, 755 (1922) — Chem. Zbl. **1923 I**, 820. — E. C. Bingham u. W. L. Hyden: J. Franklin Inst. **194**, 731 (1922) — Chem. Zbl. **1923 I**, 1216. — J. Duclaux: Rev. gén. des Colloides **3**, 257 (1925) — Chem. Zbl. **1926 I**, 1071.

cellulose mit der Dauer der Nitrierung[1]. — Zur Verminderung der Viscosität wird eine Behandlung mit Abfallnitriersäure vorgeschlagen[2]. Zusammenhang zwischen den Eigenschaften der mit Natronlauge vorbehandelten Cellulose und der Viscosität der daraus durch Nitrierung gewonnenen Nitrocellulose[3]. — Durch fraktionierte Fällung mit Benzin entstehen aus Nitrocellulose Fällungen von verschiedener Viscosität. Das Altern der Celluloide ist von einer Abnahme der Viscosität begleitet. Für die Verminderung der Alterungserscheinungen sind folgende Richtlinien: 1. Benutzung einer Nitrocellulose hoher Viscosität, 2. die möglichst ausschließliche Benutzung der ersten Fällung, welche das Produkt höchster Viscosität liefert[4]. Untersuchungen über die Fraktionierung von Nitrocellulosepräparaten[5]. — Verminderung der Viscosität durch Behandlung mit leicht eindringenden Erweichungsmitteln und dann mit einer verdünnten wässerigen Säurelösung[6]. Beim Nitrieren verschiedener unter wechselnden Bedingungen mittels Calciumhypochlorit erhaltener Oxycellulosen ergibt sich, daß mit höherer Kupferzahl der Oxycellulose die Ausbeute an Nitroderivaten, ebenso der Stickstoffgehalt und Viscosität abnehmen, die Löslichkeit des Nitroderivates sowie die Kupferzahl der regenerierten Cellulose zunehmen. Erreicht die Kupferzahl der Oxycellulose den Wert etwa 10, so zeigt sich eine stärkere Abnahme des Stickstoffgehaltes, die übrigen vorher genannten Eigenschaften treten noch deutlicher hervor[7]. — Die aus Oxycellulosenitraten hergestellten Lösungen in Aceton zeigen eine geringere Viscosität und geben Filme von geringerer Stärke[8]. Bleichen von Nitrocellulose gibt ein unstabiles Produkt, die Lösung zeigt keine Viscositätsabnahme; gebleichte Cellulose gibt ein Nitroderivat, dessen Lösung geringe Viscosität zeigt. Wird eine Nitrocellulose mit starker Phosgenlösung gebleicht, so erstarrt die danach hergestellte Acetonlösung rasch gelartig, das Produkt ist sehr unbeständig. Wird dieses Nitroderivat mit 1proz. Salpetersäure 10 Stunden gekocht, so zeigt es wieder dieselbe Viscosität der Lösung und die gleiche Stabilität wie vor dem Bleichen; aus der stark chlorhaltigen Lösung hat die Nitrocellulose Chlor adsorbiert oder substituiert, und dieses Chlor bedingt die Veränderungen der Eigenschaften; durch Waschen mit kaltem Wasser oder schwefliger Säure ist es nicht entfernbar, sondern nur durch siedende 1proz. Salpetersäure. Gegen die oxydierende Wirkung von Calciumhypochlorit scheint Nitrocellulose widerstandsfähiger zu sein als Cellulose. Statt der Phosgenlösung kann zum Bleichen von Nitrocellulose auch Kaliumpermanganat vorteilhaft benutzt werden; das in diesem Falle erhaltene Produkt ist stabil, die Entfernung der Manganverbindung ist aber schwierig[9].

Die im Ostwaldschen Apparat gemessene Viscosität der Lösungen von Nitrocellulose in Aceton, Aceton + Campher, Aceton + Tetrachloräthan + Alkohol nimmt beim Altern (mehrtägiges Stehen im Viscosimeter) ab; durch mechanische Behandlung (wiederholtes Hochdrücken im Viscosimeter) steigt die Viscosität wieder an. Man kann die Viscositätsabnahme durch Aggregation stäbchenförmiger Micellen zu größeren Sekundärteilchen, die Zunahme durch Zerstörung dieser Aggregate unter Bildung ungeordneter „sperriger" Strukturen erklären[10]. Aus Pappelholz nach den Jahresringen herausgeschnittene 4 Teile Holz in gleicher Weise mit NaOH in Cellulosebrei verwandelt und in gleicher Weise nitriert, zeigten die erhaltenen Nitrocellulosen ungefähr gleichen N-Gehalt, aber wechselnde, mit abnehmendem Alter des Holzes regelmäßig steigende Viscosität[11]. Resultate über die Einflüsse von Depolymerisation auf die mechanischen Eigenschaften von Nitrocellulosefilmen[12]. Schüttelt man

[1] Katsumoto Atsuki u. Masanori Ishiwara: J. Soc. chem. Ind. Jap. (Supp.) **31**, 266 B bis 268 B (1928) — Chem. Zbl. **1929 I**, 380 — Proc. imp. Acad. Tokyo **4**, 386 (1928) — Chem. Zbl. **1928 II**, 2234.

[2] Eastman Kodak Co., übertr. von C. U. Prachel: A.P. 1661736 v. 27. Febr. 1925; Chem. Zbl. **1928 I**, 2556.

[3] Katsumoto Atsuki u. Kichiro Shimoyama: J. Soc. chem. Ind. Jap. (Suppl.) **31**, 261 B (1928) — Chem. Zbl. **1929 I**, 379.

[4] A. Breguet: Rev. gén. des Colloides **3**, 200, 230 (1925) — Chem. Zbl. **1926 I**, 793.

[5] J. Duclaux u. R. Nodzu: Rev. gen. Coll. **7**, 241 (1929) — Chem. Zbl. **1930 I**, 818.

[6] Eastman Kodak Co.: A.P. 1588089 v. 1. Sept. 1925; Chem. Zbl. **1926 II**, 1216.

[7] Katsumoto Atsuki: J. Fac. Eng. Tokyo Imp. Univ. **15**, 55 (1924).

[8] Katsumoto Atsuki: J. Fac. Eng. Tokyo Imp. Univ. **15**, 109 (1924) — Chem. Zbl. **1925 I**, 1253.

[9] Katsumoto Atsuki: J. Fac. Eng. Tokyo Imp. Univ. **15**, 117 (1924) — Chem. Zbl. **1925 I**, 1254.

[10] W. v. Neuenstein: Kolloid-Z. **39**, 88 (1926) — Chem. Zbl. **1926 II**, 364.

[11] L. Meunier u. A. Breguet: Rev. gén. des Colloides **2**, 289—294 (1924) — Chem. Zbl. **1925 I**, 317.

[12] H. Okada: Cellulose Industry **3**, 33 (1927) — Chem. Zbl. **1928 I**, 1115.

10proz. Lösungen von Cellulosenitrat (mit verschiedenem N-Gehalt) in Aceton, Alkohol-Äther oder Amylacetat mit gepulvertem PbO oder CaO und dekantiert vom Überschuß, so nimmt die Viscosität zu, und es bildet sich schließlich eine Gallerte. Andere Oxyde (Cu, Hg, Ag, Bi, Al, Fe, Ni, Zn, Cd, Ba) liefern ähnliche Erscheinungen. Analysen der Gallerten und der aus den Lösungen mit Ligroin gefällten Niederschläge zeigen, daß die Bindung der Oxyde ganz ungleich erfolgt. Die PbO-Gallerte enthält viel ungebundenes Oxyd. — Elektrolysiert man 1proz. Lösungen von Cellulosenitrat in Aceton oder Alkohol-Äther nach Zusatz einer Spur NaOH an Elektroden des Versuchsmetalls, so bildet sich an der Anode eine metallhaltige Gallerte, und gleichzeitig geht Metall in Lösung. Auch diese Produkte wurden analysiert (Tabellen). — Die Gallerten werden durch wenig HCl oder HNO_3 zerstört und scheinen in sauren Medien nicht entstehen zu können. Die Bildung dieser Komplexe läßt auf saure Eigenschaften der Cellulosenitrate schließen[1]. Untersuchungen über die Entzündlichkeit von Nitrocellulosen[2]. — Über Methoden zur Bestimmung der Haltbarkeit von Nitrocellulosen[3]. — Die Beständigkeit verschiedener Oxycellulosenitrate bei verschieden langem Erhitzen auf 60—65° wechselt, und zwar sind die Produkte am unbeständigsten, die am weitesten oxydiert worden sind und die infolgedessen den größten Gehalt an Schwefelsäure besitzen[4]. Verschiedene Methoden zur Stabilisierung der Nitrocellulosen[5]. — Bestimmung des Austauschkoeffizienten: die von 100 g Nitrocellulose bei 1stündigem Kochen bei 100° an reines Wasser abgegebene Säuremenge[6].

Bei längerer Einwirkung, 30—45 Tage, von Pyridin auf Nitrocellulose bei Zimmertemperatur findet eine tiefgreifende Zersetzung derselben statt, die sich besonders in einer Abnahme des Stickstoffgehalts äußert. — Die mit Pyridin behandelte Nitrocellulose liefert mit Phenylhydrazin eine amorphe, gelbe Substanz, die sich von 140° an bräunt und allmählich bis 200° schwarz wird, ohne zu schmelzen. Der Stickstoffgehalt beträgt 11,41%. Bei der Abelschen Probe bei 95—96° färbt die mit Pyridin behandelte Nitrocellulose schon nach 2 Minuten Kaliumjodid-Stärkepapier. Vielleicht vollzieht sich der Zersetzungsprozeß nach folgendem Schema[7]:

$$-\mathrm{CH}-\mathrm{O}-\mathrm{NO_2} \atop \overset{|}{\mathrm{CH_2}}-\mathrm{O}-\mathrm{NO_2} \quad \xrightarrow{-\mathrm{HNO_2}} \quad =\mathrm{C}-\mathrm{O}-\mathrm{NO_2} \atop \overset{|}{\mathrm{CH_2O}}- \quad \xrightarrow{-\mathrm{HNO_2}} \quad \overset{-\mathrm{C}=\mathrm{O}}{\underset{\diagdown \mathrm{H}}{\mathrm{C}=\mathrm{O}}} \quad \xrightarrow{\mathrm{N_2O_3}}$$

$$\longrightarrow \quad \overset{`-\mathrm{CO}}{\underset{\mathrm{COOH}}{|}} \quad \xrightarrow[-\mathrm{CO_2}]{\substack{+\mathrm{O} \\ -\mathrm{H_2O}}} \quad -\mathrm{COH}$$

Nitrocellulose mit gebundener Schwefelsäure vermag den Kalk des Wassers zu fixieren, und zwar in um so größerer Menge, je länger das Auswaschen dauerte und je größer der Kalkgehalt des Wassers ist[8]. — Nitrocellulose wird in Gegenwart von Alkali mit Halogenphosphorverbindungen behandelt; durch diese Behandlung verliert die Kunstseide ihre Affinität für substantive Farbstoffe und erhält Affinität für basische Farbstoffe[9]. Über einige Umwandlungen der Nitrocellulose[10]. Verschiedene Cellulosearten werden an der Oberfläche nitriert, denitriert und die Eigenschaften der gewonnenen Produkte untersucht[11]. — Über Denitrie-

[1] A. Apard: C. r. Acad. Sci. Paris **186**, 153 — Chem. Zbl. **1928 I**, 1167.

[2] P. Pascal: Memorial Poudres **22**, 285, 299 (1926) — Chem. Zbl. **1928 I**, 1349.

[3] F. Schmitt: Caoutchouc et Guttapercha **20**, 11, 990 (1923) — Chem. Zbl. **1924 I**, 2851. — H. Stadlinger: Kunstseide **8**, 149, 214 (1926) — Chem. Zbl. **1926 II**, 1479.

[4] Katsumoto Atsuki: J. Fac. Eng. Tokyo Imp. Univ. **15**, 55 (1924) — Chem. Zbl. **1925 I**, 1252.

[5] Eastman Kodak Co.: A.P. 1552807 v. 1. April 1921; Chem. Zbl. **1926 I**, 541. — F. Schmitt: Caoutchouc et Guttapercha **23**, 12, 996 (1926) — Chem. Zbl. **1926 I**, 2415. — F. Blechta: Z. ges. Schieß- u. Sprengstoffwesen **21**, 38, 41 (1926) — Chem. Zbl. **1926 I**, 3374. — K. Atsuki: J. Fac. Eng. Tokyo Imp. Univ. **16**, 117 (1925) — Chem. Zbl. **1926 II**, 511. — I. G. Farbenindustrie A.-G., übertr. von Farbwerke vorm. Meister Lucius & Brüning (Höchst a. M.): E.P. 252382 v. 20. Mai 1926, Auszug veröff. 28. Juli 1926, Prior. 20. Mai 1925; Chem. Zbl. **1927 I**, 667.

[6] P. Vicille: Memorial Poudres **22**, 317 (1926) — Chem. Zbl. **1928 I**, 1350. — A. Koehler u. M. Marqueyrol: Memorial Poudres **32**, 320 (1926) — Chem. Zbl. **1928 I**, 1350.

[7] Gian Gastone Giannini: Gazz. chim. ital. **54**, 79 (1924) — Chem. Zbl. **1924 I**, 2340.

[8] A. Bréguet u. A. Caille: Chim. et Ind. **13**, 901 (1925) — Chem. Zbl. **1925 II**, 1572.

[9] Heberlein u. Co., A.-G.: E.P. 261792 v. 22. Nov. 1926; Chem. Zbl. **1927 I**, 2360; Zus. zu E.P. 255453; Chem. Zbl. **1927 I**, 523.

[10] A. Angeli: Atti Acad. naz. Lincei (5) **28 I**, 20—24 (1919) — Chem. Zbl. **1919 III**, 753; **1922 I**, 258.

[11] James Craik: Colloid Symposium Monograph **5**, 273 (1928) — Chem. Zbl. **1928 II**, 2718.

rungsvorgänge mit Sulfhydrat[1]. Beim alkalischen Abbau in Methylalkohol bildet sich Oxycellulose[2].

Derivate: Über die **Metallkomplexe** der Nitrocellulose[3].

Pernitrocellulosen $C_{24}H_{24}O_5(NO_3)_{14}$ und $C_{24}H_{30}O_{10}(NO_3)_{10}$, $2\,HNO_3$. Entstehen als primäre Reaktionsprodukte bei der Fabrikation von CP_1 [Schießbaumwolle mit 13,4% N $= C_{24}H_{29}O_9(NO_3)_{11}$] bzw. CP_2 [mit 12% N $= C_{24}H_{31}O_{11}(NO_9)$]. Sind nicht stabil, geben mit Wasser HNO_3 und CP_1 bzw. CP_2[4].

Weitere Derivate der Cellulose (Bd. VIII, S. 75; Bd. X, S. 319).

Alkalicellulose. Verschiedene Herstellungsverfahren[5]. Durch röntgenographische Beobachtungen wird gezeigt, daß Alkalicellulose sich auch in der wässerig-alkoholischen Lösung bildet, und zwar nimmt die Cellulose aus einer 50proz. alkoholischen Lösung mit 16% NaOH etwa 40% ihres Gewichtes, aus einer 10proz. alkoholischen Lösung etwa 13% NaOH auf[6]. Versuche zeigen kein Anwachsen der von Baumwolle aufgenommenen Menge Natriumhydroxyd, wenn die Stärke der Lauge von 20—43% abgeändert wird. Beobachtete Schwankungen im Natriumhydroxydgehalt der Alkaliwatte (13—15,5%) werden zum mindesten teilweise auf die Fehlerquellen der Bestimmung zurückgeführt, denn sie weisen keine sichtbaren Regelmäßigkeiten auf. Da eine Formel $C_{12}H_{20}O_{10} \cdot NaOH$ auf 100 g Cellulose etwa 12,34 g NaOH verlangt, liegen die beobachteten Werte nicht weit davon entfernt. Es konnte nicht der geringste Anhaltspunkt dafür gefunden werden, daß die Alkaliaufnahme der Cellulose mit steigender Laugenkonzentration der Zusammensetzung $C_6H_{10}O_5$—NaOH zustrebt[7]. Versuche mit verschieden starken Natronlaugelösungen ergaben, daß die von der Baumwolle aufgenommene Natronlaugemenge mit der Konzentration der Lösung steigt, bis die Stärke von 40° Tw. erreicht ist; zwischen 40 und 94 Tw. ist die aufgenommene Menge konstant. Tauchzeiten über 10 Minuten beeinflussen das Ergebnis nicht. Die Menge des aufgenommenen Natriumhydroxyds entspricht der Formel $2\,C_6H_{10}O_5 \cdot NaOH$. Versuche mit Kaliumhydroxydlösungen ergaben, daß bei 70° Tw. und darüber die aufgenommene Menge Kaliumhydroxyd konstant bleibt und der Verbindung $2\,C_6H_{10}O_5 \cdot KOH$ entspricht[8].

Bei der Untersuchung des Alkaligehalts der Alkalicellulose nach Gladstone, Zersetzung der Alkalicellulose durch Wasser und Titration der gebildeten Natronlauge, ist bei der Rücktitration der überschüssig zugesetzten Säure ein Zusatz von Indigolösung zum Methylorange zur besseren Erkennung des Umschlages erforderlich; dieses Gemisch ist sauer rot, basisch grün. Zum Nachweis von Alkali in dem zum Waschen der Alkalicellulose benutzten Alkohol dient am besten Alizarin. Alkalicellulose gibt an abs. Alkohol dauernd geringe Mengen Alkali ab. — Zurückzuführen ist dies darauf, daß der abs. Alkohol noch geringe Mengen Wasser enthält, die die Spaltung hervorrufen. — Unter peinlichem Ausschluß von Wasser ändert sich der Alkaligehalt der Alkalicellulose von einem bestimmten Punkte ab, auch nach 26stündiger Extraktionsdauer, nicht mehr. — Die Natriumhydroxydaufnahme einer Celluloseart ist um so

---

[1] A. Nádai: Z. physik. Chem. **136**, 289 (1928) — Chem. Zbl. **1929 I**, 324.

[2] Chemisch-Technische Reichsanstalt: Jahresber. VII. der C. T. R. **1928**, 25 — Chem. Zbl. **1930 I**, 1924.

[3] J. Duclaux: Rev. gén. Cooloides **6**, 224 (1928) — Chem. Zbl. **1929 I**, 871.

[4] E. Carriere: Bull. Soc. chim. France (4) **39**, 438 (1926) — Chem. Zbl. **1926 I**, 3220.

[5] Carolus Lambertus Stubmeyer (Bredo): Ö.P. 86756 v. 30. Jan. 1920 (27. Dez. 1921); Ö.P. 86757 (Zus.-P.) v. 30. Jan. 1920 (27. Dez. 1921); Chem. Zbl. **1922 II**, 650, 960. — Richard Schwarzkopf: F.P. 536238 v. 31. Mai 1921; Chem. Zbl. **1922 IV**, 1148. — Erich Schülke F.P. 536649 v. 11. Juni 1921; Chem. Zbl. **1922 IV**, 1148. — L. Lilienfeld: Ö.P. 90080 v. 1. Aug. 1919; Chem. Zbl. **1921 II**, 44; Chem. Zbl. **1923 II**, 971; E.P. 200816 v. 9. Juli 1923; Chem. Zbl. **1923 IV**, 808; E.P. 200827 v. 12. Juli 1923; Chem. Zbl. **1923 IV**, 808. — E. S. Farrow jr.: übertr. an Eastman Kodak Co.: A.P. 1467107 v. 4. Nov. 1922; Chem. Zbl. **1923 IV**, 960. — Herminghaus & Co., G. m. b. H.: D.R.P. 398255, Kl. 12o (1921); Chem. Zbl. **1924 II**, 2438; E.P. 594152 (1925); Chem. Zbl. **1926 I**, 1331. — Courtaulds u. Weyenbergh: E.P. 237685 (1925); Chem. Zbl. **1926 I**, 1074. — Soie de Chatillon Soc. Anon: E.P. 250617 v. 10. April 1926; Chem. Zbl. **1926 II**, 2856. — I. G. Farbenindustrie A.-G.: D.R.P. 445728, Kl. 12o v. 27. Mai 1924; Chem. Zbl. **1927 II**, 886.

[6] J. R. Katz: Z. Elektrochem. **32**, 125 (1925) — Chem. Zbl. **1926 I**, 3220. — J. R. Katz u. W. Vieweg: Z. Elektrochem. **31**, 157 (1925) — Chem. Zbl. **1925 I**, 2208.

[7] P. Karrer u. K. Nishida: Cellulosechemie **5**, 69 (1924) — Chem. Zbl. **1924 II**, 2831.

[8] Edmund Knecht u. J. H. Platt: J. Soc. Dyers Colourists **41**, 53 (1925) — Chem. Zbl. **1925 I**, 1700.

größer, je weiter abgebaut das betreffende Präparat ist. — Bezüglich der Steigerung der Natronlaugeaufnahme ergibt sich folgende Reihenfolge: Cellulose < Hydrocellulose nach Girard; Hydrocellulose nach Girard, nach Entfernung des Reduktionsvermögens < aus Kupferoxydammoniak mit Schwefelsäure regenerierte Cellulose < Oxycellulose nach Haller mittels Wasserstoffsuperoxyd dargestellt < Oxycellulose nach Nastukoff < Hydrocellulose nach Knoevenagel und Busch[1]. — Alkohol reagiert mit der Verbindung Alkalicellulose und spaltet sie analog, wie das durch Wasser geschieht. Während durch Wasser aber der Zerfall der Verbindung fast augenblicklich erfolgt, tritt er beim Alkohol sehr langsam ein, und die Reaktion verläuft nur bis zu einem bestimmten Gleichgewicht. Methylalkohol nimmt auch hier eine Mittelstellung zwischen diesen beiden Stoffen ein. Bezüglich der mit der Cellulose fester gebundenen Alkalimenge ergeben die Auswaschversuche, daß mit steigender Konzentration der angewandten Lauge auch die Menge des gebundenen Alkalis steigt. Es bildet sich in dem System Cellulose + NaOH + Wasser + Alkalicellulose ein Gleichgewicht aus, das durch Verringerung des Wassergehaltes zugunsten der Alkaliverbindung verschoben wird. Eine solche Verschiebung tritt besonders dann ein, wenn man der feuchten Alkalicellulose durch Trocknung das ihr anhaftende Wasser entzogen hat. Beim Auswaschen von getrockneten Produkten findet man größere Mengen gebundenen Alkalis als bei den Proben, die gleich im feuchten Zustande mit Alkohol behandelt werden[2]. Das Zahlenmaterial von Rassow und Wadewitz wird nicht nach stöchiometrischen, sondern nach physikalisch-chemischen Grundsätzen gewertet. Man kann bei der Annahme „übereinandergelagerter Reaktionen“ die Verbindung $(C_6H_{10}O_5)_2 \cdot NaOH$ annehmen, dieser aber die Fähigkeit zuschreiben, weitere Mengen Natronlauge zu adsorbieren. Eine vermehrte Adsorptionsfähigkeit wird durch zunehmende Oberflächenentfaltung erklärt, chemische Veränderung der Cellulose braucht nicht angenommen zu werden[3]. — Auch bei geringen Alkoholkonzentrationen bildet sich in den Laugen die Verbindung $(C_6H_{10}O_5)_2 \cdot NaOH$. Wohl ist die Quellung geringer als bei rein wässerigen NaOH-Lösungen, weil durch den Alkoholzusatz die Hydratation der Ionen, die ja den Quellungsgrad bestimmt, verringert wird. Die Bildung der genannten Verbindung wird aber erst dann verhindert, wenn der Alkoholzusatz die Dissoziation des NaOH so weit zurückgedrängt hat, daß nicht mehr genug Ionen zur Bildung der Verbindung vorhanden sind. Die Alkalicellulosebildung ist offenbar eine Ionenreaktion, und von diesem Gesichtspunkt aus muß auch die Wirkung der alkoholischen NaOH-Lösungen auf die Cellulose betrachtet werden[4]. Nach Heß[5] besteht kein Grund, die Verbindung $C_6H_{10}O_5 \cdot NaOH$ als Adsorptionsverbindung der Cellulose mit Natriumhydroxyd gegenüber der rein chemischen Verbindung $(C_6H_{10}O_5)_2 \cdot NaOH$ zu bezeichnen. Wenn Temperaturerhöhung die Bildung der beiden Verbindungen verschiebt, so ist dies in Übereinstimmung mit dem Verhalten ineinander übergehender Verbindungen, die einen verschiedenen Temperaturkoeffizienten haben: $2\,[1\,C_6H_{10}O_5 \cdot 1\,NaOH] \leftrightarrows [2\,C_6H_{10}O_5 \cdot 1\,NaOH] + NaOH$. Die Existenz der Verbindungen $(C_6H_{10}O_5)_2 \cdot NaOH$ und $(C_6H_{10}O_5)_2 \cdot KOH$ wird nachgewiesen, dagegen ist die Verbindung $(C_6H_{10}O_5)_2 \cdot 2\,NaOH$ aller Wahrscheinlichkeit nach nicht existenzfähig[6]. — Wird als eine komplexe Base der Zusammensetzung $C_{12}H_{20}O_{10} \cdot 1\,NaOH$ aufgefaßt[7]. — Die Reaktion zwischen Alkalimetall und Cellulose ist vom äußeren Zustand der Faser abhängig; diese muß sich in einem gewissen Quellungszustande befinden. Wässerige Alkalien bewirken eine Auflockerung der Micellen und mithin Eintritt der Reaktion; bei Gegenwart von Alkohol tritt eine Auflockerung ein, oder sie wird durch Entquellung rückgängig gemacht. Zwischen Faseroberfläche und Alkali findet eine Verteilung des letzteren nach nichtchemischen Gesetzen statt[5]. — Vergleichung der Eigenschaften der getauchten und abgepreßten Alkalicellulose[8]. — Einfluß der Tauchbäder bei der Herstellung von Alkalicellulose[9].

---

[1] Emil Heuser u. Werner Niethammer: Cellulosechemie **6**, 13 (1925) — Chem. Zbl. **1925 I**, 1862.

[2] B. Rassow u. M. Wadewitz: J. prakt. Chem. **106**, 266 (1923) — Chem. Zbl. **1924 I**, 976.

[3] Rudolf Lorenz: Wchbl. Papierfabr. **56**, Nr 24 A, 23 (1925) — Chem. Zbl. **1925 II**, 1235.

[4] E. Heuser u. R. Bartunek: Cellulosechemie **7**, 169 (Beil. zu Papierfabr. **24**) (1926) — Chem. Zbl. **1927 I**, 2408 — Cellulosechemie **6**, 19 (1925) — Chem. Zbl. **1925 I**, 1863 — E. Heuser: Cellulosechemie **8**, 31 (Beil. zu Papierfabr. **25**) (1927) — Chem. Zbl. **1927 I**, 2408 — Z. angew. Chem. **37**, 1010 (1924) — Chem. Zbl. **1925 I**, 642.

[5] K. Heß: Z. angew. Chem. **38**, 230 (1925) — Chem. Zbl. **1925 I**, 1974.

[6] B. Rassow: Zellstoff u. Papier **10**, 22 (1930) — Chem. Zbl. **1930 I**, 1462.

[7] B. Rassow u. L. Wolf: Ber. dtsch. chem. Ges. **62**, 2949 (1929) — Chem. Zbl. **1930 I**, 514.

[8] G. Kita, K. Sakurada u. J. Onohara: Cellulose Industry **4**, 37 (1928) — Chem. Zbl. **1929 I**, 1289.

[9] G. Kita, J. Onohara u. K. Masui: Cellulose Industry **4**, 29 (1928) — Chem. Zbl. **1929 I**, 590.

Wenn man feuchte Alkalicellulose, die von der überschüssigen Lauge befreit ist, längere Zeit in geschlossenen Gefäßen stehenläßt, tritt eine durch verschiedene Merkmale gekennzeichnete Veränderung ihrer Beschaffenheit ein, wofür der Name „Altern" vorgeschlagen wird (statt „Reifen"). Die Alterung ist erkennbar an dem mikroskopischen Bruchbild der Faser. — Eine gute Unterscheidungsmethode von frischer und gealterter Alkalicellulose bietet die Trocknung des Produktes unter siedendem Toluol. Die frisch abgepreßten Alkalicellulosen zeigen dabei eine hellgelbe Farbe, ohne daß die Zeitdauer der Einwirkung der Lauge einen Unterschied herbeiführt, während die gealterten mit Zunahme der Alterungszeit bei diesem Trocknungsvorgang schmutzig gelb, gelbbraun bis braun werden. — Beim Befreien der gealterten Alkalicellulose vom Alkali bekommt man geringere Ausbeuten an regenerierter Cellulose, als wenn man denselben Prozeß mit frischer Alkalicellulose durchführt[1]. Natronzellstoff nimmt bei 60° O_2 auf. Diese Aufnahme beträgt nach 35 Tagen etwa 1 Mol O_2 pro $C_6H_{10}O_5$ und ist nach 41 Tagen noch nicht beendet[2]. Die Zerstörung der Alkalicellulose bei gewöhnlicher Temperatur wird durch den Luft-O veranlaßt, der hierbei von der Alkalicellulose aufgenommen wird, ohne daß jedoch der durch eine Erhöhung der Cu-Zahl feststellbare Gehalt an Oxycellulose dabei zunimmt. Bei gänzlichem Fernhalten von O tritt auch bei langer Einwirkung starker NaOH auf Cellulose keine Zerstörung derselben ein. Vielmehr ist infolge der Abwesenheit jeglicher Luftspuren die α-Cellulose etwas erhöht[3]. Oxydation mit gasförmigem Sauerstoff[4].

Cellulose-Lithiumhydroxyd[5] $(C_6H_{10}O_5)_2LiOH$. — Entsteht aus 1 g Baumwolle mit 12 ccm einer 9—12proz. Lithiumhydroxydlösung.

Cellulose-Kaliumhydroxyd[6] $(C_6H_{10}O_5)_2KOH$. Aus Cellulose mit einer 35proz. Kalilauge.

Cellulose-Rubidiumhydroxyd[5] $(C_6H_{10}O_5)_3RbOH$. Aus Cellulose und 38—60proz. Rubidiumhydroxydlösung.

Cellulose-Caesiumhydroxyd[5] $(C_6H_{10}O_5)_3CsOH$. Aus Cellulose und 40—60proz. Caesiumhydroxydlösung.

Cellulosetetramethylammoniumhydroxydverbindung[6]. Die Feststellung der von der Cellulose aufgenommenen Base ergab, daß eine Verbindung $(C_6H_{10}O_5)_3 \cdot 1\,(N[CH_3]_4 \cdot OH)$ entstanden war; die analytischen Daten schließen jedoch die Verbindung $(C_6H_{10}O_5)_4 \cdot 1\,(N[CH_3]_3 \cdot OH)_4$ nicht aus.

Cellulosetrimethyl-phenylammoniumhydroxydverbindung[6]. Es wurden Kurven erhalten, die auf Entstehung von Verbindungen $(C_6H_{10}O_5)_4 \cdot 1\,(C_6H_5[CH_3]_3N \cdot OH)$ und $(C_6H_{10}O_5)_4 \cdot 3\,(C_6H_5[CH_3]_3N \cdot OH)$ deuten[6].

Cellulose-Phenylbenzyldimethylammoniumhydroxydverbindung[6]. Mercerisation der Cellulose mit Phenylbenzyldimethylammoniumhydroxyd und Feststellung·der aufgenommenen Basenmenge gab eine Kurve, die den anderen organischen Basen ähnlich verlief; bestimmte stöchiometrische Formeln ließen sich jedoch in diesem Falle nicht ableiten.

Cellulose-Trimethylsulfoniumhydroxydverbindung[6]. Mit Trimethylsulfoniumhydroxyd und Cellulose entsteht eine Kurve, die der mit Kaliumhydroxyd erhaltenen sehr ähnlich ist und auf die Bildung von $(C_6H_{10}O_5)_2 \cdot 1\,(CH_3)_3S \cdot OH$, die bei 3,5 n-Lösungen entsteht, deutet.

Cellulose-Guanidoniumhydroxydverbindung[6]. Aus Cellulose und Guanidiniumhydroxyd entsteht die Verbindung $(C_6H_{10}O_5)_2 \cdot 1\,(C[NH_2]_3 \cdot OH$ und wahrscheinlich auch die Verbindung $(C_6H_{10}O_5)_2 \cdot 2\,(C[NH_2]_3 \cdot OH)$.

Cellulosekupferverbindungen[7]. Wendet man auf die Abhängigkeit der Drehung der Lösungen von Cellulose in Schweizers Reagens von der Konzentration des Kupfers und der Cellulose das Massenwirkungsgesetz an, so ergibt sich für die Komplexverbindung der Cellulose das Verhältnis 1 Cu: 2 $C_6H_{10}O_5$ als das wahrscheinlichste, es käme aber auch ein anderes Vielfaches von $C_6H_{10}O_5$ in Frage. — Die aus Cellulose durch Abbau gewonnene **Cellulose A** [8]

[1] B. Rassow u. M. Wadewitz: J. prakt. Chem. **106**, 266 (1923) — Chem. Zbl. **1924 I**, 976.

[2] W. Weltzien u. G. z. Tobel: Papierfabr. **24**, 413 (1926) — Chem. Zbl. **1926 II**, 1805.

[3] P. Waentig: Papierfabr. **26**, Sonder-Nr, 64 — Chem. Zbl. **1928 II**, 719.

[4] W. Weltzien u. G. z. Tobel: Seide **32**, 371, 414 (1927) — Chem. Zbl. **1928 I**, 2080 — Ber. dtsch. chem. Ges. **60**, 2024 (1927) — Chem. Zbl. **1928 I**, 31.

[5] Emil Heuser u. Richard Bartunek: Cellulosechemie **6**, 19 (1925) — Chem. Zbl. **1925 I**, 1863.

[6] Fr. Dehnert u. W. König: Cellulosechemie **6**, 1 (1925) — Chem. Zbl. **1925 I**, 2216.

[7] W. Traube: Ber. dtsch. chem. Ges. **54**, 3220 (1922); **56**, 268 (1923) — Chem. Zbl. **1922 I**, 540; **1923 I**, 740. — K. Heß u. E. Meßmer: Ber. dtsch. chem. Ges. **55**, 2432 (1922); **56**, 587 (1923) — Chem. Zbl. **1922 III**, 1253; **1923 I**, 1156.

[8] Kurt Heß: Ber. dtsch. chem. Ges. **54**, 2867 (1921).

gibt unter ähnlichen Bedingungen in Schweizers Reagens Drehwerte von der gleichen Größenordnung wie Cellulose: $[\alpha]_{blau} = -833°$ ($[\alpha]_D^{14}$ der Cellulose A in n-Natronlauge für $c = 1,432 = -10°$). — Zusatz von Natronlauge bewirkt eine bedeutende Vergrößerung des Drehwertes. — Überschüssige Natronlauge fällt aus der Kupfer-Cellulose-A-Lösung eine blaue, wasserhaltige Verbindung, die sich über Schwefelsäure nach mehreren Tagen unter Grünfärbung zersetzt und auf 1 Cu 2 Na und 12 C enthält[1]. Die Cellulose erleidet in der Schweizer-Lösung keine hydrolytische Spaltung, die Drehwerte entsprechen im wesentlichen einem einzigen hochdrehenden Cellulose-Kupfer-Komplex, der im Gleichgewicht steht mit optisch sehr schwach aktiver, lediglich durch Basenwirkung gelöster Cellulose. — Das reagierende Kupfer wird ausschließlich für die hochdrehende Komplexverbindung verbraucht und ist in den untersuchten Lösungen molekular gelöst. Die Drehwertskurven der Kupfer-Celluloselösungen zeigen einen stetigen Verlauf bei verschiedenen Konzentrationen. Es zeigt sich ein scharf ausgebildetes Maximum der Drehwertsbeeinflussung für das Verhältnis 1 Mol Cu : 1 $C_6H_{10}O_5$ bei fortschreitender Variation von Kupfer und Cellulose im entgegengesetzten Sinne. Die Steigerung des Drehwertes mit zunehmendem Kupfergehalt entspricht mit großer Wahrscheinlichkeit der Konzentrationserhöhung einer einzigen hochdrehenden Cellulose-Kupferverbindung. Bei Abwesenheit von Alkali gelten folgende Gleichungen:

$$\text{I.} \quad (C_6H_{10}O_5)_x + [Cu(NH_3)_4](OH)_2 \rightarrow (C_6H_9O_5)_2[Cu(NH_3)_4] + 2\,H_2O$$

Für die Bildung des hochdrehenden Komplexes gilt folgende Gleichung:

$$\text{II.} \quad (C_6H_9O_5)[Cu(NH_3)_4] + 2\,[Cu(NH_3)_4](OH)_2 \rightleftarrows [C_6H_7O_5Cu]_2[Cu(NH_3)_4] + 8\,NH_3 + 4\,H_2O$$

Bei Gegenwart von Alkali ist folgende Gleichung gültig:

$$\text{III.} \quad [C_6H_9O_5]Na + [Cu(NH_3)_4](OH)_2 \rightleftarrows [C_6H_7O_5Cu]Na + 4\,NH_3 + 2\,H_2O$$

Bei Gegenwart von überschüssigem Alkali fällt die von Linkmeyer und Normann[2] beschriebene Verbindung aus:

$$\text{IV.} \quad (C_6H_9O_5)Na + (C_6H_7O_5Cu)Na \rightarrow \left[\begin{matrix} C_6H_9O_5 \\ C_6H_9O_5 \end{matrix} Cu\right]Na_2$$

Die Anwendung des Massenwirkungsgesetzes auf Gleichung II, in der das gesamte Kupfer eine für den Drehwert verantwortliche Funktion ausübt, zeigt durch Ermittlung der Reaktionskonstante, daß in den Kupfer-Celluloselösungen in einem Lösungsbereich von etwa 5—28 Mol Kupfer bei beliebiger Konzentration der Cellulose bis zu 15 Mol in Gegenwart von 25 Mol Natriumhydroxyd die Cellulose so reagiert, als ob sie zu $C_6H_{10}O_5$ aufgelöst wäre. Die beste Übereinstimmung von Messung und Rechnung wurde für 1 Cu : 1 $C_6H_{10}O_5$ gefunden. Die Beziehung 1 $C_{12}H_{20}O_{10}$: 2 Cu muß ausgeschlossen werden[3].

Alkali-Kupfercellulose. Zusammensetzung[4]. — Röntgengraphische Untersuchungen[5].

Cellulosekupferverbindung[6] $(C_6H_{10}O_5)_2 \cdot Cu(OH)_2 \cdot Na_2CO_3$.

Cellulose-Magnesylderivat $C_6H_9O_5MgBr \cdot C_4H_{10}O$. Bei der Einwirkung von C_2H_5MgBr auf fein verteiltes Filtrierpapier in Äther bildet sich eine graugrüne Substanz, die durch Wasser in Cellulose und MgBrOH zerlegt wird[7]. Die Versuche konnten nicht bestätigt werden[8].

Celluloseacetonitrat, Nitroacetylcellulose. Durch Acetylieren von Nitrocellulose mit Essigsäureanhydrid und Eisessig in Gegenwart von Schwefelsäure[9].

Nitroacylderivate der Cellulose mit höheren Fettsäuren[10]. Man behandelt Celluloseester, z. B. Cellulosenitrat oder Celluloseester der niederen Fettsäuren mit den Säurechloriden

[1] Kurt Heß u. Ernst Meßmer: Ber. dtsch. chem. Ges. **55**, 2432 (1922).

[2] Kurt Heß: Die Chemie der Cellulose 320.

[3] Kurt Heß u. Ernst Meßmer: Liebigs Ann. **435**, 7 (1924).

[4] W. Scharkow: J. angew. Chem. **2** 437 (1929) — Chem. Zbl. **1929 II**, 2177.

[5] Carl Trogus u. Kurt Heß: Z. physik. Chem. B **6**, 1 (1929) — Chem. Zbl. **1930 I**, 1123. — K. Heß: Zellstoff u. Papier **10**, 23 (1930) — Chem. Zbl. **1930 I**, 1461.

[6] Emil Heuser: Papierfabr. **25**, 238 (1927) — Chem. Zbl. **1927 II**, 194.

[7] D. Costa: Gazz. chim. ital. II **52**, 362 (1922) — Chem. Zbl. **1923 III**, 908.

[8] H. Niethammer: Cellulosechemie **10**, 201 (1929); Chem. Zbl. **1930 I**, 672.

[9] Le Verre Souple (Brevets Millot, Rhône): F.P. 529173 v. 2. Juli 1920 (24. Nov. 1921); Chem. Zbl. **1922 II**, 595. — Katsumoto Atsuki: J. Fak. Eng. Tokyo Imp. Univ. **15**, 309—316 (1925) — Chem. Zbl. **1925 I**, 2518; **1926 II**, 133. — Meigs, Basselt u. Slaugther, Inc., übertr. von H. P. Basselt u. T. F. Banigan: A.P. 1586437 v. 11. Mai 1923; Chem. Zbl. **1926 II**, 2134. — I. G. Farbenindustrie A.-G.: E.P. 303006 v. 6. Dez. 1928; Chem. Zbl. **1929 I**, 2369.

[10] Soc. de Stéarinerie et Savonnerie de Lyon: E.P. 219926 v. 6. Febr. 1924; Chem. Zbl. **1924 II**, 2715.

der höheren Fettsäuren (Laurylchlorid in Gegenwart von Pyridin) und einem indifferenten Verdünnungsmittel, wie Benzol. Der erhaltene Celluloseester, der neben dem Salpetersäureester noch den Rest der höheren Fettsäure enthält, wird mit Alkohol gefällt; man kann ihn durch Lösen in Benzol und Fällen mit Alkohol reinigen[1].

Lauro- und Palmitodinitrocellulose. Aus Cellulosedinitrat und Säurechlorid in Toluol oder Tetrachloräthan + Pyridin (45—50°, etwa 1 Stunde), dann mit Alkohol gefällt. Faser, weniger brennbar als das Ausgangsmaterial, löslich in aromatischen Kohlenwasserstoffen, Chloroform, Tetrachloräthan, Pyridin und unlöslich in Alkohol, Äther, Aceton, Eisessig. Die Häutchen aus Benzol sind geschmeidig und widerstandsfähig[2].

Cellulosenitratcarboxylate[3]. Man behandelt Cellulosenitrat mit einer ungesättigten Säure (Crotonsäure, Undecylensäure, Zimtsäure usw.) in Gegenwart eines Katalysators und behandelt das gewonnene Produkt mit Brom oder Chlor.

Celluloseformiate. Durch Esterifizierung von Cellulose mit konz. Ameisensäure in Gegenwart eines Katalysators[4]. Die besten Ergebnisse werden bei einer Einwirkungsdauer von 90 Stunden und bei 3,2 g konz. Schwefelsäure auf 2 g regenerierter Cellulose und 20 g 100proz. Ameisensäure erhalten[5]. — Rhodancalcium löst Celluloseformiat[6].

Celluloseacetate (Bd. II, S. 229; Bd. VIII, S. 76; Bd. X, S. 319).

Zusammenfassende Abhandlungen[7].

Bildung: Bei der Acetylierung der Cellulose treten folgende Reaktionen auf: Peptisierung → Acetylierung → Acetolyse → Gleichgewicht. Cellobiose und Glykose, die Endprodukte der Acetolyse, werden bei Beginn der Acetylierung nicht gebildet. Wird Cellulosefaser acetyliert, so ist der lösliche Anteil Cellulosetriacetat, der unlösliche nicht acetylierte Cellulose. Wesentlich ist bei der Acetylierung die Diffusion des Säuregemisches, Mono- und Diacetat treten als Zwischenprodukte nicht auf. Bei weitergehender Acetylierung wird das Triacetat schwach verseift, der Säuregehalt sinkt, bei weiterer Acetylierung tritt Acetolyse ein. Das homogenste Triacetat wird erhalten, wenn man so lange acetyliert, bis die Löslichkeit in Aceton nach Bildung des Triacetats den Mindestwert erreicht. Überschüssiges Essigsäureanhydrid im Säuregemisch setzt den Acetylierungsgrad herab, vielleicht infolge Aggregierung der aktiven Elemente. Die Schnelligkeit der Acetylierung wird verdoppelt bei Erhöhung der Temperatur um 10° zwischen 30—50°, bei Temperaturen über 50° tritt bei Temperaturerhöhungen um 20° kaum eine Verdoppelung ein. Bei höherer Temperatur ist die Zersetzung der Cellulose sehr wirksam und stört die Beziehung zwischen Geschwindigkeitszunahme und Temperatur[8].

Darstellung: Allgemeines[9]. — Acetylierung in Gegenwart eines Katalysators außer Schwefelsäure, dann in Gegenwart von Schwefelsäure[10]. — Acetylierung in Gegenwart von

[1] Soc. de Stéarinerie et Savonnerie de Lyon: E.P. 219926 v. 6. Febr. 1924; Chem. Zbl. **1924 II**, 2715.

[2] H. Gault u. P. Ehrmann: Bull. Soc. chim. France (4) **39**, 873 (1926) — Chem. Zbl. **1926 II**, 1407 — Caoutchouc et Guttapercha **24**, 13824 (1927); **25**, 13868 — Chem. Zbl. **1928 I**, 1757.

[3] Kodak Ltd. (London): E.P. 290570 v. 4. Mai 1928; Chem. Zbl. **1928 II**, 1616.

[4] N. V. Fabriek van Chemische Produktion (Schiedam): Holl. P. 16073 v. 4. Juni 1925; Chem. Zbl. **1927 II**, 352; A.P. 1656119 (1928); Chem. Zbl. **1928 I**, 1600. — E. Elöd: E.P. 275641 (1927); Chem. Zbl. **1927 II**, 2583.

[5] Y. Ueda u. K. Katō: Cellulose Industry **4**, 1, 23 (1928) — Chem. Zbl. **1928 I**, 2080; **1929 I**, 2965.

[6] André Dubosc: Rev. meus. du Blanch. **8**, 43 (1923) — Chem. Zbl. **1924 I**, 2756.

[7] G. Batta: J. pharm. Be gique **4**, 1—4 (1922) — Chem. Zbl. **1922 IV**, 270. — F. Paschke: Apparatebau **34**, 8—9 (1922) — Chem. Zbl. **1922 II**, 1064. — Maurice Deschiens: Rev. des produits —Chim. **29**, 5, 37 (1926)—Chem. Zbl. **1926 I**, 2521. — Ohne Autor: Z. ges. Textilind. **30**, 339, 341 (1927) Chem. Zbl. **1927 II**, 520. — Maurice Deschiens: Rev. des produits Chim. **30**, 41 (1927) — Chem. Zbl. **1927 II**, 666. — J. Böeseken, J. C. v. d. Berg u. A. H. Kerstjens: Rec. Trav. chim. Pays-Bas et Belg. (Amsterd.) **35**, 320 (1916) — Chem. Zbl. **1916 II**, 173. — H. T. S. Briston: Ind. chemist a. chem. Manufacturer **3**, 59 (1927) — Chem. Zbl. **1927 I**, 2145. — M. Deschiens: Chem. Trade J. **80**, 141 (1927) — Chem. Zbl. **1927 I**, 666, 2145.

[8] K. Atsuki u. R. Shinoda: Rep. of the aeronautical Res. Inst., Tokyo imp. Univ. **3**, 103 — Chem. Zbl. **1928 II**, 717 — J. Soc. chem. Ind. Jap. (Suppl.) **31**, 97 — Chem. Zbl. **1928 II**, 717, 1404.

[9] F. Reinthaler: Seide **32**, 226, 258 (1927) — Chem. Zbl. **1927 II**, 2525.

[10] Aktien-Gesellschaft für Anilin-Fabrikation, Berlin-Treptow: E.P. 145525 v. 22. Juni 1920 (26. Jan. 1922); Chem. Zbl. **1922 II**, 960.

Bisulfat[1], Schwefelsäure[2], Schwefelsäure + verschiedener Metallsalze[3], Schwefelsäure + Phosphorsäure[4], Chlorsulfonsäure, Sulfurylchlorid[5], Thionylchlorid[6], Thionylchlorid + Schwermetallsalze[7], Sulfofettsäuren[8], Salzsäure und Zinkchlorid[9], Phosphorsäure[10], von Chlor[11], Phosphor und Chlor[12], Perchlorate[13], Acetylierung nach Vorbehandlung mit Ameisensäure[14], Milchsäure[15]. Aus Alkalicellulose durch Behandlung mit Essigsäureanhydrid[16]. — Herstellung von acetonlöslichen Celluloseacetaten unter Verwendung von Zinkchlorid, Schwefelsäure und Salzsäure oder Salzsäure liefernden Verbindungen als Katalysator[17].

Zur Darstellung einer Triacetylcellulose wurde Cellulose unter Bedingungen acetyliert, bei denen der hydrolytische Einfluß auf ein Minimum beschränkt ist oder ganz fortfällt. Die wie üblich gereinigte Cellulosefaser wird bei Naturfaser in 4n-, bei Kunstfaser in 2n-Natronlauge bei Raumtemperatur 1 Stunde bzw. 30 Minuten zur Quellung und Entfernung von Fremdstoffen eingelegt und nach dem Waschen mit Wasser in überschüssiges trocknes Pyridin eingelegt. Die vom Pyridin abgepreßte Faser wird mit einem Gemisch von 10 Teilen Essigsäureanhydrid und 16 Teilen Pyridin behandelt, 24 Stunden bei Raumtemperatur geschüttelt und zur Reaktion in ein Bad von 40—45° gebracht. Bei Viscose und Kupferseide ist die Acetylierung nach 30 bzw. 34 Tagen beendet (62,7% Essigsäure). Linters nehmen nach 43 Tagen 54,5%, bei einem anderen Versuch in der gleichen Zeit die theoretische Menge Essigsäure auf, während Zellstoff nach 52 Tagen fast vollständig acetyliert ist. Die Faserstruktur der gelblich gefärbten Ansätze ist erhalten. Die Triacetylcelluloseprodukte sind in allen organischen Lösungsmitteln unlöslich, sie quellen begrenzt in Tetrachloräthan, Chloroform und Pyridin. Diese neue Form der Triacetylcellulose stimmt chemisch mit den früher beschriebenen Formen überein, die Unlöslichkeit liegt wohl

---

[1] Henry Dreyfus: Schweiz.P. 94022 v. 29. April 1915; Chem. Zbl. **1922 IV**, 1062.

[2] Société Chimique des Usines du Rhône (Anciennement Gilliard, P. Monnet et Cartier (Paris): E.P. 146092 v. 3. Juni 1920 (6. Okt. 1921); Zus. zu E.P. 13696 (1914); Chem. Zbl. **1922 II**, 345. — Joseph Koltschat u. Maurice Beudet (Lyon), übertr. an Société Chimique des Usines du Rhône (Anciennement Gilliard, P. Monnet et Cartier): A.P. 1389250 v. 12. Jan. 1921, ausg. 30. Aug. 1921 — Chem. Zbl. **1921 IV**, 1244. — Henry Dreyfus: Schweiz.P. 95042 v. 12. Okt. 1914; Chem. Zbl. **1922 IV**, 1062; Schweiz.P. 93814 v. 29. April 1915; Chem. Zbl. **1922 IV**, 1113. — Herbert John Mallabar: F.P. 600080 (1926); Chem. Zbl. **1926 I**, 2267. — Soc. Chim. des Usines du Rhône, übertr. von J. Altwegg: A.P. 1543310 v. 3. Okt. 1924; Chem. Zbl. **1925 II**, 1826.

[3] L. A. Levy: E.P. 240624 (1925); Chem. Zbl. **1926 I**, 1743.

[4] Eastman Kodak Co.: A.P. 1690632 v. 6. Juni 1927; Chem. Zbl. **1929 I**, 461.

[5] H. Dreyfus: E.P. 207562 v. 24. Mai 1922; Chem. Zbl. **1924 I**, 1464. — G. W. Morden (London): E.P. 294415 v. 25. Nov. 1927; Chem. Zbl. **1928 II**, 2205.

[6] Richard Wolffenstein u. Arthur Marcuse: Ö.P. 87646 v. 12. Jan. 1917; Chem. Zbl. **1922 IV**, 1061.

[7] I. G. Farbenindustrie A.-G.: E.P. 289973 v. 8. Febr. 1927; Chem. Zbl. **1928 II**, 1282.

[8] R. Escales u. H. Levy: Kunststoffe **13**, 25, 52, 64 (1923) — Chem. Zbl. **1923 III**, 486.

[9] W. Nebel: A.P. 1478137 v. 16. Juni 1920; Chem. Zbl. **1924 I**, 1464. — Noninflammable Film Co. Ltd. (London) u. H. J. Mallabar (Watford): E.P. 293724 v. 6. April 1927; Chem. Zbl. **1928 II**, 2087.

[10] Eastman Kodak Company: A.P. 1557147 (1925); Chem. Zbl. **1926 I**, 1333. — British Celanese Ltd.: übertr. von G. W. Miles u. C. Dreyfus: E.P. 263810 v. 23. Dez. 1926; Chem. Zbl. **1927 I**, 2253; E.P. 269530 v. 8. April 1927; Chem. Zbl. **1927 II**, 655.

[11] J. O. Zdanowich: E.P. 200186 v. 5. April 1922; 244148 (1926); Chem. Zbl. **1923 IV**, 779; **1926 II**, 517. — Plauson's (Parent Co.) Ltd. u. H. Plauson: E.P. 200160 v. 31. März 1922; Chem. Zbl. **1923 IV**, 779.

[12] Eastman Kodak Company: A.P. 1591590 (1926); Chem. Zbl. **1926 II**, 2513.

[13] Eastman Kodak Company: A.P. 1645915 (1927); Chem. Zbl. **1928 I**, 277.

[14] I. G. Farbenindustrie A.-G.: E.P. 263128 v. 8. Dez. 1926; Chem. Zbl. **1927 I**, 2376. — H. Dreyfus: E.P. 263939 v. 6. Okt. 1925; E.P. 264937 v. 30. Okt. 1925; Chem. Zbl. **1927 I**, 2376; 3163.

[15] I. G. Farbenindustrie A.-G.: E.P. 268289 v. 14. Dez. 1926; Zus. zu E.P. 263128; Chem. Zbl. **1927 I**, 2376; **1927 II**, 766.

[16] Ichiro Sakurada: Cellulose Industry **4**, 39 (1928) — Chem. Zbl. **1929 I**, 1288. — I. G. Farbenindustrie A.-G.: E.P. 275660 (1927); Chem. Zbl. **1927 II**, 2583. — G. Kita, S. Sakurada u. T. Nahashima: Cellulosechemie **8**, 105 (1927) (Beil. zu Papierfabr. **25**) — Chem. Zbl. **1928 I**, 487 — Kunststoffe **16**, 69 (1926) — Chem. Zbl. **1926 II**, 1266.

[17] I. G. Farbenindustrie A.-G.: E.P. 301755 v. 3. Dez. 1928; Chem. Zbl. **1929 I**, 2369.

darin, daß der micellare Aufbau der natürlichen Cellulosefaser darin erhalten geblieben ist[1]. Acetylierung, in Gegenwart von organischen Basen[2]. Man leitet Keten in eine Suspension von Cellulose in Essigsäure, der als Katalysator geringe Mengen Schwefelsäure enthält, ein[3]. — Celluloseacetat, in welchem ein Teil der Acetylgruppen durch Hydrolyse abgespalten worden ist, wird mit Essigsäure ohne Zusatz von Essigsäureanhydrid oder Katalysatoren erhitzt. Man kann hiernach ein Celluloseacetat, das durch eine zu weitgehende Hydrolyse die Löslichkeit in Aceton verloren hat, wieder so weit acetylieren, daß es in Aceton löslich ist[4].

Nachweis und Bestimmung: Bestimmung des Acetylgehaltes[5].

Physikalische und chemische Eigenschaften: Molekulargewichtsbestimmungen von Triacetylcellulose in Eisessig[6] s. auch bei Cellulose. Di- und Triacetylcellulose zerfallen in 0,05—0,6proz. Lösung in Eisessig in monomolekulare Teilchen, die jedoch bald in hochmolekulare Micellargebilde übergehen. Es besteht weder bei der Trennung noch bei der Wiedervereinigung eine stöchiometrische Beziehung untereinander[7]. Vergleich der Teilchengröße verschiedener Arten von Celluloseacetaten durch Bestimmung ihres Diffusionskoeffizienten in organischen Lösungsmitteln[8]. Celluloseacetate von hohem Mol-Gewicht werden ohne Hydrolyse durch Erwärmen in inerten Stoffen, wie Naphthalin oder seinen Hydroderivaten, depolymerisiert. Man erhitzt z. B. Celluloseacetat in Tetrahydronaphthalin auf 208°. — Die depolymerisierten Celluloseacetate besitzen eine erhöhte Löslichkeit, weil die Viscosität herabgesetzt ist[9]. Verdünnte Lösungen von Triacetylcellulose in Tetrachloräthan scheiden deutliche Krystalle ab. Bei der Behandlung von Triacetylcellulose mit Schwefelsäure-Essigsäure verliert das Triacetat Essigsäure, das gewonnene Produkt nähert sich dem Cellulosediacetat, enthält aber noch Triacetat. Die Krystalle zeigen in Richtung ihrer Längsachse negativen Sinn, die Triacetatkrystalle positiven Sinn der Doppelbrechung. Die Triacetatkrystalle sind auffallend groß und gehen nach dem Abdunsten des Lösungsmittels in neue Krystallformen (Makroformen) über[10]. Krystallisierte Triacetylcellulose zeigt vor und nach der Molekulargewichtsbestimmung die gleichen Drehwerte[11]. Die Mutarotation von amorphen Celluloseacetat in Pyridin für amorphe Triacetylcellulose $[\alpha]_D^{18} = -22,62 \to -58,12°$ geht parallel mit der Gelatinierung der Lösungen. Verhindert man diese durch Zusatz von Aceton 1:4 Pyridin, so erfolgt keine Mutarotation[11].

Das zur Molekulargewichtsbestimmung verwandte Acetat war bei 60° unlöslich in Essigsäure; $[\alpha]_D^{18} = -22,62°$ in Chloroform, $[\alpha]_D^{19} = -28,32°$ in Pyridin-Aceton 4:1. — Das mit normaler methylalkoholischer Natronlauge verseifte Acetat drehte in Kupferammoniaklösung (4 M Mol $C_6H_{10}O_5$, 10 M Mol $Cu(OH)_2$ 20 M Mol · NaOH) $\alpha_{435,8}^{-20°} = -3,39°$. Das nach der Bestimmung regenerierte Acetat zeigte $[\alpha]_D^{18} = -22,86$ in Chloroform, $[\alpha]_D^{19} = -28,91°$ in Pyridin + Aceton 4:1. — Das Drehungsvermögen in Kupferamminlösung unter den oben angegebenen Bedingungen ist $\alpha_{435,8}^{20°} = -3,38°$[12]. Die acetylierte Ramiefaser ist leicht löslich in Chloroform und kalter Essigsäure. $[\alpha]_D^{18} = -22,06°$ in Chloroform, $[\alpha]_D^{18} = -29,61°$ in Pyridin + Aceton 4:1. — Das verseifte Faseracetat drehte in Kupferammin $\alpha_{435,8}^{20°} = -3,43°$ (Ramie = $-3,4°$). — Die nach der Molekulargewichtsbestimmung zurückgewonnene Sub-

---

[1] K. Heß u. N. Ljubitsch: Ber. dtsch. chem. Ges. **61**, 1460 (1928) — Chem. Zbl. **1928 II**, 981.

[2] I. G. Farbenindustrie A.-G.: E.P. 283181, 291360 v. 30. Mai 1928; Chem. Zbl. **1928 I**, 1923; **1928 II**, 1406.

[3] E. J. du Pont de Nemoure & Co. (Wilmington, Delaware), übertr. von Edmund B. Middleton (New Jersey, V.St.A.): A.P. 1685220 v. 3. Juni 1925; Chem. Zbl. **1929 I**, 143. — Ketoid Co.: E.P. 237591 (1925); Chem. Zbl. **1926 I**, 1076.

[4] Eastman Kodak Co.: übertr. von H. T. Clarke u. C. J. Mahn: A.P. 1668946 v. 12. Jan. 1927; Chem. Zbl. **1928 II**, 833.

[5] Emil Knoevenagel u. Karl König: Cellulosechemie **3**, 113 (1922) — Chem. Zbl. **1923 II**, 693.

[6] Kurt Heß u. Guido Schultze: Liebigs Ann. **448**, 99—120 (1926); **455**, 81 (1927) — Chem. Zbl. **1926 II**, 387; **1927 I**, 554.

[7] K. Heß: Naturwissensch. **14**, 435 (1926) — Chem. Zbl. **1926 II**, 190 — Kolloidchem. Beih. **23**, 93 (1926) — Chem. Zbl. **1926 II**, 2563 — Liebigs Ann. **457**, 307 (1927) — Chem. Zbl. **1927 II**, 2179.

[8] D. Krüger: Melliands Textilberichte **10**, 966 (1929) — Chem. Zbl. **1930 I**. 1463.

[9] H. Pringsheim: E.P. 267569 v. 15. März 1927; Chem. Zbl. **1927 II**, 521.

[10] K. Heß u. G. Schultze: Naturwiss. **13**, 1003 (1926) — Chem. Zbl. **1926 I**, 885. — K. Heß, G. Schultze u. E. Meßmer: Liebigs Ann. **444**, 266 (1926) — Chem. Zbl. **1926 I**, 884. — K. Heß: Z. angew. Chem. **37**, 999 (1925) — Chem. Zbl. **1925 I**, 1289.

[11] Kurt Heß u. Guido Schultze: Liebigs Ann. **455**, 81 (1927) — Chem. Zbl. **1927 I**, 554.

[12] Kurt Heß u. Guido Schultze: Liebigs Ann. **455**, 81 (1927) — Chem. Zbl. **1927 I**, 554. — K. Heß: Liebigs Ann. **457**, 307 (1927) — Chem. Zbl. **1927 II**, 2179.

stanz zeigte $[\alpha]_D^{20} = -21,95°$ in Chloroform, $[\alpha]_D = -29,34°$ in Pyridin + Aceton 4:1. Nach der Verseifung in Kupferamminlösung $\alpha_{435,8}^{20} = -3,40°$. — Triacetylcellulose A $[\alpha]_D = -15,6°$ in Chloroform wurde in Essigsäure mit Äther fraktioniert gefällt. — Die am schwersten löslichen Anteile zeigten $[\alpha]_D^{19} = -19,52°$ in Chloroform, $[\alpha]_D^{19} = -28,38°$ in Pyridin + Aceton 4:1 [1]. — Für Triacetylcellulose ist $[\alpha]_D^{22} = -23,8°$ (Chloroform); $[\alpha]_D^{22} = -30,1°$ (Pyridin-Aceton, 4:1) [2]. Die Cellulose aus Posidoniafaser ergab ein Triacetat mit dem höheren Drehungsvermögen von $[\alpha]_D = -39,8°$ in Chloroform bei $c = 0,7352$ [3]. — Verbrennungswärme für 1 g : 4496 cal [4].

Röntgenographische Untersuchungen an Acetylcellulosen [5]. Quellung in Wasser-Eisessig [6]. — Untersuchung über Lösungsmittel für Celluloseacetat. Essigsäure, Methylformiat, Methylacetat, Benzaldehydaceton, Epichlorhydrin, Äthyltartrat sind ausgezeichnete Lösungsmittel. Kresol, Benzylalkohol, Eugenol und Anilin lösen auch gut. Campher löst erst bei höheren Temperaturen. Die lösende oder dispergierende Wirkung einer Flüssigkeit hängt anscheinend von der spezifischen Art der Flüssigkeit ab. Die Regel ist, daß die lösende Wirkung schnell abnimmt, eine je höhere Stellung eine Flüssigkeit in einer homologen Reihe einnimmt; es liegt dieser Punkt z. B. bei Methylalkohol bei 80°, Alkohol 120°, Butylalkohol 150°, ferner bei Benzylalkohol bei 22°, Tolylalkohol 53°, Cumylalkohol 62°; ferner bei Aceton 120°, Methyläthylketon 90°; ferner bei Essigsäure bei —8°, Buttersäure 65°, Stearinsäure unlöslich. Ähnlich nimmt mit dem Ansteigen einer Flüssigkeit in einer homologen Reihe das relative Volumen, das zum Beginnen des Ausfällens des Celluloseesters aus der Lösung erforderlich ist, schnell ab [7]. Als Lösungs- und Gelatinierungsmittel für Celluloseacetat verwendet man Trichlor-tertiär-butylalkohol in Mischung mit flüchtigen Lösungsmitteln, Aceton, CH_3OH oder anderen Gelatinierungsmitteln, wie Triphenylphosphat [8]. Weitere Lösungsmittel: Ester von Alkyläther des Äthylen-, Propylen- oder Butylenglykols. Man löst Celluloseacetat z. B. in dem Essigsäureester des Äthylenglykolmonomethyläthers. Den Mischungen können die üblichen Weichmachungs- usw. -stoffe zugesetzt werden [9]. Rhodancalcium löst Celluloseacetate [10]. — Lösungen mit Hilfe von Sulfocyansäure oder Isosulfocyansäure oder deren Derivate in Gegenwart von Wasser oder organischen Lösungsmitteln [11]. Löslichkeit in konz. Salzlösungen [12]. Verfahren zur Darstellung von leicht löslichen Cellulosearten, dadurch gekennzeichnet, daß man wasserhaltige Lösungen der umzuwandelnden Celluloseester auf höhere Temperatur und so lange erhitzt, bis eine Probe in Alkohol oder Chloroform-Alkohol klar löslich ist [13]. Die bei der Herstellung von Celluloseacetat entstehenden Lösungen werden mit Wasser, dem man Methanol, Alkohol, Amylalkohol, Milch- oder Ameisensäure, Chloralhydrat, Wasserstoffsuperoxyd oder Glycerin zusetzen kann, vermischt. Die so erhaltenen Lösungen sind beständig, ändern ihre Viscosität

---

[1] Kurt Heß u. Guido Schultze: Liebigs Ann. **455**, 81 (1927) — Chem. Zbl. **1927 I**, 554. — K. Heß: Liebigs Ann. **457**, 307 (1927) — Chem. Zbl. **1927 II**, 2179.

[2] K. Heß u. W. Komarewsky: Z. angew. Chem. **41**, 541 — Chem. Zbl. **1928 II**, 203.

[3] John Campbell Earl: J. chem. Soc. Lond. **125**, 1322 (1924) — Chem. Zbl. **1924 II**, 850.

[4] P. Karrer u. W. Fioroni: Ber. dtsch. chem. Ges. **55**, 2854 (1922).

[5] W. Jancke: Kolloid-Z. **42**, 186 (1927) — Chem. Zbl. **1927 II**, 2646. — R. O. Herzog u. Th. Nickl: J. physic. Chem. **30**, 457 (1926) — Chem. Zbl. **1926 II**, 387. — S. E. Sheppard u. E. K. Carver: J. physic. Chem. **29**, 1244 (1925) — Chem. Zbl. **1926 I**, 1096. — R. O. Herzog u. G. Londberg: Ber. dtsch. chem. Ges. **57**, 329 (1924) — Chem. Zbl. **1924 I**, 1357. — Kurt Heß u. Karl Trogus: Z. physik. Chem. B **5**, 161 (1929) — Chem. Zbl. **1929 II**, 2667.

[6] E. Knoevenagel, J. Hogrefe u. F. Mertens: Kolloidchem. Beih. **16**, 180 (1923) — Chem. Zbl. **1923 III**, 1006. — E. Knoevenagel u. E. Bregenzer: Kolloidchem. Beih. **14**, 1 (1921) — Chem. Zbl. **1921 III**, 1003. — E. Knoevenagel u. E. Volz: Kolloidchem. Beih. **17**, 51 (1923) — Chem. Zbl. **1923 III**, 1006.

[7] H. J. Fenton u. A. J. Berry: Proc. Cambridge Soc. (I) **20**, 16 (1921) — Chem. Zbl. **1921 IV**, 667. — E. W. J. Mardles: J. Soc. chem. Ind. I **42**, 127 (1923) — Chem. Zbl. **1923 IV**, 259.

[8] E.P. 195849 v. 8. März (1922) — Chem. Zbl. **1923 IV**, 343.

[9] I. G. Farbenindustrie A.-G.: E.P. 278 735 v. 26. April 1926; Chem. Zbl. **1928 I**, 1824; Zus. zu E.P. 251303 v. 26. April 1926; Chem. Zbl. **1928 I**, 1824.

[10] André Dubosc: Rev. meus. du Blanch. **8**, 43 (1923) — Chem. Zbl. **1924 I**, 2756.

[11] Société pour la Fabrication de la Soie Rhodiaseta: E.P. 246430 v. 22. April 1925; Chem. Zbl. **1926 II**, 1216.

[12] K. Schweiger: Hoppe-Seylers Z. **117**, 61—66 (1921) — Chem. Zbl. **1922 I**, 324.

[13] Knoll & Co., Ludwigshafen a. Rh.: Frühere Zus.-Patente D.R.P. 305348; Chem. Zbl. **1918 I**, 977; D.R.P. 346672; Chem. Zbl. **1922 II**, 487. — D.R.P. 347817, Kl. 12o v. 6. Sept. 1912, ausg. 26. Jan. 1922; Zus. zu D.R.P. 297504; Chem. Zbl. **1917 I**, 1038; **1922 II**, 960.

nicht und koagulieren nicht[1]. Um Celluloseacetat für die gleichmäßige Aufnahme von Glycerin empfänglich zu machen, erwärmt man Celluloseacetat mit einem Überschuß von Glycerin und wäscht dann mit Wasser[2]. Lösungs- und Weichmachungsmittel für Celluloseacetate[3]. Die Eigenschaften, der Feuchtigkeits- und Aschengehalt und die Löslichkeit in direkten und indirekten Lösungsmitteln. Letztere sind solche, in denen sich Celluloseacetate nur bei Gegenwart von Alkohol oder Benzol lösen. Übersicht über Lösungsmittelgemische für Acetylcellulose[4]. Löslichkeitbestimmungen an Celluloseacetaten[5]. Bei den Peptisationsversuchen wurde die Löslichkeit von Acetylcellulose in Chloroform und Essigester untersucht. Die in Lösung gehende Menge nimmt mit steigender Menge des Bodenkörpers zu. Bei einem Versuch wurde ein Bodenkörper eines vorhergehenden Versuches verwendet, dessen abs. Löslichkeit wesentlich geringer war als die des Ausgangsmaterials. Hier wurde bei einer bestimmten Konzentration konstante, von der Bodenkörpermenge unabhängige Löslichkeit beobachtet[6]. Die Dispersionsfähigkeit in Aceton beginnt von einem Teilchendurchmesser von etwa 20 $\mu\mu$ abwärts, die in Äthylacetat von einem Teilchendurchmesser von etwa 5 $\mu\mu$ abwärts. In Epichlorhydrin wurde ein Durchmesser von 35 $\mu\mu$ gefunden[7]. Bei der Prüfung der Acetonlöslichkeit der Acetylcellulose findet man, daß sie durch verschiedene Behandlungsweisen in Aceton löslich wird: 1. durch Erhitzung in Eisessig, 2. durch Erhitzung in Naphthalin, 3. Quellung in Eisessig in Gegenwart von H_2SO_4. — Acetonunlösliche primäre Acetylcellulose → acetonlösliche sekundäre Acetylcellulose → acetonunlösliche tertiäre Acetylcellulose; die Löslichkeit ist nicht absolut, sondern umkehrbar. Fraktionierte Fällung von Celluloseacetatlösungen und Untersuchung der Eigenschaften der gewonnenen Fraktionen[8]. — Hydrocellulose gibt bei der Veresterung acetonunlösliche Acetylcellulose[9]. Durch partielle Verseifung der acetonunlöslichen primären Acetylcellulose (durch Veresterung von Cellulose mit Essigsäureanhydrid in Gegenwart von H_2SO_4 und Zinkchlorid) erhält man ein acetonlösliches, sekundäres Produkt. Wird dieses wie das primäre acetyliert, so erhält man tertiäre Acetylcellulose mit den Eigenschaften der primären. Nach 1 tägiger Acetylierung wird schon Triacetylcellulose gebildet, deren Säuregehalt, Acetonlöslichkeit und Viscosität nach weiterer 14 tägiger Acetylierung sich nicht ändern. Der acetonlösliche Anteil des einen Präparats hat den Säuregehalt 62,6% (theoretisch 62,5%)[9]. Ein Primäracetat mit 61% Essigsäure wurde in einem Rührautoklaven bei 6 Atmosphären in Tetralin erhitzt. Es wurde hohe Acetonlöslichkeit erreicht, aber Filmbildung war nicht mehr vorhanden. In Gegenwart von Benzolsulfosäure in Chloroformlösung tritt beim Erwärmen in 24 Stunden vollkommene Acetonlöslichkeit auf[10]. Viscosität der Celluloseacetatlösungen[11]. Die in Ostwaldscher Apparatur gemessene Viscosität der Lösungen von Acetylcellulose in Aceton nimmt beim Altern (mehrtägiges Stehen im Viscosimeter) ab; durch mechanische Behandlung (wiederholtes Hochdrücken im Viscosimeter)

[1] Joe Olgierd Zdanowich: F.P. 583655 v. 23. April 1924, ausg. 19. Jan. 1925; E.Prior. v. 18. Juni 1923; Chem. Zbl. **1925 I**, 2425.

[2] George W. Miles, übertr. an American Cellulose and Chemical Manufacturing Company Ltd. (New York): A.P. 1394752 v. 14. Nov. 1919 (ausg. 25. Okt. 1921); Chem. Zbl. **1922 II**, 218.

[3] A. Noll: Farben-Ztg **32**, 1553 — Papierfabr. **25**, 65 (1927) — Chem. Zbl. **1927 I**, 3160. — I. G. Farbenindustrie A.-G.: Fr.P. 614984 v. 23. April 1926; Chem. Zbl. **1928 I**, 864.

[4] M. Deschiens: Rev. gén. des Matières plast. **2**, 291 (1926) — Chem. Zbl. **1926 II**, 843.

[5] Maurice Deschiens: Chim. et Ind. **21**, 564 (1929) — Chem. Zbl. **1929 II**, 1789.

[6] W. v. Neuenstein: Kolloid-Z. **41**, 183 (1927) — Chem. Zbl. **1927 I**, 2045.

[7] R. O. Herzog u. D. Krüger: Naturwiss. **13**, 1040 (1925) — Chem. Zbl. **1926 I**, 1526.

[8] J. G. McNally u. A. P. Godbout: J. amer. chem. Soc. **51**, 3095 (1929) — Chem. Zbl. **1930 I**, 365. — Hans-Jachim Rocha: Kolloidchem. Beih. **30**, 230 (1930) — Chem. Zbl. **1930 I**, 3030.

[9] J. Sakurada u. T. Nakashima: Sci. Papers Inst. physic. chem. Res. **7**, 165 (1927) — Chem. Zbl. **1928 I**, 2172.

[10] Hans Pringsheim u. Eugen Schapiro: Cellulosechemie **9**, 80 (1928) — Chem. Zbl. **1928 II**, 1875. — H. Pringsheim, W. Kusenack u. K. Wenirek: Papierfabr. **25** (1927) — Verein d. Zellstoff- u. Papier-Chemiker u. -Ingenieure 785 — Chem. Zbl. **1928 I**, 1850.

[11] Guy Barr u. L. L. Bircumshaw: Trans. Faraday Soc. **16**, 72—75 (1921) — Chem. Zbl. **1921 II**, 1002. — W. H. Gibson u. L. M. Jacobs: J. chem. Soc. Lond. **117**, 472 (1921) — Chem. Zbl. **1921 II**, 93. — F. Baker: J. chem. Soc. Lond. **103**, 1653 (1913) — Chem. Zbl. **1913 II**, 1855. — E. W. J. Mardles: J. chem. Soc. Lond. **123**, 1951 (1923) — Chem. Zbl. **1923 III**, 1557. — Maurice Deschiens: Rev. gén. des Matiéres plast. **2**, 361—367, 411—421 (1926) — Chem. Zbl. **1927 I**, 666 — Chimie et Industrie **20**, 1023 (1928) — Chem. Zbl. **1929 I**, 1633.

steigt die Viscosität wieder an [1]. Die Viscosität von Celluloseacetat kann als Indicator zum Messen des Reifegrades benutzt werden, sie ist abhängig von der Temperatur und Zeit der Reifung, wenn die anderen Bedingungen konstant gehalten werden. Für die Beziehung zwischen Temperatur und Zeit der Reifung zur Erzeugung gereifter Celluloseacetate gegebener Viscosität wird eine Formel aufgestellt [2]. Die Viscosität der Celluloseacetatlösungen wird durch die bei der Acetylierung vorhandene Wassermenge geregelt [3]. Untersuchungen von Lösungen von Acetylcellulosen in Aceton ergaben, daß der in Aceton unlösliche Teil stets einen niedrigeren H_2SO_4-Gehalt als das Ausgangsmaterial hatte. Ferner besaßen die Acetate mit höherem Gehalt an neutralisierter H_2SO_4 eine größere Löslichkeit und Viscosität. Die Viscosität der Celluloseacetate scheint mit steigendem Gehalt an Gesamt-H_2SO_4 abzunehmen. — Fraktionierte Fällungsversuche ergaben die Möglichkeit, Celluloseacetat aus Acetonlösungen mittels Wasser fast beliebig zu fraktionieren; es existieren Acetate, die selbst in 50proz. wässerigen Acetonlösungen noch löslich sind [4]. Herabsetzung der Viscosität durch Erwärmen [5], durch Hydrolyse mit einer Lösung von Schwefelsäure bei 20° [6], durch Behandlung mit Wasserstoffsuperoxyd in Gegenwart von Ferrosalzen [7]. — Man setzt eine Lösung des Celluloseacetats in einer bei gewöhnlicher Temperatur flüssigen Fettsäure, Ameisen-, Essigsäure, der Wirkung der ultravioletten Strahlen aus, bis die gewünschte Viscosität erzielt ist [8]. Es werden bestimmt die Eigenschaften verschiedener Acetylcellulosefraktionen, die ausfallen, wenn man eine Lösung der Acetylcellulose in Aceton mit Wasser schrittweise verdünnt. Dabei nimmt die Viscosität ab, die Löslichkeit in Alkohol und die Acetylzahl zu [9]. — Beobachtungen über den Zusammenhang zwischen der Viscosität und der fadenziehenden Fähigkeit der Acetylcelluloselösung und der Zugfestigkeit des daraus gesponnenen Fadens [10]. — Änderung der Tyndallzahl [11]. — Bei der Behandlung des Cellulosetriacetats mit Alkohol geht die Alkoholyse bis zum Cellulosemonoacetat, mit Isoamylalkohol wurde der größte Teil zu Monoacetat, ein kleiner Teil zu Diacetat gespalten, die Hauptmenge der Ester weitestgehend abgebaut [12]. Verhalten der Acetylcellulosen aus Holzzellstoffen [13]. Celluloseacetat wird in der 10fachen Menge Acetylbromid gelöst, 5% trockner HBr eingeleitet und bei 0° aufbewahrt. Der spezifische Drehwert der Lösung steigt von −9,1° in 14 Tagen auf den Endwert von +170° mit einem Sattelpunkt bei +135° in 4—5 Tagen. Zur Molekulargewichtsbestimmung wird in den isolierten Reaktionsprodukten das reaktionsfähige Brom mit Silberacetat oder Silbercarbonat in Methylalkohol umgesetzt. Die Molekulargewichte erreichen bei vollständigem Abbau der Cellulose den unteren Wert von 380 [14]. Beim Erwärmen der Chloroformlösungen mit Benzolsulfosäure wird langsam Acetyl abgespalten und gleichzeitig tritt eine Teilchenverkleinerung ein, indem die gewonnenen Produkte in Wasser löslich werden. Molekulargewichtsbestimmungen des reacetylierten Produktes in Essigsäure stimmen auf ein Hexoseanhydridtriacetat [15]. — Ein Celluloseacetat

[1] W. v. Neuenstein: Kolloid-Z. **39**, 88 (1926) — Chem. Zbl. **1926 II**, 364.

[2] K. Atsuki u. R. Shinoda: Rep. of the aeronautical Res. Inst., Tokyo imp. Univ. **3**, 115 — Chem. Zbl. **1928 II**, 717 — J. Soc. chem. Ind. Jap. (Suppl.) **31**, 88 — Chem. Zbl. **1928 II**, 717, 1404.

[3] British Enka Artificial Sille Co., Ltd.: übertr. von N. V. Nederlandsche Kunstzijdefabriek: E.P. 263771 v. 29. Nov. 1926; Chem. Zbl. **1927 I**, 2253.

[4] A. Caille: Chimie et Industrie **19**, 402 — Chem. Zbl. **1928 I**, 2887.

[5] O. Carlssen u. E. Thall: D.R.P. 359311, Kl. 29b v. 7. Dez. 1920; Chem. Zbl. **1923 II**, 934.

[6] Naamloze Vennootschap Nederlandsche Kunstzijdefabriek: E.P. 292398 v. 8. Okt. 1927; Chem. Zbl. **1928 II**, 2087.

[7] British Celanese Ltd., übertr. von G. Schneider: E.P. 273743 v. 1. Juli 1927; Chem. Zbl. **1927 II**, 2582.

[8] Eastman Kodak Co., übertr. von L. E. Branchen u. C. U. Prachel: A.P. 1658368 v. 6. Okt. 1926; Chem. Zbl. **1928 I**, 1923.

[9] Clément u. Rivière: Rev. gén. des Colloides **2**, 11—19 (1924) — Chem. Zbl. **1924 II**, 24.

[10] G. Kita u. S. Masuda: Cellulose Industry **4**, 41 (1928) — Chem. Zbl. **1929 I**, 1767. — G. Kita, S. Masuda u. K. Matsuyama: Cellulose Industry **4**, 42 (1928) — Chem. Zbl. **1929 I**, 1767.

[11] E. W. J. Mardles: Trans. Faraday Soc. **18**, 318 (1923) — Chem. Zbl. **1923 III**, 1586.

[12] Ad. Grün u. Franz Wittka: Z. angew. Chem. **34**, 645—648 (1921) — Chem. Zbl. **1922 I**, 631—632.

[13] Erik Hägglund, Nils Löfman u. Eduard Färber: Cellulosechemie (Beilage zum Papierfabr.) **3**, 13—19 (1922) — Chem. Zbl. **1922 II**, 897.

[14] F. Micheel u. K. Heß: Liebigs Ann. **456**, 69 (1927) — Chem. Zbl. **1927 II**, 1467.

[15] Hans Pringsheim, Erich Kasten u. Eugen Schapiro: Ber. dtsch. chem. Ges. **61**, 2019 (1928) — Chem. Zbl. **1928 II**, 2004.

ist um so stabiler, je weniger gebundene Schwefelsäure es enthält[1]. Celluloseacetat, welches mit H_2SO_4 als Katalysator hergestellt ist, enthält mehr oder weniger Essigsäure und H_2SO_4, die auch nach sorgfältiger Reinigung leicht als freie Säure abgespalten werden. Essigsäure beeinflußt die Beständigkeit nicht, H_2SO_4 hingegen greift das Acetat an und setzt die Stabilität herab[2]. Man wäscht die erhaltenen Acetylsulfosäureester mit Alkohol, gewöhnlichem kalkhaltigen Wasser und mit destilliertem Wasser und prüft auf ihre Stabilität beim Erhitzen auf 180°. Sehr günstige Stabilisierungsresultate werden durch Erhitzen der Ester im Autoklaven auf 120° während 1 Stunde erhalten[3]. Ein guter Stabilisator für Celluloseacetat ist Calciumnaphthenat[4]. — Über die Verseifung der Acetylcellulose bei der Reifung durch Hydratisieren[5]. — Reaktionskinetische Versuche über die Verseifung der Celluloseacetate mit wässeriger Alkalilauge[6]. — Über die Verseifungsgeschwindigkeit mit wässeriger Alkalilauge sowie durch Essigsäure, Wasser und Schwefelsäure[7]. Wird von Anilin beim Erwärmen langsam desacetyliert; die gewonnenen Produkte liefern bei der Reacetylierung Triacetylcellulose zurück[8]. — Kupferzahl der verschiedenen Acetylcellulosen[9]. — Kita und Mitarbeiter[10] haben den Zusammenhang zwischen den Mengen der als Katalysator verwendeten Mengen H_2SO_4 der Temperatur und der Einwirkungsdauer bei dem Verfahren von Miles untersucht und die reduzierende Kraft der Produkte gegen Fehlingsche Lösung, die Löslichkeit, den Essigsäuregehalt und Viscosität bestimmt. Die Beobachtung Knoevenagels[11] wurde bestätigt. Beim Hydratisieren bei etwas höherer, nicht geeigneter Temperatur verringert sich die Viscosität oder vermehrt sich nicht, während die Cu-Zahl mit der Zeit zunimmt. Bei niederen Temperaturen ist das Umgekehrte der Fall. Verhalten bei der Färbung[12].

[1] Abel Caille: Chimie et Industrie 12, 441—448 (1924) — Chem. Zbl. 1925 I, 183.

[2] K. Atsuki: Rep. of the aeronautical Res. Inst., Tokyo imp. Univ. 3, 71 — Chem. Zbl. 1928 II, 716.

[3] A. Caille: Moniteur Produits chim. 9, Nr 95, 5 (1927) — Chem. Zbl. 1927 II, 2542.

[4] Y. Tanaka u. K. Atsuki: J. Soc. chem. Ind. Jap (Suppl.) 31, 97 — Chem. Zbl. 1928 II, 1404. — K. Atsuki: Rep. of the aeronautical Res. Inst., Tokyo imp. Univ. 3, 71 — Chem. Zbl. 1928 II, 716.

[5] Ichiro Sakurada: J. Soc. chem. Ind. Jap. (Suppl.) 31, 156 B—157 B (1928) — Chem. Zbl. 1928 II, 2345.

[6] Gen-itsu Kita, Ichiro Sakurada u. Tadashi Nakashima: Cellulose Industry 3, 9 (1927) — Chem. Zbl. 1927 II, 193.

[7] I. Sakurada: Sci. Papers Inst. physic. chem. Res. 8, 42, 54 (1928) — Chem. Zbl. 1928 I, 2804.

[8] H. Le B. Gray, T. F. Murray jr. u. C. J. Staud: J. amer. chem. Soc. 51, 1810 (1929) — Chem. Zbl. 1929 II, 862.

[9] Emil Knoevenagel u. Karl König: Cellulosechemie 3, 113 (1922) — Chem. Zbl. 1923 II, 693.

[10] G. Kita, K. Asami, J. Kato u. R. Tomihisa: Z. angew. Chem. 37, 414 — Chem. Zbl. 1924 II, 775.

[11] E. Knoevenagel: Z. angew. Chem. 27, 505 — Chem. Zbl. 1914 II, 961.

[12] E. Clayton: J. Soc. Dyers Colourists 37, 301—304 (1921) — Chem. Zbl. 1922 II, 406. — British Dyestuffs Corporation Limited, Arthur G. Green u. Kenneth H. Saunders: D.R.P. 395636, Kl. 8m v. 14. März 1923; Chem. Zbl. 1923 IV, 948; 1925 I, 592. — R. Clavel: E.P. 199754 v. 5. Jan. 1922; Chem. Zbl. 1923 IV, 779. — A. G. Green, K. H. Saunders u. British Dyestuffs Co. Ltd.: E.P. 200873 v. 18. März 1922; Chem. Zbl. 1923 IV, 948. — Société Chimique des Usines du Rhône u. E. P. Sisley: Fr.P. 548899 v. 27. Juli 1921; A.P. 1440501 v. 20. Sept. 1921; Chem. Zbl. 1922 IV, 1088; 1923 IV, 948. — K. Wolfgang: Kunstseide 8, 209 (1926) — Chem. Zbl. 1926 II, 1479. — F. Junge: Z. ges. Textilind. 29, 440 (1926) — Chem. Zbl. 1926 II, 1601. — Herman M. Burns u. John K. Wood: J. Soc. Dyers Colourists 45, 12 (1929) — Chem. Zbl. 1929 I, 2239. — J. W. Leitch & Co., Ltd. u. A. E. Everest: E.P. 261822, Kl. v. 11. August 1925; Chem. Zbl. 1927 I, 2358. — Tootal Broodhurst Lee Co. Ltd. u. R. P. Foulds: E.P. 253248 v. 9. Okt. 1925; Chem. Zbl. 1927 I, 2359. — British Celanese Ltd.: übertr. von American Cellulose & Chemical Mfg. Co., Ltd.: E.P. 263355 v. 12. März 1926; Chem. Zbl. 1927 I, 2359. — Ges. f. Chem. Ind. in Basel: E.P. 263579 v. 28. Okt. 1925; Chem. Zbl. 1927 I, 2359. — R. Clavel: D.R.P. 439882, Kl. 8m v. 21. Mai 1925; Chem. Zbl. 1922 IV, 1088; 1927 I, 2360. — British Alizarine Co. Ltd., W. H. Dawson u. C. W. Soutar: E.P. 263946 v. 8. Okt. 1925; Chem. Zbl. 1927 I, 2359. — I. G. Farbenindustrie A.-G.: Erfinder H. Eichwede, E. Fischer u. C. E. Müller: D.R.P. 441325, Kl. 8m v. 28. Sept. 1924; Chem. Zbl. 1927 I, 2358. — Ges. f. Chem. Ind. in Basel: E.P. 261423 v. 15. Nov. 1926; Chem. Zbl. 1927 I, 2358. — British Celanese Ltd. u. G. H. Ellis: E.P. 263260 v. 23. Okt. 1925; 263473 v. 7. Sept. 1925; Chem. Zbl. 1927 I, 2359. — C. S. Bedford: E.P. 263222 v. 21. Sept. 1925; Chem. Zbl. 1927 I, 2360. — Heberlein u. Co., A.-G.: E.P. 261792 v. 22. Nov. 1926; Chem. Zbl. 1927 I, 2360; Zus. zu E.P. 255453; Chem. Zbl. 1927 I, 523.

Derivate: Doppelverbindung mit Acetylentetrachlorid[1]. Reine Acetylcellulose bildet mit Acetylentetrachlorid eine gut krystallisierende Doppelverbindung, die alle Eigenschaften der Acetylcellulose zeigt. Zersetzungspunkt bei $250-260°$, $\alpha = -20°$ in Chloroform oder Acetylentetrachlorid. Diese Doppelverbindung mit identischen Eigenschaften bildet sich aus allen Acetylcellulosen verschiedenster Herkunft. Unterschiede, die die ursprünglichen Acetylcellulosen zeigen, müssen auf geringfügige Verunreinigungen zurückgeführt werden[1].

Weitere Derivate der Cellulose.

Cellulosebutyrate. Darstellung[2].

·Cellulosecrotonat[3]. Aus Kupferoxydammoniakcelluloselösung gewonnene Cellulose wird in Chlorbenzol mit Crotonsäure behandelt, man erhält ein niedriges Cellulosecrotonat. In der gleichen Weise behandelt man mercerisierte Baumwolle, die durch Behandeln mit Alkohol und Äther und darauffolgendes Trocknen vom Wasser befreit ist. **Bromester:** Entsteht in Chloroformlösung mit Br_2, fällbar mit CH_3OH[3].

Celluloseacetocrotonat[3]. Aus Cellulosecrotonat durch Acetylieren in der üblichen Weise.

Cellulose-halogenacylester[4]. Man acyliert mittels einer ungesättigten Säure und läßt dann Halogen einwirken.

Hydracrylsäurecelluloseester. Bei der Einwirkung von Chloracetylchlorid auf Cellulose[5].

Triundecylensäureester der Cellulose[6]. Durch Einwirkung von Undecylensäurechlorid auf Hydrocellulose in Toluol + Pyridin bei $110-120°$. Nach $1-2$ stündiger Einwirkung wird das Reaktionsprodukt mit Alkohol gefällt, der Niederschlag mit Benzol behandelt, die Benzollösung mit Alkohol gefällt. Fasern, löslich in aromatischen Kohlenwasserstoffen, Chloroform, Pyridin, unlöslich in Wasser, Alkohol und Aceton. Durchsichtige Häutchen durch Eindampfen der Chloroform- oder Benzollösung. Schmelzp. über $190°$. Sehr schwer verseifbar[6].

Celluloseacetoundecylenat[3]. Beim Erwärmen von Baumwolle mit Undecylensäure, Chloressigsäure, Essigsäureanhydrid und Magnesiumperchlorat entsteht eine Lösung von Celluloseacetoundecylenat[3].

Cellulosedilaurat. Bildet sich aus Laurinsäurechlorid und Cellulose in Benzol und Pyridin; Schmelzp. $250°$; Schmelzpunkt der umgefällten Verbindung $110°$; in Glyceriden leichter löslich als das Distearat; nur durch Aceton und Alkohol, nicht durch Äther und Petroläther fällbar. In der Reaktionslösung bleibt ein Gemisch von Dilaurat und Trilaurat oder Derivate der Abbauprodukte der Cellulose, hellgelbes Pulver, Schmelzp. $142°$[7].

Cellulosetrilaurat. Zu dem aus Laurinsäure und PCl_5 hergestellten Fettsäurechlorid wird 2 Stunden bei $105°$ getrocknetes Baumwollpapier und Pyridin in Benzol gefügt und 24 Stunden auf dem Wasserbade erhitzt. Das Reaktionsprodukt wird mit Alkohol gewaschen und weiter im Soxhlet gereinigt. Schmelzpunkt des löslichen Esters $88-93°$[8].

Das mit Tetrachloräthan durchtränkte Cellulosetrilaurat wird mit Pyridinhydrochlorid versetzt und auf $145°$ erhitzt, oder wird in Lävulinsäureanhydrid gelöst und auf $200°$ erhitzt. Das so behandelte Trilaurat löst sich in den üblichen organischen Lösungsmitteln; die gut fließenden Lösungen liefern weiche und elastische Filme. Der Ester wird durch Eingießen in CH_3OH oder Alkohol in flockiger Form gefällt[9].

Acetolaurin-cellulose. Herstellung und Eigenschaften[10].

[1] K. Heß: Z. angew. Chem. **37**, 993 (1924) — Chem. Zbl. **1925 I**, 1289.

[2] Arthur D. Little Inc., V.St.A.: F.P. 532145 u. 532146 v. 15. März 1921, ausg. 28. Jan. 1922; Chem. Zbl. **1921 IV**, 1140; **1922 II**, 1026.

[3] Kodak Ltd., übertr. von H. T. Clarke u. C. J. Malm: E.P. 289853 v. 1. Mai 1928; Chem. Zbl. **1928 II**, 1282.

[4] Eastman Kodak Co., übertr. von Hans T. Clarke u. Carl J. Malm (Rochester, New York): A.P. 1687060 v. 4. Mai 1927; Chem. Zbl. **1929 I**, 591.

[5] W. Leigh Barnett: J. Soc. chem. Ind. I **40**, 286 (1921) — Chem. Zbl. **1922 I**, 950.

[6] H. Gault u. M. Urban: C. r. Acad. Sci. Paris **179**, 333 (1924) — Chem. Zbl. **1924 II**, 1580.

[7] Ad. Grün u. Franz Wittka: Z. angew. Chem. **34**, 645—648 (1921) — Chem. Zbl. **1922 I**, 631—632. — H. Gault u. P. Ehrmann: C. r. Acad. Sci. Paris **177**, 124 (1923) — Chem. Zbl. **1923 III**, 1214.

[8] J. Sakurada u. T. Nakashima: Scient Papers Inst. physic. chem. Res. **7**, 153 (1927) — Chem. Zbl. **1928 I**, 2171. — G. Kita, J. Sakurada u. T. Nakashima: Cellulosechemie **9**, 13 (Beil. zu Papierfabr. **26**) — Chem. Zbl. **1928 I**, 2172.

[9] I. G. Farbenindustrie A.-G.: E.P. 284298 v. 27. Jan. 1928; Chem. Zbl. **1928 I**, 2146.

[10] H. Gault u. P. Ehrmann: Caoutchouc et Guttapercha **24**, 13824; **25**, 13868 (1927) — Chem. Zbl. **1928 I**, 1757 — Bull. Soc. chim. France (4) **39**, 873 (1926) — Chem. Zbl. **1926 II**, 1407.

Cellulosetripalmitat. Aus Kupferoxydammoniak umgelöste Cellulose wird mit Chinolin und Palmitinsäurechlorid auf 120° erhitzt, dann mit Alkohol aufgekocht und der Rückstand mit Chloroform ausgezogen. Alkohol fällt ein weißes, amorphes Pulver. Schmelzpunkt ungefähr 78°. $[\alpha]_D^{22} = -3,0°$ in Chloroform. Unlöslich in Wasser, kaltem und heißem Alkohol, Ligroin und Äther; leicht löslich in Chloroform. Die Ausbeute ist schlecht[1].

Zu dem aus Palmitinsäure und PCl_5 hergestellten Fettsäurechlorid wird 2 Stunden bei 105° getrocknetes Baumwollpapier und Pyridin in Benzol gefügt und 24 Stunden auf dem Wasserbade erhitzt. Das Reaktionsprodukt wird mit Alkohol gewaschen und weiter im Soxhlet gereinigt. Schmelzpunkt des löslichen Esters 86—92°[2].

Eine Lösung von Cellulosedipalmitat in Benzol wird mit $AlCl_3$, $ZnCl_2$, $FeCl_3$, Pyridin-hydrochlorid, Trichloressigsäure, Benzolsulfonsäure oder H_2SO_4 auf 80—145° erwärmt. Das so behandelte Produkt löst sich in den üblichen organischen Lösungsmitteln; die gut fließenden Lösungen liefern weiche und elastische Filme. Der Ester wird durch Eingießen in CH_3OH oder Alkohol in flockiger Form gefällt[3].

Palmito-diaceto-cellulose. Aus Cellulosediacetat und Palmitinsäurechlorid in Toluol oder Tetrachloräthan + Pyridin (80—100°, etwa 1 Stunde). Ausbeute 85—90%. Ist am besten löslich in aromatischen Kohlenwasserstoffen[4].

Cellulosedistearat[5]. Man gibt eine Mischung von Xylol und Stearylchlorid zu Pyridin und Cellulose und erwärmt die Mischung unter Rühren auf 135—140°; man fällt den Ester aus der Lösung durch Alkohol, das so erhaltene Distearat ist löslich in aromatischen Kohlenwasserstoffen und Chlorkohlenwasserstoffen.

Cellulosetristearat. Darstellung aus staubfeiner, durch Umfällen aus Kupferoxydammoniaklösung gewonnener Cellulose und Stearylchlorid in Gegenwart von Pyridin. Sintert bei 83°, schmilzt bis 118°. $[\alpha]_D^{18} =$ etwa $-0,79°$ in Chloroform. Sehr leicht löslich in Äther, Chloroform, Ligroin, Aceton, CCl_4; unlöslich in Wasser und Alkohol[6]. Man durchtränkt Cellulosetristearat mit Tetrachloräthan und erhitzt nach dem Zusatz von Trichloressigsäure auf 145°. Das so behandelte Produkt löst sich in den üblichen organischen Lösungsmitteln; die gut fließenden Lösungen liefern weiche und elastische Filme. Der Ester wird durch Eingießen in CH_3OH oder Alkohol in flockiger Form gefällt[3].

Cellulosestearinsäureester. Zu dem aus Stearinsäure und PCl_5 hergestellten Fettsäurechlorid wird 2 Stunden bei 105° getrocknetes Baumwollpapier und Pyridin in Benzol gefügt und 24 Stunden auf dem Wasserbade erhitzt. Das Reaktionsprodukt wird mit Alkohol gewaschen und weiter im Soxhlet gereinigt. Schmelzpunkt des löslichen Esters 52°[2]. Bei der Einwirkung von Stearinsäurechlorid auf Viscose erhält man einen einfachen Celluloseester der Stearinsäure. Viscose wird unverdünnt mit der Benzollösung des Säurechlorids einen Tag behandelt. Das Reaktionsprodukt wird mit warmem Alkohol und Äther ausgewaschen (bei Zimmertemperatur) oder mit Alkohol und Äther im Soxhlet extrahiert. Der Säuregehalt wurde durch Verseifen mit alkoholischer Lauge bestimmt. Die Produkte enthielten 24—33% Säure und etwas Schwefel als Verunreinigung. Der Säuregehalt stieg mit der Menge des angewandten Säurechlorids. Ein Einfluß der Reife auf den Säuregehalt ließ sich nicht feststellen[7].

Celluloseacetostearat[8]. Man vermischt Essigsäureanhydrid mit Stearinsäure, destilliert die Essigsäure ab, vermischt mit Monochloressigsäure als Lösungsmittel und Magnesiumperchlorat als Katalysator und verestert hiermit Cellulose; das gebildete Celluloseacetostearat wird durch Methanol oder Äther gefällt, die Lösung in Aceton oder Chloroform kann zur Herstellung von Filmen verwendet werden[8].

---

[1] P. Karrer, J. Peyer u. Z. Zega: Helvet. chim. Acta **5**, 853 (1922) — Chem. Zbl. **1923 I**, 583.

[2] J. Sakurada u. T. Nakashima: Sci. Papers Inst. physic. chem. Res. **7**, 153 (1927) — Chem. Zbl. **1928 I**, 2171. — G. Kita, J. Sakurada u. T. Nakashima: Cellulosechemie **9**, 13 (Beil. zu Papierfabr. **26**) — Chem. Zbl. **1928 I**, 2172.

[3] I. G. Farbenindustrie A.-G.: E.P. 284298 v. 27. Jan. 1928; Chem. Zbl. **1928 I**, 2146.

[4] H. Gault u. P. Ehrmann: Bull. Soc. chim. France (4) **39**, 873 (1926) — Chem. Zbl. **1926 II**, 1407 — Caoutchouc et Guttapercha **24**, 13824; **25**, 13868 (1927) — Chem. Zbl. **1928 I**, 1757.

[5] I. G. Farbenindustrie A.-G.: E.P. 283181 v. 6. Jan. 1928; Chem. Zbl. **1928 I**, 1923.

[6] P. Karrer u. Z. Zega: Helvet. chim. Acta **6**, 822 (1923) — Chem. Zbl. **1923 III**, 1454. — P. Karrer, J. Peyer u. Z. Zega: Helvet. chim. Acta **5**, 856 (1923) — Chem. Zbl. **1923 I**, 583.

[7] J. Sakurada u. T. Nakashima: Sci Papers Inst physic. chem. Res. **6**, 197 — Chem. Zbl. **1928 I**, 2143.

[8] Kodak Ltd., übertr. von H. T. Clarke u. C. J. Malm: E.P. 290571 v. 4. Mai 1928; Chem. Zbl. **1928 II**, 1282; Zus. zu E.P. 287880; Chem. Zbl. **1928 II**, 304.

Cellulosecrotonatstearat[1]. Aus Cellulose, durch Erwärmen mit Stearinsäure, Crotonsäure, Chloressigsäureanhydrid und Magnesiumperchlorat. In Chloroformlösung mit Chlor entsteht ein chloriertes Ester, das mit Methanol fällbar ist.

Weiteres über Celluloseester der höheren Fettsäuren. Ein Gemisch von Cellulosedistereat und Monostearat wurde mit Stearinsäurechlorid und Pyridin erhalten. Das reine Distearat, Schmelzp. 220° unter Zersetzung, unlöslich auch in Kupferoxydammoniak, entsteht mit sehr großem Überschuß des Säurechlorids; dabei erwies sich das Verdünnen mit Benzol als vorteilhaft. Bei der Lösung in Olivenöl findet ein Austausch von Stearinsäure gegen Ölsäure statt und eine Umesterung zwischen den Distereatmolekülen selbst. Bei der Verseifung mit Lauge wurde unveränderte Cellulose wiedergewonnen. — Cellulosestereat ergab mit Alkohol nur zum geringen Teil Äthylstereat und Zerfallsprodukte der Cellulose; mit Isoamylalkohol blieb der größte Teil erhalten, die Lösung enthielt Spuren freier Stearinsäure und Abbauprodukte der Cellulose. — Stearinsäureester gab mit Cellulose beim Erhitzen in H_2-Strom auf 230—270° einen beträchtlichen Gehalt an Cellulosemonostereat; der freigewordene Alkohol wurde nachgewiesen. Beim Arbeiten im Autoklaven ging die Umesterung viel weiter unter Bildung von Monostereat und Tristearat; die Cellulose wurde zum Teil zersetzt[2].

Bei Gegenwart von Pyridin werden aus Cellulose und Stearin- oder Palmitinsäureanhydrid Ester gebildet; deren Fettsäuregehalt jedoch gering ist. Völlig getrocknete Alkalicellulose wirkt in Benzollösung nicht auf Säurechlorid ein, ebenso wenn Alkalicellulose einmal getrocknet war und ihr vor der Behandlung mit Säurechlorid wieder Wasser zugesetzt wird. Ist Säurechlorid in genügender Menge vorhanden, so hängt die in der Esterbildung verbrauchte Säuremenge von der Konzentration der Alkalilauge ab und wird nicht von der im Überschuß vorhandenen Alkalilauge beeinflußt. Ist aber die Menge des Fettsäurechlorids ungenügend, so verbraucht das im Überschuß vorhandene Alkali Säurechlorid, und dementsprechend wird die zur Esterbildung verbrauchte Säurechloridmenge geringer. Die in der Esterbildung verbrauchte Säuremenge wird nicht von der des Säurechlorids beeinflußt, sondern nur von der Konzentration der Alkalilauge[3].

Die Umesterung der Fettsäureäthylester mit Cellulose geht nicht so glatt vonstatten wie mit Glycerin. Die Ester der niederen Fettsäuren bis zur Laurinsäure reagieren ohne Katalysatoren äußerst träge; die der höheren geben nur Gemische der Ester von Cellulose mit denen ihrer Abbauprodukte. Die Celluloseester der niederen Fettsäuren werden durch Alkohole leicht umgeestert, die der höheren dagegen nur schwer angegriffen. Die Beständigkeit wächst mit zunehmendem Mol-Gewicht. Alkohol und Isoamylalkohol verhalten sich gegen Cellulosedistereat gleich; beim Triacetat bewirkt Isoamylalkohol einen weitgehenden Abbau, während Alkohol glatt in Monoacetat und 2 Moleküle Essigester spaltet[2].

Bei der Darstellung aus schwach abgebauter Cellulose (Hydrocellulose) mit Säurechlorid und Pyridin wird die Temperatur 2—3 Stunden auf 110—120° gehalten, und das Reaktionsprodukt mit Alkohol ausgefällt. Weiße Fasermassen, löslich in Benzol und Homologen, Chloroform, Tetrachloräthan und Pyridin; unlöslich in Wasser, Alkohol, Aceton, Eisessig. Sie werden beim Abdampfen der Lösungsmittel in geschmeidigen, durchsichtigen Häutchen erhalten, sind sehr widerstandsfähig gegen Wasser. Die Bestimmung der Molekulargewichte in Benzollösung nach der kryoskopischen Methode waren wegen der kolloiden Natur der Lösungen nicht ausführbar. Auf diesem Wege wurden erhalten ein **Distearat:** Schmelzp. 85—90°; **Dipalmitat:** Schmelzp. ungefähr 100°; **Dilaurat:** Schmelzp. 100—110°[4]. Die **Diester** sind außer in den gewöhnlichen Lösungsmitteln löslich in Fettsäureestern, Fettsäuren, Glyceriden, Pyridin- und analogen Basen, Benzol-Petroläther, Petroleum. Sie werden von Wasser nicht gefällt, sondern bilden damit Emulsionen. Die plastischen Eigenschaften der Häutchen hängen von dem Abbaugrad der angewandten Cellulose ab. Ist die Kupferzahl höher als 3, so sind die Häutchen spröde. Auch sind diese nicht brennbar. Die Diester lösen sich nicht in konz. H_2SO_4 und werden von 0,5n-alkoholischer KOH nicht völlig verseift.

---

[1] Kodak Ltd., übertr. von H. T. Clarke u. C. J. Malm: E.P. 289853 v. 1. Mai 1928; Chem. Zbl. **1928 II**, 1282.

[2] Ad. Grün u. Franz Wittka: Z. angew. Chem. **34**, 645—648 (1921) — Chem. Zbl. **1922 I**, 631—632.

[3] G. Kita, T. Mazume, J. Sakurada u. T. Nakashima: Kunststoffe **16**, 41, 69 (1926) — Chem. Zbl. **1926 II**, 1266.

[4] H. Gault u. P. Ehrmann: Bull. Soc. chim. France (4) **39**, 873 (1926) — Chem. Zbl. **1926 II**, 1407 — Chimie et Industrie **1924**, 574 — Chem. Zbl. **1924 II**, 1785.

Die **Triester** bilden meist körnige Massen oder harte, warm sehr elastische Blättchen. **Cellulosetrilaurat:** Erweicht bei 90°, bei 180° ist völlig flüssig. **Cellulosetripalmitat:** Erweicht bei 80°, bei 180° ist völlig flüssig. **Cellulosetristearat:** Erweicht bei 75°, bei 180° ist völlig flüssig[1].

Die höheren Fettsäureester der Cellulose werden durch verschiedene Behandlungsweisen in Benzol löslich: 1. durch Erhitzen in Fettsäuren; 2. durch Erhitzen in Naphthalin, 3. durch Quellung in Benzol in Gegenwart von $C_6H_5SO_3H$ [2].

Um die Löslichkeit der Ester zu ändern, behandelt man sie in einem flüssigen Medium mit Säurechloriden, z. B. Phosphoroxychlorid oder Laurylchlorid[3]. — Verseifungsmechanismus der Celluloseester höherer Fettsäuren[4].

Celluloseacetoester, die höhere Acylgruppen enthalten, werden gewonnen aus teilweise entacyliertem Celluloseacetat, Anhydride der höheren organischen Säuren, Chloressigsäure und als Katalysator Magnesiumperchlorat. — Ganz analog können auch halogenacylierte Celluloseester erhalten werden[5].

Celluloseleinölsäureester[6]. Beim Erhitzen von Hydrocellulose mit Dimethylanilin und Leinölsäurechlorid.

Weitere Untersuchungen an Cellulosefettsäureestern[7]. Darstellungsmethoden: Veresterung in Gegenwart von Schwefelsäure und einem Oxydationsmittel[8]. Anwendung von Fluorwasserstoff als Katalysator[9]. — Durch Vorbehandlung mit Schwefelsäure, Phosphorsäure, Salzsäure oder Zinkchlorid und nachheriger Acidylierung[10]. — Man behandelt Cellulosesulfat mit dem Anhydrid einer Fettsäure[11]. — Man erhitzt Cellulose mit einer ungesättigten Säure in einem inerten Lösungsmittel; man kann die Veresterung auch nach einem der üblichen Verfahren vornehmen, besonders mit Hilfe von Chloressigsäureanhydrid. Die Ester können durch Behandeln mit Halogen in gesättigtem Ester übergeführt werden[12]. Man esterifiziert Cellulose mit einem Bade, das man durch Vermischen des Anhydrides einer niederen Fettsäure mit einer höheren Fettsäure und Entfernen der gebildeten niederen Fettsäure erhalten kann[13]. Man behandelt Cellulose mit einem Halogenessigsäureanhydrid und Buttersäure in Gegenwart eines Katalysators, wie Monochloressigsäure oder H_2SO_4; die Ester können mit hydrolysierend wirkenden Mitteln behandelt werden[14]. Man behandelt Cellulose mit einer organischen Säure in Gegenwart eines organischen Säureanhydrides. Baumwolle gibt mit einem Gemisch von Propionsäure, Essigsäureanhydrid, Eisessig und $ZnCl_2$ einen Acetyl- und Propionylgruppen enthaltenden Celluloseester. Ein Gemisch von technischer Stearinsäure, Essigsäureanhydrid, Chloressigsäure und Mg-Perchlorat gibt ein Acetopalmitostearat der

[1] H. Gault u. P. Ehrmann: Bull. Soc. chim. France (4) **39**, 873 (1926) — Chem. Zbl. **1926 II**, 1407 — Chimie et Industrie **1924**, 574 — Chem. Zbl. **1924 II**, 1785.

[2] J. Sakurada u. T. Nakashima: Scient. Papers Inst. physic. chem. Res. **7**, 153, 165 (1927) — Chem. Zbl. **1928 I**, 2171, 2172. — G. Kita, J. Sakurada u. T. Nakashima: Cellulosechemie **9**, 13 (Beil. zu Papierfabr. **26**) — Chem. Zbl. **1928 I**, 2172.

[3] I. G. Farbenindustrie A.-G.: E.P. 292929 v. 25. Juni 1928; Chem. Zbl. **1928 II**, 1732.

[4] J. Sakurada: Scient. Papers. Inst. physic. chem. Res. **8**, 21 (1928) — Chem. Zbl. **1928 I**, 2804.

[5] Eastman Kodak Co., übertr. von Hans T. Clarke u. Carl J. Malm: A.P. 1698048 v. 18. Jan. 1928; Chem. Zbl. **1929 I**, 1528; A.P. 1698049 v. 18. Jan. 1928; Chem. Zbl. **1929 I**, 1528.

[6] I. G. Farbenindustrie A.-G. (Frankfurt): Ö.P. 104228 v. 29. Okt. 1924; Chem. Zbl. **1927 I**, 1742.

[7] G. Kita, J. Sakurada u. T. Nakashima: J. Cellulose Inst. Tokyo **2**, 30 (1926) — Chem. Zbl. **1926 II**, 3037. — J. Sakurada u. T. Nakashima: Scient. Papers Inst. physic. chem. Res. **6**, 197 — Chem. Zbl. **1928 I**, 2143. — G. Kita, T. Mazume, T. Nakashima u. J. Sakurada: Cellulosechemie **7**, 125 (Beil. zu Papierfabr. **24**) (1926) — Chem. Zbl. **1926 II**, 2130.

[8] Ruth-Aldo Co., Inc., übertr. von H. L. Barthelemy: E.P. 282793 v. 28. Dez. 1927; Chem. Zbl. **1928 I**, 2027.

[9] Ruth-Aldo Co. Inc. (New York): E.P. 303136 v. 3. August 1928; Chem. Zbl. **1929 I**, 2369.

[10] Heberlein & Co. A.-G.: E.P. 298087 v. 1. Okt. 1928; Chem. Zbl. **1929 I**, 817. — H. Gault u. P. Ehrmann: Bull. Soc. chim. France (4) **39**, 873 (1926) — Chem. Zbl. **1926 II**, 1407.

[11] Ruth-Aldo Co. Inc. (New York): E.P. 303491 v. 3. August 1928; Chem. Zbl. **1929 I**, 2370; E.P. 303493 v. 9. August 1928; Chem. Zbl. **1929 I**, 2370.

[12] Kodak Ltd., übertr. v. H. T. Clarke u. C. J. Malm: E.P. 289853 v. 1. Mai 1928; Chem. Zbl. **1928 II**, 1282.

[13] Kodak Ltd., übertr. v. H. T. Clarke u. C. J. Malm: E.P. 290571 v. 4. Mai 1928; Chem. Zbl. **1928 II**, 1282; Zus. zu E.P. 287880; Chem. Zbl. **1928 II**, 304.

[14] I. G. Farbenindustrie A.-G.: E.P. 285858 v. 22. Febr. 1928; Chem. Zbl. **1928 I**, 3016.

Cellulose. Mit dem Gemisch aus Chloressigsäure, o-Methoxybenzoesäure und Mg-Perchlorat entsteht ein Celluloseacetomethoxybenzoat. In ähnlicher Weise kann man die Propionate, n-Butyrate, Isobutyrate, n-Valeriate, Isovaleriate, n-Capronate, n-Heptylate, Caprylate, Pelargonate, Caprate, Laurate. Myristate, Palmitate, Stearate, Crotonate, Cyclohexancarboxylate, Benzoate, o-Methoxybenzoate, o-Chlorbenzoate, Acetylsalicylate, Phenylacetate, Hydrocinnamate, Cinnamate und gemischte Ester herstellen[1]. Aus mercerisierter Cellulose mit niederen Fettsäuren [2]. — Veresterung der Alkalicellulose nach Vorbehandlung mit Kohlensäure, Formaldehyd, Acetaldehyd oder Ameisensäure[3]. — Veresterung in Gegenwart von Alkalien und Oxydationsmitteln[4]. Veresterung der Viscose[5]. — Durch Einleiten von Chlor in eine Mischung von Essigsäure und Trichloressigsäure oder anderen halogenierten Säuren, dann Zusatz von Essigsäureanhydrid und Zinkchlorid[6]. — Zur Erleichterung des Veresterns wird eine Vorbehandlung mit Essigsäuredämpfen und Halogen empfohlen[7]. — Darstellung der Salpetersäurefettsäureester[8]. Lösungsmittel und Viscosität[9].

Dibenzoylcellulose: $C_5H_8O_3(C_6H_5COO)_2$. Gewöhnliche und regenerierte Cellulose werden mit 35 Gewichts-% NaOH-Lösung mercerisiert und die erhaltene Alkalicellulose mit 10 Teilen Benzoylchlorid in Benzol 1—2 Stunden auf 50—60° erhitzt. Benzoesäuregehalt 66%.

Das Benzoat aus regenerierter Cellulose war in $CHCl_3$ und Aceton klar löslich. Die Lösung zeigte eine sehr niedrige Viscosität. Der aus der Lösung erhaltene Film war brüchig; in ihr muß ein Abbau angenommen werden, wofür auch die hohe Cu-Zahl spricht. Das Benzoat aus nativer Cellulose war nur trüb löslich, die Dispersion ist auch nach mehreren Tagen nicht vollständig. Die Viscosität dieser Lösung ist sehr hoch, wahrscheinlich infolge der Gegenwart gespaltener Benzoylcelluloseteilchen. Bei dem Benzoat aus gewöhnlicher Cellulose ist der Abbau noch nicht so weit fortgeschritten. Der Film aus letzterem Benzoat ist aber ebenfalls brüchig, was auch von der unvollständigen Dispersion herrühren kann[10].

Cellulosecinnamat, Cellulosezimtsäureester: Beim Erwärmen von Baumwolle mit Zimtsäure, Chloressigsäureanhydrid und Magnesiumperchlorat erhält man eine Lösung von Cellulosecinnamat, das durch Methanol gefällt werden kann[11]. Über ein krystallinisches Produkt aus Cellulosezimtsäureester[12]. **Bromester:** Versetzt man eine Lösung von Cellulosecinnamat in Chloroform mit Br in Chloroform, so entsteht ein durch Methanol fällbarer Bromester[11].

Celluloseester der aromatischen Sulfosäuren. Das Chlorid der aromatischen Sulfosäure wird in Benzol gelöst und zur Einwirkung auf Alkalicellulose gebracht. Es wurden die Abhängigkeit der Veresterung von der Temperatur, der Säurechloridmenge und dem Alkaliüberschuß untersucht. Mit Alkalilauge von 15—35 Vol.-%, mit der nach Vieweg eine Verbindung $2 C_6H_{10}O_5 \cdot NaOH$ entsteht, erhält man eine konstant zusammengesetzte Verbindung von 1 Mol Sulfosäure auf 2 Mol $C_6H_{10}O_5$. Bei stärkerer Lauge nimmt der Gehalt an Sulfosäure ebenfalls zu. Mit Benzolsulfochlorid wurden ähnliche Ergebnisse erzielt; mit p-Toluolsulfochlorid wurde eine Verbindung von 1 Mol Säure auf 1 Mol $C_6H_{10}O_5$ festgestellt.

---

[1] Eastman Kodak Co., Kodak Ltd., übertr. von H. T. Clarke, J. C. Malm u. R. L. Stinchfield: E.P. 287880 v. 27. März 1928; Chem. Zbl. **1928 II**. 304.

[2] Eastman Kodak Co.: A.P. 1687059 v. 23. April 1927; Chem. Zbl. **1929 I**, 591.

[3] I. G. Farbenindustrie A.-G.: E.P. 293316 vom 2. Juli 1928; Chem. Zbl. **1928 II**, 1840.

[4] Ruth-Aldo Co. Inc., übertr. von H. L. Barthelemy: E.P. 282794 v. 28. Dez. 1927; Chem. Zbl. **1928 I**, 2027.

[5] J. Sakurada u. T. Nakashima: Scient. Papers Inst. physic. chem. Res. **6**, 197 — Chem. Zbl. **1928 I**, 2143.

[6] C. Ruzicka (London): E.P. 303432 v. 3. Okt. 1927; Chem. Zbl. **1929 I**, 2369.

[7] Ruth-Aldo Co. Inc. (New York), übertr. von Henri Louis Barthélemy: A.P. 1668483 v. 27. Jan. 1928; Chem. Zbl. **1929 I**, 1635.

[8] I. G. Farbenindustrie A.-G.: E.P. 283595 v. 14. Jan. (1928); Chem. Zbl. **1928 I**, 2028.

[9] Rhenania Verein Chem. Fabr. A.-G. u. B. C. Stuer: D.R.P. 368476, Kl. 22h v. 7. Juli 1918; Chem. Zbl. **1923 II**, 768. — E. W. J. Mardles: J. Soc. chem. Ind. I **42**, 127, 207 (1923) — Chem. Zbl. **1923 IV**, 259, 504. — H. F. Willkie: Chem. Met. Eng. **25**, 1186 (1923); Chem. Zbl. **1923 IV**, 924. — O. Carlssen u. E. Thall: D.R.P. 359311, Kl. 29b v. 7. Dez. 1920; Chem. Zbl. **1923 II**, 934.

[10] K. Atsuki u. K. Shimoyama: J. Cellulose Inst. Tokyo **1**, 35 (1926) — Chem. Zbl. **1927 I**, 70 — Kunstseide **10**, 250 (1926) — Chem. Zbl. **1927 I**, 70.

[11] Kodak Ltd., übertr. von H. T. Clarke u. C. J. Malm: E.P. 289853 v. 1. Mai 1928; Chem. Zbl. **1928 II**, 1282.

[12] G. v. Frank u. H. Mendrzyk: Ber. dtsch. chem. Ges. **63**, 875 (1930) — Chem. Zbl. **1930 I**, 3773.

Bei Gegenwart von Pyridin wurde nicht mehr Säure gebunden. Die Ester verkohlen beim Erhitzen, die mit höherem Säuregehalt schwerer. Sie lösen sich in H_2SO_4 und fallen beim Verdünnen mit Wasser weiter aus[1].

Cellulose-mono-p-toluolsulfosäure-ester. Enthält wahrscheinlich den p-Toluolsulfosäurerest an einer sekundären Hydroxylgruppe gebunden[2].

'Celluloseester der Naphthensäuren[3]. Veresterung der Cellulose mit Naphthensäureanhydrid und Pyridin hatte nur geringen Erfolg; mit Naphthensäurechlorid und Pyridin durch Erwärmen auf dem Wasserbad bilden sich Gemische von Mono-, Di- und Triester je nach den Versuchsbedingungen. Hydrocellulose ebenso verestert gab ein in Benzol vollkommen ösliches Produkt von der Zusammensetzung eines Diesters. — Alkalicellulose, mit mehr als 20% volumprozentiger Lauge hergestellt, gibt einen Ester, der auf 4 Moleküle $C_6H_{10}O_5$ 1 Mol Säure enthält.

Cellulose-phenylcarbamidsäureester. Der aus der kolloidalen Lösung in Pyridin mit Wasser gefällte Ester bildet eine feste, in Wasser und Alkohol unlösliche in Methyl- und Äthylacetat, Alkohol-Äther, Benzylalkohol, Furfurol, CCl_4 und im allgemeinen in den Lösungsmitteln für Acetylcellulose lösliche Masse[4].

N-Alkyl und N-Arylcarbaminsäureester der Cellulose[5].

Cellulosethiourethane[6].

Celluloseschwefelsäureester[7]. Bei der Einwirkung eines SO_3-haltigen Luftstroms auf gut getrocknete Cellulose (Filtrierpapier) werden, ohne daß Verkohlung eintritt, unter Erhaltung der äußeren Form von einer $C_6H_{10}O_5$-Gruppe 3 Mol SO_3 unter Bildung des sauren Trisulfats der Cellulose aufgenommen, nach der Gleichung:

$$[C_6H_{10}O_5] + [3\,SO_3] = [C_6H_7O_5(SO_3H)_3]$$

Das Reaktionsprodukt wurde in das neutrale Kaliumsalz überführt, und zwar bei Versuchen, wo die Cellulose nur $1/_2 - 3/_4$ ihres Gewichts an SO_3 absorbiert hatte, durch direktes Eintragen in stark gekühlte Kalilauge; bei reichlicherer SO_3-Belastung wurde das Reaktionsprodukt in Wasser eingetragen, die Lösung von nicht angegriffener Cellulose getrennt, mit so viel Bleihydroxyd oder Bleicarbonat behandelt, daß gerade eine geringe Menge Blei als Bleisalz der Celluloseschwefelsäure gelöst wird, das Blei mit Schwefelwasserstoff gefällt und mit Kaliumhydroxyd neutralisiert; in nicht zu verdünnten Lösungen beginnt bereits vor beendigter Neutralisation die Abscheidung eines sehr feinen, flockigen, durch Zentrifugieren abtrennbaren Niederschlages. Die Reinigung geschieht durch Auflösung in wenig Wasser evtl. Behandlung mit Tierkohle und Abkühlung auf 0°. Nach Trocknen im Hochvakuum bei 100° $C:S:K = 2:1:1$, entsprechend der Formel $C_6H_7O_5(SO_3K)_3$ eines neutralen Kaliumcellulosetrisulfats; Ausbeute bis 65%. Dieses Kaliumcellulosesulfat „A" ist geschmacklos, auch nach der röntgenographischen Untersuchung amorph, ziemlich löslich in warmem Wasser, ziemlich wenig löslich in kaltem Wasser (1 Teil in 20 Teilen Wasser von 0°). — Auf Zusatz von Kalilauge scheidet es sich aus der wässerigen Lösung als stark gequollener Niederschlag aus. Unlöslich in Alkohol und anderen organischen Lösungsmitteln. Die wässerigen Lösungen sind kolloidal; $[\alpha]_D = -5{,}5$ bis $-6{,}5°$. — Reduktionsvermögen gegen Fehlingsche Lösung gering. Die wässerigen Lösungen reagieren auch nach längerem Sieden neutral, bei längerem Erhitzen mit Salzsäure

[1] G. Kita, T. Nakashima u. J. Sakurada: J. Cellulose Inst. Tokyo **2**, 47 (1926) — Chem. Zbl. **1927 I**, 1429 — Kunststoffe **17**, 269 (1927) — Chem. Zbl. **1928 I**, 900 — Cellulosechemie **8**, 105 (1927) (Beil. zu Papierfabr. **25**) — Chem. Zbl. **1928 I**, 487. — I. G. Farbenindustrie A.-G.: E.P. 277317 (1927); Chem. Zbl. **1928 I**, 445. — J. Sakurada u. T. Nakashima: Scient. Papers Inst. physic. chem. Res. **6**, 214 — Chem. Zbl. **1928 I**, 2143.

[2] Tadashi Nakashima u. Ichiro Sakurada: J. Soc. chem. Ind. Jap. (Suppl.) **92**, 9 B—10 B (1929) — Chem. Zbl. **1929 I**, 1678.

[3] G. Kita, T. Mazume, J. Sakurada u. T. Nakashima: Kunststoffe **16**, 167, 199 (1926) — Chem. Zbl. **1926 II**, 2426.

[4] P. E. Ch. Goissedet: Schweiz.P. 88193 v. 7. Febr. 1919; Chem. Zbl. **1923 II**, 525; A.P. 1357450 v. 4. März 1919; Chem. Zbl. **1921 II**, 961.

[5] P. E. C. Goissedet: Ö.P. 91532 v. 11. Febr. 1919; Chem. Zbl. **1923 II**, 525; Chem. Zbl. **1923 IV**, 591.

[6] L. Lilienfeld: E.P. 241149 v. 20. Nov. 1924; Chem. Zbl. **1926 I**, 2267.

[7] Wilhelm Traube, Bruno Blaser u. Carl Grunert: Ber. dtsch. chem. Ges. **61**, 754 (1928) — Chem. Zbl. **1928 I**, 2595.

wird jedoch allmählich quantitative Schwefelsäure abgespalten unter Bildung dunkler, stark reduzierender Lösungen. — Gegen Alkalien sehr beständig. Silbernitrat fällt die wässerige Lösung gar nicht, Bleiacetat schwach, Bleiessig reichlich; Bariumchlorid gibt einen in verdünnter Salzsäure löslichen Niederschlag. Ein in Wasser wenig lösliches Salz liefert das Cellulosesulfat auch mit Nitron. Durch Zersetzung des mit Bleiessig erhaltenen Bleicellulosesulfats durch Schwefelwasserstoff und Eindampfen der Lösung im Hochvakuum wird das freie Cellulosetrisulfat als Sirup erhalten. Wird die nach Abscheidung des Salzes A verbleibende Lösung des mit Kaliumhydroxyd neutralisierten Reaktionsproduktes aus Cellulose und SO_3 eingeengt, so scheidet sich in stark wechselnden Ausbeuten beim Abkühlen ein Salz „B" ebenfalls der Formel $C_6H_7O_5(SO_3K)_3$ aus, das sich von A unterscheidet; amorphes Salz A ist einheitlich, B nicht. Das Cellulosetrisulfat und Salz A sind als echte Celluloseabkömmlinge zu betrachten; Cellulose daraus wieder zu gewinnen, gelang bisher nicht. Bestimmung der elektrischen Leit-,fähigkeit von Salz A ergibt Abweichungen vom Verdünnungsgesetz und mit der Verdünnung steigenden Dispersitätsgrad. Cellulosetrisulfat kann die Fällung von Bariumsulfat in salzsaurer Lösung von PbJ_2, $AgCrO_4$, $Hg_2(CrO_4)_2$ verhindern und ist sehr geeignetes Schutzkolloid für die Herstellung von Metall und Metallsulfidsolen. In Gegenwart kleiner Mengen von Kaliumcellulosetrisulfat ist der Habitus der Ausscheidung von Kaliumperchlorat und Weinstein gegenüber der normalen Fällung verändert. Bei Einwirkung von mehr SO_3 auf Cellulose, als obiger Gleichung entspricht, entsteht zunächst immer nur das saure Trisulfat, an das sich dann — vermutlich analog der Bildung von $H_2S_2O_7$ — noch SO_3 anlagert. — Innerhalb einiger Tage geht jedoch das Reaktionsprodukt in eine homogene, durchscheinende, zähe, in Wasser und Alkohol vollständig lösliche Masse über; die bei der Behandlung der wässerigen Lösung mit Bleihydroxyd oder Bleicarbonat erhaltene Lösung bleibt beim Neutralisieren mit Kaliumhydroxyd entweder ganz klar oder scheidet nur ganz geringe Mengen Kaliumcellulosetrisulfat ab; beim Eindampfen auf ein kleines Volum und Abkühlen scheidet sich ein sehr leicht lösliches Kaliumsalz mit $C:S:K = 6:4:4$ (manchmal nur $6,0:3,7:3,7$, aber stets $S:K = 1:1$) aus, entsprechend der Formel $C_6H_6O_5(SO_3K)_4$ eines Kaliumtetrasulfats. Dieses Salz ist kein Cellulosederivat mehr, sondern bei seiner Entstehung ist unter Neubildung einer Hydroxylgruppe 1 Ring im Molekül des Anhydrozuckers gesprengt und gleichzeitig damit jedenfalls der Grad der Assoziation zwischen den ursprünglichen Molekülen des Cellulosegrundkörpers aufgehoben oder stark vermindert worden. Die Entstehung eines Tetrasulfats bei der Einwirkung von SO_3 auf einen Anhydrozucker kann man sich ebenso vorstellen wie bei Anhydroglykose, nämlich Aufnahme von $3 SO_3$ unter Bildung des sauren Trisulfats, das sich durch Aufnahme von mehr SO_3 mehr oder weniger in Cellulosepyrosulfat verwandelt: Einschiebung von 1 Mol des in pyrosulfatartiger Bindung angelagerten SO_3 in den Ring unter Bildung eines cyclischen, neutralen Schwefelsäureesters; Öffnung des schwefelhaltigen Ringes bei der Verarbeitung in wässeriger Lösung entsprechend folgenden Formelbildern:

$$
\begin{array}{ccccc}
\begin{array}{l}
\text{—C—} \\
\quad | \\
\text{CH—O—SO}_3\text{H} \\
\quad | \\
O\quad \text{CH—O—SO}_3\text{H}\quad O \\
\quad | \\
\text{CH} \\
\quad | \\
\text{—CH} \\
\quad | \\
\text{CH}_2\text{—O—SO}_3\text{H}
\end{array}
& \rightarrow &
\begin{array}{l}
\text{—CH} \\
\quad \diagdown\!\!—O \\
\text{CH—O—SO}_3\text{H} \\
\quad | \\
O\quad \text{CH—O—SO}_3\text{H}\quad SO_2 \\
\quad | \\
\text{CH} \\
\quad \diagdown\!\!—O \\
\text{—CH} \\
\quad | \\
\text{CH}_2\text{—O—SO}_3\text{H}
\end{array}
& \rightarrow &
\begin{array}{l}
\text{—CH—O—SO}_3\text{H} \\
\quad | \\
\text{CH—O—SO}_3\text{H} \\
\quad | \\
O\quad \text{CH—O—SO}_3\text{H} \\
\quad | \\
\text{CH—OH} \\
\quad | \\
\text{—C} \\
\quad | \\
\text{CH}_2\text{—O—SO}_3\text{H}
\end{array}
\end{array}
$$

Das Kaliumsalz des Tetrasulfats zeigt erhebliches Reduktionsvermögen.

Trischwefelsäureester der Cellulose[1] werden erhalten, indem man Pyridin unter Eiskühlung in Chlorsulfonsäure eintropft, dann wird Watte zugegeben und $1\frac{1}{2}$ Stunden auf dem Wasserbad erwärmt. Nach Umfällen mit Alkohol und Trocknen im Vakuum wird das Pyridinsalz des Schwefelsäureesters in weißen, hygroskopischen Fasern von asbestartiger Struktur erhalten. — Aus dem Pyridinsalz können Alkalisalze, Barium, Eisen, Blei und Kalksalz gewonnen werden, mit Benzidinacetat ein Benzidinsalz.

Celluloseester anorganischer Säuren. Aus Alkalicellulose und Chloriden der anorganischen

[1] Erich Gebauer-Fülnegg, William H. Stevens u. Otto Dingler: Ber. dtsch. chem. Ges. **61**, 2000 (1928) — Chem. Zbl. **1929 I**, 47.

Säuren[1]. — Veresterung in Gegenwart von einer oder mehreren Phosphorsäuren und Schwefelsäure[2].

Amidierte Cellulosen[3]. Aus toluolsulfurierter Baumwolle durch Einwirkung von NH_3. Dieses Amingarn wird von Säurefarbstoffen schnell und tief gefärbt. Die Seifenechtheit dieser Färbungen ist gut. Auch andere Amine, wie Methyl-, Dimethyl-, Äthyl- und Benzylamin, sind zur Amidierung geeignet, während aromatische Amine dem damit behandelten Immungarn nur eine geringe Auffärbbarkeit für Patentblau, Tartrazin und ähnliche Farbstoffe geben. Tertiäre Amine, wie Trimethylamin und Pyridin, erzeugen ein Amingarn, das bis zu 0,8% N enthält und sehr gute Anfärbbarkeit besitzt. Auch andere, mit aromatischen Sulfosäuren veresterte Cellulosederivate sind der Amidierung zugänglich, im Gegensatz zu Acetyl-, Benzyl- und Nitrocellulose[4].

Celluloseamin[5] $C_{12}H_{19}O_9 \cdot NH_2$. — Aus Cellulose-mono-p-toluolsulfosäureester und Ammoniak, Verseifen des unveränderten Esters und Herauslösen der gebildeten Cellulose mit Kupferoxydammoniak.

Celluloseanilide[5] $C_{12}H_{19}O_9 \cdot NH-C_6H_5$. — Analog der vorigen Verbindung mit Anilin statt Ammoniak.

Amidoderivate der Cellulose. Man behandelt Celluloseester, die sich von organisch substituierten anorganischen Säuren ableiten, mit einem Säurechlorid oder Säureanhydrid in Gegenwart eines tertiären aliphatischen, aromatischen oder araliphatischen Amins, man erhält in organischen Lösungsmitteln lösliche Aminoderivate der Cellulose. Man esterifiziert Alkalicellulose mit Benzolsulfonsäure, acetyliert den Ester und kocht den gemischten Ester mit Anilin und Alkohol. Man kocht den Cellulosetoluol-4-sulfonsäureester mit Diäthylamin und Alkohol und acetyliert das Produkt oder man kocht Cellulosetoluol-4-sulfosäure mit Pyridin und Benzoylchlorid[6].

Celluloseäther. Darstellung: Aus Alkalicellulose und Alkylierungsmitteln[7]. Durch Alkylieren mit gasförmigen Halogenalkylen unter Druck in Gegenwart von Alkalicellulose[8]. In Gegenwart von Metallhydroxyden[9]. — Alkylierung in Gegenwart von Nickel[10]. — Man behandelt Cellulose in Gegenwart einer oder mehrerer Phosphorsäuren, wie Orthophosphorsäure in Mischung mit Metaphosphorsäure, mit veräthernd wirkenden Stoffen, wie Benzylalkohol, Chlorid, Mono- oder Dibenzylsulfat. Vor der Verätherung kann man die Cellulose mit Essigsäure unter Zusatz von geringen Mengen Schwefelsäure, Orthophosphorsäure, Alkalien, mit oder ohne Zusatz von Alkohol oder Schwefelkohlenstoff behandeln[11]. — Durch Behandlung von Cellulose mit Äthylenoxyd und Homologen[12].

---

[1] Burgess, Ledward and Co., Ltd. u. W. Harrison: E.P. 192173 v. 29. Okt. 1921; Chem. Zbl. **1923 II**, 1123. — I. G. Farbenindustrie A.-G.: E.P. 279796 v. 9. August 1927; Chem. Zbl. **1928 I**, 990.

[2] British Celanese Ltd. (London), G. W. Miles (Boston) u. C. Dreyfus (New York, U.S.A.): E.P. 269529 v. 8. April 1927; Chem. Zbl. **1927 II**, 655.

[3] F. Robinson: Rev. des Anciens Etudiants de l'Institut Technique Roubaisien **1927**, Nr 4 — Rev. gén. Matières colorantes, Teinture etc. **1927**, 324 — Chem. Zbl. **1928 I**, 860.

[4] P. Karrer u. W. Wehrli: Helvet. chim. Acta **9**, 591 (1926) — Chem. Zbl. **1926 II**, 1213.,— P. Karrer: E.P. 263169 v. 15. Dez. 1926; Chem. Zbl. **1927 I**, 2358; Zus. zu E.P. 249842; Chem. Zbl. **1926 II**, 1200; D.R.P. 438324, Kl. 8 m v. 28. März 1925, ausg. 11. Dez. 1926; Chem. Zbl. **1926 II**, 1200; **1927 I**, 1391. — P. Karrer u. W. Wehrli: Z. angew. Chem. **39**, 1509 (1926) — Chem. Zbl. **1927 I**, 665.

[5] Ichiro Sakurada: J. Soc. chem. Ind. Jap. (Suppl.) **32**, 11B—12B (1929) — Chem. Zbl. **1929 I**, 1678 — Sci. Papers Inst. physic. chem. Res. **12**, 113 (1929) — Chem. Zbl. **1930 I**, 1924.

[6] I. G. Farbenindustrie A.-G.: E.P. 279801 v. 14. Sept. 1927 — Chem. Zbl. **1928 I**, 977.

[7] Leon Lilienfeld: E.P. 177810 v. 1. April 1921; Chem. Zbl. **1922 IV**, 682; E.P. 181393 v. 12. Juni 1922; Chem. Zbl. **1922 IV**, 963. — P. C. Seel (übertr. an Eastman Kodak Co.): A.P. 1437821 v. 5. April 1921; Chem. Zbl. **1923 II**, 1123. — Leon Lilienfeld: E.P. 203347 v. 1. April 1922; Chem. Zbl. **1924 I**, 525.

[8] I. G. Farbenindustrie A.-G.: F.P. 640174 v. 30. Juli 1927; Chem. Zbl. **1928 II**, 1616. — L. Lilienfeld: E.P. 200827 v. 12. Juli 1923; Chem. Zbl. **1923 IV**, 808. — P. C. Seel, übertr. an Eastman Kodak Co.: A.P. 1464158 v. 5. April 1921; Chem. Zbl. **1923 IV**, 808. — L. Lilienfeld: E.P. 200815 v. 9. Juli 1923; Chem. Zbl. **1923 IV**, 808.

[9] G. Joung: E.P. 184825 v. 12. Sept. 1921; Chem. Zbl. **1923 II**, 591.

[10] Eastman Kodak Co., übertr. von John M. Donohue (Rochester, New York): A.P. 1489315 v. 1. April 1921; Chem. Zbl. **1924 II**, 1992.

[11] British Celanese Ltd. (London), C. Dreyfus (New York, U.S.A.): E.P. 269531 v. 8. April 1927; Chem. Zbl. **1927 II**, 655.

[12] Farbenfabr. vorm. Friedr. Bayer u. Co.: D.R.P. 363192, Kl. 12o v. 5. Okt. 1920; Chem. Zbl. **1923 II**, 276.

Methylcellulosen. Nach Heuser und Hiemer[1] erfolgt die Methylierung der Cellulose so, daß in der ersten Phase etwa bis zur Monomethylätherstufe eine heterogene Methylierung stattfindet, d. h. das erhaltene Produkt besteht aus unangegriffener Cellulose und Gemische verschieden weit methylierter Derivate. In späteren Stadien erfolgt die Methylierung gleichmäßig, so daß die Produkte der Di- und 2,5-Stufe als einheitliche Stoffe bzw. als Gemische der gleichen Methylierungsstufe erscheinen. Eine Methylcellulose mit 43,3% Methoxyl konnte durch Extraktion mit Wasser in eine lösliche und eine unlösliche Fraktion zerlegt werden, die beide nahezu den gleichen Methoxylgehalt des Ausgangsmaterials aufweisen. Die Hydrolyse des Dimethylsulfats kann durch Salzzusatz zurückgedrängt werden. — Es wurde versucht, die Kupferammoncellulose, die Kupferammoncellulosestapelfaser und die Hydrocellulose I aus Viscosestapelfaser bis zur Trimethylstufe zu methylieren, man konnte indessen bei den beiden ersten Produkten nach 12 Operationen nur Präparate mit 44,9% bzw. 43,4% Methoxyl gewinnen. Nur im letzten Fall konnte unter Anwendung festen Natriumhydroxyds nach 8 Methylierungen die Tristufe mit 45,42% erreicht werden. Das Produkt zeigte eine Erweichungstemperatur von $215-220°$ und war in organischen Lösungsmitteln vollständig löslich, in Wasser nicht ganz unlöslich. Triacetylcellulose liefert in 3 Etappen eine Trimethylcellulose mit einem Methoxylgehalt von 44,98%. Dieses Präparat war auch in kaltem Wasser zum größten Teil löslich und zeigte eine Erweichungstemperatur von $220-225°$ [1].

Die Molekulargewichte der Methylcellulosepräparate wurden in wässeriger Lösung kryoskopisch bestimmt und die Ergebnisse mit den anderen Eigenschaften der Ausgangsmaterialien bzw. ihrer Methylderivate in Tabellen und Kurven verglichen[1]. Für die in Wasser unlösliche oder nur teilweise lösliche Methylverbindungen der nur wenig depolymerisierten Cellulose werden die Molekulargewichte aus diesem Vergleich durch Extrapolation gewonnen. Es ergibt sich so für Baumwollcellulose (gereinigt nach Robinoff) 6—8000, für Kupferoxydammoniakcellulose mit Kohlensäure gefällt etwa 4000, für Kupferoxydammoniakcellulosestapelfaser 3280, für Hydrocellulose aus Kupferammoncellulose 2680, für regenerierte Viscosecellulose 2270, für verseifte Acetylcellulose (Cellulose A) 2210, für Hydrocellulose I aus Viscosestapelfaser 1580, für Hydrocellulose II aus Viscosestapelfaser 1260, für Cellulosedextrin I 900, für Hydrocellulose III aus Viscosestapelfaser 800. Ein Vergleich des Depolymerisationsschema mit den Ergebnissen von Staudinger und Lütly[2], die beim Studium des Oxymethylens erzielt worden sind, beweist, daß bei der Cellulose analoge Verhältnisse vorliegen[1].

Heß[3] hält auf Grund seiner in den Arbeiten[4] niedergelegten Erfahrungen die Molekulargewichtsbestimmungen nach Raoult-Beckmann zur Charakterisierung von Cellulosepräparaten in bezug auf eine charakteristische Molekulargröße für ungeeignet. Die Präparate von Häuser können keinen Anspruch auf chemische Einheitlichkeit erheben, womit die aus ihren Eigenschaften gezogenen Schlußfolgerungen hinfällig werden[3]. — Methylierung der Baumwollcellulose aus Linters gereinigt nach Robinow[1]. Methylierung regenerierter Viscosecellulose. Methylierung von Kupferammoncellulose, von Kupferammoncellulose in Form von Stapelfaser[1].

Cellulose (mit Aceton extrahierte Rohbaumwolle) gibt bei zweimaliger Methylierung mit KOH und Dimethylsulfat bei 20° unter Erhaltung der Faserstruktur eine Methylcellulose mit 44,7% OCH_3, die in Wasser, Alkohol, Äther, Essigester, Aceton, CCl_4 und CS_2 unlöslich ist und mit Chloroform und Acetylentetrachlorid hochviscose Lösungen liefert. Sulfitzellstoff ließ sich nur bis 41,2% OCH_3 methylieren[5]. Lösungen mit Hilfe von Sulfocyansäure oder Isosulfocyansäure oder deren Derivate in Gegenwart von Wasser oder organischen Lösungsmitteln[6]. Einfluß von Natriumhydroxyd auf partiell methylierte Cellulose[7].

Monomethyldicellulose[8] $(C_6H_{10}O_5)(C_6H_9O_4-OCH_3)$. Bei der Einwirkung von Nitroso-

---

[1] Emil Heuser u. Norbert Hiemer: Cellulosechemie **6**, 101 (1925) — Chem. Zbl. **1926 I**, 1391 — Z. Elektrochem. **31**, 498 (1925) — Chem. Zbl. **1926 I**, 1394.

[2] Staudinger u. Lütly: Helvet. chim. Acta 8, 41 (1925) — Chem. Zbl. **1925 I**, 1582.

[3] Kurt Heß: Liebigs Ann. **435**, 1 (1924); **442**, 46 (1925); **443**, 17 (1925); Chem. Zbl. **1924 I**, 751; **1925 I**, 1700.

[4] Kurt Heß: Z. Elektrochem. **31**, 498 (1925) — Chem. Zbl. **1926 I**, 1395.

[5] H. Urban: Cellulosechemie **7**, 73 (Beil. zu Papierfabr. **24**) (1926) — Chem. Zbl **1926 II**, 45.

[6] Société pour la Fabrication de la Soie Rhodiaseta: E.P. 246430 v. 22. April 1925; Chem. Zbl. **1926 II**, 1216.

[7] Frederick Charles Wood u. Agnes C. Alexander: J. Soc. chem. Ind. I **47**, 357 (1928) — Chem. Zbl. **1929 I**, 1065.

[8] Th. Lieser: Liebigs Ann. **470**, 104 (1929) — Chem. Zbl. **1929 II**, 1788.

nethylurethan auf Cellulosexanthogenat. Bei der Hydrolyse entsteht 2-Monomethylglykose und Glykose.

Dimethylcellulose. Bildet keine Alkaliverbindung, infolgedessen auch kein Xanthogenat[1].

Trimethylcellulose. Krystallisierte Präparate: Als Ausgangsmaterial dienten Trimethylzellulosen aus Cellulose A, aus Viscoseseide, Kupferseide und auch aus natürlicher Fasercellulose. Diese sind wasserlöslich, leicht löslich in Benzol und Chloroform und enthalten den theoretischen Gehalt an Methoxyl. Nach einer Reinigung durch Umfällen aus Benzol mit Petroläther gelang es, diese Substanzen in gut ausgebildeten Krystallnadeln aus Chloroform-Alkohol abzuscheiden, dagegen wurden sie aus Benzoesäureäthylester oder Amylacetat als amorphe Gallerte erhalten. Die kryoskopische Untersuchung ergab ein völlig gleichartiges Verhalten von Trimethylcellulose und Triacetylcellulose, so daß in Trimethylcellulose ein unmittelbares Substitutionsprodukt der Cellulose vorliegt. Trimethylcellulose löst sich in Eisessig bei Konzentrationen von 0,1—0,2% zu Molekülgrößen eines Trimethylglykosans auf. Beim Altern der Lösung erfolgt Assoziation[2, 3]. Die krystallisierten Präparate sind wohl nur Bruchstücke der nativen Methylcellulose. Gibt mit ätherischer Salzsäure 2, 3, 6-Trimethyl-1-chlorglykose[4]. Röntgenographische Untersuchungen[5]. Löslichkeit und Drehungsvermögen verschiedener Präparate[6].

Cellulosemethylenäther[7] $C_6H_7O_2(OH)(O_2CH_2)$. Bei der Einwirkung von Dichlordimethylsulfat auf Alkalicellulose. — Mit Monochlordimethylsulfat wird ein gemischtes Methylmethylencelluloseäther gebildet.

Äthylcellulosen. Eine in Wasser unlösliche Äthylcellulose wird zur Herstellung von Filmen in einem Gemisch von Methylalkohol, Methylacetat und Benzamid gelöst[8]. Lösungen mit Hilfe von Sulfocyansäure oder Isosulfocyansäure oder deren Derivate in Gegenwart von Wasser oder organischen Lösungsmitteln[9]. Löslichkeiten und Viscositäten von Äthylcellulosen verschiedener Herstellung[10].

Triäthylcellulose $C_{12}H_{22}O_5$. Durch siebenmaliges Äthylieren mit Diäthylsulfat und NaOH bei 50—55° wurden aus Cellulose A, Viscose und Kupferseide Triäthylcellulosen in 73% (aus Cellulose A), 64% (aus Viscose) und 84% (aus Kupferseide) Ausbeute erhalten. Zur Reinigung wird in Eisessig gelöst, mit Methanol verdünnt und mit Wasser gefällt. Das Produkt aus Cellulose A zeigte: $[\alpha]_D^{18} = +26,1°$ (in Benzol), $+49,1°$ (in Pyridin), $+11,5°$ (in Eisessig), Schmelzp. 245°. Ein Produkt aus Viscose dreht ebenso, Schmelzp. 240°; aus Kupferseide zeigt gleiche Drehwerte, Schmelzp. 255°. Die Substanz ist in der Kälte leicht löslich in Chloroform, Benzol, Toluol, Xylol, Eisessig, Essigsäureanhydrid, Essigester, Benzoesäureäthylester, Dioxan, Ligroin und Petroläther. In der Wärme löslich in Tetralin, Anilin, Glycerin, Benzylalkohol, Cyclohexanon, Amylacetat und Triacetin. Unlöslich in Wasser, Methanol, Alkohol und Aceton; aus Cellulose A und Kupferseide bereitet löslich in warmem Äther; aus Viscose bereitet, mit Methanol aus Tetralin gefällt, getrocknet, ist ebenfalls löslich in Äther. Krystallisation tritt beim langsamen Abdünsten 0,2proz. Lösungen in Benzol ein, ebenso aus Chloroform und Eisessig, mitunter aus Pyridin, Tetralin und Xylol[11, 12]. Erweicht bei 240° und ist bei 260° vollständig geschmolzen. $[\alpha]_D^{20} = +26,7°$ in Benzol, $+49,4°$ in Pyridin, $+24,2°$ in Chloroform, $+11,7°$, in Eisessig[12]. (Siehe Bemerkung bei Methylcellulose.) Durch 70stündiges Erhitzen auf 100° mit äthylalkoholischer Salzsäure entsteht 2, 3, 6-Triäthyl-1-äthylglykosid[13].

[1] Emil Heuser u. Max Schuster: Cellulosechemie **7**, 17 (1926) — Chem. Zbl. **1926 I**, 2856.

[2] K. Heß u. H. Pichlmayr (mit R. Stahn): Liebigs Ann. **450**, 29 (1926) — Chem. Zbl. **1926 II**, 2892.

[3] Heß, Trogus, Friese: Liebigs Ann. **466**, 80 (1928).

[4] Karl Freudenberg u. Emil Braun: Liebigs Ann. **460**, 288 (1928) — Chem. Zbl. **1928 I**, 1848.

[5] Carl Trogus u. Kurt Heß: Z. physik. Chem. B **4**, 321 (1929) — Chem. Zbl. **1929 II**, 1912.

[6] Kurt Heß, Carl Trogus u. Herrmann Friese: Liebigs Ann. **466**, 20—94 (1928) — Chem. Zbl. **1929 I**, 234.

[7] Frederick C. Wood: Nature **124**, 762 (1929) — Chem. Zbl. **1930 I**, 1122.

[8] Eastman Kodak Co., übertr. von Edward S. Farrow jr.: A.P. 1494471 v. 7. Juli 1922, ausg. 20. Mai 1924.

[9] Société pour la Fabrikation de la Soie Rhodiaseta: E.P. 246430 v. 22. April 1925; Chem. Zbl. **1926 II**, 1216.

[10] E. Berl u. H. Schupp: Cellulosechemie **10**, 41 (1929) — Chem. Zbl. **1929 I**, 3088.

[11] K. Heß u. A. Müller: Liebigs Ann. **455**, 205 (1927) — Chem. Zbl. **1927 II**, 1341.

[12] Heß, Müller: Liebigs Ann. **466**, 94 (1928).

[13] Kurt Heß u. Alexander Müller: Liebigs Ann. **466**, 94 (1928) — Chem. Zbl. **1929 I**, 235.

Äthyl-cellulose-acetate [1]. Man acetyliert eine in Wasser, Alkali und organischen Lösungsmitteln unlösliche Äthylcellulose mit Essigsäureanhydrid. Die als Ausgangsstoff dienende Äthylcellulose erhält man durch Einwirkung von beschränkten Mengen Diäthylsulfat auf Alkalicellulose bei wenig über der normal liegenden Temperatur; die gebildete Äthylcellulose enthält nicht mehr als eine Äthylgruppe auf 1 Mol Cellulose und nicht weniger als 4% Äthyl. Man behandelt z. B. Sulfitzellstoff mit Natronlauge, preßt, mahlt und gibt dann die beschränkte Menge Diäthylsulfat zu. — Nach 3—5 tägigem Lagern in einer indifferenten Atmosphäre, z. B. Stickstoff, wird gewaschen und bis auf einen Feuchtigkeitsgehalt von nicht mehr als 3% Wasser getrocknet. Zur Acetylierung behandelt man 100 Teile des Celluloseäthyläthers mit 200—225 Teile Essigsäureanhydrid, 500 Teile Essigsäure und 2 oder 2,5 Teile Schwefelsäure, und fällt dann mit Wasser [1].

Allylcellulose $C_{15}H_{24}O_{10}$. Konnte nicht rein erhalten werden [2]. Eine Suspension von Baumwollpapier in 40—50 proz. Natronlauge liefert bei der Behandlung mit Allylbromid die Di- bzw. Triäther der Cellulose. Das Tetrabromid des Cellulosediallyläthers wurde in beinahe reiner Form isoliert. Die gereinigten Äther sind beim Erhitzen beständig und erleiden bei 210° anscheinend keine Veränderung. In Alkohol, Tetrachlormethan, Benzol lösen sich die Äther teilweise, doch können sie nicht vollständig in Lösung gebracht werden [3].

Benzylcellulosen. Bei der Behandlung der Cellulose mit Benzylchlorid und Natronlauge bei 85—95° entstehen 3 Produkte: eine Monobenzylverbindung, eine Tribenzylverbindung vom Schmelzp. 208—210° und eine Tetrabenzylverbindung, die bei 165° sintert und bei 175—177° schmilzt. Die Mono- und Tribenzylverbindung sind in den gebräuchlichen organischen Lösungsmitteln unlöslich, die Tetrabenzylverbindung löst sich dagegen in Chlorhydrin, Chloroform, Nitrobenzol, Essigester und wird von Aceton gelatiniert. Alle 3 Substanzen reduzieren nicht Fehlingsche Lösung und sind unlöslich in Schweizers Reagens. Die Tetrabenzylverbindung wird selbst nach 2 stündigem Erhitzen mit verdünnten Säuren nicht hydrolysiert, während die beiden anderen Benzylester bereits nach 1 Stunde beträchtliche Mengen reduzierender Kohlehydrate geben [4].

Baumwollpapier wird in 40—50 vol.-proz. Natronlauge getaucht und die Alkalicellulose mit Benzol oder Toluol gelöstem Benzylchlorid behandelt, wobei man quantitativ Diäther der C_6-Einheit erhält. — Alkalicellulose, mit 10—20 vol.-proz. Natronlauge hergestellt, ergibt Äther, die weniger als $^1/_2$ Mol Benzyl auf 1 Mol $C_6H_{10}O_5$ enthalten. Beim Schütteln mit Kupferoxydammoniaklösung bleibt der Monoäther zurück. Die Benzyläther, außer den niedrigen, und Monoäther sind leicht löslich in Chloroform, Benzol und Tetrachlorkohlenstoff, unlöslich in Äther, Alkohol und Wasser [5]. Geschnittenes Baumwollpapier wird in 40—50 vol.-proz. Natronlauge getaucht, wenn nötig gepreßt und mit dem in Benzol oder Toluol gelöstem Benzylchlorid höchstens bei 110° 50—60 Stunden erwärmt. — Der Dibenzyläther ist ein weißes Pulver. Der Monoäther entsteht nach der Einwirkung von 10—20 vol.-proz. Natronlauge und unmittelbarer Verätherung mit Benzylchlorid bei 100° [6].

Tribenzyläther. Durch Auflösen von Dibenzyläther in Benzylchlorid und Erhitzen mit Silberoxyd [7].

Äther, gewonnen mit o- und p-Chlorbenzylchlorid und 1, 2, 4-Chlordinitrobenzol [8]. Die Resultate sind nicht definitiv.

---

[1] Courtaulds Ltd. (London), W. H. Glover (Leamington, Warwickshire) u. C. Diamond (Coventry): E.P. 268552 v. 10. April 1926; Chem. Zbl. **1927 II**, 654.

[2] C. G. Tomecko u. Roger Adams: J. amer. chem. Soc. **45**, 2698 (1923) — Chem. Zbl. **1924 I**, 1915.

[3] Ichiro Sakurada: Bull. Inst. physic. chem. Res. (Abstracts) Tokyo **2**, 18 (1929) — Chem. Zbl. **1929 I**, 1679 — J. Soc. chem. Ind. Jap. (Suppl.) **31**, 157 B (1928) — Chem. Zbl. **1928 II**, 1551.

[4] M. Gomberg u. C. C. Buchler: J. amer. chem. Soc. **43**, 1904 (1922) — Chem. Zbl. **1922 I**, 1396. — I. G. Farbenindustrie A.-G.: E.P. 265491 v. 1. Okt. 1926; Chem. Zbl. **1927 I**, 3162. — Pathé Cinéma (Anciens Etablissements Pathé Fréres): F.P. 615349 v. 24. Sept. 1925, ausg. 5. Jan. 1927; Chem. Zbl. **1927 I**, 1391. — L. Clément u. C. Rivière: Chimie et Industrie **19**, Sonder-Nr 670 (1928) — Chem. Zbl. **1929 I**, 955.

[5] Tadashi Nakashima: J. Soc. chem. Ind. Jap. (Suppl.) **32**, 8 B (1929) — Chem. Zbl. **1929 I**, 1678.

[6] Tadashi Nakashima: Sci. Papers Inst. physic. chem. Res. **12**, 121 (1929) — Chem. Zbl. **1930 I**, 1924.

[7] Tadashi Nakashima u. Ichiro Sakurada: J. Soc. chem. Ind. Jap. (Suppl.) **32**, 9 B—10 B (1929) — Chem. Zbl. **1929 I**, 1678.

[8] H. Niethammer u. W. König: Cellulosechemie **10**, 201 (1929) — Chem. Zbl. **1930 I**, 671.

Triphenylmethylcellulose[1] $C_{25}H_{24}O_5$. 1 Teil aus Xanthogenatlösung umgefällte Cellulose wird mit 6 Teilen Triphenylchlormethan und 14 Teilen Pyridin bis zur klaren Lösung in siedendem Wasserbad erhitzt, dann in 80° warmes Wasser gegossen, mit Wasser und Alkohol gewaschen, und zur Entfernung von Triphenylchlormethan mit Alkohol ausgekocht. Die Lösung in Pyridin wird in Alkohol eingetropft. Schwach rosa gefärbtes Pulver, kolloidal löslich in Pyridin, Chloroform und Bromoform, quillt in Äthylenbromid, Schwefelkohlenstoff und Acetylentetrachlorid, Benzoesäureäthylester und Essigsäureanhydrid auf; unlöslich in anderen Mitteln. Schmelzp. etwa 260° unter Zersetzung. Die Lösung in Pyridin zeigt nach mehrmonatigem Stehen deutlich Linksdrehung. Wird die Chloroformlösung mit Salzsäure gesättigt, mit Chloroform versetzt, so fällt Cellulose aus, im Filtrat ist Triphenylchlormethan vorhanden.

Chlor-triphenyl-methylcellulose[1] $C_{25}H_{23}O_5Cl$. Aus Cellulose Chlor-triphenyl-chlormethan und Pyridin.

Monoacetyltriphenylmethylcellulose[1] $C_{27}H_{26}O_6$. Durch Acetylierung von Triphenylmethylcellulose mit Essigsäureanhydrid und Pyridin.

Chloracetyltriphenylmethylcellulose[1] $C_{27}H_{25}O_6Cl$. Aus Triphenylmethylcellulose mit Chloracetylchlorid und Pyridin.

Kondensationsprodukt mit Äthylenoxyd[2]. Aus Cellulose und Äthylenoxyd unter Druck. Das Produkt quillt stark in Wasser, ist in verdünnter Natronlauge glatt löslich und enthält etwa $1\frac{1}{2}$—2 Äthylenoxydgruppen auf den Rest $C_6H_{10}O_5$.

Celluloseglykolsäureäther[3]. Ein Gemisch von Cellulose und 40 proz. Natronlauge wird nach 3 Stunden Stehen mit Monochloressigsäure versetzt, kurz erwärmt und über Nacht sich selbst überlassen. Dann wird mit Alkohol gefällt, die Fällung mit 80 proz. Alkohol erschöpfend extrahiert, in wenig Wasser gelöst, die viscose Lösung zentrifugiert, unter vermindertem Druck eingeengt, mit viel Alkohol gefällt und bei 105° unter vermindertem Druck über Phosphorpentoxyd getrocknet. Mit steigender Konzentration der Lauge erhöht sich die Ausbeute. Ein günstiges Verhältnis ist: 1 Mol Cellulose, 12 Mol Natriumhydroxyd, 9 Mol Monochloressigsäure. Die Analyse obigen Natriumsalzes und der aus ihm gewonnenen Kupfer- und Silbersalze scheinen anzuzeigen, daß die zugrunde liegende Substanz ein Gemisch von C_6—CH_2COOH und C_{12}—CH_2—$COOH$ ist (C_6 = Glykoserest). — Wird die Einwirkung von Monochloressigsäure 4 mal wiederholt, so erhält man ein Natriumsalz und daraus ein Kupfersalz der Verbindung C_6—$(CH_2$—$COOH)_2$. — Die Reinigung geschieht in diesem Fall durch Dialyse. — Die Lösung des Natriumsalzes ist etwas weniger viscos als die obige. Auch die Calcium-, Barium-, Mangan- und Zinksalze sind unlöslich im Gegensatz zu denen der obigen Verbindung. Bei 6—7 maliger Einwirkung von Monochloressigsäure resultieren Salze der Verbindung C_6—$(CH_2$—$COOH)_3$, die den vorigen ähnlich sind. — Die freie Säure wird aus dem Natriumsalz nach einmaliger Einwirkung von Monochloressigsäure, durch verdünnte Salpetersäure, Fällen mit Alkohol, Zentrifugieren und Waschen mit Alkohol erhalten. Weißes Pulver, äußerst hygroskopisch; die feuchte Substanz löst sich in Wasser, nach dem Trocknen 20 Stunden unter vermindertem Druck bei 105° wird es unlöslich in Wasser und organischen Lösungsmitteln, löslich in Natronlauge. — Das getrocknete Produkt ist nach den Analysen ein Lacton, entsprechend der Formel: $C_{12}H_{19}O_{10} \cdot CH_2 \cdot COOH$—$H_2O$. — Aus den Salzen der öfteren Einwirkung von Monochloressigsäure konnten reine Säuren nicht gewonnen werden. Celluloseglykolsäureäther wird durch 1 stündiges Erhitzen mit Phosphortrijodid und Wasser hydrolytisch gespalten. Nach der Destillation wurde im Destillat Essigsäure, im Rückstand Glykolsäure nachgewiesen. Durch Einwirkung von Dimethylsulfat und Natronlauge auf das Natriumsalz (1,5 $CH_2 \cdot COOH$ auf 12) wurde ein gemischter Methyläther und Ester des Celluloseglykolsäureäthers erhalten. — Der Gehalt an Methoxyl ist 33,10 %, an freiem Carboxyl 5,20 %, an Gesamtcarboxyl 12,10 %, entsprechend einem Gemisch von 7 Teilen Methylester und 5 Teile Säure. — Die Substanz ist löslich in kaltem, unlöslich in heißem Wasser, was die Reinigung ermöglicht. — Wendet man, was vorzuziehen ist, bei der Darstellung chloressigsaures Na an, so gelingt die Darstellung auch mit 20 proz. NaOH. Reinigung durch wiederholtes Ausfällen mit Alkohol. Das erhaltene Produkt ist ein Na-Salz, löslich in Wasser, noch besser in Lauge. Daraus mit Säure die freie Säure, unlöslich in Wasser, aber wegen äußerst feiner Verteilung zunächst schwer erkennbar, erst auf Zusatz von Alkohol oder nach Ein-

---

[1] Burckhardt Helferich u. Hans Koester: Ber. dtsch. chem. Ges. **57**, 587 (1924) — Chem. Zbl. **1924 I**, 2104.

[2] I. G. Farbenindustrie A.-G.: F.P. 650973 v. 17. März 1928; Chem. Zbl. **1929 I**, 2580.

[3] J. K. Chowdury: Biochem. Z. **148**, 76 (1924) — Chem. Zbl. **1924 II**, 622.

dunsten. Reinigung durch Waschen mit wässerigem Alkohol oder Dialyse[1]. Elektrometrische Titrierung, Bestimmung der Leitfähigkeit und analytische Verfahren werden beschrieben. Die Säure wird von siedenden Säuren und Alkalien nicht verseift. Das Na-Salz wird aus der wässerigen Lösung durch NH_4Cl und NaCl ausgesalzen, ist sonst unlöslich, gibt mit $BaCl_2$, $ZnSO_4$, $AgNO_3$ und $CuSO_4$ die betreffenden Salze und bildet mit Viscose eine homogene Lösung. Die Säure wird durch basische Farbstoffe leicht gefärbt[1].

Cellulosemilchsäureäther[2]. Entsteht analog dem Glykolsäureäther aus Cellulose, Natronlauge und α-Chlorpropionsäure. Das Natriumsalz ist hygroskopisch, die wässerige Lösung gelb und weniger viscos als bei der Glykolsäureverbindung. Die Metallsalze sind unlöslich. Die freie Säure ist frisch bereitet in feuchtem Zustand löslich in Wasser, getrocknet bildet es ein gelbbraunes in Wasser unlösliches Pulver. Es enthält 1 Mol Milchsäure auf C_{18}.

Cellulosexanthogenat (Viscose) (Bd. II, S. 231; Bd. VIII, S. 79; Bd. X, S. 327): Untersuchungen über die Bildung des Xanthogenats[3]. — Reifungsprozeß[4]. — Laboratoriumsdarstellung[5]: 37 g Baumwolle werden durch Eintauchen $1^1/_2$ Stunden in 558 ccm 17,5proz. Natronlauge mercerisiert, die Lauge abgepreßt und die Masse 96 Stunden bei 18° in geschlossenen Kolben stehengelassen. — Jetzt wird 30 ccm Schwefelkohlenstoff in kleinen Portionen innerhalb 2 Stunden unter Schütteln zugegeben. — Die Bildung von Xanthogenat ist bei 18° in 96 Stunden vollendet. Man schüttelt mit 120 ccm 4proz. Natronlauge + 25 ccm 10proz. Natriumsulfitlösung, filtriert ab und fällt mit einer Mischung von 10 g Glykose, 10 g Schwefelsäure, 1 g Zinksulfat und 14 g Natriumsulfat wasserfrei in 65 g Wasser. — Nach 150 Stunden wird mit Permanganat und schwefliger Säure gebleicht und getrocknet[5].

890 g Sulfitcellulose mit etwa 10% Wasser werden in Stücke von etwa 15 cm im Quadrat geschnitten und in einem Netz aus Eisendraht bei 20—24° in 8 l 20—21proz. NaOH bis zur Gleichmäßigkeit eingetaucht. Nach dem Ablaufen wird in der Presse abgepreßt. Das Preßgut enthält 13,7—13,9% NaOH und wird in Flocken zerzaust und über Nacht bei 18—23° getrocknet. Jetzt wird maschinell durchgearbeitet mit 288 g CS_2 in 4 Portionen unter sehr vorsichtigem Zusatz. Arbeitstemperatur 20°. Das gebildete tieforangefarbige Xanthogenat wird unter beständigem Rühren in etwa 8700 g 3proz. NaOH gelöst und nach 48 Stunden Stehenlassen bei 18—23° und nach Lösung durch Gaze filtriert. Die Viscosität des Filtrats kann durch

---

[1] J. Sakurada: J. Soc. chem. Ind. Jap. (Suppl.) **31**, 19 — Chem. Zbl. **1928 I**, 1758 — Bull. Inst. physic. chem. Res. (Astracts) Tokyo **2**, 12 (1929) — Chem. Zbl. **1929 I**, 1679.

[2] J. K. Chowdhury: Biochem. Z. **148**, 76 (1924) — Chem. Zbl. **1924 II**, 623.

[3] Berthold Rassow u. Mart. Wadewitz: Dtsch. Faserst. u. Spinnpfl. **6**, 81, 101 (1924) — Chem. Zbl. **1924 II**, 2713 — J. prakt. Chem. **106**, 266 (1923) — Chem. Zbl. **1924 I**, 976. — R. Wolffenstein u. E. Oeser: Kunstseide **7**, 27, 74 (1925) — Chem. Zbl. **1925 II**, 366, 788. — Emil Heuser u. Max Schuster: Cellulosechemie **7**, 17 (1926) — Chem. Zbl. **1926 I**, 2856. — Wolffenstein u. Oeser: Ber. dtsch. chem. Ges. **56**, 785 (1923) — Chem. Zbl. **1923 I**, 1570. — E. Berl u. J. Bitter: Cellulosechemie **7**, 137 (Beil. zu Papierfabr. **24**) (1926) — Chem. Zbl. **1926 II**, 2511. — E. Berl u. A. Lange: Cellulosechemie **7**, 145 (Beil. zu Papierfabr. **24**) (1926) — Chem. Zbl. **1926 II**, 2512. — Masaharu Numa: J. Cellulose Inst. Tokyo **2**, 33—35 (1926) — Chem. Zbl. **1927 I**, 377. — G. Kita, R. Tomihisa u. H. Ichikawa: Kunstseide **8**, 221—222, 266, 338—340, 401—403, 444—448 (1926) — Chem. Zbl. **1927 I**, 666.

[4] Emil Heuser u. Max Schuster: Cellulosechemie **7**, 17 (1926) — Chem. Zbl. **1926 I**, 2856. — Cross, Bevau u. Beadle: Ber. dtsch. chem. Ges. **26**, 1090 (1893) — Chem. Zbl. **1926 I**, 2856. — Leuchs: Chem.-Ztg **47**, 801 (1923) — Chem. Zbl. **1924 I**, 263. — G. Kita, K. Azami u. R. Tomihisa: J. Cellulose Inst. Tokyo **2**, 28 (1926) — Chem. Zbl. **1926 II**, 3084. — Rud. Bernhardt: Kunstseide **8**, 173—175, 211—213, 257—260, 314—319 (1926) — Chem. Zbl. **1927 I**, 376. — G. Kita, R. Tomihisa, K. Sakurada u. H. Kono: Cellulose Industry **3**, 3 (1927) — Chem. Zbl. **1927 I**, 2694. — G. Kita, R. Tomihisa u. H. Ichikawa: Kunstseide **8**, 221, 266, 338, 401, 444 (1926) — Chem. Zbl. **1927 I**, 666. — J. D'Ans u. A. Jäger: Kunstseide **8**, 17, 43, 57 (1926) — Chem. Zbl. **1926 I**, 3108. — R. Bernhardt: Kunstseide **7**, 284 (1925) — Chem. Zbl. **1926 I**, 2415. — Gen-itsu Kita, Rikimatsu Tomihisa, Keiji Sakurada, Yoshiyuki Nakamura u. Takeo Kono: Cellulose Industry **3**, 117—125 — Chem. Zbl. **1927 II**, 1635. — Masaharu Numa: Kunstseide **9**, 457 (1927) — Chem. Zbl. **1927 II**, 2525. — T. Mukoyama: Kolloid-Z. **42**, 350, 353; **43**, 349 (1927) — Chem. Zbl. **1927 II**, 1801; **1928 I**, 608. — M. Numa: Kunstseide **9**, 597 (1927) — Chem. Zbl. **1928 I**, 1114. — K. Atsuki: J. Fac. Eng. Tokyo Imp. Univ. **17**, 135 (1927) — Chem. Zbl. **1928 I**, 2025. — K. Atsuki, T. Tahagi u. T. Ohta: Cellulose Industry **3**, 37 (1927) — Chem. Zbl. **1928 I**, 1598. — K. Atsuki, J. Ohamura u. T. Matsuda: J. Fac. Eng. Tokyo Imp. Univ. **17**, 145 (1927) — Chem. Zbl. **1928 I**, 2026. — J. Frenkel: Cellulosechemie **9**, 25 (Beil. zu Papierfabr. **26**) — Chem. Zbl. **1928 I**, 2322.

[5] Foster D. Snell: Ind. Chem. **17**, 197 (1925) — Chem. Zbl. **1925 I**, 2127.

Zusatz von klar filtrierter NaOH (bis 15%) erhöht werden[1]. Patentliteratur der letzten 10 Jahre auf dem Gebiete der Viscoseherstellung. Patentliteraturübersicht betreffend das Ausgangsmaterial für Viscose, die Mercerisation, die Vorreife, das Sulfidieren, das Lösen, das Reinigen, das Entlüften und Zusätze zur Viscose[2]. Bei der Xanthogenatbildung reagiert 1 Mol CS_2 mit 2 $C_6H_{10}O_5$-Gruppen[3]. Bei der Viscosereaktion geht das sekundäre Hydroxyl der Cellulose in 2-Stellung die Reaktion ein[4]. — Das Xanthogenat wird nämlich mit Nitrosomethylurethan in Monomethyldicellulose überführt, welche bei der Hydrolyse 2-Monomethylglykose ergibt[4]. — Die Viscosität der Lösungen ist abhängig von der Absorptionsfähigkeit der als Ausgangsstoff benutzten Cellulose für Alkalihydroxydlösungen[5]. Viscositätsverhältnisse[6]. Fadenziehende Eigenschaft, Viscosität und Oberflächenspannung der aus verschieden vorbehandelten Alkalicellulosen hergestellten Viscose[7]. — Die Veränderungen der Plastizität von Viscose mit dem Reifen gegenüber Venable[8] wurde festgestellt, daß Viscose eine geringe, aber meßbare Plastizität besitzt[9]. Alterung in der Wasserstoffatmosphäre[10]. — Neben Xanthogenat, Ätznatron, Na_2CO_3 und Na_2S ist neuerdings in der reifenden Viscose auch Na_2CS_3 festgestellt und von Bernhardt, Wyss u. a. bestimmt worden. Fukushima hat diese Verbindung näher untersucht und gefunden, daß sie sich auch in Gegenwart der anderen Alkaliverbindungen mit Jodlösung quantitativ bestimmen läßt. Die Reaktion verläuft nach folgender Gleichung: $Na_2CS_3 + J_2 = 2\,NaJ + CS_2 + S$. Diese Methode erlaubt, die chemischen Veränderungen der Viscose während des Reifens genau und in einfacher Weise zu bestimmen[11]. Zur Reinigung der Cellulosexanthogenate wurden die Lösungen dialysiert. Bei steter Bewegung der Viscoselösung war sie nach etwa 8 Stunden farblos und alkalifrei. Die Analyse ergab, daß auf 2 Reste $C_6H_{10}O_5$ je 2 S und 2 oder etwas weniger Natrium treffen. Die Flüssigkeit reagiert gegen Phenolphthalein neutral. Die Lösungen sind wenig haltbar, da die Hydrolyse des Xanthogenats durch die starke Verdünnung bei der Dialyse begünstigt wird. In den dialysierten Lösungen ist unter dem Ultramikroskop Brownsche Bewegung zu beobachten. Im elektrischen Überführungsversuch (220 Volt) zerfällt die Verbindung in ihre Bestandteile. An der Anode scheidet sich schwefelfrei Cellulose ab. Die ausdialysierten Viscoselösungen sind klare oder sehr schwarz getrübte, schwer bewegliche Flüssigkeiten. — Versuche, das Cellulosexanthogenat aus der dialysierten Lösung durch Konzentrierung derselben im Vakuum und Ausfällen des Präparates mit Alkohol zu isolieren, führten zu Zersetzungsprodukten. — Mit Metallsalzen geben die Xanthogenatlösungen die bekannten Schwermetallsalzfällungen von zum Teil anderer Färbung. Mit Dimethylsulfat entsteht der Methylester der Cellulosexanthogensäure; er ist sehr unbeständig. Bildet eine Gallerte; Atomverhältnis $S:CH_3 = 0,21:0,12$, ungefähr wie es ein Xanthogensäuremethylester $R \cdot CS \cdot SCH_3$ verlangt. — Leicht löslich in 10proz. Natronlauge, unlöslich in organischen Lösungsmitteln[12]. — Die beim Titrieren verschieden alter Viscosen mit Ammonchlorid nach Hottenroth und mit 5proz. Essigsäure erhaltenen Zahlen werden verglichen[13]. — Viscosecellulose wird durch verschiedene Säuren zu einem in der Kälte in 8proz. Natronlauge völlig löslichen Produkt hydrolysiert. Das Produkt gehört trotz seines hohen Reduktionsvermögens durchaus noch zur Cellulosegruppe. Herstellung und Eigenschaften des Produktes sowie Derivate werden

[1] E. H. Morse: Ind. Chem. **18**, 398 (1926) — Chem. Zbl. **1926 I**, 3515.

[2] Bayer: Melliands Textilber. **8**, 262, 876 (1927) — Chem. Zbl. **1928 I**, 131.

[3] Th. Lieser: Cellulosechemie **10**, 156 (1929) — Chem. Zbl. **1929 II**, 2667.

[4] Th. Lieser: Liebigs Ann. **470**, 104 (1929) — Chem. Zbl. **1929 II**, 1788.

[5] Deutsche Gasglühlicht-Auer-Gesellschaft, übertr. von Chemische Werke, vorm. Auergesellschaft, Kommanditgesellschaft (Berlin): E.P. 225565 v. 28. Nov. 1924; Chem. Zbl. **1925 I**, 2050.

[6] R. Bernhardt: Melliands Textilber. **7**, 52, 318 (1926) — Chem. Zbl. **1926 I**, 3515. — T. Mukoyama: Cellulose Industry **4**, 19 (1928) — Chem. Zbl. **1928 II**, 1636. — G. Kita, S. Iwasaki, T. Nakashima, S. Masuda u. K. Matsuyama: Cellulose Industry **5**, 5 (1929) — Chem. Zbl. **1929 I**, 2717.

[7] G. Kita, J. Onohara u. K. Sakurada: Cellulose Industry **4**, 35 (1928) — Chem. Zbl. **1929 I**, 1289.

[8] Venable: J. physic. Chem. **1926**, 1244.

[9] K. Atsuki, T. Tahagi u. T. Ohta: Cellulose Industry **3**, 37 (1927) — Chem. Zbl. **1928 I**, 1598.

[10] G. Kita, R. Tomihisa u. J. Onohara: Cellulose Industry **4**, 28 (1928) — Chem. Zbl. **1929 I**, 589.

[11] J. Fukushima, Y. Takamatsu u. J. Watanabe: Cellulose Industry **3**, 25 (1927) — Chem. Zbl. **1928 II**, 509.

[12] P. Karrer u. Th. Lieser: Cellulosechemie **7**, 1 (1926) — Chem. Zbl. **1926 I**, 2675.

[13] J. Frère: Rev. produits chim. **27**, 109 (1924) — Chem. Zbl. **1924 II**, 131.

beschrieben [1]. — Eigenschaften des Fällbades und Einfluß auf die erhaltenen Präparate [2]. — Verhalten gegen Mineralsäuren [3]. Zersetzungsgeschwindigkeit von Viscoselösungen bei der Einwirkung von Säuren [4]. — Über die Trübung und Gelatinierung der Viscose nach Zusatz von Chemikalien [5]. Verhalten gegen Zinksulfat und Kupfersulfat [6]. — Einfluß verschiedener Faktoren auf die Sthenosage von Viscose (Behandlung der Fasern mit Formol in saurer Lösung) [7]. — Durch 1% Gallussäure wird die NH_4Cl-Reife stark erniedrigt. Resorcin übt kaum einen Einfluß auf die Viscoselösungen und deren Reife aus, nur die Xanthogenatzahlen sind etwas höher [8]. Versuche mit Elektrolyten ergaben, daß die meisten Körper einen deutlichen Einfluß auf die Beständigkeit des Cellulosexanthogenats ausüben [9]. Enzymatischer Abbau von Viscoseseiden [10]. — Xanthogenat der Zusammensetzung: $C_8H_5O_5Na_5S_4$

$$S{=}C{-}O\diagup^{\displaystyle NaO}(C_6H_5)\diagdown^{\displaystyle ONa}_{\displaystyle O{-}C{=}S}$$

$$\underset{\displaystyle SNa}{|}\qquad\underset{\displaystyle ONa}{|}\qquad\underset{\displaystyle SNa}{|}$$

Aus 10 g Acetylcellulose (acetonlöslich), 80 ccm reiner NaOH (D = 1,2) und 12 ccm CS_2 erhält man nach 3 Tagen im gut verschlossenen Gefäß eine braune, nach weiteren 10 Tagen koagulierende Flüssigkeit, aus der sich mit 95proz. Alkohol ein Cellulosexanthogenat isolieren läßt, daß bei der Analyse einen Cellulosegehalt von etwa 15% (gegenüber 45,4% bei gewöhnlichem Xanthogenat) aufweist [11]. Untersuchungen über die Beständigkeit des Natriumxanthogenats [6].

Durch Behandeln mit Methylalkohol erhält man Natrium-cellulosedithiocarbonat. Das Produkt ist haltbar, allerdings erleidet die Cellulose dabei eine Umlagerung in die alkalilösliche Form der Cellulose A. Läßt man auf absolut trockenes Xanthogenat Metallsalzlösungen einwirken, so bilden sich die entsprechenden Metallxanthogenate. Mit Jod erhält man schnell und quantitativ ein Disulfid [12].

Cellulosedixanthogenate werden aus Acetylcellulosen und Nitrocellulosen hergestellt. Sie verhalten sich anders als die Xanthogenate aus Alkalicellulose. Das Reifen läßt sich auch ohne Abbau des Cellulosemoleküls erklären. Das anfängliche Dünnerwerden der Viscose erklärt sich dadurch, daß Xanthogenatgruppen abgespalten werden. Das Zunehmen der Viscosität in den späteren Tagen wird dadurch erklärt, daß bei der Abspaltung von Xanthogenat und Alkaligruppen während des Reifens sehr labile Hydroxylgruppen in dem Cellulosemolekül auftreten, die untereinander unter Bildung ätherartiger Bindungen oder unter Zusammenschluß aus 2 Molekülen reagieren [13].

Metallcellulosexanthogenate. Das getrocknete Faserxanthogenat wird durch Behandeln mit neutralen Metallsalzlösungen, Abfiltrieren, Auswaschen mit Wasser, Alkohol und Äther in das Schwermetallsalz übergeführt. Dargestellt wurden die Salze des Cd (mit $CdNO_3$), Zn (mit $ZnSO_4$), Ni (mit $NiSO_4$), Cu (mit $CuCl_2$), Cr (mit $CrCl_3$), Fe (II) (mit $FeSO_4$) und Fe (III) (mit $FeCl_3$). Bei der Darstellung des Hg-Salzes mit $HgCl_2$ erfolgte Addition von $HgCl_2$ an das gebildete Hg-Salz [14].

---

[1] Emil Knoevenagel u. Hedwig Busch: Cellulosechemie 3, 42—60 (1922) — Chem. Zbl. 1922 III, 347.

[2] G. Kita, R. Tomihisa, K. Nakahashi u. J. Onohara: Cellulose Industry 3, 31 (1927) — Chem. Zbl. 1928 I, 441. — G. Kita, R. Tomihisa, K. Sakurada, Y. Nakamura u. T. Kono: Cellulose Industry 3, 117 (1927) — Chem. Zbl. 1927 II, 1635.

[3] Georg de Wyss: Ind. Chem. 17, 1043 (1925) — Chem. Zbl. 1926 II, 134.

[4] O. Faust: Ber. dtsch. chem. Ges. 62, 2567 (1929) — Chem. Zbl. 1929 II, 2668.

[5] Takayoshi Mukoyama: Cellulose Industry 4, 21 (1928) — Chem. Zbl. 1928 II, 1636.

[6] Gen-itsu Kita, Rikimatsu Tomihisa, Kosuke Azami u. Minewo Fujimoto: J. Soc. chem. Ind. Jap. (Suppl.) 30, 55 B (1927) — Chem. Zbl. 1929 II, ·2127.

[7] L. Meunier u. R. Guyot: Rev. gén. Colloides 7, 53 (1929) — Chem. Zbl. 1929 I, 2936.

[8] J. D'Ans u. A. Jäger: Kunstseide 8, 110 (1926) — Chem. Zbl. 1926 II, 2131.

[9] J. D'Ans u. A. Jäger: Kunstseide 8, 82 (1926) — Chem. Zbl. 1926 II, 133.

[10] P. Karrer u. P. Schubert: Helvet. chim. Acta 10, 430—440 (1927) — Chem. Zbl. 1927 II, 1911—1912. — O. Faust, P. Karrer u. P. Schubert: Helvet. chim. Acta 11, 231 (1928) — Chem. Zbl. 1928 I, 2322.

[11] R. Wolffenstein u. E. Oeser: Ber. dtsch. chem. Ges. 56, 785 (1923) — Chem. Zbl. 1923 I, 1570.

[12] Th. Lieser: Cellulosechemie 10, 156 (1929) — Chem. Zbl. 1929 II, 2667.

[13] R. Wolffenstein u. E. Oeser: Kunstseide 7, 2 (1925) — Chem. Zbl. 1925 I, 1825.

[14] T. Lieser: Liebigs Ann. 464, 43 — Chem. Zbl. 1928 II, 1320.

Natriumcellulosedithiocarbonat[1] $CS(SNa)OC_6H_9O_4 \cdot C_6H_{10}O_5$. Das aus reiner Cellulose dargestellte Cellulosexanthogenat wird mit absolutem Methylalkohol in einer Pulverflasche durchgeschüttelt und abgesaugt, der Methylalkohol durch Äther verdrängt und im trockenen Luftstrom im Vakuum getrocknet. Weitere Behandlung mit Methylalkohol veränderte das reine Produkt nicht. Bei verschiedenartiger Sulfidierung änderte sich die Zusammensetzung von Natriumcellulosedithiocarbonat nur wenig. Beim Aufbewahren in Natronlauge von wechselnder Konzentration erfolgt bei 7 proz. Lauge am spätesten Koagulation. Die aus einer 11 Monate alten Lösung von Xanthogenat ausgefällte Cellulose war feucht leicht löslich in 8 proz. NaOH, trocken nur noch quellend. Die nach 70 Tagen isolierte Cellulose war leicht löslich in 8 proz. NaOH[1].

Cellulosedithiocarbonat-Disulfid[1]. Wird beim Behandeln von ätherfeuchtem Natrium-cellulosedithiocarbonat mit $^1/_{10}$n-wässeriger Jodlösung erhalten. Zur Entfernung von ad-sorbiertem Jod wird mit $^1/_{500}$n-As_2O_3-Lösung geschüttelt, mit Alkohol, Äther behandelt und im Vakuum bei wenig erhöhter Temperatur getrocknet. Die Faserstruktur blieb erhalten. Die Methylierung mit Dimethylsulfat verursachte Abspaltung von Sulfocarbonatgruppe. Ebenso führte Behandlung mit JCH_3 in Alkohol zu keinem einheitlichen Resultat. Mit Natrium-amalgam wird das Disulfid in Natriumcellulosedithiocarbonat zurückverwandelt[1].

Cellulosexanthogenessigsäure[2]. Bei der Einwirkung von verdünnter Monochloressig-säure unter Zusatz von Natriumacetat auf Viscose entsteht das Natriumsalz der Säure. — Die aus dem Natriumsalz durch Schwefelsäure freigemachte Säure ist in Wasser unlöslich, beim Lösen in Alkali wird sie nach längerem Stehen zerlegt unter Regenerierung von Cellulose.

Aus Viscose und Fettsäurechloriden erhält man nur Ester der Cellulose. Behandelt man aber Viscose mit verdünnter Essigsäure und setzt nun Na-Chloracetat zu, so wird die Lösung erst dünnflüssig, dann wieder dick und schließlich gallertig. Das in Wasser lösliche Produkt wird durch Alkohol oder Salzlösung gefällt und sieht wie Na-Cellulosexanthogenat aus, ist aber weit beständiger, da der S-Gehalt durch 5 Minuten langes Kochen mit verdünnter H_2SO_4 nicht verändert wird.

Die so gebildete Cellulosexanthogenessigsäure läßt sich bei 105° trocknen, ist unlöslich in Wasser, löslich in Laugen und geht darin bei langem Stehen in Cellulose über. Diese Eigen-schaften gestatten die Bestimmung von Xanthogenessigsäure neben Xanthogensäure. Bei größerem Überschuß von Chloressigsäure erfolgt die Bildung der Xanthogenessigsäure quanti-tativ[3].

Cellulosexanthogenfettsäurederivate. Durch Einwirkung von Halogenfettsäuren auf Xanthogenate[4].

Cellulosexanthogensäureester[5]. Durch Einwirkung von Estern anorganischer Säuren auf Cellulosexanthogensäure oder -xanthogenate bei schwach alkalischer, neutraler oder saurer Reaktion entstehen Cellulosexanthogensäureester.

Cellulosexanthogenamide[6]. Entstehen bei der Einwirkung von Ammoniumhydroxyd oder Amine auf die wässerige Lösung des Natriumcellulosexanthogenacetats. Cellulosexantho-genamid ist in Wasser und organischen Solvenzien unlöslich, in wässerigem Alkali löslich zu einer transparenten viscosen Flüssigkeit, welche sich langsam unter Bildung von Cellulose zersetzt. Gegen verdünnte Säuren ist es beständig, zersetzt sich durch 24 stündiges Er-wärmen auf 105° nicht[6]. Überschüssiges Ammoniak zersetzt wieder die gebildeten Amide unter Regenerierung von Cellulose[7].

---

[1] T. Lieser: Liebigs Ann. **464**, 43 — Chem. Zbl. **1928 II**, 1320.

[2] Tadashi Nakashima: Bull. Inst. physic. chem. Res. (Abstracts) Tokyo **2**, 15 (1929) — Chem. Zbl. **1929 I**, 1679.

[3] T. Nakashima: J. Soc. chem. Ind. Jap. (Suppl.) **31**, 31 — Chem. Zbl. **1928 I**, 2247. — G. Kita, J. Sakurada u. T. Nakashima: Cellulosechemie **8**, 105 (1927) (Beilage zu Papierfabr. **25**) — Chem. Zbl. **1928 I**, 487.

[4] Leon Lilienfeld: E.P. 231801 v. 22. Mai 1924; Chem. Zbl. **1925 II**, 2190; E.P. 248994 v. 9. Juli 1924; Chem. Zbl. **1926 II**, 2514; Zus. zu E.P. 231806; Chem. Zbl. **1925 II**, 2331; E.P. 248246 v. 9. Juli 1925; Zus. zu E.P. 231801; Chem. Zbl. **1925 II**, 2190; **1926 II**, 2513.

[5] Leon Lilienfeld: E.P. 252654 v. 16. Juli 1925; Auszug veröff. 28. Juli 1926; Prior. 30. Mai 1925; Chem. Zbl. **1927 I**, 1090.

[6] Tadashi Nakashima: J. Soc. chem. Ind. Jap. (Suppl.) **31**, 155 B (1928) — Chem. Zbl. **1928 II**, 1551.

[7] Tadashi Nakashima: Bull. Inst. physic. chem. Res. (Abstracts) Tokyo **2**, 17 (1929) — Chem. Zbl. **1929 I**, 1679.

Tunicin (Bd. II, S. 232; Bd. VIII, S. 80).

Physikalische und chemische Eigenschaften: Bei tropfenweisem Zusatz von 15proz. alkoholischer Lösung von β-Naphthol zu mit Cl_2O dekrustierten tierischen Skeletsubstanzen wird Tunicin violett (wie mit α-Naphthol)[1]. Röntgenographische Untersuchungen[2].

Cellulose A.

Darstellung[3]: Wird gewonnen durch Verseifung des Celluloseacetats A mit methyl-alkoholischer Natriumhydroxydlösung (48 Stunden bei gewöhnlicher Temperatur). Die Lauge wird abgegossen, der Niederschlag mit Wasser + verdünnter Salzsäure auf dem Wasserbade zersetzt, zur Entfernung von Verunreinigungen in 2n-Natronlauge gelöst und bei 0° mit Ammoniak gesättigt. Die hierbei ausfallende wahrscheinliche Natriumverbindung wird mit verdünntem Ammoniak + Wasser gewaschen, aus den Waschwässern setzt sich Cellulose A als Gel ab, das nach Zusatz von einigen Tropfen Essigsäure zentrifugierbar ist.

Physikalische und chemische Eigenschaften: Weißes Pulver, unlöslich in organischen Lösungsmitteln, leicht löslich in 2n-Natronlauge und konz. Säuren, über 120° Braunfärbung und Verkohlung. Bei der Einwirkung von Calciumhydroxyd entsteht nur die Hälfte derjenigen Isosaccharinsäuremenge, die aus Cellobiose erhalten wird[4].

Derivate: Methylverbindungen. Die Methylierung mit Dimethylsulfat und Barium-hydroxyd bzw. Natronlauge führt zu einer Trimethylverbindung $(C_6H_7O_2)(OCH_3)_3$. — Hartes Pulver schwach gelb gefärbt. Die Entfernung färbender Beimengungen gelingt durch Lösen in Wasser und Versetzen mit einigen Tropfen Permanganatlösung. Nach dem Filtrieren durch eine Filterkerze wird aus dem heißen Filtrat das Methylat gefällt. — Weißes Pulver, leicht löslich in Chloroform und Essigsäure, Schmelzp. 217°, $[\alpha]_D^{14}$ in Chloroform 0,0°; in Wasser $[\alpha]_D^{10} = -18,07°$ [5].

Methylierung von verseifter Acetylcellulose (Cellulose A)[6]. Die Darstellung erfolgte nach Heß und Weltzien[7]. — Schon nach der dritten Methylierung ließ sich ein Produkt von 39,00% Methoxyl, Lösungstemperatur 30—35°, Erweichungstemperatur 240—245° gewinnen. Die leichte Methylierbarkeit der Cellulose A liegt also nicht in einer Eigentümlichkeit des von Heß angewandten Methylierungsverfahrens mit Barythydrat, sondern in der Darstellung der Cellulose A. Während der Acetylierung mit Acetylchlorid dürfte durch die auftretende Salzsäure auch eine Depolymerisation der Cellulose eingetreten sein, weshalb auch die Cellulose A in Alkalien löslich ist. Mol-Gewicht nach der Gefriermethode 2210.

Trimethylcellulose A[8] $C_9H_{16}O_5$. 50 g Cellulose A werden in 250 g Wasser suspendiert und durch Zusatz von 20 g festem Natriumhydroxyd gelöst und mit Dimethylsulfat methyliert. Nach 10maliger Methylierung erhält man eine Substanz mit 45% Methoxyl (Theorie 45,57%). Die Ausbeute beträgt durchschnittlich 47,5% der Theorie. Das nach dem Aufarbeiten erhaltene Produkt wird mit eiskaltem Wasser fraktionsweise ausgezogen, filtriert und die gelösten Anteile durch Erhitzen wieder ausgefällt. Das reinste Präparat hatte $[\alpha]_D^{16} = -15,5$ ($\pm 0,9°$) in Wasser, $-9,75°$ ($\pm 0,3°$) in Eisessig und $-3,38°$ ($\pm 0,2°$) in Chloroform. Schmelzp. 230—237°. — Zur erfolgreichen Methylierung ist zu beachten, daß das Material, das öfter methyliert worden ist, zunächst in kaltem Wasser gelöst und dann durch Zugabe von festem Natriumhydroxyd in fein verteiltem Zustand ausgefällt wird; hierdurch wird eine Zerstörung der Methylate durch heiße konzentrierte Lauge vermieden. Bei der Methoxylbestimmung der hochmethylierten Produkte wird das zu analysierende Material durch 12stündiges Stehen im Rohr bei 0° mit Jodwasserstoffessigsäureanhydrid zum größten Teil in Lösung gebracht und dann erst 6 Stunden

[1] R. Schulze u. G. Kunike: Biol. Zbl. **43**, 556 (1923) — Ref.: Ber. Physiol. **25**, 20 (1924) — Chem. Zbl. **1924 II**, 873.

[2] H. Mark u. G. v. Susich: Z. physik. Chem. B. **4**, 431 (1929) — Chem. Zbl. **1929 II**, 2036.

[3] Kurt Heß, R. Singer, H. Jensen u. A. Reh: Liebigs Ann. **435**, 58 (1924) — Chem. Zbl. **1924 I**, 753.

[4] John Palmén: Finska Kemistsanifundets Medd. **38**, 106 (1930) — Chem. Zbl. **1930 I**, 2395.

[5] Kurt Heß u. Wilhelm Weltzien: Liebigs Ann. **435**, 76 (1924) — Chem. Zbl. **1924 I**, 754.

[6] Emil Heuser u. Norbert Hiemer: Cellulosechemie **6**, 101 (1925) — Chem. Zbl. **1926 I**, 1391 — Z. Elektrochem. **31**, 498 (1925) — Chem. Zbl. **1926 I**, 1394.

[7] Heß u. Weltzien: Liebigs Ann. **435**, 1 (1923) — Chem. Zbl. **1924 I**, 787.

[8] Kurt Heß u. Wilhelm Weltzien: Liebigs Ann. **442**, 46 (1925) — Chem. Zbl. **1925 I**, 1700.

auf 115° erhitzt. — Bei der Spaltung mit methylalkoholischer Salzsäure entsteht 2, 3, 6-Tri-
methyl-methyl-glykosid. Behandlung mit Acetylbromid + Bromwasserstoff bei 0° führt
neben Aufspaltung zu Methylzucker auch zur Abspaltung einer Methylgruppe.

Celluloseacetat A[1] $(C_6H_7O_2)(OCO \cdot CH_3)$. 54 g lufttrockene Baumwolle + 600 g Acetylchlorid werden bei 17—20° geschüttelt. Nachdem nach etwa 8 Tagen eine viscose Flüssigkeit
entstanden ist, wird in Chloroform aufgenommen und wiederholt im Vakuum verdunstet.
Der harte Rückstand wird in warmer Essigsäure gelöst, durch Kieselgur filtriert, das gelbe
Filtrat zeigt in dickerer Schicht kolloide Trübung und Tyndall-Phänomen. Die warme essigsaure Lösung wird mit der doppelten Menge Äther versetzt. Der erhaltene Niederschlag wird
mit 3 Volum Äther + 1 Volum Essigsäure verrieben, dann abgesaugt und die Operation wiederholt, bis das Filtrat farblos abläuft, dann wird mit Äther verrieben, endlich mit Äther erschöpfend extrahiert. — Sehr schwach gelbliches Pulver (Ausbeute 60%), Schmelzp. 270—275°
unter Zersetzung, Braunfärbung und Aufschäumen; leicht löslich in Chloroform und Essigsäure,
teilweise löslich in Aceton und Essigester, unlöslich in kaltem und heißem Alkohol und Äther;
die Lösung in Chloroform erfolgt unter deutlicher Quellung. Der spezifische Drehwert des
Acetats A in Essigsäure bei verschiedenen Konzentrationen zeigt ein starkes Fallen beim
Übergang von sehr geringen Konzentrationen (0,2—0,3%) zu stärkeren Konzentrationen
(0,6—6%). — In Chloroform ist diese Abhängigkeit nicht bemerkbar. $[\alpha]_D^{19} = -15,0°$ in
5proz. Chloroformlösung. Die Lösungen in Eisessig zeigten bei der Molekulargewichtsbestimmung abnorm große Depressionen; die Lösungen in Phenol zeigten keine Anomalie.

Bei der Einwirkung von Bromwasserstoff auf Celluloseacetat A in Gegenwart von Eisessig oder auch von Acetylbromid bildet sich Acetobromcellobiose. Die wirksame Komponente
ist der Bromwasserstoff, denn das Acetat wird selbst durch stundenlanges Erhitzen mit Acetylbromid allein nicht angegriffen. Bei Anwesenheit von Acetylbromid + HBr entsteht außerdem eine Verbindung von der Zusammensetzung einer Tetraacetylbromglykose, die von der
bekannten Acetobromglykose völlig verschieden ist. — Bei fortgesetzter Behandlung mit
Bromwasserstoff-Acetylbromid wird sie in Acetobromcellulose überführt. Außer den Brom-
verbindungen entstehen gleichzeitig aus Acetat A bromarme bzw. bromfreie Verbindungen
unbekannter Konstitution, deren Zusammenhang mit der Tetraacetylbromverbindung noch
nicht klar ist; sie gehen ebenfalls mit Bromwasserstoff und Eisessig in Acetobromcellobiose
über[2].

Celloglykosan[3].

$$C_6H_{10}O_5 + H_2O\,(?)$$

Darstellung: 4,84 g Celluloseacetat A werden in 50 g reinem Acetylbromid mit 2,2 g
Bromwasserstoff versetzt und aufbewahrt. Die Aufarbeitung erfolgt wie bei der isomeren
Tetraacetylbromglykose. Der Rückstand wird schließlich mit reinem Chloroform aufgenommen
und unter Kühlung auf etwa —10° mit Äther versetzt. Die entstehende teils krystalline
Abscheidung besteht aus 0,5—0,6 g Acetobromcellobiose und etwa 0,4 g des amorphen
bromhaltigen, nicht näher untersuchten Präparates. Ohne das Glykosebromid zu isolieren,
wird die ätherische Lösung 4—5 Tage unverstöpselt bei +2 bis +3° in feuchter Eisschrank-
atmosphäre aufbewahrt, dann in eine offene Schale gegossen und zum schnellen Abdünsten
des Lösungsmittels in den Fuchs eines gutziehenden Abzuges gestellt. Nach Maßgabe des Ab-
dunstens tritt Krystallisation ein, die nach mehreren Tagen vollständig ist. Rohausbeute 2,3 g.
Zum Umkrystallisieren eignet sich Äthylalkohol + wenig Äther.

Physikalische und chemische Eigenschaften: Quadratische Tafeln, Schmelzp. 107—109°.
Unlöslich in organischen Lösungsmitteln außer warmem Alkohol; leicht löslich in Wasser.
— Fehlingsche Lösung wird erst nach kurzem Aufkochen mit konzentrierten Säuren reduziert.
— $[\alpha]_D$ in Wasser = +89,31°, auf Zusatz einer Spur konzentrierter Salzsäure zur Lösung
nach 5 Minuten $[\alpha]$ = +68,38, nach 24 Stunden +69,18°. — Durch siedenden Methylalkohol
+ wenig Salzsäure entsteht α-Methylglykosid.

Derivate: Tribenzoylcelloglykosan $C_{27}H_{22}O_8$. Nadeln aus abs. Alkohol, Schmelzp. 126 bis
128°. $[\alpha]_D^{18}$ = +59,70 (±2,5) und +61,92° (±2,5°).

---

[1] Kurt Heß, R. Singer, H. Jensen u. A. Reh: Liebigs Ann. **435**, 58 (1924) — Chem. Zbl.
1924 I, 753.
[2] Kurt Heß, W. Weltzien u. F. Kunau: Liebigs Ann. **435**, 86 (1924) — Chem. Zbl. **1924 I**, 755.
[3] Kurt Heß, W. Weltzien u. F. Kunau: Liebigs Ann. **435**, 99 (1924) — Chem. Zbl. **1924 I**, 755.

Cellosan [1, 2].

$$C_6H_{10}O_5\,(?)$$

Bildung: Aus der Triacetylverbindung durch Verseifung mit methylalkoholischem Ammoniak.

Physiologische Eigenschaften: Durch dialysierten Malzextrakt wird Cellosan in Glykose, durch Lichenase in Cellobiose verwandelt. Die enzymatisch einheitliche Lichenase vermag Cellosan in Cellobiose überzuführen [3].

Physikalische und chemische Eigenschaften: Weißes Pulvers. Leicht löslich in Wasser, löslich in feuchtem Pyridin, sonst meist unlöslich, die wässerige Lösung ist optisch inaktiv. $[\alpha] = -11°$ in 2n-Natriumhydroxyd, $-14°$ in 95proz. Pyridin, $-7°$ in 50proz. Pyridin. Mol-Gewicht entspricht der Formel $C_6H_{10}O_5$. Acetolyse führt zu Oktaacetylcellobiose.

Derivate: Cellosantriacetat $C_{12}H_{16}O_8$. Durch Erhitzen von Triacetylcellulose ($[\alpha]_D = -23°$) mit 10 T. Naphthalin oder Tetralin auf etwa 235°. Die Reinigung geschieht durch Umfällen aus Benzol-Alkohol. Sehr leicht löslich in Aceton, Pyridin, Nitrobenzol, löslich in Chloroform; die konz. Lösungen gelatinieren beim Stehen. $[\alpha]_D^{20} = -21$ bis $-23°$ in Chloroform $+$ Methylalkohol.

Cellan [4].

Bildung: Entsteht bei der Einwirkung von wasserfreier Fluorwasserstoffsäure aus trockner Cellulose. Ein reineres Produkt entsteht bei der Verseifung der Acetylverbindung. Glykose, Cellobiose, Lävoglykosan usw. geben sehr ähnliche Produkte.

Physiologische Eigenschaften: Diastase und α-Glykosidase greifen nicht an.

Physikalische und chemische Eigenschaften: Reduziert nicht Fehlingsche Lösung. Leicht löslich in Wasser; in Alkohol und Aceton in der Hitze etwas löslich, sonst schwer bis unlöslich. In kaltem Pyridin schwer löslich, bei kurzem Erhitzen geht nur ein Teil in Lösung, aber dann entsteht beim Abkühlen eine klare Lösung, die sich beim Erwärmen trübt, beim Abkühlen wieder klar wird. Gibt keine Oktaacetylcellobiose, auch sein Acetat nicht. Durch Kochen mit verdünnten Säuren wird Glykose gebildet. — $[\alpha]_D^{18} = +143{,}4°$ in Wasser.

Derivate: Acetylverbindung. Bei der Acetylierung mit Essigsäureanhydrid und Pyridin. Löslich in Benzol, Pyridin, Acetylendichlorid, Acetylentetrachlorid, Eisessig, Chloroform, Aceton, nur in der Hitze in Alkohol und Methanol, unlöslich in Wasser, Äther und Petroläther. Schmelzp. unscharf 170—175°.

Cellulosedextrine (Bd. II, S. 177; Bd. VIII, S. 45; Bd. X, S. 274).

Bildung: Cellulosedextrine bilden sich bei der Druckerhitzung der Cellulose mit Wasser [5]. Durch einstündige Behandlung von gereinigtem Linter mit 72—74proz. Schwefelsäure nach **Ost** und **Mühlmeister** gewonnen [6]. Nach dreimaliger Methylierung des Präparates von **Heuser** wurde ein Produkt von 32,2% Methoxyl, Lösungstemperatur 70—75°, Erweichungstemperatur 200—205°, erhalten, das sich in Wasser unter Opalescenz löst. Dehnt man die Einwirkung von Schwefelsäure länger aus, bis 10 Stunden, so erhält man bei der Methylierung der entstandenen Dextrine Produkte, die in Wasser löslich sind und durch Erhitzen der Lösung nicht mehr abgeschieden werden können. Mol-Gewicht gefunden nach der Gefriermethode 900 [6].

[1] H. Pringsheim, J. Leibowitz, A. Schreiber u. E. Kasten: Liebigs Ann. **448**, 163 (1926) — Chem. Zbl. **1926 II**, 880. — H. Pringsheim: Liebigs Ann. **451**, 308 (1927) — Chem Zbl. **1927 I**, 1572. — H. Pringsheim, J. Leibowitz, A. Schreiber u. E. Kasten: Liebigs Ann. **448**, 163 (1926) — Chem. Zbl. **1926 II**, 880. — H. Pringsheim u. O. Routala: Liebigs Ann. **450**, 255 (1926) — Chem. Zbl. **1927 I**, 1151.

[2] Die Angaben von Pringsheim über Cellosan konnten durch Schultze und Heß nur teilweise bestätigt werden. Siehe G. Schultze u. K. Heß: Liebigs Ann. **450**, 65 (1926) — Chem. Zbl. **1926 II**, 2893.

[3] H. Pringsheim u. A. Beier: Biochem. Z. **172**, 411 (1926) — Chem. Zbl. **1926 II**, 2975.

[4] Burckhardt Helferich u. Stilfrid Böttger: Liebigs Ann. **476**, 150 (1929) — Chem. Zbl. **1930 I**, 365.

[5] E. Berl u. A. Schmidt: Liebigs Ann. **461**, 192 — Chem. Zbl. **1928 I**, 2935.

[6] Emil Heuser u. Norbert Hiemer: Cellulosechemie **6**, 101 (1925) — Chem. Zbl. **1926 I**, 1391 — Z. Elektrochem. **31**, 498 (1925) — Chem. Zbl. **1926 I**, 1394.

Die frühere Darstellung aus Baumwolle, Acetylchlorid und Salzsäure wird wiederholt und das Reaktionsgemisch wird nach völliger Lösung noch 2 Tage bei 20° stehengelassen. — Nach Ausfällen von Acetat A, Eisessig-Äther, wird der Rückstand der Mutterlauge in Choleraform gelöst und mit Äther gefällt. — Das ausfallende Dextrinacetat wird in Eisessig gelöst, in Äther gefällt, wodurch Acetat A, das beigemischt ist, ausgefällt wird. Die Lösung wird verdunstet, in warmer Essigsäure gelöst und mit kaltem Wasser bis zur beginnenden Trübung versetzt; nach öfterem Wiederholen erhält man das Dextrinacetat als weißes, nicht deutlich krystallinisches Produkt, das zur Entfernung von Essigsäure in kaltem Essigester gelöst, schwach erwärmt und mit Alkohol bis zur Trübung versetzt wird. Erweicht bei 250°, wird bei 260° dünnflüssig. — $[\alpha]_D^{18} = -11,0°$ ($\pm 2°$) und $[\alpha]_D^{17,5°} = -12,0° \pm (1,5°)$ in Chloroform. Leicht löslich in Chloroform, Pyridin, Essigsäure, Aceton und Essigester, löslich in warmem Alkohol, wenig löslich in kaltem Alkohol, unlöslich in Wasser. Molekulargewichtsbestimmungen in Phenol, Urethan oder Naphthalin stimmen etwa auf 4—5 dreifach acetylierte $C_6H_{10}O_5$-Reste. Die Lösungen in Essigsäure zeigen ein abweichendes Verhalten. Die Verseifung mit methylalkoholischer Natriumhydroxydlösung ergab ein weißes Pulver, das beim Erhitzen unter Dunkelfärbung Zersetzung erleidet, ohne zu schmelzen, ist unlöslich in Wasser und organischen Lösungsmitteln, leicht löslich in normaler Natronlauge, hieraus durch Säuren wieder fällbar. Reduziert Fehlingsche Lösung. — Die alkalische Lösung mit Kaliumjodid versetzt und angesäuert zeigt keine Färbung des ausfallenden Dextrins. — Durch Einwirkung von Acetylbromid und Bromwasserstoff auf das Dextrin (5 Tage bei 3—6°) entsteht Acetobromcellobiose [1].

Erythrocellulose (Bd. X, S. 328).

Bildung: Bei der Selbstgärung der Hefe [2].

Lignocellulose und Lignin (Holzsubstanz).

Lignocellulosen.

2. Typus. Lignocellulose aus Holz (Bd. II, S. 236; Bd. X, S. 329).

Bildung: Zusammensetzung und Kolloidmengenbestimmung der Frühjahrssäfte und Zusammenhang derselben mit der Holzbildung [3].

Physiologische Eigenschaften: Holz (Erle, Pappel, Birke) wurde in Boden von 30° gehalten, worin nach 3 Monaten Rotklee und Gerste ausgesät wurden. Dabei wurde schnellere Zerstörung der Pentosane, in 6 Monaten etwa zu 60%, festgestellt; sie wurden leichter angegriffen als Cellulose, Lignin und andere Bestandteile [4]. Sägespäne und Holzcellulose wirken ungünstig auf das Pflanzenwachstum, weil die Assimilation der Bodennitrate durch Mikroorganismen unter diesen Umständen stark gesteigert wird und so diese Salze den Pflanzen zum Teil entzogen werden. Giftige Substanzen sind nicht verantwortlich [5]. — Im verwesenden feuchten Haferstroh wurde nach verschiedenen Tagen bis zu etwa 4—5 Monaten die Art und Zahl der Mikroflora untersucht, daneben die Alkalilöslichkeit, der Gehalt an Hemicellulose, Cellulose und Huminsubstanzen, ferner nach Chlorierung der Gehalt des Humus an Kohlehydraten und Lignin [6]. Gärungsversuche mit Bakterien an frischem und altem Kiefernholz, vermodertem Eichenholz, Sphagnum cuspidatum und Velener Torf in Abwesenheit und in Gegenwart von Nährlösungen. Bei Velener Torf wurde keine Spur von Gärung beobachtet, während die anderen Materialien diese zeigten [7]. Erzeugung von Milchsäure

[1] Kurt Heß, R. Singer, H. Jensen u. A. Reh: Liebigs Ann. **435**, 58 (1924) — Chem. Zbl. **1924 I**, 753.

[2] A. Gottschalk: Hoppe-Seylers Z. **153**, 215 (1926) — Chem. Zbl. **1926 I**, 3555.

[3] R. Lorentz: Wchbl. Papierfabr. **54**, 1518 (1923) — Chem. Zbl. **1923 III**, 499.

[4] E. G. Schmitt, W. H. Petersen u. E. B. Fred: Soil Sci. **15**, 479 (1923) — Chem. Zbl. **1924 II**. 684.

[5] J. A. Viljoen u. E. B. Fred: Soil Sci. **17**, 199 (1925) — Chem. Zbl. **1925 I**, 2658.

[6] Aage Christian Thaysen u. Will. Edgar Bakes: Biochemic. J. **31**, 895 (1927) — Chem. Zbl. **1927 II**, 2683.

[7] H. Schrader: Ges. Abh. z. Kenntnis d. Kohle **6**, 173 (1921) — Chem. Zbl. **1923 III**, 1649.

durch Fermentation der nach der alkoholischen Gärung verbleibenden Holzzuckerrückstände[1]. Verhalten gegen citronensäurebildende Organismen[2]. — Die Haltbarkeit von Holz beruht auf dem Gehalte gewisser Verbindungen, wie Gerbstoffe, Harze usw., welche gegenüber Pilzen, welche die Holzzersetzung begünstigen, toxisch wirken. Je höher die Toxizität, desto höher die Haltbarkeit. Die Resultate mit den verschiedensten Hölzern sind tabellarisch mitgeteilt[3]. Mit fortschreitender Vermoderung des Holzes verschwindet die Cellulose rasch, während das Lignin sich anreichert und die Alkaliunlöslichkeit steigt. Mindestens die Hälfte des im frischen Holze vorhandenen Lignins geht bei der Vermoderung in Huminsäuren über, die methoxylhaltig sind. Doch ist der Methoxylgehalt der natürlichen Huminsäuren längst nicht so hoch, als er sein sollte, wenn das Lignin mit unverändertem Methoxylgehalt in Huminsäuren überginge. Es ist daher anzunehmen, daß im Laufe der Vermoderung die Methoxylgruppen aus dem Komplex des Lignins und der Huminsäuren allmählich abgespalten werden[4]. — Das Pilzholz aus Hausschwamm (Merulius lacrymans) besteht aus 73% Lignin, 15% Cellulose, 18% anderen Kohlehydraten und 4% Harzen. Pentosane wurden nicht gefunden[5]. Beim Celluloseabbau des Holzes wird die mikroskopische Struktur des Holzes nicht zerstört[6]. — Über Methoxylgehalt des halbvermoderten Holzes[7]. — Die wässerigen, alkalischen und sauren Extrakte eines von Merulius lacrymans befallenen Tannenholzes ergeben Substanzen, die beim Erhitzen in reichlichen Mengen Vanillin+Vanillinsäure abspalten und fast ausnahmslos Fehlings Reagens reduzieren. Durch die Tätigkeit der Holzpilze wird die Cellulose zum größeren Teil verzehrt, die Ligninsubstanzen nach Aufzehrung ihres Kohlehydratanteils unter Hinterlassung sehr widerstandsfähiger polymerer aromatischer Komplexe in alkalilösliche (zum Teil auch wasser- und säurelösliche) Körper von brauner Farbe übergeführt, die man mit manchen als „Humussäuren" bezeichneten Destruktionsprodukten der pflanzlichen Substanz identifizieren kann. Hier spielen wahrscheinlich auch die Rückstände der polymeren Kohlehydrate (Cellulose, Pentosane usw.) eine Rolle. Kürschner stellt ein Schema der Zersetzung durch Pilzeinwirkung auf[8]. Fomes annosus erzeugt auf Holz Verbindungen saurer Natur, mit deren Entstehung das Wachstum der Pilze Hand in Hand geht. Die Acidität ist von p_H 5. Die saure Reaktion kann mit Indicatoren nachgewiesen werden[9]. Falck und Haag unterscheiden bei der Zersetzung des Holzes durch Pilze zwei Vorgänge: die Korrosion und die Destruktion. Bei Korrosion (Rotfäule) wird das Holz des meist lebenden Baumes durch parasitische Erreger in verhältnismäßig langen Zeitfristen abgebaut, und zwar zunächst das Lignin, zuletzt auch Cellulose. Bei Destruktion (Hausschwamm, Merulius) wird das technisch verwertete Holz in kurzer Zeit unter Volumenschwund abgebaut, und zwar fast nur die Cellulose. Lignin bleibt zurück[10]. Der Methoxylgehalt des Holzes beim Abbau durch Korrosion und Destruktion[11]. — Der Chemismus der pilzlichen Holzzersetzung kann zwei verschiedene Wege gehen, je nach der Art des Pilzes: Umwandlung in dunkle kohlenstoffreichere saure Substanz oder in Cellulose. Erstere, die „Braunfäule", ist anscheinend ein hydrolytischer Prozeß, letztere, die „Weißfäule", entspricht mehr einer milden Oxydation. Humussubstanzen können auch ohne Einwirkung von Pilzen entstehen[12]. Beim Zerfall von

[1] E. A. Marten, E. C. Sherrard, W. H. Peterson u. E. B. Fred: Ind. Chem. 19, 1162 (1927) — Chem. Zbl. 1927 II, 2631.

[2] R. Falck u. Beyma thoe Kirayma: Ber. dtsch. chem. Ges. 57, 915 (1924) — Chem. Zbl. 1924 II, 315.

[3] L. F. Hawley, L. C. Fleck u. C. A. Richards: Ind. Chem. 16, 699—700 (1924) — Chem. Zbl. 1925 I, 187.

[4] Franz Fischer, Hans Schrader u. Alfred Friedrich: Ges. Abh. z. Kenntnis d. Kohle 5, 530 (1920) — Chem. Zbl. 1922 IV. 1044.

[5] C. G. Schwalbe u. A. af Ekenstam: Cellulosechemie 8, 13 (Beil. zu Papierfabr. 25) (1927) — Chem. Zbl. 1927 II, 1342. — Lieser: Cellulosechemie 7, 156 — Chem. Zbl. 1927 I, 266.

[6] Franz Fischer u. Rudolf Lieske: Biochem. Z. 203, 351 (1928) — Chem. Zbl. 1929 I, 2433.

[7] W. Fuchs: Z. angew. Chem. 41, 85 — Chem. Zbl. 1928 I, 1851. — J. Marcusson: Z. angew. Chem. 39, 898 — Chem. Zbl. 1926 II, 1526. — H. Weyland: Naturwiss. 15, 327 — Chem. Zbl. 1927 I, 3165.

[8] K. Kirschner: Z. angew. Chem. 40, 224 (1927) — Chem. Zbl. 1927 I, 2030.

[9] L. P. Curtin: Ind. Chem. 19, 878 (1927) — Chem. Zbl. 1927 II, 2252.

[10] R. Falck u. W. Haag: Ber. dtsch. chem. Ges. 60, 225 (1927) — Chem. Zbl. 1927 I, 1172. — Richard Falck: Ber. dtsch. bot. Ges. 44, 652 (1926) — Chem. Zbl. 1927 I, 1968.

[11] Richard Falck u. Werner Coordt: Ber. dtsch. chem. Ges. 61, 2101 (1928) — Chem. Zbl. 1928 II, 2645.

[12] C. Wehmer: Ber. dtsch. bot. Ges. 45, 536 (1927) — Chem. Zbl. 1928 I, 934.

Splintholz von zwei harten und zwei weichen Hölzern durch eine Weiß- und eine Braunfäule werden die Pentosane des Holzes zuerst angegriffen und schneller fortgeschafft als die Hexosane. Die hydrolysierten Anteile der Cellulose werden dabei schneller angegriffen als die ursprünglichen Anteile. — Man nahm an, daß die die Weißfäule verursachenden Pilze vorzugsweise Lignin angreifen, jedoch greift Polyostictus hirsutus Cellulose ebenso an wie die Pilze der Braunfäule. Die beiden Weichhölzer enthalten mehr Cellulose als die Harthölzer, die dagegen mehr Pentosane aufweisen[1]. Krankheitsempfänglichkeit der Holzpflanzen[2]. Wichtigere Arbeiten über Holzkonservierung[3]. — Untersuchungen über die Verdaulichkeit des mit Säuren aufgeschlossenen Holzmehles[4]. — Milchkühe nehmen hydrolysierte Sägespäne mit anderem Futter vermischt für längere Zeit nur in kleineren Mengen auf. Die Trockensubstanz der Fichte war zu 46%, der Tanne zu 33% verdaulich. Wenn man Cellulose und Lignin besser trennen könnte, wäre der Futterwert viel höher. Das ist aus wirtschaftlichen Gründen nicht möglich. Fichtenholz ist leichter aufschließbar als Tannenholz. Mit Stärke verglichen (Futterwert 1 : 2,75) geht der Milchertrag bei Zumischung von Sägespänen nur wenig zurück. Ökonomischen Wert haben die aufgeschlossenen Sägespäne nicht. Nur bei großem Mangel an natürlichen Futterstoffen können sie als Futterersatz dienen[5]. Von den Substanzen der Zellmembran der Vegetabilien ist Lignin vom Fleischfresser in gewissen Prozentsätzen, die individuell und bei den einzelnen Pflanzenarten variieren, verdaulich. Der Gehalt der Zellmembranen an Lignin macht diese nicht weniger verdaulich[6].

Physikalische und chemische Eigenschaften: Analysenresultate verschiedener amerikanischer Hölzer[7]. Die Analyse des Holzes von Eucalyptus globulus und Pinus monticola[8], von Tsuga Sieboldii, von Abies firma[9], des marokkanischen Arganbaumes (Argania sideroxylon)[10]. Quantitative Zusammensetzung des Nadelholzes[11], des Aspenholzes[12]. — Untersuchung von Eichenholz, von vermodertem Eichenholz und Torfproben[13]. — Analyse der Holzstrahlen von Quercus alba L. und Casuarina inophloia F.[14]. — Untersuchung von Splintholz und Kernholz von Hemlocktanne, Rottanne, Weißtanne, Roterle, Maulbeere, Zuckerahorn, Catalpa, Eiche, Akazie und Eucalyptus auf Gehalt an Wasser, Asche, Extraktionsstoffe, Essigsäure, Methoxyl, Pentosan, Methylpentosan, Cellulose und Lignin. Es ergab sich, daß bei den Weichhölzern das Kernholz reicher an Extraktivstoffen ist als das Splintholz, daß Cellulose und Lignin entsprechend im Hartholz niedriger sind als im Splintholz. Bei Harthölzern findet man 2 Gruppen, eine, bei der die Extraktivstoffe im Splintholz, und eine andere, bei der sie im Kern-

---

[1] L. F. Hawley, L. C. Fleck u. C. A. Richards: Ind. Chem. **20**, 504 — Chem. Zbl. **1928 II**, 1001.

[2] Werner Bavendamm: Z. Bakter. II **76**, 172 (1928) — Chem. Zbl. **1929 I**, 1013.

[3] A. Bresser: Kunststoffe **18**, 55 — Chem. Zbl. **1928 I**, 774, 2891. — J. G. Kreer: Paper Ind. **10**, 229, 444 — Chem. Zbl. **1928 II**, 512. — L. P. Curtin, B. L. Kline u. W. Thordarson: Ind. Chem. **19**, 1340 (1927) — Chem. Zbl. **1928 I**, 1121. — L. P. Curtin u. M. T. Bogart: Ind. Chem. **19**, 1231 (1927) — Chem. Zbl. **1928 I**, 613. — L. P. Curtin u. W. Thordarson: Ind. Chem. **20**, 28 — Chem. Zbl. **1928 I**, 1345. — L. P. Curtin, B. L. Kline u. W. Thordarson: Ind. Chem. **19**, 1340 (1927) — Chem. Zbl. **1928 I**, 1121. — A. Rabanno: J. f. chem. Ind. (russ.) **2**, 839 (1926) — Chem. Zbl. **1927 I**, 829. — Denst: J. f. chem. Ind. (russ.) **4**, 744 (1927) — Chem. Zbl. **1928 I**, 1345. — R. Nowotny: Z. angew. Chem. **39**, 428; **40**, 1060; **41**, 46 — Chem. Zbl. **1926 I**, 3194; **1927 II**, 2253; **1928 I**, 1602.

[4] Max Rubner: Arch. f. Physiol **1917**, 50—73 — Chem. Zbl. **1922 I**, 1081—1082.

[5] J. G. Archibald: J. Dairy Sci. **9**, 257—271 (1926) — Ber. Physiol. **57**, 564—565 (1927) — Chem. Zbl. **1927 I**, 1902.

[6] M. Rubner: Sitzgsber. preuß. Akad. Wiss., Berlin **1928**, 127 — Chem. Zbl. **1928 II**, 463.

[7] G. J. Ritter u. L. C. Fleck: Ind. Chem. **14**, 1050 (1922) — Chem. Zbl. **1923 II**, 488. — S. A. Mahood u. D. E. Cable: Ind. Chem. **14**, 933 (1922) — Chem. Zbl. **1923 II**, 200. — S. D. Wells u. J. D. Rue: Paper Trade J. **85**, Nr 5, 49 (1927) — Chem. Zbl. **1927 II**, 2245.

[8] S. A Mahood u. D. E. Cable: Ind. Chem. **14**, 933 (1922) — Chem. Zbl. **1923 II**, 200. — A. W. Schorger: Ind. Chem. **9**, 748 (1918) — Chem. Zbl. **1918 I**, 1041.

[9] Y. Ueda u. T. Yoshida: Cellulose Industry **3**, 35 (1927) — Chem. Zbl **1928 I**, 1114.

[10] A. da C. Cobral: Bull. Inst. Pin. **1927**, 289 — Chem. Zbl. **1928 I**, 1295.

[11] A. C. v. Euler: Cellulosechemie **4**, 1 (Beil. zu Papierfabr. **21**) (1923) — Chem. Zbl. **1923 I**, 1284. — Erik Hägglund: Mitt. Nr. 1 Holzchem. Inst. Abo, Sept. **1922** — Chem. Zbl. **1923 IV**, 505.

[12] Emil Heuser u. August Brötz: Papierfabr. **23**, 69 (1925) — Chem. Zbl. **1925 II**, 1531.

[13] J. Marcusson: Z. angew. Chem. **39**, 898 (1926); **40**, 48 (1927) — Chem. Zbl. **1926 II**, 1526; **1927 I**, 1430.

[14] William M. Harlow u. Louis E. Wise: Ind. Chem. **20**, 720 (1928) — Chem. Zbl. **1928 II**, 2032.

holz höher sind. Die Cellulosewerte verhalten sich umgekehrt. Bei allen Hölzern liefert die Hydrolyse des Splintholzes mehr Essigsäure als die des Hartholzes. Der Ligningehalt ist im Frühlingsholz höher als bei Sommerholz, bei Cellulose liegen die Verhältnisse umgekehrt[1]. Einfluß des Alters auf die Zusammensetzung des Holzes der Strandkiefer (Pinus maritima)[2]. — Arbeiten zusammenfassender Natur[3]. Zusammensetzung und Struktur der Zellwand von Holz auf Grund mikroskopischer Untersuchungen[4]. — Röntgendiagramme verschiedener Holzarten[5]. Kritische Besprechung der Arbeiten über kolloidchemische Betrachtung und Erforschung des Holzes und seiner Bestandteile[6]. — Beitrag zum Studium des Einflusses des elektrischen Stromes auf das Holz[7].

Holmberg und Rumius[8] nehmen, wie die meisten Ligninforscher, an, daß im Holz Lignin und Cellulose chemisch miteinander verbunden sind. Dann kann ihre Vereinigung entweder esterartig sein, mit Lignin als Säure, Cellulose als Alkoholkomponente, oder acetalartig, mit Lignin als Carboxyl, Cellulose als Alkoholkomponente oder umgekehrt. Bei esterartiger Vereinigung müßte sowohl durch Einwirkung von Alkoholat als auch von Alkohol + Säure auf Holz Umesterung erfolgen unter Bildung von Äthoxylignin, das durch Alkali zu Lignin verseifbar sein müßte. Bei acetalartiger Vereinigung sollte, wegen der Beständigkeit von Acetalen gegen Alkali, Alkoholat auf Holz nicht wirken, dagegen Alkohol + Säure Umacetalisierung bewirken unter Bildung von alkalibeständigen Äthoxyligninen, wenn Lignin Carboxylkomponente, oder von Lignin, wenn dieses Alkoholkomponente ist. Zur Entscheidung der Frage wurden folgende Versuche ausgeführt: Nadelholzmehl wurde bei 20 mm über Phosphorpentoxyd getrocknet: die Substanz enthielt 50,20% C, 6,23% H, 5,29% Methoxyl, 12,75% Pentosanen und 53,0% Cellulose, nach Klason mittels Bisulfit bestimmt. Bei der Einwirkung von Alkoholat wurden 10 g Substanz mit einer Lösung von 2,4 g Natrium in 100 ccm abs. Alkohol 5 Stunden gekocht, abfiltriert, getrocknet; es wurden 81,6% wiedergewonnen, enthaltend 5,10% Methoxyl und 10,94% Pentosan. Das alkoholische Filtrat ergab 0,25 g organische Substanz mit 64,67% C, 6,19% H, die Verfasser als Lignin bezeichnen. Ein zweiter Versuch mit 95proz. Alkohol ergab dasselbe Resultat. Einwirkung von Alkohol + Salzsäure: 10 g Holzmehl wurde mit 1n-Salzsäure in abs. Alkohol 5 Stunden gekocht; man gewinnt eine braunschwarze Lösung und einen dunkelbraunen Rückstand. Letzterer beträgt 56,6%, enthält 50,19% C, 6,07% H, 5,66% Methoxyl + Äthoxyl und 3,37% Pentosane. Aceton und heißer Alkohol lösen praktisch nichts, Bisulfit ließ von 4,96 g 4,47 g ungelöst. Nochmalige Behandlung von 10 g dieses Rückstandes mit Alkohol + Salzsäure gab 84,6% trocknen Rückstand mit 1,60% Pentosan. Das alkoholische Filtrat der ersten Alkoholyse ergab 1,9 g ockerfarbenes Pulver, von Verfassern Alkoholyselignin genannt. Aus 10 g Holzmehl wurden durch zweimalige Alkoholyse 1,3 g Alkoholyselignin erhalten, das sind 45% des gesamten Ligningehaltes. Das im ungelösten Holz zurückgebliebene Lignin ist aber, wie die Unlöslichkeit in Bisulfit und der Äthoxylgehalt zeigt, ebenfalls verändert zu Produkten, die an das Willstätter-Lignin erinnern[8].

Nach dem negativen Verhalten bei der Xanthogenatreaktion kann Lignincellulose weder eine esterartige noch eine Adsorptionsverbindung sein. Auf Grund von Betrachtungen über die reaktiven Gruppen ihrer Konstituenten scheint das Lignin in chemischer Bindung mit Cellulose und anderen Polysacchariden zu einem aromatischen Glykosid getreten zu sein[9]. Der aromatige Bestandteil ist unmittelbar vor der Verholzung nicht von der Natur des Hadromals von Czapek, da er nicht mit Phloroglucin, wohl aber mit Vanillin in konz. Schwefelsäure reagiert. Vanillin hat sich als empfindliches Reagens für Lokalisierung der aromatischen Substanzen erwiesen, die später durch Oxydation in Substanzen von Art des Hadromals verwandelt werden, die sich direkt mit Cellulose unter Bildung von Lignocellulose verbinden und

---

[1] G. J. Ritter u. L. C. Fleck: Ind. Chem. **15**, 1055 (1923); **18**, 576, 608 (1926) — Chem. Zbl. **1924 I**, 116; **1926 II**, 774.

[2] Paty: Bull. Inst. Pin. **1927**, 7 — Chem. Zbl. **1927 II**, 582.

[3] B. Holmberg: Techn. Tidskr. **57**, 101 (1927) — Chem. Zbl. **1928 I**, 450. — Erich Schmidt: Papierfabr. **26**, 673 (1928) — Chem. Zbl. **1929 I**, 1526.

[4] Geo. J. Ritter: Ind. Chem. **20**, 941 (1928) — Chem. Zbl. **1929 I**, 761.

[5] E. Wedekind u. J. R. Katz: Ber. dtsch. chem. Ges. **62**, 1172 (1929) — Chem. Zbl. **1929 I**, 2874.

[6] H. Wislicenus: Cellulosechemie **6**, 45 (1925) — Chem. Zbl. **1925 II**, 1114.

[7] B. F. Schwarz: Bull. Inst. Pin. **1928**, 215 (1928) — Chem. Zbl. **1928 II**, 2762.

[8] Brer Holmberg u. Sten Runius: Sv. kem. Tidskr. **37**, 189 (1925) — Chem. Zbl. **1926 I**, 136.

[9] Manekk Merwanji Mehta: Biochemic. J. **19**, 958 (1925) — Chem. Zbl. **1926 I**, 2712.

mit Phloroglucin positiv, mit Vanillin negativ reagieren. Die Lignocellulose wird durch Erhitzen mit 4proz. Natronlauge unter 10 Atm. Druck in 1 Stunde vollständig in ihre Komponenten gespalten ohne radikale Spaltung des Lignins, das durch Säure aus der alkalischen Lösung gefällt und durch Ausziehen mit Alkohol quantitativ in reinem Zustande gewonnen werden kann. Im Holz findet sich Lignin zum Teil durch Alkohol ausziehbar, hauptsächlich aber in durch Alkali spaltbarer Verbindung mit Polysacchariden. Das aus Holz isolierte Lignin ist braun, amorph, schwach sauer, von angenehm aromatischem, zuweilen an Vanillin erinnernden Geruch, Schmelzp. 170°, unlöslich in Wasser; löslich in verdünnten Alkalien und Alkohol; Jodzahl 139, Säurewert 477. Mit alkalischen Erdmetallen liefert es unlösliche Salze von unbestimmter Zusammensetzung. Bei der Spaltung der Lignocellulose durch Alkali bleibt ein Rückstand von reiner α-Cellulose[1].

Holz erleidet durch die β-Naphtholschmelze eine vollkommene Auflösung, während Cellulose für sich unverändert bleibt. Küster und Schnitzler[2] nehmen daher an, daß sich Lignin und Cellulose im Holz in chemischer Bindung befinden, welche in der Schmelze gelöst wird[3]. — Das Pentosan ist im Zellstoff mit dem Lignin nicht verbunden[3].

Ausgehend von seiner Theorie der Ligninbildung kommt Fuchs zu der Auffassung, daß im Holz ungesättigte Zuckerkomplexe vom Typus des Glykals vorhanden sein müssen. Es gelang ihm in der Tat, durch Oxydation von Fichtenholz mit Benzomonopersäure die Zuckerausbeute nach der Hydrolyse merklich zu erhöhen, wobei sich eine Vorbehandlung des Holzes mit kalter 0,5proz. H_2SO_4 als förderlich erwies. Der Effekt dieser Behandlung scheint durch Sonnenlicht begünstigt zu werden. Das Lignin wurde quantitativ durch Wägung bestimmt, die Zuckerlösung durch Kupferzahl, Drehung und Vergärung charakterisiert. Das oxydierte Holz gibt die Fichtenspanreaktion nicht mehr und die anderen Ligninreaktionen auch nur in veränderter Form. Die Anilin- und Phloroglucinreaktionen bleiben fast ganz aus, die Carbazolreaktion ist schwach grün statt rotviolett. Bei dieser Behandlung verschwindet etwa der vierte Teil des ursprünglich vorhandenen Lignins[4]. Die Annahme von Hexalkomplexen im Holze ist aber nicht begründet[5].

Die Bestandteile der Zellmembran sind die Cellulose und die Hexosane, Pentosane, Lignine und Cutine. Das Cutin ähnelt in seinem Verhalten dem eines Wachses. Die Zellmembranbestandteile sind zwar in der Struktur gleich, aber nicht in dem chemischen Verhalten, z. B. in bezug auf die Löslichkeit. Aus der Humusbildung im Boden und aus dem Obigen kommt das Ergebnis: daß die Steinkohle aus dem Lignin, die Wachse, die bituminösen Stoffe aus dem Cutin entstanden sind, wobei unter Umständen auch die Cellulose mitgeholfen hat[6].

Holz und Sägemehl von Weißtannen wurden beim Erhitzen auf 93° braun; zum Teil zeigten sich Anzeichen destruktiver Destillation. Rottannenholz bräunte sich auch und wurde an den Ecken ziemlich dunkel[7]. Zusammenfassende Abhandlungen über Holzdestillation[8]. Trockne Destillation des Holzes der Britisch-Columbia-Kiefer und -Erle[9], verschiedener Hölzer der Philippinen[10]. Die Methoxylgruppen des Holzes bilden das Ausgangsmaterial für den bei der trocknen Destillation entstehenden Methylalkohol. Die Ausbeute entspricht jedoch nur 16—30% des OCH_3-Gehaltes. Das Methan des Holzgases ist zum größten Teile aus den OCH_3-Gruppen entstanden. Holzkohle enthält ebenfalls noch OCH_3-Gruppen[11]. Versuche zur

[1] Manekk Merwanji Mehta: Biochemic. J. **19**, 958 (1925) — Chem. Zbl. **1926 I**, 2712.

[2] William Küster u. E. Schnitzler: Hoppe-Seylers Z. **149**, 150 (1925) — Chem. Zbl. **1926 I**, 1140.

[3] F. W. Klingstedt: Biochem. Z. **202**, 106 (1929) — Chem. Zbl. **1929 I**, 1677.

[4] W. Fuchs: Ber. dtsch. chem. Ges. **60**, 776 (1927) — Chem. Zbl. **1927 I**, 2657.

[5] Karl Kürschner: Technol. u. Chemie d. Papier- u. Zellstoff-Fabrikation **26**, 53 (1929) — Chem. Zbl. **1929 II**, 414.

[6] J. König: Biochem. Z. **171**, 261 (1926) — Chem. Zbl. **1926 II**, 1051.

[7] Edmund Knecht: Fuel **3**, 106 (1924) — Chem. Zbl. **1924 II**, 1034.

[8] B. Waeser: Metallbörse **13**, 21 (1923) — Chem. Zbl. **1923 II**, 773. — Seaman Waste Wood Chem. Co.: Ö.P. 87971 v. 16. Okt. 1927; Chem. Zbl. **1920 IV**, 306; **1923 II**, 1132; Ö.P. 87972 v. 16. Okt. 1917; Chem. Zbl. **1920 IV**, 201; **1923 II**, 1132. — P. Razous: Ind. Chim. **11**, 11, 252 (1924) — Chem. Zbl. **1924 I**, 2040; **1924 II**, 1421. — Adam Stanislaw Koss: Papierfabr. **22**, 52 (1924) — Chem. Zbl. **1924 II**, 1995 — La Nature **1927 II**, 261 — Chem. Zbl. **1928 I**, 450.

[9] William Agee Hardy: Trans. roy. Soc. Canada (3) **15**, Sekt. III, 111 (1921) — Chem. Zbl. **1922 IV**, 461.

[10] A. H. Wells: Philippine J. Sci. **12**, 17, 111 (1917) — Chem. Zbl. **1923 II**, 150 — Bull. Imp. Inst. Lond. **20**, 162 (1922) — Chem. Zbl. **1923 II**, 150.

[11] L. F. Hawley u. S. S. Aiyar: Ind. Chem. **14**, 1055 (1922) — Chem. Zbl. **1923 II**, 494.

Erhöhung der Methylalkoholausbeute durch Destillation mit Soda, Kalk, Phosphor, Pentoxyd, Calciumcarbonat, Natriumsulfat, Magnesiumcarbonat und Kaliumpermanganat. Erhöhung der Ausbeute wurde nur bei Anwendung von gebranntem Kalk und Calciumcarbonat festgestellt, Maximalerhöhung 0,5%. Derselbe Effekt kann durch Destillation des unbehandelten Holzes im Kohlensäurestrom erhalten werden[1]. — Durch Erhitzen mit Magnesiumchloridlauge auf 150—180° lassen sich aus Holzabfällen 55% Kohle von etwa 5—6000 Calorien, 6—8% Essigsäure und fast die doppelte Menge Holzgeist gewinnen[2]. — Die Ursache für die Mehrausbeute an Essigsäure aus Holz ist entweder darin zu suchen, daß während der präparativen Darstellung seiner Bestandteile der chemische Charakter derselben geändert wird oder wahrscheinlicher in sekundären Umsetzungen während der Destillation, die beim natürlichen Holz naturgemäß viel intensiver verlaufen müssen als bei künstlichen Mischungen der Komponenten, da diese im Holz untereinander chemisch oder adsorptiv gebunden vorliegen. Ganz analog dürften die Mehrausbeuten an Methylalkohol aus Holz gegenüber isoliertem Lignin zu deuten sein[3]. — Bei Verkohlung von Buchenholz erhält man den Rohholzessig, der gegen 10% organische Säuren enthält, von denen über 90% Essigsäure und das übrige höhere gesättigte und ungesättigte Fettsäuren sind. Bei der Weiterverarbeitung des Rohholzessigs auf Essigsäure und Eisessig erhält man den „Essigrückstand" oder die „Rückstandsäure", eine dunkelbraune, unangenehm und stechend riechende Flüssigkeit mit einem Gehalt von 40—60% titrierbare Säuren (als Essigsäure gerechnet), die von 115 bis über 200° siedet. Die Reindarstellung der Säuren durch fraktionierte Destillation zum Zweck der Identifizierung versagt bei den höher siedenden Säuren. Günstiger als Rektifizierung erweist sich ihre Veresterung und nachfolgende Trennung der Ester. Als Bestandteile des Holzessigs wurden erkannt: Isobuttersäure, Isovaleriansäure, Methyläthylessigsäure, n-Capronsäure, Isocapronsäure, Önanthsäure, Methacrylsäure, Tiglinsäure, α, β-Pentensäure, γ-Butyrolacton und Durol. Unbekannt bleibt ein kleiner Teil der „Rückstandsäure" mit ungesättigten, 5 und 6 C-Atome enthaltenden Säuren und Isosäuren mit 6 und 7 C-Atomen und höhere Lactone, darunter wohl auch ungesättigte. Die ungesättigten Säuren sind alle α, β-ungesättigte, und bei den stereoisomeren Säuren wurden stets nur die trans-Formen aufgefunden[4]. Destillation von finnländischem Fichtenholz (Pinus abies L.), Kiefernholz (Pinus silvestris L.) und Birkenholz (Betula alba L.) im Vakuum[5]. — Liefert bei der Vakuumdestillation einen in Wasser löslichen Holzteer, der optisch aktiv ist. Gibt große Mengen saurer Destillationsprodukte und auch phenolartige Substanzen[6]. Es ist möglich, Holz in höherem Vakuum bei so niedriger Temperatur zur Trockne zu destillieren, daß die durch exotherme Reaktion auftretenden Selbstzersetzungen ausbleiben. — Fichten- und Kiefernholz liefert bei der Vakuumdestillation mehr Ameisensäure als Essigsäure, während bei Birkenholz die Essigsäure überwiegt. Das Vakuumpech ist in Natronlauge fast vollständig löslich[7]. Zusammenstellung der Produkte und Ausbeuten, welche man bei der Destillation oder Extraktion des Holzes der Nadel- und Laubbäume erhält[8]. Abbauende Destillation von Holz unter hohem Druck in einer Wasserstoff- oder Stickstoffatmosphäre in Gegenwart und Abwesenheit von Katalysatoren[9].

Längeres Aufbewahren von Fichtenholz im Kühlwasserabfluß eines Wasserdestillationsapparates führte zu keiner Abnahme an organischer Substanz, aber Zunahme der Asche durch Aufnahme von Kalk. Der Aschegehalt liegt den Werten des alten Amatigeigenholzes sehr nahe[10]. 10 g etwa 2—3 mm dicker Stückchen wurden bis zur Gewichtskonstanz getrocknet, dann in einem Pyrexglase 10 Minuten mit 80 ccm Wasser gekocht und in der Flüssigkeit das p_H ermittelt. Dasselbe betrug bei (frischem) bzw. altem Holz von Rotbuche (6) 4,6, Weißbuche (5,6) 4,4, Ulme

---

[1] L. F. Hawley: Ind. Chem. **15**, 697 (1923) — Chem. Zbl. **1923 IV**, 683. — L. F. Hawley u. S. S. Aiyar: Ind. Chem. **14**, 1055 (1922) — Chem. Zbl. **1923 II**, 494.

[2] C. G. Schwalbe: Papierfabr. **22**, 169 (1924) — Chem. Zbl. **1924 II**, 131.

[3] Emil Heuser u. August Brötz: Papierfabr. **23**, 69 (1925) — Chem. Zbl. **1925 II**, 1531.

[4] J. Seib: Ber. dtsch. chem. Ges. **60**, 1390 (1927) — Chem. Zbl. **1927 II**, 888.

[5] O. Aschan: Brennstoffchemie **2**, 273 (1922); **4**, 129 (1923) — Chem. Zbl. **1922 II**, 49; **1923 IV**, 511.

[6] F. Fischer u. H. Tropsch: Sep. aus: Über Naturprodukte, Festschr. für Max Hönig, S. 8 — Chem. Zbl. **1923 III**, 1400 — Ges. Abh. z. Kenntnis d. Kohle **7**, 181 (1925) — Chem. Zbl. **1926 II**, 1482.

[7] Ossian Aschan: Brennstoffchemie **4**, 145, 164 (1923) — Chem. Zbl. **1924 I**, 2554.

[8] Z. Budrewicz: Przemysl Chem. **6**, 101 (1922) — Chem. Zbl. **1923 II**, 645.

[9] P. K. Frolich, H. B. Spalding u. T. S. Bacon: Ind. Chem. **20**, 36 — Chem. Zbl. **1928 I**, 2222.

[10] C. G. Schwalbe u. R. Schepp: Z. angew. Chem. **38**, 965 (1925) — Chem. Zbl. **1926 I**, 698.

(6,5—6,7) 5,2, Spierling (5—5,1) 4,2, Birnbaum (5,6) 4,4, Fichte (5,2) 4,6, Nußbaum (5,2) 4,6, keine Unterschiede bei Eiche und Kastanie. Künstlich ausgetrocknetes, nicht gelagertes Holz verhielt sich wie frisches. Chemisch behandeltes Holz ist zur Untersuchung nicht geeignet[1]. Das p_H des Holzes wurde in der Weise bestimmt, daß das p_H eines Extraktes aus 40 g Holz, das mit 200 ccm Wasser 12 Stunden gekocht war, gemessen wird. So wird für russisches Fichtenholz ein p_H zwischen 5,2 und 5,5, für Pappel 5,7, für Weißtanne 4,7, für Rottanne 4,9, für schwedische Tanne 5,3, für Weizenstroh 6,3, für Esche 5,5, Pitchpin 4,1, Ulme 6,5, Eiche 3,5 und für Kastanie 3,3 gefunden[2]. Durch vorsichtige Hydrolyse kann man aus Holz etwa 10% vergärbare Zucker gewinnen, hauptsächlich Mannose und Glykose neben etwas Galaktose. An nichtvergärbaren Zuckern gewinnt man 6—7%, wohl nur Xylose. Holz enthält 58% Kohlehydrate, etwa 29% Lignin. — Von den Kohlehydraten sind etwa 61% Hexosen oder Polymerisationsprodukte vorhanden[3]. — Hydrolyse mit 2,5proz. Schwefelsäure unter Druck ergab 7% Mannose. Das Verhältnis von Glykose zu Mannose beträgt 3 : 1. — Ein Vergleich der Analyse von Weißtannenholz vor und nach der Hydrolyse zeigte eine Abnahme in den Beträgen von Essigsäure (91%), Pentosanen (83%) und Cellulose (32%) und keine Änderung im Ligningehalte. Außerdem verlor das Holz 16% der Methylgruppen durch Hydrolyse. Durch Hydrolyse nimmt der Gehalt an α- und γ-Cellulose ab, der an β-Cellulose zu. Nach der Hydrolyse enthält die wässerige Lösung 37,7% Mannose, 29,3% Glykose, 6,4% Galaktose, 13,3% Xylose, 5,4% Arabinose und 7,9% reduzierende flüchtige Stoffe[4]. — Das bei der Verzuckerung des Holzes abfallende „Leichtöl" enthält Furfurol und Diacetyl und 4—5% p-Cymol. Letzteres entsteht aus Pinen[5]. — Holzverzuckerung mit Salzsäure[6], mit Schwefelsäure[7]. Aus Fichtenholz wird bei der Verzuckerung mit Salzsäure nach dem Diffusionsverfahren ein Zucker erhalten, der noch gewisse Mengen einer methoxylhaltigen Substanz (0,41%) enthält, die nicht kolloidal, sondern echt löslich ist[8]. — Die Hydrolyse von Holz wird stark beeinflußt durch die physikalische Beschaffenheit desselben, von der Bewegung des Fasergutes, vom Alter und von der Trocknung[9].

Die Tollenssche Salzsäuredestillationsmethode ergibt bei Fichtenholz bei 160° bis 180 ccm Destillat. Die Kondensation bei Zimmertemperatur liefert eine Totalphloroglucinausbeute von 12—14%, je nach der Dauer der Destillation. — Ungetrocknet ist das Phloroglucid zu 20—35%, getrocknet nur noch zu 6—15% löslich in Alkohol, der lösliche Teil scheint somit Oxymethylfurfurolphloroglucid zu sein und nur wenig Methylfurfurol zu enthalten. Das untersuchte Fichtenholz enthielt etwa 8% Xylan bzw. 8,5% Pentosan. Das Oxymethylfurfurol wird schon im Anfang der Destillation gebildet; um einigermaßen richtige Werte zu erhalten, darf die Destillation nur so lange fortgesetzt werden, bis die Pentosane eben zersetzt worden sind. Das Destillat beträgt 150—180 ccm bei den Zellstoffen und Vegetabilien. Den Verlauf der Zersetzung kann man mit Phloroglucin-Salzsäure verfolgen; in Gegenwart von mehr als Spuren Furfurol erfolgt Grünfärbung des Niederschlages. Die Kondensation

---

[1] G. Fross: Ann. Falsifications **20**, 386—391 (1927) — Chem. Zbl. **1927 II**, 2028.

[2] R. Escourrou u. P. Carpentier: Chim. et Ind. **18**, 13 (1927) — Chem. Zbl. **1927 II**, 2581.

[3] R. Sieber: Papierfabr. **21**, 317 (1923) — Chem. Zbl. **1923 IV**, 680.

[4] E. C. Sherrard u. G. W. Blanco: Ind. Chem. **15**, 611 (1923) — Chem. Zbl. **1923 IV**, 886.

[5] E. Heuser, L. Zeh u. B. Aschan (mit K. Schwarz): Z. angew. Chem. **36**, 37 (1923) — Chem. Zbl. **1923 II**, 641.

[6] Kinzlberger & Co. (Prag): Ö.P. 85736 v. 18. Sept. 1916 (26. Sept. 1921); Chem. Zbl. **1922 II**, 397. — Salomon Farley Acree: F.P. 533364 v. 25. März 1921; Chem. Zbl. **1922 IV**, 1015. — Zellstoffabrik Waldhof u. Valentin Hottenroth: Holl.P. 7316 v. 12. Juli 1920; Chem. Zbl. **1929 IV**, 1015. — G. Batta: J. pharm. Belg. **6**, 325 (1924) — Chem. Zbl. **1924 II**, 555. — Alexander Moser u. Peter v. Pezold: D.R.P. 396380, Kl. 6b v. 28. Aug. 1921; Chem. Zbl. **1924 II**, 1030. — Th. Goldschmidt A.-G. (Essen): D.R.P. 391969, Kl. 89i v. 17. April 1917; Chem. Zbl. **1924 I**, 2644. — Erik Hägglund: Sv. kem. Tidskr. **35**, 2 (1923) — Chem. Zbl. **1924 I**, 2020. — E. C. Sherrard u. J. O. Closs: Ind. Chem. **17**, 847 (1925) — Chem. Zbl. **1926 I**, 271. — L. F. Hawley u. W. G. Campbell: Ind. Chem. **19**, 742—744 — Chem. Zbl. **1927 II**, 1634. — International Sugar & Alcohol Co.: E.P. 278450 (1927); Chem. Zbl. **1928 I**, 600. — A. Classen: E.P. 279147 v. 7. Juni 1926; Chem. Zbl. **1928 I**, 989. — J. Mutti u. C. Cremonini: Zymol. chim. Colloidi **3**, 116 (1928) — Chem. Zbl. **1929 I**, 2250 — Canad. Chem. Mell. **13**, 20 (1929) — Chem. Zbl. **1929 I**, 2250. — K. G. Schulz: Z. Spiritusind. **51**, 237 (1928) — Chem. Zbl. **1928 II**, 2079.

[7] E. C. Sherrard u. W. H. Gauger: Ind. Chem. **15**, 1164 (1924) — Chem. Zbl. **1924 I**, 2646.

[8] Erik Hägglund: Biochem. Z. **206**, 245 (1929) — Chem. Zbl. **1929 II**, 985.

[9] Carl G. Schwalbe: Z. angew. Chem. **37**, 218 (1924) — Chem. Zbl. **1924 II**, 131.

soll bei Zimmertemperatur erfolgen, der Niederschlag soll mit Alkohol extrahiert werden[1]. — Die Chromogene des Holzes werden, wenn man das Holz oder den Schleifstoff mit trocknem Chlorwasserstoff behandelt, alkohollöslich. Die Chromogene lassen sich durch Abdampfen des Alkohols oder Fällen mit Wasser gewinnen. Die Reinigung geschieht durch Destillation[2]. Hydrolysenversuche mit 3proz. Schwefelsäure unter verschiedenen Bedingungen[3]. — Fichtenholz wurde mit der 10fachen Menge 2proz. HCl in Aceton, Eisessig, Glycerin, Glykol, Amylalkohol, Äthylacetat, Chloroform oder Schwefelkohlenstoff 10 Stunden auf dem Wasserbade erhitzt. Reaktion trat nur bei den mit Wasser mischbaren Lösungsmitteln ein[4]. Man gewinnt aus fein gemahlenem, mit Alkohol-Benzol extrahiertem Fichtenholz durch mehrtägige Behandlung mit einem Gemisch von 3 Volumen konz. HCl (D = 1,18) und 1 Volumen 84proz. Phosphorsäure (D = 1,7) bei 20° hellbraune, fast chlorfreie Ligninpräparate in einer Ausbeute von 20—26%[5]. Holz löst sich in Acetylbromid ohne Rückstand. Aus Fichtenholzmehl und technischem Acetylbromid bildet sich im Einschlußrohr durch Fällen mit Eiswasser eine hellbraune Substanz vom Schmelzp. 60—70° mit einem Bromgehalt von 25,5%[6]. Ein mit Chlor vorbehandeltes Gemisch von Eisessig, Essigsäureanhydrid und $ZnCl_2$ löst bei 75° Fichtenholz, wenn während der Reaktion Cl_2 eingeleitet wird, aus der Lösung fällt Wasser Cl- und acetylhaltige, in Chloroform lösliche Produkte, in denen das Cl vorwiegend an den Ligninanteil gebunden ist und die Hydroxyle des Lignins und der Cellulose weitgehend acetyliert sind[5]. Holzmehl kann mit Phenol durch Kochen unter Zusatz geringer Mengen Salzsäure zu Zellstoff aufgeschlossen werden[7]. — Herauslösen von Lignin und ähnlichen Inkrusten aus Holz und anderen Pflanzenfaserstoffen und Derivaten derselben, wie Zellstoff, dadurch gekennzeichnet, daß das in üblicher Weise zerkleinerte Material mit einer Gasschicht (CO_2, HCl, SO_2) umgeben und mit konz. H_2SO_4 geschüttelt wird. — Es tritt eine schnelle Auflösung der Nichtinkrusten ein. Die Lösung läßt sich leicht filtrieren, wobei die Inkrusten als krystallinische, hellbraune Teilchen zurückbleiben[8]. Holz gibt bei nicht zu starker SO_3-Beladung und sofortiger Verarbeitung Kalium-cellulosetrisulfat A, bei mehrtägiger Einwirkung von stark überschüssigem SO_3 wird es ebenso wie reine Cellulose in eine in Wasser fast restlos lösliche Masse verwandelt, wobei wahrscheinlich auch das Lignin mit SO_3 unter Bildung in Wasser löslicher Verbindungen reagiert[9]. Durch Einwirkung von äthylalkoholischer Salzsäure unter verschiedenen Bedingungen werden sämtliche Holzbestandteile angegriffen und gelöst[10].

Weichhölzer neigen dazu, bei längerem Behandeln mit Wasser zu gelatinieren, während dies bei Harthölzern nicht eintritt. — Alkali hat auf Weichhölzer eine ausgesprochene peptisierende Wirkung, wobei die gelatinierte Lignocellulose in eine dichte hornartige Masse übergeht[11]. — Die Pentosanmenge, die aus Aspenholz durch Behandeln mit verdünnter Natronlauge in der Kälte entfernt wird, erreicht rasch einen Mindestbetrag, die Stärke der Natronlauge beeinflußt die Pentosanentfernung. Pentosane wurden nicht adsorbiert, wenn Aspenholz in alkalischer Pentosanlösung vermahlen wurde. Wurde Birkenholz, das zuvor mit konz. Ammoniak extrahiert war, mit Cuprammonlösung behandelt, so war das Verhältnis von Pentosan zu Glykosan ungefähr dasselbe wie in Cross- und Bevan-Cellulose. Wurde mit Cuprammonlösung behandelt, so hatte der gelöste Anteil nicht dieselbe Zusammensetzung hinsichtlich Pentosan und Lignin wie der Rückstand[12]. Holzmehl wird mit der 50fachen Menge 5proz. NaOH 36 Stunden bei 20° behandelt (3mal wiederholt), mit Wasser, verdünnter Essigsäure, heißem Wasser gewaschen, zur Entfernung der Pentosen mit der 50fachen Menge

[1] F. W. Klingstedt: Z. analyt. Chem. 66, 129 (1925) — Chem. Zbl. 1925 II, 1480. — Walter Gierisch: Cellulosechemie 6, 81 (1925) — Chem. Zbl. 1925 II, 1822.

[2] H. Wickelhaus: Chem.-Ztg 47, 865 (1923) — Chem. Zbl. 1924 I, 2882.

[3] G. Meunier: Chim. et Ind. 21, 553 (1929) — Chem. Zbl. 1929 II, 1789.

[4] O. Routala u. J. Sevón: Ann. Acad. Sci. Fennicae A 29, Nr 11, 48 (1927) — Chem. Zbl. 1927 II, 2386.

[5] H. Urban: Cellulosechemie 7, 73 (Beil. zu Papierfabr. 24) (1926) — Chem. Zbl. 1926 II, 45.

[6] László Zechmeister: Ber. dtsch. chem. Ges. 56, 573 (1923) — Chem. Zbl. 1923 I, 1308.

[7] E. Legeler: Papierfabr. (Beil. zu Cellulosechemie) 4, 61 (1923) — Chem. Zbl. 1923 IV, 1016.

[8] Dresdener Chromo- & Kunstdruck-Papierfabrik Krause u. Baumann A.-G. u. H. Schwalbe: D.R.P. 441392, Kl. 89i v. 10. August 1924; Chem. Zbl. 1927 I, 2146.

[9] Wilhelm Traube, Bruno Blaser u. Carl Grunert: Ber. dtsch. chem. Ges. 61, 754 (1928) — Chem. Zbl. 1928 I, 2596.

[10] William George Campbell: Biochemic. J. 23, 1225 (1929) — Chem. Zbl. 1930 I, 3030.

[11] A. W. Schorger: Ind. Chem. 15, 812 (1923) — Chem. Zbl. 1923 IV, 930.

[12] A. W. Schorger: Ind. Chem. 16, 141 (1924) — Chem. Zbl. 1924 II, 130.

1 proz. H_2SO_4 3—4 Stunden gekocht (3 mal wiederholt). 100 g dieses Produktes werden lufttrocken mit 750 ccm sirupöser Phosphorsäure und 2250 ccm HCl (D = 1,18) 48 Stunden bei 18° aufbewahrt, durch ein Wolltuch filtriert, der Rückstand mit Salzsäure-Phosphorsäure, Salzsäure (D 1,18), verdünnter HCl, H_2O, verdünnter NH_3, verdünnter Essigsäure, Wasser gewaschen, ausgekocht, mit Alkohol gewaschen, extrahiert, durch H_2O vom Alkohol befreit und aufbewahrt. Das Präparat enthält 64,7% C, 5,5% H, 15,5% Methoxyl, 0,5% Asche. Der vermeintliche Pentosangehalt von 5,3% änderte sich nach 13 maliger Behandlung mit 5 proz. H_2SO_4 auf dem Wasserbade (3 Stunden) nicht[1]. Adsorptions- und Durchtränkungsversuche mit Splint und Kern von Kiefern und Fichtenholz[2]. — Extraktionsversuche mit organischen Lösungsmitteln und mit Alkalien an der Kernsubstanz des Kiefernholzes[3]. — Mittels der Viscosereaktion unter gleichzeitigem Mahlen werden von Eichenholz annähernd 92%, von Weißkiefer 70% gelöst. Das Lignin von Weißkiefer war löslicher als das von Esche. Cellulose ist leichter vom hydrolysierten als vom unbehandelten Holz zu trennen. Die Kohlenwasserstoffe wurden nie vollständig vom Lignin getrennt. Von letzterem geht ein großer Teil mit den Kohlenwasserstoffen in Lösung[4]. Für Bast, Schäben und Stroh wurde Alkohol-Benzol-Extrakt, Heißwasserextrakt, Extrakt mit 1 proz. Natronlauge, Cellulose, Pentosan in der Cellulose, Pentosan und Lignin und für extrahiertem Ausgangsmaterial Asche, Cellulose, Pentosan und Lignin nach Extraktion mit Alkohol-Benzol und 1 proz. Natronlauge ermittelt. Die chemische Uneinheitlichkeit zwischen Bast und Schäben, wie sie im Flachsstroh vorliegen, ist weitgehend, daß chemische Aufschließungsverfahren ist ungeeignet für die gleichzeitige Aufschließung der Schäben ohne merkliche Schwächung der Bastfaser. Sehr wahrscheinlich kann nur durch eine Kombination eines äußerst milden chemischen Aufschlusses mit einer mechanischen Trennung das Problem gelöst werden. Die Schwächung der Bastfaser ist oberhalb 155° merklich größer als bei tieferen Temperaturen[5].

In den Erzeugnissen der Kochungen von Pinus divaricata (Jackpine) nimmt das Methoxyl beim NaOH-Verfahren mit der Dauer des Kochens in der Pulpe in den ersten 2 Stunden sehr schnell ab, darauf nur langsam. Die Flüssigkeit enthält flüchtige und nichtflüchtige Verbindungen, von denen jene einen Höchstwert in $1/_2$ bis 1 Stunde nach Eintritt des höchsten Druckes im Kocher erreichen; darauf scheint die Menge dann abzunehmen. Das ganze Methoxyl ist in Verbindung mit dem Lignin. Es zeigt sich, daß ein längeres als 2 stündiges Kochen bei Drucken von 100—110 lbs. auf den Quadratzoll keinen Vorteil hat[6]. Es zeigt sich, daß beim Fichtenholz die Essigsäureausbeute mit steigender Alkalität zunimmt, jedoch nicht gleichmäßig; bei 10 g NaOH auf 100 g Holz und 15 Minuten Reaktionszeit wird die maximale Eisessigmenge von 15,36% (bezogen auf das ursprüngliche Holz) erhalten; die Ameisensäure verhält sich offenbar analog, während auf die Ausbeute an Methylalkohol und Aceton die Alkalimenge keinen Einfluß zu haben scheint; bei kurzer Reaktionszeit kann erhöhter Alkalizusatz vermehrte Gasabgabe bewirken. Mit Birkenholz werden etwa 13% Eisessig erhalten; der Ameisensäuregehalt ist im allgemeinen größer als beim Fichtenholz, die Mengen an Methylalkohol, Aceton, Teer und Gas sind dagegen von gleicher Größenordnung. — Beim Buchenholz beträgt der Eisessiggehalt nach 15 Minuten langem Druckerhitzen etwa 22% und ist unabhängig von der Alkalität der Lauge vor der Druckerhitzung; die Gasmengen sind relativ groß[7].

Aufschlußversuche von 93 amerikanischen Holzarten mittels saurer und alkalischer Kochlaugen[8]. — Untersuchungen über das Verhalten von Holz beim Aufschließen mit Bisulfitlösungen[9].

---

[1] K. Freudenberg u. M. Harder: Ber. dtsch. chem. Ges. **60**, 581 (1927) — Chem. Zbl. **1927 II**, 1572.

[2] Carl G. Schwalbe u. Alf af Ekenstam: Cellulosechemie **10**, 1 (1929) — Chem. Zbl. **1929 I**, 1765.

[3] Carl G. Schwalbe u. Alf af Ekenstam: Cellulosechemie **10**, 11 (1929) — Chem. Zbl. **1929 I**, 1765.

[4] A. W. Schorger: Ind. Chem. **19**, 226 (1927) — Chem. Zbl. **1927 I**, 2492.

[5] Sidney D. Wells u. Earl Schafer: Wchbl. Papierfabr. **56**, 814 (1925) — Chem. Zbl. **1925 II**, 1569.

[6] S. J. Aiyar: Ind. Chem. **15**, 714 (1923) — Chem. Zbl. **1924 I**, 1461. — L. F. Howley u. S. S. Aiyar: Ind. Chem. **14**, 1055 (1923) — Chem. Zbl. **1923 II**, 494.

[7] E. Hägglund: Sv. kem. Tidskr. **39**, 90 (1927) — Chem. Zbl. **1927 I**, 3235.

[8] A. S. Klein: Papierfabr. **25** (1927), Verein d. Zellstoff- u. Papier-Chemiker u. -Ingenieure 745, 761, 798 — Chem. Zbl. **1928 I**, 988.

[9] C. F. Cross u. A. Engelstad: J. Soc. chem. Ind. **43**, 253 (1924) — Chem. Zbl. **1924 II**, 1785. — R. N. Miller u. W. H. Swanson: Ind. Chem. **17**, 843 (1925) — Chem. Zbl. **1926 I**, 271. —

Bei einer Kochung über 80° bilden die Pentosane mit $Ca(HSO_3)_2$ eine Verbindung, die auf ein Bisulfitmolekül 4 Pentosanreste enthält. Bei Steigerung der Temperatur auf 136° tritt eine neue Anlagerung von Bisulfit ein, wobei eine Verbindung entsteht, die auf 1 Mol $Ca(HSO_3)_2$ zwei Pentosanreste enthält. Bei Temperaturen über 136° verkohlen die Pentosanreste, wobei $Ca(HSO_3)_2$ in $CaSO_4$ übergeht. Freie SO_2 ohne Bisulfit reagiert schneller als bei Gegenwart von Bisulfit. Mg als Base verursacht keine wesentliche Änderung in der Reaktion. Die Bildung von $CaSO_4$ wird größtenteils, vielleicht sogar völlig, durch die Zersetzung der Bisulfit-Pentosanverbindung bedingt. Da diese sich mit NH_4OH unter Abscheidung von $CaSO_3$ oder beim Erhitzen mit Mineralsäuren unter Abgabe von SO_2 zersetzen, schließt Zhereboff, daß die bei der Kochung auftretenden Sulfitverbindungen durch Anlagerung von Bisulfit an Lignin entstehen[1]. Sehr gut lassen sich die Ligninbestandteile entfernen mit schwefliger Säure in Gegenwart von Ammoniak[2]. In der Sulfitablauge wurden 0,44% Mannose, 0,448% Glykose und 0,283% Xylose gefunden[3]. — Fluorescenzerscheinungen bei Sulfitzellstoffablaugen[4]. — Aufschließen des Holzes mit Schwefelnatrium und Natronlauge[5]. — Die Kaliumhydroxydschmelze des Holzes gibt die aromatischen Stoffe, die aus Lignin entstehen, daneben Oxal-, Essig- und Ameisensäure. Auch beim Holz zeigt sich die oxydationsbeschränkende Wirkung des Wasserstoffs; die Oxalsäurebildung wird zurückgedrängt, die Ausbeute an aromatischen Stoffen erhöht. Wie beim Lignin, verschiebt sich auch beim Holz die Ausbeute an aromatischen Stoffen, wenn Eisen als Katalysator verwendet wird, es wird weniger Protocatechusäure und mehr Brenzcatechin gebildet[6]. — Absorptionsvermögen von Holzmehl gegen Methylmercaptan[7]. — Nadel- und Laubholzschliff lassen sich nebeneinander mit Lösungen von Anilinsulfat und Methylenblau in der Weise anfärben, daß Nadelholzschliff gelb, Laubholzschliff blaugrün gefärbt wird. Die Lösungen können getrennt, nacheinander oder in Mischung angewandt werden. Eine Vorbereitungskochung mit 1 proz. NaOH oder ein Bleichen mit Bisulfit beeinträchtigt die Unterscheidungsfärbung nicht[8]. Geht zu 75% bei der Druckoxydation (200° und 45—50 Atm.) in lösliche Oxydationsprodukte über[9].

Wird frisches Holz nacheinander der Einwirkung heißer Luft, ozonisierter Luft allein und eines Gemisches beider ausgesetzt, so wird grünes frisches Holz in 10—15 Tagen in Holz umgewandelt, das alle Eigenschaften von 10 Jahre trocken gelagertem Holz besitzt[10]. Durch Behandlung von Fichtenholz mit Benzopersäure erhält man ein Präparat ohne Ligninreaktionen

<hr>

E. Hägglund u. H. Boedecker: Acta Acad. Absensis math. phys. 4, Nr 4, 1 (1927) — Chem. Zbl. **1928 I**, 607. — E. Hägglund: Papierfabr. **24**, Verein d. Zellstoff- u. Papier-Chemiker u. -Ingenieure 775 (1926) — Chem. Zbl. **1927 I**, 1245 — Papierfabr. **24**, Verein d. Zellstoff- u. Papier-Chemiker u. -Ingenieure 775—780 (1926) — Chem. Zbl. **1927 I**, 1245 — Cellulosechemie 8, 25 (Beil. zu Papierfabr. **25**) (1927) — Chem. Zbl. **1927 I**, 2374 — Paper Trade J. **85**, Nr 16, 47 — Chem. Zbl. **1927 II**, 993; **1928 I**, 273 — Cellulosechemie 8, 111 (1927) (Beil. zu Papierfabr. **25**) — Chem. Zbl. **1928 I**, 607 — Paper Trade J. **85**, Nr 21, 41 (1927) — Chem. Zbl. **1927 I**, 2374; **1928 I**, 988. — A. S. Klein: Wchbl. Papierfabr. **59**, Sonder-Nr 60 — Chem. Zbl. **1928 II**, 508. — Erik Hägglund: Papierfabr. **27**, 49 (1929) — Chem. Zbl. **1929 I**, 1872.

[1] L. P. Zhereboff: Paper Trade J. **86**, Nr 6, 55 — Chem. Zbl. **1928 II**, 509.

[2] C. F. Croos u. A. Engelstad: J. Soc. chem. Ind. I **43**, 253; I **44**, 267 — Chem. Zbl. **1924 II**, 1785; **1925 II**, 786.

[3] A. Lottermoser u. E. Mathiesen: Technologie u. Chemie d. Papier- u. Zellstoffabrikation **26**, 37 (1929) — Chem. Zbl. **1929 I**, 2716.

[4] O. Gerngroos. N. Bán u. G. Sándor: Collegium **1925**, 565 — Chem. Zbl. **1926 I**, 1347. — H. Kirmreuther, E. Schlumberger u. W. Nippe: Papierfabr. **24**, Verein d. Zellstoff- u. Papier-Chemiker u. -Ingenieure 106 — Chem. Zbl. **1926 I**, 2754. — O. Gerngroos, N. Bán u. G. Sándor: Z. angew. Chem. **39**, 1028 — Chem. Zbl. **1926 II**, 2370. — E. Hägglund u. T. Johnson: Z. angew. Chem. **40**, 1101 — Chem. Zbl. **1928 I**, 1922. — O. Gerngroos: Papierfabr. **25**, Verein d. Zellstoff- u. Papier-Chemiker u. -Ingenieure 49 — Chem. Zbl. **1927 I**, 1642 — Z. angew. Chem. **41**, 50 — Chem. Zbl. **1928 I**, 1922. — E. Hägglund u. T. Johnson: Z. angew. Chem. **41**, 51 — Chem. Zbl. **1928 I**, 1922.

[5] C. Kullgren, S. Gerdin, A. Billberg, S. Ulfsparre, T. Nilsson u. K. Losell: Ingeniörs Vetenskaps Akademien **1927**, 34 — Chem. Zbl. **1928 I**, 1921.

[6] Emil Heuser u. Fritz Herrmann: Cellulosechemie 5, 1 (1924) — Chem. Zbl. **1924 I**, 2679.

[7] O. Routala u. A. V. Jäättelä: Cellulosechemie **7**, 169 (Beil. zu Papierfabr. **24**) (1926) — Chem. Zbl. **1927 I**, 1245.

[8] P. Klemm: Wchbl. Papierfabr. **58**, Sonder-Nr 96 (1927) — Chem. Zbl. **1927 II**, 885.

[9] Franz Fischer u. Hans Schrader: Ges. Abh. z. Kenntnis d. Kohle 5, 200 (1921) — Chem. Zbl. **1922 IV**, 1064. — F. Fischer, H. Schrader u. A. Friedrich: Ges. Abh. z. Kenntnis d. Kohle **6**, 22 (1921) — Chem. Zbl. **1923 III**, 1638.

[10] A. Rule: J. Soc. chem. Ind. **41**, R. 547 (1922) — Chem. Zbl. **1923 II**, 873.

und mit einem erhöhten Cellulosegehalt[1]. — Der Aufschluß von Fichtenholz mit HNO_3 erfolgt nur unvollständig. Wesentlich leichter vollzieht es sich, wenn man das Holz mit einer Salpeterlösung entsprechend 35—40% auf lufttrockenes Holz berechneter HNO_3 durchtränkt und nach Zusatz einer äquivalenten Menge H_2SO_4 15 Stunden auf 90—95° erhitzt. Dabei erhält man einen Zellstoff, der an Ausbeute und Qualität einem Sulfitzellstoff entspricht. Hierbei werden 30% der HNO_3 verbraucht, die zum Teil als NO (6,5%), NH_3 (9,4%), N_2 (23,5%) und HCN (3%) auftreten. Der Rest ist organisch gebunden. Ein Teil der Inkrusten geht mit Oxal-, Essigsäure, HCN und reduzierenden Zuckern während der Kochung in Lösung, der Rest läßt sich mit Alkali aus dem Zellstoff herauslösen. In dieser Ablauge wurde Vanillin nachgewiesen. Von besonderem Interesse ist die Entstehung der HCN. Wenn man Verbindungen verschiedenster Konstitution auf ihr Verhalten gegen verdünnte HNO_3 untersucht, kann man beim Vanillin Bildung von HCN finden. Man kann deshalb die HCN-Bildung mit folgender Reaktionsfolge erklären:

$$
\begin{array}{ccccc}
\text{OH} & \text{H} & & \text{OH ONO} & \text{H NO} \\
| & | & & \diagdown\diagup & \diagdown\diagup \\
\text{C}=\!=\!=\text{C} & + \; N_2O_3 & \rightarrow & \text{C}\!-\!-\!-\!-\!-\text{C} & \xrightarrow{\text{Verseifung}} \\
\diagup \quad \diagdown & & & \diagup \qquad \diagdown
\end{array}
$$

$$
\begin{array}{ccccc}
\text{OH OH} & \text{H NO} & & \text{O} \quad \text{NOH} & \text{OH} \quad \text{NO} \\
\diagdown\diagup & \diagdown\diagup & \xrightarrow[\text{und Umlagerung}]{\text{Wasser-Abspaltung}} & \|\quad\| & |\qquad| \\
\text{C}\!-\!-\!-\!-\text{C} & & & \text{C}=\!=\!=\text{C} \;\rightleftharpoons\; \text{C}=\!=\!=\text{C} \\
\diagup \qquad \diagdown & & & \diagup \quad \diagdown \qquad \diagup \quad \diagdown
\end{array}
$$

Das Isonitrosoketon kann in saurer Lösung nach erfolgter Ringsprengung HCN geben. Ihre Bildung ist aber sehr von den Versuchsbedingungen abhängig. Die Hauptreaktionen bei dem Aufschluß mit HNO_3 sind die Oxydation der Seitenkette des Koniferylkomplexes und die Nitrierung des aromatischen Kernes der Inkrusten[2]. Untersuchungen über die Einwirkung von Alkali bzw. Chlorbehandlung an Fichtenholz, Buchenholz und Bambus[3]. Vergleichende Einwirkung von Chlor und Chlordioxyd auf Holz[4]. — Bei der Chlorierung werden keine Furfurol liefernden Verbindungen gebildet[5]. — Kalte Methylierung von Holz führt zu Produkten mit maximal 41% CH_3O; verschieden hoch (über 20% CH_3O), methyliertes Holz hinterläßt bei der Hydrolyse mit $HCl—H_3PO_4$ stets Methyllignin von etwa 24% CH_3O, durch Extraktion von methyliertem Holz mit Alkohol-Chloroform wird das Methyllignin etwas angereichert[6]. Untersuchung an methyliertem Buchenholz (39—39,4% Methoxyl), und deren Spaltung mit 17proz. Salzsäure in der Kälte[7]. Bei wiederholter Methylierung von Fichtenholz mit einer ätherischen Diazomethanlösung konnte ein Produkt mit 15,8% Methoxyl erhalten werden, das keine Ligninreaktionen mehr gibt[8]. — Einwirkung von aromatischen Diazokörpern[9].

Derivate: Acetylverbindungen. Aus Fichtenholz. Mit Essigsäureanhydrid und H_2SO_4 als Katalysator liefert Holz ein Acetat, welches im Acetylierungsgemisch ungelöst bleibt und sich äußerlich vom angewendeten Holz kaum unterscheidet; aus 100 g Fichtenholz entstehen 150 g acetyliertes Holz. Vor der Acetylierung beträgt der Acetylgehalt des Holzes 2,7%, nach einmaliger Acetylierung 41% und kann durch Nachacetylieren kaum gesteigert werden. — Der Ligningehalt des Fichtenholzes betrug 26,6, der des acetylierten 16,0%. Die im Holz ursprünglich vorhandene Cellulose (60,5%) bleibt bei der Acetylierung fast vollständig im Holz, während Pentosane, Hexosane usw. dabei fast ganz entfernt werden. Methoxyl wird durch die Acetylierung nicht entfernt, das genuine Fichtenlignin des verwendeten

---

[1] W. Fuchs: Ber. dtsch. chem. Ges. 60, 1327 (1927) — Chem. Zbl. 1927 II, 837 — Ber. dtsch. chem. Ges. 60, 957 (1927) — Chem. Zbl. 1927 I, 3065.

[2] O. Routala u. J. Sevón: Cellulosechemie 7, 113 (Beil. zu Papierfabr. 24) (1926) — Chem. Zbl. 1926 II, 1600.

[3] P. Wäntig: Z. angew. Chem. 41, 977 (1928) — Chem. Zbl. 1928 II, 2644. — H. Wenzl: Z. angew. Chem. 41, 1008 (1928) — Chem. Zbl. 1928 II, 2644.

[4] E. Heuser u. O. Merlau: Cellulosechemie 4, 101 (1924) — Chem. Zbl. 1924 I, 1045. — E. Schmidt u. A. Miermeister: Ber. dtsch. chem. Ges. 56, 1438 (1923) — Chem. Zbl. 1923 III, 393.

[5] G. J. Ritter u. L. C. Fleck: Ind. Chem. 20, 371 — Chem. Zbl. 1928 I, 3098.

[6] H. Urban: Cellulosechemie 7, 33 (Beil. zu Papierfabr. 24) (1926) — Chem. Zbl. 1926 II, 45.

[7] Anton von Wacek: Ber. dtsch. chem. Ges. 61, 1604 (1928) — Chem. Zbl. 1928 II, 2644.

[8] Walter Fuchs u. Otto Horn: Ber. dtsch. chem. Ges. 62, 1691 (1929) — Chem. Zbl. 1929 II, 1654.

[9] William Küster u. Richard Daur: Cellulosechemie 11, 4 (1930) — Chem. Zbl. 1930 I, 1463.

Holzes enthält 17,7; das Lignin des Acetylholzes 17,2% Methoxyl. Das Acetylholz enthält fast nur Triacetylcellulose, sowie ein Acetolignin mit etwa 33% Acetyl. Beim Aufschließen des acetylierten Holzes nach Croß und Bevan durch abwechselnde Behandlung mit Chlor und Natriumsulfit hinterbleibt eine Acetylcellulose, die dem Acetylgehalt der Triacetylcellulose sehr nahe kommt, durch Verseifen mit alkoholischem Kali wird die reine ligninfreie Cellulose gewonnen. Das Celluloseacetat des Holzes wird nach Irvine und Hirst durch Erhitzen unter Druck mit Methylalkohol mit 0,75proz. HCl als Methylglykosid zu 92% in Lösung gebracht. Das Lignin bleibt zur Hälfte ungelöst, die andere Hälfte kann mit Wasser wieder ausgefällt werden[1]. Kiefern- und Fichtenholzmehl läßt sich durch die Behandlung mit Essigsäureanhydrid und Schwefelsäure bei niedriger Temperatur in einen chloroformlöslichen, methoxylfreien, wasserunlöslichen und einen stark methoxylhaltigen, wasserlöslichen, unverzuckerbaren Bestandteil zerlegen. Die Verbindungen werden einstweilen „Ligninacetate" genannt[2]. — Untersuchungen über die Acetylierung von Fichten und Buchenholz unter verschiedenen Bedingungen[3].

Aus Buchenholz: Untersuchung an acetyliertem Buchenholz (32—37% Acetyl) und Spaltung mit Essigsäure unter Zusatz von 0,25% Salzsäure[4]. Rotbuchenholzsägemehl wird nach dem Sieben mit Benzol-Alkohol 1 : 1 so lange extrahiert, bis das Lösungsmittel farblos ist. In einem Steinzeugtopf wird 1 kg Essigsäureanhydrid unter Rühren und Kühlen mit 2,5 g konz. Schwefelsäure versetzt. Innerhalb $1^{1}/_{2}$ Stunden werden unter weiterer Kühlung 200 g mit 20 ccm Wasser gleichmäßig angefeuchtetes Sägemehl eingetragen, das Reaktionsgemisch auf 60° erwärmt und 2 Stunden dabei gelassen. Der dicke schwarzgrüne Brei wird mit 2 l Benzol versetzt, abgesaugt und mit Benzol mehrmals nachgewaschen. Die noch benzolfeuchte Masse wird 2mal über Nacht in Alkohol eingelegt, abgesaugt und mit Alkohol, zuletzt mit Äther gewaschen. Die Acetylbestimmung nach Ost und Katayama ergibt 42,27—42,10 Acetyl; Ligninbestimmung nach Fuchs 15,92 und 15,98%, Methoxyl 3,90 und 3,92%. Nach dem Aufschließen mit Chlordioxyd werden 76% Triacetylcellulose gewonnen[5].

Bromacetylholzpräparate. Acetyliertes Fichtenholz nimmt aus Tetrachlormethanlösung in Gegenwart von Jod 6% Brom auf, mit Alkaliacetatlösung werden $^{2}/_{3}$ des Broms in Form von Bromwasserstoff abgespalten. Beim Aufschluß durch saure Hydrolyse werden Ligninpräparate mit 11% Brom gewonnen. Die Brombehandlung kann wiederholt werden und endlich kann ein Ligninpräparat mit 18% Brom gewonnen werden[6].

Lignin (Holzsubstanz) (Bd. II, S. 237; Bd. VIII, S. 81; Bd. X, S. 385).

Konstitution: Abhandlungen zusammenfassender Natur[7]. — Ein Versuch, für Lignin eine Konstitutionsformel aufzustellen, stammt von Schrauth[8]. — Legeler meint, daß die Ligninstoffe ganz oder zum wesentlichen Teil aus Kohlehydraten bestehen[9]. Nach Strupp[10]

[1] W. Fuchs: Ber. dtsch. chem. Ges. **61**, 948 — Chem. Zbl. **1928 I**, 2936.

[2] Hermann Friese: Ber. dtsch. chem. Ges. **62**, 2538 (1929) — Chem. Zbl. **1929 II**, 2669.

[3] Hermann Snida u. H. Titsch: Mh. Chem. **53/54**, 687 (1929) — Chem. Zbl. **1930 I**, 366.

[4] Hermann Snida u. Hubert Titsch: Ber. dtsch. chem. Ges. **61**, 1599 (1928) — Chem. Zbl. **1928 II**, 2645.

[5] Otto Horn: Ber. dtsch. chem. Ges. **61**, 2542 (1928) — Chem. Zbl. **1929 I**, 1094.

[6] Walter Fuchs u. Otto Horn: Ber. dtsch. chem. Ges. **61**, 2197 (1928) — Chem. Zbl. **1928 II**, 2550. — Walter Fuchs: Brennstoffchemie **9**, 363 (1928) — Chem. Zbl. **1929 I**, 235.

[7] Franz Fischer u. Hans Tropsch: Ber. dtsch. chem. Ges. **56**, 2418 (1923). — K. Heß: Dtsch. Faserst. u. Spinnpfl. **6**, 28 (1924) — Chem. Zbl. **1924 II**, 316. — Ernst Stupp: Wchbl. Papierfabr. **55**, Sonder-Nr 82 (1924) — Chem. Zbl. **1924 II**, 1176. — R. Riefenstahl: Z. angew. Chem. **37**, 544 (1924) — Chem. Zbl. **1924 II**, 1177. — K. Kürschner: Brennstoffchemie **6**, 208 (1925) — Chem. Zbl. **1925 II**, 1596. — Rud. Riefenstahl: Z. angew. Chem. **37**, 169 (1924) — Chem. Zbl. **1924 I**, 2511. — K. G. Jonas: Wchbl. Papierfabr. **56**, Nr 24, A 83 (1925) — Chem. Zbl. **1925 II**, 1148. — A. Foulon: Zellstoff u. Papier **5**, 212 (1925) — Chem. Zbl. **1925 II**, 1286. — F. Rosendahl: Metallbörse **17**, 2273, 2329, 2386 (1927) — Chem. Zbl. **1927 II**, 2745. — G. Dupont: Chimie et Industry **19**, 3, 407 — Chem. Zbl. **1928 I**, 1646, 2886 — Bull. Inst. Pin **1928**, 95, 185 — Chem. Zbl. **1928 II**, 2234. — R. Wigginton: Fuel **7**, 268 — Chem. Zbl. **1928 II**, 1200. — Clarence J. West: Paper Trade J. **87**, 51 (1928) — Chem. Zbl. **1929 I**, 1438. — P. Marcel Sonn: Papeterie **51**, 478 (1929) — Chem. Zbl. **1929 II**, 862. — Emil Heuser: Paper Trade J. **88**, 75 (1929) — Chem. Zbl. **1929 II**, 862. — Peter Klason: Sv. Pappers Tidning **33**, 16 (1930) — Chem. Zbl. **1930 I**, 1614.

[8] Walther Schrauth: Z. angew. Chem. **36**, 149 (1923) — Chem. Zbl. **1923 I**, 1353.

[9] E. Legeler: Papierfabr. (Beil. Cellulosechemie) **4**, 61 (1923) — Chem. Zbl. **1923 IV**, 1016.

[10] Ernst Strupp: Cellulosechemie **5**, 6 (1924) — Chem. Zbl. **1924 I**, 2679.

beteiligen sich Cyclosen im Aufbau des Lignins. — Kritische Betrachtung der vorhandenen Literatur über das Vorhandensein von Formyl-, Acetyl-, Methoxylgruppen, von Doppelbindungen und über die Farbenreaktionen[1]. Das Vorhandensein von Acetylgruppen im Fichtenlignin hält Kürschner[1] für nicht erwiesen. Nach seinen Versuchen wird Essigsäure auch bei alkalischer oder saurer Behandlung von Cellulose erhalten; ihre Bildung aus Lignin ist erklärbar aus dem Zuckeranteil desselben bzw. bei oxydativen Prozessen als Oxydationsprodukt der Seitenkette. — Der Bestimmung der Methoxylgruppen erkennt er nur qualitative Bedeutung zu[1]. — Enthält einen glykosidischen Phenolkomplex, der sich nur durch Hydrolyse in Gegenwart von Essigsäure spalten läßt, während Hydrolyse in Wasser als Medium nur Kohlehydrate in einer Gesamtmenge von 27% nach 27 Stunden herauslöst, ohne daß eine Phenolgruppe bloßgelegt wird. Ob ein Teil dieser als Hemicellulosen bezeichneten Kohlehydrate, zum Teil wenigstens, mit an den Phenolrest glykosidisch gebunden ist, läßt sich nicht entscheiden, wenn auch die Methode von E. Schmidt und Graumann[2] diese Bindung vermuten läßt[3]. Aus dem von Foulon[3] „Xylogen" bezeichneten Phenolkomplex konnte unter den in Benzol löslichen Bestandteilen ein Phenolaldehyd mit Sicherheit nachgewiesen werden, dessen chemisches Verhalten und Eigenschaften mit großer Wahrscheinlichkeit auf den Ferulaaldehyd (Coniferylaldeyhd) deuten[3]. — Es wird gefolgert, daß der Hauptkörper des Lignins sich aus einem polymerisierten, kolloiden Coniferinkomplex, an den freies Coniferin zum Teil adsorbiert ist, zusammensetzte. Diese Anschauung wird durch eine größere Reihe von Gründen im einzelnen gestützt[4]. Während die meisten Forscher, insbesondere Klason, dem Lignin aromatischen Charakter zuschreiben, faßt Jones[5] es als kondensierten Furankörper auf. Für das entacetylierte native Lignin werden 2 Formeln zur Diskussion gestellt, als deren Anhydrokörper das Willstätter-Lignin aufgefaßt wird, dem die in Beziehung zum Kohlehydrat stehende Ligninformel $C_{20}H_{22}O_6$ zugeschrieben wird, während Klason die vom Coniferylalkohol abgeleitete Formel $C_{20}H_{20}O_6$ aufstellt[5].

Nach Klason sind Coniferylaldehyd und ähnliche Verbindungen mit der Atomgruppierung $C=C-C$ als Muttersubstanzen des Lignins anzusehen[6]. — Pauly u. Feuerstein[7] konnten beweisen, daß weder Hoffmeister[8] noch Klason[9] synthetisierten Coniferylaldehyd in irgendeiner Form in Händen gehabt haben, womit ihre Beweisführungen für die Natur des Hadromals und Lignins in sich zusammenfallen. — Hadromal, Lignin, Coniferylaldehyd[10].

Das Toluolsulfolignin verliert beim Behandeln mit Hydrazin allen Schwefel. Das abfiltrierte Lignin enthält 3,5% Stickstoff. Lignin selbst nimmt bei gleicher Behandlung 1,5% N auf. Im Filtrat ergibt sich das Verhältnis von Toluolsulfon- zu Toluolsulfinsäuren zu 4,6: 1, woraus folgt, daß von den 5 Methoxylen noch nicht eins (0,9) aromatisch sein kann, während 7,1 aliphatisch oder hydroaromatisch sind. Von diesen letzteren könnten 0,6 Hydroxyl primär sein, entsprechend den 2% während der Reaktion hinausgetretenen Hydrazinstickstoffs. Bei der Einwirkung von Diazomethan nimmt Lignin leicht ein Methoxyl für das eine Phenolhydroxyl auf; die weitere Methylierung vollzieht sich sehr langsam. Von den 16 Sauerstoffatomen des Lignins entziehen sich also 6—7 jeder Beeinflussung[11].

Die 17% Methoxyl im isolierten Lignin gehören einem dem Vanillintypus zugeordneten System an und bestehen vielleicht bis zu 12% aus der Piperonalkomponente. Da man keine reaktionsfähigen Doppelbindungen nachweisen kann, so spricht die Überlegung auch für die aromatische Natur des Lignins. Der hohe Brechungsindex ($n =$ etwa 1,6) ist für ein

[1] Karl Kürschner: Brennstoffchemie 6, 158, 177 (1925) — Chem. Zbl. 1925 II, 914, 1349.

[2] E. Schmidt u. Graumann: Ber. dtsch. chem. Ges. 1921, 1860 (1921) — Chem. Zbl. 1921 III, 1473.

[3] Foulon: Wchbl. Papierfabr. 56, 704 (1925) — Chem. Zbl. 1925 II, 927.

[4] K. Kürschner: Brennstoffchemie 6, 304 (1925) — Chem. Zbl. 1926 I, 3138 — J. prakt. Chem. (2) 118, 238 — Chem. Zbl. 1928 I, 2082.

[5] K. G. Jonas: Papierfabr. 26, Verein d. Zellstoff- u. Papier-Chemiker u. -Ingenieure 221 — Chem. Zbl. 1928 I, 2705.

[6] Peter Klason: III. Nordiska Kemistmötat 1926, 213 — Chem. Zbl. 1929 I, 1438.

[7] H. Pauly u. K. Feuerstein: Ber. dtsch. chem. Ges. 62, 297 (1929) — Chem. Zbl. 1929 I, 1679.

[8] C. Hoffmeister: Ber. dtsch. chem. Ges. 60, 2062 (1927) — Chem. Zbl. 1927 II, 2448.

[9] Peter Klason: Ber. dtsch. chem. Ges. 61, 171 (1928) — Chem. Zbl. 1928 I, 1280.

[10] Arnim Hillmer u. Erich Hellriegel: Ber. dtsch. chem. Ges. 62, 725 (1929) — Chem. Zbl. 1929 I, 2040.

[11] K. Freudenberg u. H. Heß: Liebigs Ann. 448, 121 (1926) — Chem. Zbl. 1926 II, 881.

aromatisches Gebilde kennzeichnend[1]. — Freudenberg u. Harder vermuten, daß der Formaldehyd im Lignin an zwei benachbarte phenolartige Hydroxylgruppen gebunden ist wie im Piperonal und nach der Abspaltung teilweise wieder mit diesen kondensiert wird[2]. Nach Freudenberg[3] kann man sich ein Strukturbild des Lignins vorstellen durch eine Verknüpfung der beiden folgenden Formelbilder I und II. Vanillin und Piperonal bilden durch Kondensation

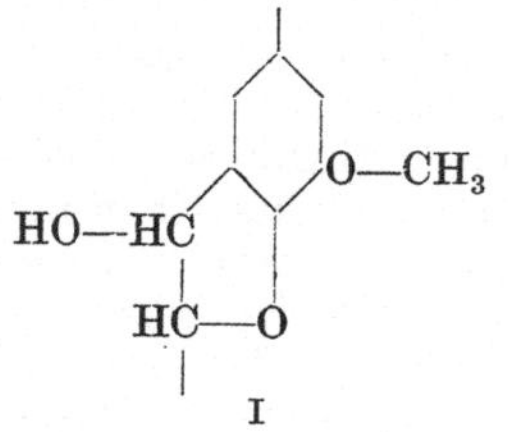

mit Formaldehyd Mandelaldehyde, die sich mit sich selbst zu langen Ketten weiter kondensieren, in denen sich die Glieder I und II beliebig oft wiederholen[3]. — Bei der Kalischmelze gibt Lignin 9—10% an Protocatechusäure nebst Spuren von Brenzcatechin[4]. Mindestens 8% des Willstätter-Lignins bestehen aus dem Gerüst der Protocatechusäure. Mit 12proz. Salzsäure spaltete Lignin bei der Destillation 0,7—1% Formaldehyd ab[4].

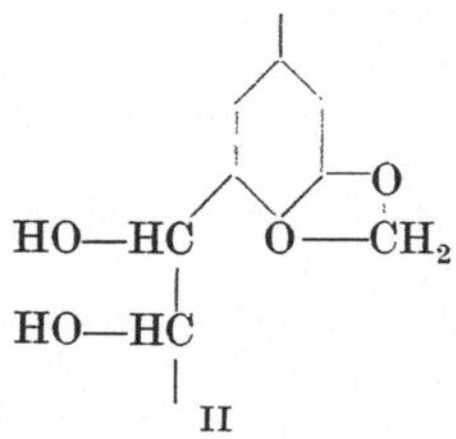

Der größte Teil des im Holz vorhandenen Lignins enthält außer einer Carbonyl- eine Methoxylgruppe und drei Hydroxylgruppen[5]. Die Formel des Grundmoleküls des Lignins ist folgendermaßen aufzulösen: $C_{19}H_{11}O_2(CH_3O)_2(OH)_2CHO$ (Mol-Gewicht 396,3)[6]. Die Feststellung in der Literatur, daß Pentosan oder irgendein furfurolgebender Körper ein integrierender Bestandteil des Ligninmoleküls ist, muß besonders für Maiskolbenlignin als irrig angesehen werden. Beachtungswert ist das fortschreitende Absinken des Prozentgehaltes an Methoxyl im Lignin mit Ansteigen der bei der Extraktion mit alkoholischer Natronlauge benutzten Temperatur[7].

Lignin gehört vermutlich zu dem in der Natur weitverbreiteten Typ[8]:

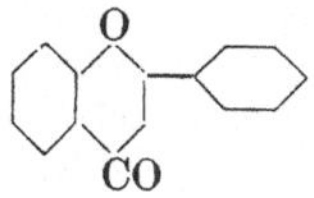

Über den Zusammenhang von Lignin und Harz[9].

Vorkommen: Aus dem Hausschwamm (Merulius lacrymans) dargestelltes Pilzholz enthält 73% Lignin[10]. — Im Fichtenholz 26,8%[11]. — Im normalen Fichtenholz kann der Ligningehalt beträchtlich schwanken. Im Rotholz ist er anders als in anderen Holzteilen[12]. Im Holz sind 75% Lignin in der Mittellamelle, 25% in den anderen Schichten der Zellwand. Das Lignin der Mittellamelle ist typisch geformt, das andere ist amorph. Ersteres ist hellbraun, enthält 13,6% Methoxyl; letzteres ist fast schwarz und enthält nur 4,8% Methoxyl bei Roterle, 10,8%

---

[1] Karl Freudenberg, Walter Belz u. Christian Niemann: Ber. dtsch. chem. Ges. **62**, 1554 (1929) — Chem. Zbl. **1929 II**, 554.

[2] K. Freudenberg u. M. Harder: Ber. dtsch. chem. Ges. **60**, 581 (1927) — Chem. Zbl. **1927 I**, 1572.

[3] K. Freudenberg: Sitzgsber. Heidelberg. Akad. Wiss., Math.-naturwiss. Kl. **1928**, Nr 19, 3 — Chem. Zbl. **1929 I**, 2039.

[4] Karl Freudenberg, Max Harder u. Laura Markert: Ber. dtsch. chem. Ges. **61**, 1760 (1928) — Chem. Zbl. **1928 II**, 2550.

[5] E. Hägglund u. H. Urban: Cellulosechemie **8**, 69 (Beil. zu Papierfabr. **25**) — Chem. Zbl. **1927 II**, 1468.

[6] E. Hägglund u. H. Urban: Cellulosechemie **8**, 69 (Beil. zu Papierfabr. **25**); **9**, 49 (Beil. zu Papierfabr. **26**) — Chem. Zbl. **1927 II**, 1469; **1928 II**, 139.

[7] M. Philipps: J. amer. chem. Soc. **49**, 2037; **50**, 1986 — Chem. Zbl. **1927 II**, 1816; **1928 II**, 874.

[8] B. Rassow u. P. Zickmann: J. prakt. Chem. [2] **123**, 189 (1929) — Chem. Zbl. **1930 I**, 367.

[9] A. Friedrich u. A. Salzberger: Mh. Chem. **53/54**, 989 (1929) — Chem. Zbl. **1930 I**, 366.

[10] C. G. Schwalbe u. A. af Ekenstam: Cellulosechemie **8**, 13 (Beil. zu Papierfabr. **25**) (1927) — Chem. Zbl. **1927 II**, 1342. — Lieser: Cellulosechemie **7**, 156 — Chem. Zbl. **1927 I**, 266.

[11] Erik Hägglund: Mitt. Nr 1 Holzchem.-Inst. Åbo, Sept. 1922 — Chem. Zbl. **1923 IV**, 505.

[12] Peter Klason: Cellulosechemie **4**, 81 (1923) — Chem. Zbl. **1924 I**, 1938.

bzw. 4,3% bei Weißkiefer[1]. In den Sägespänen des Bambus „Mösö-chiku“: 24%[2]. Vergleich zwischen Haferstroh, Roggenstroh und Haferschalen bezüglich des Gehalts an Lignin[3]. In abgefallenen Buchenlaubblättern 48%[4]. — In den japanischen Hanfpalmen- und Schwammkürbisfasern[5]. Das trockene Holz des marokkanischen Arganbaumes (Argania sideroxylon) enthält 32,36% Lignin[6]. In den Samenhaaren von Asclepias syriaca: 22%[7]. — In den Steinzellen der Birne[8]. Durch das Phosphorwolframsäurereagens konnte bei der schottischen Tanne nachgewiesen werden, daß Lignin in den jungen Zweigen wie auch in den Blättern und Knospen vorkommt[9]. In fossilem Holz einer Sequoja[10] 56,19%. Die „Tundra“ (Torf) aus dem südlichen Karafuto (Sachalin) enthält 8,6, 9,6, 12,5% Lignin[11]. — In hochwertiger böhmischer Kohle: 6,3%[12]. — Im Handelssulfatzellstoff[13].

Bildung: Während des Wachstums der Pflanze steigt der Ligningehalt mit dem Alter[14]. Die Holzbildung beginnt sehr früh im Pflanzenleben und findet sich in Grundgewebe, Fibromuskularbündeln, Mark und Cuticularzellen[15]. — Untersuchungen über die Zellwandsubstanzen der Pflanzen mit besonderer Beziehung zu den chemischen Veränderungen während der Verholzung[16]. P. Klason[17] meint, daß der Baum das Lignin durch Kondensation von Coniferylaldehyd aufbaut[17]. Die Bildung des Lignins in der Pflanze wird mit Hilfe der Evolutionstheorie zu lösen versucht: Beim Verholzungsprozeß entstehen in den jungen Trieben zunächst Pektinstoffe, darauf Lignin, dessen Methoxylgehalt erst dann sprunghaft ansteigt, wenn die Hauptmenge des Lignins bereits gebildet ist. Phylogenetisch betrachtet gibt die Zellwand der grünen Algen noch reine Cellulosereaktionen, dagegen nicht mehr die der Moose infolge Einlagerung von Pektinsubstanzen; erst die höheren Landpflanzen enthalten das eigentliche Lignin, wobei ein Lignin mit mittlerem Methoxylgehalt bei den Bärlappen zwischen dem sehr methoxylarmen scheinbaren Lignin der Moose und dem methoxylreichen der höheren Landpflanzen steht. Die Ligninbildung wird als ein unter den besonderen Bedingungen des Landlebens sich abspielender Prozeß (in der lebenden Pflanze) aufgefaßt, in dessen Verlauf eine ursprüngliche Zellwand durch anaerobe Atmung in einer bestimmten Weise verändert wird, indem den Kohlehydraten der Wand O_2 entzogen und dieser auf den protoplasmatischen Zellinhalt übertragen wird, und zwar in Form von H_2O_2, wodurch glykalähnliche Komplexe entstehen sollen[18]. Letztere Annahme ist nicht begründet, s. S. 187.

Darstellung: Fichtenholzsägemehl (200 g) wird mit 4 l Salzsäure vom spez. Gewicht 1,21 4 Stunden bei Zimmertemperatur behandelt, dann mit Eis (1300 g) allmählich versetzt, nach 18 Stunden mit 1300 g Wasser verdünnt und über Baumwollstoff abgesaugt. Das Produkt wird mit verdünnter Salzsäure (1:1), dann reichlich mit Wasser gewaschen, mit 8 l Wasser wiederholt ausgekocht unter Neutralisation der Flüssigkeit mit Soda, und liefert ein hellbräunliches chlorfreies Lignin; Ausbeute 26—28% des Holzes, Aschegehalt 1,3%. Ähnlich erfolgt die Darstellung von Lignin aus Rotbuchenholzmehl mit einer Ausbeute von 23%, sowie durch Hydrolyse mit Salzsäure-Schwefelsäure[19]. — Durch 15 Minuten langes Schütteln

[1] G. J. Ritter: Ind. Chem. **17**, 1194 (1925) — Chem. Zbl. **1926 I**, 1215.

[2] Y. Ueda, K. Kasama u. K. Kimura: Cellulose Industry **4**, 12 — Chem. Zbl. **1928 II**, 157.

[3] T. E. Blasweiler: Papierfabr. **21**, 309 (1923) — Chem. Zbl. **1923 IV**, 341.

[4] H. Tropsch: Ges. Abh. z. Kenntnis d. Kohle **6**, 289 (1921) — Chem. Zbl. **1923 III**, 1648.

[5] S. Masuda: Cellulose Industry **3**, 38 (1927) — Chem. Zbl. **1928 I**, 1598.

[6] A. da C. Cabral: Bull. Inst. Pin. **1927**, 289 — Chem. Zbl. **1928 I**, 1295.

[7] A. W. Schorger: Ind. Chem. **17**, 642 (1925) — Chem. Zbl. **1926 I**, 135.

[8] Ch. Dorée u. E. C. Barton-Wright: Biochemic. J. **20**, 502 (1926) — Chem. Zbl. **1926 II**, 1957.

[9] Maneck Merwanji Mehta: Biochemic. J. **19**, 958 (1925) — Chem. Zbl. **1926 I**, 2712.

[10] Shigeru Komatsu u. Hidenosuka Ueda: Mem. Coll. Sci. Eng. Imp. Univ. Kyoto A **7**, 7 (1923) — Chem. Zbl. **1924 I**, 922.

[11] S. Komatsu u. O. Hiki: Sexagint. Coll. of Papers dedicated to Y. Osaka, in celebration of his 60. Birth-day, Kyoto **1927**, 229 — Chem. Zbl. **1928 I**, 2327.

[12] J. Marcusson: Z. angew. Chem. **40**, 1104 (1927) — Chem. Zbl. **1928 I**, 449.

[13] C. G. Schwalbe: Zellstoff u. Papier **2**, 279 (1922) — Chem. Zbl. **1923 II**, 538.

[14] E. Beckmann, O. Liesche, F. Lehmann u. K. F. Lindner: Biochem. Z. **139**, 491 (1923) — Chem. Zbl. **1923 III**, 1525.

[15] Maneck Merwanji Mehta: Biochemic. J. **19**, 979 (1925) — Chem. Zbl. **1926 I**, 2712.

[16] E. J. Caudlin u. S. B. Schryver: Proc. roy. Soc. Lond. B **103**, 365 (1928) — Chem. Zbl. **1929 I**, 1706.

[17] P. Klason: Ber. dtsch. chem. Ges. **58**, 1761 (1925); **61**, 171 (1928) — Chem. Zbl. **1925 II**, 2258; **1928 I**, 1280.

[18] W. Fuchs: Biochem. Z. **180**, 30 (1927) — Chem. Zbl. **1927 I**, 1604.

[19] R. Willstätter u. L. Kalb: Ber. dtsch. chem. Ges. **55**, 2637 (1922).

des extrahierten Holzes bei 0° mit Salzsäure vom spez. Gewicht 1,225—1,230, entsprechend 45% und Filtration durch Quarzsand ist die Ausbeute an Lignin bei Fichten sowie Kiefernholz 28,5%[1]. — Ein solches Präparat gibt bei der Nachbehandlung mit hochkonzentrierter Salzsäure keine Kohlehydrate mehr ab[1]. Lignin ist am besten nach der Methode von Willstätter zu gewinnen, da hierbei relativ geringe Veränderungen der Humussubstanz eintreten; das so erhaltene Produkt ist aber nicht cellulosefrei. Nach Kürschner[2] ist eine fraktionierte Behandlung von Holz mit rauchender Salzsäure nötig. — Eine eingehende Versuchsreihe führte zu der folgenden Ausführungsform der Lignindarstellung aus Fichtenholz[3]: 100 g lufttrockenes Fichtenholzmehl werden auf einmal mit 2 l Salzsäure der Dichte 1,222 (gemessen bei 0°) und der Temperatur von 1—5° übergossean. Das Gemisch wird sofort kräftig durchgeschüttelt und ohne Kühlung unter öfterem Durchschütteln 2 Stunden stehengelassen. Inzwischen nähert sich seine Temperatur der des Arbeitsraumes. Man versetzt nun in einigen Portionen mit 650 g Wasser oder nach Bedarf statt dessen mit Eis, wodurch man gleichzeitig die Temperatur auf 18—20° bringt und läßt bei derselben Temperatur weitere 18 Stunden stehen. Hierauf verdünnt man nochmals mit 650 ccm Wasser und saugt sofort auf Baumwollstoff ab. Man wäscht zunächst auf der Nutsche mit 2 l Salzsäure 1 : 1 und viel Wasser. Zur Reinigung wird das zu gleichmäßigem Brei verriebene Produkt 10 Minuten mit 2 l Wasser unter Zugabe von Soda bis zur bleibenden neutralen Reaktion und noch 8 mal je 10 Minuten mit reinem Wasser ausgekocht. Ausbeute 25%, bezogen auf Wasser und aschefreie Materialien. Asche 0,25%, Chlor 0,75%, Methoxyl 15,87%, Kohlehydrate nach dem Chlordioxyd-Natriumsulfit-Verfahren 0,17%, Polysaccharide nach der hydrolytischen Methode 0,63. — Die analytischen Verfahren sind in derselben Abhandlung ausführlich beschrieben[3]. Willstätter-Lignin. Darstellung[4].

Aus abgefallenen Buchenblättern konnten durch zweimalige Behandlung mit hochkonzentrierter Salzsäure 48% der organischen Substanz an Lignin isoliert werden, das 4,15% Methoxyl enthielt. Bei der Salzsäurebehandlung war $1/3$ des in den Blättern vorhandenen Methoxyls abgespalten worden[5]. — Das Lignin wird durch Behandlung von Holz einerseits mit 1% HCl, andererseits mit 72% H_2SO_4 gewonnen, wobei die Ausbeute bei ersterem Verfahren stets höher ist[6]. Man gewinnt aus feingemahlenem, mit Alkohol-Benzol extrahiertem Fichtenholz durch mehrtägige Behandlung mit einem Gemisch von 3 Volumen konz. Salzsäure (D = 1,18) und 1 Volum 84proz. H_3PO_4 (D = 1,7) bei 20° hellbraune, fast chlorfreie Ligninpräparate in einer Ausbeute von 20—26%, ihre Zusammensetzung entspricht der Formel $C_{39}H_{36}O_{12}(OCH_3)_4$[7]. Aus Fichtenholz durch Behandlung mit einem Gemisch von HCl und H_3PO_4 oder von HCl und $ZnCl_2$[8]. Aus Winterroggenhalmstroh durch Aufschluß mit 15proz. NaOH (D = 1,02) unterhalb 35°. Das Pentosan wird mit Methylalkohol gefällt. Das in 10% vom Gewicht des Strohes erhaltene Lignin ist leicht löslich in Alkali und neutralen organischen Lösungsmitteln.

Aus Holz durch Zerstörung der Cellulose durch Merulius lacrimans[9]. Kürschner[10] glaubt im Gegensatz zu Lieser[11] nicht, daß sich auf biochemischem Wege genau definierbare Ligninpräparate herstellen lassen; die fermentativen Vorgänge können wahrscheinlich nicht so geleitet werden, daß das Lignin unversehrt bleibt. Das einzige brauchbare Kriterium für die Unversehrtheit der Ligninkörper sind die Löslichkeitsverhältnisse; die aus Hölzern nach dem bakteriellen Abbau der Cellulose verbleibenden Reste sind aber viel leichter löslich als die gewachsenen Lignine, zum Teil in siedendem Wasser.

Nachweis und Bestimmung: Zum Nachweis des Lignins ist eine Lösung von Phosphorwolframsäure und Phosphormolybdänsäure in Phosphorsäure ein höchst empfindliches Reagens,

---

[1] E. Hägglund u. C. J. Malm: Cellulosechemie 4, 73 (1923) — Chem. Zbl. 1924 I, 2105.

[2] Karl Kürschner: Brennstoffchemie 6, 117 (1925) — Chem. Zbl. 1925 II, 282. — A. Friedrich u. B. Brüda: Mh. Chem. 46, 597 (1925) — Chem. Zbl. 1926 II, 881.

[3] L. Kalb, T. Lieser, R. Hahn, F. Nevely, H. Koch u. F. Kucher: Ber. dtsch. chem. Ges. 61, 1007 (1928) — Chem. Zbl. 1928 II, 236.

[4] B. Rassow u. P. Zickmann: J. prakt. Chem. [2] 123, 189 (1929) — Chem. Zbl. 1930 I, 367.

[5] H. Tropsch: Ges. Abh. z. Kenntnis d. Kohle 6, 289 (1921) — Chem. Zbl. 1923 III, 1048.

[6] K. Korotkow: Weißruss. staatl. Landwirtschaftsakademie 1927, 3 — Chem. Zbl. 1928 II, 34.

[7] H. Urban: Cellulosechemie 7, 73 (Beil. zu Papierfabr. 24) (1926) — Chem. Zbl. 1926 II, 45.

[8] H. Wenzl: Cellulosechemie 7, 88 (Beil. zu Papierfabr. 24) (1926) — Chem. Zbl. 1926 II, 745.

[9] R. O. Herzog u. A. Hillmer: Hoppe-Seylers Z. 168, 117 (1927) — Chem. Zbl. 1928 I, 323.

[10] K. Kürschner: Cellulosechemie 8, 5 (Beil. zu Papierfabr. 25) (1927) — Chem. Zbl. 1927 I, 1151.

[11] F. Lieser: Cellulosechemie 7, 156 (Beil. zu Papierfabr. 24) (1926) — Chem. Zbl. 1927 I, 266.

das mit ihm in Gegenwart von Natriumcarbonatlösung eine tiefblaue Färbung gibt[1]. — Wässerige Barbitursäurelösung färbt unaufgeschlossenes Holz leuchtend gelbrot[2]. Die Rotfärbung des Holzes mit Phloroglucin-HCl soll durch Hadromal bedingt sein[3]. Die Mäuleprobe wird durch einen anderen Stoff wie die Phloroglucinreaktion hervorgerufen und kann nicht als Reaktion auf verholzte Membranen angesehen werden, denn die Rotfärbung mit Mäulereagens kommt auch dann zustande, wenn die Phloroglucinreaktion ausbleibt. Die Erscheinung ist in der nicht vorbehandelten Pflanze häufig und konnte künstlich durch Behandlung von Schnitten von Stoffen hervorgerufen werden, die das Lignin im Gewebe zerstören. Die Phloroglucinreaktion ist dann negativ, die Mäulereaktion noch positiv. Der Stoff, der die Mäulereaktion bedingt, kommt zwar vielfach im verholzten Gewebe vor, aber stellt kein kennzeichnendes Merkmal des Holzes dar[4]. Die Holzreaktionen mit Aminen und Phenolen beschränken sich bei gewöhnlicher Temperatur auf kleine Substanzmengen. Außer Spuren von freiem Lignin können sich daran akzessorische Substanzen des Holzes mit aktivem Carbonyl beteiligen. In dem Maße, wie die glykosidische Bindung des Lignins mit den Kohlehydraten hydrolytisch gesprengt wird, was bei erhöhter Temperatur und selbst bei relativ schwach saurer Reaktion der Lösung offenbar vollständig erfolgen kann, werden größere Mengen Amine und Phenole von dem Lignin gebunden. Durch die Temperaturerhöhung und die Acidität der Lösung gehen die Anfangs erhaltenen schönen Holzfarben in mehr oder weniger dunklere Farbtöne über[5]. Bei der Ausführung der Ligninreaktionen müssen besondere Vorsichtsmaßregeln eingehalten werden[6]. — Nachweis verholzter Membranen mit Kobaltrhodanid[7]. Nachweis von Willstätter-Lignin: Charakteristisch sind folgende Reaktionen: Schwarzfärbung mit konz. Mineralsäuren, Klasonsche Reaktion mit Schwefelsäure; Gelbfärbung mit Chlor, was auf der Bildung von Chlorlignin beruht, das mit rotbrauner Farbe in Alkalien, Ammoniak, Natriumsulfit und Alkohol löslich ist; Reaktion von Croß und Bevan mit Chlorgas-, mit Permanganat, Salzsäure und Ammoniak nach Mäule. Blaufärbung mit Ferriferricyanid durch die leichte Oxydierbarkeit des Lignins[8]. — Bestimmung[9]. Bestimmung durch Herauslösen der Begleitsubstanzen mit Salzsäure und Schwefelsäure, wobei Lignin zurückbleibt[10]. Die Schnellmethode[11] liefert vielleicht brauchbare Vergleichswerte. Gegenüber der bisherigen Methode liegen die Werte wesentlich niedriger, es ist anzunehmen, daß bereits ein vermehrter Angriff auf den Ligninkomplex statt gefunden hat[12]. Benzol löst Lignin, vor der Ligninbestimmung wird das Extrahieren mit Äther empfohlen[13]. — Eine ganz exakte Bestimmung des Lignins kann man weder durch kurze noch durch lange Behandlung mit hochkonzentrierter Salzsäure erreichen. Die Werte fallen immer zu niedrig aus, bei längerer Behandlung aber immerhin zuverlässiger[14]. Die Cellulose wird durch ein Gemisch von Phosphorpentoxyd und rauchender Salzsäure bei 30° gelöst und als unlöslicher Rückstand das Lignin bestimmt[15]. — Die Methode ist aber unbrauchbar, weil das Reagens das Lignin angreift[16].

Paloheimo[17] deckt eine Anzahl Fehlerquellen bei der Ligninbestimmung durch Säurehydrolyse auf. Die bisher gefundenen Zahlen waren durchweg zu hoch. Bei kürzerer Hydrolysenzeit tritt beim Verdünnen mit Wasser eine Kohlehydratfällung ein, bei längerer Hydrolysendauer koagulieren beim Verdünnen humusartige Substanzen, weshalb vor dem Verdünnen filtriert wird. Auch durch Adsorption von Kondensationsprodukten an die Ligninkorpuskeln können Fehler eintreten. Außerdem kann schwer hydrolysierbares Protein dem Ligninrest

[1] Maneck Merwanji Mehta: Biochemic. J. 19, 958 (1925) — Chem. Zbl. 1926 I, 2712.
[2] W. Bock: Ber. dtsch. chem. Ges. 55, 3400 (1922) — Chem. Zbl. 1923 I, 338.
[3] C. Hoffmeister: Ber. dtsch. chem. Ges. 60, 2062 (1927) — Chem. Zbl. 1927 II, 2448.
[4] E. Siersch: Mikrochemie 4, 188 (1926) — Chem. Zbl. 1926 II, 3066.
[5] Erik Hägglund u. T. Johnson: Biochem. Z. 187, 98—101 (1927) — Chem. Zbl. 1927 II, 1710.
[6] Fran Podbreznik: Bull. Inst. Pin. 1928, 233, 245 (1928) — Chem. Zbl. 1929 I, 1212.
[7] W. Peyer: Apoth.-Ztg 44, 334 (1929) — Chem. Zbl. 1929 II, 75.
[8] B. Rassow u. P. Zickmann: J. prakt. Chem. [2] 123, 189 (1929) — Chem. Zbl. 1930 I, 367.
[9] A. Cleve v. Euler: Cellulosechemie 1923, 21 — Chem. Zbl. 1923 I, 1631.
[10] Hellmuth Schwalbe: Papierfabr. 23, 406 (1925) — Chem. Zbl. 1925 II, 1320.
[11] H. Schwalbe: Papierfabr. 23, 174 (1925) — Chem. Zbl. 1925 II, 2268.
[12] H. Wenzl: Papierfabr. 23, 305 (1925) — Chem. Zbl. 1924 II, 994.
[13] Peter Klason: Cellulosechemie 4, 81 (1923) — Chem. Zbl. 1924 I, 1938.
[14] Erik Hägglund u. Carl B. Björkman: Biochem. Z. 147, 74 (1924) — Chem. Zbl. 1924 II, 623.
[15] H. Wenzl: Papierfabr. 22, 101 (1924) — Chem. Zbl. 1924 I, 2757.
[16] S. Venkateswaran: Quart. J. Indian chem. Soc. 2, 253 (1925) — Chem. Zbl. 1926 I, 2816.
[17] Lauri Paloheimo: Biochem. Z. 165, 163 (1925) — Chem. Zbl. 1926 I, 2611.

beigemengt sein, was durch Stickstoffbestimmungen festgelegt und in Abzug gebracht werden muß. So ergab eine Probe Fichtenholz 30% Ligninrest, nach Korrektur 25%; Kleeheu 25%, nach Korrektur 7%; Roggenstroh früher 20%, jetzt 3%[1].

Von den säurehydrolytischen Verfahren ist das Schwefelsäureverfahren das beste; es liefert die höchste Ausbeute an Lignin, letzteres hinterläßt nach zweimaliger Chlorierung keinen Rückstand, enthält also keine Pentosane. Das Salzsäureverfahren hat gewisse Mängel, ist aber noch brauchbar. Das Schwefelsäureverfahren wird wie folgt ausgeführt: 1 g lufttrockenes Material wird zur Entfernung von Fetten und Harzen mit Äther extrahiert, mit 15 ccm 72proz. Schwefelsäure unter häufigem Durcharbeiten 20 Stunden bei Zimmertemperatur behandelt, auf eine Konzentration von 3% verdünnt und 1 Stunde unter Rückfluß gekocht. Nun wird das Lignin über Asbest filtriert, gewaschen, bei 105° getrocknet, gewogen und verascht, woraus sich der Prozentgehalt an aschefreiem Lignin ergibt[2].

Modifizierte Methode, die darin besteht, daß 1 g Substanz mit 50 ccm 38proz. HCl und 10 ccm H_2SO_4 nach Umschütteln 1 Stunde bei 40° und über Nacht bei Zimmertemperatur aufbewahrt wird, dann nach dem Verdünnen auf 1 l 1 Stunde am Rückfluß gekocht wird, das ungelöste Lignin abgesaugt und bei 105° bis zur Gewichtskonstanz getrocknet wird. Ein Vergleich der Cu-Zahlen mit den gefundenen Ligninwerten zeigt gute Übereinstimmung[1].

Bei der Ligninbestimmung mit Säuren saugt man das Lignin durch ein auf einem Glas- oder Porzellanfiltertiegel hergestelltes Naphthalinpolster. Nach dem Fortsublimieren des Naphthalins wird das Lignin als solches gewogen[3]. Bestimmung mit 10proz. Salpetersäure: Vor der Phloroglucinmethode hat sie den Vorteil, von der besonderen Reinheit des Reagens unabhängig und in erheblich kürzerer Zeit durchführbar zu sein[4]. Die Methode von Schmidt und Graumann, das Lignin aus dem Holz mittels Chlordioxyd quantitativ herauszulösen, besitzt zwei Fehlerquellen: infolge des Einflusses der Verunreinigungen der Skeletsubstanz und dann infolge von Kohlehydratverlusten beim Herauspräparieren des Skelets[5].

Die Methode von Cross, Bevan und Briggs wurde bezüglich der in die Formel einzusetzenden Werte für die Phloroglucinzahlen nachgeprüft. Es ergab sich, daß bei einer ganzen Reihe der für Druckpapier verwendeten Zellstoffe und Holzschliffe Abweichungen bestehen. Diese Abweichungen wurden graphisch ausgewertet, und eine Korrekturtabelle wurde aufgestellt. Ferner wurde eine Fluchtlinientafel konstruiert, die gestattet, schnell sowohl die Holzschliffgehalte als auch die Phloroglucinzahlen abzulesen. Die Methode eignet sich für die Bestimmung von Holzschliff und Zeitungsdruckpapier und unter Berücksichtigung einer Korrektur zur Untersuchung holzschliffhaltiger Zellstoffpapiere[6]. Die Methode von Cross, Bevan und Briggs hat sich als gänzlich unbrauchbar erwiesen, denn sie liefert viel zu hohe Werte, da das Phloroglycin nicht nur mit dem Lignin, sondern auch mit den Furfurol erzeugenden Bestandteilen der Lignocellulosen reagiert[2]. Bestimmung nach der Phloroglucinmethode und mikroskopisch[7].

Physiologische Eigenschaften: Mit Bakterien wurde an Lignin keine Spur von Gärung beobachtet[8]. — Freies Lignin als alleinige Nährsubstanz gab keine Entwicklung der Pilze; Zugabe von Zucker oder Malzlösung brachte die übliche Entwicklung; das Lignin blieb jedoch unverändert; ebenso wirkten Gelatine- bzw. Agarzugaben. Holzpapier wird schnell angegriffen unter Bildung von Huminkörpern. Fichtenholz ebenfalls; hierbei entstehen Huminsubstanzen in ungefährer Menge des vorhanden gewesenen Lignins; unter dem Mikroskop sind deutliche Veränderungen erkennbar. Der Hohlraum der Faser ist vergrößert, die Wandstärke verringert, die sekundäre und tertiäre Verdickungsschicht ist gebräunt, glanzlos geworden und auf die Hälfte der ursprünglichen Dicke zurückgegangen[9]. — Im Tiermagen wird das

---

[1] G. P. Genberg u. T. Jonsson: Paper Trade J. **82**, Nr 22, 50 (1926) — Chem. Zbl. **1926 II**, 843.

[2] S. Venkateswaran: Quart. J. Indian. chem. Soc. **2**, 253 (1925) — Chem. Zbl. **1926 I**, 2816.

[3] W. J. Müller u. W. Herrmann: Papierfabr. **24**, 185 (1926) — Chem. Zbl. **1926 I**, 3109.

[4] E. Richter: Wchbl. Papierfabr. **59**, 767 — Chem. Zbl. **1928 II**, 1162.

[5] A. C. v. Euler: Sv. kem. Tidskr. **35**, 100 (1923) — Chem. Zbl. **1923 IV**, 964 — Cellulosechemie **4**, 109 (1922) — Chem. Zbl. **1924 I**, 1045.

[6] Hans Krull u. Bruno Mandelkow: Papierfabr. **20**, 1213 (1922) — Chem. Zbl. **1922 IV**, 905.

[7] Korn: Zellstoff u. Papier **7**, 315 (1927) — Chem. Zbl. **1927 II**, 993.

[8] H. Schrader: Ges. Abh. z. Kenntnis d. Kohle **6**, 173 (1921) — Chem. Zbl. **1923 III**, 1649. — Vgl. F. Fischer, H. Schrader, A. Friedrich u. A. Schellenberg: Ges. Abh. z. Kenntnis d. Kohle **5**, 553 (1922) — Chem. Zbl. **1922 IV**, 1044.

[9] C. Wehmer: Brennstoffchemie **6**, 101 (1925) — Chem. Zbl. **1925 II**, 931

Lignin ebenso wie bei der Vermoderung in geringerem Ausmaße angegriffen als die Cellulose[1]. Physiologische Bedeutung wichtiger Bestandteile der Vegetabilien mit besonderer Berücksichtigung des Lignins[2].

Physikalische und chemische Eigenschaften: Heuser[3] teilt die Ansicht von Hägglund, daß die Pentosane mit dem Lignin chemisch verbunden sind, nicht, sondern hält die Pentosane für schwer zu entfernende Verunreinigungen[3]. — Es ist noch möglich, daß das Pentosan ungefähr so gebunden mit dem Lignin ist wie der Aschegehalt in der Cellulose[4]. Das von Fischer und Schrader[5] untersuchte Lignin ist sehr verschieden von einem nach Willstätter[6] und noch mehr von einem nach einem neuen Verfahren hergestellten Präparat. Die bedeutenden Verschiedenheiten des Ausgangsproduktes bedingen die widersprechenden Versuchsresultate[5]. Mit der Methode von Feist[7] bzw. Willstätter und Ützinger[8] wurde festgestellt, daß die Alkoxygruppen im Fichtenholz ausschließlich Methoxylgruppen sind[9]. — Ritter[10] hat in verschiedenen Weich- und Harthölzern den Gehalt an Methoxyl und Lignin bestimmt und die Werte in Tabellen mitgeteilt. Durch alkalische Hydrolyse bei höherem Drucke wird das Methoxyl bis zu 60% in Methylalkohol überführt. Diese Menge entspricht etwa dem Methoxylgehalte des flüchtigen Rohproduktes der zersetzenden Destillation[10]. — Strohlignin enthält 4 OCH_3- und wahrscheinlich auch 4 OH-Gruppen sowie vermutlich 3 Aldehyd- oder Ketongruppen. Das Lignin besitzt große Festigkeit; bei sehr heftigen Eingriffen werden die OCH_3-Gruppen verseift. Die Zahl der H- und O-Atome wird durch Nebenreaktionen sehr beeinflußt[11]. Lignin, isoliert in einer Menge von 3,49% aus den Maiskolben, ist ein hellgelbes, amorphes Pulver, das Fehlingsche Lösung reduziert und die Zusammensetzung $C_{40}H_{46}O_{16}$ (Mol-Gewicht 755) besitzt. Es enthält 3 Methoxylgruppen, aber keine Carboxylgruppe. Der saure Charakter ist durch Phenolhydroxyl bedingt. Bei lang haltender Destillation mit 12proz. HCl gibt es kein Furfurol. Bei der Acetylierung nach Powell und Whittaker[12] gibt es ein braunrotes, amorphes Pulver. Chlorieren liefert ein Produkt der angenäherten Zusammensetzung $C_{40}H_{36}O_{16}Cl_{10}$[13]. Ergebnisse der destruktiven Destillation des Lignins aus Maiskolben, gewonnen nach drei verschiedenen Methoden[14].

Ein aus Holz durch fraktionierte Behandlung mit rauchender Salzsäure gewonnenes Produkt ist geruchlos, lichtgelb mit rötlichem Stich; es unterscheidet sich von dem aus technischen Ablaugen gewonnenen durch größere Widerstandsfähigkeit gegen Lösungsmittel; unlöslich in Tri- und Monochloressigsäureäthylester, löslich in heißer Trichloressigsäure mit braunvioletter Farbe. — Aus der Lösung fallen durch Wasser, Äther, Ameisensäure, Pyridinbasen usw. graubraune Flocken, löslich in Alkalien, Aceton, Chinolin, Essigester, Benzylalkohol, Benzol, Nitrobenzol, Anilin, wenig löslich in Alkohol und Chloroform; zeigt beim Trocknen deutlich Vanillingeruch. Ist gegen Druckbehandlung mit Sulfitlauge widerstandsfähig, die Lösung erfolgt jedoch, wenn Cellulose zugesetzt wird[15].

Aspenholzmehl wurde nach Willstätter und Zechmeister in Lignin umwandelt. Ausbeute 25,2%, analytisch ermittelt 26,42%. Das Produkt enthielt noch 2,75% Pentosan, wovon es durch Destillation mit 12proz. Salzsäure befreit werden kann. — Methoxylgehalt 14,49%. Auf Grund des Methoxylgehaltes des Aspenholzes selbst, 6,02%, wurde er sich für das Aspenholzlignin zu 22,8% berechnen. 8,31% Methoxyl sind also bei der Darstellung des Lignins abgespalten worden. — Die Zusammensetzung des Aspenholzlignins war, 64,47% C, 5,96% H, auf trockene und aschefreie Substanz bezogen. Asche 2,1%. Das Aspenholzlignin löst sich

---

[1] J. König: Biochem. Z. **171**, 261 (1926) — Chem. Zbl. **1926 II**, 1051.

[2] Max Rubner: Naturwiss. **16**, 1011 (1928) — Chem. Zbl. **1929 I**, 920.

[3] E. Heuser: Cellulosechemie **4**, 77 (1923) — Chem. Zbl. **1924 I**, 2106.

[4] E. Heuser: Cellulosechemie **4**, 85 (1923) — Chem. Zbl. **1924 I**, 2106.

[5] Fischer u. Schrader: Brennstoffchemie **2**, 37 (1921) — Chem. Zbl. **1921 IV**, 63.

[6] Willstätter: Ber. dtsch. chem. Ges. **55**, 2637 (1922) — Chem. Zbl. **1922 III**, 1288.

[7] Feist: Ber. dtsch. chem. Ges. **33**, 2094 (1900) — Chem. Zbl. **1900 II**, 537.

[8] Willstätter u. Ützinger: Liebigs Ann. **382**, 129 (1911) — Chem. Zbl. **1911 II**, 1142.

[9] Erik Hägglund u. Bror Sundroos: Biochem. Z. **146**, 222 (1924) — Chem. Zbl. **1924 II**, 674.

[10] G. J. Ritter: Ind. Chem. **15**, 1264 (1923) — Chem. Zbl. **1924 I**, 987.

[11] F. Paschke: Cellulosechemie **4**, 31 (Beih. zu Papierfabr. **21**) (1923) — Chem. Zbl. **1923 III**, 200 — Cellulosechemie **3**, 19 (Beih. zu Papierfabr. **20**) (1922) — Chem. Zbl. **1922 I**, 950.

[12] W. J. Powell u. H. Whittaker: J. chem. Soc. Lond. **125**, 357 (1924) — Chem. Zbl. **1924 I**, 2271.

[13] M. Phillips: J. amer. chem. Soc. **49**, 2037 (1927) — Chem. Zbl. **1927 II**, 1816.

[14] Max Phillips: J. amer. chem. Soc. **51**, 2420 (1929) — Chem. Zbl. **1929 II**, 1789.

[15] Karl Kürschner: Brennstoffchemie **6**, 117 (1925) — Chem. Zbl. **1925 II**, 282.

in Natronlauge erst beim Erhitzen unter Druck. Etwa 1 g Lignin löst sich in 200 ccm 5proz. Natronlauge bei 170° in 3 Stunden zu 97%. In 5 proz. Natriumbisulfitlösung lösen sich bei 140° in 5 Stunden nur 23,55%. In 4proz. Calciumbisulfitlösung lösen sich bei 140° in 5 Stunden nur 13%. Die trockene Destillation des Lignins begann bei 160—180°, erreichte ihren Höhepunkt bei 280—320° und wurde bei 500° beendet. Dauer 2—2,5 Stunden. Die Ausbeuten sind in folgender Tabelle zusammengestellt[1].

Ligninart	Kohle	Teer	Wässeriges Destillat	Essigsäure	Methylalkohol	Aceton
Aspenholz .	44,30	14,25	30,5	1,28	0,869	0,219%
Fichtenholz .	45,66	13,33	28,75	1,263	0,829	0,18 %.

Unterschiede zwischen Salzsäurelignin und Chlordioxydlignin[2]. Ritter konnte durch Extraktion mit Äther, Aceton und Alkohol aus chemisch isoliertem Holzlignin krystallisierte Körper gewinnen, welche den von Kürschner[3] beschriebenen, aus durch Pilze zersetztem Holz isolierten sehr ähnlich sind, jedoch nicht vollkommen gleichen. Lignine aus gesundem und krankem Holz sind verschieden[4]. — Alkalilignin zeigt in unreinem und gereinigtem Zustande im kurzwelligen Ultraviolett ähnliche Absorption wie die Polymeren von Coniferylalkohol und Ligninsulfosäure, absorbiert aber im langwelligen Ultraviolett stärker. Die Absorptionskurve von Meruliuslignin zeigt das gleiche Absorptionsmaximum wie Coniferylalkohol-Polymeren und Alkalilignin[5]. Willstätter-Lignin erweist sich im Polarisationsmikroskop als schwach doppelbrechend, bei der Röntgenuntersuchung liefert es nur einen amorphen Ring. Ein unter gelinderen Bedingungen hergestelltes Präparat ergab jedoch Anzeichen krystalliner Struktur, indem Linien auftraten, die mit denjenigen von Celluloseaufnahmen nicht identisch waren. Nach der Theorie der Ligninbildung von Fuchs ist Gleichheit oder Ähnlichkeit gewisser physikalischer Eigenschaften des Lignins und der Cellulose zu erwarten[6]. Löslichkeit des Lignins in mehrwertigen und substituierten Phenolen[7]: 1. Alkylsubstituenten im Kern haben keine auffallende Veränderung der Lösungsfähigkeit eines Phenols zur Folge, doch haben sie den Vorteil eines niedrigeren Schmelzpunktes. 2. o-m-p-Stellung der Substituenten ist, soweit sie Alkyl- und OH-Gruppen betrifft, ohne Einfluß. 3. Die asymmetrische Stellung bietet zu einer Reaktion mit dem Lignin die besten Voraussetzungen. Fast alle 1, 3, 4-substituierten Phenole lösen sehr gut. 4. NO_2-Substitution; m- sowie p-Nitrophenol lösen sehr gut, während die o-Verbindung dies nicht tut. 5. Halogensubstituierte zeigen sich den NO_2-substituierten analog. 6. NH_2-Substitution vermindert die Lösungsfähigkeit. 7. Thiokresol verhält sich wie Kresol, während p-Thiokresol dem p-Kresol deutlich überlegen ist. 8. Phenoläther lösen Lignin nicht.

Katalytisch beschleunigend auf die Löslichkeit wirken starke Säuren, die auch hydrolysierend wirken. Bei Anwesenheit von Halogen als Katalysatoren (D.R.P. 412235) wird dieser Nachteil vermieden. Br_2 ist der wirksamste Katalysator.

Von den Nichtphenolen lösen das Lignin die Halogenessigsäuren, Bernsteinsäure, Maleinsäure, Citronensäure gut. Die phenylaromatischen Verbindungen wie Mandelsäure, Zimtsäure, Triphenylcarbinol lösen fast alle. Von den aromatischen Verbindungen lösen Aniline, Carbonsäuren, Schwefelsäuren gut. Eine Annahme von Hillmer ist, daß im Ligninmolekül irgendwie locker gebundener Sauerstoff vorhanden ist in Form von CO-, COH-, OH-Gruppen. Eine Ketogruppe I kann sich in eine Enolgruppe II verwandeln. Wirkt Phenol ein, so tritt eine Wasserabspaltung unter Anlagerung zweier Sechsringe an das Ligninmolekül III ein[7].

$$\text{I} \qquad \text{II} \quad + \quad \text{HO–C}_6\text{H} \quad \rightarrow \quad \text{III} \quad + \quad 2\,H_2O$$

Bedingungen für weitgehende Entfernung des Lignins aus Jutefaser ohne ernstliche Faserschädigung sind 4stündiges Erhitzen auf 193—195° bei 28—30 Atmosphären mit einem

---

[1] Emil Heuser u. August Brötz: Papierfabr. 23, 69 (1925) — Chem. Zbl. 1925 II, 1531.

[2] W. Fuchs u. E. Honsig: Ber. dtsch. chem. Ges. 59, 2850 (1926) — Chem. Zbl. 1927 I, 464.

[3] Kürschner: Z. angew. Chem. 40, 224 (1927) — Chem. Zbl. 1927 I, 2030.

[4] G. J. Ritter: Ind. Chem. 19, 624 (1927) — Chem. Zbl. 1927 II, 1343.

[5] R. O. Herzog u. A. Hillmer: Hoppe-Seylers Z. 168, 117 (1927) — Chem. Zbl. 1928 I, 323 — Ber. dtsch. chem. Ges. 60, 365 (1927) — Chem. Zbl. 1927 I, 1573.

[6] W. Fuchs: Biochem. Z. 180, 30; 192, 165 — Chem. Zbl. 1927 I, 1604; 1928 I, 2705.

[7] A. Hillmer: Cellulosechemie 6, 169 (Beil. zu Papierfabr. 23) (1925) — Chem. Zbl. 1926 I, 889.

Gemisch von Kreosot mit 10 Vol.-% Pyridin[1]. — Bei der trockenen Destillation entstehen 13% Wasser und 12% Urteer sowie 57% Halbkoks. Die neutralen Anteile des Urteers sind 13%, die Phenole 34%, die stärker sauren Verbindungen 16%[2]. — Lignin liefert bei der trockenen Destillation zwar etwas Kohlensäure, bei weitem die Hauptmenge des Stoffes jedoch geht in kohleartige schwarze Körper über. Erhitzt man Sulfitlauge auf 300°, so wird offenbar durch Zusammenschluß zu größeren Molekülen ein großer Teil der Stoffe unlöslich und fällt als schwarzes Pulver aus. In Alkalien lösliche Huminsäuren sind in den dunklen Reaktionsprodukten nur in gewisser Menge vorhanden[3]. Bei der trockenen Destillation des Lignins (in einer Glasretorte bei 360°) wurden bedeutende Mengen Methylalkohol erhalten, und zwar 50—65% dessen, was aus dem betreffenden Holz selbst erhalten werden konnte. Daneben ergaben sich geringe Mengen (0,5%) Essigsäure und fast doppelt soviel Kohle wie aus Holz. Auf die Ausbeute an CH_3OH ist die Art der Gewinnung des Lignins von Einfluß; und zwar gibt das mittels HCl-Behandlung gewonnene Lignin die größere Methylalkoholausbeute[4]. Szelényi und Gömöry[5] isolierten die Lignine aus Buchen-, Eichen- und Birkenholz durch HCl (1,225), destillierten sie aus einem elektrisch geheizten Rohre aus Jenaer Glas und bestimmten Methylalkohol, Aceton, Essigsäure sowie Teer, Gase und Kohle. Die Destillate glichen qualitativ denen aus Fichtenholzlignin, quantitativ war die Ausbeute an Methylalkohol bei Eichen und Buchenlignin um etwa 66%, bei Birkenlignin etwa 14% höher als bei Fichten- und Aspenholzlignin; die Ausbeute an Essigsäure war die gleiche wie bei diesen. An Teer wurden aus Buchenlignin etwa 30%, bei Eichenlignin 23%, bei Birkenlignin 40% weniger erhalten, als Fichtenlignin ergibt. Die Menge des in den Destillaten gefundenen Methoxyls betrug bei Buchen- und Eichenholz 10,15%, bei Birkenholz nur 7,9% des im ursprünglichen Lignin bestimmten Methoxyls[5]. Bei der Destillation von Lignin im Vakuum bei 405—410° werden, auf asche- und säurefreies Produkt bezogen, erhalten: wässeriges Destillat 18,7%, Teer 13,3%, Koks 56,1%, Gas und Verlust 11,9%. Das wässerige Destillat enthält 0,82% Säuren, als Essigsäure berechnet. Der Ligninteer wurde zerlegt in alkaliunlösliches, viscoses Öl 7,5%, in Disulfidlösung löslichen Verbindungen 1,9%, in Öl unlösliche „Phenole" 12,6%, in Äther lösliche „Phenole" 24,9%, in Äther unlösliche „Carbonsäuren" 26,2%, in Äther lösliche „Carbonsäuren" 26,9%. Die Phenole und Carbonsäuren sind feste Massen, die sich wie die Huminsäuren mit dunkler Farbe in Alkali lösen. Die sauren Produkte des gewöhnlichen Ligninteers sind ölig[6]. Lignin gibt bei der Vakuumdestillation etwa 10% in Wasser unlöslichen, in Alkali löslichen Teer. Der Teer ist optisch inaktiv, wodurch Abwesenheit von Lävoglykosan erwiesen ist. Liefert nur geringe Mengen Säure. Aus dem Ligninteer kann eine intensiv nach Vanillin riechende Substanz (Ausbeute 0,64%) isoliert werden[7]. In dem bei der Vakuumdestillation der Lignine erhaltenen Ligninvakuumteer kann man die Abwesenheit von Lävoglykosan erweisen. Lignin liefert alkalilösliche, phenolartige Destillationsprodukte. Die im Ligninvakuumteer vorhandenen Phenole sind nicht durch eine Veränderung des Lignins bei der HCl-Behandlung bedingt[8]. Bei der Vakuumdestillation des Fichtenholzlignins unter 25 mm und 350—390° wurden 15% eines dunkelbraunen Teers mit grüner Fluorescenz, 21% einer wässerigen sauren Lösung und 52% an Koks und Asche gewonnen. — In den hochsiedenden Fraktionen wurden Melen, Hexahydrofluoren und in der Phenolfraktion Eugenol nachgewiesen[9].

Technisches Willstätter-Lignin wird im Gemisch mit Ag-Pulver bei 280—300° und 400 mm Druck 1 Stunde im CO_2-Strom trocken destilliert und mit 10% Ausbeute ein aus einer wässerigen und einer teerigen Schicht bestehendes Destillat erhalten. Die wässerige

---

[1] Jogendra Kumar Chowdhury u. Ranendra Kumar Das: J. Indian chem. Soc. 5, 231 (1928) — Chem. Zbl. 1928 II, 2609.

[2] Franz Fischer u. Hans Schrader: Ges. Abh. z. Kenntnis d. Kohle 5, 106 (1921) — Chem. Zbl. 1922 III, 1184.

[3] Franz Fischer u. Hans Schrader: Ges. Abh. z. Kenntnis d. Kohle 5, 332 (1921) — Chem. Zbl. 1922 III, 1185.

[4] K. Korotkow: Weißruss. staatl. Landwirtschaftsakademie 1927, 3 — Chem. Zbl. 1928 II, 34.

[5] G. Szelényi u. A. Gömöry: Brennstoffchemie 9, 73 — Chem. Zbl. 1928 I, 2081.

[6] H. Tropsch: Brennstoffchemie 3, 321 (1922) — Chem. Zbl. 1923 I, 233.

[7] F. Fischer u. H. Tropsch: Sep. aus: Über Naturprodukte, Festschr. f. Max Hönig, S. 8 — Chem. Zbl. 1923 III, 1400.

[8] F. Fischer u. H. Tropsch: Ges. Abh. z. Kenntnis d. Kohle 7, 181 (1925) — Chem. Zbl. 1926 II, 1482.

[9] A. Pictet u. M. Gaulis: Helvet. chim. Acta 6, 627 (1923) — Chem. Zbl. 1923 III, 1070.

Schicht enthält organische Säuren, Brenzcatechin (nachgewiesen mittels $FeCl_3$), Oxymethyl-furfurol (nachgewiesen mittels Resorcin in Gegenwart von HCl) und liefert beim Neutralisieren mit $NaHCO_3$ eine Substanz von Huminsäurecharakter, deren Bildung auf Kondensation von Oxymethylfurfurol und Brenzcatechinkörpern beruhen dürfte. Das teerige Destillat wird aus alkalischer Lösung mit Wasserdampf destilliert und eine Verbindung $C_{15}H_{14}O_2$, aus verdünntem Aceton rotgelbe Krystalle, Schmelzp. 63—64°, erhalten, darauf angesäuert und abermals mit Dampf destilliert, wobei Phenole, in der Hauptsache Eugenol (Benzoylderivat, Schmelzp. 69 bis 70°) mit etwas Guajacol übergehen; der Kolbenrückstand wird mit Acetanhydrid behandelt, von Ungelöstem abfiltriert: Melen, $C_{30}H_{60}$, aus Aceton Blättchen, Schemlzp. 59—60°, und das Filtrat mit Wasser zersetzt, das amorphe Produkt in Alkalilauge gelöst und nach Schotten-Baumann benzoyliert; fast die gesamte Substanz fällt als amorphes hellbraunes Benzoyl-derivat, Schmelzp. 95—110°, aus[1].

Im Gegensatz zu der von Schrader[2] gegebenen Erklärung der Versuche von Fischer und Schrader[3] über die Autoxydation von Lignin im Vergleich zu der von Holz kommen Ditz und May zu dem Schluß, daß die gleiche Menge Lignin im ursprünglichen Holz in der gleichen Zeit anscheinend größere Mengen O aufgenommen hat als das aus dem Holz nach Willstätter hergestellte Lignin. Im Zusammenhang damit wird untersucht, ob Katalysatoren, wie z. B. Mangan (das im Holz, nicht aber in dem daraus nach Willstätter gewonnenen Lignin enthalten ist), die Oxydationsgeschwindigkeit des Lignins beeinflussen können. Im stark alkalischen Medium wird ein Einfluß des Mn auf die Autoxydation des Lignins nicht fest-gestellt[4].

Willstätter-Lignin aus Fichtenholz wird 1 Stunde lang mit überhitztem Dampf (280 bis 300°) behandelt. Die entweichenden Gase werden durch Schwefelsäure völlig absorbiert und bestehen daher wahrscheinlich aus ungesättigten Verbindungen der Kohlenwasserstoffreihe. Das teerige Destillat enthält im wesentlichen die gleichen Bestandteile wie das der Silber-destillation. Im wässerigen Destillat werden 2,5—3% Brenzcatechin, 1% Säuren (berechnet als Essigsäure) und 7% bzw. 9,2% Oxymethylfurfurol nachgewiesen. Vielleicht kann als Quelle des Oxymethylfurfurols ein Hexalkomplex(?) angenommen werden. Der Destillationsrück-stand wird kaum von Kaliumpermanganat angegriffen und läßt sich nur ungenügend mit Silber destillieren. Aceton löst ihn teilweise[5].

Bei der Sublimation von Lignin verschiedener Herkunft bei 200° beobachtet man Vanil-linsäure. Letztere ist zweifellos durch Oxydation aus Vanillin entstanden, das bei entsprechend vorsichtiger Sublimation in größeren Mengen auftritt. Vanillin Kahlbaum liefert nach den Versuchen unter gleichen Bedingungen ebenfalls Vanillinsäure. Bei der Sublimation von Fichtenlignin tritt Spaltung in einen nichtflüchtigen und einen nach der Oxydation sublimier-baren Bestandteil ein. — Diese Spaltung dürfte erst nach erfolgter Anlagerung abgespaltenen Wassers eintreten. Eine solche Wasserabspaltung tritt aber beim Erhitzen am leichtesten dann ein, wenn die zu Wasser zusammentretenden Elemente durch 5 oder 6 Atome getrennt sind. Eine solche Kohlenstoffkette liegt in der Glykose des Tannins vor. Es liegt nahe, die beiden sich analog verhaltenden Sublimationsrückstände des Tannins und des Lignins in Paral-lele zu setzen und somit auf Glykose auch im Fichtenlignin zu schließen. Für das Vorhanden-sein von Glykose spricht das Auftreten von Formaldehyd bei der Sublimation verschiedener Lignine. Kürschner hält es für möglich, daß bei der Sublimation von Lignin bei 200° eine Spaltung in Glykose bzw. deren Abbauprodukte und einen Vanillin liefernden Körper statt-findet, und nimmt an, daß es sich um einen Coniferinkomplex handelt. Stützen für diese Auf-fassung sieht er in verschiedenen Literaturstellen[6].

Versuche, ob Vanillinbildung aus Lignin auch bei niedrigeren Temperaturen, etwa bei 100°, erzielt werden könne, waren erfolgreich. Zur Bestätigung seiner bei der Sublimation der Lignine erhaltenen Ergebnisse nimmt Kürschner als Ausgangsmaterial die Sulfitablauge, die durch Luftsauerstoff oxydiert wird. Die besten Ausbeuten an Vanillin ergaben sich, wenn neutra-lisierte, auf etwa $3/4$ ihres Volumens eingedampft Sulfitablauge mit der gleichen, höchstens doppelten Menge ihres Trockengehaltes an Alkali versetzt und ohne Zusatz von Sauerstoff-überträgern unter Luftdurchleitung $1^1/_2$—2 Stunden im Kochen erhalten wurde. Nach dem

---

[1] W. Fuchs: Ber. dtsch. chem. Ges. **60**, 957 (1927) — Chem. Zbl. **1927 I**, 3065.
[2] H. Schrader: Brennstoffchemie **3**, 167 (1922) — Chem. Zbl. **1922 IV**, 456.
[3] F. Fischer u. H. Schrader: Brennstoffchemie **3**, 65 (1922) — Chem. Zbl. **1922 IV**, 79.
[4] H. Ditz u. R. May: J. prakt. Chem. (2) **115**, 201 (1927) — Chem. Zbl. **1927 I**, 3065.
[5] Walter Fuchs: Ber. dtsch. chem. Ges. **60**, 1131 (1927).
[6] Karl Kürschner: Brennstoffchemie **6**, 177, 188 (1925) — Chem. Zbl. **1925 II**, 1350.

Kochen wird mit verdünnter H_2SO_4 neutralisiert, wobei ein brauner Niederschlag ausfällt. Die Hauptmenge des gebildeten Vanillins befindet sich in der Lösung. Es wird eine ausführliche Beschreibung des Verfahrens und der Reinigung des gewonnenen Vanillins gegeben sowie Angaben über Ausbeuten an Rohvanillin und die colorimetrischen Messungen des gebildeten Vanillins gemacht[1].

Salzsäurelignin wird mit der 10fachen Menge Glycerin 2—3 Stunden auf 210—230° erhitzt, die Lösung in Wasser gegossen und die entstandene Emulsion mit HCl ausgeflockt. Die Produkte sind feucht größtenteils löslich in Alkohol, Methylalkohol, Aceton und mit Wasser mischbaren Lösungsmitteln, vollständig löslich in Pyridin, unlöslich in Äther, Benzol, Chloroform und Alkalien, getrocknet sehr löslich in allen Lösungsmitteln außer Pyridin, wieder löslich nach dem Befeuchten mit Wasser. Sie schmelzen bei 300° nicht und reduzieren Permanganat in neutraler, saurer und alkalischer Lösung. Durch fraktionierte Fällung aus Alkohol und Pyridin mit Äther werden Fraktionen erhalten, die sich durch Methoxylgehalt und Bromverbrauch unterscheiden. Salzsäurelignin verschiedener Herkunft wird bei 200—205° 15 Stunden sublimiert. Sublimationsverlust 10—12,4%. Im Sublimat kann Vanillinsäure nachgewiesen werden[2].

Einwirkung von Jodwasserstoff und Phosphor unter Druck ergibt, daß Lignin die größten Mengen an Gesamtkohlenwasserstoff gibt (30%), es folgen dann Huminsubstanz und Cellulose (20%), zuletzt Glykose, Mannit und Xylose (etwa 16%)[3].

Die Reduktion von Lignin (5 g) wurde durch Verreiben mit 10 g rotem Phosphor und 60stündigem Kochen mit 100 ccm Jodwasserstoff vom spez. Gewicht 1,96 am Rückflußkühler vorgenommen. Man verdünnt mit Wasser, extrahiert das getrocknete Gemisch von Phosphor und Reaktionsprodukt mit Alkohol und erhält nach Abdampfen einen farblosen oder schwach bräunlichen Rückstand. Zur Entfernung des darin enthaltenen Jods (14,8%) wurde mit Zinkstaub in Essigsäure gekocht. Die Entfernung gelingt so nur teilweise. Durch Ausfällen mit Wasser wird die Substanz als hellgraues bis gelbliches Harz wieder erhalten (Jodgehalt 7,35%); leicht löslich in Alkohol und Eisessig, unlöslich in Gasolin. Bei der Druckreduktion wurden 1,5 g Lignin mit 3 g Phosphor und 5 ccm Jodwasserstoff, spez. Gewicht 1,7, 4 bis 5 Stunden im Einschmelzrohr auf etwa 250° erhitzt, wobei ein farbloses, durch beigemengte Kohlenstoffspuren geschwärztes Produkt von paraffinartiger bis halbfester Konsistenz resultierte. Behandlung des Reduktionsproduktes mit Äther und Wasser liefert einen in Äther unlöslichen Rückstand A und einen in Äther löslichen Teil B. — A ist nicht einheitlich; nach der Reinigung (Weiterbehandlung mit Äther und Entfernung des Phosphors mit verdünnter Salpetersäure unter Erwärmen) erhält man ein hellgraues Produkt, das bei sehr hoher Temperatur unter Verkohlung und Destillation schwer flüchtiger Öle schmilzt. — Die Lösung in Äther, B, gab nach dem Behandeln mit feuchtem Natrium und ziemlich starker Natronlauge das Natriumsalz einer sauren Substanz, die selbst durch verdünnte Salzsäure unter gleichzeitigem Einblasen von Dampf als farblose, spröde, in Äther und Gasolin leicht lösliche, in Alkohol und Eisessig schwer lösliche Masse (Zusammensetzung: C 76,50%, H 10,39%) erhalten wurde. In Lösung bleibt ein Kohlenwasserstoffgemisch (farbloses oder gelbliches), zähflüssiges Öl, dessen Lösung in Äther sodaalkalische Permanganatlösung nicht entfärbt, wohl aber Permanganatlösung in Essigsäure. Das Kohlenwasserstoffgemisch wird mit heißem Aceton in einen leicht löslichen flüssigen Teil und einen wenig löslichen festen Teil zerlegt[3]. — Fester Teil: weiße, harzartige erstarrte Masse, Schmelzp. etwa 100°, leicht löslich in Äther, Gasolin, Chloroform und Benzol, wenig löslich in Alkohol und Aceton, schwer löslich in Essigsäure. Flüssiges Produkt: farbloses bis schwach gelbliches Öl, in jedem Verhältnis mischbar mit Äther, Gasolin, Chloroform, Benzol, sehr leicht löslich in Aceton, leicht löslich in Alkohol, mäßig löslich in Eisessig. Beide Teile des Kohlenwasserstoffgemisches sind frei von Sauerstoff. Die fraktionierte Vakuumdestillation führte noch nicht zur Isolierung reiner Substanzen. Von einigen Fraktionen des flüssigen Teils wurden Zusammensetzung, Molekulargewicht und spez. Gewicht ermittelt. Die Analysenwerte des flüssigen und festen Teils zeigen nur geringe Unterschiede, ebenso die der Fraktionen des flüssigen Teils; beide erwiesen sich als Gemische von kontinuierlich und rasch ansteigendem Siedepunkt. Nochmalige Behandlung der aus Lignin erhaltenen Reaktionsprodukte mit Jodwasserstoff und Phosphor ergab, daß der gereinigte, in Äther un-

---

[1] K. Kürschner: J. prakt. Chem. (2) **118**, 238 — Chem. Zbl. **1928 I**, 2082.

[2] O. Routala u. J. Sevón: Ann. Acad. Sci. Fennicae A **29**, Nr 11, 48 (1927) — Chem. Zbl. **1927 II**, 2386.

[3] R. Willstätter u. L. Kalb: Ber. dtsch. chem. Ges. **55**, 2637 (1922).

lösliche Rückstand so gut wie ausschließlich festes Kohlenwasserstoffgemisch, die saure Substanz ebenfalls vorwiegend festes (neben wenig flüssigem) Kohlenwasserstoffgemisch, etwa im Verhältnis 3:1 liefert; flüssiges wie festes Kohlenwasserstoffgemisch sind praktisch unveränderlich[1].

Die Bestimmung der optischen Eigenschaften (durch Eisenlohr) der Hauptfraktion II aus der Reduktion des Lignins von Willstätter und Kalb und des Perhydro-9, 10-benzophenanthrens[1] ergab Übereinstimmung[2]. — Die Zinkstaubdestillation lieferte in den über 140° siedenden Fraktionen prachtvoll grünblau fluorescierende Nadeln. Schmelzp. 210 bis 212° von der ungefähren Zusammensetzung $(C_6H_5)_x$[3]. Reduktion von Willstätter-Lignin mit aktiviertem Aluminium, mit Zink- und Salzsäure und mit Zinkstaub in Eisessig verändert nicht. Oxydation mit Kaliumpermanganat in neutraler und alkalischer Lösung gab geringe Mengen Oxalsäure und Kohlensäure; mit konz. Salpetersäure wurde Oxalsäure in guter Ausbeute neben etwas Pikrinsäure erhalten. Die Kalischmelze gibt 3%, unter Zusatz von Zinkstaub 15% Protocatechusäure[4]. — Verhalten beim Verschmelzen mit β-Naphthol siehe bei Merolignin.

Durch Ausfällen des Lignins aus einer Schwarzlauge mit Salzsäure oder Schwefelsäure bei 40—50° und Waschen des Niederschlages mit Äther wurden 21,6% Lignin, bezogen auf das Holzgewicht, gewonnen. Die erhaltene Menge stimmt gut überein mit der aus Sulfitablauge zu erhaltenden α-Ligninmenge, und es ist nicht ausgeschlossen, daß beide Produkte im wesentlichen identisch sind. Ein Teil des Lignins, etwa 6,9%, bleibt auch nach dem Ansäuern noch in Lösung. Aus dem Filtrat der Ligninfällung wurden 18% des ursprünglichen Holzgewichtes als Lactone und Oxysäuren isoliert. Dieses Gemisch bestand zu etwa 45% aus Lactonen und zu 55% aus Oxysäuren. Aus den Oxysäuren ließen sich 5% Milchsäure isolieren. Wurde die Schwarzlauge direkt der Druckerhitzung (1 Stunde bei 360°) unterworfen, so wurden, wenn auf 100 g Holz 4 bzw. 13,3 g Natriumhydroxyd zugesetzt worden waren, 7,1 bzw. 7,3 g Essigsäure erhalten; in diese Menge ist die von Anfang an in der Schwarzlauge enthaltene Essigsäure eingerechnet, ferner entstanden, auf das Holzgewicht gerechnet, etwa 2% Ameisensäure. Wird die druckerhitzte Lauge nach Eindampfen mit 25% Calciumcarbonat gemischt und destilliert, so wurden, bezogen auf 100 g Holz, 2,7—3,1 g Aceton erhalten, eine Ausbeute, die etwa 80% der theoretischen entspricht. Methylalkohol war im Acetondestillat nicht nachweisbar[5].

Beim kurzen Schütteln von Fichtenholzmehl mit 45proz. Salzsäure wurde ein Ligninrückstand von 26,1% des ursprünglichen Gewichtes erhalten. Derselbe verlor, sooft mit siedender 3proz. Salzsäure behandelt, als in der Lösung noch Zucker nachweisbar war, 33,7% an Gewicht. Die neutralisierte Lösung enthielt 15,76% des angewandten Lignins an Zucker, zeigte $[\alpha]_D^{17} = +103,3°$, war nicht vergärbar, gab bei der Destillation mit Salzsäure Furfurol und ein p-Bromphenylhydrazon vom Schmelzp. 155°. Demnach liegt wahrscheinlich Arabinose vor. — Das wie oben hydrolysierte Lignin verlor, 1 Stunde mit 44proz. Salzsäure bei 0° behandelt, weitere 8,9% und gab an siedende verdünnte Säure wieder Zucker ab. Es erscheint jedoch zweifelhaft, ob bei Fortsetzung des Verfahrens das gesamte Lignin gelöst werden kann, denn die weiteren Hydrolysen erfolgen immer schwieriger. Da in den Furfuroldestillaten der Rückstände auch Methylfurfurol gefunden wurde, so dürfte das Lignin auch Methylpentosen enthalten[6].

Durch Hydrolyse mit verdünnter Schwefelsäure wird Arabinose abgespalten. Lignin enthält keine furfurolabspaltenden Atomgruppen, vielmehr bindet nach Ansicht von Hägglund[7] Lignin von Fichte oder Kiefer Pentosen so stark, daß von einer chemischen Bindung gesprochen werden kann, um so mehr, als das Verhältnis von Lignin und Kohlehydrat eine konstante Größe ist. Die Kupferzahl des kohlehydratfreien Lignins ist 25,92. — Bei der Alkalischmelze entstehen Protocatechusäure, Brenzcatechin und Ameisensäure, während Oxalsäure und Essigsäure nicht nachgewiesen werden konnten. Die Elementarzusammen-

[1] Walter Schrauth: Z. angew. Chem. **36**, 149 (1923) — Chem. Zbl. **1923 I**, 1353.

[2] Walter Schrauth: Z. angew. Chem. **36**, 571 (1923) — Chem. Zbl. **1924 I**, 644.

[3] P. Karrer u. B. Bodding-Wiger: Helvet. chim. Acta **6**, 817 (1923) — Chem. Zbl. **1923 III**, 1454.

[4] B. Rassow u. P. Zickmann: J. prakt. Chem. [2] **123**, 189 (1929) — Chem. Zbl. **1930 I**, 367.

[5] Erik Hägglund: Papierfabr. **22** (Beil. Cellulosechemie **5**, 81) (1924) — Chem. Zbl. **1924 II**, 2620.

[6] Erik Hägglund: Ber. dtsch. chem. Ges. **56**, 1866 (1923) — Chem. Zbl. **1924 I**, 758.

[7] E. Hägglund u. C. J. Malm: Cellulosechemie **4**, 73 (1923) — Chem. Zbl. **1924 I**, 2105. — E. Hägglund: Cellulosechemie **4**, 84 (1923) — Chem. Zbl. **1924 I**, 2106.

setzung des Lignins ergab sich zu $C_{18}H_{14}O_5(OCH_3)$. — Die Hydrolyse der Ligninkohlehydratverbindung ist mit einer Freilegung von Carboxylgruppen verbunden. Der Methoxylgehalt beträgt 14,68%. Da auf 1 Mol Arabinose 4 Mol Lignin kommen, so liegt es nahe, eine Analogie mit den hydrolysierbaren zuckerhaltigen Gerbstoffen anzunehmen[1].

Bei abwechselnder Behandlung mit verdünnter Salzsäure in der Hitze und hochkonzentrierter Salzsäure in der Kälte konnte mehr als die Hälfte des Salzsäurelignins in Lösung gebracht werden. Diese enthielt dann außer Arabinose zuweilen auch gärfähige Zuckerarten und keine Methylpentosen, deren Vorhandensein aus der teilweisen Löslichkeit des mit Phloroglucin in dem Produkt der Destillation mit Salzsäure nach Tollens erhaltenen Niederschlag in Alkohol geschlossen worden war. Menge und Eigenschaften dieses Niederschlages scheinen in Zusammenhang mit der Darstellungsweise und weiteren Behandlung des Lignins zu stehen. War dieses lange mit hochkonzentrierter Salzsäure in Berührung, so war der Niederschlag sogar völlig löslich in Alkohol, dabei rötlichbraun. Da aber weder Methylpentosen noch Methylfurfurol aus dem Lignin erhalten werden konnten, so muß es sich bei den mit Phloroglucin in dieser Weise reagierenden flüchtigen Substanzen um andere Stoffe als Furfurol, Methylfurfurol oder Oxymethylfurfurol handeln. — Die Grünfärbung der Lösung und des Rückstandes bei Aufschluß von Holz mit starker Salzsäure scheint für eine Verbindung von Lignin mit Kohlehydrat charakterisiert zu sein. Wurde das Lignin mit Kohlehydraten durch Hydrolyse mit starker Salzsäure befreit, so entsteht unter gleichen Bedingungen eine Braunfärbung, während die Säure violettbraun erscheint. In diese Farbe schlägt auch die grüne Farbe der Salzsäurelösung um, sobald die gelöste Ligninkohlehydratverbindung hydrolytisch gespalten ist, wobei das Lignin ausfällt[2].

Bei der Pentosanbestimmung nach Tollens liefert Salzsäurelignin einen Niederschlag, der aus der Formaldehydverbindung des Phloroglucins besteht (entsprechend 0,6—0,8% Formaldehyd in Lignin) und einen Gehalt von 4—6% Kohlehydrat in Lignin vortäuscht. Das Lignin wird nach Tollens mit 12proz. HCl destilliert und das Destillat mit überschüssiger Barbitursäure versetzt. Die Formaldehydverbindung krystallisiert aus. Oder das Destillat wird 12 Stunden ausgeäthert und die Lösung mit einer kaltgesättigten Lösung von Barbitursäure in 12proz. HCl gefällt. Die Verbindung besteht aus 2 Molekülen Barbitursäure und 1 Mol Formaldehyd[3].

Bei der Destillation nach Tollens mit 12proz. HCl gibt ein von hydrolysierbaren Kohlehydraten befreites Salzsäurelignin ein in Alkohol lösliches Phloroglucid, das mit dem aus Furfurol, Methyl- und Oxymethylfurfurol erhaltenen Produkt ähnlich war, aber nicht identisch ist, in einer Ausbeute von etwa 3% des Lignins, wenn die Substanz als Furfurol berechnet wird. Dadurch gibt die übliche Bestimmungsmethode von Pentosan in ligninhaltigen Stoffen zu hohe Werte. Alkalilignin gibt Furfurol, während die mit Naphthylamin fällbaren Ligninsulfosäuren keine flüchtigen, mit Phloroglucin kondensierbaren Produkte geben. Methylpentosen sind weder im Fichtenholz noch im Lignin desselben enthalten. Primärlignin nach Friedrich[4] enthält Äthoxylgruppen, die bei der Alkoholyse des Holzes vom Lignin aufgenommen werden. Im Gegensatz zu Kürschner[5] gibt Lignin bei der Sublimation nur geringe Mengen Vanillinsäure bzw. Vanillin[6].

Bei der Einwirkung von siedendem Alkohol und Butylalkohol bei Gegenwart von HCl auf isolierte Lignine, wie Salzsäure-, Salzsäure-Phosphorsäure- und Alkalilignin gehen bis 80% derselben unter Aufnahme von Alkohol in ungefähr stöchiometrischen Verhältnissen in Lösung. Diese Alkohollignine sind den aus Holz erhaltenen sehr ähnlich. Der ungelöste Rückstand hat ebenfalls Alkohol, wenn auch in geringem Maße, aufgenommen[7].

Die Erhöhung des Alkoxylgehaltes des Lignins über den dem Lignin eigentümlichen Methoxylgehalt von 14,5% hinaus durch Behandlung mit salzsaurem CH_3OH bei der Darstellung von löslichem Lignin wird durch Abwesenheit von Wasser nur wenig beeinflußt.

[1] E. Hägglund u. C. J. Malm: Cellulosechemie 4, 73 (1923) — Chem. Zbl. 1924 I, 2105. — E. Hägglund: Cellulosechemie 4, 84 (1923) — Chem. Zbl. 1924 I, 2106.
[2] Erik Hägglund u. Carl B. Björkman: Biochem. Z. 147, 74 (1924) — Chem. Zbl. 1924 II, 623.
[3] K. Freudenberg u. M. Harder: Ber. dtsch. chem. Ges. 60, 581 (1927) — Chem. Zbl. 1927 I, 1572.
[4] A. Friedrich u. J. Diwald: Mh. Chem. 46, 31 (1925) — Chem. Zbl. 1926 I, 1466.
[5] K. Kürschner: Brennstoffchemie 6, 158 (1925) — Chem. Zbl. 1925 II, 1596.
[6] E. Hägglund u. T. Rosenquist: Biochem. Z. 179, 376 (1926) — Chem. Zbl. 1927 I, 1949.
[7] E. Hägglund u. H. Urban: Cellulosechemie 8, 69 (Beil. zu Papierfabr. 25); 9, 49 (Beil. zu Papierfabr. 26) — Chem. Zbl. 1927 II, 1469; 1928 II, 139.

Der Methoxylgehalt steigt dagegen bei länger dauernder Einwirkung des CH_3OH + HCl. Bei lang dauernder Einwirkung von absolut alkoholischer HCl wurden Präparate mit 23,2% Methoxyl erhalten, was bei der Annahme eines Molekulargewichtes von 650 für das Lignin der Aufnahme von 2 Molekülen CH_3OH entspricht. Behandlung mit Lauge gibt eine Senkung der Methoxylwerte. Die größte Abnahme von 4,5—5% zeigen die Präparate mit 23,2% Methoxyl. Der Verlust entspricht einem Molekül CH_3OH, das wahrscheinlich esterartig gebunden ist. Aus den Verseifungszahlen ergibt sich, daß die beiden verschiedenartig gebundenen CH_3OH gleichzeitig aufgenommen werden, da Präparate von verschieden hohem Methoxylgehalt mit Lauge jeweils die Hälfte des addierten CH_3OH abspalten. Über die Bindungsart des zweiten addierten Mol CH_3OH läßt sich nichts Bestimmtes aussagen. Aus den Versuchen geht hervor, daß sowohl die Annahme einer esterartigen als auch einer acetalartigen Bindung des Lignins an die Cellulose nicht zutreffen kann. Aus der Abhängigkeit der Alkoholzahl von der Dauer der Einwirkung geht vielmehr hervor, daß die Aufnahme des Alkoxyls ein sekundärer Prozeß ist zwischen bereits gelöstem Lignin und dem Lösungsmittel. Von 3 neu ausgearbeiteten Methoden zur Darstellung von Lignin mit dem ursprünglichen Methoxylgehalt erwies sich die Darstellung mit Eisessig am vorteilhaftesten[1].

Extrahiert man das gemahlene und gereinigte Stroh mit 2proz. methylalkoholischer Natronlauge bei Zimmertemperatur unter Ausschluß von Sauerstoff und Licht, so erhält man nach Elektrodialyse ein sowohl alkali- als auch kolloidwasserlösliches Lignin. Das Absorptionsspektrum im Ultraviolett gleicht dem bei anderen Ligninpräparaten beschriebenen. Maximum und Minimum sind beim Alkalilignin gegenüber der Lignosulfonsäure nach Rot verschoben. Mit Platinschwarzkatalysator tritt keine Reduktion ein[2]. Fraktionierte Fällung von Alkalilignin bereitet nach Powel und Whittaker[3] aus wässerigem Aceton, mit Aceton[4].

Trockenes Salzsäurelignin (CH_3O 13,23%) wird mit alkoholischer HCl 24 Stunden am Rückfluß gekocht. Das unlösliche (74,57%) und das aus der alkoholischen Lösung mit Wasser gefällte Lignin (21,83%) enthalten 17,19% bzw. 17,73% CH_3O. Mit Aceton-HCl in derselben Art 6 Stunden gekocht, werden erhalten: 73,92% Unlösliches mit 16,53% CH_3O und 22,03% Lösliches mit 16,15% CH_3O. Nach 48stündigem Kochen mit alkoholischer HCl hat das lösliche Produkt 16,85% CH_3O [5].

Bei der Sulfitkochung des Holzes wird die Coniferylparaldehydhydrosulfonsäure in größerem oder geringerem Grade bis zu einer Hydrosulfonsäure des einfachen Coniferylaldehyds selbst gespalten. Die 1. Fraktion bei der Fällung von Abfallauge mit β-Naphthylaminhydrochlorid hat die Zusammensetzung $3\ C_{10}H_{10}O_3 + H_2SO_3 + C_{10}H_9N - H_2O$, die letzte Fraktion (sowie die Hauptfraktion einer älteren Lauge) die Zusammensetzung $2\ C_{10}H_{10}O_3 + H_2SO_3 + C_{10}H_9N$. Letzteres Salz wird auch aus dem K-Salz der 1. Fraktion, Sättigen mit H_2SO_3, 12stündiges Erhitzen im Dampfschrank, erhalten[6]. Lignin wird bei Sulfitierungsversuchen bei 120 und 150°, bei Erhöhung der Säurekonzentration von 1—3% bis auf Spuren hydrolysiert[7]. Verhalten verschieden dargestellter Präparate bei der Sulfonierung[8]. Verhalten gegen Acetylbromid[9].

Lignin (25 g), das aus den Schwarzlaugen mit Säure ausgefällt war, wurde in einem Hochdruckautoklaven mit Natronlauge, 25 g auf 150 g Wasser, 1 Stunde auf 350° erhitzt; aus dem Reaktionsgemisch wurden isoliert 6,3% Methylalkohol, bezogen auf das Lignin, 31% Kohle und Pech, 7,44% Essigsäure und 0,41% Ameisensäure. Werden Lignin und Natronlauge im Verhältnis 2:1 in 1,5n-Lösung analog behandelt, so werden erhalten: 9,5% Methylalkohol, 38% Kohle und Pech, 8% Essigsäure und 0,55% Ameisensäure. Ist das Verhältnis

---

[1] A. Friedrich: Hoppe-Seylers Z. **176**, 127 (1928) — Chem. Zbl. **1928 II**, 1077.

[2] R. O. Herzog, Armin Hillmer u. Erich Hellriegel: Ber. dtsch. chem. Ges. **62**, 1690 (1929) — Chem. Zbl. **1929 II**, 555.

[3] Powel u. Whittaker: Chem. Zbl. **1927 I**, 2271.

[4] F. H. Yorston: Pulp. Pap. Magaz. Canada **29**, 264 (1930) — Chem. Zbl. **1930 I**, 2395.

[5] O. Routala u. J. Sevón: Ann. Acad. Sci. Fennicae A **29**, Nr 11, 48 (1927) — Chem. Zbl. **1927 II**, 2386.

[6] P. Klason: Ber. dtsch. chem. Ges. **58**, 1761 (1925); **61**, 171 (1928) — Chem. Zbl. **1925 II**, 2258; **1928 I**, 1280.

[7] R. N. Miller u. W. H. Swanson: Ind. Chem. **17**, 843 (1925) — Chem. Zbl. **1926 I**, 271.

[8] Erik Hägglund u. Torsten Johnson: Biochem. Z. **202**, 439 (1928) — Chem. Zbl. **1929 I**, 2406.

[9] P. Karrer u. B. Bodding-Wiger: Helvet. chim. Acta **6**, 817 (1923) — Chem. Zbl. **1923 III**, 1454.

5 : 1 (2 g NaOH in 100 g Wasser), so erhält man 3,5% Methylalkohol, 27% Kohle und Pech, 3,5% Essigsäure und 0,75% Ameisensäure[1]. Beim Erhitzen unter Druck mit 10 n-Natronlauge 3 Stunden auf 300° wurden erhalten 8,9% flüchtige Säuren, Phenolcarbonsäuren, 1,2% Adipinsäure. Die Druckerhitzung mit 10 mal n-Natronlauge 5 Stunden bei 250° gab 40,4% Huminsäuren, 8,9% flüchtige Säuren, 11,6% in Wasser und Äther lösliche Produkte[2]. Untersuchung über das Verhalten der Lignine verschiedener Stroh- und Holzsorten bei aufeinanderfolgender Behandlung mit verdünnter 1,5proz. NaOH bei Zimmertemperatur, bei 100° und unter erhöhtem Druck[3]. Technisches Lignin aus Fichtenholz gibt beim Erhitzen mit wässeriger NaOH auf 170—200° erst bei einem bedeutenden Zusatz von Alkali größere Eisessigmengen, in soda-alkalischen Lösungen beträgt die Ausbeute höchstens 5%. Die erhaltenen Quantitäten Teer und Methylalkohol sind größer als bei der Behandlung irgendeines Holzes; die Hauptquelle für Teer ist also deutlich das Lignin. Die Gaszusammensetzung ist die gewöhnliche mit hohem Gehalt an H_2 aus dem Zerfall der Ameisensäure[4].

Die Kalischmelze ergab 35,5% huminsäureartige Produkte sowie 14,9% mit Äther extrahierbare Produkte, die Protocatechusäure sowie eine bei 260° nichtschmelzende krystallisierte Substanz mit schmutzig grauer, auf Zusatz von Soda rotbrauner Eisenchlorid-reaktion[5]. Durch Ausführung der Kalischmelze des Lignins in H- oder N-Atmosphäre kann man die Ausbeute an Protocatechualdehyd und Brenzcatechin erheblich vergrößern. Lignin liefert bei Kalischmelze an der Luft 2,90% Brenzcatechin, 19,10% Protocatechusäure, 15,90% Oxalsäure; in H-Atmosphäre 3,80% Brenzcatechin, 15,73% Protocatechusäure, 0,30% Oxalsäure; in H-Atmosphäre in Gegenwart von Fe 21,17% reines Brenzcatechin, keine Protocatechusäure und keine Oxalsäure[6, 7]. Wendet man bei der Kalischmelze des Lignins statt des Eisentiegels Eisenpulver als Katalysator an, so zeigt sich ebenfalls die katalytische Wirkung, Erhöhung der Ausbeute an aromatischen Stoffen, Abspaltung von Kohlensäure aus primär gebildeter Protocatechusäure. Die Temperatur beeinflußt innerhalb geringer Grenzen den Verlauf nicht erheblich. Durch Ammonium-carbonat läßt sich ein Teil des sekundär gebildeten Brenzcatechins in Protocatechusäure zurückverwandeln. Kohlensäure statt Wasserstoff als Atmosphäre hat diese Wirkung nicht, wirkt aber ebenfalls, wenn auch geringer, schützend, es entsteht nur wenig Oxalsäure. Es wirkt ferner verzögernd auf den Abbau, es bleibt mehr Ligninsäure zurück. Die unter normalen Bedingungen abgespaltene Kohlensäure ist ein Oxydationsprodukt. Das bei der Kalischmelze gebildete Brenzcatechin bleibt in der Schmelze erhalten, da reines Brenzcatechin unter diesen Bedingungen unverändert bleibt[8]. — Die Alkalischmelze des Salzsäurelignins ergibt 6% Oxalsäure. Die Oxydation mit Wasserstoffsuperoxyd läßt Bernsteinsäure entstehen[9]. — Lignin oder Ligninderivate und ligninhaltige Rohstoffe geben beim Verschmelzen mit Alkalien unter Durchleiten von Wasserstoff Brenzcatechin[10]. Durch die Kalischmelze unter Zusatz von $(NH_4)_2CO_3$ und Durchleiten von H_2 bei 240—280° bildet sich Protocatechusäure in 18- bis 20proz. Ausbeute und wenig Brenzcatechin[11]. 2 g KOH werden mit wenig H_2O im Nickeltiegel bei 250° geschmolzen, dann 0,2 g Lignin eingetragen und 45 Minuten auf 270—290° erhitzt. Man nimmt mit Wasser auf, säuert an, filtriert, engt ein und neutralisiert mit NH_3. Bei der colorimetrischen Bestimmung ergibt Salzsäurelignin 16%, oxydiertes Lignin 25% Protocatechu-säure[12].

---

[1] Erik Hägglund: Papierfabr. **22**, 81 (Beil zu Cellulosechemie **5**) (1924) — Chem. Zbl. **1924 II**, 2620.

[2] F. Fischer, H. Schrader u. A. Friedrich: Ges. Abh. z. Kenntnis d. Kohle **6**, 1 (1923) — Chem. Zbl. **1923 III**, 1638.

[3] E. Beckmann, O. Liesche u. F. Lehmann: Biochem. Z. **139**, 491 (1923) — Chem. Zbl. **1923 III**, 1525.

[4] E. Hägglund: Sv. kem. Tidskr. **39**, 90 (1927) — Chem. Zbl. **1927 I**, 3235.

[5] F. Fischer, H. Schrader u. A. Friedrich: Ges. Abh. z. Kenntnis d. Kohle **6**, 1 (1923) — Chem. Zbl. **1923 III**, 1638. — F. Fischer u. H. Schrader: Ges. Abh. z. Kenntnis d. Kohle **5**, 200 (1922) — Chem. Zbl. **1922 IV**, 1064. — F. Fischer, H. Schrader u. W. Treibs: Ges. Abh. z. Kenntnis d. Kohle **5**, 221 (1922) — Chem. Zbl. **1922 III**, 1185.

[6] E. Heuser u. A. Winsvold: Ber. dtsch. chem. Ges. **56**, 902 (1923) — Chem. Zbl. **1923 I**, 1570.

[7] E. Heuser u. A. Winsvold: Papierfabr. (Beibl.) **4**, 49, 62 (1923) — Chem. Zbl. **1923 III**, 1150.

[8] Emil Heuser u. Fritz Herrmann: Cellulosechemie **5**, 1 (1924) — Chem. Zbl. **1924 I**, 2679.

[9] Erik Hägglund u. Carl B. Björkman: Biochem. Z. **147**, 74 (1924) — Chem. Zbl. **1924 II**, 623.

[10] Emil Heuser: D.R.P. 412115, Kl. 12q v. 20. April 1922; Chem. Zbl. **1925 II**, 93.

[11] E. Heuser: D.R.P. 424542, Kl. 12q v. 16. Jan. 1924; Chem. Zbl. **1926 II**, 295.

[12] W. Fuchs: Ber. dtsch. chem. Ges. **60**, 957, 1327 (1927) — Chem. Zbl. **1927 I**, 3065; **1927 II**, 837.

Über die Autoxydation des Lignins und ihre Beeinflussung durch Alkali[1]. — Das nach den Angaben von Willstätter und Zechmeister durch Behandeln von Holz mit hochkonzentrierter Salzsäure dargestellte Lignin hatte 60,6% C, 4,5% H, 12,6% H_2O und 3,3% Asche[2]. Es wurde 3mal 2—3 Stunden bei 200° mit Luft in 2,5n-Sodalösung geschüttelt. Das Reaktionsprodukt war eine tiefbraune, auch in dünnen Schichten undurchsichtige Lösung von ziemlich starkem, eigentümlichem Geruch; 44% des Lignins waren ungelöst. Außerdem wurden erhalten: 0,101 Äquivalente Säuren insgesamt, davon mit Dampf flüchtig 0,0185; als Kohlensäure entwichen 8,4% C, neutrales Öl 0,60%, Methylalkohol nicht bestimmt, Huminsäuren 9,6%, in Äther lösliche nichtflüchtige Säuren 4,2%. — Durch 40stündige Druckoxydation bei 200° in Gegenwart von 2,5n-Sodalösung wurden erhalten 0,55 Äquivalente insgesamt gebildete Säuren, davon 0,18 mit Wasserdampf flüchtige Säuren, 0,16 Oxalsäure, 18,9% nichtflüchtige Säuren, durch Ausäthern erhalten 0,31% Mellitsäure, 4,2% in Wasser lösliche Calciumsalze, 4,5% Säuren aus den in Essigsäure löslichen Calciumsalzen, 4,7% Säuren aus den in der Hitze wenig löslichen Calciumsalzen (Benzolpentacarbonsäure), ferner 7,5% durch Ausziehen mit Alkohol erhaltene Säuren (darunter u. a. Mellitsäure und Oxalsäure)[2]. — Aus den Natriumsalzen organischer Säuren, die durch Druckoxydation von 100g Lignin in Gegenwart von Sodalösung bei 200° gebildet waren, wurden durch Druckerhitzung auf 400° erhalten: Gase 3,4 l, Öl 1,6 g, flüchtige Säuren 0,17 Äquivalente, davon Benzoesäure 0,7 g, ferner Huminsäuren 2,0 g, Isophthalsäure 1,8 g, ausätherbare Säuren 1,1 g [3].

Bei der Oxydation unter 55 Atmosphären bei 200° in Gegenwart von Luft wurden erhalten 0,19% Ameisensäure, 6,70% Essigsäure, 0,06% Benzoesäure, 0,05% Isophthalsäure, 0,20% Bernsteinsäure, Phthalsäure in Spuren, 0,05% Trimellitsäure, 0,08% Oxalsäure und Fumarsäure, 0,28% Pyromellitsäure-β, Benzolpentacarbonsäure-γ, 0,38% Mellitsäure, 0,12% Prehnitsäure, 0,53% Hemimellitsäure (?)[4].

Beim Erhitzen NaOH enthaltender Natronzellstoffablaugen unter Druck auf 140—180° mit $NaClO_3$, in Gegenwart eines Kupferdrahtnetzes als Katalysator, oder mit $NaNO_3$, mit Fe_2O_3 als Katalysator, zwecks Wiedergewinnung von Natronlauge aus den Ablaugen werden die Lignine wie auch andere organische Bestandteile hierbei vollständig zu CO_2 und Wasser oxydiert[5]. Lignin wird mit einer 2,5proz. Chlordioxydlösung 5 Tage im Dunkeln aufbewahrt, vom Unlöslichen getrennt und im Schnelldialysator gegen Wasser dialysiert. Die Eindampfrückstände vom Dialysat und der Rückstand waren chlorhaltig, leicht löslich in Wasser, Alkohol und Aceton und zeigten Gerbstoffeigenschaften[6]. Lignin geht bei 3stündigem Kochen mit $SbCl_5$ und etwas J in Lösung. Aus dem stark chlorhaltigen Reaktionsprodukt, dessen Hauptmasse bei 200° schmilzt, kann Perchloräthan und anscheinend Hexachlorbenzol isoliert werden[7].

Unter wiederholter Einwirkung von p-Toluolsulfochlorid in Gegenwart von 2n-NaOH bei 75—80° nimmt Lignin 2—3 $(SO_2 \cdot C_6H_4 \cdot CH_3)$-Reste auf; Methyllignin wird unter den gleichen Bedingungen nicht verändert. Lignin enthält also offenbar 2—3 besonders leicht angreifbare Hydroxyle. Der $(SO_2 \cdot C_6H_4 \cdot CH_3)$-Rest ist vorwiegend an aliphatisches Hydroxyl gebunden[8]. Ein Präparat, das durch abwechselnde Behandlung mit kochender 1proz. Schwefelsäure und Schweizerlösung erhalten war, setzt sich mit p-Toluolsulfochlorid so um, daß zu jedem Methoxyl etwas mehr als eine Toluolsulfogruppe eintritt. Bei der Umsetzung mit Hydrazin reagierten mit 5 oder 6 Toluolsulfonylgruppen die meisten sekundären aliphatischen Ester der Toluolsulfonsäure, während sie kaum eine Toluolsulfonylgruppe unter Bildung von Toluolsulfinsäure nach dem Schema eines Phenolesters umsetzte. Als jetzt das Holz, das nach

[1] Hans Schrader: Brennstoffchemie **3**, 161 (1922) — Chem. Zbl. **1922 IV**, 456.
[2] Franz Fischer, Hans Schrader u. Wilhelm Treibs: Ges. Abh. z. Kenntnis d. Kohle **5**, 221 (1921) — Chem. Zbl. **1922 III**, 1185.
[3] Franz Fischer, Hans Schrader u. Wilhelm Treibs: Ges. Abh. z. Kenntnis d. Kohle **5**, 311 (1921) — Chem. Zbl. **1922 III**, 1186.
[4] F. Fischer, H. Schrader u. A. Friedrich: Ges. Abh. z. Kenntnis d. Kohle **6**, 1 (1923) — Chem. Zbl. **1923 III**, 1638. — F. Fischer u. H. Schrader: Ges. Abh. z. Kenntnis d. Kohle **5**, 200 (1922) — Chem. Zbl. **1922 IV**, 1064.
[5] Chemische Werke vorm. Auergesellschaft m. b. H. Kommanditgesellschaft (Berlin): A.P. 1499798 u. E.P. 217685; Chem. Zbl. **1924 II**, 1741; Nachtrag: F.P. 559515 v. 7. Dez. 1922, ausg. 17. Sept. 1923; D.Prior. 18. März 1922; Chem. Zbl. **1925 I**, 593.
[6] K. Freudenberg u. M. Harder: Ber. dtsch. chem. Ges. **60**, 581 (1927) — Chem. Zbl. **1927 I**, 1572.
[7] H. Tropsch: Ges. Abh. z. Kenntnis d. Kohle **6**, 301 (1921) — Chem. Zbl. **1923 III**, 1640.
[8] F. Urban: Cellulosechemie **7**, 73 (Beil. zu Papierfabr. **24**) (1926) — Chem. Zbl. **1926 II**, 45.

der Extraktion mit Alkohol-Benzol, mit Salzsäure und Phosphorsäure aufgeschlossen wurde, noch mit kaltem Alkali behandelt wurde, verlief die Toluolsulfonierung ebenso, aber mit Hydrazin erhielt man keine Sulfinsäure mehr. In den untersuchten Ligninpräparaten waren demnach Phenolgruppen nicht nachzuweisen[1].

Ein mit Cl_2 vorbehandeltes Gemisch von Eisessig, Essigsäureanhydrid und $ZnCl_2$ löst bei 75° Lignin, wenn während der Reaktion Cl_2 eingeleitet wird; aus der Lösung fällt Wasser Cl- und acetylhaltige, in Chloroform lösliche Produkte, in denen das Cl vorwiegend an den Ligninanteil gebunden ist und die Hydroxyle weitgehend acetyliert sind[2].

Zur Ligninabstammung der Kohle[3]. — Die nach Marcusson erhaltenen Huminsäuren sind als Zersetzungsprodukte der als Zwischenprodukt entstehenden Glykose zu betrachten[4]. — Über dem Lignin nahestehende Harze und Gerbsäuren der Fichtennadeln[5]. Über das Absorptionsspektrum der Ligninderivate im Ultraviolett[6].

Derivate: Ligninhydrazon[7] $C_{58}H_{57}N_6O_{10}$. Bildung durch Erhitzen von Lignin mit Phenylhydrazin am Rückflußkühler, Aufnehmen des Reaktionsproduktes mit Benzin und mehrmaliges Umlösen mit Aceton entsprechend der Gleichung:

$$C_{40}H_{45}O_{13} + 6\ C_6H_8N_2 = C_{58}H_{57}N_6O_{10} + 3\ C_6H_5NH_2 + 3\ NH_3 + 3\ H_2O,$$

unlöslich in Wasser und Benzin, löslich in Alkohol, Aceton und Tetrachloräthan; die Lösung in letzteren verhält sich wie ein Lack.

Lignocyan[7] $C_{101}H_{103}N_{16}O_{26}$. Bildung durch Kochen von Lignin mit Nitrosodimethylanilin in konz. HCl und Eisessig am Rückflußkühler, Ausfällen durch Ausgießen in NaCl-Lösung, mehrmaliges Lösen in Eisessig und Ausfällen und Umlösen aus Aceton + Wasser; löslich in Eisessig, Aceton und Gemischen von Alkohol und Tetrachloräthan, wenig löslich in Wasser. Als Nebenprodukt wurde Paraphenylendiamin festgestellt. Die Reaktion verläuft demnach nach der Gleichung:

$$20\ C_8H_{10}N_2O + C_{40}H_{45}O_{13} = C_{104}H_{101}N_{16}O_{26} + 12\ C_3H_{12}N_2$$

Verbindung[8] $C_{58}H_{60}O_{10}N_3$ (?). Darstellung aus Lignin, Anilin und Oxalsäure bei 180° unter Bindung von 3 Mol Anilin. Umlösbar aus Tetrachloräthan[8].

Sulfochlorid des Lignins[9] $C_{37}H_{42}S_3Cl_3O_{12}$. Bildung aus Lignin und Sulfurylchlorid unter anfänglicher Kühlung und Umlösen aus Aceton; unlöslich in NaOH, löslich in Aceton und Gemischen von Aceton und Alkohol. Die Methoxylgruppen sind offenbar verseift worden.

Ligninchlorid[9] $C_{35}H_{32}Cl_{11}O_{10}$. Bildung aus Lignin mit einem Überschuß von Sulfurylchlorid bei 100° im Bombenrohr, unlöslich in Säuren und Laugen, löslich in Aceton, Tetrachloräthan, Chloroform und Mischungen der beiden letzten mit Alkohol. Die Methoxylgruppen wurden verseift; S wurde nicht abgeschieden.

Ligninchlorid[9] $C_{38}H_{46}Cl_5O_{15}$. Bildung aus PCl_5 und Lignin in Tetrachloräthan unter anfänglichem Kühlen und schließlichem Erwärmen, Umlösen in Aceton und Ausfällen mit Benzin; Eigenschaften dieselben wie beim vorhergehenden[9].

Ligninchlorid[10] aus Willstätter-Lignin. Chlorgehalt 32,8%.

Ligninbromid[10].

[1] Karl Freudenberg, Hans Zocher u. Walter Dürr: Ber. dtsch. chem. Ges. **62**, 1814 (1929) — Chem. Zbl. **1929 II**, 1654.
[2] F. Urban: Cellulosechemie **7**, 73 (Beil. zu Papierfabr. **24**) (1926) — Chem. Zbl. **1926 II**, 45.
[3] F. Fischer u. H. Schrader: Brennstoffchemie **3**, 341 (1922) — Chem. Zbl. **1923 III**, 733. — J. Marcusson: Z. angew. Chem. **35**, 165 (1922) — Chem. Zbl. **1922 I**, 1202. — Jones u. Wheeler: Freil. **1922**, 91. — E. Donath u. A. Lissner: Brennstoffchemie **3**, 231 (1923) — Chem. Zbl. **1922 IV**, 717. — R. Potonié: Braunkohle **20**, 365 (1923) — Chem. Zbl. **1923 IV**, 165. — J. Marcusson: Braunkohle **25**, 729 (1926) — Chem. Zbl. **1927 I**, 266. — H. Strache: Brennstoffchemie **8**, 21 (1927) — Chem. Zbl. **1927 I**, 1772. — F. Bergius u. P. Erasmus: Sv. kem. Tidskr. **39**, 189 (1927) — Chem. Zbl. **1928 I**, 448.
[4] Walter Fuchs: Brennstoffchemie **9**, 400 (1928) — Chem. Zbl. **1929 I**, 1010.
[5] Astrid Cleve v. Euler: Cellulosechemie **2**, 128 (1921); **3**, 1 (1922) — Chem. Zbl. **1922 I**, 826.
[6] Erik Hägglund u. F. W. Klingstedt: Sv. kem. Tidskr. **41**, 185 (1929) — Chem. Zbl. **1930 I**, 38.
[7] F. Paschke: Cellulosechemie **3**, 19 (1922) — Chem. Zbl. **1922 I**, 950.
[8] F. Paschke: Cellulosechemie **4**, 31 (Beih. zu Papierfabr. **21**) (1923) — Chem. Zbl. **1923 III**, 200 — Cellulosechemie **3**, 19 (Beih. zu Papierfabr. **20**) (1922) — Chem. Zbl. **1922 I**, 950.
[9] F. Paschke: Cellulosechemie (Beil. zu Papierfabr.) **3**, 19—21 (1922) — Chem. Zbl. **1922 I**, 950.
[10] B. Rassow u. P. Zickmann: J. prakt. Chem. [2] **123**, 189 (1929) — Chem. Zbl. **1930 I**, 367.

Acetyllignin. Aus Fichtenholzmehl, das mit Benzol-Alkohol (1:1) von Harz und Fett befreit und bei 105° getrocknet war, durch konz. Salzsäure gewonnenes Lignin wurde nach 5 verschiedenen Methoden acetyliert. Sowohl mit Essigsäureanhydrid und Pyridin, als mit Acetylchlorid wurden Höchstwerte an Essigsäure erhalten, im Mittel 32,52%. Mit Salpetersäure und Essigsäureanhydrid war die Reaktionszeit am kürzesten. Acetylieren mit Essigsäureanhydrid allein erfordert längere Zeit als in Gegenwart von Pyridin. Zusatz von Natriumacetat erwies sich als ungünstig. Bei Berechnung der Hydroxylgruppen in dem verwendeten Lignin ist zu beachten, daß bei der Herstellung des Lignins sowohl alles Acetyl, welches das noch im Holz befindliche Lignin aufweist, als auch ein Teil des ursprünglich vorhandenen Methoxyls abgespalten wird. Demgemäß zeigt das isolierte Lignin einen höheren Hydroxylgehalt auf als das noch im Holz befindliche. Die Ligninacetate sind hell gefärbte Körper, die in Wasser und indifferenten Lösungsmitteln unlöslich sind und beim Erhitzen mit verdünnten Säuren oder Basen Essigsäure abspalten[1].

Wird acetyliertes Lignin in Gegenwart von Pyridin mit Wasserstoffsuperoxyd behandelt, so entstehen Präparate, die in der Zusammensetzung kaum vom Acetyllignin verschieden sind. — Sowohl Acetyllignin wie die oxydierten Präparate geben bei der Destillation mit Salzsäure beträchtlich weniger Formaldehyd ab wie das Lignin selbst[2].

Toluolsulfolignin. Lignin aus Fichtenholz wird in 2n-NaOH suspendiert und eine Lösung von Toluolsulfochlorid in Benzol zugetropft. Nach dem Absaugen wird die gleiche Behandlung wiederholt, gewaschen, mit Toluolsulfochlorid und Pyridin vermischt und 5 Tage bei 40° aufbewahrt, danach in Wasser eingetragen, gewaschen und ausgekocht, dann getrocknet. Das Präparat enthält etwas Pyridin und ist indifferent gegen organische Lösungsmittel. — Wird Lignin nur mit Toluolsulfochlorid und Pyridin behandelt, so ist der S-Gehalt geringer. — Toluolsulfolignin mit Hydrazin (8 Stunden, 100°) gibt S-freies Lignin und ein Filtrat, in dem Toluolsulfon- und Toluolsulfinsäure sind[3].

Nitrolignin $C_{42}H_{37}O_{24}N_3$. 150 g Willstätter-Lignin werden mit 1000 ccm 5 mal n-Salpetersäure übergossen, die lebhafte Erwärmung durch Kühlung gemäßigt und nach dem Nachlassen der Reaktion erwärmt, bis das gebildete Nitrolignin in allen Teilen eine gleichmäßig orangerote Färbung angenommen hat. Gelbes zerreibliches Pulver, Ausbeute schwankend, bis 60%. Die Reinigung erfolgt durch Einleiten von trockenem Salzsäuregas in die gekühlte alkoholische Lösung. Das Nitrolignin fällt als gelber, leicht filtrierbarer, amorpher Niederschlag aus. Löslich in Alkohol, leicht löslich in Aceton, schwer löslich in Äther, spurenweise in Wasser, unlöslich in sauerstofffreien organischen Lösungsmitteln. Geht nach längerem Waschen mit Wasser kolloidal durchs Filter. Leicht löslich mit dunkelbrauner Farbe in Natriumcarbonat und verdünnter Natronlauge. Es enthält 3 Methoxylgruppen, 6 Hydroxylgruppen und nimmt 4 Acetyle auf. Reduktionsversuche führten unter teilweiser Abspaltung von Stickstoff zu braunen, in den meisten Lösungsmitteln unlöslichen, wahrscheinlich weitgehend polymerisierten Produkten[4]. — Es wird gezeigt, daß das sog. Nitrolignin und die sog. Nitrohuminsäure nahe chemische Verwandte sind. Nitrolignin enthält mehr N als Nitrohuminsäure[5].

Ligninthioglykolsäuren[6]. Entstehen bei der Behandlung von Holz mit alkoholischen Lösungen von Thioglykolsäure. Es bilden sich esterartige Verbindungen, die durch Behandlung mit Alkali zu Ligninthioglykolsäuren von der ungefähren Zusammensetzung $C_{44}H_{48}O_{16}S_2$ $= C_{40}H_{40}O_{12} \cdot 2\,HOCO \cdot CH_2{-}SH$ und $C_{53}H_{62}O_{21}S_4 = C_{45}H_{46}O_{13} \cdot 4\,HOCO \cdot CH_2 \cdot SH$ verseift werden[6].

Methyliertes Lignin (Methyllignin)[7]. Bei wiederholter Methylierung des Lignins mit Dimethylsulfat und KOH in der Wärme steigt der Methoxylgehalt rasch bis etwa 24%, maximal bis 28,5%; in der Kälte kann dagegen ein Gehalt von 32,4% CH_3O erreicht werden. Verschieden hoch (über 20% CH_3O) methyliertes Holz hinterläßt bei der Hydrolyse mit $HCl+H_3PO_4$ stets Methyllignin von etwa 24% CH_3O; durch Extraktion von methyliertem Holz mit Alkohol-

---

[1] Emil Heuser u. Wilhelm Ackermann: Cellulosechemie **5**, 13, 30 (1924) — Chem. Zbl. **1924 I**, 2105; **1924 II**, 25.

[2] W. Fuchs u. O. Horn: Ber. dtsch. chem. Ges. **62**, 2647 (1929) — Chem. Zbl. **1929 II**, 3224.

[3] K. Freudenberg u. H. Heß: Liebigs Ann. **448**, 121 (1926) — Chem. Zbl. **1926 II**, 881.

[4] F. Fischer u. H. Tropsch: Ges. Abh. z. Kenntnis d. Kohle **6**, 279 (1921) — Chem. Zbl. **1923 III**, 1639.

[5] W. Fuchs: Z. angew. Chem. **41**, 851 — Chem. Zbl. **1928 II**, 1103 — Brennstoffchemie **9**, 178, 298 (1928) — Chem. Zbl. **1928 II**, 571, 2032.

[6] Bror Holmberg: Papierfabr. **26**, 506 (1928) — Chem. Zbl. **1928 II**, 1578.

[7] H. Urban: Cellulosechemie **7**, 73 (Beil. zu Papierfabr. **24**) (1926) — Chem. Zbl. **1926 II**, 45.

Chloroform wird das Methyllignin etwas angereichert. Bei der Hydrolyse mit $HCl + H_3PO_4$ verliert das hochmethylierte Lignin etwas OCH_3; bei der Destillation im Hochvakuum wird es erst bei 400° unter Bildung von etwa 10% teeriger Bestandteile zersetzt. Bei der Kalischmelze bei 280° entstehen etwa 14% Protocatechusäure; weder hierbei noch bei der Oxydation mit $KMnO_4$ wurde Veratrumsäure gefunden. Unter wiederholter Einwirkung von p-Toluolsulfochlorid in Gegenwart von 2n-NaOH bei 75—80° wird Methyllignin nicht verändert[1].

Verbindungen unbekannter Natur. Holzverzuckerungsrückstand wird mit Phenol allein oder unter Zusatz von konz. H_2SO_4 oder HCl bis zur Lösung auf 100° erhitzt. Nach dem Abtreiben des überschüssigen Phenols mit Dampf aus der rotbraunen Flüssigkeit hinterbleibt eine graue bis braune verreibliche Masse von phenolartigem Charakter; leicht löslich in NaOH, Phenol, Aceton und Pyridin, sehr wenig löslich in Alkohol und Äther. Erhitzt man Fichtenholzsägemehl mit Phenol in Gegenwart von konz. HCl 1 Stunde auf 90° oder läßt es mit Rohkresol und konz. HCl mehrere Tage unter zeitweisem Durchrühren bei gewöhnlicher Temperatur stehen, so bleibt Cellulose ungelöst zurück. Das aus der Phenollösung und den Waschwässern durch Destillation mit Dampf vom Phenol (Kresol) befreite Ligninderivat ist in Wasser und Ligroin unlöslich; wenig löslich in Alkohol; sehr wenig löslich in Chloroform; leicht löslich in NaOH, Aceton, Cyclohexanon, Phenol, Pyridin und Eisessig[2].

α-Lignin (Bd. X, S. 335).

Physikalische und chemische Eigenschaften: Aus einigen Proben Sulfitablauge in verschiedenen Stadien der Kochung wird das Lignin mit β-Naphthylaminchlorhydrat ausgefällt und der Niederschlag einer quantitativen Analyse unterworfen. Die Ergebnisse stimmen überein, eine Unstimmigkeit wird auf die Assoziation der Ligninmoleküle geschoben[3]. α-Alkalilignin, erhalten durch eine beim Kochen von Nadelholz mit sulfidhaltiger Natronlauge entstehenden Schwarzlauge, ergab beim Erhitzen mit Wasser und Wasserstoffsuperoxyd Kohlensäure, Ameisen-, Essig-, Oxal-, Malon- und Bernsteinsäure. Vanillin gibt bei gleicher Oxydation dieselben Säuren. λ-Alkalilignin verhält sich im wesentlichen ebenso wie α-Lignin. Essigsäure entsteht bei der Oxydation mit Wasserstoffsuperoxyd aus Lignin in alkalischer Lösung nur 1—1,6%, in saurer dagegen zu 7—10,5%[4]. — Zur Kenntnis der ungesättigten Aldehyde und ihrer Beziehungen zum α-Lignin[5].

Ligninsäuren (Bd. II, S. 245).

Vorkommen: α-Ligninsäure ist in faulendem Eichen- und Kiefernholz nachweisbar[6].

Physiologische Eigenschaften: In Lösungen des Ammoniumsalzes der Ligninsäuren konnte nach Beimpfung mit Walderde ein bakterieller Abbau nachgewiesen werden[7].

Physikalische und chemische Eigenschaften: α- und β-Ligninsäure gehen mit Brenzcatechin in HCl über konz. H_2SO_4 geschichtet Amethystfärbung mit Übergang in Gelb[6]. Wedekind und Garre[8] peptisierten Ligninsäure durch minimale Mengen NH_4OH ($^1/_{6000}$n-NH_3 auf 1 g Gel) mit 0,1076 g Trockensubstanz zu einem Hydrosol, das negative Ladung, aber keine Schutzwirkung zeigt. Auch KCN und Na_2CO_3 peptisieren das Gel. Saure Reagenzien bzw. positiv geladene Hydrosole koagulieren das Sol, z. B. Na_2SO_4, K_2SO_4, KCl, KBr, $CaCl_2$, $BaCl_2$, $FeCl_3$, $Al_2(SO_4)_3$; HCl, $Al(OH)_3$ und Säuren, außer H_2SO_3, werden von dem Ligninsäuresol im Gegensatz zum Willstätter-Lignin nicht adsorbiert; feuchtes Gel adsorbiert irreversibel bis zu 63% des Trockengewichtes an J_2, ebenso basische Farbstoffe[8].

[1] H. Urban: Cellulosechemie **7**, 73 (Beil. zu Papierfabr. **24**) (1926) — Chem. Zbl. **1926 II**, 45.

[2] L. Kalb u. V. Schoeller: D.R.P. 365287, Kl. 12q v. 21. Sept. 1920; Chem. Zbl. **1923 II**, 933.

[3] Erik Hägglund: Biochem. Z. **158**, 350 (1925) — Chem. Zbl. **1925 II**, 914. — Peter Klason: Ber. dtsch. chem. Ges. **55**, 455—456 (1922) — Chem. Zbl. **1922 I**, 1078.

[4] O. Anderzen u. B. Holmberg: Ber. dtsch. chem. Ges. **56**, 2044 (1923) — Chem. Zbl. **1923 III**, 1401. — B. Holmberg z. T. Wintzell: Ber. dtsch. chem. Ges. **54**, 2417 (1922) — Chem. Zbl. **1922 I**, 17.

[5] Erik Hägglund: Cellulosechemie **6**, 29 (1925) — Chem. Zbl. **1925 II**, 161.

[6] J. Grüß: Ber. dtsch. bot. Ges. **41**, 53 (1923) — Chem. Zbl. **1923 III**, 29.

[7] H. Pringsheim u. W. Fuchs: Ber. dtsch. chem. Ges. **56**, 2095 (1923) — Chem. Zbl. **1923 III**, 1415.

[8] E. Wedekind u. G. Garre: Kolloid-Z. **44**, 205 — Chem. Zbl. **1928 I**, 2363.

Derivate: Ligninsaures Kupfer $C_7H_{14}O_5Cu$. Gereinigtes Holzschliffpapier wird durch Kochen mit Alkohol + HCl in Ligninalkohol umgewandelt und das Produkt zwischen 60 und 70° mit Perhydrol vorsichtig erhitzt. Die erhaltene gelbliche Lösung wird mit Cu_2O versetzt, bis keine O_2-Entwicklung mehr stattfindet und die grüne Lösung dialysiert. Hieraus erhält, man α-Kupferligninat $C_7H_{14}O_5Cu$, 5 H_2O; leicht löslich in Alkohol, längliche, traubenförmige Täfelchen und β-Kupferligninat; wenig löslich in Alkohol[1].

Mykoligninsäure[1].

An Kiefernbaumstümpfen kann man eine dritte Ligninsäure nachweisen, die ebenfalls die Brenzcatechinreaktion gibt wie α- und β-Ligninsäure, aber andere Krystallwinkel hat.

Oxymykoligninsäure[1].

Aus Mykoligninsäure mit H_2O_2. Das Cu-Salz stimmt mit dem der α-Ligninsäure überein[1].

Ligninsulfosäuren (Bd. II, S. 245; Bd. X, S. 343).

Vorkommen: Es wird festgestellt, daß in einer Ablauge 67% des Lignins sich als α-Lignosulfonsäuren, folglich etwa 30% als β-Lignosulfonsäuren finden, wobei der Ligningehalt des Holzes zu 27% angenommen wird[2].

Darstellung von β-Ligninsulfosäure: Nachdem die α-Säure mittels β-Naphthylaminhydrochlorid aus der Abfallauge vollständig entfernt ist, wird die β-Säure durch Bleiessig als amorpher Niederschlag gefällt, der durch H_2S zerlegt wird. — Eine wässerige Lösung der β-Säure wird mit 30proz. H_2O_2- und wenig $FeCl_3$-Lösung versetzt und nach 12 Stunden mit β-Naphthylaminhydrochlorid gefällt, wobei ein gelber Niederschlag, $C_{19}H_{18}O_6 + H_2SO_3 + C_{10}H_9N - H_2O$, von gleichen Eigenschaften wie das Naphthylaminsalz der α-Säure, aber mit einem Mindergehalt von Methoxyl auftritt[2]. Darstellung der Ligninsulfonsäure aus der Lauge Rattiman mittels Dialyse[3].

Physikalische und chemische Eigenschaften: Untersuchungen über Tannenholzligninsulfosäuren[4]. — Nach vollständiger Ausfällung des Acroleinlignins mit einem Naphthylaminsalz enthält die Mutterlauge die β-Lignosulfosäure, deren Calciumsalz ausgefällt wurde. Die Formel der Säure ist $C_{19}H_{18}O_7$ [5]. — Untersuchungen über Fichtenholzligninsulfosäuren[6].

Klason[7] nimmt für die Ligninsulfosäure aus Fichtenholzlignin die Formel 3 $C_{10}H_{10}O_3$ $+ H_2SO_3$ an, indem er den Coniferylalkohol als Einheit benutzt und für das Naphthylaminsalz 3 $C_{10}H_{10}O_3 + H_2SO_3 + C_{10}H_9N - H_2O$, wenn es in salzsaurer, und 3 $C_{10}H_{10}O_3 + H_2SO_3 + 2\,C_{10}H_2N$ $- H_2O$, wenn es in nahezu neutraler gefällt wird. Mit Petroläther und Methylalkohol extrahiertes Holzpulver gibt nach dem Kochen mit nahezu gesättigter schwefliger Säure bis 55° ein β-Naphthylaminsalz 3 $C_{10}H_{10}O_3 + H_2SO_3 + C_{10}O_9N - H_2O$. Man kann also mit dem SO_2-Gehalt in einer Lignosulfosäure nicht niedriger kommen als 1 Molekül SO_2 auf 3 Moleküle $C_{10}H_{10}O_3$. — Neben dieser bei der Sulfitkochung zuerst und als Hauptmenge der Sulfonsäuren der Abfallaugen entstehenden Säure enthält die Lauge auch noch Säuren mit mehr SO_2. Die Lignosulfosäuren sind nicht mit Kohlehydraten kombiniert. Durch wiederholtes Sättigen der Abfallaugen mit SO_2 und Kochen bei 120° wurde der Schwefelgehalt des Naphthylaminsalzes auf 8,34% erhöht, so daß anscheinend eine Sulfonsäure des einfachen Coniferylalkohols vorliegt, deren Naphthylaminsalz die Formel $C_{10}H_{10}O_3 + H_2SO_3 + C_{10}H_9N - H_2O$ hat; bei der Fällung des Salzes in neutraler Lösung wird ein Salz der Zusammensetzung $C_{10}H_{10}O_3$ $+ H_2SO_3 + 2\,C_{10}H_9N - H_2O$ erhalten[7]. — Das aus salzsaurer Lösung gefällte Salz:

---

[1] J. Grüß: Ber. dtsch. bot. Ges. **41**, 53 (1923) — Chem. Zbl. **1923 III**, 29.

[2] P. Klason: Ber. dtsch. chem. Ges. **61**, 171, 614 (1928) — Chem. Zbl. **1928 I**, 1280, 2379.

[3] M. Hönig u. W. Fuchs: Ber. dtsch. chem. Ges. **60**, 782 (1927) — Chem. Zbl. **1927 I**, 2026.

[4] Peter Klason: Ber. dtsch. chem. Ges. **55**, 448—455 (1922) — Chem. Zbl. **1922 I**, 1077—1078 — Sv. kem. Tidskr. **34**, 4 (1922) — Chem. Zbl. **1922 III**, 55.

[5] Peter Klason: Sv. kem. Tidskr. **34**, 240 (1922) — Chem. Zbl. **1923 III**, 787.

[6] Peter Klason: Ber. dtsch. chem. Ges. **53**, 1864 (1920); **56**, 300 (1923); **58**, 375 (1925) — Chem. Zbl. **1920 III**, 891; **1923 I**, 900; **1925 I**, 1488.

[7] Peter Klason: Ber. dtsch. chem. Ges. **58**, 1761 (1925) — Chem. Zbl. **1925 II**, 2258.

$3\,C_{10}H_{10}O_3 + H_2SO_3 + C_{10}H_9N - H_2O$ ist gelb und wird als inneres Ammoniumsalz aufgefaßt; das in neutraler Lösung gefällte Salz $3\,C_{10}H_{10}O_3 + H_2SO_3 + 2\,C_{10}H_9N - H_2O$ ist rot. Das mit α-Naphthylaminhydrochlorid aus der Säure in neutraler Lösung gefällte rote Salz ist ein Gemisch der beiden Salze. Zur weiteren Aufklärung der Reaktionen wurde festgestellt, daß β-Naphthylaminhydrochlorid mit Paraldehyd ein Produkt der Zusammensetzung $[CH_3 - CHO]_3 + 2\,C_{10}H_9N - 2\,H_2O$, vom Schmelzp. 135°; beim Erwärmen gibt das Gemisch eine dunkelrotbraune, teerartige Substanz. Metaldehyd ist auch in der Wärme viel beständiger gegen das Naphthylaminsalz. Man kann daher die Kondensationsprodukte zwischen den polymeren Aldehyden und Naphthylamin als Derivate des Paraldehyds ansehen. Die im besonders alten Zimtaldehyd enthaltenen polymeren Verbindungen werden nach Entfernung des Zimtaldehyds mittels SO_2 mit β-Naphthylaminhydrochlorid gekuppelt und geben Produkte, die auf ein Gemisch von $[C_6H_5 \cdot CH = CH \cdot CHO)_3]$ und $C_6H_5 \cdot CH = CH \cdot CHO$ hindeuten. Der monomere Aldehyd wird mittels SO_2 entfernt, Zimtparaldehydsulfonsäure als Bariumsalz, an das SO_2 fast nie lose gebunden ist, erhalten und aus diesem mit Naphthylaminohydrochlorid ein Salz von der Zusammensetzung $[C_6H_5 \cdot CH = CH \cdot CHO]_3 + H_2SO_3 + C_{10}H_9N - H_2O$, Schmelzp. unscharf 160°, gewonnen. — Der Zimtparaldehyd vermag nicht mehr als 1 Molekül SO_2 fest zu binden. Bei längerem Erhitzen mit SO_2 auf $130 - 135°$ spaltet sich der Paraldehyd in seine Komponenten. Die α-Lignonsulfosäure entspricht also genau dem Zimtparaldehyd, und das α-Lignin ist dementsprechend als Coniferylparaldehyd anzusehen[1].

Kolloidchemische Untersuchungen über die Sulfitablauge und über Ligninsulfosäuren[2]. — Herzog und Hillmer untersuchten die Absorptionsspektren von Ligninsulfosäuren im Ultraviolett nach der Methode von Baly und Hartley. Die Kurven der verschiedenen Ligninsulfosäuren decken sich innerhalb der Fehlergrenze[3]. Die von Gerngroß, Bán und Sándor[4] beobachtete violette Fluorescenz der Sulfitzellstoffablaugen und die von Kirmreuther, Schlumberger und Nippe[5] entdeckte violette Fluorescenz der ungebleichten Sulfitzellstoffe rühren beide von der Lignonsulfosäure her. Dies wird dadurch bewiesen, daß die mittels β-Naphthylaminchlorhydrat, durch Aussalzen oder Fällen mit $CaCl_2$ abgetrennte Lignosulfosäure in warmer Lösung die Fluorescenz der Sulfitablaugen zeigt. Das Anil der Lignosulfosäure fluoresciert hingegen nicht. Durch Überkochen, besonders durch Schwarzkochen, wird die violette Fluorescenz vernichtet, die bei alkalischer Reaktion auftretende grüne Fluorescenz bleibt viel länger bestehen. Die Zellstoffe, welche die stärkste Fluorescenz zeigen, geben auch die stärkste Rotfärbung. Bei der Oxydation verschwindet die violette Fluorescenz, und in dem Maße, wie sie aufhört, tritt Rötung des Zellstoffs ein. Unter der „Analysenlampe" äußert der rote Zellstoff immer dunkler werdende violette, bei Alkalinität grüngelbe Fluorescenz. Wenn die Zellstoffe aufgehört haben, sich rot zu färben, verschwinden beide Erscheinungen. Die violetten Fluorescenzen sind durch eine gewisse Gruppe der Lignosulfosäure veranlaßt, welche während des Sulfitierungsprozesses gebildet oder freigelegt wird. Diese Gruppe wird leicht durch Oxydation, Alkalien, verdünnten Säuren irreversibel umgelagert. Die Gruppe des Lignins, welche den Umschlag nach Grün beim Alkalischmachen veranlaßt, ist wahrscheinlich dieselbe, welche die Rötung verursacht. Der Ansicht von Gerngroß[6], daß die violette Fluorescenz nicht von der Lignosulfosäure herrühre, wird widersprochen, seine Versuche, durch bloßes Erhitzen von Fichtenholzspänen mit Wasser violette Fluorescenz der Lösung zu erzeugen, konnten Hägglund und Johnson nicht bestätigen[7].

α-Lignosulfosäure nimmt beträchtliche Mengen Schwefeldioxyd auf[8]. — Bei den Naphthylaminsalzen der Ligninsulfosäuren täuscht die gelbbraune Farbe der aus der alkalischen Lösung durch Salzsäure erhaltenen Fällungen. Der Stickstoffgehalt dieser Fällungen ist äußerst niedrig. Das Verhalten der beiden Naphthylaminsalze gegen Natronlauge scheint gleichartig zu sein. Die Bildung des Sulfitlaugenketons wurde bei der Sulfitkochung mit Alkohol und

[1] Peter Klason: Ber. dtsch. chem. Ges. **58**, 1761 (1925) — Chem. Zbl. **1925 II**, 2258.
[2] M. Samec u. J. Ribarić: Kolloidchem. Beih. **24**, 157 (1927) — Chem. Zbl. **1927 II**, 519.
[3] R. O. Herzog u. A. Hillmer: Ber. dtsch. chem. Ges. **60**, 365 (1927) — Chem. Zbl. **1927 I**, 1573.
[4] O. Gerngroß, N. Bán u. G. Sándor: Collegium **1925**, 565 — Chem. Zbl. **1926 I**, 1347.
[5] H. Kirmreuther, E. Schlumberger u. W. Nippe: Papierfabr. **24**, Verein d. Zellstoff- u. Papier-Chemiker u. -Ingenieure 106 — Chem. Zbl. **1926 I**, 2754.
[6] O. Gerngroß, N. Bán u. G. Sándor: Z. angew. Chem. **39**, 1028 — Chem. Zbl. **1926 II**, 2370.
[7] E. Hägglund u. T. Johnson: Z. angew. Chem. **40**, 1101 — Chem. Zbl. **1928 I**, 1922.
[8] Erik Hägglund: Biochem. Z. **158**, 350 (1925) — Chem. Zbl. **1925 II**, 914.

Äther extrahierten Fichtenholzes beobachtet, beim Kochen von Fichtenrinde war kein Lacton wahrzunehmen. Beim Kochen von Kiefernholz wurde Lactonbildung nicht beobachtet. Bei der Sulfitzellstoffkochung scheint das Lacton schon ziemlich früh aufzutreten[1].

Das methylierte Lignin sowie die methylierte Ligninsulfosäure geben bei der Oxydation nur Oxalsäure, aber keine methylierten Zwischenprodukte[2]. — Ligninsulfosäure liefert bei der Kalischmelze an der Luft Oxalsäure 22%, Protocatechusäure 3—6%, Brenzcatechin 2,5%; in H_2 Oxalsäure unter 10%, Protocatechusäure 16%, Brenzcatechin 9%[3].

Derivate: α-**Naphthylaminsalz der** α-**Lignosulfosäure**[4] $C_{30}H_{31}O_9SN$. Gelbweiße Fällung. 100 Teile Wasser lösen 0,075 Teile Salz bei gewöhnlicher Temperatur.

α-**Naphthylaminsalz der** α-**Lignosulfosäurecarbonsäure**[4] $C_{40}H_{33}O_{11}SN$. Man oxydiert die α-Sulfosäure mit Wasserstoffsuperoxyd 45 Tage bei gewöhnlicher Temperatur. Gelblich.

β-**Naphthylaminsalz**[5] **aus methylierter** α-**Lignosulfosäure** $C_{31}H_{31}O_8SN$, aus α-Lignosulfosäure mit $(CH_3)_2SO_4$, inneres NH_4-Salz, Verhalten wie das des nichtmethylierten.

β-**Naphthylaminsalz der Lignonsulfosäure**[6]. Aus der mit Kreide und Kalk neutralisierte Sulfitablauge mit Kochsalz ausgefällte, in Wasser gelöste und mit Salzsäure gefällte Lignonsulfosäure gibt eine β-Naphthylaminverbindung, das 2,2—2,4% Stickstoff, 5,59—5,62% Schwefel und 9,6% Methoxyl enthält. Die β-Naphthylaminverbindung der Lignonsulfosäure, aus neutraler Lösung gefällt, enthält 3,12% N, aus saurer Lösung 2,67% N.

Ammoniaksalz der Lignonsulfosäure[4]. Enthält 4,93% Stickstoff.

o-Toluidin und α-**Naphthylamin** reagieren wie β-Naphthylamin[6].

β-**Naphthylaminsalz der** α-**Lignooximsulfosäure**[4] $C_{60}H_{75}O_{24}S_2N_3$. Aus dem Calciumsalz der Säure und Hydroxylaminhydrochlorid in der Kälte und nachheriger Fällung mit β-Naphthylaminhydrochlorid. Weiß, verliert bei 100° 8,46% Wasser und wird dann gelb. Anscheinend krystallinisch mit schwacher Doppelbrechung[4]. Bei Zugabe von NH_2OH, HCl, dann β-Naphthylamin und HCl zur Lösung von α-lignosulfosaurem Salz. Luftbeständig, verliert bei 100° 5,26% Wasser, bei 120° 8,46%, bei 130° noch etwa 1 Mol Wasser. Krystallinisches Aussehen bei starker Vergrößerung, regulär oder anisotrop mit sehr niedriger Doppelbrechung. Schmilzt bei gelindem Erwärmen mit der Flüssigkeit bei der Darstellung zu lichtgelber, dickflüssiger Masse, beim Erkalten sirupöses Harz. Bei Destillation mit Alkali Bildung von NH_3. Nach der Zusammensetzung haben die Salze der Säure das doppelte Mol-Gewicht wie früher angegeb .m Einklang mit einer ebullioskopischen Bestimmung des Ca-Salzes[5] und des K-Salzes, aus Ca-Salz mit K-Oxalat. Das Verhalten der Säure entspricht also in ihren Salzen dem einer zweibasischen. Nach kryoskopischen Bestimmungen scheinen die Salze Neigung zur Assoziation zu haben[5]. — Enthält 3,12% Stickstoff, 5,05% Schwefel — gibt bei 3tägiger Behandlung mit 2proz. alkoholischer Salzsäure unter Abspaltung des Amins ein Produkt mit 1,4% Stickstoff und 6,6% Schwefel[6].

Verbindung aus α-**Lignosulfosäure und Semicarbazid**[4,5] $C_{61}H_{77}O_{18}S_2N_5$. Darstellung und Zusammensetzung entsprechend der Verbindung mit NH_2OH. Luftbeständig, verliert Wasser bei 100° nicht völlig, bei höherer Temperatur etwas Zersetzung.

Verbindung $C_{40}H_{38}O_{11}SN_2$. Aus α-lignosulfosaurem Salz bei 45tägigem Stehen mit 30proz. H_2O_2, dann Fällen mit β-Naphthylaminhydrochlorid. Käsiger Niederschlag, allmählich gelbliche Klumpen. — Die Zusammensetzung zeigt, daß der Aldehydkomplex zu einer Carboxyl- und außerdem eine CH_2- zu einer CO-Gruppe oxydiert ist[5].

β-**Naphthylaminsalz von Ammoniak-**α-**Lignosulfosäure**[4] $C_{30}H_{34}O_9SN_2$. Das Calciumsalz der Lignosulfosäure wird in konz. Ammoniak gelöst und einige Tage lang auf 100° erhitzt, daraus das überschüssige Ammoniak abgedampft und mit Wasser aufgenommen. Man fällt dann mit β-Naphthylaminhydrochlorid. Gelbbraun.

Acetyliertes α-**lignosulfosaures-**β-**Naphthylamin**[4]. Aus dem Calciumsalz der α-Lignosulfosäure und Essigsäureanhydrid bei 50—100° in 12 Tagen.

Naphthylaminsalz der β-**Lignosulfonsäure**[7] $C_{19}H_{18}O_6 + H_2SO_3 + C_{10}H_9N - H_2O$. Eine

[1] S. V. Hintikka: Cellulosechemie **4**, 93 (1923) — Chem. Zbl. **1924 I**, 758.

[2] Emil Heuser u. Sigurd Samuelsen: Papierfabr. **20** (Beil. Cellulosechemie **3**, 78) (1922) — Chem. Zbl. **1922 III**, 766.

[3] E. Heuser u. A. Winsvold: Papierfabr. (Beibl.) **4**, 49, 62 (1923) — Chem. Zbl. **1923 III**, 1150.

[4] Peter Klason: Sv. kem. Tidskr. **34**, 4 (1922) — Chem. Zbl. **1922 III**, 55.

[5] Peter Klason: Ber. dtsch. chem. Ges. **55**, 448 (1922) — Chem. Zbl. **1922 I**, 1077.

[6] Erik Hägglund: Cellulosechemie **6**, 29 (1925) — Chem. Zbl. **1925 II**, 161.

[7] P. Klason: Ber. dtsch. chem. Ges. **61**, 171, 614 (1928) — Chem. Zbl. **1928 I**, 1280, 2379.

wässerige Lösung der β-Lignosulfonsäure wird mit 30proz. H_2O_2 und wenig $FeCl_3$-Lösung versetzt und nach 12 Stunden mit β-Naphthylaminhydrochlorid gefällt, wobei ein gelber Niederschlag von gleichen Eigenschaften wie das Naphthylaminsalz der α-Säure, aber mit einem Mindergehalt von Methoxyl auftritt.

Di-β-naphthylaminverbindung der β-Lignosulfonsäure[1] $C_{19}H_{18}O_6 + H_2SO_3 + 2\,C_{10}H_7$ $\cdot NH_2 + H_2O$. Da man bei der Behandlung mit Alkali keine nichtflüchtigen Carbonsäuren erhalten kann, ist für das Salz obige Konstitution wahrscheinlich.

Ligninsulfosaures Magnesium. Die rohe Sulfitablauge wird mit $Ca(OH)_2$ und etwas $Ba(OH)_2$ und $Sr(OH)_2$ eingedampft und dann mit $MgSO_4$-Lösung versetzt und filtriert[2].

Coniferylaldehydhydrosulfonsäure (α-Ligninhydrosulfonsäure): Naphthylaminsalz. Bei der Sulfitkochung des Holzes wird die Coniferylparaldehydhydrosulfonsäure in größerem oder geringerem Grade bis zu einer Hydrosulfonsäure des einfachen Coniferylaldehyds selbst gespalten. Die 1. Fraktion bei der Fällung von Abfallauge mit β-Naphthylaminhydrochlorid hat die Zusammensetzung $3\,C_{10}H_{10}O_3 + H_2SO_3 + C_{10}H_9N - H_2O$, die letzte Fraktion (sowie die Hauptfraktion einer älteren Lauge) die Zusammensetzung $2\,C_{10}H_{10}O_3 + H_2SO_3 + C_{10}H_9N$. Letzteres Salz wird auch aus dem K-Salz der 1. Fraktion, Sättigen mit H_2SO_3, 12stündiges Erhitzen im Dampfschrank, erhalten.

Die Darstellung des Naphthylaminsalzes der Coniferylaldehydhydrosulfonsäure gelingt nur schlecht durch Aldolkondensation von Vanillin mit Acetaldehyd zu Coniferylaldehyd und anschließende Behandlung mit H_2SO_3, Fällen mit β-Naphthylaminhydrochlorid; bessere Ausbeuten erhält man nach einem Verfahren, das Klason in Anlehnung an die Coniferylaldehydsynthese von Pauly[3] ausgearbeitet hat. Vanillin wird mittels methylalkoholischer NaOH in Vanillin-Na übergeführt, letzteres mit Toluol und Chlordimethyläther mehrere Tage auf 60° erhitzt, der entstandene Vanillinmethyloxymethyläther 4 Tage lang mit einer alkalischen Lösung von Acetaldehyd in wässerigem Methanol auf 40° erhitzt, wobei Coniferylaldehydmethoxymethyläther entsteht, der durch Behandeln mit wässeriger H_2SO_3 in der Wärme, Befreien von unverändertem Vanillin und Fällen mit β-Naphthylaminhydrochlorid ein Salz der Zusammensetzung $C_{10}H_{10}O_3 + H_2SO_3 + C_{10}H_9N$ liefert.

Neutrales Ba-Salz $2\,C_{10}H_{10}O_3 + SO_3HBa$. Aus obigem Naphthylaminsalz[4].

Ligninsulfosäure von Dorée und Hall.

$$C_{26}H_{30}O_{12}S$$

$$C_{21}H_{15}O_2 \begin{cases} SO_3H \\ (OH)_2 \\ CH(OH) \\ CHO \\ CH_2\!-\!OH \\ (OCH_3)_2 \end{cases} \quad ^5$$

Darstellung[5]: Die Reinigung gelingt durch Dialyse, wodurch Schwefelsäure, Hexosen und Pentosen vollständig entfernt werden.

Physikalische und chemische Eigenschaften: Die durch Erhitzen von Fichtenholz mit 7proz. schwefliger Säure bei 100—110° erhaltene Ligninsulfosäure unterscheidet sich bezüglich ihrer Gerbwirkung und kolloidalen Eigenschaften von der nach dem Calciumbisulfitverfahren zu erhaltenden. Die nach der Dialyse durch Eindampfen und Trocknen bei 50° erhaltene Säure wird bei höherer Temperatur getrocknet, unlöslich in Wasser. Braunes Pulver, leicht löslich in Wasser und Alkohol+Wasser, unlöslich in Äther, 96proz. Alkohol und den übrigen organischen Mitteln. Mit β-Naphthylamin reagieren 96% der Sulfosäure als α-Lignin. -- Bei

---

[1] P. Klason: Ber. dtsch. chem. Ges. **56**, 300 (1923); **61**, 171, 614 (1928) — Chem. Zbl. **1923 I**, 900; **1928 I**, 1280, 2379.

[2] W. E. B. Baker: A.P. 1592063 v. 16. März 1923; Chem. Zbl. **1926 II**, 1602.

[3] H. Pauly u. K. Wäscher: Ber. dtsch. chem. Ges. **56**, 603 (1923).

[4] P. Klason: Ber. dtsch. chem. Ges. **58**, 1761 (1925); **61**, 171 (1928) — Chem. Zbl. **1925 II**, 2258; **1928 I**, 1280.

[5] Charles Dorée u. Leslie Hall: J. Soc. chem. Ind. **43**, 257 (1924) — Chem. Zbl. **1924 II**, 1786.

der Destillation mit 12proz. Salzsäure werden 1,2% Furfurol gebildet. Durch Reduktion mit Zink und Salzsäure werden nur 7% des Schwefels als Schwefelwasserstoff abgespalten. Mit Salpetersäure entsteht die Verbindung folgender Zusammensetzung[1]:

$$C_{22}H_{22}O_5 \left\{ \begin{array}{l} (NO_2)_2 \\ (OH)_3 \\ CO \\ COOH \\ COOH \\ OCH_3 \end{array} \right.$$

Bei der Einwirkung von 32proz. Salpetersäure entsteht Oxalsäure, daneben in kleinen Mengen eine Säure folgender Struktur:

$$C_{20}H_{24}O_{12} \left\{ \begin{array}{l} (NO_2)_2 \\ (COOH)_6 \end{array} \right.$$

Die Ergebnisse der Untersuchung sprechen für einen Kern:

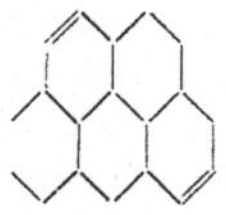

Beim Versuch, die Lignosulfosäure zu acetylieren, wird SO_2 abgespalten. — Die Aldehydgruppe läßt sich mit Fehlingscher Lösung nachweisen.

Die Einwirkung von alkalischer Kaliumpermanganatlösung oder von Ozon[2] auf die obige Lignosulfosäure unter verschiedenen Bedingungen führte nur zu Oxalsäure bzw. Essigsäure, höhere Komplexe wurden nicht erhalten. — Bei der Einwirkung von Chromsäure wird die Aldehydgruppe langsam zu Carboxyl oxydiert, die sekundäre Alkoholgruppe wird dabei ebenfalls zu Carboxyl oxydiert, und so entstehen weitere reaktionsfähige Gruppen[2].

Derivate[1]: **Bariumsalz** $C_{52}H_{58}O_{24}S_2Ba$. Durch Kochen der Säure mit überschüssigem Bariumcarbonat und Fällen des Filtrats mit Alkohol; aus der Mutterlauge kann beim Eindampfen ein gelbbraunes bariumhaltiges Pulver isoliert werden, das in Alkohol und Wasser leicht löslich ist.

β-Naphthylaminderivat $C_{26}H_{30}SO_{12} \cdot C_{10}H_9N(H_2O\ ?)$. Wird durch Alkalien und Pyridin in den Komponenten zerlegt.

Tri-Benzoylverbindung $C_{26}H_{27}SO_{12} \cdot 3\ (C_7H_6O)$. Hellbraunes Pulver, unlöslich in Wasser und Alkohol, wenig löslich in Pyridin.

Bromid $C_{26}H_{29}O_{12}SBr_3$. Aus verdünnter Essigsäure durch Eingießen in Äther. Hellgelbes Pulver.

Phenylhydrazon $C_{32}H_{36}O_{11}N_2S$. Rotbraun.

Nitroverbindung $C_{25}H_{27}N_2O_{17}(OCH_3)$

$$C_{22}H_{22}O_5 \left\{ \begin{array}{l} (NO_2)_2 \\ (OH)_3 \\ CO \\ COOH \\ COOH \\ OCH_3 \end{array} \right.$$

Durch 4stündiges Erwärmen von 1 Teil Lignosulfosäure mit 20 Teilen 5proz. Salpetersäure auf dem Wasserbad; nach der Dialyse wird eingedampft. Hellorangefarbenes Pulver, leicht löslich in Wasser, unlöslich in organischen Lösungsmitteln. Mit Alkalien gibt es eine tiefrote Färbung; beim Erwärmen werden 30% des Stickstoffs als Ammoniak abgespalten. Mit Phenylhydrazin reagiert es anscheinend unter Austritt von 3 Mol Wasser. Gibt mit Benzoylchlorid

---

[1] Charles Dorée u. Leslie Hall: J. Soc. chem. Ind. **43**, 257 (1924) — Chem. Zbl. **1924 II**, 1786.

[2] Charles Dorée, Leslie Hall u. E. R. Chrystall: J. Soc. chem. Ind. **43**, 257 (1924) — Chem. Zbl. **1924 II**, 1786.

ein Tribenzoylderivat. Bei der Reduktion mit Zink und Salzsäure werden die beiden Nitrogruppen eliminiert; an ihre Stelle treten 2 CO-Gruppen:

$$C_{25}H_{30}O_{13}(CO)(NO_2)_2 \quad \rightarrow \quad C_{23}H_{28}O_{14}(CO)_3$$

Die Reaktionen der Nitroverbindung erinnern an das Verhalten ungesättigter Terpene gegen Stickoxyde.

Wird aus Lösungen durch Gelatine und Mineralsäuren vollständig ausgefällt, gibt mit Schwermetallsalzen und Alkaloiden rotbraune Niederschläge.

Bariumsalz der Nitroverbindung $C_{26}H_{28}O_{18}N_2Ba$. Löslich in Wasser, die wässerige Lösung gibt mit Barytwasser einén hellbraunen, in Säuren löslichen Niederschlag; beim Erwärmen Ammoniakentwicklung.

Phenylhydrazon der Nitroverbindung $C_{32}H_{32}O_{15}N_4$. Dunkelrotes Pulver, unlöslich in Wasser und Alkohol.

Tribenzoylderivat aus der Nitroverbindung $C_{26}H_{29}(C_7H_5O)_3O_{14}$. Gelblichweißes Pulver, bei 80° erweichend, unlöslich in den üblichen Lösungsmitteln.

Verbindung $C_{26}H_{28}O_{17}$. Erhalten bei der Reduktion der Nitroverbindung mit Zinkstaub und Salzsäure. Dunkelbraun, unlöslich in Wasser und in organischen Lösungsmitteln, leicht löslich in Alkali und Natriumbisulfit mit roter Farbe. Das Phenylhydrazon besitzt die Zusammensetzung $C_{44}H_{46}O_{14}N_6$, rotbraun.

Verbindung $C_{20}H_{24}O_{16}N_2(COOH)_6$. Entsteht neben Oxalsäure bei der Einwirkung von 32 proz. Salpetersäure auf die Ligninsulfosäure in kleinen Mengen. Das Bariumsalz besitzt die Zusammensetzung $C_{26}H_{24}N_2O_{28}Ba_3$ aus Wasser mit Alkohol gefällt. Die wässerigen Lösungen geben mit Blei, Eisen, Mercuro, Silber, Brucin und β-Naphthylaminsalzen gelblichbraune Niederschläge; mit warmer Natriumhydroxydlösung wird Ammoniak entwickelt, mit Zink und Salzsäure wird die rote Lösung gelb, beim Kochen und Stehen jedoch wieder rot; mit Kaliumhydroxyd verschmolzen entsteht Oxalsäure; aromatische Verbindungen wurden dabei nicht gefunden; mit kalter alkalischer Kaliumpermanganatlösung findet vollständige Oxydation zu Oxalsäure statt. Die aus dem Bariumsalz freigemachte Säure ist ein dunkelrotes zerfließliches Pulver; das Bleisalz $C_{26}H_{24}O_{28}N_2Pb$ ist braun, wenig löslich in Wasser und Essigsäure.

Ligninsulfosäure von Dorée und Barton-Wright[1].

$$C_{40}H_{44}O_9 \cdot 2\,H_2SO_3$$

Darstellung: Die rohe Aufschlußflüssigkeit, die man bei der Einwirkung von schwefliger Säure in Gegenwart von Ammoniak aus Fichtenholz erhält, wird mit Wasser verdünnt, in Beuteln aus Pergamentpapier 7—8 Tage dialysiert, die verbliebene Lösung bei 40° verdampft, das dunkelbraune Produkt mit Natronlauge in das Natriumsalz umgewandelt, aus dem die Säure mit Salzsäure nicht abgeschieden werden kann. Das Natriumsalz wird mit β-Naphthylaminhydrochlorid umgesetzt, das β-Naphthylaminsalz 2 Stunden mit Pyridin erhitzt, in abs. Alkohol gegossen und die freie Säure aus wässerigem Alkohol + Äther fraktioniert gefällt.

Derivate: **Natriumsalz** $C_{40}H_{44}O_9 \cdot NaHSO_3 \cdot H_2SO_3$, **Ammoniumsalz** $C_{40}H_{44}O_9$ $(NH_4)HSO_3$, H_2SO_3. — β-**Naphthylaminsalz** $C_{40}H_{44}O_9, 2\,H_2SO_3 \cdot C_{10}H_9N$. — **Tribenzoylderivat** $C_{61}H_{56}O_{12} \cdot 2\,H_2SO_3$. Hellbraunes Pulver. **Phenylhydrazon** $C_{46}H_{50}O_8N_2 \cdot 2\,H_2SO_3$. — Ziegelrote Substanz. **Dinitroverbindung** $C_{36}H_{40}O_{30}N_2$. Mit 20 Teilen 5 proz. Salpetersäure 4 Stunden auf dem Wasserbad. Orangerotes, schwach hygroskopisches Pulver, leicht löslich in Wasser und Pyridin, sonst unlöslich. Enthält noch 1 Methoxyl. Die alkalische Lösung ist dunkelrot, beim Erwärmen wird Ammoniak entwickelt. Wird durch Gelatine gefällt und gibt braune Niederschläge mit Schwermetallsalzen und Alkaloiden. Brucinhydrochlorid fällt das **Brucinsalz** $C_{36}H_{40}O_{30}N_2 \cdot C_{24}H_{26}O_4N_2$; **Bisphenylhydrazon** $C_{48}H_{52}O_{28}N_6$, dunkelbraunes Pulver. **Dibenzoylverbindung** $C_{50}H_{48}O_{32}N_2$. — **Verbindung** $C_{36}H_{40}O_{28}$. Entsteht aus der Dinitroverbindung in Wasser mit Magnesium und Salzsäure, dann Fällen mit Kochsalz. — Dunkelbraune Substanz, leicht löslich in Wasser, unlöslich in Alkohol. **Tetraphenylhydrazon** $C_{60}H_{64}O_{24}N_8$.

---

[1] Charles Dorée u. Eustace Cecil Barton-Wright: J. Soc. chem. Ind. I **48**, 9 (1929) — Chem. Zbl. **1929 I**, 1439. — C. F. Cross u. A. Engelstad: J. Soc. chem. Ind. I **44**, 267 — Chem. Zbl. **1925 II**, 786. — P. Klason: Ber. dtsch. chem. Ges. **53**, 706 (1920); **58**, 375 (1925) — Chem. Zbl. **1920 III**, 97; **1925 I**, 1488. — C. Dorée u L. Hall: J. Soc. chem. Ind. I **43**, 257; **44**, 270 — Chem. Zbl. **1924 II**, 1786; **1925 II**, 787.

Sulfitablauge.

Physikalische und chemische Eigenschaften: Kolloidchemische Untersuchungen über die Sulfitablauge[1]. Ultraviolettabsorptionskurven[2]. Die chemische Einwirkung der schwefligen Säure auf die organischen Stoffe in der Sulfitablauge[3].

Bei der Extraktion von Sulfitlauge, die mit Mineralsäure versetzt war, mit Äther erhielt B. Holmberg[4], wie früher Lindsey und Tollens[5], neben einer teerartigen Masse etwas krystallinische Substanz, die er Sulfitlaugenlacton nennt. Weiße, kantige Tafeln oder platte Prismen (aus Alkohol). Schmelzp. 250—255°. Sehr wenig löslich in heißem Wasser, löslich in Äther, Methylalkohol und Alkohol, ziemlich löslich in Aceton. Aus dem Analysenresultat und Mol-Gewichtsbestimmung folgt die Formel $(C_9H_4O_2 \cdot OCH_3)_2$; $[\alpha]_D = -192°$ (in Aceton). Mehrere Farbenreaktionen des Lactons werden angegeben. Schwefelsäure führt das Lacton bei gewöhnlicher Temperatur in eine Monosulfosäure über, und bei nachfolgender Behandlung mit Wasser wird es zu einer Oxysäure verseift. Diese besitzt die Zusammensetzung $C_{17}H_{12}(OH)_3(O \cdot CH_3)_2COOH$. $[\alpha]_D = +280$ (in Aceton). Bariumsalz $BaC_{20}H_{21}O_7$. Nadeln. Wasserfrei. Ihr Amid: $C_{17}H_{12}(OH)_3 \cdot (O \cdot CH_3)_2 \cdot CONH_2$, krystallinisches Pulver. Schmelzpunkt 139—140°. $[\alpha]_D = +328$ (in Aceton). Diacetylverbindung

$$C_{17}H_{12}\begin{cases} (O \cdot CO \cdot CH_3)_2 \\ (O \cdot CH_3)_2 \\ O \\ CO \end{cases}$$

Farblose Prismen. Unlöslich in Wasser. Schwer löslich in Äther, ziemlich löslich in Alkohol. Schmelzp. 221°.

Gärung: Untersuchungen über die Gärung von Sulfitablaugen[6].

Metalignin[7].

$$C_{20}H_{20}O_6$$

Hypothetische Formel:

```
                OH
                |
                C     O    CH   H
CH₃O · C        C     CH   C—OCH₃
        HC      C     CH   C
        C      CH₂ C      CH
       CHO         C    CH
                    CO
```

Das Metalignin ist möglicherweise der einfachste Baustein der natürlich vorkommenden Lignine. Metalignin besitzt vielleicht eine freie Hydroxylgruppe, zwei Methoxylgruppen und zwei Carbonylgruppen. Die Jodzahl spricht für zwei ungesättigte Bindungen.

Darstellung: Aus dem gereinigten Sägemehl resultiert nach 1 stündigem Erhitzen im Autoklaven mit einer 4 proz. NaOH-Lösung unter 8 Atmosphären Druck ein Produkt, dessen Zerlegung mit HCl das Metalignin liefert. Die Reinigung geschieht durch Lösen in Eisessig und Fällen mit Wasser.

[1] M. Samec u. M. Rebek: Kolloidchem. Beih. **19**, 106 (1924) — Chem. Zbl. **1924 I**, 2034.

[2] R. O. Herzog u. A. Hillmer: Hoppe-Seylers Z. **168**, 117 (1927) — Chem. Zbl. **1928 I**, 323 — Ber. dtsch. chem. Ges. **60**, 365 (1927) — Chem. Zbl. **1927 I**, 1573.

[3] E. Oman: Cellulosechemie 8, 117 (1927) (Beil. zu Papierfabr. **25**) — Chem. Zbl. **1928 I**, 988.

[4] B. Holmberg: Sv. kem. Tidskr. **32**, 56 — Chem. Zbl. **1920 IV**, 753.

[5] Lindsey u. Tollens: Liebigs Ann. **267**, 353 — Chem. Zbl. **1892 I**, 983.

[6] E. Hägglund: Sv. kem. Tiskr. **35**, 165 (1923) — Chem. Zbl. **1923 IV**, 613. — Sieber: Chem.-Ztg **45**, 349 (1921) — Chem. Zbl. **1921 IV**, 137. — F. Kurtz: Cellulosechemie 8, 3 (Beil. zu Papierfabr. **25**) (1927) — Chem. Zbl. **1927 I**, 1245.

[7] C. Dorée u. E. C. Barton-Wright: Biochemic. J. **21**, 290 (1927) — Chem. Zbl. **1927 II**, 1246.

Physikalische und chemische Eigenschaften: Das reine Produkt ist ein braunes Pulver vom Schmelzp. 185—186°, leicht löslich in den gebräuchlichen organischen Lösungsmitteln außer in Äther, Benzol und Petroläther. Bei der Oxydation mit HNO_3 (10 proz.) resultiert Oxalsäure neben anderen Produkten[1].

Derivate: Monobenzoylmetalignin $C_{27}H_{24}O_7$. Aus Pyridin und Alkohol Schmelzp. 184°[1].
Monoacetylmetalignin $C_{22}H_{22}O_7$. Aus Aceton und Salzwasser. Ist beständig[1].
Methylmetalignin $C_{21}H_{22}O_6$. Aus Pyridin und Alkohol[1].
Metalignindioxim $C_{20}H_{22}O_6N_2$. Bräunliche Masse aus Alkohol[1].

Protolignin[2].

Vorkommen: Im Nahrungssaft der Fichte.

Darstellung[2]: Der Saft wird auf dem Wasserbad zur Trockne gebracht und mit 60 proz. Schwefelsäure geschüttelt, bis alles scheinbar gelöst ist; nach 12 Stunden wird filtriert.

Physikalische und chemische Eigenschaften: Ist wahrscheinlich ein intermediäres Produkt zwischen Pentosen und Coniferylalkohol. Das Filtrat eines mit Naphthylaminsalzsäure gefällten Saftes scheidet vermutlich ein Anil des Protolignins ab, Schmelzp. 228°. — Kann in Coniferylaldehyd bzw. dessen Polymere übergehen[2].

Flachslignin[3].

Darstellung: Kann aus der Pflanze mit Natronlauge ausgezogen und durch Säure cellulosefrei aus der dunklen Lösung ausgefällt werden.

Physikalische und chemische Eigenschaften: Amorphes, hellbraunes Pulver, unlöslich in Wasser, Aceton, Essigsäure, löslich in Gemischen von Aceton und Essigsäure mit Wasser, in Alkalien und Ammoniaklösung. Nach mehrmaligem Lösen in wässerigem Aceton und Fällen durch Eingießen dieser Lösung in heiße verdünnte Salzsäure erhält man konstante Analysenwerte, auch in den verschiedenen Fraktionen, die bei allmählichem Zusatz von Salzsäure zur Lösung des so gereinigten Produktes in Natronlauge entstehen. Die Zusammensetzung der Präparate ist $C_{45}H_{43}O_{16}$, die Säurenatur ist nur durch phenolische Hydroxylgruppen bedingt, da die Löslichkeit in Alkali bei erschöpfender Acetylierung verschwindet. Diese weist 5 Hydroxylgruppen nach, von denen aber nur 3 methyliert werden können, also phenolisch sind, die beiden anderen nach Methylierung jener nicht acetylierbar sind und bei Einwirkung von Halogen verschwinden, vielleicht liegt das Hydrat eines Aldehyds vor. Das Präparat enthält ferner 4 Methylgruppen. Nach den in der Literatur sich befindenden Daten muß das Flachslignin verschieden von denen der Jute und der Fichte sein, aber nahe verwandt mit dem des Winterroggenstrohs. Jodwasserstoffsäure vom spez. Gewicht erzeugt bei 130° ein schwarzes Pulver, in der Zusammensetzung einem entmethylierten Lignin entsprechend, aber nicht acetylierbar. Salpetersäure in Gegenwart von Schwefelsäure bildet ein 3 Nitrogruppen enthaltendes Derivat unter gleichzeitiger Oxydation, bei der wesentlich Kohlensäure gebildet wird. Chlor und Brom wirken bei gewöhnlicher Temperatur ohne Sonnenlicht ein unter Bildung von Produkten mit 12 Atomen Halogen, das mindestens teilweise substituiert, die Bromverbindung enthält nur noch ein Methoxyl, die Chlorverbindung zwei. Beide sind löslich in Alkalien, Aceton, Essigsäure werden durch Salpetersäure bei 80° weder nitriert noch oxydiert, tauschen bei Kochen mit Natronlauge einen Teil des Halogens gegen Hydroxyl aus. Die Chlorverbindung nimmt 5, die Bromverbindung 6 Acetylgruppen auf, die entstehenden Derivate sind ebenso wie Acetyllignin sehr leicht verseifbar. Es reduziert Fehlingsche Lösung in der Wärme, und zwar so viel, als einer Aldehydgruppe entspricht, entsprechend viel Phenylhydrazin ist zur Bildung eines Phenylhydrazons erforderlich. Die Formel des Flachslignins läßt sich demnach auflösen zu $C_{40}H_{30}O_6(OCH)_4(OH)_5 \cdot CHO$[3].

Derivate: Acetylverbindung[3] $C_{40}H_{30}O_4(OCH_3)_4 \cdot (O \cdot CO \cdot CH_3)_5 \cdot C{\overset{H}{\underset{O}{\lessgtr}}}$. Bei der Acetylierung mit Essigsäureanhydrid bei 80°. Dunkelbraun, amorph, löslich in Aceton und Essigsäure, Mol-Gewicht gefunden 890—1080, im Mittel 980.

---

[1] C. Dorée u. E. C. Barton-Wright: Biochemic. J. **21**, 290 (1927) — Chem. Zbl. **1927 II**, 1246.
[2] Peter Klason: Ber. dtsch. chem. Ges. **62**, 635 (1929) — Chem. Zbl. **1929 I**, 1924.
[3] Walter James Powell u. Henry Whittaker: J. chem. Soc. Lond. **125**, 357 (1924) — Chem. Zbl. **1924 I**, 2272.

Methylderivat $C_{40}H_{32}O_8(OCH_3)_7 \cdot CHO$. Bei der Methylierung mit Dimethylsulfat. Unlöslich in Alkalien selbst bei 100°.

Chlorderivat $C_{40}H_{20}O_8Cl_{12} \cdot (OCH_3)_2(OH)_5 \cdot C\diagdown^H_O$. Ziegelrot, löslich in kaltem Alkali unter Verlust von 6 Chloratomen.

Bromderivat $C_{40}H_{20}O_8Br_{12}(OCH_3)_2(OH)_5 \cdot CHO$. Dunkelrotes Pulver.

Nitroderivat[1] $C_{42}H_{39}O_{22}N_3$. Rotes Pulver, löslich in Alkohol und Aceton, leicht acetylierbar, das **Acetylderivat** ist leicht löslich in Aceton, wenig löslich in kalter Essigsäure, enthält weniger als 1 Acetyl auf vorstehende Formel.

Primärlignin.

Darstellung: Weißbuchenholz mit 8% Feuchtigkeitsgehalt wird vor der Gewinnung des Primärlignins zur Entfernung der Harze (3%) 7 Stunden mit Benzol+Alkohol extrahiert. Die Untersuchung der Harze ergibt einen C- und H-Gehalt, der mit dem Lignin übereinstimmt, sie enthalten Methoxylgruppen und werden von hochkonzentrierter HCl nicht hydrolysiert. Es kann also aus dem Methoxylgehalt des Holzes nicht auf den Ligningehalt geschlossen werden. Zur Entfernung des Holzgummis (27%) wird das vom Harz befreite Holz mit kalter 5proz. NaOH ausgelaugt. Zur Darstellung des Lignins wird dann das so vorbereitete Holz mit 16proz. HCl 48 Stunden behandelt und mit Alkohol extrahiert, wodurch 90% des Lignins gewonnen werden; bis zu dieser Dauer bleibt der C-, H- und Methoxylgehalt mit 60,6 und 27% konstant, bei längerer Dauer der Hydrolyse oder bei Anwendung konz. HCl steigt der C-Gehalt, während der Methoxylgehalt abnimmt. Bei zweimaliger Hydrolyse gewinnt man den größten Teil des Primärlignins (15%). Dieses ist fast frei von furfurolabspaltenden Produkten. Der Methoxylgehalt des Holzrückstandes fällt mit zunehmender Ligninentfernung und beträgt zum Schluß noch 0,6%, was einem Primärligningehalt von 1,6% entspricht. Letzteres läßt sich durch energische Hydrolyse gewinnen und ähnelt in seiner analytischen Zusammensetzung dem nach Willstätter und Zechmeister aus Weißbuche erhaltenen kondensierten Primärlignin[2].

Durch Behandeln von Fichtenholzmehl (mit Alkohol-Benzol entharzt) mit 5proz. NaOH wird dem Holz eine ligninartige Substanz entzogen. Der getrocknete Holzrückstand wird mit 16proz. HCl 48 Stunden stehengelassen und mit der 10fachen Menge 95proz. Alkohol 10 Stunden gekocht. Die Behandlung mit alkoholischer HCl wird 4mal wiederholt. Die alkoholischen Lösungen werden mit Wasser gefällt. Ausbeute an Primärlignin 5,48% des Holzgewichtes. Durch Einengen der Lösungen wird noch 1% ligninartige Substanz erhalten. Nicht mit Natronlauge behandeltes Holz gibt 4,38% von Primärlignin und 0,96% aus den Lösungen. Methoxylgehalt von Primärlignin aus Fichten- und Kiefernholz 19—20%.

Birkenholzmehl wird in gleicher Art mit methylalkoholischer HCl behandelt. Ausbeute 7,35%. Methoxylgehalt 26,60%. Ähnliche Produkte werden erhalten mit Alkohol-HCl 8,2%, 25,98% Methoxyl und mit Aceton-HCl 9,45%, 19,95% Methoxyl. Durch Umfällen steigt der Methoxylgehalt auf 29,55%. — Stroh gibt an Natronlauge 14,72% seines Gewichts ab. CH_3O 7,77%. Ausbeute an Primärlignin 2,93%, aus Lösungen 0,99%. Ohne Vorbehandlung mit Natronlauge 8,77% Primärlignin, 20,79% CH_3O, aus Lösungen 1,33%[3]. Aus dem Holz der Weißbuche, der Föhre und des Birnbaumes wurden lösliche Lignine dargestellt, welche sich dem Primärlignin bezeichneten Fichtenholzlignin völlig analog verhielten[4].

Physikalische und chemische Eigenschaften: Helles Pulver, welches sich gegen 90° zersetzt, frisch dargestellt sich in organischen Lösungsmitteln und Natriumhydroxyd leicht löst, nicht dagegen in Soda. Enthält keine Pentosane und gibt bei der Analyse 63,3% C und 6,5% H. — Bemerkenswert ist der hohe Methoxylgehalt von 20,9%. — Wird das Primärlignin mit konz. Salzsäure behandelt, so entsteht ein Lignin, welches sich in seinen Eigenschaften dem Willstätterschen Präparat nähert, der Methoxylgehalt fällt auf 16,8%. Aus dem Molekulargewicht des Primärlignins ergibt sich, daß im Molekül 5 Methylgruppen vorhanden sind, von denen zwei durch $2 \times$ n-Natriumhydroxyd verseifbar sind, wobei ein in Soda lösliches Produkt ent-

---

[1] Walter James Powell u. Henry Whittaker: J. chem. Soc. Lond. **125**, 357 (1924) — Chem. Zbl. **1924 I**, 2272.

[2] A. Friedrich u. B. Brüda: Mh. Chem. **46**, 597 (1925) — Chem. Zbl. **1926 II**, 881.

[3] O. Routala u. J. Sevón: Ann. Acad. Scient. Fennicae A **29**, Nr 11, 48 (1927) — Chem. Zbl. **1927 II**, 2386.

[4] A. Friedrich: Hoppe-Seylers Z. **168**, 50 (1927) — Chem. Zbl. **1927 II**, 1940.

steht. — Von den 5 Methoxylgruppen sind somit 2 esterartig gebunden, während für die übrigen Ätherbindungen angenommen werden müssen. Versuche, die wahrscheinlich vorhandene Carbonylgruppe mit alkalischer 30proz. Wasserstoffsuperoxydlösung zur Carbonsäure zu oxydieren, schlugen fehl, es resultierte ein Produkt, das 2 Methoxyl und 6 Kohlenstoffatome abgespalten hatte. Mit Phenylhydrazin entsteht ein Kondensationsprodukt $[C_{30}H_{27}NO_7 \cdot (OCH_3)_3]_x$ mit dem Mol-Gewicht etwa 2000, welches Fehlingsche Lösung nicht reduziert. Die Bromierung des Primärlignins liefert stark veränderte Reaktionsprodukte, es entweicht Bromwasserstoff, der Methoxylgehalt fällt stärker, als dem eingeführten Brom entspricht, und es entstehen Produkte, welche zwischen 4,5—6 Atome Brom enthalten. Die Benzoylierung des Primärlignins liefert ein einheitliches Tribenzoat, durch Methylierung dagegen gelingt es nicht, drei Hydroxylgruppen nachzuweisen, es entsteht nur ein einfach methyliertes Produkt mit 25% Methoxyl. Die Farbreaktion mit salzsaurem Anilin und salzsaurem Phloroglucin zeigt das Primärlignin in erhöhtem Maße[1].

Die aus dem Holz der Weißbuche, der Föhre und des Birnbaumes erhältlichen Primärlignine besaßen folgende Eigenschaften: Die mit Phenylhydrazin entstehenden Stickstoffderivate besitzen die Hälfte des theoretisch zu erwartenden Stickstoffs und deuten auf das Vorhandensein eines Gemisches zweier Verbindungen, von denen die eine die reaktionsfähige Carbonylgruppe trägt. Dies und die mit dem Äther allmählich abnehmende Löslichkeit des Lignins weist auf die Existenz zweier nebeneinander sich im Gleichgewicht befindlichen tautomerer Formen. Das lösliche Lignin wird durch siedendes Chloroform in 2 durch Löslichkeit und Farbe verschiedene Stoffe getrennt, die gegenseitig ineinander übergeführt werden können. Auf Grund der Farbenreaktionen mit Ferrichlorid und dem Verhalten gegen Brom wird für den chloroformlöslichen Teil die Enolform, für den in Chloroform unlöslichen Teil die Ketoform angenommen. Nach den Mol-Gewichtsbestimmungen und den Titrationsergebnissen mit alkoholischer Bromlösung besitzt die Enolform ein Mol-Gewicht von 650, die Ketoform das Doppelte[2]. — Der von Hägglund und Rosenquist[3] erbrachte Nachweis über die Aufnahme von Esteräthoxylgruppen bei der Darstellung von Primärlignin durch Alkoholyse bestätigte sich durch die Feststellung, daß lösliches Lignin, welches durch Aceton extrahiert worden war, nur 14,56% Methoxyl aufwies gegenüber 18,23% bei dem durch Alkoholextraktion gewonnenen. Letzteres enthält also gegen 4% leicht abspaltbares Äthoxyl. Die löslichen Lignine der Weißbuche, Rotbuche und des Birnenholzes besitzen dagegen nach Abspaltung der Esteralkyle noch einen Methoxylgehalt von 23—25%. Zur Reinigung von Begleitstoffen löst man das Fichtenholzlignin in einem Gemisch aus je 50 Teilen wässerigem Alkohol und Benzol und fällt nach dem Erkalten mit dem 5—10fachen Volum Äther. Die Begleitstoffe bleiben in Lösung. Die Enolform des Lignins erhält man durch Lösen des Lignins in 50 Teilen siedenden Chloroforms und Fällen der erkalteten Lösung mit 5—10 Volum Äther. — Zur Reinigung wird der Niederschlag aus Chloroformlösung erst mit Äther, dann mit Benzol abgeschieden. Das Produkt ist hellfarbig, zersetzt sich oberhalb 150°, enthält 6,58% H und 64,80% C. Ist in heißem Alkohol nur in der Hitze löslich, leicht löslich in Essigsäure, wenig löslich in Alkalien. Die alkoholische Lösung färbt sich mit Ferrichlorid grün. Die Ketoform des Lignins bleibt in heißem Chloroform ungelöst zurück. — Tiefbraunes Harz, aus Essigsäure, mit Benzol oder Äther gelbe Flocken. Zersetzt sich oberhalb 150°. Nach dem Trocknen nur in Pyridin und Essigsäure leicht löslich, schwer löslich in Lauge, kondensiert sich leicht zu tiefbraunen unlöslichen huminartigen Produkten der Zusammensetzung H 6,51% und C 64,41%. Keto- und Enolform sind ineinander überführbar. Mit Phenylhydrazin gibt die Enolform in alkoholischer Lösung ein Produkt mit 1,24% Stickstoff, die Ketoform mit 1,82% Stickstoff. — In Essigsäure entsteht aus beiden Formen ein Produkt mit 2,1% Stickstoff. — Versetzt man die in Essigsäure gelöste Enolform mit einer verdünnten Lösung von Brom in Essigsäure, bis das Brom nicht mehr verbraucht wird, so erfolgt Abspaltung von Esteralkylen, jedoch nicht Bildung eines Bromderivates. In alkoholischer Lösung wird dagegen Brom aufgenommen. Eine quantitative Titrierung der Enolverbindung ließ sich jedoch nicht genau durchführen. Die aus der alkoholischen Lösung gewonnenen Bromierungsprodukte sind unbeständig und zeigen einen wechselnden Bromgehalt von 17—10%, der allmählich abnimmt und zu Produkten mit anscheinend konstantem Bromwert von 5,7% führt. Bei Annahme von 1 Atom Brom entspricht dies einem Mol-

[1] Alfred Friedrich u. Jakob Diwald: Mh. Chem. **46**, 31 (1925) — Chem. Zbl. **1926 I**, 1966. — Grüß: Ber. dtsch. chem. Ges. **38**, 361 (1921) — Chem. Zbl. **1919 II**, 979.
[2] A. Friedrich: Hoppe-Seylers Z. **168**, 50 (1927) — Chem. Zbl. **1927 II**, 1940.
[3] Hägglund u. Rosenquist: Biochem. Z. **179**, 376 (1927) — Chem. Zbl. **1927 I**, 1949.

Gewicht von 1370, erklärbar durch Kondensation von 2 Mol des gebildeten Bromketons unter Abspaltung von Bromwasserstoff. — Die Enolform nimmt in alkoholischer Suspension 14,0% Brom auf, die Ketoform nur 5,3%. Mit Phlorolglucin + Salzsäure gibt die Ketoform sofort eine Rotfärbung, die Enolform erst allmählich.

Derivate: Primärligninacetat. 1 g Substanz, gelöst in 15 ccm Pyridin und 35 ccm Eisessig, wird mit 1,5 g Acetylchlorid 6 Stunden stehengelassen. Das Acetat wird mit Wasser gefällt und aus Alkohol umgefällt. Acetyl 16,25% (nach Ost u. Katajama bestimmt)[1].

Essigsäurelignin[2].

Darstellung: Man fügt zu Eisessig 3 Vol.-% HCl, trägt das Holzmehl in die Flüssigkeit, erwärmt etwa $^1/_2$ Stunde, bis die Lösung gelbbraun ist, auf dem Wasserbad, filtriert vom Holzrückstand und fällt das Lignin durch Verdünnung mit Wasser. Erhitzt man das Holz längere Zeit mit Eisessig, so geht mehr Lignin in Lösung, färbt sich aber dunkelbraun bis schwarz und wird unlöslich. Das ausgefällte Lignin wird mit Wasser gewaschen und durch Lösen in Alkohol und Ausfällen mit Wasser von anhaftendem Eisessig vollständig befreit.

Physikalische und chemische Eigenschaften: Das getrocknete Präparat zeigt einen Methoxylgehalt von 10,5% und enthält Essigsäure. Durch Titration mit $^1/_{45}$ n-NaOH in alkoholischer Lösung ergibt sich ein Gehalt von 4 Molekülen CH_3CO_2H. Das mit Lauge behandelte Lignin zeigt dann einen Methoxylgehalt von 14,4%. Die Essigsäure kann auch durch Fällen der Chloroformlösungen mit Äther oder Äther + Benzol abgespalten werden. Das gereinigte Lignin enthält 62,5% C, 5,7% H, 14,5% CH_3O, korrigiert 14,9%. Hieraus und aus dem Mol-Gewicht errechnet sich die empirische Zusammensetzung $C_{33}H_{36}O_{12}$. Mit Phenylhydrazin entsteht ein Produkt mit 2,1% N und 13,5% CH_3O, was der Aufnahme von 1 Mol $C_6H_5NH \cdot NH_2$ auf 2 Moleküle Lignin entspricht. Bei der Einwirkung von Alkohol + HCl verwandelt sich das Eisessiglignin in ein Präparat, wie es bei der Darstellung mit Alkohol gewonnen wird. Umgekehrt läßt sich ein solches Präparat durch Behandeln mit Eisessig + HCl in Eisessiglignin überführen. Durch Methylieren mit Diazomethan in alkoholischer Lösung oder mit Dimethylsulfat in alkoholischer Lösung steigt der Methoxylgehalt von 14,5 auf 23%. Mit Lauge entsteht unter Abspaltung eines Methyls eine Säure mit 18,5% Methoxyl, die bei der Titration ein Mol-Gewicht von 650 ergibt. Bei der Benzoylierung werden 3 Benzoylgruppen aufgenommen. Mit $SOCl_2$ entsteht ein braunes, in allen Lösungsmitteln unlösliches Produkt mit einem Cl-Gehalt von 14%, entsprechend 3 Cl-Atomen. Einheitliche Metallsalze konnten nicht erhalten werden, teils wegen Okklusion von Metallhydroxyd, teils wegen Hydrolyse beim Auswaschen. Am besten stimmten die Ag-Salze. Lösliche Ligninpräparate erhält man auch mit Hilfe von Aceton, ebenfalls unter intermediärer Entstehung eines Acetonadditionsproduktes, das durch Umfällen mit Äther acetonfrei erhalten wurde. Mit Chloroform erhält man ohne Bildung von Additionsprodukten gut lösliche helle Ligninpräparate vom Methoxylgehalt 15,2—15,5%. Die Reinigung der löslichen Lignine durch Umfällen aus alkoholischer oder Chloroformlösung ist sehr verlustreich. Aus der Mutterlauge läßt sich nach Konzentration, Aufnahme in Alkohol und Fällen mit Äther eine zweite Fraktion lösliches Lignin abtrennen. Nach dieser zweiten Fällung verbleibt in der Lösung ein Gemisch verschiedener Lignine, teils löslich in Äther, teils in Benzol, welche bei 80° erweichen und anscheinend ein niedrigeres Mol-Gewicht besitzen als das gefällte Lignin. Außerdem verbleibt im Holz ein Lignin, das auch durch wiederholte Behandlung mit Eisessig nicht in Lösung geht. Das Vorhandensein verschiedener Ligninsubstanzen bedingt, daß je nach dem angewendeten Lösungsmittel verschiedene Präparate erhalten werden können. Die Lignindarstellung aus Holz durch Einwirkung von Alkali unter Druck beruht nicht auf einer Lösung esterartiger Bindungen, wofür auch mildere Methoden genügen würden, sondern auf einer Änderung des Aggregatzustandes und Quellung des Materials, welche die Elution des Lignins begünstigen. Eine echte chemische Bindung des Lignins an die Cellulose liegt wahrscheinlich nicht vor, möglicherweise jedoch Additionsprodukte von der Art des Lignineisessigs oder Ligninacetons[3].

---

[1] O. Routala u. J. Sevón: Ann. Acad. Scient. Fennicae A **29**, Nr 11, 48 (1927) — Chem. Zbl. **1927 II**, 2386.

[2] A. Friedrich: Hoppe-Seylers Z. **168**, 50; **176**, 127 — Chem. Zbl. **1927 II**, 1940; **1928 II**, 1077.

[3] Bror Holmberg u. Sten Runius: Sv. kem. Tidskr. **37**, 189 (1925) — Chem. Zbl. **1926 I**, 136.

Alkoholyselignin[1] (Äthyllignin).

Bildet sich bei der Behandlung von Holz mit alkoholischer Salzsäure, wobei es in den Mutterlaugen bleibt. Enthält 64,62% C, 6,3% H, 19,56% Alkoxyl auf Methoxyl berechnet, keine Pentosane. Versuche mit 1 n-Lösung von Salzsäure in 99 proz. und 95 proz. Alkohol ergaben die gleichen Ergebnisse an Alkoholyselignin. — Dieses Lignin löst sich in Natronlauge, Alkohol und Aceton, in Äther und Benzol zu 20—30%, erweicht bei 100°, gegen 150° bildet sich eine teerartige Flüssigkeit. Kombinierte Methoxyl- und Äthoxylbestimmungen ergaben 13,13% Methoxyl und 5,84% Äthoxyl. — 2,7 g Alkoholyselignin, in 100 ccm 0,5 n-Kalilauge 4 Stunden auf 100° erwärmt, mit Essigsäure gefällt, ergaben 2,4 g Substanz mit 19,38% Bruttomethoxyl (10,42% Methoxyl, 8,38% Äthoxyl), eine Verseifung des Äthoxyls des Alkoholyselignins ist also nicht nachzuweisen. Aus dem Äthoxylgehalt des Alkoholyselignins, dessen Unverseifbarkeit und der fehlenden Einwirkung von Alkoholat auf Holz ist zu schließen, daß die Vereinigung von Lignin und Cellulose im Holz acetalartig ist mit dem Lignin als Carbonylkomponente[1].

Ligninalkohol[2].

$$C_{26}H_{46}O_{10}$$

Darstellung: Aus gereinigter Buchenholzmasse durch alkoholische Salzsäure.

Physikalische und chemische Eigenschaften: Aus Alkohol mit Wasser gelblichweißes Pulver, löslich in Alkohol, Chloroform und Aceton, wenig löslich in Äther, Benzol, Xylol und Wasser. Schmelzp. 160°. Gibt keine Schiffsche Aldehydprobe, ist unlöslich in Natriumsulfit. Eine alkoholische Lösung färbt sich mit konz. Schwefelsäure braunviolett, mit Phloroglucin und Salzsäure rot. Löst sich in Alkali mit gelbbrauner Farbe. Setzt man zu wässerigen Lösungen überschüssiger Vanadylphosphatlösung eine alkoholische Lösung des Ligninalkohols und entfernt das überschüssige Salz mit Phosphorsäure, so entsteht Vanadylligninester. Digerieren des Alkohols mit Wasserstoffsuperoxyd in mäßiger Wärme gibt mit Kupferoxyd bläulichgrünes ligninsaures Kupfer.

Alkohollignine[3].

Bei Einwirkung von siedendem Alkohol, Butylalkohol usw. bei Gegenwart von HCl auf isolierte Lignine, wie Salzsäure, Salzsäure + Phosphorsäure- und Alkalilignin gehen bis 80% derselben unter Aufnahme von Alkohol in ungefähr stöchiometrischen Verhältnissen in Lösung. Diese Alkohollignine sind den aus Holz erhaltenen sehr ähnlich. Der ungelöste Rückstand hat ebenfalls Alkohol, wenn auch im geringerem Maße, aufgenommen. Im Anschluß an diese Versuche reinigen Hägglund und Urban Alkohollignine aus Holz weitgehend durch Umfällen aus Eisessig und bestimmen das Mol-Gewicht durch Gefrierpunktserniedrigung in Eisessig, das sie zu rund 400 finden. Aus den Versuchen geht hervor, daß die Alkoholaufnahme nicht durch tautomer reagierende OH-Gruppen des Lignins bedingt wird[3].

Butyllignin[4].

Butyllignin hat einen Methoxylgehalt von 9,62% und einen Butoxylgehalt von 16,4%. Die Molekulargewichtsbestimmung in Eisessig gibt 247—261[4].

Amyllignin.

$$C_{22}H_{24}O_7 = C_{16}H_{10}O_5(OCH_3)(OC_5H_{11})$$

40 g Holz werden mit 80 ccm Amylalkohol und 50 ccm 37 proz. HCl $^3/_4$ Stunde am Rückfluß gekocht, wobei etwa 50% der Holzsubstanz in Lösung gehen. Nach dem Filtrieren und Ausschütteln mit Wasser zur Entfernung der HCl und der löslichen Zucker wird im Vakuum eingedampft, der Rückstand mit NaOH aufgenommen, filtriert, mit HCl gefällt, mit Wasser gewaschen, in Eisessig gelöst; wieder mit Wasser gefällt, ausgewaschen und bei 75° getrocknet.

---

[1] Bror Holmberg u. Sten Runius: Sv. kem. Tidskr. **37**, 189 (1925) — Chem. Zbl. **1926 I**, 136.

[2] J. Grüß: Ber. dtsch. bot. Ges. **41**, 48 (1923) — Chem. Zbl. **1923 III**, 28.

[3] E. Hägglund u. H. Urban: Cellulosechemie **8**, 69 (Beil. zu Papierfabr. **25**); **9**, 49 (Beil. zu Papierfabr. **26**) — Chem. Zbl. **1927 II**, 1469; **1928 II**, 139.

[4] E. Hägglund u. H. Urban: Cellulosechemie **8**, 69 (Beil. zu Papierfabr. **25**) — Chem. Zbl. **1927 II**, 1468.

Das so erhaltene Amyllignin enthält 7,81% CH_3O und 20,21% $C_5H_{11}O$. Die mit dem Produkt ausgeführten Molekulargewichtsbestimmungen gaben in Eisessig Werte zwischen 300 und 340, in Phenol zwischen 770 und 815, im letzteren Falle liegt die dimere Form des Amyllignins vor[1](?).

Phenollignin.

Darstellung: Mit Benzol-Alkohol extrahiertes Fichtenholz wird mit der 10fachen Menge Phenol und wenig konz. HCl $^1/_2$ Stunde auf dem Wasserbade erwärmt, mit Äther ausgewaschen und dem Rückstand das Phenollignin mit Alkohol entzogen und mit Wasser gefällt. Methoxylgehalt 11,07%[2]. Wasserfreies Phenol wird geschmolzen und der Faserstoff unter Rühren schnell eingetragen; auf 100 Phenol höchstens 10—15 Faserstoff. Für sekundäres Phenollignin trägt man HCl-Lignin ein. Als Katalysator fügt man 1% starke Mineralsäure oder $2^0/_{00}$ J_2 zu. Man kocht in einem Bad, bis sich das Lignin fast gelöst hat, dann kühlt man ab und filtriert. Überschüssiges Phenol wird im Vakuum abdestilliert, bis der Rückstand sehr viscos ist, und dieser in viel wasserfreien Äther gegossen. Anwesenheit von Spuren Wasser bedingt Verharzung. Phenollignin fällt aus und wird schnell unter Luftabschluß filtriert und mit wasserfreiem Äther ausgewaschen. Zur Reinigung löst man in Aceton und extrahiert mit Äther[3].

Physikalische und chemische Eigenschaften[3]: Alle erhaltenen Produkte sind amorphe, violett bis braun und fast schwarz gefärbte Körper, leicht löslich in Eisessig, Äthyl-, Methyl-, Amylalkohol, Essigester, Aceton, Pyridin, Anilin, verdünnter NaOH; unlöslich in Wasser, Äther, Chloroform, Tetrachlormethan, CS_2, NH_4OH, Na_2CO_3-Lösnng, verdünnter Mineralsäure, Petroläther, Benzin, Ligroin, Benzol[3]. Untersuchungen über Phenollignin, Acetylphenollignin und Resorcinlignin[4].

Derivate[3]: Primäres Phenollignin, sekundäres Phenollignin, Kreosotlignin, p-Chlorphenollignin a, p-Chlorphenollignin b, p-Chlor-m-kreosollignin, o-Nitrophenollignin[3].

Hydrolignin[2].

Bildung: Zu 1 g Kiefernholzprimärlignin (CH_3O 15,9%) in 50 ccm 95proz. Alkohol werden 10 g Na in 1 Stunde gegeben, dann in Wasser gegossen, mit HCl angesäuert und der hellbraune Niederschlag abgesaugt (CH_3O 15,4%). Mol-Gewicht in Campher 698—931. Durch Reduktion von Holzmehl in derselben Weise und nachherige Hydrolyse wird ein gleichartiges Hydrolignin erhalten. — Birkenholzprimärlignin (CH_3O 25,98%) wird ebenso reduziert. Ausbeute 28,12%, CH_3O 19,5%.

Physikalische und chemische Eigenschaften: Das Birkenholzprimärlignin wird in 2proz. Eisessiglösung mit $^1/_5$ seines Gewichtes an kolloidem Pt oder Pd unter 3 at Druck mit Wasserstoff geschüttelt. 1 g Substanz verbraucht 20,6—24,9 mg H. Methoxylgehalt und Bromverbrauch änderten sich durch die Reduktion nicht[2].

Derivate: Acetylverbindung[2]. 1 g Substanz, gelöst in 15 ccm Pyridin und 35 ccm Eisessig wird mit 1,5 g Acetylchlorid 6 Stunden stehengelassen. Das Acetat wird mit Wasser gefällt und aus Alkohol umgefällt. Acetyl 16,83% (nach Ost und Katajama bestimmt).

Merolignin[5] = β-Naphthopyran[6].
$C_{21}H_{14}O$

Bildung: Läßt sich nach dem Verschmelzen des Lignins mit der doppelten Menge β-Naphthol und einigen Kubikzentimetern Salzsäure bei 180—200° aus der Schmelze zu-

[1] E. Hägglund u. H. Urban: Cellulosechemie 8, 69 (Beil. zu Papierfabr. 25) — Chem. Zbl. 1927 II, 1468.

[2] O. Routala u. J. Sevón: Ann. Acad. Scient. Fennicae A 29, Nr 11, 48 (1927) — Chem. Zbl. 1927 II, 2386.

[3] A. Hillmer: Cellulosechemie 6, 169 (Beil. zu Papierfabr. 23) (1925) — Chem. Zbl. 1926 I, 889.

[4] E. Wedekind u. J. R. Katz: Ber. dtsch. chem. Ges. 62, 1172 (1929) — Chem. Zbl. 1929 I, 2874.

[5] William Küster u. E. Schnitzler: Hoppe-Seylers Z. 149, 150 (1925) — Chem. Zbl. 1926 I, 1140.

[6] W. Küster u. F. Schoder (A. Bahl, R. Daur, W. Schairo u. K. Massong): Hoppe-Seylers Z. 170, 44 (1927) — Chem. Zbl. 1928 I, 32. — W. Küster u. E. Schnitzler: Hoppe-Seylers Z. 140, 150 (1925) — Chem. Zbl. 1926 I, 1140.

sammen mit β-Naphthol entziehen und auf Grund seiner Schwerlöslichkeit in Alkohol isolieren. — β-Naphthopyran entsteht aus 2 Molekülen β-Naphthol unter Austritt von 2 Molekülen H_2O und Eintritt von 1 Molekül CH_2O. Letzteres entstammt dem Lignin. Entsteht auch beim Zusammenschmelzen von β-Naphthol mit dem Kondensationsprodukt aus Resorcin und CH_2O bei Gegenwart von einigen Tropfen HCl. Daraus wird geschlossen, daß im Lignin Coniferylalkohol und dessen Derivaten mit CH_2O pyranartig verkettet sind. Das Kondensationsprodukt aus Phenol und CH_2O, das den Oxydsauerstoff nicht enthält, liefert in der β-Naphtholschmelze kein Merolignin.

Physikalische und chemische Eigenschaften: Farblose, feine Nadeln aus Chloroform, Schmelzp. 205—206°. Wenig löslich in kaltem, leicht löslich in heißem Äther, löslich in warmem Methylalkohol. Aus siedendem Petroläther vierkantige Prismen mit schiefen Endflächen oder staffelförmige Prismen. Krystallographische Angaben sind vorhanden. Die Lösungen fluorescieren mit blauer Farbe. Der Sauerstoff befindet sich in oxydationsfähiger Form: mit Alkali erfolgt Verharzung. Eine Aldehyd- oder Ketongruppe läßt sich nicht nachweisen. Mit Brom entsteht in Chloroformlösung die Verbindung $C_{21}H_{14}Br_3$, goldrote Krystalle vom Schmelzp. 267° unter Zersetzung. Spaltet beim Trocknen leicht Bromwasserstoff ab, schwer löslich in Chloroform, Äther, Petroläther, Alkohol, ziemlich leicht in heißem Alkohol, Aceton und Methyläthylketon; Pyridin und Dimethylanilin bewirken Zersetzung. — Löslich in konz. Salpetersäure mit dunkelroter Farbe. — Aus der mit Wasser verdünnten aufgekochten Lösung krystallisieren lange Nadeln vom Schmelzp. 203° unter Zersetzung und der Zusammensetzung $C_{18}H_{11}O_3N$. Löslich in Alkohol, Äther, Petroläther, Benzol und Chloroform, in Essigsäure löslich mit gelbgrüner Farbe und grüner Fluorescenz. Kaliumcarbonat bewirkt in ätherischer Lösung Umlagerung zu einem gelben basischen Körper, der aus der ätherischen Lösung mit Salzsäure übergeht[1].

Lignol[2].

Bildung: Untersucht wurden die Hölzer von Pappel, Birke, Esche, Fichte, Lärche und Kiefer. Die Späne wurden mit 8—12proz. Natronlauge 6—10 Stunden unter Druck bei 140 bis 160° digeriert. Die schwarze, von der Cellulose befreite Flüssigkeit wurde heiß mit einem geringen Überschuß Salzsäure versetzt und das ausgefallene Lignin gewaschen, getrocknet und das rohe Material in Acetonlösung durch heiße 20proz. Salzsäure gereinigt.

Physikalische und chemische Eigenschaften: Alle untersuchten Ligninproben sind Derivate der gleichen Hydroxylverbindung, unterscheiden sich nur durch die Zahl der Methoxylgruppen. Auch bei den Acetylverbindungen schwankte der Gehalt in Übereinstimmung mit dem Methoxylgehalt. — Die analytischen Resultate unter der Annahme einer Stammverbindung $C_{41}H_{40}O_{10}$, welcher der Name Lignol zugelegt wird, sind in einer Tabelle zusammengestellt. Aus ihr geht hervor, daß Lignol aus den verschiedenen Hölzern die gleiche empirische Zusammensetzung und die gleiche Zahl der Hydroxylgruppen wie Flachslignin besitzt. Jedoch gelang die Isolierung des Lignols mit Hilfe von Jodwasserstoff nicht, scheinbar infolge weitgehender Reduktion während der Reaktion. Die Acetylierung bestätigte die bisherigen Beobachtungen bei Flachslignin. Bromierung und nachfolgende Acetylierung liefert Dodecabromlignin und seine Acetylderivate. Ebenso war Dodekachlorlignin in seiner Zusammensetzung übereinstimmend mit dem Dodekachlorlignin des Flachses. — Bei der Bildung des Nitrolignins traten ebenfalls drei Nitrogruppen in das Molekül. — Bei der Destillation mit 12proz. Salzsäure entstehen nicht 5% Furfurol, die einen Pentosangehalt des Moleküls entsprechen würden. Von den Sauerstoffatomen des Lignins sind 9 als Hydroxyl und 1 als Aldehydgruppe vorhanden. Da im ganzen 3 Reste Phenylhydrazin gebunden werden, so wird dem Lignol die Formel $C_{28}H_{30}O_4(CO)_2-(OH)_9-C\underset{O}{\overset{H}{\lessgtr}}$ gegeben.

Suberin, Korksubstanz (Bd. II, S. 249; Bd. VIII S. 84; Bd. X, S. 346).

Physikalische und chemische Eigenschaften: Nach den Untersuchungen von F. Zetsche, C. Cholatnikow und K. Scherz[3] ist Cellulose kein Bestandteil des Suberins. — Kork-

[1] William Küster u. E. Schnitzler: Hoppe-Seylers Z. **149**, 150 (1925) — Chem. Zbl. **1926 I**, 1140.

[2] Walter James Powell u. Henry Whittaker: J. chem. Soc. Lond. **127**, 132 (1925) — Chem. Zbl. **1925 I**, 2383.

[3] F. Zetsche, C. Cholatnikow u. K. Scherz: Helvet. chim. Acta **11**, 272 — Chem. Zbl. **1928 I**, 1536.

stücke wurden beim Erwärmen im geschlossenen Rohr dunkler braun, sie gaben Wasser ab, das beim Öffnen der Rohre nicht wieder aufgenommen wurde[1].

Oxydkork[2].

Darstellung: Rohkork wird 3 mal mit 30 Teilen Benzol-Alkohol (1 : 1) 8 Stunden gekocht, abgesaugt und scharf abgepreßt. Gewichtsverlust 17—20%, der trockene Rückstand des Extraktes beträgt 9—10%. Der Reinkork wird mit 2,5—3% Wasserstoffsuperoxyd Essigsäure mehrere Wochen stehengelassen, bis eine Probe beim Verseifen mit 15 proz. Kalilauge keine flüchtigen Amine mehr gibt, dann mit Essigsäure und Wasser gründlich ausgewaschen, darauf mit Natriumsulfitlösung, wieder mit Wasser und schließlich mit Alkohol und mit Äther behandelt, an der Luft und über Phosphorpentoxyd getrocknet.

Physikalische und chemische Eigenschaften: Voluminöse, schwach gelb gefärbte, elastische Masse, unlöslich in allen Lösungsmitteln. Gewichtsverlust 24—27% des Reinkorks (mit Wasserstoffsuperoxyd 17—19%, mit Natriumsulfit 5—7%, mit Alkohol und Äther 2—2,5%). Aschegehalt des Reinkorkes 0,62—0,91%, des Oxydkorkes 1,26—1,30%. — Oxydkork gibt lufttrocken über Phosphorpentoxyd 4% Feuchtigkeit ab, nimmt an der Luft wieder Wasser an; ist stickstofffrei. Beim Kochen mit Barytwasser entstehen 7,3—10,1% in Wasser lösliche Säuren, in Alkohol und Essigester lösliche Säuren 79,7—74,9%; Unverseifbares 7,6—12,2%. Höhere Alkohole, Phenole usw. sind nicht im Aufbau des Korkes beteiligt. Im in Wasser löslichen Teil ist kein Glycerin enthalten. Beim Erhitzen mit Wasser auf 160° entstehen 8,25% in Wasser lösliche Säuren, 80,8% in Alkohol und Essigester lösliche Säuren, Unverseifbares 8,7%. — Bei 180° ist das Verhältnis der entstandenen Produkte 6,4 : 85,5 : 8,2%. Reinkork oder Oxydkork werden durch Kochen mit 5 proz. oder konz. Salzsäure nur langsam angegriffen; auch ätherische Salzsäure oder Schwefelsäure bewirkt bei mehrtägigem Kochen keinen quantitativen Abbau. Reinkork oder Oxydkork quillt beim Stehen mit 83 proz. Phosphorsäure gallertartig auf. Es erfolgt Teilabbau, wobei die gesättigten Säuren löslich gemacht werden, von denen die Phellonsäure am stärksten vertreten ist[2]. Ein Abbau mittels Anilin, der unternommen wurde, um trennbare Anilide der Fettsäuren zu erhalten, ist nicht gelungen. Alkoholisches Ammoniak bewirkt nach kurzer Einwirkung erheblichen Abbau des Oxydkorkes. Der unverseifbare Rückstand enthält Cellulose ($1^1/_2$—2%). Oxydkork wird durch Kupferoxydammoniak ebenso wie Reinkork weitgehend abgebaut. Die Cellulose läßt sich nicht ohne gleichzeitig starke Veränderung des Korkes aus diesem entfernen. Der Oxydkork ist ein weitgehend von Begleitsubstanzen befreiter Kork, der das Suberin in sauerstoffreicherer Form als Oxydosuberin enthält, ohne daß integrierende Bestandteile der Korksubstanz abgebaut sind[3].

Bestandteile der cutinisierten Zellmembran.

Cutin (Bd. II, S. 252; Bd. VIII, S. 84).

Darstellung: Nach der Extraktion der Cuticula von Agave americana mit Wasser, Alkohol, Benzol, Chloroform und Schweizers Reagens bleibt Cutin als Rückstand[4].

Nachweis: Zum Färben von cutinisierter Cellulose werden nach Einwirkung von Eau de Javelle eine Reihe von Farbstoffen empfohlen, z. B. Magdalarot, Methylgrün (-blau) usw.[5]

Physikalische und chemische Eigenschaften: Bei der Einwirkung von alkoholischer Kalilauge entsteht ein Gemisch von Säuren, bestehend aus 65% Cutinsäure $C_{26}H_{50}O_6$ und 10% Cutininsäure $C_{13}H_{22}O_3$ und einer Säure $C_{19}H_{38}O_6$. Mit Sudan III nach Lee und Priestley[6] behandelt, färben sich Cutinlamellen tiefrot, während die Celluloseschicht unverändert bleibt. Ist in vielen Lösungsmitteln unlöslich, in denen sich Fette und Wachse gewöhnlich lösen[4].

---

[1] Edmund Knecht: Fuel **3**, 106 (1924) — Chem. Zbl. **1924 II**, 1034.

[2] Fritz Zetsche, Gustav Rosenthal u. Chana Cholatnikow: Helvet. chim. Acta **10**, 346 (1927) — Chem. Zbl. **1927 II**, 268.

[3] Fritz Zetsche u. Gustav Rosenthal: Helvet. chim. Acta **10**, 346 (1927) — Chem. Zbl. **1927 II**, 268.

[4] Vernon Howes Legg u. Richard Vernon Wheeler: J. chem. Soc. Lond. **127**, 1412 (1925) — Chem. Zbl. **1925 II**, 927.

[5] J. Kisser: Z. Mikrosk. **45**, 163 (1928) — Chem. Zbl. **1928 II**, 1595.

[6] Lee u. Priestley: Ann. Bot. **38**, 528 (1924).

Cutinsäure[1].

$$C_{26}H_{50}O_6$$

Darstellung: Durch Verseifung des Cutins mit alkoholischer Kalilauge.　Ausbeute 65%.

Physikalische und chemische Eigenschaften: Unlöslich in den meisten organischen Lösungsmitteln.

Cutininsäure[1].

$$C_{13}H_{22}O_3$$

Darstellung: Durch Verseifung des Cutins mit alkoholischer Kalilauge.　Ausbeute 10%.

Physikalische und chemische Eigenschaften: Unlöslich in Wasser und Petroläther, löslich in Alkohol, Chloroform und Benzol.

Säure $C_{19}H_{38}O_6$[1].

Darstellung: Durch Verseifung des Cutins mit alkoholischer Kalilauge.

Physikalische und chemische Eigenschaften: Schmelzp. 107—108°. — Wenig löslich in Petroläther, Äther und Chloroform, leicht löslich in Alkohol.

Derivate: Äthylester $C_{21}H_{42}O_6$. Nadeln aus Äther. Schmelzp. 66—67°. Leicht löslich in Alkohol, Äther, wenig löslich in Petroläther und Benzol.

---

[1] Vernon Howes Legg u. Richard Vernon Wheeler: J. chem. Soc. Lond. **127**, 1412 (1925) — Chem. Zbl. **1925 II**. 927.

Glykogen (Bd. II, S. 254; Bd. VIII, S. 85; Bd. X, S. 347).

Von

Géza Zemplén-Budapest.

Vorkommen: Konnte in den Zellen von Azotobacter chroococcum nicht nachgewiesen werden[1]. — In den Tuberkelbacillen 4,1 %[2]. In Pilzen[3]. In dem Plasmodium von Reticularia lycoperdon 15,24 %[4]. In Starkhefen und Schnellhefen der Bäckerei[5]. In Phormidium laminosum[6]. Nicht vorhanden in den heterotrophen Phanerogamen[7]. Im Entoderm von Hydra viridis und Hydra fusca[8]. In der Flüssigkeit von Echinococcus multilocularis und E. unilocularis[9]. Bei den verschiedenen marinen Mollusken von der pazifischen Küste fehlte Glykogen in den Fortpflanzungsorganen[10]. Die Feststellung, daß Glykogen im Crustaceenmuskel nur während des Schalenwechsels zu finden sei, wird widerlegt. Bei den weichschaligen Arten ist der Glykogengehalt geringer als bei den hartschaligen[11]. Der Glykogengehalt der Muskulatur von Schleien (Tinca vulgaris) ist im Winter größer als im Sommer. Der Eierstock von Schleien enthält, auf 100 g Körpergewicht berechnet, im Sommer etwa 3 mal soviel Glykogen wie im Winter. Bei Karpfen und Hechten bleibt der Glykogengehalt während des Winters ziemlich konstant[12]. Der Gehalt an Glykogen eines frisch gefangenen Schellfisches war 0,16 % bei 0,17 % Milchsäure[13]. Bei Winterfröschen ist in der frischen Substanz des Zentralnervensystems 1—1,4 % Glykogen, bei Sommerfröschen 0,1 bzw. 0,2 %[14]. Glykogengehalt im Verlauf der Ontogenese des Frosches und unter dem Saisoneinfluß[15]. In der Retina des Frosches findet sich Glykogen im Paraboloid der Nebenzapfen der Doppelzapfen. Dieses Glykogen ist homogen, kolloidal gelöst. Ferner findet sich Glykogen in der äußeren Körnerschicht, der Henleschen Faserschicht. Dieses Glykogen ist in seiner Menge von dem Ernährungszustande des Tieres abhängig, während das Retinaglykogen durch Licht und Ernährung nicht beeinflußt wird[16]. Es wurden die physikalischen und chemischen Eigenschaften des glykogenischen Körpers des lumbosakralen Rückenmarks der Vögel untersucht. Der Körper enthält 32 % Glykogen und 60 % Wasser. Die Zellen enthalten Glykogen als dünnflüssige Lösung, die bei Zellverletzung ausfließt[17]. Im Kochextrakt der Seiwalleber 1 %[18].

---

[1] C. Stapp: Zbl. Bakter. II **61**, 276 (1924) — Chem. Zbl. **1924 II**, 350.

[2] J. Warkany: Z. Tbk. **42**, 184 (1925) — Ber. Physiol. **33**, 209 (1926) — Chem. Zbl. **1926 I**, 3244.

[3] Zikes: Zbl. Bakter. II **57**, 21 (1922) — Chem. Zbl. **1923 I**, 1373.

[4] A. Kiesel: Hoppe-Seylers Z. **150**, 149 (1925) — Chem. Zbl. **1926 I**, 1423.

[5] M. P. Neumann u. A. Mühlhaus: Z. ges. Getreidewesen **15**, 95 — Chem. Zbl. **1928 II**, 299.

[6] O. Lakela: Bot. Gaz. **80**, 102 (1025) — Chem. Zbl. **1926 I**, 3477.

[7] Julius Zellner: Bot. Zbl. (Beih.) **40**, 1 (1923) — Chem. Zbl. **1924 I**, 783.

[8] M. C. Yoder: J. of exper. Zool. **44**, 475—483 (1926) — Ber. Physiol. **36**, 771 (1926) — Chem. Zbl. **1927 I**, 470.

[9] O. Flößner: Z. Biol. **82**, 297 (1925) — Chem. Zbl. **1925 I**, 1218.

[10] P. G. Albrecht: J. of biol. Chem. **56**, 483 (1923) — Chem. Zbl. **1924 II**, 694.

[11] J. P. Hoet u. Shyttis M. Tookey Kerridge: Proc. roy. Soc. Lond. **100**, 116 (1926) — Chem. Zbl. **1926 II**, 1159.

[12] Kurt Wachholder: Pflügers Arch. **199**, 528 (1923) — Chem. Zbl. **1923 III**, 1094.

[13] A. D. Ritchie: Brit. J. exper. Biol. **4**, 327 (1927) — Chem. Zbl. **1928 II**, 1116.

[14] H. Winterstein u. E. Hirschberg: Biochem. Z. **159**, 351 — Chem. Zbl. **1925 II**, 1464.

[15] A. Goldfederova: C. r. Soc. Biol. Paris **95**, 801—804 (1926) — Chem. Zbl. **1927 I**, 310.

[16] Carl Müller: Z. Anat. **81**, 220 (1926) — Chem. Zbl. **1927 II**, 272.

[17] Olivo: Boll. Soc. Biol. sper. **1**, 81—84 (1926) — Ber. Physiol. **37**, 525 — Chem. Zbl. **1927 I**, 1495.

[18] Yutaka Furuhashi u. Teijiro Yazawa: Jap. J. med. Sci., Trans. Biochem. **1**, 151 (1927) — Chem. Zbl. **1928 I**, 1199.

Der nephelometrisch bestimmte Glykogengehalt von Sei- und Finnwalen betrug 5—10 Stunden nach dem Tode des Tieres 1,38—3,70%, bei Pottwalen 16—20 Stunden nach dem Tode 0,36 und 0%[1]. Quantitative Bestimmungen des Glykogens im Gesamtkörper von Igeln zu verschiedenen Zeiten während des Winterschlafes[2]. In der Muskulatur und Leber diabetischer und normaler Hunde (Hungertiere)[3]. Für Glykogengehalt der Muskeln (0,4—0,8%) werden bei einer großen Anzahl von Tieren in zweijährigen Untersuchungen keine jahreszeitlichen Schwankungen festgestellt. Glykogengehalt der Leber (151 Tiere, 2—4,5%) im Juni und Juli deutlich geringer[4]. In der Muskulatur gesunder und rachitischer Ratten wurden große Schwankungen bezüglich des Glykogengehaltes festgestellt[5]. Glykogengehalt der weißen Blutkörperchen[6]. Collum- und Korpuscarcinome enthalten Glykogen, und zwar 0,759% des Trockengehaltes und 0,144% der frischen Substanz[7]. Glykogengehalt in gut- und bösartigen Tumoren[8]. Über Glykogen im Fettgewebe[9]. Untersuchungen über den Glykogengehalt der Leber[10]. Gehalt der Leichenleber[11]. Über den Milchsäure- und Glykogengehalt der Nierenrinde[12]. Für das Herz wurden im Mittel 0,138%, für den Skeletmuskel 0,554% Glykogen gefunden[13]. Der Herzmuskel enthält im Durchschnitt 7mal mehr Glykogen als das Reizleitungssystem. Alle bisherigen gegenteiligen Behauptungen erklären sich durch Unzulänglichkeit der färberischen Methoden des Glykogennachweises[14]. Glykogenbestimmungen in ermüdeter und Starremuskulatur und nach Entfernung des Pankreas[15]. Im Gehirn von Kaninchen wurden 0,14 bis 0,19 mg pro 1 g Gewebe gefunden, in einem menschlichen Gehirn, das 15 Stunden nach dem Tode nach schweren Tetanuskrämpfen seziert war, 0,01 mg, in einem gewöhnlichen Gehirn 0,09 mg pro g Gewebe[16]. Glykogengehalt im virginellen, graviden und post-partum-Uterus des Meerschweinchens[17]. In der menschlichen Scheide, nicht aber in dem Scheidensekret von Meerschweinchen, Kaninchen und Kühen[18]. Über den Glykogengehalt der Retina und seine Beziehungen zur Zapfenkontraktion[19]. Das Leberglykogen in neugeborenen Stadien[20]. Die Muskeln phlorrhizinisierter Hunde hatten, gleich nach dem Tode untersucht, nach 2 Tagen durchschnittlich 0,482% und selbst nach 7 Tagen noch 0,124—0,155% Glykogen. Erhielten aber die Tiere am 2. und 3. Tage deutlicher Glykosurie 3—7 mg Adrenalin, so war nach weiteren 24 Stunden kein Glykogen mehr in den Muskeln[21]. Der Glykogengehalt des Gehirns

---

[1] Yoshibumi Masumizu: Jap. J. med. Sci., Trans. Biochem. **1**, 151 (1927) — Chem. Zbl. **1928 I**, 1200.

[2] Ernst Wieland: Biochem. Z. **160**, 66 (1925) — Chem. Zbl. **1925 II**, 1457.

[3] M. F. v. Falkenhausen u. H. Hirsch-Kaufmann: Z. exper. Med. **58**, 567 (1927) — Chem. Zbl. **1928 I**, 2420.

[4] J. Fujii: Tohoku J. exper. Med. **5**, 405 (1924) — Ref.: Ber. Physiol. **31**, 383 — Chem. Zbl. **1925 II**, 1465.

[5] Eveline Ayrer u. Herbert Hentschel: Z. Kinderheilk. **45**, 289 (1928) — Chem. Zbl. **1928 I**, 2037.

[6] J. de Haan: Biochem. Z. **128**, 124—143 (1921) — Chem. Zbl. **1922 IV**, 111.

[7] G. Tesauro: Arch. di Sci. biol. **9**, 88 (1926) — Ref.: Ber. Physiol. **40**, 47 (1927) — Chem. Zbl. **1927 II**, 849.

[8] Fr. Bernhard: Klin. Wschr. **7**, 1184 (1928) — Chem. Zbl. **1928 II**, 693. — C. F. Cori u. G. T. Cori: J. of biol. Chem. **64**, 11 — Chem. Zbl. **1925 II**, 1464. — C. Fahrig u. L. Wacker: Klin. Wschr. **6**, 1227 (1927) — Chem. Zbl. **1927 II**, 1050.

[9] Ernst Wertheimer: Pflügers Arch. **219**, 190 (1928) — Chem. Zbl. **1928 II**, 368.

[10] Erich Burghard u. Hans Paffrath: Z. Kinderheilk. **45**, 68 (1927) — Chem. Zbl. **1928 II**, 2174.

[11] Hans Popper u. Oskar Wozasek: Wien. med. Wschr. **79**, 456 (1929) — Chem. Zbl. **1929 I**, 2788.

[12] James Tutin Irving: Biochemic. J. **22**, 1508 (1928) — Chem. Zbl. **1929 I**, 2197.

[13] H. J. G. Hines, L. N. Katz u. C. N. H. Loag: Proc. roy. Soc. Lond. B **99**, 20 (1925) — Chem. Zbl. **1926 I**, 1446.

[14] S. Buadze u. E. Wertheimer: Pflügers Arch. **219**, 233 — Chem. Zbl. **1928 I**, 3084.

[15] T. H. Milroy: XII. Intern. Physiologenkongreß in Stockholm **1926**, 112 — Chem. Zbl. **1927 II**, 452.

[16] Kiishi Takahashi: Biochem. Z. **159**, 484 (1925) — Chem. Zbl. **1925 II**, 1455.

[17] Filippo Usuelli: Arch. Fisiol. di **26** (1928) — Chem. Zbl. **1929 I**, 3004.

[18] C. Pasch: Arch. f. Hyg. **91**, 158 (1922) — Chem. Zbl. **1922 III**, 1105.

[19] P. Schmitz-Moormann: Arch. f. Ophthalmol. **118**, 506 (1927) — Chem. Zbl. **1928 II**, 1782 — Klin. Mbl. Augenheilk. **78**, 70 (1927) — Chem. Zbl. **1928 II**, 1782.

[20] Ichiro Maruyama: Okayama-Igakkai-Zasshi **39**, 1133 (1927) — Chem. Zbl. **1928 II**, 1794.

[21] A. J. Ringer, H. Dubin u. F. Hulton Frankel: Proc. Soc. exper. Biol. a. Med. **19**, 92 (1927) — Chem. Zbl. **1922 III**, 577.

und der Glykogengehalt des Herzens normaler und unter Sauerstoffmangel gehaltener Ratten ist der gleiche: 0,25 % im Gehirn, 0,080 % im Herz[1]. Glykogengehalt des Reizleitungssystems im Herzen[2].

Bildung: Sammelreferat über die Bildung von Glykogen in der Hefezelle[3]. Saccharomyces Ludwigii, gezüchtet auf glykosehaltigen Salzlösungen nach dem Lüftungsverfahren, ist befähigt, Glykogen aus Glykose aufzubauen[4]. Bei der Selbstgärung der Hefe[5]. Glykogen erscheint in den Tuberkeln erst dann, wenn Leukocyten einwandern; es findet sich immer in Epitheloid- und Riesenzellen dann, wenn diese Leukocyten aufgenommen haben. Geringe Mengen Glykogen können von untergehenden Bacillen abstammen[6]. Die Neubildung von Glykogen hängt davon ab, daß der Gewebszucker nicht zu rasch wegoxydiert wird[7]. Die bisher beobachteten Tatsachen sprechen für die Annahme, daß anorganische Phosphate intermediär bei der Speicherung von Kohlehydrat als Glykogen mitwirken, etwa nach dem Schema[8]:

$$\text{Eingeführtes Kohlehydrat} \to \text{Glykose} \searrow \left\{ \begin{array}{l} \text{Kohlehydratphosphor-} \\ \text{säureverbindungen} \end{array} \right\} \begin{array}{l} \nearrow \text{Glykogen} \\ \searrow \text{Anorganisches Phosphat} \end{array}$$
$$\text{Anorganisches Phosphat} \nearrow$$

Wo — vom Lebergewebe zunächst abgesehen — überhaupt eine Glykogensynthese stattfindet, ist dieselbe nicht die Reversion einer enzymatischen Hydrolyse im Sinne

$$\text{Glykose} \to \text{Maltose} \to \text{Dextrine oder Polyamylosen} \to \text{Glykogen}$$

Die bei den negativ verlaufenen Versuchen zur Synthese von Glykogen anwesenden Glykosidasen besitzen anscheinend keine Affinität zur α- und β-Glykose[9]. Gibt man Winterfröschen 1—10proz. Zuckerlösungen per os und subcutan, so beträgt nach 4 Wochen bei 10 normalen Tieren der Glykogengehalt der Leber 6,6—7,3 %, der der Muskeln 0,92—1,2 %, der Blutzucker 0,041—0,045 %. Wenn nach oraler Glykosezufuhr keine Hyperglykämie eintritt, so steigt nur der Glykogengehalt der Leber (12—15 %), bei Hyperglykämie (0,05—0,22 %), außer diesem (8,2—8,8 %) auch der der Muskeln (1,22—1,8 %)[10]. Selbst nach Zufuhr von hochkonz. Glykoselösungen war weder im Herzmuskel noch in der Leber oder den Adductorenmuskeln eine Glykogenanreicherung festzustellen[11]. Der Glykogengehalt der Frösche, welcher im Februar 0,25 % war, stieg durch täglich 0,15 g Glykose in 5proz. Lösung subcutan in 3 Wochen auf 0,66 %, bei dem folgenden Hungern während 3 Wochen auf 0,15 % sinkend[12]. Die in der Leber (von Ratten) gebildete Glykogenmenge ist bei Fructose und Glykoseaufnahme aus dem Darm gleich groß. Bei Glykose 17 %, bei Fructose 39 % des resorbierten Zuckers wird in der Leber zurückgehalten. Bei Galaktose ist nur eine geringe Glykogenvermehrung. Bei gleichzeitiger Gabe von Insulin ist die Glykogenbildung aus Glykose und Fructose herabgesetzt auf $^1/_3$ bzw. $^1/_{10}$ des Wertes ohne Insulin[13]. 30 % stomachal zugeführte Fructose wird in der Leber als Glykogen wiedergefunden, von Glykose nur 14—18 %. Insulin hemmt die Glykogenbildung aus Fructose stärker als bei Glykose. Galaktose wird nur in sehr kleinen Mengen in Leberglykogen umgewandelt[14]. Bei gleicher Menge aufgenommener Glykose wurden im normalen und mit Insulin behandelten Tieren 90 % als oxydiert und zu Glykogen umgewandelt ermittelt, das Verhältnis gebildetes Glykogen/oxydierte Glykose ist für normale Tiere 1,38 und für Insulintiere 0,87, d. h. bei den letzten wird ein größerer Teil oxydiert. Das Leberglykogen ist in diesem Fall

[1] Y. Kojima: Biochem. Z. **190**, 379 (1927) — Chem. Zbl. **1928 I**, 1788.

[2] S. Buadze u. E. Wertheimer: Pflügers Arch. **219**, 233 — Chem. Zbl. **1928 I**, 3084.

[3] Th. Bokorny: Allg. Brauer- u. Hopfen-Ztg **1922**, 833 — Chem. Zbl. **1922 IIII**, 1009.

[4] A. Gottschalk: Hoppe-Seylers Z. **152**, 132 (1926) — Chem. Zbl. **1926 I**, 2931.

[5] A. Gottschalk: Hoppe-Seylers Z. **153**, 215 (1926) — Chem. Zbl. **1926 I**, 3555.

[6] Max Pinner: Arch. Path. a. Labor. Med. **2**, 51 (1926) — Chem. Zbl. **1927 II**, 707.

[7] E. Bissinger, E. J. Lesser u. K. Zipf: Klin. Wschr. **2**, 2233 (1924) — Chem. Zbl. **1924 II**, 77.

[8] George A. Harropp jr. u. Ethel M. Benedikt: J. of biol. Chem. **59**, 683 (1924) — Chem. Zbl. **1924 II**, 358.

[9] Hans v. Euler u. Karl Myrbäck: Sv. kem. Tidskr. **37**, 173 (1924) — Chem. Zbl. **1925 II**, 1877.

[10] St. J. Przylecki: Arch. internat. Physiol. **23**, 54—56 (1924) — Chem. Zbl. **1925 II**, 668.

[11] Ada Stübel: Z. exper. Med. **40**, 255 (1924) — Chem. Zbl. **1924 II**, 204. — L. Haberlandt: Biochem. Z. **134**, 405 (1922) — Chem. Zbl. **1923 IV**, 43.

[12] St. J. Przylecki u. W. Kaczewski: Arch. internat. Physiol. **22**, 208 (1923) — Chem. Zbl. **1924 II**, 1359.

[13] Carl F. Cori: J. of biol. Chem. **70**, 577—585 (1926) — Chem. Zbl. **1927 I**, 761.

[14] Carl F. Cori: Proc. Soc. exper. Biol. a. Med. **23**, 459—461 (1926) — Ber. Physiol. **36**, 630 (1926) — Chem. Zbl. **1927 I**, 313.

leiner, während in den Muskeln dieselbe Menge wie bei normalen Tieren vorhanden ist[1]. Nach
,5 g Dextrose (in Ohrvene) pro kg nimmt bei Hungerkaninchen der Glykogengehalt der Leber
unächst nicht zu, nach 1 Stunde deutlich, Maximum nach 3 Stunden, bei wiederholten In-
ektionen etwas später und höher. Freier Zucker findet sich nach der Injektion in der Leber
eichlicher als in den Muskeln, deren Glykogengehalt nicht wesentlich zunimmt. — Adrenalin
nd Diuretin hemmen die Glykogensynthese in der Leber, Phlorrhizin (trotz Glykosurie)
icht[2]. Nach Verfütterung von Kohlehydrat-Phosphat ist auch die Bildung von Glykogen
1 der Leber vermindert, gegenüber der Verfütterung von Kohlehydraten allein, so nach Ge-
1isch von Phosphat mit Rohrzucker, Glykose, Fructose, Dioxyaceton und Reis[3]. Die Kurve
ür die Bildung des Leberglykogens, per Schlundsonde gegebener Glykose bei Ratten, ist
1-förmig[4]. Isolierte Leber oder Muskeln bilden in alkalischem Medium aus Lactat Glykogen[5].
– Glykogenbildung auf Zufuhr von Arabinose und Xylose[6]. — Maltose und Tetraamylose
7erden durch die überlebende Meerschweinchenleber nicht zu Glykogen aufgebaut. Tetra-
nd Hexaamylose bewirken am Kaninchen nach oraler Eingabe keinen Glykogenansatz[7]. —
'etraglykosan ist nach den bisherigen Versuchen als Glykogenbildner anzusprechen[8]. —
Iach intravenöser Injektion von Glykose, Fructose, in geringerem Maße auch nach Maltose,
etzt eine anhaltende Vergrößerung der Leber ein, nach Lactose, Mannose, Saccharose nicht.
)ie Zunahme kann nicht osmotisch bedingt sein; wahrscheinlich ist die Ursache der Leber-
ergrößerung in der Fixierung des in Glykogen umzuwandelnden Zuckers mit einer entsprechen-
en Menge Lösungswasser zu suchen. Während der Vergrößerung läßt sich eine Wasseranrei-
herung der Leber nachweisen[9]. Bei Durchströmung der Leber mit in Ringerscher Lösung
elösten Aminosäuren kann eine Vermehrung der Kohlehydrate nicht festgestellt werden[10].
in Blutegeln, die nach mehrmonatigem Hungern mit Kaninchenblut gefüttert wurden,
7urden während der folgenden intensiven Eiweißassimilation ein sehr erheblicher Zuwachs
n Glykogen (200—1600%) festgestellt, während sich Fett nur um 5—150%, Eiweiß um 1,3 bis
00% vermehrte. Das Verhältnis Glykogenzuwachs: N-Desassimilation war etwa 1,6. Der
ilykogenzuwachs erfolgt hauptsächlich durch Synthese der während der Desamidierungs-
rozesse des Eiweißes entstehenden C-Ketten[11]. Der Glykogengehalt der Leber war am größten
ei Ca-reicher, am geringsten bei K-armer Nahrung, doch waren die Einflüsse anscheinend
icht erheblich. Die Bildung von Glykogen in den Muskeln wurde durch den Wechsel in der
Iahrung nicht bemerkenswert beeinflußt[12]. Bei längere Zeit mit Schwefel gefütterten Kanin-
hen war der Glykogengehalt der Leber stark vermehrt, um etwa das 2—3fache der Lebern
on Kontrolltieren. Es ist anzunehmen, daß mit der stärkeren Glykogenspeicherung in der
,eber der Blutzuckerspiegel sinken muß[13]. Die glykogenetische Funktion der Leberzelle nimmt
1it dem Alter zu[14]. Das Leberglykogen schwindet bei Kaninchen fast völlig nach länger an-
altender Insulinhypoglykämie. Die Leber enthält auch im Krampfstadium 2—3 g Glykogen.
)as Leberglykogen nimmt nicht zu, wenn man mit Insulin zusammen Glykose gegeben hat.
Venn man die Insulinkrämpfe durch Narkose verhindert, so nimmt das Leberglykogen nicht

[1] Carl F. Cori u. Gerty T. Cori: J. of biol. Chem. 70, 557—575 (1927) — Chem. Zbl. 1927 I, 761.
[2] K. Sato: Tohoku J. exper. Med. 4, 312, 347 (1923) — Ref.: Ber. Physiol. 24, 343 (1924) —
hem. Zbl. 1924 II, 705.
[3] J. Abelin: Klin. Wschr. 4, 1732 — Chem. Zbl. 1925 II, 2174.
[4] Carl F. Cori: Proc. Soc. exper. Biol. a. Med. 23, 286 (1926) — Chem. Zbl. 1926 II,
974.
[5] Harold A. Abramson, M. Grace Eggleton u. Philip Eggleton: J. of biol. Chem. 75,
63 (1928) — Chem. Zbl. 1928 II, 786.
[6] P. Thomas, A. Gadinescu u. R. Imas: C. r. Acad. Sci. Paris 188, 664 (1929) — Chem. Zbl.
929 I, 2897.
[7] H. von Koeßlin u. H. Pringsheim: Hoppe-Seylers Z. 131, 168 (1923) — Chem. Zbl.
924 I, 572.
[8] Johannes Kerb: Z. exper. Med. 43, 402 (1924) — Chem. Zbl. 1925 I, 685.
[9] Hans Mautner: Arch. f. exper. Path. 126, 255 (1927) — Chem. Zbl. 1928 I, 1059.
[10] Ugo Lombroso u. Camillo Artom: Arch. Farmacol. sper. 20, 211—224 (1915) — Chem.
bl. 1916 I, 167.
[11] T. Vieweger: Trav. de l'Inst. M. Nencki Nr 30 (1923) — Ber. Physiol. 29, 83 (1925) —
hem. Zbl. 1925 I, 1100.
[12] Leon Asher u. Bunga Kobori: Biochem. Z. 173, 54 (1926) — Chem. Zbl. 1926 II, 1979.
[13] E. Bürgi u. T. Gerdonoff: Klin. Wschr. 5, 466 (1926) — Chem. Zbl. 1926 I, 3411.
[14] Z. Gruzewsky u. Fauré-Fremiet: C. r. Acad. Sci. Paris 175, 1237 (1922) — Chem.
bl. 1923 I, 1464.

nennenswert ab[1]. Übersichtsreferat über die neueren Forschungen über die pharmakologische Beeinflussung der Leber mit dem Ergebnis, daß die Leber nicht die früher angenommene ganz isolierte Stellung für chemische Umsetzungen hat, der Glykogenab- und -aufbau vielmehr auch in anderen Zellen erfolgen kann[2]. Aus der Annahme, daß die Resynthese von Glykogen aus den Spaltprodukten nicht notwendigerweise im Muskel erfolgt und als Wärmequelle auch andere Oxydationen als die der Spaltprodukte selbst verwerten kann, ergibt sich, daß als Kraftquelle jegliche Wärmeproduktion im Organismus verwertbar ist. Die im Stoffwechsel unbedingt nötige Menge Kohlehydrate ist infolgedessen viel geringer als meist angenommen wird[3].

Beim Hunde ist der erhöhte Glykogengehalt des Skeletmuskels nach Kohlehydratfütterung ausgesprochener als beim Kaninchen, findet sich überhaupt ein höherer Prozentsatz von Glykogen im Herzen. Kaninchen haben stets niedrigeren Prozentsatz Glykogen im Herzen als die Skeletmuskeln[4]. Die glykogenbildende Funktion des Skeletmuskels beim Hund ohne Leber, mit besonderer Berücksichtigung der Rolle, die das Insulin dabei spielt[5]. — Milzlose Kaninchen verlieren nicht das Vermögen, aus zugeführtem Traubenzucker Glykogen zu bilden[6]. Bei ausgeweideten Spinalkatzen wird intravenös injizierte Glykose in der Muskulatur nur in Gegenwart von Insulin zu Glykogen aufgebaut, bei nicht ausgeweideten auch ohne Insulin[7]. Umwandlung von Fett in Glykogen bei Fischen[8]. — Während des Eiweißansatzes werden Glykogen in stärkerem, Fettsäuren in kleinerem Maße gespeichert[9]. Glykogenbildung in der Darmwand[10]. — Insulin bewirkt vermehrte Glykogenspeicherung, bessere Kohlehydratverwertung durch Beeinflussung der Fermente. — Glykogenaufbau und Lactacidogenabbau werden beschleunigt[11]. Auftreten des Glykogens bei der Entwicklung der Froschembryonen[12]. Nach Versuchen an Hunden und Ratten kann eine Ablagerung von Glykogen aus dem Blute in Zellen des großen Netzes stattfinden. Einen Umbau von Glykose in Glykogen unmittelbar — unter Ausschaltung des Blutweges — gibt es aber nicht[13]. Die Gallenbildung beginnt gewöhnlich in den peripheren Zellen eines Leberläppchens, während das Glykogen in zentraler Zone deponiert wird. Die Leberfunktion ist periodischer Natur. Morgens findet man gewöhnlich ein Glykogenmaximum und ein Minimum an Gallenbestandteilen. Später stellt sich der entgegengesetzte Zustand ein. Dazwischen finden sich alle Übergangsgrade[14]. Wirkung von Insulin auf die Glykogenbildung[15] und seine therapeutische Anwendung[16]. — Bei der

---

[1] Berthe Heymans u. C. Heymans: C. r. Soc. Biol. Paris 93, 50—52 (1925) — Chem. Zbl. 1925 II, 1058.

[2] Hans Mautner: Klin. Wschr. 3, 2321—2325, 2369—2372 (1924) — Chem. Zbl. 1925 I, 701.

[3] H. Schur u. A. Löw: Wien. klin. Wschr. 41, 225, 261 — Chem. Zbl. 1928 I, 1886.

[4] J. J. R. Macleod u. D. J. Prendergart: Trans. roy. Soc. Canada 15, 37 (1921) — Chem. Zbl. 1923 I, 707.

[5] J. Markowitz, Frank C. Mann u. Jesse L. Bollman: Amer. J. Physiol. 87, 566 (1929) — Chem. Zbl. 1929 I, 1476.

[6] A. Noma: Okayama-Igakkai-Zasshi 1926, 1185 — Chem. Zbl. 1928 I, 375.

[7] Y. O. Choi: Amer. J. Physiol. 83, 406 — Chem. Zbl. 1928 I, 1976.

[8] John Addyman Gardner u. George King: Biochemic. J. 16, 729 (1922) — Chem. Zbl. 1923 I, 696.

[9] T. Vieweger: Arch. internat. Physiol. 25, 1 (1925) — Chem. Zbl. 1926 II, 449.

[10] Konrad Lang: Biochem. Z. 200, 90 (1928) — Chem. Zbl. 1929 I, 555. — Hisanori Yoshida: Trans. jap. path. Soc. 14, 221 (1924) — Chem. Zbl. 1927 I, 1973.

[11] J. A. Collazzo, Marcel Händel u. P. Rubino: Klin. Wschr. 3, 323 (1924) — Chem. Zbl. 1924 I, 2528.

[12] M. Konopacki: C. r. Soc. Biol. Paris 91, 973—975 (1924) — Chem. Zbl. 1925 I, 108.

[13] Erich Fels: Zbl. Path. 35, 177—179 (1924) — Ber. Physiol. 29, 889—890 (1925) — Chem. Zbl. 1925 II, 318.

[14] E. Forsgen: Skand. Arch. Physiol. 53, 137 (1928); 55, 144 (1929) — Chem. Zbl. 1928 I, 2422; 1929 I, 1960.

[15] B. P. Babkin: Brit. J. exper. Path. 4, 310 (1923) — Ref.: Ber. Physiol. 25, 61 (1924) — Chem. Zbl. 1924 II, 1026. — A. D. Barbow, J. L. Chaikoff, J. J. R. Macleod u. M. D. Orr: Amer. J. Physiol. 80, 243 (1927) — Chem. Zbl. 1927 II, 842. — A. D. Barbow: J. of biol. Chem. 67, 53 (1926) — Chem. Zbl. 1926 II, 1541. — Carl F. Cori: Proc. Soc. exper. Biol. a. Med. 23, 459—461 (1926) — Ber. Physiol. 36, 630 (1926) — Chem. Zbl. 1927 I, 313. — Y. O. Choi: Amer. J. Physiol. 83, 406 — Chem. Zbl. 1928 I, 1967. — Alfred Gottschalk: Z. exper. Med. 50, 42 (1926) — Chem. Zbl. 1926 II, 605. — M. A. McCormick u. J. J. R. Macleod: Trans roy. Soc. Canada V 17, 63 (1923) — Chem. Zbl. 1924 I, 2383. — W. W. Simpson u. J. J. R. Macleod: Trans. roy. Soc. Canada V (3) 20, 371—375 (1926) — Chem. Zbl. 1927 II, 1175. — M. G. Bodey, H. B. Lewis u. J. F. Huber: J. of biol. Chem. 75, 715 (1927) — Chem. Zbl. 1928 I, 2961.

[16] R. D. Lawrence: Quart. J. Med. 20, 69 (1926) — Chem. Zbl. 1928 II, 1454.

Einwirkung von Milzextrakt gemeinsam mit aktivem Pankreasextrakt bilden sich aus löslicher Stärke merkliche Mengen Isomaltose und geringe Mengen eines Produktes von den Eigenschaften des Glykogens[1]. — Weder Leberbrei noch Diastase konnten aus Glykose fermentativ Glykogen bilden[2]. Über die Säureeinwirkung auf das Glykogengehalt der Froscheier[3].

Darstellung: Kaninchen, die 2—3 Stunden vor Tötung durch Entbluten 50 ccm 50proz. Glykoselösung mit Schlundsonde eingenommen hatten, wurde die Leber entnommen, von der Gallenblase befreit, dann nach gründlichem Waschen zerschnitten, in Kältemischung gefroren und unter Zusatz von Kieselgur im Mörser zerrieben. — Der Brei wurde mit 3proz. Trichloressigsäure verrührt und nach Zusatz von viel Wasser abgesaugt. Aus dem Filtrat, das mit einem zweiten Extrakt vereinigt wird, fällt man das Glykogen durch Zusatz des gleichen Volumens Alkohol und wird durch 5maliges Umfällen gereinigt[4].

2 kg Trockenhefe werden mit 10 l kochender 2proz. NaOH extrahiert, die von den Zellwandbestandteilen getrennte Lösung unter vermindertem Druck auf etwa 3 l eingeengt; in diesem Stadium tritt Bildung eines Gels von Natriumnucleat ein, das durch Zusatz von Eisessig gefällt wird. Die mit NaOH neutralisierte Lösung wird auf 500 ccm eingeengt und mit so viel Alkohol versetzt, daß die Lösung 55% Alkohol enthält. Das ausgeschiedene Glykogen läßt man absitzen, wäscht mit 60proz. Alkohol und löst den Niederschlag in heißem Wasser. Man setzt dann so viel K_2CO_3 zu, daß dessen Konzentration 60% beträgt. Nach 2stündigem Erhitzen im trockenen Wasserbad wird verdünnt, mit Alkohol gefällt und mit NaOH alkalisch gemacht. Nun fällt man das begleitende Mannan mit Fehlingscher Lösung, dekantiert von der Mannan-Cu-Verbindung und dialysiert bis zum Verschwinden aller Aschenbestandteile[5].

Gemahlene Trockenhefe wird mit 50proz. KOH 30 Stunden bei 100° gehalten. Die durch Zentrifugieren abgetrennte Lösung wird mit Alkohol gefällt, mit 60proz. Alkohol gewaschen, in wenig Wasser gelöst, filtriert, mit siedender Fehlingscher Lösung vom Hefegummi befreit, dann bei 0° enteiweißt und mit 60proz. Alkohol gefällt. Die Analyse stimmt auf $C_6H_{10}O_5$, $[\alpha]_D = +192°$[6].

Nachweis und Bestimmung: Zur Unterscheidung von Erythrodextrin bei pflanzenmikrochemischen Untersuchungen ist am besten die Färbung der Schnitte mit 0,5proz. Lösung von Orseillin BB in 90proz. Alkohol während 10—15 Minuten. Glykogen färbt sich dabei carminrot, Erythrodextrin nicht[7]. — Nachweis im Gefrierschnitt mit der Bestschen Carminfärbung[8]. — Glykogen kann in mikroskopischen Schnitten nachgewiesen werden, wenn das Material in eine Lösung von Benzidin (1,0 g), Eisessig (10 ccm) in Wasser (30 ccm, nach Kochen auf 50 ccm aufgefüllt) gebracht worden ist[9]. Es ist wohl möglich, daß zahlreiche Feststellungen des Vorkommens von Glykogen in Geweben falsch waren, weil man die Lecithinreaktion mit J-KJ-Lösung für die Glykogenreaktion hielt[10]. Glykogen, mit etwas konz. H_2SO_4 angefeuchtet, gibt, wenn 1 Tropfen Guajacol zugesetzt wird, wie Methaldehyd, eine charakteristische Farbenreaktion[11]. Mit salzsaurer Tryptophanlösung erhitzt, gibt die Glykosereaktion[12]. Zusammenfassung der Bestimmungsmethoden für Glykogen[13]. — Es besteht ein Parallelismus zwischen der histologischen Reaktion und dem chemischen Mengenverhältnis, so daß im allgemeinen die Methode von Vastarini Cresi bei der histochemischen Bestimmung des Glykogens ein genügend sicheres Bild vom Glykogengehalt eines Gewebes gibt[14].

[1] Cesare Serono u. Alfonso Cruto: Rass. internaz. Clin. **22**, 199 (1923) — Chem. Zbl. **1924 I**, 800.

[2] Stefan Ederer: Biochem. Z. **130**, 294 (1922) — Chem. Zbl. **1923 I**, 978.

[3] H. Elias u. St. Weiß: Wien. med. Wschr. **78**, 1351 (1928) — Chem. Zbl. **1928 II**, 2571.

[4] P. Rona u. C. van Eweyk: Biochem. Z. **149**, 174 (1924) — Chem. Zbl. **1924 II**, 1211.

[5] A. R. Ling, D. R. Nanji u. F. J. Paton: J. Inst. Brewing **31**, 316 — Wschr. Brauerei **42**, 205 — Chem. Zbl. **1925 II**, 2170.

[6] Takeo Yokoyama: Beitr. Physiol. **3**, 95 (1925) — Chem. Zbl. **1926 I**, 141.

[7] Eva Mameli Calvino: Riv. Biol. **5**, 486 (1923) — Chem. Zbl. **1924 I**, 2291.

[8] H. J. Arndt: Zbl. Path. **35**, 545 (1925) — Ref.: Ber. Physiol. **31**, 196 — Chem. Zbl. **1925 II**, 1545.

[9] H. Roques: C. r. Soc. Biol. Paris **95**, 575 (1926) — Chem. Zbl. **1926 II**, 1775.

[10] M. Romieu: C. r. Acad. Sci. Paris **184**, 1206 (1927) — Chem. Zbl. **1927 II**, 2216 — C. r. Soc. Biol. Paris **96**, 1232 (1927) — Chem. Zbl. **1927 II**, 612.

[11] P. Brouére: Bull. Soc. Chim. biol. Paris **8**, 462 (1926) — Chem. Zbl. **1926 II**, 2988.

[12] Pierre Thomas u. Elena Maftei: Bulet. Soc. da Stiinte din Cluj **3**, 41—44 (1926) — Chem. Zbl. **1927 I**, 779.

[13] Eric Boyland: Biochemic. J. **22**, 236 (1928) — Chem. Zbl. **1928 II**, 686.

[14] A. Policard u. R. Noël: C. r. Soc. Biol. Paris **86**, 118—119 (1922) — Chem. Zbl. **1922 II**, 851.

Bestimmung in Leukocyten durch Isolierung des Glykogens durch Zerstörung des Protoplasmas mit 60 proz. Kalilauge bei 100°, Fällung des Glykogens mit Alkohol, dann Inversion mit Salzsäure und Bestimmung der gebildeten Glykose nach Bang[1]. — Zur Bestimmung von Glykogen wird es durch 3 stündiges Kochen mit 3 proz. H_2SO_4 hydrolysiert und die gebildete Glykose bestimmt[2]. Zur Bestimmung in Hefe muß zunächst die Lösung durch Sättigen mit Ammoniumsulfat vom Hefegummi getrennt werden[3]. — Bestimmung in Placenta[4]. Das Verfahren von Bierry und Gruzewska[5] ist von Yakamawa durch Benutzung von kolloidalem Eisen statt Quecksilberacetat als Fällungsmittel verschlechtert, indem hierbei infolge Gegenwart aus Nucleinen und Eiweißkörpern abgespaltenen reduzierenden Stoffen zu hohe Werte erhalten werden. Sato[6] bestimmt die Reduktion vor und nach der Vergärung; die nach dieser bleibende Restreduktion, als Glykose berechnet, beträgt für Kaninchenleber 0,3%, für Kaninchenmuskel 0,2%[6]. — Mikrobestimmung in Lösung. Beim Ausschütteln einer mit dem gleichen Volumen Alkohol (1 ccm) versetzten wässerigen Glykogenlösung (1 ccm) mit Äther im Überschuß (5 ccm) scheidet sich das Glykogen in der wässerigen Phase als Trübung aus. Die Trübung ist proportional der Glykogenkonzentration. Bei Blut erhält man ein farbloses, eiweißfreies Filtrat ohne Glykogenverlust durch gleiches Volumen 25 proz. Trichloressigsäure[7]. Mikrobestimmung in der Leber: Die Methode zerfällt in drei Abschnitte: 1. Die Leber wird mit einer 35 proz. Lösung von Pottasche 30 Minuten im Autoklaven bei 120° belassen; 2. nach dem Abkühlen wird mit HCl neutralisiert und ein gewisser Überschuß dieser Säure zugegeben und eine weitere $1/2$ Stunde bei 120° autoklaviert; 3. nach dem Neutralisieren bestimmt man mittels einer Mikromethode die gebildete Glykose, nachdem vorher die Eiweißsubstanzen mittels Hg-Nitrat entfernt werden[8]. Mikrobestimmung der Glykose und ihre Anwendung auf die Bestimmung des Leberglykogens[9]. — Nephelometrische Methode[10].

Physiologische Eigenschaften: Der Gehalt an Glykogen steigt bei höheren Pilzen gewöhnlich rascher an, fällt aber auch schneller als der Volutingehalt. Ab- und Zunahme beider sind bei den verschiedenen Pilzen von äußeren Umständen abhängig und an eine gewisse Zeitspanne gebunden. Der Fettgehalt nimmt langsamer zu und bleibt selbst in sehr alten Zellen erhalten. Eine kräftige Stickstoffnahrung beeinflußt die Bildung aller drei Reservestoffe, am meisten die des Volutins im günstigen Sinne[11]. — Ist als Reservekohlehydrat der Hefe zu betrachten. Seine Menge nimmt beim Schütteln der Hefe mit Glykose an der Luft um 85—288% zu[12]. Die Inaktivierung der krystallisierten Urease in starker Verdünnung bei Zimmertemperatur wird durch Glykogen stark gehemmt[13]. Untersuchung über die Adsorption von Amylase durch Glykogen[14]. Aus Glykogen werden in Gegenwart von Komplement durch Malzauszug bei Citratpuffer in 48 Stunden 74% Maltose, ohne Komplement 52,9% Maltose gebildet. In 168 Stunden entstehen 100 bzw. 61% Maltose, während in der gleichen Zeit aus Amylopektin + Komplement 88,3%, aus Amylopektin allein 78,8% Maltose gebildet werden[15]. Untersuchungen über die Hydrolyse des Glykogens durch das diastatische

---

[1] J. de Haan: Biochem. Z. **128**, 124—143 (1921) — Chem. Zbl. **1922 IV**, 111. — Anna Goldfederová: Biol. Listy **10**, 168 — Ber. Physiol. **28**, 177 (1924) — Chem. Zbl. **1925 I**, 731.

[2] A. R. Ling, D. R. Nanji u. F. J. Paton: J. Inst. Bewing **31**, 316 — Wschr. Brauerei **42**, 205 — Chem. Zbl. **1925 II**, 2170.

[3] Paul Mayer: Biochem. Z. **135**, 487 (1923) — Chem. Zbl. **1923 IV**, 442.

[4] René Clogne, Welti u. Pichon: Bull. Soc. Chim. biol. Paris **6**, 788—790 (1924) — Chem. Zbl. **1925 I**, 138.

[5] Bierry u. Gruzewska: C. r. Acad. Sci. Paris **155**, 1559 (1913) — Chem. Zbl. **1913 I**, 658.

[6] Kozo Sato: Tohoku J. exper. Med. **4**, 265 (1924) — Chem. Zbl. **1924 I**, 1983.

[7] S. E. de Jongh u. J. Planelles: Nederl. Tijdsschr. Geneesk. II **68**, 2713 (1924) — Biochem. Z. **154**, 167 (1924) — Chem. Zbl. **1925 I**, 731.

[8] H. Bierry u. B. Gouzon: C. r. Soc. Biol. Paris **99**, 186 — Chem. Zbl. **1928 II**, 1132.

[9] H. Bierry u. L. Goiran: C. r. Soc. Biol. Paris **99**, 253 (1928) — Chem. Zbl. **1928 II**, 2047. — A. Slosse: C. r. Soc. Biol. Paris **97**, 1810 (1927) — Chem. Zbl. **1928 I**, 1443.

[10] P. Rona u. C. van Eweyk: Biochem. Z. **149**, 174 (1924) — Chem. Zbl. **1924 II**, 1211. — J. Paechtner: Biochem. Z. **156**, 249—254 (1925) — Chem. Zbl. **1925 I**, 2326.

[11] Heinrich Zikes: Allg. Z. Bierbrauerei u. Malzfabr. **50**, 39 (1922) — Chem. Zbl. **1922 I**, 1381.

[12] Joseph Warkany: Biochem. Z. **150**, 271—280 — Chem. Zbl. **1924 II**, 2407.

[13] James B. Summer: Proc. Soc. exper. Biol. a. Med. **24**, 287—288 (1927) — Ber. Physiol. **40**, 587 (1927) — Chem. Zbl. **1927 II**, 1850.

[14] L. Ambard: Bull. Soc. Chim. biol. Paris **5**, 693 (1923) — Chem. Zbl. **1924 II**, 478.

[15] Hans Pringsheim u. Arthur Beiser: Biochem. Z. **148**, 336 (1924) — Chem. Zbl. **1924 II**, 1211.

Ferment des Muskels[1]. — Bildung und Abbau des Glykogens in Gegenwart von Milchsäure[2]. Untersuchungen in dem System Amylase—Tierkohle—Glykogen[3]; System Glykogen—Amylase—Lipoide[4]. Glykogen wird nur durch die Speicheldiastase der Omnivoren einer amylolytischen Wirkung unterworfen; eine diastatische Wirkung des Speichels der Herbivoren konnte Lücking[5] nicht konstatieren. Die diastatische Kraft des Speichels war am wirksamsten in schwach saurer Reaktion[5]. Die Glykogen abbauende Fähigkeit menschlicher Sera ist bei Diabetikern stärker wirksam als bei normalen Menschen[6]. — Die Hydrolyse von Glykogen kann mit einem Glycerinextrakt aus frischem Muskel oder Lebergewebe bei einem optimalen p_H von 6,3 ausgeführt werden und führt wahrscheinlich zur Bildung eines Trisaccharids, das sehr leicht in sein Anhydrid übergeht[7]. — Bei Glykogen nimmt die Phagocytose mit zunehmender Konzentration ab[8]. Beim oxydativen Zuckerabbau des menschlichen Gehirns ist Glykogen ein guter Aldehydbildner[9]. — Glykogenhaushalt des Kaninchengehirns[10]. Der Glykogengehalt der frisch ausgestoßenen Placenta beträgt 0,1—0,2% des Frischgewichtes, das beim Liegen rasch abnimmt: von 0,1 auf 0,03% innerhalb 3 Stunden. Das Glykogen wird durch eine Diastase mobilisiert. Bei der Durchblutung von der Nabelarterie her erfolgt bei Zusatz von Glykose keine Zunahme des Glykogens[11]. Menschliches Placentargewebe vermag aus Glykogen Acetaldehyd zu bilden[12]. Durchströmungsversuche mit überlebender Placenta in Gegenwart von Glykose, Glykogenauf- und -abbau[13]. — Während die Haut ohne Zusatz von Kohlehydrat keinen Acetaldehyd bilden kann, findet dies in starkem Maße statt bei Zusatz von Glykogen. Die Haut von Diabetikern kann ebenfalls aus Glykogen Aldehyd bilden[14]. Im Brei aus Haut von menschlichen Leichen kann nach 24 Stunden Bildung von Milchsäure nachgewiesen werden. Die Milchsäurebildung wird wenig gesteigert durch Gegenwart von Glykogen[15].

In Gegenwart von Muskelfleisch liegt das Optimum der Glykogenabnahme und der Bildung von Hexose bei p_H etwa 6,3. Das Verschwinden von Glykogen ist kaum von der Phosphatkonzentration abhängig. Die Veresterung (d. h. das Schwinden) der Hexose und demzufolge die Bildung von Milchsäure aus Lactacidogen besitzen ein ausgesprochenes Optimum bei etwa 3% Phosphat. Das Optimum für die Veresterung der Zymohexosen durch Hefe liegt etwa an gleicher Stelle[16]. Einwirkung der enzymatisch wirksamen Extrakte aus Rattenmuskeln auf Glykogen[17]. — Durch gleichzeitigen Zusatz von Glykogen an Muskelpreßsaft kann die Lactacidogensynthese gesteigert werden[18]. — Post mortem können im Muskelbrei 80—90% des Glykogens sich mit vorhandenem freiem Phosphat vereinigen. Gleichzeitig verwandelt sich eine kleine Menge Glykogen in Milchsäure. Ist reichlich Glykogen vorhanden

[1] Karl Lohmann: Biochem. Z. **178**, 444—461 (1926) — Chem. Zbl. **1927 I**, 1037.

[2] Alexander Partos: Fermentforschg **9**, 403 (1928) — Chem. Zbl. **1928 II**, 1447.

[3] S. J. Przylecki, H. Niedzwiedzka u. T. Majewski: Biochemic. J. **21**, 1025 (1927) — Chem. Zbl. **1928 I**, 812.

[4] Richard Truszkowski: Biochemic. J. **22**, 767 (1928) — Chem. Zbl. **1928 II**, 2476.

[5] Wilhelm Lücking: Dtsch. tierärztl. Wschr. **34**, 257 (1926) — Chem. Zbl. **1926 I**, 3404.

[6] Dionys Fuchs u. Géza Hetényi: Biochem. Z. **136**, 469 (1923) — Chem. Zbl. **1923 III**, 797.

[7] A. D. Barbour: J. biol. Chem. **85**, 29 (1929) — Chem. Zbl. **1930 I**, 2546.

[8] Kazuichi Usui: Trans. jap. path. Soc. **14**, 87 (1924) — Chem. Zbl. **1927 I**, 1973.

[9] J. Wohlgemuth u. Y. Nakamura: Biochem. Z. **175**, 233 (1926) — Chem. Zbl. **1926 II**, 2193.

[10] Eric Gordon Holmes u. Barbara Elizabeth Holmes: Biochemic. J. **20**, 1196—1203 (1926) — Chem. Zbl. **1927 I**, 1335.

[11] K. Felix u. Kj. v. Oettingen: Hoppe-Seylers Z. **144**, 190—195 (1925) — Chem. Zbl. **1925 II**, 944.

[12] Rintaro Tateyama: Biochem. Z. **163**, 292 (1925) — Chem. Zbl. **1926 I**, 2719.

[13] G. Delle Piane: Bull. Soc. Biol. sper. **1**, 117—119 (1926) — Ber. Physiol. **36**, 874—875 (1926) — Chem. Zbl. **1927 I**, 625. — Giuseppe Delle Piane: Riv. ital. Gynec. **4**, 667 (1926) — Chem. Zbl. **1927 I**, 2570.

[14] J. Wohlgemuth: Biochem. Z. **173**, 258 (1926) — Chem. Zbl. **1926 II**, 1430.

[15] J. Wohlgemuth: Biochem. Z. **186**, 43 (1927) — Chem. Zbl. **1928 I**, 220.

[16] Hans v. Euler, Karl Myrbäck u. Signe Karlsson: Hoppe-Seylers Z. **143**, 243—264 (1925) — Chem. Zbl. **1925 II**, 305.

[17] Hans v. Euler, Ragnar Nilsson u. Thor Lövgren: Hoppe-Seylers Z. **166**, 91 (1927) — Chem. Zbl. **1927 II**, 944.

[18] G. Embden u. C. Haymann: Hoppe-Seylers Z. **137**, 154 (1924) — Chem. Zbl. **1924 II**, 1225. — H. A. Davenport u. M. Cotonio: J. of biol. Chem. **73**, 463 (1927) — Chem. Zbl. **1927 II**, 1368.

und noch mehr zugesetzt worden, so kann die Bildung von Milchsäure größer werden. Dabei kann der Muskel die dreifache Menge des normalen Glykogengehaltes umsetzen[1]. Versuche mit dem abgetrennten, milchsäurebildenden Ferment vom Muskel[2]. Einfluß verschiedener Zucker auf die Glykogenolyse[3]. — Milchsäurebildung aus Glykogen mit Trockenmuskel und Aktivatoren[4]. Insulin und Glykogenolyse[5]. Lebersaft wies keine Bildung von Milchsäure aus Glykogen oder aus Zymophosphat auf. Mit Muskelsaft wurde eine Milchsäurebildung beobachtet, deren Reaktionsgeschwindigkeit die gleiche Größenordnung wie die Mutasewirkung zeigt[6]. Bei der Spaltung von Glykogen, Stärke und mit dem abgetrennten, milchsäurebildenden Ferment vom Muskel entsteht eine aktive Hexosemodifikation, die unter Mitbeteiligung der Phosphorsäure in Milchsäure übergeht[7]. Über die Wärmetönungen der Reaktionen, die aus Glykogen zur Milchsäure führen[8]. Die freie Energie der Spaltung Glykogen-Milchsäure im Muskel[9]. — Das an der Entfärbung von Methylenblau gemessene Reduktionsvermögen des Rattenmuskels wird durch Glykogen nicht unerheblich aktiviert. Höhere Konzentrationen von Glykogen hemmen. Glykogen ist ohne Einfluß auf die Reduktionswirkung von ausgewaschener Trockenunterhefe[10]. Verschwinden des Glykogens nach dem Tode als ein möglicher Nachweis der Unbrauchbarkeit von Muscheln[11]. — Milchsäurebildung aus Glykogen in Gegenwart von Insulin[12]. — Wirkung von Insulin auf das Glykogen in den Geweben normaler Tiere[13]. — Insulin und Adrenalin beeinflussen den Abbau von Glykogen nicht nur im überlebenden Organ, sondern auch in Lösungen[14]. — Aus Glykogen entstehen durch gleichzeitige Einwirkung von Dünndarmschleimhautextrakt und Pankreasextrakt nach längerer Zeit kleine Mengen Glykose[15]. — Die Aldehydbildung in Leberbrei wird verstärkt durch Glykogen[16]. — Leberglykogen wird im Lebergewebe in α-, β-Glykose gespalten. Insulin beeinflußt den Prozeß in keiner Weise. Im Gegensatz zu Muskelgewebe bildet Lebergewebe in Gegenwart von Insulin keine Neoglykose aus α-, β-Glykose. Eine Lösung, die Neoglykose enthält, wird durch Zusatz von Lebergewebe nicht verändert[17]. Die Tatsache, daß Glykogen durch Froschleber während der Wintermonate nicht gespalten wird, wird durch die Annahme erklärt, daß Enzym und Substrat an verschiedenen Stellen der Oberfläche der Leberzellen fixiert sind[18]. Von Dezember bis Januar gelingt es, den Glykogengehalt der Froschmuskeln durch 8tägigen Aufenthalt bei 25—27° deutlich herunterzudrücken. Auch werden in diesen Monaten die Muskeln

[1] Florence Beattie u. J. H. Milroy: J. of Physiol. **60**, 379 (1925) — Chem. Zbl. **1926 I**, 1228.

[2] Otto Meyerhof: Naturwiss. **14**, 196 (1926) — Chem. Zbl. **1926 I**, 2809.

[3] Eisuke Ishikawa: Biochem. Z. **195**, 469 (1928) — Chem. Zbl. **1928 II**, 910.

[4] H. v. Euler, Edv. Brunius u. Stig Proffe: Sv. kem. Tidskr. **40**, 100 (1928) — Chem. Zbl. **1928 II**, 72.

[5] J. L. Chaikoff: Trans. roy. Soc. Canada **19**, 23 (1925) — Chem. Zbl. **1926 II**, 248. — E. Grafe, H. Reinwein u. H. Singer: Arch. f. exper. Path. **119**, 91—101 (1926) — Chem. Zbl. **1927 I**, 1175. — Carl F. Cori: Proc. Soc. exper. Biol. a. Med. **21**, 419—420 (1924) — Ber. Physiol. **27**, 330 (1924) — Chem. Zbl. **1925 I**, 254.

[6] H. v. Euler u. E. Brunius: Sv. kem. Tidskr. **39**, 287 (1927) — Chem. Zbl. **1928 I**, 1427.

[7] Otto Meyerhof: Naturwiss. **14**, 196 (1926) — Chem. Zbl. **1926 I**, 2809.

[8] Otto Meyerhof u. J. Surányi: Biochem. Z. **191**, 106 (1927) — Chem. Zbl. **1928 I**, 1432.

[9] Dean Burk: Proc. roy. Soc. Lond. B **104**, 153 (1929) — Chem. Zbl. **1929 I**, 1366.

[10] Hans v. Euler, Ragnar Nilsson u. Brita Jansson: Hoppe-Seylers Z. **165**, 121 (1927) — Chem. Zbl. **1927 II**, 446.

[11] D. B. Dill: J. Assoc. official agricult. Chemists **8**, 567 (1925) — Chem. Zbl. **1926 I**, 262.

[12] Fritz Laquer u. Paul Meyer: Hoppe-Seylers Z. **124**, 211 (1922) — Chem. Zbl. **1923 I**, 985.

[13] Harold Ward Dudley u. Gay Frederic Marrian: Biochemic. J. **17**, 435 (1923) — Chem. Zbl. **1923 III**, 873. — J. A. Collazzo, Marcel Händel u. P. Rubins: Klin. Wschr. **3**, 323 (1924) — Chem. Zbl. **1924 I**, 2528. — Alfred Schwartz u. M. Bricka: C. r. Soc. Biol. Paris **91**, 1428—1430 (1924) — Chem. Zbl. **1925 I**, 1225. — W. Cramer: Brit. J. exper. Path. **5**, 128—140 (1924) — Ber. Physiol. **29**, 405—406 (1925) — Chem. Zbl. **1925 I**, 2091.

[14] Hans v. Euler, Ragnar Nilsson u. Thor Lövgren: Hoppe-Seylers Z. **166**, 91 (1927) — Chem. Zbl. **1927 II**, 944.

[15] Cesare Serono u. Alfonso Cruto: Rass. internaz. Clin. **22**, 199 (1923) — Chem. Zbl. **1924 I**, 800.

[16] C. Neuberg u. A. Gottschalk: Biochem. Z. **146**, 164 (1924) — Chem. Zbl. **1924 II**, 491.

[17] Christen Lundsgaard u. Svend Aage Holboell: J. of biol. Chem. **68**, 457, 475, 485 (1928) — Chem. Zbl. **1928 II**, 2573 — C. r. Soc. Biol. Paris **92**, 525—527 (1925) — Chem. Zbl. **1925 II**, 199.

[18] S. J. Przyleski, H. Niedzwiedzka u. T. Majewski: Biochemic. J. **21**, 1025 (1927) — Chem. Zbl. **1928 I**, 812.

durch die vorausgehende Erwärmung nicht so verändert, daß sie nach Zerkleinerung während eines 2—4stündigen Aufenthaltes in Phosphatlösung bei 30° aus zugesetzter Glykose Milchsäure bilden. Zugesetztes Glykogen steigerte unter diesen Bedingungen die Bildung von Milchsäure [1].

Bei Ascaris megalocephalus geht ein großer Teil des reichlich vorhandenen Glykogens auch ohne Anwendung von Pufferlösungen in Milchsäure über [2]. Glykogenstoffwechsel von Bombix mori: Glykogen erscheint erst nach der Fütterung, besonders im Fettgewebe. Es soll an der Magenschleimhaut aus Kohlehydraten der Maulbeerblätter gebildet werden. Während der Häutung und bei der Puppe schwindet es schneller als das Fett. Mit Glykogen gemästete Larven scheiden es in geringer Menge aus den Malpighischen Drüsen aus [3]. Die Larven der Honigbiene können Glykogen nicht ausnutzen [4]. Glykogenumsatz in Leber und Ovarien des Königslachses [5]. — Die Resynthese des Glykogens im Muskel der Frösche bei der Restitution ist in der Tat ganz unabhängig von der Jahreszeit. Diese Glykogenzunahme im Muskel wird aber im Winter verdeckt dadurch, daß dann das Leberglykogen auch in der Restitution weiter schwindet. Dadurch wird die Gesamtänderung des Glykogens in der Restitution sehr verkleinert [6]. — Unter gesteigerter Verbrennung im Fieber vollzieht sich eine verstärkte Verbrennung des Glykogens, ein Steigen des Blutzuckergehaltes und eine Erhöhung des Glykogens im Muskel [7]. Isolierte Muskeln, die von pankreaslosen diabetischen Tieren stammen, unterscheiden sich bezüglich Regeneration des Glykogens nicht von normalen Muskeln [8]. Die an Hund, Meerschweinchen, Tauben und Karpfen in Muskeln und Lebern, beim Karpfen auch in Geschlechtsorganen festgestellten Schwankungen des Glykogens werden als durch die Temperatur und durch kosmische Einflüsse verursacht betrachtet [9]. Mikroskopische Prüfung des Bulbus und Bestimmung des Glykogengehaltes nach Injektion von Glykose [10]. Bei menschlichen und Hundefeten findet sich kein Glykogen in den Speicheldrüsen, bei neugeborenen Ratten in den Ausführungsgängen, bei normalen Erwachsenen fehlte es, nur bei Schwangerschaft ist es bei Ratten in geringer Menge vorhanden. Die Mundspeicheldrüsen spielen bei der Ausscheidung von Zucker und Glykogen eine wichtige Rolle. Sie können diese unter den gleichen Verhältnissen wie die Nieren ausscheiden. Auch die Tränendrüsen und andere Organe (Uterus, Bronchien) nehmen etwas daran teil. Unter pathologischen Verhältnissen tritt Glykogen allgemein oder lokal auf [11]. Über die Glykogenreserve und ihre physiologische Rolle [12]. Glykogenreserve der Hydra [13]. In der exstirpierten Krötenleber (Wintertiere) nimmt das Glykogen bei Zimmertemperatur nur langsam, bei 37° nicht wesentlich schneller ab. Bei der Karausche wird die in Zimmertemperatur auch nicht bedeutende Abnahme bei 37° deutlicher. Förderung durch Kochsalz findet sich in Krötenleberbrei bei Zimmertemperatur nicht, bei 37° unbedeutend. Bei der weißen Ratte verläuft die postmortale Glykogenspaltung, obwohl auch nicht besonders stark, etwas rascher als bei der Kröte, um so rascher, je größer der Glykogengehalt ist. Bei Durchströmung der überlebenden Leber mit 0,6proz. Kochsalzlösung bei Zimmertemperatur allein wird nur wenig Glykogen gespalten. Adrenalin 1 : 100000 beschleunigt; Phlorrhizin hat keinen direkten Einfluß auf die Spaltung. Diuretin beschleunigt die Abnahme an Glykogen in der durchströmten Leber, aber nicht durch Beeinflussung der Spaltung, sondern durch seine Alkalität. Auch Kaffein hat keinen deutlichen Einfluß, ebensowenig Morphin. Pankreasextrakt hemmt die Wirkung des Adrenalins nach Erhitzen auf 50° während 30 Minuten nicht mehr; Muskelextrakt wirkt ebenfalls so. Wurden Hundelebern mit verdünn-

[1] Fritz Laquer: Hoppe-Seylers Z. **122**, 26 (1922) — Chem. Zbl. **1922 III**, 1313.
[2] Anton Fischer: Biochem. Z. **144**, 224 (1924) — Chem. Zbl. **1924 I**, 1953.
[3] Saturo Kaneko: Trans. jap. path. Soc. **14**, 229—231 (1924) — Ber. Physiol. **37**, 533—534 (1926) — Chem. Zbl. **1927 I**, 1495.
[4] L. M. Bertholf: J. agricult. Res. **35**, 429 (1927) — Chem. Zbl. **1928 I**, 937.
[5] Charles W. Greene: J. of biol. Chem. **48**, 429—436 (1921) — Chem. Zbl. **1922 I**, 368.
[6] E. J. Lesser: Biochem. Z. **140**, 577 (1923) — Chem. Zbl. **1924 I**, 67.
[7] J. Dadlez u. W. Koskowski: C. r. Soc. Biol. Paris **96**, 576 (1927) — Chem. Zbl. **1927 II**, 453.
[8] E. Peserico: XII. Intern. Physiologenkongreß in Stockholm **1926**, 126 — Chem. Zbl. **1927 I**, 2446.
[9] F. Maignon: J. Physiol. et Path. gén. **19**, 13—32 (1921) — Chem. Zbl. **1922 I**, 62.
[10] Chozo Nakashima: Graefes Arch. **116**, 403 (1926) — Chem. Zbl. **1926 II**, 1976.
[11] Sachyu Yamaguchi: Beitr. path. Anat. **73**, 123—141 (1924) — Ber. Physiol. **30**, 71—72 (1925) — Chem. Zbl. **1925 II**, 1055.
[12] H. Bierry: C. r. Soc. Biol. Paris **98**, 1387 (1928) — Chem. Zbl. **1928 II**, 1350.
[13] Ruth Beutler: Z. vergl. Physiol. **1**, 1—56 — Ber. Physiol. **26**, 464—465 — Chem. Zbl. **1924 II**, 2534.

tem defibriniertem Blute durchströmt von normalen Hunden oder solchen, denen 5—6 Tage vorher das Pankreas entfernt war, so war im zweiten Falle die Glykogenabspaltung etwas stärker[1]. — Nach Pilocarpininjektion schwindet das Glykogen der Leber sehr stark, das der Muskeln auch, aber weniger stark[2]. — Entgegen dieser Angabe mobilisiert Pilocarpin das Leberglykogen nicht[3]. Beträchtliche Verminderung des Glykogens verursachen Cyanwasserstoff[4, 5], Arsenvergiftung[6], Chloroformnarkose[5]. Wirkung des Cholins auf den Glykogenwechsel[7]. — Wirkung des Atophans[8]. — Morphin mobilisiert das Leberglykogen. In der Leber des durch Morphinglykogen frei gemachten Kaninchens entsteht auch während des Hungerns Glykogen. Das Steigen des Blutzuckers fällt in den Zeitpunkt der Glykogenmobilisation. Diese sowie die Hyperglykämie sind in bestimmten Grenzen unabhängig von der Morphinmenge[9]. Über den Schwund des Glykogens bei Alkoholikern und damit zusammenhängende Verfettung der Leber[10]. — Trotz langer Hungerzeit enthalten die Leber und Muskulatur der phlorrhizinisierten Hunde relativ viel Glykogen, sogar mehr als bei Glykogenmast[11]. — Wirkung des Phlorrhizins auf den Glykogenwechsel[12]. — Bei hungernden Kaninchen bewirkt Epinephrin immer Hypoglykämie, solange die Leber Glykogen enthält.— Hungern im kalten Raum und dann Strychninkrämpfe entfernen das Glykogen völlig aus Leber, Herz und Muskulatur. So vorbehandelte Kaninchen können durch wiederholte Epinephrininjektionen Glykogen in Leber, Herz und Muskeln anhäufen. Gibt man gleichzeitig Insulin, so wird bis zu 2,8 % Glykogen in der Leber deponiert[13]. Glykogenausschüttung aus der Leber durch Adrenalin[14]. Nach Adrenalin erfolgt Verminderung, nach Apocodein Merck und Linfoganglin (Lymphdrüsenextrakt nach Marfori) Vermehrung des Leberglykogens[15]. Abnahme des Leberglykogens durch Schilddrüsensubstanz[16] und Thyroxin[17]. Der Glykogengehalt nach heftiger Methylguanidintetanie ist recht merklich erhöht, derjenige des Kleinhirns dagegen normal oder nur leicht erhöht[18]. Histologische Bestimmung des Leberglykogens unter verschiedenen physiologischen Bedingungen: Ernährung, Verdauung, Arbeitsleistung usw., sowie pathologische Veränderungen. Festlegung postmortaler Vorgänge und Umlagerungen auf Grund von Versuchen an fast allen Haustieren[19]. — Bei zellsalzarmer Ernährung der Ratten ist das Leberglykogen vermindert. KCl hat darauf keinen wesentlichen Einfluß, durch $CaCl_2$ wird das Leberglykogen kaum verändert[20]. Der Glykogengehalt von Kaninchenlebern nimmt unter Lecithinbehandlung deutlich ab[21]. — Unter genauer Beachtung der p_H-Änderung während der künstlichen Durchströmung bei Schildkrötenleber läßt sich weder eine Steigerung der postmortalen Glykogen-

[1] Genko Gira: Mitt. med. Fak. Tokyo 30, 51, 65, 75 (1922) — Chem. Zbl. 1924 I, 1950.
[2] C. Hornemann: Biochem. Z. 122, 269—273 (1921) — Chem. Zbl. 1922 I, 147.
[3] A. Bornstein u. W. Griesbach: Z. exper. Med. 37, 33 (1923) — Chem. Zbl. 1924 I, 795.
[4] Hans Handowsky: Klin. Wschr. 6, 2464 (1927) — Chem. Zbl. 1928 I, 1059.
[5] Paul Schenk: Pflügers Arch. 202, 337 (1924) — Chem. Zbl. 1924 I, 2174.
[6] Cesare Padori: Arch. Farmacol. sper. 41, 47 (1926) — Chem. Zbl. 1926 II, 612.
[7] P. Junkersdorf: Pflügers Arch. 211, 612 (1926) — Chem. Zbl. 1926 I, 2715.
[8] Theodor Brugsch: Ther. Gegenw. 69, 14 (1928) — Chem. Zbl. 1928 I, 1066.
[9] Nikolaus Frank u. Julius Förster: Biochem. Z. 159, 48—52 (1925) — Chem. Zbl. 1925 II, 948 — Magy. orv. Arch. 26, 296 (1925) — Chem. Zbl. 1926 II, 1656.
[10] E. R. Le Count u. H. A. Singer: Arch. Path. a. Labor. Med. 1, 84 (1926) — Chem. Zbl. 1927 II, 290.
[11] P. Junkersdorf: Pflügers Arch. 200, 443 (1923) — Chem. Zbl. 1924 I, 1219.
[12] Thomas P. Nash jr.: Physiol. Rev. 7, 385 (1927) — Chem. Zbl. 1927 II, 2075.
[13] J. Markowitz: Amer. J. Physiol. 74, 22 (1925) — Chem. Zbl. 1926 I, 426.
[14] M. Doyon: C. r. Soc. Biol. Paris 87, 598 (1922) — Chem. Zbl. 1923 I, 863. — Paul Freudenberg: Pflügers Arch. 201, 39 (1923) — Chem. Zbl. 1924 I, 212. — P. Junkersdorf: Pflügers Arch. 211, 414 (1926) — Chem. Zbl. 1926 I, 2715. — C. D. Snyder, L. E. Martin u. M. Lewin: Amer. J. Physiol. 62, 442 (1922) — Chem. Zbl. 1923 I, 369.
[15] Vittorio Susanna: Arch. internat. Pharmacodynamie 28, 379—389 — Ber. Physiol. 27, 333—334 (1924) — Chem. Zbl. 1925 I, 254.
[16] Shigenobu Kuriyama: J. of biol. Chem. 33, 215 (1918) — Chem. Zbl. 1919 I, 49. — Marie Parhon: J. Physiol. et Path. gén. 19, 198—201 (1921) — Chem. Zbl. 1922 I, 512. — Shigenobu Kuriyma: Amer. J. Physiol. 43, 491 (1917) — Chem. Zbl. 1922 III, 791.
[17] B. Romeis: Biochem. Z. 135, 85 (1923) — Chem. Zbl. 1923 III, 960. — O. Bösl: Biochem. Z. 202, 299 (1928) — Chem. Zbl. 1929 I, 1125.
[18] Bunya Kobori: Biochem. Zbl. 173, 166 (1926) — Chem. Zbl. 1926 II, 2081.
[19] Hans Joachim Arndt: Virchows Arch. 253, 254 (1924) — Chem. Zbl. 1925 II, 1287.
[20] M. Händel: Biochem. Z. 146, 438 — Chem. Zbl. 1924 II, 698.
[21] A. Cruto: Rass. internaz. Clin. 28, 24 (1929) — Chem. Zbl. 1929 I, 3004.

bildung noch eine Abnahme des Glykogenabbaues durch Insulin nachweisen[1]. Verhalten des Leberglykogens bei hungernden, mit Insulin behandelten Tieren[2]. — Bei hungernden Kaninchen sank nach Insulin das Leberglykogen oder blieb unverändert. Der freie Leberzucker sank. C. F. Cori unterscheidet 2 Arten der Leberglykolyse, entweder unter Zunahme des freien Leberzuckers und Erhöhung der Zuckerabgabe an das Lebervenenblut (Adrenalin) oder unter Abnahme beider (Insulin). Die 2. Form ist wahrscheinlich mit Glykogensynthese verbunden, wenn entweder durch Injektion von Zucker oder durch Bildung von solchem aus Eiweiß (Phlorrhizinhungertier) Überschuß davon vorhanden ist[3]. Bei mit Insulin behandelten Tieren war nach Einwirkung von Adrenalin der Glykogengehalt der Leber größer als bei nichtbehandelten[4]. Bei normalen, kohlehydratreich genährten Kaninchen betrug der Glykogengehalt der Leber 5,8%, d. h. 1,61% des Körpergewichts, bei ebenso genährten Tieren, die pro Tag 0,5—3 Einheiten Insulin erhalten hatten, 6,4%, d. h. 67%. Gibt man also eine kleine Menge Insulin, die das erforderliche physiologische Minimum überschreitet, so wird, wie beim Diabetiker, Glykogen angesetzt[5]. Wird die Rattenleber außerhalb des Körpers mit Ringerlösung durchspült, so gibt sie so viel Zucker ab, wie sie an Glykogen und Zucker verliert. Wenn Insulin in der Durchspülungsflüssigkeit enthalten ist, so verschwindet doppelt soviel Zucker wie ohne Insulin. Eine Zunahme an Glykogen in der Leber wurde nicht gefunden, nur hemmt eine 2% Glykose enthaltende Ringerlösung die Glykogenhydrolyse um 50%[6]. Das Leberglykogen schwindet bei Kaninchen fast völlig nach länger anhaltender Insulinhypoglykämie. Während der Hypoglykämie enthält die Leber auch im Krampfstadium noch 2—3 g Glykogen. Das Leberglykogen nimmt nicht zu, wenn man mit Insulin zusammen Glykose gegeben hat. Wenn man die Insulinkrämpfe durch Narkose verhindert, so nimmt das Leberglykogen nicht nennenswert ab. Die sonst bei Krämpfen eintretende Abnahme ist also eine Folge der hypoglykämischen Muskelkontraktionen[7]. Nach Insulininjektion zeigen Mäuse keine Veränderung des Leberglykogengehalts, Kaninchen eine Vermehrung derselben. In der Leber pankreasdiabetischer Hunde, die kein Leberglykogen besitzen, taucht Glykogen nach Insulin wieder auf[8]. Der Glykogeninhalt der Leber wird durch parenterale Zufuhr von durch Piazza hergestelltem ungiftigem Insulin erhöht[9]. Bei Teilung, daß die eine Hälfte der Leber mit, die andere ohne Insulin durchströmt wird, fanden sich in der mit Insulin behandelten Seite immer größere Glykogenmengen[10]. Über den Glykogengehalt der Leber von Kaninchen unter Insulinwirkung, insbesondere nach Erfahrungen mit dem abschraubbaren Bauchfenster[11]. — Acetylinsulin bewirkt an der isolierten Froschleber keinen nennenswerten Glykogenabbau[12]. Bei der im Winter ruhenden Schildkröte ruft subcutane Injektion von größeren Dosen Insulin keine bedeutende Verminderung des Leberglykogens (10,6% auf 8,9%) hervor[13]. Vergleichende Untersuchung über Insulin und Dekamethylendiguanidin bezüglich des Gehaltes an Glykogen in Leber und Muskel beim Kaninchen[14]. Über den Einfluß der die Glykogenmenge vermindernden Faktoren auf das Glykogen des spezifischen Muskelsystems des Herzens[15]. — Glykogenumsatz des Herzens[16]. — Glykogenarmut bei Avita-

---

[1] E. C. Noble u. J. J. R. Macleod: J. of Physiol. **58**, 33 (1923) — Chem. Zbl. **1924 I**, 1230.

[2] Sabato Visco: Atti Accad. naz. Lincei **4**, 153 (1926) — Chem. Zbl. **1926 II**, 2449.

[3] Carl F. Cori: Proc. Soc. exper. Biol. a. Med. **21**, 419—420 (1924) — Ber. Physiol. **27**, 330 (1924) — Chem. Zbl. **1925 I**, 254.

[4] J. J. R. Macleod, E. C. Noble u. M. K. O'Brien: Trans. roy. Soc. Canada (3) V **18**, 129 bis 134 (1924) — Chem. Zbl. **1925 I**, 1416.

[5] R. Carrasco Formiguera u. J. Puche: C. r. Soc. Biol. Paris **92**, 813—815 (1925) — Chem. Zbl. **1925 II**, 51.

[6] Friedrich Bernhard: Biochem. Z. **157**, 396—413 (1925) — Chem. Zbl. **1925 II**, 1057.

[7] Berthe Heymans u. C. Heymans: C. r. Soc. Biol. Paris **93**, 50—52 (1925) — Chem. Zbl. **1925 II**, 1058.

[8] Paul Schneider: Ann. d'Anat. Path. **2**, 513 (1925) — Chem. Zbl. **1926 II**, 1656.

[9] G. Maniscalco: Boll. Soc. Biol. sper. **1**, 426—428 (1926) — Ber. Physiol. **40**, 383 — Chem. Zbl. **1927 II**, 1162.

[10] D. Bindi: Arch. ital. Biol. **74**, 141 (1924) — Chem. Zbl. **1926 I**, 2112.

[11] A. Grevenstuk u. E. Laqueur: Biochem. Z. **163**, 390 (1925) — Chem. Zbl. **1926 II**, 1868.

[12] K. Freudenberg u. W. Dirscherl: Hoppe-Seylers Z. **175**, 1 — Chem. Zbl. **1928 I**, 2510.

[13] B. v. Issekutz u. F. Végh: Biochem. Z. **192**, 383 — Chem. Zbl. **1928 I**, 2625.

[14] P. Rubino, J. A. Collazo u. B. Varela-Fucutes: C. r. Soc. Biol. Paris **99**, 178 (1928) — Chem. Zbl. **1928 II**, 1113.

[15] Albert Valdes: Acta et Commentationes Dorpat **1922**, 1 — Chem. Zbl. **1923 I**, 1375.

[16] Paul Schenk: Pflügers Arch. **202**, 315 (1924) — Chem. Zbl. **1924 I**, 2173.

minose[1]. Der Glykogengehalt der Leber verschwindet bei Vitamin-B-freier Kost nicht, wenn eine gute künstliche Nahrung gereicht wird. Die durch Mangel an Vitamin B hervorgerufene Störung im Nahrungsgleichgewicht hindert die Aufspeicherung von Glykogen nicht[2]. Die Zufuhr der Glykose, Fructose, Galaktose, Saccharose, Maltose, Lactose und Kartoffelstärke führt bei avitaminösen wie bei normalen Tauben zur Bildung von Glykogen. Das Stadium des Glykogenabbaues bei den avitaminösen Tieren fällt mit dem Krampfstadium, nicht aber mit dem Abfall des Blutreduktionswertes zusammen. Bei Fütterung mit Glykose oder Fructose war bei Tieren in der 4. Woche der Avitaminose nennenswerte Glykogenstapelung in der Leber nicht mehr nachzuweisen (wohl aber in den Muskeln), aber bei Fütterung mit Saccharose oder Stärke[3]. Nach Durchschneidung des oberen Brustmarks oder Lebervenen, die mit der Leberarterie nach der Leberpforte ziehen, tritt Fettschwund und zugleich Glykogenvermehrung in der Leber ein. Insulin beschleunigt die Umwandlung des Fettes in der Leber zugleich mit Glykogenvermehrung. Auch Adrenalin fördert die Fettumbildung unter Bildung neuer Kohlehydrate[4]. Man kann durch intravenöse Injektion von 1 g Glykogen die Insulinkrämpfe nach $^1/_4$ Stunde aufheben. Subcutan ist es ohne Wirkung[5]. Große Insulindosen führen zu Glykogenschwund[6]. Wirkung von Insulin auf das Glykogen in den Geweben normaler Tiere[7]. — Einfluß des Insulins auf das Glykogen in Leber und Muskel bei der Ratte unter verschiedenen Ernährungsbedingungen[8]. Einfluß von Epinephrin und Insulin auf die Verteilung des Glykogens bei Kaninchen[9]. — Nach mehrmaliger Vorbehandlung mit Glykogen fanden sich im Serum gesunder Kaninchen Typhusantikörper[10]. Glykogen A wirkt intravenös injiziert nicht auf den Blutzucker der nüchternen Kaninchen. Glykogen B ergibt Anstieg des Blutzuckers bis etwa 140 mg %. Glykogen C steigert bis 170 mg %. Ganz reines Glykogen D ergab Anstieg bis 190 mg %, 3 Stunden fast unverändert anhaltend[11]. Glykogen gleichzeitig mit Insulin Mäusen intraperitoneal eingespritzt, läßt einen verzögerten Insulineffekt erkennen[12]. Einfluß von Inkreten und Giften auf den Glykogengehalt der Kaninchenmuskeln[13]. — Versuche über den Kohlehydratstoffwechsel in Trockenmuskel[14]. Durch mehrtägig wiederholte kurz dauernde elektrische Reizbehandlung der Oberschenkelmuskulatur von Kaninchen tritt im „trainierten" Muskel gegenüber dem nichtbehandelten eine überaus starke (2—3fache) Glykogenernährung auf, die erst nach mehrwöchiger Ruhepause wieder zurückgegangen ist. Der aus dem trainierten Muskel hergestellte Muskelbrei zeigt demzufolge eine höhere spontane Milchsäurebildung[15]. Durch starke, lange dauernde Insulinkrämpfe wird der Froschmuskel fast glykogenfrei. — Dabei kann der Muskel auf Reiz noch stundenlang Zuckungen ausführen,

---

[1] J. A. Collazo: Biochem. Z. **136**, 20 (1923) — Chem. Zbl. **1923 III**, 462. — Alexander Palladin: Biochem. Z. **152**, 228—245 (1924) — Chem. Zbl. **1925 I**, 694. — A. Bickel: Vox. med. (Berl.) **1**, 90 (1925) — Chem. Zbl. **1926 I**, 157. — L. Randoin u. A. Michaux: C. r. Acad. Sci. Paris **181**, 1179 (1925) — Chem. Zbl. **1926 I**, 2487.

[2] L. Randoin u. E. Lelesz: C. r. Acad. Sci. Paris **180**, 1366—1368 (1925) — Chem. Zbl. **1925 II**, 1186.

[3] P. Rubino u. J. A. Collazo: Biochem. Z. **140**, 258 (1923) — Chem. Zbl. **1923 III**, 1418.

[4] Ernst Wertheimer: Pflügers Arch. **213**, 262 (1926) — Chem. Zbl. **1926 II**, 2452.

[5] S. E. de Jongh u. E. Laqueur: Biochem. Z. **163**, 403 (1926) — Chem. Zbl. **1926 II**, 1868.

[6] H. Edelmann: Beitr. path. Anat. **75**, 589—602 (1926) — Ber. Physiol. **37**, 328 (1927) — Chem. Zbl. **1927 I**, 1607.

[7] Harold Ward Dudley u. Gay Frederic Marrian: Biochemic. J. **17**, 435 (1923) — Chem. Zbl. **1923 III**, 873.

[8] A. D. Barbour, I. L. Chaikoff, J. J. R. Macleod u. M. D. Orr: Amer. J. Physiol. **80**, 243 (1927) — Chem. Zbl. **1927 II**, 842. — A. D. Barbour: J. of biol. Chem. **67**, 53 (1926) — Chem. Zbl. **1926 II**, 1541.

[9] N. R. Blatherwick u. Melville Sahyun: J. of biol. Chem. **81**, 123 (1929) — Chem. Zbl. **1929 I**, 1955.

[10] M. Ohtaki, K. Sukeyawa u. S. Sawaguchi: Jap. med. World **2**, 288 (1922) — Chem. Zbl. **1923 III**, 1109.

[11] F. Lipmann u. J. Planelles: Biochem. Z. **163**, 406 (1925) — Chem. Zbl. **1926 II**, 1868.

[12] Hermann Lange u. Rudolf Schoen: Arch. f. exper. Path. **113**, 92 (1926) — Chem. Zbl. **1926 II**, 2073.

[13] Hans Handovsky: Pflügers Arch. **220**, 782 (1928) — Chem. Zbl. **1928 I**, 670.

[14] Hans v. Euler, Edward Brunius u. Stig Proffe: Hoppe-Seylers Z. **177**, 170 (1928) — Chem. Zbl. **1928 II**, 2378.

[15] Gustav Embden u. Herbert Kabs: Hoppe-Seylers Z. **171**, 16 (1928) — Chem. Zbl. **1928 I**, 1432.

wenn er durch maximale Induktionsschläge beim intakten Tier gereizt wird [1]. Über die Verbrennungswärme von Glykogen in Beziehung zur Muskelzuckung [2]. — Die Wirkung von niedrigem Glykogengehalt auf die Ermüdungskurve und die Milchsäurebildung am ausgeschnittenen Muskel [3]. Bestimmung des Glykogengehalts von Muskeln bei Invertebraten und Vertebraten in der Ruhe, nach Ermüdung, durch elektrische Reizung, nach Starre und nach Einlegen der zerschnittenen Muskulatur in Dinatriumhydrophosphat [4]. — Über das Verhalten des Muskelglykogens bei physiologisch geleiteter Muskeltätigkeit und die Abhängigkeit dieses Verhaltens von der Temperatur [5]. — Beim Trainierten bleibt das Glykogen in den Muskeln länger erhalten, auch nach lang dauernden Anstrengungen [6]. — Über die Bedeutung von Ionen für die Muskelfunktion. Der Einfluß der verschiedenen Kationen auf den Chemismus des quergestreiften Froschmuskels [7]. Der Glykogenabbau, der sich unter dem Einfluß der im frischen Froschmuskelbrei enthaltenen Fermente vollzieht, wird durch die verschiedenen Anionen in verschiedener Weise beeinflußt. Ein Glykogenaufbau läßt sich nicht direkt beweisen. Nach ihrer Wirksamkeit geordnet, entsprechen die Anionen im großen und ganzen ihrer Stellung in der Hofmeisterschen lyotropen Reihe derart, daß SCN', J', Br' und NO_3' den Glykogenabbau in absteigender Stärke verzögern. Cl' kann außer der Hemmung auch eine Förderung bewirken. CH_3COO', SO_4'' und Tartrat wirken beschleunigend, in geringerem Grade auch Citrat. Oxalat und F' verzögern in stärkerem Maße. Die spaltungsfördernde Wirkung des Cl' besitzt physiologische Bedeutung, weil Cl' bei der Muskeltätigkeit in vermehrtem Maße in die Muskelzelle eintritt. Lactat-, Phosphat- und Succinatanion fördern den Glykogenabbau, und unter geeigneten Bedingungen können sich die beschleunigenden Wirkungen des Lactats und Phosphats addieren [8]. — Wirkung des Glykogens auf die Lactacidogenspaltung des Rattenmuskels [9]. — Schon Cl. Bernard hatte bei Diabetes, andere bei Hunden ohne Pankreas und im Phlorrhizindiabetes beobachtet, daß sofort nach dem Tode die Totenstarre einsetzt und dies mit dem Fehlen des Glykogens im Muskel in Beziehung gebracht. Beim Katzenpräparat ohne Gehirn und Eingeweide sieht man dasselbe, ebenso bei Kaninchen, die im hypoglykämischen Krampfzustand oder nach länger fortgesetzter Fütterung mit Schilddrüsensubstanz starben. Immer fehlt Glykogen und Lactacidogen in diesen schnell totenstarr werdenden Muskeln. Nicht starke Zunahme der Milchsäure oder sonstige Säuerung ist die Ursache [10]. Im allgemeinen bleibt im normalen Muskel der Glykogen- und Phosphorgehalt infolge reversibler Prozesse unverändert. Muskeln von hungernden und leicht diabetischen Tieren verhalten sich den normalen sehr ähnlich, während in den Muskeln von sehr kranken diabetischen Tieren, auch in solchen mit verhältnismäßig hohem Glykogengehalt, bei der völligen Glykolyse nur eine geringe Milchsäurebildung statthat, die etwa der Zunahme des anorganischen Phosphats entspricht. In diesen Muskeln wie auch in bis zur Erschöpfung gereizten und in totenstarren war daneben auch die Hexosephosphorsäuresynthese geschädigt. Bei Fluoridzusatz wurde in normalen Muskeln ein Verschwinden von Milchsäure beobachtet [11]. Glykogenarmer Muskel liefert infolge spärlicher Säureproduktion eine alkalische, der glykogenhaltige durch reichliche Milchsäurebildung eine saure Totenstarre [12]. — Das Glykogen der Muskeln wird durch die Hypophysenextrakte mobilisiert [13]. Wirkung des Sympathicus auf den Glykogenwechsel der Muskeln [14]. — Als Störungen des Glykogenumsatzes sind festzustellen Glykogenverarmung als Ursache oder als Ausdruck einer inneren Schädigung des gesamten Leberstoffwechsels oder

[1] J. M. D. Olmsted u. J. N. Harvey: Amer. J. Physiol. **80**, 643 (1927) — Chem. Zbl. **1927 II**, 448.

[2] W. K. Slater: J. of Physiol. **58**, 163 (1923) — Chem. Zbl. **1924 I**, 1684.

[3] J. M. D. Olmsted u. H. S. Coulthard: Amer. J. Physiol. **84**, 610 (1928) — Chem. Zbl. **1928 II**, 72.

[4] Eric Boyland: Biochemic. J. **22**, 362 (1928) — Chem. Zbl. **1928 II**, 687.

[5] Magobei Kobayashi: Z. Biol. **18**, 263—275 — Chem. Zbl. **1924 II**, 1820.

[6] Yoshiaki Wakabayashi: Hoppe-Seylers Z. **179**, 79 (1928) — Chem. Zbl. **1929 I**, 921.

[7] H. Lange: Hoppe-Seylers Z. **137**, 105 (1924) — Chem. Zbl. **1924 II**, 1225.

[8] Julius Weber: Hoppe-Seylers Z. **145**, 101—129 (1925) — Chem. Zbl. **1925 II**, 1290.

[9] Hans v. Euler u. Karl Myrbäck: Sv. kem. Tidskr. **36**, 295—306 (1924) — Chem. Zbl. **1925 I**, 698.

[10] J. P. Hoet u. H. P. Marks: Proc. roy. Soc. Lond. **100**, 72 (1926) — Chem. Zbl. **1926 II**, 912.

[11] Florence Beattie u. T. H. Milroy: J. of Physiol. **62**, 174—191 (1926) — Chem. Zbl. **1927 I**, 1611.

[12] Leonhard Wacker: Biochem. Z. **184**, 192 (1927) — Chem. Zbl. **1927 II**, 604.

[13] J. J. Nitzescu u. M. Benetato: C. r. Soc. Biol. Paris **98**, 58 — Chem. Zbl. **1928 I**, 2953.

[14] Hans Edwin Büttner: Hoppe-Seylers Z. **161**, 282—299 (1926) — Chem. Zbl. **1927 I**, 1335.

eine Dysfunktion des Leberabbaues in biochemischer Hinsicht, die zu einer unphysiologischen Blutglykose führt[1]. — Bei gutgenährten, seit langem gefangengehaltenen Fröschen sieht man im Gegensatz zu frisch gefangenen Tieren die Pankreasinseln im Winter im Stadium wie sonst im Sommer. Die Leber ist glykogenreich (12—17%). — Die Höhe des Kohlehydratstoffwechsels ist also maßgebend, nicht die Jahreszeit als solche. Die Pankreasfunktion ist lebhaft bei Vorhandensein zahlreicher Inselzellen von sommerlichem Typus. Bei glykogenarmen Winterfröschen reicht der Rest solcher Zellen zur Mobilisierung der Glykogenreserven[2]. Milchsäure und Kohlehydrat in Seeigeleiern unter aeroben und anaeroben Bedingungen[3]. — Über die Veränderungen des Glykogens bei Entkräftung[4]. — Glykogenwechsel im Hungerzustand[5]. Es wurde eine Glykogenanreicherung am hungernden Kaninchen nach Insulin festgestellt[6]. Läßt man Hunde mehrere Tage fasten und gibt ihnen dann pro die je nach ihrem Gewicht je 100—150 g Pferdefleisch, Zucker und Reis, so findet in der Leber eine sehr starke Glykogenanhäufung statt, man findet 18% Glykogen in der frischen Leber gegenüber normal 1—3%. Bei jungen Hunden vergrößern sich alle Leberzellen und nehmen Glykogen auf, die Menge der Proteine erscheint vermindert. Bei älteren Tieren findet sich das Glykogen in den mittleren Zellen des Leberläppchens, in den Zellen des Zentrums und der Peripherie ist die Menge der Proteine wahrscheinlich vermehrt. Im Skelet und im Herzmuskel beträgt die Glykogenmenge 0,9—4,7%[7]. Bei niedrigem Vorrat des Körpers an Glykogen führt Fütterung mit einer großen Menge Fleisch beim Hunde zur Ablagerung von jenem, bei fortgesetzter Darreichung solcher Nahrung auch von Fett, nur bei sehr großem Fleischüberschuß von Fett allein[8]. Respirationsstoffwechselversuche an Hunden zeigen, daß Zufuhr von Fleisch in großen Mengen zu einer Ablagerung von Glykogen im Körper führt, wenn die Glykogenvorräte gering sind. Fortgesetzte reichliche Fleischzufuhr bedingt Ablagerung von teils Glykogen, teils Fett. Erst wenn Fleisch in ganz großem Überschuß verfüttert wird, wird nur Fett abgelagert[9]. Nach 20stündigem Fasten zeigt der Glykogengehalt der Leber bei kohlehydratreich und kohlehydratarm ernährten Hunden fast gleiche Werte, 0,42—0,72% im ersten und 0,46—0,67% im zweiten Falle. Bei Durchblutungsversuchen ergab die Leber kohlehydratreich ernährter Tiere sehr auffallenden Glykogenansatz (97—102%), die von nur mit Eiweiß und Fett gefütterten unbedeutenden (17—67%). In dieser Herabsetzung der Glykogenbildung ist wohl sicher ein ätiologisches Moment für die Beeinträchtigung der Zuckerassimilation durch Eiweißfettkost zu erblicken. — Die Lebern kohlehydratreich und -arm genährter Hunde wurden mit Blut teils ebenso, teils von entgegengesetzt genährten durchblutet. Dabei zeigte sich, daß die Stärke der Glykogenaufstapelung wesentlich von der Ernährung des die Leber liefernden, nicht nennenswert von derjenigen des blutliefernden Tieres abhängt. Die mangelhafte Bildung von Glykogen in der Leber bei Eiweißfettdiät muß danach wesentlich auf der herabgesetzten Funktion der Leber selbst, nicht auf veränderter Beschaffenheit des Blutes beruhen[10]. Der freie Zuckergehalt der Leber und seine Beziehung zur Glykogensynthese und Glykogenolyse[11]. Nach Hypophysenentfernung beim Hunde ist das Glykogen der Muskeln und Leber normal[12]. Der Glykogengehalt der Scheidenepithelien war bei Gonorrhöe erhöht,

[1] Varela u. Rubino: Arch. f. exper. Path. **101**, 316 (1924) — Chem. Zbl. **1924 II**, 75.

[2] M. Aron u. A. Schwartz: C. r. Soc. Biol. Paris **92**, 979—981 (1925) — Chem. Zbl. **1925 II**, 409.

[3] William A. Perlzweig u. E. S. Guzman Barron: J. of biol. Chem. **79**, 19 (1928) — Chem. Zbl. **1928 II**, 2376.

[4] G. Mouriquand u. A. Leulier: C. r. Soc. Biol. Paris **99**, 125 (1928) — Chem. Zbl. **1928 II**, 1121.

[5] Max Reiß u. Günther Schwoch: Z. exper. Med. **49**, 270 (1926) — Chem. Zbl. **1926 I**, 3078. — P. Junkersdorf: Arch. f. Physiol. **192**, 305—318 (1921) — Chem. Zbl. **1922 I**, 659. — Torao Koga: Biochem. Z. **141**, 410 (1923) — Chem. Zbl. **1924 I**, 356.

[6] E. Frank, M. Nothmann u. E. Hartmann: Biochem. Z. **177**, 132—133 (1926) — Chem. Zbl. **1927 I**, 1332.

[7] Z. Gruzewska u. Fauré-Prémier: C. r. Acad. Sci. Paris **173**, 254—257 (1921) — Chem. Zbl. **1922 III**, 175.

[8] H. V. Atkinson, David Rapport u. Graham Lusk (mit technischer Hilfe von G.F. Soderstrom u. James Evenden): J. of biol. Chem. **53**, 155 (1922) — Chem. Zbl. **1922 III**, 933.

[9] Harry Victor Atkinson: J. metabol. Res. **1**, 565 (1922) — Chem. Zbl. **1922 III**, 1233.

[10] Naomi Kageura: J. of Biochem. **3**, 205—209, 457—460 (1924) — Chem. Zbl. **1925 I**, 697.

[11] Carl F. Cori, G. T. Cori u. G. W. Pucher: J. of Pharmacol. **21**, 377 (1923) — Chem. Zbl. **1923 III**, 1243.

[12] B. A. Houssay, E. Hug u. T. Malamud: C. r. Soc. Biol. Paris **86**, 1115 (1922) — Chem. Zbl. **1922 III**, 1145.

um so deutlicher, je akuter der gonorrhoische Prozeß war. Mit beginnender Heilung nahm der Glykogengehalt ab, bei erfolgter Abheilung entsprach der Befund demjenigen normaler Frauen[1]. Die Bildung von Glykogen aus Zucker und die Zuckermobilisierung aus Glykogen in der Leber scheinen bei kastrierten Kaninchen langsamer zu erfolgen als bei normalen[2]. — Bei Kaninchen, denen vorher eine Nebenniere entfernt war, weist die Zuckerstichglykogenolyse Differenzen im prozentualen Glykogengehalt des rechten und linken Leberteils auf, die mit Sicherheit außerhalb der analytischen Fehlergrenze liegen. Eine befriedigende Erklärung ist nur möglich, wenn man annimmt, daß die Leber überwiegend symmetrisch innerviert ist und daß das Adrenalin nicht in der Blutbahn, sondern im Sympathicus seinen Weg zur Leberzelle nimmt[3]. Nebennierenlose Ratten zeigen keine gestörte Glykogensynthese in der Leber aus Zucker[4]. Entfernung des Nebennierenmarks bewirkt bei Tieren ganz besonders starke und bleibende Empfindlichkeit gegen Insulin. — Im hyperglykämischen Krampf ist der Glykogengehalt von diesen Tieren normal. — Schilddrüsenexstirpation allein oder zusammen mit Nebennierenmarkentfernung hat keine Glykogenausschüttung zur Folge. Diese findet nach Insulingabe statt[5]. Nebenniereninsuffizienz und Muskelglykogen beim Hund[6]. Bis 6 Wochen nach der Kastrierung zeigen die Tiere nur eine geringe Verminderung des Glykogens der Leber und kaum merkliche in den Muskeln, nach 1 Jahre aber erhebliche in beiden[7]. — Der als Glykogen in den Muskeln deponierte Zucker kann bei Fehlen der Leber nicht in Traubenzucker zurückverwandelt werden. Wenn eviszerierte Tiere das Muskelglykogen verloren, so wurde es bei Muskelbewegungen verbraucht, so bei den hypoglykämischen Krämpfen[8]. Bei an Gallenfistelhunden nach Kollargolinjektion auftretender Hyperglykämie ist auf Glykogenmobilisation durch Reizung zu schließen[9]. Der Glykogengehalt des Gehirns ist bei mit Tetanustoxin vergifteten Kaninchen herabgesetzt und wird durch Traubenzuckerinfusion nicht erhöht[10]. Bei Entfernung bestimmter Hirnteile in der Nähe der Hypophyse wird die Leber glykogenreich[11]. Nach Nervendurchschneidung kommt es zu einem Schwund von Fett und Glykogen im Knorpel[12]. Wenn man Kaninchen beide Splanchnicusnerven exstirpiert, hat ein größerer Blutverlust ($^2/_5$ der Blutmenge) geringe Abnahme des Glykogens der Leber, etwas größere der der Muskeln zur Folge. Ist ein Splanchnicus erhalten (oder bei normalen Tieren), erfolgt auf den Blutverlust starke Abnahme des Glykogens in Leber und Muskulatur[13]. Nach Ischiadicusdurchschneidung beim Hungertier zeigt die operierte Seite keinen oder gegenüber der normalen Seite viel geringeren Glykogenansatz. Dagegen beeinflußt Entnervung der Leber deren Glykogenansatz nicht[14]. Nach einseitiger Durchschneidung des Ischiadicus beim Warmblüter wird auch bei stärkstem Glykogenbedarf im Hunger oder zur Wärmeregulation, wenn die Leber und sonst die Muskulatur ihr Glykogen schon fast völlig verloren haben, das Glykogen der entnervten Muskeln nicht mobilisiert, auch nicht nach starken Adrenalingaben bei hochgradiger Kohlehydratverarmung des Organismus[15]. Nach der Durchschneidung des Ischiadicus von Beinmuskeln erwachsener Hunde nimmt der Gesamtphosphorgehalt und der Milchsäuregehalt ab, während der Glykogengehalt ansteigt[16]. Der Glykogengehalt bei normalen und nierenlosen Ratten war im Herzen gleich, im Gehirn bei den operierten höher[17]. Nach Pankreasexstirpation

[1] Julius K. Mayr: Münch. med. Wschr. 73, 1736 (1926) — Chem. Zbl. 1926 II, 2929.

[2] Shiro Tsubura: Biochem. Z. 143, 248 (1923) — Chem. Zbl. 1924 I, 796.

[3] H. Tammann: Z. exper. Med. 40, 361 (1924) — Chem. Zbl. 1924 II, 493.

[4] Carl F. Cori u. Gerty T. Cori: Proc. Soc. exper. Biol. a. Med. 24, 539 (1927) — Chem. Zbl. 1928 I, 88.

[5] S. W. Britton u. W. K. Myers: Amer. J. Physiol. 84, 132 — Chem. Zbl. 1928 II, 66.

[6] G. Viale, S. M. Neuschlosz u. E. Turcatti: C. r. Soc. Biol. Paris 97, 266—267 — Chem. Zbl. 1927 II, 1279.

[7] Marie Parhon: C. r. Soc. Biol. Paris 87, 741 (1922) — Chem. Zbl. 1922 III, 1028.

[8] S. Soskin: Amer. J. Physiol. 81, 382 (1927) — Chem. Zbl. 1927 II, 2077.

[9] Suganuma: Biochem. Z. 144, 141 (1924) — Chem. Zbl. 1924 I, 1405.

[10] W. Jadassohn u. G. Streit: Klin. Wschr. 4, 1498 — Chem. Zbl. 1925 II, 1613.

[11] G. L. Foster u. C. D. Benninghoven: J. of biol. Chem. 70, 285—297 (1926) — Chem. Zbl. 1927 I, 625.

[12] A. Lavermicocca: Arch. di Ortop. 40, 411 (1924) — Ref.: Ber. Physiol. 31, 561 — Chem. Zbl. 1925 II, 1693.

[13] Hiroshi Tachi: Tohoku J. exper. Med. 7, 197—206 (1926) — Ber. Physiol. 57, 576 (1927) — Chem. Zbl. 1927 I, 1701.

[14] Ernst Wertheimer: Pflügers Arch. 215, 796 (1927) — Chem. Zbl. 1927 I, 2570.

[15] Ernst Wertheimer: Pflügers Arch. 215, 779 (1927) — Chem. Zbl. 1927 I, 2570.

[16] L. Avellone: Riv. Pat. sper. 2, 1 (1927) — Chem. Zbl. 1928 I, 88.

[17] B. A. Houssay u. P. Mazzocco: C. r. Soc. Biol. Paris 97, 1252 (1927) — Chem. Zbl. 1928 I, 542.

schwindet das Glykogen der Leber vollkommen, das des Herzmuskels betrug im Mittel 0,79 % gegenüber dem normalen 0,44 %, das der Muskulatur bei gleichartiger Nahrung beim diabetischen Tier meist weniger als beim normalen. — Durch Insulin nähern sich die Glykogenzahlen den normalen. Wenn normalen Tieren Insulin in großen Dosen injiziert wird, nimmt der Glykogengehalt ab. — Beim pankreasdiabetischen Hunde findet keine Glykogenspeicherung durch Fructosefütterusg statt, wofern vom Pankreas nur Reste unter 1 g im Körper geblieben sind, sonst nimmt der Glykogengehalt der Organe in geringem Umfange zu[1]. Es wurde nachgewiesen, daß auch beim Normaltier das Insulin den Zucker in Form von Glykogen speichert wie beim pankreasdiabetischen Hunde. Bei richtig gewählter Dosis schwindet die Paradoxie, die zwischen der Insulinwirkung beim normalen Tier und beim pankreasdiabetischen zu bestehen scheint[2]. Beim pankreasdiabetischen Tier verursacht Glykogen genau so wie Glykose Zuckerausscheidung[3]. Über das Schicksal des in den Blutkreislauf injizierten Glykogens bei normalen und pankreaslosen Hunden[4]. Im Strychninkrampf bilden pankrealose Hunde deutliche Mengen von Milchsäure, deren Produktion mit den Muskelkontraktionen zusammenzuhängen scheint, trotzdem die Fähigkeit, Kohlehydrat zu verbrennen, verloren ist und vielleicht möglich ist, solange die Muskeln einen Glykogenvorrat besitzen[5]. Hundeleber verliert in den ersten 15 Minuten des anaphylaktischen Shocks das Glykogen fast vollkommen[6]. Wirkt gegen anaphylaktischen Shock bei Meerschweinchen nicht antianaphylaktisch[7]. Die Beziehung zwischen Glykogen der Leber, Fettwanderung und Ketonurie ist wahrscheinlich dadurch bedingt, daß durch Glykogenbildung eine Verdrängung des Fettes aus dem Stoffwechsel der Leber und eine Beschleunigung des Umsatzes von Ketonkörpern zu Kohlehydrat stattfindet, oder daß zwischen Ketonkörpern und Glykogen oder dessen Derivaten eine Reaktion stattfindet[8]. Nach den Beobachtungen an kranken und gesunden Kindern muß verminderte Glykogenbildung nicht größere Neigung zu Ketose hervorrufen. Bei Diabetes war sie in einem Falle die Ursache geringerer Kohlehydrattoleranz[9]. Krebstransplantate bleiben nach Injektion von Jodglykogen im Wachstum zurück. Die so behandelten Mäuse bleiben refraktär gegenüber Transplantaten[10]. Wirkung des Glykogens auf die Spermatozoiden des roten Frosches (Rana fusca)[11].

Physikalische und chemische Eigenschaften: Zusammenfassendes[12]. Molekulargewichtsbestimmungen[13]. Molekulargewicht in flüssigem Ammoniak[14]. Löst sich in Resorcin bei 120° schnell und klar ohne Tyndalleffekt und zeigt das Molekulargewicht $(C_6H_{10}O_2)_4$. — Aus der Lösung ist unverändertes Glykogen bis zu 95 % isolierbar[15]. — Mytilusglykogen enthielt 0,25 % Asche mit 0,717 % P_2O_5-Gehalt. Durch Dialyse und Elektrodialyse ging der P_2O_5-Gehalt auf 0,05—0,08 zurück. Das Glykogen war nicht mehr fällbar mit Alkohol[16]. Ein Glykogenpräparat aus der eßbaren Molluske „Abalon" (Haliotis rufescens Swainson) enthält 0,047 %

---

[1] N. F. Fisher u. R. W. Lackey: Amer. J. Physiol. **72**, 43—49 (1925) — Chem. Zbl. **1925 II**, 479.

[2] E. Frank, E. Hartmann u. Nothmann: Klin. Wschr. **4**, 1067 (1925) — Chem. Zbl. **1925 II**, 662.

[3] W. Iljin: Z. exper. Med. **52**, 24 (1926) — Chem. Zbl. **1926 II**, 2448.

[4] Ugo Lombroso: Boll. Soc. Biol. sper. **2**, 330 (1927) — Chem. Zbl. **1928 II**, 1788.

[5] Edward A. Doisy, A. P. Briggs, C. J. Weber u. Irene Koechig: Proc. Soc. exper. Biol. a. Med. **22**, 57 (1924) — Chem. Zbl. **1926 I**, 1595.

[6] E. I. O'Neill, H. Bing Moy u. W. H. Manwaring: J. of Immun. **10**, 583—585 (1925) — Chem. Zbl. **1925 II**, 940.

[7] Howard T. Karsner u. Enrique E. Ecker: J. inf. Dis. **34**, 636—642 (1924) — Ber. Physiol. **29**, 478 (1925) — Chem. Zbl. **1925 I**, 2085.

[8] H. Chr. Geelmuyden: Ergebn. Physiol. **22**, 1—248 — Ber. Physiol. **26**, 61—63 — Chem. Zbl. **1924 II**, 1822.

[9] Samuel Z. Levine, James R. Wilson u. Helen Rivkin: Amer. J. Dis. Childr. **31**, 496 bis 503 (1926) — Ber. Physiol. **37**, 115—116 (1926) — Chem. Zbl. **1927 I**, 1180.

[10] A. Borrel u. A. de Coulon: C. r. Soc. Biol. Paris **86**, 1096 (1922) — Chem. Zbl. **1922 III**, 935.

[11] H. Barthélemy: C. r. Acad. Sci. Paris **182**, 1243 (1926) — Chem. Zbl. **1926 II**, 1061.

[12] P. Karrer: Erg. Physiol. **20**, 433 (1922) — Ref.: Ber. Physiol. **16**, 407 (1923) — Chem. Zbl. **1923 III**, 199.

[13] Samec u. V. Isajevič: C. r. Acad. Sci. Paris **176**, 1419 (1923) — Chem. Zbl. **1923 III**, 1070. — Samec u. A. Meyer: Kolloidchem. Beih. **16**, 89 (1923) — Chem. Zbl. **1923 I**, 46.

[14] L. Schmid, E. Ludwig u. K. Pietsch: Sitzgsber. Akad. Wiss. Wien, Math.-naturwiss. Kl. **137**, 118 — Mh. Chem. **49**, 118 — Chem. Zbl. **1928 II**, 1200.

[15] R. O. Herzog u. W. Reich: Ber. dtsch. chem. Ges. **62**, 495 (1929) — Chem. Zbl. **1929 I**, 2406.

[16] Margaret McDowell: Proc. Soc. exper. Biol. a. Med. **25**, 85 (1927) — Chem. Zbl. **1929 I**, 2788.

P_2O_5. Dieser Phosphor kann weder durch Elektrodialyse noch durch Ultrafiltration beseitigt werden[1]. — Verbrennungswärmen[2]:

	Mytilus cal	Frosch cal	Mittelwerte cal
Wasserfreies Glykogen 0,9 g	3820,5	3807	3814
Glykogenhydrat	3800	3786	3793
Gelöstes Glykogen 0,9 g	3789	3775,5	3782

Ist nach dem Röntgenbild amorph[3]. — Fluorescenzerscheinungen[4]. Veränderungen durch Sonnenbelichtung[5]. — Gehirngglykogen gibt mit Jod denselben violettroten Farbton wie das Muskelglykogen. — $[\alpha]_D = +186°$[6]. — Es ist möglich, daß die äußeren Unterschiede zwischen Glykogen und Stärke nicht durch den Polymerisationsgrad, aber durch andere Ursachen bedingt sind. Dies gilt z. B. für die Jodreaktion[7]. — Die Unterschiede im Verhalten von Stärke und Glykogen gegen Jod sind nicht größer als die Unterschiede zwischen Amylopektin und Amylosen[7]. — Wird aus Lösungen von ausfallendem $BaCO_3$ adsorbiert (z. B. bei der Aufarbeitung des Phosphorwolframsäureniederschlags der Albumosen und der Chloralbumosen[8]. Spaltet bei der Destillation in saurer, neutraler oder alkalischer Lösung Formaldehyd ab[9]. Beim Abbau mit Glycerin bei 190° konnte das von Pringsheim[10] beschriebene Trihexosan nicht nachgewiesen werden[11]. Wird durch 10proz. Kalkmilch schon in der Kälte quantitativ gefällt[12]. Glykogen liefert bei der Behandlung mit $NaHCO_3$ kein Acetol, auch wenn sie vorher 48 Stunden mit einer Lösung von Natriumpentacyanaquoferroat $+ O_2$ oxydiert wird[13]. Gibt beim Erhitzen mit salzsaurem Resorcin gefärbte Lösungen[14]. Bei tropfenweisem Zusatz von 15proz. alkoholischer Lösung von β-Naphthol zu mit Cl_2O dekrustierten tierischen Skeletsubstanzen wird Glykogen violett (wie mit α-Naphthol)[15]. Trübungen in Nährmitteln, die sich durch Eiweißklärung nicht beseitigen lassen, können durch Glykogen bedingt sein[16]. Oxydation mit Luft unter der Einwirkung des Sonnenlichts[17]. Überführung in Glykogesan siehe dort[18].

Gärung: Verschiedene Rassen des Bacillus pyocyaneus, die ihre Färbungsfähigkeit verloren haben, gewinnen diese schwach wieder bei Passage über Nährböden, die Glykogen enthalten[19]. Wirkung der Salmonellabacillen[20], der Scheidenstäbchen[21]. Glykogen wird bei der Selbstgärung der Hefe gespalten und vergoren[22]. Glykogen ist unwirksam auf die Atmung

[1] Louis G. Petree u. Carl L. Alsberg: J. biol. Chem. **82**, 385 (1929) — Chem. Zbl. **1929 II**, 1019.

[2] Rolf Meier u. Otto Meyerhof: Biochem. Z. **150**, 233 (1924) — Chem. Zbl. **1924 II**, 2488. — William Kershaw Slater: Biochemic. J. **18**, 621 (1924) — Chem. Zbl. **1924 II**, 1335. — P. Karrer: Helvet. chim. Acta **4**, 994 (1921) — Chem. Zbl. **1922 III**, 428.

[3] R. O. Herzog: Naturwiss. **12**, 1153 (1924) — Chem. Zbl. **1925 II**, 133.

[4] Hans Pringsheim u. Otto Gerngroß: Ber. dtsch. chem. Ges. **61**. 2009 (1928) — Chem. Zbl. **1928 II**, 1978.

[5] Gustav Bayer: Biochem. Z. **124**, 97—99 (1921) — Chem. Zbl. **1922 I**, 496.

[6] Kiishi Takahashi: Biochem. Z. **159**, 484 (1925) — Chem. Zbl. **1925 II**, 1455.

[7] P. Karrer: Helvet. chim. Acta **4**, 994 (1921) — Chem. Zbl. **1922 III**, 428.

[8] E. Salkowski: Biochem. Z. **136**, 169 (1923) — Chem. Zbl. **1923 III**, 676.

[9] G. Klein: Biochem. Z. **169**, 132 (1926) — Chem. Zbl. **1926 I**, 3221.

[10] Pringsheim: Ber. dtsch. chem. Ges. **57**, 1581 (1924) — Chem. Zbl. **1924 II**, 2245.

[11] P. Karrer u. B. Joos: Hoppe-Seylers Z. **141**, 311 (1924) — Chem. Zbl. **1925 I**, 1288.

[12] J. Schlemmer: Listy Cukrovarnické **45**, 243 — Z. Zuckerind. tschechosl. Republik **51**, 422 (1927) — Chem. Zbl. **1927 II**, 881.

[13] O. Baudisch u. H. J. Deuel: J. amer. chem. Soc. **44**, 1581, 1585 (1922) — Chem. Zbl. **1923 IV**, 280, 281.

[14] B. Glaßmann: Hoppe-Seylers Z. **150**, 16 (1925) — Chem. Zbl. **1926 I**, 1465.

[15] P. Schulze u. G. Kunike: Biol. Zbl. **43**, 556 (1923) — Ref.: Ber. Physiol. **25**, 20 (1924) — Chem. Zbl. **1924 II**, 873.

[16] W. Rother: Zbl. Bakter. I **88**, 560 (1922) — Chem. Zbl. **1923 I**, 359.

[17] C. C. Palit u. N. R. Dhar: J. physic. Chem. **32**, 1263 (1928) — Chem. Zbl. **1928 II**, 2549.

[18] Hans Pringsheim u. Gerti Will: Ber. dtsch. chem. Ges. **61**, 2011 (1928) — Chem. Zbl. **1928 II**, 2003.

[19] A. Rochaix u. E. Banssillon: C. r. Soc. Biol. Paris **89**, 538 (1923) — Chem. Zbl. **1923 III**, 1036.

[20] Frank Wokes u. Joseph H. Irwin: Pharmac. J. **118**, 747—751 — Chem. Zbl. **1927 II**, 1481.

[21] C. Pasch: Zbl. Gynäk. **46**, 375—377 (1922) — Chem. Zbl. **1922 III**, 305.

[22] H. v. Euler u. K. Myrbäck: Hoppe-Seylers Z. **129**, 195 (1923) — Chem. Zbl. **1923 III**, 1580.

bei der alkoholischen Gärung[1]. — Glykogen wird durch den Saccharomyces Ludwigii, der frei von Maltase und Maltozymase ist, in Gegenwart von Co-Zymase (Kochsaft aus Unterhefe) bis zu 82,2% vergoren. Die Gärung geht über Glykose als Zwischenstufe, ohne daß dabei Maltose auftritt[2]. Vergärbarkeit durch Acetonpräparate aus untergärigen Hefen und Macerationssaft aus Trockenpräparaten von Unterhefen. In Gegenwart von Acetonhefe wird die aus Glykogen entstehende labile Modifikation der Glykose mit anwesendem Phosphat verestert[3].

Derivate: Glykogenacetat $C_{12}H_{16}O_8$[4]. Beim Erwärmen von Glykogen mit Pyridin und Essigsäureanhydrid auf dem Wasserbad bis zur Lösung. Beim Eingießen in Wasser entsteht ein Niederschlag. Er wird in Essigester gelöst und mit Alkohol gefällt. Schmelzp. unscharf bei 165°, unlöslich in Alkohol und Methylalkohol, stark hygroskopisch. $[\alpha]_D^{18} = +159,6\%$ und 158,8° in Pyridin. Wird beim Verseifen in Glykogen rückverwandelt[4]. Molekulargewichtsbestimmungen in Lösungen von 0,1—0,6% gaben Werte, die zwischen einem Hexoseanhydridtriacetat (288) und einem Bioseanhydridhexaacetat (576) liegt. — Bei Gegenwart von Luft erhält man Depressionen, aus denen sich Molekulargewichte kleiner als 288 berechnen. Das aus den angewandten Lösungen regenerierte Glykogenacetat wurde mit dem Ausgangsmaterial identifiziert. Das zur Acetylierung benutzte Glykogen zeigte $[\alpha]_D^{16} = +194,8°$ in Wasser. Durch Erwärmen mit Pyridin und Essigsäureanhydrid während 65 Stunden bei 65° und Eingießen in Wasser wurde daraus das Acetat bereitet. $[\alpha]_D^{17} = +158,8°$ in Pyridin. Das Präparat ließ sich nicht in Fraktionen von verschiedenen Eigenschaften trennen. Das aus den zu Molekulargewichtsbestimmungen verwendeten Lösungen zurückgewonnene Acetat drehte $[\alpha]_D^{21} = +157,9°$ in Pyridin und das daraus durch Verseifen mit $1/_2$n-methylalkoholischer Kaliumhydroxydlösung erhaltene Glykogen: $[\alpha]_D^{20} = +192,3°$ in Wasser[5]. Triacetat: Die Acetylierung des Glykogens mit Essigsäureanhydrid in Gegenwart von Chlor und schweflige Säure gibt das gleiche Triacetat wie mit Essigsäureanhydrid und Pyridin. Das Präparat besitzt die Zusammensetzung $C_{12}H_{16}O_8$, ist ein amorphes Pulver, das Fehlingsche Lösung nicht reduziert, Zersetzungsp. 177°; $[\alpha]_D^{22} = +163°$ in Chloroform; löslich in Chloroform, Aceton, unlöslich in Alkohol, Methylalkohol und Wasser. Liefert bei der Verseifung ein Glykogen zurück, das dem Ausgangsmaterial völlig gleicht. Methylalkoholische Salzsäure führt es in quantitativer Ausbeute in Methylglykosid über[6].

Methylderivat[7]. Nach dreimaliger Methylierung mit Dimethylsulfat und Natronlauge wird aus rohem Glykogen, das noch stickstoffhaltig und glykosehaltig ist, ein stickstofffreies Produkt von $[\alpha]_D = +152,5°$ in Chloroform bei $c = 1,70$ mit 26,7% Methoxylgehalt erhalten. Die weitere Methylierung wurde in Gegenwart von Methylalkohol durchgeführt und lieferte zunächst ein Produkt von $[\alpha]_D = +166°$ in Chloroform bei $c = 1,476$ mit 31,1% Methoxylgehalt und nach weiteren zwei Methylierungen ein Produkt von $[\alpha]_D = +179,83°$ in Chloroform bei $c = 1,51$ mit 36,4% Methoxylgehalt. Es bildet eine amorphe Masse, löslich in Alkohol, Methyljodid, Chloroform, unlöslich in Äther. Es stellt ein Gemisch von Dimethyl- (32% Methoxyl-) und Trimethyl- (45% Methoxyl-) Glykogen dar. Es läßt sich in ein Acetylprodukt überführen, dessen Acetylgehalt mit dem aus dem Methoxylgehalt berechneten in Einklang steht. — Die Spaltung des Methylkörpers wurde mit 1proz. methylalkoholischer Salzsäure bei 130° während 72 Stunden oder mit siedender 1,5proz. methylalkoholischer Salzsäure während 7,5 Stunden ausgeführt. Nur bei der letzteren Arbeitsweise erhält man Trimethyl-methylglykosid in krystallisierbarer Form. — Das erhaltene Trimethyl-methylglykosid siedet unter 0,15 mm Druck bei 119—122°, es ist 2, 3, 6-Trimethyl-methylglykosid mit $[\alpha]_D = +57,9°$ in Chloroform bei $c = 1,52$; $n_D = 1,4584$. Mehrmals aus Petroläther umkrystallisiert, bildete es Nadeln vom Schmelzp. 60°. — Die zweite Fraktion bestand aus einem Gemisch von Dimethyl- und Trimethyl-methylglykosid, siedete unter 0,35 mm Druck bei 135—138° und zeigte $n_D = 1,4614$. Die dritte Fraktion bestand aus Dimethyl-methylglykosid, siedete unter 0,2 mm Druck bei 142—145°, zeigte $n_D = 1,4736$ und $[\alpha]_D = +80,15°$ in Aceton. — Bei der Acetylie-

---

[1] Otto Meyerhof: Biochem Z. **162**, 43 (1925) — Chem. Zbl. **1926 I**, 702.

[2] A. Gottschalk: Hoppe-Seylers Z. **168**, 267 (1927) — Chem. Zbl. **1927 II**, 2321 — Wschr. Brauerei **43**, 487 (1927) — Chem. Zbl. **1927 I**, 304 — Hoppe-Seylers Z. **152**, 132 (1926) — Chem. Zbl. **1926 I**, 2931.

[3] A. Gottschalk: Hoppe-Seylers Z. **153**, 215 (1926) — Chem. Zbl. **1926 I**, 3555.

[4] Hans Pringsheim u. Max Laßmann: Ber. dtsch. chem. Ges. **55**, 1409 (1922).

[5] Kurt Heß u. Richard Stahn: Liebigs Ann. **455**, 115 (1927) — Chem Zbl. **1927 II**, 555.

[6] Walter Norman Haworth, Edmund Langley Hirst u. John Ivor Webb: J. chem. Soc. Lond. **1929**, 2479 — Chem. Zbl. **1930 I**, 2394.

[7] P. Karrer: Helvet. chim. Acta **4**, 994 (1921) — Chem. Zbl. **1922 III**, 428.

rung des methylierten Glykogens mit Essigsäureanhydrid und Natriumacetat entsteht ein durch Chloroform extrahierbares Produkt. $[\alpha]_D = +191,2°$ in Chloroform bei $c = 1,558$ [1]. Trimethylglykogen: Nach 5maliger Methylierung von Glykogentriacetat. $C_9H_{16}O_5$. Nach Behandlung mit siedendem Petroläther weißes Pulver, Schmelzp. 147°, $[\alpha]_D^{20} = +208°$ in Chloroform. Löslich in Chloroform, Aceton, quillt auf in Alkohol, oder Wasser, ohne sich zu lösen. — Liefert bei der Hydrolyse 76% 2, 3, 6-Trimethylglykose [2].

Natriumhydroxydglykogen [3] $(C_{12}H_{20}O_{10} \cdot NaOH)_x$. Durch Lösen von Glykogen in verdünnter Natronlauge und Fällen mit Alkohol.

Glykogennatrium. Aus Glykogen gelöst in flüssigem Ammoniak mit Natrium gelöst in flüssigem Ammoniak [4].

Glykogesan [5].
$C_6H_{10}O_5$ (?)

Das Molekulargewicht der Acetylverbindung in Essigsäure bis zu 0,3proz. Lösungen gab auf ein Triacetylhexosan stimmende Werte. Die Präparate enthielten höchstwahrscheinlich noch Alkohol [6].

Darstellung: Das aus Miesmuscheln hergestellte Glykogen (Merck, $[\alpha]_D^{20} = +194°$ in Wasser) wird mit 4 Vol. Essigsäureanhydrid und 6 Vol. Pyridin auf 1 Teil Glykogen acetyliert, das gewonnene Acetat 65 Stunden auf 65° erwärmt, dann 20 Minuten mit der 20fachen Menge siedenden Naphthalins im Ölbade erhitzt, die siedende Flüssigkeit ausgegossen, nach dem Erkalten zerrieben, mit Petroläther extrahiert und eine 4proz. Chloroformlösung hergestellt, die mit Carboraffin entfärbt wird. Die Lösung wird mit 0,2 Vol.-% trockner Benzolsulfonsäure 72 Stunden am Rückfluß zum Sieden erhitzt, mit Bicarbonatlösung geschüttelt, die Chloroformlösung getrocknet, gereinigt und das Glykogesanacetat mit Äther gefällt. — Das Acetat wird mit alkoholischer Kalilauge oder mit Barytwasser desacetyliert und die Substanz aus konz. Lösung mit Alkohol gefällt. Ausbeute 64% der Theorie.

Physiologische Eigenschaften: Wird durch Pankreasamylase in Gegenwart von Hefekomplement zu 92% in Maltose übergeführt.

Physikalische und chemische Eigenschaften: $[\alpha]_D^{20} = +193,7°$ in Wasser. Gibt die charakteristische Jodfarbe des Glykogens. Bei der Acetylierung mit Pyridin + Essigsäureanhydrid entsteht wiederum Glykogesanacetat.

Derivate: Glykogesanacetat $C_{12}H_{16}O_8$. $[\alpha]_D^{20} = +174,7°$ in Chloroform, $[\alpha]_D^{20} = +157°$ in Pyridin.

---

[1] Alexander Killen Macbeth u. John Mackay: J. chem. Soc. Lond. **125**, 1513 (1924) — Chem. Zbl. **1924 II**, 1459.

[2] Walter Norman Haworth, Edmund Langley Hirst u. John Ivor Webb: J. chem. Soc. Lond. **1929**, 2479 — Chem. Zbl. **1930 I**, 2394.

[3] P. Karrer: Helvet. chim. Acta **4**, 994 (1921) — Chem. Zbl. **1922 III**, 428.

[4] Leopold Schmid, Alfred Waschkau u. Ernst Ludwig: Mh. Chem. **49**, 107 (1928) — Chem. Zbl. **1928 II**, 1761.

[5] Hans Pringsheim u. Gerti Will: Ber. dtsch. chem. Ges. **61**, 2011 (1928) — Chem. Zbl. **1928 II**, 2003.

[6] Endre Berner: Ber. dtsch. chem. Ges. **63**, 1356 (1930).

Die einfachen Zuckerarten.

Von

Géza Zemplén-Budapest.

Einleitung (Bd. VIII, S. 96; Bd. X, S. 357). Zusammenfassungen[1].

Empfehlenswert ist, die Bezeichnung Glykose streng auf den Traubenzucker und seine Abkömmlinge zu beschränken und die Abkömmlinge der Zucker im allgemeinen als Glykoside zu bezeichnen. Die alten Namen Dextrose und Lävulose sind für den Zuckertechniker beizubehalten[2].

Struktur und Konfiguration: Arbeiten, die als Modellversuche zum Verständnis der Struktur der Verbindungen der Zuckerreihe wichtig sind[3].

Aldosen und Ketosen besitzen vorwiegend nicht die butylenoxydische, sondern eine amylenoxydische Struktur, weil die normale Tetramethylglykose bei der Oxydation ein δ-Lacton liefert, während sich von dem γ-Zucker ein γ-Lacton ableitet. Galaktose, Mannose, Xylose und Arabinose besitzen die gleiche Ringstruktur[4].

Übersicht der Kenntnisse über die γ-Zucker, also der Verbindungen der Zucker, in denen sich der Sauerstoffring nicht in der gewöhnlichen stabilen Lage befindet[5].

Goodyear und Haworth schlagen vor, die ringisomeren Formen der Monosaccharide auf die heterocyclische Grundkörper Pyran und Furan zu beziehen. Die normalen Zucker wären demnach als Derivaten des Pyrans unter der Bezeichnung Pyranosen, die γ-Zucker als Furanosen zu registrieren. Die beiden ringisomeren Formen der Glykose wären also zu unterscheiden als Glykopyranose und Glykofuranose usw. (wie die folgenden Formeln).

Pyran.

Furan.

Furanose (Tetrose)
(Trioxytetrahydrofuran).

n-Pentose
[Pyranose (Arabo- usw.)].

γ-Pentose
(Xylo-, Arabo- Ribo-, Lyxofuranose).

[1] Hans Pringsheim: Zuckerchemie. Leipzig: Akademische Verlagsgesellschaft 1925. — Edmund O. von Lippmann: Halbjahresber. i. d. Z. dtsch. Zuckerind. — J. Leibowitz: Z. angew. Chem. **39**, 1143, 1240 (1926); Cellulosechemie **9**, 125 (1928). — Burckhardt Helferich: Z. angew. Chem. **41**, 871 (1928). — W. Ekhard: Z. Spiritusind. **47**, 208 (1924). — C. W. Ladd: Sugar **26**, 539 (1924) — Chem. Zbl. **1925 I**, 776. — W. N. Haworth: Helvet. chim. Acta **11**, 534 (1928) — The constitution of Sugars. London: Edward Arnold u. Co. 1929. — Venancio Deulofen: Chemica **6**, 7 (1928) — Chem. Zbl. **1930 I**, 1287.

[2] G. Bruhns: Zbl. Zuckerind. **32**, 1431 (1924) — Chem. Zbl. **1925 I**, 1485.

[3] Max Bergmann u. Martin Gierth: Liebigs Ann. **448**, 48 (1926) — Chem. Zbl. **1926 II**, 569.

[4] W. N. Haworth: Nature (Lond.) **116**, 430 (1925) — Chem. Zbl. **1926 I**, 881.

[5] James Colquhoun Irvine: Ind. Chem. **15**, 1162 (1924) — Chem. Zbl. **1924 I**, 2679.

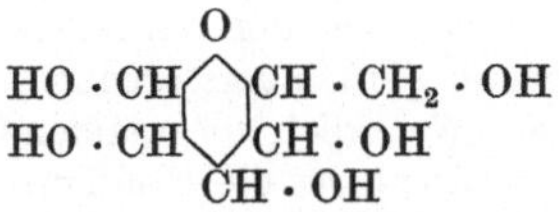

$$\begin{array}{c} \text{O} \\ \text{HO}\cdot\text{CH}\diagup\diagdown\text{CH}\cdot\text{CH}_2\cdot\text{OH} \\ \text{HO}\cdot\text{CH}\diagdown\diagup\text{CH}\cdot\text{OH} \\ \text{CH}\cdot\text{OH} \end{array}$$

n-Aldohexose
[Glyko-(usw.)Pyranose].

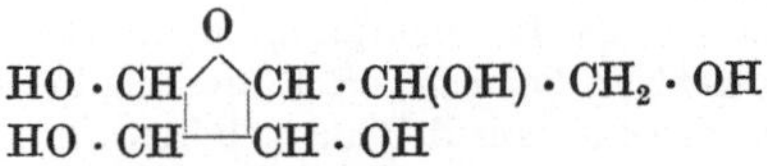

$$\begin{array}{c} \text{O} \\ \text{HO}\cdot\text{CH}\diagup\diagdown\text{CH}\cdot\text{CH(OH)}\cdot\text{CH}_2\cdot\text{OH} \\ \text{HO}\cdot\text{CH}\underline{\quad}\text{CH}\cdot\text{OH} \end{array}$$

γ-Aldohexose
[Glyko-(usw.)Furanose].

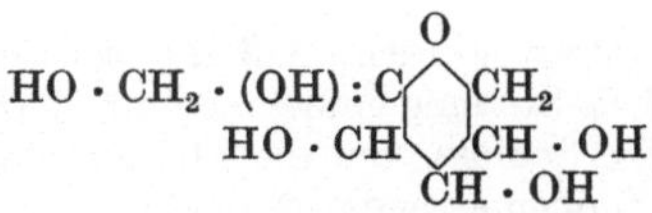

$$\begin{array}{c} \text{O} \\ \text{HO}\cdot\text{CH}_2\cdot\text{(OH)}:\text{C}\diagup\diagdown\text{CH}_2 \\ \text{HO}\cdot\text{CH}\diagdown\diagup\text{CH}\cdot\text{OH} \\ \text{CH}\cdot\text{OH} \end{array}$$

n-Ketohexose (Fructopyranose).

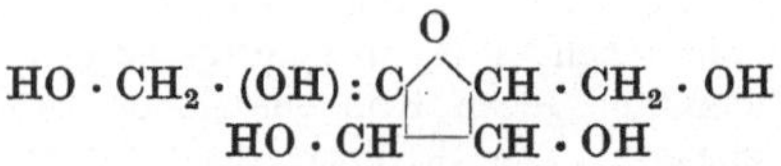

$$\begin{array}{c} \text{O} \\ \text{HO}\cdot\text{CH}_2\cdot\text{(OH)}:\text{C}\diagup\diagdown\text{CH}\cdot\text{CH}_2\cdot\text{OH} \\ \text{HO}\cdot\text{CH}\underline{\quad}\text{CH}\cdot\text{OH} \end{array}$$

γ-Ketohexose (Fructofuranose).

Abschließend weisen Goodyear und Haworth darauf hin, daß damit die Zucker in engste Beziehung einerseits zu anderen Pyronderivaten der Pflanzenwelt rücken, speziell zu den Anthocyanidinen und Anthoxanthinen, andererseits zu den in der Natur vorkommenden Furanabkömmlingen[1].

Um die Konfigurationsverhältnisse besser sehen zu können, schlägt W. N. Haworth[2] folgende Symbole vor, wobei eine dem Inosit ähnliche und dort übliche Darstellung benutzt wird. Als Beispiel soll die Glykose nach den drei verschiedenen Symbolen angeführt werden. —

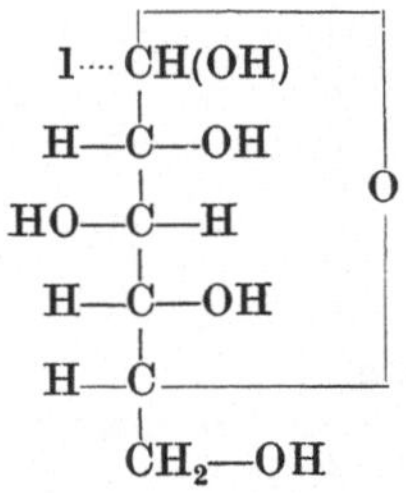

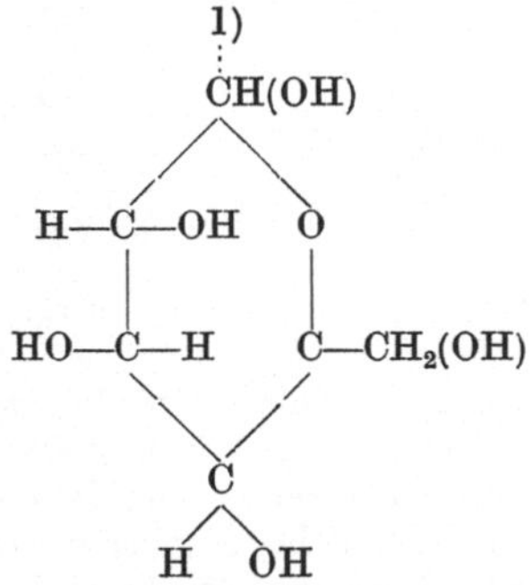

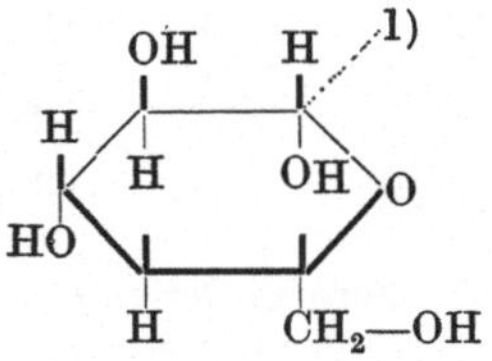

$$\begin{array}{l} 1\text{----}\dot{\text{C}}\text{H(OH)} \\ \text{H}\text{---}\text{C}\text{---}\text{OH} \\ \text{HO}\text{---}\text{C}\text{---}\text{H} \qquad\text{O} \\ \text{H}\text{---}\text{C}\text{---}\text{OH} \\ \text{H}\text{---}\text{C}\text{----} \\ \text{CH}_2\text{---}\text{OH} \end{array}$$

$$\begin{array}{c} 1) \\ \dot{\text{C}}\text{H(OH)} \\ \text{H}\text{---}\text{C}\text{---}\text{OH} \quad\text{O} \\ \text{HO}\text{---}\text{C}\text{---}\text{H} \quad\text{C}\text{---}\text{CH}_2\text{(OH)} \\ \text{C} \\ \text{H}\quad\text{OH} \end{array}$$

Kohlenstoffatom 1 ist mit der Zahl 1) markiert.

Nomenklatur und Bezeichnung der sterischen Reihen: Wird dem rechtsdrehenden (+) Glycerinaldehyd die Formel I oder II und die Bezeichnung d-Glycerinaldehyd zuerteilt, so ist damit festgelegt, daß bei der üblichen

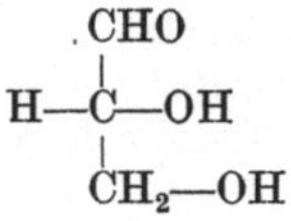

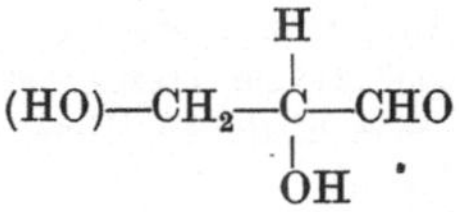

$$\begin{array}{c} \text{.CHO} \\ \text{H}\text{---}\text{C}\text{---}\text{OH} \\ \text{CH}_2\text{---}\text{OH} \\ \text{I.} \end{array} \qquad\qquad \begin{array}{c} \text{H} \\ \text{(HO)}\text{---}\text{CH}_2\text{---}\text{C}\text{---}\text{CHO} \\ \text{OH} \\ \text{II.} \end{array}$$

Schreibweise mit der Carbonylgruppe oben bzw. rechts durch den Buchstaben **d** die Lage der Hydroxylgruppe rechts bzw. unten bezeichnet wird. Bei der Bezeichnung von Verbindungen mit mehreren asymmetrischen Kohlenstoffatomen ist jedes einzelne asymmetrische Kohlenstoffatom für sich in derselben Art zu kennzeichnen. Wird an der Regel festgehalten, daß sich CO oben bzw. rechts findet, so ist die Stellung des sterischen Modells vollkommen bestimmt, ebenso die Konfigurationsformel und die Bezeichnung der einzelnen asymmetrischen Kohlenstoffatome. — Für die Reihenfolge der Anführung der letzteren wird vorgeschlagen, die Ablesung von unten nach oben bzw. von links nach rechts beizubehalten. Dementsprechend wird die natürliche (+)-Glykose mit d, d, l, d bezeichnet[3]. Das System der einfachen Zucker und der

---

[1] E. H. Goodyear u. W. N. Haworth: J. chem. Soc. Lond. **1927**, 3136 — Chem. Zbl. **1928 I**, 1388.

[2] Walter Norman Haworth: Helvet. chim. Acta **11**, 534 (1928).

[3] A. Wohl u. K. Freudenberg: Ber. dtsch. chem. Ges. **56**, 309 (1923); **58**, 451 (1925) — Chem. Zbl. **1923 I**, 891.

α-substituierten Fettsäuren[1]. — Maltby[2] schlägt vor, daß bei den normalen Formen der Aldosen die Konfiguration der mittleren Gruppe innerhalb des Sauerstoffringes (Gruppe 3) ausschlaggebend für die Einteilung in d- und l-Reihen sei. Natürlich vorkommende Arabinose würde somit zur d-Reihe gehören. Aus der angegebenen Tabelle ist die Konfiguration an den einzelnen Kohlenstoffatomen der Zucker, die spezifische Drehung der α- und β-Formen, und die Konfiguration an den Kohlenstoffatomen des bei der Cyanhydrinreaktion resultierenden Hauptprodukts ersichtlich[2].

Für die Konfiguration der Zuckerarten kann angenommen werden, daß die bei der Ringöffnung entstehenden Hydroxylgruppen nicht unbedingt cis-Stellung einnehmen müssen[3]. Aus dem Widerstand gegen Kondensationen kann man keine Schlüsse auf die Stellung der Hydroxyle ziehen[4]. Die Struktur der Disaccharide: Zusammenfassende Darstellung der Arbeiten von Haworth[5].

Entwicklung einer neuen Art von Stereoisomerie in der Zuckergruppe s. bei γ-Triacetyl-l-rhamnosid (1,5)[6].

Alle Acylhalogenderivate, denen eine pyroide Struktur zugeschrieben werden muß, geben mit Pyridin und Silbersulfat die Glykosidopyridiniumsalze der acetylierten Glykosido-1-schwefelsäuren entsprechend folgender Formel:

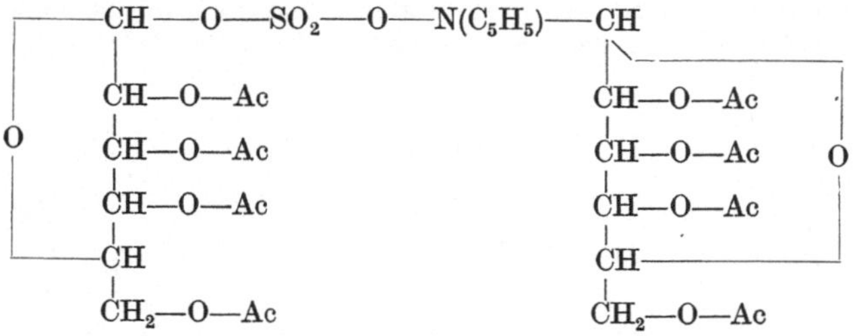

$$
\begin{array}{ccc}
\mathrm{CH-O-SO_2-O-N(C_5H_5)-CH} \\
\mathrm{CH-O-Ac} \qquad\qquad \mathrm{CH-O-Ac} \\
\mathrm{O}\quad \mathrm{CH-O-Ac} \qquad\qquad \mathrm{CH-O-Ac}\quad \mathrm{O} \\
\mathrm{CH-O-Ac} \qquad\qquad \mathrm{CH-O-Ac} \\
\mathrm{CH} \qquad\qquad\qquad \mathrm{CH} \\
\mathrm{CH_2-O-Ac} \qquad\qquad \mathrm{CH_2-O-Ac}
\end{array}
$$

Furoide Derivate geben keine Spur der Salze obiger Zusammensetzung[7].

In der Umsetzung von Acetohalogenzuckern mit Trimetylamin scheint ein Verfahren gefunden zu sein, festzustellen, bei welcher der beiden Formen des Zuckers die Hydroxyle am ersten und am zweiten Kohlenstoffatom in cis- und bei welcher in trans-Stellung stehen, und zwar derart, daß bei der cis-Konfiguration Reaktion mit Trimethylamin eintritt, bei der trans-Konfiguration dagegen nicht[8].

Micheel und Littmann[9] bestimmen die α- und β-Konfiguration eines Disaccharids dadurch, daß sie aus dem Mengenverhältnis der bei der Disaccharidspaltung mit methyl-alkoholischer Salzsäure bei 0° aus der glykosidischen Hexosegruppe entstehenden α- und β-Glykoside auf die α- und β-Konfiguration schließen. Zur Vermeidung einer Brückenverschiebung bei der Spaltung werden die Oktamethyläther angewendet[9].

Vorkommen: Tabellarische Zusammensetzung des Gehaltes an reduzierenden Zuckerarten im Safte von 15 verschiedenen Hirsearten[10]. Jahreszeitliche Schwankungen des Zuckergehaltes bei den Florideen[11].

---

[1] Karl Freudenberg: Naturwissensch. **16**, 581 (1928) — Chem. Zbl. **1928 II**, 1549.

[2] John G. William Maltby: J. chem. Soc. Lond. **1926**, 1629 — Chem. Zbl. **1926 II**, 1263.

[3] Richard Kuhn u. Friedrich Ebel: Ber. dtsch. chem. Ges. **58**, 919 (1925) — Chem. Zbl. **1925 II**, 183.

[4] P. Karrer: Helvet. chim. Acta **9**, 116 (1926) — Chem. Zbl. **1926 I**, 2450.

[5] W. N. Haworth: Helvet. chim. Acta **11**, 534 — Chem. Zbl. **1928 II**, 542.

[6] Walter Norman Haworth, Edmund Langley Hirst u. Ernst John Miller: J. chem. Soc. Lond. **1929**, 2469 — Chem. Zbl. **1930 I**, 2393.

[7] Heinz Ohle, Wladimir Marecek u. Walter Bourjau: Ber. dtsch. chem. Ges. **62**, 833 (1929) — Chem. Zbl. **1929 I**, 2746.

[8] Fritz Micheel u. Hertha Micheel: Ber. dtsch. chem. Ges. **63**, 386 (1930) — Chem. Zbl. **1930 I**, 2235.

[9] F. Micheel u. O. Littmann: Liebigs Ann. **466**, 115 (1928) — Chem. Zbl. **1929 I**, 227.

[10] S. F. Sherwood: Ind. Chem. **15**, 727 (1923) — Chem. Zbl. **1923 IV**, 671.

[11] Colin u. E. Guigueu: C. r. Acad. Sci. Paris **190**, 884 (1930) — Chem. Zbl. **1930 II**, 577.

Über den Zucker des normalen Urins[1]. — Über Eiweißzucker[2].

Bildung: Übersicht der chemischen und photochemischen Synthesen der Zuckerarten[3]. — Untersuchungen über die Bildung von Zucker aus Formaldehyd[4] — in Gegenwart von Magnesiumoxyd[5]. Bildung von Zucker aus Formaldehyd in der Pflanze[6]. Es wird die Einwirkung von ultraviolettem Licht auf wässerige Lösungen von $Ca(HCO_3)_2$, $Ba(HCO_3)_2$, $Sr(HCO_3)_2$, $Mg(HCO_3)_2$, NH_3HCO_4, $NaHCO_3$, $LiHCO_3$ und $KHCO_3$ in Glasgefäßen untersucht. Die Lösungen der Alkalibicarbonate werden mit Ausnahme von NH_3HCO_4 viel langsamer zersetzt als diejenigen der Erdalkalibicarbonate, am schnellsten $Ca(HCO_3)_2$, am langsamsten $NaHCO_3$. Die Ausbeute an Formaldehyd steigt mit der Zeit erst in einem Maximum und fällt dann. Gleichzeitig mit der Bildung von Formaldehyd treten reduzierende Zucker, jedoch in äußerst kleinen Mengen auf[7]. Die Gegenwart von feingepulvertem Magnesium erhöht die Gesamtausbeute der bei Ultraviolettbestrahlung von Calciumhydrocarbonatlösungen gebildeten reduzierenden Substanzen[8]. — Bildung von Zuckern aus Lösungen von Dicarbonaten der alkalischen Erden und Alkalien, sowie aus Kohlensäurelösungen in Gegenwart von reduzierenden und kolloidalen Katalysatoren[9]. Die photochemische Zuckerbildung aus 5proz. Kalium-Bicarbonatlösungen wird in Gegenwart von Zink anfangs stark erhöht, nach einiger Zeit nimmt das Reduktionsvermögen wieder ab. Durch Zusatz von Norit wird das Abklingen der Reaktion weitgehend verhindert[10].

Aus den Bicarbonaten der Alkalien und alkalischen Erden werden schon nach kurzer Bestrahlung mit ultravioletten Strahlen merkliche Mengen Formaldehyd gebildet, gleichzeitig beginnt die Zuckerbildung aber nur in äußerst kleinen Mengen. Die höchste Ausbeute an Formaldehyd liefert Calciumhydrocarbonat[11].

Bildung von Zucker in der Rübe[12], in den Blättern der Eßkastanie[13]. Zuckerbildung im Tierkörper aus Milchsäure[14], aus Asparaginsäure[15]. Bis heute existiert keine einzige experimentelle Grundlage, welche die Umformung des Fettmoleküls in Zucker im Organismus beweist[16]. Fettsäuren und fettsaure Salze werden von phlorrhizinisierten, kohlenhydratfreien Ratten so schlecht vertragen, daß über die Bildung von Zucker aus ihnen kein Urteil abgegeben werden kann[17]. — Bildung von Zucker aus Fettsäuren bei Hunden ohne Pankreas nach Epinephrininjektion[18]. Die Hydrolyse des in Alkohol löslichen und nicht löslichen Rückstands der Fortpflanzungsorgane von Mollusken lieferte große Mengen

---

[1] Jocelyn Patterson: Biochemic. J. **20**, 651—655 (1926) — Chem. Zbl. **1927** I, 127. — George W. Pucher: Proc. Soc. exper. Med. a. Biol. **23**, 473 (1926) — Ber. Physiol. **37**, 156 (1926) — Chem. Zbl. **1927** I, 1178.

[2] G. Wladimirow u. A. Schmidt: Biochem. Z. **177**, 298 (1926) — Chem. Zbl. **1927** I, 477. — G. Quagliariello u. S. Gulotta: Boll. Soc. Biol. sper. **1**, 213—216 (1927) — Ber. Physiol. **38**, 414 (1927) — Chem. Zbl. **1927** I, 1848.

[3] Zd. Vytopil: Z. Zuckerind. Tschechoslowakei Rep. **49**, 216 (1925) — Chem. Zbl. **1925** I, 2547.

[4] E. C. C. Baly: Ind. Chem. **16**, 1016 (1924) — Chem. Zbl. **1925** I, 339. — J. C. Irvine u. G. V. Francis: Ind. Chem. **16**, 1019 (1924) — Chem. Zbl. **1925** I, 832.

[5] H. Schmalfuß u. M. Congehl: Biochem. Z. **185**, 70 (1927) — Chem. Zbl. **1927** II, 1016. — H. Schmalfuß u. K. Kalle: Ber. dtsch. chem. Ges. **57**, 2101 (1924) — Chem. Zbl. **1925** I, 356. — H. Vogel: Helvet. chim. Acta **11**, 370 — Chem. Zbl. **1928** I, 2372.

[6] Th. Sabalitschka u. H. Weidling: Ber. dtsch. chem. Ges. **59**, 650 (1926) — Chem. Zbl. **1926** II, 47. — J. Bodnár, L. E. Róth u. C. Benauer: Biochem. Z. **190**, 304 (1927) — Chem. Zbl. **1928** I, 1973.

[7] G. Mezzadroli u. G. Gardano: Atti Accad. naz. Lincei (6) **6**, 160 (1927) — Chem. Zbl. **1928** I, 674.

[8] G. Mezzadroli u. E. Vareton: Atti Accad. naz. Lincei (6) **8**, 511 (1928) — Chem. Zbl. **1929** I, 1920.

[9] G. Mezzadroli u. E. Vareton: Zymol. chim. Colloidi **3**, 165 (1928) — Chem. Zbl. **1929** I, 2165.

[10] G. Mezzadroli u. T. Babes: Gazz. chim. ital. **59**, 305 (1929) — Chem. Zbl. **1929** II, 413.

[11] G. Mezzadroli u. G. Gardano: Zymol. chim. Colloidi **3**, 1 (1928) — Chem. Zbl. **1929** II, 1522. — G. Mezzadroli, E. Vareton u. T. Babes: Chim. et Ind. **21**, 637 (1929) — Chem. Zbl. **1930** I, 240.

[12] H. Colin: C. r. Acad. Sci. Paris **184**, 835 (1927) — Chem. Zbl. **1927** II, 176.

[13] H. Colin u. A. Grandsire: C. r. Acad. Sci. Paris **179**, 288 (1924) — Chem. Zbl. **1924** II, 1476.

[14] Johiro Yamakawa: Mitt. med. Fak. Tokyo **28**, 487 (1922) — Chem. Zbl. **1923** III, 328.

[15] Walter Langer: Beitr. Physiol. **2**, 47 (1922) — Chem. Zbl. **1923** I, 697.

[16] S. J. Thannhauser: Dtsch. med. Wschr. **53**, 1676 (1927) — Chem. Zbl. **1927** II, 2464.

[17] Yuzura Kojima: Biochem. Z. **197**, 31 (1928) — Chem. Zbl. **1928** II, 1350.

[18] J. L. Chaikoff u. J. J. Weber: J. of biol. Chem. **76**, 813 (1928) — Chem. Zbl. **1928** II, 168.

reduzierenden Zuckers[1]. Bei synthetischen Bildungsweisen von höheren Zuckern und Zuckerderivaten mit Hilfe von Acetohalogenverbindungen ist die Beschaffenheit des als Kondensierungsmittels verwendeten Silberoxyds sehr wichtig. Die Darstellung eines dazu geeigneten Präparates wird beschrieben[2].

Darstellung: Zuckersaftextraktion aus zuckerhaltigen Pflanzenteilen[3]. Entfärben und Reinigen der gewonnenen Zuckersäfte[4]. — Behandlung mit Aluminiumhydroxyd[5], mit Tannin und Metallhydroxyde[6], mit Quecksilbersalze[7], mit Adsorptions- und Reduktionsmitteln[8].

Reinigung mit Silicaten[9], mit Adsorptionskohlen[10]. — Folgendes Verfahren ist bei den Zuckern und mehrwertigen Alkoholen zur Beschleunigung der Krystallisation mit Erfolg angewandt worden. — Höchstens 0,1—0,2 mg des zu untersuchenden Pulvers werden auf einer Glasplatte in einem Tröpfchen Wasser gelöst, dessen Durchmesser nach seiner Ausbreitung 3—4 mm nicht überschreiten darf. Die Glasplatte wird darauf ganz vorsichtig in der Umgebung des Tropfens mit einer kleinen Flamme erwärmt, bis die Lösung fast verdampft ist. Den Rest läßt man ohne Flamme zu einer weißen glasigen Masse verdampfen. — Darauf taucht man eine feine Glasspitze in ein Krystallpulver derselben Verbindung, und reibt mit ihr die Glasur nach verschiedenen Richtungen. Auf den Rückstand wird dann ein Tröpfchen eines Gemischs von gleichen Teilen Aceton und Essigsäure gebracht, den man verdampfen läßt. Die Operation wird noch einmal wiederholt und das Präparat nach dem Verdampfen der Lösung unter dem Mikroskop untersucht. Die Krystalle wachsen hauptsächlich längs der gezogenen Striche. — In schöner Krystallform wurden erhalten: Trehalose, Rohrzucker, Lactose, Erythrit, Perseit, Sorbit, Inosit und Quereit[11]. —

Nachweis und Bestimmung: Krystallisationsanreize in der Mikrochemie und ihre Anwendung zur Erkennung gewisser Zucker und mehrwertiger Alkohole. — Da absolute Isomorphie verschiedener Verbindungen praktisch ausgeschlossen ist, bietet die Mikrokrystallerzeugung ein sehr sicheres Mittel zur Identifizierung minimalster Substanzmengen[12]. — Über Nachweis

[1] P. G. Albrecht: J. of biol. Chem. **56**, 483 (1923) — Chem. Zbl. **1924 II**, 694.

[2] Burckhardt Helferich u. Wilhelm Klein: Liebigs Ann. **450**, 219 (1926) — Chem. Zbl. **1927 I**, 1149.

[3] Société Anonyme des Établissements A. Olier: Fr.P. 534104 v. 6. August 1921; Chem. Zbl. **1923 II**, 687. — Société Anonyme des Distilleries de Moeres, de Rexpoede et d'Alliennes-les-Marais: Fr.P. 597100 v. 30. Juli 1924; Chem. Zbl. **1926 I**, 2982. — M. Bridel u. M. Desinarest: Bull. Soc. Chim. biol. Paris **10**, 510 — Chem. Zbl. **1928 II**, 270. — M. Bridel u. G. Barel: J. Pharmacie (8) **2**, 49 — Chem. Zbl. **1925 II**, 1470.

[4] J. J. Hood u. J. Clark: A.P. 1452739 (1923); Chem. Zbl. **1923 IV**, 369. — S. Hunyady u. M. Malbaski: Fr.P. 546125 v. 20. Jan. 1922; Chem. Zbl. **1922 II**, 274; **1923 II**, 1003. — C. W. Schonebaum: Holl.P. 12990 v. 9. Nov. 1921; Chem. Zbl. **1926 I**, 1063. — H. H. Peters u. F. P. Phelps: Handelsministerium, Abhandlungen des Bureau of Standards **21**, Nr 338 — Chem. Zbl. **1927 II**, 1211. — K. Kollmann: Zbl. Zuckerind. **35**, 1257 (1927) — Chem. Zbl. **1928 I**, 421.

[5] J. J. Hood, J. Clark u. P. G. Clark: Holl.P. 7418 v. 27. Okt. 1914; Chem. Zbl. **1923 II**, 687. — P. Singh u. S. K. S. Majithia: Engl.P. 244924 v. 6. Jan. 1925; Chem. Zbl. **1928 II**, 402.

[6] Hebden Sugar Process Corporation, New York, übertragen von John G. Hebden: A.P. 1545318 v. 3. Mai 1921; Chem. Zbl. **1925 II**, 2107. — C. B. Davis: A.P. 1618148 v. 21. Febr. 1923; Chem. Zbl. **1927 I**, 2488. — P. J. T. Morizot: Fr.P. 609731 v. 21. Jan. 1926; Chem. Zbl. **1927 I**, 2488.

[7] L. Semichon u. Flanzy: Ann. Falsifikation **19**, 208 (1926) — Chem. Zbl. **1926 II**, 118.

[8] J. F. Straatmann: E.P. 172272 v. 18. Febr. 1921; Chem. Zbl. **1923 I**, 1220.

[9] S. Elbogen: Canad.P. 248561 v. 12. Juli 1924; Chem. Zbl. **1926 I**, 1063.

[10] J. Procházka: Listy Cukrovarnické **1921/22**, 554 — Z. Zuckerind. Tschechoslowakei Rep. **47**, 202 (1923) — Chem. Zbl. **1923 II**, 865. — V. Škola: Z. Zuckerind. Tschechoslowakei Rep. **47**, 257 (1923) — Chem. Zbl. **1923 II**, 865 — Z. Zuckerind. Tschechoslowakei Rep. **46**, 165 (1922) — Chem. Zbl. **1922 II**, 887. — Johan Nicolaas Adolf Sauer: D.R.P. 407367, Kl. 89c v. 27. Mai 1922; Chem. Zbl. **1925 I**, 1023. — Tödt: Z. dtsch. Zuckerind. **1926**, 253 — Chem. Zbl. **1926 II**, 664. — Honig: Zbl. Zuckerind. **34**, 807 (1926) — Chem. Zbl. **1926 II**, 1797. — E. Deisenhammer: Zbl. Zuckerind. **34**, 969 (1926) — Chem. Zbl. **1926 II**, 2503. — Carl Mangold: Österr. Chem.-Ztg. **30**, 127—128 — Chem. Zbl. **1927 II**, 1406. — O. Spengler u. E. Landt: Z. dtsch. Zuckerind. **1927**, 429—473 — Chem. Zbl. **1927 II**, 1407. — Karl Jandera: Z. Zuckerind. Tschechoslowakei Rep. **51**, 536—539 — Chem. Zbl. **1927 II** 1407. — Makulik: Z. dtsch. Zuckerind. **52**, 133 (1927) — Chem. Zbl. **1927 I**, 1894. — J. Traube u. A. Medschid: Zbl. Zuckerind. **35**, 1368—1399 (1927) — Chem. Zbl. **1928 I**, 762. — N. V. Algemeene Norit Maatscheppij: Holl.P. 16971 v. 24. Mai 1923; Chem. Zbl. **1928 I**, 979. — V. Sáravshý: Z. Zuckerind. Tschechoslowakei Rep. **52**, 413 — Chem. Zbl. **1928 II**, 402.

[11] Georges Denigés: Mikrochem. **3**, 33 (1925) — Chem. Zbl. **1925 II**, 1782.

[12] G. Denigés: Bull. Soc. Pharm. Bordeaux **63**, 3—10 (1925) — Chem. Zbl. **1926 I**, 2611.

mit Kupferlösungen[1]. — Hexosen und Pentosen geben mit Natriumbicarbonat Acetol, das mit o-Aminobenzaldehyd leicht nachgewiesen werden kann[2]. — Zuckerarten und Stärke geben mit Resorcin, β-Naphthol, Morphin, Kodein, Phenacetin, Naphthylamin schöne Farbenreaktionen. Es wurden diese mit Arabinose, Xylose, Rhamnose, Glykose, Mannose, Galaktose, Fructose, Rohrzucker, Lactose, Maltose, Dextrin, Glykogen und löslicher Stärke untersucht[3]. — Durch Bereitung der Lösungen von α-Naphthol, Resorcin, Phloroglucin und Orcin in Essigsäure und Ausführung der Reaktion in Essigsäure lassen sich zum Nachweis und Differenzierung stabile und konstante Farbenreaktionen ausführen, die sich auch zum spektroskopischen Vergleich eignen[4]. Fehlt in dem Reagens von Bial das Eisenchlorid, so tritt mit Pentosen, Glykosen und Lactose keine Reaktion ein, wohl aber mit Fructose. Das Eisenchlorid kann mit Salpetersäure, Kaliumpermanganat und Chlorkalk ersetzt werden, doch sind dann die Farbtöne anders. Färbungen mit α- oder β-Naphthol, Vanillin und Eugenol + Schwefelsäure[5]. — Über die Goldsalzreaktion von Agostini[6]. — Farbenreaktionen mit Tryptophan[7]. v. Braun und Bayer[8] strebten an, das differenzierte Verhalten des Diphenylmethandimethylhydrazins (Bis-[(N-methylhydrazin)-4-phenyl]-methan, kurz als „Dihydrazin" bezeichnet),

$$\underset{\overset{|}{\mathrm{CH_3}}}{\mathrm{H_2N-N}}-\mathrm{C_6H_4-CH_2-C_6H_4}-\underset{\overset{|}{\mathrm{CH_3}}}{\mathrm{N-NH_2}}$$

für präparative Zwecke in der Zuckerchemie nutzbar zu machen. — Bakteriologischer Nachweis im Harn[9]. — Bestimmung nach den polarimetrischen Methoden[10]. Bericht über chemische Methoden zur Bestimmung reduzierender Zucker[11]. Besprechung der neueren Verfahren der Kupfermessung zum Zwecke der Zuckerbestimmung[12]. — Modifikationen des Bertrandschen Verfahrens[13]. Das Verfahren von Bertrand ist nur in Abwesenheit von Rohrzucker anwendbar[14]. — Vergleichsversuche nach dem Rhodanjodkaliumverfahren[14]. — Bestimmung von zwei Zuckerarten in einer Lösung nach der Reduktionsmethode von Bertrand[15]. — Der nach Fehling-Bertrand erhaltene Kupferoxydulniederschlag wird mit Kochsalzlösung in Chlorür umwandelt, mit Permanganat oxydiert und schließlich jodometrisch bestimmt[16]. Verschiedene Bereitungsformen der alkalischen Kupferlösungen[17].

[1] Stüler: Zbl. Path. **33**, 89 (1922) — Chem. Zbl. **1923 IV**, 136.

[2] O. Baudisch u. H. J. Denel: J. amer. chem. Soc. **44**, 1585—1581 (1922) — Chem. Zbl. **1923 IV**, 281.

[3] László Ekkert: Ber. ungar. pahrm. Ges. **4**, 234 (1928)—Chem. Zbl. **1928 II**, 1467 — Pharm. Zentralhalle **69**, 597 (1928).

[4] San-Yin Wong: Chin. J. Physiol. **2**, 255 (1928) — Chem. Zbl. **1928 II**, 2492.

[5] Henryk Szancer: Pharm. Zentralhalle **70**, 663 (1929) — Chem. Zbl. **1930 I**, 869.

[6] J. Pieraerts u. L. L'Heureux: Bull. Assoc. chem. Sucr. Dist. **47**, 42 (1930) — Chem. Zbl. **1930 II**, 950.

[7] Pierre Thomas u. Elena Maftei: Bull. Soc. Stiinte din Cluj **3**, 41—44 (1926) — Chem. Zbl. **1927 I**, 779.

[8] Julius v. Braun u. Otto Bayer: Ber. dtsch. chem. Ges. **58**, 2215 (1925) — Chem. Zbl. **1926 I**, 882.

[9] M. Benjasch: Dtsch. med. Wschr. **52**, 1733 (1926) — Chem. Zbl. **1926 II**, 3068.

[10] G. Blunck: Chem.-Ztg. **47**, 642 (1923) — Chem. Zbl. **1923 IV**, 630. — G. H. Hardin u. F. W. Zerban: Ind. Chem. **16**, 1175 (1924) — Chem. Zbl. **1925 I**, 1462. — P. Hanck: Z. physik.-chem. Unters. **38**, 85 — Chem. Zbl. **1925 II**, 434. — F. W. Zerban: Z. dtsch. Zuckerind. **50**, 1238 (1925) — J. Assoc. official agricult. Chemists **8**, 384 (1925) — Sugar **27**, 432, 487, 542 (1925) — Chem. Zbl. **1926 I**, 1063 — Z. dtsch. Zuckerind. **1926**, 30 — Chem. Zbl. **1926 I**, 2411.

[11] R. F. Jackson: J. Assoc. official agricult. Chemists **8**, 402 (1925) — Chem. Zbl. **1926 II**, 666.

[12] G. Bruhns: Zbl. Zuckerind. **31**, 981 (1924) — Chem. Zbl. **1924 I**, 2907.

[13] Irene Greiner: Biochem. Z. **128**, 274—278 (1922) — Chem. Zbl. **1922 IV**, 169. — Karl Josephson: Svensk kem. Tidskr. **37**, 184 (1925) — Chem. Zbl. **1925 II**, 2105. — Elisabeth Lányi: Biochem. Z. **180**, 85—96 (1927) — Chem. Zbl. **1927 I**, 1504. — Charles S. Bisson u. J. Gordon Sewell: J. Assoc. official agricult. Chemists **10**, 120—124 — Chem. Zbl. **1927 II**, 1407.

[14] G. Bruhns: Zbl. Zuckerind. **38**, 687 (1930) — Chem. Zbl. **1930 II**, 640.

[15] W. Iljin: Biochem. Z. **193**, 326 (1928) — Chem. Zbl. **1929 II**, 773.

[16] N. Semigranowsky: Z. analyt. Chem. **74**, 400 (1928) — Chem. Zbl. **1928 II**, 1595.

[17] Ugo Santi: Bull. Chim. Pharm. **62**, 325—326 (1923) — Chem. Zbl. **1925 I**, 140. — J. H. Lane u. Lewis Eynon: J. Soc. chem. Ind. **44**, 150—152 (1925) — Chem. Zbl. **1926 I**, 2669. — P. Pégurier: Ann. chim. analyt. appl. (2) **7**, 289 (1925) — Chem. Zbl. **1926 I**, 1311. — G. Bruhns: Zbl. Zuckerind. **36**, 1452 (1928) — Chem. Zbl. **1929 I**, 2595. — Jacques de Vilmerin u. Emmanuel Cazaubon: Bull. Assoc. Chim. Sucr. Diét. **46**, 54 (1929) — Chem. Zbl. **1929 I**, 3125. — F. A. Quisumbing u. A. W. Thomas: J. amer. chem. Soc. **43**, 1503—1526 (1921) — Chem. Zbl. **1922 II**, 951.

Verschiedene Methoden zur Bestimmung mittels alkalischer Kupferlösungen[1]. Bestimmung nach **Eynon** und **Lane** mit Methylenblau[2]. — Kupferhydrocarbonatlösung bekannter Menge und Konzentration wird durch Zucker reduziert und die Menge des Zuckers aus der Farbenintensitätsänderung der Lösung nach Ausfällung des Cu_2O bestimmt[3]. — Bestimmung des Zuckers mittels **Fehling**scher Lösung und Zentrifugierens[4]. — Nach dem Kochen mit **Fehling**scher Lösung mit ammoniakalischer Silbernitratlösung das Kupferoxydul oxydiert und das abgeschiedene Silber nach dem Lösen in Salpetersäure mit Thiocyanat titriert[5]. — Bestimmung mit alkalischen Kupferlösungen in Gegenwart von Cyanwasserstoff[6]. Zur Kupferbestimmung scheint die Überführung des Kupferoxyduls in Kupferoxyd im Quarztiegel für die bequemste Methode[7]. Wägung der nach **Meiszl-Allihn** erhaltenen Niederschläge nach Oxydation zu Cuprioxyd, Reduktion und Zurückwägen[8]. — Tafeln für die Bestimmung von Glykose, Stärke, Fructose, Lactose, Maltose, Invertzucker und Rohrzucker[9]. — Setzt man den Reduktionswert von Glykose = 1, so ist nach der Methode von **Hagedorn-Jensen**, die von den Methoden von **Hagedorn-Jensen**, **Folin-Wu** und **Meyer-Benedict** die bestübereinstimmenden Werte gibt, die Reduktion von Fructose 1,187, Galaktose 0,795, Arabinose 0,919, Xylose 0,918, Lactose 0,655 und Maltose 0,754. Die Glykose-Pikrinsäurevergleichslösung nach **Lewis-Benedict** ist 2 Jahre lang beständig[10]. Jodometrische Bestimmung[11]. — Bestimmung der Jodzahl: In eine farblose Stöpselflasche werden 0,2—1 g — bei höheren Sacchariden mehr als bei Mono- und Disacchariden — des sehr gut zerkleinerten, völlig trockenen acetylierten Kohlenhydrats eingewogen und dazu das Dreifache des für die Bindung der Acetyle theoretisch notwendigen Menge n-Natronlauge unter Eiskühlung gegeben. Man bewahrt zunächst $^1/_2$ Stunde in Eis und schüttelt dann bei Raumtemperatur, bis Lösung eingetreten ist oder bei Cellulosederivaten 1 Stunde. — Dann verdünnt man mit Wasser auf das Zehnfache, gibt die 4—5fache Menge des erwarteten Verbrauchs an $^1/_{10}$n-Jodlösung zu und

---

[1] Th. **Sundberg**: Svensk kem. Tidskr. **37**, 251 (1925) — Chem. Zbl. **1926 I**, 1063. — P. **Klason**: Svensk kem. Tidskr. **36**, 195 (1924) — Chem. Zbl. **1924 II**, 2798. — H. **Ruoss**: Biochem. Z. **151**, 337 (1927) — Chem. Zbl. **1927 I**, 3212. — C. **van der Hoeven**: Chem. Weckblad **22**, 79 (1925) — Chem. Zbl. **1925 I**, 1820. — L. **Eynon** u. J. H. **Lane**: J. Soc. chem. Ind. **42**, 143 (1923) — Chem. Zbl. **1923 IV**, 369. — J. H. **Lane** u. L. **Eynon**: J. chem. Soc. Lond. **42**, 32 (1923) — Chem. Zbl. **1923 II**, 1091. — G. P. **Meade** u. J. B. **Harris**: Ind. Chem. **8**, 504 (1918) — Chem. Zbl. **1918, I** 573. — Paul **Fleury** u. Paul **Tavernier**: Bull. Soc. chim. France (4) **35**, 794 (1924) — Chem. Zbl. **1924 II**, 1521. — G. **Bruhns**: Zbl. Zuckerind. **33**, 1395 (1925) — Chem. Zbl. **1926 I**, 1063. — J. M. **Kolthoff**: Chem. Weekblad **23**, 61 (Utrecht 1926) — Chem. Zbl. **1926 I**, 2153. — L. **Eynon** u. J. H. **Lane**: J. Soc. chem. Ind. **42**, 32 — Chem. Zbl. **1923 II**, 1091. — J. S. **Mann**: Chemistry and Ind. **45**, 187 (1926) — Chem. Zbl. **1926 II**, 2361. — A. **Blanchetière**: Bull. Soc. Chim. biol. Paris **6**, 509 (1924) — Chem. Zbl. **1924 II**, 1749. — W. L. **Daggett**, A. W. **Campbell** u. J. L. **Whitman**: J. amer. chem. Soc. **45**, 1043 (1923) — Chem. Zbl. **1923 IV**, 704. — K. **Seiler**: Schweiz. Apoth.-Ztg **62**, 635—637, 645—647 (1924) — Chem. Zbl. **1925 I**, 735. — Michael **Somogyi**: J. of biol. Chem. **70**, 599 (1926) — Chem. Zbl. **1928 II**, 2583.

[2] L. **Eynon** u. J. H. **Lane**: Chemistry and Ind. **45**, 545 (1926) — Chem. Zbl. **1926 II**, 2361. — H. A. **Cook** u. W. R. **Mc Allep**: Facts about Sugar **23**, Nr 33 u. 34 — Z. dtsch. Zuckerind. **53**, 1126 (1928) — Chem. Zbl. **1928 II**, 2686.

[3] Ludwig **Fábián**: Biochem. Z. **179**, 59—61 (1926) — Chem. Zbl. **1927 I**, 1048.

[4] W. **Iljin**: Biochem. Z. **193**, 322 (1928) — Chem. Zbl. **1929 I**, 419.

[5] R. **Biazzo**: Ann. Chim. appl. **18**, 447 (1928) — Chem. Zbl. **1929 I**, 812.

[6] H. **Hérissey** u. A. **Chalmeta**: J. Pharmacie (8) **8**, 393 (1928) — Chem. Zbl. **1929 I**, 1484.

[7] Peter **Klason**: Svensk kem. Tidskr. **36**, 195—202 — Chem. Zbl. **1924 II**, 2798.

[8] Mich. Dimitroff **Hadjieff**: Z. Unters. Lebensmitt. **55**, 613 (1928) — Chem. Zbl. **1928 II**, 2492.

[9] E. D. **Elsdon**: Analyst **48**, 435 (1923) — Chem. Zbl. **1924 I**, 254.

[10] George W. **Pucher** u. Myron W. **Finch**: Proc. Soc. exper. Biol. a. Med. **23**, 468—470 (1927) — Ber. Physiol. **38**, 186—187 (1927) — Chem. Zbl. **1927 I**, 1713. — A. W. **Rowe** u. B. S. **Wiener**: J. amer. chem. Soc. **47**, 698 — Chem. Zbl. **1925 II**, 1671.

[11] J. M. **Kolthoff**: Pharm. Weekblad **60**, 362 (1923) — Chem. Zbl. **1923 IV**, 23 — Z. Unters. Nahrgsmitt. usw. **45**, 131 (1923) — Chem. Zbl. **1923 IV**, 23 — Z. Unters. Nahrgsmitt. usw. **45**, 141 (1923) — Chem. Zbl. **1923 IV**, 465. — Friedrich **Auerbach** u. Emma **Bodländer**: Z. angew. Chem. **36**, 602 (1923) — Chem. Zbl. **1924 I**, 2017. — C. L. **Hinton** u. T. **Macara**: Analyst **49**, 2 (1924) — Chem. Zbl. **1924 I**, 2400. — J. **Bougault**: C. r. Acad. Sci. Paris **164**, 1008 — J. Pharmacie (7) **16**, 97 (1917) — Chem. Zbl. **1917 II**, 489, 647. — E. **Pauchard**: J. Pharmacie (8) **3**, 248 (1926) — Chem. Zbl. **1926 II**, 2331. — C. L. **Hinton** u. T. **Macara**: Analyst **52**, 668 (1927) — Chem. Zbl. **1928 I**, 1468.

titriert nach 20 Minuten mit Thiosulfat in schwefelsaurer Lösung zurück[1]. — Pikrinsäureverfahren[2], Bestimmung durch Reduktion der Dinitrosalicylsäure[3]. Bangsche Methode[4], Ferricyanidmethode[5]. — Eine gasometrische Methode beruht auf der quantitativen Reduktion von Kaliumferricyanid durch Zucker in alkalischer Lösung, und der gasometrischen Bestimmung des durch den Überschuß von Ferrisalzen aus Hydrazin gebildeten Stickstoffes im van Slyke-Neill-Apparat[6]. — Vergleich der verschiedenen Methoden[7]. Vergleich der Methoden von Folin-Wu, Folin, Folins Mikromethode und Hagedorn-Jensen[8]. — Verbesserte Form der Folinschen Mikromethode zur Blutzuckerbestimmung[9]. Bestimmung durch Gärung[10]. Bestimmung nach dem zeitlichen Verlauf der Reaktion[11]. Verschiedene Mikrobestimmungsmethoden[12]. Bestimmung von Proteinzucker[13]. Volumetrische Bestimmung von Hydroxylgruppen in Zucker[14]. Jodometrische Bestimmung von Stickstoff in Osazonen[15]. Bestimmung in Gärungsessig[16], in Getränken[17], in Wein[18], in Rosinen[19], in Sulfitablaugen[20], in Kulturflüssigkeiten[21], in Leder und Gerbstoffen[22], in Stärkezucker und Maissirupen[23], in Opium[24].

[1] Max Bergmann u. Hans Machemer: Ber. dtsch. chem. Ges. **63**, 316 (1930) — Chem. Zbl. **1930 I**, 1922.

[2] Mayne R. Coe u. G. L. Bidwell: J. Assoc. official agricult. Chemists **7**, 297 (1924) — Chem. Zbl. **1924 II**, 1522. — J. J. Willamann u. F. R. Davison: J. agricult. Res. **28**, 479—488 (1924) — Chem. Zbl. **1925 I**, 1483. — F. Herzfeld: Z. dtsch. Zuckerind. **1926**, 273 — Chem. Zbl. **1926 II**, 665. — A. Schachkeldian: J. russ. phys.-chem. Ges. **60**, 1517 (1928) — Chem. Zbl. **1929 I**, 2907.

[3] D. G. Cohen Tervaert: Nederl. Tijdschr. Geneesk. II, **65**, 3065—3069 (1921) — Chem. Zbl. **1922 II**, 610. — Sumner: J. of biol. Chem. **47**, 5 — Chem. Zbl. **1921 IV**, 772.

[4] A. Thépénier: Bull. Soc. Chim. biol. Paris **7**, 606—612 (1925) — Chem. Zbl. **1925 II**, 963. — Béla Róhny: Biochem. Z. **199**, 48 (1928) — Chem. Zbl. **1929 I**, 564.

[5] A. Jonescu-Matiu: Bull. Soc. Chim .Romania **9**, 68 (1927) — Chem. Zbl. **1928 I**, 2114 — Bull. Soc. Chim. biol. Paris **10**, 252 (1928) — Chem. Zbl. **1928 II**, 1801.

[6] Donald D. van Slyke u. James A. Hawkins: J. of biol. Chem. **79**, 739 (1928) — Chem. Zbl. **1929 I**, 681.

[7] Isidor Greenwald, Jerome Samet u. Joseph Groß: J. of biol. Chem. **62**, 397—399 (1924) — Chem. Zbl. **1925 I**, 1336.

[8] Otto Folin u. Haqvin Malmros: J. of biol. Chem. **83**, 121 (1929) — Chem. Zbl. **1929 II**, 2083.

[9] Otto Folin u. Haqvin Malmros: J. of biol. Chem. **83**, 115 (1929) — Chem. Zbl. **1929 II**, 2084.

[10] A. Costantino: Arch. di Sci. biol. **2**, 120 (1921) — Chem. Zbl. **1922 II**, 1224. — K. Seiler: Schweiz. Apoth.-Ztg **62**, 321 (1924) — Chem. Zbl. **1924 II**, 519.

[11] James A. Hawkins u. Donald D. van Slyke: J. of biol. Chem. **81**, 459 (1929) — Chem. Zbl. **1929 I**, 2561.

[12] E. Komm: Z. angew. Chem. **38**, 1094; **39**, 56 (1925) — Chem. Zbl. **1926 I**, 1465. — B. Glaßmann: Hoppe-Seylers Z. **150**, 16 (1925) — Chem. Zbl. **1926 I**, 1465. — J. Dische u. H. Popper: Klin. Wschr. **5**, 1975 — Biochem. Z. **175**, 371 (1926) — Chem. Zbl. **1926 II**, 2935. — L. Condorelli: Probl. Nutriz. **2**, 184 (1925) — Ref.: Ber. Physiol. **36**, 299 (1926) — Chem. Zbl. **1926 II**, 2097. — M. J. Schulte: Nederl. Tijdschr. Geneesk. **71 I**, 2824 (1927) — Pharm. Weekblad **64**, 485 (1927) — Chem. Zbl. **1927 II**, 146 — Zacharias Dische: Mikrochem. **7**, 33 (1929) — Chem. Zbl. **1929 I**, 3017.

[13] H. Bierry: C. r. Soc. Biol. Paris **96**, 606 (1927) — Chem. Zbl. **1927 I**, 2759.

[14] V. L. Peterson u. E. S. West: J. of biol. Chem. **74**, 379 (1927) — Chem. Zbl. **1928 I**, 386.

[15] D. R. Nanji: Biochemic. J. **17**, 761 (1923) — Chem. Zbl. **1924 I**, 1238.

[16] G. Reif: Z. Unters. Nahrgsmitt. usw. **50**, 181 (1925) — Chem. Zbl. **1926 I**, 1314. — Fr. Auerbach u. E. Bodländer: Z. angew. Chem. **35**, 631 (1923) — Chem. Zbl. **1923 II**, 758.

[17] Eduard Jacobsen: Österr. Spirituosen-Ztg **28**, Nr 16, 17 (1929) — Chem. Zbl. **1929 I**, 3047.

[18] T. Sundberg: Svensk kem. Tidskr. **35**, 121 (1923) — Chem. Zbl. **1923 III**, 295. — Otto Klein: Z. angew. Chem. **37**, 191 (1924) — Chem. Zbl. **1924 I**, 2837. — J. Pritzker: Schweiz. Apoth.-Ztg **62**, 753—755 (1924) — Chem. Zbl. **1925 I**, 1025.

[19] R. Adams Dutscher u. John F. Laudig: Ind. Chem. **16**, 126 (1924) — Chem. Zbl. **1924 I**, 1876.

[20] M. Kleinstück: Zellstoff u. Papier **3**, 51 (1923) — Chem. Zbl. **1923 II**, 1263.

[21] H. R. Stiles, W. H. Peterson u. E. B. Fred: J. Bacter. **12**, 427—439 (1926) — Ber. Physiol. **40**, 442 — Chem. Zbl. **1927 II**, 1183.

[22] H. Leslie Longbottom: J. amer. Leather Chem. Assoc. **17**, 104—109 (1922) — Chem. Zbl. **1922 II**, 969. — R. W. Frey u. J. D. Clarke: J. amer. Leather Chem. Assoc. **18**, 262 (1923) — Chem. Zbl. **1923 IV**, 437.

[23] D. R. Nanji u. R. G. L. Bearcley: J. Soc. Chem. Ind. **45**, 220 (1926) — Chem. Zbl. **1926 II**, 2023. — C. P. Lathrep: J. Assoc. official. agricult. Chemists **8**, 714 (1925) — Chem. Zbl. **1926 I**, 1311. — P. Wiegleb: Konserven-Ind. **12**, 549, 559 (1925) — Chem. Zbl. **1926 I**, 1311. — Distilleries des Deux-Sèvres (Soc. anon.): Fr.P. 596201 v. 12. Juli 1924; Chem. Zbl. **1926 I**, 1311. — H. J. Knowles: Ind. Chem. **17**, 1151 (1925) — Chem. Zbl. **1926 I**, 1311. — K. R. Lindfors: Ind. Chem. **17**, 1155 (1925) — Chem. Zbl. **1926 I**, 1311.

[24] Sitendra Nath Rakshit: Analyst **51**, 491—495 (1926) — Chem. Zbl. **1927 I**, 328.

Physiologische Eigenschaften: Über Assimilation der Zucker durch Hefe unter verschiedenen Bedingungen[1]. — Wirkung der Zucker auf die Zellentwicklung in vitro[2]. — Untersuchungen über die Keimung der Gesrte in Gegenwart von Zucker[3]. Über den Zuckergehalt des Würzextraktes bei verschiedener Länge des Blattkeimes[4]. Untersuchungen über die Ausnutzung der Kohlehydrate bei der Keimung fetthaltiger Samen[5]. — Wanderung der Zuckersäfte in Ahornstämmen[6]. — Stärkeschwund der assimilierenden Organe[7]. — Wirkung der spezifischen Zuckerarten bei höheren Pflanzen[8]. Über den Vorgang des Zuckerstoffwechsels beim Reifen der Kakifrucht[9]. — Bildung von stickstoffhaltigen Stoffen bei der Vereinigung von Zucker mit Ammonaik- und Aminosäuren bei der Einwirkung von Hefeautolysat[10]. — Umwandlung der Zuckerarten in Milchsäure unter dem Einfluß von Fermenten[11].

Über Atmung und Kohlehydratumsatz tierischer Gewebe. I. Mitteilung. Milchsäurebildung und Milchsäureschwund in tierischen Geweben[12]. — II. Atmung und Kohlehydratumsatz in Leber und Muskel des Warmblüters[13]. — IV. Über den Unterschied von d- und l-Milchsäure für Atmung und Kohlehydratsynthese im Organismus[14]. — Über den Zuckerabbau in der menschlichen Placenta und seine Beeinflussung durch Hormone[15]. — Über den Stimulationseffekt von Aminosäuren auf den Zuckermetabolismus von tierischen und pflanzlichen Zellen[16]. — Normalhundemuskeln senken das Drehungsvermögen von Zuckerlösungen, solche von diabetischen Hunden beeinflussen die Rotation auch, aber viel geringer, zuweilen bleibt sie ganz unverändert. Fügt man Insulin hinzu, so nimmt die Drehung konstant ab[17]. Wirkung von Zuckern auf die durch Monobromessigsäure hervorgerufene Muskelstarre[18]. — Während die anoxybiontische Zuckerspaltungen: Glykolyse und Gärung durch Monojodessigsäure vollständig aufgehoben werden, verlaufen die oxydativen Prozesse fast ungestört weiter, so daß man in der Monojodessigsäure über eine Methode verfügt, die die Trennung des Spaltungs- und Oxydationswechsels ermöglicht[19]. Anwendung des Massenwirkungsgesetzes auf enzymatische Glykosid- und Zuckerspaltungen[20]. — Ein nicht

[1] F. Lieben u. D. László: Biochem. Z. **162**, 278 (1925) — Chem. Zbl. **1926 I**, 704.

[2] Joshio Suzuki: Trans. jap. path. Soc. **14**, 74—75 (1924) — Ber. Physiol. **37**, 290 (1926) — Chem. Zbl. **1927 I**, 1841.

[3] H. von Laer u. R. Lombaers: C. r. Soc. Biol. Paris **35**, 1115—1116 (1921) — Chem. Zbl. **1922 I**, 758.

[4] A. Riederer: Allg. Brauer- u. Hopfenztg **1922**, 1015 — Chem. Zbl. **1922 IV**, 1176.

[5] E. F. Terroine, S. Trautmann u. R. Bonnet: C. r. Acad. Sci. Paris **179**, 342—344 — Chem. Zbl. **1924 II**, 2173.

[6] Dixon: Nature (Lond.) **110**, 547 (1922). — J. A. Adams: Nature (Lond.) **112**, 207 (1923) — Chem. Zbl. **1923 III**, 1526.

[7] Adolf Meyer: Landw. Versuchsst. **104**, 103 (1925) — Chem. Zbl. **1926 I**, 699.

[8] F. Markenschlager: Landw. Ztg **70**, 271 (1921) — Chem. Zbl. **1921 III**, 1103. — F. Boas: Beihefte Bot. Zbl. **36**, 135. — F. Boas u. F. Markenschlager: Ber. dtsch. botan. Ges. **41**, 187 (1923) — Chem. Zbl. **1923 III**, 1174. — F. Boas: Ber. dtsch. botan. Ges. **40**, 32 (1922) — Chem. Zbl. **1922 III**, 64 — Biochem. Z. **129**, 144 (1922) — Chem. Zbl. **1922 III**, 837 — Ber. dtsch. botan. Ges. **40**, 249 (1923) — Chem. Zbl. **1923 I**, 357.

[9] Shigeru Komatsu u. Hidenosuke Ueda: J. of Biochem. **1**, 181 (1922); **2**, 291 (1923) — — Chem. Zbl. **1924 I**, 782. — Sigeru Komatsu, Hidenosuke Ueda u. Motaro Ishimasa: J. of Biochem. **2**, 301 (1923) — Chem. Zbl. **1924 I**, 782. — Shigeru Komatsu u. Hidenosuke Ueda: J. of Biochem. **2**, 309 (1923) — Chem. Zbl. **1924 I**, 782.

[10] S. Kostytschew u. W. Brilliant: Hoppe-Seylers Z. **127**, 224 (1923) — Chem. Zbl. **1923 III**, 318 — Hoppe-Seylers Z. **91**, 372 (1914) — Chem. Zbl. **1914 II**, 500.

[11] E. Toenniessen: Klin. Wschr. **3**, 212 (1924) — Chem. Zbl. **1924 I**, 1557. — O. Meyerhof: Biochem. Z. **78**, 462 (1926) — Chem. Zbl. **1927 I**, 1036 — Naturwiss. **14**, 756 (1926) — Chem. Zbl. **1926 II**, 1763. — H. v. Euler, K. Nilsson u. B. Jansson: Hoppe-Seylers Z. **63**, 202 (1927) — Chem. Zbl. **1927 I**, 2555.

[12] O. Meyerhof u. K. Lohmann: Biochem. Z. **171**, 381 (1926) — Chem. Zbl. **1926 II**, 452.

[13] R. Takane: Biochem. Z. **171**, 403 (1926) — Chem. Zbl. **1926 II**, 453.

[14] O. Meyerhof u. K. Lohmann: Biochem. Z. **171**, 421 (1926) — Chem. Zbl. **1926 II**, 454.

[15] S. Hayashi: Biochem. Z. **196**, 323 (1928) — Chem. Zbl. **1928 II**, 1345.

[16] W. E. Burge, G. C. Wickwire, A. M. Estes u. Maude Williams: Bot. Gaz. **85**, 344 (1928); Chem. Zbl. **1928 II**, 160.

[17] T. J. C. Combes: C. r. Soc. Biol. Paris **98**, 174 — Chem. Zbl. **1928 I**, 2511.

[18] Thales Martins: C. r. Soc. Biol. Paris **98**, 1558 (1928) — Chem. Zbl. **1928 II**, 1585.

[19] Einar Lundsgaard: Biochem. Z. **220**, 8 (1923) — Chem. Zbl. **1930 II**, 579.

[20] S. G. Hedin: Hoppe-Seylers Z. **146**, 122 (1926) — Chem. Zbl. **1926 I**, 126, 1423. — K. Josephson: Hoppe-Seylers Z. **157**, 115 (1926) — Chem. Zbl. **1926 II**, 2977 — Hoppe-Seylers Z. **147**, 1 (1926) — Chem. Zbl. **1926 I**, 688.

spaltbares Glykosid oder Disaccharid wird von Enzym auch nicht gebunden. Liegt Affinität zu einer Hexose vor, so brauchen die davon abgeleiteten Hexoside nicht ebenfalls das Enzym zu binden[1]. Versuche über den Geschmackssinn der Bienen, wobei die verschiedenen Zuckerarten, mehrwertige Alkohole und Glykoside geprüft wurden[2]. — Wirkung der Zucker auf die Milchsekretion[3]. Die Wirkung der Zucker auf die Sekretionen wurde dahin festgestellt, daß kleine Gaben das Epithel anregen und die Gefäße erweitern, große die Funktion der sezernierenden Zellen hemmen und die Gefäße verengen[4]. Die Wirkung der subcutan injizierten Zucker auf die Leukocyten hat S. Marino[5] und die Wirkung des subcutan injizierten Zuckers als allgemeines Stärkungsmittel hat Attilio Busacca[6] untersucht. Äußerliche Behandlung mit konzentrierten Zuckerlösungen[7]. Bei Monosacchariden ist bei konzentrierteren Lösungen die Phagocytose der Histiocyten geringer als bei schwächeren Lösungen[8]. Bei rasch wachsenden Explantaten wurde stärkerer Zuckerverbrauch beobachtet. Schnell wachsende Gewebskulturen von normal wie von krebsigen Geweben verbrauchen in 2 Tagen mehr als 80% des anfänglichen Zuckergehaltes[9]. Verhalten der Giftigkeit einiger Arzneimittel bei Injektion in zuckerhaltigem Medium[10]. Die kleinen normalen Alkoholmengen im Blute beruhen auf zufällige Zersetzungen von Kohlenhydraten und nicht auf Wirkung einer Alkoholase[11]. Anwendung von Zucker bei der Bekämpfung der Hyperacidität[12]. Wirkung der Zuckerarten auf die Salzsäuresekretion des Magens[13]. — Die Wirkung der Zucker auf die Sekretion der Bronchien[14]. Über die Wirkung der Zucker auf das Herz hat Busacca Versuche angestellt[15]. Studien über die Diurese durch hypertonische Lösungen von Salzen, Harnstoff, Harnstoffderivaten und Zuckern[16]. — Bei Zufuhr genügender Mengen Zucker wird der Regulierungskoeffizient der Lungendurchlüftung erhöht[17]. Wirkung der Zucker auf die Darmperistaltik[18], auf die Tetrachlormethanvergiftung[19]. Monosaccharide und Acetessigsäureoxydation[20]. Bei einem Encephalitiskranken wurde eine Umkehrwirkung des Adrenalins auf den Zuckerstoffwechsel nachgewiesen. Der Wirkungsmechanismus der glykämiehemmenden Wirkung des Atropins nach Zuckerzufuhr ist eine Hemmung der Glykogenolyse in der Leber[21]. Permeabilität der Froschniere gegen verschiedene Zuckerarten[22]. Unverändert werden durchgelassen: Glykosamin, d- und l-Mannose, d- und l-Arabinose, l-Glykose, d-Fructose, Saccharose, Lactose, Raffinose; partiell werden zurück-

---

[1] K. Josephson: Hoppe-Seylers Z. **157**, 115 (1926) — Chem. Zbl. **1926 II**, 2977. — R. Kuhn u. H. Münch: Hoppe-Seylers Z. **163**, 1 (1927); **150**, 220 (1926) — Chem. Zbl. **1927 I**, 2554; **1926 I**, 2207. — L. Michaelis u. H. Pechstein: Biochem. Z. **60**, 79—90 (1919) — Chem. Zbl. **1919 I**, 1198.

[2] K. v. Frisch: Naturwiss. **15**, 321; **16**, 307 (1928) — Chem. Zbl. **1928 II**, 367.

[3] U. Sammartino: Arch. Farmacol. sper. **31**, 45 (1921) — Chem. Zbl. **1922 III**, 530.

[4] Domenico Lo Monaco: Arch. Farmacol. sper. **31**, 1—12 (1921) — Chem. Zbl. **1922 III**, 529. — E. Podestà: Arch. Farmacol. sper. **31**, 13 (1921) — Chem. Zbl. **1922 III**, 529.

[5] S. Marino: Arch. Farmacol. sper. **31**, 13 (1921) — Chem. Zbl. **1922 III**, 529.

[6] Attilio Busacca: Arch. Farmacol. sper. **31**, 33 (1921) — Chem. Zbl. **1922 III**, 529.

[7] Domenico Liotta: Arch. Farmacol. sper. **31**, 37 (1921) — Chem. Zbl. **1922 III**, 529.

[8] Kazuichi Usui: Trans. jap. path. Soc. **14**, 87 (1924) — Chem. Zbl. **1927 I**, 1973.

[9] A. Krontawski u. J. Bronstein: Arch. exper. Zellforschg **3**, 32 (1927) — Chem. Zbl. **1927 I**, 1983.

[10] Attilio Busacca: Arch. Farmacol. sper. **31**, 45 (1921) — Chem. Zbl. **1922 III**, 530.

[11] E. O. Folkmar: Bibl. Laeg. (dän.) **115**, 120 — Ref.: Ber. Physiol. **20**, 47 (1923) — Chem. Zbl. **1923 III**, 1291.

[12] Wilh. Weitz: Klin. Wschr. **4**, 162—164 (1925) — Chem. Zbl. **1925 I**, 1223.

[13] Antonio Ciminata: Arch. Farmacol. sper. **39**, 49—80, 81—83 (1925) — Chem. Zbl. **1925 II**, 48. — Paul Mahler: Wien. Arch. inn. Med. **10**, 549 (1925) — Chem. Zbl. **1926 I**, 3077. — M. Loeper u. J. Marchal: Bull. Mém. Soc. méd. Hop. Paris **41**, 726 (1925) — Chem. Zbl. **1926 I**, 3412.

[14] D. Lo Monaco: Atti Accad. naz. Lincei (5) **27 I**, 103 (1918) — Chem. Zbl. **1923 I**, 469.

[15] Attilio Busacca: Arch. Farmacol. sper. **31**, 86—96, 97—107, 113—123, 129—133 (1921) — Chem. Zbl. **1922 III**, 529.

[16] Erwin Becher: Z. exper. Med. **40**, 341 (1924) — Chem. Zbl. **1924 II**, 200.

[17] Miguel Ozorio de Almeida: C. r. Soc. Biol. Paris **91**, 1122—1124 (1924) — Chem. Zbl. **1925 I**, 541.

[18] A. Adam: Z. Kinderheilk. **38**, 386—392 (1924) — Chem. Zbl. **1925 II**, 947.

[19] Asa C. Chandler u. R. N. Chopra: Indian J. med. Res. **14**, 219 (1926) — Chem. Zbl. **1926 II**, 1982.

[20] Edmund Andrews: Arch. int. Med. **38**, 136 (1926) — Chem. Zbl. **1927 I**, 2095.

[21] Robert Gantenberg: Arch. f. exper. Path. **123**, 186—204 — Chem. Zbl. **1927 II**, 1161.

[22] H. I. Hamburger: Klin. Wschr. **1**, 418 (1922) — Chem. Zbl. **1922 I**, 895.

gehalten: d-Galaktose, d- und l-Xylose, d-Ribose; vollständig zurückgehalten wird d-Glykose[1]. Untersuchungen an der Niere des Kaninchens[2]. — Niere und Ausscheidung von Zuckerarten[3]. Permeabilität der Leberzelle für Zucker[4]. — Permeabilität der Spermatozoen von Rana temporaria[5]. Bei Zerstörung der Zellstruktur steigt die Zuckerbildung in der herausgeschnittenen Froschleber auf das 3—4,5-fache. Dieser Effekt ist nicht auf p_H-Verschiebung infolge Bildung von Milchsäure zurückzuführen[6]. Die bei intravenöser Injektion hypertonischer Lösungen von Zucker entstehende osmotische Hydrämie verhält sich in ihrer Stärke umgekehrt wie die Lipoidlöslichkeit des Diureticums. N kann durch Zucker aus dem Harn nicht verdrängt werden[7]. Im Gleichgewichte befindliche Lösungen von d-Glykose, d-Fructose und d-Galaktose intravenös Hunden und Kaninchen verabfolgt, erleiden keine stereochemischen Veränderungen, sondern werden ohne Änderung des Gleichgewichtes durch den Harn ausgeschieden[8]. Adrenalin und Eiweißzucker[9]. Zuckerinjektionen und anorganisch gebundener Phosphor im Blute[10]. Im Wasser gelöste Monosaccharide können von jungen Kaulquappen energetisch ausgenutzt werden[11]. Durch Verfütterung eines Gemisches reiner Nahrungsstoffe (Casein, Traubenzucker, Rohrzucker, Maltose, Palmitin-Stearinsäuregemisch mit Glycerin, Mineralstoffe) gelingt es, bei Tauben alle Erscheinungen der alimentären Dystrophie nachzuahmen, die bisher ausschließlich nach Verfütterung von geschliffenem Reis zur Beobachtung gekommen sind[12]. Kleie mit Zucker, Butter, NaCl und $CaCl_2$ vermischt und zur Ernährung junger Ratten angewandt, schafft zwar normale Ernährungs- und Vermehrungsverhältnisse, aber die jungen Ratten leben nur 2—3 Tage[13]. Beigabe von Kohlehydraten (Zucker) begünstigt die Absorption von Nahrungsfett[14]. Kombination der Kochsalzbelastung mit Zuckerverabreichung[15]. Ionenwirkung auf den Zuckerstoffwechsel bei Hunden[16]. — Untersuchungen über die anorganischen Bestandteile des Körpers in Hinsicht auf den Reizeffekt, den sie auf den Zuckerstoffwechsel ausüben[17]. Betrachtungen über die Zuckerbildung aus Fett[18]. — Zuckerbildung aus Eiweiß[19]. Die verwertbare Kohlehydratmenge einiger Früchte und Vegetabilien. %-Werte der Kohlehydratausnutzung nach Versuchen an Patienten von Konserven und frischen Vegetabilien[20].

Physikalische und chemische Eigenschaften: Verhalten der Zuckerkrystalle gegen polarisiertes Licht, Brechungsindex und Habitus[21]. Adsorption der Zucker durch Kohle[22]. Molekulares Lösungsvolum und Refraktionskonstanten[23]. Beziehung zwischen Oberflächenspannung

[1] F. Wankell: Pflügers Arch. **208**, 604 — Chem. Zbl. **1925 II.** 1371. — David: Pflügers Arch. **208**, 509 (1925).

[2] A. Welz: Arch. f. exper. Path. **115**, 232 (1926) — Chem. Zbl. **1926 II**, 1874.

[3] E. Schmitz u. O. Simon: Biochem. Z. **160**, 1 — Chem. Zbl. **1925 II**, 1371.

[4] Artur Linksz: Pflügers Arch. **204**, 572—586 — Chem. Zbl. **1924 II**, 1955.

[5] Ernst Gellhahn: Pflügers Arch. **206**, 250—267 (1924) — Chem. Zbl. **1925 I**, 1337.

[6] E. J. Lesser: Biochem. Z. **191**, 175 (1927) — Chem. Zbl. **1928 I**, 1788.

[7] E. Becher: Münch. med. Wschr. **71**, 499 — Chem. Zbl. **1924 II**, 200.

[8] James Arthur Hewitt u. David Henriques de Souza: Biochemic. J. **15**, 667—671 (1921) — Chem. Zbl. **1922 I**, 767.

[9] H. Bierry, F. Rathery u. L. Levina: C. r. Soc. Biol. Paris **86**, 1135 (1922) — Chem. Zbl. **1922 III**, 1141.

[10] A. Bolliger und F. W. Hartman: J. of biol. Chem. **64**, 91—109 (1925) — Chem. Zbl. **1925 II**, 835.

[11] Jan Podhradsky: Sborn. vysché skoly zeměd., v. Brné **1925**, 1 — Chem. Zbl. **1926 II**, 1973.

[12] Emil Abderhalden: Pflügers Arch. **197**, 97 (1922) — Chem. Zbl. **1923 I**, 857.

[13] L. Randoin, J. Alquier, Asselin u. Charles: C. r. Acad. Sci. Paris **179**, 1342—1345 (1924) — Chem. Zbl. **1925 I**, 692.

[14] L. Spolverrini: Arch. Farmacol. sper. **38**, 90—96, 97—104 (1924) — Chem. Zbl. **1925 I**, 858.

[15] R. Meyer-Bisch u. Willi Wohlenberg: Z. exper. Med. **50**, 728 (1926) — Chem. Zbl. **1926 II**, 1432.

[16] O. Kaufmann-Cosla: Bull. Soc. Chim. biol. Paris **10**, 397 (1928) — Chem. Zbl. **1928 II**, 1230.

[17] W. E. Burge u. A. M. Estes: Amer. J. Physiol. **85**, 103 (1928) — Chem. Zbl. **1928 II**, 686.

[18] Bonifaz Flaschenträger: Ber. sächs. Ges. Wiss., Math.-physik. Klasse **79**, 158 (1928) — Chem. Zbl. **1928 II**, 911.

[19] Hans Pingel: Beitr. Physiol. **2**, 13 (1922) — Chem. Zbl. **1922 III**, 394.

[20] M. Bell, M. L. Long u. E. Hill: J. metabol. Res. **7/8**, 195 (1925/26) — Chem Zbl. **1928 I**, 2104.

[21] G. T. Keenan: J. Washington Acad. of Sci. **16**, 433 (1927) — Chem. Zbl. **1927 I**, 1151.

[22] N. Tahetomi: J. Soc. Chem. Ind., Japan (Suppl.) **30**, 206 (1927) — Chem. Zbl. **1928 I**, 1588.

[23] C. N. Rüber, T. Sörensen u. K. Thorhelsen: Ber. dtsch. chem Ges. **58**, 964, 737 (1925) — Chem Zbl. **1925 II**, 276; **1925 I**, 2551.

und Gehalt von vorhandenen Verunreinigungen bei Zuckerlösungen[1]. — Diffusionsfähigkeit[2]. Absorption der Monosen und Biosen im Spektralbereich von 2800 Å [3]. Absorptionsmessungen im Ultraviolett und ihre Anwendung auf Probleme der Zuckerchemie[4]. Alle untersuchten Zucker lassen sich in saurem Milieu und noch nicht näher erforschten Bedingungen auf kathodischen Wanderungssinn umladen[5]. — Quantitative Studien über die Adsorption von Lösungen und an Trennungsschichten von Zuckern[6]. — Die konfigurativen Beziehungen der Zucker, Oxysäuren, Aminosäuren und Halogensäuren; kurze zusammenfassende Darstellung der bisherigen Erfolge der Stereochemie[7]. Kurze Besprechung der Literatur der Mutarotation der Zucker und ihre Beeinflussung durch Zusätze[8]. Über die Einwirkung von Borsäure auf die Mutarotation der Zucker[9]. Nur die Borate, nicht aber freie Borsäure, bilden Komplexverbindungen mit den reduzierenden Zuckern. Zur Komplexbildung sind nur die α-Formen befähigt[10]. Dasselbe Ergebnis liefert die Untersuchung der Schmelzpunkterniedrigung[11]. — Wirkung alkalischer und saurer Katalysatoren auf die Mutarotation einiger Derivate der Tetramethylglykose[12]. Drehung in Salzlösungen[13]. — Einfluß von Methylalkohol in Gegenwart von Kresol oder Pyridin auf die Mutarotation[14]. Wirkung des Acetons[15]. Einfluß von verdünnten Alkalien auf die Einstellung der Gleichgewichtsdrehung[16]. — Untersuchungen über den Verlauf der Mutarotation der Zucker und Versuche zur Erklärung des Wesens der Mutarotation[17]. — Die Differenz zwischen den Molekularrotationen der α- und β-Formen der Aldosen ist nach Hudson konstant; das Verhältnis der α-Formen zu den β-Formen im Gleichgewichtsgemisch ist 1 : 2. Die Rotationsdifferenz läßt sich aus der Rotation des Gleichgewichtsgemisches berechnen. Werden diese Werte graphisch unter Benutzung der Klassifizierung von Rosanoff[18] dargestellt, so zeigt sich, daß die Differenz zwischen den Mittelwerten der Drehung der α- und β-Formen [$(\alpha + \beta)/2$] für epimere Zucker konstant ist und das zwischen Pentosen und Hexosen ähnlicher Konfiguration (die sich nur bezüglich der Atomgruppe 2 unterscheiden) kein Unterschied besteht. Bei der Mannose, Idose und Xylose ist der $(\alpha + \beta)/2$ Wert negativ oder gleich 0, in allen anderen Fällen positiv. Hierauf läßt sich eine neue Methode zur Klassifizierung der Zucker gründen[18]. Beziehungen zwischen Rotations-

[1] P. Honig: Chem. Weekblad 23, 265 (1926) — Chem. Zbl. 1926 II, 1798.

[2] A. Chauffard, P. Brodin, P. Zirine u. A. Grigant: C. r. Soc. Biol. Paris 88, 1022 (1923) — Chem Zbl. 1924 I, 1408.

[3] P. Néederhoff: Hoppe-Seylers Z. 167, 310 (1927) — Chem. Zbl. 1927 II, 1939.

[4] Fritz Goos, Hans Heinrich Schlubach u. Gustav Adolf Schröter: Hoppe-Seylers Z. 186, 148 (1930) — Chem. Zbl. 1930 I, 3027.

[5] R. Keller u. J. Gicklhorn: Biochem. Z. 168, 106 (1926) — Chem Zbl. 1926 I, 2591.

[6] George L. Clark u. William A. Mann: J. of biol. Chem. 52, 157 (1922) — Chem Zbl. 1922 III, 1109.

[7] P. A. Levene: Chem. Rev. 2, 179 (1925) — Chem. Zbl. 1926 I, 1391.

[8] B. Bleyer u. H. Schmidt: Biochem. Z. 138, 114 (1923) — Chem. Zbl. 1923 III, 1398 — Biochem. Z. 135, 546 (1923) — Chem. Zbl. 1923 III, 662.

[9] R. Verschuur: Rec. Trav. chim. Pays-Bas et Belg. (Amsterd.) 47, 423 — Chem. Zbl. 1928 I, 2354. — M. Levy u. E. A. Doisy: J. of biol. Chem. 77, 733 — Chem. Zbl. 1928 II, 539.

[10] Milton Levy u. Edward A. Doisy: J. of biol. Chem. 84, 749 (1929) — Chem. Zbl. 1930 I, 1766.

[11] Milton Levy: J. of biol. Chem. 84, 763 (1929) — Chem. Zbl. 1930 I, 1766.

[12] J. W. Baker: J. chem. Soc. Lond. 1928, 1979 — Chem. Zbl. 1928 II, 1320 — J. chem. Soc. Lond. 1928, 1583 — Chem. Zbl. 1928 II, 1319.

[13] A. Dorrschewski: J. russ. phys.-chem. Ges. 49, 408 (1917) — Chem. Zbl. 1923 III, 1335 — Bull. Soc. Chim. biol. Paris (4) 33, 550 (1923) — Chem. Zbl. 1923 III, 517.

[14] I. J. Faulkner u. T. M. Lowry: J. chem. Soc. Lond. 1926, 1938 — Chem. Zbl. 1926 II, 2414.

[15] G. G. Jones u. T. M. Lowry: J. chem. Soc. Lond. 1926, 720 (1926) — Chem. Zbl. 1926 I 3219.

[16] B. Bleyer u. H. Schmidt: Biochem. Z. 141, 278 (1923) — Chem. Zbl. 1924 I, 1356.

[17] Robert Gilmour: J. chem Soc. Lond. 125, 705 (1924) — Chem. Zbl. 1924 I, 2882. — John William Baker, Christopher Kelk-Ingold und Jocelyn Field Thorpe: J. chem. Soc. Lond. 125, 268 (1924) — Chem. Zbl. 1924 I, 2242. — T. M. Lowry: J. chem. Soc. Lond. 127, 1371 — Chem. Zbl. 1925 II, 1950. — T. M. Lowry u. E. M. Richards: J. chem. Soc. Lond. 127, 1385 — Chem. Zbl. 1925 II, 1951. — Richard Kuhn u. Paul Jacob: Z. physik. Chem. 113, 389 (1924) — Chem. Zbl. 1925 I, 459. — Thomas Martin Lowry u. Irvine John Faulkner: J. chem. Soc. Lond. 127, 2883 (1925) — Chem. Zbl. 1926 I, 1970. — T. M. Lowry: Z. physik. Chem. 130, 125 (1927) — Chem. Zbl. 1928 I, 183. — J. W. Baker: J. chem. Soc. Lond. 1928, 1583 — Chem. Zbl. 1928 II, 1319. — J. W. Baker, C. K. Ingold u. J. F. Thorpe: J. chem. Soc. Lond. 125, 268 — Chem. Zbl. 1924 I, 2242.

[18] J. G. Maltby: J. chem. Soc. Lond. 121, 2608 (1922) — Chem. Zbl. 1923 III, 832. — C. S. Hudson: J. amer. chem. Soc. 31, 66 (1909) — Chem. Zbl. 1923 III, 832. — M. A. Rosanoff: J. amer. chem. Soc. 28, 114 (1906) — Chem. Zbl. 1906 I, 1003.

größe und Struktur der Halogenacyl und Nitroderivate der Aldosen[1]. Ein Rückblick auf das experimentelle Material zeigt, daß sich von der Mannose, Rhamnose und Lyxose verschiedene Gruppen von Derivaten ableiten, die sich teils zu Paaren mit normalen, teils zu Paaren mit anormalen Drehungsdifferenzen zusammenfassen lassen, wobei als normal die Drehungsdifferenzen der analogen Paare von Glykosederivaten zugrunde gelegt werden. Diese Unterschiede führten Hudson[2] zu der Hypothese, daß jene Substanzen nicht dem gleichen, sondern verschiedenen Ringtypen angehören, und daß diejenigen Paare von Verbindungen, für die die Drehungsdifferenz normal ist, das gleiche Ringsystem besitzen. Mit Hilfe dieser Hypothese leitet Hudson ab, daß die bisher bekannten Derivate der Mannose und Rhamnose 3 verschiedenen Ringtypen angehören, die er vorläufig mit 1, A; 1, B und 1, C kennzeichnet[2]. — Obige Hypothese ist angezweifelt worden[3]. Charlton, Haworth und Peat[4] untersuchten die Beziehungen, die zwischen der Ringstruktur eines Zuckers und der seines Lactons bestehen. Vollständig methylierte Lactone, die durch Methylierung und darauffolgende Oxydation mit Bromwasser aus den stabilen Zuckern entstanden sind, zeigen eine außerordentlich schnelle Ab- und Zunahme ihres spezifischen Drehungsvermögens in Wasser oder wässerigem Alkohol. Diejenigen Lactone dagegen, die sich von den labilen oder γ-Zuckern ableiten, ändern ihre spezifische Drehung sehr langsam, Wie aus der graphischen Darstellung der Drehungen der Lactone der Tetra- bzw. Trimethylzucker ersichtlich ist, gehören die Lactone, die sich von der stabilen Glykose, Galaktose, Mannose, Arabinose und Xylose ableiten, einerseits und die Lactone der entsprechenden γ-Zucker andererseits zu ein und demselben Typus. Da die amylenoxydische Struktur der stabilen Arabinose, Xylose, Galaktose und die butylenoxydische der entsprechenden γ-Zucker feststeht, so folgt auch für die zu den stabilen Zuckern gehörigen Lactone die amylenoxydische, für die zu den γ-Zuckern gehörigen Lactone die butylenoxydische Struktur. Aus Analogiegründen wird daher für das Lacton der normalen Tetramethylglykose die amylenoxydische Struktur gefolgert. Dieselbe Struktur kommt dann auch der Tetramethylglykose und der Glykose selbst zu[4].

Die Asymmetrie des 1. C-Atoms in den freien Zuckern veranlaßt die Existenz der α- und β-Formen. Beobachtet oder berechnet man die Drehung eines äquimolekularen Gemisches von α- und β-Zucker, so erhält man einen Wert, aus dem der Einfluß der 1. C-Asymmetrie ausgeschaltet ist. Die Drehung eines solchen Gemisches wird hauptsächlich durch das zweite, am Ringschluß beteiligte C-Atom beeinflußt und muß somit Entscheidungen zwischen verschiedenen Ringformeln erlauben, sofern das ringbildende Atom asymmetrisch ist[5]. Wolff zeigt, daß eine bemerkenswerte Übereinstimmung besteht zwischen dem Rotationszeichen des α-β-Gleichgewichtsgemisches von Zuckern $C_nH_{2n}O_n$ in wässeriger Lösung und der Lage der OH-Gruppe am zweiten aktiven C-Atom in der Fischer-Projektion der Aldo- oder Ketoformel. Liegt diese OH-Gruppe links von der Achse, so ist das Gemisch rechtsdrehend und umgekehrt. Unter 28 Zuckerarten sind nur zwei Ausnahmen: Lyxose und Idose[6]. Betrachtung über die räumliche Lagerung der OH-Gruppe des C-Atoms 1 in den α- und β-Formen der untersuchten Zucker[7]. Die Gültigkeit des Gesetzes der optischen Superposition ist beschränkt auf Verbindungen gleicher Konstitution, also auf solche Verbindungen, die sich nur sterisch unterscheiden[8]. — Es wurde sicher festgestellt an dem Beispiel des α, γ-Dioxycapronaldehyds, daß die Gegenwart von 2 Oxygruppen im Molekül eines Aldehyds, die eine in α-, die andere in γ-Stellung genügt zur Bildung von 2 isomeren Halbacetalen, die bisher unter gleichen oder ähnlichen Bedingungen nicht beobachtet wurden[9]. Diejenigen Zuckerderivate (Mannose und Rhamnose), denen man eine propylenoxydische Struktur zumutet, geben Acetylderivate, die eine sehr schwer verseifbare Acetylgruppe besitzen[10]. — Zurückführung der α-β-Isomerie

---

[1] C. S. Hudson: J. amer. chem. Soc. **46**, 462 (1924) — Chem. Zbl. **1924 I**, 2100.

[2] C. S. Hudson: J. amer. chem. Soc. **48**, 1424 (1925) — Chem. Zbl. **1926 II**, 1012.

[3] W. N. Haworth u. E. L. Hirst: J. chem. Soc. Lond. **1928**, 1221 — Chem. Zbl. **1928 II**, 341.

[4] William Charlton, Walter Norman Haworth u. Stanley Peat: J. chem. Soc. Lond. **1926**, 89 — Chem. Zbl. **1926 I**, 3026.

[5] W. D. K. Drew u. W. N. Haworth: J. chem. Soc. Lond. **1926**, 2303 — Chem. Zbl. **1927 I**, 997.

[6] C. J. de Wolff: Chem. Weekblad **23**, 353 (1926) — Chem. Zbl. **1926 II**, 1844.

[7] R. Verschuur: Rec. Trav. chim. Pays-Bas et Belg. (Amsterd.) **47**, 423 — Chem. Zbl. **1928 I**, 2354.

[8] Heinz Ohle, Heinz Erlbach u. Kurt Vogel: Ber. dtsch. chem. Ges. **61**, 1876 (1928). — Chem. Zbl. **1928 II**, 2120.

[9] Burckhardt Helferich u. Arno Russe: Ber. dtsch. chem. Ges. **56**, 756 (1923) — Chem. Zbl. **1923 I**, 1153.

[10] F. P. Phelps u. C. S. Hudson: J. amer. chem. Soc. **50**, 2049 (1928) — Chem. Zbl. **1928 I**, 872.

auf eine cis-trans Isomerie[1]. — Größe des Drehungsvermögens des Kohlenstoffatoms 1 in butylenoxydischen bzw. amylenoxydischen Formen[2]. Die für die Aldosen ermittelten Werte α_{OCH_3} und A_{OCH_3} sind auf die Ketosen nicht übertragbar[3]. — Die optische Drehung der verschiedenen asymmetrischen Kohlenstoffatome in der Hexose- und Pentosereihe[4]. — Es wird die Abhängigkeit der Drehung von der Wasserstoffionenkonzentration bei Säuren der Zuckergruppe verfolgt[5]. — Vergleich der spezifischen Drehungen der Biosederivate mit den Standardwerten der Monosederivate (einschließlich der F-Derivate):

	A.			B.			C.			D.
	I.	II.	III.	I.	II.	III.	I.	II.	III.	
F	+ 43,8	+ 30,6	+ 13,6	36,7	41,1	37,6	41	41	41	41
Cl	+ 80,5	+ 71,7	+ 51,2	20,6	24,1	26,7	23	24	24	17
Br	+101,1	+ 95,8	+ 77,8	25,0	29,9	33,6	28	30	37	21
J	+126,1	+125,7	+111,5							

Vergleich der spezifischen Drehungen der Biosederivate mit den Standardwerten der Monosederivate (mit Ausschluß der F-Derivate):

	A.				B.				C.				D.
	I.	II.	III.	IV.	I.	II.	III.	IV.	I.	II.	III.	IV.	
Cl	+ 80,5	+ 71,7	+ 83,4	+ 51,2	20,6	24,1	24,8	26,7	17	17	17	17	17
Br	+101,1	+ 95,8	+108,7	+ 77,9	25,0	29,9	28,7	33,6	21	21	20	21	21
J	+126,1	+125,7	+136,4	+111.5									

In der Kolumne A. befinden sich die spezifischen Drehungen der Heptaacetylderivate von Gentiobiose (I), Cellobiose (II), Lactose (III) und Glykosidomannose (IV), in Kolumne B ihre relativen Drehungsdifferenzen, in C. ihre reduzierten Werte und in D. die Drehungsdifferenzen der entsprechenden Monosederivate, gleichfalls reduziert nach Maßgabe der Braggschen Atomdurchmesserdifferenzen[6].

Mittels des Loeweschen Interferometers kann man während des Verlaufes der Mutarotation von Glykose- und Lactoselösungen eine geringe Zunahme des Brechungsindex bei aus der α-Modifikation hergestellten Lösungen und eine noch geringere Abnahme bei aus der β-Modifikation hergestellten ermitteln[7].

Bei der Einwirkung von überhitztem Wasser auf Zuckerarten entstehen Humusstoffe. Während diese aus Hexosen, Methylpentosen und Pentosen in ihrer Zusammensetzung erheblich untereinander abweichen, sind die aus Hexosen und Oxymethylfurfurol einander ziemlich ähnlich, dies spricht für die Annahme, daß die Furanderivate als Zwischenprodukte der Huminbildung aus Zucker auftreten[8]. Hydrolyse des Zuckers durch Säuren, Konzentration der

---

[1] P. A. Levene u. H. A. Sobotka: Science (N. Y.) **63**, 73 (1926) — Chem. Zbl. **1926 I**, 3025 — J. of biol. Chem. **67**, 759, 771 (1926) — Chem. Zbl. **1926 II**, 188.

[2] P. A. Levene u. G. M. Meyer: J. of biol. Chem. **74**, 701 (1927) — Chem. Zbl. **1928 I**, 487 — J. of biol. Chem. **70**, 343 — Chem. Zbl. **1927 I**, 588 — J. of biol. Chem. **76**, 513 (1928) — Chem. Zbl. **1928 I**, 2378.

[3] Hans Heinrich Schlubach u. Gustav Adolf Schröter: Ber. dtsch. chem. Ges. **63**, 364 (1930) — Chem. Zbl. **1930 I**, 1767.

[4] H. S. Isbell: Bureau Standards J. Res. **3**, 1041 (1929) — Chem. Zbl. **1930 I**, 2725.

[5] P. A. Levene u. L. W. Baß: J. of biol. Chem. **74**, 727 (1927) — Chem. Zbl. **1928 I**, 484.

[6] D. H. Brauns: J. amer. chem. Soc. **49**, 3170 (1927) — Chem. Zbl. **1928 I**, 798 — J. amer. chem. Soc. **48**, 2776 (1926) — Chem. Zbl. **1927 I**, 419.

[7] P. Hirsch u. A. E. Kossuth: Fermentforschg **6**, 302 (1923) — Chem. Zbl. **1923 I**, 740. — P. Hirsch u. R. Kunze: Fermentforschg **6**, 30 (1922) — Chem. Zbl. **1922 III**, 557.

[8] S. Komatsu u. C. Tanaka: Sexagint. Collection of Papers dedicated to Y. Osaka, in celebration of his 60. Birth-day, Kyoto **1927**, 1 — Chem. Zbl. **1928 I**, 2079 — C. Tanaka: Sexagint. Collection of Papers dedicated to Y. Osaka, in celebration of his 60. Birth-day, Kyoto **1927**, 13 — Chem. Zbl. **1928 I**, 2080.

Wasserstoffionen und hydrolysierende Kraft[1]. Über die Konstante der Hydrolyse[2]. Bei p_H 8 reagieren einfache Aldosen mit wenigen C-Atomen auf Acetessigsäure ähnlich, wie Schaffer es für Zucker und Acetessigsäure feststellte. Dioxyaceton greift Acetessigsäure erst bei höherer Alkalescenz an. Bei Zusatz von H_2O_2 erweisen sich alle reduzierenden Zucker als Acetessigsäurezerstörer. Aldehyde waren wirkungslos, Dioyyaceton entsprach dem Glycerinaldehyd[3]. In einer 3-n-Lösung von NH_4Cl und NH_3 (p_H = etwa 8) werden Fructose > Glykose > Galaktose > Mannose > Maltose (Rohrzucker nicht) oxydiert, und zwar Glykose in NH_3-Puffer ohne Zusätze etwa 30 mal langsamer als Fructose. Die Oxydation kann durch Salze der Schwermetalle z. T. stark beschleunigt werden. HCN hemmt. Aus der beschleunigenden Wirkung der Schwermetalle und der Hemmung durch Komplexbildner wird geschlossen, daß die Kohlehydrate in NH_3- und bicarbonathaltiger Lösung nicht direkt mit den molekularen O_2 reagieren, sondern durch Vermittlung von Schwermetallen, und zwar in Analogie zu der Oxydation physiologisch wichtiger Substanzen in der lebenden Zelle[4]. Eine Verbesserung des Rosanowschen Diagramms der Aldosen. Erweiterung für die bekannten Ketosen und Methylaldosen[5]. Einwirkung von Ameisensäure auf Zucker[6]. Aldohexosen und Pentosen erleiden in kalter, rauchender HCl eine meßbar verlaufende, reversible Umwandlung, die sich durch starkes Anwachsen von $[\alpha]_D$ bis zu einem konstanten Endwert außert. Die Höhe dieses Endwertes ist von der Konzentration der HCl abhängig; in hochkonzentrierter HCl übertrifft der absolute Betrag von $[\alpha]_D$ das Drehungsvermögen der α-Form in Wasser. Für Traubenzucker ist $[\alpha]_D^{12} = +202$ in 46,7proz. HCl. Fructose zeigt ein etwas abweichendes Verhalten[7]. Einwirkung von rauchender Salzsäure auf methylierte Zucker[8]. Einwirkung von Chlorwasserstoff und Bromwasserstoff in bezug auf die Farbenreaktionen der Zucker[9]. Bedeutung der Fe^{II}- und Fe^{III}-Komplexe von Kohlehydraten und Polyalkoholen für den Mechanismus der Fentonschen Reaktion[10]. — Über die gegenseitige Umwandlung der Zucker durch die Einwirkung von verdünnten Alkalien[11]. — Veränderung der Zuckerarten im Verlauf der Sulfitzellstoffkochung[12]. Die reduzierenden Eigenschaften der Zuckerarten kommen nicht den ungespaltenen Molekülen, sondern den durch Spaltung daraus entstehenden 3 Kohlenstoffketten zu[13]. — Verhalten bei der Destillation der alkalischen Lösungen[14]. — Bildung der Milchsäure bei der alkalischen Zersetzung der Zucker[15]. Bei der Einwirkung von Alkalien werden Methylglyoxal und Dioxyaceton gebildet. Auf der Bildung dieser Substanzen beruht das Reduktions-

---

[1] H. Colin u. A. Chaudun: Bull. Soc. chim. France (4) **43**, 721 (1928) — Chem. Zbl. **1928 II**, 2549.

[2] H. Colin u. A. Chaudun: Bull. Soc. chim France (4) **37**, 1224 (1925) — Chem. Zbl. **1925 I**, 930 — Chem Zbl. **1926 I**, 1391. — E. A. Moelwyn-Hughes, S. N. H. Stothardt u. A. J. Kieran: Trans. Faraday Soc. **24**, 309 — Chem. Zbl. **1928 II**, 1076.

[3] Schaffer: Proc. Soc. exper. Biol. a. Med. **23**, 370 (1926) — Ref. Ber. Physiol. **36**, 444 — Chem. Zbl. **1927 I**, 62.

[4] H. A. Krebs: Biochem. Z. **180**, 377 (1927) — Chem. Zbl. **1927 I**, 1784.

[5] J. J. Willaman u. C. A. Morrow: J. amer. chem. Soc. **45**, 1273 (1922) — Chem. Zbl. **1923 III**, 367. — M. A. Rosanow: J. amer. chem. Soc. **28**, 114 (1906) — Chem. Zbl. **1906 I**, 1003.

[6] H. Großmann u. F. L. Bloch: Z. dtsch. Zuckerind. **1912**. Techn. Teil: 19 — Chem. Zbl. **1912 I**, 1209. — B. Bleyer u. H. Schmidt: Biochem. Z. **138**, 119 (1923) — Chem. Zbl. **1923 III**, 1348 — Biochem. Z. **135**, 546 (1923) — Chem. Zbl. **1923 III**, 662.

[7] L. Zechmeister: Z. physik. Chem. **103**, 316 (1922) — Chem. Zbl. **1923 I**, 1489.

[8] E. L. Hirst u. D. R. Murrison: J. chem. Soc. Lond. **123**, 3226 (1923) — Chem. Zbl. **1924 I**, 1510.

[9] Fenton u. Gostling: J. chem. Soc. Lond. **79**, 361 (1901). — H. Colin u. A. de Cugnac: C. r. Acad. Sci. Paris **182**, 1637 (1916) — Chem. Zbl. **1926 II**, 1536. — H. Colin u. E. Ruppol: Bull. Soc. Chim biol. Paris **9**, 928 (1927) — Chem. Zbl. **1928 I**, 555.

[10] A. Th. Küchlin u. J. Böseken: Versl. Acad. Wetensch., Amsterd., Wiss.- en natuurkd. Afd. **32**, 1218 (1929) — Chem. Zbl. **1930 I**, 2391.

[11] M. L. Wolfrom u. W. L. Lewis: J. amer. chem. Soc. **50**, 837 — Chem. Zbl. **1928 I**, 2377. — E. L. Gustus u. W. L. Lewis: J. amer. chem. Soc. **49**, 1512 — Chem. Zbl. **1927 II**, 1466.

[12] Erik Hägglund u. T. Johnson: Sv. Kem. Tidskr. **41**, 8 (1929) — Chem. Zbl. **1929 I**, 1526.

[13] F. Fischler, K. Täufel u. S. W. Souci: Z. angew. Chem. **41**, 950 (1928) — Chem. Zbl. **1928 II**, 2001.

[14] F. Fischler u. A. F. Lindner: Hoppe-Seylers Z. **175**, 237 — Chem. Zbl. **1928 II**, 235.

[15] Wm. Lloyd Evans, Rachel Hartman Edgar u. George Preston Hoff: J. amer. chem. Soc. **48**, 2665 (1926) — Chem. Zbl. **1927 I**, 64. — T. E. Friedemann: J. of biol. Chem. **76**, 75 — Chem. Zbl. **1928 II**, 797. — T. E. Friedemann, M. Cotonio u. P. A. Shaffer: J. of biol. Chem. **73**, 335 — Chem. Zbl. **1927 II**, 2215.

vermögen der Zucker[1]. — Die Bildung von Milchsäure wird begünstigt durch hohe Alkalikonzentration, dagegen vermindert durch hohe Temperatur und hohe Zuckerkonzentration[2]. — Zuckeroxydation mit Luftsauerstoff und Wasserstoffsuperoxyd[3]. Oxydation der Zucker in alkalischen Lösungen durch gasförmigen Sauerstoff und der Einfluß von p_H auf die Bildung von Kohlenoxyd[4]. Einwirkung von Kalk auf warme Zuckerlösungen[5]. — Einfluß von Alkalitätsänderungen auf die Farbintensität von Zuckerlösungen[6]. — Verseifung der Acetylverbindungen der Zucker mit Natriumalkoholat[7]. Mit Natriummethylat in Chloroformlösung s. bei der Darstellung der Cellobiose. Bei nichtreduzierenden Zuckerderivaten und mehrwertigen Alkoholen kann man mit $1/_{600}$ der theoretischen Natriummethylatmenge in methylalkoholischer Lösung auf dem Wasserbad arbeiten. Man erhält sogleich die analysenreinen, acetylfreien Verbindungen[8]. Vergleich der verschiedenen Abbaumethoden. Am geeignetsten stellt sich der Abbau der acetylierten Nitrile mit Natriummethylat[9]. — Verhalten bei der Oxydation mit Salpetersäure[10], beim Erhitzen mit Jod[11]. — Der Jodverbrauch gibt ein sehr genaues und reproduzierbares Maß für den Gehalt an freien Aldehydgruppen und für die Molekulargröße des Präparates. — Den Verbrauch an $1/_{10}$ n-Jodlösung auf 1 g Analysensubstanz nennt man Jodzahl (JZ.). — Aus der Jodzahl eines Kohlehydrats oder seines Acetats läßt sich sein Mol-Gewicht nach der Formel: 20000/JZ. berechnen[12].

Ein Verfahren, das die Einwirkung von Kaliumpermanganat auf Zuckerarten quantitativ zu messen gestattet, beruht auf der Titration von Kaliumpermanganat in Gegenwart von Zucker bei geringer Acidität. Man läßt die Reaktion bei Gegenwart von Phosphatgemischen vor sich gehen, um die bei der Oxydation stattfindende Aciditätsänderung zu verringern und der p_H-Abhängigkeit der Zucker-Kaliumpermanganat-Reaktion Rechnung zu tragen. Die Zucker werden charakterisiert durch den Zeitwert der Kaliumpermanganatreaktion = 1, d. h. durch die Zeit in Minuten, die 5,00 g Hexose, oder die äquivalente Menge Pentose bzw. Disaccharid braucht, um 20 ccm $1/_{10}$ n-Kaliumpermanganat, die in 100 ccm $1/_{25}$ normaler primärer Phosphat-Phosphorsäuremischung 1 : 1 enthalten sind, bei 18° zu 25% zu reduzieren. Bei Vorbehandlung des Zuckers mit Alkali wird nach dem Neutralisieren Kaliumpermanganat rascher entfärbt als ohne Vorbehandlung. Dies beruht aber nicht ausschließlich auf der Bildung von Enolmolekülen des Zuckers, da die für die Änderung des Verhaltens gegen Kaliumpermanganat verantwortliche Veränderung der Fructose in alkalischer Lösung zum größten Teil irreversibel ist. — β-Zucker reagieren rascher mit Kaliumpermanganat als α-Zucker[13]. — Geben bei der Oxydation in alkalischer Lösung mit $NaMnO_4$ Oxalsäure, CO_2 und Spuren einer flüchtigen Säure, vermutlich Essigsäure. Es wurden d-Glykose, d-Mannose, d-Fructose, d, l-Arabinose und Glycerinaldehyd untersucht[14]. Oxydation vorwiegend zu Ozonen mit Wasserstoffsuperoxyd nebst Anwendung von Katalysatoren[15]. — Bei der Bildung von Oxyden aus höheren Diolen ist die Bildung von Sechsringen bevorzugt. Beim Übergang eines Oxy-

---

[1] F. Fischler: Z. angew. Chem. **42**, 682 (1929) — Chem. Zbl. **1929 II**, 1281.

[2] Philip A. Shaffer u. Theodore E. Friedmann: J. of biol. Chem. **86**, 345 (1930) — Chem. Zbl. **1930 II**, 544.

[3] Franz Meinrad Kuen: Biochem. Z. **215**, 12 (1930) — Chem. Zbl. **1930 II**, 232.

[4] Maurice Nicloux u. H. Nebenzahl: C. r. Soc. Biol. Paris **101**, 189 (1930) — Chem. Zbl. **1930 II**, 232.

[5] Ch. Muller: Bull. Assoc. Chim. Sucr. et Dist. **35**, 95—105 (1917) — Chem. Zbl. **1920 II**, 193.

[6] Harald Lundén: Zbl. Zuckerind. **33**, 1013 (1925) — Chem. Zbl. **1925 II**, 2105.

[7] Géza Zemplén und Alfons Kunz: Ber. dtsch. chem. Ges. **56**, 1706 (1923) — Chem. Zbl. **1923 III**, 1554.

[8] Géza Zemplén u. Eugen Pacsu: Ber. dtsch. chem. Ges. **62**, 1613 (1929) — Chem. Zbl. **1929 II**, 721.

[9] Géza Zemplén u. Dionys Kiß: Ber. dtsch. chem. Ges. **60**, 165 (1927) — Chem. Zbl. **1927 I**, 1672.

[10] P. Haas u. B. Russell-Wells: Biochemic. J. **16**, 572 (1922) — Chem. Zbl. **1923 I**, 503. — H. Kiliani: Ber. dtsch. chem. Ges. **55**, 75 (1922) — Chem. Zbl. **1922 I**, 946.

[11] J. Vintilescu u. D. Faltis: Bull. Soc. Chim. România **5**, 59 (1923) — Chem. Zbl. **1924 I**, 1358.

[12] Max Bergmann u. Hans Machemer: Ber. dtsch. chem. Ges. **63**, 316 (1930) — Chem. Zbl. **1930 I**, 1922.

[13] Richard Kuhn u. Theodor Wagner-Jauregg: Ber. dtsch. chem. Ges. **58**, 1441 (1925) — Chem. Zbl. **1925 II**, 2205.

[14] W. L. Evans, C. A. Buchler, C. D. Looker, K. A. Crawford u. C. W. Holl: J. amer. chem. Soc. **47**, 3085 (1925) — Chem. Zbl. **1926 I**, 2183.

[15] Chemische Fabrik auf Actien (vorm. E. Schering), Erfinder Anton Kraisy: D.R.P. 439115, Kl. 12o v. 4. April 1924, ausg. 4. Januar 1927; Chem. Zbl. **1927 I**, 1240.

aldehyds in Cycloacetal wird die Auswahl aus einer größeren Anzahl Hydroxylgruppen stets so gewählt, daß ein Fünf- oder Sechsring zustande kommt. Eine Oxysäure wählt bei der Lactonbildung eine Hydroxylgruppe so aus, daß nur Bildung eines Fünfringes, also ein γ-Lacton auftritt. Mit steigendem Sauerstoffgehalt einer Verbindung wird die Ringbildungstendenz von Sechsring zum Fünfring gedrängt. — Aus der Stellung der Zucker als Lactole zwischen dem Sechsring der Oxyde und dem Fünfring der Lactone ergibt sich die Mannigfaltigkeit ihrer Reaktionsweisen[1]. — Bei der Acetylierung der Zuckerarten kann man statt Natriumacetat Natrium- oder Kaliumrhodanid verwenden[2]. — Während die Umwandlung von Acetylzuckern und acetylischen Methylglykosiden der β-Reihe in die entsprechenden Derivate der α-Reihe unter der Einwirkung von wasserfreiem Stannichlorid[3] in abs. Chloroform nur langsam und meist unter teilweiser Zersetzung vor sich geht, erwies sich Siliciumtetrachlorid völlig unwirksam, dagegen Titantetrachlorid außerordentlich wirksam. Mit Acetaten der Zucker bildet Titantetrachlorid Niederschläge, die sich jedoch im Gegensatz zu den acylierten Glykosiden sehr bald wieder in Chloroform auflösen. Die nach Auflösung dieser Niederschläge beobachtete Drehung weicht meist recht erheblich von der des Ausgangsmaterials ab, doch läßt sich aus diesen Lösungen das unveränderte Ausgangsmaterial wieder isolieren, so daß diese veränderte Drehung dem zuerst gebildeten Additionsprodukt zuzuschreiben ist. Die Reaktion bleibt nicht bei der Umwandlung in die α-Acetate stehen, sondern führt darüber hinaus leicht zu einem Ersatz der am Kohlenstoffatom haftenden Acetoxygruppe gegen Cl, so daß die entsprechenden α-Acetohalogenosen gebildet werden[4]. Die Methylierung und Neigung zur Ringveränderung bei Glycerincycloacetalen[5]. Reaktionen zwischen Zuckerarten und Aminen[6]. — Reaktionen mit Aminosäuren[7], Peptonen[8], Eiweißkörpern[9]. — Mechanismus der Osazonbildung[10].

Gärung: Untersuchungen mit Bacterium coli[11], Bacillus bifidus[12], Bacillus mycoides[13], Bacillus botulinus[14], Milzbrandbacillen[15], Bacillen der Dysenteriegruppe[16], Typhusbacillen[17],

[1] R. Kuhn: Naturwiss. **14**, 1036 (1926) — Chem. Zbl. **1927 I**, 415.

[2] Yojiro Tsuzuki: Bull. Chem. Soc. Japan **4**, 21 (1929) — Chem. Zbl. **1929 I**, 1677.

[3] Eugen Pacsu: Ber. dtsch. chem. Ges. **61**, 137 (1928) — Chem. Zbl. **1928 I**, 1391.

[4] Eugen Pacsu: Ber. dtsch. chem Ges. **61**, 1508 (1928) — Chem. Zbl. **1928 II**, 872.

[5] Harold Hibbert, Muriel E. Platt u. Neal M. Carter: J. amer. chem. Soc. **51**, 3644 (1929) — Chem. Zbl. **1930 I**, 1120.

[6] Hans v. Euler, Gerda Rengmann u. Edv. Brunius: Sv. kem. Tidskr. **41**, 203 (1929) — Chem. Zbl. **1929 II**, 2436.

[7] C. J. Lintner: Z. Brauwesen **35**, 545, 553 (1912) — Wschr. Brauerei **30**, 51 (1913) — Chem. Zbl. **1913 I**, 969. — Kurono: J. agricult. chem. Soc. Japan **1**, 1016 (1925). — S. Ahabori: Proc. imp. Acad. Tokyo **3**, 672 (1927) — Chem. Zbl. **1928 I**, 1757. — C. Neuberg u. M. Kobel: Biochem. Z. **185**, 477 — Chem. Zbl. **1927 II**, 923 — Biochem. Z. **188**, 197 — Chem. Zbl. **1927 II**, 2677. — H. v. Euler u. K. Josephson: Hoppe-Seylers Z. **153**, 1 (1926) — Chem. Zbl. **1926 II**, 188. — C. Neuberg u. M. Kobel: Biochem. Z. **182**, 273 (1927) — Chem. Zbl. **1927 I**, 2562 — Biochem. Z. **179**, 451 (1926) — Chem. Zbl. **1927 I**, 1329.

[8] Carl Neuberg u. Maria Kobel: Biochem. Z. **200**, 459 (1928) — Chem. Zbl. **1929 I**, 1561.

[9] H. Pringsheim u. M. Winter: Ber. dtsch. chem. Ges. **60**, 278 (1927) — Chem. Zbl. **1927 I**, 1027. — C. Neuberg u. E. Simon: Ber. dtsch. chem. Ges. **60**, 817 (1927) — Chem. Zbl. **1927 I**, 2323. — C. Neuberg u. M. Kobel: Biochem. Z. **179**, 451 (1926) — Chem. Zbl. **1927 I**, 1329. — S. P. L. Sörensen u. L. Lorber: Ber. dtsch. chem. Ges. **60**, 999 (1927) — Chem. Zbl. **1927 I**, 2655.

[10] B. Glaßmann u. Rochwarger-Walbe: Ber. dtsch. chem. Ges. **61**, 1444 (1928) — Chem. Zbl. **1928 II**, 873.

[11] J. H. Quastel u. W. R. Wooldridge: Biochemic. J. **21**, 1224 (1927) — Chem. Zbl. **1928 I**, 1537. — Jeanne Lommel: C. r. Soc. Biol. Paris **95**, 711—713, 714—716 (1926) — Chem. Zbl. **1927 I**, 304.

[12] A. Adam: Z. Kinderheilk. **31**, 331 (1922) — Ref. Ber. Physiol. **17**, 535 (1923) — Chem. Zbl. **1923 III**, 501.

[13] J. Perlberger: Zbl. Bakter. II **62**, 1 — Chem. Zbl. **1924 II**, 1217.

[14] Carrie Castle Dosier: J. inf. Dis. **35**, 134—155 (1924) — Ber. Physiol. **30**, 163 (1925) — Chem. Zbl. **1925 II**, 930.

[15] Martin Kristensen: Zbl. Bakter. I **101**, 220—224 (1927) — Chem. Zbl. **1927 I**, 1330.

[16] P. Courmont u. A. Rochaix: C. r. Soc. Biol. Paris **88**, 784, 786 (1923) — Chem. Zbl. **1923 III**, 1035.

[17] W. E. Rurge, G. C. Wickwire, A. M. Estes u. Maude Williams: J. of biol. Chem. **74**, 235 (1927) — Chem. Zbl. **1927 II**, 2325.

Diphtheriebacillen[1], Bacillen der Salmonellagruppe[2]. Untersuchungen an 50 Bakterienstämmen[3], an Alfa-alfa-Stämmen der Knöllchenbakterien[4], an cholerigenen und nichtcholerigenen Vibrionen[5]. Anwendung der bakteriellen Methode zur Identifizierung der Zucker, und umgekehrt[6]. — Hexosen, sowohl Aldosen und Ketosen, werden von der großen Mehrzahl der Bakterien leicht angegriffen, die entsprechenden Alkohole in der Reihenfolge: Mannit, Sorbit und Dulcit schwerer. Glykonsäure, Galaktonsäure und Mannonsäure sind mit Ausnahme einzelner Bakterienarten ebenso vergärbar wie die zugehörigen Aldehyde; niemals ist die Säure angreifbar, wenn der Aldehyd refraktär ist. Ähnliches gilt für die anderen Derivate[7]. Über zuckerinvertierende Bakterien und über ihre technische Verwendung und Herstellung von Fettsäuren, vor allem Milch, Essig und Buttersäure, Aceton, Äthyl und Butylalkohol und Mannit[8]. — Über Propionsäuregärung[9]. Untersuchungen über Milchsäuregärung[10]. Die Bildung von Acetylmethylcarbinol und 2,3 Butylenglykol durch die fermentative Zerlegung von Zuckern durch Alkoholhefen und Milchsäurebakterien[11]. — Untersuchungen über Acetongärung[12]. Aceton- und Butylalkoholgärung[13]. — Butylenglykolgärung[14]. — Untersuchungen über alkoholische Gärung[15]. Über das intermediäre Auftreten von Brenztraubensäure[16, 17], das andere Forscher nicht nachweisen konnten[18]. — Die Bildung von Methylglyoxal als Zwischenprodukt[19] konnte nicht bestätigt werden[20]. — Wirkung von ultraviolettem Licht[21]. Beziehung zwischen Atmung und Gärumsatz[22]. — Durch Zugabe von anorganischem Phosphat zu mit

---

[1] M. M. Barratt: J. of Hyg. **23**, 241—259 (1924) — Ber. Physiol. **30**, 801 (1925) — Chem. Zbl. **1925 II**, 1177.

[2] Frank Wokes u. Joseph H. Irwin: Pharmac. J. **118**, 747—751 — Chem. Zbl. **1927 II**, 1481.

[3] H. Frohböse: Zbl. Bakter. I **100**, 213—218 (1926) — Chem. Zbl. **1927 I**, 303.

[4] J. A. Anderson, W. H. Peterson u. E. B. Fred: Soil Sci. **25**, 123 — Chem. Zbl. **1928 I**, 2623.

[5] C. St. Suhatzeanou u. C. Théodorasco: C. r. Soc. Biol. Paris **90**, 318 (1924) — Chem. Zbl. **1924 I**, 1813.

[6] A. J. Kendall u. S. Yoshida: J. inf. Dis. **32**, 355 (1923) — Ref. Ber. Physiol. **21**, 128 (1924) — Chem. Zbl. **1924 I**, 1392. — A. J. Kendall: J. inf. Dis. **32**, 362 (1923) — Ref. Ber. Physiol. **21**, 128 (1924) — Chem. Zbl. **1924 I**, 1392. — A. J. Kendall u. S. Yoshida: J. inf. Dis. **32**, 369 (1923) — Ref. Ber. Physiol. **21**, 129 (1924) — Chem. Zbl. **1924 I**, 1393. — Arthur Isaac Kendall, Alexander Alfred Day u. Arthur Williams Walker: J. inf. Dis. **30**, 141—210 (1922) — Chem. Zbl. **1922 III**, 389.

[7] A. J. Kendall, R. Bly u. R. C. Hauer: J. inf. Dis. **32**, 377 (1923) — Ref. Ber. Physiol. **21**, 129 (1924) — Chem. Zbl. **1924 I**, 1393.

[8] G. Mezzadroli: Giorn. Chim ind. ed appl. **7**, 563 (1925) — Chem. Zbl. **1926 I**, 1428.

[9] K. Maurer: Biochem. Z. **191**, 83 (1927) — Chem. Zbl. **1928 I**, 1974.

[10] Hans Euler u. Olaf Svanberg: Hoppe-Seylers Z. **100**, 148—158 (1917) — Chem. Zbl. **1918 I**, 121. — A. Fernbach u. M. Schoen: C. r. Soc. Biol. Paris **89**, 475 (1923) — Chem. Zbl. **1923 III**, 1035 — C. r. Soc. Biol. Paris **86**, 15 (1922) — Chem. Zbl. **1922 I**, 1046. — E. B. Fred, W. H. Peterson u. K. R. Stiles: J. Bacter. **10**, 63 (1925) — Chem. Zbl. **1926 I**, 3246. — Hermann Hees u. Caspar Tropp: Zbl. Bakter. I **100**, 273—284, 1 Tafel (1926) — Chem. Zbl. **1927 I**, 760. — J. Makrinow: Zbl. Bakter. II **71**, 399 (1927) — Chem. Zbl. **1927 II**, 2072. — Hermann Hees u. Caspar Tropp: Zbl. Bakter. **100**, 273 (1926) — Chem. Zbl. **1928 I**, 367. — O. Meyerhof: Biochem. Z. **183**, 176 (1927) — Chem. Zbl. **1927 I**, 3206 — Biochem. Z. **178**, 462, 395 (1926) — Chem. Zbl. **1927 I**, 1036 — Naturwiss. **14**, 756 (1926) — Chem. Zbl. **1926 II**, 1763.

[11] A. J. Kluyver und H. J. L. Donker: Versl. Akad. Wetensch. Amsterd., Wis- en natuurkd. Afd. **33**, 915 (1925) — Chem. Zbl. **1925 I**, 1619.

[12] N. Moskovitz: Österr.P. 102927, 6. März 1922; Chem. Zbl. **1926 II**, 1583. — J. C. Woodruff: Indian engin. Chem. **19**, 1147 (1927) — Chem. Zbl. **1927 II**, 2631.

[13] Commercial Solvents Corp., übertr. von: D. A. Logg: E.P. 278307, 28. März 1927; Chem. Zbl. **1928 I**, 857. — Übertr. von: E. F. Pike: A.P. 1655435, 29. Mai 1923; Chem. Zbl. **1928 I**, 1593.

[14] Lemoigne: C. r. Acad. Sci. Paris **186**, 473 — Chem. Zbl. **1928 I**, 2623.

[15] Alexander Kossowicz: Österr. chem. Ztg (2) **19**, 56—60 (1916) — Chem. Zbl. **1916 I**, 1204.

[16] Fernbach u. Schön: C. r. Acad. Sci. Paris **170**, 764 — Chem. Zbl. **1920 III**, 59.

[17] Max v. Grab: Biochem. Z. **123**, 69—89 (1921) — Chem. Zbl. **1922 I**, 761.

[18] Johannes Kerb u. Kurt Zeckendorf: Biochem. Z. **122**, 307—319 (1921) — Chem. Zbl. **1922 I**, 288.

[19] S. Kostytschew u. S. Soldatenkow: Hoppe-Seylers Z. **168**, 128—131 (1927) — Chem. Zbl. **1927 II**, 1972.

[20] C. Neuberg u. M. Kobel: Biochem. Z. **191**, 472 (1927) — Chem. Zbl. **1928 I**, 1539.

[21] Emil Abderhalden: Fermentforschg **9**, 195 (1927) — Chem. Zbl. **1927 II**, 2612.

[22] O. Meyerhof: Biochem. Z. **162**, 43 (1926) — Chem. Zbl. **1926 I**, 702. — G. Gorr u. G. Perlmann: Biochem. Z. **174**, 425 (1926) — Chem. Zbl. **1926 II**, 2925.

Sauerstoff gesättigter gärender (Preßhefe) Zuckerlösung wird die Bildung von Fetten, Lipinen und Sterinen stark erhöht[1]. Wirkung verschiedener Verbindungen auf die Vergärung von Zucker durch lebende Hefe[2]. — Wirkung von Harnstoff[3], von Aminosäuren[4]. — Bei Zusatz von Thyroxin zu Gärmischungen wurde entweder kein Einfluß oder geringe Hemmung beobachtet[5]. Über auswählende Gärung von Zuckergemischen[6]. Untersuchungen über die Co-Zymase der alkoholischen Gärung[7]. — Rolle der Phosphate bei der Gärung[8]. Die Hefe ist fähig, Acetessigsäure in geringem Maße abzubauen. Diese Fähigkeit kann durch Zusatz von Kohlehydraten, die durch Hefe vergoren werden, stark erhöht werden, namentlich durch Fructose, Dextrose, Saccharose, wenig durch Maltose und Galaktose, gar nicht durch Lactose[9]. Bildung von Glycerin beim Abfangen der Zwischenstufe Acetaldehyd durch Tierkohle[10], durch Bisulfit[11], durch alkalische Gärung[12]. Die schädliche Wirkung des Natriumbisulfits kann durch Aldehydzusatz aufgehoben werden[13]. Über Acetoinbildung nach Zusatz von Aldehyd[14]. Über alkoholische Gärung der Samen[15]. — Verschiedene Stufen der alkoholischen Gärung[16]. —

---

[1] Charles Gaspard Daubney u. Ida Smedley Mac Lean: Biochemic. J. **21**, 373—385 (1927) — Chem. Zbl. **1927 II**, 1713.

[2] H. Zeller: Biochem. Z. **176**, 142 (1926) — Chem. Zbl. **1926 II**, 3061. — Carl Neuberg u. Marta Sandberg: Biochem. Z. **126**, 153—178 (1921) — Chem. Zbl. **1922 III**, 170.

[3] Marta Sandberg: Biochem. Z. **128**, 76—79 (1921) — Chem. Zbl. **1922 III**, 171.

[4] C. Neuberg u. M. Kobel: Biochem. Z. **174**, 464 (1926) — Chem. Zbl. **1926 II**, 3059 — Biochem. Z. **162**, 496 (1926) — Chem. Zbl. **1926 I**, 621. — H. Zeller: Biochem. Z. **176**, 134 (1926) — Chem. Zbl. **1926 II**, 3060.

[5] Emil Abderhalden: Fermentforschg **9**, 243 (1927) — Chem. Zbl. **1927 II**, 2612.

[6] Richard Willstätter u. Harry Sobotka: Hoppe-Seylers Z. **123**, 170, 176 (1922) — Chem. Z. **1923 I**, 464.

[7] O. Meyerhof: Hoppe-Seylers Z. **102**, 185 (1918) — Chem. Zbl. **1918 II**, 518. — C. Neuberg, E. Färber, A. Levite u. E. Schwenk: Biochem. Z. **83**, 224 (1918) — Chem. Zbl. **1918 I**, 123. — O. Fürth u. F. Lieben: Biochem. Z. **128**, 144 (1922) — Chem. Zbl. **1922 III**, 172. — G. Embden u. F. Laquer: Hoppe-Seylers Z. **93**, 94 (1915) — Chem. Zbl. **1915 II**, 282. — H. v. Euler: Sv. kem. Tidskr. **39**, 229 (1923) — Chem. Zbl. **1924 I**, 1398. — Hans von Euler u. Karl Myrbäck: Chem. Zelle **12**, 57—61 (1924) — Chem. Zbl. **1925 I**, 2093. — E. Hägglund u. T. Rosenquist: Biochem. Z. **180**, 61 (1927) — Chem. Zbl. **1927 I**, 604 — Biochem. Z. **170**, 102 (1926) — Chem. Zbl. **1926 I**, 3342 — Biochem. Z. **175**, 293 (1926) — Chem. Zbl. **1926 II**, 2446. — Hans von Euler u. Ragnar Nilsson: Hoppe-Seylers Z. **160**, 234—241 (1926) — Chem. Zbl. **1927 I**, 462. — A. J. Kluyver u. A. P. Struyk: Versl. Akad. Wetensch. Amsterd., Wis- en natuurkd. Afd. **36**, 357—363 (1927) — Chem. Zbl. **1927 II**, 1854. — A. J. Kluyver u. A. P. Struyk: Hoppe-Seylers Z. **170**, 110 (1927) — Chem. Zbl. **1928 I**, 82 — S. Kostytschew, G. Medwedew u. H. Kardo-Sysojewa: Hoppe-Seylers Z. **168**, 244 (1927) — Chem. Zbl. **1927 II**, 2073. — A. Gottschalk: Hoppe-Seylers Z. **170**, 264 (1927) — Chem. Zbl. **1928 I**, 360.

[8] A. J. Kluyver u. A. P. Struyk: Naturwiss. **14**, 882 (1926) — Chem. Zbl. **1926 II**, 2453 — Versl. Akad. Wetensch. Amsterd., Wis- en natuurkd. Afd. **35**, 177 (1926) — Chem. Zbl. **1926 II**, 443. — J. J. Nord: Chem. Rev. **3**, 41 (1926) — Chem. Zbl. **1926 II**, 778. — A. J. Kluyver u. A. P. Struyk: Ann. Brass. Dist. **25**, 1 (1926) — Brewers J. **62**, 471 (1926) — Chem. Zbl. **1927 I**, 304. — Hans von Euler u. Chr. Barthel: Hoppe-Seylers Z. **159**, 85—92 (1926) — Chem. Zbl. **1927 I**, 304. — A. J. Kluyver u. A. P. Struyk: Versl. Akad. Wetensch. Amsterd., Wis- en natuurkd. Afd. **36**, 608 (1927) — Chem. Zbl. **1928 I**, 367 — Naturwiss. **14**, 882 (1926) — Chem. Zbl. **1926 II**, 2453. — A. Harden u. R. F. Henley: Biochemic. J. **21**, 1216 (1927) — Chem. Zbl. **1928 I**, 814.

[9] St. Weiß u. M. Altai: Z. exper. Med. **47**, 606 (1925) — Chem. Zbl. **1926 I**, 704.

[10] E. Abderhalden u. W. Stix: Fermentforschg **6**, 345 (1923) — Chem. Zbl. **1923 I**, 777. — E. Abderhalden: Fermentforschg **6**, 162 (1922) — Chem. Zbl. **1922 III**, 888. — E. Abderhalden u. S. Glaubach: Fermentforschg **6**, 143 (1922) — Chem. Zbl. **1922 III**, 887.

[11] Allan Thomas Cocking, Four Oaks, Warwick, u. Cecil Herbert Lilly, Edgbaston, Birmingham: E.P. 164034 v. 25. September 1919; Chem. Zbl. **1922 II**, 1180. — Vereinigte Chemische Werke A.-G., Charlottenburg: F.P. 518655 v. 24. Juli 1919; Deutsche Priorität 12. April 1915; Chem. Zbl. **1922 II**, 1181.

[12] K. Lüdecke u. N. Lüdecke: E.P. 278086, 30. Juni 1926 — Chem. Zbl. **1928 I**, 1467. — Vereinigte Chem. Werke A.-G.: F.P. 636121, 17. Juni 1927; Chem. Zbl. **1928 I**, 1467, **1928 II**, 146.

[13] Y. Tomoda: J. Soc. chem. Ind., Japan (Suppl.) **31**, 5 — Chem. Zbl. **1928 I**, 1917.

[14] C. Neuberg u. M. Kobel: Biochem. Z. **160**, 250 — Chem. Zbl. **1925 II**, 1648. — C. Neuberg u. E. Simon: Biochem. Z. **156**, 374 — Chem. Zbl. **1925 I**, 2315. — L. Elion: Nederl. Tijdschr. Hyg. **1**, 171 (1926) — Ref. Ber. Physiol. **39**, 876 (1927) — Chem. Zbl. **1927 II**, 1042.

[15] J. Bodnár: Biochem. Z. **165**, 1 (1925) — Chem. Zbl. **1926 I**, 1424. — W. Zaleski u. O. Pissarjewsky: Biochem. Z. **189**, 39 (1927) — Chem. Zbl. **1927 II**, 2679. — W. Zaleski u. L. Notkina: Biochem. Z. **189**, 101 (1927) — Chem. Zbl. **1927 II**, 2679.

[16] A. L. Raymond: Proc. nat. Acad. Sci. U. S. A. **11**, 622 (1925) — Chem. Zbl. **1926 I**, 2013.

Einfluß der Zuckerarten und der Wasserstoffionenkonzentration auf die Sporulation der Saccharomyceten[1]. — Verhalten gegen Clostridium thermocellum[2], gegen Mucor-Rassen[3], Aspergillus niger[4]. Bildung von Kojisäure durch Aspergillus oryzae aus Pentosen, Zuckern, Zuckeralkoholen und Säuren[5]. Untersuchungen über den Einfluß verschiedener Zuckerarten auf die Pilzflora des Käses und der Milch[6].

Untersuchungen über Citronensäuregärung[7], Versuche über die Bildung von Citronensäure und Glykonsäure mit dem Pilz Aspergillus fumaricus aus verschiedenen Zuckerarten[8]. — Fumarsäurebildung[9]. — Schema für die Bildung der verschiedenen Produkte der Zersetzung von Zucker durch Mikroben auf einheitlicher Grundlage[10].

Derivate: Calcium-Zuckerpräparate[11].

Acetonverbindungen: Zusammenfassende Abhandlung über die Arbeiten auf dem Gebiete der Acetonverbindungen der Monosaccharide[12]. — Bei $p_H = 3{,}0$ und 100° werden die Acetonverbindungen der Glykose und Galaktose in 2 Stunden völlig zerlegt, während die untersuchten Disaccharide und Glykoside unter diesen Bedingungen beständig sind. — Die anderen Acetonzucker sind noch leichter spaltbar[13].

Eine Methode zur quantitativen Bestimmung der Acetongruppen in Acetonzuckern, die sich auf die Methode von Messinger begründet, hat Horst Elsner beschrieben[14]. —

Acetohalogenverbindungen. Spezifische Drehungen und molekulare Drehungsdifferenzen[15].

Fluoracetylderivate von Zuckern. Sie lassen sich mit wasserfreier HF aus acetylierten Kohlehydraten darstellen. Die HF wird direkt auf das Material destilliert. Das Reaktionsgemisch wird mit Eiswasser und Chloroform mehrmals geschüttelt, die getrocknete Chloroformlösung hinterläßt auf dem Dampfbad im Luftstrom ein mit Petroläther erstarrendes Öl. Die Verbindungen sind farblos, geruchlos, von schwach bitterem Geschmack und durchaus stabil[16].

Acetobromverbindungen einfacher Zuckerarten: Man behandelt Polysaccharide oder Glykoside mit Acetylbromid in Gegenwart zur Spaltung ausreichender Mengen von HBr bei gewöhnlicher Temperatur[17]

[1] Felix Wagner: Zbl. Bakter. II **75**, 4 (1928) — Chem. Zbl. **1928 II**, 678.

[2] W. H. Peterson, E. B. Fred u. E. A. Marten: J. of biol. Chem. **70**, 309—317 (1926) — Chem. Zbl. **1927 I**, 470.

[3] S. Satina u. A. F. Blakeslee: Proc. nat. Acad. Sci. U. S. A. **14**, 229, 308 — Chem. Zbl. **1928 II**, 455.

[4] G. Klein, A. Eigner u. H. Müller: Hoppe-Seylers Z. **159**, 201—234 (1926) — Chem. Zbl. **1927 I**, 302. — T. Aagaard: Tidskr. kemi Bergvaesen 8, 16, 35 — Chem. Zbl. **1928 I**, 2594.

[5] Hideo Katagiri u. Kakuo Kitahara: Bull. agricult. chem. Soc. Jap. **5**, 38 (1930) — Chem. Zbl. **1930 II**, 579.

[6] Wilhelm Baade: Milchwirtsch. Forschgn 6, 351 (1928) — Chem. Zbl. **1928 II**, 1276.

[7] W. Butkewitsch: Biochem. Z. **131**, 327, 338 (1923) — Chem. Zbl. **1923 I**, 972 — Biochem. Z. **136**, 224 (1923) — Chem. Zbl. **1923 III**, 789 — Biochem. Z. **147**, 195 (1923) — Chem. Zbl. **1924 I**, 490. — R. Falck u. Beyma thoe Kingma: Ber. dtsch. chem. Ges. **57**, 915 (1924) — Chem. Zbl. **1924 II**, 315. — Wl. Butkewitsch: Jb. Bot. **64**, 637 (1925) — Ber. Physiol. **33**, 622 (1926) — Chem. Zbl. **1926 I**, 3479. — B. Bleyer: D.R.P. 434729, Kl. 12o v. 19. Oktober 1924; Chem. Zbl. **1926 II**, 2848. — Molliard: C. r. Acad. Sci. Paris **168**, 360. — F. Challanger, V. Subramaniam u. T. K. Walker: J. chem. Soc. Lond. **1927**, 200 — Chem. Zbl. **1927 I**, 2561. — S. Kostytschew u. W. Tschesnokow: Planta (Berl.) **4**, 181 (1927) — Chem. Zbl. **1928 II**, 1452. — K. Bernhauer: Biochem. Z. **197**, 197, 278, 287 (1928) — Chem. Zbl. **1928 II**, 1342.

[8] Reinhold Schreyer: Biochem. Z. **202**, 131 (1928) — Chem. Zbl. **1929 I**, 1707.

[9] C. Wehmer: Holl.P. 8121 v. 28. Juni 1920; Chem. Zbl. **1922 II**, 1135; **1923 IV**, 722.

[10] A. J. Kluyver u. H. J. L. Donker: Versl. Akad. Wetensch. Amsderd., Wis- en natuurkd. Afd. **33**, 895 (1925) — Chem. Zbl. **1925 I**, 1618.

[11] E. Lilly & Co.: Übertr. von: H. A. Shonle: A.P. 1649000 v. 9. Januar 1926; Chem. Zbl. **1928 I**, 941. — G. van Scoyoc u. H. L. Wehrbein: A.P. 1649269 v. 1. Mai 1924; Chem. Zbl. **1928 I**, 941. — E. Lilly & Co.: Übertr. von: G. van Scoyoc u. H. L. Wehrbein u. H. A. Shonle: A.P. 1649270 v. 1. Mai 1924; Chem. Zbl. **1928 I**, 941.

[12] Olof Svanberg: Sv. kem. Tidskr. **34**, 147 (1922); **37**, 197 (1926) — Chem. Zbl. **1922 III**, 1253; **1926 I**, 55.

[13] K. Freudenberg, Walter Dürr u. Heinrich von Hochstetter: Ber. dtsch. chem. Ges. **61**, 1738 (1928) — Chem. Zbl. **1928 II**, 2121.

[14] Horst Elsner: Ber. dtsch. chem. Ges. **61**, 2364 (1928) — Chem. Zbl. **1929 I**, 45.

[15] D. H. Brauns: J. amer. chem. Soc. **47**, 1280, 1285 (1925) — Chem. Zbl. **1925 II**, 1669.

[16] D. H. Brauns: J. amer. chem. Soc. **45**, 833 (1923) — Chem. Zbl. **1923 III**, 27.

[17] M. Bergmann: D.R.P. 363270, Kl. 12o v. 8. April 1921; Chem. Zbl. **1923 II**, 908.

Mercaptale der Aldosen werden in alkoholischer Lösung von Mercurichlorid in der Weise gespalten, daß in der ersten Phase Salzsäure, das Quecksilbersalz des entsprechenden Mercaptans und ein Thioglykosid entsteht, das seinerseits in der zweiten Phase bei Gegenwart von Wasser in Salzsäure, das Quecksilbersalz des Mercaptans, und den Zucker zerfällt. Ist kein Wasser zugegen, so reagiert das Thioglykosid mit dem als Lösungsmittel dienenden Alkohol unter Bildung des entsprechenden Glykosids[1].

Benzyläther der Zuckerarten, die gegen Alkalien und Säuren sehr beständig sind, lassen sich durch Hydrierung mit Platinmetallen oder Natriumamalgam zum Teil leicht zerlegen. — Das gleiche gilt für die Benzalverbindungen[2].

Osazone. Bildungsmechanismus[3].

Osone. Gewinnung von Osonlösungen zwecks Synthese von Keturonsäuren. — Die Phenylosazone werden mit Salzsäure gespalten, vom salzsauren Phenylhydrazin abfiltriert, in der Mutterlauge die Salzsäure durch Neutralisation mit alkalifreiem Bleicarbonat, Filtration des Bleichlorids möglichst entfernt und die Lösung bei Zimmertemperatur mit Tierkohle entfärbt. — Die Lösung kann direkt zur Bromoxydation verwendet werden[4].

A. Monosaccharide.

1. Diosen (Bd. II, S. 265; Bd. VIII, S. 108; Bd. X, S. 370).

Glykolaldehyd (Bd. II, S. 265; Bd. VIII, S. 108; Bd. X, S. 370).

Darstellung: 37 g trockene Dioxymaleinsäure werden mit 92 ccm Pyridin übergossen und in einem Bade von 50—55° bis zur klaren Lösung erwärmt. Hierauf wird aus einem Bade von 30—35° im Vakuum der Wasserstrahlpumpe destilliert. Das Innenthermometer steht zunächst auf 22°; wenn es auf 25—27° steigt, wird die Destillation abgebrochen, der Vorlauf (Pyridin) entfernt und der Rückstand unter Steigerung der Badtemperatur bis auf 150° ohne Rücksicht auf den Stand des Innenthermometers überdestilliert. Das sirupöse Destillat wird im Vakuum Exsiccator über Schwefelsäure vom Pyridin befreit. Der Rückstand krystallisiert nach Animpfen über Nacht vollständig aus; er wird zur Reinigung mit wenig Aceton verrieben und filtriert. Ausbeute 9 g = 75% [5].

Durch Ozonisieren von in Essigsäure gelösten Allylalkohols und Zugabe von Zinkstaub zu der beim Verdünnen mit Äther trüb gewordenen Lösung. Man neutralisiert mit Kaliumhydrocarbonat, verdampft den Äther und destilliert fraktioniert. Bei 12 mm und 110—120° Badtemperatur geht der Aldehyd sirupös über. Nach 3—4 Wochen krystallisiert die Verbindung aus. In geringer Ausbeute aus Zimtalkohol nach einem dem obigen analogen Verfahren [6].

Physiologische Eigenschaften: Es wurde bei den Untersuchungen über die Kohlehydratsynthese im Muskel festgestellt, daß ein Zusatz von Glykolaldehyd in der Ringerlösung die Atmung zum Teil unregelmäßig steigert[7].

Physikalische und chemische Eigenschaften: Rhombische Tafeln aus Aceton, Schmelzpunkt 76°[5]. Oxydation mit Wasserstoffsuperoxyd in alkalischer Lösung[8].

---

[1] Eugen Pacsu: Ber. dtsch. chem. Ges. **58**, 509 (1925) — Chem. Zbl. **1925 I**, 2303.

[2] Karl Freudenberg, Walter Dürr u. Heinrich v. Hochstetter: Ber. dtsch. chem. Ges. **61**, 1739 (1928) — Chem. Zbl. **1928 II**, 2121.

[3] B. Glaßmann u. Rochwarger-Walbe: Ber. dtsch. chem. Ges. **61**, 1444 (1928) — Chem. Zbl. **1928 II**, 873.

[4] T. Kitasato u. C. Neuberg: Biochem. Z. **207**, 230 (1929) — Chem. Zbl. **1929 II**, 859.

[5] H. O. L. Fischer, C. Taube u. L. Feldmann: Ber. dtsch. chem. Ges. **60**, 1704 (1927) — Chem. Zbl. **1927 II**, 1341 — Ber. dtsch. chem. Ges. **60**, 479 (1927) — Chem. Zbl. **1927 I**, 1816.

[6] Hermann O. L. Fischer u. Leonhard Feldmann: Ber. dtsch. chem. Ges. **62**, 854 (1929) — Chem. Zbl. **1929 I**, 2871.

[7] O. Meyerhof, K. Lohmann u. R. Meier: Biochem. Z. **157**, 459—491 (1925) — Klin. Wschr. **4**, 341—343 (1925) — Chem. Zbl. **1925 II**, 317.

[8] P. A. Shaffer u. T. E. Friedemann: J. of biol. Chem. **61**, 585—623 (1924) — Chem. Zbl. **1925 I**, 246.

Derivate: Acetyl-glykolaldehyd[1] $C_4H_6O_3$

$$CH \cdot O \cdot OC \cdot CH_3$$
$$H_2C \!\!\!\diagup\!\!\!\diagdown O$$

5 g Glykolaldehyd werden in einer Mischung von 25 ccm trockenem Pyridin und 15 ccm Essigsäureanhydrid bei 0° durch heftiges Schütteln in $^1/_2$ Stunde in Lösung gebracht. Nach 15 Minuten beginnt die Abscheidung des dimolekularen Acetates, die nach 1 Stunde beendet ist; es wird abfiltriert und reichlich mit Äther gewaschen. Ausbeute 3,8 g = 45% der Theorie. Aus abs. Alkohol umkrystallisiert Schmelzp. 157—158° [1].

Bromglykolaldehyd[2] C_2H_3OBr

$$HCBr$$
$$H_2C \!\!\!\diagup\!\!\!\diagdown O$$

3,5 g Acetyl-glykolaldehyd werden mit 25 ccm Bromwasserstoffeisessig übergossen und etwa 5 Minuten gut durchgerührt. Die breiige Masse wird 30 Minuten bei Zimmertemperatur aufbewahrt, filtriert, gut abgesaugt, die farblosen Krystalle mit 15 ccm trockenem stark gekühltem Äther durchgerieben und sofort aus 15 ccm trockenem, alkoholfreiem Chloroform umkrystallisiert. Ausbeute 2,8 g = 65% der Theorie. Die Verbindung krystallisiert in kurzen, schief abgeschnittenen Prismen. Schmelzp. etwa 136° unter vollkommener Zersetzung. Ist gegen Luftfeuchtigkeit überaus empfindlich [2].

O-Carbomethoxyglykolaldehyd[2] $C_4H_6O_4$. Aus Kohlensäuremethylallylester. Ozon und Zinkstaub (siehe Darstellung des Glykolaldehyds). Klare, ölige Flüssigkeit, Siedep. 78—79° bei 17 mm; löslich in Wasser, Äther, Benzol, Essigsäure, Aceton; unlöslich in Petroläther und Alkohol.

O-Carbomethoxyglykolaldehyddiäthylacetal[2] $C_8H_{16}O_5$. Aus O-Carbomethoxyglykolaldehyd mit Orthoameisensäureäthylester in Gegenwart von Ammoniumchlorid durch 3 tägiges Stehen bei Zimmertemperatur. Siedep. 73—75° bei 0,5 mm. $n_D^{20,3} = 1,4105$.

Glykolaldehydtriacetat[2] $C_8H_{12}O_6$. Aus in Essigsäure gelöstem Vinylacetat und Brom und 2 stündiges Rückflußkochen mit Kaliumacetat. Reinigung durch Vakuumdestillation. Krystalle aus Ätherpetroläther. — Schmelzp. 52°. — Aus Glykolaldehyd durch 20 stündiges Kochen mit Essigsäureanhydrid. — Verseifen mit $^1/_{10}$ normal-Salzsäure gibt Glykolaldehyd.

2. Triosen (Bd. II, S. 267; Bd. VIII, S. 108; Bd. X, S. 371).

Derivate: Triosephosphorsäureester. Bilden sich wahrscheinlich bei der Vergärung der Zucker in Gegenwart von Phosphaten [3]. —

d, l-Glycerinaldehyd (Bd. II, S. 268; Bd. VIII, S. 109; Bd. X, S. 371).

Konstitution:

$$\left(\begin{array}{c} HC\!\!-\!\!OH \\ \diagup\!\!\!\diagdown O \\ HC \\ | \\ H_2COH \end{array} \right)_{2\text{- oder n}}$$

Dieser Formulierung entsprechen eine Reihe von Eigenschaften des Glycerinaldehyds: die negativen Versuche, den Aldehyd zu acetonisieren (1, 3-Stellung der Hydroxyle), die Schwierigkeit der Blausäureanlagerung und die Indifferenz des dimolekularen Acetats

---

[1] H. O. L. Fischer u. C. Taube: Ber. dtsch. chem. Ges. **60**, 1704 (1927) — Chem. Zbl. **1927 II**, 1341 — Ber. dtsch. chem. Ges. **60**, 479 (1927) — Chem. Zbl. **1927 I**, 1816.

[2] Hermann O. L. Fischer u. Leonhard Feldmann: Ber. dtsch. chem. Ges. **62**, 854 (1929) — Chem. Zbl. **1929 I**, 2871.

[3] A. Lebedew: Hoppe-Seylers Z. **132**, 275 (1924) — Chem. Zbl. **1924 I**, 2610.

gegen Phenylhydrazin[1]. Die Ähnlichkeit mit Glykose legt die Annahme einer 1,2- oder 1,3-Ringstruktur nahe[2].

Bildung: Vermutlich bei der Oxydation von Kohlehydrate in alkalischer Lösung mit $NaMnO_4$ als Zwischenprodukt[3].

Darstellung[2]: Aus dem Acetat mit $^1/_{10}$ normal-H_2SO_4, 48 Stunden bei gewöhnlicher Temperatur. 24 Stunden bei 38°. Man entfernt die Säure mit $Ba(OH)_2$ und engt bei 40° im Vakuum über $CaCl_2$ langsam ein. Der Sirup hat Enolcharakter und ist in wässeriger Lösung monomolekular; er wird nach 12 Stunden opalescent, nach 24 Stunden sehr zäh und vollkommen opak. Der krystalline bimolekulare Aldehyd enthält in Chloroform eine Spur, in alkalischer Lösung erhebliche Mengen Enol. Durch Verrühren des Sirups mit eiskaltem Methanol und 1% Äther wird ein weißes, nicht hygroskopisches, schwach süßes Pulver erhalten.

Nachweis und Bestimmung: Colorimetrische Bestimmungsmethode nach Mendel-Goldscheider[4].

Physiologische Eigenschaften: Bacterium coli und Bacterium paratyphi B vergären Glycerinaldehyd rasch[5]. — Einfluß auf die Atmung bei der alkoholischen Gärung[6]. — Reines Glycerinaldehyd wurde in 1 proz. Lösung durch 3 verschiedene Heferassen (untergärige Bierhefe, obergärige Heferasse M, Saccharomycodes Ludwigii) nicht vergoren. Gärt nicht[7]. In Gegenwart von Spuren Alkali, welche Glycerinaldehyd in Dioxyaceton umwandeln, wurde eine geringe Vergärung beobachtet. Vorbehandlung mit schwach alkalischen Phosphatlösungen ($p_H = 7{,}37$ und 7,73) bedingte keine Vergärung[8]. Einwirkung von Aspergillus fumaricus[9]. — Citronensäurebildung[10]. — Ist auf die Beweglichkeit der Trypanosomen in vitro ohne Wirkung[11]. Ist antiketogenetisch unwirksam[12]. — Die Aldehydbildung in Leberbrei wird verstärkt durch d, l-Glycerinaldehyd[13]. — In Gegenwart von Glycerinaldehyd und Oxydoredukase wird Methylenblau entfärbt, wobei wahrscheinlich Glycerinsäure entsteht. Dioxyaceton wird ebenfalls oxydiert, wobei wahrscheinlich Glycerinaldehyd als Zwisehenprodukt entsteht[14]. Es wurde bei den Untersuchungen über die Kohlehydratsynthese im Muskel (s. o.) festgestellt, daß ein Zusatz von Glycerinaldehyd in der Ringerlösung die Atmung unregelmäßig steigert[15].

Wird von lebenden Milchsäurebakterien weder vergoren noch als Kohlenstoffquelle von Streptococcus lactis und Bacterium casei ausgenutzt[16]. Bei Mäusen und Kaninchen hob Glycerinaldehyd die insulinhypoglykämischen Erscheinungen nicht oder kaum auf[17]; derselbe Befund an Ratten[18]. — Einwirkung auf die Insulinsekretion[19]. — Setzt die Leistung des Kaninchenherzens herab, beim Froschherzen wird die Leistung vergrößert[20].

Physikalische und chemische Eigenschaften: Nadeln aus 40 proz. Methanol, Schmelzpunkt 138,5°. Unlöslich in Benzol, Ligroin, Pentan. 100 ccm Wasser von 18° lösen 3 g · $D_{18}^{18} = 1{,}455$.

---

[1] H. O. L. Fischer, L. Taube u. E. Baer: Ber. dtsch. chem. Ges. **60**, 479 (1927) — Chem. Zbl. **1927 I**, 1816.

[2] H. G. Reeves: J. chem. Soc. Lond. **1927**, 2477 — Chem. Zbl. **1928 I**, 29.

[3] W. L. Evans, C. A. Buchler, C. D. Looker, R. A. Crawford u. C. W. Holl: J. amer. chem. Soc. **47**, 3085 (1925) — Chem. Zbl. **1926 I**, 2183.

[4] Erich Baer: Arb. physiol. **1**, 130 (1928) — Chem. Zbl. **1929 I**, 2087.

[5] W. C. de Graaf u. A. J. Le Fèvre: Biochem. Z. **155**, 313 (1925) — Chem. Zbl. **1925 I**, 1881.

[6] Otto Meyerhof: Biochem. Z. **162**, 43 (1925) — Chem. Zbl. **1926 I**, 702.

[7] S. P. Kostytschew u. E. N. Jegorowa: C. r. Acad. Sci. U.R.S.S. A **1929**, 157 — Chem. Zbl. **1930 I**, 1319.

[8] H. Haehn u. M. Glaubitz: Ber. dtsch. chem. Ges. **60**, 490 (1927) — Chem. Zbl. **1927 I**, 1604 — Chem. Zelle **13**, 86 (1926) — Chem. Zbl. **1926 II**, 1055.

[9] Reinhold Schreyer: Biochem. Z. **202**, 131 (1928) — Chem. Zbl. **1929 I**, 1707.

[10] K. Bernhauer: Biochem. Z. **197**, 309 (1928) — Chem. Zbl. **1928 II**, 1342.

[11] R. Kudicke u. E. Evers: Z. Hyg. **101**, 317 (1924) — Chem. Zbl. **1924 I**, 1551.

[12] A. J. Ringer: Proc. Soc. exper. Biol. a. Med. **19**, 97—99 (1921) — Chem. Zbl. **1922 III**, 282.

[13] C. Neuberg u. A. Gottschalk: Biochem. Z. **146**, 164 (1924) — Chem. Zbl. **1924 II**, 491.

[14] A. Lebedew: Hoppe-Seylers Z. **160**, 97—115 (1927) — J. russ. phys.-chem. Ges. **58**, 712 bis 725 — Chem. Zbl. **1927 I**, 469.

[15] O. Meyerhof, K. Lohmann u. R. Meier: Biochem. Z. **157**, 459—491 (1925) — Klin. Wschr. **4**, 341—343 (1925) — Chem. Zbl. **1925 II**, 317.

[16] Artturi J. Virtanen, H. Harström u. R. Räck: Hoppe-Seylers Z. **151**, 232 (1926) — Chem. Zbl. **1926 I**, 2271.

[17] H. G. Reeves u. J. A. Hewitt: J. of Physiol. **61**, 35 (1926) — Chem. Zbl. **1926 II**, 2074.

[18] J. A. Hewitt u. H. G. Reeves: Lancet **211**, 703 (1926) — Chem. Zbl. **1926 II**, 2927.

[19] E. Grafe u. F. Meythaler: Arch. f. exper. Path. **136**, 360 (1928) — Chem. Zbl. **1929 I**, 97.

[20] H. Gordon Reeves: Quart. J. exper. Physiol. **18**, 277 (1927) — Chem. Zbl. **1928 II**, 1690.

Zersetzt sich oberhalb des Schmelzpunktes zu einer karamelartigen Masse. — Der Aldehyd wird in kalter, verdünnter NaOH unter Bildung von β-Acrose, Polysacchariden und Milchsäure gelöst, beim Erwärmen verharzt. — Colorimetrischer Vergleich der FeCl$_3$-Reaktion und Bromtitration[1]. Liefert mit Palladium Glycerinsäure[2]. Oxydation in neutraler Phosphatlösung durch molekularen Sauerstoff[3]. — Oxydation in alkalischer Lösung mit NaMnO$_4$[4].

Das Verhalten krystallinen Glycerinaldehyds in KOH-Lösungen (0,2—6 normal bei 25 und 50°) zeigte, daß die Menge der gebildeten Produkte von der Temperatur und der Normalität des Alkalis abhängt. Die aktive Komponente solcher Lösungen müßte ein Endiol oder eines seiner Dissoziationsprodukte sein. Ist dies richtig, so muß folgende Reaktion den Gleichgewichtszustand der alkalischen Lösungen des Glycerinaldehyds darstellen[5].

$$
\begin{array}{ccccc}
\mathrm{CH_2OH} & & \mathrm{CH_2OH} & & \mathrm{CH_2OH} \\
| & & | & & | \\
\mathrm{CHOH} & \rightleftarrows & \mathrm{COH} & \rightleftarrows & \mathrm{CO} \\
| & & \| & & | \\
\mathrm{CHO} & & \mathrm{CHOH} & & \mathrm{CH_2OH}
\end{array}
$$

Untersuchungen über die Einwirkung von 0,2—6n-Alkalilösungen bei 25 bzw. 50°[6]. — Mit Dimethylsulfat und Alkali läßt sich nicht methylieren. 4% Salzsäure enthaltender Methylalkohol gibt das Dimere eines Monomethyläthers[7].

Derivate: Glycerinaldehyddiäthylacetal[1]: Das Acroleinacetal wird mit destilliertem Wasser emulgiert, auf 0° abgekühlt und mit der berechneten Menge 4proz. KMnO$_4$-Lösung versetzt. Siedep. 130° bei 20 mm. Ausbeute schwankend, nicht über 60%, in einem Falle aus unbekannten Gründen 30%. Farblose, zähe Flüssigkeit von ätzendem Geschmack, mischbar mit Wasser, Alkohol, Äther. Reduziert Fehlingsche Lösung[1].

Acetonverbindung des Glycerinaldehyddiäthylacetals[8] $C_{10}H_{20}O_4$. Aus dem Acetal des Glycerinaldehyds in Aceton mit CuSO$_4$. Siedep. 90—91° bei 20 mm. $n_D^{21,5} = 1,4188$[8].

Monoacetylglycerinaldehyd[9] $C_5H_8O_4$

$$
\left[\overset{\displaystyle \overline{}\mathrm{O}\overline{}}{\mathrm{CH(OH)}} - \mathrm{CH} - \mathrm{CH_2(O \cdot OC \cdot CH_3)} \right]_2
$$

Aus Monoacetylbromglycerinaldehyd mit wässerigem Aceton und Ag$_2$CO$_3$. Nicht umgelöst zeigt den Schmelzp. 118,5°[9].

Acetobromglycerinaldehyd[9] $C_5H_7O_3Br$

$$
\begin{array}{c}
\mathrm{HC \cdot Br} \\
\triangleright\!\mathrm{O} \\
\mathrm{HC} \\
| \\
\mathrm{CH_2 \cdot O \cdot CO \cdot CH_3}
\end{array}
$$

Aus Diacetylglycerinaldehyd mit HBr-Eisessig bei Zimmertemperatur. Aus Chloroform umkrystallisiert zeigt den Schmelzp. 168—169° (unter Zersetzung).

Dimolekulares Diacetylglycerinaldehyd[8] $C_{14}H_{20}O_{10}$. Aus Glycerinaldehyd und Acetanhydrid in kaltem Pyridin. Aus Alkohol Krystalle vom Schmelzp. 154°[8].

Dimolekulares Dibenzoylglycerinaldehyd[8] $C_{34}H_{28}O_{10}$. Aus Glycerinaldehyd und Benzoylchlorid in kaltem Pyridin. Aus Toluol, Schmelzp. 231°[8].

Dimolekulares Di-p-nitrobenzoylglycerinaldehyd[8] $C_{34}H_{24}O_{18}N_4$. Aus Glycerinaldehyd und p-Nitrobenzoylchlorid in kaltem Pyridin. Aus viel Toluol umkrystallisiert schmilzt bei 247°[8].

Glycerinaldehyd-p-bromphenylosazon. Schmelzp. 168°[1].

---

[1] H. G. Reeves: J. chem. Soc. Lond. **1927**, 2477 — Chem. Zbl. **1928 I**, 29.

[2] A. Lebedew: Hoppe-Seylers Z. **132**, 275 (1924) — Chem. Zbl. **1924 I**, 2610.

[3] Franz Wind: Biochem. Z. **159**, 58 (1925) — Chem. Zbl. **1925 II**, 801.

[4] W. L. Evans, C. A. Buchler, C. D. Looker, R. A. Crawford u. C. W. Holl: J. amer. chem. Soc. **47**, 3085 (1925) — Chem. Zbl. **1926 I**, 2183.

[5] W. L. Evans u. W. R. Cornthwaite: J. amer. chem. Soc. **50**, 486 — Chem. Zbl. **1928 I**, 1848.

[6] W. L. Evans u. H. B. Haß: J. amer. chem. Soc. **48**, 2703 (1926) — Chem. Zbl. **1927 I**, 67.

[7] H. Gorden Reeves: J. chem. Soc. Lond. **1929**, 1327 — Chem. Zbl. **1929 II**, 2658.

[8] H. O. L. Fischer, C. Taube u. E. Baer: Ber. dtsch. chem. Ges. **60**, 479 (1927) — Chem. Zbl. **1927 I**, 1816.

[9] H. O. L. Fischer u. C. Taube: Ber. dtsch. chem. Ges. **60**, 1704 (1927) — Chem. Zbl. **1927 II**, 1341 — Ber. dtsch. chem. Ges. **60**, 479 (1927) — Chem. Zbl. **1927 I**, 1816.

d-Glycerinaldehyd (Bd. II, S. 270; Bd. X, S. 373).

d-Glycerinaldehyd (+); die tatsächliche Drehung ist positiv.

$$C \diagdown^H_{=O}$$

$$H-\overset{|}{C}-OH \quad ^1$$

$$\overset{|}{C}H_2-OH$$

Bezeichnung:

$$\frac{OH}{d-}$$

d(+)-Glycerinaldehyd[1].

Derivate: d-Glycerinaldehydacetal[2]. Siedep. unter 10 mm. 123—126°. — $[\alpha]_D^{15°} = +21,2°$.

l-Glycerinaldehyd (Bd. II, S. 270; Bd. X, S. 373).

Konfiguration:
l-Glycerin-aldehyd (—); tatsächlich Drehung links.

$$C \diagdown^H_{=O}$$

$$HO-\overset{|}{C}-H \quad ^2$$

$$\overset{|}{C}H_2-OH$$

Bezeichnung:

$$\frac{H}{l-}$$

l(−)-Glycerinaldehyd[1].

Trimethylglycerose[3].

Mol-Gewicht: 132,13.
Zusammensetzung: 54,52% C, 9,16% H, 36,32% O.
$$C_6H_{12}O_3 = (CH_3)_2C(OH)-CH(OH)-CO-CH_3$$

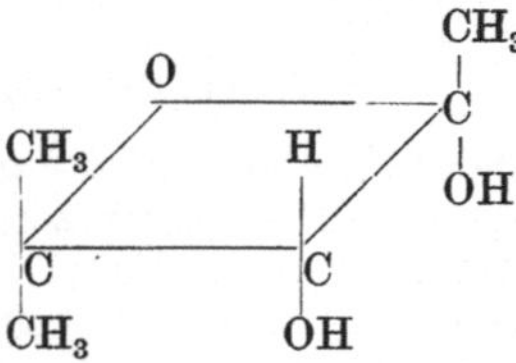

Darstellung: Aceton wird mit Bariumhydroxyd zu Diacetonalkohol kondensiert und dieser mit etwas Jod destilliert. Dabei entsteht eine Flüssigkeit vom Siedep. 130—131° bei 760°, Spez. Gewicht 0,859 bei $^{21}/_{21}$, $n_D^{21} = 1,4428$, Exaltation 0,81. Man löst das Produkt in Aceton + 4n-Natronlauge und rührt unter Eiskühlung in 15proz. Wasserstoffsuperoxyd-lösung ein (Temperatur 10—12°). — Man verdünnt mit Wasser, extrahiert mit Äther. — Dabei entsteht das Oxyd des Mesityloxyds:

$$\overset{CH_3}{\underset{CH_3}{>}}C-CH-CO-CH_3$$
$$\underset{O}{\diagdown\diagup}$$

Campherartig riechende, bewegliche Flüssigkeit vom Siedep. 44—46° unter 15 mm. $D^{21}/_{21} = 0,952$, $n_D^{21} = 1,4221$ (Exaltation 1,07). Aus diesem entsteht mit $^1/_5$ n-Schwefelsäure

[1] A. Wohl u. H. Freudenberg: Ber. dtsch. chem. Ges. **56**, 312 (1923).
[2] A. Wohl u. R. Schellenberg: Ber. dtsch. chem. Ges. **55**, 1404 (1922).
[3] J. Böeseken u. M. J. P. Dommisse: Rec. Trav. chim. Pays-Bas et Belg. (Amsterd.) **45**, 491 (1926) — Chem. Zbl. **1926 II**, 739.

nach 1 Woche bei Zimmertemperatur Trimethylglycerose. Man neutralisiert mit Kaliumcarbonat und extrahiert mit Chloroform.

Physikalische und chemische Eigenschaften: Dickes, hellgelbes, nach verbranntem Zucker riechendes Öl, Siedep. 109°, $D^{21}/_{21} = 1,082$; $n_D^{21} = 1,4442$ (Depression 0,51, jedoch normal unter der Annahme, daß der Vierring nicht exaltierend wirkt). — Reduziert kalte Fehlingsche Lösung und ammoniakalische Silberlösung, kondensiert sich mit Phenylhydrazin. Überraschenderweise erhöht eine 0,5 molare Lösung derselben die Leitfähigkeit einer 0,5 molaren Borsäurelösung bei 25° um ·fast $200{,}10^{-6}$ K.H.-Einheiten.

Derivate: Acetonäther der Trimethylglycerose[1] $C_9H_{16}O_3$

$$\begin{array}{c}
\text{O} \\
\diagup \ \diagdown \\
\underset{\text{CH}_3}{\overset{\text{CH}_3}{>}}\text{C}\!-\!\text{CH}\!-\!-\!\text{C}\!-\!\text{CH}_3 \\
\mid \qquad \mid \\
\text{O} \qquad \text{O} \\
\diagdown \quad \diagup \\
\text{C} \\
\diagup \ \diagdown \\
\text{CH}_3 \quad \text{CH}_3
\end{array}$$

Aus Trimethylglycerose mit 1proz. Salzsäure enthaltendem Aceton (einige Tage); man rührt das Reaktionsgemisch mit festem Kaliumcarbonat bis zur schwach alkalischen Reaktion. Bewegliche, flüchtige, stark nach Campher riechende Flüssigkeit, Siedep. 55° bei 8 mm, $D^{21}/_{21} = 0,989$, $n_D^{21} = 1,4200$ (Exaltation 0,66). — Reagiert nicht mit Phenylisocyanat, Benzoylchlorid-chinolin und Ketonreagenzien, enthält also weder Hydroxyl noch Ketongruppen.

Dioxyaceton (Bd. II, S. 270; Bd. VIII, S. 109; Bd. X, S. 374).

Bildung: Aus Glycerin unter oxydativer Einwirkung von Bakterien. Das Wirkungsoptimum des Bacterium Dioxyacetonicum liegt bei 25—28° und p_H etwa 5,0. 4,3proz. Glycerinlösung gibt nach 30 Tagen mit $^1/_{20}$n-Phosphatpuffer 71%, mit $^1/_{30}$n-Citratpuffer 27% und mit Glykokollpuffer (bei $p_H = 4,2$) 84% Dioxyaceton[2].

Entsteht durch rückfließendes Erhitzen von krystallisiertem Glycerinaldehyd in abs. Pyridin (40 Minuten), Entfernen des Pyridins im Wasserstrahlvakuum und Destilation des Rückstandes im Hochvakuum[3]. Weiteres siehe bei Diacetyldioxyaceton.

Darstellung: Das monomolekulare Dioxyaceton entsteht beim Destillieren des aus Glycerin mit Sorbosebacterium dargestellten dimolekularen Dioxyacetons im Vakuum von 0,4—0,5 mm[4]. Synthetisches Dioxyaceton kommt als „Oxanthin" im Handel; Darsteller Meister Lucius & Brüning, Höchst a. M.[5]. Durch Umwandlung von Glycerin durch die bekannten, diese Umwandlung bewirkenden Bakterienarten oder Würzelbakterien, die aus Heu oder ähnlichen pflanzlichen Stoffen, welche eine Gärung durchgemacht haben, gewonnen werden, dadurch gekennzeichnet, daß man diese Bakterien auf Nährböden züchtet, welche Extraktivstoffe aus pflanzlichen Stoffen, wie Stroh, Holz, Heu od. dgl. enthalten, denen das umzusetzende Glycerin zugesetzt ist[6]. Das Verfahren des Hauptpatentes wird dahin abgeändert, daß die die Umwandlung bewirkenden Bakterienarten oder Wurzelbakterien hier auf einem Nährboden gezüchtet werden, welcher Extraktionsstoffe aus Biertrebern neben dem umzusetzenden Glycerin enthält[7]. Durch Oxydation von Glycerin mit Acetobacter suboxydans[8].

---

[1] J. Böeseken u. M. J. P. Dommisse: Rec. Trav. chim. Pays-Bas et Belg. (Amsterd.) **45**, 491 (1926) — Chem. Zbl. **1926 II**, 739.

[2] A. J. Virtanen u. B. Bärlund: Biochem. Z. **169**, 169 (1926) — Chem. Zbl. **1926 I**, 3245.

[3] H. O. L. Fischer, C. Taube u. E. Baer: Ber. dtsch. chem. Ges. **60**, 479 (1927) — Chem. Zbl. **1927 I**, 1816.

[4] Hermann O. L. Fischer u. Hans Milbrand: Ber. dtsch. chem. Ges. **57**, 707 (1924) — Chem. Zbl. **1924 II**, 170.

[5] H. Mentzel: Pharm. Ztg. **69**, 674 (1924) — Chem. Zbl. **1924 II**, 1234.

[6] I. G. Farbenindustrie A.-G.: E.P. 269950 v. 26. April 1927; Chem. Zbl. **1928 I**, 2456.

[7] I. G. Farbenindustrie A.-G.: E.P. 282347 v. 28. Sept. 1927; Chem. Zbl. **1928 II**, 184; Zus. zu E.P. 269950; Chem. Zbl. **1928 I**, 2456.

[8] B. Sjollema u. L. Sechles: Rec. Trav. chim. Pays-Bas et Belg. (Amsterd.) **44**, 827 — Chem. Zbl. **1925 II**, 1966.

Nachweis und Bestimmung: Volumetrische und colorimetrische Methode[1]. — Colorimetrische Bestimmungsmethode nach Mendel-Goldscheider[2]. Weitere Bestimmungsmethode[3].

Bestimmung im Blut und Harn[4]. Es wird eine Mikroblutzuckerbestimmung nach Hagedorn-Jensen ausgearbeitet, wobei in der Kälte gearbeitet wird, um nur die Triosemengen zu fassen[5].

Physiologische Eigenschaften: Bacterium coli und Bacterium paratyphi B. vergären Dioxyaceton langsamer als Glycerinaldehyd[6].

Wird von lebenden Milchsäurebakterien weder vergoren noch als Kohlenstoffquelle von Streptococcus lactis und Bacterium casei ε ausgenutzt[7]. Kann bei 23—24° in 36 Stunden zu 80% vergären[8]. — Beeinflußt die Gärung von Hexosen nicht[9]. Über den Einfluß von Dioxyaceton auf die Atmung bei der alkoholischen Gärung[10]. Dioxyaceton wird von Saccharomycodes Ludwigii gut, besonders in Gegenwart von Phosphat, dagegen schlecht von den anderen Hefen vergoren[11].

Sowohl die vitale als auch die zellfreie Vergärung von Dioxyaceton durch Saccharomyces Ludwigii führt eindeutig zu dem Schluß, daß die Gärung auf einer Kondensation des Dioxyacetons zu Hexose durch einen in der Zelle enthaltenen Umwandlungsfaktor zurückzuführen ist, während die Annahme einer direkten Vergärung des Dioxyacetons verschiedenen Beobachtungen widerspricht[12]. — Wird aus wässeriger Lösung von Backhefe nicht adsorbiert[13]. — Verschiedene Hefen vergären Dioxyaceton nicht. Mucor stolonifer wächst nur spurenhaft auf Dioxyacetonlösungen[14].

Citronensäurebildung[15]. Einfluß auf die Glykogenolyse[16]. Über den Einfluß von Enzymen auf die Reduktion von Methylenblau durch Dioxyaceton[17]. Dioxyaceton wird von Oxydoredukase oxydiert, wobei wahrscheinlich Glycerinaldehyd als Zwischenprodukt entsteht. In Phosphatpuffer wird es durch Methylenblau dehydriert, welcher Vorgang von Oxydoredukase stark beschleunigt wird. Möglicherweise geht der Dehydrierung eine Umlagerung in Glycerinaldehyd voraus[18]. Die Aldehydbildung in Leberbrei wird verstärkt durch Dioxyaceton[19]. — Bei den Untersuchungen über die Kohlehydratsynthese (s. d.) im Muskel wurde festgestellt, daß Dioxyacetonzusatz in der Ringerlösung auf die Atmungsgröße ohne Einfluß war[20]. Durch Injektion von Dioxyaceton an Kaninchen wird weder der Blutzucker noch der Milchsäurespiegel verändert[21]. Nach Verfütterung von Dioxyaceton-Phosphat

---

[1] W. R. Campbell: J. of biol. Chem. **67**, 59 (1926) — Chem. Zbl. **1926 II**, 1555.

[2] Erich Baer: Arb. physiol. **1**, 130 (1928) — Chem. Zbl. **1929 I**, 2087.

[3] H. Schmalfuß: Ber. dtsch. chem. Ges. **60**, 1045 (1927) — Chem. Zbl. **1927 I**, 3211.

[4] W. S. M. Clellan: J. of biol. Chem. **76**, 481 — Chem. Zbl. **1928 II**, 90.

[5] F. Silberstein u. F. Rappaport: Biochem. Z. **194**, 105 (1928) — Chem. Zbl. **1929 I**, 419.

[6] W. C. de Graaff u. A. J. Le Fèvre: Biochem. Z. **155**, 313 (1925) — Chem. Zbl. **1925 I**, 1881.

[7] Artturi J. Virtanen, H. Karström u. R. Bäck: Hoppe-Seylers Z. **151**, 202 (1926) — Chem. Zbl. **1926 I**, 2371.

[8] Hermann O. L. Fischer u. Carl Taube: Ber. dtsch. chem. Ges. **57**, 1502 (1924) — Chem. Zbl. **1924 II**, 2242.

[9] C. Neuberg u. A. Gottschalk: Biochem. Z. **154**, 487 (1924) — Chem. Zbl. **1925 I**, 1619.

[10] Otto Meyerhof: Biochem. Z. **162**, 43 (1925) — Chem. Zbl. **1926 I**, 702.

[11] H. Haehn u. M. Glaubitz: Ber. dtsch. chem. Ges. **60**, 490 (1927) — Chem. Zbl. **1927 I**, 1604 — Chem. Zelle **13**, 86 (1926) — Chem. Zbl. **1926 II**, 1055.

[12] Ken Iwasaki: Biochem. Z. **203**, 237 (1928) — Chem. Zbl. **1929 I**, 2436.

[13] Albert L. Raymond u. J. G. Blanco: J. of biol. Chem. **79**, 649 (1928) — Chem. Zbl. **1929 I**, 680.

[14] C. Neuberg u. A. Gottschalk: Biochem. Z. **154**, 487 (1924) — Chem. Zbl. **1925 I**, 1619. — H. O. L. Fischer u. C. Taube: Ber. dtsch. chem. Ges. **57**, 1502 (1924) — Chem. Zbl. **1924 II**, 2242.

[15] K. Bernhauer: Biochem. Z. **197**, 309 (1928) — Chem. Zbl. **1928 II**, 1342.

[16] Eisuke Ishikawa: Biochem. Z. **195**, 469 (1928) — Chem. Zbl. **1928 II**, 910.

[17] Hans v. Euler, Ester Eriksson u. Edv. Brunius: Svensk. kem. Tidskr. **40**, 163 (1928) — Chem. Zbl. **1928 II**, 1428.

[18] A. Lebedew: J. russ. phys.-chem. Ges. **58**, 712—725 (1926) — Hoppe-Seylers Z. **160**, 97—115 (1927) — Chem. Zbl. **1927 I**, 469.

[19] C. Neuberg u. A. Gottschalk: Biochem. Z. **146**, 164 (1924) — Chem. Zbl. **1924 II**, 491.

[20] O. Meyerhof, K. Lohmann u. R. Meier: Biochem. Z. **157**, 459—491 (1925) — Klin. Wschr. **4**, 341—343 (1925) — Chem. Zbl. **1925 II**, 317.

[21] Erich Schneider u. Ernst Widmann: Klin. Wschr. **8**, 536 (1929) — Chem. Zbl. **1929 I**, 2204 — Klin. Wschr. **8**, 646 (1929) — Chem. Zbl. **1929 I**, 2792.

ist die Bildung von Glykogen in der Leber vermindert gegenüber der Verfütterung von Dioxyaceton allein[1]. Ist antiketogenetisch unwirksam[2].

Methylglyoxal wird vom normalen Organismus viel schwerer aufgenommen als Dioxyaceton. Es wird gefunden, daß intravenös schon 0,34 g, per os 1,5 g pro kg Körpergewicht tödlich wirken; subcutan waren noch 1 g unschädlich. Je nach der Größe der Gaben treten Hyperglykämie und Hyperglykosurie auf, die jedoch nicht auf den direkten Übergang des Methylglyoxals in Glykose, sondern auf sekundäre Veränderungen im Tierkörper zurückgeführt werden. Methylglyoxal vermag nicht wie Glykose eine Insulinhypoglykämie aufzuheben[3]. Der Blutzucker steigt nach intravenöser Injektion von Dioxyaceton stark, stärker als nach Methylglyoxal, aber immerhin noch weniger als nach Traubenzucker im Laufe der ersten 10 Minuten. Er sinkt dann steil ab. Dioxyaceton dürfte schnell aus dem Blut verschwinden. — Methylglyoxal reizt das Zentralnervensystem nach Art des Zuckerstichs, Dioxyaceton vermag in Überschuß die Wirkung des Methylglyoxals zu hemmen[4]. Einfluß auf den respiratorischen Quotienten[5].

Dioxyaceton wird in der Leber in Glykose verwandelt und dann verbrannt. Beim Tier ohne Leber wird Dioxyaceton nicht verändert. Nur ein Teil geht in die Gewebe über. Trotz starker Hyperglykämie und hohem Caloriebedarf stellt sich zwischen Blut und Gewebe für Dioxyaceton ein Gleichgewichtszustand her[6].

25—30 g Dioxyaceton machten bei normalen Personen einen schnelleren Anstieg und eine höhere Kohlehydratverbrennung als die gleiche Dosis Glykose. Gleiches fand sich für den Grundumsatz. Blutzuckeranstieg war geringer als bei Glykose[7].

Vergleich der Wirkungen von Glykose und Dioxyaceton auf den Stoffwechsel[8]. — Die nach den Dioxyacetongaben beim Menschen auftretende Hypoglykämie hängt nicht mit irgendeiner antidiabetischen Eigenschaft des Dioxyacetons zusammen, sondern ähnelt sich der durch Glykose hervorgerufenen Hypoglykämie[9].

Nach alimentarer Zufuhr von Oxanthin (Dioxyaceton) tritt bei Stoffwechselgesunden das resorbierte Oxantin nicht ins Blut über, wohl aber bei Diabetikern[10, 11].

Beobachtungen über den Stoffwechsel von Dioxyaceton bei Normalen und Diabetikern[12].

Bei intravenöser und subcutaner Zufuhr von Dioxyaceton verschwinden alle toxischen Insulinwirkungen ebenso rasch wie nach Glykose. Methylglyoxal bewirkt im schwer hypoglykämischen Stadium eine Intoxikation, die unter Umständen tödlich wirkt und eine überaus große Ähnlichkeit mit der toxischen Insulinwirkung hat. Eine Mischung von Methylglyoxal und Dioxyaceton beseitigt dagegen den toxischen Insulinkomplex[13].

Ohne Gegenwart von Insulin wird beim pankreasdiabetischem Hund Dioxyaceton nicht umgewandelt und quantitativ unverändert ausgeschieden. Dabei steigt der Blutzucker. Der

---

[1] J. Abelin: Klin. Wschr. 4, 1732 — Chem. Zbl. 1925 II, 2174.

[2] A. J. Ringer: Proc. Soc. exper. Biol. a. Med. 19, 97—99 (1921) — Chem. Zbl. 1922 III, 282.

[3] B. Sjollema u. L. Seckles: Biochem. Z. 176, 431 (1926) — Chem. Zbl. 1926 II, 2827.

[4] F. Fischler u. O. Hirsch: Arch. f. exper. Path. 127, 287 — Chem. Zbl. 1928 I, 2419. — F. Fischler: Hoppe-Seylers Z. 165, 53, 68 — Chem. Zbl. 1927 II, 116.

[5] E. P. Cathcart u. J. Markowitz: J. of Physiol 63, 309 (1927) — Chem. Zbl. 1928 II, 69. — Vilém Laufberger: Biochem. Z. 158, 259 (1925) — Chem. Zbl. 1925 II, 740.

[6] J. Markowitz u. Maltar R. Campbell: Amer. J. Physiol. 80, 548 (1927) — Chem. Zbl. 1927 II, 598.

[7] Edward H. Mason: J. clin. Invest. 2, 521 (1926) — Chem. Zbl. 1927 I, 2570.

[8] Maurice Walter Goldblatt: Biochemic. J. 22, 464 (1928) — Chem. Zbl. 1929 I, 3116. — Kensuke Uchida: Biochem. Z. 194, 111 (1928) — Chem. Zbl. 1929 I, 406. — Edward H. Mason: J. clin. Invest. 2, 533 (1926) — Chem. Zbl. 1928 I, 375.

[9] E. P. Cathcart u. J. Markowitz: Biochemic. J. 21, 1419 (1927) — Chem. Zbl. 1928 I, 1974.

[10] A. Löw u. A. Krčma: (Klin. Wschr. 7, 2432 (1928) — Chem. Zbl. 1929 I, 1019.

[11] L. Villa u. C. Semenza: Fol. clin. chim. et microsc. (Bologna) 2 (1927) — Chem. Zbl. 1928 II, 1689.

[12] J. M. Rabinowitch: J. of biol. Chem. 75, 45 (1927) — Chem. Zbl. 1928 II, 783.

[13] F. Fischler: Hoppe-Seylers Z. 165, 68 (1927) — Chem. Zbl. 1927 II, 117. — M. Großmann u. St. Pollák: Klin. Wschr. 7, 211 (1928) — Chem. Zbl. 1928 I, 1677. — Fritz Silberstein, Joh. Freud u. Tibor Révész: Biochem. Z. 181, 227 (1927) — Chem. Zbl. 1927 I, 3019. — J. A. Hewitt u. G. H. Reeves: Lancet 211, 703 (1926) — Chem. Zbl. 1926 II, 2927. — Will. Ogilvy Kermack, Charl. Geor. Lambie u. Rob. Henry Slater: Biochemic. J. 20, 486 (1926) — Chem. Zbl. 1926 II, 2827. — H. G. Reeves u. J. A. Hewitt: J. of Physiol. 61, 35 (1926) — Chem. Zbl. 1926 II, 2074. — G. J. Cassidy, S. Dworkin u. W. J. Finney: Amer. J. Physiol. 77, 211 (1926) — Chem. Zbl. 1926 II, 904. — J. M. Rabinowitch: J. of biol. Chem. 65, 55 (1925) — Chem. Zbl. 1926 I, 151. — William Ogilvy Kermack, Charles George Lambie u. Robert Henry Slater: Biochemic. J. 21, 40 (1927) — Chem. Zbl. 1927 II, 452. — Walter R. Campbell u. J. Hepburn: J. of biol. Chem. 68, 575 (1926) — Chem. Zbl. 1926 II, 2190.

Übergang von Dioxyaceton in Glykose geht ohne Mithilfe von Insulin vor sich[1]. Dioxyaceton und Insulinhypoglykämie[2]. — Einfluß von Insulin auf die Ausnutzung von Dioxyaceton[3]. — Einwirkung von Dioxyaceton bzw. Oxanthin der I. G. Farbenindustrie auf die Insulinsekretion[4].

Physikalische und chemische Eigenschaften: Das monomolekulare Dioxyaceton bildet eisblumenartige Krystalle vom Schmelzp. 65—71° (korr.). — Schmelzpunkt unscharf wohl infolge teilweiser Dimerisation beim Erhitzen. — Leicht löslich im Gegensatz zur dimolekularen Verbindung in Aceton, Methylalkohol, Alkohol, löslich in Äther, Essigäther und Bromoform. Zeigt in Wasser und Anilin das einfache Molekulargewicht. — Gibt mit Aceton und Kupfersulfat die dimolekulare Acetonverbindung[5]. Gibt beim Erhitzen in wässeriger Lösung Diacetyl[6]. Bei der Destillation mit Phosphorpentoxyd im Vakuum entsteht Methylglyoxal[7]. Untersuchungen über die Autokondensation des Dioxyacetons[8].

Die Oxydation in neutraler Phosphatlösung durch molekularen Sauerstoff verläuft 26 mal rascher als bei den Ketohexosen. — Die Oxydation wird durch Zusatz von Kupfer und Eisen gesteigert, durch Kobalt, Nickel, Zink, Zinn und Blei schwach gehemmt. Cyankalium und Natriumpyrophosphat heben die durch Kupfer hervorgerufene Beschleunigung auf; dagegen steigert Eisenpyrophosphat die Oxydation mehr als Eisen allein[9]. — Bei der Einwirkung von Cupriacetat und Cuprisulfat in Gegenwart von Luft bildet sich Oxybrenztraubenaldehyd[10]. — Bei der Oxydation mit Wasserstoffsuperoxyd und Eisensalze bildet sich Oxymethylglyoxal (Dioxyacetonoson) identifiziert als Disemicarbazon vom Schmelzp. 221°[11].

Dioxyaceton bildet bei der nämlichen Anordnung der alkalischen Destillation nur etwa die Hälfte der Menge Methylglyoxal, die ins Destillat übergeht, wie eine molar gleiche Menge Glykose. Es ist nicht ausgeschlossen, daß Dioxyaceton in wässeriger Lösung der tautomeren Formel

$$(HO)CH_2\text{—}C(OH)\text{=}CH(OH)$$

entspricht. — Demgemäß bildet Dioxyaceton kein Osazon mit Methylphenylhydrazin, wie andere Ketosen, und gibt auch keine Reaktion mit Phloroglucin. Die Enolform erklärt auch die große Reaktionsfähigkeit des Dioxyacetons gegenüber Fehling scher Lösung und den hemmenden Einfluß auf die Schwefelausscheidung in einer wässerigen Natriumthiosulfatlösung. Methyljodid löst sich in warmem Dioxyaceton leicht auf[12]. — Einwirkung von Alkalien auf Dioxyaceton[13]. — Erhitzt man Dioxyaceton mit Thioharnstoff in Pyridin, oder besser in abs. Alkohol unter Druck auf 120°, so erhält man in schlechter Ausbeute dieselbe Verbindung, die in weit besserer Ausbeute aus Methylglyoxal und Thioharnstoff entsteht. Das Dioxyaceton muß also Umwandlung in Methylglyoxal erlitten haben, wie sie auch unter der Wirkung von Schwefelsäure eintritt. Obige Verbindung ist identisch mit der von Johnson aus Alanin und Ammoniumrhodanat dargestellten 5-Methyl-2-thiohydantoin (Formel I oder II)[14].

---

[1] Walter R. Campbell u. J. Markowitz: Amer. J. Physiol. **80**, 561 (1927) — Chem. Zbl. **1927 II**, 598.

[2] P. A. Levene u. J. G. Blanco: J. of biol. Chem. **79**, 657 (1928) — Chem. Zbl. **1929 I**, 768.

[3] Carl F. Cori u. Gerty T. Cori: J. of biol. Chem. **76**, 755 (1928) — Chem. Zbl. **1928 II**, 1459.

[4] E. Grafe u. F. Meythaler: Arch. f. exper. Path. **136**, 360 (1928) — Chem. Zbl. **1929 I**, 97.

[5] Hermann O. L. Fischer u. Hans Milbrand: Ber. dtsch. chem. Ges. **57**, 707 (1924) — Chem. Zbl. **1924 II**, 170.

[6] H. Schmalfuß u. H. Barthmeyer: Ber. dtsch. chem. Ges. **60**, 1035 (1927) — Chem. Zbl. **1927 I**, 3183.

[7] Hermann O. L. Fischer u. Carl Taube: Ber. dtsch. chem. Ges. **57**, 1502 (1924) — Chem. Zbl. **1924 II**, 2242.

[8] P. A. Levene u. A. Walti: J. of biol. Chem. **78**, 23 (1928) — Chem. Zbl. **1928 II**, 1665.

[9] Franz Wind: Biochem. Z. **159**, 58 (1925) — Chem. Zbl. **1925 II**, 801.

[10] W. L. Evans u. C. E. Waring: J. amer. chem. Soc. **48**, 2678 (1926) — Chem. Zbl. **1927 I**, 65.

[11] A. T. Küchlin u. J. Böeseken: Rec. Trav. chim. Pays-Bas et Belge (Amsterd.) **47**, 1011 (1928) — Chem. Zbl. **1929 I**, 638.

[12] F. Fischler: Hoppe-Seylers Z. **165**, 53 (1927) — Chem. Zbl. **1927 II**, 116.

[13] W. L. Evans u. W. R. Cornthwaite: J. amer. chem. Soc. **50**, 486 — Chem. Zbl. **1928 I**, 1848.

[14] B. Sjollema u. L. Seckles: Rec. Trav. chim. Pays-Bas et Belge (Amsterd.) **44**, 827 (1925) — Chem. Zbl. **1925 II**, 1966.

Aus Dioxyaceton wird eine wesentlich höhere Ausbeute an Methylimidazol mit Zinkhydroxyd und Ammoniak erhalten als aus Glykose. Zusatz von Formaldehyd steigert die Ausbeute[1].

Derivate: Diacetyldioxyaceton[2] $C_7H_{10}O_5$

$$CH_3 \cdot CO \cdot O \cdot CH_2 \cdot CO \cdot CH_2 \cdot O \cdot CO \cdot CH_3$$

Beim Acetylieren des monomolekularen Dioxyacetons mit Essigsäureanhydrid und Pyridin. — 125 g Bleitetraacetat, 250 ccm Eisessig und 7 g Aceton (auf 1 Mol Aceton etwas mehr als 2 Mol Tetraacetat) geben bei 70—80° neben 10 g Acetolacetat 3,6 g Diacetoxyaceton[3]. Biegsame Nädelchen aus Äther + Petroläther. Schmelzp. 42—45°. Leicht löslich in Alkohol, Essigester und Benzol, wenig löslich in kaltem Wasser. Nadeln aus Äther-Gasolin. Schmelzpunkt 46—47°. Siedep. 180° im Vakuum. Löslich in kaltem, leicht löslich in warmem Wasser[3].

Semicarbazon. Nadeln aus Benzol. Schmelzp. 93°[3].

Dimolekulare Acetonverbindung des Dioxyacetons[2] $C_{10}H_{20}O_6$. — Besitzt wahrscheinlich folgende Konstitution:

$$\left[\begin{array}{c} H_2C \\ CH_3 \quad O-C \diagdown O \\ \diagdown C \diagup \\ CH_3 \quad O-CH_2 \end{array} \right]_2$$

Entsteht aus monomolekularem oder aus dimolekularem Dioxyaceton, Aceton und Kupfersulfat. Biegsame Nädelchen aus Methylalkohol. Schmelzp. 165,5—167,5° (korr.); sehr leicht löslich in Aceton, leicht löslich in Alkohol, ziemlich leicht löslich in Bromoform und Äther, schwer löslich in Wasser. Reduziert Fehlingsche Lösung auch in der Hitze nicht; wird durch $^1/_2$ n-Salzsäure in Aceton und Dioxyaceton gespalten[2].

Acetonverbindung des Dioxyacetons $C_{12}H_{20}O_6$. Aus Dioxyaceton durch Lösen in Acetonzucker. Krystalle aus Methylalkohol. Schmelzp. 169°[4].

Dibenzoyldioxyaceton[5] $C_{17}H_{14}O_5$. Die nach dem Erhitzen resultierende Pyridinlösung wird mit Benzoylchlorid versetzt. Krystalle aus Alkohol. Schmelzp. 121,5°[5].

Dibenzoyldioxyaceton-Phenylhydrazon $C_{23}H_{20}O_4N_2$. Aus Äther. Schmelzp. 69—70°[5].

Di-p-nitrobenzoyldioxyaceton[5] $C_{17}H_{12}O_9N_2$. Dioxyaceton wird unter Erhitzen in Pyridin gelöst, die Lösung mit p-Nitrobenzoylchlorid versetzt. Aus viel Toluol krystallisiert, Schmelzpunkt 197,5° (Zersetzung).

Dioxyacetonbenzoylhydrazon[6]

$$OH-CH_2-C=N-NH-CO-C_6H_5$$
$$\quad\quad\quad\;\; CH_2-OH$$

Mit Benzhydrazid, oder durch Benzoylieren von Dioxyacetonhydrazon. Krystalle aus Alkohol. Schmelzpunkt 133°. Leicht löslich in Alkohol, Essigsäure, sonst wenig löslich. Geht mit Säuren oder Alkalien in eine Verbindung vom Schmelzp. 243° über.

Dioxyaceton-p-nitrophenylhydrazon[6] $C_9H_{11}O_4N_3$. Nädelchen aus Alkohol. Schmelzpunkt 156°. Leicht löslich in Alkohol und Pyridin.

Diacetylverbindung des Dioxyaceton-p-nitrophenylhydrazons[6] $C_{13}H_{15}O_6N_3$. Darstellung aus Diacetyl-dioxyaceton mit p-Nitrophenylhydrazon. Blättchen aus Alkohol; leicht löslich in Alkohol, Benzol.

[1] K. Bernhauer: Hoppe-Seylers Z. **183**, 67 (1929) — Chem. Zbl. **1929 II**, 2191.

[2] Hermann O. L. Fischer u. Hans Milbrand: Ber. dtsch. chem. Ges. **57**, 707 (1924) — Chem. Zbl. **1924 II**, 170.

[3] O. Dimroth u. R. Schweizer: Ber. dtsch. chem. Ges. **56**, 1375 (1923) — Chem. Zbl. **1923 III**, 381.

[4] H. O. L. Fischer u. C. Taube: Ber. dtsch. chem. Ges. **60**, 485 (1927) — Chem. Zbl. **1927 I**, 1672. — H. O. L. Fischer u. H. Milbrand: Ber. dtsch. chem. Ges. **57**, 707 (1924) — Chem. Zbl. **1924 II**, 170.

[5] H. O. L. Fischer, C. Taube u. E. Baer: Ber. dtsch. chem. Ges. **60**, 479 (1927) — Chem. Zbl. **1927 I**, 1816.

[6] Hermann O. L. Fischer u. Carl Taube: Ber. dtsch. chem. Ges. **57**, 1502 (1924) — Chem. Zbl. **1924 II**, 2242.

3. Tetrosen.

a) Aldosen.

d-Erythrose (Bd. II, S. 273).

Bezeichnung:

OH
OH
—— d, d ——
d(–)-Erythrose [1].

l-Erythrose (Bd. II, S. 274; Bd. X, S. 375).

Bezeichnung:

H
H
—— l, l— ——
l(+)-Erythrose [1].

Bildung: Aus l-Arabonsäurenitril mit Natriummethylat und mit Schwefelsäure [2].

l-Threose (Bd. II, S. 275).

Bezeichnung:

OH
H
—— l, d— ——
l-Threose [1].

Darstellung: Durch Abbau des Tetraacetyl-l-xylonsäurenitrils nach Wohl.

Physikalische und chemische Eigenschaften: Sirup, $[\alpha]_D^{20} = -24{,}6°$ in Wasser. Reduziert Fehlingsche Lösung in der Kälte. Gibt eine starke Reaktion mit α-Naphthol, mit Naphthoresorcin einen schwarzen Niederschlag, der in Alkohol rötlichviolett löslich ist mit violetter Fluorescenz. Gibt keine Reaktion mit Resorcin.

Derivate: l-Threosediacetamid [3] $C_8H_{16}O_5N_2$. Aus Tetraacetyl-l-xylonsäurenitril in Alkohol mit ammoniakalischer Silberoxydlösung. Aus 95proz. Alkohol Schmelzp. 165—166°, leicht löslich in Wasser, mäßig in heißem Alkohol, unlöslich in Äther. — Schmeckt süß.

Phenylosazon. Aus Benzol Krystalle; Schmelzp. 165—166°.

d-Threose (Bd. II, S. 275).

Bezeichnung:

H
OH
—— d, l— ——
d-Threose [1].

Oxyproteintetrose(?) [4].

Bei der Hydrolyse der Oxyproteinsäuren aus 300 l Harn, ließ sich aus dem in Alkohol unlöslichen Teil ein Kohlehydrat nachweisen, das in der Kälte mit Phenylhydrazin ein Osazon $C_{16}H_{18}N_4O_2$, Schmelzp. 130° bildet.

---

[1] A. Wohl u. K. Freudenberg: Ber. dtsch. chem. Ges. **56**, 312 (1923).
[2] Venancio Deulofen u. Paul J. Selva: J. chem. Soc. Lond. **1929**, 225 — Chem. Zbl. **1929 I**, 2873.
[3] Venancio Deulofen: J. chem. Soc. Lond. **1929**, 2458 — Chem. Zbl. **1930 I**, 2392.
[4] S. Edlbacher: Hoppe-Seylers Z. **120**, 71 (1922) — Chem. Zbl. **1922 III**, 751.

Methyltetrosen.

d-Arabomethylose[1].

Mol-Gewicht: 134,105.
Zusammensetzung: $C_5H_{10}O_4$.

$$
\begin{array}{c}
H-C=O \\
| \\
HO-C-H \\
| \\
H-C-OH \\
| \\
H-C-OH \\
| \\
CH_3
\end{array}
$$

Bildung: Bei der Behandlung von Diacetyl-d-rhamnal mit Ozon.

Derivate: p-Bromphenylosazon $C_{17}H_{18}O_2N_4Br_2$. Schmelzp. 160—161°, Krystalle aus Benzol. $[\alpha]_D^{17} = \pm 0°$ in Pyridin + Alkohol, 2 : 3.

Phenylosazon $C_{17}H_{20}O_2N_4$. Hellgelbe Nadeln. Schmelzp. 172—174°. $[\alpha]_D = -65°$ in Pyridin + Alkohol, 2 : 3.

l-Arabomethylose[1].

Mol-Gewicht: 134,105.
Zusammensetzung: $C_5H_{10}O_4$.

$$
\begin{array}{c}
H-C=O \\
| \\
H-C-OH \\
| \\
HO-C-H \\
| \\
HO-C-H \\
| \\
CH_3
\end{array}
$$

Bildung: Bei der Behandlung von Diacetyl-l-rhamnal mit Ozon.

Derivate: p-Bromphenylosazon $C_{17}H_{18}O_2N_4Br_2$. Gelbe Krystalle aus Benzol, Schmelzpunkt 160—161°, $[\alpha]_D^{17} = \pm 0°$.

Phenylosazon $C_{17}H_{20}O_2N_4$. Schmelzp. 172—174°. $- [\alpha]_D^{17} = + 66,0°$ in Pyridin + Alkohol; 2 : 3. Hellgelbe Nadeln aus Benzol.

d-Ribomethylose[1].

Mol-Gewicht: 134,105.
Zusammensetzung: $C_5H_{10}O_4$.

$$
\begin{array}{c}
H-C=O \\
| \\
H-C-OH \\
| \\
H-C-OH \\
| \\
H-C-OH \\
| \\
CH_3
\end{array}
$$

Bildung: Bei der Behandlung von Diacetyl-digitoxosen (1,2) mit Ozon entsteht die Diacetylverbindung. Die freie Anhydrodigitoxose gibt bei derselben Behandlung α-Ribomethylose.

Derivate: Diacetylverbindung. Sirup. Reduziert stark Fehlingsche Lösung, $[\alpha]_D$ = etwa +43° in Chloroform.

p-Bromphenylosazon $C_{17}H_{18}O_2N_4Br_2$. Rotgelbe Krystalle. Schmelzp. 160—161°, $[\alpha]_D^{18}$ = $\pm 0°$, Mischschmelzpunkt mit dem p-Bromphenylosazon der d-Arabomethylose verursacht keine Depression.

d-Ribomethylosephenylosazon $C_{17}H_{20}O_2N_4$. Schmelzp. 173—174°, $[\alpha]_D^{17} = -63,2°$ in Pyridin + Alkohol, 2 : 3. Hellgelbe Krystalle.

---

[1] Fritz Micheel: Ber. dtsch. chem. Ges. **63**, 347 (1930) — Chem. Zbl. **1930 I**, 2237.

Rhodeotetrose (d-Galaktomethylotetrose)[1] = d-Lyxomethylose.

Mol-Gewicht: 134,105.
Zusammensetzung: $C_5H_{10}O_4$.

$$
\begin{array}{c}
H-C=O \\
| \\
HO-C-H \\
| \\
HO-C-H \\
| \\
H-C-OH \\
| \\
CH_3
\end{array}
$$

Bildung: Durch Abbau der Rhodeose nach Wohl.
Physikalische und chemische Eigenschaften: Sirup; $[\alpha]_D = +32{,}4°$ in Wasser.

4. Pentosen (Bd. II, S. 279; Bd. VIII, S. 111; Bd. X, S. 376).

Vorkommen: In den Knollen von Nephrolepis cordifolia Prsl. in 0,0033 % [2]. Die Gegenwart freier Pentosen unter den Kohlehydraten des Maispollens ist recht zweifelhaft [3]. Freie Pentosen waren während der ganzen Entwicklungsperiode in der Maispflanze enthalten: 0,6—1,7 %. Das Maximum wurde in den Stengeln während der Körnerbildung, also zur Zeit des größten Zuckerreichtums der Maispflanze gefunden [4]. — In den Reisschalen [5]. In der Wurzel von Dictamnus albus, einer einheimischen Rutacee [6]. Im Hasel (Corylus Avellana L.) [7]. In der Grauerle (Alnus incana L.) [7]. In der Rinde des Feldahorn (Acer campestre L.) [7]. In den Äpfeln sind keine freien Pentosen vorhanden [8]. In Hartriegel (Cornus sanguinea L.), Linde (Tilia platyphyllos Scop.) und Weißbuche (Carpinus betulus L.) [9]. Im hydrolysierten alkoholischen Extrakt der Samen von Vicia angustifolia, nicht in den Samen von Vicia faba, Vicia sativa und Vicia narbonensis [10]. — Die aus den Blättern mit Alkohol gewonnenen Extrakte geben niemals die Reaktion der Pentosen mit β-Naphthol; gleichfalls negativ verläuft die Furfurolreaktion. Der Gehalt an Pentosen liegt in den Blättern der Runkelrübe und der Kartoffel im Gesamtzucker unter 0,03 % [11].

Rohr- und Invertzuckerlösungen, die 18 Stunden lang unter Rückfluß mit ammoniakalischem Alkohol gekocht und danach unter vermindertem Druck konzentriert waren, zeigten sowohl nach der Methode von Krober-Tollens als auch bei der Bestimmung des Reduktionsvermögens nach der Vergärung mit Bierhefe Reaktionen auf Pentosen; in Abwesenheit von Ammoniak wird anscheinend Pentosenbildung nur durch die Krober-Tollenssche Methode erwiesen. — Davis und Sawyer [12] behaupten das Vorkommen freier Pentosen in Pflanzen auf Grund von Pentosenreaktionen in alkoholisch ammoniakalischen Pflanzenextrakten bewiesen zu haben. Obige Versuche beweisen, daß das ammoniakalische Extraktionsverfahren zu Irrtümern führen kann [13].

---

[1] E. Votoček u. F. Valentin: Collect. Trav. chim. Tchécoslovaquie **2**, 36 (1930) — Chem. Zbl. **1930 I**, 2544.

[2] L. H. Ducloux u. M. Anschalom: Revista Facultad Ciencias Quimicas Univ. Nac. de La Plata **2 I**, 75 (1923) — Chem. Zbl. **1926 II**, 2318.

[3] Suguru Miyake: J. of Biochem. **3**, 169—176 (1924) — Chem. Zbl. **1925 I**, 677.

[4] J. H. ver Hulst, W. H. Petersen u. E. B. Fred: J. agricult. Res. **23**, 655 (1923) — Chem. Zbl. **1924 II**, 2854.

[5] S. Hirai: Acta Scholae med. Kioto **7**, 463 (1925) — Ber. Physiol. **34**, 491 (1926) — Chem. Zbl. **1926 II**, 233.

[6] H. Thoms: Ber. dtsch. chem. Ges. **33**, 68 (1923) — Chem. Zbl. **1923 III**, 1029.

[7] Chaja Feinberg, Johann Herrmann, Leopoldine Röglsperger u. Julius Zellner: Mh. Chemie **44**, 261 (1924) — Chem. Zbl. **1924 II**, 678.

[8] R. B. Mc Kinnis: J. amer. chem. Soc. **50**, 1911 — Chem. Zbl. **1928 II**, 871.

[9] J. Zellner (mit R. Fajner, G. Pelikautz u. K. Breyer): Mh. Chemie **46**, 611 (1925) — Chem. Zbl. **1926 II**, 599.

[10] Pierre Thomas u. Rosa Imas: C. r. Soc. Biol. Paris **92**, 300 (1925) — Chem. Zbl. **1925 II**, 77.

[11] H. Colin u. R. Franguet: Bull. Soc. Chim. biol. Paris **9**, 114 (1927) — Chem. Zbl. **1927 II**, 1039.

[12] Davis u. Sawyer: J. agricult. Sci. **6**, 406 (1914).

[13] Duane T. Englis u. Cedric Hale: J. amer. chem. Soc. **47**, 446 (1925) — Chem. Zbl. **1925 I**, 1749.

In den Organen von Elasmobranchiern (Squalus, Hydrolagus) und Teleostiern (Oncorrhyncus, Clupea, Gadus) sowie von Mollusken, Echinodermen und Annulaten. Die Ovarien des Herings enthalten gebundene Pentose, während diese in den Ovarien von Squalus zwischen 0,3 und 2,28% bei den Fischen, bei Mollusken und Echinodermen zwischen 0,7 und 1,26. Die Tuben der Annulaten enthalten 10,3% [1].

Das Gewebe der Inseldrüse bei dem Fisch Ling Cod (Ophiodon elongatus, Girard), die nach Rennie den Langerhansschen Inseln der Säugetiere entspricht, erwies sich reicher an Pentose als der zymogene Teil. Wahrscheinlich ist daher der hohe Pentosegehalt des Pankreas bei Säugetieren, Elasmobranchiern usw. dem Vorhandensein der Inseln zuzuschreiben [2].

Nach Genuß bestimmter Arzneimittel (Campher, Chloralhydrat, Tannin und Myrrhentinktur) kommen Pentosen im normalen Harn bisweilen vor. Pentosurie ist sonst ziemlich selten. Utz fand Pentosurie auch nach Genuß von Kaliumjodid [3].

Bildung: Bei der Hydrolyse des Kastaniensamensaponins 4,8% Pentose [4]. — Bei der Hydrolyse der Polysaccharide von Pulmonaria officinalis L. und Hypericum perforatum L. [5].

Bei der Hydrolyse von Gitonin und Digitonin [6]. Die Bildung von Pentosen in Bambusschößlingen ist nicht auf Photosynthese aus CO_2, sondern auf den Stoffwechsel von Hexosen zurückzuführen [7]. Die Destillation von nicht krystallisierten gummiartigen Alttuberkulins mit 3,3 n-Salzsäure gibt eine etwa 50 proz. Pentose entsprechende Ausbeute an Phloroglucid [8].

Nachweis und Bestimmung: Nachweis mit Orcin und Resorcin [9]. — Mit β-Naphthol [10]. Über die sogenannte Pentosenreaktion der Thymonucleinsäure [11]. — Nachweis von Pentosen im Harn mit der mykologischen Methode von Castellani [12]. Colorimetrische Methode zur Bestimmung des gebildeten Furfurol durch die Rotfärbung mit Anilin und Essigsäure [13]. Colorimetrische Bestimmung mit dem Benzidinreagens [14].

Physiologische Eigenschaften: Die Pentosen werden von den Honigbienen nicht ausgenutzt [15]. Zweifellos wird die Permeabilität der Niere durch Einführung von Pentosen vergrößert. Zwar ist die Verringerung des Harnstoffgehaltes im Blut gering, aber die Alkalireserve, die vor der Pentosenzufuhr gering war, ist merklich vergrößert [16]. Bei permanenter Injektion durch die Vena jugularis oder linearis wird von Pentosen durch den Harn etwa $^1/_2$, mit dem Stuhl nichts ausgeschieden [17]. Nach Zufuhr von Pentosen zeigen die Tubulusepithelien der Taubenniere

[1] C. Berkeley: Proc. roy. soc. Canada 15 (III) V, 41 (1921) — Chem. Zbl. 1923 I, 694 — J. of biol. Chem. 45, 263 (1921) — Chem. Zbl. 1921 I, 742.

[2] C. Berkeley: J. of biol. Chem. 58, 611 (1923) — Chem. Zbl. 1924 I, 2882.

[3] F. Utz: Pharm. Zentralhalle 64, 413 (1923) — Chem. Zbl. 1924 I, 578.

[4] A. W. van der Haar: Rec. Trav. chim. Pays-Bas et Belge (Amsterd.) 1923, 1080 — Chem. Zbl. 1924 I, 1806.

[5] Julius Zellner: Arch. Pharmaz. 263, 161 (1925) — Chem. Zbl. 1925 II, 573.

[6] A. Windaus: Nachr. K. Ges. Wiss. Göttingen 1925, math.-phys. K. 45—48 — Chem. Zbl. 1926 I, 1814.

[7] S. Komatsu u. Y. Sasaoka: Bull. chem. Soc. Japan 2, 57 (1927) — Chem. Zbl. 1927 I, 2656. — S. Komatsu u. C. Tanaka: Mem. Coll. Sci., Kioto Imp. Univ. Serie A 9, 1 (1926) — Chem. Zbl. 1926 I, 1425.

[8] J. Howard Mueller: J. of exper. Med. 43, 1 (1926) — Chem. Zbl. 1926 I, 1825.

[9] Ed. Justin-Mueller: J. Pharmacie (7) 24, 334—336 (1921) — Chem. Zbl. 1922 II, 731. — J. B. Sumner: J. amer. chem. Soc. 45, 2378 (1923) — Chem. Zbl. 1924 I, 1567. — F. Utz: Pharm. Zentralhalle 64, 417 (1923) — Chem. Zbl. 1924 I, 578.

[10] Pierre Thomas: Bull. Soc. Chem. biol. Paris 7, 102 (1925) — Chem. Zbl. 1925 II, 77. — Pierre Thomas u. Rosa Imas: C. r. Soc. Biol. Paris 92, 300 (1925) — Chem. Zbl. 1925 II, 77. — Georges Denigès: Bull. Soc. Chim. biol. Paris 7, 440 (1925) — Chem. Zbl. 1925 II, 752. — Gabriel Bertrand: Bull. Soc. Chim. biol. Paris 7, 436 (1925) — Chem. Zbl. 1925 II, 752. — P. Thomas u. C. Berariu: C. r. Soc. Biol. Paris 91, 1470 (1924) — Chem. Zbl. 1925 I, 1233.

[11] H. Steudel u. E. Peiser: Hoppe-Seylers Z. 139, 205—211 (1924) — Chem. Zbl. 1925 I, 94. — Vgl. dieselben Hoppe-Seylers Z. 132, 297 (1924) — Chem. Zbl. 1924 I, 2149.

[12] P. Pietra: Giorn. Batter. 2, 1 — Ref.: Ber. Physiol. 40, 264 (1927) — Chem. Zbl. 1927 II, 963.

[13] Guy E. Joungburg u. George W. Pucher: J. of biol. Chem. 61, 741—746 (1924) — Chem. Zbl. 1925 I, 416. — William S. Hoffmann: J. of biol. Chem. 73, 15 (1927) — Chem. Zbl. 1927 II, 612. — Guy E. Choungburg: J. of biol. Chem. 73, 599—606 — Chem. Zbl. 1927 II, 1367.

[14] Robert Alexander Mc Cance: Biochemic. J. 20, 1111—1113 (1926) — Chem. Zbl. 1927 I, 497.

[15] E. F. Phillips: J. agricult. Res. 35, 385 (1927) — Chem. Zbl. 1928 I, 937.

[16] Pierre Thomas u. Rosa Imas: C. r. Soc. Biol. Paris 96, 1459 (1927) — Chem. Zbl. 1928 I, 542.

[17] E. O. Folkmar: Bibl. Laeg. (dän.) 115, 120 — Ref.: Ber. Physiol. 20, 47 (1923) — Chem. Zbl. 1923 III, 1291.

die Zeichen erhöhter Sekretionstätigkeit in der Zeit von etwa 4 Stunden nach der Zufuhr[1]. Pentosen zeigten an weißen Mäusen eine schwache Abführrwirkung[2]. Nach Zufuhr von Arabinose oder Xylose bei jugendlichen Individuen nehmen die Purinkörper im Harn bis zu 60%, die Harnsäure speziell 70% zu. Entsprecehnd nimmt der Ammoniak, Aminosäure-Stickstoff ab, und zwar bis zu Mengen, die 30% des Anfangswertes betragen. Kreatinin-Stickstoff wird wenig beeinflußt. Der Mechanismus der Vorgänge (Permeabilitätserhöhung in der Niere oder spezifische Erleichterung der Harnsäureausscheidung) bedarf weiterer Erklärung[3].

Die Resorption der Pentosen von der Nahrung konnte im Kaninchen- und Fliegenblut nachgewiesen werden[4].

Gärung: Xylose und Arabinose, die Speakmann zu dem abnormalen Typus der Substraten rechnet bei der Vergärung mit Bacillus granulobacter pectinonorum, führen zu den gleichen Produkten in fast der gleichen Menge wie die Vergärung von Glykose, die zum normalen Typus gerechnet wird. Die Pentosenvergärung ist allerdings etwas langsamer, in 72 Stunden ist aber der gesamte Zucker vergoren[5].

Verschiedene Stämme von Milchsäurebakterien, und zwar stets solche, die in Stäbchenform auftreten, spalten Pentosen fast vollständig in Milchsäure und Essigsäure. Als Nebenprodukt tritt nur CO_2 in sehr geringer Menge auf. Diese Stämme lassen sich in 2 Gruppen einteilen, von denen die eine die Organismen umfaßt, die Fructose unter Bildung von Mannit vergären, und die andere solche, die keinen Mannit produzieren. Die Rassen der 1. Gruppe spalten Arabinose und Xylose, aber nicht Lactose, Melezitose und Dulcit (Lactobacillus pentoaceticus). — Gruppe 2 zerfällt in 2 Arten, von denen die eine Arabinose, Xylose und Lactose spaltet, dagegen nicht Melezitose. Gegenüber Dulcit verhalten sich die einzelnen Stämme verschieden (Lactobacillus pentosus). Die andere Art zerlegt nur Arabinose neben Lactose und Melezitose, nicht dagegen Xylose oder Dulcit. Sie wird Lactobacillus arabinosus genannt[6]. Die fakultativen Milchsäurebakterien vergären die Pentosen[7]. Ob Pentosen für Ernährung der Hefe anwendbar seien, ist noch nicht eindeutig festgelegt[8]. Aspergillus- und Penicilliumarten wachsen sehr gut auf Arabinose oder Xylose, jedoch etwas langsamer als auf Glykose. Die Mucorarten Rhizopus nigricans und Cunninghamella greifen die Pentosen nur sehr langsam an. 4proz. Zuckerlösungen werden von den besten Arten innerhalb 4—5 Tagen vollständig vergoren. Von den langsamer wachsenden Pilzen scheint die Xylose etwas leichter assimiliert zu werden als die Arabinose. Der C der Zucker dient, soweit er nicht als CO_2 in Freiheit gesetzt wird, fast vollständig zum Aufbau der Leibessubstanz. Die maximale Geschwindigkeit der CO_2-Entwicklung wird am 3.—4. Tage erreicht. Außer CO_2 wird nur noch eine geringe Menge einer nicht flüchtigen, aber noch nicht identifizierten Säure gebildet. Oxal- oder Citronensäure entsteht nicht, ebensowenig Alkohol oder flüchtige Säuren. Aspergillus niger produziert eine bei Zimmertemperatur flüchtige Substanz, die H_2SO_4 dunkel färbt und wahrscheinlich identisch ist mit der den Geruch erzeugenden Substanz. Bei Kulturen von Penicillium glaucum tritt diese Substanz nicht auf[9]. Aspergillus oryzae wandelt Pentosen in Kojisäure um[10].

Derivate: Pentosephosphorsäure. Die von Levene aus pflanzlichen Nucleoproteinen isolierte Pentosephosphorsäure, die bei der Hydrolyse d-Ribose liefert, darf von einer anderen Pentose, wahrscheinlich d-Xylose, abzuleiten sein[11].

Acetonitropentose[12] $C_{11}H_{15}O_{10}N$. — Man dampft die Mutterlaugen der Darstellung von

[1] Pierre Thomas u. Jean Dragoin: C. r. Soc. Biol. Paris **97**, 772 (1927) — Chem. Zbl. **1927 II**, 2689.

[2] H. Fühner: Festschrift A. Tschirch **1926**, 30 — Chem. Zbl. **1927 I**, 2572.

[3] Pierre Thomas u. Roza Imas: C. r. Soc. Biol. Paris **96**, 71—72 (1927) — Chem. Zbl. **1927 I**, 1612.

[4] Andrée Roche: C. r. Soc. Biol. Paris **99**, 1973 (1929) — Chem. Zbl. **1929 I**, 1709.

[5] W. H. Peterson, E. B. Fred u. E. G. Schmidt: J. of biol. Chem. **60**, 627—631 — Chem. Zbl. **1924 II**, 2175.

[6] E. B. Fred, W. H. Peterson u. J. A. Anderson: J. of biol. Chem. **48**, 385—411 (1921) — Chem. Zbl. **1922 I**, 507.

[7] J. Makrinow: Zbl. Bakter. II **71**, 399 (1927) — Chem. Zbl. **1927 II**, 2072.

[8] Bokorny: Brauer- u. Hopfen-Ztg **64**, 1214—1216 (1924) — Chem. Zbl. **1925 I**, 1538.

[9] W. H. Peterson, E. B. Fred u. E. G. Schmidt: J. of biol. Chem. **54**, 19 (1922) — Chem. Zbl. **1923 III**, 501.

[10] Frederick Challenger, Louis Klein u. Thomas Kennedy Walker: J. chem. Soc. Lond. **1929**, 1498 — Chem. Zbl. **1930 I**, 1318.

[11] R. Robinson: Nature (Lond.) **120**, 44 (1927) — Chem. Zbl. **1927 II**, 1245.

[12] John Walter Hyde Oldham: J. chem. Soc. Lond. **127**, 2840 (1925) — Chem. Zbl. **1926 I**, 2672.

2, 3, 5-Trimethyl-methylglykosid-6-mononitrat zur Trockne und kocht mit Essigsäureanhydrid- und Natriumacetat $^1/_2$ Stunde. Krystalle aus abs. Alkohol. Schmelzp. 168—169°; $[\alpha]_D = +92{,}0°$ in Chloroform bei $c = 1{,}214$.

a) Aldosen.

l-Arabinose (Bd. II, S. 279; Bd. VIII, S. 112; Bd. X, S. 378).

Bezeichnung:

OH
H
H
—————
l, l, d

l(+)-Arabinose[1].

Geschichte der Entdeckung, Identifizierung und Darstellung im Zustande von hoher Reinheit und größerer Menge[2].

Konstitution: Die normale Arabinose hat eine amylenoxydische Struktur[3].

CH(OH)

H—C—OH

HO—C—H

HO—C—H   O [4]

CH$_2$

Vorkommen: In Mesquitearten (Prosopis juliflora usw.)[5]. Wahrscheinlich im indischen Stocklack[6]. In den Irissamen[7].

Bildung: Bei der Säurehydrolyse der aus amerikanischer Weißeiche dargestellten Hemicellulose[8]. Bei der Hydrolyse von Mesquitegummi entstehen 50,7% l-Arabinose[9]. — Bei der Hydrolyse der Pektinstoffe der Eßkastanie[10], des Holzes mit verdünnten Säuren[11]. Durch Hydrolyse der aus Apium graveolens dulce (Sellerierübe), Stachys tubifera und Orangeschalen gewonnenen Pektinen mit Schwefelsäure[12].

Bei der Hydrolyse des Geins[13], des Podalyrins[14], des Violutosids[15], des α-Hederins[16], der Saponine aus Aralia montana Bl.[17]. Bei der Hydrolyse des Saponins werden 12,2% Arabinose erhalten[18]. — Bei der Hydrolyse des Arabomannans aus Irissamen: 18% [19].

---

[1] A. Wohl u. K. Freudenberg: Ber. dtsch. chem. Ges. **56**, 312 (1923).

[2] T. Swami Harding: Sugar **24**, 14 (1922) — Chem. Zbl. **1922 III**, 428.

[3] W. N. Haworth: Nature (Lond.) **116**, 430 (1925) — Chem. Zbl. **1926 I**, 881.

[4] J. Pryde u. R. W. Humphreys: J. chem. Soc. Lond. **1927**, 559 — Chem. Zbl. **1927 I**, 2901. — J. Pryde, E. L. Hirst u. R. W. Humphreys: J. chem. Soc. Lond. **127**, 348 (1925) — Chem. Zbl. **1925 I**, 2369.

[5] E. Anderson u. L. Sands: Ind. Chem. **17**, 1257 (1925) — Chem. Zbl. **1926 I**, 1797.

[6] A. Tschirch u. F. Lüdy jun.: Helvet. chim. Acta **6**, 994 (1923) — Chem. Zbl. **1924 I**, 767.

[7] H. Colin u. A. Angern: Bull. Soc. Chim. biol. Paris **10**, 822 — Chem. Zbl. **1928 II**, 1222.

[8] M. H. O'Dwyer: Biochemic. J. **17**, 501 (1923) — Chem. Zbl. **1923 III**, 1622.

[9] Ernest Anderson u. Lila Sands: J. amer. chem. Soc. **48**, 3172—3177 (1926) — Chem. Zbl. **1927 I**, 1330.

[10] H. Colin u. A. Grandsire: C. r. Acad. Sci. Paris **179**, 288 (1924) — Chem. Zbl. **1924 II**, 1476

[11] E. C. Sherrard u. G. W. Blanco: Ind. Chem. **15**, 611 (1923) — Chem. Zbl. **1923 IV**, 886. — E. Hägglund u. C. J. Malin: Cellulosechemie **4**, 73 (1923) — Chem. Zbl. **1924 I**, 2105. — E. Hägglund: Cellulosechemie **4**, 84 (1923) — Chem. Zbl. **1924 I**, 2106.

[12] J. Charpentier: Bull. Soc. Chim. biol. Paris **6**, 142—156 — Chem. Zbl. **1924 II**, 2171.

[13] H. Hérissey u. J. Cheymol: C. r. Acad. Sci. Paris **181**, 565 (1925) — Chem. Zbl. **1926 I**, 2358.

[14] P. Condorelli: Ann. chim. Appl. **15**, 426 (1925) — Chem. Zbl. **1926 II**, 44.

[15] P. Picard: C. r. Acad. Sci. Paris **182**, 1167 (1926) — Chem. Zbl. **1926 II**, 135.

[16] A. W. van der Haar: Ber. dtsch. chem. Ges. **54**, 3142—3148 (1921) — Chem. Zbl. **1922 I**, 466.

[17] A. W. van der Haar: Ber. dtsch. chem. Ges. **55**, 3041 (1922) — Chem. Zbl. **1923 I**, 95.

[18] A. W. van der Haar: Rec. Trav. chim. Pays-Bas et Belg. (Amsterd.) **46**, 85 (1927) — Chem. Zbl. **1927 I**, 2322.

[19] H. Colin u. A. Angern: Schweiz. Apoth.-Ztg **66**, 604 (1928) — Chem. Zbl. **1929 I**, 1012.

Darstellung: Am geeignetsten ist Rübenbrei. Man kocht 300 g Brei mit 6 l Schwefelsäure, welche im Liter 10 g konzentrierte Schwefelsäure enthält, $1^1/_2$ Stunden, dann wird mit Barytwasser auf Lackmus neutralisiert, das Filtrat mit basischem Bleiacetat ausgefällt, das Filtrat mit Schwefelwasserstoff behandelt, dann wiederum filtriert und auf 250 ccm eingeengt, dann mit 50 ccm 95proz. Alkohol versetzt. — Das Rohprodukt wird aus Essigsäure oder aus 1 Vol.-% Salpetersäure enthaltendem Alkohol umkrystallisiert. Ausbeute 4—5%[1]. — Aus Mesquitegummi: Das Gummi, von Prosopis juliflora und anderen Mesquitearten ausgeschwitzt, wird 3 Stunden mit der 6fachen Menge 4proz. H_2SO_4 auf 80° erhitzt; nach Entfernung der H_2SO_4 als Ba-Salz werden aus der neutralen Lösung die Salze durch 95proz. Alkohol gefällt, die Lösung konzentriert und zur Krystallisation gebracht. Es werden Rohprodukte vom Schmelzp. 140—155° in Mengen von 27—36% des Ausgangsmaterials gewonnen. Reinigen durch Krystallisation aus Wasser, verdünntem Alkohol oder Eisessig[2].

Nachweis und Bestimmung: Arabinose liefert bei Behandlung mit $NaHCO_3$ Acetol, das mit Hilfe der Reaktion mit o-Aminobenzaldehyd leicht nachgewiseen werden kann[3]. Die Trennung von Rohrzucker von Arabinose kann fast quantitativ geschehen durch Extraktion mit Äthylacetat[4].

Wegen der langsamer verlaufenden Zersetzung muß man bei der Furfuroldestillation ein größeres Destillat, etwa 210 ccm, als bei Xylose sammeln. Die Löslichkeit des ungetrockneten Niederschlages ist größer, etwa 20%, als bei der Xylose. Aus der Totalphloroglucidausbeute berechnet, ergab sich der Pentosengehalt zu 89%, während nach der Diphenylhydrazinbestimmung 83,5% Arabinose erhalten wurden[5]. — Bestimmung in Pflanzenextrakten nach der Pikrinsäurereduktionsmethode[6] siehe bei den Arbeiten allgemeinen Inhalts im Kapitel „Einfache Zuckerarten". Die Benedict-Lewissche Methode wurde abgeändert und für die Ermittlung des Arabinosegehaltes aus der Färbung eine Tabelle aufgestellt[7]. Das Glykoseäquivalent von Arabinose wurde für die Methoden von Folin und Wu, Shaffer und Hartmann, MacLean, Benedict und Osterberg (mit Na_2CO_3 und NaOH) und Summer bestimmt. Die Ergebnisse bei den verschiedenen Cu-Methoden stimmen untereinander gut überein und geben niedrigere Werte als die wieder unter sich übereinstimmenden Pikrat- und Dinitrosalicylatmethoden[8]. Setzt man den Reduktionswert von Glykose nach der Methode von Hagedorn-Jensen gleich 1, so ist die Reduktion von Arabinose 0,919[9]. Reduktionstabelle nach der Methode von Shaffer-Hartmann[10]. — Über die spektrophotometrische Bestimmung der Arabinose[11].

Physiologische Eigenschaften: Bei Arabinose scheint die α-Form keine Affinität zur Saccharose zu haben, während die β-Form hemmt[12]. — l-Arabinose in den verschiedenen Formen wirkt hemmend auf die Spaltung des Rohrzuckers mittels Hefeinvertins[13].

Lösungen von l-Arabinose in 10-, 20-, 30- usw. bis 95proz. Alkohol wurden mit Emulsin versetzt und auf 33° erwärmt. Drehung und Reduktionsvermögen nehmen sehr langsam, aber stetig ab. Die Reaktion war auch nach 280 Tagen (Emulsin mehrmals erneuert) nicht beendigt. Mit der Stärke des Alkohols (ausgenommen 60proz. Alkohol) nimmt die Wirkung zu; nach der angegebenen Zeit waren in 40proz. Alkohol 3,4, in 45proz. Alkohol 68,3% l-Arabinose umgewandelt. Die Reaktion beruht auf der Bildung von α-Äthyl-l-arabinosid[14].

---

[1] T. S. Harding: Sugar **24**, 656 (1922) — Chem. Zbl. **1923 IV**, 833.

[2] E. Anderson u. L. Sands: Ind. Chem. **17**, 1257 (1925) — Chem. Zbl. **1926 I**, 1797.

[3] O. Baudisch u. H. J. Denel: J. amer. chem. Soc. **44**, 1581 **44**, 1585 (1922) — Chem. Zbl. **1923 IV**, 280, 281.

[4] Congdon u. Young: Z. dtsch. Zuckerind. **1925**, 440 — Chem. Zbl. **1925 II**, 1566.

[5] F. W. Klingstedt: Z. analyt. Chem. **66**, 129 (1925) — Chem. Zbl. **1925 II**, 1478.

[6] Walter Thomas u. R. Adams Dutcher: J. amer. chem. Soc. **46**, 1662 (1924) — Chem. Zbl. **1924 II**, 1250.

[7] J. J. Willaman u. F. R. Davison: J. agricult. Res. **28**, 479—488 (1924) — Chem. Zbl. **1925 I**, 1463.

[8] Isidor Greenwald, Jerome Samet u. Joseph Groß: J. of biol. Chem. **62**, 397—399 (1924) — Chem. Zbl. **1925 I**, 1336.

[9] George W. Pucher u. Myron W. Finch: Proc. Soc. exper. Biol. a. Med. **23**, 468—470 (1927) — Ber. Physiol. **38**, 186—187 (1927) — Chem. Zbl. **1927 I**, 1713.

[10] Georg Scheff: Biochem. Z. **194**, 96 (1928) — Chem. Zbl. **1929 I**, 2634.

[11] Georg Scheff: Biochem. Z. **147**, 94 (1924) — Chem. Zbl. **1924 II**, 1016.

[12] H. v. Euler u. K. Josephson: Hoppe-Seylers Z. **132**, 301 (1924) — Chem. Zbl. **1924 I**, 1940.

[13] Richard Kuhn: Hoppe-Seylers Z. **135**, 1 (1924) — Chem. Zbl. **1924 II**, 344.

[14] M. Bridel u. C. Béguin: C. r. Acad. Sci. Paris **182**, 659 (1926) — Chem. Zbl. **1926 I**, 3024. — C. S. Hudson: J. amer. chem. Soc. **47**, 265 (1925) — Chem. Zbl. **1925 I**, 2547.

Beeinflussung der Spaltung des β-Methylglykosids durch die β-Glykosidase des Emulsins durch Arabinose[1]. — Bewirkt eine Senkung der Blutmilchsäure um 30%, bei leichtem Anstieg des Blutzuckers[2]. Vermindert den Milchsäuregehalt des Blutes nicht oder nur unwesentlich[3]. Spezifische Wirkung der Arabinose bei Kleinversuchen mit Samen von Lupinus luteus[4]. Fetthaltige Samen (Erdnuß) können in nur Arabinose enthaltenden Nährlösungen nicht zur Entwicklung gebracht werden[5]. Bohnenkeimlinge und farblose Kartoffelschößlinge konnten aus Arabinose verschiedene Mengen Stärke bilden[6].

Über Veränderungen des Chlorophylls bei einer grünen Alge in Kulturversuchen bei Gegenwart von l-Arabinose[7]. — Versuche mit Blättern von Reseda odorata in Nährlösungen begünstigt die Rhodoxanthinbildung nicht[8]. Die Phagocytose der Histiocyten wird mäßig durch Arabinose erhöht[9]. Verhindert die Flockung des Serums mit Neosalvarsan nicht[10]. Die Hemmung der Saponinhämolyse verschiedenen Grades erfolgt bei menschlichen Zellen als Testobjekt durch Arabinose, bei Hammelblutkörperchen nicht[11]. Ist auf die Beweglichkeit der Trypanosomen in vitro ohne Wirkung[12]. Galaktose, Glykose, Maltose regen die Salzsäuresekretion stärker an als Lävulose, Lactose und Arabinose. Saccharose nimmt eine Mittelstellung ein[13].

Die pro 100 g Tier in 1 Stunde resorbierte Menge = Absorptionskoeffizient — beträgt bei l-Arabinose 0,016[14]. Nach intravenöser Injektion von l-Arabinose ist der unvergärbare Anteil des Blutzuckers etwa 3 Stunden erhöht, bei gleichzeitiger Tartratnephritis länger. Bei enteraler Zufuhr von l-Arabinose tritt nur eine geringe Erhöhung des Blutzuckers und des Urinzuckers ein[15]. — Glykogenbildung auf Zufuhr von Arabinose[16]. — Durchlässigkeit für Blutkörperchen[17].

Physikalische und chemische Eigenschaften: Löslichkeit nach 5stündiger Extraktion mit trockenem Äthylacetat: 37%[18]. — Keenan charakterisiert l-Arabinose in bezug auf ihr Verhalten in gewöhnlichem, in parallel polarisiertem und in konvergent polarisiertem Licht und gibt den Brechungsindex und den Habitus an[19]. Die Mutarotation in $^1/_{10}$ n-Citratgemisch ist $k \cdot 10^4 = 499$[20]. — Verbrennungswärme 3731 cal pro 1 g[21].

α-l-Arabinose (Anfangsdrehung $+175°$, nach Hudson β-l-Arabinose) lagert sich bei $160°$ und 15 mm in 2 Stunden in β-l-Arabinose ($[\alpha]_D = +55,4°$) um. Setzt man das Erhitzen 2 weitere Stunden fort, so entsteht unter Abspaltung von Wasser β-Arabinosan[22]. — Ultraviolettabsorption[23]. Einwirkung von überhitztem Wasser auf l-Arabinose[24]. Gibt bei trockener

[1] Karl Josephson: Hoppe-Seylers Z. **147**, 1 (1925) — Chem. Zbl. **1926 I**, 688.

[2] J. A. Collazo u. J. Supniewski: Biochem. Z. **154**, 423—443 (1925) — Chem. Zbl. **1925 I**, 2708.

[3] J. Collazo u. J. Supniewski: C. r. Soc. biol. Paris **92**, 367—369 (1925) — Chem. Zbl. **1925 II**, 411.

[4] F. Boas u. F. Markenschlager: Biochem. Z. **137**, 300 (1923) — Chem. Zbl. **1923 III**, 1578. — F. Boas: Biochem. Z. **129**, 144 (1922) — Chem. Zbl. **1922 III**, 837.

[5] E. F. Terroine, S. Trautmann u. R. Bonnet: C. r. Acad. Sci. Paris **179**, 342—344 — Chem. Zbl. **1924 II**, 2173.

[6] Michel Polonovski u. Frédéric Morvillez: C. r. Soc. Biol. Paris **92**, 443 (1925) — Chem. Zbl. **1925 I**, 2312.

[7] A. Perrier: C. r. Acad. Sci. Paris **188**, 339 (1929) — Chem. Zbl. **1929 I**, 2891.

[8] T. Lippmaa: C. r. Acad. Sci. Paris **182**, 1040 (1926) — Chem. Zbl. **1926 II**, 2068.

[9] Kaanichi Usui: Trans. jap. path. Soc. **14**, 417 (1924) — Chem. Zbl. **1927 I**, 1973.

[10] Attilio Busacca: Arch. Farmacol. sper. **36**, 129, 156, 166, 186 (1923) — Chem. Zbl. **1924 I**, 1831.

[11] C. Pondor u. W. Ph. Kennedy: Biochemic. J. **20**, 237 (1926) — Chem. Zbl. **1926 II**, 250.

[12] R. Kudicke u. E. Eves: Z. Hyg. **101**, 317 (1924) — Chem. Zbl. **1924 I**, 1551.

[13] Paul Mahler: Wien. Arch. inn. Med. **10**, 549 (1925) — Chem. Zbl. **1926 I**, 2077.

[14] Carl F. Cori: Proc. Soc. exper. Biol. a. Med. **22**, 496 (1925) — Chem. Zbl. **1926 I**, 3488.

[15] Ralph C. Corley: J. of biol. Chem. **76**, 23 (1928) — Chem. Zbl. **1928 II**, 1007.

[16] P. Thomas, A. Gadinescu u. R. Imas: C. r. Acad. Sci. Paris **188**, 664 (1929) — Chem. Zbl. **1929 I**, 2897.

[17] Rudolf Mond u. Friedrich Hoffmann: Pflügers Arch. **219**, 467 (1928) — Chem. Zbl. **1928 II**, 682.

[18] Congdon u. Young: Z. dtsch. Zuckerind. **1925**, 440 — Chem. Zbl. **1925 II**, 1566.

[19] G. T. Keenan: J. Washington Acad. Sci. **16**, 433 (1927) — Chem. Zbl. **1927 I**, 1151.

[20] Richard Kuhn u. Paul Jacob: Z. physikal. Chem. **113**, 389 (1924) — Chem. Zbl. **1925 I**, 459.

[21] P. Karrer u. W. Fioroni: Helvet. chim. Acta **6**, 396 (1923) — Chem. Zbl. **1923 III**, 1005.

[22] Hans Vogel: Helvet. chim. Acta **11**, 1210 (1928) — Chem. Zbl. **1929 I**, 1093.

[23] L. Kwieciński u. L. Marchlewski: Bull. internat. Acad. Polon. Sci. Lettres Serie A **1928**, 271 — Chem. Zbl. **1929 I**, 1092.

[24] S. Komatsu u. C. Tanaka: Sexagint. Collection of Papers dedicated to Yubichi Osaka, in celebration of his to. Birth-day, Kyoto **1927**, 1 — Chem. Zbl. **1928 I**, 2079.

Destillation Diacetyl[1]. Spaltet bei der Destillation in saurer, neutraler oder alkalischer Lösung Formaldehyd ab[2]. Ist gegen bisulfithaltige Kochsäuren viel empfindlicher als Glykose[3]. — Läßt man eine 1proz. Lösung von l-Arabinose zu einer siedenden Lösung von $1/_{20}$ n-Natriumcarbonat, die einen Zusatz von 4—6% Natriumsulfit hat fließen, so erhält man im Destillat Methylglyoxal und Glykolaldehyd[4]. Mit der 7—10fachen Menge Schwefelsäure (80%) bei Zimmertemperatur 2,5 Stunden lang stehengelassen und dann mit der 15fachen Menge der angewandten Schwefelsäure an Wasser zugesetzt und 5 Stunden lang auf dem siedendem Wasserbade erhitzt, wurde in einer Ausbeute von 84,5% wiedergewonnen[5]. Mit 2 ccm einer 1prom. Tryptophanlösung in konz. HCl auf 100° erhitzt, gibt eine gelbbraune, oder 5 Minuten lang mit 1prom. Tryptophanlösung in HCl 1 : 1 erhitzt, eine hellgrüne Färbung. Ribose und Araban liefern dieselbe Reaktion[6]. Über Farbenreaktion mit Carbazol und Schwefelsäure[7]. Oxydation mit Luft unter der Einwirkung des Sonnenlichts[8]. Die Oxydation der Arabinose mit Fehlingscher Lösung wird durch Borsäure nicht beeinflußt[9]. Zeitwert der Kaliumpermanganatreaktion (s. S. 265) 10,00[10]. — Oxydation mit $NaMnO_4$ in alkalischer Lösung[11]. Gibt beim Erhitzen mit salzsaurem Resorcin gefärbte Lösungen[12]. Gibt mit Triketohydrindenhydrat (Ninhydrin) gelbe, in der Wärme gelblichbraune Färbung[13].

Gärung. Wenn der Reduktionskoeffizient des Bacterium coli für Bernsteinsäure=100 gesetzt wird, ist er für Arabinose 0,8[14]. Es werden genaue Angaben über Spaltung von Arabinose durch Bacterium coli gegeben[15]. Arabinose als Kohlenstoffquelle der Coli- und Paratyphus-B-Bacillen[16].

Wird durch alle Stämme von Bacterium coli Escherisch, Bacillus acidi lactici Hüppe und Bacillus lactis aerogenes Escherisch vergoren[17]. Bei Vergärung von l-Arabinose bei $p_H = 6,8$ durch mit Bacterium coli infizierte Hefe kann durch Abfangen mit Calciumsulfit Acetaldehyd als Durchgangsstufe des bakteriellen Pentosenabbaues nachgewiesen werden[18]. Arabinose wird von einer Reinkultur eines Granulobaktertypes unvollständig vergoren und die maximal erreichte Acidität bleibt dabei erhalten[19]. — Arabinose, die Speakman[20] bei der Vergärung durch Bacillus granulobacter pectinovorum zu dem abnormalen Typus der Substrate rechnet, führt zu den gleichen Produkten in fast der gleichen Menge wie die Vergärung von Glykose[21].

Der Grad der Vergärung von Arabinose durch die untersuchten aeroben Arten ist gelegentlich schwächer als der mit fakultativ anaeroben Arten. Es werden Aceton, Alkohol, Kohlensäure und andere Säuren gebildet, wobei Art und Menge der Produkte von der Bakterienart und deren Alter abhängen[22].

[1] H. Schmalfuß u. H. Barthmeyer: Ber. dtsch. chem. Ges. **60**, 1035 (1927) — Chem. Zbl. **1927 I**, 3183.

[2] G. Klein: Biochem. Z. **169**, 132 (1926) — Chem. Zbl. **1926 I**, 2321.

[3] Erik Hägglund: Mitt. Nr. 1 Holzchem. Inst. Åbo, Sept. **1922** — Chem. Zbl. **1923 IV**, 505.

[4] F. Fischler u. R. Böttner: Hoppe-Seylers Z. **177**, 264 (1928) — Chem. Zbl. **1928 II**, 2118.

[5] A. Kiesel u. N. Semiganowsky: Ber. dtsch. chem. Ges. **60**, 333—338 (1927) — Chem. Zbl. **1927 I**, 1624.

[6] Pierre Thomas u. Elena Maftei: Bull. Soc. Stiinte Cluj **3**, 41—44 (1926) — Chem. Zbl. **1927 I**, 779.

[7] Zacharias Dische: Biochem. Z. **189**, 77 (1927) — Chem. Zbl. **1928 II**, 1761.

[8] C. C. Palit u. N. R. Dhar: J. of physic. Chem. **32**, 1263 (1928) — Chem. Zbl. **1928 II**, 2549.

[9] M. Levy u. E. A. Doisy: J. of biol. Chem. **77**, 733 — Chem. Zbl. **1928 II**, 534.

[10] Richard Kuhn u. Theodor Wagner-Jauregg: Ber. dtsch. chem. Ges. **58**, 1441 (1925) — Chem. Zbl. **1925 II**, 2205.

[11] W. L. Evans, C. A. Buchler, C. D. Looker, R. A. Crawford u. C. W. Holl: J. amer. chem. Soc. **47**, 3085 (1925) — Chem. Zbl. **1926 I**, 2183.

[12] B. Glaßmann: Hoppe-Seylers Z. **150**, 16 (1925) — Chem. Zbl. **1926 I**, 1465.

[13] H. Riffart: Biochem. Z. **131**, 78 (1922) — Chem. Zbl. **1923 II**, 827.

[14] Juda Hirsch, Quastet u. Margaret Dampier Whetham: Biochemic. J. **19**, 645 (1925) — Chem. Zbl. **1926 I**, 967.

[15] P. Rona u. H. W. Nicolai: Biochem. Z. **172**, 212 (1926) — Chem. Zbl. **1926 II**, 777.

[16] H. Braun u. R. Goldschmidt: Zbl. Bakter. I **109**, 353 (1928) — Chem. Zbl. **1929 I**, 763.

[17] Hermann Hees u. Caspar Tropp: Zbl. Bakter. I **100**, 273—284, 1 Tafel (1926) — Chem. Zbl. **1927 I**, 760.

[18] A. Gottschalk: Hoppe-Seylers Z. **168**, 136 (1927) — Chem. Zbl. **1927 II**, 2074.

[19] Guy C. Robinson: J. of biol. Chem. **53**, 125 (1922) — Chem. Zbl. **1922 III**, 1382.

[20] Horace B. Speakman: J. of biol. Chem. **58**, 395 (1923) — Chem. Zbl. **1924 I**, 2923.

[21] W. H. Peterson, E. B. Fred u. E. G. Schmidt: J. of biol. Chem. **60**, 627—631 — Chem. Zbl. **1924 II**, 2175.

[22] E. B. Fred, W. H. Peterson u. J. A. Anderson: J. of Bacter. **8**, 277 (1923) — Chem. Zbl. **1924 II**, 483.

Wird durch diejenigen Rassen von Milchsäurebakterien, die Fructose unter Bildung von Mannit vergären, in Milchsäure und Essigsäure gespalten (Lactobacillus pentoaceticus). Dieselben Rassen spalten Lactose, Melezitose und Dulcit nicht. Von denjenigen Rassen, die bei der Vergärung von Fructose keinen Mannit produzieren, spaltet die eine Art (Lactobacillus pentosus) ebenfalls Arabinose, auch Xylose und Lactose, nicht aber Melezitose. Die andere Art (Lactobacillus arabinosus) zerlegt nur Arabinose neben Lactose und Melezitose, nicht dagegen Xylose oder Dulcit[1].

Unter ähnlichen Verhältnissen, wie bei Rohrzucker, zeigte sich eine beträchtliche Abnahme der Trockensubstanz der Hefe in Gegenwart von Arabinose[2]. Es wurden 50 Bakterienstämme auf die Fähigkeit mit Arabinose Säure zu bilden, untersucht[3]. l-Arabinose wird durch Milzbrandbacillen nicht vergoren[4]. Die von Csontos[5] aus Kadavern von an Geflügelcholera verendeten Tieren gezüchteten Bacillus bipolaris avisepticus-Stämme zersetzten Arabinose nicht[5]. Es wurde die Wirkung 21 verschiedener Bacillen der Salmonellagruppe auf Arabinose untersucht durch Feststellung der Säureentstehung und Gasentwicklung neben colorimetrischer und elektrometrischer p_H-Bestimmung[6].

Wird von Paratyphus-B-, Paratyphus-B-Gärtner- und NH_3-assimilierende Typhusbacillen bei Anwendung von NH_3 als einziger N-Quelle, assimiliert[7]. Einige der mannitbildenden Bakterien der Kultur Nr. 26 vergären Arabinose[8]. In Eiweißlösung suspendierte Hefe mit Arabinoselösung versetzt, absorbiert diesen Zucker nicht[9]. Wird aus wässeriger Lösung von Backhefe nicht adsorbiert[10]. Zymin greift praktisch die Arabinose nicht an[11]. Wird durch milchzuckervergärende Hefen der Rohmilch nicht vergoren[12]. — Sterigmatocystis niger bildet aus Arabinose keine Säure[13]. Gärung mit Clostridium thermocellum[14]. Ausnutzung von Arabinose beim Wachstum von Aspergillus niger[15]. Einwirkung von Aspergillus fumaricus[16]. — Citronensäurebildung[17].

Derivate: Triacetyl-l-arabinose. Erhältlich bei der Destillation des Diacetylarabinals als eine zweite Fraktion. Siedep. 117—119°, bei 0,3—0,5 mm. Reduziert Fehlingsche Lösung, rötet fuchsinschweflige Säure; $[\alpha]_D^{23} = +26,1°$ in Chloroform. Gibt mit Essigsäureanhydrid und Na-Acetat das Tetraacetat[18].

β-**Tetraacetyl-l-arabinose** $C_{13}H_{18}O_9$. Aus Arabinose mit Essigsäureanhydrid und geschmolzenem Na-Acetat; es krystallisiert nur das l(+)-Derivat; aus Alkohol umkrystallisiert zeigt der Schmelzp. 96—97°; $[\alpha]_D^0 = +42,7°$ in Chloroform[18]. Durch Acetylierung von Arabinose

---

[1] E. B. Fred, W. H. Peterson u. J. A. Anderson: J. of biol. Chem. **48**, 385—411 (1921) — Chem. Zbl. **1922 I**, 507.

[2] Th. Bokorny: Allg. Brauer- u. Hopfen-Ztg **1922**, 1057, 1149 — Chem. Zbl. **1923 I**, 360.

[3] H. Frohböse: Zbl. Bakter. I **100**, 213—318 (1926) — Chem. Zbl. **1927 I**, 303.

[4] Martin Kristensen: Zbl. Bakter. I **101**, 220—224 (1927) — Chem. Zbl. **1927 I**, 1330.

[5] Josef Csontos: Zbl. Bakter. I **97**, 178 (1926) — Chem. Zbl. **1926 I**, 2371.

[6] Frank Wokes u. Joseph H. Irwin: Pharm. J. **118**, 747—751 — Chem. Zbl. **1927 II**, 1481.

[7] H. Braun u. C. E. Cahn-Bronner: Biochem. Z. **131**, 226 (1922) — Chem. Zbl. **1923 I**, 965.

[8] H. R. Stiles, W. H. Peterson u. E. B. Fred: J. of biol. Chem. **68**, 643 (1925) — Chem. Zbl. **1926 I**, 425.

[9] Michael Somogyi: Proc. Soc. exper. Biol. a. Med. **24**, 320—321 (1927) — Ber. Physiol. **40**, 587 (1927) — Chem. Zbl. **1927 II**, 1713.

[10] Albert L. Raymond u. J. G. Blanco: J. of biol. Chem. **79**, 649 (1928) — Chem. Zbl. **1929 I**, 680.

[11] M. Schön u. E. Elion: C. r. Soc. Biol. Paris **98**, 4 — Brewes J. **64**, 144 — Chem. Zbl. **1928 I**, 2951.

[12] Ernst Trüper: Milchwirtsch. Forschgn **6**, 351 (1928) — Chem. Zbl. **1928 II**, 1276.

[13] M. Molliard: C. r. Soc. Biol. Paris **90**, 1395 (1924) — Chem. Zbl. **1924 II**, 682 — C. r. Acad. Sci. Paris **178**, 161 (1924) — Chem. Zbl. **1924 I**, 1813.

[14] W. H. Peterson, E. B. Fred u. E. A. Marten: J. of biol. Chem. **70**, 309—317 (1926) — Chem. Zbl. **1927 I**, 470.

[15] Emile F. Terroine u. René Wurmser: C. r. Acad. Sci. Paris **175**, 228 (1922) — Chem. Zbl. **1922 III**, 1383.

[16] Reinhold Schreyer: Biochem. Z. **202**, 131 (1928) — Chem. Zbl. **1929 I**, 1707.

[17] K. Bernhauer: Biochem. Z. **197**, 309 (1928) — Chem. Zbl. **1928 II**, 1342. — H. Amelung: Hoppe-Seylers Z. **166**, 161 (1927) — Chem. Zbl. **1927 II**, 503. — Wl. Butkewitsch: Biochem. Z. **142**, 195 (1923) — Chem. Zbl. **1924 I**, 490.

[18] M. Gehrke u. F. X. Aichner: Ber. dtsch. chem. Ges. **60**, 918 (1927) — Chem. Zbl. **1927 I**, 2723.

mit Essigsäureanhydrid und Pyridin. $[\alpha]_D^{18} = +41,8°$ in Chloroform[1]. Die Umwandlung von Bromacetyl-l-arabinose in Tetraacetyl-l-arabinose erfolgt mit einer Waldenschen Umkehrung[2].

Dicarbomethoxy-l-arabinosemonocarbonat[3] $C_{10}H_{12}O_{10}$. Aus Alkohol seidige Nadeln vom Schmelzp. 137°; $[\alpha]_D = +39,5°$ (in Aceton).

Tetracarbomethoxy-l-arabinose[3] $C_{13}H_{18}O_{13}$. Entsteht durch Kondensation der Arabinose mit Chlorkohlensäuremethylester in Gegenwart von Pyridin. Aus Äther Platten vom Schmelzp. 123°; $[\alpha]_D = +126,6°$ (in Aceton). Bei der Darstellung dieser Verbindung entsteht ein öliges Nebenprodukt, das sich aus der ätherischen Lösung des Rohproduktes zuerst ausscheidet. Es zeigt den Siedep. 219—220° bei 0,4 mm und $[\alpha]_D = +89,3° \to 95,4°$ (in Aceton). Ist offenbar nicht einheitlich.

Isomere Tetracarbomethoxyl-l-arabinose[3]. Höchstwahrscheinlich strukturidentisch mit Tetracarbomethoxy-l-arabinose. Aus Arabinose mit Chlorkohlensäuremethylester mittels Na in abs. Äther. Aus Äther Krystalle vom Schmelzp. 186°; $[\alpha]_D = -16,4°$ (in Aceton).

Tetracarboäthoxy-l-arabinose[3] $C_{17}H_{26}O_{13}$. Öl vom Siedep. 230° bei 0,4 mm; $[\alpha]_D = +98,8° \to 96,9°$ (Endwert nach 168 Stunden), $n_D = 1,4475$.

Acetohalogen-l-arabinosen. Während die übrigen Halogenacylzucker stets als α-Formen erkannt wurden, sind die entsprechenden Derivate der Arabinose als β-Formen bezeichnet worden. Dieser abweichenden Bezeichnung entspricht indessen keine strukturelle Ausnahmestellung der Arabinose. Sie ist lediglich begründet in der von Emil Fischer eingeführten Nomenklatur der Zucker, wonach der d-Galaktose sterisch die l-Arabinose verwandt ist, nicht aber die d-Arabinose, und der von Hudson begründeten Nomenklatur der α- und β-Formen der Zucker[4].

β-Fluortriacetyl-l-arabinose[4] $C_{11}H_{15}O_7F$. Aus β-Tetraacetyl-l-arabinose mittels Fluorwasserstoff. Nadeln aus siedendem Wasser. Schmelzp. 117—118°. Nach dreimaligem Umkrystallisieren $[\alpha]_D^{20} = +138,02°$ (0,6017 g in 24,9767 ccm Chloroform, 4-dm-Rohr). Nach viermaligem Umkrystallisieren $[\alpha]_D^{20} = +138,18°$; schmeckt und riecht nicht. Leicht löslich in organischen Lösungsmitteln, daraus schlecht umkrystallisierbar.

β-Chlortriacetyl-l-arabinose[4] $C_{11}H_{15}O_7Cl$. Aus l-Arabinose durch Erhitzen mit überschüssigem Acetylchlorid in Gegenwart von Zinkchlorid. Krystalle aus Äther. Schmelzp. 146—147°. Leicht löslich in organischen Mitteln außer Petroläther. $[\alpha]_D = +244,4$ in Chloroform. Aus Tetraacetylarabinose mit Titantetrachlorid. Schmelzp. 146°; $[\alpha]_D^{18} = +242,61°$ in Chloroform[1].

β-Bromtriacetyl-l-arabinose[4] $C_{11}H_{15}O_7Br$. Krystalle aus Äther. Schmelzp. 138—139°, weniger beständig als die Chlorverbindung. $[\alpha]_D^{20} = +287,11$ in Chloroform. $[\alpha]_D = +288°$ in Chloroform[4]. — Die Umwandlung in Tetraacetyl-l-Arabinose erfolgt mit einer Waldenschen Umkehrung[4].

Aus Tetraacetylarabinose mit HBr in Eisessig. Krystalle aus Äther vom Schmelzp. 139° (Zersetzung). Ist an der Luft unbeständig, verwandelt sich in eine schwarze, ölige Masse; l(+)-Derivat. $[\alpha_D^{20}] = +283,6°$ (in Chloroform)[5].

Verbesserte Darstellung: 10 g feinst gepulverte l-Arabinose werden mit 50 ccm frisch destilliertem Essigsäureanhydrid versetzt, auf 0° gekühlt und unter weiterer Eiskühlung trockener Bromwasserstoff in lebhaftem Strome eingeleitet. Eine Beimischung von Bromdämpfen zu dem Bromwasserstoff ist zu vermeiden. Wenn das Essigsäureanhydrid mit Bromwasserstoff gesättigt ist, geht die Arabinose ziemlich rasch (innerhalb 5—10 Minuten) in Lösung. Dabei ist kräftiges Umschütteln erforderlich, da sie sich sonst zu einer halbfesten gelbgefärbten Masse zusammenballt, die nicht mehr in Lösung zu bringen ist. Bei richtigem Arbeiten verschwindet die Arabinose bis auf ganz geringe Spuren. Man leitet nun noch eine weitere Viertelstunde Bromwasserstoff ein, verdünnt hierauf die dickflüssige, gelbe Lösung mit 150 ccm Chloroform und wäscht unter guter Kühlung 3mal mit je 50 ccm Wasser. Dann wird im Scheidetrichter mit Natriumbicarbonatlösung bis zur neutralen Reaktion der Chloro-

---

[1] Heinz Ohle, Wladimir Marecek u. Walter Bourjau: Ber. dtsch. chem. Ges. **62**, 833 (1929) — Chem. Zbl. **1929 I**, 2745.

[2] C. S. Mudson u. F. P. Phelps: J. amer. chem. Soc. **46**, 2591 (1924) — Chem. Zbl. **1925 I**, 640.

[3] W. N. Haworth u. W. Maw: J. chem. Soc. Lond. **1926**, 1751 — Chem. Zbl. **1926 II**, 2556 — J. chem. Soc. Lond. **125**, 1223 — Chem. Zbl. **1924 II**, 2023.

[4] C. S. Hudson u. F. P. Phelps: J. amer. chem. Soc. **46**, 2591 (1924) — Chem. Zbl. **1925 I**, 640. — C. S. Hudson u. J. K. Dale: J. amer. chem. Soc. **40**, 994 (1918).

[5] M. Gehrke u. F. X. Aichner: Ber. dtsch. chem. Ges. **60**, 918 (1927) — Chem. Zbl. **1927 I**, 2723.

formschicht und schließlich wieder mit Wasser gewaschen. Die farblose bis schwach gelbe Lösung wird über Chlorcalcium getrocknet und das Lösungsmittel im Vakuum abdestilliert. Meistens erstarrt der Rückstand von selbst zu einem farblosen Krystallbrei. Sollte er nicht krystallisieren, so nimmt man den Sirup in wenig Äther auf, kühlt in einer Kältemischung und bringt ihn durch Reiben mit dem Glasstab zur Krystallisation. Die Krystallmasse wird abgesaugt und mit eiskaltem Äther gewaschen, bis sie nicht mehr klebrig ist. Man erhält so ein farbloses Präparat vom Schmelzp. 120—130° in einer durchschnittlichen Ausbeute von 16 g [1].

β-Jodtriacetyl-l-arabinose [2] $C_{11}H_{15}OJ$. Aus α-Tetraacetyl-l-arabinose in Eisessig + Jodwasserstoffeisessig bei gewöhnlicher Temperatur. Nach 1 Stunde wird auf Eis gegossen, mit Chloroform ausgeschüttelt. Farblose Krystalle aus Äther. Die ätherische Lösung wird beim Erwärmen gelb, schließlich dunkelbraun. $[\alpha]_D^{20} = +339,06°$ in Chloroform. Ziemlich unbeständig. Unter vermindertem Druck über Natriumhydroxyd im Eisschrank längere Zeit beständig.

Salz der Triacetyl-α-l-arabinosido-1-schwefelsäure mit Triacetyl-α-l-arabinosido-1-pyridiniumhydroxyd [3] $C_{27}H_{35}O_{18}NS$. Nadeln aus abs. Alkohol, Schmelzp. 153°; $[\alpha]_D^{18} = +27,97°$ in Chloroform.

l(+)-Tetrabenzoylarabinose [4] $C_{33}H_{26}O_9$. Farblose Nadeln aus abs. Alkohol. Schmelzpunkt 153°, $[\alpha]_D^{22} = +300,8°$ (in Chloroform) [4].

Monoaceton-l-arabinose [5] $C_8H_{14}O_5 + \frac{1}{2}H_2O$. Da die Verbindung warme Fehlingsche Lösung reduziert, muß das an 1—C haftende OH frei sein. Trotzdem konnte keine Mutaration wahrgenommen werden. Ob eine β-Form oder ein Gleichgewichtsgemisch vorliegt und welche Konstitution der Verbindung zukommt, kann noch nicht gesagt werden. Zur Darstellung werden 1 g l-Arabinose, 50 g $CuSO_4$ und 1 l Aceton 8 Tage geschüttelt, eingedampft, der Sirup wird in Äther gelöst, mit Kohle geklärt, dann Benzin zugesetzt und das am folgenden Tag ausgeschiedene Produkt (0,2 g) aus Äther + Benzin umkrystallisiert und mit Toluol gewaschen. Lufttrocken asbestartige Nadeln, Schmelzp. 80°, $[\alpha]_D^{20} = +128,8°$ in Wasser, nach Trocknen über P_2O_5 im Vakuum bei 70° wasserfreie Nädelchen, die bei 103° sintern und bei 110° schmelzen [5].

Diaceton-l-arabinose [6]. 12 g Arabinose werden mit 300 ccm reinstem Aceton und 12 ccm konzentrierter Schwefelsäure 7 Stunden geschüttelt, mit Natronlauge neutralisiert, filtriert, abdestilliert, mit Petroläther ausgeschüttelt. Ausbeute 92—93% an krystallisierter Substanz. Siedep. bei 1 mm 85—87°, bei 2 mm 90—91°, Schmelzp. 41—42°; $[\alpha]_{Hg\ gelb}^{18} = +5,5° \pm 0,2°$ in Wasser. Sie wird von 0,1—0,2proz. Salzsäure gar nicht, von 0,5proz. Salzsäure äußerst langsam angegriffen und von 2proz. Salzsäure direkt zu Arabinose hydrolysiert. — Ein Zwischenprodukt konnte nicht gefällt werden.

l-Arabinosedicarbonat-(1, 5) [7] $C_7H_6O_7$.

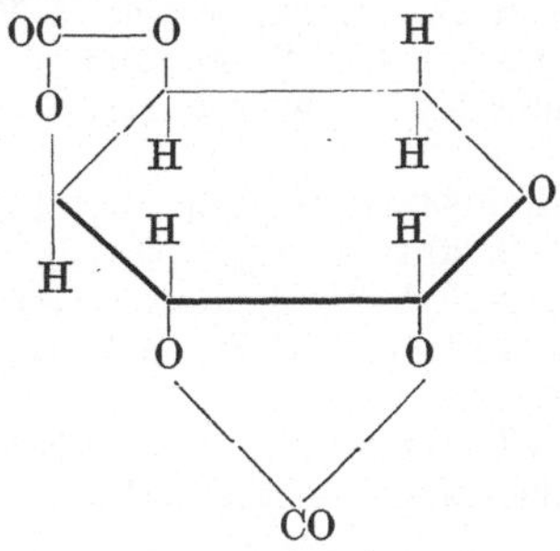

---

[1] J. Meisenheimer u. H. Jung: Ber. dtsch. chem. Ges. **60**, 1462 (1927) — Chem. Zbl. **1927 II**, 1017.

[2] D. H. Brauns: J. amer. chem. Soc. **46**, 1484 (1924) — Chem. Zbl. **1924 II**, 1176.

[3] Heinz Ohle, Wladimir Marecek u. Walter Bourjau: Ber. dtsch. chem. Ges. **62**, 833 (1929) — Chem. Zbl. **1929 I**, 2745.

[4] M. Gehrke u. F. X. Aichner: Ber. dtsch. chem. Ges. **60**, 918 (1927) — Chem. Zbl. **1927 I**, 2723.

[5] H. Ohle u. G. Berend: Ber. dtsch. chem. Ges. **60**, 810 (1927) — Chem. Zbl. **1927 I**, 2192. — H. Ohle u. K. Spancker: Ber. dtsch. chem. Ges. **59**, 1863 (1926) — Chem. Zbl. **1926 II**, 2556.

[6] Olaf Svanberg u. Slig W. son Bergman: Ark. Kemi, Mn. och Geol. (schwed.) **9**, 1 (1923) — Chem. Zbl. **1924 I**, 1022.

[7] Walter Norman Haworth u. Charles Raymond Porter: J. chem. Soc. Lond. **1930**, 151 — Chem. Zbl. **1930 I**, 3029.

Aus l-Arabinose und Phosgen in Gegenwart von Pyridin. Harte Prismen aus Wasser. Schmelzpunkt 200—202° unter Zersetzung, die im Vakuum bei 180—190° sublimieren. $[\alpha]_{5780}^{25} = +61,3°$; $[\alpha]_{5461}^{28} = +66,0°$ in 67proz. wässerigem Aceton. Schwer löslich in Chloroform, erheblich leichter löslich in Essigester, Alkohol, Wasser und Aceton.

l-Arabinose-n-propylmecaptal $C_5H_{10}O_4(SC_3H_7)_2$. Arabinose wird in der gleichen Menge HCl | D · 1,20 | gelöst unter Zugabe von etwas mehr als die berechnete Menge n-C_3H_7SH, läßt über Nacht stehen und krystallisiert aus verdünntem Alkohol um. Weiße Nadeln. Schmelzpunkt 128°. $[\alpha]_D^{17} = +29°$ [1].

l-Arabinose-n-butylmercaptal [1] $C_5H_{10}O_4(SC_4H_9)_2$. Entsteht durch Kondensation der Arabinose mit n-Butylmercaptan in Gegenwart von konzentrierter HCl. Schmelzp. 111,5°; $[\alpha]_D^8 = +14,00°$ [1].

l-Arabinose-isobutyl-mercaptal [2] $C_5H_{10}O_4(S · C_4H_9)_2$. Schmelzp. 123°, $[\alpha]_D^{14} = +20,0°$.

l-Arabinose-dibenzyl-mercaptal [3]. Schmelzp. 144°; $[\alpha]_D^{20} = -18,86°$ in Pyridin.

l-Arabinoseharnstoff [4] $C_6H_{12}O_5N_2 + H_2O$. 30 g Arabinose und 24 g Harnstoff in 30 ccm Wasser gelöst werden mit 2 ccm konzentrierter Salzsäure versetzt und 14 Tage bei 50° aufbewahrt. Nach dem Abkühlen krystallisiert der Arabinoseharnstoff aus. Er wird aus wässerigem Alkohol umkrystallisiert. Ausbeute 12,3 g. Enthält 1 Mol Krystallwasser, das es bei 12 mm und 100° über P_2O_5 verliert. Beginnt gegen 180° zu sintern, schmilzt unter Zersetzung gegen 193°. Reduziert Fehlingsche Lösung in der Hitze erst allmählich. I. $[\alpha]_D^{18} = +51,5°$, II. $[\alpha]_D^{25} = +51,1°$ in Wasser. Löslich in Wasser (1:10), schwer löslich in Methylalkohol, Alkohol und Pyridin, unlöslich in anderen Lösungsmitteln.

Triacetyl-l-arabinoseharnstoff [4] $C_{12}H_{18}O_8N_2$. Aus Arabinoseharnstoff in abs. Pyridin mit Essigsäureanhydrid. Weiße Krystalle aus abs. Alkohol. Beginnt gegen 210° zu sintern, Schmelzp. 212° unter Zersetzung. Reduziert Fehlingsche Lösung erst nach Kochen. I. $[\alpha]_D^{24} = +45,9°$, II. $[\alpha]_D^{18} = +46,8°$ in Pyridin. Leicht löslich in Pyridin, Aceton, heißem Wasser, ziemlich schwer in Methylalkohol und Alkohol, in Essigester und Chloroform, sehr schwer in Benzol, Äther, Tetrachlorkohlenstoff und Ligroin [4].

Di-l-Arabinoseharnstoff [4] $C_{11}H_{20}O_9N_2$. Aus Hexabenzoyldi-l-arabinoseharnstoff in Pyridin und Wasser bei 0° mit Ammoniakgas. Prismen aus heißem Wasser + Alkohol. Verfärbt sich gegen 205°, zersetzt sich gegen 227° unter Aufschäumen. $[\alpha]_D^{19} = +62,1°$. Leicht löslich in Wasser, schwer-bis unlöslich in den meisten organischen Lösungsmitteln.

Hexabenzoyldi-l-arabinoseharnstoff [4] $C_{53}H_{44}O_{15}N_2$. Aus Arabinoseharnstoff in Pyridin mit Benzoylchlorid. Krystalle aus Pyridin + Alkohol. Enthält Krystall-Alkohol. Weiße Nädelchen, schmilzt nach geringem Sintern von 250° an bei 260—261° unter Zersetzung. $[\alpha]_D^{19} = +163,0°$ und $[\alpha]_D^{18} = +164,5°$ in Pyridin. Sie ist leicht löslich in Pyridin, Aceton und Nitrobenzol, ziemlich leicht in Chloroform, schwer in Bromoform, Essigester, Benzol, sehr schwer bis gar nicht in Methylalkohol, in Wasser und in Äther. Reduziert Fehlingsche Lösung erst nach energischer saurer Hydrolyse (Eisessig-Salzsäure), da die Substanz vorher in Wasser zu schwer löslich ist [4].

l-Arabinose-2,4-dichlorphenylhydrazon [5]. Schmelzp. 161°.

Arabinose-2,4-dibromphenylhydrazon [6] $C_{11}H_{14}O_4N_2Br_2$. Krystalle aus Alkohol vom Schmelzp. 161°. Leicht löslich in Methylalkohol, Aceton; wenig löslich in Äther, Benzol.

Arabinose-2,5-dibromphenylhydrazon [7] $C_{11}H_{14}O_4N_2Br_2$. Aus sehr verdünntem Alkohol Nädelchen vom Schmelzp. 170—175° [8].

Arabinose-3,4-dibromphenylhydrazon [9]. Aus alkalischer Lösung mit Äther gefällt schmilzt bei 82—83°. Wurde nicht völlig rein erhalten [10].

[1] Y. Maeda u. Y. Uyeda: Bull. chem. Soc. Japan 1, 181 (1926) — Chem. Zbl. 1926 II, 2782.

[2] Yoshiouke Uyeda: Bull. chem. Soc. Jap. 4, 264 (1929) — Chem. Zbl. 1930 I, 1287.

[3] Eugen Pacsu u. Nada Ticharich: Ber. dtsch. chem. Ges. 62, 3008 (1929) — Chem. Zbl. 1930 I, 512.

[4] B. Helferich u. W. Kosche: Ber. dtsch. chem. Ges. 59, 69 (1926) — Chem. Zbl. 1926 I, 1967.

[5] E. Votoček u. L. Rys: Collect. Trav. chim. Tschécoslovaquie 1, 346 (1929) — Chem. Zbl. 1929 II, 1283.

[6] E. Votoček, V. Ettel u. B. Koppova: Bull. Soc. Chim. France (4) 39, 278 (1926) — Chem. Zbl. 1926 I, 2905.

[7] Emile Votoček u. R. Lukeš: Bull. Soc. Chem. France (4) 35, 868 (1924) — Chem. Zbl. 1924 II, 1683.

[8] E. Votoček u. R. Lukeš: Chem. Listy 22, 217 (1928) — Chem. Zbl. 1929 I, 1684.

[9] E. Votoček u. P. Jirů: Bull. Soc. Chim. France (4) 33, 918 (1923) — Chem. Zbl. 1923 III, 1214.

[10] E. Votoček u. P. Jirů: Chem. Listy 18, 113 (1925) — Chem. Zbl. 1925 II, 1026.

Arabinose-diphenylmethan-dimetyl-di-hydrazon[1] $C_{20}H_{28}O_4N_4$

$$C_5H_{10}O_4{=}N{-}N{-}C_6H_4{-}CH_2{-}C_6H_4{-}N{-}NH_2$$
$$\qquad\qquad\quad \overset{|}{CH_3} \qquad\qquad\qquad\quad \overset{|}{CH_3}$$

Entsteht bei Anwendung von 6 Mol Dihydrazin in einer Ausbeute von 15%, mit 2 Mol zu 5%. — Aus Alkohol. Krystalle. Schmelzp. 155°. — Zur Spaltung verfährt man am besten folgendermaßen: 10 Gewichtsteile Zuckerdihydrazon, 25 Volumteile Pyridin, 25 Volum Wasser, 15 Volumteile 30 proz. Formaldehydlösung werden über kleiner Flamme bis zur bald eintretenden Klärung erhitzt und dann $^1/_2$ Stunde auf dem Wasserbad gehalten, wobei sich das Formaldehyddihydrazon als zähes Öl abscheidet, mit Wasser versetzt, filtriert, im Vakuum eingedampft, mit Wasser aufgenommen, abermals im Vakuum eingedampft, in Wasser gelöst, mit Tierkohle geklärt und zum Sirup eingedickt. Erhalten 62% der Theorie an Arabinose.

d-Arabinose (Bd. II, S. 289; Bd. VIII, S. 114; Bd. X, S. 381).

Bezeichnung:

H
OH
OH
———
d, d, l

d(–)-Arabinose[2].

Darstellung: Durch Abbau des Pentaacetylglykonsäurenitrils mit Natriummethylat in Chloroformlösung[3].

Physiolologische Eigenschaften: d- und l-Arabinose wird durch die Froschniere unverändert durchgelassen[4].

Derivate: β-Chloracetyl-d-arabinose. $[\alpha]_D = -244°$ in Chloroform[5].

β-Bromacetyl-d-arabinose. $[\alpha]_D = -288°$ in Chloroform[5].

d(—)-Tetrabenzoylarabinose[6] $C_{33}H_{26}O_9$. $[\alpha]_D^{20} = -301,1°$ (in Chloroform).

d, l-Arabinose (Bd. II, S. 291; Bd. X, S. 382).

Vorkommen: Im Harn[7].

d-Xylose Bd. II, S. 292; Bd. VIII, S. 114; Bd. X, S. 382).

Bezeichnung:

OH
H
OH
———
d, l, d—

d(+)-Xylose[2].

Konstitution: Besitzt eine amylenoxydische Struktur[8]:

$$CH(OH)$$
$$H{-}C{-}OH$$
$$HO{-}C{-}H$$
$$H{-}C{-}OH$$
$$CH_2$$

(O)

[1] Julius von Braun u. Otto Bayer: Ber. dtsch. chem. Ges. **58**, 2215 (1925) — Chem. Zbl. **1926 I**, 887.

[2] A. Wohl u. K. Freudenberg: Ber. dtsch. chem. Ges. **56**, 312 (1923).

[3] Géza Zemplén u. Dionys Kiss: Ber. dtsch. chem. Ges. **60**, 166 (1927).

[4] F. Wankell: Pflügers Arch. **208**, 604 — Chem. Zbl. **1925 II**, 1371.

[5] C. S. Hudson u. F. P. Phelps: J. amer. chem. Soc. **46**, 2591 (1924) — Chem. Zbl. **1925 I**, 640.

[6] M. Gehrke u. F. X. Aichner: Ber. dtsch. chem. Ges. **60**, 918 (1927) — Chem. Zbl. **1927 I**, 2723.

[7] A. N. Wrzesnewski: Biochem. Z. **132**, 135 (1922) — Chem. Zbl. **1923 II**, 1296.

[8] W. N. Haworth: Nature (Lond.) **116**, 430 (1925) — Chem. Zbl. **1926 I**, 881.

Geschichte der Entdeckung, Identifizierung und Darstellung im Zustande hoher Reinheit und größerer Menge[1].

Vorkommen: In den Samenhaaren von Asclepias syriaca[2]. In Rhamnus frangula[3]. In den Schößlingen von Phyllostachis quilioli F. M.[4]. — In der Sulfitablauge 0,283%[5]. —

Bildung: Bildet sich beim Aufschluß von Fichtenholz mit Natriumbisulfit[6]. Bei der Säurehydrolyse der aus amerikanischer Weißeiche dargestellten Hemicellulose[7]. Bei der Hydrolyse des Holzes mit verdünnter Säure[8]. Die Hydrolyse der Sägespäne des Bambus „Mōsōchiku" mit 7proz. H_2SO_4 ergab 3,7% krystallisierte Xylose[9]. Bei der Verzuckerung von Xylan mit Schneckenenzymlösung in Gegenwart von Citrat oder Phosphatpuffer. Höchster Abbau bei 36° 60%. Ein aus Grünmalz bereiteter Malzenzymextrakt liefert in Gegenwart von Phosphatpuffer ebenfalls Xylose. Der Abbau beträgt nur 28,8%[10]. Entsteht bei Abbau des Xylans durch die Cytase des Malzes. Unter günstigsten Bedingungen gelingt es, in 48 Stunden 70—75% des Xylan in Xylose zu überführen. Im Darrmalze können kleine Mengen Xylose nachgewiesen werden, die infolge der Wirksamkeit der Cytase während der Keimung entstanden sind[11]. Bei der Hydrolyse der Primverose[12], des Digitonins[13], des Gentiacaulosids[14], des Rhamnicosids[15].

Darstellung: Aus Xylan mit verdünnter Schwefelsäure, Salzsäure[16] oder 3proz. Salpetersäure[17]. — Aus Maiskolben: Man kocht 1 kg gebrochene Maiskolben mit 6 l 4proz. Schwefelsäure 2 Stunden und preßt ab. Gibt man zum Filtrat noch 3 l Säure, so kann die Lösung zum Hydrolysieren eines zweiten, aber nicht eines dritten kg Maiskolben dienen. Die vereinigten Filtrate neutralisiert man nahe zum Siedepunkt mit Bariumcarbonat auf Kongo, preßt ab, klärt mit Norit und engt unter vermindertem Druck zu einem dünnen Sirup ein. — Will man sofort einen sehr reinen Rohzucker gewinnen, so kann man jetzt 2 Raumteile Alkohol zusetzen und die sich abscheidenden Verunreinigungen vor weiterem Einengen abpressen. Man kann aber auch sofort weiter zum dicken Sirup einengen, aus dem auf Zusatz von Alkohol oder Methylalkohol Xylose schnell völlig auskrystallisiert. Ausbeute 12%. Setzt man 1 Raumprozent konzentrierter Salpetersäure zu dem zum Waschen benutzten Alkohol, so kann der Zucker leicht völlig weiß erhalten werden[18]. Baumwollsamenkleie wird zunächst mit Wasser bei 10 Atmosphären gekocht, wobei viele gummiartige und salzartige Bestandteile entfernt werden. Die Hydrolyse mit 0,16n-Schwefelsäure liefert nachher krystallisierte Xylose in einer Ausbeute von 9% der angewandten Kleie[19].

---

[1] T. S. Harding: Sugar **24**, 14 (1922) — Chem. Zbl. **1922 III**, 428 — Sugar **25**, 124 (1923) — Chem. Zbl. **1923 IV**, 1008.

[2] A. W. Schorger: Ind. Chem. **17**, 642 (1925) — Chem. Zbl. **1926 I**, 135.

[3] J. A. Gunton u. G. D. Beal: J. amer. pharmaceut. Assoc. **11**, 669 (1922) — Chem. Zbl. **1923 I**, 1515.

[4] S. Komatsu u. Y. Sasaoka: Bull. Chem. Soc. Japan **2**, 57 (1927) — Chem. Zbl. **1927 I**, 2656.

[5] A. Lottermoser u. E. Mathiesen: Technologie u. Chemie d. Papier- u. Zellstoffabrikation **26**, 37 (1929) — Chem. Zbl. **1929 I**, 2716.

[6] E. Hägglund u. H. Boedecher: Acta Acad. Alvenois math.-phys. **4**, Nr 4, 1 (1927) — Chem. Zbl. **1928 I**, 607.

[7] M. H. O'Droyer: Biochemic. J. **17**, 501 (1923) — Chem. Zbl. **1923 III**, 1622.

[8] K. Sieber: Papierfabr. **21**, 317 (1923) — Chem. Zbl. **1923 IV**, 680. — E. C. Sherrard u. G. W. Blanco: Ind. Chem. **15**, 611 (1923) — Chem. Zbl. **1923 IV**, 886.

[9] Y. Ueda, K. Kasama u. K. Kimura: Cellulose Ind. **4**, 12 — Chem. Zbl. **1928 II**, 157.

[10] M. Ehrenstein: Helvet. chim. Acta **9**, 332 (1926) — Chem. Zbl. **1926 I**, 3028.

[11] H. Lüers u. W. Volkamer: Wschr. Brauerei **45**, 83, 95 — Chem. Zbl. **1928 I**, 2263.

[12] Marc Bridel: C. r. Acad. Sci. Paris **179**, 780—782 (1924) — Chem. Zbl. **1925 I**, 41.

[13] H. Kiliani: Ber. dtsch. chem. Ges. **59**, 2462 (1926) — Chem. Zbl. **1927 I**, 442.

[14] Marc Bridel: J. Pharmacie (8) **1**, 371 (1925) — Chem. Zbl. **1925 II**, 408.

[15] M. Bridel u. C. Charaux: C. r. Acad. Sci. Paris **180**, 1047 (1925) — Chem. Zbl. **1925 II**, 1452,

[16] Emil Heuser u. Ludwig Brunner: J. prakt Chem. (2) **104**, 259 (1922) — Chem. Zbl. **1923 I**, 504.

[17] E. Heuser u. G. Jayme: J. prakt. Chem. (2) **105**, 232 (1923) — Chem. Zbl. **1923 III**, 367. — E. Heuser u. L. Brunner: J. prakt. Chem. (2) **104**, 264 (1923) — Chem. Zbl. **1923 I**, 505.

[18] T. S. Harding: Sugar **25**, 124 (1923) — Chem. Zbl. **1923 IV**, 1008. — A. R. Ling u. D. R. Nanji: J. chem. Soc. Lond. **123**, 620 (1923) — Chem. Zbl. **1923 III**, 1603.

[19] W. L. Hall, C. S. Slater u. S. F. Acree: Bureau Standards Iren Res. **4**, 329 (1930) — Chem. Zbl. **1930 II**, 333.

Nachweis und Bestimmung: Xylose liefert bei Behandlung mit $NaHCO_3$ Acetol, das mit Hilfe der Reaktion mit o-Aminobenzaldehyd leicht nachgewiesen werden kann[1]. Das ungetrocknete und bei Zimmertemperatur bei der Furfuroldestillationsmethode erhaltene Phloroglucid besitzt eine Löslichkeit von 10—14% in Alkohol, der lösliche Anteil besteht nicht aus gewöhnlichem Furfurolphloroglucid. Das durch Destillation bei 140—160° erhaltene Phloroglucid ist nach 4stündigem Trocknen bei 95—96° nur zu 1—4% löslich in Alkohol. Genaue Werte werden bei der Destillation bei 160° erhalten bei Berücksichtigung der Gesamtausbeute des Phlorglucids; diese Genauigkeit wird schon bei einem Destillat von 120 ccm erreicht und wird durch Destillation bis 180 ccm nicht erhöht. Wird nur der in Alkohol unlösliche Teil berücksichtigt, erhält man zu niedrige Werte. Bei der Kondensation in der Wärme und ohne Trocknung des Niederschlages bekommt man aus dem extrahierten Phloroglucid ein ähnliches Resultat, wie beim Fällen in der Kälte und Trocknen vor der Extraktion mit Alkohol (Verlust 6%). Konstante Phloroglucidausbeute wird durch Destillation bei 160—180° erhalten. Die Destillation bei 140° gibt zu niedrige Werte[2]. — Verhalten bei der Tollensschen Destillation[3]. — Bestimmung in Pflanzenextrakten nach der Pikrinsäurereduktionsmethode[4] siehe bei Arbeiten allgemeinen Inhalts bei den „Einfachen Zuckerarten". Das Glykoseäquivalent von Xylose wurde für die Methoden von Folin und Wu, Shaffer und Hartmann, MacLean, Benedict und Osterberg (mit Na_2CO_3 und NaOH) und Summer bestimmt. Die Ergebnisse bei den verschiedenen Cu-Methoden stimmen untereinander gut überein und geben niedrigere Werte, als die wieder unter sich übereinstimmenden Pikrat- und Dinitrosalicylatmethoden[5]. Die Benedict-Lewissche Methode wurde abgeändert und für die Ermittelung des Xylosegehaltes aus der Färbung eine Tabelle aufgestellt[6]. Setzt man den Reduktionswert von Glykose nach der Methode von Hagedorn-Jensen gleich 1, so ist die Reduktion von Xylose 0,918[7]. Über die spektrophotometrische Bestimmung der Xylose[8].

Physiologische Eigenschaften: Fetthaltige Samen (Erdnuß) können in nur Xylose enthaltenden Nährlösungen auf Kosten des Zuckers sich normal entwickeln[9]. Bei Versuchen mit Blättern von Reseda odorata in Nährlösungen begünstigt Xylose die Rhodoxanthinbildung nicht[10]. Ist auf die Beweglichkeit der Trypanosomen in vitro ohne Wirkung[11]. Ebenso wie die Glykose hemmen beide mutarotationsisomere Formen der Xylose die Saccharasewirkung[12]. — Beeinflussung der Spaltung des β-Methylglykosids durch die β-Glykosidase des Emulsins durch Xylose[13]. — Die Hemmung der Saponinhämolyse verschiedenen Grades erfolgt bei menschlichen Zellen als Testobjekt durch Xylose, bei Hammelblutkörperchen nicht[14]. Im normalen Kaninchen verschwindet die Xylose in 4 Stunden, beim phlorrhizindiabetischen nach 2 Stunden, beim chloroformvergifteten in 4 Stunden, beim nephritischen in 8 Stunden aus dem Blut. Die Hauptmenge wird sofort ausgeschieden, ein Teil zurückgehalten, ein geringer Teil vielleicht verbrannt[15].

Die pro 100 g Tier in 1 Stunde resorbierte Menge = Absorptionskoeffizient beträgt bei

---

[1] O. Baudisch u. H. J. Denel: J. amer. chem. Soc. **44,** 1581, 1585 (1922) — Chem. Zbl. **1923 IV,** 280, 281.

[2] F. W. Klingstedt: Z. analyt. Chem. **66,** 129 (1925) — Chem. Zbl. **1925 II,** 1478.

[3] Walter Gierisch: Cellulosechemie **6,** 61 (1925) — Chem. Zbl. **1925 II,** 1822.

[4] Walter Thomas u. R. Adams Dutcher: J. amer. chem. Soc. **46,** 1662 (1924) — Chem. Zbl. **1924 II,** 1250.

[5] Isidor Greenwald, Jerome Samet u. Joseph Groß: J. of biol. Chem. **62,** 397—399 (1924) — Chem. Zbl. **1925 I,** 1336.

[6] J. J. Willaman u. F. R. Davison: J. agricult. Res. **28,** 479—488 (1924) — Chem. Zbl. **1925 I,** 1463.

[7] George W. Pucher u. Myron W. Finch: Proc. Soc. exper. Biol. a. Med. **23,** 468—470 (1927) — Ber. Physiol. **38,** 186—187 (1927) — Chem. Zbl. **1927 I,** 1713.

[8] Georg Scheff: Biochem. Z. **147,** 94 (1924) — Chem. Zbl. **1924 II,** 1016.

[9] E. F. Terroine, S. Trautmann u. R. Bonnet: C. r. Acad. Sci. Paris **179,** 342—344 — Chem. Zbl. **1924 II,** 2173.

[10] T. Lippman: C. r. Acad. Sci. Paris **182,** 1040 (1926) — Chem. Zbl. **1926 II,** 2068.

[11] R. Kudicke u. E. Evers: Z. Hyg. **101,** 317 (1924) — Chem. Zbl. **1924 I,** 1551.

[12] H. v. Euler u. K. Josephson: Hoppe-Seylers Z. **132,** 301 (1924) — Chem. Zbl. **1924 I,** 1940.

[13] Karl Josephson: Hoppe-Seylers Z. **147,** 1 (1925) — Chem. Zbl. **1926 I,** 688.

[14] E. Ponder u. W. Ph. Kennedy: Biochemic. J. **20,** 237 (1926) — Chem. Zbl. **1926 II,** 250.

[15] Ralph C. Corley: J. of biol. Chem. **70,** 521—533 (1926) — Chem. Zbl. **1927 I,** 4791.

l-Xylose 0,028[1]. Glykogenbildung auf Zufuhr von Xylose[2]. — Die relative Süßigkeit der Xylose beträgt (Rohrzucker als Bezugswert = 100 gesetzt) 40[3].

Physikalische und chemische Eigenschaften: Verhalten im gewöhnlichen, im parallel-polarisierten und im konvergent-polarisierten Licht, Brechungsindex und Habitus[4]. Verbrennungswärme 3735 cal pro 1 g[5]. Schmelzp. 144°, $[\alpha]_D^{22} = +18,5°$[6]. Einwirkung von überhitztem Wasser auf Xylose[7]. Läßt man eine 1 proz. Xyloselösung zu einer siedenden Lösung von $^1/_{20}$ mol-Natriumcarbonat, die einen Zusatz von 4—6% Natriumsulfit hat, fließen, so erhält man im Destillat Methylglyoxal und Glykolaldehyd[8]. — Xylose, mit der 7—10fachen Menge Schwefelsäure bei Zimmertemperatur $2^1/_2$ Stunden lang stehengelassen, mit der 15fachen Menge der angewandten Schwefelsäure an Wasser zugesetzt und 5 Stunden lang auf dem siedenden Wasserbade erhitzt, wurde in einer Ausbeute von 72,2% wiedergewonnen[9]. Xylose ist gegen bisulfithaltige Kochsäuren weniger empfindlich als Arabinose[10]. Gibt beim Erhitzen mit salzsaurem Resorcin gefärbte Lösungen[11].

Xylose, mit 2 ccm einer 1 promill Tryptophanlösung in konzentrierter HCl auf 100° erhitzt, gibt eine intensiv rotbraune, oder 5 Minuten lang mit einer 1 promill. Tryptophanlösung in Salzsäure zu 1:1 gelöst, erhitzt auf 100°, eine hellbraune Färbung. Holzgummi und Xylan geben ebenfalls diese Reaktion. Mit einer Lösung von Indol in HCl zu 1:1 gibt sie Tiefbraunfärbung[12].

Gärung: Bei 5° aufbewahrte 20proz. Lösung von Xylose bleibt bezüglich ihrer Vergärbarkeit mindestens 12 Monate haltbar[13]. Wenn der Reduktionskoeffizient des Bacterium coli für Bernsteinsäure = 100 gesetzt wird, ist er für Xylose 20[14]. Es werden genaue Angaben über Spaltung von Xylose durch Bact. coli gegeben[15]. d-Xylose wird durch alle Stämme von Bacterium coli Escherich, Bacillus acidi lactici Hüppe und Bacillus lactis aerogenes Escherich vergoren[16]. Bei Vergärung von d-Xylose bei $p_H = 6,8$ mit Bacterium coli infizierte Hefe kann durch Abfangen mit Calciumsulfit Acetaldehyd als Durchgangsstufe des bakteriellen Pentosenabbaues nachgewiesen werden[17].

Die von Stern zur Differentialdiagnose in der Typhus-Paratyphusgruppe empfohlenen, Xylose enthaltenden Nährböden zeigten gegenüber einer größeren Reihe frisch isolierter Typhusstämme keineswegs gleichartiges Verhalten[18]. Von 122 frisch isolierten Typhusstämmen hatten nur 82 die Fähigkeit, Xylose zu vergären. Bei der Züchtung im Laboratorium wird die fragliche Fähigkeit weder erworben noch verloren, so daß von xylosevergärenden Stämmen ebensolche abstammen[19]. Einwirkung von Chlostridium thermocellum[20], von mannitbildenden

[1] Carl F. Cori: Proc. Soc. exper. Biol. a. Med. **22**, 495 (1925) — Chem. Zbl. **1926 I**, 388.

[2] P. Thomas, A. Gadniesen u. R. Imas: C. r. Acad. Sci. Paris **188**, 664 (1929) — Chem. Zbl. **1929 I**, 2897.

[3] A. Biester, M. W. Wood u. C. S. Wahlin: Amer. J. Physiol. **73**, 387 — Chem. Zbl. **1925 II**, 1372.

[4] G. T. Keenan: J. Wash. Acad. Sci. **16**, 433 (1927) — Chem. Zbl. **1927 I**, 1151.

[5] P. Karrer u. W. Fioroni: Helvet. chim. Acta **6**, 396 (1923) — Chem. Zbl. **1923 III**, 1005.

[6] C. Tanaka: Sexagint. Coll. of Papers dedicated to Y. Osaka, in celebration of his 60. Birthday, Kyoto **1927**, 13 — Chem. Zbl. **1928 I**, 20, 80.

[7] S. Komatsu u. C. Tanaka: Sexagint. Coll. of Papers dedicated to Yuhichi Osaka, in celebration of his 60. Birth-day, Kyoto **1927**, 1 — Chem. Zbl. **1928 I**, 2079, 2080.

[8] F. Fischler u. R. Boettner: Hoppe-Seylers Z. **177**, 264 (1928) — Chem. Zbl. **1928 II**, 2118.

[9] A. Kiesel u. N. Semiganowsky: Ber. dtsch. chem. Ges. **60**, 333—338 (1927) — Chem. Zbl. **1927 I**, 1624.

[10] Erik Hägglund: Mitt. Nr. 1 Holzchem. Ind. Åbo, Sept. 1922 — Chem. Zbl. **1923 IV**, 505.

[11] B. Glaßmann: Hoppe-Seylers Z. **150**, 16 (1925) — Chem. Zbl. **1926 I**, 1465.

[12] Pierre Thomas u. Elena Maftei: Bulet. Soc. Stiinte Cluj **3**, 41—44 (1926) — Chem. Zbl. **1927 I**, 779.

[13] L. D. Henry u. M. S. Marshall: J. Labor. a. clin. Med. **12**, 474 (1927) — Chem. Zbl. **1927 I**, 2229.

[14] Inda Hirsch Quastel u. Margaret Dampier Whetham: Biochemic. J. **19**, 645 (1925) — Chem. Zbl. **1926 I**, 967.

[15] P. Rona u. H. W. Nicolai: Biochem. Z. **172**, 212 (1926) — Chem. Zbl. **1926 II**, 777.

[16] Hermann Hees u. Caspar Tropp: Zbl. Bakter. I **100**, 273—284, 1 Tafel (1926) — Chem. Zbl. **1927 I**, 760.

[17] A. Gottschalk: Hoppe-Seylers Z. **168**, 136 (1927) — Chem. Zbl. **1927 II**, 2074.

[18] O. Hartoch, H. Schloßberger u. W. Joffé: Z. Hyg. **105**, 564 (1926) — Chem. Zbl. **1926 I**, 2371.

[19] W. Joffé u. M. Linnikowa: Arch. Soc. Biol. St. Petersb. **36**, 31 (1926) — Chem. Zbl. **1926 II**, 2732.

[20] W. H. Peterson, E. B. Fred u. E. A. Marten: J. of biol. Chem. **70**, 309—317 (1926) — Chem. Zbl. **1927 I**, 470.

Bakterien[1], von 21 verschiedenen Bacillen der Salmonella-Gruppe[2]. Xylose wird durch Alfa-alfa-Stämme von Knöllchenbakterien der Leguminosen gespalten. Es werden 5,5—7,3% des gespaltenen Zuckers als Brenztraubensäure wiedergefunden[3]. Der Grad der Vergärung von Xylose durch die untersuchten aeroben Arten ist schwächer als der mit fakultativ anaeroben Arten. Es werden Aceton, Alkohol, Kohlensäure und andere Säuren gebildet, wobei Art und Menge der Produkte von der Bakterienart und deren Alter abhängen[4]. Xylose wird durch Milzbrandbacillen nicht vergoren[5]. Die von Csontos[6] aus Kadavern von an Geflügelcholera verendeten Tieren gezüchteten Bacillus bipolaris avisepticus-Stämme zersetzten Xylose nicht.

Wird von einer Reinkultur eines Granulobaktertyps unvollständig vergoren, und die maximal erreichte Acidität bleibt dabei erhalten[7]. Xylose, die Speakman[8] bei der Vergärung durch Bacillus granulobacter pectinonorum zu dem abnormalen Typus der Substraten rechnet, führt zu den gleichen Produkten in fast der gleichen Menge wie die Vergärung von Glykose[9]. Wird durch diejenigen Rassen von Milchsäurebakterien, die Fructose unter Bildung von Mannit vergären, in Milchsäure und Essigsäure gespalten (Lactobacillus pentoaceticus). Dieselben Rassen spalten Lactose, Melezitose und Dulcit nicht. Von denjenigen Rassen, die bei der Vergärung von Fructose keinen Mannit produzieren, spaltet die eine Art (Lactobacillus pentosus) ebenfalls Xylose, auch Arabinose und Lactose, nicht aber Melezitose. Die andere Art (Lactobacillus arabinosus) zerlegt nur Arabinose neben Lactose und Melezitose, nicht dagegen Xylose oder Dulcit[10].

Unter ähnlichen Verhältnissen, wie bei Rohrzucker, zeigte sich eine beträchtliche Abnahme der Trockensubstanz der Hefe in Gegenwart von Xylose[11]. Xylose beschleunigt die Gärung[12]. Wird aus wässeriger Lösung von Backhefe nicht adsorbiert[13]. Ausnutzung von Xylose beim Wachstum von Aspergillus niger[14]. Einwirkung von Aspergillus fumaricus[15]. Aspergillus oryzae wandelt Xylose in Kojisäure um[16]. Citronensäurebildung[17]. Bei Züchtung auf xylosehaltige Medien enthalten die Pilze mehr Pentosane als bei Züchtung auf Rohrzucker[18]. Anwendung zur Darstellung von Kulturflüssigkeiten für Pilzfruchtkörper[19].

Derivate: α-Acetofluorxylose, Fluortriacetylxylose $C_{11}H_{15}O_7F$. Krystalle aus wenig Alkohol, Schmelzp. 87°. Sehr leicht löslich, ziemlich löslich auch in Petroläther. $[\alpha]_D^{20} = +67,24°$ [20]. Muß als α-Verbindung betrachtet werden[21].

α-**Chlortriacetylxylose**[21]. Schmelzp. 105°; $[\alpha]_D^{20} = +171,23°$ in Chloroform bei $c = 1,5$ in 4 dm Rohr[21]. $[\alpha]_D = +165°$ in Chloroform. Muß als α-Verbindung betrachtet werden[21].

---

[1] H. R. Stiles, W. H. Peterson u. E. B. Fred: J. of biol. Chem. 64, 642 (1925) — Chem. Zbl. 1926 I, 425.

[2] Frank Wokes u. Joseph H. Irwin: Pharmac. J. 118, 747—751 — Chem. Zbl. 1927 II, 1481.

[3] J. A. Anderson, W. H. Peterson u. E. B. Fred: Soil Sci. 25, 123 — Chem. Zbl. 1928 I, 2623.

[4] E. B. Fred, W. H. Peterson u. J. A. Anderson: J. Bacter. 8, 277 (1923) — Chem. Zbl. 1924 II, 483.

[5] Martin Kristensen: Zbl. Bakter. I 101, 220—224 (1927) — Chem. Zbl. 1927 I, 1330.

[6] Josef Csontos: Zbl. Bakter. 97, 178 (1926) — Chem. Zbl. 1926 I, 2371.

[7] Guy C. Robinson: J. of biol. Chem. 53, 125 (1922) — Chem. Zbl. 1922 III, 1382.

[8] Horace B. Speakman: J. of biol. Chem. 58, 395 (1923) — Chem. Zbl. 1924 I, 2923.

[9] W. H. Peterson, E. B. Fred u. E. G. Schmidt: J. of biol. Chem. 60, 627—631 — Chem. Zbl. 1924 II, 2175.

[10] E. B. Fred, W. H. Peterson u. J. A. Anderson: J. of biol. Chem. 48, 385—411 (1912) — Chem. Zbl. 1922 I, 507.

[11] Th. Bokorny: Allg. Brauer- u. Hopfen-Ztg 1922, 1057, 1149 — Chem. Zbl. 1923 I, 360.

[12] Inouye: Wschr. Brauerei 39, 191—193 (1922) — Chem. Zbl. 1922 III, 1266.

[13] Albert L. Raymond u. J. G. Blanco: J. of biol. Chem. 79, 649 (1928) — Chem. Zbl. 1929 I, 680.

[14] Emile-F. Terroine u. René Wurmser: C. r. Acad. Sci. Paris 175, 228 (1922) — Chem. Zbl. 1922 III, 1383.

[15] Reinhold Schreyer: Biochem. Z. 202, 131 (1928) — Chem. Zbl. 1929 I, 1707.

[16] Frederick Challenger, Louis Klein u. Thomas Kennedy Walker: J. chem. Soc. Lond. 1929, 1498 — Chem. Zbl. 1930 I, 1318.

[17] K. Bernhauer: Biochem. Z. 197, 309 (1928) — Chem. Zbl. 1928 II, 1342. — H. Amelung: Hoppe-Seylers Z. 166, 161 (1927) — Chem. Zbl. 1927 II, 583.

[18] E. G. Schmidt, W. H. Peterson u. E. B. Fred: Soil Sci. 15, 479 (1923) — Chem. Zbl. 1924 II, 684.

[19] L. Lutz: C. r. Acad. Sci. Paris 180, 532 (1925) — Chem. Zbl. 1925 I, 1880.

[20] D. H. Brauns: J. amer. chem. Soc. 45, 833 (1923) — Chem. Zbl. 1923 III, 27.

[21] C. S. Hudson: J. amer. chem. Soc. 46, 462 (1924) — Chem. Zbl. 1924 I, 2100.

Aus Tetraacetyl-l-xylose mit Titantetrachlorid. Aus Benzol mit Benzin Krystalle. Schmelzpunkt 100—101°; $[\alpha]_D^{18} = +167{,}85°$ in Chloroform[1].

α-Acetobromxylose. Aus Xylosetetraacetat durch $1\frac{1}{2}$stündiges Stehenlassen in der —3fachen Gewichtsmenge käuflicher Bromwasserstoff-Eisessiglösung, Zusatz von 3 Teilen Chloroform, Waschen mit Eiswasser bis zur Neutralität gegen Kongorot, Trocknen über $CaCl_2$. Einengen unter vermindertem Druck und Aufnehmen des Rückstandes mit Äther. Große, durchscheinende Nadeln. Ausbeute 65% der Theorie[2]. Schmelzp. 101—102°; $[\alpha]_D^{20} = +211{,}91°$ in Chloroform bei $c = 1{,}5$ in 4 dm Rohr[3]. $[\alpha]_D = +212°$ in Chloroform. Muß als α-Verbindung bezeichnet werden[4].

Tetracarbomethoxy-d-xylose[5]. Sirup vom Siedep. 215° bei 0,5 mm. $[\alpha]_D = +59{,}5°$ (Aceton).

Salz der Triacetyl-α-d-xylosido-1-schwefelsäure mit Triacetyl-α-d-xylosido-1-pyridiniumhydrolyd[1] $C_{27}H_{35}O_{17}NS$. Aus Alkohol Krystalle. Schmelzp. 143°, $[\alpha]_D^{18} = -41{,}24°$ in Chloroform.

Tetracarboäthoxy-d-xylose[5]. Sirup vom Siedep. 221—222° bei 0,4 mm. $[\alpha]_D = +62{,}1°$ $\rightarrow 52{,}4°$ (Aceton, Endwert nach 18 Stunden), $n_D = 1{,}4450$[5].

Monoaceton-xylose[6] $C_8H_{14}O_5$

Darstellung aus Diacetonxylose mit 0,2proz. HCl bei 17°[7].

Farblose Nadeln, Schmelzp. 41—43°. Sehr leicht löslich in Wasser; löslich in Aceton und Äthylacetat; unlöslich in Petroläther. Fehlingsche Lösung wird nicht reduziert. $[\alpha]_D^{18} = -19{,}0°$ in 2—4proz. wässeriger Lösung[8].

Diacetonxylose[6] $C_{11}H_{18}O_5$

10 g Xylose werden mit einer Lösung von 4,2 g HCl-Gas in 500 ccm Aceton 20 Stunden geschüttelt, wobei ein Teil der HCl unter Bildung eines nicht faßbaren Zwischenproduktes gebunden wird. Die Darstellung gelingt auch durch Schütteln von Xylose mit Aceton und Naphthalin-β-sulfosäure[9].

[1] Heinz Ohle, Wladimir Marecek u. Walter Bourjau: Ber. dtsch. chem. Ges. **62**, 833 (1929) — Chem. Zbl. **1929 I**, 2745.

[2] P. A. Levene u. H. Sobotka: J. of biol. Chem. **65**, 463 (1925) — Chem. Zbl. **1926 I**, 1190.

[3] D. H. Brauns: J. amer. chem. Soc. **47**, 1280 (1925) — Chem. Zbl. **1925 II**, 1669.

[4] C. S. Hudson: J. amer. chem. Soc. **46**, 462 (1924) — Chem. Zbl. **1924 I**, 2100.

[5] W. N. Haworth u. W. Maw: J. chem. Soc. Lond. **1926**, 1751 — Chem. Zbl. **1926 II**, 2556 — J. chem. Soc. Lond. **125**, 1223 (1924) — Chem. Zbl. **1924 II**, 2023.

[6] O. Svanberg u. K. Sjöberg: Ber. dtsch. chem. Ges. **56**, 863 (1923) — Chem. Zbl. **1923 III**, 743. — Irvine u. Patterson: J. chem. Soc. Lond. **121**, 2146. — K. Freudenberg u. O. Svanberg: Ber. dtsch. chem. Ges. **55**, 3239 (1922) — Chem. Zbl. **1923 I**, 45.

[7] W. N. Haworth u. C. R. Porter: J. chem. Soc. Lond. **1928**, 611 — Chem. Zbl. **1928 I**, 2933.

[8] O. Svanberg u. K. Sjöberg: Ber. dtsch. chem. Ges. **56**, 863 (1923) — Chem. Zbl. **1923 III**, 743. — K. Freudenberg u. O. Svanberg: Ber. d. dtsch. chem. Ges. **55**, 3239 (1922) — Chem. Zbl. **1923 I**, 45.

[9] K. Freudenberg u. O. Svanberg: Ber. dtsch. chem. Ges. **55**, 3239 (1922) — Chem. Zbl. **1923 I**, 45.

8 g Xylose, 250 ccm Aceton und 7 ccm konzentrierter H_2SO_4 werden bei Zimmertemperatur 14—17 Stunden geschüttelt, mit konzentrierter NaOH neutralisiert, nach Abdampfen des Acetons mit Petroläther ausgeschüttelt und nach Abtreiben des Petroläthers im Hochvakuum abdestilliert[1].

Farbloses Öl, Siedep. bei 0,5 mm = 85—87°. Leicht löslich in organischen Lösungsmitteln, in Wasser 30:1. Die spezifische Drehung der 3proz. wässerigen Lösung beträgt nach 30 Minuten +13,8°, nach 100 Minuten +13,2°. Endwert nach einigen Tagen —1,3°. Fehlingsche Lösung wird erst nach der sauren Hydrolyse reduziert.

Bei der Destillation der rohen Diacetonxylose hinterbleibt eine chlorfreie, glasige, in Äther wenig lösliche Masse, die sich durch Aceton + HCl zum Teil in Diacetonxylose verwandeln läßt[2]. $[\alpha]_D^{18} = +14,0°$ in 2,5proz. Lösung. Die früher beobachtete Drehungsänderung — Übergang der anfänglichen Rechtsdrehung in Linksdrehung — hat ihren Grund in der leichten Spaltbarkeit der unreinen Verbindung[3].

1, 2-Methyläthylketon-xylose[4] $C_9H_{16}O$. Zur gleichzeitigen Darstellung der Mono- und Dimethyläthylketonxylose wird Xylose (10 g) mit Methyläthylketon (300 ccm) und H_2SO_4 (10 ccm) geschüttelt, unter Kühlung mit konzentrierter NaOH neutralisiert, nach Filtration die Hauptmengen Keton und Wasser im Vakuum abdestilliert, der Destillationsrückstand zuerst mit Äther mehrmals extrahiert und schließlich der in Petroläther unlösliche Teil mit Essigester aufgenommen. Nach Verdunsten des Petroläthers im Vakuum wird (zuletzt im Hochvakuum) fraktioniert destilliert, wobei zwischen 35—50° eine kleine Menge eines leichtflüchtigen Destillats (Kondensationsprodukt des Ketons?) erhalten wird und bei 104—106° als dickflüssiges Öl die Hauptmenge (ca. 4 g) des Diketonzuckers. Die Essigesterlösung, welche hauptsächlich die Monoverbindung enthält, wird ebenfalls im Vakuum eingedunstet und der Rückstand im Hochvakuum destilliert. Man erhält so ein bei 127—129° siedendes Destillat (3—4 g) von 1—2 Methyläthylketonxylose. In Wasser und fast allen organischen Lösungsmitteln löslich, in Äther leichter als das Acetonderivat, in Petroläther wenig löslich. Fehlingsche Lösung wird nicht direkt reduziert. $[D]_{15}^{15} = 1,04$. $[\alpha]_{Hg. gelb} = -8,0°$ in Wasser. Die Titrationsmethode nach Messinger (für Aceton) läßt sich ebensogut zur Bestimmung von Methyläthylketon verwenden (jedem Mol Keton entspricht genau dieselbe Menge J wie bei der Acetonbestimmung). Das zu analysierende Ketonderivat wird z. B. in 10 ccm Wasser mit 0,25 ccm konzentrierter H_2SO_4 1 Stunde bei Wasserbadwärme hydrolysiert, die Lösung mit 5 ccm 25proz. NaOH und 5 ccm 0,1-n-Jodlösung (mit 12,7 g KJ pro l) versetzt, nach 4—5 Minuten wieder mit 5 ccm 25proz. H_2SO_4 angesäuert und sofort mit 0,0888n-Thiosulfatlösung titriert (am Schluß der Titration mit einigen Tropfen Stärkelösung). Bei Verwendung von Mikrobüretten, insbesondere nach Bang, läßt sich die Titration auf mindestens $^1/_{200}$ ccm genau ausführen. Für den J-Verbrauch des Kohlehydrats ist eine kleine Korrektur erforderlich, die nicht mehr als 2,5—5% des gesamten J-Verbrauchs ausmacht[4].

1, 2, 3, 5-Di-methyläthylketon-xylose[4] $C_{13}H_{22}O_5$. Aus 10 g Xylose etwa 4 g, neben 3—4 g Monoketonzucker. 1 Teil löst sich in 180 Teilen Wasser bei Zimmertemperatur. Spezifische Drehung +0,16 ± 0,01 in Wasser, $[\alpha]_{Hg gelb} = +17,4°$ bzw. 17,0°. Die Reaktionsgeschwindigkeit ist bei der partiellen Hydrolyse der Diketonverbindung von derselben Größenordnung wie im Falle der Diacetonxylose. Die Überführung in Monoverbindung kann in der Weise ausgeführt werden, daß man Diketonxylose mit einer zur Lösung ungenügenden Menge verdünnter HCl mehrere Stunden schüttelt[4].

1, 2-Aceton-3, 5-methyläthylketon-xylose $C_{12}H_{20}O_5$. Aus Monoacetonxylose (5g) durch 8stündiges Behandeln mit trockenem H_2SO_4 (5 ccm)-haltigen Methyläthylketon (150 ccm) bei Zimmertemperatur. Als in Petroläther lösliches Produkt werden 2,5 g eines im Hochvakuum bei 104—105° siedenden Öles erhalten, dessen Eigenschaften zwischen denen der Diaceton- und Dimethyläthyl-Ketonverbindungen liegen. Löslichkeit in Wasser: 1 Teil in 125 Teilen; spezifische Drehung +16°. $[\alpha]_{Hg gelb} = +16,1 ± 0,5°$[4].

[1] O. Svanberg: Ber. dtsch. chem. Ges. **56**, 2195 (1923) — Chem. Zbl. **1923 III**, 1637 — Ber. dtsch. chem. Ges. **56**, 1448 (1923) — Chem. Zbl. **1923 III**, 907.

[2] K. Freudenberg u. O. Svanberg: Ber. dtsch. chem. Ges. **55**, 3239 (1922) — Chem. Zbl. **1923 I**, 45.

[3] O. Svanberg u. K. Sjöberg: Ber. dtsch. chem. Ges. **56**, 863 (1923) — Chem. Zbl. **1923 III**, 743. — K. Freudenberg u. O. Svanberg: Ber. dtsch. chem. Ges. **55**, 3239 (1922) — Chem. Zbl. **1923 I**, 45.

[4] O. Svanberg u. K. Sjöberg: Ber. dtsch. chem. Ges. **56**, 1448 (1923) — Chem. Zbl. **1923 III**, 907.

1, 2-Methyläthylketon-3, 5-acetonxylose[1] $C_{12}H_{20}O_5$. Monomethyläthylketonxylose (5 g) wird in trockenem Aceton (100 ccm), das H_2SO_4 (2,5 ccm) enthält, gelöst; nach 2 stündigem Schütteln bei Zimmertemperatur wird die Lösung mit NaOH neutralisiert und im Hochvakuum destilliert. Dickflüssiges Öl, Siedep. im Hochvakuum 102—104°. Löslichkeit in Wasser: 1:80. Drehung: +0,385° (1,2230 g in 100 ccm Wasser); $[\alpha]_{Hg\ gelb} = +15,7 \pm 0,5°$[1].

Di-d-Xyloseharnstoff[2] $C_{11}H_{20}O_9N_2$

$$
\begin{array}{c}
\overbrace{CH_2 \cdot CH(OH) \cdot CH(OH) \cdot CH(OH) \cdot CH \cdot NH}^{O} \\
| \\
CO \\
| \\
\underbrace{CH_2 \cdot CH(OH) \cdot CH(OH) \cdot CH(OH) \cdot CH \cdot NH}_{O}
\end{array}
$$

20 g Xylose, 16 g Harnstoff, 20 ccm Wasser und 1,1 ccm konz. Salzsäure werden 14 Tage bei 50° aufbewahrt. Krystalle aus der abgekühlten Lösung. Enthält 1 Mol Krystallwasser. Reduziert Fehlingsche Lösung in der Hitze allmählich. Beim Erhitzen in Röhrchen beginnt er gegen 230° sich bräunlich zu färben und verkohlt allmählich gegen 225°. I $[\alpha]_D^{20} = -19,8°$, II $= 20,0°$ in Wasser. Löslich in Wasser etwa $^1/_{50}$, ist in Methylalkohol und Alkohol recht schwer, in den anderen Lösungsmitteln so gut wie unlöslich. Sein Geschmack ist süß[2].

Xylose-2, 4-dibromphenylhydrazon[3] $C_{11}H_{14}O_4N_2Br_2$. Aus Toluol, Schmelzp. 127—128[3].

Xylosewismutnitrat[4].

l-Xylose (Bd. II, S. 297; Bd. X, S. 386).

Bezeichnung:

$$
\begin{array}{c}
H \\
OH \\
H \\
\hline
l, d, l— \\
\end{array}
$$

l(−)-Xylose[5].

Physiologische Eigenschaften: d- und l-Xylose wird durch die Froschniere partiell zurückgehalten[6]. Bei enteraler Zufuhr von d-Xylose ist die Erhöhung des Blut- und Urinzuckers abhängig von der Dosis. Bei gleichzeitiger Zufuhr von d-Glykose mit d-Xylose wird die Änderung des Blutzuckers durch d-Xylose verringert[7].

d-Lyxose (Bd. II, S. 298; Bd. VIII, S. 115; Bd. X, S. 386).

Bezeichnung:

$$
\begin{array}{c}
H \\
H \\
OH \\
\hline
d, l, l— \\
\end{array}
$$

d(−)-Lyxose[5].

Darstellung: Durch Abbau des Calciumgalaktonats mit Wasserstoffsuperoxyd und Ferriacetat[8].

Physikalische und chemische Eigenschaften: Eine nach Weermann[9] hergestellte Lyxose zeigte nicht die für die α-Lyxose angegebenen Daten: in Wasser $[\alpha]_D = +5,5°$ ab-

[1] O. Svanberg u. K. Sjöberg: Ber. dtsch. chem. Ges. **56**, 1448 (1923) — Chem. Zbl. **1923 III**, 907.

[2] B. Helferich u. W. Kosche: Ber. dtsch. chem. Ges. **59**, 69 (1926) — Chem. Zbl. **1926 I**, 1967.

[3] E. Votoček, V. Ettel u. B. Koppova: Bull. Soc. Chim. France (4) **39**, 278 (1926) — Chem. Zbl. **1926 I**, 2905.

[4] Ernst Maschmann: Arch. Pharmaz. **263**, 99 (1925) — Chem. Zbl. **1925 II**, 159.

[5] A. Wohl u. K. Freudenberg: Ber. dtsch. chem. Ges. **56**, 312 (1923).

[6] F. Wankell: Pflügers Arch. **208**, 604 — Chem. Zbl. **1925 II**, 1371.

[7] Ralph C. Corley: J. of biol. Chem. **76**, 23 (1928) — Chem. Zbl. **1928 II**, 1007.

[8] W. M. Haworth u. E. L. Hirst: J. chem. Soc. Lond. **1928**, 1221 — Chem. Zbl. **1928 II**, 341. — C. S. Hudson: J. amer. chem. Soc. **48**, 1424 — Chem. Zbl. **1926 II**, 1012.

[9] Weermann: Rec. Trav. chim. Pays-Bas et Belg. (Amsterd.) **37**, 16 (1917).

nehmend auf $-14°$ und Schmelzp. $106-107°$, sondern $[\alpha]_D = -70° \rightarrow -14°$ und Schmelzpunkt $117-118°$. Osazon, p-Bromphenylhydrazon und Methyllyxosid waren mit den aus der α-Lyxose zugänglichen Derivaten identisch. Haworth und Hirst neigen zu der Annahme, daß es sich hierbei um eine β-Form handelt, die zur α-Form im selben Verhältnis steht wie die β- zur α-Mannose. Andererseits ist von Hudson und Yanowski[1] für die β-Lyxose ein Wert von $[\alpha]_D = -36°$ berechnet worden, der sich aus einem Gleichgewicht von 68% α- zu 32% β-Form ergibt. Haworth und Hirst haben aus der Löslichkeit der neuen β-Form die Drehung der α-Form berechnet und in guter Übereinstimmung $[\alpha]_D = +5°$ gefunden, was jedoch einem Gleichgewicht mit 83% α-Form entspricht (90% Alkohol)[1]. Ca-Galaktonat liefert nach Ruff und Ollendorf[2] mit H_2O_2 und Fe-Acetat behandelt, die Lyxose; mit p-Bromphenylhydrazin gefällt und mit Benzaldehyd in Freiheit gesetzt, β-Lyxose aus Alkohol, Schmelzp. $117-118°$, in Wasser $[\alpha]_D = -70° \rightarrow -14°$, in 90proz. Alkohol $[\alpha]_{5461} = -80° \rightarrow -9°$; die Mutarotation verläuft unimolekular, $k_1 + k_2$ bei $21° = 0{,}082$, bei $17° = 0{,}056$[3]. Krystallisierte α-Lyxose mit $[\alpha]_D = +5{,}5°$ besitzt eine furoide Struktur[4]. Verhalten der Krystalle in polarisiertem Licht, Brechungsindex und Habitus[5]. — Lyxose liefert bei Behandlung mit $NaHCO_3$ Acetol, das mit Hilfe der Reaktion mit o-Aminobenzaldehyd leicht nachgewiesen werden kann[6]. Bei der Methylierung von Lyxose mit Dimethylsulfat und Alkali und darauffolgende Methylierung mit Methyljodid und Silberoxyd erhält man nur ein Gemisch der α- und β-Form des Methyllyxosids der Pyranosegruppe, aber keine Isomeren des furoiden Typs[7]. — Lyxoselösungen in verdünnter Salzsäure geben beim Eindampfen im Vakuum und nachheriger Behandlung mit Alkohol ein Produkt, Mol-Gewicht $= 338$. $[\alpha]_D^{25} = +41{,}5°$. Seine Zusammensetzung entspricht einem Dipentosid $+ 1$ Mol Alkohol[8].

Derivate: Acetobrom-d-lyxose[9]. Aus α-d-Methyl-lyxosidtetraacetat mit Bromwasserstoff in Eisessig nach 20 Minuten bei Zimmertemperatur; Öl. Daraus entsteht mit Methylalkohol und Chinolin nach 90 Minuten bei Zimmertemperatur nach Entfernung des Broms mittels Silbercarbonat ein Gemisch von α- und γ-Triacetylmethyl-d-Lyxoside. Mit Natriummethylat statt Silbercarbonat entsteht nur die γ-Verbindung.

l-Lyxose.

Bezeichnung:

OH
OH
H
––––––––
· l, d, d—
l(+)-Lyxose[10].

l-Ribose (Bd. II, S. 299; Bd. VIII, S. 115).

Bezeichnung:

H
H
H
––––––––
l, l, l—
l(+)-Ribose[10].

Vorkommen: In einem Falle von Pentosurie mußte der vorhandene Zucker als l-Ribose angesprochen werden, nur das optische Verhalten des Phenylosazons stimmte nicht dazu, da

[1] Hudson u. Yanowski: J. amer. chem. Soc. **39**, 1034 (1917).

[2] O. Ruff u. G. Ollendorff: Ber. dtsch. chem. Ges. **33**, 1798 (1900).

[3] W. M. Haworth u. E. L. Hirst: J. chem. Soc. Lond. **1928**, 1221 — Chem. Zbl. **1928 II**, 341. — C. S. Hudson: J. amer. chem. Soc. **48**, 1424 — Chem. Zbl. **1926 II**, 1012.

[4] F. P. Phelps u. C. S. Hudson: J. amer. chem. Soc. **50**, 2049 (1928) — Chem. Zbl. **1928 II**, 872.

[5] G. T. Keenan: J. Washington Acad. of Sci. **16**, 433 (1927) — Chem. Zbl. **1927 I**, 1151.

[6] O. Baudisch u. H. J. Denel: J. amer. chem. Soc. **44**, 1581, 1585 (1922) — Chem. Zbl. **1923 IV**, 280, 281.

[7] Edmund Langley Hirst u. James Andrew Buchan Smith: J. chem. Soc. Lond. **1928**, 3147 — Chem. Zbl. **1929 I**, 1920.

[8] P. A. Levene u. R. Ulpts: J. of biol. Chem. **64**, 475 (1925) — Chem. Zbl. **1926 I**, 349.

[9] P. A. Levene u. M. L. Wolfrom: J. of biol. Chem. **78**, 525 (1928) — Chem. Zbl. **1928 II**, 2345.

[10] A. Wohl u. K. Freudenberg: Ber. dtsch. chem. Ges. **56**, 312 (1923).

die anfängliche Rechtsdrehung nicht ab-, sondern zunahm, was möglicherweise auch von noch vorhandenen Beimengungen herrühren könnte[1].

<h2 style="text-align:center">d-Ribose (Bd. II, S. 299; Bd. VIII, S. 115).</h2>

Bezeichnung:

$$\begin{array}{c} OH \\ OH \\ OH \\ \hline d, d, d- \end{array}$$

d(-)-Ribose[2].

Vorkommen: Im Blut von Menschen, Pferd, Schaf, Schwein und Kücken ließ sich die Verbindung von Harnsäure + d-Ribose nachweisen[3].

Physiologische Eigenschaften: Wird aus wässeriger Lösung von Backhefe nicht adsorbiert[4]. d-Ribose wird durch die Froschniere partiell zurückgehalten[5].

Physikalische und chemische Eigenschaften: Verhalten der Krystalle gegen polarisiertes Licht; Brechungsindex und Habitus[6]. Ribose liefert bei Behandlung mit $NaHCO_3$ Acetol, das mit Hilfe der Reaktion mit o-Aminobenzaldehyd leicht nachgewiesen werden kann[7]. Ribose gibt mit salzsaurer Tryptophanlösung erhitzt die Arabinosereaktion[8].

Derivate: Acetobromribose $C_{11}H_{15}O_7Br$. Aus Ribosetetraacetat und 5 Teilen Bromwasserstofflösung, 2maliges Waschen, Einengen unter vermindertem Druck, Zusatz von Petroläther, Zentrifugieren des stark hygroskopischen Produktes. Ausbeute 55% der Theorie[9].

Nicht näher bekannte Pentosen.

Die Fasern von Posidonia Australis geben bei der Hydrolyse mit 2proz. Schwefelsäure eine Lösung, die nach Neutralisation mit Bariumcarbonat $[\alpha]_D^{20} = +1,10°$ dreht, ein Phenylosazon $C_{17}H_{20}O_3N_4$ ergibt. Letzteres bildet citronengelbe Krystalle, Schmelzp. 160—161°, aus Benzol und Alkohol; aus verdünntem Alkohol + Pyridin Schmelzp. 166—167°. Das Osazon ist optisch inaktiv[10].

Aus der Silberfällung des Acetonextraktes von Ziegenfleisch wurden 2 Pentosederivate isoliert. Der Ätherextrakt der Fällung enthält ein Alkylribosid (s. d.), 2,5 mg pro kg. In größerer Menge, etwa 50 mg pro kg, kommt eine zweite Pentoseverbindung vor, die jedoch sehr unbeständig ist und nur als Derivat nach Methylierung mit Methylsulfat erhalten werden konnte[11].

Methylpentosen (Bd. II, S. 301; Bd. VIII, S. 115; Bd. X, S. 391).

Zusammenfassendes[12].

Vorkommen: In fossilem Holz einer Sequoja[13]: 1,77%. In Rhodymenia palmata[14].

[1] Oskar Adler: Dtsch. Arch. klin. Med. **145**, 326—332 (1924) — Chem. Zbl. **1925 I**, 690.

[2] A. Wohl u. K. Freudenberg: Ber. dtsch. chem. Ges. **56**, 312 (1923).

[3] E. B. Newton u. A. R. Davis: J. of biol. Chem. **54**, 602 (1922) — Chem. Zbl. **1923 I**, 1407.

[4] Albert L. Raymond u. J. G. Blanco: J. of biol. Chem. **79**, 649 (1928) — Chem. Zbl. **1929 I**, 680.

[5] F. Wankell: Pflügers Arch. **208**, 604 — Chem. Zbl. **1925 II**, 1371.

[6] G. T. Keenan: J. Washington Acad. of Sci. **16**, 433 (1927) — Chem. Zbl. **1927 I**, 1151.

[7] O. Baudisch u. H. J. Denel: J. amer. chem. Soc. **44**, 1581, 1585 (1922) — Chem. Zbl. **1923 IV**, 280, 281.

[8] Thomas u. E. Maftei: Bull. Soc. da Stiinte din Cluj **3**, 41—44 (1926) — Chem. Zbl. **1927 I**, 779.

[9] P. A. Levene u. H. Sobotka: J. of biol. Chem. **65**, 463 (1925) — Chem. Zbl. **1926 I**, 1190.

[10] John Campbell Earl: J. chem. Soc. Lond. **123**, 3223 (1923) — Chem. Zbl. **1924 I**, 676.

[11] Lewis Bland Winter: Biochemic. J. **21**, 467—478 (1927) — Chem. Zbl. **1927 II**, 1855.

[12] E. Votoček: Bull. Soc. Chim. France (4) **43**, 1 — Chem. Zbl. **1928 I**, 1646 — Chemické Listy **22**, 54, 73 — Chem. Zbl. **1928 I**, 1646; **1928 II**, 643. — Karl Freudenberg u. Klaus Raschig: Ber. dtsch. chem. Ges. **62**, 373 (1929) — Chem. Zbl. **1929 I**, 1924.

[13] Shigeru Komatsu u. Hidenosuka Ueda: Mem. Coll. Sevence Engin. Imp. Univ. Kyoto Serie A, **7**, 7 (1923) — Chem. Zbl. **1924 I**, 922.

[14] C. C. Sauvageau u. G. Denigés: C. r. Acad. Sci. Paris **174**, 791 (1922) — Chem. Zbl. **1922 III**, 728.

Bildung: Bei der Hydrolyse des Kastaniensamensaponins 4,2% Methylpentose[1], der Saponine von Aralia montana Bl.[2].

Nachweis und Bestimmung: Der Einfluß der Mineralsäuren bewirkt nicht bloß bei Aldomethylpentosen, sondern auch bei Ketomethylpentosen die Methylfurfurolbildung[3].

Physiologische Eigenschaften: Das Citronenöl bildet sich wahrscheinlich nahezu gleichzeitig mit der Citronensäure durch Alkoholkondensation zwischen α-Oxyisobutyraldehyd und der Methylpentose des löslichen Pektins und des Protopektins nach dem nachstehenden Schema[4]:

$$O{=}C{-}H,\ C{-}OH,\ CH_3,\ CH_3 \;+\; \begin{array}{c} C{-}CH_3 \\ HO{-}CH\ \ OH\ \ CH{-}OH \\ HO{-}CH_2\quad\ C{=}O \\ H \end{array} \;\longrightarrow\; \begin{array}{c} C{-}CH_3 \\ HO{-}CH\ \ OH\ \ CH{-}OH \\ HO{-}CH\quad\ C{=}O \\ HO{-}CH\quad\ H \\ C{-}OH \\ CH_3\ \ CH_3 \end{array}$$

l(−)-Galakto-methylose[5] = l(−)-Fucose (Bd. II, S. 301; Bd. X, S. 390).

Konstitution[5]:

$$O\;\begin{array}{c} CH(OH) \\ HO{-}C{-}H \\ H{-}C{-}OH \\ H{-}C{-}OH \\ C{-}H \\ CH_3 \end{array}$$

Darstellung[6]: Lufttrockener Seetang (Ascophyllum nodosum) wird 2 Tage bei Zimmertemperatur mit 3 proz. HCl (3 l pro kg) behandelt. 1 kg der so gereinigten und trockenen Substanz wird mit 8 l 2 proz. H_2SO_4 3 Stunden gelinde gekocht, filtriert, das Filtrat mit $BaCO_3$ neutralisiert, filtriert, mit Pb-Acetat gefällt, der Überschuß desselben mit verdünnter H_2SO_4 entfernt und das Filtrat davon unter vermindertem Druck auf 175 ccm eingeengt. Der Rückstand wird im gleichen Volumen CH_3OH gelöst und mit Alkohol auf 2 l aufgefüllt. Der Niederschlag wird durch eine dünne Schicht Tierkohle abfiltriert, das Filtrat auf 150 ccm eingedampft, der Rückstand mit Alkohol auf 450 ccm gebracht, dazu wird 75 g Phenylhydrazin gegeben und über Nacht im Eisschrank stehengelassen. Ausbeute 100 g Fucosephenylhydrazon. 75 g desselben werden in 1,8 l Wasser suspendiert, bei 90° mit 36 g Benzaldehyd versetzt und $^1/_2$—$^3/_4$ Stunde unter einer CO_2-Atmosphäre gerührt. Das Benzaldehydphenylhydrazon wird abfiltriert, das Filtrat entfärbt und zum Sirup eingedickt. Dieser wird in 800 ccm Alkohol gelöst, von Verunreinigungen abfiltriert und auf 50 ccm eingedampft. Der Zucker krystallisiert fast momentan. Ausbeute 38—40 g. Er wird nochmals in Wasser gelöst, entfärbt und zum Sirup eingedickt.

Physikalische und chemische Eigenschaften: Aus 3 Volumen warmem Alkohol ungelöst $[\alpha]_D^{20} = -75,48°$; $[\alpha]_{5461}^{20} = -88,92°$ [6]. $[\alpha]_D = -83°$ [7] in Wasser.

[1] A. W. van der Haar: Rec. Trav. chim. Pays-Bas et Belg. (Amsterd.) **1923**, 1080 — Chem. Zbl. **1924 I**, 1806.

[2] A. W. van der Haar: Ber. dtsch. chem. Ges. **55**, 3041 (1922) — Chem. Zbl. **1923 I**, 95.

[3] Emil Votoček u. F. Rác: Chemické Listy **21**, 231—233 — Chem. Zbl. **1927 II**, 1378.

[4] Guido Ajon: Riv. It. delle essenze e profumi **8**, 87, 99, 111 (1926) — Chem. Zbl. **1927 I**, 458.

[5] Karl Freudenberg u. Klaus Raschig: Ber. dtsch. chem. Ges. **62**, 373 (1929) — Chem. Zbl. **1929 I**, 1924.

[6] E. P. Clark: J. of biol. Chem. **54**, 65 (1922) — Chem. Zbl. **1923 III**, 483.

[7] H. D. K. Drew u. W. N. Haworth: J. chem. Soc. Lond. **1926**, 2303 — Chem. Zbl. **1927 I**, 997.

Ein Präparat aus Fucus vesiculosus zeigte $[\alpha]_D = -93,6° \rightarrow -75,3°$ in Wasser[1].

Derivate: Tetraacetylfucose[2] Braun, sehr bitter. Schmelzp. 40°. $[\alpha]_D = -46,50°$, löslich in den meisten organischen Lösungsmitteln, unlöslich in Wasser[2].

Trifucosenitrat[2] $(C_6H_{11}O_5)_3NO$. Aus 1 g Fucose, 10 ccm HNO_3 (Dichte 1,42) und 20 ccm H_2SO_4 (Dichte 1,84) bei 0°. Krystalle aus 95proz. Alkohol; Schmelzpunkt unscharf von 48° an. $[\alpha]_D = -63,31°$. Löslich in organischen Mitteln außer Ligroin.

Acetonfucosid: Nadeln, Schmelzp. 57°, $[\alpha]_D = -62,28°$. Löslich in Wasser und organischen Mitteln[2].

Diaceton-l-fucose[1]: Aus l-Fucose durch Acetonierung (1 g in 30 ccm Aceton und 1 ccm H_2SO_4). Der Racemkörper krystallisiert erst nach Tagen. Schmelzp. 37°; $[\alpha]_{546}^{18} = +62,1°$; $[\alpha]_D^{19}$ (Schmelze) $= +52,2°$.

Fucosephenylhydrazon[2]: Schmelzp. 170—171°.

Fucosephenylosazon[2]: Schmelzp. 159°. Schmelzp. 178°, $[\alpha]_D = -70°$ [3] in Pyridin.

l-Fucose-p-Toluolsulfonyl-hydrazon[3]. Schmelzp. 174°.

d(+)-Galakto-methylose[4] = d(+)-Fucose. (Rhodeose)
(Bd. II, S. 301, 309, 584; Bd. X, S. 395).

Mol-Gewicht 164,13.

Zusammensetzung $C_6H_{12}O_5$.

Konstitution[3]:

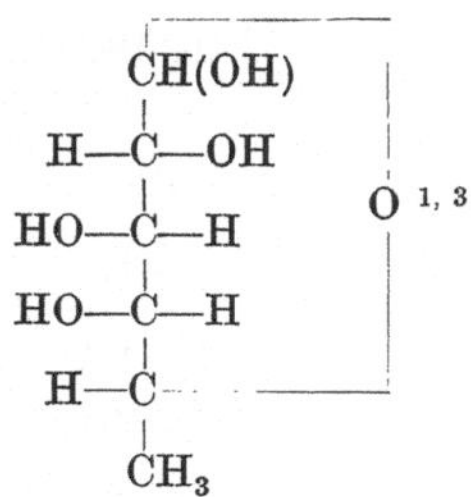

Bildung: Bei der Hydrierung des Diacetonderivats der d-Galakto-5,6-enose entsteht ein Gemisch der Diacetonverbindungen der d-Fucose und der l-Altromethylose. Die Trennung gelingt durch p-Toluolsulfonylhydrazin, womit d-Fucose eine krystallisierende Verbindung bildet[3]. Aus Diaceton d-Fucose durch Hydrolyse mit siedender 1proz. Schwefelsäure in 80proz. Ausbeute[1].

Physikalische und chemische Eigenschaften: Aus 95proz. Alkohol Krystalle vom Schmelzpunkt 140—145°. $[\alpha]_D^{22} = +89,3° \rightarrow +75,7°$ (in Wasser)[1]. Die krystallisierte Rhodeose liegt in der α-Form vor. $[\alpha]_D^{19} = +127,0° \rightarrow +76,3°$, Geschwindigkeitskonstante der Mutarotation: 0,0236. Extrapolierter Anfangswert $= +143,9°$, berechnet nach Hudson $+144$.

Derivate: Diaceton-d-fucose $C_{12}H_{20}O_5$. Entsteht aus Diaceton-galaktose-6-jodhydrin in ätherischer Lösung mittels Na und Zutropfen von Wasser bei 10—12°, als Öl, das nicht zur Krystallisation zu bringen ist[1].

d-Fucose liefert bei der Acetonierung (1 g in 30 ccm Aceton und 1 ccm H_2SO_4) reine Diaceton-d-fucose. Sirup vom Siedepunkt bei 13 mm 120°, der in der Kälte zu schönen Krystallen erstarrt. Schmelzp. 37°, $[\alpha]_D^{19} = -52,40$, $[\alpha]_{546}^{19} = -61,7°$ (ohne Lösungsmittel)[1].

Benzylphenylhydrazon[5]. Krystalle aus Alkohol. Schmelzp. 178—179°; $[\alpha]_D = -14,9°$ in Methylalkohol.

p-Toluolsulfonylhydrazon $C_{13}H_{20}O_6N_2S$. Aus 95proz. Alkohol Nädelchen vom Schmelzpunkt 175°; $[\alpha]_D^{17} = +17,1°$ in Pyridin[1].

---

[1] K. Freudenberg u. K. Raschig: Ber. dtsch. chem. Ges. **60**, 1633 (1927) — Chem. Zbl. **1927 II**, 1017 — Ber. dtsch. chem. Ges. **60**, 238 (1927) — Chem. Zbl. **1927 I**, 1671.

[2] T. Tadokoro u. J. Nakamura: J. of biol. Chem. **2**, 461 (1923) — Ref.: Ber. Physiol. **21**, 172 (1924) — Chem. Zbl. **1924 I**, 1507.

[3] Karl Freudenberg u. Klaus Raschig: Ber. dtsch. chem. Ges. **62**, 373 (1929) — Chem. Zbl. **1929 I**, 1924.

[4] Karl Freudenberg u. Klaus Raschig: Ber. dtsch. chem. Ges. **62**, 377 (1929).

[5] E. Votoček u. F. Valentin: Collect. Trav. chim. Tchécoslovaquie **2**, 36 (1930) — Chem. Zbl. **1930 I**, 2544.

d(—)-Manno-methylose[1] = (d-Rhamnose)[2].

Konstitution:

$$
\begin{array}{c}
CHO \\
HO-C-H \\
HO-C-H \\
H-C-OH \\
H-C-OH \\
CH_3
\end{array}
\qquad
\begin{array}{c}
CH(OH) \\
HO-C-H \\
HO-C-H \\
H-C-OH \\
H-C \\
CH_3
\end{array}
$$

Darstellung: Durch Reduktion von d-Rhamnonsäurelacton mit Na-Amalgam.

Physikalische und chemische Eigenschaften: Besitzt alle Eigenschaften der natürlichen Rhamnose. Krystalle mit 1 H_2O. $[\alpha]_D^{16,5} = -8,25°$ in 10proz. Lösung. Bei der Destillation mit 12proz. HCl entsteht reichlich Methylfurfurol.

Derivate: p-Bromphenylhydrazon: Schmelzp. 167°.

p-Bromphenylosazon: Schmelzp. 222—223°.

l(+)-Manno-methylose[1] = (l-Rhamnose, Isodulcit)
(Bd. II, S. 303; Bd. VIII, S. 116; Bd. X, S. 391).

Geschichte der Entdeckung, Identifizierung und Darstellung im Zustande hoher Reinheit und größerer Menge[3].

Konstitution:

$$
\begin{array}{c}
CH(OH) \\
H-C-OH \\
H-C-OH \quad 4 \\
HO-C-H \\
C-H \\
CH_3
\end{array}
$$

Vorkommen: In Rhamnus frangula[5]. Schied sich auf eingetrockneten Orangen in Krystallen ab, vermutlich aus Hesperidin entstanden[6].

Bildung: Die in den Samen von Pharbitis Nil Chois vorkommende Pharbitinsäure zerfällt durch Säurehydrolyse in Traubenzucker, Rhamnose und Ipurolsäure[7].

Bei der Hydrolyse des α-Hederins[8]:

$$C_{40}H_{58}O \cdot (OCH_3) \cdot (OH)_4 \cdot COOH + 3\,H_2O = C_3H_{47}(OH)_2 \cdot COOH,$$

$$(\alpha\text{-Hederegin}) + C_5H_{10}O_5 \text{ (Arabinose)} + C_6H_{12}O_5 \text{ (Rhamnose)}.$$

Bei der Spaltung des Glykosid Datiscin mit Mineralsäuren[9]:

$$C_{27}H_{30}O_{15} + 2\,H_2O = C_{15}H_{10}O_6 + C_6H_{12}O_6 + C_6H_{12}O_5$$

$$\text{Datiscin} \qquad\qquad \text{Datiscetin} \quad \text{Glykose} \quad \text{Rhamnose}$$

[1] Karl Freudenberg u. Klaus Raschig: Ber. dtsch. chem. Ges. **62**, 377 (1929).

[2] E. Votoček u. F. Valentin: C. r. Acad. Sci. Paris **183**, 62 (1926) — Chem. Zbl. **1926 II**, 1129.

[3] T. Swann Harding: Sugar **24**, 14 (1922) — Chem. Zbl. **1922 III**, 428 — Sugar **25**, 23, 82 (1923) — Chem. Zbl. **1923 IV**, 833 — Sugar **24**, 14 (1922) — Chem. Zbl. **1922 III**, 428 — J. amer. chem. Soc. **44**, 1765 (1923) — Chem. Zbl. **1923 I**, 46.

[4] Edmund Langley Hirst u. Alexander Killen Macbeth: J. chem. Soc. Lond. **1926**, 22 — Chem. Zbl. **1926 I**, 2791. — W. N. Haworth u. E. L. Hirst: J. chem. Soc. Lond. **1928**, 1221 — Chem. Zbl. **1928 II**, 341 — C. S. Hudson: J. amer. chem. Soc. **48**, 1424 — Chem. Zbl. **1926 II**, 1012.

[5] J. A. Gunton u. G. D. Beal: J. amer. pharmaceut. Assoc. **11**, 669 (1922) — Chem. Zbl. **1923 I**, 1515.

[6] E. O. von Lippmann: Ber. dtsch. chem. Ges. **60**, 161 (1927) — Chem. Zbl. **1927 I**, 1172.

[7] Yasuhiko Asahina u. Toraji Shimidzu: J. Pharm. Soc. Japan **1922**, Nr 479, 1—2 — Chem. Zbl. **1922 I**, 976.

[8] A. W. van der Haar: Ber. dtsch. chem. Ges. **54**, 3142—3148 (1921) — Chem. Zbl. **1922 I**, 466.

[9] C. Charaux: C. r. Acad. Sci. Paris **180**, 1419 (1925) — Chem. Zbl. **1925 II**, 408.

Bei der Hydrolyse des Rutosids (Rutin)[1], des Myricetrins aus der Rinde des Yamamomobaums (Myricarubra S. u. Z.)[2]. Bei der Hydrolyse des Saponins entstehen 22,2% Rhamnosehydrat[3]. — Segosaponin liefert 13,03%[4]. Bei der Hydrolyse des Scammonins[5]. Bei der Hydrolyse des Saponins aus den Samenkernen von Achras Sapota L.[6].

Nachweis und Bestimmung: Bei der Furfuroldestillation geht die Umwandlung in Methylfurol noch langsamer als bei Arabinose in Furfurol vor sich; bei 270 ccm Destillat war noch nicht alles Methylfurol übergegangen; der Niederschlag ist noch nach 8 stündigem Trocknen bei 96° vollständig löslich in Alkohol[7].

Verhalten bei der Tollensschen Destillation[8]. Die Benedict-Levissche Methode wurde abgeändert und für die Ermittelung des Rhamnosegehaltes aus der Färbung eine Tabelle aufgestellt[9].

Physiologische Eigenschaften: Ist auf die Beweglichkeit der Trypanosomen in vitro ohne Wirkung[10]. Die Hemmung der Saponinhämolyse verschiedenen Grades erfolgt bei menschlichen Zellen als Testobjekt durch Rhamnose[11]. Rhamnose ist nach intravenöser Zufuhr bei den Folgen der Hypoglykämie durch Insulingabe unwirksam[12]. Die relative Süßigkeit der Rhamnose beträgt (Rohrzucker als Bezugswert = 100 gesetzt) 32,5[13].

Physikalische und chemische Eigenschaften: Schmelzp. 98°, $[\alpha]_D^{22} = +8,5°$[2]. Krystalle aus Alkohol, $[\alpha]_D^{20} = -7,50°$, nach 2 Stunden $= +8,38°$ (in Wasser, $c = 2,11$)[14]. Im Vakuum über P_2O_5 getrocknete Rhamnose absorbiert aus der Luft bei 20° 0,18, 5,00, 13,12% Feuchtigkeit (die Luftfeuchtigkeit war 1. 60% nach 1 Stunde, 2. 60% nach 9 Tagen, 3. 100% nach 25 Tagen)[15]. Verbrennungswärme 4379 cal pro 1 g wasserfreier Substanz[16]. Verhalten gegen gewöhnliches, parallel polarisiertes und konvergent polarisiertes Licht, Brechungsindex und Habitus[17].

Optisches Verhalten der l-Rhamnose und Derivate[18].

Kette	Koeffizienten (Molekulardrehungen)			
	Ring 1 A	Ring 1 B	Ring 1 C	Lösungsmittel
bl-Rhamnose	+ 7,400	− 1,600	—	Wasser
Bl-Rhamnose	+10,600	−13,000	−18,400	Chloroform

[1] M. Bridel u. C. Béguin: C. r. Acad. Sci. **183**, 231 (1926) — Chem. Zbl. **1926 II**, 1289.

[2] C. Tanaka: Sexagint. Collection of Papers dedicated to Y. Osaka, in celebration of his 60. Birth-day, Kyoto **1927**, 13 — Chem. Zbl. **1928 I**, 2080.

[3] A. W. van der Haar: Rec. Trav. chim. Pays-Bas et Belg. (Amsterd.) **46**, 85 (1927) — Chem. Zbl. **1927 I**, 2322.

[4] C. Matsunami: J. pharmac. Soc. Japan **1927**, Nr 545, 87—88 (1927) — Chem. Zbl. **1927 II**, 1848.

[5] E. Votoček u. F. Valentin: Collect. Trav. chim. Tchécoslovaquie **1**, 606 (1929) — Chem. Zbl. **1930 I**, 2256.

[6] A. W. van der Haar: Rec. Trav. chim. Pays-Bas et Belg. (Amsterd.) **48**, 1166 (1929) — Chem. Zbl. **1930 I**, 2896.

[7] F. W. Klingstedt: Z. anal. Chem. **66**, 129 (1925) — Chem. Zbl. **1925 II**, 1478.

[8] Walter Gierisch: Cellulosechemie **6**, 61 (1925) — Chem. Zbl. **1925 II**, 1822.

[9] J. J. Willaman u. F. R. Davison: J. agricult. Res. **28**, 479—488 (1944) — Chem. Zbl. **1925 I**, 1463.

[10] R. Kudicke u. E. Evers: Z. Hyg. **101**, 317 (1924) — Chem. Zbl. **1924 I**, 1551.

[11] E. Ponder u. W. Ph. Kennedy: Biochemic. J. **20**, 237 (1926) — Chem. Zbl. **1926 II**, 250.

[12] William Ogilvy Kermack, Charles George Lambré u. Robert Henry Slater: Biochemic. J. **21**, 40 (1927) — Chem. Zbl. **1927 II**, 452.

[13] A. Biester, M. W. Wood u. C. S. Wahlin: Amer. J. Physiol. **73**, 387 — Chem. Zbl. **1925 II**, 1372.

[14] E. O. von Lippmann: Ber. dtsch. chem. Ges. **60**, 161 (1927) — Chem. Zbl. **1927 I**, 1172.

[15] C. A. Browne: Sugar **25**, 73 (1923) — Chem. Zbl. **1923 III**, 120.

[16] P. Karrer u. W. Fioroni: Helvet. chim. Acta **6**, 396 (1923) — Chem. Zbl. **1923 III**, 1005.

[17] G. T. Keenan: J. Washington Acad. of Sci. **16**, 433 (1927) — Chem. Zbl. **1927 I**, 1151.

[18] C. S. Hudson: J. amer. chem. Soc. **48**, 1424 (1926) — Chem. Zbl. **1926 II**, 1012.

Substanz	Ring 1 A $[\alpha]_D$		Ring 1 B $[\alpha]_D$		Ring 1 C $[\alpha]_D$	
	ber.	beob.	ber.	beob.	ber.	beob.
α-l-Rhamnose	− 7	− 7,7	− 62	—	—	—
β-l-Rhamnose	+ 97	—	+ 42	—	—	—
α-Methyl-l-rhamnosid	(− 62,5)	−62,5	−113	—	—	—
β-Methyl-l-rhamnosid	+146	—	(+95,2)	+95,2	—	—
α-Methyl-l-rhamnosid-triacetat	(− 53,5)	−53,5	−131	—	−149	—
β-Methyl-l-rhamnosid-triacetat	+123	—	(+ 45,7	+45,7	(+ 28)	+28
α-l-Rhamnose-tetraacetat	− 26	—	− 97	—	−113	—
β-l-Rhamnose-tetraacetat	+ 89	—	+ 18	+13,7	+ 2	—

Sublimiert bei $^1/_2$ stündigem Erhitzen auf 120° unter 12 mm Druck als zähe, beim Impfen erstarrende Masse[1]. Einwirkung von überhitztem Wasser auf l-Rhamnose[2]. Rhamnose zersetzt sich vollständig bis zum Verschwinden der α-Naphtholreaktion, wenn man sie mit 10proz. Kalkmilch in siedendem Wasserbade erwärmt[3]. Gibt bei der Destillation in saurer, neutraler oder alkalischer Lösung Formaldehyd ab[4]. Gibt beim Erhitzen mit salzsaurem Resorcin gefärbte Lösungen[5].

Rhamnose, mit 2 ccm einer 1prom. Tryptophanlösung in konz. HCl auf 100° erhitzt, gibt eine intensiv rotbraune, oder 5 Minuten lang mit einer 1prom. Tryptophanlösung und Salzsäure zu 1:1 erhitzt, auf 100° eine lachsrote Färbung[6]. Gibt bei der Oxydation mit Salpetersäure 2-Ketorhamnonsäure[7]. Die Methylierung der Rhamnose ergibt ein Gemisch der α- und β-Formen des normalen Trimethyl-methylrhamnosid[8].

Gärung: Es wurden 50 Bakterienstämme auf die Fähigkeit, mit Rhamnose Säure zu bilden, untersucht[9]. Bei Vergärungsversuchen von l-Rhamnose mit Bacillus coli commune, B. acidi lactici und B. lactis aerogenes wurde die l-Rhamnose meistens vergoren, aber von 2 Stämmen von B. coli und einem Stamme B. von acidi lactici nicht angegriffen[10]. Wurde bei Gärungsversuchen durch Bacterium coli von zwei Stämmen, durch Bacillus acidi lactici Hüppe von einem Stamm nicht angegriffen, während von sämtlichen Stämmen von Bacillus lactis aerogenes Escherich angegriffen wurde[10]. Rhamnose wird durch Milzbrandbacillen nicht vergoren[11]. Es wurde die Gärung der Rhamnose bei Einwirkung von Clostridium thermocellum untersucht und die Gärungsprodukte quantitativ bestimmt[12]. Wird von einer Reinkultur eines Granulobaktertyps nicht angegriffen[13]. Unter ähnlichen Verhältnissen wie bei Rohrzucker zeigte sich eine beträchtliche Abnahme der Trockensubstanz der Hefe in Gegenwart von Rhamnose[14].

[1] P. Karrer u. J. O. Rosenberg: Helvet. chim. Acta 5, 575 (1922) — Chem. Zbl. 1922 III, 667.

[2] S. Komatsu u. C. Tanaka: Sexagint. Collection of Papers dedicated to Y. Osaka, in celebration of his 60. Birth-day, Kyoto 1927, 1 — Chem. Zbl. 1928 I, 2079. — C. Tanaka: Sexagint. Collection of Papers dedicated to Y. Osaka, in celebration of his 60. Birth-day, Kyoto 1927, 13 — Chem. Zbl. 1928 I, 2080.

[3] J. Schlemmer: Listy Arkrovarnické 45, 243 — Z. Zuckerind. čechoslovak. Rep. 51, 422 (1927) — Chem. Zbl. 1927 II, 881.

[4] G. Klein: Biochem. Z. 169, 132 (1926) — Chem. Zbl. 1926 I, 3221.

[5] B. Glaßmann: Hoppe-Seylers Z. 150, 16 (1925) — Chem. Zbl. 1926 I, 1465.

[6] Pierre Thomas u. Elena Maftei: Bull. Soc. da Stiinte din Cluj. 3, 41—44 (1926) — Chem. Zbl. 1927 I, 779.

[7] H. Kiliani: Ber. dtsch. chem. Ges. 55, 75 (1922) — Chem. Zbl. 1922 I, 946.

[8] Edmund Langley Hirst u. Alexander Killen Macbeth: J. chem. Soc. Lond. 1926, 22 — Chem. Zbl. 1926 I, 2791.

[9] H. Frohböse: Zbl. Bakter. I 100, 213—218 (1926) — Chem. Zbl. 1927 I, 303.

[10] Hermann Hees u. Caspar Tropp: Zbl. Bakter. I 100, 273—284, 1 Tafel (1926) — Chem. Zbl. 1927 I, 760.

[11] Martin Christensen: Zbl. Bakter. I 101, 220—224 (1927) — Chem. Zbl. 1927 I, 1330.

[12] W. H. Peterson, E. B. Fred u. E. A. Marten: J. of biol. Chem. 70, 309—317 (1926) — Chem. Zbl. 1927 I, 470.

[13] Grey C. Robinson: J. of biol. Chem. 53, 125 (1922) — Chem. Zbl. 1922 III, 1382.

[14] Th. Bokorny: Allg. Brauer- u. Hopfenzeitung 1922, 1057, 1149 — Chem. Zbl. 1923 I, 360.

Derivate: Triacetylrhamnose[1]. Verbrennungswärme 4654,8 cal pro 1 g[1].

2, 3, 4-Triacetyl-α-l-rhamnosyl-1-chlorid, α-Acetochlorrhamnose[2] $C_{12}H_{17}O_7Cl$. Aus sirupöser Tetraacetylrhamnose mit Titantetrachlorid. Aus Äther mit Petroläther Krystalle vom Schmelzp. 72,5°; $[\alpha]_D^{20} = -127,03°$ in Chloroform.

α-Acetobromrhamnose. Aus γ-Methylrhamnosidacetat mit CH_3COBr, in Gegenwart zur Spaltung ausreichender Mengen von HBr, bei gewöhnlicher Temperatur[3]. Muß als α-Verbindung betrachtet werden[4].

Salz der Triacetyl-α-l-rhamnosido-1-schwefelsäure mit Triacetyl-α-l-rhamnosido-1-pyridiniumhydroxyd[2] $C_{29}H_{39}O_{18}NS$. Schwach hygroskopische Krystalle aus Essigester, Schmelzpunkt 142°, $[\alpha]_D^{18} = -51,38°$ in Chloroform. Die Essigestermutterlauge enthält ein Gemisch der α- und β-Form des Estersalzes von $[\alpha]_D^{18} = -17,08°$ in Chloroform.

Rhamnose-n-propylmercaptal[5] $C_6H_{12}O_4(SC_3H_7)_2$. Rhamnose wird in der gleichen Menge HCl (D. 1,20) gelöst unter Zugabe von etwas mehr als die berechnete Menge n-C_3H_7SH, läßt über Nacht stehen und krystallisiert aus verdünntem Alkohol um. Weiße Nadeln. Schmelzpunkt 130°, $[\alpha]_D^{17} = +10°$[5].

Rhamnose-n-butylmercaptal[6] $C_6H_{12}O_4(SC_4H_9)_2$. Entsteht durch Kondensation der Rhamnose mit n-Butylmercaptan in Gegenwart konzentrierter HCl. Schmelzp. 114°, $[\alpha]_D^8 = +16,49°$[6].

l-Rhamnose-isobutylmercaptal[7] $C_6H_{12}O_5 : (SC_4H_9)_2$. Schmelzp. 112°; $[\alpha]_D^{13} = +14,0°$.

l-Rhamnose-dibenzyl-mercaptal[8]. Schmelzp. 125°; $[\alpha]_D^{20} = +35,28°$ in Pyridin.

Monoaceton-rhamnose[9]. Nach der Vorschrift von E. Fischer[10], Entfernung des Chlorwasserstoffs aber mit Kaliumcarbonat statt Silbercarbonat. Schmelzp. 87—89°[9].

Isomere Monoaceton-rhamnose[9]. Bei der Darstellung der Fischerschen Monoacetonrhamnose fällt aus Äther auf Zusatz von Petroläther die isomere Monoacetonverbindung als Sirup aus. Krystallisiert nach einigem Stehen. Siedep. bei 0,5 mm = 108—110°. Lange Nadeln aus Äther + Petroläther. Schmelzp. 74—80°. $[\alpha]_{578}^{18} = +17,8°$ (Endwert in Wasser). NH_3 beschleunigt die Mutarotation außerordentlich. Bei Ausschütteln der mit NH_3 versetzten wässerigen Lösung der tiefer schmelzenden Form mit Äther fällt nach Trocknen des Äthers auf Zusatz von Petroläther die höher schmelzende Modifikation aus.

Monoacetonrhamnosyl-1-dimethylamin[9] $C_{11}H_{21}O_4N$.

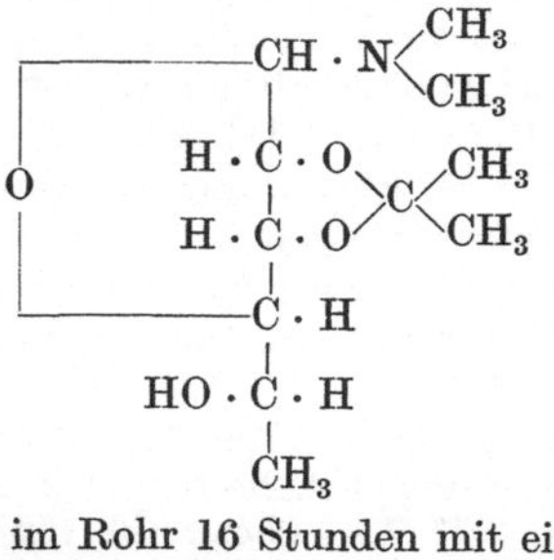

$$
\begin{array}{l}
\text{CH} \cdot \text{N} \big\langle{\text{CH}_3 \atop \text{CH}_3} \\[2pt]
\quad | \\
\text{H} \cdot \text{C} \cdot \text{O} \\
\qquad\qquad\text{C} \big\langle{\text{CH}_3 \atop \text{CH}_3} \\
\text{H} \cdot \text{C} \cdot \text{O} \\
\quad | \\
\quad\text{C} \cdot \text{H} \\
\quad | \\
\text{HO} \cdot \text{C} \cdot \text{H} \\
\quad | \\
\quad\text{CH}_3
\end{array}
$$

Monoaceton-rhamnose wird im Rohr 16 Stunden mit einer 25proz. methylalkoholischen Lösung von Dimethylamin auf 100° erhitzt. Die Lösung wird im Vakuum stark eingeengt, mit Äther aufgenommen und verdunstet. Gelbliches Öl, Siedep. bei 1 mm 82—84°. $[\alpha]_{578}^{18} = -26,2°$ in Wasser.

Rhamnose-2, 4, 6-trichlorphenylhydrazon[11]. Schmelzp. 87—88°.

Rhamnose-2-chlor-4-nitrophenylhydrazon[11]. Schmelzp. 135°.

[1] P. Karrer u. W. Fioroni: Helvet. chim. Acta 6, 396 (1923) — Chem. Zbl. 1923 III, 1005.

[2] Heinz Ohle, Wladimir Marecek u. Walter Bourjau: Ber. dtsch. chem. Ges. 62, 833 (1929) — Chem. Zbl. 1929 I, 2745.

[3] M. Bergmann: D.R.P. 363270, Kl. 12o v. 8. April 1921; Chem. Zbl. 1923 II, 908.

[4] C. S. Hudson: J. amer. chem. Soc. 46, 462 (1924) — Chem. Zbl. 1924 I, 2100.

[5] Y. Maeda u. Y. Uyeda: Bull. chem. Soc. Japan 1, 181 (1926) — Chem. Zbl. 1926 II, 2782.

[6] Y. Uyeda u. J. Kamon: Bull. chem. Soc. Japan 1, 179 (1926) — Chem. Zbl. 1926 II, 2781.

[7] Yoshiouke Uyeda: Bull. chem. Soc. Jap. 4, 264 (1929) — Chem. Zbl. 1930 I, 1287.

[8] Eugen Pacsu u. Nada Ticharich: Ber. dtsch. chem. Ges. 62, 3008 (1929) — Chem. Zbl. 1930 I, 512.

[9] K. Freudenberg u. A. Wolf: Ber. dtsch. chem. Ges. 59, 836 (1926) — Chem. Zbl. 1926 II, 18.

[10] E. Fischer: Ber. dtsch. chem. Ges. 28, 1162 (1875).

[11] E. Votoček u. L. Rys: Collect. Trav. chim. Tchécoslovaquie 1, 346 (1929) — Chem. Zbl. 1929 II, 1283.

Rhamnose-2,5-dibromphenylhydrazon[1] $C_{12}H_{16}O_4N_2Br_2$. Krystalle aus Alkohol. Schmelzpunkt 184°.

Rhamnose-3,4-dibromphenylhydrazon[2] $C_{12}H_{16}O_4N_2Br_2$. Schmelzp. 153—154°. Leicht löslich in Alkohol, Methylalkohol; wenig löslich in Wasser, Äther, Petroläther und Benzol[2].

Rhamnose-3,5-dibromphenylhydrazon[3] $C_{12}H_{16}O_4N_2Br_2$. Krystalle. Schmelzp. 195 bis 196°.

Rhamnose-2,4-dibromphenylhydrazon[4] $C_{12}H_{16}O_4N_2Br_2$. Aus Toluol, Schmelzp. 150°, leicht löslich in heißem Wasser.

Rhamnose-o-jodphenylhydrazon[4]. Nichtkrystallisiertes Produkt.

Rhamnose-m-jodphenylhydrazon[4] $C_{12}H_{17}O_4N_2J$. Aus Alkohol. Schmelzp. 161°.

Rhamnose-2,4-dichlorphenylosazon[5]. Schmelzp. 155°.

Rhamnose-2,4-nitrophenylosazon[5]. Schmelzp. 190°.

Rhamnose-p-jodphenylhydrazon[4] $C_{12}H_{17}O_4N_2J$. Aus Alkohol. Schmelzp. 167°.

Rhamnosephenylosazon[6]. Hellgelbe Nadeln, Schmelzp. 222°, $[\alpha]_D^{20} = +94°$ (in Pyridin, $c = 1{,}95$)[6]. Schmelzp. 179—180°[7]. Schmelzp. 189°, $[\alpha]_D = +77°$ in Pyridin[8].

p-Bromphenylosazon. Schmelzp. 224—225°[9].

Rhamnose-o-jodphenylosazon[4]. Öl.

Rhamnose-m-jodphenylosazon[4] $C_{18}H_{20}O_3N_4J_2$. Gelbe Nadeln aus Alkohol, Schmelzpunkt 142°.

Rhamnose-p-jodphenylosazon[4] $C_{18}H_{20}O_3N_4J_2$. Gelbe Krystalle aus Alkohol, Schmelzpunkt 190°.

d(+)-Epirhamnose = d(+)-Glykomethylose[10] = (d-Isorhamnose, Isorhodeose, Epifucose, Chinovose[10])
(Bd. II, S. 310; Bd. VIII, S. 118; Bd. X, S. 396).

Konstitution:

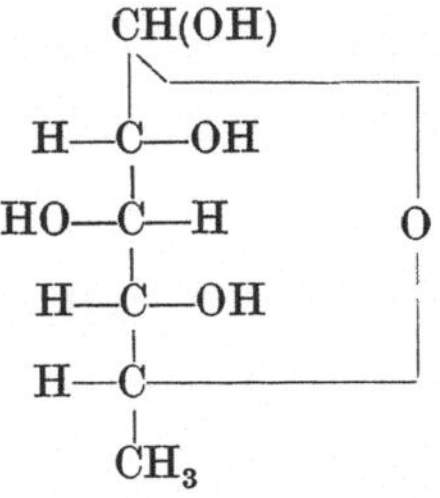

Darstellung: 1 g Methyl-d-isorhamnosid wird in 10 ccm 10proz. Salzsäure 3 Stunden auf dem Wasserbad erwärmt, mit $BaCO_3$ neutralisiert und unter vermindertem Druck eingedampft. Der Rückstand wird mit heißem abs. Alkohol ausgezogen, die Lösung zur Trockne verdampft[11]. Sirupöse Purginsäure wird mit 10proz. H_2SO_4 20 Stunden auf siedendem Wasserbad erhitzt, nach Trennung von öligen Produkten ausgeäthert, H_2SO_4 durch $Ba(OH)_2$, dann $PbCO_3$, Pb durch H_2S entfernt, eingeengt; nach Impfen werden die Krystalle mit Alkohol verrieben[11].

[1] Emile Votoček u. R. Lukas: Bull. Soc. Chim France (4) **35**, 868 (1924) — Chem. Zbl. **1924 II**, 1683 — Chemické Listy **22**, 217 (1928) — Chem. Zbl. **1929 I**, 1684.

[2] E. Votoček u. P. J. Jiru: Bull. Soc. Chim. France (4) **33**, 918 (1923) — Chem. Zbl. **1923 III**, 1214 — Chemické Listy **18**, 113 (1925) — Chem. Zbl. **1925 II**, 1026.

[3] Emile Votoček u. R. Lukas: Bull Soc. Chim France (4) **35**, 868 (1924) — Chem. Zbl. **1924 II**, 1683.

[4] E. Votoček, V. Ettel u. B. Koppova: Bull. Soc. Chim. France (4) **39**, 278 (1926) — Chem. Zbl. **1926 I**, 2905.

[5] E. Votoček u. L. Rys: Collect. Trav. chim. Tchécoslovaquie **1**, 346 (1929) — Chem. Zbl. **1929 II**, 1283.

[6] E. O. von Lippmann: Ber. dtsch. chem. Ges. **60**, 161 (1927) — Chem. Zbl. **1927 I**, 1172.

[7] D. W. Wester: Rec. Trav. chim. Pays-Bas et Belg. (Amsterd.) **40**, 707 (1921) — Chem. Zbl. **1928 I**, 709.

[8] K. Freudenberg u. K. Raschig: Ber. dtsch. chem. Ges. **62**, 383 (1929).

[9] Emil Votoček u. L. Beneš: Chemické Listy **22**, 362, 385 (1928) — Chem. Zbl. **1929 I**, 1677.

[10] Karl Freudenberg u. Klaus Raschig: Ber. dtsch. chem. Ges. **62**, 377 (1929).

[11] E. Votoček u. F. Valentin: Bull. Soc. Chim. France (4) **43**, 216 — Chem. Zbl. **1928 I**, 1947.

Physikalische und chemische Eigenschaften: Sirup, $[\alpha]_D^{19} = +29,2°$ in Wasser[1], $[\alpha]_D = +37°$[1], $+30,3°$[2]. $[\alpha]_D$ berechnet $= +1°$[3]. Körnige Kryställchen vom Schmelzp. 135—140° und rein süßem Geschmack. $[\alpha]_D^{20} = +30,8°$ in Wasser, Gleichgewichtswert[4].

Derivate: Acetobromverbindung[5] $C_{12}H_{17}O_7Br$. Schmelzp. 135—136°, $[\alpha]_D^{17} = +228,4°$ in Chloroform.

Phenylosazon[4]. Schmelzp. 191°, 185—186°[6]. $[\alpha]_D = -77°$ in Pyridin[4].

p-Bromphenylosazon[4]. Schmelzp. 225°.

Chinovose (Bd. II, S. 309, 585, 704); identisch mit d(+)-Glykomethylose[7].

l(—)-Glyko-methylose[7] = l(—)-Epirhamnose, (l-Iso-rhamnose)
(Bd. VIII, S. 117).

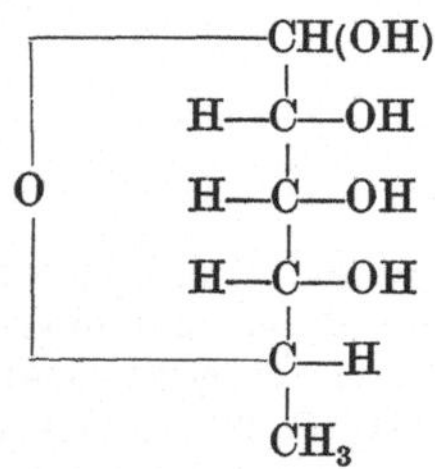

Darstellung nach Fischer. Trotz mehrfacher Reinigung aus Alkohol-Äther sirupös, durch wenig Salze verunreinigt. $[\alpha]_D = -24,5°$[8].

l(—)-Epifucose [l(—)-Talomethylose][9]
(Bd. II, S. 310; Bd. VIII, S. 118, Bd. X. S. 396).

Mol-Gewicht: 164,13.
Zusammensetzung: $C_6H_{12}O_5$.

Bildung: Bei der Reduktion des Epifucosesäurelactons mit Natriumamalgam.

Physikalische und chemische Eigenschaften: Sirup; $[\alpha]_D = -96,9°$ in Wasser.

---

[1] H. D. K. Drew u. W. N. Haworth: J. chem. Soc. Lond. **1926**, 2303 — Chem. Zbl. **1927 I**, 997.

[2] E. Votoček u. F. Valentin: Bull. Soc. Chim. France (4) **43**, 216 — Chem. Zbl. **1928 I**, 1947.

[3] C. S. Hudson: J. amer. chem. Soc. **47**, 268 (1925) — Chem. Zbl. **1925 I**, 2548.

[4] Karl Freudenberg u. Klaus Raschig: Ber. dtsch. chem. Ges. **62**, 373 (1929) — Chem. Zbl. **1929 I**, 1923.

[5] Fritz Micheel: Ber. dtsch. chem. Ges. **63**, 347 (1930) — Chem. Zbl. **1930 I**, 2237 — Ber. dtsch. chem. Ges. **63**, 755 (1930) — Chem. Zbl. **1930 I**, 3771.

[6] B. Helferich, W. Klein u. W. Schäfer: Liebigs Ann. **447**, 19 (1926) — Chem. Zbl. **1926 I**, 2192.

[7] Karl Freudenberg u. Klaus Raschig: Ber. dtsch. chem. Ges. **62**, 377 (1929). — E. Votoček: Collect. Trav. chim. Tchécoslovaquie **1**, 234 (1929) — Chem. Zbl. **1929 II**, 554.

[8] E. Votoček u. J. Mikšič: Bull. Soc. Chim. France (4) **43**, 220 — Chem. Zbl. **1928 I**, 1947.

[9] E. Votoček u. V. Kučerenko: Collect. Trav. chim. Tchécoslovaquie **2**, 47 (1930) — Chem. Zbl. **1930 I**, 2544.

Derivate: **Methylphenylhydrazon** $C_{12}H_{18}O_4N_2$. Aus Wasser Krystalle. Schmelzp. 137°.
p-Bromphenylosazon. Schmelzp. 203—203,5°.

Epirhodeose [d(+)-Talomethylose][1] = d(+)-Epifucose
(Bd. II, S. 310, Bd. VIII, S. 118. Bd. X, S. 396).

Mol-Gewicht: 164,13.
Zusammensetzung: $C_6H_{12}O_5$.

$$
\begin{array}{c}
\mathrm{CH(OH)} \\
\mathrm{HO-C-H} \\
\mathrm{HO-C-H} \qquad \mathrm{O} \\
\mathrm{HO-C-H} \\
\mathrm{H-C} \\
\mathrm{CH_3}
\end{array}
$$

Derivate: **Methylphenylhydrazon.** Schmelzp. 136°.

l(−)-Altromethylose[2].

MolGewicht: 164,13.
Zusammensetzung: $C_6H_{12}O_5$.

$$
\begin{array}{c}
\mathrm{CH(OH)} \\
\mathrm{H-C-OH} \\
\mathrm{O} \quad \mathrm{HO-C-H} \\
\mathrm{HO-C-H} \\
\mathrm{C-H} \\
\mathrm{CH_3}
\end{array}
$$

Bildung: Bei der Hydrierung des Diacetonderivats der d-Galakto-5,6-enose entsteht ein Gemisch der Diacetonverbindungen der d-Fucose und der l-Altromethylose (letztere 20—30%). — Die Trennung gelingt durch p-Toluolsulfonylhydrazin, womit die l-Altromethylose keine krystallisierende Verbindung liefert und in den Mutterlaugen bleibt, woraus sie als p-Bromphenylhydrazon abgeschieden wird.

Physikalische und chemische Eigenschaften: Rein süß schmeckender Sirup, $[\alpha]_D^{20} = -17,3°$ in Wasser.

Derivate: **Phenylhydrazon** $C_{12}H_{18}O_4N_2$. Aus Alkohol feine, weiße Nädelchen vom Schmelzp. 132°; $[\alpha]_D =$ etwa $-1°$ in Pyridin.

p-Bromphenylhydrazon. Aus Alkohol mit Äther Prismen vom Schmelzp. 178°; fast unlöslich in Alkohol, Wasser, Äther, Acetonitril. Beim Umkrystalisieren aus siedendem Amylalkohol erhält man dagegen ein niedriger schmelzendes Produkt, das aus Acetonitril in Blättchen vom Schmelzp. 155° krystallisiert. Vermutlich sind die beiden Cis-Trans-Isomere.

p-Bromphenylosazon $C_{18}H_{20}O_3N_4Br_2$. Aus Essigsäure, dann aus Methylalkohol Nädelchen vom Schmelzp. 203°.

Phenylosazon $C_{18}H_{23}O_3N_2$. Hellgelbe Flocken, Schmelzp. 185°; $[\alpha]_D = +75°$.

---

[1] E. Votoček u. F. Valentin: Collect. Trav. chim. Tchécoslovaquie **2**, 36 (1930) — Chem. Zbl. **1930 I**, 2544.
[2] Karl Freudenberg u. Klaus Raschig: Ber. dtsch. chem. Ges. **62**, 373 (1929) — Chem. Zbl. **1929 I**, 1924.

d(—)-Guleomethylose[1].

Mol-Gewicht: 164,13.
Zusammensetzung: $C_6H_{12}O_5$.

$$
\begin{array}{ccc}
\text{CHO} & & \text{CH(OH)} \\
\text{H—C—OH} & & \text{H—C—OH} \\
\text{H—C—OH} & \text{bzw.} & \text{H—C—OH} \quad \text{O} \\
\text{HO—C—H} & & \text{HO—C—H} \\
\text{H—C—OH} & & \text{H—C} \\
\text{CH}_3 & & \text{CH}_3
\end{array}
$$

Bildung: Bei der Reduktion des d-Guleomethylonsäurelactons mit Natriumamalgam.
Physikalische und chemische Eigenschaften: Sirup, $[\alpha]_D = -17,1-19,1°$.
Derivate: Phenylosazon. Schmelzp. 140—142°; $\alpha = -0,28°$.

d-Allomethylose[2].

Mol-Gewicht: 164,13.
Zusammensetzung: $C_6H_{12}O_5$.

$$
\begin{array}{ccc}
\text{H—C=O} & & \text{CH(OH)} \\
\text{H—C—OH} & & \text{H—C—OH} \\
\text{H—C—OH} & \text{bzw.} & \text{H—C—OH} \quad \text{O} \\
\text{H—C—OH} & & \text{H—C—OH} \\
\text{H—C—OH} & & \text{H—C} \\
\text{CH}_3 & & \text{CH}_3
\end{array}
$$

Bildung: Bei der Behandlung von Anhydrodigitoxose [Digitoxoseen (1,2) mit Benzopersäure].
Physikalische und chemische Eigenschaften: Aus Essigester, dann aus abs. Alkohol Krystalle. Schmelzp. 146°; $[\alpha]_D^{18} = -12,0°$, nach 30 Sekunden → $-1,0°$, nach 85 Minuten in Wasser.
Derivate: d-Allomethylosephenylosazon. Schmelzp. 182—183°, $[\alpha]_D^{17} = -72,3°$ in Pyridin + Alkohol, 2 : 3.
Benzoat. Nebenprodukt bei der Behandlung von Anhydrodigitoxose mit Benzopersäure.

Mycetose[3].

Soll die Grundsubstanz des pflanzlichen Chitins der Pilze sein. — Daraus leitet sich das Mycetosamin ab. Micetose soll eine Methylpentose sein, die nicht identisch mit Rhamnose ist.

Methylpentose aus Anhydrodigitoxose[4] (s. auch d-Allomethylose).

Kann weder l-Altromethylose noch l-Allomethylose sein[5].
Mol-Gewicht: 164,13.
Zusammensetzung: $C_6H_{12}O_5$.
Bildung: Durch Oxydation der Anhydrodigitoxose mit Benzopersäure.

---

[1] Emil Votoček u. L. Beneš: Chemiké Listy 22, 362, 385 (1928) — Chem. Zbl. 1929 I, 1677.
[2] Fritz Micheel: Ber. dtsch. chem. Ges. 63, 347 (1930) — Chem. Zbl. 1930 I, 2237.
[3] Dous u. Ziegenspeck: Arch. Pharmaz. 264, 751 (1926) — Chem. Zbl. 1927 I, 1172.
[4] A. Windaus u. G. Schwarte: Nachr. Ges. Wiss. Göttingen 1926, 1 — Chem. Zbl. 1927 I, 883.
[5] K. Freudenberg u. Raschig: Ber. dtsch. chem. Ges. 62, 376 (1929).

Physikalische und chemische Eigenschaften: Nadelförmige Krystalle aus abs. Alkohol. Schmelzp. 146°. Reduziert Fehlingsche Lösung beim Erwärmen[1]. — Mutarotation $-4° \rightarrow -0,8°$[2].

Derivate: Phenylosazon $C_{18}H_{22}N_4O_3$. Gelbe Nadeln, Schmelzp. 178°, links drehend. **p-Bromphenylosazon.** Schmelzp. 198°[2].

Digitoxose (Bd. II, S. 278; Bd. VIII, S. 119; Bd. X, S. 396).

Konstitution:

$$
\begin{array}{c}
\mathrm{HC{=}O} \\
| \\
\mathrm{H{-}C{-}H} \\
| \\
\mathrm{H{-}C{-}OH} \\
| \\
\mathrm{H{-}C{-}OH} \\
| \\
\mathrm{H{-}C{-}OH} \\
| \\
\mathrm{CH_3}
\end{array}
\quad 3
$$

Bildung: Gitoxin liefert bei der Hydrolyse 3 Moleküle Digitoxose und Gitoxigenin[4]. Bei der Hydrolyse des Digitoxins entsteht wahrscheinlich außer Digitoxigein nur Digitoxose[5]. Bei der Hydrolyse des Gitalins[6]. Bei 24 stündigem Schütteln von Digitoxoseen (1, 2) mit $^n/_{10}$-Schwefelsäure[3].

Physikalische und chemische Eigenschaften: Nach Lösen in Methanol und Zugabe von viel Äther farblose Krystalle, Schmelzp. 105—106°; $[\alpha]_D^{17} = +39,2°$ in Methanol. — Läßt sich bei der Oxydation zu einer Dioxyglutarsäure abbauen, wobei als Nebenprodukt Mesoweinsäure auftritt. Demnach müssen die beiden Hydroxyle aus den beiden mittleren Kohlenstoffatomen zueinander in meso-Stellung stehen. Die Oxydation mit Salpetersäure, Dichte 1,2, gibt mesoweinsaures Calcium und α, β-dioxyglutarsaures Calcium. Bei der Oxydation mit Silberoxyd entsteht Silberacetat, mit Chromsäure Acetaldehyd[3].

Derivate: Digitoxosephenylhydrazon[3] $C_{12}H_{18}O_3N_2$. Schmelzp. 204—209°; $[\alpha]_D^{18} = +215°$ in Alkohol + Pyridin 1:1.

Cymarose (Bd. X, S. 397).

Bildung: Bei der Hydrolyse von verschiedenen Glykosiden des Strophanthus kombé.

Physikalische und chemische Eigenschaften: Nadeln aus Äther, oder Petroläther; Schmelzpunkt 91°. Cymarose zeigt in wässeriger Lösung eine geringe Mutarotation; Endwert: $[\alpha]_D^{21} = +53,4°$ $(c = 2,245)$[7].

Digitalose[8] (Bd. II, S. 311; Bd. X, S. 397).

Bildung: Bei der Säurehydrolyse von Oleandrin entsteht ein Zucker, der vermutlich Digitalose ist[9].

---

[1] A. Windaus u. G. Schwarte: Nachr. Ges. Wiss. Göttingen **1926**, 1 — Chem. Zbl. **1927 I**, 883.

[2] K. Freudenberg u. Raschig: Ber. dtsch. chem Ges. **62**, 376 (1929).

[3] Fritz Micheel: Ber. dtsch. chem. Ges. **63**, 347 (1930) — Chem. Zbl. **1930 I**, 2237.

[4] A. Windaus u. G. Schwarte: Ber. dtsch. chem. Ges. **58**, 1515 (1925) — Chem. Zbl. **1926 I**, 407 — Hoppe-Seylers Z. **145**, 37 (1925) — Chem. Zbl. **1925 II**, 1049.

[5] A. Windaus u. C. Freese: Ber. dtsch. chem. Ges. **58**, 2503 (1925) — Chem. Zbl. **1926 I**, 2199.

[6] M. Cloetta: Arch. f. exper. Path. **112**, 261—342 (1926) — Chem. Zbl. **1926 II**, 771.

[7] Walter A. Jacobs u. Alexander Hoffmann: J. of biol. Chem. **67**, 609—620 (1926) — Chem. Zbl. **1926 II**, 220.

[8] H. Kiliani: Ber. dtsch. chem. Ges. **55**, 493 (1922) — Chem. Zbl. **1922 I**, 948.

[9] A. Windaus u. K. Westphal: Nachr. Kgl. Ges. Wiss. Göttingen, math.-phys. Kl. **1925**, 78—80 — Chem. Zbl. **1926 I**, 1814.

Konstitution: Die Stammsubstanz der Digitalose ist wohl die Isorhamnose und besitzt vermutlich eine der drei folgenden Formelbilder entsprechende Konfiguration.

$$
\begin{array}{ccc}
\begin{array}{c}
H \\
C\!=\!O \\
HO\text{---}C\text{---}H \\
HO\text{---}C\text{---}H \\
HO\text{---}C\text{---}H \\
HO\text{---}C\text{---}H \\
CH_3
\end{array}
&
\begin{array}{c}
H \\
C\!=\!O \\
HO\text{---}C\text{---}H \\
HO\text{---}C\text{---}H \\
HO\text{---}C\text{---}H \\
H\text{---}C\text{---}OH \\
CH_3
\end{array}
&
\begin{array}{c}
H \\
C\!=\!O \\
HO\text{---}C\text{---}H \\
H\text{---}C\text{---}OH \\
HO\text{---}C\text{---}H \\
H\text{---}C\text{---}OH \\
CH_3
\end{array}
\end{array}
$$

Physikalische und chemische Eigenschaften: Enthält ein Methoxyl auf dem 2. Kohlenstoffatom, das dadurch bewiesen wird, daß die Digitalose aller Wahrscheinlichkeit nach zur Bildung eines Osazons nicht befähigt ist.

Isorhamnonose[1].

Mol-Gewicht: 162,11.
Zusammensetzung: $C_6H_{10}O_5$.

$$
\begin{array}{c}
H\text{---}C\!=\!O \\
H\text{---}C\text{---}OH \\
HO\text{---}C\text{---}H \\
H\text{---}C\text{---}OH \\
C\!=\!O \\
CH_3
\end{array}
$$

Bildung: Aus β-Methyl-d-glykoseenid bei der Einwirkung von $^n/_{10}$-Schwefelsäure 1,5 Stunden bei Zimmertemperatur.

Physiologische Eigenschaften: Wird weder für sich noch mit Glykose mit Hefe vergoren.

Physikalische und chemische Eigenschaften: Aus Dioxan Krystalle vom Schmelzp. 125,5 bis 126° (korr.); $[\alpha]_D^{18} = 23,6° \rightarrow -33,7°$ in Wasser. Sehr leicht löslich in Wasser, leicht löslich in Alkohol und Pyridin, sonst schwer bis unlöslich. Reduziert Fehlingsche Lösung schon bei Zimmertemperatur nach wenigen Minuten. Verdünnte Alkalien färben die wässerige Lösung nach kurzer Zeit gelb, konzentrierte sofort, doch ist die Gelbfärbung durch unmittelbares Ansäuern wieder rückgängig zu machen. Verdünnte Säuren verfärben auch in der Hitze nur langsam, konz. Salzsäure dagegen rasch über rot nach braun unter völliger Zersetzung.

Derivate: Bis-p-nitrophenylhydrazon $C_{18}H_{20}O_7O_6$. Aus Alkohol + Wasser orangefarbige Krystalle. Schmelzp. 120,5° unter Zersetzung, $[\alpha]_D^{18} = -83,5°$ in Pyridin.

5. Hexosen.

Bestimmung: Durch Gärung[2].

Physiologische Eigenschaften: Hexosenabbau in der Pflanze[3]. Zusammenfassung der Kenntnisse des hexosespaltenden Enzymsystems im Muskel[4]. Reaktionen der Hexosen im tierischen Organismus[5].

---

[1] B. Helferich u. E. Himmen: Ber. dtsch. chem. Ges. **62**, 2136 (1929) — Chem. Zbl. **1929 II**, 2666.

[2] Erich Schmidt, Friedrich Trefz u. Hans Schnegg: Ber. dtsch. chem. Ges. **59**, 2635 bis 2646 (1926) — Chem. Zbl. **1927 I**, 1192.

[3] W. Zaleski u. E. Schatalowa-Zaleskaja: Biochem. Z. **201**, 190 (1928) — Chem. Zbl. **1929 I**, 909.

[4] Hans v. Euler u. Karl Myrbäck: Sv. kem. Tidskr. **39**, 102—107 — Chem. Zbl. **1927 II**, 1480.

[5] H. v. Euler u. Ragnar Nilsson: Ark. Kemi, Min. och Geol. **9**, Nr 38, 1 (1927) — Chem. Zbl. **1927 II**, 707.

Physikalische und chemische Eigenschaften: Farbenreaktionen mit Carbazol und Schwefelsäure[1]. Als Spaltprodukt der Hexosen mit siedender Mineralsäure wird Lävulinsäure erhalten. Das α'-Oxymethylfurfurol tritt dabei als Zwischenprodukt auf. Bei der fast quantitativen Spaltung von α'-Oxymethylfurfurol in Ameisen- und Lävulinsäure ist wahrscheinlich δ-Oxylävulinaldehyd das Zwischenprodukt[2].

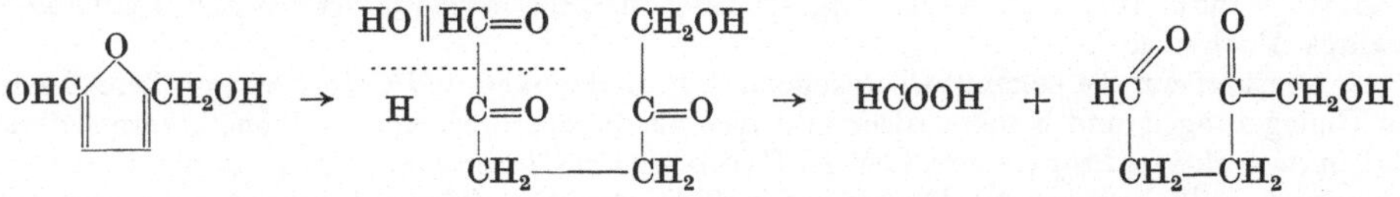

Die Einwirkungsprodukte von Chlordioxyd auf Hexosen sind unlöslich in Alkohol und Aceton[3]. Hexosenoxydation in konz. Phosphatlösung[4].

Gärung: Dioxyaceton beeinflußt die Gärung von Hexosen nicht[5]. Untersuchungen über die Vergärung der Hexosen, die durch Behandlung mit verdünntem Alkali optisch neutral gemacht sind[6].

a) Aldosen.

d-Glykose (Bd. II, S. 311; Bd. VIII, S. 119; Bd. X, S. 397).

Bezeichnung:

OH
H
OH
OH
d, d, l, d—
d(+)-Glykose[7].

Konstitution: Hat eine amylenoxydische Struktur. Sie gibt nämlich bei der Methylierung 2, 3, 4, 6-Tetramethylglykose[8].

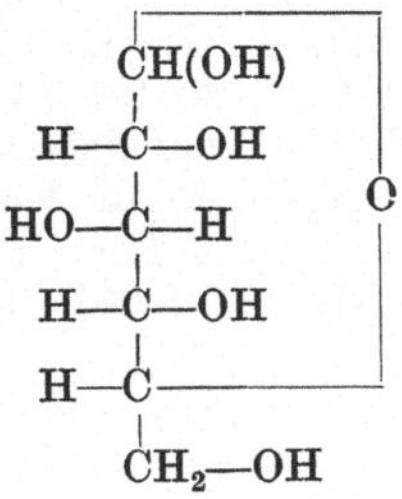

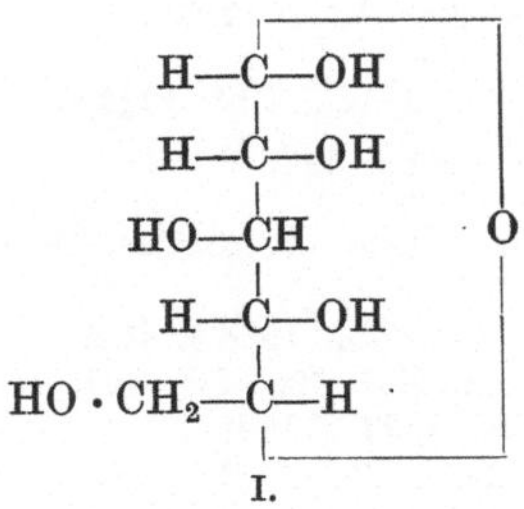

I.

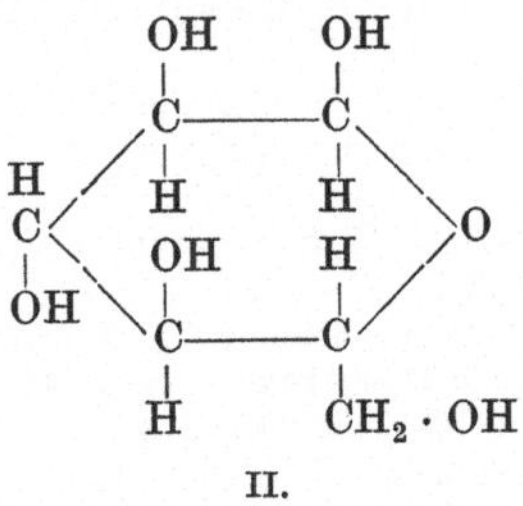

II.

---

[1] Zacharias Dische: Biochem. Z. **189**, 77 (1927) — Chem. Zbl. **1928 II**, 1761.

[2] R. Pummerer u. W. Gump: Ber. dtsch. chem. Ges. **56**, 999 (1923) — Chem. Zbl. **1923 III**, 214.

[3] K. Freudenberg u. M. Harder: Ber. dtsch. chem. Ges. **60**, 581 (1927) — Chem. Zbl. **1927 I**, 1572.

[4] Gunnar Blix: Skand. Arch. Physiol. (Berl. u. Lpz.) **50**, 8 (1927) — Chem. Zbl. **1927 II**, 1352.

[5] C. Neuberg u. A. Gottschalk: Biochem. Z. **154**, 487 (1924) — Chem. Zbl. **1925 I**, 1619.

[6] A. Fernbach, M. Schoen u. Motohichi Mori: Ann. Inst. Pasteur **42**, 805 (1928) — Chem. Zbl. **1928 II**, 1676.

[7] A. Wohl u. K. Freudenberg: Ber. dtsch. chem. Ges. **56**, 312 (1923).

[8] E. L. Hirst: J. chem. Soc. Lond. **1926**, 350 — Chem. Zbl. **1926 I**, 3026. — E. L. Hirst u. A. K. Macbeth: J. chem. Soc. Lond. **1926**, 22 — Chem. Zbl. **1926 I**, 2790.

[9] William Charlton, Walter Norman Haworth u. Stanley Peat: J. chem. Soc. Lond. **1926**, 89 — Chem. Zbl. **1926 I**, 3025.

An der Stelle der üblichen 1,5-Ringschreibweise der α-d-Glykose sind die in Formel I oder II wiedergegebenen anzuwenden[1].

Nach Berechnungen von C. S. Hudson[2] besitzen α- und β-Glykose furoide Ringstruktur.

Aus den Konstanten für die Glykoside läßt sich ein Beweis für die raumliche Lagerung der Hydroxylgruppen in α- und β-Glykose ableiten. Er führt zu den Formeln von Pictet (vgl. ds. Handb. **10**, 398)[3]. Es ist ausgeschlossen, daß die krystallisierte α- und β-Glykose ein wahres Aldehyd ist[4].

Gestützt auf die bekannte Tatsache, daß Propylenoxyd und Glycid eine größere Tendenz zu Umlagerungen und Kondensationen zeigen als die entsprechenden Alkohole, ferner darauf, daß optisch aktives Propylenoxyd bei der Hydrolyse mit Säuren einer Waldenschen Umkehrung unterliegt, stellt Levene die Theorie auf, daß die Reaktionsfähigkeit dieser Verbindung durch das intermediär auftretende Radikal vom Typus IV bedingt wird, und überträgt diese Auffassung auch auf die hypothetischen aktiven Formen der Zucker, die es für die Glykose im Sinne der Formel I—III darstellt.

CHOH	CHOH	CHOH	
⌐————O——	⌐————O——··	⌐————O——	
HC—	HCOH	HCOH	CH₂—O—
HOCH	HOCH	HOCH	CH—
HCOH	HC—	HCOH	CH₃
HCOH	HCOH	HC—	
CH₂OH	CH₂OH	CH₂OH	
I.	II.	III.	IV.

Einen weiteren Beweis für diese Auffassung erblickt Levene in der leichten Vergärbarkeit des α-Glykosans von Pictet und dessen leichte Polymerisation bzw. Kondensation zur Maltose[5]. Zusammenfassende Abhandlungen[6]. Schreibweise Glykose oder Glucose[7].

Vorkommen (Bd. II, S. 311; Bd. VIII, S. 119; Bd. X, S. 398): In Aspergillus Oryzae[8]. Im Mutterkorn des Diss (2,80 g pro kg) und des Hafers[9]. In Amanita muscaria L., Inoloma alboviolaceum Pers. und Hydnum versipelle[10]. In den Knollen von Nephrolepis cordifolia Prsl. in 1,150%[11]. In den Pollenkörnern von Pinus silvestris[12], 10,05%. In Maispollen[13]. In Juncus effusus[14]: 3,04%, in Carex flacca Schreb[15]; in Haferstroh[16], in den Reisschalen[17].

[1] H. D. K. Drew u. W. N. Haworth: J. chem. Soc. Lond. **1926**, 2303 — Chem. Zbl. **1927 I**, 997. — C. S. Hudson: J. amer. chem. Soc. **48**, 1424, 1434 (1926) — Chem. Zbl. **1926 II**, 1012, 1013. — W. Charlton, W. N. Haworth u. S. Peat: J. chem. Soc. Lond. **1926**, 89 — Chem. Zbl. **1926 I**, 3025.

[2] C. S. Hudson: J. amer. chem. Soc. **48**, 1434 (1926) — Chem. Zbl. **1926 II**, 1014.

[3] Richard Kuhn u. Harry Sobotka: Z. physik. Chem. **109**, 65 (1924) — Chem. Zbl. **1924 II**, 991.

[4] C. N. Riiber, T. Sörensen u. K. Thorkelsen: Ber. dtsch. chem. Ges. **58**, 964, (1925) — Chem. Zbl. **1925 II**, 276.

[5] P. A. Levene: Science (N. Y.) **66**, 560 (1927) — Chem. Zbl. **1928 I**, 1949.

[6] T. Swann Harding: Sugar **24**, 14 (1922) — Chem. Zbl. **1922 III**, 428. — J. Fritsch: Rev. Chim. ind. **35**, 181, 245, 274, 310 (1926) — Chem. Zbl. **1927 I**, 1148.

[7] K. Dammann: Z. angew. Chem. **38**, 232 (1925) — Chem. Zbl. **1925 I**, 1971. — G. Bruhns: Z. angew. Chem. **38**, 351 (1925) — Chem. Zbl. **1925 II**, 15. — Edmund O. von Lippmann: Z. angew. Chem. **38**, 631 (1925) — Chem. Zbl. **1925 II**, 1420.

[8] V. Grafe u. H. Magistris: Biochem. Z. **162**, 366 (1925) — Chem. Zbl. **1926 I**, 695.

[9] G. Tanret: Bull. Soc. chim. France (4) **31**, 444 (1923) — Chem. Zbl. **1923 III**, 564.

[10] L. Bard u. J. Zellner: Mh. Chem. **44**, 9 (1923) — Chem. Zbl. **1923 III**, 680.

[11] L. H. Ducloux u. M. Awschalom: Rev. Facultad Ciencias Quimicas Univ. Nac. de La Plata **2 I**, 75 (1923) — Chem. Zbl. **1926 II**, 2318.

[12] Alexander Kiesel: Hoppe-Seylers Z. **120**, 85 (1922) — Chem. Zbl. **1922 III**, 732.

[13] Suguru Miyake: J. of Biochem. **3**, 169—176 (1924) — Chem. Zbl. **1925 I**, 677.

[14] Julius Zellner: Mh. Chem. **43**, 121 (1922) — Chem. Zbl. **1922 III**, 1228.

[15] H. Swiatkowski u. J. Zellner: Mh. Chem. **48**, 475 (1927) — Chem. Zbl. **1927 II**, 2682.

[16] S. H. Collins u. B. Thomas: J. agricult. Sci. **12**, 280 (1922) — Chem. Zbl. **1923 I**, 961.

[17] S. Hirai: Acta Scholae med. Kioto **7**, 463 (1925) — Ber. Physiol. **34**, 491 (1926) — Chem. Zbl. **1926 II**, 233.

In den Früchten der Schneebeere (Symphoricarpus racemosus) immer nur Glykose, bei einem Versuch nach einem scharfen Frost Mannose[1]. In den Hülsen der Früchte von Gleditschia triacanthos L.[2]. In dem Oleander[3]. In Impatiens noli tangere L.[4]. In der Rinde von Tiliacora acuminata Miers.[5]. In der Wurzel von Chlorocodon Whiteii 20% [6]. In dem Kern des Guavebaumes (Psidium guave L.) 102 [7]. In Salicaria, 1,23 g pro 100 g trockene Pflanzensubstanz[8]. Trockene Glycyrrhira glabra L. enthält: aus dem Peloponnes 1,516, aus Kleinasien 1,398%; Succus enthält: aus dem Peloponnes 3,956%, aus Kleinasien 4,875% Glykose[9]. In dem Weinrebensaft von Vitis vitifera L.[10]. Bei den Melonen schwankt der Glykosegehalt von 0,09 bis 3,70% [11]. Wilder Reis (Zirania aquatica) enthält 2,33—2,93% lösliche Kohlehydrate (als Glykose)[12]. Rhododendron hirsutum L. enthält geringe Mengen von Glykose[13]. In der Sulfitablauge 0,448% [14]. In dem Blut von Pott- und Seiwal[15]. Glykosegehalt in gut und bösartigen Tumoren[16]. Im nüchtern gesammelten Speichel gesunder Menschen fehlt die Glykose bzw. gärende Substanzen[17]. Der Glaskörper des Auges enthält beim normalen Kaninchen und beim Menschen im erkrankten Auge (besonders Glaukom) eine geringere Konzentration an Glykose als das Kammerwasser desselben Auges[18]. Im normalen Harn[19]. Im frischen Eiereiweiß findet sich 0,5% Glykose, im Eigelb 0,33%, beide nehmen ab, und sind am 11. Tage auf 0,03 bzw. 0,07% gesunken, nach dem 11. Tage kein Zucker mehr vorhanden[20]. Das Kohlehydrat der Thymonucleinsäure ist wahrscheinlich Glykose, welche infolge ihrer Bindung an Phosphorsäure mit den üblichen Reaktionen nicht nachgewiesen werden kann[21]. Im Dotter der Eier von Torpedo und von Fischen kommt keine Glykose vor. Wurde das Material erst bei 45°, dann im Exsiccator getrocknet, mit Wasser extrahiert, dann der Extraktionsrückstand hydrolysiert, so fand sich im Säugetierei niemals Glykose, im Vogelei freie und gebundene, in Amphibieneiern nur freie Glykose[22]. Importiertes (Gefrier-) Rindfleisch enthält 0,073%, englisches 0,039% Glykose, Herzfleisch, auch von Schwein, war frei davon[23]. — Reduzierender Zucker, wahrscheinlich Glykose, erscheint im Embryo des keimenden Weizens nach 18 Stunden[24]. In der Amnionflüssigkeit in 5 Fällen in kleinen Mengen[25]. Im indischen Stocklack[26]. — Ver-

---

[1] Edmund O. von Lippmann: Ber. dtsch. chem. Ges. **54**, 3111—3114 (1921) — Chem. Zbl. **1922 I**, 359.

[2] B. Aszkenazy: Mh. Chem. **44**, 1 (1923) — Chem. Zbl. **1923 III**, 679.

[3] H. Tauber u. J. Zellner: Arch. Pharmaz. **264**, 689 (1926) — Chem. Zbl. **1927 I**, 1174.

[4] J. Zellner u. H. A. Spitzer: Arch. Pharmaz. **265**, 27 (1927) — Chem. Zbl. **1927 I**, 1489.

[5] L. van Itallie u. A. J. Steenhauer: Pharm. Weekblad **59**, 1381 (1922) — Chem. Zbl. **1923 I**, 548.

[6] W. J. Dilling: J. of Pharmacol. **26**, 397 (1926) — Chem. Zbl. **1926 II**, 261.

[7] A. Aradian: Ann. des Falsifications **15**, 405 (1922) — Chem. Zbl. **1923 I**, 962.

[8] A. Madinaveitia: Ann. soc. espanola Fis. Quim. **19**, 251 (1921) — Chem. Zbl. **1923 I**, 961. — J. R. Carracido u. A. Madinaveitia: Ann. soc. espanola Fis. Quim. (2) **19**, 148 (1921) — Chem. Zbl. **1921 III**, 486.

[9] E. Emmanuel: Festschrift A. Tschirch **1926**, 288 — Chem. Zbl. **1927 I**, 2753.

[10] Arthur Wormall: Biochemic. J. **18**, 1187 (1924) — Chem. Zbl. **1925 I**, 1330.

[11] S. Lutochin: Z. Unters. Lebensmitt. **54**, 281 (1927) — Chem. Zbl. **1928 I**, 433.

[12] C. Kennedy: J. agricult. Res. **27**, 219 — Chem. Zbl. **1924 II**, 1222.

[13] E. Feyertag u. J. Zellner: Mh. Chem. **47**, 601 (1927) — Chem. Zbl. **1928 II**, 1104.

[14] A. Lottermoser u. E. Mathiesen: Technologie u. Chemie d. Papier- u. Zellstoffabrikation **26**, 37 (1929) — Chem. Zbl. **1929 I**, 2716. — Erik Hägglund: Teknisk kem. Tidskr. **57**, 56—60 (1927) — Chem. Zbl. **1927 II**, 1775.

[15] M. Sudzuki: Tohoku J. exper. Med. **5**, 419 (1924) — Ref. Ber. Physiol. **31**, 406 — Chem. Zbl. **1925 II**, 1459.

[16] Fr. Bernhard: Klin. Wschr. **7**, 1184 (1928) — Chem. Zbl. **1928 II**, 693.

[17] D. Entin u. A. A. Schmidt: Dtsch. Mschr. Zahnheilk. **1927**, 710 — Chem. Zbl. **1928 I**, 2955.

[18] F. Ask: Särtryck ar acta ophthalmologica **5**, 23 — Chem. Zbl. **1928 I**, 3084.

[19] Ali Hassan: Biochemic. J. **22**, 1332 (1928) — Chem. Zbl. **1929 I**, 1119. — Isidor Greenwald, Joseph Groß u. Grace Mc. Guire: J. of biol. Chem. **75**, 491 (1927) — Chem. Zbl. **1928 II**, 165.

[20] J. Gadaskin: Biochem. Z. **172**, 447 (1926) — Chem. Zbl. **1926 II**, 2318.

[21] H. Steudel u. E. Peiser: Hoppe-Seylers Z. **132**, 297 (1924) — Chem. Zbl. **1924 I**, 2149.

[22] G. Gori: Atti R. anad. fisiocrit i Siena **21**, 711 (1920) — Chem. Zbl. **1922 III**, 927.

[23] Charles G. L. Wolf: Brit. J. exper. Path. **3**, 295 (1922) — Chem. Zbl. **1924 I**, 1809.

[24] Helen A. Choate: Bot. Gaz. **71**, 409—425 (1921) — Chem. Zbl. **1922 I**, 100.

[25] A. Labat u. M. Favreau: J. Méd. Bordeaux **92**, 341—342 (1921) — Chem. Zbl. **1922 I**, 210.

[26] A. Tschirch u. F. Lüdy jun.: Helvet. chim. Acta **6**, 994 (1923) — Chem. Zbl. **1924 I**, 767.

hältnis der Glykose zu Fructose in Honigen[1]. — In einheimischen malayischen Zucker (Pula Malacca) ist 3,29% Glykose[2].

Bildung: Die lösliche spezifische Substanz des Pneumococcus Typus II, die sich im gegenwärtig reinsten Zustande als Polysaccharid erweist, gibt bei der Hydrolyse d-Glykose in 75proz. Ausbeute[3]. Bei der Hydrolyse des Isolichenins neben Mannose und Galaktose[4]. Bei der Hydrolyse der Polysaccharide der Wandungen des Schleimpilzes Lycogala epidendron[5]. Bei der Hydrolyse von Hafer und Erdnußhülsen mit 2proz. H_2SO_4 26,5% bzw. 7,6%[6]. Bei der Hydrolyse der Cicerose[7]. In der Erdbirne (Helianthus tuberosus) durch Hydrolyse während des Wachstums aus Saccharose[8].

Bei der Hydrolyse des Pikrocrocins[9], Geins[10], Vicins[11], Meliatosids[12], Polydatosids[13], Asperulosids[14], Violutosids[15], Rutosids[16]. — Bei der Hydrolyse des Saponins aus Agave Lechuguilla Torrey[17], aus Aralia montana Bl.[18], aus Kastaniensamen: 23%[19], des Segosaponins: 28,6%[20], des gewöhnlichen Saponins: 13%[21], des von Mitchell[22] und Nierenstein[23] dargestellten Tannins. — Durch Verzuckerung des Holzes mit Salzsäure[24], aus Holz mit Natriumbisulfit[25]. Beim Erhitzen der Cellulose[26], bei der Druckerhitzung der Cellulose mit Wasser[27], beim Behandeln von aus Viscose regenerierter Cellulose mit 5proz. Ameisensäure im Rohr bei 160 und 180°, in 17- und 50proz. Ausbeute[28]. Aus wasserfrei berechneter Baumwolle läßt sich Cellulosetriacetat in einer Ausbeute von 99,5% gewinnen, und daraus mit methylalkoholischer Salzsäure ein Gemisch von α- und β-Methylglykosid in einer Ausbeute, die für Glykose

---

[1] A. Gronover u. E. Wohnlich: Z. Unters. Nahrgsmitt. usw. **48**, 405 (1924) — Chem. Zbl. **1925 I**, 1822. — W. Müller: Mitt. Lebensmittelunters. **16**, 198 (1925) — Chem. Zbl. **1926 I**, 1319.

[2] H. Lowe u. A. Houlbrooke: Analyst **48**, 114 (1923) — Chem. Zbl. **1923 IV**, 295. — K. C. Browning u. C. T. Symons: J. Soc. chem. Ind. **35**, 1138 (1917) — Chem. Zbl. **1927 I**, 660.

[3] Michaël Heidelberger u. Oswald T. Avery: J. of exper. Med. **40**, 301—316 — Chem. Zbl. **1924 II**, 2174.

[4] P. Karrer u. B. Joos: Hoppe-Seylers Z. **141**, 311 (1924) — Chem. Zbl. **1925 I**, 1288.

[5] A. Kiesel: Hoppe-Seylers Z. **150**, 102 (1925) — Chem. Zbl. **1926 I**, 1423.

[6] E. B. Fred, W. H. Peterson u. J. A. Anderson: Ind. and Engin. Chem. **15**, 126 (1923) — Chem. Zbl. **1923 II**, 1192.

[7] N. Castoro: Ann. Chim. Appl. **15**, 146 (1925) — Chem. Zbl. **1926 I**, 415.

[8] S. H. Collins u. R. Gill: J. Soc. chem. Ind. **45**, 163 (1926) — Chem. Zbl. **1926 I**, 2929.

[9] E. Winterstein u. J. Teleczky: Helvet. chim. Acta **5**, 376 (1922) — Chem. Zbl. **1922 III**, 381.

[10] H. Hérissey u. J. Cheymol: C. r. Acad. Sci. Paris **181**, 565 (1925) — Chem. Zbl. **1926 I**, 2358.

[11] L. A. P. Anderson, A. Howard u. J. L. Simonsen: Nature (Lond.) **116**, 260 (1925) — Chem. Zbl. **1926 I**, 165.

[12] C. Charaux: Bull. Soc. Chim. biol. Paris **7**, 1056 (1925) — Chem. Zbl. **1926 I**, 1821.

[13] M. Bridel u. C. Béguin: C. r. Acad. Sci. Paris **182**, 157 (1926) — Chem. Zbl. **1926 I**, 2366.

[14] H. Hérissey: Bull. Soc. Chim. biol. Paris **7**, 1009 (1925) — Chem. Zbl. **1926 I**, 2366.

[15] P. Picard: C. r. Acad. Sci. Paris **182**, 1167 (1926) — Chem. Zbl. **1926 II**, 235.

[16] M. Bridel u. C. Beguin: C. r. Acad. Sci. Paris **183**, 231 (1926) — Chem. Zbl. **1926 II**, 1289.

[17] Carl O. Johns, Lewis H. Chernoff u. Arno Viehoever: J. of biol. Chem. **52**, 335 (1922) — Chem. Zbl. **1922 III**, 383.

[18] A. W. van der Haar: Ber. dtsch. chem. Ges. **55**, 3041 (1922) — Chem. Zbl. **1923 I**, 95.

[19] A. W. van der Haar: Rec. Trav. chim. Pays-Bas et Belg. (Amsterd.) **1923**, 1080 — Chem. Zbl. **1924 I**, 1806.

[20] C. Matsunami: J. pharmac. Soc. Japan **1927**, Nr 545, 87—88 (1927) — Chem. Zbl. **1927 II**, 1848.

[21] A. W. van der Haar: Rec. Trav. chim. Pays-Bas et Belg. (Amsterd.) **46**, 85 (1927) — Chem. Zbl. **1927 I**, 2322.

[22] C. A. Mitchell: Analyst **48**, 2 (1923) — Chem. Zbl. **1923 II**, 862.

[23] M. Nierenstein: Ber. dtsch. chem. Ges. **56**, 1876 (1923) — Chem. Zbl. **1923 IV**, 1231.

[24] Erik Hägglund: Sv. kem. Tidskr. **35**, 2 (1923) — Chem. Zbl. **1924 I**, 2020.

[25] E. Hägglund u. H. Boedecker: Acta Acad. Aboensis math.-phys. **4**, Nr 4, 1 (1927) — Chem. Zbl. **1928 I**, 607.

[26] J. W. Bain u. G. M. Chute: Proc. Trans. Roy. Soc. Canada (3) 20, 189 (1926) — Chem. Zbl. **1927 II**, 1686. — J. W. Bain, J. E. T. Musgrave, G. F. Kay, G. M. Chute u. S. A. Rowland: J. Soc. chem. Ind. **46**, 193 (1927) — Chem. Zbl. **1927 II**, 1018. — J. W. Bain u. G. F. Kay: Proc. Trans. Roy. Soc. Canada (3) **18**, 269 (1924) — Chem. Zbl. **1925 I**, 1290.

[27] E. Berl u. A. Schmidt: Liebigs Ann. **461**, 192 — Chem. Zbl. **1928 I**, 2935.

[28] Emil Heuser u. Wilhelm Schott: Cellulosechemie **6**, 10, Beil. zu Papierfabr. **23** (1925) — Chem. Zbl. **1925 I**, 1398.

auf Cellulose berechnet 95,1% der Theorie beträgt[1]. — Aus Cellulose beim Stehenlassen mit 7—10facher Menge 80proz. Schwefelsäure $2^1/_2$ Stunden, dann, nach dem Verdünnen mit der 15fachen Menge Wasser, entstehen nach 5stündigem Erwärmen im siedenden Wasserbad 99,7% Glykose[2]. — Bei reifenden Samen von Vicia Faba minor nimmt die Glykosemenge absolut ab[3]. — Aus Cellulose, bei der Einwirkung vom Holzwurm (Bankia setacea Tryon)[4]. Übersicht über neue Theorien der Zuckerbildung im Tierkörper mit Literaturangaben[5]. — Intravenös zugeführter Milchzucker wird beim Diabetiker in Form von Glykose ausgeschieden[6]. — Nach Versuchen an Menschen werden von Alanin und Milchsäure 92%, von Brenztraubensäure aber in günstigsten Fällen nur 80% in Glykose verwandelt[7]. — Aus Essigsäure wird bei hungernden Hündinnen unter Phlorrhizinwirkung keine Glykose gebildet[8]. — Über Glykose, Milchsäure und Phosphorsäurebildung in der Leberaufschwemmung unter dem Einflusse von Insulin[9]. — Beim Erhitzen von Mannit mit Hydrazin[10]. — Bei der Oxydation von d-Sorbit in neutraler oder alkalischer Lösung mit $NaMnO_4$ als Zwischenprodukt[11].

Darstellung: Herstellung von Glykose im Großen[12]. Aus Stärke[13]. Durch Verzuckerung

[1] J. C. Irvine u. E. L. Hirst: J. chem. Soc. Lond. **121**, 1585 (1922) — Chem. Zbl. **1923 I**, 1426. — J. C. Irvine, E. S. Steele u. M. S. Shannon: J. chem. Soc. Lond. **121**, 1060 (1922) — Chem. Zbl. **1922 III**, 1333. — W. L. Barnett: J. Soc. chem. Ind. **40**, 81 (1921) — Chem. Zbl. **1921 IV**, 146.

[2] A. Kiesel u. N. Semiganowsky: Ber. dtsch. chem. Ges. **60**, 333—338 (1927) — Chem. Zbl. **1927 I**, 1624.

[3] A. Blagoweschtschenski: Bull. Acad. Sc. Pétersbourg (6) **1916**, 423 — Chem. Zbl. **1925 I**, 2012.

[4] R. C. Miller u. D. C. Boynton: Science (N. Y.) **63**, 524 (1926) — Chem. Zbl. **1926 II**, 786.

[5] E. J. Lesser: Dtsch. med. Wschr. **49**, 875 (1923) — Chem. Zbl. **1923 III**, 955.

[6] Rudolf Roubitschek: Klin. Wschr. **2**, 1647 (1923) — Chem. Zbl. **1923 III**, 1109.

[7] E. Aubel u. R. Wurmser: C. r. Acad. Sci. Paris **177**, 836 (1923) — Chem. Zbl. **1924 I**, 570.

[8] Harry J. Denel jr. u. Adolph T. Milhorat: J. of biol. Chem. **78**, 299 (1928) — Chem. Zbl. **1928 II**, 1458.

[9] Theodor Brugsch u. Hans Horsters: Biochem. Z. **138**, 147 (1927) — Chem. Zbl. **1928 II**, 264.

[10] Ernst Müller u. Hertha Kraemer-Willenberg: Ber. dtsch. chem. Ges. **57**, 575 (1924) — Chem. Zbl. **1924 I**, 2119.

[11] W. L. Evans u. C. W. Holl: J. amer. chem. Soc. **47**, 3102 (1925) — Chem. Zbl. **1926 I**, 2184.

[12] W. B. Newkirk: Ind. Chem. **16**, 1173 (1924) — Chem. Zbl. **1925 I**, 1462.

[13] F. Bates: Sugar **28**, 167 (1926) — Chem. Zbl. **1926 II**, 118 — Facts about Sugar **21**, 250 (1926) — Z. dtsch. Zuckerind. **1926**, 316 — Chem. Zbl. **1926 II**, 2023. — R. F. Jackson, C. G. Silsbee u. M. J. Proffitt: Sugar **28**, 222 — Sci. Papers of the Bureau of Standards **1926**, Nr 519, 31 — Chem. Zbl. **1926 II**, 949. — W. Bartling: Z. Spiritusind. **50**, 122, 130, 137 (1927) — Chem. Zbl. **1927 II**, 881. — J. Ebel: Z. Spiritus ind. **50**, 351 (1927) — Chem. Zbl. **1928 I**, 979. — A. Herzfeld u. R. Passer: D.R.P. 381575, Kl. 89i v. 29. April 1922; Chem. Zbl. **1923 IV**, 887. — Dextrin-Automat-Ges., Wien: E.P. 215705 v. 4. August 1923; Chem. Zbl. **1924 II**, 2095. — Corn Products Refining Co., New York: Übertr. von W. B. Newkirk, Riverside: E.P. 232, 938 v. 30. März 1925; Chem. Zbl. **1925 II**, 2107, E.P. 232160 v. 22. September 1924; Chem. Zbl. **1925 II**, 2107. — Penick u. Ford: A.P. 1556854, 1925; Chem. Zbl. **1926 I**, 1064. — Chr. E. G. Porst u. Nickolas V. S. Mumford: Ind. Chem. **14**, 217—218 (1922) — Chem. Zbl. **1922 I**, 1104. — R.: Z. Spiritusind. **45**, 91 (1922) — Chem. Zbl. **1922 IV**, 58. — H. J. Waternan, J. W. L. van Ligten u. Koloniale Bank: Holl.P. 9260 v. 14. Juni 1920; Chem. Zbl. **1923 IV**, 774. — Penick & Ford Ltd. Inc. Delaware: Übertr. von Adolph W. H. Lenders u. Paul W. Allen: Cedar Rapids, Joura: Chem. Zbl. **1924 II**, 2908 — Übertr. von Paul W. Allen: Cedar Rapids, Joura: A.P. 1422328 v. 17. Februar 1919; Chem. Zbl. **1924 I**, 2908 — A.P. 1578568, 1926; Chem. Zbl. **1926 II**, 667. — William B. Newkirk: Übertr. an Corn Products Refining Company: A.P. 1471347 v. 16. Februar 1922; Chem. Zbl. **1924 I**, 1118. — Corn Products Refining Company (William B. Newkirk): A.P. 1508569 v. 16. November 1922; Chem. Zbl. **1925 I**, 1583. — International Patents Development Company: Übertr. von William B. Newkirk: A.P. 1521830, 1924; Chem. Zbl. **1925 I**, 2193. — Lionel K. Arnold: Chem. Metallurg. Engineering **33**, 347 (1926) — Chem. Zbl. **1926 II**, 949. — Corn Products Refining Co.: Übertr. von W. B. Newkirk: E.P. 254729 v. 11. August 1925, Auszug veröff. 8. September 1926, Prior. 17. Januar 1925; Chem. Zbl. **1927 I**, 196. — M. G. Badollet u. H. S. Paine: Ind. Chem. **19**, 1245 (1927) — Chem. Zbl. **1928 I**, 599. — International Patents Development Co.: Übertr. von C. Copland: A.P. 1652393 v. 30. November 1925; Chem. Zbl. **1928 I**, 980. — Corn Products Refining Company: F.P. 586932 v. 2. September 1924; Chem. Zbl. **1925 II**, 695. — Int. Pat. Development Co.: A.P. 1571212 v. 16. November 1922; Chem Zbl. **1926 I**, 2982. — G. Mezzadroli u. A. Nardella: Zymologica Chim. Colloidi **2**, 49—62, 73—89 (1927) — Chem. Zbl. **1927 II**, 1764. — P. Petit: Fondation de la Brasserie et de la Malterie Françaises, Bl. Nr 6, **1927**, 18 — Wschr. Brauerei **44**, 626 (1927)

der Cellulose[1]. Darstellung durch Verzuckerung von Holz[2]. — Darstellung aus Seealgen[3], aus Traubensäften[4].

Nachweis (Bd. II, S. 313; Bd. VIII, S. 122; Bd. X, S. 402). — Verhalten gegen verschiedene Zuckerreagenzien[5]. — Fructose liefert unter gleichen Bedingungen viel rascher ein

---

— Chem. Zbl. **1928 I**, 1591. — International Patents Development Co.: Übertr. von W. B. Newkirk: A.P. 1658998 v. 6. August 1924; Chem. Zbl. **1928 I**, 1916 — A.P. 1661298 v. 25. April 1924; Chem. Zbl. **1928 I**, 2456. — Dextrin-Automat G. m. b. H.: F.P. 569320 v. 2. August 1923 — Chem. Zbl. **1928 I**, 2468. — L. Fenilherade: Sugar **30**, 168 — Chem. Zbl. **1928 I**, 2670. — H. Leffmann: Amer. J. Pharmacy **106**, 246 — Chem. Zbl. **1928 I**, 3006. — Internat. Pat. Dev. Co.: Übertr. von C. Ebert, W. B. Newkirk u. M. Moskowitz: A.P. 1668308 v. 29. April 1927; Chem. Zbl. **1928 II**, 290. — Corn Products Refining Co.: F.P. 634927 v. 24. Mai 1927; Chem. Zbl. **1928 II**, 290 — F.P. 638955 v. 4. August 1927; Chem. Zbl. **1928 II**, 1265 — F.P. 638956 u. 638957 v. 4. August 1927; Chem. Zbl. **1928 II**, 265 — F.P. 638958 v. 4. August 1927; Chem. Zbl. **1928 II**, 1397 — E.P 290847 v. 15. Juni 1927; Chem. Zbl. **1928 II**, 2081 — D.R.P. 468751 v. 16. September 1924; Chem. Zbl. **1929 I**, 585.

[1] E. Benesch: D.R.P. 368399, Kl. 89i v. 24. Oktober 1920; Chem. Zbl. **1923 II**, 687. — P. P. Budnikoff: Z. angew. Chem. **36**, 326 (1923) — Chem. Zbl. **1923 III**, 1638 — Z. angew. Chem. **35**, 677 (1923) — Chem. Zbl. **1923 II**, 696. — W. R. Ormandy: Chem. Trade J. **79**, 132 (1926) — Chem. Zbl. **1927 I**, 195. — A. Kiesel u. N. Semiganowski: Trudy naučn. chim.-farmacevt. Inst. (russ.) **1927**, 83 — Chem. Zbl. **1928 I**, 132.

[2] Alexander Classen: D.R.P. 351681, Kl. 89i v. 24. Mai 1917 (ausg. 11. April 1922); Chem. Zbl. **1922 IV**, 170 — D.R.P. 376418, Kl. 12o v. 13. Februar 1918; Chem. Zbl. **1921 IV**, 356; **1923 IV**, 540 — Canad.P. 233595 v. 20. Januar 1921; Chem. Zbl. **1923 IV**, 540; **1924 I**, 1869 — Norw.P. 36706 v. 2. Juni 1921; Zus. zu Norw.P. 34116; Chem. Zbl. **1921 IV**, 356 — F.P. 518140; Chem. Zbl. **1923 II**, 1003; **1923 IV**, 296 — F.P. 24882 v. 30. Mai 1921; Zus. zu F.P. 518140 v. 22. April 1919; Chem. Zbl. **1921 IV**, 356, 875; **1923 II**, 1003 — Schw.P. 96995 v. 27. Mai 1921, ausg. 16. November 1922; Chem. Zbl. **1923 II**, 1003; **1923 IV**, 25. — Alfred Wohl: D.R.P. 342780, Kl. 89i v. 15. März 1917, ausg. 24. Oktober 1921; Chem. Zbl. **1922 II**, 40. — L. Pink: D.R.P. 362232, Kl. 89i v. 12. Mai 1917; Chem. Zbl. **1923 II**, 102 — D.R.P. 362233, Kl. 89i v. 23. Juni 1917; Chem. Zbl. **1923 II**, 102. — Th. Goldschmidt, A.-G.: D.R.P. 362229, Kl. 89i v. 28. Juni 1919; Chem. Zbl. **1923 II**, 103. — E. Hägglund u. N. Löfman: D.R.P. 362231, Kl. 89i v. 7. Dezember 1918; Chem. Zbl. **1923 II**, 103 — D.R.P. 362230, Kl. 89i v. 15. Oktober 1918; Chem. Zbl. **1923 II**, 103. — H. Terisse u. M. Lévy: Schw.P. 97623 v. 23. Mai 1921; Chem. Zbl. **1923 IV**, 118. — Hägglund, E. Färber u. T. Goldschmidt A.-G.: D.R.P. 378989, Kl. 89i v. 24. Juli 1921; Chem. Zbl. **1923 IV**, 613. — Suchy-Werke A.-G. u. R. Demuth: Österr.P. 91961 v. 3. Juni 1919; Chem. Zbl. **1923 IV**, 1017. — W. P. Perry: E.P. 207598 v. 28. August 1922; Chem. Zbl. **1924 I**, 1456. — Ludolf Meiler u. Heinrich Scholler: D.R.P. 407412, Kl. 89i v. 27. März 1921; Chem. Zbl. **1925 I**, 1139 — D.R.P. 408013, Kl. 89i v. 1. September 1923; Chem. Zbl. **1925 I**, 1139. — Société des Produits Chimiques d'Issyles-Moulineaux: F.P. 573516, 1923; Chem. Zbl. **1925 I**, 2193. — F. Bergius: A.P. 1547893 v. 3. September 1921; Chem. Zbl. **1925 II**, 2033. — E. C. Sherrard u. J. O. Closs: Ind. Chem. **17**, 847 (1925) — Chem. Zbl. **1926 I**, 271. — Nicolaus Krantz u. Léon de Moltke-Huitfeldt: F.P. 595439 v. 10. März, ausg. 2. Oktober 1925 (deutsche Priorität); Chem. Zbl. **1926 I**, 1063. — Leonhard Pink, Berlin: D.R.P. 425023, Kl. 89i v. 7. Juni 1922; Chem. Zbl. **1926 I**, 2630. — International Sugar and Alcohol Co.: F.P. 597486 v. 30. April 1925; Chem. Zbl. **1926 I**, 3282. — Lefranc & Cie.: F.P. 599829 v. 12. Juli 1924; Chem Zbl. **1926 I**, 3282. — R. Römer: F.P. 600642 v. 9. Juli 1925; E.P. 240475 v. 24. September 1925; Chem. Zbl. **1926 II**, 1103. — W. R. Ormandy: J. Soc. chem. Ind. **45**, 267 (1926) — Chem. Zbl. **1926 II**, 1798. — Frieda Fretwurst: D.R.P. 436879, Kl. 6b v. 20. Dezember 1923, ausg. 10. November 1926; Chem. Zbl. **1927 I**, 532. — The International Sugar and Alcohol Co. Ltd.: D.R.P. 445193, Kl. 89i v. 27. Juni 1924 (1927); Chem. Zbl. **1927 II**, 647. — Rudolf A. Kocher, S. Froncisco: A.P. 1374928 v. 21. März 1917 (19. April 1921); Chem. Zbl. **1922 IV**, 272. — P. P. Budnikoff u. A. J. Sworykin: Z. angew. Chem. **35**, 677 (1922) — Chem. Zbl. **1923 II**, 696. — International Sugar and Alcohol Co. Ltd.: F.P. 599628 v. 16. Juni 1925; Chem. Zbl. **1926 I**, 2154. — E. Hägglund: Papierfabr., Verein der Zellstoff- und Papier-Chemiker und -Ingenieure **25**, 52—60 (1927) — Chem. Zbl. **1927 I**, 1757. — E. Wedekind: Forstarchiv **4**, Nr 9, 157 — Chem. Zbl. **1928 I**, 3155. — Distilleries d'Alsace: F.P. 637107 v. 6. Juli 1927; Chem. Zbl. **1928 II**, 1397. — M. M. Cory: A.P. 1687785 v. 15. Juni 1925; Chem. Zbl. **1929 I**, 585. — Erich Gundermann: Apparatebau **42**, 125; **38**, 593 (1930) — Chem. Zbl. **1930 II**, 639.

[3] Jean Despommiers u. Paul Gloess: F.P. 586692 v. 29. September 1924; Chem. Zbl. **1925 II**, 621.

[4] Soc. des Etablissements Barbet: F.P. 32642 v. 17. April 1926; Chem. Zbl. **1928 I**, 2662; Zus. zu F.P. 615942; Chem. Zbl. **1927 I**, 2249.

[5] J. M. Kolthoff: Chem. Weekblad **13**, 887—895 — Chem. Zbl. **1916 II**, 694. — Pinoff: Ber. dtsch. chem. Ges. **38**, 3317 — Chem. Zbl. **1905 II**, 1555.

Osazon als Glykose[1]. Nachweis mit Diazobenzolsulfosäure[2]. Gibt die Farbenreaktion von Uffelmann[3]. Liefert bei Behandlung mit $NaHCO_3$ Acetol, das mit Hilfe der Reaktion mit o-Aminobenzaldehyd leicht nachgewiesen werden kann[4]. Mit etwas konzentrierter H_2SO_4 angefeuchtet, gibt, wenn 1 Tropfen Guajacol zugesetzt wird, wie Metaldehyd charakteristische Farbenreaktion[5]. Mittels B. proteus, M. tetragonus, V. cholerae, V. Fischler-Prior, B. typhi, B. coli I und II ist bis zu 0,03 mg der Glykose in 1 ccm erkennbar[6]. Mikrochemischer Nachweis in Drogen und anderen pharmazeutischen Produkten[7]. Nachweis von unreinem Stärkezucker in Wein. Über die Beeinflussung durch die Gegenwart von Pentosanen[8]. — Nachweis im Harn, mit Wismutsalze[9]. — Der Nachweis mittels o-Nitrophenylpropiolsäure und des Acetons mittels Nitroprussidnatrium im Harn führt zu irrigen Resultaten, wenn H_2S zugegen ist; es ist in beiden Fällen der durch Bleiacetat gereinigte Harn zur Probe zu verwenden[10]. Nach Schmidt-Rubner mit Ammoniak und Bleiessig[11]. — Nachweis im Harn mit einer lithiumhaltigen sehr haltbaren Kupferlösung[12]. — In arbutinhaltigen Harn[13]. Nachweis im Harne mit der „mykologischen Methode von Castellani"[14].

Bestimmung: Jodometrische[15].

Mit Fehlingscher Lösung: mit Methylenblau als Indicator[16], mit Kupferkaliumlösung[17], in Gegenwart von Erdalkalisalze[18], durch Oxydation des gebildeten Kupferoxyduls mit Wasserstoffsuperoxyd und Schwefelsäure, und Titration des Schwefelsäureverbrauches[19]. — Eine schnelle maßanalytische Bestimmung beruht darauf, daß man das Kupferoxydul mit Phospho-Molybdänreagens und Phosphorsäure behandelt und mit Permanganat bis zur Entfärbung titriert[20].

Reduktionsmethode in Gegenwart von Phosphatpuffern[21], in Gegenwart von Borat[22]. — Die Anwendung von trichloressigsaurem Natrium als Eiweißfällungsmittel für Glykosebestimmungen mit einer der Kupferreduktionsmethoden ist zu vermeiden[23]. Reduktionsmethode

---

[1] Marc. H. van Laer u. R. Lombaers: Bull. Soc. Chim. Belgique **30**, 296—301 (1921) — Chem. Zbl. **1922 I**, 678.

[2] M. Weiß: Biochem. Z. **134**, 269 (1922) — Chem. Zbl. **1923 II**, 609.

[3] G. Cappelli: Ann. Chim. Appl. **16**, 53 (1926) — Chem. Zbl. **1926 I**, 3259.

[4] O. Baudisch u. H. J. Denel: J. amer. chem. Soc. **44**, 1581, 1585 (1922) — Chem. Zbl. **1923 IV**, 280, 281.

[5] P. Brouére: Bull. Soc. Chim. biol. Paris **8**, 462 (1926) — Chem. Zbl. **1926 II**, 2988.

[6] A. J. Kendall: J. inf. Dis. **32**, 362 (1923) — Ref.: Ber. Physiol. **21**, 128 (1924) — Chem. Zbl. **1924 I**, 1392.

[7] L. Rosenthaler: Pharm. Zentralhalle **67**, 353 (1926) — Chem. Zbl. **1926 II**, 805.

[8] Luigi Casale: Staz. sperim. agrar. ital. **58**, 183 (1925) — Chem. Zbl. **1925 II**, 1904.

[9] H. Cousin: J. Pharmacie (7) **28**, 179 (1923) — Chem. Zbl. **1923 IV**, 936.

[10] Georges Rodillon: J. Pharmacie (7) **25**, 56—57 (1922) — Chem. Zbl. **1922 IV**, 113.

[11] J. Schmid u. E. Glorius: Süddtsch. Apoth.-Ztg **68**, 98 — Chem. Zbl. **1928 I**, 1896.

[12] G. J. van Zoeren u. E. J. de Pree: A.P. 1543961 v. 7. Mai 1923; Chem. Zbl. **1925 II**, 2074.

[13] W. Brandrup: Apoth.-Ztg **43**, 373 — Chem. Zbl. **1928 I**, 2277.

[14] P. Pietra: Giorn. Batter. **2**, 1 — Ref.: Ber. Physiol. **40**, 264 (1927) — Chem. Zbl. **1927 II**, 963.

[15] G. Romijn: Z. anal. Chem. **36**, 349 (1897) — Chem. Zbl. **1897 II**, 148. — J. Bougault: J. Pharmacie (7) **16**, 97 (1917) — Chem. Zbl. **1917 II**, 647. — H. M. Judd: Biochemic. J. **14**, 255 (1920) — Chem. Zbl. **1926 IV**, 67. — F. A. Cajori: J. of biol. Chem. **54**, 617 (1922) — Chem. Zbl. **1923 II**, 223. — R. Willstätter u. G. Schudel: Ber. dtsch. chem. Ges. **51**, 780 (1918) — Chem. Zbl. **1918 II**, 406. — W. F. Goebel: J. of biol. Chem. **72**, 801 (1927) — Chem. Zbl. **1927 II**, 1017. — P. F. Nichols: Ind. Chem. **20**, 553 — Chem. Zbl. **1928 II**, 88. — A. Voorhies u. A. M. Alvarado: Ind. Chem. **19**, 848 — Chem. Zbl. **1927 II**, 2479. — K. Douwes Dekker: Arch. Suikerind. Nederl.-Indië **1928**, 699 — Chem. Zbl. **1929 I**, 312.

[16] J. H. Lane u. L. Eynon: J. Soc. chem. Ind. **42**, 32 (1923) — Chem. Zbl. **1923 II**, 1091.

[17] L. Maquenne: Bull. Soc. Chim. France (4) **33**, 1681 (1923) — Chem. Zbl. **1924 I**, 451.

[18] W. Biehler: Z. Biol. **77**, 59 (1922) — Chem. Zbl. **1923 II**, 866. — P. Fleury u. P. Tavernier: Bull. Soc. Chim. biol. Paris **7**, 331 — Chem. Zbl. **1925 II**, 434 — J. Pharmacie (7) **36**, 225 — Chem. Zbl. **1924 II**, 2617.

[19] Mich. Dimitroff Hadjieff: Z. Unters. Lebensmitt. **55**, 615 (1928) — Chem. Zbl. **1928 II**, 2492.

[20] Chester A. Amick: Chemist-Analyst **17**, Nr 4, 10 (1928) — Chem. Zbl. **1929 I**, 1057.

[21] M. B. Visscher: J. of biol. Chem. **69**, 1 (1926) — Chem. Zbl. **1926 II**, 2322 — Amer. J. Physiol. **76**, 59 (1926 — Chem. Zbl. **1926 II**.

[22] M. Levy u. E. A. Doisy: J. of biol. Chem. **77**, 733 (1928) — Chem. Zbl. **1928 II**, 539.

[23] David Stiven: Biochemic. J. **18**, 19 (1924) — Chem. Zbl. **1924 I**, 2388.

nach Salkowski — van Slyke[1]. Methode von Folin-Wu[2]. — Methode von Benedikt[3]. — Polarisationsphotometrische Methode beruhend auf der Bildung von Pikraminsäure[4]. — Verfahren von Causse-Bonnan[5]. Reduktionstabelle nach der Methode von Shaffer-Hartmann[6]. Der Einfluß von NH_4-Salzen, Asparagin, Glykokoll, Harnstoff, Hippursäure und Pepton auf Glykosebestimmung nach den Verfahren von Allihn-Ambühl, Rupp-Lehmann, v. Falkenberg, Mohr (Bertrand), Willstätter-Schudel in der Abänderung von Auerbach-Bodländer und Pavy-Sabli wurde nachgeprüft. In den meisten Fällen wurde der Befund erhöht, bei Harnsäure erniedrigt[7]. Bestimmung in Gegenwart von Eiweißstoffen[8].

Bestimmung beruhend auf der Oxydation der Glykose mit Kaliumpermanganat in sodaalkalischer. Lösung[9]. Eine gasometrische Bestimmung beruht auf der Oxydation mit Ferricyankalium und Bestimmung des überschüssigen Cyanids aus der bei der Oxydation von Hydrazin freigemachten Stickstoffmenge[10]. — Quantitative Bestimmung auf Grund der Reduktion der Osazone durch $TiCl_3$-Lösung[11]. Bestimmung mit dem Burmannschen Glykometer[12, 13]. — Beobachtungen beim Gebrauch von Gärungssaccharometern[14].

Mikrobestimmung[15]. — Modifikation der Mikromethode von Hagedorn-Jensen auf Glykosemenge von 1—15 mg[16]. Bestimmung neben Fructose: Durch Zerstörung der Fructose mittels starker Salzsäure[17], polarimetrisch[18]. In Gegenwart von Galaktose mit Äthylacetat[19]. In Gegenwart von Rohrzucker mit Äthylacetat[20], polarimetrisch[21], jodometrisch[22, 23]. — In Gegenwart von Lactose[24]. — Bestimmung in Süßweinen[25], in der normalen Haut[26], im Speichel[27].

[1] E. Bissinger: Biochem. Z. **168**, 421 (1926) — Chem. Zbl. **1926 I**, 2816.

[2] Fontès u. Thivolle: C. r. Soc. Biol. Paris **84**, 669 (1921) — Chem. Zbl. **1921 IV**, 320. — Paul Spehl: C. r. Soc. Biol. Paris **90**, 638 (1924) — Chem. Zbl. **1924 I**, 2725. — Paul Fleury u. Lois Boutot: Bull. Soc. Chim biol. Paris **5**, 148 (1923) — Chem. Zbl. **1924 II**, 91. — Al. Ionescu u. Elise Spirescu: Bull. Soc. Chim. din Romania **6**, 101—105 (1925) — Chem. Zbl. **1925 I**, 1462.

[3] W. Mestrezat u. Y. Garreau: Bull. Soc. Chim. biol. Paris **5**, 41 (1923) — Chem. Zbl. **1924 II**, 92. — J. J. Willaman u. F. R. Davison: J. agricult. Res. **28**, 479—488 (1924) — Chem. Zbl. **1925 I**, 1463. — A. J. Quick: Ind. Chem. **17**, 729 — Chem. Zbl. **1925 II**, 2106.

[4] F. Herzfeld: Z. dtsch. Zuckerind. **1926**, 273 — Chem. Zbl. **1926 II**, 665.

[5] H. J. Lemkes † u. L. M. Lansberg: Pharm. Weekblad **59**, 936 (1922) — Chem. Zbl. **1922 IV**, 1141.

[6] Georg Scheff: Biochem. Z. **194**, 96 (1928) — Chem. Zbl. **1929 I**, 2634.

[7] L. Rosenthaler: Pharm. Zentralhalle **66**, 517 — Chem. Zbl. **1925 II**, 2014.

[8] P. Fleury u. G. Boyeldieu: J. Pharmacie (8) **7**, 207, 249 — Chem. Zbl. **1928 I**, 2470 — Bull. Soc. Chim. biol. Paris **10**, 568 — Chem. Zbl. **1928**, 2470; **1928 II**, 116.

[9] F. A. Quisumbing: Philippine J. Sci. **16**, 581 (1920) — Chem. Zbl. **1923 II**, 1002. — F. A. Quisumbing u. A. W. Thomas: J. amer. chem. Soc. **43**, 1503 (1922) — Chem. Zbl. **1922 II**, 950.

[10] Donald D. van Slyke u. James A. Hawkins: Proc. Soc. exper. Biol. a. Med. **24**, 168 (1926) — Ber. Physiol. **40**, 21—22 — Chem. Zbl. **197 II**, 1288.

[11] Edmund Knecht u. Eva Hibbert: J. chem. Soc. Lond. **125**, 2009—2013 (1924) — Chem. Zbl. **1925 I**, 311. — Knecht: J. chem. Soc. Lond. **125**, 1537 (1924) — Chem. Zbl. **1924 II**, 1346.

[12] James Burmann: Schweiz. Apoth.-Ztg **63**, 69—70 (1925) — Chem. Zbl. **1925 II**, 844. — Schweiz. Apoth.-Ztg **62**, 465 (1924) — Chem. Zbl. **1924 II**, 1721.

[13] K. Seiler: Schweiz. Apoth.-Ztg **62**, 465 (1924) — Chem. Zbl. **1924 II**, 1721.

[14] Karl Ebert: Pharmaz. Ztg **73**, 1007, 1009 (1928) — Chem. Zbl. **1929 I**, 116. — Fritzenberg: Pharmaz. Ztg **73**, 1009 (1928) — Chem. Zbl. **1929 I**, 116. — Karl Friedrich: Pharmaz. Ztg **73**, 1230 (1928) — Chem. Zbl. **1929 I**, 116.

[15] H. Bierry u. L. Govian: C. r. Soc. Biol. Paris **99**, 253 (1928) — Chem. Zbl. **1928 II**, 2047.

[16] B. v. Issekutz u. J. v. Both: Biochem. Z. **183**, 298—302 — Chem. Zbl. **1927 II**, 1380.

[17] F. Lucius: Z. Unters. Nahrgsmitt. usw. **46**, 94 (1923) — Chem. Zbl. **1924 I**, 117.

[18] Sidersky: Bull. Assoc. Chim. Sucr. et Dist. **40**, 445 (1923) — Chem. Zbl. **1924 I**, 2907.

[19] Congdon u. Young: Z. dtsch. Zuckerind. **1925**, 440 — Chem. Zbl. **1925 II**, 1566.

[20] Leon A. Congdon u. Charles R. Stewart: Ind. Chem. **13**, 1143—1144 (1921) — Chem. Zbl. **1922 II**, 533. — Congdon u. Young: Z. dtsch. Zuckerind. **1925**, 440 — Chem. Zbl. **1925 II**, 1566.

[21] Michele Bufano: Arch. Farmacol. sper. **38**, 231—240, 241—242 (1924) — Chem. Zbl. **1925 I**, 2192.

[22] A. Behre: Z. Unters. Nahrgsmitt. usw. **41**, 226—230 (1921) — Chem. Zbl. **1922 IV**, 59.

[23] Willstätter u. Schudel: Ber. dtsch. chem. Ges. **51**, 780 — Chem. Zbl. **1918 II**, 406.

[24] P. Fleury u. P. Tavernier: J. Pharmacie (7) **30**, 225 (1924) — Chem. Zbl. **1924 II**, 2617.

[25] F. Lucius: Pharm. Zentralhalle **69**, 725 (1928) — Chem. Zbl. **1929 I**, 1058.

[26] Erich Urbach u. Paul Fantl: Biochem. Z. **196**, 474 (1928) — Chem. Zbl. **1928 II**, 2584.

[27] D. Entin u. A. A. Schmidt: Dtsch. Mschr. Zahnheilk. **1927**, 710 — Chem. Zbl. **1928 I**, 2955.

Bestimmung im Harn. Reduktionsmethoden[1, 2, 3]. Indirekte jodometrische Methode[4]. Bestimmung nach Pavy[5]. Methode von Benedict[6], von Folin und Wu[7]. Bestimmung mit Hilfe von 2, 4-Dinitro-1-naphtol-7-sulfonsäure[8]. Nachweis und gleichzeitige Bestimmung der β-Oxybuttersäure und der Glykose in diabetischen Harnen[9]. Bestimmung mittels Gärröhrchen[10]. Apparat, der die Glykosemenge auf Grund der Dichte der Lösung vor und nach der Vergärung gestattet[11]. — Bestimmung im normalen Harn[12].

Bestimmung im Blut[13]. — Reduktionsmethoden[14]. Nach Pavy[15]. Methode von Bang[16]. Nach Hagedorn und Jensen[17], diese Methode hat sich in der ärztlichen Praxis gut bewährt.

Vergleich des zweiten Bangschen Verfahrens mit dem Hagedorn-Jensenschen[18]. — Oxydation mit alkalischem $K_3Fe(CN)_6$ und colorimetrische Bestimmung als Berliner Blau.

---

[1] Neubauer: Pharmaz. Ztg 61, 543 — Chem. Zbl. 1916 II, 848. — Emerich Schill: Med. Klin. 19, 1051 (1923) — Chem. Zbl. 1924 I, 1839. — L. Rosenthaler: Arch. Pharmaz. 263, 518 (1925) — Chem. Zbl. 1926 I, 1867. — J. J. Short: J. Labor. a. klin. Med. 12, 1205 (1927) — Chem. Zbl. 1927 II, 2697. — A. Jonescu-Matin: Bull. Soc. Chim. Romania 9, 68 (1927) — Chem. Zbl. 1928 I, 2114. — M. Levy u. E. A. Doisy: J. of biol. Chem. 77, 733 — Chem. Zbl. 1928 II, 539. — H. Ruoss: Biochem. Z. 151, 337, 357 (1927) — Chem. Zbl. 1927 I, 3212.

[2] J. B. Sumner: J. of biol. Chem. 65, 393 (1925) — Chem. Zbl. 1926 II, 1894 — J. of biol. Chem. 62, 287 (1925) — Chem. Zbl. 1925 I, 1351.

[3] William White Taylor: Biochemic. J. 18, 1232—1237 (1924) — Chem. Zbl. 1925 I, 1112.

[4] Felix Jüsten: Apoth.-Ztg 43, 1436 (1928) — Chem. Zbl. 1929 I, 565.

[5] S. Zisa: Riforma med. 40, 937 (1924) — Ref.: Ber. Physiol. 31, 100 — Chem. Zbl. 1925 II, 1549. — Hilmar Jensen: Apoth.-Ztg 44, 240 (1929) — Chem. Zbl. 1929 I, 2212.

[6] Stanley R. Benedict u. Emil Osterberg: J. of biol. Chem. 48, 51—57 (1921) — Chem. Zbl. 1922 II, 238. — Millard Smith: J. Labor. a. clin. Med. 7, 364 (1922) — Chem. Zbl. 1922 IV, 576. — George W. Pucher: J. Labor. a. clin. Med. 9, 268 (1924) — Chem. Zbl. 1924 II, 1253. — Frank Wokes: Pharmaceutical J. 113, 117—120 — Chem. Zbl. 1924 II, 2356.

[7] R. H. Hamilton jr.: J. of biol. Chem. 78, 63 — Chem. Zbl. 1928 II, 474.

[8] F. B. Kingsbury: J. of biol. Chem. 75, 241 — Chem. Zbl. 1928 I, 827.

[9] Alfred Molhaut: Bull. Soc. Chim Belg. 33, 261 (1924) — Chem. Zbl. 1924 II, 1254.

[10] Hans Melcher: Apoth.-Ztg 44, 305 (1929) — Chem. Zbl. 1929 I, 1974. — Hanns Will: Apoth.-Ztg 44, 56 (1929) — Chem. Zbl. 1929 I, 1134.

[11] Heinrich Citron: Pharmaz. Ztg 73, 1115 (1928) — Chem. Zbl. 1928 II, 2670 — Dtsch. med. Wschr. 50, 1606—1607 (1924) — Chem. Zbl. 1925 I, 735.

[12] Mark R. Everett u. M. O. Hart: J. Labor. a. clin. Med. 12, 579 (1927) — Chem. Zbl. 1927 II, 148.

[13] Fischer: Süddtsch. Apoth.-Ztg 68, 482 (1928) — Chem. Zbl. 1928 II, 1918.

[14] Alfonso Cruto: Rass. Clin. Terap. e Sci. aff. 23, 6 (1924) — Chem. Zbl. 1924 I, 2291. — P. A. Coppens: Nederl. Tijdschr. Geneesk. I 68, 153 (1924) — Chem. Zbl. 1924 I, 1568. — P. J. Kruysse: Pharm. Weekblad 63, 575 (1926) — Chem. Zbl. 1926 II, 79. — G. Denigés: C. r. Soc. Biol. Paris 57, 76 (1922) — Chem. Zbl. 1923 II, 607.

[15] Svend Hubert Reist: Schweiz. med. Wschr. 51, 419—423 (1921) — Chem. Zbl. 1921 IV, 1056.

[16] H. Labbé, F. Nepvaux u. M. Nomidis: J. Pharmacie (7) 26, 49 (1922) — Chem. Zbl. 1923 II, 296. — Ludwig Pincussen u. Nicolaus Klissiunis: Biochem. Z. 150, 44—48 — Chem. Zbl. 1924 II, 1966. — E. Cohn u. A. Wagner: Biochem. Z. 160, 43 — Chem. Zbl. 1925 II, 1705. — Ludwig Petschacher: Biochem. Z. 142, 370 (1923) — Chem. Zbl. 1924 I, 505. — Luigi Condorelli: Policlinico, sez. med. 31, 125—144 — Chem. Zbl. 1924 II, 1812. — Heinrich Dreyfuß: Biochem. Z. 150, 211—223 — Chem. Zbl. 1924 II, 1836. — B. Sybrandy: Nederl. Tijdschr. Geneesk. 70, 521 (1926) — Chem. Zbl. 1926 II, 2097.

[17] H. C. Hagedorn u. B. N. Jensen: Biochem. Z. 137, 92 — Chem. Zbl. 1923 IV, 490. — K. Dresel u. H. Rothmann: Biochem. Z. 146, 538 — Chem. Zbl. 1924 II, 738. — Gustav Fritz u. B. Paul: Biochem. Z. 159, 247—249 (1925) — Chem. Zbl. 1925 II, 963. — E. Kaufmann: Biochem. Z. 166, 207 (1925) — Chem. Zbl. 1926 I, 2026. — E. v. Fazekas: Biochem. Z. 168, 175 (1926) — Chem. Zbl. 1926 I, 3418. — M. Adler: Klin. Wschr. 5, 757 (1926) — Chem. Zbl. 1926 I, 3419. — Albert Hansen: Dansk Tidsskrift for Farmaci 1, 195—205 (1927) — Chem. Zbl. 1927 I, 1193. — E. Martinson: Biochem. Z. 185, 400 (1927) — Chem. Zbl. 1927 II, 855. — L. Csik u. A. Juhász: Biochem. Z. 185, 420 (1927) — Chem. Zbl. 1927 II, 855. — K. Dresel: Biochem. Z. 194, 466 — Chem. Zbl. 1928 II, 374. — K. Samson: Hoppe-Seylers Z. 173, 220 — Chem. Zbl. 1928 I, 1796. — H. C. Hagedorn u. B. N. Jensen: Biochem. Z. 135, 46 — Chem. Zbl. 1928 I, 354. — Werner Seidel: Münch. Med. Wschr. 75, 1630 (1928) — Chem. Zbl. 1928 II, 2046.

[18] S. Jonsell, E. Jorpes u. N. Sikström: Acta med. scand. (Stockh.) 63, 446 (1926) — Chem. Zbl. 1927 II, 305. — Alma Rosenthal: Biochem. Z. 133, 469 (1922) — Chem. Zbl. 1923 II, 518. — A. H. J. Hintzen u. F. S. P. van Bochem: Nederl. Tijdschr. Geneesk. I 69, 974—986 (1925)

Dabei entspricht die Farbe, die aus 0,04 mg Traubenzucker in einem 25 ccm-Reagensglas erhalten wird, an Intensität etwa der Farbe, wie sie bei 0,2 mg Traubenzucker nach Folin-Wu erhalten wird[1]. Bestimmung durch Messung der Trübung des durch den Zucker reduzierten Ferricyanids als Zinkferrocyanid[2]. Verfahren von Benedict[3]. Der Blutzuckercolorimeter nach Crecelius-Seifert beruht auf der Reduktion der Pikrinsäure zu Pikraminsäure, die erhaltenen Werte stimmen mit denjenigen nach Hagedorn-Jensen überein[4]. — Methode von Folin und Wu[5]. Tafeln für blutchemische Berechnung auf Grund der Methode von Folin und Wu[6]. Vergleich der Methoden Benedikt und Folin-Wu[7]. Vergleich der Methoden Bang und Folin-Wu[8]. Colorimetrische Methode mit 3, 5-Dinitrosalicylsäure[9], mit Nitroanthrachinonsulfonat[10]. Durch Schütteln von Blutfiltraten mit Kohle und etwas Essigsäure wird nach $^1/_2$ Stunde das Reaktionsgemisch abgesaugt und mit $^1/_2$proz. Essigsäure nachgewaschen, wobei die Glykose in Lösung bleibt, während die Disaccharide fast völlig absorbiert bleiben. Behandelt man die Filtrate mit Kohle und Äther, so bleiben die Disaccharide in Lösung[11]. Aufrecht[12] gibt ein Verfahren an, wobei die Gegenwart von anderen reduzierenden und optisch aktiven Stoffen außer Glykose berücksichtigt werden. — Über die Fehlerquellen bei der Epsteinschen Methode zur Bestimmung von Blutzucker und eine Modifikation des Verfahrens[13]. — Vereinfachte Technik der Schaffer-Hartmannschen Methode[14]. Backhefe nimmt Glykose quantitativ in verdünnter Lösung auf, worauf sich eine Bestimmung der-

---

— Chem. Zbl. **1925 I**, 1893. — Elisabeth Dingemanse: Biochem. Z. **154**, 483—485 (1924) — Chem. Zbl. **1925 II**, 78. — C. Jimenez Diaz u. B. Sanchez Cuenca: Biochem. Z. **1924**, 97—99 — Chem. Zbl. **1925 I**, 418 — Biochem. Z. **146**, 538 (1924) — Chem. Zbl. **1924 II**, 738. — K. Dresel u. H. Rothmann: Biochem. Z. **157**, 172—173 (1925) — Chem. Zbl. **1925 II**, 962. — E. J. Bigwood u. A. Wuillot: C. r. Soc. Biol. Paris **96**, 410 (1927) — Chem. Zbl. **1927 I**, 2562. — E. J. Bigwood u. A. Wuillot: C. r. Soc. Biol. Paris **96**, 414 (1927) — Chem. Zbl. **1927 I**, 2565.

[1] O. Folin: J. of biol. Chem. **77**, 421 — Chem. Zbl. **1928 II**, 1017.

[2] A. R. Rose: J. Labor. a. clin. Med. **13**, 382 — Chem. Zbl. **1928 I**, 2277.

[3] D. Schrijver: Nederl. Tijdschr. Geneesk. II **65**, 2534—2539 (1921) — Chem. Zbl. **1922 II**, 237. — Benedict: J. of biol. Chem. **34**, 203 — Chem. Zbl. **1919 II**, 85 — J. of biol. Chem. **68**, 759 (1926) — Chem. Zbl. **1926 II**, 1308 — J. of biol. Chem. **64**, 207 (1925) — Chem. Zbl. **1925 II**, 843. — O. Folin: J. of biol. Chem. **67**, 357 (1926) — Chem. Zbl. **1926 I**, 3419. — J. D. Lyttle u. J. E. Hearn: J. of biol. Chem. **68**, 751 (1926) — Chem. Zbl. **1926 II**, 1308.

[4] Crecelius u. Seifert: Münch. med. Wschr. **75**, 1301 (1928) — Chem. Zbl. **1928 II**, 1468.

[5] Emil J. Baumann u. Rae L. Isaacson: J. Labor. a. clin. Med. **7**, 357 (1922) — Chem. Zbl. **1922 IV**, 575. — H. O. Pollock u. W. S. Mc. Ellroy: Amer. med. J. Sci. **163**, 571 (1922) — Chem. Zbl. **1922 IV**, 739. — W. Thalhimer u. M. C. Perry: J. amer. med. Assoc. **79**, 1506 (1922) — Ref. Ber. Physiol. **17**, 194 (1923) — Chem. Zbl. **1923 IV**, 229. — F. A. Csonka u. G. C. Taggarth: J. of biol. Chem. **54**, 1 (1923) — Chem. Zbl. **1923 IV**, 443. — Vera E. Rothberg u. Frank A. Evans: J. of biol. Chem. **58**, 435 (1923) — Chem. Zbl. **1924 I**, 2896 — J. of biol. Chem. **58**, 443 (1923) — Chem. Zbl. **1924 I**, 2896. — H. Bierry u. L. Moquet: C. r. Soc. Biol. Paris **90**, 1316 (1924) — Chem. Zbl. **1924 II**, 514. — E. S. Rose: J. amer. pharmaceut. Assoc. **17**, 41 — Chem. Zbl. **1928 I**, 1686. — S. Morgulis, A. C. Edwards u. E. A. Leggett: J. Labor. a. clin. Med. **8**, 339 — Ref. Ber. Physiol. **19**, 201 (1923) — Chem. Zbl. **1923 IV**, 635. — S. R. Benedict: J. of biol. Chem. **51**, 187 (1922) — Chem. Zbl. **1922 IV**, 13.

[6] J. Vincent Falisi u. Vera A. Lawton: J. Labor. a. clin. Med. **9**, 566 (1924) — Chem. Zbl. **1925 I**, 994. — Ben K. Harned: J. of biol. Chem. **65**, 555 (1925) — Chem. Zbl. **1926 I**, 1466. — B. L. Oser u. W. G. Karr: J. of biol. Chem. **67**, 319 (1926) — Chem. Zbl. **1926 II**, 79. — Arnold E. Osterberg u. Joy Strunk: J. Labor. a. clin. Med. **12**, 278—282 (1926) — Chem. Zbl. **1927 I**, 1505.

[7] R. Rockwood u. A. Sxczypinski: J. of biol. Chem. **69**, 187 (1926) — Chem. Zbl. **1926 II**, 2620. — S. R. Benedict: J. of biol. Chem. **76**, 457 — Chem. Zbl. **1928 II**, 90 — J. of biol. Chem. **64**, 207 — Chem. Zbl. **1925 II**, 843 — J. of biol. Chem. **68**, 759 — Chem. Zbl. **1926 II**, 1308. — W. F. Duggan u. E. L. Scott: J. of biol. Chem. **67**, 287 (1926) — Chem. Zbl. **1926 II**, 1558.

[8] Reinhold Kleitsmann: Dtsch. med. Wschr. **50**, 576 (1924) — Chem. Zbl. **1924 II**, 377.

[9] Frederic James Platon: Biochemic. J. **18**, 965—970 (1925) — Chem. Zbl. **1925 I**, 2327. — J. B. Sumner u. V. A. Graham: Proc. Soc. exper. Biol. a. Med. **20**, 96 (1922) — Ref.: Ber. Physiol. **18**, 231 (1923) — Chem. Zbl. **1923 IV**, 521 — J. of biol. Chem. **47**, 5 (1921) — Chem. Zbl. **1921 IV**, 772. — James B. Sumner: J. of biol. Chem. **62**, 287—290 (1924) — Chem. Zbl. **1925 I**, 1351.

[10] J. A. Milroy: Biochemic. J. **19**, 746 (1925) — Chem. Zbl. **1926 II**, 1083.

[11] B. Sjollema: Biochem. Z. **182**, 453 (1927) — Chem. Zbl. **1927 II**, 305.

[12] Aufrecht: Pharm. Ztg **59**, 226 (1914) — Chem. Zbl. **1914 II**, 1528.

[13] C. M. Wilhelmij: J. Labor. a. clin. Med. **7**, 489 (1922) — Chem. Zbl. **1922 IV**, 1050.

[14] E. P. Bugbee u. A. E. Simond: J. Labor. a. clin. Med. **11**, 990 (1926) — Chem. Zbl. **1926 II**, 1775.

selben im Blut begründet[1]. — Verschiedene andere Methoden[2]. — Für die Haltbarmachung des Blutes empfiehlt es sich, ein Zusatz von 1 proz. Natriumfluoridlösung und 0,1 proz. Quecksilberchloridlösung[3]. — Mikroschnellbestimmung des Blutzuckers[4]. Eine Mikromethode beruht auf der Reduktion von Ferricyankalium zu Ferrosalz und Vergleich des Filtrats nach Zusatz von Ferrichlorid im Colorimeter mit einer Standardlösung[5]. — Mikrobestimmung mit Kaliumferricyanid und Titrierung des freiwerdenden Jods mit Thiosulfat[6]. Weiteres über Mikromethoden[7]. — Nach Tervaert[8] bestimmt, werden die ccm $^1/_{200}$ n-Thiosulfatlösungen entsprechenden Werte an Glykose $^0/_{00}$ tabellarisch wiedergegeben[9]. — Studien über quantitative Blutzuckerschätzung. Verschiedene Methoden im Vergleich zu der Mikro-Folin-Wu-Methode[10]. — Untersuchungen über die Restreduktion des Blutes nach Vergärung mit Hefe[11]. — Bei Kindern ist die Methode von Weiß-Reist zu empfehlen[12]. Glykosebestimmung in verschiedenen Substanzen: In Cerebrospinalflüssigkeit[13]. In Stärkesirup[14].

---

[1] Albert L. Raymond u. I. G. Blanco: J. of biol. Chem. **79**, 649 (1928) — Chem. Zbl. **1929 I**, 680.

[2] F. Schmid: C. r. Soc. Biol. Paris **87**, 1367 (1922) — Chem. Zbl. **1923 I**, 794. — G. Fontés u. L. Thivolle: C. r. Soc. Biol. Paris **84**, 669 (1921) — Chem. Zbl. **1921 IV**, 320. — H. Maclean: Biochemic. J. **13**, 135 (1919) — Chem. Zbl. **1919 IV**, 719. — A. B. Hastings u. A. Hopping: Proc. Soc. exper. Biol. a. Med. **20**, 254 — Ref. Ber. Physiol. **19**, 532 (1923) — Chem. Zbl. **1923 IV**, 635. — L. Lorber: Biochem. Z. **158**, 205 — Chem. Zbl. **1925 II**, 1375. — Edwin George Bleakley Calvert: Biochemic. J. **18**, 839—844 (1925) — Chem. Zbl. **1925 I**, 2327. — Stanley R. Benedict: J. of biol. Chem. **64**, 207—213 (1925) — Chem. Zbl. **1925 II**, 843. — B. Glaßmann: Hoppe-Seylers Z. **150**, 16 (1925) — Chem. Zbl. **1926 I**, 1465. — B. Glaßmann, E. L. Gurwitsch u. G. S. Lacher: Hoppe-Seylers Z. **158**, 113—138 (1926) — Chem. Zbl. **1927 I**, 124. — B. Glaßmann: Hoppe-Seylers Z. **162**, 145—147 (1926) — Chem. Zbl. **1927 I**, 1505. — E. G. B. Calvert: Biochemic. J. **17**, 117 (1923) — Chem. Zbl. **1923 II**, 1237. — Robert Viner Stanford u. Arnold Herbert Maurice Wheatley: Biochemic. J. **18**, 22 (1924) — Chem. Zbl. **1924 I**, 2292. — B. K. Boom u. M. M. G. Woensdregt: Nederl. Tijdschr. Geneesk. II **67**, 867 (1923) — Chem. Zbl. **1924 I**, 1423 — D. G. C. Tervaert: Nederl. Tijdschr. Geneesk. II **65**, 857 (1921) — Chem. Zbl. **1921 IV**, 772. — G. Fontés u. L. Thivolle: Bull. Soc. Chim. biol. Paris **10**, 581 — Chem. Zbl. **1928 II**, 90 — Bull. Soc. Chim. biol. Paris **9**, 353 — Chem. Zbl. **1927 II**, 720. — F. T. Grey: Brit. med. J. **1928 I**, 215 — Chem. Zbl. **1928 I**, 2523. — Kurt Salomon: Biochem. Z. **178**, 228 (1926) — Chem. Zbl. **1928 II**, 2670. — Fritz Blumenthal: Münch. med. Wschr. **72**, 1205 (1925) — Chem. Zbl. **1926 I**, 451.

[3] H. Lax u. J. Szirmai: Münch. med. Wschr. **76**, 58 (1929) — Chem. Zbl. **1929 I**, 2339. — Henry J. John: Arch. Path. of Labor. Med. **1**, 227 (1927) — Chem. Zbl. **1927 II**, 146.

[4] E. Kaufmann: Pharm. Ber. **3**, 154 (1928) — Chem. Zbl. **1929 I**, 115.

[5] Iwao Ogaura u. Kezo Kodama: J. of Biol. **10**, 1 (1928) — Chem. Zbl. **1929 I**, 1485.

[6] H. C. Hagedorn u. B. N. Jensen: Biochem. Z. **135**, 46 (1923) — Chem. Zbl. **1923 IV**, 354.

[7] L. Lorber: Münch. med. Wschr. **72**, 1921 (1925) — Chem. Zbl. **1926 I**, 991. — Bruno Kisch: Klin. Wschr. **4**, 621—622 (1925) — Chem. Zbl. **1925 I**, 2327. — D. G. C. Tervaert: Biochemic. J. **19**, 541 (1925) — Chem. Zbl. **1926 I**, 184. — Max Rosenberg: Arch. f. exper. Path. **92**, 153—164 (1922) — Chem. Zbl. **1922 II**, 977. — Erwin Becher u. Elfriede Herrmann: Münch. med. Wschr. **71**, 1464—1465 (1924) — Chem. Zbl. **1925 I**, 139. — Max Gilbert u. Joseph C. Bock: J. of biol. Chem. **62**, 361—369 (1924) — Chem. Zbl. **1925 I**, 1349. — Reuben Blumenthal: Science (N. Y.) **65**, 617—619 (1927) — Chem. Zbl. **1927 II**, 1741.

[8] Tervaert: Nederl. Tijdschr. Geneesk. II 65, 857 (1921) — Chem. Zbl. **1921 IV**, 772.

[9] G. A. Wetselaar: Pharm. Weekblad **61**, 213 (1924) — Chem. Zbl. **1924 I**, 1838.

[10] Thomas Luther Byrd: J. Labor. a. clin. Med. **12**, 609 (1927) — Chem. Zbl. **1927 II**, 146. — Georges Fontés u. Lucien Thivolle: Bull. Soc. Chim. biol. Paris **9**, 353 (1927) — Chem. Zbl. **1927 II**, 720. — R. J. Wagner: J. metabol. Res. **5**, 353 (1926) — Chem. Zbl. **1926 II**, 1674.

[11] Malte Ljungdahl: Biochem. Z. **129**, 111 (1922) — Chem. Zbl. **1922 III**, 402. — V. Lapa: Bull. Soc. Chim. biol. Paris **9**, 310 (1927) — Chem. Zbl. **1927 I**, 3115. — H. Bierry u. A. Voskressensky: C. r. Soc. Biol. Paris **98**, 287 — Chem. Zbl. **1928 I**, 2974 — C. r. Soc. Biol. Paris **98**, 744 — Chem. Zbl. **1928 I**, 2635. — E. J. Bigwood u. A. Wuillot: C. r. Soc. Biol. Paris **96**, 417 (1927) — Chem. Zbl. **1927 I**, 2565. — G. Fontés u. L. Thivolle: C. r. Soc. Biol. Paris **98**, 1218 (1928) — Chem. Zbl. **1928 II**, 1700.

[12] Luigi Cartagenova: Riv. Clin. pediatr. **25**, Nr 10 (1927) — Chem. Zbl. **1928 II**, 1801.

[13] J. Lanza: Ann. Soc. espanola Fis. Quim. **20**, 400 (1922) — Chem. Zbl. **1923 IV**, 704. — Poyales de Fresno: Progr. Clínica Nr **80**, VIII (1919). — Guy H. Moates u. J. Jay Keegan: J. Labor. a. clin. Med. **8**, 825 (1923) — Chem. Zbl. **1924 II**, 91. — Joseph Csapó: Biochem. Z. **157**, 350—353 (1925) — Chem. Zbl. **1925 II**, 844.

[14] A. Behre: Z. Unters. Nahrgsmitt. usw. **43**, 24 (1922) — Chem. Zbl. **1922 IV**, 67. — E. Parow: Z. Spiritusind. **45**, 229 (1922) — Chem. Zbl. **1922 IV**, 1090. — G. Bruhns: Chem. Ztg **47**, 333, 358 (1923) — Chem. Zbl. **1923 IV**, 118. — H. D. Steenbergen: Chem. Weekblad **21**, 83 (1924) — Chem. Zbl. **1924 I**, 2017. — D. R. Nanji u. R. G. L. Beazeley: J. Soc. Chem. Ind. **45**, 220 (1926) — Chem. Zbl. **1926 II**, 2023. — Ottomar Wolff: Chem.-Ztg **46**, 1101 (1922) — Chem. Zbl. **1923 II**, 1220.

Physiologische Eigenschaften: Untersuchungen über Blutzucker. Der Zuckergehalt des Blutes schwankt von Woche zu Woche, aber um ein für jedes Individuum charakteristisches Mittel herum[1]. Wesentliche Unterschiede im Zuckergehalte ergaben sich zwischen dem Blute der Venen und demjenigen der Capillaren nicht[2]. Über den Glykosegehalt im Blut in der frühesten Kindheit[3]. Tagesschwankungen des Blutzuckergehaltes beim Menschen[4]. Über den Gehalt verschiedener Tierarten an Blutzucker[5]. — Der normale Blutzuckergehalt beträgt bei Sculpin (Myoxocephalus octodecimspinosus) 14—20 mg%, beim Stockfisch und Pollachius virens 30—40 mg%, bei einem Hundefisch (Mustelus canis) sogar 59 mg%. Bei Sauerstoffmangel und Erstickung setzen zuerst die allgemeinen Erstickungserscheinungen ein, bevor der Blutzucker steigt, erst etwa nach 1 Stunde. Die Höhe des Anstiegs, bis auf etwa das Doppelte der Norm oder viel höher, hängt von der Menge der verfügbaren, im Darm befindlichen Nahrung ab[6]. Der mittlere Blutzuckerwert des Huhnes beträgt 0,253%, Schwankungsbreite 0,212—0,309%[7]. — Die Menge reduzierender Substanz im Blute des Hühnerembryos ist am 11. Tage etwa 151 mg% Glykose, steigt bis zum 30. Tage auf 175 mg%, im Blut des Kükens 2 Tage nach dem Auskriechen beträgt sie 200 mg%[8]. Blutzuckergehalt von Tauben unter verschiedenen Bedingungen[9]. — Über die Erzielung konstanter Blutzuckerwerte beim Kaninchen[10]. Über den normalen Blutzuckergehalt beim Hunde und seine physiologischen Schwankungen[11]. — Der mittlere Blutzuckergehalt des Pferdes ist 0,093%, größte Schwankungsweite 0,062—0,120%. Der mittlere Blutzuckergehalt normaler Rinder liegt bei 0,082%, maximale Schwankungsweite 0,044—0,177%[12]. — Über die Tagesschwankungen des Blutzuckers beim Rinde[13]. — Untersuchungen über die Beziehung des Blutzuckergehaltes zur Milchproduktion bei Kühen[14].

Für Blutzucker (0,1—0,2%) wurden bei einer großen Anzahl von Tieren in zweijährigen Untersuchungen keine jahreszeitlichen Schwankungen festgestellt[15].

Zur Frage der Verteilung des Zuckers auf Blutkörperchen und Plasma[16]. — Verteilung

[1] Frederick S. Hammett: Proc. path. Soc. Philad. **23**, 23 (1921) — Chem. Zbl. **1922 III**, 581. — G. Pezzali: Riforma med. **39**, 433 (1923) — Chem. Zbl. **1924 I**, 929. — Karen Marie Hansen Acta med. scand. (Stockh.) **58**, 585—593 (1923) — Ber. Physiol. **26**, 369 (1924) — Chem. Zbl. **1924 II**, 2177.

[2] Emil J. Baumann u. Rae L. Isaacson: J. Labor. a. clin. Med. **7**, 357 (1922) — Chem. Zbl. **1922 IV**, 575. — Isaac Neuwirth u. Israel S. Kleiner: J. Labor. a. clin. Med. **7**, 495 (1922) — Chem. Zbl. **1922 III**, 1274.

[3] Aldo Muggia: Riv. Clin. pediatr. **22**, 1—12 — Chem. Zbl. **1924 II**, 2272.

[4] L. Krasnjanski: Biochem. Z. **205**, 180 (1929) — Chem. Zbl. **1929 I**, 2199.

[5] Arthur Scheunert u. Hertha v. Pelchrzim: Biochem. Z. **139**, 17 (1923) — Chem. Zbl. **1923 III**, 1098.

[6] Maud L. Menten: J. of biol. Chem. **72**, 249 (1927) — Chem. Zbl. **1927 II**, 108.

[7] Karl Schwarz u. Karl Heinrich: Biochem. Z. **194**, 346 (1928) — Chem. Zbl. **1928 II**, 1114.

[8] G. Wladimirow u. A. Schmidt: Biochem. Z. **177**, 304—308 (1926) — Chem. Zbl. **1927 I**, 477.

[9] Oscar Riddle u. Hannah Elizabeth Honeywell: Amer. J. Physiol. **67**, 317 (1924) — Chem. Zbl. **1924 I**, 2524.

[10] Karl Schwarz u. Adalbert Lubetz: Biochem. Z. **194**, 335 (1928) — Chem. Zbl. **1928 II**, 1114.

[11] Karl Schwarz u. Herwig Hamp: Biochem. Z. **194**, 351 (1928) — Chem. Zbl. **1928 II**, 1114. — I. Fujii: Tohoku J. exper. Med. **3**, 74 (1922) — Ref.: Ber. Physiol. **15**, 263 (1923) — Chem. Zbl. **1923 I**, 211. — R. A. Guy: Quart. J. Med. **15**, 9 (1921) — Ref.: Ber. Physiol. **15**, 264 (1923) — Chem. Zbl. **1923 I**, 211.

[12] Karl Schwarz: Biochem. Z. **194**, 328 (1928) — Chem. Zbl. **1928 II**, 1114.

[13] Anton Richter: Biochem. Z. **194**, 376 (1928) — Chem. Zbl. **1928 II**, 1114.

[14] Karl Schwarz u. Egon Mezler-Andelberg: Biochem. Z. **194**, 362 (1928) — Chem. Zbl. **1928 II**, 1114.

[15] I. Fujii: Tohoku J. exper. Med. **5**, 405 (1924) — Ref.: Ber. Physiol. **31**, 383 — Chem. Zbl. **1925 II**, 1465.

[16] W. Falta u. M. Richter-Quittner: Biochem. Z. **129**, 570 (1922) — Chem. Zbl. **1922 III**, 539. — Martin Braun: Klin. Wschr. **1**, 1103 (1922) — Chem. Zbl. **1922 III**, 582. — R. Offenbacher u. A. Hahn: Dtsch. med. Wschr. **47**, 1419—1420 (1921) — Chem. Zbl. **1922 II**, 178. — Reginald Fitz u. Arlie V. Bock: J. of biol. Chem. **48**, 313—321 (1921) — Chem. Zbl. **1922 I**, 434. — Otto Folin u. Hilding Berglund: J. of biol. Chem. **51**, 213 (1922) — Chem. Zbl. **1922 III**, 69. — H. Schirokauer: Dtsch. med. Wschr. **48**, 1034 (1922) — Chem. Zbl. **1922 IV**, 739. — J. K. Parnas u. W. v. Jasinski: Klin. Wschr. **1**, 2029 (1922) — Chem. Zbl. **1923 I**, 1246. — A. Slasiak: Biochem. Z. **140**, 420 (1923) — Chem. Zbl. **1924 I**, 66. — L. Brull u. P. Spehl: C. r. Soc. Biol. Paris **94**, 1039 (1926) — Chem. Zbl. **1926 II**, 1541. — Richard Ege, Erik Gottlieb u. Norris W. Rakestraw:

des Zuckers zwischen Blutkörperchen und Blutplasma bei verschiedenen Tierarten[1], im normalen menschlichen Blut[2] und bei Diabetikern mit und ohne Insulinbehandlung[3].

Existenz einer Zuckereiweißverbindung im Blut neben dem freien Zucker[4].

Reduzierende „Nicht-Zucker" und echter Zucker im Menschenblut[5]. Größe der Nichtglykosefraktion unter verschiedenen Verhältnissen[6]. Der reduzierende Zucker, welcher nach der Hydrolyse des Serums und des Plasmas entsteht, ist d-Glykose. Es ist möglich, daß etwa $1/10$ der Gesamtmenge an reduzierender Substanz d-Glykosamin ist[7]. — Die Spaltung der aus dem Hundeplasma isolierten Glykoproteide liefert überwiegend Glykose, in geringerer Menge Mannose[8]. Zur Entscheidung der Frage, ob die Glykose im Blut in freiem Zustand kreist oder an die Blutkolloide gebunden ist, wurden Diffusionsversuche angestellt. Die Diffusionsgeschwindigkeit erwies sich unabhängig von der Glykosekonzentration. Daraus wurde geschlossen, daß die Glykose im Blut nicht an Kolloide gebunden ist[9]. — Es ließ sich nicht bestätigen, daß eine β-Glykose im Blut vorkommt[10].

Verhältnis des Zuckergehaltes im Liquor zu dem des Blutes[11]. — Gesetzmäßiger Zusammenhang zwischen Blutzuckergehalt und Blutgerinnungszeit[12]. Wirkung des Lichts auf Blutzucker[13], bei sensibilisierten Tieren[14]. — Bei Zufuhr von 200 ccm eisgekühltem Wasser tritt in der Blutzuckerkurve der Katze ein steiler Anstieg und Abfall auf, nach 2 Stunden wird ein erneuter langsamer Anstieg beobachtet[15]. Zusammenhang zwischen Blutacidität und Blutzucker[16]. Schwankungen des Blutzuckers unter verschiedenen Ernährungsbedingungen[17]. — Über

---

Amer. J. Physiol. **72**, 76—83 (1925) — Chem. Zbl. **1925 II**, 477. — M. Richter-Quittner: Z. exper. Med. **44**, 384—386 (1924) — Chem. Zbl. **1924 II**, 1941; **1925 I**, 1412. — O. Pico-Estrada u. V. Mosera: C. r. Soc. Biol. Paris **93**, 971 (1925) — Chem. Zbl. **1926 I**, 1436. — B. Glaßmann, E. L. Gurwitsch u. G. S. Lachter: Hoppe-Seylers Z. **158**, 113—138 (1926) — Chem. Zbl. **1927 I**,124.

[1] Richard E. Shope: J. of biol. Chem. **78**, 107 (1928) — Chem. Zbl. **1928 II**, 459. — W. Falta u. M. Richter-Quittner: Biochem. Z. **129**, 576 — Chem. Zbl. **1922 III**, 539. — Marianne Richter-Quittner: Biochem. Z. **158**, 176 (1925) — Chem. Zbl. **1925 II**, 675. — L. Löhner: Pflügers Arch. **214**, 552—560 (1926) — Chem. Zbl. **1927 I**, 762.

[2] Michael Somogyi: J. of biol. Chem. **78**, 117 (1928) — Chem. Zbl. **1928 II**, 459.

[3] Richard E. Shope: J. of biol. Chem. **78**, 111 (1928) — Chem. Zbl. **1928 II**, 459.

[4] H. Bierry: Bull. Soc. Chim. biol. Paris **10**, 769 (1928) — Chem. Zbl. **1928 II**, 1228. — E. J. Bigwood u. A. Wuillot: C. r. Soc. Biol. Paris **97**, 186—187 — Chem. Zbl. **1927 II**, 1162 — Bull. Soc. Chim. biol. Paris **10**, 274 (1928) — Chem. Zbl. **1928 II**, 1788 — Bull. Soc. Chim. biol. Paris **10**, 272 (1928) — Chem. Zbl. **1928 II**, 1788. — H. Bierry: C. r. Soc. Biol. Paris **96**, 1152 (1927) — Chem. Zbl. **1928 II**, 584. — E. J. Bigwood u. A. Wuillot: C. r. Soc. Biol. Paris **99**, 352 (1928) — Chem. Zbl. **1928 II**, 2034. — A. Hiller, G. C. Linder u. D. D. van Slyke: J. of biol. Chem. **64**, 625 — Chem. Zbl. **1925 II**, 1995. — E. J. Bigwood u. A. Wuillot: Bull. Soc. Chim. biol. Paris **9**, 867 (1927) — Chem. Zbl. **1927 II**, 2323. — L. Farmer Loeb u. D. Krüger: Z. klin. Med. **106**, 354 (1927) — Chem. Zbl. **1928 I**, 372. — H. Bierry: C. r. Soc. Biol. Paris **97**, 1456 (1927) — Chem. Zbl. **1928 I**, 936.

[5] Michael Somogyi: J. of biol. Chem. **75**, 33 (1927) — Chem. Zbl. **1928 II**, 778.

[6] B. Sjollema: Biochem. Z. **185**, 355 (1927) — Chem. Zbl. **1928 II**, 908 — Biochem. Z. **188**, 465 (1927) — Chem. Zbl. **1928 II**, 1115.

[7] H. Bierry: C. r. Soc. Biol. Paris **98**, 431 (1928) — Chem. Zbl. **1928 II**, 681.

[8] H. Bierry: C. r. Soc. Biol. Paris **100**, 229 (1929) — Chem. Zbl. **1929 I**, 1835.

[9] Christen Lundsgaard u. Svend Aage Holboell: C. r. Soc. Biol. Paris **92**, 116 (1925) — Chem. Zbl. **1925 I**, 2021.

[10] W. Denis u. H. V. Hume: J. of biol. Chem. **60**, 603—612 — Chem. Zbl. **1924 II**, 1938.

[11] W. Mestrezat: Presse méd. **31**, 157 (1923) — Chem. Zbl. **1924 I**, 930. — Frank Frement-Smith u. M. Elizabeth Dailey: Arch. of Neur. **14**, 390 (1926) — Chem. Zbl. **1926 I**, 3409. — T. Niina: Z. Neur. **99**, 577 (1925) — Ber. Physiol. **35**, 485 (1926) — Chem. Zbl. **1926 II**, 1674. — G. M. Goodwin u. H. J. Shelley: Arch. int. Med. **35**, 242 (1925) — Ref.: Ber. Physiol. **31**, 409 — Chem. Zbl. **1925 II**, 1611.

[12] Alexander Pártos u. Franc Svec: Pflügers Arch. **219**, 481 (1928) — Chem. Zbl. **1928 II**, 460; Dtsch. med. Wschr. **53**, 1857 (1927) — Chem. Zbl. **1928 I**, 84.

[13] G. Ceruti: Boll. Soc. Biol. sper. **3**, 30 (1928) — Chem. Zbl. **1929 I**, 2070.

[14] Ludwig Pincussen: Klin. Wschr. **1**, 174 (1922) — Chem. Zbl. **1922 I**, 834.

[15] Fred R. Griffith jr.: Proc. Soc. exper. Biol. a. Med. **23**, 466—467 (1926) — Ber. Physiol. **36**, 802 (1926) — Chem. Zbl. **1927 I**, 313.

[16] E. Toenniessen: Verh. dtsch. Ges. inn. Med. **1921**, 270—277 — Chem. Zbl. **1922 III**, 298.

[17] Karl Turban: Hoppe-Seylers Z. **119**, 4—10 (1922) — Chem. Zbl. **1922 III**, 83. — H. Labbé u. B. Theodoresco: C. r. Soc. Biol. Paris **88**, 484 (1923) — Chem. Zbl. **1923 I**, 1517. — Elmer L. Sevringhaus u. Margaret E. Smith: Science (N. Y.) **61**, 92—93 (1925) — Chem. Zbl. **1925 I**, 1758. — Karen Marie Hausen: Acta med. scand. (Stockh.) Suppl. **4**, 1 (1923) — Chem. Zbl. **1924 I**, 2164. — A. M. Hemmingsen: Skand. Arch. Physiol. (Berl. u. Lpz.) **45**, 204 (1924) — Chem.

die Ursachen der alimentären Hyperglykämie bei Kohlehydratmast und Kohlehydratkarenz[1]. Bei Überernährung sind die Nüchternblutzuckerwerte bei Hunden nur in geringem Maße erhöht[2].

Untersuchungen über die Veränderungen der Blutzuckerwerte nach peroraler Zufuhr von Glykose[3].

Über Schwankungen des Blutzuckerwertes in kurzen Perioden und die Blutzuckerkurve nach gleichmäßiger Zufuhr von Glykose[4]. — Die durch Zuckerzufuhr ausgelöste Insulinsekretion und ihr Einfluß auf die glykämische Reaktion[5].

Einwirkung der peroral verabreichten verschiedenen Zucker; Fructose[6], Rohrzucker[7], Lactose[8] auf den Blutzucker[9]. — Blutzuckeranstieg nach Stärkegaben entspricht dem nach Glykosegaben[10]. Über Pfortaderhyperglykämie nach Fütterung von Glykose und Fructose[11].

Einfluß von Glykoseinjektionen auf den Blutzucker[12]. — Zwischen α-, β- und Gleich-

Zbl. **1924 II**, 198. — Erik M. P. Widmark u. Olof Carlens: Biochem. Z. **156**, 454—459 (1925) — Chem. Zbl. **1925 I**, 2496. — Karl Schuhecker: Biochem. Z. **156**, 353—364 — Chem. Zbl. **1925 II**, 53. — Allan Winter Rowe u. Joseph Chandler: Endocrinology 8, 803 (1924) — Chem. Zbl. **1926 I**, 3411. — S. L. Bhatia u. G. Coelho: Ind. J. med. Res. **13**, 41—49 (1925) — Chem. Zbl. **1927 I**, 622. — Herbert Mauerhoffer: Z. klin. Med. **105**, 641 (1927) — Chem. Zbl. **1927 II**, 710. — M. Andejewa, E. Prowatorowa, N. Sawitsch u. E. Thal: Biochem. Z. **187**, 369—376 (1927) — Chem. Zbl. **1927 II**, 1975. — W. W. Payne: Lancet **213**, 1326 (1927) — Chem. Zbl. **1928 I**, 1058.

[1] F. Schellong u. H. Kramer: Klin. Wschr. **7**, 1726 (1928) — Chem. Zbl. **1928 II**, 1893.

[2] Carl Schwarz u. Josef Smutny: Biochem. Z. **198**, 243 (1928) — Chem. Zbl. **1929 I**, 253.

[3] Wilhelm Löffler: Biochem. Z. **127**, 316—321 (1922) — Chem. Zbl. **1922 I**, 1208. — J. C. Spence: Quart. J. Med. **14**, 314—326 (1921) — Chem. Zbl. **1922 III**, 85. — W. H. Olmstedt u. L. P. Gay: Arch. int. Med. **29**, 384 (1922) — Chem. Zbl. **1922 III**, 737. — Max Rosenberg: Arch. f. exper. Path. **93**, 208 (1922) — Chem. Zbl. **1922 III**, 746. — M. Casteigts: C. r. Soc. Biol. Paris **86**, 1110 (1922) — Chem. Zbl. **1922 III**, 935. — D. G. Cohen Tervaert: Arch. néerl. Physiol. **7**, 352 (1922) — Chem. Zbl. **1923 I**, 382. — A. Bernstein u. Kurt Holm: Biochem. Z. **130**, 209 (1922) — Chem. Zbl. **1923 I**, 1289. — Ernest L. Scott u. Thomas H. Ford: Amer. J. Physiol. **63**, 520 (1923) — Chem. Zbl. **1923 I**, 1465. — E. Fock u. S. A. Holboell: C. r. Soc. Biol. Paris **92**, 1315—1317 (1925) — Chem. Zbl. **1925 II**, 663. — Henry J. John: J. metabol. Res. **1**, 497 (1922) — Chem. Zbl. **1923 II**, 228. — G. L. Forster: J. of biol. Chem. **55**, 291 (1923) — Chem. Zbl. **1923 III**, 795. — Bruno Mendel, Werner Engel u. Ingeborg Goldscheider: Klin. Wschr. **4**, 542—544 (1925) — Chem. Zbl. **1925 I**, 2234. — Ralph H. Major: Bull. Hopkins Hosp. **34**, 21 (1923) — Chem. Zbl. **1923 III**, 1291. — Alfred Gigon: Z. klin. Med. **101**, 17—37 (1924) — Chem. Zbl. **1925 I**, 1758. — B. Glaßmann: Hoppe-Seylers Z. **150**, 16 (1925) — Chem. Zbl. **1926 I**, 1465. — Vincent du Vigneaud u. Walter G. Karr: J. of biol. Chem. **66**, 281 (1925) — Chem. Zbl. **1926 II**, 911. — G. Eisner: Z. exper. Med. **52**, 214 (1926) — Chem. Zbl. **1926 II**, 2611. — R. Hale-White u. W. W. Payne: Quart. J. Med. **19**, 393—410 (1926) — Ber. Physiol. **36**, 802 (1926) — Chem. Zbl. **1927 I**, 3081.

[4] Otto Jul Nielsen: Biochemic. J. **22**, 1490 (1928) — Chem. Zbl. **1929 I**, 2199. — Hannah Elizabeth Honeywell: Amer. J. Physiol. **58**, 152 (1921) — Chem. Zbl. **1922 III**, 1239.

[5] Leo Pollak: Arch. f. exper. Path. **140**, 28 (1929) — Chem. Zbl. **1929 I**, 2438.

[6] Shu Nagasuye: J. of Biochem. **5**, 449 (1925) — Chem. Zbl. **1926 I**, 3166. — Fried. Kronenberger u. Paul Radt: Biochem. Z. **190**, 161 (1927) — Chem. Zbl. **1928 I**, 1297. — J. Abelin u. E. Goldener: Klin. Wschr. **4**, 1733 — Chem. Zbl. **1925 II**, 2174.

[7] K. Dresel u. F. H. Lewy: Z. exper. Med. **26**, 95—103 (1922) — Chem. Zbl. **1922 I**, 897. — W. Arnoldi u. J. A. Collazzo: Z. exper. Med. **40**, 323 (1924) — Chem. Zbl. **1924 II**, 198. — H. K. Barrenscheen u. Alfred Eisler: Biochem. Z. **177**, 27—38 (1926) — Chem. Zbl. **1927 I**, 123. — C. D. Shapland: Lancet **211**, 589—594 (1926) — Chem. Zbl. **1927 I**, 125. — S. Baglioni, L. Bracaloni u. A. Gálamini: Atti R. Accad. dei Lincei, Roma **5**, 34 (1927) — Chem. Zbl. **1927 I**, 1973. — H. K. Barrenscheen, Friedrich Doleschall u. Ludwig Popper: Biochem. Z. **177**, 50—65 (1926) — Chem. Zbl. **1927 I**, 123.

[8] Kurt Holm: Z. exper. Med. **37**, 43 (1923) — Chem. Zbl. **1924 I**, 796. — E. Nassau u. S. Schaferstein: Z. Kinderheilk. **40**, 659 (1926) — Chem. Zbl. **1926 II**, 3098.

[9] A. Schätti: Biochem. Z. **143**, 201 (1923) — Chem. Zbl. **1924 I**, 797. — M. Bodansky: J. of biol. Chem. **56**, 387 (1923) — Chem. Zbl. **1923 III**, 1292.

[10] Kaj Kjer: Acta med. scand. (Stockh.) **61**, 159—174 (1924) — Ber. Physiol. **30**, 442 (1925) — Chem. Zbl. **1925 II**, 1059.

[11] Georg Eisner: Z. exper. Med. **60**, 271 (1928) — Chem. Zbl. **1928 II**, 1115.

[12] Hans Opitz: Klin. Wschr. **1**, 117—119 (1922) — Chem. Zbl. **1922 I**, 766. — Frederick F. Tisdall, T. B. G. Drake u. Alan Brown: Amer. J. Dis. Childr. **30**, 675 (1925) — Chem. Zbl. **1926 II**, 1661. — Paul Travers: Dtsch. Arch. klin. Med. **137**, 284—291 (1921) — Chem. Zbl. **1922 I**, 769. — Waclaw Moraczewski u. Egon Lindner: Biochem. Z. **125**, 49—68 (1921) — Chem. Zbl. **1922 I**, 986. — J. Simon: Arch. di Sci. biol. **7**, 109 (1925) — Chem. Zbl. **1926 I**, 2484. — H. M. Hines, J. A. Royd u. C. E. Leese: Proc. Soc. exper. Biol. a. Med. **23**, 228 (1925) — Chem. Zbl. **1926 II**, 1979. — E. Savino: C. r. Soc. Biol. Paris **91**, 29 — Chem. Zbl. **1924 II**, 1008. — E. Bulatav

gewichtsglykose besteht kein Unterschied in ihrer Wirkung auf die Blutzuckerkurve bei intravenöser Injektion[1]. Blutzucker nach parenteraler Einfuhr von Glykose[2]. Einwirkung des Alkohols[3], von Kohlenoxyd[4]. Einfluß der Beimischung von Kohlensäure zur Atmungsluft[5]. — Wirkung verschiedener Salze auf den Blutzucker[6]. Der Einfluß von verschiedenen Anionen und Ammoniumsalzen auf den Blut- und Harnzucker[7]. — Wirkung der Magnesiumsalze auf die Blutzuckerkonzentration [8].

Wirkung von Salzsäure und der Chloride des Calciums, Kaliums und Natriums[9], des Natriumcarbonats[10], des Natriumbicarbonats[11]. Intravenöse Injektion von Meerwasser vermehrt den Blutzucker nicht[12]. Einfluß von länger dauernder Zufuhr von Karlsbader Wasser[13], von Phosphatinjektionen[14]. Nach subcutaner Injektion von Natriumarsenit tritt beim Kaninchen Hyperglykämie auf[15].

Wirkung von Natriumselenit[16], von Phosphorvergiftung[17], von Mesothoriumbromid[18], von Radiumemanation[19], von Natriumcyanid[20], von Schwefel[21], von Kollargol[22]. Die Wirkung der Elektrolyten auf den Blutzucker[23].

u. A. J. Carlson: Amer. J. Physiol. **69**, 107 — Chem. Zbl. **1924 II**, 1363. — E. C. Albritton: Amer. J. Physiol. **68**, 542 — Chem. Zbl. **1924 II**, 1227. — V. Fujimaki: Arch. f. exper. Path. **103**, 178—187 — Chem. Zbl. **1924 II**, 2272. — Ch. Achard, A. Ribot u. Léon Binet: Rev. Méd. **38**, 447—456 (1921) — Chem. Zbl. **1922 I**, 987. — Walter Franke u. Richard J. Wagner: J. metabol. Res. **6**, 375—391 (1924) — F. Fischler u. O. Hirsch: Arch. f. exper. Path. **127**, 287 — Chem. Zbl. **1928 I**, 2419. — F. Fischler: Hoppe-Seylers Z. **165**, 68, 53 — Chem. Zbl. **1927 II**, 116. — L. Képinov u. S. Petit-Dutaillis: C. r. Soc. Biol. Paris **97**, 1597 (1927) — Chem. Zbl. **1928 I**, 815 — E. Zunz u. J. La Barre: Arch. internat. Physiol. **29**, 265 (1927) — Chem. Zbl. **1928 I**, 1785.

[1] Erich Newmarch Allott: Biochemic. J. **22**, 773 (1928) — Chem. Zbl. **1928 II**, 2162.

[2] Rubino u. Varela: Klin. Wschr. **1922 I**, 2370 — Chem. Zbl. **1923 I**, 1402.

[3] Géza Hetényi: Z. exper. Med. **40**, 261 (1924) — Chem. Zbl. **1924 II**, 198. — J. Gavrila u. T. Sparcher: C. r. Soc. Biol. Paris **98**, 65 — Chem. Zbl. **1928 I**, 3085.

[4] Shozo Mikámi: Tohoku J. exper. Med. **8**, 237 (1927) — Chem. Zbl. **1927 II**, 2327.

[5] Friedrich Binswanger: Arch. f. Physiol. **193**, 296—312 (1921) — Chem. Zbl. **1922 I**, 1053.

[6] Hajime Masamune: Fukuoka-Ikwadaigaku-Zasshi (jap.) **20** (1929) — Chem. Zbl. **1929 I**, 3113. — J. St. Lorant: Klin. Wschr. **1**, 2131 (1922) — Chem. Zbl. **1923 I**, 1291.

[7] H. Masamune: Fukuoka-Ikwadaigaku-Zasshi (jap.) **20**, 1 (1929) — Chem. Zbl. **1929 I**, 2438. — Sachikado Morita: Tohoku J. exper. Med. **3**, 363 (1922) — Chem. Zbl. **1923 III**, 1108.

[8] S. Láng u. L. Rigó: Arch. f. exper. Path. **139**, 1 (1929) — Chem. Zbl. **1929 I**, 1957. — Sachikado Morita: Tohoku J. exper. Med. **3**, 363 (1922) — Chem. Zbl. **1923 III**, 1108. — A. A. Horvath: Proc. Soc. exper. Biol. a. Med. **24**, 198—200 (1926) — Ber. Physiol. **40**, 448 — Chem. Zbl. **1927 II**, 1163.

[9] Ferdinand Bertram: Z. exper. Med. **43**, 407—420, 421—437 (1924) — Chem. Zbl. **1925 I**, 250. — Otto Hochfeld: Z. exper. Med. **37**, 119 (1923) — Chem. Zbl. **1924 I**, 796. — S. G. Zondek u. A. Benatt: Z. exper. Med. **43**, 281—283 (1924) — Chem. Zbl. **1925 I**, 244. — M. Händel: Biochem. Z. **146**, 438 — Chem. Zbl. **1924 II**, 698. — Rolf Semler: Berl. klin. Wschr. **4**, 697 (1925) — Chem. Zbl. **1925 II**, 54. — N. Heianzan: Biochem. Z. **165**, 32 (1925) — Chem. Zbl. **1926 I**, 1442.

[10] Frank P. Underhill: J. of biol. Chem. **25**, 463—469 (1916) — Chem. Zbl. **1917 I**, 104.

[11] G. Hirsch: Biochem. Z. **189**, 451 (1927) — Chem. Zbl. **1928 I**, 1975.

[12] Angelo Rabbeno: Biochemica e Ter. sper. **14** (1927) — Chem. Zbl. **1929 I**, 254.

[13] Paul Mayer: Dtsch. med. Wschr. **48**, 827 (1922) — Chem. Zbl. **1922 III**, 567.

[14] H. Elias, J. Güdemann u. F. Kornfeld: Z. exper. Med. **42**, 560—569 — Chem. Zbl. **1924 II**, 1939. — H. Elias u. Weiss: Wien. Arch. inn. Med. **4**, 29 — Chem. Zbl. **1922 III**, 1065. — Kurt Friedländer u. Walter G. Rosenthal: Arch. f. exper. Path. **112**, 65 (1926) — Chem. Zbl. **1926 I**, 3409. — A. Abraham u. M. Altmann: Klin. Wschr. **6**, 456 (1927) — Chem. Zbl. **1927 I**, 2331. — Frank L. Allan, B. R. Dickson u. J. Markowitz: Amer. J. Physiol. **70**, 333—343 (1924) — Chem. Zbl. **1925 II**, 1063.

[15] E. Grafe u. F. Meythaler: Arch. f. exper. Path. **131**, 80 (1928) — Chem. Zbl. **1928 II**, 1003. — H. B. van Dyke: J. of Pharmacol. **26**, 287 (1925) — Chem. Zbl. **1926 I**, 1591.

[16] Victor E. Levine u. Romayne A. Flaberty: Proc. Soc. exper. Biol. a. Med. **24**, 251—253 (1926) — Ber. Physiol. **40**, 448 — Chem. Zbl. **1927 II**, 1163.

[17] Ivo Ivančević: Arch. f. exper. Path. **122**, 24 (1927) — Chem. Zbl. **1927 II**, 459.

[18] H. Labbé u. A. Kotsareff: C. r. Acad. Sci. Paris **184**, 1484—1486 — Chem. Zbl. **1927 II**, 1589.

[19] H. Labbé u. A. Kotsareff: C. r. Acad. Sci. Paris **184**, 474 (1927) — Chem. Zbl. **1927 I**, 3015.

[20] A. L. Tatum u. A. J. Atkinson: J. of biol. Chem. **54**, 331 (1922) — Chem. Zbl. **1923 I**, 260.

[21] R. Foncin u. J. Sandor: C. r. Soc. Biol. Paris **95**, 697—700 (1926) — Chem. Zbl. **1927 I**, 474. — Giulio Bucciardi: Biochemica e Ter. sper. **15**, 411 (1928) — Chem. Zbl. **1929 I**, 1957. — Eugen Földes: Z. exper. Med. **55**, 615—626 — Chem. Zbl. **1927 II**, 1366. — D. Campanacci u. R. Balducci: Klin. Wschr. **5**, 2166—2227 (1926) — Chem. Zbl. **1927 I**, 474.

[22] Suganuma: Biochem. Z. **144**, 141 (1924) — Chem. Zbl. **1924 I**, 1405.

[23] Alexander Partos: Fermentforschg **10**, 66 (1928) — Chem. Zbl. **1928 II**, 2734.

Einfluß von Natriumlactat[1], von weinsaurem Natrium[2], von maleinsaurem Natrium[3], dehydrocholsaurem Natrium[4], von Aminosäuren[5], von Pepton und Proteinen[6] auf den Blutzucker. — Subcutane Ammoncarbonatinjektion oder Harnstoffinjektion ruft beim Kaninehen leichte Hyperglykämie hervor[7]. Bei hungernden Kaninchen führt Glycerinzufuhr zu einer erheblichen Hyperglykämie, damit wird Glycerinumformung in Glykose angezeigt[8]. Ölsaures Na, Thymol, Campher, i-Butylurethan, Äther und Äthylurethan hemmen in niedrigen, fördern in höheren Konzentrationen die Glykoseaufnahme in die menschlichen Körperchen. Die Verbindungen hemmen und fördern auch den durch Schütteln der Körperchen bedingten Hämoglobinaustritt[9]. Die durch Naphthalin bei der stomachalen Zufuhr, bei intraperitonaler und subcutaner Injektion verursachten Veränderungen im Blutzucker stimmen bei allen 3 Applikationsarten überein[10]. Ferdinand Bertram teilt die Gifte, welche den Kohlehydratstoffwechsel beeinflussen, ein in 1. blutzuckermobilisierende, auf den normalen Kohlehydratstoffwechsel einwirkende Gifte mit Angriffspunkten a) an einem bestimmten System des Organismus: alimentäre Glykämie, Sympathicusglykämie (Leber), Parasympathicusglykämie (Pankreas), b) an mehreren Punkten (Komplexe Glykämie). 2. Alle diese Hyperglykämien werden durch das blutzuckerfixierende Insulin aufgehoben, umgekehrt vermögen diese Gifte die Insulinwirkung zu verhindern. 3. Blutzuckerregulierende, nur in den gestörten Kohlehydratstoffwechsel eingreifende Gifte mit Angriffspunkten am Gesamtorganismus: Mineralien (Elektrolyte, Säure-Basen, indirekte Proteine) und Hormone (Hypophyse, Schilddrüsen und andere)[11]. Äther, Chloralhydrat, Hedonal und Morphin rufen eine Steigerung des Blutzuckers um 30—50% hervor[12]. — Einfluß der parasympathischen Gifte (Pilocarpin, Physostigmin, Cholin, Atropin, Arecolin, Scopolamin) auf die Blutzuckerkonzentration[13]. — Chinin, Pyramidon und Antipyrin, intravenös zugeführt, senken die Werte gesunder und diabetischer Menschen um 50—100%[14].

Über die Wirkung einiger Krampfgifte (Pikrotoxin, Natrium santoninicum[15] und Guanidin) auf Blutzucker[16].

Einfluß von Cholin auf den Blutzuckergehalt[17]. — Die regelmäßige Verabreichung von

---

[1] E. Aubel, Andre Mayer u. H. Simonnet: C. r. Soc. Biol. Paris **93**, 1407 (1925) — Chem. Zbl. **1926 I**, 1834.

[2] Frank P. Underhill u. Gustav Wilens: J. of biol. Chem. **58**, 153 (1924) — Chem. Zbl. **1924 II**, 359.

[3] Giuseppe Castorina: Bull. Soc. biol. sper. **1**, 733 (1927) — Chem. Zbl. **1928 I**, 84.

[4] D. Adlersberg u. E. Róth: Arch. f. exper. Path. **121**, 131 (1927) — Chem. Zbl. **1927 I**, 3017.

[5] J. K. Parnas u. Richard Wagner: Biochem. Z. **127**, 55—65 (1922) — Chem. Zbl. **1922 I**, 886. — A. Schätti: Biochem. Z. **143**, 201 (1923) — Chem. Zbl. **1924 I**, 797. — G. Paasch: Biochem. Z. **197**, 460 (1929) — Chem. Zbl. **1929 I**, 1364. — M. Chikano: Biochem. Z. **205**, 154 (1929) — Chem. Zbl. **1929 I**, 2199. — Kiusaburo Hirai u. Kumatoro Gondo: Biochem. Z. **189**, 92 (1927) — Chem. Zbl. **1928 I**, 713. — Leo Pollak: Biochem. Z. **127**, 120—136 (1922) — Chem. Zbl. **1922 I**, 1208.

[6] W. W. Brandes u. J. R. Simonds: Amer. J. Physiol. **86**, 618 (1928) — Chem. Zbl. **1929 I**, 406. — Victor E. Levine: Proc. Soc. exper. Biol. a. Med. **24**, 744 (1927) — Chem. Zbl. **1929 I**, 550. — S. Racchiusa: Boll. Soc. Biol. sper. **3**, 5 (1928) — Chem. Zbl. **1929 I**, 2070. — Gustav Singer: Wien. klin. Wschr. **37**, 155 (1924) — Chem. Zbl. **1924 I**, 1687. — Wilhelm Laufberger: Z. exper. Med. **39**, 487 (1924) — Chem. Zbl. **1924 I**, 2794. — A. Lüttichau: Arch. internat. Physiol. **19**, 1—16 (1922) — Chem. Zbl. **1922 III**, 1016.

[7] A. A. Horvath: J. of biol. Chem. **70**, 289—296 (1926) — Chem. Zbl. **1927 I**, 474.

[8] C. Voegtlin, J. W. Thompson u. E. R. Dunn: J. of biol. Chem. **64**, 639 — Chem. Zbl. **1925 II**, 2004 — Amer. J. Physiol. **71**, 574 — Chem. Zbl. **1925 I**, 199.

[9] Hans Häusler u. Raoul Margarido: Pflügers Arch. **210**, 566 (1925) — Chem. Zbl. **1926 I**, 1436.

[10] D. Michaïl u. P. Vancea: C. r. Soc. Biol. Paris **96**, 63, 65 (1927) — Chem. Zbl. **1927 I**, 2212. — C. r. Soc. Biol. Paris **96**, 1456 (1927) — Chem. Zbl. **1928 I**, 378.

[11] Ferdinand Bertram: Klin. Wschr. **5**, 2172—2177 (1926) — Chem. Zbl. **1917 I**, 629.

[12] K. Steinmetzer u. F. Swoboda: Biochem. Z. **198**, 259 (1928) — Chem. Zbl. **1929 I**, 254.

[13] S. Láng u. M. Vas: Biochem. Z. **192**, 137 (1928) — Chem. Zbl. **1928 II**, 778. — S. Láng u. L. Rigó: Biochem. Z. **192**, 172 (1928) — Chem. Zbl. **1928 II**, 779.

[14] Alberto de Carvalho: C. r. Soc. Biol. Paris **98**, 1583 (1928) — Chem. Zbl. **1928 II**, 1690.

[15] O. Stasiak: Biochem. Z. **160**, 298 — Chem. Zbl. **1925 II**, 1689.

[16] Ijuro Fujii: Arch. f. exper. Path. **133**, 242 (1928) — Chem. Zbl. **1928 II**, 1115.

[17] Frank P. Underhill u. Joseph Petrelli: J. of biol. Chem. **81**, 159 (1929) — Chem. Zbl. **1929 I**, 1957. — K. Dresel u. H. Zemmin: Biochem. Z. **139**, 463 — Chem. Zbl. **1923 III**, 1111. — A. Madinavaitia u. S. Harninder: An. Soc. exper. Fis. Quim. **22**, 68 — Chem. Zbl. **1924 II**, 858. — A. Bornstein u. K. Holm: Biochem. Z. **132**, 138 (1923) — Chem. Zbl. **1923 I**, 268. — P. Junkersdorf: Pflügers Arch. **211**, 612 (1926) — Chem. Zbl. **1926 I**, 2715.

Aceton scheint eine erhebliche Schädigung der Leber hervorzurufen, die dann als Glykämie sich kundgibt[1].

Einwirkung von Urethan[2], Isopryläthylbarbitursäure[3], Isoamyläthylbarbitursäure[4], Allylisopropylbarbitursäure[5]. Einwirkung von Diuretin[6], von Caffein, Theocin[7]. Veränderungen des Blutzuckers nach Äther[8] bzw. Äther und Chloroformnarkose[9], Chloralosenarkose[10], Chloral[11].

Chloralose übt nur eine sehr geringe Wirkung auf die Glykämie aus und kann daher mit Vorteil als Anaestheticum bei Arbeiten über Glykämie benutzt werden[12].

Einwirkung der Blutgifte, z. B. Phenylhydrazin und Saponin[13], Hydrazin[14].

Untersuchungen an verschiedenen Derivaten der Pyridin- und Imidazolgruppe[15]. Die hydrierten Imidazole, Hydantoin, (2, 4-Dioxoimidazoldihydrid-3, 5), Äthylenguanidin (2-Iminoimidazoltetrahydrid) und Glykocyamidin (2-Imino-2-oximidazoldihydrid-3, 5) sind nicht imstande, den Blutzucker des Kaninchens wesentlich zu senken[16]. Wirkung des Pyramidons[17].

Ein Extrakt aus dem „krystallinischen Stil“ von Muscheln erzeugt nach intravenöser Injektion starke Hypoglykämie und Tod[18].

Durch Injektion von Gallensäuren wurde beim hungernden Tiere eine Senkung des Blutzuckers herbeigeführt, die zwischen 15—40% des Anfangswertes schwankte und nach 1—2 Stunden abgeklungen war[19]. Na-Salicylat, Antipyrin und Chinin subcutan appliziert, Acetylsalicylsäure per os gegeben, erzeugen sowohl bei gesunden wie bei fiebernden Hunden eine Erhöhung der Blutzuckerkonzentration. Bei den Salicylaten kann die Erhöhung 25—50% betragen. Antipyrin wirkt schwächer, Chinin stärker als die Salicylate. Parallel mit der Erhöhung der Blutzuckerkonzentration geht eine erhebliche Vermehrung des Wassergehalts des Blutes[20].

Untersuchungen über den Einfluß von Adrenalin auf den Blutzucker unter verschiedenen Bedingungen[21].

[1] G. Borgatti u. G. Castagnari: Boll. Soc. Biol. sper. 1, 456 (1926) — Chem. Zbl. 1927 II, 944.

[2] Sozo Hirayama: Tohoku J. exper. Med. 7, 364—381 (1927) — Ber. Physiol. 38, 321 (1927) — Chem. Zbl. 1927 I, 1694.

[3] J. H. Page: J. Labor. a. clin. Med. 9, 194 (1923) — Ref.: Ber. Physiol. 24, 471 (1924) — Chem. Zbl. 1924 II, 712.

[4] D. J. Edwards u. J. Page: Amer. J. Physiol. 69, 177 — Chem. Zbl. 1924 II, 1229.

[5] Georges Fontès u. Lucien Thivolle: C. r. Soc. Biol. Paris 99, 1977 (1929) — Chem. Zbl. 1929 I, 1708.

[6] Shōzo Mikami: Jap. J. med. Sci. 1, 121 (1926) — Chem. Zbl. 1927 I, 2572. — T. Fujii: J. Biophysics 1, 5 (1923) — Gen. meat. physiol. soc. (1922) — Ref.: Ber. Physiol. 31, 588 — Chem. Zbl. 1925 II, 1697.

[7] Haruyoshi Senga: J. of orient. Med. 2, 109 (1924) — Chem. Zbl. 1925 I, 396.

[8] F. G. Banting u. S. Gairns: Amer. J. Physiol. 68, 24 (1924) — Chem. Zbl. 1924 II, 68. — Hiroshi Tachi u. Sozo Hirayama: Tohoku J. exper. Med. 8, 41 (1926) — Chem. Zbl. 1927 II, 949.

[9] Ferdinand Bertram: Z. exper. Med. 37, 99 (1923) — Chem. Zbl. 1924 I, 800. — Rob. Lindsay MacKay: Biochemic. J. 21, 760 (1928) — Chem. Zbl. 1928 I, 1431.

[10] Fred. R. Griffith jr.: Amer. J. Physiol. 66, 618 (1923) — Chem. Zbl. 1924 I, 787.

[11] H. Dorlencourt, A. Trias u. A. Paychère: C. r. Soc. Biol. Paris 86, 1078 (1922) — Chem. Zbl. 1922 III, 939.

[12] M. A. Magenta: C. r. Soc. Biol. Paris 98, 171 — Chem. Zbl. 1928 I, 2512.

[13] Konji Tadenuma: Biochem. Z. 141, 85 (1923) — Chem. Zbl. 1924 I, 361.

[14] Frank P. Underhill u. Samuel Karelitz jr.: J. of biol. Chem. 58, 147 (1924) — Chem. Zbl. 1924 II, 353.

[15] Stan. Kon u. Cas. Funk: Chem. Zelle 13, 29 (1926) — Chem. Zbl. 1926 II, 1059.

[16] Felix Haurowitz u. Maximilian Reiß: Klin. Wschr. 6, 1479 — Chem. Zbl. 1927 II, 1362.

[17] H. Chiari u. R. Rigler: Z. exper. Med. 46, 443 — Chem. Zbl. 1925 II, 2005.

[18] J. B. Collip: Trans. roy. Soc. Canada 17, Sekt. V, 45 (1923) — Chem. Zbl. 1924 I, 2382.

[19] Conrad Lang u. Hans Jungmann: Klin. Wschr. 6, 2241 (1927) — Chem. Zbl. 1928 I, 371.

[20] H. G. Barbour u. J. B. Herrmann: J. of Pharmacol. 18, 165—183 (1921) — Chem. Zbl. 1922 I, 1049.

[21] Arthur L. Tatum: J. of Pharmacol. 18, 121—131 (1921) — Chem. Zbl. 1922 I, 296. — Géza Petényi u. Heinrich Lax: Biochem. Z. 125, 272—282 (1921) — Chem. Zbl. 1922 I, 1150. — Brösamlen: Dtsch. Arch. klin. Med. 137, 299—310 (1921) — Chem. Zbl. 1922 I, 1252. — Henry L. Ulrich u. Harold Rypins: J. of Pharmacol. 19, 215—220 (1922) — Chem. Zbl. 1922 II, 287. —

Untersuchungen über den Einfluß von Phlorrhizin auf den Blutzucker[1]. — Wirkung des Pilocarpins[2], des Morphins[3], des Atropins[4], des Chinins[5], des Histamins[6], des Yohimbins[7],

A. Gottschalk u. E. Pohle: Klin. Wschr. 1, 1310 (1922) — Chem. Zbl. 1922 III, 1070 — Arch. f. exper. Path. 95, 75 (1922) — Chem. Zbl. 1923 I, 863 — Arch. f. exper. Path. 95, 64 (1922) — Chem. Zbl. 1923 I, 863. — M. Polonovski, E. Duhot u. Morel: C. r. Soc. Biol. Paris 87, 679 (1922) — Chem. Zbl. 1923 I, 1468. — H. Bierry, F. Rathery u. L. Levina: C. r. Soc. Biol. Paris 88, 3 (1923) — Chem. Zbl. 1923 III, 692. — F. Kornfeld u. H. Elias: Biochem. Z. 133, 192 (1922) — Chem. Zbl. 1923 III, 684. — P. Györgyu. E. Herzberg: Biochem. Z. 140, 401 (1923) — Chem. Zbl. 1924 I, 66. — F. Bertram u. A. Bornstein: Z. exper. Med. 37, 132 (1923) — Chem. Zbl. 1924 I, 794. — Y. Fujimaki: Arch. f. exper. Path. 102, 236 — Chem. Zbl. 1924 II, 699. — Sergios Serefis: Z. exper. Med. 43, 438—441 (1924) — Chem. Zbl. 1925 I, 244. — J. Hepner u. J. Červenka: Biol. Listy 10, 129 bis 139 (1924) — Ber. Physiol. 28, 266 (1924) — Chem. Zbl. 1925 I, 713. — Hasenöhrl u. F. Högler: Klin. Wschr. 6, 399 (1927) — Chem. Zbl. 1927 I, 2089. — M. Landsberg: C. r. Soc. Biol. Paris 89, 1342 (1923) — Chem. Zbl. 1924 I, 1553. — W. M. Boothby u. J. Sandiford: Amer. J. Physiol. 66, 93 (1923) — Chem. Zbl. 1924 I, 1407. — Alfred Gottschalk: Klin. Wschr. 3, 1356—1357 — Chem. Zbl. 1924 II, 2861. — P. Junkersdorf: Pflügers Arch. 211, 414 (1926) — Chem. Zbl. 1926 I, 2718. — Jean La Barre: C. r. Soc. Biol. Paris 94, 779 (1926) — Chem. Zbl. 1926 I, 3407. — E. A. Molinelli: C. r. Soc. Biol. Paris 95, 1081—1083, 1084—1087 (1926) — Chem. Zbl. 1927 I, 621. — Marcel Labbé u. Paul Renault: C. r. Soc. Biol. Paris 96, 248 (1927) — Chem. Zbl. 1927 I, 2208. — H. K. Barrenscheen, A. Eisler u. L. Popper: Biochem. Z. 189, 119 (1927) — Chem. Zbl. 1928 I, 815. — Alex. Daws u. Franz Sole: Pflügers Arch. 218, 209 (1927) — Chem. Zbl. 1928 I, 1055. — E. Geiger: Pflügers Arch. 217, 574 (1927) — Chem. Zbl. 1928 I, 271. — Y. O. Choi: Amer. J. Physiol. 83, 406 — Chem. Zbl. 1928 I, 1976. — J. Homma: Jap. J. med. Sci, Trans. Biochem. 1, 165 (1927) — Chem. Zbl. 1928 I, 2954. — Seymau J. Cohen: J. Amer. Physiol. 69, 125—131 — Chem. Zbl. 1924 II, 1920. — R. Bosisio: Probl. Nutriz. 1, 291—301 (1924) — Ber. Physiol. 29, 902 (1925) — Chem. Zbl. 1925 II, 313. — Eugen Baráth: Z. exper. Med. 45, 602—607 (1925) — Chem. Zbl. 1925 II, 733. — T. Kunika: Fol. jap. pharmacol. 2, 353 (1926) — Chem. Zbl. 1927 I, 2099.

·[1] Paul Schenk: Z. exper. Med. 25, 62—65 (1921) — Chem. Zbl. 1922 I, 297. — Howard T. Karsner, Herbert L. Koeckert u. Spencer A. Wahl: J. of exper. Med. 39, 399 (1921) — Chem. Zbl. 1922 I, 303. — Stefan Hetényi: Biochem. Z. 129, 183 (1922) — Chem. Zbl. 1922 III, 398. — H. L. White: Amer. J. Physiol. 65, 212 (1923) — Chem. Zbl. 1923 III, 870. — F. Hirsch u. O. Klein: Dtsch. Arch. klin. Med. 155, 163—176 — Chem. Zbl. 1927 II, 1367.

[2] R. Vogel u. A. Bornstein: Biochem. Z. 126, 56—63 (1921) — Chem. Zbl. 1922 I, 771. — A. Bornstein u. Elisabeth Müller: Biochem. Z. 126, 64—76 (1921) — Chem. Zbl. 1922 I, 771. — G. V. Anrep u. R. K. Cannan: J. of Physiol. 57, 1 (1922) — Chem. Zbl. 1923 I, 703. — C. Torces-Umaña: Z. exper. Med. 37, 123 (1923) — Chem. Zbl. 1924 I, 798. — Sozo Hirayama: Tohoku J. exper. Med. 4, 507—522 — Ber. Physiol. 26, 448 — Chem. Zbl. 1924 II, 2272. — Victor Papilian u. Const. Velluda: Arch. internat. Physiol. 26, 1 (1926) — Chem. Zbl. 1926 II, 2074. — L. Cannavo: Arch. Farmacol. sper. 43, 263 (1928) — Chem. Zbl. 1928 II, 783. — G. Viale u. L. Napoleoni: C. r. Soc. Biol. Paris 99, 2006 (1929) — Chem. Zbl. 1929 I, 1708. — Terao Sakurai: J. of Biochem. 6, 211 (1926) — Chem. Zbl. 1926 II, 2086. — André LeGrand u. Guy Bierent: C. r. Soc. Biol. Paris 96, 291 (1927) — Chem. Zbl. 1927 I, 2209 — C. r. Soc. Biol. Paris 97, 1483 (1927) — Chem. Zbl. 1928 I, 936. — H. Masamune: Fukuoka-Ikwadaigaku-Zasshi (jap.) 20 (1929) — Chem. Zbl. 1929 I, 3113.

[3] Harry Victor Atkinson: J. metabol. Res. 1, 565 (1922) — Chem. Zbl. 1922 III, 1232. — G. N. Stewart u. J. M. Rogoff: Amer. J. Physiol. 62, 93 (1922) — Chem. Zbl. 1922 III, 1270. — Kurt Holm: Z. exper. Med. 37, 81 (1923) — Chem. Zbl. 1924 I, 798. — B. A. Houssay, J. T. Lewis u. E. A. Molinelli: C. r. Soc. Biol. Paris 91, 1013—1014 (1924) — Chem. Zbl. 1925 I, 709. — J. Koopman: Arch. internat. Pharmacodynamie 29, 19—30 (1924) — Ber. Physiol. 28, 488 (1924) — Chem. Zbl. 1925 I, 1103. — J. H. Pierce u. O. H. Plant: J. of Pharmacol. 33, 371 (1928) — Chem. Zbl. 1929 I, 261. — B. A. Houssay, J. T. Lewis, E. A. Molinelli u. A. D. Marenzi: C. r. Soc. Biol. Paris 99, 1406 (1928) — Chem. Zbl. 1929 I, 769. — B. A. Houssay, J. T. Lewis u. E. A. Molinelli: C. r. Soc. Biol. Paris 99, 1408 (1928) — Chem. Zbl. 1929 I, 770.

[4] M. Großmann u. J. Sandor: Wien. Arch. inn. Med. 5, 419 (1923) — Chem. Zbl. 1923 III, 1112. — Eduard Allard: Arch. f. exper. Path. 115, 1 (1926) — Chem. Zbl. 1926 II, 1766. — P. C. Mc Cowan, J. S. Harris u. S. A. Mann: Brit. med. J. 1926 I, 779 — Chem. Zbl. 1926 II, 260. — E. Geiger u. L. Szirtes: Magy. orv. Arch. 27, 25 (1926) — Chem. Zbl. 1926 II, 1966. — Shōichi Terashima: J. of Biochem. 7, 489 (1927) — Chem. Zbl. 1928 II, 778.

[5] A. L. Tatum u. R. A. Cutting: J. of Pharmacol. 20, 393 (1922) — Chem. Zbl. 1923 I, 1240.

[6] S. Katzenelbogen u. A. Abramson: C. r. Soc. Biol. Paris 97, 240—241 — Chem. Zbl. 1927 II, 1162. — Karel Klein: Sborn. lék. (tschech.) 26, 159 (1925) — Chem. Zbl. 1926 II, 603. — Jean La Barré: C. r. Soc. Biol. Paris 94, 1021 (1926) — Chem. Zbl. 1926 II, 1541. — S. Hasegawa: Fol. jap. pharmacol. 1, 70 (1925) — Ref.: Ber. Physiol. 37, 456 (1926) — Chem. Zbl. 1927 I, 1608.

[7] J. J. Nitzescu: C. r. Soc. Biol. Paris 98, 1482 (1928) — Chem. Zbl. 1928 II, 1456.

des Ephedrins[1], des Nicotins[2], des Ergotamins[3], des Pikrotoxins[4], des Eserins, des Thyroxins[5], des Pituitrins[6]. Wirkung der Schilddrüsensubstanz[7], von Hypophysentrockenpräparaten[8], von Vorderlappen- und Hinterlappenpräparaten[9].

Einfluß des Sekretins[10], des Trypsins[11], des Saftes von Helix pomatia[12], der Hormoninjektionen[13], des Diphtherietoxins[14]. Wirkung der Protein-, Serum- und Milchinjektionen[15]. Durch parenterale Zufuhr von Milch steigt der Blutzuckerspiegel bei Gesunden regelmäßig an, während er bei Diabetikern absinkt. Hierbei wurde gleichzeitig auch ein Absinken der Zuckerausscheidung festgestellt[16].

[1] J. Allen Wilson: J. of Pharmacol. **30**, 209 (1927) — Chem. Zbl. **1927 I**, 2209. — J. J. Nitzescu: C. r. Soc. Biol. Paris **98**, 56 — Chem. Zbl. **1928 I**, 3085. — Edmund Haintz: Arch. f. exper. Path. **137**, 343 (1928) — Chem. Zbl. **1929 I**, 1229.

[2] A. J. Burstein u. Ju. D. Goldenberg: Biochem. Z. **200**, 115 (1928) — Chem. Zbl. **1929 I**, 558.

[3] E. J. Lesser u. K. Zipf: Biochem. Z. **140**, 612 (1923) — Chem. Zbl. **1924 I**, 72. — Stefan Hetényi u. Johann Pogány: Verh. dtsch. Ges. inn. Med. **1926**, 306 — Chem. Zbl. **1927 II**, 712. — Werner Seidel: Arch. f. exper. Path. **125**, 269 (1927) — Chem. Zbl. **1928 I**, 713. — J. Crezowska u. J. Goertz: C. r. Soc. Biol. Paris **98**, 148 — Chem. Zbl. **1928 I**, 3085. — Michele Bufano u. Arturo Masini: Riforma med. **43**, Nr. 28 (1927) — Chem. Zbl. **1928 II**, 908. — J. J. Nitzescu: C. r. Soc. Biol. Paris **98**, 1479 (1928) — Chem. Zbl. **1928 II**, 1456. — G. E. Farrar jr. u. A. M. Duff jr.: J. of Pharmacol. **34**, 197 (1928) — Chem. Zbl. **1929 I**, 550. — Carlos Trincao: C. r. Soc. Biol. Paris **99**, 1538 (1928) — Chem. Zbl. **1929 I**, 667. — Eduardo Coelho u. J. Candido de Oliveira: C. r. Soc. Biol. Paris **99**, 1527 (1928) — Chem. Zbl. **1929 I**, 667. — L. Rigó u. L. Veszelszky: Arch. f. exper. Path. **139**, 10 (1929) — Chem. Zbl. **1929 I**, 1957. — Leo Pollak: Arch. f. exper. Path. **140**, 1 (1929) — Chem. Zbl. **1929 I**, 2438. — D. Michail, T. Bendescu u. P. Vancea: C. r. Soc. Biol. Paris **98**, 1468 (1928) — Chem. Zbl. **1928 II**, 1354.

[4] Arthur L. Tatum: J. of Pharmacol. **20**, 385 (1922) — Chem. Zbl. **1923 I**, 1242. — V. M. Kogan: Dtsch. med. Wschr. **50**, 634 — Chem. Zbl. **1924 II**, 1007. — F. Rosenthal, H. Licht u. Fr. Lauterbach: Klin. Wschr. **3**, 1942—1943 — Chem. Zbl. **1924 II**, 2864 — Arch. f. exper. Path. **106**, 233—264 (1925) — Chem. Zbl. **1925 II**, 952. — Torao Sakurai: J. of Biochem. **6**, 465 (1926) — Chem. Zbl. **1928 II**, 2258.

[5] E. Langfeldt: J. of biol. Chem. **46**, 381 (1921) — Chem. Zbl. **1921 III**, 433. — Adam Bodansky: Amer. J. Physiol. **69**, 498—509 — Chem. Zbl. **1924 II**, 1955. — M. B. Visscher: J. of biol. Chem. **69**, 3 (1926) — Chem. Zbl. **1926 II**, 2322.

[6] A. Partos u. Frieda Katz-Klein: Z. exper. Med. **25**, 98—110 (1921) — Chem. Zbl. **1922 I**, 298. — G. Myhrman: Z. exper. Med. **48**, 166 (1925) — Chem. Zbl. **1926 I**, 3074. — E. Kylin: Klin. Wschr. **4**, 2068 (1925) — Chem. Zbl. **1926 I**, 710. — Maria Lindtau: Z. exper. Med. **58**, 267 (1927) — Chem. Zbl. **1928 I**, 1057. — G. A. Clark: J. of Physiol. **64**, 324 — Chem. Zbl. **1928 I**, 2456. — H. M. Hines u. C. E. Leese: Proc. Soc. exper. Biol. a. Med. **24**, 213—215 (1926) — Ber. Physiol. **40**, 451 bis 452 — Chem. Zbl. **1927 II**, 1167.

[7] Shigenobu Kuriyma: Amer. J. Physiol. **43**, 491 (1917) — Chem. Zbl. **1922 III**, 791. — Leon Asher: Biochem. Z. **154**, 444—475 (1924) — Chem. Zbl. **1925 I**, 1222. — K. G. Hancher, Marjorie Kupper, Nathan F. Blau u. John Rogers: Amer. J. Physiol. **75**, 1 (1925) — Chem. Zbl. **1926 I**, 3074. — Leonard Benjamin Shpiner: Amer. J. Physiol. **83**, 134 (1927) — Chem. Zbl. **1928 I**, 1677.

[8] K. M. Bowman u. G. P. Grabfield: Endocrinology **10**, 201—203 (1926) — Ber. Physiol. **38**, 325 (1926) — Chem. Zbl. **1927 I**, 1689. — Gustav Fritz: Pflügers Arch. **220**, 101 (1928) — Chem. Zbl. **1928 II**, 1345.

[9] Albert Zloczower, E. Müller u. M. Nickau: Z. exper. Med. **37**, 68 (1923) — Chem. Zbl. **1924 I**, 799.

[10] V. C. Troteano: C. r. Soc. Biol. Paris **91**, 1368—1369 (1924) — Chem. Zbl. **1925 I**, 1225. — M. Lambert u. H. Hermann: C. r. Soc. Biol. Paris **92**, 440 (1925) — Chem. Zbl. **1925 I**, 2315. — Ladislaus Takács: Z. exper. Med. **57**, 527 (1927) — Chem. Zbl. **1928 I**, 84. — H. Herman: Rev. franç. Endocrin. **4**, 381 (1926) — Chem. Zbl. **1928 II**, 1115..

[11] J. W. Grott: C. r. Soc. Biol. Paris **97**, 541 (1926) — Chem. Zbl. **1926 I**, 3093.

[12] J. Giaja u. X. Chahovitch: Bull. Soc. Chim. biol. Paris **8**, 306 (1926) — Chem. Zbl. **1926 II**, 447.

[13] S. Katsuka u. K. Kozuka: Tohoku J. exper. Med. **8**, 91 (1926) — Ref.: Ber. Physiol. **39**, 853 (1927) — Chem. Zbl. **1927 II**, 1045. — F. Rathery, R. Kouriesky u. S. Gibert: C. r. Soc. Biol. Paris **99**, 529 (1928) — Chem. Zbl. **1929 I**, 96.

[14] Sozo Mikami: Tohoku J. exper. Med. **6**, 299 (1925) — Chem. Zbl. **1926 II**, 604.

[15] Wilhelm Löhr u. Hanns Löhr: Z. exper. Med. **31**, 19 (1923) — Chem. Zbl. **1923 III**, 685. — W. Stern u. J. Wozak: Mschr. Kinderheilk. **28**, 490—493 (1924) — Chem. Zbl. **1925 II**, 663. — S. Racchiusa: Ann. Clin. med. e Med. sper. **16**, 1—12 (1926) — Ber. Physiol. **37**, 355—366 — Chem. Zbl. **1927 I**, 1608.

[16] F. Högler: Wien. klin. Wschr. **37**, 215 (1924) — Chem. Zbl. **1924 I**, 2164.

Einwirkung von Insulin auf den Blutzucker der Kaninchen[1], bei Hunden[2], beim Schaf[3], bei Ratten[4], bei Tauben[5], bei Schildkröten[6]. — Beim Menschen treten die Störungen durch Insulin nicht mit der gleichen Regelmäßigkeit auf wie beim Kaninchen. Der Blutzucker kann unter 60 mg% fallen, ohne daß Krämpfe auftreten, und bisweilen treten schwere Störungen nach wenigen Einheiten noch nach 15—20 Minuten auf. Die Ursache ist oft nicht feststellbar[7]. Im Reagensglas wirkt Insulin nicht auf den Blutzucker[8]. — Bei geringem Zuckergehalt von in die Bauchhöhle injizierten Nährlösungen verschwindet der Zucker, wenn gleichzeitig Insulin gegeben wurde, rascher als in den Kontrollen ohne Insulin[9].

Hemmende Wirkung des Insulins auf die Hyperglykämie durch Glykose[10].

Einfluß des Insulins auf die Glykoseabsorption der roten Blutkörperchen[11]. — Untersuchungen über die Verteilung des Blutzuckers unter Insulineinwirkung[12].

Wirkung des Insulins in Gegenwart von Dinatriumphosphat[13], von Alkoholgaben[14], von Adrenalin[15]. — Vollblutzuckergehalt verschiedener Gefäßgebiete und seine Verteilung auf Plasma und Formelemente unter normalen Verhältnissen und bei Insulin- und Adrenalineinverleibung nach Versuchen an angiostomierten Hunden[16].

Einwirkung des Insulins auf den Blutzucker bei fastenden Hunden[17], bei anämischen[18], bei nephrektomierten Tieren[19], im Fall von inoperablen Carcinomen[20], bei Blutungen[21]. —

---

[1] E. F. Müller: Münch. med. Wschr. **71**, 813 (1924) — Chem. Zbl. **1924 II**, 1111. — H. D. Clough, R. S. Allen u. E. N. Root jr.: Amer. J. Physiol. **66**, 461 (1923) — Chem. Zbl. **1924 I**, 1228. — J. B. Murlin, H. D. Clough u. A. M. Stokes: Amer. J. Physiol. **64**, 330 (1923) — Chem. Zbl. **1923 III**, 262. — N. C. Paulesco: Arch. internat. Physiol. **21**, 71 (1923) — Ref.: Ber. Physiol. **21**, 57 (1924) — Chem. Zbl. **1924 I**, 1413. — F. Zepisch, F. Högler u. K. Überrack: Klin. Wschr. **3**, 1064 — Chem. Zbl. **1924 II**, 1256 — Klin. Wschr. **3**, 6143 — Chem. Zbl. **1924 I**, 2718. — F. Laquer-Guba: Chem. Weekblad **21**, 316 — Chem. Zbl. **1924 II**, 1256. — Pierre Mauriac u. A. Gándy: C. r. Soc. Biol. Paris **93**, 1524 (1925) — Chem. Zbl. **1926 I**, 2593. — K. Freudenberg u. W. Dirscherl: Hoppe-Seylers Z. **175**, 1 — Chem. Zbl. **1928 I**, 2510.

[2] Shiro Tsubura: Biochem. Z. **149**, 40—50 — Chem. Zbl. **1924 II**, 2862. — David L. Drabkin u. H. Shilkert: Proc. Soc. exper. Biol. a. Med. **22**, 369 (1925) — Chem. Zbl. **1926 I**, 2484. — Adam Cairus White: Biochemic. J. **19**, 921 (1925) — Chem. Zbl. **1926 I**, 2716.

[3] Aaron Bodansky: Proc. Soc. exper. Biol. a. Med. **21**, 416—417 (1924) — Ber. Physiol. **27**, 331 (1924) — Chem. Zbl. **1925 I**, 708.

[4] Nechkovitch: C. r. Soc. Biol. Paris **94**, 683 (1926) — Chem. Zbl. **1926 II**, 55.

[5] Hannah Elizabeth Honeywell u. Oscar Riddle: Proc. Soc. exper. Biol. a. Med. **20**, 248—252 (1923) — Ber. Physiol. **26**, 87 (1924) — Chem. Zbl. **1924 II**, 1827.

[6] B. v. Issekutz u. F. Végh: Biochem. Z. **192**, 383 — Chem. Zbl. **1928 I**, 2625.

[7] H. J. John: J. metabol. Res. **7—8**, 51 (1925/26) — Chem. Zbl. **1928 I**, 2102.

[8] H. J. John: J. metabol. Res. **4**, 121 (1924) — Chem. Zbl. **1924 II**, 1480.

[9] V. Ducceschi: Boll. Soc. med.-chir. Pavia **36**, 331 (1924) — Ref.: Ber. Physiol. **31**, 682 — Chem. Zbl. **1925 II**, 2063.

[10] Giuseppe Solarino: Boll. Soc. Biol. sper. **3**, 108 (1928) — Chem. Zbl. **1928 II**, 2482. — A. Moschini: Arch. di Biol. **74**, 126 (1924) — Chem. Zbl. **1926 I**, 2113. — E. C. Noble u. J. J. R. Macleod: Amer. J. Physiol. **64**, 547 (1923) — Chem. Zbl. **1923 III**, 510. — M. Arnovlyévitch: C. r. Soc. Biol. Paris **91**, 287 — Chem. Zbl. **1924 II**, 1364.

[11] F. Rathery, R. Kourilsky u. Yv. Laurent: C. r. Soc. Biol. Paris **100**, 726 (1929) — Chem. Zbl. **1929 II**, 587 — F. Rathery, R. Kourilsky u. S. Gibert: C. r. Soc. Biol. Paris **100**, 728 (1929) — Chem. Zbl. **1929 II**, 587.

[12] P. Mauriac u. E. Aubertin: C. r. Soc. Biol. Paris **92**, 1101—1103 (1925) — Chem. Zbl. **1925 II**, 1057. — Alfred Gigon: Schweiz. med. Wschr. **54**, 1126 (1926) — Chem. Zbl. **1926 I**, 2484. — Peter Rona u. Margot Sperling: Biochem. Z. **175**, 253—267 (1926) — Chem. Zbl. **1927 I**, 125. — Harry C. Trimble u. Stephen J. Maddock: J. of biol. Chem. **78**, 323 (1928) — Chem. Zbl. **1928 II**, 1455.

[13] J. Abelin u. E. Goldener: Klin. Wschr. **4**, 1777 (1925) — Chem. Zbl. **1926 I**, 140.

[14] N. R. D. Blatherwick, L. C. Maxwell u. M. L. Long: Amer. J. Physiol. **67**, 346 (1924) — Chem. Zbl. **1924 I**, 1559.

[15] Karl Csépai u. St. Weiß: Wien. Arch. inn. Med. **10**, 195 (1925) — Chem. Zbl. **1926 I**, 2484. — Erwin Brand u. Marta Sandberg: Proc. Soc. exper. Biol. a. Med. **22**, 428 (1925) — Chem. Zbl. **1926 I**, 3247.

[16] Nina Kotschnew: Pflügers Arch. **219**, 407 (1928) — Chem. Zbl. **1928 II**, 458.

[17] Carmelo Toscano: Policlinico **1927**, Sep. — Chem. Zbl. **1928 II**, 1583.

[18] E. Rentz: C. r. Soc. Biol. Paris **98**, 816 — Chem. Zbl. **1928 I**, 2625.

[19] H. Gnoinski: C. r. Soc. Biol. Paris **98**, 785 — Chem. Zbl. **1928 I**, 2728.

[20] F. Silberstein, Johann Freud u. Tibor Révész: Klin. Wschr. **4**, 2252 (1925) — Chem. Zbl. **1926 I**, 1234.

[21] E. Vogt: Dtsch. med. Wschr. **54**, 701 — Chem. Zbl. **1928 I**, 2954.

Blutzuckermangel bedingt Vergiftungserscheinungen — glykoprive Intoxikation —, welche zum Tode führen können. Dieses Vergiftungsbild ist wesensgleich mit der hypoglykämischen Insulinreaktion. Die Hypoglyklämien unter Hunger, Hungerphlorrhizin und Insulin unterscheiden sich als chronische, subchronische und akute Hypoglykämien. Hierdurch erhalten gewisse Unterschiede in ihrem klinischen Bild eine Erklärung. Auch bei glykopriver Intoxikation läßt sich durch geeignete Glykosezufuhr das schwere toxische Bild heilen. Zur Charakterisierung der subchronischen Hypoklykämie gehören Gewichtssturz, Temperatursturz und Urobilinurie[1]. Acetylinsulin bewirkt am Kaninchen nur eine sehr geringe Blutzuckererniedrigung, bisweilen eine Steigerung und toxikologische Nebenwirkungen[2]. Wirkung von durch Wasserstoff reduziertem Insulin[3].

Einfluß von Takadiastase und Emulsin[4], von verschiedenen wirksamen Extrakten aus Hefen und grünen Pflanzen[5], aus Bakterienzellen[6], aus Monilia Krusei[7], aus den Blättern von Tecoma mollis[8], aus Heidelbeerblätterinfus[9], aus Brennesselblättern[10], aus Kohlblättern[11], Rübensaft[12], Bohnenschalentee[13], aus Phaseoluspräparaten[14], aus „soy sauce" der Sojabohnen[15].

Blutzuckersteigernde Wirkung des Ginstcrextrakts bei intravenöser Verabfolgung[16].

Es wurden 25 Guanidinpräparate untersucht. Die Giftigkeit und der hypoglykämische Effekt nahmen in Reihe - der Diguanidinopentamethylen-octamethylen-dekamethylen und -dodekamethylenreihe mit der Zunahme der Kohlenstoffkette deutlich zu[17].

Wirkung von Guanidin und verschiedenen Guanidinderivaten[18], des Synthalins[19], von Galeginsulfat[20].

---

[1] F. Fischer u. F. Ottensooser: Hoppe-Seylers Z. **144**, 1—59 (1925) — Chem. Zbl. **1925 II**, 52.

[2] K. Freudenberg u. W. Dirscherl: Hoppe-Seylers Z. **175**, 1 — Chem. Zbl. **1928 I**, 2510.

[3] R. S. Allen u. J. R. Murlin: Proc. Soc. exper. Biol. a. Med. **22**, 492 (1925) — Chem. Zbl. **1927 I**, 3247.

[4] E. Gabbe: Biochem. Z. **187**, 57—71 (1927) — Chem. Zbl. **1927 II**, 1857.

[5] J. B. Collip: Nature (Lond.) **111**, 571 (1923) — Chem. Zbl. **1923 III**, 328. — Casimir Funk u. H. B. Corbitt: Proc. Soc. exper. Biol. a. Med. **20**, 422 (1923) — Chem. Zbl. **1924 I**, 2376. — Harry E. Dubin u. H. B. Corbitt: Proc. Soc. exper. Biol. a. Med. **21**, 16—18 (1923) — Ber. Physiol. **27**, 108 (1924) — Chem. Zbl. **1926 I**, 115. — Frederico Alzona u. G. Battista Orlandi: Riforma med. **41**, 529 (1925) — Chem. Zbl. **1926 I**, 3247. — J. B. Collip: J. of biol. Chem. **57**, 65 (1923) — Chem. Zbl. **1924 I**, 1399 — Nature (Lond.) **111**, 571 (1923) — Chem. Zbl. **1923 III**, 328 — J. of biol Chem. **58**, 163 (1923) — Chem. Zbl. **1924 I**, 928 — J. of biol. Chem. **58**, 163 (1923) — Chem. Zbl. **1924 I**, 928. — A. Stasiak: Biochem. Z. **151**, 84—89 — Chem. Zbl. **1924 II**, 2346. — J. B. Collip: J. of biol. Chem. **58**, 163 — Chem. Zbl. **1924 I**, 928.

[6] P. E. Simota: Ann. Acad. Sci. Tennicae **29**, 23 (1927) — Chem. Zbl. **1928 I**, 80.

[7] J. Jacono u. L. Avellone: Riv. Path. sper. **1**, 328 (1926) — Ref.: Ber. Physiol. **39**, 463 (1927) — Chem. Zbl. **1927 II**, 841.

[8] G. G. Colin: J. amer. pharmaceut. Assoc. **15**, 556 (1926) — Chem. Zbl. **1926 II**, 1543.

[9] Robert E. Mark u. R. J. Wagner: Klin. Wschr. **4**, 1692 (1925) — Chem. Zbl. **1926 I**, 1223.

[10] A. V. Marx u. E. Adler: Arch. f. exper. Path. **112**, 29 (1926) — Chem. Zbl. **1926 I**, 2492.

[11] Stephan Ederer: Klin. Wschr. **6**, 72 (1927) — Chem. Zbl. **1927 I**, 1333.

[12] H. E. Dubin u. H. B. Corbitt: J. metabol. Res. **4**, 89 — Chem. Zbl. **1924 II**, 1603. — A. A. Horvath: Amer. J. Physiol. **81**, 215 (1927) — Chem. Zbl. **1927 II**, 950.

[13] E. Kaufmann: Z. exper. Med. **55**, 1—12 (1927) — Chem. Zbl. **1927 II**, 1856.

[14] Otto Geßner u. K. Siebert: Münch. med. Wschr. **75**, 853 (1928) — Chem. Zbl. **1928 II**, 169.

[15] A. A. Horvath u. Lui Shih-Hao: Jap. med. World **7**, 105 (1927) — Chem. Zbl. **1928 II**, 1009.

[16] A. Tournade, H. Hermann u. G. Sénevet: C. r. Soc. Biol. Paris **98**, 489, 491 (1928) — Chem. Zbl. **1928 II**, 1901.

[17] Fritz Bischoff, Melville Sahyun u. M. Louisa Long: J. of biol. Chem. **81**, 325 (1929) — Chem. Zbl. **1929 I**, 2549.

[18] E. Frank, M. Nothmann u. A. Wagner: Arch. f. exper. Path. **115**, 55 (1926) — Chem. Zbl. **1926 II**, 1765. — Josef Baknez: Klin. Wschr. **5**, 70 (1926) — Chem. Zbl. **1926 I**, 1846. — T. Kumagai, S. Kawai, Y. Shikinami, R. Majina u. K. Suminokura: Proc. imp. Acad. Tokyo **4**, 23 — Chem. Zbl. **1928 I**, 2843.

[19] J. Gavrila u. E. Caba: C. r. Soc. Biol. Paris **96**, 1454 (1927) — Chem. Zbl. **1927 II**, 711. — K. Oeser u. W. B. Sachs: Z. exper. Med. **59**,1 — Chem. Zbl. **1928 I**, 1787. — N. R. Blatherwick, M. Sahyun u. E. Hill: J. of biol. Chem. **75**, 671 (1927) — Chem. Zbl. **1928 I**, 3086. — R. Stahl: Münch. med. Wschr. **75**, 647 — Chem. Zbl. **1928 I**, 2625.

[20] H. Simonnet u. G. Tanret: C. r. Acad. Sci. Paris **185**, 1616 (1927) — Chem. Zbl. **1928 I**, 2626.

Beziehungen der Temperatur zum Blutzuckergehalt[1].

Blutzuckeruntersuchungen während der Verdauung[2]. Im Gefolge der Überventilationsalkalose tritt zunächst stets Hypoglykämie ein, in der Hälfte der Fälle daran anschließend geringe Hyperglykämie. Im natürlichen Schlaf ist der Blutzuckerspiegel bis 25% seines Tageswertes erhöht, wahrscheinlich durch Reaktionsverschiebung des Blutes. Die Wechselbeziehungen zwischen dem Regulationsmechanismus der Blutreaktion und dem des Blutzuckers sind nicht immer stark und gegenseitig. Im allgemeinen ist die Zuckerregulation viel stärker beeinflußbar durch Reaktionsveränderungen des Blutes als der Regulationsmechanismus der Blutreaktion durch Verschiebungen des Blutzuckerspiegels[3]. An Kaninchen und beim Ferkel erfolgt auf indifferente Süßwasserbäder meist eine leichte Senkung des Blutzuckerspiegels, ebenso nach Dürrheimer Sole, in dessen gesättigter Lösung jedoch beim Ferkel, aber nicht beim Kaninchen der Blutzucker anstieg[4].

Blutzucker bei vollkommener Haft[5], bei mäßiger und stärkerer Anstrengung[6].

Blutzuckerschwankungen während der Schwangerschaft[7], bei der Ovulation der Tauben[8]. Blutzucker in höherem Alter[9] und im Hungerzustand[10], bei Muskelatrophie[11], bei Erkrankungen der Niere[12]. Einfluß von Leberstörungen auf den Blutzucker[13], von Kardiodystrophie[14], Addisonscher Krankheit[15].

---

[1] Sachikado Morita: Tohoku J. exper. Med. **2**, 403—445 (1921) — Chem. Zbl. **1922 III**, 198. — Frederic S. Lee u. Ernest L. Scott: Amer. J. Physiol. **40**, 486 (1916) — Chem. Zbl. **1922 III**, 395. — Oscar Riddle u. Hannah Elizabeth Honeywell: Amer. J. Physiol. **67**, 337 (1924) — Chem. Zbl. **1924 I**, 2534. — Tanoshi Horiuchi: J. of Biochem. **4**, 1—32 (1924) — Chem. Zbl. **1025 I**, 2576. — Carl Schwarz u. Eduard Kaspar: Biol. generalis (Wien) **3**, 689 (1927) — Chem. Zbl. **1929 I**, 667.

[2] N. Kotschnew: Arch. dies Sci. biol. (russ.) **24**, 231 (1924) — Chem. Zbl. **1926 I**, 4142.

[3] G. Endres u. H. Lucke: Z. exper. Med. **45**, 669—681 (1925) — Chem. Zbl. **1925 II**, 734.

[4] M. Gurwitsch: Z. physik. Ther. **29**, 96—99 (1924) — Ber. Physiol. **30**, 287—288 (1925) — Chem. Zbl. **1925 II**, 938.

[5] Oscar Riddle u. Hannah Elizabeth Honeywell: Amer. J. Physiol. **67**, 333 (1924) — Chem. Zbl. **1924 I**, 2524.

[6] Arthur Scheunert u. M. Bartsch: Biochem. Z. **139**, 34 (1923) — Chem. Zbl. **1923 III**, 1105. — R. Niemeyer: Z. klin. Med. **98**, 132 (1924) — Chem. Zbl. **1924 I**, 1553. — G. C. E. Burger u. J. C. Martens: Klin. Wschr. **3**, 1860—1861 — Chem. Zbl. **1924 II**, 2491. — Olof Cartens u. A. Krestownikoff: Biochem. Z. **181**, 176 (1927) — Chem. Zbl. **1927 I**, 2209. — M. Dörle u. W. Liehr: Biochem. Z. **185**, 365 (1927) — Chem. Zbl. **1927 II**, 843.

[7] J. Olow: C. r. Soc. Biol. Paris **85**, 827—828 (1921) — Chem. Zbl. **1922 I**, 220. — Alfred Gottschalk: Z. exper. Med. **26**, 39—58 (1922) — Chem. Zbl. **1922 I**, 895. — H. Küstner: Dtsch. med. Wschr. **48**, 1340 (1922) — Chem. Zbl. **1923 II**, 6.

[8] H. E. Honeywell u. O. Riddle: Proc. Soc. exper. Biol. a. Med. **19**, 377 (1922) — Ref.: Ber. Physiol. **15**, 263, (1923) — Chem. Zbl. **1923 I**, 177.

[9] A. Pruschel: Z. klin. Med. **96**, 253 (1923) — Chem. Zbl. **1923 I**, 1052.

[10] S. Sewerin: Biochem. Z. **190**, 326 (1927) — Chem. Zbl. **1928 I**, 1786. — S. Soskin: Amer. J. Physiol. **81**, 382 (1927) — Chem. Zbl. **1927 II**, 2077. — Richard E. Shope: J. of biol. Chem. **75**, 101 (1928) — Chem. Zbl. **1928 II**, 682. — Elsie Porter u. George J. Langley: Lancet **211**, 947 (1926) — Chem. Zbl. **1927 I**, 1034. — Bruno Kisch, A. Simons u. P. Weyl: Biochem. Z. **204**, 179 (1929) — Chem. Zbl. **1929 I**, 1228.

[11] T. A. Hughes u. D. L. Shrivastava: Indian J. med. Res. **15**, 437 (1927) — Chem. Zbl. **1928 I**, 1544.

[12] H. Bierry, F. Rathery u. F. Bordet: C. r. Acad. Sci. Paris **174**, 970 (1922) — Chem. Zbl. **1922 III**, 1313. — Byron M. Hendrix u. Meyer Bodansky: J. of biol. Chem. **60**, 657—676 — Chem. Zbl. **1924 II**, 1948. — Hugo Pribram u. Otto Klein: Zbl. inn. Med. **45**, 850—857 — Chem. Zbl. **1924 II**, 2859.

[13] Géza Hetényi: Dtsch. med. Wschr. **48**, 420 (1922) — Chem. Zbl. **1922 III**, 566. — H. Kahler u. K. Machold: Wien. klin. Wschr. **35**, 414—417 (1922) — Chem. Zbl. **1922 IV**, 116. — Pietro Albertoni: Policlinico **29**, 349 (1922) — Chem. Zbl. **1924 I**, 931. — H. Claude, D. Santenoise u. R. Targowla: C. r. Soc. Biol. Paris **90**, 1030 (1924) — Chem. Zbl. **1924 II**, 496. — L. Elek u. G. Goldgruber: Z. exper. Med. **45**, 130—142 (1925) — Chem. Zbl. **1925 II**, 63. — Egon Helmreich u. Richard Wagner: Z. exper. Med. **45**, 490—496 (1925) — Chem. Zbl. **1925 II**, 668. — Kurt Schern: Zbl. Bakter. I **96**, 440 (1925) — Chem. Zbl. **1926 I**, 1590. — Bernhard Kugelmann: Klin. Wschr. **8**, 264 (1929) — Chem. Zbl. **1929 I**, 1708.

[14] Andrea Andreen-Svedberg: Zbl. Herzkrkh. **13**, 177—181 (1921) — Chem. Zbl. **1922 I**, 220.

[15] G. Rosenow u. Jaguttis: Klin. Wschr. **1**, 358—360 (1922) — Chem. Zbl. **1922 II**, 734.

Blutzuckerschwankungen bei Fieber[1], bei Basedow[2], bei Anämie[3], bei Acetonämie[4], bei Carcinom[5], bei anaphylaktischem Shock[6], bei Epilepsie[7], bei Hyperthyreoidismus[8], bei Trypanosomiasen und Spirochätosen[9], bei Vogelmalaria[10], bei Ruhr[11], bei Diphtherievergiftung[12], bei Lues[13]. — Untersuchungen über die Schwankungen im Blutzuckerstand bei Krankheiten und Untersuchungen über den Einfluß von Jodkalium und Schilddrüsenpräparaten auf die Blutzuckerkurve[14]. — Die Beeinflussung der Medikamente auf die Glykosebelastungs-Blutzuckerkurven als Leberfunktionsprüfung[15].

Untersuchungen an pankreaslosen Tieren[16], Einfluß der Kastration[17], der Entfernung der Nebenniere[18], der Schilddrüsen[19], der Milz[20]. der Hypophyse[21]. — Nach Entfernung des

[1] E. Wiechmann: Z. exper. Med. 41, 462 — Chem. Zbl. 1924 II, 998 — Münch. med. Wschr. 71, 9 — Chem. Zbl. 1924 I, 798. — J. Dadlez u. W. Koskowski: C. r. Soc. Biol. Paris 96, 576 (1927) — Chem. Zbl. 1927 II, 453.

[2] P. Sainton, E. Schulmann u. Justin Besançon: Presse méd. 29, 735 (1921) — Chem. Zbl. 1922 I, 1308. — Marcel Labbé, Henry Labbé u. F. Nepveux: C. r. Soc. Biol. Paris 86, 1014 (1922) — Chem. Zbl. 1922 III, 577.

[3] M. Bönniger: Biochem. Z. 128, 482—486 (1922) — Chem. Zbl. 1922 III, 200.

[4] B. Sjollema u. J. E. van der Zande: J. metabol. Res. 4, 525—533 (1923) — Chem. Zbl. 1925 II, 412.

[5] G. L. Rohdenburg u. O. Krehbiel: Amer. J. med. Sci. 162, 28 (1921) — Chem. Zbl. 1922 I, 1347. — A. Foerster u. A. Forster: Klin. Wschr. 4, 1540 — Chem. Zbl. 1925 II, 1689. — W. Scharpff: Klin. Wschr. 5, 138 (1926) — Chem. Zbl. 1926 I, 2026. — X. Chahovitch: C. r. Soc. Biol. 100, 58 (1929) — Chem. Zbl. 1929 I, 1373.

[6] Achard, Binet u. Cournaud: C. r. Soc. Biol. Paris 86, 714 (1922) — Chem. Zbl. 1922 III, 574. — Ch. Achard u. E. Feuillé: C. r. Soc. Biol. Paris 86, 760 (1922) — Chem. Zbl. 1922 III, 581. — Yoshimaro Kuno: Mitt. med. Fak. Tokyo 30, 269—314 (1923) — Ber. Physiol. 29, 426 (1925) — Chem. Zbl. 1925 I, 2083. — J. T. Zeckwer u. H. Goodell: J. of exper. Med. 42, 43, 57 — Chem. Zbl. 1925 II, 1611. — Jean La Barre: Arch. f. exper. Path. 113, 368 (1926) — Chem. Zbl. 1926 II, 1971.

[7] C. J. Munch-Petersen: C. r. Soc. Biol. Paris 98, 891 — Chem. Zbl. 1928 I, 2729.

[8] M. Ford Morris: J. amer. med. Assoc. 76, 1566—1567 (1921) — Chem. Zbl. 1922 I, 362.

[9] A. Dubois u. J. P. Bonekaert: C. r. Soc. Biol. Paris 96, 431 (1927) — Chem. Zbl. 1927 I, 2573. — Kurt Schern: Biochem. Z. 193, 264 (1928) — Chem. Zbl. 1929 I, 409.

[10] Mary Stuart MacDougall: Amer. J. Hyg. 8, 635 (1927) — Chem. Zbl. 1927 II, 2327.

[11] Buttenwieser: Münch. med. Wschr. 69, 83 (1922) — Chem. Zbl. 1922 I, 708.

[12] Shigenolu Kuriyama: J. of biol. Chem. 34, 299—319 (1918) — Chem. Zbl. 1919 I, 121.

[13] Memmesheimer: Arch. f. Dermat. 142, 317 (1923) — Chem. Zbl. 1923 I, 1246. — G. Izar u. S. Fortuna: Klin. Wschr. 3, 2196 (1924) — Chem. Zbl. 1925 I, 397.

[14] Oesten Holsti: Acta med. scand. (Stockh.) 66, 443 (1927) — Chem. Zbl. 1928 II, 2161.

[15] T. Rednik: Z. klin. Med. 109, 720 (1929) — Chem. Zbl. 1929 I, 1228.

[16] G. Ahlgren: C. r. Soc. Biol. Paris 90, 1345 — Chem. Zbl. 1924 II, 998 — Skand. Arch. Physiol. (Berl. u. Lpz.) 44, 167 — Chem. Zbl. 1924, 2528. — H. Eppinger, R. E. Mark u. R. J. Wagner: Klin. Wschr. 4, 1870 (1925) — Chem. Zbl. 1926 I, 1216. — William H. Chambers u. Pol. N. Coryllos: Amer. J. Physiol. 78, 270—280 (1926) — Chem. Zbl. 1927 I, 127. — A. Bornstein u. R. D. Loewenberg: Biochem. Z. 186, 243 (1927) — Chem. Zbl. 1928 I, 540. — J. La Barre: Arch. internat. Physiol. 29, 227 (1927) — Chem. Zbl. 1928 I, 1785.

[17] S. Takakuso: Biochem. Z. 128, 1 (1922) — Chem. Zbl. 1922 III, 536. — Shiro Tsubura: Biochem. Z. 143, 248 (1923) — Chem. Zbl. 1924 I, 796. — Leon Asher: Biochem. Z. 162, 35 (1925) — Chem. Zbl. 1926 I, 707.

[18] Fred R. Griffith jr.: Amer. J. Physiol. 66, 659 (1923) — Chem. Zbl. 1924 I, 788. — O. W. Barlow u. M. M. Ellis: Amer. J. Physiol. 70, 58—67 — Chem. Zbl. 1924 II, 2347. — Yasutaro Sataké: Tohoku J. exper. Med. 8, 26 (1926) — Chem. Zbl. 1927 II, 949. — P. Pico Estrada: C. r. Soc. Biol. Paris 96, 899 (1927) — Chem. Zbl. 1927 II, 108. — Hermann Lange u. Erich Großmann: Biochem. Z. 205, 306 (1929) — Chem. Zbl. 1929 I, 2438.

[19] Underhill u. Blatherwick: J. of biol. Chem. 18, 82; 19, 119 — Chem. Zbl. 1914 II, 579; 1915 I, 797. — Hastings u. Murray: J. of biol. Chem. 47, 233 — Chem. Zbl. 1921 III, 377. — Frank P. Underhill u. Charles T. Nellans: J. of biol. Chem. 48, 557—561 (1921) — Chem. Zbl. 1922 I, 434. — Kurt Holm u. A. Bornstein: Biochem. Z. 135, 532 (1923) — Chem. Zbl. 1923 III, 691. — E. Geiger: Pflügers Arch. 202, 629 (1924) — Chem. Zbl. 1924 II, 74. — C. I. Parhon u. Héléne Dérévici: C. r. Soc. Biol. Paris 95, 787—789 (1926) — Chem. Zbl. 1927 I, 307.

[20] H. Bierry, F. Rathery u. L. Levina: C. r. Soc. Biol. Paris 91, 537—539 — Chem. Zbl. 1924 II, 2275. — S. Marino: Probl. Nutriz. 3, 1 (1926) — Chem. Zbl. 1927 I, 2570.

[21] B. A. Houssay, P. Mazzocco u. C. T. Rietti: C. r. Soc. Biol. Paris 93, 967 (1925) — Chem. Zbl. 1926 I, 1435.

Pankreas oder Unterbindung des Pankreasganges[1]. — Nach Unterbindung der Leberarterie bzw. Vene[2]. — Nach künstlichem Darmverschluß[3], nach Ligatur des Duodenums[4].

Untersuchung der Wirkung verschiedener chirurgischer Eingriffe auf den Blutzucker[5]. Versuche an überlebenden Herzen[6]. Wirkung der Lumbalpunktion[7].

Einmalige Röntgenbestrahlung der Lebergegend bei Kaninchen führt zu keiner Veränderung des Blutzuckers. Er steigt nur in den ersten Tagen bei kohlehydratreicher Nahrung. Das glykolytische Vermögen der Leberzellen ist nach der Bestrahlung mehr oder weniger herabgesetzt[8]. Bei Hunden bewirkt Exstirpation der beiden Nervi splanchnici Minderung der sonst durch subcutane Morphingaben hervorgerufenen Hyperglykämie; Exstirpation der Vagi wirkt antagonistisch[9]. — Hyperglykämie nach Urethannarkose auch nach Splanchnicusdurchschneidung. Schutz vor Wärmeverlust verhindert die Glykosurie, nicht aber die Hyperglykämie[10]. An Menschen und Hunden wurde die alimentäre Glykämie bei verschiedener Zuckerbelastung nach Splanchnektomie, Nebennierenentfernung sowie unter Äthernarkose und nach Injektion von Atropin und Gynergen als Vertreter typischer vegetativer Gifte untersucht. Exstirpation beider Nebennieren hebt die alimentäre Glykämie fast vollständig auf; der Blutzucker steigt nicht mehr an. — Atropin hemmt die alimentäre Glykämie[11]. Einfluß des Nervus vagus[12]. — Einfluß der Narkose auf die durch Reizung des Plexus coeliacus hervorgerufene Blutzuckersteigerung[13].

Wirkung der Sympathicus-[14] und Parasympathicusreizung[15].

Schwankungen des Blutzuckers bei vitaminreicher oder vitaminarmer Nahrung[16].

---

[1] Ivar Bang: Biochem. Z. **150**, 243—252 — Chem. Zbl. **1924 II**, 1813. — Naruto Mochizuki: Biochem. Z. **150**, 123—143 — Chem. Zbl. **1924 II**, 1938. — N. A. McCormick u. J. J. R. Macleod: Proc. roy. Soc. Lond. B **98**, 1—29 (1925) — Chem. Zbl. **1925 II**, 410. — O. Galehr, P. Ladurner u. L. Unterrichter: Pflügers Arch. **218**, 477 (1927) — Chem. Zbl. **1928 I**, 1054.

[2] Williams S. Collens, David H. Shelling u. Charles S. Byron: Amer. J. Physiol. **78**, 349—357 (1926) — Chem. Zbl. **1927 I**, 130 — Proc. Soc. exper. Biol. a. Med. **23**, 545—546 (1926) — Ber. Physiol. **37**, 137 (1926) — Chem. Zbl. **1927 I**, 1175 — Amer. J. Physiol. **79**, 689 (1927) — Chem. Zbl. **1927 I**, 2335. — J. J. Rouzaud u. L. C. Soula: C. r. Acad. Sci. Paris **186**, 1378 (1928) — Chem. Zbl. **1928 II**, 261.

[3] H. Lange u. H. Specht: Arch. f. exper. Path. **117**, 87—91 (1926) — Chem. Zbl. **1927 I**, 130. — F. Rathery u. Léon Binet: C. r. Soc. Biol. Paris **99**, 739 (1928) — Chem. Zbl. **1929 I**, 254.

[4] K. L. Haden u. T. G. Orr: J. of exper. Med. **37**, 365 (1923) — Chem. Zbl. **1923 III**, 399.

[5] Albert E. Epstein u. Paul W. Aschner: J. of biol. Chem. **25**, 151—162 (1916) — Chem. Zbl. **1922 I**, 597.

[6] Zoltán Aszódi: Biochem. Z. **105**, 450—469 — Chem. Zbl. **1927 II**, 1370. — Georg Ambrus: Biochem. Z. **185**, 442—449 — Chem. Zbl. **1927 II**, 1370.

[7] F. Rathery u. Dreyfus-Seé: C. r. Soc. Biol. Paris **92**, 789—792 (1925) — Chem. Zbl. **1925 I**, 2453.

[8] Ryotaro Tsukamoto: Strahlenther. **18**, 320—368 (1924) — Ber. Physiol. **30**, 271 (1925) — Chem. Zbl. **1925 II**, 945.

[9] B. A. Houssay u. J. T. Lewis: C. r. Soc. Biol. Paris **89**, 1120 (1923) — Chem. Zbl. **1924 I**, 798.

[10] S. Hirayama: J. Biophysics **1**, IV (1923) — Chem. Zbl. **1926 I**, 1596.

[11] R. D. Loewenberg: Z. exper. Med. **56**, 147 (1927) — Chem. Zbl. **1927 II**, 949.

[12] J. Kendzierski: C. r. Soc. Biol. Paris **95**, 897 (1926) — Chem. Zbl. **1926 II**, 3097. — N. Mirtovskij: Med.-biol. Ž. (russ.) **1925**, 76 u. dtsch. Zusammenfassung 82 — Ref.: Ber. Physiol. 389 (1927) — Chem. Zbl. **1927 I**, 1852.

[13] Pasquale Pannella: Arch. Sci. med. **52**, (1928) — Chem. Zbl. **1929 I**, 3005.

[14] E. J. Lesser: Naturwiss. **11**, 422 (1923) — Chem. Zbl. **1924 I**, 496. — K. Doppler u. K. Steinmetzer: Wien. klin. Wschr. **39**, 441 (1926) — Chem. Zbl. **1926 I**, 3418. — Sozo Hirayama: Tohoku J. exper. Med. **7**, 346—363 (1927) — Ber. Physiol. **38**, 323—324 (1927) — Chem. Zbl. **1927 I**, 1691. — Ferdinand Bertram: Arch. f. exper. Path. **126**, 267 (1927) — Chem. Zbl. **1928 I**, 1057.

[15] G. A. Clark: J. of Physiol. **59**, 466—471 (1925) — Chem. Zbl. **1925 II**, 207. — Torao Sakurai: J. of Biochem. **8**, 365 (1928) — Chem. Zbl. **1928 II**, 459 — J. of Biochem. **6**, 487 (1926) — Chem. Zbl. **1928 II**, 2258.

[16] J. A. Collazo: Biochem. Z. **184**, 194 (1922) — Chem. Zbl. **1923 III**, 461. — Osamu Hirai: Trans. jap. path. Soc. **11**, 20 (1921) — Chem. Zbl. **1923 III**, 1103. — G. Shinoda: Pflügers Arch. **203**, 365 — Chem. Zbl. **1924 II**, 1602. — E. Saenger u. H. Mommsen: Münch. med. Wschr. **71**, 1427 bis 1429 — Chem. Zbl. **1924 II**, 2859. — D. Alpern: Strahlenther. **15**, 661 (1923) — Chem. Zbl. **1924 I**, 2887. — G. Mouriquand, A. Leulier u. P. Michel: C. r. Soc. Biol. Paris **92**, 271—273 (1925) — Chem. Zbl. **1925 II**, 61. — Masakazu Hosokawa: J. of Biochem. **4**, 323—331 (1925) — Chem. Zbl. **1925 II**, 205. — Alexander Palladin u. Anna Kudrjawzewa: Biochem. Z. **154**, 104—124 (1924) — Philip Eggleton u. Louis Gross: Biochemic. J. **19**, 633 (1925) — Chem. Zbl. **1926 I**, 157.

Einwirkung der Acridinderivate auf den Blutzucker in direktem Anschluß an Injektionen[1].

Harnzucker und Diabetes: Untersuchungen über den Harnzuckergehalt von normalen Menschen und Diabetikern[2]. — Einteilung der Glykosurien in verschiedene Gruppen[3]. Verschiedene Erklärungsversuche der Ursachen der Glykosurie[4]. — Die Bedeutung der nervösen Regulationen des Kohlehydratstoffwechsels für die Entstehung der Zuckerkrankheit[5]. — Zuckerausscheidungsschwelle[6], nach Ovariotomie[7], nach Hodenentfernung[8]. Toleranzgrenze für Zucker[9].

Alimentäre Glykosurie[10]. — Auftreten der Glykosurie bei Temperaturwechsel[11], durch Höhenluft[12]. — Schwangerschaftsglykosurie[13], Glykosurie vor Eintritt der Periode[14]. Die Gewichtskurve und die Größe der Diurese beim Diabetes insipidus[15].

Diabetesnebenerscheinungen: Änderung im Diastasegehalt von Harn[16], p_H-Werte[17],

— P. J. Teding van Berkhout: Arch. néerl. Physiol. 10, 303 (1925) — Chem. Zbl. 1926 I, 1466. — L. Randoin u. E. Lelesz: Bull. Soc. Chim. biol. Paris 8, 15 (1926) — Chem. Zbl. 1926 I, 3077. — Togo Hoshi u. Satoru Ukai: Tohoku J. exper. Med. 7, 207—220 (1926) — Chem. Zbl. 1927 I, 1848. — Susumu Kuzuki: Trans. jap. path. Soc. 14, 163 (1924) — Chem. Zbl. 1927 I, 2092.

[1] Otto Jul Nielsen: Acta med. scand. (Stockh.) 70, 12 (1929) — Chem. Zbl. 1929 I, 1835.

[2] Hermann Sharlit u. William G. Lyle: J. Labor. a. clin. Med. 9, 390—400 — Ber. Physiol. 26, 97—98 — Chem. Zbl. 1924 II, 1814. — Alberto de Aguiar: Rev. Chim. pura e applic (3) 1, 136 (1924) — Chem. Zbl. 1925 I, 1883. — B. Glaßmann: Hoppe-Seylers Z. 162, 149 (1927) — Chem. Zbl. 1927 I, 2441. — Isaac Neuwirth: J. of biol. Chem. 51, 11—16 (1922) — Chem. Zbl. 1922 III, 69.

[3] Cesare Serono: Rass. internaz. Clin. 25, 315 (1925) — Chem. Zbl. 1926 I, 2016. — P. J. Cammidge: Brit. med. J. 1927 II, 1020 — Chem. Zbl. 1928 II, 1058.

[4] M. Camis: Atti R. Accad. dei Lincei, Roma (5) 28 II, 101—105 (1919) — Chem. Zbl. 1922 I, 436. — Al. Jonescu: Bull. Soc. Chim. România 3, 97—104 (1921) — Chem. Zbl. 1922 I, 783. — W. Arnoldi u. R. Roubitschek: Dtsch. med. Wschr. 48, 250—251 (1922) — Chem. Zbl. 1922 I, 1058. — Lenné: Dtsch. med. Wschr. 48, 1310 (1922) — Chem. Zbl. 1922 III, 1276. — A. Magnus-Levy: Dtsch. med. Wschr. 50, 494 (1924) — Chem. Zbl. 1924 II, 367. — A. Noma: Okayama-Igakkai-Zasshi 1926, 1073—1094 — Ber. Physiol. 39, 848—849 — Chem. Zbl. 1927 II, 1167. — William L. Frazier: A.P. 1384444 v. 15. Jan. 1921 — Chem. Zbl. 1922 IV, 688. — Arnold Renshaw u. Thomas H. Fairbrother: Brit. med. J. 1922 I, 674 — Chem. Zbl. 1922 III, 1382. — Arnold Renshaw: J. Soc. Chem. Ind. 44, 95—100 (1925) — Chem. Zbl. 1925 I, 2238. — A. Schwartz u. M. Aron: C. r. Soc. Biol. Paris 92, 977—979 (1925) — Chem. Zbl. 1925 II, 409. — N. N. Mitra u. N. R. Dahr: J. physic. Chem. 29, 376—394 (1925) — Chem. Zbl. 1925 II, 317. — S. J. Thannhäuser u. G. Tischhauser: Münch. med. Wschr. 71, 1419—1422 (1924) — Chem. Zbl. 1925 I, 107. — Carl Oppenheimer: Pharmaz. Ztg 73, 1327 (1928) — Chem. Zbl. 1929 I, 101.

[5] Erich Leschke: Z. klin. Med. 108, 410 (1928) — Chem. Zbl. 1928 II, 1456.

[6] Mototaro Nakayama: J. of Biochem. 3, 407—422 (1924) — Chem. Zbl. 1925 I, 696.

[7] Shin-Ichi Kawashima: J. of Biochem. 7, 371 (1927) — Chem. Zbl. 1927 II, 2509.

[8] Shin-Ichi Kawashima: J. of Biochem. 7, 379 (1927) — Chem. Zbl. 1927 II, 2509.

[9] Aschenheim: Mschr. f. Kinderheilk. 22, 302—311 (1921) — Chem. Zbl. 1922 III, 69. — Hannah Felsher: J. of biol. Chem. 50, 121—129 (1922) — Chem. Zbl. 1922 III, 89.

[10] J. E. Holst: Ugaheskr. Laeg. (dän.) 84, 224 (1922) — Ber. Physiol. 13, 431 (1922) — Chem. Zbl. 1922 III, 736. — Karl Hellmuth: Klin. Wschr. 1, 1152 (1922) — Chem. Zbl. 1922 IV, 480. — John R. Murlin, Benjamin Kramer u. J. E. Sweet: J. metabol. Res. 2, 19 (1922) — Chem. Zbl. 1923 I, 981. — C. B. Udaondo u. M. Casteigts: C. r. Soc. Biol. Paris 88, 392 (1923) — Chem. Zbl. 1923 I, 1336. — James W. Sherril u. Henry J. John: J. metabol. Res. 1, 109 (1922) — Chem. Zbl. 1923 I, 1634. — A. Sehätti: Biochem. Z. 143, 201 (1923) — Chem. Zbl. 1924 I, 797. — Robert Meyer-Bisch: Z. exper. Med. 44, 355—368 (1925) — Chem. Zbl. 1925 I, 1502. — Carl F. Cori: Proc. Soc. exper. Biol. a. Med. 23, 127 (1925) — Chem. Zbl. 1926 II, 1662. — H. S. Eagle: J. of biol. Chem. 71, 481—495 (1927) — Chem. Zbl. 1927 I, 1609. — D. Santenoire u. J. Tinel: C. r. Soc. Biol. Paris 89, 148 (1923) — Chem. Zbl. 1923 III, 960. — Eduard Schmiz: Arch. Pharmaz. 265, 74 (1927) — Chem. Zbl. 1927 I, 2090.

[11] St. J. Przylecki: Arch. internat. Physiol. 19, 145 (1922) — Ref.: Ber. Physiol. 15, 264 (1923) — Chem. Zbl. 1923 I, 207.

[12] A. Aggazzotti: Atti R. Accad. dei Lincei, Roma 31, 210 (1922) — Chem. Zbl. 1923 I, 1138.

[13] R. Roubitschek: Klin. Wschr. 1, 220—221 (1922) — Chem. Zbl. 1922 II, 735. — H. A. Dietrich u. M. Nordmann: Klin. Wschr. 1, 1403 (1922) — Chem. Zbl. 1922 III, 749. — C. D. Shapland: Lancet 211, 589—594 (1926) — Chem. Zbl. 1927 I, 125.

[14] Heinz Küster: Klin. Wschr. 1, 312 (1922) — Chem. Zbl. 1922 I, 901.

[15] Marcel Labbé, P. L. Violle u. Gilbert-Dreyfus: C. r. Soc. Biol. Paris 98, 1293 (1928) — Chem. Zbl. 1928 II, 1348.

[16] G. A. Harrison u. R. D. Lawrence: Brit. med. J. 1923 I, 317 — Chem. Zbl. 1923 I, 1342.

[17] G. E. Cullen u. L. Jonas: J. of biol. Chem. 57, 541 (1923) — Chem. Zbl. 1924 I, 1229.

Glykolyse[1], Differenz im Zuckergehalt zwischen arteriellen und venösem Blut[2], Erhöhung des Zuckergehaltes in Organgeweben[3], Zuckeraufnahmefähigkeit der Blutkörperchen[4], der Gewebszellen[5], Gerinnungstemperatur des Blutserums[6], Blutkatalase[7], Kreatinkörperausscheidung[8], Purinbasenausscheidung[9], das Verhältnis von Fettsäuren zu Glykose[10], Fettsäuren des Blutplasmas[11], Ketonbildung[12], abnorme Bildung organischer Säuren[13], von Milchsäure[14], Urobilinogenurie[15], Fettabbau und Fettumbau[16]. — Einige charakteristische Diabetesfälle[17]. — Blutdruck und Verhältnis von Kalium zu Natrium[18], Hypertonie[19]. — Änderungen im Phosphorgehalt des Blutes bei Glykosetoleranzproben[20]. — Veränderungen

[1] H. Bierry, F. Rathery u. R. Kourilsky: C. r. Soc. Biol. Paris 92, 480—482 (1925) — Chem. Zbl. 1925 I, 2571. — Max Bürger: Z. exper. Med. 31, 98 (1922) — Chem. Zbl. 1923 III, 685.

[2] C. F. Cori, G. W. Pusher u. B. D. Bowen: Proc. Sox. exper. Biol. a. Med. 21, 122 (1924) — Chem. Zbl. 1924 II, 710.

[3] Irene Barát u. Géza Hetényi: Dtsch. Arch. klin. Med. 141, 358 (1923) — Chem. Zbl. 1923 I, 1407.

[4] Henry J. John: Arch. internat. Méd. expér. 31, 556 (1923) — Chem. Zbl. 1924 I, 928. — Hans Häusler: Pflügers Arch. 213, 602—615 (1926) — Chem. Zbl. 1927 I, 125. — F. Rathery, R. Kourilsky u. S. Gibert: C. r. Soc. Biol. Paris 100, 643 (1929) — Chem. Zbl. 1929 I, 2894.

[5] Toshio Kurokawa: Tohoku J. exper. Med. 8, 54 (1926) — Chem. Zbl. 1927 II, 948.

[6] J. Koopman: Nederl Tijdschr. Geneesk. 67, 264 (1923) — Chem. Zbl. 1923 I, 869.

[7] W. v. Moraczewski: Biochem. Z. 141, 471 (1923) — Chem. Zbl. 1924 I, 354.

[8] Fritz Lieben u. Daniel László: Biochem. Z. 176, 403 (1926) — Chem. Zbl. 1926 II, 3063.

[9] Eliane Le Breton u. Charles Kayser: C. r. Acad. Sci. Paris 179, 1218—1219 (1924) — C. r. Soc. Biol. Paris 91, 1135—1137 (1924) — Chem. Zbl. 1925 I, 540. — M. Schteingart: C. r. Soc. Biol. Paris 93, 1135 (1925) — Chem. Zbl. 1926 I, 1225. — Jean Camus: u. J. J. Gournay: C. r. Acad. Sci. Paris 180, 172—174 (1925) — Chem. Zbl. 1925 I, 2235. — Charles Kayser u. Eliane Le Breton: Ann. de Physiol. 2, 129—152 (1926) — Ber. Physiol. 37, 580 (1926) — Chem. Zbl. 1927 I, 1700.

[10] H. B. Richardson: W. S. Ladd u. G. F. Soderstrom: J. of biol. Chem. 58, 931 — Chem. Zbl. 1924 II, 1705.

[11] Schmorl M. Ling u. Shih-Hao-Liu: Z. Immun.forschg 56, 449 (1928) — Chem. Zbl. 1928 II, 1116. — W. R. Bloor, Ethelyn M. Gillette u. Mildred S. James: J. of biol. Chem. 75, 61 (1927) — Chem. Zbl. 1928 I, 819.

[12] Philip A. Shaffer: J. of biol. Chem. 54, 399 (1922) — Chem. Zbl. 1923 I, 261. — N. R. Dhar: J. of physic. Chem. 31, 1259 (1927) — Chem. Zbl. 1928 I, 88. — J. Munk: Nederl. Mschr. Geneesk. 5, 253—268 (1921) — Chem. Zbl. 1922 III, 302. — William S. Ladd u. Walter W. Palmer: Proc. Soc. exper. Biol. a. Med. 18, 109 (1921) — Chem. Zbl. 1922 I, 1347. — Frederick M. Allen u. Albert H. Ebeling: J. metabol. Res. 4, 423—430 (1924) — Chem. Zbl. 1925 I, 691. — Frederick M. Allen: J. metabol. Res. 4, 189—197 — Chem. Zbl. 1924 II, 2859. — A. Bickel u. O. Kauffmann-Cosla: Klin. Wschr. 4, 1343 — Chem. Zbl. 1925 II, 1371 — W. A. Selle: Proc. Soc. exper. Biol. a. Med. 25, 219 (1927) — Chem. Zbl. 1929 I, 919.

[13] Paul Starr u. Reginald Titz: Arch. int. Med. 33, 97—108 — Chem. Zbl. 1924 II, 1942.

[14] J. A. Collazo u. I. Lewicki: Dtsch. med. Wschr. 51, 600—603 (1925) — Chem. Zbl. 1925 I, 2708.

[15] Géza Hetényi: Berl. klin. Wschr. 58, 1462—1463 (1921) — Chem. Zbl. 1922 I, 384.

[16] N. R. Blatherwick: J. of biol. Chem. 49, 193—198 (1921) — Chem. Zbl. 1922 I, 886. — M. Kahn: Proc. Soc. exper. Biol. a. Med. 19, 265 (1922) — Ref.: Ber. Physiol. 14, 499 (1922) — Chem. Zbl. 1923 I, 142. — H. Labbé u. B. Theodoresco: C. r. Soc. Biol. Paris 88, 483 (1923) — Chem. Zbl. 1923 I, 1517. — Alfred Gottschalk: Z. exper. Med. 35, 159 (1923) — Chem. Zbl. 1923 III, 955. — W. Arnoldi u. J. A. Collazzo: Z. exper. Med. 40, 323 (1924) — Chem. Zbl. 1924 II, 198. — V. H. Mottram: Lancet 206, 593 (1924) — Chem. Zbl. 1924 II, 2180. — J. M. Rabinowitch u. E. S. Mills: J. metabol. Res. 7/8, 87 (1925/26) — Chem. Zbl. 1928 I, 2104.

[17] R. Wagner u. J. K. Parnas: Z. exper. Med. 25, 361—384 (1921) — Chem. Zbl. 1922 I, 893. — Frederic S. Leclercq: J. metabol. Res. 1, 307 (1922) — Chem. Zbl. 1923 I, 1635. — Frederick M. Allen: J. metabol. Res. 1, 193, 221 (1922) — Chem. Zbl. 1923 I, 1627. — A. Desgrez, H. Bierry u. F. Rathery: C. r. Acad. Sci. Paris 175, 536 (1923) — Chem. Zbl. 1923 I, 991. — Thomas Richard Parsons u. Edward Palmer Paulton: Biochemic. J. 17, 341 (1923) — Chem. Zbl. 1923 III, 685. — Marcel Labbé, Jean Heitz u. F. Nepveux: C. r. Soc. Biol. Paris 94, 104 (1926) — Chem. Zbl. 1926 I, 3070. — J. M. Rabinowitch: Brit. J. exper. Path. 7, 155 (1927) — Chem. Zbl. 1927 I, 2583. — Elizabeth J. Magers u. R. B. Gibson: J. of biol. Chem. 75, 299 (1927) — Chem. Zbl. 1928 I, 816. — M. Rosenberg: Klin. Wschr. 7, 505 — Chem. Zbl. 1928 I, 2188.

[18] E. Kylin: Zbl. inn. Med. 47, 79 (1925) — Chem. Zbl. 1926 I, 1834 — Zbl. inn. Med. 42, 873 bis 877 (1921) — Chem. Zbl. 1922 I, 226.

[19] G. Marañon: Zbl. inn. Med. 43, 169—176 (1922) — Chem. Zbl. 1922 I, 900.

[20] Hsiao-Ch'en Chang: Chin. J. Physiol. 2, 195 (1928) — Chem. Zbl. 1928 II, 367.

der verschiedenen Phosphorarten unter dem Einfluß des Diabetes und des Blutzuckersenkungs-mechanismus[1]. — Erhöhung des Chlorgehaltes im Gehirn und Leber[2]. Störung des Wasserwechsels[3], Senkung der Magen- und Duodenalsekretion[4], hydropische Degeneration der Langerhansschen Inseln[5], mangelhafte Beschaffenheit des äußeren Pankreassaftes[6], Zeichen einer alten Entzündung des Pankreas[7]. — Die Haut von Diabetikern kann aus Glykogen oder Glykose Aldehyd bilden. Diese Fähigkeit der Haut, welche bei längerer Dauer der Diabetes abnimmt, wird besonders kräftig durch Insulin gefördert[8]. Stoffwechselversuche an Diabetikern[9].

Über das Auftreten von Acetaldehyd im Harn von Diabetikern[10], Vorhandensein von Aldol[11], einer nicht näher bekannten Substanz[12].

Einwirkung von Muskelarbeit[13], des Fastens[14], auf Diabetes. Untersuchungen über Pankreasdiabetes[15]. Wirkung der Bestrahlung des Pankreas auf die Glykämie der Diabetiker[16].

---

[1] G. Florence, J. Enselme u. Tsen Zola: Bull. Soc. Chim. biol. Paris 10, 675 (1928) — Chem. Zbl. 1928 II, 683.

[2] Léon Blum, Grabar u. Thiers: C. r. Soc. Biol. Paris 96, 643 (1927) — Chem. Zbl. 1927 I, 3014. — W. H. Veil: Verh. dtsch. Ges. inn. Med. 1921, 284—287 — Chem. Zbl. 1922 III, 302. — L. Blum, M. Delaville u. Thiers: C. r. Soc. Biol. Paris 92, 292 — Chem. Zbl. 1925 II, 1537.

[3] O. Klein: Z. exper. Med. 43, 665—709 (1924) — Chem. Zbl. 1925 I, 2319.

[4] T. Izod Bennett u. E. C. Dodds: Brit. med. J. 1922 I, 9—11 (1922) — Chem. Zbl. 1922 I, 717. — G. Katsch u. L. v. Friedrich: Klin. Wschr. 1, 112—115 (1922) — Chem. Zbl. 1922 I, 775.

[5] Frederick M. Allen: J. metabol. Res. 1, 5—95 (1922) — Chem. Zbl. 1922 III, 193—195.

[6] Marcel Labbé u. Réchad: Arch. des Mal. Appar. digest. 16, 865 (1926) — Ber. Physiol. 38, 820 (1927) — Chem. Zbl. 1927 II, 110.

[7] Frederick M. Allen: J. metabol. Res. 1, 165 (1922) — Chem. Zbl. 1923 I, 1637.

[8] J. Wohlgemuth: Biochem. Z. 173, 258 (1926) — Chem. Zbl. 1926 II, 1430.

[9] Russel M. Wilder, Walter M. Boothby u. Carol Beeler: J. of biol Chem. 51, 311—357 (1922) — Chem. Zbl. 1922 III, 444. — J. F. Weir: Arch. int. Med. 32, 617 (1923) — Ref.: Ber. Physiol. 24, 348 (1924) — Chem. Zbl. 1924 II, 711. — F. Depisch u. R. Hasenöhrl: Klin. Wschr. 8, 202 (1929) — Chem. Zbl. 1929 I, 1477.

[10] Stepp u. Feulgen: Hoppe-Seylers Z. 114, 301 — Chem. Zbl. 1921 III, 1302. — Robert Fricke: Hoppe-Seylers Z. 119, 39—45 (1922) — Chem. Zbl. 1922 III, 89.

[11] Robert Fricke: Z. physik. Chem. 118, 218—223 (1921) — Chem. Zbl. 1922 I, 900.

[12] A. B. Illievitz: J. of biol. Chem. 71, 693 (1927) — Chem. Zbl. 1927 I, 2441.

[13] Frederick M. Allen u. Mary B. Wishart: Amer] J. med. Sci. 161, 165—193 (1921) — Chem. Zbl. 1922 I, 1253. — H. E. Himwich, R. O. Loebel u. D. P. Barr: J. of biol. Chem. 59, 265 — Chem. Zbl. 1924 II, 699.

[14] Desgrez, Bierry u. Rathery: C. r. Acad. Sci. Paris 173, 259—261 (1922) — Chem. Zbl. 1922 III, 202 — C. r. Soc. Biol. Paris 86, 248 (1922) — Chem. Zbl. 1922 III, 526. — Frederick M. Allen: J. metabol. Res. 4, 199—222 — Chem. Zbl. 1924 II, 2859.

[15] Theodor Brugsch, Kurt Dressel u. F. H. Lewy: Z. exper. Med. 25, 262—269 (1921) — Chem. Zbl. 1922 I, 376. — H. E. Landes, L. E. Garrison u. J. J. Moorhead: Arch. int. Med. 29, 853 (1922) — Ref.: Ber. Physiol. 14, 499 (1923) — Chem. Zbl. 1923 I, 142. — E. R. McCarthy u. H. C. Olmstead: Amer. J. Physiol. 65, 252 (1923) — Chem. Zbl. 1923 III, 1114. — Frederick M. Allen u. Mary B. Wishart: J. med. Res. 1, 97 (1922) — Chem. Zbl. 1923 I, 1634. — B. Stuber: Biochem. Z. 138, 56 (1923) — Chem. Zbl. 1923 III, 873. — J. Pal: Wien. med. Wschr. 73, 2096 (1923) — Chem. Zbl. 1924 I, 1219. — E. Frank, M. Nothmann u. A. Wagner: Klin. Wschr. 3, 1404 — Chem. Zbl. 1924 I, 1364. — F. M. Allen: J. metabol. Res. 3, 775 — Chem. Zbl. 1924 II, 1224. — H. Penau u. H. Simonnet: C. r. Acad. Sci. Paris 178, 2208 — Chem. Zbl. 1924 II, 1110. — E. J. Lesser u. K. Zipf: Biochem. Z. 140, 435 (1923) — Chem. Zbl. 1924 I, 212. — P. Mauriac u. E. Aubertin: C. r. Soc. Biol. Paris 90, 1046 — Chem. Zbl. 1924 II, 1007. — Theodor Brugsch, Hans Horsters u. R. Katz: Biochem. Z. 149, 24—39 — Chem. Zbl. 1924 II, 2861. — R. W. Seuffert u. O. Ullrich: Beitr. Physiol. 3, 1 — Chem. Zbl. 1925 II, 2176. — Ferdinand Bertram: Z. exper. Med. 43, 442 bis 448 (1924) — Chem. Zbl. 1925 I, 246. — A. Bornstein, W. Griesbach u. Kurt Holm: Z. exper. Med. 43, 391—401 (1924) — Chem. Zbl. 1925 I, 708. — Pierre Mauriac u. E. Aubertin: Paris méd. 15, 412 (1925) — Chem. Zbl. 1926 I, 3247. — Mortimer Frhr. v. Falkenhausen: Arch. f. exper. Path. 109, 249 (1925) — Chem. Zbl. 1926 I, 1443. — W. R. Bloor u. Ethylnn M. Gilette: Proc. Soc. exper. Biol. a. Med. 22, 251 (1925) — Chem. Zbl. 1926 I, 3251. — R. Meyer-Bisch: Verh. dtsch. Ges. inn. Med. 1926, 309 — Chem. Zbl. 1927 I, 2570. — W. Iljin: Z. exper. Med. 52, 24 (1926) — Chem. Zbl. 1926 II, 2448. — J. Markowitz u. S. Soskin: Amer. J. Physiol. 79, 553 (1927) — Chem. Zbl. 1927 I, 2333. — M. F. v. Falkenhausen u. H. Hirsch-Kaufmann: Z. exper. Med. 58, 567 (1927) — Chem. Zbl. 1928 I, 2420.

[16] Fernando Fonseca u. Carlos Trincao: C. r. Soc. Biol. Paris 98, 1593 (1928) — Chem. Zbl. 1928 II, 1682.

Die Nebennieren und Pankreasdiabetes[1]. Bestrahlung der Nebennieren und Zuckerspiegel[2]. Glykosurie nach Hypophysenentfernung[3], nach einer Läsion der parainfundibularen Gegend[4], nach Entfernung der Lungen[5], nach Vasokontraktion des Splanchnicusgebiets[6]. — Ausnutzung von Acetessigsäure bei normalen und diabetischen Hunden vor und nach Entfernung der Eingeweide[7]. — Der Gasstoffwechsel diabetischer und nicht diabetischer Hunde nach Leberexstirpation[8]. — Beziehungen des Diabetes insipidus zum Hypophysenhinterlappen und zum Tuber cinereum[9]. Das Epithelkörperchenhormon der Nebenschilddrüse und die Glykosetoleranz bei Diabetes mellitus[10]. — Untersuchungen über Adrenalinglykosurie[11]. Vorübergehende Glykosurie bei Veronalvergiftung ohne Blutzuckererhöhung[12].

Untersuchungen über Phlorrhizindiabetes[13]. ·

Wirkung der Glycerinester der Margarinsäure[14], der Milchsäure[15], der Aminosäuren[16],

[1] B. A. Houssay u. J. T. Lewis: C. r. Soc. Biol. Paris 85, 1212—1213 (1921) — Chem. Zbl. 1922 I, 776. — G. N. Stewart u. J. M. Rogoff: Amer. J. Physiol. 65, 319 (1923) — Chem. Zbl. 1923 III, 1114. — David Boeggild: C. r. Soc. Biol. Paris 88, 816 (1923) — Chem. Zbl. 1923 I, 1638. — F. M. Allen: J. metabol. Res. 3, 589 (1923) — Chem. Zbl. 1924 I, 1229.

[2] Hanns Höpfner: Dtsch. med. Wschr. 48, 1284 (1922) — Chem. Zbl. 1922 III, 1276.

[3] B. A. Houssay, E. Hug u. T. Malamud: C. r. Soc. Biol. Paris 86, 1115 (1922) — Chem. Zbl. 1922 III, 1145.

[4] Percival Bailey u. Frederic Bremer: C. r. Soc. Biol. Paris 86, 925 (1922) — Chem. Zbl. 1923 I, 866.

[5] Cl. Gautier: C. r. Soc. Biol. Paris 86, 123—124, 429 (1922) — Chem. Zbl. 1922 I, 1210.

[6] Ernst Neubauer: Biochem. Z. 52, 118—141 (1913) — Chem. Zbl. 1913 II, 533.

[7] J. L. Chaikoff u. S. Soskin: Amer. J. Physiol. 87, 58 (1928) — Chem. Zbl. 1929 I, 668.

[8] J. Markowitz: Amer. J. Physiol. 83, 698 (1928) — Chem. Zbl. 1928 II, 1121.

[9] Ginichi Sato: Arch. f. exper. Path. 131, 45 (1928) — Chem. Zbl. 1928 II, 1784.

[10] Max Wishnofsky u. Jesse M. Frankel: J. Labor. a. clin. Med. 14, 34 (1928) — Chem. Zbl. 1929 I, 766.

[11] Alessandro Rossi: Arch. Farmacol. sper. 31, 79 (1921) — Chem. Zbl. 1922 III, 530. — Cl. Gautier: C. r. Soc. Biol. Paris 87, 1400 (1922) — Chem. Zbl. 1923 I, 979. — H. Bierry, F. Rathery u. L. Levina: C. r. Soc. Biol. Paris 86, 1133 (1922) — Chem. Zbl. 1922 III, 1140. — H. Beumer: Z. Kinderheilk. 35, 305 (1923) — Chem. Zbl. 1924 I, 1949. — Eskil Kylin: Zbl. inn. Med. 45, 745—749 — Chem. Zbl. 1924 II, 2672. — E. Kylin u. M. Lidberg: Dtsch. Arch. klin. Med. 145, 373—379 (1924) — Chem. Zbl. 1925 I, 1507. — P. Junkersdorf: Pflügers Arch. 211, 414 (1926) — Chem. Zbl. 1926 I, 2715. — Hideo Wada: Biochem. Z. 171, 204 (1926) — Chem. Zbl. 1926 II, 602. — Bor. Kuscheljebsky: Wien. med. Wschr. 77, 582 (1927) — Chem. Zbl. 1927 II, 110. — Carl F. Cori u. Gerty T. Cori: Proc. Soc. exper. Biol. a. Med. 25, 66 (1928) — Chem. Zbl. 1928 II, 1346.

[12] K. E. Greinacher: Dtsch. Arch. klin. Med. 160, 173 (1928) — Chem. Zbl. 1928 II, 1011.

[13] R. G. Pearce: Amer. J. Physiol. 40, 418—425 (1916) — Chem. Zbl. 1922 III, 305. — Richard Wagner: Z. exper. Med. 28, 378 (1922) — Chem. Zbl. 1922 III, 846. — L. R. Grote: Verh. dtsch. Ges. inn. Med. 1921, 291—296 — Chem. Zbl. 1922 IV, 220. — P. Junkersdorf: Pflügers Arch. 197, 500 (1922) — Chem. Zbl. 1923 I, 980. — Thomas P. Nash jr. u. Stanley R. Benedict: J. of biol. Chem. 55, 557 (1923) — Chem. Zbl. 1923 III, 691. — Curt Hornemann: Z. exper. Med. 37, 56 (1923) — Chem. Zbl. 1924 I, 795. — F. M. Allen: J. metabol. Res. 3, 623 (1923) — Chem. Zbl. 1924 I, 1229. — E. Vahlen: Dtsch. med. Wschr. 49, 1332 (1923) — Chem. Zbl. 1924 I, 1229. — Thomas P. Nash jr. u. Stanley R. Benedict: J. of biol. Chem. 61, 423—428 — Chem. Zbl. 1924 II, 2594. — Frederick M. Allen u. Mary B. Wishart: J. metabol. Res. 4, 223—254 — Chem. Zbl. 1924 II, 2859. — W. H. Chambers u. H. J. Deuel: J. of biol. Chem. 65, 21 (1925) — Chem. Zbl. 1926 I, 160. — Michele Bufano: Arch. Farmacol. sper. 40, 1 (1925) — Chem. Zbl. 1926 I, 430. — Keizo Misaki: J. of Biochem. 5, 287 (1925) — Chem. Zbl. 1926 I, 1448. — Thomas P. Nash jr.: J. of biol. Chem. 66, 869 (1925) — Chem. Zbl. 1926 I, 2593. — Oliver Henry Gäbler u. John R. Murlin: J. of biol. Chem. 66, 731 (1925) — Chem. Zbl. 1926 I, 2594. — H. Simmich: Z. exper. Med. 48, 119 (1925) — Chem. Zbl. 1926 I, 3073. — W. C. Austin u. P. E. Boyd: Amer. J. Physiol. 76, 627 (1926) — Chem. Zbl. 1926 II, 605. — M. Wierzuchowski: J. of biol. Chem. 73, 417—444 — Chem. Zbl. 1927 II, 1366. — Thomas P. Nash jr.: Physiologic. Rev. 7, 385 (1927) — Chem. Zbl. 1927 II, 2075.

[14] M. Kahn: Proc. Soc. exper. Biol. a. Med. 21, 31 (1923) — Ref.: Ber. Physiol. 24, 349 (1924) — Chem. Zbl. 1924 II, 710.

[15] Richard Puff: Beitr. Physiol. 2, 7—10 (1922) — Ber. Physiol. 12, 480 (1922) — Chem. Zbl. 1922 III, 394.

[16] A. J. Ringer, H. Dubin u. F. Hulton Frankel: Proc. Soc. exper. Biol. a. Med. 19, 92 (1921) — Chem. Zbl. 1922 III, 577.

von Formamid[1], von Atropin und Pilocarpin[2], von Strychnin[3], Ligatur der Nierenvene[4] auf Phlorrhizindiabetes. Einfluß von verschiedenen Ernährungsbedingungen bei Diabetes[5]. Tabellen für die Diabetikerernährung unter Zugrundelegung des Nervensystems[6]. Über den zuckerbildenden Wert der Gemüse in der Diabetikerkost[7]. — Beobachtungen über den Stoffwechsel von Dioxyaceton bei Normalen und Diabetikern[8]. Wirkung von Glykoseinfusionen[9]. — Einwirkung von Glykose bei Diabetes[10]. Intravenöse Injektionen von Glykose[11], von Milchzucker[12]. Wirkung von Säure und Alkalizufuhr[13], von Natriumbicarbonat[14], von Karlsbader Wasser und verschiedener Salze[15], von Kalium und Calciumsalze[16], von Nickel- und Cobaltsalze[17], von Urannitrat[18], Bestrahlung mit Radium[19], Injektion von Thorium X[20], Schwefel-

[1] Wilh. Herrmann: Beitr. Physiol. **2**, 33 (1922) — Chem. Zbl. **1923 I**, 697.

[2] Ad. M. Brogsitter u. Wilh. Dreyfuß: Arch. f. exper. Path. **107**, 349 (1925) — Chem. Zbl. **1926 I**, 149. — Lasar Dünner u. Max Mecklenburg: Z. exper. Med. **51**, 513 (1926) — Chem. Zbl. **1926 II**, 1657.

[3] Robert O. Loebel, David P. Barr, Edward Tolstoi u. Harold E. Himwich: J. of biol. Chem. **61**, 9—31 — Chem. Zbl. **1924 II**, 2862.

[4] Florence B. Seibert u. Frederic T. Jury: J. metabol. Res. **4**, 607—611 (1923) — Chem. Zbl. **1925 II**, 1064. — Frederick M. Allen: J. metabol. Res. **4**, 579—605 (1923) — Chem. Zbl. **1925 II**, 1064.

[5] Nikolaus Róth: Z. exper. Med. **22**, 179—197 (1921) — Chem. Zbl. **1922 I**, 292. — F. Maignon: C. r. Soc. Biol. Paris **86**, 197—200 (1922) — Chem. Zbl. **1922 I**, 1153. — Hubbard, Wright: J. of biol. Chem. **50**, 361 (1922) — Chem. Zbl. **1922 I**, 985. — Hubbard: J. of biol. Chem. **49**, 357 (1922) — Chem. Zbl. **1922 II**, 359. — Roger S. Hubbard u. Samuel T. Nicholson jr.: J. of biol. Chem. **53**, 209 (1922) — Chem. Zbl. **1922 III**, 942. — A. Desgrez, H. Bierry u. F. Rathery: C. r. Acad. Sci. Paris **174**, 1576 (1927) — Chem. Zbl. **1923 I**, 383. — Frederic L. Leclercq: J. metabol. Res. **2**, 39 (1922) — Chem. Zbl. **1923 I**, 1635. — O. Porges u. H. Lipschütz: Arch. f. exper. Path. **97**, 379 (1923) — Chem. Zbl. **1923 III**, 798. — Karl Petrén: J. of biol. Chem. **61**, 355—363 — Chem. Zbl. **1924 II**, 2595. — N. R. Dhar: Chem. Zelle **13**, 119 (1926) — Chem. Zbl. **1926 II**, 2823. — Rich. Priesel u. Richard Wagner: Klin. Wschr. **6**, 985 (1927) — Chem. Zbl. **1927 II**, 279. — F. Basch u. L. Pollak: Arch. f. exper. Path. **125**, 89 (1927) — Chem. Zbl. **1928 I**, 217. — H. Mezger: Hoppe-Seylers Z. **135**, 32 (1924) — Chem. Zbl. **1924 II**, 204.

[6] Cl. Pirquet u. R. Wagner: Z. Kinderheilk. **40**, 26 (1925) — Chem. Zbl. **1926 II**, 1659.

[7] Richard Wagner u. Josef Warkany: Z. Kinderheilk. **44**, 322 (1927) — Chem. Zbl. **1929 I**, 407.

[8] J. M. Rabinowitch: J. of biol. Chem. **75**, 45 (1927) — Chem. Zbl. **1928 II**, 783.

[9] Hannah V. Felsher u. R. T. Woodyatt: J. of biol. Chem. **60**, 737—747 — Chem. Zbl. **1924 II**, 2859.

[10] Wm. S. Mc Cann u. R. Roger Hannon: Bull. Hopkins Hosp. **34**, 73 (1923) — Chem. Zbl. **1924 I**, 802. — Robert Meyer-Bisch u. Franz Günther: Biochem. Z. **152**, 286—301 (1924) — Chem. Zbl. **1925 I**, 696. — C. Jimenez Diaz: Siglo méd. **73**, 641—642 (1924) — Ber. Physiol. **28**, 406—407 (1924) — Chem. Zbl. **1925 I**, 1109. — H. K. Barrenscheen, Friedrich Doleschall u. Ludwig Popper: Biochem. Z. **177**, 67—75 (1926) — Chem. Zbl. **1927 I**, 123. — J. M. Rabinowitch: J. clin. Invest. **2**, 143 (1925) — Chem. Zbl. **1927 II**, 279. — Ernst Wiechmann u. Julius Elzas: Dtsch. Arch. klin. Med. **164**, 50 (1929) — Chem. Zbl. **1929 II**, 590.

[11] J. J. R. Macleod u. M. E. Fulk: Amer. J. Physiol. **42**, 193—213 (1917) — Chem. Zbl. **1922 III**, 394.

[12] Rudolf Roubitschek: Klin. Wschr. **2**, 1647 (1923) — Chem. Zbl. **1923 III**, 1109.

[13] Géza Hetényi: Z. exper. Med. **57**, 409 (1927) — Chem. Zbl. **1928 I**, 217. — F. M. Bricker: Biochem. Z. **154**, 328—342 (1924) — Chem. Zbl. **1925 I**, 1096.

[14] Rob. Meyer-Bisch u. P. Thyssen: Biochem. Z. **135**, 308 (1923) — Chem. Zbl. **1923 III**, 691.

[15] W. Arnoldi u. S. Ettinger: Klin. Wschr. **1**, 2082 (1922) — Chem. Zbl. **1923 I**, 1238. — O. Kauffmann-Cosla u. R. Zörkendörfer: Münch. med. Wschr. **75**, 396 — Chem. Zbl. **1928 I**, 2103.

[16] Léon Blum u. E. Aubel: C. r. Soc. Biol. Paris **96**, 1301 (1927) — Chem. Zbl. **1927 II**, 594. — F. Galdi u. G. E. Puxeddu: Folia med. (Napoli) **8**, 68 (1922) — Ber. Physiol. **13**, 187 (1922) — Chem. Zbl. **1922 III**, 566. — Max Wishnofsky: J. Labor. a. clin. Med. **13**, 133 (1927) — Chem. Zbl. **1928 II**, 967.

[17] F. Rathery u. L. Levina: C. r. Acad. Sci. Paris **188**, 226 (1926) — Chem. Zbl. **1926 II**, 2200. — Gabr. Bertrand u. M. Macheboeuf: Arch. f. Dermat. **151**, 211 (1926) — Chem. Zbl. **1926 II**, 2930. — M. Labbé, H. Roubeau u. F. Nepveux: C. r. Acad. Sci. Paris **186**, 181 — Chem. Zbl. **1928 I**, 2267.

[18] Bernhard Bartfeld: Biochem. Z. **129**, 534 (1922) — Chem. Zbl. **1922 III**, 1095.

[19] Wolfgang Franke: Dtsch. med. Wschr. **40**, 1685 (1927) — Chem. Zbl. **1927 II**, 2408.

[20] A. Slosse, J. Coffin u. P. Ingelbrecht: C. r. Soc. Biol. Paris **89**, 1182 (1923) — Chem. Zbl. **1924 I**, 1223.

behandlung[1], von Alkohol[2], Glycerin[3], Aceton[4], gasförmiger Narkotica[5], Urethan[6], Aminosäuren[7], Neucesol[8], Acetylcholin[9], Antipyrin[10], Atropin[11], Nicotin[12], Caffein[13], Morphin[14], Chinin[15], Pilocarpin[16], Pituitrin[17], Hypophysenextrakt[18], Schilddrüsensubstanz[19], Hinterlappenextrakt[20] Infundibularextrakte[21], Hodenextrakt[22], Thyreoidin[23], Gehirnextrakt[24] auf Diabetes.

Behandlung des Diabetes mit gerösteten Kohlehydraten[25], mit Tetraamylose[26], mit Tetraglykosan (Salabrose)[27], mit Reglykol[28], mit Sorbit (Sionon, Siazucker)[29], mit verschiedenen

---

[1] Emil Bürgi: Dtsch. med. Wschr. **53**, 222 (1927) — Chem. Zbl. **1927 I**, 1849.

[2] L. S. Fuller: J. metabol. Res. **1**. 609 (1922) — Chem. Zbl. **1922 III**, 1242. — Frederick M. Allen u. Mary B. Wishart: J. metabol. Res. **1**, 281 (1922) — Chem. Zbl. **1923 I**, 1635.

[3] Henry M. Thomas jr.: Bull. Hopkins Hosp. **35**, 201—206 (1924) — Ber. Physiol. **29**, 80 (1924) — Chem. Zbl. **1925 I**, 1099.

[4] Frederick M. Allen u. Mary B. Wishart: J. metabol. Res. **4**, 613—648 (1923) — Chem. Zbl. **1925 II**, 1064.

[5] V. E. Henderson u. W. Easson Brown: J. of Pharmacol. **29**, 269 (1926) — Chem. Zbl. **1927 I**, 1980. — Hiroshi Tachi, Kimitami Takai u. Ijuro Fujii: Tohoku J. exper. Med. **7**, 411 (1927) — Chem. Zbl. **1927 II**, 455.

[6] E. J. Conway: J. of Physiol. **58**, 234 (1923) — Chem. Zbl. **1924 I**, 1690.

[7] S. J. Thannhauser u. W. Markowicz: Klin. Wschr. **4**, 2093 (1925) — Chem. Zbl. **1926 I**, 713. — E. Wiechmann u. H. Dominick: Dtsch. Arch. klin. Med. **151**, 350 (1926) — Chem. Zbl. **1926 II**, 1436.

[8] Ernst Enzinger: Dtsch. Arch. klin. Med. **145**, 1 (1924) — Chem. Zbl. **1924 II**, 2180.

[9] Genichiro Eda: J. of Biochem. **7**, 319 (1927) — Chem. Zbl. **1927 II**, 2508.

[10] F. Rathery u. R. Kourilsky: C. r. Soc. Biol. Paris **93**, 102—104 (1925) — Chem. Zbl. **1925 II**, 950.

[11] Ho Sup Shim: J. of Biochem. **5**, 333 (1925) — Chem. Zbl. **1926 I**, 3163. — F. Bertram: Arch. f. exper. Path. **115**, 259 (1926) — Chem. Zbl. **1926 II**, 2085. — Genichiro Eda: J. of Biochem. **7**, 345 (1927) — Chem. Zbl. **1927 II**, 2509.

[12] E. Bardier, P. Leclerc u. A. Stillmunkès: C. r. Soc. Biol. Paris **85**, 281—282 (1921) — Chem. Zbl. **1921 III**, 1482.

[13] Cl. Gautier: C. r. Soc. Biol. Paris **90**, 229 (1924) — Chem. Zbl. **1924 I**, 2178.

[14] G. Ahlgren: XII. Internat. Physiologen-Kongr. in Stockholm **1926**, 7 — Ref.: Ber. Physiol. **39**, 157 (1927) — Chem. Zbl. **1927 II**, 287.

[15] A. Löw u. R. Pfeiler: Wien. klin. Wschr. **40**, 526 (1927) — Chem. Zbl. **1927 I**, 3103.

[16] Ho Sup Shim: J. of Biochem. **5**, 359 (1925) — Chem. Zbl. **1926 I**, 3163.

[17] G. Hoppe-Seyler: Münch. med. Wschr. **62**, 1633—1635 (1915) — Chem. Zbl. **1916 I**, 265. — Kläre Haymann u. Franconi: Z. exper. Med. **51**, 588 (1926) — Chem. Zbl. **1926 II**, 1657. — D. Adlersberg u. O. Porges: Wien. klin. Wschr. **41**, 1467 (1928) — Chem. Zbl. **1928 II**, 283.

[18] G. Hoppe-Seyler: Münch. med. Wschr. **62**, 47 (1915) — Chem. Zbl. **1916 I**, 383. — J. Munk: Nederl. Mschr. Geneesk. **5**, 253—268 (1921) — Chem. Zbl. **1922 III**, 302. — Luigi Ferranini: Arch. Pat. e Clin. Med. **3**, 113—153 (1924) — Ber. Physiol. **28**, 74 (1924) — Chem. Zbl. **1925 I**, 859. — Lasar Dünner u. Max Mecklenburg: Z. exper. Med. **45**, 518—525 (1925) — Chem. Zbl. **1925 II**, 665. — Gr. Graur: Klin. Wschr. **5**, 2261—2262 (1926) — Chem. Zbl. **1927 I**, 624.

[19] Frederick M. Allen: J. metabol. Res. **1**, 619 (1922) — Chem. Zbl. **1922 III**, 1071.

[20] H. Verger, Ch. Massias u. G. Auriat: C. r. Soc. Biol. Paris **87**, 197 (1922) — Chem. Zbl. **1922 III**, 972.

[21] John J. Abel u. E. M. K. Geiling: J. of Pharmacol. **22**, 317 (1923) — Chem. Zbl. **1924 I**, 1055.

[22] L. Cornil u. L. Jochum: C. r. Soc. Biol. Paris **94**, 671 (1926) — Chem. Zbl. **1926 II**, 249.

[23] Shin-Ichi Hawashima: J. of Biochem. **7**, 361 (1927) — Chem. Zbl. **1927 II**, 2509.

[24] Helen Bourquin: Amer. J. Physiol. **83**, 125 (1927) — Chem. Zbl. **1928 I**, 1543.

[25] H. Magin u. K. Turban: Dtsch. Arch. klin. Med. **143**, 97 (1923) — Chem. Zbl. **1923 III**, 1331. — E. Grafe u. Erica von Schröder: Dtsch. Arch. klin. Med. **144**, 156 (1924) — Chem. Zbl. **1924 II**, 496. — Weigert: Pharmaz. Ztg **71**, 437 (1926) — Chem. Zbl. **1926 I**, 3249.

[26] H. von Hößlin u. H. Pringsheim: Hoppe-Seylers Z. **131**, 168 (1923) — Chem. Zbl. **1924 I**, 572.

[27] J. Kerb: E.P. 243348 v. 14. Nov. 1925; Fr.P. 606526 v. 19. Nov. 1925; Chem. Zbl. **1926 II**, 1786 — Ther. Gegenw. **68**, 61 (1927) — Chem. Zbl. **1927 I**, 2093. — W. Nonnenbruch: Münch. med Wschr. **72**, 1821 (1925) — Chem. Zbl. **1926 I**, 716.

[28] L. König: Zbl. inn. Med. **49**, 75 — Chem. Zbl. **1928 I**, 2268.

[29] Helmuth Reinwein: Dtsch. med. Wschr. **55**, 397 (1929) — Chem. Zbl. **1929 I**, 2324. — K. H. von Noorden: Dtsch. med. Wschr. **55**, 483 (1929) — Chem. Zbl. **1929 I**, 2324. — S. J. Thannhauser u. Kurt H. Meyer: Münch. med. Wschr. **76**, 356 (1929) — Chem. Zbl. **1929 I**, 2324. — E. Kaufmann: Klin. Wschr. **8**, 66 (1929) — Chem. Zbl. **1929 I**, 1365. — H. Reinwein: Dtsch. Arch. klin. Med. **164**, 61 (1929) — Chem. Zbl. **1929 II**, 589.

Nährmitteln[1], mit Intarvin[2] (synthetisches margarinsaures Glycerid), mit Diafett[3] (Glycerid aus Fettsäuren mit 11 und 13 Kohlenstoffatomen), mit Glykolfettsäureester[4].

Diabetesbehandlung mit einer Kur von Glaubersalzbrunnen[5], mit Lithizit (Lithium-Natrium-citrat)[6], mit Ergotamin[7], mit Acoin (Chlorhydrat des Di-p-anisyl-monophenethyl-guanidins)[8]. Wirkung der Hefenextrakte[9].

Behandlung von Diabetes mit Eucalyptusblätterinfus[10], mit Tecoma mollis[11], mit Yaje, einer sensoriellen Pflanze der Indianer der Amazonstromgegend[12], mit Phaseoluspräparaten[13], mit Polygonum aviculare[14], mit Lobelin[15], mit Auszügen von Gymnema silvestre[16].

Insulin. Zusammenfassende Abhandlungen[17]. — Theoretische Erklärungen für die Insulinwirkung[18].

[1] Ward Baking Company: F.P. 557388 v. 13. Okt. 1922; Chem. Zbl. **1925 I**, 584. — Jell-O-Company, Inc. Le Roy (New York): Übertragen von Lewellyn R. Ferguson, Le Roy (New York): A.P. 1522428 v. 22. Juni 1922; Chem. Zbl. **1925 I**, 1823. — Takamine Ferment Co. New York: übertragen von Yokihi Takamine jr., Clifton N. J.: A.P. 1543458 v. 14. Sept. 1922; Chem. Zbl. **1925 II**, 2188. — Anna Ornstein: Ö.P. 87832 (1922) — Chem. Zbl. **1923 II**, 637.

[2] Ralph H. Mc Kee: Naturwiss. **11**, 938 (1923) — Chem. Zbl. **1924 I**, 687. — Murray Lyon, W. Robson u. A. C. White: Brit. med. J. **1925 I**, 207—210 — Chem. Zbl. **1925 I**, 1756.

[3] R. Uhlmann: Dtsch. Arch. klin. Med. **161**, 165 (1928) — Chem. Zbl. **1928 II**, 2483. — K. Hösch: Dtsch. Arch. klin. Med. **160**, 129 (1928) — Chem. Zbl. **1928 II**, 1004.

[4] Jutarvin Co.: Übertragen von R. H. Mc Kee: A.P. 1542513 v. 28. März 1923; Chem. Zbl. **1925 II**, 1775.

[5] O. Kauffmann-Cosla, Rolf Zörkendörfer u. Walter Zörkendörfer: Bull. Soc. Chim. biol. Paris **9**, 174 (1927) — Chem. Zbl. **1927 II**, 114.

[6] Hugo Weiß: Wien. klin. Wschr. **37**, 1142 (1924) — Chem. Zbl. **1925 I**, 119.

[7] O. Loewi: Klin. Wschr. **6**, 2169 (1927) — Chem. Zbl. **1928 I**, 83. — E. Moretti: Klin. Wschr. **7**, 407 — Chem. Zbl. **1928 I**, 2103. — Michele Bufano u. Arturo Masini: Riforma med. **43**, Nr 28 (1927) — Chem. Zbl. **1928 II**, 908.

[8] L. Cannavo: Arch. Farmacol. sper. **45**, 218 (1928) — Chem. Zbl. **1928 II**, 1790.

[9] Karl Loening u. Ernst Vahlen: Dtsch. med. Wschr. **48**, 217—219 (1922) — Chem. Zbl. **1922 I**, 891. — Emil Abderhalden: Klin. Wschr. **1**, 1089 (1922) — Chem. Zbl. **1922 III**, 200. — L. B. Winter u. W. Smith: Nature (Lond.) **112**, 205 (1923) — Chem. Zbl. **1924 I**, 799.

[10] Henry J. John: J. Med. Res. **1**, 489 (1922) — Chem. Zbl. **1923 I**, 370.

[11] G. G. Colin: J. amer. pharmaceut. Assoc. **16**, 199 (1927) — Chem. Zbl. **1927 II**, 110.

[12] Em. Perrot u. Raymond-Hamet: C. r. Acad. Sci. Paris **184**, 1266 (1927) — Chem. Zbl. **1927 II**, 581.

[13] E. Kaufmann: Münch. med. Wschr. **75**, 1089 (1928) — Chem. Zbl. **1928 II**, 1004.

[14] J. Brochmeyer: Nederl. Tijdschr. Geneesk. **69**, II. Beil., Nr 9, 18 — Chem. Zbl. **1925 II**, 1613.

[15] H. Mentzel: Pharm. Zentralhalle **65**, 279, 307, 317 — Chem. Zbl. **1924 II**, 720.

[16] R. N. Chopra, J. P. Bose u. N. R. Chatterjee: Indian J. med. Res. **16**, 115 (1928) — Chem. Zbl. **1928 II**, 1682.

[17] S. van Creveld: Nederl. Tijdschr. Geneesk. **67**, 2542 (1923) — Chem. Zbl. **1923 III**, 796. — E. Grafe: Dtsch. med. Wschr. **49**, 1141, 1177 (1923) — Chem. Zbl. **1923 III**, 1583. — Erhard Glaser: Pharm. Mh. **5**, 1 (1924) — Chem. Zbl. **1924 I**, 1960. — J. J. R. Macleod: Brit. med. J. **1924 I**, 45 — Chem. Zbl. **1924 I**, 2718. — H. Staub: Klin. Wschr. **3**, 746 (1924) — Chem. Zbl. **1924 I**, 2794. — Matthes: Dtsch. med. Wschr. **50**, 487 (1924) — Chem. Zbl. **1924 II**, 367. — H. Simonnet: Bull. Soc. Chim. biol. Paris **6**, 44—112 — Chem. Zbl. **1924 II**, 2772. — M. Dohrn: Ther. Gegenw. **65**, 546—552 (1924) — Chem. Zbl. **1925 I**, 863. — A. Grevenstuk: Nederl. Tijdschr. Geneesk. **67**, 665 (1923) — Chem. Zbl. **1923 I**, 1636. — H. Mentzel: Pharm. Zentralhalle **64**, 386, 397, 408 (1923) — Chem. Zbl. **1923 IV**, 842. — U. Sammartino u. D. Liotta: Arch. Farmacol. sper. **37**, 13, 33 (1924) — Chem. Zbl. **1924 I**, 1958. — F. Laquer: Naturwiss. **12**, 89 (1924) — Chem. Zbl. **1924 I**, 1959. — J. K. Rennie: Lancet **208**, 811—815 (1925) — Chem. Zbl. **1925 II**, 51. — Armand Dans: Arch. méd. belges **77**, 468—475 (1924) — Ber. Physiol. **29**, 583 (1925) — Chem. Zbl. **1925 II**, 51. — E. Kaufmann: Münch. med. Wschr. **72**, 1681 (1925) — Chem. Zbl. **1926 I**, 427. — Horace A. Shonke: J. chem. Education **3**, 134 (1926) — Chem. Zbl. **1926 I**, 3073. — M. Nothmann: Klin. Wschr. **5**, 297 (1926) — Chem. Zbl. **1926 I**, 3481. — Penan u. L. Blanchard: Bull. Soc. Chim. biol. Paris **8**, 383 (1926) — Chem. Zbl. **1926 II**, 1884. — M. Gänselen: Süddtsch. Apoth.-Ztg **66**, 496 (1926) — Chem. Zbl. **1926 II**, 2190. — H. Staub: Erg. inn. Med. **31**, 121 (1927) — Chem. Zbl. **1927 II**, 2203. — Hugh Maclean: Brit. med. J. **1927 II**, 1015 — Chem. Zbl. **1928 I**, 1055. — A. Grevenstuk u. E. Laqueur: Insulin. München: J. F. Bergmann 1923.

[18] J. J. R. Macleod: Brit. med. J. **2**, 165 (1923) — Chem. Zbl. **1923 III**, 1050. — A. Biedl: Dtsch. med. Wschr. **49**, 937 (1923) — Chem. Zbl. **1923 III**, 1115. — C. Berkeley: Nature (Lond.) **112**, 724 (1923) — Chem. Zbl. **1924 I**, 686. — F. M. Allen: J. metabol. Res. **3**, 589 (1923) — Chem.

Wertbestimmung des Insulins, Kanincheneinheit[1]. — Für die Bestimmung der Insulinwirkung wird als Einheit die kleinste Insulinmenge gewählt, welche imstande ist, den Blutzucker eines 2 kg schweren Kaninchens auf 0,045% zu senken. Die Senkung vom jeweils gemessenen Anfangsblutzucker 0,09—0,12% (bis auf die Krampfgrenze 0,045% wird gleich 100 gesetzt und die gefundene Wirkung in Proz. ausgedrückt. Diese prozentuale Wirkung ist = $100 \cdot (a-b)\,(a-45)$, wo a den Anfangsblutzucker, b den tiefsten Blutzucker nach der Injektion bedeutet. Der Schwellenwert der Wirksamkeit liegt etwa bei 0,05 Einheit. 0,1 Einheit besitzt 16%, 0,2 40%, 0,3 54%, 0,4 66%, 0,5 75%, 0,6 83%, 0,7 89%, 0,8 94%, 0,9 97%, 1,0 100% der Wirksamkeit einer Einheit. Der asymptotische Verlauf der Kurve erlaubt keinen Rückschluß von den gefundenen prozentualen Wirkungen auf die Insulinmenge, weshalb jedes Präparat in verschiedenen Dosen geprüft werden muß[2]. Wertbestimmung des Insulins an Mäusen[3],

Zbl. **1924 I**, 1229. — J. B. Collip: J. of biol. Chem. **57**, 65 (1923) — Chem. Zbl. **1924 I**, 1399. — L. B. Winter u. W. Smith: Nature (Lond.) **112**, 829 (1924) — Chem. Zbl. **1924 I**, 1958. — Wilhelm Laufberger: Klin. Wschr. **3**, 264 (1924) — Chem. Zbl. **1924 I**, 2528. — L. Ambard, F. Schmidt u. M. Arnovlyevitch: C. r. Soc. Biol. Paris **90**, 790 (1924) — Chem. Zbl. **1924 I**, 2794. — H. Chr. Geelmuyden: Erg. Physiol. **22**, 1—248 — Ber. Physiol. **26**, 61—63 — Chem. Zbl. **1924 II**, 1822. — S. E. de Jongh: Nederl. Tijdschr. Geneesk. II **68**, 2115—2122 (1924.) — Chem. Zbl. **1925 I**, 547. — M. Eisler u. L. Portheim: Anz. Akad. Wiss. Wien, Math.-naturwiss. Kl. **1924**, 80—81 — Ber. Physiol. **28**, 80 (1924) — Chem. Zbl. **1925 I**, 864. — H. Penau u. H. Simonnet: Bull. Soc. Chim. biol. Paris **7**, 17—25 (1925) — Chem. Zbl. **1925 I**, 1754. — Lawrence Lawn u. Charles George Lewis Wolf: Biochemic. J. **19**, 122—133 — Chem. Zbl. **1925 I**, 2093. — V. Diamare: Arch. di Fisiol. **22**, 141—157 (1924) — Ber. Physiol. **29**, 750 (1925) — Chem. Zbl. **1925 II**, 51. — N. N. Mitra u. N. R. Dahr: J. physic. Chem. **29**, 376—394 (1925) — Chem. Zbl. **1925 II**, 317. — I. I. Nitzescu: C. r. Soc. Biol. Paris **92**, 1076—1079 (1925) — Chem. Zbl. **1925 II**, 477. — E. Rudeck: Pharm. Ztg **70**, 902—904 (1925) — Chem. Zbl. **1925 II**, 1181. — A. Bickel u. O. Kauffmann: Münch. med. Wschr. **72**, 976 (1925) — Chem. Zbl. **1925 II**, 1182. — Bartolomeo Marchisio: Rass. internaz. Clin. **24**, 226 (1925) — Chem. Zbl. **1926 I**, 164. — Alberto Aggazzotti: Probl. Nutriz. **2**, 1 (1925) — Chem. Zbl. **1926 I**, 1833. — E. Frank, M. Nothmann u. A. Wagner: Arch. f. exper. Path. **110**, 224 (1925) — Chem. Zbl. **1926 II**, 446. — K. L. E. Lamers: C. r. Soc. Biol. Paris **94**, 1261 (1926) — Chem. Zbl. **1926 II**, 605. — E. J. Lesser: Arch. f. exper. Path. **111**, 301 (1926) — Chem. Zbl. **1926 II**, 2449. — Daniel Thomas Davies, Frank Dickens u. Edward Charles Dodds: Biochemic. J. **20**, 695—702 (1926) — Chem. Zbl. **1927 I**, 305. — B. Glaßmann: Hoppe-Seylers Z. **150**, 16 (1925) — Chem. Zbl. **1926 I**, 1465. — A. Fleisch: Schweiz. med. Wschr. **54**, 1117 (1924) — Ref.: Ber. Physiol. **31**, 378 — Chem. Zbl. **1925 II**, 1458. — A. Bornstein u. Kurt Holm: Z. exper. Med. **43**, 376—390 (1924) — Chem. Zbl. **1925 I**, 708. — Hans Handovsky: Arch. f. exper. Path. **134**, 324, 339 (1928) — Chem. Zbl. **1928 II**, 2481.

[1] Walther Löwe: Dtsch. med. Wschr. **50**, 332 (1924) — Chem. Zbl. **1924 II**, 367. — B. Laquer: Ther. Gegenw. **64**, 435 (1923) — Chem. Zbl. **1924 I**, 815. — E. Laqueur: Pharm. Weekblad **61**, 107 (1924) — Chem. Zbl. **1924 I**, 2182. — P. Gonzales u. R. Carrasco Formiguera: C. r. Soc. Biol. Paris **89**, 1237 (1924) — Chem. Zbl. **1924 I**, 2382. — Ernst Laqueur: Klin. Wschr. **3**, 440 (1924) — Chem. Zbl. **1924 I**, 2528. — F. Depisch, F. Högler u. K. Überrack: Klin. Wschr. **3**, 619 (1924) — Chem. Zbl. **1924 I**, 2718. — Ernst Laqueur: Dtsch. med. Wschr. **50**, 537—538 (1925) — Chem. Zbl. **1925 I**, 116. — Paul Hári: Biochem. Z. **156**, 86—96 (1925) — Chem. Zbl. **1925 II**, 477. — Russell M. Wilder: Endocrinology **8**, 630—638 (1924) — Ber. Physiol. **30**, 574 (1925) — Chem. Zbl. **1925 II**, 963. — A. Wagner: Klin. Wschr. **4**, 1767 (1925) — Chem. Zbl. **1926 I**, 150. — Ernst Laqueur u. S. E. de Jongh: Biochem. Z. **164**, 338 (1925) — Chem. Zbl. **1926 I**, 1434. — A. Moschini: Arch. di Biol. **74**, 126 (1924) — Chem. Zbl. **1926 I**, 2113. — Rölle: Dtsch. med. Wschr. **52**, 536 (1926) — Chem. Zbl. **1926 II**, 446. — Meloille Sahyun u. N. R. Blatherwick: Amer. J. Physiol. **76**, 677 (1926) — Chem. Zbl. **1926 II**, 804. — Edgard Zunz: Ann. Soc. roy. Sci. méd. et natur. Brux. **1926**, 182 — Chem. Zbl. **1927 I**, 1992. — Hedwig Langecker u. Wilhelm Stroß: Biochem. Z. **161**, 295 — Chem. Zbl. **1926 II**, 1867. — J. J. R. Macleod u. M. D. Orr: J. Labor. a. clin. Med. **9**, 591—608 (1924) — Ber. Physiol. **28**, 76—77 (1924) — Chem. Zbl. **1925 I**, 864. — N. R. Blatherwick, M. L. Long, M. Bell, L. C. Maxwell u. E. Hill: Amer. J. Physiol. **69**, 155 — Chem. Zbl. **1924 II**, 1256. — H. Penau u. H. Simonnet: J. Pharmacie (7) **29**, 473 — Chem. Zbl. **1924 II**, 1255 — J. Pharmacie et Chim. (7) **28**, 385 — Chem. Zbl. **1924 I**, 815. — R. Wernicke, F. Modern u. C. M. Scotti: An. Asoc. quim. Argentina **15**, 324 (1924) — Chem. Zbl. **1928 II**, 926.

[2] K. Freudenberg u. W. Dirscherl: Hoppe-Seylers Z. **175**, 1; **180**, 212 (1929) — Chem. Zbl. **1928 I**, 2510; **1929 I**, 1973.

[3] D. T. Fraser: J. Labor. a. clin. Med. **8**, 425 (1923) — Ref.: Ber. Physiol. **21**, 58 (1924) — Chem. Zbl. **1924 I**, 1413 — Proc. Trans. Roy. Soc. Canada V **17**, 75 (1923) — Chem. Zbl. **1924 I**, 2446. — F. Modern, C. M. Scotti u. R. Wernicke: C. r. Soc. Biol. Paris **97**, 1244 (1927) — Chem. Zbl. **1928 I**, 538.

an Ratten[1]. — Insulinstandardisierung am Phlorrhizin-Hund[2], am pankreaslosen Hund[3]. — Bestimmung des Glykoseinsulinäquivalentes[4]. — Glykoseäquivalent von Insulin bei pankreaslosen Hunden[5]. — Die Mindestmenge von Glykose zur Erholung von Insulinkrämpfen, subcutan appliziert, bei einem Kaninchen von etwa 1 kg Gewicht, beträgt etwa 0,5 g. Glykal wirkt etwa in gleicher Stärke. Glykosan ist dagegen unwirksam[6]. Biochemische Bestimmung des Insulins[7]. Aktivierung des Insulins durch Eiweißkörper[8]. Insulindosierung und Behandlung bei Diabetes[9]. — Sub- und intracutane Insulinzuführung[10]. — Intravenöse Insulinapplikation[11]. Vergleich der verschiedenen Zuführungen[12]. Veränderungen in der Umgebung der Injektionsstelle[13].

Bei mit Insulin behandelten Diabetikern wurde festgestellt: Aufhören der Glykosurie, Verschwinden der Ketonkörper aus Harn und Blut, Senkung des Blutzuckerspiegels, Rückkehr der Alkalireserve und der alveolaren Kohlensäurespannung bei Acidose und Koma zu normalen Werten, Steigen des respiratorischen Quotienten als Zeichen der besseren Kohlehydratverbrennung, Besserung des Allgemeinbefindens[14].

---

[1] Edmund Nobel u. Richard Priesel: Z. exper, Med. **48**, 1 (1925) — Chem. Zbl. **1926 I**, 3072. — R. Karczag, J. J. R. Macleod u. M. D. Orr: Proc. Trans. Roy. Soc. Canada **19**, 57 (1925) — Chem. Zbl. **1926 II**, 446. — A. D. Barbour u. M. D. Orr: Proc. Trans. Roy. Soc. Canada (3) V **20**, 377 (1926) — Chem. Zbl. **1927 II**, 1279.

[2] H. Simmich: Z. exper. Med. **48**, 119 (1925) — Chem. Zbl. **1926 I**, 3073.

[3] H. Penau u. H. Simonnet: J. Pharm. et Chim. (7) **28**, 385 (1923) — Chem. Zbl. **1924 I**, 815. — F. M. Allen, A. Barclay u. E. F. F. Copp: Trans. Assoc. amer. Physicians **39**, 364 (1924) — Ref.: Ber. Physiol. **31**, 557 — Chem. Zbl. **1925 II**, 2063.

[4] K. L. E. Lamers: XII. Intern. Physiologenkongreß in Stockholm **94** (1926) — Ber. Physiol. **38**, 820 (1927) — Chem. Zbl. **1927 II**, 103.

[5] Frank N. Allan: Amer. J. Physiol. **67**, 275 (1924) — Chem. Zbl. **1924 I**, 2528.

[6] Lewis Bland Winter: Biochemic. J. **20**, 668—675 (1926) — Chem. Zbl. **1927 I**, 122.

[7] Ferdinand Wyss: C. r. Acad. Sci. Paris **181**, 327 (1925) — Chem. Zbl. **1926 I**, 991.

[8] Ferdinand Bertram: Klin. Wschr. **4**, 1106—1109 (1925) — Chem. Zbl. **1925 II**, 733.

[9] H. Hoogslag: Nederl. Tijdschr. Geneesk. **67 II**, 1466 (1923) — Chem. Zbl. **1924 I**, 1054. — B. Sybrandy: Nederl. Tijdschr. Geneesk. **67 II**, 1467 (1923) — Chem. Zbl. **1924 I**, 1055. — Marius Lauritzen: Ther. Gegenw. **64**, 404 (1923) — Chem. Zbl. **1924 I**, 2178. — A. P. Thomson: Brit. med. J. **1924 I**, 457 — Chem. Zbl. **1924 I**, 2444. — J. A. Nixon: Brit. med. J. **1924 I**, 53 — Chem. Zbl. **1924 II**, 76. — Arthur Innes: Brit. med. J. **1924 I**, 55 — Chem. Zbl. **1924 II**, 77. — Robert E. Mark: Wien. med. Wschr. **74**, 1855—1860 — Chem. Zbl. **1924 II**, 1953. — H. B. Corbitt: J. amer. pharmaceut. Assoc. **14**, 108—112 (1925) — Chem. Zbl. **1925 I**, 2238. — Frederick G. Banting: Canad. med. Assoc. J. **16**, 221—232 (1926) — Chem. Zbl. **1927 II**, 1161. — C. von Noorden u. S. Isaac: Klin. Wschr. **3**, 720 (1924) — Chem. Zbl. **1924 II**, 77. — Luigi Villa: Probl. Nutriz. **1**, 101—105 (1924) — Ber. Physiol. **28**, 105 (1924) — Chem. Zbl. **1925 I**, 985. — R. Carrasco-Formiguera: Lancet **208**, 1076—1077 (1925) — Chem. Zbl. **1925 II**, 662. — George A. Allan: Brit. med. J. **1924 I**, 50 — Chem. Zbl. **1924 II**, 77.

[10] Joseph Fritz: Münch. med. Wschr. **72**, 976—977 (1925) — Chem. Zbl. **1925 II**, 1181. — Ernst Friedrich Müller, Herbert J. Wiener u. Renée von E. Wiener: Münch. med. Wschr. **72**, 1677 (1925) — Chem. Zbl. **1926 I**, 426. — Ernst F. Müller u. H. B. Corbitt: J. Labor. a. clin. Med. **10**, 695 (1925) — Chem. Zbl. **1926 I**, 2014.

[11] H. L. E. Lamers: C. r. Soc. Biol. Paris **94**, 1259 (1926) — Chem. Zbl. **1926 II**, 603.

[12] Ernst Friedrich Müller, Herbert J. Wiener u. Renée P. Wiener: Münch. med. Wschr. **72**, 1061—1064, 1114—1117 (1925) — Chem. Zbl. **1925 II**, 1181. — N. C. Paulesco: C. r. Soc. Biol. Paris **90**, 714 (1924) — Chem. Zbl. **1924 II**, 76.

[13] R. D. Lawrence: Lancet **208**, 1125—1126 (1925) — Chem. Zbl. **1925 II**, 662. — E. F. Mueller u. C. N. Myers: Proc. Soc. exper. Biol. a. Med. **22**, 92 (1924) — Chem. Zbl. **1926 I**, 1833.

[14] F. G. Banting, W. R. Campbell u. A. A. Fettcher: Biol. med. J. **1923 I**, 8 — Chem. Zbl. **1923 I**, 553. — E. J. Spriggs, D. O. Pickering u. A. J. Leigh: Brit. med. J. **1923 II**, 58 — Chem. Zbl. **1923 III**, 694. — W. R. Campbell usw.: J. metabol. Res. **2**, 605 (1923) — Chem. Zbl. **1923 III**, 873. — H. Strauß, H. C. Hagedorn u. W. Ercklentz: Dtsch. med. Wsche. **49**, 971 (1923) — Chem. Zbl. **1923 III**, 1115. — J. R. Rijtma: Nederl. Tijdschr. Geneesk. **67 II**, 1334 (1923) — Chem. Zbl. **1924 I**, 215. — J. M. Rabinowitch: Arch. int. Med. **32**, 796 (1923) — Ref.: Ber. Physiol. **25**, 61 (1924) — Chem. Zbl. **1924 II**, 1007. — A. Desgrez, H. Bierry u. F. Rathery: C. r. Soc. Biol. Paris **89**, 473 (1923) — Chem. Zbl. **1923 III**, 1189. — J. Snapper: Nederl. Tijdschr. Geneesk. **67 II**, 2191 (1923) — Chem. Zbl. **1924 I**, 934. — P. Ruitinga u. B. K. Boom: Nederl. Tijdschr. Geneesk. **67 II**, 2188 (1923) — Chem. Zbl. **1924 I**, 934. — E. Laqueur: Nederl. Tijdschr. Geneesk. **67 II**, 2162 (1923) — Chem. Zbl. **1924 I**, 934. — A. A. Hymans van den Bergh u. A. Siegenbeck

Individuelle Reaktionen auf Insulin[1], Insulinshock[2], toxische Insulinwirkung[3]. Die Insulinmenge, die erforderlich ist, um Glykosurie fernzuhalten, hängt nicht nur von der vorhandenen Zuckermenge, sondern auch von der gesamten Calorienzufuhr und vom Körpergewicht ab. Es ist unentschieden, ob Insulin auf die Umsetzung aller Nahrungsstoffe einwirkt oder ob Körpergewicht und Umsatzgröße der Nichtkohlehydrate den Umsatz von Kohlehydrat beeinflussen[4]. Insulinempfindlichkeit[5]. Einfluß von Kohlehydraten, Fetten und Eiweiß auf die Empfindlichkeit gegenüber Insulin[6]. — Einfluß der Diät auf den physiologischen Insulinwert[7]. Insulinbedarf bei verschiedener Kost[8]. Behandlung des Diabetes mit Insulin und Kohlehydratbeschränkung[9]. Über gleichzeitige Verabfolgung von Insulin mit Zucker[10]. Über quantitative und optimale Wirkung des Insulins[11]. — Rationelle Insulintherapie auf Grund von Blutzuckertageskurven[12]. Über die normale Urinzuckerkurve bei normalen Individuen, Grenzfällen von Diabetes und extremen Diabetes mit Insulinbehandlung[13]. Die Zuckerausscheidung nach verschiedener Ernährung, und Einfluß der Nahrung auf die Glykosetoleranz mit einigen Bemerkungen über die Natur der Insulinwirkung[14]. — Zuckerausscheidung nach Zuckerüberschwemmung und Insulin[15]. Die Fettkörper in der Ernährung der Diabetiker in Gegenwart von Insulin[16]. Einfluß des Insulins auf die Blutzuckerkurve bei Diabetes[17].

van Heukelom: Nederl. Tijdschr. Geneesk. **67 II**, 2154 (1923) — Chem. Zbl. **1924 I**, 934. — L. Polak Daniels u. J. Doyer: Nederl. Tijdschr. Geneesk. **67 II**, 2164 (1923) — Chem. Zbl. **1924 I**, 934. — M. Rosenberg: Münch. med. Wschr. **70**, 1290 (1923) — Chem. Zbl. **1924 I**, 1230. — W. Storm van Leeuwen: Nederl. Tijdschr. Geneesk. **67 II**, 2207 (1923) — Chem. Zbl. **1924 I**, 1409. — W. Grunke: Ther. Gegenw. **66**, 268—272 (1925) — Chem. Zbl. **1925 II**, 410. — Marius Lauritzen: Klin. Wschr. **4**, 2494 (1925) — Chem. Zbl. **1926 I**, 2014.

[1] A. Bornstein u. Kurt Holm: Dtsch. med. Wschr. **50**, 503 (1924) — Chem. Zbl. **1924 II**, 369. — Ernst Laqueur: Dtsch. med. Wschr. **50**, 496 (1924) — Chem. Zbl. **1924 II**, 370.

[2] E. Fr. Müller u. W. F. Petersen: Klin. Wschr. **5**, 1025 (1926) — Chem. Zbl. **1926 II**, 905. — O. Klein u. H. Holzer: Z. klin. Med. **107**, 94 (1928) — Chem. Zbl. **1928 I**, 1200 — Zbl. inn. Med. **48**, 828—831 — Prag. Univ., Chem. Zbl. **1927 II**, 1716.

[3] F. Fischler: Münch. med. Wschr. **74**, 680 (1927) — Chem. Zbl. **1927 I**, 3097.

[4] Frederick M. Allen: Trans. Assoc. amer. Physicians **38**, 394—410 (1923) — Ber. Physiol. **27**, 109—110 (1924) — Chem. Zbl. **1925 I**, 707.

[5] W. Falta: Wien. klin. Wschr. **41**, 278 — Chem. Zbl. **1928 I**, 2102. — H. J. John: J. metabol. Res. **7/8**, 51 (1925/26) — Chem. Zbl. **1928 I**, 2102.

[6] A. Grevenstuk, D. E. de Jongh u. E. Laqueur: Nederl. Tijdschr. Geneesk. **69 II**, 1008 (1925) — Chem. Zbl. **1926 I**, 150.

[7] A. Stasiak: J. Labor. a. clin. Med. **12**, 256—258 (1926) — Chem. Zbl. **1927 I**, 1494.

[8] N. R. Blatherwick, W. D. Sansum M. Bell u. E. Hill: J. metabol. Res. **7/8**, 39 (1925/26) — Chem. Zbl. **1928 I**, 2102.

[9] George Graham u. C. F. Harris: Lancet **204**, 1150 (1923) — Chem. Zbl. **1924 I**, 1960.

[10] S. E. de Jongh u. E. Laqueur: Nederl. Tijdschr. Geneesk. **68 I**, 907 (1924) — Chem. Zbl. **1924 I**, 2445. — J A. Collazo u. I. Lewicki: Dtsch. med. Wschr. **51**, 600—603 (1925) — Chem. Zbl. **1925 I**, 2708. — Paul Herszky: Klin. Wschr. **5**, 1472 (1926) — Chem. Zbl. **1926 II**, 1760. — Othmar Puesko: Münch. med. Wschr. **75**, 1032 (1928) — Chem. Zbl. **1928 II**, 458.

[11] Kurt Holm: Klin. Wschr. **5**, 2157—2161 (1926) — Chem. Zbl. **1927 I**, 473.

[12] A. Gottschalk u. A. Springhorn: Klin. Wschr. **7**, 1129 (1928) — Chem. Zbl. **1928 II**, 458.

[13] Irvine H. Page: J. Labor. a. clin. Med. **8**, 631 (1923) — Chem. Zbl. **1924 I**, 1949.

[14] Isidor Greenwald, Joseph Groß u. Jerome Samet: C. r. Soc. Biol. Paris **92**, 70—71 (1925) — Chem. Zbl. **1925 I**, 1336.

[15] Georg Fricke: Klin. Wschr. **5**, 1927 (1926) — Chem. Zbl. **1926 II**, 2981.

[16] A. Desgrez, H. Bierry u. F. Rathery: C. r. Acad. Sci. Paris **178**, 1771 — Chem. Zbl. **1924 II**, 859.

[17] Léon Blum u. Henri Schwab: C. r. Soc. Biol. Paris **88**, 463 (1923) — Chem. Zbl. **1923 I**, 1463. — R. D. Lawrence u. R. F. L. Hewlett: Brit. med. J. **1925 I**, 998—1002 — Chem. Zbl. **1925 II**, 937. — S. H. Kahn: Boston med. J. **191**, 161—168 (1924) — Ber. Physiol. **29**, 607—608 (1925) — Chem. Zbl. **1925 II**, 52. — Kurt Karger: Klin. Wschr. **4**, 1165—1166 (1925) — Chem. Zbl. **1925 II**, 1181. — Walter M. Bartlett: J. Labor. a. clin. Med. **12**, 115 (1926) — Chem. Zbl. **1927 I**, 1971. — H. Zondek u. H. Ucko: Klin. Wschr. **4**, 6—7 (1925) — Chem. Zbl. **1925 I**, 1411. — David L. Drabkin: J. of Physiol. **60**, 155—160 (1925) — Chem. Zbl. **1925 II**, 1291. — H. Zondek u. H. Ucko: Hoppe-Seylers Z. **148**, 111 (1925) — Chem. Zbl. **1926 I**, 970. — E. Grafe u. K. Sorgenfrei: Dtsch. Arch. klin. Med. **145**, 294—309 (1924) — Chem. Zbl. **1925 I**, 686. — H. J. John: J. Labor. a. clin. Med. **11**, 548 (1926) — Chem. Zbl. **1926 II**, 445. — Niels A. Nielsen: Z. klin. Med. **109**, 636 (1929) — Chem. Zbl. **1929 I**, 1229. — R. Carrasco-Formiguera: Lancet **208**, 1076—1077 (1925) — Chem. Zbl. **1925 II**, 662.

Veränderungen des Proteidzuckers[1]. Gehalt des Blutes an Zucker und Gesamtkohlehydrat[2], Vergleich der Zuckerkonzentration im Arterien- und Venenblut während der Insulinwirkung[3]. — Zuckerkonzentration der Lebervene im Vergleich zu den Körpervenen[4]. — Zuckerverteilung auf Plasma und Erythrocyten[5]. — Insulin vergrößert nicht die Fixierung der Blutzucker durch die Lymphocyten[6]. — Mechanismus der Blutzuckerverminderung unter Insulinwirkung[7]. Veränderung der Blutbeschaffenheit der Diabetiker nach länger dauernder Insulineinwirkung[8]. Bei Diabetes beeinflußt Insulin die Stickstoffverteilung des Blutes nicht[9]. Einfluß des Insulins auf die Blutzusammensetzung beim Diabetes[10], Gehalt an Aminosäuren[11], der Milchsäure[12]. — Milchsäuregehalt und Wasserstoffzahl des Blutes nach Insulin[13]. Insulin und Ketonkörper des Blutes[14]. Wirkung des Insulins auf den Lipoidgehalt des Blutes[15]. Bei normalen Menschen und bei Diabetikern nimmt nach 40—50 Insulineinheiten die Blutmenge um etwa 10% ab. — In einem Fall von Diabetes insipidus sank die Harnmenge von 11,8 auf etwa 2,5 l pro Tag, die Dichte stieg von 1001,5 auf 1010, das Körpergewicht blieb fast unverändert. Die Blutmenge nahm am ersten Insulintage um 7% zu, nach 4 Wochen Behandlung durch Insulin um 11%, wie normal, ab. — Insulin beeinflußt alle physikalisch-chemischen Vorgänge im Blut[16]. Im Verlauf der Insulinbehandlung ist das Verhältnis Plasmazucker : Liquorzucker nicht wesentlich beeinflußt[17]. Krampfmachende Mengen von Insulin verändern bei normalen Hunden und Kaninchen die Konzentration des Blutes nicht deutlich[18]. Nach 8—30 Einheiten Insulin stieg bei Hunden sowie bei Diabetes mellitus und insipidus die gesamte Blutkonzentration, am meisten das Serumglobulin[19]. Leukocytenzahl bei Insulinwirkung[20], Einfluß des Insulins

[1] J. J. Nitzescu u. C. Popesku-Inotesti: C. r. Soc. Biol. Paris **89**, 1403 (1924) — Chem. Zbl. **1924 I**, 1690. — Vincenzo Bisceglie: Clin. med. ital. **56**, 215 (1925) — Chem. Zbl. **1926 II**, 602. — H. Bierry, F. Rathery u. Kourilsky: C. r. Soc. Biol. Paris **90**, 36 (1924) — Chem. Zbl. **1924 I**, 2383.

[2] P. J. Cammidge u. H. A. H. Howard: J. metabol. Res. **5**, 83 (1925) — Chem. Zbl. **1926 I**, 149.

[3] Carl F. Cori u. Gerty T. Cori: Amer. J. Physiol. **71**, 688—707 (1925) — Chem. Zbl. **1925 II**, 199. — R. D. Lawrence: Brit. med. J. **1924 I**, 516 — Chem. Zbl. **1924 I**, 2528. — E. Frank, M. Nothmann u. A. Wagner: Klin. Wschr. **3**, 581 (1924) — Chem. Zbl. **1924 I**, 2529. — Carl F. Cori u. Gerty T. Cori: Proc. Soc. exper. Biol. a. Med. **22**, 72 (1924) — Chem. Zbl. **1926 I**, 2113.

[4] Carl F. Cori, Gerty T. Cori u. Hilda I. Goltz: J. of Pharmacol. **22**, 355 (1924) — Chem. Zbl. **1924 I**, 1959.

[5] Naraino N. Vega: Rev. méd. del Rosario **15**, 249 (1925) — Chem. Zbl. **1926 II**, 2076. — Ernst Wiechmann: Münch. med. Wschr. **71**, 9 (1923) — Chem. Zbl. **1924 I**, 798. — Alexander Kynd: Biochemic. J. **19**, 1095 (1925) — Chem. Zbl. **1926 I**, 2806.

[6] G. Fontés u. L. Thivolle: C. r. Soc. Biol. Paris **98**, 847 — Chem. Zbl. **1928 I**, 2625.

[7] B. Matsuoka: C. r. Soc. Biol. Paris **98**, 1178 (1928) — Chem. Zbl. **1928 II**, 1786.

[8] O. Klein: Biochem. Z. **171**, 177 (1926) — Chem. Zbl. **1926 II**, 446.

[9] Hugo Pribram u. Otto Klein: Zbl. inn. Med. **45**, 850—857 — Chem. Zbl. **1924 II**, 2859.

[10] Fritz Rothschild u. Max Jacobsohn: Z. klin. Med. **104**, 70 (1926) — Chem Zbl. **1926 II**, 3062.

[11] Ernst Wiechmann: Z. exper. Med. **44**, 158—167 (1924) — Chem. Zbl. **1925 I**, 2580.

[12] E. Tolstoi, R. O. Loebel, S. Z. Levine u. H. B. Richardson: Proc. Soc. exper. Biol. a. Med. **21**, 449—452 (1924) — Ber. Physiol. **29**, 241 (1925) — Chem. Zbl. **1925 I**, 1624. — Charles H. Best u. J. H. Ridout: J. of biol. Chem. **63**, 197—203 (1925) — Chem. Zbl. **1925 II**, 937. — J. A. Collazo u. J. Supniewski: Biochem. Z. **154**, 423—443 (1924) — Chem. Zbl. **1925 I**, 2708. — L. Servantie: C. r. Soc. Biol. Paris **92**, 700—702 (1925) — Chem. Zbl. **1925 II**, 200. — Bruno Mendel, Werner Engel u. Ingeborg Goldscheider: Klin. Wschr. **4**, 804—806 (1925) — Chem. Zbl. **1925 II**, 200. — Vilém Laufberger: Spisy lék. Fak. masaryk. Univ. Brno (tschech.) **3**, 29 (1925) — Chem. Zbl. **1926 II**, 1656. — J. A. Collazo u. J. Lewicki: Ann. Méd. **18**, 152 (1925) — Chem. Zbl. **1926 II**, 445 — Biochem. Z. **158**, 136 — Chem. Zbl. **1925 II**, 1368.

[13] Richard Kuhn, Hanns Baur u. Rudolf Heckscher: Hoppe-Seylers Z. **141**, 68—99 (1924) — Chem. Zbl. **1925 I**, 864.

[14] Emerich V. Fazekas: Biochem. Z. **170**, 224 (1926) — Chem. Zbl. **1926 II**, 55. — F. Fonseca: Dtsch. med. Wschr. **50**, 362 — Chem. Zbl. **1924 II**, 1365.

[15] Iwakichi Oku: Fol. endocrin. jap. **2**, 279 (1926) — Chem. Zbl. **1927 II**, 2203. — A. C. White: Ber. Physiol. **36**, 398 (1926) — Chem. Zbl. **1926 II**, 2190.

[16] L. Villa: Klin. Wschr. **3**, 1949—1951 (1924) — Chem. Zbl. **1925 I**, 707.

[17] Ernst Wiechmann: Z. exper. Med. **44**, 328—354 (1924) — Chem. Zbl. **1925 I**, 1503.

[18] W. F. Hamilton, H. G. Harbour u. J. H. Warner: J. of Pharmacol. **24**, 335—337 (1924) — Chem. Zbl. **1925 I**, 2388.

[19] Luigi Villa: Arch. Pat. e. Clin. med. **4**, 79 (1926) — Chem. Zbl. **1926 I**, 712.

[20] G. Török: Wien. klin. Wschr. **38**, 1187 (1925) — Chem Zbl. **1926 I**, 1833. — Boden, Determann u. Wankell: Klin. Wschr. **5**, 1761 (1926) — Chem. Zbl. **1926 II**, 2734. — O. Klein u. H. Holzer: Z. klin. Med. **106**, 360 (1927) — Chem. Zbl. **1924 I**, 370.

auf das morphologische Blutbild[1], Zuckeraufnahmefähigkeit der Erythrocyten[2]. — Hemmung dieser Aufnahmefähigkeit bei Diabetes[3]. Katalasegehalt des Blutes und Insulinwirkung[4]. — Vermehrung des Insulingehaltes im Pankreasvenenblut nach einer durch Glykoseinjektion erzeugten Glykämie[5]. Gesamtkohlenstoffgehalt des Blutes[6]. — Veränderungen in der Verteilung des Phosphors im Blute[7]. — Milchsäure und anorganischer Phosphor Normaler und Diabetiker nach Glykoseverabreichung, mit und ohne Insulin[8]. — Calciumgehalt des Blutes nach Insulininjektionen[9]. Verteilung der anorganischen Salze und Ionen im Blutserum[10]. Verhalten der Blutdiastasen bei diabetischen, mit Insulin behandelten Tieren[11]. Der Einfluß des Insulins auf die Phosphorsäure des Blutes und des Urins[12]. — Verteilung der reduzierenden Substanz zwischen Blutplasma und quergestreiftem Muskel[13].

Insulinhypoglykämie[14]. Anorganische Phosphate und Insulinhypoglykämie[15]. Der Einfluß von Hexosediphosphorsäure und Hexosemonophosphorsäure auf die Insulinhypoglykämie[16]. — Einfluß der Ernährung auf die Alkalireserve und die Insulinhypoglykämie von Kaninchen[17]. Einfluß von Glykosamin auf die Insulinhypoglykämie[18]. — Blutzusammensetzung bei Insulinhypoglykämie[19]. Blutfett bei Insulinhyperglykämie[20]. Beobachtungen

[1] V. E. Levin u. J. J. Kolars: Amer. J. Physiol. 74, 695 (1925) — Chem. Zbl. 1926 II, 905.

[2] H. Häusler u. F. Höder: Klin. Wschr. 6, 541—543 — Chem. Zbl. 1927 II, 1164. — J. Secker: J. of Physiol. 60, 286 (1925) — Chem. Zbl. 1926 I, 149. — H. Häusler u. O. Loewi: Pflügers Arch. 210, 238 (1925) — Chem. Zbl. 1926 I, 1224.

[3] O. Loewi: Klin. Wschr. 6, 2169 (1927) — Chem. Zbl. 1928 I, 83.

[4] G. Török: Wien. klin. Wschr. 39, 625—627 (1926) — Chem. Zbl. 1927 I, 3071.

[5] Edgard Zunz u. Jean La Barre: C. r. Soc. Biol. Paris 96, 421 (1927) — Chem. Zbl. 1927 I, 2565.

[6] Alfred Gigon: Schweiz. med. Wschr. 54, 1126 (1924) — Chem. Zbl. 1926 I, 2484.

[7] V. B. Wigglesworth, C. E. Woodrow, W. Smith u. L. B. Winter: J. of Physiol. 57, 447 (1923) — Chem. Zbl. 1923 III, 1190. — A. Bolliger u. F. W. Hartman: J. of biol. Chem. 64, 91—109 (1925) — Chem. Zbl. 1925 II, 835. — Sophie Kolodziejska u. Casimir Funk: Biochemic. J. 20, 392 (1926) — Chem. Zbl. 1926 II, 249. — E. Savino: Rev. Asoc. méd. argent. 37, 50 (1924) — Chem. Zbl. 1926 II, 1656. — H. K. Barrenscheen u. Robert Berger: Biochem. Z. 177, 81—88 (1926) — Chem. Zbl. 1927 I, 124. — Artturi I. Virtanen u. H. Karström: Hoppe-Seylers Z. 161, 218—244 (1926) — Chem. Zbl. 1927 I, 910. — L. B. Winter u. W. Smith: J. of Physiol. 58, 327 (1924) — Chem. Zbl. 1924 I, 2718.

[8] Ichiro Katayama u. John A. Killian: Proc. Soc. exper. Biol. a. Med. 23, 173 (1925) — Chem. Zbl. 1926 II, 2073 — J. of biol. Chem. 71, 707 (1927) — Chem. Zbl. 1927 I, 2439.

[9] Eskil Kylin: Z. exper. Med. 52, 260 (1926) — Chem. Zbl. 1926 II, 2609.

[10] T. Mozai, M. Akiya, J. Inada u. S. Kawashima: Proc. imp. Acad. Tokyo 3, 113 (1927) — Chem. Zbl. 1927 II, 842. — W. H. Finney, S. Dworkin u. G. J. Cassidy: Amer. J. Physiol. 80, 301 (1927) — Chem. Zbl. 1927 II, 842. — J. C. Brougher: Amer. J. Physiol. 80, 411 (1927) — Chem. Zbl. 1927 II, 843.

[11] J. Markowitz: Proc. Trans. Roy. Soc. Canada (3) V 18, 141—146 (1924) — Chem. Zbl. 1925 I, 1506.

[12] A. Bolliger: Z. exper. Med. 59, 717 — Chem. Zbl. 1928 I, 2419.

[13] B. S. Cuanca: Biochem. Z. 190, 1 (1927) — Chem. Zbl. 1928 II, 65.

[14] G. A. Harrison: Brit. med. J. 1926 II, 57 — Chem. Zbl. 1926 II, 1760. — F. Fischer u. F. Ottensooser: Hoppe-Seylers Z. 144, 1—59 (1925) — Chem. Zbl. 1925 II, 52. — L. Kepinow u. S. Ledebt-Petit Dutaillis: C. r. Soc. Biol. Paris 96, 371 (1927) — Chem. Zbl. 1927 I, 2563. — Z. Ernst u. J. Förster: Biochem. Z. 169, 498 (1926) — Chem. Zbl. 1926 I, 3163. — Luigi Condorelli: Policlinico, ser. med. 32, 317 (1925) — Chem. Zbl. 1926 II, 1058. — F. Fischler: Münch. med. Wschr. 70, 1407 (1923) — Chem. Zbl. 1924 I, 686. — H. Chabanier, M. Lebert u. C. Lobo-Onell: C. r. Soc. Biol. Paris 88, 480 (1923) — Chem. Zbl. 1923 I, 1518. — H. Chabanier, C. Lobo-Onell u. M. Lebert: Bull. méd. 37, 579 (1923) — Chem. Zbl. 1924 I, 1830. — C. Piazza: Probl. Nutriz. 1, 420 (1924) — Ref.: Ber. Physiol. 31, 68 — Chem. Zbl. 1925 II, 1458. — G. Hetényi: Z. exper. Med. 46, 600 — Chem. Zbl. 1925 II, 2171 — Z. exper. Med. 45, 439 — Chem. Zbl. 1925 II, 312. — W. B. Cannon, M. A. McJver u. S. W. Bliss: Amer. J. Physiol. 64, 46 — Chem. Zbl. 1924 II, 1363.

[15] A. Desgrez, H. Bierry u. F. Rathery: C. r. Acad. Sci. Paris 180, 1554 — Chem. Zbl. 1925 II, 1684.

[16] Henry Percy Marko u. Walter Thomas James Morgan: Biochemic. J. 21, 530 (1927) — Chem. Zbl. 1928 II, 365.

[17] J. H. Page: Amer. J. Physiol. 66, 1 (1924) — Chem. Zbl. 1924 I, 1409.

[18] A. Moschini: Boll. Soc. med.-chir. 36, 393 (1924) — Ref.: Ber. Physiol. 31, 69 — Chem. Zbl. 1925 II, 1459.

[19] L. Foshay: Amer. J. Physiol. 73, 470 — Chem. Zbl. 1925 II, 1458.

[20] Adam Cairns White: Biochemic. J. 19, 921 (1925) — Chem. Zbl. 1926 I, 2716.

über Insulinhypoglykämie beim Menschen. Verhalten der Eiweißfraktionen des Blutes, des Bilirubins, der Blutkonzentration und der Blutgerinnung, insbesondere bei Leberkranken[1]. — Die Leberfunktion bei der Insulinhypoglykämie[2]. Zwischen Insulinhypoglykämie und Hypophosphatämie besteht kein Zusammenhang[3]. Rolle der Adrenalinabsonderung während der Insulinhypoglykämie[4]. Verschiedene Untersuchungen während des hypoglykämischen Stadiums[5]. — Nach Injektionen mit Blut, das von Tieren stammt, die mit Insulin behandelt wurden, tritt eine inverse Reaktion, eine Hyperglykämie, auf[6]. Hypoglykämie und giftige Wirkung des Insulins[7]. — Verhältnis von Dosis und Blutzuckersenkung und Schwellenwert des Insulins[8]. Über die Hyperinsulinämie nach durch Glykoseinjektion hervorgerufener Hyperglykämie[9]. — Über den Einfluß von Insulin auf Acidosis und Lipämie bei Diabetes[10].

Die antiketogene Wirkung des Insulins bei Diabetes[11]. Verhalten der Toleranz bei Diabetikern nach Insulinbehandlung[12]. Einfluß von Kohlehydraten und Eiweiß auf den Diabetes und das Insulinbedürfnis[13]. — Einfluß von Fett und Gesamtcalorien auf den Diabetes und das Insulinbedürfnis[14]. Einfluß von Insulin auf den Gesamtstoffwechsel bei Diabetes[15]. Muskelarbeit und Insulinbedarf bei Diabetes[16]. — Über das Neutralisationsvermögen des Blutes bei Diabetikern gegenüber Insulin[17]. Wirkung der aus Insulin isolierten Substanz A bei Diabetikern[18]. Intertracheale Insulininjektionen[19]. — Intrakardial verwendetes Insulin[20]. — Per-

---

[1] O. Klein u. M. Kment: Z. klin. Med. **107**, 476 — Chem. Zbl. **1928 I**, 3085.

[2] Luigi Villa: Arch. di Fisiol. **23**, 71 (1925) — Chem. Zbl. **1926 II**, 1058. — David L. Drabkin u. D. J. Edwards: Amer. J. Physiol. **70**, 273—282 (1924) — Chem. Zbl. **1925 I**, 403. — E. Fr. Müller u. W. F. Petersen: Münch. med. Wschr. **73**, 726 (1926) — Chem. Zbl. **1926 II**, 446.

[3] Gaetano Piazza: Arch. Farmacol. sper. **41**, 85 (1926) — Chem. Zbl. **1926 II**, 1434.

[4] B. A. Houssay, J. T. Lewis u. E. A. Molinelli: C. r. Soc. Biol. Paris **91**, 1011—1013, 1924 — Chem. Zbl. **1925 I**, 709.

[5] Hanns Baur u. Richard Kuhn: Klin. Wschr. **3**, 2248—2250 (1924) — Chem. Zbl. **1925 I**, 706.

[6] P. Mauriac u. E. Aubertin: C. r. Soc. Biol. Paris **93**, 130—132 (1925) — Chem. Zbl. **1925 II**, 938.

[7] Georg A. Harrop jr.: Arch. int. Med. **40**, 216 (1927) — Chem. Zbl. **1928 II**, 906.

[8] Ernst Laqueur u. S. E. de Jongh: Biochem. Z. **164**, 344 (1925) — Chem. Zbl. **1926 I**, 1434.

[9] E. Zunz u. J. La Barre: Arch. internat. Physiol. **29**, 265 (1927) — Chem. Zbl. **1928 I**, 1785.

[10] H. Whitridge Davies, Charles G. Lambie, A. Murray Lyon, Jonathan Meakins u. William Robson: Brit. med. J. **1923 II**, 847 — Chem. Zbl. **1923 III**, 575.

[11] John A. Killian: J. Labor. a. clin. Med. **11**, 1132 (1926) — Chem. Zbl. **1926 II**, 2734. — E. Schiff u. K. Choremis: Dtsch. med. Wschr. **52**, 1732 (1926) — Chem. Zbl. **1926 II**, 2981. — Fritz Mainzer: Klin. Wschr. **6**, 107—108 (1927) — Chem. Zbl. **1927 I**, 1332. — A. Desgrez, H. Bierry u. F. Rathery: C. r. Acad. Sci. Paris **177**, 795 (1923) — Chem. Zbl. **1924 I**, 215. — B. Sybrandy: Nederl. Tijdschr. Geneesk. **68 II**, 2570—2575 (1924) — Chem. Zbl. **1925 I**, 707. — Kurt Herzberg: Klin. Wschr. **3**, 1816—1817 — Chem. Zbl. **1924 II**, 2278. — F. G. Banting, C. H. Best, J. B. Collip u. J. J. R. Macleod: Proc. Trans. Roy. Soc. Canada (3) V **16**, 43 (1922) — Chem. Zbl. **1923 III**, 1292. — Vincent Brian Wigglesworth: Biochemic. J. **18**, 1217—1221 (1924) — Chem. Zbl. **1925 I**, 1412. — N. R. Dhar: J. physic. Chem. **31**, 1259 (1927) — Chem. Zbl. **1928 I**, 88. — S. J. Thannhauser u. H. Mezger: Klin. Wschr. **3**, 1989—1991 (1924) — Chem. Zbl. **1925 I**, 254. — M. Nothmann: Dtsch. med. Wschr. **51**, 1663 (1925) — Chem. Zbl. **1926 I**, 430. — J. A. Killian: Proc. Soc. exper. Biol. a. Med. **21**, 22 (1923) — Ref.: Ber. Physiol. **24**, 346 (1924) — Chem. Zbl. **1924 II**, 710. — Leo Pollak: Wien. klin. Wschr. **37**, 55 (1924) — Chem. Zbl. **1924 I**, 2178.

[12] Pius Müller: Dtsch. Arch. klin. Med. **155**, 26 (1927) — Chem. Zbl. **1927 II**, 287. — Genichiro Eda: J. of biol. Chem. **7**, 53—77 (1927) — Chem. Zbl. **1927 II**, 275.

[13] Janes W. Sherrill: J. metabol. Res. **3**, 13 (1923) — Chem. Zbl. **1923 III**, 1115.

[14] Frederick M. Allen: J. metabol. Res. **3**, 61 (1923) — Chem. Zbl. **1923 III**, 1116.

[15] J. J. R. Macleod: Brit. med. J. **1922 II**, 833 — Chem. Zbl. **1923 I**, 264.

[16] A. Gerl u. A. Hoffmann: Klin. Wschr. **7**, 59 (1928) — Chem. Zbl. **1928 I**, 1055.

[17] Pierre Mauriac u. E. Aubertin: C. r. Soc. Biol. **98**, 233, 235, 237 (1928) — Chem. Zbl. **1928 II**, 681.

[18] Marcel Landsberg: Progrès méd. **55**, 242—245 — Ber. Physiol. **40**, 601 (1927) — Chem. Zbl. **1927 II**, 1716.

[19] Pierre Mauriac u. A. Gandy: C. r. Soc Biol. Paris **93**, 1524 (1925) — Chem. Zbl. **1926 I**, 2593.

[20] M. Lévai u. Olga Waldbauer: Dtsch. med. Wschr. **53**, 403 (1927) — Chem. Zbl. **1927 I**, 2330.

orale Verabfolgungen von Insulin[1], Verreibungen auf der Zunge[2], Insulininhalationen[3]. — Applikation von Insulin in Kapseln mit gegen Magenverdauung wiederstandsfähiger Hülle[4]. Einführung in den Magen der Kaninchen[5], Resorption durch den Verdauungstractus bei Diabetikern[6], Resorption von Insulin vom Mastdarm aus bei Kaninchen[7]. — Verabfolgung von Insulin vom Dünndarm aus[8]. — Aufnahme von Insulin aus dem Darm, der Vagina und dem Hodensack[9]. — Intraperitoneale Injektion von Insulin[10]. Insulininjektion in die Cerebrospinalflüssigkeit[11]. Wirkung des Insulins auf kaltblütige Wirbeltiere[12]. — Wirkung von Insulin auf den Blutzucker von Fischen[13].

Untersuchungen über die verschiedenen Wirkungen des Insulins an Fröschen[14], an Tauben[15], Hühnern[16]. — An Kaninchen[17]. — Kaninchen mit saurer Nahrung (Hafertiere) reagieren auf

[1] G. A. Harrison: Brit. med. J. **1923 II**, 1204 — Chem. Zbl. **1924 I**, 2178. — W. F. Fornet: Wien. med. Wschr. **76**, 66 (1926) — Chem. Zbl. **1926 I**, 1833. — S. E. de Jongh, C. Laqueur u. K. Nehring: Biochem. Z. **163**, 381 (1925) — Chem. Zbl. **1926 II**, 1868. — Walter B. Meyer u. Albert Oppenheimer: Dtsch. med. Wschr. **52**, 1720 (1926) — Chem. Zbl. **1926 II**, 2981. — W. Fornet: Dtsch. med. Wschr. **52**, 1946—1947 (1926) — Chem. Zbl. **1927 I**, 474. — F. Umber: Dtsch. med. Wschr. **52**, 1947 (1926) — Chem. Zbl. **1927 I**, 474. — Ernst Wiechmann: Münch. med. Wschr. **74**, 2207 (1927) — Chem. Zbl. **1928 I**, 936. — Kazimir Funk u. Sophie Kołodziejska: Med. doświadcz. i społ. **2**, 367—368 (1924) — Ber. Physiol. **29**, 583—584 (1925) — Chem. Zbl. **1925 II**, 51. — Cesare Serono: Rass. internaz. Clin. **22**, 101 (1923) — Chem. Zbl. **1924 I**, 72.

[2] Bruno Mendel, Anneliese Wittgenstein u. Erick Wolffenstein: Klin. Wschr. **3**, 470 (1924) — Chem. Zbl. **1924 I**, 2529. — L. Blum: C. r. Soc. Biol. Paris **91**, 199 — Chem. Zbl. **1924 II**, 1227.

[3] M. Gänsslen: Klin. Wschr. **4**, 71 (1925) — Chem. Zbl. **1925 I**, 2388. — Arnold Palm: Z. exper. Med. **55**, 432—444 — Chem. Zbl. **1927 II**, 1162.

[4] John R. Murlin, C. Clyde Sutter, R. S. Allen u. H. A. Piper: Proc. Soc. exper. Biol. a. Med. **21**, 338—340 (1925) — Ber. Physiol. **29**, 242 (1925) — Chem. Zbl. **1925 I**, 1624.

[5] L. C. Maxwell, N. R. Blatherwick u. W. D. Sansum: Amer. J. Physiol. **70**, 351—357 (1924) — Chem. Zbl. **1925 I**, 707.

[6] S. Peskind: J. metabol. Res. **6**, 207—208 (1924) — Chem. Zbl. **1927 I**, 1693. — Max M. Lévy u. Paul Cordier: C. r. Soc. Biol. Paris **92**, 248—249 (1925) — Chem. Zbl. **1925 I**, 2173.

[7] S. Peskind, J. M. Rogoff u. G. N. Stewart: Amer. J. Physiol. **68**, 530 — Chem. Zbl. **1924 II**, 1111.

[8] Aranka Stasiak: Biochem. Z. **182**, 24 (1927) — Chem. Zbl. **1928 I**, 370. — D. S. Hachen u. C. A. Mills: Amer. J. Physiol. **65**, 395 (1923) — Chem. Zbl. **1923 III**, 1116.

[9] N. F. Fisher: Amer. J. Physiol. **67**, 65 (1924) — Chem. Zbl. **1924 I**, 1960.

[10] F. Merodith Hoskins u. Franklin F. Snyder: J. of biol. Chem. **75**, 147 (1927) — Chem. Zbl. **1928 I**, 815. — Melville Sahyun u. N. R. Blatherwick: J. of biol. Chem. **77**, 459 (1928) — Chem. Zbl. **1928 II**, 1112.

[11] J. V. Supniewski, Y. Ishikawa u. E. M. K. Geiling: J. of biol. Chem. **74**, 241 (1927) — Chem. Zbl. **1928 II**, 66. — J. W. Supniewski: Med. doświadcz. i społ. (poln.) **6**, 68 (1926) — Ref.: Ber. Physiol. **40**, 231 — Chem. Zbl. **1927 II**, 948.

[12] J. M. D. Olmsted: Amer. J. Physiol. **64**, 137 — Chem. Zbl. **1924 II**, 1228. — B. A. Houssay u. C. T. Rietti: C. r. Soc. Biol. Paris **91**, 27 — Chem. Zbl. **1924 II**, 1008.

[13] J. E. Gray: Amer. J. Physiol. **84**, 566 — Chem. Zbl. **1928 II**, 66.

[14] S. van Creveld u. E. van Dam: Nederl. Tijdschr. Geneesk. **67 II**, 1498 (1923) — Chem. Zbl. **1924 I**, 215. — A. M. Hemmingsen: Skand. Arch. Physiol. (Berl. u. Lpz.) **46**, 56—63 — Chem. Zbl. **1924 II**, 2185. — St. Kraszczynski: C. r. Soc. Biol. Paris **91**, 964—966 (1924) — Chem. Zbl. **1925 I**, 116. — Alfred Schwartz u. M. Bricka: C. r. Soc. Biol. Paris **91**, 1428—1430 (1924) — Chem. Zbl. **1925 I**, 1225. — Erich Gabbe: Arch. f. exper. Path. **105**, 208—217 (1925) — Chem. Zbl. **1925 I**, 2580. — Vilém Laufberger: Klin. Wschr. **4**, 151—154 (1925) — Chem. Zbl. **1925 I**, 1224. — B. A. Houssay, P. Mazzocco u. C. T. Rietti: C. r. Soc. Biol. Paris **92**, 968 (1925) — Chem. Zbl. **1926 I**, 1435. — J. M. D. Olmsted u. J. M. Harvey: Amer. J. Physiol. **78**, 28 (1926) — Chem. Zbl. **1926 II**, 2321.

[15] O. Riddle: Proc. Soc. exper. Biol. a. Med. **20**, 244 (1923) — Ref.: Ber. Physiol. **21**, 265 (1924) — Chem. Zbl. **1924 I**, 1554. — X. Chathovitch: C. r. Soc. Biol. Paris **93**, 652 (1925) — Chem. Zbl. **1926 I**, 157. — Hannah Elizabeth Honeywell u. Oscar Riddle: Proc. Soc. exper. Biol. a. Med. **20**, 248—252 (1923) — Chem. Zbl. **1924 II**, 1827.

[16] G. J. Cassidy, F. Dworkin u. W. H. Finney: Amer. J. Physiol. **75**, 609 (1926) — Chem. Zbl. **1926 I**, 2931. — J. Markowitz: Proc. Trans. Roy. Soc. Canada **19**, 79 (1925) — Chem. Zbl. **1926 II**, 248.

[17] F. G. Banting, C. H. Best, J. B. Collip, J. J. R. Macleod u. E. C. Noble: Amer. J. Physiol. **62**, 162 (1922) — Chem. Zbl. **1922 III**, 1271. — L. B. Winter u. W. Smith: Nature (Lond.) **111**, 810 (1923) — Chem. Zbl. **1923 III**, 575. — A. McCormick, J. J. R. Macleod, E. C. Noble u. K. O'Brien: J. of Physiol. **57**, 234 (1923) — Chem. Zbl. **1923 III**, 694. — L. Ambard, F. Schmid

Insulin weit schwächer als basisch ernährte (Grünfuttertiere), gemessen an der Blutzucker-senkung[1].

Verschiedene Experimente über die Wirkung des Insulins an Kaninchen: Einfluß auf die Blutmenge[2], Blutreaktion[3, 4], morphologisches Blutbild[5], Abhängigkeit der hypoglykämischen Krämpfe vom Blutzuckerspiegel[6], Veränderungen des Blut- und Organzuckers[7], Schwellen-wert[8], Stoffwechseluntersuchungen[9], Einfluß auf die Körpertemperatur[10], auf den Wasser-Salz-Gehalt[11], auf die reduzierende Substanz in der Cerebrospinalflüssigkeit[12], auf die Blut-gerinnung[13]. — Wirkung des Insulins auf die experimentelle Anämie des Kaninchens[14]. Wirkung des Insulins bei gleichzeitiger Verabfolgung von Glykosamin[15]. Durch Fütterung mit kohle-hydratreicher Nahrung kann man die Widerstandsfähigkeit von Kaninchen gegen Insulin be-trächtlich erhöhen, obwohl die Blutzuckersenkung nicht gering ist[16]. Wirkung wiederholter Insulingaben[17]. — Wirkung von Acetylinsulin auf Kaninchen[18]. Versuche an Mäusen: geringe Wirkung[19], rectal eingeführtes Insulin wirkt gar nicht[20], Einfluß auf die anorganischen und organischen Phosphate der Leber[21]. Versuche an Ratten: Wirkung des Insulins auf den Blutzucker in vitro und vivo[22].

---

u. M. Arnovijevitch: C. r. Soc. Biol. Paris **89**, 593 (1923) — Chem. Zbl. **1923 III**, 1050. — F. G. Banting, C. H. Best, J. B. Collip, J. J. R. Macleod u. E. C. Noble: Proc. Trans. Roy. Soc. Canada (3) V **16**, 31 (1922) — Chem. Zbl. **1923 III**, 1292. — L. B. Winter: J. of Physiol. **58**, 18 (1923) — Chem. Zbl. **1924 I**, 1230. — E. J. Witzemann u. L. Livshis: J. of biol. Chem. **57**, 425 (1923) — Chem. Zbl. **1924 I**, 1230. — A. Krogh: Dtsch. med. Wschr. **44**, 1321 (1923) — Chem. Zbl. **1924 I**, 1230. — A. Neave Kingsbury: Lancet **208**, 18—19 (1925) — Chem. Zbl. **1925 I**, 2319.

[1] Emil Abderhalden u. Ernst Wertheimer: Pflügers Arch. **205**, 559—570 (1924) — Chem. Zbl. **1925 I**, 547. — H. Pénau u. H. Simonnet: C. r. Soc. Biol. Paris **93**, 1292 (1925) — Chem. Zbl. **1926 I**, 2112.

[2] J. B. S. Haldane, H. D. Kay u. W. Smith: J. of Physiol. **59**, 193—199 (1924) — Chem. Zbl. **1925 I**, 707.

[3] R. Wernicke, E. Savino u. C. Scotti: C. r. Soc. Biol. Paris **93**, 1120 (1925) — Chem. Zbl. **1926 I**, 1434.

[4] Alfred Gigon u. Wilhelm Brauch: Z. exper. Med. **44**, 107—115 (1924) — Chem. Zbl. **1925 I**, 2316. — Theodor Brugsch u. Hans Horsters: Biochem. Z. **175**, 130—134 (1926) — Chem. Zbl. **1927 I**, 131.

[5] Victor E. Levine u. J. J. Kolars: Proc. Soc. exper. Biol. a. Med. **32**, 98 (1925) — Chem. Zbl. **1926 I**, 1833.

[6] Erich Putter: Klin. Wschr. **3**, 2239—2242 (1924) — Chem. Zbl. **1925 I**, 707.

[7] Géza Hetényi: Z. exper. Med. **45**, 439—451 (1925) — Chem. Zbl. **1925 II**, 312.

[8] Ernst Laqueur u. S. E. de Jongh: Biochem. Z. **164**, 308 (1925) — Chem. Zbl. **1926 I**, 1434.

[9] C. Heymans u. M. Matton: Arch. internat. Pharmacodynamie **29**, 311—342 (1924) — Ber. Physiol. **29**, 241 (1925) — Chem. Zbl. **1925 I**, 1625.

[10] Maurice B. Visscher u. Robert G. Green: Amer. J. Physiol. **71**, 502—506 (1925) — Chem. Zbl. **1925 II**, 199.

[11] H. Vollmer u. J. Serebrijski: Biochem. Z. **158**, 366—394 (1925) — Chem. Zbl. **1925 II**, 1058.

[12] M. Kasahara u. E. Uetani: J. of biol. Chem. **59**, 433 — Chem. Zbl. **1924 II**, 710.

[13] F. La Barre: C. r. Soc. Biol. Paris **91**, 393 — Chem. Zbl. **1924 II**, 1604 — C. r. Soc. Biol. Paris **90**, 1038 — Chem. Zbl. **1924 II**, 1007.

[14] E. Rentz: C. r. Soc. Biol. Paris **98**, 816 — Chem. Zbl. **1928 I**, 2625.

[15] A. Moschini: Arch. ital. de Biol. (Pisa) **74**, 117 (1924) — Chem. Zbl. **1926 I**, 2113.

[16] Melville Sahyun u. N. R. Blatherwick: J. of biol. Chem. **79**, 443 (1928) — Chem. Zbl. **1929 I**, 665.

[17] K. Wallner: Biochem. Z. **176**, 246 (1926) — Chem. Zbl. **1926 II**, 2981. — Alfred Gigon: Z. klin. Med. **101**, 17—37 (1924) — Chem. Zbl. **1925 I**, 1758. — Hans-Joachim Arndt: Dtsch. med. Wschr. **53**, 2198 (1927) — Chem. Zbl. **1928 I**, 936.

[18] K. Freudenberg u. W. Dirscherl: Hoppe-Seylers Z. **175**, 1 — Chem. Zbl. **1928 I**, 2510 — Hoppe-Seylers Z. **157**, 64 — Chem. Zbl. **1926 II**. 2976 — Naturwiss. **15**, 832 (1927) — Chem. Zbl. **1928 I**, 211.

[19] A. Grevenstuk, E. Laqueur u. W. Riebensahm: Nederl. Tijdschr. Geneesk. **67 I**, 1630 — Chem. Zbl. **1923 III**, 873.

[20] Thor Stenström: C. r. Soc. Biol. Paris **90**, 518 (1924) — Chem. Zbl. **1924 I**, 2444.

[21] Carl F. Cori u. Hilda L. Goltz: Amer. J. Physiol. **72**, 256—259 (1925) — Chem. Zbl. **1925 II**, 476.

[22] Elisabeth Müller: Biochem. Z. **175**, 491 (1926) — Chem. Zbl. **1926 II**, 2608.

Zuckertoleranz nach Insulin[1], Einfluß von Kohlehydraten, Fetten und Eiweiß auf die Empfindlichkeit gegen Insulin[2], Stoffwechselversuche[3]. Herabgesetzte Empfindlichkeit von mit kohlehydratfreier fettreicher Nahrung gefütterten Mäusen und Ratten gegenüber Insulin[4]. Einfluß der Insulinbehandlung auf den Fettgehalt des Körpers bei avitaminösen Ratten unter verschiedenen Ernährungsbedingungen[5]. Übergang des Insulins in den Harn nach großen Insulindosen[6]. Wirkungen von Insulin bei diabetischen Hunden[7]: Wirkung auf die Glykämie und Acidose[8], Wirkung auf die Blutzusammensetzung[9]. — Krämpfe treten beim Schaf nicht auf, auch wenn der Blutzucker nur 0,03 % beträgt. Die Zeit, während der der Blutzucker auf dem niedrigsten Wert bleibt, wächst mit der Größe der Insulindosis[10]. Durch 500 bzw. 200 „Leo"-Einheiten Insulin subcutan konnten an Kühen hypoglykämische Symptome hervorgerufen werden, niedrigste beobachtete Blutzuckerkonzentration 0,0030 bzw. 0,037 % [11]. Dauerbehandlung normaler Tiere mit Insulin[12]. — Vergleich der Insulinwirkung bei verschiedenen Tierarten[13]. Insulin und Körpertemperatur bei Katzen und Hunden[14]. Einfluß des Insulins auf den respiratorischen Quotienten[15]. Einfluß von Insulin auf den Quotienten und den Gaswechsel nichtdiabetischer Menschen[16]. — Wirkung von Insulin auf den Gasstoffwechsel der Schild-

---

[1] Gerty T. Cori u. Carl F. Cori: Proc. Soc. exper. Biol. a. Med. **23**, 461—463 (1926) — Ber. Physiol. **37**, 101 (1926) — Chem. Zbl. **1927 I**, 1176 — J. of biol. Chem. **72**, 597 (1927) — Chem. Zbl. **1927 II**, 712.

[2] A. Grevenstuk, S. E. de Jongh u. Ernst Laqueur: Biochem. Z. **164**, 357 (1925) — Chem. Zbl. **1926 I**, 1435. — Emil Abderhalden u. Ernst Wertheimer: Pflügers Arch. **203**, 439 (1924) — Chem. Zbl. **1924 II**, 500 — Pflügers Arch. **205**, 547—558 (1924) — Chem. Zbl. **1925 I**, 547.

[3] J. Giaja u. X. Chahovitch: C. r. Soc. Biol. Paris **94**, 224 (1926) — Chem. Zbl. **1926 I**, 3073. — P. J. Cammidge u. H. A. Howard: J. metabol. Res. **6**, 189—205 (1924) — Chem. Zbl. **1927 I**, 1693.

[4] H. W. Bainbridge: J. of Physiol. **60**, 293 (1925) — Chem. Zbl. **1926 I**, 158.

[5] Kantaro Onohara: Biochem. Z. **163**, 51 (1925) — Chem. Zbl. **1926 I**, 1223.

[6] C. H. Best: Endocrinology 8, 617 (1924) — Ref.: Ber. Physiol. **30**, 885 — Chem. Zbl. **1925 II**, 368. — C. H. Best u. D. A. Scott: J. amer. med. Assoc. **81**, 383 — Chem. Zbl. **1925 I**, 254.

[7] John R. Murlin, Harry D. Clough, C. B. Gibbs u. Neil C. Stone: Amer. J. Physiol. **64**, 348 (1923) — Chem. Zbl. **1923 III**, 262. — Sidney W. Bliss: J. metabol. Res. **2**, 385 (1922) — Chem. Zbl. **1923 III**, 467.

[8] A. Desgrez, H. Bierry u. F. Rathery: C. r. Acad. Sci. Paris **176**, 1833 (1923) — Chem. Zbl. **1923 III**, 634.

[9] P. Mazzocco u. V. Morera: C. r. Soc. Biol. Paris **91**, 30 — Chem. Zbl. **1924 II**, 1008. — J. J. Nitzescu u. J. Mangiuca: C. r. Soc. Biol. Paris **90**, 1147 — Chem. Zbl. **1924 II**, 1007.

[10] Aaron Bodansky: Proc. Soc. exper. Biol. a. Med. **21**, 416—417 (1924) — Ber. Physiol. **27**, 331 (1924) — Chem. Zbl. **1925 I**, 708.

[11] Erik M. P. Widmark u. Olof Carlens: Biochem. Z. **158**, 81—86 (1925) — Chem. Zbl. **1925 II**, 662.

[12] Stanislaw Hornung: C. r. Soc. Biol. Paris **97**, 1500 (1927) — Chem. Zbl. **1928 I**, 935. — Karl Walther: Wien. klin. Wschr. **38**, 1112 (1925) — Chem. Zbl. **1926 I**, 426.

[13] A. Sordelli, B. A. Houssay u. P. Mazzocco: C. r. Soc. Biol. Paris **89**, 744 (1923) — Chem. Zbl. **1924 I**, 1230.

[14] G. J. Cassidy, S. Dworkin u. W. H. Finney: Amer. J. Physiol. **73**, 413, 417 — Chem. Zbl. **1925 II**, 1610.

[15] F. G. Banting, C. H. Best, J. B. Collip, J. Hepburn, u. J. J. R. Macleod: Trans. roy. Soc. Canada (3) **16**, V 35 (1922) — Chem. Zbl. **1923 III**, 1292. — Guy Laroche, Dauptain u. Tacquet: C. r. Soc. Biol. Paris **89**, 1221; **90**, 8 (1924) — Chem. Zbl. **1924 I**, 2383. — Robert Weiß u. Max Reiß: Z. exper. Med. **38**, 496 (1924) — Chem. Zbl. **1924 I**, 2445. — Erich Gabbe: Klin. Wschr. **3**, 612 (1924) — Chem. Zbl. **1924 I**, 2718. — E. Grafe: Dtsch. med. Wschr. **59**, 489 (1924) — Chem. Zbl. **1924 II**, 367. — B. R. Dickens, G. S. Eadie, J. J. R. Macleod u. F. R. Tember: Quart. J. exper. Physiol. **14**, 123—149 (1924) — Ber. Physiol. **27**, 106 (1924) — Chem. Zbl. **1925 I**, 116. — Estelle E. Hawley u. John R. Murlin: Amer. J. Physiol. **75**, 107 (1925) — Chem. Zbl. **1926 I**, 3072. — C. H. Best, H. H. Dale, J. P. Hoet u. H. P. Marks: Proc. roy. Soc. Lond. **100**, 55 (1926) — Chem. Zbl. **1926 II**, 912. — S. Büchner u. E. Grafe: Klin. Wschr. **2**, 2320 (1923) — Chem. Zbl **1924 I**, 428. — Estelle E. Hawley u. John R. Murlin: Proc. Soc. exper. Biol. a. Med. **22**, 130 (1925) — Chem. Zbl. **1926 II**, 1057. — Vilém Laufberger: Z. exper. Med. **50**, 761 (1926) — Chem. Zbl. **1926 II**, 1433. — Alfred Lublin: Arch. f. exper. Path. **115**, 101 (1926) — Chem. Zbl. **1926 II**, 1760. — K. L. E. Lamers: C. r. Soc. Biol. Paris **95**, 251 (1926) — Chem. Zbl. **1926 II**, 1869. — Cai Holten: J. metabol. Res. **6**, 1—86 (1924) — Chem. Zbl. **1927 I**, 1692. — A. Bornstein, W. Griesbach u. Kurt Holm: Z. exper. Med. **43**, 391—401 (1924) — Chem. Zbl. **1925 I**, 708. — J. G. D. de Barenne u. G. C. E. Burger: Koninkl. Akad. Wetensch. Amsterdam, **33**, 273 — Chem. Zbl. **1924 II**, 710. — C. Heymans u. M. Matton: C. r. Soc. Biol. Paris **90**, 1288 — Chem. Zbl. **1924 II**, 711 — C. r. Soc. Biol. Paris **90**, 361.

[16] G. Laroche u. Tacquet: C. r. Soc. Biol. Paris **90**, 1386 — Chem. Zbl. **1924 I**, 1007.

kröte[1]. Respiratorischer Stoffwechsel des kohlehydratarmen Tieres[2], von hungernden und gefütterten Kaninchen[3], bei experimentellem Pankreasdiabetes[4]. Der respiratorische Gaswechsel und Blutzuckerkurven normaler und diabetischer Individuen nach Adrenalin und Insulin[5]. Der Abänderung der Blutzuckerregulation durch Insulin geht keine Beeinflussung der physikalisch-chemischen Atmungsregulation parallel[6]. Der Gaswechsel der Maus nach Injektion von Insulin und Zuckerlösungen[7]. Einfluß von Insulin und Glykose auf den Sauerstoffverbrauch des überlebenden Froschrückenmarks[8]. Die Wirkung des Insulins und Zuckers auf den respiratorischen Quotienten und den Stoffwechsel des Herz-Lungen-Präparates[9]. — Wirkung von Insulin auf die Sauerstoff- und Kohlensäurespannungen in Luft zwischen Haut und Muskeln und ihr Zusammenhang mit dem Blutzucker[10]. Wirkung des Insulins auf die Wärmeproduktion[11]. Der Einfluß von Insulin auf die Ausnutzung von Glykose[12]. Insulin führt zu einer beschleunigten Verbrennung von Zucker und zu einem beschleunigten Aufbau von Glykogen[13]. Insulin hemmt den Zuckernachschub aus der Leber in das Blut und beschleunigt die Abwanderung des Zuckers aus dem Blut in die Gewebe[14]. — Zusatz von Insulin verhindert den durch ultraviolette Bestrahlung hervorgebrachten herabgesetzten Zuckerverbrauch[15]. Untersuchung über die Zuckerregulation durch die Insulintoleranzproben[16]. — Veränderungen des gebundenen Zuckers in der Leber und Muskulatur[17]. Insulin hemmt nicht die Bildung von Zucker in der Leber[18]. — Zuckerbildung in der durchströmten Leber aus nichteiweißartigen Quellen in Gegenwart von Insulin[19]. — Durch Insulininjektion ist die Aufnahmefähigkeit der Gewebe nur für ganz bestimmte Zuckerarten erhöht, und zwar für Glykose, Fructose, schwächer für Galaktose und Maltose. Keine Beschleunigung findet sich bei Mannose und Lactose[20]. Insulin und Kohlehydratumsatz[21]. Einfluß auf den Kohlehydratstoffwechsel pankreasloser Katzen[22]. Über die Wirkung des Insulins auf die Kohlehydratverbrennung im Hungertier[23].

[1] B. v. Issekutz u. F. Végh: Biochem. Z. **192**, 383 — Chem. Zbl. **1928 I**, 2625.

[2] Leon Asher u. T. Okumura: Biochem. Z. **176**, 325—340 (1926) — Chem. Zbl. **1927 I**, 132.

[3] J. L. Chaikoff u. J. J. R. Macleod: J. of biol. Chem. **73**, 725—747 — Chem. Zbl. **1927 II**, 1361

[4] E. u. L. Hédon: C. r. Acad. Sci. Paris **178**, 1633 (1924)—Chem. Zbl. **1924 II**, 208. — L. Hédon: C. r. Acad. Sci. **178**, 146 (1924) — Chem. Zbl. **1924 I**, 1055. — E. u. L. Hédon: C. r. Soc. Biol. Paris **89**, 1194 (1923) — Chem. Zbl. **1924 I**, 2382.

[5] Richard S. Lyman, Elizabeth Nicholls u. Wm. S. McCann: J. of Pharmacol. **21**, 343 (1923) — Chem. Zbl. **1923 III**, 1115.

[6] G. Endres u. H. Lucke: Z. exper. Med. **45**, 285—295 (1925) — Chem. Zbl. **1925 II**, 313.

[7] E. J. Lesser: Biochem. Z. **153**, 39—60 (1924) — Chem. Zbl. **1925 I**, 547.

[8] Hans Julius Wolf: Pflügers Arch. **216**, 322 (1927) — Chem. Zbl. **1927 II**, 103.

[9] L. E. Bayliss, E. A. Müller u. E. H. Starling: J. of Physiol. **65**, 33 (1928) — Chem. Zbl. **1928 II**, 260.

[10] J. Argyll Campbell u. H. W. Dudley: J. of Physiol. **58**, 348 (1924) — Chem. Zbl. **1924 I**, 2718.

[11] Walter M. Boothby u. Russell M. Wilder: Med. Clin. N. Amer. **7**, 53 (1923) — Chem. Zbl. **1924 I**, 2287. — M. Matton: C. r. Soc. Biol. Paris **90**, 361 (1924) — Chem. Zbl. **1924 I**, 2444. — A. Arnstein: Wien. klin. Wschr. **37**, 622 — Chem. Zbl. **1924 II**, 1227.

[12] Carl F. Cori u. Gerty T. Cori: J. of biol. Chem. **76**, 755 (1928) — Chem. Zbl. **1928 II**, 1459.

[13] Ernst Frey: Arch. f. exper. Path. **105**, 343 (1925) — Chem. Zbl. **1927 II**, 948.

[14] F. Basch u. L. Pollak: Arch. f. exper. Path. **125**, 89 (1927) — Chem. Zbl. **1928 I**, 217.

[15] W. E. Burge u. George C. Wickwire: J. of biol. Chem. **72**, 827 (1927)— Chem. Zbl. **1927 II**, 588.

[16] Marcel Sendrail: C. r. Soc. Biol. Paris **99**, 1901 (1929) — Chem. Zbl. **1929 I**, 1708.

[17] G. S. Eadie, J. J. R. Macleod u. E. C. Noble: Amer. J. Physiol. **72**, 614—628 (1925) — Chem. Zbl. **1925 I**, 937.

[18] E. Bissinger, E. J. Lesser u. K. Zipf: Klin. Wschr. **2**, 2233 (1924) — Chem. Zbl. **1924 II**, 77.

[19] J. H. Burn u. H. P. Marks: J. of Physiol. **61**, 497 (1926) — Chem. Zbl. **1926 II**, 1870.

[20] Leo Pollak: Klin. Wschr. **5**, 2215 (1926) — Chem. Zbl. **1927 I**, 622.

[21] Hideo Wada: Biochem. Z. **171**, 218 (1926) — Chem. Zbl. **1926 II**, 602. — Kurt Karger: Verh. dtsch. Ges. inn. Med. **1925**, 339 — Chem. Zbl. **1926 II**, 248. — C. H. Best, J. P. Hoet u. H. P. Marks: Proc. roy. Soc. Lond. **100**, 32 (1926) — Chem. Zbl. **1926 II**, 911. — Alfred Gigon u. Wilhelm Brauch: Z. exper. Med. **49**, 688 (1926) — Chem. Zbl. **1926 I**, 3411. — Carl F. Cori u. Gerty F. Cori: J. of biol. Chem. **70**, 557—575 (1927) — Chem. Zbl. **1927 I**, 761. — Theodor Brugsch u. Hans Horsters: Biochem. Z. **175**, 127—129 (1926) — Chem. Zbl. **1927 I**, 131. — E. Bissinger u. E. J. Lesser: Biochem. Z. **168**, 398 (1926) — Chem. Zbl. **1926 I**, 2377. — E. Toenniessen: Klin. Wschr. **3**, 212 (1924) — Chem. Zbl. **1924 I**, 1557.

[22] John R. Murlin, Harry D. Clough, C. B. F. Gibbs u. Arthur M. Stokes: J. of biol. Chem. **46**, 253 (1923) — Chem. Zbl. **1923 III**, 1049.

[23] Béla Förstner: Biochem. Z. **194**. 422 (1928) — Chem. Zbl. **1928 II**. 365.

Die Rolle von Phosphat und Kalium beim Kohlehydratstoffwechsel nach Insulinanwendung[1]. Zur Wirkung einiger Abbauprodukte der Glykose bei Störungen des Kohlehydratstoffwechsels in Gegenwart von Insulin[2]. — Über den Einfluß des Insulins auf die Assimilationsgrenze verschiedener Zuckerarten[3]. Über den Antagonismus Insulin-Thyreoidin auf den Kohlehydratstoffwechsel[4]. — Insulin und Kohlehydratumsatz im Gehirn[5], in den Muskeln[6]. Untersuchungen über intermediären Kohlehydratumsatz in der Leber. Die unter Insulin gespeicherte Glykose findet sich in der Leber nicht als Glykogen, sondern als Zwischenzucker[7]. Wirkung des Insulins auf den Kohlehydrat- und Phosphatstoffwechsel normaler Individuen[8]. — Hat keinen Einfluß auf die Fettbildung aus Kohlehydraten[9]. Verhalten des anorganischen Phosphats in Blut und Harn von Normalen und Diabetikern während des Kohlehydratstoffwechsels[10]. — Verhältnis zwischen der Ausscheidung von Phosphor durch den Harn und Kohlehydratverbrauch[11]. — Zeitliche Veränderungen in der Phosphatausscheidung hervorgerufen durch Insulin und Zucker[12]. Wirkung des Insulins auf dem Fettumsatz[13]. Bei Insulin + Traubenzuckerinjektionen vermehrt sich der Fettgehalt in allen Organen[14]. Wirkung des Insulins auf den Fettabbau der Leber pankreasloser Hunde bei aseptischer Autolyse[15]. — Insulin und Stickstoffwechsel[16]. Einwirkung von Insulin bei Pankreasdiabetes auf den Eiweißstoffwechsel[17]. Wirkung des Insulins und der Muskelarbeit auf den Eiweißumsatz[18]. — Über den Einfluß des Insulin-Traubenzuckers auf den Eiweißstoffwechsel bei Typhus abdominalis[19]. — Insulin und Purinstoffwechsel[20]. Wirkung des Insulins auf den Gesamtstoffwechsel[21]. Wirkung des

[1] G. A. Harrop jr. u. E. M. Benedict: Proc. Soc. exper. Biol. a. Med. **20**, 430 (1923) — Ref.: Ber. Physiol. **24**, 347 (1924) — Chem. Zbl. **1924 II**, 860 — J. of biol. Chem. **59**, 683 (1924) — Chem. Zbl. **1924 II**, 358.

[2] F. Fischler: Hoppe-Seylers Z. **165**, 68 (1927) — Chem. Zbl. **1927 II**, 116.

[3] Leo Pollak u. Felix Basch: Klin. Wschr. **5**, 2214—2215 (1926) — Chem. Zbl. **1927 I**, 622.

[4] Max Rosenberg: Klin. Wschr. **6**, 631 (1927) — Chem. Zbl. **1927 I**, 2841.

[5] Eric Gordon Holmes u. Barbara Elizabeth Holmes: Biochemic. J. **19**, 836 (1925) — Chem. Zbl. **1926 I**, 2377.

[6] D. L. Foster u. C. E. Woodrow: Biochem. J. **18**, 562 — Chem. Zbl. **1924 II**, 1361.

[7] Theodor Brugsch u. Hans Horsters: Biochem. Z. **151**, 203—215 (1924) — Chem. Zbl. **1925 I**, 697. — W. W. Simpson u. J. J. R. Macleod: Trans. roy. Soc. Canada (3) **20**, Sect. V, 371—375 (1926) — Chem. Zbl. **1927 II**, 1175.

[8] N. R. Blatherwick, Marion Bell u. Elsie Hill: J. of biol. Chem. **61**, 241—259 (1924) — Chem. Zbl. **1925 I**, 116.

[9] Vilém Laufberger: Spisy lék. Fak. masaryk. Univ. Brno (tschech.) **4**, 1 (1926) — Chem. Zbl. **1927 II**, 2322.

[10] W. D. Perlzweig, E. Latham u. C. S. Keefer: Proc. Soc. exper. Biol. a. Med. **21**, 33 (1923) — Ref.: Ber. Physiol. **24**, 344 (1924) — Chem. Zbl. **1924 II**, 701.

[11] Gaetano Piazza: Arch. Farmacol. sper. **42** 85 (1926) — Chem. Zbl. **1927 I**, 2103.

[12] Sahib Singh Sokhey u. Frank Nathaniel Allan: Biochemic. J. **18**, 1170—1184 (1925) — Chem. Zbl. **1925 I**, 2319.

[13] J. Hepner u. Oktavian Wagner: Čas. českoslov. lék. **7**, 252 (1927) — Chem. Zbl. **1928 I**, 1055. — F. G. Banting, C. H. Best, J. B. Collip, J. J. R. Macleod u. E. C. Noble: Chem. Zbl. **1923 III**, 1292. — J. Hepner u. O. Wagner: Biochem. Z. **193**, 187 — Chem. Zbl. **1928 I**, 2954 — Biochem. Z. **189**, 322 (1927) — Chem. Zbl. **1928 I**, 1974 — Čas. českoslov. lék. **7**, 252 (1927) — Chem. Zbl. **1928 I**, 1055.

[14] S. Omura u. K. Nitta: Fol. endocrin. jap. **2**, 103—121 — Ber. Physiol. **40**, 383 — Chem. Zbl. **1927 II**, 1162.

[15] Ugo Lombroso: Arch. internat. Physiol. **23**, 321—336 (1924) — Ber. Physiol. **30**, 717 (1925) — Chem. Zbl. **1925 II**, 1058 — Arch. internat. Physiol. **28**, 261—271 — Chem. Zbl. **1927 II**, 1367.

[16] Anna Kudrjawzewa: Z. exper. Med. **44**, 313—318 (1925) — Chem. Zbl. **1925 I**, 1416. — H. Labbé u. B. Théodoresco: C. r. Acad. Sci. Paris **180**, 1438—1440 (1925) — Chem. Zbl. **1925 II**, 477.

[17] Mortimer Frhr. v. Falkenhausen: Arch. f. exper. Path. **109**, 249 (1925) — Chem. Zbl. **1926 I**, 1443.

[18] William H. Chambers u. Adolph T. Milhorat: Proc. Soc. exper. Biol. a. Med. **24**, 170 (1926) — Chem. Zbl. **1927 II**, 948.

[19] M. Mizokami: Folia endocrin. jap. **3**, 31 (1927) — Chem. Zbl. **1929 II**, 588.

[20] L. Kürti u. G. Györgyi: Klin. Wschr. **6**, 1426—1428 — Chem. Zbl. **1927 II**, 1361. — G. Giorgi: Probl. Nutriz. **3**, 41 (1926) — Ber. Physiol. **39**, 83 (1927) — Chem. Zbl. **1927 II**, 279.

[21] H. Feyertag: Klin. Wschr. **3**, 17—19 (1924) — Chem. Zbl. **1924 I**, 686. — G. Poggio: Riforma med. **40**, 1129—1133 (1924) — Ber. Physiol. **30**, 886 (1925) — Chem. Zbl. **1925 II**, 1182. — J. J. R. Macleod u. Frank N. Allan: Trans. roy. Soc. Canada **17**, Sect. V **47** (1923) — Chem. Zbl. **1924 I**, 2382.

Insulins + Glykose auf den Stoffwechsel des Kaninchens[1]. Insulin und Stoffwechsel des Kaninchengehirns[2]. — Einfluß von Insulin auf die Zuckerdurchlässigkeit der Niere[3], auf den Wasserhaushalt[4]. Harnabsonderung und Insulin[5]. Veränderungen während der Insulinwirkung und Hungerzustand[6]. Insulin und Salzstoffwechsel bei Diabetes[7].

Insulin und Glykolyse[8]. Glykolytische Wirkung einiger Tumoren und der Einfluß des Insulins[9]. — Wirkung von Schilddrüsensubstanz, Adrenalin und Insulin auf die Glykolyse[10]. Insulin und Glykolyse der Erythrocyten[11], Insulin und Glykolyse im Blut[12]. Die Glykolyse bei normalen und pankreaslosen Hunden in Gegenwart von Insulin[13]. In vitro läßt sich mit Insulin Glykolyse erreichen, wenn etwas Eisenchlorid oder Nickelchlorid zugesetzt wird[14]. — Einfluß von Insulin auf intravenös verabreichte Glykose und Fructose zwecks Aufklärung des intermediären Kohlehydratstoffwechsels[15]. Insulin und Gewebszucker[16]. Insulin steigert bei Zusatz von Glykose die Atmung der Muskulatur[17]. Untersuchungen über die gleichzeitige Einwirkung des Insulins und verschiedener Pharmaca auf die Gewebsoxydation[18]. — Über die Bildung von Acetaldehyd in verschiedenen Organen unter dem Einfluß von Insulin[19]. —

[1] K. L. Lamers: C. r. Soc. Biol. Paris **94**, 795 (1926) — Chem. Zbl. **1926 I**, 3405.

[2] B. E. Holmes u. E. G. Holmes: Biochemic. J. **19**, 492 — Chem. Zbl. **1925 II**, 1540.

[3] H. Elias u. J. Güdemann: Arch. f. exper. Path. **119**, 119—126 (1926) — Chem. Zbl. **1927 I**, 1176.

[4] O. Klein: Klin. Wschr. **5**, 2364—2369, 2414—2417 (1926) — Chem. Zbl. **1927 I**, 622. — David L. Drabkin u. H. Shilkret: Amer. J. Physiol. **83**, 141 (1927) — Chem. Zbl. **1928 I**, 1540 — Proc. Soc. exper. Biol. a. Med. **22**, 369 (1925) — Chem. Zbl. **1926 I**, 2484. — O. Klein u. E. Rischawy Z. exper. Med. **51**, 652 (1926) — Chem. Zbl. **1926 II**, 1966.

[5] Renzo Agnoli: Arch. di Biol. **1926** — Chem. Zbl. **1928 II**, 1786.

[6] C. H. Kellaway u. T. A. Hughes: Brit med. J. **1923 I**, 710 — Chem. Zbl. **1923 III**, 91. — J. L. Chaikoff: J. of biol. Chem. **74**, 203 (1927) — Chem. Zbl. **1927 II**, 2464.

[7] R. Meyer-Bisch u. Willi Wohlenberg: Z. klin. Med. **103**, 260 (1926) — Chem. Zbl. **1926 II**, 256. — M. Tinker u. A. Saidenberg: Russk. Klin. **8**, 223 (1927) — Chem. Zbl. **1928 II**, 1229.

[8] G. S. Eadie, J. J. R. Macleod u. E. C. Noble: Amer. J. Physiol. **65**, 462 (1923) — Chem. Zbl. **1923 III**, 1189. — H. Bierry, F. Rathery u. R. Kourilsky: C. r. Soc. Biol. Paris **90**, 417 (1924) — Chem. Zbl. **1924 I**, 2444. — A. Audova u. R. Wagner: C. r. Soc. Biol. Paris **90**, 308 (1924) — Chem. Zbl. **1924 I**, 2444. — J. J. Nitzescu u. C. Popescu-Inotesti: C. r. Soc. Biol. Paris **90**, 534 (1924) — Chem. Zbl. **1924 I**, 2445. — Gunnar Ahlgren: Skand. Arch. Physiol. (Berl. u. Lpz.) **44**, 167 (1923) — Chem. Zbl. **1924 I**, 2528. — Theodor Brugsch: Dtsch. med. Wschr. **50**, 491 (1924) — Chem. Zbl. **1924 II**, 367. — Virgilio Dussesch: Boll. Soc. med.-chir. Pavia **36**, 215—229 (1924) — Ber. Physiol. **28**, 78 (1924) — Chem. Zbl. **1925 I**, 864. — Theodor Brugsch, Hans Horsters u. Joseph Vorschütz: Biochem. Z. **158**, 144—166 (1925) — Chem. Zbl. **1925 II**, 1293. — J. J. Nitzescu u. J. Cadariu: C. r. Soc. Biol. Paris **92**, 298—300 (1925) — Chem. Zbl. **1925 II**, 52. — O. Pico-Estrada, V. Morera u. E. Althanz: C. r. Soc. Biol. Paris **93**, 971 (1925) — Chem. Zbl. **1926 I**, 1434. — C. Kauffmann-Cosla u. Jean Roche: Bull. Soc. Chim. biol. Paris **8**, 636 (1927) — Chem. Zbl. **1927 II**, 275. — J. Kusnezow: Z. exper. Med. **55**, 249 (1927) — Chem. Zbl. **1927 II**, 588.

[9] S. L. Baker, F. Dickens u. E. J. Gallimore: Brit. J. exper. Path. **10**, 19 (1929) — Chem. Zbl. **1929 I**, 2555.

[10] Y. Terada: Fol. endocrin. jap. **2**, 302 (1926) — Chem. Zbl. **1927 II**, 2203.

[11] Yoshikane Kawashima: J. of Biochem. **4**, 429—439 (1925) — Chem. Zbl. **1925 II**, 1060.

[12] C. Kauffmann-Cosla u. Jean Roche: Ann. Méd. **20**, 128 (1926) — Chem. Zbl. **1927 II**, 275. — H. Bierry u. L. Moquet: C. r. Soc. Biol. Paris **93**, 322 — Chem. Zbl. **1925 II**, 1458 — C. r. Soc. Biol. Paris **92**, 593 — Chem. Zbl. **1925 II**, 200.

[13] J. J. Nitzescu u. J. Cadariu: C. r. Soc. Biol. **92**, 296—298 (1925) — Chem. Zbl. **1925 II**, 52.

[14] Erhard Glaser u. Georg Halpern: Biochem. Z. **179**, 144 (1926) — Chem. Zbl. **1928 II**, 2569.

[15] M. Wierzuchowski: J. of biol. Chem. **68**, 631 (1926) — Chem. Zbl. **1926 II**, 1065.

[16] Carl F. Cori u. Gerty T. Cori: J. of Pharmacol. **24**, 465—478 (1925) — Chem. Zbl. **1925 I**, 2238.

[17] Gunnar Blix: Skand. Arch. Physiol. (Berl. u. Lpz.) **47**, 292 (1926) — Chem. Zbl. **1926 II**, 248. — Gunnar Ahlgreen: Skand. Arch. Physiol. (Berl. u. Lpz.) **47**, 271 (1926) — Chem. Zbl. **1926 I**, 247 — Klin. Wschr. **3**, 1222 — Chem. Zbl. **1924 II**, 1364. — J. de Avedt u. J. van Canneyt C. r. Soc. Biol. Paris **91**, 929 — Chem. Zbl. **1924 II**, 1364. — S. Büchner u. E. Grafe: Dtsch. Arch. klin. Med. **144**, 67 — Chem. Zbl. **1924 II**, 711.

[18] Svend Aage Holboell: Skand. Arch. Physiol. (Berl. u. Lpz.) **48**, 225 (1926) — Chem. Zbl. **1926 II**, 1870.

[19] Neuberg, Gottschalk u. Strauß: Dtsch. med. Wschr. **49**, 1407 (1923) — Chem. Zbl. **1924 I**, 686. — E. Toenniessen: Hoppe-Seylers Z. **133**, 158 (1924) — Chem. Zbl. **1924 I**, 2277. — J. Wohlgemuth u. Y. Nakamura: Biochem. Z. **175**, 232 (1926) — Chem. Zbl. **1926 II**, 2193. — J. W. Supniewski: Med. doświadcz. i społ. (poln.) **6**, 68 (1926) — Ref.: Ber. Physiol. **40**, 231 (1927) — Chem. Zbl. **1927 II**, 948 — J. of biol. Chem. **70**, 13 (1927) — Chem. Zbl. **1927 I**, 306.

Einfluß des Insulins auf normale und diabetische Hundeleber[1]. Einfluß des Insulins auf die
Zuckerbildung in der Leber[2]. Veränderungen der Hexosephosphorsäurespaltung und Synthese in Anwesenheit von Insulin[3]. Wirkung von Insulin und Muskelgewebe auf Glykose
in vitro[4]. — Insulin und die Zuckerverteilung zwischen flüssigen und nichtflüssigen Systemen[5].
Insulin und Zellpermeabilität[6]. Untersuchungen der optischen Aktivität der Glykose in Gegenwart von Insulin[7]. — Insulin beeinflußt die Hexoseoxydation in Phosphatlösung nicht[8]. —
Beobachtungen an Hunden ohne Pankreas vor und nach Weglassung von Insulin[9]. — Untersuchungen an Hunden mit Pankreasfistel[10]. — Beim unbehandelten Diabetes oder Pankreasdiabetes ist die Ameisensäure im Blut erniedrigt, durch Insulinbehandlung erheben sich die
Werte beim Hunde zum normalen Niveau[11]. Über die Verteilung der Fette und Lipoide nach
der Insulininjektion bei Hunden mit pankreatogenem Diabetes[12]. Wirkung von Insulin auf die
Adrenalinhyperglykämie pankreasektomierter Kaninchen[13]. Versuche mit Insulin an pankreasexstirpierten Vögeln[14]. — Untersuchungen über die Wirkung des Insulins auf partiell
sowie völlig pankreaslose Tiere[15]. — Wirkung von Insulin und Pankreasexstirpation auf die
Verteilung von Phosphor und Kalium im Blut[16]. — Bei gleichzeitiger Zufuhr von Glykose und

[1] Vilém Laufberger: Z. exper. Med. **50**, 754 (1926) — Chem. Zbl. **1926 II**, 1433.
[2] J. L. Chaikoff: Trans. roy. Soc. Canada (3) **20**, 27 (1926) — Chem. Zbl. **1927 II**, 1045.
[3] E. Forrai: Biochem. Z. **189**, 150 (1927) — Chem. Zbl. **1928 I**, 815. — H. K. Barrenscheen
u. Robert Berger: Biochem. Z. **189**, 302 (1927) — Chem. Zbl. **1928 I**, 1296. — Herbert Davenport Kay u. Robert Robinson: Biochemic. J. **18**, 1139—1151 (1924) — Chem. Zbl. **1925 I**, 401. —
Heinz Lawaczeck: Klin. Wschr. **4**, 1858 (1925) — Chem. Zbl. **1926 I**, 151. — Theodor Brugsch
u. Hans Horsters: Biochem. Z. **155**, 459—476 (1925) — Chem. Zbl. **1925 I**, 2093.
[4] Christen Lundsgaard u. Svend Aage Holboell: J. of biol. Chem. **62**, 453—469 (1924) —
Chem. Zbl. **1925 I**, 2581 — C. r. Soc. Biol. Paris **91**, 1108—1110 (1924) — Chem. Zbl. **1925 I**, 708. —
Alan Bruce Anderson u. Albert Carruthers: Biochemic. J. **20**, 556 (1926) — Chem. Zbl. **1926 II**,
2080. — T. J. C. Combes: C. r. Soc. Biol. Paris **98**, 174 — Chem. Zbl. **1928 I**, 2511. — John R. Paul:
J. of biol. Chem. **68**, 425 (1928) — Chem. Zbl. **1928 II**, 2570. — M. M. Harris, Margaret Lasker
u. A. J. Ringer: J. of biol. Chem. **69**, 713 (1926) — Chem. Zbl. **1929 I**, 2548.
[5] H. Häusler u. O. Loewi: Biochem. Z. **156**, 295—299 (1925) — Chem. Zbl. **1925 II**, 410.
[6] Ernst Wiechmann: Münch. med. Wschr. **74**, 1447—1450 (1927) — Chem. Zbl. **1927 II**, 1716.
[7] A. Slosse: C. r. Soc. Biol. Paris **89**, 98 (1923) — Chem. Zbl. **1924 I**, 72. — A. L. Barbour:
J. of biol. Chem. **67**, 53 (1926) — Chem. Zbl. **1926 II**, 1541.
[8] Gunnar Blix: Skand. Arch. Physiol. (Berl. u. Lpz.) **50**, 8—34 — Chem. Zbl. **1927 II**, 1352.
[9] L. Képinov u. S. Ledebt: C. r. Soc. Biol. Paris **93**, 16—18 (1923) — Chem. Zbl. **1925 II**, 1058.
— E. Hédon: C. r. Soc. Biol. Paris **93**, 596 (1925) — Chem. Zbl. **1926 I**, 150. — J. L. Chaikoff,
J. J. R. Macleod, J. Mackowitz u. W. W. Simpson: Amer. J. Physiol. **74**, 36 (1925) — Chem.
Zbl. **1926 I**, 426. — N. F. Fisher: Amer. J. Physiol. **67**, 634—643 — Chem. Zbl. **1924 II**, 2185. —
F. N. Allan, D. J. Bowie, J. J. R. Macleod u. W. L. Robinson: Brit. J. exper. Path. **5**, 75—83
(1924) — Ber. Physiol. **29**, 240—241 (1925) — Chem. Zbl. **1925 I**, 1625. — E. Hédon: C. r. Acad. Sci.
Paris **180**, 545—547 (1925) — Chem. Zbl. **1925 I**, 1760. — Frank N. Allan: Amer. J. Physiol. **71**,
472—477 (1925) — Chem. Zbl. **1925 I**, 1760. — H. Penau u. H. Simonnet: C. r. Acad. Sci. Paris
180, 702—704 (1925) — Chem. Zbl. **1925 I**, 1884. — J. J. Nitzescu u. C. Popescu-Inotesti: C. r.
Soc. Biol. Paris **90**, 536—537 (1924) — Chem. Zbl. **1924 I**, 2445. — F. G. Banting u. C. H. Best:
J. Labor. a. clin. Med. **7**, 464 (1922) — Chem. Zbl. **1923 I**, 122.
[10] M. Lambert u. H. Hermann: C. r. Soc. Biol. **92**, 43—44 (1925) — Chem. Zbl. **1925 I**, 2318.
[11] K. Voit: Z. klin. Med. **100**, 227 (1928) — Chem. Zbl. **1929 I**, 255.
[12] Masayoshi Morimoto: Pflügers Arch. **219**, 733 (1928) — Chem. Zbl. **1928 II**, 1582.
[13] G. Maniscaleo: Ann. Clin. med. e Med. sper. **14**, 423 (1925) — Chem. Zbl. **1926 I**, 1590.
[14] Vilém Laufberger: Z. exper. Med. **42**, 570—613 — Chem. Zbl. **1924 II**, 2185.
[15] J. A. Collazo u. Minko Dobreff: Biochem. Z. **165**, 352 (1925) — Chem. Zbl. **1926 I**, 2931. —
J. L. Chaikoff, J. J. R. Macleod, J. Markowitz u. W. W. Simpson: Amer. J. Physiol. **74**, 36
(1926) — Chem. Zbl. **1926 II**, 248. — E. Hédon: C. r. Soc. Biol. Paris **95**, 187 (1926) — Chem. Zbl.
1926 II, 1057. — Francesco Gentile: Arch. internat. Physiol. **26**, 280 (1926) — Chem. Zbl. **1926 II**,
2073. — Z. Aszodi u. Z. Ernst: Pflügers Arch. **215**, 431—442 (1927) — Chem. Zbl. **1927 I**, 1847. —
Jean La Barre: C. r. Soc. Biol. Paris **96**, 196 (1927) — Chem. Zbl. **1927 I**, 1971 — C. r. Soc. Biol.
Paris **96**, 193 (1927) — Chem. Zbl. **1927 I**, 1971. — A. Baltzer, G. Graefe u. Fr. Partsch: Arch. f.
exper. Path. **120**, 359 (1927) — Chem. Zbl. **1927 I**, 3097. — Genichiro Eda: J. of Biochem. **7**,
79—99 (1927) — Chem. Zbl. **1927 II**, 276. — E. M. Jordan: Amer. J. Physiol. **80**, 441 (1927) — Chem.
Zbl. **1927 II**, 844. — H. Häusler u. O. Loewi: Arch. f. exper. Path. **123**, 56 (1927) — Chem. Zbl.
1927 II, 2076. — John R. Murlin: Proc. Soc. Biol. a. Med. **24**, 549 (1927) — Chem. Zbl. **1928 I**, 370. —
John R. Murlin u. Estelle E. Hawley: Amer. J. Physiol. **83**, 147 (1928) — Chem. Zbl. **1928 I**, 1540.
— E. Hédon: C. r. Soc. Biol. Paris **90**, 920 — Chem. Zbl. **1924 II**, 859.
[16] Stanley E. Kerr: J. of biol. Chem. **78**, 35 (1928) — Chem. Zbl. **1928 II**, 458.

Insulin am normalen Hund wird die Nierenschwelle für die Glykose herabgesetzt. Beim pankreasdiabetischen Hund steigt unter Insulinwirkung bei abfallendem Blutzucker die Zuckerausscheidung durch die Niere[1]. — Wirkung von Insulin auf nebennierenlose Tiere[2]. — Insulinempfindlichkeit nach Schädigung der Nebennieren[3]. Nebennierenvergrößerung durch starke Insulindosen[4]. — Einfluß chronischer Insulinzufuhr auf die Nebennieren beim Kaninchen[5]. — Einfluß des Insulins auf den Blutzuckergehalt bei Tieren nach Entfernung der Niere[6]. — Wirkung des Insulins auf Tiere ohne Schilddrüsen[7], ohne Nebenschilddrüsen[8], nach Entfernung der Hinterlappen der Hypophyse[9], Untersuchungen über die Wirkung des Insulins auf Tiere nach totaler oder teilweiser Entfernung der Leber[10]. Versuche über die Wirkung des Insulins auf die isolierte Leber[11], auf das Herz[12], Experimentaluntersuchungen über die Wirkung von Insulin auf normale und diabetische Herzen[13]. — Über den Zuckerverbrauch der Herzen pankreatischer Katzen; über den Einfluß des Insulins auf den Zuckerverbrauch solcher Herzen[14]. Wirkung von Insulin auf den freien Muskelzucker des normalen und des diabetischen Herzens[15]. — Wirkung von Insulin auf den Zuckerverbrauch des durchströmten Skeletmuskels[16].

[1] George Fricke: Z. exper. Med. **64**, 81 (1929) — Chem. Zbl. **1929 I**, 1363.

[2] G. N. Stewart u. J. M. Rogoff: Amer. J. Physiol. **65**, 342 (1923) — Chem. Zbl. **1923 III**, 1114. — C. G. Sundberg: C. r. Soc. Biol. Paris **89**, 807 (1923) — Chem. Zbl. **1924 I**, 685. — G. N. Stewart u. J. M. Rogoff: Proc. Soc. exper. Biol. a. Med. **20**, 339 (1923) — Chem. Zbl. **1924 I**, 1959. — L. Hallion u. René Gayet: C. r. Soc. Biol. Paris **92**, 945—946 (1925) — Chem. Zbl. **1925 II**, 410. — Carl F. Cori u. Gerty T. Cori: Proc. Soc. exper. Biol. a. Med. **24**, 539 (1927) — Chem. Zbl. **1928 I**, 88.

[3] Unverricht: Dtsch. med. Wschr. **52**, 1298 (1926) — Chem. Zbl. **1926 II**, 1760.

[4] O. Riddle, H. E. Honeywell u. W. S. Fisher: Amer. J. Physiol. **68**, 461 — Chem. Zbl. **1924 II**, 1110.

[5] Hedwig Langecker: Arch. f. exper. Path. **134**, 155 (1928) — Chem. Zbl. **1928 II**, 1894.

[6] H. Gnoinski: C. r. Soc. Biol. Paris **98**, 785 — Chem. Zbl. **1928 I**, 2728.

[7] L. Ducheneau: C. r. Soc. Biol. Paris **90**, 248 (1924) — Chem. Zbl. **1924 I**, 2383. — B. A. Houssay u. R. R. Busso: C. r. Soc. Biol. Paris **91**, 1037—1038 (1924) — Chem. Zbl. **1925 I**, 709. — B. A. Houssay u. A. Cisneros: C. r. Soc. Biol. Paris **93**, 877 (1925) — Chem. Zbl. **1926 I**, 1222. — B. A. Houssay u. R. R. Busso: Rev. Asoc. méd. argent. **37**, 212 (1924) — Chem. Zbl. **1926 II**, 602. — M. Guardabassi: Ann. Fac. Med. Chir. **29**, 147 (1926) — Chem. Zbl. **1927 II**, 2322.

[8] M. A. Magenta: C. r. Soc. Biol. Paris **95**, 817—818 (1926) — Chem. Zbl. **1927 I**, 306.

[9] E. M. Geiling, D. Campbell u. Y. Ishikawa: J. of Pharmacol. **31**, 247 (1927) — Chem. Zbl. **1928 I**, 1055.

[10] Frank C. Mann u. Thomas B. Magath: Amer. J. Physiol. **65**, 403 (1923) — Chem. Zbl. **1923 III**, 1107.

[11] E. Brenckmann u. A. Feuerbach: C. r. Soc. Biol. Paris **89**, 1113 (1924) — Chem. Zbl. **1924 I**, 2382. — B. v. Issekutz: Klin. Wschr. **3**, 280 (1924) — Chem. Zbl. **1924 I**, 2529. — A. Bornstein: Klin. Wschr. **3**, 681 (1924) — Chem. Zbl. **1924 II**, 367. — H. Simonnet: Bull. Soc. Chim. biol. Paris **6**, 742—758 (1924) — Chem. Zbl. **1925 I**, 708. — A. Bornstein u. W. Griesbach: Z. exper. Med. **43**, 371—375 (1924) — Chem. Zbl. **1925 II**, 1057. — Friedrich Bernhard: Biochem. Z. **157**, 396—413 (1925) — Chem. Zbl. **1925 II**, 1057. — D. Bindi: Arch. di Biol. **74**, 141 (1924) — Chem. Zbl. **1926 I**, 2112. — Th. Brugsch u. H. Horsters: Biochem. Z. **164**, 147 (1925) — Chem. Zbl. **1926 I**, 2276. — Nello Bindi: Arch. di Fisiol. **23**, 99 (1925) — Chem. Zbl. **1926 II**, 1058. — J. V. Supniewski: J. of biol. Chem. **70**, 13—27 (1926) — Chem. Zbl. **1927 I**, 306. — B. v. Issekutz: Biochem. Z. **183**, 283 (1927) — Chem. Zbl. **1927 II**, 103. — H. S. Raper u. E. C. Smith: J. of Physiol. **62**, 17—32 (1926) — Chem. Zbl. **1927 I**, 1692. — B. v. Issekutz: Biochem. Z. **147**, 264 — Chem. Zbl. **1924 II**, 1228. — R. Bodo u. H. P. Marks: J. of Physiol. **65**, 48 (1928) — Chem. Zbl. **1928 II**, 260.

[12] J. Hepburn u. J. K. Latchford: Amer. J. Physiol. **62**, 177 (1922) — Chem. Zbl. **1922 III**, 1271. — V. M. Kogan: Z. exper. Med. **42**, 25—40 — Chem. Zbl. **1924 II**, 1954. — J. H. Burn u. H. H. Dale: J. of Physiol. **59**, 164—192 (1924) — Chem. Zbl. **1925 I**, 706. — F. Plattner: J. of Physiol. **59**, 289—292 (1924) — Chem. Zbl. **1925 I**, 2388. — R. Cousy: C. r. Soc. Biol. Paris **92**, 750 bis 751 (1925) — Chem. Zbl. **1925 II**, 51. — Ernst Frey: Arch. f. exper. Path. **105**, 343—348 (1925) — Chem. Zbl. **1925 II**, 198. — Enoch Peserico: Arch. di Fisiol. **23**, 488—508 (1925) — Ber. Physiol. **36**, 802 (1926) — Chem. Zbl. **1927 I**, 306. — M. Rigoni u. G. Stella: Arch. di Fisiol. **24**, 293 (1927) — Chem. Zbl. **1927 I**, 2563. — Maurice B. Visscher u. Erich A. Müller: J. of Physiol. **62**, 341 (1927) — Chem. Zbl. **1927 I**, 2918. — R. Bodo u. H. P. Marks: J. of Physiol. **63**, 242—248 (1927) — Chem. Zbl. **1927 II**, 1716. — G. Mansfeld u. E. Geiger: Arch. f. exper. Path. **106**, 276 — Chem. Zbl. **1925 II**, 1876.

[13] E. W. H. Cruickshank, B. Narayana u. D. L. Shrivastava: Indian J. med. Res. **16**, 479 (1928) — Chem. Zbl. **1929 I**, 917.

[14] Zoltán Aszódi: Biochem. Z. **192**, 14 (1928) — Chem. Zbl. **1928 II**, 686.

[15] E. W. H. Cruickshank u. Sheonath Prosad: Indian. Journ. med. res. **16**, 473 (1928) — Chem. Zbl. **1929 I**, 665.

[16] Charles H. Best: Proc. roy. Soc. Lond. **99**, 375 (1926) — Chem. Zbl. **1926 II**, 905.

Wirkung auf decerebrierte Katzen oder nach Entfernung der Hypophyse[1], auf Kaninchen-
uterus[2]. — Einfluß des Insulins auf die Art, in der die Nieren auf Glykose reagieren[3]. — Über
den Kohlehydratstoffwechsel der Placenta nach Insulinzufuhr[4]. Studien über die Wirkung von
in das Portagebiet eingeführtem Insulin[5]. — Insulinwirkung bei dekapsulierten Ratten[6], bei
Hunden mit Choledochusfistel[7], nach Splanchnicusdurchschneidung[8], Untersuchungen über
Insulinwirkung in Gegenwart von Adrenalin[9]. Demonstration des Insulin-Adrenalin-Antago-
nismus am lebenden Frosch[10], Insulinwirkung in Gegenwart von Phlorrhizin[11], von Saponin[12],

[1] B. A. Houssay u. M. A. Magenta: C. r Soc. Biol. Paris **92**, 822—824 (1925) — Chem. Zbl.
1925 II, 199. — H. S. Raper u. E. C. Smith: J. of Physiol. **60**, 41—49 (1925) — Chem. Zbl. **1925 II**,
662. — J. M. D. Olmsted u. A. L. Taylor: Amer. J. Physiol. **77**, 69 (1925) — Chem. Zbl. **1926 II**,
1869 — Amer. J. Physiol. **78**, 17 (1926) — Chem. Zbl. **1926 II**, 2321 — Amer. J. Physiol. **69**, 142 —
Chem. Zbl. **1924 II**, 1228.
[2] Z. Kubozono: Fol. endocrin. jap. **2**, 221 (1926) — Chem. Zbl. **1929 II**, 2322.
[3] S. van Creveld u. E. van Dam: Arch. néerl. Physiol. **10**, 323 (1925) — Chem. Zbl. **1926 I**,
1434.
[4] K. Felix u. Kj. van Oettingen: Hoppe-Seylers Z. **144**, 190—195 (1925) — Chem. Zbl.
1925 II, 944. — G. Dellepiane: Boll. Soc. Biol. sper. **1**, 198—199 (1926) — Ber. Physiol. **38**, 291
(1926) — Chem. Zbl. **1927 I**, 1693.
[5] Mans Arborelius u. Yngve Akerrén: Skand. Arch. Physiol. (Berl. u. Lpz.) **50**, 35—51
(1927) — Chem. Zbl. **1927 I**, 1692.
[6] Argentino Artundo: C. r. Soc. Biol. Paris **97**, 411—413 — Chem. Zbl. **1927 II**, 1278.
[7] E. Sakurai: Proc. imp. Acad. Tokyo **2**, 185 (1926) — Ref.: Ber. Physiol. **38**, 542 (1927) —
Chem. Zbl. **1927 I**, 2438.
[8] J. T. Lewis u. M. Magenta: C. r. Soc. Biol. Paris **92**, 821—822 (1925) — Chem. Zbl. **1925 II**,
52. — E. Geiger u. L. Szirtes: Arch. f. exper. Path. **119**, 1—23 (1926) — Chem. Zbl. **1927 I**, 1176.
[9] F. G. Banting, C. H. Best, J. B. Collip, J. J. R. Macleod u. E. C. Noble: Amer. J.
Physiol. **62**, 559 (1922) — Chem. Zbl. **1923 I**, 553. — G. S. Eadie u. J. J. R. Macleod: Amer. J.
Physiol. **64**, 285 (1923) — Chem. Zbl. **1923 III**, 467. — W. Raab: Z. exper. Med. **42**, 723—743 —
Chem. Zbl. **1924 II**, 1954. — Emil Abderhalden u. Ernst Wertheimer: Pflügers Arch. **206**,
451—459 (1924) — Chem. Zbl. **1925 I**, 1337. — J. J. R. Macleod, E. C. Noble u. M. K. O'Brien:
Trans. roy. Soc. Canada (3) **18**, 129—134 (1924) — Chem. Zbl. **1925 I**, 1416. — Frank L. Allan,
B. R. Dickson u. J. Markowitz: Amer. J. Physiol. **70**, 333—343 (1924) — Chem. Zbl. **1925 II**,
1063. — L. Plumier-Clermonts u. L. Carst: Arch. internat. Physiol. **26**, 82 (1926) — Chem. Zbl.
1926 II, 1966. — Florence Reattie u. T. H. Milroy: J. of Physiol. **60**, 379 (1925) — Chem. Zbl.
1926 I, 1228. — E. F. Müller u. H. R. Corbitt: J. Labor. a. clin. Med. **11**, 81 (1925) — Chem. Zbl.
1926 II, 249. — Folke Nord: C. r. Soc. Biol. Paris **93**, 1185 (1925) — Chem. Zbl. **1926 II**, 247. —
L. Jung u. L. Anger: C. r. Soc. Biol. Paris **95**, 833 (1926) — Chem. Zbl. **1926 II**, 3097. — Edgard
Zunz u. Jean La Barre: C. r. Soc. Biol. Paris **96**, 710 (1927) — Chem. Zbl. **1927 I**, 3097. — S. Dietrich, H. Häusler u. O. Loewi: Arch. f. exper. Path. **123**, 63 (1927) — Chem. Zbl. **1929 II**, 2076. —
Edgard Zunz u. Jean La Barre: C. r. Soc. Biol. Paris **97**, 917 (1927) — Chem. Zbl. **1928 I**, 370. —
Karl Csépai u. St. Weiß: Wien. Arch. inn. Med. **10**, 195 (1926) — Chem. Zbl. **1926 I**, 2484. —
Otto Loewi: Wien. klin. Wschr. **29**, 1074 (1926) — Chem. Zbl. **1926 II**, 2189.
[10] A. Gottschalk: Biochem. Z. **159**, 502 — Chem. Zbl. **1925 II**, 1540.
[11] A. Sordelli, O. M. Pico u. P. Mazzocco: C. r. Soc. Biol. Paris **90**, 251 (1924) — Chem. Zbl.
1924 I, 2385. — A. R. Colwell: J. of biol. Chem. **61**, 289—301 (1924) — Chem. Zbl. **1925 I**, 116. —
A. B. Anderson: Austr. J. exper. Biol. a. med. Sci. **1**, 1—3 (1924) — Ber. Physiol. **28**, 78 (1924) —
Chem. Zbl. **1925 I**, 864. — S. U. Page: Trans. roy. Soc. Canada (3) **18**, 135—140 (1924) — Chem.
Zbl. **1925 I**, 1506. — Theodor Brugsch, S. v. Exten u. Hans Horsters: Biochem. Z. **150**, 49—59
(1925) — Chem. Zbl. **1925 II**, 936. — Michele Bufano: Arch. Farmacol. sper. **40**, 1 (1925) — Chem.
Zbl. **1926 I**, 430. — Oliver Henry Gaebler u. John R. Murlin: J. of biol. Chem. **66**, 731 (1925) —
Chem. Zbl. **1926 I**, 2594. — H. Simmich: Z. exper. Med. **48**, 119 (1925) — Chem. Zbl. **1926 I**, 3073. —
Sozo Hirayama: Tohoku J. exper. Med. **6**, 168 (1925) — Chem. Zbl. **1925 I**, 3079. — V. Bolcato:
Boll. Soc. Biol. sper. **1**, 372 (1926) — Chem. Zbl. **1927 II**, 949. — Lasar Dünner u. Max Mecklen-
burg: Z. exper. Med. **58**, 523 (1927) — Chem. Zbl. **1928 I**, 1054. — Michael Ringer: J. of biol. Chem.
58, 483 (1923) — Chem. Zbl. **1924 I**, 1959. — Thomas P. Nash jr.: J. of biol. Chem. **58**, 453 (1923)
— Chem. Zbl. **1924 I**, 1959. — Carl F. Cori: J. of biol. Chem. **63**, 253—268 (1925) — Chem. Zbl.
1925 II, 937. — Thomas P. Nash jr.: J. of biol. Chem. **66**, 869 (1925) — Chem. Zbl. **1926 I**, 2393. —
C. F. Cori: J. of Pharmacol. **23**, 99 — Chem. Zbl. **1924 II**, 859.
[12] R. Wasicky: Wien. klin. Wschr. **39**, 1095 (1926) — Chem. Zbl. **1926 II**, 2455. — F. Lasch
u. S. Brügel: Arch. f. exper. Path. **120**, 144 (1927) — Chem. Zbl. **1927 I**, 2089. — F. Lasch: Arch.
f. exper. Path. **122**, 284 (1927) — Chem. Zbl. **1927 II**, 587. — E. Dingemanse u. Ernst Laqueur:
Arch. f. exper. Path. **126**, 31 (1927) — Chem. Zbl. **1928 I**, 712. — M. Elzas: Nederl. Tijdschr. Geneesk.
70 II, 1650—1651 (1926) — Chem. Zbl. **1927 I**, 306. — Gustav Samek: Z. exper. Med. **62**, 707
(1928) — Chem. Zbl. **1929 I**, 548.

von Caffein[1], von Morphin[2], von Chinin[3], Pikrotoxin[4], Atropin[5], Ergotamin[6], Ephedrin[7]. Alle parasympathisch wirkenden Gifte erhöhen die Wirkung des Insulins, am stärksten das Cholin, hingegen hat Atropin scheinbar einen verminderten Einfluß. Pilocarpin, Physostigmin, Muscarin und Cholin subcutan ohne Insulingabe injiziert, verursachen eine Hypoglykämie. Atropin bewirkt in kleineren Dosen eine Herabsetzung, in größeren Dosen eine bedeutende Erhöhung des Blutzuckerspiegels[8]. — Wirkung von Insulin, Cholin, Muscarin. Pilocarpin und Atropin auf die durch Schilddrüsengaben zu erzwingende Metamorphose von Amphibienlarven[9]. — Die durch Kreatin hervorgerufene Hypoglykämie bedeutet eine gesteigerte Empfindlichkeit des Organismus gegenüber Cholin[10]. Während der Insulinhypoglykämie wirken Stoffe (Curare, Kalisalze) bei peroraler Zufuhr schneller toxisch als unter normalen Verhältnissen. Nach Zuckerzufuhr hört diese schnellere Resorption auf[11]. Die Wirkung von Insulin, Pituitrin und Adrenalin auf den Blutzuckergehalt der Kaninchen[12]. — Insulin und Follikulin haben antagonistische Wirkung auf die Glykämie[13]. — Wirkung von Insulin bei gleichzeitiger Phosphorvergiftung[14], bei Äthernarkose[15], nach Vergiftung mit Alkohol oder Aceton[16], Chloroform, Äther, Chloralose[17], nach Chloralhydrat, Amylenhydrat oder Menthol[18], Urethan[19]. Wirkung des Insulins in Gegenwart von albuminoiden Substanzen[20], von Aminosäuren[21].

[1] Henry Labbé u. B. Theorodesco: C. r. Acad. Sci. Paris **178**, 886 (1924) — Chem. Zbl. **1924 I**, 1958.

[2] G. N. Stewart u. J. M. Rogoff: Amer. J. Physiol. **65**, 331 (1923) — Chem. Zbl. **1923 III**, 1114. — Arneth: Klin. Wschr. **4**, 1169—1170 (1925) — Chem. Zbl. **1925 II**, 1182. — C. G. Danielson: C. r. Soc. Biol. Paris **95**, 1058—1060 (1926) — Chem. Zbl. **1927 I**, 307.

[3] T. A. Hughes: Indian J. med. Res. **13**, 321 (1925) — Chem. Zbl. **1926 II**, 1059.

[4] C. G. Danielson: C. r. Soc. Biol. Paris **94**, 951 (1926) — Chem. Zbl. **1926 I**, 3405.

[5] P. Mauriac u. E. Aubertin: C. r. Soc. Biol. Paris **91**, 38 — Chem. Zbl. **1924 II**, 1008. — Ernst Frey: Klin. Wschr. **4**, 501—502 (1925) — Chem. Zbl. **1925 I**, 2320. — Ernst Friedrich Mueller, Herbert J. Wiener u. Renée v. E. Wiener: Arch. int. Med. **37**, 512—540 (1926) — Ber. Physiol. **37**, 328 (1927) — Chem. Zbl. **1927 I**, 1607. — G. Jorns: Z. exper. Med. **54**, 179 (1927) — Chem. Zbl. **1927 I**, 1972. — E. Fr. Mueller u. H. B. Corbitt: J. Labor. a. clin. Med. **11**, 817 (1926) — Chem. Zbl. **1926 II**, 905.

[6] Henri Moretti: C. r. Soc. Biol. Paris **97**, 320—324 — Chem. Zbl. **1927 II**, 1278.

[7] K. Csépai u. S. v. Pintér-Kováts: Münch. med. Wschr. **74**, 1011 (1927) — Chem. Zbl. **1927 II**, 709.

[8] Marcel Vas u. Sándor Láng: Magy. orv. Arch. **27**, 497 (1926) — Chem. Zbl. **1927 II**, 276. — M. A. Magenta u. A. Biasotti: C. r. Soc. Biol. Paris **89**, 1125 (1923) — Chem. Zbl. **1924 I**, 2383.

[9] Werner Geßner: Z. Biol. **86**, 67 (1927) — Chem. Zbl. **1927 II**, 598.

[10] Karl Waltner: Wien. klin. Wschr. **38**, 1237 (1925) — Chem. Zbl. **1926 I**, 1222.

[11] O. Koref u. H. Mautner: Arch. f. exper. Path. **112**, 163 (1926) — Chem. Zbl. **1926 II**, 906.

[12] Harry Blotner u. Reginald Fitz: J. clin. Invest. **5**, 51 (1927) — Chem. Zbl. **1928 II**, 2161.

[13] F. Rathery, R. Kouriesky u. Y. v. Laurent: C. r. Acad. Sci. Paris **187**, 255, 467 (1928) — Chem. Zbl. **1928 II**, 1787, 2732.

[14] A. Fortunato u. F. Maccarione: Rass. clin. Terap. Scienze affini **26**, 99—104 (1907) — Chem. Zbl. **1927 II**, 275. — J. Bamberger: Dtsch. med. Wschr. **53**, 1690 (1927) — Chem. Zbl. **1927 I**, 2407.

[15] J. Hepburn, H. K. Latchford, N. A. Mc Colmick u. J. J. R. Macleod: Amer. J. Physiol. **69**, 555—557 — Chem. Zbl. **1924 II**, 1954. — J. A. Collazo u. Minko Dobreff: Münch. med. Wschr. **71**, 1678 (1924) — Chem. Zbl. **1925 I**, 706. — H. A. Piper u. John R. Murlin: Proc. Soc. exper. Biol. a. Med. **22**, 68 (1924) — Chem. Zbl. **1926 I**, 1833. — Abraham Mahler: J. of biol. Chem. **69**, 653—559 (1926) — Chem. Zbl. **1927 I**, 1183.

[16] A. D. Hirschfelder u. H. C. Maxwell: Amer. J. Physiol. **70**, 520—523 (1924) — Chem. Zbl. **1925 I**, 864.

[17] P. Mauriac u. E. Aubertin: C. r. Soc. Biol. Paris **91**, 36 — Chem. Zbl. **1924 II**, 1008.

[18] Rudolf Hürthle: Z. exper. Med. **47**, 141 (1925) — Chem. Zbl. **1926 I**, 710. — T. E. Friedmann u. S. Koechig: Proc. Soc. exper. Biol. a. Med. **23**, 369—370 (1926) — Ber. Physiol. **36**, 480 (1927) — Chem. Zbl. **1927 I**, 312.

[19] Max Reiß u. Robert Weiß: Z. exper. Med. **49**, 276 (1926) — Chem. Zbl. **1926 I**, 3078. — Friedel Pick: Verh. dtsch. Ges. inn. Med. **1915**, 319—323 — Ber. Physiol. **34**, 505 (1926) — Chem. Zbl. **1927 I**, 306. — Jörgen Lehmann: Skand. Arch. Physiol. (Berl. u. Lpz.) **32**, 169—186 — Chem. Zbl. **1927 II**, 1362.

[20] P. Mauriac u. L. Servantie: C. r. Soc. Biol. Paris **95**, 594 (1926) — Chem. Zbl. **1926 II**, 1760.

[21] E. Wiechmann: Verh. dtsch. Ges. inn. Med. **1926**, 312 — Chem. Zbl. **1927 I**, 2571.

von Cholesterin[1], von Glykolaldehyd[2], Dioxyaceton[3], von Glykose[4]. Wirkung von Insulin und Glykose auf die Muskeltätigkeit[5]. — Calorischer Verlust während der Dauerinfusion von Insulin und Glykose[6].

Wirkung von verschiedenen Zuckern und Derivaten[7], von stickstoffhaltigen Glykosederivaten[8]. — Bei subcutaner Injektion der Castorölsuspension tritt eine längere Zeit dauernde Insulinwirkung ein[9]. — Wirkung von Natrium, Calcium und Kaliumsalzen[10], von Calciumchlorid oder Calciumacetat[11], von Phosphaten[12], Nickel und Cobaltsalze[13], Natriumbicarbonat[14], perorale Alkaligaben[15], Cyanide[16]. — Die durch CO erzeugbare Hyperglykämie wird durch gleichzeitige Insulingaben verhindert[17]. Verhalten von Insulin in Gegenwart von Trypsin[18], von Pepsin und Trypsinkinase[19], von Schild-

---

[1] Hermann Lange u. Rudolf Schoen: Klin. Wschr. 4, 362 (1925) — Chem. Zbl. 1925 I, 2238. — Arch. f. exper. Path. 121, 245 (1927) — Chem. Zbl. 1927 II, 104. — Hans Joachim Arndt: Arch. f. exper. Path. 119, 254 (1926) — Chem. Zbl. 1927 I, 1972.

[2] H. G. Reeves u. J. A. Hewitt: J. of Physiol. 61, 35 (1926) — Chem. Zbl. 1926 II, 2074.

[3] Walter R. Campbell u. J. Hepburn: J. of biol. Chem. 68, 575 (1926) — Chem. Zbl. 1926 II, 2190.

[4] Oskar Koref u. Rudolf W. Rigler: Klin. Wschr. 3, 1538—1539 — Chem. Zbl. 1924 II, 1954. — S. E. de Jongh u. E. Laqueur: Biochem. Z. 163, 403 (1925) — Chem. Zbl. 1926 II, 1868. — N. W. Janney u. J. Shapiro: Arch. int. Med. 38, 96 (1926) — Chem. Zbl. 1927 I, 2564. — Vincent du Vigneaud: J. of biol. Chem. 73, 275 (1927) — Chem. Z. 1927 II, 448.

[5] V. Kollert u. E. John: Wien. Arch. inn. Med. 11, 267 (1925) — Chem. Zbl. 1926 II, 445.

[6] J. P. Bouckaert u. W. Stricker: C. r. Soc. Biol. Paris 91, 100 — Chem. Zbl. 1924 II, 1365.

[7] Carl Voegtlin, Edith R. Dumn u. J. W. Thompson: Amer. J. Physiol. 71, 574—582 (1925) — Chem. Zbl. 1925 II, 1991.

[8] Alex. Hynd: Biochem. J. 21, 1091 (1927) — Chem. Zbl. 1928 I, 1540.

[9] O. Leyton: Lancet 216, 756 (1929) — Chem. Zbl. 1929 I, 3112.

[10] Hasenöhrl u. F. Högler: Klin. Wschr. 6, 399 (1927) — Chem. Zbl. 1927 I, 2089. — M. A. Magenta u. A. Biasotti: C. r. Soc. Biol. Paris 90, 249 (1924) — Chem. Zbl. 1924 I, 2383. — E. Kylin: Klin. Wschr. 4, 1455 — Chem. Zbl. 1925 II, 1610.

[11] B. Sjollema u. L. Seckles: Koninkl. Akad. van Wetensch. Amsterdam, Wisk en Natk. Afd. 33, 63 (1924) — Chem. Zbl. 1924 I, 1830.

[12] Sophie Kolodziejska u. Casimir Funk: C. r. Soc. Biol. Paris 91, 1477—1478 (1924) — Chem. Zbl. 1925 I, 1224. — C. H. Best u. H. D. Marks: Proc. roy. Soc. Lond. 100, 171 (1926) — Chem. Zbl. 1926 II, 1158. — Amadeo Alchieri: Arch. di Fisiol. 23, 549—561 (1926) — Ber. Physiol. 36, 841 (1926) — Chem. Zbl. 1927 I, 622.

[13] G. Bertrand u. M. Macheboeuf: C. r. Acad. Sci. Paris 182, 1504 (1926) — Chem. Zbl. 1926 II, 1656. — N. R. Blatherwick u. Mellville Sahyun: Amer. J. Physiol. 81, 560 (1927) — Chem. Zbl. 1927 II, 2077. — M. Labbé, H. Roubeau u. F. Nepveux: C. r. Acad. Sci. Paris 186, 181 — Chem. Zbl. 1928 I, 2267 — C. r. Acad. Sci. 185, 1532 (1927) — Chem. Zbl. 1928 I, 2625. — M. A. Magenta: C. r. Soc. Biol. Paris 98, 169 — Chem. Zbl. 1928 I, 2511.

[14] Maurice Water Golbdlatt: Biochemic. J. 21, 991 (1927) — Chem. Zbl. 1927 II, 2408.

[15] G. Hetényi: Klin. Wschr. 5, 800 (1926) — Chem. Zbl. 1926 II, 446.

[16] J. Szolnoki: Dtsch. med. Wschr. 52, 1427 (1926) — Chem. Zbl. 1926 II, 1780.

[17] Shozo Mikami: Tohoku J. exper. Med. 8, 278 (1927) — Chem. Zbl. 1927 II, 2327.

[18] Albert A. Epstein, Nathan Rosenthal, Eugenia H. Maechling u. Violet de Beck: Amer. J. Physiol. 70, 225—239 (1924) — Chem. Zbl. 1925 I, 404 — Amer. J. Physiol. 71, 316—329 (1925) — Chem. Zbl. 1925 I, 1760. — Horace A. Shonle u. John H. Waldo: J. of biol. Chem. 66, 467 (1925) — Chem. Zbl. 1926 I, 2594. — J. W. Grott: C. r. Soc. Biol. Paris 94, 541 (1926) — Chem. Zbl. 1926 I, 3073. — Ivo Maçela: Čas. lék. česk. 64, 1515 (1925) — Chem. Zbl. 1926 II, 248. — St. Weiß u. J. Pogány: Z. exper. Med. 50, 786 (1926) — Chem. Zbl. 1926 II, 1433. — Remo Monteleone: Probl. Nutriz. 2, 163 (1925) — Chem. Zbl. 1926 II, 2072. — T. E. Friedemann u. P. K. Webb: Proc. Soc. exper. Biol. a. Med. 23, 69 (1925) — Chem. Zbl. 1926 II, 1057. — Kurt Felix u. Ernst Waldschmidt-Leitz: Ber. dtsch. chem. Ges. 59, 2367—2370 (1926) — Chem. Zbl. 1927 I, 122. — Hermann Bernhardt u. Clauß Burkart Strauch: Z. klin. Med. 104, 767—775 (1926) — Chem. Zbl. 1927 I, 1175. — F. Lasch u. S. Brugel: Biochem. Z. 181, 109 (1927) — Chem. Zbl. 1927 II, 103. — A. A. Epstein: Proc. Soc. exper. Biol. a. Med. 22, 422 (1925) — Chem. Zbl. 1926 II, 1541. — D. A. Scott: J. of biol. Chem. 63, 641 — Chem. Zbl. 1925 II, 1689. — A. A. Epstein, N. Rosenthal, E. H. Maechling u. V. de Beck: Amer. J. Physiol. 71, 316 — Chem. Zbl. 1925 I, 1760 — Amer. J. Physiol. 70, 225 (1924) — Chem. Zbl. 1925 I, 403.

[19] A. Hartaneck u. W. Schuler: Hoppe-Seylers Z. 172, 289 (1927) — Chem. Zbl. 1928 I, 1780.

drüsensubstanz[1], von Hypophyse[2], von Pituitrin[3], Thyroxin[4], von verschiedenen Hormonpräparaten[5]. Aktivierung des Insulins durch Fermente[6].

Verschiedene Erfahrungen über die Behandlung des Diabetes mit Insulin[7]. — Insulinbehandlung, Indikationen, individuelle Dosierung[8]. Hirnbefunde bei Insulinüberdosierung[9]. Wirkung von Insulin auf die Acetonurie[10], auf die Störungen im Stickstoffwechsel beim schweren Diabetes[11], auf die Störung des Fett-Lipoid-Stoffwechsels beim schweren Diabetes[12]. — Insulin bei akromegalischem Diabetes[13]. Bei herzkranken Diabetikern kann Insulindarreichung schädlich sein[14]. Insulinbehandlungen bei Coma diabeticum[15]. Die Bestimmung der Verteilung

[1] J. H. Burn u. H. P. Marks: J. of Physiol. **60**, 131—141 (1925) — Chem. Zbl. **1925 II**, 1291. — H. P. Marks: J. of Physiol. **60**, 402 (1925) — Chem. Zbl. **1926 I**, 1222. — Haruyoshi Senga: J. of orient. Med. **4**, 16 (1926) — Chem. Zbl. **1926 II**, 2097. — R. D. Lawrence: Brit. med. J. **1926**, 983—984 (1926) — Chem. Zbl. **1927 I**, 910. — Yoshiichi Nakano: Sci. Rep. Gov. Inst. inf. Dis. **4**, 339 (1925) — Chem. Zbl. **1927 II**, 289. — O. Ehrismann: Arch. f. exper. Path. **121**, 299 (1927) — Chem. Zbl. **1927 II**, 104. — S. Dietrich, H. Häusler u. O. Loewi: Klin. Wschr. **6**, 856 (1927) — Chem. Zbl. **1927 II**, 104. — C. Serono, E. Trocello u. A. Cruto: Rass. internaz. Clin. **23** 119 — Chem. Zbl. **1924 II**, 1110. — S. W. Britton u. W. K. Myers: Amer. J. Physiol. **84**, 132 — Chem. Zbl. **1928 II**, 66.

[2] J. H. Burn: J. of Physiol. **57**, 318 (1923) — Chem. Zbl. **1923 III**, 575. — G. Joachimoglu u. A. Metz: Dtsch. med. Wschr. **50**, 1787—1788 (1924) — Chem. Zbl. **1925 I**, 2388. — N. Klissiunis: Biochem. Z. **160**, 246—249 (1925) — Chem. Zbl. **1925 II**, 1291. — Oskar Koref u. Hans Mautner: Arch. f. exper. Path. **113**, 124 (1926) — Chem. Zbl. **1926 II**, 1967. — Alfred Gigon: Biochem. Z. **174**, 257 (1926) — Chem. Zbl. **1926 II**, 2189. — C. Heymans u. H. Pupeo: C. r. Soc. Biol. Paris **94**, 1253 (1926) — Chem. Zbl. **1926 II**, 603. — G. Marinesco, O. Kauffman-Cosla u. St. Draganesco: C. r. Soc. Biol. Paris **99**, 911 (1928).

[3] R. Coope: J. of Physiol. **60**, 92—94 (1925) — Chem. Zbl. **1925 II**, 662. — Oskar Koref u. Hans Mautner: Arch. f. exper. Path. **113**, 151 (1926) — Chem. Zbl. **1926 II**, 905. — O. Klein: Z. klin. Med. **100**, 458—477 (1924) — Chem. Zbl. **1925 I**, 116.

[4] Aaron Bodansky: Proc. Soc. exper. Biol. a. Med. **20**, 538 (1923) — Chem. Zbl. **1924 I**, 1830. — W. E. Burge u. A. M. Estes: J. metabol. Res. **7/8**, 183 (1925/26) — Chem. Zbl. **1928 I**, 2102.

[5] Fritz Silberstein u. Siegfried Keßler: Biochem. Z. **181**, 333 (1927) — Chem. Zbl. **1927 I**, 3019.

[6] Erhard Glaser u. Georg Halpern: Biochem. Z. **177**, 196—205 (1926) — Chem. Zbl. **1927 I**, 122.

[7] Leo Hermanns: Münch. med. Wschr. **54**, 2168 (1928) — Robert Gantenberg: Dtsch. med. Wschr. **54**, 2141 (1928) — J. M. Rabinowitch: Quart. J. Med. **21**, 211 (1928) — Chem. Zbl. **1929 I**, 1016. — B. Sybrandy: Nederl. Tijdschr. Geneesk. **68**, 2728 — Chem. Zbl. **1924 II**, 710. — O. Minkowski: Ther. Gegenw. **65**, 196, 241 — Chem. Zbl. **1924 II**, 1006. — W. D. Sansum, N. R. Blatherwick, F. H. Smith, M. L. Long, L. C. Maxwell, E. Hill, R. Mc Carty u. J. H. Cryst: J. metabol. Res. **3**, 641 — Chem. Zbl. **1924 II**, 1227. — H. Vollmer: Z. exper. Med. **41**, 654 — Chem. Zbl. **1924 II**, 1480. — F. Umber u. M. Rosenberg: Dtsch. med. Wschr. **50**, 359 — Chem. Zbl. **1924 II**, 1365. — W. Falta: Klin. Wschr. **3**, 1385 — Chem. Zbl. **1924 II**, 1364. — A. A. Hymans van den Bergh u. A. S. van Heukelom: Dtsch. med. Wschr. **49**, 1355 (1923) — Chem. Zbl. **1924 I**, 1230. — C. v. Noorden u. S. Isaac: Klin. Wschr. **2**, 1968 (1923) — Chem. Zbl. **1924 I**, 1231. — L. B. Winter u. W. Smith: J. of Physiol. **58**, 108 (1923) — Chem. Zbl. **1924 I**, 1231. — K. Felsch: Dtsch. med. Wschr. **51**, 1198 — Chem. Zbl. **1925 II**, 1369. — L. Villa: Dtsch. Arch. klin. Med. **158**, 69 — Chem. Zbl. **1928 I**, 1786. — Gorge J. Langley: Brit. med. J. **1928 I**, 1016 — Chem. Zbl. **1928 II**, 2569. — Alfred Neumann: Wien. med. Wschr. **78**, 1363 (1928) — Chem. Zbl. **1928 II**, 2569.

[8] H. Elias: Wien. klin. Wschr. **38**, 710—711 (1925) — Chem. Zbl. **1925 II**, 1182.

[9] F. Wohlwill: Klin. Wschr. **7**, 344 — Chem. Zbl. **1928 I**, 1884.

[10] J. H. Burn u. H. W. Ling: J. of Physiol. **65**, 191 (1928) — Chem. Zbl. **1928 II**, 261.

[11] Labbé, Floride Nepveux u. Hiernaux: C. r. Acad. Sci. Paris **186**, 1384 (1928) — Chem. Zbl. **1928 II**, 261.

[12] Marcel Labbé, Floride Nepveux u. Hiernaux: C. r. Acad. Sci. Paris **186**, 1445 (1928) — Chem. Zbl. **1928 II**, 261.

[13] Léon Blum u. Henri Schwab: C. r. Soc. Biol. Paris **88**, 195 (1923) — Chem. Zbl. **1923 III**, 1115.

[14] Reinwein: Dtsch. med. Wschr. **55**, 951 (1929) — Chem. Zbl. **1929 II**, 588.

[15] Max Simon: Dtsch. med. Wschr. **1923** — Chem. Zbl. **1923 III**, 1583. — L. Blum, Carlicz u. H. Schwab: C. r. Soc. Biol. Paris **88**, 1156 (1923) — Chem. Zbl. **1923 III**, 508. — Marcus Lauritzen: Klin. Wschr. **2**, 1540 (1923) — Chem. Zbl. **1923 III**, 1050. — H. Staub, Fr. Günther u. R. Fröhlich: Klin. Wschr. **2**, 2337 (1923) — Chem. Zbl. **1924 I**, 685. — G. E. Cullen u. L. Jonas: J. of biol. Chem. **57**, 541 (1923) — Chem. Zbl. **1924 I**, 1229. — R. Ehrmann u. Artur Jacoby: Dtsch. med. Wschr. **50**, 138 (1924) — Chem. Zbl. **1924 I**, 1690. — Otto Fischer: Münch. med. Wschr.

von Glykose in Erythrocyten und Plasma läßt einen Schluß darauf zu, ob man unangenehme Zufälle zu befürchten hat und erwies sich besonders brauchbar bei komatösen Kranken[1]. — Die Anwendung des Insulins ist nicht nur auf das diabetische Koma und sonstige Komplikationen zu beschränken[2]. Über die Veränderungen der Niere beim insulinbehandelten Coma diabeticum mit Ausgang in Urämie[3]. Insulinapplikation bei Coma diabeticum mit Pankreasnekrose[4], bei Nephrosen[5], bei Toxikosen[6], Lebererkrankungen[7], Gangrän[8], Spasmophilie[9], Beziehungen zwischen Glykosurie und Glykämie bei Nierendiabetes in Gegenwart von Insulin[10]. — Diabetes, Tuberkulose und extrapankreatische Bildung von Insulin[11]. Hyperthyreoidismus kann beim Diabetiker die Wirkung des Insulins stören[12]. — Insulinempfindlichkeit bei Basedow und bei Hyperthyreose[13].

Insulin bei Schilddrüsenerkrankungen[14], bei Ikterus[15], Glykosuria innocens[16]. — Wirkung des Insulins auf die Xanthosis diabetica[17]. — Insulin gestattet angeblich, die verschiedenen Formen von Diabetes zu unterscheiden[18]. — Insulinbehandlung von Lungenkranken[19]. Über die Wirkung von Insulin-glykose auf nichtdiabetische schwere Krankheitszustände[20]. — Beobachtungen über die Wirkung von Insulin auf Arthritis deformans und Kalkstoffwechsel[21]. Insulinbehandlung bei endogenen Geistesstörungen[22]. Bei Avitaminose[23]. Versuche mit Insulin zur Lösung der Frage nach der Ursache des abnormen Verhaltens des Diabetikers gegen Infektionen. Das Insulin scheint hiernach eine Förderungswirkung auf die Freßtätigkeit gewaschener Leukocyten in vitro auszuüben[24]. Studium der Glykämie und Wirkung von Glykoseserum und Insulin in einigen Fällen von experimenteller Trypanosis[25]. — Thera-

71, 73—76 (1924) — Chem. Zbl. **1924 I**, 1960. — Robert E. Mark: Wien. klin. Wschr. **38**, 278—279 (1925) — Chem. Zbl. **1925 I**, 2452. — Elsa Bucka: Klin. Wschr. **5**, 254 (1926) — Chem. Zbl. **1926 I**, 2806. — Elmer L. Sevringhaus u. Herbert A. Raube: J. metabol. Res. **5**, 263 (1926) — Chem. Zbl. **1926 II**, 2927. — Otto Fischer: Klin. Wschr. **4**, 2002 (1925) — Chem. Zbl. **1926 I**, 427. — K. A. Petrén: Brit. med. J. **1927 II**, 1019 — Chem. Zbl. **1928 I**, 1055. — David: Ther. Gegenw. **69**, 50 (1928) — Chem. Zbl. **1928 I**, 1676. — A. V. Bock, H. Field jr. u. G. S. Adair: J. metabol. Res. **4**, 27 — Chem. Zbl. **1924 II**, 1604. — Th. Weiß: Dtsch. Arch. klin. Med. **156**, 226 (1927) — Chem. Zbl. **1927 II**, 2322.

[1] Lee Foshay: Arch. int. Med. **40**, 661 (1928) — Chem. Zbl. **1929 I**, 548.

[2] A. Sebastiani: Policlinico **31**, 1391—1403 (1924) — Ber. Physiol. **29**, 750 (1925) — Chem. Zbl. **1925 II**, 51.

[3] E. J. Kraus u. H. Selye: Klin. Wschr. **7**, 1627 (1928) — Chem. Zbl. **1928 II**, 1894.

[4] E. Schott: Münch. med. Wschr. **73**, 1185 (1926) — Chem. Zbl. **1926 II**, 1760.

[5] Liu Shich-Hao u. C. A. Mills: Proc. Soc. exper. Biol. a. Med. **24**, 191—192 (1926) — Ber. Physiol. **40**, 554 (1927) — Chem. Zbl. **1927 II**, 1716.

[6] Richard Wagner: Dtsch. med. Wschr. **52**, 409 (1926) — Chem. Zbl. **1926 I**, 3073.

[7] O. Klein u. H. Holzer: Klin. Wschr. **6**, 157—158 (1927) — Chem. Zbl. **1927 I**, 1494. — Géza Hetényi: Dtsch. med. Wschr. **52**, 1119 (1926) — Chem. Zbl. **1926 II**, 1875.

[8] D. G. Cohen-Tervaert: Nederl. Tijdschr. Geneesk. **68**, 2340 — Chem. Zbl. **1924 II**, 710.

[9] A. Adam: Klin. Wschr. **4**, 1551 — Chem. Zbl. **1925 II**, 1689.

[10] L. Villa: Probl. Nutriz. **1**, 345 (1924) — Ref.: Ber. Physiol. **31**, 101 — Chem. Zbl. **1925 II**, 1458 — Probl. Nutriz. **1**, 101 — Chem. Zbl. **1925 I**, 985.

[11] E. Lundberg: C. r. Soc. Biol. Paris **91**, 418 — Chem. Zbl. **1924 II**, 1604.

[12] L. Nelken: Arch. Verdgskrkh. **40**, 75 (1927) — Chem. Zbl. **1928 II**, 1581.

[13] Karl Csépai u. Zoltán Ernst: Wien. klin. Wschr. **41**, Nr 25 (1927) — Chem. Zbl. **1928 I**, 1045.

[14] M. A. Castex u. M. Schteingart: C. r. Soc. Biol. Paris **93**, 1459 (1925) — Chem. Zbl. **1926 I**, 1833.

[15] P. Hecht u. P. Bonem: Klin. Wschr. **6**, 72—73 (1927) — Chem. Zbl. **1927 I**, 1333.

[16] F. Umber u. Max Rosenberg: Klin. Wschr. **4**, 583—588 (1925) — Chem. Zbl. **1925 I**, 2316.

[17] A. W. Elmer u. M. Scheps: Klin. Wschr. **8**, 300 (1929) — Chem. Zbl. **1929 I**, 2069.

[18] R. Jaksch-Wartenhorst: Zbl. inn. Med. **45**, 2 (1924) — Chem. Zbl. **1924 I**, 1690.

[19] Hofhauser u. Schön: Pharmaz. Ber. **3**, 36 — Chem. Zbl. **1928 I**, 2267.

[20] Shungo Osato u. Risei Ohba: Jap. J. med. Sci., Trans. Int. Med. etc. **1**, 1 (1926) — Chem. Zbl. **1928 II**, 2258. — Shungo Osato, Risei Ohba u. Motoki Kasai: Jap. J. med. Sci., Trans. Int. Med. etc. **1**, 25 (1926) — Chem. Zbl. **1928 II**, 2258.

[21] R. Mark: J. metabol. Res. **4**, 135 — Chem. Zbl. **1924 II**, 1481.

[22] P. Schmidt: Klin. Wschr. **7**, 839 — Chem. Zbl. **1928 II**, 66.

[23] A. Bickel u. J. A. Collazo: Dtsch. med. Wschr. **49**, 1408 (1923) — Chem. Zbl. **1924 I**, 685. — Komtaro Onohasa: Biochem. Z. **163**, 67 (1925) — Chem. Zbl. **1926 I**, 1223. — G. Vercellana: Ann. Igiene **26**, 575 (1926) — Chem. Zbl. **1926 II**, 2449 — Ann. Igiene **36**, 575 (1926) — Ber. Physiol. **38**, 818 (1927) — Chem. Zbl. **1927 II**, 113.

[24] G. Bayer u. Otto Form: Dtsch. med. Wschr. **52**, 784—785 (1926) — Chem. Zbl. **1927 I**, 307.

[25] G. Cordier: C. r. Soc. Biol. Paris **96**, 971 (1927) — Chem. Zbl. **1927 II**, 275.

peutische Anwendungen des Insulins bei Nichtdiabetikern[1]. — Über die Aktivierung des Insulins bei Nichtdiabetischen[2]. Behandlung mit Insulin während der Schwangerschaft[3]. Der Milchsäuregehalt des Muskels bei Insulin- und Hungertod[4]. — Insulin und Co-Zymasewirkung[5].

Untersuchungen über insulinartige Stoffe aus Hefe und aus verschiedenen Pflanzenmaterialien[6]. — Behandlung des Diabetes mit Synthalin[7].

---

[1] H. Chr. Geelmuyden: Norsk Mag. Laegevidensk. 85, 285—292 (1924) — Ber. Physiol. 27, 105—106 (1924) — Chem. Zbl. 1925 I, 115. — H. Bernhardt: Vox med. (Berl.) 6, 217 (1926) — Chem. Zbl. 1926 II, 603. — J. L. A. Peutz: Nederl. Tijdschr. Geneesk. 70, 1986—1988 (1926) — Chem. Zbl. 1927 I, 307. — E. Trocello: Rass. internaz. Clin. 25, 325—348 (1926) — Chem. Zbl. 1927 I, 1692. — E. Frank: Dtsch. med. Wschr. 53, 219—222 (1927) — Chem. Zbl. 1927 I, 1847. — K. Stolte: Ther. Gegenw. 68, 64—68 (1927) — Chem. Zbl. 1927 I, 1847. — Schellong u. Hufschmid: Klin. Wschr. 6, 1888 (1927) — Chem. Zbl. 1927 II, 2407.

[2] E. Vogt: Klin. Wschr. 7, 1460 (1928) — Chem. Zbl. 1928 II, 1112.

[3] Hugo Ehrenfest: Amer. J. Obstetr. 8, 685 (1924) — Chem. Zbl. 1926 I, 2113. — J. Markowitz u. W. W. Simpson: Trans. roy. Soc. Canada 19, 71 (1925) — Chem. Zbl. 1926 II, 248. — H. Seidl: Münch. med. Wschr. 73, 1471 (1926) — Chem. Zbl. 1926 II, 2073.

[4] H. Baur: Münch. med. Wschr. 71, 541 — Chem. Zbl. 1924 II, 710.

[5] Hans von Euler u. Karl Myrbäck: Chem. Zelle 12, 57—61 (1924) — Chem. Zbl. 1925 I, 2093. — Theodor Brugsch u. Hans Horsters: Klin. Wschr. 4, 436—438 (1925) — Chem. Zbl. 1925 I, 2452. — L. Ambard, F. Schmid u. M. Arnovlyevitch: Presse méd. 32, 721—723 (1924) — Ber. Physiol. 30, 889—890 (1925) — Chem. Zbl. 1925 II, 1291. — Otto S. Kretschmer: J. Labor. a. clin. Med. 9, 442—443 — Ber. Physiol. 26, 480 — Chem. Zbl. 1924 II, 2535. — H. v. Euler, E. Jorpes u. K. Myrbäck: Hoppe-Seylers Z. 149, 60 (1925) — Chem. Zbl. 1926 I, 1211. — Artturi J. Virtanen u. H. Kárström: Ber. dtsch. chem. Ges. 59, 45 (1926) — Chem. Zbl. 1926 I, 1662. — Karl Freudenberg u. Wilhelm Dirschert: Hoppe-Seylers Z. 157, 64 (1926) — Chem. Zbl. 1926 II, 2976. — T. Brugsch u. H. Horsters: Hoppe-Seylers Z. 157, 186 (1926) — Chem. Zbl. 1926 II, 2320. Artturi J. Virtanen: Biochem. Z. 171, 76 (1926) — Chem. Zbl. 1926 I, 3610. — Theodor Brugsch u. Hans Horsters: Biochem. Z. 175, 90—114 (1926) — Chem. Zbl. 1927 I, 131. — Artturi J. Virtanen: Hoppe-Seylers Z. 160, 308—312 (1926) — Chem. Zbl. 1927 I, 463. — Richard Kuhn u. Rudolf Heckscher: Hoppe-Seylers Z. 160, 154—168 (1926) — Chem. Zbl. 1927 I, 905.

[6] Henry Brougham Hutchinson, William Smith u. Lewis Bland Winter: Biochemic. J. 17, 683 (1923) — Chem. Zbl. 1924 I, 2523. — Dudley: Biochemic. J. 17, 376 (1923) — Chem. Zbl. 1923 III, 874. — A. Gottschalk: Dtsch. med. Wschr. 50, 538 (1924) — Chem. Zbl. 1924 II, 367. — Harry E. Dubin u. H. B. Corbitt: Proc. Soc. exper. Biol. a. Med. 21, 16—18 (1923) — Ber. Physiol. 27, 108 (1924) — Chem. Zbl. 1925 I, 115. — Ulf von Euler: Biochem. Z. 194, 197 (1928) — Chem. Zbl. 1929 I, 404. — J. J. Willaman: Ind. Chem. 1, Nr 14, 2 — Chem. Zbl. 1923 III, 1050. — C. H. Best u. D. A. Scott: J. metabol. Res. 3, 177 (1923) — Chem. Zbl. 1923 III, 1116. — William Thalliner u. Margaret C. Perry: Nature (Lond.) 112, 164 (1923) — Chem. Zbl. 1924 I, 799. — A. Stasiak: Biochem. Z. 151, 84—89 — Chem. Zbl. 1924 II, 2346. — Collip: J. of biol. Chem. 58, 163 — Chem. Zbl. 1924 I, 928. — C. H. Best u. Scott: Trans. roy. Soc. Canada 17, 87 (1923) — Chem. Zbl. 1924 I, 2382. — W. H. Eyster u. M. M. Ellis: J. gen. Physiol. 6, 653—670 — Chem. Zbl. 1924 II, 1931. — R. Wasicky: Klin. Wschr. 3, 1819 — Chem. Zbl. 1924 II, 2278. — Erhard Glaser u. Lazar Wittner: Biochem. Z. 151, 279—295 (1924) — Chem. Zbl. 1925 I, 676. — Lucien Daniel: C. r. Acad. Sci. Paris 182, 282 (1926) — Chem. Zbl. 1926 I, 2110. — Industrial Technics Corp.: A.P. 1616166 (1927); Chem. Zbl. 1927 I, 2140. — E. Kaufmann: Verh. dtsch. Ges. inn. Med. 1926, 450 — Chem. Zbl. 1927 I, 2564. — A. H. Roffo u. L. M. Correa: Bol. Inst. Med. exper. Cánc. Buenos Aires 2, 969 (1926) — Chem. Zbl. 1927 II, 2327. — M. Eisler u. L. Portheim: Biochem. Z. 148, 566 — Chem. Zbl. 1924 II, 1110. — J. B. Collip: Trans. roy. Soc. Canada 17, 39 (1923) — Chem. Zbl. 1924 I, 2382. — E. Kaufmann: Z. exper. Med. 62, 147, 154, 160 (1928) — Chem. Zbl. 1929 I, 3112. — Z. exper. Med. 62, 739 (1928) — Chem. Zbl. 1929 I, 3112 — Z. exper. Med. 60, 285 (1928) — Chem. Zbl. 1928 II, 674.

[7] A. A. Hymans van den Bergh: Meded. Rijksinst. pharmacother. Onderz. (holl.) 1926, 65 — Chem. Zbl. 1927 I, 2809. — W. Grunke: Ther. Gegenw. 68, 108 (1927) — Chem. Zbl. 1927 I, 2332. — A. Adler: Klin. Wschr. 6, 493 (1927) — Chem. Zbl. 1927 I, 2332. — E. Frank: Naturwiss. 15, 213 (1927) — Chem. Zbl. 1927 I, 2333. — W. H. Jansen u. Hanns Baur: Münch. med. Wschr. 74, 441 (1927) — Chem. Zbl. 1927 I, 2564. — P. Morawitz: Münch. med. Wschr. 74, 571 (1927) — Chem. Zbl. 1927 I, 2920. — Werner Nissl u. Erich Wiesen: Klin. Wschr. 6, 734 (1927) — Chem. Zbl. 1927 I, 3204. — v. Falkenhausen: Dtsch. med. Wschr. 53, 752 (1927) — Chem. Zbl. 1927 II, 110. — Richard Priesel u. Richard Wagner: Klin. Wschr. 6, 884 (1927) — Chem. Zbl. 1927 II, 110. — H. Hirsch-Kauffmann u. A. Heimann-Trosien: Ther. Gegenw. 68, 202 (1927) — Chem. Zbl. 1927 II, 275. — F. Rathery, Levina u. Maurice Maximim: C. r. Soc. Biol. Paris 96, 939 (1927) — Chem. Zbl. 1927 II, 280. — Otto Thiel: Klin. Wschr. 6, 1417—1419 — Chem. Zbl. 1927 II, 1363. — K. Graßheim u. H. Petow: Klin. Wschr. 6, 1647—1650 (1927) — Chem. Zbl. 1927 II,

Wirkungen des Synthalins[1]. Toxische Nebenwirkungen des Synthalins[2]. Mechanismus der Synthalinwirkung[3]. — Wirkung in Gegenwart von Insulin[4]. — Darreichung per os[5]. — Wirkung im Tierorganismus[6]. — Wirkung an phlorrhizinvergifteten Hunden[7]. — Wirkung an pankreasektomierten Tieren[8]. Wirkung auf den Blutzucker und Acidose[9]. — Synthalin verwandelt den Blutzucker nicht in Glykogen, im Gegenteil, er ruft sogar einen geringen Glykogenschwund hervor[10]. Wirkung auf den respiratorischen Quotienten[11]. Wirkung auf den Phosphorsäureumsatz[12]. Untersuchungen über die Wirkung von Glykhorment (ein Synthalin enthaltendes Präparat)[13]. Diabetes und Galegin[14].

1718—1719. — P. Zadik: Dtsch. med. Wschr. **53**, 1470—1471 (1927) — Chem. Zbl. **1927 II**, 1719. — H. Hirsch-Kaufmann u. A. Heimann-Trosien: Klin. Wschr. **6**, 1855 (1927) — Chem. Zbl. **1927 II**, 2324. — R. Stahl u. K. Bahn: Dtsch. med. Wschr. **40**, 1687 (1927) — Chem. Zbl. **1927 II**, 2408. — E. Trocello: Rass. Clin. internaz. **26**, 230 (1927) — Chem. Zbl. **1927 II**, 2687. — E. G. B. Calvert: Lancet **213**, 649 (1927) — Chem. Zbl. **1927 II**, 2687.

[1] Paul Hirsch-Mamroth u. Georg Perlmann: Dtsch. med. Wschr. **53**, 110 (1927) — Chem. Zbl. **1927 I**, 1333. — M. Nothmann u. A. Wagner: Ther. Gegenw. **68**, 7—10 (1927) — Chem. Zbl. **1927 I**, 1849. — E. Mosler u. W. Feuereisen: Dtsch. med. Wschr. **53**, 704 (1927) — Chem. Zbl. **1927 I**, 3204. — F. Umber: Dtsch. med. Wschr. **53**, 1121 (1927) — Chem. Zbl. **1927 II**, 1046. — P. Ginsburg: Dtsch. med. Wschr. **53**, 1737 (1927) — Chem. Zbl. **1927 II**, 2553. — R. Stahl: Münch. med. Wschr. **75**, 647 — Chem. Zbl. **1928 I**, 2625. — W. Löwenstein: Ther. Gegenw. **69**, 149 — Chem. Zbl. **1928 I**, 2728. — N. R. Blatherwick, M. Sahyun u. E. Hill: J. of biol. Chem. **75**, 671 (1927) — Chem. Zbl. **1928 I**, 3087. — A. Boedeker u. P. Junkersdorf: Arch. f. exper. Path. **129**, 354 (1928) — Chem. Zbl. **1928 II**, 264. — R. Bodo u. H. P. Marks: J. of Physiol. **65**, 83 (1928) — Chem. Zbl. **1928 II**, 264. — H. Staub: Z. klin. Med. **107**, 607 (1928) — Chem. Zbl. **1928 II**, 458. — Karl Junkmann: Arch. f. exper. Path. **122**, 184 (1927) — Chem. Zbl. **1928 II**, 683. — R. Weitz: J. Pharmacie (8) **7**, 449 (1928) — Chem. Zbl. **1928 II**, 684. — H. Staub u. O. Küng: Klin. Wschr. **7**, 1365 (1928) — Chem. Zbl. **1928 II**, 1117. — L. Hédon u. G. Vertzman: C. r. Soc. Biol. Paris **98**, 1093 (1928) — Chem. Zbl. **1928 II**, 1229. — Edgar Zunz u. Jean La Barre: Bull. Soc. Chim. biol. Paris **10**, 322 (1928) — Chem. Zbl. **1928 II**, 1894. — H. Hirsch-Kauffmann u. A. Heimann-Trosien: Klin. Wschr. **7**, 1272 (1928) — Chem. Zbl. **1928 II**, 1894. — F. Rathery, R. Kourilsky u. S. Gibert: C. r. Soc. Biol. Paris **99**, 282, 284 (1928) — Chem. Zbl. **1928 II**, 2034. — H. Hirsch-Kauffmann u. A. Wagner: Klin. Wschr. **7**, 1866 (1928) — Chem. Zbl. **1928 II**, 2483. — E. Frank, M. Nothmann u. A. Wagner: Klin. Wschr. **7**, 1996 (1928) — Chem. Zbl. **1928 II**, 2483. — Ernst Steinitz: Ther. Gegenw. **69**, 484 (1928) — Chem. Zbl. **1929 I**, 552.

[2] Eduard Szczeklik: Wien. klin. Wschr. **40**, 1075—1077 (1927) — Chem. Zbl. **1927 II**, 1819. — Otto Thill: Klin. Wschr. — **6**, 2037 (1927) — Chem. Zbl. **1928 I**, 86. — H. J. Arndt, Ernst Müller u. Elisabeth Schemann: Klin. Wschr. **6**, 2283 (1927) — Chem. Zbl. **1928 I**, 539. — A. Moschini: C. r. Soc. Biol. Paris **97**, 1199 (1927) — Chem. Zbl. **1928 I**, 713. — Stanislaw Hornung: Klin. Wschr. **7**, 69 (1928) — Chem. Zbl. **1928 I**, 1058. — Hans Handovsky: Klin. Wschr. **6**, 2464 (1927) — Chem. Zbl. **1928 I**, 1060.

[3] Ferdinand Bertram: Dtsch. med. Wschr. **53**, 2115 (1927) — Chem. Zbl. **1928 I**, 538.

[4] A. H. A. Martens, Cornelie H. Körs u. C. de Jong: Nederl. Tijdschr. Geneesk. **71**, 1918 (1927) — Chem. Zbl. **1928 I**, 539.

[5] Jac. J. de Jong: Nederl. Tijdschr. Geneesk. I **71**, 541—550 (1927) — Chem. Zbl. **1927 I**, 1849.

[6] P. E. Simola: Hoppe-Seylers Z. **168**, 274—293 (1927) — Chem. Zbl. **1927 II**, 1979 — Klin. Wschr. **6**, 1895 (1927) — Chem. Zbl. **1927 II**, 2408.

[7] J. Snapper u. F. Östreicher: Nederl. Tijdschr. Geneesk. II **71**, 378—385. — F. Östreicher u. J. Snapper: Chem. Zbl. **1927 II**, 1363 — Klin. Wschr. **6**, 1788 (1927) — Chem. Zbl. **1927 II**, 2553.

[8] F. Rathery, J. Millot u. Kourilsky: C. r. Soc. Biol. Paris **97**, 523—524 — Chem. Zbl. **1927 II**, 1485.

[9] B. Sybrandy: Nederl. Tijdschr. Geneesk. **71**, 1418 (1927) — Chem. Zbl. **1927 I**, 2441. — Géza Hetényi: Klin. Wschr. **6**, 2194 (1927) — Chem. Zbl. **1928 I**, 85.

[10] G. Debois, J. Defauw u. J. Hoet: C. r. Soc. Biol. Paris **97**, 1420 (1927) — Chem. Zbl. **1928 I**, 539.

[11] Alfred Lublin: Arch. f. exper. Path. **124**, 118—128 (1927) — Chem. Zbl. **1927 II**, 1719.

[12] H. K. Barrenscheen u. Alfred Eisler: Wien. klin. Wschr. **40**, 1074—1075 (1927) — Chem. Zbl. **1927 II**, 1719.

[13] Fr. Pulfer: Münch. med. Wschr. **74**, 972 (1927) — Chem. Zbl. **1927 II**, 710. — Sandmeyer: Klin. Wschr. **6**, 1856 (1927) — Chem. Zbl. **1927 II**, 2323. — Hedwig Langecker: Klin. Wschr. **6**, 2238 (1927) — Chem. Zbl. **1928 I**, 369. — H. Strauß: Ther. Gegenw. **68**, 483 (1927) — Chem. Zbl. **1928 I**, 369. — H. H. Dale u. H. W. Dudlay: Brit. med. J. **1927 II**, 1027 — Chem. Zbl. **1928 I**, 1058. — Hedwig Langecker: Klin. Wschr. **7**, 159 (1928) — Chem. Zbl. **1928 I**, 1298. — J. Gavrila u. E. Caba: C. r. Soc. Biol. Paris **98**, 408 — Chem. Zbl. **1928 I**, 2419. — G. Blaß u. E. Kovács: Wien. klin. Wschr. **41**, 271 — Chem. Zbl. **1928 I**, 2103. — R. Öser u. W. B. Sachs: Z. exper. Med. **60**, 563 (1929) — Chem. Zbl. **1928 II**, 67. — E. Kaufmann: Z. exper. Med. **61**, 222 (1928) — Chem. Zbl.

Behandlung mit vitaminhaltigen Präparaten[1]. — Medikamentöse Behandlung des Diabetes mellitus mit Ausschluß der parenteralen Insulintherapie[2].

Weitere physiologische Eigenschaften der d-Glykose: Glykosegehalt im Speichel[3], in der Synovialflüssigkeit eines Seiwals[4], in der Cerebrospinalflüssigkeit[5]. Untersuchungen über die Form der Glykose in verschiedenen Körperflüssigkeiten[6]. Intensität des süßen Geschmacks[7]. — Die relative Süßigkeit der Glykose beträgt (Rohrzucker als Bezugswert $= 100$ gesetzt) 74,3[8]. Schmeckt für die Bienen süß[9]. Die bei der intraperitonealen Injektion von Bouillon, Pepton-Casein- oder Ovalbuminlösungen auftretenden Exsudate enthalten mehr Zucker als das Blut. Der Zuckergehalt der nach 7—8 Stunden wieder verschwindenden Ergüsse erreicht nach 2 Stunden sein Maximum[10]. Bei gleichzeitiger Zufuhr von Glykose und Galaktose tritt eine gegenseitige Hemmung der Resorption ein. Die Gesamtmenge, die resorbiert wird, alles auf z. B. Glykose umgerechnet, bleibt die gleiche, als wenn nur Glykose vorhanden wäre[11]. Resorptionsfördernde Wirkung von Saponin auf Glykose[12]. Untersuchungen nach

1928 II, 1455. — Carlos Trincao: C. r. Soc. Biol. Paris 98, 1590 (1928) — Chem. Zbl. 1928 II, 1679. — Fritz Bischoff, N. R. Blatherwick u. Melville Sahyun: J. of biol. Chem. 77, 467 (1928) — Chem. Zbl. 1928 II, 1117. — A. Morais David u. Carlos Trincao: C. r. Soc. Biol. Paris 98, 1019 (1928) — Chem. Zbl. 1928 II, 1791. — Theodor Weiß: Dtsch. med. Wschr. 54, 1718 (1928) — Chem. Zbl. 1928 II, 2381. — E. Kaufmann: Dtsch. med. Wschr. 54, 1719 (1928) — Chem. Zbl. 1928 II, 2381. — M. R. Castex u. M. Schteingart: C. r. Soc. Biol. Paris 99, 999 (1928) — Chem. Zbl. 1929 I, 101. — S. Hornung: C. r. Soc. Biol. Paris 99, 1031 (1928) — Chem. Zbl. 1929 I, 101. — Ferdinand Bertram: Dtsch. med. Wschr. 54, 1975 (1928) — Chem. Zbl. 1929 I, 552. — J. Gavrila u. E. Caba: Rev. med. Rumaine 1928, 19 — Chem. Zbl. 1929 I, 552.
  [14] Helmuth Reinwein: Münch. med. Wschr. 74, 1794 (1927) — Chem. Zbl. 1928 I, 86. — Helmuth Müller u. Helmuth Reinwein: Arch. f. exper. Path. 125, 212 (1927) — Chem. Zbl. 1928 I, 221. — H. Simonnet u. G. Tauret: Bull. Soc. Chim. biol. Paris 10, 796 (1928) — Chem. Zbl. 1928 II, 1228. — Helmuth Reinwein: Verh. dtsch. Kongreß inn. Med. 39, 219 (1927) — Chem. Zbl. 1928 II, 1456.

  [1] Klotz u. Höpfner: Münch. med. Wschr. 69, 465 (1922) — Chem. Zbl. 1922 I, 1344. — Berta Ottenstein: Z. exper. Med. 34, 59 (1923) — Chem. Zbl. 1923 III, 508. — O. Kauffmann-Cosla u. Jean Roche: C. r. Soc. Biol. Paris 97, 807 (1927) — Chem. Zbl. 1928 I, 375. — C. A. Mills: Amer. J. med. Sci. 175, 376, 384 (1928) — Chem. Zbl. 1929 I, 2791.
  [2] Ferdinand Bertram: Klin. Wschr. 7, 1209 (1928) — Chem. Zbl. 1928 II, 1117.
  [3] Howard B. Lewis u. Helen Updegraff: Proc. Soc. exper. Biol. a. Med. 20, 168 (1922) — Chem. Zbl. 1924 I, 1949.
  [4] Kiyoo Takemura: Jap. J. med. Sci., Trans. Biochem. 1, 151 (1927) — Chem. Zbl. 1928 I, 1200.
  [5] J. de Haan u. S. van Creveld: Biochem. Z. 123, 194—214 (1921) — Chem. Zbl. 1922 I, 226. — Lewis D. Stevenson: Arch. of Neur. 6, 292—294 (1921) — Chem. Zbl. 1922 I, 384. — Grete Egerer-Seham u. C. E. Nixon: Arch. int. Med. 28, 561—585 (1921) — Chem. Zbl. 1922 III, 90. — Ladislaus Csáki: Z. klin. Med. 100, 271 (1924) — Chem. Zbl. 1924 II, 489. — M. Polonovski u. G. G. Galbrun: C. r. Soc. Biol. Paris 91, 565—567 — Chem. Zbl. 1924 II, 2274. — Bernard J. Alpers, Clarence J. Campbell u. A. M. Prentiss: Arch. of Neur. 11, 653—663 (1924) — Ber. Physiol. 28, 105 (1924) — Chem. Zbl. 1925 I, 982. — J. Sabrazés, P. Flye Sainte Marie u. R. de Grailly: C. r. Soc. Biol. Paris 91, 1407—1110 (1924) — Chem. Zbl. 1925 I, 1221. — Ernst Wiechmann: Z. exper. Med. 44, 328—354 (1924) — Chem. Zbl. 1925 I, 1503. — F. G. Dietel: Z. Neur. 95, 563 (1925) — Chem. Zbl. 1926 I, 1593. — S. William Becker: J. Labor. a. clin. Med. 12, 43—52 (1926) — Chem. Zbl. 1927 I, 624. — Ernst Wiechmann: Dtsch. Z. Nervenheilk. 91, 245—253 (1926) — Ber. Physiol. 37, 619—620 (1927) — Chem. Zbl. 1927 I, 1853. — B. Glaßmann: Hoppe-Seylers Z. 167, 245—249 (1927) — Chem. Zbl. 1927 II, 1988. — A. v. Fejér u. G. Hetényi: Z. exper. Med. 55, 143 (1927) — Chem. Zbl. 1927 II, 594.
  [6] Christen Lundsgaard u. Svend Aage Holbøll: J. of biol. Chem. 65, 362 (1925) — Chem. Zbl. 1926 I, 970. — A. Richaud u. F. Coirre: Bull. Soc. Chim. biol. Paris 5, 890 (1923) — Ref.: Ber. Physiol. 24, 451 (1924) — Chem. Zbl. 1924 II, 701.
  [7] Kurt Täufel: Biochem. Z. 165, 96 (1925) — Chem. Zbl. 1926 I, 1896. — H. Leffmann: Amer. J. Pharmacy 100, 246 — Chem. Zbl. 1928 I, 3006.
  [8] A. Biester, M. W. Wood u. C. S. Wahlin: Amer. J. Physiol. 73, 387 — Chem. Zbl. 1925 II, 1372.
  [9] K. v. Frisch: Naturwiss. 15, 321; 16, 307 (1928) — Chem. Zbl. 1928 II, 367.
  [10] Y. Chahovitch u. V. Arnovljevitch: C. r. Soc. Biol. Paris 96, 75—77 (1927) — Chem. Zbl. 1927 I, 1850.
  [11] Carl F. Cori: Proc. Soc. exper. Biol. a. Med. 23, 290—291 (1926) — Ber. Physiol. 36, 820 (1926) — Chem. Zbl. 1927 I, 766.
  [12] Fritz Lasch u. Siegmund Brügel: Arch. f. exper. Path. 116, 17 (1926) — Chem. Zbl. 1926 II, 2455.

peroraler Zufuhr von Glykose[1]: Blutzucker[2], Glykosurie[3], Milchsäurebildung[4], Insulin-
bildung[5], Blut p_H[6], Säureproduktion des Magens[7], Phosphatumsatz[8], Glykogenbildung[9].
Zufuhr an schwangere und narkotisierte Tiere[10]. — Die Lage des Kohlenstoff- und Oxydations-
quotienten im Harn nach der peroralen Glykosegabe beim Kaninchen[11]. — Versuche am Menschen, denen im Nüchternheitszustand wechselnde Mengen Glykose zugeführt wurden[12]. —
Glykosezufuhr und Phlorrhizin[13]. Glykosezufuhr bei Avitaminose und an entleberten Tieren[14].
Zusatz von Glykose zu einer Normalkost verursachte vermehrte Ausscheidung von vergär-
barem Zucker ohne merkliche Änderung im nichtvergärbaren Anteil, doch blieb jene Zunahme
stets gering. Bei verschieden zusammengesetzter Kost ergab sich wachsender Prozentsatz
von unvergärbarem Zucker mit Zunahme der Eiweißzufuhr[15]. Bei calorisch ausreichender
Nahrung und Vorhandensein von genügend Vitamin B tritt bei Ersatz des Traubenzuckers
durch Galaktose polyneuritische Krise mit folgendem Tod beim Meerschweinchen auf. Bei
ausreichender Zufuhr von Glykose tritt bei etwas zu geringer Menge Vitamin B eine langdauernde Erkrankung mit akuten polyneuritischen Schüben auf[16]. Einfluß gleichzeitiger
enteraler Zufuhr von Glykose und Fructose auf die Galaktosetoleranz des Kaninchens[17].
Parenterale Zufuhr von Glykose[18]. Absorption rectal zugeführter Glykose[19]. Wirkung von
Alkohol auf die Resorption von Glykose aus dem Darmkanal[20]. — Traubenzuckerinfusionen[21].

---

[1] J. A. Collazo: Biochem. Z. **136**, 26 (1923) — Chem. Zbl. **1923 III**, 462. — Alfred Gigon:
Z. exper. Med. **40**, 1 (1924) — Chem. Zbl. **1924 II**, 204. — Harold L. Higgins: Amer. J. Physiol. **41**,
258 (1922) — Chem. Zbl. **1923 III**, 327. — Carl F. Cori: Proc. Soc. exper. Biol. a. Med. **22**, 495 (1925)
— Chem. Zbl. **1926 I**, 3488 — Proc. Soc. exper. Biol. a. Med. **23**, 286 (1926) — Chem. Zbl. **1926 II**,
1974. — W. W. Herrick: J. Labor. a. clin. Med. **9**, 458—462 (1924) — Ber. Physiol. **27**, 143 (1924) —
Chem. Zbl. **1925 I**, 105. — T. Izod Bennett u. E. C. Dodds: Lancet **208**, 429—432 (1925) —
Chem. Zbl. **1925 I**, 2237 — R. Harrow, F. W. Power u. C. P. Sherwin: Proc. Soc. exper. Biol.
a. Med. **24**, 422 — Ref : Ber. Physiol. **40**, 787 (1927) — Chem. Zbl. **1927 II**, 2207. — M. Tütso:
Trans. roy. Soc. Canada (3) **20**, 33 (1926) — Chem. Zbl. **1927 II**, 1047. — H. Häusler u. O. Loewi:
Arch. f. exper. Path. **123**, 88—119 — Chem. Zbl. **1927 II**, 1278. — Walter J. May: Brit. med. J.
1928 II, 7 — Chem. Zbl. **1928 II**, 1790.

[2] Karen Marie Hansen: C. r. Soc. Biol. Paris **89**, 202 (1923) — Chem. Zbl. **1923 III**, 948. —
Géza Hetényi: Dtsch. med. Wschr. **48**, 770 (1922) — Chem. Zbl. **1922 III**, 634.

[3] Chi Che Wang u Augusta R. Felsher: J. of biol. Chem. **61**, 659—665 (1924) — Chem.
Zbl. **1925 I**, 245. — J. of biol. Chem. **51**, 213 (1922) — Chem. Zbl. **1922 III**, 69. — Alexander N.
Bronfenbrenner: Proc. Soc. exper. Biol. a. Med. **24**, 269—275 (1926) — Ber. Physiol. **40**, 526
(1927) — Chem. Zbl. **1927 II**, 1722.

[4] Waclaw Moraczewski u. Egon Lindner: Biochem. Z. **125**, 49—68 (1921) — Chem. Zbl. **1922 I**,
986. — J. A. Collazo u. J. Supniewski: Biochem. Z. **154**, 423—443 (1925) — Chem. Zbl. **1925 I**, 2708.

[5] E. C. Albritton: Science (N. Y.) **60**, 274 — Chem. Zbl. **1924 II**, 2593. — H. Häusler u.
R. Weber: Klin. Wschr. **6**, 1521—1522 (1927) — Chem. Zbl. **1927 II**, 1974.

[6] Alfred Gigon: Z. exper. Med. **44**, 95—106 (1924) — Chem. Zbl. **1925 I**, 2315.

[7] W. Arnoldi u. W. Schechter: Dtsch. med. Wschr. **51**, 1980 (1925) — Chem. Zbl. **1926 I**,
1668. — A. C. Ing u. G. B. McIlvain: Amer. J. Physiol. **67**, 124 (1923) — Chem. Zbl. **1924 I**, 1053.

[8] Ichiro Katayama: J. Labor. a. clin. Med. **11**, 1024 (1926) — Chem. Zbl. **1926 II**, 1971.

[9] Curt Hornemann: Z. exper. Med. **37**, 56 (1923) — Chem. Zbl. **1924 I**, 795. — Carl F. Cori:
J. of biol. Chem. **70**, 577—585 (1926) — Chem. Zbl. **1927 I**, 761.

[10] Wm. de B. Mac Nider: J. of Parmacol. **29**, 381 (1926) — Chem. Zbl. **1927 I**, 2213.

[11] Theodora Taslakowa: Biochem. Z. **199**, 212 (1928) — Chem. Zbl. **1929 I**, 1120.

[12] Joseph C. Bock: Wien. med. Wschr. **79**, 43 (1929) — Chem. Zbl. **1929 I**, 1364.

[13] M. Wierzuchowski: J. of biol. Chem. **73**, 445—458 — Chem. Zbl. **1927 II**, 1366.

[14] Adolf Bickel: Dtsch. med. Wschr. **49**, 140 (1922) — Chem. Zbl. **1923 I**, 1237. — P. Rubino
u. J. A. Collazo: Biochem. Z. **140**, 258 (1923) — Chem. Zbl. **1923 III**, 1418.

[15] N. R. Blatherwick, Marion Bell, Elsie Hill u. M. Louisa Long: J. of biol. Chem. **66**,
801 (1925) — Chem. Zbl. **1926 I**, 2596.

[16] L. Randoin u. R. Lecoq: C. r. Acad. Sci. Paris **185**, 1068 (1927) — Chem. Zbl. **1928 I**, 2268.

[17] Ralph C. Corley: J. of biol. Chem. **76**, 31 (1928) — Chem. Zbl. **1928 II**, 1007.

[18] P. Rondoni: Klin. Wschr. **5**, 465 (1926) — Chem. Zbl. **1926 I**, 3495. — C. Porcher, L. Anger
u. Brigando: C. r. Soc. Biol. Paris **98**, 51 — Chem. Zbl. **1928 I**, 2964.

[19] R. S. Hubbard u. D. C. Wilson: Proc. Soc. exper. Biol. a. Med. **19**, 292 (1922) — Ber.
Physiol. **14**, 500 (1923) — Chem. Zbl. **1923 I**, 117. — Thorne M. Carpenter: Proc. nat. Acad. Sci.
Washington **12**, 415 (1926) — Chem. Zbl. **1926 II**, 2084.

[20] Nora Edkins u. Margaret M. Murray: J. of Physiol. **66**, 102 (1928) — Chem. Zbl. **1928 II**,
2734. — Nora Edkins: J. of Physiol. **65**, 381 (1928) — Chem. Zbl. **1928 II**, 1584.

[21] Jesse L. Bollman: Surg. Clin. N. Amer. **5**, 871 (1925) — Chem. Zbl. **1926 I**, 2494. —
W. Jadassohn u. G. Streit: Klin. Wschr. **4**, 1498 — Chem. Zbl. **1925 II**, 1613.

Bewirkt nach der Injektion in den Tierkörper keine Abnahme der mononucleären Leukocyten[1]. Untersuchungen nach intravenösen Glykoseninjektionen[2]. Blutveränderungen[3]. Nach Injektion von Glykose steigt der Blutzuckerspiegel nur auf etwa das Doppelte der normalen Höhe, obgleich eine Steigerung auf den zwölffachen Wert zu erwarten gewesen wäre; dieser verdoppelte Wert bleibt längere Zeit erhalten[4]. — Harnzucker[5], Zucker der Spinalflüssigkeit[6], Milchsäurespiegel[7], Gasstoffwechsel[8], bei Nierenausschaltungen[9], bei Hungerzustand[10], bei Avitaminose[11]. Anregende Wirkung intravenöser Glykoseinjektionen auf die externe Pankreassekretion[12]. Nach Glykoseinjektion an Kaninchen kommt es nicht zu einer Zuckerausscheidung durch die Speicheldrüse[13]. — Die Reaktionsformen des normalen Hundes bei intravenöser Dauerinjektion von Glykose[14]. — Intravenöse Glykoseinjektion + Morphin und Äthernarkose[15]. Einfluß der Amytalnarkose auf die verschiedenen Reaktionsformen des Hundes bei intravenöser Dauerinjektion der Glykose[14]. — Glykoseinjektionen und Vergrößerung der Leber[16]. Intravenöse Injektionen bei verschiedenen Krankheiten[17]. Doppelbelastungsversuche mit Glykose bei Erkrankungen des Pankreas und der Gallenwege[18]. — Glykoseinjektionen und Wundheilungen bzw. Regenerationen[19]. — Intravenöse Injektion von α- und

[1] R. G. Hussey: J. gen. Physiol. **5**, 359 (1923) — Chem. Zbl. **1923 III**, 637.

[2] K. Sato: Tohoku J. exper. Med. **4**, 312, 347 (1923) — Ref.: Ber. Physiol. **24**, 343 (1924) — Chem. Zbl. **1924 II**, 705. — E. M. Jordan: Amer. J. Physiol. **80**, 441 (1927) — Chem. Zbl. **1927 II**, 844. — J. D. Boyd, H. M. Hines u. C. E. Leese: Amer. J. Physiol. **74**, 656 (1925) — Chem. Zbl. **1926 II**, 457. — P. Rondoni: Boll. Soc. Biol. sper. **1**, 251—252 (1926) — Ber. Physiol. **38**, 210 (1927) — Chem. Zbl. **1927 I**, 1706. — Otto Folin, Harry C. Trimble u. Lloyd H. Newman: J. of biol. Chem. **75**, 263 (1927) — Chem. Zbl. **1928 I**, 821. — Y. O. Choi: Amer. J. Physiol. **83**, 406 — Chem. Zbl. **1928 I**, 1976.

[3] Paul Wichels: Z. klin. Med. **102**, 352 (1925) — Chem. Zbl. **1926 I**, 1845. — P. J. Hanzlik, F. de Eds u. M. L. Tainter: Arch. int. Med. **36**, 447 (1925) — Ber. Physiol. **34**, 898 (1926) — Chem. Zbl. **1926 II**, 782. — Alfred Gigon: Z. exper. Med. **44**, 107—115 (1924) — Chem. Zbl. **1925 I**, 2316.

[4] Erich Schneider u. Ernst Widmann: Klin. Wschr. **8**, 536 (1929) — Chem. Zbl. **1929 I**, 2204. — A. Noma: Okayama-Igakkai-Zasshi (jap.) **1925**, 1125—1138 (1925) — Ber. Physiol. **37**, 133 (1926) — Chem. Zbl. **1927 I**, 1181.

[5] Stanley R. Benedict u. Emil Osterberg: J. of biol. Chem. **55**, 769 (1923) — Chem. Zbl. **1923 III**, 691.

[6] A. G. Kelley: South. med. J. **16**, 407 (1923) — Chem. Zbl. **1924 I**, 2167. — Koloman Keller: Dtsch. Z. Nervenheilk. **80**, 95—105 (1923) — Chem. Zbl. **1925 I**, 246.

[7] J. Collazo u. J. Supniewski: C. r. Soc. Biol. Paris **92**, 367—369 (1925) — Chem. Zbl. **1925 II**, 411.

[8] M. S. R. Guttmacher u. A. Weiß: XII. Internat. Physiologenkongreß in Stockh. **1926**, 68—69 — Ber. Physiol. **38**, 472 (1927) — Chem. Zbl. **1927 I**, 1857.

[9] H. Pfeiffer u. F. Standenath: Klin. Wschr. **4**, 119 (1925) — Chem. Zbl. **1925 I**, 1508.

[10] Moa Fujihasasa: Okayama-Igakkai-Zasshi (jap.) **1925**, 507 — Chem. Zbl. **1926 I**, 2494.

[11] H. Magne u. H. Simonnet: Bull. Soc. Chim. biol. Paris **4**, 419 (1922) — Chem. Zbl. **1923 III**, 266. — J. A. Collazo: Biochem. Z. **136**, 278 (1923) — Chem. Zbl. **1923 III**, 462.

[12] Jean La Barre u. Pierre Destrée: C. r. Soc. Biol. Paris **98**, 1240 (1928) — Chem. Zbl. **1928 II**, 1346.

[13] Jules Jeangros: Biochem. Z. **200**, 367 (1928) — Chem. Zbl. **1929 I**, 3115.

[14] M. Wierzuchowski u. H. Gadomska: Biochem. Z. **191**, 198 (1927) — Chem. Zbl. **1928 II**, 1007.

[15] Ernst Kutscha-Lißberg: Münch. med. Wschr. **71**, 44 (1923) — Chem. Zbl. **1924 I**, 800.

[16] Hans Mautner: Arch. f. exper. Path. **126**, 255 (1927) — Chem. Zbl. **1928 I**, 1059.

[17] W. Scholtz u. C. Richter: Dtsch. med. Wschr. **47**, 1522—1523 (1921) — Chem. Zbl. **1922 I**, 978. — Egon Groß: Ther. Gegenw. **67**, 481—485 (1926) — Chem. Zbl. **1927 I**, 484. — Siegfried Silberstein: Dtsch. med. Wschr. **49**, 345 (1923) — Chem. Zbl. **1923 I**, 1463. — Erich Meyer: Klin. Wschr. **3**, 1352—1353 — Chem. Zbl. **1924 II**, 2858. — G. Holzknecht: Ther. Gegenw. **68**, 28—30 (1927) — Chem. Zbl. **1927 I**, 1499. — Erich Meyer: Z. klin. Med. **102**, 343 (1925) — Chem. Zbl. **1926 I**, 1844. — S. E. de Jongh u. E. Laqueur: Biochem. Z. **163**, 403 (1925) — Chem. Zbl. **1926 II**, 1868. — Büdingen: Ther. Gegenw. **1921**, 20. — S. Isaac: Ther. Mh. **25**, 698—702 (1921) — Chem. Zbl. **1922 I**, 427. — Robert Weiß u. Emil Adler: Klin. Wschr. **1**, 1592 (1922) — Chem. Zbl. **1922 III**, 852. — Stejskal: Wien. klin. Wschr. **34**, 146 (1921) — Chem. Zbl. **1921 I**, 957; **1921 III**, 123. — H. Planner: Wien. klin. Wschr. **35**, 701 (1922) — Chem. Zbl. **1922 III**, 895. — W. Scholtz u. Richter: Klin. Wschr. **1**, 1791 (1922) — Chem. Zbl. **1922 III**, 1018. — Hans Handovsky u. Erich Meyer: Klin. Wschr. **2**, 82 (1923) — Chem. Zbl. **1923 III**, 86.

[18] Sigmund Hirschhorn: Z. klin. Med. **108**, 535 (1928) — Chem. Zbl. **1928 II**, 1018.

[19] Bruno Borghi: Riv. Pat. sper. **1**, 368 (1926) — Chem. Zbl. **1927 II**, 604.

β-Glykose[1]. Untersuchungen nach subcutaner Glykosezufuhr[2]. Einwirkung hypertonischer Glykoselösungen auf die Ausscheidung von Wasser und Chloriden durch die Nieren[3]. Ausscheidung der Glykose durch die Glomeruli der Niere[4]. Permeabilität der Zellen für Glykose[5]. Durchlässigkeit für Blutkörperchen[6]. Glykose wird von der Leber weniger rasch polymerisiert als Fructose[7]. Untersuchungen bei der Durchspülung der Leber mit Glykoselösungen[8]. — Bei Darreichung von Glykose in Intervallen beeinflußt die erste Glykosegabe die Leberzellfunktion derart, daß eine Mehrleistung der Zelle bezüglich der weiteren Zuckerverwertung resultiert[9]. Untersuchungen an mit Glykoselösung durchströmten Herzen[10]. — Über den Zuckerverbrauch der Herzen schilddrüsenloser, sowie normaler und schilddrüsenloser, mit Thyroxin vorbehandelter Katzen[11]. — Durchströmungsversuche mit Glykose an der Niere[12]. l-Glykose wird durch die Froschniere unverändert durchgelassen; d-Glykose wird vollständig zurückgehalten[13]. Verursacht in vivo keine Entzündung[14]. Fördert in mittleren Konzentrationen die Beweglichkeit der Trypanosomen in vitro[15], und verlängert ihr Leben[15]. Paramaecium caudatum verbraucht Glykose. Durch Ultraviolettbestrahlung wird der Zuckerverbrauch herabgesetzt[16]. — In Lösungen von Glykose und Pepton gehaltene Kaulquappen

---

[1] S. J. Thannhauser u. M. Jenke: Münch. med. Wschr. **71**, 196 (1924) — Chem. Zbl. **1924 I**, 1687. — F. Lippmann u. J. Planelles: Biochem. Z. **151**, 98—101 — Chem. Zbl. **1924 II**, 2346.

[2] St. J. Przylecki u. W. Kårczewski: Arch. internat. Physiol. **22**, 208 (1923) — Chem. Zbl. **1924 II**, 1359. — Lewis Bland Winter: Biochemic. J. **20**, 668—675 (1926) — Chem. Zbl. **1927 I**, 122.

[3] J. Goldberg, S. Gamerow u. M. Pinchassik: Biochem. Z. **199**, 107 (1928) — Chem. Zbl. **1928 II**, 2661. — J. Goldberg, M. Pinchassik u. S. Gamerow: Biochem. Z. **199**, 115 (1928) — Chem. Zbl. **1928 II**, 2661.

[4] G. A. Clark: J. of Physiol. **56**, 201 (1922) — Chem. Zbl. **1922 III**, 1102. — Ph. Brömser u. Amandus Hahn: Z. Biol. **74**, 37 (1921) — Chem. Zbl. **1922 III**, 449. — H. J. Hamburger: Biochem. Z. **128**, 185 (1922) — Chem. Zbl. **1922 III**, 534.

[5] Runar Collander u. Hugo Bärlund: Commentat. biol. **2**, Nr 9 (1926) — Chem. Zbl. **1927 I**, 1325. — H. J. Hamburger: Biochem. Z. **128**, 207 (1922) — Chem. Zbl. **1922 III**, 535. — Grigorij Chamkovič: Sonderdruck aus Věstn. českoslov. Akad. zeměd. (tschech.) **1**, deutsche Zusammenfassung (1925) — Chem. Zbl. **1927 II**, 954. — E. Pantanelli: Atti R. Accad. dei Lincei, Roma (5) **28**, 205 (1919) — Chem. Zbl. **1923 I**, 965.

[6] Rudolf Mond u. Friedrich Hoffmann: Pflügers Arch. **219**, 467 (1928) — Chem. Zbl. **1928 II**, 682. — F. Rathery, R. Kourilsky u. S. Gibert: C. r. Soc. Biol. Paris **99**, 683 (1928) — Chem. Zbl. **1929 I**, 99. — Alberto Velicogna: Arch. di Fisiol. **25**, 339 (1927) — Chem. Zbl. **1929 I**, 255.

[7] J. P. Spence u. P. C. Brett: Lancet **201**, 1362 (1921) — Chem. Zbl. **1922 III**, 404.

[8] E. Geiger u. O. Loewi: Klin. Wschr. **1**, 1210 (1922) — Chem. Zbl. **1922 III**, 795. — E. J. Lesser u. K. Zipf: Biochem. Z. **140**, 439 (1923) — Chem. Zbl. **1924 I**, 213. — A. Bornstein u. W. Griesbach: Z. exper. Med. **37**, 33 (1923) — Chem. Zbl. **1924 I**, 795. — C. D. Synder, H. S. Wells u. P. G. Culley: Amer. J. Physiol. **66**, 485 (1923) — Chem. Zbl. **1924 I**, 1055. — Herbert S. Wells: Amer. J. Physiol. **67**, 22 (1923) — Chem. Zbl. **1924 I**, 1952. — Varela u. Rubino: Arch. f. exper. Path. **101**, 316 (1924) — Chem. Zbl. **1924 II**, 74. — Ada Stübel: Z. exper. Med. **40**, 255 (1924) — Chem. Zbl. **1924 II**, 204. — Friedrich Bernhard: Biochem. Z. **153**, 61—70 (1924) — Chem. Zbl. **1925 I**, 542. — E. J. Lesser: Biochem. Z. **156**, 161—170 (1925) — Chem. Zbl. **1925 II**, 63 — Biochem. Z. **171**, 83 (1926) — Chem. Zbl. **1926 II**, 455. — Geiger u. Loewi: Pflügers Arch. **198**, 633 (1923) — E. Bissinger: Biochem. Z. **185**, 229 (1927) — Chem. Zbl. **1927 II**, 843.

[9] Karl Traugott: Klin. Wschr. **1**, 892 (1922) — Chem. Zbl. **1922 III**, 534.

[10] Pierre Rijlant u. Jacques Sweerts: C. r. Soc. Biol. Paris **86**, 952—953 (1922) — Chem. Zbl. **1922 III**, 289. — Attilio Busacca: Arch. Farmacol. sper. **31**, 41—44 (1921) — Chem. Zbl. **1922 III**, 529. — Felix Klewitz u. Rudolf Kirchheim: Klin. Wschr. **1**, 1397 (1922) — Chem. Zbl. **1922 III**, 742. — Jan Belehradek u. A. K. M. Noyons: C. r. Soc. Biol. Paris **88**, 621 (1923) — Chem. Zbl. **1923 III**, 1240. — A. K. Noyons u. R. Cousy: C. r. Soc. Biol. Paris **88**, 620 (1923) — Chem. Zbl. **1923 III**, 1240. — Hans Handovsky: Z. klin. Med. **102**, 347 (1925) — Chem. Zbl. **1926 I**, 1845. — G. Viale: C. r. Soc. Biol. Paris **97**, 1512 (1927) — Chem. Zbl. **1928 I**, 939. — G. Eismayer u. H. Quincke: Z. Biol. **88**, 139 (1928) — Chem. Zbl. **1929 I**, 557.

[11] Georg Ambrus: Biochem. Z. **205**, 194 (1929) — Chem. Zbl. **1929 I**, 3116.

[12] P. Carnot u. F. Rathery: C. r. Soc. Biol. Paris **87**, 233 (1922) — Chem. Zbl. **1923 I**, 126. — A. Schurmeyer: Pflügers Arch. **210**, 759 (1925) — Chem. Zbl. **1926 I**, 2117.

[13] F. Wankell: Pflügers Arch. **208**, 604 — Chem. Zbl. **1925 II**, 1371.

[14] E. P. Wolf: J. of exper. Med. **37**, 511 (1923) — Chem. Zbl. **1923 III**, 413.

[15] R. Kudicke u. E. Evers: Z. Hyg. **101**, 317 (1924) — Chem. Zbl. **1924 I**, 1551. — A. Dubois: C. r. Soc. Biol. Paris **95**, 1130 (1927) — Chem. Zbl. **1927 I**, 318. — K. Schern: Zbl. Bakter. **96**, 356. 360 (1926) — Chem. Zbl. **1926 I**, 967 — Zbl. Bakter. I. **96**, 444 (1925) — Chem. Zbl. **1926 I**, 1590.

[16] W. E. Burge u. George C. Wickwire: J. of biol. Chem. **72**, 827 (1927) — Chem. Zbl. **1927 II**, 588.

hungern nicht, sondern wachsen und vermehren ihre Körpermasse[1]. — Verwertung von Glykose durch die Bienen[2]. Myxödem oder Schilddrüsenverabreichung bei normalen Personen ist ohne Einwirkung auf die Glykoseverbrennung. Direkte Einführung von Glykose ins Duodenum wirkt wie stomachale Zufuhr[3]. Glykose wird in hypotonischen Lösungen vom Katzendünndarm resorbiert, und zwar viel schneller als Galaktose, auch nach Zerstörung des Epithelbelages durch Hitze oder toxische Substanzen[4]. — Glykosezufuhr und Calorienproduktion beim Tier[5]. Glykose und respiratorischer Quotient[6]. Bei Glykosezufuhr steigt der Stoffwechsel an wachsenden Schweinen um 100% über den Grundstoffwechsel[7]. Die spezifisch-dynamische Wirkung beträgt bei oraler Zufuhr an Mensch und Hund für Glykose etwa 5%[8].

Nach Schilddrüsenfütterung an Ratten nimmt die spezifisch-dynamische Wirkung des Traubenzuckers sehr stark zu[9]. Vergleich der Wirkungen von Glykose und Dioxyaceton auf den Stoffwechsel[10]. — Zur Wirkung der Glykose auf den Stoffwechsel wachsender Ratten[11]. — Untersuchungen über den Glykosestoffwechsel des Gehirngewebes depankreatisierter Katzen[12]. Bei Hunden nach Pylorus- und Darmverschluß sind Traubenzuckerlösungen ohne spezifische Einwirkung auf die chemischen Veränderungen im Blut[13]. Die Lebensdauer von Katzen nach Nebennierenentfernung und Versuche, sie zu verlängern durch Injektion von Lösungen, die Natriumsalze, Glykose und Glycerin enthalten[14]. Glykoseverbrauch der Submaxillarisdrüse[15]. Einspritzung von Glykose in das befruchtete unbebrütete Vogelei verursachte erhebliche Vermehrung des Inositgehaltes während der folgenden Entwicklung[16]. — Untersuchungen über die Glykolyse im Muskelgewebe[17]. Versuche mit dem abgetrennten, milchsäurebildenden Ferment vom Muskel[18]. — Wirkung des Adrenalins auf die Zuckermobilisation im Muskel[19].

---

[1] Jaroslav Křuženecký u. Jan Podhradský: Pflügers Arch. **203**, 129 (1924) — Chem. Zbl. **1924 II**, 491.

[2] E. F. Phillips: J. agricult. Res. **35**, 385 (1927) — Chem. Zbl. **1928 I**, 937. — L. M. Bertholf: J. agricult. Res. **35**, 429 (1927) — Chem. Zbl. **1928 I**, 937.

[3] Kurt Holm: Z. exper. Med. **37**, 43 (1923) — Chem. Zbl. **1924 I**, 796.

[4] James Arthur Hewitt: Biochemic. J. **18**, 161 (1924) — Chem. Zbl. **1924 I**, 2443.

[5] Robert Weiß u. Frieda Klein: Z. exper. Med. **32**, 387 (1923) — Chem. Zbl. **1923 III**, 169.

[6] A. v. Fejér u. G. Hetényi: Z. exper. Med. **42**, 670—677 — Chem. Zbl. **1924 II**, 1948. — H. J. Brechmann: Z. Biol. **86**, 447 (1927) — Chem. Zbl. **1928 I**, 86. — J. Abelin: Klin. Wschr. **4**, 1732 — Chem. Zbl. **1925 II**, 2174. — Alfred Gigon: Helvet. chim. Acta **8**, 35—37 (1925) — Chem. Zbl. **1925 I**, 1757. — G. Endres u. H. Lucke: Z. exper. Med. **45**, 89—101 (1924) — Chem. Zbl. **1925 I**, 2704. — Alfred Gigon u. Wilhelm Brauch: Z. exper. Med. **49**, 688 (1926) — Chem. Zbl. **1926 I**, 3411. — Claude Gautier, René Wolff u. Camille Dreyfuß: C. r. Soc. Biol. Paris **95**, 665—667 (1926) — Chem. Zbl. **1927 I**, 130.

[7] M. Wierzuchowski, S. M. Ling u. E. Evenden: J. of biol. Chem. **64**, 697 — Chem. Zbl. **1925 II**, 2001.

[8] Kurt Schirlitz: Biochem. Z. **183**, 23 (1927) — Chem. Zbl. **1927 II**, 586.

[9] K. Miyaraki u. J. Abelin: Biochem. Z. **149**, 109 — Chem. Zbl. **1924 II**, 1705.

[10] Maurice Walter Goldblatt: Biochemic. J. **22**, 464 (1928) — Chem. Zbl. **1929 I**, 3116.

[11] Walter Arnoldi u. Shizuja Ueno: Z. exper. Med. **61**, 424 (1928) — Chem. Zbl. **1928 II**, 464.

[12] Barbara Elizabeth Holmes u. Eric Gordon Holmes: Biochemic. J. **21**, 412 (1927) — Chem. Zbl. **1927 II**, 452.

[13] R. L. Haden u. T. G. Orr: J. of exper. Med. **38**, 55 (1923) — Chem. Zbl. **1923 III**, 958.

[14] David Marine u. Emil J. Baumann: Amer. J. Physiol. **81**, 86 (1927) — Chem. Zbl. **1927 II**, 947.

[15] G. V. Anrep u. R. K. Cannau: J. of Physiol. **56**, 248 (1922) — Chem. Zbl. **1922 III**, 1100.

[16] Joseph Needham: Biochemic. J. **18**, 1371 (1924) — Chem. Zbl. **1925 I**, 1097.

[17] P. Mauriac u. E. Aubertin: C. r. Soc. Biol. Paris **90**, 1048 (1924) — Chem. Zbl. **1924 II**, 479. — F. Laquer u. K. Griebel: Hoppe-Seylers Z. **138**, 148—155 — Chem. Zbl. **1924 II**, 2596. — Fritz Laquer u. Paul Meyer: Hoppe-Seylers Z. **124**, 211 (1923) — Chem. Zbl. **1923 I**, 985. — P. Rona u. H. W. Nicolai: Biochem. Z. **172**, 82 (1926) — Chem. Zbl. **1926 II**, 777. — Hans v. Euler, Ragnar Nilsson u. Brita Jansson: Hoppe-Seylers Z. **165**, 121 (1927) — Chem. Zbl. **1927 II**, 446. — W. W. Simpson u. J. J. Macleod: J. of Physiol. **64**, 255 (1927) — Chem. Zbl. **1928 I**, 1676. — E. Tönniessen u. W. Fischer: Hoppe-Seylers Z. **161**, 254—264 (1926) — Chem. Zbl. **1927 I**, 907. — G. Ahlgren: Berl. klin. Wschr. **3**, 1158 — Chem. Zbl. **1924 II**, 1007.

[18] Otto Meyerhof: Naturwiss. **14**, 196 (1926) — Chem. Zbl. **1926 I**, 2809.

[19] W. Grunke u. A. Kairies: Arch. f. exper. Path. **133**, 63 (1928) — Chem. Zbl. **1928 II**, 1679.

Untersuchungen über die glykolytischen Erscheinungen im Blut[1]. — Säureproduktion[2], Wirkung der Bestrahlung[3]. — Einfluß der Alkalität[4]. — Änderungen des anorganischen Phosphors[5]. — Sauerstoffverbrauch[6]. — Versuche mit dem Phosphatgemisch[7]. — Einwirkung von Kationen[8]. — Wirkung der Salze[9]. — Reaktionskinetik der Blutglykolyse[10]. — p_H-Optimum der Glykolyse[11], und Veränderung der p_H-Werte während der Glykolyse[12]. Beziehungen des Blutzuckerabbaues zur Blutgerinnung[13]. Mechanismus der Blutglykolyse[14]. Die Glykolyse bei normalen Säuglingen betrug im defibrinierten Blut 17—48% des zugeführten Zuckers, bei Rachitikern 0—21%[15]. Wirkung von Methylenblau und anderen Farbstoffen auf die Glykolyse und die Milchsäurebildung der Erythrocyten von Säugetieren und Vögeln[16]. — Glykolyse der Leukocyten[17]. — Chlor und Brombenzol hemmen die Glykolyse in Blutproben in vitro, weniger Jodbenzol, Trichloräthylen, Bromtoluol, Dichlorbenzol[18]. —

[1] Gerhard Denecke u. Karl Eimer: Z. exper. Med. **42**, 667—669 — Chem. Zbl. **1924 II**, 1939. — M. Richard Quittner: Biochem. Z. **150**, 492—493 — Chem. Zbl. **1924 II**, 1941. — H. Bierry, F. Rathery u. R. Kourilsky: C. r. Soc. Biol. Paris **90**, 417 (1924) — Chem. Zbl. **1924 I**, 2444. — A. M. Hemmingsen: Skand. Arch. Physiol. (Berl. u. Lpz.) **46**, 51—55 — Chem. Zbl. **1924 II**, 2177. — Otto Warburg: Biochem. Z. **152**, 51—63 (1924) — Chem. Zbl. **1925 I**, 1351. — J. A. Collazo u. J. Supniewski: Biochem. Z. **154**, 423—443 (1925) — Chem. Zbl. **1925 I**, 2708. — Sergius Morgulis u. O. Barkús: J. of biol. Chem. **65**, 3 (1925) — Chem. Zbl. **1926 I**, 151. — Gaetano Piazza: Arch. Farmacol. sper. **40**, 49 (1925) — Chem. Zbl. **1926 I**, 428. — S. A. Holboell: C. r. Soc. Biol. Paris **93**, 1681 (1925) — Chem. Zbl. **1926 I**, 2113. — J. J. Lemann u. R. T. Liles: J. Labor. a. clin. Med. **11**, 339 (1926) — Chem. Zbl. **1926 I**, 2375. — Henry J. John: Ann. clin. Med. **3**, 667 (1925) — Chem. Zbl. **1926 I**, 3260. — E. Sluiter u. J. Kok: Arch. néerl. Physiol. **11**, 189 (1927) — Chem. Zbl. **1926 II**, 1870. — Pietro Albertoni: Arch. di Fisiol. **23**, 21 (1925) — Chem. Zbl. **1926 II**, 1060. — James Tutin Irving: Biochemic. J. **20**, 613 (1926) — Chem. Zbl. **1926 II**, 1968. — Ichiro Katayama: J. Labor. a. clin. Med. **12**, 239—254 (1926) — Chem. Zbl. **1927 I**, 1495. — Artur Abraham: Z. klin. Med. **194**, 609 (1926) — Chem. Zbl. **1927 I**, 2439. — S. Racchiusa: Boll. Soc. Biol. sper. **1**, 469 (1926) — Chem. Zbl. **1927 II**, 949. — Andrée Roche u. Jean Roche: C. r. Soc. Biol. Paris **97**, 804 (1927) — Chem. Zbl. **1928 I**, 371. — Henry Lenzen Schmitz u. Eugene Chellis Glover: J. of biol. Chem. **74**, 761 (1927) — Chem. Zbl. **1928 I**, 84. — Bernhard Stuber u. Konrad Lang: Biochem. Z. **191**, 374 (1927) — Chem. Zbl. **1928 I**, 1297. — S. Tsubura: Z. exper. Med. **41**, 524 — Chem. Zbl. **1924 II**, 688. — E. S. Turcatti: C. r. Soc. Biol. Paris **98**, 175 — Chem. Zbl. **1928 I**, 2512.

[2] C. Lovatt Evans: J. of Physiol. **56**, 146 (1922) — Chem. Zbl. **1922 III**, 1104. — Elisabeth Rüter: Z. exper. Med. **37**, 151 (1923) — Chem. Zbl. **1924 I**, 786. — Erwin Negelein: Biochem. Z. **158**, 121—135 (1925) — Chem. Zbl. **1925 II**, 476. — E. Sluiter: Arch. néerl. Physiol. **9**, 461—479 (1924) — Chem. Zbl. **1925 I**, 702. — C. L. Evans: XII. Internat. Physiologenkongreß Stockh. **50** (1926) — Ber. Physiol. **38**, 372—373 (1927) — Chem. Zbl. **1927 I**, 1854. — Hans Häusler: Pflügers Arch. **217**, 134—137 — Chem. Zbl. **1927 II**, 1163.

[3] Robert Fritzsche: Schweiz. med. Wschr. **51**, 1018—1022 (1921) — Chem. Zbl. **1922 I**, 833.

[4] P. Mauriac u. L. Servanti: C. r. Soc. Biol. Paris **87**, 200 (1922) — Chem. Zbl. **1922 III**, 1384.

[5] H. Bierry u. L. Moquet: C. r. Soc. Biol. Paris **91**, 250 (1924) — Chem. Zbl. **1924 II**, 1358. — P. Rona u. Ken Iwasaki: Biochem. Z. **174**, 293 (1926) — Chem. Zbl. **1926 II**, 1968.

[6] Yoshikane Kawashima: J. of Biochem. **4**, 411—428 (1925) — Chem. Zbl. **1925 II**, 1059. — Arthur Dighton Stammers: Trans. roy. Soc. S. Africa **13**, 323 (1926) — Chem. Zbl. **1927 II**, 276.

[7] K. Fukushima: J. of Biochem. **2**, 447, 455 (1923) — Ref.: Ber. Physiol. **21**, 253 (1924) — Chem. Zbl. **1924 I**, 1553.

[8] Rubino u. Varela: Klin. Wschr. **1**, 484 (1923) — Chem. Zbl. **1923 I**, 1335. — Luis J. Viviani: Revista Facultad Ciencias Quimicas. Univ. Nac. de La Plata **4**, 31 (1926) — Chem. Zbl. **1926 II**, 2074.

[9] X. Chahovitch: C. r. Soc. Biol. Paris **94**, 229 (1926) — Chem. Zbl. **1926 I**, 2806; **1926 II**, 466.

[10] Kanshi Fukushima: Pflügers Arch. **205**, 344—353 — Chem. Zbl. **1924 II**, 2767.

[11] James Tutin Irving: Biochemic. J. **20**, 1320 (1926) — Chem. Zbl. **1927 I**, 3016.

[12] Andrée Roche u. Jean Roche: C. r. Soc. Biol. Paris **96**, 359 (1927) — Chem. Zbl. **1927 I**, 3098.

[13] Bernhard Stuber u. Konrad Lang: Biochem. Z. **179**, 70 (1926) — Chem. Zbl. **1928 II**, 2659 — Verh. dtsch. Ges. inn. Med. **1926**, 369 — Chem. Zbl. **1927 I**, 2439.

[14] Ragnar Nilsson u. Martin Stennull: Svensk. kem. Tidskr. **39**, 55 (1927) — Chem. Zbl. **1927 I**, 2565.

[15] E. Freudenberg: Sitzgsber. Ges. Naturw. Marburg **61**, 83 (1927) — Chem. Zbl. **1929 I**, 2791.

[16] E. S. Guzman Barron u. George A. Harrop jr.: J. of biol. Chem. **79**, 65 (1928) — Chem. Zbl. **1929 I**, 2790.

[17] Kaushi Fukushima: J. of Biochem. **1** 151 (1922) — Chem. Zbl. **1922 III**, 583. — L. Löhner: Pflügers Arch. **214**, 561—570 (1926) — Chem. Zbl. **1927 I**, 762.

[18] Anton R. Rose u. Fred Schattner: Amer. J. Physiol. **84**, 103 (1928) — Chem. Zbl. **1928 II**, 173.

Beeinflussung der Glykolyse des Blutes durch Kationen und Anionen[1]. Das glykolytische Vermögen des Blutes nach Morphineinspritzung ist deutlicher als dasjenige des normalen Blutes bei demselben Tier vor der Injektion[2]. — Über Glykolyse im Blute normaler nicht-diabetischer[3] und pankreasdiabetischer[4] Hunde. Glykolyse bei Diabetes[5].

Einfluß des Insulins auf die Blutglykolyse[6]. — Insulin hat auf den Ablauf der Glykolyse im Citratblut weder im normalen noch in solchen von Diabetikern einen Einfluß[7]. — Ein erhöhter Glykosezusatz vermindert die Spaltung des Phosphorsäureesters im enteiweißtem Blut[8]. — Glykolyse in Tumoren[9]. Glykolyse der Haut[10], der Niere[11], der Leber[12]. — In vivo steigert Insulin die glykolytische Kraft der Leber, der Muskeln und des Blutes beim Kaninchen nicht[13].

Glykolyse der zerkleinerten Rindsarterien[14], des Gehirns[15], verschiedener Körperteile[16]. Wird der Durchblutungsflüssigkeit für überlebende menschliche Placenta Glykose zugesetzt, so verschwinden davon 18—33%, bei gleichzeitigem Insulinzusatz nimmt der Zuckergehalt

---

[1] H. K. Barrenscheen u. Karl Hübner: Biochem. Z. **196**, 488 (1928) — Chem. Zbl. **1928 II**, 2482.

[2] Giovanni Lo Monaco: Arch. Farmacol. sper. **45**, 1 (1928) — Chem. Zbl. **1928 II**, 261.

[3] Béla Rohny: Biochemic. Z. **192**, 1 (1928) — Chem. Zbl. **1928 II**, 681.

[4] Zoltán Aszódi: Biochem. Z. **192**, 8 (1928) — Chem. Zbl. **1928 II**, 681.

[5] W. Denis u. Upton Giles: J. of biol. Chem. **56**, 739 (1923) — Chem. Zbl. **1923 III**, 1099. — E. Tolstoi: J. of biol. Chem. **60**, 69 — Chem. Zbl. **1924 II**, 998. — F. S. Cajori u. C. S. Crouter: J. of biol. Chem. **60**, 765—775 — Chem. Zbl. **1924 II**, 1939. — Max Bürger: Z. exper. Med. **31**, 1 (1923) — Chem. Zbl. **1923 III**, 685.

[6] Theodor Brugsch u. Hans Horsters: Biochem. Z. **175**, 90—114 (1926) — Chem. Zbl. **1927 I**, 131. — X. Chahovitch: Ann. de Physiol. **2** (1926) — Ber. Physiol. **37**, 365 (1927) — Chem. Zbl. **1927 I**, 1607. — R. Gonzalez Bosch: Trab. Clin. Escudero **2**, 441—444 (1926) — Ber. Physiol. **40**, 405—406 — Chem. Zbl. **1927 II**, 1162.

[7] W. Raab: Biochem. Z. **194**, 473 (1928) — Chem. Zbl. **1928 II**, 1455.

[8] P. Rona u. Ken Iwasaki: Biochem. Z. **184**, 318 (1927) — Chem. Zbl. **1927 II**, 449.

[9] Alfons Mahnert: Wien. klin. Wschr. **37**, 1114—1115 (1924) — Chem. Zbl. **1925 I**, 119. — Carl F. Cori u. Gerty T. Cori: J. of biol. Chem. **65**, 397 (1925) — Chem. Zbl. **1926 I**, 976. — Erwin Negelein: Biochem. Z. **165**, 122 (1925) — Chem. Zbl. **1926 I**, 1446. — Carl F. Cori u. Gerty T. Cori: Proc. Soc. exper. Biol. a. Med. **22**, 254 (1925) — Chem. Zbl. **1926 I**, 2495. — Muneo Yabusoe: Biochem. Z. **168**, 227 (1926) — Chem. Zbl. **1926 I**, 3346. — Zacharias Dische u. Daniel László: Klin. Wschr. **5**, 1973 (1926) — Chem. Zbl. **1926 II**, 2930. — Franz Wind: Biochem. Z. **179**, 384—399 (1926) — Chem. Zbl. **1927 I**, 1612. — Nikolaus Alders, Hermann Chiari u. Daniel László, Biochem. Z. **180**, 46—60 (1927) — Chem. Zbl. **1927 I**, 1616. — Héctor Gotta: Rev. méd. latino-amer. **11**, 2118 (1926) — Chem. Zbl. **1927 II**, 603. — K. Frik u. K. Posener: Verh. dtsch. Ges. inn. Med. **1926**, 411 — Chem. Zbl. **1927 II**, 713. — S. Edlbacher u. K. W. Merz: Hoppe-Seylers Z. **171**, 252 (1927) — Chem. Zbl. **1928 I**, 375. — Heinrich Kraut u. Erwin Bumm: Hoppe-Seylers Z. **177**, 125 (1928) — Chem. Zbl. **1928 II**, 1889. — John Brooks u. Maurice Jowett: Biochemic. J. **22**, 1413 (1928) — Chem. Zbl. **1929 I**, 2205. — C. F. Cori u. G. T. Cori: J. of biol. Chem. **64**, 11 — Chem. Zbl. **1925 II**, 1464. — O. Warburg, K. Posener u. E. Negelein: Biochem. Z. **152**, 309 (1924) — Chem. Zbl. **1925 II**, 945.

[10] J. Wohlgemuth: Biochem. Z. **173**, 258 (1926); **175**, 202 (1926) — Chem. Zbl. **1926 II**, 1430, 2978. — E. Klopstock: Dermat. Wschr. **83**, 1468 (1926) — Ref.: Ber. Physiol. **38**, 880 (1927) — Chem. Zbl. **1927 I**, 3015. — J. Wohlgemuth: Biochem. Z. **186**, 43 (1927) — Chem. Zbl. **1928 I**, 220. — O. Warburg u. Fritz Kubowitz: Biochem. Z. **189**, 242 (1927) — Chem. Zbl. **1928 I**, 820.

[11] Rudolf Rittmann: Wien. klin. Wschr. **37**, 1112—1114 (1924) — Chem. Zbl. **1925 I**, 111. — N. Waterman: Brit. J. exper. Path. **6**, 306 (1925) — Chem. Zbl. **1926 II**, 1771. — A. Lasnitzki: Z. Krebsforschg **22**, 536 (1925) — Chem. Zbl. **1926 II**, 1771. — James Tutin Irving: Biochemic. J. **22**, 964 (1928) — Chem. Zbl. **1929 I**, 3116.

[12] N. Sammartino: Biochem. Z. **133**, 215 (1922) — Chem. Zbl. **1923 III**, 684. — Giichi Shinoda: Biochem. Z. **149**, 1—23 — Chem. Zbl. **1924 II**, 2861. — Z. Otani: Hoppe-Seylers Z. **143**, 229—239 (1925) — Chem. Zbl. **1925 I**, 2578. — Friedrich Bernhard: Biochem. Z. **157**, 396—413 (1925) — Chem. Zbl. **1925 II**, 1057. — Georg von Martos u. Bodo Schneider: Biochem. Z. **169**, 494 (1926) — Chem. Zbl. **1926 I**, 3164. — C. Neuberg u. A. Gottschalk: Biochem. Z. **146**, 164 (1924) — Chem. Zbl. **1924 II**, 491. — T. Brugsch, A. Benatt, H. Horsters u. R. Katz: Biochem. Z. **147**, 117 — Chem. Zbl. **1924 II**, 1228.

[13] Giuseppe Rossi: Biochemica e Ter. sper. **15**, Sep. (1928) — Chem. Zbl. **1929 I**, 2069.

[14] H. Häusler u. O. Loewi: Biochem. Z. **156**, 295—299 (1925) — Chem. Zbl. **1925 II**, 410.

[15] J. Wohlgemuth u. Y. Nakamura: Biochem. Z. **175**, 233 (1926) — Chem. Zbl. **1926 II**, 2193.

[16] Pierre Mauriac u. L. Servantie: C. r. Soc. Biol. Paris **86**, 552 (1922) — Chem. Zbl. **1922 III**, 533. — P. Mauriac u. E. Aubertin: C. r. Soc. Biol. Paris **91**, 551 — Chem. Zbl. **1924 II**, 1480.

nicht ab[1]. Das menschliche Placentagewebe vermag aus Glykose Acetaldehyd zu bilden[2]. Die Placenta baut Glykose ab, bildet und zersetzt Glykogen, bleibt aber bei künstlicher Durchströmung ohne Einfluß auf zugesetzten Rohr- oder Milchzucker. Bei der Autolyse werden Glykogen und Stärke, nicht aber die Disaccharide gespalten. Unter diesen Umständen wird auch die Glykose nicht mehr angegriffen. Die Durchströmungsflüssigkeiten nehmen eine starke amylolytische Wirkung an[3]. Atmung und Glykolyse der Trypanosomen[4]. — Glykolyse in lebenden Hefezellen[5]. Über die Zwischenprodukte der Glykolyse[6]. — Alle Faktoren, die im glykolysierenden System den Zuwachs an anorganischer Phosphorsäure hervorrufen, hemmen im entsprechenden Maße die Glykolyse. Im Muskel steht die Hemmung der Glykolyse und damit auch die Dephosphorylierung, nicht auch die Phosphorylierung unbedingt still, während im Blute mit dem Aufhören der Glykolyse auch die Bildung der Phosphorsäureester aufhört[7]. — Kolloidales Silber hemmt die Glykolyse in vitro[8]. Wirkung der Metallsalze auf die Glykolyse von Geweben[9]. Einfluß auf die Glykogenolyse[10]. — Nach den Ansichten von F. Fischler ist die Glykose ein Hormon und die Leber das Organ, welches dieses Hormon spezifisch bildet, wenn es in der Nahrung nicht zugeführt wird[11]. Überblick und Besprechung des Schrifttums über die im tierischen Körper sich abspielenden Reaktionen der Glykose[12]. Die Permeabilität von Spermatozoen von Rana temporaria für K, Rb, NH_4 und Citrat wird durch Glykose herabgesetzt[13]. Glykose verhindert nicht die Vergiftung durch blausäurebildende Verbindungen[14]. Glykose in 1 proz. Lösung hemmt die Auflösung der Zellen von menschlichen Organen durch KCN, Formamid und Saccharin[15]. Hemmung der Saponinhämolyse[16], der Hämolyse durch taurocholsaures Natrium[17]. — Glykose verhindert oder verzögert die Hämolyse durch Chloralhydrat, läßt aber die Hämolyse durch Äther und Chloroform unbeeinflußt. Die fällende Wirkung von Neutralsalzen, Mineralsäuren und Alkohol und Pikrinsäure auf eiweißhaltige Flüssigkeiten wird ebenfalls verhindert[18]. Glykose gibt nur einen schwachen Schutz für Lecithinlösungen gegen in vitro fällende Stoffe [$(NH_4)_2SO_4$, HNO_3, Phosphorwolframsäure]; dagegen werden rote Blutkörperchen gegen hämolysierende Substanzen geschützt, wenn sich deren Angriff gegen die Eiweißkörper der Oberfläche richtet (Alkohol, Chloralhydrat und HCl). Die Chloroform-Hämolyse geht auf Lipoidwirkung zurück und wird durch Glykose kaum verhindert[19]. Während von in Embryonalextrakt wachsendem

---

[1] K. Felix u. Kj. v. Öttingen: Mschr. Geburtsh. **67**, 41—46 (1924) — Ber. Physiol. **29**, 244 (1925) — Chem. Zbl. **1925 I**, 1623 — Hoppe-Seylers Z. **144**, 190—195 (1925) — Chem. Zbl. **1925 II**, 944.

[2] Rintaro Tateyama: Biochem. Z. **163**, 292 (1925) — Chem. Zbl. **1926 I**, 2719.

[3] G. Delle Piane: Boll. Soc. Biol. sper. **1**, 431—432 (1926) — Ber. Physiol. **40**, 433 — Chem. Zbl. **1927 II**, 1168.

[4] B. von Fenyvessy u. L. Reiner: Biochem. Z. **202**, 75 (1928) — Chem. Zbl. **1929 I**, 2079.

[5] Schöller: Apoth.-Ztg **41**, 435 (1926) — Chem. Zbl. **1926 I**, 3555. — W. Schöller u. M. Gehrke: Biochem. Z. **172**, 358 (1926) — Chem. Zbl. **1926 II**, 2188.

[6] L. J. Simon u. E. Aubel: C. r. Acad. Sci. Paris **176**, 1925 (1923) — Chem. Zbl. **1923 III**, 1495. — Otto Meyerhof: Naturwiss. **14**, 756 (1926) — Chem. Zbl. **1926 II**, 1763. — J. Markowitz u. Malter R. Campbell: Amer. J. Physiol. **80**, 548 (1927) — Chem. Zbl. **1927 II**, 598. — H. K. Barrenscheen: Biochem. Z. **193**, 105 (1928) — Chem. Zbl. **1928 II**, 2482. — Carl Neuberg u. Maria Kobel: Biochem. Z. **193**, 464 (1928) — Chem. Zbl. **1929 I**, 2894. — F. Fischler u. O. Hirsch: Arch. f. exper. Path. **127**, 287 — Chem. Zbl. **1928 I**, 2419. — F. Fischler: Hoppe-Seylers Z. **165**, 53, 68 — Chem. Zbl. **1927 II**, 116.

[7] W. Engelhardt u. A. Braunstein: Biochem. Z. **201**, 48 (1928) — Chem. Zbl. **1929 I**, 254.

[8] A. Francaviglia: Arch. Farmacol. sper. **46**, 201 (1929) — Chem. Zbl. **1929 I**, 3004.

[9] Maurice Jowett u. John Brooks: Biochemic. J. **22**, 720 (1928) — Chem. Zbl. **1928 II**, 1689.

[10] Eisuke Ishikawa: Biochem. Z. **195**, 469 (1928) — Chem. Zbl. **1928 II**, 910.

[11] F. Fischler: Münch. med. Wschr. **72**, 645—646 (1925) — Chem. Zbl. **1925 II**, 48.

[12] P. A. Schaffer: Physiologic. Rev. **3**, 394—437 (1923) — Exp. Stat. Rec. **50**, 361 — Chem. Zbl. **1924 II**, 2060.

[13] Ernst Gellhorn: Pflügers Arch. **206**, 250—267 (1924) — Chem. Zbl. **1925 I**, 1337.

[14] C. Heymans u. R. Soenen: C. r. Soc. Biol. Paris **96**, 202 (1927) — Chem. Zbl. **1927 I**, 1983.

[15] F. Hora: Biochem. Z. **181**, 230 (1927) — Chem. Zbl. **1927 I**, 2218.

[16] Walter Phillips Kennedy: Biochemic. J. **19**, 318—321 (1925) — Chem. Zbl. **1925 II**, 1059. — E. Ponder u. W. Ph. Kennedy: Biochemic. J. **20**, 237 (1926) — Chem. Zbl. **1926 II**, 250.

[17] Eric Ponder u. James Franklin Yeager: Biochemic. J. **22**, 703 (1928) — Chem. Zbl. **1928 II**, 1228.

[18] M. Nechkovitch: Arch. internat. Physiol. **24**, 1 (1924) — Ref.: Ber. Physiol. **31**, 153 — Chem. Zbl. **1925 II**, 1466.

[19] M. Nechkovitch: C. r. Soc. Biol. Paris **93**, 651 — Chem. Zbl. **1925 II**, 2171.

Gewebe stets NH_3- und Harnstoff gebildet wird, findet in Gegenwart von Glykose dieser Eiweißabbau nicht statt. Oft wurde zudem noch eine Abnahme der vorher vorhandenen NH_3- und Harnstoffmenge gefunden[1]. Entgiftende Wirkung der Glykose bei Guanidinvergiftung[2]. Über die Giftigkeit des Mercurochroms allein und in Kombination mit Glykose[3]. — Die Pituitrinhemmung wird durch Glykose durchgebrochen[4]. — Versuche zeigten, daß 0,2 g Neosalvarsan, kombiniert mit Traubenzucker, bedeutend spirillocider wirkt, als die gleiche Dosis Neosalvarsan allein[5]. 5proz. Lösungen von Glykose verhindern die Flockung des Serums mit Neosalvarsan[6]. — Glykose neutralisiert die toxischen Eigenschaften der Salvarsanpräparate in vivo und in vitro[7]. Glykosezugabe beim Lösen von Diaminodioxyarsenobenzol[8]. Affinität der Enzyme zu α- und β-Glykose[9]. — Beeinflussung der Spaltung des α-Methylglykosids[10], des β-Methylglykosids[11]. Bei der Einwirkung einer von Maltose befreiten Lösung der β-Glykosidase (aus Hefe) auf Glykose wird Isomaltose gebildet[12]. α-Glykose ist ohne Einfluß auf die Inversionsgeschwindigkeit der Takasaccharase[13]. Takasaccharase wird durch α-Glykose gehemmt[14]. Versuche mit Stockholmer Unterhefe H zeigten, daß die α- und β-Form der Glykose eine deutliche Affinität zur Saccharase haben, die bei beiden Formen von derselben Größenordnung ist[15]. Untersuchungen über das Verhalten von α- und β-Glykose gegen Saccharase[16], Raffinase[17]. Glykose hemmt bei der Hydrolyse von Maltose mit Maltase stark. Als Produkte der Einwirkung von Hefeextrakten auf Glykose konnten Maltose, Revertose und Gentiobiose nachgewiesen werden[18]. Gewisse Amylasen werden nur durch β-, nicht aber durch α-Glykose gehemmt[19]. — Die Spaltung von Stärke, Amylose und Amylopektin wird durch die β-Glykose gehemmt[20]. — Mindert die Hydrolyse des Lichenins durch Lichenase[21]. — Einfluß von Glykose auf die Vakuolenbildung der Pflanzenzellen[22]. — Auf die Zellentwicklung in vitro wirkt 2proz Glykose hemmend, in geringeren Konzentrationen fördernd[23]. Zusatz von brenztraubensaurem Natrium allein oder gemeinsam mit Glykose scheint

[1] E. Watchorn u. B. E. Holmes: Biochemic. J. **31**, 1391 (1927) — Chem. Zbl. **1928 I**, 1976.

[2] Hans Hummel: Klin. Wschr. **3**, 1573—1575 — Chem. Zbl. **1924 II**, 1959. — J. Bakucz: Arch. f. exper. Path. **110**, 121 (1925) — Chem. Zbl. **1926 II**, 466. — Hans Hummel u. Johanna Püschel: Pflügers Arch. **217**, 441—455 (1927) — Chem. Zbl. **1927 II**, 1981.

[3] David J. Macht u. Wilton C. Harden: J. of Pharmacol. **32**, 321 (1928) — Chem. Zbl. **1928 II**, 269.

[4] H. Molitor u. E. P. Pick: Arch. f. exper. Path. **101**, 169 (1924) — Chem. Zbl. **1924 I**, 2891.

[5] Steinberg: Dtsch. med. Wschr. **47**, 1523—1524 (1921) — Chem. Zbl. **1922 I**, 479.

[6] Attilio Busacca: Arch. Farmacol. sper. **36**, 129, 156, 166, 186 (1923) — Chem. Zbl. **1924 I**, 1831.

[7] J. Kritschewsky u. W. Awtonomow: Arch. f. Dermat. **149**, 339 (1925) — Chem. Zbl. **1926 I**, 163.

[8] S. R. MacEwen: A.P. 1615989 v. 22. Okt. 1923; Chem. Zbl. **1927 I**, 2013.

[9] R. Willstätter u. R. Kuhn: Hoppe-Seylers Z. **127**, 234 (1923) — Chem. Zbl. **1923 III**, 315.

[10] L. Michaelis u. P. Rona: Biochem. Z. **60**, 62—78 (1914) — Chem. Zbl. **1914 I**, 1198.

[11] Karl Josephson: Hoppe-Seylers Z. **147**, 1 (1925) — Chem. Zbl. **1926 I**, 688.

[12] B. Suzuki u. T. Maruyama: Proc. Imp. Acad. Tokyo **3**, 533 (1927) — Chem. Zbl. **1928 I**, 1427.

[13] R. Kuhn u. R. Willstätter: Hoppe-Seylers Z. **129**, 57 (1923) — Chem. Zbl. **1923 III**, 1173.

[14] Rudolf Weidenhagen u. Biman Bihari Dey: Z. dtsch. Zuckerind. **1928**, 242 — Chem. Zbl. **1928 II**, 1000.

[15] H. v. Euler u. K. Josephson: Hoppe-Seylers Z. **132**, 301 (1924) — Chem. Zbl. **1924 I**, 1940.

[16] Karl Josephson: Hoppe-Seylers Z. **134**, 50 (1924) — Chem. Zbl. **1924 II**, 55. — J. M. Nelson u. C. Theodore Sokery: J. of biol. Chem. **62**, 139 (1924) — Chem. Zbl. **1925 I**, 852. — Yajiro Hattori: J. of Biochem. **5**, 39 (1925) — Chem. Zbl. **1925 II**, 1605. — Richard Kuhn u. Herbert Münch: Hoppe-Seylers Z. **159**, 220 (1925) — Chem. Zbl. **1926 I**, 2207. — C. D. Ingersell: Bull. Soc. Chim. biol. Paris **8**, 264, 276 (1926) — Chem. Zbl. **1926 II**, 231. — Hans v. Euler u. Karl Josephson: Hoppe-Seylers Z. **155**, 1 (1926) — Chem. Zbl. **1926 II**, 1427.

[17] Karl Josephson: Hoppe-Seylers Z. **136**, 62 (1924) — Chem. Zbl. **1924 II**, 478 — Hoppe-Seylers Z. **149**, 71 (1925) — Chem. Zbl. **1926 I**, 1212.

[18] V. Isajev: J. Inst. Brewing **32**, Nr 12, 22 (1926) — Chem. Zbl. **1927 I**, 1599.

[19] Richard Kuhn: Ber. dtsch. chem. Ges. **57**, 1965 (1924) — Chem. Zbl. **1925 I**, 235.

[20] Richard Kuhn: Liebigs Ann. **443**, 1 (1925) — Chem. Zbl. **1925 II**, 405.

[21] P. Karrer u. M. Staub: Helvet. chim. Acta **7**, 916 (1924) — Chem. Zbl. **1924 II**, 2487.

[22] Margaret Reed Lewis: J. of exper. Med. **35**, 317—322 (1922) — Chem. Zbl. **1922 I**, 1250.

[23] Joshio Suzuki: Trans. jap. path. Soc. **14**, 74—75 (1924) — Ber. Physiol. **37**, 290 (1926) — Chem. Zbl. **1927 I**, 1841.

die Bildung des Tetanustoxins zu steigern[1]. — Von den untersuchten Kohlehydraten zeigten sich Glykose und Glykogen wirksam. Nach mehrmaliger Vorbehandlung mit ihnen fanden sich im Serum gesunder Kaninchen Typhusantikörper[2]. — Wirkung auf Diphtherietoxin[3]. — Formaldehydbildung in Nährlösungen, denen Glykose (1—2%) zugesetzt war[4]. Glykose kann von Pflanzen mit wenigen Ausnahmen weder im Licht noch im Dunkeln, weder in hypotonischer noch in hypertonischer Lösung zum Wachstum oder zur Stärkebildung ausgenutzt werden[5]. Wenn Algen in Nährlösungen kultiviert werden, welche Glykose enthalten, nimmt die Amylasemenge ab[6]. Paramaecium caud. und Spirogyra verbrauchen Dextrose und Lävulose besser als Galaktose. Insulin steigert den Zuckerverbrauch, Thyroxin setzt ihn herab und hemmt die Insulinwirkung[7]. Wirkung von Glykose auf den Harnstoffabbau durch B. proteus[8]. — Verlauf des Glykosestoffwechsels und die Stickstoffixierung durch Azotobakter[9]. Einfluß auf die Sporulation der Saccharomyceten[10]. Untersuchungen über den Einfluß von Glykose auf die Pilzflora des Käses und der Milch[11]. — Einfluß auf die Volutinbildung der Pilze[12]. Verwertbarkeit durch Bohnenembryonen[13], Weizenkeimlinge[14]. Die Ernährung von Keimlingen der Erbse, Bohne und anderen Pflanzen mit Glykose führte zu einer Vergrößerung des Zellkerns[15]. Bohnenkeimlinge und farblose Kartoffelschößlinge konnten aus Glykose bedeutende Stärkemengen bilden[16]. — Glykose begünstigt bei Blättern von Reseda odorata die Chromoplastenbildung[17]. Die etiolierten Keimlinge der an Reservekohlehydraten armen Samen der Lupine (Lupinus augustifolius) nehmen bei der Ernährung mit Glykose unter sterilen Bedingungen bedeutende NH_3-Mengen auf[18]. Die Wirkung des Kalkes auf Keimling und Samen von Lupinus luteus wird durch Zufuhr von Glykose aufgehoben[19]. Luzerne und Rettich wuchsen in Glykoselösungen sehr gut[20]. Fetthaltige Samen (Erdnuß) können in nur Glykose enthaltenden Nährlösungen auf Kosten des Zuckers sich normal entwickeln[21]. Über Veränderungen des Chlorophylls bei einer grünen Alge in Kulturversuchen bei Gegenwart von d-Glykose[22]. — Austreiben von Salix-viminalis-Schößlingen unter dem Einfluß von Glykose[23].

---

[1] Albert Berthelot u. G. Loiseau: Bull. Soc. Chim. biol. Paris **6**, 340 (1924) — Chem. Zbl. **1924 II**, 1933. — Siehe auch Albert Berthelot: Bull. Soc. Chim. biol. Paris **6**, 326 (1924) — Chem. Zbl. **1924 II**, 1932.

[2] M. Ohtaki, K. Sukegawa u. S. Sawaguchi: Jap. med. World **2**, 288—291 (1922) — Chem. Zbl. **1923 III**, 1109.

[3] C. E. Pico u. J. M. Miravent: C. r. Soc. Biol. Paris **94**, 484 (1926) — Chem. Zbl. **1926 II**, 56.

[4] G. Klein u. O. Werner: Biochem. Z. **168**, 361 (1926) — Chem. Zbl. **1926 I**, 2929.

[5] Viktor Czurda: Planta (Berl.) **2**, 67 (1926) — Chem. Zbl. **1927 I**, 1964.

[6] K. Sjöberg: Biochem. Z. **133**, 218 (1922) — Chem. Zbl. **1923 III**, 160.

[7] W. E. Burge u. Maude Williams: Amer. J. Physiol. **81**, 307 (1927) — Chem. Zbl. **1927 II**, 2077.

[8] A. A. Day, W. M. Gibbs u. Ruth Westlund: Proc. Soc. exper. Biol. a. Med. **25**, 578 (1928) — Chem. Zbl. **1929 II**, 585.

[9] P. G. Krishna: Zbl. Bakter. II **76**, 228 (1928) — Chem. Zbl. **1929 I**, 1013.

[10] Felix Wagner: Zbl. Bakter. II **75**, 4 (1928) — Chem. Zbl. **1928 II**, 678.

[11] Wilhelm Baade: Milchwirtsch. Forschgn **6**, 351 (1928) — Chem. Zbl. **1928 II**, 1276.

[12] Heinrich Zikes: Allg. Z. Bierbrauerei u. Malzfabr. **50**, 39 (1922) — Chem. Zbl. **1922 I**, 1381. Zbl. Bakter. II **57**, 21 (1922) — Chem. Zbl. **1923 I**, 1373.

[13] A. Maige: Cellule **35**, 325 (1925) — Chem. Zbl. **1926 I**, 412.

[14] Luigi Tocco-Tocco: Biochimica e Ter. sper. **11**, 260—271 (1924) — Chem. Zbl. **1925 I**, 2576 — Ber. Physiol. **29**, 569 (1925) — G. Klein u. K. Pirschle: Biochem. Z. **176**, 20 (1926) — Chem. Zbl. **1926 II**, 2444.

[15] A. Maige: C. r. Soc. Biol. Paris **87**, 1297 (1922) — Chem. Zbl. **1923 III**, 253.

[16] Michel Polonovski u. Frédéric Morvillez: C. r. Soc. Biol. Paris **92**, 443 (1925) — Chem. Zbl. **1925 I**, 2312.

[17] T. Lippmaa: C. r. Acad. Sci. Paris **182**, 1040 (1926) — Chem. Zbl. **1926 II**, 2068.

[18] A. J. Smirnow: Biochem. Z. **137**, 1 (1923) — Chem. Zbl. **1923 III**, 864.

[19] F. Boas u. F. Merkenschlager: Ber. dtsch. botan. Ges. **41**, 187 (1923) — Chem. Zbl. **1923 III**, 1174.

[20] J. M. Brannon: Bot. Gaz. **75**, 370 (1923) — Ref.: Ber. Physiol. **21**, 219 (1924) — Chem. Zbl. **1924 I**, 1548.

[21] E. F. Terroine, S. Trautmann u. R. Bonnet: C. r. Acad. Sci. Paris **179**, 342—344 — Chem. Zbl. **1924 II**, 2173.

[22] A. Perrier: C. r. Acad. Sci. Paris **188**, 339 (1929) — Chem. Zbl. **1929 I**, 2891.

[23] Phyllis A. Hicks: Bot. Gaz. **86**, 193 (1928) — Chem. Zbl. **1929 I**, 762.

Physikalische und chemische Eigenschaften (Bd. X, S. 463): β-Glykose läßt sich nach dem Ammoniakverfahren (beschrieben bei der Darstellung von α-Mannose) bequem darstellen[1]. Untersuchung über die Löslichkeit der Glykose[2]. Vermindert die Löslichkeit von Saccharose in Wasser[3]. Löslichkeit nach 5 stündiger Extraktion mit trocknem Äthylacetat 32 %; in Gegenwart von 1 % Wasser 38 %, in Gegenwart von 2 % Wasser 100 %, in Gegenwart von 9 % Wasser 56 %, in Gegenwart von 10 % Wasser 72 % [4]. Ermittlung von Löslichkeiten in Alkohol, Essigester, Äther, Aceton und Chloroform[5]. Aus den Löslichkeitsbestimmungen von Jackson und Silsbee[6] folgt, daß der Umwandlungspunkt α-Glykose (S_α) $\rightleftharpoons$ α-Glykosehydrat ($S_{\alpha\,\mathrm{aqu}}$) bei etwa 50° und einem Glykosegehalt von 71,06 g auf 100 g Lösung liegt. Durch Umrechnung dieser Daten und graphische Darstellung konnte dieser Umwandlungspunkt nicht näher charakterisiert werden[7]. — Molekulares Lösungsvolumen bei unendlicher Verdünnung bei 20° α-Glykose 110,80 Mol, β-Glykose 111,22 Mol[8]. Mit Rücksicht auf die ebulliometrische Bestimmung des Alkohols im Wein hat Pratolongo die Siedepunkte wässeriger Lösungen von Glykose unter besonderen Vorsichtsmaßregeln neu bestimmt. Der Verlauf zeigt bemerkenswerte Anomalie[9]. Bei der isosmotischen Perfusion der Glykose kann Natriumion in der Lösung nach Noyons-Cousy weder durch Kaliumion, noch durch Calciumion, noch durch Gemisch beider ersetzt werden[10]. Untersuchung der Permeabilität von Glykoselösungen durch getrocknete Kollodiummembranen[11]. — Lösungsvolumen und Refraktionskonstante der α- und β-Glykose[12]. Einwirkung der ultravioletten Strahlen auf Glykoselösungen[13]. — Absorptionsspektrum im Ultraviolett[14]. — Röntgendiagramm[15]. — Einwirkung von Radiumemanation[16]. Im Gegensatz zu Pincussen[17] kann ein Einfluß der Bestrahlung auf Lösungen von Glykose nicht festgestellt werden[18]. — Für das molekulare Lösungsvolumen (Vm), die Molekularrefraktion (M) und das spezifische Drehungsvermögen ergeben sich[19]:

	Vm ∞	M ∞	$[\alpha]_D^{20}$
α-Glykose	110,80 Mol	62,53	$+110,12°$
β-Glykose	111,22 Mol	62,92	$-19,26°$

Für das Gleichgewichtsgemisch:

$\rightleftharpoons$ Glykose	111,06 Mol	62,77	$+52,17°$

[1] P. A. Levene: J. of biol. Chem. **57**, 329 (1923) — Chem. Zbl. **1924 I**, 898.

[2] R. F. Jackson u. C. G. Silsbee: J. Franklin Inst. **194**, 95 (1922) — Chem. Zbl. **1923 I**, 503. — R. F. Jackson: Bull. Bureau of Stand **13**, 633 (1922) — Chem. Zbl. **1922 II**, 95.

[3] Richard F. Jackson u. Clara Gillis Silsbee: Dept. commerce Technologic papers of the bureau of standards **1924**, Nr 259, 277—304 — Z. dtsch. Zuckerind. **1924**, 847—877 — Chem. Zbl. **1925 I**, 310.

[4] Congdon u. Young: Z. dtsch. Zuckerind. **1925**, 440 — Chem. Zbl. **1925 II**, 1566.

[5] E. Troje: Z. dtsch. Zuckerind. **1925**, 635 — Chem. Zbl. **1926 II**, 1891.

[6] Jackson u. Silsbee: Scientific Papers of the Bureau of Standards **1922**, Nr 437.

[7] J. Gillis: Rec. Trav. chim. Pays-Bas et Belg. (Amsterd.) **42**, 1077 (1923) — Chem. Zbl. **1924 I**, 1766.

[8] C. N. Rüber, T. Sörensen u. K. Thorkelsen: Ber. dtsch. chem. Ges. **58**, 964, 737 (1925) — Chem. Zbl. **1925 II**, 276; **1925 I**, 2551.

[9] U. Pratolongo: Atti R. Accad. dei Lincei, Romana (5) II **30**, 320—324 (1921) — Chem. Zbl. **1922 IV**, 64.

[10] P. Gengoux: C. r. Soc. Biol. Paris **93**, 58—60 (1925) — Chem. Zbl. **1925 II**, 1190.

[11] A. A. Weech u. L. Michaelis: J. gen. Physiol. **12**, 55 (1928) — Chem. Zbl. **1929 I**, 212.

[12] C. N. Riiber: Ber. dtsch. chem. Ges. **57**, 1599 (1924) — Chem. Zbl. **1924 II**, 2023.

[13] P. Beyersdorfer u. W. Heß: Ber. dtsch. chem. Ges. **57**, 1708 (1924) — Chem. Zbl. **1924 II**, 2459.

[14] S. A. Schon u. R. Wurmser: C. r. Acad. Sci. Paris **186**, 367 — Chem. Zbl. **1928 I**, 2499. — R. Wurmser: C. r. Acad. Sci. Paris **185**, 1038 (1927) — Chem. Zbl. **1928 I**, 474. — L. Kwieciński u. L. Marchlewski: Hoppe-Seylers Z. **169**, 300 — Chem. Zbl. **1928 I**, 2534. — P. Niederhoff: Hoppe-Seylers Z. **165**, 130 — Chem. Zbl. **1928 I**, 16. — V. Henri u. S. A. Schon: Hoppe-Seylers Z. **174**, 295 — Chem. Zbl. **1928 I**, 2485. — P. Niederhoff: Hoppe-Seylers Z. **174**, 300 — Chem. Zbl. **1928 I**, 2485. — Fritz Goos, Hans Heinrich Schlubach u. Gustav Adolf Schröter: Hoppe-Seylers Z. **186**, 148 (1930) — Chem. Zbl. **1930 I**, 3027.

[15] Kurt Heß u. Karl Trogus: Ber. dtsch. chem. Ges. **61**, 1982 (1928) — Chem. Zbl. **1929 I**, 46. — J. Hengstenberg u. H. Mark: Z. Krystallogr., Krystallchem. **72**, 301 (1929) — Chem. Zbl. **1930 I**, 513.

[16] A. Slosse: C. r. Soc. Biol. Paris **89**, 812 (1923) — Chem. Zbl. **1924 I**, 1507 — C. r. Soc. Biol Paris **89**, 96 (1923) — Chem. Zbl. **1924 I**, 33.

[17] Pincussen: Z. exper. Med. **26**, 127 (1922) — Chem. Zbl. **1922 I**, 1082.

[18] L. H. Dejust: C. r. Soc. Biol. Paris **94**, 123 (1926) — Chem. Zbl. **1926 I**, 2790.

[19] C. N. Riiber u. J. Minsaas: Ber. dtsch. chem. Ges. **60**, 2402 (1927) — Chem. Zbl. **1928 I**, 321.

Die relative Oberflächenspannung 0,1 Mol wässeriger Lösung von Glykose wird mit sehr engporigen formalinisierten Gelatinemembranen bestimmt[1]. Über das Potential von Glykoselösungen[2]. — Keenan charakterisiert d-Glykosehydrat in bezug auf ihr Verhalten in gewöhnlichen, in parallel polarisierten und in konvergent polarisierten Licht und gibt den Brechungsindex und den Habitus an[3]. Untersuchung der Mutarotation der β-Glykose unter verschiedenen Bedingungen[4]. $[\alpha]_D$ der α-β-Mischung $= +66°$ [5]. Drehungsänderungen der Glykoselösungen in Gegenwart von Kochsalz[6], von neutralen Alkalisalzen, Calcium-, Magnesium- und Ammoniaksalzen[7], Nickel-, Cobalt-, Eisen- und Kupfersalzen[8]. — Die Geschwindigkeit der Mutarotation der Glykose wird durch Zusatz von Salzen verändert, von NaCl oder KCl wird herabgesetzt, durch Zusatz von Na_2SO_4 oder $HgCl_2$ erhöht. Die Wirkung der Beschleuniger wird durch die Temperaturerhöhung nicht erhöht. Es bilden sich vermutlich Komplexverbindungen[9]. Einfluß der Alkalimolybdate auf das Drehungsvermögen der Glykose[10]. — Drehungsänderungen bei der Kondensation mit Glycerin[11]. — Potential einer platinierten Elektrode in Berührung mit einer Glykoselösung und seine Bedeutung in der Biochemie[12]. — Einfluß von Glykokoll auf das Drehungsvermögen der Glykose[13]. Untersuchungen über die Mutarotation der Glykose in Zusammenhang mit der Volumänderung und Änderungen des Brechungsindex[14]. Mutarotationsgeschwindigkeit[15].

Untersuchungen über die Aktivitäts-p_H-Kurve der Mutarotation[16]. — Beobachtungen über die Mutarotation der Glykose in wässerig-alkoholischen und methylalkoholischen Lösungen[17]. Wasserstoffionkonzentrationsmessungen an Glykoselösungen[18].

Der isoelektrische Punkt der Glykose ist bei $p_H = 4{,}88$. — Die Umlagerungsgeschwindigkeit der α-Glykose wird durch Zusatz von Neutralsalzen in zweifacher Weise beeinflußt[15].

Reaktionsgeschwindigkeit und die Gleichgewichte bei der Umwandlung von α- und β-Glykose ineinander[19].

[1] R. Collander: Protoplasma (Berl.). **3**, 213 (1927) — Chem. Zbl. **1928 I**, 1157.

[2] René Wurmser u. Jean Geloso: J Chim. physique **25**, 641 (1928) — Chem. Zbl. **1929 I**, 1437. — J. Chim. physique **28**, 424 (1929) — Chem. Zbl. **1930 I**, 1921.

[3] G. T. Keenan: J. Washington Acad. Sci. **16**, 433 (1927) — Chem. Zbl. **1927 I**, 1151.

[4] Christon Lundsgaard u. Svend Aage Holbøll: J. of biol. Chem. **65**, 305 (1927) — Chem. Zbl. **1926 I**, 969.

[5] H. D. K. Drew u. W. N. Haworth: J. chem. Soc. Lond. **1926**, 2303 — Chem. Zbl. **1927 I**, 997.

[6] Hans Murschhauser: Biochem. Z. **126**, 40—54 (1921) — Chem. Zbl. **1922 I**, 496 — Biochem. Z. **125**, 158—178 (1921) — Chem. Zbl. **1922 I**, 628 — Biochem. Z. **128**, 215—244 (1921) — Chem. Zbl. **1922 III**, 35.

[7] H. Murschhauser: Biochem. Z. **136**, 66 (1923) — Chem. Zbl. **1923 III**, 662.

[8] William Edward Garner u. Douglas Norman Jackman: J. chem. Soc. Lond. **119**, 1936—1948 (1921) — Chem. Zbl. **1922 I**, 945.

[9] G. Muchin u. T. Aß: J. Chim. l'Ukranie **1**, 458 (1925) — Chem. Zbl. **1926 I**, 620.

[10] E. Darmois u. J. Martin: C. r. Acad. Sci. Paris **190**, 294 (1930) — Chem. Zbl. **1930 I**, 2725.

[11] H. S. Gilchrist u. C. B. Purves: J. chem. Soc. Lond. **127**, 2735 (1925) — Chem. Zbl. **1926 I**, 2185.

[12] E. Aubel u. R. Wurmser: J. Chim. physique **26**, 229 (1930) — Chem. Zbl. **1930 II**, 232.

[13] G. Quagliariello u. P. de Lucia: Boll. Soc. Biol. sper. **2**, 26 — Ref.: Ber. Physiol. **40**, 764 (1927) — Chem. Zbl. **1927 II**, 2179.

[14] C. N. Riiber: Ber. dtsch. chem. Ges. **56**, 2185 (1923) — Chem. Zbl. **1923 III**, 1453 — Ber. dtsch. chem. Ges. **55**, 3132 (1923) — Chem. Zbl. **1923 I**, 12. — H. v. Euler, K. Myrbäck u. E. Rudberg: Ark. Kemi, Min. och Geol. **8**, 1 (1923) — Chem. Zbl. **1923 III**, 1453. — H. v. Euler u. O. Svanberg: Hoppe-Seylers Z. **115**, 139 (1921) — Chem. Zbl. **1921 III**, 1404. — A. E. Kossuth: Fermentforschg **6**, 302 (1923) — Chem. Zbl. **1923 I**, 740. — H. Frey: Z. physik. Chem. **18**, 217 (1895) — Chem. Zbl. **1895 II**, 1145.

[15] Richard Kuhn u. Paul Jacob: Z. physik. Chem. **113**, 389 (1924) — Chem. Zbl. **1925 I**, 459.

[16] Hans v. Euler, Arne Ölander u. Erik Rudberg: Z. anorg. u. allg. Chem. **146**, 45 (1925) — Chem. Zbl. **1925 II**, 1950. — Hans v. Euler u. Arne Ölander: Z. anorg. u. allg. Chemie **152**, 113 (1926) — Chem. Zbl. **1926 II**, 556.

[17] H. v. Euler u. E. Erikson: Biochem. Z. **140**, 268 (1923) — Chem. Zbl. **1923 III**, 1397. — E. M. Richards, J. J. Faulkner u. T. M. Lowry: J. chem. Soc. Lond. **1927**, 1733 — Chem. Zbl. **1927 II**, 1559 — J. J. Faulkner u. T. M. Lowry: J. chem. Soc. Lond. **1926**, 1938 — Chem. Zbl. **1926 II**, 2414. — J. C. Andrews u. F. P. Worley: J. physic. Chem. **31**, 1880 (1927) — Chem. Zbl. **1928 I**, 1620 — J. physic. Chem. **31**, 882 (1927) — Chem. Zbl. **1927 II**, 1671.

[18] John R. Williams u. Madeleine Swett: J. amer. med. Assoc. **78**, 1024 (1922) — Chem. Zbl. **1922 IV**, 779. — O. A. Sjostrom: Ind. Chem. **14**, 941 (1922) — Chem. Zbl. **1923 IV**, 117.

[19] H. v. Euler u. J. Hedström: Ark. Kemi, Min. och Geol. **9**, Nr 17, 1 (1925) — Chem. Zbl. **1925 I**, 2373.

Die Konstitution der Glykose und ihrer Ionen ist noch zweifelhaft. Während verschiedene Umstände gegen die Bildung von Enolionen sprechen, erblickt Kuhn[1] in dem Verhalten der Zucker gegen Kaliumpermanganat in alkalischer Lösung, das für eine langsame Bildung der Enolionen aus den primären Anionen, ein wichtiges Argument zugunsten der Enoltheorie. Das Minimum des Reduktionsvermögens von Kaliumpermanganat durch Glykose in Phosphatgemischen erstreckt sich über das nämliche Aciditätsgebiet, wie das Minimum der Mutarotationsgeschwindigkeit bei $p_H = 3,0 - 4,5$. — Die Zunahme der Reduktionswerte in alkalischer Lösung hängt mit Enolmoleküle zusammen; die Geschwindigkeit der Enolisierung ist der Konzentration der primären Zuckerionen proportional[1]. — In Lösungen von Glykose liegt die bei Zusatz von Salzsäure oder Natriumhydrocyl beobachtete Drehungsveränderung im Gebiet von p_H 2 bis p_H 11 innerhalb der Beobachtungsfehler. In Lösungen von Glykose beobachtet man nach Zusatz von Phosphat eine Gefrierpunktserniedrigung; diese weist auf eine zwischen Zucker und Phosphat eingetretene, die gesamte Molarkonzentration vermindernde Reaktion hin. Dieser Effekt ist bei Fructose stärker als bei Glykose[2]. — Worley und Andrews[3] untersuchen die Mutarotation der α- und β-Glykose in wässeriger Lösung bei 0° mit besonderer Berücksichtigung der Anfangsstadien der Reaktion. Dabei zeigte sich, daß der monomolekulare Typus der Reaktion im Anfang der Reaktion nicht vorhanden ist. — Bei der α-Glykose beobachtet man. eine anfängliche Verzögerung, während bei der β-Glykose die Reaktion im Anfangsstadium beschleunigt verläuft. — Man schließt daraus, daß die der Mutarotation zugrunde liegenden Vorgänge nicht einer einfachen monomolekularen Reaktion entsprechen, sondern daß der Übergang von α- in β-Form über ein unbekanntes Zwischenprodukt verläuft. Der verschiedene Charakter der Abweichungen von dem monomolekularen Gesetz erklärt sich aus der verschiedenen Größe der Drehung dieses Zwischenproduktes, sowie aus den verschiedenen Werten seiner Geschwindigkeitskonstanten. Ferner bestimmen Worley und Andrews den Temperaturkoeffizient der Mutarotation, bei der Glykose beträgt er für +10°: +2,8. Daraus erklärt sich, daß man bei Messungen bei 20 bzw. 25° die Anfangsstadien der Mutarotation bisher nicht beobachtet hat. — Den gleichen Erfolg wie Temperaturerniedrigung hat auch die Wahl des CH_3OH als Lösungsmittel. Vorversuch mit α-Glykose in CH_3OH bei 25° ergaben eine Verzögerungsperiode von etwa 1 Stunde[3]. Die Mutarotation der Glykose bringt nach Lowry nur an den Übergang der α-Form in die intermediäre Aldehydform zum Ausdruck. Diese muß in Lösungen, die große Wasserkonzentrationen enthalten, nicht nur in Spuren, sondern in erheblicher Menge vorhanden sein[4].

β-Glykose bildet mit Pyridin eine lockere Additionsverbindung, α-Glykose tut es nicht. Die Löslichkeit der beiden Zucker ist in gut getrocknetem Pyridin wesentlich geringer, als Behrend[5] angegeben hat. In 30 g Pyridin lösen sich 800 mg α-Glykose und 450 mg β-Glykose. Für $[\alpha]_D$ in Pyridin wurden gefunden für α-Glykose: +150° → +73,5°, für β-Glykose +30° → +74°, x_{25} des verwendeten Pyridins = $0,3 \cdot 10^{-6}$. Bei der α-Glykose war die Mutarotationsgeschwindigkeit nur etwa $^1/_3$ derjenigen, die Behrend angegeben hat, bei der β-Glykose war sie noch wesentlich langsamer. Die Leitfähigkeit der nach dem Pyridinverfahren hergestellten β-Glykose in $^1/_2$ molarer Lösung beträgt $x_{25} = 5,30 \cdot 10^{-6}$, und für die daraus gewonnene α-Glykose wurde in $^1/_2$-molarer Lösung praktisch der gleiche Wert $5,34 \cdot 10^{-6}$ gefunden. Die Konstante der Mutarotation für α- und β-Glykose in 0,5-molarer Konzentration wird durch die Gegenwart von Borsäure, gleichfalls in 0,5 molarer Konzentration, schwach erhöht. Die Werte für α- und β-Glykose sind praktisch gleich. Während für die Mutarotation das Reaktionsgesetz erster Ordnung erfüllt ist, ist dies nicht der Fall bei der Änderung der Leitfähigkeit. Für die α-Glykose bleibt die Konstante erster Ordnung zwar während der ersten halben Stunde praktisch konstant, um dann erheblich abzunehmen. Bei der β-Glykose sind 3 Stadien zu unterscheiden: im ersten Stadium, Dauer etwa 15 Minuten, nimmt die Konstante erster Ordnung rapid ab; im zweiten Stadium, Dauer etwa 20 Minuten, bleibt sie praktisch konstant und nimmt im dritten Stadium weiterhin ab. Es ist möglich, daß hier zwei oder mehrere Vorgänge gemessen werden, die sich unter der Einwirkung der Borsäure

[1] Richard Kuhn u. Paul Jacob: Z. physik. Chem. **113**, 389 (1924) — Chem. Zbl. **1925 I**, 459.
[2] Hans v. Euler u. Ragnar Nilsson: Hoppe-Seylers Z. **145**, 184 (1925) — Chem. Zbl. **1925 II**, 1595.
[3] F. P. Worley u. J. C. Andrews: J. physic. Chem. **32**, 307 — Chem. Zbl. **1928 I**, 2353 — J. physic. Chem. **31**, 1880 (1927) — Chem. Zbl. **1928 I**, 1620.
[4] T. M. Lowry: Z. physik. Chem. **130**, 125 (1927) — Chem. Zbl. **1928 I**, 183.
[5] R. Verschuur: Rev. Trav. chim. Pays-Bas et Belg. **47**, 423 — Chem. Zbl. **1928 I**, 2354. — R. Behrend: Liebigs Ann. **338**, 105 (1904).

mit verschiedener Geschwindigkeit abspielen. Vielleicht sind diese Beobachtungen in dem Sinne zu deuten, daß von den beiden Glykoseformen die eine, und zwar die β-Form, mit Borsäure eine Molekularverbindung von erhöhter Acidität bildet[1]. Glykose wandert bei der Kataphorese unter gewöhnlichen Umständen und unter der Acidität des Säftemilieus zur Anode[2]. Die elektrolytische Zersetzung der Glykose[3]. Elektrometrische Bestimmung der Überführungszahlen der Pikrinsäure und HCl in wässeriger Lösung von Traubenzucker[4]. Glykose besitzt unter den Kohlehydraten das geringste Absorptionsvermögen für Wasser aus feuchter Luft[5]. Im Vakuum über P_2O_5 getrocknete Glykose des Handels absorbiert aus der Luft bei 20° 0,29, 9,00, 47,14% Feuchtigkeit (die Luftfeuchtigkeit war 1. 60% nach 1 Stunde, 2. 60% nach 9 Tagen, 3. 100% nach 25 Tagen). Die Wasseraufnahme war auch nach 25 Tagen noch nicht beendigt[6]. Veränderungen der Siedepunkte von Chlorcalciumlösungen in Gegenwart von Glykose[7]. — Zusatz von Glykose steigert die Aussalzbarkeit des Phenols aus der wässerigen Lösung durch $(NH_4)_2SO_4$[8]. Die Menge der Glykose und des Rohrzuckers, welche durch Pergament dialysieren, ist der Konzentration umgekehrt proportional. Glykose dialysiert bedeutend schneller als Rohrzucker, so daß sie in verdünnter Lösung fast quantitativ von Rohrzucker durch Dialyse gehemmt werden kann[9]. Caramelisierung der Glykose[10]. Durch längeres Erhitzen von Traubenzuckerlösung mit Oxalsäure auf 130° entsteht Huminsäure[11]. Gibt beim Erhitzen in wässeriger Lösung Diacetyl[12]. Spaltet bei der Destillation in saurer, neutraler oder alkalischer Lösung Formaldehyd ab[13]. Glykose (Schmelzp. 146°, $[\alpha]_D^{25} = +52,5°$) liefert bei der Einwirkung von überhitztem Wasserdampf Ameisensäure, Lävulinsäure, Humussubstanz und Oxymethylfurfurol in geringerer Menge als Fructose, aber das Gewichtsverhältnis unter den einzelnen Stoffen ist bei Glykose und Fructose annähernd dasselbe[14]. Studien über die Mutarotation der Glykose unter dem Einfluß von starken Säuren[15]. Untersuchungen über die Drehung der Glykose in normaler Salzsäure[16].

Glykose wird von einer Kochsäure, welche im Liter 80 g Natriumbisulfit und 500 ccm $^1/_{10}$n-Salzsäure, nach 4 tägigem Erhitzen auf 100° zu 20% abgebaut[17]. — Gibt mit Schwefligsäureanhydrid in wässeriger Lösung keine Schwefelverbindung[18]. — Beim Erhitzen mit schwefliger Säure bei 110° in 24 Stunden entstehen Schwefel, Essigsäure, Spuren von Sulfonsäuren und schwefel- und sauerstoffhaltige Verbindungen, die keine Bariumsalze bilden[19]. — Die gesetzmäßige Beziehung zwischen der Konstante der Mutarotation der Glykose und der

---

[1] R. Verschuur: Rev. Trav. chim. Pays-Bas et Belg. **47**, 423 — Chem. Zbl. **1928 I**, 2354. — R. Behrend: Liebigs Ann. **338**, 105 (1904).

[2] R. Keller u. J. Gicklhorn: Biochem. Z. **168**, 106 (1926) — Chem. Zbl. **1926 I**, 2591.

[3] J. Stewart Remington: Ind. Chemist a. Chem. Manufacturer **2**, 402—406 (1926) — Chem Zbl. **1927 I**, 537.

[4] T. Erdey-Grúz: Z. physik. Chem. **131**, 81 (1927) — Chem. Zbl. **1928 I**, 1005.

[5] C. A. Browne: Ind. Chem. **14**, 712 (1922) — Chem. Zbl. **1922 III**, 959.

[6] C. A. Browne: Sugar **25**, 73 (1923) — Chem. Zbl. **1923 III**, 120.

[7] R. O. Herzog u. W. Bergethun: Liebigs Ann. **433**, 117 (1923) — Chem. Zbl. **1924 I**, 2243.

[8] E. A. Hafner: Biochem. Z. **188**, 259 (1927) — Chem. Zbl. **1928 I**, 633.

[9] Leon A. Congdon u. Harry R. Ingersoll: J. amer. chem. Soc. **43**, 2588 (1922) — Chem. Zbl. **1922 III**, 1922.

[10] Alfred Delroisse: Z. Spiritusind. **48**, 16 (1925) — Chem. Zbl. **1925 I**, 1540.

[11] C. G. Schwalbe u. R. Schepp: Ber. dtsch. chem. Ges. **58**, 2500 (1925) — Chem. Zbl. **1926 I**, 1077.

[12] H. Schmalfuß u. H. Barthmeyer: Ber. dtsch. chem. Ges. **60**, 1035 (1927) — Chem. Zbl. **1927 I**, 3183.

[13] G. Klein: Biochem. Z. **164**, 132 (1926) — Chem. Zbl. **1926 I**, 3221.

[14] C. Tanaka: Sexagint. Collection of Papers dedicated to Y. Osaka, in celebration of his 60. Birth-day, Kyoto **1927**, 13 — Chem. Zbl. **1928 I**, 2080. — S. Komatsu u. C. Tanaka: Sexagint. Collection of Papers dedicated to Y. Osaka, in celebration of his 60. Birth-day, Kyoto **1927**, 1 — Chem. Zbl. **1928 I**, 2079.

[15] B. Bleyer u. H. Schmidt: Biochem. Z. **128**, 119 (1923) — Chem. Zbl. **1923 III**, 1348 — Biochem. Z. **135**, 546 (1923) — Chem. Zbl. **1923 III**, 662.

[16] C. M. Jones u. W. C. Mc. C. Lewis: J. chem. Soc. Lond. **117**, 1120 (1920) — Chem. Zbl. **1921 I**, 804. — E. A. Moehryn-Hughes: Trans Faraday Soc. **24**, 321 — Chem. Zbl. **1928 II**, 1077. — E. A. Moehryn-Hughes, S. N. H. Stothardt u. A. J. Kierau: Trans. Faraday Soc. **24**, 309 — Chem. Zbl. **1928 II**, 1076.

[17] Erik Hägglund: Mitt. Nr. 1 Holzchem. Inst. Åbo; Sept. **1922** — Chem. Zbl. **1923 IV**, 505.

[18] C. Zay: Staz. sper. agrar. ital. **57**, 82 (1924) — Chem. Zbl. **1924 II**, 897.

[19] C. F. Cross u. A. Engelstad: J. Soc. chem. Ind. **43**, 253 (1924) — Chem. Zbl. **1924 II**, 1785.

Säurekonzentration. Die Berechnung einer gegebenen Salzsäurekonzentration und die Einwirkung des Salzsäuregehaltes einer Lösung aus der Mutarotationskonstante[1]. $[\alpha]_D^{-12} = +202$ in 46,7proz. HCl [2]. Hochprozentige Salzsäure vom spezifischen Gewicht 1,212 greift weder in der Kälte noch bei 90° merklich Glykose an, dagegen normale Salzsäure schon bei 90° recht beträchtlich[3]. — Verhalten bei der Tollensschen Destillation[4]. Beim Eindampfen von Glykoselösungen in verdünnter Salzsäure im Vakuum und nachheriger Behandlung mit Alkohol gewonnene Produkt ist leicht löslich in kaltem Wasser, $[\alpha]_D^{20} = +95°$. Reduktionsvermögen 0,1 g = 0,0093 g Glykose; Mol.-Gewicht = 309. Gibt kein Osazon. Wird von 2proz. Schwefelsäure bei 100° erst in 7 Stunden hydrolysiert. Das Spaltungsprodukt ist Glykose, identifiziert als Osazon[5]. Gibt beim Erhitzen mit salzsaurem überschüssigem Resorcin gelb gefärbte Lösungen unter Bildung von Anhydrodiglykoseresorcin[6]. Wird Glykose der Behandlung mit verdünnter HCl in einer N-Atmosphäre unterworfen, so verschwindet kein N_2 aus dem Gasgemenge[7]. Färbt sich mit unvollkommen getrockneter HBr erst nach 2—3 Stunden orange, wird bald braun und erst nach 1—2 Tagen schwarz[8]. Behandelt man Glykose mit einer mit HBr gesättigten Chloroformlösung, so gewinnt man ω-Brommethylfurfurol in 12proz. Ausbeute[9]. Aus Glykose kann durch Selbstkondensation ein Körper $C_{18}H_{18}O_9$ entstehen, der den Charakter eines Furanderivates und auch eines hydrierten Benzolderivates besitzt und durch weitere Reduktion in $C_{18}H_{18}O_6$ übergeht. Die $CO \cdot CH_2$-Gruppen dieses reaktionsfähigen Körpers können durch Umlagerung in die entsprechende Enolform dem Gesamtmolekül Phenolcharakter verleihen, so daß die Bildung von Ester und Äther möglich erscheint. Andererseits ist durch Aufspaltung mittels hydrolisierender oder oxydativer Mittel die Bildung von höher molekularen Carbonsäuren möglich. Schließlich können Kondensationsprodukte aus dem Gesamtmolekül gebildet werden, so daß Molekularverbände entstehen können, welche nach Abspaltung von H_2O und CO_2 in steinkohleähnliche Produkte übergehen[10]. Destilliert man eine verdünnte Glykoselösung unter bestimmten Vorsichtsmaßregeln bei Gegenwart von Natriumsulfit im $1/_{25}$ mol-Natriumbicarbonat im Kohlensäurestrom, so läßt sich in der Destillationsflüssigkeit Glycerinaldehyd bzw. Dioxyaceton als Osazon nachweisen. Übersäuert man nach einer bestimmten Einwirkungszeit des Alkalis den Destillationsrückstand und destilliert bei saurer Reaktion weiter, so erhält man im Destillat Methylglyoxal. Ohne Vorbehandlung mit Alkali erhält man jedoch aus Glykose bei saurer Reaktion kein Methylglyoxal[11]. Einwirkung von Dinatriumphosphat auf d-Glykose[12].

Alkalien bewirken in starker Verdünnung bei Glykose eine beschleunigte Einstellung der Gleichgewichtsdrehung. Diese wird durch zunehmende [OH'] nach kleineren Winkeln verschoben, die schließlich dem $[\alpha]_D$ der β-Modifikationen sehr nahe kommen. Eine etwa 10proz. Glykoselösung in 8n-NaOH nach 5 Minuten zeigt $[\alpha]_D = +26,0°$, in n-NaOH 32°. Durch Verdünnung oder Neutralisieren mit Säuren lassen sich diese Effekte teilweise oder ganz rückgängig machen. Natriumbisulfit wirkt bei gewöhnlicher Temperatur nicht merklich auf Glykose ein. Bei Siedetemperatur dagegen wirkt es als Alkali. Eine Lösung von 30 g Glykose und 30 g bei 120° entwässerten Na_2SO_3 in 100 ccm Wasser färbt sich beim Kochen bald rot, augenscheinlich infolge Bildung von Zersetzungsprodukten, und die Drehung nimmt langsam bis etwa 0° ab. Dieser Drehungsabfall beruht auf dem Übergang der Glykose in Mannose und Fructose. Führt man nämlich durch Ansäuern mit Essigsäure oder SO_2 die Bildung von NaHSO₃ herbei, so entsteht ein optisch nahezu inaktives Gemisch der aldehydschwefligen Salze der Glykose und Mannose, während Fructose nicht mit NaHSO₃ unter diesen Bedingungen reagiert. Daher schlägt die Drehung beim Ansäuern ins negative Gebiet bis in —5° um (Maximum nach etwa 20 Minuten langem Kochen). — Auch Natriumbisulfit befördert stark das Abklingen der Mutarotation und führt bei hinreichend starker Konzentration zur

[1] Hans Murschhauser: Biochem. Z. **128**, 245—250 (1922) — Chem. Zbl. **1922 III**, 36.
[2] L. Zechmeister: Z. physik. Chem. **103**, 316 (1922) — Chem. Zbl. **1923 I**, 1489.
[3] Adolf Lehne u. W. Schepmann: Z. angew. Chem. **38**, 93 (1925) — Chem. Zbl. **1925 I**, 1397.
[4] Walter Gierisch: Cellulosechemie **6**, 61 (1925) — Chem. Zbl. **1925 II**, 1822.
[5] P. A. Levene u. R. Ulpts: J. of biol. Chem. **64**, 475 (1925) — Chem. Zbl. **1926 I**, 349.
[6] B. Glaßmann: Hoppe-Seylers Z. **150**, 16 (1925) — Chem. Zbl. **1926 I**, 1465.
[7] W. S. Ssadikow: Biochem. Z. **143**, 496 (1923) — Chem. Zbl. **1924 I**, 1387.
[8] H. Colin u. E. Ruppel: Bull. Soc. Chim. biol. Paris **9**, 928 (1927) — Chem. Zbl. **1928 I**, 555.
[9] H. Hibbert u. H. S. Hill: J. amer. chem. Soc. **45**, 176 (1923) — Chem. Zbl. **1923 I**, 899.
[10] W. Schrauth: Brennstoffchemie **4**, 161 (1923) — Chem. Zbl. **1924 I**, 1293 — Z. angew. Chem. **36**, 149 (1923) — Chem. Zbl. **1923 I**, 1353.
[11] F. Fischler: Hoppe-Seylers Z. **165**, 53 (1927) — Chem. Zbl. **1927 II**, 116.
[12] H. A. Spoehr u. P. C. Wilbur: J. of biol. Chem. **69**, 421 (1926) — Chem. Zbl. **1927 I**, 264.

Bildung der aldehydschwefligen Salze. (Optische Konzentration 30 g auf 100 ccm.) Unter diesen Bedingungen beträgt die Enddrehung bei Glykose $[\alpha]_D = +3{,}0°$[1]. Bei der Einwirkung von Bisulfitlösungen auf höherer Temperatur wird Glykonsäure gebildet[2].

Glykose spaltet in alkalischer Lösung Methylglyoxal ab. Mit zunehmender $[OH^-]$ fällt die Ausbeute an Methylglyoxal, Na_2SO_3 begünstigt seine Bildung. Die günstigsten Bedingungen sind folgende: Zu einer siedenden Lösung von 15 g Na_2SO_3 in 250 ccm $^m/_{50}$- oder $^m/_{25}$-Na_2CO_3-Lösung tropft man eine Lösung von 5 g Glykose in 250 ccm in dem Tempo, daß das ursprüngliche Volumen der Flüssigkeit erhalten bleibt, während eine wässerige Lösung von Methylglyoxal abdestilliert. Es wird im Destillat als Phenylosazon identifiziert und seine Ausbeute jodometrisch bestimmt. Die Ausbeute beträgt 7,4—7,8% des angewendeten Traubenzuckers. In saurer Lösung oder in Gegenwart von $NaHSO_3$ findet diese Umwandlung der Glykose nicht statt. Auf Aceton und Acetaldehyd wurde mit negativem Ergebnis gefahndet. Jedenfalls scheint nach dem Verschwinden des Methylglyoxals im Destillat auch der Zucker vollständig umgesetzt zu sein. Aus der braunen, caramelartig riechenden Flüssigkeit, die im Destillationskolben verbleibt und die Fehlingsche Lösung stark reduziert, konnten geringe Mengen eines Phenylosazons (wahrscheinlich das des Glycerinaldehyds) vom Schmelzp. 132° gewonnen werden[3]. Groot ist der Ansicht, daß Kaliumhydroxyd primär unter Ringöffnung an die Glykose angelagert wird und daß die Unbeständigkeit der Kaliumglykosate in Wasser die Ursache der Umlagerungsreaktion ist[4].

Die gegenseitige Umwandlung einfacher Zucker und Alkali wird durch die Annahme einer intermediären Enolbildung erklärt. Ein direkter Beweis für diese Anschauung fehlte aber bisher:

$$
\begin{array}{ccccc}
\text{H} & & \text{H} & & \text{H} \\
| & & | & & | \\
\text{C}{=}\text{O} & & \text{C}{-}\text{OH} & & \text{C}{=}\text{O} \\
| & \rightleftharpoons & \| & & | \\
\text{H}{-}\text{C}{-}\text{OH} & & \text{C}{-}\text{OH} & & \text{HO}{-}\text{C}{-}\text{H} \\
| & & | & & | \\
\text{R} & & \text{R} & & \text{R} \\
\text{d-Glykose} & & \text{Endiol} & & \text{d-Mannose}
\end{array}
$$

$$
\begin{array}{c}
\text{CH}_2\text{OH} \\
| \\
\text{C}{=}\text{O} \\
| \\
\text{R} \\
\text{d-Fructose}
\end{array}
$$

Bei ihren Versuchen gelang es Wolfrom und Lewis, durch Anwendung verdünnter Alkali (Kalk- bzw. Barytwasser) unter milden Bedingungen bei der Glykose die gleichzeitige Bildung von Saccharinsäure und anderen Ketosen als Fructose auszuschalten und nur zu einem Gemisch von unveränderter Glykose (65%) mit Fructose (31%) und Mannose (2,5%) zu gelangen[5]. Der Temperaturkoeffizient der Umlagerungsgeschwindigkeit der Glykose bei Gegenwart von Kaliumhydroxyd unter Bildung von Kaliumglykosat ergab sich zu $Q_{10} = 4{,}13$ (genauer bei 29 und 21°)[6]. Durch 2stündiges Kochen einer Lösung mit gleichen Gewichtsmengen Glykose und CaO wird die Glykose vollständig zerstört[7] bis zum Verschwinden der α-Naphtholreaktion[8]. Milchsäurebildung bei der Reaktion zwischen Glykose und Alkalien[9]. Durch Reduktion mit Al-Amalgam in Gegenwart von NH_3 entsteht in 60proz. Ausbeute Sorbit[10].

[1] B. Bleyer u. H. Schmidt: Biochem. Z. **141**, 278 (1923) — Chem. Zbl. **1924 I**, 1356.

[2] Erik Hägglund: Ber. dtsch. chem. Ges. **62**, 437 (1929) — Chem. Zbl. **1929 I**, 2037.

[3] F. Fischler: Hoppe-Seylers Z. **157**, 1 (1926) — Chem. Zbl. **1926 II**, 2414.

[4] J. Groot: Biochem. Z. **146**, 72 (1924) — Chem. Zbl. **1924 II**, 823.

[5] M. L. Wolfrom u. W. L. Lewis: J. amer. chem. Soc. **50**, 837 — Chem. Zbl. **1928 I**, 2377. — E. L. Gustus u. W. L. Lewis: J. amer. chem. Soc. **49**, 1512 — Chem. Zbl. **1927 II**, 1466.

[6] J. Groot: Biochem. Z. **180**, 341 (1927) — Chem. Zbl. **1927 II**, 44.

[7] W. R. Watson, K. C. Mukerjee, D. N. Gupta u. H. S. Chaturvedi: Quart. J. Indian Chem. Soc. **3**, 229 (1926) — Chem. Zbl. **1927 I**, 957.

[8] J. Schlemmer: Listy Cukrovarnické **45**, 243 — Z. Zuckerind. tschechoslowak. Rep. **51**, 422 (1927) — Chem. Zbl. **1927 II**, 881.

[9] W. Windisch, P. Kolbach u. H. Ruckdeschel: Wschr. Brauerei **44**, 405, 417, 429, 441 (1927) — Chem. Zbl. **1928 I**, 124.

[10] Dinshaw Rattonji Nanji u. Frederic James Paton: J. chem. Soc. Lond. **125**, 2474 (1924) — Chem. Zbl. **1925 I**, 1065.

Alkalische Glykoselösungen geben mit Wasserstoff in Gegenwart von Platinschwarz Sorbit und Mannit[1]. — Versuche über die elektrolytische Reduktion der Glykose[2]. Während kolloidales Platin, Mangan, Gold, Palladium wässerige Glykoselösung nicht verändern, wirken sie auf alkalische Lösungen als starke Katalysatoren[3]. Glykose in Gegenwart von Na-Pyrophosphat reduziert beim Kochen $AuCl_3$ (kolloide Au-Lösung grün bis rot), $PtCl_4$ ist bei Gegenwart von NaOH, Pd-Nitrat und TlCl nicht, Rh- und Ir-Chlorid wie $PtCl_4$, Ni, CO, Bi, Pb, Mn, Na-P-Molybdat, U, Zn und Cd nicht, Cu, Ag und Hg (Niederschlag mit Pyrophosphat ist meist durch längeres Kochen in Lösung zu bringen), Na-Wolframat (Blaufärbung). $CuCrO_4$ wird in eigenartiger Weise in Cu_2O übergeführt. $FeCl_3$ wird unter Schwarzfärbung wahrscheinlich zu kolloidem Fe reduziert[4]. Bildung von Ameisensäure aus Glykose bei der Zersetzung mit normaler Natronlauge bzw. Zutritt von Luft[5]. Mechanismus der Glykoseoxydation mit Kupferacetatlösungen[6]. — Oxydation der Glykose mit Kupfercarbonat in Natriumcarbonatlösung[7]. — Die Reduktion von Kupferoxydsalzen durch Glykose als Abhängigkeit von der Konzentration des verwendeten Kupfersulfats. Cuprioxyd als Nebenprodukt bei diesem Reduktionsvorgang[8]. — In konzentrierten Phosphatlösungen konnte bei Zusatz von Glykose und Durchleiten von Sauerstoff in Gegenwart von etwas Kupfersulfat keine Bindung der Phosphorsäure an die Glykose beobachtet werden[9].

Von 100 g Glykose, die zu 10 l gesättigter Kalklösung gegeben wurden, wurden durch Luftsauerstoff in 236 Stunden 95 g oxydiert. Die Oxydationsprodukte waren: 4,87 g CO_2, 23,1 g Ameisensäure und 84,9 g nichtflüchtige Säuren. Die Zerlegung der nichtflüchtigen Säuren ergab: 14,7 g unreines d-Arabonsäurephenylhydrazid, 9,67 g Calciumglykolat, 4,1 g Oxalsäure, 6 g hoch schmelzendes, in Alkohol unlösliches Brucinsalz, wahrscheinlich der d-Erythronsäure und 19,8 g hoch schmelzendes, in Alkohol lösliches Brucinsalz, aus dem ein Chininsalz isoliert wurde, das die Eigenschaften des Chinin-l-glycerats zeigte; der größte Teil der nichtflüchtigen Fraktion bestand aus undefinierbaren Oxysäuren[10]. — Die aus Glykose bei der Einwirkung von Calciumhydroxyd entstehende und als Glucinsäure beschriebene Säure ist vermutlich Malonsäurehalbaldehyd[11]. — Verhalten der Glykose beim Erhitzen in alkalischer Lösung[12]. — Glykose wird mit geschmolzenen kaustischen Alkalien zu 90—95% der angewendeten Menge zu Carbonat unter Entwicklung von Methan und Wasserstoff oxydiert. 90% oder mehr der reagierenden Mengen werden nach folgender Gleichung oxydiert:

$$C_6H_{12}O_6 + 8\,NaOH \rightarrow 4\,Na_2CO_3 + 2\,H_2O + 2\,CH_4 + 4\,H_2\,,$$

während der Rest nach folgender Gleichung reagiert:

$$C_6H_{12}O_6 + 12\,NaOH \rightarrow 6\,Na_2CO_3 + 12\,H_2\,^{13}.$$

Bei der Oxydation der Glykose in alkalischer Lösung durch Sauerstoff oder atmosphärische Luft gehen der Verbrauch an O und die Produktion von CO beide durch ein Maximum bei einer t von etwa 85°, von da ab wächst die Produktion von CO mit t. Die Reaktion kann als zweiphasig angesehen werden, die Oxydation unter Bildung von CO ist beschränkt. Die Wirkung von Na, K und Li ist fast identisch, die von Ca und Ba ein wenig schwächer. Die Wirkungen von Carbonaten sind schwächer als die von fixen Alkalien, die von Bicarbonaten

[1] W. E. Cake: J. amer. chem. Soc. 44, 859—861 (1922) — Chem. Zbl. 1922 III, 245.

[2] Alexander Findlay u. Vernon Harcourt Williams: Trans. Faraday Soc. 17, 453 (1921) — Chem. Zbl. 1922 III, 600.

[3] Jean Goffin u. Marguerite Goffin: C. r. Soc. Biol. Paris 86, 283 (1922) — Chem. Zbl. 1922 III, 489.

[4] P. N. van Eck: Pharm. Weekblad 64, 400 (1927) — Chem. Zbl. 1927 I, 3212.

[5] K. J. Waterman u. M. J. van Tussenbroek: Chem. Weekblad 19, 135—136 (1922) — Chem. Zbl. 1922 I, 1173.

[6] W. L. Evans, W. D. Nicoll, G. C. Strouse u. C. E. Waring: J. amer. chem. Soc. 50, 2267 (1928) — Chem. Zbl. 1928 II, 1760.

[7] Fr. W. Jensen u. Fr. W. Upson: J. amer. chem. Soc. 47, 3019 (1925) — Chem. Zbl. 1926 I, 1635.

[8] S. Adler: Biochem. Z. 190, 433 (1927) — Chem. Zbl. 1928 I, 2191.

[9] C. Neuberg u. M. Kobel: Biochem. Z. 155, 499 (1925) — Chem. Zbl. 1925 I, 2082.

[10] M. N. Power u. Fred W. Upson: J. amer. chem. Soc. 48, 195—202 (1926) — Chem. Zbl. 1926 I, 2566.

[11] E. K. Nelson u. C. A. Browne: J. amer. chem. Soc. 51, 830 (1929) — Chem. Zbl. 1929 I, 2405.

[12] F. Fischler, K. Täufel u. S. W. Souci: Biochem. Z. 208, 191 (1929) — Chem. Zbl. 1929 II, 860.

[13] H. S. Fry u. E. Otto: J. amer. chem. Soc. 50, 1138 — Chem. Zbl. 1928 I, 2801.

sind gleich Null[1]. Oxydation mit Luft unter der Einwirkung des Sonnenlichts[2]. Verhalten der Glykose gegen Farbstoffe und Ferricyankalium in alkalischer Lösung[3]. — Oxydation von Glykose mit Luft in Gegenwart von Dinatriumhydrophosphat und Methylenblau[4]. — Glykoselösungen sind imstande, Methylenblau in der Kälte zu entfärben, wenn sie eine Zeitlang in alkalischem Medium unter Luftabschluß gehalten wurden[5]. — Methylenblau oxydiert Glykose stärker als Fehlingsche Lösung; sie liefert bei der gewöhnlichen Zuckerbestimmung etwas mehr als 2 Atome Sauerstoff, Methylenblau ungefähr 3. Rosindulin B wird ebenfalls von alkalischer Glykoselösung reduziert, es liefert ein Sauerstoff auf ein Mol Glykose[6]. — Oxydation von Glykose und Glykokoll mittels alkalischer Kupferlösungen[7] und in Gegenwart von Borsäure[8]. — Glykose wird in neutralem Phosphat gelöst durch Sauerstoff, in Gegensatz zu Fructose nicht oxydiert[9]. — In Lösungen von Natriumbicarbonat oder Natriumphosphat wird durch Jod Mannose $1/3$ so schnell wie Glykose oxydiert. Die Reaktion wird in vitro weder durch Insulin allein noch mit Blut, Serum oder Leberextrakt beeinflußt[10]. — Bei der Oxydation von Glykose haben Phosphate keinen beschleunigenden Einfluß auf die Reaktion, sondern wirken nur regulierend auf die Alkalität der Lösung[11]. — Die direkte Oxydation von α-Glykose führt zu d-Glykonsäure und d-Zuckersäure; d-Glykuronsäure entsteht nicht[12]. — Beitrag zur Kenntnis des oxydativen Abbaues der Glykose: die Oxydation der Brenztraubensäure[13]. Die Oxydation von frisch gefälltem und von Alkali befreitem $Fe(OH)_2$ beim Einleiten von O_2 in seine wässerige Lösung induziert die Oxydation von Glykose[14]. Glykose wird in einer Lösung, die 1% durch Salzsäure gereinigte Blutkohle enthält, bei 40° unter Bildung von Kohlensäure oxydiert. Die Wasserstoffionkonzentration hat erheblichen Einfluß auf den Verlauf des Vorganges[15]. Es wurde Glykose bei gewöhnlicher Temperatur in Gegenwart von Kohle oxydiert. Der respiratorische Quotient entsprach dem bei völliger Verbrennung zu erwartenden. Das Maximum der Reaktionsgeschwindigkeit entspricht dem Fall, wenn die Oberfläche der Kohle mit Sauerstoff und der organischen Substanz in stöchiometrischem Verhältnis bedeckt ist[16]. Bildung von Milchsäure bei der Oxydation der Glykose in Gegenwart von Tierkohle[17]. Einwirkung des Ozons[18]. In Nachprüfung der Angaben von Loeb und Witzeman[19] konnten Harden und Henley[20] zeigen, daß die Gegenwart von Phosphat nicht notwendig ist, um die Oxydation der Glykose durch H_2O_2 herbeizuführen, daß diese vielmehr, falls nur p_H nicht wesentlich über 7,3 steigt, auch in Gegenwart folgender Puffer vor sich geht: $NaHCO_3 + CO_2$; $Na_2HAsO_4 + NaH_2AsO_4$; $NaC_2H_3O_2$; $K_2HPO_4 + KH_2PO_4$. Die Gegenwart von Phosphaten erhöht die Beständigkeit des H_2O_2 in wässeriger Lösung[20].

[1] M. Nicloux: C. r. Soc. Biol. Paris **99**, 226 — Chem. Zbl. **1928 II**, 1077 — C. r. Acad. Sci. Paris **186**, 1218 — Chem. Zbl. **1928 I**, 3050 — C. r. Soc. Biol. Paris **98**, 1548 (1928) — Chem. Zbl. **1928 II**, 1668.

[2] C. C. Palit u. N. R. Dhar: J. physic. Chem. **32**, 1263 (1928) — Chem. Zbl. **1928 II**, 2549.

[3] Edmund Knecht u. Eva Hibbert: J. chem. Soc. Lond. **127**, 2854 (1925) — Chem. Zbl. **1926 I**, 2672.

[4] H. A. Spoehr: J. amer. chem. Soc. **46**, 1494 (1924) — Chem. Zbl. **1924 II**, 937.

[5] R. Wurmser u. J. Gelose: J. Chim. physique **26**, 447 (1929) — Chem. Zbl. **1930 I**, 2079.

[6] Emund Knecht u. Eva Hibbert: J. Soc. Dyers Colourists **41**, 94 (1925) — Chem. Zbl. **1925 II**, 1104. — Gunnar Blix: Skand. Arch. Physiol. (Berl. u. Lpz.) **50**, 8—34 (Chem. Zbl. **1927 II**, 1352.

[7] Harry Lundin: Biochem. Z. **207**, 91 (1929) — Chem. Zbl. **1929 II**, 413.

[8] Harry Lundin: Biochem. Z. **207**, 107 (1929) — Chem. Zbl. **1929 II**, 414.

[9] Otto Warburg u. Muneo Yabusoe: Biochem. Z. **146**. 380 (1924) — Chem. Zbl. **1924 II**, 312.

[10] Gordon A. Alles u. Howard M. Winegarden: J. of biol. Chem. **58**, 225 (1924) — Chem. Zbl. **1924 II**, 367.

[11] A. N. Kappanna: J. Indian chem. Soc. **5**, 387 (1928) — Chem. Zbl. **1929 I**, 226.

[12] K. Smoleński: Roczn. chem. (poln.) **3**, 153 (1924) — Chem. Zbl. **1924 II**, 317.

[13] B. Bleyer u. W. Braun: Biochem. Z. **183**, 310 (1927) — Chem. Zbl. **1927 II**, 805 — Biochem. Z. **180**, 105 (1927) — Chem. Zbl. **1927 I**, 1428.

[14] N. N. Mittra u. N. R. Dhar: Z. anorg. u. allg. Chem. **122**, 146 (1922) — Chem. Zbl. **1923 I**, 570.

[15] Marcel Gompel, André Mayer u. René Wurmser: C. r. Acad. Sci. Paris **178**, 1025 (1924) — Chem. Zbl. **1924 I**, 2337.

[16] André Mayer u. René Wurmser: Ann. de Physiol. **2**, 329—348 (1926) — Ber. Physiol. **37**, 501—502 (1927) — Chem. Zbl. **1927 I**, 1851.

[17] V. Bolcato: Boll. Soc. Biol. sper. **2**, 884 (1927) — Chem. Zbl. **1929 II**, 2771.

[18] C. W. Schonebaum: Rec. Trav. chim. Pays-Bas et Belg. (Amsterd.) **41**, 44 (1922) — Chem. Zbl. **1922 III**, 666.

[19] Loeb u. Witzeman: J. of biol. Chem. **45**, 1 — Chem. Zbl. **1921 I**, 489.

[20] Arthur Harden u. Francis Robert Henley: Biochemic. J. **16**, 143—147 (1922) — Chem. Zbl. **1922 III**, 36.

Glykose wird von 0,15proz. H_2O_2 bei 70° in neutraler und in saurer Lösung nur ganz unbedeutend angegriffen; in alkalischer Lösung wird bei 70° schnell zersetzt; bei gewöhnlicher Temperatur ist dagegen die Zersetzung, auch in alkalischer Lösung, nur ganz unbedeutend[1]. Glykose und buttersaures Kalium wurden gleichzeitig in Gegenwart von Dialkaliphosphat mit Wasserstoffsuperoxyd oxydiert. Es zeigte sich, daß der Grad der Oxydation des Kaliumbutyrats durch die Glykose nicht beeinflußt wurde, daß das Butyrat aber rascher oxydiert wurde als die Glykose, während es sonst meist umgekehrt ist. Eine antiketogenetische Wirkung der Glykose, wie im lebenden Organismus, wurde nicht beobachtet[2]. — Photochemische Reaktion zwischen Glykose und Wasserstoffsuperoxyd in saurem Medium mit Wolframsäuresol als Photokatalysator[3]. — Läßt man auf Glykose in wässeriger Lösung bzw. Aufschlemmung H_2O_2 oder andere Peroxyde bei Gegenwart von organischen Katalysatoren, insbesondere Peroxydasen und Oxydasen, einwirken, so bildet sich Weinsäure. Die Ausbeute an Ca-Tartrat beträgt etwa 40% der angewendeten Glykose. Die Peroxydasen und Oxydasen liefern bessere Ausbeuten an Weinsäure als anorganische Katalysatoren, wie Fe-Salze, wobei beträchtliche Mengen von flüchtigen Säuren, wie HCOOK und CH_3COOK, sowie Tartronsäure gebildet werden. Leitet man während der Oxydation noch reines CO_2 durch die Reaktionsflüssigkeit, so wird die Ausbeute an Ca-Tartrat auf 45% der angewandten Glykose gesteigert[4].

Die Oxydation der Glykose kann bei niedriger Temperatur und hoher Verdünnung mit Wasserstoffsuperoxyd und Eisensalzen so geleitet werden, daß Nebenreaktionen praktisch ausgeschaltet werden. Sie verläuft dann in 2 Bahnen[5]:

$$\text{Glykose} \begin{cases} \text{Glykonsäure} \\ \text{Glykoson} \end{cases} \longrightarrow \text{2-Ketoglykonsäure} \xrightarrow{-CO_2} \text{d-Arabinose}.$$

Die Oxydation der Glykose mittels Bariumhypobromit läßt sich unter geeigneten Bedingungen so leiten, daß nur ein Oxydationsprodukt als Hauptprodukt auftritt. Ein merklicher Überschuß von Bariumhydroxyd wirkt ungünstig. Bei Anwendung von 1,2 und 3 Äquivalenten Sauerstoff erhält man als Hauptprodukt Glykonsäure, 2-Ketoglykonsäure bzw. Arabonsäure[6]. — Glykose verbraucht bei der Oxydation nach Willstätter und Schudel quantitativ 2 Äquivatente O, d. h. es wird nur die Aldehyd- zur Carboxygruppe oxydiert. Nach Lehmann-Maquenne verbraucht etwa 5 und nach Bertrand etwa 5,5 Äquivalente O[7]. Glykose wird in verschieden stark alkalischer Lösung bei 100° mit Chloramin Heyden oxydiert; es zeigt sich, daß 1 Molekül Glykose auch bei großem Überschuß an Oxydans maximal 8 Äquivalente O verbraucht, wobei neben 2 Molekülen CO_2 noch 2 Äquivalente Essigsäure entstehen. Die Oxydation konnte über die Zwischenstufen Methylglyoxal, Brenztraubensäure, Acetaldehyd $+ CO_2$ verlaufen[8]. Zunächst bildet sich wahrscheinlich als primäres Produkt Glykonsäure[9]. Bei der Oxydation mit Chloramin kann man keine Essigsäure, dagegen Ameisensäure nachweisen[10]. — Durch Zusatz eines Ag- oder Hg-Salzes ist es Fosse gelungen, Cyanwasserstoffsäure bei Oxydation von Glykose durch Permanganate in ammoniakalischer Lösung in merklichen Mengen zu isolieren[11]. In einer 3n-Lösung von NH_4Cl und NH_3 ($p_H =$ etwa 8) wird Glykose oxydiert, und zwar in NH_3-Puffer ohne Zusätze etwa 30 mal langsamer als Fructose. Die Schwermetalle steigern und HCN hemmt bei der Oxydation. In $(NH_4)_2SO_4$ oder NH_4NO_3 oder in NH_4-Phosphat verbrennt die Glykose etwa 15 mal langsamer als die Fructose[12]. Bei

---

[1] C. W. Schonebaum: Rec. Trav. chim. Pays-Bas et Belg. (Amsterd.) **41**, 503 (1922) — Chem. Zbl. **1923 I**, 1119.

[2] Edgar J. Witzeman: J. amer. chem. Soc. **48**, 208 (1926) — Chem. Zbl. **1926 I**, 2567.

[3] J. C. Ghoch u. Jadulal Mukherjee: J. Indian chem. Soc. **6**, 231 (1929) — Chem. Zbl. **1929 II**, 1264.

[4] Diamalt-A.-G.: D.R.P. 426864, Kl. 12o v. 6. Okt. 1920; D.R.P. 427415, Kl. 12o v. 26. Nov. 1921 — Chem. Zbl. **1926 II**, 941.

[5] A. T. Küchlin u. J. Böeseken: Rev. Trav. chim. Pays-Bas et Belg. (Amsterd.) **47**, 1011 (1928) — Chem. Zbl. **1929 I**, 638.

[6] M. Hönig u. F. Tempus: Ber. dtsch. chem. Ges. **57**, 787 (1924) — Chem. Zbl. **1924 I**, 23.

[7] H. Sobotka: J. of biol. Chem. **69**, 267 (1926) — Chem. Zbl. **1926 II**, 2289.

[8] B. Bleyer u. W. Braun: Biochem. Z. **180**, 105 (1927) — Chem. Zbl. **1927 I**, 1428.

[9] B. Bleyer u. W. Braun: Biochem. Z. **199**, 186 (1928) — Chem. Zbl. **1929 I**, 1561.

[10] K. Bernhauer u. K. Schön: Biochem. Z. **202**, 159 (1928) — Chem. Zbl. **1929 I**, 1677.

[11] R. Fosse: C. r. Soc. Biol. Paris **86**, 175—178 (1922) — Chem. Zbl. **1922 I**, 1227 — C. r. Acad. Sci. Paris **173**, 1370 (1921) — Chem. Zbl. **1922 III**, 249.

[12] H. A. Krebs: Biochem. Z. **180**, 377 (1927) — Chem. Zbl. **1927 I**, 1784.

der Oxydation von Glykose mit HNO_3 bildet sich neben Oxalsäure in beträchtlicher Menge Mesoxalsäure[1]. HNO_3 wirkt auf Glykose unter ständiger Abnahme der Drehung und Gelb- bis Braunfärbung zersetzend[2]. Glykose gibt bei der Oxydation mit Salpetersäure keine nitrophenolartige Substanzen[3]. — Zeitwert der Kaliumpermanganatreaktion (s. S. 265): 30,5[4].

Bei der Oxydation in alkalischer Lösung mit $NaMnO_4$ entstehen Oxalsäure, CO_2 und Spuren einer flüchtigen Säure, vermutlich Essigsäure. In neutraler Lösung ist die Ausbeute an CO_2 nahezu quantitativ. Mit steigender Temperatur erhöht sich die Ausbeute an CO_2, während die an Oxalsäure sinkt. Bei 50° stimmen die Ergebnisse für d-Glykose, d-Fructose und d-Mannose, bei 75° für d-Glykose und d-Fructose überein. Diese Übereinstimmung wird am besten durch die Annahme Nefs erklärt, daß in einer alkalischen Lösung die 3 Hexosen die gleichen 1,2—2,3- und 3,4-Enole bilden, die nebeneinander in einem beschränkten Gleichgewicht vorhanden sind. Unter dem Einfluß der Alkalikonzentration tritt eine Sprengung der Doppelbildung ein, darauf folgt neue Enolbildung der Spaltprodukte usw., bis die letzten Spaltstücke unter dem Einfluß von Oxydationsmitteln zu den entsprechenden Säuren oxydiert werden. Eine Annahme ist, daß Formaldehyd, Glykolaldehyd und Glycerinaldehyd die Spaltprodukte sind, die bei der alkalischen Oxydation endgültig zu CO_2 und Oxalsäure abgebaut werden[5]. Zur Oxydation von Glykose durch Manganoxyde werden die Oxyde des Mn in Glykoselösung suspendiert und bei 40° und dauernder Schüttelung Luft durchgeleitet. Dabei findet partielle Oxydation der Glykose statt. In der Reihenfolge der abnehmenden Wirksamkeit oxydieren: MnO_2, Mn_2O_3, Mn_3O_4 und MnO. Bei MnO_2 findet allmähliche Abnahme der Reaktionsgeschwindigkeit statt. Bei den übrigen verläuft die Reaktion als Funktion der Zeit linear. In hoch konzentrierter Glykoselösung ist die Oxydationsgeschwindigkeit etwas geringer[6].

Bei 20stündiger Einwirkung von Chromsäure (in Schwefelsäure von 3—6%, Temperatur 20—22°) so, daß auf 1 Mol Kohlehydrat 2 Atome aktiven Sauerstoffs treffen, bilden sich Ameisensäure und Furfurol. An Glykuronsäure bildet sich nur eine kleine konstante Menge. Essigsäure ist nicht nachweisbar. Das Ende der Reaktion wird mit Jodid und Stärke ermittelt[7]. Bei niedriger Temperatur, 35°, bildet Glykose mit Ammoniak eine Verbindung (s. Derivate). Wird das Reaktionsgemisch weiter auf 100° erhitzt, so tritt eine heftige exotherme Reaktion ein unter Bildung schwarz gefärbter Stoffe. Ähnliche Reaktionen treten ein mit Aminoverbindungen[8]. Verhalten der Glykose gegen Aminosäuren[9]. Glykose gibt mit Glykokoll kein Formaldehyd, mit Alanin und Asparagin entsteht Acetaldehyd[10]. Kondensationen mit Glycylglycin[11]. Über die Reduktion von Methylenblau in Systemen Glykose + Glykokoll, Glykose + Glycylglycin usw.[12].

[1] F. D. Chattaway u. H. J. Harris: J. chem. Soc. Lond. **121**, 2703 (1922) — Chem. Zbl. **1923 IV**, 1068.

[2] B. Bleyer u. H. Schmidt: Biochem. Z. **138**, 114 (1923) — Chem. Zbl. **1923 III**, 1398 — Biochem. Z. **135**, 546 (1923) — Chem. Zbl. **1923 III**, 662.

[3] Hans Tropsch u. Albert Schellenberg: G. Abh. z. Kenntnis d. Kohle **6**, 257 (1921) — Chem. Zbl. **1924 I**, 562.

[4] Richard Kuhn u. Theodor Wagner-Jauregg: Ber. dtsch. chem. Ges. **58**, 1441 (1925) — Chem. Zbl. **1925 II**, 2205.

[5] W. L. Evans, C. A. Buchlar, C. D. Looker, R. A. Crawford u. C. W. Holl: J. amer. chem. Soc. **47**, 3085 (1925) — Chem. Zbl. **1926 I**, 2183.

[6] C. D. Ingersoll: Ann. de Physiol. **2**, 349 — Ref.: Ber. Physiol. **38**, 187 (1927) — Chem. Zbl. **1927 I**, 1819.

[7] H. Hibbert u. S. M. Hassan: J. Soc. chem. Ind. **46**, 407 (1927) — Chem. Zbl. **1928 I**, 323.

[8] Arthur R. Ling u. Dinshaw Rattonji Nanji: J. Soc. chem. Ind. **41**, 151 (1922) — Chem. Zbl. **1922 III**, 825.

[9] H. v. Euler u. K. Josephson: Hoppe-Seylers Z. **153**, 1 (1926) — Chem. Zbl. **1926 II**, 188. — C. Neuberg u. M. Kobel: Biochem. Z. **174**, 464 (1926) — Chem. Zbl. **1926 II**, 3059 — Biochem. Z. **162**, 496 (1926) — Chem. Zbl. **1926 I**, 621. — H. v. Euler u. E. Brunius: Ber. dtsch. chem. Ges. **59**, 1581 (1926) — Chem. Zbl. **1926 II**, 1131. — H. v. Euler, E. Brunius u. K. Josephson: Hoppe-Seylers Z. **155**, 259 (1926) — Chem. Zbl. **1926 II**, 1631. — B. Kipp: Z. dtsch. Zuckerind. **1926**, 627 — Chem. Zbl. **1926 II**, 2697.

[10] J. A. Ambler: Ind. Chem. **21**, 47 (1929) — Chem. Zbl. **1929 II**, 414.

[11] Hans v. Euler u. Eduard Brunius: Liebigs Ann. **467**, 201 (1928) — Chem. Zbl. **1929 I**, 991.

[12] Hans v. Euler, Ester Eriksson u. Edv. Brunius: Svensk. kem. Tidskr. **40**, 163 (1928) — Chem. Zbl. **1928 II**, 1428.

Verhalten der Glykose gegen Peptone[1]. Das Reduktionsvermögen der Glykose wird in Gegenwart von Albuminlösungen kleiner. Diese Erscheinung läßt auf eine Absorption von Glykose durch Eiweiß schließen[2]. Kochsalz kann die Absorption verhindern bzw. läßt sich die absorbierte Glykose mit Kochsalzlösung zum Teil herauswaschen[3]. — Die Mutarotation der Glykose wird durch Insulin nicht beeinflußt[4]. Glykose und Harnstoff[5]. Glykose und Guanidin[6]. Glykose und Anilin, Toluidine, Methylanilin, Benzylamin usw.[7]. — Beeinflussung der Fällungskraft von Quecksilbersalzen bei Eiweißkörpern[8]. Glykose und Gallensäuren[9]. Die Bildung von Methylimidazol aus Glykose, Zinkhydroxyd und Ammoniak verläuft bei höherer Temperatur viel rascher und liefert die gleiche oder höhere Ausbeute wie bei Zimmertemperatur[10].

Wird Glykose in schwach alkalischer Lösung mit Dimethylsulfat methyliert, so befinden sich unter den gewonnenen methylierten Glykosiden auch Methyläther der instabilen Glykoseformen[11].

In Lösungen von Glykose lassen sich Vanillin und Piperonal mit Dimethylhydroresorcin bis zu einer Konzentration von 0,0004165% mittels ihrer gelbbraunen Färbung mit $FeCl_3$ nachweisen[12]. Mit 2 ccm einer 1 prom. Tryptophanlösung in konz. HCl auf 100 ccm erhitzt, gibt eine amethystviolette, oder 5 Minuten lang mit 1 prom. Tryptophanlösung in HCl 1 : 1 erhitzt, eine hellviolette Färbung[13]. Gibt mit der von Schiff[12] angegebenen Reaktion keine Färbung[14]. Gibt mit Triketohydrindenhydrat (Ninhydrin) gelbe, in der Wärme gelblichbraune Färbung[15]. Verhalten gegen Zirkonsalze[16].

Gärung: Untersuchungen über das Verhalten von Bacterium coli gegen Glykose[17]. —

[1] H. Pringsheim u. M. Winter: Ber. dtsch. chem. Ges. **60**, 278 (1927) — Chem. Zbl. **1927 I**, 1026. — H. v. Euler u. E. Brunius: Ber. dtsch. chem. Ges. **60**, 992 (1927) — Chem. Zbl. **1927 I**, 2538 — Ber. dtsch. chem. Ges. **59**, 1581 (1926) — Chem. Zbl. **1926 II**, 1131 — Ber. dtsch. chem. Ges. **60**, 997 (1927) — Chem. Zbl. **1927 I**, 2538.

[2] J. H. Cascao de Anciacs u. Carlos Trincao: C. r. Soc. Biol. Paris **98**, 1003 (1928) — Chem. Zbl. **1928 II**, 1700.

[3] J. H. Cascao de Anciacs u. Carlos Trincao: C. r. Soc. Biol. Paris **98**, 1586 (1928) — Chem. Zbl. **1928 II**, 1700.

[4] Paul Radt, Brugsch u. Horsters: Biochem. Z. **188**, 178 (1928) — Chem. Zbl. **1928 II**, 265.

[5] Alexander Hynd: Biochemic. J. **20**, 195 (1926) — Chem. Zbl. **1926 I**, 2791.

[6] Edgar J. Witzeman: J. amer. chem. Soc. **46**, 790 (1924) — Chem. Zbl. **1924 I**, 2420.

[7] C. N. Cameron: J. amer. chem. Soc. **48**, 2737 (1926) — Chem. Zbl. **1926 II**, 3035.

[8] J. Bečka u. F. Sinkora: Biochem. Z. **138**, 326 (1923) — Chem. Zbl. **1923 III**, 949.

[9] T. Hatakeyama: J. of Biochem. 8, 381 — Chem. Zbl. **1928 I**, 284 — J. of Biochem. 8, 371 — Chem. Zbl. **1928 I**, 2840.

[10] K. Bernhauer: Hoppe-Seylers Z. **183**, 67 (1929) — Chem. Zbl. **1929 II**, 2191.

[11] Carrel H. Whitnah: J. amer. chem. Soc. **51**, 3490 (1929) — Chem. Zbl. **1930 I**, 966.

[12] A. Bernardi u. M. Tartarini: Ann. chim. appl. **16**, 132 (1926) — Chem. Zbl. **1926 II**, 621.

[13] Pierre Thomas u. Elena Maftei: Bulct. Soc. da Stiinte din Cluj 3, 41—44 (1926) — Chem. Zbl. **1927 I**, 779.

[14] Schiff: Liebigs Ann. **40**, 131 (1866). — K. Josephson: Ber. dtsch. chem. Ges. **56**, 1771 (1923) — Chem. Zbl. **1923 IV**, 352.

[15] H. Riffert: Biochem. Z. **131**, 78 (1922) — Chem. Zbl. **1923 II**, 827.

[16] H. T. S. Britton: J. chem. Soc. Lond. **1926**, 269 — Chem. Zbl. **1926 I**, 3396.

[17] Martin Jacoby: Biochem. Z. **86**, 329—336 (1918) — Chem. Zbl. **1918 II**, 46. — Ranque u. Senez: C. r. Soc. Biol. Paris **85**, 937—938 (1921) — Chem. Zbl. **1922 I**, 647. — R. Appelmens: C. r. Soc. Biol. Paris **85**, 725 (1921) — Chem. Zbl. **1922 I**, 52. — Ranque, Senez u. Besson: C. r. Soc. Biol. Paris **82**, 164 (1918) — Chem. Zbl. **1919 III**, 60. — B. Klein u. W. Slesarewski: Zbl. Bakter. I **88**, 143 (1922) — Chem. Zbl. **1922 III**, 966. — R. Labes: Biochem. Z. **130**, 1 (1922) — Chem. Zbl. **1923 I**, 970. — Erik Bondo: C. r. Soc. Biol. Paris **87**, 472 (1923) — Chem. Zbl. **1923 I**, 855. — Otto Arnbeck: Biochem. Z. **132**, 457 (1922) — Chem. Zbl. **1923 III**, 255. — O. Fernández u. T. Garmendia: Ann. Soc. española Fis. Quim. **21**, 481 (1923) — Chem. Zbl. **1924 I**, 1813. — Er. Schiff u. J. Caspari: Jb. Kinderheilk. **102**, 53 (1923) — Chem. Zbl. **1924 I**, 2379. — Marjory Stephenson u. Margaret Dampier Whetham: Biochem. J. **18**, 498 (1924) — Chem. Zbl. **1924 II**, 1356. — Egerton Charles Grey: Biochemic. J. **18**, 712 (1924) — Chem. Zbl. **1924 II**, 1358. — E. Aubel u. J. Salabartan: C. r. Acad. Sci. Paris **180**, 1183 bis 1186 (1925) — Chem. Zbl. **1925 II**, 196. — Artturi J. Virtanen, H. Karström u. R. Bäck: Hoppe-Seylers Z. **151**, 232 (1926) — Chem. Zbl. **1926 I**, 2371. — Juda Hirsch Quastel u. Margaret Dampier Whetham: Biochemic. J. **19**, 645 (1925) — Chem. Zbl. **1926 I**, 967. — E. Aubel: C. r. Acad. Sci. Paris **181**, 571 (1925) — Chem. Zbl. **1926 I**, 2930. — P. Rona u. H. W. Nicolai: Biochem. Z. **172**, 82 (1926) — Chem. Zbl. **1926 II**, 776. — B. Klein u. P. Soliterman: Dtsch. med. Wschr. **52**, 959 (1926) — Chem. Zbl. **1926 II**, 1776. — Jeanne Lommel: C. r. Soc. Biol. Paris **95**, 714—716

Kulturversuche auf Glykose mit Diphtheriebacillen, Bact. coli, Paratyphus B und Typhus[1]. Wachstumshemmung von Bakterien der Coli-, Typhusgruppe und von Staphylokokken in Gegenwart von viel Glykose[2]. — Yersinscher Pestbacillus vergärt Glykose ohne Gasbildung[3]. Glykose als Nährsubstanz für Tuberkelbacillen[4], für einem bei ulceröser Appendicitis isoliertem Bacterium[5], für Bacillus bipolaris[6], Bacillus ostrei[7]. Untersuchungen über das Verhalten gegenüber Bacillus Welchii, Vibrio septicus, B. fallax, B. tertius, B. tetani, B. pseudotetani, B. botulinus, B. bifermentans, B. oedomaticus, B. aerofoetidus, B. sporogenes, B. histolyticus und B. putrificus[8], Shigabacillen[5], Bacterium solanacearum E. F. Smith und Bac. Nelliae sp. nov.[10], Bac. suisepticus[11], Bacillus Truffanti[12], Rauschbrandbacillus[13]. Es wurden 50 Bakterienstämme auf die Fähigkeit, mit Glykose Säure zu bilden, untersucht[14]. Bacillus botulinus und Glykose[15], Bacillus mycoides[16], Cholerabacillen[17]. Das Wachstum von stickstoffbindenden Bakterien ist in schwachen 1 prom. Lösungen stärker als in konzentrierten Lösungen[18]. — Alfa-alfa-Stämme von Knöllchenbakterien und Glykose[19]. Nitrobacter Winogradskyi, N. roseo-albus, N. flavus, N. punctatus und N. opacus können ihren C-Bedarf aus Glykose decken[20]. Stickstoffwechsel von Bacillus pyocyaneus, subtilis, botulinus und sporogenes auf Glykose-Pepton-Nährböden[21]. Glykose hemmt die Ausnützung der Harnsäure durch Aerobacter aerogenes[22]. Glykose kann von celluloselösenden Bakterien angegriffen und unter Bildung von Acetaldehyd abgebaut werden[23]. — Verschiedene Rassen des Bacillus pyocyaneus, die ihre Färbungsfähigkeit verloren haben, gewinnen diese am stärksten wieder bei Passage über Nährböden, die Glykose enthalten[24]. Züchtet man den Bacillus pyocyaneus in einem Medium, das $5\,^0/_{00}$ Glykose enthält, so findet man konstant als Abbauprodukt

---

(1926) — Chem. Zbl. **1927 I**, 304. — Artturi Virtanen u. P. E. Simola: Hoppe-Seylers Z. **163**, 284—297 (1927) — Chem. Zbl. **1927 I**, 1845 — Artturi J. Virtanen: Ann. Acad. Sci. Fennicae **28**, 15 (1927) — Chem. Zbl. **1928 I**, 215. — E. Zimmermann: Zbl. Bakter. **104**, 451 (1927) — Chem. Zbl. **1928 I**, 366. — P. Rona u. H. W. Nicolai: Biochem. Z. **172**, 212 (1926) — Chem. Zbl. **1926 II**, 777. — E. Aubel u. J. Salabastan: C. r. Acad. Sci. Paris **180**, 1784 — Chem. Zbl. **1925 II**, 1991 — C. r. Acad. Sci. Paris **180**, 1183 — Chem. Zbl. **1925 II**, 196. — Grace Mc Sucre u. K. George Falk: J. of biol. Chem. **60**, 489—490 — Chem. Zbl. **1924 II**, 2857. — Koshiro Fujita: Zbl. Bakter. I **97**, 31 (1925) — Chem. Zbl. **1926 I**, 1589.

[1] P. Keim: Münch. med. Wschr. **70**, 603 (1923) — Chem. Zbl. **1923 III**, 398. — H. Braun u. R. Goldschmidt: Zbl. Bakter. I **109**, 353 (1928) — Chem. Zbl. **1929 I**, 763.

[2] M. Dainelli: Ann. fac. med. e chir. e fac. med. vet. Perugia **28**, 121 (1926) — Ref.: Ber. Physiol. **37**, 681 (1927) — Chem. Zbl. **1927 I**, 687 — Ber. Physiol. **36**, 541 (1926) — Chem. Zbl. **1926 II**, 2731.

[3] R. Pons: Ann. Inst. Pasteur **39**, 884 (1925) — Chem. Zbl. **1926 I**, 1428.

[4] A. Frouin u. Maylis Guilleaumine: C. r. Soc. Biol. Paris **88**, 1095 (1923) — Chem. Zbl. **1923 III**, 1417 — C. r. Soc. Biol. Paris **89**, 382 (1923) — Chem. Zbl. **1923 III**, 1494. — H. Braun, A. Stamatelakis, Seigo Kondo u. R. Goldschmidt: Biochem. Z. **146**, 573 (1924) — Chem. Zbl. **1924 II**, 682.

[5] A. Ukil: C. r. Soc. Biol. Paris **87**, 1009 (1922) — Chem. Zbl. **1923 I**, 780.

[6] Josef Csontos: Zbl. Bakt. I **97**, 178 (1926) — Chem. Zbl. **1926 I**, 2271.

[7] A. Besson u. G. Ehringer: C. r. Soc. Biol. Paris **87**, 1017 (1922) — Chem. Zbl. **1923 I**, 780.

[8] Arthur Isaac Kendall, Alexander Alfred Day u. Arthur Williams Walker: J. inf. Dis. **30**, 141—210 (1922) — Chem. Zbl. **1922 III**, 389.

[9] Emil Weiß: J. Labor. a. clin. Med. **12**, 937 (1927) — Chem. Zbl. **1927 II**, 2685.

[10] Colin G. Welles: Philippine J. Sci. **20**, 279 (1922) — Chem. Zbl. **1922 III**, 967.

[11] H. Bechhold: Umschau **28**, 21 (1924) — Chem. Zbl. **1924 I**, 1053.

[12] G. Truffant u. N. Bezssonoff: C. r. Acad. Sci. Paris **175**, 544 (1922) — Chem. Zbl. **1923 I**, 110.

[13] E. Levens: Zbl. Bakter. I **88**, 474 (1922) — Chem. Zbl. **1923 I**, 110.

[14] H. Frohböse: Zbl. Bakter. I **100**, 213—218 (1926) — Chem. Zbl. **1927 I**, 303.

[15] C. C. Dosier, E. Wagner u. K. F. Meyer: J. inf. Dis. **34**, 85 — Ref.: Ber. Physiol. **25**, 249 — Chem. Zbl. **1929 II**, 1356.

[16] J. Perlberger: Zbl. Bakter. II **62**, 1 — Chem. Zbl. **1924 II**, 1217.

[17] M. Hahn u. J. Hirsch: Klin. Wschr. **5**, 1569 (1926) — Chem. Zbl. **1926 II**, 2188.

[18] G. Truffant u. N. Bezssonoff: C. r. Acad. Sci. Paris **177**, 649 (1924) — Chem. Zbl. **1924 I**, 1942.

[19] J. A. Anderson, W. H. Peterson u. E. B. Fred: Soil Sci. **25**, 123 — Chem. Zbl. **1928 I**, 2632.

[20] J. Sack: Zbl. Bakter. II **62**, 15 — Chem. Zbl. **1924 II**, 1216.

[21] Georg G. de Bord: J. of Bacter. **8**, 7 (1923) — Chem. Zbl. **1923 III**.

[22] E. E. Erker u. J. Lucien Morris: J. inf. Dis. **35**, 479—488 (1924) — Ber. Physiol. **30**, 322 (1925) — Chem. Zbl. **1925 II**, 930.

[23] Carl Neuberg u. Reinhold Cohn: Biochem. Z. **139**, 527 (1923) — Chem. Zbl. **1923 III**, 1094.

[24] A. Rochaix u. E. Banssillon: C. r. Soc. Biol. Paris **89**, 538 (1923) — Chem. Zbl. **1923 III**, 1036,

Alkohol, Essigsäure und Ameisensäure, bei Fructose auch Milchsäure[1]. Wird durch Milzbrandbacillen ohne Gasentwicklung vergoren[2]. Virulente und avirulente Diphtheriebacillen fermentieren Glykose[3]. Die Bildung von Säuren bei der bakteriellen Vergärung ist aus Farbumschlag eines geeigneten Indicators erkennbar. Bacterium pneumoniae Friedländer P, Bacterium pneumonae Friedländer U und Bacterium lactis aerogenes in der Nährlösung, der Fleischextrakt, Pepton, NaCl, Na_2CO_3 und Lackmus zugesetzt war, griff Glykose an[4]. Wird von Paratyphus-B-, Gärtner- und NH_3-assimilierende Typhusbacillen, bei Anwendung von NH_3 als einzige N-Quelle assimiliert[5]. Von gewissen, mannitbildenden Bakterien wurde Glykose unter Bildung von geringen Mengen Essigsäure, Milchsäure, Alkohol und Kohlendioxyd angegriffen[6]. Verhalten gegen Staphylokokken[7], gegen Ciliaten und Flagellaten[8]. 20proz. Lösungen von Glykose, die bei 5° aufbewahrt werden, behalten ihre spezifischen Eigenschaften bezüglich bakterieller Vergärbarkeit für mindestens 20 Monate[9]. In höheren Konzentrationen hemmt in Nährböden Traubenzucker die Entwicklung der Mikroorganismen. Dainelli[10] glaubt aber, daß die Abtötung nicht dem Traubenzucker selbst, sondern den aus ihm sich bildenden Säuren zuzuschreiben sei. Glykose wird durch B. acetoaethylicum zu Alkohol, Aceton und flüchtigen Säuren, hauptsächlich Ameisensäure und Essigsäure, vergoren. Neben Kohlensäure entsteht Wasserstoff, und Brenztraubensäure tritt als Zwischenprodukt auf. Zugesetzte Brenztraubensäure wird zu denselben Endprodukten vergoren[11]. Glykose wird durch Bacillus granulobacter pectinovorum normal zu Aceton und Butylalkohol vergoren[12]. Während des eigentlichen Umsatzes entstehen Aceton und Butylalkohol nach den Gleichungen:

$$C_6H_{12}O_6 + H_2O = C_3H_6O + 3\,CO_2 + 4\,H_2 \quad \text{und} \quad C_6H_{12}O_6 = C_4H_{10}O + 2\,CO_2 + H_2O.$$

Nebenprodukte entstehen durch Reduktion von Essig- und Buttersäure, die beim Anfangsstadium der Kultur entstehen, wobei ein Teil der Kohlehydrate dem Aufbau der Protoplasmasubstanz dient[13]. Zur Theorie der Acetonbildung bei der Gärung[14]. Butylenglykolgärung mit Hilfe von Proteusstämmen[15]. Propionsäuregärung mit Propionsäurebacillen[16]. Buttersäuregärung in glykosehaltigen Serumampullen[17]. Untersuchungen über die Milchsäuregärung der Glykose[18]. Ausnutzung von Glykose beim Wachstum von Aspergillus niger[19],

[1] E. Aubel: C. r. Acad. Sci. Paris **173**, 1493 (1921) — Chem. Zbl. **1923 III**, 1286.

[2] Martin Kristensen: Zbl. Bakter. I **101**, 220—224 (1927) — Chem. Zbl. **1927 I**, 1330.

[3] M. M. Barratt: J. of Hyg. **23**, 241—259 (1924) — Ber. Physiol. **30**, 801 (1925) — Chem. Zbl. **1925 II**, 1177.

[4] L. Müllerova: Studies from the plant physiol. laborat. of Charles univ., Pragne **3**, 56—85 (1926) — Ber. Physiol. **40**, 588—589 — Chem. Zbl. **1927 II**, 1713.

[5] H. Braun u. C. E. Cahn-Bronner: Biochem. Z. **131**, 226 (1922) — Chem. Zbl. **1923 I**, 965.

[6] H. R. Stiles, W. H. Peterson u. E. B. Fred: J. of biol. Chem. **64**, 642 (1925) — Chem. Zbl. **1926 I**, 425.

[7] H. W. Nicolai u. N. Kageura: Biochem. Z. **196**, 246 (1928) — Chem. Zbl. **1928 II**, 1451.

[8] J. Colas-Belcour u. André Lwoff: C. r. Soc. Biol. Paris **93**, 1481 (1925) — Chem. Zbl. **1926 I**, 1824.

[9] Lucy Dell Henry u. M. S. Marshall: J. Labor. a. clin. Med. **12**, 474—477 (1927) — Ber. Physiol. **40**, 527 (1927) — Chem. Zbl. **1927 II**, 1971 — J. Labor. a. clin. Med. **12**, 474 (1927) — Chem. Zbl. **1927 I**, 2229.

[10] M. Dainelli: Boll. Accad. med. Peraugia **1925**, 2 — Chem. Zbl. **1926 II**, 2731.

[11] Horace B. Speakman: J. of biol. Chem. **84**, 41 (1925) — Chem. Zbl. **1925 II**, 833.

[12] Horace B. Speakman: J. of biol. Chem. **58**, 395 (1923) — Chem. Zbl. **1924 I**, 2923 — J. of biol. Chem. **70**, 135—150 (1926) — Chem. Zbl. **1927 I**, 305.

[13] G. W. Freiberg: Proc. Soc. exper. Biol. a. Med. **23**, 72 (1925) — Ber. Physiol. **35**, 160 (1926) — Chem. Zbl. **1926 II**, 1055.

[14] S. Bakonyi: Biochem. Z. **169**, 125 (1926) — Chem. Zbl. **1926 I**, 3245. — L. Elion: Biochem. Z. **169**, 471 (1926) — Chem. Zbl. **1926 I**, 3245.

[15] M. Lamoigne: C. r. Soc. Biol. Paris **88**, 467 (1923) — Chem. Zbl. **1923 I**, 1460.

[16] E. O. Whittier, J. M. Sherman u. W. R. Albus: Ind. Chem. **16**, 122 (1924) — Chem. Zbl. **1924 I**, 1679. — Artturi I. Virtanen: Soc. Sci. Fennica. Comment Physic.-Math. **2** (1925) — Chem. Zbl. **1925 II**, 1609.

[17] R. Guyot: Bull. Soc. pharm. Bordeaux **63**, 47 (1926) — Chem. Zbl. **1926 I**, 2602.

[18] W. H. Peterson, E. B. Fred u. J. A. Anderson: J. of biol. Chem. **53**, 111 (1922) — Chem. Zbl. **1922 III**, 1381. — G. Schlatter: Biochem. Z. **131**, 362 (1922) — Chem. Zbl. **1923 I**, 1042. — E. Bauer u. E. Herzfeld: Biochem. Z. **117**, 96 (1921) — Chem. Zbl. **1921 III**, 272 — Biochem. Z. **131**, 382 (1922) — Chem. Zbl. **1923 I**, 1043. — C. Barthel u. H. v. Euler: Hoppe-Seylers Z. **128**, 257 (1923) — Chem. Zbl. **1923 III**, 1035. — Oskar Acklin: Biochem. Z. **139**, 452; **141**, 70; **142**, 117 (1923) — Chem. Zbl. **1923 III**, 1094; **1924 I**, 351, 352. — C. Neuberg u. G. Gorr: Biochem. Z.

Aspergillus fumaricus[1], Aspergillus flavus[2], Aspergillus- und Penicilliumarten[3], Fusarium lini[4], Penicillium luteum-purpurogenum[5]. — Clostridium thermocellum[6], Monilia tropicalis[7], Monilia macedonensis[7], verschiedene andere Moniliaarten[8], Sterigmatocystis nigra[9]. Die Gärung von Glykose und Fructose durch Extrakte aus Monilia Krusei wird durch Insulin gesteigert[10]. Glykonsäurebildung mit Penicillium luteum-purpurogenum[11]. — Glykonsäurebildung mit Rhizopusarten[12]. — Bei der Einwirkung von Bacterium xylinum auf Glykose wird Glykonsäure und 5-Ketoglykonsäure gebildet[13]. — Abnahme des Säuerungsvermögens und Änderung der Säure bei einem Pilz: Glykonsäure- statt Fumarsäuregärung[14].

Citronensäurebildung mit Sterigmatocystis nigra[15], Citromycesarten[16], Aspergillus niger[17].

Fettbildung aus Glykose mit Mucor spinosus und Mucor stolonifer[18]. — Visköse Gärung mit einer Torulaart[19].

Alkoholische Gärung der Glykose: Zusammenfassende Abhandlungen[20].

Nach Warden sollen diejenigen Bestandteile der Hefe, die alkoholische Gärung hervorrufen, nichts anderes sein als Fettsäuren, ihre Salze und Ester[21].

173, 476 (1926) — Chem. Zbl. 1926 II, 1960 — Biochem. Zbl. 166, 482 (1926) — Chem. Zbl. 1926 I, 1824. — J. Hirsch: Z. Hyg. 106, 433 (1926) — Chem. Zbl. 1926 II, 2188. — E. Aubel: C. r. Acad. Sci. Paris 183, 572—574 (1926) — Chem. Zbl. 1927 I, 304. — Hermann Hees u. Caspar Tropp: Zbl. Bakter. I 100, 273—284, 1. Tafel (1926) — Chem. Zbl. 1927 I, 760. — J. v. Saitcew: Zbl. Bakter. II 72, 4 (1927) — Chem. Zbl. 1927 II, 2723. — Arthur A. Nayes u. Howard W. Estill: Proc. nat. Acad. Sci. Washington 10, 415—418 (1924) — Chem. Zbl. 1925 I, 683. — Artturi I. Virtanen: Ber. dtsch. chem. Ges. 58, 696—698 (1925) — Chem. Zbl. 1925 II, 48 — Ber. dtsch. chem. Ges. 58, 2441 (1925) — Chem. Zbl. 1926 I, 705.

[19] Emile-F. Terroine u. René Wurmser: C. r. Acad. Sci. Paris 175, 228 (1922) — Chem. Zbl. 1922 III, 1383. — Friedrich Boas: Zbl. Bakter. II 56, 7 (1923) — Chem. Zbl. 1922 III, 75. — Albert Frouin: C. r. Soc. Biol. Paris 89, 986 (1923) — Chem. Zbl. 1924 I, 679. — G. L. Funke: Rec. Trav. bot. néerl. 23, 200 (1926) — Chem. Zbl. 1927 II, 706.

[1] Reinhold Schreyer: Biochem. Z. 202, 131 (1928) — Chem. Zbl. 1929 I, 1707.

[2] W. O. Tausson: Biochem. Z. 155, 356 (1925) — Chem. Zbl. 1925 I, 1881.

[3] J. M. Brannon: Bot. Gazz. 76, 257 (1923). — Chem. Zbl. 1924 II, 680.

[4] Artur K. Anderson u. J. J. Willaman: Proc. Soc. exper. Biol. a. Med. 20, 108 (1922) — Chem. Zbl. 1923 III, 567.

[5] O. E. May, H. T. Herrick, C. Thom u. M. B. Church: J. of biol. Chem. 75, 417 (1927) — Chem. Zbl. 1928 II, 161.

[6] W. H. Peterson, E. B. Fred u. E. A. Marten: J. ot biol. Chem. 70, 309—317 (1926) — Chem. Zbl. 1927 I, 470.

[7] Aldo Castellani u. Fr. E. Taylor: Biochemic. J. 16, 655 (1922) — Chem. Zbl. 1923 II, 381.

[8] Aldo Castellani u. F. E. Taylor: Ann. Inst. Pasteur 36, 789 (1922) — Chem. Zbl. 1923 II, 297. — I. Jacono u. L. Avellone: Riv. Pat. sper. 1, 328 (1926) — Ref.: Ber. Physiol. 39, 463 (1927) — Chem. Zbl. 1927 II, 841.

[9] Martin Molliard: C. r. Acad. Sci. 178, 161 (1924) — Chem. Zbl. 1924 I, 1813. — Emile F. Terroine u. R. Bonnet: Bull. Soc. Chim. biol. 8, 976—981 (1926) — Chem. Zbl. 1923 I, 116.

[10] I. Jacono u. L. Avellone: Riv. Pat. sper. 1, 328 (1926) — Ref.: Ber. Physiol. 39, 463 (1927) — Chem. Zbl. 1927 II, 841.

[11] H. T. Herrich u. O. E. May: J. of biol. Chem. 77, 185 — Chem. Zbl. 1928 II, 903.

[12] Teizo Takahashi u. Toshinobu Asai: Proc. imp. Acad. Tokyo 3, 86 (1927) — Chem. Zbl. 1927 II, 583. — M. Molliard: C. r. Soc. Biol. Paris 90, 1395 (1924) — Chem. Zbl. 1924 II, 682.

[13] K. Bernhauer u. K. Schön: Hoppe-Seylers Z. 180, 232 (1929) — Chem. Zbl. 1929 I, 1952.

[14] C. Wehmer: Biochem. Z. 197, 418 (1928) — Chem. Zbl. 1928 II, 1341.

[15] L. Raybaud: C. r. Sco. Biol. Paris 88, 803 (1923) — Chem. Zbl. 1923 III, 1031.

[16] R. Falck u. Beyma thoe Kingma: Ber. dtsch. chem. Ges. 57, 915 (1924) — Chem. Zbl. 1924 I, 315. — Fosco Provvedi: Riv. Biol. 8, 16 (1927) — Chem. Zbl. 1927 I, 2086. — K. Bernhauer: Biochem. Z. 197, 309 (1928) — Chem. Zbl. 1928 II, 1342.

[17] H. Amelung: Hoppe-Seylers Z. 166, 161 (1927) — Chem. Zbl. 1927 II, 583. — B. Bleyer: D.R.P. 434729, Kl. 12o v. 19. Okt. 1924 — Chem. Zbl. 1926 II, 2848.

[18] Leopold Portheim: Ö.P. 92082 (1923) — Chem. Zbl. 1923 IV, 775.

[19] R. Guyot: C. r. Soc. Biol. Paris 97, 857 (1928) — Chem. Zbl. 1928 II, 822.

[20] René Fabre: J. Pharmacie 27, 298 (1923) — Chem. Zbl. 1923 III, 258. — A. Fernbach: Bull. Soc. Chim. biol. Paris 6, 873 (1924) — Chem. Zbl. 1925 I, 684. — S. Kostytschew u. V. Faërmann: Hoppe-Seylers Z. 176, 46 (1928) — Chem. Zbl. 1928 II, 363. — S. Kostytschew u. A. Chomitsch: Hoppe-Seylers Z. 176, 55 (1928) — Chem. Zbl. 1928 II, 363.

[21] C. C. Warden: Amer. J. Physiol. 57, 454 (1921) — Chem. Zbl. 1923 I, 108. — C. C. Warden, J. T. Connell u. L. E. Holly: J. of Bacter. 6, 103 (1922) — Chem. Zbl. 1922 I, 516.

Über den Mechanismus der alkoholischen Gärung[1]. — Vergleich von α- und β-Glykose in der Gärung[2]. — Bei Verwendung von Glykose als Gärsubstanz ist es vermutlich weder die α- noch die β-Form, welche der Veresterung und Vergärung unterliegt, sondern eine labilere isomere Bioglykose, welche sich durch eine große Reaktionsfähigkeit von der α-β-Glykose unterscheidet[3]. Gärt schneller mit Bierhefe als Fructose[4].

Über die Abhängigkeit der Gärung von der Wasserstoffionenkonzentration[5]. Gärung der Glykose durch Trockenhefe bei Gegenwart von Phosphat und Sulfit[6]. — Gärungen in Gegenwart von Natriumsulfit[7]. — Einfluß der Zuckerkonzentration auf die Ausbeute an Glycerin[8]. 4 l 10proz. Traubenzuckerlösung liefert nach 70stündiger Gärung mit untergäriger Hefe 8,5 g des Semicarbazons von Methylglyoxal[9]. Abfangen des Aldehyds bei der Gärung[10]. In Gegenwart von Acetaldehyd entsteht in der gärenden Lösung Acetoin, $CH_3 \cdot CH(OH) \cdot CO \cdot CH_3$[11]. — Phosphorsäure im Gärungsprozeß[12]. Über den Einfluß verschiedener Kohlenhydratphosphorsäureester auf die Angärung der Glykose[13]. — In Gegenwart von Acetonhefe wird die aus Glykogen entstehende labile Modifikation der Glykose mit anwesendem Phosphat verestert. Hierin ist Co-Zymase notwendig[14].

Vergleichende Untersuchungen über die Vergärung der Glykose und Brenztraubensäure[15]. — Durch Zusatz von Glykose kann man den Hefeabbau von Acetessigsäure stark erhöhen[16]. Eine an Galaktose gut gewöhnte Hefe vergärt Galaktose allein schneller als Glykose allein, in einem Gemisch beider Zucker wird dagegen die Glykose bevorzugt[17]. Fructose wird bei der Gärung schneller als Glykose angegriffen. Näheres siehe bei der Gärung von Invertzucker[18]. Über die Gegenwart von Argon in den Gasen der alkoholischen Gärung der Glykose[19]. — Über den

---

[1] A. Lebedew: Hoppe-Seylers Z. **132**, 275 (1924) — Chem. Zbl. **1924 I**, 2610. — A. N. Lebedew u. A. N. Polenski: J. russ.-phys.-chem. Ges. **49**, 344 (1917) — Chem. Zbl. **1924 II**, 252. — F. Hayduck: Hoppe-Seylers Z. **136**, 106 (1924) — Chem. Zbl. **1925 I**, 853. — A. Lebedew: Hoppe-Seylers Z. **141**, 61 (1924) — Chem. Zbl. **1925 I**, 852. — M. Lemoigne: Bull. Soc. chim. France (4) **37**, 1089 (1925) — Chem. Zbl. **1926 I**, 881. — S. Kostytschew u. S. Soldatenkow: Hoppe-Seylers Z. **176**, 287 (1928) — Chem. Zbl. **1928 II**, 677.

[2] Richard Willstätter u. Harry Sobotka: Hoppe-Seylers Z. **123**, 164 (1922) — Chem. Zbl. **1923 I**, 463.

[3] Hans v. Euler u. Ragnar Nilsson: Hoppe-Seylers Z. **148**, 211 (1925) — Chem. Zbl. **1926 I**, 969.

[4] Reginald Haydn Hopkins: Biochemic. J. **22**, 1145 (1929) — Chem. Zbl. **1929 I**, 1707.

[5] E. Hägglund u. T. Rosenqvist: Biochem. Z. **175**, 293 (1926) — Chem. Zbl. **1926 II**, 2446. — Richard Willstätter u. Eugen Bamann: Hoppe-Seylers Z. **152**, 202 (1926) — Chem. Zbl. **1926 I**, 3159.

[6] F. Hemmi: Biochemic. J. **17**, 327 (1923) — Chem. Zbl. **1923 III**, 863.

[7] C. Neuberg, J. Hirsch u. E. Reinfurth: Biochem. Z. **132**, 589 (1922) — Chem. Zbl. **1923 III**, 257. — Heinrich Gehle: Biochem. Z. **132**, 566 (1922) — Chem. Zbl. **1923 III**, 257.

[8] Yoshinori Tomoda: J. Soc. chem. Ind. Jap. (Suppl.) **31**, 151 B—152 B (1928) — Chem. Zbl. **1928 II**, 1629.

[9] S. Kostytschew u. S. Soldatenkow: Hoppe-Seylers Z. **168**, 128—131 (1927) — Chem. Zbl. **1927 II**, 1972.

[10] C. Neuberg u. W. Neimann: Ber. dtsch. chem. Ges. **35**, 2049 (1902). — C. Neuberg u. E. Reinfurth: Biochem. Z. **106**, 281 (1927) — Chem. Zbl. **1927 III**, 519. — C. Neuberg u. M. Kobel: Biochem. Z. **188**, 211 (1927) — Chem. Zbl. **1927 II**, 2685.

[11] C. Neuberg u. E. Reinfurth: Biochem. Z. **143**, 553 (1923) — Chem. Zbl. **1924 I**, 1396. — J. Hirsch: Biochem. Z. **131**, 178 (1923) — Chem. Zbl. **1923 I**, 1041.

[12] Viktor Bermann u. Emil Kulp: Chem. Listy **19**, 79 (1926) — Chem. Zbl. **1926 II**, 241. — Ida Smedley Maclean u. Dorothy Hoffert: Biochemic. J. **18**, 1273—1278 (1924) — Chem. Zbl. **1925 II**, 47. — H. v. Euler, K. Myrbäck u. D. Runehjelm: Ark Kemi, Min. och Geol. **9**, Nr 49 — Chem. Zbl. **1928 I**, 2416.

[13] P. Mayer: Biochem. Z. **186**, 313 (1927) — Chem. Zbl. **1927 II**, 2612.

[14] A. Gottschalk: Hoppe-Seylers Z. **153**, 215 (1916) — Chem. Zbl. **1926 I**, 3555.

[15] E. Hägglund u. L. Ahlborn: Biochem. Z. **181**, 158 (1927) — Chem. Zbl. **1927 I**, 2841. — E. Hägglund u. A. M. Augustsson: Biochem. Z. **170**, 102 (1926) — Chem. Zbl. **1926 I**, 3342. — Hugo Haehn u. Max Glaubitz: Hoppe-Seylers Z. **168**, 233—243 (1927) — Chem. Zbl. **1927 II**, 1972. — Carl Neuberg u. Ernst Simon: Biochem. Z. **187**, 220—253 (1927) — Chem. Zbl. **1927 II**, 1971.

[16] St. Weiß u. M. Altai: Z. exper. Med. **47**, 606 (1925) — Chem. Zbl. **1926 I**, 704.

[17] R. Willstätter u. H. Sobotka: Hoppe-Seylers Z. **123**, 176 (1922) — Chem. Zbl. **1923 I**, 464.

[18] A. Fernbach u. N. Schiller: C. r. Acad. Sci. Paris **178**, 2196 (1924) — Chem. Zbl. **1924 II**. 1107.

[19] Amé Pictet, Werner Scherrer u. Louis Helfer: C. r. Acad. Sci. Paris **180**, 1629 (1925) — Chem. Zbl. **1925 II**, 732.

Einfluß der Glykose auf die Atmung bei der alkoholischen Gärung[1]. — Über den Einfluß von Sauerstoff auf die assimilatorische und dissimilatorische Tätigkeit der Hefe in Gegenwart von Glykose[2]. — Aerobe Oxydation von Glykose und ihren Gärungsprodukten in ihrer Beziehung zur Lebensfähigkeit des Organismus[3]. — Die Wirkung der Amine auf die Gärung[4]. — Die verschiedenen Extrakte der Hefezellen, die auf die Gärung begünstigend wirken, zeichnen sich durch starke Cysteinreaktion aus. Wässerige Organauszüge, die ebenfalls eine solche zeigen, beschleunigen auch den Verlauf der alkoholischen Gärung[5]. — Die Beeinflussung der Hefegärung des Zuckers durch Harnbestandteile und alkoholfreie Organextrakte[6], durch Peptone[7], Vergärung in Gegenwart von Glykokoll und Alanin[8], Thyroxin[9], Insulin[10]. Angetrocknetes Menstrualblut hemmt die Hefegärung[11]. — Einwirkung der Vitamine auf die Gärung[12]. Hemmung der Gärung durch Phlorrhizin, Amygdalin, Salicin, Äsculin[13], Phenol[14]. Einwirkung der ultravioletten Strahlen auf die alkoholische Gärung[15]. — Wirkung der Arzneimittel und der Strahlen auf die Gärung[16]. Die Vergärung der Glykose durch Hefe wird durch eine elektrische Ladung nicht beeinflußt[17]. Über einige Modifikationen des Verlaufs der alkoholischen Gärung unter der Einwirkung des oscillierenden elektromagnetischen Feldes auf die Hefe[18]. Wird der Gärflüssigkeit zum Abfangen des Acetaldehyds Tierkohle zugesetzt[19], so steigt die Menge des Glycerins in jener, wachsend mit der Menge zugesetzter Tierkohle[20]. Vergleichende Vergärungen in Leitungswasser und Karlsbader Wasser ergaben eine Beeinflussung der Zuckervergärung durch die Mineralsalze, so daß die Bildung von Alkohol sank, Glycerin und Essigsäure vermehrt auftraten[21]. Gärung und Eisensalze[22], Alkalisalze der Bernsteinsäure, Kaliumnitrat[23]. — Verlauf der alkoholischen Zuckerspaltung in Gegenwart von Schwefelwasserstoff

[1] Otto Meyerhof: Biochem. Z. **162**, 43 (1925) — Chem. Zbl. **1926 I**, 702. — Hans v. Euler u. Ragnar Nilsson: Chem. Zelle **12**, 238 (1925) — Chem. Zbl. **1925 II**, 2170.

[2] H. Lundin: Biochem. Z. **141**, 310 (1923) — Chem. Zbl. **1924 I**, 395. — F. Lieben: Biochem. Z. **135**, 240 (1923) — Chem. Zbl. **1923 III**, 866. — Otto Meyerhof: Naturwiss. **13**, 980 (1925) — Chem. Zbl. **1926 I**, 702.

[3] Robert Percival Cook u. Marjory Stephenson: Biochemic. J. **22**, 1368 (1928) — Chem. Zbl. **1919 I**, 1474.

[4] Julius Orient: Biochem. Z. **132**, 352—360 (1922) — Chem. Zbl. **1923 III**, 257.

[5] Emil Abderhalden: Fermentforschg **6**, 149 (1922) — Chem. Zbl. **1922 III**, 888.

[6] Alfred Gigon u. Hermann Odermatt: Z. exper. Med. **47**, 294 (1925) — Chem. Zbl. **1926 I**, 716.

[7] Emil Baur: Hoppe-Seylers Z. **131**, 65 (1923) — Chem. Zbl. **1924 I**, 681. — Oskar Acklin: Biochem. Z. **142**, 351 (1923) — Chem. Zbl. **1924 I**, 680.

[8] H. v. Euler u. H. Fink: Hoppe-Seylers Z. **157**, 222 (1926) — Chem. Zbl. **1926 II**, 2447.

[9] M. Tomita: Biochem. Z. **131**, 175 (1922) — Chem. Zbl. **1923 I**, 1042.

[10] Emil Abderhalden: Hoppe-Seylers Z. **151**, 165 (1926) — Chem. Zbl. **1926 I**, 2483 — Fermentforschg **8**, 227 — Chem. Zbl. **1925 II**, 1455. — Ubaldo Sammartino: Atti R. Accad. dei Lincei, Roma (5) II **33**, 111—116 (1925) — Chem. Zbl. **1925 I**, 709. — V. Zucceschi: Arch. ital. Biol. **74**, 103 (1924) — Chem. Zbl. **1926 I**, 1833. — H. Zeller: Biochem. Z. **176**, 134 (1926) — Chem. Zbl. **1926 II**, 3060.

[11] Kurt Böhmer: D. Z. gerichtl. Med. **10**, 448 (1927) — Chem. Zbl. **1928 I**, 1055.

[12] E. Abderhalden: Fermentforschg **8**, 530 (1926) — Chem. Zbl. **1926 II**, 241.

[13] W. J. Dann u. J. H. Quastel: Biochemic. J. **22**, 245 — Chem. Zbl. **1928 I**, 3084.

[14] Emil Abderhalden: Fermentforschg **9**, 389 (1928) — Chem. Zbl. **1928 II**, 584.

[15] Romolo de Fazi u. Remo de Fazi: Atti Congr. Naz. Chim. Ind. **1924**, 449 (1925) — Chem. Zbl. **1925 II**, 474. — Remo de Fazi: Atti R. Accad. dei Lincei, Roma (6) **5**, 344 (1927) — Chem. Zbl. **1927 II**, 100.

[16] H. Zeller: Biochem. Z. **171**, 45 (1926) — Chem. Zbl. **1926 I**, 3608. — R. de Fazi: D.R.P. Nr 368944, Kl. 6b v. 13. Juni 1913 — Chem. Zbl. **1923 II**, 1037. — E. Ricard: A.P. 1385888 vom 7. Juni 1918 — Chem. Zbl. **1922 IV**, 678. — Société Ricard, Allenet & Cie.: E.P. 176284 v. 30. Juni 1921; Fr.P. 541700 v. 28. Febr. 1921; Chem. Zbl. **1923 II**, 1037. — Hans v. Euler u. Olof Swartz: Ark. Kemi, Min. och Geol. **9**, 1 (1925) — Chem. Zbl. **1925 II**, 1609.

[17] M. C. Potter: Proc. Univ. Durham **6**, 16 (1915/20) — Chem. Zbl. **1924 I**, 2611.

[18] E. Benedetti: Atti R. Accad. Lincei, Roma (6) **5**, 1029 (1927) — Chem. Zbl. **1928 II**, 677.

[19] Abderhalden, Suzuki: Fermentforschg **6**, 137 (1922) — Chem. Zbl. **1922 III**, 873.

[20] Emil Abderhalden u. Susi Glaubach: Fermentforschg **6**, 143 (1922) — Chem. Zbl. **1922 IV**, 887. — Emil Abderhalden: Fermentforschg **5**, 255 (1922) — Chem. Zbl. **1922 I**, 980 — Fermentforschg **6**, 162 (1922) — Chem. Zbl. **1922 III**, 888.

[21] Paul Mayer: Dtsch. med. Wschr. **48**, 827 (1922) — Chem. Zbl. **1922 III**, 567.

[22] P. Hodel u. N. Neuenschwander: Biochem. Z. **156**, 118 (1925) — Chem. Zbl. **1925 I**, 2315.

[23] Hans v. Euler u. Olof Swartz: Ark. Kemi, Min. och Geol. **9**, 1 (1925) — Chem. Zbl. **1925 II**, 1608.

und Cyanwasserstoff[1]. — Verhalten der Weinhefen in Mosten von höherem Zuckergehalt[2].
Die Nektarhefe Anthomyces Reukaufii kann die Glykose gut verwenden[3]. Verhalten von
Schizosaccharomyces hominis nova spec. gegen Glykose[4], von Schizosaccharomyces octosporus
Beijer[5]. Wird durch milchzuckervergärende Hefen der Rohmilch vergoren[6]. — Essigbakterien
zeigen in Stickstoffatmosphäre alkoholische Vergärung des Zuckers[7].

Derivate (Bd. II, S. 325; Bd. VIII, S. 159; Bd. X, S. 479). **Tetraacetyl-glykose-6-schwefelsäure**[8] $C_{14}H_{20}O_{13}$.

$$CH(O-CO-CH_3)$$
$$H-C-O-COCH_3$$
$$CH_3-CO-O-C-H \qquad O$$
$$H-C-O-COCH_3$$
$$H-C$$
$$CH_2-O-SO_2-OH$$

Natriumsalz. Durch Acetylierung des Pyridinsalzes der Glykose-6-schwefelsäure[8].
Aus 95proz. Alkohol erhält man das Salz in Krystallen mit $^1/_2$ Mol Krystallwasser, die bei
137° unter Zersetzung schmelzen. $[\alpha]_D^{19} = +12{,}73°$ in Wasser. Aus absolutem Alkohol scheidet
sich das Na-Salz in gelatinöser Form ab.

Pyridinsalz. Aus dem Na-Salz mit Pyridinchlorhydrat in alkoholischer Lösung. Aus
Alkohol Krystalle vom Schmelzp. 158—160° und $[\alpha]_D^{18} = +11{,}71°$ in Wasser[8].

Glykose-6-schwefelsäure. Brucinsalz. $C_{23}H_{26}N_2O_4 \cdot C_6H_{11}O_6 \cdot SO_3H + ^1/_2 H_2O$. Aus
Diacetonglykose-6-schwefelsäure mit verdünnten Säuren und Umwandlung in das Brucinsalz[9]. Das Pyridinsalz der Tetraacetylglykose-6-schwefelsäure wird mit Barytwasser verseift.
Die Acetylgruppen werden in 36 Stunden bei Zimmertemperatur vollständig abgespalten,
während der Schwefelsäurerest zum größten Teil am Zuckerkomplex haften bleibt. Die
Säure wird als Brucinsalz abgeschieden. Aus Wasser und Aceton dichte Büschel schmaler
Blättchen vom Schmelzp. 184°. In wässeriger Lösung zeigt Mutarotation. Enddrehung
$[\alpha]_D^{17} = -6{,}28°$. Identisch mit dem aus den Erdalkalisalzen der Glykoseschwefelsäure direkt
erhaltenen Präparat[10]. Kleine Blättchen aus Wasser + Aceton. Sintern von 170° an, Schmelzpunkt bei 183° (unter lebhafter Zersetzung). Zeigt in wässeriger Lösung Mutarotation; der
Anfangswert ist wechselnd zwischen $[\alpha]_D^{18,5} = -0{,}75°$ bis $-2{,}53°$, Endwert $= -5{,}65°$. Es ist
leicht löslich in kaltem Wasser und Chloroform; weniger löslich in CH_3OH, sehr wenig löslich in Alkohol auch in der Wärme[11].

Strichninsalz $C_7H_{12}O_9S \cdot C_{21}H_{22}N_2O_2 + H_2O$[2]. Aus Wasser lange, feine Nädelchen.
Zeigt Mutarotation. Der Anfangswert nimmt mit dem Umkrystallisieren ab, ebenso die Löslichkeit des Salzes. Endwert: $[\alpha]_D^{18} = -0{,}77°$ in Wasser.

Ba-Salz[11] $(C_6H_{11}O_6 \cdot SO_3)_2Ba + 2 C_2H_6O$. Gewonnen aus dem Brucinsalz. Wird durch
Umfällen aus Wasser mit viel Alkohol gereinigt. Bei 80° im Vakuum wird 1 Mol Alkohol
abgegeben, das zweite entweicht erst bei höherer Temperatur unter Zersetzung. $[\alpha]_D^{17} = +32{,}32°$
in Wasser.

---

[1] Carl Neuberg u. Genia Perlmann: Biochem. Z. **165**, 238 (1925) — Chem. Zbl. **1926 I**, 1429.
— Otto Warburg: Biochem. Z. **165**, 196 (1925) — Chem. Zbl. **1926 I**, 1428.

[2] K. Kroemer u. Krumbholz: Landwirtsch. Jb. **66**, Erg.-Bd. I, 356 (1927) — Chem. Zbl.
1927 II, 2428.

[3] Friedrich Hautmann: Arch. Prostitenkde **48**, 213—244 (1924) — Ber. Physiol. **29**, 562
bis 563 (1925) — Chem. Zbl. **1925 I**, 2569.

[4] T. Benedek: Zbl. Bakter. **104**, 291 (1927) — Chem. Zbl. **1928 I**, 368.

[5] Kossowicz: Z. landwirtsch. Versuchswesen (österr.) **6**, 30 (1903). — G. Nadson u. D. Zelenetzkaja: Wschr. Brauerei **42**, 133 — Chem. Zbl. **1925 II**, 1394.

[6] Ernst Trüper: Milchwirtschaftl. Forschgn **6**, 351 (1928) — Chem. Zbl. **1928 II**, 1276.

[7] Carl Neuberg u. Ernst Simon: Biochem. Z. **197**, 259 (1928) — Chem. Zbl. **1928 II**, 1342.

[8] H. Ohle: Biochem. Z. **131**, 601 (1922) — Chem. Zbl. **1923 III**, 481.

[9] H. Ohle: Biochem. Z. **136**, 428 (1923) — Chem. Zbl. **1923 III**, 739.

[10] H. Ohle: Biochem. Z. **131**, 601 (1922) — Chem. Zbl. **1923 III**, 481. — C. Neuberg u. L. Liebermann: Biochem. Z. **121**, 326 (1921) — Chem. Zbl. **1921 III**, 1116.

[11] T. Soda: Biochem. Z. **135**, 621 (1923) — Chem. Zbl. **1923 III**, 739.

Tetraacetylglykose-1-schwefelsäure[1] $C_{14}H_{20}O_{13}S$. Aus 2, 3, 4, 6-Tetraacetylglykose und Chlorsulfonsäure in Gegenwart von Pyridin.

Natriumsalz. Aus dem Pyridinsalz mit Na-Acetat in siedendem Alkohol. Nadeln vom Schmelzp. 144—151°, unter Zersetzung. $[\alpha]_D^{17} = -6,23°$ in Wasser.

Pyridinsalz. Aus Tetraacetylglykose und $ClSO_3H$ in Chloroform und Pyridin. Der nach dem Abdestillieren der Lösungsmittel zurückbleibende Sirup wird in 25 ccm Alkohol gelöst; woraus sich alsbald das Pyridinsalz abscheidet. Schmelzp. 127° unter Zersetzung. $[\alpha]_D^{20} = -4,82°$ in Wasser. Das Salz ist sehr leicht zersetzlich[1].

Glykosephosphorsäure[2]. Bildet sich beim Kochen von rohrzuckerphosphorsaurem Kalk neben Fructose. Das Calciumsalz ist klar in Wasser löslich, reduziert Fehlingsche Lösung, wobei anorganische Phosphorsäure abgespalten wird; das Bariumsalz ist in Wasser und verdünnten Mineralsäuren löslich, unlöslich in organischen Lösungsmitteln. Bei Darstellung des Osazons aus freier Glykosephosphorsäure wurde Phosphorsäurerest abgespalten und Phenylglykosazon erhalten. — **Glykosephosphorsaures Cinchonidin** durch Umsetzung des Bariumsalzes in Wasser mit äquivalenter Menge Cinchonidinsulfat $(C_{19}H_{22}ON_2)_2H_2PO_4 \cdot C_6H_{11}O_5$. Schmelzp. 164° unter Bräunung; aus Alkohol umkrystallisiert, im Vakuum getrocknet, Drüsen. Entsprechend wurde das **Brucinsalz** $(C_{23}H_{26}O_4N_2)_2 \cdot H_2PO_4 \cdot C_6H_{11}O_5 + 9\,H_2O$ dargestellt. Aus absolutem Alkohol oder aus Wasser und Aceton umkrystallisiert, Platten, löslich in kaltem Wasser, Methylalkohol, Eisessig, unlöslich in Aceton, Essigester und Äther. Durch die Phosphatase der Takadiastase oder durch untergärige Hefe trat eine enzymatische Spaltung der Glykosephosphorsäure ein. Mit Hefe findet Gärung der Glykose statt, wahrscheinlich aber erst nach Ablösung der Glykose von der Phosphorsäure.

Calciumglykophosphat[3] $C_6H_{11}O_5 \cdot O \cdot PO_3Ca$. Zur Suspension von 100 g Glykose in 180 ccm Pyridin wird eine Lösung von 78 g $POCl_3$ in 120 ccm Pyridin tropfen gelassen (Kältemischung, gut rühren), der bräunliche Sirup wird nach 1 Stunde in 750 ccm Wasser gelöst, 105 g $Ca(OH)_2$ zugegeben, im Vakuum bei 40—42° Pyridin unter weiterem Zusatz von Wasser abdestilliert. Nach Verdünnen mit 1500 ccm Wasser wird das Filtrat mit CO_2 behandelt, dann im Vakuum eingeengt, $CaCO_3$ abfiltriert und die Flüssigkeit auf 300—400 ccm eingeengt, durch Cl entfärbt und unter Rühren in das 5fache Volumen Alkohol von 80—90% eingetropft. Das Produkt wird abgesaugt, mit Alkohol und Äther gewaschen. Ausbeute 130 g. Etwas $CaCl_2$ kann durch mehrfaches Umfällen entfernt werden. Das sauer reagierende Produkt kann direkt für chemotherapeutische Zwecke gebraucht werden. Durch Neutralisierung mit $Ca(OH)_2$ und Behandlung mit CO_2 erhält man ein neutrales Produkt. Zur Analyse entfärbt man nicht durch Cl, sondern fällt 5mal mit Alkohol und trocknet bei 105°. Analyse und Titrierung nach Astruc zeigen, daß das Produkt etwa 52% Monoestersalz, außerdem wahrscheinlich Diestersalz $(C_6H_{10}O_8P)_2Ca$ und Diglykophosphat $(C_{12}H_{22}O_{14}P)_2Ca$ enthält. Weißes Pulver von nicht unangenehmem Geschmack, leicht löslich in Wasser. $[\alpha]_D^{20} = +29,23°$ in Wasser ($c = 1,3$). Reduziert warme Fehlingsche Lösung. Gibt nicht mit neutralem, wohl aber mit basischem Pb-Acetat voluminösen Niederschlag, löslich in Überschluß. Erhitzen der wässerigen Lösung im Rohr auf 125° bewirkt Hydrolyse. — Zur Spaltung der Diester usw. läßt man 5 g in 150 ccm Wasser und 50 ccm n-NaOH 24 Stunden stehen, neutralisiert mit HNO_3, fällt mit basischem Pb-Acetat, zerlegt den Niederschlag mit H_2S, neutralisiert mit $Ca(OH)_2$, behandelt mit CO_2, gießt nach Einengen in Alkohol und fällt noch zweimal um. Dieses Produkt enthält etwa 89% Monoestersalz und ist schwerer löslich in Wasser[3]. Sämtliche nach obigem Verfahren dargestellten Calciumglykophosphatpräparate enthielten Pyridin, welches erst durch Kochen mit wässeriger Natronlauge abgespalten wird. In therapeutischer Hinsicht ist der Pyridingehalt von untergeordneter Bedeutung[4].

Glykosemonophosphorsäure. Trockene Glykose wird in Pyridin gelöst und unter Rühren mit in Pyridin suspendiertem P_2O_5 versetzt. Das Gemisch erhitzt man einige Stunden auf 60—65°, destilliert das überschüssige Pyridin ab, kühlt ab, versetzt mit Wasser und sättigt die wässerige Lösung mit $CaCO_3$. Nach dem Filtrieren wird im Vakuum bei niedriger Temperatur konzentriert und das Ca-Salz der Glykosemonophosphorsäure durch Alkohol gefällt[5].

[1] H. Ohle: Biochem. Z. **131**, 601 (1922) — Chem. Zbl. **1923 III**, 481. — C. Neuberg u. L. Liebermann: Biochem. Z. **121**, 326 (1921) — Chem. Zbl. **1921 III**, 1116.

[2] Carl Neuberg: Z. dtsch. Zuckerind. **1926**, 463 — Chem. Zbl. **1926 II**, 1654.

[3] S. Sabetay: Bull. Soc. chim. France (4) **39**, 1255 (1926) — Chem. Zbl. **1926 II**, 3036.

[4] S. Sabetay: Bull. Soc. chim. France (4) **41**, 438 (1927) — Chem. Zbl. **1927 II**, 242.

[5] Société chimique des Usines du Rhône, übertr. von P. E. Goinedet u. A. L. Husson: A.P. 1 598 370 v. 15. Sept. 1925; Canad.P. 259 038 v. 16. Sept. 1925; Chem. Zbl. **1926 II**, 2493.

Glykosemonophosphorsäure[1]: **Bariumsalz** $[C_6H_{11}O_5 \cdot O \cdot PO_3]$ Ba $\cdot 2^1/_2$ H_2O. Durch kurzes Erhitzen von Ca-Saccharosephosphat mit 1proz. Oxalsäure. Nach Filtration des Ca-Oxalats wird nach Zusatz von Ba-Carbonat mit Ba-Hydroxyd überneutralisiert, CO_2 eingeleitet und mit Alkohol glykosemonophosphorsaures Ba niedergeschlagen und durch Umfällen gereinigt. $[\alpha]_D^{23} = +8,53°$. Löslich in Wasser, unlöslich in organischen Lösungsmitteln. **Osazon** $C_{18}H_{22}P_4N_4$. Schmelzp. 205°. **Cinchoninsalz:** $(C_{19}H_{22}ON_2)_2H_2PO_4 \cdot C_6H_{11}O_5$. Drusen aus Alkohol. Schmelzp. gegen 164° unter Zersetzung. Löslich in warmem Alkohol, Wasser, Methylalkohol und Eisessig, unlöslich in Aceton, Essigester und Äther. $[\alpha]_D^{15} = -108,7°$. **Brucinsalz.** $(C_{23}H_{26}O_4N_2)_2 \cdot H_2PO_4 \cdot C_6H_{11}O_5 \cdot 9\ H_2O$. $[\alpha]_D^{18} = -16,81°$. Platten aus Alkohol und Wasser. **Glykosephosphorsaures Kalium.** Vergärt mit frischer Unterhefe und Trockenhefe. Die Gärung tritt wahrscheinlich erst nach Loslösung der Glykose ein, da Zusatz von Takadiastase die Gärung beschleunigt[1]. **Glykosephosphorsaures Calcium**[2]: Gibt die Fichtenspanreaktion positiv.

Glykose-3-phosphorsäure. Die Hydrolyse führt zu Glykose[3]. Gärungsgeschwindigkeit[3, 4]. Darstellung über Diacetonglykose mit $POCl_3$ in Pyridin. $[\alpha]_D^{18} = +41,4°$. $pK_1' = 0,84$, $pK_2' = 5,67$. Erweist sich gegenüber Muskelextrakt, Hefesaft und neutraler Phosphatlösung ganz oder nahezu unwirksam. **Bariumsalz**[5] $[\alpha]_D^{18} = +24,7°$.

Glykose-6-phosphorsäure[6]. Vergärt langsamer als Glykose.

Tri-[β-1, 2, 3, 4-tetraacetyl-d-glykose-6]-phosphat[7] $C_{42}H_{57}O_{31}P$. — Aus 1, 2, 3, 4-Tetraacetyl-d-glykose, Pyridin und Phosphoroxychlorid. — Aus Aceton und Wasser Krystalle, Schmelzp. 236—237° korr. Leicht löslich in Pyridin, Chloroform, schwer löslich in Aceton, Äthyl und Methylalkohol, unlöslich in Äther, Petroläther, Ligroin. — $[\alpha]_D^{27} = +30,2°$ in Chloroform; $[\alpha]_D^{20} = +31,4°$.

Tri-[d-glykose]-phosphat[7]. Durch Verseifen der vorhergehenden Verbindung nach Zemplén. — Amorph, leicht löslich in Wasser, wenig löslich in Methylalkohol, unlöslich in den übrigen Lösungsmitteln. — Reduziert Fehlingsche Lösung in der Hitze und gibt mit 50proz. Essigsäure und Phenylhydrazin Glykosazon.

α-**3, 4, 6-Triacetylglykose**[8] $C_{12}H_{18}O_9$.

$$
\begin{array}{l}
\mathrm{CH(OH)} \\
\quad | \\
\mathrm{H-C-OH} \\
\quad | \\
\mathrm{CH_3-CO-O-C-H} \qquad\qquad \mathrm{O} \\
\quad | \\
\mathrm{H-C-O-CO-CH_3} \\
\quad | \\
\mathrm{C} \\
\quad | \\
\mathrm{CH_2-O-CO-CH_3}
\end{array}
$$

Bildung aus dem 3, 4, 6-Triacetat des Glykose-1, 2-anhydrids beim Stehen mit der 5fachen Menge Wasser bei Zimmertemperatur. Das zum Sirup eingedampfte Reaktionsprodukt krystallisiert langsam. Die bröckelige Masse wird in der 50fachen Menge Äther gelöst. Bei der Konzentrierung erfolgt Abscheidung büschelförmiger Nadeln. Schmelzpunkt 113—115°. $[\alpha]_D^{18} = +139,6°$ in Essigester. Die Drehung geht innerhalb 10 Tagen zurück. Ziemlich leicht löslich in Wasser und mit Wasser mischbaren organischen Lösungsmitteln; wenig löslich in Benzol oder Äther. Aus 3, 4, 6-Triacetylglykosyl-1-chlorid mit wässerigem Aceton und Silbercarbonat. Aus Äther lange Nadeln vom Schmelzp. 110—112°, $[\alpha]_D^{18} = +139,1°$ in Essigester[9].

---

[1] S. Sabetay u. L. Rosenfeld: Biochem. Z. **162**, 469 (1925) — Chem. Zbl. **1926 I**, 620.

[2] H. Steudel u. E. Peiser: Hoppe-Seylers Z. **139**, 205—211 (1924) — Chem. Zbl. **1925 I**, 94.

[3] P. A. Levene u. A. L. Raymond: Nature **120**, 621 (1927) — Chem. Zbl. **1928 I**, 368.

[4] R. Nodzu: J. of Biochem. **6**, 31, 49 (1926) — Chem. Zbl. **1926 II**, 779.

[5] O. Meyerhof u. K. Lehmann: Biochem. Z. **185**, 113 (1927) — Chem. Zbl. **1927 II**, 1047. — R. Nodzu: J. of Biochem. **6**, 31, 49 (1926) — Chem. Zbl. **1926 II**, 779.

[6] P. A. Levene: Nature **120**, 621 (1927) — Chem. Zbl. **1928 I**, 368.

[7] B. Helferich u. H. du Mont: Hoppe-Seylers Z. **181**, 300 (1929) — Chem. Zbl. **1929 I**, 2873.

[8] P. Brigl: Hoppe-Seylers Z. **122**, 245 (1922) — Chem. Zbl. **1923 I**, 43.

[9] P. Brigl u. R. Schinle: Ber. dtsch. chem. Ges. **62**, 1716 (1929) — Chem. Zbl. **1929 II**, 1282.

Tetraacetyl-1, 2, 3, 4, β-d-glykose[1] $C_{14}H_{20}O_{10}$.

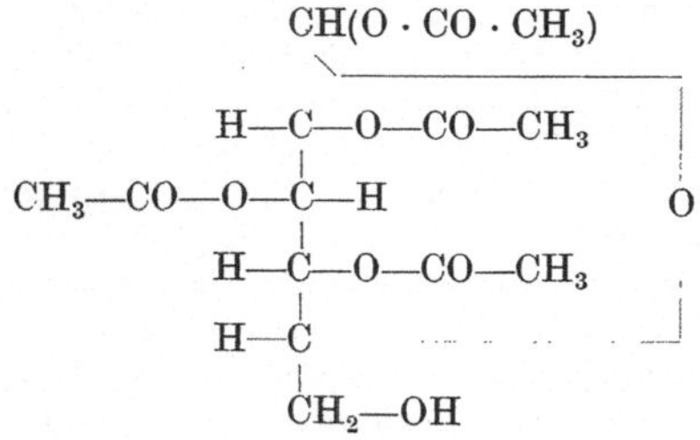

$$CH(O \cdot CO \cdot CH_3)$$

$$
\begin{array}{c}
H-C-O-CO-CH_3 \\
CH_3-CO-O-C-H \qquad O \\
H-C-O-CO-CH_3 \\
H-C \\
CH_2-OH
\end{array}
$$

Behandelt man Tetraacetyl-6-triphenylmethyl-β-d-glykose in Essigsäure mit Bromwasserstoff, so entsteht in wenigen Sekunden ein Niederschlag von Triphenylbrommethan; aus dem Filtrat wird Tetraacetyl, 1, 2, 3, 4-β-d-glykose erhalten, die wohl mit der Verbindung von Oldham[2] (siehe unten) identisch ist. Die Lage der freien Hydroxylgruppe ergibt sich aus der 6-Stellung des Triphenylmethylrests; das Produkt läßt sich leicht und glatt wieder in das Triphenylmethylprodukt überführen, woraus hervorgeht, daß keine Umlagerung, Acylwanderung eingetreten ist. Bei der Acetylierung entsteht β-Pentaacetyl-d-glykose vom Schmelzp. 134°. Diese Tetraacetylglykose ist das ideale Ausgangsmaterial zur Darstellung von 6-O-Derivaten der Glykose. Mit Acetobromglykose entsteht Oktaacetylgentiobiose.

Man löst Tetraacetyl-6-triphenyl-methyl-β-d-glykose auf dem Wasserbad in Essigsäure, unterkühlt vorsichtig mit Eis und gibt bei 0° gesättigten Bromwasserstoff-Eisessig zu, filtriert vom Triphenylbrommethan ab und zieht das Filtrat mit Chloroform aus. Säulenförmige Krystalle aus Äther, durch Petroläther, Schmelzp. 128—129° (korr.). Leicht löslich in Chloroform, Essigester, Alkohol, Pyridin, löslich in Wasser zu etwa 1%. Ziemlich wenig löslich in Benzol, Tetrachlormethan, schwer löslich in Äther, unlöslich in Petroläther, Ligroin; $[\alpha]_D^{20} = +12{,}1°$ in Chloroform; $[\alpha]_D^{24} = +21{,}7°$ in Wasser. Wird durch Alkali rasch verändert, reduziert heiße Fehlingsche Lösung sofort. Die Drehung der 1, 2, 3, 4-Tetraacetylverbindung ändert sich in wässeriger Lösung in Gefäßen aus gewöhnlichem Glas, nicht aber in Jenaer Glas, ebenso bleiben die Lösungen in anderen Lösungsmitteln unverändert. Es handelt sich um eine katalytisch hervorgerufene Acylwanderung; aus der Lösung läßt sich eine isomere β-Tetraacetylglykose herausarbeiten, für die vermutlich die Formel einer 1, 2, 3, 6-Tetraacetylglykose in Frage kommt. Aus 1, 2, 3, 4-Tetraacetyl-glykose-6-nitrat beim Kochen mit Eisenstaub in 50proz. essigsaurer Lösung. — Aus Äther Nadeln, Schmelzp. 126,5—127,5°; $[\alpha]_D = +9{,}8°$ in Chloroform bei $c = 0{,}816$ [3].

1, 2, 3, 6 (?)-Tetraacetyl-β-Glykose[1, 4] $C_{12}H_{20}O_{10}$

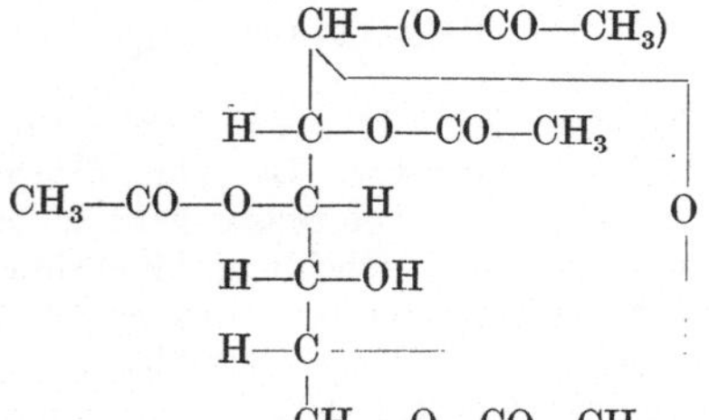

$$CH-(O-CO-CH_3)$$

$$
\begin{array}{c}
H-C-O-CO-CH_3 \\
CH_3-CO-O-C-H \qquad O \\
H-C-OH \\
H-C \\
CH_2-O-CO-CH_3
\end{array}
$$

Eine 1proz. Lösung der 1, 2, 3, 4-Tetraacetylglykose wird in einem Kolben aus gewöhnlichem Glas bei 41,5° im Thermostaten aufbewahrt. Die Drehung geht von anfangs $+0{,}48°$ nach $23^1/_2$ Stunden auf $+0{,}05°$ zurück und bleibt dann konstant. Die Lösung wird mit Chloroform ausgeschüttelt, der Auszug verdampft, der Rückstand in Äther gelöst, und mit Petroläther ausgefällt. Das Produkt wird zur Entfernung von unveränderter Tetraacetylglykose in heißem Pyridin gelöst; beim Abkühlen scheidet sich die neue Verbindung ab. Plättchen mit 1 Mol Pyridin, sintert von 100° an, Schmelzp. 108—110°, Schmelzp. pyridinfrei 132° (korr.)

---

[1] Burckhardt Helferich u. Wilhelm Klein: Liebigs Ann. **450**, 219 (1926) — Chem. Zbl. **1927 I**, 1149.

[2] Oldham: J. chem. Soc. Lond. **127**, 2840 (1925) — Chem. Zbl. **1926 I**, 2672.

[3] John Walter Hyde Oldham: J. chem. Soc. Lond. **127**, 2840 (1925) — Chem. Zbl. **1926 I**, 2671.

[4] Burckhardt Helferich u. Alexander Müller: Ber. dtsch. chem. Ges. **63**, 2142 (1930).

gibt mit dem 1, 2, 3, 4-Acetat eine erhebliche Depression. — Meist etwas leichter löslich als 1, 2, 3, 4-Tetraacetylglykose. $[\alpha]_D^{20}$ der pyridinhaltigen Verbindung: $-22{,}0°$ in Wasser; die Drehung ist nicht konstant und nähert sich im Laufe von Tagen allmählich der Drehung von d-Glykose. Kondensation mit Triphenylchlormethan gelang nicht; mit Essigsäureanhydrid in Pyridin entsteht β-Pentaacetyl-d-glykose vom Schmelzp. 134° [1]. Entsteht aus 1, 2, 3, 4-Tetraacetylglykose durch $^1/_{1000}$n-NaOH. Krystallisiert aus Pyridin mit 1 Mol Krystallpyridin; verliert dieses bei 70° unter vermindertem Druck. Schmelzp. 134° (korr.) pyridinfrei). Ist in CH_3J erheblich schwerer löslich als 1, 2, 3, 4-Tetraacetylglykose. $[\alpha]_D^{21}$ $= -30{,}2°$ (in Wasser, pyridinfrei); $[\alpha]_D^{18} = -30{,}9°$; $[\alpha]_D^{21} = -33{,}0°$ in Chloroform. Die Drehung geht in einer Lösung von 1% in $^1/_{1000}$n-NaOH zurück [2].

1, 2, 3, 6(?)-Tetraacetyl-4-(?)-toluolsulfo-β-glykose [1] $C_{21}H_{26}O_{12}S$. Aus vorstehender Verbindung in Pyridin mit p-Toluolsulfochlorid. Nadeln aus abs. Alkohol; sintert von 105° an, Schmelzp. 111—112°; $[\alpha]_D^{20} = -15{,}9°$ in Chloroform.

Tetraacetylglykose (Bd. II, S. 327; Bd. VIII, S. 161; Bd. X, S. 482). Ist als **2, 3, 4, 6-Tetraacetylglykose** zu betrachten.

$$
\begin{array}{l}
\quad\quad CH(OH) \\
H\!-\!C\!-\!O\!-\!CO\!-\!CH_3 \\
CH_3\!-\!CO\!-\!O\!-\!C\!-\!H \qquad O \\
H\!-\!C\!-\!O\!-\!CO\!-\!CH_3 \\
H\;\;C\!\!-\!\!-\!\!-\!\!- \\
\quad\quad CH_2\!-\!O\!-\!CO\!-\!CH_3
\end{array}
$$

Schmelzp. 123—126° [3]. Reine Tetraacetylglykose schmilzt schnell erhitzt bei 123° bei langsamen Erwärmen bei 110°. $[\alpha]_{5461} = +6°$ für eine 5proz. Lösung in wasserfreiem Aceton bei 20°. Eine Hydrolyse der Tetraacetylglykose in wässerigem Aceton wurde innerhalb einer Woche bei 18° nicht beobachtet; nach 10 Tagen betrug sie etwa 0,5%, nach 7 Monaten 5%. Sie ist daher ohne wesentlichen Einfluß auf die Geschwindigkeit der Mutarotation. Zu den optischen Messungen der Mutarotation wurden 0,5 g Tetraacetylglykose in 20 ccm Aceton von 5—95proz. Konzentration gelöst. Die Geschwindigkeitswerte sind tabellarisch mitgeteilt. In wasserfreiem Aceton findet keine Mutarotation statt [4]. Einleitung und Aufhebung der Mutarotation von Tetraacetylglykose in Äthylacetat [5]. — In Äthylacetat $[\alpha]_{5461}^{24} = +6{,}7°$; nach 23 Stunden setzt langsame, nach 171 Stunden unvollständige Mutarotation ein; in 90proz. Alkohol $[\alpha]_{5461}^{24} = +25{,}3°$, Endwert $+94{,}7°$. Nach dem Schmelzen (30 Minuten bei 130—135°) in Äthylacetat $[\alpha]_{5461}^{24} = +74{,}5°$, nach 2 Stunden Mutarotation, die nach 144° mit $[\alpha]_{5461}^{44} = +91{,}4°$ vollständig wird. Durch 12monatiges Trocknen über P_2O_6 ist die Substanz mutarotationsfrei [6]. Aus β-Acetochlorglykose in 1% Wasser -enthaltendem Aceton mit Silbercarbonat bei 0°. Krystalle aus Äther, Schmelzp. 107—108°, $[\alpha]_D^{20} = +138{,}9°$ in Chloroform; $= +139{,}4°$ $\rightarrow +83{,}1°$ in 96proz. Alkohol, Endwert nach 14 Tagen. In Gegenwart von Ammoniak wird der Gleichgewichtswert augenblicklich erreicht [7].

Verhindert bei Vergärungsversuchen mit Bacterium coli commune, Bacillus acidi lactici und Bacillus lactis aerogenes durch starke Abspaltung von Säure jedes Wachstum der Bakterien [8].

---

[1] Burckhardt Helferich u. Wilhelm Klein: Liebigs Ann. **450**, 219 (1926.) — Chem. Zbl. **1927 I**, 1149.

[2] B. Helferich u. W. Klein: Liebigs Ann. **455**, 173 (1927) — Chem. Zbl. **1927 II**, 807 — Liebigs Ann. **450**, 219 (1926) — Chem. Zbl. **1927 I**, 1149.

[3] P. Brigl u. W. Scheyer: Hoppe-Seylers Z. **160**, 214 (1926) — Chem. Zbl. **1927 I**, 418.

[4] G. L. Jones u. T. M. Lowry: J. chem. Soc. Lond. **1926**, 720 — Chem. Zbl. **1926 I**, 3219. — T. M. Lowry u. E. M. Richards: J. chem. Soc. Lond. **127**, 1385 (1925) — Chem. Zbl. **1925 II**, 1951. — J. C. Irvine u. J. P. Scott: J. chem. Soc. Lond. **103**, 564 (1913) — Chem. Zbl. **1913 II**, 245.

[5] T. Martin Lowry u. G. Glyn Owen: Proc. roy. Soc. Lond. A **119**, 505 (1928)| — Chem. Zbl. **1928 II**, 2125.

[6] J. W. Baker: J. chem. Soc. Lond. **1928**, 1583 — Chem. Zbl. **1928 II**, 1319.

[7] Hans Heinrich Schlubach u. Irene Wolf: Ber. dtsch. chem. Ges. **62**, 1507 (1929) — Chem. Zbl. **1929 II**, 720.

[8] Hermann Hees u. Caspar Tropp: Zbl. Bakter. I **100**, 273—284 (1926) — Chem. Zbl. **1927 I**, 760.

α- und β-Glykosepentaacetat. Beide gehören zu einem gemeinsamen Strukturtypus[1]. Die α- und β-Formen von Glykosepentaacetat wurden in 2—80proz. Lösung je nach Löslichkeit bei 25° in Chloroform, Aceton, Benzol, Eisessig, CH_3OH und Pyridin polarisiert. Die Kurven aus Drehung und Konzentration zeigen 1. fast alle einen kleinen Knick, gehen 2. mit zunehmender Konzentration auseinander, bleiben 3. die spezifischen Drehungen in verdünnter Lösung praktisch konstant und divergieren mit zunehmender Konzentration, können 4. die empirischen [α]-Werte nach dem Lösungsmittel für die α- und β-Form des Glykosepentaacetats geordnet werden nach: Aceton > Eisessig > CH_3OH > Chloroform > Benzol > Pyridin[1]. Die Drehung der Pentaacetate von α- und β-Glykose werden in Chloroform, Aceton, Benzol und Pyridin bei verschiedenen Konzentrationen und bei 10 Wellenlängen (zwischen 670,8, Li-Rot und 435,9 mμ, Hg-Violett) bestimmt und die Konstanten nach einem Ausdruck der Drudeschen Gleichung $[M] = \sum \dfrac{K}{\lambda^2 - \lambda_0^2}$ berechnet und ausgewertet[2]. Ein Gemisch aus gleichen Teilen α- und β-Pentaacetylglykose zeigt $[α] = +53°$ in Chloroform[3]. Wurden bei Vergärungsversuchen mit Bacterium coli commune, Bacillus acidi lactici und Bacillus lactis aerogenes in keiner Weise angegriffen[4].

α-Pentaacetylglykose. Schmelzp. 112,5—115°[5]. Aus Chlorglykosetetraschwefelsäureester mit Essigsäureanhydrid unter Kühlung[6].

α-Pentaacetylglykose läßt sich mit Natriumacetat nicht in die β-Form umwandeln[7]. — Entsteht aus β-Pentaacetylglykose durch 5stündiges Kochen mit Stannichlorid in Chloroformlösung[8]. Zu einer abgekühlten Mischung von 50 ccm Acetanhydrid und 7,6 ccm konzentrierter H_2SO_4 gibt man portionsweise 12 g wasserfreie Glykose. Nach mehrstündigem Aufbewahren in Eis läßt man 1 Woche bei gewöhnlicher Temperatur stehen, gießt dann auf Eis, neutralisiert mit $NaHCO_3$ und wäscht mit Wasser. Ausbeute 12 g. Schmelzp. 111,5—112° (aus Alkohol). $[α]_D = +101,4°$ (1,78proz. Lösung von Chloroform)[9].

β-Glykose-pentaacetat. Schmelzp. 135,5°[8]. — Löst sich leicht in Lösungen von $Ca(CNS)_2$, $CaBr_2$, $CaCl_2$ usw., ohne daß Verseifung stattfindet[10].

Einwirkung von Natriumalkoholat auf Pentaacetylglykose in absolut alkoholischer Lösung[11].

Tetracarbomethoxyglykose[12]: $C_{14}H_{20}O_{14}$. Entsteht bei der Einwirkung von Chlorkohlensäuremethylester auf Glykose in Wasser bei Gegenwart von Alkali bei 0°. — Öl aus Benzol mit Petroläther umgefällt; $[α]_D = +34,6°$ in Alkohol bei $c = 1,56$; $= +34,8°$ in Aceton bei $c = 0,52$; $= +51,3°$ in Aceton bei $c = 2,2$ für das umgefällte Produkt. — Bei der Methylierung entsteht mit Methyljodid und Silberoxyd eine amorphe Tetracarbomethoxymethylglykose. Bei der Einwirkung von Chlorkohlensäuremethylester auf Glykose in Gegenwart von Pyridin entsteht eine isomere **Tetracarbomethoxyglykose**, Amorph. $[α]_D = +87,1°$ in Aceton.

Acetohalogenverbindungen der d-Glykose. Nachdem von Schlubach[13] die wahre β-Acetochlorglykose dargestellt wurde, ist es nach Brigl und Keppler zur Unterscheidung der bisher unter diesem Namen bekannten Verbindung, die in Wirklichkeit die α-Form vorstellt, nötig, bis auf weiteres eine neue Nomenklatur einzuführen, wozu die Bezeichnung

[1] P. A. Levene u. J. Bencowitz: J. of biol. Chem. **73**, 679 (1927) — Chem. Zbl. **1927 II**, 2053.

[2] P. A. Levene u. J. Bencowitz: J. of biol. Chem. **74**, 153 (1927) — Chem. Zbl. **1928 II**, 235 — J. of biol. Chem. **73**, 679 — Chem. Zbl. **1927 II**, 2053.

[3] H. D. K. Drew u. W. N. Haworth: J. chem. Soc. Lond. **1926**, 2303 — Chem. Zbl. **1927 I**, 997.

[4] Hermann Hees u. Caspar Tropp: Zbl. Bakter I **100**, 273—284 (1926) — Chem. Zbl. **1927 I**, 760.

[5] P. Brigl u. W. Scheyer: Hoppe-Seylers Z. **160**, 214 (1926) — Chem. Zbl. **1927 I**, 418.

[6] Erich Gebauer-Fülnegg, William H. Stevens u. Ernst Krug: Mh. Chem. **50**, 324 (1928) — Chem. Zbl. **1929 I**, 870.

[7] Alfred Georg: Helvet. chim. Acta **12**, 261 (1929) — Chem. Zbl. **1929 I**, 2525.

[8] Eugen Pacsu: Ber. dtsch. chem. Ges. **61**, 137 (1928) — Chem. Zbl. **1928 I**, 1391.

[9] J. Mikšić: Věstn. Král. Čes. Spol.-Nauk. Cl. II **1926**, 18 — Chem. Zbl. **1928 I**, 2704.

[10] K. Schweiger: Hoppe-Seylers Z. **117**, 61—66 (1921) — Chem. Zbl. **1922 I**, 324.

[11] Géza Zemplén u. Alfons Kunz: Ber. dtsch. chem. Ges. **56**, 1706 (1923) — Chem. Zbl. **1923 III**, 1554.

[12] Charles Frederick Allpress u. Walter Normann Haworth: J. chem. Soc. Lond. **125**, 1223 (1924) — Chem. Zbl. **1924 II**, 2023.

[13] H. H. Schlubach: Ber. dtsch. chem. Ges. **59**, 840 (1926) — Chem. Zbl. **1926 I**, 3463.

β'-Acetochlorglykose für die wahre β-Form bzw. α'-Acetochlorglykose für die schon länger bekannte Verbindung vorgeschlagen wird[1].

d-Glykosyl-fluorid[2] $C_6H_{11}O_5F$

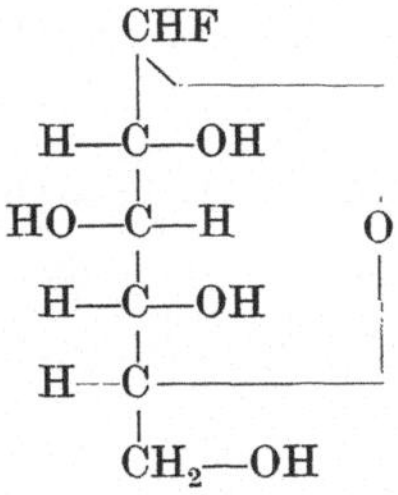

$$
\begin{array}{l}
CHF \\
\mid \\
H-C-OH \\
\mid \\
HO-C-H \qquad O \\
\mid \\
H-C-OH \\
\mid \\
H-C \\
\mid \\
CH_2-OH
\end{array}
$$

Aus 1 Teil Acetofluorglykose in 1 Teil Methylalkohol durch Verseifung mit 0,1 Teil einer 1proz. Auflösung von Na in abs. Methylalkohol bei Zimmertemperatur; baldige Auflösung unter Umschwenken; nach etwa 1 Stunde Krystallisation. Ausbeute 84% der Theorie. Aus Acetofluorglykose mit alkoholischem NH_3.

Ist für weiße Mäuse ein starkes Gift, wohl infolge Abspaltung von HF im Magen. Kleine Prismen aus CH_3OH mit Äther; zersetzt sich bei 118—125°. $[\alpha]_D^{18} = +96{,}7°$ in Wasser. Es ist leicht löslich in Wasser; ziemlich leicht löslich in CH_3OH, Alkohol, Pyridin; sonst sehr wenig löslich oder unlöslich. Schmeckt rein süß wie Glykose. Reduziert Fehlingsche Lösung, ist gegen Alkali viel beständiger als gegen Säuren. Es spaltet in $^1/_{10}$n-H_2SO_4 bei 100° schon in 10 Minuten das F quantitativ als HF ab.

α-Fluor-tetraacetyl-glykose $C_{14}H_{19}O_9F$

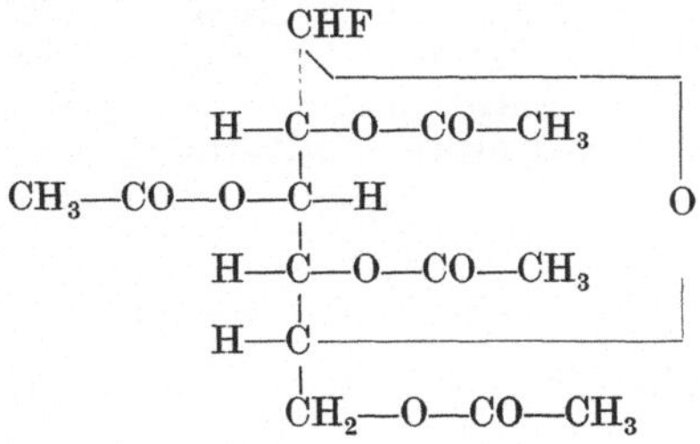

$$
\begin{array}{l}
CHF \\
\mid \\
H-C-O-CO-CH_3 \\
\mid \\
CH_3-CO-O-C-H \qquad O \\
\mid \\
H-C-O-CO-CH_3 \\
\mid \\
H-C \\
\mid \\
CH_2-O-CO-CH_3
\end{array}
$$

Aus β-Pentaacetylglykose mit wasserfreier HF. Das Reaktionsgemisch wird mit Eiswasser und Chloroform mehrmals geschüttelt, die getrocknete Chloroformlösung hinterläßt auf dem Dampfbad im Luftstrom ein mit Petroläther erstarrendes Öl. Krystalle aus Alkohol, Schmelzp. 108°. Sehr wenig löslich in Petroläther; löslich in Alkohol; leicht löslich in Chloroform. $[\alpha]_D^{20} = +90{,}58°$[3]. $[\alpha]_D = +90°$ in Chloroform. Muß als α-Verbindung betrachtet werden[4].

β-Acetofluorglykose[5] $C_{14}H_{19}O_9F$. Aus α-Acetobromglykose mit Silberfluorid in der 3fachen Menge Acetonitril 30 Minuten bei Zimmertemperatur unter Schütteln. Aus Äther mit Petroläther, dann aus abs. Äther oder Benzol Krystalle vom Schmelzp. 98°; $[\alpha]_D^{18} = +21{,}9°$ in Chloroform. Leicht löslich in Aceton, Chloroform, weniger in Benzol, Äther, Alkohol, schwer löslich in Wasser und Petroläther. Mit siedendem Wasser erfolgt Zersetzung unter Abspaltung von Fluorwasserstoff. Die feste Substanz ist im Exsiccator monatelang unzersetzt haltbar. In Lösung findet allmählich Umlagerung in die α-Form statt. — Bei der Verseifung mit Ammoniak oder Natriummethylat entsteht das freie β-Glykosylfluorid als Sirup.

---

[1] P. Brigl u. H. Keppler: Ber. dtsch. chem. Ges. **59**, 1588 (1926) — Chem. Zbl. **1927 I**, 62.

[2] B. Helferich, K. Bäuerlein u. Fr. Wiegand: Liebigs Ann. **447**, 27 (1926) — Chem. Zbl. **1926 I**, 2324.

[3] D. H. Brauns: J. amer. chem. Soc. **45**, 833 (1923) — Chem. Zbl. **1923 III**, 27.

[4] C. S. Hudson: J. amer. chem. Soc. **46**, 462 (1924) — Chem. Zbl. **1924 I**, 2100.

[5] Burckhardt Helferich u. Richard Goetz: Ber. dtsch. chem. Ges. **62**, 2505 (1929) — Chem. Zbl. **1929 II**, 2665.

α-Fluoracetyl-tetraacetyl-d-glykose[1] $C_{16}H_{21}O_{11}F$

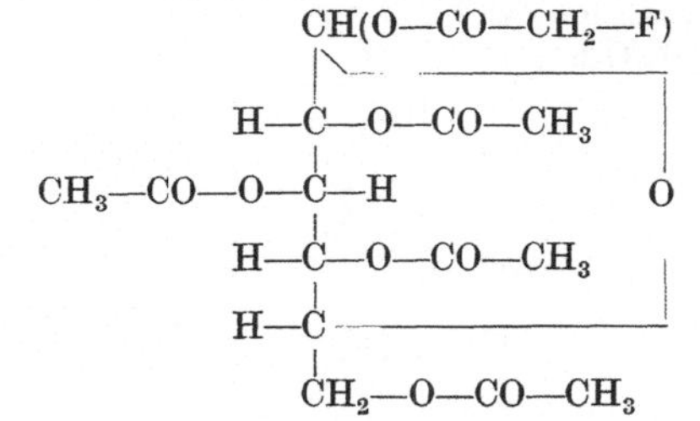

$$
\begin{array}{c}
CH(O-CO-CH_2-F) \\
H-C-O-CO-CH_3 \\
CH_3-CO-O-C-H \qquad O \\
H-C-O-CO-CH_3 \\
H-C \\
CH_2-O-CO-CH_3
\end{array}
$$

Aus Äther Nadeln vom Schmelzp. 119°, $[\alpha]_D^{20} = +92,65°$ in Chloroform bei $c =$ etwa 3,6. — Entsteht aus Tetraacetylglykose mit Fluoressigsäureanhydrid in Gegenwart von Zinkchlorid.

d-Glykosylfluorid-6-chlorhydrin[2] $C_6H_{10}O_4ClF$

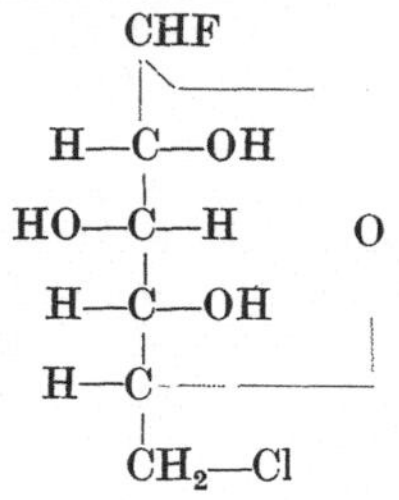

$$
\begin{array}{c}
CHF \\
H-C-OH \\
HO-C-H \qquad O \\
H-C-OH \\
H-C \\
CH_2-Cl
\end{array}
$$

Aceto-fluor-glykose-6-chlorhydrin wird in Methanol aufgeschlämmt und mit Na-Äthylat bei Zimmertemperatur verseift. Aus CH_3OH mit Äther kleine Prismen ohne scharfen Schmelzpunkt, die sich bei 138° unter HF-Entwicklung zersetzen. $[\alpha]_D^{20} = +88,8°$ (in Wasser).

Aceto-1-fluor-d-glykose-6-chlorhydrin[2] $C_{12}H_{16}O_7ClF$

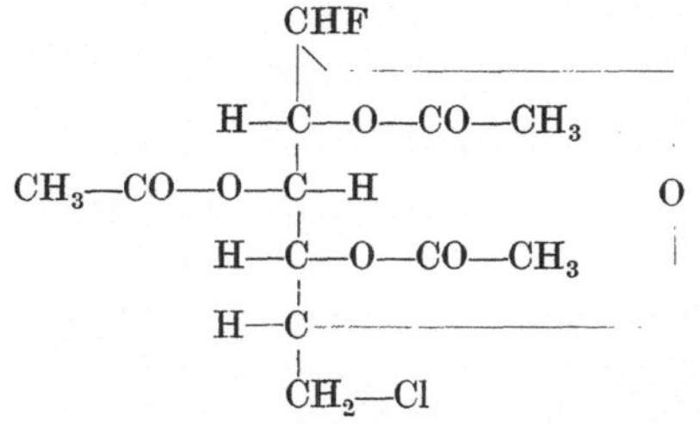

$$
\begin{array}{c}
CHF \\
H-C-O-CO-CH_3 \\
CH_3-CO-O-C-H \qquad O \\
H-C-O-CO-CH_3 \\
H-C \\
CH_2-Cl
\end{array}
$$

Aus β-Tetraacetyl-d-glykose-6-chlorhydrin mit wasserfreier HF. Die gelbliche Lösung wird nach 1stündigem Aufbewahren bei $-20°$ durch Aufnehmen mit 50 ccm Chloroform, Waschen mit Wasser, Trocknen mit Chlorcalcium und Verdampfen der Lösung unter vermindertem Druck aufgearbeitet. Das zurückbleibende Öl wird aus denat. Alkohol umgelöst, dann zur völligen Reinigung aus Chloroform mit Petroläther ausgefällt. Schmelzp. 151—152° (korr.). $[\alpha]_D^{20} = +106,95°$ (in Chloroform).

α-Acetochlorglykose (Chloracetylglykose) mit $[\alpha]_D = +166°$ in Chloroform. Muß als α-Verbindung bezeichnet werden[3]. — Nach Berechnungen von C. S. Hudson[4] besitzt α-Chlortetraacetylglykose furoide Ringstruktur. — β-Pentaacetylglykose liefert mit $AlCl_3$ in Chloroform in guter Ausbeute α-Chlortetraacetylglykose[5]. Aus Chlorglykosetetraschwefelsäureester mit Acetylchlorid[6]. Bildet sich bei der Einwirkung von Stannichlorid in kochendem

[1] D. H. Brauns: J. amer. chem. Soc. **47**, 1280 (1925) — Chem. Zbl. **1925 II**, 1669.

[2] B. Helferich u. H. Bredereck: Ber. dtsch. chem. Ges. **60**, 1995 (1927) — Chem. Zbl. **1927 II**, 2177.

[3] C. S. Hudson: J. amer. chem. Soc. **46**, 462 (1924) — Chem. Zbl. **1924 I**, 2100.

[4] C. S. Hudson: J. amer. chem. Soc. **48**, 1434 (1926) — Chem. Zbl. **1926 II**, 1014.

[5] C. S. Hudson: J. amer. chem. Soc. **48**, 2002 (1926) — Chem. Zbl. **1926 II**, 2414.

[6] Erich Gebauer-Fülnegg, William H. Stevens u. Ernst Krug: Mh. Chem. **50**, 324 (1928) — Chem. Zbl. **1929 I**, 870.

Chloroform auf β-Glykosepentaacetat nach 18 Stunden[1]. — Aus β-Pentaacetylglykose mit Titantetrachlorid[2] (beste Darstellungsmethode). — Acetochlorglykose verhinderte bei Vergärungsversuchen mit Bacterium coli commune, Bacillus acidi lactici und Bacillus lactis aerogenes durch sehr starke Abspaltung von Säure jedes Wachstum der Bakterien[3].

β-Acetochlorglykose[4] (linksdrehend). Die Einwirkung von PCl_5 und $AlCl_3$ auf Tetraacetylglykose ergibt ein Öl von $[\alpha]_D = +63,3°$ (in Chloroform), dessen Gehalt an β-Acetochlorglykose durch die Reaktion von Königs und Knorr bestimmt wird. Wenn diese Verbindung hierbei α-Methylglykosid gibt, so folgt aus den optischen Bestimmungen, daß im Ausgangsmaterial 9,6% α-Methylglykosid, also minsdetens die gleiche Menge β-Acetochlorglykose enthalten ist. Die nach Fischer[5] hergestellte Acetobromglykose wird mehrfach aus Äther umkrystallisiert, zum Schluß aus besonders gereinigtem Äther, und 24 Stunden im Hochvakuum unter Lichtabschluß getrocknet. Die Darstellung des AgCl und Reinigung des Äthers erfolgt ebenfalls unter besonderen Vorsichtsmaßregeln. 9 g Acetobromglykose werden mit dem aus 20 g $AgNO_3$ erhaltenen AgCl in etwa 50 ccm Äther 5 Stunden bei Feuchtigkeitsausschluß unter Rückfluß gekocht. Nach etwa $^1/_2$ Stunde beginnt die Bildung von AgBr. Es wird filtriert, 2mal mit Äther gewaschen, Auszüge im Vakuum stark eingeengt und über Nacht bei $-10°$ stehengelassen. Es scheiden sich 2,5 g harte Krystalle.

Durch Umsetzung von α-Pentaacetylglykose mit flüssiger HCl im Bombenrohr konnte β'-Acetochlorglykose erhalten werden, wenn nach Abpumpen der HCl nur aus Äther krystallisiert wird. Bei der von Fischer und Armstrong beschriebenen Aufarbeitung lagert sich dagegen fast das gesamte Material in die α-Form um[6].

Schmelzp. 94—95°. $[\alpha]_D = +8,6°$ in Chloroform. Durch mehrmaliges Umlösen aus reinem Äther Erhöhung des Schmelzpunktes auf 99—100°. $[\alpha]_D^{17} = -13,0° \rightarrow +81,2°$ nach 24 Stunden in Chloroform, $[\alpha]_D^{17} = -24,0° \rightarrow -10,0°$ nach 6 Tagen in CCl_4.

In Lösung wandelt sich äußerst schnell in die rechtsdrehende Verbindung um[4]. β-Acetochlorglykose, erst aus Äther, dann aus Benzol fraktioniert, $[\alpha]_D^{20} = -17,4°$ (CCl_4; $c = 0,7$), $= -2°$ (Chloroform; $c = 1,04°$). Der Einfluß der Lösungsmittel auf die Umlagerung der β'-Acetochlorglykose ist im Original durch Kurven wiedergegeben. Die Umlagerung in ätherischer Lösung wird von Wasser und verdünnter HCl erheblich katalysiert, während wässeriges NH_3 keine merkliche Wirkung ausübt. AgCl bewirkt in 18 Stunden vollständige Umlagerung, auch $PbCl_2$ ist stark aktiv, während KCl sich als unwirksam erwies[4, 6].

α-1-Chlor-2, 3, 4-triacetylglykose[7]

$$
\begin{array}{l}
\text{CHCl} \\
\text{H—C—O—CO—CH}_3 \\
\text{CH}_3\text{—CO—O—C—H} \qquad\qquad \text{O} \\
\text{H—C—O—CO—CH}_3 \\
\text{H—C} \\
\text{CH}_2\text{—OH}
\end{array}
$$

Triacetyllävoglykosan wird in Chloroformlösung mit Titantetrachlorid 4 Stunden gekocht (Ölbad 95—100°). — Aus Chloroform und Petroläther Krystalle vom Schmelzp. 124—125°. — $[\alpha]_D^{19} = +191,5°$ in Chloroform. Liefert mit Essigsäureanhydrid in Pyridin in der Kälte α-Acetochlorglykose, mit Silbercarbonat in Methylalkohol ein Methylglykosid mit freiem Hydroxyl am sechsten Kohlenstoffatom, und mit Silberacetat in Benzol eine Tetraacetyl glykose, die durch Toluolsulfonieren als 1, 2, 3, 4-Tetraacetyl-6-toluolsulfo-β-d-glykose identifiziert wurde.

---

[1] Eugen Pacsu: Ber. dtsch. chem. Ges. **61**, 137 (1928) — Chem. Zbl. **1928 I**, 1391.

[2] Eugen Pacsu: Ber. dtsch. chem. Ges. **61**, 1508 (1928) — Chem. Zbl. **1928 II**, 872.

[3] Hermann Hees u. Caspar Tropp: Zbl. Bakter I **100**, 273—284 (1926) — Chem. Zbl. **1927 I**, 760.

[4] H. H. Schlubach: Ber. dtsch. chem. Ges. **59**, 840 (1926) — Chem. Zbl. **1926 I**, 3463.

[5] E. Fischer: Ber. dtsch. chem. Ges. **49**, 584 (1916) — Chem. Zbl. **1916 I**, 738.

[6] H. H. Schlubach, P. Stadler u. J. Wolf: Ber. dtsch. chem. Ges. **61**, 287 (1928) — Chem. Zbl. **1928 I**, 1949.

[7] Géza Zemplén u. Zoltán Csürös: Ber. dtsch. chem. Ges. **62**, 993 (1929) — Chem. Zbl. **1929 I**, 2405.

1-Chlor-2-[trichloracetyl]-3, 4, 6-triacetyl-β-glykose. Gibt in Benzol mit abs. Trimethylamin keine Umsetzung. In abs. Alkohol + abs. Benzol mit abs. Trimethylamin wird der Trichloracetylrest abgespalten und eine 1-β-Chlor-3, 4, 6-triacetylglykose ($[\alpha]_D^{18} = +40,5°$) erhalten, die sich zur α-Form isomerisiert und zum reinen β-Glykosidotrimethylammoniumchlorid umsetzt[1].

2-Trichloracetyl-3, 4, 6-triacetyl-β-glykosylchlorid[2]. Aus n-Butylalkohol, dann aus abs. Äther lange Nadeln, Schmelzp. 140°. Läßt sich in Glykoside der α-Reihe umwandeln.

3, 4, 6-Triacetyl-β-glykosylchlorid[2]. Aus Essigester Plättchen, Schmelzp. 156—158°. — Läßt sich in Glykoside der α-Reihe umwandeln.

d-Glykose-6-chlorhydrin[3] $C_6H_{11}O_5Cl$

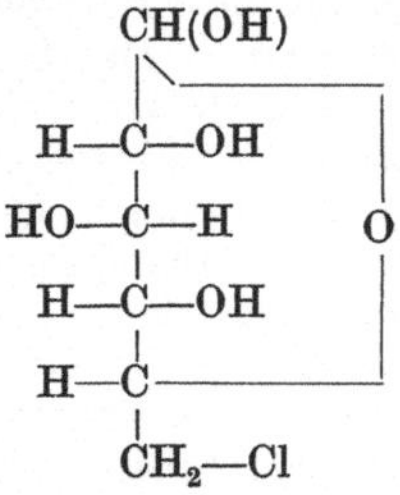

$$
\begin{array}{l}
\mathrm{CH(OH)} \\
\mathrm{H-C-OH} \\
\mathrm{HO-C-H} \qquad \mathrm{O} \\
\mathrm{H-C-OH} \\
\mathrm{H-C} \\
\mathrm{CH_2-Cl}
\end{array}
$$

Aus α-Methyl-d-glykosid-6-chlorhydrin mit 10proz. Fe-freier HCl, 3 Stunden bei 100°. Schnelles Aufarbeiten ist für das Gelingen der Krystallisation unerläßlich. Aus Aceton Nädelchen vom Schmelzp. 135—136° (korr.). $[\alpha]_D^{19} = +78,3 \rightarrow +35,0°$ (in Wasser: Enddrehung nach 8 Stunden). Leicht löslich in Wasser, CH_3OH, warmem Alkohol, sonst wenig löslich bis unlöslich. Reduziert Fehlingsche Lösung schon bei gelinder Wärme sehr stark[3]. Osazon: $C_{18}H_{21}O_3N_4Cl$. Aus warmen verdünnten Alkohol gelbe Nädelchen[3].

2, 3, 4-Triacetyl-d-glykose-6-chlorhydrin[4] $C_{12}H_{17}O_8Cl$

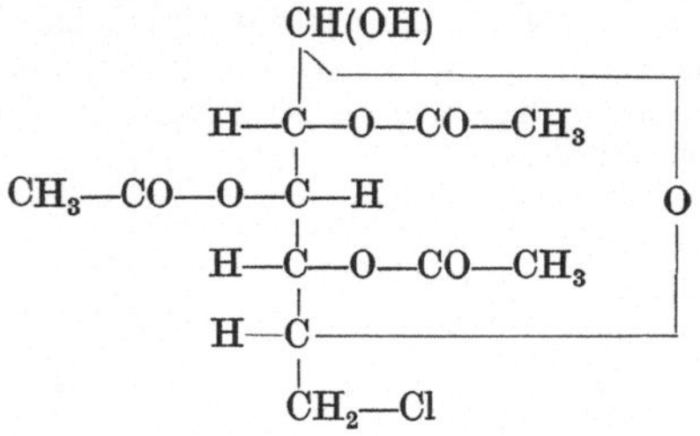

$$
\begin{array}{l}
\mathrm{CH(OH)} \\
\mathrm{H-C-O-CO-CH_3} \\
\mathrm{CH_3-CO-O-C-H} \qquad \mathrm{O} \\
\mathrm{H-C-O-CO-CH_3} \\
\mathrm{H-C} \\
\mathrm{CH_2-Cl}
\end{array}
$$

Aus Aceto-1-brom-d-glykose-6-chlorhydrin durch Schütteln mit Silbercarbonat in Acetonlösung. Wird durch Fällen aus Chloroform mit Petroläther krystallisiert erhalten. Schmelzpunkt 125° nach Sintern von 118° an. $[\alpha]_D^{19} = +18,1°$ (in Chloroform).

α-Tetraacetyl-d-glykose-6-chlorhydrin[3]

$$
\begin{array}{l}
\mathrm{CH(O-CO-CH_3)} \\
\mathrm{H-C-O-CO-CH_3} \\
\mathrm{CH_3-CO-O-C-H} \qquad \mathrm{O} \\
\mathrm{H-C-O-CO-CH_3} \\
\mathrm{H-C} \\
\mathrm{CH_2-Cl}
\end{array}
$$

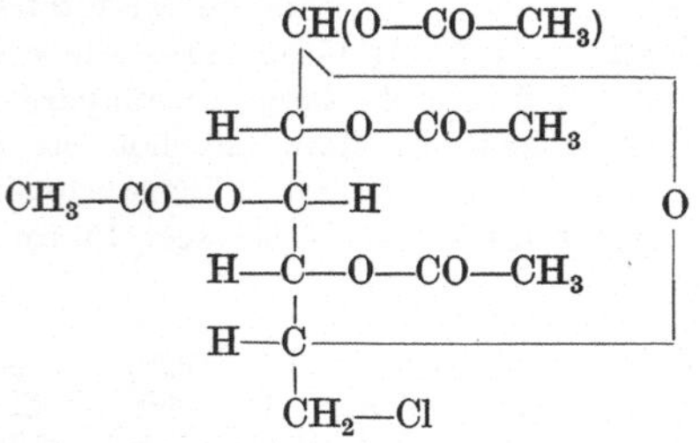

[1] Fritz Micheel u. Hertha Micheel: Ber. dtsch. chem. Ges. **63**, 386 (1930) — Chem. Zbl. **1930 I**, 2236.

[2] Wilfred John Hickinbottom: J. chem. Soc. Lond. **1929**, 1676 — Chem. Zbl. **1930 I**, 510.

[3] B. Helferich u. H. Bredereck: Ber. dtsch. chem. Ges. **60**, 1995 (1927) — Chem. Zbl. **1927 II**, 2177 — Ber. dtsch. chem Ges. **59**, 79 (1926) — Chem. Zbl. **1926 I**, 1968.

[4] B. Helferich u. H. Bredereck: Ber. dtsch. chem. Ges. **60**, 1995 (1927) — Chem. Zbl. **1927 II**, 2177.

Aus α-Tetraacetyl-d-glykose-6-(triphenyl-methyl)-äther mit PCl_5. Krystallinisch, Schmelzpunkt $162-164°$. $[\alpha]_D^{20} = +111,6°$ (in Chloroform).

β-1, 2, 3, 4-Tetraacetyl-d-glykose-6-chlorhydrin[1] $C_{14}H_{19}O_9Cl$. Aus d-Glykose-6-chlorhydrin mit Acetanhydrid und Na-Acetat. Entsteht auch durch Einwirkung von PCl_5 auf β-Tetraacetyl-d-glykose-6-(triphenylmethyl)-äther bei $100°$ (Dauer 5 Minuten). Aus gewöhnlichem Alkohol Prismen vom Schmelzp. $114-115°$ (korr.). $[\alpha]_D^{18} = +17,6°$ (in Chloroform). Aus 1, 2, 3, 4-Tetraacetyl-d-glykose mit Pyridin und Phosphoroxychlorid[2].

Aceto-1, 6-dichlor-d-glykose[1] $C_{12}H_{16}O_7Cl_2$

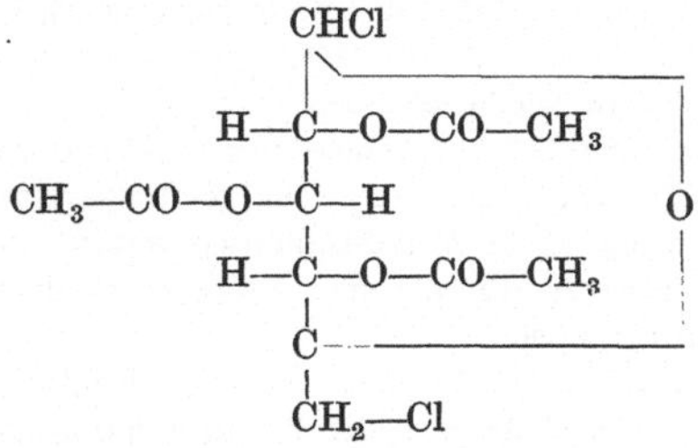

$$
\begin{array}{l}
CHCl \\
\quad | \\
H-C-O-CO-CH_3 \\
\quad | \\
CH_3-CO-O-C-H \qquad O \\
\quad | \\
H-C-O-CO-CH_3 \\
\quad | \\
C------ \\
\quad | \\
CH_2-Cl
\end{array}
$$

3,4 g β-Tetraacetyl-d-glykose-6-chlorhydrin in 20 ccm trockenem Chloroform werden mit 4 g gepulvertem Phosphorpentachlorid und 2 g gepulvertem Aluminiumchlorid versetzt und $^1/_2$ Stunde auf $60°$ erwärmt. Dann wird mit 50 ccm Chloroform verdünnt, mit Eis versetzt, die abgehobene Chloroformschicht mehrfach mit Wasser gewaschen, mit Na_2SO_4 getrocknet und verdampft. Der Sirup wird in wenig Chloroform gelöst und mit Petroläther bis zur bleibenden Trübung versetzt. Nach einiger Zeit scheidet sich die Aceto-dichlor-glykose in farblosen Nadeln in einer Ausbeute von 1,2 g ab. Schmelzp. $156°$. $[\alpha]_D^{20} = +196,8°$ (in Chloroform).

d-Glykose-5, 6-dichlorhydrin (?)[3] $C_6H_{10}O_4Cl_2$. Aus α-Methyl-d-glykosid-5, 6-dichlorhydrinsulfat mit bei $0°$ gesättigten methylalkoholischem Ammoniak, 24 Stunden bei Zimmertemperatur. Aus α-Methyl-d-glykosid-5, 6-di-chlorhydrinschwefelsäure beim Erwärmen mit 12n-Schwefelsäure auf $70°$. Wird von gewöhnlicher Bierhefe nicht vergoren. — Krystalle aus Methylalkohol, Schmelzp. $180°$. $[\alpha]_D^{17} = +180,05° \rightarrow +126,1°$ in Pyridin, Enddrehung nach 86 Stunden. — Leicht löslich in heißem Alkohol und Pyridin, ziemlich löslich in Wasser, unlöslich in Äther. Reduziert stark Fehlingsche Lösung. **Phenylosazon** amorph; **p-Nitrophenylosazon** amorph.

α-Chloracetyl-tetraacetyl-d-glykose[4] $C_{16}H_{21}O_{11}Cl$

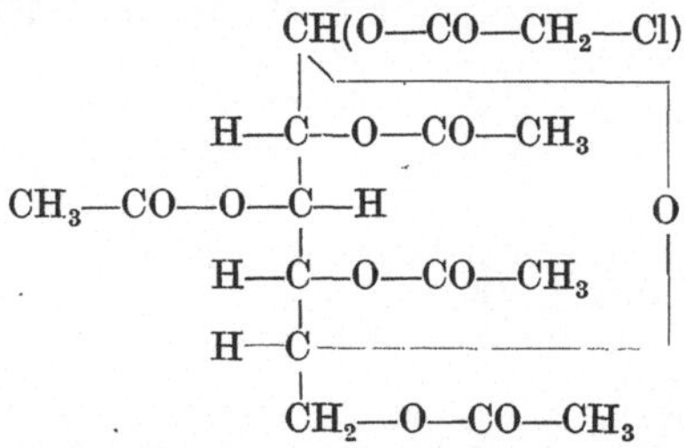

$$
\begin{array}{l}
CH(O-CO-CH_2-Cl) \\
\quad | \\
H-C-O-CO-CH_3 \\
\quad | \\
CH_3-CO-O-C-H \qquad O \\
\quad | \\
H-C-O-CO-CH_3 \\
\quad | \\
H-C------ \\
\quad | \\
CH_2-O-CO-CH_3
\end{array}
$$

Entsteht aus Tetraacetylglykose mit Chloressigsäureanhydrid in Gegenwart von Zinkchlorid. — Aus Alkohol lange Nadeln vom Schmelzp. $128°$. $[\alpha]_D^{20} = +100,82°$ in Chloroform bei $c = 3,3$.

β-1-(Trichloracetyl)-tetraacetyl-d-glykose[5] $C_{16}H_{19}O_{11}Cl_3$. Aus Acetobromglykose mit dem Silbersalz der Trichloressigsäure in Benzol bei Zimmertemperatur. Aus Äther Krystalle vom Schmelzp. $132°$; $[\alpha]_D^{20} = -4,2°$ in Chloroform; $[\alpha]_D^{22} = +19,1°$ in Nitrobenzol. Gibt mit Phenol 15 Minuten auf $170°$ β-Tetraacetylphenolglykosid.

[1] B. Helferich u. H. Bredereck: Ber. dtsch. chem. Ges. **60**, 1995 (1927) — Chem. Zbl. **1927 II**, 2177 — Ber. dtsch. chem. Ges. **59**, 79 (1926) — Chem. Zbl. **1926 I**, 1968.
[2] B. Helferich u. H. du Mont: Hoppe-Seylers Z. **181**, 300 (1929) — Chem. Zbl. **1929 I**, 2873.
[3] Burckhardt Helferich, Gottfried Sprock u. Eduard Besler: Ber. dtsch. chem. Ges. **58**, 886 (1925) — Chem. Zbl. **1925 II**, 282.
[4] D. H. Brauns: J. amer. chem. Soc. **47**, 1280 (1925) — Chem. Zbl. **1925 II**, 1669.
[5] Burckhardt Helferich u. Richard Gootz: Ber. dtsch. chem. Ges. **62**, 2788 (1929) — Chem. Zbl. **1929 II**, 3222.

d-Glykose-5, 6-dichlorhydrin-2, 3-sulfat (?)[1] $C_6H_8O_6Cl_2S + H_2O$. Aus α-Methyl-d-glykosid-5, 6-dichlorhydrinsulfat mit konzentrierter Salzsäure bei Zimmertemperatur. — Aus Äther + Petroläther Krystalle vom Schmelzp. 104—106° unter Zersetzung. $[\alpha]_D^{17} = -66,1°$ in Wasser. Zeigt langsame Mutarotation, die aber von einer tiefgreifenden Veränderung begleitet ist. Es läßt sich aus der wässerigen Lösung leicht ausschütteln, die wässerige Lösung reagiert neutral. Fehlingsche Lösung wird beim Kochen reduziert. Leicht löslich in Methylalkohol, Essigsäure, Aceton, Essigester; wenig löslich in Chloroform, Benzol; schwer löslich in Ligroin. Die nach der Indicatormethode von Michaelis gemessene Wasserstoffionenkonzentration in wässeriger Lösung ergab für 5proz. Lösung $p_H = 3,8$; für 0,5proz. Lösung $p_H = 5,2$; für 0,05proz. Lösung $p_H = 6,2$; für 0,005proz. Lösung $p_H = 6,4$. — Es wird von $^n/_{10}$ n-Natriumhydroxyd zum Schwefelsäurehalbester verseift.

Chlorglykosetetraschwefelsäureester[2]. Aus reiner Watte oder Glykose mit der 3—5fachen Menge Schwefelsäurechlorhydrin unter Kühlung. Die nach 24 Stunden ausgeschiedenen sehr hygroskopischen Krystalle werden unter Feuchtigkeitsausschluß zentrifugiert und im Exsiccator getrocknet. — Weißes Pulver. Liefert mit Essigsäureanhydrid α-Pentaacetylglykose, mit Acetylchlorid α-Acetochlorglykose.

α-Acetobromglykose[3] (Bd. X., S. 487 noch für β-Verbindung gehalten). — Aus Stärke und Acetylbromid entsteht im Einschlußrohr mit bromreicheren Stoffen verunreinigte Acetobromglykose[4]. — Rohe Acetobromglykose scheidet sich aus dem Reaktionsgemisch von Baumwolle und käuflichem Acetylbromid nach 5 Tagen aus. Schmelzp. 70—75°, teilweise Sinterung schon bei 40—60°, Ausbeute 50% der Theorie[5]. Entsteht bei der Behandlung von Triacetyllävoglykosan mit Eisessig-Bromwasserstoff[6]. — Darstellung aus Pentaacetylglykose mit Eisessig-HBr bei 20°[7]. Verhinderte bei Vergärungsversuchen mit Bacterium coli commune, Bacillus acidi lactici und Bacillus lactis aerogenes durch sehr starke Abspaltung von Säure jedes Wachstum der Bakterien[8]. Krystalle aus Petroläther. Schmelzp. 88°[5]. Bei der 13tägigen Einwirkung von 7,5proz. HBr in Acetylbromid auf Acetobromglykose bei 0° wird diese fast quantitativ zurückgewonnen[9]. Bei der Einwirkung von ätherischer HCl auf α'-Acetobromglykose wurden Produkte erhalten, deren Drehung bis +221° betrug, die also erheblich höher liegen als die des Ausgangsmaterials, wie dies auch Fischer beobachtet hat[10]. Mit Natriumäthylat entsteht β-Äthylglykosid[11].

Isomere Tetraacetylbromglykose (Acetobromglykose) (?)[12] $C_{14}H_{19}O_9Br$. 13 g Celluloseacetat A in 130 g Acetylbromid bei —15° werden mit 8 g Bromwasserstoff versetzt und im Rohr 6 Tage bei 2—4° aufbewahrt, danach unter vermindertem Druck bei 0° eingedunstet, desgleichen öfter aus Chloroform. Der Rückstand wird mit 10facher Menge Äther versetzt, wobei nach 2 Tagen bei —15° Acetobromcellobiose auskrystallisiert. Die Lösung wird fraktioniert mit Petroläther gefällt. — Körniger, bisweilen schwach gelblicher Niederschlag, leicht löslich in Äther, bei 60° erweichend ohne scharfen Schmelzpunkt. — $[\alpha]_D^{24} = +76,31°$. Wird mit Silberacetat nicht in Pentaacetylglykose überführt. Bei weiterer Einwirkung von Bromwasserstoff und Acetylbromid geht es in Acetobromcellobiose über.

---

[1] Burckhardt Helferich, Gottfried Sprock u. Eduard Besler: Ber. dtsch. chem. Ges. **58**, 886 (1925) — Chem. Zbl. **1925 II**, 282.

[2] Erich Gebauer-Fülnegg, William H. Stevens u. Ernst Krug: Mh. Chem. **50**, 324 (1928) — Chem. Zbl. **1929 I**, 870.

[3] C. S. Hudson: J. amer. chem. Soc. **46**, 462 (1924) — Chem. Zbl. **1924 I**, 2100.

[4] László Zechmeister: Ber. dtsch. chem. Ges. **56**, 573 (1923) — Chem. Zbl. **1923 I**, 1308.

[5] M. Bergmann: D.R.P. 363270, Kl. 12o v. 8. April 1921; Chem. Zbl. **1923 II**, 908.

[6] Heinz Ohle u. Kurt Spencker: Ber. dtsch. chem. Ges. **59**, 1836 (1926) — Chem. Zbl. **1926 II**, 2556.

[7] K. Freudenberg, A. Noë u. E. Knopf: Ber. dtsch. chem. Ges. **60**, 238 (1927) — Chem. Zbl. **1927 I**, 1671.

[8] Hermann Hees u. Caspar Tropp: Zbl. Bakter. I **100**, 273—284 (1926) — Chem. Zbl. **1927 I**, 760.

[9] F. Michael u. K. Heß: Liebigs Ann. **456**, 69 (1927) — Chem. Zbl. **1927 II**, 1467.

[10] H. H. Schlubach, P. Stadler u. J. Wolf: Ber. dtsch. chem. Ges. **61**, 287 (1928) — Chem. Zbl. **1928 I**, 1949. — H. Schlubach: Ber. dtsch. chem. Ges. **59**, 840 (1926) — Chem. Zbl. **1926 I**, 3463.

[11] Géza Zemplén u. Alfons Kunz: Ber. dtsch. chem. Ges. **56**, 1710 (1923) — Chem. Zbl. **1923 III**, 1554.

[12] Kurt Heß, W. Weltzien u. F. Kunau: Liebigs Ann. **435**, 86 (1924) — Chem. Zbl. **1924 I**, 755.

Brom-glykose (?) $C_6H_{11}O_5Br$. Aus der **Isomeren Tetraacetylbromglykose.** (1 g) in 15 ccm abs. Alkohol + 6 ccm $^1/_4$n-Natriumäthylat (48 Stunden bei 15°) aus Alkohol + Äther, nach Verreiben mit Äther bröckelige Masse. Hygroskopisch[1].

Aceto-1-brom-d-glykose-6-chlorhydrin[2] $C_{12}H_{16}O_7ClBr$

$$
\begin{array}{l}
\text{CHBr} \\
\text{H—C—O—CO—CH}_3 \\
\text{CH}_3\text{—CO—O—C—H} \qquad \text{O} \\
\text{H—C—O—CO—CH}_3 \\
\text{H—C} \\
\text{CH}_2\text{—Cl}
\end{array}
$$

3 g-Tetraacetyl-d-glykose-6-chlorhydrin werden in 10 ccm Bromwasserstoff-Eisessig gelöst. Nach einiger Zeit erstarrt die Lösung zu einem Krystallbrei. Aufnehmen mit Chloroform, Waschen mit Wasser, Trocknen mit $NaSO_4$ und vorsichtiges Umkrystallisieren des nach dem Verdampfen verbleibenden Rückstandes aus 20 ccm denat. Alkohol liefert das Acetobromglykose-6-chlorhydrin in langen Nadeln. Schmelzp. 165—166° (korr.); $[\alpha]_D^{20} = +209,0°$ (in Chloroform).

6-Brom-1, 2, 3, 4-Tetraacetyl-α-glykose, α-Tetraacetyl-d-glykose-6-bromhydrin[3].

$$
\begin{array}{l}
\text{CH—(O—CO—CH}_3) \\
\text{H—C—O—CO—CH}_3 \\
\text{CH}_3\text{—CO—O—C—H} \qquad \text{O} \\
\text{H—C—O—CO—CH}_3 \\
\text{H—C} \\
\text{CH}_2\text{—Br}
\end{array}
$$

Aus Acetodibromglykose mit Essigsäureanhydrid in Gegenwart von konz. Schwefelsäure. Aus Methylalkohol Krystalle. Schmelzpunkt 172—173° (korr.). $[\alpha]_D^{25} = +108,5$ in Essigester, $[\alpha]_D^{24} = +110,6°$ in Chloroform. — Entsteht bei der Acetylierung von Glykose-6-bromhydrin in Pyridin[4]. Schmelzp. 171°. Ist identisch mit der Verbindung von Wrede[5]. Berechnetes Drehungsvermögen $[\alpha]_D = +105°$ in Chloroform[6].

Glykose-6-bromhydrin[7] $C_6H_{11}O_5Br$. Triacetyl-glykose-6-bromhydrin wird mit 5 proz. Bromwasserstoffsäure bei Zimmertemperatur verseift. Aus abs. Alkohol Krystalle vom Schmelzp. 134° unter Zersetzung. — $[\alpha]_D^{17} = +86,9° \to +48,95°$ in Wasser, Enddrehung nach 18 Stunden. Der krystallisierte Zucker liegt in α-Form vor und liefert bei der Acetylierung in Pyridin das α-Tetraacetylglykose-6-bromhydrin vom Schmelzp. 171°.

α-1, 6-Dibromtriacetylglykose (Acetodibromglykose). $[\alpha]_D$ berechnet $= +186°$ in Chloroform[8]. Nach einer anderen Methode berechnetes Drehungsvermögen: $[\alpha]_D = +193°$ in Chloroform[6]. — Schmelzp. 173°. $[\alpha]_D = +189,9°$ in Chloroform und $+185,9°$ in Eisessig[9]. Entsteht in geringer Menge bei der Einwirkung von PBr_5 auf Licheninacetat[10]. Das Verfahren

[1] K. Heß, W. Weltzien u. F. Kunau: Liebigs Ann. **435**, 99 (1924) — Chem. Zbl. **1924 I**, 755.

[2] B. Helferich u. H. Bredereck: Ber. dtsch. chem. Ges. **60**, 1995 (1927) — Chem. Zbl. **1927 II**, 2177 — Ber. dtsch. chem. Ges. **59**, 79 (1926) — Chem. Zbl. **1926 I**, 1968.

[3] Burckhardt Helferich u. E. Himmen: Ber. dtsch. chem. Ges. **61**, 1829 (1928) — Chem. Zbl. **1928 II**, 2127.

[4] Karl Freudenberg, Hans Toepffer u. Carl Chr. Andersen: Ber. dtsch. chem. Ges. **61**, 1755 (1928) — Chem. Zbl. **1928 II**, 2124.

[5] F. Wrede: Hoppe-Seylers Z. **115**, 284 (1911).

[6] C. S. Hudson u. F. P. Phelps: J. amer. chem. Soc. **46**, 2591 (1924) — Chem. Zbl. **1925 I**, 640.

[7] Karl Freudenberg, Hans Toepffer u. Carl Chr. Andersen: Ber. dtsch. chem. Ges. **61**, 1755 (1928) — Chem. Zbl. **1928 II**, 2123.

[8] C. S. Hudson: J. amer. chem. Soc. **46**, 462 (1924) — Chem. Zbl. **1924 I**, 2100.

[9] J. C. Irvine u. J. W. H. Oldham: J. chem. Soc. Lond. **127**, 2729 (1925) — Chem. Zbl. **1926 I**, 2184.

[10] P. Karrer u. B. Joos: Biochem. Z. **136**, 537 (1923) — Chem. Zbl. **1923 IV**, 834.

von Fischer und Armstrong liefert bessere Ausbeuten als dasjenige von Karrer und Smirnoff[1]. Sowohl die α- wie die β-Form der Triphenylmethyltetraacetylglykose liefert beim Erhitzen mit PBr_5 auf $100°$ (15 Minuten) Acetodibromglykose. Ausbeute $27,4\%$ der Theorie. Aus Essigester Schmelzp. $170—171°$ [2].

α-Bromacetyl-tetraacetyl-d-glykose[3] $C_{16}H_{21}O_{11}Br$

$$\begin{array}{l}
\mathrm{CH(O—CO—CH_2—Br)} \\
\mathrm{H—C—O—CO—CH_3} \\
\mathrm{CH_3—CO—O—C—H} \qquad \mathrm{O} \\
\mathrm{H—C—O—CO—CH_3} \\
\mathrm{H—C} \\
\mathrm{CH_2—O—CO—CH_3}
\end{array}$$

Aus 2, 3, 4, 6-Tetraacetylglykose Bromessigsäureanhydrid und Zinkchlorid. Aus Alkohol Krystalle. Schmelzp. $116°$. $[\alpha]_D^{20} = +94,81°$ in Chloroform bei $c = 3,2$.

α-Acetojodglykose (Jodacetylglykose) mit $[\alpha]_D = +232°$ in Chloroform. Muß als α-Verbindung betrachtet werden[4]. Aus Acetobromglykose mit Jodnatrium in Aceton, 15 Minuten bei Zimmertemperatur[5].

α-Tetraacetyl-d-glykose-6-jodhydrin[6] $C_{14}H_{19}O_9J$. Aus der analogen Bromverbindung mit Natriumjodid in Aceton 7 Stunden bei $100°$. Krystalle aus Methylalkohol. Schmelzpunkt $182°$ (korr.); $[\alpha]_D^{24} = +102,0°$ in Chloroform.

β-Tetraacetylglykose-6-jodhydrin[7] $C_{14}H_{19}O_9J$. Aus dem β-Tetraacetylglykose-6-bromhydrin mit Natriumjodid 6 Stunden bei $100°$. Krystalle aus Alkohol. Schmelzp. $152°$ (korr.). $[\alpha]_D^{23} = +9,12°$ in Chloroform.

Triacetyl-1-brom-6-jodhydrin[7] $C_{12}H_{16}O_7BrJ$. Aus vorstehender Verbindung in Chloroform mit Bromwasserstoff in Eisessig 2 Stunden bei Zimmertemperatur. Nädelchen aus Essigsäure. Schmelzp. $168—177°$ unter Zersetzung; $[\alpha]_D^{23} = +178,9°$ in Chloroform.

β-Triacetylglykose-6-jodhydrin[8] $C_{12}H_{17}O_8J$. Aus Triacetylglykose-1-brom-6-jodhydrin mit wasserhaltigem Aceton und Silbercarbonat. Krystalle aus Chloroform und Petroläther. Schmelzp. $159—160°$ (korr.). $[\alpha]_D^{21} = +31,25° \rightarrow +81,25°$ in Chloroform. Drehungskonstanz war nach 6 Tagen noch nicht erreicht.

Aceto-1, 6-dijodglykose[8] $C_{12}H_{16}O_7J_2$. Aus Tetraacetylglykose-6-jodhydrin in Chloroform mit Kaliumjodid-Essigsäure. Aus Essigester Nadeln, die sich gegen $150°$ unter Entwicklung von Joddämpfen zersetzen. $[\alpha]_D^{21} = +205,9°$ in Chloroform.

α-Nitroacetylglykose (Acetonitroglykose) mit $[\alpha]_D = +149°$ in Chloroform. Muß als α-Verbindung betrachtet werden[4].

β'-Acetonitroglykose. Aus α'-Acetochlorglykose mit $AgNO_3$ in siedendem reinstem Äther. Dauer etwa 30 Minuten. Umsetzung von α'-Acetobromglykose mit $AgNO_3$ ergab ungünstige Resultate. Durch Fraktionierung aus Äther, Nadeln oder Oktaeder vom Schmelzpunkt $96°$, $[\alpha]_D^{20} = -8,44°$ (ClC_4; $c = 1,006$). Die Drehung steigt beim Aufbewahren im festen Zustand allmählich an[9].

[1] Karl Freudenberg, Hans Toepffer u. Carl Chr. Andersen: Ber. dtsch. chem. Ges. **61**, 1755 (1928) — Chem. Zbl. **1928 II**, 2123.

[2] B. Helferich, L. Moog u. A. Jünger: Ber. dtsch. chem. Ges. **58**, 872 (1925) — Chem. Zbl. **1925 II**, 279 — Liebigs Ann. **440**, 1 — Chem. Zbl. **1924 II**, 2829.

[3] D. H. Brauns: J. amer. chem. Soc. **47**, 1280 (1925) — Chem. Zbl. **1925 II**, 1669.

[4] C. S. Hudson: J. amer. chem. Soc. **46**, 462 (1924) — Chem. Zbl. **1924 I**, 2100.

[5] Burckhardt Helferich u. Richard Gootz: Ber. dtsch. chem. Ges. **62**, 2788 (1929) — Chem. Zbl. **1929 II**, 3222.

[6] Burckhardt Helferich u. E. Himmen: Ber. dtsch. chem. Ges. **61**, 1829 (1928) — Chem. Zbl. **1928 II**, 2127.

[7] Burckhardt Helferich u. Herbert Collartz: Ber. dtsch. chem. Ges. **61**, 1644 (1928) — Chem. Zbl. **1928 II**, 2126.

[8] Burckhardt Helferich u. Herbert Collartz: Ber. dtsch. chem. Ges. **61**, 1645 (1928) — Chem. Zbl. **1928 II**, 2126.

[9] H. H. Schlubach, P. Stadler u. J. Wolf: Ber. dtsch. chem. Ges. **61**, 287 (1928) — Chem. Zbl. **1928 I**, 1949. — H. Schlubach: Ber. dtsch. chem. Ges. **59**, 840 (1926) — Chem. Zbl. **1926 I**, 3463.

2, 3, 4-Triacetylglykose-1, 6-dinitrat[1] $C_{12}H_{18}O_{13}N_2$

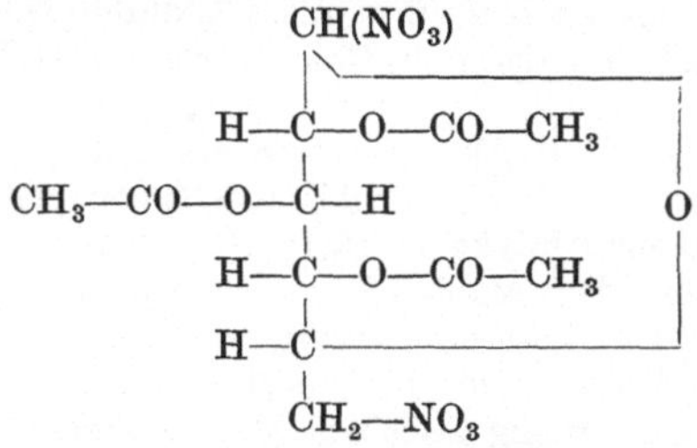

$$CH(NO_3)$$

$$H—C—O—CO—CH_3$$
$$CH_3—CO—O—C—H \qquad O$$
$$H—C—O—CO—CH_3$$
$$H—C$$
$$CH_2—NO_3$$

Entsteht bei der Einwirkung von rauchender Salpetersäure aus Triacetyllävoglykosan. Aus heißem abs. Alkohol Krystalle, Schmelzp. 132—133°. Unlöslich in Wasser, Petroläther, kaltem Alkohol; $[\alpha]_D = +144,2°$ in einem Gemisch von 70proz. rauchender Salpetersäure $+30\%$ Chloroform bei $c = 5,0$. Reduziert weder vor noch nach dem Kochen Fehlingsche Lösung. Durch Kochen mit Essigsäure und Natriumacetat entsteht Tetraacetylglykose-6-mononitrat.

1, 2, 3, 4-Tetraacetyl-glykose-6-mononitrat[1] $C_{14}H_{19}O_{12}N$

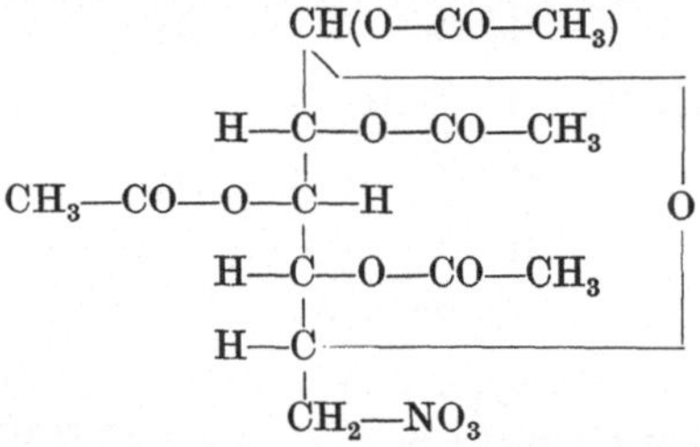

$$CH(O—CO—CH_3)$$

$$H—C—O—CO—CH_3$$
$$CH_3—CO—O—C—H \qquad O$$
$$H—C—O—CO—CH_3$$
$$H—C$$
$$CH_2—NO_3$$

Aus vorheriger Verbindung durch Kochen mit Essigsäure und Natriumacetat. Krystalle aus abs. Alkohol. Schmelzp. 142—143°. Reduziert Fehlingsche Lösung beim Kochen; $[\alpha]_D = +23,2°$ in Essigsäure bei $c = 2,494$. Bei der Hydrolyse in Gegenwart von Eisen entsteht eine 1, 2, 3, 4-Tetraacetyl-glykose.

Benzoylglykose. Bildet sich neben Saligenin bei der Einwirkung von Takadiastose auf Populin[2].

α-Pentabenzoylglykose $C_{41}H_{32}O_{11}$. Aus wasserfreier α-Glykose, $[\alpha]_D = +114°$, mit Benzoylchlorid in Chloroform mit Pyridin bei $-10°$, dann 18 Stunden bei $0°$. Gereinigt durch Umkrystallisieren aus Alkohol, der 10% Pyridin enthält, dann aus Alkohol mit 5% Pyridin und schließlich aus reinem Alkohol. Schmelzp. 187°, $[\alpha]_D^{20} = +38,5°$ (Chloroform; $c = 2,0°$)[3].

β-Pentabenzoylglykose-[1, 5]. Analog dargestellt wie die α-Form aus β-Glykose von $[\alpha]_D = -20°$. Versuchstemperatur $= 15°$. Aus Chloroform, dann aus Essigester. Schmelzpunkt 157°, $[\alpha]_D^{20} = +24°$ (Chloroform; $c = 3$). Krystallisiert man ein solches Produkt aus abs. Alkohol, so erhält man eine gelatinöse Masse, bestehend aus mikroskopischen Kügelchen vom Schmelzp. 180°. Beim Umkrystallisieren dieser Probe aus Essigester erhält man wiederum ein Präparat vom Schmelzp. 156—157°[3].

3, 4, 6-Tribenzoylglykose

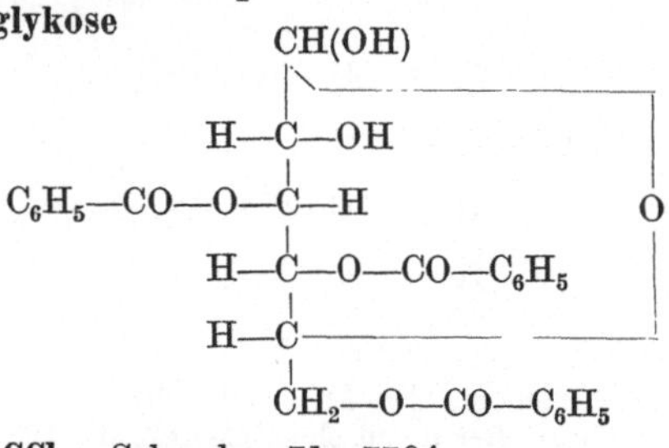

$$CH(OH)$$

$$H—C—OH$$
$$C_6H_5—CO—O—C—H \qquad O$$
$$H—C—O—CO—C_6H_5$$
$$H—C$$
$$CH_2—O—CO—C_6H_5$$

Doppelverbindung mit CCl_4. Schmelzp. 71—77°[4].

[1] John Walter Hyde Oldham: J. chem. Soc. Lond. **127**, 2840 (1925) — Chem. Zbl. **1926** I, 2671.
[2] T. Kitasato: Biochem. Z. **190**, 109 (1927) — Chem. Zbl. **1928** I, 2411.
[3] P. A. Levene u. G. M. Meyer: J. of biol. Chem. **76**, 513 — Chem. Zbl. **1928** I, 2378 — J. of biol. Chem. **74**, 701 (1927) — Chem. Zbl. **1928** I, 487.
[4] P. Brigl u. W. Scheyer: Hoppe-Seylers Z. **160**, 214 (1926) — Chem. Zbl. **1927** I, 418.

6-Acetyl-1,2,3,4-tetrabenzoylglykose[1] $C_{36}H_{30}O_{11}$. Aus dem Umsetzungsprodukt von Tribenzoyllävoglykosan mit Bromwasserstoff in Eisessig durch Einwirkung von Silberbenzoat in abs. Äther. — Aus Methylalkohol, dann aus Chloroform + Petroläther, Krystalle. Schmelzpunkt 183—184° (korr.).

2,3,4-Tribenzoylglykose[1] $C_{27}H_{24}O_9$. Aus vorstehender Verbindung mit 5n-Schwefelsäure und Aceton 2 Stunden bei 85°. Aus Alkohol Krystalle vom Schmelzp. 189—191° (korr.).

1-6-Diacetyl-2,3,4-Tribenzoylglykose[1] $C_{31}H_{28}O_{11}$. Aus vorstehender Verbindung mit Essigsäureanhydrid in Pyridin. Aus Alkohol Krystalle vom Schmelzp. 178—183°.

Aus 6-Acetyl-tribenzoyl-1-glykose-bromhydrin mit Silberacetat. Nädelchen. Schmelzpunkt 172—173° (korr.); $[\alpha]_D^{20} = +24{,}75°$ in Acetylentetrachlorid. Leicht löslich in Essigester, Benzol, Tetrachlormethan; wenig löslich in Methylalkohol und Alkohol[2].

1-Acetyl-2,3,4,6-tetrabenzoylglykose[3] $C_{36}H_{30}O_{11}$. Entsteht aus α-Diglykosyl-nitrosaminoktabenzoat beim Erwärmen mit Essigsäureanhydrid und Zinkchlorid. Aus Alkohol Prismen. Schmelzp. 159—160°.

2,3,4-Tribenzoyl-glykosyl-fluorid[4]

$$
\begin{array}{c}
\mathrm{CHF} \\
\mathrm{H-C-O-CO-C_6H_5} \\
\mathrm{C_6H_5-CO-O-C-H} \qquad \mathrm{O} \\
\mathrm{H-C-O-CO-C_6H_5} \\
\mathrm{H-C} \\
\mathrm{CH_2-OH}
\end{array}
$$

Aus Triphenylmethyl-tribenzoyl-glykosyl-fluorid in Chloroformlösung, durch Abspaltung des Triphenylmethyls mit HCl. Das Produkt konnte nicht isoliert werden.

2,3,4,6-Tetrabenzoyl-d-glykosyl-1-fluorid $C_{34}H_{27}O_9F$

$$
\begin{array}{c}
\mathrm{CHF} \\
\mathrm{H-C-O-CO-C_6H_5} \\
\mathrm{C_6H_5-CO-O-C-H} \qquad \mathrm{O} \\
\mathrm{H-C-O-CO-C_6H_5} \\
\mathrm{H-C} \\
\mathrm{CH_2-O-CO-C_6H_5}
\end{array}
$$

Aus d-Glykosyl-fluorid durch Benzoylierung in Pyridin. Nädelchen aus Äther + Petroläther vom Schmelzp. 110—112°. $[\alpha]_D^{22} = +110{,}0°$ in Pyridin[4].

α-Chlor-2,3,4,6-Tetrabenzoylglykose[5]. Aus Pentabenzoylglykose und Titantetrachlorid.

2,4,6-Triacetyl-3-benzoyl-1-bromglykose[6] $C_{19}H_{21}O_9Br$

$$
\begin{array}{c}
\mathrm{CHBr} \\
\mathrm{H-C-O-CO-CH_3} \\
\bigcirc\mathrm{-CO-O-C-N} \qquad \mathrm{O} \\
\mathrm{H-C-O-CO-CH_3} \\
\mathrm{H-C} \\
\mathrm{CH_2-O-CO-CH_3}
\end{array}
$$

[1] Karl Josephson: Ber. dtsch. chem. Ges. **62**, 317 (1929) — Chem. Zbl. **1929 I**, 1921.

[2] Max Bergmann u. F. K. V. Koch: Ber. dtsch. chem. Ges. **62**, 311 (1929) — Chem. Zbl. **1929 I**, 1921.

[3] Percy Brigl u. Helmut Keppler: Hoppe-Seylers Z. **180**, 38 (1929) — Chem. Zbl. **1929 I**, 2297.

[4] B. Helferich, K. Bäuerlein u. F. Wiegand: Liebigs Ann. **447**, 27 (1926) — Chem. Zbl. **1926 I**, 2324.

[5] Géza Zemplén u. Zoltán Csürös: Ber. dtsch. chem. Ges. **62**, 993 (1929) — Chem. Zbl. **1929 I**, 2405.

[6] Karl Freudenberg u. Otto Ivers: Ber. dtsch. chem. Ges. **55**, 929 (1922) — Chem. Zbl. **1922 I**, 1197.

Bei 20 stündigem Stehen von Diacetonbenzoylglykose mit Essigsäure + Bromwasserstoff
bei 0° gesättigt. — Beim Eingießen in Wasser zähe Masse, mit Wasser durchgerührt,
dann noch feucht mit Methylalkohol angerieben. — Aus Aceton + Wasser, Krystalle,
Schmelzp. 152°, $[\alpha]_D = +162,5°$ in Acetylentetrachlorid. Nicht leicht löslich in kaltem
Methylalkohol und Alkohol; leichter in Äther und Chloroform.

6-Acetyl-tribenzoyl-1-glykose-bromhydrin[1]. Aus Tribenzoyllävoglykosan mit Bromwasserstoff in Eisessig. — Läßt sich in 6-Acetyl-2, 3, 4-tribenzoyl-β-methylglykosid sowie
in 1, 6-Diacetyl-2, 3, 4-tribenzoylglykose überführen.

α-1-Bromtetrabenzoylglykose (Benzobromglykose). $A_{Br} = 49,800$, die Verbindung
entspricht der α-Form[2].

Schwefligsäureester der 3, 5, 6-Tribenzoylglykose[3] $C_{27}H_{22}O_{10}S$

$$
\begin{array}{l}
\mathrm{H-C-O} \\
\qquad\qquad \diagdown\mathrm{SO} \\
\mathrm{H-C-O} \diagup \qquad \mathrm{O} \\
\mathrm{C_6H_5-CO-O-C-H} \\
\mathrm{H-C} \\
\mathrm{H-C-O-CO-C_6H_5} \\
\mathrm{CH_2-O-CO-C_6H_5}
\end{array}
$$

Aus 3, 5, 6-Tribenzoylglykose von Fischer und Noth (Bd. X, S. 497) mit Thionylchlorid.
Krystalle aus Methylalkohol, Schmelzp. 139—140°, $[\alpha]_D^{18} = -136,7°$ in Chloroform.

1-[3-Nitrosalicylsäure]-tetraacetylglykoseester $C_{21}H_{23}O_{14}N$. Ein Gemisch von Ag-Salz
der 3-Nitrosalicylsäure und Acetobromglykose mit Xylol bis zum Sieden erhitzt, 2 Minuten
kochen, heiß absaugen, in Eiswasser kühlen. Ausschütteln mit NH_4OH unnötig: dabei bildet
sich das rötlichgelbe NH_4-Salz des Esters, welches teils in die wässerige Schicht übergeht, teils
ausfällt. Aus Alkohol gelblich. Schmelzp. 140°. $[\alpha]_D^{20} = -42,8°$ in Chloroform[4]. **Acetylderivat** $C_{23}H_{25}O_{10}N$. Mit Acetanhydrid und Pyridin (Raumtemperatur, 20 Stunden, dann
schwach erhitzen) in Wasser gießen. Lösung des Produktes in Chloroform gibt an NH_4OH
nichts ab. Aus Alkoholwasser, dann Alkohol, Krystalle, Schmelzp. 145°, $[\alpha]_D^{20} = -73,4°$ in
Chloroform[4].

1-[5-Nitrosalicylsäure]-tetraacetylglykoseester $C_{21}H_{23}O_{14}N$. Aus dem Ag-Salz der
5-Nitrosalicylsäure und Acetobromglykose. Gelbliche Nadeln aus Alkohol, Schmelzp. 174° (korr.).
Wenig löslich in kaltem Xylol, $[\alpha]_D^{20} = +47,2°$ in Chloroform[4]. **NH_4-Salz:** Gelb[4]. **Acetylderivat:** $C_{23}H_{25}O_{10}N$. Aus Alkohol. Schmelzp. 166° (korr.). $[\alpha]_D^{20} = -44,3°$ in Chloroform[4].

1-[o-Kresotinsäure]-tetraacetyl-d-glykoseester[5] $C_{22}H_{26}O_{12}$

$$(CH_3)(3)(OH)(2)C_6H_3 \cdot CO \cdot O \cdot C_6H_7O_5(COCH_3)_4.$$

Darstellung durch Erhitzen einer Mischung von 43 g Acetobromglykose und 27 g Ag-Salz
der o-Kresotinsäure (aus o-kresotinsaurem NH_4 und $AgNO_3$) in 450 ccm Xylol unter Schütteln
auf dem Sandbad, Entfernung des AgBr, Abkühlen auf 0°, Ausschüttelung mit NH_3 und Einengen der Xylollösung in Vakuum. Ausbeute 18 g. Krystalle aus Xylol und Alkohol, Schmelzpunkt 148°. $[\alpha]_D = -37,4°$ (in Chloroform)[5].

1-[m-Kresotinsäure]-tetraacetylglykoseester $C_{22}H_{26}O_{12}$. Inniges Gemisch von Ag-Salz der
m-Kresotinsäure (aus NH_4-Salz und $AgNO_3$) und Acetobromglykose mit Xylol bis zum Sieden
erhitzen, 2 Minuten kochen, heiß absaugen, in Eiswasser kühlen, mit verdünnter NH_4OH
(1 : 50) erschöpfend ausschütteln, Xylollösung mit Wasser waschen, im Vakuum einengen,
mit Petroläther fällen. Aus Alkohol, Schmelzp. 151° (korr.), $[\alpha]_D^{20} = -46,5°$ in Chloroform[4].

1-[p-Kresotinsäure]-tetraacetyl-d-glykoseester[5] $C_{22}H_{26}O_{12}$. Krystalle aus Alkohol,
Schmelzp. 147°. $[\alpha]_D = -33,7°$ (in Chloroform).

---

[1] Max Bergmann u. F. K. V. Koch: Ber. dtsch. chem. Ges. **62**, 311 (1929) — Chem. Zbl.
1929 I, 1921.
[2] C. S. Hudson: J. amer. chem. Soc. **46**, 462 (1924) — Chem. Zbl. **1924 I**, 2100.
[3] P. Brigl u. R. Schinle: Ber. dtsch. chem. Ges. **62**, 1716 (1929) — Chem. Zbl. **1929 II**, 1282.
[4] K. Josephson: Liebigs Ann. **464**, 227 — Chem. Zbl. **1928 II**, 983.
[5] K. Josephson: Ark. Kemi, Min. och Geol. **9**, Nr 36, 1 (1927) — Chem. Zbl. **1927 I**, 1444.
— P. Karrer: Ber. dtsch. chem. Ges. **50**, 833 (1917) — Chem. Zbl. **1927 II**, 381 — Helvet. chim.
Acta **2**, 425 — Chem. Zbl. **1925 I**, 385.

1-[Phloroglucindimethyläthercarbonsäure]-tetraacetyl-d-glykoseester $C_{23}H_{28}O_{14}$. 3,7 g des Ag-Salzes der nach Hering und Wenzel[1] dargestellten Phloroglucindimethyläthercarbonsäure werden mit 5 g Acetobromglykose und 55 ccm Xylol unter Schütteln auf dem Sandbad umgesetzt. Es bildet sich eine Abscheidung von Ag neben AgBr. Nach Entfernung des Niederschlages wird die Lösung auf 0° abgekühlt, mit NH_3 ausgeschüttelt und im Vakuum eingeengt. Krystalle aus Alkohol, Schmelzp. 161°, $[\alpha]_D = -15,4°$ (in Chloroform)[1].

Digalloylglykose[2]. Die Wirkung der Tannase auf Digalloglykose ist ähnlich der auf Gallussäuremethylester, indem Gallussäure abgespalten wird, durch deren Titration man einen Aufschluß über die Wirksamkeit der Fermente erhalten kann. Die Spaltung liefert die besten Resultate bei 30°, das Optimum liegt wahrscheinlich bei 33°. Die Geschwindigkeit der Spaltung steigt mit der Verdünnung des Gallussäurepräparates und erreicht bei $^1/_2$ proz. Lösungen den Höhepunkt. Der Abbau folgt nicht dem Gang einer monomolaren Reaktion[2].

Tetragolloyl-glykose[3] $C_{34}H_{28}O_{22}$. Verseifung von Tetratriacetyl-galloyl-1-acetylglykose führt zu einer Verbindung, die nicht einheitlich ist. Leicht löslich in Wasser, Alkohol. $[\alpha] = +49,8°$[3].

Tetratriacetyl-galloyl-1-bromglykose[3] $C_{58}H_{51}O_{33}Br$. 10 g feingesiebtes, unfraktioniertes, nach der Estermethode gereinigtes chinesisches Tannin wird mit 40 ccm Eisessig-HBr stehengelassen (8 Tage), danach mit 10 ccm Eisessig verdünnt, die abgeschiedene Gallussäure abfiltriert, das Filtrat tropfenweise mit Acetylbromid versetzt, bis eine auf Eis gegossene Probe Niederschlag gibt, der in Aceton mit $FeCl_3$ farblos bleibt. Nach kurzem Stehen gießt man auf Eis. Rötlicher Niederschlag. Aus Chloroform + Äther ist weiß. Behandlung von synthetischen Pentatriacetylgalloylglykose mit Eisessig-HBr unter Zusatz von Acetylbromid vor dem Aufarbeiten führt ebenfalls zu diesem Produkt. $[\alpha]_D^{18} = +58,83°$ in Aceton. Leicht löslich in Aceton Essigester und Chloroform; wenig löslich in CH_3OH und Alkohol; sehr wenig löslich in kaltem Äther[3].

Tetratriacetyl-galloyl-1-acetyl-glykose[3] $C_{34}H_{22}O_{15}(CH_3CO)_{13}$. Aus Tetratriacetyl-galloyl-1-bromglykose mit Essigsäureanhydrid und wasserfreiem Na-Acetat. Weißes Produkt aus Alkohol. Sintert bei 110°, Schmelzp. bei 130—135°. Löslich in Aceton, Chloroform und Essigester; sehr wenig löslich in siedendem Alkohol; fast unlöslich in Wasser, kaltem Alkohol und Äther. $[\alpha]_D^{22} = +32,67°$ bis $[\alpha]_D^{22} = +44,67°$ in Aceton, $+36—47°$ in Acetylentetrachlorid[3]. Entsteht aus Penta-(triacetyl-galloyl)-glykose über die Tetra-(triacetyl-galloyl)-1-bromglykose. $[\alpha]_D = +43,15°$ bzw. 44,9° in Aceton[4].

Penta-(triacetyl-galloyl)-glykose[4]. Die durch alkalische Verseifung gewonnene Pentagalloylglykose ist bereits teilweise abgebaut und mit freier Gallussäure gemischt. Sie löst sich in Eisessigbromwasserstoff leicht und scheidet schon nach wenigen Stunden beträchtliche Mengen Gallussäure aus. Die durch saure Verseifung erzeugte Pentagalloylglykose löst sich dagegen erst in 2—3 Tagen; auch nach 10 Tagen ist noch keine Gallussäure auskrystallisiert.

6-Triphenylmethyl-glykosyl-1-fluorid[5] $C_{25}H_{25}O_5F$

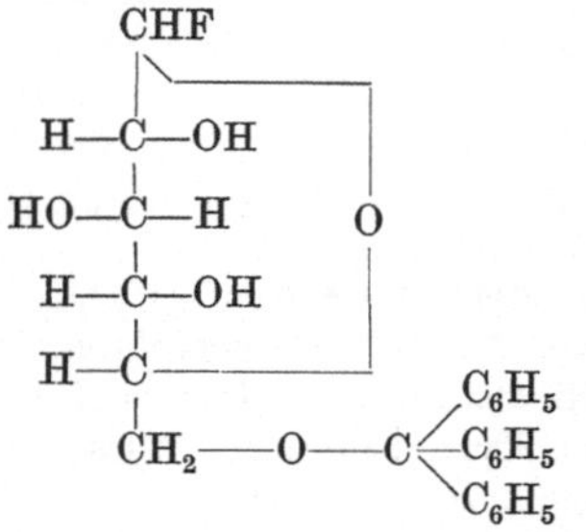

$$
\begin{array}{l}
\text{CHF} \\
\text{H—C—OH} \\
\text{HO—C—H} \qquad\qquad \text{O} \\
\text{H—C—OH} \\
\text{H—C——} \\
\text{CH}_2\text{—O—C}\big\langle\begin{array}{l}\text{C}_6\text{H}_5\\ \text{C}_6\text{H}_5\\ \text{C}_6\text{H}_5\end{array}
\end{array}
$$

[1] K. Josephson: Ark. Kemi, Min. och Geol. **9**, Nr 36, 1 (1927) — Chem. Zbl. **1927 I**, 1444. — P. Karrer: Ber. dtsch. chem. Ges. **50**, 833 (1917) — Chem. Zbl. **1927 II**, 381 — Helvet. chim. Acta **2**, 425 — Chem. Zbl. **1925 I**, 385.

[2] Karl Freudenberg u. Erich Vollbrecht: Hoppe-Seylers Z. **116**, 277—292 (1921) — Chem. Zbl. **1922 I**, 283.

[3] P. Karrer, H. R. Salomon u. J. Peyer: Helvet. chim. Acta **6**, 3 (1923) — Chem. Zbl. **1923 I**, 955. — P. Karrer u. H. R. Salomon: Helvet. chim. Acta **5**, 108 (1922) — Chem. Zbl. **1922 I**, 1339.

[4] P. Karrer, Rosa Widmer u. Max Staub: Liebigs Ann. **433**, 288 (1923) — Chem. Zbl. **1924 I**, 1043.

[5] B. Helferich, K. Bäuerlein u. Fr. Wiegand: Liebigs Ann. **447**, 27 (1926) — Chem. Zbl. **1926 I**, 2324.

Aus Glykosylfluorid mit Triphenylchlormethan in Pyridin 24 Stunden bei Zimmertemperatur aufbewahrt, dann wird die Lösung bei 0° mit Wasser bis zur Trübung versetzt und dann in 3 l Eiswasser getropft. Es fällt ein gelbliches Öl aus, das langsam erstarrt. Aus Aceton mit Petroläther feine acetonhaltige Nädelchen. Schmelzp. gegen 140° unter Aufschäumen, schon bei 135° beginnt es zu erweichen. $[\alpha]_D^{14} = +58,4°$ in Pyridin. Leicht löslich in Aceton, Pyridin; ziemlich leicht löslich in CH_3OH, Alkohol, Essigester; wenig löslich bis unlöslich in Äther, Petroläther, Wasser.

6-Triphenylmethyl-2, 3, 4-triacetyl-glykosyl-1-fluorid. Aus voriger Verbindung mit Acetanhydrid in Pyridin. Aus Alkohol Nadeln vom Schmelzp. 147—148°. $[\alpha]_D^{20} = +119,6\%$ [1].

6-Triphenylmethyl-α-d-glykose $C_{25}H_{26}O_6$. Darstellung aus Glykose mit Triphenylchlormethan in abs. Pyridin unter Ausschluß von Feuchtigkeit. Aus Alkohol Nadeln mit 2 Mol Krystallalkohol vom Schmelzp. 57—58°; das getrocknete Präparat hat keinen scharfen Schmelzp, gegen 100° Zersetzung unter Gasentwicklung; unlöslich in Petroläther, Wasser; sonst leicht löslich. $[\alpha]_D^{22} = +59,6° \rightarrow +38,0°$ (Pyridin, Enddrehung nach 90 Stunden). Die Verbindung reduziert heiße Fehlingsche Lösung, wird von HCl sowie auffallenderweise auch von alkoholischer 0,5proz. NaOH in Traubenzucker und Triphenylcarbinol gespalten [2].

α-**1, 2, 3, 4-Tetraacetyl-d-glykose-6-(triphenylmethyl)-äther** $C_{33}H_{34}O_{10}$

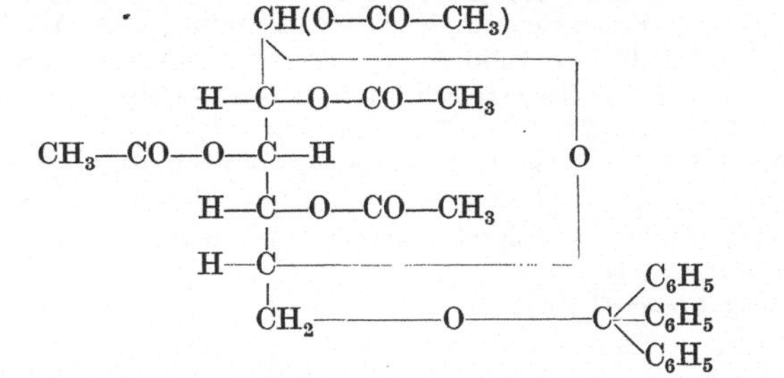

$$\begin{array}{l}
CH(O-CO-CH_3) \\
H-C-O-CO-CH_3 \\
CH_3-CO-O-C-H \\
H-C-O-CO-CH_3 \\
H-C \\
CH_2-O-C(C_6H_5)_3
\end{array}$$

Aus den Mutterlaugen des β-Tetraacetyl-d-glykose-6-(triphenyl-methyl)-äthers gewinnt man durch mehrfaches Umkrystallisieren als ein bei 120—126° schmelzendes Produkt [3]. Aus Triphenylmethyl-α-d-glykose mit Acetanhydrid in Pyridin 24 Stunden bei Zimmertemperatur. Aus Alkohol Nadeln vom Schmelzp. 129—131°, $[\alpha]_D^{22} = +97,4°$ (Pyridin), unlöslich in Wasser; sehr wenig löslich in Ligroin, Petroläther [2].

1, 2, 3, 4-Tetraacetyl-6-triphenylmethyl-β-d-glykose $C_{33}H_{34}O_{10}$. Durch direkte Acetylierung des Reaktionsgemisches aus Glykose und Triphenylchlormethan in Pyridin. Aus Äther + Ligroin glänzende Nadeln, dann aus Alkohol umgelöst. Schmelzp. 163—164°, $[\alpha]_D^{19} = +44,8°$ (Pyridin), unlöslich in Wasser; fast unlöslich in Petroläther und Ligroin [2]. Die Darstellung läßt sich vereinfachen. Behandelt man es mit Essigsäure + Bromwasserstoff, so entsteht in wenigen Sekunden ein Niederschlag von Triphenylbrommethan, aus dem Filtrat wird Tetraacetyl-1, 2, 3, 4-β-d-glykose erhalten [4].

6-Triphenylmethyl-2, 3, 4-tribenzoyl-glykosyl-fluorid [1] $C_{46}H_{37}O_8F$

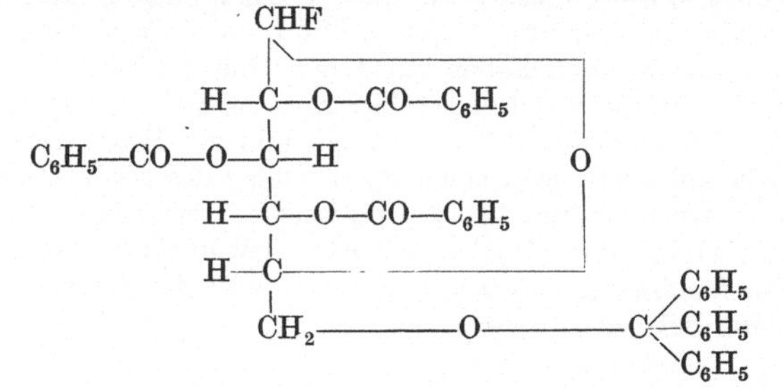

$$\begin{array}{l}
CHF \\
H-C-O-CO-C_6H_5 \\
C_6H_5-CO-O-C-H \\
H-C-O-CO-C_6H_5 \\
H-C \\
CH_2-O-C(C_6H_5)_3
\end{array}$$

[1] B. Helferich, K. Bäuerlein u. F. Wiegand: Liebigs Ann. **447**, 27 (1926) — Chem. Zbl. **1926 I**, 2324.

[2] B. Helferich, L. Moog u. A. Jünger: Ber. dtsch. chem. Ges. **58**, 872 (1925) — Chem. Zbl. **1925 II**, 279 — Liebigs Ann. **440**, 1 — Chem. Zbl. **1924 II**, 2829.

[3] B. Helferich u. H. Bredereck: Ber. dtsch. chem. Ges. **60**, 1995 (1927) — Chem. Zbl. **1927 II**, 2177 — Ber. dtsch. chem. Ges. **59**, 79 (1926) — Chem. Zbl. **1926 I**, 1968.

[4] Burckhardt Helferich u. Wilhelm Klein: Liebigs Ann. **450**, 219 (1926) — Chem. Zbl. **1927 I**, 1149.

Aus Triphenylmethyl-glykosyl-fluorid durch Benzoylieren in Pyridin bei 0°, dann bei Zimmertemperatur. Amorphes Pulver aus Alkohol. $[\alpha]_D^{18} = +75{,}1°$ in Pyridin. Sinkt gegen 95° zu einer klaren zähen Masse zusammen, scharfen Schmelzpunkt zeigt die Substanz nicht[1].

1, 2, 3, 4-Tetraacetyl-6-toluolsulfo-β-d-glykose[2] $C_{21}H_{26}O_{12}S$

$$
\begin{array}{c}
CH(O\!-\!CO\!-\!CH_3) \\
H\!-\!C\!-\!O\!-\!CO\!-\!CH_3 \\
CH_3\!-\!CO\!-\!O\!-\!C\!-\!H \qquad O \\
H\!-\!C\!-\!O\!-\!CO\!-\!CH_3 \\
H\!-\!C \\
CH_2\!-\!O\!-\!SO_2\!-\!\langle\ \rangle\!-\!CH_3
\end{array}
$$

Aus 1, 2, 3, 4-Tetraacetyl-β-d-glykose mit Toluolsulfochlorid und Pyridin, Nadeln aus abs. Alkohol, Schmelzp. 203—205° (korr.); $[\alpha]_D^{20}] = +23{,}9°$ in Chloroform. Durch Acetylierung der 6-p-Toluolsulfoglykose mit Essigsäureanhydrid und Pyridin. Aus Alkohol Krystalle vom Schmelzp. 200°, $[\alpha]_D^{20} = +23{,}97°$ in Chloroform. Aus den Mutterlaugen gewinnt man ein Hydrat, vielleicht der 1, 2, 3, 4-Tetraacetyl-6-p-toluolsulfo-α-glykose. Nadeln aus Alkohol, Schmelzp. 129—130°, $[\alpha]_D^{20} = +105{,}7°$ in Chloroform[3].

6-p-Toluolsulfoglykose[3].
Aus 2, 3, 4-Triacetyl-6-p-toluolsulfo-β-methylglykosid-[1, 5] mit 70 proz. Essigsäure bei 37°, $[\alpha]_D^{20} = +45{,}3°$ in 70 proz. Essigsäure. Sirup leicht löslich in Wasser, Alkohol, wenig löslich in Essigester, Äther, Chloroform. Gibt ein öliges Hydrazon, das in Wasser schwer löslich ist.

3-p-Toluolsulfoglykose[4] $C_{13}H_{18}O_8S$

$$
\begin{array}{c}
CH(OH) \\
H\!-\!C\!-\!OH \\
CH_3\!-\!\langle\ \rangle\!-\!SO_2\!-\!O\!-\!C\!-\!H \qquad O \\
H\!-\!C\!-\!OH \\
H\!-\!C \\
CH_2\!-\!OH
\end{array}
$$

Entsteht beim Erwärmen der Diaceton-p-toluolsulfoglykose in 96 proz. Alkohol mit normal Schwefelsäure 8 Stunden in einer Druckflasche auf 70°. Der Alkohol wird unter vermindertem Druck verdampft, der Rückstand mit warmem Wasser erneut 8 Stunden auf 70° erwärmt, die Flüssigkeit mit Bariumcarbonat neutralisiert, filtriert und bei geringem Druck eingedampft. Bei Zugabe von Essigester bleibt die Hauptmenge von toluolsulfosaurem Barium ungelöst, noch mehr darnach durch Fällen mit Äther. Das Filtrat wird unter vermindertem Druck eingedampft. Die Hauptmenge krystallisiert beim Stehen, auf Ton, dann mit wenig Isobutylalkohol angerieben, wieder auf Ton gebracht und mit Petroläther gewaschen. — Aus sehr wenig Isobutylalkohol erhält man einen Niederschlag des Hydrats. Enthält lufttrocken 1 Mol Wasser, das im Hochvakuum bei 37° entweicht. Schmelzp. unscharf 70—71° nach vorheriger Sinterung bei 65—66°. $[\alpha]_D^{19} = +39{,}64°$. Leicht löslich in Wasser, Chloroform, Methylalkohol, Alkohol, schwerer in Essigester, fast unlöslich in Äther. Die Oxydation mit Hypojodit verläuft wie bei der Glykose.

---

[1] B. Helferich, K. Bäuerlein u. Fr. Wiegand: Liebigs. Ann. **447**, 27 (1926) — Chem. Zbl. **1926 I**, 2324.

[2] Burckhardt Helferich u. Wilhelm Klein: Liebigs Ann. **450**, 219 (1926) — Chem. Zbl. **1927 I**, 1149.

[3] Heinz Ohle u. Ladislaus v. Vargha: Ber. dtsch. chem. Ges. **62**, 2425 (1929) — Chem. Zbl. **1929 II**, 2662.

[4] Karl Freudenberg u. Otto Ivers: Ber. dtsch. chem. Ges. **55**, 929 (1922) — Chem. Zbl. **1922 I**, 1197.

2, 4, 6-Triacetyl-3-toluolsulfo-glykose[1] $C_{19}H_{24}O_{11}S$

$$CH(OH)$$
$$H—C—O—CO—CH_3$$
$$CH_3—\langle\ \rangle—SO_2—O—C—H \qquad O$$
$$H—C—O—CO—CH_3$$
$$H—C$$
$$CH_2—O—CO—CH_3$$

Aus dem Bromhydrin in Aceton mit Silbercarbonat. Krystalle aus Alkohol. Schmelzpunkt 175°. Die Substanz ist in Alkohol leicht, in Essigester schwerer löslich, in Wasser unlöslich[1]. Aus Benzol Krystalle vom Schmelzp. 178,5—179°. Es liegt die β-Form vor. $[\alpha]_D^{20} = +40,11° \rightarrow +51,48°$ in Chloroform bei $c = 4,662$[2].

α-2, 4, 6-Triacetyl-3-toluolsulfo-glykose-1-bromhydrin[1] $C_{19}H_{23}O_{10}BrS$

$$CHBr$$
$$H—C—O—CO—CH_3$$
$$CH_3—\langle\ \rangle—SO_2—O—C—H \qquad O\ ^2$$
$$H—C—O—CO—CH_3$$
$$H—C$$
$$CH_2—O—CO—CH_3$$

Aus Tetraacetyl-p-toluolsulfo-glykose mit bei 0° gesättigtem Bromwasserstoff in Eisessig. — Die Lösung wird nach 14 Stunden in Eiswasser gegossen, der Niederschlag feucht in Chloroform gelöst, die filtrierte Lösung mit Tonerde geschüttelt, die Flüssigkeit unter vermindertem Druck eingedampft, der Rückstand in wenig Aceton gelöst und mit Wasser versetzt. — Feine Nadeln, Schmelzp. 150—151°, leicht löslich in Methylalkohol, Alkohol, Chloroform und Aceton, wenig löslich in Äther und Tetrachlormethan, unlöslich in Wasser. $[\alpha]_D = +164,4°$ und $+163,2°$ in Acetylentetrachlorid. Dieselbe Verbindung entsteht auch aus Tetraacetyltoluolsulfoglykose mit flüssigem Bromwasserstoff im Rohr bei 15°. Die einfachste Darstellung geht aus Diacetontoluolsulfoglykose aus in Eisessig-Bromwasserstoff bei 20stündigem Stehen bei 15—18°, Eingießen in Eiswasser, Absaugen, Durchrühren mit Äther, dann aus Aceton + Wasser. — Beim Erwärmen mit Essigsäure und Essigsäureanhydrid und Zugabe von Thalliumcarbonat in Eisessig auf dem Wasserbad und nach 1 Stunde Eingießen in Wasser wird Tetraacetyltoluolsulfoglykose zurückgebildet[3]. $A_{Br} = 67,000$, die Verbindung entspricht der α-Form, das Acetat und das Methylglykosid der β-Form[4].

β-1, 2, 4, 6-Tetraacetyl-3-p-toluolsulfoglykose[3] $C_{21}H_{26}O_{12}S$.
Entspricht der β-Form[4].

$$CH—O—CO—CH_3$$
$$H—C—O—CO—CH_3$$
$$CH_3—\langle\ \rangle—SO_2—O—C—H \qquad O$$
$$H—C—O—CO—CH_3$$
$$H—C$$
$$CH_2—O—CO—CH_3$$

[1] K. Freudenberg, O. Burckhardt u. E. Braun: Ber. dtsch. chem. Ges. **59**, 714 (1926) — Chem. Zbl. **1926 II**, 16.

[2] Heinz Ohle u. Heinz Erlbach: Ber. dtsch. chem. Ges. **61**, 1870 (1928) — Chem. Zbl. **1928 II**, 2118.

[3] Karl Freudenberg u. Otto Ivers: Ber. dtsch. chem. Ges. **55**, 929 (1922) — Chem. Zbl. **1922 I**, 1197.

[4] C. S. Hudson: J. amer. chem. Soc. **46**, 462 (1924) — Chem. Zbl. **1924 I**, 2100.

Aus 3-p-Toluolsulfoglykose bei 20stündigem Stehen mit Essigsäureanhydrid und Pyridin. Die Flüssigkeit wird in normale Schwefelsäure gegossen, der Niederschlag aus mikroskopischen Nädelchen mit Wasser gewaschen und mit Äther verrieben. In der Mutterlauge bleibt ein Öl, offenbar ein Gemisch von α- und β-Verbindung, durch teilweise Verseifung und erneute Acetylierung weitere Krystallisation. Schmelzp. 170—171° unter Zersetzung. $[\alpha]_D = +13{,}6°$ und $+13{,}7°$ in Acetylentetrachlorid. Leicht löslich in Methylalkohol, Alkohol, schwerer in Essigester, fast unlöslich in Äther und in Wasser. Aus 2, 4, 6-Triacetyl-3-toluolsulfoglykose in Pyridin mit Essigsäureanhydrid; Schmelzp. 171—172° [1].

3-p-Toluolsulfo-2, 5, 6-triacetyl-d-glykosyl-1-bromid [2] $C_{19}H_{23}O_{10}BrS$

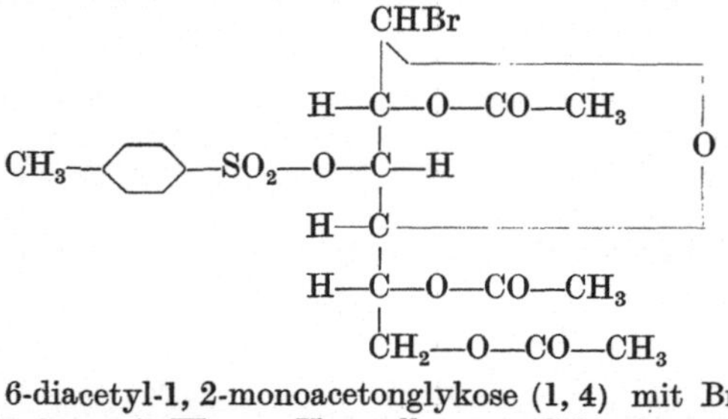

$$
\begin{array}{l}
\mathrm{CHBr} \\
\mathrm{H-C-O-CO-CH_3} \\
\mathrm{CH_3-\!\!\!\bigcirc\!\!\!-SO_2-O-C-H} \qquad \mathrm{O} \\
\mathrm{H-C} \\
\mathrm{H-C-O-CO-CH_3} \\
\mathrm{CH_2-O-CO-CH_3}
\end{array}
$$

Aus 3-p-Toluolsulfo-5, 6-diacetyl-1, 2-monoacetonglykose (1, 4) mit Bromwasserstoff in Eisessig. — Aus wenig Aceton mit Wasser Krystalle vom Schmelzp. etwa 140° unter Zersetzung; $[\alpha]_D^{20} = +198{,}8°$ in Chloroform bei $c = 4{,}056$.

α-3-p-Toluolsulfo-2, 5, 6-triacetylglykose [1, 4] [2] $C_{19}H_{24}O_{11}S$

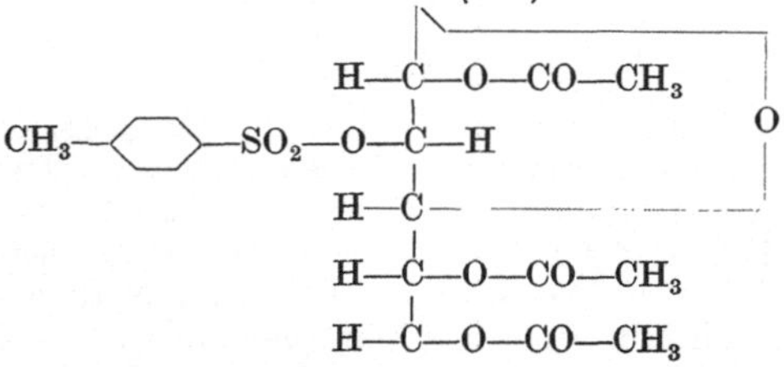

$$
\begin{array}{l}
\mathrm{CH(OH)} \\
\mathrm{H-C-O-CO-CH_3} \\
\mathrm{CH_3-\!\!\!\bigcirc\!\!\!-SO_2-O-C-H} \qquad \mathrm{O} \\
\mathrm{H-C} \\
\mathrm{H-C-O-CO-CH_3} \\
\mathrm{H-C-O-CO-CH_3}
\end{array}
$$

Aus 3-p-Toluolsulfo-2, 5, 6-triacetyl-d-glykosyl-1-bromid mit viel Aceton und Wasser. Aus Benzol Krystalle vom Schmelzp. 129,5°. — Es liegt die α-Form vor. — $[\alpha]_D^{20} = +62{,}97° \rightarrow +40{,}65°$ in Chloroform bei $c = 4{,}748$.

4?-Toluolsulfoglykose [3]

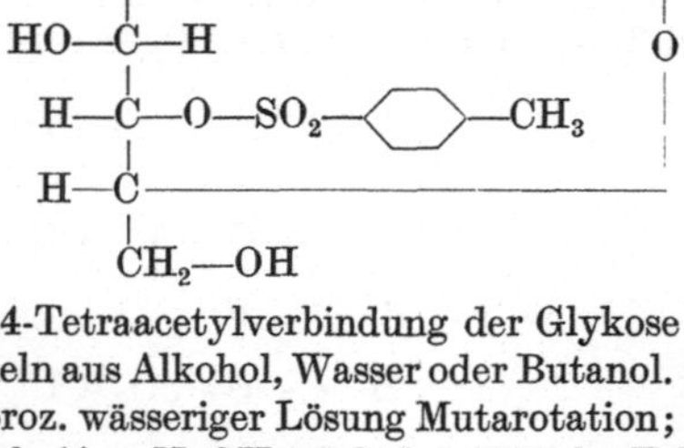

$$
\begin{array}{l}
\mathrm{CH(OH)} \\
\mathrm{H-C-OH} \\
\mathrm{HO-C-H} \\
\mathrm{H-C-O-SO_2-\!\!\!\bigcirc\!\!\!-CH_3} \qquad \mathrm{O} \\
\mathrm{H-C} \\
\mathrm{CH_2-OH}
\end{array}
$$

Aus der umgelagerten 1, 2, 3, 4-Tetraacetylverbindung der Glykose in Chloroform bei —20° mit Na in absolutem CH_3OH. Nadeln aus Alkohol, Wasser oder Butanol. Schmelzp. 165—167° (korr.) unter Zersetzung. Zeigt in 1 proz. wässeriger Lösung Mutarotation; Anfangswert $[\alpha]_D^{19} = +23°$; Endwert $[\alpha]_D^{18} = +41°$. Durch $^1/_{10}$ n-NaOH wird über 80% des Toluolsulforestes abgespalten [3].

β-1, 2, 3, 6-Tetraacetyl-4(?)-toluolsulfo-d-glykose [3]. Bei der Acetylierung der vorherstehenden Verbindung. Schmelzp. 117—118° (korr.) nach Sintern von 112° an; $[\alpha]_D^{18} = -19{,}3°$ (in Chloroform).

---

[1] K. Freudenberg, O. Burckhardt u. E. Braun: Ber. dtsch. chem. Ges. **59**, 714 (1926) — Chem. Zbl. **1926 II**, 16.

[2] Heinz Ohle u. Heinz Erlbach: Ber. dtsch. chem. Ges. **61**, 1870 (1928) — Chem. Zbl. **1928 II**, 2118.

[3] B. Helferich u. W. Klein: Liebigs Ann. **455**, 173 (1927) — Chem. Zbl. **1927 II**, 807 — Liebigs Ann. **450**, 219 (1926) — Chem. Zbl. **1927 II**, 1149.

α-1-p-Toluolsulfonyltetraacetyl-d-glykose[1]. Aus Acetobromglykose und p-toluolsulfosaurem Silber in siedendem abs. Äther. Beim Abkühlen Krystalle, Schmelzp. 95°; $[\alpha]_D^{24} = +135,6°$ in Chloroform. Ist sehr unbeständig, und zersetzt sich schon beim Umkrystallisieren.

β-1-(Phtalylmonomethylester)-tetraacetyl-d-glykose[1] $C_{23}H_{26}O_{13}$. Aus Acetobromglykose und dem Silbersalz der Phthalylmethylestersäure in Benzol 22 Stunden bei Zimmertemperatur. Aus Äther Krystalle, Schmelzp. 116,5°; $[\alpha]_D^{15} = -7,5°$ in Chloroform.

β-1-Formyl-tetraacetyl-d-glykose[1] $C_{15}H_{20}O_{11}$. Aus Acetobromglykose mit Natriumformiat in siedendem wässerigem Aceton in $1\frac{1}{2}$ Stunden. Krystalle aus Alkohol, Schmelzpunkt 121°; $[\alpha]_D^{16} = +6,0°$ in Chloroform; leicht löslich in Chloroform, Aceton, weniger in Alkohol, Äther, schwer löslich in Petroläther und Wasser.

2-Acetyl-3-p-toluolsulfo-5, 6-dibenzoyl-d-glykose [1, 4] $C_{29}H_{28}O_{11}S$. Aus 2-Acetyl-3-p-toluolsulfo-5, 6-dibenzoyl-d-glykosyl-1-bromid mit wässerigem Aceton und Silbercarbonat. — Krystalle aus Toluol, Schmelzp. 122°; $[\alpha]_D^{20} = +3,55° \rightarrow -20,52°$ in Chloroform bei $c = 3,118$[2].

2-Acetyl-3, 5, 6-tri-p-toluolsulfo-d-glykosyl-1-bromid [1, 4][2] $C_{29}H_{31}O_{12}BrS_3$. Aus Tri-p-toluolsulfomonoaceton-d-glykose mit Bromwasserstoff in Eisessig. Krystalle aus Benzol mit 1 Mol Benzol. Schmelzp. 106,5—108° unter Zersetzung. Ausbeute rund 70% der Theorie. Die benzolfreie Verbindung erhält man durch Fällen der Benzollösung mit viel Äther. Schmelzpunkt 124—125°. Für das benzolhaltige Präparat $[\alpha]_D^{20} = +114,5°$ in Chloroform bei $c = 4,928$, für die benzolfreie Verbindung $[\alpha]_D^{19} = +124,5°$ in Chloroform bei $c = 3,02$.

2-Acetyl-3-p-toluolsulfo-5, 6-dibenzoyl-d-glykosyl-1-bromid [1, 4][2]. Aus 3-p-Toluolsulfo-5, 6-dibenzoylmonoacetonglykose mit Bromwasserstoff in Eisessig. Konnte nicht rein erhalten werden, da es außerordentlich empfindlich ist.

2-Acetyl-3, 5-di-p-toluolsulfo-6-benzoyl-d-glykose [1, 4][2] $C_{29}H_{30}O_{12}S_2$. Aus 2-Acetyl-3, 5-di-p-toluolsulfo-6-benzoyl-d-glykosyl-1-bromid [1, 4] mit wässerigem Aceton und Silbercarbonat. Krystalle aus Benzol, Schmelzp. 139°; $[\alpha]_D^{20} = +69,2° \rightarrow +46,33°$ in Chloroform bei $c = 4,986$.

2-Acetyl-3, 5-di-p-toluolsulfo-6-benzoyl-d-glykosyl-1-bromid [1, 4][2] $C_{29}H_{29}O_{11}BrS_2$. Aus 3, 5-Di-p-toluolsulfo-6-benzoylmonoacetonglykose mit Bromwasserstoff in Eisessig. — Krystalle aus Benzol, Schmelzp. 159°—160°; $[\alpha]_D^{20} = +156,6°$ in Chloroform bei $c = 3,996$.

Glykosemonoaceton. Ist wahrscheinlich ein Derivat der α-Glykofuranose und nicht der β-Form[3].

$$
\begin{array}{l}
\overset{|}{\text{CH}}\!-\!\text{O} \diagdown \\
\qquad\qquad\;\; \text{C} \diagup^{\text{CH}_3}_{\diagdown \text{CH}_3} \\
\text{H}\!-\!\text{C}\!-\!\text{O} \diagup \qquad\qquad \text{O} \quad [4] \\
\;\;\;\;\;| \\
\text{HO}\!-\!\text{C}\!-\!\text{H} \\
\;\;\;\;\;| \\
\text{H}\!-\!\text{C} \\
\;\;\;\;\;| \\
\text{H}\!-\!\text{C}\!-\!\text{OH} \\
\;\;\;\;\;| \\
\text{CH}_2\!-\!\text{OH}
\end{array}
$$

Wird 3-Benzyldiacetonglykose in Eisessig mit Platin und Wasserstoff behandelt, so bildet sich Monoacetonglykose[5]. Diacetonglykose bleibt 4 Tage in Eisessig, der etwas Wasser enthält, stehen. Das Lösungsmittel wird unter vermindertem Druck abdestilliert, der Rückstand mit Alkohol angerieben und mit Äther gewaschen[6]. Durch partielle Hydrolyse von Diacetonglykose in wässeriger Lösung oder in Äthylacetat und Salpetersäure beim Kochen[7]. — $[\alpha]_D^{15} = -12,12°$,

[1] Burckhardt Helferich u. Richard Gootz: Ber. dtsch. chem. Ges. 62, 2788 (1929) — Chem. Zbl. 1929 II, 3222.

[2] Heinz Ohle, Heinz Erlbach u. Kurt Vogel: Ber. dtsch. chem. Ges. 61, 1875 (1928) — Chem. Zbl. 1928 II, 2120.

[3] Karl Josephson: Sv. kem. Tidskr. 42, 12 (1930) — Chem. Zbl. 1930 I, 2543.

[4] James Colquhoun Irvine u. Jocelyn Patterson: J. chem. Soc. Lond. 121, 2146 (1922) — Chem. Zbl. 1923 III, 741.

[5] Karl Freudenberg, Walter Dürr u. Heinrich v. Hochstetter: Ber. dtsch. chem. Ges. 61, 1742 (1928) — Chem. Zbl. 1928 II, 2121.

[6] Karl Freudenberg u. H. vom Hove: Ber. dtsch. chem. Ges. 61, 1741 (1918) — Chem. Zbl. 1928 II, 2121.

[7] H. W. Coles, L. D. Goodhue u. R. M. Hixon: J. amer. chem. Soc. 51, 519 (1929) — Chem. Zbl. 1929 I, 1804.

Schmelzp. nach dreimaligem Umkrystallisieren 160,5°[1]. — Bei Monoacetonglykose verursacht Schweizersche Kupferlösung eine Drehungsänderung, die nicht auf reine Alkaliwirkung, sondern auf eine spezifische Kupferwirkung zurückgeführt werden muß[1]. — Inversionskonstante[2] $K \cdot 10^4$ bei 70° = 3100. — Man kann die Derivate der Monoacetonglykose in bezug auf ihr Verhalten gegen Bromwasserstoff in Eisessig in 2 Gruppen einteilen. — In Gruppe I finden diejenigen Derivate ihren Platz, die die Farbenreaktionen und Verbindungen mit festgebundenem Brom geben, in Gruppe II diejenigen, bei denen das nicht der Fall ist[3].

Gruppe I.

3-Benzoyl-monoacetonglykose, 3-Benzoyl-di-acetonglykose, 3-p-Toluolsulfo-monoacetonglykose, 3-p-Toluolsulfo-di-acetonglykose, 6-Benzoyl-monoaceton-glykose, 6-p-Toluolsulfo-monoacetonglykose, 6-p-Toluolsulfo-iso-diacetonglykose, 5-p-Toluolsulfo-6-benzoyl-monoacetonglykose, 5, 6-Di-p-toluolsulfo-monoaceton-glykose, Triacetyl-monoacetonglykose, Tribenzoyl-monoaceton-glykose.

Gruppe II.

3-p-Toluolsulfo-5, 6-dibenzoyl-monoacetonglykose, 3,5-Di-p-toluolsulfo-6-benzoyl-mono-aceton-glykose, Tri-p-toluolsulfo-monoacetonglykose, 5-p-Toluolsulfo-3, 6-anhydro-mono-acetonglykose.

1, 2-Monoacetonglykose-6-bromhydrin[4] $C_9H_{15}O_5Br$

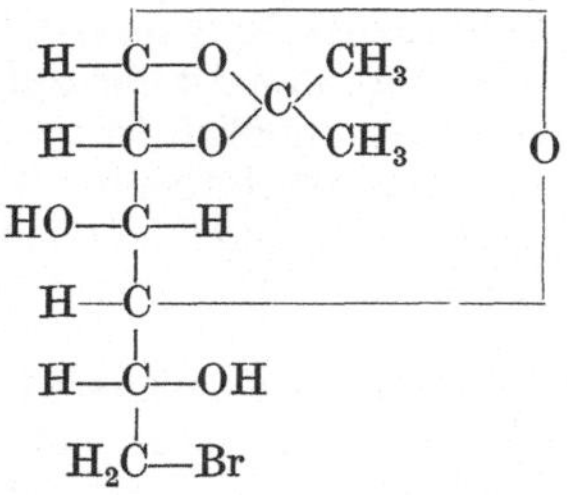

$$
\begin{array}{l}
H-C-O \\
\quad\quad\quad\; C(CH_3)_2 \\
H-C-O \\
HO-C-H \\
H-C- \\
H-C-OH \\
H_2C-Br
\end{array}
$$

Die bei der Darstellung des Diacetonglykose-6-bromhydrins erhaltene wässerige Lösung wird ausgeäthert, und der Äther verdampft. Krystalle aus Benzol, Schmelzp. 87°; $[\alpha]_D^{20} = -13,1°$ in Wasser. — Löslich in Äther, leicht löslich in Wasser, schwer löslich in Petroläther.

1, 2-Monoaceton-diacetylglykose-6-bromhydrin $C_{13}H_{19}O_7Br$. Aus obiger Verbindung mit Essigsäureanhydrid und Pyridin. Aus absolutem Alkohol Krystalle vom Schmelzp. 115°; $[\alpha]_D^{20} = -7,11°$ in Acetylentetrachlorid. — Mit Thalliumacetat und Essigsäureanhydrid in 8 Stunden bei 155° entsteht 1, 2-Monoacetontriacetylglykose vom Schmelzp. 72°.

Diacetat der Monoaceton-3-benzylglykose[5] $C_{20}H_{26}O_8$. Aus Benzyldiacetonglykose mit wasserhaltigem Eisessig 2 Stunden bei 100°, Abdestillieren des Lösungsmittels in Vakuum und Acetylierung des Rückstandes in Pyridin. Aus Monoacetonglykosenatrium in Dioxan mit Benzylchlorid 6 Stunden bei 70° und Acetylierung des Reaktionsproduktes in Pyridin. Aus Methylalkohol Krystalle, Schmelzp. 119—119,5°, $[\alpha]_D = -53°$ in Acetylentetrachlorid.

Monoaceton-3-benzylglykose[5]. Krystallisiert nicht. Entsteht bei der Einwirkung von Benzylchlorid auf Monoacetonglykosenatrium in Dioxan[5].

Monoaceton-3-methylglykose[6] $C_{10}H_{18}O_6$. Aus der Diacetonverbindung nach dem Eisessigverfahren. Sirup vom Siedep. 173—175° bei 1 mm.

---

[1] Kurt Heß, Wilhelm Weltzien u. Ernst Meßmer: Liebigs Ann. **435**, 9 (1924).

[2] Karl Freudenberg, Walter Dürr u. Heinrich v. Hochstetter: Ber. dtsch. chem. Ges. **61**, 1738 (1928) — Chem. Zbl. **1928 II**, 2120.

[3] Heinz Ohle, Heinz Erlbach u. Kurt Vogel: Ber. dtsch. chem. Ges. **61**, 1876 (1928) —. Chem. Zbl. **1928 II**, 2120.

[4] Karl Freudenberg, Hans Toepffer u. Carl Chr. Andersen: Ber. dtsch. chem. Ges. **61**, 1756 (1928) — Chem. Zbl. **1928 II**, 2124.

[5] Karl Freudenberg, Walter Dürr u. Heinrich von Hochstetter: Ber. dtsch. chem. Ges. **61**, 1739 (1928) — Chem. Zbl. **1928 II**, 2121.

[6] Karl Freudenberg, Walter Dürr u. Heinrich v. Hochstetter: Ber. dtsch. chem. Ges. **61**, 1740 (1928) — Chem. Zbl. **1928 II**, 2121.

Dibenzoat der Monoaceton-3-methylglykose[1] $C_{24}H_{26}O_8$. Aus vorhergehender Verbindung durch Benzoylierung in Gegenwart von Pyridin. Krystalle aus Alkohol, Schmelzp. 81—82°.

3(?)-Acetylmonoacetonglykose[2]. Schmelzp. 139—143°. Geschmack.

3-Acetyl-monoacetonglykose [1, 4][3]. 5 g 3-Acetyldiacetonglykose werden bei Zimmertemperatur in 10 ccm Essigsäure und 3 ccm Wasser gelöst und 3—4 Tage stehengelassen, dann unter vermindertem Druck verdampft, der Rückstand mit Essigester aufgenommen und bis zur Trübung mit Petroläther versetzt. Krystalle aus Essigester + Petroläther, Schmelzpunkt 125—126° korr. Ausbeute 62%.; $[\alpha]_{Hg\,gelb}^{20} = -20,1°$ in Wasser; leicht löslich in Wasser, Alkohol, Aceton, Essigester, Chloroform, wenig löslich in Äther, Ligroin, schwer löslich in Petroläther. Mit wasserfreiem Kupfersulfat und Aceton wird in 3-Acetyldiacetonglykose zurückverwandelt. Durch verdünnten Ammoniak wird in 6-Acetyl-monoacetylglykose umgelagert. $C_{11}H_{18}O_7$. Aus Acetyldiacetonglykose durch Hydrolyse mit 80proz. Essigsäure bis zur Drehungskonstanz. Krystalle aus Essigester, Schmelzp. 122—123°; $[\alpha]_D^{20} = -26,29°$ in abs. Alkohol.

6-Acetylmonoaceton-glykose [1, 4][4]. Aus 3-Acetylmonoacetonglykose in abs. Alkohol durch Zusatz eines Tropfens konz. Kalilauge. Die Umlagerung ist in wenigen Minuten bei Zimmertemperatur beendet. Die Verbindung kann auch dargestellt werden durch direkte Acetylierung der Monoacetonglykose in Pyridin. Krystalle aus Aceton, Schmelzp. 148°.

1, 2-Monoaceton-triacetyl-glykose[5]. Aus Monoacetondiacetylglykose-6-bromhydrin mit Essigsäureanhydrid und Thalliumacetat 8 Stunden bei 155°. — Schmelzp. 72°.

3, 5, 6-Triacetylmonoacetonglykose[6] $C_{15}H_{22}O_9$

$$
\begin{array}{l}
\text{H—C—O} \\
\hspace{2.2em}\diagdown \\
\text{H—C—O}\diagup\text{C}\diagup\text{CH}_3 \\
\hspace{4em}\diagdown\text{CH}_3 \qquad\qquad \text{O} \\
\text{CH}_3\text{—CO—O—C—H} \\
\hspace{2.2em}\text{H—C} \\
\hspace{2.2em}\text{H—C—O—CO—CH}_3 \\
\hspace{2.2em}\text{CH}_2\text{—O—CO—CH}_3
\end{array}
$$

Entsteht bei der Acetylierung der Monoacetonglykose. Aus siedendem Benzin + wenig Äther beim langsamem Abkühlen Nadeln vom Schmelzp. 75°, $[\alpha]_D^{20} = +24,6°$ in Chloroform bei $c = 3,456$. Die Umsetzung dieser Substanz mit Eisessigbromwasserstoff gibt ein Reaktionsgemisch, woraus die bekannte Acetobromglykose nicht herausgearbeitet werden kann[6].

6-(?)-Benzoyl-monoacetonglykose. Schmelzp. 191—194°. Untersuchungen über den Geschmack[2].

6-Benzoyl-monoacetonglykose. Untersuchung der Derivate[7].

3-Benzoylmonoacetonglykose $C_{16}H_{20}O_4$. Hydrolyse der Benzoyldiacetonglykose nach E. Fischer und Noth[8]. Nach beendeter Reaktion wird die Säure mit verdünnter Sodalösung nur zum Teil neutralisiert. Ein Teil der 3-Benzoylmonoacetonglykose ist als Öl ausgefallen, es wird mit Äther ausgeschüttelt. 6-Benzoylmonoacetonglykose bildet sich nicht. $[\alpha]_D^{20} = -29,5°$ in Alkohol.

---

[1] Karl Freudenberg, Walter Dürr u. Heinrich v. Hochstetter: Ber. dtsch. chem. Ges. **61**, 1740 (1928) — Chem. Zbl. **1928 II**, 2121.

[2] P. Brigl u. W. Scheyer: Hoppe-Seylers Z. **160**, 214 (1926) — Chem. Zbl. **1927 I**, 418.

[3] Karl Josephson: Liebigs Ann. **472**, 217 (1929) — Chem. Zbl. **1929 II**, 1396 — Sv. kem. Tidskr. **41**, 99 (1929) — Chem. Zbl. **1929 II**, 1396.

[4] Heinz Ohle, Erich Euler u. Rudolf Lichtenstein: Ber. dtsch. chem. Ges. **62**, 2885 (1929) — Chem. Zbl. **1929 II**, 3223.

[5] Karl Freudenberg, Hans Toepffer u. Carl Chr. Andersen: Ber. dtsch. chem. Ges. **61**, 1756 (1928) — Chem. Zbl. **1928 II**, 2124.

[6] Heinz Ohle u. Kurt Spencker: Ber. dtsch. chem. Ges. **59**, 1836 (1926) — Chem. Zbl. **1926 II**, 2556.

[7] H. Ohle: Biochem. Z. **131**, 611 (1922) — Chem. Zbl. **1923 I**, 1037. — Heinz Ohle u. Kurt Spencker: Ber. dtsch. chem. Ges. **59**, 1836 (1926) — Chem. Zbl. **1926 II**, 2556.

[8] H. Ohle u. E. Dickhäuser: Ber. dtsch. chem. Ges. **58**, 2593 (1925) — Chem. Zbl. **1926 I**, 2188.

6-Benzoyl-5-toluolsulfomonoacetonglykose $C_{23}H_{26}O_9S$

$$
\begin{array}{l}
H\!-\!C\!-\!O \\
\quad\quad\quad\;\; \diagdown C(CH_3)_2 \\
H\!-\!C\!-\!O \diagup \quad\quad\quad\quad O \\
HO\!-\!C\!-\!H \\
H\!-\!C \\
H\!-\!C\!-\!O\!-\!SO_2\!-\!C_6H_4\!-\!CH_3 \\
H_2C\!-\!O\!-\!OC\!-\!C_6H_5
\end{array}
$$

Aus 6-Benzoylmonoacetonglykose in Pyridin mit p-Toluolsulfochlorid in Chloroform. Umlösen aus Alkohol. Schmelzp. 142°. Leicht löslich in Aceton, weniger in Chloroform, schwer
in Äther, kaltem Alkohol und Benzin. $[\alpha]_D^{22} = +4,34°$ in Chloroform[1].

3, 5, 6-Tribenzoylmonoacetonglykose. Schmelzp. $121-122,5°$[2].

5-Benzoyl-6-toluolsulfo-monoaceton-glykose (?) $C_{23}H_{26}O_9S$. Aus 5, 6-Ditoluolsulfo-
monoaceton-glykose in Pyridin mit Benzoylchlorid. Bei der Aufarbeitung wird ein Teil des
Ausgangsmaterials zurückgewonnen. Die alkoholische Mutterlauge hinterließ beim Eindunsten teils feste, teils ölige Massen. Mit Chloroform aufgenommen und mit Benzin gefällt amorphes
Pulver. $[\alpha]_D^{20} = -29,6°$ in Chloroform[1].

6-Benzoyl-3, 5-ditoluolsulfomonoacetonglykose[1] $C_{30}H_{32}O_{11}S_2$

$$
\begin{array}{l}
H\!-\!C\!-\!O \\
\quad\quad\quad\;\; \diagdown C(CH_3)_2 \\
H\!-\!C\!-\!O \diagup \quad\quad\quad\quad O \\
CH_3\!-\!C_6H_4\!-\!SO_2\!-\!O\!-\!C\!-\!H \\
H\!-\!C \\
H\!-\!C\!-\!O\!-\!SO_2\!-\!C_6H_4\!-\!CH_3 \\
H_2C\!-\!O\!-\!OC\!-\!C_6H_5
\end{array}
$$

Aus Benzoylmonoacetonglykose mit 2,5 Mol p-Toluolsulfochlorid. Feine Nädelchen aus
Alkohol, Schmelzp. 113°. Sehr schwer löslich in kaltem Alkohol und Benzin, gut löslich in
Chloroform und Äther. $[\alpha]_D^{22} = +1,61°$ in Chloroform.

3-p-Toluolsulfomonoacetonglykose[1] $C_{16}H_{22}O_8S$. Aus Toluolsulfo-diaceton-glykose. Man
löst in Methylalkohol, versetzt mit 50proz. Essigsäure, gibt keine Drehungsänderung. In
Eisessig gelöst und mit Wasser versetzt tritt eine langsame Abnahme der Drehung ein, die
nach 48 Stunden zum Stillstand kommt. Die Lösung wird im Vakuum eingeengt, das verbleibende Öl mit Äther aufgenommen, mit Kaliumbicarbonat-Lösung gewaschen, dann getrocknet und eingedampft. Öl. $[\alpha]_D^{20} = -11,65$ und $[\alpha]_D^{22} = -12,6°$ in Chloroform. Unlöslich
in Wasser und Benzin, leicht löslich in Äther, Essigester, Chloroform und Alkohol.

Durch Schütteln der Lösung in trockenem Aceton mit wasserfreiem Kupfersulfat geht sie
fast quantitativ in die 3-Toluolsulfo-diaceton-glykose über.

6-Benzoyl-3-toluolsulfomonoacetonglykose[1] $C_{23}H_{26}O_9S$. Aus 3-Toluolsulfomonoaceton-
glykose in Pyridin mit Benzoylchlorid. Öl, nahezu reine Monobenzoylverbindung. $[\alpha]_D^{21}$
$= -11,21°$ in Chloroform.

5-6-Dibenzoyl-3-toluolsulfomonoacetonglykose[1]. Aus 3-Toluolsulfomonoacetonglykose
in Pyridin mit 2,5 Mol Benzoylchlorid. Feine Nadeln aus Alkohol, Schmelzp. 156°. $[\alpha]_D^{22}$
$= -68,38°$ in Chloroform. Leicht löslich in Chloroform, Aceton; sehr wenig löslich in kaltem
Alkohol, Äther und Benzin[1].

6-p-Toluolsulfomonoacetonglykose[3] $C_{16}H_{22}O_8S$. p-Toluolsulfomonoacetonglykose vom

---

[1] H. Ohle u. E. Dickhäuser: Ber. dtsch. chem. Ges. **58**, 2593 (1925) — Chem. Zbl. **1926 I**,
2188.

[2] P. Brigl u. W. Scheyer: Hoppe-Seylers Z. **160**, 214 (1926) — Chem. Zbl. **1927 I**, 418.

[3] Heinz Ohle u. Kurt Spencker: Ber. dtsch. chem. Ges. **59**, 1836 (1926) — Chem. Zbl.
1926 II, 2556.

Schmelzp. 108°, enthält die Toluolsulfogruppe wahrscheinlich in 6-Stellung und den Acetonrest in 1, 2-Stellung[1].

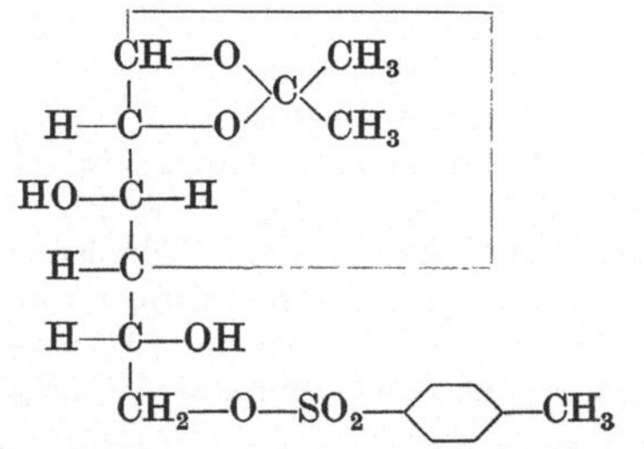

$$
\begin{array}{l}
\mathrm{CH-O} \!\!\diagdown \\
\phantom{\mathrm{CH-O}}\mathrm{C}\!\!<\!\!\begin{array}{l}\mathrm{CH_3}\\\mathrm{CH_3}\end{array} \\
\mathrm{H-C-O}\!\!\diagup \\
\mathrm{HO-C-H} \\
\mathrm{H-C} \\
\mathrm{H-C-OH} \\
\mathrm{CH_2-O-SO_2-\!\!\langle\ \rangle\!\!-CH_3}
\end{array}
$$

Aus Monoaceton-glykose (in Pyridin) mit 1 Mol Toluolsulfochlorid (in Chloroform). Öl, erstarrt im Exsiccator. In wenig warmem abs. Alkohol gelöst und mit Benzin bis zur Trübung versetzt scheidet sich in Kryställchen ab. Schmelzp. 108°. $[\alpha]_D^{20} = -9{,}29°$ in Chloroform. Leicht löslich in Alkohol, Methylalkohol, Aceton, Chloroform, warmem Äther, wenig in kaltem, unlöslich in Benzin.

3, 5-Dibenzoyl-6-p-toluolsulfo-monoaceton-glykose[2] $C_{30}H_{30}O_{10}S$. Aus 6-Toluolsulfo-monoaceton-glykose in Pyridin und etwas mehr als 2 Mol Benzoylchlorid, die Flüssigkeit färbt sich unter Erwärmen schwach rosa. 6 Tage bei 40° aufbewahrt. Öl, leicht löslich in Alkohol und Chloroform; nach dem Behandeln mit abs. Äther wird amorph fest. $[\alpha]_D^{21} = -51{,}38°$ in Chloroform.

5, 6-Ditoluolsulfo-monoaceton-glykose[2] $C_{23}H_{28}O_{10}S_2$. Aus Monoaceton-glykose oder aus 6-Toluolsulfo-monoaceton-glykose durch Einwirkung von Toluol-sulfochlorid im Überschuß. Chloroform begünstigt die Reaktion. Sehr schwer löslich in kaltem Alkohol. Krystalle aus heißem Alkohol. Schmelzp. 160°. $[\alpha]_D^{20} = -6{,}37°$ in Chloroform. Leicht löslich in Aceton und Chloroform, unlöslich in Äther und Benzin[2]. Bei der Verseifung mit wässeriger alkoholischer KOH spaltet außerordentlich leicht 1 Mol Toluolsulfosäure ab unter Bildung einer Toluolsulfomonoaceton-3, 6-anhydro-d-glykose[3].

3-Acetyl-5, 6-ditoluolsulfo-monoaceton-glykose[2] $C_{25}H_{30}O_{11}S_2$. Aus 5, 6-Ditoluolsulfo-monoaceton-glykose in Pyridin mit Acetanhydrid. Öl, in Chloroform gelöst und mit Benzin ausgefällt. Leicht löslich in kaltem Alkohol, ziemlich schwer in heißem Benzin. $[\alpha]_D^{22} = -28{,}02°$ in Chloroform. Durch Behandlung von 3-Acetyl-monoacetonglykose mit p-Toluolsulfochlorid in Gegenwart von Pyridin, oder aus 5, 6-Di-p-toluolsulfomonoacetonglykose durch 5 Minuten langes Kochen mit der doppelten Menge Essigsäureanhydrid. Aus Methylalkohol Krystalle, Schmelzp. 92°, $[\alpha]_D^{19} = -28{,}76°$ in Chloroform[4].

3-Acetyl-5, 6-dibenzoylmonoacetonglykose [1, 4][4] $C_{25}H_{26}O_9$. Durch Benzoylierung der 3-Acetyl-monoacetonglykose mit Benzoylchlorid in Gegenwart von Pyridin. Aus Methylalkohol Nadeln, Schmelzp. 90°; $[\alpha]_D^{20} = -26{,}64°$ in Chloroform.

3-Acetyl-5-6-d-p-toluolsulfomonoacetonglykose [1, 4][4]. $C_{25}H_{30}O_{11}S_2$.

6-Acetyl-5-p-toluolsulfo-monoacetonglykose [1, 4][4] $C_{18}H_{24}O_9S$. Aus 6-Acetylmonoacetonglykose mit p-Toluolsulfochlorid in Pyridin + Chloroform, Schmelzp. 133°; $[\alpha]_D^{20} = +16{,}72°$ in Chloroform.

3, 5-Diacetyl-6-benzoylmonoacetonglykose [1, 4][4]. Aus 6-Benzoylmonoacetonglykose durch $^1/_2$ stündiges Kochen mit Essigsäureanhydrid oder in Gegenwart von Pyridin 2 Tage bei 36°. Krystalle aus Alkohol, Schmelzp. 108°; $[\alpha]_D^{20} = +7{,}08°$ in Chloroform.

3, 5-Diacetyl-6-p-toluolsulfomonoacetonglykose [1, 4][4] $C_{20}H_{26}O_{10}S$. Aus 6-p-Toluolsulfomonoacetonglykose durch kurzes Aufkochen mit der 3fachen Menge Essigsäureanhydrid. Aus Äther oder Methylalkohol Krystalle, Schmelzp. 94°; $[\alpha]_D^{20} = +4{,}69°$ in Chloroform.

3, 5-Dibenzoyl-6-p-Toluolsulfomonoacetonglykose [1, 4][4] $C_{30}H_{30}O_{10}S$. Aus 6-p-Toluolsulfomonoacetonglykose und Benzoylchlorid in Pyridin 30 Stunden bei 60°. Aus Äther + Benzin, Krystalle vom Schmelzp. 97—100°; $[\alpha]_D^{19} = -66{,}42°$ in Chloroform.

---

[1] Heinz Ohle u. Kurt Spencker: Ber. dtsch. chem. Ges. **59**, 1836 (1926) — Chem. Zbl. **1926 II**, 2556.

[2] H. Ohle u. E. Dickhäuser: Ber. dtsch. chem. Ges. **58**, 2593 (1925) — Chem. Zbl. **1926 I**, 2188.

[3] H. Ohle, L. v. Vargha u. H. Erlbach: Ber. dtsch. chem. Ges. **61**, 1211 (1928) — Chem. Zbl. **1928 II**, 644.

[4] Heinz Ohle, Erich Euler u. Rudolf Lichtenstein: Ber. dtsch. chem. Ges. **62**, 2885 (1929) — Chem. Zbl. **1929 II**, 3223.

3-Acetyl-5-p-toluolsulfo-6-benzoyl-monoacetonglykose [1, 4][1] $C_{25}H_{28}O_{10}S$. Aus 5-p-Toluolsulfo-6-benzoyl-monoacetonglykose durch 20 Minuten langes Kochen mit der doppelten Menge Essigsäureanhydrid oder in Gegenwart von Pyridin 2 Tage bei 36°. Aus Alkohol Krystalle Schmelzp. 151°; $[\alpha]_D^{19} = 0,98°$ in Chloroform.

3, 6-Dibenzoyl-5-p-toluolsulfo-monoacetonglykose[1] $C_{30}H_{30}O_{10}S$. Aus 6-Benzoyl-5-p-toluolsulfo-nonoacetonglykose mit Benzoylchlorid in Pyridin 3 Tage bei 36°. Krystalle aus Tetrachlormethan, Schmelzp. 143,5—144,5°; $[\alpha]_D^{20} = -24,07°$ in Chloroform.

3, 6-Ditoluolsulfomonoacetonglykose[2]. Aus 3-Toluolsulfo-monoaceton-glykose (in Pyridin) mit 2 Mol Toluolsulfochlorid in Chloroform. Sirup, leicht löslich in Äther, Aceton; sehr wenig löslich in kaltem Alkohol; unlöslich in Benzin. $[\alpha]_D^{20} = -4,92°$ in Chloroform[2].

3-p-Toluolsulfo-5, 6-diacetylmonoacetonglykose[3] $C_{20}H_{26}O_{10}S$

```
                    ┌────────────────────────┐
         H—C—O            CH₃                 │
              \    C                           │
         H—C—O /    \ CH₃                      │
                                               O
CH₃—⟨   ⟩—SO₂—O—C—H                            │
                                               │
         H—C ───────────────────────────────┘
              │
         H—C—O—CO—CH₃
              │
         CH₂—O—CO—CH₃
```

Aus 3-p-Toluolsulfomonoacetonglykose mit Essigsäureanhydrid und Pyridin bei 36°. — Aus Äther mit Benzin, dann aus Alkohol Krystalle vom Schmelzp. 85—86°; $[\alpha]_D^{20} = -16,96°$ in Chloroform bei $c = 5,60$. — Bei der ersten Darstellung der Substanz wurden Krystalle vom Schmelzp. 78,5° erhalten, deren Schmelzpunkt durch weiteres Umkrystallisieren nicht erhöht werden konnte. Nach längerem Aufbewahren im Exsiccator steigt der Schmelzpunkt allmählich an. Bei der alkalischen Verseifung wird Monoacetonglykose zurückgewonnen.

3, 5, 6-Tri-p-toluolsulfomonoaceton-d-glykose [1, 4][4] $C_{30}H_{34}O_{12}S_3$. Aus Monoacetonglykose mit 3 Mol p-Toluolsulfochlorid in Pyridin bei 36° neben großen Mengen Di-p-toluolsulfo-monoaceton-d-glykose. Die Trennung gelingt durch Behandlung mit Äther. Aus ätherhaltigem Alkohol Nadeln vom Schmelzp. 95—96°; $[\alpha]_D^{19} = -5,15°$ in Chloroform bei $c = 12,12$.

2-Acetyl-3, 5, 6-tri-p-toluolsulfoglykose [1, 4][4] $C_{29}H_{32}O_{13}S_3$. Aus 2-Acetyl-3, 5, 6-tri-p-toluolsulfo-d-glykosyl-1-bromid [1, 4] durch Austausch des Broms gegen Hydroxyl. Krystalle aus Benzol, Schmelzp. 117—118°; $[\alpha]_D^{20} = +51,09° \rightarrow 37,2°$ in Chloroform bei $c = 4,972$.

6-Trityl-3-Acetyl-monoacetonglykose [1, 4][5]. Aus 3-Acetyl-monoacetonglykose mit Triphenylchlormethan in Pyridin. Aus Alkohol + Wasser Krystalle, die unscharf schmelzen, Sinterung ab 55°. $[\alpha]_{Hg\,gelb}^{20} = -16°$ in Chloroform. Leicht löslich in Aceton, Essigester, Chloroform, Benzol, Äther; ziemlich löslich in Alkohol, wenig löslich in Ligroin und Wasser.

6-Trityl-3, 5-diacetyl-monoacetonglykose [1, 4][5]. Aus der vorhergehenden Verbindung mit Essigsäureanhydrid und Pyridin. Aus Alkohol + Wasser Krystalle, Schmelzp. unscharf, Sinterung ab 64°. $[\alpha]_{Hg\,gelb}^{20} =$ etwa $+5°$ in Chloroform.

6-Triphenylmethyl-3, 5-dibenzoyl-1, 2-monoacetonglykose $C_{42}H_{38}O_8$. Entsteht bei der Benzoylierung in Pyridin des aus Monoacetonglykose mit Triphenylchlormethan entstehenden amorphen Produktes. Aus Äther mit Petroläther Nädelchen vom Schmelzp. 78—79°, in anderen Fällen Schmelzp. 97—99°. $[\alpha]_D^{21} = -4,5°$ (Pyridin). Die beiden Präparate zeigten in Drehung und Löslichkeit keine merklichen Unterschiede, unlöslich in Wasser, fast unlöslich in Petroläther, sonst mehr oder weniger leicht löslich[6].

---

[1] Heinz Ohle, Erich Euler u. Rudolf Lichtenstein: Ber. dtsch. chem. Ges. **62**, 2885 (1929) — Chem. Zbl. **1929 II**, 3223.

[2] H. Ohle u. E. Dickhäuser: Ber. dtsch. chem. Ges. **58**, 2593 (1925) — Chem. Zbl. **1926 I**, 2188.

[3] Heinz Ohle u. Heinz Erlbach: Ber. dtsch. chem. Ges. **61**, 1870 (1928) — Chem. Zbl. **1928 II**, 2118.

[4] Heinz Ohle, Heinz Erlbach u. Kurt Vogl: Ber. dtsch. chem. Ges. **61**, 1875 (1928) — Chem. Zbl. **1928 II**, 2120.

[5] Karl Josephson: Liebigs Ann. **472**, 217 (1929) — Chem. Zbl. **1929 II**, 1396 — Sv. kem. Tidskr. **41**, 99 (1929) — Chem. Zbl. **1929 II**, 1396.

[6] B. Helferich, L. Moog u. A. Jünger: Ber. dtsch. chem. Ges. **58**, 872 (1925) — Chem. Zbl. **1925 II**, 279 — Liebigs Ann. **440**, 1 — Chem. Zbl. **1924 II**, 2829.

Monoacetonglykose-6-schwefelsäure. Erhalten durch Einwirkung von $ClSO_3H$ auf Monoacetonglykose in Pyridin. **Na-Salz** $C_9H_{15}O_9SNa + \frac{1}{2}H_2O$. Aus Alkohol Krystalle vom Schmelzp 157° (unter Zersetzung) und $[\alpha]_D^{18} = -9,89°$ in Wasser. **Ba-Salz.** Aus Alkohol + Äther amorpher, hygroskopischer Niederschlag, enthält 1 Mol Alkohol. $[\alpha]_D^{20} = -7,23°$ in Wasser. **Brucinsalz.** Leicht löslich in Alkohol. **Strychninsalz** $C_9H_{16}O_9S \cdot C_{21}H_{22}N_2O_2$. Aus Alkohol Nadeln vom Schmelzp. 182° unter Zersetzung. $[\alpha]_D^{20} = -25,19°$ in Wasser[1].

Pyridinsalz der Monoacetonglykose-3-schwefelsäure[1] $C_9H_{16}O_9S \cdot C_5H_5N$. Diacetonglykose-3-schwefelsäure spaltet beim kurzen Erhitzen mit Alkohol den einen Acetonrest in 5, 6-Stellung ab. Aus Alkohol in Gegenwart von Pyridin Nadeln vom Schmelzp. 134° und $[\alpha]_D^{20} = -13,58°$ in Wasser. Bei längerem Kochen mit Alkohol geht der SO_3H-Rest ab und wird allmählich ganz in Glykose und Aceton aufgespalten. Bei der Behandlung mit Aceton und wasserfreiem $CuSO_4$ liefert das Pyridinsalz der Diacetonglykose-3-schwefelsäure zurück. Durch 6 stündiges Erhitzen in Pyridin auf 100° wird das Pyridinsalz verändert, ohne daß H_2SO_4 in Freiheit gesetzt wird. Das Reaktionsprodukt konnte noch nicht in fester Form abgeschieden werden. Bei der Hydrolyse mit sehr verdünnter kalter H_2SO_4 wird mit dem Acetonrest auch gleichzeitig die organisch gebundene H_2SO_4 abgelöst. **Brucinsalz.** Scheidet sich aus der heißen alkoholischen Lösung als Sirup ab. **Na-Salz.** Aus Alkohol mit Äther gefällt käsiger, zusammenbackender Niederschlag, sehr hygroskopisch. **Ba-Salz.** Aus Alkohol feine Nädelchen mit Krystallalkohol. $[\alpha]_D^{23} = -14,39°$ in Wasser[1].

Benzylidenmonoacetonglykose[2] $C_{16}H_{20}O_6$. Aus Monoacetonglykose und Benzaldehyd bei Gegenwart von wasserfreiem Natriumsulfat bei 145° in 5 Stunden. Krystallisiert aus abs. Alkohol in Krystallen vom Schmelzp. 141—142°; $[\alpha]_D^{25} = +22°$. — Hydrolysenkonstante $17 \cdot 10^{-3}$, also von derselben Größenordnung wie diejenige der 1, 2-Aceton-3-benzoyl-glykose. Aus Monoacetonglykose und Benzaldehyd in Gegenwart von wasserfreiem Natriumsulfat bei 170°. Dauer 5 Stunden. — Krystalle aus 95proz. Alkohol, Schmelzp. 144°[3].

Methylmonoacetonbenzylidenglykose[3] $C_{17}H_{22}O_6$. Aus Monoacetonbenzylidenglykose mit Dimethylsulfat in 30proz. Natronlauge bei 70°. — Sirup. — Bei der Hydrolyse mit siedendem 0,4% Salzsäure enthaltendem 50proz. Alkohol entsteht Monomethylglykose vom Schmelzpunkt 156—157° und $[\alpha]_D^{20} = +103° \to +57°$ in Wasser. Bei der Benzoylierung mit Benzoylchlorid und Pyridin entsteht Benzoylmonoacetonglykose vom Schmelzp. 198°[3].

1, 2-Monoaceton-6-phosphorsäureglykosid[2] $C_9H_{16}O_6 \cdot H_2PO_3$. Aus Benzylidenmonoacetonglykose in auf $-20°$ abgekühlter Pyridinlösung mit Phosphoroxychlorid. — Als Bariumsalz gewonnen.

1, 2-Monoaceton-d-glykose-5, 6-carbonat [1,4][4] $C_{10}H_{14}O_7$. Durch Einleiten von Phosgen in eine stark turbinierte Suspension von Glykose oder Monoacetonglykose in Aceton. Nadeln aus Alkohol, Schmelzp. 223—224° unter Zersetzung; $[\alpha]_{5780}^{20} = -36°$. Liefert bei der Behandlung mit Alkalien Monoacetonglykose.

3-p-Toluolsulfo-1, 2-Monoacetonglykose-5, 6-carbonat [1,4][4] $C_{17}H_{20}O_9S$. Aus der vorstehenden Verbindung mit p-Toluolsulfochlorid in Pyridin bei 6°. Nadeln aus Alkohol, Schmelzpunkt 103—105°; $[\alpha]_{5780}^{23} = -36°$; $[\alpha]_{5461}^{23} = -39°$ in Aceton. Bei der Verseifung mit Barytwasser entsteht 3-p-Toluolsulfomonoacetonglykose.

Glykofuranose-5-6-monocarbonat[4] $C_7H_{10}O_7$

$$
\begin{array}{c}
CH(OH) \\
| \quad\diagdown \\
H-C-OH \quad\big| \\
| \qquad\qquad O \\
HO-C-H \quad\big| \\
| \\
H-C\!-\!-\!-\!-\!-\!-\!- \\
| \\
H-C-\!-\!-O \\
| \qquad\qquad\diagdown CO \\
CH_2-\!-O\diagup
\end{array}
$$

Aus den Glykofuranosid-monocarbonaten oder Monoacetonglykosecarbonat mit $\frac{1}{50}$ n-Salzsäure 50 Minuten bei 80°. Aus Methylalkohol oder Alkohol große Krystalle, Schmelzp. 182

---

[1] H. Ohle: Biochem. Z. **136**, 428 (1923) — Chem. Zbl. **1923 III**, 739.

[2] P. A. Levene u. G. M. Meyer: J. of biol. Chem. **53**, 431 (1922) — Chem. Zbl. **1922 III**, 959.

[3] P. A. Levene u. G. M. Meyer: J. of biol. Chem. **57**, 319 (1923) — Chem. Zbl. **1924 I**, 898.

[4] Walter Norman Haworth u. Charles Raymond Porter: J. chem. Soc. Lond. **1929**, 2796 — Chem. Zbl. **1930 I**, 3028.

bis 183° unter Zersetzung; $[\alpha]^{20}_{5780} = +18°$ in Wasser. Mutarotation wird nicht beobachtet. Reduziert Fehlingsche Lösung und Kaliumpermanganatlösung in der Kälte, aber rötet nicht fuchsinschweflige Säure.

Phenylosazon des Glykofuranose-5-6-monocarbonats[1] $C_{19}H_{20}O_5N_4$. Aus verdünntem Alkohol gelbe Nadeln, Schmelzp. 202—203°, fast unlöslich in Wasser. Mutarotation: $[\alpha]^{21}_{5780} = -103° \rightarrow -48°$ in Pyridin, nach 4 Tagen.

Anilid des Glykofuranose-5, 6-monocarbonats[1] $C_{13}H_{15}O_6N$. Nadeln aus Essigester oder Alkohol. — Nadeln, Schmelzp. 175, Zersetzung bei 180°. — Ist fast optisch inaktiv. Liefert bei der Hydrolyse mit Baryt das bekannte Glykoseanilid.

d-Glykose-dicarbonat [1, 4][2] $C_8H_8O_8$

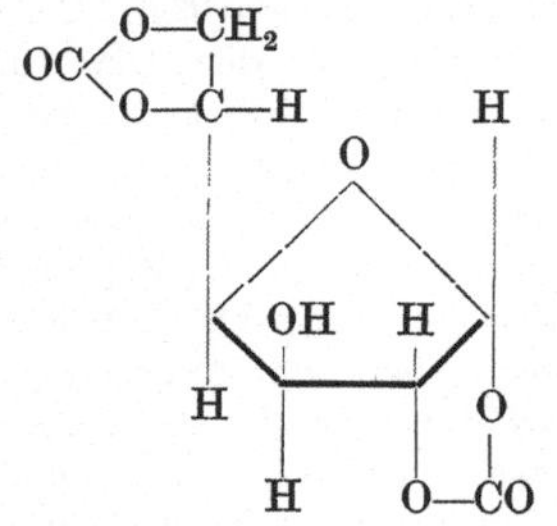

Durch Einleiten von Phosgen in eine feine Suspension von 18 g Glykose in 50 ccm Pyridin unter starkem Turbinieren bei 0° in 1 Stunde. Man zersetzt mit Eiswasser und extrahiert die Lösung mit Essigester. — Nadeln oder Blättchen aus Alkohol, Schmelzp. 224° unter Zersetzung. Ausbeute 1 g. — $[\alpha]_D = -29°$ in 75proz. wässerigem Aceton. Löslichkeit ziemlich gering, am leichtesten in Pyridin, dann abnehmend in Aceton, Essigester, Alkohol, Wasser, Chloroform. Wird von Säuren schwer hydrolysiert, leicht mit Alkalien schon in der Kälte. Bei längerer Einwirkung von Phosgen entsteht ein unlösliches, amorphes Kondensationsprodukt, wahrscheinlich ein Derivat eines Polysaccharids.

Diacetonglykose

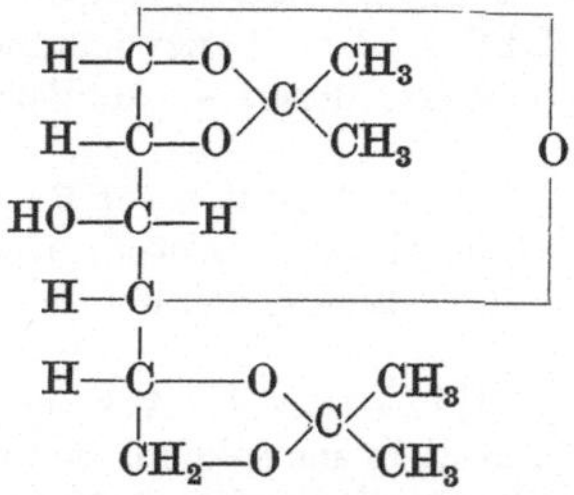

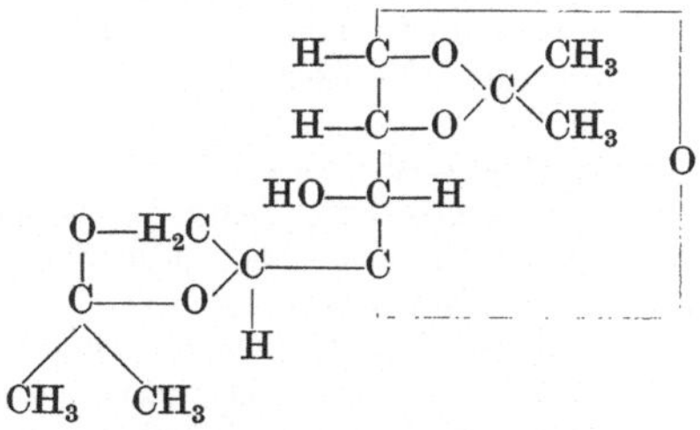

Darstellung[5]: Nach der Einwirkung von salzsäurehaltigem Aceton auf β-Glykose bindet man die Salzsäure durch Zugabe von $5 \times$ normaler überschüssiger Natronlauge, die gleichzeitig

---

[1] **Walter Norman Haworth** u. **Charles Raymond Porter:** J. chem. Soc. Lond. **1929**, 2796 — Chem. Zbl. **1930 I**, 3028.

[2] **Walter Norman Haworth** u. **Charles Raymond Porter:** J. chem. Soc. Lond. **1930**, 151 — Chem. Zbl. **1930 I**, 3029.

[3] **P. A. Levene** u. **G. M. Meyer:** J. of biol. Chem. **54**, 805 (1922) — Chem. Zbl. **1923 I**, 649. — **P. A. Levene** u. **G. M. Meyer** (mit **J. Weber**): J. of biol. Chem. **53**, 431 (1922) — Chem. Zbl. **1922 III**, 959. — **James Colquhoun Irvine** u. **Jocelyn Patterson:** J. chem. Soc. Lond. **121**, 2146 (1922) — Chem. Zbl. **1923 III**, 741. — **K. Freudenberg** u. **A. Doser:** Ber. dtsch. chem. Ges. **56**, 1243 (1923) — Chem. Zbl. **1923 III**, 743. — **K. Freudenberg** u. **O. Svanberg:** Ber. dtsch. chem. Ges. **55**, 3239 (1923) — Chem. Zbl. **1923 I**, 45. — **P. A. Levene** u. **G. M. Meyer:** J. of biol. Chem. **70**, 343 (1926) — Chem. Zbl. **1927 I**, 588 — J. of biol. Chem. **60**, 173 (1924) — Chem. Zbl. **1924 II**, 1458. — **Stanley Baker** u. **Walter Norman Haworth:** J. chem. Soc. Lond. **127**, 365 (1925) — Chem. Zbl. **1925 I**, 2372. — **K. Freudenberg** u. **F. Brauns:** Ber. dtsch. chem. Ges. **55**, 3233 (1922) — Chem. Zbl. **1923 I**, 44.

[4] **Karl Josephson:** Ber. dtsch. chem. Ges. **62**, 1913 (1929) — Chem. Zbl. **1929 II**, 2661. — **Cameron Gorden Anderson, William Charlton** u. **Walter Norman Haworth:** J. chem. Soc. Lond. **1929**, 1329 — Chem. Zbl. **1929 II**, 2770.

[5] **P. A. Levene** u. **G. M. Meyer**, mit Unterst. von **J. Weber:** J. of biol. Chem. **48**, 233 (1921) — Chem. Zbl. **1921 III**, 1319.

die Monoacetonglykose aufnimmt[1]. — Zur Darstellung der Diacetonglykose kann man statt β- auch α-Glykose verwenden. Im übrigen wird das Verfahren von E. Fischer und Rund befolgt. Aus 100 g α-Glykose erhält man 38 g, aus 100 g β-Glykose erhält man 55 g Diacetonglykose[2]. — Der Vorteil der α-Glykose liegt in der Zeitersparnis. — Bei der Acetonierung sowohl von α- wie von β-Glykose bei verschiedenen Säurekonzentrationen entsteht stets die gleiche Substanz, die sich auch durch fraktionierte Fällung mit Natronlauge nicht weiter zerlegen läßt[3]. Zu 65 g α-Glykose in 1,8 l Aceton werden 55 ccm konzentrierte Schwefelsäure gegeben. Man schüttelt 4—5 Stunden auf der Maschine, filtriert, neutralisiert mit 150—200 g entwässertem Na_2CO_3, bis die Lösung hellgelb wird; die Lösung wird eingedampft, zuletzt im Vakuum. Krystallbrei aus Äther mit Petroläther. Ausbeute 45—55 g. Schmelzp. 102°[4]. Aus Rohrzucker mit Aceton und H_2SO_4 nach Ohle[5]. Aus Äther + Petroläther Krystalle vom Schmelzpunkt 109—110°, $[\alpha]_D^{15} = -18,6°$[6]. Die Lösung von Glykose in Aceton-$ZnCl_2$ wird mit wenig konzentrierter H_2SO_4 versetzt, nach 24 Stunden mit NaOH übersättigt, das Aceton abgehoben und abdestilliert. Der Rückstand wird im Vakuum destilliert und aus Benzin umgelöst. Schmelzpunkt 110,5°[7]. Acetaldehyd und Acetale beschleunigen außerordentlich die Acetonierung[8]. — Die ätherische Lösung des Rohproduktes wird zweckmäßig über Nacht im Eisschrank aufbewahrt, um der Monoacetonglykose Gelegenheit zu geben, völlig auszukrystallisieren. Mit dem zurückgewonnenen Aceton kann man nach Zusatz von 1% Acetaldehyd neue Mengen Glykose verarbeiten[9]. — Benzyldiacetonglykose wird bei der Reduktion mit Natrium in Benzylalkohol in Diacetonglykose verwandelt[10]. — Schmelzp. 111°[11]. Natriumverbindung. Löst sich in Petroläther, Äther und Benzol leichter als Diacetonglykose. Wird durch Stehen an der Luft oder durch $NaHCO_3$ zersetzt und bildet in festem Zustande eine hellgelbe Masse[12].

3-Acetyldiacetonglykose[13]. Schmelzp. 62—63°.

3-Benzoyldiacetonglykose[13]. Schmelzp. 66,5°.

Diaceton-glykose-3-schwefelsäure[14]. Ist in verdünnten Alkalien auch in der Siedehitze beständig.

Diacetonglykose-3-schwefelsaures Na[14] $C_{12}H_{19}O_9SNa$. Aus Alkohol + Petroläther feine verfilzte Nadeln, die bei 208° zu einem schwarzen Faden zusammensintern, ohne zu schmelzen. $[\alpha]_D^{20} = -14,09°$ in Wasser. Leicht löslich in Wasser, wenig löslich in konzentrierter NaOH, löslich in Aceton, siedendem Essigester und Amylalkohol.

Doppelsalz von Diacetonglykose-3-schwefelsaurem Na und Na-Acetat[14] $C_{12}H_{19}O_9SNa$ $+ C_2H_3O_2Na$. Aus Alkohol Nadeln vom Schmelzp. 221—222° unter Zersetzung. $[\alpha]_D^{13} = -13,37°$ in Wasser.

---

[1] Karl Freudenberg u. Otto Ivers: Ber. dtsch. chem. Ges. **55**, 929 (1922) — Chem. Zbl. **1922 I**, 1197.

[2] P. A. Levene u. G. M. Meyer: J. of biol. Chem. **57**, 317 (1923) — Chem. Zbl. **1924 I**. 896.

[3] Heinz Ohle u. Ilse Koller: Ber. dtsch. chem. Ges. **57**, 1566 (1924) — Chem. Zbl. **1924 II**, 2021.

[4] K. Freudenberg u. K. Smeykal: Ber. dtsch. chem. Ges. **59**, 100 (1926) — Chem. Zbl. **1926 I**, 2190.

[5] H. Ohle: Ber. dtsch. chem. Ges. **57**, 403, 1566 (1924) — Chem. Zbl. **1924 I**, 1913; **1924 II**, 2021.

[6] R. Nodzu: J. of Biochem. **6**, 31, 49 (1926) — Chem. Zbl. **1926 II**, 779.

[7] H. O. L. Fischer u. C. Taube: Ber. dtsch. chem. Ges. **60**, 485 (1927) — Chem. Zbl. **1927 I**, 1672.

[8] K. Freudenberg, Walter Dürr u. Heinrich von Hochstetter: Ber. dtsch. chem. Ges. **61**, 1738 (1928) — Chem. Zbl. **1928 II**, 2121.

[9] Karl Freudenberg u. Heinrich v. Hochstetter: Ber. dtsch. chem. Ges. **61**, 1741 (1928) — Chem. Zbl. **1928 II**, 2121.

[10] Karl Freudenberg, Walter Dürr u. Heinrich v. Hochstetter: Ber. dtsch. chem. Ges. **61**, 1742 (1928) — Chem. Zbl. **1928 II**, 2121.

[11] P. Brigl u. W. Scheyer: Hoppe-Seylers Z. **160**, 214 (1926) — Chem. Zbl. **1927 I**, 418.

[12] K. Freudenberg u. R. M. Hixon: Ber. dtsch. chem. Ges. **56**, 2119 (1923) — Chem. Zbl. **1923 III**, 1555. — K. Freudenberg u. A. Doser: Ber. dtsch. chem. Ges. **56**, 1243 (1923) — Chem. Zbl. **1923 III**, 743.

[13] P. Brigl u. W. Scheyer: Hoppe-Seylers Z. **160**, 214 (1926) — Chem. Zbl. **1927 I**, 418.

[14] H. Ohle: Biochem. Z. **136**, 428 (1923) — Chem. Zbl. **1923 III**, 739.

Pyridinsalz der Diacetonglykose-3-schwefelsäure[1] $C_{12}H_{20}O_9S \cdot C_5H_5N$. Entsteht bei der Einwirkung von $ClSO_3H$ auf Diacetonglykose in Pyridin. Aus Alkohol in Gegenwart von Pyridin Nadelrosetten vom Schmelzp. 163—164°. Löslich in Aceton und Wasser, im letzteren unter Zersetzung. $[\alpha]_D^{20} = -21,9°$ in Chloroform. Beim kurzen Erhitzen mit Alkohol spaltet den einen Acetonrest in 5, 6-Stellung ab. **Brucinsalz** $C_{12}H_{20}O_9S \cdot C_{23}H_{26}N_2O_4$ [1]. Aus Alkohol Nadeln von Schmelzp. 248°. $[\alpha]_D^{20} = -27,63°$ in Wasser bzw. $-30,98°$ in Chloroform[1].

Diaceton-3-äthansulfoglykose[2] $C_{14}H_{24}O_8S$. Aus Diaceton-glykose in Pyridin mit Äthan-sulfochlorid. Krystalle aus wässerigem Methylalkohol vom Schmelzp. 84—85°. $[\alpha]_{578}^{18} = -51,58°$ in Acetylen tetrachlorid[2].

Diaceton-3-p-toluolsulfoglykose[3] $C_{19}H_{26}O_8S$

$$\begin{array}{l}
\text{H—C} \\
\text{H—C—O} \quad \text{C} \quad \text{CH}_3 \quad \text{CH}_3 \\
\text{CH}_3\text{—}\langle\ \rangle\text{—SO}_2\text{—O—C—H} \quad \text{O} \\
\text{H—C} \\
\text{H—C—O} \quad \text{C} \quad \text{CH}_3 \\
\text{CH}_2\text{—O} \quad \text{CH}_3
\end{array}$$

Beim Erwärmen von Diacetonglykose mit p-Toluolsulfochlorid und 50proz. Kalilauge in kleinen Portionen auf dem Wasserbad und Schütteln. Nach 2 Minuten wird die Hauptmenge der Lauge abgegossen, das erstarrende Produkt mit kaltem Wasser gewaschen, mit verdünnter Schwefelsäure verrieben, in kaltem Pyridin gelöst, und Wasser zugesetzt. — Die Darstellung kann auch geschehen durch Lösen der Komponenten in Pyridin und 14stündigem Aufbewahren bei 30°. Aus Methylalkohol feine, oft zu Büscheln vereinigte Nadeln vom Schmelzp. 120—121°, bei 15 mm und 79° getrocknet. — $[\alpha]_D = -81,7°$ und $-82°$ in Acetylentetrachlorid. Leicht löslich in Chloroform, Benzol, Äther, schwerer in Methylalkohol und Alkohol, fast unlöslich in Wasser. — Schmeckt bitter, reduziert Fehlingsche Lösung nicht. Ist beständig gegen flüssigem Ammoniak bei 100°. Mit siedendem Hydrazin erst nach 16 Stunden völlige Reaktion.

p-Toluolsulfodiaceton-d-glykose $C_{19}H_{26}O_8S$. Während die p-Toluolsulfomonoaceton-glykose vom Schmelzp. 108° mit Aceton in Gegenwart von wasserfreiem $CuSO_4$ nicht reagiert, erhält man in Gegenwart geringer Mengen Mineralsäuren eine neue p-Toluolsulfodiaceton-d-glykose, aus 80proz. Alkohol Nadeln vom Schmelzp. 87°. $[\alpha]_D^{20} = +27,1°$ (Chloroform; $c = 5,244$), unlöslich in Wasser, wenig löslich in kaltem Alkohol und Benzin, sonst leicht löslich. — Bei der Umsetzung mit HBr-Eisessig zeigt sie das gleiche charakteristische Farbenspiel wie die Muttersubstanz. Ein krystallisierendes l-Bromderivat konnte nicht erhalten werden. Nach Behandlung des amorphen Bromkörpers mit CH_3OH und Ag_2CO_3 konnten nur sehr geringe Mengen eines krystallisierten Produktes vom Schmelzp. etwa 120° erhalten werden, dessen Einheitlichkeit noch zweifelhaft ist[4].

Diaceton-3-β-naphthalinsulfo-glykose[2] $C_{22}H_{26}O_8S$. Diaceton-glykose wird in Äther mit Na versetzt, dann in Äther gelöstes Naphthalin-β-sulfochlorid zugesetzt. Krystalle aus Methylalkohol vom Schmelzp: 101—102°. $[\alpha]_{578}^{18} = -69,7°$ in Acetylen-tetrachlorid. Schmelzp. 106°; $[\alpha]_D^{20} = -71,47°$ in abs. Alkohol[5].

3-α-Naphthalinsulfodiacetonglykose [1, 4][5] $C_{22}H_{26}O_8S$. Aus Diacetonglykose und Naphthalinsulfochlorid in Pyridin. Aus Benzol + Benzin, dann aus Methylalkohol Krystalle, Schmelzp. 110—111°; $[\alpha]_D^{20} = -149,2°$ in Chloroform, $= -147,5°$ in abs. Alkohol.

[1] H. Ohle: Biochem. Z. **136**, 428 (1923) — Chem. Zbl. **1923 III**, 739.

[2] K. Freudenberg, O. Burkhardt u. E. Braun: Ber. dtsch. chem. Ges. **59**, 714 (1926) — Chem. Zbl. **1926 II**, 16.

[3] Karl Freudenberg u. Otto Ivers: Ber. dtsch. chem. Ges. **55**, 929 (1922) — Chem. Zbl. **1922 I**, 1197.

[4] H. Ohle u. L. v. Vargha: Ber. dtsch. chem. Ges. **61**, 1208 (1928) — Chem. Zbl. **1928 II**, 644 — Ber. dtsch. chem. Ges. **61**, 1203 (1928) — Chem. Zbl. **1928 II**, 643.

[5] Heinz Ohle, Erich Euler u. Rudolf Lichtenstein: Ber. dtsch. chem. Ges. **62**, 2885 (1929) — Chem. Zbl. **1923 II**, 3223.

Diacetonglykose-3-xanthogensäure-methylester[1] $C_{14}H_{22}O_6S_2$. Mol-Gewicht 350,37.

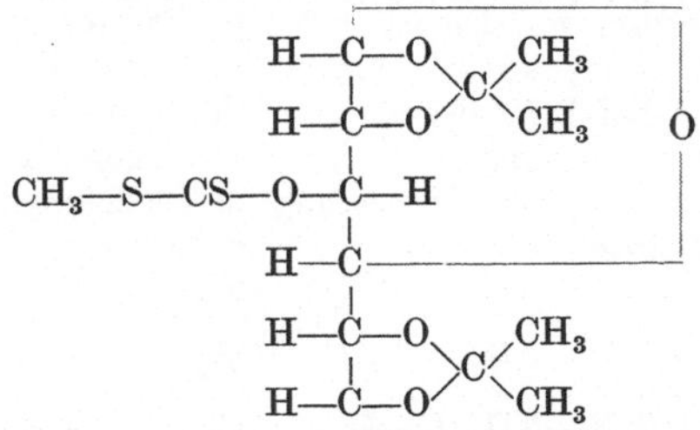

$$
\begin{array}{l}
\text{H—C—O}\diagdown\!\!\diagup\text{C}\diagup\!\!\diagdown\text{CH}_3 \\
\text{H—C—O}\diagup\text{C}\diagdown\text{CH}_3 \qquad \text{O} \\
\text{CH}_3\text{—S—CS—O—C—H} \\
\text{H—C} \\
\text{H—C—O}\diagdown\!\!\diagup\text{C}\diagup\!\!\diagdown\text{CH}_3 \\
\text{H—C—O}\diagup\text{C}\diagdown\text{CH}_3
\end{array}
$$

50 g Diacetonglykose werden in 200 ccm abs. Äther mit einem Überschuß von Natriumgrieß versetzt. Nach dem Aufhören der Wasserstoffentwicklung wird 6 Stunden gekocht, vom unverbrauchten Natrium abgegossen und zu der gelbbraunen Lösung Schwefelkohlenstoff im Überschuß gegeben. Die Reaktionsmasse muß gekühlt werden. Das Xanthogenat setzt sich als gelber, zäher Brei ab. Die ätherische Flüssigkeit wird zum größten Teil abgegossen und der Sirup mit etwas mehr als der berechneten Menge Methyljodid versetzt. Beim Umschütteln geht das Xanthogenat in Lösung, und Natriumjodid scheidet sich ab. Die Flüssigkeit bleibt noch 12 Stunden bei 25° stehen, wird dann mit Äther verdünnt und vom Jodnatrium abfiltriert. Das gelbe, ätherische Filtrat wird bei Unterdruck eingeengt; der gelbe, übelriechende Sirup krystallisiert in langen prismatischen Nadeln. Die Masse wird unter 1 mm Druck destilliert und geht zwischen 156—162° als gelbliches Öl über, das alsbald wieder erstarrt (35 g). — Nadeln aus .Petroläther. Schmelzp. 61°; Siedep. 156—162° bei 1 mm; $\alpha_{578}^{16} = -12,82°$; $[\alpha]_{633}^{16} = -11,51°$; $[\alpha]_{546}^{16} = -14,55°$ im Acetylentetrachlorid. Gibt bei der Destillation unter gewöhnlichem Druck Diacetonglykosyldithiokohlensäuremethylester.

Bis-[diacetonglykose]-sulfit[2]

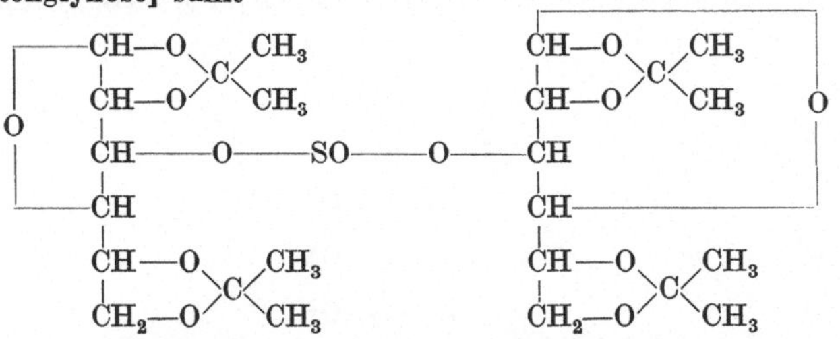

$$
\begin{array}{ll}
\text{CH—O}\diagdown\diagup\text{C}\diagup\diagdown\text{CH}_3 & \text{CH—O}\diagdown\diagup\text{C}\diagup\diagdown\text{CH}_3 \\
\text{CH—O}\diagup\text{C}\diagdown\text{CH}_3 & \text{CH—O}\diagup\text{C}\diagdown\text{CH}_3 \quad \text{O} \\
\text{O}\quad \text{CH——O——SO——O——CH} \\
\text{CH} & \text{CH} \\
\text{CH—O}\diagdown\diagup\text{C}\diagup\diagdown\text{CH}_3 & \text{CH—O}\diagdown\diagup\text{C}\diagup\diagdown\text{CH}_3 \\
\text{CH}_2\text{—O}\diagup\text{C}\diagdown\text{CH}_3 & \text{CH}_2\text{—O}\diagup\text{C}\diagdown\text{CH}_3
\end{array}
$$

Durch Einwirkung von Thionylchlorid auf Diacetonglykose sowie auf das entsprechende Natriumsalz bei 0° in quantitativer Ausbeute. Farbloses Öl, wird von Hydrazin und verdünntem Alkali zu Diacetonglykose verseift.

Diacetonglykosediacetonglykosesulfonat[2]. Diacetonglykose-OH=R

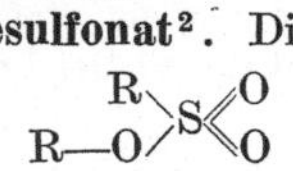

$$
\begin{array}{l}
\text{R}\diagdown\text{S}\diagup\text{O} \\
\text{R—O}\diagup\diagdown\text{O}
\end{array}
$$

Läßt man Thionylchlorid bei 70—90° auf Diacetonglykose oder Diacetonglykosenatrium einwirken, so entsteht neben Bis-[diacetonglykose]-sulfit die obige Verbindung. Gibt mit Hydrazin Hydrazindiacetonglykose vom Schmelzp. 98°

3-Chlordiacetonglykose[2]

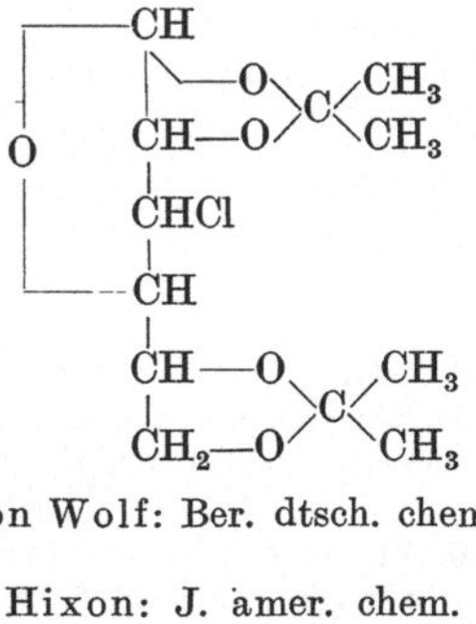

$$
\begin{array}{l}
\text{CH} \\
\quad\diagdown\text{O}\diagdown\diagup\text{C}\diagup\diagdown\text{CH}_3 \\
\text{O}\quad \text{CH—O}\diagup\text{C}\diagdown\text{CH}_3 \\
\text{CHCl} \\
\text{CH} \\
\text{CH—O}\diagdown\diagup\text{C}\diagup\diagdown\text{CH}_3 \\
\text{CH}_2\text{—O}\diagup\text{C}\diagdown\text{CH}_3
\end{array}
$$

[1] Karl Freudenberg u. Anton Wolf: Ber. dtsch. chem. Ges. **60**, 232 (1927) — Chem. Zbl. **1927 I**, 1670.

[2] James B. Allison u. R. M. Hixon: J. amer. chem. Soc. **48**, 406 (1926) — Chem. Zbl. **1926 I**, 2671.

Bildung: Durch Einwirkung von Phosphorpentachlorid auf Diacetonglykose in 25proz. Ausbeute oder durch Chlorierung von Diacetonglykose-diacetonglykose-sulfonat.

Physikalische und chemische Eigenschaften: Farbloses Öl, das im Hochvakuum (0,05 bis 0,005 ccm) bei 127° siedet. Das Chloratom ist sehr fest gebunden, beim Kochen mit 6n-Natriumhydroxydlösung wird die Verbindung nicht verändert, mit konzentrierter alkoholischer Natronlauge erfolgt Verseifung zu Diacetonglykose.

3-Hydrazindiaceton-glykose[1]

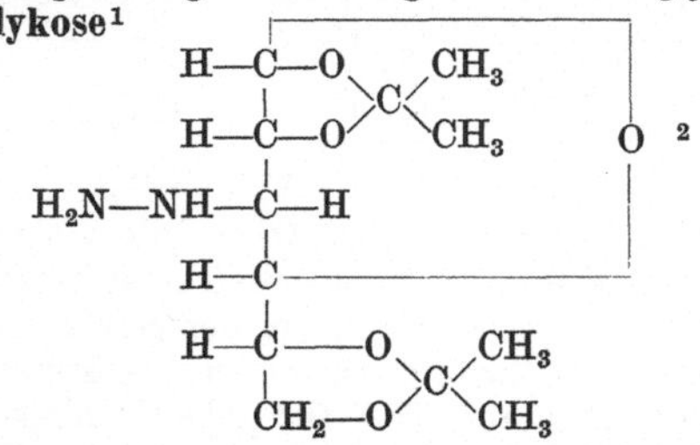

$$
\begin{array}{l}
H-C-O \\
\quad\quad\quad\;C{<}^{CH_3}_{CH_3} \\
H-C-O \\
H_2N-NH-C-H \\
H-C \\
H-C-O \\
\quad\quad\quad\;C{<}^{CH_3}_{CH_3} \\
CH_2-O
\end{array}\;\;O\;[2]
$$

Man kocht Diacetontoluolsulfoglykose in mit Luftkühler versehenem Gefäß während 30 Stunden mit wasserfreiem $NH_2 \cdot NH_2$. Das Reaktionsprodukt wird mit Äther ausgezogen, die ätherische Lösung mit KOH gewaschen, mit K_2CO_3 getrocknet und der Äther teilweise verdampft, wobei das Hydrazinderivat in Nadeln auskrystallisiert. Krystalle aus Äther vom Schmelzp. 96—97°. Ist leicht löslich in Wasser, CH_3OH, Alkohol, Aceton und Chloroform; wenig löslich in kaltem Äther, $[\alpha]_D = +83°$ in Wasser und $+163°$ in Aceton. Gibt mit diesem eine Acetonverbindung, mit Benzaldehyd eine Benzalverbindung, Schmelzp. 99—100°, $[\alpha]_D = +144°$ in Acetylentetrachlorid; reduziert Fehlingsche Lösung schon in der Kälte und zersetzt sich an der Luft unter Gasentwicklung und Bildung eines in Wasser wenig löslichen Öls[1]. Geht beim Stehen mit HCl (D = 1,19) in salzsaures $[\alpha, \beta, \gamma$-Trioxy-n-propyl]-3-pyrazol (Glycerylpyrazol) über[2].

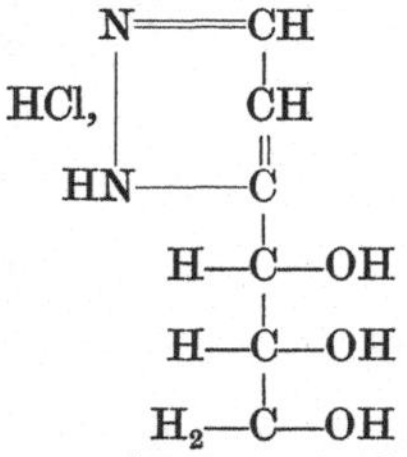

$$
\begin{array}{l}
N{=\!=\!=}CH \\
\quad\quad\quad\; CH \\
HCl,\quad\quad\;\| \\
HN{-\!-\!-}C \\
H-C-OH \\
H-C-OH \\
H_2-C-OH
\end{array}
$$
Glycerylpyrazol.

Diacetonglykose-3-phosphorsäureester Ba-Salz $C_{12}H_{19}O_6PO_3Ba$. Aus Diacetonglykose mit $POCl_3$ in trockenem Pyridin über die Ba-Salze der Diacetonglykosephosphorsäureester. Weiße Krystalle, die Fehlingsche Lösung erst nach der Hydrolyse reduzieren. $[\alpha]_D^{20}$ (in Wasser) der in Äther unlöslichen Fraktion (vielleicht Monoacetonglykoseester?) = —2,85°; der in Äther lösliche = —5,2°[3].

Diacetonglykose-6-bromhydrin[4] $C_9H_{15}O_5Br$

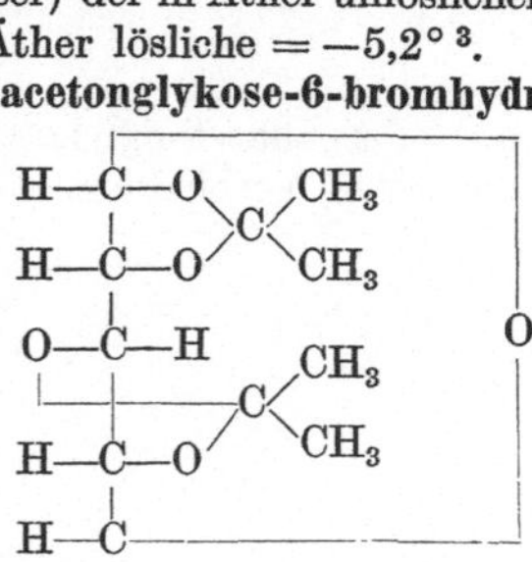

$$
\begin{array}{l}
H-C-O \\
\quad\quad\quad\;C{<}^{CH_3}_{CH_3} \\
H-C-O \\
O-C-H \\
\quad\quad\quad\;C{<}^{CH_3}_{CH_3} \\
H-C-O \\
H-C \\
H_2C-Br
\end{array}\;O
\quad\text{oder}\quad
\begin{array}{l}
H-C-O \\
\quad\quad\quad\;C{<}^{CH_3}_{CH_3} \\
H-C-O \\
O-C-H \\
^{CH_3}_{CH_3}{>}C \\
H-C-O \\
H_2C-Br
\end{array}\;O
$$

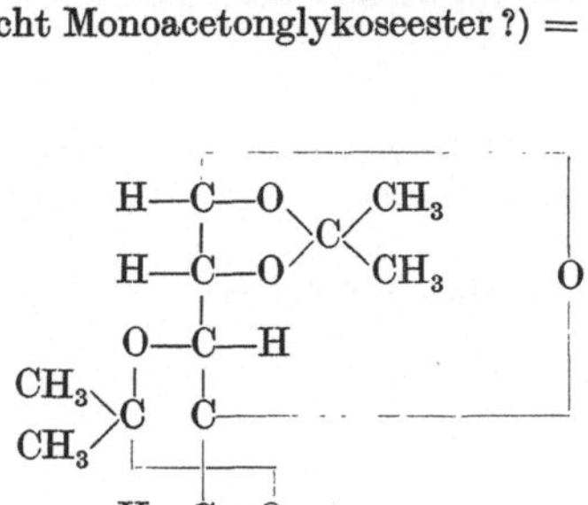

[1] E. Merck, Chem. Fabr.: D.R.P. 382913, Kl. 12q v.23. Juli 1922 — Chem. Zbl. **1924 I**, 1591.

[2] K. Freudenberg u. A. Doser: Ber. dtsch. chem. Ges. **56**, 1243 (1923) — Chem. Zbl. **1923 III**, 743. — K. Freudenberg u. O. Svanberg: Ber. dtsch. chem. Ges. **55**, 3239 (1923) — Chem. Zbl. **1923 I**, 45.

[3] R. Nodzu: J. of Biochem. **6**, 31, 49 (1926) — Chem. Zbl. **1926 II**, 779.

[4] Karl Freudenberg, Hans Toepffer u. Carl Chr. Andersen: Ber. dtsch. chem. Ges. **61**, 1755 (1928) — Chem. Zbl. **1928 II**, 2124.

Entsteht bei der Acetonierung von Glykose-6-bromhydrin mit Aceton und Schwefelsäure. Schwach gelbes Öl vom Siedep. 146° bei 1—2 mm; $[\alpha]_D^{18} = +42,0°$ in Alkohol. Ist in Wasser sehr wenig löslich; das Brom haftet fest. — Natriummethylat bewirkt Abspaltung von Bromwasserstoff und einer Acetongruppe.

Diacetonglykose-6-jodhydrin[1] $C_{12}H_{19}O_5J$. Aus der entsprechenden Bromverbindung mit Natriumjodid in Aceton 5 Stunden bei 100°. Öl, Siedep. 110—120° bei 0,5 mm, das bald krystallisiert. Krystalle aus abs. Alkohol, Schmelzp. 58°. $[\alpha]_D^{18} = +30,9°$ in Alkohol.

2, 3-Monoaceton-d-glykose-dibenzylmercaptal[2] $C_{25}H_{36}O_5S_2$

$$
\begin{array}{l}
H\text{—}C\text{—}(S \cdot H_2C \cdot C_6H_5)_2 \\
\;\;\;\;| \\
H\text{—}C\text{—}O\text{—}C(CH_3)_2 \\
\;\;\;\;| \\
O\text{—}C\text{—}H \\
\;\;\;\;| \\
H\text{—}C\text{—}OH \\
\;\;\;\;| \\
H\text{—}C\text{—}OH \\
\;\;\;\;| \\
H_2C\text{—}OH
\end{array}
$$

d-Glykosedibenzylmercaptal reagiert mit Aceton unter Bildung eines Gemisches einer Mono- und Diacetonverbindung, und zwar gleichgültig, ob Salzsäure, Schwefelsäure oder Kupfersulfat als Katalysator benutzt wird. Das Rohprodukt wird durch wenig Chloroform bei —5° von unverändertem Ausgangsmaterial befreit. Das Filtrat scheidet mit der doppelten Menge Petroläther bei —10° innerhalb 12 Stunden die Verbindung ab. Nädelchen vom Schmelzpunkt 94°. Leicht löslich in Chloroform, Alkohol, Aceton, Äther, unlöslich in Petroläther. $[\alpha]_D^{15} = -16,44°$ in Acetylentetrachlorid[3].

Diaceton-d-glykose-dibenzylmercaptal[3]

$$
\begin{array}{l}
H\text{—}C\text{—}(S \cdot H_2C \cdot C_6H_5)_2 \\
\;\;\;\;| \\
H\text{—}C\text{—}O\text{—}C\big\langle{}^{CH_3}_{CH_3} \\
\;\;\;\;| \\
O\text{—}C\text{—}H \\
\;\;\;\;| \\
H\text{—}C\text{—}OH \\
\;\;\;\;| \\
H\text{—}C\text{—}O\big\rangle C\big\langle{}^{CH_3}_{CH_3} \\
\;\;\;\;| \\
CH_2\text{—}O
\end{array}
$$

Aus den Mutterlaugen des Monoaceton-d-glykose-dibenzylmercaptals. Sirup.

Diaceton-d-glykose-dibenzylmercaptal-4-p-toluolsulfoderivat[3] $C_{33}H_{40}O_7S_3$. — Lange Platten bzw. Nadeln aus Methylalkohol, Schmelzp. 114°, $[\alpha]_D^{15} = -51,89°$ in Acetylentetrachlorid. Leicht löslich in Aceton und heißem Alkohol.

Isodiacetonglykose[4] $C_{12}H_{20}O_6$

$$
\begin{array}{l}
H\text{—}C\text{—}O \\
H\text{—}C\text{—}O\;C\big\langle{}^{CH_3}_{CH_3}\;\;O \\
O\text{—}C \\
H\text{—}C \\
CH_3\text{—}C \\
\;\;\;\;| \\
CH_3 \quad\quad C\text{—}O \\
\;\;\;\;\;\;\;\;\;\;\;| \\
\;\;\;\;\;\;\;\;\;\;CH_2\text{—}OH
\end{array}
$$

[1] Karl Freudenberg, Hans Toepffer u. Carl. Ch. Andersen: Ber. dtsch. chem. Ges. **61**, 1757 (1928) — Chem. Zbl. **1928 II**, 2124.

[2] E. Pacsu: Ber. dtsch. chem. Ges. **58**, 1455 (1925) — Chem. Zbl. **1926 I**, 347.

[3] Eugen Pacsu: Ber. dtsch. chem. Ges. **57**, 849 (1924) — Chem. Zbl. **1924 II**, 23.

[4] Heinz Ohle u. Ladislaus v. Vargha: Ber. dtsch. chem. Ges. **62**, 2425 (1929) — Chem. Zbl. **1929 II**, 2662.

Aus dem p-toluolsulfosaurem Salz des Diacetonglykosyl-6-amins in wässeriger Lösung mit 1, 5 Mol Natriumnitrit und einigen Tropfen Essigsäure in der 10 fachen Menge Wasser bis zum Aufhören der Stickstoffentwicklung bei Zimmertemperatur. — Sirup vom Siedep. 150° bei 0,4 mm, durchweg leicht löslich, ausgenommen in Petroläther und Wasser; $[\alpha]_D^{20} = +42,8°$ in Chloroform. Gibt mit p-Toluolsulfochlorid in Pyridin die 6-p-Toluolsulfoisodiacetonglykose vom Schmelzp. 87° (siehe S. 424).

6-Acetylisodiacetonglykose[1] $C_{14}H_{22}O_7$. Zähflüssiges Öl, Siedep. 140° bei 0,4 mm; $[\alpha]_D^{20} = +32,8°$, unlöslich in Wasser, sonst leicht löslich.

6-Benzoylisodiacetonglykose[1] $C_{19}H_{24}O_7$. Zäher Sirup, Siedep. 200° bei 0,6 mm; $[\alpha]_D^{20} = +29,5°$ in Chloroform; unlöslich in Wasser, sonst leicht löslich.

6-Methylcarbonat der Diacetonglykose[1] $C_{14}H_{22}O_8$. Aus Isodiacetonglykose, Methyljodid und Silbercarbonat durch 10 stündiges Kochen. Aus 50 proz. Alkohol Nadeln, Schmelzpunkt 111°, $[\alpha]_D^{20} = +38,4°$ in Chloroform. Unlöslich in Wasser, sonst leicht löslich. Identifizierung durch Verseifen mit wässeriger-methylalkoholischer Natronlauge und Toluolsulfonierung als 6-p-Toluolsulfoisodiacetonglykose.

2, 3-Mono-methyläthylketon-d-glykose-dibenzylmercaptal[2] $C_{24}H_{32}O_5S_2$. Durch 60-stündiges Schütteln von Glykose-dibenzylmercaptal[3] in der 15 fachen Menge Methyläthylketon in Gegenwart des gleichen Gewichtes wasserfreien $CuSO_4$. Das Mercaptal geht allmählich in Lösung. Die von Kupfersalz abfiltrierte Flüssigkeit hinterläßt nach dem Abdestillieren des Ketons im Vakuum einen dicken, klebrigen Sirup. Seine chloroformische Lösung wurde längere Zeit bei 0° aufbewahrt, von dem ausgeschiedenen, gallertigen Niederschlag getrennt und im Vakuum eingedampft. Der auf diese Weise vom unveränderten Mercaptal befreite Sirup wurde in Ligroin gelöst und einige Tage bei 0° gehalten. Ein kleiner Teil des Monoketonderivats krystallisiert aus, während die Hauptmenge in der Lösung bleibt. Schöne, lange, locker zusammenstehende Nadeln aus heißem Benzol. Schmelzp. 90—91°. Sie löst sich leicht schon kalt in den meisten organischen Lösungsmitteln. $[\alpha]_D^{15} = -6,56°$ in Acetylentetrachlorid, $[\alpha]_D^{15} = -117,58°$ in Alkohol[2].

Glykosecycloacetessigsäure[4] $C_{10}H_{14}O_7$. Konstitution wahrscheinlich:

$$
\begin{array}{c}
\text{C} \!=\! \text{CH}_3 \\
| \quad\quad \backslash \\
\text{C} \!-\! \text{C} \!-\! \text{COOH} \\
|\,\backslash \quad\quad\quad\quad | \\
\text{H} \!-\! \text{C} \!-\! \text{OH} \quad\quad | \\
| \quad\quad\quad\quad\quad\quad \text{O} \\
\text{HO} \!-\! \text{C} \!-\! \text{H} \quad\quad | \\
| \quad\quad\quad\quad\quad\quad | \\
\text{H} \!-\! \text{C} \!-\! \text{OH} \!-\!-\!-\!-\! \\
| \\
\text{H} \!-\! \text{C} \!-\! \text{OH} \\
| \\
\text{CH}_2 \!-\! \text{OH}
\end{array}
$$

Bei der Kondensation von Glykose mit Acetessigester in Gegenwart von Zinkchlorid. Aus Wasser Nadeln vom Schmelzp. 160—161° (Zersetzung); leicht löslich in heißem Alkohol, wenig löslich in Chloroform und Äther. $[\alpha]_D^{26} = -21,54°$ (CH_3OH; $c = 1,346$) = $-17,08°$ (Wasser; $c = 1,346$). **Na-Salz.** $[\alpha]_D^{25} = -14,86°$ (Wasser; $c = 1,346$).

Glykosecycloacetessigsäure-Tetraacetylderivat $C_{18}H_{22}O_{11}$. Dargestellt aus der vorhergehenden Verbindung nach dem Pyridinverfahren. Sirup, der allmählich zu einem Nadelbrei erstarrt. Schmelzp. 94°. $[\alpha]_D^{25} = -38,4°$ (Chloroform; $c = 1,6$)[4].

Glykosecycloacetessigsäure-Tetramethylderivat $C_{14}H_{22}O_7$. Entsteht durch Methylierung der Glykosecycloacetessigsäure mit Dimethylsulfat und NaOH. Sirup vom Siedep. 205°/0,9 mm. Das Destillat erstarrt krystallinisch. $[\alpha]_D^{25} = -42,2°$ (Chloroform; $c = 2,554$).

---

[1] Heinz Ohle u. Ladislaus v. Vargha: Ber. dtsch. chem. Ges. **62**, 2425 (1929) — Chem. Zbl. **1929 II**, 2662.

[2] Eugen Pacsu: Ber. dtsch. chem. Ges. **57**, 849 (1924) — Chem. Zbl. **1924 II**, 23.

[3] E. Pacsu: Ber. dtsch. chem. Ges. **58**, 1455 (1925) — Chem. Zbl. **1926 I**, 347 — Ber. dtsch. chem. Ges. **58**, 509 (1925) — Chem. Zbl. **1925 I**, 2303.

[4] E. S. West: J. of biol. Chem. **74**, 561 (1927) — Chem. Zbl. **1928 I**, 485 — J. of biol. Chem. **66**, 63 (1925) — Chem. Zbl. **1925 I**, 246.

Ist wenig löslich in kaltem Wasser. Durch Kochen mit Wasser entsteht daraus Tetramethylglykoseacetessigsäure, die jedoch nicht isoliert wurde[1].

Glykosecycloacetessigester[1] $C_{12}H_{18}O_7$

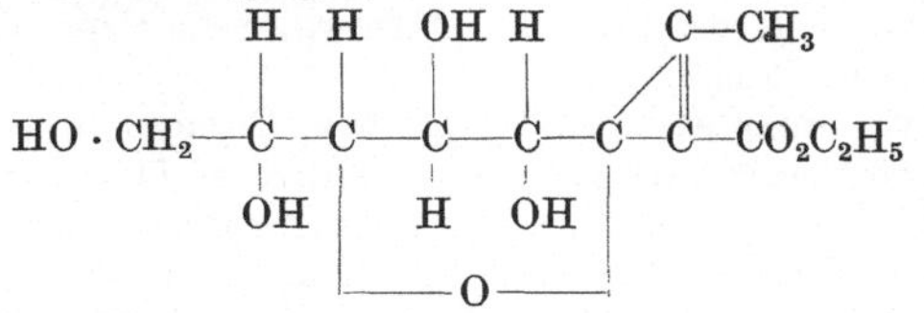

$$HO \cdot CH_2 - \overset{\overset{\displaystyle H}{|}}{\underset{\underset{\displaystyle OH}{|}}{C}} - \overset{\overset{\displaystyle H}{|}}{C} - \overset{\overset{\displaystyle OH}{|}}{\underset{\underset{\displaystyle H}{|}}{C}} - \overset{\overset{\displaystyle H}{|}}{\underset{\underset{\displaystyle OH}{|}}{C}} - \overset{\overset{\displaystyle C-CH_3}{\diagup}}{C} \diagdown\!\!\diagup\, \overset{\|}{C} - CO_2C_2H_5$$

(Brücke: $-O-$)

100 g Glykose und 50 g $ZnCl_2$ werden mit 50 g Acetessigester und 50 ccm 95 proz. Alkohol unter starkem Rühren auf dem Wasserbade erhitzt, bis in etwa 15 Minuten die Mischung homogen geworden ist. Der Sirup wird in 400 ccm Wasser gelöst, aus denen sich die Verbindung in Nadeln abscheidet. Ausbeute 20 g. Die Verbindung ist wenig löslich in Äther und Chloroform, löslich in Alkohol, Essigester und Pyridin. $[\alpha]_D^{26} = -19°$ (CH_3OH; $c = 1,6$); zeigt keine Mutarotation[1].

Glykosecycloacetessigester-Tetraacetylderivat[1] $C_{26}H_{26}O_{11}$. Dargestellt nach dem Pyridinverfahren. Aus 60- bis 70 proz. Alkohol prismatische Plättchen vom Schmelzp. 84°. $[\alpha]_D^{26} = -36,85°$ (Chloroform; $c = 2,0078$)[1].

Äthylidenglykose[2]. Aus Glykose, Schwefelsäure und Acetylen in Gegenwart eines Quecksilbersalzes als Katalysator. Sirup, der von Säuren leicht in Glykose und Acetaldehyd gespalten wird.

Glykoseäthylmercaptal[3]. Wird nur durch die Stämme von Bacillus lactis aerogenes Escherich zerlegt, nicht aber durch solche von Bacterium coli commune Escherich und Bacillus acidi lactici Hüppe.

Glykoseäthylmercaptalpentaacetat[4]. Aus Glykosediäthylmercaptal mit Essigsäureanhydrid und Pyridin. — Aus Methylalkohol Krystalle Schmelzp. 45—47°. $[\alpha]_D^{29} = +11,2°$ in Chloroform, $[\alpha]_D^{28} = +17,4°$ in Acetylentetrachlorid.

Tetrabenzoylglykosediäthylmercaptal[5] $C_{38}H_{38}O_9S_2$. Aus Glykosediäthylmercaptal mit Benzoylchlorid und 10 proz. Natronlauge. Aus Alkohol Nadelbüschel, Schmelzp. 166°. Löslich in Aceton, Chloroform, Essigester, Pyridin, weniger in Benzol, leicht löslich in heißem Toluol, Alkohol, Methylalkohol, wenig löslich in Äther, unlöslich in Petroläther. $[\alpha]_D^{19} = +22,9°$ in Chloroform.

Pentabenzoylglykosediäthylmercaptal[5] $C_{45}H_{42}O_{10}S_2$. Aus Glykosediäthylmercaptal mit 10 Mol Benzoylchlorid und Pyridin in Chloroformlösung. Öl, das mit Petroläther erstarrt, dann aus Alkohol langgestreckte Plättchen und Krystalldrusen vom Schmelzp. 97—98°. Leicht löslich in Äther, Aceton, Chloroform, Benzol, Toluol, Essigester, Pyridin, in siedenden Alkoholen, schwer löslich in Petroläther und Ligroin. $[\alpha]_D^{19} = +49,6°$ in Chloroform. Die Abspaltung der Mercaptangruppe zur Pentabenzoyl-al-glykose gelingt nur mit 95—98 proz. Ameisensäure, und Abdestillieren des gebildeten Mercaptans, wobei ständig Ameisensäure nachgegeben werden muß.

Glykose-n-propylmercaptal[6] $C_6H_{12}O_5\text{-}(SC_3H_7)_2$. Zur Lösung der Glykose in der gleichen Menge HCl (D. = 1,20) gibt man etwas mehr als die berechnete Menge n-C_3H_7SH, läßt über Nacht stehen und krystallisiert aus verdünntem Alkohol um. Weiße Nadeln. Schmelzp. 147°, $[\alpha]_D^{17} = +41°$[6]. Seidenartige Nadeln oder perlmutterglänzende Blättchen, Schmelzp. 146°; sehr wenig löslich in kaltem Wasser und Alkohol, in Äther, Chloroform, CCl_4, Benzol[7].

Glykose-n-butylmercaptal[8] $C_6H_{12}O_5(SC_4H_9)_2$. Durch Kondensation der Glykose mit n-Butylmercaptan in Gegenwart konzentrierter HCl. Schmelzp. 124°. $[\alpha]_D^{12} = +27,00°$[8].

[1] E. S. West: J. of biol. Chem. 74, 561 (1927) — Chem. Zbl. 1928 I, 485 — J. of biol. Chem. 66, 63 (1925) — Chem. Zbl. 1925 I, 246.

[2] Harold S. Hill u. Harold Hibbert: J. amer. chem. Soc. 45, 3108 (1923) — Chem. Zbl. 1924 I, 2510.

[3] Hermann Hees u. Caspar Tropp: Zbl. Bakter. I 100, 275—284 (1926) — Chem. Zbl. 1927 I, 760.

[4] M. L. Wolfrom: J. amer. chem. Soc. 51, 2188 (1930) — Chem. Zbl. 1930 II, 904.

[5] Percy Brigl u. Helmut Mühlschlegel: Ber. dtsch. chem. Ges. 63, 1551 (1930) — Chem. Zbl. 1930 II, 904.

[6] Y. Maeda u. Y. Uyeda: Bull. chem. Soc. Japan 1, 181 (1926) — Chem. Zbl. 1926 II, 2782.

[7] E. Potel: Bull. Sci. pharmacol. 30, 453 (1923) — Chem. Zbl. 1923 III, 1555.

[8] Y. Uyeda u. J. Kamon: Bull. chem. Soc. Japan 1, 179 (1926) — Chem. Zbl. 1926 II, 2781.

Seidenartige Nadeln, Schmelzp. 124 —125°. Löslich in siedendem Wasser und Alkohol; wenig löslich in kaltem Alkohol, unlöslich in anderen Lösungsmitteln[1].

Glykoseisobutylmercaptal[2] $C_6H_{12}O_5$: $(SC_4H_9)_2$. Schmelzp. 130°; $[\alpha]_D^{14} = +40{,}0°$.

n-Heptylmercaptal[1]. Krystallinisches Pulver. Schmelzp. 116—118°. Sehr wenig löslich auch in siedendem Alkohol.

d-Glykosedibenzylmercaptal $C_{20}H_{26}O_5S_2$. 50 g Glykose und 25 g wasserfreies Zinkchlorid in 50 ccm konzentrierter Salzsäure gelöst werden zu 50 g Benzylmercaptan gegossen, geschüttelt. Nach 40 Minuten erstarrt das Reaktionsgemisch zu einer tiefvioletten Masse. Die Farbe verschwindet beim Durchkneten mit wenig Wasser; die schwer filtrierbare Masse wird abgepreßt, von einer übelriechenden öligen Verunreinigung durch Behandlung mit 300 ccm Benzol befreit, aus 3 l Wasser, dann aus 500 ccm Alkohol umkrystallisiert. Schmelzp. 139°; $[\alpha]_D^{15} = -98{,}37°$ in Pyridin. Ausbeute 80% der Theorie[3]. — Läßt sich mit einer alkoholischen Quecksilberchloridlösung in Glykosebenzylthioglykosid überführen[4].

Tetraacetyl-d-glykoseäthylxanthogenat[5] $C_{17}H_{24}O_{10}S_2$. Aus Acetobromglykose mit einer konzentrierten Lösung von Kaliumäthylxanthogenat in absolutem Alkohol, 5 Minuten bei 100°. Ausbeute 90% der Theorie. Aus Petroläther, dann aus Alkohol derbe Prismen vom Schmelzp. 88—89°, $[\alpha]_D^{20} = +30{,}8°$ $(C_2H_2Cl_4$; $c = 3{,}197)$. Statt der derben Prismen werden oft feine Nädelchen vom Schmelzp. 74—76° erhalten, die sich jedoch in Berührung mit ihrer gesättigten alkoholischen Lösung in 1—2 Wochen unter Ansteigen des Schmelzpunktes in die Prismen verwandelten. Die niedrig schmelzende Modifikation scheint auch ein etwas geringeres Drehungsvermögen zu besitzen. $[\alpha]_D^{20} = +27{,}12°$[5].

d-Glykoseäthylxanthogenat $C_9H_{16}O_6S_2 + 2\,H_2O$. Aus dem Tetraacetat mit methylalkoholischer HCl 16 Stunden bei 0°. Durch Eindunsten seiner wässerigen Lösung, dann aus wasserhaltigem Äther lange feine Nadeln vom Schmelzp. 63—65°, die im Exsiccator langsam verwittern. Das Krystallwasser läßt sich jedoch nicht vollständig ohne Zersetzung entfernen. $[\alpha]_D^{20} = -45{,}4°$ (Wasser; $c = 1{,}035$) umgerechnet auf wasserfreies Glykosid $-51{,}1°$. Die wasserfreie Verbindung wurde durch Lösung des sirupösen Rohprodukts in Essigester und Fällen mit Benzol als gallertartiger, seltener körniger Niederschlag erhalten. Schmelzpunkt unscharf zwischen 92 und 98°, $[\alpha]_D^{20} = -50{,}5°$ (Wasser; $c = 1{,}396$). — Bei der Verseifung der Acetoxanthoglykose mit methylalkoholischem Ammoniak wurden folgende Drehungswerte beobachtet: Nach 11 Minuten $\alpha = -1{,}68°$, nach 36 Minuten $= -2{,}61°$, nach 12 Stunden $\alpha = +1{,}08°$. Daraus geht hervor, daß die Xanthogenatgruppe schneller verseift wird als die Acetatgruppen[5].

Chloralose. Ist ein β-Derivat der Glykose.

$$\overset{\displaystyle \lceil\!-\!\!-\!\!-\!\!-\!\!-\!O\!-\!\!-\!\!-\!\!-\!\!-\rceil}{\underset{\displaystyle \lfloor\!-\!\!-\!\!-\!\!-\!O\!-\!\!-\!\!-\!\!-\rfloor}{CH_2 \cdot CHOH \cdot CH \cdot (CHOH)_2 \cdot C \cdot CH(OH) \cdot CCl_3}}$$

Aus Lävoglykosan durch Chloral und H_2SO_4. Nadeln vom Schmelzp. 187°. Leicht löslich in Wasser. Instabil gegen Alkali[6]. Herstellung durch Erhitzen eines wasserfreien Gemisches von Chloral und Glykose bei 100° 1 Stunde lang. Behandeln mit etwas Wasser und siedendem Äther und Entfernung der toxikologisch isomeren Parachloralose durch Krystallisation[7]. Physikalische, chemische und therapeutische Eigenschaften, die Darstellung, die Löslichkeitsverhältnisse, Krystallformen aus 29 Lösungsmitteln, chemische und Farbenreaktionen. Spezifische Reaktion zur Identifizierung: Zu der alkoholischen Lösung der Substanz werden 30 mg Benzonaphthol (Benzoylnaphthol) und ein erbsengroßes Stück NaOH gegeben. Nach kurzer Zeit tritt eine braungelbe Färbung auf[8].

2,5—8,5‰ Chloralose beeinflussen die Nervenerregbarkeit nicht, erst von 10‰ ab sah man Unerregbarkeit. Bei narkotischen Dosen bleibt man weit unter dieser Konzentration.

---

[1] E. Potel: Bull. Sci. pharmacol. **30**, 453 (1923) — Chem. Zbl. **1923 III**, 1555.

[2] Yoshisuke Uyeda: Bull. Soc. chem. Jap. **4**, 264 (1929) — Chem. Zbl. **1930 I**, 1287.

[3] Eugen Pacsu: Ber. dtsch. chem. Ges. **57**, 849 (1924) — Chem. Zbl. **1924 II**, 23.

[4] Eugen Pacsu: Ber. dtsch. chem. Ges. **58**, 509 (1925) — Chem. Zbl. **1925 I**, 2303.

[5] W. Schneider, R. Gille u. K. Eisfeld: Ber. dtsch. chem. Ges. **61**, 1244 (1928) — Chem. Zbl. **1928 II**, 540.

[6] A. Pictet u. F. H. Reichel: Helvet. chim. Acta **6**, 621 (1923) — Chem. Zbl. **1923 III**, 1069.

[7] S. Vincent u. J. H. Thompson: Nature **121**, 209 — Chem. Zbl. **1928 I**, 1887.

[8] C. Genot: J. Pharm. Belgique **8**, 407 (1926) — Chem. Zbl. **1926 II**, 803.

Toxische Dosen von Chloralose sind für den Muskel giftig[1]. Versuche am isolierten Darm und Uterus lassen erkennen, daß Chloralose einen den Sympathicus erregenden Effekt bewirkt[2]. Die reine Chloralose wirkt stark anästhetisierend (nur dem Chloral oder Chloroform vergleichbar). Das Handelsprodukt ist mit Parachloralose verunreinigt, die die ästhetisierende Wirkung herabsetzt[3]. Chloralose verstärkt die Bildung von Adrenalin in der Nebenniere und fordert die Absonderung von Adrenalin in den Blutstrom[4]. — Beim normalen Tier verändert Chloralose praktisch nicht die Reizbarkeit des Vago-sympathicus-Systems, die Alkalireserve und die Wasserstoffionenkonzentration des Blutes bleiben unverändert, der arterielle Blutdruck sinkt nicht[5]. Intravenöse Injektion einer bei 40° gesättigten Lösung ruft außerordentliche Wirkung auf die Nerven hervor. Starke Erhöhung des Blutdruckes; die maximale Wirkung ist 30 Minuten nach der Injektion erreicht. Chloralose hat eine außerordentliche Reizwirkung auf die Nebennieren. Intravenöse Injektion einer Mischung von Chloralose und Adrenalin hat dieselbe Wirkung wie Adrenalin allein[3]. Chloralose übt nur eine sehr geringe Wirkung auf die Glykämie aus und kann daher mit Vorteil als Anästheticum bei Arbeiten über Glykämie benutzt werden[6]. Wirkung auf die parasympathische Erregbarkeit von Darm- und Uteruspräparaten[7]. Chloralose sensibilisiert, in kleinen Dosen verwendet, die parasympathischen Elemente des Froschherzens[7]. Injektion von 0,05 mg Adrenalin bewirkt beim mit Chloralose narkotisierten Hunde eine doppelt so hohe Blutdrucksteigerung wie am nichtnarkotisierten. Intravenöse Injektion von Chloralose bewirkt fast immer eine Blutdrucksenkung[8]. Chloralose steigert die Adrenalinsekretion der Nebennieren nicht, sie wird sogar dadurch zeitweise aufgehoben[9].

β-Glykochloralose[10]. 300 g Chloralhydrat und 400 ccm konzentrierte Schwefelsäure werden auf 12—15° abgekühlt, und dann werden 200 g Glykose hineingerührt. Nach 10 bis 12 Stunden wird die rötliche viscose Masse in 4 l Wasser gegeben. Der weiße Niederschlag der Dichloralglykosen setzt sich ab. Die Mutterlauge wird abdekantiert, zum Kochen gebracht und dann abgekühlt, wobei sich die β-Glykochloralose ausscheidet. Ausbeute 60 g. Daneben finden sich noch Dichloralglykose vom Schmelzp. 225° und eine andere Verbindung vom Schmelzp. 135°.

Dichloralglykosen[10, 11]. Werden 20 g β-Glykochloralose mit 100 g Chloralhydrat und 100 ccm Schwefelsäure behandelt, so scheiden sich nach Fällen mit Wasser die Dichloralglykosen aus, die mit Aceton von der unveränderten Verbindung getrennt werden. Liefert ein Monoacetat vom Schmelzp. 198°. Die andere in Benzol lösliche Verbindung hat Schmelzp. 225° und liefert ein Monoacetat vom Schmelzp. 126°.

50 g Baumwolle werden allmählich eingetragen in ein durch Schnee gekühltes Gemisch von 100 g Chloralhydrat + 100 g konzentrierter Schwefelsäure; nach 12stündigem Stehen bei gewöhnlicher Temperatur wird der Niederschlag mit Wasser verrieben, wobei eine graue flockige Masse entsteht; diese wird mit 600 ccm Wasser bis zum Erweichen gekocht, das Wasser abgegossen, der Rückstand erneut mit 600 ccm Wasser + 5—10 ccm konzentrierter Salpetersäure 10 Minuten gekocht; der Rückstand wird nach dem Erhärten mit Wasser verrieben, nach Trocknen mit 200 ccm heißem Alkohol extrahiert[11]. Der unlösliche Anteil wird in heißem Aceton gelöst (Fraktion I); aus dem alkoholischen Extrakt scheidet sich beim Erkalten Fraktion II krystallinisch ab. Die Mutterlauge wird eingedampft, bis 2 Schichten entstehen; die dunkelbraune untere Schicht erstarrt, sie wird aus Tetrachlormethan umkrystallisiert (Fraktion III); die Tetrachlormethanmutterlauge hinterläßt einen bald erstarrenden Sirup (Fraktion IV). Aus Fraktion I: **Dichloralglykose** $C_{10}H_{10}O_6Cl_6$. Aus heißem Alkohol

---

[1] A. Chauchard u. Frau Chauchard: C. r. Soc. Biol. Paris **84**, 826—828 (1921) — Chem. Zbl. **1922 I**, 373.

[2] J. Gautrelet, R. Bargy u. Vechin: C. r. Acad. Sci. Paris **182**, 1648 (1926) — Chem. Zbl. **1926 II**, 1978.

[3] J. Chevalier u. A. Cherbulier: C. r. Soc. Biol. **91**, 642—644 — Chem. Zbl. **1924 II**, 2186.

[4] Swole Vincent u. J. H. Thompson: J. of Physiol. **65**, 449 (1928) — Chem. Zbl. **1928 II**, 1587.

[5] R. Bargy u. J. Gautrelet: C. r. Soc. Biol. Paris **99**, 700 (1928) — Chem. Zbl. **1929 I**, 104.

[6] M. A. Magenta: C. r. Soc. Biol. Paris **98**, 171 — Chem. Zbl. **1928 I**, 2512.

[7] B. Moraens: C. r. Soc. Biol. Paris **98**, 804 — Chem. Zbl. **1928 I**, 2627.

[8] M. Raymond-Hamet: C. r. Acad. Sci. Paris **186**, 101 — Chem. Zbl. **1928 I**, 2732.

[9] A. Tournade u. H. Hermann: C. r. Soc. Biol. Paris **98**, 306 — Chem. Zbl. **1928 I**, 2954.

[10] H. W. Coles, L. D. Goodhue u. R. M. Hixon: J. amer. chem. Soc. **51**, 519 (1929) — Chem. Zbl. **1929 I**, 1803.

[11] J. H. Roß u. J. M. Payne: J. amer. chem. Soc. **45**, 2363 (1923) — Chem. Zbl. **1924 I**, 1511.

oder Aceton dreieckige oder 6seitige Tafeln, Schmelzp. 268°, wenig löslich in heißem Aceton, Pyridin, Essigsäure, Alkohol, konzentrierte Salpetersäure, unlöslich in Äther, Chloroform, Tetrachlormethan, Petroläther, Wasser und Alkalien; die Lösung in Pyridin ist linksdrehend, reduziert nicht Fehlingsche Lösung. — **Monoacetat.** Aus Äther Nadeln, Schmelzp. etwa 200°, $[\alpha]_D = -12°$ in Chloroform; **Monomethylverbindung** $C_{11}H_{12}O_6Cl_6$, aus Äther Nadeln, Schmelzpunkt etwa 200, $[\alpha]_D = -17°$ (in 1:1 Aceton-Pyridin[1]). — Aus Fraktion II: **Dichloralglykose.** Aus Alkohol Nadeln, Schmelzp. 225°; $[\alpha]_D = -15°$ in Chloroform, wenig löslich in Tetrachlormethan, unlöslich in kaltem Petroläther, Wasser und Alkalien, reduziert nicht Fehlingsche Lösung; **Acetylderivat** $C_{12}H_{12}O_7Cl_6$, aus Alkohol oder Äther rechteckige Krystalle, Schmelzp. 126°, $[\alpha]_D = -21,4°$ in Chloroform; das Methylderivat ist sehr leicht löslich in organischen Mitteln, Schmelzp. etwa 110°, $[\alpha]_D = -23°$ in Chloroform. — Aus Fraktion III: Aus heißem Wasser Nadeln, löslich in organischen Lösungsmitteln, Schmelzp. 135—136°, $[\alpha]_D = +32°$ in Benzol, $[\alpha]_D = +10,5°$ in Chloroform, löslich in konzentrierter Salpetersäure, unlöslich in Alkali, reduziert nicht Fehlingsche Lösung, selbst nach Kochen mit Säuren. Fraktion IV ist anscheinend mit II stark verunreinigt; diese kann entfernt werden durch Ausfällen mit Petroläther aus alkoholischer Lösung; Schmelzp. 74—75°, $[\alpha]_D = +14°$ in Chloroform, unlöslich in Wasser und Alkali. Nach Kochen mit verdünnter Säure wird Fehlingsche Lösung reduziert. Mit Salpetersäure entsteht eine durch Natriumhydroxyd fällbare Verbindung. Beim Erhitzen im Vakuum gehen 2,8 % des Gewichts verloren, der Rückstand reduziert Fehlingsche Lösung. Der Chlorgehalt stimmt bis auf 1 % auf eine Dichloralglykose[1]. Werden Hydrocellulose, Stärke und Glykose analog wie Cellulose behandelt, so entstehen gleichfalls die 4 Fraktionen. Die bei der Ausfällung der Dichloralglykosen mit Wasser erhaltenen Lösungen geben beim Erhitzen auf dem Wasserbad Niederschläge von Parachloralose; besonders reichlich wird diese gebildet, wenn die aus Stärke und Glykose durch Ausfällen des Reaktionsproduktes mit Wasser + verdünnter Salpetersäure erhaltene Flüssigkeit gekocht wird; aus Cellulose und Hydrocellulose bildet sich in diesem Falle keine Parachloralose. Die vorher erwähnte Bildung von Parachloralose aus Cellulose deutet auf die Präexistenz einer oder mehrerer α-Bindungen im Cellulosemolekül.

Trimethyl-β-glykochloralose[2] $C_{11}H_{17}O_6Cl_3$. Aus β-Glykochloralose und Dimethylsulfat bei 60°. Schmelzp. 109—110°.

Trimethylmonodechloro - β - glykochloralose[2] (**Trimethylglykosedichloracetaldehyd**) $C_{11}H_{18}O_6Cl_2$. Aus vorstehender Verbindung in Alkohol, Salzsäure und Natriumamalgam. Schmelzp. 68°. Die saure Hydrolyse liefert Dichloracetaldehyd.

Trimethylbidechloro - β - glykochloralose[2] (**Trimethylglykosemonochloracetaldehyd**). Durch Reduktion der Trimethyl-β-glykochloralose mit Natriumamalgam. Bei der Vakuumdestillation entsteht ein Sirup, Siedep. 155—160° unter 4 mm, der teilweise krystallisiert.

3, 5, 6-Trimethylmonochloralglykose[2] $C_{11}H_{17}O_6Cl_3$. Aus 3, 5, 6-Trimethylglykose Schwefelsäure und Chloralhydrat. Schmelzp. 120°. Krystalle aus Petroläther; $[\alpha]_D^{25} = -29,01°$. Reagiert nicht mit Methylmagnesiumjodid.

Parachloralose $C_8H_{11}O_6Cl_3$

$$CH_2(OH) \cdot CH(OH) \cdot CH \cdot [CH(OH)]_2 \cdot CH(COCCl_3)$$

Ist ein α-Derivat der Glykose. Entsteht durch Verreiben von 5 g Glykosan mit 9 g Chloral und 15 g konzentrierter H_2SO_4 bis zum Verschwinden des Chloralgeruches; Zusatz von 150 ccm Wasser (wodurch ein Gemisch von 2-Isodichloralglykosan gefällt wird), Filtrieren, Neutralisieren der Lösung mit $CaCO_3$ und Einengen der Lösung. Krystalle vom Schmelzp. 227°[3]. Parachloralose setzt die ästhetisierende Wirkung der Chloralose herab[4].

Isodichloralglykosen[3]. Entstehen bei der Einwirkung von Chloral auf Glykosan und Lävoglykosen in Gegenwart von konzentrierter H_2SO_4 neben Parachloralose bzw. Chloralose. Sie werden durch fraktionierte Krystallisation aus Alkohol in Isodichloralglykose A und B getrennt.

Isodichloralglykose A[3] $C_{10}H_{10}O_6Cl_6$. Krystallisiert zuerst aus Alkohol. Hexagonale Blättchen, Schmelzp. 268°. Sehr wenig löslich in kaltem Alkohol (0,041 g in 100 g bei 25°),

[1] J. H. Roß u. J. M. Payne: J. amer. chem. Soc. **45**, 2363 (1923) — Chem. Zbl. **1924 I**, 1511.
[2] H. W. Coles, L. D. Goodhue u. R. M. Hixon: J. amer. chem. Soc. **51**, 519 (1929) — Chem. Zbl. **1929 I**, 1803.
[3] A. Pictet u. F. H. Reichel: Helvet. chim. Acta **6**, 621 (1923) — Chem. Zbl. **1923 III**, 1069.
[4] J. Chevalier u. A. Cherbulier: C. r. Soc. Biol. Paris **91**, 642—644 — Chem. Zbl. **1924 II**, 2186.

in Eisessig (0,053 g in 100 g), etwas mehr in Äther (0,120 g in 100 g) und unlöslich in Wasser. Reduziert nicht.

Monoacetylderivat der Isodichloralglykose A $C_{12}H_{12}O_7Cl_6$. Mit Acetanhydrid und Na-Acetat 4 Stunden in der Wärme. Krystalle aus Alkohol. Schmelzp. 198° [1].

Isodichloralglykose B [1] $C_{10}H_{10}O_6Cl_6$. Amorphes Pulver, Schmelzp. 85°, leicht löslich in organischen Lösungsmitteln. Reduziert Fehlingsche Lösung auch beim Kochen nicht. Sie wird weder durch $KMnO_4$ noch durch siedende HNO_3 oxydiert.

Glykoseureidharnstoff [2] $C_7H_{14}O_6N_2CO \cdot (NH_2)_2$. Entsteht bei der Kondensation von Glykose mit Harnstoff in Gegenwart von Schwefelsäure, siehe bei Glykoseureid. Mikroskopische meist zugespitzte Prismen aus Wasser, Schmelzp. 171—172°; $[\alpha]_D = -18,18°$ in Wasser bei $c = 2,5856$. — Leicht löslich in Wasser, schwer löslich in Alkohol oder Methylalkohol, fast unlöslich in Aceton, unlöslich in Äther, Chloroform usw. — Zersetzt sich beim Kochen der wässerigen Lösung unter Entwicklung von Ammoniak. Liefert bei mehrtägigem Kochen mit abs. Alkohol nahezu in theoretischer Ausbeute reines Glykoseureid. — Scheint eine einfache Additionsverbindung zu sein [2].

Glykoseureid [3] **(Glykoseharnstoff).** Die Darstellung nach Schoorl [4] ist umständlich und gibt schlechte Ausbeuten an reinem Ureid, nur etwa 10%. Die Übelstände werden größtenteils beseitigt durch Anwendung eines Überschusses von Harnstoff, gleicher Mengen wie von Glykose, wobei das Ureid zunächst als Additionsverbindung mit Harnstoff erhalten wird. Die Kondensation wird wie bei Schoorl in Gegenwart von Schwefelsäure bei 50° vorgenommen, die Säure wird dabei neutralisiert, so daß Anwendung von Bariumcarbonat vor der weiteren Verarbeitung sich erübrigt; auch von der Beseitigung überschüssiger Glykose durch Gärung wurde Abstand genommen. — Die Lösung wird vielmehr direkt unter vermindertem Druck bei 37° zum dünnen Sirup verdampft, der beim Abkühlen bald zur Krystallmasse erstarrt. Der Glykoseureidharnstoff wird in durchschnittlich 66% Ausbeute des theoretischen gewonnen und liefert bei mehrtägigem Kochen mit wiederholt erneuerten Mengen absoluten Alkohols fast reines Glykoseureid in nahezu theoretischer Ausbeute [3]. — In einer warmen Lösung von 6 g Glykose in 6 ccm Wasser werden 4 g Harnstoff (2 Mol) gelöst, und das Gemisch wird nach Zusatz von 4 Tropfen konzentrierter Salzsäure etwa 16 Tage bei 50° aufbewahrt. Beim Abkühlen und Impfen krystallisiert allmählich 2,6 g einer Molekülverbindung von Glykoseharnstoff mit 1 Mol Harnstoff aus, die abgesaugt, zunächst mit 30proz., dann immer stärkerem Alkohol gewaschen und durch Lösen in 1 Teil heißem Wasser und Zugabe von 3 Teilen heißem Alkohol in d-Glykoseharnstoff übergeführt wird. Ausbeute 1,6 g [5]. Für das Glykoseureid sind nur Formen mit Ringstruktur des Harnstoffs möglich. Spaltet mit HNO_2 N_2 schwer ab [2].

Pentaacetyl-d-glykoseharnstoff [6]. Aus Glykoseharnstoff mit Essigsäureanhydrid und $ZnCl_2$. $[\alpha]_D^{20} = -15,9°$ in Pyridin; $[\alpha]_D^{18} = -15,3°$ in Pyridin.

Tetraacetyl-d-glykoseharnstoff [6] $C_{15}H_{22}O_{10}N_2$

$$\overset{\displaystyle\overline{\qquad\qquad\qquad O \qquad\qquad\qquad}}{CH_2(O \cdot Ac) \cdot CH \cdot CH(O \cdot Ac) \cdot CH(O \cdot Ac) \cdot CH(O \cdot Ac) \cdot CH \cdot NH \cdot CO \cdot NH_2}$$

Aus Glykoseharnstoff in Pyridin mit Essigsäureanhydrid. Zur Krystallisation löst man in heißem Essigester und versetzt mit heißem Ligroin. Die Substanz beginnt bei 85° zu sintern und ist gegen 100° geschmolzen. $[\alpha]_D^{23} = -6,9°$; $[\alpha]_D^{20} = -8,2°$. $CH_3CO = 44,1$ und 43,0%. Mol-Gewicht durch Gefrierpunktsdepression = 400,403. Sehr leicht löslich in Pyridin, Methylalkohol, in Wasser 1:15; reduziert Fehlingsche Lösung erst nach Kochen. Gibt in Wasser und Aceton mit angesäuerter KNO_2-Lösung langsame, stetige N-Entwicklung (im Gegensatz

---

[1] A. Pictet u. F. H. Reichel: Helvet. chim. Acta **6**, 621 (1923) — Chem. Zbl. **1923 III**, 1069.

[2] A. Hynd u. M. G. MacFarlane: Biochemic. J. **20**, 1264 (1926) — Chem. Zbl. **1927 I**, 1291.

[3] Alexander Hynd: Biochemic. J. **20**, 205 (1926) — Chem. Zbl. **1926 I**, 2791.

[4] Schoorl: Rec. Trav. chim. Pays-Bas et Belg. (Amsterd.) **22**, 31 (1903) — Chem. Zbl. **1903 I**, 1079.

[5] B. Helferich u. W. Kosche: Ber. dtsch. chem. Ges. **59**, 69 (1926) — Chem. Zbl. **1926 I**, 1967. — N. Schoorl: Rec. Trav. chim. Pays-Bas et Belg. (Amsterd.) **22**, 31 (1903) — Chem. Zbl. **1903 I**, 1079.

[6] B. Helferich u. W. Kosche: Ber. dtsch. chem. Ges. **59**, 64 (1926) — Chem. Zbl. **1926 I**, 1967.

zum Pentaacetat), ein Beweis, daß die NH_2-Gruppe nicht acetyliert ist. — Gibt durch Acetylierung mit Pyridin und Acetylchlorid das Pentaacetat.

Tetraacetyl-d-glykosebenzoylharnstoff[1] $C_{22}H_{26}O_{11}N_2$. Aus Tetraacetylglykoseharnstoff in abs. Chloroform und Pyridin mit Benzoylchlorid. Krystalle aus abs. Alkohol. $[\alpha]_D^{20} = -29,7°$ in Pyridin; $[\alpha]_D^{29} = -28,8°$ in Pyridin. Gegen 195° beginnt zu sintern, Schmelzpunkt 211—212°. Sehr leicht löslich in Pyridin, leicht löslich in Methylalkohol, löslich in Alkohol, wenig löslich in Wasser. Reduziert Fehlingsche Lösung auch nicht beim Kochen.

Di-d-glykoseharnstoff[1] $C_{13}H_{24}O_{11}N_2 + 2^1/_2 H_2O$. Durch Verseifung von Benzoyldiglykoseharnstoff in abs. Methylalkohol mit Ammoniakgas. Nadeln aus Wasser + heißem Alkohol. Verliert bei 13 mm und 100° über P_2O_5 $2^1/_2$ Mol Krystallwasser. Färbt sich von etwa 205° an braun, verkohlt bei weiterem Erhitzen, ohne zu schmelzen, gegen 235—245°. I. $[\alpha]_D^{17} = -35,8$ und II. $[\alpha]_D^{17} = -34,3°$ in Wasser.

Oktabenzoyl-[di-d-glykose]-harnstoff[1] $C_{69}H_{56}O_{19}N_2$. Aus d-Glykoseharnstoff in Pyridin mit Benzoylchlorid. Krystalle aus Pyridin + Alkohol oder aus Aceton + abs. Alkohol. Enthält 1 Mol Krystallalkohol. Beginnt gegen 140° zu sintern, ist gegen 150° geschmolzen. $[\alpha]_D^{18} = +19,9°$ bei lufttrockener und 14,1° bei getrockneter Substanz. Leicht löslich in Chloroform, Aceton, Pyridin, Essigester, ziemlich leicht löslich in Benzol, schwer in CCl_4, heißem Methanol, sehr schwer in Alkohol, unlöslich in Wasser und Ligroin. Ist in Bromoform weitgehend assoziiert. Zeigt den Tyndall-Effekt[1].

d-Glykosemonomethylureid[2] $C_8H_{16}O_6N_2$. 8 g Glykose, 8 g Methylharnstoff, 9,4 ccm konz. Salzsäure werden in 8 ccm Wasser gelöst und 16 Tage aufbewahrt. Aus der, mit 150 ccm Methylalkohol versetzten Lösung scheiden Krystalle aus. $[\alpha]_D^{18} = -31,8°$ in Wasser. Schmelzpunkt 215°[2].

d-Glykosethioharnstoff[2]. 180 g d-Glykose und 50 g Thioharnstoff in 190 ccm Wasser werden mit 12 ccm konz. Salzsäure versetzt und 17 Tage bei 50° aufbewahrt. Dabei werden am 5. und am 10. Tage je 51 g Thioharnstoff zugegeben. Beim Aufbewahren bei 0° krystallisiert allmählich ein Gemisch von Thioharnstoff und Glykose-thioharnstoff aus. Entfernung des Thioharnstoffs durch Auskochen mit abs. Alkohol. Der Rückstand wird in Wasser gelöst und unter Zusatz von abs. Alkohol umkrystallisiert. Die Substanz ist identisch mit der von E. Fischer dargestellten[3].

Pentabenzoyl-d-glykosethioharnstoff[2] $C_{42}H_{34}O_{10}N_2S$. Aus Glykose-thioharnstoff in Pyridin mit Benzoylchlorid; Nadeln aus Aceton + abs. Alkohol. Schmelzp. 205°. I. $[\alpha]_D^{18} = +45,0°$, II. $[\alpha]_D^{17} = +44,3°$ in Pyridin. Leicht löslich in Pyridin, Aceton und Chloroform, schwerer in Essigester und heißem Benzol, schwer in CH_3OH, heißem Alkohol und Tetrachlorkohlenstoff, sehr schwer in Äther, unlöslich in Wasser und Ligroin[2].

Glykosebenzylamid[4] $C_{13}H_{19}O_5N$. Aus 10 g Glykose und 200 ccm heißem 95proz. Alkohol und 3 Molekülen Benzylamin. Wenn Glykose bei Zimmertemperatur mit Benzylamin in Alkohol reagiert, so steigt während der ersten 6 Stunden die positive Drehung etwas an, um später abzufallen und schließlich negativ zu werden; ist Eisessig zugegeben, so fällt der erste Teil weg und die Drehung geht sofort allmählich ins negative Bereich über. In wässeriger Lösung reagiert Glykose nicht mit Benzylamin in Gegenwart von Eisessig, wenn das Verhältnis Amin:Säure wie 1:1 ist, wenn aber die Säuremenge sehr klein ist, so tritt die Reaktion wie im Alkohol ein. In wässerigen Lösungen hydrolysiert Glykosebenzylamid sehr leicht und die Bildung von Methylglyoxal oder N-haltigen Ringverbindungen wird nicht beobachtet.

Die alkoholischen Lösungen von Glykosebenzylamid, die Eisessig enthalten, geben innerhalb 24 Stunden die Reaktion für Methylglyoxal. Glykosebenzylamid zeigt den Schmelzpunkt 81,5°, $[\alpha]_D^{22} = -22,66°$.

Kondensationsprodukt mit Glycylglycin[5].

Glykoseanilid[6]. Werden 1,5 g Glykose in 50 ccm Alkohol mit 0,775 g frisch destilliertem Anilin und 0,5 g Essigsäure versetzt, so wird die Lösung bei 24—25° in 2 Tagen leicht gelb,

---

[1] B. Helferich u. W. Kosche: Ber. dtsch. chem. Ges. **59**, 64 (1926) — Chem. Zbl. **1926 I**, 1967.

[2] B. Helferich u. W. Kosche: Ber. dtsch. chem. Ges. **59**, 69 (1926) — Chem. Zbl. **1926 I**, 1967.

[3] E. Fischer: Ber. dtsch. chem. Ges. **47**, 138 (1914).

[4] C. N. Cameron: J. amer. chem. Soc. **49**, 1759 (1927) — Chem. Zbl. **1927 II**, 1245 — J. amer. chem. Soc. **48**, 2737 — Chem. Zbl. **1926 II**, 3035.

[5] Hans v. Euler u. Eduard Brunius: Liebigs Ann. **467**, 201 (1928) — Chem. Zbl. **1929 I**, 991.

[6] C. N. Cameron: J. amer. chem. Soc. **48**, 2233 (1926) — Chem. Zbl. **1926 II**, 1747.

in 12 Tagen orange, in 18 Tagen rot und in 34 Tagen braun. Eine Vergleichslösung, die nur Glykose und Anilin enthält, wird in 32 Tagen leicht gelb und in 112 Tagen braun. Die Gegenwart der Säure beeinflußt die Reaktion katalytisch. In den sauren Lösungen bleibt die braune Farbe bestehen, und nach 90 Tagen reduzieren sie Fehlingsché Lösung nicht mehr, so daß also weder Glykose noch Glykoseanilid als solche zugegen sind. Wird die alkoholische Lösung hierauf mit 400 ccm Wasser verdünnt, so scheidet sich ein gefärbtes Material (0,35 g) ab, das nach dem Trocknen im Vakuum bei 85° sinterte, bei etwa 116° schwarz und glasig wurde und sich bei 141° zersetzte. Irvine und Gilmour[1] fanden bei der polarimetrischen Untersuchung von alkoholischer Glykoselösung, die einen Überschuß an Anilin enthielt, daß die anfängliche Rechtsdrehung der Lösung zunächst anwächst und dann allmählich sinkt, um konstant zu werden, wenn eine bestimmte Linksdrehung erreicht ist. Das anfängliche Anwachsen der Rechtsdrehung ist auf die Bildung des rechtsdrehenden α-Glykoseanilids zurückzuführen, das Absinken der Drehung auf die Bildung des β-Isomeren. Diese Autoren fanden ferner, daß α-Glykoseanilid durch Spuren von Säure in das β-Isomere übergeführt wird. Die Bildung des β-Anilids mußte demnach beschleunigt werden, was man durch polarimetrische Messungen bestätigen kann. Daß Glykoseanilid in saurer Lösung gebildet wird, wurde durch Ausfällen mit einem Gemisch von Äther und Benzol sichergestellt. Das gereinigte Produkt hatte den Schmelzp. 146° und $[\alpha]_D^{23} = -51,6°$ in 3proz. methylalkoholischer Lösung. Die Verbindung färbt sich in Alkohol, und Essigsäure beschleunigt diesen Vorgang[2].

Tetraacetylglykoseanilide

$$CH_3 \cdot CO \cdot OCH_2 \cdot CH[CH \cdot O \cdot CO \cdot CH_3]_3 \cdot CH \cdot NHR$$
$$\underline{\qquad\qquad\qquad} O \underline{\qquad\qquad\qquad}$$

Aus Tetraacetylglykosidyl-1-bromid und dem betreffenden Amin. Bei festen Basen Zusatz von etwas Äther[3].

Tetraacetylglykoseanilid $C_{20}H_{25}O_9N$. Krystalle aus Äther-Ligroin, Schmelzp. 98°. $[\alpha]_{5461}^{24}$ in Essigester $= -75,2°$, $[\alpha]_{5461}^{44}$ in 90proz. Alkohol $= -73,7°$; nach 24 Stunden unverändert; nach 1stündigem Erhitzen auf 105—110° Schmelzp. unscharf 60°, $[\alpha]_{5461}^{24} = +45,70$. In schwach angesäuerten Essigesterlösungen wird die Mutarotation der Tetraacetylglykoseanilide bei 24° bequem meßbar[3].

Tetraacetylglykose-p-toluidid $C_{21}H_{27}O_9N$. Schmelzp. 147° (aus Methanol)[3].

Tetraacetylglykose-p-anisidid $C_{21}H_{27}O_{10}N$. Schmelzp. 129° (aus Methanol + Ligroin)[3].

Tetraacetylglykose-p-bromanilid $C_{20}H_{24}O_9NBr$. Schmelzp. 160° (aus Methanol)[3].

Tetraacetylglykose-p-chloranilid $C_{20}H_{24}O_9NCl$. Schmelzp. 147° (aus Methanol-Ligroin). In Methanol viel leichter löslich als die Bromverbindung[3].

Tetraacetylglykose-N-methylanilid $C_{21}H_{27}O_9N$. Schmelzp. 102° (aus Äther + Ligroin). $[\alpha]_{5461}^{24} = +49,0°$ (in Essigester). Zeigt keine Mutarotation[3].

Glykose-p-phenetidin[4]. I. $C_{14}H_{21}O_6N$. Man läßt Glykose und p-Phenetidin in molekularen Verhältnissen in alkoholischer Suspension in der Kälte oder Wärme (in letzterem Falle jedoch nur bis zur erfolgten Lösung kochen) einwirken, so entsteht die Verbindung[5] vom Schmelzp. 118°. Gibt die letzten Spuren Alkohol nur schwer ab. An der Luft erfolgt Verfärbung.

II. Verbindung $C_{14}H_{21}O_6N$. Schmelzp. 155°. Wird das Gemisch von Glykose und p-Phenetidin vor dem Kochen mit Alkohol in trockenem Zustand auf 50—80° erhitzt, so krystallisiert nach dem Erkalten der alkoholischen Lösung eine Verbindung vom Schmelzp. 155°. Farblose oder schwach strohfarbene Nadeln, ist sehr beständig. Ist wahrscheinlich mit der von Claus und Rée[6] erhaltenen Verbindung identisch. Die beständigere Verbindung vom Schmelzp. 155° (Verbindung B) ist eine Schiffsche Base, die nach folgenden Schemata als anti- und syn-Verbindung konstituiert sein kann[7]:

[1] J. C. Irvine u. Gilmour: J. chem. Soc. Lond. **93**, 1429 (1908).

[2] C. N. Cameron: J. amer. chem. Soc. **48**, 2233 (1926) — Chem. Zbl. **1926 II**, 1747.

[3] J. W. Baker: J. chem. Soc. Lond. **1928**, 1583 — Chem. Zbl. **1928 II**, 1319.

[4] M. Amadori: Atti Accad. naz. Lincei, Roma (6) **2**, 337 (1925) — Chem. Zbl. **1926 I**, 3036.

[5] J. C. Irvine u. Gilmour: J. chem. Soc. Lond. **95**, 1545 (1909).

[6] W. H. Claus u. A. Rée: Patentbl. **19**, 454; D.R.P. 97736 v. 25. September 1897; Chem. Zbl. **1898 II**, 695.

[7] M. Amadori: Atti Accad. naz. Lincei, Roma (6) **9**, 68 (1929) — Chem. Zbl. **1929 I**, 2409.

```
                                                           OC2H5
                                                             |
                                                           (  )
 N========CH                             N========CH
    |        H—C—OH                         |        H—C—OH
  (  )       HO—C—H                       (  )       HO—C—H
 O—C2H5      H—C—OH                                  H—C—OH
             H—C—OH                                  H—C—OH
             CH2—OH                                  CH2—OH
               syn                                     anti

   CH(OH)                                  CH(OH)        O—C2H5
      |                                       |
   H—C—OH                                   H—C—OH       (  )
   HO—C—H         N                         HO—C—H
   H—C—OH       (  )                        H—C—OH         N
   H—C                                      H—C
      |                                        |
   CH2—OH   O—C2H5                          CH2—OH
      syn                                     anti
```

Ist linksdrehend: $[\alpha]_D^{20} = -50° \to -25°$ in 5proz. alkoholischer Lösung. Ist gegen Säuren
beständig, durch Alkali wird sie leicht in Glykose und p-Phenetidin gespalten.

Kondensationsprodukt mit p-Anisidin[1] $C_{13}H_{19}O_6N$. Besitzt die Konstitution einer
Schiffschen Base. Entsteht durch langes Kochen von Glykose + p-Anisidin oder des glykosidischen Kondensationsprodukts in Methylalkohol. Krystalle aus Methylalkohol. Schwach
strohfarbene Schuppen oder Nadeln. Wenig löslich in kaltem, leichter in heißem Wasser;
wenig löslich in kaltem Methylalkohol oder Alkohol; leichter in heißem. Sehr beständig; auch
die wässerige Lösung ist ziemlich beständig. $[\alpha]_D^{20}$ in 1proz. wässeriger Lösung $= -28°$ konstant, der 1proz. Lösung in Methylalkohol $= -40°$, dann auf $-25°$ abnehmend. Beträchtlich
stabil gegen Säure, gegen Alkali beständiger als die entsprechende Phenetidinverbindung.
Schmelzp. 87—88°.

Glykosido-o-sulfamidbenzoesäure[2] $C_{13}H_{17}O_9NS$

```
        COOH      _____________O____________
C6H4 <                                        |
        SO2 · NH · CH · CH(OH) · CH(OH) · CH(OH) · CH · CH2 · OH .
```

Entsteht aus Tetraacetylglykosidosaccharin nach dem Schütteln mit $0,2n$-$Ba(OH)_2$.
Reinigung durch Fällen mit Äther aus Methylalkohol. Amorph. Leicht löslich in Wasser,
Alkohol, Pyridin und Aceton; sehr wenig löslich in Äther und Petroläther. $[\alpha] = +2,8°$ (in
Wasser). Beim Kochen mit Fehlingscher Lösung wird gespalten. **Na-Salz** $C_{13}H_{16}O_9NSNa$.
Krystalle aus Wasser. Zersetzt sich bei etwa 119°. $[\alpha] = -14,9°$[2].

Glykose-α-Phenylhydrazon[3]. Ein helles und in Wasser quantitativ lösliches osazon-
freies Produkt wird erhalten durch Vermeidung eines Überschusses von Phenylhydrazin und
gleichzeitiges Vermindern der Essigsäuremenge: 100 g Glykose, 30 ccm Essigsäure, 35 ccm dest.
Wasser, 55 ccm Phenylhydrazin in 800 ccm abs. Alkohol bei 19—20°. Schmelzp. 145—148°.

Glykose-β-Phenylhydrazon[3]. Schmelzp. 110—112°. Die Aciditätsbedingungen der
Mutarotation scheinen denen des α-Hydrazons fast zu gleichen; die Reaktion wird durch etwas
saures Phosphat sehr stark beschleunigt, durch etwas alkalisches Phosphat bedeutend verzögert[3]. — Die Mutarotation der Phenylhydrazone der Glykose wird durch Spuren von Säure
stark beschleunigt, dagegen durch Ammoniak aufgehoben. Die Hydrazone werden bereits

[1] M. Amadori: Atti Accad. naz. Lincei, Roma (6) **9**, 226 (1929) — Chem. Zbl. **1929 II**, 32.
[2] K. Josephson: Ber. dtsch. chem. Ges. **60**, 1822 (1927) — Chem. Zbl. **1927 II**, 2311.
[3] O. Svanberg: Akr. Kemi, Min. och Geol. **8**, Nr 25, 1 (1923) — Chem. Zbl. **1923 III**, 1067.

durch schwache Säuren rasch zerlegt, so von Oxalsäure und sogar schon von Pikrinsäure. Hydrolysiert man das α-Phenylhydrazon mit Oxalsäure, filtriert, fügt Ammoniak hinzu, so beobachtet man einen Abfall der Drehung. Es muß also α-Glykose bei der Hydrolyse entstanden sein. Das α-Phenylhydrazon entspricht daher der α-Glykose. 'Bei der gleichen Behandlung des β-Phenylhydrazons beobachtet man auch einen Abfall der Drehung, also muß auch hier bei der Hydrolyse α-Glykose entstanden sein. Das β-Phenylhydrazon kann also nicht der β-Glykose entsprechen. Vermutlich liegt es als echtes Phenylhydrazon, nicht als Cyclohalbacetalform vor[1].

Glykosemethylphenylhydrazon[2]. Langgestreckte Täfelchen, Schmelzp. 130°.

Glykose-2, 4-dinitrophenylhydrazon[3] $C_{12}H_{16}O_9N_4$. Kanariengelbe Büschel, die beim Absaugen und Waschen mit 96proz. Alkohol und Äther rot werden. Schmelzp. 118—122°. In Ätzalkalien leicht löslich mit tiefroter Farbe, wenig löslich in NH_3. Durch Benzaldehyd spaltbar. $[\alpha]_D^{16} = +12°$ ($c = 33$; in Pyridin $+$ Methanol 1:1).

d-Glykose-2, 4, 6-trichlorphenylhydrazon[4]. Schmelzp. 87—88°.

d-Glykose-2-chlor-4-nitrophenylhydrazon[4]. Schmelzp. 130°.

2, 5-Dibromphenylhydrazon[5] $C_{12}H_{16}O_5N_2Br_2$. Schmelzp. 228—229°.

Glykose-3, 4-dibromphenylhydrazon[6] $Br_2=C_6H_3 \cdot NH-N=C_6H_{12}O_5$. Weißes krystallinisches Pulver aus Alkohol ,durch Äther. Schmelzp. 165—167°.

Glykose-3, 5-dibromphenylhydrazon[7] $C_{12}H_{16}O_5N_2Br_2$. Krystalle aus 10proz. Alkohol, Schmelzp. 158—159°.

Glykose-o-jodphenylhydrazon[8] $C_{12}H_{17}O_5N_2J$. Aus Wasser, Schmelzp. 125°, meist leicht löslich.

Glykose-m-jodphenylhydrazon[8] $C_{12}H_{17}O_5N_2J$. Aus Alkohol. Schmelzp. 162—163°.

Glykose-p-jodphenylhydrazon[8] $C_{12}H_{17}O_5N_2J$. Aus Alkohol, Schmelzp. 169°.

Derivate der sulfonierten Phenylhydrazine[9].

Glykose-Phenylosazon. Aus Glykose, Fructose, Glykose-α-phenylhydrazon, Glykose-β-phenylhydrazon mit Phenylhydrazin in warmer wässeriger Lösung. Aus Fructose mit Phenylhydrazin in kalter alkoholischer Lösung, wobei sich ausschließlich Phenylosazon bildet. Aus Glykose mit Phenylhydrazin in Pyridinlösung auf dem Wasserbad. Aus Fructose mit Phenylhydrazinlösung auf dem Wasserbad. Aus Glykosemethylphenylhydrazon mit einer essigsauren Lösung von Phenylhydrazin[2]. Die Ausbeute beträgt normal 51%, ein Teil der Glykose bleibt als Phenylhydrazon in Lösung. Verdoppelung der Konzentration des Phenylhydrazins setzt die Ausbeute an Osazon um 10% herab, Zusatz von Anilin und Ammoniumacetat erhöhen sie. Entscheidend ist die Konzentration an Essigsäure, das Optimum liegt bei 20 g. Essigsäure auf 100 ccm Reaktionsflüssigkeit, wobei die Ausbeute an Osazon 84% beträgt. Bei höheren Essigsäurekonzentrationen nimmt die Ausbeute infolge Verharzung wieder ab[10]. Bei der Darstellung von Osazon mit Hilfe von freiem Phenylhydrazin und Essigsäure liegt für die Empfindlichkeit der Osazonreaktion das Optimum bei $p_H = 4$, Abweichungen sind von um so geringerer Bedeutung, je höher die Zuckerkonzentration ist. Bei sehr kleinen Zuckerkonzentrationen muß man die Menge des Phenylhydrazins genau abstimmen: Zu 5 ccm der zu untersuchenden Lösung fügt man 1 ccm acetatgesättigte 50proz. Essigsäure und 2 Tropfen Phenylhydrazin und erhitzt 1 Stunde im siedenden Wasserbad. Man erhält so noch aus einer Lösung von 0,003% Glykose Krystalle, wenn auch in geringem Maße und mit Phenylhydrazintropfen

---

[1] Marcel Frèrejacque: C. r. Acad. Sci. Paris **180**, 1210 (1925) — Chem. Zbl. **1925 II**, 1669.

[2] O. Svanberg: Ark. Kemi, Min. och Geol. **8**, Nr 25, 1 (1923) — Chem. Zbl. **1923 III**, 1067.

[3] E. Glaser u. N. Zuckermann: Hoppe-Seylers Z. **167**, 37 (1927) — Chem. Zbl. **1927 II**, 1685.

[4] E. Votoček u. L. Rys: Coll. Trav. chim. Tschechoslow. **1**, 346 (1929) — Chem. Zbl. **1929 II**, 1283.

[5] E. Votoček u. R. Lukeš: Chem. Listy **22**, 217 (1928) — Chem. Zbl. **1929 I**, 1684.

[6] E. Votoček u. P. Jirů: Chem. Listy **18**, 113 (1925) — Chem. Zbl. **1925 II**, 1026 — Bull. Soc. Chim. France (4) **33**, 918 (1923) — Chem. Zbl. **1923 III**, 1214.

[7] Emile Votoček u. R. Lukas: Bull. Soc. Chim. France (4) **35**, 868 (1924) — Chem. Zbl. **1924 II**, 1683.

[8] E. Votoček, V. Ettel u. B. Koppara: Bull. Soc. Chim. France (4) **39**, 278 (1926) — Chem. Zbl. **1926 I**, 2905.

[9] Tsuneo Susuki u. Sueo Sakurai: E.P. 242721 v. 18. August 1924, ausg. 10. Dezember 1926. — Zaidan Hojin Rikagaku Kenkynjo: F.P. 589404 v. 28. August 1924, ausg. 28. Februar 1925 — Chem. Zbl. **1927 II**, 1406.

[10] Edmund Knecht u. Frank Peherdy Thompson: J. chem. Soc. Lond. **125**, 222 (1924) — Chem. Zbl. **1924 I**, 2102.

untermischt. Bei 0,064% Glykose sieht man noch reichliche, klare Nadeln, die aber ziemlich kurz sind und die charakteristische Gruppierung nicht zeigen. Aus normalen, mit Eisenlösung gefälltem Blut, das 10—16mal verdünnt wurde, erhält man Krystalle, ohne einengen zu müssen, ebenso aus normalem Harn. Das Verfahren ist auch auf konzentrierten Zuckerlösungen anwendbar, unter entsprechender Verstärkung der Menge des Acetatgemisches und des Phenylhydrazins[1]. Schmelzp. 210°[2]. $[\alpha]_D^{20} = -80° \rightarrow -6°$ in Pyridin + Alkohol[3]. Die höchste Ausbeute, etwa 80%, wird erhalten aus 1 g Glykose, 2,8 g Phenylhydrazinhydrochlorid und 7,7 g kryst. Natriumacetat in 20 ccm Wasser durch 3stündiges Erhitzen im siedendem Wasserbad unter Rückfluß. Wenn es nicht auf die Höchstausbeute ankommt, nimmt man besser nur 2 g Phenylhydrazinsalz und 5,5 g Acetat und erhitzt nur 1,5—2 Stunden[4]. — Glykose und Fructose geben auch in der Kälte mit Phenylhydrazin und verdünnter Essigsäure 62,5 bzw. 67% der Theorie an Phenylglykosazon beim Stehen. Dasselbe gilt für Glykose in alkoholisch essigsaurer Lösung, Ausbeute 63,2%[5].

Glykose-p-nitrophenylosazon. Ausbeute unter normalen Bedingungen 67%[6].

Glykose-2, 4-dinitrophenylosazon[7] $C_{18}H_{18}O_{12}N_8$. Aus Pyridin gelbe Büschel und Rosetten. Schmelzpunkt beim raschen Erhitzen 256—257° (unter Zersetzung). In Ätzalkalien leicht löslich, in NH_3 weniger leicht löslich mit dunkelvioletter Farbe. $[\alpha]_D^{16} =$ etwa $-133°$ $(c = 2{,}16;$ in Pyridin)[7].

d-Glykose-2, 4-dichlorphenylosazon[8]. Schmelzp. 209°.

d-Glykose-2-chlor-4-nitrophenylosazon[8]. Schmelzp. 210°.

2, 5-Dibromphenylglykosazon[9] $C_{18}H_{18}O_4N_4Br_4$. Hellgelbe Nadeln, wenig löslich in Alkohol und Aceton, löslich in siedendem Phenetol und Anisol. Krystalle aus Anisol, Schmelzpunkt 228—229°.

Glykose-3, 4-dibromphenylosazon[10]. Gelbe Krystalle aus Phenetol, Schmelzp. 225 bis 226° unter Zersetzung. Unlöslich in Methylalkohol, Äther, Benzol, Aceton, wenig löslich in Alkohol, leicht löslich in Pyridin und Essigsäure.

Glykose-o-jodphenylosazon[11] $C_{18}H_{20}O_4N_4J_2$. Gelb, krystallinisch, Schmelzp. 109°. Scheidet sich aus Lösungen gelatinös aus.

Glykose-m-jodphenylosazon[11] $C_{18}H_{20}O_4N_4J_2$. Aus Glykose oder Fructose. Gelbe Krystalle, Schmelzp. 198—199°, scheidet sich aus Lösungen gelatinös aus.

Glykose-p-jodphenylosazon[11]. Gelatinöses Produkt.

β-1-Azido-aceto-glykose[12] $C_{14}H_{19}O_9N_3$. Aus Acetobromglykose mit einem Überschuß von Natriumazid in Acetonitril 4 Stunden bei 100°. Aus Alkohol oder Methylalkohol große, derbe Prismen, Schmelzp. 129° unter Zersetzung. $[\alpha]_D^{19} = -33{,}0°$ in Chloroform, $[\alpha]_D^{20} = -41{,}7°$ in Methylalkohol. Gibt mit siedender alkoholischer Silbernitratlösung kein Silberazid. Ist leicht löslich in Chloroform, Aceton, wenig löslich in Wasser und Äther. Die Azidogruppe läßt sich nicht in üblicher Weise gegen die Methoxygruppe austauschen. Bei der Verseifung mit 8proz. methylalkoholischem Ammoniak entsteht ein Sirup, welcher bei der Reacetylierung das Ausgangsmaterial regeneriert. Auch die sirupöse 1-Azidoglykose setzt sich nicht in Methylalkohol mit Silbercarbonat um.

β-1-Azido-6-bromtriacetyl-glykose[12] $C_{12}H_{16}O_7N_3Br$. Aus Methylalkohol feine Nadeln

[1] G. Quagliariello u. A. Caponetto: Boll. Soc. Biol. sper. **1**, 326 — Ref.: Ber. Physiol. **38**, 346 (1927) — Chem. Zbl. **1927 I**, 2117.

[2] E. O. von Lippmann: Ber. dtsch. chem. Ges. **60**, 161 (1927) — Chem. Zbl. **1927 I**, 1172.

[3] P. A. Levene u. G. M. Meyer: J. of biol. Chem. **60**, 173 (1924) — Chem. Zbl. **1924 II**, 1458.

[4] Noboru Taketomi u. Kashiuro Miura: J. Soc. chem. Ind. Jap. (Suppl.) **32**, 227 B (1929) — Chem. Zbl. **1929 II**, 2553.

[5] C. L. Butler u. Leonhard H. Cretcher: J. amer. chem. Soc. **51**, 3161 (1929) — Chem. Zbl. **1930 I**, 200.

[6] Edmund Knecht u. Frank Peherdy Thompson: J. chem. Soc. Lond. **125**, 222 (1924) — Chem. Zbl. **1924 I**, 2102.

[7] E. Glaser u. N. Zuckermann: Hoppe-Seylers Z. **167**, 37 (1927) — Chem. Zbl. **1927 II**, 1685.

[8] E. Votoček u. L. Rys: Coll. Trav. chim. Tschechoslow. **1**, 346 (1929) — Chem. Zbl. **1929 II**, 1283.

[9] Emile Votoček u. R. Lukas: Bull. Soc. Chim. France (4) **35**, 868 (1924) — Chem. Zbl. **1924 II**, 1683.

[10] E. Votoček u. P. Jirů: Bull. Soc. Chim. France (4) **33**, 918 (1923) — Chem. Zbl. **1923 III**, 1214.

[11] E. Votoček, V. Ettel u. B. Koppova: Bull. Soc. Chim. France (4) **39**, 278 (1926) — Chem. Zbl. **1926 I**, 2905.

[12] Alfred Berths: Ber. dtsch. chem. Ges. **63**, 836 (1930) — Chem. Zbl. **1930 I**, 3771.

oder Prismen, Schmelzp. 137—138°; $[\alpha]_D^{23} = -15,2°$ in Chloroform. Bei längerer Reaktionsdauer in abs. Alkohol wird auch das in Stellung 6 befindliche Brom durch den Azidrest ersetzt.

d-Glykosido-1-pyridiniumsalze[1]. **d-Glykosido-1-pyridiniumbromid** $C_{11}H_{16}O_5NBr$

$$
\begin{array}{c}
Br \\
| \\
CH-N\langle\ \rangle \\
| \\
H-C-OH \\
| \\
HO-C-H \qquad O \\
| \\
H-C- \\
| \\
H-C-OH \\
| \\
CH_2-OH
\end{array}
$$

Entsteht bei der Verseifung von Tetraacetyl-glykosido-1-pyridiniumbromid (Bd. VIII, S. 163) mit Bromwasserstoff. Krystalle aus Alkohol, Schmelzp. 179°. Leicht löslich in Wasser und verdünntem Alkohol, schwer löslich in absolutem Alkohol; $[\alpha]_D = +41,4°$ in Wasser.

Tetraacetyl-glykosido-1-pyridiniumbromid[1]. Mit Barytwasser findet Abspaltung des Pyridins unter tiefgreifender Zersetzung statt. Lävoglykosan, wie aus der entsprechenden Trimethylammoniumverbindung, bildet sich hierbei nicht; es ist daher anzunehmen, daß die Verbindung ein α-Glykosid ist.

d-Glykosido-1-pyridiniumchlorid[1] $C_{11}H_{16}O_5NCl$. Entsteht bei der Behandlung des Bromids in wässeriger Lösung mit Chlorsilber. Krystalle aus Alkohol, Schmelzp. 177°. Leicht löslich in Wasser, wenig löslich in Alkohol. $[\alpha]_D = +49,2°$ in Wasser.

d-Glykosido-1-pyridiniumjodid[1] $C_{11}H_{16}O_5NJ$. Aus dem Bromid durch Behandlung mit Silberoxyd, und Eindampfen des bromfreien Filtrats mit Jodwasserstoffsäure. Blättchen aus Alkohol, Schmelzp. 183°.

d-Glykosido-1-pyridiniumperchlorat[1] $C_{11}H_{16}O_9NCl$. Blättchen aus Alkohol, Schmelzpunkt 170°. Leicht löslich in Wasser, wenig löslich in Alkohol.

p-Toluolsulfosaures Salz des β-Tetraacetylglykosido-1-pyridiniums[2] $C_{26}H_{31}O_{12}NS$. Zwischen Acetobromglykose und p-toluolsulfosaurem Silber in Pyridin findet die Reaktion bei Zimmertemperatur sofort statt unter Bildung des Salzes. — Aus Alkohol + Äther Krystalle vom Schmelzp. 184° unter Zersetzung, $[\alpha]_D^{20} = -22,5°$ in Wasser bei $c = 2,720$. Die entsprechende Verbindung der α-Form befindet sich in den Mutterlaugen; Sirup, $[\alpha]_D^{20} = +43,0°$ in Wasser bei $c = 7,052$.

Salz der Tetraacetyl-d-glykosido-1-schwefelsäure mit Tetraacetyl-d-glykosido-1-pyridiniumhydroxyd[3]. Die Reaktion verläuft in 2 Phasen. 1 Mol Acetobromglykose und 1 Mol Silbersulfat reagieren unter Bildung des Silbersalzes des Tetraacetylglykosidoschwefelsäurehalbesters, und zwar viel schneller als die Einlagerung des Pyridins erfolgt. Dieses Salz kann sich mit dem zweiten Mol Acetobromglykose nicht mehr direkt unter Veresterung umsetzen. Dieses zweite Mol reagiert mit Pyridin unter Bildung von Tetraacetyl-d-glykosidopyridiniumbromid, das sich mit dem Silbersalz umsetzt[3].

Salz der 6-Brom-2, 3, 4-triacetyl-β-d-glykosido-1-schwefelsäure mit 6-Brom-2, 3, 4-triacetyl-β-d-glykosido-1-pyridiniumhydroxyd[4] $C_{29}H_{37}O_{18}NSBr_2 + 2\ C_2H_5OH$. Aus Acetodibromglykose, Pyridin und Silbersulfat. Krystalle aus Alkohol, Schmelzp. 62—69°.

Salz der 3-p-Toluolsulfo-2, 4, 6-triacetyl-β-d-glykosido-1-schwefelsäure mit 3-p-Toluolsulfo-2, 4, 6-triacetyl-β-d-glykosido-1-pyridiniumhydroxyd[4] $C_{43}H_{51}O_{24}NS_2$. Aus 3-p-Toluolsulfo-2, 4, 6-triacetyl-α-d-glykosyl-1-bromid mit Pyridin und Silbersulfat. Aus Alkohol und Aceton Krystalle, Schmelzp. 145—146°. $[\alpha]_D^{20} = -4,47°$ in Chloroform.

---

[1] P. Karrer, Angela Widmer u. Joh. Staub: Helvet. chim. Acta **7**, 519 (1924) — Chem. Zbl. **1924 II**, 174.

[2] Heinz Ohle u. Kurt Spencker: Ber. dtsch. chem. Ges. **59**, 1836 (1926) — Chem. Zbl. **1926 II**, 2556.

[3] Heinz Ohle u. Walter Bourjan: Ber. dtsch. chem. Ges. **58**, 721 (1925) — Chem. Zbl. **1925 I**, 2551.

[4] Heinz Ohle, Wladimir Marecek u. Walter Bourjan: Ber. dtsch. chem. Ges. **62**, 833 (1929) — Chem. Zbl. **1929 I**, 2745.

Salz der Tetrabenzoyl-β-d-glykosido-1-schwefelsäure mit Tetrabenzoyl-β-d-glykosido-1-pyridiniumhydroxyd[1] $C_{73}H_{59}O_{22}NS$. Aus Benzobromglykose Pyridin und Silbersulfat. Krystalle aus Alkohol, Schmelzp. 193—194°; $[\alpha]_D = +15,47°$ in Chloroform.

Salz der Tetraacetyl-β-d-glykosido-1-schwefelsäure mit Trimethylphenylammoniumhydroxyd[1] $C_{23}H_{33}O_{13}NS$. Aus Acetobromglykose, Dimethylanilin und Silbersulfat nach 3—4 Wochen bei Zimmertemperatur. Aus Alkohol Krystalle, Schmelzp. 163—164° unter Grünfärbung. Lösung optisch inaktiv. Bei 100° wird sie optisch aktiv infolge Zersetzungserscheinungen.

Kondensationsprodukt mit 3, 3′-Diamino-4, 4′-dioxyarsenobenzol[2]. Aus den Komponenten in wässeriger Lösung. Mit Alkohol oder Aceton läßt sich das Kondensationsprodukt als hellgelbes, in Wasser mit neutraler Reaktion lösliches Pulver ausfällen. Gegen oxydierende Einflüsse, wie Luftsauerstoff, ist es beständig.

Stabilarsan. Verbindung von Salvarsan und Glykose[3].

Piperazinverbindung des Glykoseanilids des Diaminodioxyarsenobenzols[4]. Man behandelt 4, 4′-Dioxy-3, 3′-diaminoarsenobenzol mit Glykose und läßt auf das bei 15° feste, in Wasser lösliche, stark reduzierende, und infolge der in ihm enthaltenen freien Phenolhydroxylgruppen ätzend wirkende Kondensationsprodukt Piperazin einwirken. — Die Verbindung reagiert neutral.

Diglykosedioxydiaminoarsenobenzol[5]. Salvarsan, dessen beide Aminogruppen durch Glykose ersetzt sind. Ist angeblich besser haltbar als Salvarsan.

Glykoson. Bildet sich bei der Oxydation von Glykose durch Wasserstoffsuperoxyd mit Eisensalzen[6]. — Ist, auf Grund der endständigen Ketoaldehydgruppe, vom diabetischen Organismus verwertbar. Es verursacht keine Zuckerausscheidung und hindert die Bildung der Ketokörper. Bloß der Umstand, daß Glykoson rein noch nicht dargestellt werden konnte und die Verunreinigung unerwünschte Nebenwirkungen verursacht, macht die therapeutische Verwendung des Zuckers unmöglich[7]. Bei subcutaner Injektion von Glykoson (Aldofructose) in normale Mäuse tritt eine typische Insulinhypoglykämie auf, wobei bei insulinierten Mäusen die Wirkung verstärkt wird. Die Versuche machen es wahrscheinlich, daß das Glykoson ein wesentliches Zwischenprodukt im Kohlehydratstoffwechsel ist, das im Körper durch die Wirkung des Insulins auf die α, β-Glykose des Blutes entstehen soll; dabei wirkt das Glykoson für sich spezifisch und nicht die Ketoaldehydgruppe, da Lactoson und Maltoson keine physiologische Wirkungen hervorrufen. Die Glykosewirkung wird ebenso wie die von Insulin durch Adrenalin und Pituitrin gemäßigt oder völlig gehemmt. Sie wird jedoch nicht durch Glykoseinjektion aufgehoben, da allgemein der Blutzuckergehalt durch Glykoson unverändert zu bleiben scheint. Es wird angenommen, daß Glykoson stets in geringen Mengen im Körper vorhanden ist. Durch Injektion von Acetessigsäure wird die Wirkung antagonisiert. Für diese Wirkung wird ein Schema angegeben, nach dem 1 Mol Acetessigsäure mit 2 Mol Glykoson unter Bildung von 1 Mol Methylglyoxal, 1 Mol CO_2 und 2 Mol Glykose reagiert, von denen das Methylglyoxal durch die Glyoxalose in Milchsäure und diese weiter in Glykogen umgewandelt wird. 2,4 mg Glykoson pro g Körpergewicht wirken noch nicht tödlich, 2,6 mg dagegen tödlich[8]. Injektion von reinem Glykoson bewirkt an normalen Mäusen Erscheinungen, die denen nach Insulininjektion gleichen und ebenso wie diese durch Adrenalin und Pituitrin verhindert werden. Reines Glykoson ruft keine Darmerscheinungen wie die unreinen Präparate, die nach der Wasserstoffsuperoxydmethode dargestellt werden, hervor[9]. — Die Giftwirkung von Cyanid wird durch Glykoseinjektion in keiner Weise beeinflußt, Glykoson

---

[1] Heinz Ohle, Wladimir Marecek u. Walter Bourjan: Ber. dtsch. chem. Ges. **62**, 833 (1929) — Chem. Zbl. **1929 I**, 2745.

[2] Boots Pure Drug Company Limited u. Leonard Anderson: E.P. 177283 v. 7. Januar 1921; Chem. Zbl. **1922 IV**, 837.

[3] T. Stephenson: Pharmaceut. J. **110**, 82 (1923) — Chem. Zbl. **1923 II**, 701.

[4] Etablissements Poulenc Frères u. Marcel René Louis Pomaret: Schweiz.P. 106037 v. 1. Dezember 1922; Chem. Zbl. **1925 I**, 1529.

[5] Lothar Weiß: Z. angew. Chem. **40**, 394 (1927) — Chem. Zbl. **1927 II**, 127.

[6] A. Th. Küchlin u. J. Böeseken: Rec. Trav. chim. Pays-Bas et Belg. (Amsterd.) **47**, 1011 (1928) — Chem. Zbl. **1929 I**, 638.

[7] S. J. Thannhauser u. M. Jenke: Arch. f. exper. Path. **110**, 300 (1925) — Chem. Zbl. **1926 II**, 1977.

[8] Alexander Hynd: Proc. roy. Soc. Lond. B **101**, 244 (1927) — Chem. Zbl. **1927 I**, 2922.

[9] P. T. Herring: Lancet **212**, 1000 (1927) — Chem. Zbl. **1927 II**, 288.

hat vielleicht eine geringe schützende Wirkung[1]. Wirkung auf verschiedene Tierarten nach Injektion[2].

Tetraacetat des Glykosonhydrats[3] $C_{14}H_{20}O_{11}$

$$\begin{array}{c}
\mathrm{H}\quad \mathrm{OH} \\
\diagdown\diagup \\
\mathrm{C}\!\!-\!\!\overline{} \\
| \\
\mathrm{C}\!\!<\!\!\begin{array}{l}\mathrm{OH}\\ \mathrm{O-CO-CH_3}\end{array} \\
| \qquad\qquad\qquad\qquad \mathrm{O} \\
\mathrm{CH_3-CO-O-C-H} \\
| \\
\mathrm{H-C-O-CO-CH_3} \\
| \\
\mathrm{H-C}\!\!-\!\!\overline{} \\
| \\
\mathrm{CH_2-O-CO-CH_3}
\end{array}$$

Tetraacetyl-glykoson (1, 2) wird in Äther chloriert und das Reaktionsprodukt mit Wasser und Silbercarbonat umgesetzt. — Aus Chloroform mit Äther dünne, spitze Nadeln, Schmelzpunkt 116—118°. Löslich in Wasser, Alkohol, Chloroform, wenig löslich in Äther, Benzol, unlöslich in Petroläther. Fehlingsche Lösung wird in der Kälte reduziert. Kaliumpermanganat-Sodalösung sofort entfärbt; es bildet nach Vorbehandlung mit Alkali in der Kälte Phenylglykosazon. Zeigt in wässeriger Lösung Mutarotation. $[\alpha]_D^{21} = -14,2 \rightarrow 54,45°$ (Enddrehung nach 5 Tagen).

Natriumglykosat. Glykosenatrium[4]. Läßt sich unter den in der Literatur beschriebenen Bedingungen nicht darstellen, es entsteht immer nur eine Additionsverbindung aus Glykose und Natriumäthylat. — Erhalten aus Glykose in flüssigem Ammoniak mit Natrium gelöst in flüssigem Ammoniak[5].

Additionsverbindung von Glykose und Natriumäthylat[4]. $C_6H_{10}O_6 + NaOC_2H_5$. In 200 ccm heißem Alkohol wird 1 g Glykose gelöst. In der erkalteten Lösung werden 20 g Natriumalkoholatlösung, enthaltend 0,2 g Natrium bei Zimmertemperatur unter fortwährendem Schütteln zugetropft. Der weiße pulverige Niederschlag wird rasch abgesaugt, mit absolutem Alkohol gewaschen und im Vakuumexsiccator über Phosphorpentoxyd getrocknet. Farbloses Pulver, das nach völligem Trocknen nicht sehr hygroskopisch und in Wasser sehr leicht löslich ist, wobei eine farblose Lösung entsteht.

Monokalk-Monoglykose[6] $C_6H_{12}O_6$, CaO, H_2O. Aus 5proz. Glykoselösung mit 1 Mol CaO bei 0° und Fällung mit dem gleichen Volum 60proz. Alkohols. — Es wurden auch Hydrate mit 2 und 13 H_2O beobachtet.

Saccharucal[7]. Geschützter Name für eine 25proz. Traubenzuckercalciumlösung.

Kondensationsprodukt mit Phenol und Formaldehyd[8].

Kondensationsprodukt mit Oxy- und Aminocarbonsäuren. Herstellung von Gerbstoffen durch Erhitzen von Glykose mit 2-Oxnaphthalin-6-sulfosäure und Formaldehyd. Statt der Sulfosäure kann Kresolsulfosäure, 1-Aminonaphthalin-5-sulfosäure, sowie Naphthalin-2-sulfosäure genommen werden[9].

Fugutoxin. Ein Glykosederivat wird unter dem Namen „Fugutoxin" beschrieben, welcher aus dem enteiweißten wässerigen Filtrat des Ovariums des Fisches Spheroides (früher Tetrodon, japanisch Fugu) mit Bleizucker ausfällt, wenn man mit Ammoniak alkalisch macht. Das Blei wird mit H_2S beseitigt, dann die Lösung eingeengt und mit Alkohol gefällt. Das

[1] Alex. Hynd: Biochemic. J. **21**, 1094 (1927) — Chem. Zbl. **1928 I**, 1549.

[2] P. T. Herring u. A. Hynd: J. of Physiol. **66**, 267 (1928) — Chem. Zbl. **1929 I**.

[3] Kurt Maurer: Ber. dtsch. chem. Ges. **62**, 332 (1929) — Chem. Zbl. **1929 I**, 1923.

[4] Géza Zemplén u. Alfons Kunz: Ber. dtsch. chem. Ges. **56**, 1707 (1923) — Chem. Zbl. **1923 III**, 1554.

[5] Leopold Schmid, Alfred Waschkau u. Ernst Ludwig: Mh. Chem. **49**, 107 (1928) — Chem. Zbl. **1928 II**, 1761.

[6] John Edwin Mackenzie u. James Patterson Quin: J. chem. Soc. Lond. **1929**, 951 — Chem. Zbl. **1929 II**, 1282.

[7] Pharmazeutische und andere Spezialitäten. Pharm. Ztg **66**, 969—972 (1921) — Chem. Zbl. **1922 II**, 419.

[8] A. Bau: E.P. 218054 v. 30. April 1923; Chem. Zbl. **1926 II**, 1474.

[9] Chemische Fabriken Worms, A.-G.: F.P. 528803 v. 18. Dezember 1920; Chem. Zbl. **1922 IV**, 978.

gewonnene braune Pulver wird mit Wasser und Alkohol weiß gewaschen. Es ist leicht dialysierbar, enthält NH_2 und S, Schmelzp. 120°, dreht nach rechts, Schmelzpunkt des Osazons 207,5°. Es ist kein Glykosid, sondern ein **Glykoseester.** Es lähmt das animale Nervensystem und im vegetativen die sympathischen und parasympathischen Fasern, aber nicht die glatte Muskulatur, die Myoneuraljunktion von sympathischen Nerven und den Endapparat von parasympathischen Nerven. Es hat gegen Typhus-, Ruhr-, Cholerabacillen, Staphylokokken und Pyocyaneusbacillen keine bakteriolytische Wirkung, verursacht jedoch geringe Entwicklungshemmung. Es wirkt nicht hämolytisch und bildet keine Antitoxine[1].

Siehe noch einige Derivate bei γ- bzw. Heteroglykose.

Aldehydform der Glykose (Al-Glykose)[2].

Derivate: 2, 3, 4, 5, 6-Pentabenzoylverbindung[2]. Entsteht aus Pentabenzoylglykosediäthylmercaptal bei der Spaltung mit Ameisensäure. Das Alkoholadditionsprodukt:

$$
\begin{array}{c}
\overset{\displaystyle\diagup O\!-\!C_2H_5}{CH}\\[-1pt]
\underset{\displaystyle\diagdown OH}{}\\
H\!-\!C\!-\!O\!-\!CO\!-\!C_6H_5\\
C_6H_5\!-\!CO\!-\!O\!-\!C\!-\!H\\
H\!-\!C\!-\!O\!-\!CO\!-\!C_6H_5\\
H\!-\!C\!-\!O\!-\!CO\!-\!C_6H_5\\
CH_2\!-\!O\!-\!CO\!-\!C_6H_5
\end{array}
$$

erhält man nur rein durch Lösen in abs. Alkohol und Fällen mit Petroläther. Der Alkohol liegt nicht als Krystallalkohol, sondern chemisch gebunden vor. Beim Eindunsten der Lösungen des Pentabenzoates in gewöhnlichem Alkohol krystallisiert ein Produkt aus, welches offenbar durch die Hydratform verunreinigt ist. Bei 2 mm Druck und 56° gehen die Krystalle in den freien Aldehyd über. Dieses ist eine glasige Masse, die bei 62° sintert, bei 71—81° schmilzt, durchweg gut löslich ist, ausgenommen Wasser, Petroläther und Ligroin. Mit Pyridin tritt starke Dunkelfärbung auf. Reduziert Fehlingsche Lösung. $[\alpha]_D^{17} = +37,1°$ in abs. Alkohol.

Bisulfitverbindung der 2, 3, 4, 5, 6-Pentabenzoyl-al-Glykose[2] $C_{41}H_{32}O_{11}$. $NaHSO_3$. Aus dem Halbacetal in Äther mit wässeriger Natriumbisulfitlösung nach 20stündigem Schütteln. Schneller erfolgt seine Bildung aus dem alkoholfreiem Produkt. Schmelzp. 108—114°.

2, 3, 4, 5, 6-Pentaacetyl-d-Glykose (μ-d-Glykosepentaacetat)[3] $C_6H_7O_6(CO\!-\!CH_3)_5$

$$
\begin{array}{c}
C\diagup^{\displaystyle H}_{\diagdown O}\\
H\!-\!C\!-\!O\!-\!CO\!-\!CH_3\\
CH_3\!-\!CO\!-\!O\!-\!C\!-\!H\\
H\!-\!C\!-\!O\!-\!CO\!-\!CH_3\\
H\!-\!C\!-\!O\!-\!CO\!-\!CH_3\\
CH_2\!-\!O\!-\!CO\!-\!CH_3
\end{array}
$$

Durch Versetzen einer Lösung von 25,2 g Glykose-äthylmercaptalpentaacetat in 90 ccm Aceton und 45 ccm Wasser mit 45—50 g Cadmiumcarbonat und Zugeben einer Lösung von 49,5 g Quecksilberchlorid in 72 ccm Aceton unter heftigem Rühren. Nach weiteren 24stündigem Rühren bei Zimmertemperatur wird das Reaktionsgemisch auf dem Wasserbade 15 Minuten lang auf 50° erwärmt und schließlich weitere 15 Minuten am Rückflußkühler gekocht. Nach Filtrieren und Waschen mit Aceton wird bei 35° unter vermindertem Druck zur Trockne eingedampft und der Rückstand mit warmem Chloroform ausgezogen. Nach 5maligem Um-

---

[1] Fusao Ishiwara: Arch. f. exper. Path. **103**, 209—218 — Chem. Zbl. **1924 II**, 1810.

[2] Percy Brigl u. Helmut Mühlschlegel: Ber. dtsch. chem. Ges. **63**, 1551 (1930) — Chem. Zbl. **1930 II**, 904.

[3] M. L. Wolfrom: J. amer. chem. Soc. **51**, 2188 (1930) — Chem. Zbl. **1930 II**, 904.

krystallisieren aus Aceton-Äther-Petroläther, Schmelzp. $116-118°$, $[\alpha]_D^{25} = +2{,}7°$ in Acetylen-tetrachlorid. Leicht löslich in Chloroform, löslich in Aceton, Alkohol und warmem Wasser, mäßig löslich in Äther und Benzol, unlöslich in Petroläther. Krystallographische Untersuchung vorhanden. Gibt mit Schiffschem Reagens die Aldehydreaktion.

Semicarbazon der 2, 3, 4, 5, 6-Pentaacetyl-d-Glykose[1] $C_7H_{10}O_6N_3(COCH_3)_5$. Prismen, Schmelzp. $150-151°$.

Neoglykose, Heteroglykose, γ-Glykose.

Ist eine Glykose, die von der normalen 1,5 amylenoxydischen Struktur verschieden konstruiert ist.

Bildung: Eine Reihe von Untersuchungen wurden ausgeführt, wobei man zu beweisen glaubte, daß im Tierkörper unter den verschiedensten Bedingungen eine Neoglykose gebildet wird[2]. Verschiedene Forscher konnten aber die Richtigkeit dieser Resultate in Zweifel stellen[3].

γ-Glykose (stabile γ-Glykose, Heteroglykose) von Pringsheim.

Wird von Schlubach[4] Heteroglykose 2 (h_2) genannt.

Konstitution:

$$
\begin{array}{l}
CH(OH) \\
\ \ |\ \\
H{-}C{-}OH \\
\ \ |\ \\
HO{-}C{-}H \qquad O\ (?) \\
\ \ |\ \\
H{-}C{-}OH \\
\ \ |\ \\
H{-}C{-}OH \\
\ \ |\ \\
CH_2
\end{array}
$$

[1] M. L. Wolfrom: J. amer. chem. Soc. **51**, 2188 (1930) — Chem. Zbl. **1930 II**, 904

[2] J. B. Winter u. W. Smith: Brit. med. J. **1923 I**, 12 — Chem. Zbl. **1923 I**, 553. — W. Devereux Forrest, W. Smith u. L. B. Winter: J. of Physiol. **57**, 224 (1923) — Chem. Zbl. **1923 III**, 694. — L. B. Winter u. W. Smith: J. of Physiol. **57**, 100 (1922) — Chem. Zbl. **1923 I**, 709. — Christen Lundsgaard u. Svend Aage Holboell: C. r. Soc. Biol. Paris **92**, 115 (1925) — Chem. Zbl. **1925 I**, 2020. — Fritz Laquer: Klin. Wschr. 4, 560—561 (1925) — Chem. Zbl. **1925 I**, 2317. — Hans Pringsheim: Biochem. Z. **156**, 109—117 (1925) — Chem. Zbl. **1925 I**, 2384. — Christen Lundsgaard u. Svend Aage Holboell: C. r. Soc. Biol. Paris **92**, 387—389 (1925) — Chem. Zbl. **1925 I**, 2385 — C. r. Soc. Biol. Paris **92**, 395—397 (1925) — Chem. Zbl. **1925 I**, 2385 — C. r. Soc. Biol. Paris **92**, 525—527 (1925) — Chem. Zbl. **1925 II**, 199 — J. of biol. Chem. **65**, 323 (1925) — Chem. Zbl. **1926 I**, 969 — C. r. Soc. Biol. Paris **93**, 957 (1925) — Chem. Zbl. **1926 I**, 2112 — C. r. Soc. Biol. Paris **93**, 1688 (1925) — Chem. Zbl. **1926 I**, 2114. — S. A. Holboell: C. r. Soc. Biol. Paris **93**, 1684 (1925) — Chem. Zbl. **1926 I**, 2114. — C. Lundsgaard u. S. A. Holboell: C. r. Soc. Biol. Paris **93**, 1687 (1925) — Chem. Zbl. **1926 I**, 2114 — Einar Rud: C. r. Soc. Biol. Paris **95**, 52 (1926) — Chem. Zbl. **1926 II**, 906 — C. r. Soc. Biol. Paris **95**, 54 (1926) — Chem. Zbl. **1926 II**, 906. — C. Lundsgaard u. S. A. Holboell: C. r. Soc. Biol. Paris **95**, 47 (1926) — Chem. Zbl. **1926 II**, 906. — Ken Iwasaki: Biochem. Z. **177**, 10 (1926) — Chem. Zbl. **1926 II**, 2827. — Ch. Lundsgaard: Acta med. scand. (Stockh.) Suppl.-Bd **16**, 473—484 (1926) — Ber. Physiol. **40**, 670 (1927) — Chem. Zbl. **1927 II**, 1974. — Eggert Möller: Acta med. scand. (Stockh.) Suppl.-Bd **16**, 503 (1926) — Chem. Zbl. **1927 II**, 2204. — G. Quagliariello u. P. de Lucia: Atti Accad. naz. Lincei **6**, 113 (1927) — Chem. Zbl. **1928 I**, 221.

[3] J. A. Hewitt: Brit. med. J. **1923 I**, 590 — Chem. Zbl. **1923 III**, 80. — L. B. Winter u. W. Smith: Brit. med. J. **1923 I**, 894 — Chem. Zbl. **1923 III**, 685. — G. S. Eadie: Brit. med. J. **1923 II**, 60 — Chem. Zbl. **1923 III**, 694. — W. Mozotowski: C. r. Soc. Biol. Paris **90**, 311 (1924) — Chem. Zbl. **1924 I**, 1819. — S. van Creveld: Biochemic. J. **17**, 860 (1923) — Chem. Zbl. **1924 I**, 1405 — Nederl. Tijdschr. Geneesk. **67**, 2542 (1923) — Chem. Zbl. **1923 III**, 796. — J. A. Hewitt u. J. Pryde: Biochemic. J. **14**, 395 (1920) — Chem. Zbl. **1920 III**, 563. — H. V. Hume u. W. Denis: J. of biol. Chem. **59**, 457 (1924) — Chem. Zbl. **1924 II**, 673. — Kenneth Tallerman: Biochemic. J. **18**, 583 (1924) — Chem. Zbl. **1924 II**, 1359. — T. J. C. Combes: C. r. Soc. Biol. Paris **97**, 268—270 — Chem. Zbl. **1927 II**, 1278.

[4] Hans Heinrich Schlubach u. Heinz von Bomhard: Ber. dtsch. chem. Ges. **59**, 845 (1926) — Chem. Zbl. **1926 I**, 3464.

Darstellung: 2 g reines Lävoglykosan (Schmelzp. 179°) werden in 1 ccm konz. HCl gelöst und der gebildete Sirup 2 Stunden stehengelassen. Nach Entfernung der HCl und Vergärung der Glykose wird die als Sirup erhaltene γ-Glykose durch Alkoholzusatz in ein weißes Pulver verwandelt[1].

Physikalische und chemische Eigenschaften: Ist in wässeriger Lösung stabil. $[\alpha]_D = +85°$. Ist unvergärbar. Wird von heißer verdünnter HCl in die normale Glykose verwandelt. Sie liefert ein Pentaacetat verschieden von α- und β-Pentaacetylglykose und bei der Methylierung eine Trimethyl-γ-glykose, die mit siedender verdünnter HCl in die bekannte 2, 3, 4-Trimethylglykose übergeht[2].

$[\alpha]_D = +105-107°$. Dieser höhere Wert wird erhalten, wenn man jedes Eindampfen in wässeriger Lösung bei Wasserbadtemperatur vermeidet; findet jedoch solches statt, so geht der Drehungswert bis zu $+62,6°$ zurück[3].

Derivate: α-**Acetat**[3]. Aus γ-Glykose Essigsäureanhydrid und Natriumacetat. Aus Chloroformlösung mit Petroläther ausgefällt, Schmelzp. 105°, $[\alpha]_D^{20} = +86,5°$ in Chloroform bei $c = 1,24$. — Aus γ-Glykose mit Acetanhydrid und Pyridin bei 37°. Wird aus einer Chloroformlösung mit Petroläther ausgefällt. $[\alpha]_D^{20} = +88,0°$[1].

β-**Acetat.** Entsteht bei der Acetylierung in Gegenwart von Chlorzink statt Natriumacetat. Schmelzp. 120—121°, $[\alpha]_D^{20} = +118,90°$ in Chloroform bei $c = 0,858$.

Hetero(h-glykose)(1, 4) (mit einer butylenoxydischen Brücke).

Derivate: **Pentabenzoyl-h-glykose** $C_{41}H_{32}O_{11}$. Darstellung durch Einwirkung von Benzoylchlorid in Pyridin auf die Tribenzoyl-glykose von Fischer und Rund[4] gewonnen aus Monoaceton-glykose[5].

α-**Pentabenzoylglykose [1, 4].** Aus Alkohol ungelöst. Schmelzp. 118—120°; $[\alpha]_D^{20} = +58,6$ in Chloroform bei $c = 0,938$[5]. — Dargestellt nach Schlubach und Huntenberg, gereinigt aus pyridinhaltigem Alkohol, dann aus reinem Alkohol. Schmelzp. 118°, $[\alpha]_D^{20} = +79°$ (Chloroform; $c = 2,0$)[6].

β-**Pentabenzoylglykose [1, 4].** Schmelzp. 149—151°, $[\alpha]_D^{20} = -52,6°$ in Chloroform bei $c = 0,993$[5]. — Aus Tribenzoylglykose und Benzoylchlorid mit 20proz. NaOH bei 15°. Gereinigt durch Umkrystallisieren aus pyridinhaltigem Alkohol, Schmelzp. 146—147°, $[\alpha]_D^{20} = -82,0°$ ($c = 2,0$)[5].

Tetrabenzoyl-glykosyl-1-chlorid [1, 4][7] $C_{34}H_{27}O_9Cl$. Aus Pentabenzoylglykose [1, 4] mit flüssiger Salzsäure 20 Stunden bei 20°. Öl, dessen Chlorgehalt um etwa 1,5% zu niedrig ist. $[\alpha]_D^{20} = -11,3°$ in Chloroform bei $c = 1,06$.

Tetrabenzoyl-glykosyl-1-bromid [1, 4][7]. Sie wird aus der Pentabenzoylglykose [1, 4] entweder mit flüssiger Bromwasserstoffsäure oder mit Bromwasserstoffsäure in Eisessig dargestellt. Die Bromwerte liegen viel tiefer als die berechneten und $[\alpha]_D$ in Chloroform zwischen $+11$ und $+31°$.

Tetrabenzoyl-glykose [1, 4][7]. Aus den vorher beschriebenen Halogenderivaten am besten mit feuchtem Aceton. — Amorphes Pulver, $[\alpha]_D^{20} = -5,15° \rightarrow +4,96$) in Chloroform bei $c = 1,088$; $[\alpha]_D^{20} = +11,9° \rightarrow +3,5°$ in Alkohol bei $c = 1,0112$.

Eine Reihe von γ-Glykosederivaten [1, 4] sind bei den d-Glykosederivaten beschrieben (z. B. Monoacetonglykose, Diacetonglykose usw.).

---

[1] H. Pringsheim u. S. Kolodny: Ber. dtsch. chem. Ges. **59**, 1135 (1926) — Chem. Zbl. **1926 II**, 744.

[2] H. Pringsheim: Naturwiss. **14**, 198 (1926) — Chem. Zbl. **1926 I**, 3027.

[3] Hans Pringsheim u. Arthur Beiser: Ber. dtsch. chem. Ges. **59**, 2241 (1926) — Chem. Zbl. **1926 II**, 2559.

[4] E. Fischer u. C. Rund: Ber. dtsch. chem. Ges. **49**, 100 (1916) — Chem. Zbl. **1916 I**, 244.

[5] H. H. Schlubach u. W. Huntenberg: Ber. dtsch. chem. Ges. **60**, 1487 (1927) — Chem. Zbl. **1927 II**, 1017.

[6] P. A. Levene u. G. M. Meyer: J. of biol. Chem. **76**, 513 — Chem. Zbl. **1928 I**, 2378 — J. of biol. Chem. **74**, 701 (1927) — Chem. Zbl. **1928 I**, 487.

[7] Hans Heinrich Schlubach, Friedrich Trefz u. Wolfgang Rauchenberger: Ber. dtsch. chem. Ges. **61**, 2368 (1928) — Chem. Zbl. **1929 I**, 44.

l-Glykose (Bd. II, S. 340).

Bezeichnung:

$$
\begin{array}{c}
H \\
OH \\
H \\
H \\
\hline
l, l, d, l \\
\end{array}
$$

l(−)-Glykose[1].

Darstellung: Reinigung durch Spaltung des l-Glykosebenzoylhydrazons[2] mit Benzaldehyd[3].

Derivate: l-Acetobromglykose. Aus l-Glykose mit Eisessig und CH_3COBr unter Schütteln bei 40° bis zur Lösung. Dann wird mit Chloroform verdünnt und in Eiswasser gegossen, die Chloroformschicht mit Wasser gewaschen, getrocknet, im Vakuum bei 60° zum Öl eingedampft, nach dem Abkühlen mit wenig kaltem, absolutem Alkohol versetzt, worauf nach Kratzen die Masse erstarrt. Aus Äther farblose Nadeln. Schmelzp. 88°. $[\alpha]_D^{17,5} = -192{,}7°$ in Äther[3].

d, l-Glykose (Bd. II, S. 341).

Bildung: Bei der Vereinigung von Wasserstoff mit Kohlenoxyd unter Luftabschluß in Gegenwart von heißem Zinkstaub zu Formaldehyd bildet sich unter anderen Zuckern d, l-Glykose[4].

Derivate: d, l-Acetobromglykose. Aus den Antipoden in Äther. Weiße Nadeln. Schmelzpunkt 85°[3].

d, l-Mandelsäure-d, l-tetraacetylglykoseester. 2 g d, l-Acetobromglykose werden mit 3,6 g d, l-mandelsaurem Ag verrieben und mit 12 ccm Toluol $1^1/_2$ Minute gekocht. Nach Abfiltrieren von AgBr und Stellen in Eis krystallisiert eine mit heißem Alkohol trennbare Mischung von d, l-Mandelsäure-d, l-tetraacetylglykoseester und d, l-Tetraacetylglykosido-d, l-mandelsäure-d, l-tetraacetylglykoseester. Das Toluolfiltrat enthält d, l-Tetraacetylglykosido-d, l-mandelsäure. Schmelzp. 146°. Löslich in heißem Alkohol[3].

d-Mannose (Bd. II, S. 341; Bd. VIII, S. 173; Bd. X, S. 517).

Bezeichnung:

$$
\begin{array}{c}
H \\
H \\
OH \\
OH \\
\hline
d, d, l, l- \\
\end{array}
$$

d(+)-Mannose[1].

Konstitution: Mannose hat eine amylenoxydische Struktur nach folgendem Symbol[5].

$$
\begin{array}{l}
CH(OH) \\
\quad| \\
HO-C-H \\
\quad| \\
HO-C-H \qquad O \\
\quad| \\
H-C-OH \\
\quad| \\
H-C \\
\quad| \\
CH_2-OH
\end{array}
$$

Vorkommen: In den Früchten der Schneebeere (Symphoricarpus racemosus), die unmittelbar nach einem scharfen Frost gesammelt waren, bei einem Versuche. Wiederholte Versuche

[1] A. Wohl u. K. Freudenberg: Ber. dtsch. chem. Ges. **56**, 312 (1923).
[2] H. Wolff: Ber. dtsch. chem. Ges. **28**, 162 (1895).
[3] P. Karrer, E. Nägeli u. A. P. Smirnoff: Helvet. chim. Acta **5**, 141 (1922) — Chem. Zbl. **1923 II**, 581.
[4] Hans Vogel: Z. Zuckerind. tschoslow. Republik **49**, 152 (1925) — Chem. Zbl. **1925 I**, 1700.
[5] W. N. Haworth: Nature (Lond.) **116**, 430 (1925) — Chem. Zbl. **1926 I**, 881.

ergaben immer nur Glykose[1]. Frei kommt Mannose in Amorphophallus Konjaku nicht vor[2]. In der Sulfitablauge 0,44%[3].

Bildung: Bei der Hydrolyse des Holzes[4]. — Unter den Hydrolysenprodukten der Fichtenhemicellulose: 42,7%[5]. — Bei der Hydrolyse einer Hemicellulose aus den Samen von Asparagus officinalis var. Palmetto bilden sich 22% Mannose[6]. Bei der Hydrolyse der Polysaccharide aus Menyanthes trifoliata L.[7] — Bei der Hydrolyse des Arabomannans aus Irissamen: 82%[8]. — Die Steinzellen der Birne enthalten gebundene Mannose[9]. Das Mannan der Steinnuß wird durch die Einwirkung der eigenen Enzyme in Mannose überführt[10]. — Aus den Knollen von Tubera Salep dargestelltes Mannan wird durch ein Ferment, daß sich in den Malzauszügen findet, quantitativ in Mannose zerlegt[11]. Findet sich im Isolichenin gebunden neben Galaktose und Glykose[12]. Bei der Hydrolyse des Pferdeblutplasmas. Im vergärbaren Anteil des Plasmazuckers kommen keine nennenswerten Mengen anderer Zucker vor[13]. — Bei der Spaltung der Glykoproteide aus Hundeblutplasma[14].

Darstellung: Man fügt Steinnußspäne zu der 10fachen Menge siedender 1proz. Natronlauge, entfernt sofort die Flamme, wäscht nach $^1/_2$ Stunde gut mit fließendem Wasser aus und trocknet. Nachdem man 500 g von diesem Material mit 500 g 75proz. Schwefelsäure gut gemischt, 1 Tag sich selbst überlassen hat, verdünnt man mit 5 l Wasser und kocht $2^1/_2$ Stunden unter Rückfluß. Während des Siedens neutralisiert man mit einer dünnen Paste von gefälltem Bariumcarbonat und filtriert dann über aktiver Kohle. Das im Filtrat gelöste Barium wird durch Schwefelsäure entfernt und die Lösung unter vermindertem Druck bis zu einer Konzentration von 87—88% eingedampft. Nach dem Hinzufügen des gleichen Volumens Eisessig mischt man und kühlt stark ab. Zur vollständigen Krystallisation sind 8 Tage erforderlich. Ausbeute 42—45%[15]. Die fein zerkleinerten Steinnüsse werden zunächst mit verdünnter NaOH (20 g in 2000 ccm) aufgekocht; nach 1 Stunde wird filtriert, und der Rückstand wird wieder getrocknet und 130 g mit 130 g kalter 75proz. H_2SO_4 gemischt und beliebig lange, wenigstens 6 Stunden, beiseite gestellt. Dann verdünnt man mit Wasser zu etwa 1,5 l und kocht wenigstens 6—8 Stunden mäßig; man läßt abkühlen, fällt mit Kalkmilch (50 g CaO in 300 ccm Wasser etwa) und filtriert. Das klare und neutrale Filtrat wird bei 90° mit Norit oder einem anderen Entfärbungsmittel behandelt. Man dampft im Vakuum auf 150—200 ccm ein, verdünnt mit der gleichen Menge 95proz. Alkohol, reinigt bei 90° mit etwa 3 g Norit, filtriert heiß und wäscht mit 70proz. Alkohol nach. Die wasserhelle Lösung dampft man im Vakuum fast zur Trockne, vertreibt die letzten Reste Wasser auf dem Wasserbade bei 70—90° und krystallisiert aus Eisessig. Ausbeute etwa 40 g[16]. 150 g zerkleinerte Steinnuß gibt man in Mengen von je 10 g zu 150 g 75proz. Schwefelsäure, läßt 6—20 Stunden stehen, verdünnt dann mit 2 l und kocht am Rückflußkühler 3 Stunden. Die noch heiße Lösung neutralisiert man gegen

[1] Edmund O. von Lippmann: Ber. dtsch. chem. Ges. **54**, 3111—3114 (1921) — Chem. Zbl. **1922 I**, 359.

[2] Kiko Goto: J. of biol. Chem. **1**, 201 (1922) — Chem. Zbl. **1914 I**, 781.

[3] A. Lottermoser u. E. Mathiesen: Technologie u. Chemie d. Papier- u. Zellstoffabrikation **26**, 37 (1929) — Chem. Zbl. **1929 I**, 2716.

[4] E. C. Sherrard u. G. W. Blanco: J. amer. chem. Soc. **45**, 1008 (1923) — Chem. Zbl. **1923 III**, 1150 — Ind. Chem. **15**, 611 (1923) — Chem. Zbl. **1923 IV**, 886. — M. H. O'Droyer: Biochemic. J. **17**, 501 (1923) — Chem. Zbl. **1923 III**, 1622. — R. Sieber: Papierfabr. **21**, 317 (1923) — Chem. Zbl. **1923 IV**, 680. — E. Hägglund u. H. Boedecker: Acta Acad. Aboensis math.-phys. **4**, Nr 4, 1 (1927) — Chem. Zbl. **1928 I**, 607.

[5] Erik Hägglund, F. W. Klingstedt, Truls Rosenquist u. Helmut Urban: Hoppe-Seylers Z. **177**, 248 (1928) — Chem. Zbl. **1928 II**, 2128.

[6] W. E. Cake u. H. H. Bartlett: J. of biol. Chem. **51**, 93 (1922) — Chem. Zbl. **1922 I**, 1376.

[7] Julius Zellner: Arch. Pharmaz. **263**, 161 (1925) — Chem. Zbl. **1925 II**, 573.

[8] E. Colin u. A. Augem: Schweiz. Apoth.-Ztg **66**, 404 (1928) — Chem. Zbl. **1929 I**, 1012 — Bull. Soc. Chim. biol. Paris **10**, 822 — Chem. Zbl. **1928 II**, 1222.

[9] Ch. Dorée u. E. C. Barton-Wright: Biochemic. J. **20**, 502 (1926) — Chem. Zbl. **1926 II**, 1957.

[10] Frederic James Paton, Dinshaw Rattonji Nanji u. Arthur Robert Ling: Biochemic. J. **18**, 451 (1924) — Chem. Zbl. **1924 II**, 1210.

[11] Hans Pringsheim u. Alexander Genin: Hoppe-Seylers Z. **140**, 299—304 (1924) — Chem. Zbl. **1925 I**, 523.

[12] P. Karrer u. B. Joos: Hoppe-Seylers Z. **141**, 311 (1924) — Chem. Zbl. **1925 I**, 1288.

[13] Zacharias Dische: Biochem. Z. **201**, 74 (1928) — Chem. Zbl. **1929 I**, 270.

[14] H. Bierry: C. r. Soc. Biol. Paris **100**, 229 (1929) — Chem. Zbl. **1929 I**, 1835.

[15] E. P. Clark: J. Franklin Inst. **193**, 543 (1922) — Chem. Zbl. **1922 III**, 666.

[16] Paul M. Horton: J. Ind. and Engin. Chem. **13**, 1040—1041 (1921) — Chem. Zbl. **1922 I**, 738.

Kongo mit Bariumcarbonat, macht dann wieder schwach sauer, gibt Norit zu und preßt in einer Filterpresse ab. Behandlung der Lösung mit basischem Bleiacetat ist deutlich vorteilhaft; den Überschuß von Blei entfernt man mit Schwefelwasserstoff, filtriert ab, konzentriert unter vermindertem Druck zu einem dünnen Sirup und behandelt diesen mit zwei Raumteilen Alkohol. Das Filtrat engt man soweit wie mögilch ein, gibt einen Raumteil Eisessig und läßt krystallisieren, was in 3 Stunden beendet ist. — Die Krystalle werden mit Alkohol verdünnt, der 1 Raumprozent Salpetersäure enthält, filtriert und mit demselben Alkohol nachgewaschen. Man trocknet die Krystalle über Nacht unter vermindertem Druck bei gewöhnlicher Temperatur, zerreibt sie dann fein und trocknet sie nochmals 24 Stunden, wobei man die Temperatur langsam bis auf 46° steigen läßt[1].

Darstellung der α-Mannose: 10 g β-Mannose, die bei der Mannosedarstellung aus Steinnußspänen immer erhalten wird, werden in 5 ccm konz. wässerigem Ammoniak gelöst, dann mit 100 ccm absolutem Alkohol, dann mit Äther als Öl gefällt. Dieses wird mit kleinen Portionen absolutem Methylalkohol unter Anreiben zur Krystallisation gebracht, $[\alpha]_D^{20} = +24°$. — Zur Reinigung bleibt das Rohprodukt 24 Stunden mit dem doppelten Gewicht 80proz. Alkohols in Berührung. Der Rückstand wird 5 Minuten mit kleinen Mengen 80proz. Alkohols bei 20° geschüttelt, und dieser Prozeß so lange wiederholt, bis die Drehung der Lösung nach Zusatz einiger Tropfen Ammoniak konstant bleibt. Die so gereinigte Substanz schmilzt bei 133° zu einer halbfesten Masse, die bei 205° sich zersetzt. Aus der Löslichkeit der reinen α-, β-Mannose und der Gleichgewichtsmischung sowie der Gleichgewichtsdrehung in 80proz. Alkohol ($= +25,7°$) wird $[\alpha]_D$ der α-Form zu $+35°$, der β-Form zu $-16,5°$ berechnet. — $[\alpha]_D^{20}$ gefunden für α-Mannose $= +30°$ in Wasser und $+35°$ in 80proz. Alkohol. — Bei der Bestimmung der Mutarotation ergab sich, daß die Konstanten für die α- und β-Form nicht übereinstimmen. Möglicherweise enthält also die α-Mannose von $[\alpha]_D = +35°$ noch eine dritte isomere Form[2]. — Die Darstellung der α-Mannose gelingt am besten nach folgendem Verfahren[3]. — Eine auf 0° abgekühlte Lösung von 100 g Mannose in 25 ccm Wasser wird mit 400 ccm Eisessig von 0° versetzt. Nach 4—5 Stunden wird filtriert; das Präparat zeigt $[\alpha]_D = +28$—$29°$. Es wird durch achtmalige Extraktion mit 80proz. Alkohol bei 20° (auf 100 g Zucker 200 ccm Alkohol) gereinigt[3].

Nachweis und Bestimmung: Mannose liefert bei Behandlung mit $NaHCO_3$ Acetol, das mit Hilfe der Reaktion mit o-Aminobenzaldehyd leicht nachgewiesen werden kann[4] (nicht charakteristisch). Mittels B. proteus, M. tetragenus, V. cholerae, V. Fischler-Prior, B. typhi, B. coli I und II ist bis zu 0,03 mg der Mannose in 1 ccm erkennbar[5]. In dem aus dem Zellstoff durch H_2SO_4 oder HCl erhaltenen Hydrolysat bestimmt man den Mannosegehalt mit Phenylhydrazin[6]. Der Glykoseäquivalent von Mannose wurde für die Methoden von Folin und Wu, Shaffer und Hartmann, MacLean, Benedict und Osterberg (mit Na_2CO_3 und NaOH) und Summer bestimmt, aber die Ergebnisse stimmen bei den verschiedenen Methoden gar nicht überein: die Cu-Methoden und die Pikratmethode mit Na_2CO_3 geben noch im großen und ganzen identische Werte, die Pikratmethode mit NaOH niedrigeren und die Dinitrosalicylatmethode noch niedrigere[7]. Die Benedict-Lewissche Methode wurde abgeändert und für die Ermittelung des Zuckergehaltes aus der Färbung eine Tabelle für Mannose aufgestellt[8]. Reduktionskraft nach Folin-Wu 55, nach Lewis und Benedict bestimmt 100 (Glykose $= 100$). Der nach Folin-Wu erhaltene niedrige Wert ist in erster Linie auf die kürzere Kochdauer zurückzuführen. Dehnt man sie auch bei dieser Methode bis zu 12 Minuten aus, so steigen die Verhältniszahlen stark an[9].

Physiologische Eigenschaften: Begünstigt die Chromoplastenbildung bei Blättern von

[1] T. Swann Harding: Sugar **25**, 583 (1923) — Chem. Zbl. **1924 I**, 2746.

[2] P. A. Levene: J. of biol. Chem. **57**, 329 (1923) — Chem. Zbl. **1924 I**, 898.

[3] P. A. Levene: J. of biol. Chem. **59**, 129 (1924) — Chem. Zbl. **1924 I**, 2508.

[4] O. Baudisch u. H. J. Denel: J. amer. chem. Soc. **44**, 1581, 1585 (1922) — Chem. Zbl. **1923 IV**, 280, 281.

[5] A. J. Kendall: J. inf. Dis. **32**, 362 (1923) — Ref.: Ber. Physiol. **21**, 128 (1924) — Chem. Zbl. **1924 I**, 1392.

[6] Erik Hägglund u. F. W. Klingstedt: Cellulosechemie **5**, 57—64 (1924) — Beilage zu Papierfabr. **22** (1924) — Chem. Zbl. **1925 I**, 591.

[7] Joseph Greenwald, Jerome Samet u. Joseph Groß: J. of biol. Chem. **62**, 397—399 (1924) — Chem. Zbl. **1925 I**, 1336.

[8] J. J. Willaman u. F. R. Davison: J. agricult. Res. **28**, 479—488 (1924) — Chem. Zbl. **1925 I**, 1463.

[9] A. W. Rowe u. B. S. Wiener: J. amer. chem. Soc. **47**, 1648 — Chem. Zbl. **1925 II**, 1671.

Reseda odorata in Nährlösungen[1]. Mannose kann von Pflanzen mit wenigen Ausnahmen weder im Licht noch im Dunkel, weder in hypotonischer, noch in hypertonischer Lösung zum Wachstum oder zur Stärkebildung ausgenutzt werden[2]. Untersuchungen über die Bildung von Diastase durch Aspergillus niger in Gegenwart von Mannose[3]. — Bei Mannose wurde kein Unterschied zwischen β-Form und Gleichgewichtsform gegen Saccharase gefunden; beide hemmen, während die α-Form keine Wirkung hat[4]. — d-Mannose in den verschiedenen Formen wirkt hemmend auf die Spaltung des Rohrzuckers mittels Hefeinvertins[5]. — Bei Versuchen mit entstärkten Embryonen von Bohnen kann Mannose als Nährstoff dienen. Überträgt man hungernde Zellen in Zuckerlösungen, so nimmt die Kernsubstanz zu; mit Mannose ist auch bei hungernden Zellen keine Zunahme zu bemerken. Der Nährwert dieser Substanz ist wohl geringer als der der anderen Zuckerarten[6]. — Mannose vermindert die Spaltung des Phosphorsäureesters im enteiweißten Blut[7]. — Durch Insulininjektion wird die Aufnahmefähigkeit der Gewebe gegen Mannose nicht erhöht[8]. Wirkt fördernd auf die Beweglichkeit der Trypanosomen in vitro[9]. Mannose ließ an weißen Mäusen eine geringe Abführwirkung erkennen[10]. Mannose zeigt keine antiketogene Wirkung auf die Ketosis des Hungerns bei menschlichen Individuen[11]. Zufuhr von Substanzen per Schlundsonde, Tötung des Tieres nach 1 Stunde. Bestimmung der noch im Magendarmkanal vorhandenen Menge. Die pro 100 g Tier in 1 Stunde resorbierte Menge = Absorptionskoeffizient, beträgt bei d-Mannose 0,034[12]. Bei Mannosestörungen ist die Konzentrationsabnahme in der Kaninchenbauchhöhle ohne und mit Insulin gleich[13]. Mannose wirkt gegen die Insulinvergiftung ebenso stark wie Glykose[14]. Die hypoglykämischen Krämpfe werden durch Mannose unterdrückt[15]. Es wurde an mit Amyntal narkotisierten Tieren, die keine hyperglykämischen Krämpfe haben, festgestellt, daß Mannose den Schauerreflex wieder herstellt[15]. Für die Phagocytose der Histiocyten bei der Mannose ist die Konzentration der Lösung gleichgültig[16]. Die Beobachtung der Milchsäurebildung durch zerkleinerte Froschmuskulatur unter dem Einfluß von Mannose führte zur Anschauung, daß auch bei der Spaltung des Glykogens im quergestreiften Muskel ein besonderes Kohlehydrat entsteht, das leicht weiter zur Milchsäure abgebaut wird[17]. Defibriniertes Menschenblut bildet auf Zusatz von Mannose mehr Milchsäure als ohne[18]. Das Reduktionsvermögen von Blut, dem Glykose, Fructose, Mannose und Galaktose zugesetzt wurde, ist geprüft worden. Mit Ausnahme von Galaktose verschwinden sämtliche Zucker mit der gleichen Geschwindigkeit[19]. Das Auftreten der ersten Spuren Zucker im Harn, „die Assimilationsgrenze", ist ein Indicator für die Höhe und die Dauer der Blutzuckerkurve nach Zufuhr eines Kohlehydrats. Die Assimilationsgrenze wird für Kaninchen durch Insulin erhöht; unverändert bleibt sie bei Mannose[20]. Eine Hemmung der Saponinhämolyse verschiedenen Grades erfolgt bei menschlichen Zellen als Testobjekt durch Mannose[21]. Die Atmung wird von Mannose

---

[1] T. Lippmaa: C. r. Acad. Sci. Paris **182**, 1040 (1926) — Chem. Zbl. **1926 II**, 2068.

[2] Viktor Czurda: Z. wiss. Biol. E **2**, 67 (1926) — Chem. Zbl. **1927 I**, 1964.

[3] G. L. Funke: Rec. Trav. bot. néerl. **23**, 200 (1926) — Chem. Zbl. **1927 II**, 706.

[4] H. v. Euler u. K. Josephson: Hoppe-Seylers Z. **132**, 301 (1924) — Chem. Zbl. **1924 I**, 1940.

[5] Richard Kuhn: Hoppe-Seylers Z. **135**, 1 (1924) — Chem. Zbl. **1924 II**, 344.

[6] A. Maige: Cellule **35**, 325 (1925) — Chem. Zbl. **1926 I**, 412.

[7] P. Rona u. Ken Iwasaki: Biochem. Z. **184**, 318 (1927) — Chem. Zbl. **1927 II**, 449.

[8] Leo Pollak: Klin. Wschr. **5**, 2215 (1926) — Chem. Zbl. **1927 I**, 622.

[9] R. Kudicke u. E. Evers: Z. Hyg. **101**, 317 (1924) — Chem. Zbl. **1924 I**, 1551.

[10] H. Fühner: Festschrift A. Tschirch **1926**, 30 — Chem. Zbl. **1927 I**, 2572.

[11] Maurice Walter Goldblatt: Biochemic. J. **19**, 988 (1925) — Chem. Zbl. **1926 I**, 2718.

[12] Carl F. Cori: Proc. Soc. exper. Biol. a. Med. **22**, 495 (1925) — Chem. Zbl. **1926 I**, 3488.

[13] Leo Pollak: Arch. f. exper. Path. **125**, 102 (1927) — Chem. Zbl. **1928 I**, 217.

[14] Percy Theodore Herring, James Colquhoun Irvine u. John J. Rickard Macleod: Biochemic. J. **18**, 1023—1042 (1925) — Chem. Zbl. **1925 I**, 2388.

[15] G. J. Cassidy, S. Dwarkin u. W. J. Finney: Amer. J. Physiol. **77**, 211 (1926) — Chem. Zbl. **1926 II**, 904.

[16] Kazuichi Usui: Trans. jap. path. Soc. **14**, 87 (1924) — Chem. Zbl. **1927 I**, 1973.

[17] Fritz Laquer u. Paul Meyer: Hoppe-Seylers Z. **124**, 211 (1922) — Chem. Zbl. **1923 I**, 985.

[18] Artur Abraham: Z. klin. Med. **104**, 609 (1926) — Chem. Zbl. **1927 I**, 2439.

[19] S. A. Holboell: C. r. Soc. Biol. Paris **94**, 125 (1926) — Chem. Zbl. **1926 I**, 2810.

[20] F. Basch u. L. Pollak: Arch. f. exper. Path. **125**, 89 (1927) — Chem. Zbl. **1928 I**, 217.

[21] E. Ponder u. W. Ph. Kennedy: Biochemic. J. **20**, 237 (1926) — Chem. Zbl. **1926 II**, 250.

aufrechterhalten[1]. d- und l-Mannose wird durch die Froschniere unverändert durchgelassen[2]. Wirkung auf die Insulingabe[3].

Physikalische und chemische Eigenschaften: Löslichkeit nach 5stündiger Extraktion mit trocknem Äthylacetat: 18%[4]. — Verhalten gegen polarisiertes Licht; Brechungsindex und Krystallhabitus[5]. Röntgendiagramm[6]. — $[\alpha]$ bei d-Mannose $= +6,5°$[7]. Die Mutarotation der Mannose in wässeriger Lösung folgt der monomolekularen Reaktion mit $K=0,0170$. Anfangswert $[\alpha]_D = -13,6°$, Endwert $+13°$. In $24n\text{-}H_2SO_4$ ist $[\alpha]_D = -8,3°$, erreicht erst nach etwa 4 Stunden den Null-Wert und wird dann allmählich positiv[8].

Die Neubestimmung der Mutarotation ergab, daß $K_1 + K_2$ für die α- und β-Mannose den gleichen Wert hat. Der frühere Befund ist augenscheinlich auf eine Verunreinigung von α-Mannose mit Pyridin zurückzuführen. Es wurde gefunden für α-Mannose in wässeriger Lösung bei 1,5°: Gleichgewichtsdrehung $[\alpha]_D = +2,95°$ für eine 10proz. und 20proz. Lösung, $+4,80°$ für eine 34proz. Lösung. — Für β-Mannose, Gleichgewichtsdrehung $[\alpha]_D^{1,5°} = +2,78°$ für eine 10proz. Lösung. In 80proz. Alkohol bei 25° ist für α-Mannose die Gleichgewichtsdrehung $= +4,16°$ (8 g α-Mannose mit 30 ccm Alkohol 4 Minuten geschüttelt und filtriert). — Für β-Mannose ist die Gleichgewichtsdrehung $[\alpha]_D^{25} = +1,15°$ bei $c = 10\%$[9]. — Die Mutarotation von Mannose in $1/_{10}n$-Citratgemisch ist $K \cdot 10^4 = 364$[10].

Die bisher bekannten Derivate der Mannose gehören 3 verschiedenen Ringtypen an, die vorläufig als 1, A, 1, B und 1, C gekennzeichnet werden[11].

Aus der Moleulardrehung des α-Methyl-d-mannosids (1, A) ergibt sich der Wert für die Mannosekette $b_{\mathrm{Mn}\,(1,\,A)} = -3200$ für Wasser[11]. Daraus berechnen sich mit Hilfe des Koeffizienten a_{OH} die Drehungen von α- und β-d-Mannose (1, A) zu $+29°$ und $-65°$. — Ganz analog läßt sich aus dem Tetraacetat des α-Methyl-d-mannosids für die acetylierte Mannosekette der Wert $B_{\mathrm{Mn}\,(1,\,A)} = -9100$ für Chloroform ableiten. In der gleichen Weise werden die übrigen Derivate der Mannose behandelt. Die Ergebnisse sind in folgender Tabelle zusammengefaßt[11].

Kette	Koeffizienten (Molekulardrehungen)			
	Ring 1, A	Ring 1, B	Ring 1, C	Lösungsmittel
b, d-Mannose	-3200	$+5400$	—	Wasser
B, d-Mannose	-9100	$+10000$	$+17300$	Chloroform

Substanz	Ring 1, A $[\alpha]_D$		Ring 1, B $[\alpha]_D$		Ring 1, C $[\alpha]_D$	
	ber.	beob.	ber.	beob.	ber.	beob.
α, d-Mannose	$+29$	$+30$	$+77$	—	—	—
β-d-Mannose	-56	—	(-17)	-17	—	—
α-Methyl-d-mannosid	$(+79)$	$+79$	$+123$	—	—	—
β-Methyl-d-mannosid	-112	—	-68	—	—	—
α-Methyl-d-mannosid-tetraacetat	$(+49,1)$	$+49,1$	$+102$	—	$+122$	—
β-Methyl-d-mannosid-tetraacetat	-99	—	$(-46,8)$	$-46,8$	$(-26,6)$	$-26,6$
α-d-Mannosepentaacetat	$+26$	—	$+75$	—	$+93$	—
β-d-Mannosepentaacetat	-72	—	-23	-25	-5	—
α-Chloracetyl-d-Mannose	$+84$	$+90$	$+136$	—	$+156$	—

[1] R. O. Loebell: Biochem. Z. **161**, 219 (1925) — Chem. Zbl. **1926 I**, 155.
[2] F. Wankell: Pflügers Arch. **208**, 604 — Chem. Zbl. **1925 II**, 1371.
[3] E. Grafe u. F. Meythaler: Arch. f. exper. Path. **131**, 80 (1928) — Chem. Zbl. **1928 II**, 1003.
[4] Congdon u. Young: Z. dtsch. Zuckerind. **1925**, 440 — Chem. Zbl. **1925 II**, 1566.
[5] G. T. Keenan: J. Washington Acad. Sci. **16**, 433 (1927) — Chem. Zbl. **1927 I**, 1151.
[6] Kurt Heß u. Karl Trogus: Ber. dtsch. chem. Ges. **61**, 1982 (1928) — Chem. Zbl. **1929 I**, 46.
[7] H. D. K. Drew u. W. N. Haworth: J. chem. Soc. Lond. **1926**, 2303 — Chem. Zbl. **1927 I**, 997.
[8] B. Bleyer u. H. Schmidt: Biochem. Z. **138**, 119 (1923) — Chem. Zbl. **1923 III**, 1398 — Biochem. Z. **135**, 546 (1923) — Chem. Zbl. **1923 III**, 662.
[9] P. A. Levene: J. of biol. Chem. **59**, 129 (1924) — Chem. Zbl. **1924 I**, 2508.
[10] Richard Kuhn u. Paul Jacob: Hoppe-Seylers Z. **113**, 389 (1924) — Chem. Zbl. **1925 I**, 459.
[11] C. S. Hudson: J. amer. chem. Soc. **48**, 1424 (1926) — Chem. Zbl. **1926 II**, 1013.

	Vm ∞	M ∞	$[\alpha]_D^{20}$
α-Mannose	111,69	62,33	$+29,92°$
β-Mannose	108,77	62,69	$-16,33°$

Für das Gleichgewichtsgemisch bei 20°:

| $\rightleftharpoons$ Mannose . . . . | 110,75 | 62,47 | $+14,54°$ |

Vm = Molekulares Lösungsvolum, M = Molekularrefraktion[1].

Die Hypothese verschiedener Ringstruktur für die α- und β-Mannose verliert nach Haworth und Hirst an Wahrscheinlichkeit. Diese Autoren neigen der Ansicht zu, die Differenz der optischen und physikalischen Eigenschaften in der räumlichen Lagerung der Hydroxylgruppen in der Mannose zu suchen[2]. Dagegen gehören nach Dale die α- und β-Formen der d-Mannose zu verschiedenen Ringsystemen[3].

Bei der Mannose liegt der durch $NaHSO_3$ erzielte Endwert bei $+13,3°$, also nahe bei der Gleichgewichtsdrehung dieses Zuckers in reinem Wasser (c in allen Fällen $= 10$)[4]. Mannose gibt mit Al-Amalgam in Gegenwart von NH_3 reduziert 55—58% Mannit[5]. Färbt sich mit unvollkommen getrockneter HBr erst nach 2—3 Stunden orange, wird bald braun und erst nach 1—2 Tagen schwarz[6]. Mit 80proz. Schwefelsäure bei Zimmertemperatur $2^1/_2$ Stunden lang stehengelassen, dann mit Wasser verdünnt 5 Stunden lang auf dem siedenden Wasserbade erhitzt, wurde mit 97,7% Ausbeute zurückgewonnen[7]. Mannoselösungen in verdünnter Salzsäure geben beim Eindampfen im Vakuum und nachheriger Behandlung mit Alkohol ein Produkt, das in kaltem Wasser leicht löslich ist. Mol-Gewicht $= 378$. Reduziert Fehlingsche Lösung nicht. $[\alpha]_D^{26} = +59,5°$. Die Hydrolyse ist erst nach 16 Stunden beendet[8]. Verhalten bei der Tollensschen Destillation[9]. Beim Erwärmen mit Calciumbisulfit-Schwefligsäurelösungen bildet sich Mannonsäure[10]. Gibt bei der Destillation in saurer, neutraler oder alkalischer Lösung Formaldehyd ab[11]. Die Zersetzungsgeschwindigkeit der Mannose durch verdünnte Schwefelsäure bei höherer Temperatur ist praktisch die gleiche wie bei der Glykose[12]. HNO_3 wirkt auf Mannose unter ständiger Abnahme der Drehung und Gelb- bis Braunfärbung zersetzend[13]. Über das Verhalten der Mannose bei der Einwirkung von Kaliumpermanganat bei wechselnder Acidität[14]. — Zeitwert der Kaliumpermanganatreaktion (s. S. 265): 21,0[15]. — Oxydation mit Natriummanganat in alkalischer Lösung[16]. Der Mechanismus der Oxydation von Mannose unter der Einwirkung von Kaliumhydroxyd[17]. — In Lösungen von Natriumbicarbonat oder Natriumphosphat wird durch Jod Mannose $^1/_3$ so schnell wie Glykose oxydiert. Die Reaktion wird in vitro weder durch Insulin allein noch mit Blut, Serum oder Leberextrakt beeinflußt[18]. Mannose wird, wie auch andere Hexosen, in konz. Phos-

---

[1] C. S. Hudson: J. amer. chem. Soc. **31**, 73 (1909) — Chem. Zbl. **1928 I**, 322. — C. N. Riiber u. J. Minsaas: Ber. dtsch. chem. Ges. **60**, 2402 (1927) — Chem. Zbl. **1928 I**, 321.

[2] W. N. Haworth u. E. L. Hirst: J. chem. Soc. Lond. **1928**, 1221 — Chem. Zbl. **1928 II**, 341.

[3] J. K. Dale: J. amer. chem. Soc. **51**, 2788 (1929) — Chem. Zbl. **1929 II**, 2660.

[4] B. Bleyer u. H. Schmidt: Biochem. Z. **141**, 278 (1923) — Chem. Zbl. **1924 I**, 1356.

[5] Dinshaw Rattonji Nanji u. Frederic James Paton: J. chem. Soc. Lond. **125**, 2474 (1924) — Chem. Zbl. **1925 I**, 1065.

[6] H. Colin u. E. Ruppol: Bull. Soc. Chim. biol. Paris **9**, 928 (1927) — Chem. Zbl. **1928 I**, 555.

[7] A. Kiesel u. N. Semiganowsky: Ber. dtsch. chem. Ges. **60**, 333—338 (1927) — Chem. Zbl. **1927 I**, 1642.

[8] P. A. Levene u. R. Ulpts: J. of biol. Chem. **64**, 475 (1925) — Chem. Zbl. **1926 I**, 349.

[9] Walter Gierisch: Cellulosechemie **6**, 61 (1925) — Chem. Zbl. **1925 II**, 1822.

[10] Erik Hägglund u. Helmut Urban: Ber. dtsch. chem. Ges. **62**, 2046 (1929) — Chem. Zbl. **1929 II**, 2661.

[11] G. Klein: Biochem. Z. **169**, 132 (1926) — Chem. Zbl. **1926 I**, 3221.

[12] E. C. Sherrard u. W. H. Gauger: Ind. Chem. **15**, 1164 (1924) –- Chem. Zbl. **1924 I**, 2646.

[13] B. Bleyer u. H. Schmidt: Biochem. Z. **138**, 119 (1923) — Chem. Zbl. **1923 III**, 1398 — Biochem. Z. **135**, 546 (1923) — Chem. Zbl. **1923 III**, 662.

[14] Richard Kuhn u. Paul Jacob: Z. physik. Chem. **113**, 389 (1924) — Chem. Zbl. **1925 I**, 459.

[15] Richard Kuhn u. Theodor Wagner-Jauregg: Ber. dtsch. chem. Ges. **58**, 1441 (1925) — Chem. Zbl. **1925 II**, 2205.

[16] W. L. Evans, C. A. Buehler, C. D. Looker, R. A. Crawford u. C. W. Holl: J. amer. chem. Soc. **47**, 3085 (1925) — Chem. Zbl. **1926 I**, 2183.

[17] William Lloyd Evans u. David Charles O'Donnell: J. amer. chem. Soc. **50**, 2543 (1928) — Chem. Zbl. **1928 II**, 2125.

[18] Gordon A. Alles u. Howard M. Winegarden: J. of biol. Chem. **58**, 225 (1924) — Chem. Zbl. **1924 II**, 367.

phatlösung oxydiert. Die Erscheinung wurde mit der Anwendung der Thunbergschen Methylenblaumethodik untersucht. Es wurde festgestellt, daß die Mannose (ebenso wie die Galaktose 6—11mal später oxydiert wird als Fructose, dagegen 2—4mal schneller als Glykose[1]. In einer 3n-Lösung von NH_4Cl und NH_3 (p_H = etwa 8) wird Mannose oxydiert. Die Schwermetalle steigern, HCN hemmt bei der Oxydation[2]. Einwirkung von Harnstoff in wässeriger oder alkoholischer Lösung[3]. Mit 2 ccm einer 1prom. Tryptophanlösung in konz. HCl auf 100° erhitzt gibt eine intensive rotbraune oder 5 Minuten lang mit 1prom. Tryptophanlösung in HCl zu 1:1 erhitzt eine gelbliche Färbung[4]. Der Rückgang der Drehung unter dem Einfluß des Glykokolls ist etwa um 50%, und zwar sofort nach wenigen Minuten[5].

Gärung: Es wurde die Wirkung 2 verschiedener Bacillen der Salmonellagruppe auf Mannose untersucht, durch Feststellung der Säureentstehung und Gasentwicklung, neben colorimetrischer und elektrometrischer p_H-Bestimmung[6]. Wird durch Milzbrandbacillen nicht vergoren[7]. Wird von B. filamentoṣus sporadicus, B. mycoides Flügge Nr. 3 und 4, B. peritomaticus und B. mycoides Gesbach angegriffen[8]. Mannose wird von einer Reinkultur eines Granulobactertyps vollständig vergoren, und die Acidität der Nährflüssigkeit fällt, nachdem sie ihr Maximum erreicht hat, wieder steil ab[9]. Wird aus wässeriger Lösung von Backhefe zum Teil adsorbiert[10]. In Übereinstimmung mit van der Haar wird durch Saccharomyces Pombe vergoren. Entgegen den Angaben von F. Lafar, in Übereinstimmung mit Kluyver und Armstrong, vergärt Saccharomyces exiguus d-Mannose[11]. Citronensäurebildung[12]. Einwirkung von Aspergillus fumaricus[13].

Derivate: α- **und** β-**Pentaacetat der Mannose** besitzen beide amylenoxydische Struktur, entsprechend folgendem Symbol[14]:

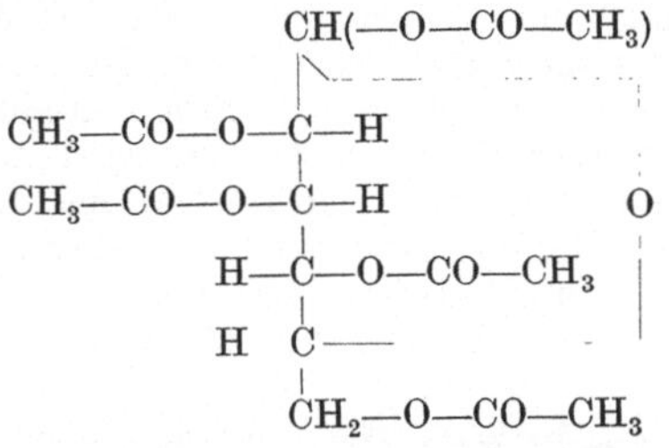

$$
\begin{array}{l}
\text{CH(—O—CO—CH}_3\text{)} \\
\text{CH}_3\text{—CO—O—C—H} \\
\text{CH}_3\text{—CO—O—C—H} \quad\quad\quad \text{O} \\
\text{H—C—O—CO—CH}_3 \\
\text{H C—} \\
\text{CH}_2\text{—O—CO—CH}_3
\end{array}
$$

Die α- und β-Formen des Mannosepentaacetats gehören zu 2 verschiedenen Typen, wie dies von Hudson bestätigt wird, die beide auch von denen des Glykosepentaacetats verschieden sind[15].

Die Drehung der Pentaacetate von α- und β-Mannose wurden in Chloroform, Aceton, Benzin und Pyridin bei verschiedenen Konzentrationen und bei 10 Wellenlängen (zwischen 670,8, Li-Rot, und 435, 9mμ, Hg-Violett) bestimmt und die Konstanten nach einem Ausdruck der Drudeschen Gleichung $[M] = \sum \dfrac{\varkappa}{\lambda^2 - \lambda_0^2}$ berechnet und ausgewertet[16].

[1] Gunnar Blix: Skand. Arch. Physiol. (Berl. u. Lpz.) **50**, 8—34 — Chem. Zbl. **1927 II**, 1352.

[2] H. A. Krebs: Biochem. Z. **180**, 377 (1927) — Chem. Zbl. **1927 I**, 1784.

[3] Alexander Hynd: Biochemic. J. **20**, 195 (1926) — Chem. Zbl. **1926 I**, 2791.

[4] Pierre Thomas u. Elena Maftei: Bul. Soc. Stiinte din Cluj **3**, 41—44 (1926) — Chem. Zbl. **1927 I**, 779.

[5] G. Quagliariello u. O. de Lucia: Boll. Soc. Biol. sper. **2**, 26 — Ref.: Ber. Physiol. **40**, 764 (1927) — Chem. Zbl. **1927 II**, 2179.

[6] Frank Wokes u. Joseph H. Irwin: Pharm. J. **118**, 747—751 — Chem. Zbl. **1927 II**, 1481.

[7] Martin Kristensen: Zbl. Bakter. I **101**, 220—224 (1927) — Chem. Zbl. **1927 I**, 1330.

[8] J. Perlberger: Zbl. Bakter. II **62**, 1 — Chem. Zbl. **1924 II**, 1217.

[9] Guy C. Robinson: J. of biol. Chem. **53**, 125 (1922) — Chem. Zbl. **1922 III**, 1382.

[10] Albert L. Raymond u. J. G. Blanco: J. of biol. Chem. **79**, 649 (1928) — Chem. Zbl. **1929 I**, 680.

[11] Erich Schmidt, Friedrich Trefz u. Hans Schnegg: Ber. dtsch. chem. Ges. **59**, 2635 bis 2646 (1926) — Chem. Zbl. **1927 I**, 1191.

[12] K. Bernhauer: Biochem. Z. **197**, 309 (1928) — Chem. Zbl. **1928 II**, 1342. — H. Amelung: Hoppe-Seylers Z. **166**, 161 (1927) — Chem. Zbl. **1927 II**, 583.

[13] Reinhold Schreyer: Biochem. Z. **202**, 131 (1928) — Chem. Zbl. **1929 I**, 1707.

[14] P. A. Levene u. Harry Sobotka: J. of biol. Chem. **67**, 759 (1926) — Chem. Zbl. **1926 II**, 188.

[15] P. A. Levene u. J. Bencowitz: J. of biol. Chem. **73**, 679 (1927) — Chem. Zbl. **1927 II**, 2053.

[16] P. A. Levene u. J. Bencowitz: J. of biol. Chem. **74**, 153 (1927) — Chem. Zbl. **1928 II**, 235 — J. of biol. Chem. **73**, 679 — Chem. Zbl. **1927 II**, 2053.

Die α- und β-Formen von Mannosepentaacetat werden in 2—80proz. Lösung je nach Löslichkeit bei 25° in Chloroform, Aceton, Benzin, Eisessig, CH_3OH und Pyridin polarisiert. Die Kurven aus Drehung und Konzentration zeigen 1. fast alle einen kleinen Knick, gehen 2. mit zunehmender Konzentration auseinander, bleiben 3. die spezifischen Drehungen in verdünnter Lösung praktisch konstant und divergieren mit zunehmender Konzentration, sind 4. die empirischen $[\alpha]$-Werte nach dem Lösungsmittel für die α-Form des Mannosepentaacetats Benzin > Chloroform > CH_3OH > Eisessig > Aceton > Pyridin; für die β-Form Chloroform > CH_3OH > Eisessig > Aceton > Benzin > Pyridin[1].

α-Pentaacetylmannose[2]. Aus α-Mannose Essigsäureanhydrid und Pyridin bei 0° und 48stündigem Stehen. — Öl, das durch Animpfen allmählich teilweise krystallisiert. Die abgepreßte Masse wird mit Äther extrahiert, bis $[\alpha]_D$ nicht mehr steigt. Schmelzp. 64°; $[\alpha]_D^{17} = +57,6°$ bei $c = 2,5$. — Aus Mannose und Acetanhydrid in Gegenwart von Pyridin. Man gießt in Eis mit wenig Wasser, rührt kräftig und entfernt das Wasser, bis das Pentaacetat eine halbfeste Masse bildet. Löst in Chloroform, wäscht das Pyridin aus, trocknet mit $CaCl_2$ und mit Na_2SO_4; dampft unter vermindertem Druck ein, nimmt in Äther auf, dampft erneut ein, löst in absolutem Äther und stellt über P_2O_5 und Paraffin; nach 24 Stunden wird das evtl. gebildete β-Pentaacetat abgesaugt; durch weitere fraktionierte Krystallisation wird die Trennung von α und β vervollständigt. Das Rohprodukt schmilzt unscharf bei 50—60°, $[\alpha]_D = +48°$, nach Umkrystallisieren aus 40proz., 30proz., 25proz. Methanol, zuletzt aus Äther, ist der Schmelzp. auf 75°, die Drehung auf $[\alpha]_D^{22} = +55°$ (2proz. Lösung in Chloroform) gestiegen[3].

α-Acetochlormannose[4] (Chloracetylmannose) $C_6H_7O(C_2H_3O_2)_4Cl$. Eine Lösung von 15 g β-Pentaacetylmannose in 30 ccm trocknem Chloroform erwärmt man mit 4 g sublimiertem Aluminiumchlorid und 9 g Phosphorpentachlorid gelinde auf dem Wasserbade. Nach $^1/_2$ bis 1 Stunde wird die grünliche Lösung abgekühlt und wiederholt mit Eiswasser durchgeschüttelt. Glänzende Krystalle aus Petroläther, Schmelzp. 81°. Besitzt bitteren Geschmack. Sehr leicht löslich in den gewöhnlichen Lösungsmitteln mit Ausnahme von Wasser und Petroläther. $[\alpha]_D^{20} = +89,5°$ in Chloroform. Bei der Umsetzung mit Silbercarbonat bilden sich mehrere Tetraacetylverbindungen[4]. — Aus Pentaacetylmannose mit Titantetrachlorid[5]. (Bequeme Darstellungsmethode.) Muß als α-Verbindung bezeichnet werden[6]. Reagiert nicht mit Trimethylamin[7].

α-Acetobrommannose[8] $C_{14}H_{19}O_9Br$. Eine Lösung von Mannose-β-pentaacetat in Eisessig-Bromwasserstoff wird 2 Stunden bei Zimmertemperatur aufbewahrt und darauf mit dem dreifachen Volum Chloroform versetzt. Beim Einengen resultiert Acetobrommannose als Öl, das nach 2 Tagen im Hochvakuum zu rhombischen Plättchen erstarrt, die jedoch von noch vorhandenem Öl nicht getrennt werden konnten. — $[\alpha]_D = +122,1°$ in Chloroform. Das daraus gewonnene Tetraacetylmethylmannosid zeigt den Schmelzp. 105° und $[\alpha]_D^{25} = -33,4°$ in Methylalkohol bei $c = 1,5$. Schmelzp. 48—50°. $[\alpha]_D^{19} = +122,1°$ in Chloroform. Reagiert nicht mit Trimethylamin[7].

2, 3, 4, 6(?)-Tetraacetylmannose[7] $C_{14}H_{20}O_{10}$. Bei der Einwirkung von Trimethylamin auf α-Acetobrom-d-mannose. Schmelzp. 159—160°, $[\alpha]_D^{20} = -24,2°$ in Chloroform.

1, 2, 3, 4-Tetraacetyl-β-d-mannose-6-chlorhydrin[9] $C_{14}H_{19}O_9Cl$. Aus 1, 2, 3, 4-Tetraacetyl-β-d-mannose mit Phosphoroxychlorid und Pyridin. Viereckige Täfelchen aus abs. Alkohol, Schmelzp. 142—143°, $[\alpha]_D^{12} = -7,6°$ in Chloroform. Das Chlor ist in der Verbindung nicht reaktionsfähig.

---

[1] P. A. Levene u. J. Bencowitz: J. of biol. Chem. **73**, 679 (1927) — Chem. Zbl. **1927 II**, 2053.

[2] P. A. Levene: J. of biol. Chem. **59**, 141 (1924) — Chem. Zbl. **1924 I**, 2508.

[3] P. A. Levene u. J. Bencowitz: J. of biol. Chem. **72**, 627 (1927) — Chem. Zbl. **1927 II**, 1144.

[4] D. H. Brauns: J. amer. chem. Soc. **44**, 401 (1922) — Chem. Zbl. **1922 III**, 489.

[5] Eugen Pacsu: Ber. dtsch. chem. Ges. **61**, 1508 (1928) — Chem. Zbl. **1928 II**, 872.

[6] C. S. Hudson: J. amer. chem. Soc. **46**, 462 (1924) — Chem. Zbl. **1924 I**, 2100.

[7] Fritz Micheel u. Hertha Micheel: Ber. dtsch. chem. Ges. **63**, 386 (1930) — Chem. Zbl. **1930 I**, 2235.

[8] P. A. Levene u. Harry Sobotka: J. of biol. Chem. **67**, 759, 771 (1926) — Chem. Zbl. **1926 II**, 188.

[9] Burckhardt Helferich u. Joseph F. Leete: Ber. dtsch. chem. Ges. **62**, 1549 (1929) — Chem. Zbl. **1929 II**, 720.

Di-(tetraacetyl-β-d-mannose-6)-sulfit[1]. Aus 1, 2, 3, 4-Tetraacetyl-β-d-mannose mit Thionylchlorid in Pyridin. Sechseckige Täfelchen aus abs. Alkohol. Schmelzp. 173—175°, $[\alpha]_D^{12} = -33,1°$ in Chloroform[1].

β-d-Mannose-6-trityläther[2] $C_{25}H_{26}O_6$. Aus viel Wasser Krystalle mit wechselndem Krystallwassergehalt. Schmelzp. unscharf zwischen 160—170° (wasserfrei). — $[\alpha]_D^{17} = -2,0°$ in Chloroform, $[\bar{\alpha}]_D^{10} = -3,7°$ in Pyridin, Endwert nach 4 Stunden $[\alpha]_D^{14} = +20,4°$. Leicht löslich in Aceton, Alkohol, Chloroform, Pyridin, Essigsäure, ziemlich löslich in Äther, wenig löslich in Wasser, schwer löslich in Petroläther.

β-Tetraacetyl-d-mannose-6-trityläther[2] $C_{33}H_{34}O_{10}$. Aus der vorstehenden Verbindung mit Essigsäureanhydrid und Pyridin neben dem α-Isomeren. Krystalle aus Alkohol, Schmelzpunkt 204—206°; $[\bar{\alpha}]_D^{23} = -2,6°$ in Chloroform; unlöslich in Wasser, Petroläther, sonst leicht löslich.

α-Tetraacetyl-d-mannose-6-trityläther[2] $C_{33}H_{34}O_{10}$. Aus den Mutterlaugen der β-Verbindung, Schmelzp. 130,5—131,5°, daneben wurde mitunter eine isomorphe Form vom Schmelzp. 123—124° beobachtet. $[\alpha]_D^{23} = +73,4°$.

1, 2, 3, 4-Tetraacetyl-β-d-mannose[2] $C_{14}H_{20}O_{10}$. Aus der 6-Tritylverbindung mit Bromwasserstoff in Eisessig. Krystalle aus abs. Alkohol, Schmelzp. 135,5—136,5°; $[\alpha]_D^{20} = -22,5°$ in Chloroform. Die wässerige Lösung zeigt Mutarotation, die im Verlauf von mehreren Tagen von —15° über ein Maximum von —40 bis —45° auf etwa —13° geht. Diese ist, teilweise durch Acylwanderung hervorgerufen, durch die Alkalität des Glases bedingt. Mit Tritylchlorid entsteht das Ausgangsmaterial, mit Essigsäureanhydrid in Pyridin β-Pentaacetylmannose vom Schmelzp. 116° und $[\alpha]_D^{22} = -24,1°$.

Diäthylmercaptomannose (Mannosediäthylmercaptal). Die Darstellung nach Fischer[3] wird verbessert: Zu einer Lösung von 200 g Mannose in 200 ccm konzentrierter HCl (D. 1,71 bis 183) gibt man 200 ccm technisches Äthylmercaptan und schüttelt 5 Minuten lang kräftig, wenn nötig unter Einwerfen von Eis. Die Masse erstarrt sehr bald zu einem Krystallbrei des Mercaptals[4]. Schmelzp. 134°, $[\alpha]_D^{18} = -2,76°$ in Pyridin[5].

2, 3-Monoaceton-α-mannosediäthylmercaptal[5] $C_{13}H_{26}O_5C_2$. Durch Acetonierung des Diäthylmercaptals mit Kupfersulfat 24 Stunden bei Zimmertemperatur unter Schütteln. Aus Chloroform mit Petroläther lange Nadeln, Schmelzp. 94°; $[\alpha]_D^{18} = -11,30°$ in Acetylentetrachlorid. Leicht löslich in Chloroform, Aceton, Alkohol, Acetylentetrachlorid, schwerer in Äther, unlöslich in Petroläther. Natriumverbindung $C_{13}H_{25}O_5S_2Na$. Aus der Verbindung in abs. Äther mit Natrium. Amorphe spröde Masse, löslich in Äther.

Mannose-n-propylmercaptal $C_6H_{12}O_5(SC_3H_7)_2$. Mannose wird in der gleichen Menge HCl (D. 1,20) gelöst unter Zugabe von etwas mehr als die berechnete Menge n-C_3H_7SH, läßt über Nacht stehen und krystallisiert aus verdünntem Alkohol um. Weiße Nadeln. Schmelzpunkt 125°, $[\alpha]_D^{17} = +31°$[6].

Mannose-n-butylmercaptal $C_6H_{12}O_5(SC_4H_9)_2$. Durch Kondensation der Mannose mit n-Butylmercaptan in Gegenwart konzentrierter HCl. Schmelzp. 117°, $[\alpha]_D^8 = +16,45°$[7].

Mannose-isobutylmercaptal[8] $C_6H_{12}O_5=(S \cdot C_4H_9)_2$. Schmelzp. 111°; $[\alpha]_D^{13} = +16,4°$.

Dibenzylmercaptal[5] $C_{20}H_{26}O_5S_2$. Aus Mannose in der gleichen Menge konz. Salzsäure mit Benzylmercaptan bis zur homogenen Lösung $^3/_4$ Stunden geschüttelt. Aus Alkohol Nadelrosetten Schmelzp. 126°, $[\alpha]_D^{20} = -32,92°$ in Pyridin; leicht löslich in Pyridin, siedendem Alkohol, weniger in siedendem Wasser, unlöslich in Chloroform, Aceton, Äther.

2, 3, 5, 6-Diaceton-d-mannose-dibenzylmercaptal[5]. Durch Acetonierung des Dibenzylmercaptals. Sirup. $[\alpha]_D^{20} = +66,26°$ in Acetylentetrachlorid.

---

[1] Burckhardt Helferich u. Joseph F. Leete: Ber. dtsch. chem. Ges. **62**, 1549 (1929) — Chem. Zbl. **1929 II**, 720.

[2] Burckhardt Helferich u. Joseph F. Leete: Ber. dtsch. chem. Ges. **62**, 1507 (1929) — Chem. Zbl. **1929 II**, 720.

[3] E. Fischer: Ber. dtsch. chem. Ges. **27**, 673 (1894).

[4] P. A. Levene u. G. M. Meyer: J. of biol. Chem. **74**, 695 (1927) — Chem. Zbl. **1928 I**, 486.

[5] Eugen Pacsu u. Charlotte v. Kary: Ber. dtsch. chem. Ges. **62**, 2811 (1929) — Chem. Zbl. **1929 II**, 3222.

[6] Y. Maeda u. Y. Uyeda: Bull. chem. Soc. Jap. **1**, 181 (1926) — Chem. Zbl. **1926 II**, 2782.

[7] Y. Uyeda u. J. Kamon: Bull. chem. Soc. Jap. **1**, 179 (1926) — Chem. Zbl. **1926 II**, 2781.

[8] Yoshisuke Uyeda: Bull. chem. Soc. Jap. **4**, 264 (1929) — Chem. Zbl. **1930 I**, 1287.

Diacetonmannose $C_{12}H_{20}O_6$

$$\begin{array}{c}
CH(OH) \\
\begin{array}{c}
CH_3 \diagdown \\
\quad\quad C \diagup \quad O-C-H \\
CH_3 \diagup \quad\quad O-C-H \\
\quad\quad\quad\quad C \\
H-C-O \diagdown \quad CH_3 \\
H_2C-O \diagup C \diagdown CH_3
\end{array}
\end{array} \qquad A$$

Darstellung aus Mannose, Aceton und HCl-Gas oder H_2SO_4 bei Zimmertemperatur. Ausbeute 84—90%. Aus Mannose in Aceton (30fache Menge) + konz. Schwefelsäure, Neutralisieren mit Soda und Kochen[1]. Schmelzp. 118°. Löslich in 8 Teilen Äther, in Benzol und Wasser. $[\alpha]_{Hg\,gelb}^{19} = +14,3°$ (0,2004 g in 2,224 g $C_2H_2Cl_4$-Lösung)[2].

Diacetonmannose zeigt Mutarotation, die durch Alkalien beschleunigt wird. Es muß ihr daher die Konstitution A zugeschrieben werden. Damit erklärt sich die Bildung von 2 Methylderivaten, die leichte Abspaltung des Methyls und die große Reaktionsfähigkeit der nicht gefaßten Toluolsulfoverbindung. Daß sie nicht Fehlingsche Lösung reduziert, kann nur so gedeutet werden, daß der wechselseitige Übergang der α- und β-Form nicht über die Oxostufe geht, oder diese zu rasch durchlaufen wird. Mit alkoholischem Ammoniak entsteht das primäre Amin neben dem sekundären Amin. Daß der Stickstoff nicht ringförmig gebunden ist, geht erstens aus der Bildung dieses zweiten Körpers, zweitens aber daraus hervor, daß Diacetonmannose auch mit Dimethylamin ganz analog reagiert. — Schmelzp. aus Alkohol 123°. Eine 2,5proz. Lösung in verdünntem Alkohol dreht im 2 dm-Rohr: $+1,02°$, nach 48 Stunden $+0,46°$, nach Zusatz eines Tropfens Natronlauge: $+0,23°$ (Enddrehung). — Gibt mit wässeriger Natronlauge eine Natriumverbindung, feine Nadeln, unlöslich in sehr konzentrierter Natronlauge[3]. — Besitzt eine 1,4-Sauerstoffbrücke[4].

$[\alpha]_D^{14} = +38,4°$ in Aceton. Das Präparat war bei 120° und 0,2 mm durch Sublimation gereinigt worden. Bei einem nicht sublimierten Präparat: $[\alpha]_D^{14} = +27,9 \to 26,8°$ in Aceton, Endwert nach 30 Stunden. Nach Zusatz einer Spur NaOH fiel die Drehung in 6 Stunden auf den konstanten Endwert $+16,4°$. Die aus dieser Lösung zurückgewonnene Substanz schmolz bei 123°.

Ein dreimal umkrystallisiertes und bei 80°/15 mm getrocknetes Präparat zeigte in Acetylentetrachlorid $[\alpha]_{Hg\,gelb}^{15} = +26,2°$, ein sublimiertes $[\alpha]_D^{14} = +31,5° \to 9,8°$ (Endwert nach 55 Minuten).

$[\alpha]_D^{16} = +15,9°$ in Alkohol. Nach Zusatz einer Spur NaOH fällt die Drehung in 48 Stunden auf $+13,6°$. In Wasser $[\alpha]_D^{16} = +11,9° \to -5,6°$ (nach 1 Stunde) $\to +1,1°$ (nach 45 Stunden). In 50proz. Alkohol beträgt die nach 3 Tagen erreichte Enddrehung $+8,5°$, in 25proz. Alkohol beträgt $[\alpha]_D = +0,5°$ und fällt in 2 Stunden auf $0°$[5]. Bei der Oxydation nach Willstätter und Schudel verbraucht quantitativ nur 2 Äquivalente O, d. h. es wird nur die Aldehyd- zur Carboxylgruppe oxydiert. Bei der Oxydation nach Lehmann-Maquenne und nach Bertrand wird der Zucker bekanntlich nicht angegriffen[6]. Reagiert mit Acetobromgalaktose[7].

Na-Verbindung der Diacetonmannose. Bildet sich rasch unter Wasserstoffentwicklung, wenn die Lösung der Diacetonmannose in einer indifferenten Flüssigkeit mit Natrium versetzt

[1] Karl Freudenberg u. Anton Wolf: Ber. dtsch. chem. Ges. **60**, 232 (1927) — Chem. Zbl. **1927 I**, 1670.

[2] K. Freudenberg u. R. M. Hixon: Ber. dtsch. chem. Ges. **56**, 2119 (1923) — Chem. Zbl. **1923 III**, 1555. — K. Freudenberg u. A. Doser: Ber. dtsch. chem. Ges. **56**, 1243 (1923) — Chem. Zbl. **1923 III**, 743.

[3] Karl Freudenberg u. Anton Wolf: Ber. dtsch. chem. Ges. **58**, 302 (1925) — Chem. Zbl. **1925 I**, 1396.

[4] E. H. Goodyear u. W. N. Haworth: J. chem. Soc. Lond. **1927**, 3136 — Chem. Zbl. **1928 I**, 1388.

[5] J. C. Irvine u. A. F. Skinner: J. chem. Soc. Lond. **1926**, 1089 — Chem. Zbl. **1926 II**, 1129. — K. Freudenberg u. A. Wolf: Ber. dtsch. chem. Ges. **58**, 300 (1925) — Chem. Zbl. **1925 I**, 1396.

[6] H. Sobotka: J. of biol. Chem. **69**, 267 (1926) — Chem. Zbl. **1926 II**, 2289.

[7] K. Freudenberg, A. Noë u. E. Knopf: Ber. dtsch. chem. Ges. **60**, 238 (1927) — Chem. Zbl. **1927 I**, 1671.

wird. Löst sich in Petroläther, Äther und Benzol leichter als Diacetonmannose. Durch Stehen an der Luft oder durch $NaHCO_3$ wird zersetzt. In festem Zustande hellgelbe, harzige Masse[1].

Oxalsäureester der Diacetonmannose[2] $C_{26}H_{38}O_{14}$. Aus Diacetonmannose und Oxalylchlorid in Chloroform bei Gegenwart von Pyridin. — Farblose Nadeln aus Aceton + Wasser, Schmelzp. 138°; $[\alpha]_{578}^{19} = +83,44°$ in Acetylentetrachlorid. Gibt bei der Destillation unter 1 mm den Kohlensäureester der Diacetonmannose.

Kohlensäureester der Diacetonmannose[2] $C_{35}H_{38}O_{12}$

Bei der Destillation des Oxalsäureesters der Diacetonmannose unter 1 mm Druck. — Farblose Nadeln aus Chloroform, Schmelzp. 186°.

Diacetonmannosexanthogensäuremethylester[2] $C_{14}H_{22}O_6S_2$

Aus Diacetonmannosenatrium und Schwefelkohlenstoff und nachheriger Methylierung. Farblose Nadeln aus kaltem Methylalkohol, Schmelzp. 80—81°; $[\alpha]_{578}^{16} = +69,30°$; $[\alpha]_{633}^{16} = +58,37°$; $[\alpha]_{546}^{16} = +79,09°$ in Acetylentetrachlorid.

Di-diacetonmannosyl-thiocarbonat[2] $C_{25}H_{38}O_{12}S$

Man gibt Diacetonmannose-xantogensäureester zu einer konzentrierten ätherischen Lösung von Diacetonmannose, und läßt die Mischung 24 Stunden stehen. Farblose Nadeln aus Chloroform + Methylalkohol, Schmelzp. 158—159°; unlöslich in Wasser.

Diacetonmannose-1-chlorhydrin[3]. Aus Diacetonmannose mit Thionylchlorid und Pyridin in Chloroformlösung nach 6 Stunden bei 0°. Öl, Siedep. 112—115° bei 1 mm.

Diaceton-mannose-anilid[4] $C_{18}H_{25}O_5N$. Aus Diacetonmannose und Anilin (im Überschuß von 4 Molekülen) in absolutem Alkohol. Die Reaktion wurde polarimetrisch verfolgt.

[1] K. Freudenberg u. R. M. Hixon: Ber. dtsch. chem. Ges. **56**, 2119 (1923) — Chem. Zbl. **1923 III**, 1555.

[2] Karl Freudenberg u. Anton Wolf: Ber. dtsch. chem. Ges. **60**, 232 (1927) — Chem. Zbl. **1927 I**, 1670.

[3] Karl Freudenberg, Anton Wolf, Erich Knopf u. Syed H. Zaheer: Ber. dtsch. chem. Ges. **61**, 1748 (1928) — Chem. Zbl. **1928 II**, 2123.

[4] J. C. Irvine u. A. F. Skinner: J. chem. Soc. Lond. **1926**, 1089 — Chem. Zbl. **1926 II**, 1129.

$[\alpha]_D = +16,5° \to +16,6°$ (nach 1 Tag) $\to +63,1°$ (nach 17 Tagen). Alsdann beginnt die Abscheidung des Anilids. Nadelbüschel vom Schmelzp. 114°. $[\alpha]_D = -118,3° \to +83°$ in absolutem Alkohol (Endwert nach 12 Tagen)[1].

Diaceton-mannose-phenylhydrazon[1]. Die Reaktion der Diacetonmannose mit Phenylhydrazin in absolutem Alkohol wurde polarimetrisch verfolgt. $[\alpha]_D^{12} = +18,0° \to +4,2° \to +15,5°$ (Minimum nach 6 Tagen; Endwert nach 28 Tagen). Das Reaktionsprodukt bleibt sirupös.

Triacetylmonoacetonmannose[2] $C_{15}H_{22}O_9$. Diacetonmannose wird mit einer Biphthalatlösung (kalt $p_H = 4,4$) $1^1/_2$ Stunden im Ölbad gekocht, neutralisiert, eingeengt und mit Äther extrahiert. Der Ätherrückstand wird zur Entfernung der Diacetonverbindung mit Petroläther ausgekocht, dann acetyliert. Schmelzp. 59°; $[\alpha]_D = +49,9°$.

d-Mannosedicarbonat [1, 4][3] $C_8H_8O_8$

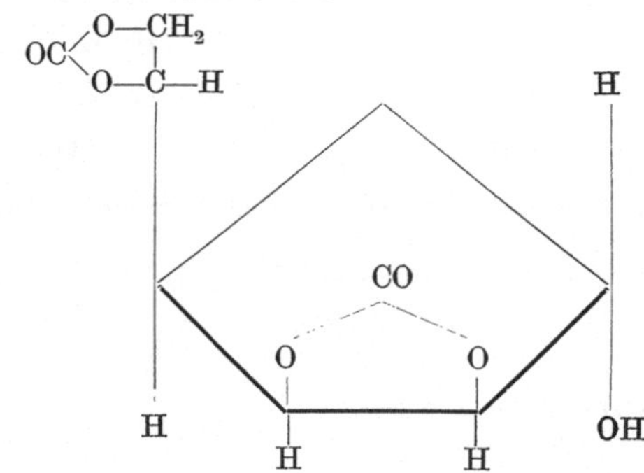

Aus Mannose bei der Einwirkung von Phosgen in Gegenwart von Pyridin. Blättchen oder Nadeln aus Wasser, Schmelzp. 122—123°; $[\alpha]_{5780}^{21} = +26°$, $[\alpha]_{5461}^{21} = +28,5°$ in Aceton. Zeigt keine Mutarotation.

Anilid des Mannosedicarbonats [1, 4][3] $C_{14}H_{13}O_7N$. Aus dem Dicarbonat und Anilin in siedendem Alkohol in 2 Stunden. — Harte Prismen aus Essigester mit abs. Alkohol. Schmelzpunkt 174—175°; $[\alpha]_{5780}^{20} = -70° \to -32°$ in Alkohol. Gleichgewicht nach 18 Stunden; $[\alpha]_D^{18} = -83°$ in Methylalkohol.

d-Mannose-diphenylmethan-dimethyl-dihydrazon[4] $C_{21}H_{30}O_5N_4$. — Bildet sich selbst bei einem großen Überschuß an Dihydrazin nur in Spuren. Schmelzp. 165°.

Mannosewismutnitrat[5]. Aus 18 g Mannose, 30 ccm Wasser, 16 g Wismutnitrat; die Lösung wird nach 15 Minuten in die 10fache Menge absoluten Alkohols gegossen. — **Natriumsalz des Mannosewismutnitrats.** Die Lösung von 18 g Mannose, 16 g Wismutnitrat in 30 ccm Wasser wird mit 18 ccm $^n/_{10}$-Natriumhydroxyd versetzt. — Der Niederschlag geht mit weiteren 4 ccm Natronlauge in Lösung; diese wird in 750 ccm Alkohol eingegossen, der Niederschlag mit Alkohol gewaschen und getrocknet. Sehr leicht löslich in Wasser.

Verbindungen mit Chlorcalcium[6]. „Erstes Isomeres" $C_6H_{12}O_6 \cdot CaCl_2 \cdot 4\,H_2O$. Krystallisiert aus der konz. wässerigen Lösung der beiden Komponenten bei Zimmertemperatur. Schmelzp. 101—102°. Leicht löslich in Wasser, Methylalkohol und heißem abs. Alkohol. Anfangsdrehung in Wasser extrapoliert: $[\alpha]_D = $ etwa $-30° \to 11,35° \to$ Enddrehung: $+6,5°$. In Methylalkohol verläuft die Mutarotation wesentlich langsamer und beginnt mit $-33°$. — Diese Verbindung leitet sich vermutlich von einer bisher unbekannten β-Form der Mannose. Beim Kochen ihrer alkoholischen Lösung lagert sich die Verbindung in die „zweite Isomere", $C_6H_{12}O_6 \cdot CaCl_2 \cdot 2\,H_2O$ um. Harte, dreieckige Prismen aus heißem Alkohol. Schmelzp. 159 bis 160° korr. $[\alpha]_D^{20} = -7,70° \to +6,73°$ in Wasser. Diese Verbindung entspricht der bekannten

---

[1] J. C. Irvine u. A. F. Skinner: J. chem. Soc. Lond. **1926**, 1089 — Chem. Zbl. **1926 II**, 1129.

[2] Karl Freudenberg, Walter Dürr u. Heinrich v. Hochstetter: Ber. dtsch. chem. Ges. **61**, 1740 (1928) — Chem. Zbl. **1928 II**, 2121.

[3] Walter Norman Haworth u. Charles Raymond Porter: J. chem. Soc. Lond. **1930**, 151 — Chem. Zbl. **1930 I**, 3029.

[4] Julius v. Braun u. Otto Bayer: Ber. dtsch. chem. Ges. **58**, 2215 (1925) — Chem. Zbl. **1926 I**, 882..

[5] Ernst Maschmann: Arch. Pharmaz. **263**, 99 (1925) — Chem. Zbl. **1925 II**, 159.

[6] J. K. Dale: J. amer. chem. Soc. **51**, 2788 (1929) — Chem. Zbl. **1929 II**, 2660.

β-Form der Mannose. Die zweite Isomere geht beim Eindampfen seiner wasserhaltigen äthylalkoholischen Lösung wieder in das erste Isomere über. Bei der Acetylierung liefert das erste Isomere ein öliges Acetat, das zweite 50% an β-Mannosepentaacetat.

l-Mannose (Bd. II, S. 345).

Bezeichnung:

OH

OH

H

H

l, l, d, d—

l(−)-Mannose[1]

d-Gulose (Bd. II, S. 346; Bd. VIII, S. 175; Bd. X, S. 521)

Bezeichnung:

OH

OH

H

OH

d, l, d, d—

d(+)Gulose[2]

Bildung: Bei der Oxydation von Sorbit mit Brom in wässeriger Lösung bei 60° neben Glykose, Fructose und Sorbose[2].

Derivate: d-Gulosephenylosazon $[\alpha]_D^{20} = -12° \to -38°$ in Pyridin + Alkohol[3]. Schmelzpunkt 160°, Zersetzungsp. bei 185°; $[\alpha]_D^{17} = 0° \to +16°$.

p-Brom-phenyl-d-gulosazon[4] $C_{18}H_{20}O_4N_4Br_2$. Glänzende, gelbe Nadeln vom Schmelzpunkt 186° (korr.); $[\alpha]_D^{20} = 0° \to +16°$ für Alkohol + Pyridin.

l-Gulose (Bd. II, S. 347).

Bezeichnung:

H

H

OH

H

l, d, l, l—

l(−)-Gulose[1]

d-Idose (Bd. II, S. 348).

Bezeichnung:

H

OH

H

OH

d, l, d, l

d(+)-Idose[1]

Bildung: Entsteht bei der Aufspaltung der 5, 6-Anhydromonoacetonglykose mit Alkalien, und Hydrolyse der isolierten Triacetylmonoaceton d-Idose mit Alkali, dann mit Säure[5].

Physikalische und chemische Eigenschaften: α-d-Idose. Berechnetes Drehungsvermögen: $[\alpha]_D = -20°$[6]. β-d-Idose: Berechnetes Drehungsvermögen: $[\alpha]_D = -110°$[6].

---

[1] A. Wohl u. K. Freudenberg: Ber. dtsch. chem. Ges. **56**, 312 (1923).

[2] Emile Votoček u. R. Lukeš: Rec. Trav. chim. Pays-Bas et Belg. (Amsterd.) **44**, 345 (1925) — Chem. Zbl. **1925 II**, 1950. — H. W. Talen: Rec. Trav. chim. Pays-Bas et Belg. (Amsterd.) **44**, 891 (1925) — Chem. Zbl. **1928 II**, 438.

[3] P. A. Levene u. G. M. Meyer: J. of biol. Chem. **60**, 173 (1924) — Chem. Zbl. **1924 II**, 1458.

[4] P. A. Levene: J. of biol. Chem. **59**, 465 (1924) — Chem. Zbl. **1924 II**, 1200.

[5] Heinz Ohle u. Ladislaus v. Vargha: Ber. dtsch. chem. Ges. **62**, 2435 (1929) -- Chem. Zbl. **1929 II**, 2663.

[6] H. S. Isbell: Bureau Standards J. Res. **3**, 1041 (1929) — Chem. Zbl. **1930 I**, 2725.

Derivate: Triacetylmonoaceton-d-idose[1] $C_{15}H_{22}O_9$. Durch Hydrolyse der 5, 6-Anhydro-monoacetonglykose mit n-Natronlauge bei 100° und Acetylierung der in Essigester leicht löslichen Anteile. Öl, Siedep. 130—135 bei 0,05 mm. Unlöslich in Wasser, sonst durchweg leicht löslich; $[\alpha]_D^{20} = +58,3°$ in Chloroform. Die Hydrolyse zur Monoaceton-d-idose ist mit einer alkoholisch-wässerigen Lösung von n-Natronlauge bei 100° in $^1/_2$ Stunde beendet. Aus der Drehung der neutralisierten Lösung läßt sich für Monoaceton-d-Idose: $[\alpha]_D^{20} = +22,8°$ berechnen. Bei der Hydrolyse mit Schwefelsäure entsteht eine Lösung der freien d-Idose $[\alpha]_D^{20} = +52,7°$.

d-Idosephenylosazon[1] $C_{18}H_{22}O_4N_2$. Feine citronengelbe, zu Flocken zusammengeballte Nädelchen vom Schmelzp. 168°.

l-Idose (Bd. II, S. 348).

Bezeichnung:

$$\begin{array}{c} OH \\ H \\ OH \\ H \\ \hline l, d, l, d- \\ l(-)\text{-Idose}[2] \end{array}$$

d-Galaktose (Bd. II, S. 349; Bd. VIII, S. 176; Bd. X, S. 521).

Bezeichnung:

$$\begin{array}{c} OH \\ H \\ H \\ OH \\ \hline d, l, l, d- \\ d(+)\text{-Galaktose}[2] \end{array}$$

Konstitution[3]:

$$\begin{array}{c} CH(OH) \\ | \\ H—C—(OH) \\ | \\ (HO)—C—H \qquad O \\ | \\ (HO)—C—H \\ | \\ H—C——— \\ | \\ CH_2(OH) \end{array}$$

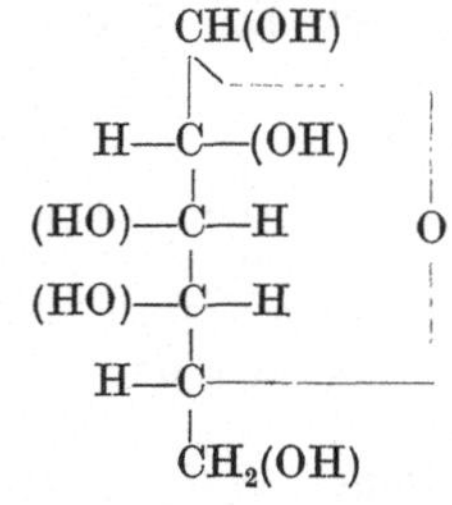

Geschichte der Entdeckung, Identifizierung und Darstellung im Zustande hoher Reinheit und größerer Menge[4].

Vorkommen: Im Hasel (Corylus avellana L.)[5]. In der Grauerle (Alnus incana L.)[5]. — In der Sulfitablauge konnte keine Galaktose nachgewiesen werden[6]. Isolierung und Identifizierung der mit dem Harn ausgeschiedenen d-Galaktose[7].

---

[1] Heinz Ohle u. Ladislaus v. Vargha: Ber. dtsch. chem. Ges. **62**, 2435 (1929) — Chem. Zbl. **1929 II**, 2663.

[2] A. Wohl u. K. Freudenberg: Ber. dtsch. chem. Ges. **56**, 312 (1923).

[3] C. S. Hudson: J. amer. chem. Soc. **32**, 338 (1910) — Chem. Zbl. **1910 I**, 1348. — J. Pryde: J. chem. Soc. Lond. **123**, 1808 (1923) — Chem. Zbl. **1923 III**, 1397. — W. N. Haworth: Nature (Lond.) **116**, 430 (1925) — Chem. Zbl. **1926 I**, 881. — J. Pryde u. R. W. Humphreys: Biochemic. J. **20**, 825 (1927) — Chem. Zbl. **1927 I**, 620. — Richard Kuhn u. Friedrich Ebel: Ber. dtsch. chem. Ges. **58**, 919 (1925) — Chem. Zbl. **1925 II**, 183.

[4] T. Swann Harding: Sugar **24**, 14 (1922); **25**, 175 (1923) — Chem. Zbl. **1922 III**, 428; **1923 IV**, 1008.

[5] Chaja Feinberg, Johann Herrmann, Leopoldine Röglsperger u. Julius Zellner: Mh. Chem. **44**, 261 (1924) — Chem. Zbl. **1924 II**, 678.

[6] A. Lottermoser u. E. Mathiesen: Technologie u. Chemie d. Papier- u. Zellstoffabrikation **26**, 37 (1929) — Chem. Zbl. **1929 I**, 2716.

[7] J. Halberkann u. H. Kähler: Klin. Wschr. **4**, 992 (1926) — Chem. Zbl. **1926 II**, 623.

Bildung: Bei vorsichtiger Hydrolyse des Holzes[1]. Durch Hydrolyse der Polysaccharide aus Hartriegel (Cornus sanguinea L.)[2]. Findet sich im Isolichenin gebunden neben Mannose und Glykose[3]. Bei der Hydrolyse der Polysaccharide von Pulmonaris officinalis L., Menyanthes trifoliata L., Hypericum perforatum[4]. — Bei der Hydrolyse des Laris occidentalis, der Yokohama-(Velvet-)Bohnen[5]. Bildet sich bei der Hydrolyse der Pektinstoffe der Enzianwurzel, der Blumenblätter der Provinzrosen, der Schalen von bitteren Orangen[6] und der Knollen der Sellerierübe[6], der Samenschalen von Anagyris foetida, des Glykosids Podalyrin[7], der Cicerose[8], des Mesquitgummi (18,7%)[9]. Bei der Hydrolyse des Saponins: 17,3%[10], des Kastaniensaponins[11], des Saponins von Agave Lechuguilla Torrey[12], des Saponins aus Aralia montana[13]. Ein Meeresunkraut „Egonori" (Camylaephora hypnoides J. Aj) enthält rund 20% Galaktose in gebundener Form. Durch 2stündige Hydrolyse mit 5proz. Schwefelsäure wurden daraus 7% in freier Form erhalten[14]. — Bei der Hydrolyse des aus dem Fuße der Schnecken: Helix aspersa und Helix pomatia isolierten tierischen Gummis in einer Menge von 60%[15].

Darstellung: 750 g Lactose werden in 4 l Wasser mit 60 g Schwefelsäure 4 Stunden im Autoklaven bei 105—110° erwärmt, mit Calciumcarbonat neutralisiert, nach dem Verdünnen auf 7,5 l mit 3% reiner obergäriger Hefe versetzt, die Vergärung der Glykose polarimetrisch verfolgt, bis im 2 dm-Rohr $\alpha = +7,6°$ (21 Stunden) beobachtet wird. Das Filtrat wird unter vermindertem Druck zur Trockne verdampft, der Rückstand mehrmals aus 75proz. Alkohol umkrystallisiert. Ausbeute 48% der Theorie an Reinsubstanz[16].

Der Seetang „Tengusa" (Gelidium pacificum Okam), das Rohmaterial für die Darstellung von Agar-Agar, enthält etwa 18% gebundene Galaktose. Bei 20stündiger Hydrolyse mit 5proz. Schwefelsäure, Neutralisation mit Bariumcarbonat und Eindampfen unter vermindertem Druck werden 5% krystallisierte Galaktose erhalten. Hydrolyse von Agar-Agar selbst mit 2proz. Schwefelsäure und 10 Stunden ergibt ebenfalls sofort 5% krystallisierte Galaktose[17].

β-Galaktose: Nach Hudson und Janovsky[18] werden 20 g Galaktose in 50 ccm Wasser 30 Minuten auf dem Wasserbad erwärmt, auf —3° gekühlt, mit 600 ccm Alkohol von —4° versetzt und lebhaft gerührt. — Ausbeute etwa 7,5 g; Anfangsdrehung 70—77°, entsprechend 77—85% β-Galaktose[19].

β-Galaktose läßt sich nach dem Ammoniakverfahren (beschrieben bei der Darstellung der α-Mannose) bequem darstellen[20]. Weiteres siehe bei den physikalischen und chemischen Eigenschaften.

[1] M. H. O'Dwyer: Biochemic. J. **17**, 501 (1923) — Chem. Zbl. **1923 III**, 1622. — E. C. Sherrard u. G. W. Blanco: Ind. Chem. **15**, 611 (1923) — Chem. Zbl. **1923 IV**, 886. — R. Sieber: Papierfabr. **21**, 317 (1923) — Chem. Zbl. **1923 IV**, 680.

[2] J. Zellner (mit R. Fajner): Mh. Chem. **46**, 611 (1925) — Chem. Zbl. **1926 II**, 599.

[3] P. Karrer u. B. Joos: Hoppe-Seylers Z. **141**, 311 (1924) — Chem. Zbl. **1925 I**, 1288.

[4] Julius Zellner: Arch. Pharmaz. **263**, 161 (1925) — Chem. Zbl. **1925 II**, 573.

[5] A. W. Schooger u. D. F. Smith: Ind. Chem. **8**, 494 (1918) — Chem. Zbl. **1918 I**, 554. — E. P. Clark: J. of biol. Chem. **47**, 1 (1921) — Chem. Zbl. **1921 III**, 465. — T. S. Harding: Sugar **25**, 175 (1923) — Chem. Zbl. **1923 IV**, 1008.

[6] Jean Charpentier: C. r. Acad. Sci. Paris **177**, 1057 (1922) — Chem. Zbl. **1924 II**, 1595. — Bull. Soc. Chim. biol. Paris **6**, 142—156 — Chem. Zbl. **1924 II**, 2171.

[7] P. Condorelli: Ann. Chim. Appl. **15**, 426 (1925) — Chem. Zbl. **1926 II**, 44.

[8] N. Castoro: Ann. Chim. Appl. **15**, 146 (1925) — Chem. Zbl. **1926 I**, 415.

[9] Ernest Anderson u. Lila Sands: J. amer. chem. Soc. **48**, 3172—3177 (1926) — Chem. Zbl. **1927 I**, 1330.

[10] A. W. van der Haar: Rec. Trav. chim. Pays-Bas et Belg. (Amsterd.) **46**, 85 (1927) — Chem. Zbl. **1927 I**, 2322.

[11] A. W. van der Haar: Rec. Trav. chim. Pays-Bas et Belg. (Amsterd.) **1923**, 1080 — Chem. Zbl. **1924 I**, 1806.

[12] Carl O. Johns, Lewis H. Obernoff u. Arno Viehoever: J. of biol. Chem. **52**, 335 (1922) — Chem. Zbl. **1922 III**, 383.

[13] A. W. van der Haar: Ber. dtsch. chem. Ges. **55**, 3041 (1922) — Chem. Zbl. **1923 I**, 95.

[14] Yoshisuke Uyeda: J. Soc. chem. Ind. Jap. (Suppl.) **31**, 254 B—255 B (1928) — Chem. Zbl. **1929 I**, 379.

[15] P. A. Levene: J. of biol. Chem. **65**, 683 (1925) — Chem. Zbl. **1926 I**, 1431.

[16] G. Mougue: Bull. Soc. Chim. biol. Paris **4**, 206 (1924) — Chem. Zbl. **1924 II**, 312.

[17] Yoshisuke Uyeda: J. Soc. chem. Ind. Jap. (Suppl.) **32**, 175 B (1930) — Chem. Zbl. **1930 I**, 3771.

[18] Hudson u. Janovsky: J. amer. chem. Soc. **39**, 1021 (1917) — Chem. Zbl. **1917 II**, 601.

[19] Olof Svanberg u. Stig. W:son Bergman: Ark. Kemi, Min. och Geol. **9**, 1 (1923) — Chem. Zbl. **1924 I**, 1022.

[20] P. A. Levene: J. of biol. Chem. **57**, 329 (1923) — Chem. Zbl. **1924 I**, 898.

Nachweis und Bestimmung: Galaktose liefert bei Behandlung mit $NaHCO_3$ Acetol, das mit Hilfe der Reaktion mit o-Aminobenzaldehyd leicht nachgewiesen werden kann[1] (nicht charakteristisch). Mittels B. proteus, M. tetragonus, V. cholerae, V. Fischler-Prior, B. typhi, B. coli I und II ist bis zu 0,03 mg der Galaktose erkennbar[2]. Der Nachweis in Gegenwart von beliebigen Mischungen von Zuckern gelingt leicht durch Emulsin, als β-Äthylgalaktosid[3]. — Nachweis der Galaktose im Harne mit der mykologischen Methode von Castellani[4]. Die Goldsalzreaktion ist weder spezifisch noch charakteristisch für Galaktose[5]. — Eine Bestimmung der Galaktose in Gegenwart von Glykose soll darauf beruhen, daß in Kupferlösungen verschiedener Alkalität Glykose gleiche, Galaktose dagegen verschiedene Werte liefern soll[6]. Galaktose kann mit größeren Mengen trocknem Äthylacetat fast völlig von Glykose befreit werden[7]. — Mit 2, 4-Dibromphenylhydrazin: Man vermischt die heiße wässerige Lösung der Zucker mit heißer verdünnter essigsaurer Hydrazinlösung und läßt 3 Stunden bei Zimmertemperatur stehen: Rhombische Krystalle des Galaktose-2, 4-dibromphenylhydrazon-monohydrates. Quantitative Bestimmung und Trennung von Xylose, Rhamnose, Glykose, Fructose, Maltose und Lactose, jedoch nicht von Arabinose[8]. Reduktionsvermögen nach Folin-Wu 77, nach Lewis und Benedict bestimmt 85 (Glykose = 100)[9]. Der Glykoseäquivalent von Galaktose wurde für die Methoden für Folin und Wu, Shaffer und Hartmann, MacLean, Benedict und Osterberg (mit Na_2CO_3 und NaOH) und Summer bestimmt. Die Ergebnisse bei den verschiedenen Cu-Methoden stimmen untereinander gut überein und geben niedrigere Werte als die wieder unter sich übereinstimmenden Pikrat- und Dinitrosalicylatmethoden[10]. Die Benedict-Lewissche Methode wurde abgeändert und für die Ermittelung des Galaktosegehalts aus der Färbung eine Tabelle aufgestellt[11]. Setzt man den Reduktionswert von Glykose nach der Methode von Hagedorn-Jensen gleich 1, so ist die Reduktion von Galaktose 0,795[12]. Bestimmung in Gemischen von Stärkezucker- und Rohrzuckerprodukten[13]. Es wurde eine Methode ausgearbeitet, die es gestattet Galaktose neben den übrigen Hexosen durch auswählende Gärung zu bestimmen[14].

Physiologische Eigenschaften: Die relative Süßigkeit der Galaktose beträgt (Rohrzucker als Bezugswert = 100 gesetzt) 32,1[15]. Ist weniger süß als Dulcit[16]. Schmeckt für die Bienen nicht süß[17]. Bei Galaktose scheint die α-Form keine Affinität zur Saccharose zu haben, während die β-Form hemmt[18]. — α-d-Galaktose wirkt hemmend auf die Spaltung des Rohrzuckers mittels Hefeinvertins, zwar so stark wie die anderen Hexosen; α, β-d-Galaktose hemmt dop-

---

[1] O. Baudisch u. H. J. Denel: J. amer. chem. Soc. **44**, 1581, 1585 (1922) — Chem. Zbl. **1923 IV**, 280, 281.

[2] A. J. Kendall: J. inf. Dis. **32**, 362 (1923) — Ref.: Ber. Physiol. **21**, 128 (1924) — Chem. Zbl. **1924 I**, 1392.

[3] Mac Bridel u. Jean Charpentier: C. r. Acad. Sci. Paris **177**, 908 (1923) — J. Pharmacie (7) **30**, 33 (1924) — Chem. Zbl. **1924 II**, 1615.

[4] P. Pietra: Giorn. Batter. **2**, 1 — Ref.: Ber. Physiol. **40**, 264 (1927) — Chem. Zbl. **1927 II**, 963.

[5] J. Pieraerts u. L. L'Heureux: Bull. Assoc. chim. Sucr. Dist. **47**, 42 (1930) — Chem. Zbl. **1930 II**, 950.

[6] K. F. Cori, G. W. Pucher u. G. T. Cori: Proc. Soc. exper. Biol. a. Med. **20**, 532 (1923) — Chem. Zbl. **1924 I**, 2017.

[7] Congdon u. Young: Z. dtsch. Zuckerind. **1925**, 440 — Chem. Zbl. **1925 II**, 1566.

[8] E. Votoček, V. Ettel u. B. Koppova: Bull. Soc. chim. France (4) **39**, 278 (1926) — Chem. Zbl. **1926 I**, 2905.

[9] A. W. Rowe u. B. S. Wiener: J. amer. chem. Soc. **47**, 1698 — Chem. Zbl. **1925 II**, 1671.

[10] Joseph Greenwald, Jerome Samet u. Joseph Groß: J. of biol. Chem. **62**, 397—399 (1924) — Chem. Zbl. **1925 I**, 1336.

[11] J. J. Willaman u. F. R. Davison: J. agricult. Res. **28**, 479—488 (1924) — Chem. Zbl. **1925 I**, 1463.

[12] George W. Pucher u. Myron W. Finch: Proc. Soc. exper. Biol. a. Med. **23**, 468—470 (1927) — Ber. Physiol. **38**, 186—187 (1927) — Chem. Zbl. **1927 I**, 1713.

[13] D. R. Nanji u. R. G. L. Beazeley: J. Soc. chem. Ind. **45**, 220 (1926) — Chem. Zbl. **1926 II**, 2023.

[14] Erich Schmidt, Friedrich Trefz u. Hans Schnegg: Ber. dtsch. chem. Ges. **59**, 2635 bis 2646 (1926) — Chem. Zbl. **1927 I**, 1191.

[15] A. Biester, M. W. Wood u. C. S. Wahlin: Amer. J. Physiol. **73**, 387 — Chem. Zbl. **1925 II**, 1372.

[16] Kurt Fäufel: Biochem. Z. **165**, 96 (1925) — Chem. Zbl. **1926 I**, 1896.

[17] K. v. Frisch: Naturwiss. **15**, 321; **16**, 307 (1928) — Chem. Zbl. **1928 II**, 367.

[18] H. v. Euler u. K. Josephson: Hoppe-Seylers Z. **132**, 301 (1924) — Chem. Zbl. **1924 I**, 1940.

pelt so stark[1]. Gleichgewichtsgalaktose hemmt stärker als α-Galaktose die Spaltung der Raffinose durch Raffinase[2]. Galaktose ist bei der Hydrolyse von Maltose mit Maltase ohne Einfluß[3]. Beeinflussung der Spaltung des β-Methylglykosids durch die β-Glykosidase des Emulsins durch Galaktose[4]. — Mindert die Hydrolyse des Lichenins durch Lichenase[5]. Untersuchungen über die Bildung von Diastase bei Aspergillus niger in Gegenwart von Galaktose[6]. — Galaktose vermindert die Spaltung des Phosphorsäureesters im enteiweißtem Blut[7]. — Während die Haut ohne Zusatz von Kohlehydrat keinen Acetaldehyd bilden kann, findet dies in starkem Maße bei Zusatz von Galaktose statt[8]. Wenn Algen in Nährlösungen kultiviert werden, welche Galaktose enthalten, nimmt die Amylasemenge ab[9]. Durch Zusatz von Galaktose kann man den Hefeabbau der Acetessigsäure ein wenig erhöhen[10]. Untersuchungen über Galaktolyse[11]. — Oxydation in alkalischer Lösung in Gegenwart von Blut[12]. — Galaktose kann von Pflanzen mit wenigen Ausnahmen weder im Licht noch im Dunkel, weder in hypotonischen noch in hypertonischen Lösungen zum Wachstum oder zur Stärkebildung ausgenutzt werden[13]. Verwertbarkeit bei Pflanzenkeimlingen[14]. Fetthaltige Samen (Erdnuß) können in nur Galaktose enthaltenden Nährlösungen auf Kosten des Zuckers sich nicht entwickeln[15]. Wirkung auf die Chloroplastenbildung bei Reseda odorata[16], Veränderungen des Chlorophylls bei einer grünen Alge[17]. Paramaecium caud. und Spirogyra verbrauchen Glykose und Fructose besser als Galaktose. Insulin steigert den Zuckerverbrauch, Thyroxin setzt ihn herab und hemmt die Insulinwirkung[18]. Paramaecium caudatum verbraucht Galaktose weniger als Glykose. Durch Ultraviolettbestrahlung wird der Zuckerverbrauch herabgesetzt[19]. — Wirkung auf Trypanosomen[20], auf Honigbienen[21] und Larven von Honigbienen[22], Permeabilität durch die Froschniere[23]. — Versuche mit parenteral eingeführter Galaktose[24]. —

---

[1] Richard Kuhn: Hoppe-Seylers Z. **135**, 1 (1924) — Chem. Zbl. **1924 II**, 344.

[2] Karl Josephson: Hoppe-Seylers Z. **136**, 62 (1924) — Chem. Zbl. **1924 II**, 478.

[3] V. Isajev: J. Inst. Brewing **32**, Nr 12, 22 (1926) — Chem. Zbl. **1927 I**, 1599.

[4] Karl Josephson: Hoppe-Seylers Z. **147**, 1 (1925) — Chem. Zbl. **1926 I**, 688.

[5] P. Karrer u. M. Staub: Helvet. chim. Acta **7**, 916 (1924) — Chem. Zbl. **1924 II**, 2487.

[6] G. L. Funke: Rec. Trav. bot. néerl. **23**, 200 (1926) — Chem. Zbl. **1927 II**, 706. — Friedrich Boas: Zbl. Bakter. II **56**, 7 (1923) — Chem. Zbl. **1923 III**, 75.

[7] P. Rona u. Ken Iwasaki: Biochem. Z. **184**, 318 (1927) — Chem. Zbl. **1927 II**, 449.

[8] J. Wohlgemuth: Biochem. Z. **173**, 258 (1926) — Chem. Zbl. **1926 II**, 1430.

[9] K. Sjöberg: Biochem. Z. **133**, 218 (1922) — Chem. Zbl. **1923 III**, 160.

[10] St. Weiß u. M. Altai: Z. exper. Med. **47**, 606 (1925) — Chem. Zbl. **1926 I**, 704.

[11] Fritz Laquer u. Paul Meyer: Hoppe-Seylers Z. **124**, 211 (1922) — Chem. Zbl. **1923 I**, 985. — Walter Phillips Kennedy: Biochemic. J. **19**, 318—321 (1925) — Chem. Zbl. **1925 II**, 1059. — Artur Abraham: Z. klin. Med. **104**, 609 (1926) — Chem. Zbl. **1927 I**, 2439. — J. Wohlgemuth: Biochem. Z. **186**, 43 (1927) — Chem. Zbl. **1928 I**, 220.

[12] Maurice Nicloux: Bull Soc. Chim. biol. Paris **10**, 1135 (1928) — Chem. Zbl. **1929 I**, 771. — S. A. Holboell: C. r. Soc. Biol. Paris **94**, 125 (1926) — Chem. Zbl. **1926 I**, 2810.

[13] Viktor Czurda: Planta (Berl.) **2**, 67 (1926) — Chem. Zbl. **1927 I**, 1964.

[14] G. Klein u. K. Pirschle: Biochem. Z. **176**, 20 (1926) — Chem. Zbl. **1926 II**, 2444. — F. Boas u. F. Merkenschlager: Biochem. Z. **137**, 300 (1923) — Chem. Zbl. **1923 III**, 1578. — F. Boas: Biochem. Z. **129**, 144 (1922) — Chem. Zbl. **1922 III**, 837. — A. Maige: C. r. Soc. Biol. Paris **87**, 1297 (1922) — Chem. Zbl. **1923 III**, 253 — Cellule **35**, 325 (1925) — Chem. Zbl. **1926 I**, 412.

[15] E. F. Terroine, S. Trautmann u. R. Bonnet: C. r. Acad. Sci. Paris **179**, 342—344 — Chem. Zbl. **1924 II**, 2173.

[16] T. Lippmaa: C. r. Acad. Sci. Paris **182**, 1040 (1926) — Chem. Zbl. **1926 II**, 2068.

[17] A. Perrier: C. r. Acad. Sci. Paris **188**, 339 (1929) — Chem. Zbl. **1929 I**, 2891.

[18] W. E. Burge u. Maude Williams: Amer. J. Physiol. **81**, 307 (1927) — Chem. Zbl. **1927 II**, 2077.

[19] W. E. Burge u. George C. Wickwire: J. of biol. Chem. **72**, 827 (1927) — Chem. Zbl. **1927 II**, 588.

[20] R. Kudicke u. E. Evers: Z. Hyg. **101**, 317 (1924) — Chem. Zbl. **1924 I**, 1551. — A. Dubois: C. r. Soc. Biol. Paris **95**, 1130—1132 (1927) — Chem. Zbl. **1927 I**, 318. — K. Schern: Zbl. Bakter. **96**, 350—360 — Chem. Zbl. **1926 I**, 967.

[21] E. F. Phillips: J. agricult. Res. **35**, 385 (1927) — Chem. Zbl. **1928 I**, 937.

[22] L. M. Bertholf: J. agricult. Res. **35**, 429 (1927) — Chem. Zbl. **1928 I**, 937.

[23] H. J. Hamburger: Biochem. Z. **128**, 185, 207 (1922) — Chem. Zbl. **1922 III**, 534, 535. — F. Wankell: Pflügers Arch. **208**, 604 — Chem. Zbl. **1925 II**, 1371.

[24] Leo Pollak: Arch. f. exper. Path. **125**, 102 (1927) — Chem. Zbl. **1928 I**, 217. — C. Porcher, L. Anger u. Brigando: C. r. Soc. Biol. Paris **98**, 51 — Chem. Zbl. **1928 I**, 2964.

Resorption durch den Dünndarm[1]. Untersuchungen nach Galaktoseinjektionen[2]. Intravenöse Glykosezufuhr beim Kaninchen beschleunigt den Galaktosestoffwechsel nicht. Auch durch vorangehende intravenöse Glykosegaben wird die Galaktoseverwertung nicht beschleunigt[3]. Beziehung zwischen Aufnahme und Ausscheidung der Galaktose[4]. — Einfluß der Glykose auf die alimentäre Galaktosurie[5].

Galaktosetoleranz[6]. — Einfluß auf den respiratorischen Quotienten[7]. Wirkung auf die Insulingabe[8]. Galaktose und Vitamine[9]. — Galaktose, Glykose, Maltose regen die Salzsäuresekretion stärker an als Lactose, Fructose und Arabinose. Saccharose nimmt eine Mittelstellung ein[10]. Galaktose zeigt keine antiketogene Wirkung auf die Ketosis des Hungerns bei menschlichen Individuen[11]. Es wurde an mit Amyntal narkotisierten Tieren, die keine hypoglykämische Krämpfe haben, festgestellt, daß Galaktose den Schauerreflex wieder herstellt[12].

Physikalische und chemische Eigenschaften: Löslichkeit nach 5stündiger Extraktion mit trocknem Äthylacetat: 14%[13]. — Verbrennungswärme = etwa 3721 cal/1 g. Dieser Wert ist, in Übereinstimmung mit anderen Literaturangaben um etwa 20 cal kleiner als der Wert

---

[1] James Arthur Hewitt: Biochemic. J. **18**, 161 (1924) — Chem. Zbl. **1924 I**, 2443.

[2] E. O. Folkmar: Bibl. Laeg. (dän.) **115**, 120 — Ref.: Ber. Physiol. **20**, 47 (1923) — Chem. Zbl. **1923 III**, 1291. — Ralph C. Corley: J. of biol. Chem. **74**, 1—18 (1927) — Chem. Zbl. **1927 II**, 1864. — Jules Jeangros: Biochem. Z. **200**, 367 (1928) — Chem. Zbl. **1929 I**, 3115.

[3] Ralph C. Corley: J. of biol. Chem. **74**, 19—31 (1927) — Chem. Zbl. **1927 II**, 1864.

[4] Carl F. Cori u. Gerty T. Cori: Proc. Soc. exper. Biol. a. Med. **25**, 402, 406 (1928) — Chem. Zbl. **1929 I**, 2792, 2793. — J. Halberkann u. H. Kähler: Hoppe-Seylers Z. **154**, 34 (1926) — Chem. Zbl. **1926 II**, 623. — H. K. Barrenscheen, Friedrich Doleschall u. Ludwig Popper: Biochem. Z. **177**, 67—75 (1926) — Chem. Zbl. **1927 I**, 123. — Carl F. Cori: Proc. Soc. exper. Biol. a. Med. **23**, 459—461 (1926) — Ber. Physiol. **36**, 630 (1926) — Chem. Zbl. **1927 I**, 313. — Bor. Kuscheljebsky: Wien. med. Wschr. **77**, 582 (1927) — Chem. Zbl. **1927 II**, 110. — F. Basch u. L. Pollak: Arch. f. exper. Path. **125**, 89 (1927) — Chem. Zbl. **1928 I**, 217. — Ralph C. Corley: J. of biol. Chem. **74**, 19—31 (1927) — Chem. Zbl. **1927 II**, 1864. — John G. Reinhold u. Walter G. Karr: J. of biol. Chem. **72**, 345 (1927) — Chem. Zbl. **1928 I**, 375. — Harry J. Denel jr.: J. of biol. Chem. **75**, 367 (1927) — Chem. Zbl. **1928 I**, 820. — Otto Folin u. Hilding Berglund: J. of biol. Chem. **51**, 213 (1922) — Chem. Zbl. **1922 III**, 69. — G. L. Foster: J. of biol. Chem. **55**, 303 (1923) — Chem. Zbl. **1923 III**, 795. — H. Jacoby: Dtsch. med. Wschr. **53**, 232—233 (1927) — Chem. Zbl. **1927 I**, 1873. — Carl F. Cori: J. of biol. Chem. **66**, 691 (1925) — Chem. Zbl. **1926 I**, 2597 — Proc. Soc. exper. Biol. a. Med. **22**, 495 (1925) — Chem. Zbl. **1926 I**, 3488 — J. of biol. Chem. **70**, 577—585 (1926) — Chem. Zbl. **1927 I**, 761.

[5] Oskar Weltmann: Wien. klin. Wschr. **42**, 8 (1929) — Chem. Zbl. **1929 I**, 1365.

[6] M. Bodansky: J. of biol. Chem. **56**, 387 (1923) — Chem. Zbl. **1923 III**, 1292. — A. Schätti: Biochem. Z. **143**, 201 (1923) — Chem. Zbl. **1924 I**, 797. — Allan Winter Rowe: Arch. int. Med. **34**, 388—401 (1924) — Ber. Physiol. **29**, 752 (1925) — Chem. Zbl. **1925 II**, 63. — H. J. Deuel u. W. H. Chambers: J. of biol. Chem. **65**, 7 (1925) — Chem. Zbl. **1926 I**, 154. — Carl F. Cori: Proc. Soc. exper. Biol. a. Med. **23**, 290—291 (1926) — Ber. Physiol. **36**, 820 (1926) — Chem. Zbl. **1927 I**, 766. — Ralph C. Corley: J. of biol. Chem. **76**, 31 (1928) — Chem. Zbl. **1928 II**, 1007. — Sigmund Hirschhorn, Leo Pollak u. Alfred Schinger: Wien. klin. Wschr. **41**, 1678 (1928) — Chem. Zbl. **1929 I**, 548. — Meyer Bodansky: J. of biol. Chem. **58**, 515 (1923) — Chem. Zbl. **1924 I**, 1966.

[7] E. P. Cathcart u. J. Markowitz: J. of Physiol. **63**, 389 (1927) — Chem. Zbl. **1928 II**, 69.

[8] E. Grafe u. F. Meythaler: Arch. f. exper. Path. **131**, 80 (1928) — Chem. Zbl. **1928 II**, 1003. — E. C. Noble u. J. J. R. Macleod: Amer. J. Physiol. **64**, 547 (1923) — Chem. Zbl. **1923 III**, 510. — Gunnar Ahlgreen: Skand. Arch. Physiol. (Berl. u. Lpz.) **44**, 167 (1923) — Chem. Zbl. **1924 I**, 2528. — Carl Vögtlin, Edith R. Dunn u. J. W. Thompson: Amer. J. Physiol. **71**, 574—582 (1925) — Chem. Zbl. **1925 II**, 199. — Percy Theodore Herring, James Colquhoun Irvine u. John J. Rickard Macleod: Biochemic. J. **18**, 1023—1042 (1925) — Chem. Zbl. **1925 I**, 2388. — A. Moschini: Arch. ital. Biol. **74**, 126 (1924) — Chem. Zbl. **1926 I**, 2113. — G. J. Cassidy, S. Dworkin u. K. W. Finney: Amer. J. Physiol. **77**, 211 (1926) — Chem. Zbl. **1926 II**, 904. — A. Moschini: Boll. Soc. med.-chir. **36**, 393 (1924) — Ref.: Ber. Physiol. **31**, 69 — Chem. Zbl. **1925 II**, 1459. — Max Erdheim: J. Labor. a. clin. Med. **11**, 1140 (1926) — Chem. Zbl. **1926 II**, 2735. — Paolo Introzzi: Probl. Nutriz. **2**, 51 (1925) — Chem. Zbl. **1926 I**, 2484.

[9] P. Rubino u. J. A. Collazo: Biochem. Z. **140**, 258 (1923) — Chem. Zbl. **1923 III**, 1418. — J. F. Harris: A.P. 1540883 v. 26. Dez. 1919; Chem. Zbl. **1925 II**, 1820. — L. Randoin u. R. Lecoq: C. r. Acad. Sci. Paris **185**, 1068 (1927) — Chem. Zbl. **1928 I**, 2268.

[10] Paul Mahler: Wien. Arch. inn. Med. **10**, 549 (1925) — Chem. Zbl. **1926 I**, 3077.

[11] Maurice Walter Goldblatt: Biochemic. J. **19**, 948 (1925) — Chem. Zbl. **1926 I**, 2718.

[12] G. J. Cassidy, S. Dworkin u. W. J. Finney: Amer. J. Physiol. **77**, 211 (1926) — Chem. Zbl. **1926 II**, 904.

[13] Congdon u. Young: Z. dtsch. Zuckerind. **1925**, 440 — Chem. Zbl. **1925 II**, 1566.

für Glykose. Den Unterschied kann man auf den hartnäckig haftenden geringen Wassergehalt der Galaktose zurückführen[1]. Galaktose zeigt nach ultravioletter Bestrahlung ihrer wässerigen Lösungen kein verändertes Reduktionsvermögen[2]. $[\alpha]$ bei d-Galaktose $= +98°$[3]. Die Mutarotation von Galaktose in $^1/_{10}$n-Citratgemisch ist $k \cdot 10^4 = 155$[4]. — Riiber und Minsaas[5] nehmen an, daß in der wässerigen Lösung von Galaktose neben der α- (A) und β-Form (B) noch eine dritte Modifikation (C) vorhanden ist, worauf auch schon Lowry[6] hingewiesen hat. Untersuchungen über die Mutarotation der Galaktoselösungen[7]. Für die Zusammensetzung der Gleichgewichtsmischung ergeben sich aus diesen Betrachtungen folgende Werte: α-Galaktose 28,5 %, intermediäres Produkt 12,0 %, β-Galaktose 59,5 %. Für die Drehung dieser 3 Zuckerformen leiten Smith und Lowry folgende Werte ab: Für α-Galaktose $[\alpha]_{5461} = +173°$, für das Zwischenprodukt $+58°$, für β-Galaktose $+63,5°$. — Diese Ergebnisse schließen jedoch nicht aus, daß noch andere Formen der Galaktose in der wässerigen Lösung dieses Zuckers vorhanden sind[8]. In Lösungen der Galaktose sind nicht nur die α- und β-Galaktose, sondern noch eine dritte, evtl. noch eine vierte Form vorhanden[9].

Reine β-Galaktose wird erhalten aus einer aufgekochten und im Vakuum bei Zimmertemperatur eingeengten Lösung in großen Krystallen, vorausgesetzt, daß man sie sorgfältig vor Keimen der α-Galaktose schützt. Monoklin prismatisch, Achsenwickel $\beta = 106° \, 25'$; Achsenverhältnis $a : b : c = 0,877 : 1 : 0,775$. $[\alpha]_D^{20} = +54,20°$, $[Rg]_D = 62,62°$, Vm $= 108,94$ ml, alle berechnet für unendliche Verdünnung. $n_D^{20} - v_D^{20} = 0,00145081 \, c - 0,000000499 \, c^2$, worin v Brechungsindex des Wassers und c die Konzentration der Lösung ist. Reine α-Galaktose läßt sich ebenso wie die β-Form gewinnen beim Einmischen von α-Galaktose[9].

Verschiebung des Lösungsgleichgewichts zwischen n- und h-Galaktose[10]. $[\alpha]_D$ bei einer Säurekonzentration von 10n 88,0°, 16n 95,0°, 18n 99,5°, 20n 102,5°, 24n 110,0°, 26n 122,0°, in Gegenwart von H_2SO_4. Die für die Einstellung dieser Gleichgewichte unter Annahme monomolekularer Reaktion berechneten K-Werte sind jedoch nicht konstant. sondern fallen mit steigender Reaktionszeit[11]. Durch Reduktion mit Al-Amalgam in Gegenwart von NH_3 entsteht in 55—60 proz. Ausbeute Dulcit[12]. Die von Galaktose reduzierte Indigomenge entspricht einer Aufnahme von 3 Atomen Sauerstoff auf 1 Mol Galaktose[13]. — Beim Erhitzen unter vermindertem Druck entstehen Galaktosan und Polymere desselben[14] (Digalaktosan und Trigalaktosan). Einwirkung von überhitztem Wasser auf d-Galaktose[15]. Gibt beim Erhitzen mit salzsaurem Resorcin gelbgefärbte Lösungen, zum Teil mit Bildung von Sediment[16]. Gibt bei der Destillation in saurer, neutraler oder alkalischer Lösung Formaldehyd ab[17]. Mit der

---

[1] P. Karrer u. W. Fioroni: Helvet. chim. Acta **6**, 396 (1923) — Chem. Zbl. **1923 III**, 1005.

[2] L. H. Dejust: C. r. Soc. Biol. Paris **94**, 328 (1926) — Chem. Zbl. **1926 II**, 1941 — C. r. Soc. Biol. Paris **94**, 123 (1926) — Chem. Zbl. **1926 I**, 2790.

[3] H. D. K. Drew u. W. N. Haworth: J. chem. Soc. Lond. **1926**, 2303 — Chem. Zbl. **1927 I**, 997.

[4] Richard Kuhn u. Paul Jacob: Z. physik. Chem. **113**, 389 (1924) — Chem. Zbl. **1925 I**, 459.

[5] C. N. Riiber u. J. Minsaas: Ber. dtsch. chem. Ges. **59**, 2266 (1926) — Chem. Zbl. **1927 I**, 63 — Ber. dtsch. chem. Ges. **58**, 964 (1925) — Chem. Zbl. **1925 II**, 276.

[6] T. M. Lowry: J. chem. Soc. Lond. **85**, 1570 (1904).

[7] F. P. Worley u. J. C. Andrews: J. physic. Chem. **32**, 307 — Chem. Zbl. **1928 I**, 2353. — R. Verschuur: Rec. Trav. chim. Pays-Bas et Belg. (Amsterd.) **47**, 423 — Chem. Zbl. **1928 I**, 2354. — C. N. Riiber: Ber. dtsch. chem. Ges. **55**, 3132 (1922) — Chem. Zbl. **1923 I**, 12. — Thomas Martin Lowry u. Gilbert Freeman Smith: J. physic. Chem. **33**, 9 (1929) — Chem. Zbl. **1929 I**, 1561.

[8] G. F. Smith u. T. M. Lowry: J. chem. Soc. Lond. **1928**, 666 — Chem. Zbl. **1928 I**, 2934. — J. chem. Soc. Lond. **1927**, 2539 — Chem. Zbl. **1928 I**, 31.

[9] Claus Nissen Riiber, Josef Minsaas u. Ralph Tambs Lyche: J. chem. Soc. Lond. **1929**, 2173 — Chem. Zbl. **1930 I**, 511.

[10] Hans Heinrich Schlubach u. Vilma Prochownick: Ber. dtsch. chem. Ges. **62**, 1502 (1929) — Chem. Zbl. **1929 II**, 720.

[11] B. Bleyer u. H. Schmidt: Biochem. Z. **138**, 119 (1923) — Chem. Zbl. **1923 III**, 1398 — Biochem. Z. **135**, 546 (1923) — Chem. Zbl. **1923 III**, 662.

[12] Dinshaw Rattonji Nanji u. Frederic James Paton: J. chem. Soc. Lond. **125**, 2474 (1924) — Chem. Zbl. **1925 II**, 1065.

[13] Edmund Knecht u. Eva Hibbert: J. chem. Soc. Lond. **127**, 2854 (1925) — Chem. Zbl. **1926 I**, 2672.

[14] Amé Pictet u. Henry Vernet: Helvet. chim. Acta **5**, 444 (1922) — Chem. Zbl. **1923 I**, 503.

[15] S. Komatsu u. C. Tanaka: Sexagint. Collection of Papers dedicated to Y. Osaka, in celebration of his 60. Birth-day, Kyoto **1927**, 1 — Chem. Zbl. **1928 I**, 2079.

[16] B. Glaßmann: Hoppe-Seylers Z. **150**, 16 (1925) — Chem. Zbl. **1926 I**, 1465.

[17] G. Klein: Biochem. Z. **169**, 132 (1926) — Chem. Zbl. **1926 I**, 3221.

7—10fachen Menge 80proz. Schwefelsäure bei Zimmertemperatur $2^1/_2$ Stunden lang stehengelassen, mit der 15fachen Menge der angewandten Schwefelsäure an Wasser zugesetzt und 5 Stunden lang auf dem Wasserbade erwärmt, wurde mit 99,9% Ausbeute zurückgewonnen[1]. Färbt sich mit unvollkommen getrockneter HBr erst nach 2—3 Stunden orange, wird bald braun und ist nach 1—2 Tagen schwarz[2]. HNO_3 wirkt auf Galaktose unter ständiger Abnahme der Drehung und Gelb- bis Braunfärbung zersetzend[3]. Die Oxydation der Galaktose durch Salpetersäure kann durch Vanadinpentoxyd beschleunigt werden. Die höchste Ausbeute an Schleimsäure wird bei 85° und mit 35proz. Salpetersäure erreicht. Erhöhung der Säurekonzentration führt zu verstärkter Bildung von Oxalsäure und Kohlensäure. Den gleichen Effekt löst die Zugabe von Vanadinpentoxyd aus[4]. — Zeitwert der Kaliumpermanganatreaktion (s. S. 265) 13,5[5]. — Bei der Oxydation von Galaktose mit Fehlingscher Lösung wird in Gegenwart von Borat erheblich weniger Cu_2O abgeschieden[6]. Mechanismus der Galaktoseoxydation mit Kupferacetatlösungen[7]. — Bei der Oxydation in alkoholischer Lösung durch Sauerstoff oder atmosphärische Luft verhält sich wie Glykose und bildet CO[8]. Oxydation in alkalischer Lösung mit Natriummanganat[9]. Oxydation mit Luft unter der Einwirkung des Sonnenlichts[10]. — Galaktose spaltet in alkalischer Lösung Methylglyoxal ab. Mit zunehmender $[OH^-]$ fällt die Ausbeute an Methylglyoxal, Na_2SO_3 begünstigt seine Bildung[11]. Oxydation in Gegenwart von Phosphaten[12]. — Wird von $^1/_{50}$n-ClO_2 nicht angegriffen[13]. In einer 3n-Lösung von NH_4Cl und NH_3 (p_H = etwa 8) wird Galaktose oxydiert. Die Schwermetalle steigern, HCN hemmt bei der Oxydation[14]. Mit 2 ccm einer 1promill. Tryptophanlösung in konzentrierter HCl auf 100° erhitzt gibt eine braune, oder 5 Minuten lang mit 1promill. Tryptophanlösung in HCl 1:1 eine gelbliche Färbung[15]. Die Kondensation von Eiweißkörpern mit Galaktose in NaCl- oder Kalkwasser enthaltender Lösung konnte mit Eieralbumin, Blutalbumin, Casein, Legumin, Konglutin und Vitellin, nicht aber mit Gelatine erhalten werden. Nach Vorbehandlung der Eiweißkörper mit Pepsin oder Trypsin wurde die Kondensation verstärkt. Dagegen ließ sich durch Titration mit Fehlingscher Lösung nicht der Nachweis einer Kondensationsreaktion bei Alanin und Tyrosin erbringen. Die Kondensate können durch $(NH_4)_3SO_4$ ausgefällt werden[16]. Diese Versuche wurden nicht richtig interpretiert. Verhalten gegen Glykokoll bei verschiedenen p_H-Werten[17].

Gärung: Wird von Micrococcus (isoliert aus dem Blute eines Falles von protrahierter infektiöser Endokarditis) nicht vergoren[18]. Untersuchungen über das Verhalten gegenüber Bacillus Welchii, Vibrio septicus, B. fallax, B. tertius, B. tetani, B. pseudotetani, B. botulinus, B. bifermentans, B. oedomaticus, B. acrofoetidus, B. sporogenes, B. histolyticus und B. putri-

---

[1] A. Kiesel u. N. Semiganowsky: Ber. dtsch. chem. Ges. **60**, 333—338 (1927) — Chem. Zbl. **1927 I**, 1624.

[2] H. Colin u. E. Ruppol: Bull. Soc. Chim. biol. Paris **9**, 928 (1927) — Chem. Zbl. **1928 I**, 555.

[3] B. Bleyer u. H. Schmidt: Biochem. Z. **138**, 119 (1923) — Chem. Zbl. **1923 III**, 1398 — Biochem. Z. **135**, 546 (1923) — Chem. Zbl. **1923 III**, 662.

[4] E. O. Whittier: Ind. Chem. **16**, 744 (1925) — Chem. Zbl. **1925 II**, 17.

[5] Richard Kuhn u. Theodor Wagner-Jauregg: Ber. dtsch. chem. Ges. **58**, 1441 (1925) — Chem. Zbl. **1925 II**, 2205.

[6] M. Levy u. E. A. Doisy: J. of biol. Chem. **77**, 733 — Chem. Zbl. **1928 II**, 589.

[7] W. L. Evans, W. D. Nicoll, G. C. Strouse u. C. E. Waring: J. amer. chem. Soc. **50**, 2267 (1928) — Chem. Zbl. **1928 II**, 1760.

[8] M. Nicloux: C. r. Soc. Biol. Paris **99**, 226 — Chem. Zbl. **1928 II**, 1077 — C. r. Acad. Sci. Paris **186**, 1218 — Chem. Zbl. **1928 I**, 3050.

[9] W. L. Evans u. C. A. Buchler: J. amer. chem. Soc. **47**, 3098 (1925) — Chem. Zbl. **1926 I**, 2183. — W. L. Evans, C. A. Buchler, C. D. Looker, R. A. Crawford u. C. W. Holl: J. amer. chem. Soc. **47**, 3085 (1925) — Chem. Zbl. **1926 I**, 2183.

[10] C. C. Palit u. N. R. Dhar: J. physic. Chem. **32**, 1263 (1928) — Chem. Zbl. **1928 II**, 2549.

[11] F. Fischler: Hoppe-Seylers Z. **157**, 1 (1926) — Chem. Zbl. **1926 II**, 2414.

[12] Gunnar Blix: Skand. Arch. Physiol. (Berl. u. Lpz.) **50**, 8—34 — Chem. Zbl. **1927 II**, 1352.

[13] Erich Schmidt u. Günther Malyoth: Ber. dtsch. chem. Ges. **57**, 1834—1837 (1924) — Chem. Zbl. **1925 I**, 98.

[14] H. A. Krebs: Biochem. Z. **180**, 377 (1927) — Chem. Zbl. **1927 I**, 1784.

[15] Pierre Thomas u. Elena Maftei: Bul. Soc. da Stiinte din Cluj **3**, 41—44 (1926) — Chem. Zbl. **1927 I**, 779.

[16] H. Pringsheim u. M. Winter: Ber. dtsch. chem. Ges. **60**, 278 (1927) — Chem. Zbl. **1927 I**, 1026.

[17] Hans v. Euler, Gerda Rengman u. Edv. Brunius: Sv. kem. Tidkr. **41**, 203 (1929) — Chem. Zbl. **1929 II**, 2436.

[18] S. Costa u. L. Bryer: C. r. Soc. Biol. Paris **88**, 493 (1923) — Chem. Zbl. **1923 III**, 501.

ficus[1]. — Einwirkung von Bac. Nelliae sp. nov. auf Galaktose[2]. Verhalten gegen ein anaerobes Bacterium aus ulceröser Appendicitis[3], gegen Bacterium coli[4], gegen Milzbrandbacillen[5], Diphtheriebacillen[6]. Wird von Bacillus Mazun Gruber und Husz, B. petroselini und B. mycoides Gersbach angegriffen[7]. Bildung von Säuren aus Galaktose durch die Einwirkung von Bacterium pneumoniae Friedländer P, Bacterium pneumoniae Friedländer U und Bacterium lactis aerogenes[8]. Aus 5 g Galaktose entstehen bei der Einwirkung von Propionsäurebacillen 1,4493 g Propionsäure und 0,4430 g Essigsäure[9]. — Von gewissen mannitbildenden Bakterien der Kultur 26 und 36 wurde Galaktose unter Bildung von Essigsäure, Milchsäure, Alkohol und Kohlendioxyd vergoren[10]. Wird durch milchzuckervergärende Hefen der Rohmilch vergoren[11]. — Gärung mit Clostridium thermocellum[12], mit einer Reinkultur eines Granulobactertyps[13], mit Bacillus granulobacter pectinorum[14]. Wird aus wässeriger Lösung von Backhefe nicht adsorbiert[15]. Bei Aufenthalt des Saccharomyces cerevisiae in galaktosehaltigen Lösungen erwerben die neugebildeten Zellen die Fähigkeit, diesen Zucker zu vergären[16]. Die Vergärung der Galaktose wird durch Zusatz von Tierkohle stets wesentlich beschleunigt[17]. Über den Einfluß der Galaktose auf die Atmung bei der alkoholischen Gärung[18]. Zymin greift praktisch die Galaktose nicht an[19]. Saccharomyces liquefaciens vergärt im Gegensatz zu Osterwalder[20] Galaktose nicht[21]. Schizosaccharomyces hominis nov. spec. spaltet Galaktose[22].

[1] Arthur Isaac Kendall, Alexander Alfred Day u. Arthur Williams Walker: J. inf. Dis. 30, 141—210 (1922) — Chem. Zbl. 1922 III, 389.

[2] Colin G. Welles: Philippine J. Sci. 20, 279 (1922) — Chem. Zbl. 1922 III, 967.

[3] A. Ukil: C. r. Soc. Biol. Paris 87, 1009 (1922) — Chem. Zbl. 1923 I, 780.

[4] Otto Arnbeck: Biochem. Z. 132, 457 (1922) — Chem. Zbl. 1923 III, 255. — O. Fernander u. T. Garméndia: Z. Hyg. 108, 329 — Chem. Zbl. 1928 I, 1783 — An. Soc. españ. Fis. quim. 21, 166 (1923) — Chem. Zbl. 1923 III, 1416. — K. Nagai: Biochem. Z. 141, 261 (1923) — Chem. Zbl. 1924 I, 352. — Juda Hirsch Quastel u. Margaret Dampier Whetham: Biochemic. J. 19, 645 (1925) — Chem. Zbl. 1926 I, 967.

[5] Martin Kristensen: Zbl. Bakter. I 101, 220—224 (1927) — Chem. Zbl. 1927 I, 1330.

[6] M. M. Barratt: J. of Hyg. 23, 241—259 (1924) — Ber. Physiol. 30, 801 (1925) — Chem. Zbl. 1925 II, 1177.

[7] J. Perlberger: Zbl. Bakter. II 62, 1 — Chem. Zbl. 1924 II, 1217.

[8] L. Müllerová: Stud. Plant. physiol. Labor. Charles Univ. Prague 3, 56—85 (1926) — Ber. Physiol. 40, 588—589 — Chem. Zbl. 1927 II, 1713.

[9] E. O. Whittier, J. M. Shermann u. W. R. Albus: Ind. Chem. 16, 122 (1924) — Chem. Zbl. 1924 I, 1679.

[10] H. R. Stiles, W. H. Peterson u. E. B. Fred: J. of biol. Chem. 64, 643 (1925) — Chem. Zbl. 1926 I, 425.

[11] Ernst Trüper: Milchwirtsch. Forschgn 6, 351 (1928) — Chem. Zbl. 1928 II, 1276.

[12] W. H. Peterson, E. B. Fred u. E. A. Marten: J. of biol. Chem. 70, 309—317 (1926) — Chem. Zbl. 1927 I, 470.

[13] Guy C. Robinson: J. of biol. Chem. 53, 125 (1922) — Chem. Zbl. 1922 III, 1382.

[14] Horace B. Speakman: J. of biol. Chem. 58, 395 (1923) — Chem. Zbl. 1924 I, 2923.

[15] Albert L. Raymond u. J. G. Blanco: J. of biol. Chem. 79, 649 (1928) — Chem. Zbl. 1929 I, 680.

[16] N. L. Söhngen u. C. Coolhaas: Tijdschr. vergelik. Geneesk. 9, 22 (1923) — Chem. Zbl. 1924 II, 1217. — Emil Abderhalden: Fermentforschg 5, 273 (1922); 8, 42—47 — Chem. Zbl. 1922 I, 980; 1924 II, 2345. — Hans von Euler u. Ragnar Nilsson: Hoppe-Seylers Z. 143, 89—107 (1925) — Chem. Zbl. 1925 II, 47. — E. Abderhalden: Fermentforschg 8, 584 (1926) — Chem. Zbl. 1926 II, 1056 — Fermentforschg 8, 474 (1926) — Chem. Zbl. 1926 I, 143. — H. v. Euler u. T. Lövgren: Hoppe-Seylers Z. 146, 44 (1925) — Chem. Zbl. 1925 II, 1992. — Emil Abderhalden: Fermentforschg 8, 474 (1925) — Chem. Zbl. 1926 I, 143. — R. Willstätter u. H. Sobotka: Hoppe-Seylers Z. 123, 176 (1922) — Chem. Zbl. 1923 I, 464. — N. L. Söhngen u. C. Coolhaas: Zbl. Bakter. II 66, 5 (1925) — Chem. Zbl. 1926 I, 1826. — Hans v. Euler u. Ragnar Nilsson: Hoppe-Seylers Z. 152, 279 (1926) — Chem. Zbl. 1926 I, 3245. — H. v. Euler u. K. Josephson: Hoppe-Seylers Z. 153, 10 (1926) — Chem. Zbl. 1926 II, 232. — E. C. Sherrard: Ind. Chem. 14, 948 (1922) — Chem. Zbl. 1923 II, 266. — H. v. Euler u. Brita Jansson: Hoppe-Seylers Z. 169, 226 (1927) — Chem. Zbl. 1927 II, 2612.

[17] Emil Abderhalden: Fermentforschg 5, 255 (1922) — Chem. Zbl. 1922 I, 980.

[18] Otto Meyerhof: Biochem. Z. 162, 43 (1925) — Chem. Zbl. 1926 I, 702.

[19] M. Schön u. E. Elion: C. r. Soc. Biol. Paris 98, 4 — Brewers J. 64, 144 — Chem. Zbl. 1928 I, 2951.

[20] Osterwalder: Zbl. Bakter. II 66, 228.

[21] Erich Schmidt, Friedrich Trefz u. Hans Schnegg: Ber. dtsch. chem. Ges. 59, 2635 bis 2646 (1926) — Chem. Zbl. 1927 I, 1191.

[22] T. Benedek: Zbl. Bakter. 104, 291 (1927) — Chem. Zbl. 1928 I, 368.

Monilia tropicalis[1], Monilia macedoniensis vergärt Galaktose[1]. Galaktose gärt durch Monilia tropicalis Cast., mit Monilia metalondinensis Cast., gärt nicht mit Monilia pinoyi und Monilia bronchialis Cast., gährt mit Monilia macedonensis, nicht mit Monilia Krusei. Positiv mit Monilia pseudotropicalis[2]. Die in dem Hatsucho-Miso genannten und aus Sojabohnen gewonnene Substanz, die eine Art Maische darstellt, wurden Torulaarten gefunden, die Galaktose nicht vergären, ferner Mycoderma spec., die neben Glykose auch Galaktose vergären[3]. Verhalten gegen Sterigmatocystis nigra[4]. Einwirkung von Aspergillus fumaricus[5]. Citronensäurebildung[6]. Es wurde die Nitratreduktion von Aspergillus niger untersucht, wobei die Zwischenprodukte nur unter Versuchsbedingungen, die eine Anhäufung von Aminosäure und damit eine Rückstauung des ganzen Prozesses verursachen, faßbar ist. Darbietung verschiedener C-Quellen, u. a. Galaktose verschieben zeitlich den Höhepunkt der Rückstauung[7].

Derivate: Galaktoseschwefelsäure[8]. Aus 20 g über Pentoxyd getrockneter d-Galaktose in 60 ccm Chlorsulfonsäure und 80 ccm Chloroform, unter Kühlung und Behandeln mit Barytwasser entsteht das **Bariumsalz** einer **Galakto-tetra-sulfonsäure** $C_6H_8O_6(SO_3)_4Ba_2 \cdot 3H_2O$. Leicht löslich in Wasser, kann mit Wasser kurze Zeit ohne Zersetzung gekocht werden. Bei Zugabe von Salzsäure bildet sich rasch Bariumsulfat. — Ammoniakalischer Bleiessig erzeugt starke Fällung; heiße Fehlingsche Lösung wird reduziert. — In festem Zustand zersetzt es sich bereits bei 60°. Wird durch Hefe nicht vergoren. Aspergillus oryzae erzeugt keine Spaltung. Das **Kaliumsalz** $C_6H_8O_6(SO_3)_4K_4$ zersetzt sich gegen 200°, reagiert neutral und zeigt $[\alpha]_D^{20} = +41{,}7°$ [8].

α-1, 2, 3, 5, 6-Pentaacetyl-d-galaktose (1, 4) [9] (Symbol I). $[\alpha]_D = +61°$ in Chloroform.

β-1, 2, 3, 5, 6-Pentaacetyl-d-galaktose (1, 4) [9] (Symbol I). $[\alpha]_D = -42°$ in Chloroform.

α-1, 2, 3, 4, 6-Pentaacetyl-d-galaktose (1, 5) [9, 10] (Symbol II). $[\alpha]_D = +106{,}0°$.

β-1, 2, 3, 4, 6-Pentaacetyl-d-galaktose (1, 5) [9, 10] (Symbol II). $[\alpha]_D = +7{,}5°$ in Chloroform. Verbrennungswärme 4422,5 cal/1 g [11].

α-**Galaktosylchlorid,** α-**Chlorgalaktose** [12]. Wird Galaktosan bei 0° in wenig konzentrierter Salzsäure gelöst, das Produkt mit überschüssigem Bariumcarbonat verrieben, mit kaltem Alkohol ausgezogen, der Alkohol im Vakuum verdampft, so hinterbleibt ein hellbrauner amorpher Rückstand, der in Wasser mit neutraler Reaktion leicht löslich, in Alkohol und Methylalkohol löslich, in Aceton und Benzol unlöslich ist und ein Gemenge von α-Galaktosylchlorid mit wechselnden Mengen von Polygalaktosanen darstellt.

[1] Aldo Castellani u. Fr. E. Taylor: Biochemic. J. **16**, 655 (1922) — Chem. Zbl. **1923 II**, 381.

[2] Aldo Castellani u. Frank E. Taylor: Ann. Inst. Pasteur **36**, 789 (1922) — Chem. Zbl. **1923 II**, 297.

[3] Tasaku Akaghi, Iwawo Nakajima u. Kunijiro Tsugane: J. Coll. agric. Tokyo **5**, 253—269 (1924) — Chem. Zbl. **1925 I**, 1024.

[4] Martin Molliard: C. r. Acad. Sci. Paris **178**, 161 (1924) — Chem. Zbl. **1924 I**, 1813 — C. r. Soc. Biol. Paris **90**, 1395 (1924) — Chem. Zbl. **1924 II**, 682.

[5] Reinhold Schreyer: Biochem. Z. **202**, 131 (1928) — Chem. Zbl. **1929 I**, 1707,

[6] K. Bernhauer: Biochem. Z. **197**, 309 (1928) — Chem. Zbl. **1928 II**, 1342. — H. Amelung: Hoppe-Seylers Z. **166**, 161 (1927) — Chem. Zbl. **1927 II**, 583.

[7] G. Klein, A. Eigner u. H. Müller: Hoppe-Seylers Z. **159**, 201—234 (1926) — Chem. Zbl. **1927 I**, 302.

[8] S. Akamatsu: Biochem. Z. **142**, 181 (1923) — Chem. Zbl. **1924 I**, 1766.

[9] Hans Heinrich Schlubach u. Wolfgang Rauchenberger: Ber. dtsch. chem. Ges. **58**, 1184 (1925) — Chem. Zbl. **1925 II**, 1952.

[10] P. A. Levene u. Harry Sobotka: J. of biol. Chem. **67**, 759 (1926) — Chem. Zbl. **1926 II**, 188.

[11] P. Karrer u. W. Fioroni: Helvet. chim. Acta **6**, 396 (1923) — Chem. Zbl. **1923 III**, 1005.

[12] Amé Pictet u. Henry Vernet: Helvet. chim. Acta **5**, 444 (1922) — Chem. Zbl. **1923 I**, 503.

Acetochlorgalaktose (Chloracetylgalaktose)[1]. Die Form mit $[\alpha]_D = -78°$ in Chloroform leitet sich vom Pentaacetat $[\alpha]_D = -42°$ ab. Der A_{Cl}-Wert für die Chlorverbindung ergibt sich zu $-32{,}200$, stimmt also mit dem im allgemeinen Teil genannten A_{Cl}-Wert (S. 263) bis auf das Vorzeichen überein. Dieses negative Zeichen erklärt Hudson dadurch, daß $[M]_D$ der Chlorverbindung nicht $= B_{\text{Galaktose}} + A_{Cl}$, sondern $B_{\text{Galaktose}} - A_{Cl}$ entspricht, woraus folgen würde, daß die Acetochlorgalaktose der entgegengesetzte Typ Acetochlorgalaktose mit $[\alpha]_D = +212°$ und positivem A_{Cl}-Wert ist. Die eine Form ist anzusehen als die α-Form einer bestimmten Ringstruktur, die andere als β-Form einer zweiten Ringstruktur. Die Acetochlorgalaktose mit negativem A_{Cl}-Wert muß als β-Form bezeichnet werden[1].

Acetonitrogalaktose (Nitroacetylgalaktose) mit $[\alpha]_D = +153°$ in Chloroform muß als α-Verbindung betrachtet werden[1].

Tricarbomethoxygalaktosecarbonat[2] $C_{13}H_{16}O_{13}$. Aus Chlorkohlensäuremethylester + Galaktose in Wasser in Gegenwart von Natronlauge. Öl, mit Benzin extrahiert, dann in Aceton gelöst, mit Äther abgeschieden. Aus Aceton + Äther Nädelchen vom Schmelzp. $170{,}5—171°$, $[\alpha]_D = -88{,}9°$ in Aceton bei $c = 0{,}53$. — Aus den ätherischen Mutterlaugen scheidet sich allmählich ein Isomeres ab, aus Alkohol Pulver vom Schmelzp. $126°$; $[\alpha]_D = -29{,}8$ bis $-45°$ in Aceton bei $c = 0{,}40$, je nach der Belichtung, $[\alpha]_D = -34{,}9°$ in Chloroform bei $c = 1{,}1$. — Beide reduzieren wässerige alkalische Kaliumpermanganatlösung aber nicht in kaltem Aceton.

Tetracarbomethoxygalaktose[2] $C_{14}H_{20}O_{14}$. Aus Galaktose Chlorkohlensäuremethylester und Pyridin. Gelbe glasartige Masse, $[\alpha]_D = +92{,}6°$ in Aceton bei $c = 1{,}86$. Die 1,5 Oxydstruktur wird ihr auf Grund der positiven Drehung erteilt.

Galaktose-n-propylmercaptal, n-Propylmercaptalgalaktosid $C_6H_{12}O_5(SC_3H_7)_2$. Galaktose wird in der gleichen Menge HCl (D. 1,20) gelöst unter Zugabe von etwas mehr als die berechnete Menge n-C_3H_7SH, läßt über Nacht stehen und krystallisiert aus verdünntem Alkohol um. Weiße Nadeln. Schmelzp. $129°$. $[\alpha]_D^{17} = +\ 27{,}5°$[3]. Lange Nadeln, Schmelzpunkt $130—131°$. Löslich in siedendem Wasser und Alkohol; wenig löslich in kaltem Alkohol; unlöslich in anderen Lösungsmitteln[4].

Galaktose-n-butylmercaptal, n-Butylmercaptalgalaktosid[5] $C_6H_{12}O_5(SC_4H_9)_2$. Durch Kondensation der Galaktose mit n-Butylmercaptan in Gegenwart konzentrierter HCl. Schmelzpunkt $123°$, $[\alpha]_D^{12} = +12{,}67°$[5]. Seidenartige Nadeln, Schmelzp. $122—123°$. Ziemlich löslich in kaltem Alkohol[5].

Galaktoseisobutylmercaptal[6] $C_6H_{12}O_5 : (SC_4H_9)_2$. Schmelzp. $129°$; $[\alpha]_D^{13} = +41{,}2°$.

n-Heptylmercaptalgalaktosid[4]. Perlmutterglänzende Krystalle. Schmelzp. $113—115°$. Etwas leichter löslich in siedendem Alkohol, sonst unlöslich[4].

d-Galaktose-dibenzyl-mercaptal[7]. Krystalle aus Alkohol. Schmelzp. $144°$; $[\alpha]_D^{20} = -\ 26{,}36°$ in Pyridin.

2, 3-Monoaceton-d-galaktose-benzylmercaptal[8] $C_{23}H_{30}O_5S_2$. Aus d-Galaktosebenzylmercaptal mit der gleichen Menge Kupfersulfat in der 10fachen Menge Aceton nach 16stündigem Schütteln. Nädelchen aus Chloroform+Petroläther, Schmelzp. $102—103°$; $[\alpha]_D^{13} = +8{,}76°$ in Acetylentetrachlorid; leicht löslich in Chloroform, Alkohol, Aceton, fast unlöslich in Äther und Petroläther.

2, 3, 5, 6-Diaceton-d-galaktose-benzylmercaptal[8]. Nebenprodukt bei der Acetonierung von d-Galaktosebenzylmercaptal mit Kupfersulfat, Hauptprodukt bei der Acetonierung mit Schwefelsäure. Sirupös.

Monoacetongalaktose. Bildet sich bei der Acetonierung der Galaktose neben der Diacetonverbindung und krystallisiert beim langen Stehen des destillierten Sirups allmählich aus. Durch Zugabe von Äther und Ligroin wird die Krystallisation vervollständigt. Schmelzpunkt $157°$. Löslich in Wasser, Alkohol und Essigester. $[\alpha]_D^{20} = -10{,}9°$ in Alkohol[9].

---

[1] C. S. Hudson: J. amer. chem. Soc. **46**, 462 (1924) — Chem. Zbl. **1924 I**, 2100.

[2] Charles Frederick Allpress u. Walter Normann Haworth: J. chem. Soc. Lond. **125**, 1223 (1924) — Chem. Zbl. **1924 II**, 2023.

[3] Y. Maeda u. Y. Uyeda: Bull. chem. Soc. Jap. **1**, 181 (1926) — Chem. Zbl. **1926 II**, 2782.

[4] E. Potel: Bull. Sci. pharmacol. **30**, 453 (1923) — Chem. Zbl. **1923 III**, 1555.

[5] Y. Uyeda u. J. Kamon: Bull. chem. Soc. Jap. **1**, 179 (1926) — Chem. Zbl. **1926 II**, 2781.

[6] Yoshiouke Uyeda: Bull. chem. Soc. Jap. **4**, 264 (1929) — Chem. Zbl. **1930 I**, 1287.

[7] Eugen Pacsu u. Nada Ticharich: Ber. dtsch. chem. Ges. **62**, 3008 (1929) — Chem. Zbl. **1930 I**, 512.

[8] Eugen Pacsu u. Anton Löb: Ber. dtsch. chem. Ges. **62**, 3104 (1929) — Chem. Zbl. **1930 I**, 513.

[9] P. A. Levene u. G. Meyer: J. of biol. Chem. **64**, 473 (1925) — Chem. Zbl. **1926 I**, 349.

Diacetongalaktose $C_{12}H_{20}O_6$

$$
\begin{array}{l}
\text{H—C—O} \diagdown \\
\qquad\qquad\quad \text{C}\diagup^{CH_3}_{CH_3} \\
\text{H—C—O} \diagup \\
\text{CH}_3 \diagdown \\
\qquad\;\; \text{C}\diagup^{O—C—H} \\
\text{CH}_3 \diagup \quad \text{O—C—H} \\
\qquad\qquad \text{H—C} \\
\qquad\qquad \text{H}_2\text{C—OH}
\end{array} \qquad O\;\;^{1,2}
$$

Verschiedene Darstellungsmethoden[3]. 1 g Galaktose, 50 g wasserfreier $CuSO_4$ und 1 l Aceton werden 8 Tage auf der Maschine geschüttelt, filtriert, Aceton abdestilliert, zuletzt im Vakuum, Rückstand mit Äther aufgenommen, mit Wasser durchgeschüttelt, ätherische Schicht getrocknet, Äther abdestilliert und das zurückbleibende Öl im Hochvakuum über P_2O_5 getrocknet[1]. Bei der Darstellung ist vorteilhaft die Anwendung von H_2SO_4 als Katalysator in folgenden Mengenverhältnissen: 20 g Galaktose, 1 l Aceton, 10 ccm konzentrierte H_2SO_4[1]. Es reduziert nicht mehr Fehlingsche Lösung. $[\alpha]_D^{29} = -54{,}7°$ in Chloroform[1]. Aus Galaktose, Aceton und HCl-Gas oder H_2SO_4 bei Zimmertemperatur. Ausbeute 70%. Zähes, farbloses Öl, Siedepunkt bei 0,2—0,5 mm 131—139°. $[\alpha]_{Hg\;gelb} = -60{,}9°$ (0,1934 g in 2,10 g $C_2H_2Cl_4$)[4]. Durch Lösen von Galaktose in Aceton-$ZnCl_2$, Entfernen des überschüssigen Acetons im Vakuum, Übersättigen mit NaOH und Ausäthern. Siedep. etwa 150° bei 0,8 mm[5]. $[\alpha]_{Hg\;gelb}^{18} = -44{,}9°$ in Wasser. Mit Kaliumpermanganat bei Siedetemperatur wurde neben 30% Oxalsäure eine linksdrehende Fehlingsche Lösung nichtreduzierende Säure erhalten, die bei der Salzsäuredestillation Furfurol liefert. Die Säure wird von Calcium, Barium und Bleisalzen nicht gefällt, Ausbeute 60%. Es handelt sich vermutlich um Galakturonsäure[6]. — Bei der Verknüpfung mit Acetobromgalaktose gibt ein Produkt, Schmelzp. 106°[7].

Na-Verbindung der Diacetongalaktose[4]. Bildet sich rasch unter Wasserstoffentwicklung, wenn die Lösung der Diacetongalaktose in einer indifferenten Flüssigkeit mit Natrium versetzt wird. Löst sich in Petroläther, Äther, Benzol leichter als Diacetongalaktose. Durch Stehen an der Luft oder durch $NaHCO_3$ wird es zersetzt. In festem Zustande hellgelbe, harzige Masse[4].

6-Acetyldiacetongalaktose[1] $C_{14}H_{22}O_7$. Aus Diacetongalaktose in Pyridin mit der berechneten Menge Acetanhydrid bei 38—40°. Krystalle aus Benzin. Schmelzp. 108°. Unlöslich in Wasser; sehr wenig löslich in kaltem Benzin und Petroläther, sonst leicht löslich. $[\alpha]_D^{20} = -48{,}08$[1].

6-p-Toluolsulfo-diaceton-galaktose[4] $C_{19}H_{26}O_8S$

$$
\begin{array}{l}
\text{H—C—O} \diagdown \\
\qquad\qquad\quad \text{C}\diagup^{CH_3}_{CH_3} \\
\text{H—C—O} \diagup \\
\text{CH}_3 \diagdown \\
\qquad\;\; \text{C}\diagup^{O—C—H} \\
\text{CH}_3 \diagup \quad \text{O—C—H} \\
\qquad\qquad \text{C} \\
\qquad\qquad \text{CH}_2\text{—O—SO}_2\text{—C}_6\text{H}_4\text{—CH}_3
\end{array} \qquad O
$$

120 g fein gepulverte Galaktose werden mit 3 l Aceton und 84 ccm konzentrierter Schwefelsäure 24—48 Stunden geschüttelt, bis sich nichts mehr löst. Das Ergebnis hängt von der Beschaffenheit des Acetons ab; käufliche Sorten reagieren am besten, verunreinigte oder ganz

[1] H. Ohle u. G. Berend: Ber. dtsch. chem. Ges. **58**, 2585 (1925) — Chem. Zbl. **1926 I**, 2187.

[2] K. Freudenberg u. K. Smeykal: Ber. dtsch. chem. Ges. **59**, 100 (1926) — Chem. Zbl. **1926 I**, 2190.

[3] Olof Svanberg u. Stig Wison Bergman: Ark. Kemi, Min. och Geol. **9**, 1 (1923) — Chem. Zbl. **1924 I**, 1022. — K. Freudenberg, A. Noë u. E. Knopf: Ber. dtsch. chem. Ges. **60**, 238 (1927) — Chem. Zbl. **1927 I**, 1671. — K. Freudenberg u. Karl Smeykal: Ber. dtsch. chem. Ges. **59**, 103 (1926).

[4] K. Freudenberg u. R. M. Hixon: Ber. dtsch. chem. Ges. **56**, 2119 (1923) — Chem. Zbl. **1923 III**, 1555. — K. Freudenberg u. A. Doser: Ber. dtsch. chem. Ges. **56**, 1243 (1923) — Chem. Zbl. **1923 III**, 743.

[5] O. L. Fischer u. C. Taube: Ber. dtsch. chem. Ges. **60**, 485 (1927) — Chem. Zbl. **1927 I**, 1672.

[6] Olof Svanberg: Ark. Kemi, Min. och Geol. **9**, Nr 16, 1 (1925) — Chem. Zbl. **1925 I**, 2374.

[7] K. Freudenberg, A. Noë u. E. Knopf: Ber. dtsch. chem. Ges. **60**, 238 (1927) — Chem. Zbl. **1927 I**, 1671.

reine weniger gut. Von unveränderter Galaktose wird abfiltriert und mit 50proz. Kalilauge bis zur Aufhellung und alkalischen Reaktion versetzt. Das Kaliumsulfat wird entfernt, das Filtrat auf $^1/_5$ seines Volumens konzentriert und dann bei Unterdruck vollends zum Sirup eingedampft. Dieser wird in Äther gelöst, mit Kaliumcarbonat getrocknet, filtriert, eingeengt und in diesem Zustande mit Toluolsulfochlorid und Pyridin umgesetzt[1]. — Ausbeute 95%. Krystalle aus Alkohol. Schmelzp. 91—92°. Fehlingsche Lösung wird nicht reduziert. Löslichkeit und Geschmack entsprechen der Glykoseverbindung. $[\alpha]_{Hg\ gelb} = -64{,}7°$ (0,1986 g in 2,169 g $C_2H_2Cl_4$-Lösung)[2].

Diaceton-galaktose-6-jodhydrin $C_{12}H_{19}O_5J$. Aus p-Toluolsulfodiacetongalaktose und NaJ in Aceton, 36 Stunden bei 125°. Aus CH_3OH Krystalle vom Schmelzp. 72°, $[\alpha]_D^{18} = -50{,}4°$ $(C_2H_2Cl_4)$. Wird auch von heißer NaOH nicht angegriffen[3].

Diacetonhydrazinogalaktose[2]. Besitzt wahrscheinlich folgende Konstitution:

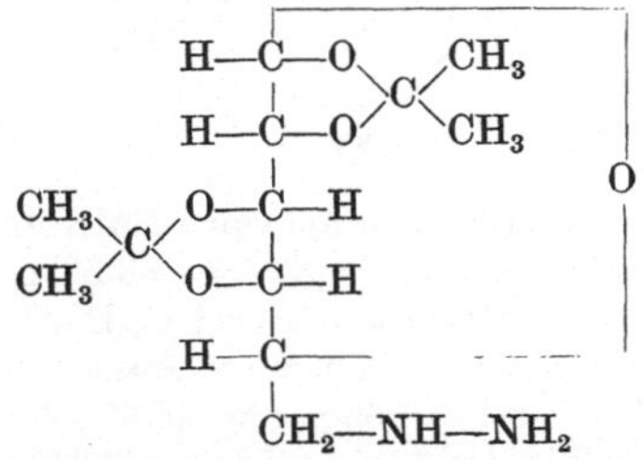

$$
\begin{array}{l}
H-C-O \\
\quad\quad\quad\ \ C(CH_3)_2 \\
H-C-O \\
CH_3{>}C{<}\ O-C-H \\
CH_3\quad\quad\ O-C-H \\
H-C \\
CH_2-NH-NH_2
\end{array}
$$

Aus Diacetongalaktose mit wasserfreiem Hydrazin bei 50—70°. Kann nicht krystallisiert erhalten werden. Gibt mit Benzaldehyd, m-Nitrobenzaldehyd, Piperonal und Aceton nicht krystallisierende Kondensationsprodukte[2].

Diacetongalaktosylhydrazindicarbonsäure-Dianilid $C_{26}H_{32}O_7N_{21}$

$$C_{12}H_{19}O_5 \cdot N(CO \cdot NH \cdot C_6H_5) \cdot NH(CO \cdot NH \cdot C_6H_5)$$

Aus Diacetonhydrazinogalaktose mit Phenylisocyanat. Nadeln aus Methylcyclohexanol oder Pyridin. Schmelzp. 227°[2].

α-Di-(diacetongalaktosyl)-hydrazin $C_{24}H_{40}O_{10}N_2$

$$(C_{12}H_{19}O_5)_2 \cdot N \cdot NH_2$$

Diacetongalaktose liefert über Toluolsulfodiacetongalaktose mit Hydrazin neben 60% Diacetonhydrazinogalaktose in 30proz. Ausbeute die Verbindung. Nadeln aus Alkohol. Schmelzp. 129 bis 130°. Ziemlich leicht löslich in Äther und Aceton; löslich in Alkohol; sehr wenig löslich in Wasser; leicht löslich in verdünnten Säuren. $[\alpha]_{Hg\ gelb}^{15} = -77°$ (0,0758 g in 1,360 g $C_2H_2Cl_4$-Lösung). Reduziert in 20proz. Alkohol langsam Fehlingsche Lösung[2].

Tetra-(diacetongalaktosyl)-tetrazon $C_{48}H_{76}O_{20}N_4$. Aus α-Di-(diacetongalaktosyl)-hydrazin durch Oxydation mit $KMnO_4$ in Aceton. Mikroskopische Prismen aus Alkohol. Schmelzpunkt 103—104°. Unlöslich in Wasser und verdünnten Säuren. $[\alpha]_{Hg\ gelb}^{15} = -76{,}3°$ (0,0591 g in 1,787 g $C_2H_2Cl_4$-Lösung)[2].

Diacetongalaktose-6-xanthogensäuremethylester[4] $C_{14}H_{22}O_6S_2$

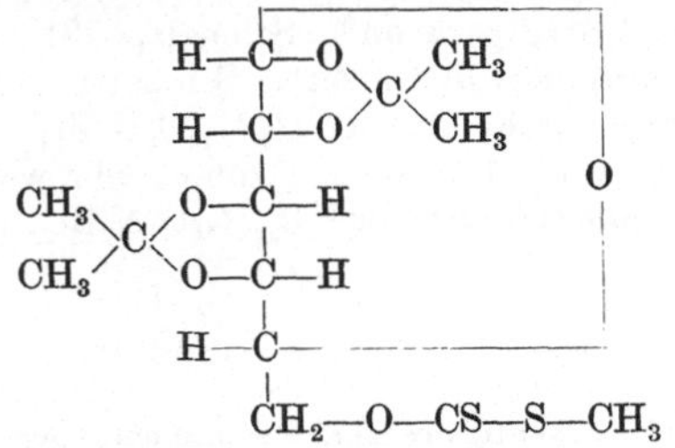

$$
\begin{array}{l}
H-C-O \\
\quad\quad\quad\ \ C(CH_3)_2 \\
H-C-O \\
CH_3{>}C{<}\ O-C-H \\
CH_3\quad\quad\ O-C-H \\
H-C \\
CH_2-O-CS-S-CH_3
\end{array}
$$

<hr>

[1] Karl Freudenberg u. Arnold Doser: Ber. dtsch. chem. Ges. **58**, 298 (1925) — Chem. Zbl. **1925 I**, 1396.

[2] K. Freudenberg, R. M. Hixon u. A. Doser: Ber. dtsch. chem. Ges. **56**, 2119 (1923) — Chem. Zbl. **1923 III**, 1555. — K. Freudenberg u. A. Doser: Ber. dtsch. chem. Ges. **56**, 1243 (1923) — Chem. Zbl. **1923 III**, 743.

[3] K. Freudenberg u. R. Raschig: Ber. dtsch. chem. Ges. **60**, 1633 (1927) — Chem. Zbl. **1927 II**, 1017 — Ber. dtsch. chem. Ges. **60**, 238 (1927) — Chem. Zbl. **1927 I**, 1671.

[4] Karl Freudenberg u. Anton Wolf: Ber. dtsch. chem. Ges. **60**, 232 (1927) — Chem. Zbl. **1927 I**, 1670.

Aus Diacetongalaktosenatrium und Schwefelkohlenstoff und nachheriger Methylierung. Siedep. 162—163° unter 1 mm Druck. $[\alpha]_{578}^{16} = -67,37°$, $[\alpha]_{633}^{16} = -57,15°$, $[\alpha]_{546}^{16} = -80,36°$ in Acetylentetrachlorid.

d-Galaktosedicarbonat [1, 5] $C_8H_8O_8$

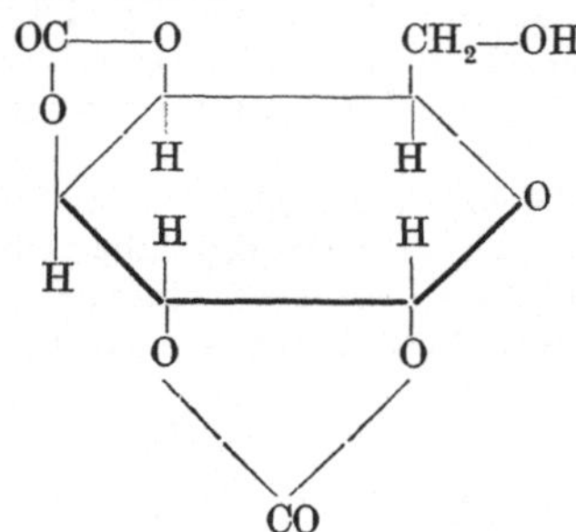

Durch Einleiten von Phosgen in eine feine Suspension von d-Galaktose in Pyridin. — Lange Nadeln aus Wasser, Schmelzp. 212° unter Zersetzung. $[\alpha]_{5780}^{21,5} = -86,5°$ in 75 proz. wässerigem Aceton[1].

Triphenylmethyl-d-galaktose (Trityl-d-galaktose) $C_{25}H_{26}O_6$. Darstellung aus Galaktose mit Triphenylchlormethan in absolutem Pyridin unter Ausschluß von Feuchtigkeit.

Aus Alkohol mit 1 Molekül Krystall-Alkohol, der bei 67°/2 mm nur zur Hälfte abgegeben wird. Schmelzp. lufttrocken 73—75°, $[\alpha]_D^{22} = +0,58 \rightarrow +2,24°$ (Pyridin, Enddrehung nach 20 Stunden). Entspricht im chemischen Verhalten und Löslichkeit völlig der Glykoseverbindung[2].

Salz der Tetraacetyl-β-d-galaktosido-1-schwefelsäure mit Tetraacetyl-β-d-galaktosido-1-pyridiniumhydroxyd $C_{33}H_{43}O_{22}NS$. Aus Acetobromgalaktose Pyridin und Silbersulfat. Feine Nadeln aus abs. Alkohol, Schmelzp. 172—173°. Die Lösung in Chloroform ist optisch inaktiv. Bei der Darstellung der Substanz scheidet sich aus der Pyridinlösung das **Tetra-acetyl-d-galaktosido-1-pyridiniumsulfat** $C_{38}H_{48}O_{22}N_2S$ aus. Hygroskopische Krystalle. Schmelzp. 170° unter Zersetzung[3].

d-Galaktosephenylhydrazon[4]. Aus wässerigen Lösungen dargestellt, wird nicht sogleich in Form feiner Nadeln, sondern als quadratische Blättchen erhalten, die Nadeln entstehen erst beim Umkrystallisieren aus Alkohol oder durch Unterkühlen in der Hitze bereiteter wässeriger Lösungen und sind bei keiner Temperatur zwischen 0 und 100° in Berührung mit Wasser stabil. Schmelzp. der Nadeln und Tafeln 161—162° (korr.)[4].

d-Galaktosemethylphenylhydrazon[4]. Wird aus neutraler wässeriger Lösung unter Zusatz von etwas Alkohol in Form von viereckigen Tafeln abgeschieden; aus Alkohol kleine, zu runden Kolonien vereinigte Nadeln, die in Berührung mit Alkohol stabil zu sein scheinen. Eine gesättigte Lösung in absolutem Alkohol gibt bei langsamer Abkühlung die Tafeln. Abschrecken aus wässeriger Lösung beiden Krystallformen. Die aus Alkohol herstellbaren reinen Tafeln zeigen den Schmelzp. 183° (korr.) und in Pyridin sehr schwache Linksdrehung.

Aus Galaktosemethylphenylhydrazon bildet sich mit Phenylhydrazin in Pyridinlösung Galaktosephenylosazon[4].

d-Galaktose-2, 4-dichlorphenylhydrazon[5]. Schmelzp. 181°.

d-Galaktose-2, 4, 6-trichlorphenylhydrazon[5]. Schmelzp. 135°.

d-Galaktose-2, 5-dibromphenylhydrazon[6] $C_{12}H_{16}O_5N_2Br_2$. Aus verdünntem Alkohol weiße Nadeln, Schmelzp. 207°, wenig löslich in Alkohol, sehr wenig löslich in Wasser.

d-Galaktose-3, 5-dibromphenylhydrazon[6] $C_{12}H_{16}O_5N_2Br_2$. — Krystalle aus Essigäther, Schmelzp. 172°.

[1] Walter Norman Haworth u. Charles Raymond Porter: J. chem. Soc. Lond. **1930**, 151 — Chem. Zbl. **1930 I**, 3029.

[2] B. Helferich, L. Moog u. A. Junger: Ber. dtsch. chem. Ges. **58**, 872 (1925) — Chem. Zbl. **1925 II**, 279 — Liebigs Ann. **440**, 1 — Chem. Zbl. **1924 II**, 2829.

[3] Heinz Ohle, Wladimir Marecek u. Walter Bourjau: Ber. dtsch. chem. Ges. **62**, 833 (1929) — Chem. Zbl. **1929 I**, 2745.

[4] O. Svanberg: Ark. Kemi, Min. och Geol. **8**, Nr 25, 1 (1923) — Chem. Zbl. **1923 III**, 1067.

[5] E. Votoček u. L. Rys: Collect. Trav. chim. Tchécoslovaquie **1**, 346 (1929) — Chem. Zbl. **1929 II**, 1283.

[6] Emile Votoček u. R. Lukeš: Bull. Soc. chim. France (4) **35**, 868 (1924) — Chem. Zbl. **1924 II**, 1683; **1929 I**, 1684.

d-Galaktose-2, 4-dibromphenylhydrazon [1] $C_{12}H_{16}O_5N_2Br_2$. Mikroskopische Nadeln aus verdünntem Alkohol, Schmelzp. 191°. Läßt man Galaktose und 2, 4-Dibromphenylhydrazin in kalter 30proz. Essigsäure aufeinander wirken, so erhält man das Monohydrat des Hydrazons. Rhombische Krystalle, Schmelzp. 178°.

d-Galaktose-o-jodphenylhydrazon [1] $C_{12}H_{17}O_5N_2J$. Aus Alkohol, Schmelzp. 196°.

d-Galaktose-m-jodphenylhydrazon [1] $C_{12}H_{17}O_5N_2J$. Öliges Rohprodukt, erstarrt mit Äther. Aus Wasser, Schmelzp. 148°.

d-Galaktose-p-jodphenylhydrazon [1] $C_{12}H_{17}O_5N_2J$. Schmelzp. 179°.

Diphenylmethandimethyldihydrazon der Galaktose [2] $C_{21}H_{30}O_5N_4$.

$$C_6H_{12}O_5{=}N{-}N{-}C_6H_4{-}CH_2{-}C_6H_4{-}N{-}NH_2$$
$$\underset{CH_3}{\qquad\qquad\quad\;} \qquad\qquad\qquad \underset{CH_3}{\qquad}$$

Bildet sich bei Anwendung von 5 Mol Dihydrazin in einer Ausbeute von 24%, von 2 Mol Dihydrazin zu fast 20%, von 1 Mol zu etwa 13%. — Aus Alkohol, Schmelzp. 175°. — Ergibt bei der Spaltung 50% reine Galaktose.

d-Galaktosephenylosazon. Zeigt in Pyridinlösung ganz schwache Mutarotation; beim Ausfällen des Osazons wird ein mit dem Ausgangsmaterial in optischer Hinsicht identisches Präparat erhalten [3].

d-Galaktose-2, 4-dichlorphenylosazon [4]. Schmelzp. 150°.

d-Galaktose-2-chlor-4-nitrophenylosazon [4]. Schmelzp. 205°.

2, 5-Dibromphenylgalaktosazon [5]. Schwer zu reinigendes Produkt.

d-Galaktose-o-jodphenylosazon [1]. Öliges Produkt.

d-Galaktose-m-jodphenylosazon [1] $C_{18}H_{20}O_4N_4J_2$. Schmelzp. 168°, sehr leicht löslich.

d-Galaktose-p-jodphenylosazon [1] $C_{18}H_{20}O_4N_4J_2$. Aus verdünntem Alkohol, Schmelzpunkt 154—156°. Leicht löslich in Äther und in Aceton [1].

l-Galaktose (Bd. II, S. 357).

Bezeichnung:

H
OH
OH
H
——————
l, d, d, l—
l(−)-Galaktose [6]

d, l-Galaktose.

Bildung: Dem Stamm eines durch Rauchgase beschädigten, dem Absterben nahen Quittenbaumes entquoll ein Gummi, der bei der Hydrolyse inaktive Galaktose lieferte [7].

d-Talose [2] (Bd. II, S. 359).

Bezeichnung:

H
H
H
OH
——————
d, l, l, l
d(+)-Talose [6]

---

[1] E. Votoček, V. Ettel u. B. Koppova: Bull. Soc. chim. France (4) **39**, 278 (1926) — Chem. Zbl. **1926 I**, 2905.

[2] Julius v. Braun u. Otto Bayer: Ber. dtsch. chem. Ges. **58**, 2215 (1925) — Chem. Zbl. **1926 I**, 882.

[3] O. Svanberg: Ark. Kemi, Min. och Geol. 8, Nr 25, 1 (1923) — Chem. Zbl. **1923 III**, 1067

[4] E. Votoček u. L. Rys: Collect. Trav. chim. Tchécoslovaquie **1**, 346 (1929) — Chem. Zbl. **1929 II**, 1283.

[5] Emile Votoček u. R. Lukeš: Bull. Soc. chim. France (4) **35**, 868 (1924) — Chem. Zbl. **1924 II**, 1683.

[6] A. Wohl u. K. Freudenberg: Ber. dtsch. chem. Ges. **56**, 312 (1923).

[7] E. O. v. Lippmann: Ber. dtsch. chem. Ges. **55**, 3038 (1922) — Chem. Zbl. **1923 I**, 102.

Darstellung: Die Umlagerung der Galaktose mit Bleihydroxyd verläuft bei Zimmertemperatur sehr langsam, ist aber bei 100° in 1 Stunde beendet. Die schwach bleihaltige Flüssigkeit wird mit einem Überschuß von Ammoniumphosphat gefällt, filtriert, und mit Hefe bei 18—24° vergoren. Oberhalb 25° wird auch die Talose angegriffen, wohl infolge Entwicklung wilder Heferassen. Die Gärung ist nach 8—10 Tagen beendet. Aus der klar filtrierten Flüssigkeit fällt man die Talose als Diphenylmethan-dimethyldihydrazon in einer Ausbeute von etwa 3% der Theorie berechnet für die in Arbeit genommene Galaktose. Daraus wird die Talose gewonnen nach einer Methode, die bei der Spaltung des Arabinose-Diphenylmethan-dimethyldihydrazons beschrieben ist. — Aus Lactose entstehen viel geringere Mengen an Talose[1].

Physikalische und chemische Eigenschaften: Sirup, $[\alpha]_D = -21{,}4°$ in Wasser, Mutarotation wurde nicht beobachtet. α-d-Talose: Berechnetes Drehungsvermögen $[\alpha]_D = +60°$[2]. — β-d-Talose: Berechnetes Drehungsvermögen $[\alpha]_D = -30°$[2].

Derivate: Phenylhydrazon. Aus konzentrierten Lösungen weißlich-gelbe Krystallblättchen vom Schmelzp. 178° unter Zersetzung.

p-Bromphenylhydrazon $C_{12}H_{17}O_5N_2Br$. Aus Alkohol. Schmelzp. 205°.

Benzylphenylhydrazon. Gelbliche Blättchen vom Schmelzp. 199°.

Methylphenylhydrazon $C_{13}H_{20}O_5N_2$. — Schmelzp. 220—222° — Der von Blanksma und van Eckenstein[3] angegebene Schmelzp. 154° deutet daraufhin, daß dort noch rechtsdrehendes Talosepräparat anwesend war.

Di-Talose-Diphenylmethan-dimethyl-di-hidrazon $C_{27}H_{40}O_{10}N_4$

$$C_6H_{12}O_5 = N\!\!-\!\!N\!\!-\!\!C_6H_4\!\!-\!\!CH_2\!\!-\!\!C_6H_4\!\!-\!\!N\!\!-\!\!N = C_6H_{12}O_5$$
$$\qquad\quad |\qquad\qquad\qquad\qquad\qquad |$$
$$\qquad\ CH_3\qquad\qquad\qquad\qquad\ CH_3$$

Aus Pyridin + Alkohol schwach bräunliches, aber scharf bei 185° schmelzendes, feines Pulver.

l-Talose (Bd. II, S. 359).

Bezeichnung:

OH
OH
OH
H
———
l, d, d, d—
l(–)-Talose[4]

d-Altrose (Bd. VIII, S. 179; Bd. X, S. 529).

Bezeichnung:

H
OH
OH
OH
———
d, d, d, l—[4]

Physikalische und chemische Eigenschaften: α-d-Altrose: Berechnetes Drehungsvermögen $[\alpha]_D = -55°$[2]. β-d-Altrose: Berechnetes Drehungsvermögen $[\alpha]_D = -154°$.

l-Altrose.

Bezeichnung:

OH
H
H
H
———
l, l, l, d—[4]

[1] Julius v. Braun u. Otto Bayer: Ber. dtsch. chem. Ges. **58**, 2215 (1925) — Chem. Zbl. **1926 I**, 882.
[2] H. S. Isbell: Bureau Standards J. Res. **3**, 1041 (1929) — Chem. Zbl. **1930 I**, 2725.
[3] Blanksma u. van Eckenstein: Chem. Weekblad **5**, 777 (1908) — Chem. Zbl. **1908 II**, 1584.
[4] A. Wohl u. K. Freudenberg: Ber. dtsch. chem. Ges. **56**, 312 (1923).

d-Allose (Bd. VIII, S. 179).

Bezeichnung:

OH
OH
OH
OH
—————
d, d, d, d — [1]

Physikalische und chemische Eigenschaften: α-d-Allose: Berechnetes Drehungsvermögen $[\alpha]_D = +30°$ [2]. β-d-Allose: Berechnetes Drehungsvermögen $[\alpha]_D = -60°$ [2].

l-Allose.

Bezeichnung:

H
H
H
H
—————
l, l, l, l — [1]

Hamamelose [3].

Mol-Gewicht: 180,13.
Zusammensetzung: $C_6H_{12}O_6$.

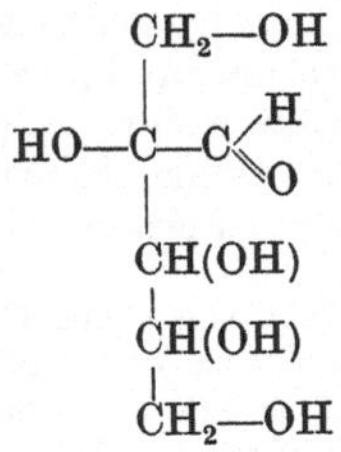

$$\begin{array}{c} CH_2-OH \\ | \\ HO-C-C\!\!\diagup^{H}_{\diagdown O} \\ | \\ CH(OH) \\ | \\ CH(OH) \\ | \\ CH_2-OH \end{array}$$

Bildung: Durch Hydrolyse des Methyllactolids mit n-Schwefelsäure.

Physikalische und chemische Eigenschaften: Sirup. Die durch Oxydation daraus entstehende Hexonsäure wird mit Jodwasserstoffsäure zu Methyl-propylessigsäure reduziert.

Derivate: Hamamelitannin. Ist die Digalloylverbindung der Hamamelose.

b) Ketohexosen.

Nachweis: Ob die Seliwanoffsche Reaktion für Ketosen spezifisch ist, erscheint zweifelhaft. Harne mit reichlichem Gehalt an Glykose geben sie, und man kann annehmen, daß hieran meist die Einwirkung des Harnstoffs schuld ist. Andererseits wurde gefunden, daß Zusatz von Harnstoff zu 0,1proz. Lösung von Fructose, die für sich deutlich reagiert, die Reaktion völlig verdecken kann. Sie ist daher für Nachweis von Fructose im Harn von geringem Werte [4].

d-Fructose, Lävulose (Bd. II, S. 359; Bd. VIII, S. 179; Bd. X, S. 529).

Geschichte der Entdeckung, Identifizierung und Darstellung im Zustande hoher Reinheit und größerer Menge [5].

---

[1] A. Wohl u. K. Freudenberg: Ber. dtsch. chem. Ges. **56**, 312 (1923).
[2] H. S. Isbell: Bureau Standards J. Res. **3**, 1041 (1929) — Chem. Zbl. **1930 I**, 2725.
[3] Otto Th. Schmidt: Liebigs Ann. **476**, 250 (1929) — Chem. Zbl. **1930 I**, 534.
[4] Alexander Hynd: Biochemic. J. **20**, 195 (1926) — Chem. Zbl. **1926 I**, 2791.
[5] T. Swann Harding: Sugar **24**, 14 (1922) — Chem. Zbl. **1922 III**, 428.

Konstitution[1]: Die normale, freie Fructose besitzt eine amylenoxydische Struktur nach Symbol I, die gebundene Fructose im Rohrzucker, Raffinose, Inulin sowie ein Teil der Derivate sind butylenoxydisch nach Symbol II aufgebaut, letztere Fructose wird γ-Fructose genannt.

$$
\begin{array}{ll}
\text{CH}_2\text{—OH} & \text{CH}_2\text{—OH} \\
\text{C—OH} & \text{C—OH} \\
\text{HO—C—H} \quad\text{I} & \text{HO—C—H} \quad\text{II} \\
\text{H—C—OH} & \text{H—C—OH} \\
\text{H—C—OH} & \text{H—C—} \\
\text{CH}_2 & \text{CH}_2\text{—OH} \\
\text{normale Fructose} & \gamma\text{-Fructose}
\end{array}
$$

Vorkommen: In den Knollen von Nephrelepis cordifolia Prsl. in 1,150% [2]. Unter den Kohlehydraten des Maispollens [3], in Impaticus noli tangore L. [4], in den Irissamen [5], in Euphorbia cyparissias [6], in den Reisschalen [7], im Stroh 0—5,40% [8], in Haferstroh: 1,05—1,65% [9]. Verhältnis der Fructose zu Glykose in Honigen [10]. — In dem Weinrebensaft von Vitis vinifera L. [11] Bei den Melonen schwankt der Fructosegehalt zwischen 1,85—3,92% [12]. Krystallinische Fructose fand sich auf gelatinösen Ausschwitzungen an halbreifen Tomaten, die nach einer Periode ungewöhnlicher Herbstwärme plötzlich von scharfem Frost überfallen wurden [13]. In Saponin in ganz kleiner Menge wohl als Verunreinigung [14]. Im indischen Stocklack [15]. Im Pottwal (Cetacea), 1,975 g in 100 ccm Fruchtwasser [16]. Menschliches Fetalblut enthält Fructose, außerdem Glykose. Bei jungen Ziegen findet sich auch nach der Geburt noch Fructose im Blut [17].

Bildung: Beim Kochen des Pikrocrocins mit 1 proz. Schwefelsäure entstehen 54% Zucker, wovon 18,3% d-Fructose ist, neben 81,7% d-Glykose [18]. Bei Versuchen, die an Pelargonium zonale angestellt wurden, schien unter den Assimilationsprodukten Fructose zu überwiegen [19]. — In den Samen von Cicer arietinum, als ein Bestandteil der Cicerose [20]. Bei der Spaltung von

[1] M. Bergmann u. A. Mickeley: Ber. dtsch. chem. Ges. **55**, 1390 (1922) — Chem. Zbl. **1922 III**, 247. — W. N. Haworth u. J. Law: J. chem. Soc. Lond. **109**, 1314 (1917). — J. C. Irvine u. G. Robertson: J. chem. Soc. Lond. **109**, 1305 (1917) — Chem. Zbl. **1917 I**, 1075, 1076. — William Charlton, Walter Norman Haworth u. Stanley Peat: J. chem. Soc. Lond. **1926**, 89 — Chem. Zbl. **1926 I**, 3025. — Charles Frederick Allpress: J. chem. Soc. Lond. **1926**, 1720 — Chem. Zbl. **1926 II**, 2694. — W. N. Haworth, E. L. Hirst u. A. Learne: J. chem. Soc. Lond. **1927**, 1040 — Chem. Zbl. **1927 II**, 804. — A. Pictet u. H. Vogel: C. r. Acad. Sci. Paris **186**, 724 — Chem. Zbl. **1928 I**, 2247.

[2] L. H. Ducloux u. M. Awschalom: Rev. Facultad Ciencias Quim. Univ. Nac. de La Plata **2 I**, 75 (1923) — Chem. Zbl. **1926 II**, 2318.

[3] Suguru Miyake: J. of Biochem. **3**, 169—176 (1924) — Chem. Zbl. **1925 I**, 677.

[4] J. Zellner u. H. A. Spitzer: Arch. Pharmaz. **265**, 27 (1927) — Chem. Zbl. **1927 I**, 1489.

[5] H. Colin u. A. Augem: Bull. Soc. Chim. biol. Paris **10**, 822 — Chem. Zbl. **1928 II**, 1222.

[6] E. Huppert, H. Swiatkowski u. J. Zellner: Mh. Chem. **48**, 491 (1927) — Chem. Zbl. **1927 II**, 2683.

[7] S. Hirai: Acta Scholae med. Kioto **7**, 463 (1925) — Ber. Physiol. **34**, 491 (1926) — Chem. Zbl. **1926 II**, 233.

[8] S. H. Collins: J. Soc. chem. Ind. **41**, 56 (1922) — Chem. Zbl. **1922 II**, 1148.

[9] S. H. Collins u. B. Thomas: J. agricult. Sci. **12**, 280 (1922) — Chem. Zbl. **1923 I**, 461.

[10] A. Gronover u. E. Wohnlich: Z. Unters. Nahrgsmitt. usw. **48**, 405 (1924) — Chem. Zbl. **1925 I**, 1822. — W. Müller: Mitt. Lebensmittelunters. **16**, 198 (1925) — Chem. Zbl. **1926 I**, 1319.

[11] Arthur Wormall: Biochemic. J. **18**, 1187 (1924) — Chem. Zbl. **1925 I**, 1330.

[12] S. Lutochin: Z. Unters. Lebensmitt. **54**, 281, 290 (1927) — Chem. Zbl. **1928 I**, 433.

[13] Edmund O. v. Lippmann: Ber. dtsch. chem. Ges. **59**, 348 (1926) — Chem. Zbl. **1926 I**, 2109.

[14] A. W. van der Haar: Rec. Trav. chim. Pays-Bas et Belg. (Amsterd.) **46**, 85 (1927) — Chem. Zbl. **1927 I**, 2322.

[15] A. Tschirch u. F. Lüdy jr.: Helvet. chim. Acta **6**, 994 (1923) — Chem. Zbl. **1924 I**, 767.

[16] Makoto Suzuki: Jap. J. med. Sci., Trans. Biochem. II **1**, 97 (1925) — Chem. Zbl. **1926 I**, 149.

[17] Andrew Picken Orr: Biochemic. J. **18**, 171 (1924) — Chem. Zbl. **1924 I**, 2279.

[18] E. Winterstein u. J. Teleczky: Helvet. chim. Acta **5**, 376 (1922) — Chem. Zbl. **1922 III**, 381.

[19] Th. Weevers: Versl. Akad. Wetensch. Amsterd., Wish- en natuurkd. Afd. **32**, 917 (1923) — Chem. Zbl. **1924 I**, 1048.

[20] N. Castoro: Ann. chim. appl. **15**, 146 (1925) — Chem. Zbl. **1926 I**, 415.

Inulin durch Acetonhefeextrakt[1]. In der Erdbirne (Helianthus tuberosus), aus Saccharose. durch Hydrolyse während des Wachstums entstanden[2]. Bildet sich aus Formaldehyd in mit MgO versetztem Wasser von 40—50°[3].

Darstellung: Aus dem Rhizom der Jerusalem-Artischocke (Helianthus tuberosus)[4]. — Auf dieser Grundlage werden große Mengen Fructose fabrikatorisch dargestellt. Ein Beispiel für die Darstellung sei folgendes: Der aus dem Rhizom der Jerusalem-Artischocke (Helianthus tuberosus) gewonnene Saft wird sofort mit Schwefelsäure angesäuert (etwa $^1/_5$ normal) und 30 Minuten bei 70° invertiert. Dabei scheiden sich zugleich reichlich Albumoide ab, von denen man abfiltriert. Der Saft wird dann mit Calciumoxyd neutralisiert (p_H 7,5—8,0), wobei gleichzeitig eine starke Klärung des Saftes erfolgt. Von dem Niederschlag wird abfiltriert. Der völlig klare Saft wird mit Kalkmilch als Fructose-Calcium $C_6H_{12}O_6 \cdot CaO$ gefällt. Nach der Zersetzung der Calciumverbindung mit Kohlensäure ergibt sich ein Fructosesirup, der eine Reinheit von 9,4% zeigt. Der Sirup wird unter vermindertem Druck auf etwa 91% Trockenrückstand eingeengt und auf 55° erwärmt. Die Krystallisation wird durch Impfen eingeleitet und ist nach 24—36 Stunden unter allmählicher Abkühlung auf etwa 25° beendet. — Es wird dann abgeschleudert und mit weißem Sirup gewaschen[5]. Darstellung aus Dahlienknollen[6], aus Cichorien[7], aus Inulin[8], aus Rohrzucker bzw. Invertzucker[9]; als Beispiel soll folgendes Verfahren dienen: Man invertiert 150 g Rohrzucker mit Invertase (Darstellung der Invertase[10]), konzentriert unter vermindertem Druck auf etwa 85% Trockensubstanz. Man impft dann mit Glykose und läßt kalt stehen. Es krystallisiert Glykose aus, die nach Zusatz von Alkohol abgeschleudert und gut nachgewaschen wird. Ausbeute 25% des in Arbeit genommenen Rohrzuckers. — Aus der Mutterlauge kann man den Alkohol abdestillieren, es ist aber zur Fällung der Fructose nicht erforderlich. In jedem Falle verdünnt man die Mutterlauge mit Wasser auf 1,25—1,5 l und kühlt auf 10° oder darunter ab. Man löscht dann 115 g Calciumoxyd zu einer wässerigen Paste, kühlt diese auf 10° oder darunter ab und verrührt sie heftig während 5 Minuten mit der Zuckerlösung. Das abgeschiedene Calciumfructosat wird abzentrifugiert, es muß dies aber erfolgen, ehe sich die Masse erwärmt hat, dann mit Eis gekühltem Kalkwasser nachgewaschen. Das Filtrat wird gekühlt, wenn nötig unter Zusatz von Eis, mit 25proz.

[1] R. Iwatsuru: Biochem. Z. **166**, 409 (1925) — Chem. Zbl. **1926 I**, 1826.

[2] S. H. Collins u. R. Gill: J. Soc. chem. Ind. **45 I**, 63 (1926) — Chem. Zbl. **1926 I**, 2929.

[3] H. Vogel: Helvet. chim. Acta **11**, 370 — Chem. Zbl. **1928 I**, 2372.

[4] Karl Micksch: Z. ges. Kohlensäureind. **28**, 263 (1922) — Chem. Zbl. **1922 IV**, 592. — H. Colin: Chimie et Ind. **1924**, Mai-Sondernummer, 660—661 — Chem. Zbl. **1924 II**, 1861. — R. F. Jackson, C. G. Silsbee u. M. J. Proffitt: Ind. Chem. **16**, 1250 (1924) — Chem. Zbl. **1925 I**, 1462. — Fr. Bates: Sugar **28**, 167 (1926) — Chem. Zbl. **1926 II**, 118. — R. F. Jackson, C. G. Silsbee u. M. J. Proffitt: Sugar **28**, 170 (1926) — Chem. Zbl. **1926 II**, 118. — T. S. Harding: J. amer. chem. Soc. **44**, 1765 (1923) — Chem. Zbl. **1923 I**, 46 — Sugar **25**, 583 (1924) — Chem. Zbl. **1924 I**, 2746. — F. Bates: Sugar **21**, 250 (1926) — Z. dtsch. Zuckerind. **1926**, 316 — Chem. Zbl. **1926 II**, 2023. — R. F. Jackson, C. G. Silsbee u. M. J. Proffitt: Sugar **28**, 222 — Scientific Papers of the Bureau of Standards **1926**, Nr 519, 31 — Chem. Zbl. **1926 II**, 949. — Rudolf Grotkaß: Z. dtsch. Zuckerind. **51**, 1331—1332 (1926) — Chem. Zbl. **1927 I**, 1759. — T. Paul: Chem.-Ztg **1921**, 705 — Chem. Zbl. **1921**, Nr 660. — O. Spengler u. A. Traegel: Z. dtsch. Zuckerind. **1927**, 1 — Chem. Zbl. **1927 I**, 2246. — B. Hoche: Z. dtsch. Zuckerind. **1926**, 821. — E. Troje: Z. dtsch. Zuckerind. **52**, 1012 (1927) — Chem. Zbl. **1927 II**, 2479.

[5] R. F. Jackson, C. G. Silsbee u. M. J. Proffitt: Sugar **27**, 9 (1925) — Chem. Zbl. **1925 I**, 2669.

[6] R. F. Jackson, C. G. Silsbee u. M. J. Proffitt: Sugar **28**, 326 (1926) — Chem. Zbl. **1926 II**, 1597. — Industrial Technics Corp., übertr. von W. C. Arsam: A.P. 1663233 u. 1663234 vom 31. Januar 1927 — Chem. Zbl. **1928 I**, 2662.

[7] R. F. Jackson, C. G. Silsbee u. M. J. Proffitt: Sugar **28**, 222 (1926) — Chem. Zbl. **1926 II**, 949. — B. Hoche: Deutsche Zuckerindustrie **51**, 730 (1926) — Chem. Zbl. **1926 II**, 2235 — Z. dtsch. Zuckerind. **1926**, 821—833 — Chem. Zbl. **1927 I**, 1758.

[8] Industrial Technics Corp.: A.P. 1616165 (1927) — Chem. Zbl. **1927 I**, 2141 — Übertr. von W. C. Arsem: A.P. 1616721 v. 12. Juli 1921 — Chem. Zbl. **1927 I**, 2488. — Chemische Fabrik auf Aktien (vorm. E. Schering): E.P. 272876 vom 23. Mai 1927, Auszug veröff. am 18. August 1927, Prior. vom 15. Juni 1926 — Chem. Zbl. **1927 II**, 2018 — Schw.P. 127996 vom 11. Mai 1927 — Chem. Zbl. **1929 I**, 1159.

[9] T. Swann Harding: J. amer. chem. Soc. **44**, 1765 (1922) — Chem. Zbl. **1923 I**, 46. — A. Herzfeld u. R. Passer: D.R.P. 381575, Kl. 89i vom 29. April 1922; Chem. Zbl. **1923 IV**, 887. — H. J. Watermann, A. Rooseboom, E. L. Oberg u. J. S. A. J. M. van Aken: Chem. Weekblad **25**, 50 (1928) — Chem. Zbl. **1928 I**, 1280. — R. T. Jackson, C. G. Silsbee u. M. J. Proffitt: Sugar **28**, 380 — Chem. Zbl. **1926 II**, 2361.

[10] T. Swann Harding: Sugar **24**, 140, 349 (1922) — Chem. Zbl. **1922 IV**, 59, 503.

Schwefelsäure schnell genau neutralisiert, filtriert, unter vermindertem Druck zu dünnem Sirup eingeengt, wieder filtriert, weiter eingeengt und mit Alkohol versetzt, der etwa 1 Vol.-% Salpetersäure enthält. Es krystallisiert Glykose in einer Menge von etwa 14—15% des angewandten Rohrzuckers aus. Das Calciumfructosat löst man in Eiswasser und neutralisiert genau mit 25proz. Schwefelsäure, wobei die Temperatur der Lösung nicht über 20° steigen darf. Das Filtrat wird unter vermindertem Druck zu dünnem Sirup eingeengt, gibt 2 Raumteile Alkohol und wenig Norit zu und läßt über Nacht stehen. Dann filtriert man, engt unter vermindertem Druck zu 90—95% ein, gibt entweder salpetersäurehaltigen Alkohol oder Essigsäure zu und läßt die Fructose auskrystallisieren. Nimmt man Essigsäure, so muß der Zucker längere Zeit unter vermindertem Druck getrocknet werden, zuletzt bei 65—66°. Ausbeute 20—22% des Rohrzuckers. Nimmt man Alkohol, so ist die Ausbeute etwa 18%. 10% werden als Fructosesirup durch Konzentrierung der Mutterlaugen gewonnen. Das Verfahren kann mit größeren Mengen von mehreren 100 kg ausgeführt werden[1].

Gewinnung aus Traubensäften[2].

Nachweis und Bestimmung: Da Aldosen durch alkalische Lösungen von Hypojodit zerstört werden, Ketosen nur wenig, kann man diese nachher mit Fehlingscher Lösung nachweisen[3]. Fructose liefert bei Behandlung mit $NaHCO_3$ Acetol, das mit Hilfe der Reaktion mit o-Aminobenzaldehyd leicht nachgewiesen werden kann[4]. (Nicht charakteristische Reaktion.) Charakteristisch ist mit Lauge eine rötliche, dann blutrote Farbe; dabei bleiben andere Zuckerarten farblos oder werden gelb[5]. — Mittels B. proteus, M. tetragenus, V. cholerae, V. Fischler-Prior, B. typhi, B. coli I und II ist bis zu 0,03 mg der Fructose in 1 ccm erkennbar[6]. Ob die Seliwanoffsche Reaktion für Ketosen spezifisch ist, erscheint zweifelhaft. Harne mit reichlichem Gehalt an Glykose geben sie, und man kann annehmen, daß hieran meist die Einwirkung des Harnstoffs schuld ist. Andererseits wurde gefunden, daß Zusatz von Harnstoff zu 0,1proz. Lösung von Fructose, die für sich deutlich reagiert, die Reaktion völlig verdecken kann. Sie ist daher für Nachweis von Fructose im Harn von geringem Werte[7]. — Mikrochemischer Nachweis in Drogen und anderen pharmazeutischen Produkten[8]. Nachweis von Fructose im Harn mit der „mykologischen Methode von Castellani"[9]. Lävulose reduziert Au-Lösung bereits kalt. (Unterschied von Glykose.) Noch 0,2% sind im Urin so nachweisbar[10].

Die Trennung von Rohrzucker und Fructose kann fast quantitativ geschehen durch Extraktion mit Äthylacetat[11]. — Colorimetrische Bestimmung nach Caramelisierung mit 70proz. H_2SO_4[12]. Quantitative Bestimmung auf Grund der Reduktion der Osazone durch $TiCl_3$-Lösung[13]. Bestimmung nach der Pikrinsäurereduktionsmethode[14]. — Bestimmung neben Glykose und Saccharose durch Kombination des jodometrischen und des Cu-Verfahrens[15].

---

[1] T. Swann Harding: Sugar **25**, 406 (1923) — Chem. Zbl. **1924 I**, 2016.

[2] Soc. des Etablissements Barbet: Fr.P. 32 286 vom 3. März 1926 — Chem. Zbl. **1928 I**, 1469 — Zus. zu Fr.P. 615 942 — Chem. Zbl. **1927 I**, 2249 — Fr.P. 32 642 vom 17. April 1926 — Chem. Zbl. **1928 I**, 2662 — Zus. zu Fr.P. 615 942 — Chem. Zbl. **1927 I**, 2249.

[3] J. M. Kolthoff: Chem. Weekblad 19, 1—2 (1922) — Chem. Zbl. **1922 II**, 396 — Pharm. Weekblad **60**, 394 (1923) — Chem. Zbl. **1923 IV**, 27.

[4] O. Baudisch u. H. J. Deuel: J. amer. chem. Soc. **44**, 1585—1581 (1922) — Chem. Zbl. **1923 IV**, 280, 281.

[5] László Ekkert: Ber. ungar. pharmaz. Ges. **5**, 17 (1929) — Chem. Zbl. **1929 I**, 1590 — Pharmaz. Zentralhalle **69**, 805 (1928) — Chem. Zbl. **1929 I**, 2211.

[6] A. J. Kendall: J. inf. Dis. **32**, 362 (1923) — Ref.: Ber. Physiol. **21**, 128 (1924) — Chem. Zbl. **1924 I**, 1392.

[7] Alexander Hynd: Biochemic. J. **20**, 195 (1926) — Chem. Zbl. **1926 I**, 2791.

[8] L. Rosenthaler: Pharmaz. Zentralhalle **67**, 353 (1926) — Chem. Zbl. **1926 II**, 805.

[9] P. Pietra: Giorn. Batter. **2**, 1 — Ref.: Ber. Physiol. **40**, 264 (1927) — Chem. Zbl. **1927 II**, 963.

[10] P. N. van Eck: Pharm. Weekbl. **64**, 400 (1927) — Chem. Zbl. **1927 I**, 3212.

[11] Congdon u. Young: Z. dtsch. Zuckerind. **1925**, 440 — Chem. Zbl. **1925 II**, 1566.

[12] Hans Riffart u. Constantin Pyriki: Z. Unters. Nahrgsmittel usw. **48**, 197—207 (1924) — Chem. Zbl. **1925 I**, 311.

[13] Edmund Knecht u. Eva Hibbert: J. chem. Soc. Lond. **125**, 2009—2013 (1924) — Chem. Zbl. **1925 I**, 311. — Edmund Knecht: J. chem. Soc. Lond. **125**, 1537 (1924) — Chem Zbl. **1924 II**, 1346.

[14] Walter Thomas u. R. Adams Dutcher: J. amer. chem. Soc. **46**, 1662 (1924) — Chem. Zbl. **1924 II**, 1250. — F. Herzfeld: Z. dtsch. Zuckerind. **1926**, 273 — Chem. Zbl. **1926 II**, 665.

[15] F. A. Cajori: J. of biol. Chem. **54**, 617 (1922) — Chem. Zbl. **1923 II**, 223. — A. Behre: Z. Unters. Nahrgsmittel usw. **41**, 226—230 (1921) — Chem. Zbl. **1922 IV**, 59.

Beiträge zur Reduktionsfähigkeit der Fructose im Bertrandschen Verfahren[1]. — Bestimmung mittels Fehlingscher Lösung, durch Titrieren nach Soxhlet, mit Methylenblau als Indicator[2]. Setzt man den Reduktionswert nach Hagedorn-Jensen-Methode bei Glykose gleich 1, so ist die Reduktion von Fructose 1,187 [3]. Die Benedict-Lewissche Methode wurde abgeändert, und für die Ermittelung des Zuckergehaltes aus der Färbung wurde eine Tabelle für Fructose aufgestellt[4]. Bestimmung nach Folin und Wu[5]. Reduktionsvermögen nach Folin-Wu 90, nach Lewis und Benedict bestimmt 99 (Glykose = 100)[6]. Die Absorption von Jod durch Fructose gibt bei der jodometrischen Bestimmung folgende Werte[7]:

Fructosegehalt	Absorption von 1 g Zucker	
	in 10 Minuten	in 20 Minuten
1 %	$0,0046$ g J_2	$0,0075$ g J_2
0,8%	$0,0051$ g J_2	$0,0081$ g J_2
0,6%	$0,0062$ g J_2	$0,0098$ g J_2
0,4%	$0,0085$ g J_2	$0,0127$ g J_2
0,2%	$0,0151$ g J_2	$0,0207$ g J_2

Bestimmung nach der Diphenylaminmethode[8]. Molybdänmethode[9]. Polarimetrische Methode[10]. Kritik einiger Bestimmungsmethoden[11]. — Bestimmung in Stroh[12], in Süßweinen[13], in Ablaugezuckern[14].

Physiologische Eigenschaften: Feststellung des Süßungsgrades der Fructose[15]. Schmeckt für die Bienen süß[16]. — Paramaecium caudatum und Spirogyra verbrauchen Glykose und Fructose besser als Galaktose, Insulin steigert den Zuckerverbrauch, Thyroxin setzt ihn herab und hemmt die Insulinwirkung[17]. Paramaecium caudatum verbraucht Fructose. Durch Ultraviolettbestrahlung wird der Zuckerverbrauch herabgesetzt[18].

[1] Béla Róhny: Biochem. Z. **199**, 53 (1928) — Chem. Zbl. **1929 I**, 564.

[2] J. H. Lane u. L. Eynon: J. Soc. chem. Ind. **42 I**, 32 (1923) — Chem. Zbl. **1923 II**, 1041.

[3] George W. Pucher u. Myron W. Finch: Proc. Soc. exper. Biol. a. Med. **23**, 468—470 (1927) — Ber. Physiol. **38**, 186—187 (1927) — Chem. Zbl. **1927 I**, 1713

[4] J. J. Willaman u. F. R. Davison: J. agricult. Res. **28**, 479—488 (1924) — Chem. Zbl. **1925 I**, 1463.

[5] Isidor Greenwald, Jerome Samet u. Joseph Groß: J. of biol. Chem. **62**, 397—399 (1924) — Chem. Zbl. **1925 I**, 1336.

[6] A. W. Rowe u. B. S. Wiener: J. amer. chem. Soc. **47**, 1698 — Chem. Zbl. **1925 II**, 1671.

[7] D. R. Nanji u. R. G. L. Bearcley: J. Soc. chem. Ind. **45 I**, 220 (1926) — Chem. Zbl. **1926 II**, 2023.

[8] J. Snapper, A. Grünbaum u. S. van Creveld: Nederl. Tijdschr. Geneesk. **70 I**, 1600 — Chem. Zbl. **1926 I**, 3408. — A. Jolles: Münch. med. Wschr. **57**, 353 (1910) — Chem. Zbl. **1910 II**, 1955. — Steinberg u. Elberg: Klin. Wschr. **4**, Nr 50 (1925). — S. van Creveld: Nederl. Tijdschr. Geneesk. **70 II**, 2779 (1926) — Chem. Zbl. **1927 I**, 1990. — P. Radt: Biochem. Z. **198**, 195 — Chem. Zbl. **1928 II**, 1362. — S. van Creveld: Arch. néerl. Physiol. **13**, 521 (1928) — Chem. Zbl. **1929 I**, 1134. Ralph C. Corley: J. of biol. Chem. **81**, 81 (1929) — Chem. Zbl. **1928 I**, 1973.

[9] Walter R. Campbell u. M. J. Hanna: J. of biol. Chem. **69**, 703—711 (1926) — Chem. Zbl. **1927 I**, 779.

[10] Sidersky: Bull. Assoc. chim. de Sucr. et Dist. **40**, 445 (1923) — Chem. Zbl. **1924 I**, 2907.

[11] H. Colin: Bull. Assoc. chim. de Sucr. et Dist. **40**, 397 (1923) — Chem. Zbl. **1923 IV**, 774.

[12] S. H. Collins: J. Soc. chem. Ind. **41**, 56 (1922) — Chem. Zbl. **1922 II**, 1184.

[13] F. Lucius: Pharmaz. Zentralhalle **69**, 725 (1928) — Chem. Zbl. **1929 I**, 1058.

[14] Hugo Krause: Cellulosechemie **5**, 88 (1924) — Beilage zu Papierfabr. **22** (1924) — Chem. Zbl. **1925 I**, 592 — Chem. Ind. **29**, 217 (1906).

[15] A. Bisster, M. W. Wood u. C. S. Wahlin, Amer. J. Physiol. **73**, 387 — Chem. Zbl. **1925 II**, 1372. — Kurt Täufel: Biochem. Z. **165**, 96 (1925) — Chem. Zbl. **1926 I**, 1896. — Spengler u. A. Traegel: Z. dtsch. Zuckerind. **1927**, 1 — Chem. Zbl. **1927 I**, 2246 — Z. dtsch. Zuckerind. **1927**, 367 — Chem. Zbl. **1927 II**, 988 — Z. dtsch. Zuckerind. **1928**, 334 — Chem. Zbl. **1928 II**, 1397. — J. J. Willaman: Z. dtsch. Zuckerind. **1927**, 365 — Chem. Zbl. **1927 II**, 988.

[16] K. v. Frisch: Naturwiss. **15**, 321; **16**, 307 (1928) — Chem. Zbl. **1928 II**, 367.

[17] W. E. Burge u. Maude Williams: Amer. J. Physiol. **81**, 307 (1927) — Chem. Zbl. **1927 II**, 2077.

[18] W. E. Burge u. George C. Wickwire: J. of biol. Chem. **72**, 827 (1927) — Chem. Zbl. **1927 II**, 588.

Beeinflussung der Saccharase[1], der Maltase[2], der Raffinase[3], der synthetisierenden Enzyme[4], der β-Glykosidase[5], der Diastasebildung[6]. — Mindert die Hydrolyse des Lichenins durch Lichenase[7] und die Spaltung des Phosphorsäureesters im enteiweißten Blut[8]. Die Aldehydbildung in Leberbrei wird verstärkt durch d-Fructose[9]. — Wirkt bei der Bildung von Volutin in Pilzen günstig[10]. Die Ernährung von Keimlingen der Erbse, Bohne und anderen Pflanzen mit Fructose führte zu einer Vergrößerung des Zellkerns[11]. Verwertbarkeit durch Weizenkeimlinge[12]. Phleum und Rettich wuchsen in Fructoselösungen sehr gut. Fructose wirkt giftig auf die Wurzel von Bryophyllum, Phleum und besonders in der ersten Zeit auf Erbsen[13]. Über Veränderungen des Chlorophylls bei einer grünen Alge in Kulturversuchen bei Gegenwart von Fructose[14]. Wirkung auf die Chromoplastenbildung von Reseda odorata[15]. Fructose kann von Pflanzen mit wenigen Ausnahmen weder im Licht noch im Dunkel, weder in hypotonischen noch in hypertonischen Lösungen zum Wachstum oder zur Stärkebildung ausgenutzt werden[16]. Fetthaltige Samen (Erdnuß) können in nur Fructose enthaltenden Nährlösungen auf Kosten des Zuckers sich gut entwickeln[17]. Austreiben von Salix viminalis-Schößlingen unter dem Einfluß von Fructose[18]. — Wirkung auf entstärkte Bohnenembryonen[19]. — Beeinflussung der Tätigkeit der Trypanosomen[20], der Ciliaten und Flagellaten[21].

Verhalten gegen Honigbienen[22] und ihren Larven[23]. — Die Permeabilität von Spermatozoen von Rana temporaria für K, Rb, NH_4 und Citrat wird durch Fructose herabgesetzt[24]. Untersuchungen nach peroraler Zufuhr von Fructose[25]. Über Pfortaderhyperglykämie nach

---

[1] R. Kuhn: Hoppe-Seylers Z. **129**, 57 (1923) — Chem. Zbl. **1923 III**, 1173. — H. v. Euler u. K. Josephson: Hoppe-Seylers Z. **132**, 301 (1924) — Chem. Zbl. **1924 I**, 1940. — Richard Kuhn u. Herbert Münch: Hoppe-Seylers Z. **150**, 220 (1925) — Chem. Zbl. **1926 I**, 2207. — Karl Josephson: Hoppe-Seylers Z. **134**, 50 (1924) — Chem. Zbl. **1924 II**, 55. — J. M. Nelson u. C. Theodore Sottery: J. of biol. Chem. **62**, 139 (1924) — Chem. Zbl. **1925 I**, 852. — Hans v. Euler u. Karl Josephson: Hoppe-Seylers Z. **155**, 1 (1926) — Chem. Zbl. **1926 II**, 1427. — C. D. Ingersoll: Bull. Soc. Chim. biol. Paris 8, 264, 276 (1926) — Chem. Zbl. **1926 II**, 231.

[2] V. Isajew: J. Inst. Brewing **32**, Nr 12, 22 (1926) — Chem. Zbl. **1927 I**, 1599.

[3] Karl Josephson: Hoppe-Seylers Z. **136**, 62 (1924) — Chem. Zbl. **1924 II**, 478 — Hoppe-Seylers Z. **149**, 71 (1925) — Chem. Zbl. **1926 I**, 1212.

[4] Hans v. Euler u. Karl Myrbäck: Hoppe-Seylers Z. **133**, 179 (1924) — Chem. Zbl. **1924 I**, 1680.

[5] Karl Josephson: Hoppe-Seylers Z. **147**, 1 (1925) — Chem. Zbl. **1926 I**, 688.

[6] Friedrich Boas: Zbl. Bakter. II **56**, 7 (1923) — Chem. Zbl. **1923 III**, 75. — G. L. Funke: Rec. Trav. bot. néerl. **23**, 200 (1926) — Chem. Zbl. **1927 II**. 706.

[7] P. Karrer u. M. Staub: Helvet. chim. Acta **7**, 916 (1924) — Chem. Zbl. **1924 II**, 2487.

[8] P. Rona u. Ken Iwasaki: Biochem. Z. **184**, 318 (1927) — Chem. Zbl. **1927 II**, 449.

[9] C. Neuberg u. A. Gottschalk: Biochem. Z. **146**, 164 (1924) — Chem. Zbl. **1924 II**, 491.

[10] H. Zikes: Zbl. Bakter. II **57**, 21 (1922) — Allg. Z. Brauerei- u. Malzfabr. **50**, 39 (1922) — Chem. Zbl. **1922 I**, 1381.

[11] A. Maige: C. r. Soc. Biol. Paris **87**, 1297 (1922) — Chem. Zbl. **1923 III**, 253.

[12] G. Klein u. K. Pirschle: Biochem. Z. **176**, 20 (1926) — Chem. Zbl. **1926 II**, 2444.

[13] J. M. Brannon: Bot. Gaz. **75**, 370 (1923) — Ref.: Ber. Physiol. **21**, 219 (1924) — Chem. Zbl. **1924 I**, 1548.

[14] A. Perrier: C. r. Acad. Sci. Paris **188**, 339 (1929) — Chem. Zbl. **1929 I**, 2891.

[15] T. Lippmaa: C. r. Acad. Sci. Paris **182**, 1040 (1926) — Chem. Zbl. **1926 II**, 2068.

[16] Viktor Czurda: Planta (Berl.) **2**, 67 (1926) — Chem. Zbl. **1927 I**, 1964.

[17] E. F. Terroine, S. Trautmann u. R. Bonnet: C. r. Acad. Sci. Paris **179**, 342—344 — Chem. Zbl. **1924 II**, 2173.

[18] Phyllis A. Hicks: Bot. Gaz. **86**, 193 (1928) — Chem. Zbl. **1929 I**, 762.

[19] A. Maige: Cellule **35**, 325 (1925) — Chem. Zbl. **1926 I**. 412.

[20] K. Kudicke u. E. Evers: Z. Hyg. **101**, 317 (1924) — Chem. Zbl. **1924 I**, 1551. — A. Dubois: C. r. Soc. Biol. Paris **95**, 1130—1132 (1927) — Chem. Zbl. **1927 I**. 318. — K. Schern: Zbl. Bakter. **96**, 350—360 (1926) — Chem. Zbl. **1926 I**, 967.

[21] J. Cotas-Belevur u. André Lwoff: C. r. Soc. Biol. Paris **93**, 1421 (1925) — Chem. Zbl. **1926 I**, 1824.

[22] E. F. Phillips: J. agricult. Res. **35**, 385 (1927) — Chem. Zbl. **1928 I**, 937.

[23] L. M. Bertholf: J. agricult. Res. **35**, 429 (1927) — Chem. Zbl. **1928 I**, 937.

[24] Ernst Gellhorn: Pflügers Arch. **206**, 250—267 (1924) — Chem. Zbl. **1925 I**, 1337.

[25] J. P. Spence u. P. C. Brett: Lancet **201**, 1362 (1921) — Chem. Zbl. **1922 III**, 404. — Karl Traugott: Klin. Wschr. **1**, 892 (1922) — Chem. Zbl. **1922 III**, 534. — A. Gottschalk u. J. Strecker: Klin. Wschr. **1**, 2467 (1922) — Chem. Zbl. **1922 I**, 1055. — M. Bodansky: J. of biol. Chem. **56**, 387 (1923) — Chem. Zbl. **1923 III**, 1292. — A. Schätti: Biochem. Z. **143**, 201 (1923) — Chem. Zbl. **1924 I**, 797. — Robert Meyer-Bisch: Klin. Wschr. **3**, 60 (1924) — Chem. Zbl. **1924 I**, 1218. —

Fütterung von Glykose und Fructose[1]. Nüchternversuche ergaben, daß die Verbrennung von Fructose schnell beginnt[2]. Alimentäre Fructosurie; Lävulosämie und Lävulosurie bei Schwangeren, Leberkranken und Lebergesunden[3]. — Intravenöse Fructoseinjektionen und Zusammensetzung der Lymphe[4]. — 100 g Fructose Menschen injiziert, bewirkt die Senkung des p_H des Blutes für 1 Stunde. Beim Kaninchen wirkt sie prompter[5]. Nach intravenöser Injektion von Fructose setzt eine lang anhaltende Vergrößerung der Leber ein[6]. Nach Fructoseinjektion an Kaninchen kommt es nicht zu einer Zuckerausscheidung durch die Speicheldrüse[7]. — Die Fructosetoleranz wird nach einmaliger Gabe von 0,25 ccm Tetrachlorkohlenstoff pro kg an Hund vermindert. Die Toleranzherabsetzung nimmt auch bis zum 3. Tag zu, um am 5. oder 6. Tag die Norm wieder zu erreichen[8]. Einfluß gleichzeitiger enteraler Zufuhr von Glykose und Fructose auf die Galaktosetoleranz des Kaninchens[9]. — Resorptionsversuche mit Fructose durch den Darm[10]. Wird — auf parenteralem Wege dem Organismus zugeführt — zu 97,8 % ausgenutzt[11]. Einfluß von Fructose auf den respiratorischen Quotienten[12]. Wirkung der Fructose auf die Milchsäureproduktion der Gewebe und des Blutes[13]. Oxydation

Meyer Bodansky: J. of biol. Chem. 58, 515 (1923) — Chem. Zbl. 1924 I, 1966. — Alfred Gigon: Z. exper. Med. 40, 1 (1924) — Chem. Zbl. 1924 II, 204. — A. v. Fejér u. G. Hetényi: Z. exper. Med. 42, 670—677 — Chem. Zbl. 1924 II, 1948. — Robert Meyer-Bisch u. Franz Günther: Biochem. Z. 152, 286—301 (1924) — Chem. Zbl. 1925 I, 698. — Robert Meier-Bisch: Z. exper. Med. 44, 355—368 (1925) — Chem. Zbl. 1925 I, 1502. — Alfred Gigon: Helvet. chim. Acta 8, 35—37 (1925) — Chem. Zbl. 1925 I, 1757. — H. K. Barrenscheen, Friedrich Doleschall u. Ludwig Popper: Biochem. Z. 177, 67—75 (1926) — Chem. Zbl. 1927 I, 123. — B. Harrow, F. W. Power u. C. P. Sharwin: Proc. Soc. exper. Biol. a. Med. 24, 422 — Ref.: Ber. Physiol. 40, 787 (1927) — Chem. Zbl. 1927 II, 2207.

[1] Georg Eisner: Z. exper. Med. 60, 271 (1928) — Chem. Zbl. 1928 II, 1115.

[2] Harold L. Higgins: Amer. J. Physiol. 41, 258 (1922) — Chem. Zbl. 1923 III, 327.

[3] Snapper u. S. van Creveld: Bull. Soc. méd. Hôp. Paris 50, Nr 17 (1926) — Chem. Zbl. 1928 II, 1790. — S. van Creveld u. W. L. Ladenius: Z. klin. Med. 107, 328 (1928) — Chem. Zbl. 1928 II, 1790. — Hermann K. Barrenscheen: Biochem. Z. 127, 222—230 (1922) — Chem. Zbl. 1922 I, 1153. — Otto Folin u. Hilding Berglund: J. of biol. Chem. 51, 213 (1922) — Chem. Zbl. 1922 III, 69. — Géza Hetényi: Dtsch. med. Wschr. 48, 1250 (1922) — Chem. Zbl. 1922 III, 1269. — J. Snapper, A. Grünbaum u. S. van Crefeld: Nederl. Tijdschr. Geneesk. 70, 1600 (1926) — Chem. Zbl. 1926 I, 3408. — G. J. Cassidy, S. Dworkin u. H. W. Finney: Amer. J. Physiol. 77, 211 (1926) — Chem. Zbl. 1926 II, 904. — F. Basch u. L. Pollak: Arch. f. exper. Path. 125, 89 (1927) — Chem. Zbl. 1928 I, 217. — Hans Wörner: Klin. Wschr. 2, 208 (1923) — Chem. Zbl. 1923 IV, 8. — John G. Reinhold u. Walter G. Karr: J. of biol. Chem. 72, 345 (1927) — Chem. Zbl. 1928 I, 375.

[4] R. Meyer-Bisch u. F. Günther: Pflügers Arch. 209, 81, 92, 107 — Chem. Zbl. 1925 II, 1691.

[5] Alfred Gigon: Z. exper. Med. 44, 107—115 (1924) — Chem. Zbl. 1925 I, 2316.

[6] Hans Mautner: Arch. f. exper. Path. 126, 255 (1927) — Chem. Zbl. 1928 I, 1059.

[7] Jules Jeangros: Biochem. Z. 200, 367 (1928) — Chem. Zbl. 1929 I, 3115.

[8] Paul D. Lamson u. Raymond Wing: J. of Pharmacol. 28, 399—408 (1926) — Chem. Zbl. 1927 I, 318.

[9] Ralph C. Corley: J. of biol. Chem. 76, 31 (1928) — Chem. Zbl. 1928 II, 1007.

[10] James Arthur Hewitt: Biochemic. J. 18, 161 (1924) — Chem. Zbl. 1924 I, 2443. — Carl F. Cori: Proc. Soc. exper. Biol. a. Med. 22, 495 (1925) — Chem. Zbl. 1926 I, 3488 — Proc. Soc. exper. Biol. a. Med. 23, 459—461 (1926) — Ber. Physiol. 36, 630 (1926) — Chem. Zbl. 1927 I, 313 — J. of biol. Chem. 70, 577—585 (1926) — Chem. Zbl. 1927 I, 761.

[11] C. Porcher, L. Anger u. Brigando: C. r. Soc. Biol. Paris 98, 51 — Chem. Zbl. 1928 I, 2964.

[12] K. Miyazaki u. J. Abelin: Biochem. Z. 149, 109 — Chem. Zbl. 1924 II, 1705. — J. Abelin u. E. Goldener: Klin. Wschr. 4, 1733 — Chem. Zbl. 1925 II, 2174. — Kurt Schirlitz: Biochem. Z. 183, 23 (1927) — Chem. Zbl. 1927 II, 586. — H. J. Brechmann: Z. Biol. 86, 447 (1927) — Chem. Zbl. 1928 I, 86. — Harry J. Deuel jr.: J. of biol. Chem. 75, 367 (1927) — Chem. Zbl. 1928 I, 820. — E. P. Cathcart u. J. Markowitz: J. of Physiol. 63, 309 (1927) — Chem. Zbl. 1928 II, 69.

[13] Waclaw Moraczewski u. Egon Lindner: Biochem. Z. 125, 49—68 (1921) — Chem. Zbl. 1922 I, 986. — Fritz Laquer u. Paul Meyer: Hoppe-Seylers Z. 124, 211 (1922) — Chem. Zbl. 1923 I, 985. — J. A. Collazo u. J. Supniewski: Biochem. Z. 154, 423—443 (1925) — Chem. Zbl. 1925 I, 2708 — C. r. Soc. Biol. Paris 92, 367—369 (1925) — Chem. Zbl. 1925 II, 411. — R. J. Loebell: Biochem. Z. 161, 219 (1925) — Chem. Zbl. 1926 I, 155. — C. Lundsgaard u. S. A. Holboell: C. r. Soc. Biol. 95, 50 (1926) — Chem. Zbl. 1926 II, 906. — Andor Lányi: Magy. orv. Arch. 27, 566 (1926) — Chem. Zbl. 1927 II, 277. — Artur Abraham: Z. klin. Med. 104, 609 (1926) — Chem. Zbl. 1927 I, 2439. — J. Wohlgemuth: Biochem. Z. 186, 43 (1927) — Chem. Zbl. 1928 I, 220. — E. S. Turcatti: C. r. Soc. Biol. Paris 98, 175 — Chem. Zbl. 1928 I, 2512. — Y. Harada: Biochem. Z. 188, 172 (1927) — Chem. Zbl. 1928 II, 265. — Eisuke Ishikawa: Biochem. Z. 195, 469 (1928) — Chem. Zbl. 1928 II, 910. — S. A. Holboell: C. r. Soc. Biol. Paris 94, 125 (1926) — Chem. Zbl. 1926 I, 2810.

in alkalischer Lösung in Gegenwart von Blut[1]. In Lösungen von Natriumbicarbonat oder Dinatriumhydrophosphat wird Fructose von Jod kaum oxydiert. Insulin allein oder mit Blut, Serum oder Leberextrakt in vitro hat keinen Einfluß[2]. — Assimilation der Fructose[3]. Wird durch die Froschniere unverändert durchgelassen[4], Fructose und Insulin[5]. — Die Ausscheidungskurve für Fructose beim hungernden, phlorrhizindiabetischen Hund ist nahezu gleich mit der der Glykose und Galaktose verlaufend. Fructose wird zu 100% in Glykose umgesetzt[6]. Die Phagocytose der Histiocyten wird stark durch Fructose erhöht[7]. Die Belastungsprobe zur Differentialdiagnose und Prognose der Leberinsuffizienz mit Fructose zeigt brauchbare Resultate, wenn nicht die Quantität der im Urin enthaltenen Kohlehydratmengen, sondern die Ausscheidungsdauer für die qualitativ nachweisbaren Kohlehydrate bestimmt wird[8]. Untersuchungen über die Wirkung der Fructose bei der chronischen Encephalitis[9]. — Der Blutzuckergehalt bei entmilzten Hunden nach Eingabe von Fructose ergibt stärkeren Anstieg als normal. Der Unterschied wird einige Tage nach der Operation deutlich und erhält sich etwa 1 Jahr[10]. Fructose zeigt antiketogene Wirkung auf die Ketosis des Hungerns[11]. Galaktose, Glykose, Maltose regen die Salzsäuresekretion stärker an als Lactose, Fructose und Arabinose. Saccharase nimmt eine Mittelstellung ein[12]. Wirkung der Fructose bei Avitaminose[13]. Bei Kranken mit Ulcus duodeni oder ventriculi tritt nach Genuß von 80 g Fructose in 300 ccm Flüssigkeit eine deutliche Blutzuckersteigerung auf[14]. Es wurde an mit Amyntal narkotisierten Tieren, die keine hypoglykämischen Krämpfe haben, festgestellt, daß Fructose den Schauerreflex wiederherstellt[15]. Nach 2,5 g Fructose pro kg bei Hunden mit durchschnittenen hinteren Wurzeln steigt der Zuckergehalt des Portalvenen- und Ohrenvenenbluts an[16]. Fructose und Saponinhämolyse[17], Neosalvarsanflockung des Serums[18], Citrat- oder Oxalatplasmagerinnung[19].

[1] Maurice Nicloux: Bull. Soc. Chim. biol. Paris 10, 1135 (1928) — Chem. Zbl. 1929 I, 771.

[2] Gordon A. Alles u. Howard M. Winegarden: J. of biol. Chem. 58, 225 (1924) — Chem. Zbl. 1924 II, 367.

[3] Gunnar Ahlgren: Skand. Arch. Physiol. (Berl. u. Lpz.) 44, 167 (1923) — Chem. Zbl. 1924 I, 2528. — O. Meyerhof, K. Lohmann u. R. Meier: Biochem. Z. 157, 459—491 (1925) — Klin. Wschr. 4, 341—343 (1925) — Chem. Zbl. 1925 II, 317. — S. J. Steinberg: Pflügers Arch. 217, 686 (1927) — Chem. Zbl. 1928 I, 821.

[4] F. Wankell: Pflügers Arch. 208, 604 — Chem. Zbl. 1925 II, 1371.

[5] E. C. Noble u. J. J. R. Macleod: Amer. J. Physiol. 64, 547 (1923) — Chem. Zbl. 1923 III, 510. — Percy Theodore Herring, James Colquhoun Irvine u. John J. Rickard Macleod: Biochemic. J. 18, 1023—1042 (1925) — Chem. Zbl. 1925 I, 2388. — Carl Voegtlin, Edith R. Dunn u. J. W. Thompson: Amer. J. Physiol. 71, 574—582 (1925) — Chem. Zbl. 1925 II, 199. — A. Moschini: Boll. Soc. med.-chir. Pavia 36, 393 (1924) — Ref.: Ber. Physiol. 31, 69 — Chem. Zbl. 1925 II, 1459 — Arch. ital. Biol. 74, 126 (1924) — Chem. Zbl. 1926 I, 2113. — Carl F. Cori u. Gerty T. Cori: J. of biol. Chem. 72, 597 (1927) — Chem. Zbl. 1927 II, 712. — Gerty T. Cori u. Carl F. Cori: J. of biol. Chem. 72, 615 (1927). — Paul Radt, Brugsch u. Horsters: Biochem. Z. 188, 178 (1928) — Chem. Zbl. 1928 II, 265. — E. Grafe u. F. Meythaler: Arch. f. exper. Path. 131, 80 (1928) — Chem. Zbl. 1928 II, 1003. — Leo Pollak: Arch. f. exper. Path. 125, 102 (1927) — Chem. Zbl. 1928 I, 217. — Carl F. Cori u. Gerty T. Cori: J. of biol. Chem. 76, 755 (1928) — Chem. Zbl. 1928 II, 1459. — Gerty T. Cori u. Carl F. Cori: J. of biol. Chem. 73, 555 (1927) — Chem. Zbl. 1928 II, 1459. — Ralph C. Corley: J. of biol. Chem. 81, 81 (1929) — Chem. Zbl. 1929 I, 1973. — G. Eisner u. F. Lewy: Klin. Wschr. 7, 2111 (1928) — Chem. Zbl. 1929 I, 99.

[6] H. J. Deuel u. W. H. Chambers: J. of biol. Chem. 65, 7 (1925) — Chem. Zbl. 1926 I, 154.

[7] Kazuichi Usui: Trans. jap. path. Soc. 14, 87 (1924) — Chem. Zbl. 1927 I, 1973.

[8] H. Jacoby: Dtsch. med. Wschr. 53, 232—233 (1927) — Chem. Zbl. 1927 I, 1873. — Curt Hornemann: Z. exper. Med. 37, 56 (1923) — Chem. Zbl. 1924 I, 795.

[9] A. v. Fejér u. G. Hetényi: Z. exper. Med. 55, 143 (1927) — Chem. Zbl. 1927 II, 594.

[10] S. Marino: Probl. Nutriz. 2, 1 (1926) — Chem. Zbl. 1927 I, 2570.

[11] Maurice Walter Goldblatt: Biochemic. J. 19, 948 (1925) — Chem. Zbl. 1926 I, 2718.

[12] Paul Mahler: Wien. Arch. inn. Med. 10, 549 (1925) — Chem. Zbl. 1926 I, 3077.

[13] P. Rubino u. J. A. Collazo: Biochem. Z. 140, 258 (1923) — Chem. Zbl. 1923 III, 1418.

[14] W. Scharpff: Klin. Wschr. 5, 138, Tübingen 1926 — Chem. Zbl. 1926 I, 2026.

[15] G. J. Cassidy, S. Dworkin u. W. J. Finney: Amer. J. Physiol. 77, 211 (1926) — Chem. Zbl. 1926 II, 904.

[16] Y. Satake u. S. Hirayma: J. Biophysics 1, 70 (1925) — Chem. Zbl. 1926 II, 259.

[17] Walter Phillips Kennedy: Biochemic. J. 19, 318—321 (1925) — Chem. Zbl. 1925 II, 1059.

[18] Attilio Busacca: Arch. Farmacol. sper. 36, 129, 156, 166, 186 (1923) — Chem. Zbl. 1924 I, 1831.

[19] E. Sluiter: Versl. Akad. Wetensch. Amsterd., Wis- en natuurkd. Afd. 34, 486 (1925) — Chem. Zbl. 1926 I, 152 — Versl. Akad. Wetensch. Amsterd., Wis- en natuurkd. Afd. 34, 949 (1925) — Chem. Zbl. 1926 I, 1436.

Physikalische und chemische Eigenschaften: Krystallisiert rhombisch in Form kleiner
Würfel und ähnelt in Masse dem Aussehen nach dem gewöhnlichen Rohrzucker des Handels;
sie ist in feuchter Umgebung etwas hygroskopisch, ist aber wahrscheinlich in einem paraffi-
nierten Kasten ausreichend vor Feuchtigkeit geschützt[1]. Verhalten der Krystalle gegen polarisiertes Licht, Brechungsindex und Habitus[2]. Röntgendiagramm[3]. Im Vakuum über P_2O_5
getrocknete Fructose absorbiert aus der Luft bei 20° 0,28, 0,63, 73,39% Feuchtigkeit (die
Luftfeuchtigkeit war 1. 60% nach 1 Stunde, 2. 60% nach 9 Tagen, 3. 100% nach 25 Tagen). Die
Wasseraufnahme war auch nach 25 Tagen noch nicht beendigt[4]. Vermindert die Löslichkeit von
Glykose in Wasser[5]. Eine gesättigte Fructoselösung enthält bei 20° 78,8%, bei 30° 81,2%,
bei 40° 84,4% bei 55° 87,7% Fructose[6]. Löslichkeit nach 5stündiger Extraktion mit trocknem
Äthylacetat: 42%[7]. — Ermittlung von Löslichkeiten in Alkohol, Essigester, Äther, Aceton und
Chloroform[8]. Molekulares Lösungsvolumen bei unendlicher Verdünnung, bei 20°, 108,45 ml[9].
Einwirkung der ultravioletten Strahlen auf Fructoselösungen[10]. — Die relative Oberflächen-
spannung 0,1mol. wässeriger Lösung von Fructose wird mit sehr engporiger, formalinisierter
Gelatinemembrane bestimmt[11]. Über das Potential von Fructoselösungen[12]. Schmelzp. 95—100°,
$[\alpha]_D^{20} = -92,0°$ [13].

Die Änderungen des Volums und des Brechungsvermögens während der Mutarotation
der Fructose verlaufen ganz anders als bei der Glykose. Das Volum nimmt wie bei der α-
Glykose zu, doch ist diese Änderung etwa 6mal größer. — Während der Brechungsindex bei
der Glykose steigt, fällt er bei der Fructose, und zwar um so viel, daß die Refraktionskonstante
$\dfrac{n-1}{d} \cdot m$ fast konstant bleibt. Während sich bei der Mutarotation der α-Glykose Wärme entwickelt, wird bei der Mutarotation der krystallinischen Fructose etwa die 8fache Wärmemenge
absorbiert. Die Änderung der Drehung, des Volums, des Brechungsvermögens und der Temperatur während der Mutarotation verläuft nach derselben logarithmischen Gleichung, und
zwar ist die Geschwindigkeitskonstante in allen Fällen fast die gleiche. — Die Isolierung der
α-Fructose gelang nicht, doch zeigte sich, daß in der vorsichtig hergestellten und rasch abgekühlten Schmelze die α-Form in größerer Menge vorhanden ist als in einer alten wässerigen
Lösung, denn in der wässerigen Lösung der Schmelze steigt $[\alpha]_D$ von $-63,6°$ auf $-92,3°$ [14]. —
Ohle[15] kommt zu dem Schluß, daß der der Mutarotation zugrunde liegende chemische Vor-
gang bei der Fructose im wesentlichen in dem Übergang der β-Form des 2, 6-Lactols in die
β-Form des 2,5-Lactols besteht; eine derartige Umlagerung ist nicht denkbar ohne die Annahme
einer intermediären Öffnung der Sauerstoffbrücke; es muß demnach die Ketoform oder ihr
Hydrat in den wässerigen Lösungen dieses Zuckers vorhanden sein[15]. — Es ist ausgeschlossen,
daß die β-Fructose ein wahres Keton ist[9]. Die spezifische Drehung der Fructose nimmt in
Gegenwart von H_2SO_4 mit steigender Konzentration bis zur 18n-Säure zu, fällt aber mit
weiter steigender Konzentration infolge Zersetzung des Zuckers teils ab[16]. Die Enddrehung der

---

[1] R. F. Jackson, C. G. Silsbee u. M. J. Proffitt: Sugar **28**, 380 (1926) — Chem. Zbl.
1926 II, 2361 — Sugar **28**, 326 (1926) — Chem. Zbl. **1926 II**, 1597.

[2] G. T. Keenan: J. Washington Acad. Sci. **16**, 433 (1927) — Chem. Zbl. **1927 I**, 1151.

[3] J. Hengstenberg u. H. Mark: Z. Krystallogr. **72**, 301 (1929) — Chem. Zbl. **1930 I**, 513.

[4] C. A. Browne: Sugar **25**, 73 (1923) — Chem. Zbl. **1923 III**, 120.

[5] Richard F. Jackson u. Clara Gillis Silsbee: Dept. of commerce. Technologic papers
of the bureau of standards **1924**, Nr 259, 277—304 — Z. dtsch. Zuckerind. **1924**, 847—877 — Chem.
Zbl. **1925 I**, 310.

[6] R. F. Jackson, C. G. Silsbee u. M. J. Proffitt: Sugar **27**, 9 (1925) — Chem. Zbl. **1925 I**,
2669.

[7] Congdon u. Young: Z. dtsch. Zuckerind. **1925**, 440 — Chem. Zbl. **1925 II**, 1566.

[8] E. Troje: Z. dtsch. Zuckerind. **1925**, 635 — Chem. Zbl. **1926 II**, 1891.

[9] C. N. Riiber, T. Sörensen u. K. Thorkelsen: Ber. dtsch. chem. Ges. **58**, 737, 964 (1925)
— Chem. Zbl. **1925 I**, 2551; **1925 II**, 276.

[10] P. Beyersdorfer u. W. Heß: Ber. dtsch. chem. Ges. **57**, 1708 (1924) — Chem. Zbl. **1924 II**,
2459.

[11] R. Collander: Protoplasma (Berl.) **3**, 213 (1927) — Chem. Zbl. **1928 I**, 1157.

[12] R. Wurmser u. J. Geloso: J. chim. physique **28**, 424 (1929) — Chem. Zbl. **1930 I**, 1921.

[13] C. Tanaka: Sexagint. Collection of Papers dedicated to Y. Osaka, in celebration of his
60. Birth-day, Kyoto **1927**, 13 — Chem. Zbl. **1928 I**, 2080.

[14] C. N. Riiber u. V. Esp: Ber. dtsch. chem. Ges. **58**, 737 (1925) — Chem. Zbl. **1925 I**, 2551.

[15] Heinz Ohle: Ber. dtsch. chem. Ges. **60**, 1168 (1927) — Chem. Zbl. **1927 II**, 804.

[16] B. Bleyer u. H. Schmidt: Biochem. Z. **138**, 119 (1923) — Chem. Zbl. **1923 III**, 1398 —
Biochem. Z. **135**, 546 (1923) — Chem. Zbl. **1923 III**, 662.

Fructose wird von Natriumbisulfit fast gar nicht verändert ($= -98,0°$)[1]. In Lösungen von Fructose liegt die bei Zusatz von Salzsäure oder Natriumhydroxyd beobachtete Drehungsänderung im Gebiet von p_H 2 bis p_H 11 innerhalb der Beobachtungsfehler. In Lösungen von Fructose beobachtet man nach Zusatz von Phosphat eine Gefrierpunktserniedrigung; diese weist auf eine zwischen Zucker und Phosphat eingetretene, die gesamte Molarkonzentration vermindernde Reaktion hin. Dieser Effekt ist bei Fructose stärker als bei Glykose[2]. — Die Drehung der Fructose wird durch $1^1/_2$ stündiges Erwärmen in siedendem Wasserbad mit 3, 5n-Salzsäure gleich 0[3]. — Einwirkung der Borsäure auf die Mutarotation der Fructose[4]. Ultraviolettabsorption[5]. Über das Potential von Fructoselösungen[6]. Reduziert in der Anaerobiose einige als H-Acceptoren fungierende Farbstoffe. Die Geschwindigkeit der Entfärbung bei großem Fructoseüberschuß innerhalb einer 10^{-3}- bis 10^{-6}n-Methylenblaulösung ist unabhängig von der Konzentration der Methylenblaulösung, wächst mit steigendem p_H und schneller als die Konzentration an Fructose. Ähnlich wie Methylenblau verhalten sich Persulfate. Abbauprodukte und das Grenzpotential der Fructose werden bestimmt[7]. Einwirkung von überhitztem Wasser auf d-Fructose[8]. Fructose wird mit 70proz. H_2SO_4 caramelisiert, andere Zucker, Stärke und Dextrine nicht[9]. Die Anwesenheit von Fructose verursacht bei Ausführung der Fieheschen Reaktion mit 10proz. HCl keinerlei Täuschung[10]. Gibt mit Schwefligsäureanhydrid in wässeriger Lösung keine Schwefelverbindung[11]. Beim Erwärmen mit Calciumbisulfit-Schwefligsäurelösungen bildet sich neben geringen Mengen Ameisensäure als Hauptprodukt α, β, γ-Trioxy-n-buttersäure und eine Sulfosäure, die die Pinoffsche und die Seliwanoffsche Reaktion zeigt[12]. — Gibt die Fichtenspanreaktion schwach[13]. Gibt mit unvollkommen getrockneter HBr bei gewöhnlicher Temperatur eine Purpurfärbung, die sehr schnell dunkelt. Nach $^1/_4$ Stunde sind die Fructosekrystalle mit einer schwarzen, teerigen Masse durchsetzt. Mit HCl gibt unter denselben Bedingungen eine Violettfärbung. Die Färbung geht allmählich in Schwarz über[14]. Überführung in Brommethylfurfurol[15]. — Gibt bei der Destillation in saurer, neutraler oder alkalischer Lösung Formaldehyd ab[16]. Mit der 7—10fachen Menge 80proz. Schwefelsäure bei Zimmertemperatur $2^1/_2$ Stunden lang stehengelassen, mit der 15fachen Menge der angewandten Schwefelsäure an Wasser zugesetzt und 5 Stunden lang auf dem siedenden Wasserbade erwärmt. wurde in einer Ausbeute von 26,6% wiedergewonnen[17]. In phosphathaltigen Fructoselösungen tritt bei $[H\cdot] = 10^{-3}$ bis 10^{-4} eine besonders reaktionsfähige Form der Fructose in nachweisbarer Menge auf[18]. — Die Einwirkung des Ozons hat Schonebaum[19] untersucht. Wird von

---

[1] B. Bleyer u. H. Schmidt: Biochem. Z. **141**, 278 (1923) — Chem. Zbl. **1924 I**, 1356.

[2] Hans v. Euler u. Ragnar Nilsson: Hoppe-Seylers Z. **145**, 184 (1925) — Chem. Zbl. **1925 II**, 1595.

[3] J. D. Filippo: Chem. Weekbl. **25**, 676 (1928) — Chem. Zbl. **1929 I**, 812.

[4] R. Versehnur: Rec. Trav. chim. Pays-Bas et Belg. (Amsterd.) **47**, 423 — Chem. Zbl. **1928 I**, 2354.

[5] L. Kwieciński u. L. Marchlewski: Bull. Inst. Acad. Polon. Sci. Lettres A **1928**, 257 — Chem. Zbl. **1929 I**, 1092.

[6] René Wurmser u. Jean Geloso: J. Chim. physique **25**, 641 (1928) — Chem. Zbl. **1929 I**, 1437.

[7] F. Aubel u. L. Genevois: XII. Intern. Physiologenkongreß in Stockholm **1926**, 11 — Ref.: Ber. Physiol. **38**, 348 (1927) — Chem. Zbl. **1927 I**, 2724.

[8] S. Komatsu u. C. Tanaka- Sexagint. Collection of Papers dedicated to Y. Osaka, in celebration of his 60. Birth-day, Kyoto **1927**, 1 — Chem. Zbl. **1928 I**, 2079. — C. Tanaka: Sexagint. Collection of Papers dedicated to Y. Osaka, in celebration of his 60. Birth-day, Kyoto **1927**, 13 — Chem. Zbl. **1928 I**, 2080.

[9] Hans Riffart u. Constantin Pyriki: Z. Unters. Nahrgsmitt. usw. **48**, 197—207 (1924) — Chem. Zbl. **1925 I**, 311.

[10] E. Troje: Z. dtsch. Zuckerind. **1925**, 635 — Chem. Zbl. **1926 II**, 1891.

[11] C. Zay: Staz. sperim. agraz. ital. **57**, 82 (1924). — Chem. Zbl. **1924 II**, 897.

[12] Erik Hägglund u. Helmut Urban: Ber. dtsch. chem. Ges. **62**, 2046 (1929) — Chem. Zbl. **1929 II**, 2661.

[13] H. Steudel u. E. Peiser: Hoppe-Seylers Z. **139**, 205—211 (1924) — Chem. Zbl. **1925 I**, 94.

[14] H. Colin u. E. Ruppol: Bull. Soc. Chim. biol. Paris **9**, 928 (1927) — Chem. Zbl. **1928 I**, 555.

[15] Emil Heuser u. Wilhelm Schott: Cellulosechemie **4**, 85 (1924) — Chem. Zbl. **1924 I**, 1803.

[16] G. Klein: Biochem. Z. **169**, 132 (1926) — Chem. Zbl. **1926 I**, 3221.

[17] A. Kiesel u. N. Semiganowsky: Ber. dtsch. chem. Ges. **60**, 333—338 (1927) — Chem. Zbl. **1927 I**, 1624.

[18] Richard Kuhn u. Paul Jacob: Hoppe-Seylers Z. **113**, 389 (1924) — Chem. Zbl. **1925 I**, 461.

[19] C. W. Schonebaum: Rec. Trav. chim. Pays-Bas et Belg. (Amsterd.) **41**, 44 (1922) — Chem. Zbl. **1922 III**, 666.

verdünntem 0,15proz. H_2O_2 bei 70° in neutraler und in saurer Lösung nur ganz unbedeutend angegriffen, in alkalischer Lösung wird bei 70° schnell zersetzt; bei gewöhnlicher Temperatur ist dagegen die Zersetzung, auch in alkalischer Lösung, nur ganz unbedeutend[1]. Die von Fructose reduzierte Indigomenge entspricht einer Aufnahme von 3 Atomen Sauerstoff auf 1 Mol Fructose. — Bei der Titration mit Kitonblau entsprachen 1 Mol Fructose einer Sauerstoffaufnahme von genau 2 Atomen. Dieses würde der Bildung von Oxyglykonsäure entsprechen. Bei nachfolgender Titration mit Indigo wurden noch je ein weiteres Sauerstoffatom aufgenommen[2]. HNO_3 wirkt auf Fructose ohne Zersetzung und verursacht eine langsame Drehungsabnahme[3]. Bei der Oxydation von Fructose mit HNO_3 bildet sich neben Oxalsäure in beträchtlicher Menge Mesoxalsäure[4]. Zerfällt bei der Oxydation mit Chrommischung unter Bildung von Formaldehyd[5]. — Oxydation in Gegenwart von Phosphaten[6]. — Autooxydation der Fructose in Gegenwart von Metallen[7]. Wird von $1/_{50}$n-ClO_2 nicht angegriffen[8]. Über das Verhalten der Fructose bei der Einwirkung von Kaliumpermanganat bei wechselnder Acidität[9]. — Oxydation mit Natriummanganat in alkalischer Lösung[10]. Oxydation mit Luft unter Einwirkung des Sonnenlichts[11]. — Oxydation in alkalischer Lösung mit Sauerstoff[12]. — Bei der Oxydation von Fructose mit Fehlingscher Lösung wird in Gegenwart von Borat erheblich weniger Cu_2O abgeschieden[13]. Mechanismus der Fructoseoxydation mit Kupferacetatlösungen[14]. — Einwirkung von Alkalien auf Fructose[15]. — Fructose gibt unter denselben Bedingungen in Kalkwasser mit Luft oxydiert weniger Kohlensäure, jedoch mehr Oxalsäure als Glykose[16]. — Fructose spaltet in alkalischer Lösung Methylglyoxal ab. Mit zunehmender $[OH^-]$ fällt die Ausbeute an Methylglyoxal, Na_2SO_3 begünstigt seine Bildung[17]. Fructose zersetzt sich vollständig bis zum Verschwinden der α-Naphtholreaktion, wenn man sie mit 10proz. Kalkmilch in siedendem Wasserbade erwärmt[18]. Bei der

---

[1] C. W. Schonebaum: Rec. Trav. chim. Pays-Bas et Belg. (Amsterd.) **41**, 503 (1922) — Chem. Zbl. **1923 I**, 1119.

[2] Edmund Knecht u. Eva Hibbert: J. chem. Soc. Lond. **127**, 2854 (1925) — Chem. Zbl. **1926 I**, 2672.

[3] B. Bleyer u. H. Schmidt: Biochem. Z. **138**, 119 (1923) — Chem. Zbl. **1923 III**, 1398 — Biochem. Z. **135**, 546 (1923) — Chem. Zbl. **1923 III**, 662.

[4] F. D. Chattaway u. H. J. Harris: J. chem. Soc. Lond. **121**, 2703 (1922) — Chem. Zbl. **1923 III**, 1068.

[5] Ottornio Angelucci: Giorn. Chim. ind et appl. **6**, 538 (1924) — Chem. Zbl. **1925 I**, 895.

[6] Otto Warburg u. Muneo Yabusoe: Biochem. Z. **146**, 380 (1924) — Chem. Zbl. **1924 II**, 312. — H. A. Spoehr: J. amer. chem. Soc. **46**, 1494 (1924) — Chem. Zbl. **1924 II**, 937. — Otto Meyerhof u. Kennosuke Matsuoka: Biochem. Z. **150**, 1 (1924) — Chem. Zbl. **1924 II**, 1785. — C. Neuberg u. M. Kobel: Biochem. Z. **155**, 499 (1925) — Chem. Zbl. **1925 I**, 2082. — Franz Wind: Biochem. Z. **159**, 58 (1925) — Chem. Zbl. **1925 II**, 801. — H. A. Spoehr u. P. C. Wilbur: J. of biol. Chem. **69**, 421 (1926) — Chem. Zbl. **1927 I**, 264.

[7] H. A. Krebs: Biochem. Z. **180**, 377 (1927) — Chem. Zbl. **1927 I**, 1783.

[8] Erich Schmidt u. Günther Malyoth: Ber. dtsch. chem. Ges. **57**, 1834—1837 (1924) — Chem. Zbl. **1925 I**, 98.

[9] Richard Kuhn u. Paul Jacob: Z. physik. Chem. **113**, 389 (1924) — Chem. Zbl. **1925 I**, 459. — Richard Kuhn u. Theodor Wagner-Jauregg: Ber. dtsch. chem. Ges. **58**, 1441 (1925) — Chem. Zbl. **1925 II**, 2205.

[10] W. L. Evans, C. A. Buchler, C. D. Losker, R. A. Crawford u. C. W. Holl: J. amer. chem. Soc. **47**, 3085 (1925) — Chem. Zbl. **1926 I**, 2183.

[11] C. C. Palit u. N. R. Dhar: J. physik. Chem. **32**, 1263 (1928) — Chem. Zbl. **1928 II**, 2549.

[12] M. Nicloux: C. r. Soc. Biol. Paris **99**, 226 — Chem. Zbl. **1928 II**, 1077 — C. r. Acad. Sci. Paris **186**, 1218 — Chem. Zbl. **1928 I**, 3050.

[13] M. Levy u. E. A. Doisy: J. of biol. Chem. **77**, 733 — Chem. Zbl. **1928 II**, 539.

[14] W. L. Evans, W. D. Nicole, G. C. Strouse u. C. E. Waring: J. amer. chem. Soc. **50**, 2267 (1928) — Chem. Zbl. **1928 II**, 1760.

[15] W. L. Evans, R. H. Edgar u. G. P. Hoff: J. amer. chem. Soc. **48**, 2665 (1926) — Chem. Zbl. **1927 I**, 64. — W. L. Evans u. J. E. Hutchmann: J. amer. chem. Soc. **50**, 1496 — Chem. Zbl. **1928 I**, 3051. — W. L. Evans u. W. R. Comthwaite: J. amer. chem. Soc. **50**, 486 — Chem. Zbl. **1928 I**, 1848.

[16] M. H. Power u. Fred. W. Upson: J. amer. chem. Soc. **48**, 195 (1926) — Chem. Zbl. **1926 I**, 2566.

[17] F. Fischler: Hoppe-Seylers Z. **157**, 1 (1926) — Chem. Zbl. **1926 II**, 2414.

[18] J. Schlemmer: Listy Cukrovarnické **45**, 243 — Z. Zuckerind. tschechoslowak. Rep. **51**, 422 (1927) — Chem. Zbl. **1927 II**, 881.

Reaktion zwischen Fructose und Alkalien bildet sich Milchsäure[1]. Fructose wird mit geschmolzenen kaustischen Alkalien zu 90—95% der angewendeten Menge zu Carbonat unter Entwicklung von Methan und Wasserstoff oxydiert. 90% oder mehr der reagierenden Mengen werden nach folgender Gleichung oxydiert:

$$C_6H_{12}O_6 + 8\,NaOH \rightarrow 4\,Na_2CO_3 + 2\,H_2O + 2\,CH_4 + 4\,H_2,$$

während der Rest nach folgender Gleichung reagiert:

$$C_6H_{12}O_6 + 12\,NaOH \rightarrow 6\,Na_2CO_3 + 12\,H_2\,[2].$$

Verhalten gegen Ammoniak[3], Harnstoff[4], Aminosäuren[5], Peptone[6], Proteine[7]. Osazonbildung[8]. Fructose mit 2 ccm einer 1promill. Tryptophanlösung in konzentrierter HCl auf 100° erhitzt gibt eine rotbraune oder 5 Minuten lang mit 1promill. Tryptophanlösung in HCl zu 1:1 erhitzt eine tiefbraunrote Färbung. Saccharose, Raffinose und Sorbose geben ebenfalls diese Reaktion. Mit einer Lösung von Indol in HCl 1:1 zeigt Fructose eine Tiefbraunfärbung[9]. Löst man o- und m-Dinitrobenzol in 5 ccm absolutem Alkohol auf, macht mit 3 Tropfen 30proz. NaOH alkalisch und gibt die doppelte Raummenge 1proz. Fructoselösung zu, so entsteht eine violette, allmählich verblassende Färbung[10]. Gibt beim Erhitzen mit salzsaurem Resorcin gelb gefärbte Lösungen, zum Teil mit Bildung von Sediment[11]. Gibt mit Triketohydrindenhydrat (Ninhydrin) gelblichbraune, in der Wärme rötlichbraune Färbung[12]. Die Kondensation der Glykose mit Glycerin in Gegenwart von Fructose verläuft, ohne daß die beiden Zucker miteinander eine Verbindung eingehen[13].

Gärung: Verhalten der Fructose gegen Bacterium coli[14], Bacillus Truffanti[15], Bacillus ostrei[16], Bacillus mycoides[17], Milzbrandbacillen[18], Rauschbrandbacillen[19], Bacillus pyocyaneus[20].

---

[1] W. Windisch, P. Kolbach u. H. Ruckdeschel: Wschr. Brauerei **44**, 405, 417, 429, 441 (1927) — Chem. Zbl. **1928 I**, 124

[2] H. S. Fry u. E. Otto: J. amer. chem. Soc. **50**, 1138 — Chem. Zbl. **1928 I**, 2801.

[3] Arthur R. Ling u. Dinshaw Rattonji Nanji: J. soc. Chem. Ind. **41**, 151 (1922) — Chem. Zbl. **1922 III**, 825.

[4] Alexander Hynd: Biochemic. J. **20**, 195 (1926) — Chem. Zbl. **1926 I**, 2791.

[5] C. Neuberg u. M. Kobel: Biochem. Z. **162**, 496 (1925) — Chem: Zbl. **1926 I**, 621 — Biochem. Z. **174**, 464 (1926) — Chem. Zbl. **1926 II**, 3059 — Biochem. Z. **162**, 496 (1926) — Chem. Zbl. **1926 I**, 621. — H. v. Euler u. E. Brunius: Hoppe-Seylers Z. **161**, 265 (1926) — Chem. Zbl. **1927 I**, 715. — G. Quagliariello u. P. de Lucia: Boll. Soc. Ital. di Biol. sper. **2**, 26 — Ref.: Ber. Physiol. **40**, 764 (1927) — Chem. Zbl. **1927 II**, 2179. — Hans v. Euler u. Hugo Johansson: Sv. Kem. Tidskr. **40**, 263 (1928) — Chem. Zbl. **1929 I**, 228.

[6] H. v. Euler u. E. Brunius: Ber. dtsch. chem. Ges. **60**, 992 (1927) — Chem. Zbl. **1927 I**, 2538 — Ber. dtsch. chem. Ges. **59**, 1581 (1926) — Chem. Zbl. **1926 II**, 1131.

[7] H. Pringsheim u. M. Winter: Ber. dtsch. chem. Ges. **60**, 278 (1927) — Chem. Zbl. **1927 I**, 1026.

[8] Marc. H. van Laer u. R. Lombaers: Bull. Soc. Chim. Belgique **30**, 296—301 (1921) — Chem. Zbl. **1922 I**, 678.

[9] Pierre Thomas u. Elena Maftei: Bul. Soc. da Stiinte din Cluj **3**, 41—44 (1926) — Chem. Zbl. **1927 I**, 779.

[10] A. O. Gettler: J. of Pharmacol. **21**, 161 (1923) — Chem. Zbl. **1923 IV**, 491.

[11] B. Glaßmann: Hoppe-Seylers Z. **150**, 16 (1925) — Chem. Zbl. **1926 I**, 1465.

[12] H. Riffert: Biochem. Z. **131**, 78 (1922) — Chem. Zbl. **1923 II**, 827.

[13] H. S. Gilchrist u. C. B. Purves: J. chem. Soc. Lond. **127**, 2735 (1925) — Chem. Zbl. **1926 I**, 2185.

[14] O. Fernández u. T. Garméndia: An. soc. espanoles Fis. Quim. **21**, 166 (1923) — Chem. Zbl. **1923 III**, 1416. — K. Nagai: Biochem. Z. **141**, 261 (1923) — Chem. Zbl. **1924 I**, 352. — Juda Hirsch Quastel u. Margaret Dampier Whethem: Biochemic. J. **19**, 645 (1925) — Chem. Zbl. **1926 I**, 967. — P. Rona u. H. W. Nicolai: Biochem. Z. **172**, 212 (1926) — Chem. Zbl. **1926 II**, 777. — O. Fernández u. T. Garméndia: Z. Hyg. **108**, 329 — Chem. Zbl. **1928 I**, 1783.

[15] G. Truffant u. N. Bezssonoff: C. r. Acad. Sci. Paris **175**, 544 (1922) — Chem. Zbl. **1923 I**, 110.

[16] A. Besson u. G. Ehringer: C. r. Soc. Biol. Paris **87**, 1017 (1922) — Chem. Zbl. **1923 I**, 780.

[17] J. Perlberger: Zbl. Bakter. II **62**, 1 — Chem. Zbl. **1924 II**, 1217.

[18] Martin Kristensen: Zbl. Bakter. I **101**, 220—224 (1927) — Chem. Zbl. **1927 I**, 1330.

[19] E. Levens: Zbl. Bakter. I **88**, 474 (1922) — Chem. Zbl. **1923 I**, 110.

[20] A. Rochaix u. E. Banssillon: C. r. Soc. Biol. Paris **84**, 538 (1923) — Chem. Zbl. **1923 III**, 1036. — E. Aubel: C. r. Acad. Sci. Paris **173**, 1493 (1921) — Chem. Zbl. **1923 III**, 1286.

— Das Wachstum von stickstoffbindenden Bakterien ist in schwachen 1 promill. Lösungen stärker als in konzentrierten Lösungen[1]. — Nitrobacter Winogradskyi, N. roseo-albus, N. flavus, N. punctatus und N. opacus können ihren C-Bedarf aus Fructose decken[2]. Bakterienwachstum und Säurebildung[3]. Verhalten gegen Staphylokokken[4], gegen mannitbildende Bakterien[5]. Untersuchungen über das Verhalten gegenüber Bacillus Welchii, Vibrio septicus, B. fallax, B. tertius, B. tetani, B. pseudotetani, B. botulinus, B. bifermentans, B. oedomaticus, B. aerofoetidus, B. sporogenes, B. histolyticus und B. putrificus[6]. Fructose wird von einer Reinkultur eines Granulobaktertyps vollständig vergoren, und die Acidität der Nährflüssigkeit fällt, nachdem sie ihr Maximum erreicht hat, wieder steil ab[7]. — Milchsäuregärung[8]. — Visköse Gärung mit einer Torulaart[9]. Alkoholische Gärung der Fructose[10]. — Die Vergärung der Fructose wird durch Zusatz von Tierkohle stets wesentlich beschleunigt[11]. Bei Vergärung von Fructose, wenn der Lösung Acetaldehyd zugesetzt wird, erfolgt eine Bildung von Acetoin, bis zu 100% des verwendeten Aldehyds bei Verwendung von Unterhefe oder reiner Oberhefe, in geringerer Ausbeute mit käuflicher Bäckerhefe[12]. Mit der Neubergschen Sulfit-Abfangemethode bekommt man die gleichen Mengen CH_3CHO ohne oder bei Gegenwart von K_2HPO_4 durch Gärung von Fructose mit Trockenhefe[13]. Bei 5° aufbewahrte 20proz. Lösung von Fructose bleibt bezgl. ihrer Vergärbarkeit 20 Monate lang unverändert[14]. Man erhält durch Zusatz von Fructose zu verdünnten Traubensäften als Nährböden besonders gute Ausbeuten an langlebigen kräftigen Hefen[15]. Einfluß auf die Sporulation der Saccharomyceten[16]. Durch Zusatz von Fructose kann man den Hefeabbau von Acetessigsäure stark erhöhen[17]. Über den Einfluß der Fructose auf die Atmung bei der alkoholischen Gärung[18]. — Verhalten gegen die Nektarhefe Anthomyces Reukaufii[19], Saccharomyces hominis nov. spec.[20],

[1] G. Truffant u. N. Bezssonoff: C. r. Acad. Sci. Paris **177**, 649 (1927) — Chem. Zbl. **1924 I**, 1942.

[2] J. Sack: Zbl. Bakter. II **62**, 15 — Chem. Zbl. **1924 II**, 1216.

[3] A. Ukil: C. r. Soc. Biol. Paris **87**, 1009 (1922) — Chem. Zbl. **1923 I**, 780. — Bokorny: Allg. Brauer- u. Hopfen-Ztg **65**, 743 (1925) — Chem. Zbl. **1925 II**, 1176.— Lucy Dell Henry u. M. S. Marshall: J. Labor. a. clin. Med. **12**, 474—477 (1927) — Ber. Physiol. **40**, 527 (1927) — Chem. Zb. **1927 II**, 1971. — L. Mullerova: Stud. Plant physiol. Labor. Charles Univ. Prague **3**, 56—85 (1926) — Ber. Physiol. **40**, 588—589 — Chem. Zbl. **1927 II**, 1713.

[4] H. W. Nicolai u. N. Kageura: Biochem. Z. **196**, 246 (1928) — Chem. Zbl. **1928 II**, 1451.

[5] H. R. Stiles, W. H. Peterson u. E. B. Fred: J. of biol. Chem. **64**, 643 (1925) — Chem. Zbl. **1926 I**, 425.

[6] Arthur Isaac Kendall, Alexander Alfred Day u. Arthur Williams Walker: J. inf. Dis. **30**, 141—210 (1922) — Chem. Zbl. **1922 III**, 389.

[7] Guy C. Robinson: J. of biol. Chem. **53**, 125 (1922) — Chem. Zbl. **1922 III**, 1382.

[8] W. H. Peterson, E. B. Fred u. J. A. Anderson: J. of biol. Chem. **53**, 111 (1922) — Chem. Zbl. **1922 III**, 1381. — J. v. Saitcew: Zbl. Bakter. II **72**, 4 (1927) — Chem. Zbl. **1927 II**, 2723.

[9] R. Guyot: C. r. Soc. Biol. Paris **97**, 857 (1928) — Chem. Zbl. **1928 II**, 822.

[10] Emil Abderhalden: Fermentforschg **5**, 273 (1922) — Chem. Zbl. **1922 I**, 980. — Th. Bokorny: Allg. Brauer- u. Hopfen-Ztg **1922**, 1057, 1149 — Chem. Zbl. **1923 I**, 360. — A. Fernbach u. N. Schiller: C. r. Acad. Sci. Paris **178**, 2196 (1924) — Chem. Zbl. **1924 II**, 1107. — H. Lundin: Biochem. Z. **141**, 310 (1923) — Chem. Zbl. **1927 I**, 1395. — F. Lieben: Biochem. Z. **135**, 240 (1923) — Chem. Zbl. **1923 III**, 866. — H. v. Euler u. K. Josephson: Hoppe-Seylers Z. **153**, 10 (1926) — Chem. Zbl. **1926 II**, 232. — Albert L. Raymond u. J. G. Blanco: J. of biol. Chem. **79**, 649 (1928) — Chem. Zbl. **1929 I**, 680. — Reginald Haydn Hopkins: Biochemic. J. **22**, 1145 (1929) — Chem. Zbl. **1929 I**, 1707.

[11] Emil Abderhalden: Fermentforschg **5**, 255 (1922) — Chem. Zbl. **1922 I**, 980.

[12] C. Neuberg u. E. Reinfurth: Biochem. Z. **143**, 553 (1923) — Chem. Zbl. **1924 I**, 1396. — J. Hirsch: Biochem. Z. **131**, 178 (1923) — Chem. Zbl. **1923 I**, 104.

[13] F. Hemmi: Biochemic. J. **17**, 327 (1923) — Chem. Zbl. **1923 III**, 863.

[14] L. D. Henry u. M. S. Marshall: J. Labor. a. clin. Med. **12**, 474 (1927) — Chem. Zbl. **1927 I**, 2229.

[15] A. Osterwalder: Zbl. Bakter. II **71**, 357 (1927) — Chem. Zbl. **1927 II**, 2074.

[16] Felix Wagner: Zbl. Bakter. II **75**, 4 (1928) — Chem. Zbl. **1928 II**, 678.

[17] St. Weiß u. M. Altai: Z. exper. Med. **47**, 606 (1925) — Chem. Zbl. **1926 I**, 704.

[18] Otto Meyerhof: Biochem. Z. **162**, 43 (1925) — Chem. Zbl. **1926 I**, 702.

[19] Friedrich Hautmann: Arch. Protistenkde **48**, 213—244 (1924) — Ber. Physiol. **29**, 562 bis 563 (1925) — Chem. Zbl. **1925 I**, 2569.

[20] T. Benedek: Zbl. Bakter. I. Abt. **104**, 291 (1927) — Chem. Zbl. **1928 I**, 368.

Clostridium thermocellum[1], verschiedene Moniliaarten[2], Sterygmatocystis nigra[3] (Glykonsäurebildung), Aspergillus und Penicilliumarten[4]. — Citronensäurebildung[5]. Einwirkung von Aspergillus fumaricus[6].

Derivate: Fructosemonophosphorsäure. Man behandelt Fructose mit P_2O_5 in Gegenwart von tertiären Basen und fällt die entstandene Phosphorsäureester aus der Lösung mit $CaCO_3$ als Ca-Salz aus[7].

Phenylhydrazinsalz des Hydrazons der Fructose-1-phosphorsäure[8] $C_{18}H_{27}O_8N_4P$. Schmilzt nicht, färbt sich bei 93—95° braun und sintert unter Schwarzfärbung bei 107—110° zusammen. $[\alpha]_D^{25} = -15{,}0° \rightarrow -33{,}6°$ in Pyridin + Methylalkohol 1 : 1.

Fructosediphosphorsäure. Natriumsalz. Verhalten gegen menschliche Organpulver[9], gegen Streptococcus lactis[10], bei der Gärung[11], gegen Saccharase[12], gegen das Milchsäureferment der Muskel[13].

Fructose-6-phosphorsäureester[14] $C_6H_{11}O_6H_2PO_3$. Aus Fructose oder aus α-Diacetonfructose in Pyridin mit $POCl_3$. Weißes Pulver, reduziert leicht Fehlingsche Lösung. Wird durch Hefe und Zymin gespalten. **Ba-Salz.** $[\alpha]_D^{18} = -17{,}6°$ und $-19{,}4°$.

Fructose-sulfosäure[15]. Beim Erwärmen von Fructose mit Calciumbisulfit-Schwefligsäurelösungen. Bruzinsalz: $C_{23}H_{26}O_4N_2$, H_2SO_3, $C_6H_{12}O_6$. Aus Alkohol prismatische Krystalle, Schmelzp. 246—247° unter Zersetzung. Bariumsalz: $C_2H_{12}O_2$, SO_3H, $Ba/2 + H_2O$. Die Säure wird mit Brom nicht verändert. Gibt die Pinoffsche und Seliwanoffsche Reaktion. Die freie Säure zersetzt sich beim Eindicken ihrer wässerigen Lösung bei 100° unter SO_2-Entwicklung, ebenso beim Kochen mit 10proz. Schwefelsäure, ist gegen kalte 2n-Natronlauge beständig. In der Hitze tritt langsam Zersetzung ein.

Normale Tetraacetylfructose[16]. $[\alpha]_D = -83{,}93°$ in Chloroform, $-82{,}04°$ in Alkohol[16]. Ist gegen Insulinvergiftungen schwach wirksam[17]. Verhinderte bei Vergärungsversuchen mit Bacterium coli commune Escherich, Bacillus acidi lactici Hüppe und Bacillus lactis aerogenes Escherich durch starke Abspaltung von Säure jedes Wachstum der Bakterien[18].

[1] W. H. Peterson, E. B. Fred u. E. A. Maten: J. of biol. Chem. **70**, 309—317 (1926) — Chem. Zbl. **1927 I**, 470.

[2] Aldo Castellani u. Frank E. Taylor: Ann. Inst. Pasteur **36**, 789 (1922) — Chem. Zbl. **1923 II**, 297 — Biochemic. J. **16**, 655 (1922) — Chem. Zbl. **1923 II**, 381. — I. Jacono u. L. Avellone: Riv. Pat. sper. **1**, 328 (1926) — Ref.: Ber. Physiol. **39**, 463 (1927) — Chem. Zbl. **1927 II**, 841.

[3] Martin Molliard: C. r. Acad. Sci. Paris **178**, 161 (1924) — Chem. Zbl. **1924 I**, 1813 — C. r. Soc. Biol. Paris **90**, 1395 (1924) — Chem. Zbl. **1924 II**, 682.

[4] J. M. Brannon: Bot. Gaz. **76**, 257 (1923) — Chem. Zbl. **1924 II**, 680. — Emile F. Terroine u. René Wurmser: C. r. Acad. Sci. Paris **175**, 228 (1922) — Chem. Zbl. **1922 III**, 1383.

[5] K. Bernhauer: Biochem. Z. **197**, 309 (1928) — Chem. Zbl. **1928 II**, 1342. — H. Amelung: Hoppe-Seylers Z. **166**, 161 (1927) — Chem. Zbl. **1927 II**, 583.

[6] Reinhold Schreyer: Biochem. Z. **202**, 131 (1928) — Chem. Zbl. **1929 I**, 1707.

[7] Société Chimique des Usines du Rhône, übertr. von P. E. Goissedet u. A. L. Husson: A.P. 1598370 v. 15. September 1925; Canad.P. 259038 v. 16. September 1925 — Chem. Zbl. **1926 II**, 2493.

[8] Albert L. Raymond u. P. A. Levene: J. of biol. Chem. **83**, 619 (1929) — Chem. Zbl. **1929 II**, 3125.

[9] Elemér Forrai: Biochem. Z. **145**, 47, 54 (1924) — Chem. Zbl. **1924 I**, 2883, 2884.

[10] Artturi J. Virtanen: Hoppe-Seylers Z. **134**, 300 (1924) — Chem. Zbl. **1924 II**, 56.

[11] Emil Abderhalden: Fermentforschg **6**, 162 (1922) — Chem. Zbl. **1922 III**, 888.

[12] H. v. Euler u. K. Josephson: Hoppe-Seylers Z. **132**, 301 (1924) — Chem. Zbl. **1924 I**, 1940.

[13] Otto Meyerhof: Naturwiss. **14**, 196 (1926) — Chem. Zbl. **1926 I**, 2809.

[14] R. Nodzu: J. of Biochem. **6**, 31, 49 (1926) — Chem. Zbl. **1926 II**, 779.

[15] Erik Hägglund u. Helmut Urban: Ber. dtsch. chem. Ges. **62**, 2046 (1929) — Chem. Zbl. **1929 II**, 2661.

[16] A. Pictet u. H. Vogel: Helvet. chim. Acta **11**, 436 — Chem. Zbl. **1928 I**, 2803 — Helvet. chim. Acta **11**, 209 — Chem. Zbl. **1928 I**, 1391.

[17] Percy Theodore Herring, James Colquhoun Irvine u. John J. Rickard Macleod: Biochemic. J. **18**, 1023—1042 (1925) — Chem. Zbl. **1925 I**, 2388.

[18] Hermann Hees u. Gaspar Tropp: Zbl. Bakter. I **100**, 273—284 (1926) — Chem. Zbl. **1927 I**, 760.

γ-Fructose-tetraacetat[1]

$$CH_2\!-\!O\!-\!CO\!-\!CH_3$$
$$\mid$$
$$C\!-\!(OH)$$
$$CH_3\!-\!CO\!-\!O\!-\!C\!-\!H$$
$$H\!-\!C\!-\!O\!-\!CO\!-\!CH_3 \qquad O$$
$$H\!-\!C$$
$$\mid$$
$$CH_2\!-\!O\!-\!CO\!-\!CH_3$$

Fructose wird nach Hudson und Brauns[2] mit Acetanhydrid und $ZnCl_2$ bei tiefer Temperatur in das Tetraacetat übergeführt und die alkoholische Mutterlauge des Hauptproduktes (normale Form) im Vakuum verdampft. Es resultiert ein dickes Öl, das mit kaltem Wasser langsam glasig erstarrt. Nach Analyse und reduzierender Wirkung auf alkalicher Cu-Lösung lag ein zweites Tetraacetat vor, und zwar — entsprechend dem sehr geringen Drehungsvermögen — vermutlich ein solches der γ-Reihe. Dessen Bildung wäre so zu erklären, daß sich in Lösungen der Fructose ein Gleichgewicht zwischen beiden Formen einstellt, wie schon Ohle[3] angenommen hat, und zwar in vorliegendem Falle (Acetanhydrid) etwa von 97 Teilen normale : 3 Teilen γ [4]. Zur Isolierung des Tetraacetats wird das Reaktionsgemisch in Wasser gegossen, mit $NaHCO_3$ neutralisiert, mit Chloroform geschüttelt, Chloroformlösung eingeengt, Krystalle des normalen Acetats vom Öl getrennt, aus letzterem der Rest des normalen Acetats mit absolutem Äther herausgelöst[4]. $[\alpha]_D = -2,30°$ in Chloroform, $-3,27°$ in Alkohol. γ-Acetat ist sehr wenig löslich in kaltem, leicht löslich in heißem Wasser; sehr wenig löslich in Äther, leichter in Alkohol, Chloroform; unlöslich in Petroläther, schmeckt sehr bitter, entfärbt schwach warme $KMnO_4$[4].

Aus Tetraacetyl-γ-Äthylfructosid mit Acetylchlorid und Salzsäure. Öl $[\alpha]_D = +31,5°$. Kann auch aus Inulin hergestellt werden, ist aber dann nicht so rein. Eine 10proz. Lösung von Triacetylinulin in Acetylchlorid gab mit Salzsäure bei Anwendung von 42 g Inulintriacetat 32,8 g Tetraacetyl-γ-fructose und 3,4 g einer krystallinen Triacetyl-anhydrofructose[5].

Fructosepentaacetate. Für α-Fructosepentaacetat berechnet sich $[\alpha]_D^{20} = -5°$ und für die $\beta = -103°$ in Chloroform. Die bekannten Pentaacetate haben jedoch $[\alpha]_D^{20} = +34,7°$ und $-121°$ in Chloroform. Es ist unwahrscheinlich, daß die rechtsdrehende Verbindung die α-Form vorstellt, sie hat vielleicht eine andere Ringstruktur als die anderen Verbindungen. Die linksdrehende Form ist vielleicht die β-Form[6].

Fluortetraacetylfructose $C_{14}H_{19}O_9F$. Aus β-Pentaacetylfructose mit HF; aus heißem Alkohol umkrystallisiert, zeigt den Schmelzp. 112°. $[\alpha]_D^{20} = -90,43°$ (in Chloroform). Geschmack bitter; sehr wenig löslich in Petroläther; wenig löslich in Alkohol, leicht löslich in Benzol[7].

Acetochlorfructosen (Chloracetylfructosen). Die Verbindung mit $[\alpha]_D^{20} = +45°$ in Chloroform ist die α-Verbindung, die andere mit $[\alpha]_D^{20} = -161$ in Chloroform ist die β-Verbindung, also umgekehrt von dem, wie es Brauns angenommen hatte[6]. Dargestellt nach Brauns. $[\alpha]_D = -176,9°$ (CCl_4), $-132,9°$ (Acetonitril), $-159,1°$ (Chloroform). In den beiden erstgenannten Lösungsmitteln bleibt die Drehung konstant, in Chloroform sinkt sie mit zunehmender Geschwindigkeit. Auch beim Aufbewahren in Substanz über $CaCl_2$ und KOH bei 15 mm nimmt die Drehung allmählich ab[8]. Aus β-Pentaacetylfructose mit Titantetrachlorid[9].

[1] A. Pictet u. H. Vogel: Helvet. chim. Acta **11**, 436 — Chem. Zbl. **1928 I**, 2803 — Helvet. chim Acta **11**, 209 — Chem. Zbl. **1928 I**, 1391 — C. r. Acad. Sci. Paris **186**, 724 — Chem. Zbl. **1928 I**, 2247.

[2] Hudson u. Brauns: J. amer. chem. Soc. **37**, 2739 (1915).

[3] H. Ohle: Ber. dtsch. chem. Ges. **60**, 1168 (1927) — Chem. Zbl. **1927 II**, 804.

[4] A. Pictet u. H. Vogel: C. r. Acad. Sci. Paris **186**, 724 — Chem. Zbl. **1928 I**, 2247.

[5] James Colquhoun Irvine, John Walter Hyde Oldham u. Andrew Forrester Skinner: J. amer. chem. Soc. **51**, 1279 (1929) — Chem. Zbl. **1929 II**, 287.

[6] C. S. Hudson: J. amer. chem. Soc. **46**, 477 (1924) — Chem. Zbl. **1924 I**, 2101.

[7] D. H. Brauns: J. amer. chem. Soc. **45**, 2381 (1923) — Chem. Zbl. **1924 I**, 1507 — J. amer. chem. Soc. **45**, 833 (1923) — Chem. Zbl. **1923 III**, 27.

[8] H. H. Schlubach u. G. A. Schröter: Ber. dtsch. chem. Ges. **61**, 1216 (1928) — Chem. Zbl. **1928 II**, 540. — D. H. Brauns: J. amer. chem. Soc. **42**, 1846 (1920) — Chem. Zbl. **1921 I**, 73.

[9] Heinz Ohle, Wladimir Marecek u. Walter Bourjan: Ber. dtsch. chem. Ges. **62**, 833 (1929) — Chem. Zbl. **1929 I**, 2745.

Schmelzp. 82°; $[\alpha]_D^{18} = -160,47°$ in Chloroform[1]. α-Acetochlorfructose reagiert mit Trimethylamin, die β-Acetochlorfructose dagegen nicht[2].

Tetraacetyl-chlor-γ-fructose[3]. Aus Tetraacetyl-γ-fructose mit Acetylchlorid und Salzsäure.

Bromtetraacetylfructose $C_{14}H_{19}O_9Br$. Aus β-Pentaacetylfructose in Eisessig mit Eisessig-HBr in der Kälte; Ausschütteln der Lösung mit kaltem Chloroform, krystallinisch aber sehr unbeständig, nach einigen Stunden übergehend in β-Tetraacetylfructose; Schmelzpunkt 65°. Geschmack bitter, leicht löslich außer in Petroläther, $[\alpha]_D^{20} = -186°$ (in Chloroform) nach 25 Minuten, für die reine Substanz $[\alpha]_D^{20} = -189,1°$[4].

Tetracarbomethoxyfructose[5] $C_{14}H_{20}O_{14}$. Bei der Einwirkung von Chlorkohlensäuremethylester und Pyridin auf Fructose. Prismen aus Alkohol vom Schmelzp. 126—127°; Platten aus heißem Wasser. $[\alpha]_D = -75,1°$ in Aceton bei $c = 2,47$; $[\alpha]_D = -77,6°$ in Aceton bei $c = 2,04$; $= -98,1°$ in Chloroform bei $c = 1,44$; $= -80,6°$ in 5proz. alkoholischer Salzsäure bei $c = 0,62$, ein Wert, der bei Zimmertemperatur konstant bleibt und bei 80° in 24 Stunden auf $-3,5°$ abfällt.

Tetracarbäthoxyfructose[5] $C_{18}H_{28}O_{14}$. Öl, das nach einem Jahr krystallisierte; aus Alkohol + Äther Krystalle. Schmelzp. 118°. $[\alpha]_D = -97,0$ bis $-95,3°$ in Chloroform bei $c = 1,6$; $= -72,0°$ in Aceton bei $c = 0,6$. — Daneben entsteht ein strohgelbes Öl, das Kaliumpermanganat in der Kälte momentan entfärbt, und aus dem in siedendem Äther eine isomere Tetracarbäthoxyfructose von $[\alpha]_D = -19°$ in Aceton bei $c = 2,4$ entzogen werden kann. Reduziert Fehlingsche Lösung, aber Kaliumpermanganat nicht mehr so ausgesprochen.

Fructose-monocarbomethoxydicarbonat[5] $C_{10}H_{10}O_{10}$. Durch Einwirkung von Chlorkohlensäuremethylester auf Fructose in wässeriger Lösung bei Gegenwart von Alkali bei 0°. Öl, das mit Alkohol krystallisiert. Wiederholt aus Aceton + Äther umgelöst bildet Prismen vom Schmelzp. 192°; $[\alpha]_D = -78,5°$ in Aceton bei $c = 0,82$. — Aus den alkoholischen Mutterlaugen scheidet sich auf Zusatz von Aceton eine Verbindung $C_{17}H_{18}O_{16}$. Nadeln vom Schmelzp. 196°. Ausbeute 0,2 g. — Beide Verbindungen reduzieren Fehlingsche Lösung in der Wärme, aber keine Kaliumpermanganatlösung.

Acetonverbindungen. Konstitution[6].

Fructosemonoaceton

$$\begin{array}{l}
\mathrm{CH_2{-}O}\!\diagdown \\
\qquad\qquad\mathrm{C}\!\diagup\!\!\!\diagdown \;\mathrm{CH_3} \\
\mathrm{C{-}{-}O}\!\diagup\qquad\mathrm{CH_3} \\
\;\;| \\
\mathrm{HO{-}C{-}H} \\
\;\;| \\
\mathrm{H{-}C{-}OH}\qquad\qquad \mathrm{O}\;^{7} \\
\;\;| \\
\mathrm{H{-}C} \\
\;\;| \\
\mathrm{CH_2{-}OH}
\end{array}$$

Entsteht bei der partiellen Hydrolyse des α-Fructosediacetons mit 0,,1proz. Salzsäure bei 30°. — Schmelzp. 120—121°; $[\alpha]_D^{20} = -145,0°$ in Wasser (statt $-158,9°$).

β-Monacetonfructose. Bei der Behandlung von β-Diacetonfructose mit $^1/_{10}$n-Schwefelsäure[8]. — $[\alpha]_D^{22} = +27,62°$. — Leicht löslich in Methylalkohol, Alkohol, Aceton, Essigäther, Chloroform, Wasser, wird daraus von Alkalien nicht gefällt; wenig löslich in Äther, schwer

[1] Heinz Ohle, Wladimir Marecek u. Walter Bourjan: Ber. dtsch. chem. Ges. **62**, 833 (1929) — Chem. Zbl. **1929 I**, 2745.

[2] Fritz Micheel u. Hertha Micheel: Ber. dtsch. chem. Ges. **63**, 386 (1930) — Chem. Zbl. **1930 I**, 2236.

[3] James Colquhoun Irvine, John Walter Hyde Oldham u. Andrew Forrester Skinner: J. amer. chem. Soc. **51**, 1279 (1929) — Chem. Zbl. **1929 II**, 287.

[4] D. H. Brauns: J. amer. chem. Soc. **45**, 2381 (1923) — Chem. Zbl. **1924 I**, 1507 — J. amer. chem. Soc. **45**, 833 (1923) — Chem. Zbl. **1923 III**, 27.

[5] Charles Frederick Allpress u. Walter Normann Haworth: J. chem. Soc. Lond. **125**, 1223 (1924) — Chem. Zbl. **1924 II**, 2023.

[6] Heinz Ohle: Ber. dtsch. chem. Ges. **60**, 1168 (1927) — Chem. Zbl. **1927 II**, 804.

[7] James Colquhoun Irvine u. Jocelyn Patterson: J. chem. Soc. Lond. **121**, 2146 (1922) — Chem Zbl. **1923 III**, 741.

[8] Heinz Ohle u. Ilse Koller: Ber. dtsch. chem. Ges. **57**, 1566 (1924) — Chem. Zbl. **1924 II**, 2021.

löslich in siedendem Petroläther und Benzin. Reduziert Fehlingsche Lösung erst nach dem Kochen mit Säuren. Liefert bei der Acetonierung mit Kupfersulfat β-Diacetonfructose zurück[1].

Diacetonfructosen, Konstitution[2]. Als entscheidender Faktor bei der Bildung der Diacetonfructose erwies sich die Säurekonzentration bei der Acetonierung. Arbeitet man ohne Säure, nur mit wasserfreiem Kufersulfat als Katalysator, so erhält man lediglich α-Diacetonfructose. Bei ganz niedriger Säurekonzentration: 0,25 ccm Schwefelsäure auf 100 ccm Aceton bilden sich bereits ganz geringe Mengen des Isomeren, die mit steigender Säurekonzentration auf Kosten der α-Verbindung zunehmen, bis sie bei einer Konzentration von 4 ccm Schwefelsäure auf 100 ccm Aceton zum Hauptprodukt der Reaktion werden, woraus sich das Darstellungsverfahren ergibt. Auch Rohrzucker läßt sich vorteilhaft zu diesem Zwecke verwenden. Die Trennung von der Diacetonglykose erfolgt durch fraktionierte Fällung mit Natronlauge. Inulin wird ebenfalls unter diesen Bedingungen unter Aufspaltung des Kohlenhydratkomplexes in β-Diacetonfructose übergeführt[1].

α-**Diacetonfructose.** Konstitution:

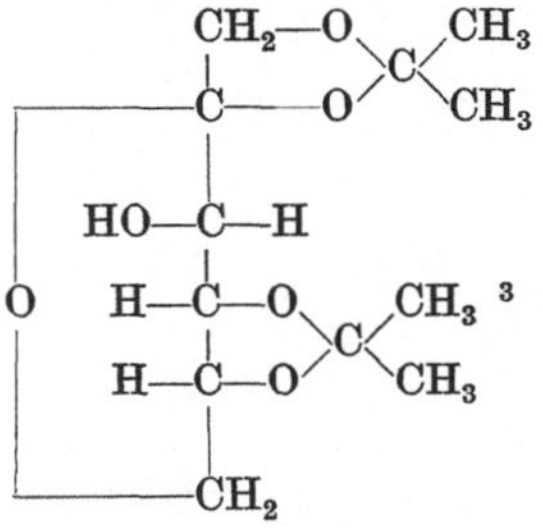

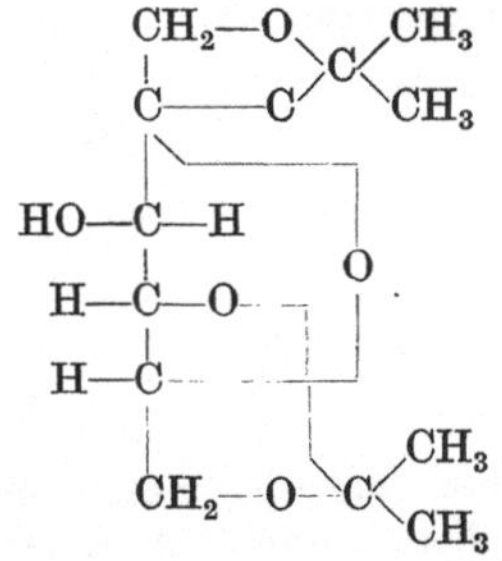

Bei der Darstellung nach Irvine und Hynd[4] empfiehlt sich Zusatz einer kleinen Menge von fein gepulvertem Bariumcarbonat beim Erhitzen oder Konzentrieren von Lösungen. — Das Umkrystallisieren geschieht zuerst mit Ligroin mit Ätherzusatz, dann Ligroin allein[5]. — Die Kondensation von γ-Methylfructosid ($[\alpha]_D = +16°$ in Äthylacetat) mit Aceton durch 3 stündiges Kochen mit überschüssigem Aceton gelingt nicht. Dagegen findet Kondensation statt, wenn das Fructosid in der Kälte mit dem 20 fachen Gewicht Aceton $+$ 0,2% Salzsäure 20 Stunden geschüttelt wird. Man erhält in einer Ausbeute von 60% α-Fructosediaceton[5]. 75 g Fructose werden mit 1,5 l Aceton $+$ 7,5 ccm konzentrierter Schwefelsäure etwa 20 Stunden geschüttelt, wobei völlig Lösung eintritt; dann wird mit Ammoniakgas bis zur alkalischen Lösung behandelt, filtriert, eingedampft, zuletzt unter vermindertem Druck, und der Rückstand mit Äther aufgenommen. Die ätherische Lösung wird mit verdünnter Schwefelsäure, dann mit Natronlauge ausgeschüttelt, mit Natriumsulfat getrocknet, eingedampft, der Rückstand aus Benzin umgelöst. — Erhalten 32 g reine α-Diacetonfructose. Aus den Benzinmutterlaugen werden noch 10 g eines Gemisches der β- und α-Verbindung gewonnen. Die lösliche Natronlaugefraktion enthält 2, 3-Monoacetofructose und schwefelhaltige Nebenprodukte[1]. — Schmelzp. 119—120°; $[\alpha]_D = -160,1°$ in Wasser. Partielle Hydrolyse in 0,1 proz. Salzsäure bei 30° liefert Fructosemonoaceton, Schmelzp. 120—121°; $[\alpha]_D^{20} = -145,0°$ in Wasser (statt $-158,9°$). — Schmelzp. 116—118°; $[\alpha]_D^{27}$ in Wasser $= -160,7°$[6]. Durch Lösen von Fructose in Aceton-$ZnCl_2$, Entfernen des überschüssigen Acetons im Vakuum, Übersättigen mit NaOH und Ausäthern. Krystalle aus Petroläther, Schmelzp. 114,5°[7].

---

[1] Heinz Ohle u. Ilse Koller: Ber. dtsch. chem. Ges. **57**, 1566 (1924) — Chem. Zbl. **1924 II**, 2021.

[2] K. Freudenberg u. A. Doser: Ber. dtsch. chem. Ges. **56**, 1243 (1923) — Chem. Zbl. **1923 III**, 743. — K. Freudenberg u. O. Svanberg: Ber. dtsch. chem. Ges. **55**, 3239 (1923) — Chem. Zbl. **1923 I**, 45. — James Colquhoun Irvine u. Jocelyn Patterson: J. chem. Soc. Lond. **121**, 2146 (1922) — Chem. Zbl. **1923 III**, 741. — Heinz Ohle u. Ilse Koller: Ber. dtsch. chem. Ges. **57**, 1566 (1924) — Chem. Zbl. **1924 II**, 2021. — Charles Frederick Allpress: J. chem. Soc. Lond. **1926**, 1720 — Chem. Zbl. **1926 II**, 2694. — Heinz Ohle: Ber. dtsch. chem. Ges. **60**, 1168 (1927).

[3] Cameron Gordon Anderson, William Charlton, Walter Norman Haworth u. Vincent Stanley Nicholson: J. chem. Soc. Lond. **1929**, 1337 — Chem. Zbl. **1929 II**, 2771.

[4] Irvine u. Hynd: J. chem. Soc. Lond. **95**, 1220 (1909) — Chem. Zbl. **1909 II**, 97.

[5] James Colquhoun Irvine u. Jocelyn Patterson: J. chem. Soc. Lond. **121**, 2146 (1922) — Chem. Zbl. **1923 III**, 741.

[6] R. Nodzu: J. of Biochem. **6**, 31, 49 (1926) — Chem. Zbl. **1926 II**, 779.

[7] H. O. L. Fischer u. C. Taube: Ber. dtsch. chem. Ges. **60**, 485 (1927) — Chem. Zbl. **1927 I**, 1672.

3-Äthansulfo-α-diacetonfructose $C_{14}H_{24}O_8S$. Aus α-Diacetonfructose in Pyridin mit Äthansulfochlorid. Schmelzp. $100{-}101°$. $[\alpha]_{578}^{20} = -163,62°$ in Acetylen-tetrachlorid[1].

3-p-Toluolsulfo-α-diaceton-fructose $C_{19}H_{26}O_8S$. 10 g α-Diacetonfructose werden in 50 ccm trockenem Benzol gelöst, mit Na im Überschuß versetzt und erwärmt. Nach Stehenlassen wird die Wasserstoffentwicklung beendet; der Na-Überschuß wird entfernt und die Lösung mit 5 g (0,7 Mol) Toluolsulfochlorid versetzt. Krystalle aus Methylalkohol, Schmelzp. $97°$. $[\alpha]_{578}^{20} = -159,5°$ in Acetylen-tetrachlorid[1].

α-Diacetonfructose-6-phosphorsäureester[2] $C_{12}H_{16}O_6H_2PO_3$. Reduziert Fehlingsche Lösung erst nach Hydrolyse. $[\alpha]_D^{20} = -84,7°$ (Ba-Salz)[2].

Na-Verbindung der Diacetonfructose. Bildet sich rasch unter Wasserstoffentwicklung, wenn die Lösung der Diacetonfructose in einer indifferenten Flüssigkeit mit Natrium versetzt wird. Löst sich in Petroläther, Äther und Benzol leichter als Diacetonfructose. Wird durch Stehen an der Luft oder durch $NaHCO_3$ zersetzt. Bildet in festem Zustande eine hellgelbe, harzige Masse[3].

β-Diacetonfructose

$$\begin{array}{c}
\text{CH}_2\text{—OH} \\
| \\
(\text{CH}_3)_2\text{C} \overset{\text{O—C}\underline{\qquad\qquad\qquad}}{\underset{\text{O—C—H}}{\Big\langle}} \\
\text{H—C—O} \\
\quad\quad\quad \Big\rangle\text{C(CH}_3)_2 \quad\quad \text{O}^4 \\
\text{H—C—O} \\
| \\
\text{H}_2\text{C}\underline{\qquad\qquad\qquad}
\end{array}$$

10 g Fructose, 200 ccm Aceton und 8 ccm Schwefelsäure werden geschüttelt; nach 3 Stunden tritt völlige Lösung ein, Aufarbeitung wie bei der α-Verbindung beschrieben. Erhalten 6,5 g reiner β-Diacetonfructose. Aus den Mutterlaugen läßt sich ein Gemisch der α- und β-Verbindung isolieren. — Aus Rohrzucker: 75 g Rohrzucker, 1,5 l Aceton und 60 ccm Schwefelsäure werden 24 Stunden geschüttelt. Ausbeute 53 g eines Gemisches der beiden Diacetonverbindungen vom Schmelzp. $77°$ und $[\alpha]_D^{18} = -18,6°$, das sich durch Umkrystallisieren aus organischen Lösungsmitteln nicht trennen läßt. — 10 g des Gemisches werden in 130 ccm Wasser gelöst und allmählich mit 60 ccm 10fach normaler Natronlauge versetzt, wobei die β-Diacetonfructose ausfällt. Nach dem Umlösen aus Benzin erhalten 3 g. Aus den alkalischen Mutterlaugen werden durch weiteren Zusatz von Natronlauge 6 g Diacetonglykose gewonnen[5]. — $[\alpha]_D^{22} = -32.9°$ in Wasser bei $c = 3,161$; $= -26,17°$ in Wasser bei $c = 1,856$; $[\alpha]_D^{23} = -28,98°$ in Benzol bei $c = 1,02$; $[\alpha]_D^{21} = -36,69°$ in Alkohol bei $c = 1,172$; $[\alpha]_D^{22} = -33,83°$ in Aceton bei $c = 4,08$. — Siedep. $110{-}115°$ bei $0,175{-}0,20$ mm. Sublimiert auch in gewöhnlichem Vakuum leicht[5]. Schmelzp. $95{-}97°$; $[\alpha]_D^{17}$ in Wasser $= -32,1°$[2]. Ist im Gegensatz zur α-Verbindung und zur Diacetonglykose gegen wässerige verdünnte Säuren bei Zimmertemperatur auffallend beständig. $^1/_{10}$n-Schwefelsäure läßt sie unverändert, erst normale Schwefelsäure spaltet langsam beide Acetonreste gleichzeitig ab, jedoch mit verschiedener Geschwindigkeit, so daß die Abfangung der zugehörigen Monoacetonfructose möglich ist[5].

β-Diacetonfructose-methyläther[5] $C_{13}H_{22}O_6$. Ziemlich leicht flüchtiges Öl vom Siedepunkt $90°$ unter 0,12 mm; $[\alpha]_D^{26} = -35,24°$ in Alkohol bei $c = 2,554$; $n_D^{22,5} = 1,4512$.

β-Diacetonfructose-acetylderivat[5] $C_{14}H_{22}O_7$. Bei der Acetylierung in Gegenwart eines großen Pyridinüberschusses. Nadeln aus Petroläther, Schmelzp. $66°$ und $[\alpha]_D^{25} = -36,02°$ in Alkohol, bei $c = 1,388$.

β-Diacetonfructose-benzoylderivat[5] $C_{19}H_{24}O_7$ aus Benzin Prismen. Aus Alkohol Krystalle vom Schmelzp. $81°$ und $[\alpha]_D^{23} = -21,8°$ in Alkohol bei $c = 1,512$.

β-Diacetonfructose-p-toluolsulfoverbindung[5] $C_{19}H_{26}O_8S$. Schmelzp. $83°$; $[\alpha]_D^{19} = -27,1°$ in Alkohol bei $c = 1,476$.

β-Diacetonfructosephosphorsäureester[2], **Baryumsalz**, zeigt $[\alpha]_D^{23} = -53,5°$.

---

[1] K. Freudenberg, O. Burkhardt u. E. Braun: Ber. dtsch. chem. Ges. **59**, 714 (1926) — Chem. Zbl. **1926 II**, 16.

[2] R. Nodzu: J. of Biochem. **6**, 31, 49 (1926) — Chem. Zbl. **1926 II**, 779.

[3] K. Freudenberg u. R. M. Hixon: Ber. dtsch. chem. Ges. **56**, 2119 (1923) — Chem. Zbl. **1923 III**, 1555.

[4] H. Ohle: Ber. dtsch. chem. Ges. **58**, 2577 (1925) — Chem. Zbl. **1926 I**, 2186 — Ber. dtsch. chem. Ges. **60**, 1168 (1927).

[5] Heinz Ohle u. Ilse Koller: Ber. dtsch. chem. Ges. **57**, 1566 (1924)—Chem. Zbl. **1924 II**, 2021.

β-Diacetonfructoseschwefelsäure[1] $C_{12}H_{20}O_9S$. Aus β-Diacetonfructose und Chlorsulfonsäure in Pyridin. Das Kaliumsalz bildet aus Alkohol Krystalle mit 1 Mol H_2O, das schon bei 40° allmählich abgegeben wird, $[\alpha]_D^{20} = -21,91°$ in Wasser. Das Natriumsalz zeigt $[\alpha]_D^{20} = -22,53°$ in Wasser. Ist leichter löslich als das Kaliumsalz. — Mit Kaliumpermanganat entsteht aus dem Kaliumsalz das Trikaliumsalz einer Säure: $C_9H_{11}O_{11}SK_3 + H_2O$, $[\alpha]_D = +30,5°$, das wahrscheinlich folgende Konstitution besitzt:

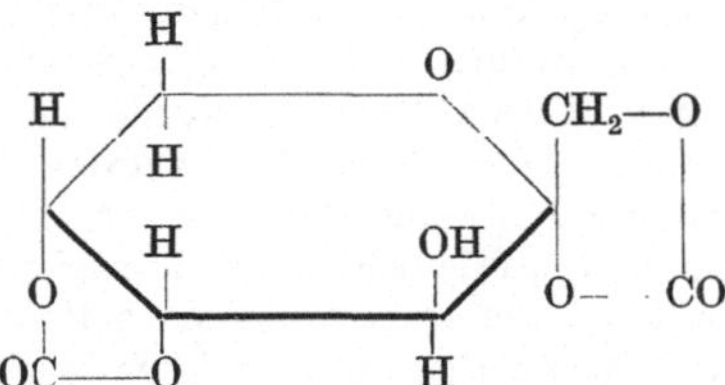

d-Fructosedicarbonat [2, 6][2]. Aus Fructose und Phosgen in Gegenwart von Pyridin $C_8H_8O_8 \cdot 0,5\ H_2O$.

Harte Prismen oder Nadeln aus Wasser. Das Krystallwasser entweicht bei 90°. Schmelzp. 173 bis 174° unter Zersetzung. $[\alpha]_{5780}^{16} = -143°$, $[\alpha]_{5461}^{16} = -159°$ in 50proz. wässerigem Aceton.

Fructosecaramel und Verbindungen in Gegenwart von Ammoniak, Aminosäure usw. Durch Erhitzen von Fructoselösungen auf dem Wasserbade gehen das Polarisationsvermögen und das Reduktionsvermögen zurück. Der Rückgang ist bei konzentrierten Lösungen größer als bei verdünnten und wird durch die Höhe der Temperatur und die Dauer der Einwirkung bedingt. — Das **Fructosecaramel** $C_{12}H_{18}O_9$ ist der Formel nach identisch mit dem Caramelan von Gelis[3]. Es besitzt im Molekül 4 alkoholische OH-Gruppen und verhält sich wie ein Kohlehydrat. Mit Acetanhydrid entsteht eine **Tetraacetylverbindung** $C_{20}H_{26}O_{13}$, mit Phenylhydrazin Verbindung $C_{30}H_{32}O_{12}N_2$. Die Hydrolyse des Fructosecaramels liefert Lävulinsäure, Oxymethylfurfurol und Glykose. **Verbindung $C_{12}H_{21}O_9N$.** Caramelkörper aus Fructose und NH_3, entspricht dem Caramelan von Gelis mit Anlagerung von 1 Molekül NH_3. Der Körper hat andere Eigenschaften als Caramelan und wurde aus dem methylalkoholischen Auszug des Reaktionsproduktes aus Fructose und NH_3 gewonnen.

Verbindung $C_{36}H_{59}O_{25}N_3$. Aus dem in CH_3OH unlöslichen Teil des Caramelisierungsproduktes; leicht löslich in H_2O, besitzt reduzierende Eigenschaften.

Verbindung $C_{12}H_{15}O_6N$. Aus Fructose und Glykokoll, schwarzer Körper. — Eine Reihe weiterer Caramelsubstanzen aus Fructose und Alanin, Asparagin, Glutamin, Harnstoff, Hexamethylentetramin, Asparagin- und Glutaminsäure besitzen zwar reduzierende Eigenschaften, verhalten sich aber nicht wie Kohlehydrate. Die Versuche ergaben, daß der N-Gehalt der gebildeten Caramelkörper nicht allein für die Farbtiefe maßgebend ist.

Beim Erhitzen von Fructoselösungen mit Aminosäuren tritt die Aminosäure in Reaktion, und die Färbung des entstehenden Körpers wird durch Bindung von Stickstoff hervorgerufen. Eine direkte Proportionalität zwischen der Farbtiefe und dem gebundenen Stickstoff ist jedoch nicht vorhanden[3].

[Tetraacetyl-d-fructosido]-trimethylammoniumchlorid[4]. Bei der Einwirkung von Trimethylamin auf α-Acetochlorfructose. — Sehr zersetzliche Krystalle.

---

[1] Heinz Ohle u. Johanna Neuscheller: Ber. dtsch. chem. Ges. **62**, 1651 (1929) — Chem. Zbl. **1929 II**, 760.
[2] Walter Norman Haworth u. Charles Raymond Porter: J. chem. Soc. Lond. **1930**, 151 — Chem. Zbl. **1930 I**, 3029.
[3] B. Ripp: Z. dtsch. Zuckerind. **1926**, 627 — Chem. Zbl. **1926 II**, 2697.
[4] Fritz Micheel u. Hertha Micheel: Ber. dtsch. chem. Ges. **63**, 386 (1930) — Chem. Zbl. **1930 I**, 2236.

Salz der Tetraacetylfructosido-1-schwefelsäure mit Tetraacetylfructosido-1-pyridiniumhydroxyd[1]. Aus Chlortetraacetyl-β-d-fructose mit Pyridin und Silbersulfat. Ist wahrscheinlich ein Gemisch von α- und β-Form. Krystalle aus Essigester, Schmelzp. 97—109° und $[\alpha]_D = -8,48°$.

d-Fructose-2, 4-dichlorphenylhydrazon[2]. Schmelzp. 120°.

d-Fructose-2, 4, 6-trichlorphenylhydrazon[2]. Schmelzp. 185,5°.

p-Brommethylphenylhydrazon[3] $C_{20}H_{24}O_4N_4Br_2$. Aus 50proz. Alkohol Krystalle, Schmelzp. 153°.

Fructose-m-jodphenylhydrazon[4]. Nichtkrystallisiertes Produkt.

Fructose-p-jodphenylhydrazon[4]. Öliges Produkt.

Fructose-m-jodphenylosazon[4] $C_{18}H_{20}O_4N_4J_2$. Aus Fructose oder Glykose. Gelbe Krystalle, Schmelzp. 198—199°, scheidet sich aus Lösungen gelatinös aus.

Fructose-p-jodphenylosazon[4]. Gelatinöses Produkt[4].

Fructosenatrium. Erhalten aus Fructose in flüssigem Ammoniak mit Natrium gelöst in flüssigem Ammoniak[5].

Fructosecalcium $CaO \cdot C_6H_{12}O_6$. Bei der Behandlung einer 5proz. Fructoselösung in der Kälte, unter Abschluß von CO_2, mit festem feinen $Ca(OH)_2$, wird nach dem Filtrieren manchmal eine Lösung erhalten, woraus mit geringer Ausbeute Calciumfruchtzucker in schönen Nädelchen krystallisiert. Dieses Produkt wurde auf einem Büchnertrichter mit Alkohol und Äther ausgewaschen. Diese Nädelchen wurden bis zur Gewichtskonstanz in einem Exsiccator über P_2O_5 während 3 Monate getrocknet. Nach einigen Wochen fing das Produkt an hellgelb zu werden und wurde schließlich kanariengelb. Auch Winter[6] spricht bereits davon, daß sein Produkt bei weiterem Trocknen gelb wird. Watermann und Mitarbeiter sind ausgegangen von 1,2989 g Produkt, der kanariengelbe Stoff wog 0,6568 g. Die Analyse ergab 17,2% Ca, während die Formel $CaO \cdot C_6H_{12}O_6$ 17,0% Ca verlangt. Der Fructosegehalt wurde nach dem Ansäuern bestimmt; gefunden wurden polarimetrisch 53,5%, reduktometrisch 57%, während es theoretisch 76,7% sein sollten. Beim Trocknen zersetzt sich daher ein Teil der Fructose. Zur Darstellung von Fructose ist daher die Ca-Verbindung nicht zu trocknen, sondern naß zu verarbeiten[7].

Monokalk-Monofructose[8] $C_6H_{12}O_6$, CaO, $6 H_2O$. Mono- oder trikline Nadeln mit schiefer Auslöschung und sehr schwacher Doppelbrechung, verliert im Vakuum über Schwefelsäure bei 9° $4 H_2O$. Löslichkeit des Dihydrates bei 15°: 8,47 g pro Liter; $[\alpha]_D^{18} = -39,05°$.

Fructosewismutnitrat[9] $C_6H_{10}O_6(BiNO_3)$. — Aus 18 g Fructose, wie bei Mannose wismutnitrat beschrieben. — In fester Form nicht haltbar.

Natriumfructoseborat[10]. Optische Drehung $[\alpha]_D = -35,2°$.

d, l-Fructose (Bd. II, S. 370).

Bildung: Bei der Vereinigung von Wasserstoff mit Kohlenoxyd unter Luftabschluß in Gegenwart von heißem Zinkstaub zu Formaldehyd bildet sich unter anderen Zuckern d, l-Fructose[11].

---

[1] Heinz Ohle, Wladimir Marecek u. Walter Bourjan: Ber. dtsch. chem. Ges. **62**, 833 (1929) — Chem. Zbl. **1929 I**, 2745.

[2] E. Votoček u. L. Rys: Collect. Trav. chim. Tchécoslovaquie **1**, 346 (1929) — Chem. Zbl. **1929 II**, 1283.

[3] E. Votoček u. R. Lukeš: Chem. Listy **22**, 217 (1928) — Chem. Zbl. **1929 I**, 1684.

[4] E. Votoček, V. Ettel u. B. Koppova: Bull. Soc. Chim. France (4) **39**, 278 (1926) — Chem. Zbl. **1926 I**, 2905.

[5] Leopold Schmid, Alfred Waschkau u. Ernst Ludwig: Mh. Chem. **49**, 107 (1928) — Chem. Zbl. **1928 II**, 1761.

[6] Winter: Ann. Physik **244**, 313 (1888).

[7] H. J. Watermann, O. Rooseboom u. E. L. Oberg: Chem. Weekbl. **25**, 50 (1928) — Chem. Zbl. **1928 I**, 1280.

[8] John Edwin Mackenzie u. James Patterson Quin: J. chem. Soc. Lond. **1929**, 951 — Chem. Zbl. **1929 II**, 1282.

[9] Ernst Maschmann: Arch. Pharmaz. **263**, 99 (1925) — Chem. Zbl. **1925 II**, 159.

[10] George van Barnevald Gilmour: J. chem. Soc. Lond. **121**, 1330 (1922) — Chem. Zbl. **1922 III**, 1373.

[11] Hans Vogel: Z. Zuckerind. tschechosl. Republik **49**, 152 (1925) — Chem. Zbl. **1925 I**, 1700.

d-Sorbinose (d-Sorbose) (Bd. II, S. 370; Bd. X, S. 549).

Bildung: Aus Sorbit bei der Oxydation mit Bromwasser[1]. Bei der Kondensation von Formaldehyd[2].

Physiologische Eigenschaften: Die Beobachtung der Milchsäurebildung durch zerkleinerte Froschmuskulatur unter dem Einfluß von Sorbose führte zur Anschauung, daß auch bei der Spaltung des Glykogens im quergestreiften Muskel ein besonderes Kohlehydrat entsteht, das leicht weiter zu Milchsäure abgebaut wird[3].

Physikalische und chemische Eigenschaften: Sorbose gibt mit unvollkommen getrockneter HBr bei gewöhnlicher Temperatur eine Purpurfärbung, die sehr schnell dunkelt. Nach $^1/_4$ Stunde sind die Krystalle mit einer schwarzen, teerigen Masse durchsetzt. Mit HCl gibt sie unter denselben Bedingungen eine Violettfärbung, die allmählich in schwarz übergeht[4]. Verhält sich bei der Oxydation in neutraler Phosphatlösung wie Fructose[5]. — Mit 2 ccm einer 1 promill. Tryptophanlösung in konzentrierter HCl auf 100° erhitzt gibt eine intensiv rotbraune, oder 5 Minuten lang mit 1 promill. Tryptophanlösung mit HCl 1:1 erhitzt eine tiefbraunrote Färbung. Mit einer Lösung von Indol in HCl 1:1 zeigt Sorbose eine Tiefbraunfärbung[6].

l-Sorbinose (l-Sorbose) (Bd. II, S. 373).

Physikalische und chemische Eigenschaften: $[\alpha]_D$ berechnet $= -40°$[7].

Glutose (Bd. II, S. 373; Bd. X, S. 550).

Bildung: Bei Verarbeitung der Zuckerrohrsäfte[8]. Bei der Einwirkung von Na_2HPO_4 auf Glykose, Mannose und Fructose bei 37°. Gleichgewicht nach 168 Tagen[9].

Darstellung: 500 g Rohrzucker werden in 2000 g Wasser bei 25° mit 2 ccm Invertinpräparat 48 Stunden invertiert, dann mit 284 g Na_2HPO_4 24 Stunden auf 70—75° erhitzt. Das Phosphat wird nach Einengen im Vakuum durch Alkohol gefällt, die Hexosen mit Hefe erschöpfend vergoren. Beim üblichen Aufarbeiten wird ein gelber Sirup, etwa 50% des Gewichts vom Rohrzucker, erhalten[10].

Physiologische Eigenschaften: Glutose wird von Clostridium thermocellum unter Bildung flüchtiger Säuren vergoren[11].

Glutose — obwohl chemisch der Glykose gleichend — verhält sich biologisch ganz anders als diese. Bei oraler Fütterung wird sie fast quantitativ ausgeschieden; Diabetiker zeigen keine Änderung der Zuckerausscheidung. Phlorrhizintiere scheiden die Glutose ebenfalls glatt aus. Glutose schützt nicht vor dem Insulinshock. Hefe bildet kein Hexosephosphat mit Glutose unter den Bedingungen, unter denen sie es mit Glykose tut[12].

Physikalische und chemische Eigenschaften: Das Produkt ist nicht einheitlich, besteht aus einem Gemisch verschiedener Aldosen und Glutosen. Das Osazon konnte in verschiedene

---

[1] H. W. Talen: Rec. Trav. chim. Pays-Bas et Belg. (Amsterd.) **44**, 891 (1925) — Chem. Zbl. **1928 II**, 438. — E. Votoček u. R. Lukeš: Rec. Trav. chim. Bays-Bas. et Belg. (Amsterd.) **44**, 345 (1925) — Chem. Zbl. **1925 II**, 1950.

[2] Plaisance: J. of biol. Chem. **29**, 207 (1927) — Chem. Zbl. **1917 II**, 776. — William Küster u. Felix Schoder: Hoppe-Seylers Z. **141**, 110 (1924) — Chem. Zbl. **1925 I**, 639.

[3] Fritz Laquer u. Paul Meyer: Hoppe-Seylers Z. **124**, 211 (1922) — Chem. Zbl. **1923 I**, 985.

[4] H. Colin u. E. Ruppol: Bull. Soc. Chim. biol. Paris **9**, 928 (1927) — Chem. Zbl. **1928 I**, 555.

[5] Franz Wind: Biochem. Z. **159**, 58 (1925) — Chem. Zbl. **1925 II**, 801.

[6] Pierre Thomas u. Elena Maftei: Bul. Soc. da Stiinte din Cluj **3**, 41—44 (1926) — Chem. Zbl. **1927 I**, 779.

[7] C. S. Hudson: J. amer. chem. Soc. **47**, 268 (1925) — Chem. Zbl. **1925 I**, 2549.

[8] H. J. Watermann: Chem. Weekblad **24**, 66 (1927) — Chem. Zbl. **1927 I**, 2020. — Noboru Taketomi u. Shiro Aritake: J. Soc. chem. Ind. Japan (Suppl.) **31**, 206 B (1929) — Chem. Zbl. **1929 I**, 2360.

[9] H. A. Spoehr u. Harold H. Strain: J. of biol. Chem. **85**, 365 (1929) — Chem. Zbl. **1930 I**, 1461.

[10] H. A. Spoehr u. P. C. Wilbur: J. of biol. Chem. **69**, 421 (1926) — Chem. Zbl. **1927 I**, 264.

[11] W. H. Peterson, E. B. Fred u. E. A. Marten: J. of biol. Chem. **70**, 309—317 (1926) — Chem. Zbl. **1927 I**, 470.

[12] H. D. Dakin, E. M. Benedict u. R. West: Proc. Soc. exper. Biol. a. Med. **23**, 260 (1926) — Chem. Zbl. **1926 II**, 1974 — J. of biol. Chem. **68**, 1 (1926) — Chem. Zbl. **1926 II**, 61.

Fraktionen zerlegt werden, deren Einheitlichkeit zweifelhaft ist. Enthält 25—50% Aldosen. — Bei der Kondensation mit Cyanwasserstoff und Verseifung entsteht ein Gemisch von Glutoheptonsäuren, welches bei der Reduktion mit Jodwasserstoff und Phosphat 2-Methylcapronsäure ergab. — Anhaltspunkte für das Vorliegen einer 3-Ketohexose oder eines 3-Desoxyglykosans konnten nicht erbracht werden.

Hexosen unbekannter Natur (Bd. II, S. 375; Bd. VIII, S. 186; Bd. X, S. 552).

Hexose aus Bakterien.

Die entfetteten Mycobacterium lacticola, Tuberkel- und Diphtheriebacillen wurden mit einer Mischung aus 2 Teilen H_2SO_4 + 1 Teil Wasser gründlich zerrieben. Werden die sirupösen Lösungen mit viel Wasser verdünnt, so gehen die Kohlehydrate in Lösung. Filtrat mit Baryt schwefelsäurefrei machen und zum Sirup eindampfen. Sirup reduziert alkalische CuO-Lösung, gibt die Tollensche Orcin-HCl-Reaktion, bildet mit Essigsäure + Phenylhydrazin Osazon und ist durch stark wirkende Bierhefe nicht vergärbar. Durch Kochen mit der 3 fachen Menge absolutem Alkohol konnten die Pentosen ausgezogen werden mit starker Orcin-HCl-Reaktion, während das ungelöste nur noch Reduktionsvermögen besitzt. Die Pentose- und die Hexosefraktion werden getrennt weiter verarbeitet[1]. Die Nucleinsäure der Tuberkelbacillen enthält eine Hexose als Zuckerkomponente[2].

Hexose aus Adenosinhexosid[3].

Ein von Mandel und Dunham[4] aus Hefe extrahiertes Purinhexosid ergab bei der Spaltung mit methylalkoholischer Salzsäure oder siedender 1proz. Schwefelsäure neben Adenosin einen Zucker, der nicht, wie jene Autoren vermuteten, Gulosazon liefert. Es handelt sich wahrscheinlich um eine Ketose, da er von Bromwasser nicht angegriffen wird. Sein Reduktionsvermögen ist etwa $^1/_3$ so groß wie das der Glykose, $[\alpha]_D^7 = +69\,4°$.

Derivate: Phenylosazon $C_{18}H_{22}O_4N_4$. Orangegelbe mikroskopische Nädelchen vom Schmelzp. 164° (korr.), Zersetzungsp. bei 208°, $[\alpha]_D^{17} = +6° \rightarrow +7°$ in Pyridin + Alkohol. Ein 9 Monate altes Präparat zeigte Schmelzp. 200°, Zersetzungsp. 214°, ein anderes ebenso altes, aber aus Alkohol + Äther umkrystallisiertes Schmelzp. 194° und Zersetzungsp. bei 212°.

Hexose aus Dulcit.

Entsteht beim Erhitzen von Dulcit mit 3 Mol Hydrazin während 6 Stunden auf 180°, charakterisiert als Osazon $C_{18}H_{22}O_4N_4$ vom Schmelzp. 205°[4].

α-l-Rhamnohexose (Bd. II, S. 378).

Physikalische und chemische Eigenschaften: $[\alpha]_D = -65°$[5].

Hexosephosphorsäure (Hexosephosphorsäureester).

Über die Isolierung verschiedener natürlicher Phosphorsäureverbindungen und die Frage ihrer Einheitlichkeit[6]. Entstehung, Umwandlung und Bedeutung der Hexosephosphorsäureester[7].

---

[1] Sakae Tamura: Hoppe-Seylers Z. **89**, 304—311 (1914) — Chem. Zbl. **1914 I**, 1102.

[2] Elmer B. Brown u. Treat B. Johnson: J. amer. chem. Soc. **45**, 1823 (1923) — Chem. Zbl. **1924 I**, 1207.

[3] P. A. Levene: J. of biol. Chem. **59**, 465 (1924) — Chem. Zbl. **1924 II**, 1200.

[4] Ernst Müller u. Hertha Kraemer-Willenberg: Ber. dtsch. chem. Ges. **57**, 575 (1924) — Chem. Zbl. **1924 I**, 2119.

[5] H. D. K. Drew u. W. N. Haworth: J. chem. Soc. Lond. **1926**, 2303 — Chem. Zbl. **1927 I**, 997.

[6] K. Lohmann: Biochem. Z. **194**, 306 (1928) — Chem. Zbl. **1928 II**, 235.

[7] Carl Neuberg: Wschr. d. Brauerei **46**, 1 (1929) — Chem. Zbl. **1929 I**, 1361.

Bildung: Weder mit lebenden Zellen noch mit Dauerpräparaten von Streptococcus lactis konnte bei verschiedenen Ionkonzentrationen eine Synthese von Hexosephosphorsäureester festgestellt werden[1].

Nachweis und Bestimmung: Die Bestimmung beruht auf der Fällung mit Baryt bei alkalischer Lösung, wobei sie von den anderen reduzierenden Stoffen getrennt werden können[2].

Physiologische Eigenschaften: Verhalten gegen Bacterium coli[3]. — Die etwaige Bedeutung von Hexosephosphorsäureestern bei der Knochenbildung; die Knochenphosphatase[4]. — Hexosemonophosphorsaures Barium wird von einem Ferment der Takadiastase zerlegt[5]. — Anteil der Hexosemonophosphate am enzymatischen Zuckerabbau[6]. — Es fehlt noch der klare Beweis, daß das Hexosemonophosphat das zwangsläufige Zwischenprodukt der alkoholischen Zuckerspaltung ist[7].

Physikalische und chemische Eigenschaften: Über den Einfluß von Glykokoll auf dem Natriumsalz der Hexosemonophosphorsäure in bezug auf die Reduktion von Methylenblau[8].

Derivate: Osazone. Es wurden aus Phenylhydrazin und der bei Gegenwart von Dinatriumhydrophosphat und Natriumdihydrophosphat gärenden Saccharose folgende Osazone erhalten: 1. orangefarbene lange Nadeln, Schmelzp. 192°, 2,96% P, 2. Schmelzp. 142—144°, 4,42% P, 3. 3,96% O, 20,54% N, 4. 4,21% P, 5. gelbe Tafeln, Schmelzp. 141—142°, 1,89% P, 6. 54,70% C, 5,63% H, 15,96—16,28% N, 4,47% P. — Mit p-Bromphenylhydrazin wurde ein Hydrazon vom Schmelzp. 112—114° und ein Osazon vom Schmelzp. 143—145° erhalten[9].

Hexosediphosphorsäure (Hexosediphosphorsäureester).

Konstitution: Wahrscheinlich γ-Fructose-1-6-diphosphorsäure[10, 11]. — Es wird angenommen, daß der Ester im Gegensatz zu den freien Hexosen die Carbonylgruppe teilweise frei enthält[12].

Bildung: Bildet sich bei der Polysaccharidspaltung in der zerschnittenen Muskulatur als Intermediärprodukt[13]. — Bildungsbedingungen bei der Gärung phosphathaltiger Zuckerlösungen[14].

Physiologische Eigenschaften: Verhalten gegen Bacterium coli[15]. — Vergärungsversuche in Gegenwart von Hexosediphosphat[16]. Glykolyse[17], in Muskelbrei[18], in Blut[19]. — Leber-

[1] Artturi J. Virtanen: Hoppe-Seylers Z. **134**, 300 (1924) — Chem. Zbl. **1924 II**, 56.

[2] Heinz Lawaczeck: Dtsch. Arch. klin. Med. **159**, 223 (1928) — Chem. Zbl. **1928 II**, 1801.

[3] Naossu Kagaura: Biochem. Z. **190**, 181 (1927) — Chem. Zbl. **1928 I**, 537.

[4] Marjorie Martlaud u. Robert Robison: Biochemic. J. **21**, 665 (1927) — Chem. Zbl. **1928 II**, 585. — P. G. Shipley, Benjamin Kramer u. John Howland: Biochemic. J. **20**, 379 (1926). — Robert Robison: Biochemic. J. **20**, 388 (1926) — Chem. Zbl. **1926 II**, 455. — M. Fujihara u. K. Ito: Okayama-Igakkai-Zasshi (jap.) **1925**, 603 (1926) — Ber. Physiol. **33**, 620 (1926) — Chem. Zbl. **1926 I**, 3411. — R. Robison: Biochemic. J. **17**, 286 (1923) — Chem. Zbl. **1923 IV**, 870.

[5] J. Noguchi: Biochem. Z. **143**, 190 (1923) — Chem. Zbl. **1924 I**, 1211.

[6] Hans v. Euler u. Karl Myrbäck: Liebigs Ann. **464**, 56 (1928) — Chem. Zbl. **1928 II**, 1452. — A. Lebedew: Hoppe-Seylers Z. **160**, 96 (1926) — Chem. Zbl. **1928 II**, 162.

[7] Carl Neuberg u. Maria Kobel: Liebigs Ann. **465**, 272 (1928) — Chem. Zbl. **1928 II**, 2157.

[8] Hans v. Euler, Ester Eriksson u. Edv. Brunius: Sv. Kem. Tidskr. **40**, 163 (1928) — Chem. Zbl. **1928 II**, 1428.

[9] A. Lebedew: Bull. Acad. St. Petersburg (6) **1918**, 733 — Chem. Zbl. **1926 I**, 2371. — Hoppe-Seylers Z. **132**, 275 (1924) — Chem. Zbl. **1924 I**, 2610.

[10] Walter Thomas James Morgan u. Robert Robison: Biochemic. J. **22**, 1270 (1928) — Chem. Zbl. **1929 I**, 870.

[11] P. A. Levene u. Albert L. Raymond: J. of biol. Chem. **80**, 633 (1928) — Chem. Zbl. **1929 I**, 1328.

[12] C. Neuberg u. S. A. Schou: Biochem. Z. **191**, 466 (1927) — Chem. Zbl. **1928 II**, 258.

[13] O. Meyerhof: Biochem. Z. **178**, 462 (1926) — Chem. Zbl. **1927 I**, 1036 — Naturwiss. **14**, 756 (1926) — Chem. Zbl. **1926 II**, 1763.

[14] M. Schoen u. E. Elion: C. r. Soc. Biol. Paris **98**, 4 — Brewes J. **64**, 144 — Chem. Zbl. **1928 I**, 2951. — C. Neuberg u. A. Gottschalk: Biochem. Z. **161**, 244 (1925) — Chem. Zbl. **1925 II**, 1991. — C. Neuberg u. M. Kobel: Biochem. Z. **160**, 464 (1925) — Chem. Zbl. **1925 II**, 1991.

[15] Rodger J. Manning: Biochemic. J. **21**, 349—353 — Chem. Zbl. **1927 II**, 1358.

[16] C. Neuberg u. M. Kobel: Biochem. Z. **166**, 488 (1925) — Chem. Zbl. **1926 I**, 1826. — Harden u. Young: Proc. roy. Soc. Lond. B **83**, 451 (1911). — F. Boas: Biochem. Z. **129**, 144 (1922) — Chem. Zbl. **1922 III**, 837. — C. Neuberg u. M. Kobel: Biochem. Z. **174**, 480 (1926) — Chem. Zbl. **1926 II**, 3059 — Biochem. Z. **166**, 488 (1926) — Chem. Zbl. **1926 I**, 1826. — C. Neuberg u. M. Kobel: Biochem. Z. **155**, 499 (1925) — Chem. Zbl. **1925 I**, 2082. — Otto Meyerhof: Biochem. Z. **162**, 43

brei von Fröschen und Kaninchen spaltet in 2proz. $NaHCO_3$-Lösung aus zugesetzter Hexose-diphosphorsäure H_3PO_4, jedoch keine Milchsäure ab, Muskelbrei bildet daraus neben viel H_3PO_4 wenig Milchsäure[1]. Wirkung der Leber normaler und pankreopriver Tiere[2]. — Das menschliche Placentargewebe vermag aus hexosephosphorsaurem Na Acetaldehyd zu bilden[3]. Versuche mit dem abgetrennten, Milchsäure bildenden Ferment vom Muskel[4]. Bei der Spaltung mit Knochenphosphatase werden die α- und β-Methyl-γ-fructoside gewonnen[5]. — Wirkung auf den respiratorischen Quotienten[6]. — Während bei der Dephosphorylierung von (ketosid.) Hexosediphosphorsäure mit Takadiastase, sowie Oberhefe vorwiegend der ketosidische Neubergsche Hexosemonophosphorsäureester entsteht, wird aus der Hexosediphosphorsäure mit der Phosphatase aus frischen Pferdenieren ein ziemlich reiner (aldosid.) Robisonscher Hexosemonophosphorsäureester gebildet. Nach 44stündiger Einwirkung bei 37° waren unter aseptischen Bedingungen 43% des Gesamtphosphats abgespalten. — Ein Toluolwasserauszug aus frischer Pferdeleber erwies sich nur als schwach phosphatatisch wirksam; nach 3tägiger Einwirkung waren erst 15% des Gesamtphosphats abgespalten[7]. Bei der Dephosphorylierung von Hexosediphosphorsäure mit frischer Oberhefe, die kein nachweisliches Phosphorylierungs-vermögen besitzt und deren Gärkraft durch Chloroform + Toluol aufgehoben war, wird ein Hexosemonophosphorsäureester erhalten, der nach Analyse und Drehwert (wechselndes) Gemisch von Neubergschem und Robisonschem Hexosemonophosphorsäureester ist. Die Abspaltung an anorganischem Phosphat betrug dabei 16,30% des Gesamtphosphats[8]. Bei der phosphatatischen Einwirkung des Milchsäurebacteriums B. Delbrücki in Gegenwart von Toluol und Chloroform wird in 14—26 Stunden in einer Ausbeute von 30% der Monophosphorsäureester eines Disaccharids erhalten[9].

Physikalische und chemische Eigenschaften: Absorptionsspektrum[10]. Dissoziations-konstanten: $pk'_1 = 1,48$ bzw. $pk'_2 = 6,29$ [11]. Bei wiederholter direkter Methylierung der Hexose-diphosphorsäure wird ein farbloser Sirup als Gemisch einer Verbindung mit 6 und 7 OCH_3-Gruppen erhalten[12]. Hexosediphosphorsäure (in Form des Mg-Salzes) reagiert mit Amino-säuren, wie l(+)-Alanin, l(+)-Asparaginsäure, Glutaminsäure und Arginin. Die Reaktionen wurden an der auftretenden Drehungsänderung bei $p_H = 7$ beobachtet[13].

Derivate: Hexosediphosphat. Die Bildung wird von Arsenat gehemmt[14]. — Hexose-diphosphat übertrifft alle anderen Phosphorverbindungen in bezug auf Abkürzung der Induk-

(1925) — Chem. Zbl. **1926 I**, 702. — P. Boysen Jensen: Biochem. Z. **154**, 235 (1924) — Chem. Zbl. **1925 I**, 1619. — Ida Smedley Maclean u. Dorothy Hoffert: Biochemic. J. **18**, 1273—1278 (1924) — Chem. Zbl. **1925 II**, 47.

[17] Theodor Brugsch u. Hans Horsters: Biochem. Z. **151**, 203—215 (1924) — Chem. Zbl. **1925 I**, 697. — Otto Meyerhof: Naturwiss. **14**, 756 (1926) — Chem. Zbl. **1926 II**, 1763. — Y. Takahashi: Biochem. Z. **145**, 178 (1924) — Chem. Zbl. **1924 I**, 2884. — N. Waterman: Bull. Assoc. franç. Étude Canc. **13**, 396—409 (1924) — Ber. Physiol. **29**, 384 (1925) — Chem. Zbl. **1925 I**, 2096.

[18] Herbert Habs: Hoppe-Seylers Z. **171**, 40 (1928) — Chem. Zbl. **1928 I**, 1432.

[19] Herbert Davenport Kay u. Robert Robison: Biochemic. J. **18**, 1139—1151 (1924) — Chem. Zbl. **1925 I**, 401.

[1] O. Riesser u. A. Hansen: Hoppe-Seylers Z. **161**, 149 (1926) — Chem. Zbl. **1927 I**, 1335.

[2] Theodor Brugsch u. Hans Horsters: Biochem. Z. **155**, 459—476 (1925) — Chem. Zbl. **1925 I**, 2093.

[3] Rintaro Tateyama: Biochem. Z. **163**, 292 (1925) — Chem. Zbl. **1926 I**, 2719.

[4] Otto Meyerhof: Naturwiss. **14**, 196 (1926) — Chem. Zbl. **1926 I**, 2809.

[5] Walter Thomas James Morgan u. Robert Robison: Biochemic. J. **22**, 1270 (1929) — Chem. Zbl. **1929 I**, 870.

[6] Bunya Kobori: Biochem. Z. **180**, 218—230 (1927) — Chem. Zbl. **1927 I**, 1611.

[7] C. Neuberg u. J. Leibowitz: Biochem. Z. **191**, 456 (1927) — Chem. Zbl. **1928 II**, 258 — Biochem. Z. **191**, 450 (1927) — Chem. Zbl. **1928 II**, 258.

[8] C. Neuberg u. J. Leibowitz: Biochem. Z. **191**, 450 (1927) — Chem. Zbl. **1928 II**, 258 — Biochem. Z. **187**, 481 — Chem. Zbl. **1927 II**, 1972.

[9] C. Neuberg u. J. Leibowitz: Biochem. Z. **193**, 237 — Chem. Zbl. **1928 I**, 2708.

[10] C. Neuberg u. S. A. Schou: Biochem. Z. **191**, 466 (1927) — Chem. Zbl. **1928 II**, 258.

[11] Otto Meyerhof u. J. Suranyi: Biochem. Z. **178**, 427—443 (1926) — Chem. Zbl. **1927 I**, 1037 — Naturwiss. **14**, 757 (1926) — Chem. Zbl. **1926 II**, 1764.

[12] W. T. J. Morgan: Biochemic. J. **21**, 675 (1927) — Chem. Zbl. **1927 II**, 1685.

[13] C. Neuberg u. M. Kobel: Biochem. Z. **174**, 464 (1926) — Chem. Zbl. **1926 II**, 3059 — Biochem. Z. **162**, 496 (1926) — Chem. Zbl. **1926 I**, 621.

[14] C. Neuberg u. M. Kobel: Biochem. Z. **174**, 493 (1926) — Chem. Zbl. **1926 II**, 3060.

tionszeit der Vergärung von Glykose[1]. Die Bildung von Zucker aus Fett geht beim Phlorrhizin-hungertier wahrscheinlich über Hexosediphosphorsäure[2]. Spaltung mit Knorpel und Knochen[3]. Bildung von Methylglyoxal aus Hexosephosphat in Gegenwart von Gewebe[4]. — Der Einfluß von Hexosediphosphorsäure und Hexosemonophosphorsäure auf die Insulinhypoglykämie[5].

Hexosediphosphorsaure Salze. Zur Herstellung der Salze der Hexosediphosphorsäure wird das Calciumsalz, Kandiolin Bayer gereinigt, indem man aus der Lösung in zweifach normaler Salzsäure: 10 g in 64 ccm unter Eiskühlung durch Zusatz eines geringen Überschusses an 2n-Natronlauge die beigemengten Phosphate ausfällt; nach genauer Neutralisation mit Salzsäure und Erwärmen im Wasserbad bis auf 70° scheidet sich das in kaltem und heißem Wasser wenig lösliche Calciumhexosediphosphat in gut filtrierbarer Form aus. Das in Essig-säure oder Milchsäure leicht lösliche Salz kann aus diesen Lösungen durch Fällen mit Ammoniak rein erhalten werden. Eine in Eiswasser lösliche Modifikation erhält man durch Fällen der mit Ammoniak gegen Lackmus alkalisch gemachten sauren Lösung mit Alkohol, Waschen des Niederschlages mit Alkohol, Ammoniumlactat, dann wieder Alkohol, und Trocknen mit Äther. Durch Digerieren der wässerigen Suspension mit etwas weniger als der berechneten Menge Dikaliumoxalat erhält man das lösliche Kaliumsalz. Das normale Magnesiumsalz wird erhalten durch Ausschütteln der Suspension des Kalksalzes mit Oxalsäurelösung, bis zum Ver-schwinden der Oxalationen, Filtrieren und Neutralisation der freien Säure mit reinem Magne-siumoxyd. — Dann leitet man Kohlensäure ein und gießt in die 4fache Menge absoluten Al-kohol. Die erhaltene körnige Masse kann durch Lösen in Eiswasser, Filtrieren und Fällen mit Alkohol gereinigt werden. Von dem Magnesiumsalz lösen sich 3 g in 10 ccm Wasser[6].

Hexosediphosphorsaures Natrium $C_6H_{10}O_4(PO_4Na_2)_2$[7]. Die letale Dosis von Natrium-hexosediphosphat, eine reine Phosphatvergiftung, entspricht etwa 0,15 g P_2O_5 pro 100 g Ratte, die von Dinatriumhydrophosphat 0,10 g P_2O_5. Entgiftungsversuche durch Injektion von Fructose und Dextrose sowie von Calciumchlorid und Afenil ($CaCl_2$-Harnstoff) bei mit Na_2HPO_4 vergifteten Tieren waren negativ[8].

Hexosediphosphorsaures Calcium (Kandiolin). Enthält etwa 13% P und 10% Ca. Es wird von Pepsin und Pankreas nicht angegriffen, im Darm teils gespalten, teils ungespalten schnell resorbiert[9]. Die Zugabe von Kandiolin zur Ringerlösung wirkt günstig, wenn durch Zugabe von K die lähmende Ca-Wirkung aufgehoben ist. Das im Kandiolin von Phosphorsäure gebundene Kohlehydrat dürfte Fructose sein[10]. Blessing[11] berichtet über günstige Erfolge mit Kandiolin, besonders bei rachitischen Kindern und graviden Frauen. Die Widerstands-fähigkeit der Zähne gegen Caries wurde deutlich gesteigert. Wegen der geringen Wirkung anderer Calciumpräparate nimmt Blessing eine spezifische Stoffwechselwirkung des Hexose-diphosphorsäurecalcium an im Sinne einer fermentaktivierenden Rolle der Phosphorsäure. Bei normal ernährten Mäusen und Ratten hat Zugabe von Kandiolin keinen Einfluß auf das Wachstum, bei den Mäusen traten sogar Durchfälle mit Gewichtsabnahme ein. Bei mit Rachitis hervorrufenden Futter ernährten Tieren verhindert Kandiolinzugabe das Auftreten schwerer Erscheinungen, oder bessert bei schon bestehender Rachitis diese. Die Knochen zeigen nach Kandiolin normales Verhalten[12].

Hexosediphosphorsaures Strychnin (saures Salz). Krystallisiert aus 20 Teilen 85proz. Alkohol auf Zusatz von 15 Teilen Essigester in Nädelchen mit 2 Mol Krystallwasser, die es im Hochvakuum bei 60° verliert und an der Luft wieder aufnimmt. $[\alpha]_D^{21} = -20,4°$, in 65proz.

---

[1] Albert L. Raymond u. P. A. Levene: J. of biol. Chem. **79**, 621 (1928) — Chem. Zbl. **1929 I**, 1014.

[2] Theodor Brugsch, S. v. Exten u. Hans Horsters: Biochem. Z. **150**, 49—59 (1925) — Chem. Zbl. **1925 II**, 936.

[3] Fritz Demuth: Biochem. Z. **166**, 162 (1925) — Chem. Zbl. **1926 I**, 2216.

[4] Noboru Ariyama: J. of biol. Chem. **77**, 395 (1928) — Chem. Zbl. **1928 II**, 1351.

[5] Henry Percy Marks u. Walter Thomas James Morgan: Biochemic. J. **21**, 530 (1927) — Chem. Zbl. **1928 II**, 365.

[6] Carl Neuberg u. Sebastian Sabetay: Biochem. Z. **161**, 240 (1925) — Chem. Zbl. **1925 II**, 2049.

[7] Otto Fürth u. Josef Marian: Biochem. Z. **167**, 123 (1926) — Chem. Zbl. **1926 I**, 2718.

[8] Nikolaus Abelles: Biochem. Z. **163**, 226 (1925) — Chem. Zbl. **1926 I**, 979.

[9] F. C. Kupsch: Ther. Gegenw. **66**, Nr 2 (1925) — Chem. Zbl. **1925 I**, 2316.

[10] J. Bianco: C. r. Soc. Biol. Paris **97**, 1511 (1927) — Chem. Zbl. **1928 I**, 939.

[11] G. Blessing: Dtsch. Mschr. Zahnheilk. **1925**, 4 — Chem. Zbl. **1926 I**, 439.

[12] R. E. Mark: Z. exper. Med. **51**, 124 (1926) — Chem. Zbl. **1926 II**, 1660.

Alkohol. Beim Erhitzen zersetzt es sich unscharf. Wenig löslich in absolutem Alkohol, leichter in verdünntem Alkohol[1].

Hexosediphosphorsäure Silbersalz[2]. $C_6H_{10}O_{12}P_2Ag_4$. Entsteht beim Schütteln des Calciumsalzes mit wässeriger Natriumoxalatlösung, Entfernen des Calciumoxalats und Versetzen mit wässeriger Silbernitratlösung und Alkohol. Voluminöser Niederschlag.

Tetramethylhexosediphosphorsäure[2] $C_{10}H_{22}O_{12}P_2$. Aus dem obigem Silbersalz mit Methyljodid und Extraktion des Produktes mit Methylalkohol. Gelbliches Öl, $n_D^{19} = 1,4648$; $[\alpha]_D^{18} = +20,22°$ ($c = 0,3956$ in Methylalkohol).

Heptamethylhexosediphosphorsäure[2] $C_{13}H_{28}O_{12}P_2$. Entsteht durch Methylieren der vorhergehenden Verbindung mit dem 10fachen der berechneten Menge Methyljodid und Silberoxyd, dann mit der doppelten Menge. Siedep. bei 0,1 mm Druck 130—140°, $n_D^{19} = 1,4457$; $[\alpha]_D^{19} = +20,77°$ ($c = 1,3720$ in Chloroform).

Methyllactolid der Hexosediphosphorsäure[3]. Durch Einwirkung von salzsäurehaltigem trocknem Methylalkohol auf hexosediphosphorsaures Barium. — Isoliert als Bariumsalz. Die Hydrolyse der Methyllactolidgruppe erfolgt sehr schnell.

Hexosemonophosphorsäure (Neuberg Ester).

Soll eine Fructose-[2, 5]-6-phosphorsäure sein[3]. Es wird angenommen, daß die Neubergschen und Robisonschen Ester im Gegensatz zu den freien Hexosen die Carbonylgruppe teilweise frei enthalten[4].

Nachweis und Bestimmung: Verhalten bei der Zuckerbestimmung nach Willstätter-Schudel[5].

Physiologische Eigenschaften: Verhalten bei der Gärung[6]. Die Aldehydbildung im Leberbrei wird verstärkt durch Hexosemonophosphorsäure[7]. — Wird durch Femurextrakte gespalten[8]. Zeigt mit Muskelextrakt und Hefesaft die charakteristische Veresterung und Zerfallsreaktion[9].

Physikalische und chemische Eigenschaften: $[\alpha]_D = +1,53°$[4]. Absorptionsspektrum[4]. Scheinbare Dissoziationskonstante 0,97 bzw. 6,11[5].

Derivate: Phenylhydrazinsalz des Hexosemonophosphorsäurephenylosazons[10] $C_{24}H_{31}O_7N_6P$. Goldgelbe Nädelchen, Schmelzp. 151—152°; $[\alpha]_D^{17}$ sofort nach dem Lösen in Pyridin + Alkoholgemisch $= -50,55°$, nach 1 Stunde $-36,20°$. — Wird erhalten aus der aus dem Calcium oder Bariumsalz freigemachten Hexosemonophosphorsäure mit Phenylhydrazin. Die Substanz ist identisch mit dem nach Harden und Young dargestellten Phenylhydrazinsalz des Osazons der Hexosediphosphorsäure. Daraus wird geschlossen, daß bei der mäßigen Hydrolyse der Hexosediphosphorsäure, ebenso wie bei der Osazonbildung, die 1ständige Phosphorsäuregruppe abgespalten wird[10].

Hexosemonophosphorsaures Strychnin[1]. Aus verdünntem Alkohol Nadeln oder derbe Prismen ohne scharfen Schmelzpunkt, sintern bei 115—120° und zersetzt sich bis 150° zu einer braunen, schaumigen Masse. Sie enthalten 5 Mol Krystallwasser, die sie erst bei 78° im Hochvakuum völlig verlieren und an der Luft wieder aufnehmen. $[\alpha]_D^{17} = -30,61°$ in 50proz. Alkohol.

[1] C. Neuberg u. O. Dalmer: Biochem. Z. **131**, 188 (1922) — Chem. Zbl. **1923 I**, 1036.

[2] Hans Heinrich Schlubach u. Wolfgang Rauchenberger: Ber. dtsch. chem. Ges. **60**, 1178 (1927) — Chem. Zbl. **1927 II**, 44.

[3] P. A. Levene u. Albert L. Raymond: J. of biol. Chem. **80**, 633 (1928) — Chem. Zbl. **1929 I**, 1328.

[4] C. Neuberg u. S. A. Schou: Biochem. Z. **191**, 466 (1927) — Chem. Zbl. **1928 II**, 258.

[5] O. Meyerhof u. K. Lohmann: Naturwiss. **14**, 1277 (1926) — Chem. Zbl. **1927 I**, 1329.

[6] O. Meyerhof u. K. Lohmann: Naturwiss. **14**, 1277 (1926) — Chem. Zbl. **1927 I**, 1329. — C. Neuberg u. M. Kobel: Biochem. Z. **179**, 451 (1926) — Chem. Zbl. **1927 I**, 1329. — H. v. Euler u. Karl Myrbäck: Hoppe-Seylers Z. **167**, 236—244 — Chem. Zbl. **1927 II**, 1160.

[7] C. Neuberg u. A. Gottschalk: Biochem. Z. **146**, 164 (1924) — Chem. Zbl. **1924 II**, 491.

[8] Y. Takahashi: Biochem. Z. **146**, 161 (1924) — Chem. Zbl. **1924 II**, 479.

[9] O. Meyerhof u. K. Lohmann: Biochem. Z. **185**, 113 (1927) — Chem. Zbl. **1927 II**, 1047. — O. Meyerhof: Biochem. Z. **183**, 176 (1927) — Chem. Zbl. **1927 I**, 3206 — Naturwiss. **14**, 1277 (1927) — Chem. Zbl. **1927 I**, 1329.

[10] C. Neuberg u. E. Reinfurth: Biochem. Z. **146**, 589 (1924) — Chem. Zbl. **1924 II**, 306.

Hexosemonophosphorsaures Brucin[1]. Krystallisiert mit 9 Mol Wasser, die es bei 78° im Hochvakuum verliert und an der Luft wieder aufnimmt. $(\alpha)_D^{18} = -26{,}85°$ in 20proz. Alkohol. Es ist leicht löslich in Alkohol und Wasser; wenig löslich in Aceton. Zersetzt sich nach Sintern und Verfärbung bei 160°.

Hexosemonophosphorsaures Cinchonidin. Krystallisiert aus Wasser in Nadeln vom Schmelzp. 152° unter Zersetzung[1].

Ba-Salz $C_6H_{11}O_5 \cdot PO_4Ba$, $1\,H_2O$. $[\alpha]_D^{21} = +0{,}82°$[2].

Silbersalz[3] $C_6H_{11}O_5—PO_4Ag_2$.

Hexosemonophosphorsäure (Robisonscher Ester).

Besitzt eine furanoide Struktur wahrscheinlich nach folgendem Symbol[4]:

$$
\begin{array}{l}
CH(OH) \\
H—C—OH \\
HO—C—H \quad\quad O \\
H—C \\
H—C—O—PO_3H_2 \\
CH_2—OH
\end{array}
$$

Bildung: Wird aus der Hexosediphosphorsäure bei der Dephosphorylierung mit der Phosphatase aus frischen Pferdenieren gebildet[5]. Ist ein Nebenprodukt, das sich anreichert, wenn die Gärung nicht von der lebenden Zelle, sondern mit Macerationssäften ausgeführt wird[6].

Darstellung: Bei der Gärung von Hefesäften nach Lebedew aus untergäriger Bierhefe der Schultheiß-Patzenhofer-Brauerei mit Rohrzucker oder Glykose oder Fructose wird in etwa 2 Stunden bei 20—21° zum größten Teil Robisonscher Hexosemonophosphorsäureester und nur wenig Hexosediphosphorsäureester gebildet. Die Ausbeute betrug aus 1 l Hefesaft mit 200 g Rohrzucker und 130 g $Na_2HPO_4 \cdot 12\,H_2O$ 60—90 g des reinen Ba-Salzes der Monosäure. Das Gärgut wird mit NaOH genau gegen Phenolphthalein neutralisiert, das Eiweiß im siedenden Kochsalzbad in wenigen Minuten ausgefällt, der Niederschlag abgeschleudert, das klare Filtrat mit Ca- oder Ba-Acetat versetzt und durch Erhitzen die sehr wenig löslichen Erdalkalisalze der H_3PO_4 und der Hexosediphosphorsäure sowie anderer Beimengungen gefällt und heiß abgesaugt. Nach Fällung als Pb-Salz mit Bleiessig, Zersetzung mit H_2S und Durchlüften wird die Lösung mit $Ba(OH)_2$ genau neutralisiert, die Lösung eingeengt, Verunreinigungen mit normalem Bleiacetat ausgefällt und die Fällung mit Bleiessig wiederholt. Die Abscheidung als Ba-Salz erfolgt durch Fällen der wässerigen Lösung mit demselben Volumen Alkohol[7].

Nachweis und Bestimmung: Verhalten bei der jodometrischen Zuckerbestimmung[8].

Physiologische Eigenschaften: Verhalten bei der Hefegärung[9]. In Knochen von rachitischen Ratten, die in Lösungen von hexosemonophosphorsaurem Calcium + glycerinphos-

[1] C. Neuberg u. O. Dalmer: Biochem. Z. **131**, 188 (1922) — Chem. Zbl. **1923 I**, 1036.

[2] O. Meyerhof u. K. Lohmann: Biochem. Z. **185**, 113 (1927) — Chem. Zbl. **1927 II**, 1047 — Naturwiss. **14**, 1277 (1927) — Chem. Zbl. **1927 I**, 1329. — O. Meyerhof: Biochem. Z. **183**, 176 (1927) — Chem. Zbl. **1927 I**, 3206.

[3] Fritz Weinmann: Biochem. Z. **204**, 493 (1929) — Chem. Zbl. **1929 II**, 1283.

[4] P. A. Levene u. Albert L. Raymond: J. of biol. Chem. **81**, 279 (1929) — Chem. Zbl. **1929 II**, 286.

[5] C. Neuberg u. J. Leibowitz: Biochem. Z. **191**, 456 (1927) — Chem. Zbl. **1928 II**, 258.

[6] A. J. Kluyver u. A. P. Struyk: Versl. Akad. Wetensch. Amsterd., Wis- en natuurkd. Afd. **37**, 790 (1928) — Chem. Zbl. **1929 I**, 1360.

[7] C. Neuberg u. J. Leibowitz: Biochem. Z. **184**, 489 (1927) — Chem. Zbl. **1927 II**, 1042.

[8] O. Meyerhof u. K. Lohmann: Naturwiss. **14**, 1277 (1926) — Chem. Zbl. **1927 I**, 1329.

[9] C. Neuberg u. M. Kobel: Biochem. Z. **179**, 451 (1926) — Chem. Zbl. **1927 I**, 1329. — O. Meyerhof u. K. Lohmann: Naturwiss. **14**, 1277 (1926) — Chem. Zbl. **1927 I**, 1329. — A. Gottschalk: Hoppe-Seylers Z. **173**, 184 — Chem. Zbl. **1928 I**, 1784. — O. Meyerhof u. K. Lohmann: Biochem. Z. **185**, 113 — Chem. Zbl. **1927 II**, 1047.

phorsaurem Calcium bei 37° und $p_H = 8{,}4{-}9{,}4$ gelegt waren, konnte Ablagerung von frischem Calciumphosphat nachgewiesen werden[1]. — Zeigt mit Muskelextrakt und Hefesaft die charakteristische Veresterung und Zerfallsreaktion[2].

Physikalische und chemische Eigenschaften: $[\alpha]_D = +23{,}1°$. Das aus dem Strychninsalz zurückverwandelte Ba-Salz zeigte $[\alpha]_D$ der freien Säure $= +26{,}3°$ [3]. Scheinbare Dissoziationskonstanten $pk_1' = 0{,}94$, $pk_2' = 6{,}11$ [4]. Absorptionsspektrum[5].

Derivate: Baryumsalz $C_6H_{11}O_5 \cdot PO_4Ba$, $1\,H_2O$. — $[\alpha]_D^{21} = +16°$ [6]; $[\alpha]_D^{20} = +25°$ [7]. Wasserfrei: $[\alpha]_D = +11{,}8°$; für die freie Säure $+23{,}7°$ bis $24{,}7°$ [8].

Silbersalz[9] $C_6H_{11}O_5{-}PO_4Ag_2$.

Brucinsalz $(C_{23}H_{26}O_4N_2)_2 \cdot C_6H_{11}O_5 \cdot PO_4H_2$. Entsteht durch Eindunsten der wässerigen Lösung der Komponenten oder durch fraktioniertes Versetzen mit Aceton. Prismatische Plättchen. Verfärbung bei 145°, Sinterung bei 155—160°, Zersetzung bei etwa 170°. $[\alpha]_D$ in Wasser $= -22{,}9°$ bis $-22{,}1°$; in 50proz. Alkohol $= -18{,}8°$ bis $-18{,}4°$ [8].

Strychninsalz $(C_{21}H_{22}O_2N_2)_2 \cdot C_6H_{11}O_5 \cdot PO_4H_2$. Nadeln. $[\alpha]_D$ in 50proz. Alkohol $= -22{,}0°$ bis $-21{,}3°$ [8]. Die aus den Alkaloidsalzen zurückgewonnenen freien Säuren zeigen $[\alpha]_D$ von $+25{,}5°$ bis $+25{,}9°$ [8]. $(C_{21}H_{22}O_2N_2)_2 \cdot C_6H_{13}O_9P \cdot 6\,H_2O$. $[\alpha]_D = -23{,}5°$ [3].

Phenylhydrazinsalz des Osazons[7] $C_{18}H_{21}O_3N_4 \cdot (PO_4)H_2 \cdot C_6H_8N_2$. Ist verschieden von der aus Hexosediphosphorsäure und Phenylhydrazin unter Verlust von 1 Mol H_3PO_4 von Young erhaltenen Verbindung. Aus Alkohol + Chloroform kurze hellgelbe Nadeln vom Schmelzpunkt 139° unter Zersetzung. Unlöslich in Petroläther; sehr wenig löslich in Wasser; leicht löslich in verdünnter NaOH. Außer dem Osazonsalz wird aus seinen Mutterlaugen noch eine geringe Menge P-haltiger gelber Blättchen vom Schmelzp. 190° (unter Zersetzung) gewonnen von unbekannter Zusammensetzung[7].

Hexosemonophosphorsäureester.

Erhalten bei der Dephosphorylierung von Hexosediphosphorsäure mit frischer Oberhefe, die kein nachweisliches Phosphorylierungsvermögen besitzt und deren Gärkraft durch Chloroform + Toluol aufgehoben war. Der erhaltene Ester ist nach Analyse und Drehwert ein (wechselndes) Gemisch von Neubergschem und Robisonschem Hexosemonophosphorsäureester. Die Drehwerte der aus 4 Versuchsansätzen von 18—24stündiger Dauer erhaltenen Hexosemonophosphorsäureester bewegten sich zwischen $[\alpha]_D = +5{,}1$ bis $+10{,}6°$ [10].

Bei der Vergärung von Glykose in Gegenwart von Phosphat wurde ein neuer Hexosemonophosphatsäureester, der $[\alpha]_D = +63°$ (Ba-Salz $[\alpha]_D = +33°$) aufweist, gefunden[11].

Hexosemonophosphorsäure (Emdenscher Ester, Lactacidogen).

Darstellung[12] (s. auch Bariumsalz).

Physiologische Eigenschaften: Einwirkung von Salzen auf die Spaltung mit Phosphatase[13].

---

[1] Robert Robison u. Katharine Majorie Soames: Biochemic. J. **18**, 740 (1924) — Chem. Zbl. **1924 II**, 1473.

[2] O. Meyerhof u. K. Lohmann: Biochem. Z. **185**, 113 (1927) — Chem. Zbl. **1927 II**, 1047 — Naturwiss. **14**, 1277 (1927) — Chem. Zbl. **1927 I**, 1329. — O. Meyerhof: Biochem. Z. **183**, 176 (1927) — Chem. Zbl. **1927 I**, 3206.

[3] C. Neuberg u. J. Leibowitz: Biochem. Z. **191**, 456 (1927) — Chem. Zbl. **1928 II**, 258.

[4] O. Meyerhof u. K. Lohmann: Naturwiss. **14**, 1277 (1926) — Chem. Zbl. **1927 I**, 1329.

[5] C. Neuberg u. S. A. Schou: Biochem. Z. **191**, 466 (1927) — Chem. Zbl. **1928 II**, 258.

[6] O. Meyerhof u. K. Lohmann: Biochem. Z. **185**, 113 (1927) — Chem. Zbl. **1927 II**, 1047.

[7] R. Robison: Biochemic. J. **16**, 809 (1922) — Chem. Zbl. **1923 III**, 865.

[8] C. Neuberg u. J. Leibowitz: Biochem. Z. **184**, 489 (1927) — Chem. Zbl. **1927 II**, 1042.

[9] Fritz Weinmann: Biochem. Z. **204**, 493 (1929) — Chem. Zbl. **1929 II**, 1283.

[10] C. Neuberg u. J. Leibowitz: Biochem. Z. **191**, 450 (1927) — Chem. Zbl. **1928 II**, 258 — Biochem. Z. **187**, 481 — Chem. Zbl. **1927 II**, 1972. — O. Meyerhof u. K. Lohmann: Biochem. Z. **185**, 113 — Chem. Zbl. **1927 II**, 1047.

[11] H. v. Euler, K. Myrbäck u. D. Runehjelm: Ark. Kemi, Min. och Geol. **9**, Nr 49, 1 — Chem. Zbl. **1928 I**, 2416.

[12] G. Embden u. M. Zimmermann: Hoppe-Seylers Z. **167**, 114 (1927) — Chem. Zbl. **1927 II**, 1043 — Hoppe-Seylers Z. **141**, 225 (1925) — Chem. Zbl. **1925 I**, 1500.

[13] J. Oda: J. of Biochem. **8**, 45 (1927) — Chem. Zbl. **1928 I**, 2101.

Physikalische und chemische Eigenschaften: Das Lactacidogen unterscheidet sich von der von Neuberg[1] dargestellten Hexosemonophosphorsäure durch den niedrigen Schmelzpunkt des Brucinsalzes, von der Hexosemonophosphorsäure nach Robison[2] durch die Verschiedenheit des Osazons. Aus der gesamten im Lactacidogen vorhandenen Zuckermenge waren 92,4—94,4% mit Hypojodit titrierbar, während von der Robisonschen Hexosemonophosphorsäure nur 66%, von der durch Hydrolyse von Gärungshexosediphosphorsäure nur 18% bestimmbar waren[3]. Mittels Alkohol hergestellter Trockenmuskel von Hund, Kaninchen oder Meerschweinchen bildet aus hexosediphosphorsaurem Na eine starke rechtsdrehende Monohexosephosphorsäure, die mit dem Zymophosphat identisch ist. Sie spaltet sich weiter in d-Fructose und Phosphorsäure. Das Optimum der Phosphatasewirkung von Zymodi- und -monophosphatese ist identisch. α_D dieser Hexosemonophosphorsäure $= -25°$[4].

Derivate: Brucinsalz $C_{52}H_{65}N_4O_{17}P$. Das aus Wasser + Aceton umkrystallisierte Salz schmilzt bei 125—126° nach vorherigem Sintern bei 117—120°. Nach mehrmaligem Umkrystallisieren sintert die Substanz bei 120° und verflüssigt sich allmählich bei 145°[3].

Ba-Salz $C_6H_{11}O_9PBa$. Dargestellt durch Umsetzung des Brucinsalzes mit Ba-Acetat in methylalkoholischer wässeriger Lösung. Bildet einen amorphen Niederschlag. Leicht löslich in Wasser. $[\alpha]_D^{20} = +29{,}51°$[3]. Darstellung aus der quergestreiften Muskulatur von Fröschen und Kaninchen. Die frische zerkleinerte Muskulatur wird eiskalt mit Trichloressigsäure extrahiert, das Zentrifugat mit Baryt neutralisiert, die unlöslichen Bariumsalze abgetrennt und aus der Lösung der Ester zusammen mit Kreatinphosphorsäure mit Alkohol ausgefällt. Die Trennung der beiden Verbindungen geschieht durch Behandlung mit verdünntem Alkohol, wodurch eine Fraktionierung bis etwa 90% Reinheit erzielt wird. Völlige Abtrennung der Hexosephosphorsäure gelingt dann durch ihre Ausfällung mit erdalkalischem Kupferhydroxyd[5].

Myohexosediphosphorsäure[6].

Versetzt man 10 g frischen, zerkleinerten Meerschweinchenmuskel mit 100 ccm einer 5proz. Lösung von α, β-Glykose, so nimmt, wenn Insulin zugegen, die optische Drehung ab. Durch Trennung mittels Barytfällung oder mittels Fällung mit Blei oder Calcium wurde nach Fällung mit Alkohol ein Na-Salz von spezifischer Drehung —20 bis —27° erhalten. Dieses Myophosphat ist nicht mit Zymophosphat identisch, sondern eine besondere Myohexosediphosphorsäure mit $\alpha_D = -40°$.

Hexosephosphorsäureester im Blut[7].

Hexosemonophosphorsäureester[8].

Gewonnen durch Säurehydrolyse aus Saccharosemonophosphorsäureester (Neuberg und Pollak).

[1] C. Neuberg: Biochem. Z. **88**, 432 (1918) — Chem. Zbl. **1918 II**, 443.

[2] R. Robison: Biochemic. J. **16**, 809 (1923) — Chem. Zbl. **1923 III**, 865.

[3] G. Embden u. M. Zimmermann: Hoppe-Seylers Z. **167**, 114 (1927) — Chem. Zbl. **1927 II**, 1043 — Hoppe-Seylers Z. **141**, 225 (1925) — Chem. Zbl. **1925 I**, 1500.

[4] Theodor Brugsch, Melanie Cahen u. Hans Horsters: Biochem. Z. **175**, 120—126 (1926) — Chem. Zbl. **1927 I**, 131.

[5] K. Lohmann: Biochem. Z. **194**, 306 (1928) — Chem. Zbl. **1928 II**, 235.

[6] Theodor Brugsch u. Hans Horsters: Biochem. Z. **175**, 115—119 (1926) — Chem. Zbl. **1927 I**, 131.

[7] Herbert Davenport Kay u. Robert Robison: Biochemic. J. **18**, 755 (1924) — Chem. Zbl. **1924 II**, 1473. — Henry Ward Goodwin u. Robert Robison: Biochemic. J. **18**, 1161—1162 (1925) — Chem. Zbl. **1925 I**, 245. — Marjorie Martland u. Robert Robison: Biochemic. J. **20**, 847—855 (1926) — Chem. Zbl. **1927 I**, 626. — H. Bierry u. L. Moquet: C. r. Soc. Biol. Paris **92**, 593—596 (1925) — Chem. Zbl. **1925 II**, 200. — H. Lawaczeck: Dtsch. Arch. klin. Med. **159**, 257 — Chem. Zbl. **1928 II**, 67 — Klin. Wschr. **4**, 1858 — Chem. Zbl. **1926 I**, 151 — Dtsch. Arch. klin. Med. **159**, 267 — Chem. Zbl. **1928 II**, 67.

[8] O. Meyerhof u. K. Lohmann: Biochem. Z. **185**, 113 (1927) — Chem. Zbl. **1927 II**, 1047.

Physiologische Eigenschaften: Erweist sich gegen Muskelextrakt, Hefesaft und neutraler Phosphatlösung ganz oder nahezu unwirksam.

Physikalische und chemische Eigenschaften: $pk_1' = 0{,}61$; $pk_2' = 5{,}83$.

Derivate: Bariumsalz $[\alpha]_D^{20} = +8{,}5°$.

6. Heptosen (Bd. V, S. 379; Bd. VIII, S. 186; Bd. X, S. 553).

Aldoheptosen (Bd. VIII, S. 186; Bd. X, S. 553).

α-Glykoheptose (Bd. II, S. 379; Bd. VIII, S. 186).

Darstellung: Wolff nimmt an, daß α-Glykoheptose nach La Forge[1] aus l-Gulose (Fischersche Schreibweise) dargestellt worden ist[2].

Physikalische und chemische Eigenschaften: $[\alpha] = +8{,}5°$ [3].

Derivate: α-**Hexacetat**[4]. Erhalten durch Erwärmen von 10 g der β-Form in 100 ccm Essigsäureanhydrid mit 2 g $ZnCl_2$. Aus Äther mehrfach umkrystallisiert $[\alpha]_D^{20} = +87{,}0°$ in Chloroform. Schmelzp. 164° (Fischer: 156°)[5].

β-**Hexacetat der** α-**Glykoheptose**[4]. 1 Teil wasserfreies CH_3COONa, 4 Teile α-Glykoheptose werden mit 16 Teilen $(CH_3CO)_2O$ bis zur Lösung des Zuckers gekocht und in Wasser gegossen. Aus 50proz. Alkohol wird die β-Form frei von α-Form erhalten, $[\alpha]_D^{20°} = +48°$ in Chloroform; Schmelzp. 135° (unkorr.) (Fischer: 132°)[5]. — Die Auffassung Franchimonts[6] bezüglich E. Fischers Decacetyldiglykoheptose als Hexacetylglykoheptose, die später von C. Hudson und E. Janowsky[7] durch Polarisation und Schmelzpunktbestimmungen als α- und β-Verbindung charakterisiert werden konnte, wird durch eine Acetylgruppen- und Molekulargewichtsbestimmung als Hexacetylverbindung gesichert[8].

α-**Acetobrom-α-glykoheptose** $C_{17}H_{23}O_{11}Br$. Darstellung durch Einwirkung von HBr in Eisessiglösung auf die β-Hexacetyl-α-glykoheptose. Aus Chloroform-Alkohol sechsseitige Tafeln, aus CCl_4 vierseitige Tafeln vom Schmelzp. 110° [8].

α-**Glykoheptoseäthylphenylhydrazon** $C_{15}H_{24}O_6N_2$. Aus heißem Alkohol Nadeln, Schmelzpunkt 145°. $[\alpha]_D^{16} = -23°$ ($c = 3{,}95$; Pyridin + Alkohol 1:1)[9].

α-**Glykoheptose-p-nitrophenylhydrazon** $C_{13}H_{19}O_8N_3$. Gelbe Nadeln und Büschel aus 80proz. Alkohol, Schmelzp 199°, bei raschem Erhitzen unter Zersetzung. Leicht löslich in warmem Pyridin, Wasser; löslich in verdünntem Methanol und Äthylalkohol, sehr wenig löslich in Aceton und konzentriertem Alkohol in der Kälte. Unlöslich in Äther und Petroläther. Von wässerigen Alkalien und NH_3 wird die Substanz leicht mit intensiv roter Farbe aufgenommen. $[\alpha]_D^{16} = -39°$ ($c = 1{,}8$; in Pyridin)[9].

α-**Glykoheptose-o-nitrophenylhydrazon**[9] $C_{13}H_{19}O_8N_3$. Darstellung in Pyridin ohne Wasserzusatz. Aus heißem Alkohol rötlichgelbe Nadeln; Schmelzp. beim raschen Erhitzen 172° unter Dunkelfärbung. Von Alkalien, langsamer von NH_3 wird die dunkelgelbe wässerige oder alkoholische Lösung des Hydrazons entfärbt[9].

α-**Glykoheptose-2, 4-dinitrophenylhydrazon**[9] $C_{13}H_{18}O_{10}N_4$. Aus 96proz. Alkohol gelbe Platten, beim raschen Erhitzen Schmelzp. 180—181° unter Verfärbung. Wässerige Alkalien lösen mit dunkelroter Farbe. $[\alpha]_D^{17} = -28°$ ($c = 1{,}2$; in Pyridin + Methanol 1:1)[9].

α-**Glykoheptose-benzoylphenylhydrazon**[9] $C_{20}H_{26}O_6N_2$. Schmelzp. beim raschen Erhitzen 155—156°[9].

[1] F. B. La Forge: J. of biol. Chem. **41**, 251 (1920) — Chem. Zbl. **1926 III**, 80.

[2] C. J. de Wolff: Chem. Weekblad **23**, 353 (1927) — Chem. Zbl. **1926 II**, 1844.

[3] H. D. K. Drew u. W. N. Haworth: J. chem. Soc. Lond. **1926**, 2303 — Chem. Zbl. **1927 I**, 997.

[4] C. S. Hudson u. E. Yanovsky: J. amer. chem. Soc. **38**, 1575—1577 — Chem. Zbl. **1926 II**, 1001.

[5] E. Fischer: Liebigs Ann. **270**, 64 — Ber. dtsch. chem. Ges. **26**, 2400.

[6] Franchimont: Rec. Trav. chim. Pays-Bas et Belg. (Amsterd.) **11**, 111 (1892).

[7] C. Hudson u. E. Yanowsky: J. amer. chem. Soc. **38**, 1575 (1916).

[8] E. Glaser u. N. Zuckermann: Hoppe-Seylers Z. **166**, 103 (1927) — Chem. Zbl. **1927 II**, 807.

[9] E. Glaser u. N. Zuckermann: Hoppe-Seylers Z. **167**, 37 (1927) — Chem. Zbl. **1927 II**, 1685.

α-Glykoheptose-β-naphthylhydrazon[1] $C_{17}H_{22}O_6N_2$. Aus Alkohol Nadeln, Schmelzpunkt 182°. Im Dunkeln lange Zeit aufbewahrbar. $[\alpha]_D^{17} = -13°$ ($c = 1,25$; in Pyridin)[1].

α-Glykoheptose-o-nitrophenylosazon[1] $C_{19}H_{22}O_9N_6$. Aus Pyridin durch Fällen mit Wasser oder Äther als dunkelrotes, amorphes Pulver vom Schmelzp. 222° erhältlich. Aus Pyridin rubinrote Büschel und Rosetten, aus Alkohol lange, rote Nadeln. Von wässerigen Alkalien wird die Substanz nicht unter Farbenänderung aufgenommen[1].

α-Glykoheptose-2, 4-dinitrophenylosazon[1] $C_{19}H_{16}O_9N_8$. Aus Pyridin rötlichgelbe Büschel, Schmelzp. 231—232° (unter Zersetzung). In Alkalien leicht löslich, weniger leicht löslich in NH_3 mit violetter Farbe[1].

α-Glykoheptose-benzylphenylosazon[2] $C_{26}H_{30}O_5N_4$. Aus Pyridin durch Fällen mit Wasser und Äther gelbe Doppelbüschel. Schmelzp. etwa 216—218°. Beim längeren Stehen im Licht zersetzt sich unter Dunkelfärbung. $[\alpha]_D^{18} = -44°$ ($c = 1,4$; in Pyridin)[2].

α-Glykoheptose-p-nitrophenylosazon[2] $C_{19}H_{22}O_9N_6$. Aus Pyridin durch Fällen mit Wasser, Äther oder Ligroin als rotbraunes Pulver erhalten. Schmelzp. beim raschen Erhitzen etwa 240—241° (unter Zersetzung und Gasentwicklung). Sehr leicht löslich in Pyridin. In den übrigen Lösungsmitteln teilweise ziemlich wenig löslich, teilweise unlöslich, von wässerigen Alkalien, schwerer von NH_3 wird es mit indigoblauer Farbe aufgenommen. Bei Alkoholzusatz entsteht eine tiefblaue Lösung, die durch schwaches Erwärmen oder längeres Stehen in Dunkelviolett übergeht[2].

α-Glykoheptose-o-tolylosazon $C_{21}H_{28}O_5N_4$. Aus 50proz. Alkohol gelbe Krystalle. Schmelzp. beim raschen Erhitzen etwa 177° (unter Zersetzung). $[\alpha]_D^{16} = $ etwa $-9°$ (in Pyridin + Methanol 1:1; $c = 3,2$)[1].

α-Glykoheptose-m-tolylosazon $C_{21}H_{28}O_5N_4$. Aus verdünntem Alkohol hellgelbe Rosetten, beim raschen Erhitzen Schmelzp. etwa 186° (unter Zersetzung). $[\alpha]_D^{17} = -30°$ ($c = 1,1$) Pyridin + Alkohol 1:1)[1].

α-Glykoheptose-p-tolylosazon $C_{21}H_{28}O_5N_4$. Gelbe Nadeln und Büschel vom Schmelzpunkt 215—216°. Die Substanz zeigt keine merkliche Drehung in Pyridin[1].

α-Glykoheptosemethylphenylosazon $C_{21}H_{28}O_5N_4$. Aus 96proz. Alkohol unter Zusatz von Wasser bis zur beginnenden Trübung. Gelbe Nadeln. Schmelzp. beim raschen Erhitzen 173°. Nach langem Stehen in direktem Sonnenlicht tritt Dunkelfärbung ein. $[\alpha]_D^{16} = -204$ ($c = 1,25$; Pyridin + Methanol 1:1)[1].

α-d-Mannoheptose (Bd. II, S. 381; Bd. X, S. 552).

Physikalische und chemische Eigenschaften: $[\alpha] = +71,5°$[3].

Derivate: d-α-Mannoheptosehexaacetate[4]. d-α-Mannoheptose liefert bei der Acetylierung mit Essigsäureanhydrid und Natriumacetat ein Hexaacetat vom Schmelzp. 106°, Krystalle aus Wasser oder 50proz. Alkohol; $[\alpha]_D^{20} = +24,1°$ in Chloroform. Die Drehung steigt in Essigsäureanhydrid in Gegenwart von Zinkchlorid bei 100° von 22° auf $+80°$. Aus dieser Lösung erhält man ein stark rechtsdrehendes amorphes Hexaacetat, vielleicht die α-Form des ersten krystallisierten Acetats, neben einer geringen Menge eines zweiten krystallisierten Acetats vom Schmelzp. 139—140°, harte prismatische Krystalle aus Äther und $[\alpha]_D^{20} = -31°$ in Chloroform. — Die erste Verbindung entspricht seiner Struktur nach vermutlich dem ersten Galaktosepentaacetat und die dritte dem dritten Galaktosepentaacetat.

β-d-Galaheptose (Bd. II, S. 382; Bd. X, S. 552).

Physikalische und chemische Eigenschaften: $[\alpha] = -48,5°$[3].

[1] E. Glaser u. N. Zuckermann: Hoppe-Seylers Z. **167**, 37 (1927) — Chem. Zbl. **1927 II**, 1685.

[2] E. Glaser u. N. Zuckermann: Hoppe-Seylers Z. **167**, 37 (1927) — Chem. Zbl. **1927 II**, 1685. — R. Ofner: Mh. Chem. **25**, 1153 (1905) — Chem. Zbl. **1905 I**, 355.

[3] H. D. K. Drew u. W. N. Haworth: J. chem. Soc. Lond. **1926**, 2303 — Chem. Zbl. **1927 I**, 997.

[4] C. S. Hudson u. K. P. Monroe: J. amer. chem. Soc. **46**, 979 (1924) — Chem. Zbl. **1924 II**, 312.

Ketoheptosen.

α-Glykoheptulose[1].
$C_7H_{14}O_7$.

Mol-Gewicht: 210,16.

$$
\begin{array}{ccc}
\begin{array}{l}
CH_2\!-\!OH \\
\;\;|\\
C\!=\!O \\
\;\;|\\
H\!-\!C\!-\!OH \\
\;\;|\\
HO\!-\!C\!-\!H \\
\;\;|\\
H\!-\!C\!-\!OH \\
\;\;|\\
H\!-\!C\!-\!OH \\
\;\;|\\
CH_2\!-\!OH
\end{array}
& \text{oder} &
\begin{array}{l}
CH_2\!-\!OH \\
\;\;|\\
H\!-\!C\!-\!OH \\
\;\;|\\
H\!-\!C\!-\!OH \\
\;\;|\\
HO\!-\!C\!-\!H \\
\;\;|\\
H\!-\!C\!-\!OH \\
\;\;|\\
C\!=\!O \\
\;\;|\\
CH_2\!-\!OH
\end{array}
\end{array}
$$

Bildung: Bei der Oxydation von Glykoheptit mit Sorbosebakterien.

Darstellung: α-Glykoheptit wird aus Glykose in bekannter Weise dargestellt. 3 kg Glykose lieferten über 100 g reines Produkt vom Schmelzp. 129—130°, optisch inaktiv, zu 1,70 g löslich in 100 ccm 80proz. Alkohol von 18°. Die biologische Oxydation des Heptits mittels Sorbosebakteriums wurde genau so ausgeführt wie die des Pescits zu Perseulose. Nach 6—8 Wochen wird die Flüssigkeit im Vakuum eingeengt und Alkohol zugesetzt, der braune Niederschlag mehrmals aus Wasser + Alkohol umgefällt, Gesamtflüssigkeit im Vakuum vom Alkohol befreit, mit Bleiessig und H_2S gereinigt, zur Sirupdicke eingeengt.

Physiologische Eigenschaften: Erleidet keine alkoholische Gärung.

Physikalische und chemische Eigenschaften: Harte Prismen von deutlich süßem Geschmack, Schmelzp. 173,5°, leicht löslich in Wasser. 100 ccm Alkohol von 60, 80 und 95% lösen bei 21° 12,07, 3,35 und 0,37 g. $[\alpha]_D^{22} = -67°\,8'$ in 10proz. wässeriger Lösung ohne Mutarotation. Reduktionsvermögen = etwa 88% von dem der Glykose. α-Glykoheptulose gibt sehr leicht schon bei schwachem Erwärmen in verdünnter HCl folgende Farbenreaktionen: mit Orcin rotviolett, dann blauer Niederschlag; mit Phloroglucin gelb, dann gelbbrauner Niederschlag; mit Resorcin rosa, dann rotbraun und ebensolcher Niederschlag. — Sie zeigte nach 3tägigem Stehen mit überschüssigem Bromwasser und Wegkochen des Br keine Änderung seines Reduktionsvermögens, während Aldosen unter gleichen Bedingungen glatt zu Säuren oxydiert werden[1].

Derivate: Phenylosazon $C_{19}H_{24}O_5N_4$. Goldgelbe Nädelchen aus verdünntem Alkohol, Schmelzp. 209—210° (Maquenne-Block), identisch mit dem aus α-Glykoheptose[1].

α-d-Glykooctose (Bd. II, S. 384; Bd. VIII, S. 187).

Physikalische und chemische Eigenschaften: $[\alpha] = -41°$ [2].

Anhydrozucker.

Zusammenfassende Abhandlungen[3].

Anhydropentosen.

---

[1] G. Bertrand u. G. Nitzberg: Bull Soc. Chim. France (4) **43**, 663 — Chem. Zbl. **1928 II**, 980 — C. r. Acad. Sci. Paris **186**, 925 — Chem. Zbl. **1928 I**, 2594 — C. r. Acad. Sci. Paris **186**, 1172 — Chem. Zbl. **1928 I**, 3051 — Bull. Soc. Chim. France (4) **43**, 1019 (1928) — Chem. Zbl. **1928 II**, 2345.

[2] H. D. K. Drew u. W. N. Haworth: J. chem. Soc. Lond. **1926**, 2303 — Chem. Zbl. **1927 I**, 997.

[3] Amé Pictet: Rev. gén. Sci. pures et appl. **35**, 668 (1924) — Chem. Zbl. **1925 I**, 1066. — Amé Pictet u. Hans Vogel: Rec. Trav. chim. Pays-Bas et Belg. (Amsterd.) **48**, 843 (1929) — Chem. Zbl. **1929 II**, 2436 — Fortschr. chem.-physik. u. physik. Chem. **20**, 1—56 (1929) — Chem. Zbl. **1929 II**, 3125.

β-l-Arabinosan[1].

(Nach Hudson α-l-Arabinosan).

Mol-Gewicht: 134,11.
Zusammensetzung: $C_5H_8O_4$.

Diese Konstitution, sowie die Einheitlichkeit der Substanz ist unsicher.

Darstellung: Beim Erhitzen von l-Arabinose 4 Stunden auf 160° unter 15 mm.

Physikalische und chemische Eigenschaften: Äußerst hygroskopische amorphe Masse, sehr leicht löslich in Wasser. Schmelzp. 80—81°; $[\alpha]_D^{20} = +60,5°$ in Wasser bei $c = 1,148$, zeigt keine Mutarotation. Schmeckt bitter. Beim Kochen mit Wasser wird l-Arabinose regeneriert. Das chemische Verhalten ist dem des α-Glykosans sehr ähnlich. Neigt stark zur Polymerisation. Durch $1^1/_2$ stündiges Erhitzen auf 150° unter 15 mm Druck und in Gegenwart von wenig Zinkchlorid entsteht Diarabinosan.

Rhamnosan[2].

$$C_6H_{10}O_4$$

Mol-Gewicht: 158,13.

Konstitution: Da Rhamnosan in seinem Verhalten gegen siedendes Wasser dem α-Glykosan gleicht, so dürfte es vielleicht ebenfalls einen Äthylenoxydring enthalten, entsprechend folgender Formel:

$$CH—CH—CH(OH)—CH(OH)—CH—CH_3 \; ^2$$

Diese Konstitution ist aber unsicher.

Vorkommen: Das von v. Lippmann[3] aus Wasserrosenblüten gewonnene Produkt ist offenbar das Polymere eines anderen Rhamnosans[2].

Darstellung: Wasserfreie Rhamnose wurde nach dem Verfahren von Pictet unter 15—16 mm 4 Stunden auf 150—155° erhitzt, wobei 9,5% Wasser entwichen[2].

Physikalische und chemische Eigenschaften: Rhamnosan bildet aus Alkohol + Äther ein mikrokrystallinisches Pulver, Schmelzp. 90°, wenig hygroskopisch, bitter schmeckend, sehr leicht löslich in Wasser, CH_3OH, Alkohol; ziemlich löslich in Aceton, Pyridin; unlöslich in Äther, Benzol, Chloroform. $[\alpha]_D^{20} = +2,50°$ in Wasser. Kryoskopische Molekulargewichtsbestimmung in Wasser ergab 152. Wird durch siedendes Wasser in 2, durch siedende verdünnte H_2SO_4 in 1 Stunde zu Rhamnose hydrolysiert[2].

Derivate: Rhamnosandiacetat[2] $C_{10}H_{14}O_6$. Entsteht mit Acetanhydrid in Pyridin (Raumtemperatur, 2 Stunden). Amorph, Schmelzp. 102—105°, geschmacklos, luftbeständig, unlöslich in kaltem, wenig löslich in heißem Wasser, leicht löslich in CH_3OH, Alkohol, Äther, Chloroform, Benzol, unlöslich in Petroläther. $[\alpha]_D^{20} = +30,47°$ in Chloroform. Kryoskopische Molekulargewichtsbestimmung in Benzol ergab 252.

---

[1] Hans Vogel: Helvet. chim. Acta **11**, 1210 (1928) — Chem. Zbl. **1929 I**, 1093.

[2] H. Vogel: Helvet. chim. Acta **11**, 442 — Chem. Zbl. **1928 I**, 2804.

[3] E. O. v. Lippmann: Ber. dtsch. chem. Ges. **58**, 425 (1925) — Chem. Zbl. **1925 I**, 1749.

Anhydrohexosen (Bd. VIII, S. 189; Bd. X, S. 555).

n-Hexantetrol-(1, 4, 5, 6)-anhydrid-[1, 5][1].

$$C_6H_{12}O_3$$

$$
\begin{array}{l}
CH_2 \\
| \\
CH_2 \\
| \\
CH_2 \qquad O \\
| \\
H-C-OH \\
| \\
H-C \\
| \\
CH_2-OH
\end{array}
$$

Bildung: Durch Verseifung der entsprechenden Diacetylverbindung mit Baryt.

Physikalische und chemische Eigenschaften: Viscoses, glycerinähnliches Öl, Siedep. 122° bei 1,5 mm; $n_D^{23} = 1,4832$, leicht löslich in Wasser und Alkohol, hygroskopisch.

Derivate: Diacetylverbindung $C_{10}H_{16}O_5$. Aus Triacetylpseudoglykal in Essigsäure durch Hydrierung mit Palladiummohr nach Wieland, oder durch 6stündige Hydrierung von Diacetylpseudoglykal in Essigsäure mit Platinmohr nach Willstätter. Ziemlich leicht bewegliches Öl, Siedep. 102—103° bei 0,7 mm; $n_D^{18} = 1,4511$, leicht löslich in Wasser, Aceton, Alkohol.

Schwefligsäureester $C_6H_{10}O_4S$. Mit Thionylchlorid und Pyridin bei 0°. Öl, Siedep. 95 bis 101°, das teilweise krystallisiert. Krystalle aus Ligroin. Schmelzp. 99°, $[\alpha]_D^{25} = +8,62°$ in Acetylentetrachlorid.

Dichlor-n-hexandiolanhydrid $C_8H_{10}OCl_2$. Aus dem Schwefligsäureester mit Phosphorpentachlorid. Leicht bewegliche Flüssigkeit vom Siedep. 55° bei 0,8 mm, von unangenehmen, zugleich pfefferminzähnlichem Geruch.

Benzaldehydverbindung $C_{13}H_{16}O_3$. Mit Benzaldehyd und Zinkchlorid bei 100°; aus Aceton lange, schmale Prismen vom Schmelzp. 137—137,5°; leicht löslich in Chloroform, ziemlich löslich in Äther, Methylalkohol und Aceton, wenig löslich in Ligroin.

1, 2-Anhydroglykose.

$$C_6H_{10}O_5$$

Mol-Gewicht: 162,08.
Zusammensetzung: 44,12% C; 6,21% H.

$$
\begin{array}{l}
CH \\
\;\;\diagdown O \\
H-C \\
| \qquad\qquad O \\
HO-C-H \\
| \\
H-C-OH \\
| \\
H-C \\
| \\
CH_2-OH
\end{array}
$$

Physikalische und chemische Eigenschaften: Aus der Verbrennungswärme des Glykose-1, 2-anhydrid-3, 5, 6-triacetats (4594,8 cal) berechnet sich für Glykose-1, 2-anhydrid 4288 cal. Der Energiegehalt ist hier infolge der α-oxydischen Struktur größer[2].

Derivate: 3, 4, 6-Triacetat des Glykose-1, 2-anhydrids[3] $C_{12}H_{16}O_8$. Bildung bei 2—3stündigem Durchleiten von trocknem NH_3 durch eine Suspension von Triacetyl-1-chlorglykose in

---

[1] Max Bergmann u. Wilhelm Breuers: Liebigs Ann. **470**, 51 (1929) — Chem. Zbl. **1929 II**, 1154.

[2] P. Karrer u. W. Fioroni: Helvet. chim. Acta **6**, 396 (1923) — Chem. Zbl. **1923 III**, 1005.

[3] P. Brigl: Hoppe-Seylers Z. **122**, 245 (1922) — Chem. Zbl. **1923 I**, 43.

Benzol. Es erfolgt dabei Umsetzung unter Abscheidung von NH_4Cl, während das Produkt in Lösung geht. Die benzolische Lösung wird über H_2SO_4 von NH_3 befreit. Durch Zugabe von Petroläther entfernt man eine Cl-haltige Beimengung, konzentriert das Filtrat im Vakuum, wonach bei Zugabe von Petroläther ein allmählich erstarrendes Öl ausfällt. Krystalle aus Benzol oder Benzol + Petroläther oder Essigester + Petroläther[1]. Kann auch mit Silberoxyd in trocknem Chloroform aus 3, 4, 6-Triacetylglykosylchlorid dargestellt werden, ist aber dann gefärbt und unrein[2]. Schiefwinklige Tafeln, aus Benzol in großen gezackten Drusen, Schmelzp. 59,5°, nach vorhergehendem Sintern bei 57,5°. $[\alpha]_D^{18} = +106,5°$ in Benzol. Leicht löslich in organischen Lösungsmitteln, mit Ausnahme von CS_2 und Petroläther. Wasser löst langsam unter Umwandlung. Fehlingsche Lösung wird beim Erwärmen stark reduziert. $KMnO_4$ wird in der Kälte nicht entfärbt. Essigsäureanhydrid reagiert bei Zimmertemperatur sehr langsam. In der Hitze entstehen in Wasser unlösliche Produkte mit unscharfem Schmelzp. 90—99°, aus welchem durch Krystallisation aus Alkohol α-Pentaacetylglykose von Schmelzp. 113° abgetrennt werden kann[1]. Ist ein gutes Ausgangsmaterial zur Darstellung der Glykoside. Es addiert mit Leichtigkeit primäre und sekundäre Alkohole unter Bildung von β-Glykosiden, während mit Phenol das α-Glykosid entsteht[2].

Glykosan (α-Glykosan) (Bd. X, S. 555).

Konstitution: 1, 2-Anhydroglykose[3]. Kann nicht das 1, 2-Anhydrid der Glykose sein[4].

Darstellung: Die Isolierung der krystallisierten Verbindung gelingt nicht[4].

Physiologische Eigenschaften: Ist neben Lävoglykosan der Hauptträger der günstigen Wirkung der gerösteten Kohlehydrate im diabetischen Organismus anzusehen[5]. Dem Phlorrhizinhund gegeben, verursacht Glykosan keine Zuckerausscheidung im Urin, aber auch keinen Anstieg des respiratorischen Quotienten. Größere Mengen werden nur zum Teil, kleinere Mengen gut resorbiert. Das Präparat erscheint bei jeder Art der Applikation unverändert im Harn[6].

Physikalische und chemische Eigenschaften: Ultraviolettabsorption[7]. Beim Erhitzen von Glykosan mit Lävulosan unter vermindertem Druck bildet sich Isosaccharosan[8].

Gärung: Das krystallisierte α-Glykosan (Schmelzp. 108—109°, $[\alpha]_D = +69,4°$) wird durch frische und obergärige Hefe sowie durch Macerationssaft aus Trockenunterhefe glatt vergoren. Die Anfangsgeschwindigkeit der Vergärung ist beim α-Glykosan größer als bei Gleichgewichtsglykose. Wie die übrigen gärfähigen Zucker wird α-Glykosan in Gegenwart von Phosphat durch Trockenhefe in einen Zuckerphosphorsäureester übergeführt. Die Phosphorylierung ist an die Anwesenheit von Co-Zymase geknüpft. Ausgewaschene Trockenhefe vermag weder α-Glykosan zu verestern noch zu vergären[9].

Derivate: Tribenzoylglykosan. Man konnte es nicht wegen mangelnder Hydratation in ein Osazon überführen[10].

---

[1] P. Brigl: Hoppe-Seylers Z. **122**, 245 (1922) — Chem. Zbl. **1923 I**, 43.

[2] Wilfred John Hickinbottom: J. chem. Soc. Lond. **1928**, 3140 — Chem. Zbl. **1929 I**, 1922.

[3] M. Cramer u. E. H. Cox: Helvet. chim. Acta **5**, 884 (1922) — Chem. Zbl. **1923 III**, 120. — A. Pictet u. P. Castan: Helvet. chim. Acta **3**, 645 (1920) — Chem. Zbl. **1920 III**, 879.

[4] P. Brigl u. R. Schinle: Ber. dtsch. chem. Ges. **62**, 1716 (1929) — Chem. Zbl. **1929 II**, 1282.

[5] E. Grafe u. Erica v. Schröder: Dtsch. Arch. klin. Med. **144**, 156 (1924) — Chem. Zbl. **1924 II**, 496. — W. Nonnenbruch: Z. exper. Med. **48**, 233 (1925) — Chem. Zbl. **1926 I**, 3557 — Verh. Ges. Verdgskrkh. **1926**, 373 — Chem. Zbl. **1926 II**, 3099. — Lewis Bland Winter: Biochemic. J. **20**, 668—675 (1926) — Chem. Zbl. **1927 I**, 122.

[6] H. J. Deuel jr., J. A. Mandel u. S. S. Waddell: Proc. Soc. exper. Biol. a. Med. **23**, 431 bis 432 (1926) — Ber. Physiol. **36**, 802 (1926) — Chem. Zbl. **1927 I**, 314.

[7] L. Kurieciński u. L. Marchlewski: Bull. Int. Acad. Polon. Sci. Lettres A **1928**, 263 — Chem. Zbl. **1929 I**, 1092.

[8] Amé Pictet u. Paul Stricker: Helvet. chim. Acta **7**, 708 (1924) — Chem. Zbl. **1924 II**, 1176.

[9] A. Gottschalk: Hoppe-Seylers Z. **170**, 23 (1927) — Chem. Zbl. **1928 I**, 82.

[10] M. Cramer u. E. H. Cox: Helvet. chim. Acta **5**, 884 (1922) — Chem. Zbl. **1923 III**, 120.

Lävoglykosan (β-Glykosan) (Bd. X, S. 557).

Konstitution:

$$
\begin{array}{c}
\text{CH} \\
\text{H—C—OH} \\
\text{O} \quad \text{HO—C—H} \quad \text{O}^1 \\
\text{H—C—OH} \\
\text{C} \\
\text{CH}_2
\end{array}
$$

Bildung: Bildet sich in geringen Mengen beim Erhitzen von Stärke und Tetraamylose auch unter gewöhnlichem Druck[2]. — Bei der raschen Destillation von Lichenin im Vakuum[3]. — Die Ausbeute an Teer und an Lävoglykosan steigt mit der Schnelligkeit der Destillation und mit abnehmendem Druck und fällt mit abnehmender Reinheit der Cellulose. Bei gereinigter Baumwolle werden maximal 20%, bei Espartozellstoff (Chlorgasverfahren) und Viscoseseide nur 13% Lävoglykosan erhalten. α-Cellulose gibt dieselben Ausbeuten wie die Baumwolle. β-Cellulose gibt maximal 2,7% Lävoglykosan[4].

Darstellung[5]**:** Bei der Vakuumdestillation der nur mechanisch gereinigten amerikanischen und ägyptischen Baumwollarten zeigte es sich, daß die anorganischen Verunreinigungen sehr schädlich sind. In den meisten Fällen entsteht aus diesen Rohprodukten kein Lävoglykosan. Entfernt man die wasserlöslichen Bestandteile, so ist die Ausbeute 28%, durch Behandlung mit 1,5proz. NaOH, dann mit 1proz. HCl und gründliches Auswaschen steigt die Ausbeute bis auf 38%. Mit einer 2. Behandlung mit NaOH geht bei ägypt. Baumwolle die Ausbeute an Lävoglykosan beträchtlich zurück, steigt aber nach dem Absäuern wieder auf den ursprünglichen Wert. Durch dieses Verhalten unterscheidet sich die ägypt. Baumwolle scharf von der amerikanischen. Der Säuregehalt des wässerigen Destillates ist immer am niedrigsten, wenn die Ausbeute an Lävoglykosan am höchsten ist, was gegen die Ansicht von Irvine und Oldham[6] über den Ursprung des Lävoglykosans spricht. Bei Verwendung von Hydrocellulose übersteigen die Ausbeuten 40%[7]. Ausbeute bei der Destillation von Cellulose unter niedrigem Druck[8]. Zur Reinigung der Rohprodukte empfiehlt sich die Acetylierung und nachherige Verseifung mit geringen Mengen Natriummethylat[9].

Physiologische Eigenschaften: Wird weder durch frische Hefe noch durch Macerationssaft angegriffen und durch Trockenhefe bei Gegenwart von Phosphaten nicht verestert[10]. Lävoglykosan wird im normalen und diabetischen Organismus durch die Fermente des Magendarmkanals nicht gespalten. Im Harn erscheinen 5—10% wieder, jede glykosurische Wirkung fehlt, der Blutzucker wird sogar etwas herabgesetzt, während die Acidose sehr günstig beeinflußt und die Eiweißverbrennung eingeschränkt wird. — Ist neben Glykosan als der Hauptträger der günstigen Wirkung der gerösteten Kohlehydrate im diabetischen Organismus anzusehen[11].

---

[1] J. C. Irvine u. J. W. H. Oldham: J. chem. Soc. Lond. **127**, 2729 (1925) — Chem. Zbl. **1926 I**, 1184. — Heinz Ohle u. Kurt Spencker: Ber. dtsch. chem. Ges. **59**, 1836 (1926) — Chem. Zbl. **1926 II**, 2556. — Karl Josephson: Ber. dtsch. chem. Ges. **62**, 313 (1929) — Chem. Zbl. **1929 I**, 1921.

[2] P. Karrer u. J. O. Rosenberg: Helvet. chim. Acta **5**, 575 (1922) — Chem. Zbl. **1922 III**, 667.

[3] P. Karrer u. M. Staub: Helvet. chim. Acta **7**, 928 (1924) — Chem. Zbl. **1924 II**, 2460.

[4] J. Mutti u. A. Montalti: Ann. chim. appl. **17**, 188 (1927) — Chem. Zbl. **1927 II**, 648.

[5] A. Pictet, übertr. an Gesellschaft für Chem. Ind. in Basel: A.P. 1437615 vom 1. Nov. (1918) — Chem. Zbl. **1921 II**, 34; **1923 IV**, 591.

[6] Irvine u. Oldham: J. chem. Soc. Lond. **119**, 1744 (1922) — Chem. Zbl. **1922 I**, 678.

[7] Hubert John Patridge Venn: Cellulosechemie **5**, 95 — Beilage zu Papierfabr. **22** (1924) — Chem. Zbl. **1925 I**, 642.

[8] H. J. P. Venn: J. Textile Inst. **15 I**, 414 (1925) — Chem. Zbl. **1926 I**, 1140.

[9] Géza Zemplén u. Eugen Pacsu: Ber. dtsch. chem. Ges. **62**, 1613 (1929).

[10] A. Gottschalk: Hoppe-Seylers Z. **170**, 23 (1927) — Chem. Zbl. **1928 I**, 82.

[11] E. Grafe u. Erica v. Schröder: Dtsch. Arch. klin. Med. **144**, 156 (1924) — Chem. Zbl. **1924 II**, 496.

Stoffwechseluntersuchungen an Normalen und Diabetikern[1]. — Lävoglykosan ist gegen Insulinvergiftungen unwirksam[2]. Lävoglykosan ändert auch nach Schilddrüsenzufuhr den respiratorischen Quotienten nicht; die spezifisch-dynamische Wirkung ist dann aber erhöht[3].

Physikalische und chemische Eigenschaften: Verbrennungswärme für 1 g 4181 cal[4]. Ultraviolettabsorption[5]. Die Einwirkung von Kupferamminhydroxyd auf Lävoglykosan ist ohne Einfluß auf die Drehung[6]. — Wird Lävoglykosan mit einer Spur Zinkchlorid auf 140° erhitzt, so vollzieht sich der Vorgang $n\text{-}C_6H_{10}O_5 \rightarrow (C_6H_{10}O_5)_n$ in wenigen Minuten, wobei n mit der Erhöhung des Druckes ansteigt und die Werte 2, 4, 6 und 8 annehmen kann. — So konnte eine Reihe von Polylävoglykosanen dargestellt werden, die eine völlige Parallele zu den Polyamylosen darstellen. — Näheres siehe dort[7]. — Die entstehenden Produkte nähern sich immer mehr den Dextrinen, was wegen der Umwandlung des Zuckers in Stärke bei den Pflanzen von Interesse ist, wobei gleichfalls hohe Drucke in den Zellen eine Rolle spielen, vielleicht höhere als bei den Pictetschen Versuchen[5]. — Die Aufspaltung der Lävoglykosan-derivate mit Bromwasserstoff und Essigsäure führt zu vollständig veresterten Glykosederi-vaten, in denen die Verseifung der 6ständigen Acetylgruppe allein nicht gelingt. Dagegen führt die Behandlung von Lävoglykosanderivaten mit überschüssigem Titantetrachlorid in Chloroform zu Körpern mit freiem Hydroxyl in 6-Stellung. Aus Triacetyllävoglykosan ent-steht so α-1-Chlor-2, 3, 4-triacetylglykose. Tribenzoyllävoglykosan reagiert nicht[8]. — Wird von Wasserstoffsuperoxyd allein nicht verändert, dagegen rasch in Gegenwart von Ferro-sulfat, wobei neben flüchtigen und nichtflüchtigen Säuren beträchtliche Mengen Glykose entstehen. Von unterchloriger Säure wird es ebenfalls teilweise in Glykose verwandelt, ohne daß jedoch saure Produkte auftreten. — Nur bei Anwendung von 1 Atom aktiven Sauerstoffs auf 1 Mol Lävoglykosan konnte kein reduzierender Zucker festgestellt werden. Das Drehungsvermögen sank in diesem Falle während der Oxydation von −68,6° auf −55,2°; erreichte aber schließlich wieder den Ausgangswert. Vergleicht man damit das Verhalten des Lävoglykosans bei der Oxydation mit Silberoxyd in Methylalkohol, wobei sehr viel Säuren gebildet werden, so wird auch in diesem Falle die Annahme nahegelegt, daß unterchlorige Säure zunächst mit Lävoglykosan unter Aufsprengung der Sauerstoffbrücke zusammentritt und dann erst die Oxydation einsetzt[9].

Derivate: Triacetyllävoglykosan. Verbrennungswärme 4530,5 cal/1 g[10]. Gibt bei der Einwirkung von Eisessig-Bromwasserstoff Acetobromglykose[11]. Es wurde versucht, an das Triacetat des Lävoglykosans Benzoylchlorid oder Toluolsulfochlorid anzulagern. Infolge der Stabilität der 1, 6-Sauerstoffbrücke bei den energischen Versuchsbedingungen tritt Zersetzung der Anlagerungsprodukte ein[11].

Lävoglykosan-tripalmitat[12] $C_{54}H_{100}O_8$. Lävoglykosan wird mit Chinolin und Fett-säurechlorid in Chloroform bis zur klaren Lösung geschüttelt. Die Flüssigkeit wird nach 12 Stunden im Vakuum eingeengt, dann in kalten Alkohol gegossen. Weiße, feine Nadeln aus heißem Alkohol. Unlöslich in Wasser, löslich in Äther und Aceton, etwas schwerer in warmem Alkohol. Schmelzp. 68,5°. Ist schwer verseifbar, erst bei mehrstündigem Kochen. $[\alpha]_D^{18} = -21{,}08°$ in Chloroform.

Lävoglykosan-tristearat[12] $C_{60}H_{112}O_8$. Schmelzp. 73,4°. $[\alpha]_D^{18} = -18{,}40°$ in Chloroform.

[1] W. Nonnenbruch: Z. exper. Med. **48**, 233 (1925) — Chem. Zbl. **1926 I**, 3557.

[2] Percy Theodore Herring, James Colquhoun Irvine u. J. J. Rickard Macleod: Biochemic. J. **18**, 1023—1042 (1925) — Chem. Zbl. **1925 I**, 2388.

[3] K. Miyazaki u. J. Abelin: Biochem. Z. **149**, 109 — Chem. Zbl. **1924 II**, 1705.

[4] P. Karrer u. W. Fioroni: Ber. dtsch. chem. Ges. **55**, 2854 (1922).

[5] L. Kwieciński u. L. Marchlewski: Bull. Int. Acad. Polon. Sci. Lettres A **1928**, 263 — Chem. Zbl. **1929 I**, 1092.

[6] Kurt Heß, Wilhelm Weltzin u. Ernst Meßmer: Liebigs Ann. **41** (1924).

[7] Amé Pictet u. J. H. Roß: C. r. Acad. Sci. **174**, 1113 (1922) — Chem. Zbl. **1922 III**, 346.

[8] Géza Zemplén u. Zoltán Csürös: Ber. dtsch. chem. Ges. **62**, 993 (1929) — Chem. Zbl. **1929 I**, 2405.

[9] James Craik: J. Soc. chem. Ind. **43 I**, 171 (1924) — Chem. Zbl. **1924 II**, 823.

[10] P. Karrer u. W. Fioroni: Helvet. chim. Acta **6**, 396 (1923) — Chem. Zbl. **1923 III**, 1005.

[11] Heinz Ohle u. Kurt Spencker: Ber. dtsch. chem. Ges. **59**, 1836 (1926) — Chem. Zbl. **1926 II**, 2556.

[12] P. Karrer, J. Peyer u. Z. Zega: Helvet. chim. Acta **5**, 853 (1922) — Chem. Zbl. **1923 I**, 583.

6-Toluolsulfoglykose-anhydrid-(1, 4) (1, 5) (?) [1].

$$C_{13}H_{16}O_7S$$

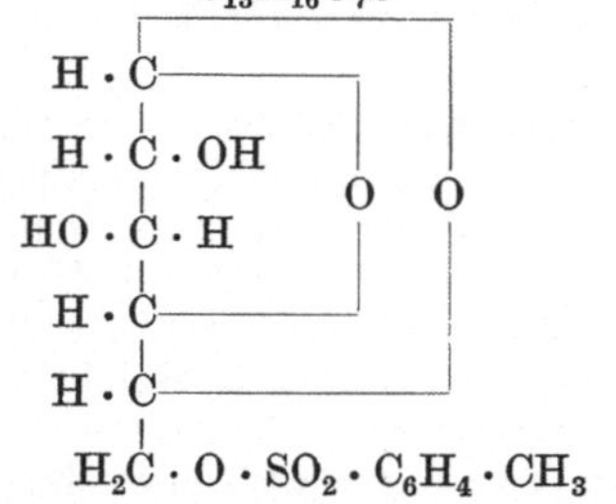

$$
\begin{array}{l}
H \cdot C \\
H \cdot C \cdot OH \\
HO \cdot C \cdot H \qquad O \quad O \\
H \cdot C \\
H \cdot C \\
H_2C \cdot O \cdot SO_2 \cdot C_6H_4 \cdot CH_3
\end{array}
$$

Darstellung: 4 g 5, 6-Ditoluolsulfo-monoaceton-glykose werden in 100 ccm gewöhnlichem Alkohol auf dem Wasserbade gelöst und mit 40 ccm 5n-H_2SO_4 etwa 5 Minuten gekocht, dann im Brutraum aufbewahrt. Drehung nach 6 Tagen konstant, 0,66°. Daraus berechnet sich für die 6-Toluolsulfo-glykose-anhydrid-(1,4) (1, 5) ungefähr $[\alpha]_D = +38,6°$. Die Lösung wird mit Baryt neutralisiert, filtriert, im Vakuum eingedampft und der Rückstand mit Äther extrahiert. Das Ba-Salz der Toluolsulfosäure bleibt zurück. Aus alkoholischen Auszügen wird das Ba-Salz mit viel Äther gefällt und die Mutterlauge im Vakuum eingedampft.

Physikalische und chemische Eigenschaften: Gelblicher Sirup, krystallisiert nicht. Reduziert Fehlingsche Lösung erst nach dem Kochen mit Salzsäure stark. Die Lösung des Sirups in verdünntem Alkohol gibt mit 50proz. Essigsäure und mit Phenylhydrazin ein gelbbraunes Öl, wahrscheinlich ein Osazon[1].

3-6-Anhydroglykose.

$$C_6H_{10}O_5$$

Mol-Gewicht: 162,08.
Zusammensetzung: 44,42% C, 6,21%H.

Konstitution:

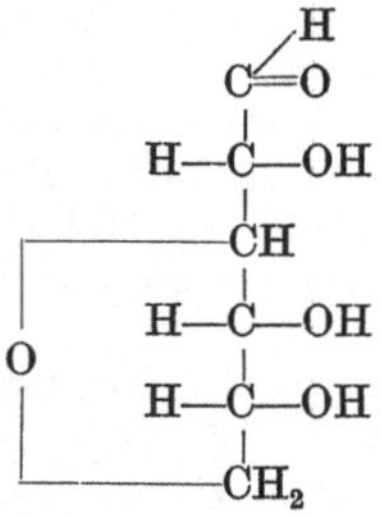

$$
\begin{array}{l}
C{=}O \quad H \\
H{-}C{-}OH \\
CH \\
H{-}C{-}OH \\
H{-}C{-}OH \\
CH_2
\end{array}
$$

Bildung: Aus Monoaceton-3, 6-anhydro-d-glykose durch Abspaltung des Acetonrestes mit verdünnten Mineralsäuren.

Physikalische und chemische Eigenschaften: Aus einer Mischung gleicher Teile Essigester + absoluten Alkohol mit Benzin lange Nadeln vom Schmelzp. 119°, $[\alpha]_D^{20} = +55,39°$ (Wasser; $c = 2,888$)[2].

Derivate: Phenylhydrazon $C_{12}H_{16}O_4N_2$. Aus Wasser Nädelchen vom Schmelzp. 157°[2]. Phenylosazon. Schmelzp. 178—179°[2].

1, 2-Monoaceton-3, 6-anhydro-d-glykose[2] $C_6H_{14}O_5$.

$$
\begin{array}{l}
H{-}C{-}O \quad CH_3 \\
\qquad \qquad C \\
H{-}C{-}O \quad CH_3 \qquad O \\
C{-}H \\
H{-}C \\
H{-}C{-}OH \\
CH_2
\end{array}
$$

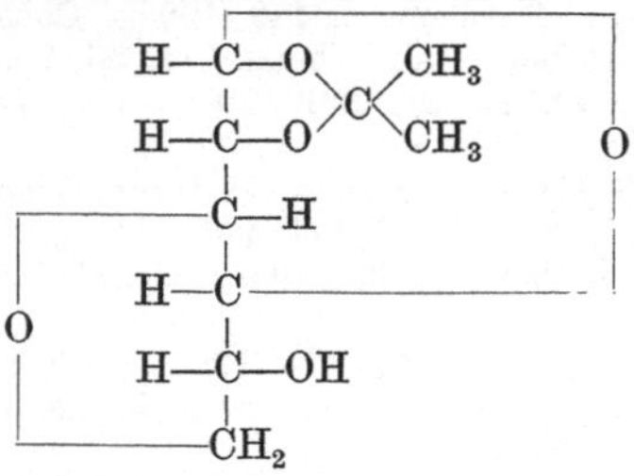

[1] H. Ohle u. E. Dickhäuser: Ber. dtsch. chem. Ges. **58**, 2593 (1925) — Chem. Zbl. **1926 I**, 2188.
[2] H. Ohle, L. v. Vargha u. H. Erlbach: Ber. dtsch. chem. Ges. **61**, 1211 (1928) — Chem. Zbl. **1928 II**, 644.

Entsteht aus der p-Toluolsulfo-Verbindung bei alkalischer Verseifung. Aus Äther mit Benzin Nadeln vom Schmelzp. 56—57°, $[\alpha]_D^{20} = +29,33$ (Wasser; $c = 3,172$)[1].

1, 2-Monoaceton-3, 6-anhydro-glykose-5-benzoylderivat[1] $C_{16}H_{18}O_6$. Aus Benzin Nadeln vom Schmelzp. 58—59°. $[\alpha]_D^{20} = +22,28°$ (Chloroform; $c = 2,828$)[1].

1, 2-Monoaceton-3, 6-anhydro-glykose-5-Acetylderivat[1]. Sirup vom Siedep. 125—130° (0,05 mm. $[\alpha]_D^{20} = +35,7°$ (Chloroform; $c = 4,92$)[1].

5-p-Toluolsulfomonoaceton-3, 6-anhydro-d-glykose $C_{16}H_{20}O_7S$[1].

Die Verbindung ist identisch mit dem Produkt, das bei der Einwirkung von 3 Molekülen Toluolsulfochlorid auf Monoacetonglykose in Pyridin + Chloroform bei 100° entsteht und das von Ohle und Dickhäuser[2] irrtümlich als eine Toluolsulfomonoacetonglykose betrachtet worden ist. Entsteht aus Di-p-toluolsulfomonoaceton-d-glykose bei der Verseifung mit wässerig-alkoholischer KOH unter Abspaltung von 1 Mol Toluolsulfosäure. Aus Alkohol Nadeln vom Schmelzp. 132°, $[\alpha]_D^{20} = +39,3°$ (Chloroform; $c = 2,798$)[1].

Aus Di-p-toluolsulfomonoacetonglykose durch Verseifung mit Natriummethylat nach Zemplén[3].

5, 6-Anhydromonoacetonglykose[3].

Mol-Gewicht: 202,0.
Zusammensetzung: $C_9H_{10}O_5$.

Ist identisch mit der Anhydromonoacetonhexose von Freudenberg, Toepffer und Andersen[4].

Darstellung: Aus 6-p-Toluolsulfomonoacetonglykose durch Verseifung mit Natriummethylat nach Zemplén. Ausbeute 80% der Theorie.

Entsteht aus Diacetonglykose-6-bromhydrin beim Erwärmen mit Natriumäthylat. — Aus Monoaceton-glykose-6-bromhydrin mit Silberoxyd in Aceton bei gewöhnlicher Temperatur. — Silbercarbonat wirkt im Gegensatz zu Silberoxyd nicht ein[4].

Physikalische und chemische Eigenschaften: Nadeln aus Benzol, Schmelzp. 133,5°; $[\alpha]_D^{20} = -26,5°$ in Wasser. Krystalle aus Äther, Schmelzpunkt 126°; $[\alpha]_D^{18} = -27,1°$ in Wasser. Unlöslich in Benzin und Petroläther, leicht löslich in Wasser, sonst mehr oder weniger

---

[1] H. Ohle, L. v. Vargha u. H. Erlbach: Ber. dtsch. chem. Ges. **61**, 1211 (1928) — Chem. Zbl. **1928 II**, 644.

[2] H. Ohle u. Dickhäuser: Ber. dtsch. chem. Ges. **58**, 2606 (1925) — Chem. Zbl. **1926 I**, 2188. — Heinz Ohle u. Kurt Spencker: Ber. dtsch. chem. Ges. **59**, 1836 (1926) — Chem. Zbl. **1926 II**, 2556.

[3] Heinz Ohle u. Ladislaus v. Vargha: Ber. dtsch. chem. Ges. **62**, 2435 (1929) — Chem. Zbl. **1929 II**, 2663.

[4] Karl Freudenberg, Hans Toepffer u. Carl Chr. Andersen: Ber. dtsch. chem. Ges. **61**, 1756 (1928) — Chem. Zbl. **1928 II**, 2123.

löslich. Die Äthylenoxydbrücke in der Verbindung ist sehr labil. Die in Stellung 3 befindliche Hydroxylgruppe läßt sich weder verestern noch methylieren, ohne dieses Ringsystem zu zerstören. Auch verdünnte Mineralsäuren, selbst 80proz. Essigsäure spalten es auf, so daß die Darstellung der 5, 6-Anhydroglykose nicht möglich ist. Auch Alkalien öffnen die Äthylenoxydbrücke, jedoch führt die Addition von Wasser nicht zu Monoacetonglykose zurück, sondern es entsteht daneben unter Waldenscher Umkehrung am Kohlenstoffatom 5-Monoaceton-d-idose und höher molekulare nicht näher bekannte Produkte. — Mit Ammoniak entsteht Monoacetonglykosyl-6-amin. Addition von Natriummethylat ergibt 5-Methyläther der Monoacetonglykose-[1, 4]. Auch Schwefelwasserstoff, Natriumbisulfit, Phosphate usw. werden addiert[1].

<h2 style="text-align:center">Anhydro-glykose-cycloacetessigsäure[2].</h2>

$$C_{10}H_{12}O_6$$

Mol-Gewicht: 128,15.

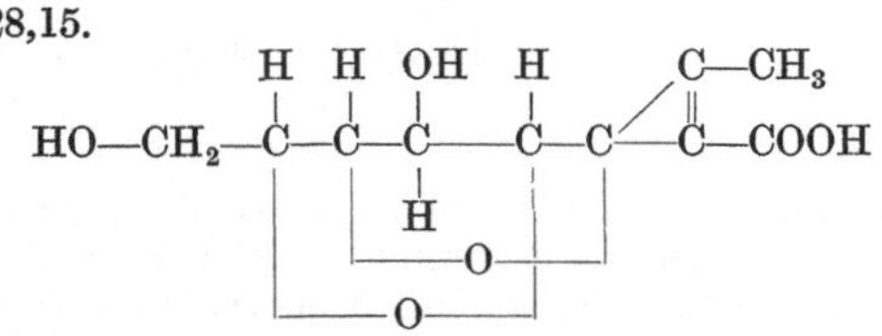

$$\text{HO—CH}_2\text{—C—C—C——C—C}{\overset{\displaystyle \text{C—CH}_3}{\diagdown}}\text{—C—COOH}$$

Darstellung: Aus Anhydroglykosecycloacetessigester durch alkalische Verseifung bei Zimmertemperatur[2].

Physikalische und chemische Eigenschaften: Aus Wasser Nadeln vom Schmelzp. 140°. $[\alpha]_D^{25} = -111,7°$ (CH_3OH; $c = 1,248$), $= -120,1°$ (Wasser; $c = 1,248$)[2]. Reduziert **Fehling** nicht, wohl aber $KMnO_4$.

Derivate: Na-Salz $[\alpha]_D = -126,6°$[2].

Anhydroglykosecycloacetessigester $C_{12}H_{16}O_6$. Entsteht aus Glykosecycloacetessigester durch konzentrierte HCl bei 0°. Öl vom Siedep. 205°/0,8 mm. $[\alpha]_D^{25} = -89,9°$ (CH_3OH; $c = 1,401$). Reduziert **Fehling** nicht, wohl aber $KMnO_4$. Durch Kochen mit verdünnter HCl gewinnt sie das Reduktionsvermögen gegenüber **Fehling** zurück. Liefert bei der alkalischen Verseifung bei Zimmertemperatur Anhydroglykosecycloacetessigsäure[2].

Diacetylderivat des Esters $C_{16}H_{20}O_8$. Dargestellt nach dem Pyridinverfahren. Öl vom Siedep. 175°/0,6 mm. $[\alpha]_D^{25} = -67°$ (Chloroform; $c = 1,522$)[2].

<h2 style="text-align:center">Chitose (Bd. II, S. 375; Bd. VIII, S. 186; Bd. X, S. 551).</h2>

(2, 5-Anhydroglykose.)

Konstitution:

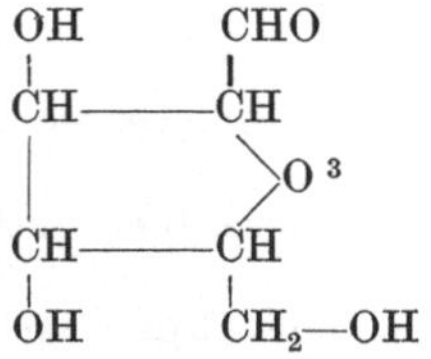

$$\begin{array}{ll} \text{OH} & \text{CHO} \\ | & | \\ \text{CH}\!\!-\!\!\!-\!\!\!-\!\!\text{CH} \\ | & \diagdown \\ & \text{O}\ [3] \\ | & \diagup \\ \text{CH}\!\!-\!\!\!-\!\!\!-\!\!\text{CH} \\ | & | \\ \text{OH} & \text{CH}_2\text{—OH} \end{array}$$

Physikalische und chemische Eigenschaften: Reduktionsvermögen $= 60,7\%$ der Glykose. Die aus Chitose beim Eindampfen der Lösung derselben in verdünnter HCl im Vakuum und nachheriger Behandlung mit Alkohol gewonnenen amorphen Produkte schmelzen nicht bis 222°; Reduktionsvermögen 6% von dem der Glykose. Es ist durchweg unlöslich, auch in verdünnten Alkalien, und wird nur von heißen verdünnten Säuren unter Hydrolyse gelöst. Nach der Auflösung in 2proz. Schwefelsäure bei 100° ist $[\alpha]_D^{25} = +34,5°$. Dieser Wert ändert

[1] Heinz Ohle u. Ladislaus v. Vargha: Ber. dtsch. chem. Ges. **62**, 2435 (1929) — Chem. Zbl. **1929 II**, 2663.

[2] E. S. West: J. of biol. Chem. **74**, 561 (1927) — Chem. Zbl. **1928 I**, 485 — J. of biol. Chem. **66**, 63 (1925) — Chem. Zbl. **1925 I**. 246.

[3] Walter Normann Haworth, Edmund Langley Hirst u. Vincent Stanley Nicholson: J. chem. Soc. Lond. **1927**, 1513 — Chem. Zbl. **1927 II**, 2279.

sich während der weiteren Hydrolyse nicht merklich und ist fast gleich dem Wert für Chitose: $[\alpha]_D^{21} = +32,2°$. Der 2, 5-Oxydring verhindert die Bildung der Halbacetalform, daher bleibt die Mutarotation aus. Die Verbindung müßte demnach eine Aldehydgruppe enthalten. Tatsächlich reduziert sie Permanganatlösung bei gewöhnlicher Temperatur, sehr viel schneller als d-Glykose, d-Mannose und d-Galaktose[1].

Epichitose (Bd. X, S. 551).

Physikalische und chemische Eigenschaften: Reduktionsvermögen $= 60,7\%$ der Glykose[2].

x-Galaktosan[3].
$$C_6H_{10}O_5$$

Mol-Gewicht: 162,08.

Zusammensetzung: 44,42% C, 6,21% H.

Bildung: Beim Erwärmen von Galaktose unter vermindertem (2 mm) Druck bei 135°. Dabei entsteht unter Wasserverlust ein hygroskopisches Produkt, das das Molekulargewicht 248 und 243 zeigt, also einem Gemisch von Galaktosan und Digalaktosan entspricht. Aus diesem Gemisch läßt sich Galaktosan mit wenig Digalaktosan verunreinigt ausziehen.

Physikalische und chemische Eigenschaften: Äußerst hygroskopisch, sehr leicht löslich in Wasser und in heißer Essigsäure, löslich in Methylalkohol, wenig löslich in Alkohol, unlöslich in Äther, Aceton und Benzol. Aus Essigsäure erscheinen farblose Krystalle, die sich beim Versuch der Filtration sofort an der Luft verflüssigen. Der Geschmack ist schwach süß. Fehlingsche Lösung wird beim Kochen, Permanganat in der Kälte reduziert. Kochen mit Wasser liefert wieder Galaktose, und Phenylhydrazin gibt Galaktosazon vom Schmelzp. 192°. Galaktosan verhält sich also wie Glykosan, nicht wie Lävoglykosan, und ist ein Anhydrid der α-Reihe. Die Polymerisation wird auch hier durch eine Spur Zinkchlorid begünstigt; Galaktosan gibt dann bei 170° eine amorphe, in Wasser leicht lösliche, durch Alkohol fällbare Masse. Auch bei gewöhnlicher Temperatur polymerisiert es langsam, schnell durch Säuren. In alkoholischer Lösung wird es in einem Monat völlig unlöslich. — Wird Galaktosan bei 0° in wenig konzentrierter Salzsäure gelöst, das Produkt mit überschüssigem Bariumcarbonat verrieben, mit kaltem Alkohol ausgezogen, der Alkohol im Vakuum verdampft, so hinterbleibt ein hellbrauner amorpher Rückstand, der in Wasser mit neutraler Reaktion leicht löslich, in Alkohol, Methylalkohol löslich, in Aceton und Benzol unlöslich ist, und ein Gemenge von α-Galaktosylchlorid mit wechselnden Mengen von Polygalaktosanen darstellt[3].

β-Galaktosan[4].
$$C_6H_{10}O_5$$

Mol-Gewicht: 162,08.

Zusammensetzung: 44,42% C, 6,21% H.

Der anhydridische Ring muß sich zwischen den OH-Gruppen 1 und 3 oder 1 und 4 gebildet haben[4] (?).

Bildung: Entsteht durch Erhitzen von β-Galaktose unter 14 mm auf 150° bis zum Verlust von 10%. Nach Verreiben mit absolutem Alkohol aus CH_3OH + Äther umgefällt[4].

Physikalische und chemische Eigenschaften: Unter dem Mikroskop krystallinisch, Schmelzp. 154—155°, schwach süß mit bitterem Nachgeschmack, sehr hygroskopisch, ziemlich löslich in Pyridin, CH_3OH, wenig löslich in siedendem Eisessig, fast unlöslich in absolutem Alkohol, unlöslich in Äther, Benzol, Chloroform, Aceton. $[\alpha]_D^{20} = +30,49°$ nach 6 Minuten, $+80,66°$ nach 24 Stunden in Wasser ($c = 2,0332$). Es handelt sich aber nicht um Mutarotation, sondern um Rückverwandlung in Galaktose. Diese erfolgt sofort durch kalte, sehr verdünnte H_2SO_4, in 30 Minuten durch siedendes Wasser, in einigen Stunden durch kaltes Wasser. Daher reduziert β-Galaktosan bei 35—40° Fehlingsche Lösung, entfärbt schnell kaltes $KMnO_4$, liefert Galaktosazon und β-Pentaacetylgalaktose. Es ist also sehr verschieden von α-Galaktosan, neigt auch viel weniger zur Polymerisierung[4].

---

[1] P. A. Levene: J. of biol. Chem. **59**, 135 (1924) — Chem. Zbl. **1924 I**, 2509.

[2] P. A. L. Levene u. R. Ulpts: J. of biol. Chem. **64**, 475 (1925) — Chem. Zbl. **1926 I**, 349.

[3] Amé Pictet u. Henry Vernet: Helvet. chim. Acta **5**, 444 (1922) — Chem. Zbl. **1923 I**, 503.

[4] A. Pictet u. H. Vogel: Helvet. chim. Acta **11**, 209 — Chem. Zbl. **1928 I**, 139. — H. Pictet u. H. Vernet: Helvet. chim. Acta **5**, 444 (1922) — Chem. Zbl. **1923 I**, 503.

d-Galaktosan [α 1, 5] [β 1, 6][1].
$$C_6H_{10}O_5$$
Mol-Gewicht: 162,08.
Zusammensetzung: 44,42% C, 6,21% H.

Darstellung: 33 g Tetraacetyl-β-galaktosido-[1, 5]-trimethyl-ammoniumbromid werden auf dem Wasserbade in eine erwärmte Lösung von 120 g Baryt in 150 ccm Wasser gebracht, nach 110—130 Minuten ist die Reaktion beendet. Es wird mit Kohlensäure neutralisiert und abfiltriert, mit Silbercarbonat geschüttelt, filtriert, in die Lösung gegangenes Silber mit Schwefelwasserstoff gefällt, die abfiltrierte Lösung im Vakuum eingedampft und der Rückstand mit wenig kaltem 85proz. Alkohol ausgezogen, die Lösung mit Wasser auf das Doppelte verdünnt, das Barium mit Oxalsäure gefällt und das Filtrat eingedampft. Der Sirup krystallisiert allmählich.

Physikalische und chemische Eigenschaften: Lange Prismen aus Essigester. Reduziert Fehlingsche Lösung schwach nur nach längerem Kochen, Brom und Permanganat greifen nicht an. $[\alpha]_D^{21} = -21{,}9°$ in Wasser. Schmelzp. 220—221°. — Leicht löslich in Wasser, Alkohol und Methylalkohol, schwer löslich in Aceton und Essigester. — Mit methylalkoholischer Salzsäure entsteht α-Methylgalaktosid.

Derivate: 2, 3, 4-Triacetylgalaktosan $C_{12}H_{16}O_8$. Durch Acetylieren von d-Galaktosan mit Pyridin-Essigsäureanhydrid. Krystalle aus Benzin, Schmelzp. 73—74°, $[\alpha]_D^{22} = -5{,}7°$ in Chloroform.

3-4-Isopropylidengalaktosan $C_9H_{14}O_5$. Aus Galaktosan Kupfersulfat und Aceton. Lange, dünne Nadeln aus Benzol, Schmelzp. 151—152°; $[\alpha]_D^{22} = -61{,}7°$ in Wasser, $[\alpha]_D^{22} = -73{,}3°$ in Chloroform. Das Aceton wird mit 1proz. Salzsäure abgespalten. Das freie Hydroxyl reagiert mit Acetobromglykose.

h-Fructoseanhydrid [1, 2] [2, 5] [2].
$$C_6H_{10}O_5$$
Mol-Gewicht: 162,08.
Zusammensetzung: 44,42% C, 6,21% H.

Darstellung: 125 g krystallisierte und durch ein Haarsieb getriebene Fructose werden in 1500 ccm trockenem Aceton suspendiert, 15 ccm destilliertes Wasser und 5 ccm konz. Salzsäure zugegeben und 14 Tage bei Zimmertemperatur geschüttelt. Es gehen je nach der

[1] Fritz Micheel: Ber. dtsch. chem. Ges. **62**, 687 (1929) — Chem. Zbl. **1929 I**, 2037.
[2] Hans Heinrich Schlubach u. Horst Elsner: Ber. dtsch. chem. Ges. **61**, 2362 (1928) — Chem. Zbl. **1929 I**, 45.

Temperatur 75—125 g Fructose in Lösung. Das Filtrat läßt man einige Tage stehen, bis die Lösung nur noch schwach reduziert, dann wird mit Bleicarbonat geschüttelt, mit Kohle entfärbt, und aus dem schwach gelben Filtrat, dem noch etwas Bleicarbonat zugesetzt war, das Aceton unter vermindertem Druck abdestilliert, wobei die Temperatur nicht über 40° steigen darf. Der Rückstand wird zur Entfernung der α-Diacetonfructose mehrfach mit Äther ausgezogen, in 1 l Wasser aufgenommen und mit Bäckerhefe unter Zusatz von wenig Calciumcarbonat zur Vergärung der unveränderten Fructose bei 39° stehen gelassen. Nach 2 Tagen wird filtriert, das Wasser unter vermindertem Druck bei 40° verdampft, der Rückstand im Hochvakuum scharf getrocknet und in 200 ccm absolutem Alkohol gelöst. Hierbei bleiben 1—2 g ungelöst, die abfiltriert und mehrmals mit absolutem Alkohol ausgewaschen werden. Die alkoholische Lösung wird unter vermindertem Druck eingeengt, der Rückstand in Aceton aufgenommen und 24 Stunden mit etwa 40 g entwässertem Kupfersulfat geschüttelt. Das Filtrat wird unter vermindertem Druck zur Trockne verdampft, und zur Entfernung nachgebildeter α-Diacetonfructose mehrfach mit Äther ausgezogen. Die alkoholische Lösung des Rückstandes wird unter heftigem Umrühren tropfenweise in die 8—10fache Äthermenge eingetragen, wobei ein voluminöser, weißer Niederschlag ausfällt. Er wird unter Ausschluß von Luftfeuchtigkeit abfiltriert und im Hochvakuum getrocknet. Ausbeute etwa 20 g. Zur weiteren Reinigung wird die Substanz so lange aus Alkohol + Äther umgefällt, bis sie nach Erwärmen mit Säuren keine Acetonreaktion mehr gibt.

Physiologische Eigenschaften: Hefe vergärt nicht, Schimmelpilze greifen jedoch an.

Physikalische und chemische Eigenschaften: Äußerst hygroskopisches Pulver, leicht löslich in Pyridin und Methylalkohol, weniger in Alkohol, schwer löslich in Aceton, sonst unlöslich. Sintert bei 55—60° und schäumt bei 86—88° auf. $[\alpha]_D^{18} = -8,9°$ in Wasser bei $c = 1,46$; $[\alpha]_D^{18} = -6,9°$ in Alkohol bei $c = 1,16$. Reduktionsvermögen $= 14\%$ desjenigen der Fructose. Gibt die Seliwanoffsche Reaktion, bräunt sich mit Kaliumhydroxyd und entfärbt langsam Kaliumpermanganat. Riecht caramelartig und schmeckt fade. Polymerisiert bei der Methylierung und bei der Acetylierung zu h-Difructoseanhydrid [1, 2] [2, 5].

Monofructosan [1].

Die CH_3OH-Äthermutterlauge des Difructosans wird im Vakuum verdampft. Es bleibt ein nicht krystallisierender dicker Sirup, $[\alpha]_D^{20} = +12,5°$ in Wasser ($c = 1,605$), der beim Erhitzen mit $KHSO_4$ Acrolein entwickelt und mit Phenylhydrazin Glykosazon liefert. Offenbar liegt eine Verbindung von Monofructosan mit Glycerin vor. In der Tat wurde durch Erhitzen des von Pictet und Reilly dargestellten Fructosans (Lävulosan) mit Glycerin ein identisches Produkt erhalten [1].

Heterolävulosan [2].
$C_6H_{10}O_5$

Mol-Gewicht: 162,08.

Zusammensetzung: 44,42% C; 6,21% H.

Enthält keine Äthylenoxydbrücke.

Darstellung: Man läßt eine Lösung von krystallisierter Fructose in HCl (D. $= 1,2$ bei 0°) 72 Stunden lang bei 0° stehen und entfernt dann die HCl durch Verdampfen im Vakuum, Versetzen mit Blei-, darauf mit Silbercarbonat, entfernt die gelösten Metallsalze durch H_2S- und die unveränderte Fructose durch Gärung; die dabei gebildeten Säuren werden mit $CaCO_3$ neutralisiert, die Lösung eingedampft, der feste Rückstand mit Methanol ausgezogen und die methylalkoholische Lösung mit trocknem Äther gefällt.

Physikalische und chemische Eigenschaften: Bei mehrmaliger Wiederholung letzterer Operation erhält man nach dem Trocknen über P_2O_5 das Lävulosan als rein weißes, amorphes, geschmackloses, sehr hygroskopisches Pulver, das sich bei 190° ohne Schmelzen zersetzt; Molekulargewicht kryoskopisch $C_6H_{10}O_5$. Reduziert weder Fehlingsche Lösung noch Permanganat, gibt kein Osazon, gärt nicht, wird nicht durch Kochen mit Wasser, wohl aber mit 2proz. H_2SO_4 allmählich in Fructose verwandelt und polymerisiert sich nicht beim Erwärmen auf 155—160° im Vakuum unter Zusatz von $ZnCl_2$ [2].

---

[1] H. Vogel u. A. Pictet: Helvet. chim. Acta **11**, 215 — Chem. Zbl. **1928 I**, 1391. — A. Pictet u. J. Reilly: Helvet. chim. Acta **4**, 613 — Chem. Zbl. **1921 III**, 944.

[2] A. Pictet u. J. Chavan: Helvet. chim. Acta **9**, 809 (1926) — Chem. Zbl. **1927 I**, 69.

Derivate: Hexabenzoat eines Dilävulosans $C_{54}H_{44}O_{16}$. Entsteht durch Benzoylierung des Heteroläwulosans; Krystalle aus Essigsäure, Schmelzp. 118°, $[\alpha]_D^{17} = -121{,}72°$ (in Benzol)[1].

Verbindung $(C_6H_{10}O_5)_2 \cdot HCl$ **(?)**. Entsteht durch Einwirkung von konzentrierter kalter HCl, die HCl dimerisiert also das Heteroläwulosan, bevor sie sich mit seinem Molekül verbindet[1].

Verbindung $C_6H_7O_5(NO_2)_3$. Entsteht beim Behandeln mit einer Mischung von HNO_3 und H_2SO_4 bei -15 bis $-10°$; aus Amylalkohol Krystalle vom Schmelzp. $74°$[1].

3, 6-Anhydroallose.

Derivate: 3, 6-Anhydroallosazon. Bei Desaminierung von Epiglykosamin mit Silbernitrit und HCl und nachheriges Behandeln der Lösung mit Phenylhydrazin wird ein Osazon erhalten, in dem wahrscheinlich das 3, 6-Anhydroallosazon vorliegt[2]. Beim Erhitzen von Fructose-3-phosphorsäure essigsaurem Phenylhydrazin $C_{18}H_{20}O_3N_4$. Aus Pyridin+Wasser, dann aus Methylalkohol weiche verfilzte Nadeln. Schmelzp. $165-168°$, $[\alpha]_D^{20} = -138°$[3].

Nicht näher bekannte Anhydrohexosen.

Derivate: Osazon der Anhydroglykose aus Glykose-3-phosphorsäure[4] $C_{18}H_{20}O_3N_4$. — Aus verdünnter Essigsäure, dann aus Isopropylalkohol dünne kanariengelbe Nadeln vom Schmelzp. $156-159°$; $[\alpha]_D^{25} = -146°$.

Anhydrohexosazon aus Fructose-3-phosphorsäure[4] $C_{18}H_{20}O_3N_4$. Aus Pyridin + Wasser, dann aus Methylalkohol kanariengelbe Nädelchen vom Schmelzp. $165-168°$; $[\alpha]_D^{20} = -138°$ in Pyridin+Methylalkohol 1 : 1.

Oligosaccharide.

Für diejenigen Zucker, die aus zwei oder mehreren Monosacchariden aufgebaut sind, wird zum Unterschied von den Polysacchariden die Bezeichnung Oligosaccharide vorgeschlagen[5].

B. Disaccharide (Bd. X, S. 561).

Zusammenfassende Darstellung der Arbeiten über die Synthese der Disaccharide[6]. Konstitutionsermittlung auf Grund der Lactonbildung der entsprechenden Bionsäuren[7].

Verfahren zur Bestimmung der α- oder β-Konfiguration von Disacchariden: Man methyliert vollkommen die zu untersuchenden Verbindungen, spaltet sie mit methylalkoholischer Salzsäure und vergleicht den Drehwert des entstehenden Methylhexosids mit dem Gleichgewichtswert der α, β-Methylhexoside[8].

Bildung: Verfolgung der synthetischen Wirkung der Fermente von Sinner- und Löwenbräuhefe. Die Ausbeuten an Disaccharid hängen von der Konzentration der Glykoselösung ab. Die Synthese verläuft am schnellsten in 40proz. Lösung, bei $p_H = 5$[9]. Bei reifenden Samen

[1] A. Pictet u. J. Chavan: Helvet. chim. Acta **9**, 809 (1926) — Chem. Zbl. **1927 I**, 69.

[2] P. A. Levene u. H. Sobotka: J. of biol. Chem. **71**, 181 (1926) — Chem. Zbl. **1927 I**, 1289.

[3] P. A. Levene, A. L. Raymond u. A. Walti: J. of biol. Chem. **82**, 191 (1929) — Chem. Zbl. **1929 II**, 413.

[4] Albert L. Raymond u. P. A. Levene: J. of biol. Chem. **83**, 619 (1929) — Chem. Zbl. **1929 II**, 3125.

[5] Burckhardt Helferich, Eckart Bohn u. Siegfried Winkler: Ber. dtsch. chem. Ges. **63**, 989 (1930) — Chem. Zbl. **1930 I**, 3772.

[6] Amé Pictet: Rev. gén. Sci. pures et appl. **35**, 668 (1924) — Chem. Zbl. **1925 I**, 1066.

[7] P. A. Levene u. M. L. Wolfrom: J. of biol. Chem. **77**, 671 — Chem. Zbl. **1928 II**, 542.

[8] F. Micheel u. O. Littmann: Liebigs Ann. **466**, 115 (1928) — Chem. Zbl. **1929 I**, 227.

[9] Richard Kuhn u. Georg Ernst v. Grundherr: Ber. dtsch. chem. Ges. **57**, 1852—1854 (1924) — Chem. Zbl. **1925 I**, 235.

von Vicia Faba minor schwankt die Menge der Disaccharide außer Rohrzucker unübersichtlich[1].

Physiologische Eigenschaften: Leibowitz und Mechlinski[2] sind der Ansicht, daß die fermentative Hydrolyse der Disaccharide durch je 2 spezifisch verschiedene Fermente bewirkt wird, die an einer der beiden Disaccharidkomponenten angreifen. — Beeinflussung der Spaltung des β-Methylglykosids durch die β-Glykosidase des Emulsins in Gegenwart von Disaccharide[3]. Disaccharide wirken hemmend auf die Acetessigsäureoxydation[4]. Disaccharide und Phagocytose der Histiocyten[5]. Wachstumförderung des Bacillus bifidus[6]. Verwertung von jungen Kaulquappen[7]. Disaccharide sind auf die Spaltung des Phosphorsäureesters im enteiweißtem Blut wirkungslos[8].

Disaccharidähnliche Verbindungen. Verbindung $C_3H_8O_4$[9].

$$CH(OH)\!-\!O\!-\!CH_2\!-\!OH$$
$$CH_2\!-\!OH \qquad (?)$$

Vorkommen: In Kohlblättern.

Physikalische und chemische Eigenschaften: Krystallinisches Pulver von schwach süßem Geschmack. Schmelzp. 148°; leicht löslich in Wasser und heißem Eisessig, fast unlöslich in Alkohol und anderen organischen Lösungsmitteln. — Ist optisch inaktiv, sehr beständig; nach dem Erhitzen mit verdünnter Salzsäure reduziert nicht Fehlingsche Lösung. Mit Glyoxalsäure kondensiert bildet sich ein Pyronring.

Derivate: Tribenzoylverbindung $C_{24}H_{20}O_7$. Schmelzp. 52—53°.

Di-[γ-Oxyvaleraldehyd], Bis-[methyl-5(tetrahydrofuryl)-2]-äther[10].

Mol-Gewicht: 186,19.

Zusammensetzung: $C_{10}H_{18}O_3$

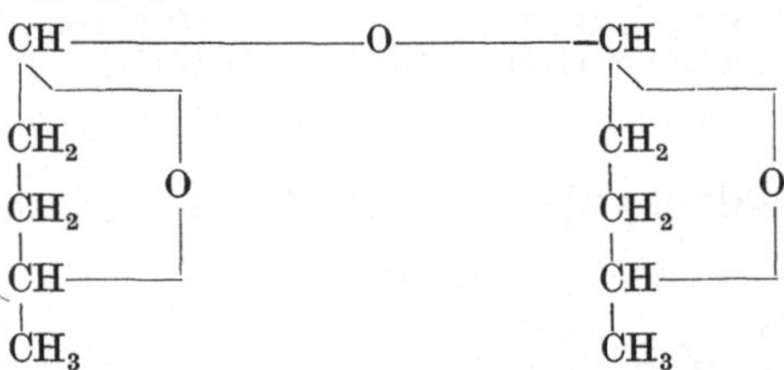

Bildung: Durch Kochen von 8 g γ-Oxyvaleraldehyd mit 50 ccm Äther und 10 g wasserfreiem Kupfersulfat unter sorgfältigem Ausschluß von Feuchtigkeit.

Physikalische und chemische Eigenschaften: Flüssigkeit von fruchtartigem Geruch und bitterharzigem Geschmack, Siedep. 86—92° bei 11 mm; Spezifisches Gewicht bei

[1] A. Blagoweschtschenski: Bull. Acad. St. Petersbourg (6) **1916**, 423 — Chem. Zbl. **1925 I**, 2012.

[2] Jesaia Leibowitz u. Paul Mechlinski: Hoppe-Seylers Z. **154**, 64 (1926) — Chem. Zbl. **1926 II**, 899.

[3] Karl Josephson: Hoppe-Seylers Z. **147**, 1 (1925) — Chem. Zbl. **1926 I**, 688.

[4] X. Ernst u. G. Förster: Magy. orv. Arch. **25**, 363 (1924) — Chem. Zbl. **1926 I**, 3077.

[5] Kazuichi Usui: Trans. jap. path. Soc. **14**, 87 (1924) — Chem. Zbl. **1927 I**, 1973.

[6] A. Adams: Z. Kinderheilk. **31**, 331 (1922) — Ref.: Ber. Physiol. **17**, 535 (1923) — Chem. Zbl. **1923 III**, 501.

[7] Jan Podhradský: Sborn. vysché skoly zemédělské, v. Brně **1925**, 1 — Chem. Zbl. **1926 II**, 1973.

[8] P. Rona u. Ken Iwasáki: Biochem. Z. **184**, 318 (1927) — Chem. Zbl. **1927 II**, 449.

[9] Harold William Burton u. Samuel Barnett Schryver: Biochemic. J. **17**, 470 (1923) — Chem. Zbl. **1923 III**, 1622.

[10] Burckhardt Helferich u. Rudolf Weidenhagen: Ber. dtsch. chem. Ges. **55**, 3348 (1922) — Chem. Zbl. **1923 I**, 838.

18,0°/4 : 1,0107; n_D^{18} = 1,4409. 1 Teil löst sich in 55 Teilen Wasser; leicht löslich in organischen Lösungsmitteln. Ist haltbar und reduziert Fehlingsche Lösung nicht. Die Hydroxylprobe nach Tschugajew-Zerewitinow negativ. Die Spaltung mit 5mal normaler Salzsäure beträgt nach 5 Stunden bei Zimmertemperatur etwa 80% und führt zu 2 Mol γ-Oxyvaleraldehyd.

Di-[γ-oxy-γ-methyl-n-capronaldehyd] [1],
Bis-[methyl-5-äthyl-5(tetrahydrofuryl)-2]-äther.

Mol-Gewicht: 242,28.
Zusammensetzung: $C_{14}H_{26}O_3$

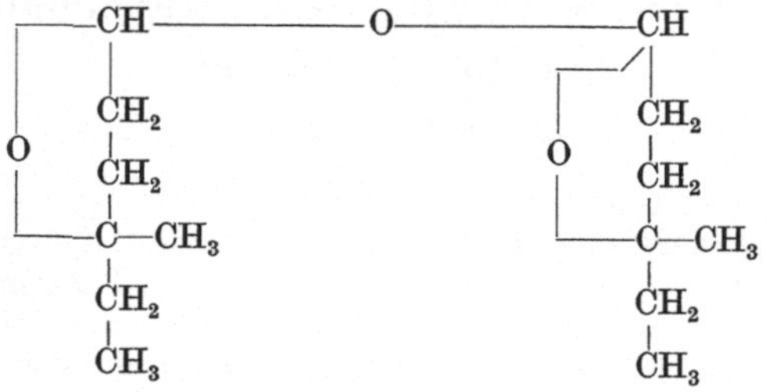

CH——————O——————CH
CH₂ — CH₂
CH₂ — CH₂
C—CH₃ — C—CH₃
CH₂ — CH₂
CH₃ — CH₃

Bildung: Aus γ-Oxy-γ-methyl-n-capronaldehyd in absolutem Äther mit wasserfreiem Kupfersulfat.

Physikalische und chemische Eigenschaften: Flüssigkeit von schwach erdbeerartigem Geruch und bitterharzigem Geschmack, Siedep. 121—125° bei 11 mm; spezifisches Gewicht bei 18/4 : 0,9678; n_D^{18} = 1,4447. 1 Teil löst sich in 100 Teilen Wasser; mischbar mit den meisten organischen Lösungsmitteln. Reduziert Fehlingsche Lösung in der Hitze nicht. Hydroxylprobe negativ. Die Hydrolyse zu γ-Oxy-γ-methyl-n-capronaldehyd mittels normaler Salzsäure erreicht bei Zimmertemperatur nach 18 Stunden 45%.

Di-[δ-oxy-n-capronaldehyd] [1], Bis-[methyl-6-(tetrahydro-α-pyryl)-2]-
äther.

Mol-Gewicht: 216,25.
Zusammensetzung: $C_{12}H_{24}O_3$

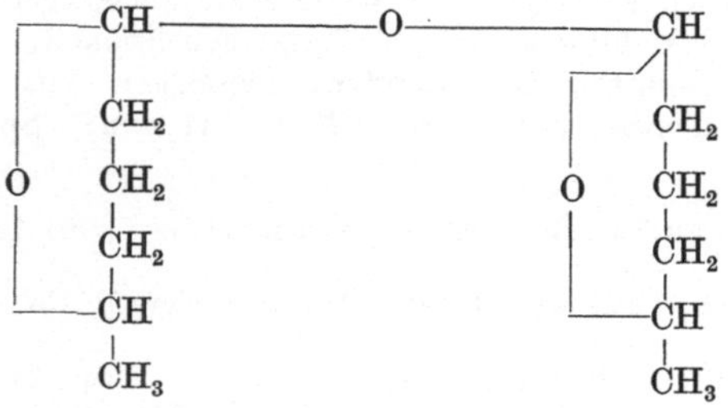

CH——————O——————CH
CH₂ — CH₂
CH₂ — CH₂
CH₂ — CH₂
CH — CH
CH₃ — CH₃

Bildung: Aus δ-Oxy-n-capronaldehyd in Äther mit wasserfreiem Kupfersulfat.

Physikalische und chemische Eigenschaften: Nach Apfelsinenschalen riechende Flüssigkeit, Siedep. 100—105° bei 11 mm; spez. Gewicht 18/4 : 1,000; n_D^{18} = 1,448. Löslich in 60 Teilen Wasser, leicht löslich in organischen Solvenzien. Hydroxylprobe negativ. Nach 14 Stunden erfolgt mit 2mal normaler Salzsäure bei Zimmertemperatur nach 14 Stunden eine 65proz. Spaltung zu δ-Oxy-n-capronaldehyd.

---

[1] Burckhardt Helferich u. Rudolf Weidenhagen: Ber. dtsch. chem. Ges. **55**, 3348 (1922) — Chem. Zbl. **1923 I**, 838.

Echte Disaccharide.

1. Tetrosenderivate.

d-Glyko-d-erythrose aus Cellobiose[1].

Mol-Gewicht: 266,19.
Zusammensetzung: $C_{10}H_{18}O_8$

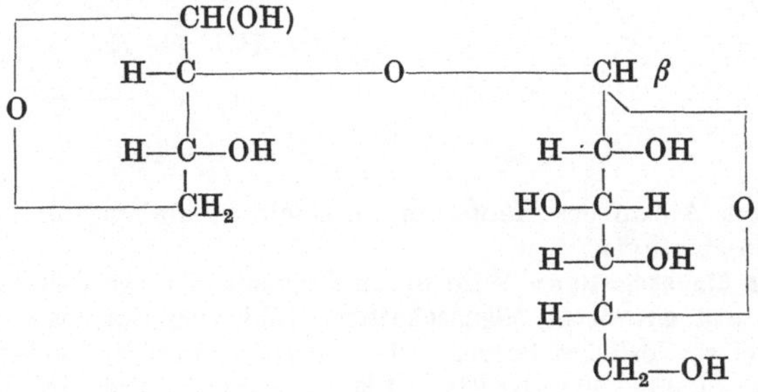

$$
\begin{array}{l}
\text{CH(OH)}\\
\text{H—C} \quad\text{———O———}\quad \text{CH } \beta\\
\text{H—C—OH} \qquad \text{H—C—OH}\\
\text{CH}_2 \qquad \text{HO—C—H}\\
\qquad\qquad \text{H—C—OH}\\
\qquad\qquad \text{H—C}\\
\qquad\qquad \text{CH}_2\text{—OH}
\end{array}
$$

Bildung: Durch Abbau der d-Glyko-d-arabinose, die aus Cellobiose durch Abbau entsteht, s. dort.

Physikalische und chemische Eigenschaften: Ist nicht befähigt, ein Osazon zu bilden.

d-Glyko-d-erythrose aus Maltose[2].

Mol-Gewicht: 266,19.
Zusammenstellung: $C_{10}H_{18}O_8$.

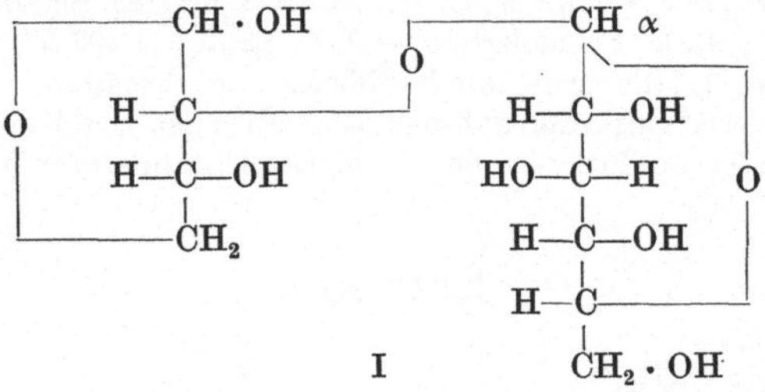

$$
\begin{array}{l}
\text{CH} \cdot \text{OH} \qquad \text{CH } \alpha\\
\text{H—C} \qquad\qquad \text{H—C—OH}\\
\text{H—C—OH} \qquad \text{HO—C—H}\\
\text{CH}_2 \qquad\qquad \text{H—C—OH}\\
\qquad\qquad\qquad \text{H—C}\\
\qquad\qquad\qquad \text{CH}_2 \cdot \text{OH}
\end{array}
$$

I

$$
\begin{array}{l}
\text{C}\equiv\text{N} \qquad\qquad \text{CH}\\
\text{CH}_3 \cdot \text{CO} \cdot \text{O—C—H} \qquad \text{H—C—O} \cdot \text{OC} \cdot \text{CH}_3\\
\text{H—C} \qquad\qquad \text{CH}_3 \cdot \text{CO} \cdot \text{O—C—H}\\
\text{H—C—O} \cdot \text{OC} \cdot \text{CH}_3 \qquad \text{H—C—O} \cdot \text{OC} \cdot \text{CH}_3\\
\text{CH}_2 \cdot \text{O} \cdot \text{OC} \cdot \text{CH}_3 \qquad \text{H—C}\\
\qquad\qquad\qquad \text{CH}_2 \cdot \text{O} \cdot \text{OC} \cdot \text{CH}_3
\end{array}
$$

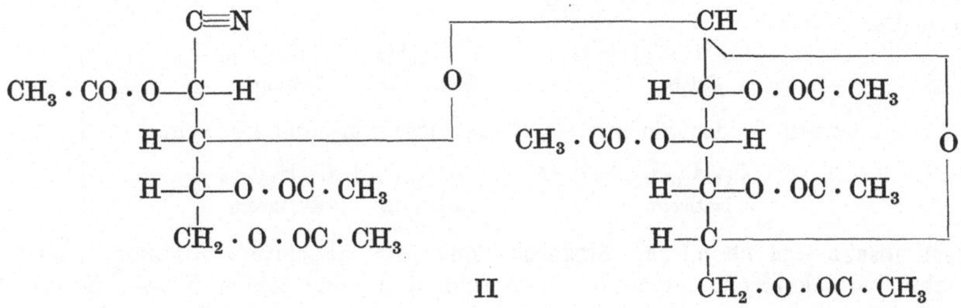

II

Bildung: Durch Abbau der d-Glyko-d-arabinose, gewonnen aus Maltose über das Oxim und das acetylierte Nitril (Formel II).

Physikalische und chemische Eigenschaften: Ist nicht befähigt, ein Osazon zu bilden.

---

[1] Géza Zemplén: Ber. dtsch. chem. Ges. **59**, 1265 (1926) — Chem. Zbl. **1926 II**, 556.
[2] Géza Zemplén: Ber. dtsch. chem. Ges. **60**, 1563 (1927) — Chem. Zbl. **1927 II**, 914.

d-Galakto-d-erythrose[1].

Mol-Gewicht: 266,19.
Zusammensetzung: $C_{10}H_{18}O_8$.

$$
\begin{array}{l}
\overline{}\text{CH} \cdot \text{OH} \\
\text{H—C}\text{——O——CH} \\
\text{H—C—OH} \qquad \text{H—C—OH} \\
\text{CH}_2 \qquad\quad \text{HO—C—H} \\
\qquad\qquad \text{HO—C—H} \\
\qquad\qquad \text{H—C} \\
\qquad\qquad \text{CH}_2 \cdot \text{OH}
\end{array}
$$

Bildung: Durch Abbau des Heptaacetyl-d-galakto-d-arabonsäurenitrils, gewonnen aus Lactose, mit Natriummethylat.

Physiologische Eigenschaften: Wird durch Emulsin nicht gespalten.

Physikalische und chemische Eigenschaften: Bildet ein farbloses, in Wasser spielend leicht, in Alkohol schwer lösliches Pulver. Die Präparate enthielten keine Spuren von Nitril. Präparat I: $[\alpha]_D^{24} = +0,48° \cdot 50,964/1,0193 \cdot 1,300 = +18,5°$. Präparat II: $[\alpha]_D^{23,5} = +0,78°$ $\cdot 15,696/1,024 \cdot 0,695 = +17,2°$. Reduktionsvermögen vor der Hydrolyse: 17% von dem der Glykose, nach 1 stündiger Hydrolyse mit kochender 5 proz. Salzsäure: 40,5% der Glykose. Verdünnte Essigsäure (von 5—10%) ist nicht imstande, die Biose zu hydrolysieren. Gibt kein Osazon.

2. Pentosenderivate.

Diarabinose.

Derivate: $C_{22}H_{30}O_{14}Br$. Entsteht bei der Herstellung der Acetobromarabinose in stets wechselnder Menge. Krystalle, Schmelzp. 104—105°. $[\alpha]_D^{18} = +207,6°$ (in Chloroform); enthält 6 Acetylgruppen. Das Br läßt sich durch Silberacetat abspalten; bei der Hydrolyse mit $n\text{-}H_2SO_4$ steigt die Reduktionskraft auf das Doppelte; ist anscheinend ein Derivat eines Disaccharids, das sich in Analogie zu der Oktaacetylchlormaltose von Freudenberg und Ivers[2] setzen läßt[3].

Rutinose[4].

Mol-Gewicht: 326,24.
Zusammensetzung: $C_{12}H_{22}O_{10}$.

Bildung: Entsteht bei der Spaltung des Rutins mit einem Ferment aus den Samen von Rhamnis utilis:

$$\underset{\text{Rutin}}{C_{27}H_{30}O_{15}} + H_2O \rightarrow \underset{\text{Quercetin}}{C_{15}H_{10}O_7} + \underset{\text{Rutinose}}{C_{12}H_{22}O_{10}}$$

Bei der fermentativen Hydrolyse mittels Rhamnussamens aus Datiscin[5]:

$$\underset{\text{Datiscin}}{C_{27}H_{30}O_{15}} + H_2O \rightarrow \underset{\text{Datiscetin}}{C_{15}H_{10}O_6} + \underset{\text{Rutinose}}{C_{12}H_{22}O_{10}}$$

Physikalische und chemische Eigenschaften: Aus absolutem Alkohol + Äther weißes Pulver, sehr hygroskopisch, verwandelt sich schnell in eine teigige Masse. Erweicht gegen

---

[1] Géza Zemplén: Ber. dtsch. chem. Ges. **59**, 2411 (1926) — Chem. Zbl. **1927 I**, 67.

[2] K. Freudenberg u. O. Ivers: Ber. dtsch. chem. Ges. **55**, 928 (1922) — Chem. Zbl. **1922 I**, 1197.

[3] M. Gehrke u. F. X. Aichner: Ber. dtsch. chem. Ges. **60**, 918 (1927) — Chem. Zbl. **1927 I**, 2733.

[4] C. Charaux: C. r. Acad. Sci. Paris **178**, 1312 (1924) — Chem. Zbl. **1924 II**, 50.

[5] C. Charaux: Bull. Soc. Chim. biol. Paris **6**, 631 (1924) — Chem. Zbl. **1924 II**, 49; **1924 II**, 2665.

140°, Schmelzp. gegen 189—192° unter Zersetzung. Ist unmittelbar nach dem Lösen in Wasser rechtsdrehend, nach einiger Zeit schlägt die Drehung nach links um; Enddrehung $[\alpha]_D = -10°$. Reduziert Fehlingsche Lösung: 1 g = 0,68 g Glykose. Bei der Säurehydrolyse entsteht Rhamnose und Glykose[1]. — Weißes, sehr hygroskopisches Pulver; $[\alpha]_D^{10} = +3,24° \rightarrow -0,81°$ bei $p = 0,4108$ [2].

Rhamnosido-galaktose aus Solanin[3].

Entsteht bei der Spaltung des acetylierten Solanins mit Eisessig-Bromwasserstoff.

d-Glyko-d-arabinose aus Cellobiose[4].

Mol-Gewicht: 312,22.
Zusammensetzung: $C_{11}H_{20}O_{10}$.

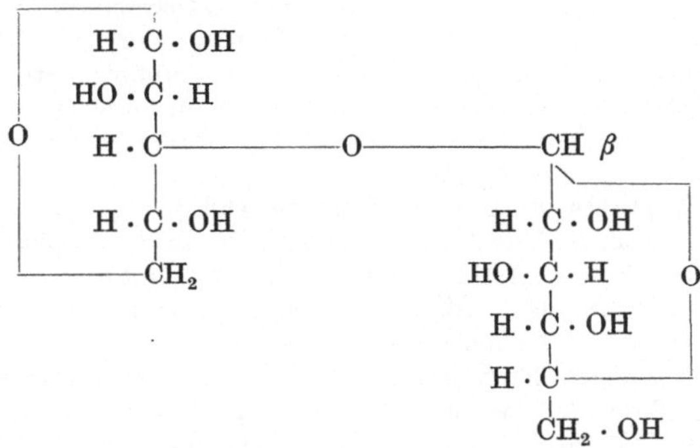

Darstellung: Durch Abbau des Oktaacetyl-cellobionsäurenitrils. 200 g Oktaacetyl-cellobionsäurenitril werden in 500 ccm Chloroform gelöst, in einer Kochsalz-Eis-Kältemischung abgekühlt und mit einer ebenfalls abgekühlten Lösung von 10 g metallischem Natrium in 500 ccm absolutem Methylalkohol unter Schütteln versetzt. Bald erscheint eine Additions-verbindung, sie scheidet sich aber nicht in so großen Mengen aus, wie z. B. bei der Oktaacetyl-cellobiose. Man versetzt das Reaktionsgemisch unter Schütteln allmählich mit kleinen Mengen Wasser, bis 500 ccm verbraucht sind, und gießt es dann in einen Schüttel-trichter. Die Chloroformschicht wird abgetrennt und die wässerig-alkoholische Lösung noch-mals mit 500 ccm Wasser verdünnt; dann wird nach Zugabe von 50 g Essigsäure eine Auf-schlämmung von essigsaurem Silber zugegeben, die aus dem Silberoxyd aus 100 g Silbernitrat durch Schütteln mit 250 ccm Essigsäure bereitet wird. Nach wenigen Minuten ist sämtlicher Cyanwasserstoff als Cyansilber gebunden. Das Filtrat darf mit einer Lösung von essigsaurem Silber keinen Niederschlag mehr geben. Man erwärmt das Reaktionsgemisch kurze Zeit auf dem Wasserbade und fällt aus dem Filtrat das Silber quantitativ durch tropfenweisen Zusatz von verdünnter Salzsäure. Das meist etwas gelblich gefärbte Filtrat kann mit Kohle leicht farblos erhalten werden. Die Isolierung der entstandenen Glyko-arabinose wird zweckmäßig in Form ihrer Acetate vorgenommen. Die Verseifung der Acetate mit Natriummethylat in Chloroformlösung liefert den freien Zucker (s. Derivate).

Physikalische und chemische Eigenschaften der freien Glykoarabinose: Nichtkrystalli-sierbarer Sirup. $[\alpha]_D = -94$ bis 102° in Wasser. Gibt bei der Hydrolyse Glykose und Arabinose letztere nachgewiesen als Diphenylhydrazon.

Derivate: Phenylosazon $C_{23}H_{30}O_8N_4$ (490,40). Schmilzt beim Erhitzen im Capillarrohr unter Zersetzung gegen 210°. Sie ist in reinem Zustande selbst in heißem Wasser schwer lös-lich, leicht in warmem Alkohol, weniger in kaltem, leicht in wasserhaltigem Essigester, sehr wenig in kaltem Wasser, in Äther und Petroläther. Aus heißem Alkohol kommt das Osazon beim Erkalten in schönen, citronengelben Nadeln heraus.

[1] C. Charaux: C. r. Acad. Sci. Paris **178**, 1312 (1924) — Chem. Zbl. **1924 II**, 50.
[2] C. Charaux: C. r. Acad. Sci. **180**, 1419 (1925) — Chem. Zbl. **1925 II**, 408.
[3] Géza Zemplén u. Arpád Gerecs: Ber. dtsch. chem. Ges. **61**, 2297 (1928) — Chem. Zbl. **1929 I**, 79.
[4] Géza Zemplén: Ber. dtsch. chem. Ges. **59**, 1260 (1926) — Chem. Zbl. **1926 II**, 556.

Heptaacetylverbindungen der Glyko-d-arabinose[1]. Die durch obigen Abbau gewonnene Lösung der Glyko-d-arabinose wird unter vermindertem Druck bei 40° Badtemperatur stark eingeengt, mit Alkohol versetzt, nochmals eingedampft und die Operation oftmals wiederholt, um den Rückstand möglichst essig- und wasserfrei zu erhalten. Er wird dann mit 700 ccm Essigsäureanhydrid und 150 g wasserfreiem Natriumacetat versetzt und unter zeitweisem Schütteln auf dem Wasserbade erwärmt. Nach erfolgter Lösung wird noch 1 Stunde weiter erwärmt und dann in 3,5 l Wasser gegossen. Nach einigen Minuten beginnt das ausfallende Öl krystallinisch zu erstarren. Der Krystallkuchen wird zerstampft, über Nacht stehengelassen, dann scharf abgesaugt und in 700 ccm Chloroform gelöst; die Chloroformlösung wird vom Wasser getrennt, filtriert, einmal mit 400, dann mit 300 ccm Wasser gewaschen, mit Kohle geklärt, wieder filtriert und schließlich unter vermindertem Druck stark eingeengt, wobei eine kräftige Krystallisation eintritt. Der Rückstand wird in 600 ccm heißem Alkohol gelöst, filtriert und über Nacht stehengelassen. Dabei scheidet sich die hochschmelzende Heptaacetyl-glykoarabinose A in farblosen, langen Nadeln aus. Ausbeute bei mehreren Versuchen 57—60 g oder 31—33% der Theorie. Die wässerig-essigsaure Mutterlauge wird 3mal mit 500 ccm Chloroform extrahiert, die vereinigten Chloroformauszüge werden mit Wasser gewaschen und dann unter vermindertem Druck zum dicken Öl eingedampft. Das Öl wird zusammen mit dem alkoholischen Filtrat des hochschmelzenden Acetylkörpers verarbeitet (s. unten).

Heptaacetyl-glykoarabinose A vom Schmelzp. 196°[1]. $C_{25}H_{34}O_{17}$ (606,40). Das Präparat bildet farblose, lange, seidenglänzende Nadeln, die in der Capillare bei 196° zu einer farblosen Flüssigkeit schmelzen. Es ist leicht löslich in Chloroform, Aceton, heißem Benzol, heißem Essigester, weniger in heißem Alkohol, schwer in kaltem Alkohol und in Äther, nahezu unlöslich in Petroläther und in heißem Wasser.

Das Reduktionsvermögen der Substanz ergab sich vor der Hydrolyse auf Grund dreier Versuche zu 26,46, 26,28 und 26,28%, nach der 2stündigen Hydrolyse mit 5proz. Salzsäure zu 46,82% von dem der Glykose. $[\alpha]_D^{16} = -1,43° \cdot 23,686 \text{ g/l} \cdot 1,48 \cdot 1,3501 = -16,95°$ in Chloroform[1]. $[\alpha]_D^{22} = -14°$, Schmelzp. 194°[2].

Um das Drehungsvermögen des freien Zuckers zu ermitteln, wurden die 1,3501 g Substanz, die zur optischen Bestimmung in Chloroform benutzt worden waren, unter den schon oben angeführten Bedingungen verseift; die wässerige Lösung wurde unter vermindertem Druck eingeengt, mit absolutem Alkohol mehrmals entwässert und in 15 ccm Wasser gelöst; mit 1 ccm dieser Lösung wurde dann das Reduktionsvermögen ermittelt. Auf Grund der obigen Zahl läßt sich hiernach der Glyko-arabinose-Gehalt der Lösung berechnen. Die Reduktionskraft betrug 4,87 ccm, demnach enthält die Lösung 0,4838 g Glyko-arabinose. $[\alpha]_D = -3,05° \cdot 16,1277/1,019 \cdot 0,4838 = -99,8°$ in Wasser. Die Drehung änderte sich nach 15 Stunden nicht, da sich wohl schon bei der Verseifung mit Natriumäthylat bzw. Wasser die Enddrehung eingestellt hatte[1].

Verarbeitung der Mutterlaugen der Heptaacetyl-glykoarabinose vom Schmelzp. 196°[3]: Die vereinigten Mutterlaugen sowie die gereinigten Chloroformauszüge der ersten wässerig-essigsauren Mutterlauge, die 500 g Oktaacetyl-cellobionsäurenitril entstammten, wurden unter vermindertem Druck zu einem dicken Öl verdampft, der Rückstand in 300 ccm heißem Alkohol gelöst, mit 300 ccm Äther verdünnt und Petroläther bis zur Trübung zugesetzt. Nach 24 Stunden begann die Ausscheidung eines krystallinischen Niederschlages, der sich bei sukzessivem Zusatz von Petroläther langsam vermehrte. Nach etwa 10tägigem Stehen wurde die Ausscheidung abgesaugt, in 500 ccm heißem Methylalkohol gelöst und über Nacht stehengelassen. Dabei wurden 70 g einer Substanz erhalten, die schon bei 110° zu sintern begann und sehr unscharf bis 160° schmolz. Aus dieser Krystallfraktion konnten in reinem Zustande zwei weitere Heptaacetyl-glykoarabinosen isoliert werden. 32 g der obigen Substanz wurden im Soxhlet-Apparat 1 Stunde mit Äther extrahiert. Als Rückstand hinterblieben hierbei 27 g einer Substanz vom Schmelzp. 154—155°. Der Ätherextrakt wurde unter vermindertem Druck verdampft, in wenig Alkohol gelöst, mit 60 ccm Äther vermischt und nach Zusatz von einigen Tropfen Petroläther über Nacht stehengelassen. Dabei schieden sich 4,5 g wohlausgebildeter, farbloser Prismen vom Schmelzp. 105,5—106° ab. Die Substanz vom Schmelzp. 154 bis 155° wurde einer erneuten Extraktion mit Äther unterworfen, wobei 18,7 g ungelöst zurück-

---

[1] Géza Zemplén: Ber. dtsch. chem. Ges. **59**, 1260 (1926) — Chem. Zbl. **1926 II**, 556.
[2] P. A. Levene u. M. L. Wolfram: J. of biol. Chem. **77**, 671 — Chem. Zbl. **1928 II**, 542.
[3] Géza Zemplén: Ber. dtsch. chem. Ges. **59**, 1261 (1926) — Chem. Zbl. **1926 II**, 556.

blieben (Schmelzp. 120—140°). Die Mutterlauge wurde unter vermindertem Druck zur Trockne verdampft, in wenig Alkohol aufgenommen und wie zuvor mit Äther + wenig Petroläther stehengelassen. Erhalten 3,6 g Substanz vom Schmelzp. 105—106°. Der Rückstand (Schmelzpunkt 120—140°) wurde aus 120 ccm heißem Alkohol umkrystallisiert. Erhalten 16,5 g Substanz vom Schmelzp. 145—148°. Nach nochmaligem Auskochen mit Äther und Umkrystallisieren aus 150 ccm heißem Alkohol stieg der Schmelzpunkt auf 156—157°, während die Substanzmenge auf 12 g sank. Beim Umlösen aus 160 ccm heißem Alkohol resultierten dann 10,5 g farbloser Nadeln, die zwischen 157—161° schmolzen, und deren Schmelzpunkt auch nach wiederholtem Umkrystallisieren nicht mehr höher stieg. Eigenschaften der Heptaacetylglykoarabinose B vom Schmelzp. 157—161° $C_{25}H_{34}O_{17}$ (606,40). Die Substanz bildet farblose, lange, seidenglänzende Nadeln, die in der Capillare bei 157° zu sintern beginnen und bei 161° zu einer farblosen Flüssigkeit schmelzen. Die Löslichkeitsverhältnisse sind ähnlich denjenigen der Heptaacetylverbindung vom Schmelzp. 196°, nur löst sich die Substanz in sämtlichen Lösungsmitteln etwas leichter als das Präparat vom Schmelzp. 196°.

Das Reduktionsvermögen vor der Hydrolyse beträgt 26,13 %, nach der Hydrolyse 46,54 % von dem der Glykose. Die optischen Bestimmungen erfolgten in der bei der Verbindung vom Schmelzp. 196° beschriebenen Art. Drehungsvermögen der Heptaacetylverbindung in Chloroform: $[\alpha]_D^{16} = -4,40° \cdot 23,7414\,g/1 \cdot 1,478 \cdot 1,4063 = -50,25°$ in Chloroform. Drehungsvermögen des freien Zuckers: $[\alpha]_D^{17} = -3,95 \cdot 16,2786\,g/1 \cdot 1,018 \cdot 0,6172\,g = -102,3°$ in Wasser.

Die Lösung ergab, unter ähnlichen Bedingungen wie bei der Substanz vom Schmelzpunkt 196°, aus 0,5452 g Biose 0,5536 g Phenylosazon von genau denselben Eigenschaften. Schmelzp. gegen 214° unter Zersetzung.

Eigenschaften der Heptaacetyl-glykoarabinose C vom Schmelzp. 105,5—106°[1] $C_{25}H_{34}O_{17}$ (606,40). Die Substanz ist in sämtlichen Lösungsmitteln viel leichter löslich als die beiden höher schmelzenden Heptaacetyl-glykoarabinosen. Speziell ist die Löslichkeit in Äther hervorzuheben, aus welchem das Präparat leicht krystallisiert. Es bildet kleine, farblose Prismen, die in der Capillare zwischen 105,5—106° zu einer farblosen Flüssigkeit schmelzen. Reduktionsvermögen vor der Hydrolyse: 26,17 % Glykose, nach 2 stündiger Hydrolyse mit 5 proz. Salzsäure: 46,38 % Glykose. $[\alpha]_D^{16} = +1,10° \cdot 23,8322/1 \cdot 1,476 \cdot 1,4807 = +12,0°$ in Chloroform. Das Drehungsvermögen des freien Zuckers wurde, wie bei den vorigen Versuchen beschrieben, ermittelt: $[\alpha]_D^{17} = -3,90° \cdot 16,1634/1 \cdot 1,018 \cdot 0,6570 = -94,24°$ in Wasser.

Die Osazonprobe 0,5802 g Substanz 0,4836 g Glykoarabinose-phenylosazon. Schmelzpunkt gegen 214° unter Zersetzung. Die Untersuchung der Mutterlaugen der drei Heptaacetylglykoarabinosen zeigte, daß die Fraktionen der Hauptmenge nach, wesentlich über 90 %, ebenfalls Heptaacetyl-glykoarabinosen sind, die sich aber gegenseitig in der Krystallisation behindern. Diese amorphen Fraktionen können nach der Verseifung für die weiteren Operationen genau so benutzt werden, wie die aus den reinen krystallisierten Präparaten hergestellte freie Glykoarabinose.

d-Glyko-d-arabinose aus Maltose[2].

Mol-Gewicht: 312,22.
Zusammensetzung: $C_{11}H_{20}O_{10}$.

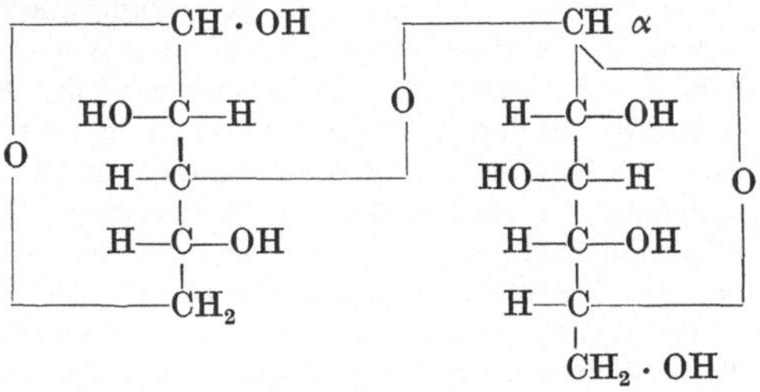

```
          ┌──────CH · OH              ┌──────CH α
          │       │                   │       │  ╲
          │   HO—C—H           O      │   H—C—OH  │
      O   │       │            │      │       │   │
          │   H—C───────────────      │  HO—C—H   O
          │       │                   │       │   │
          │   H—C—OH                  │   H—C—OH   │
          │       │                   │       │   │
          └──────CH₂                  │   H—C──────┘
                                          │
                                          CH₂ · OH
```

Bildung: Durch Abbau des Oktaacetylmaltobionsäurenitrils. Konnte nicht in reinem Zustande isoliert werden.

Derivate: Phenylosazon $C_{23}H_{30}O_8N_4$ (490,40). Bei der Osazonprobe verbleibt das Osazon der Glyko-arabinose in der warmen Lösung. Beim Erkalten und Verdünnen der Flüssig-

---

[1] Géza Zemplén: Ber. dtsch. chem. Ges. **59**, 1264 (1926) — Chem. Zbl. **1926 II**, 556.
[2] Géza Zemplén: Ber. dtsch. chem. Ges. **60**, 1562 (1927) — Chem. Zbl. **1927 II**, 914.

keit scheidet sich ein gelbbraunes Harz ab, das durch Behandlung mit frischem Wasser in ein citronengelbes Krystallpulver zerfällt. Dieses läßt sich aus 30proz. heißem Alkohol umkrystallisieren, wobei citronengelbe, mehrere mm lange Nadeln erhalten werden, die, in der Capillare rasch erhitzt, sich zwischen 190° und 195° zersetzen.

d-Galakto-d-arabinose aus Lactose[1,2] (Bd. II, S. 388).

Mol-Gewicht: 312,22.

Zusammensetzung: $C_{11}H_{20}O_{10}$.

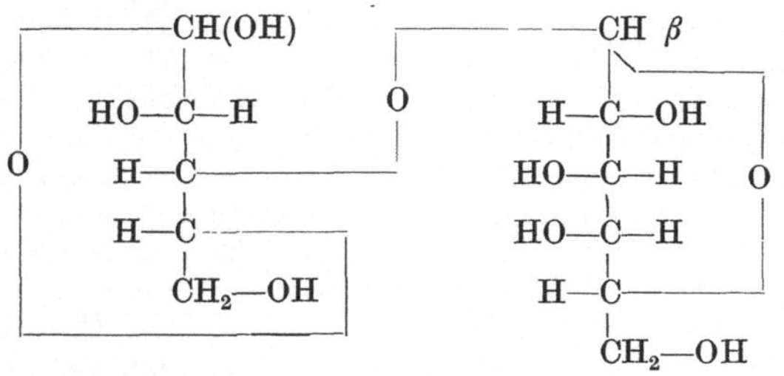

```
            ┌──────CH(OH)              ┌─────────CH β
            │       │              O   │        │    │
            │   HO──C──H           │   │    H───C──OH │
            │       │              │   │        │     │
          O │   H───C──────────────┘   │O   HO──C──H  │ O
            │       │                  │    HO──C──H   │
            │   H───C────┐             │        │      │
            │       │    │             │    H───C──────┘
            │   CH₂─OH   │                     │
            └────────────┘                   CH₂──OH
```

Darstellung: Die Spaltung[2] des Benzyl-phenyl-hydrazons wird mit Benzaldehyd vorgenommen. Man erwärmt einen 5 l-Kolben in einem lebhaft kochenden Wasserbade, gießt 3,5 l heißes Wasser hinein, rührt mit einer Turbine stark durch und setzt in kleinen Portionen 25 g des Benzyl-phenyl-hydrazons zu, wobei man immer abwartet, bis sich die früher zugesetzten Anteile gelöst haben. Ist völlige Lösung eingetreten, was man durch Zusatz von einigen 100 ccm Alkohol beschleunigen kann, so werden 20 ccm frisch destillierter Benzaldehyd in kleinen Portionen im Laufe einer Stunde zugetropft. Nach Zugabe des gesamten Benzaldehyds wird noch $^1/_4$ Stunde weitergerührt, dann das heiße Bad abgehebert, mehrmals durch kaltes Wasser ersetzt, endlich mit Eis gefüllt und so lange turbiniert, bis das Benzaldehyd-phenylhydrazon sich vollkommen ausgeschieden hat. Das Filtrat wird unter vermindertem Druck stark eingeengt. 6 Portionen zu je 25 g Benzyl-phenyl-hydrazon (also 150 g) wurden gemeinsam verarbeitet und auf etwa $^1/_2$ l eingedampft; dann wird 3mal mit Äther ausgeschüttelt, endlich mit Kohle geklärt und mit dem Filtrat eine Zuckerbestimmung nach Bertrand ausgeführt. Die Lösung enthielt 78 g Galakto-arabinose oder 82% der Theorie.

Bereitung der krystallisierten d-Galakto-d-arabinose[1]. 50 g Benzyl-phenylhydrazon der Galakto-arabinose werden mit Benzaldehyd zerlegt; dann wird die gereinigte wässerige Lösung unter vermindertem Druck eingeengt, bis der Zuckersirup 50 g wiegt. Er wird auf dem Wasserbade erwärmt und langsam mit 150 ccm warmem, absolutem Alkohol verrührt. Dabei scheiden sich geringe Mengen einer amorphen Substanz aus, von welcher noch warm abfiltriert wird. Das Filtrat wurde mit Galakto-arabinose-Krystallen, die sich nach längerem Stehen eines früher bereiteten Sirups an den Wänden des Gefäßes gebildet hatten, geimpft und wiederholt mit dem Glasstab durchgerührt. Beim Erkalten schied sich ein Sirup aus, der langsam immer weißer wurde und sich aufblähte. Am nächsten Tage beginnt schon die Ausscheidung von kleinen, farblosen Prismen aus der Lösung, die nach 3 Tagen die ganze Flüssigkeit breiartig erfüllen. Es wird abgesaugt, in 25 ccm Wasser warm gelöst und mit 80 ccm warmem, absolutem Alkohol versetzt. Die Lösung wird mit Krystallen geimpft. Es scheidet sich kein Sirup mehr aus, sondern es beginnt nunmehr eine Krystallisation, die wiederum in 3 Tagen beendet ist. Die Krystalle werden abgesaugt, mit 96proz. Alkohol gewaschen und dann bei 50—60° getrocknet. Ausbeute 10 g. Die Mutterlaugen geben beim Eindampfen und wiederholter Krystallisation nochmals 10 g eines weniger reinen Produktes.

Oxydativer Abbau des lactobionsauren Calciums[1]. 75 g Salz werden in 250 ccm Wasser gelöst; dann werden 2 g Ferrosulfat und 5 ccm einer käuflichen Ferriacetatlösung sowie 10 ccm 30proz. Wasserstoffsuperoxyd zugesetzt. Die Reaktion beginnt bei 25° und wird durch Eintauchen des Kolbens in Wasser so reguliert, daß diese Temperatur nicht überschritten wird. Nach $^1/_2$ Stunde setzt man nochmals 10 ccm Wasserstoffsuperoxydlösung zu und nach 1 Stunde wiederum dieselbe Menge. Das Reaktionsgemisch bleibt über Nacht in einem Gefäß, das mit Wasser von Zimmertemperatur gefüllt ist, stehen; dabei nimmt es eine

[1] Géza Zemplén: Ber. dtsch. chem. Ges. **60**, 1309 (1927) — Chem. Zbl. **1927 II**, 805.
[2] Géza Zemplén: Ber. dtsch. chem. Ges. **59**, 2408 (1926) — Chem. Zbl. **1927 I**, 67.

violettbräunliche Farbe an. Unter Rühren werden jetzt 450 ccm Alkohol zugesetzt, wobei die gefärbten Verunreinigungen mit den Calciumsalzen ausfallen. Die abgegossene Lösung wird unter vermindertem Druck auf etwa 100 ccm eingeengt und zunächst mit 100 ccm 96proz., dann mit 50 ccm absolutem Alkohol verrührt. Dabei fallen weitere Verunreinigungen aus, die wiederum durch Abgießen der Mutterlauge entfernt werden. Die Lösung zeigt ein Reduktionsvermögen gleich 9 g Glykose. Sie wird mit 10 g Benzyl-phenyl-hydrazin $^1/_2$ Stunde auf dem Wasserbade erwärmt, dann abgekühlt, mit Galaktoarabinose-benzyl-phenyl-hydrazon geimpft und wiederholt mit einem Glasstab durchgerührt. Es beginnt dann bald die Krystallisation, die nach 36 Stunden beendet ist. Die Krystalle werden abgesaugt und dann in 80 ccm 50proz. Alkohol auf dem Wasserbade gelöst. Das Filtrat setzt beim Abkühlen zunächst kleine Mengen gelber Verunreinigungen ab, die durch Filtration entfernt werden, dann aber beginnt die Krystallisation des gewünschten Körpers. Nach dem Stehen über Nacht wird abgesaugt und mit 50proz. Alkohol ausgewaschen. Ausbeute 5 g eines Präparates, das bei 214° schmilzt; durch einmaliges Durcharbeiten mit Äther steigt der Schmelzp. über 220°, und die Substanz ist dann analysenrein. $[\alpha]_D^{20} = +0,89° \cdot 15,4222/1,0015 \cdot 0,5790 = +23,7°$ in Pyridin.

Misch-Schmelzpunkt mit dem durch Abbau des Nitrils gewonnenen Benzyl-phenyl-hydrazon: 216°.

Physiologische Eigenschaften: Wird von Emulsin gespalten[1].

Physikalische und chemische Eigenschaften: $[\alpha]_D^{19} = -3,19° \cdot 15,9837/1,0331 \cdot 0,9814 = -50,3°$, sofort nach dem Auflösen. Enddrehung nach 15 Stunden: $[\alpha]_D^{19} = -4,00° \cdot 15,9837/1,0331 \cdot 0,9814 = -63,1°$ in Wasser; $[\alpha]_D^{21} = -52,9°$ [2].

Reduktionsvermögen, nach Bertrand bestimmt:

30 mg Galakto-arabinose:	30,32 mg Cu =	4,77 ccm $^n/_{10}$-KMnO$_4$ =	50,0 %	
50 mg „	48,05 mg „ =	7,56 ccm „	= 48,4 %	vom Reduktionsvermögen der Glykose
75 mg „	71,45 mg „ =	11,24 ccm „	= 48,93%	
100 mg „	94,78 mg „ =	14,91 ccm „	= 49,7 %	

Reduktionsvermögen nach der Hydrolyse: 0,0491 g Substanz, 2 Stunden mit 5proz. Salzsäure gekocht, verbrauchen 14,57 ccm $^n/_{10}$-KMnO$_4$ = 98,8% Glykose.

Die Substanz krystallisiert in kleinen, harten Prismen, die in Wasser leicht löslich sind; die übrigen Lösungsverhältnisse sind normal wie bei den anderen Zuckern. Der Geschmack ist sehr wenig süß, ähnlich dem des Milchzuckers. Die getrocknete Substanz schmilzt in der Capillare zwischen 166° und 168° unter Zersetzung. Durch Abbau des lactobionsauren Calciums erhält man dasselbe Präparat.

Derivate: Benzyl-phenyl-hydrazon. Gewonnen durch Abbau des laktobionsauren Calciums. Schmilzt nach der ersten Ausscheidung und dem Waschen mit Alkohol bei 214° unter Zersetzung und zeigt in Pyridinlösung $[\alpha]_D^{19} = +30,5°$; setzt man der Lösung Alkohol im Verhältnis von 4 Pyridin zu 6 Alkohol zu, so ändert sich die Drehung in $[\alpha]_D^{19} = +4,7°$. Wird die Substanz mehrmals mit Alkohol behandelt, so steigt der Schmelzp. auf 220°. $[\alpha]_D^{19} = +1,25° \cdot 15,2800/1,0072 \cdot 0,7142 = +26,6°$ in Pyridin.

Eine Chloroformlösung des Oktaacetyl-lactobionsäurenitrils, wie man sie aus 200 g Lactose gewinnt, wird in einer Kältemischung stark abgekühlt und dann eine Lösung von 15 g Natrium in 750 ccm absolutem Methylalkohol, ebenfalls kalt, unter starkem Schütteln zugegeben. Bald beginnt die Ausscheidung des Natriummethylat-Additionsproduktes. Das Reaktionsgemisch wird mit 750 ccm Wasser zerlegt, möglichst bald mit Essigsäure angesäuert, dann die untere Chloroformschicht abgetrennt, die obere Lösung mit 200 ccm Eisessig versetzt und mit einer Aufschlämmung von essigsaurem Silber im Überschuß geschüttelt. Bald fällt das Cyansilber vollständig aus. Im Filtrat wird der Silberüberschuß mit einigen Kubikzentimetern Kochsalzlösung entfernt und das mit Kohle geklärte Filtrat unter vermindertem Druck bis zum dicken Sirup verdampft. Letzterer wird in so viel 80proz. Alkohol aufgenommen, daß die Flüssigkeitsmenge 600 ccm beträgt, dann mit 65 g Benzyl-phenyl-hydrazin $^1/_2$ Stunde auf dem Wasserbade erwärmt. Beim Impfen beginnt schon in der Wärme eine kräftige Ausscheidung des Benzyl-phenyl-hydrazons. Man läßt über Nacht stehen, saugt dann scharf ab, wäscht mit wenig 80proz. Alkohol nach, verreibt die Krystallisation mit 80proz. Alkohol,

---

[1] Géza Zemplén: Ber. dtsch. chem. Ges. **59**, 2408 (1926) — Chem. Zbl. **1927 I**, 67.

[2] P. A. Levene u. O. Wintersteiner: J. of biol. Chem. **75**, 315 (1927) — Chem. Zbl. **1928 II**, 748.

saugt dann wieder scharf ab und wäscht mit 96 proz. Alkohol nach. Erhalten 60—67 g, also 44—48%, berechnet auf das acetylierte Nitril[1]. Optische Bestimmung in 50 proz. wässerig-alkoholischer Lösung: $[\alpha]_D^{24} = -0,07° \cdot 18,028/0,9185 \cdot 0,100 = -13,5°$. Diese Bestimmung ist wegen der zu kleinen Einwaage nicht genügend genau, eine konzentrierte Lösung konnte jedoch wegen der Schwerlöslichkeit des Präparates in 50 proz. Alkohol nicht angewendet werden. Optische Bestimmung in 4 Raumteilen Pyridin + 6 Raumteilen Alkohol: $[\alpha]_D^{24} = +0,15° \cdot 14,6636/0,8879 \cdot 0,558 = +4,4°$. Die Drehung ändert sich beim Stehen der Lösung nicht.

Die Substanz bildet in reinem Zustande farblose, meist allerdings etwas gelblich gefärbte, mehrere Millimeter lange Nädelchen, die beim raschen Erhitzen in der Capillare gegen 223 bis 225° unter Zersetzung schmelzen. Im Schmelzpunkt unterscheidet sie sich also wenig von dem Präparat von Ruff, der den korrigierten Schmelzp. zu 223° angab[2]. Schmelzp. 221°[3].

Darstellung des Benzyl-phenyl-hydrazons der Galakto-arabinose ohne Anwendung von Silberacetat: Man versetzt eine Chloroformlösung des Oktaacetyl-lactobionsäurenitrils, gewonnen aus 200 g Milchzucker, mit einer Natriummethylatlösung, hergestellt aus 15 g Natrium und 750 ccm absolutem Methylalkohol, unter Schütteln in der Kälte, nimmt das Additionsprodukt in 750 ccm Wasser auf, setzt 50 ccm Essigsäure zu, gießt in einen Scheidetrichter, trennt die Chloroformschicht ab und dampft die obere Schicht unter vermindertem Druck zum dicken Sirup ein. Letzterer wird unter Erwärmen in 400 ccm 96 proz. Alkohol gelöst, das Benzyl-phenyl-hydrazin (65 g) zugegeben und $^1/_2$ Stunde auf dem Wasserbade erwärmt; hiernach wird mit dem Benzyl-phenyl-hydrazon geimpft. Alsbald beginnt eine kräftige Krystallisation, die nach 5 Stunden so gut wie beendet ist. Man saugt die Krystalle scharf ab und wäscht sie mit 100 ccm 80 proz. Alkohol; dann verreibt man das Produkt mit 200 ccm 80 proz. Alkohol, saugt wieder ab und wäscht mit 100 ccm 80 proz. Alkohol nach. Ausbeute 60—65 g. Das Präparat ist mit dem oben beschriebenen in jeder Beziehung identisch[2].

d-Galakto-d-arabinose-phenylosazon[2] $C_{23}H_{30}O_8N_4$ (490,40). Ber. N 11,43. 10 ccm einer wässerigen Lösung, die 0,6 g Galakto-arabinose enthalten, werden mit 1 g salzsaurem Phenyl-hydrazin und 2 g Natriumacetat versetzt und $^5/_4$ Stunden im kochenden Wasserbade erwärmt. In der Wärme scheidet sich nichts aus, doch nimmt die Lösung eine intensiv hellgelbe Farbe an. Beim Erkalten krystallisieren citronengelbe Nädelchen des Osazons. Diese werden abgesaugt, mit Wasser gewaschen und aus 30 ccm heißem, feuchtem Essigester umkrystallisiert.

Das Osazon bildet mehrere Millimeter lange, seidenglänzende, citronengelbe Nadeln, die im Capillarrohr gegen 242° unter Gasentwicklung und Zersetzung schmelzen. Das Präparat ist in sämtlichen Lösungsmitteln bedeutend schwerer löslich als das von Ruff beschriebene Galakto-arabinose-phenylosazon, für welches ein Schmelzp. zwischen 236—238° angegeben wurde.

Acetylverbindungen[2]. Konnten bisher nicht krystallisiert gewonnen werden.

Vicianose = 6-β-l-Arabinosido-d-glykose[4] (Bd. II, S. 389; Bd. VIII, S. 199).

$$
\begin{array}{ccccc}
\text{CH(OH)} & & & & \text{CH}\ \beta \\
\text{H—C—OH} & & & \text{H—C—OH} & \\
\text{HO—C—H} & \text{O} & \text{O} & \text{HO—C—H} & \\
\text{H—C—OH} & & & \text{HO—C—H} & \\
\text{H—C} & & & \text{CH}_2 & \\
\text{CH}_2 & & & &
\end{array}
$$

[1] Géza Zemplén: Ber. dtsch. chem. Ges. **59**, 2406 (1926) — Chem. Zbl. **1927 I**, 67.

[2] Géza Zemplén: Ber. dtsch. chem. Ges. **59**, 2409 (1926) — Chem. Zbl. **1927 I**, 67.

[3] P. A. Levene u. O. Wintersteiner: J. of biol. Chem. **75**, 315 (1927) — Chem. Zbl. **1928 II**, 748.

[4] Burckhardt Helferich u. Hellmut Bredereck: Liebigs Ann. **465**, 166 (1928) — Chem. Zbl. **1928 II**, 1549.

Bildung: Die bei der enzymatischen Spaltung aus Violutosid entstehende Hexopentose ist wahrscheinlich Vicianose[1]. Durch Spaltung des Glykosids Gein mit dem Ferment Gease[2]. Durch Verseifung der Heptaacetylverbindung nach Zemplén.

Physikalische und chemische Eigenschaften: Das synthetische Produkt beginnt gegen 194° zu sintern und schmilzt unter Aufschäumen bei 210°. Krystalle aus Eisessig. $[\alpha]_D^{14} = +56{,}6°$ in Wasser 10 Minuten nach dem Auflösen, $= +40{,}5°$ Enddrehung.

Derivate: Heptaacetyl-6-β-l-arabinosido-d-glykose $C_{25}H_{34}O_{17}$. Aus 1, 2, 3, 4, β-Tetraacetylglykose und Acetobrom-l-arabinose mit Silberoxyd in Chloroformlösung. Aus abs. Alkohol Nädelchen. Schmelzp. 158—160°; $[\alpha]_D^{14} = +6{,}5°$ in Chloroform. Leicht löslich in Aceton, Chloroform, schwerer in Äther, Alkohol, Methylalkohol.

Primverose (Bd. VIII, S. 191; Bd. X, S. 566) = 6-β-Xylosido-d-glykose[3].

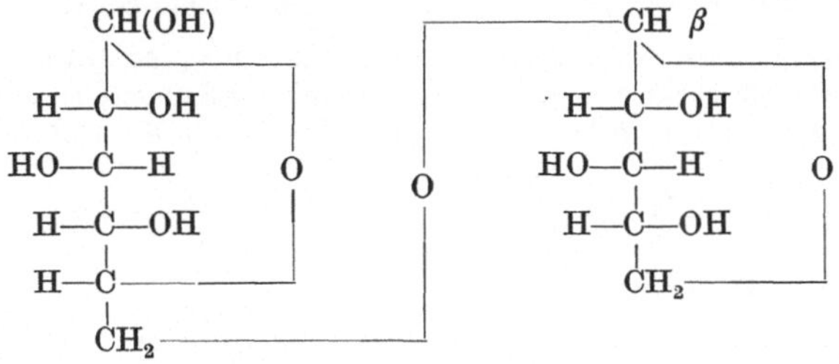

$$
\begin{array}{ccccc}
\mathrm{CH(OH)} & & & \mathrm{CH}\ \beta & \\
\mathrm{H-C-OH} & & & \mathrm{H-C-OH} & \\
\mathrm{HO-C-H} & \mathrm{O} & \mathrm{O} & \mathrm{HO-C-H} & \mathrm{O}\ ^3 \\
\mathrm{H-C-OH} & & & \mathrm{H-C-OH} & \\
\mathrm{H-C} & & & \mathrm{CH_2} & \\
\mathrm{CH_2} & & & &
\end{array}
$$

Bildung: Bei der Hydrolyse von Rhamnicosid mit Fermentpulver aus Cornus sanguinea neben Rhamnicogenol[4]. Bei der Hydrolyse des Monotropitosids (Monotropitin) neben Salicylsäuremethylester[5]. — Bei der fermentativen Hydrolyse des Gentiacaulosid[6].

Darstellung: Aus den Wurzeln von Primula officinalis Jacqu. wurde ein Gemisch von Primverin und Primulaverin gewonnen und daraus durch enzymatische Spaltung Primverose dargestellt[7]. — Durch Verseifung des synthetisch erhaltenen Heptaacetats nach Zemplén[3].

Physiologische Eigenschaften: Schmeckt schwach süß[8]. Wird von der Primverosidase, die im Mandelemulsin vorhanden ist in Xylose und Glykose gespalten[9].

Physikalische und chemische Eigenschaften: Natürliches Produkt. Schmelzp. 210° (Maquenne-Block). Die reduzierende Wirkung von 1 g entspricht der von 0,631 g Glykose. Zeigt Mutarotation. Anfangswert $[\alpha]_D = +21{,}14°$, Endwert $[\alpha]_D = -3{,}30°$. Mit Orcin-HCl tritt in der Wärme Violettblaufärbung ein; durch warme verdünnte H_2SO_4 wird in äquimolekularen Mengen Glykose und Xylose gespalten[8]. Die reduzierende Kraft beträgt 0,646—0,648 von derjenigen der Glykose[7].

Synthetisches Produkt: Aus wässerigem Alkohol Krystalle, sintert bei 192° und schmilzt bei 208° (korr.). Zeigt Mutarotation; in wässeriger Lösung Anfangswert $[\alpha]_D^{20} = +23{,}8°$;

[1] P. Picard: C. r. Acad. Sci. Paris **182**, 1167 (1926) — Chem. Zbl. **1926 II**, 235.

[2] H. Hérissey u. J. Cheymol: Bull. Soc. Chem. biol. Paris **8**, 50 (1926) — Chem. Zbl. **1926 I**, 2358, 2706 — C. r. Acad. Sci. Paris **181**, 565 (1925) — Chem. Zbl. **1926 I**, 2358 — J. Pharmacie (8) **3**, 156 (1926) — Chem. Zbl. **1926 I**, 2358, 2706; **1926 II**, 2436.

[3] B. Helferich u. H. Rauch: Liebigs Ann. **455**, 168 (1927) — Chem. Zbl. **1927 II**, 806 — Ber. dtsch. chem. Ges. **59**, 2655 (1926) — Chem. Zbl. **1927 I**, 1290.

[4] M. Bridel u. C. Charaux: C. r. Acad. Sci. Paris **180**, 1219 (1925) — Chem. Zbl. **1925 II**, 2061.

[5] M. Bridel u. P. Picard: C. r. Acad. Sci. Paris **180**, 1864 (1925) — Chem. Zbl. **1925 II**, 2062. — Bridel u. C. Charaux: Bull. Soc. Chim. biol. Paris **7**, 822 (1925) — Chem. Zbl. **1926 I**, 1215 — C. r. Acad. Sci. Paris **180**, 857 (1925) — Chem. Zbl. **1925 I**, 2630 — J. Pharmacie **2**, 427 (1925) — Chem. Zbl. **1926 I**, 2366. — Marc Bridel: C. r. Acad. Sci. Paris **179**, 991 (1924) — Chem. Zbl. **1925 I**, 833 — Bull. Soc. Chim. biol. Paris **6**, 679 (1924) — Chem. Zbl. **1924 II**, 2666.

[6] Marc Bridel: J. Pharmacie (8) **1**, 371 — Chem. Zbl. **1925 II**, 408 —. C. r. Acad. Sci. Paris **179**, 780—782 (1924) — Chem. Zbl. **1925 I**, 41.

[7] Marc Bridel: C. r. Acad. Sci. Paris **180**, 1421 (1925) — Chem. Zbl. **1925 II**, 408.

[8] Marc Bridel: C. r. Acad. Sci. Paris **179**, 780—782 (1924) — Chem. Zbl. **1925 I**, 41.

[9] Marc Bridel: C. r. Acad. Sci. Paris **181**, 523 (1925) — Chem. Zbl. **1926 I**, 1211 — Bull. Soc. Chim. biol. Paris **8**, 67 (1926) — Chem. Zbl. **1926 I**, 2708.

Endwert $= -3,4°$ (nach 17 Stunden). Leicht löslich in Wasser; wenig löslich in organischen Lösungsmitteln. Reduziert kräftig Fehlingsche Lösung in der Hitze[1].

Derivate: Phenylosazon $C_{23}H_{30}O_8N_4$[1]. Gelbe Nädelchen aus Wasser, Schmelzp. 220° (korr.); $[\alpha]_D^{19} = -109,7°$ (in Pyridin); zeigt keine Mutarotation. Sehr wenig löslich in kaltem Wasser; löslich in Alkohol[1].

β-Heptaacetyl-6-β-xylosido-glykose[1] $C_{25}H_{34}O_{17}$. Darstellung aus 2 Molekülen 1, 2, 3, 4-Tetraacetylglykose und 1 Molekül Acetobromxylose in Chloroform mit Ag_2O. Weiße Nadeln aus absolutem Alkohol vom Schmelzp. 216° (korr.); $[\alpha]_D^{20} = -23,5°$, $-23,4°$ (in Chloroform). Sehr leicht löslich in Chloroform; wenig löslich in Alkohol; unlöslich in Wasser. Reduziert allmählich Fehlingsche Lösung beim Kochen[1].

3. Hexosenderivate.

Rohrzucker (Saccharose) (Bd. II, S. 389; Bd. VIII, S. 191; Bd. X, S. 567).

Die jetzt angenommene Konstitution[2] entspricht einem Anhydrid aus der normalen Glykose mit 1,5 Sauerstoffbrücke mit einer γ-Fructose mit 1,4 Sauerstoffbrücke nach folgendem Symbol. Dabei ist die Glykose in der α-Form, die Fructose in der β-Form vorhanden.

```
        CH    β              α    CH₂—OH
          \________O_________/      |
     H—C—OH                         C—————
    HO—C—H                     HO—C—H     |
     H—C—OH                     H—C—OH    O
     H—C—————                   H—C—————
        CH₂—OH   O                 CH₂—OH

       n-Glykose                 γ-Fructose
```

Dagegen ist nach den neuesten Berechnungen von C. S. Hudson[3] Saccharose α-d-Glykose [1,5]-β-d-Fructose [2, 4], gemäß folgendem Symbol:

```
  _______CH    α             β    CH₂—OH
 |         \________O________/       |
 |    H—C—OH                         C—————
 |   HO—C—H                     HO—C—H     |
 O    H—C—OH                     H—C—————  O
 |    H—C—————                   H—C—OH
 |_______CH₂—OH                     CH₂—OH
```


[1] B. Helferich u. H. Rauch: Liebigs Ann. **455**, 168 (1927) — Chem. Zbl. **1927 II**, 806 — Ber. dtsch. chem. Ges. **59**, 2655 (1926) — Chem. Zbl. **1927 I**, 1290.

[2] M. Bergmann u. A. Mickeley: Ber. dtsch. chem. Ges. **55**, 1390 (1922) — Chem. Zbl. **1922 III**, 247. — W. N. Haworth u. J. Law: J. chem. Soc. Lond. **109**, 1314 (1917). — J. C. Irvine u. G. Robertson: J. chem. Soc. Lond. **109**, 1305 (1917) — Chem. Zbl. **1917 I**, 1075, 1076. — Walter Norman Haworth u. Wilfred Herbert Linnel: J. chem. Soc. Lond. **123**, 294 (1923) — Chem. Zbl. **1923 III**, 1002. — P. Karrer u. W. Fioroni: Helvet. chim. Acta **6**, 396 (1923) — Chem. Zbl. **1923 III**, 1005. — H. Colin: Bull. Assoc. Chim. Sucr. et Dist. **40**, 243 (1923) — Chem. Zbl. **1923 I**, 1308. — M. Bergmann: Ber. dtsch. chem. Ges. **56**, 1227 (1923) — Chem. Zbl. **1923 III**, 1264 — J. chem. Soc. Lond. **123**, 1277 (1923) — Chem. Zbl. **1923 III**, 1284; **1924 I**, 34. — H. Colin u. A. Chaudon: Bull Soc. chim. France (4) **35**, 974 (1924) — Chem. Zbl. **1924 II**, 2023. — H. H. Schlubach u. G. Rauchalles: Ber. dtsch. chem. Ges. **58**, 1842 (1925) — Chem. Zbl. **1926 I**, 349. — Walter Norman Haworth u. Edmund Langley Hirst: J. chem. Soc. Lond. **1926**, 1858 — Chem. Zbl. **1926 II**, 2694. — R. Weidenhagen: Z. dtsch. Zuckerind. **1927**, 73 — Chem. Zbl. **1927 I**, 1819. — James Colquhoun Irvine, John Walter Hyde Oldham u. Andrew Forrester Skinner: J. amer. chem. Soc. **51**, 1279 (1929) — Chem. Zbl. **1929 II**, 287.

[3] C. S. Hudson: J. amer. chem. Soc. **52**, 1716 (1930).

Vorkommen: Untersuchungen über den Rohrzuckergehalt der Zuckerrüben unter verschiedenen Bedingungen[1]. Der Zuckergehalt wildwachsender Zuckerrüben von Primel-Trégastel (Finistère) schwankte zwischen 14—20% und war demnach höher als der der industriellen Zuckerrüben[2].

In Rübenblättern 23,5%[3], in den Knollen von Nephrelepis cordifolia Prsl.[4], im Saft der Nipapalme 15%[5], in der Flüssigkeit der reifen Cocosnüsse[6], in den Knollen von Cyperus esculentus Linné[7]. Im Wachtelweizen[8]. Einfluß des Blühens des Zuckerrohrs auf seinen Gehalt in wirtschaftlicher Beziehung[9]. In Haferstroh[10]. In den Blättern und Halmen des Reises[11]. Tabellarische Zusammenstellung des Gehaltes an Saccharose im Safte von 15 verschiedenen Hirsearten[12]. In den Wurzeln des gewöhnlichen Schilfrohres meist nur 1—3%, in wenigen Fällen 3—3$^1/_2$%[13]. In verschiedenen Irissamen[14]. In den Maispollen[15]. In den Pollenkörnern von Pinus silvestris[16]: 10%. Die bunten Teile der meisten Pflanzen enthalten nur Rohrzucker, aber keine Monosen[17]. Aus den Blütenständen einiger mehr als mannshoher Fingerhutpflanzen fielen während eines ungewöhnlich heißen Sommers Nektartropfen zu Boden, die aus konzentrierten Lösungen von fast reinem Rohrzucker bestanden[18]. Trockene Glycyrrhiza glabra L. enthält: aus dem Peloponnes 2,385%, aus Kleinasien 2,678%; Succus enthält: aus dem Peloponnes 4,878%, aus Kleinasien 5,618% Saccharose[19]. In der Radix Valerianae[20]. In Schizopepon Fargesii Cagnepain[21]. In den Früchten des Kirondro[22]. In dem Weinrebensaft von Vitis vitifera L.[23]. In den Samenkernen von Achras sapota L.[24]. In Melonen 0,24—7,60%, in dem Wassermelonensirup 14,74%[25]. In Hagebuttenfleisch[26] 11,56—21,57%. — Süße Eberesche 13,45%, saure Eberesche[26] 5,65%, im Johannisbrot[27] 29,4—34,67% Rohrzucker. Die Alhagi-Manna enthält

---

[1] Jacques de Vilmorin: Chimie u. Industrie **7**, 864 (1922) — Chem. Zbl. **1922 III**, 1028. — V. Stehlík: Z. Zuckerind. tschechoslowak. Rep. **47**, 465 (1923) — Chem. Zbl. **1923 IV**, 773. — Jos. Urban u. Jar. Souček: Listy Cukrovarnické **42**, 315 (1924) — Chem. Zbl. **1924 II**, 2092. — Josef Urban: Z. Zuckerind. tschechoslowak. Rep. **49**, 307 (1925) — Chem. Zbl. **1925 II**, 1100. — Oskar Spengler u. Rudolf Weidenhagen: Z. dtsch. Zuckerind. **1926**, 767—779 (1926) — Chem. Zbl. **1927 I**, 956.

[2] E. Saillard: C. r. Acad. Sci. Paris **174**, 411—412 (1922) — Chem. Zbl. **1922 III**, 57.

[3] Kempken: Zbl. Zuckerind. **35**, 809—810 — Chem. Zbl. **1927 II**, 1406.

[4] L. H. Ducloux u. M. Awschalom: Rev. Facult. Ciencias Quim. Univ. Nac. de La Plata **2 I**, 75 (1923) — Chem. Zbl. **1926 II**, 2318.

[5] A. H. Wells u. G. A. Perkins: Philippine J. Sci. **20**, 45 (1922) — Chem. Zbl. **1922 IV**, 801, **1923 II**, 266.

[6] C. G. Matthews: Analyst **49**, 223 — Chem. Zbl. **1923 II**, 1598.

[7] Frederick B. Power u. Victor K. Chesnut: J. agricult. Res. **26**, 69—75 (1923) — Chem. Zbl. **1925 I**, 392.

[8] Marc Bridel u. Marie Braecke: C. r. Acad. Sci. Paris **173**, 1403—1405 (1921) — Chem. Zbl. **1922 III**, 278.

[9] N. W. Levy: Bull. Assoc. chim. Sucr. et Dist. **44**, 383 (1927) — Chem. Zbl. **1927 II**, 2477.

[10] S. H. Collins u. B. Thomas: J. agricult. Sci. **12**, 280 (1922) — Chem. Zbl. **1923 I**, 461.

[11] H. Belval: C. r. Acad. Sci. **186**, 781 — Chem. Zbl. **1928 I**, 2265. — S. Hirai: Acta Scholae med. Kioto **7**, 463 (1925) — Ber. Physiol. **34**, 491 (1926) — Chem. Zbl. **1926 II**, 233.

[12] S. F. Sherwood: Ind. Chem. **15**, 727 (1923) — Chem. Zbl. **1923 IV**, 671.

[13] Edmund O. v. Lippmann: Ber. dtsch. chem. Ges. **54**, 3111—3114 (1921) — Chem. Zbl. **1922 I**, 359.

[14] H. Colin u. A. Angem: Bull. Soc. Chim. biol. Paris **10**, 822 — Chem. Zbl. **1928 II**, 1222.

[15] Suguru Miyaka: J. of Biochem. **3**, 169—176 (1924) — Chem. Zbl. **1925 I**, 677.

[16] Alexander Kiesel: Hoppe-Seylers Z. **120**, 85 (1922) — Chem. Zbl. **1922 III**, 732.

[17] Th. Weevers: Versl. Akad. Wetensch. Amsterd., Wis- en natuurkd. Afd. **32**, 917 (1923) — Chem. Zbl. **1924 I**, 1048.

[18] E. O. v. Lippmann: Ber. dtsch. chem. Ges. **55**, 3038 (1922) — Chem. Zbl. **1923 I**, 102.

[19] E. Emmanuel: Festschrift O. Tschirch **1926**, 288 — Chem. Zbl. **1927 I**, 2753.

[20] H. Kunz-Krause: Apoth.-Ztg **43**, 484 — Chem. Zbl. **1928 I**, 2733.

[21] H. Colin u. R. Franquet: C. r. Acad. Sci. Paris **186**, 890 — Chem. Zbl. **1928 I**, 2948.

[22] Y. Volmar u. B. Samdahl: J. Pharmacie (8) **6**, 295, 346 (1927) — Chem. Zbl. **1928 I**, 1295 — C. r. Acad. Sci. Paris **184**, 393 — Chem. Zbl. **1928 I**, 2205.

[23] Arthur Wormall: Biochemic. J. **18**, 1187 (1924) — Chem. Zbl. **1925 I**, 1330.

[24] A. W. van der Haar: Rec. Trav. chim. Pays-Bas et Belg. (Amsterd.) **41**, 784 (1922) — Chem. Zbl. **1923 I**, 852.

[25] S. Lutochin: Z. Unters. Lebensmitt. **54**, 281, 290 (1927) — Chem. Zbl. **1928 I**, 433.

[26] J. Kochs: Angew. Bot. **4**, 113 (1922) — Chem. Zbl. **1922 III**, 1303.

[27] Rothéa: Bull. Sci. pharmacol. **29**, 369 (1922) — Chem. Zbl. **1922 III**, 1303.

41,52% Saccharose[1]. In der Belladonnawurzel[2]. — In Salicaria[3], in der Sellerierübe[4], in den Blättern der Dipsacee Scabiosa Succisa[5]. In den Samen von Rhinanthus Crista-Galli L.[6]. In der Wurzel von Dictamnus albus, einer einheimischen Rutacee: 3,45%[7]. In dem Restzucker des fertigen Brotes nur in Spuren[8]. Der einheimische malaiische Zucker (Pula Malacca) enthält 88,22% Saccharose[9]. Die löslichen Anteile der Halwa enthalten 52,21—50,55% Saccharose[10].

Bildung: Synthese(?): Durch Kondensation von Tetraacetylglykose und γ-Tetraacetylfructose mit Phosphorpentoxyd entsteht Oktaacetylrohrzucker (s. Derivate). Dieser gibt bei der Verseifung Rohrzucker[11]. — Bei einer ähnlichen Kondensation konnten Irvine und Mitarbeiter keine Saccharose, sondern nur Isosaccharose gewinnen[12]. — Die Nacharbeitung der Rohrzuckersynthese von Pictet und Vogel führte zu keinem faßbaren Resultat. Aus Gemischen von Oktaacetylrohrzucker mit der gleichen Menge Tetraacetylglykose oder γ-Tetraacetylfructose läßt sich Oktaacetylrohrzucker nicht isolieren[13]. Um die Synthese des Rohrzuckers auszuführen, wurden drei verschiedene Kondensationsmethoden versucht: 1. Reaktion zwischen Tetraacetylbrom- oder -chlorglykose und Tetraacetyl-γ-fructose; 2. Reaktion zwischen Tetraacetylglykose und Tetraacetyl-γ-fructose, beide in Gegenwart einer Base; 3. Reaktion zwischen Tetraacetylglykose und Tetraacetyl-γ-Fructose in Gegenwart eines wasserentziehenden Mittels. Nach 1. trat keine Kondensation ein. Nach 2. und 3. wurde nur Oktaacetylisosaccharose erhalten, aber Oktaacetylrohrzucker konnte nicht isoliert werden[14].

Physiologische Bildungen: Mit dem Zurückgehen des Wassergehaltes in den Blättern wird Rohrzucker gebildet. Für den Wassergehalt der Pflanze scheint der Rohrzucker von weitgehender Bedeutung zu sein[15]. Die Frucht von Bassia longifolia zeigt in den ersten 3 Tagen nach dem Pflücken eine bedeutende Zunahme an Rohrzucker. Der Rohrzuckergehalt ist 4,6 bzw. 16,32% am 1. bzw. 3. Tage[16]. In grünen Blättern der Eßkastanie findet sich stets mehr reduzierender Zucker als in chloroten Blättern[17]. — Bei reifenden Samen von Vicia faba minor nimmt die Rohrzuckermenge absolut zu, relativ stark ab[18]. — Es ist durch Versuche festgestellt worden, daß die Umwandlung der Monosen in den Blättern erfolgt, und daß die dabei

---

[1] T. Aagaard: Tidskr. kemi Bergvassen **8**, 16, 35 — Chem. Zbl. **1928 I**, 2594.

[2] L. Rosenthaler: Arch. Pharmaz. **263**, 561 (1926) — Chem. Zbl. **1926 I**, 2592.

[3] A. Madinaveitia: An. Soc. española Fis. Quim. **19**, 251 (1921) — Chem. Zbl. **1923 I**, 961. — J. R. Carracido u. A. Madinaveitia: Ann. Soc. española Fis. Quim. (2) **19**, 148 (1921) — Chem. Zbl. **1921 III**, 486.

[4] J. Charpentier: Bull. Soc. Chim. biol. Paris **6**, 142—156 — Chem. Zbl. **1924 II**, 2171.

[5] N. Wattiez: J. Pharm. Belgique **7**, 81 (1925) — Chem. Zbl. **1925 I**, 1330.

[6] M. Bridel u. M. Braecke: J. Pharmacie (7) **27**, 103, 131 (1923) — Chem. Zbl. **1923 I**, 1283 — C. r. Acad. Sci. Paris **175**, 532, 640 (1923) — Chem. Zbl. **1923 I**, 101, 256 — C. r. Acad. Sci. Paris **173**, 1403 (1922) — Chem. Zbl. **1922 III**, 278.

[7] H. Thoms: Ber. dtsch. pharm. Ges. **33**, 68 (1923) — Chem. Zbl. **1923 III**, 1029.

[8] C. B. Morison: Cereal Chem. **2**, 314 (1925) — Chem. Zbl. **1926 I**, 787.

[9] H. Lowe u. A. Houlbrooke: Analyst **48**, 114 (1923) — Chem. Zbl. **1923 IV**, 295. — K. C. Browning u. C. T. Symons: J. Soc. chem. Ind. **35**, 1138 (1917) — Chem. Zbl. **1927 I**, 660.

[10] A. Heiduschka u. P. Zywner: Z. Unters. Nahrgsmitt. usw. **45**, 61 (1923) — Chem. Zbl. **1923 IV**, 62.

[11] Amé Pictet u. Hans Vogel: C. r. Acad. Sci. Paris **186**, 724 (1928) — Chem. Zbl. **1928 I**, 2247 — Helvet. chim. Acta **11**, 209 (1928) — Chem. Zbl. **1928 I**, 1391 — Ber. dtsch. chem. Ges. **62**, 1418 (1929) — Chem. Zbl. **1929 II**, 721. — Kurt P. Jacobsohn: Naturwiss. **16**, 529 (1928) — Chem. Zbl. **1928 II**, 1429. — E. F. Armstrong: Nature (Lond.) **122**, 578 (1928) — Chem. Zbl. **1928 II**, 2455. — R. Weidenhagen: Z. dtsch. Zuckerind. **1928**, 262 — Chem. Zbl. **1928 II**, 873.

[12] J. C. Irvine, J. W. H. Oldham u. O. F. Skinner: J. Soc. chem. Ind. **47**, 494 (1928) — Chem. Zbl. **1928 II**, 542.

[13] Géza Zemplén u. Árpád Gerecs: Ber. dtsch. chem. Ges. **62**, 984 (1929) — Chem. Zbl. **1929 I**, 2525.

[14] James Colquhoun Irvine, John Walter Hyde Oldham u. Andrew Forrester Skinner: J. amer. chem. Soc. **51**, 1279 (1929) — Chem. Zbl. **1929 II**, 287.

[15] H. Schroeder u. Trude Horn: Biochem. Z. **130**, 169 (1922) — Chem. Zbl. **1922 III**, 1175.

[16] G. J. Fowler u. T. Dinanath: J. Indian Inst. Sci. **6**, 131 (1923) — Chem. Zbl. **1923 III**, 1574.

[17] H. Colin u. A. Grandsire: C. r. Acad. Sci. Paris **179**, 288 (1924) — Chem. Zbl. **1924 II**, 1476.

[18] A. Blagoweschtschenski: Bull. Acad. St. Pétersbourg (6) **1916**, 423 — Chem. Zbl. **1925 I**, 2012.

gebildete Saccharose in die Rübenwurzel wandert[1]. Bildung des Rohrzuckers beim Aufbewahren teilweise getrockneter Kartoffeln[2].

Darstellung: Zur Geschichte des Rohrzuckers[3]. — Darstellung aus dem Saft der Nipapalme[4]. — Aus den Stengeln von kastriertem Mais[5]. — Gewinnung aus Karoben (Johannisbrot), die 20—25% Rohrzucker neben 10—20% Invertzucker enthalten[6]. — Basisches Aluminiumcarbonat an Stelle von Kalk besitzt gewisse Vorteile bei der Reinigung der Zuckersäfte[7]. — Aluminiumsilicat und kolloidales Aluminiumhydroxyd zur Saftreinigung[8]. — Bleichen und Entfärben von Zuckersäften mit Hilfe eines Gemisches beider: eines Hydroxyds (Ferrohydroxyd, Ferrihydroxyd, Aluminiumhydroxyd) und Schwefelsäure in der Hitze[9]. Reinigung der Säfte mit Hydrosulfiten[10].

Nachweis und Bestimmung: Liefert bei Behandlung mit $NaHCO_3$ Acetol, das mit Hilfe der Reaktion mit o-Aminobenzaldehyd leicht nachgewiesen werden kann[11]. (Die Reaktion ist nicht charakteristisch für Rohrzucker.) — Saccharose, die mit etwas konzentrierter H_2SO_4 angefeuchtet ist, gibt, wenn 1 Tropfen Guajacol zugesetzt wird, wie Metaldehyd charakteristische Farbenreaktion[12]. α-Naphtholprobe[13]. Nachweis und Bestimmung nach dem Ammoniummolybdatverfahren[14].

Mittels B. proteus, M. tetragenus, V. cholerae, V. Fischler-Prior, B. typhi, B. coli I und II ist Saccharose bis zu 0,03 mg in 1 ccm erkennbar[15]. Nachweis im Harn mit der „mykologischen Methode von Castellani"[16]. Bestimmung durch Polarisation[17]. Nachprüfung des Hundertpunktes der Saccharimeter[18]. Bestimmung in der Rübe[19]. — Bestimmung

---

[1] F. Strohmer: Bull. Assoc. chim. Sucr. et Dist. **43**, 338 (1926) — Chem. Zbl. **1926 II**, 1536.

[2] C. J. L. Wolff: Biochem. Z. **176**, 225 (1926) — Chem. Zbl. **1926 II**, 2445 — Biochem. Z. **178**, 36 (1926) — Chem. Zbl. **1927 I**, 457 — Chem. Weekblad **24**, 18—19 (1926) — Chem. Zbl. **1927 I**, 1241.

[3] Edmund v. Lippmann: Dtsch. Zuckerind. **49**, 1015 (1924) — Chem. Zbl. **1924 II**, 2092. — Immanuel Löw: Chem.-Ztg **51**, 15—16 (1927) — Chem. Zbl. **1927 I**, 1283.

[4] A. H. Wells u. G. A. Perkins: Philippine J. Sci. **20**, 45 (1922) — Chem. Zbl. **1922 IV**, 801.

[5] W. Nathan-Levy: Bull. Assoc. chim. Sucr. et Dist. **42**, 240 (1924) — Chem. Zbl. **1924 I**, 2746.

[6] Giuseppe Oddo: Chim. et Ind. **20**, 207 (1928) — Chem. Zbl. **1928 II**, 2079. — G. Oddo u. V. Fonzo: Bull. Assoc. chim. Sucr. et Dist. **45**, 453 — Chem. Zbl. **1928 II**, 298.

[7] Hunyadi István u. Malbraski Milán: Zbl. Zuckerind. **31**, 1002 (1923) — Chem. Zbl. **1924 I**, 109.

[8] E. Komm: Zbl. Zuckerind. **32**, 708 (1924) — Chem. Zbl. **1924 II**, 895.

[9] Puran Singh u. Sardar Kirpal Singh Majithia: F.P. 615443 vom 30. April, ausg. 7. Jan. 1927 — Chem. Zbl. **1927 I**, 1760.

[10] Socété Industrielle des Dérivés du Soufre: F.P. 628 128(1927)—Chem. Zbl. **1928 I**, 426.

[11] O. Baudisch u. H. J. Deuel: J. amer. chem. Soc. **44**, 1581, 1585 (1922) — Chem. Zbl. **1923 IV**, 280, 281.

[12] P. Bruére: Bull. Soc. Chim. biol. Paris **8**, 462 (1926) — Chem. Zbl. **1926 II**, 2988.

[13] G. L. Spencer: Ind. Chem. **15**, 593 (1923) — Chem. Zbl. **1923 IV**, 887. — J. Schlemmer: Listy Cukrovarnické **45**, 243 — Z. Zuckerind. tschechoslowak. Rep. **51**, 422 (1927) — Chem. Zbl. **1927 II**, 881.

[14] Norris W. Matthews: Chemist-Analyst **17**, Nr 4, 8 (1928) — Chem. Zbl. **1929 I**, 1057.

[15] A. J. Kendall: J. inf. Dis. **32**, 362, 369 (1923) — Ref.: Ber. Physiol. **21**, 128 (1924) — Chem. Zbl. **1924 I**, 1392.

[16] P. Pietra: Giorn. Batter. **2**, 1 — Ref.: Ber. Physiol. **40**, 264 (1927) — Chem. Zbl. **1927 III**, 963.

[17] F. W. Zerban, C. A. Gamble u. G. H. Hardin: Sugar **28**, 462—464 (1926) — Chem. Zbl. **1927 I**, 531. — C. E. Coates u. C. Shen: Ind. Chem. **20**, 70 — Chem. Zbl. **1928 I**, 1237. — Robert J. Brown: Ind. Chem. **17**, 39 (1925) — Chem. Zbl. **1925 I**, 2191.

[18] Anton Kraisy: Z. dtsch. Zuckerind. **1921**, 785—797 — Chem. Zbl. **1922 II**, 887—888. — A. Kraisy u. A. Traegel: Z. dtsch. Zuckerind. **1924**, 193 — Chem. Zbl. **1924 II**, 1029. — L. Bellingham u. F. Stanley: Internat. Sugar J. **1922**, 58 — Dtsch. Zuckerind. **48**, 98 (1923) — Chem. Zbl. **1923 IV**, 23.

[19] A. Dahle: Z. dtsch. Zuckerind. **47**, 639 (1922) — Chem. Zbl. **1923 II**, 37. — W. Taegener: Z. dtsch. Zuckerind. **47**, 651 (1922) — Chem. Zbl. **1923 II**, 38. — G. Bruhns: Zbl. Zuckerind. **30**, 1473 (1922) — Chem. Zbl. **1923 II**, 38. — S. J. Osborn: Ind. Chem. **15**, 787 (1923) — Chem. Zbl. **1923 IV**, 954. — Franz Herles: Z. Zuckerind. tschechoslowak. Rep. **46**, 6 (1923) — Chem. Zbl. **1924 I**, 451. — H. S. Paine u. R. T. Balch: Ind. Chem. **17**, 240—246 (1925) — Chem. Zbl. **1925 I**, 2416. — R. T. Balch: Sugar **20**, Nr 44 — Z. dtsch. Zuckerind. **50**, 1551 (1925) — Chem. Zbl. **1926 I**, 2153. — Vl. Staněk u. J. Vondrák: Listy Cukrovarnické **45**, 1 (1926) — Z. Zuckerind. tschechoslowak. Rep. **51**, 101—108, 113—121 (1926) — Chem. Zbl. **1927 I**, 1239. — Alois Dolinek: Listy Cukrovarnické **45**, 335 — Z. Zuckerind. tschechoslowak. Rep. **51**, 499—511 — Chem. Zbl. **1927 II**, 1211. — V. Staněk u. J. Vondrák: Listy Cukrovarnické **46**, 139 — Z. Zuckerind. tschechoslowak. Rep. **52**, 165 (1927) — Chem. Zbl. **1928 I**, 764 — Z. Zuckerind. tschechoslowak. Rep. **51**, 101 — Chem.

in der Melasse[1]. Bestimmung vor und nach Inversion mit Invertase[2]. — Bestimmung nach der Inversion, mit alkalischer Jodlösung[3]. — Bestimmung auf Grund des Brechungsindex bei der Inversion mit Invertase[4]. — Bestimmung neben Invertzucker[5], neben Glykose[6], neben anderen Zuckerarten[7], neben Raffinose[8]. Trennung von anderen Zuckern mit Äthylacetat[9]. — Bestimmung neben Milchzucker und in der Milch[10]. Bestimmung in Kunsthonig[11]. Bestimmung in Pflanzenextrakten nach der Pikrinsäurereduktionsmethode[12] siehe bei Arbeiten allgemeinen Inhalts. Bestimmung nach der Hydrolyse auf Grund der Reduktion der Osazone durch $TiCl_3$-Lösung[13].

Physiologische Eigenschaften: Amylasebildung der Algen[14] und von Aspergillus[15] in Gegenwart von Rohrzucker. — Bildung der Stärke aus Rohrzucker in den Pflanzenzellen[16]. Veränderungen des Rohrzuckergehaltes in verschiedenen Teilen der Rübenpflanze[17]. Zucker-

---

Zbl. **1927 I**, 1239 — Chim. et Ind. **17**, Sonder-Nr, 644—646 (1927) — Chem. Zbl. **1927 I**, 1239 u. **1927 II**, 1765. — F. W. Zerban: J. Assoc. official agricult. Chemists **10**, 183—186 (1927) — Chem. Zbl. **1927 II**, 2017. — E. Saillard: Chim. et Ind. **19**, 599 — Chem. Zbl. **1928 II**, 945. — N. Friz: Zbl. Zuckerind. **36**, 1424 (1928) — Chem. Zbl. **1929 I**, 2595. — J. Schlemmer: Z. Zuckerind. tschechoslowak. Rep. **53**, 13 (1928) — Chem. Zbl. **1928 II**, 2297.

[1] U. S. Jamison u. J. R. Withrow: Ind. Chem. **15**, 386 (1923) — Chem. Zbl. **1923 IV**, 118. — H. A. Cook: Sugar **25**, 291 (1923) — Chem. Zbl. **1923 IV**, 833. — Emile Saillard: C. r. Acad. Sci. Paris **178**, 2189 (1924) — Chem. Zbl. **1924 II**, 896. — Ed. Kunz: Z. dtsch. Zuckerind. **1924**, 206 — Chem. Zbl. **1924 II**, 1029. — E. Saillard: C. r. Acad. Sci. Paris **185**, 1302 (1927) — Chem. Zbl. **1928 I**, 2671 — C. r. Acad. Sci. Paris **181**, 139 — Monit. scient. (5) **15**, 201 (1925) — Chem. Zbl. **1926 I**, 519 — C. r. Acad. Sci. Paris **160**, 31 — Chem. Zbl. **1915 I**, 708.

[2] H. Colin: Bull. Assoc. chim. Sucr. et Dist. **39**, 258 (1922) — Chem. Zbl. **1922 IV**, 503.

[3] G. Borries: Z. Unters. Lebensmitt. **55**, 405 (1928) — Chem. Zbl. **1928 II**, 1949.

[4] L. Horáček: Listy Cukrovarnické **44**, 461 (1926) — Z. Zuckerind. tschechoslowak. Rep. **51**, 25 — Chem. Zbl. **1926 II**, 2754.

[5] J. M. Kolthoff: Pharm. Weekblad **60**, 394 (1923) — Chem. Zbl. **1923 IV**, 27. — C. J. Kruisheer: Chem. Weekblad **23**, 430 (1926) — Chem. Zbl. **1926 II**, 2503. — Hans Jessen-Hansen: C. r. du Lab. Carlsberg **15**, 1 (1923) — Chem. Zbl. **1924 I**, 2018. — A. Behre: Z. Unters. Nahrgsmitt. usw. **41**, 226—230 (1921) — Chem. Zbl. **1922 IV**, 59. — F. A. Cajori: J. of biol. Chem. **54**, 617 (1922) — Chem. Zbl. **1923 II**, 223. — A. Behre u. A. Düring: Z. Unters. Nahrgsmitt. usw. **44**, 65 (1922) — Chem. Zbl. **1922 IV**, 1021.

[6] Michele Bufano: Arch. Farmacol. sper. **38**, 231—240, 241—242 (1924) — Chem. Zbl. **1925 I**, 2192. — J. D. Filippo: Chem. Weekblad **25**, 676 (1928) — Chem. Zbl. **1929 I**, 812.

[7] Adolf Jolles: Z. Unters. Nahrgsmitt. usw. **46**, 378 (1923) — Z. Unters. Nahrgsmitt. usw. **44**, 353 (1922) — Chem. Zbl. **1923 IV**, 60 — Z. Unters. Nahrgsmitt. usw. **20**, 631 (1911) — Chem. Zbl. **1911 I**, 173. — A. Behre u. A. Düring: Z. Unters. Nahrgsmitt. usw. **44**, 65 (1922) — Chem. Zbl. **1922 IV**, 1021. — Walter R. Campbell u. M. J. Hanna: J. of biol. Chem. **69**, 703—711 (1926) — Chem. Zbl. **1927 I**, 779.

[8] Emile Saillard: Monit. scient. (5) **14**, 201 (1924) — Chem. Zbl. **1925 I**, 777.

[9] Leon A. Congdon u. Charles R. Stewart: Ind. Chem. **13**, 1143—1144 (1921) — Chem. Zbl. **1922 II**, 533. — Congdon u. Young: Z. dtsch. Zuckerind. **1925**, 440 — Chem. Zbl. **1925 II**, 1566.

[10] F. Härtel u. F. Jäger: Z. Unters. Nahrgsmitt. usw. **44**, 291 (1922) — Chem. Zbl. **1923 IV**, 65. — Em. Pozzi-Escot: Bull Assoc. chim. Sucr. et Dist. **41**, 211 (1923) — Chem. Zbl. **1924 I**, 2027. — K. Scheringa: Pharm. Weekblad **62**, 1034 (1925) — Chem. Zbl. **1926 I**, 527. — A. Behre u. A. Düring: Z. Unters. Nahrgsmitt. usw. **44**, 65 (1922) — Chem. Zbl. **1922 IV**, 1021. — H. Fincke: Z. Unters. Nahrgsmitt. usw. **47**, 131 (1924) — Chem. Zbl. **1924 I**, 2841 — Z. Unters. Nahrgsmitt. usw. **50**, 351 (1925) — Chem. Zbl. **1926 I**, 2153. — Ganner Jorgensen: Ann. Falsifications **18**, 517 (1925) — Chem. Zbl. **1926 I**, 1897. — H. Jessen-Hansen: C. r. du Lab. Carlsberg **16**, Nr 4, 1 (1925) — Chem. Zbl. **1926 I**, 2411. — Paula Honegger: Analyst **51**, 496—503 (1926) — Chem. Zbl. **1927 I**, 543. — Fr. Auerbach u. G. Borries: Arb. Reichsgesdh.amt **57**, 318—324 (1926) — Chem. Zbl. **1927 I**, 1904. — H. Droop Richmond: Analyst **52**, 525 (1927) — Chem. Zbl. **1927 II**, 2726.

[11] A. Behre: Z. Unters. Nahrgsmitt. usw. **43**, 24 (1922) — Chem. Zbl. **1922 III**, 67.

[12] Walter Thomas u. R. Adams Dutcher: J. amer. chem. Soc. **46**, 1662 (1924) — Chem. Zbl. **1924 II**, 1250.

[13] Edmund Knecht u. Eva Hibbert: J. chem. Soc. Lond. **125**, 2009—2013 (1924) — Chem. Zbl. **1925 I**, 310. — Edmund Knecht: J. chem. Soc. Lond. **125**, 1537 (1924) — Chem. Zbl. **1924 II**, 1346.

[14] K. Sjöberg: Biochem. Z. **133**, 218 (1922) — Chem. Zbl. **1923 III**, 160.

[15] Friedrich Boas: Zbl. Bakter. II **56**, 7 (1922) — Chem. Zbl. **1923 III**, 75.

[16] A. Maige: C. r. Soc. Biol. Paris **86**, 856 (1922) — Chem. Zbl. **1922 III**, 439.

[17] Reinhold von Sengbusch: Bied. Zbl. Agrik.-Chem. **56**, 256—258 — Chem. Zbl. **1927 II**, 1406. — C. Ant. Flòrian: Z. Zuckerind. tschechoslowak. Rep. **47**, 354 (1923) — Chem. Zbl. **1923 IV**, 153. — V. Stehlík: Listy Cukrovarnické **44**, 17 — Z. Zuckerind. tschechoslowak. Rep. **50**, 295, 301, 309 (1926) — Chem. Zbl. **1926 II**, 662.

verlust beim Lagern der Rüben[1]. Physiologische Veränderungen im Rohrzuckergehalt des Zuckerrohrs[2]. — Permeabilität der Epidermiszellen der Blattunterseite von Rhoeo discolor für Saccharose[3]. Fetthaltige Samen (Erdnuß) können in nur Saccharose enthaltenden Nährlösungen sich normal entwickeln[4]. Zweigspitzen, Blätter und unreife Trauben und auch die herbstlichen Blätter enthalten Rohrzucker, der in den Trauben bei der Reife schwindet[5]. Saccharose kann von Pflanzen mit wenigen Ausnahmen weder im Licht noch im Dunkel, weder in hypotonischen noch in hypertonischen Lösungen zum Wachstum oder zur Stärkebildung ausgenutzt werden[6]. Einfluß des Rohrzuckers auf das Grünen etiolierter Keimlinge[7]. — Verschiedene Untersuchungen an Keimlingen in Gegenwart von Rohrzucker[8]. — Untersuchungen über den Keimungsvorgang von Winterweizensorten in Zuckerlösungen[9]. — Austreiben von Salix viminalis-Schößlingen unter dem Einfluß von Rohrzucker[10]. Über Veränderungen des Chlorophylls bei einer grünen Alge in Kulturversuchen bei Gegenwart von Rohrzucker[11]. — Versuche aus den Blättern von Reseda odorata über Chromoplastenbildung in Gegenwart von Rohrzucker[12]. Inversion des Rohrzuckers in Pflanzengeweben mit Citronensäure[13]. — Untersuchungen über die Wirkung der Saccharase auf Rohrzucker[14]. Hydrolyse in sehr konzentrierten Lösungen[15]. — Vergleichende Untersuchungen über die Einwirkung des Invertins auf Rohrzucker bzw. Raffinose[16]. — Wasserkonzentration und die Geschwindigkeit der Hydrolyse von Rohrzucker durch Invertase[17]. — Wirkung der Invertase in Gegenwart von Zucker[18]

---

[1] H. Simmich: Z. dtsch. Zuckerind. **1925**, 493 — Chem. Zbl. **1925 II**, 2104. — Pack: Sugar **19**, 251 (1924) — Chem. Zbl. **1925 II**, 2104.

[2] J. M. Geerts: Archief Suikerind. Nederland. Indie **1922**, 465 — Chem. Zbl. **1923 I**, 1100. — K. E. Skärblom: Zbl. Zuckerind. **21**, 647 (1923) — Chem. Zbl. **1923 IV**, 153. — Iuan C. Quevedo: Sugar **24**, 487 (1922) — Chem. Zbl. **1923 II**, 195.

[3] Runar Collander u. Hugo Bärlund: Commentat. Biol. **2**, Nr 9 (1926) — Chem. Zbl. **1927 I**, 1325.

[4] E. F. Terroine, S. Trautmann u. R. Bonnet: C. r. Acad. Sci. Paris **179**, 342—344 — Chem. Zbl. **1924 II**, 2173.

[5] Otto Klein: Z. angew. Chem. **37**, 191 (1924) — Chem. Zbl. **1924 I**, 2837.

[6] Viktor Czurda: Planta (Berl.) **2**, 67 (1926) — Chem. Zbl. **1927 I**, 1964.

[7] S. Mansky: Biochem. Z. **132**, 18 (1922) — Chem. Zbl. **1923 I**, 1285. — S. Manskaja: Bull. Acad. St. Pétersbourg (6) **1921**, 473 — Chem. Zbl. **1925 II**, 728.

[8] A. Maige: C. r. Soc. Biol. Paris **87**, 1297 (1922) — Chem. Zbl. **1923 III**, 253. — F. Boas u. F. Merkenschlager: Ber. dtsch. bot. Ges. **41**, 187 (1923) — Chem. Zbl. **1923 III**, 1174. — A. Maige: C. r. Soc. Biol. Paris **88**, 530 (1923) — Chem. Zbl. **1923 III**, 498 — Cellule **35**, 325 (1925) — Chem. Zbl. **1926 I**, 412. — G. Klein u. K. Pirschle: Biochem. Z. **176**, 20 (1926) — Chem. Zbl. **1926 II**, 2444.

[9] Konrad Meyer: J. Landwirtsch. **76**, 151 (1928) — Chem. Zbl. **1928 II**, 1222.

[10] Phyllis A. Hicks: Bot. Gaz. **86**, 193 (1928) — Chem. Zbl. **1929 I**, 762.

[11] A. Perrier: C. r. Acad. Sci. Paris **188**, 339 (1929) — Chem. Zbl. **1929 I**, 2891.

[12] T. Lippmaa: C. r. Acad. Sci. Paris **182**, 1040 (1926) — Chem. Zbl. **1926 II**, 2068.

[13] J. E. Webster u. C. Dalbom: Science (N. Y.) **68**, 257 (1928) — Chem. Zbl. **1928 II**, 2583.

[14] H. v. Euler u. K. Myrbäck: Hoppe-Seylers Z. **129**, 100 (1923) — Chem. Zbl. **1923 III**, 1174. — R. Willstätter u. R. Kuhn: Hoppe-Seylers Z. **125**, 28 (1923) — Chem. Zbl. **1923 I**, 1129. — Rich. Kuhn u. Paul Jacob: Z. physik. Chem. **113**, 389 (1924) — Chem. Zbl. **1925 I**, 459. — Richard Kuhn u. Theodor Wagner-Jauregg: Ber. dtsch. chem. Ges. **58**, 1441 (1925) — Chem. Zbl. **1925 II**, 2205. — L. Michaelis u. M. L. Meuten: Biochem. Z. **49**, 343 (1913) — Chem. Zbl. **1913 I**, 1614. — C. D. Ingersoll: Bull. Soc. Chim. biol. Paris **8**, 264, 276 (1926) — Chem. Zbl. **1926 II**, 231. — J. M. Nelson u. Oscar Bodansky: J. amer. chem. Soc. **47**, 1624 (1925) — Chem. Zbl. **1925 II**, 1670.

[15] P. Achalme: Bull. Soc. Chim. biol. Paris **8**, 565 (1926) — Chem. Zbl. **1926 II**, 1954. — C. D. Ingersoll: Bull. Soc. Chim. biol. Paris **8**, 264, 276 (1926) — Chem. Zbl. **1926 II**, 231. — J. J. Willaman: Sugar **28**, 409 (1926) — Chem. Zbl. **1926 II**, 2503.

[16] Richard Willstätter u. Richard Kuhn: Hoppe-Seylers Z. **125**, 28 (1923) — Chem. Zbl. **1923 I**, 1129.

[17] J. M. Nelson u. Maxwell P. Schubert: J. amer. chem. Soc. **50**, 2188 (1928) — Chem. Zbl. **1928 II**, 2455. — Karl Josephson: Ark. Kemi, Min. och Geol. **9**, Nr 20, 1 (1925) — Chem. Zbl. **1925 II**, 304. — Hans v. Euler u. Karl Josephson: Hoppe-Seylers Z. **155**, 1 (1926) — Chem. Zbl. **1926 II**, 1427.

[18] Richard Kuhn: Hoppe-Seylers Z. **135**, 1 (1924) — Chem. Zbl. **1924 II**, 344. — J. M. Nelson u. C. Theodor Sottery: J. of biol. Chem. **62**, 139 (1924) — Chem. Zbl. **1925 I**, 852. — J. M. Nelson u. R. S. Anderson: J. of biol. Chem. **69**, 443 (1926) — Chem. Zbl. **1927 I**, 265. — R. Kuhn u. H. Münch: Hoppe-Seylers Z. **163**, 1 (1927) — Chem. Zbl. **1927 I**, 2554 — Hoppe-Seylers Z. **150**, 220 (1926) — Chem. Zbl. **1927 I**, 2554.

und Glykosiden[1]. Bindung der Invertase durch Rohrzucker[2] Wirkung der Takadiastase[3]. Über eine Invertase, die sich im Kropf der Hühner findet[4]. — Ist spaltbar durch α-Glykosidase und β-h-Fructosidase[5]. — Wird durch Meningococcus-Maltase[6] nicht gespalten, von der Mondbohne (Phaseolus lunatus L.) gespalten[7]. Mindert die Hydrolyse des Lichenins durch Lichenase[8].

Süßungsgrad des Rohrzuckers[9, 10]. Schmeckt für die Bienen süß[11]. — Einfluß des Rohrzuckers auf die Bewegung der Amöben[12], Trypanosomen[13]. — Proteus vulgaris vermag in mineralischer Nährlösung aus l-Cystin in Gegenwart von Rohrzucker Mercaptan zu bilden[14]. Ausnutzung des Rohrzuckers durch Ciliaten und Flagellaten[15], durch Kaulquappen[16]. — Wirkt, in Wasser gelöst, auf die Wassertiere wachstumssteigernd[17]. Ausnutzung durch Honigbienen[18] und ihren Larven[19]. — Untersuchungen nach peroraler Zufuhr von Rohrzucker[20].

Wirkung der intravenösen Injektionen[21]. — Parenterale Zufuhr von Rohrzucker[22]. Die spezifisch-dynamische Wirkung beträgt bei oraler Zufuhr an Mensch und Hund für Rohrzucker etwa 6%[23]. — Nach Schilddrüsenfütterung bei Ratten nimmt die spezifisch-dynamische Wirkung des Rohrzuckers sehr stark zu. Gleichzeitige Gaben von Phosphat (und Rohrzucker)

---

[1] J. M. Nelson u. Benjamin Freeman: J. of biol. Chem. **63**, 365 (1925) — Chem. Zbl. **1925 II**, 540. — J. M. Nelson u. C. J. Post: J. of biol. Chem. **68**, 265 (1926) — Chem. Zbl. **1926 II**, 745.

[2] Hans v. Euler: Ark. Kemi, Min. och Geol. **9**, Nr 13, 1 (1924) — Chem. Zbl. **1925 I**, 532. — H. H. Schlubach u. G. Rauchalles: Ber. dtsch. chem. Ges. **58**, 1842 (1925) — Chem. Zbl. **1926 I**, 349.

[3] R. Kuhn u. R. Willstätter: Hoppe-Seylers Z. **129**, 57 (1923) — Chem. Zbl. **1923 III**, 1173. — Jesaia Leibowitz u. Paul Mechlinski: Hoppe-Seylers Z. **154**, 64 (1926) — Chem. Zbl. **1926 II**, 900. — R. Weidenhagen: Z. dtsch. Zuckerind. **1928**, 125 — Chem. Zbl. **1928 II**, 455. — J. Leibowitz u. P. Mechlinski: Hoppe-Seylers Z. **151**, 64 — Chem. Zbl. **1926 II**, 899.

[4] Alessandro Bernardi: Biochimica e Ter. sper. **11**, 227 (1924) — Chem. Zbl. **1925 I**, 1328.

[5] Rudolf Weidenhagen: Z. dtsch. Zuckerind. **1928**, 781 (1928) — Chem. Zbl. **1929 I**, 2311.

[6] James M. Neill u. Emidio L. Gaspari: J. of exper. Med. **45**, 151—162 (1927) — Chem. Zbl. **1927 I**, 1325.

[7] Leopold Rosenthaler: Fermentforschg **8**, 282 (1925) — Chem. Zbl. **1925 II**, 1447.

[8] P. Karrer u. M. Staub: Helvet. chim. Acta **7**, 916 (1924) — Chem. Zbl. **1924 II**, 2487.

[9] A. Biester, M. W. Wood u. C. S. Wahlin: Amer. J. Physiol. **73**, 387 — Chem. Zbl. **1925 II**, 1372. — J. J. Willaman, C. S. Wahlin u. A. Biester: Amer. J. Physiol. **73**, 397 — Chem. Zbl. **1925 II**, 1372. — H. Lundén: Zbl. Zuckerind. **35**, 419 (1927) — Chem. Zbl. **1927 I**, 2866.

[10] J. J. Willaman: Z. dtsch. Zuckerind. **1927**, 365 — Chem. Zbl. **1927 II**, 988. — O. Spengler u. A. Traegel: Z. dtsch. Zuckerind. **1927**, 1 — Chem. Zbl. **1927 I**, 2246 — Z. dtsch. Zuckerind. **1927**, 367 — Chem. Zbl. **1927 II**, 988.

[11] K. v. Frisch: Naturwiss. **15**, 321; **16**, 307 (1928) — Chem. Zbl. **1928 II**, 367.

[12] J. Graham Edwards: J. of exper. Zool. **38**, 1 (1923) — Chem. Zbl. **1924 II**, 51.

[13] R. Kudicke u. E. Evers: Z. Hyg. **101**, 317 (1924) — Chem. Zbl. **1924 I**, 1551.

[14] Masatoski Kondo: Biochem. Z. **136**, 198 (1923) — Chem. Zbl. **1923 III**, 788.

[15] J. Cotas-Belcour u. André Lwoff: C. r. Soc. Biol. Paris **93**, 1421 (1925) — Chem. Zbl. **1926 I**, 1824.

[16] Jaroslav Křiženecký u. Jan Podhradský: Pflügers Arch. **203**, 129 (1924) — Chem. Zbl. **1924 II**, 491.

[17] J. Křiženecký u. J. Podhradský: Pflügers Arch. **204**, 25 — Chem. Zbl. **1924 II**, 1001.

[18] E. F. Phillips: J. agricult. Res. **35**, 385 (1927) — Chem. Zbl. **1928 I**, 937.

[19] L. M. Bertholf: J. agricult. Res. **35**, 429 (1927) — Chem. Zbl. **1928 I**, 937.

[20] Pierre Woringer: C. r. Soc. Biol. Paris **86**, 1093 (1922) — Chem. Zbl. **1922 III**, 938. — Emil Abderhalden u. Hans Paffrath: Fermentforschg **7**, 134 (1923) — Chem. Zbl. **1924 I**, 570. — A. Schätti: Biochem. Z. **143**, 201 (1923) — Chem. Zbl. **1924 I**, 797. — W. Arnoldi u. J. A. Collazo: Z. exper. Med. **40**, 323 (1924) — Chem. Zbl. **1924 II**, 198. — J. A. Collazo u. L. Lewicki: Dtsch. med. Wschr. **51**, 600—603 (1925) — Chem. Zbl. **1925 I**, 2708. — C. D. Shapland: Lancet **211**, 589—594 (1926) — Chem. Zbl. **1927 I**, 125. — John G. Reinhold u. Walter G. Karr: J. of biol. Chem. **72**, 345 (1927) — Chem. Zbl. **1928 I**, 375. — Harold H. Higgins: Amer. J. Physiol. **41**, 258 (1922) — Chem. Zbl. **1923 III**, 327.

[21] U. Sammartino u. P. Perona: Arch. Farmacol. sper. **30**, 12—16, 17—32, 33—38 (1920) — Chem. Zbl. **1922 I**, 213. — R. de Médevielle: Arch. Farmacol. sper. **30**, 185—191 (1920) — Chem. Zbl. **1922 I**, 370. — Max Bürger u. Erich Hagemann: Z. exper. Med. **26**, 1—33 (1922) — Chem. Zbl. **1922 I**, 889. — Shigenobu Kuriyama: Amer. J. Physiol. **43**, 343 (1917) — Chem. Zbl. **1922 III**, 844. — E. O. Folkmar: Bibl. Laeg. (dän.) **115**, 120 — Ref.: Ber. Physiol. **20**, 47 (1923) — Chem. Zbl. **1923 III**, 1291. — J. Simon: Arch. di Sci. biol. **7**, 109 (1925) — Chem. Zbl. **1926 I**, 2485.

[22] C. Porcher, L. Anger u. Brigando: C. r. Soc. Biol. Paris **98**, 51 — Chem. Zbl. **1928 I**, 2964.

[23] Kurt Schirlitz: Biochem. Z. **183**, 23 (1927) — Chem. Zbl. **1927 II**, 586.

steigern die Stoffwechselwirkung der Schilddrüse[1]. Wirkung auf den respiratorischen Quotienten[2]. — Der physiologische Nutzeffekt des Rohrzuckers und der Einfluß auf die Resorption der Nährstoffe nach Versuchen am Wiederkäuer[3]. — Bei Darmfistelhunden wirkte Rohrzucker nicht anregend[4]. Wirkung auf die Salzsäuresekretion des Magens[5, 6]. — Spaltung des Rohrzuckers im menschlichen Magen[7]. Auf der Mundschleimhaut des Menschen setzt Rohrzucker für alle Säuren die Reizung herunter, auch den sauren Geschmack[8]. Wirkung auf die Milchsekretion der Schafe[9]. Wirkt auf die Zellentwicklung in vitro in einer Konzentration von 2 % hemmend[10]. Bewirkt nach der Injektion in dem Tierkörper keine Abnahme der mononucleären Leukocyten[11]. Durchlässigkeit für Blutkörperchen[12]. Rohrzucker verändert nicht die Durchlässigkeit der Erythrocyten für Traubenzucker[13]. Hemmungswirkung auf die Hämolyse durch taurocholsaures Natrium[14], durch Saponin[15], durch Narkotica[16]. Rohrzucker verhindert die Flockung des Serums mit Neosalvarsan nicht[17]. Permeabilität der Spermatozoen von Rana temporaria[18], des Eies von Sabellaria alveolata[19], der Darmschleimhaut[20], der Fischhaut[21]. Wird durch die Froschniere unverändert durchgelassen[22]. Wird bei $-5{,}5°$ von den Zellen nicht aufgenommen[23]. Rohrzucker steigert infolge Zustandsänderung der Grenzschichtkolloide die Permeabilität des Muskels[24]. Kaliumdurchlässigkeit der Muskelfasergrenzschicht und ihre Förderung durch Rohrzucker[25]. — Rohrzucker und Glykolyse[26]. Rohrzucker wirkt am heftigsten auf die durch Monobromessigsäure hervorgerufene Muskelstarre[27]. — Wirkung an Luetikern[28]. Wirkung bei Inanition[29]. Der Blutzuckergehalt bei entmilzten Hunden nach

[1] K. Miyazaki u. J. Abelin: Biochem. Z. **149**, 109 — Chem. Zbl. **1924 II**, 1705.

[2] C. G. Douglas u. J. G. Priestley: J. of Physiol. **59**, 30—36 — Chem. Zbl. **1924 II**, 2595. — Harry J. Deuel jr.: J. of biol. Chem. **75**, 367 (1927) — Chem. Zbl. **1928 I**, 820. — J. Abelin: Klin. Wschr. **4**, 1732 — Chem. Zbl. **1925 II**, 2174. — E. P. Cathcart u. J. Markowitz: J. of Physiol. **63**, 309 (1927) — Chem. Zbl. **1928 II**, 69.

[3] W. Völtz u. H. Jantzen: Chem. Zbl. **1929 I**, 2440.

[4] A. C. Ivy u. G. B. Mc Ilvain: Amer. J. Physiol. **67**, 124 (1923) — Chem. Zbl. **1924 I**, 1053.

[5] Paul Mahler: Wien. Arch. inn. Med. **10**, 549 (1925) — Chem. Zbl. **1926 I**, 3077.

[6] R. K. S. Lim, A. C. Ivy u. J. E. Mc Carthy: Quart. J. exper. Physiol. **15**, 13 — Ref.: Ber. Physiol. **31**, 572 — Chem. Zbl. **1925 II**, 1993.

[7] Robert M. Hill u. Howard B. Lewis: Amer. J. Physiol. **59**, 413 (1922) — Chem. Zbl. **1923 I**, 1095.

[8] Walter R. Pendleton: Amer. J. Physiol. **82**, 358 (1927) — Chem. Zbl. **1928 I**, 1546.

[9] A. Campus: Arch. Farmacol. sper. **41**, 29 (1926) — Chem. Zbl. **1926 II**, 609.

[10] Joshio Suzuki: Trans. jap. path. Soc. **14**, 74—75 (1924) — Ber. Physiol. **37**, 290 (1926) — Chem. Zbl. **1927 I**, 1841.

[11] R. G. Hussly: J. gen. Physiol. **5**, 359 (1923) — Chem. Zbl. **1923 III**, 637.

[12] Rudolf Mond u. Friedrich Hoffmann: Pflügers Arch. **219**, 467 (1928) — Chem. Zbl. **1928 II**, 682.

[13] E. Wiechmann: Z. exper. Med. **41**, 462 — Chem. Zbl. **1924 II**, 998.

[14] Eric Ponder u. James Franklin Yeager: Biochemic. J. **22**, 703 (1928) — Chem. Zbl. **1928 II**, 1228.

[15] E. Ponder u. W. Ph. Kennedy: Biochemic. J. **20**, 237 (1926) — Chem. Zbl. **1926 II**, 250.

[16] M. Nechkovitch: Arch. internat. Physiol. **24**, 1 (1924) — Ref.: Ber. Physiol. **31**, 153 — Chem. Zbl. **1925 II**, 1466.

[17] Attilio Busacca: Arch. Farmacol. sper. **36**, 129, 156, 166, 186 (1923) — Chem. Zbl. **1924 I**, 1831.

[18] Ernst Gellhorn: Pflügers Arch. **206**, 250—267 (1924) — Chem. Zbl. **1925 I**, 1337.

[19] E. Fauré-Fremiet: C. r. Soc. Biol. Paris **88**, 1028 (1923) — Chem. Zbl. **1923 III**, 1418.

[20] Pierre Wöringer: C. r. Soc. Biol. Paris **87**, 244 (1922) — Chem. Zbl. **1922 III**, 1313.

[21] Grigorij Chomkovič: Sonderdruck aus Věstn. československ. Akad. zeměd. (tschech.) **1**, dtsch. Zusammenfassung (1925) — Chem. Zbl. **1927 II**, 954.

[22] F. Wankell: Pflügers Arch. **208**, 604 — Chem. Zbl. **1925 II**, 1371.

[23] E. Pantanelli: Atti Accad. naz. Lincei (5) **28 I**, 205 (1919) — Chem. Zbl. **1923 I**, 965.

[24] E. Abderhalden u. E. Gellhorn: Pflügers Arch. **196**, 584 (1922) — Chem. Zbl. **1923 I**, 984.

[25] Josef Monuani: Pflügers Arch. **221**, 800 (1929) — Chem. Zbl. **1929 I**, 3118.

[26] Fritz Laquer u. Paul Meyer: Hoppe-Seylers Z. **124**, 211 (1922) — Chem. Zbl. **1923 I**, 985. — Paul Schulze: Z. Biol. **81**, 175 (1924) — Chem. Zbl. **1924 II**, 1109. — Rintaro Tateyama: Biochem. Z. **163**, 292 (1925) — Chem. Zbl. **1926 I**, 2719. — J. Wohlgemuth: Biochem. Z. **173**, 258 (1926) — Chem. Zbl. **1926 II**, 1430 — Biochem. Z. **186**, 43 (1927) — Chem. Zbl. **1928 I**, 220.

[27] Thales Martins: C. r. Soc. Biol. Paris **98**, 1558 (1928) — Chem. Zbl. **1928 II**, 1585. — M. O. de Almeida u. T. Martins: C. r. Soc. Biol. Paris **98**, 634 — Chem. Zbl. **1928 I**, 2961 — C. r. Soc. Biol. Paris **98**, 629 — Chem. Zbl. **1928 I**, 2961.

[28] G. Izar u. S. Fortuna: Klin. Wschr. **3**, 2196 (1924) — Chem. Zbl. **1925 I**, 397.

[29] G. Fontés u. A. Yovanovitch: C. r. Soc. Biol. Paris **93**, 690 — Chem. Zbl. **1925 II**, 2172.

Eingabe von Saccharose ergibt stärkeren Anstieg als normal. Der Unterschied wird einige Tage nach der Operation deutlich und erhält sich etwa 1 Jahr[1]. Wirkung auf das Herz[2]. Saccharose unterdrückt in genügender Konzentration auch in dem eiweißreichen Milieu des Rinderserums die Zuckungen bei der Guanidinvergiftung[3]. Wirkung auf die Insulingabe[4]. Rohrzucker und anaphylaktische Symptome[5].

Rohrzucker und Avitaminose[6].

Physikalische und chemische Eigenschaften: Untersuchung über die Auflösungsgeschwindigkeit des Rohrzuckers[7]. Übersättigte Lösungen[8]. Löslichkeit in Gegenwart von Kaliumsulfat[9], in Gegenwart von Glykose[10], Löslichkeit nach 5 stündiger Extraktion mit trockenem Äthylacetat: 6%[11]; bei Gegenwart von 1% Wasser: 11%; bei Gegenwart von 2% Wasser: 100%[11]. Ermittlung von Löslichkeiten in Alkohol, Essigester, Äther, Aceton und Chloroform[12]. Im Vakuum über P_2O_5 getrocknete absorbierte Saccharose aus der Luft bei 20° 0,04, 0,03, 18,35% Feuchtigkeit (die Luftfeuchtigkeit war: 1. 60% nach 1 Stunde, 2. 60% nach 9 Tagen, 3. 100% nach 25 Tagen). Die Wasseraufnahme war auch nach 25 Tagen noch nicht beendigt[13]. Nach Heldermann[14] tritt Saccharose in 2 Modifikationen auf, die eine durch Krystallisieren aus Wasser oder Alkohol, die andere aus CH_3OH. Pictet und Vogel haben für die erste Schmelzp. 184—185°, für die zweite Schmelzp. 170—171° festgestellt und dieselbe Erscheinung bei ihrer synthetischen Saccharose wiedergefunden. Handelszucker (Schmelzp. 100°) ist wahrscheinlich ein Gemisch beider Formen[15]. Die beiden Modifikationen des Rohrzuckers (A und B) unterscheiden sich in chemischer Beziehung nicht. Die Modifikation B mit dem Schmelzpunkt 169—170° entsteht nur beim Umkrystallisieren aus Methylalkohol, während aus Aceton, Pyridin, Isopropylalkohol, Glykol, Glycerin oder Acetaldehyd die normale Modifikation A vom Schmelzp. 185° zu erhalten ist. Die Modifikation B enthält keinen Krystallalkohol und zeigt sowohl in wässeriger wie methylalkoholischer Lösung dasselbe Drehungsvermögen wie A. Beide geben dasselbe Oktaacetat. In gut verschlossenem Gefäß ist B unverändert haltbar,

---

[1] S. Marino: Probl. Nutriz. **3**, 1 (1926) — Chem. Zbl. **1927 I**, 2570.

[2] Attilio Busacca: Arch. Farmacol. sper. **31**, 41—44 (1921) — Chem. Zbl. **1922 III**, 529.

[3] Hans Hummel u. Johanna Püschel: Pflügers Arch. **217**, 441—455 (1927) — Chem. Zbl. **1927 II**, 1981.

[4] E. Grafe u. F. Meythaler: Arch. f. exper. Path. **131**, 80 (1928) — Chem. Zbl. **1928 II**, 1003. — G. J. Cassidy, S. Dworkin u. W. H. Finney: Amer. J. Physiol. **77**, 211 (1926) — Chem. Zbl. **1926 II**, 904. — A. Moschini: Arch. di Biol. **74**, 126 (1924) — Chem. Zbl. **1926 I**, 2113 — Boll. Soc. med.-chir. Pavia **36**, 393 (1924) — Ref.: Ber. Physiol. **31**, 69 — Chem. Zbl. **1925 II**, 1459. — F. Basch u. L. Pollak: Arch. f. exper. Path. **125**, 89 (1927) — Chem. Zbl. **1928 I**, 217. — G. J. Cassidy, S. Dworkin u. W. H. Finney: Amer. J. Physiol. **77**, 211 (1926) — Chem. Zbl. **1926 II**, 904. — Carl Voegtlin, Edith R. Dunn u. J. W. Thompson: Amer. J. Physiol. **71**, 574—582 (1925) — Chem. Zbl. **1925 II**, 199.

[5] Paul J. Hanzlik u. Howard T. Karsner: J. of Pharmacol. **23**, 173 (1924) — Chem. Zbl. **1924 II**, 365. — Kakinuma: Amer. J. Physiol. **50**, 9 (1920) — Chem. Zbl. **1925 I**, 259. — Paul J. Hanzlik u. Howard T. Karsner: J. of Pharmacol. **23**, 237 (1924) — Chem. Zbl. **1924 II**, 366.

[6] P. Rubino u. J. A. Collazo: Biochem. Z. **140**, 258 (1923) — Chem. Zbl. **1923 III**, 1418. — Casimir Funk u. Louis Freedman: J. of biol. Chem. **56**, 851 (1923) — Chem. Zbl. **1923 III**, 1237. — Emil Abderhalden: Pflügers Arch. **197**, 97 (1922) — Chem. Zbl. **1923 I**, 857.

[7] T. Bonwetsch: Zbl. Zuckerind. **30**, 524 (1922) — Chem. Zbl. **1922 II**, 951. — K. Šandera: Listy Cukrovarnické **46**, 57 — Z. Zuckerind. tschechoslovak. Rep. **52**, 153 (1927) — Chem. Zbl. **1928 I**, 763. — J. Kucharenko u. M. Nachmanowitsch: Zbl. Zuckerind. **31**, 1001 (1924) — Chem. Zbl. **1924 I**, 165 — Zbl. Zuckerind. **33**, 1587 (1925).

[8] J. Kucharenko u. A. Budrin: Zapiski **3**, 105 (1925/26) — Zbl. Zuckerind. **34**, 742 (1926) — Chem. Zbl. **1926 II**, 2236.

[9] J. Kucharenko u. G. Benin: Zapiski **4**, 75 (1926/27) — Zbl. Zuckerind. **35**, 100 — Chem. Zbl. **1927 I**, 1895.

[10] Richard F. Jackson u. Clara Gillis Silsbee: Dept. of commerce Technologic papers of the bureau of standards **1924**, Nr 259, 277—304 — Z. dtsch. Zuckerind. **1924**, 847—877 — Chem. Zbl. **1925 I**, 310.

[11] Congdon u. Young: Z. dtsch. Zuckerind. **1925**, 440 — Chem. Zbl. **1925 II**, 1566.

[12] E. Troje: Z. dtsch. Zuckerind. **1925**, 635 — Chem. Zbl. **1926 II**, 1891.

[13] C. A. Browne: Sugar **25**, 73 (1923) — Chem. Zbl. **1923 III**, 120.

[14] W. D. Heldermann: Hoppe-Seylers Z. **130**, 396 (1927) — Chem. Zbl. **1928 I**, 184. — E. O. v. Lippmann: Chem.-Ztg **51**, 873 (1927) — Z. dtsch. Zuckerind. **52**, 1283 — Chem. Zbl. **1928 I**, 674.

[15] A. Pictet u. H. Vogel: Helvet. chim. Acta **11**, 436 — Chem. Zbl. **1928 I**, 2803 — Helvet. chim. Acta **11**, 209 — Chem. Zbl. **1928 I**, 1391 — C. r. Acad. Sci. Paris **186**, 724 — Chem. Zbl. **1928 I**, 2247.

verwandelt sich an der Luft langsam in A, desgleichen beim Umkrystallisieren aus Alkohol und sofort beim Umkrystallisieren aus Wasser[1]. — Krystallographische Untersuchungen an Rohrzucker[2]. Untersuchungen über Krystallbildung und Krystallisationsgeschwindigkeit[3]. Katalytische Wirkung des Wassers auf das Erstarren des Rohrzuckers[4]. In verdünnter Lösung ist Rohrzucker mit nicht weniger als 4 Molekülen Wasser auf 1 Mol Rohrzucker hydratisiert[5]. — Veränderung der Siedepunkte von Chlorcalciumlösungen in Gegenwart von Rohrzucker[6]. Einwirkung von ultravioletten Strahlen auf Rohrzuckerlösungen[7]. — Ultraviolettabsorption[8]. Oberflächenspannung von Rohrzuckerlösungen[9]. — Dampfdruck konzentrischer Rohrzuckerlösungen[10]. — Der osmotische Druck von Rohrzuckerlösungen durch das Wasserinterferometer bestimmt[11]. — Die Verwendung von Saccharose zur Bestimmung des osmotischen Druckes in Pflanzen ist der von KNO_3 vorzuziehen[12]; Verbrennungswärme für 1 g: 3945 cal[13]. Spezifische Wärme[14]. Lösungswärme[15]. — Der Einfluß von Rohrzucker auf die Ausflockungsgeschwindigkeit eines Kolloids durch einen Elektrolyten[16]. — Einfluß des Rohrzuckers auf die Aktivität gewisser Ionen[17]. — Messung der Wasserstoffionenkonzentration, der elektrischen Leitfähigkeit und der Metallionenkonzentration in Rohrzuckerlösungen mit KOH, LiOH,

[1] Amé Pictet u. Hans Vogel: Helvet. chim. Acta 11, 901 (1928) — Chem. Zbl. 1929 I, 228.

[2] J. A. Kucharenko, W. A. Plotnikow, W. N. Tscherwinski u. B. J. Bukrejew: Wistnik Zukrowoi Promyslowoski 1921, 7 — Zbl. Zuckerind. 31, 1001 (1923) — Chem. Zbl. 1924 I, 165. — G. Vavrinecz: Z. Krystallogr. Mineral. 64, 543 (1927) — Chem. Zbl. 1927 I, 2406 — Ungar. chem. Z. 31, 29 (1925) — Z. dtsch. Zuckerind. 51, 995 (1926) — Chem. Zbl. 1927 I, 265.

[3] J. A. Kucharenko: Wistnik Zukrowoi Promyslowski 1923 I, 72 — Chem. Zbl. 1924 II, 823. — J. Kucharenko u. M. Nachmanowitsch: Zapiski 2, 253 (1925) — Zbl. Zuckerind. 34, 919 (1929) — Chem. Zbl. 1926 II, 2361 — Zbl. Zuckerind. 33, 1609 — Chem. Zbl. 1926 I, 2410 — Zapiski 1, 173 (1924) — Zbl. Zuckerind. 33, 1609 (1925) — Chem. Zbl. 1926 I, 2410. — H. J. Waterman u. A. J. Gentil: Chem. Weekblad 23, 345 (1926) — Chem. Zbl. 1926 II, 2031. — P. J. H. van Ginneken u. M. J. Smit: Chem. Weekblad 16, 1210 (1919) — Chem. Zbl. 1919 III, 860. — J. Kucharenko u. B. Sawinow: Zapiski 3, 73 (1925/26) — Zbl. Zuckerind. 34, 945 (1926) — Chem. Zbl. 1926 II, 2503. — J. Kucharenko u. J. Rosowski: Zapiski 1925 II — Zbl. Zuckerind. 34, 1194 (1926) — Chem. Zbl. 1927 I, 657. — J. Kucharenko u. B. Sawinow: Zapiski 3, 233 (1925/26) — Zbl. Zuckerind. 35, 72 (1927) — Chem. Zbl. 1927 I, 1758. — J. Kucharenko u. M. Werkentin: Zapiski 3, 244 (1927) — Zbl. Zuckerind. 35, 100 (1927) — Chem. Zbl. 1927 I, 1894. — J. Kucharenko u. G. Benin: Zapiski 4, 38 (1926/27) — Zbl. Zuckerind. 35, 331 (1927) — Chem. Zbl. 1927 I, 2865. — J. Kucharenko u. B. Krasilschtschikow: Zbl. Zuckerind. 35, 359 (1927) — Chem. Zbl. 1927 I, 2865. — A. Herzfeld u. H. Zimmermann: Z. dtsch. Zuckerind. 1912, 166 — Chem. Zbl. 1912 I, 1047. — O. Spengler u. C. Brendel: Z. dtsch. Zuckerind. 1927, 679 — Chem. Zbl. 1928 I, 425 — Z. dtsch. Zuckerind. 1927, 229 — Chem. Zbl. 1927 II, 177. — K. Sandera: Listy Cukrovarnické 45, 179 — Z. Zuckerind. tschechoslovak. Rep. 51, 401 (1927) — Chem. Zbl. 1927 II, 881. — J. Bergé: Chim. et Ind. 17, Sonder-Nr, 579—588 (1927) — Chem. Zbl. 1927 II, 1764. — J. Kucharenko: Chim. et Ind. 17, Sonder-Nr, 589—624 (1927) — Chem. Zbl. 1927 II, 1764.

[4] A. Tian: C. r. Acad. Sci. Paris 188, 1675 (1929) — Chem. Zbl. 1929 II, 2176.

[5] James W. Mc Bain u. S. S. Kistler: Z. physik. Chem. 33, 1806 (1929) — Chem. Zbl. 1930 I, 1461.

[6] R. O. Herzog u. W. Bergenthun: Liebigs Ann. 433, 117 (1923) — Chem. Zbl. 1924 I, 2243.

[7] P. Beyersdorfer u. W. Heß: Ber. dtsch. chem. Ges. 57, 1708 (1924) — Chem. Zbl. 1924 II, 2459.

[8] L. Kwieciński u. L. Marchlewski: Bull. internat. Acad. Polon. Sci. Lettres Serie A 1928, 257 — Chem. Zbl. 1929 I, 1092.

[9] Raymond Renard Butler: J. chem. Soc. Lond. 123, 2060 (1923) — Chem. Zbl. 1924 I, 1022. — R. Collander: Protoplasma 3, 213 (1927) — Chem. Zbl. 1928 I, 1157.

[10] E. P. Perman u. H. L. Saunders: Trans. Faraday Soc. 19, 112 (1923) — Chem. Zbl. 1923 III, 1556.

[11] Paul Lotz u. J. C. W. Frazer: J. amer. chem. Soc. 43, 2501—2507 (1921) — Chem. Zbl. 1922 II, 888.

[12] W. A. Beck: Protoplasma 1, 15 (1927) — Chem. Zbl. 1927 II, 2064.

[13] P. Karrer u. W. Fioroni: Ber. dtsch. chem. Ges. 55, 2854 (1922).

[14] H. Blaszkowska: Bull. Soc. chim. France (4) 33, 562 (1923) — Chem. Zbl. 1923 III, 832. — A. Doroszewsky: Bull. Soc. chim. France (4) 33, 550 (1923) — Chem. Zbl. 1923 III, 517.

[15] W. D. Heldermann: Hoppe-Seylers Z. 130, 396 (1927) — Chem. Zbl. 1928 I, 184.

[16] Leonard Anderson: Trans. Faraday Soc. 19, 635 (1924) — Chem. Zbl. 1924 II, 2129.

[17] J. W. Corran: J. amer. chem. Soc. 45, 1627 (1923) — Chem. Zbl. 1924 I, 1326. — J. W. Corran u. W. C. M. Lewis: J. amer. chem. Soc. 44, 1673 (1923) — Chem. Zbl. 1923 I, 715.

$Ba(OH)_2$ oder $Ca(OH)_2$[1]. — Die Löslichkeits- und Abkühlungskurven der Systeme Saccharose — K_2SO_4—H_2O; Saccharose—KCl—H_2O, Saccharose—NaCl—H_2O usw. wurden bestimmt. Chemische Verbindungen wurden nicht gefunden[2]. Über das ternäre System Zucker—Citronensäure—Wasser[3]. Das System Saccharose—Natriumchlorid—Wasser und die Verbindung dieser Komponenten[4]. — Das ternäre System Strontiumoxyd—Rohrzucker—Wasser[5, 6]. — Löslichkeit der Kochkesselmetalle in Speisen in Gegenwart von Rohrzucker[7]. — Hydratation des Rohrzuckers in wässeriger Lösung, berechnet aus Dampfdruckmessungen[8]. — Adsorption durch verschiedene Kohlen und Entfärbungsmittel[9]. — Wird von $Al(OH)_3$ und Tierkohle nicht adsorbiert[10]. — Beim Rohrzucker bleibt, trotz der großen Unterschiede der Rotation, im festen und flüssigen Zustande die Rotationsdispersion konstant[11]. — Das Drehungsvermögen in Schweitzer-Lösung wird derartig beeinflußt, daß mit steigender Konzentration des Kupfers bei gleichzeitiger Änderung der Ammoniakkonzentration die Drehung abnimmt, durch Null geht, auf 3 Mol-Rohrzucker für 1 Mol-Kupfer ein Minimum durchläuft und dann wieder ansteigt[12]. — Beim Erwärmen von Rohrzucker auf 93° wird er innerhalb einiger Tage braun[13]. — Zersetzung des Rohrzuckers durch Wärme und bei vermindertem Druck[14]. — Durch Erhitzen von reinstem Rohrzucker auf 185—190° bei 10—15 mm Druck wird Wasser abgespalten, und es entstehen nacheinander Isosaccharosan $C_{12}H_{20}O_{10}$, Caramelan $C_{24}H_{36}O_{18}$ und Caramelen $C_{36}H_{50}O_{25}$. — Diese Verbindungen lassen sich isolieren, wenn man das Erhitzen nach einem Gewichtsverlust von 5, 10 bzw. 20% unterbricht[15, 16]. — In dem Rohrzuckercaramel Grafes[17] dürfte im wesentlichen ein äquimolekulares Gemisch von α-Glykosan und Lävulosan vorliegen, infolge Arbeitens an der Luft zum Teil durch Oxydationsprodukte usw. verunreinigt und daher von saurer Reaktion. — Durch Vakuumschmelze des Rohrzuckers nach dem Verfahren von Pictet und Reilly[18] erhält man bei 150° ein vollkommen neutrales Produkt; genau 1 Mol Wasser Verlust; $[\alpha]_D^{18} = +41{,}21°$; Eigenschaften eines Anhydridgemisches von Glykose und Fructose. — Das Produkt wird von Diabetikern gut vertragen[19]. —

---

[1] A. H. W. Aten, P. J. H. van Ginneken u. F. J. W. Engelhard: Rec. Trav. chim. Pays-Bas et Belg. (Amsterd.) **45**, 753 (1926) — Chem. Zbl. **1927 I**, 2018 — Rec. Trav. chim. Pays-Bas et Belg. (Amsterd.) **44**, 1012 (1926) — Chem. Zbl. **1926 I**, 1455.

[2] W. D. Heldermann: Arch. Suikerind. Nederland-Indie **1920**, 1701—1714. Soerebaja (Mitt. d. Vers.-Station d. Java-Zuckerindustrie) — Chem. Zbl. **1921 I**, 277.

[3] Robert Kremann u. Hermann Eitel: Rec. Trav. chim. Pays-Bas et Belg. (Amsterd.) **42**, 539 (1923) — Chem. Zbl. **1924 I**, 1874.

[4] N. Schoorl: Rec. Trav. chim. Pays-Bas et Belg. (Amsterd.) **42**, 790 (1923) — Chem. Zbl. **1924 I**, 2511.

[5] W. Reinders u. A. Klinkenberg: Z. Elektrochem. **34**, 406 (1928) — Chem. Zbl. **1928 III**, 2297.

[6] Yoshikazu Hachihama u. Kyosuke Nishizawa: J. Soc. chem. Ind. Jap. (Suppl.) **31**, 294 B—296 B (1928) — Chem. Zbl. **1929 I**, 1438.

[7] K. K. Järvinen: Z. Unters. Nahrgsmitt. usw. **45**, 190 (1923) — Chem. Zbl. **1923 IV**, 672.

[8] G. Scatchard: J. amer. chem. Soc. **43**, 2387, 2406 (1923) — Chem. Zbl. **1923 III**, 483, 484. — Berkeley, Hartley u. Burton: Phil. Trans. **218**, A, 1295.

[9] J. Wašátko: Z. Zuckerind. tschechosl. Republik **52**, 21 (1927) — Chem. Zbl. **1927 II**, 2478. — St. Drahansky: Z. dtsch. Zuckerind. **51**, 588 (1926) — Chem. Zbl. **1926 II**, 682. — A. Schöne: Z. dtsch. Zuckerind. **51**, 553 (1926) — Chem. Zbl. **1926 II**, 662. — J. Vašátko: Listy Cukrovarnické **45**, 499 — Z. Zuckerind. tschechosl. Republik **52**, 45 (1927) — Chem. Zbl. **1928 I**, 123. — O. Spengler u. E. Landt: Z. dtsch. Zuckerind. **1927**, 429 — Chem. Zbl. **1927 II**, 1407. — E. Landt: Z. dtsch. Zuckerind. **1927**, 834 — Chem. Zbl. **1928 I**, 1588.

[10] M. A. Rakusin: J. russ. phys.-chem. Ges. **48**, 1319 (1916) — Chem. Zbl. **1923 III**, 1070.

[11] Louis Longehambon: C. r. Acad. Sci. Paris **175**, 174 (1922) — Chem. Zbl. **1922 III**, 1380.

[12] Kurt Heß u. Ernst Meßmer: Ber. dtsch. chem. Ges. **54**, 834 (1921) — Chem. Zbl. **1921 I**, 893.

[13] Edmund Knecht: Fuel **3**, 106 (1924) — Chem. Zbl. **1924 II**, 1034.

[14] Joseph Reilly: J. Soc. chem. Ind. **40**, 249—251 (1921) — Chem. Zbl. **1922 I**, 628.

[15] Amé Pictet u. N. Adrianoff: Helvet. chim. Acta **7**, 703 (1924) — Chem. Zbl. **1924 II**, 1176.

[16] A. Pictet: Schw.P. 115859, 115860 vom 14. März 1924; Chem. Zbl. **1926 II**, 2848; Zus. zu Schw.P. 91115; Chem. Zbl. **1922 IV**, 888; E.P. 230855; Chem. Zbl. **1925 II**, 2107. — A. Pictet u. M. M. Egan: Helvet. chim. Acta **7**, 295 (1924) — Chem. Zbl. **1924 I**, 2582. — A. Pictet u. N. Adrianoff: Helvet. chim. Acta **7**, 703 (1924) — Chem. Zbl. **1924 II**, 1176. — Gesellschaft für Chemische Industrie Basel, übertr. von Amé Pictet: A.P. 1602519 vom 6. März 1925, ausg. 12. Okt. 1926; Schw.Prior. 14. März 1924; Chem. Zbl. **1927 I**, 354.

[17] Grafe: Dtsch. Arch. klin. Med. **116**, 437 (1914).

[18] A. Pictet u. Reilly: Helvet. chim. Acta **4**, 613 (1921) — Chem. Zbl. **1921 III**, 944.

[19] Johannes Kerb u. Elisabeth Kerb-Etzdorf: Biochem. Z. **144**, 60 (1924) — Chem. Zbl. **1924 I**, 1558.

Herstellung eines inaktiven Caramels durch Erhitzen von Rohrzucker[1]. Die Verfärbung von Zuckersorten verschiedener Qualität bei Anwendung hoher Temperaturen mit und ohne Zusatz von anorganischen und organischen Stoffen[2]. Bildung von Formaldehyd[3] und Diacetyl[4] beim trockenen Erhitzen von Rohrzucker. — Die Bildung von Ameisensäure bei der Caramelisation von Rohrzucker ist abhängig von der Höhe und Dauer der Erhitzung. Unter 160° findet sie nur in Spuren statt[5]. — Einwirkung von überhitztem Wasser auf Saccharose[6]. Inversion des Rohrzuckers durch Adsorptionskohle[7], durch Bodenteilchen[8]. Rohrzucker wandelt sich im Wein in 6 Monaten zu Hexosen um[9]. Polarimetrische Verfolgungen der Rohrzuckerinversion[10]. Messungen der Inversionsgeschwindigkeit[11]. — Die Inversionsgeschwindigkeit des Rohrzuckers als Funktion der thermodynamischen Konzentration des Wasserstoffions[12]. Reaktionsgeschwindigkeit in konzentrierten Lösungen und der Mechanismus der Rohrzuckerinversion[13]. — Energetische Verhältnisse der Rohrzuckerinversion[14]. Säuredissoziationskonstante[15] k_a bei 18,5° $= 17,7 \cdot 10^{-14}$. Einwirkung der ultravioletten Strahlen auf die Inversionsgeschwindigkeit der Saccharose[16]. — Behandelt man Saccharose mit einer mit HBr gesättigten Chloroformlösung, so gewinnt man ω-Brommethylfurfurol in 35proz. Ausbeute[17]. Wird mit 70proz. H_2SO_4 caramelisiert (Fructosereaktion)[18]. Rohrzucker wird von 28n-H_2SO_4 bei 15° augenblicklich invertiert, $[\alpha]_D = -31°$[19]. Gibt bei der Destillation in

<hr>

[1] M. A. Rakusin u. A. N. Nesmejanow: Z. Unters. Nahrgsmitt. usw. 48, 151 (1924) — Chem. Zbl. 1924 II, 2797.

[2] O. Spengler u. F. Tödt: Z. dtsch. Zuckerind. 1927, 623 — Chem. Zbl. 1928 I, 1107. — Vgl. Lundén: Zbl. Zuckerind. 34, 1017.

[3] W. R. Ramsay: Chem. News 98, 288. — C. H. La Wall: Amer. J. Pharmacy 81, 394 (1909) — Chem. Zbl. 1909 II, 1736. — T. Sabalitschka u. C. Harnisch: Apoth.-Ztg 41, 782 (1927) — Chem. Zbl. 1926 II, 1845.

[4] H. Schmalfuß u. H. Barthmeyer: Ber. dtsch. chem. Ges. 60, 1035 (1927) — Chem. Zbl. 1927 I, 3183.

[5] Stephen G. Simpson: Ind. Chem. 15, 1054 (1923) — Chem. Zbl. 1924 I, 165.

[6] S. Komatsu u. C. Tanaka: Sexagint. Coll. of Papers dedicated to Y. Osaka, in celebration of his 60. Birth-day, Kioto 1927 — Chem. Zbl. 1928 I, 2079.

[7] J. K. van der Zwet: Zbl. Zuckerind. 34, 1119—1120 (1926) — Chem. Zbl. 1927 I, 531. — J. Vašátko: Listy Cukrovarnické 46, 25 — Z. Zuckerind. tschechosl. Republik 52, 129 (1927) — Chem. Zbl. 1928 I, 1108 — Z. Zuckerind. tschechosl. Republik 52, 21 — Chem. Zbl. 1927 II, 2478.

[8] Shigeru Osugi: Ber. Öhara Inst. landwirtsch. Forschg 1, 579 (1920) — Chem. Zbl. 1922 III, 801.

[9] Otto Klein: Z. angew. Chem. 37, 191 (1924) — Chem. Zbl. 1924 I, 2837.

[10] Stuart Wortley Pennycuick: J. chem. Soc. Lond. 125, 2049 (1924) — Chem. Zbl. 1925 I, 833.

[11] R. H. Clark: J. amer. chem. Soc. 43, 1759—1764 (1921) — Chem. Zbl. 1922 III, 36. — Emile Saillard: Monit. scient. (5) 15, 10 (1925) — Chem. Zbl. 1925 I, 1700. — H. Colin u. A. Chaudun: Bull. Soc. Chim. biol. Paris 6, 625 (1924) — Chem. Zbl. 1924 II, 2642. — C. r. Acad. Sci. Paris 182, 775 (1926) — Chem. Zbl. 1926 I, 3220. — H. Colin u. E. Ruppol: Bull. Soc. Chim. biol. Paris 9, 928 (1927) — Chem. Zbl. 1928 I, 555. — E. Saillard: Chim. et Ind. 19, 599 — Chem. Zbl. 1928 II, 945. — M. Duboux u. R. Mermoud: Helvet. chim. Acta 11, 583 — Chem. Zbl. 1928 II, 1175. — M. Duboux: Helvet. chim. Acta 7, 849 — Chem. Zbl. 1924 II, 2775. — H. Colin u. A. Chaudun: Bull. Assoc. chim. Sucr. et Dist. 45, 400 — Chem. Zbl. 1928 II, 945.

[12] H. A. Fales u. J. C. Morrell: J. amer. chem. Soc. 44, 2071 (1922) — Chem. Zbl. 1923 I, 295. — G. Schmid u. R. Olsen: Hoppe-Seylers Z. 124, 97 (1926) — Chem. Zbl. 1927 I, 1262. — C. F. Kautz u. A. L. Robinson: J. amer. chem. Soc. 50, 1022 — Chem. Zbl. 1928 I, 3027. — Thomas Weston Johns Taylor u. Raymond Francis Bomford: J. chem. Soc. Lond. 125, 2016—2017 (1924) — Chem. Zbl. 1925 I, 221.

[13] George Scatchard: J. amer. chem. Soc. 45, 1580, 2387, 2406 (1923) — Chem. Zbl. 1924 I, 2226.

[14] T. Moran u. H. A. Taylor: J. amer. chem. Soc. 44, 2886 (1922) — Chem. Zbl. 1923 I, 1002. — T. Moran u. W. C. Mc. C. Lewis: J. chem. Soc. Lond. 121, 1613 (1923) — Chem. Zbl. 1923 I, 188. — W. C. Mc. C. Lewis: J. chem. Soc. Lond. 113, 471 (1919) — Chem. Zbl. 1923 I, 1002.

[15] Richard Kuhn u. Harry Sobotka: Z. physik. Chem. 109, 65 (1924) — Chem. Zbl. 1924 II, 991.

[16] Noboru Taketomi u. Kashiwo Miura: J. Soc. chem. Ind. Jap. (Suppl.) 33, 99B—101 (1930) — Chem. Zbl. 1930 I, 3666.

[17] H. Hibbert u. H. S. Hill: J. amer. chem. Soc. 45, 176 (1923) — Chem. Zbl. 1923 I, 899.

[18] Hans Riffart u. Constantin Pyriki: Z. Unters. Nahrgsmitt. usw. 48, 197—207 (1924) — Chem. Zbl. 1925 I, 311.

[19] B. Bleyer u. H. Schmidt: Biochem. Z. 138, 119 (1923) — Chem. Zbl. 1923 III, 1398 — Biochem. Z. 135, 546 (1923) — Chem. Zbl. 1923 III, 662.

saurer, neutraler oder alkalischer Lösung Formaldehyd ab[1]. Liefert in alkalischer Lösung kein Methylglyoxal[2]. Mit geschmolzenen kaustischen Alkalien behandelte Saccharose erleidet so weitgehende Verkohlung, daß die quantitative Untersuchung des Reaktionsmechanismus ausgeschlossen war[3]. Das ternäre System: Strontiumoxyd—Rohrzucker—Wasser[4]. Verhalten gegen alkalische Kupferlösungen[5], gegen Natriumbisulfit[6]. Wird Rohrzucker 18 Stunden mit ammoniakalischem Alkohol am Rückflußkühler gekocht, dann unter vermindertem Druck eingedampft, so zeigt er bei der Tollensschen Probe die Gegenwart von Pentosen an[7]. — Über Zuckerstaubexplosionen[8]. Oxydation mit Luft unter der Einwirkung des Sonnenlichts[9]. — Einwirkung von Ozon[10], von Wasserstoffsuperoxyd in Gegenwart von Ferrosulfat[11]. — Saccharose wird in alkalischer Lösung durch Sauerstoff und atmosphärischer Luft praktisch nicht angegriffen, aber nach der Inversion bildet sich auch CO, was ein Gemisch von Glykose und Lävulose auch tut[12]. Bei der Oxydation von Rohrzucker mit HNO_3 bildet sich neben Oxalsäure in beträchtlicher Menge Mesoxalsäure[13]. — Die Oxydation von frisch gefälltem und von Alkali befreitem $Fe(OH)_2$ beim Einleiten von O_2 in seine wässerige Lösung induziert die Oxydation von Saccharose[14]. Über die Oxydation des Rohrzuckers in Lösungen, die Dinatriumhydrophosphat und Methylenblau enthalten durch hindurchgesaugte Luft[15]. — Verhalten bei der Methylierung mit Dimethylsulfat und Alkali[16]. Gibt eine schwache Fichtenspanreaktion[17]. Gibt beim Erhitzen mit salzsaurem Resorcin gefärbte Lösungen[18]. Gibt mit der von Schiff[19] angegebenen Reaktion schwache Rotfärbung[20], mit Triketohydrindenhydrat (Ninhydrin) eine gelbe, in der Wärme gelblichbraune Färbung[21]. Zusatz von Rohrzucker steigert die Aussalzbarkeit des Phenols aus der wässerigen Lösung durch $(NH_4)_2SO_4$[22]. Elektrometrische Bestimmung der Überführungszahlen der Pikrinsäure und HCl in wässeriger Lösung von Rohrzucker[23]. Beim Verschmelzen von Rohrzucker mit β-Naphthol entstand ein Kondensationsprodukt $C_{14}H_{10}O$. Rhombische Blättchen aus Xylol. Schmelzp. 337° unter Sublimation, wenig löslich in Alkohol und Äther, stark fluorescierend, unlöslich in Säuren und Alkalien. In konzentrierter H_2SO_4 löslich mit grüner Farbe. In kon-

---

[1] G. Klein: Biochem. Z. **169**, 132 (1926) — Chem. Zbl. **1926 I**, 3221.

[2] F. Fischler: Hoppe-Seylers Z. **157**, 1 (1926) — Chem. Zbl. **1926 II**, 2414.

[3] H. S. Fry u. E. Otto: J. amer. chem. Soc. **50**, 1138 — Chem. Zbl. **1928 I**, 2801.

[4] W. Reinders u. A. Klinkenberg: Rec. Trav. chim. Pays-Bas et Belg. (Amsterd.) **48**, 1227 (1929) — Chem. Zbl. **1930 I**, 2642.

[5] E. Canals: Bull. Soc. Chim. France (4) **31**, 583 (1922) — Chem. Zbl. **1923 II**, 102. — L. Maquenne: Bull. Soc. chim. France (4) **31**, 799 (1922) — Chem. Zbl. **1923 II**, 263.

[6] B. Bleyer u. H. Schmidt: Biochem. Z. **141**, 278 (1923) — Chem. Zbl. **1924 I**, 1356.

[7] Duane T. Englis u. Cedric Hale: J. amer. chem. Soc. **47**, 446 (1925) — Chem. Zbl. **1925 I**, 1749.

[8] O. Vibrans: Z. dtsch. Zuckerind. **43**, 330—331 (1918) — Chem. Zbl. **1919 II**, 268. — P. Beyersdorfer: Kolloid-Z. **31**, 331 (1922) — Chem. Zbl. **1923 I**, 1527 — Ber. dtsch. chem. Ges. **55**, 2568 (1922) — Chem. Zbl. **1922 III**, 1320 — Z. dtsch. Zuckerind. **1922**, 785 (1923) — Chem. Zbl. **1923 II**, 809. — G. Jaeckel: Z. dtsch. chem. Zuckerind. **1923**, 117 (1923) — Chem. Zbl. **1923 IV**, 294. — G. Jaeckel u. P. Beyersdorfer: Z. dtsch. Zuckerind. **1923**, 136 — Chem. Zbl. **1923 IV**, 294. — P. Beyersdorfer: Umsch. **27**, 198 (1923) — Chem. Zbl. **1923 II**, 809 — Kolloid-Z. **33**, 101 (1923) — Chem. Zbl. **1923 IV**, 612. — Erich Oppen: Dtsch. Zuckerind. **49**, 956 — Chem. Zbl. **1924 II**, 1860.

[9] C. C. Palit u. N. R. Dhar: J. physic. Chem. **32**, 1263 (1928) — Chem. Zbl. **1928 II**, 2459.

[10] C. W. Schonebaum: Rec. Trav. chim. Pays-Bas et Belg. (Amsterd.) **44** (1922) — Chem. Zbl. **1922 III**, 666.

[11] James Craik: J. Soc. chem. Ind. **43**, 171 (1924) — Chem. Zbl. **1924 II**, 823. — W. Schonebaum: Rec. Trav. chim. Pays-Bas et Belg. (Amsterd.) **41**, 503 (1922) — Chem. Zbl. **1923 I**, 1119.

[12] M. Nicloux: C. r. Soc. Biol. Paris **99**, 226 — Chem. Zbl. **1928 II**, 1077 — C. r. Acad. Sci. Paris **186**, 1218 — Chem. Zbl. **1928 I**, 3050.

[13] F. D. Chattaway u. H. J. Harris: J. chem. Soc. Lond. **121**, 2703 (1922) — Chem. Zbl. **1923 III**, 1068.

[14] N. N. Mittra u. N. R. Dhar: Z. anorg. u. allg. Chem. **122**, 146 (1922) — Chem. Zbl. **1923 I**, 570.

[15] H. A. Spoehr: J. amer. chem. Soc. **46**, 1494 (1924) — Chem. Zbl. **1924 II**, 937.

[16] George Mc. Owan: J. chem. Soc. Lond. **1926**, 1737 — Chem. Zbl. **1926 II**, 2696.

[17] H. Steudel u. E. Peiser: Hoppe-Seylers Z. **139**, 205—211 (1924) — Chem. Zbl. **1925 I**, 94.

[18] B. Glaßmann: Hoppe-Seylers Z. **150**, 16 (1925) — Chem. Zbl. **1926 I**, 1465.

[19] Schiff: Liebigs Ann. **40**, 131 (1866).

[20] K. Josephson: Ber. dtsch. chem. Ges. **56**, 1771 (1923) — Chem. Zbl. **1923 IV**, 352.

[21] H. Riffart: Biochem. Z. **131**, 78 (1922) — Chem. Zbl. **1923 II**, 827.

[22] E. A. Hafner: Biochem. Z. **188**, 259 (1927) — Chem. Zbl. **1928 I**, 633.

[23] T. Erdey-Grúz: Z. physik. Chem. **131**, 81 (1927) — Chem. Zbl. **1928 I**, 1005.

zentrierter HNO_3 Rotfärbung[1]. Mit salzsaurer Tryptophanlösung erhitzt gibt die Fructosereaktion[2]. In Lösungen von Saccharose lassen sich Vanillin und Piperonal mit Dimethylhydroresorcin bis zu einer Konzentration von 0,0004165 % mittels ihrer gelbbraunen Färbung mit $FeCl_3$ nachweisen[3]. Darstellung von kolloidalem Ferrosulfid in Gegenwart von Rohrzucker[4]. Durch Zusatz eines Ag- oder Hg-Salzes ist es Fosse gelungen, Cyanwasserstoffsäure bei Oxydation von Saccharose durch Permanganate in ammoniakalischer Lösung in merklichen Mengen zu isolieren[5].

Gärung: Verhalten gegen Cystococcus und Coccomyxaarten, Chlorella lichina und Palmocellococcus symbioticus[6], Bacterium coli[7], Bacillus pyocyaneus[8], Pestbacillus[9], Milzbrandbacillus[10], B. ostrei[11], mannitbildenden Bakterien[12], Bac. suisepticus[13], Rauschbrandbacillus[14], Tuberkelbacillen[15], Bacillus Truffanti[16], Bacillus bifidus[17], Bac. Nelliae sp. nov.[18], Diphtherienstämme[19]. — Wird von B. filamentosus, B. gniosporus, B. loxosporus, B. robur, B. petroselini, B. rugosus Henrici, B. peritomaticus, B. mycoides Gersbach gespalten[20]. Untersuchungen über das Verhalten gegenüber Bacillus Welchii, Vibrio septicus, B. fallax, B. tertius, B. tetani, B. pseudotetani, B. botulinus, B. bifermentans, B. oedomaticus, B. aerofoetidus, B. sporogenes, B. histolyticus und B. putrificus[21]. — Es wurde die Wirkung 21 verschiedener Bacillen der Salmonellagruppe auf Saccharose untersucht durch Feststellung der Säureentstehung und Gasentwicklung, neben colorimetrischer und elektrometrischer p_H-Bestimmung[22]. Verhalten gegen eine Reinkultur eines Granulobactertyps[23]. Verhalten gegen Staphylokokken[24]. Nitrobacter Winogradskyi, N. roseo-albus, N. flavus, N. punctatus und N. opacus können ihren C-Bedarf aus Saccharose decken[25]. Rohrzucker wird durch Alfa-alfa-Stämme von Knöllchenbakterien der Leguminosen gespalten. Es werden 5,5—7,3 % des

[1] W. Küster u. F. Schoder (A. Bahl, R. Dauer, W. Schairer u. K. Massong): Hoppe-Seylers Z. **170**, 44 (1927) — Chem. Zbl. **1928 I**, 32.

[2] Pierre Thomas u. Elena Maftei: Bul. Soc. da Stiinte din Cluj **3**, 41—44 (1926) — Chem. Zbl. **1927 I**, 779.

[3] A. Bernardi u. M. Tartarini: Ann. chim. Appl. **16**, 132 (1926) — Chem. Zbl. **1926 II**, 621.

[4] L. Sabbatini: Atti Accad. naz. Linzei (5) **33**, II, 223—228 (1924) — Chem. Zbl. **1925 I**, 704.

[5] R. Fosse: C. r. Soc. Biol. Paris **86**, 175—178 (1922) — Chem. Zbl. **1922 I**, 1227.

[6] R. Chodat u. Lucie Chodat: Arch. Sci. phys. et nat. Genève (5) **6**, 74—76 — Chem. Zbl. **1924 II**, 2406.

[7] K. Nagai: Biochem. Z. **141**, 261 (1923) — Chem. Zbl. **1924 I**, 352. — P. Rona u. H. W. Nicolai: Biochem. Z. **172**, 212 (1926) — Chem. Zbl. **1926 II**, 777. — Jeanne Lommel: C. r. Soc. Biol. Paris **95**, 714—716 (1926) — Chem. Zbl. **1927 I**, 304. — Hermann Hees u. Caspar Tropp: Zbl. Bakter. I **100**, 273—284 (1926) — Chem. Zbl. **1927 I**, 760. — O. Fernández u. T. Garméndia: Z. Hyg. **108**, 329 — Chem. Zbl. **1928 I**, 1783.

[8] A. Rochaix u. E. Banssillon: C. r. Soc. Biol. Paris **89**, 538 (1923) — Chem. Zbl. **1923 III**, 1036.

[9] R. Pons: Ann. Inst. Pasteur **39**, 884 (1925) — Chem. Zbl. **1926 I**, 1428.

[10] Martin Kristensen: Zbl. Bakter. I **101**, 220—224 (1927) — Chem. Zbl. **1927 I**, 1330.

[11] A. Besson u. G. Ehringer: C. r. Soc. Biol. Paris **87**, 1017 (1922) — Chem. Zbl. **1923 I**, 780.

[12] H. R. Stiles, W. H. Peterson u. E. B. Fred: J. of biol. Chem. **64**, 643 (1925) — Chem. Zbl. **1926 I**, 425.

[13] H. Bechhold: Umsch. **28**, 21 (1924) — Chem. Zbl. **1924 I**, 1053.

[14] E. Levens: Zbl. Bakter. I **88**, 474 (1922) — Chem. Zbl. **1923 I**, 110.

[15] H. Braun, A. Stamatelakis, Seigo Kondo u. R. Goldschmidt: Biochem. Z. **146**, 573 (1924) — Chem. Zbl. **1924 I**, 682. — A. Frouin u. Guillaumie: C. r. Soc. Biol. Paris **88**, 1002 (1923) — Chem. Zbl. **1923 III**, 1417.

[16] G. Truffant u. N. Berssonoff: C. r. Acad. Sci. Paris **175**, 544 (1922) — Chem. Zbl. **1923 I**, 110.

[17] A. Adams: Z. Kinderheilk. **31**, 331 (1922) — Ref.: Ber. Physiol. **17**, 535 (1923) — Chem. Zbl. **1923 III**, 501.

[18] Colin G. Welles: Philippine J. Sci. **20**, 279 (1922) — Chem. Zbl. **1922 III**, 967.

[19] J. G. Fitzgerald u. Dorothy G. Doyle: Trans. roy. Soc. Canada (3) **18**, Sekt. V, 125—128 (1924) — Chem. Zbl. **1925 I**, 1410. — M. M. Barratt: J. of Hyg. **23**, 241—259 (1924) — Ber. Physiol. **30**, 801 (1925) — Chem. Zbl. **1925 II**, 1177.

[20] J. Perlberger: Zbl. Bakter. II **62**, 1 — Chem. Zbl. **1924 II**, 1217.

[21] Arthur Isaac Kendall, Alexander Alfred Day u. Arthur Williams Walker: J. inf. Dis. **30**, 141—210 (1922) — Chem. Zbl. **1922 III**, 389.

[22] Frank Wokes u. Joseph H. Irwin: Pharmac. J. **118**, 747—751 — Chem. Zbl. **1927 II**, 1481.

[23] Guy C. Robinson: J. of biol. Chem. **53**, 125 (1922) — Chem. Zbl. **1922 III**, 1382.

[24] H. W. Nicolai u. N. Kageura: Biochem. Z. **196**, 246 (1928) — Chem. Zbl. **1928 II**, 1451.

[25] J. Sack: Zbl. Bakter. II **62**, 15 — Chem. Zbl. **1924 II**, 1216.

gespaltenen Zuckers als Brenztraubensäure wiedergefunden[1]. Untersuchungen bakterieller Vergärbarkeit der Lösungen verschiedener Konzentration und bei verschiedener Temperatur[2]. — Untersuchungen über säurebildende Bakterienstämme[3]. Thermophile Flora des Zuckers und die Raffination[4]. — Untersuchungen über Milchsäuregärung[5], Propionsäure-[6], Buttersäuregärung[7]. — Viscose Gärung mit einem Coccus bei der Zuckerfabrikation[8], mit einer Torulaart[9]. Dextran ist das Erzeugnis eines tiefen Zerfalles des Rohrzuckers, der das Erzeugnis einer Schleimgärung ist[10]. — Untersuchungen über den Einfluß von Rohrzucker auf die Pilzflora des Käses und der Milch[11]. — Verhalten gegen Phycomyces nitens[12], Moniliaarten[13], Penicillium glaucum[14], Sterigmatocystis nigra[15], Aspergillusarten[16]. Schimmelpilze des verdorbenen Rohrzuckers[17]. — In der in dem „Hatsucho-Miso" genannten und aus Sojabohnen gewonnenen Substanz, die eine Art von Maische darstellt, wurden Torulaarten gefunden, die aber Saccharose nicht vergären[18]. Bei Züchtung auf xylosehaltigen Medien enthalten die Pilze mehr Pentosane als bei Züchtung auf Rohrzucker[19]. Citronensäurebildung[20]. Alkoholische Gärung des Rohrzuckers[21]. — Vergleichsweise Vergärung von Brenztraubensäure und Rohrzucker[22]. Untersuchungen über den Verlauf der alkoholischen Gärung[23]. Die Gärungen von Rohrzucker zeigen ein breites, von $p_H = 3$ bis zum Neutralpunkt sich erstreckendes Optimum[24]. — Durch Vergleich der Inversion und Vergärung von Rohrzucker durch invertinärmste Hefe in saurem Medium: $p_H = 2,05$ wird wahrscheinlich gemacht, daß

[1] J. A. Anderson, W. H. Peterson u. E. B. Fred: Soil Sci. 25, 123 — Chem. Zbl. 1928 I, 2623.

[2] Lucy Dell Henry u. M. S. Marshall: J. Labor. a. clin. Med. 12, 474—477 (1927) — Ber. Physiol. 40, 527 (1927) — Chem. Zbl. 1927 II, 1971. — Julius Tandler: Anat. Anz. 60, 62 (1925) — Chem. Zbl. 1927 II, 607. — John C. Krantz jr.: J. amer. pharmaceut. Assoc. 12, 963 (1923) — Chem. Zbl. 1924 I, 362. — Th. Bokorny: Allg. Brauer- u. Hopfen-Ztg 1922, 493—494, 497—498 — Chem. Zbl. 1922 III, 278.

[3] H. Frohböse: Zbl. Bakter. I 100, 213—218 (1926) — Chem. Zbl. 1927 I, 303. — L. Mülerová: Stud. Plant. physiol. Labor. Charles Univ. Prague 3, 56—85 (1926) — Ber. Physiol. 40, 588—589 — Chem. Zbl. 1927 II, 1713.

[4] E. J. Cameron u. C. C. Williams: Zbl. Bakter. II 76, 28 (1928) — Chem. Zbl. 1929 I, 584.

[5] Hermann Hees u. Caspar Tropp: Zbl. Bakter. I 100, 273—284, 1 Tafel (1926) — Chem. Zbl. 1927 I, 760. — J. v. Saitcew: Zbl. Bakter. II 72, 4 (1927) — Chem. Zbl. 1927 II, 2723.

[6] E. C. Whittier, J. M. Sherman u. W. R. Albus: Ind. Chem. 16, 122 (1924) — Chem. Zbl. 1924 I, 1679.

[7] Alfonso Giovanardi: Zymol. chim. Colloidi 2, 13 (1927) — Chem. Zbl. 1927 II, 177. —. Soc. Lefranc et Co.: F.P. 620363 v. 3. April 1926, ausg. 21. April 1927; A.P. 1625732 v. 18. August 1922, ausg. 19. April 1927; F.Prior. 26. September 1921 — Chem. Zbl. 1924 I, 2646; 1927 II, 1628.

[8] H. Violle: Ann. Inst. Pasteur 36, 439 (1922) — Chem. Zbl. 1922 III, 1267.

[9] R. Guyot: C. r. Soc. Biol. Paris 97, 857 (1928) — Chem. Zbl. 1928 II, 822.

[10] J. J. Dochlenko: Zapiski 1924 I, 123 — Chem. Zbl. 1925 II, 2104.

[11] Wilhelm Baade: Milchwirtsch. Forschgn 6, 351 (1928) — Chem. Zbl. 1928 II, 1276.

[12] Dèsirè Tits: Bull. Acad. roy. Belg., classe des science 8, 219 (1922) — Chem. Zbl. 1923 III, 566.

[13] Aldo Castellani u. Frank E. Taylor: Ann. Inst. Pasteur 36, 789 (1922) — Chem. Zbl. 1923 II, 297 — Biochemic. J. 16, 655 (1922) — Chem. Zbl. 1923 II, 381.

[14] Hans von Euler, K. Josephson u. Birgit Söderling: Hoppe-Seylers Z. 139, 1—14 — Chem. Zbl. 1924 II, 2055.

[15] Martin Molliard: C. r. Acad. Sci. Paris 178, 161 (1924) — Chem. Zbl. 1924 I, 1813 — C. r. Soc. Paris Biol. 90, 1395 (1924) — Chem. Zbl. 1924 II, 682.

[16] Emile F. Terronie u. René Wurmser: C. r. Acad. Sci. Paris 175, 228 (1922) — Chem. Zbl. 1922 III, 1383. — W. O. Tausson: Biochem. Z. 155, 356 (1925) — Chem. Zbl. 1925 I, 1881. — H. Pringsheim u. R. Perewosky: Hoppe-Seylers Z. 153, 138 (1926) — Chem. Zbl. 1926 II, 231.

[17] William Ludwell Owen: Sugar 25, 177 (1923) — Chem. Zbl. 1923 IV, 126. — Vojtěch Mareš: Listy Cukrovarnické 46, 115 (1927) — Chem. Zbl. 1928 I, 763.

[18] Tasaku Akaghi, Iwawo Nakajima u. Kunijiro Tsugane: J. Coll. Agric. Tokyo 5, 263—269 (1924) — Chem. Zbl. 1925 I, 1024.

[19] E. G. Schmidt, W. H. Peterson u. E. B. Fred: Soil Sci. 15, 479 (1923) — Chem. Zbl. 1924 II, 684.

[20] K. Bernhauer: Biochem. Z. 197, 309 (1928) — Chem. Zbl. 1928 II, 1342.

[21] Emil Abderhalden: Fermentforschg 5, 273 (1922) — Chem. Zbl. 1922 I, 980.

[22] A. N. Lebedew u. A. N. Polonski: J. Russ. Phys. Chem. Ges. 49, 328 (1917) — Chem. Zbl. 1924 II, 351.

[23] Heinrich Lüers u. Adolf Schmal: Z. ges. Brauwes. 47, 37 (1924) — Chem. Zbl. 1924 II, 995.

[24] Richard Willstätter u. Eugen Bamann: Hoppe-Seylers Z. 152, 202 (1926) — Chem. Zbl. 1926 I, 3159.

Rohrzucker direkt ohne vorhergehende Hydrolyse vergoren wird[1]. Diese Ansicht wird aber angezweifelt[2]. — Die Vergärung des Rohrzuckers wird durch Zusatz von Tierkohle stets wesentlich beschleunigt[3]. — Über den Einfluß des Rohrzuckers auf die Atmung bei der alkoholischen Gärung[4]. — Durch Zusatz von Saccharose kann man den Hefeabbau von Acetessigsäure stark erhöhen[5]. Insulinpräparate verschiedener Herkunft hatten auf die Vergärung von Saccharose mittels Bierhefe oder Zymaselösungen keinen merklichen Einfluß[6]. In Gegenwart von Calciumcarbonat verläuft die Gärung normal, nur die Menge des Aldehyds und diejenige der flüchtigen Säuren wird vermehrt[7]. — Vergärung in Gegenwart von Salzen[8]. Bei Vergärung von Saccharose, wenn der Lösung Acetaldehyd zugesetzt wird, erfolgt eine Bildung von Acetoin, bis zu 100% des verwendeten Aldehyds bei Verwendung von Unterhefe oder reiner Oberhefe, in geringerer Ausbeute mit käuflicher Bäckerhefe[9]. Herstellung von Glycerin durch Gärung von Zuckermelasse[10]. — Rohrzucker als Kohlenstoffquelle für Hefe[11]. Einfluß auf die Sporulation der Saccharosemyceten[12]. — Wird aus wässeriger Lösung von Backhefe zum Teil adsorbiert[13]. — Wird durch milchzuckervergärende Hefen der Rohmilch vergoren[14]. Schizosaccharomyces hominis nov. spec. spaltet Saccharose[15]. — Die Nektarhefe Anthomyces Reukaufii kann Saccharose gut verwenden[16]. Man erhält durch Zusatz von Rohrzucker zu verdünnten Traubensäften als Nährböden besonders gute Ausbeuten von langlebigen kräftigen Hefen[17]. Versuche bei der Brotbereitung[18].

Derivate: Saccharosemonoschwefelsaures Ba $(C_{12}H_{21}O_{11} \cdot SO_3)_2Ba + 2C_2H_5OH$. Darstellung aus Rohrzucker und $ClSO_3H$ über das Brucinsalz. Reinigung durch wiederholtes Umfällen aus Wasser + Alkohol. Ist amorph. Gibt bei 80° im Vakuum beide Moleküle Alkohol ab. $[\alpha]_D^{22} = +37{,}64°$. Dieses Salz ist nicht identisch mit dem von Neuberg und Pollak[19] dargestellten Produkt[20].

Phosphorsäureester des Rohrzuckers (Hesperonal). Ein Vergleich der Disaccharid- und Phosphorsäurespaltung bei der Hydrolyse ergab, daß Hesperonal keine einheitliche Verbindung ist. Bei der Einwirkung von Fructosaccharase aus Hefe wurde Hesperonal nur an der Disaccharidbindung gespalten, ohne daß anorganische Phosphorsäure abgespalten wurde. Saccharase aus Aspergillus niger spaltet sowohl die Phosphorsäure als auch die Disaccharidbindung; die erste Spaltung verläuft etwas schneller. Diese Befunde deuten darauf hin, daß im Hesperonal die Phosphorsäure an die Glykose gebunden ist[21].

Rohrzuckerphosphorsäure[22]. Der phosphorylierte Rohrzucker liegt in den Pflanzen

[1] Richard Willstätter u. Charles D. Lowry jr.: Hoppe-Seylers Z. **150**, 287 (1925) — Chem. Zbl. **1926 I**, 2207.

[2] Reinhold Cohn: Hoppe-Seylers Z. **168**, 92—116 (1927) — Chem. Zbl. **1927 II**, 1972—1973.

[3] Emil Abderhalden: Fermentforschg **5**, 255 (1922) — Chem. Zbl. **1922 I**, 980.

[4] Otto Meyerhof: Biochem. Z. **162**, 43 (1925) — Chem. Zbl. **1926 I**, 702.

[5] St. Weiß u. M. Altai: Z. exper. Med. **47**, 606 (1925) — Chem. Zbl. **1926 I**, 704.

[6] Ubaldo Sammartino: Atti Accad. naz. Lincei (5) **33**, II, 111—116 (1925) — Chem. Zbl. **1925 I**, 709.

[7] Johannes Kerb: Ber. dtsch. chem. Ges. **52**, 1795 (1919) — Chem. Zbl. **1919 III**, 888.

[8] Paul Mayer: Biochem. Z. **131**, 1 (1922) — Chem. Zbl. **1922 III**, 1305.

[9] C. Neuberg u. E. Reinfurth: Biochem. Z. **143**, 553 (1923) — Chem. Zbl. **1924 I**, 1396. — J. Hirsch: Biochem. Z. **131**, 178 (1923) — Chem. Zbl. **1923 I**, 1041.

[10] J. Penkowski: Öl-Fett-Ind. (russ.: Masloboino-Shirowoje Djelo) **1928**, Nr 2, 31 — Chem. Zbl. **1928 II**, 2414.

[11] Th. Bokorny: Allg. Brauer- u. Hopfen-Ztg **1922**, 1057, 1149 — Chem. Zbl. **1923 I**, 360.

[12] Felix Wagner: Zbl. Bakter. II **75**, 4 (1928) — Chem. Zbl. **1928 II**, 678.

[13] Albert L. Raymond u. J. G. Blanco: J. of biol. Chem. **79**, 649 (1928) — Chem. Zbl. **1929 I**, 680.

[14] Ernst Trüper: Milchwirtsch. Forschgn **6**, 351 (1928) — Chem. Zbl. **1928 II**, 1276.

[15] T. Benedek: Zbl. Bakter. I **104**, 291 (1927) — Chem. Zbl. **1928 I**, 368.

[16] Friedrich Hautmann: Arch. Protistenkde **48**, 213—244 (1924) — Ber. Physiol. **29**, 562 bis 563 (1925) — Chem. Zbl. **1925 I**, 2569.

[17] A. Osterwalder: Zbl. Bakter. II **71**, 357 (1927) — Chem. Zbl. **1927 II**, 2074.

[18] C. B. Morison u. P. L. Gerber: Baking Technology **5**, 334, 378; **6**, 11, 46 (1926) — Chem. Zbl. **1927 II**, 757.

[19] C. Neuberg u. H. Pollak: Biochem. Z. **26**, 514 (1910) — Chem. Zbl. **1910 II**, 638.

[20] T. Soda: Biochem. Z. **135**, 621 (1923) — Chem. Zbl. **1923 III**, 739.

[21] Richard Kuhn u. Herbert Münch: Hoppe-Seylers Z. **150**, 220 (1925) — Chem. Zbl. **1926 I**, 2207.

[22] Carl Neuberg: Z. dtsch. Zuckerind. **1926**, 463 — Chem. Zbl. **1926 II**, 1655. — C. Neuberg u. C. Dahner: Biochem. Z. **131**, 188 (1922) — Chem. Zbl. **1923 I**, 1036.

natürlich nicht vor, ist aber künstlich dargestellt worden[1]. Das Calciumsalz der Rohrzuckerphosphorsäure ist ein weißes und lichtbeständiges Pulver, in Wasser leicht löslich, wenn man es in Wasser einträgt; ammoniakalische Mixtur und salpetersaures Ammoniummolybdat geben erst einen Niederschlag nach Erhitzen in mineralsaurer Lösung; beim Kochen mit Säuren stellt sich auch Reduktionsvermögen ein. — Krystallisierte Salze der Saccharosephosphorsäure mit anorganischen Basen sind bisher nicht erhalten worden, wohl aber **rohrzuckermonophosphorsaures Strychnin** durch Umsetzung von Calciumrohrzuckerphosphat (Hesperonalcalcium von Merck) mit äquivalenten Mengen Strychnin und Oxalsäure. Kleine weiße Nadeln aus wässerigem Aceton, Schmelzp. 185° unter Gelbfärbung und allmählicher Zersetzung, schwer löslich in absolutem Alkohol, unlöslich in Aceton und Äther; durch Wasser hydrolisiert, was durch Alkohol oder Aceton zurückgedrängt wird; Drehung ist praktisch nicht vorhanden. Enthält 6 Moleküle Krystallwasser, die durch Erwärmen im Vakuum abgegeben werden: $(C_{21}H_{22}N_2O_2)_2C_{12}H_{23}O_{14}P + 6H_2O$. Beim Kochen von rohrzuckerphosphorsaurem Calcium in wässeriger Lösung mit überschüssiger Oxalsäure ist nach etwa $^1/_2$—1 Stunde eine Sprengung der disaccharidischen Ätherbrücke erreicht und erstes Auftreten der abgesprengten Phosphorsäure zu beobachten, und es findet sich in der Lösung einerseits Fructose, andererseits Glykosemonophosphorsäure, die man als Calcium oder Bariumsalz aus der Lösung abscheidet. Die Salze der Rohrzuckerphosphorsäure werden durch die Phosphatase und die Saccharase der Ober- oder Unterhefen in anorganischen Phosphat und in Invertzucker gespalten. — Durch Anwendung von Enzymmaterial, das nur Phosphatase oder nur Invertase enthielt, gelang es durch jene, aus Rohrzuckerphosphorsäure sämtliche Phosphorsäure in anorganischer Form ohne Zerlegung des Rohrzuckers abzuspalten, und diese Rohrzuckerphosphorsäure in Fructose und Glykosephosphorsäure zu spalten. Eine solche invertasefreie Phosphatase wurde im Brei und Safte von Pferdenieren gefunden, die Invertaselösung wurde nach Willstätter und Racke[2] dargestellt. — Die Spaltung der Rohrzuckerphosphorsäure durch Phosphatase tierischer Organe, die bisher unbekannt war, ist ein dem Abbau der Raffinose durch Emulsin ähnlicher Vorgang.

Rohrzuckerphosphorsäure wird durch Erwärmen mit Oxalsäure[3] oder durch Behandeln mit Invertinlösung[2] in Fructose und Glykosephosphorsäure gespalten.

Saccharosemonophosphorsäure. Man behandelt Saccharose mit P_2O_5 in Gegenwart von tertiären Basen und fällt die entstandene Phosphorsäureester aus der Lösung mit $CaCO_3$ als Ca-Salz aus[4].

Saccharosemonophosphorsäureester (Neuberg und Pollak). $[\alpha]_D^{20} = +85{,}1°$ [5].

Saccharosephosphorsaures Barium[5]. $[\alpha]_D^{20} = +46{,}1°$.

Saccharose-phosphorsaures Ca. Während die Haut ohne Zusatz von Kohlehydrat keinen Acetaldehyd bilden kann, findet dies in schwachem Maße bei Zusatz von saccharosephosphorsaurem Ca[6] statt. Na- oder Calciumsaccharosephosphat gibt bei der Spaltung mit der von Saccharase freien Phosphatase der Pferdeniere Rohrzucker, die Spaltung erfolgt in Gegenwart von Toluol[7]. Gibt eine negative Fichtenspanreaktion[8].

Oktaacetylsaccharose, Saccharoseoktaacetat. Angebliche Synthese: Gleiche Mengen von γ-Fructosetetraacetat und Glykosetetraacetat wurden in Chloroform mit P_2O_5 15 Stunden geschüttelt. Der nach Verdampfen im Vakuum verbleibende sirupöse Rückstand lieferte aus Alkohol Krystalle von Saccharoseoktaacetat. Verseifung desselben nach Zemplén ergab Saccharose mit allen charakteristischen Eigenschaften. (Weiteres siehe bei „Bildung".) Schmelzp. 70°, $[\alpha]_D = +59{,}4°$ in Chloroform[9], Schmelzp. 72—73°[10]. Die

---

[1] C. Neuberg u. H. Pollak: Biochem. Z. **26**, 514 (1910) — Chem. Zbl. **1910 II**, 638.

[2] R. Willstätter u. F. Racke: Liebigs Ann. **425**, 1 (1922) — Chem. Zbl. **1922 I**, 200. — C. Neuberg u. Sebastian Sabetay: Biochem. Z. **162**, 479 (1925) — Chem. Zbl. **1926 I**, 620.

[3] J. Hatano: Biochem. Z. **159**, 175 (1925) — Chem. Zbl. **1925 II**, 804.

[4] Société Chimique des Usines du Rhône: Übertr. von P. E. Goissedet u. A. L. Husson: A.P. 1598370 v. 15. September 1925; Canad.P. 259038 v. 16. September 1925 — Chem. Zbl. **1926 II**, 2493.

[5] O. Meyerhof u. K. Lohmann: Biochem. Z. **185**, 113 (1927) — Chem. Zbl. **1927 II**, 1047.

[6] J. Wohlgemuth: Biochem. Z. **173**, 258 (1926) — Chem. Zbl. **1926 II**, 1430.

[7] C. Neuberg u. M. Behrens: Biochem. Z. **170**, 254 (1926) — Chem. Zbl. **1926 I**, 3315.

[8] H. Steudel u. E. Peiser: Hoppe-Seylers Z. **139**, 205—211 (1924) — Chem. Zbl. **1925 I**, 94.

[9] A. Pictet u. H. Vogel: C. r. Acad. Sci. Paris **186**, 724 — Chem. Zbl. **1928 I**, 2247 — Helvet. chim. Acta **11**, 209 — Chem. Zbl. **1928 I**, 1391.

[10] P. Brigl u. W. Scheyer: Hoppe-Seylers Z. **160**, 214 (1926) — Chem. Zbl. **1927 I**, 418.

Zerlegung des Rohrzuckeracetats durch konzentrierte Salzsäure bewirkt keine Umwandlung der furoiden Fructose in die normale pyroide Fructose. Bei dieser Hydrolyse wird die im Rohrzucker vorliegende α-Form der Glykose in die β-Form überführt[1]. Verbrennungswärme $= 4472$ cal/1 g[2].

Hepta- oder Oktacarbomethoxyderivat[3] $C_{26}N_{35}O_{25}$ oder $C_{28}H_{37}O_{27}$. Aus Rohrzucker Chlorkohlensäuremethylester und Pyridin. Gelbe, glasartige Masse; $[\alpha]_D = +53{,}8°$ in Aceton bei $c = 1$. — Zeigt eine unerwartete Stabilität gegen 1 proz. Salzsäure bei 100°.

Rohrzuckerleinölsäureester[4]. Man löst Rohrzucker bei 70—80° in Pyridin, versetzt die Lösung allmählich unter Rühren mit Leinölsäurechlorid, trägt die Reaktionsflüssigkeit in verdünnte Salzsäure ein und entfernt die überschüssige Leinölsäure durch Waschen mit verdünnter Natriumcarbonatlösung. — Helles, viscoses, nicht destillierbares, in jedem Verhältnis in aromatischen Kohlenwasserstoffen, Benzin, Terpentinöl, Leinöl und anderen fetten, trocknenden und nichttrocknenden Ölen lösliches Öl.

Saccharoseoctonitrat[5] $C_{12}H_{14}O_3(NO_3)_8$. — Der feingepulverte Zucker wird mit 10 ccm Salpetersäure (spez. Gewicht 1,82) auf 1 g auf 0° abgekühlt und mit 20 ccm Schwefelsäure (spez. Gewicht 1,84) versetzt. — Das Reaktionsprodukt wird unter Eiswasser ausgedrückt und mehrfach mit Alkohol aufgenommen und fraktioniert abgeschieden. Das Rohprodukt ist eine zähe, viscose, halbdurchsichtige Masse, die in der Kälte eine harte, pulverisierbare Masse ergibt. Die Krystalle, die durch Reinigung erhalten werden, stellen gut definierte Krystalle dar, die dem orthorhombischen, wahrscheinlicher aber dem monoklinen System angehören. Schmelzp. 85,5°. — Das reine Nitrat ist stabil. — Wenig löslich in Alkohol, schwer löslich in Benzol, fast unlöslich in Xylol, unlöslich in Petroläther. — Sehr leicht löslich in Äther, Methylalkohol und Nitrobenzol. $[\alpha]_D = +56{,}05°$.

Trityl-saccharose[6] $C_{69}H_{64}O_{11}$. — Aus Rohrzucker Triphenylchlormethan und Pyridin. Krystalle aus Essigester+Petroläther, Schmelzp. 127—129 korr. $[\alpha]_D^{23} = +43{,}4—44{,}3°$; leicht löslich in Aceton, Essigester, wenig löslich in Alkohol, schwer löslich in Wasser und Petroläther.

Trityl-pentaacetyl-saccharose[6] $C_{79}H_{74}O_{16}$. Aus voriger Verbindung mit Essigsäureanhydrid und Pyridin. Krystalle aus abs. Alkohol, Sinterung 125—126°; $[\alpha]_D^{23} = +57°$ in Chloroform. Löslichkeitsverhältnisse wie bei Ditrityl-hexaacetylmaltose.

Pentaallylrohrzucker[7] $C_{27}H_{42}O_{11}$. Zähflüssiges Öl, unlöslich in Wasser, löslich in Alkohol und Äther.

Saccharose-n-propylmercaptal $C_{12}H_{22}O_9(SC_3H_7)_4$. (Die Verbindung ist eine Unmöglichkeit!) Saccharose wird in der gleichen Menge HCl (D. 1,10) gelöst unter Zugabe von etwas mehr als die berechnete Menge n-C_3H_7SH, läßt über Nacht stehen und krystallisiert aus verdünntem Alkohol um. Weiße Nadeln. Schmelzp. 146°, $[\alpha]_D^{17} = +13{,}5°$[8].

Saccharose-n-butylmercaptal $C_{12}H_{22}O_9(SC_4H_9)_4$. (Die Verbindung ist eine Unmöglichkeit!) Entsteht durch Kondensation der Saccharose mit n-Butylmercaptan in Gegenwart konzentrierter HCl. Schmelzp. 123°. $[\alpha]_D^8 = +3{,}71°$[9].

Rohrzucker-isobutylmercaptal[10] $C_{12}H_{22}O_{10} : (S \cdot C_4H_9)_2$. (Die Verbindung ist unmöglich!) Schmelzp. 138°; $[\alpha]_D^{14} = +9{,}6°$.

Rohrzucker-Kaliumchlorid[11] $C_{12}H_{22}O_{11}$, KCl, 2 H_2O. Aus äquimolekularen Mengen der Komponenten beim Eindunsten ihrer konzentrierten wässerigen Lösung.

[1] Amé Pictet u. Hans Vogel: Helvet. chim. Acta **11**, 905 (1928) — Chem. Zbl. **1929 I**, 229.

[2] P. Karrer u. W. Fioroni: Helvet. chim. Acta **6**, 396 (1923) — Chem. Zbl. **1923 III**, 1005.

[3] Charles Frederick Allpress u. Walter Normann Haworth: J. chem. Soc. Lond. **125**, 1223 (1924) — Chem. Zbl. **1924 II**, 2023.

[4] I. G. Farbenindustrie A.-G., Frankfurt: Österr.P. 104228 v. 29. Oktober 1924 — Chem. Zbl. **1927 I**, 1742.

[5] E. J. Hoffman u. V. P. Hawse: J. amer. chem. Soc. **41**, 235 (1919) — Chem. Zbl. **1919 III**, 519.

[6] Karl Josephson: Liebigs Ann. **472**, 230 (1929) — Chem. Zbl. **1929 II**, 1396.

[7] C. G. Tornecko u. Roger Adams: J. amer. chem. Soc. **45**, 2698 (1923) — Chem. Zbl. **1924 I**, 1915.

[8] Y. Maeda u. Y. Uyeda: Bull. chem. Soc. Japan **1**, 181 (1926) — Chem. Zbl. **1926 II**, 2782.

[9] Y. Uyeda u. J. Kamon: Bull. chem. Soc. Japan **1**, 179 (1926) — Chem. Zbl. **1926 II**, 2781.

[10] Yoshiouke Uyeda: Bull. chem. Soc. Jap. **4**, 264 (1929) — Chem. Zbl. **1930 I**, 1287.

[11] John Edwin Mackenzie u. James Patterson Quin: J. chem. Soc. Lond. **1929**, 951 — Chem. Zbl. **1929 II**, 1282.

Strontiumverbindungen[1] $C_{12}H_{22}O_{11} \cdot SrO$, orthorhombische Krystalle; $C_{12}H_{22}O_{11} \cdot 2SrO$, mikroskopisch kleine Nadeln.

Bariumverbindungen[1,2] $C_{12}H_{22}O_{11} \cdot BaO$, orthorhombische Krystalle; $C_{12}H_{22}O_{11} \cdot 3BaO$, monokline Krystalle. Die Löslichkeit des Ba-Saccharates ist mit der Temperatur umgekehrt proportional.

Tricalciumsaccharat[3]. Erzeugung in großer Reinheit.

Verbindungen des Rohrzuckers mit alkalischen Erden[4]. Eine Nachprüfung ergab, daß nur folgende Verbindungen existieren:

Mono-Kalk-Mono-Rohrzucker $C_{12}H_{22}O_{11}$, CaO, $2 H_2O$. Ist bei Zimmertemperatur unbeständig und verwandelt sich mit 60proz. Alkohol in

Dikalk-Monorohrzucker $C_{12}H_{22}O_{11}$, $2CaO$, $6H_2O$. Durch Behandlung mit Pyridin und Alkohol läßt sich das amorphe Produkt teilweise in krystallinisches Material umwandeln. Die Löslichkeit des krystallinischen Anteils beträgt 45,23 g pro Liter Wasser, die des amorphen Niederschlages 37,7 g, $[\alpha]_{D}^{17} = +32{,}1°$.

Trikalkmonorohrzucker $C_{12}H_{22}O_{11}$, $3 CaO$, $6 H_2O$. Scheidet sich aus einer gesättigten Kalkzuckerlösung bei 58° aus. Löslichkeit in Wasser bei 15° 15,33 g der wasserfreien Verbindung; $[\alpha]_{D}^{15} = +36{,}52°$. Zerfällt bei der Lösung in Wasser.

Monostrontian-Monorohrzucker $C_{12}H_{22}O_{11}$, SrO, $6 H_2O$. Aus 20proz. Rohrzuckerlösung mit Strontiumoxyd (1 Mol). Kurze Nadeln. Löslichkeit bei 16° 43,95 g pro Liter, $[\alpha]_{D}^{16} = +42{,}09°$. In wässeriger Lösung ist der Komplex zerfallen.

Distrontian-Monorohrzucker $C_{12}H_{22}O_{11}$, $2 SrO$. — Aus siedender 15proz. Rohrzuckerlösung mit 3 Mol SrO und 2 Minuten langem Kochen. Löslichkeit bei 100°; 11,89 g pro Liter; $[\alpha]_{D}^{16} = +37{,}79°$. Geht in Gegenwart von kaltem Wasser in die Monostrontianverbindung über.

Monobaryt-Monorohrzucker $C_{12}H_{22}O_{11}$, BaO. Prismatische Krystalle mit sehr schwacher Doppelbrechung. Löslichkeit bei 20° 22,1 g pro Liter.

Eisensaccharat. Über die kolloide Natur des Eisenzuckers[5]. Eine Eisenzuckerlösung ist imstande, erhebliche Mengen arseniger Säure zu binden. — Die Bindung beruht auf dem Absorptionsvermögen der Eisenzuckerlösung gegen arsenige Säure, das so groß ist, daß eine Entgiftung von Arsentrioxyd mit Eisenzucker möglich erscheint, was jedoch praktisch im Erfolg von dem kolloidalen Zustand des Eisenoxydhydrats im Verdauungstractus abhängen wird[6]. — Ferrum carbonicum saccharatum enthält meistens nur 16,6—18,8% Ferrocarbonat statt 19,7—20,8%. Die Wertbestimmung geschieht durch die Bestimmung der Kohlensäure auf maßanalytischem Wege[7].

Invertzucker (Bd. X, S. 592).

Vorkommen: Carex flacca Schreb. enthält Invertzucker[8]. In der Frucht des Guavebaumes (Psidium guave L.) 3,65%[9]. In der Linde (Tilia platyphillos Scop.), Weißbuche (Carpinus betulus L.)[10]. In der Wurzel von Dictamnus albus, einer einheimischen Rutacee[11]. Das zur Blütezeit gesammelte Kraut des gelblichweißen Hohlzahns (Herba Galeopsidis grandiflora)

---

[1] Yoshihazu Hachihama u. Kyosuka Nishizawa: J. Soc. chem. Ind. Japan (Suppl.) **31**, 294—296 B (1928) — Chem. Zbl. **1929 I**, 1438.

[2] Yoshikasu Hachiman: J. Soc. chem. Ind. Japan **30**, 425 — Chem. Zbl. **1927 II**, 1407.

[3] Carl Steffen jr.: D.R.P. 439246, Kl. 89h v. 19. Dezember 1925, ausg. 7. Januar 1927, Österr. Prior. 17. November 1925 — Chem. Zbl. **1927 I**, 1240, 1640.

[4] John Edwin Mackenzie u. James Patterson Quin: J. chem. Soc. Lond. **1929**, 951 — Chem. Zbl. **1929 II**, 1282.

[5] C. Mannich u. C. A. Rojahn: Ber. dtsch. pharmaz. Ges. **32**, 158 (1922) — Chem. Zbl. **1922 IV**, 914.

[6] C. Mannich u. C. A. Rojahn: Arch. Pharmaz. **262**, 237 (1924) — Chem. Zbl. **1924 II**, 1233.

[7] F. v. Bruchhausen: Apotheker-Ztg **40**, 938 (1925) — Chem. Zbl. **1926 I**, 186.

[8] H. Swiatkowski u. J. Zellner: Mh. Chem. **48**, 475 (1927) — Chem. Zbl. **1927 II**, 2682.

[9] A. Azadian: Ann. des Falsifications **15**, 405 (1922) — Chem. Zbl. **1923 I**, 962.

[10] J. Zellner (mit G. Pelikant u. K. Breyer): Mh. Chem. **46**, 611 (1925) — Chem. Zbl. **1926 II**, 599.

[11] H. Thoms: Ber. dtsch. pharmaz. Ges. **33**, 68 (1923) — Chem. Zbl. **1923 III**, 1029.

enthält Invertzucker mit stark überwiegender Fructose[1]. Rhododendron hirsutum L. enthält geringe Mengen von Invertzucker[2]. In Wacholderbeeren[3] 32—33%.

Beeren von Lonicera xylosteum[4] 23,05%
   ,,   ,,   ,,   nigra 30,37%
   ,,   ,,   Viburnum Opulus 31,92%
   ,,   ,,   ,,   Lantana 24,76%
 ,.   ,   Sambucus nigra 21,87%
   ,,   ,,   ,,   racemosa 8,33%
   ,,   ,,   Symphoricarpus racemosus[4] 54,73%

Die löslichen Anteile der Halwa enthalten 33,64 bzw. 37,49% Invertzucker[5]. Im indischen Stocklack[6].

Darstellung: Durch Inversion von Rohrzuckerlösungen mit Invertase[7]. — Zusammenstellung der Patentliteratur über Herstellung von Invertzucker[8].

Nachweis und Bestimmung: Qualitativer Nachweis im Rohrzucker mit Soldainischer Lösung[9]. Es wird die für Glykose und Maltose aufgestellte Tabelle von Wein für Invertzucker ausgedehnt[10]. Jodometrische Bestimmung[11]. Bestimmung mittels Fehlingscher Lösung, durch Titrieren nach Soxhlet, mit Methylenblau als Indicator. So kann das Tüpfeln vermieden werden. Tabelle für Invertzucker, für sich oder in Gegenwart von Saccharose[12]. Bestimmung in Gegenwart von Rohrzucker[13].

Als Beispiel soll folgende Methode dienen[14]: In einem Erlenmeyerkolben von 300 ccm gibt man 25 ccm des klaren Reagens (17,3 g krystallisiertes Kupfersulfat + 115 g Citronensäure + 500 g krystallisiertes Natriumcarbonat zu 1 Liter), dazu die Zuckerlösung + Wasser bis zusammen 50 ccm. Nach Zusatz kleiner Bernsteinstücken erwärmt man in 3 Minuten zum Kochen, läßt 5 Minuten sieden, zweckmäßig mit Kühlrohr oder Rückflußkühler; dann wird mit kaltem Wasser schnell gekühlt, 3 g Kaliumjodid zugegeben, umgeschüttelt, 25 ccm 25proz. Salzsäure zugegeben und nach etwa $^{1}/_{2}$ Minute mit 0,1n-Thiosulfatlösung titriert. Im blinden Versuch findet man theoretisch 17,3, praktisch 17,0—17,5 ccm, von denen die verbrauchten abgezogen werden. — 1 ccm 0,1n-Thiosulfat entspricht fast genau 3 mg Glykose oder Invertzucker. — Reiner Rohrzucker (10 g) reduziert auf vorstehende Weise so viel, wie 0,33 ccm bei 5 Minuten siedend, 2,10 ccm bei 30 Minuten siedend entsprechen[14].

---

[1] J. Zellner u. J. Falkowsky: Arch. Pharmaz. **265**, 27 (1927) — Chem. Zbl. **1927 I**, 1489.

[2] E. Feyertag u. J. Zellner: Mh. Chem. **47**, 601 (1927) — Chem. Zbl. **1928 II**, 1104.

[3] J. Pritzker u. R. Jungkunz: Schweiz. Apoth.-Ztg **60**, 245 (1922) — Chem. Zbl. **1922 IV**, 445.

[4] Gisela Nowak u. Julius Zellner: Mh. Chem. **42**, 293 (1922) — Chem. Zbl. **1922 III**, 731.

[5] A. Heiduschka u. P. Zywner: Z. Unters. Nahrgsmitt. usw. **45**, 61 (1923) — Chem. Zbl. **1923 IV**, 62.

[6] A. Tschirch u. F. Lüdy jr.: Helvet. chim. Acta **6**, 994 (1923) — Chem. Zbl. **1924 I**, 767.

[7] T. Swann Harding: Sugar **24**, 140—142 (1922) — Chem. Zbl. **1922 IV**, 59, 503.

[8] Strond Jordan: Ind. Chem. **16**, 307 (1924) — Chem. Zbl. **1924 II**, 249.

[9] Rudolf Ofner: Z. Zuckerind. tschechosl. Republik **49**, 87 (1924) — Chem. Zbl. **1925 I**, 777.

[10] Kilp: Z. Spiritusind. **48**, 170 (1925) — Chem. Zbl. **1925 II**, 1233.

[11] Fr. Auerbach u. E. Bodländer: Z. angew. Chem. **35**, 631 (1922) — Chem. Zbl. **1923 II**, 758. — M. van de Kreke: Arch. Suikerind. Nederl. Ind. **1926**, 411 — Chem. Zbl. **1926 II**, 2754. — L. Pick: Listy Cukrovarnické **43**, 185 — Z. Zuckerind. tschechosl. Republik **19**, 251, 259 — Chem. Zbl. **1925 II**, 1103.

[12] J. H. Lane u. L. Eynon: J. Soc. chem. Ind. **42 I**, 32 (1923) — Chem. Zbl. **1923 II**, 1091.

[13] E. Canals: Bull. Soc. Chim. France (4) **31**, 583 (1922) — Chem. Zbl. **1923 II**, 102. — M. A. H. van den Hout, P. A. Neeteson u. A. L. van Scherpenberg: Chem. Weekblad **21**, 578 (1924) — Chem. Zbl. **1925 I**, 777. — Hans Jessen-Hansen: C. r. du lab. Carlsberg **15**, 1 (1923) — Chem. Zbl. **1924 I**, 2018. — R. Ofner: Z. Zuckerind. tschechosl. Republik **50**, 65 (1925) — Chem. Zbl. **1926 I**, 1063. — Z. Zuckerind. tschechosl. Republik **49**, 279 (1925) — Chem. Zbl. **1925 II**, 694. — C. J. de Wolff: Chem. Weekblad **22**, 78 (1925) — Chem. Zbl. **1925 I**, 1820. — L. Pick: Listy Cukrovarnické **43**, 83 — Z. Zuckerind. tschechosl. Republik **49**, 211, 219, 235, 243 — Chem. Zbl. **1925 II**, 434. — Z. Zuckerind. tschechosl. Republik **49**, 87 — Chem. Zbl. **1925 I**, 777. — G. Bruhns: Dtsch. Zuckerind. **54**, 1237 (1930) — Chem. Zbl. **1930 II**, 323.

[14] N. Schoorl: Chem. Weekblad **22**, 132 (1925) — Chem. Zbl. **1925 II**, 96.

Um den Verbrauch an Kaliumjodid einzuschränken, kann mit Vorteil das Rhodanid-verfahren, am besten nach der Vorschrift von Schoorl und Kolthoff[1], verwendet werden, auch wenn Invertzucker neben viel Rohrzucker vorhanden ist. Die Angabe von Kraisy[2], daß Rohrzucker die Reduktion kleiner Invertzuckermengen erhöht, wurde nicht bestätigt gefunden[3]. — Bestimmung in Gemischen von Stärkezucker- und Rohrzuckerprodukten[4]. Die Bestimmung der Trockenmasse von Kunsthonig mit dem Refraktometer[5]. Bestimmung in Melasse[6]. Bestimmung nach der Pikrinsäuremethode[7], mit Ferricyankalium[8].

Physiologische Eigenschaften: Wirkung auf die Hydrolyse des Rohrzuckers in Gegenwart von α-Methylglykosid[9]. — Als guter Ersatz der Glykose für intravenöse Infusionen bewährte sich Calorose (durch Kochen mit verdünnter Weinsäure invertierter Rohrzucker der Chemischen Fabrik Güstrow[10]). — Die relative Süßigkeit des durch Invertase gewonnenen Invertzuckers beträgt (Rohrzucker als Bezugswert = 100 gesetzt) 127,4, des durch künstliche Mischung hergestellten Invertzuckers 130,0[11].

Physikalische und chemische Eigenschaften: Vermindert die Löslichkeit von Saccharose in Wasser[12]. Im Vakuum über P_2O_5 getrockneter Invertzucker absorbiert aus der Luft bei 20° 0,16, 3,00, 73,96% Feuchtigkeit (die Luftfeuchtigkeit war 1,60% nach 1 Stunde, 2,60% nach 9 Tagen, 3,100% nach 25 Tagen). Die Wasseraufnahme war auch nach 25 Tagen noch nicht beendigt[13]. Mit der 7—10fachen Menge Schwefelsäure bei Zimmertemperatur 2,5 Stunden lang stehengelassen, mit der 15fachen Menge der angewandten Schwefelsäure an Wasser zugesetzt und 5 Stunden lang auf dem siedenden Wasserbade erwärmt, wurde in einer Ausbeute von 66,06% wiedergewonnen[14]. Über die Farbsubstanzen, welche bei der Caramelisierung des Rohrzuckers und bei der Einwirkung von Kalk auf Invertzucker entstehen[15]. — Invertzucker und Alkalien[16]. — Wird Invertzucker 18 Stunden mit ammoniakalischem Alkohol am Rückflußkühler gekocht, dann unter vermindertem Druck verdampft, so zeigt er bei der Tollensschen Probe die Gegenwart von Pentosen an[17].

Gärung: Mit Sauterneshefen[18].

[1] Schoorl u. Kolthoff: Pharm. Weekblad **54**, 949 (1918) — Chem. Zbl. **1918 II**, 477.

[2] Kraisy: Z. dtsch. Zuckerind. **1921**, 123 — Chem. Zbl. **1921 IV**, 48.

[3] N. Schoorl: Chem. Weekblad **22**, 285 (1925) — Chem. Zbl. **1925 II**, 1491.

[4] D. R. Nanji u. R. G. L. Beazeley: J. Soc. chem. Ind. **45 I**, 220 (1926) — Chem. Zbl. **1926 II**, 2023.

[5] Fr. Auerbach u. G. Borries: Z. Unters. Nahrgsmitt. usw. **43**, 297 (1922) — Chem. Zbl. **1922 IV**, 596.

[6] R. Ofner: Z. Zuckerind. tschechosl. Republik **47**, 279 (1925) — Chem. Zbl. **1925 II**, 694 — Z. Zuckerind. tschechosl. Republik **52**, 108 (1927) — Chem. Zbl. **1928 I**, 600.

[7] F. Herzfeld: Z. dtsch. Zuckerind. **1926**, 273 — Chem. Zbl. **1926 II**, 665.

[8] A. Jonescu-Matiu: Bull. Soc. Chim. Romania **9**, 68 (1927) — Chem. Zbl. **1928 I**, 2114.

[9] J. M. Nelson u. Benjamin Freeman: J. of biol. Chem. **63**, 365 (1925) — Chem. Zbl. **1925 II**, 539. — J. M. Nelson u. C. J. Post: J. of biol. Chem. **68**, 265 (1926) — Chem. Zbl. **1926 II**, 745.

[10] Fritz Sacki: Dtsch. med. Wschr. **48**, 1276 (1922) — Chem. Zbl. **1922 III**, 1269.

[11] J. J. Willamann, C. S. Wahlin u. A. Biester: Amer. J. Physiol. **73**, 397 — Chem. Zbl. **1925 II**, 1372.

[12] Richard F. Jackson u. Clara Gillis Silsbee: Dept. of commerce Technologic papers of the bureau of standards **1924**, Nr 259, 277—304 — Z. dtsch. Zuckerind. **1924**, 847—877 — Chem. Zbl. **1925 I**, 310.

[13] C. A. Browne: Sugar **25**, 73 (1923) — Chem. Zbl. **1923 III**, 120.

[14] A. Kiesel u. N. Semiganoowsky: Ber. dtsch. chem. Ges. **60**, 333—338 (1927) — Chem. Zbl. **1927 I**, 1624.

[15] Mario Garino u. Aldo Tosonotti: Giorn. Chim. ind. appl. **11**, 8 (1929) — Chem. Zbl. **1929 I**, 2251.

[16] V. Ctyroky: Listy Cukrovarnické **44**, 501 (1927) — Z. Zuckerind. tschechosl. Republik **51**, 230—236 (1927) — Chem. Zbl. **1927 I**, 1894. — W. Windisch, P. Kolbach u. H. Ruckdeschel: Wschr. Brauerei **44**, 405, 417, 429, 441 (1927) — Chem. Zbl. **1928 I**, 124. — J. Schlemmer: Listy Cukrovarnické **45**, 243 — Z. Zuckerind. tschechosl. Republik **51**, 422 (1927) — Chem. Zbl. **1927 II**, 881.

[17] Duane T. Englis u. Cedric Hale: J. amer. chem. Soc. **47**, 446 (1925) — Chem. Zbl. **1925 I**, 1749.

[18] Gayon u. Dubourg: C. r. Acad. Sci. Paris **110**, 865 (1890). — A. Fernbach, M. Schoen u. M. Mori: C. r. Acad. Sci. Paris **184**, 168 (1927) — Chem. Zbl. **1927 I**, 2687. — A. Fernbach u. N. Schiller: C. r. Acad. Sci. Paris **178**, 2196 (1924) — Chem. Zbl. **1924 II**, 1107.

d, l-Rohrzucker (?).

Bei der Vereinigung von Wasserstoff und Kohlenoxyd unter Luftausschluß in Gegenwart von heißem Zinkstaub zu Formaldehyd soll sich angeblich unter anderen Zuckern im Sonnenlicht d, l-Rohrzucker bilden[1].

Saccharose C[2].

Mol-Gewicht: 342,24.
Zusammensetzung: $C_{12}H_{22}O_{11}$.

Darstellung: Durch Kondensation von β-Tetraacetylglykose mit der normalen Tetraacetylfructose (2, 6) in Chloroform mit Phosphorpentoxyd entsteht das Oktaacetat, daraus durch Verseifung nach Zemplén die Saccharose C.

Physikalische und chemische Eigenschaften: Amorphes, ziemlich hygroskopisches Pulver vom Schmelzp. 104°; $[\alpha]_D^{22} = -24{,}6°$ in Wasser bei $c = 2{,}0764$. Leicht löslich in Essigsäure, Methylalkohol und verdünntem Alkohol, sehr empfindlich gegen Alkalien. — Reduziert Fehlingsche Lösung nach kurzem Kochen und entfärbt Kaliumpermanganat in der Kälte. Ist gegen Säuren viel beständiger als Saccharose A und liefert dabei Invertzucker.

Derivate: Oktaacetylverbindung $C_{28}H_{28}O_{19}$. Aus Alkohol Krystalle. Schmelzp. 113 bis 114°; $[\alpha]_D^{21} = -60{,}8°$ in Chloroform bei $c = 1{,}472$. Ziemlich löslich in Benzol, unlöslich in Petroläther, wenig löslich in kaltem Alkohol.

Saccharose D[3].

Ist höchstwahrscheinlich identisch mit der Isosaccharose von Irvine.

Mol-Gewicht: 342,24.
Zusammensetzung: $C_{12}H_{22}O_{11}$.

Darstellung: Oktaacetylrohrzucker wird mit konzentrierter Salzsäure 3 Stunden bei Zimmertemperatur stehengelassen, wobei ein Gemisch von Tetraacetylglykose und Tetraacetylfructose entsteht. Die Substanzen sind amorph. Sie geben in Chloroformlösung mit Phosphorpentoxyd behandelt das Oktaacetat der Saccharose D und daraus durch Verseifung nach Zemplén den freien Zucker.

---

[1] Hans Vogel: Z. Zuckerind. tschechosl. Republik **49**, 152 (1925) — Chem. Zbl. **1925 I**, 1780.

[2] Amé Pictet u. Hans Vogel: Helvet. chim. Acta **11**, 905 (1928) — Chem. Zbl. **1929 I**, 229.

[3] Amé Pictet u. Hans Vogel: Helvet. chim. Acta **11**, 436, 905 (1928) — Chem. Zbl. **1928 I**, 1391; **1929 I**, 229.

Physikalische und chemische Eigenschaften: Aus Wasser mit einer Mischung von Alkohol + Äther gefällt, mikrokrystallinisches Pulver vom Schmelzp. 127°; $[\alpha]_D^{21} = +19,0°$ in Wasser bei $c = 2,756$. Fast unlöslich in Alkohol. Reduziert Fehlingsche Lösung nicht und wird von Kaliumpermanganat nicht angegriffen. Wird durch Säuren leicht hydrolysiert unter Bildung von Invertzucker.

Derivate: Oktaacetylverbindung $C_{28}H_{28}O_{19}$. Prismen aus Alkohol, Schmelzp. 125°; $[\alpha]_D^{21} = +20,3°$ in Chloroform bei $c = 2,9$.

Isosaccharose.

Höchstwahrscheinlich identisch mit Saccharose D von Pictet.

Physikalische und chemische Eigenschaften: Aus Oktaacetylisosaccharose mit absoluter alkoholischer Dimethylaminlösung. Nadeln aus Methylalkohol + Alkohol. Sintert bei 152°, Zersetzungsp. 194°. $[\alpha]_D = +38—40°$ in Wasser. Ist schwerer hydrolysierbar als Rohrzucker unter Bildung von Invertzucker[1].

Derivate: Oktaacetylisosaccharose[1] $C_{28}H_{38}O_{19}$. Aus Tetraacetylglykose und Tetraacetyl-chlor-γ-fructose in Gegenwart einer Base. Aus Tetraacetylglykose und Tetraacetyl-γ-fructose in Gegenwart eines wasserentziehenden Mittels. z. B. P_2O_5. — Prismen aus heißem Alkohol, Schmelzp. 131—132°; $[\alpha]_D = +19,2°$ in Chloroform. Ein äquimolekulares Gemisch von Tetraacetylglykose und Tetraacetyl-γ-fructose, welches durch Aufspaltung von Oktaacetylrohrzucker mit Acetylbromid-Essigsäure erhalten worden ist, gibt bei der Kondensation ebenfalls nur Isosaccharose. Dasselbe Resultat wurde erhalten, wenn zur Kondensation eine Tetraacetyl-γ-fructose verwendet wurde, die durch Behandlung von Triacetylanhydrofructose mit Acetylchlorid + Salzsäure gewonnen worden war[2].

β-d-Glykosido-1-d-fructose[3].

Mol-Gewicht: 342,24.
Zusammensetzung: $C_{12}H_{22}O_{11}$.

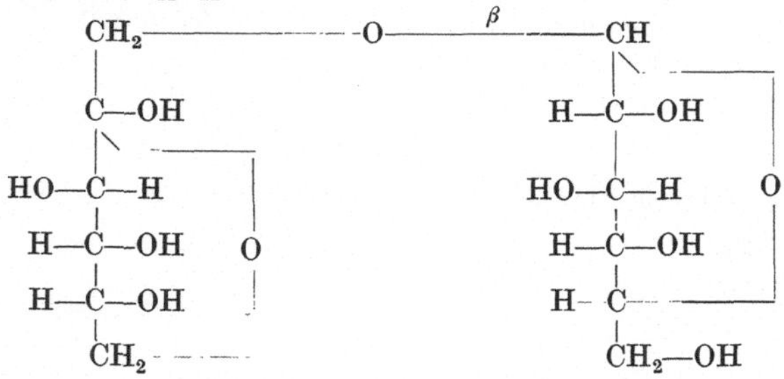

$$
\begin{array}{ll}
\text{CH}_2\!\!-\!\!-\!\!-\!\!-\text{O}\!\!-\!\!\overset{\beta}{-}\!\!-\text{CH} \\
\quad|\qquad\qquad\qquad\qquad|\quad\diagdown \\
\quad\text{C—OH}\qquad\qquad\quad\text{H—C—OH} \\
\quad\diagdown\qquad\qquad\qquad\qquad| \\
\text{HO—C—H}\qquad\qquad\text{HO—C—H}\qquad\text{O} \\
\quad|\qquad\qquad\qquad\qquad| \\
\text{H—C—OH}\qquad\text{O}\qquad\text{H—C—OH} \\
\quad|\qquad\qquad\qquad\qquad| \\
\text{H—C—OH}\qquad\qquad\quad\text{H—C} \\
\quad|\qquad\qquad\qquad\qquad| \\
\quad\text{CH}_2\qquad\qquad\qquad\text{CH}_2\text{—OH}
\end{array}
$$

Derivate: Oktaacetyl-β-d-glykosido-1-d-fructose $C_{28}H_{38}O_{19}$. Aus 2, 3, 4, 5-Tetraacetylfructose und Acetobromglykose in Chloroform mit Silberoxyd bei Zimmertemperatur. Aus abs. Alkohol, dann aus gleichen Teilen Äther + Chloroform mit Petroläther. Nadeln. Schmelzpunkt 129°, $[\alpha]_D^{20} = +14,1°$ in Chloroform.

Trehalose (Bd. II, S. 404; Bd. VIII, S. 211; Bd. X, S. 595).

Geschichte der Entdeckung, Identifizierung und Darstellung im Zustande hoher Reinheit und größerer Menge[4].

[1] James Colquhoun Irvine, John Walter Hyde Oldham u. Andrew Forrester Skinner: J. amer. chem. Soc. **51**, 1279 (1929) — Chem. Zbl. **1929 II**, 287 — J. Soc. chem. Ind. **47**, 494 (1928) — Chem. Zbl. **1928 II**, 542.

[2] James Colquhoun Irvine u. John Hyde Oldham: J. amer. chem. Soc. **51**, 3609 (1929) — Chem. Zbl. **1930 I**, 1121.

[3] Burckhardt Helferich u. Hellmuth Bredereck: Liebigs Ann. **465**, 166 (1928) — Chem. Zbl. **1928 II**, 1550.

[4] T. Swann Harding: Sugar **24**, 14 (1922) — Chem. Zbl. **1922 III**, 428.

Konstitution: Die natürliche Trehalose ist die α, α-Verbindung[1], mit zwei pyroiden Glykoseresten. Die mit Tritylchlorid in Pyridin leicht zugängliche 6, 6'-Ditrityltrehalose wird in ihr Hexaacetat überführt, daraus durch Spaltung mit Bromwasserstoff in Eisessig die 2, 3, 4, 2', 3', 4'-Hexaacetyltrehalose gewonnen, die mit Essigsäureanhydrid und Pyridin in Oktaacetyl-trehalose, mit p-Toluolsulfochlorid in Pyridin in das 6, 6'-Di-p-toluolsulfo-derivat übergeht. Letzteres läßt sich mit Natriumjodid in Aceton in das Hexaacetyltrehalose 6, 6'-dijodhydrin umwandeln, aus welchem Silberfluorid zweimal Jodwasserstoff abspaltet unter Bildung von Hexaacetyltrehalose-dien. Da die Verbindung Fehlingsche Lösung nicht reduziert, muß in der Trehalose und ihren sämtlichen hier beschriebenen Derivaten das pyroide System vorliegen[2]. — Auch die Berechnungen von C. S. Hudson[3] sprechen für folgende Konstitution:

$$
\begin{array}{ccccc}
\text{CH} & \xrightarrow{\ \alpha\ } & \text{O} & \xrightarrow{\ \alpha\ } & \text{CH} \\
\text{H—C—OH} & & & & \text{H—C—OH} \\
\text{HO—C—H} & \text{O} & & & \text{HO—C—H}\quad\text{O} \\
\text{H—C—OH} & & & & \text{H—C—OH} \\
\text{H—C} & & & & \text{H—C} \\
\text{CH}_2\text{—OH} & & & & \text{CH}_2\text{—OH}
\end{array}
$$

Vorkommen: Im Mutterkorn des „Diss" 0,7°/$_{00}$ und im Mutterkorn des Hafers[4]. In dem alkoholischen Extrakt der Hefe. Es ist unbekannt, ob sich die Trehalose in der Hefe als solche vorfindet, oder ob sie erst durch Hydrolyse während des langen Extraktionsvorganges entsteht[5]. — Aus Myxomyceten, besonders von der auf faulendem Birkenholz lebenden Reticularia Lycoperdon, konnte bei der Extraktion mit heißem Alkohol Trehalose erhalten werden[6]. Der krystallisierte Zucker der Florideen ist nicht Trehalose, sondern ein Glykosid der Galaktose[7]. — In 21 Abarten der in Japan wachsenden Selaginellaceen[8].

Bildung: Trehalose entsteht im Champignon aus den Zuckern, die im Kulturmilieu anwesend sind[9]. Aus Trehalosemonophosphorsäureester, siehe dort[10].

Darstellung: Die Extraktion von auf Wildhafer gefundenem Mutterkorn mit starkem Alkohol liefert viel Trehalose[11]. Nach Anselmino und Gilg[12] erhält man aus Selaginella lepidophylla 2,5% Trehalose. Harding[13] konnte aber nur 1,5% in Maximo gewinnen, mitunter versagte das Verfahren vollkommen. — Man schüttelt 5 kg grob zerschnittene Selaginella 15 Minuten mit 30 l heißem Wasser, filtriert ab und wäscht den Rückstand mit 70 l Wasser. Man erhält einen Auszug, der im 2-dm-Rohr etwa 4° Wentzke dreht. Man behandelt mit basischem Bleiacetat, entfernt im Filtrate das überschüssige Blei mit Schwefelwasserstoff, entfärbt mit 100 g Norit, engt das farblose Filtrat unter vermindertem Druck auf 0,5 l ein und gibt 2 Volum 95proz. Alkohol zu. Es ist nötig, jetzt die Fällung mit basischem Bleiacetat zu wiederholen. Zum Filtrate von Bleisulfid-Niederschlage gibt man Schwefelsäure vom spezifischen Gewicht 1,5 in sehr geringem Überschuß, engt auf etwa 125 ccm zu einem klaren, strohgelben Syrup ein, verdünnt mit 95proz. Alkohol auf etwa 500 ccm und läßt bei etwa 0° krystallisieren[13].

<hr>

[1] Hudson: J. amer. chim. Soc. **38**, 1566 (1916). — Hans Vogel u. Halina Debowska-Kurnicka: Helvet. chem. Acta **11**, 910 (1928) — Chem. Zbl. **1929 I**, 229.

[2] H. Bredereck: Ber. dtsch. chem. Ges. **63**, 959 (1930) — Chem. Zbl. **1930 I**, 3771.

[3] C. S. Hudson: J. amer. chem. Soc. **51**, 1710 (1930).

[4] G. Tanret: Bull. Sci. pharmacol. **29**, 169 (1922) — Chem. Zbl. **1922 III**, 1229 — Bull. Soc. Chim. France (4) **31**, 444 (1923) — Chem. Zbl. **1923 III**, 564.

[5] Elizabeth M. Koch u. F. C. Koch: Science (N. Y.) **61**, 570 (1925) — Chem. Zbl. **1925 II**, 1455.

[6] Nicolaus Iwanow: Biochem. Z. **162**, 455 (1925) — Chem. Zbl. **1926 I**, 702.

[7] H. Colin u. E. Guéguen: C. r. Acad. Sci. Paris **190**, 653 (1930) — Chem. Zbl. **1930 I**, 3798.

[8] T. Yamashita u. F. Sato: J. pharmacol. Soc. Japan **49**, 106 (1929) — Chem. Zbl. **1929 II**, 1930.

[9] F. Obaton: C. r. Soc. Biol. Paris **93**, 304 (1925) — Chem. Zbl. **1925 II**, 1453.

[10] Robert Robison u. Walter Thomas James Morgan: Biochemic. J. **22**, 1277 (1928) — Chem. Zbl. **1929 I**, 870.

[11] E. O. v. Lippmann: Ber. dtsch. chem. Ges. **55**, 3038 (1922) — Chem. Zbl. **1923 I**, 102.

[12] Anselmino u. Gilg: Ber. dtsch. pharmaz. Ges. **23**, 326 (1913) — Chem. Zbl. **1913 II**, 444.

[13] T. Swann Harding: Sugar **25**, 476 (1924) — Chem. Zbl. **1924 I**, 2016.

Eine bessere Ausbeute von 20—25% erhält man aus Trehala Manna, doch ist diese zu schwer erhältlich, so daß Selaginella der günstigere Ausgangsstoff ist. 500 g Manna wird am Rückflußkühler das erstemal mit 2500, das zweitemal mit 750 ccm Alkohol ausgekocht und der Rückstand mit Alkohol nachgewaschen. Die vereinigten Auszüge engt man auf etwa 400 ccm ein, verdünnt mit 1 l Wasser, behandelt mit basischem Bleiacetat, entfernt das überschüssige Blei als Sulfid, entfärbt mit Norit, engt das Filtrat auf 100 ccm ein, gibt 50 ccm 95proz. Alkohol zu und läßt krystallisieren, wobei man noch mehr Alkohol zusetzt, um die Bildung eines festen Krystallkuchens zu verhindern[1].

Nachweis und Bestimmung: In Pilzen. Die Pilze (das Mycel) werden zweimal mit destilliertem Wasser gewaschen, mit siedendem Alkohol versetzt, mit reinem Sand verrieben und erschöpfend am Rückflußkühler mit Alkohol von 80° Bé ausgezogen. Die vereinigten Auszüge werden unter vermindertem Druck eingedampft, der Rückstand mit Wasser aufgenommen, mit Bleisubacetat gefällt, der Bleiüberschuß mit Natriumcarbonat entfernt. Nach sorgfältigem Waschen der Niederschläge wird die Flüssigkeit im Wasserbad auf 100 ccm eingeengt. Die Bestimmung geschieht polarimetrisch[2].

Physiologische Eigenschaften: Wird von Lycoperdon piriforme im Reifezustand bei der Sporenbildung für die Atmung verbraucht[3]. Trehalose ist ohne erkennbaren Einfluß auf die Spaltung des Rohrzuckers mittels Invertin[4]. — Schmeckt für die Bienen süß[5]. — Verwertung durch Honigbienen[6] und ihre Larven[7]. Die Hemmung der Saponinhämolyse verschiedenen Grades erfolgt bei menschlichen Zellen als Testobjekt durch Trehalose[8]. Trehalose ist ein Gegenmittel von Insulin[9].

Physikalische und chemische Eigenschaften: Optisches Verhalten, Brechungsindex und Habitus der Krystalle[10]. — Kinetik der Hydrolyse[11]. Über die Oxydation der Trehalose in Lösungen, die Dinatriumhydrophosphat und Methylenblau enthalten, durch hindurchgesaugte Luft[12]. — Mit salzsaurer Tryptophanlösung erhitzt gibt Trehalose die Glykosereaktion von P. Thomas und E. Maftei. S. d.[13].

Gärung: Wird vom Bacillus paratyphosus menschlicher und tierischer Herkunft wie vom B. enteritidis Gärtner unter Säure- und Gasbildung zerlegt. Nur B. suipestifer greift das Disaccharid nicht an. In einem Nährmedium, das geringe Mengen Serumwasser, 0,5% Trehalose und 1% Andradeindicator enthält, gelingt es, den B. Schottmülleri (menschlicher Herkunft) von den vom Tier stammenden Paratyphus B-Bacillen zu differenzieren. Diese erzeugen nach 3—4 Tagen ein rotes Koagulum, während jener ein leicht rosa gefärbtes oder farbloses bildet. Die biochemischen Differenzen der Stämme gehen parallel mit den serologischen[14]. Wird von einer Reinkultur eines Granulobaktertyps nicht angegriffen[15]. Wird durch Milzbrandbacillen ohne Gasentwicklung vergoren[16].

Derivate: Trehalose-tetrachlorhydrindisulfat[17] $C_{12}H_{14}O_{11}Cl_4S_2$. Ein eiskaltes Gemisch von 30 ccm Pyridin mit 70 ccm Chloroform wird unter Ausschluß von Luftfeuchtigkeit mit 5,8 g Sulfurylchlorid gemischt und dann sofort mit 1,7 g feingepulverter Trehalose, die in 5 ccm Chloroform aufgeschlämmt sind, versetzt. Unter Erwärmen geht der Hauptteil in Lösung. Nach 2stündigem Aufbewahren in Eis wird die Chloroformlösung mehrfach mit Wasser, dann

[1] T. Swann Harding: Sugar **25**, 476 (1924) — Chem. Zbl. **1924 I**, 2016.
[2] F. Obaton: C. r. Soc. Biol. Paris **93**, 304 (1925) — Chem. Zbl. **1925 II**, 1453.
[3] N. N. Ivanoff: Biochem. Z. **135**, 1 (1923) — Chem. Zbl. **1923 III**, 630.
[4] Richard Kuhn: Hoppe-Seylers Z. **135**, 1 (1924) — Chem. Zbl. **1924 II**, 344.
[5] K. v. Frisch: Naturwiss. **15**, 321; **16**, 307 (1928) — Chem. Zbl. **1928 II**, 367.
[6] E. F. Phillips: J. agricult. Res. **35**, 385 (1927) — Chem. Zbl. **1928 I**, 937.
[7] L. M. Bertholf: J. agricult. Res. **35**, 429 (1927) — Chem. Zbl. **1928 I**, 937.
[8] E. Ponder u. W. Ph. Kennedy: Biochemic. J. **20**, 237 (1926). — Chem. Zbl. **1926 II**, 250.
[9] Carl Voegtlin, Edith R. Dunn u. J. W. Thomson: Amer. J. Physiol. **71**, 574—582 (1925) — Chem. Zbl. **1925 II**, 199.
[10] G. T. Keenan: J. Washington Acad. Sci. **16**, 433 (1927) — Chem. Zbl. **1927 I**, 1151.
[11] Emyr Alun Moelwyn-Hughes: Trans. Faraday Soc. **25**, 81 (1929) — Chem. Zbl. **1929 I**, 2874.
[12] H. A. Spoehr: J. amer. chem. Soc. **46**, 1494 (1924) — Chem. Zbl. **1924 II**, 937.
[13] Pierre Thomas u. Elena Maftei: Bul. Soc. da Stiinte din Cluj **3**, 41—44 (1926) — Chem. Zbl. **1927 I**, 779.
[14] Stewart A. Koser: J. inf. Dis. **29**, 67—72 (1921) — Chem. Zbl. **1922 I**, 207.
[15] Guy C. Robinson: J. of biol. Chem. **53**, 125 (1922) — Chem. Zbl. **1922 III**, 1382.
[16] Martin Kritensen: Zbl. Bakter. I **101**, 220—224 (1927) — Chem. Zbl. **1927 I**, 1330.
[17] B. Helferich, A. Löwa, W. Nippe u. H. Riedel: Ber. dtsch. chem. Ges. **56**, 1083 (1923) — Chem. Zbl. **1923 III**, 198.

mit Kaliumbisulfatlösung gewaschen, mit Chlorcalcium getrocknet. Nach dem Verdampfen des Chloroforms unter vermindertem Druck erhält man ein Öl, das beim Verreiben unter Wasser allmählich fest wird. Dies Rohprodukt wird mit etwas Tierkohle aus 10 Teilen Methylalkohol umkrystallisiert, dann in Äther gelöst und mit 3 Teilen Petroläther gefällt. Erhält nach nochmaligem Umkrystallisieren aus Methylalkohol 0,97 g Material in weißen, seideglänzenden Nädelchen. Sie verkohlen von ca. 175° an. Fast unlöslich in Wasser, Ligroin, Petroläther, sonst ziemlich löslich. $[\alpha]_D^{17} = +151,9°$ [1].

Trehaloseschwefelsaures Ba $(C_{12}H_{21}O_{14}S)_2Ba$. $[\alpha]_D^{18} = +128,75°$ in Wasser. Ist gegen Aspergillus niger resistent [2].

Trehalosephosphorsaures Ba $C_{24}H_{44}O_{28}P_2Ba$. $[\alpha]_D^{19} = +135,5°$ in Wasser. Ist gegen Aspergillus niger resistent [2].

Trehalosemonophosphorsäureester [3]. Aus dem Reaktionsprodukt der Vergärung von Fructose durch Trockenhefen mittels des in Wasser leicht löslichen Bariumsalzes isoliert und durch das Brucinsalz gereinigt. $[\alpha]_{5461}$ der freien Säure $= +185°$, des Bariumsalzes $= +143°$, des Brucinsalzes $= +31°$. Bei der Einwirkung von Knochenphosphatase wird Trehalose gebildet. Bei der Hydrolyse mit kochender Mineralsäure entsteht Glykose und Glykosemonophosphorsäureester, der dann weiter zu Glykose und Phosphorsäure gespalten wird. Wird durch Trockenhefe leicht vergoren.

6, 6′-Ditrityl-trehalose [4] $C_{50}H_{50}O_{11}$. Aus Trehalose, Triphenylchlormethan und Pyridin. Aus abs. Alkohol Krystalle vom Schmelzp. 278°—281° mit 2,5 Mol Krystall-Alkohol; $[\alpha]_D^{19} = +62,8°$ in Pyridin; leicht löslich in Pyridin, sonst schwer bis unlöslich.

Hexaacetyl-6, 6′-ditrityl-trehalose [4] $C_{62}H_{62}O_{17}$. Durch Acetylierung der 6, 6′-Ditrityltrehalose. Aus Alkohol Krystalle vom Schmelzp. 245—247°; $[\alpha]_D^{21} = +115,7°$. Unlöslich in Wasser, Ligroin, Petroläther, sonst mehr oder weniger leicht löslich.

2, 3, 4, 2′, 3′, 4′-Hexaacetyltrehalose [4] $C_{24}H_{34}O_{17}$. Aus der vorstehenden Verbindung mit Bromwasserstoff in Eisessig. Aus Alkohol + Petroläther Krystalle vom Schmelzp. 93 bis 96°; $[\alpha]_D^{19} = +158,3°$ in Chloroform. Aus den Mutterlaugen scheidet sich eine zweite Form ab vom Schmelzp. 118—121°, wahrscheinlich ein Krystallisomeres. Regeneriert mit Tritylchlorid die Hexaacetyl-6, 6′-Ditrityltrehalose.

2, 3, 4, 6, 2′, 3′, 4′, 6′-Oktaacetyltrehalose [4]. Aus der vorstehenden Verbindung durch Acetylierung. Aus Alkohol Krystalle vom Schmelzp. 70—75°, nach dem Trocknen, Schmelzpunkt 100—102°.

Hexaacetyltrehalose-6, 6′-di-p-toluolsulfoester $C_{38}H_{46}O_{21}S_2$. Aus der Hexaacetylverbindung mit p-Toluolsulfochlorid in Pyridin. Aus Alkohol Krystalle. Schmelzp. 170—172°; $[\alpha]_D^{20} = +136,1°$ in Chloroform, unlöslich in Wasser, Ligroin. Petroläther.

Hexaacetyl-trehalose-6, 6′-dijodhydrin [4] $C_{24}H_{32}O_{15}J_2$. Aus der 6, 6′-Diparatoluolsulfoverbindung mit Jodnatrium in Aceton. — Aus Alkohol Krystalle, Schmelzp. 191—193°; $[\alpha]_D^{19,5} = +92,1°$ in Chloroform. Mit Silberfluorid wird unter Jodwasserstoff abspaltend Hexaacetyltrehalose-dien erhalten.

Isotrehalose (Bd. VIII, S. 211).

Bildung [5]: Die Kondensation von Tetraacetyl-d-glykose mittels benzolischer Salzsäure ohne und mit wasserentziehenden Mitteln oder Katalysatoren erwies sich als ungeeignet zur Darstellung der Verbindungen vom Trehalosetypus. Die Kondensation erreichte keinen höheren Betrag als 10% und ging vielfach wieder bei längerer Einwirkung zurück. Besser gelingt die Kondensation mit geschmolzener Tetraacetylglykose und Zinkchlorid, die bis zu 50% an Disaccharid ergibt. Die besten Ausbeuten an Kondensationsprodukt wurden erhalten durch 2 Minuten lange Einwirkung von 2 g Zinkchlorid auf 5 g geschmolzene Tetraacetylglykose bei 140° und Extrahieren der Mischung mit siedendem Benzol.

---

[1] B. Helferich, A. Löwa, W. Nippe u. H. Riedel: Ber. dtsch. chem. Ges. **56**, 1083 (1923) — Chem. Zbl. **1923 III**, 198.

[2] B. Helferich, A. Löwa, W. Nippe u. H. Riedel: Hoppe-Seylers Z. **128**, 141 (1923) — Chem. Zbl. **1923 III**, 1003.

[3] Robert Robison u. Walter Thomas James Morgan: Biochemic. J. **22**, 1277 (1928) — Chem. Zbl. **1929 I**, 870.

[4] H. Bredereck: Ber. dtsch. chem. Ges. **63**, 959 (1930) — Chem. Zbl. **1930 I**, 3771.

[5] Hans Heinrich Schlubach u. Kurt Maurer: Ber. dtsch. chem. Ges. **58**, 1178 (1925) — Chem. Zbl. **1925 II**, 1951.

Derivate: Oktamethylisotrehalose $C_{20}H_{38}O_{11}$. Durch erschöpfende Methylierung des obigen Reaktionsproduktes mit Dimethylsulfat und Natronlauge. — Sirup, Siedep. 160°bei 0,015 mm; $n_D^{20} = 1,4626$; $[\alpha]_D^{20} = +82,8°$ in Benzol bei $c = 0,64$. — Gibt bei der Hydrolyse nur 17% 2, 3, 5, 6-Tetramethylglykose, während aus Oktamethyltrehalose 73% gewonnen werden. Die Verbindung ist wahrscheinlich das Derivat einer α, β-Trehalose.

<h2 style="text-align:center">α, β-Trehalose[1].</h2>

$$C_{12}H_{22}O_{11}$$

Mol-Gewicht: 342,24.

Zusammensetzung: 42,12% C; 6,48% H.

Darstellung: Aus β-Tetraacetylglykose in Toluollösung beim Erwärmen zunächst mit Zinkchlorid, dann mit Phosphorpentoxyd entsteht die Oktaacetylverbindung in einer Ausbeute von 15%. Diese gibt beim Verseifen nach Zemplén die α, β-Trehalose.

Physikalische und chemische Eigenschaften: Aus Wasser mit einem Gemisch von 1 Teil Äther und 5 Teilen Alkohol. Etwas hygroskopische Tafeln vom Schmelzp. 85°, Zersetzung bei 97°. $[\alpha]_D^{22} = +67,1$ in Wasser bei $c = 4,919$. — Ziemlich löslich in heißem Methylalkohol, verdünntem Alkohol, Essigsäure, sonst unlöslich.

Derivate: Oktaacetylverbindung $C_{28}H_{38}O_{19}$. Nadeln vom Schmelzp. 68—70°; $[\alpha]_D^{20} = +68,1°$ in Chloroform bei $c = 2,042$.

<h2 style="text-align:center">Galaktobiose vom Trehalosetyp[1].</h2>

$$C_{12}H_{22}O_{11}$$

Mol-Gewicht: 342,24.

Zusammensetzung: 42,12% C; 6,48% H.

Darstellung: Die Oktaacetylverbindung entsteht aus β-Tetraacetylgalaktose[2] in Chloroformlösung bei der Einwirkung von Phosphorpentoxyd in einer Ausbeute von 18%. Daraus gewinnt man durch Verseifung nach Zemplén die Galaktobiose.

Physikalische und chemische Eigenschaften: Aus Wasser mit einer Mischung von Alkohol + Äther amorphes, ziemlich hygroskopisches Pulver vom Schmelzp. 122°, $[\alpha]_D^{20} = +67,8°$ in Wasser bei $c = 0,936$.

Derivate: Oktaacetylverbindung $C_{28}H_{38}O_{19}$. — Aus Wasser Pulver vom Schmelzp. 82—83°; $[\alpha]_D^{20} = +51,7°$ in Chloroform bei $c = 2,0977$.

<h2 style="text-align:center">Mannosido-1-mannose[3].</h2>

$$C_{12}H_{22}O_{11}$$

Mol-Gewicht: 342,24.

Zusammensetzung: 42,12% C; 6,48% H.

$$
\begin{array}{ccc}
& \mathrm{O} & \\
\mathrm{CH} & & \mathrm{CH} \\
\mathrm{HO-C-H} & & \mathrm{HO-C-H} \\
\mathrm{HO-C-H} \quad \mathrm{O} & & \mathrm{HO-C-H} \quad \mathrm{O} \\
\mathrm{H-C-OH} & & \mathrm{H-C-OH} \\
\mathrm{H-C} & & \mathrm{H-C} \\
\mathrm{H_2C-OH} & & \mathrm{H_2C-OH}
\end{array}
$$

Darstellung: Aus der Tetraacetonverbindung durch 4stündiges Kochen mit 0,01 n-Schwefelsäure.

Physikalische und chemische Eigenschaften: Sirup, reduziert nicht Fehlingsche Lösung. $[\alpha]_D^{17} = +53°$ in Wasser.

---

[1] Hans Vogel u. Halina Deboroska-Kurnicka: Helvet. chim. Acta **11**, 910 (1928) — Chem. Zbl. **1929 I**, 229.

[2] Unna: Diss. Berlin 1911.

[3] Karl Freudenberg, Anton Wolf, Erich Knopf u. Syed H. Zaheer: Ber. dtsch. chem. Ges. **61**, 1750 (1928) — Chem. Zbl. **1928 II**, 2123.

Derivate: **Diacetonmannosidodiacetonmannose** $C_{24}H_{38}O_{11}$. Aus Diacetonmannose-1-chlorhydrin und Diacetonmannose. — Aus Methylalkohol Prismen vom Schmelzp. 180—181°; $[\alpha]_D^{18} = +84°$ in Acetylentetrachlorid.

Amygdalose (Disaccharid des Amygdalins), Amygdalobiose
(Bd. VIII, S. 211; Bd. X, S. 597).

Ist identisch mit Gentiobiose, siehe dort.

Turanose (Bd. II, S. 405).

Konstitution[1]:

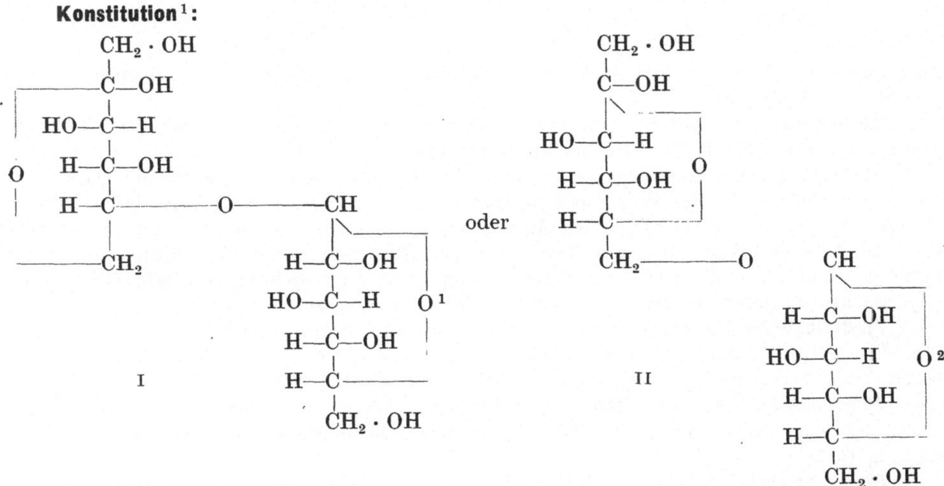

Formel II ist wahrscheinlicher, da Turanose vermutlich eine γ-Fructosekomponente enthält[3].

Darstellung: Eine leichte Gewinnung von Turanose beruht auf der Vergärbarkeit eines Drittels des Trisaccharids Melecitose mittels Löwenbrauereihefe[4]. — Melecitose wird in wässeriger Lösung durch 45 Minuten langes Erwärmen mit 1 promill. H_2SO_4 auf dem Wasserbad zu Turanose + Glykose hydrolysiert, von denen letztere durch alkoholische Gärung entfernt wird[5]. Läßt sich nach Animpfen aus Methylalkohol gut umkrystallisieren[6].

Physiologische Eigenschaften: Emulsinpräparate greifen nicht an. Turanose wird nur vom Enzymgemisch aus Aspergillus oryzae gespalten[4]. — Turanose wird nicht gespalten von Emulsin, Rhamnodiastase oder Autolysat von Oberhefe. Dagegen spaltet Autolysat aus Unterhefe sehr gut. In 15 Minuten werden 45% Spaltung erhalten, in 2 Stunden ist praktisch vollständige Spaltung erfolgt[7].

Physikalische und chemische Eigenschaften: Die frisch bereitete wässerige Lösung zeigt 3 Minuten nach dem Auflösen etwa $[\alpha]_D^{20} = +43,5°$, welcher Wert innerhalb 20 Minuten bei etwa $[\alpha]_D^{20} = +75,6$ konstant wird. — Ist deshalb eine β-Form des Disaccharids. — Besitzt süßen Geschmack. Schmelzp. 157°. Die Krystalle sind gut gebildete Prismen[6]. — Inversionskonstante[8] $K \cdot 10^4$ bei 70° = 4,2.

---

[1] Géza Zemplén u. Géza Braun: Ber. dtsch. chem. Ges. **59**, 2230 (1926) — Chem. Zbl. **1926 II**, 2561.

[2] Géza Zemplén: Ber. dtsch. chem. Ges. **59**, 2540 (1926) — Chem. Zbl. **1927 I**, 883.

[3] Grace Cumming Leitch: J. chem. Soc. Lond. **1927**, 588 — Chem. Zbl. **1927 I**, 2981.

[4] Richard Kuhn u. Georg Ernst v. Grundherr: Ber. dtsch. chem. Ges. **59**, 1655 (1926) — Chem. Zbl. **1926 II**, 2561.

[5] T. Aagaard: Tidskr. Kemi Bergvaesen **8**, 16, 35 — Chem. Zbl. **1928 I**, 2594.

[6] C. S. Hudson u. Eugen Pacsu: Science (N. Y.) **69**, 278 (1929) — Chem. Zbl. **1929 I**, 2299.

[7] M. Bridel u. T. Aagaard: C. r. Acad. Sci. Paris **184**, 1667 (1927) — Chem. Zbl. **1927 II**, 1246. — T. Aagaard: Tidskr. Kemi Bergvaesen **8**, 16, 35 — Chem. Zbl. **1928 I**, 2594.

[8] Karl Freudenberg, Walter Dürr u. Heinrich v. Hochstetter: Ber. dtsch. chem. Ges. **61**, 1738 (1928) — Chem. Zbl. **1928 II**, 2120.

Gentiobiose (Bd. II, S. 406; Bd. VIII, S. 213; Bd. X, S. 596).

Ist identisch mit der Amygdalinbiose.

Konstitution[1]:

$$
\begin{array}{ll}
\text{CH(OH)} & \overset{\beta}{\text{————}}\text{CH} \\
\text{H—C—OH} & \text{H—C—OH} \\
\text{HO—C—H} \quad \text{O} \qquad \text{O} \quad \text{HO—C—H} \quad \text{O} \\
\text{H—C—OH} & \text{H—C—OH} \\
\text{H—C————} & \text{HC————} \\
\text{CH}_2\text{————} & \text{CH}_2\text{—OH}
\end{array}
$$

Ist durch eine Synthese von **Helferich** und **Klein** bewiesen (siehe Oktaacetylgentiobiose). — β-Glykosido-6-Glykose.

Vorkommen: Kommt in den Hydrolyseprodukten von Getreidestärke vor. 5,7 % der festen Stoffe des „Hydrol" bestehen aus Gentiobiose[2].

Bildung: Als Nebenprodukt bei der Selbstkondensation der Glykose bei der Darstellung von Isomaltose[3]. Bei der katalytischen Hydrierung des Heptaacetyl Amygdalins entsteht Heptaacetylgentiobiose[4] (s. dort). Bei Anwendung eines Trockenpräparates von Untergärhefe der Schloßbrauerei Schöneberg zur Gewinnung von Revertose wurde die Bildung von Gentiobiose beobachtet[5]. — Gentiobiose konnte als Produkt der Einwirkung von Hefeextrakten auf Glykose nachgewiesen werden[6]. Der Zucker des α-Crocins ist Gentiobiose[7].

Physiologische Eigenschaften: Wird durch die Gentiobiase quantitativ in Glykose überführt[8]. — Wird von dialysierter Schneckenlichenase gespalten[9]. Gentiobiose ist ohne erkennbaren Einfluß auf die Spaltung des Rohrzuckers mittels Invertin[10].

Physikalische und chemische Eigenschaften: Reduktionsvermögen der Gentiobiose (bestimmt nach **Bertrand**): 10, 20, 30, 40 mg Gentiobiose entspricht 11,4, 22,5, 33,1, 43,2 mg Cu[8].

Derivate: Gentiobiosyl-1-fluorid $C_{12}H_{21}O_{10}F$. Aus 6-(Tetraacetyl-β-glykosido)-2, 3, 4-tribenzoyl-glykosyl-fluorid, durch Verseifung mit methylalkoholischem NH_3, 20 Stunden bei Zimmertemperatur. Körnige Kryställchen aus CH_3OH. Schmelzp. 215—220° unter Zersetzung. $[\alpha]_D^{20} = +33,47°$. Leicht löslich in Wasser; wenig löslich in Alkoholen, sonst wenig bis unlöslich. **Fehling**sche Lösung wird langsamer reduziert als durch den freien Zucker[11].

α-**Fluoracetylgentiobiose, Acetofluorgentiobiose** $C_{26}H_{35}O_{17}F$. Berechnetes Drehungsvermögen $[\alpha]_D = +40°$ in Chloroform[12]. Aus Gentiobiosylfluorid, durch kurzes Erhitzen mit Acetanhydrid und Na-Acetat. Nadeln vom Schmelzp. 162—163°[11]. — Aus CH_3OH bis zur konstanten Drehung umkrystallisiert. Schmelzp. 168—169°. $[\alpha]_D^{20} = +43,80°$ (Chloroform; $c =$ etwa 2,45)[13].

---

[1] W. N. **Haworth** u. B. **Wylam:** J. chem. Soc. Lond. **123**, 3120 (1923) — Chem. Zbl. **1924 I**, 1508. — C. S. **Hudson:** J. amer. chem. Soc. **51**, 1708 (1930).

[2] H. **Berlin:** J. amer. chem. Soc. 48, 2627 (1926) — Chem. Zbl. **1926 II**, 2921.

[3] A. **Georg** u. A. **Pictet:** Helvet. chim. Acta 9, 612 (1926) — Chem. Zbl. **1926 II**, 1131. — H. **Berlin:** Sugar **28**, 518 (1926) — Chem. Zbl. **1926 I**, 3397; **1927 I**, 589.

[4] **Max Bergmann** u. **Werner Freudenberg:** Ber. dtsch. chem. Ges. **62**, 2785 (1929).

[5] H. **Pringsheim, J. Bondi** u. J. **Leibowitz:** Ber. dtsch. chem. Ges. **59**, 1983 (1926) — Chem. Zbl. **1926 II**, 2561.

[6] V. **Isajev:** J. Inst. Brewing **32**, Nr 12, 22 (1926) — Chem. Zbl. **1927 I**, 1599.

[7] P. **Karrer** u. **Kozo Miki:** Helvet. chim. Acta **12**, 985 (1929) — Chem. Zbl. **1929 II**, 2685.

[8] P. **Karrer** u. M. **Staub:** Biochem. Z. **152**, 207 (1924) — Chem. Zbl. **1925 I**, 674.

[9] P. **Karrer** u. M. **Staub:** Helvet. chim. Acta **7**, 916 (1924) — Chem. Zbl. **1924 II**, 2487.

[10] **Richard Kuhn:** Hoppe-Seylers Z. **135**, 1 (1924) — Chem. Zbl. **1924 II**, 344.

[11] B. **Helferich,** K. **Bäuerlein** u. F. **Wiegand:** Liebigs Ann. **447**, 27 (1926) — Chem. Zbl. **1926 I**, 2324.

[12] C. S. **Hudson** u. F. P. **Phelps:** J. amer. chem. Soc. **46**, 2591 (1924) — Chem. Zbl. **1925 I**, 641.

[13] D. H. **Brauns:** J. amer. chem. Soc. **49**, 3170 (1927) — Chem. Zbl. **1928 I**, 798 — J. amer. chem. Soc. **48**, 2776 (1926) — Chem. Zbl. **1927 I**, 419.

6-(Tetraacetyl-β-glykosido)-2, 3, 4-tribenzoyl-glykosyl-fluorid[1] $C_{14}H_{41}O_{17}F$.

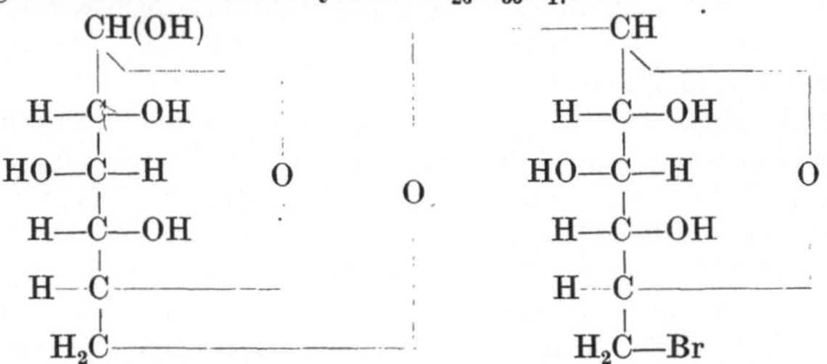

Aus 2, 3, 4-Tribenzoyl-glykosyl-fluorid mit Acetobromglykose und Ag_2O in CCl_4 durch 3—5stündiges Schütteln bei Zimmertemperatur. Feine Nadeln aus Alkohol. Schmelzp. 195—196°. $[\alpha]_D^{23} = +15°$ in Chloroform. Es löst sich leicht in Aceton, Chloroform, CCl_4, schwer bis gar nicht in Methanol, Alkohol und Wasser[1].

α-Acetochlorgentiobiose, α-Chloracetylgentiobiose $C_{26}H_{35}O_{17}Cl$. Berechnetes Drehungsvermögen $[\alpha]_D = +82°$ in Chloroform[2]. — Aus dem Oktaacetat mit Acetanhydrid + HCl in Gegenwart von $ZnCl_2$, 22 Stunden bei 3—5°. Wird aus Chloroform mit Äther ausgefällt, dann aus CH_3OH bis zur konstanten Drehung umkrystallisiert. Schmelzp. 148°. $[\alpha]_D^{20} = +80,52°$ (Chloroform; $c = $ etwa 2,6)[3]. — Nimmt man die Darstellung der Chlorheptaacetylgentiobiose in Abwesenheit von $ZnCl_2$ vor, so erhält man ein Gemisch der α- und β-Formen von $[\alpha]_D^{20} = -7,0° \rightarrow +19,8°$ (Chloroform), das noch eine geringe Menge eines Dichlorderivates enthält. Legt man für die Drehung der β-Chlorheptaacetylgentiobiose den nach Hudson berechneten Wert —32° zugrunde, so enthält das obige Gemisch etwa 75% β-Verbindung[3]. Aus β-Oktaacetylgentiobiose mit Titantetrachlorid. Prismen aus absolutem Alkohol, Schmelzp. 142—143°; $[\alpha]_D^{20} = +89,22°$ in Chloroform[4].

α-Acetobromgentiobiose, Bromacetylgentiobiose $C_{26}H_{35}O_{17}OBr$. $[\alpha]_D$ berechnet $= +108°$ in Chloroform[5]. Durch gleichzeitige Bromierung und Acetylierung von Gentiobiose, lösen in mit Bromwasserstoff gesättigten Essigsäureanhydrid[6]. Darstellung aus dem Oktaacetat in Chloroform mit HBr-Eisessig bei 0°, 1,5 Stunden. Schmelzp. 131—133°, $[\alpha]_D^{19} = 111,8°$ in Chloroform[7]. Aus Chloroform mit Äther Nadeln vom Schmelzp. 144°. $[\alpha]_D^{20} = +101,08°$ (Chloroform; $c = $ etwa 2,45)[3].

Heptaacetylgentiobiose-6′-bromhydrin[8] $C_{26}H_{35}O_{17}Br$.

Aus 1 Mol Acetodibromglykose und etwa 4 Mol Tetraacetylglykose in Chloroform mit Silberoxyd bei Zimmertemperatur in 6 Stunden. Krystalle aus Alkohol, Schmelzp. 240° korr.; $[\alpha]_D^{17} = +2,38°$ in Chloroform. — Leicht löslich in Chloroform, weniger in Aceton und Essigester, wenig löslich in Alkohol und Äther, schwer löslich in Petroläther. —

[1] B. Helferich, K. Bäuerlein u. F. Wiegand: Liebigs Ann. **447**, 27 (1926) — Chem. Zbl. **1926 I**, 2324.

[2] C. S. Hudson u. F. P. Phelps: J. amer. chem. Soc. **46**, 2591 (1924) — Chem. Zbl. **1925 I**, 641.

[3] D. H. Brauns: J. amer. chem. Soc. **49**, 3170 (1927) — Chem. Zbl. **1928 I**, 798.

[4] Eugen Pacsu: Ber. dtsch. chem. Ges. **61**, 1508 (1928) — Chem. Zbl. **1928 II**, 872.

[5] C. S. Hudson: J. amer. chem. Soc. **46**, 462 (1924) — Chem. Zbl. **1924 I**, 2100. — C. S. Hudson u. F. P. Phelps: J. amer. chem. Soc. **46**, 2591 (1924) — Chem. Zbl. **1925 I**, 641.

[6] Ray Campbell u. Walter Normann Haworth: J. chem. Soc. Lond. **125**, 1337 (1924) — Chem. Zbl. **1924 II**, 847.

[7] Géza Zemplén: Ber. dtsch. chem. Ges. **47**, 702 (1924).

[8] Burckhardt Helferich u. Herbert Collatz: Ber. dtsch. chem. Ges. **61**, 1640 (1928) — Chem. Zbl. **1928 II**, 2126.

Wegen der Schwerlöslichkeit in Wasser wird Fehlingsche Lösung praktisch nicht reduziert. Die Kondensation von 1, 2, 3, 4-Tetraacetylglykose und Acetodibromglykose mit Silbercarbonat in Chloroform wird dadurch wesentlich verbessert, daß man das entstehende Wasser mit Calciumchlorid bindet und die Reaktion durch Zusatz von Jod beschleunigt [1].

Gentiobiose-6'-bromhydrin [2] $C_{12}H_{21}O_{10}Br$. Aus vorstehender Verbindung bei der Verseifung nach Zemplén, Abtrennung vom Natriumacetat durch Überführung in das Sulfat. Aus Methylalkohol zu Drusen vereinigte Prismen, die nach Sintern bei etwa 100° bei 125 bis 130° unter Zersetzung schmelzen. — Sie enthalten wahrscheinlich Krystallflüssigkeit. Die wässerige Lösung zeigt keine merkliche Drehung, in Gegenwart von Borax dagegen schwache Linksdrehung. $[\alpha]_D^{18} = -12°$. Hygroskopisch, reduziert in der Wärme Fehlingsche Lösung.

Acetodibromgentiobiose [3] $C_{24}H_{32}O_{15}Br_2$. Aus Heptaacetylgentiobiose-6'-bromhydrin in Chloroform mit Bromwasserstoff in Eisessig nach 2 Stunden. Aus Chloroform mit Petroläther feine Nadeln vom Schmelzp. etwa 193° unter Zersetzung; $[\alpha]_D^{18} = +108,1°$ in Chloroform.

Hexaacetylgentiobiose-6'-bromhydrin [3] $C_{24}H_{33}O_{16}Br$. Aus vorstehender Verbindung mit wasserhaltigem Aceton und Silbercarbonat. Aus Aceton mit Petroläther Nadeln vom Schmelzp. 264° korr.; $[\alpha]_D^{18} = +9,9° \rightarrow +41,45°$ in Pyridin, Anfangswert 20 Minuten nach der Auflösung, der durch Extrapolation berechnete Anfangswert liegt im negativen Gebiet. Leicht löslich in Pyridin, weniger löslich in Chloroform, Aceton, Essigester, Alkohol, Äther, unlöslich in Petroläther.

α-Acetojodgentiobiose, α-Jodheptaacetylgentiobiose $C_{26}H_{35}O_{17}J$. Berechnetes Drehungsvermögen $[\alpha]_D = +136°$ in Chloroform [4]. — Aus dem Oktaacetat in CH_2Cl_2 mit HJ in Gegenwart von ZnJ_2 15 Minuten bei $-15°$; aus Chloroform mit Äther lange Nadeln vom Schmelzp. 134° (Zersetzung). $[\alpha]_D^{20} = +126,10°$ (Chloroform; $c =$ etwa 2,2). Nimmt man die Darstellung der Jodheptaacetylgentiobiose in Abwesenheit von ZnJ_2 vor, so erhält man ein Gemisch der α- und β-Formen von $[\alpha]_D^{20} = -14,2° \rightarrow +98,3°$ (Chloroform), woraus sich der Gehalt an β-Verbindung zu etwa 67% berechnet, wenn man für die β-Jodheptaacetylgentiobiose den nach Hudson berechneten Wert $-83°$ zugrunde legt [5].

β-Heptaacetyl-gentiobiose-6'-jodhydrin [1] $C_{26}H_{35}O_{17}J$. Aus dem Bromhydrin mit Jodnatrium in Aceton 48 Stunden bei 100°. Aus Alkohol Krystalle vom Schmelzp. 250—252°; $[\alpha]_D^{20} = -3,6°$ in Pyridin. Ziemlich löslich in Pyridin, Essigsäure, Chloroform, weniger in Alkohol, Essigester, wenig. löslich in Methylalkohol, unlöslich in Wasser.

α-Nitro-acetyl-gentiobiose. Heptaacetylnitrogentiobiose. Noch nicht dargestellt. Berechnendes Drehungsvermögen $[\alpha]_D = +70°$ [4].

Heptaacetylgentiobiose [6] $C_{26}H_{38}O_{18}$. Aus Heptaacetylamygdalin durch hydrierende Spaltung mit Palladiummohr nach Wieland-Tausz-Putnoky in Eisessig. Aus Methylalkohol lange Nadeln vom Schmelzp. 178°; $[\alpha]_D^{20} = +35,31° \rightarrow +30,4°$ in Pyridin. Leicht löslich in Chloroform, Pyridin, Aceton, weniger in Methylalkohol, Alkohol, fast unlöslich in Petroläther und Wasser.

β-Oktaacetyl-gentiobiose. Synthese: Aus 1, 2, 3, 4-Tetraacetyl-β-glykose und Acetobromglykose in Chloroform mit Silberoxyd. Nadeln aus absolutem Alkohol Schmelzp. 196° (korr.); $[\alpha]_D^{20} = -5,35°$ in Chloroform [7]. — Nädelchen aus Alkohol. Schmelzp. 184—191°. $[\alpha]_D^{21} = -5,8°$ in Chloroform [8].

---

[1] Burckhardt Helferich, Eckart Bohn u. Siegfried Winkler: Ber. dtsch. chem. Ges. **63**, 989 (1930) — Chem. Zbl. **1930 I**, 3771.

[2] Burckhardt Helferich u. Herbert Collatz: Ber. dtsch. chem. Ges. **61**, 1640 (1928) — Chem. Zbl. **1928 II**, 2126.

[3] Burckhardt Helferich u. Herbert Collatz: Ber. dtsch. chem. Ges. **61**, 1643 (1928) — Chem. Zbl. **1928 II**, 2126.

[4] C. S. Hudson u. F. P. Phelps: J. amer. chem. Soc. **46**, 2591 (1924) — Chem. Zbl. **1925 I**, 641.

[5] D. H. Brauns: J. amer. chem. Soc. **49**, 3170 (1927) — Chem. Zbl. **1928 I**, 798.

[6] Max Bergmann u. Werner Freudenberg: Ber. dtsch. chem. Ges. **62**, 2783 (1929) — Chem. Zbl. **1930 I**, 36.

[7] Burckhardt Helferich u. Wilhelm Klein: Liebigs Ann. **450**, 219 (1926) — Chem. Zbl. **1927 I**, 1149.

[8] B. Helferich, K. Bäuerlein u. F. Wiegand: Liebigs Ann. **447**, 27 (1926) — Chem. Zbl. **1926 I**, 2324.

Fein gepulverte Enzianwurzeln (200 g) werden mit 2 l Wasser übergossen, mit 20 g frischer Hefe versetzt (in 2 Portionen während 24 Stunden) und 2 Tage bei 30° stehengelassen. Dann gibt man 100 ccm basische Pb-Acetatlösung (D. 1,25) hinzu, behandelt das Filtrat mit H_2S, filtriert nach Entfernung des Überschusses durch Tierkohle und dampft unter vermindertem Druck ein. Der braune Sirup wird 5mal mit je 200 ccm CH_3OH extrahiert, die Extrakte nach Verdampfen mit Essigsäureanhydrid + Na-Acetat acetyliert und das Oktaacetat aus Alkohol umkrystallisiert[1].

Rohe Isomaltose wird mit Essigsäureanhydrid und Na-Acetat acetyliert. Es bilden sich Isomaltoseacetat und β-Oktaacetat der Gentiobiose, die durch Krystallisation leicht getrennt werden können. Gentiobioseacetat ist ein Nebenprodukt (höchstens 3%), bildet Nadeln vom Schmelzp. 195°[2].

Bei der Herstellung krystalliner d-Glykose durch Hydrolyse von Getreidestärke mit verdünnter HCl verbleibt eine Mutterlauge, „Hydrol" genannt, die annähernd 70% vergärbares und 30% nichtvergärbares Material in der Trockensubstanz enthält. 450 g „Hydrol" mit etwa 75% festen Stoffen wurden in 2600 g Wasser gelöst und mit 25 g Bäckerpreßhefe versetzt. Nach 1wöchiger Vergärung bei 28—30° wurde 15 Minuten gekocht, auf Zimmertemperatur abgekühlt, mit kalt gesättigter Lösung von Ba-Hydroxyd neutralisiert, wieder gekocht und heiß filtriert. Das Filtrat und die Waschwässer wurden im Vakuum auf 1500 ccm eingeengt, mit Entfärbungskohle behandelt, filtriert und im Vakuum so weit abgedampft, daß der Sirup etwa 200 g wog. Dieser wurde 3 Stunden mit 1500 ccm absolutem Methanol am Rückflußkühler gekocht und die alkoholische Lösung am nächsten Tage abgegossen. Diese Behandlung wurde 2mal mit 500 ccm absolutem Methanol wiederholt. Die vereinigten Lösungen wurden mit Äther versetzt, bis sich kein Niederschlag mehr bildete. Die Äther-Alkohol-Lösung wurde abgetrennt und der Niederschlag im Vakuumexsiccator über kaustische Soda und Paraffin bei Zimmertemperatur getrocknet. Ausbeute 31% der festen Stoffe des Hydrol. $[\alpha]_D^{30}$ $= +70,4°$. Das Material wurde mit Essigsäureanhydrid in Gegenwart von Pyridin bei 55 bis 60° acetyliert und die Lösung nach Stehen über Nacht in Wasser gegossen. Der unlösliche Teil wurde mit kaltem Wasser gewaschen und im Vakuum getrocknet. Er besteht aus β-Gentiobioseoktaacetat, lange Nadeln aus Äther, Schmelzp. 195—196°, $[\alpha]_D^{26} = -5,61°$ in Chloroform[3]. Durch Acetylierung des Heptaacetats mit Essigsäureanhydrid und Pyridin. Schmelzp. 192—193,5°[4].

Phenylosazon des synthetischen Produktes bildet gelbe Nadeln aus wasserhaltigem Essigester. Schmelzp. 170—173°[5].

ellobiose, Cellose (Bd. II, S. 406; Bd. VIII, S. 213; Bd. X, S. 598).

onstitution: Cellobioseoxim läßt sich in Oktaacetylcellobionsäurenitril umwandeln I.

```
        C≡N
         |
    H—C—O—OC—CH₃
         |
CH₃—CO—O—C—H
         |
    H—C———————O———————CH
         |                  \
    H—C—O—OC—CH₃        H—C—O—OC—CH₃  |
         |                  |
    CH₂—O—OC—CH₃       CH₃—CO—O—C—H       O
                            |
                       H—C—O—OC—CH₃
                            |
                       H—C——————————
                            |
                       CH₂—O—OC—CH₃
```

I

---

[1] W. N. Haworth u. B. Wylam: J. chem. Soc. Lond. **123**, 3120 (1923) — Chem. Zbl. **1924 I**, 1508.

[2] A. Pictet u. A. Georg: C. r. Acad. Sci. Paris **181**, 1035 (1925) — Chem. Zbl. **1926 I**, 2192 — Helvet. chim. Acta **9**, 444 (1926) — Chem. Zbl. **1926 I**, 3464.

[3] H. Berlin: J. amer. chem. Soc. **48**, 2627 (1926) — Chem. Zbl. **1926 II**, 2921.

[4] Max Bergmann u. Werner Freudenberg: Ber. dtsch. chem. Ges. **62**, 2783 (1929) — Chem. Zbl. **1930 I**, 36.

[5] B. Helferich, K. Bäuerlein u. F. Wiegand: Liebigs Ann. **447**, 27 (1926) — Chem. Zbl. **1926 I**, 2324.

Das Nitril läßt sich in Chloroformlösung mit Natriummethylat zu d-Glyko-d-Arabinose II abbauen.

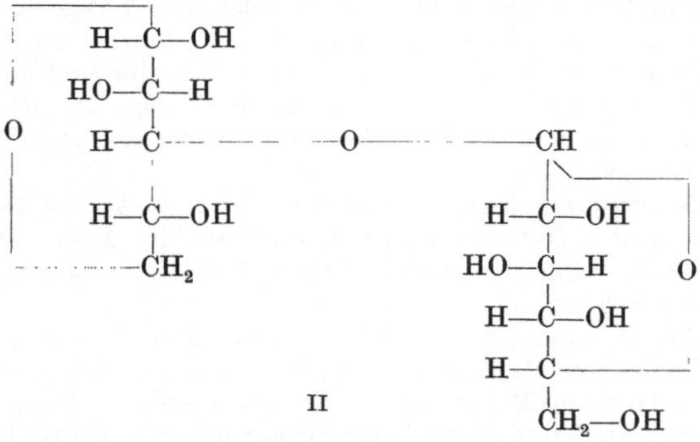

$$
\begin{array}{ll}
\text{H—C—OH} & \\
\text{HO—C—H} & \\
\text{H—C———O———CH} & \\
\text{H—C—OH} & \text{H—C—OH} \\
\text{CH}_2 & \text{HO—C—H} \\
 & \text{H—C—OH} \\
 & \text{H—C} \\
 & \text{CH}_2\text{—OH}
\end{array}
$$

II

Letztere ergibt durch Acetylierung ihres Oxims ein acetyliertes d-Glyko-d-Arabon-säurenitril III, das nach nochmaligem Abbau eine d-Glyko-d-Erythrose IV entstehen läßt.

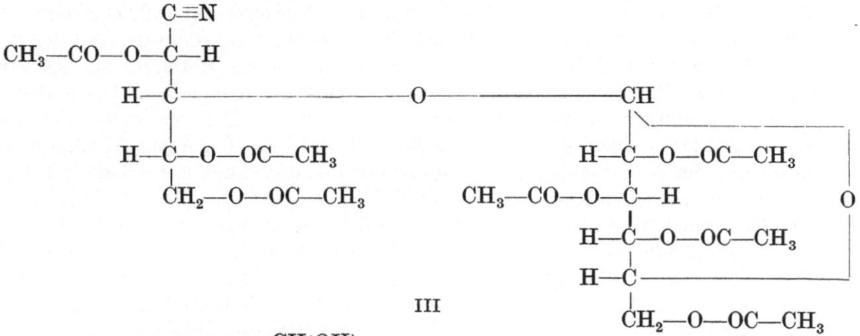

$$
\begin{array}{ll}
\text{C}\equiv\text{N} & \\
\text{CH}_3\text{—CO—O—C—H} & \\
\text{H—C———O———CH} & \\
\text{H—C—O—OC—CH}_3 & \text{H—C—O—OC—CH}_3 \\
\text{CH}_2\text{—O—OC—CH}_3 & \text{CH}_3\text{—CO—O—C—H} \\
 & \text{H—C—O—OC—CH}_3 \\
 & \text{H—C} \\
 & \text{CH}_2\text{—O—OC—CH}_3
\end{array}
$$

III

$$
\begin{array}{ll}
\text{CH(OH)} & \\
\text{H—C———O———CH} & \\
\text{H—C—OH} & \text{H—C—OH} \\
\text{CH}_2 & \text{HO—C—H} \\
 & \text{H—C—OH} \\
 & \text{H—C} \\
 & \text{CH}_2\text{—OH}
\end{array}
$$

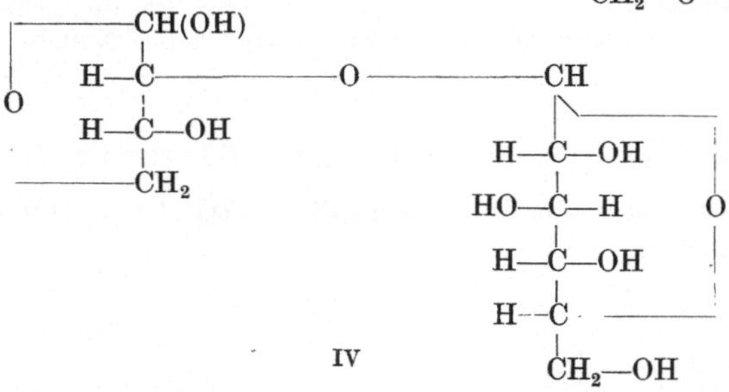

IV

Da die erhaltene Biose zur Osazonbildung nicht mehr befähigt ist, dadurch ist ihre Konstitution sowie diejenige der Cellobiose nach Formel V festgelegt[1].

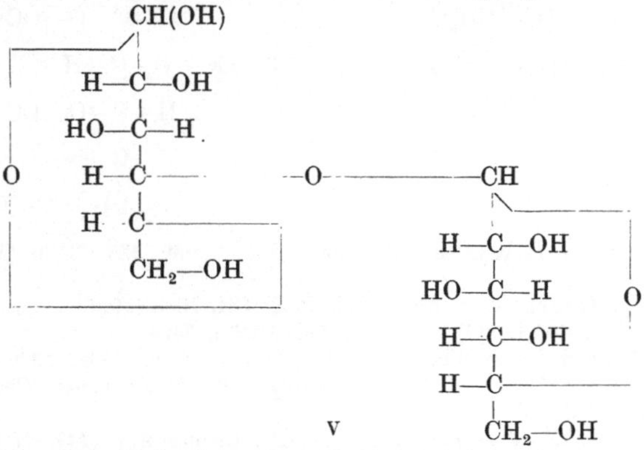

$$
\begin{array}{ll}
\text{CH(OH)} & \\
\text{H—C—OH} & \\
\text{HO—C—H} & \\
\text{H—C———O———CH} & \\
\text{H—C} & \text{H—C—OH} \\
\text{CH}_2\text{—OH} & \text{HO—C—H} \\
 & \text{H—C—OH} \\
 & \text{H—C} \\
 & \text{CH}_2\text{—OH}
\end{array}
$$

V

<hr>

[1] Géza Zemplén: Ber. dtsch. chem. Ges. **59**, 1254 (1926).

Der Zerfall der methylierten Cellobiose in 2, 3, 4, 6-Tetramethylglykose und 2, 3, 6-Trimethylglykose stellt für die Konstitution der Cellobiose die Formel I und II zur Diskussion.

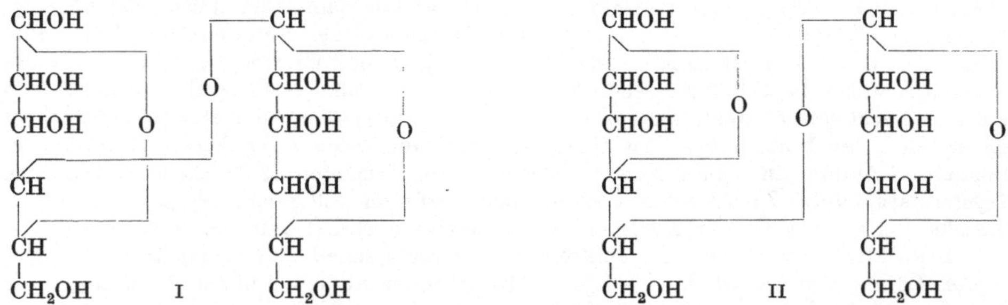

Haworth, Long und Plant zeigen, daß der Cellobiose Formel I zu erteilen ist. Cellobiose und Maltose besitzen also die gleiche Konstitution und unterscheiden sich nur durch die Konfiguration des C-Atoms 1 der Glykosidhälfte. Während Maltose als Glykose-α-glykosid aufzufassen ist, stellt die Cellobiose das zugehörige Glykose-β-glykosid dar[1].

Zu derselben Konstitution gelang C. S. Hudson[2] auf Grund der Berechnungen mit Hilfe der optischen Superposition.

Die Cellobionsäure gibt nur das 1, 5-Lacton, die aus der Cellobiose erhaltene Glykoarabonsäure dagegen auch das 1, 4-Lacton. Diese Verhältnisse stehen im Einklang mit der oben begründeten Auffassung, daß die Cellobiose eine 4-Glykosidoglykose ist[3]:

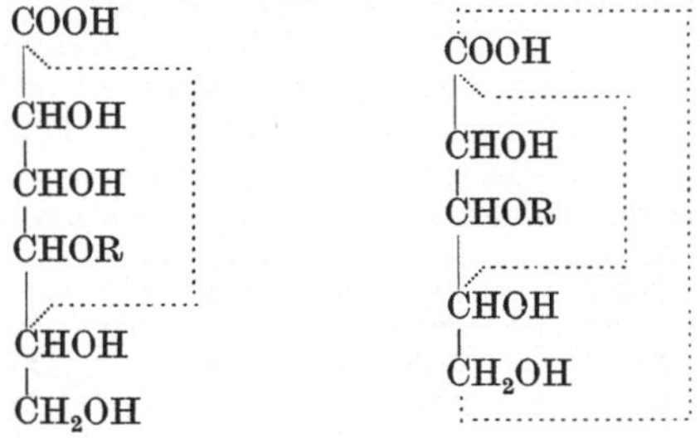

R = Glykosidrest.

Bildung: Lichenin läßt sich durch Malzauszüge, in welchen die Cellobiose durch 6 monatiges Altern vernichtet, und nur die Lichenase erhalten ist, zu 100% in Cellobiose zerlegen. Die Cellobiose wurde durch Überführung in das β-Oktaacetat vom Schmelzp. 195° identifiziert[4]. Weitere Bildungsweisen s. bei Oktaacetylcellobiose.

Darstellung: Aus der Oktaacetylverbindung vom Schmelzp. 222°[5]. 400 g Oktaacetylcellobiose werden in 1 l Chloroform gelöst und in einer Kältemischung aus Eis und Kochsalz stark abgekühlt. Man bereitet dann eine Lösung von 20 g metallischem Natrium in 1 l absolutem Mathylalkohol und kühlt diese ebenfalls mit einer Kältemischung ab. Unter kräftigem Schütteln wird nunmehr die Natriummethylatlösung zur Chloroformlösung der Oktaacetylverbindung zugegossen und unter ständiger Kühlung weiter geschüttelt. Zunächst tritt klare Lösung ein; alsbald scheidet sich aber die Natriummethylat-Additionsverbindung aus, welche die ganze Masse gelatinös erfüllt. Nach etwa 5 Minuten ist die Ausscheidung derselben vollständig. Man setzt jetzt unter Schütteln in kleinen Portionen Eiswasser hinzu, im ganzen 1 l. Die Additionsverbindung geht rasch unter Abspaltung von Essigester in Lösung. Das Reaktionsgemisch wird in einen Scheidetrichter gegossen, und aus der Chloroformschicht werden rasch 10 ccm auf dem Wasserbade verdunstet. Nach gut gelungener Operation hinterläßt die

---

[1] W. N. Haworth, C. W. Long u. J. H. Geoffrey Plant: J. chem. Soc. Lond. **1927**, 2809 — Chem. Zbl. **1928 I**, 799.

[2] C. S. Hudson: J. amer. chem. Soc. **51**, 1712 (1930).

[3] P. A. Levene u. M. L. Wolfrom: J. of biol. Chem. **77**, 671 — Chem. Zbl. **1928 II**, 542.

[4] H. Pringsheim u. W. Kusenack: Hoppe-Seylers Z. **137**, 265 (1924) — Chem. Zbl. **1924 II**, 1210.

[5] Géza Zemplén: Ber. dtsch. chem. Ges. **59**, 1258 (1926) — Chem. Zbl. **1926 II**, 556.

Chloroformlösung keinen oder nur einen ganz minimalen Rückstand. Man setzt dann zur Neutralisation des alkalisch gewordenen Reaktionsgemisches etwa 40—50 ccm Essigsäure zu, schüttelt einmal durch, trennt die Chloroformschicht ab und dampft das Filtrat der wässerigalkoholischen Lösung unter vermindertem Druck bis zum dicken Sirup ein, wobei die Cellobiose schon teilweise krystallisiert. Der Sirup wird jetzt in 1 l warmen absoluten Alkohols eingerührt, wobei die Cellobiose schön krystallisiert und vollkommen farblos ausfällt. Man läßt über Nacht stehen, saugt dann ab, wäscht mit wenig absolutem Alkohol nach und trocknet bei 40—50°. Ausbeute 180—185 g einer Cellobiose, die schon einen hohen Reinheitsgrad besitzt[1]. — Auflösen in heißem Wasser, Einengen unter vermindertem Drucke und nochmalige Krystallisation durch Zusatz von absolutem Alkohol läßt ein völlig reines Präparat entstehen. Dasselbe Verfahren kann mit Erfolg auf andere acylierte Zucker angewendet werden.

10 g Oktaacetat werden (fein gepulvert) portionsweise innerhalb 1 Stunde in 85 ccm einer 10proz. Lösung von Na-Äthylat in 95proz. Alkohol unter starkem Rühren eingetragen. Die Verseifung findet fast augenblicklich statt. Das ausgefallene Na-Salz der Cellobiose wird in möglichst wenig Wasser gelöst und mit Eisessig allmählich gemischt. Über Nacht krystallisiert die Cellobiose fast quantitativ aus. Reinigung durch Fällen der konzentrierten wässerigen Lösung mit Aceton. Nach nochmaligem Umkrystallisieren in der gleichen Weise schmilzt bei 225° (unkorr.). Ausbeute an reinem Produkt 85% [2].

Physiologische Eigenschaften: Wird von dialysierter Schneckenlichenase gespalten[3]. — In den Fermenten der Takadiastase ist eine Cellobiase enthalten, die Cellobiose zu Glykose zu spalten vermag[4]. Fermentative Spaltung der Cellobiose und eine Tabelle, die die Ermittlung der Spaltung auf Grund der Reduktion gestattet[5]. Cellobiose ist ohne erkennbaren Einfluß auf die Spaltung des Rohrzuckers mittels Invertin[6].

Physikalische und chemische Eigenschaften: Bei 110° unter vermindertem Druck getrocknete Cellobiose enthält etwa $^1/_2$ Mol (2,2%) Wasser, nicht $^1/_4$ Mol, wie in der früheren Literatur angegeben wird[7]. — $[\alpha]_D = +34°$, Reduktionskraft 69,7% der Glykose, Schmelzpunkt: 253°[8]. Schmelzp. 225° (unkorr.), $[\alpha]_D = +24,4° \to +35,2°$ (in Wasser)[2]. Aus dem Acetat nach Zemplén. $[\alpha]_D^{22} = +22° \to +35,0°$ (Wasser; $c = 4,43$)[9]. Pringsheim und Baur[5] bestimmten die Reduktionskraft der Cellobiose nach dem Bertrandschen Verfahren.

mg Cellobiose = mg Cu		mg Cellobiose = mg Cu	
20	27,3	10	14,2
18	24,8	8	11,4
16	22,3	6	8,5
14	19,7	4	5,7
12	17,0	2	2,8

Röntgendiagramme[10]. Wasserfreie Cellobiose zeigt eine Verbrennungswärme von 3944 für 1 g Substanz[7]. Bei der Cellobiose ist die Mutarotation begleitet von einer Änderung des Volums und des Brechungsindex, die zweifellos dieselbe Ursache haben[11]. Bei Cellobiose verursacht die kupferammoniakalische Lösung eine Drehungsänderung, die nicht auf seine Alkaliwirkung, sondern auf eine spezifische Kupferwirkung zurückgeführt werden muß[12]. Inversionskonstante[13] bei 70°: $3,4\ K \cdot 10^4$. Kinetik der Hydrolyse[14]. Cellobiose erleidet in einer 50proz.

[1] Géza Zemplén: Ber. dtsch. chem. Ges. **59**, 1258 (1926) — Chem. Zbl. **1926 II**, 556.
[2] F. C. Peterson u. C. C. Spencer: J. amer. chem. Soc. **49**, 2822 (1927) — Chem. Zbl. **1928 I**, 322.
[3] P. Karrer u. M. Staub: Helvet. chim. Acta **7**, 916 (1924) — Chem. Zbl. **1924 II**, 2487.
[4] C. Neuberg u. O. Rosenthal: Biochem. Z. **143**, 399 (1923) — Chem. Zbl. **1924 I**, 782.
[5] H. Pringsheim u. K. Baur: Hoppe-Seylers Z. **173**, 188 (1927) — Chem. Zbl. **1928 I**, 2706.
[6] Richard Kuhn: Hoppe-Seylers Z. **135**, 1 (1924) — Chem. Zbl. **1924 II**, 344.
[7] P. Karrer u. W. Fioroni: Ber. dtsch. chem. Ges. **55**, 2854 (1922).
[8] G. Bertrand u. S. Benoist: C. r. Acad. Sci. Paris **177**, 85 (1923) — Chem. Zbl. **1923 III**, 1213.
[9] P. A. Levene u. M. L. Wolfrom: J. of biol. Chem. **77**, 671 — Chem. Zbl. **1928 II**, 542.
[10] Kurt Heß u. Karl Trogus: Ber. dtsch. chem. Ges. **61**, 1982 (1928) — Chem. Zbl. **1929 I**, 46.
— J. Hengstenberg u. H. Mark: Z. Krystallographie **72**, 301 (1929) — Chem. Zbl. **1930 I**, 513.
[11] Leif Grøgaard: Tidskr. Kemi Bergüasen **1923**, Nr 10 — Chem. Zbl. **1924 I**, 552.
[12] Kurt Heß, Wilhelm Weltzien u. Ernst Meßmer: Liebigs Ann. **435**, 39 (1924).
[13] Karl Freudenberg, Walter Dürr u. Heinrich v. Hochstetter: Ber. dtsch. chem. Ges. **61**, 1738 (1928) — Chem. Zbl. **1928 II**, 2120.
[14] Emyr Alun Moelwyn-Hughes: Trans. Faraday Soc. **25**, 503 (1929) — Chem. Zbl. **1930 I**, 817.

Mischung von Essigsäure und Essigsäureanhydrid mit 96proz. Schwefelsäure keine Spaltung, sondern wird zu etwa 60% acetyliert[1]. — Behandelt man Cellobiose mit einer mit HBr gesättigten Chloroformlösung, so gewinnt man ω-Brommethylfurfurol in 27proz. Ausbeute[2]. Bei der Einwirkung von Kalk auf Cellobiose wird Isosaccharin gebildet[3].

Gärung: Cellobiose kann von celluloselösenden Bakterien angegriffen und unter Bildung von Acetaldehyd abgebaut werden[4]. — Kann zur Differenzierung gewisser Arten innerhalb der Gattungen Escherichia und Areobacter dienen. So können gewisse Stämme von Escherichia neopolitana in zwei Gruppen getrennt werden, von denen die eine den Zucker unter sehr reichlicher Gasbildung vergärt, die andere gar nicht auf ihn einwirkt[5]. Echter Bacterium coli vermag Cellobiose nicht anzugreifen, während alle andern Aerogenesstämme sie unter reichlicher Gasbildung zersetzen[6].

Derivate: α-**Oktaacetylcellobiose.** Verschiedene Versuche, um die Ausbeute an Cellobioseoktaacetat zu ermitteln: Strohcellulose ergab 9,7%, Hanfcellulose 15,9%, Sulfitcellulose 11,5%, Bambuszellstoff 12,5%, Filtrierpapier 26,0%, Baumwollwatte 27,8%, Seidenpapier 27,8% Ausbeute[7].

Eine große Reihe von Untersuchungen, um die Höchstausbeute an Oktaacetylcellobiose zu ermitteln, ergab eine Ausbeute von 42,3% der Theorie. Dies wurde erhalten aus 2 g Baumwolle, 0,2 ccm Schwefelsäure, 8 ccm Essigsäureanhydrid bei 50,4° in 14 Tagen. Nach der Methode von Hess und Friese arbeitend, konnte man nicht mehr als 37% Ausbeute erzielen[8].

75 ccm Eisessig, 75 ccm Essigsäureanhydrid (92proz.) und 8 ccm H_2SO_4 werden bei $-15°$ gemischt, dann 20 g Baumwolle eingetragen. Die Temperatur soll unter $+5°$ bleiben. Wird 2 Stunden bei Zimmertemperatur, dann bei 30° aufbewahrt. Nach 8 Stunden erfolgt eine Lösung, nach 5—6 Tagen beginnt die Cellobioseacetatabscheidung. Nach 10 Tagen wird abfiltriert. Man erhält 10 g, $[\alpha]_D^{21} = +41,6°$ (in Chloroform), Schmelzp. 222°. Das Filtrat wird in 1,5 l Wasser gegossen und mit Na-Acetat abgestumpft. Nach 24 Stunden wird abfiltriert. Der getrocknete Niederschlag wird zweimal mit 80 ccm Alkohol:Äther (1:1) 2 Stunden geschüttelt, der Rückstand aus Alkohol umkrystallisiert. Erhalten 7,7 g, $[\alpha]_D^{20} = +41,8°$, Schmelzp. 221°. Die Alkohol-Äther-Lösung und die Mutterlaugen werden eingedampft, mit 100 ccm Benzol aufgenommen und mit Petroläther 3 Fraktionen gefällt. Fraktion 2 und 3 werden aus Alkohol umkrystallisiert. Erhalten 1,9 g Cellobioseacetat, $[\alpha]_D^{21} = +41,8°$, Schmelzp. 221°. Gesamtausbeute 22,5 g = 50,5% der Theorie. In gleicher Art werden die Acetolysen mit gebleichten Linters, Rohbaumwolle, Ramie, Zellstoff, mercerisierter Baumwolle und Celluloseacetat angesetzt und ähnlich aufgearbeitet (zum Teil als Lösungsmittel Methylalkohol und Eisessig benutzt), Versuche mit $^1/_4$ der obigen Schwefelsäurekonzentration führten in 41 Tagen zur gleichen Ausbeute. 15 g Cellulosetriacetat werden in 3 l Essigsäureanhydrid-Eisessig (1:1) gelöst und bei 0° 120 ccm H_2SO_4 hinzugegeben. Nach 21 Tagen wird in Wasser gegossen. Ausbeute 6,9 g = 39,5% der Theorie[9].

Weitere Versuche über Acetolyse der Cellulose und Bildung von Cellobiose[10]. — Bildet sich bei der Einwirkung von Schwefelsäurechlorhydrin auf Cellulose und nachheriger Umsetzung mit Essigsäureanhydrid[11]. — Das Lichenin des isländischen Mooses, Cetraria islandica, liefert bei der Acetolyse mit Acetanhydrid und konzentrierter H_2SO_4 bei 120° Oktaacetylcellobiose etwa in derselben Ausbeute wie Cellulose[12]. Bei der Acetylierung der in Pyridin gelösten Cellobiose, die durch Erhitzen auf die konstante Enddrehung gebracht war, wird vornehm-

---

[1] Kurt Heß u. Gunther Salzmann: Liebigs Ann. **445**, 111 (1925) — Chem. Zbl. **1926 I**, 888.

[2] H. Hibbert u. H. S. Hill: J. amer. chem. Soc. **45**, 176 (1923) — Chem. Zbl. **1923 I**, 899.

[3] S. V. Hintikka: Ann. Acad. Sci. Fennicae (A) **9**, 3 (1922) — Chem. Zbl. **1923 I**, 296.

[4] Carl Neuberg u. Reinhold Cohn: Biochem. Z. **139**, 527 (1923) — Chem. Zbl. **1923 III**, 1094.

[5] Henry N. Jones: Science (N. Y.) **60**, 455 (1924) — Chem. Zbl. **1925 I**, 557.

[6] Stewart A. Koser: J. inf. Dis. **38**, 506 (1927) — Chem. Zbl. **1927 I**, 2086. — Henry N. Jones u. Louis E. Wiso: J. Bacter. **11**, 359 (1926) — Chem. Zbl. **1927 I**, 3012.

[7] N. Senda u. Y. Uyeda: Cellulose Industry **5**, 3 (1929) — Chem. Zbl. **1929 I**, 2634.

[8] Clayton C. Spencer: Cellulosechemie **10**, 61 (1929) — Chem. Zbl. **1929 II**, 30.

[9] H. Friese u. K. Heß: Liebigs Ann. **456**, 38 (1927) — Chem. Zbl. **1927 II**, 1466 — Liebigs Ann. **450**, 40 (1926) — Chem. Zbl. **1926 II**, 2982.

[10] L. E. Wise u. W. C. Russel: Ind. Chem. **15**, 815 — Chem. Zbl. **1924 II**, 775 — Ind. Chem. **14**, 285; **15**, 711 — Chem. Zbl. **1922 III**, 1373; **1923 IV**, 680.

[11] Erich Gebauer-Fülnegg, William H. Stevens u. Ernst Krug: Mh. Chem. **50**, 324 (1928) — Chem. Zbl. **1929 I**, 870.

[12] P. Karrer u. B. Joos: Biochem. Z. **136**, 537 (1923) — Chem. Zbl. **1923 III**, 834.

lich das α-Cellobioseoktaacetat gebildet[1,2]. Bildet sich aus Cellulosediacetat in Essigsäureanhydrid + Eisessig mit konzentrierter H_2SO_4. $[\alpha]_D^{20} = +41,00$[3]. Aus Fluorheptaacetylcellobiose durch 20proz. H_2SO_4 in Essigsäureanhydrid. Schmelzp. 225°, $[\alpha]_D^{20} = +40°$[4].

Gereinigt durch Umkrystallisieren aus einem Gemisch aus 1 Teil Eisessig und 5 Teile 96proz. Alkohol. Schmelzp. 222,5°, $[\alpha]_D^{22} = +40,2°$ (Chloroform; $c = 4,02$)[5]. Verbrennungswärme 4471 für 1 g Substanz[6]. Löst sich leicht in Lösungen von $Ca(CNS)_2$, $CaBr_2$, $CaCl_2$ usw., ohne daß Verseifung eintritt[7]. Die Untersuchungen über die Verteilung von Oktaacetylcellobiose zwischen Chloroform und Calciumrhodanatlösung ergaben, daß der Verteilungskoeffizient für ein und dieselbe Calciumrhodanatkonzentration konstant bleibt und stark mit abnehmender Salzkonzentration fällt. So fällt der Verteilungskoeffizient des Acetats zur Calciumrhodanatlösung : Chloroform von etwa 3,5 über 0,56 auf 0,04 (bei 9,08 n-, 8,68 n-, 7,90 n-Calciumrhodanatlösung)[8]. — Oktaacetylcellobiose gibt bei der Behandlung der α-Form in einer 50proz. Mischung von Essigsäure und Essigsäureanhydrid mit 96proz. Schwefelsäure reine Oktaacetylcellobiose zurück; ebenso verhält sich die β-Form vom Schmelzp. 195° und $[\alpha]_D = -8,9°$ unter teilweiser Umlagerung in die α-Form (Schmelzp. 209°; $[\alpha]_D = +11,5°$)[9]. Diffusionsversuche an Lösungen in Aceton und Methylformat[10].

Cellobiose-β-oktaacetat, β-Oktaacetylcellobiose. Bei der Acetylierung der in Pyridin suspendierten Cellobiose bei Eiskühlung entsteht hauptsächlich das Cellobiose-β-oktaacetat vom Schmelzp. 192°[1]. Aus dem Bromheptaacetat in Eisessig und Ag-Acetat. Krystalle aus Alkohol. $[\alpha]_D^0 = -14,11°$[4].

Eine Wiederholung der Versuche von Schliemann[2] über die Acetylierung der Cellobiose in Pyridin zeigte, daß aus der festen, in Pyridin suspendierten Cellobiose bei Eiskühlung hauptsächlich das Cellobiose-β-oktaacetat entsteht, während von der in Pyridin gelösten Cellobiose, die durch Erhitzen auf die konstante Enddrehung gebracht war, vornehmlich das α-Cellobioseoktaacetat gebildet wird[1].

α-Acetofluorcellobiose (Fluoracetylcellobiose) Fluorheptaacetylcellobiose $C_{26}H_{35}O_{17}F$ mit $[\alpha]_D = +30°$ in Chloroform muß als α-Verbindung bezeichnet werden[11]. — Aus β-Oktaacetylcellobiose mit wasserfreier HF. Die HF wird aus $KF \cdot HF$ entwickelt und direkt auf das in der Vorlage befindliche Acetat destilliert. Das Reaktionsgemisch wird mit Eiswasser und Chloroform mehrmals geschüttelt, die getrocknete Chloroformlösung hinterläßt ein mit Petroläther erstarrendes Öl. Krystalle aus Alkohol, Schmelzp. 187°. Wenig löslich außer in Chloroform. $[\alpha]_D^{20} = +30,03°$[12]. Aus α-Cellobioseoktaacetat: $[\alpha]_D^{20} = +30,62°$[13].

α-Acetochlorcellobiose, Chloracetylcellobiose. Das Präparat mit $[\alpha]_D = +73°$ in Chloroform muß als α-Verbindung betrachtet werden[11]. — Wurde aus den Chloroform-Äther-Mutterlaugen des Dextrinacetats bei nicht erschöpfendem Fällen mit Äther erhalten[14]. — Darstellung nach Skraup und König[15]. $[\alpha]_D^{20} = +71,70°$; Schmelzp. 200—201°[4].

Acetobromcellobiose (Bromacetylcellobiose) mit $[\alpha]_D = +96°$ in Chloroform muß als α-Verbindung betrachtet werden[11]. Aus Lichenin mit Acetylbromid bei 40°[16].

Darstellung: 100 g Oktaacetyl-cellobiose werden in 200 ccm Chloroform gelöst, 200 ccm mit Bromwasserstoff bei 0° gesättigte Eisessiglösung zugegeben und 6—7 Stunden bei Zimmertemperatur stehengelassen. Ist die Zimmertemperatur hoch, so genügen zur vollständigen Umwandlung 3—4 Stunden. Man gießt dann das Reaktionsgemisch in 1,5 l Eiswasser, zieht

---

[1] H. Ost u. R. Knoth: Papierfabr., Beibl. **3**, 25 (1922) — Chem. Zbl. **1922 III**, 127.

[2] Schliemann: Dissertation. Hannover.

[3] K. Heß u. H. Friese: Liebigs Ann. **450**, 40 (1926) — Chem. Zbl. **1926 II**, 2892.

[4] D. H. Brauns: J. amer. chem. Soc. **48**, 2776 (1926) — Chem. Zbl. **1927 I**, 419.

[5] P. A. Levene u. M. L. Wolfrom: J. of biol. Chem. **77**, 671 — Chem. Zbl. **1928 II**, 542.

[6] P. Karrer u. W. Fioroni: Ber. dtsch. chem. Ges. **55**, 2854 (1922).

[7] K. Schweiger: Hoppe-Seylers Z. **117**, 61—66 (1921) — Chem. Zbl. **1922 I**, 324.

[8] R. O. Herzog u. W. Bergenthun: Liebigs Ann. **433**, 117 (1923) — Chem. Zbl. **1924 I**, 2243.

[9] Kurt Heß u. Gunther Salzmann: Liebigs Ann. **445**, 111 (1925) — Chem. Zbl. **1926 I**, 888.

[10] D. Krüger: Melliands Textilber. **10**, 966 (1929) — Chem. Zbl. **1930 I**, 1463.

[11] C. S. Hudson: J. amer. chem. Soc. **46**, 462 (1924) — Chem. Zbl. **1924 I**, 2100.

[12] D. H. Brauns: J. amer. chem. Soc. **45**, 833 (1923) — Chem. Zbl. **1923 III**, 27.

[13] D. H. Brauns: J. amer. chem. Soc. **48**, 2776 (1926) — Chem. Zbl. **1927 I**, 419 — J. amer. chem Soc. **47**, 1285 (1925) — Chem. Zbl. **1925 II**, 1669.

[14] Kurt Heß, R. Zinger, H. Jensen u. A. Reh: Liebigs Ann. **435**, 58 (1924) — Chem. Zbl. **1924 I**, 753.

[15] Skraup u. König: Mh. Chem. **22**, 1033 (1901).

[16] P. Karrer u. B. Joos: Biochem. Z. **136**, 537 (1923) — Chem. Zbl. **1923 III**, 834.

das Chloroform noch mit 1 l Wasser aus, extrahiert die vereinigten wässerigen Lösungen mit 100—150 ccm Chloroform und wäscht die vereinigten Chloroformlösungen 4—5mal mit Eiswasser, bis die Reaktion auf Kongopapier verschwindet. Die Chloroformlösung wird mit Chlorcalcium getrocknet und unter vermindertem Druck auf etwa die Hälfte des ursprünglichen Volums eingeengt. Jetzt setzt man das gleiche Volum absoluten Äthers zu, worauf die Acetobromcellobiose krystallisiert ausfällt. Man saugt ab und trocknet im Vakuum-Exsiccator über Phosphorpentoxyd, Natronkalk und Paraffin. Ausbeute 80 g; Bromgehalt: 11,48%, ber. für $C_{26}H_{35}O_{17}Br$: 11,43%[1]. Darstellung nach Fischer und Zemplén $[\alpha]_D^{20} = +95,76°$[2]. Bei der Einwirkung von 5% HBr in Acetylbromid auf Acetobromcellobiose bei 0° werden nach 11 Tagen 71% des Ausgangsmaterials zurückgewonnen. Mit 7,5% HBr in Acetylbromid bei Zimmertemperatur tritt vollständige Spaltung ein. Nach dem Umsatz mit Silberacetat in Eisessig werden gleiche Mengen Glykosepentaacetat und ein Glykoseacetat mit 10% Brom erhalten[3]. Aus Acetobromcellobiose entsteht bei der Einwirkung von Trimethylamin Cellalacetat (s. dort)[4].

Jodheptaacetylcellobiose (Acetojodcellobiose). Darstellung nach Fischer und Zemplén. $[\alpha]_D^{20} = +125,70°$[5].

Cellobioseheptabenzoat[6]. Aus Cellobiose, Benzoylchlorid und Natronlauge. Nadeln aus Chloroform + Alkohol, Schmelzp. 202—204, Zersetzungsp. 215—217°.

Oktaacetylcellobiose-anti-oxim[7] $C_{28}H_{39}O_{19}N$ (693,47). Die Substanz läßt sich aus den ersten Mutterlaugen des Oktaacetyl-cellobionsäurenitrils isolieren. Zu diesem Zweck sättigt man die essigsaure Lauge mit Natriumbicarbonat, wobei zunächst ein Harz ausfällt. Bei etwa 5maligem Umlösen aus Alkohol verwandelt sich letzteres in farblose Nädelchen, die im Capillarrohr scharf bei 165° schmelzen. Die Substanz kann durch Acetylierung in Gegenwart von wasserfreiem Natriumacetat nicht in das Nitril übergeführt werden.

Das Reduktionsvermögen entspricht 35,8% Glykose, nach der Hydrolyse mit 5proz. Salzsäure 49,9% Glykose. Die Osazonprobe gibt vor der Hydrolyse nur ganz minimale Mengen Osazon. Nach der Hydrolyse mit 5proz. Salzsäure entsteht Glykosazon vom Schmelzp. gegen 207° unter Zersetzung. (Aus 1 g Oktaacetylverbindung: 0,37 g Osazon). Die Löslichkeitsverhältnisse sind denjenigen des Oktaacetyl-cellobionsäurenitrils ähnlich; nur ist das acetylierte Oxim durchweg leichter löslich, besonders in verdünnter Essigsäure. $[\alpha]_D^{19} = -0,48°$ $\cdot 23,2450/1 \cdot 1,472 \cdot 0,9592 = -7,9°$ in Chloroform[7].

Cellobioseoxim[7,8] $C_{12}H_{23}O_{11}N$. Aus Wasser mit Aceton, dann aus 80proz. Alkohol. Platten vom Schmelzp. 123—125°. $[\alpha]_D^{24} = -26,1°$ (Wasser; $c = 4,4524$); sehr leicht löslich in Wasser; wenig löslich in kaltem CH_3OH und Alkohol; unlöslich in anderen organischen Lösungsmitteln.

Salz der Heptaacetyl-d-cellobiosido-1-schwefelsäure mit Heptaacetyl-d-cellobiosido-1-pyridiniumhydroxyd[9] $C_{57}H_{75}O_{38}NS$. Aus Acetobromcellobiose Pyridin und Silbersulfat. Krystalle aus Wasser, Schmelzp. 94—95° unter Zersetzung. Durchweg schwer löslich. Enthält 2,5 Mol Krystallwasser.

Celloisobiose (Isocellobiose)[10] (Bd. X, S. 600).

$$C_{12}H_{22}O_{11}$$

Ist nach Meinung von Bertrand und Benoist[11] ein Gemisch aus Cellobiose und Procellose.

[1] Géza Zemplén, Zoltán Csürös u. Zoltán Bruckner: Ber. dtsch. chem. Ges. **61**, 930 (1928) — Chem. Zbl. **1928 I**, 2937.

[2] D. H. Brauns: J. amer. chem. Soc. **48**, 2776 (1926) — Chem. Zbl. **1927 I**, 419. — E. Fischer u. G. Zemplén: Ber. dtsch. chem. Ges. **43**, 2538 (1910).

[3] F. Micheel u. K. Heß: Liebigs Ann. **456**, 69 (1927) — Chem. Zbl. **1927 II**, 1467.

[4] P. Karrer, Angela Widmer u. Joh. Staub: Helvet. chim. Acta **7**, 519 (1924) — Chem. Zbl. **1924 II**, 174.

[5] D. H. Brauns: J. amer. chem. Soc. **48**, 2776 (1926) — Chem. Zbl. **1927 I**, 419.

[6] S. V. Hintikka: Papierfabr., Beil. Cellulosechemie **4**, 62 (1923) — Chem. Zbl. **1923 IV**, 1603 — Ann. Acad. Sci. Fennicae **9** — Chem. Zbl. **1923 I**, 296.

[7] Géza Zemplén: Ber. dtsch. chem. Ges. **59**, 1260 (1926) — Chem. Zbl. **1926 II**, 556.

[8] P. A. Levene u. M. L. Wolfrom: J. biol. of Chem. **77**, 671 — Chem. Zbl. **1928 II**, 542.

[9] Heinz Ohle, Wladimir Marecek u. Walter Bourjau: Ber. dtsch. chem. Ges. **62**, 833 (1929) — Chem. Zbl. **1929 I**, 2745.

[10] H. Ost u. R. Knoth: Papierfabr., Beibl. **3**, 25 (1922) — Chem. Zbl. **1922 III**, 127. — H. Ost u. R. Prosiegel: Z. angew. Chem. **33**, 100 (1920) — Chem. Zbl. **1920 I**, 856.

[11] G. Bertrand u. S. Benoist: C. r. Acad. Sci. Paris **177**, 85 (1923) — Chem. Zbl. **1923 III**, 1213 — Bull. Soc. Chim. France (4) **35**, 58 (1924) — Chem. Zbl. **1924 I**, 2511.

Bildung: Für die Dextrine des acetolytischen Abbaus wird die Isocellobiose als erstes wahres Hydrolysierungsprodukt aufgefaßt[1]. — Aus den Dextrinacetaten, die bei der Acetolyse von Baumwolle oder Celluloseacetat A gewonnen werden[2]. — Vielleicht ist Isocellobiose in den Hydrocellulosen vorhanden und verursacht die tiefere Lage der Drehwertskurven in Kupferoxydammoniaklösung[3].

Darstellung: Durch Acetolyse der Cellulose, Unterbrechung der Acetolyse vor dem Auskrystallisieren der Oktaacetylcellobiose und systematische Fraktionierung der erhaltenen Acetylverbindungen und Verseifung derselben. — Man erhält 6% von der verarbeiteten Baumwolle[4].

Physikalische und chemische Eigenschaften: Ist in Wasser leicht löslich, in Alkohol sehr wenig löslich. Krystallisiert aus wässerigen Lösungen in farblosen, mikroskopischen Nadeln, die oft zu büscheligen oder sternförmigen Aggregaten vereint sind. Lufttrocken verliert Celloisobiose bei 105° 2,5—2,8% Wasser, was auf $^1/_2$ Mol Krystallwasser schließen läßt. Bei 155—165° fängt sie an zu sintern, bei etwa 195° zersetzt sie sich ohne Verfärbung. Geschmack ist schwach süß. Mittelwert für die Enddrehung in 6—8proz. Lösung: $[\alpha]_D^{20}$ = +24,57° ± 0,2°; Multirotation. Der Drehungswinkel nimmt mit wachsender Temperatur zu, $[\alpha]_D$ nimmt für je 1° Temperaturerhöhung (+15 bis +35°) für 6proz. Lösung im Mittel um 0,02° zu. Das Reduktionsvermögen beträgt 85,3% von dem der Cellobiose, 63,2% von dem der Glykose und 108% von dem der Maltose. Die Inversion geht noch etwas träger als bei der Cellobiose vor sich; $2^1/_2$—3 Stunden verzuckert liefert Celloisobiose nur Dextrosewerte von 128—148 mg Cu auf 100 mg Zucker. Acetylierungsversuche zeigen, daß die feste in Pyridin suspendierte Celloisobiose bei 0° hauptsächlich β-Cellobioseoktaacetat (Schmelzp. 192°), die in Pyridin gelöste Isobiose hauptsächlich α-Cellobioseoktaacetat (Schmelzp. 222°) liefert. Die Acetylierung mit Na-Acetat in der Siedehitze führt zum β-, die mit H_2SO_4 als Katalysator zum α-Cellobioseoktaacetat. Die Isolierung reiner Celloisobioseoktaacetate gelang nicht; sie sind aber in den Acetylierungsprodukten vorhanden, wie sich bei der Verseifung der Acetylierungsgemische mit Baryt ergibt. Die Gesamtmenge an Bioseacetat übersteigt 40% bei weitem[5]. $[\alpha]_D^{16-18}$ = +17,6° bis +26,4°. Alle Fraktionen zeigen Mutarotation unter Abnahme der Drehung[2].

Derivate: Isocellobioseoktaacetat. Erhalten durch Acetylierung mittels Chlorzink. Leicht löslich. Aus kaltem CH_3OH Krystallwarzen vom Schmelzp. 115—125°, $[\alpha]_D$ in Chloroformlösung etwa +4°. Gleichzeitig entsteht ein wenig löslicher größerer Anteil, aus Alkohol feine Nadeln, Schmelzp. 220°, der als das Oktaacetat der Cellobiose erkannt wurde[6].

Phenylosazon. Ist lichtempfindlich, schmilzt bei 165—167° (unkorr.); ist nicht vergärbar[5]. Schmelzp. 165°, $[\alpha]_D$ = —85,1° nach 1 Stunde, —55,3° nach 20 Stunden, —47,3° nach 48 Stunden, dann konstant; nach etwa 100 Stunden tritt Zersetzung ein[2].

Maltose, Maltobiose (Bd. II, S. 407; Bd. VIII, S. 216; Bd. X, S. 600).

Geschichte der Entdeckung, Identifizierung und Darstellung im Zustande hoher Reinheit und größerer Menge[7].

---

[1] K. Heß: Papierfabr. **23**, 122 (1925) — Chem. Zbl. **1925 II**, 17.

[2] Kurt Heß, Wilhelm Weltzien u. Rudolf Singer: Liebigs Ann. **443**, 71 (1925) — Chem. Zbl. **1925 II**, 159, 2139.

[3] Kurt Heß, Ernst Meßmer u. Noah Ljubitsch: Liebigs Ann. **444**, 287 (1925) — Chem. Zbl. **1926 I**, 886.

[4] H. Ost u. G. Knoth: Papierfabr., Beibl. **3**, 25 (1922) — Chem. Zbl. **1922 III**, 127. — H. Ost u. R. Prosiegel: Z. angew. Chem. **33**, 100 (1920) — Chem. Zbl. **1920 I**, 856. — H. Ost: Chem.-Ztg **19**, 1501 (1895) — Chem. Zbl. **1895 II**, 593 — Z. angew. Chem. **39**, 1117 (1926) — Chem. Zbl. **1926 II**, 2290.

[5] H. Ost u. G. Knoth: Papierfabr., Beibl. **3**, 25 (1922) — Chem. Zbl. **1922 III**, 127. — H. Ost u. R. Prosiegel: Z. angew. Chem. **33**, 100 (1920) — Chem. Zbl. **1920 I**, 856.

[6] H. Ost: Z. angew. Chem. **41**, 696 — Chem. Zbl. **1928 II**, 873 — Z. angew. Chem. **39**, 1117 — Chem. Zbl. **1926 II**, 2290.

[7] T. Swann Harding: Sugar **24**, 14 (1922) — Chem. Zbl. **1922 III**, 428.

Konstitution: Nach Symbol VII.

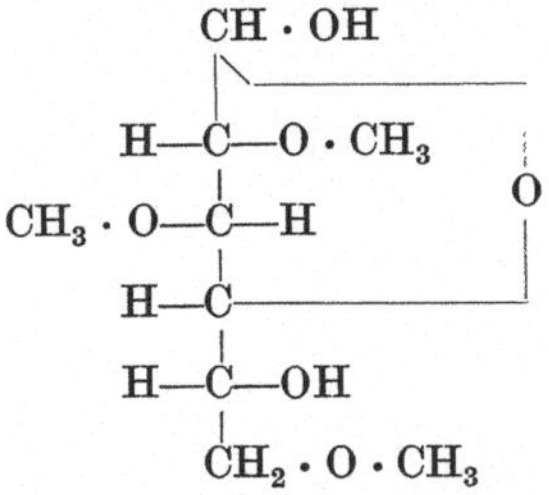

$$
\begin{array}{cc}
\text{CH} \cdot \text{OH} & \text{CH} \cdot \text{OH} \\[4pt]
\text{H—C—O} \cdot \text{CH}_3 & \text{H—C—O} \cdot \text{CH}_3 \\[2pt]
\text{CH}_3 \cdot \text{O—C—H} \quad \text{O} & \text{CH}_3 \cdot \text{O—C—H} \quad \text{O} \\[2pt]
\text{H—C} & \text{H—C—OH} \\[2pt]
\text{H—C—OH} & \text{H—C} \\[2pt]
\text{CH}_2 \cdot \text{O} \cdot \text{CH}_3 & \text{CH}_2 \cdot \text{O} \cdot \text{CH}_3 \\[2pt]
\text{V} & \text{VI}
\end{array}
$$

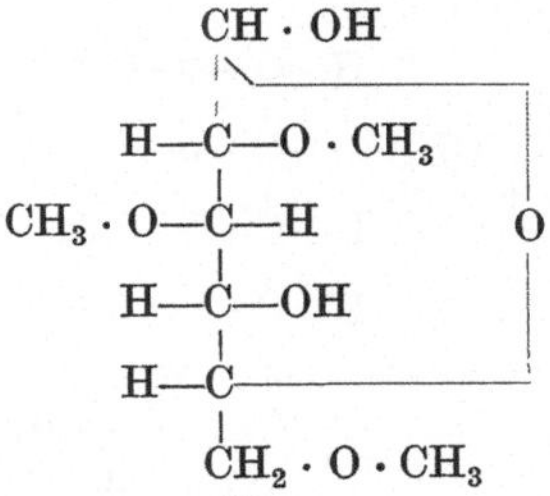

Die Untersuchungen von Irvine und Black[1] sowie von Cooper, Haworth und Peat[2] zeigten, daß bei der Hydrolyse der vollkommen methylierten Maltose außer der 2, 3, 4, 6-Tetramethyl-glykose nicht die 2, 3, 5-Trimethyl-glykose, sondern die 2, 3, 6-Trimethyl-glykose entsteht. Dasselbe Resultat wurde erhalten, als man das vollständig methylierte β-Methyl-maltosid der Hydrolyse unterwarf. Da die 2, 3, 6-Trimethyl-glykose auch als γ-Zucker zu reagieren vermag[3], so kann die entstehende Trimethyl-glykose zwei verschiedenen Konstitutionsformeln entsprechen, je nachdem die Sauerstoffbrücke eine 1,4- (V) oder 1,5-Lage (VI) besitzt.

Von diesen beiden Verbindungen ist die nach Symbol VI konstituierte Form die stabilere; deshalb ist zu erwarten, daß die isolierbare Form eine amylenoxydische Trimethyl-glykose sei, auch dann, wenn ursprünglich eine butylenoxydische Trimethyl-glykose vorhanden war. Unter Berücksichtigung der beiden Trimethyl-glykose-Formeln haben die englischen Forscher dann für die Maltose die beiden Konstitutionsmöglichkeiten in Erwägung gezogen, die durch die Formelbilder VII und VIII wiedergegeben werden:

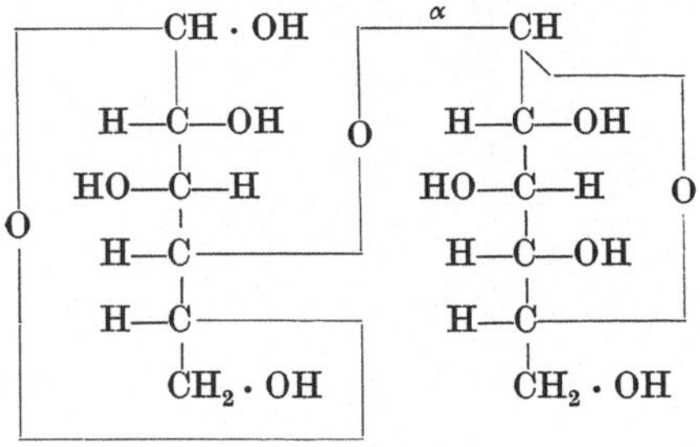

$$
\begin{array}{cccc}
\text{CH} \cdot \text{OH} & \overset{\alpha}{\text{CH}} & \text{CH} \cdot \text{OH} & \text{CH} \\[4pt]
\text{H—C—OH} \;\; \text{O} & \text{H—C—OH} & \text{H—C—OH} & \text{H—C—OH} \\[2pt]
\text{HO—C—H} & \text{HO—C—H} \;\; \text{O} & \text{HO—C—H} \quad \text{O} \;\; \text{O} & \text{HO—C—H} \;\; \text{O} \\[2pt]
\text{H—C} & \text{H—C—OH} & \text{H—C} & \text{H—C—OH} \\[2pt]
\text{H—C} & \text{H—C} & \text{H—C} & \text{H—C} \\[2pt]
\text{CH}_2 \cdot \text{OH} & \text{CH}_2 \cdot \text{OH} & \text{CH}_2 \cdot \text{OH} & \text{CH}_2 \cdot \text{OH} \\[2pt]
& \text{VII} & & \text{VIII}
\end{array}
$$

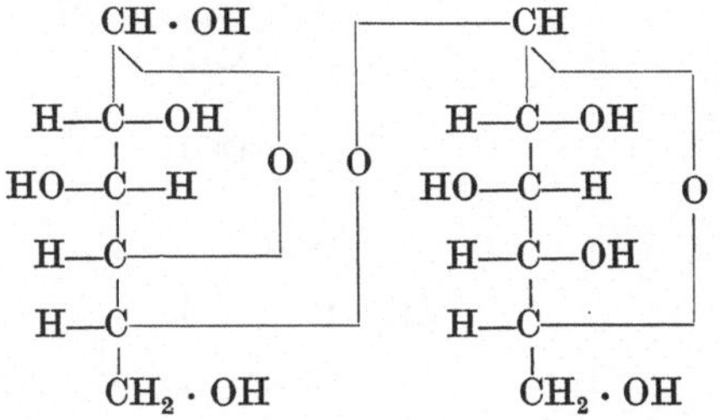

Eine Auswahl zwischen diesen beiden Konstitutionsmöglichkeiten versuchten Haworth und Peat[4] in der Weise zu treffen, daß sie die Maltose zunächst mit Bromwasser in die längstbekannte Maltobionsäure überführten und diese mit Dimethylsulfat in Oktamethyl-maltobionsäure umwandelten. Diese kann in Anbetracht des oben Ausgeführten ebenfalls nach zwei Formelbildern (IX und X) konstituiert sein. Die Säure läßt sich mit Methyljodid und Silberoxyd in den Oktamethyl-maltobionsäuremethylester umwandeln, der die Formeln XI (entspr. IX) bzw. XII (entspr. X) haben kann.

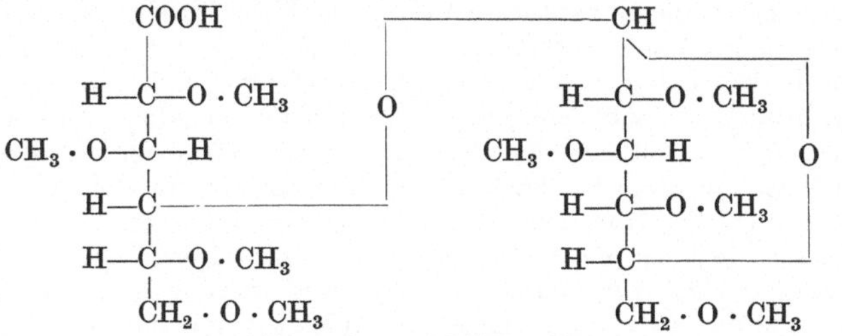

$$
\begin{array}{cc}
\text{COOH} & \text{CH} \\[4pt]
\text{H—C—O} \cdot \text{CH}_3 \quad \text{O} & \text{H—C—O} \cdot \text{CH}_3 \\[2pt]
\text{CH}_3 \cdot \text{O—C—H} & \text{CH}_3 \cdot \text{O—C—H} \quad \text{O} \\[2pt]
\text{H—C} & \text{H—C—O} \cdot \text{CH}_3 \\[2pt]
\text{H—C—O} \cdot \text{CH}_3 & \text{H—C} \\[2pt]
\text{CH}_2 \cdot \text{O} \cdot \text{CH}_3 & \text{CH}_2 \cdot \text{O} \cdot \text{CH}_3
\end{array}
$$

$$\text{IX} \quad (\text{analog: } -\text{COOCH}_3 = \text{XI})$$

---

[1] I. C. Irvine u. I. M. A. Black: J. chem. Soc. Lond. **1926**, 862.

[2] C. I. A. Cooper, W. N. Haworth u. S. Peat: J. chem. Soc. Lond. **1926**, 876.

[3] Irvine u. Hirst: J. chem. Soc. Lond. **121**, 1214 (1922).

[4] W. N. Haworth u. S. Peat: J. chem. Soc. Lond. **1926**, 3094.

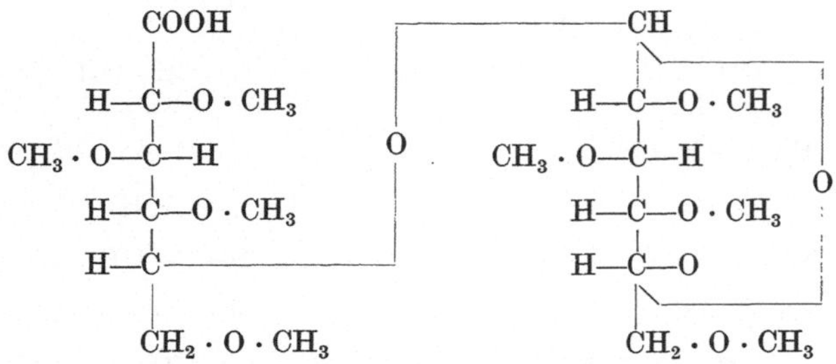

$$
\begin{array}{ccc}
\text{COOH} & & \text{CH} \\
| & & \diagdown \\
\text{H—C—O·CH}_3 & & \text{H—C—O·CH}_3 \\
| & & | \\
\text{CH}_3\text{·O—C—H} & \text{O} & \text{CH}_3\text{·O—C—H} \\
| & & | \\
\text{H—C—O·CH}_3 & & \text{H—C—O·CH}_3 \qquad \text{O} \\
| & & | \\
\text{H—C————} & & \text{H—C—O} \\
| & & | \\
\text{CH}_2\text{·O·CH}_3 & & \text{CH}_2\text{·O·CH}_3
\end{array}
$$

X (analog: —COOCH₃ = XII)

Die Säurehydrolyse läßt aus letzteren einerseits 2, 3, 4, 6-Tetramethyl-glykose, andererseits eine Tetramethyl-glykonsäure entstehen, die ebenfalls nach zwei verschiedenen, mit XIII und XIV bezeichneten Symbolen konstituiert sein kann. Diese können dann zwei verschiedene, nach Symbol XV und XVI konstituierte Lactone geben:

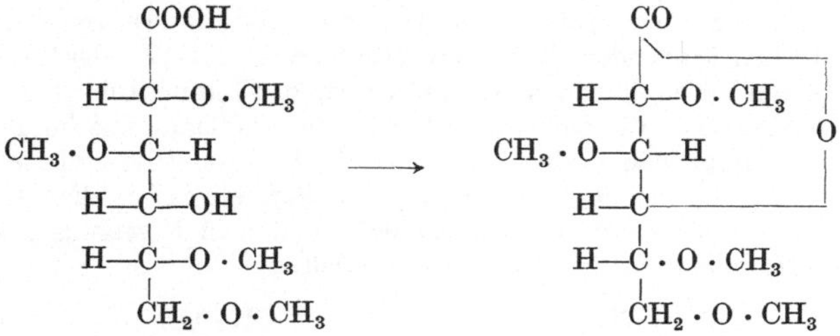

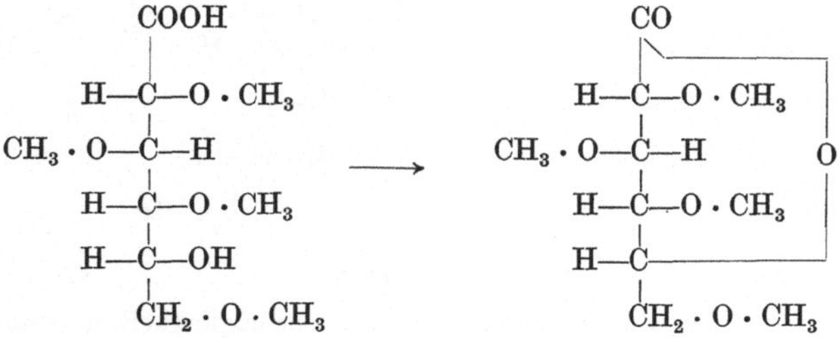

$$
\begin{array}{ccc}
\text{COOH} & & \text{CO} \\
| & & \diagdown \\
\text{H—C—O·CH}_3 & & \text{H—C—O·CH}_3 \\
| & & | \\
\text{CH}_3\text{·O—C—H} & & \text{CH}_3\text{·O—C—H} \qquad \text{O} \\
| & \longrightarrow & | \\
\text{H—C—OH} & & \text{H—C} \\
| & & | \\
\text{H—C—O·CH}_3 & & \text{H—C·O·CH}_3 \\
| & & | \\
\text{CH}_2\text{·O·CH}_3 & & \text{CH}_2\text{·O·CH}_3 \\
\text{XIII} & & \text{XV}
\end{array}
$$

$$
\begin{array}{ccc}
\text{COOH} & & \text{CO} \\
| & & \diagdown \\
\text{H—C—O·CH}_3 & & \text{H—C—O·CH}_3 \\
| & & | \\
\text{CH}_3\text{·O—C—H} & & \text{CH}_3\text{·O—C—H} \qquad \text{O} \\
| & \longrightarrow & | \\
\text{H—C—O·CH}_3 & & \text{H—C—O·CH}_3 \\
| & & | \\
\text{H—C—OH} & & \text{H—C} \\
| & & | \\
\text{CH}_2\text{·O·CH}_3 & & \text{CH}_2\text{·O·CH}_3 \\
\text{XIV} & & \text{XVI}
\end{array}
$$

Messungen der Reaktionsgeschwindigkeit bei der Verseifung des erhaltenen Lactons wiesen darauf hin, daß es die Konstitution nach Symbol XV besitzt. Dafür sprechen die Eigenschaften des erhaltenen Phenylhydrazids, das mit denjenigen des 2, 3, 5, 6-Tetramethyl-glykonsäure-phenyl-hydrazids übereinstimmt. Auf Grund dieser Befunde folgerten Haworth und Peat für die Maltose die Konstitution VII. Diese Konstitution wäre vollkommen analog derjenigen der Cellobiose, ein Unterschied bestände nur in der Art der Bindung der beiden Glykosereste, die in dem Fall der Maltose α-glykosidisch und bei der Cellobiose β-glykosidisch sein müßte. Der Konstitutionsbeweis gründet sich auf die Annahme, daß bei der Oxydation der Maltose sowie bei der nachfolgenden Methylierung der Maltobionsäure keine Verschiebung der Sauerstoffbrücke von einem Kohlenstoffatom zum anderen stattfindet[1]. Ein ganz ähnlich erfolgter Abbau, der bei der Konstitutionsermittlung der Cellobiose beschrieben ist, läßt für die Maltose ebenfalls diejenige einer Glykosido-4-Glykose folgern[2]. Nach den Berechnungen von C. S. Hudson[3] erleidet die Maltose bei der Methylierung doch eine Umlagerung der Sauerstoffbrücke, und der echten nicht umgelagerten Maltose kommt folgende Konstitution zu:

[1] W. N. Haworth, C. W. Long u. J. H. G. Plant: J. chem. Soc. Lond. **1927**, 2809 — Chem. Zbl. **1928 I**, 799.

[2] Géza Zemplén: Ber. dtsch. chem. Ges. **60**, 1559 (1927) — Chem. Zbl. **1927 II**, 914.

[3] C. S. Hudson: J. amer. chem. Soc. **52**, 1713 (1930).

$$\text{Ist daher eine 4-}\alpha\text{-Glykosido[1, 4]-}\beta\text{-d-glykose[1, 5].}$$

Ist daher eine 4-α-Glykosido[1, 4]-β-d-glykose[1, 5].

Vorkommen: In den Reserveorganen von Mercurialis perennis L.[1], in den frischen Knollen von Umbilicus pendulinus D. C.[2]. In den Knollen von Nephrolepis cordifolia Prsl.[3]. In Schizopepon Fargesii Cagnepain[4]. In dem Restzucker des fertigen Brotes[5]. Die Trockensubstanz des Extraktes von dunklem Münchner Bier enthält 11,67% Maltose[6]. Im Bienenhonig[7].

Bildung: Synthese: Erhitzt man äquimolekulare Mengen von α- und β-Glykose im Vakuum auf 160°, so schmilzt es, erstarrt aber plötzlich wieder, wobei die Temperatur auf 160° stehenbleibt. Das Kondensationsprodukt enthält beträchtliche Mengen eines Disaccharids. Man fällt aus der wässerigen Lösung die Dextrine durch Alkohol, verdampft das Filtrat im Vakuum, behandelt den Rückstand mehrmals mit Alkohol und acetyliert. Nach wiederholtem Umkrystallisieren des Acetats entsteht bei der Verseifung nach der Methode von Zemplén[8] ein zunächst sirupöser, jedoch mit absolutem Alkohol langsam erstarrender Zucker, der identisch mit Maltose ist[9]. — Molekulare Mengen von Glykosan und β-Glykose liefern unter 15 mm $^3/_4$ Stunden auf 150° erwärmt 5%, bei Zusatz von etwas Zinkchlorid bei 130° 9,5% Maltose als Oktaacetat[10].

Bildung in der Frucht von Bassia longifolia[11], beim Kochen oder Backen der Kartoffeln[12]. — Die früher von Karrer und Nägeli festgestellte teilweise Überführung von Diamylose und α-Tetramylose in Maltose durch Pankreassaft eines Hundes konnte Karrer erneut nicht feststellen[13]. Dialysierter Malzauszug verzuckert Stärke in 120 Stunden zu 94,3% Maltose, während nach Zusatz eines gleichen Volums der äußeren Dialysenflüssigkeit der Malzauszug aus der Stärke 100% Maltose bildet[14]. Beim Stehenlassen von 20 g Glykose + 10 ccm Phosphatpuffer $p_\mathrm{H} = 6,4 + 10$ ccm Maltaselösung aus Bäckerhefe + 10 ccm Wasser bei 37° nahm die Drehung zu und die Reduktionswirkung ab, bis nach 26 Tagen die Reaktion zum Stillstand kam. Nach Vergärung der unveränderten Glykose mit Saccharomyces Marxianus wurde die Lösung eingedampft und aus dem in Alkohol löslichen Anteil Maltose gewonnen, während die Revertose zugleich mit den Verunreinigungen durch Alkohol gefällt wurde[15].

---

[1] P. Gillot: J. Pharmacie (7) **28**, 148 (1923) — Chem. Zbl. **1923 IV**, 864 — J. Pharmacie (7) **26**, 250 (1923) — Chem. Zbl. **1923 II**, 547 — J. Pharmacie (8) **1**, 205—207 (1925) — Chem. Zbl. **1925 I**, 2233 — Bull. Soc. Chim. biol. Paris **7**, 380 (1925) — Chem. Zbl. **1925 II**, 658.

[2] Marc Bridel: C. r. Acad. Sci. Paris **179**, 1190—1192 (1924) — Chem. Zbl. **1925 I**, 533 — Bull. Soc. Chim. biol. Paris **7**, 181—187 (1925) — Chem. Zbl. **1925 I**, 533, 2233.

[3] L. H. Ducloux u. M. Awschalom: Rev. Facultad Ciencias Quimicas Univ. Nac. de La Plata **2 I**, 75 (1923) — Chem. Zbl. **1926 II**, 2318.

[4] H. Colin u. R. Franquet: C. r. Acad. Sci. Paris **186**, 890 — Chem. Zbl. **1928 I**, 2948.

[5] C. B. Morison: Cereal Chemistry **2**, 314 (1925) — Chem. Zbl. **1926 I**, 787.

[6] O. Jung: Z. ges. Brauwesen **46**, 74 (1923) — Chem. Zbl. **1923 IV**, 250.

[7] E. Elser: Mitt. Lebensmittelunters. **15**, 92 (1924) — Chem. Zbl. **1924 I**, 1945.

[8] Géza Zemplén: Ber. dtsch. chem. Ges. **59**, 1258 (1926) — Chem. Zbl. **1926 II**, 556.

[9] Amé Pictet u. Hans Vogel: C. r. Acad. Sci. Paris **184**, 1512 (1927) — Chem. Zbl. **1927 II**, 915.

[10] Amé Pictet u. Hans Vogel: Helvet. chim. Acta **10**, 588 (1927) — Chem. Zbl. **1927 II**, 2447 — C. r. Acad. Sci. Paris **184**, 1512 (1927) — Chem. Zbl. **1927 II**, 915.

[11] G. J. Fowler u. T. Dinanath: J. Ind. Inst. Sci. **6**, 131 (1923) — Chem. Zbl. **1923 III**, 1579.

[12] H. C. Gore: Ind. Chem. **15**, 938 (1923) — Chem. Zbl. **1923 IV**, 954.

[13] P. Karrer: Helvet. chim. Acta **6**, 402 (1923) — Chem. Zbl. **1923 III**, 1005. — P. Karrer u. C. Nägeli: Helvet. chim. Acta **4**, 169 (1921) — Chem. Zbl. **1921 III**, 1005.

[14] Hans Pringsheim u. Arthur Beiser: Biochem. Z. **148**, 336 (1924) — Chem. Zbl. **1924 II**, 1211.

[15] Hans Pringsheim u. Jesaia Leibowitz: Ber. dtsch. chem. Ges. **57**, 1576 (1924) — Chem. Zbl. **1924 II**, 2487.

Die Bildung der Maltose wird bei der Spaltung von Amylose, Amylopektin oder löslicher Stärke durch Maltose gleich stark gehemmt, dabei ist die Bildung von Maltose unabhängig von der zugesetzten Zuckermenge, was dafür spricht, daß das Aufhören der Bildung von Zucker nicht durch ein Gleichgewicht zwischen den verschiedenen Produkten, sondern durch Bildung von anderen Produkten neben der Maltose verursacht wird. — Die Affinität zur Glykose ist geringer als die zur Maltose[1]. — Maltose konnte als Produkt der Einwirkung von Hefeextrakten auf Glykose nachgewiesen werden[2].

Darstellung: Man löst 2500 g löslicher Stärke in etwa 20 l heißem Wasser, kühlt auf 50° ab, gibt 100 g Gerstenmehl (barley flour) zu und läßt über Nacht warm stehen. Man konzentriert jetzt ohne zu filtrieren auf 3 l und gibt 5,5 l Alkohol zu. Um eine hochwertige technische Maltose zu erhalten, kann man auch die gemalzte Lösung nach dem Stehen über Nacht filtrieren, unter vermindertem Druck zu dünnem Sirup konzentrieren und dann völlig eintrocknen und mahlen. Das erhaltene weiße Pulver ist klar in Wasser löslich und jeder anderen technischen Maltose überlegen. Zur Darstellung chemisch reiner Maltose rührt man die alkoholische Lösung wenigstens $^1/_2$ Stunde heftig, bis sich das Gummidextrin abscheidet und man davon die alkoholische Maltoselösung abgießen kann, die noch zweimal in gleicher Weise durch Zusatz von je der Hälfte des vorher zugesetzten Alkohols und Rühren während je 15 Minuten gereinigt wird. Man engt nun die alkoholische Lösung unter vermindertem Druck zu etwas weniger als 1 l ein. Man kann den Sirup noch weiter einengen, so daß er größtenteils eine wässerige Lösung ist, kann ihn klären und mit Norit entfärben und filtrieren; man erhält so eine etwas größere Ausbeute und eine höhere Reinheit. Man kann aber auch zu dem obigen Sirup unmittelbar 95proz. Alkohol, der 1 Vol.-% Salpetersäure enthält, bis zur Sättigung bei höchstens 10° zugeben und krystallisieren lassen, allfällig unter Zugabe weiteren Alkohols, um die Bildung eines Krystallkuchens zu verhindern. Man kann den Alkohol auch durch Methylalkohol und Eisessig beim Umkrystallisieren ersetzen, doch empfiehlt es sich, im letzteren Falle mit 95proz. salpetersäurehaltigem Alkohol nachzuwaschen. Die so erhaltene Masse muß nochmals geklärt und umkrystallisiert werden. Die Ausbeute beträgt 20% des Ausgangsmaterials[3].

Man behandelt gefrorenen Stärkekleister mit einem Extrakt aus nicht gekeimten Cerealien oder mit daraus hergestellter Diastase bei einer 50° nicht übersteigenden Temperatur und trennt dann die gebildete Maltose von dem Amylopektin durch Lösen in Wasser von 50—60°[4]. — Darstellung durch Verseifung der Oktaacetylverbindung mit Barythydrat oder Natriummethylat[5].

Nachweis und Bestimmung: Maltose liefert bei Behandlung mit $NaHCO_3$ Acetol, das mit Hilfe der Reaktion mit o-Aminobenzaldehyd leicht nachgewiesen werden kann[6]. (Nicht charakteristisch.) Nachweis von Maltose im Harn mit der „mykologischen Methode von Castellani[7]". Die Differenzierung von Maltose im Harn kann durch eine Typhus- und eine Shigakultur ausgeführt werden[8].

Vergleich der verschiedenen Bestimmungsmethoden[9]. Die Benedict-Lewissche Methode wurde abgeändert und für die Ermittelung des Zuckergehaltes aus der Färbung eine Tabelle für Maltose aufgestellt[10]. Setzt man den Reduktionswert von Glykose nach der Methode von Hagedorn-Jensen gleich 1, so ist die Reduktion von Maltose 0,754[11]. Reduktionskraft nach Folin-Wu 40 (auf äquimolekulare Menge berechnet 76), nach Lewis und Benedict bestimmt 82 (Glykose = 100)[12].

[1] Knut Sjöberg u. Elsa Erikson: Hoppe-Seylers Z. **139**, 118 (1924) — Chem. Zbl. **1924 II**, 2760.

[2] V. Isajev: J. Inst. Brewing **32**, Nr 12, 22 (1926) — Chem. Zbl. **1927 I**, 1599.

[3] T. Swann Harding: Sugar **25**, 350 (1923) — Chem. Zbl. **1924 I**, 2015.

[4] A. R. Ling u. D. R. Nanji: E.P. 217770 v. 28. Juni 1923; Chem. Zbl. **1924 II**, 2619.

[5] Géza Zemplén: Ber. dtsch. chem. Ges. **60**, 1561 (1927) — Chem. Zbl. **1927 II**, 914.

[6] O. Baudisch u. H. J. Deuel: J. amer. chem. Soc. **44**, 1581, 1581 (1922) — Chem. Zbl. **1923 IV**, 280, 281.

[7] P. Pietra: Giorn. Batter. **2**, 1 — Ref.: Ber. Physiol. **40**, 264 (1927) — Chem. Zbl. **1927 II**, 963.

[8] B. Klein: Dtsch. med. Wschr. **53**, 405 (1927) — Chem. Zbl. **1927 I**, 2348.

[9] Joseph Greenwald, Jerome Samet u. Joseph Groß: J. of biol. Chem. **62**, 397—399 (1924) — Chem. Zbl. **1925 I**, 1336.

[10] J. J. Willaman u. F. R. Davison: J. agricult. Res. **28**, 479—488 (1924) — Chem. Zbl. **1925 I**, 1463.

[11] George W. Pucher u. Myron W. Finch: Proc. Soc. exper. Biol. a. Med. **23**, 468—470 (1927) — Ber. Physiol. **38**, 186—187 (1927) — Chem. Zbl. **1927 I**, 1713.

[12] A. W. Rowe u. B. S. Wiener: J. amer. chem. Soc. **47**, 1698 — Chem. Zbl. **1925 II**, 1671.

Jodometrische Bestimmung[1]. Bestimmung in Gegenwart anderer reduzierender Zucker durch Benutzung der Barfoedschen Lösung[2]. Maltosebestimmung nach der Ferricyanmethode[3]. Zur Mikrobestimmung der Maltose wird die Krystallform derselben oder der Oktaacetylverbindung verwandt, und zwar bildet die Maltose bei langsamer Krystallisation schwach doppelbrechende dreieckige Kryställchen mit abgerundeten Flächen[4]. Quantitative Bestimmung auf Grund der Reduktion der Osazone durch $TiCl_3$-Lösung[5]. Bestimmung in Gegenwart von Stärkezucker und Rohrzucker[6].

Physiologische Eigenschaften: Untersuchungen über die Spaltung der Maltose mit Maltase[7]. — Wird durch Gerstenmalzmaltase (α-Glykosidase) gespalten[8]. Wird durch Maltase freier Diastase nicht verändert[9]. Leberamylase, in Form von Glycerinextrakt, aus trocknem Leberpulver, wird durch Maltose gehemmt[10]. Das Optimum der Wirkung von Takamaltase auf Maltose liegt bei $p_H = 4{,}5$. — β-Maltose wird von Takamaltase mit größerer Anfangsgeschwindigkeit gespalten als die α, β-Maltose[11]. Gewisse Amylasen werden durch β-Maltose, nicht aber durch α-Maltose gehemmt[12]. Maltose in allen Formen ist ohne erkennbaren Einfluß auf die Spaltung des Rohrzuckers mittels Invertin[13]. Mindert die Hydrolyse des Lichenins durch Lichenase[14]. — Die Spaltung von Stärke und Amylase durch Malzamylase wird durch äquimolekulare Zusätze von frisch gelöster Maltose etwa $1^1/_2$mal stärker als von Gleichgewichts- (α, β-) Maltose gehemmt[15]. — Takadiastase wird durch Gleichgewichtsmaltose doppelt so stark wie durch β-Maltose gehemmt[15]. — Wird von der Linamarase aus Dimorphothera Ecklonis D. C. nicht gespalten[16], von der Mondbohne, Phaseolus lunatus L., gespalten[17]. — Oxalatblut von Ratte, Meerschweinchen, Maus, Kaninchen, Kätzchen, Ochse und Schaf besitzt keine Maltasewirkung, während Schweineblut zugesetzte Maltose zu 100% innerhalb 24 Stunden bei 50° hydrolysiert[18]. Wenn Algen in Nährlösungen kultiviert werden, welche Maltose enthalten, nimmt die Amylasemenge ab[19]. Maltose fördert die Diastasebildung durch Aspergillus niger; demgemäß wird das Auftreten löslicher Stärke in der Nährlösung beeinflußt[20]. Die Ernährung von Keimlingen der Erbse, Bohne und anderer Pflanzen mit Maltose führte zu einer Vergrößerung der Zellkerne[21]. Bei Versuchen mit entstärkten Embryonen von Bohnen kann Maltose als Nährstoff dienen[22]. Verwertbarkeit der Maltose bei

---

[1] F. A. Cajori: J. of biol. Chem. **54**, 617 (1922) — Chem. Zbl. **1923 II**, 223. — J. H. Lane u. L. Eynon: J. Soc. chem. Ind. **42 I**, 32 (1923) — Chem. Zbl. **1923 II**, 1091. — K. Josephson: Ber. dtsch. chem. Ges. **56**, 1758 (1923) — Chem. Zbl. **1923 IV**, 976.

[2] P. Nottin: Ann. chim. analyt. Appl. (2) **6**, 321—323 (1924) — Chem. Zbl. **1925 I**, 583 — C. r. Acad. Sci. Paris **179**, 410 (1924) — Chem. Zbl. **1924 II**, 1861 — Bull. Soc. chim. France (4) **35**, 1527 bis 1530 (1924) — Bull Assoc. chim. Sucr. et Dist. **43**, 143—145 (1924) — Chem. Zbl. **1924 II**, 1861; **1925 I**, 1463 — Ann. Falsifications **17**, 538—540 (1924) — Chem. Zbl. **1925 I**, 1963, 2192.

[3] O. Jonescu-Matiu: Bull. Soc. chim. Romania **4**, 68 (1927) — Chem. Zbl. **1928 I**, 2114.

[4] L. Longchambon: Bull. Soc. franç. Minéral. **48**, 367 (1925) — Chem. Zbl. **1926 II**, 554.

[5] Edmund Knecht u. Eva Hibbert: J. chem. Soc. Lond. **125**, 2009—2013 (1924) — Chem. Zbl. **1925 I**, 310. — Edmund Knecht: J. chem. Soc. Lond. **125**, 1537 (1924) — Chem. Zbl. **1924 II**, 1346.

[6] O. Wolff: Chem.-Ztg **46**, 1101 (1922) — Chem. Zbl. **1923 II**, 1220. — D. R. Nanji u. R. G. L. Beazeley: J. chem. Soc. Lond. **45 I**, 220 (1926) — Chem. Zbl. **1926 II**, 2023.

[7] Richard Kuhn u. Harry Sobotka: Z. physik. Chem. **109**, 65 (1924) — Chem. Zbl. **1924 II**, 991. — Jesaia Leibowitz: Hoppe-Seylers Z. **149**, 184 (1925) — Chem. Zbl. **1926 I**, 1661. — V. Isajev: J. Inst. Brewing **32**, Nr 12, 22 (1926) — Chem. Zbl. **1927 I**, 1599. — Hans v. Euler u. Karin Helleberg: Hoppe-Seylers Z. **139**, 24—29 — Chem. Zbl. **1924 II**, 2055.

[8] Rudolf Weidenhagen: Z. dtsch. Zuckerind. **1928**, 788 — Chem. Zbl. **1929 I**, 2311.

[9] A. R. Ling: J. Soc. chem. Ind. **46 I**, 279 (1927) — Chem. Zbl. **1927 II**, 1466.

[10] Oskar Holmbergh: Ark. Kemi, Min. och Geol. **8**, 1 (1923) — Chem. Zbl. **1924 I**, 928.

[11] Jesaia Leibowitz u. Paul Mechlinski: Hoppe-Seylers Z. **154**, 64 (1926) — Chem. Zbl. **1926 II**, 899.

[12] Richard Kuhn: Ber. dtsch. chem. Ges. **57**, 1965 (1924) — Chem. Zbl. **1925 I**, 235.

[13] Richard Kuhn: Hoppe-Seylers Z. **135**, 1 (1924) — Chem. Zbl. **1924 II**, 344.

[14] P. Karrer u. M. Staub: Helvet. chim. Acta **7**, 916 (1924) — Chem. Zbl. **1924 II**, 2487.

[15] Richard Kuhn: Liebigs Ann. **443**, 1 (1925) — Chem. Zbl. **1925 II**, 405.

[16] L. Rosenthaler: Fermentforschg **6**, 197 (1922) — Chem. Zbl. **1923 I**, 257.

[17] Leopold Rosenthaler: Fermentforschg **8**, 282 (1925) — Chem. Zbl. **1925 II**, 1447.

[18] Alexander Hynd u. Majorie Giffen MacFarlane: Biochemic. J. **21**, 322 (1927) — Chem. Zbl. **1927 II**, 448.

[19] K. Sjöberg: Biochem. Z. **133**, 218 (1922) — Chem. Zbl. **1923 III**, 160.

[20] Friedrich Boas: Zbl. Bakter. II **56**, 7 (1923) — Chem. Zbl. **1923 III**, 75.

[21] A. Maige: C. r. Soc. Biol. Paris **87**, 1297 (1922) — Chem. Zbl. **1922 III**, 253.

[22] A. Maige: Cellule **35**, 325 (1925) — Chem. Zbl. **1926 I**, 412.

Weizenkeimlingen[1]. Maltose kann von Pflanzen mit wenigen Ausnahmen weder im Licht noch im Dunkel, weder in hypotonischen noch in hypertonischen Lösungen zum Wachstum oder zur Stärkebildung ausgenutzt werden[2]. Maltose wurde von den 4 benutzten Kulturen von Ciliaten und Flagellatenarten von einer Ciliatenart ausgenutzt[3]. Wirkung auf Trypanosomen[4]. Die relative Süßigkeit der Maltose beträgt (Rohrzucker als Bezugswert = 100 gesetzt) 32,5 (?)[5]. Schmeckt für die Bienen süß[6]. Verwendung der Maltose von Honigbienen[7] und ihren Larven[8]. Untersuchungen nach peroraler Darreichung von Maltose[9]. — Die spezifisch-dynamische Wirkung beträgt bei oraler Zufuhr an Mensch und Hund für Maltose etwa 5%[10]. — Bei Zugabe von Phosphat ist (in Gaswechselversuchen an Ratten) die Erhöhung des respiratorischen Quotienten nach Maltosezufuhr geringer als ohne Phosphat[11]. Maltose wird — auf parenteralem Wege dem Organismus zugeführt — zu 85,6% ausgenutzt[12]. Nach intravenöser Injektion von Maltose setzt eine lang anhaltende Vergrößerung der Leber ein[13]. Nach Maltoseinjektion an Kaninchen kommt es nicht zu einer Zuckerausscheidung durch die Speicheldrüse[14]. — Rolle der Maltose bei der Bildung des Milchzuckers in der Milchdrüse[15]. — Galaktose, Glykose, Maltose regen die Salzsäuresekretion stärker an als Lactose, Fructose und Arabinose[16]. Maltose zeigt antiketogene Wirkung auf die Ketosis des Hungerns[17]. Maltose wird durch überlebende Meerschweinchenleber nicht zu Glykogen aufgebaut[18]. — Bei den Untersuchungen von Olaf Bergeim über die Reduktionen der verschiedenen Darmabschnitte wurde festgestellt, daß Maltose nur zu geringer Verminderung der Reduktionswerte führt[19].

Maltose und Glykolyse[20]. Maltose und Insulin[21]. Maltose und Avitaminose[22] und Saponinhämolyse[23]. — Maltose verhindert oder verzögert die Hämolyse durch Chloralhydrat,

[1] G. Klein u. K. Pirschle: Biochem. Z. 176, 20 (1926) — Chem. Zbl. 1926 II, 2444.

[2] Viktor Czurda: Planta (Berl.) 2, 67 (1926) — Chem. Zbl. 1927 I, 1964.

[3] J. Colas-Beleour u. André Lwoff: C. r. Soc. Biol. Paris 93, 1421 (1925) — Chem. Zbl. 1926 I, 1824.

[4] R. Kudicke u. E. Evers: Z. Hyg. 101, 317 (1924) — Chem. Zbl. 1924 I, 1551. — A. Dubois: C. r. Soc. Biol. Paris 95, 1130 (1927) — Chem. Zbl. 1927 I, 318. — K. Schorn: Zbl. Bakter. 96, 356, 360 (1926) — Chem. Zbl. 1926 I, 967.

[5] A. Biester, M. W. Wood u. C. S. Wahlin: Amer. J. Physiol. 73, 387 — Chem. Zbl. 1925 II, 1372.

[6] K. v. Frisch: Naturwiss. 15, 321; 16, 307 (1928) — Chem. Zbl. 1928 II, 367.

[7] E. F. Phillips: J. agricult. Res. 35, 385 (1927) — Chem. Zbl. 1928 I, 937.

[8] L. M. Bertholf: J. agricult. Res. 35, 429 (1927) — Chem. Zbl. 1928 I, 937.

[9] John G. Reinhold u. Walter G. Karr: J. of biol. Chem. 72, 345 (1927) — Chem. Zbl. 1928 I, 375. — Harry J. Deuel jr.: J. of biol. Chem. 75, 367 (1927) — Chem. Zbl. 1927 I, 820. — Emil Abderhalden: Pflügers Arch. 197, 97 (1922) — Chem. Zbl. 1923 I, 857 — Pflügers Arch. 195, 480 (1922) — Chem. Zbl. 1923 I, 856. — Harold L. Higgins: Amer. J. Physiol. 41, 258 (1922) — Chem. Zbl. 1923 III, 327.

[10] Kurt Schirlitz: Biochem. Z. 183, 23 (1927) — Chem. Zbl. 1927 II, 586.

[11] J. Abelin: Klin. Wschr. 4, 1732 — Chem. Zbl. 1925 II, 2174.

[12] C. Porcher, L. Anger u. Brigando: C. r. Soc. Biol. Paris 98, 51 — Chem. Zbl. 1928 I, 2964.

[13] Hans Mautner: Arch. f. exper. Path. 126, 255 (1927) — Chem. Zbl. 1928 I, 1059.

[14] Jules Jeangros: Biochem. Z. 200, 367 (1928) — Chem. Zbl. 1919 I, 3115.

[15] Erich Hesse: Biochem. Z. 138, 441 (1923) — Chem. Zbl. 1923 III, 957.

[16] Paul Mahler: Wien. Arch. inn. Med. 10, 549 (1925) — Chem. Zbl. 1926 I, 3077.

[17] Maurice Walter Goldblatt: Biochemic. J. 19, 948 (1925) — Chem. Zbl. 1926 I, 2718.

[18] H. v. Hoeßlin u. H. Pringsheim: Hoppe-Seylers Z. 131, 168 (1923) — Chem. Zbl. 1924 I, 572.

[19] Olaf Bergeim: J. of biol. Chem. 62, 49—60 (1924) — Chem. Zbl. 1925 I, 701.

[20] Fritz Laqueur u. Paul Meyer: Hoppe-Seylers Z. 124, 211 (1922) — Chem. Zbl. 1923 I, 985. — Otto Meyerhof: Naturwiss. 14, 196 (1926) — Chem. Zbl. 1926 I, 2809. — R. O. Loebell: Biochem. Z. 161, 219 (1925) — Chem. Zbl. 1926 I, 155.

[21] E. C. Noble u. J. J. R. Macleod: Amer. J. Physiol. 64, 547 (1928) — Chem. Zbl. 1923 III, 510. — Percy Theodore Harring, James Colquhoun Irvine u. John J. Rickard Macleod: Biochemic. J. 18, 1023—1042 (1925) — Chem. Zbl. 1925 I, 2388. — Carl Voegtlin, Edith R. Dunn u. J. W. Thompson: Amer. J. Physiol. 71, 574—582 (1925) — Chem. Zbl. 1925 II, 199. — A. Moschini: Boll. Soc. med.-chir. 36, 393 (1924) — Ref.: Ber. Physiol. 31, 69 — Chem. Zbl. 1925 II, 1459. — Arch. di Biol. 74, 126 (1924) — Chem. Zbl. 1926 I, 2113. — G. J. Cassidy, S. Dworkin u. W. H. Finney: Amer. J. Physiol. 77, 211 (1926) — Chem. Zbl. 1926 II, 904. — E. Grafe u. F. Meythaler: Arch. f. exper. Path. 131, 80 (1928) — Chem. Zbl. 1928 II, 1003. — G. J. Cassidy, S. Dworkin u. W. H. Finney: Amer. J. Physiol. 77, 211 (1926) — Chem. Zbl. 1926 II, 904.

[22] P. Rubino u. J. A. Collazo: Biochem. Z. 140, 258 (1923) — Chem. Zbl. 1923 III, 1418.

[23] E. Ponder u. W. Ph. Kennedy: Biochemic. J. 20, 237 (1926) — Chem. Zbl. 1926 II, 250.

läßt aber die Hämolyse durch Äther und Chloroform unbeeinflußt. Die fällende Wirkung von Neutralsalzen, Mineralsäuren, Alkohol und Pikrinsäure auf eiweißhaltigen Flüssigkeiten wird ebenfalls verhindert[1].

Physikalische und chemische Eigenschaften: Das aus α- und β-Glykose gewonnene synthetische Präparat bildet aus Alkohol Kryställchen ohne scharfen Schmelzpunkt von der Zusammensetzung $C_{12}H_{22}O_{11} + H_2O$; $[\alpha]_D^{21} = +116,9°$ nach 8 Minuten, $+128,5°$ nach 24 Stunden in Wasser bei $c = 6,16$[2]. Krystallisationsversuche aus reinen Sirupen in Gegenwart von Phosphaten, Glykose (5%), Hühnereiweiß (5%), Pepton (4%), α-Glutaminsäure (4%), Asparaginsäure (4%), Glykokoll (4%), Dextrine (1—4%), Lävoglykosan (20%), Diamylose (10%) und von einem Gemisch aus gleichen Teilen Lävoglykosan und Dextrin (20%). Im letzten Falle tritt eine beträchtliche Verzögerung der Krystallisation ein. In den anderen Fällen ist dieselbe nach 24 Stunden schon beendet. Es ist nicht sicher, daß die Krystallisationshemmung durch Dextrine bewirkt wird[3]. Bildet bei langsamer Krystallisation schwach doppelbrechende, dreieckige Kryställchen mit abgerundeten Flächen[4]. Löslichkeit nach 5 stündiger Extraktion mit trockenem Äthylacetat: 4%[5]. — Absorbiert, im Vakuum über P_2O_5 getrocknet, aus der Luft bei 20° 0,80, 6,97, 1835% Feuchtigkeit (die Luftfeuchtigkeit war 1. 60% nach 1 Stunde 2. 60% nach 9 Tagen, 3. 100% nach 25 Tagen[6]. Verbrennungswärme für 1 g 3949 cal[7]. Ultraviolettabsorption[8]. — Röntgendiagramm[9]. Leitfähigkeit in Gegenwart von Borsäure[10]. — Die spezifische Drehung der Maltose ist in Gegenwart von H_2SO_4 von der Konzentration der Säure praktisch unabhängig[11]. Die Drehung der Maltose wird von Natriumbisulfit kaum verändert. Enddrehung $= +95,0°$[12]. Untersuchungen über das System Maltose—Wasser unter Berücksichtigung der Mutarotation der Maltose[13]. — Maltose zeigt nach ultravioletter Bestrahlung ihrer wässerigen Lösungen kein verändertes Reduktionsvermögen[14]. Säuredissoziationskonstante[15] K_a bei 19,5° $= 96,10^{-14}$. — Inversionskonstante[16]: $K \cdot 10^4$ bei 70° $= 6,0$. Reaktionsgeschwindigkeit der Hydrolyse: $K_{98} = 0,019$ in Gegenwart von 0,05 normaler Salzsäure bei 3 g Zucker in 100 ccm Lösung[17]. — Einwirkung von überhitztem Wasser auf Maltose[18]. Wird bei der Behandlung mit säurehaltigen Aceton nicht angegriffen[19]. — Spaltet bei der Destillation in saurer, neutraler oder alkalischer Lösung Formaldehyd ab[20].

In Salzsäure (D. $= 1,185$) zeigt Maltose $[\alpha]_D^{15} = 135,5°$. HNO_3 wirkt auf Maltose unter ständiger Abnahme der Drehung und Gelb- bis Braunfärbung zersetzend[11]. Maltose, die mit etwas konzentrierter H_2SO_4 angefeuchtet ist, gibt, wenn 1 Tropfen Guajacol zugesetzt wird,

---

[1] M. Nechkovitch: Arch. internat. Physiol. **24**, 1 (1924) — Ref.: Ber. Physiol. **31**, 153 — Chem. Zbl. **1925 II**, 1466.

[2] Amé Pictet u. Hans Vogel: C. r. Acad. Sci. Paris **184**, 1512 (1927) — Chem. Zbl. **1927 II**, 915.

[3] L. de Hoop u. M. J. van Tussenbrock: Biochem. Z. **135**, 217 (1923) — Chem. Zbl. **1923 III**, 662.

[4] L. Longchambon: Bull. Soc. franç. Minéral. **48**, 367 (1925) — Chem. Zbl. **1926 II**, 554.

[5] Congdon u. Young: Z. dtsch. Zuckerind. **1925**, 440 — Chem. Zbl. **1925 II**, 1566.

[6] C. A. Browne: Sugar **25**, 73 (1923) — Chem. Zbl. **1923 III**, 120.

[7] P. Karrer u. W. Fioroni: Ber. dtsch. chem. Ges. **55**, 2854 (1922).

[8] L. Kuriciński u. L. Marchlewski: Bull. internat. Acad. Polon. Sci. Lettres Serie A **1928**, 271 — Chem. Zbl. **1929 I**, 1092.

[9] Kurt Heß u. Karl Trogus: Ber. dtsch. chem. Ges. **61**, 1982 (1928) — Chem. Zbl. **1929 I**, 46.

[10] R. Verschuur: Rec. Trav. chim. Pays-Bas et Belg. (Amsterd.) **47**, 423 — Chem. Zbl. **1928 I**, 2354.

[11] B. Bleyer u. H. Schmidt: Biochem. Z. **138**, 119 (1923) — Chem. Zbl. **1923 III**, 1398 — Biochem. Z. **135**, 546 (1923) — Chem. Zbl. **1923 III**, 662.

[12] B. Bleyer u. H. Schmidt: Biochem. Z. **141**, 278 (1923) — Chem. Zbl. **1924 I**, 1356.

[13] J. Gillis: Rec. Trav. chim. Pays-Bas et Belg. (Amsterd.) **43**, 138 (1924) — Chem. Zbl. **1924 I**, 1914.

[14] L. H. Dejust: C. r. Soc. Biol. Paris **94**, 328 (1926) — Chem. Zbl. **1926 II**, 1941 — C. r. Soc. Biol. Paris **94**, 123 (1926) — Chem. Zbl. **1926 I**, 2790.

[15] Richard Kuhn u. Harry Sobotka: Z. physik. Chem. **109**, 65 (1924) — Chem. Zbl. **1924 II**, 991.

[16] Karl Freudenberg, Walter Dürr u. Heinrich v. Hochstetter: Ber. dtsch. chem. Ges. **61**, 1738 (1928) — Chem. Zbl. **1928 II**, 2120.

[17] F. P. Phelps u. C. S. Hudson: J. amer. chem. Soc. **48**, 503 (1926) — Chem. Zbl. **1926 I**, 2789.

[18] S. Komatsu u. C. Tanaka: Sexagint. Coll. of Papers dedicated to Y. Osaka, in celebration of his 60. Birth-day, Kyoto 1927 — Chem. Zbl. **1928 I**, 2079.

[19] Heinz Ohle u. Ilse Holler: Ber. dtsch. chem. Ges. **57**, 1866 (1924) — Chem. Zbl. **1924 II**, 2021.

[20] G. Klein: Biochem. Z. **169**, 132 (1926) — Chem. Zbl. **1926 I**, 3221.

wie Metaldehyd eine charakteristische Farbenreaktion[1]. Mit unvollkommen getrockneter HBr färbt sie sich erst nach 2—3 Stunden orange, wird bald braun und ist nach 1—2 Tagen schwarz[2]. Spaltet in alkalischer Lösung Methylglyoxal ab. Mit zunehmender [OH^-] fällt die Ausbeute an Methylglyoxal, Na_2SO_3 begünstigt seine Bildung[3]. Bei der Einwirkung von Kaliumhydroxyd auf Maltose entstehen höhere Mengen Ameisensäure als bei Glykose, dagegen geringere Mengen an Brenztraubenaldehydosazon, Milchsäure und Essigsäure[4]. Bei der Einwirkung von Calciumhydroxyd entsteht nur die Hälfte derjenigen Isosaccharinsäuremenge, die aus Cellobiose erhalten wird[5].

Die erste Stufe bei der Oxydation mit Alkali ist nicht die völlige Hydrolyse zu 2 Moleküle Glykose, da die Mengenverhältnisse der Oxydationsprodukte nicht mit denen bei der Oxydation von alkalischen Glykoselösungen übereinstimmen[6]. Oxydation mit Luft unter der Einwirkung des Sonnenlichts[7]. — Bei der Behandlung der Maltose mit Fehlingscher Lösung von gebräuchlicher Zusammensetzung entstehen Oxydationsprodukte. Vermutlich bildet sich zunächst die von Ruff[8] dargestellte Bionsäure und weiterhin ein Zucker mit 11 C-Atomen, so daß bei der Spaltung Arabinose entsteht. Bei Benutzung der schwächeren Kraisyschen Lösung ging das unmittelbare Reduktionsvermögen des Milchzuckers stark zurück und schied das invertierte Filtrat mehr Cu_2O aus als bei der gewöhnlichen Fehlingschen Lösung. Vermutlich eignet sich somit zur Bestimmung der Maltose, weil Dextrin und Isomaltose wahrscheinlich von dieser nicht angegriffen werden[9]. Bei der Oxydation von Maltose mit Fehlingscher Lösung wird in Gegenwart von Borat erheblich weniger Cu_2O abgeschieden[10]. Maltose verhält sich bei der Oxydation in alkalischer Lösung durch Sauerstoff oder atmosphärische Luft wie Glykose und bildet CO[11]. In einer 3n-Lösung von NH_4Cl und NH_3 (p_H = etwa 8) wird Maltose oxydiert. Die Schwermetalle steigern, HCN hemmt bei der Oxydation[12]. Maltose wird in alkalischer Lösung von Ozon zersetzt, wobei sich Ameisensäure bildet. Nach einiger Zeit entwickelt sich CO_2. Die völlige Zersetzung erfordert viel Zeit. In neutraler Lösung widersteht Maltose der Einwirkung des Ozons gut, in saurer Lösung tritt schnell Inversion ein[13]. Wird von 0,15proz. H_2O_2 in neutraler und in saurer Lösung nur ganz unbedeutend angegriffen, in alkalischer Lösung wird bei 70° schnell zersetzt; bei gewöhnlicher Temperatur ist dagegen die Zersetzung, auch in alkalischer Lösung, nur ganz unbedeutend. 3proz. H_2O_2 verursacht schon schnelle Zersetzung der Maltose[14]. Gegenüber Wasserstoffsuperoxyd ist Maltose bei gewöhnlicher Temperatur durchaus beständig, in Gegenwart von Ferrosulfat wird sie dagegen schnell angegriffen, unter Bildung von Maltobionsäure. Verdünnte unterchlorige Säure wirkt langsam ein, und zwar unter Bildung neutraler Produkte. — Die aus dem Reduktionsvermögen des Reaktionsgemisches berechneten Drehungswerte stimmen mit den beobachteten nicht überein[15]. — Gibt in wässeriger Lösung mit H_2O_2 oder anderen Peroxyden bei Gegenwart von Peroxydasen oder Oxydasen Weinsäure[16]. Bei der Oxydation mit HNO_3 bildet sich neben Oxalsäure auch Mesoxalsäure[17]. Zeitwert der Kalium-

[1] P. Brouére: Bull. Soc. Chim. biol. Paris 8, 462 (1926) — Chem. Zbl. 1926 II, 2988.

[2] H. Colin u. E. Ruppol: Bull. Soc. Chim. biol. Paris 9, 928 (1927) — Chem. Zbl. 1928 I, 555.

[3] F. Fischler: Hoppe-Seylers Z. 157, 1 (1926) — Chem. Zbl. 1926 II, 2414.

[4] William Lloyd Evans u. Marjoric Pickard Benoy: J. amer. chem. Soc. 52, 294 (1930) — Chem. Zbl. 1930 I, 2544.

[5] John Palmén: Finska Kemistsamfundets Medd. 38, 106 (1930) — Chem. Zbl. 1930 I, 2395.

[6] William Lloyd Evans: Chem. Reviews 6, 281 (1929) — Chem. Zbl. 1930 I, 200.

[7] C. C. Palit u. N. R. Dhar: J. physic. Chem. 32, 1263 (1928) — Chem. Zbl. 1928 II, 2549.

[8] Ruff: Ber. dtsch. chem. Ges. 33, 1708 (1900).

[9] F. Herzfeld: Z. dtsch. Zuckerind. 1926, 177 — Chem. Zbl. 1926 II, 2156.

[10] M. Levy u. E. A. Doisy: J. of biol. Chem. 77, 733 — Chem. Zbl. 1928 II, 539.

[11] M. Nicloux: C. r. Soc. Biol. Paris 99, 226 — Chem. Zbl. 1928 II, 1077 — C. r. Acad. Sci. Paris 186, 1218 — Chem. Zbl. 1928 I, 3050.

[12] H. A. Krebs: Biochem. Z. 180, 377 (1927) — Chem. Zbl. 1927 I, 1784.

[13] C. W. Schonebaum: Rec. Trav. chim. Pays-Bas et Belg. (Amsterd.) 41, 501 (1922) — Chem. Zbl. 1923 I, 1110 — Rec. Trav. chim. Pays-Bas et Belg. (Amsterd.) 41, 44, 422 — Chem. Zbl. 1922 III, 666; 1923 I, 1077.

[14] C. W. Schonebaum: Rec. Trav. chim. Pays-Bas et Belg. (Amsterd.) 41, 501, 503 (1922) — Chem. Zbl. 1923 I, 1118, 1119.

[15] James Craik: J. Soc. chem. Ind. 43, 171 (1924) — Chem. Zbl. 1924 II, 824.

[16] Diamalt-A.-G.: D.R.P. 426864, Kl. 12o v. 6. Okt. 1920; D.R.P. 427415, Kl. 12o v. 26. Nov. (1921) — Chem. Zbl. 1926 II, 941.

[17] F. D. Chattaway u. H. J. Harris: J. chem. Soc. Lond. 121, 2703 (1922) — Chem. Zbl. 1923 III, 1068.

permanganatreaktion (s. S. 265) für α, β-Gleichgewichtslösung: 9,0[1]. — Bei der Behandlung der Oktaacetylmaltose mit Jodwasserstoff erfolgt kein Abbau der Maltose[2]. Maltose reduziert eine Indigomenge, die einer Aufnahme von 3 Atomen Sauerstoff auf je 1 Mol Maltose entspricht, woraus folgt, daß Maltose dabei augenscheinlich hydrolysiert wird[3]. — Farbenreaktion mit Triketohydrindenhydrat (Ninhydrin). Die Farbe ist gelb, in der Wärme gelblichbraun[4]. Gibt beim Erhitzen mit salzsaurem Resorcin gefärbte Lösungen[5]. Maltose zersetzt sich vollständig bis zum Verschwinden der α-Naphtholreaktion, wenn man sie mit 10proz. Kalkmilch in siedendem Wasserbade erwärmt[6]. Maltose reagiert mit Aminosäuren, wie l(+)-Alanin, l(+)-Asparaginsäure, Glutaminsäure und Arginin. Die Reaktionen wurden an der auftretenden Drehungsänderung bei $p_H = 7$ beobachtet[7]. Verhalten gegen Glykokoll bei verschiedenen p_H-Werten[8]. — Über Kondensation von Maltose mit pepsinverdautem Casein, Myosin, Pepton und Eiweißkörpern[9].

Gärung: Verhalten gegen Bacterium coli[10]. Maltose als Kohlenstoffquelle der Coli- und Paratyphus-B-Bacillen[11]. — Setzt man Maltose dem Angriff von Bacterium coli und Bacillus lactis aerogenes aus, und benutzt schwefligsaure Salze als Abfangmittel, so erhält man Acetaldehyd[12]. — Wurde bei Vergärungsversuchen mit Bac. coli commune, B. acidi lactici und B. lactis aerogenes, von allen Stämmen angegriffen[13]. Ausnutzung durch den Tuberkelbacillus[14]. — Wird von allen Stämmen von Bacterium coli Escherich, Bacillus acidi lactici Hüppe und Bacillus lactis aerogenes Escherich angegriffen[15]. Verhalten gegen Rauschbrandbacillus[15], Bacillus ostrei[16], gegen einen aus Appendicitis isoliertem Bacterium[17], Bacillus pyocyaneus[18], Diphtheriebacillen[19], Pestbacillus[20], Milzbrandbacillen[21]. Untersuchungen über das Verhalten gegenüber Bacillus Welchii, Vibrio septicus, B. fallax, B. tertius, B. tetani, B. pseudotetani, B. botulinus, B. bifermentans, B. oedomaticus, B. aerofoetidus, B. sporogenes, B. histolyticus und B. putrificus[22]. — Es wurden 50 Bakterienstämme auf die Fähigkeit, mit Maltose Säure

---

[1] Richard Kuhn u. Theodor Wagner-Jauregg: Ber. dtsch. chem. Ges. **58**, 1441 (1925) — Chem. Zbl. **1925 II**, 2205.

[2] Géza Zemplén: Ber. dtsch. chem. Ges. **60**, 1555 (1927) — Chem. Zbl. **1927 II**, 914. — Irvine u. Dick: J. chem. Soc. Lond. **115**, 593 (1919).

[3] Edmund Knecht u. Eva Hibbert: J. chem. Soc. Lond. **127**, 2854 (1925) — Chem. Zbl. **1926 I**, 2672.

[4] H. Riffart: Biochem. Z. **131**, 78 (1922) — Chem. Zbl. **1923 II**, 827.

[5] B. Glaßmann: Hoppe-Seylers Z. **150**, 16 (1925) — Chem. Zbl. **1926 I**, 1465.

[6] J. Schlemmer: Listy Cukrovarnické **45**, 243 — Z. Zuckerind. tschechosl. Republik **51**, 422 (1927) — Chem. Zbl. **1927 II**, 881.

[7] C. Neuberg u. M. Kobel: Biochem. Z. **174**, 404 (1926) — Chem. Zbl. **1926 II**, 3059 — Biochem. Z. **162**, 496 (1926) — Chem. Zbl. **1926 I**, 621.

[8] Hans v. Euler, Gerda Rayman u. Edv. Brusinis: Sv. Kem. Tidskr. **41**, 203 (1929) — Chem. Zbl. **1929 II**, 2436.

[9] H. Pringsheim u. M. Winter: Biochem. Z. **177**, 406 (1926) — Chem. Zbl. **1927 I**, 461. — Ber. dtsch. chem. Ges. **60**, 278 (1927) — Chem. Zbl. **1927 I**, 1026.

[10] Juda Hirsch Quastel u. Margaret Dampier Whetham: Biochemic. J. **19**, 645 (1925) — Chem. Zbl. **1926 I**, 967. — P. Rona u. H. W. Nicolai: Biochem. Z. **172**, 212 (1926) — Chem. Zbl. **1926 II**, 777. — E. Zimmermann: Zbl. Bakter. **104**, 451 (1927) — Chem. Zbl. **1928 I**, 366. — Jeanne Lommel: C. r. Soc. Biol. Paris **95**, 714—716 (1926) — Chem. Zbl. **1927 I**, 304.

[11] H. Braun u. R. Goldschmidt: Zbl. Bakter. I **109**, 353 (1928) — Chem. Zbl. **1929 I**, 763.

[12] K. Nagai: Biochem. Z. **141**, 261 (1923) — Chem. Zbl. **1924 I**, 352.

[13] Hermann Hees u. Caspar Tropp: Zbl. Bakter. I **100**, 273—284, 1 Tafel (1926) — Chem. Zbl. **1927 I**, 760.

[14] A. Frouin u. Guillaumie: C. r. Soc. Biol. Paris **88**, 1002 (1923) — Chem. Zbl. **1923 III**, 1417. — H. Braun, A. Stamatelakis, Seigo Kondo u. R. Goldschmidt: Biochem. Z. **146**, 573 (1924) — Chem. Zbl. **1924 I**, 682.

[15] E. Levens: Zbl. Bakter. I **88**, 474 (1922) — Chem. Zbl. **1923 I**, 110.

[16] A. Besson u. G. Ehringer: C. r. Soc. Biol. Paris **87**, 1017 (1922) — Chem. Zbl. **1923 I**, 780.

[17] A. Ukil: C. r. Soc. Biol. Paris **87**, 1009 (1922) — Chem. Zbl. **1923 I**, 780.

[18] A. Rochaix u. E. Banssillon: C. r. Soc. Biol. Paris **89**, 538 (1923) — Chem. Zbl. **1923 III**, 1036.

[19] M. M. Barratt: J. of Hyg. **23**, 241—259 (1924) — Ber. Physiol. **30**, 801 (1925) — Chem. Zbl. **1925 II**, 1177.

[20] R. Pons: Ann. Inst. Pasteur **39**, 884 (1925) — Chem. Zbl. **1926 I**, 1428.

[21] Martin Kristensen: Zbl. Bakter. I **101**, 220—224 (1927) — Chem. Zbl. **1927 I**, 1330.

[22] Arthur Isaac Kendall, Alexander Alfred Day u. Arthur Williams Walker: J. inf. Dis. **30**, 141—210 (1922) — Chem. Zbl. **1922 III**, 389.

zu bilden, untersucht[1]. Die Gruppe des Bacillus mycoides und seine nächste Verwandte bilden Säure aus Maltose (außer B. filamentosus sporadicus und B. robur)[2]. Es wurde die Wirkung 21 verschiedener Bacillen der Salmonellagruppe auf Maltose untersucht durch Feststellung der Säureentstehung und Gasentwicklung bei colorimetrischer und elektrometrischer p_H-Bestimmung[3]. Verhalten gegen säurebildende Bakterien[4], gegen Meningococcus[5], gegen Gonidienkolonien von Cystococcus, Coceanyxa, Chlorella, Palmellococcus usw[6], Staphylokokken[7]. Aus 5 g Maltose entstehen bei der Einwirkung von Propionsäurebacillen 2,1290 g. Propionsäure und 0,7928 g Essigsäure[8]. Maltose wird durch B. acetoäthylicum zu Alkohol, Aceton und flüchtigen Säuren, hauptsächlich Ameisensäure und Essigsäure vergoren[9]. Verhalten gegen Moniliaarten[10], Sterigmatocystis nigra[11], Aspergillusarten[12], verschiedene Schimmelpilze usw.[13] — Citronensäurebildung[14]. Untersuchungen über Hefegärung der Maltose. — Die Vergärung der Maltose wird durch Zusatz von Tierkohle stets wesentlich beschleunigt[15]. Über den Einfluß der Maltose auf die Atmung bei der alkoholischen Gärung[16]. Es wird gezeigt, daß nicht nur die maltasearmen Brennereihefen, sondern auch die maltasereichen Bierhefen die Maltose direkt, d. h. ohne vorhergehende Hydrolyse vergären[17]. Maltose wird optimal bei $p_H = 4,5$ vergoren, eine Acidität, bei der die Maltase schon völlig unwirksam ist. Dabei findet nicht Enzymzerstörung statt, da man, wenn man wieder die für die Maltase optimale Acidität von $p_H = 6,8$ mittels Diammoniumphosphat einstellt, auch wieder die volle Wirkung der Maltase beobachtet. Praktisch von Maltase freie Branntweinhefe (Frankenthal) verhält sich bei der Maltosevergärung im wesentlichen wie eine Bierhefe; das Optimum der Gärung liegt bei $p_H =$ etwa 3,5, jedoch erstreckt sich das optimale Gebiet bis zu $p_H = 2,5$; diese Branntweinhefe ist also der Gärung im sauren Gebiet besonders angepaßt. Die Induktionszeiten sind größer als bei maltasereichen Hefen[17]. — Wird aus wässeriger Lösung von Backhefe nicht adsorbiert, bei Gegenwart von Blut zu 40%[18]. — Einfluß auf die Sporulation der Saccharomyceten[19]. Maltose ergab unter denselben Bedingungen wie bei den Versuchen mit Rohrzucker eine Vermehrung der Trockensubstanz der Hefe von 715%[20]. — Durch Zusatz von Maltose kann man den Hefeabbau von Acetessigsäure ein wenig erhöhen[21]. Die Nektarhefe Anthomyces Reukaufii kann Maltose gut verwenden[22]. Wird durch milchzuckervergärende

[1] H. Frohböse: Zbl. Bakter. I **100**, 213—218 (1926) — Chem. Zbl. **1927 I**, 303.

[2] J. Perlberger: Zbl. Bakter. II **62**, 1 — Chem. Zbl. **1924 II**, 1217.

[3] Frank Wokes u. Joseph H. Irwin: Pharmac. J. **118**, 747—751 — Chem. Zbl. **1927 II**, 1481.

[4] L. Müllerová: Stud. Plant. physiol. Labor. Charles Univ. Prague **3**, 56—85 (1926) — Ber. Physiol. **40**, 588—589 — Chem. Zbl. **1927 II**, 1713.

[5] James M. Neill u. Emidio L. Gaspari: J. of exper. Med. **45**, 151—162 (1927) — Chem. Zbl. **1927 I**, 1325.

[6] R. Chodat u. Lucie Chodat: Arch. Sc. phys. et nat. Genéve (5) **6**, 74—76 — Chem. Zbl. **1924 II**, 2406.

[7] H. W. Nicolai u. N. Kageura: Biochem. Z. **196**, 246 (1928) — Chem. Zbl. **1928 II**, 1451.

[8] E. O. Whittier, J. M. Shermann u. W. R. Albus: Ind. Chem. **16**, 122 (1924) — Chem. Zbl. **1924 I**, 1679.

[9] Horace B. Speakman: J. of biol. Chem. **84**, 41 (1925) — Chem. Zbl. **1925 II**, 833.

[10] Aldo Castellani u. Frank E. Taylor: Ann. Inst. Pasteur **36**, 789 (1922) — Chem. Zbl. **1923 II**, 297 — Biochemic. J. **16**, 655 (1922) — Chem. Zbl. **1923 II**, 381.

[11] Martin Molliard: C. r. Acad. Sci. Paris **178**, 161 (1924) — Chem. Zbl. **1924 I**, 1813 — C. r. Soc. Biol. Paris **90**, 1395 (1924) — Chem. Zbl. **1924 II**, 682.

[12] Emile F. Terroine u. René Wurmser: C. r. Acad. Sci. Paris **175**, 228 (1922) — Chem. Zbl. **1922 III**, 1383. — W. O. Tausson: Biochem. Z. **155**, 356 (1925) — Chem. Zbl. **1925 I**, 1881.

[13] L. Lutz: C. r. Acad. Sci. Paris **180**, 532 (1925) — Chem. Zbl. **1925 I**, 1880. — Victor Estienne J. Pharm. de Belgique **6**, 797—802, 813—819 (1924) — Chem. Zbl. **1925 I**, 233.

[14] K. Bernhauer: Biochem. Z. **197**, 309 (1928) — Chem. Zbl. **1928 II**, 1342. — B. Bleyer: D.R.P. 434729, Kl. 12o v. 19. Okt. 1924; Chem. Zbl. **1926 II**, 2848.

[15] Emil Abderhalden: Fermentforschg **5**, 255 (1922) — Chem. Zbl. **1922 I**, 980.

[16] Otto Meyerhof: Biochem. Z. **162**, 43 (1925) — Chem. Zbl. **1926 I**, 702.

[17] Richard Willstätter u. Eugen Bamann: Hoppe-Seylers Z. **151**, 242; **152**, 202 (1926) — Chem. Zbl. **1926 I**, 2474, 3159.

[18] Albert L. Raymond u. J. G. Blanco: J. of biol. Chem. **79**, 649 (1928) — Chem. Zbl. **1929 I**, 680.

[19] Felix Wagner: Zbl. Bakter. II **75**, 4 (1928) — Chem. Zbl. **1928 II**, 678.

[20] Th. Bokorny: Allg. Brauer- u. Hopfen-Ztg **1922**, 1057, 1149 — Chem. Zbl. **1923 I**, 360.

[21] St. Weiß u. M. Altai: Z. exper. Med. **47**, 606 (1925) — Chem. Zbl. **1926 I**, 704.

[22] Friedrich Hautmann: Arch. Prostitenkde **48**, 213—244 (1924) — Ber. Physiol. **29**, 562 bis 563 (1925) — Chem. Zbl. **1925 I**, 2570.

Hefen der Rohmilch nicht vergoren[1]. — Schizosaccharomyces hominis nov. spec. spaltet Maltose[2]. 20proz. Lösungen von Maltose, die bei 5° aufbewahrt werden, behalten ihre spezifischen Eigenschaften bezüglich bakterieller Vergärbarkeit für mindestens 20 Monate[3].

Derivate: **β-Oktaacetylmaltose**[4]. Bei 20minutigem Kochen von je 50 g Maltose und Natriumacetat mit 200 g Essigsäureanhydrid, Eingießen in Wasser. Krystalle aus Methylalkohol. 50 g Maltose, 25 g geschmolzenes Na-Acetat, 225 g Essigsäureanhydrid werden nach Beendigung der ersten Reaktion 2 Stunden auf 100° erhitzt, auf Eis gegossen und aus Alkohol umkrystallisiert. Ausbeute 50 g[5]. 50 g feingepulverte Maltose, 25 g frisch geschmolzenes Natriumacetat, 225 ccm frisch destilliertes Essigsäureanhydrid werden in einem großen Kolben mit Rückflußkühler auf dem Wasserbade in Lösung gebracht. Dann wird mit der Flamme bis zum Eintritt der heftigen Reaktion erhitzt. Die Flamme wird sofort entfernt, bis die Reaktion abgeklungen ist. Alsdann wird noch 2 Minuten aufgekocht und 1 Stunde bei 100° belassen. Nach nochmaligem, kurzen Aufkochen gießt man in 2 l Eiswasser, läßt unter häufigem Umrühren 2 Stunden stehen und erneuert das Wasser. Die jetzt annähernd fest gewordene Masse wird zerkleinert und noch 12 Stunden unter Wasser aufbewahrt. Noch feucht wird in 150 ccm Methylalkohol gelöst und mit viel Tierkohle gekocht. Man saugt rasch durch ein Filter, das vorher mit Methylalkohol aufgeschlämmter Tierkohle gedichtet ist. In Eis krystallisieren während einigen Stunden 56 g aus. Die Mutterlauge wird mit Wasser versetzt, der weiße Niederschlag abgesaugt, getrocknet, fein pulverisiert und mit wenig Methylalkohol angerieben. Nach 12 Stunden wird abgesaugt und aus wenig Methylalkohol umkrystallisiert. Zweite Ausbeute: 4 g. Schmelzp. 158—159°[6]. — Bei der Darstellung verwendet man am besten nicht mehr als 30 g Maltose[7].

200 g Maltose werden mit 1 l Essigsäure-anhydrid und 200 g wasserfreiem Natriumacetat bis zum Eintritt der Reaktion erhitzt, die dadurch erkennbar ist, daß einige Blasen bis zur Oberfläche des Gemisches emporsteigen. Man reguliert jetzt unter Kühlung mit Wasser die zuweilen sonst sehr heftig werdende Reaktion, bis völlige Lösung der Maltose eingetreten ist, dann erwärmt man noch 1 Stunde im Wasserbade. Hiernach wird das Gemisch in 4 l kaltes Wasser eingerührt, das ausfallende Öl 24 Stunden stehengelassen, dann in 300 ccm Chloroform gelöst, vom Wasser getrennt, filtriert, hierauf 3mal mit je 1 l Wasser gewaschen, mit Chlorcalcium getrocknet und das Filtrat unter vermindertem Druck stark eingeengt, der Rückstand in 600 ccm heißem Alkohol gelöst und filtriert. Nach 48 Stunden wird die ausgeschiedene Oktaacetyl-maltose abgesaugt und das Rohprodukt nochmals aus 500 ccm heißem Alkohol umkrystallisiert. Ein Maltosepräparat „reinst" von Schuchardt ergab 110 g Oktaacetylverbindung vom Schmelzp. 158—159°, $[\alpha]_D^{19} = +124°$ in Chloroform. Das reinste Maltosepräparat von Merck ergab 170 g Oktaacetyl-maltose vom Schmelzp. 159°, $[\alpha]_D^{18} = +123,4°$ [8].

Das Präparat, gewonnen aus synthetischer Maltose, bildet Nadeln vom Schmelzp. 157°; $[\alpha]_D^{22} = +75,5°$ in Benzol bei $c = 1,2472$, Mol-Gewicht 683[9]. — Krystallisiert, aus Alkohol in gut ausgebildeten Prismen, welche fast parallel zur Achse auslöschen. Schmelzp. 157 bis 158°[10]. Schmelzp. 160—161°[11]. Verbrennungswärme für 1 g: 4468 cal[12].

Isomere Oktaacetylmaltose[13]. 3 g Heptaacetylchlormaltose (Freudenberg), 4,5 g Silberacetat und 20 ccm Benzol, alle scharf getrocknet, werden zwecks Ausschaltung der

[1] Ernst Trüper: Milchwirtsch. Forschgn **6**, 351 (1928) — Chem. Zbl. **1928 II**, 1276.

[2] T. Benedek: Zbl. Bakter. **104**, 291 (1927) — Chem. Zbl. **1928 I**, 368.

[3] Lucy Dell Henry u. M. S. Marschall: J. Labor. a. clin. Med. **12**, 474—477 (1927) — Ber. Physiol. **40**, 527 (1927) — Chem. Zbl. **1927 II**, 1971 — J. Labor. a. clin. Med. **12**, 474 (1927) — Chem. Zbl. **1927 I**, 2229.

[4] Karl Freudenberg u. Otto Ivers: Ber. dtsch. chem. Ges. **55**, 929 (1922) — Chem. Zbl. **1922 I**, 1197.

[5] P. Brigl u. P. Mistele: Hoppe-Seylers Z. **126**, 120 (1923) — Chem. Zbl. **1923 III**, 26. — O. Brigl: Hoppe-Seylers Z. **122**, 245 (1923) — Chem. Zbl. **1923 I**, 43.

[6] K. Freudenberg, H. v. Hochstetter u. H. Engels: Ber. dtsch. chem. Ges. **58**, 667 (1925) — Chem. Zbl. **1925 I**, 2551.

[7] J. C. Irvine u. J. M. A. Black: J. chem. Soc. Lond. **1926**, 862 — Chem. Zbl. **1926 II**, 385.

[8] Géza Zemplén: Ber. dtsch. chem. Ges. **60**, 1560 (1927) — Chem. Zbl. **1927 II**, 914.

[9] Amé Pictet u. Hans Vogel: C. r. Acad. Sci. Paris **184**, 1512 (1927) — Chem. Zbl. **1927 II**, 915.

[10] L. Longchambon: Bull. Soc. franç. Minéral. **48**, 367 (1925) — Chem. Zbl. **1926 II**, 554.

[11] P. Brigl u. W. Scheyer: Hoppe-Seylers Z. **160**, 214 (1926) — Chem. Zbl. **1927 I**, 418.

[12] P. Karrer u. W. Fioroni: Ber. dtsch. chem. Ges. **55**, 2854 (1922).

[13] K. Freudenberg, H. v. Hochstetter u. H. Engels: Ber. dtsch. chem. Ges. **58**, 667 (1925) — Chem. Zbl. **1925 I**, 2551.

Luftfeuchtigkeit in einer gerade genügend großen, trocknen Flasche einige Stunden, vor Licht geschützt, geschüttelt. Das chlorfreie Filtrat wird unter vermindertem Druck eingedunstet; im amorphen, in Äther mäßig löslichem Rückstande konnte weder Heptaacetylmaltose noch die gewöhnliche krystallisierte Oktaacetylmaltose nachgewiesen werden. Es stellte sich heraus, daß diese Verbindung ein Derivat der Orthoessigsäure folgender Konstitution ist[1]:

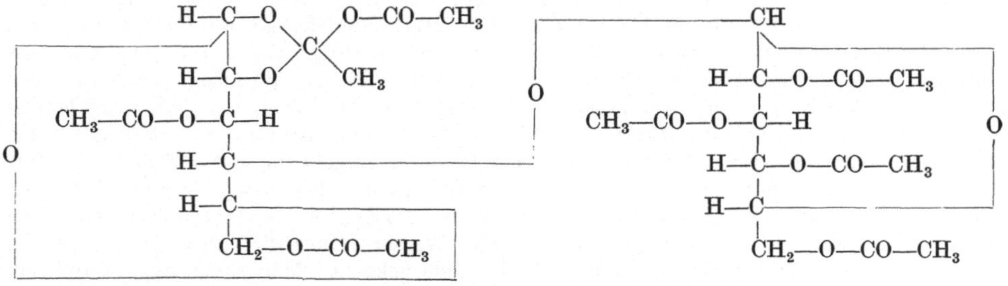

$$
\begin{array}{c}
\text{H–C–O}\qquad\text{O–CO–CH}_3 \\
\diagdown\;\text{C}\;\diagup \\
\text{H–C–O}\qquad\text{CH}_3 \\
\text{CH}_3\text{–CO–O–C–H} \\
\text{H–C} \\
\text{H–C} \\
\text{CH}_2\text{–O–CO–CH}_3
\end{array}
\qquad\text{O}\qquad
\begin{array}{c}
\text{CH} \\
\text{H–C–O–CO–CH}_3 \\
\text{CH}_3\text{–CO–O–C–H} \\
\text{H–C–O–CO–CH}_3 \\
\text{H–C} \\
\text{CH}_2\text{–O–CO–CH}_3
\end{array}
$$

Heptaacetylmaltose[2]. Acetobrommaltose wird in Essigsäure gelöst, mit siedendem Wasser in Gegenwart von so viel Natriumacetat versetzt, daß die Lösung durch abgespaltenen Bromwasserstoff nicht kongosauer wird. Aus der Lösung krystallisieren 61% Heptaacetylmaltose rein aus. Weitere 10% sind aus der Mutterlauge erhältlich (weniger reines Präparat). $[\alpha]_D$ in Acetylentetrachlorid nach 48 Stunden $+103°$. — Aus Trihexosan durch die Einwirkung von Acetylchlorid und Zersetzung mit Ag_2CO_3 in 30—35proz. Menge[3]. Bildet sich bei der Einwirkung von alkoholischer Trimethylaminlösung auf Acetobrommaltose bei 90—95°[4].

Maltoseoktanitrat. Das Präparat, gewonnen aus synthetischer Maltose, bildet Nädelchen vom Schmelzp. 159°; sehr bitter, unlöslich in Wasser und schwer löslich in Alkohol, leicht löslich in Methylalkohol, Aceton, Essigsäure; $[\alpha]_D^{21} = +126,7°$ in Essigsäure bei $c = 2,2960$[5].

α-Fluoracetylmaltose, Acetofluormaltose[6] $C_{26}H_{35}O_{17}F$. Berechnetes Drehungsvermögen. $[\alpha]_D = +114°$ in Chloroform. — Aus 95proz. Alkohol kleine Prismen vom Schmelzpunkt 174—175°; $[\alpha]_D^{20} = +111,1°$[7].

Maltosylchlorid(?) $C_{12}H_{21}O_{10}Cl$. Aus Maltosan mit konzentrierter HCl. Gelbe, amorphe, hygroskopische Masse[8].

Acetochlormaltose (Chloracetylmaltose). Muß als α-Verbindung bezeichnet werden[9]. Berechnetes Drehungsvermögen $[\alpha]_D = +154°$ in Chloroform; beobachtet $[\alpha]_D = +159°$[6]. — Dargestellt nach Skraup und Kremann, aus Äther mit Petroläther Prismen vom Schmelzpunkt 125°; $[\alpha]_D^{20} = +159,5°$[7].

Isomere Heptaacetylchlormaltose $C_{28}H_{35}O_{17}Cl$ (654,74). In der früheren Mitteilung **Oktaacetyl(?)chlormaltose**[10] $C_{26}H_{39}O_{19}Cl$(?) genannt. Aus Oktaacetylmaltose in Benzol mit bei 0° gesättigter ätherischer Salzsäurelösung in einer Druckflasche bei Zimmertemperatur nach 4—6 Stunden; bei Eiskühlung Nadeln, die mit Tetrachlormethan und Äther gewaschen werden. Schmelzp. 112—114°, $[\alpha]_D = +67,5°$. Bei den Versuchen hat sich Thallium zur Bestimmung von leicht abspaltbarem Halogen als brauchbar erwiesen. Thalliumcarbonat, in Essigsäure spielend löslich spaltet beim Kochen mit der Halogenverbindung in Essigsäure quantitativ gut filtrierbares Thalliumhalogenid ab. 8 g Oktaacetylmaltose werden 4 Stunden

[1] K. Freudenberg: Naturwiss. **18**, 393 (1930) — Chem. Zbl. **1930 II**, 717.

[2] Hans Fischer u. Fritz Kögl: Liebigs Ann. **436**, 219 (1924) — Chem. Zbl. **1924 I**, 2103.

[3] P. Castan u. A. Pictet: Helvet. chim. Acta **8**, 946 (1925) — Chem. Zbl. **1926 I**, 2193.

[4] Géza Zemplén, Zoltán Csürös u. Zoltán Bruckner: Ber. dtsch. chem. Ges. **61**, 937 (1928) — Chem. Zbl. **1928 I**, 2937.

[5] Amé Pictet u. H. Vogel: C. r. Acad. Sci. Paris **184**, 1512 (1927) — Chem. Zbl. **1927 II**, 915.

[6] C. S. Hudson u. F. P. Phelps: J. amer. chem. Soc. **46**, 2591 (1924) — Chem. Zbl. **1925 I**, 641.

[7] D. H. Brauns: J. amer. chem. Soc. **51**, 1820 (1929) — Chem. Zbl. **1929 II**, 861.

[8] A. Pictet u. A. Marfort: Helvet. chim. Acta **6**, 129 (1923) — Chem. Zbl. **1923 I**, 1016.

[9] C. S. Hudson: J. amer. chem. Soc. **46**, 462 (1924) — Chem. Zbl. **1924 I**, 2100.

[10] Karl Freudenberg u. Otto Ivers: Ber. dtsch. chem. Ges. **55**, 929 (1922) — Chem. Zbl. **1922 I**, 1197.

bei 78° im Vakuum getrocknet und in 16 ccm absolutem Benzol gelöst. Die Lösung wird in eine Druckflasche filtriert und mit 100 ccm einer bei 0° gesättigten, auf —10° abgekühlten, völlig wasserfreien ätherischen Salzsäure versetzt. Das Gemisch ist klar, wenn Wasser und Heptaacetylmaltose abwesend sind. Es bleibt unter Verschluß so lange bei Zimmertemperatur stehen, bis der größte Teil der Acetochlormaltose auskrystallisiert ist. Die Krystallisation beginnt nach etwa 4 Stunden. Schließlich wird noch 3 Stunden in Eis gestellt, dann rasch abgesaugt, erst mit 20 ccm eiskaltem Tetrachlorkohlenstoff, dann mit 20 ccm eiskaltem Äther gewaschen und sofort über Natriumhydroxyd getrocknet. Aus dem Filtrat läßt sich Heptaacetylmaltose gewinnen, die in Benzol unlöslich und aus Methylalkohol umkrystallisierbar ist. Sämtliche für den Versuch nötigen Glasgeräte müssen vorher sorgfältig getrocknet werden. Stellt man in Eis, bevor die Krystallisation der Acetochlormaltose begonnen hat, so erhält man fast reine Oktaacetylmaltose zurück. — Spuren von Feuchtigkeit, die sich durch Trübwerden der Lösung anzeigen, lassen in großer Menge Heptaacetylmaltose entstehen. — Krystallisiert in feinen, langen, zu Büscheln vereinigten Nadeln, Schmelzp. 112—114°. Ausbeute 5,6 g. Es wurde kein Mittel gefunden, das Chlorid ohne Zersetzung umzukrystallisieren. — Die Substanz enthält 7 Acetyle. Geht mit feuchtem Benzol oder Pyridin leicht in Heptaacetylmaltose über; mit Silberacetat entsteht eine isomere Oktaacetylmaltose, mit Methylalkohol und Silbercarbonat ein isomeres Methylmaltosid[1]. — Das aus dem Chlorid bereitete Methylmaltosid ist nicht identisch mit demjenigen, das aus dem Chlorid von Fischer-Armstrong entsteht. Wird das Chlorid mit flüssiger Salzsäure behandelt, so gibt sie aber dasselbe, beständigere Methylmaltosid[2]. Es stellte sich heraus, daß diese Verbindung ein Derivat der Orthoessigsäure ist, mit folgender Konstitution[3]:

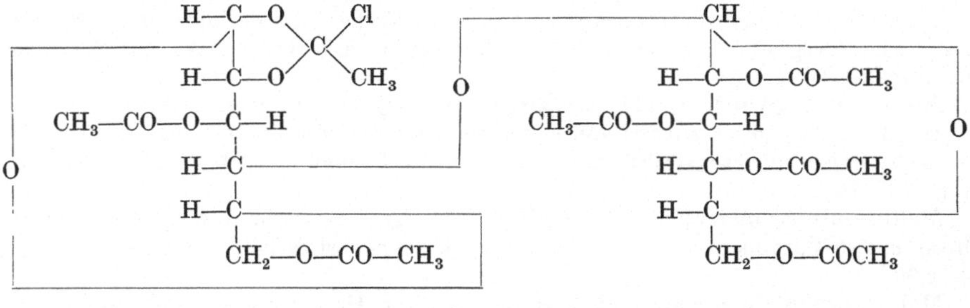

$$
\begin{array}{ll}
\text{H—C—O}\qquad\text{Cl} & \text{CH} \\
\qquad\diagdown\text{C}\diagup & \\
\text{H—C—O}\qquad\text{CH}_3 & \text{H—C—O—CO—CH}_3 \\
\text{CH}_3\text{—CO—O—C—H}\qquad\text{O} & \text{CH}_3\text{—CO—O—C—H}\qquad\text{O} \\
\text{H—C} & \text{H—C—O—CO—CH}_3 \\
\text{H—C} & \text{H—C} \\
\text{CH}_2\text{—O—CO—CH}_3 & \text{CH}_2\text{—O—COCH}_3
\end{array}
$$

In der Verbindung ist das Chlor durch Methoxyl und den Acetatrest ersetzbar[3].

1-Chlor-2-(trichloracetyl-)hexaacetylmaltose $C_{26}H_{32}O_{17}Cl_4$. 17 g Maltoseacetat werden mit 28 g PCl_5 am angeschliffenen Rückflußkühler 1—1$^1/_4$ Stunden auf 104—105° bis zur Beendigung der HCl-Entwicklung erwärmt und das gebildete PCl_3 und $POCl_3$ im Vakuum bei 100° abdestilliert. Der Rückstand wird mit Chloroform aufgenommen, mit Wasser bis zum Verschwinden der sauren Reaktion ausgeschüttelt und das Chloroform verjagt. Der Rückstand — 15 g — wird in Äther gelöst und in einer kalten Mischung zum Krystallisieren gebracht. Ausbeute 8,2 g. Schmelzp. 113—115°. Es liegt ein Gemisch verschiedener Isomeren vor. Beim Umkrystallisieren steigt der Schmelzp. auf 132—133°, $[\alpha]_D$ auf +80°. Feine Nadeln; leicht löslich in Benzol, Chloroform, Essigester, Aceton, in warmem Alkohol; wenig löslich in Äther, CS_2, warmem Ligroin; sehr wenig löslich in Petroläther, unter Zersetzung in warmem Wasser. Der in der Mutterlauge verbleibende Anteil schmilzt tiefer, bis unterhalb 80°, und zeigt ein niedriges $[\alpha]_D$ bis +58,65°. Die Molekulargewichtsbestimmung der Substanz vom Schmelzpunkt 132—133° in Benzol ergab ein Molekulargewicht von 698. Wasser, HNO_3 löst rasch, Alkalien unter Gelbfärbung. Fehlingsche Lösung wird reduziert. Beim Erhitzen mit methylalkoholischer KOH entwickelt sich Isonitrilgeruch. Läßt man den Chlorkörper mit der 7fachen Menge methylalkoholischer KOH bei Zimmertemperatur stehen, so erfolgt Verseifung unter Bildung von Maltose, $CH_3CO \cdot NH_2$ und $CCl_3 \cdot CONH_2$[4].

---

[1] K. Freudenberg, H. v. Hochstetter u. H. Engels: Ber. dtsch. chem. Ges. **58**, 667 (1925) — Chem. Zbl. **1925 I**, 2551.

[2] Karl Freudenberg, Walter Dürr u. Heinrich v. Hochstetter: Ber. dtsch. chem. Ges. **61**, 1740 (1928) — Chem. Zbl. **1928 II**, 2121.

[3] K. Freudenberg: Naturwiss. **18**, 393 (1930) — Chem. Zbl. **1930 II**, 717.

[4] P. Brigl u. P. Mistele: Hoppe-Seylers Z. **126**, 120 (1923) — Chem. Zbl. **1923 III**, 26. — P. Brigl: Hoppe-Seylers Z. **122**, 245 (1923) — Chem. Zbl. **1923 I**, 43.

α-**Acetobrommaltose,** α-**Bromacetylmaltose.** 6 g lösliche Stärke werden bei 0° in 30 ccm CH_3COBr eingetragen, mit 3 Tropfen Eisessig versetzt, 14 Stunden in Eiswasser aufbewahrt, auf Eis gegossen, die ausfallende Substanz ist Acetobrommaltose[1]. Dargestellt nach E. und H. Fischer[2], gab als Rohprodukt gut stimmende Analysenzahlen. $[\alpha]_D$ bei verschiedenen Präparaten auch gut übereinstimmend, rund $[\alpha]_D = +171,5°$ in Chloroform. — Berechnetes Drehungsvermögen: $[\alpha]_D = +175°$ in Chloroform[3]. Aus Oktaacetylmaltose mit Bromwasserstoff in Eisessig. Aus warmer Lösung durch langsames Abkühlen kurze Prismen vom Schmelzp. 112—113°; $[\alpha]_D^{20} = +180,1°$[4].

α-**Jodacetylmaltose, Acetojodmaltose.** Berechnetes Drehungsvermögen: $[\alpha]_D = +199°$[3].

Nitroacetylmaltose (Acetonitromaltose) mit $[\alpha]_D = +149°$ in Chloroform muß als α-Verbindung bezeichnet werden[5]. Berechnetes Drehungsvermögen $[\alpha]_D = +147°$ in Chloroform[3].

Ditritylmaltose[6] $C_{50}H_{50}O_{11}$. Aus Maltose in Pyridin mit Triphenylchlormethan. Aus Alkohol + Wasser Krystalle. Schmelzp. 137—139° korr. $[\alpha]_D^{23} = +78°$ in Alkohol. Leicht löslich in Aceton, ziemlich löslich in Alkohol, Essigester, wenig löslich in Wasser, Äther und Petroläther, reduziert Fehlingsche Lösung.

Ditritylhexaacetylmaltose[6] $C_{62}H_{62}O_{17}$. Aus obiger Verbindung mit Essigsäureanhydrid und Pyridin. Aus Alkohol Krystalle, Schmelzp. 116—119° korr; leicht löslich in Aceton, Essigester, Chloroform, warmem Alkohol, wenig löslich in kaltem Alkohol, ziemlich in Äther, schwer löslich in Petroläther und Wasser. Mit Eisessig-Bromwasserstoff werden die Tritylreste abgespalten.

Maltoseoxim[7]. Aus Maltoselösungen und freiem Hydroxylamin. Farblose, glasige, nicht krystallisierbare Substanz. $[\alpha]_D^{19} = +85,6°$ in Wasser.

Maltosephenylosazon. Das Präparat aus synthetischer Maltose bildet gelbe Nadeln aus Wasser, oder Essigester, Schmelzp. 194°[8]. Maltosazon wird durch Taka und Malzdiastase nicht gespalten[9].

Maltose-n-propylmercaptal[10] ($?$)$C_{12}H_{22}O_9(SC_3H_7)_4$. Maltose wird in der gleichen Menge HCl (D. 1,20) gelöst unter Zugabe von etwas mehr als die berechnete Menge n-C_3H_7SH, läßt über Nacht stehen und krystallisiert aus verdünntem Alkohol um. Weiße Nadeln. Schmelzpunkt 146°, $[\alpha]_D^{17} = +25°$.

Maltose-n-butylmercaptal[11] ($?$) $C_{12}H_{22}O_9(SC_4H_9)_4$. Entsteht durch Kondensation der Maltose mit n-Butylmercaptan in Gegenwart konzentrierter HCl. Schmelzp. 126°, $[\alpha]_D^8 = +12,00°$.

Maltose-isobutylmercaptal[12]($?$) $C_{12}H_{22}O_{10} = (S \cdot C_4H_9)_2$. Schmelzp. 140°, $[\alpha]_D^{13} = +13,2°$.

Monokalk-Monomaltose[13] $C_{12}H_{22}O_{11}$, CaO. Amorphes Pulver, das noch schwach wasserhaltig ist (etwa $1/2$ Mol). Löslichkeit 18,9 g pro Liter; $[\alpha]_D^{15} = +120,4$ für die gesättigte Lösung und berechnet für das Monohydrat.

Maltosewismutnitrat[14]. Eine Lösung von 32 g Maltose in 50 ccm Wasser und 16 g Wismutnitrat werden in die 10fache Menge aboluten Alkohol eingegossen. — Der Niederschlag löst sich in Maltoselösung klar auf.

---

[1] P. Karrer: Helvet. chim. Acta **6**, 402 (1923) — Chem. Zbl. **1923 III**, 1005.

[2] Hans Fischer u. Fritz Kögel: Liebigs Ann. **436**, 219 (1924) — Chem. Zbl. **1924 I**, 2103. — E. Fischer u. H. Fischer: Ber. dtsch. chem. Ges. **43**, 2521 (1910) — Chem. Zbl. **1910 II**, 1456.

[3] C. S. Hudson u. F. P. Phelps: J. amer. chem. Soc. **46**, 2591 (1924) — Chem. Zbl. **1925 I**, 641.

[4] D. H. Brauns: J. amer. chem. Soc. **51**, 1820 (1929) — Chem. Zbl. **1929 II**, 861.

[5] C. S. Hudson: J. amer. chem. Soc. **46**, 462 (1924) — Chem. Zbl. **1924 I**, 2100.

[6] Karl Josephson: Liebigs Ann. **472**, 230 (1929) — Chem. Zbl. **1929 II**, 1396.

[7] Géza Zemplén: Ber. dtsch. chem. Ges. **60**, 1561 (1927) — Chem. Zbl. **1927 II**, 914.

[8] Amé Pictet u. Hans Vogel: C. r. Acad. Sci. Paris **184**, 1512 (1927) — Chem. Zbl. **1927 II**, 915.

[9] Jesaia Leibowitz u. Paul Mechlinski: Hoppe-Seylers Z. **154**, 64 (1926) — Chem. Zbl. **1926 II**, 899.

[10] Y. Maeda u. Y. Uyeda: Bull. chem. Soc. Jap. **1**, 181 (1926) — Chem. Zbl. **1926 II**, 2782.

[11] Y. Uyeda u. Y. Kamon: Bull. chem. Soc. Jap. **1**, 179 (1926) — Chem. Zbl. **1926 II**, 2781.

[12] Yoshisuke Uyeda: Bull. chem. Soc. Jap. **4**, 264 (1929) — Chem. Zbl. **1930 I**, 1287.

[13] John Edwin Mackenzie u. James Patterson Quin: J. chem. soc. Lond. **1929**, 951 — Chem. Zbl. **1929 II**, 1282.

[14] Ernst Maschmann: Arch. Pharmaz. **263**, 99 (1925) — Chem. Zbl. **1925 II**, 159.

Isomaltose (Bd. II, S. 414; Bd. VIII, S. 221; Bd. X, S. 608).

Ist nicht identisch mit der Gentiobiose, wie dies Berlin[1] glaubte.
Konstitution nach Georg und Pictet[2].

$$
\begin{array}{l}
\overline{}\text{CH(OH)} \\
\quad|\\
\text{CHOH}\\
\quad|\\
\text{O}\quad\text{CH}\text{———O———}\text{CH}\cdot\text{CHOH}\cdot\text{CHOH}\cdot\text{CHOH}\cdot\text{CH}\cdot\text{CH}_2\text{OH}\\
\quad|\qquad\qquad\qquad\qquad\text{O}\\
\text{CHOH}\\
\quad|\\
\underline{}\text{CH}\\
\quad|\\
\text{CH}_2\text{OH}\qquad\qquad\text{oder}
\end{array}
$$

$$
\begin{array}{l}
\overline{}\text{CH}_2\\
\quad|\\
\text{CH}\text{———O———}\text{CH}\\
\quad|\qquad\qquad\qquad\;|\\
\text{CHOH}\qquad\qquad\text{CHOH}\\
\text{O}\quad|\qquad\qquad\qquad\;|\\
\text{CHOH}\qquad\qquad\text{CHOH}\quad\text{O}^2\\
\quad|\qquad\qquad\qquad\;|\\
\text{CHOH}\qquad\qquad\text{CHOH}\\
\quad|\qquad\qquad\qquad\;|\\
\underline{}\text{CH(OH)}\qquad\quad\text{CH}_2
\end{array}
$$

Diese Konstitutionsformeln sind aber sehr unwahrscheinlich und nicht begründet, zumal die Einheitlichkeit der Isomaltose überhaupt noch nicht bewiesen ist.

Bildung: Aus Dilävoglykosan, wenn man seine Lösung in konzentrierter HCl bei Zimmertemperatur stehen läßt: neben Glykose bildet sich Isomaltose. Aus Dilävoglykosan mit kaltem CH_3COBr und Verseifen mit $Ba(OH)_2$[3]. Aus Glykose unter dem Einfluß von Säuren[4]. Bei der Einwirkung einer von Maltase befreiten Lösung der β-Glykosidase (aus Hefe) auf Glykose wird Isomaltose gebildet[5]. Isomaltose wird aus rohem Amylopektin oder α-, β-Hexaamylose durch Einwirkung von gefällter Malzdiastase bei 50° bis zur konstanten Drehung gewonnen. — Die Lösung, welche noch Glykose und Maltose enthält, wird vergoren, filtriert, mit Norit entfärbt, unter vermindertem Druck zum dicken Sirup eingedampft, dieser mit siedendem 90proz. Alkohol aufgenommen. — Bei der Konzentrierung der alkoholischen Lösungen unter vermindertem Druck zum dicken Sirup, bleibt der Zucker als Pulver zurück[6]. Mais und Reisstärke geben mit Lösungen gefällter Malzdiastase bis 55° ein Gemisch, bestehend aus 80% Maltose und 20% Isomaltose. Bei Versuchen mit Kartoffelstärke wurden ähnliche Resultate erhalten[6]. — Entsteht bei der Verzuckerung des Holzes mit Salzsäure[7].

Darstellung: 100 g Glykose werden mit 400 g HCl (D. = 1,20) 3 Tage bei 0° aufbewahrt, mit $PbCO_3$, dann mit Ag_2CO_3 entchlort. Die unumgesetzte Glykose wird mit Hefe vergoren und die auf 100 ccm eingeengte Flüssigkeit mit 95proz. Alkohol, absolutem Alkohol und Äther fraktioniert gefällt. Es wurden 6 Fraktionen von insgesamt 46 g erhalten. Die ersten, braungefärbten Fraktionen werden durch Behandlung mit siedendem 80proz. Alkohol gereinigt, in dem sich die Isomaltose leicht löst. $[\alpha]_D = +102°$. Reduktionsvermögen 30—31. Die letzten

[1] H. Berlin: J. amer. chem. Soc. **48**, 1107 (1926) — Chem. Zbl. **1926 I**, 3397.

[2] A. Georg u. A. Pictet: Helvet. chim. Acta **9**, 612 (1926) — Chem. Zbl. **1926 II**, 1131.

[3] A. Pictet u. A. Georg: C. r. Acad. Sci. Paris **181**, 1035 (1925) — Chem. Zbl. **1926 I**, 2193.

[4] A. Georg u. A. Pictet: Helvet. chim. Acta **9**, 612 (1926) — Chem. Zbl. **1926 II**, 1131.

[5] B. Suzuki u. T. Maruyama: Proc. imp. Acad. Tokyo **3**, 533 (1927) — Chem. Zbl. **1928 I**, 1427.

[6] Arthur Robert Ling u. Dinshaw Rattonji Nanji: J. chem. Soc. Lond. **123**, 2666 (1923) — Chem. Zbl. **1924 II**, 313.

[7] Erik Hägglund: Svensk. kem. Tidskr. **35**, 2 (1923) — Chem. Zbl. **1924 I**, 2020.

farblosen Fraktionen werden durch Umfällen aus CH_3OH mit Äther gereinigt, $[\alpha]_D = 97$ bis $99°$. Reduktionsvermögen $33-40$. Die ersten Fraktionen enthalten noch ein Dextrin von höherer Drehung und geringerem Reduktionsvermögen als Isomaltose. Allen Fraktionen haften noch geringe Mengen Gentiobiose an. Die weitere Reinigung erfolgte über das Acetat. Die so gewonnene Isomaltose ist ein amorphes hygroskopisches Pulver. Ausbeute 36 g.

Aus Dilävoglykosan: Dilävoglykosan wird mit etwas mehr als der gleichen Menge HCl (D. = 1,2) 2 Tage bei Zimmertemperatur aufbewahrt und der Ansatz wie oben angegeben aufgearbeitet. Es resultiert ein fast weißes, hygroskopisches Pulver, das noch Glykose, Di- und Tetralävoglykosan enthält. Die Hexose wird mit Hefe vergoren, die Isomaltose mit CH_3OH extrahiert[1].

Physiologische Eigenschaften: Bei der Einwirkung von Diastase auf Isomaltose stellt sich ein Gleichgewicht von 55% Maltose und 45% Isomaltose ein[2]. Die von O. v. Friedrichs[3] beobachtete Drehungszunahme von Lösungen der Isomaltose in Gegenwart von Emulsin wird bestätigt. Sie ist aber nicht auf eine Umlagerung in Maltose zurückzuführen. Es konnten nur die Osazone der Glykose und Isomaltose isoliert werden[1].

Physikalische und chemische Eigenschaften: Amorph, schmeckt nur schwach süß, zeigt $[\alpha]_D = +98,4°$. — Reduktionsvermögen 42,5 (Glykose = 100)[1]. Weißes, amorphes, ziemlich hygroskopisches Pulver, ohne bestimmten Schmelzpunkt; $[\alpha]_D = +140°$, bei $c = 3-4°$[4]. Die Isomaltose von Lintner und Düll, durch Hydrolyse von Kartoffelstärke mit Oxalsäure unter Druck gewonnen, scheint ein Gemisch zu sein[4].

Derivate: Oktaacetylisomaltose $C_{28}H_{38}O_{19}$. Bei der Acetylierung der rohen Isomaltose mit Acetanhydrid und Na-Acetat neben Oktaacetylgentiobiose und Trihexosan. Entsteht vorwiegend als β-Form. Bildet ein weißes, amorphes Pulver, Schmelzp. $72-77°$. Leicht löslich in Benzol, Eisessig, Aceton, Alkohol; ziemlich löslich in Äther, unlöslich in Wasser und Petroläther. $[\alpha]_D^{20} = +93,7°$. Durch Kochen einer Lösung in Acetanhydrid mit $ZnCl_2$ steigt die Drehung infolge Umwandlung in die α-Form. Das Produkt ist gleichfalls amorph. $[\alpha]_D^{18} = +115,5°$. Bei der Verseifung mit Barytwasser liefern die Acetate Isomaltose[1].

Phenylosazon $C_{24}H_{32}O_9N_4$. Aus Wasser oder Essigester, Schmelzp. $160°$. $[\alpha]_D^{21} = +23,0°$ in absolutem Alkohol und $[\alpha]_D^{23} = +23,1°$ in Methylalkohol[1].

Dextrinose.

Darstellung: Durch schonende Hydrolyse von Stärke, Glykogen und von ihnen abgeleiteten Dextrinen neben Maltose. Mit dieser Dextrinose scheinen auch die aus Bier, Malz, Honig, aus der Leber, den Muskeln und dem Blut isolierten und als Isomaltose angesprochenen Disaccharide identisch zu sein[1].

Physikalische und chemische Eigenschaften: Amorph, schmeckt sehr süß, zeigt $[\alpha]_D = +141°$. Reduktionsvermögen $49-52$ (Glykose = 100).

Derivate: Phenylosazon. Schmelzp. $153°$. $[\alpha]_D = +55°$ (?)[1].

Revertose.

Bildung: Revertose konnte als Produkt der Einwirkung von Hefeextrakten auf Glykose nachgewiesen werden[5]. Bei der Einwirkung von Hefemaltase auf Glykose bildet sich mehr Maltose als Revertose[6]. — Entsteht neben Maltose durch Einwirkung von Maltase auf konzentrierte Glykoselösungen (Crofft-Hill)[1].

Physikalische und chemische Eigenschaften: Krystallinisch, schmeckt süß, zeigt $[\alpha]_D = +91,5°$. Reduktionsvermögen 69 (Glykose = 100)[1].

Derivate: Phenylosazon. Schmelzp. $174°$, $[\alpha]_D =$ etwa $0°$[1].

---

[1] A. Georg u. A. Pictet: Helvet. chim. Acta **9**, 612 (1926) — Chem. Zbl. **1926 II**, 1131.

[2] A. R. Ling: J. Soc. chem. Ind. **46 I**, 279 (1927) — Chem. Zbl. **1927 II**, 1466.

[3] O. v. Friedrichs: Ark. Kem., Min. och Geol. **5**, Nr 4 (1914) — Chem. Zbl. **1914 I**, 763.

[4] Arthur Robert Ling u. Dinshaw Rattonji Nanji: J. chem. Soc. Lond. **123**, 2666 (1923) — Chem. Zbl. **1924 II**, 313.

[5] V. Isajev: J. Inst. Brewing **32**, Nr 12, 22 (1926) — Chem. Zbl. **1927 I**, 1599.

[6] Hans Pringsheim u. Jesaia Leibowitz: Ber. dtsch. chem. Ges. **57**, 1576 (1924) — Chem. Zbl. **1924 II**, 2487.

Abbauprodukte der Cellulose bzw. Lichenin.

Biose A (aus Cellulose und Lichenin)[1].

Bildung: Cellulose aus Kupferoxydammoniaklösung ausgefällt, gibt bei der Behandlung mit 37proz. Salzsäure nach $2^1/_2$ Stunden Biose A. Analog entsteht sie aus Lichenin in 4 Stunden.
Physikalische und chemische Eigenschaften: $[\alpha]_D^{20} = +36{,}4°$, geht nach weiterer Behandlung mit 37proz. Salzsäure in Biose B über. — Leicht löslich in Wasser, unlöslich in Äther.
Derivate: Acetat. Leicht löslich in Benzol, Chloroform und Essigsäure. $[\alpha]_D^{20} = +43{,}5°$.

Biose B (aus Cellulose und Lichenin)[1].

Bildung: Man behandelt Cellulose zunächst mit hochkonzentrierter Salzsäure vom spezifischen Gewicht 1,23 vor, dann mit 37proz. Salzsäure. Die längere Einwirkung von 37proz. Salzsäure auf Lichenin gibt ebenfalls Biose B nach 4 Tagen.
Physikalische und chemische Eigenschaften: $[\alpha]_D = +104{,}4-112{,}0°$.
Derivate: Acetat $C_{28}H_{38}O_{19}$. $[\alpha]_D^{20} = +114{,}6°$ in Chloroform.

Disaccharid, erhalten bei der Acetolyse der Cellulose[2].

Mol-Gewicht: 342,26.
Zusammensetzung: $C_{12}H_{22}O_{11}$.
Bildung: Die Behandlung des abgebauten Celluloseacetats, wobei als Hauptprodukt Anhydrotriglykose, s. dort, erhalten wird, mit Dimethylamin bei 15° ergab nach 9 Tagen ein von Cellobiose verschiedenes Disaccharid als weißes amorphes Pulver.
Physikalische und chemische Eigenschaften: Sintert bei 170°, Schmelzp. 180° unter Zersetzung. $[\alpha]_D^{20} = +14{,}04°$ bei $c = 4{,}2735$. — Innerhalb 24 Stunden keine Mutarotation.

α-1-Glykosyl-2-glykose[3].

Mol-Gewicht: 342,26.
Zusammensetzung: $C_{12}H_{22}O_{11}$.

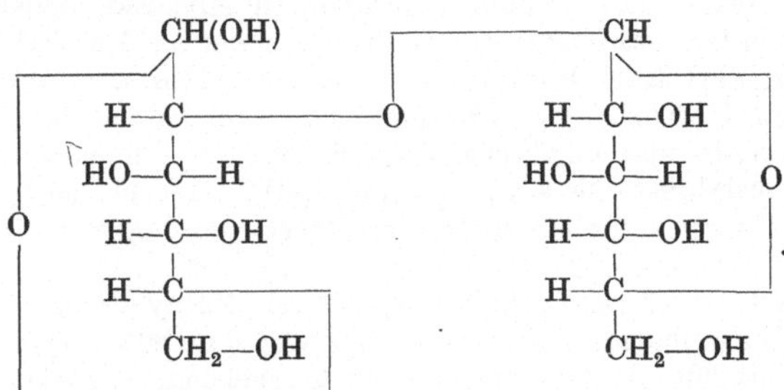

Darstellung: Glykosan wird in möglichst wenig konzentrierter HCl aufgelöst, die Säure im Vakuum abgedampft und der Rückstand in verdünntem Alkohol aufgenommen, dann wird überschüssiges Ag_2CO_3 zugesetzt, filtriert und das Lösungsmittel verdampft. Der Rückstand besteht aus Glykose und dem Disaccharid. Die Trennung geschieht mit wässerigem Alkohol.
Physikalische und chemische Eigenschaften: Sehr hygroskopisches, amorphes Pulver, das 1 Molekül Wasser enthält. Schmilzt wasserfrei bei 116—117°. Konnte nicht krystallisiert erhalten werden. Leicht löslich in Wasser und Pyridin; sehr wenig löslich in kaltem und heißem CH_3OH; fast unlöslich in Alkohol und unlöslich in Äther. Zeigt Mutarotation: $\alpha = +1{,}96°$, nach 24 Stunden $+1{,}79°$. Die Reduktionskraft beträgt 38,47% derjenigen

[1] Hans Pringsheim, Werner Knoll u. Erich Kasten: Ber. dtsch. chem. Ges. **58**, 2135 (1925) — Chem. Zbl. **1926 I**, 622.
[2] James Colquhoun Irvine u. George James Robertson: J. chem. Soc. Lond. **1926**, 1488 — Chem. Zbl. **1926 II**, 1264.
[3] A. Pictet u. J. Pictet: Helvet. chim. Acta **6**, 617 (1923) — Chem. Zbl. **1923 III**, 1069.

der Glykose. Bildet kein Osazon. Wird weder durch Emulsin angegriffen, noch durch Bierhefe vergoren[1].

Derivate: Oktaacetat $C_{28}H_{38}O_{19}$. Aus 5 g Disaccharid, 15 g Pyridin und 15 g Acetanhydrid. Aus Äther kubische Krystalle. Schmelzp. 85—86°[1].

Monomethylglykosid $C_{13}H_{24}O_{11}$. Amorphes, hygroskopisches, schwach gelbes Pulver, Schmelzp. 68—69°. Reduziert Fehlingsche Lösung nicht[1].

Amylobiose[2].

Mol-Gewicht: 342,24.

Zusammensetzung: $C_{12}H_{22}O_{11}$.

Konstitution unbekannt. Einheitlichkeit fraglich.

Bildung: Entsteht bei der partiellen Hydrolyse von β-Hexaamylose und von α-Polyamylosen mit kalter konzentrierter Salzsäure in einer Ausbeute von 68%. — Bei Versuchen zur Gewinnung der Amylobiose aus α-Tetraamylose zeigte sich, daß intermediäre Bildung von β-Polyamylosen erfolgt, wobei unentschieden ist, ob diese Umlagerung eine notwendige Zwischenreaktion ist, oder ob ein Teil der α-Tetraamylose direkt zu Amylobiose aufgespalten wird[3].

Physiologische Eigenschaften: Wird weder durch Hefemaltase noch durch Emulsin, wohl aber durch Amylasen gespalten[2].

Physikalische und chemische Eigenschaften: Nicht krystallisierende Substanz; $[\alpha]_D^{20} = +138,9°$ und konstante Reduktionskraft: etwa 39% der Maltose. Ein Präparat aus Amylose zeigte ein Molekulargewicht von 314,9—335,4 (in Wasser), $[\alpha]_D^{20} = +110,9°$ (in Wasser, $p = 0,05$ bis 0,1524), Reduktionskraft im Vergleich zu Maltose 32,5%[4]. Untersuchungen über die Molekulardrehung der Amylobiose[5]. Mit Dimethylsulfat und Natronlauge und Nachmethylierung mit Methyljodid und Silberoxyd gelang die Einführung von 6 Methylgruppen, weitere aber auch bei Wiederholung dieser Prozesse und auf dem Umwege über das acetylierte Methylprodukt nicht, das übrigens nur eine der beiden freien Hydroxylgruppen acetyliert enthielt[3]. — Nach Spaltung der Hexamethylamylobiose mit 5proz. Schwefelsäure oder 1proz. methylalkoholischer Salzsäure ließ sich die normale Tetramethylglykose als Anilid bzw. als Methylglykosid nachweisen; wodurch die normale Struktur des Glykosidoteils entsprechend der vorgeschlagenen Formel bewiesen ist. Der Glykoseteil wurde nach Einwirkung der methylalkoholischen Salzsäure als Dimethylozucker, Monomethylglykosid sehr ähnlich dem von Irvine aus Diacetonglykose dargestellten 3-Methylmethylglykosid, isoliert. Es kann daraus höchstens gefolgert werden, daß das dritte Hydroxyl weder an der Verknüpfung der beiden Zuckerreste noch am Lactolring beteiligt ist. Die γ-Struktur des Glykoseteils wird noch dadurch bestätigt, daß die Fehlingsche Lösung nicht mehr reduzierende Hexamethylamylobiose die Farbe von verdünnter alkalischer Permanganatlösung momentan umschlagen läßt[3].

Derivate: Oktaacetylamylobiose $C_{12}H_{14}O_{11}(C_2H_3O)_8$. Amorph, leicht löslich in Alkohol, Chloroform, Benzol, Toluol; unlöslich in Wasser, Äther und Petroläther[4]. $[\alpha]_D = +121°$ in Chloroform[6].

Hexamethylamylobiose[3] $C_{12}H_{16}O_5(OCH_3)_6$. Durch Methylierung der Amylobiose mit Dimethylsulfat und Natronlauge, dann mit Methyljodid und Silberoxyd. — Gelblich weißes Pulver; bei 0,04 mm bis 350° Badtemperatur nicht übergehend. — Löslich in kaltem Wasser, Chloroform, Methylalkohol, Alkohol und Benzol, wenig löslich in Äther, unlöslich in heißem Wasser und Petroläther. Spaltung s. bei Physikalische und chemische Eigenschaften der Amylobiose.

Acetylhexamethylamylobiose[3] $C_{12}H_{15}O_4(OCH_3)_6$ $(C_2H_3O_2)$. — Löslich in Wasser.

Amylobiosephenylosazon. Schmelzp. 189°, linksdrehend.

<hr>

[1] A. Pictet u. J. Pictet: Helvet. chim. Acta **6**, 617 (1926) — Chem. Zbl. **1926 II**, 1069.

[2] Hans Pringsheim u. Jesaia Leibowitz: Ber. dtsch. chem. Ges. **57**, 884 (1924) — Chem. Zbl. **1924 II**, 315.

[3] Hans Pringsheim u. Arnold Steingroever: Ber. dtsch. chem. Ges. **59**, 1001 (1926) — Chem. Zbl. **1926 I**, 3531.

[4] H. Pringsheim u. K. Wolfson: Ber. dtsch. chem. Ges. **57**, 1581 (1924) — Chem. Zbl. **1924 II**, 2243.

[5] Hans Pringsheim u. Jesaia Leibowitz: Ber. dtsch. chem. Ges. **58**, 2808 (1926) — Chem. Zbl. **1926 I**, 2567. — C. S. Hudson, H. Pringsheim u. J. Leibowitz: J. amer. chem. Soc. **48**, 288 (1926) — Chem. Zbl. **1926 I**, 2568.

[6] Hans Pringsheim u. Jesaia Leibowitz: Ber. dtsch. chem. Ges. **58**, 2808 (1926) — Chem. Zbl. **1926 I**, 2567.

Disaccharidacetat aus Amylose[1].

Mol-Gewicht: 576,38.

Zusammensetzung: $C_{24}H_{32}O_{16}$.

Bildung: Bei der Acetylierung der Amylose.

Physikalische und chemische Eigenschaften: $[\alpha]_D^{20} = +142{,}8°$ und $+142{,}4°$ in Acetylentetrachlorid bei $p = 0{,}0718$ bzw. $0{,}1278$ g.

Tetraacetyl-glykosido-monoaceton-monoacetyl-glykose-6-bromhydrin[2].

$$C_{25}H_{35}O_{15}Br$$

Eine der möglichen Formeln ist folgende:

Darstellung: Aus Monoacetonglykose-6-bromhydrin und Acetobromglykose mit Silbercarbonat. Da das gewonnene Produkt nicht krystallisiert, so wird es mit Essigsäureanhydrid und Pyridin acetyliert.

Physikalische und chemische Eigenschaften: Aus absolutem Alkohol Krystalle, Schmelzpunkt 161°; $[\alpha]_D^{17} = -63{,}6°$ in Acetylentetrachlorid. Mit Jodnatrium in Aceton gewinnt man das entsprechende Jodderivat: Aus Methylalkohol Krystalle, Schmelzp. 186°; $[\alpha]_D^{18} = -80{,}8°$ in Acetylentetrachlorid.

Monophosphorsäureester eines Disaccharids[3].

Bildung: Bei der phosphatatischen Einwirkung des Milchsäurebacteriums B. Delbrücki auf hexosediphosphorsaures Na in Gegenwart von Toluol und Chloroform wird in 14 bis 26 Stunden in einer Ausbeute von 30% der Monophosphorsäureester eines Disaccharids erhalten. Diese Biosesynthese wird in Analogie zu der diastatischen Maltosebildung aus Stärke und Glykogen gestellt[3].

Derivate: Ba-Salz $C_{12}H_{21}O_{10} \cdot PO_4Ba$. Leicht löslich in kaltem und heißem Wasser; $[\alpha]_D$ des Ba-Salzes $= +38°$; $[\alpha]_D$ der freien Säure $= +55°$. Das Disaccharidderivat wirkt reduzierend und wird von Hefemacerationssaft langsam vergoren. Ein krystallinisches Strychninderivat wird hergestellt.

Disaccharid-acetat-schwefelsäure[4].

$$C_{36}H_{50}O_{25}S$$

Konstitution unbekannt.

Darstellung: Beim Schütteln einer Lösung von Acetobromglykose in Pyridin mit gepulvertem Ag_2SO_4 bei Zimmertemperatur mehrere Stunden färbt sich das Lösungsmittel

[1] Hans Pringsheim u. Kurt Wolfsohn: Ber. dtsch. chem. Ges. **57**, 887 (1924) — Chem. Zbl. **1924 II**, 315.

[2] Karl Freudenberg, Hans Toepffer u. Carl Chr. Andersen: Ber. dtsch. chem. Ges. **61**, 1757 (1928) — Chem. Zbl. **1928 II**, 2124.

[3] C. Neuberg u. J. Leibowitz: Biochem. Z. **193**, 237 — Chem. Zbl. **1928 I**, 2708.

[4] H. Ohle: Biochem. Z. **131**, 601 (1922) — Chem. Zbl. **1923 III**, 481.

himbeerrot, das Ag_2SO_4 geht in Lösung, und es scheiden sich gelbliche Krystalle eines pyridinhaltigen Silberbromids aus. Die Lösung wird davon filtriert, das Pyridin durch Destillation im Vakuum entfernt, der harzige Rückstand mit siedendem Alkohol aufgenommen, dabei Abscheidung von AgBr, und filtriert. Beim Abkühlen krystallisieren feine, rötliche Nädelchen aus. Dasselbe, aber farblose Produkt erhält man, wenn zur Darstellung als Lösungsmittel Aceton mit etwa 10% Pyridin verwendet wird. Die gleiche Substanz entsteht auch aus dem Pyridinsalz der Tetraacetylglykose-1-schwefelsäure, wenn man 1 Molekül desselben und 1 Molekül Acetobromglykose in Pyridin mit 1 Mol Ag_2CO_3 behandelt. Es ist nicht der erwartete Oktaacetyldiglykose-1-schwefelsäureester. .

Physikalische und chemische Eigenschaften: Die Substanz ist leicht löslich in Aceton, Chloroform, CH_3OH, Eisessig und siedendem Alkohol; wenig löslich in kaltem Alkohol und Wasser; unlöslich in Petroläther, Benzol und CS_2. Schmelzp. 142—143°. $[\alpha]_D^{15,5} = -12,86°$ in Chloroform. Durch Barytwasser wird bereits bei Zimmertemperatur momentan fast der gesamte S als $BaSO_4$ abgespalten. In wässeriger Lösung tritt erst nach längerem Kochen H_2SO_4 auf [1].

<h2 style="text-align:center">4-Glykosido-d-mannose (Bd. X, S. 610)
(bisher 5-Glykosido-d-mannose genannt).</h2>

$$C_{12}H_{22}O_{11} \cdot H_2O$$

	CH(OH)			CH	
	HO—C—H	O		H—C—OH	
O	HO—C—H			HO—C—H	O
	H—C—			H—C—OH	
	H—C—			H—C—	
	CH_2—OH			CH_2—OH	

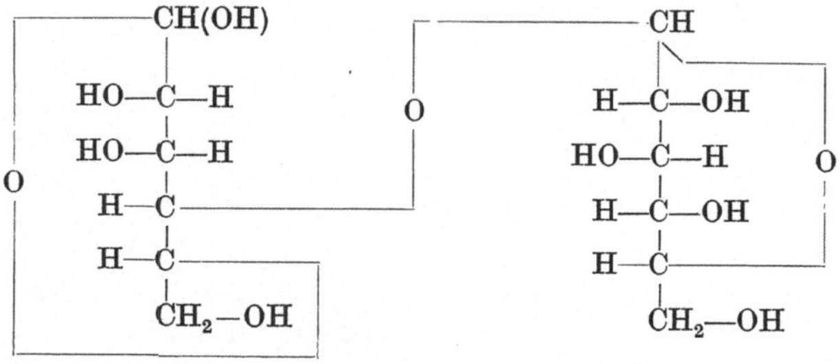

Bildung: Entsteht durch Verseifung von Oktaacetyl-4-glykosidomannose mit Ba-Methylat nach Weltzien und Singer [2]. Aus Oktaacetylcellobiose bildet sich bei der Einwirkung von HF Fluorhexaacetylglykosidomannose [3].

Physikalische und chemische Eigenschaften: Tetraeder aus Alkohol, Schmelzp. 139 bis 140°. Verliert das Krystallwasser bei 100° im Hochvakuum, schmilzt dann bei 174—175°. Reduziert Fehlingsche Lösung. Die krystallwasserhaltige Verbindung zeigt in Wasser $[\alpha]_D^{20} = +7,3$; nach 35 Minuten $+6,5$; nach 80 Minuten $+5,8$; nach 24 Stunden $+5,8$. Gibt mit Essigsäureanhydrid$+$Na-Acetat das Oktaacetat, $[\alpha]_D^{20} = +36,2°$, Schmelzp. 202—203°, bei der Hydrolyse mit HCl nahezu die berechnete Menge Mannosephenylhydrazon (Schmelzpunkt 198°) und Glykosazon (Schmelzp. 210°) [3].

Derivate: Oktaacetyl-4-glykosidomannose $C_{28}H_{38}O_{19}$. Darstellung aus Fluorhexaacetyl-4-glykosidomannose mit $ZnCl_2$ und Essigsäureanhydrid. Krystalle aus heißem Methylalkohol, Schmelzp. 202—203°. $[\alpha]_D^{20} = +36,20$. Geschmacklos; warm löslich in Benzol, löslich in heißem Alkohol, unlöslich in Petroläther und Wasser. Hydrolysiert beim Kochen mit 0,25 n-H_2SO_4 [3]. Aus Fluorheptaacetyl-4-glykosidomannose durch Einwirkung von wenig H_2SO_4 in Essigsäureanhydrid [3].

Fluorhexaacetyl-4-glykosidomannose [3] $C_{12}H_{14}O_3(C_2H_3O_2)_6(OH)F$. Darstellung in Pt- oder Cu-Apparat durch Destillation von HF (aus 2 kg KF · HF) in 200 g gepulverte Oktaacetylcellobiose innerhalb 2 Stunden. Nach 5stündigem Stehen des Reaktionsproduktes wird in Gegenwart von Eiswasser mit Chloroform ausgeschüttelt. Ausbeute 30 g bei Verrühren des Chloroformextrakts nach Abdampfen mit Methylalkohol. Nadeln aus Methylalkohol vom Schmelzp. 145°; $[\alpha]_D^{20} = +20,75$ [3].

Fluorheptaacetyl-4-glykosidomannose [3] $C_{26}H_{35}O_{17}F$. Aus Fluorhexaacetyl-4-glykosidomannose mit Essigsäureanhydrid + Na-Acetat. Nadeln aus Methylalkohol, Schmelzp. 155 bis

[1] H. Ohle: Biochem. Z. **131**, 601 (1922) — Chem. Zbl. **1923 III**, 481.
[2] W. Weltzien u. R. Singer: Liebigs Ann. **443**, 104 (1925) — Chem. Zbl. **1925 II**, 159.
[3] D. H. Brauns: J. amer. chem. Soc. **48**, 2776 (1926) — Chem. Zbl. **1927 I**, 419.

156°; $[\alpha]_D^{20} = +13,60$; geschmacklos; warm löslich in Benzol, löslich in Alkohol; unlöslich in Petroläther und Wasser[1].

Chlorheptaacetyl-4-glykosidomannose[1] $C_{26}H_{35}O_{17}Cl$. Darstellung aus dem Oktaacetat. Nadeln aus Äthylacetat + Petroläther; Schmelzp. 172,0°, $[\alpha]_D^{20} = +51,20°$. Geschmacklos, löslich in warmem Benzol; unlöslich in Äther, Petroläther und Wasser. Hydrolyse durch Schütteln mit 0,1n-NaOH bei 0° (80 Stunden)[1].

Bromheptaacetyl-4-glykosidomannose[1] $C_{26}H_{35}O_{17}Br$. Darstellung aus dem Oktaacetat. Nadeln aus Äthylacetat + Petroläther, Schmelzp. 168—169°. $[\alpha]_D^{20} = +77,90°$. Geschmacklos. Verseifung mit 0,1n-NaOH in 48 Stunden bei 0°[1].

Jodheptaacetyl-4-glykosidomannose $C_{26}H_{35}O_{17}J$. Darstellung aus dem Oktaacetat in Methylenchlorid und HJ. Nadeln aus Äthylacetat + Petroläther, Schmelzp. 140° unter Zersetzung. $[\alpha]_D^{20} = +111,50°$. Leicht bitter; unlöslich in Petroläther und Wasser; löslich in Äther und Benzol; leicht löslich in Chloroform und Äthylacetat[1].

Mannosedisaccharid[2].

Bei der Acetolyse von Mannan mit Essigsäureanhydrid und wechselnden Mengen Schwefelsäure konnte ein Acetylprodukt gewonnen werden, das nach dem Verseifen ein Osazon lieferte, welches dem eines Disaccharides entsprach.

Mannobiose (Bd. II, S. 416; Bd. X, S. 611).

Derivate: Mannobiosephenylhydrazon. Durch Zugabe von Phenylhydrazin zu der konzentrierten Lösung der durch partielle Hydrolyse von Mannan mit gealtertem Malzauszug erhaltenen Mannobiose. Krystalle aus Wasser + Pyridin. Schmelzp. 199° (unkorr.)[3].

Dimannose[4].

Bei der Herstellung des γ-Methylmannosids bildet sich vermutlich auch eine Dimannose, deren bei der Methylierung entstehende Methylderivate bei der Destillation zurückbleiben.

Lactose (Milchzucker) (Bd. II, S. 417; Bd. VIII, S. 221; Bd. X, S. 611).

Geschichte der Entdeckung, Identifizierung und Darstellung im Zustande hoher Reinheit und größerer Menge[5].

Konstitution:

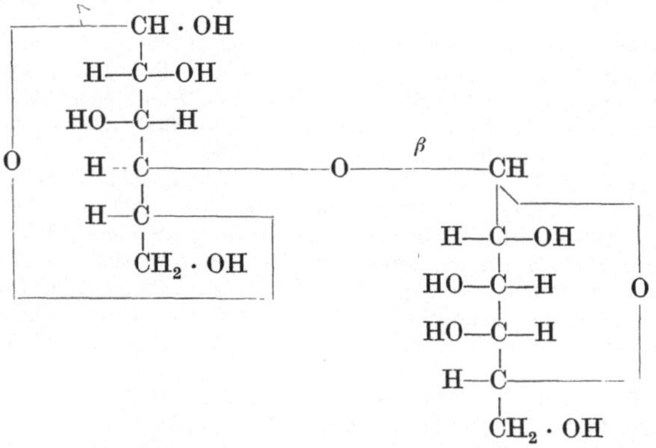

$$
\begin{array}{l}
\text{CH}\cdot\text{OH} \\
\text{H—C—OH} \\
\text{HO—C—H} \\
\text{H—C———O———}^\beta\text{CH} \\
\text{H—C} \\
\text{CH}_2\cdot\text{OH}
\end{array}
\qquad
\begin{array}{l}
\text{H—C—OH} \\
\text{HO—C—H} \\
\text{HO—C—H} \\
\text{H—C} \\
\text{CH}_2\cdot\text{OH}
\end{array}
$$

[1] D. H. Brauns: J. amer. chem. Soc. **48**, 2776 (1926) — Chem. Zbl. **1927 I**, 419.

[2] Hans Pringsheim u. Karl Seifert: Hoppe-Seylers Z. **123**, 205 (1922) — Chem. Zbl. **1923 I**, 407.

[3] Hans Pringsheim u. Alexander Genin: Hoppe-Seylers Z. **140**, 299—304 (1924) — Chem. Zbl. **1925 I**, 532.

[4] James Colquhoun Irvine u. William Burt: J. chem. Soc. Lond. **125**, 1343 (1924) — Chem. Zbl. **1924 II**, 2020.

[5] T. Swann Harding: Sugar **24**, 14 (1922) — Chem. Zbl. **1922 III**, 428. — E. O. Whittier: Chem. Rewiew **2**, 85 (1926) — Chem. Zbl. **1926 I**, 1140.

bewiesen durch einen Abbau, ähnlich wie bei Cellobiose beschrieben (s. dort)[1], und durch die Identifizierung der Spaltungsstücke des vollkommen methylierten Zuckers[2]. Nach den Berechnungen von C. S. Hudson[3] besitzt die Galaktosegruppe der Lactose eine furoide Struktur, und demnach die Konstitution nach folgendem Symbol:

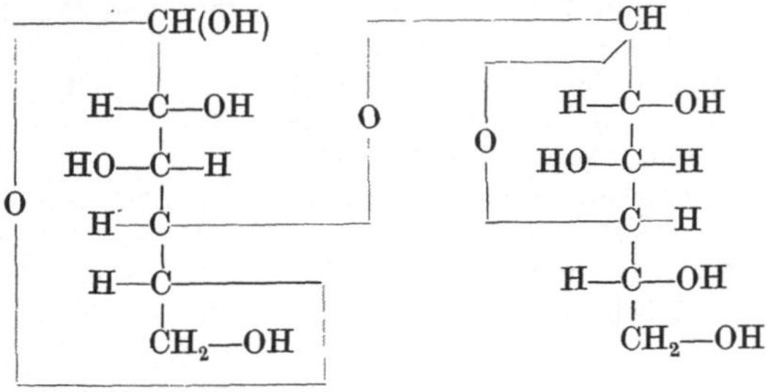

$$
\begin{array}{ccc}
\text{---CH(OH)} & & \text{---CH} \\
\text{H---C---OH} & \text{O} & \text{H---C---OH} \\
\text{HO---C---H} & \text{O} & \text{HO---C---H} \\
\text{H---C} & & \text{C---H} \\
\text{H---C} & & \text{H---C---OH} \\
\text{CH}_2\text{---OH} & & \text{CH}_2\text{---OH}
\end{array}
$$

Vorkommen: In der im Autoklaven sterilisierten Handelsmilch: 2,93—5,29%[4]. Normale Milch enthält 45 g Lactose pro Liter[5]. Änderungen des Lactosegehalts in Milch[6]. Margarine enthält häufig Lactose[7]. Im Harn Neugeborener[8]. — In dem genuinen Eiereiweiß in nicht gebundenem Zustand[9].

Bildung: Synthese[10]. Ein Gemisch gleicher Mengen β-Glykose und β-Galaktose wird mit etwas $ZnCl_2$ unter 15 mm erhitzt. Es schmilzt bei 145—150°, bläht sich unter Wasserverlust auf, wird allmählich wieder fest und hat nach $^1/_2$ stündigem Erhitzen auf 175° 5—6% an Gewicht verloren. Das Produkt wird in Wasser gelöst, mit Ag_2CO_3 behandelt, das Filtrat verdampft, der Rückstand acetyliert, das Acetat mehrfach aus Chloroform-Alkohol umkrystallisiert (Ausbeute 14%) und mit $NaOCH_3$ verseift. Der erhaltene Zucker, $C_{12}H_{22}O_{11}+H_2O$, bildet Kryställchen aus verdünntem Alkohol[10]. Die Bildung der Lactose ist so zu erklären, daß bei 175° β-Glykose unverändert bleibt, dagegen β-Galaktose sich zum β-Galaktosan anhydrisiert. Letzteres addiert mittels des leicht aufspaltbaren anhydrischen Ringes β-Glykose unter Bildung von Lactose. Um diese Auffassung zu beweisen, haben Pictet und Vogel β-Galaktosan, $C_6H_{10}O_5$, dargestellt. Als nun β-Galaktosan mit β-Glykose und etwas $ZnCl_2$ unter 14 mm auf 150° erhitzt und das Produkt verarbeitet wurde, erhielt man 15% Acetat und aus diesem Lactose mit allen ihren Eigenschaften[11]. Über die Bildung des Milchzuckers in der Milchdrüse[12].

Darstellung: Aus Milch[13]. Die durch mehrmaliges Fällen aus wässeriger Lösung mit Alkohol erhaltene α-Lactose ist nicht rein genug. Die beim Fraktionieren aus Wasser erhaltenen ersten Fraktionen enthalten die Verunreinigungen. Am bequemsten erhält man die reinste α-Form, wenn man die β-Lactose einige Monate unter Wasser von Zimmertemperatur auf-

---

[1] Géza Zemplén: Ber. dtsch. chem. Ges. **59**, 2402 (1926) — Chem. Zbl. **1927 I**, 67.

[2] W. Charlton, W. N. Haworth u. S. Peat: J. chem. Soc. Lond. **1926**, 89 — Chem. Zbl. **1926 I**, 3025. — J. C. Irvine u. I. M. A. Black: J. chem. Soc. Lond. **1926**, 862 — Chem. Zbl. **1926 II**, 385. — W. N. Haworth u. C. W. Long: J. chem. Soc. Lond. **1927**, 544 — Chem. Zbl. **1927 I**, 2818.

[3] C. S. Hudson: J. amer. chem. Soc. **51**, 1712 (1930).

[4] Henrietta Lisk: J. Dairy Sci. **7**, 74 (1924) — Chem. Zbl. **1925 I**, 2597.

[5] O. Ferrier u. V. Chenard: J. Pharmacie (8) **6**, 562 (1927) — Chem. Zbl. **1928 I**, 1594.

[6] E. Kieferle, J. Schwaibold u. Ch. Hackmann: Hoppe-Seylers Z. **145**, 18 (1925) — Chem. Zbl. **1925 II**, 1107. — G. Schulze: Z. Unters. Lebensmitt. **53**, 509—520 (1927) — Chem. Zbl. **1927 II**, 1769.

[7] M. van Aerde: J. Pharm. Belgique **5**, 629 (1923) — Chem. Zbl. **1923 IV**, 890.

[8] S. Rosenbaum: Mschr. Kinderheilk. **23**, 600 (1922) — Chem. Zbl. **1924 I**, 2166.

[9] B. G. Zanda: Biochimica e Ter. sper. **12**, 350 (1925) — Ber. Physiol. **34**, 20 (1926) — Chem. Zbl. **1926 I**, 3402.

[10] A. Pictet u. H. Vogel: C. r. Acad. Sci. Paris **185**, 332 (1927) — Chem. Zbl. **1927 II**, 1686 — C. r. Acad. Sci. Paris **184**, 1512 (1927) — Chem. Zbl. **1927 II**, 915.

[11] A. Pictet u. H. Vogel: Helvet. chim. Acta **11**, 209 — Chem. Zbl. **1928 I**, 1391 — Helvet. chim. Acta **10**, 588 — Chem. Zbl. **1927 II**, 2447 — C. r. Acad. Sci. Paris **185**, 332 — Chem. Zbl. **1927 II**, 1687 — C. r. Acad. Sci. Paris **184**, 1512 — Chem. Zbl. **1927 II**, 915 — Lait **8**, 684 (1928) — Chem. Zbl. **1928 II**, 2002.

[12] Erich Hesse: Biochem. Z. **138**, 441 (1923) — Chem. Zbl. **1923 III**, 957. — Vgl. auch Röhmann: Biochem. Z. **93**, 237 (1919) — Chem. Zbl. **1919 I**, 671.

[13] Emil Trutzer: D.R.P. 355020, Kl. 89i vom 28. Nov. 1920; Chem. Zbl. **1922 IV**, 445. — C. W. Schonebaum: Rec. Trav. chim. Pays-Bas et Belg. (Amsterd.) **41**, 422 (1922) — Chem. Zbl. **1923 I**, 1077. — H. J. Wateman, J. W. L. van Ligten u. Koloniale Bank: Holl.P. 9260 vom 14. Juni 1920; Chem. Zbl. **1923 IV**, 774. — L. Harding: J. roy. agr. Soc. England **83**, 73 (1922) —

bewahrt[1]. Zur Darstellung reiner β-Lactose eignet sich am besten folgender Arbeitsgang: In einem Destillationskolben von 1 l löst man in 150 ccm siedendem Wasser 350 g Lactose. Der Kolben ist oben mit einem Rückflußkühler versehen, und der Destillationsansatz führt in einen Erlenmeyerkolben. Der schief aufgestellte Kolben wird anfangs so gedreht, daß der Destillationsansatz nach oben weist. Man gießt während des Kochens langsam 200 ccm Pyridin durch den Rückflußkühler ein, dreht dann den Kolben um seine Längsachse, bis der Destillationsansatz nach unten weist, und destilliert langsam die Flüssigkeit ab. Nachdem 210—225 ccm abdestilliert sind, hat meist schon die Krystallisation im Kolben begonnen. Man dreht dann den Kolben in die erste Lage zurück und fügt weitere 50 ccm Pyridin hinzu. Nötigenfalls destilliert man noch etwas Lösungsmittel ab und setzt das Kochen so lange fort, bis der Inhalt zu stoßen beginnt. Die Krystalle werden abgenutscht, mit siedendem Pyridin, dann mit Alkohol gewaschen[1]. β-Lactosekrystalle werden erhalten durch Erhitzen einer konzentrierten Lactoselösung auf etwa 94°, mehrmaliges Waschen mit Glycerin und heißem Alkohol[2].

Nachweis und Bestimmung: Nachweis von Lactose im Harn mit der „mykologischen Methode von Castellani"[3]. Mittels B. proteus, M. tetragenus, V. cholerae, V. Fischer-Prior, B. typhi, B. coli I und II ist Lactose bis zu 0,03 mg in 1 ccm erkennbar[4]. Lactose kann dadurch erkannt werden, daß sie durch B. coli vergoren wird, nicht aber durch B. Paratyphi[5]. Zum Nachweis kleiner Mengen α-Lactose in Präparaten von β-Lactose benutzt Verschuur den Umstand, daß die α-Form als Hydrat vorliegt. Man erhitzt 2 g des Präparates in einem Rohr, das auf der einen Seite zu einer Capillare ausgezogen ist, auf 129° unter Durchleiten trockener Luft. In der Capillare, die stark gekühlt wird, schlägt sich das aus dem Hydrat der α-Form stammende Wasser als hauchförmiger Belag nieder. Man kann so noch 5 mg α-Lactose in 2 g Zucker deutlich nachweisen[1]. Lactose liefert bei Behandlung mit $NaHCO_3$ Acetol, das mit Hilfe der Reaktion mit o-Aminobenzaldehyd leicht nachgewiesen werden kann[6]. Die Reaktion ist nicht spezifisch. Kritische Besprechung der Bestimmungsmethoden. Für wissenschaftliche Zwecke sind die maßanalytischen Methoden am besten. Für praktische Zwecke ist die Vorschrift von Bruhns am geeignetsten. Bestimmungen der Dichte und des Brechungsindex sind auch brauchbar[7]. Bestimmung durch Polarisation[8, 9] bzw. Polarisation und Reduktion[10]. Mit Fehling-

Chem. Zbl. **1924 II**, 1753. — Carnation Milk-Products Company: A.P. 1500770 vom 28. Febr. 1920; Chem. Zbl. **1924 II**, 1867 — Seattle Washington, Del.; übertr. von Roger Wm. Ryan: A.P. 1500770 vom 28. Febr. 1920, ausg. 8. Juli 1924; Chem. Zbl. **1924 II**, 1867. — Hedley Ralph Marston: Fr.P. 561060 vom 15. Jan. 1923; Chem. Zbl. **1925 I**, 585. — David Thomson: Schweiz.P. 102015 vom 8. Dez. 1921; Chem. Zbl. **1925 I**, 1031. — Ch. Groud: Ind. chimique **11**, 537 (1924) — Chem. Zbl. **1925 I**, 1461. — David Thomson: D.R.P. 414557, Kl. 53i vom 17. Dez. 1921; Chem. Zbl. **1925 II**, 1639. — Elektro-Osmose A.-G. u. Meierei C. Bolle-A.G.: D.R.P. 423695, Kl. 8i vom 20. März 1923; Chem. Zbl. **1926 I**, 2982. — Rosemary Creamery Co.: A.P. 1571626 vom 30. Jan. 1923; Chem. Zbl. **1926 I**, 3283. — Elektro-Osmose A.-G.: E.P. 248998 (1926); Chem. Zbl. **1926 II**, 666. — Government and the People of the United States of America, übert von Raymond W. Bell: A.P. 1600573 vom 15. April 1926, ausg. 21. Sept. 1926; Chem. Zbl. **1927 I**, 196. — Sherman C. Meredith, Burluigame u. Niels N. T. Nyborg: A.P. 1626857 vom 12. Dez. 1922; Chem. Zbl. **1927 II**, 345. — O. Ungnade: Chem.-Ztg **52**, 69 — Chem. Zbl. **1928 I**, 1589. — R. W. Bell u. P. N. Peter: Ind. Chem. **20**, 510 — Chem. Zbl. **1928 II**, 116. — Jules Paul Louis Blier u. Eugène François Vitoux: F.P. 647252 vom 10. Juni 1927; Chem. Zbl. **1929 I**, 2361.

[1] B. Verschuur: Rec. Trav. chim. Pays-Bas et Belg. (Amsterd.) **47**, 123 — Chem. Zbl. **1928 I**, 2353.

[2] E. T. Wherry: J. Washington Acad. Sci. **18**, 302 — Chem. Zbl. **1928 II**, 438.

[3] P. Pietra: Giorn. Batter. **2**, 1 — Ref.: Ber. Physiol. **40**, 264 (1927) — Chem. Zbl. **1927 II**, 963.

[4] A. I. Kendall: J. inf. Dis. **32**, 362, 369 (1923) — Ref.: Ber. Physiol. **21**, 128 (1924) — Chem. Zbl. **1924 I**, 1392.

[5] Aldo Castellani: J. amer. med. Assoc. **90**, 1773 (1929) — Chem. Zbl. **1929 II**, 1189.

[6] O. Baudisch u. H. J. Deuel: J. amer. chem. Soc. **44**, 1581, 1585 (1922) — Chem. Zbl. **1923 IV**, 280, 281.

[7] B. Bleyer u. H. Steinhauser: Ber. Physiol. **28**, 21 (1924) — Chem. Zbl. **1925 I**, 1022.

[8] E. Saillard: Chimie et Industrie **2**, 1035—1036 (1919) — Chem. Zbl. **1920 I**, Wiss. Teil, 457.

[9] H. Jephcott: Analyst **48**, 529 (1923) — Chem. Zbl. **1924 I**, 1288. — A. L. Bacharach: Analyst **48**, 521 (1923) — Chem. Zbl. **1924 I**, 1287. — F. A. Quisumbing u. A. W. Thomas: J. amer. chem. Soc. **43**, 1503 (1922) — Chem. Zbl. **1922 II**, 950.

[10] F. A. Quisumbing u. A. W. Thomas: J. amer. chem. Soc. **43**, 1503 (1922) — Chem. Zbl. **1922 II**, 950. — A. L. Bacharach: Analyst **48**, 521 (1923) — Chem. Zbl. **1924 I**, 1287. — H. Großmann u. F. L. Bloch: Z. dtsch. Zuckerind. **1912**, 19 — Chem. Zbl. **1912 I**, 1209.

scher Lösung und Methylenblau[1]. — Mit Kupferacetatlösung kann man Lactose in Gegenwart von Glykose nicht bestimmen[2]. — Das Glykoseäquivalent von Lactose wurde für die Methoden von Folin und Wu, Shaffer und Hartmann, MacLean, Benedict und Osterberg (mit Na_2CO_3 und NaOH) und Summer bestimmt. Die Ergebnisse bei den verschiedenen Cu-Methoden stimmen untereinander gut überein und geben niedrigere Werte als die wieder unter sich übereinstimmenden Pikrat- und Dinitrosalicylatmethoden[3]. Reduktionskraft: nach Folin-Wu 45 (bezogen auf äquimolekulare Menge 86), nach Lewis und Benedict bestimmt 76 (Glykose = 100)[4]. Setzt man den Reduktionswert von Glykose nach der Methode Hagedorn-Jensen gleich 1, so ist die Reduktion von Lactose 0,655 [5]. Jodometrische Bestimmung[6]. Bei der Schnellbestimmung des Milchzuckers wurde das nach den üblichen Verfahren abgeschiedene Cu_2O in $Cu(NO_3)_2$ übergeführt und in essigsaurer Lösung nach Zusatz von KJ mit $0,1n\text{-}Na_2S_2O_3$ titriert[7]. Neben der Methode von Bruhns wird das Verfahren von Weiß empfohlen[8]. — Einzelheiten über das colorimetrische Pikrinsäureverfahren[9]. — Lactosebestimmung nach der Ferricyanmethode[10]. Quantitative Bestimmung auf Grund der Reduktion der Osazone durch $TiCl_3$-Lösung[11]. Bestimmung neben Rohrzucker oder Glykose[12]. — Bestimmung in Milch[13]. Bestimmung in Brot[14], in Milchschokolade[15], in Margarine[16].

Physiologische Eigenschaften: Wirkung des Emulsins aus Mandeln auf Milchzucker in Lösungen von 85proz. Äthylalkohol[17]. Wird durch dialysierte Schneckenlichenase nicht gespalten[18]. — Wird durch Takadiastase vollständig gespalten[19]. In allen untersuchten Stühlen von Säuglingen und von Erwachsenen konnte eine Lactase nachgewiesen werden[20]. Die von Kuhn als β-Amylase bezeichnete Malzdiastase greift Lactose nicht an[21]. — Hamilton und Mitchell[22] fanden Lactase im Kropf, nicht aber in Proventrikel, Pankreas und Eingeweiden des Kükens[22]. Aus verschiedenen frischen Organen des Hundes, besonders aus Darmschleimhaut hergestellte, für sich und in Salzlösung optisch-inaktive Alkoholtrockenpräparate be-

---

[1] J. H. Lane u. L. Eynon: J. Soc. chem. Ind. **42 I**, 32 (1923) — Chem. Zbl. **1923 II**, 1091 — J. Soc. chem. Ind. **46 I**, 434 (1927) — Chem. Zbl. **1928 I**, 425.

[2] P. Fleury u. P. Tavernier: J. Pharmacie (7) **30**, 225 (1924) — Chem. Zbl. **1924 II**, 2617.

[3] Joseph Greenwald, Jerome Samet u. Joseph Groß: J. of biol. Chem. **62**, 397—399 (1924) — Chem. Zbl. **1925 I**, 1336.

[4] A. W. Rowe u. B. S. Wiener: J. amer. chem. Soc. **47**, 1698 — Chem. Zbl. **1925 II**, 1671.

[5] George W. Pucher u. Myron W. Finch: Proc. Soc. exper. Biol. a. Med. **23**, 468—470 (1927) — Ber. Physiol. **38**, 186—187 (1927) — Chem. Zbl. **1927 II**, 1713.

[6] H. Droop Richmond u. L. R. Ellison: Analyst **50**, 17 (1925) — Chem. Zbl. **1925 I**, 2124. — Kolthoff: Z. Unters. Nahrgsmitt. usw. **45**, 141 (1923) — Chem. Zbl. **1923 IV**, 465. — Fr. Auerbach u. G. Borries: Arb. Reichsgesdh.amt **57**, 318—324 (1926) — Chem. Zbl. **1927 I**, 1904.

[7] R. Kaack u. A. Eichstädt: Milchwirtsch. Forschgn **6**, 62 — Chem. Zbl. **1928 II**, 1280.

[8] H. Weiß u. B. Beyer: Milchwirtsch. Forschgn **2**, 108 (1925) — Chem. Zbl. **1925 II**, 1497.

[9] H. R. Bierman u. F. J. Doan: J. Dairy Sci. **7**, 381 (1924) — Chem. Zbl. **1925 I**, 2738.

[10] A. Jonescu-Matiu: Bul. Soc. chim. Romania **9**, 68 (1927) — Chem. Zbl. **1928 I**, 2114.

[11] Edmund Knecht u. Eva Hibbert: J. chem. Soc. Lond. **125**, 2009—2013 (1924) — Chem. Zbl. **1925 I**, 310. — Edmund Knecht: J. chem. Soc. Lond. **125**, 1537 (1924) — Chem. Zbl. **1924 II**, 1346.

[12] J. M. Kolthoff: Pharm. Weekblad **60**, 394 (1923) — Chem. Zbl. **1923 IV**, 27. — W. Thalhimer u. M. C. Perry: J. amer. med. Assoc. **79**, 1506 (1922) — Ref.: Ber. Physiol. **17**, 194 (1923) — Chem. Zbl. **1923 IV**, 229. — Hans Jessen-Hansen: C. r. du lab. Carlsberg **15**, 1 (1923) — Chem. Zbl. **1924 I**, 2018.

[13] Georges Fontès u. Lucien Thivolle: C. r. Soc. Biol. Paris **84**, 669 — Chem. Zbl. **1922 II**, 588 — C. r. Soc. Biol. Paris **86**, 164—165 — Chem. Zbl. **1922 II**, 588. — V. Edwards: Chem. News **126**, 191 (1923) — Chem. Zbl. **1923 IV**, 23. — J. M. Kolthoff: Pharm. Weekblad **60**, 394 (1923) — Chem. Zbl. **1923 IV**, 27. — E. G. Mahin: Ind. Chem. **15**, 943 (1923) — Chem. Zbl. **1923 IV**, 956. — J. Drost: Z. Unters. Nahrgsmitt. usw. **49**, 332 (1925) — Chem. Zbl. **1925 II**, 2113. — Adolf Staffe: Fortschr. Landw. **2**, 496—499 (1927) — Chem. Zbl. **1927 II**, 1770.

[14] M. W. Fuhri Snethlage: Chem. Weekblad **23**, 578—580 (1926) — Chem. Zbl. **1927 I**, 661. — W. Schut u. L. E. den Dooren de Jong: Chem. Weekblad **22**, 517 (1925) — Chem. Zbl. **1926 I**, 788.

[15] F. Härtel u. F. Jäger: Z. Unters. Nahrgsmitt. usw. **44**, 291 (1922) — Chem. Zbl. **1923 IV**, 65.

[16] M. van Aerde: J. pharm. Belgique **5**, 629 (1923) — Chem. Zbl. **1923 IV**, 890.

[17] Marc Bridel: J. Pharmacie (7) **25**, 129 (1922) — Chem. Zbl. **1922 I**, 49; **1923 III**, 386.

[18] P. Karrer u. M. Staub: Helvet. chim. Acta **7**, 916 (1924) — Chem. Zbl. **1924 II**, 2487.

[19] C. Neuberg u. O. Rosenthal: Biochem. Z. **145**, 186 (1924) — Chem. Zbl. **1924 I**, 2882.

[20] A. V. Marx: Arch. Verdgskrkh. **33**, 77 (1924) — Chem. Zbl. **1925 I**, 1328.

[21] Dorothea Schmidt: Biochem. Z. **158**, 223 (1925) — Chem. Zbl. **1925 II**, 1177.

[22] S. T. Hamilton u. H. H. Mitchell: J. agricult. Res. **27**, 597 — Chem. Zbl. **1924 II**, 854.

wirkten in Lösungen von Lactose Rückgang der Drehung ohne Änderung der titrimetrischen Werte. Richaud und Coirre vermuten eine Bindung der Zucker mit Aminosäuren zu schwächer rechtsdrehenden oder linksdrehenden Produkten[1]. Wirkung auf die Nitratreduktion des Aspergillus niger[2], auf die Spaltung des Rohrzuckers mit Invertin[3]. Untersuchungen über die Bildung von Diastase durch Aspergillus niger in Gegenwart von Lactose[4]. — Wenn Algen in Nährlösungen kultiviert werden, welche Lactose enthalten, nimmt die Amylasemenge ab[5]. Die Ernährung von Keimlingen der Erbse, Bohne und anderer Pflanzen mit Lactose führte zu einer Vergrößerung des Zellkerns[6]. Bei entstärkten Embryonen von Bohnen kann Lactose als Nährstoff dienen[7]. Hemmt bei Blättern von Reseda odorata in Nährlösungen die Rhodoxanthinentwicklung[8]. Wirkung auf die Atmungsintensität von Weizenkeimlingen[9]. Lactose kann von Pflanzen mit wenigen Ausnahmen weder im Licht noch im Dunkel, weder in hypotonischen noch hypertonischen Lösungen zum Wachstum oder zur Stärkebildung ausgenutzt werden[10]. Austreiben von Salix viminalis-Schößlingen unter dem Einfluß von Lactose[11]. Lactose wirkt auf die Zellentwicklung in vitro in einer Konzentration von 2% hemmend[12]. Lactose wird durch die Froschniere unverändert durchgelassen[13]. Lactose und Glykolyse[14]. Oxydation in alkalischer Lösung in Gegenwart von Blut[15]. Lactose wirkt am wenigsten auf die durch Monobromessigsäure hervorgerufene Muskelstarre[16]. Fördert die Beweglichkeit der Trypanosomen in vitro nicht[17]. Die relative Süßigkeit der Lactose (Rohrzucker als Bezugswert = 100 gesetzt) beträgt 16[18]. Verhalten der Lactose gegen Honigbienen[19] und ihre Larven[20]. Milchzucker zeigte an weißen Mäusen eine Abführwirkung[21]. Rattenversuche berechtigen zu der Annahme, daß Wachstum und Allgemeinbefinden keine Störung erfahren, wenn der Lactosegehalt 30% der Kost oder 50% der gesamten Kohlehydrate nicht überschreitet[22]. Untersuchungen nach peroraler Zufuhr von Lactose[23]. Zuckerstoffwechsel und Lactose[24]. — Das Nahrungsgleichgewicht als wesentlicher Faktor für die Ausnutzung der Lactose[25]. Lactose-

---

[1] A. Richaud u. J. Coirre: Bull. Soc. Chim. biol. Paris 5, 890 (1923) — Ref.: Ber. Physiol. 24, 451 (1924) — Chem. Zbl. 1924 II, 701.

[2] G. Klein, A. Eigner u. H. Müller: Hoppe-Seylers Z. 159, 201—234 (1926) — Chem. Zbl. 1927 I, 302.

[3] Richard Kuhn: Hoppe-Seylers Z. 135, 1 (1924) — Chem. Zbl. 1924 II, 344.

[4] G. L. Funke: Rec. Trav. bot. néerl. 23, 200 (1926) — Chem. Zbl. 1927 II, 706.

[5] K. Sjöberg: Biochem. Z. 133, 218 (1922) — Chem. Zbl. 1923 III, 160.

[6] A. Maige: C. r. Soc. Biol. Paris 87, 1297 (1922) — Chem. Zbl. 1923 III, 253.

[7] A. Maige: Cellule 35, 325 (1925) — Chem. Zbl. 1926 I, 412.

[8] T. Lippmaa: C. r. Acad. Sci. Paris 182, 1040 (1926) — Chem. Zbl. 1926 II, 2068.

[9] G. Klein u. K. Pirschle: Biochem. Z. 176, 20 (1926) — Chem. Zbl. 1926 II, 2444.

[10] Viktor Czurda: Planta (Berl.) 2, 67 (1926) — Chem. Zbl. 1927 I, 1964.

[11] Phyllis A. Hicko: Bot. Gaz. 86, 193 (1928) — Chem. Zbl. 1929 I, 762.

[12] Joshio Suzuki: Trans. jap. path. Soc. 14, 74—75 (1924) — Ber. Physiol. 37, 290 (1926) — Chem. Zbl. 1927 I, 1841.

[13] F. Wankell: Pflügers Arch. 208, 604 — Chem. Zbl. 1925 II, 1371.

[14] J. Wohlgemuth: Biochem. Z. 173, 258 (1926) — Chem. Zbl. 1926 II, 1430. — Rindaro Tateyama: Biochem. Z. 163, 292 (1925) — Chem. Zbl. 1926 I, 2719. — J. Wohlgemuth u. Y. Nakamura: Biochem. Z. 175, 233 (1926) — Chem. Zbl. 1926 II, 2193. — J. Wohlgemuth: Biochem. Z. 186, 43 (1927) — Chem. Zbl. 1928 I, 220.

[15] Maurice Nicloux: Bull. Soc. Chim. biol. Paris 10, 1135 (1928) — Chem. Zbl. 1929 I, 771.

[16] Thales Martius: C. r. Soc. Biol. Paris 98, 1558 (1928) — Chem. Zbl. 1928 II, 1585.

[17] R. Kudicke u. E. Evers: Z. Hyg. 101, 317 (1924) — Chem. Zbl. 1924 I, 1551.

[18] A. Biester, M. W. Wood u. C. S. Wahlin: Amer. J. Physiol. 73, 387 — Chem. Zbl. 1925 II, 1372. — Kurt Täufel: Biochem. Z. 165, 96 (1925) — Chem. Zbl. 1926 I, 1896.

[19] E. F. Phillips: J. agricult. Res. 35, 385 (1927) — Chem. Zbl. 1928 I, 937.

[20] M. L. Bertholf: J. agricult. Res. 35, 429 (1927) — Chem. Zbl. 1928 I, 937.

[21] H. Fühner: Festschrift A. Tschirch 1926, 30 — Chem. Zbl. 1927 I, 2572.

[22] Holm S. Mitchell: Amer. J. Physiol. 79, 542 (1927) — Chem. Zbl. 1927 I, 2568.

[23] Otto Folin u. Hiesting Berglund: J. of biol. Chem. 51, 213 (1922) — Chem. Zbl. 1922 III, 69. — Kurt Holm: Z. exper. Med. 37, 43 (1923) — Chem. Zbl. 1924 I, 790. — A. Schätti: Biochem. Z. 143, 201 (1923) — Chem. Zbl. 1924 I, 797. — J. J. Nitzescu: C. r. Soc. Biol. Paris 93, 1319 (1925) — Chem. Zbl. 1926 I, 1840. — F. Basch u. L. Pollak: Arch. f. exper. Path. 125, 89 (1927) — Chem. Zbl. 1928 I, 217. — John G. Reinhold u. Walter G. Karr: J. of biol. Chem. 72, 345 (1927) — Chem. Zbl. 1928 I, 275. — Harry J. Deuel jr.: J. of biol. Chem. 75, 367 (1927) — Chem. Zbl. 1928 I, 820. — Harold L. Higgins: Amer. J. Physiol. 41, 258 (1922) — Chem. Zbl. 1923 III, 327.

[24] J. G. Blanco: J. of biol. Chem. 79, 667 (1928) — Chem. Zbl. 1929 I, 768.

[25] L. Randoin u. R. Lecoq: C. r. Acad. Sci. Paris 188, 1188 (1929) — Chem. Zbl. 1929 II, 590.

stoffwechselversuche an Kindern[1]. Die spezifisch-dynamische Wirkung beträgt bei oraler Zufuhr an Mensch und Hund für Lactose fast 0[2]. — Bei Hunden wird die starke Hyperglykämie nach Milchzucker durch Anwesenheit größerer Traubenzuckermengen im Blut herabgedrückt[3]. Bei normalen Hunden bewirkt Fütterung mit einer 80 Cal pro kg bei 15% Lactose und 53% Rohrzucker enthaltenden Nahrung Abnahme der Ammoniak- und Zunahme der Calciumausscheidung im Harn. Nach Entfernung der Schilddrüsen verhindert die Lactose die Retention von Phosphor und Calcium[4]. — Lactose steigert sowohl in kleinen wie in großen Gaben den Blutdruck und die Amplitude der systolischen Ausdehnung, erweitert die Gefäße und vermindert die Pulszahl[5]. — Nach Lactoseinjektion an Kaninchen kommt es nicht zu einer Zuckerausscheidung durch die Speicheldrüse[6]. — Milchzusammensetzung nach Lactoseinjektionen[7]. — Lactose wurde bei permanenter Injektion durch die Vena jugularis oder linealis quantitativ bei kleinen wie bei großen Mengen mit dem Harn ausgeschieden[8]. Das Verschwinden des Milchzuckers aus der Blutbahn und die Ausscheidung durch die Niere wird nach Injektion einer bestimmten Menge verfolgt[9]. Parenterale Zufuhr von Lactose[10]. Hennen nehmen bis zu 8 g Lactose je Tag auf; die in den Exkrementen gefundene Lactose war gewöhnlich von Glykose begleitet. Lactose wirkt als Reizmittel auf die Magen-Darm-Schleimhäute. Mehr als 8 g werden freiwillig nicht aufgenommen[11]. Der physiologische Nutzeffekt der Lactose und der Einfluß auf die Resorption der Nährstoffe nach Versuchen am Wiederkäuer[12]. Der Blutzuckergehalt bei entmilzten Hunden nach Eingabe von Lactose ergibt stärkeren Anstieg als normal. Der Unterschied wird einige Tage nach der Operation deutlich und erhält sich etwa 1 Jahr[13]. Lactose zeigt keine antiketogene Wirkung auf die Ketosis des Hungerns[14]. Die durch Lufteinblasen in das Euter milchgebender Tiere hervorgerufene Hyperglykämie führt zum Übergang von Kohlehydrate in den Harn. Wenn diese nicht vergärbar sind, so handelt es sich um Lactose[15]. Verwertung von intravenösen Milchzuckerinjektionen beim Diabetiker[16]. Erörterung über die Bedeutung der großen Beständigkeit der Lactose gegen verdünnte Säuren für den Stoffwechsel im Organismus speziell beim Diabetiker[17]. Lactose wird beim hungernden, phlorrhizindiabetischen Hund viel langsamer als Glykose, Fructose und Galaktose eliminiert[18]. Bei den Untersuchungen von Olaf Bergeim über die Reduktionen der verschiedenen Darmabschnitte wurde festgestellt, daß Lactose, die zu der charakteristischen Umstellung der Darmflora in acidurischen Typ führt, deutlichere Verminderung der Reduktionswerte verursacht[19]. Galaktose, Glykose, Maltose regen die Salzsäuresekretion stärker an als Lactose, Fructose und Arabinose. Saccharose nimmt eine Mittelstellung ein[20]. Intravenöse Einspritzungen von Lactoselösungen bei Rückfallfieber wirken auf die Spirillen schädigend, ohne sie vollkommen abzutöten. Zur sicheren Abtötung empfiehlt sich Kombination mit Neosalvarsan, 0,45—0,6 g. Die Wirkung der Lactose ist nicht auf eine Verunreinigung mit Eiweiß zurückzuführen[21].

[1] Maria Steuber u. Alfred Seifert: Arch. Kinderheilk. **85**, 12 (1928) — Chem. Zbl. **1929 I**, 920.
[2] Kurt Schirlitz: Biochem. Z. **183**, 23 (1927) — Chem. Zbl. **1927 II**, 586.
[3] M. Bodansky: J. of biol. Chem. **56**, 387 (1923) — Chem. Zbl. **1923 III**, 1292.
[4] Erwin G. Groß: Amer. J. Physiol. **80**, 661 (1927) — Chem. Zbl. **1927 II**, 594.
[5] Attilio Busacca: Arch. Farmacol. sper. **31**, 41—44 (1921) — Chem. Zbl. **1922 III**, 529.
[6] Jules Jeangros: Biochem. Z. **200**, 367 (1928) — Chem. Zbl. **1929 I**, 3115.
[7] I. I. Nitzescu u. G. Nicolau: C. r. Soc. Biol. Paris **91**, 1464 (1924) — Chem. Zbl. **1925 I**, 1224.
[8] E. O. Folkmar: Bibl. Laeg. (dän.) **115**, 120 — Ref.: Ber. Physiol. **20**, 47 (1923) — Chem. Zbl. **1923 III**, 1291.
[9] E. Bernheim u. C. A. Schlayer: Z. klin. Med. **102**, 369 (1925) — Chem. Zbl. **1926 I**, 2375.
[10] C. Porcher, L. Anger u. Brigando: C. r. Soc. Biol. Paris **98**, 51 — Chem. Zbl. **1928 I**, 2964. — C. B. Strauch u. H. Bernhardt: Z. klin. Med. **104**, 744 (1926) — Chem. Zbl. **1924 I**, 1187.
[11] T. S. Hamilton u. E. L. Card: J. agricult. Res. **27**, 604 — Chem. Zbl. **1924 II**, 854.
[12] W. Völtz u. H. Jantzon: Z. Tierzüchtg **11**, Sep. — Chem. Zbl. **1929 I**, 2440.
[13] S. Marino: Probl. Nutriz. **3**, 1 (1926) — Chem. Zbl. **1927 I**, 2570.
[14] Maurice Walter Goldblatt: Biochemic. J. **19**, 948 (1925) — Chem. Zbl. **1926 I**, 2718.
[15] Erik M. P. Widmark u. Olaf Carlens: Biochem. Z. **158**, 3—10 (1924) — Chem. Zbl. **1925 II**, 734.
[16] Rudolf Roubitschek: Klin. Wschr. **2**, 1647 (1923) — Chem. Zbl. **1923 III**, 1109.
[17] B. Bleyer u. H. Schmidt: Biochem. Z. **135**, 546 (1923) — Chem. Zbl. **1923 III**, 662.
[18] H. J. Deuel u. W. H. Chambers: J. of biol. Chem. **65**, 7 (1925) — Chem. Zbl. **1926 I**, 154.
[19] Olaf Bergeim: J. of biol. Chem. **62**, 49—60 (1924) — Chem. Zbl. **1925 I**, 701.
[20] Paul Mahler: Wien. Arch. inn. Med. **10**, 549 (1925) — Chem. Zbl. **1926 I**, 3077.
[21] Heinr. Zeller: Münch. med. Wschr. **69**, 1121 (1922) — Chem. Zbl. **1922 III**, 846.

Lactose und Insulin[1]. Sensibilisierungsproben mit Eiweißverdauungsprodukten nach Zusatz von Lactose[2]. Die Zufuhr der Lactose führt bei avitaminösen wie bei normalen Tieren zur Bildung von Glykogen, zugleich aber bei jenen zu schwerer Erkrankung[3]. Einfluß von täglich wiederholter Zuführung von Magnesiumsulfat oder Lactose per os auf das Blut von normalen Tauben, beriberikranken und hungernden Tauben[4]. — Haltbarmachung von Vitaminen mit Lactose[5]. Eine Hemmung der Saponinhämolyse verschiedenen Grades erfolgt, bei menschlichen Zellen als Testobjekt, durch Lactose[6]. Hemmungswirkung auf die Hämolyse durch taurocholsaures Natrium[7]. 5proz. Lösungen von Lactose verhindern die Flockung des Serums mit Neosalvarsan[8].

Tempovagan ist Milchzucker, Glykogen und 0,3% Gärungsmilchsäure und dient zur Behandlung des vaginalen Fluors[9]. Lactose und Dicarbonat sind Arzneimittel unter dem Namen Antacidol[10]. Maltolactine ist ein Diäteticum, und Galaktagogon, besteht aus Maltose, Lactose, Saccharose, Fett, Eiweißstoffen und milchphosphorsauren Ca-Salzen[11]. Erythrocytol ist ein Arzneimittel, bestehend aus Hämoglobin und Lactose[12]. Milchzuckerhaltige Arzneimittel: **Anti-Calcinator**, radiumhaltige Entkalkungstabletten gegen Arterienverkalkung; **Neo-Chromonal:** gegen Syphilis[13].

Physikalische und chemische Eigenschaften: α-Lactosehydrat: Verhalten gegen polarisiertes Licht, Brechungsindex und Habitus der Krystalle[14].

β-Lactoseanhydrid entsteht durch Eindampfen einer wässerigen Lösung von gewöhnlichem Milchzucker zur Trockne bei Temperaturen oberhalb 93°, das α-Anhydrid durch Erhitzen von krystallisierter Lactose auf Temperaturen von etwa 130° während mehrerer Stunden. Das α-Anhydrid nimmt bei mehrtägigem Stehen bis zu 4% Wasser aus der Luft auf, das aber leicht durch Erhitzen auf 100—105° wieder ausgetrieben werden kann. — Ein Gemisch der beiden Anhydride ist in Wasser leicht löslich und deshalb geeignet als Träger für Arzneimittel bei Tabletten[15]. — β-Lactose zeigt den Schmelzp. 252,4°. Die Krystalle sind farblos und durchscheinend und gehören der holoaxialpolaren (sphenoidalen) Klasse des monoklinen Systems an. Mit dem Polarisationsmikroskop wurden nach der Immersionsmethode folgende Brechungsexponenten festgestellt: n_α: 1,542, n_β: 1,572, n_γ: 1,585[16]. Das β-Anhydrid der Lactose ist beständig oberhalb 93,5°. Ist leicht löslich und besitzt süßen Geschmack[17]. 0,5—1% Wasser genügen, um krystallisierte β-Lactose in das Hydrat der α-Form überzuführen, dagegen ist die β-Lactose in einer Atmosphäre von nur 90% Feuchtigkeit zwischen 20 und 30° beständig[18].

[1] L. Guisk u. C. T. Rietti: C. r. Soc. Biol. Paris **90**, 252 (1924) — Chem. Zbl. **1924 I**, 2384. — Percy Theodore Herring, James Colquhoun Irvine u. John J. Rickard Macleod: Biochemic. J. **18**, 1023—1042 (1925) — Chem. Zbl. **1925 I**, 2388. — Carl Voegtlin, Edith R. Dunn u. J. W. Thompson: Amer. J. Physiol. **71**, 574—582 (1925) — Chem. Zbl. **1925 II**, 199. — A. Moschini: Boll. Soc. med.-chir. **36**, 393 (1924) — Ref.: Ber. Physiol. **31**, 69 — Chem. Zbl. **1925 II**, 1459. — G. J. Cassidy, S. Dworkin u. W. H. Finney: Amer. J. Physiol. **77**, 211 (1926) — Chem. Zbl. **1926 II**, 904. — A. Moschini: Arch. ital. Biol. **74**, 126 (1924) — Chem. Zbl. **1926 I**, 2113. — Leo Pollak: Klin. Wschr. **5**, 2215 (1926) — Chem. Zbl. **1927 I**, 622 — Arch. f. exper. Path. **125**, 102 (1927) — Chem. Zbl. **1928 I**, 217.
[2] J. Chandler Walker, Arthur S. Wetmore u. June Adkinson: Arch. int. Med. **32**, 323 (1923) — Chem. Zbl. **1924 I**, 2890.
[3] P. Rubino u. J. A. Collazo: Biochem. Z. **140**, 258 (1923) — Chem. Zbl. **1923 III**, 1418.
[4] O. W. Barlow u. M. S. Biskind: Amer. J. Physiol. **86**, 594 (1928) — Chem. Zbl. **1929 I**, 406.
[5] J. F. Harris: A.P. 1540883 vom 16. Dez. 1919; Chem. Zbl. **1925 II**, 1820.
[6] E. Ponder u. W. Ph. Kennedy: Biochemic. J. **20**, 237 (1926) — Chem. Zbl. **1926 II**, 250.
[7] Eric Ponder u. James Franklin Yeager: Biochemic. J. **22**, 703 (1928) — Chem. Zbl. **1928 II**, 1228.
[8] Attilio Busacca: Arch. Farmacol. sper. **36**, 129, 156, 166, 186 (1923) — Chem. Zbl. **1924 I**, 1831.
[9] Henny Alexander: Dtsch. med. Wschr. **52**, 704 (1925) — Chem. Zbl. **1926 II**, 462.
[10] H. Mentzel: Pharm. Zentralhalle **65**, 644—646 (1924) — Chem. Zbl. **1925 I**, 408.
[11] H. Mentzel: Pharm. Zentralhalle **63**, 497, 511, 525, 534 (1922) — Chem. Zbl. **1923 II**, 822.
[12] H. Mentzel: Pharm. Zentralhalle **64**, 386, 397, 408 (1923) — Chem. Zbl. **1923 IV**, 842.
[13] C. Griebel: Z. Unters. Nahrgsmitt. usw. **47**, 442 — Chem. Zbl. **1924 II**, 1713.
[14] G. T. Keenan: J. Washington Acad. Sci. **16**, 433 (1927) — Chem. Zbl. **1927 I**, 1151.
[15] Eli Lilly and Company, übertr. von Bruce K. Wisemann: A.P. 1541744 vom 18. Febr. 1924; Chem. Zbl. **1925 II**, 1774.
[16] E. T. Wherry: J. Washington Acad. Sci. **18**, 302 — Chem. Zbl. **1928 II**, 438.
[17] R. W. Bell: Ind. engin. Chem. **22**, 51 (1930) — Chem. Zbl. **1930 I**, 2160.
[18] R. W. Bell: Ind. engin. Chem. **22**, 379 (1930) — Chem. Zbl. **1930 I**, 3771.

Synthetische Lactose: $C_{12}H_{22}O_{11} + H_2O$. Kryställchen aus verdünntem Alkohol. Schmelzp. 201°. Ist kaum süß; ziemlich wenig löslich in kaltem Wasser, 70proz. Alkohol; unlöslich in absolutem Alkohol. $[\alpha]_D^{23} = +80{,}67°$ nach 10 Minuten; $+51{,}78°$ nach 24 Stunden, in Wasser ($c = 2{,}7520$)[1].

Im Vakuum über P_2O_5 getrocknete Lactose absorbiert aus der Luft bei 20° 0,54, 1,23, 1,38% Feuchtigkeit (die Luftfeuchtigkeit war 1,60% nach 1 Stunde, 2,60% nach 9 Tagen, 3. 100% nach 25 Tagen)[2]. Krystallbildung der Lactose in Gegenwart der Milchkolloide und Rohrzucker[3]. — Lactose-Saccharose-Löslichkeiten bei tiefen Temperaturen[4]. — Milchzucker besitzt in Milch die gleiche Löslichkeit wie im Wasser. Bei Gegenwart des Rohrzuckers wird die Löslichkeit des Milchzuckers herabgesetzt[5]. Löslichkeit nach 5stündiger Extraktion mit trocknem Äthylacetat: 5%[6] Verbrennungswärme für 1 g: 3953 cal[7]. Verbrennungswärme von 1 g wasserfreier Lactose = 3948 cal[8]. Röntgendiagramm[9]. Die Mutarotation von Lactose in $^1/_{10}$n-Citratgemischen ist $K \cdot 10^4 = 97$ [10]. — Mutarotation in Gegenwart von Borsäure[11]. — Lactose zeigt unter dem Einfluß von H_2SO_4 folgende Drehungswerte: 10n + 56,7°, 12n 59,0°, 14n 61,5°, 16n 63,5°, 18n 65,5°, 20n 68,5°, 22n 72,5°, 24n 76,0°, 26n + 90,0° [12]. In HCl zeigt Lactose je nach der Konzentration $[\alpha]_D^{25} = +66{,}2-64{,}4°$, in $HClO_4$ (D. = 1,67) $[\alpha]_D^{15} = +90{,}0°$, in 96proz. Essigsäure $[\alpha]_D^{20} = +80{,}0°$. HNO_3 wirkt auf Lactose unter ständiger Abnahme der Drehung und geht bis Braunfärbung zersetzend[12]. Eine etwa 3proz. Lactoselösung in $^1/_{10}$n-NaOH zeigt nach 10 Minuten $[\alpha]_D = +30{,}0°$, in 5n-NaOH 36,7°, eine 8proz. Lösung in n-NaOH $[\alpha]_D = +40{,}6°$ [13]. Mit Natriumbisulfit ist die Enddrehung bei Lactose = $+13{,}0°$ [13]. Lactose zeigt nach ultravioletter Bestrahlung der wässerigen Lösungen kein verändertes Reduktionsvermögen[14]. Veränderungen der Siedepunkte von Chlorcalciumlösungen in Gegenwart von Lactose[15]. — Die Inversion der Lactose durch starke Säuren (22n- und 24n-H_2SO_4, HCl von der Dichte 1,185 und $HClO_4$ von D. = 1,67) erfolgt im Gegensatz zur enzymatischen Spaltung nach dem Gesetz für monomolekulare Reaktionen. Die Reaktionsgeschwindigkeit ist stark von der Temperatur abhängig; für eine Temperaturerhöhung um 10° vervierfacht sich K. Der katalytische Einfluß der H·-Ionen wächst mit ihrer Konzentration, dagegen nimmt die Reaktionsgeschwindigkeit mit steigenden Lactosekonzentrationen ab. Am günstigsten ist eine Versuchstemperatur von 25—30°, weil dann die Inversion bereits praktisch beendet ist, ehe die durch Zersetzung der Lactose hervorgerufenen Drehungsänderungen ins Gewicht fallen. Am schnellsten verläuft die Inversion mit $HClO_4$, für die $K_{25} = 0{,}0513$ beträgt[16]. Reaktionsgeschwindigkeit der Hydrolyse: $K_{98} = 0{,}0024$ in Gegenwart von 0,05 normaler Salzsäure bei 3 g Zucker in 100 ccm Lösung[17]. Inversionskonstante[18]: $K \cdot 10^4$ bei 70°=7,2. Man erhält nach dem Verfahren des Erwärmens im Vakuum von Pictet aus Lactose das Lactosan: $C_{12}H_{20}O_{10}$. Das Produkt findet therapeutische Verwendung und dient als Zwischen-

[1] A. Pictet u. H. Vogel: C. r. Acad. Sci. Paris 185, 332 (1927) — Chem. Zbl. 1927 II, 1686.

[2] C. A. Browne: Sugar 25, 73 (1923) — Chem. Zbl. 1923 III, 120.

[3] O. F. Hunziker u. B. H. Nissen: J. Dairy Sci. 10, 139 (1927) — Chem. Zbl. 1928 II, 2455.

[4] Philip N. Peter: J. physic. Chem. 32, 1856 (1928) — Chem. Zbl. 1929 I, 992.

[5] O. F. Hunziker u. B. H. Nissen: J. Dairy Sci. 9, 517—537 (1926) — Ber. Physiol. 39, 776 — Chem. Zbl. 1927 II, 1210.

[6] Congdon u. Young: Z. dtsch. Zuckerind. 1925, 440 — Chem. Zbl. 1925 II, 1566.

[7] P. Karrer u. W. Fioroni: Ber. dtsch. chem. Ges. 55, 2854 (1922).

[8] P. Karrer u. W. Fioroni: Helvet. chim. Acta 6, 396 (1923) — Chem. Zbl. 1923 III, 1005.

[9] Kurt Heß u. Karl Trogus: Ber. dtsch. chem. Ges. 61, 1982 (1928) — Chem. Zbl. 1929 I, 46.

[10] Richard Kuhn u. Paul Jacob: Z. physik. Chem. 113, 389 (1924) — Chem. Zbl. 1925 I, 459.

[11] B. Verschuur: Rec. Trav. chim. Pays-Bas et Belg. (Amsterd.) 47, 123 — Chem. Zbl. 1928 I, 2353.

[12] B. Bleyer u. H. Schmidt: Biochem. Z. 138, 119 (1923) — Chem. Zbl. 1923 III, 1398 — Biochem. Z. 135, 546 (1923) — Chem. Zbl. 1923 III, 662.

[13] B. Bleyer u. H. Schmidt: Biochem. Z. 141, 278 (1923) — Chem. Zbl. 1924 I, 1356.

[14] L. H. Dejust: C. r. Soc. Biol. Paris 94, 328 (1926) — Chem. Zbl. 1926 II, 1941 — C. r. Soc. Biol. Paris 94, 123 (1926) — Chem. Zbl. 1926 I, 2790.

[15] R. O. Herzog u. W. Bergenthun: Liebigs Ann. 433, 117 (1923) — Chem. Zbl. 1924 I, 2243.

[16] B. Bleyer u. H. Schmidt: Biochem. Z. 135, 546 (1923) — Chem. Zbl. 1923 III, 662.

[17] F. P. Phelps u. C. S. Hudson: J. amer. chem. Soc. 48, 503 (1926) — Chem. Zbl. 1926 I, 2789.

[18] Karl Freudenberg, Walter Dürr u. Heinrich v. Hochstetter: Ber. dtsch. chem. Ges. 61, 1738 (1928) — Chem. Zbl. 1928 II, 2120.

produkt für die Herstellung pharmazeutischer Präparate[1]. Einwirkung von überhitztem Wasser auf Lactose[2]. Spaltet bei der Destillation in saurer, neutraler oder alkalischer Lösung Formaldehyd ab[3]. Wird bei der Behandlung mit säurehaltigem Aceton nicht angegriffen[4]. — Behandelt man Lactose mit einer mit HBr gesättigten Chloroformlösung, so gewinnt man ω-Brommethylfurfurol in 7proz. Ausbeute[5]. Mit unvollkommen getrockneter HBr färbt sie sich erst nach 2—3 Stunden orange, wird bald braun und erst nach 1—2 Tagen schwarz[6]. Lactose, die mit etwas konzentrierter H_2SO_4 angefeuchtet ist, gibt, wenn 1 Tropfen Guajacol zugesetzt wird, wie Metaldehyd charakteristische Farbenreaktion[7]. Oxydation mit Luft unter der Einwirkung des Sonnenlichts[8]. — Oxydation mit Fehlingscher Lösung[9]. Lactose spaltet in alkalischer Lösung Methylglyoxal ab. Mit zunehmender $[OH^-]$ fällt die Ausbeute an Methylglyoxal, Na_2SO_3 begünstigt seine Bildung[10]. Verhalten gegen Ozon[11], gegen Wasserstoffsuperoxyd[12]. Verhält sich bei der Oxydation in alkalischer Lösung durch Sauerstoff oder atmosphärische Luft wie Glykose und bildet CO[13]. Bei der Oxydation mit HNO_3 bildet sich neben Oxalsäure auch Mesoxalsäure[14]. Bei 10stündiger Einwirkung von Chromsäure auf Lactose (in Schwefelsäure von 3—6%, Temperatur 20—22°), so daß auf 1 Mol Lactose 2 Atome aktiven Sauerstoffs treffen, bildet sich eine konstante Menge Furfurol, auch wenn die Menge aktiven Sauerstoffs auf 8 Atome pro Mol gesteigert wird[15]. Zeitwert der Kaliumpermanganatreaktion (s. S. 265): 34,0[16]. — Gibt eine positive Fichtenspanreaktion[17]. Lactose zersetzt sich vollständig bis zum Verschwinden der α-Naphtholreaktion, wenn man mit 10proz. Kalkmilch in siedendem Wasserbade erwärmt[18]. Ist bei der Triketohydrindenhydrat- (Ninhydrin-) Reaktion gelb, in der Wärme gelblichbraun[19]. Kondensation mit Eiweißkörper[20].

Gärung: Verhalten gegen Bacterium coli[21]. Wird von allen Stämmen von Bacterium coli Escherich, Bacillus acidi lactici Hüppe und Bacillus lactis aerogenes Escherich angegriffen[22].

[1] A. Pictet: Schweiz.P. 115859, 115860 vom 14. März 1924; Chem. Zbl. **1926 II**, 2848; Zus. zu Schweiz.P. 91155; Chem. Zbl. **1922 IV**, 888; E.P. 230855; Chem. Zbl. **1925 II**, 2107. — A. Pictet u. M. M. Egan: Helvet. chim. Acta **7**, 295 (1924) — Chem. Zbl. **1924 I**, 2582. — A. Pictet u. N. Adrianoff: Helvet. chim. Acta **7**, 703 (1924) — Chem. Zbl. **1924 II**, 1176.

[2] S. Komatsu u. C. Tanaka: Sexagint. Coll. of Papers dedicated to Y. Osaka, in celebration of his 60. Birth-day, Kyoto **1927** — Chem. Zbl. **1928 I**, 2079.

[3] G. Klein: Biochem. Z. **169**, 132 (1926) — Chem. Zbl. **1926 I**, 3221.

[4] Heinz Ohle u. Ilse Koller: Ber. dtsch. chem. Ges. **57**, 1566 (1924) — Chem. Zbl. **1924 II**, 2021.

[5] H. Hibbert u. H. J. Hill: J. amer. chem. Soc. **45**, 176 (1923) — Chem. Zbl. **1923 I**, 899.

[6] H. Colin u. E. Ruppol: Bull. Soc. Chim. biol. Paris **9**, 928 (1927) — Chem. Zbl. **1928 I**, 555.

[7] P. Bruère: Bull. Soc. Chim. biol. Paris **8**, 462 (1926) — Chem. Zbl. **1926 II**, 2988.

[8] C. C. Palit u. N. R. Dhar: J. physic. Chem. **32**, 1263 (1928) — Chem. Zbl. **1928 II**, 2549.

[9] F. Herzfeld: Z. dtsch. Zuckerind. **1926**, 177 — Chem. Zbl. **1926 II**, 2156. — M. Levy u. E. A. Doisy: J. of biol. Chem. **77**, 733 — Chem. Zbl. **1928 II**, 539.

[10] F. Fischler: Hoppe-Seylers Z. **157**, 1 (1926) — Chem. Zbl. **1926 II**, 2414.

[11] C. W. Schonebaum: Rec. Trav. chim. Pays-Bas et Belg. (Amsterd.) **41**, 422 (1922) — Chem. Zbl. **1923 I**, 1077.

[12] C. W. Schonebaum: Rec. Trav. chim. Pays-Bas et Belg. (Amsterd.) **41**, 503 (1922) — Chem. Zbl. **1923 I**, 1119. — James Craik: J. Soc. chem. Ind. **43 I**, 171 (1924) — Chem. Zbl. **1924 II**, 824.

[13] M. Nicloux: C. r. Soc. Biol. Paris **99**, 226 — Chem. Zbl. **1928 II**, 1077 — C. r. Acad. Sci. Paris **186**, 1218 — Chem. Zbl. **1928 I**, 3050.

[14] F. D. Chattaway u. H. J. Harris: J. chem. Soc. Lond. **121**, 2703 (1922) — Chem. Zbl. **1923 III**, 1068.

[15] H. Hibbert u. S. M. Hassan: J. Soc. chem. Ind. **46 I**, 407 (1927) — Chem. Zbl. **1928 I**, 323.

[16] Richard Kuhn u. Theodor Wagner-Jauregg: Ber. dtsch. chem. Ges. **58**, 1441 (1925) — Chem. Zbl. **1925 II**, 2205.

[17] H. Steudel u. E. Peiser: Hoppe-Seylers Z. **139**, 205—211 (1924) — Chem. Zbl. **1925 I**, 94.

[18] J. Schlemmer: Listy Cukrovarnické **45**, 243 — Z. Zuckerind. tschechosl. Republik **51**, 422 (1927) — Chem. Zbl. **1927 II**, 881.

[19] H. Riffart: Biochem. Z. **131**, 78 (1922) — Chem. Zbl. **1923 II**, 827.

[20] H. Pringsheim u. M. Winter: Ber. dtsch. chem. Ges. **60**, 278 (1927) — Chem. Zbl. **1927 I**, 1026.

[21] Fred Berry u. Leo F. Ey: Amer. J. publ. Health **16**, 494 (1926) — Chem. Zbl. **1926 II**, 242. — J. Lommel: C. r. Soc. Biol. Paris **95**, 711, 714 (1926) — Chem. Zbl. **1927 I**, 304 — C. r. Soc. Biol. Paris **95**, 714—716 (1926) — Chem. Zbl. **1927 I**, 304. — E. Zimmermann: Zbl. Bakter. **104**, 451 (1927) — Chem. Zbl. **1928 I**, 366.

[22] Hermann Hees u. Caspar Tropp: Zbl. Bakter. I **100**, 273—284, 1 Tafel (1926) — Chem. Zbl. **1927 I**, 760.

Verhalten gegen Milzbrandbacillen[1], Dysenteriebacillen[2], Bacillus mycoides[3], Darmbakterien[4], pentosezersetzende Bakterien[5], Bact. solanacearum E. F. Smith[6], Bacillus bifidus[7], Pestbacillus[8], Diphtheriebacillen[9], Rauschbrandbacillus[10], Bacillus Truffanti[11], Bacillus pyocyaneus[12], Bacillus bipolaris[13], Tuberkelbacillen[14]. — Setzt man Lactose dem Angriff von Bacterium coli und Bacillus lactis aerogenes aus und benutzt schwefligsaure Salze als Abfangmittel, so erhält man Acetaldehyd[15]. — Untersuchungen über das Verhalten gegenüber Bacillus Welchii, Vibrio septicus, B. fallax, B. tertius, B. tetani, B. pseudotetani, B. botulinus, B. bifermentans, B. oedomaticus, B. aerofoetidus, B. sporogenes, B. histolyticus, und B. putrificus[16]. Es wurden 50 Bakterienstämme auf die Fähigkeit, mit Lactose Säure zu bilden, untersucht[17]. Verhalten gegen Alpha-, alpha-Stämme von Knöllchenbakterien[18], gegen Nitrobacter Winogradskyi, N. roseo-albus, N. flavus, N. punctátus und N. opacus[19], gegen mannitbildende Bakterien[20]. — Untersuchungen über die Einwirkung von Mitroorganismen auf Lactose[21]. — Verhalten gegen Streptococcus lactis, Lactobacillus und Proteus vulgaris[22]. Milchzucker scheint durch Wirkung auf die Bakterien des Darmes die Bakteriämie zu hindern und vielleicht auch durch Peristaltikförderung und Abführen die Krankheitssymptome der Reiskrankheit bei Tauben zu bessern[23]. Lactose wird von einer Reinkultur eines Granulobactertyps vollständig vergoren, und die Acidität der Nährflüssigkeit fällt, nachdem sie ihr Maximum erreicht hat, wieder steil ab[24]. — Proteus vulgaris vermag in mineralische Nährlösungen aus l-Cystin in Gegenwart von Milchzucker Mercaptan zu bilden[25]. Wird von Micrococcus (isoliert aus dem Blute eines

---

[1] Martin Kristensen: Zbl. Bakter. I 101, 220—224 (1927) — Chem. Zbl. 1927 I, 1330.

[2] Vera Lester: Acta path. scand. (Københ.) 3, 696 (1926) — Chem. Zbl. 1928 II, 2479.

[3] J. Perlberger: Zbl. Bakter. II 62, 1 — Chem. Zbl. 1924 II, 1217.

[4] E. Freudenberg u. P. Hoffmann: Klin. Wschr. 1, 2333 (1922) — Chem. Zbl. 1923 I, 1289.

[5] W. H. Peterson, E. B. Fred u. J. A. Anderson: J. of biol. Chem. 53, 111 (1922) — Chem. Zbl. 1922 III, 1382.

[6] Colin G. Welles: Philippine J. Sci. 20, 279 (1922) — Chem. Zbl. 1922 III, 967.

[7] A. Adams: Z. Kinderheilk. 31, 331 (1922) — Ref.: Ber. Physiol. 17, 535 (1923) — Chem. Zbl. 1923 III, 501.

[8] R. Pons: Ann. Inst. Pasteur 39, 884 (1925) — Chem. Zbl. 1926 I, 1428.

[9] M. M. Barratt: J. of Hyg. 23, 241—259 (1924) — Ber. Physiol. 30, 801 (1925) — Chem. Zbl. 1925 II, 1177.

[10] E. Levens: Zbl. Bakter. I 88, 474 (1922) — Chem. Zbl. 1923 I, 110.

[11] G. Truffant u. N. Bezssonoff: C. r. Acad. Sci. Paris 175, 544 (1922) — Chem. Zbl. 1923 I, 110.

[12] A. Rochaix u. E. Banssillon: C. r. Soc. Biol. Paris 89, 538 (1923) — Chem. Zbl. 1923 III, 1036.

[13] Josef Csontos: Zbl. Bakter. 97, 178 (1926) — Chem. Zbl. 1926 I, 2371.

[14] A. Fouin u. Guillaumie: C. r. Soc. Biol. Paris 88, 1002 (1923) — Chem. Zbl. 1923 III, 1417. — H. Braun, A. Stamatelakis, Seigo Kondo u. R. Goldschmidt: Biochem. Z. 146, 573 (1924) — Chem. Zbl. 1924 I, 682.

[15] K. Nagai: Biochem. Z. 141, 261 (1923).

[16] Arthur Isaac Kendall, Alexander Alfred Day u. Arthur Williams Walker: J. inf. Dis. 30, 141—210 (1922) — Chem. Zbl. 1922 III, 389.

[17] H. Frohböse: Zbl. Bakter. I 100, 213—218 (1926) — Chem. Zbl. 1927 I, 303.

[18] J. A. Anderson, W. H. Peterson u. E. B. Fred: Soil Sci. 25, 123 — Chem. Zbl. 1928 I, 2623.

[19] J. Sack: Zbl. Bakter. II 62, 15 — Chem. Zbl. 1924 II, 1216.

[20] H. R. Stiles, W. H. Peterson u. E. R. Fred: J. of biol. Chem. 64, 643 (1925) — Chem. Zbl. 1926 I, 425.

[21] T. Redman: J. of Path. 25, 63—76 (1922) — Chem. Zbl. 1922 III, 276. — Bokorny: Allg. Brauer.- u. Hopfenztg 65, 743 (1925) — Chem. Zbl. 1925 II, 1176. — C. Ninni: Pathologica (Genova) 17, 73 (1925) — Ber. Physiol. 34, 256 (1926) — Chem. Zbl. 1926 I, 3478. — Fred Berry: Amer. J. publ. Health 16, 590 (1926) — Chem. Zbl. 1926 II, 1056 — Amer. J. publ. Health 16, 700 (1926) — Chem. Zbl. 1926 II, 1960. — L. D. Henry u. M. S. Marshall: J. Labor. a. clin. Med. 12, 474 (1927) — Chem. Zbl. 1927 I, 2229. — Helen J. Mitchell: Amer. J. Physiol. 79, 527 (1927) — Chem. Zbl. 1927 I, 2567. — Lucy Dell Henry u. M. S. Marschall: J. Labor. a. clin. Med. 12, 474—477 (1927) — Ber. Physiol. 40, 527 (1927) — Chem. Zbl. 1927 II, 1971. — L. Müllerová: Stud. Plant physiol. Labor. Charles univ. Pragne 3, 56—85 (1926) — Ber. Physiol. 40, 588—589 — Chem. Zbl. 1927 II, 1713.

[22] J. M. Sherman u. R. H. Shaw: J. of biol. Chem. 56, 695 (1923) — Chem. Zbl. 1924 I, 1396 — J. gen. Physiol. 3, 657 (1921) — Chem. Zbl. 1921 III, 490.

[23] O. W. Barlow: Amer. J. Physiol. 83, 237 (1927) — Chem. Zbl. 1928 I, 1544.

[24] Guy C. Robinson: J. of biol. Chem. 53, 125 (1922) — Chem. Zbl. 1922 III, 1382.

[25] Masatoshi Kondo: Biochem. Z. 136, 198 (1923) — Chem. Zbl. 1923 III, 788.

Falles von protrahierter infektiöser Endokarditis) nicht vergoren[1]. Wird von Lactobacillus pentoaceticus nicht gespalten, wohl aber durch Lactobacillus pentosus und Lactobacillus arabinosus[2]. Aus 5 g Lactose entstehen bei der Einwirkung von Propionsäurebacillen 1,2967 g Propionsäure und 0,3863 g Essigsäure[3]. — Gewinnung von Propionsäure durch Gärung von Lactose[4]. Einwirkung von Clostridium thermocellum[5]. Eine alkoholbildende Torula aus Kefir, eine aus sog. Molkereisäure reingezüchtete Art, vergärt Milchzucker wahrscheinlich ohne Bildung von Alkohol[6]. — In einer „Hatsucho-Miso" genannten und aus Sojabohnen gewonnenen Substanz, die eine Art von Maische darstellt, wurden Torulaarten gefunden, die Lactose nicht vergären[7]. Viscöse Gärung mit einer Torulaart[8]. Verhalten gegen Moniliaarten[9], Sterigmatocystis nigra[10]. Untersuchungen über den Einfluß von Lactose auf die Pilzflora des Käses und der Milch[11]. Einwirkung von Aspergillus fumaricus[12]. Unter ähnlichen Verhältnissen wie bei Rohrzucker zeigte sich eine beträchtliche Abnahme der Trockensubstanz der Hefe in Gegenwart von Milchzucker[13]. Wird aus wässeriger Lösung von Backhefe nicht adsorbiert[14]. — In Eiweißlösung suspendierte Hefe mit Lactoselösung versetzt, absorbiert diesen Zucker nicht[15]. Einfluß auf die Sporulation der Saccharomyceten[16]. Über milchzuckervergärende Hefen der Rohmilch[17]. — Schizosaccharomyces hominis nov. spec. spaltet Lactose[18]. Die Nektarhefe Anthomyces Reukaufii kann Lactose nicht sehr gut verwenden[19].

Derivate: Lactosemonophosphorsäure. Man behandelt Lactose mit P_2O_5 in Gegenwart von tertiären Basen und fällt die entstandene Phosphorsäureester aus der Lösung mit $CaCO_3$ als Ca-Salz aus[20].

β-**Lactoseoktaacetat.** Synthetisches Produkt: Mikroskopische Tafeln, Schmelzp. 85°. Fast unlöslich in Äther; sehr wenig löslich in kaltem, leichter in heißem Alkohol, leicht löslich in Chloroform[21]. Verbrennungswärme pro 1 g = 4466 cal.[22].

Lactose-nitrat. Synthetisches Produkt. Täfelchen aus Alkohol. Schmelzp. 144°[21].

α-**Lactosylfluorid**[23] $C_{12}H_{21}O_{10}F$. Aus Heptaacetylfluorlactose mit Natriummethylat in

[1] S. Costa u. L. Boyer: C. r. Soc. Biol. Paris 88, 493 (1923) — Chem. Zbl. 1923 III, 501.

[2] E. B. Fred, W. H. Peterson u. J. A. Anderson: J. of biol. Chem. 48, 385—411 (1921) — Chem. Zbl. 1922 I, 507.

[3] E. O. Whittier, J. M. Sherman u. W. R. Albus: Ind. Chem. 16, 122 (1924) — Chem. Zbl. 1924 I, 1679.

[4] The People of the United States, übertr. von James M. Sherman (Washington, Columbia) u. Roscoe H. Shaw (Chicago, Illionois): A.P. 1470885 vom 26. August 1922; Chem. Zbl. 1925 II, 1798.

[5] W. H. Peterson, E. B. Fred u. E. A. Marten: J. of biol. Chem. 70, 309—317 (1926) — Chem. Zbl. 1927 I, 470.

[6] Karl Myrbäck u. Hans v. Euler: Ber. dtsch. chem. Ges. 57, 1073 (1924) — Chem. Zbl. 1924 II, 991.

[7] Tasaku Akaghi, Iwawo Nakajima u. Kunijiro Tsugane: J. Coll. agric. Tokyo 5, 263 bis 269 (1924) — Chem. Zbl. 1925 I, 1024.

[8] R. Guyot: C. r. Soc. Biol. Paris 97, 857 (1928) — Chem. Zbl. 1928 II, 822.

[9] Aldo Castellani u. Frank E. Taylor: Ann. Inst. Pasteur 36, 789 (1922) — Chem. Zbl. 1923 II, 297.

[10] Martin Molliard: C. r. Acad. Sci. Paris 178, 161 (1924) — Chem. Zbl. 1924 I, 1813 — C. r. Soc. Biol. Paris 90, 1395 (1924) — Chem. Zbl. 1924 II, 682.

[11] Wilhelm Baade: Milchwirtsch. Forschgn 6, 351 (1928) — Chem. Zbl. 1928 II, 1276.

[12] Reinhold Schreyer: Biochem. Z. 202, 131 (1928) — Chem. Zbl. 1929 I, 1707.

[13] Th. Bokorny: Allg. Brauer.- u. Hopfen-Ztg 1922, 1057, 1149 — Chem. Zbl. 1923 I, 360.

[14] Albert L. Raymond u. J. G. Blanco: J. of biol. Chem. 79, 649 (1928) — Chem. Zbl. 1929 I, 680.

[15] Michael Somogyi: Proc. Soc. exper. Biol. a. Med. 24, 320—321 (1927) — Ber. Physiol. 40, 587 (1927) — Chem. Zbl. 1927 II, 1713.

[16] Felix Wagner: Zbl. Bakter. II 75, 4 (1928) — Chem. Zbl. 1928 II, 678.

[17] Ernst Trüper: Milchwirtsch. Forschgn 6, 351 (1928) — Chem. Zbl. 1928 II, 1276.

[18] T. Benedek: Zbl. Bakter. 104, 491 (1927) — Chem. Zbl. 1928 I, 368.

[19] Friedrich Hautmann: Arch. Protistenkde 48, 213—244 (1924) — Chem. Zbl. 1925 I, 2569 — Ber. Physiol. 29, 562—563 (1925).

[20] Société Chimique des Usines du Rhône, übertr. von P. E. Gouiedet u. A. L. Husson: A.P. 1598370 vom 15. Sept. 1925; Canad.P. 259038 vom 16. Sept. 1925; Chem. Zbl. 1926 II, 2493.

[21] A. Pictet u. H. Vogel: C. r. Acad. Sci. Paris 185, 332 (1927) — Chem. Zbl. 1927 II, 1686.

[22] P. Karrer u. W. Fioroni: Helvet. chim. Acta 6, 396 (1923) — Chem. Zbl. 1923 III, 1005.

[23] Burckhardt Helferich u. Richard Gootz: Ber. dtsch. chem. Ges. 62, 2505 (1929) — Chem. Zbl. 1929 II, 2665.

Methylalkohol bei Zimmertemperatur. Das Reaktionsprodukt scheidet sich zum großen Teil dabei in amorpher Form ab. Der Rest wird mit Äther ausgefällt. Aus der dreifachen Menge Wasser von 60° mit der 12fachen Menge Methylalkohol beim Impfen Krystalle, die bei 180 bis 195° verkohlen, ohne zu schmelzen. $[\alpha]_D^{15} = +83,2°$ in Wasser. In wässeriger Lösung in 4 Tagen keine merkliche Zersetzung.

α-Fluorheptaacetyllactose. Noch unbekannt. Das berechnete Drehungsvermögen ist $[\alpha]_D = +42°$ in Chloroform[1].

α-Chlorheptaacetyllactose. Acetochlorlactose (Chloracetyllactose) mit $[\alpha]_D = +72°$ in Chloroform muß als α-Verbindung bezeichnet werden[2]. $C_{26}H_{35}O_{17}Cl$. Aus rohem Lactoseacetat in Chloroform mit Phosphorpentachlorid und Aluminiumchlorid durch 1,5stündiges Kochen. Wiederholt aus Chloroform mit Äther umgelöste Nadeln. Schmelzp. 120—121°; $[\alpha]_D^{20-25} = +83,9°$ in Chloroform bei $c = $ etwa 1; $[\alpha]_D^{23} = +68,2°$ in Benzol bei $c = $ etwa 1[1]. — Das von Fischer und Armstrong[3] erwähnte Isomere vom Schmelzp. 57—59° und $[\alpha]_D^{20} = +76°$ konnte nicht gefaßt werden, dagegen konnte einmal ein Isomeres vom Schmelzpunkt 160° und $[\alpha]_D^{25} = +71,7°$ in Chloroform erhalten werden. Entsteht bei der Acetylierung von Lactosylchlorid. — Schmelzp. 121°[4]. Aus Oktaacetyllactose mit Titantetrachlorid[5].

β-Chlorheptaacetyllactose[1]. Noch unbekannt. Das berechnete Drehungsvermögen ist $[\alpha]_D = -32°$ in Chloroform.

Lactosylchlorid[4]. Wird Lactosan in Salzsäure gelöst, diese Lösung bei Gegenwart von Kaliumhydroxyd unter vermindertem Druck eingedunstet, so resultiert ein braunes, wenig hyproskopisches, in Wasser leicht lösliches Pulver, unlöslich in organischen Lösungsmitteln, die neben Lactosylchlorid auch Polymerisationsprodukte enthält. Bei der Acetylierung entsteht daraus Acetochlorlactose.

α-Acetobromlactose (Bromacetyllactose), α-Bromheptaacetyllactose[1] $C_{26}H_{35}O_{17}Br$ mit $[\alpha]_D = +105°$ in Chloroform muß als α-Verbindung bezeichnet werden[2]. — Aus rohem Lactoseoktaacetat mit Eisessigbromwasserstoff. Mehrmals aus Chloroform + Äther umgelöst. Schmelzp. 145° unter Zersetzung, $[\alpha]_D^{23} = +108,7°$ in Chloroform bei $c = $ etwa 1[1].

α-Jodheptaacetyllactose[1] $C_{26}H_{35}O_{17}J$. — Der Bromverbindung analog dargestellt und gereinigt. — Schmelzp. 145°, $[\alpha]_D^{23} = +136,9°$ in Chloroform bei $c = $ etwa 1.

Lactose-n-butylmercaptal(?)$C_{12}H_{22}O_9(SC_4H_9)_3$. Entsteht durch Kondensation der Lactose mit n-Butylmercaptan in Gegenwart konzentrierter HCl. Schmelzp. 106°. $[\alpha]_D^8 = +23,55°$[6].

Lactoseoxim[7] Amorph.

Lactoseureid. Spaltet mit salpetriger Säure nur schwer Stickstoff ab[8].

Lactosephenylosazon[4]. Entsteht aus Lactosan bei der Einwirkung von Phenylhydrazin. Schmelzp. 204—206°. Aus synthetischer Lactose: Gelbe Nadeln aus Wasser. Schmelzp. 200°[9].

Salz der Heptaacetyl-β-d-lactosido-1-schwefelsäure mit Heptaacetyl-β-d-lactosido-1-pyridiniumhydroxyd[10]. Aus Acetobromlactose Pyridin und Silbersulfat. Krystalle aus Alkohol, Schmelzp. 185—186°; $[\alpha]_D^{20} = -9,44°$ in Chloroform.

Monokalk-Monolactose[11] $C_{12}H_{22}O_{11} \cdot CaO$, gibt keine definierte Hydrate, amorphes Pulver. Löslichkeit 18,6 g pro Liter Wasser. $[\alpha]_D^{15} = +46,06°$.

---

[1] C. S. Hudson u. Alfons Kunz: J. amer. chem. Soc. **47**, 2052 (1925) — Chem. Zbl. **1925 II**, 1741.

[2] C. S. Hudson: J. amer. chem. Soc. **46**, 462 (1924) — Chem. Zbl. **1924 I**, 2100.

[3] Emil Fischer u. E. F. Armstrong: Ber. dtsch. chem. Ges. **35**, 841 (1902).

[4] Amé Pictet u. Margarete M. Egan: Helvet. chim. Acta **7**, 295 (1924) — Chem. Zbl. **1924 I**, 2582.

[5] Eugen Pacsu: Ber. dtsch. chem. Ges. **61**, 1508 (1928) — Chem. Zbl. **1928 II**, 872.

[6] Y. Uyeda u. J. Kamon: Bull. Chem. Soc. Jap. **1**, 179 (1926) — Chem. Zbl. **1926 II**, 2781.

[7] Géza Zemplén: Ber. dtsch. chem. Ges. **59**, 2402 (1926) — Chem. Zbl. **1927 I**, 67.

[8] A. Hynd u. M. G. MacFarlane: Biochemic. J. **20**, 1264 (1926) — Chem. Zbl. **1927 I**, 1291.

[9] A. Pictet u. H. Vogel: C. r. Acad. Sci. Paris **185**, 332 (1927) — Chem. Zbl. **1927 II**, 1686.

[10] Heinz Ohle, Wladimir Marecek u. Walter Bourjau: Ber. dtsch. chem. Ges. **62**, 833 (1929) — Chem. Zbl. **1929 I**, 2745.

[11] John Edwin Mackenzie u. James Patterson Quin: J. chem. Soc. Lond. **1929**, 951 — Chem. Zbl. **1929 II**, 1282.

Galaktosido-glykose von Fischer und Armstrong[1].

Konstitution: Die synthetische Galaktosidoglykose von Fischer und Armstrong wird vielfach als identisch mit Melibiose bezeichnet, obgleich Fischer diese Identität niemals behauptet hat. Um diese Frage zu entscheiden, wurde das synthetische Produkt der erschöpfenden Methylierung unterworfen. Das Oktamethylderivat war sirupös, weder mit Oktamethylmelibiose noch mit Oktamethyllactose identisch[2].

Entgegen der Annahme von E. Fischer und E. F. Armstrong hatten Schlubach und Rauchenberger[2] nachgewiesen, daß die synthetische Galaktosidoglykose nicht mit Melibiose identisch ist, sondern sich in ihren Eigenschaften stark der Lactose nähert, ohne sie vollständig zu erreichen. Nach der hydrolytischen Spaltung der permethylierten Galaktosidoglykose erwies sich der Galaktoseteil in dem synthetischen Produkt mit dem aus der natürlichen Lactose erhältlichen als identisch, dagegen wich der Glykoseteil von dem aus Lactose dargestellten 2, 3, 6-Trimethylglykose ab. Durch Fraktionierung konnte nun die Glykosekomponente in eine Tri- und eine Dimethylglykose zerlegt werden[3]. Da diese Trimethylglykose nicht krystallinisch erhalten werden konnte, wurde ihr Reduktionsvermögen nach dem Verfahren von Zemplén und Braun[4] ermittelt. Der hierfür ermittelte Wert liegt infolge von Verunreinigungen zwischen dem der 2, 3, 6-Trimethylglykose und 2, 3, 4-Trimethylglykose. Der oxydative Abbau nach dem Verfahren von Irvine und Hirst[5] ergab ein Produkt, welches dem aus 2, 3, 6-Trimethylglykose erhaltenen ähnlich ist. Die Eigenschaften der höher siedenden in geringer Menge erhaltenen Dimethylglykose machen es wahrscheinlich, daß ein Teil der Unstimmigkeiten in den analytischen Daten der Trimethylglykose auf eine Verunreinigung mit ihr zurückgeführt werden kann. Deshalb wird in dieser Trimethylglykose eine nicht einheitliche 2, 3, 6-Trimethylglykose angenommen. Eine starke Stütze erhält diese Annahme durch die Versuche, denen zufolge sich bei der Methylierung des Disaccharids in alkalischer Lösung ein Anhydrid bildet, welches bei teilweiser Sprengung der Disaccharidbindung, während der Methylierung, wie sie z. B. bei der Lactose stets beobachtet wird, Trimethyllävoglykosan ergibt. Entsteht bei der Lactose durch Anhydridbildung zwischen dem 1. und 6. Kohlenstoffatom des Glykoseteils ein solches Anhydrid (s. Symbol), so sollte daraus

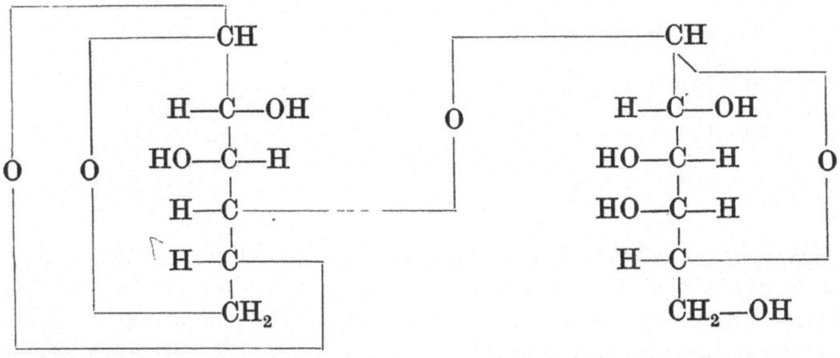

$$
\begin{array}{ll}
 & \mathrm{CH} \qquad\qquad\qquad \mathrm{CH} \\
 & \mathrm{H-C-OH} \quad O \quad \mathrm{H-C-OH} \\
O \quad O \; & \mathrm{HO-C-H} \qquad\quad \mathrm{HO-C-H} \quad O \\
 & \mathrm{H-C} \qquad\qquad\quad \mathrm{HO-C-H} \\
 & \mathrm{H-C} \qquad\qquad\quad \mathrm{H-C} \\
 & \mathrm{CH_2} \qquad\qquad\quad \mathrm{CH_2-OH}
\end{array}
$$

bei der alkalischen Hydrolyse der Disaccharidbindung und nachfolgender Methylierung das Trimethyllävoglykosan, bei der sauren Hydrolyse des permethylierten Produktes eine 2,3-Dimethylglykose entstehen. — Die neue Dimethylglykose zeigt tatsächlich eine weitgehende Übereinstimmung mit der von Irvine und Scott[6] beschriebenen 2,3-Dimethylglykose.

Derivate: Oktamethylderivat[2] $C_{20}H_{38}O_{11}$. Sirup, Siedep. 160° unter 0,03 mm; $n_D^{20} = 1,4660$; $[\alpha]_D^{20} = +8,39°$ in Wasser bei $c = 0,7149$; $[\alpha]_D^{20} = -6,15°$ in 96 proz. Alkohol bei $c = 1,1385$; $= -12,21°$, in Benzol bei $c = 0,9008$. Die bei der Hydrolyse neben 2, 3, 4, 6-Tetramethylgalaktose erhaltene Trimethylglykose ist weder mit 2, 3, 6- noch mit 2, 3, 4-Trimethylglykose identisch. Das daraus gewonnene Methylglykosid zeigte $n_D^{20} = 1,4548$, die daraus regenerierte Trimethylglykose zeigte $n_D^{20} = 1,4762$; $[\alpha]_D^{20} = +35,8°$ in Methylalkohol bei $c = 1,2$.

[1] Emil Fischer u. E. F. Armstrong: Ber. dtsch. chem. Ges. **35**, 3144 (1902).

[2] Hans Heinrich Schlubach u. Wolfgang Rauchenberger: Ber. dtsch. chem. Ges. **58**, 1184 (1925) — Chem. Zbl. **1925 II**, 1952.

[3] Hans Heinrich Schlubach u. Wolfgang Rauchenberger: Ber. dtsch. chem. Ges. **59**, 2102 (1926) — Chem. Zbl. **1926 II**, 2560.

[4] Géza Zemplén u. Géza Braun: Ber. dtsch. chem. Ges. **58**, 2566 (1926) — Chem. Zbl. **1926 I**, 2191.

[5] Irvine u. Hirst: J. chem. Soc. Lond. **121**, 1218 (1922) — Chem. Zbl. **1922 III**, 1331.

[6] Irvine u. Scott: J. chem. Soc. Lond. **103**, 575 (1913) — Chem. Zbl. **1913 II**, 245.

Melibiose (Bd. II, S. 427; Bd. VIII, S. 226; Bd. X, S. 623).

Geschichte der Entdeckung, Identifizierung und Darstellung im Zustande hoher Reinheit und größerer Menge[1]. Ist nicht identisch mit der Galaktosidoglykose von **Emil Fischer** und **Armstrong**[2].

Konstitution:

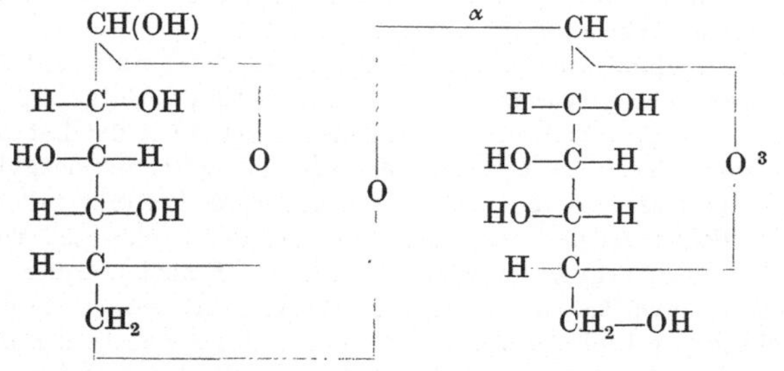

```
   CH(OH)                  α         CH
    |\                               |\
  H—C—OH          |      |      H—C—OH
    |             |      |         |
 HO—C—H     O     |   HO—C—H        O ³
    |             |  O      |
  H—C—OH          |      HO—C—H
    |                       |
  H—C——————————           H—C————————
    |                       |
   CH₂                     CH₂—OH
```

Konstitutionsbeweis s. bei der Spaltung des Heptamethyl-β-methyl-melibiosids. **Haworth, Loach** und **Long**[4] halten die Melibiose für ein Glykose-α-galaktosid, und zwar auf Grund eines Vergleichs der Drehungsänderungen, die bei der Hydrolyse der Methylester der völlig methylierten Aldobionsäuren beobachtet wurden[4]. Zu demselben Ergebnis führt die Synthese der Oktaacetylverbindung aus 1, 2, 3, 4-Tetraacetylglykose und Acetobromgalaktose in Gegenwart von Chinolin[5]. — Nach **Levene** und **Wintersteiner**[6] liegt die Bindungsstelle der Glykose in der Melibiose beim C-Atom (4)[6]. Die Berechnungen von **C. S. Hudson**[7] führen bei der Melibiose ebenfalls zu einer ähnlichen Konstitution, mit dem Unterschied, daß in der Galaktosegruppe die Sauerstoffbrücke furoid ist, laut folgendem Symbol:

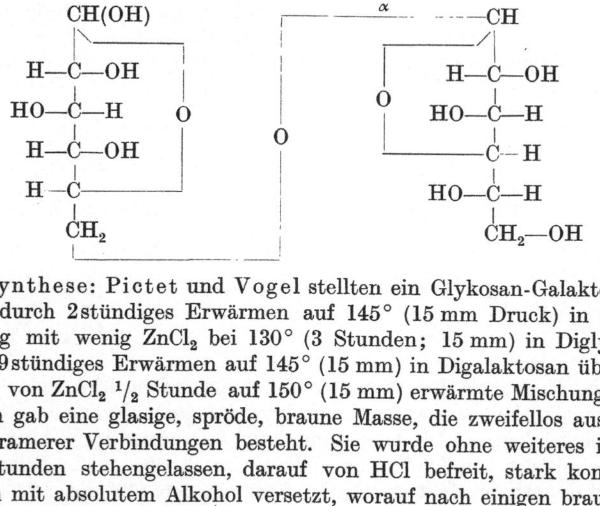

```
   CH(OH)                  α         CH
    |\                               |\
  H—C—OH          |                H—C—OH
    |             |       O          |
 HO—C—H     O     |              HO—C—H
    |             |   O              |
  H—C—OH          |              ——C——H
    |                               |
  H—C———————                     HO—C—H
    |                               |
   CH₂                             CH₂—OH
```

Bildung. Synthese: **Pictet** und **Vogel** stellten ein Glykosan-Galaktosan her, in dem sowohl Glykose durch 2stündiges Erwärmen auf 145° (15 mm Druck) in Glykosan, dieses durch Behandlung mit wenig $ZnCl_2$ bei 130° (3 Stunden; 15 mm) in Diglykosan, als auch Galaktose durch 9stündiges Erwärmen auf 145° (15 mm) in Digalaktosan übergeführt wurde, eine nach Zusatz von $ZnCl_2$ $1/_2$ Stunde auf 150° (15 mm) erwärmte Mischung von Diglykosan und Digalaktosan gab eine glasige, spröde, braune Masse, die zweifellos aus einer Mischung verschiedener tetramerer Verbindungen besteht. Sie wurde ohne weiteres in konzentrierter HCl gelöst, 48 Stunden stehengelassen, darauf von HCl befreit, stark konzentriert und in kleinen Portionen mit absolutem Alkohol versetzt, worauf nach einigen braunen Flocken ein blaßgelber, in einiger Zeit krystallisierender (Schmelzp. 196—197°, $[\alpha]_D = +112{,}2°$; Acetat: Schmelzp. 146°) Sirup ausfällt, während die alkoholische Lösung bei Zusatz von Äther langsam

[1] T. **Swann Harding**: Sugar **24**, 14 (1922) — Chem. Zbl. **1922 III**, 428.

[2] **Hans Heinrich Schlubach** u. **Wolfgang Rauchenberger**: Ber. dtsch. chem. Ges. **58**, 1184 (1925) — Chem. Zbl. **1925 II**, 1952.

[3] **William Charlton**, **Walter Normann Haworth** u. **Wilfred John Hickinbottom**: J. chem. Soc. Lond. **1927**, 1527 — Chem. Zbl. **1927 II**, 2281. — Siehe auch **Géza Zemplén**: Ber. dtsch. chem. Ges. **60**, 923 (1927).

[4] **W. N. Haworth**, **J. V. Loach** u. **C. W. Long**: J. chem. Soc. Lond. **1927**, 3146 — Chem. Zbl. **1928 I**, 1390.

[5] **Burckhardt Helferich** u. **Hellmut Bredereck**: Liebigs Ann. **465**, 166 (1928) — Chem. Zbl. **1928 II**, 1549.

[6] **P. A. Levene** u. **O. Wintersteiner**: J. of biol. Chem. **75**, 315 (1927) — Chem. Zbl. **1928 II**, 748.

[7] **C. S. Hudson**: J. amer. chem. Soc. **51**, 1712 (1930).

weiße Krystalle von Melibiose ($C_{12}H_{22}O_{11}+2 H_2O$) gibt[1]. Diese Synthese ist für die Konstitutionsaufklärung der Melibiose nicht aussagend. Weit wichtiger ist die folgende Synthese von Helferich: Aus Acetobromgalactose u. 1, 2, 3, 4-β-Tetraacetyl-d-glykose mittels Chinolin entsteht die β-Oktaacetylverbindung der Melibiose[2].

Darstellung: Das früher[3] angegebene Verfahren wird mit Erfolg dahin abgeändert, daß an Stelle des Alkohols zum Auskrystallisieren Essigsäure verwendet wird, wodurch die Ausbeute verbessert wird und das Auskrystallisieren schnell und sicher verläuft. Der Zucker wird dann mit Alkohol gewaschen, 24 Stunden unter vermindertem Druck bei Zimmertemperatur getrocknet, dann fein zerrieben und nochmals bei 120° unter vermindertem Druck getrocknet. Dabei werden selbst Spuren von Essigsäure entfernt[4].

Physiologische Eigenschaften: Melibiose ist ohne erkennbaren Einfluß auf die Spaltung des Rohrzuckers mittels Invertin[5]. Melibiose hemmt nicht die Raffinosespaltung durch Raffinase[6]. — Über die Bindung von Melibiose an Raffinase[7]. — Reaktionskinetische Unter·suchungen der Melibiosespaltung mit Melibiase[8].

Physikalische und chemische Eigenschaften. Synthetisches Produkt: Nach mehrmaligem Lösen in Alkohol und Fällen mit Äther zeigt der Schmelzp. 85°. Zersetzung gegen 180°; zeigt Mutarotation: $[\alpha]_D^{20} = +110,5°$ (nach 5 Minuten), $= +126,5°$ (nach 24 Stunden. beide in Wasser)[1]. Das Molekulargewicht der synthetischen Melibiose wurde kryoskopisch in Wasser bestimmt. $[\alpha]_D^{20} = +127,1°$ in Wasser nach 24 Stunden[9]. $[\alpha]_D = +143,0°$[10]. Verhalten der Krystalle gegen polarisiertes Licht; Brechungsindex und Habitus[11]. Melibiose zeigt in Gegenwart von Borsäure keine Erhöhung der Leitfähigkeit[12]. Kinetik der Hydrolyse[13]. Inversionskonstante[14] $K \cdot 10^4$ bei 70° $= 5,6$.

Gärung: Wird von einer Reinkultur eines Granulobactertyps nicht angegriffen[15]. — Wird durch Milzbrandbacillen nicht vergoren[16].

Derivate: β-Oktaacetylmelibiose. Aus dem synthetischen Produkt, Schmelzp. 173 bis 174°, $[\alpha]_D^{20} = +101,3°$ in einem Gemisch von Alkohol und Chloroform[1]. — Schmelzp. 175°. $[\alpha]_D^{20} = +97,3°$[9]. — Schmelzp. 177° (korr.), $[\alpha]_D = +102°$[10]. $C_{28}H_{38}O_{19}$. Aus β-1, 2, 3, 4-Tetraacetyl-d-glykose und Acetobromgalaktose in Gegenwart von Chinolin 1 Stunde bei 100°. — Aus abs. Alkohol Krystalle, Schmelzp. 172—173°; $[\alpha]_D^{20} = +97,2°$ in Chloroform[2].

Fluorheptaacetylmelibiose[17] $C_{26}H_{35}O_{17}F$. Aus 70proz. Methylalkohol Nadeln vom Schmelzp. 135°; $[\alpha]_D^{20} = +149,7°$.

Chlorheptaacetyl-melibiose[17] $C_{26}H_{35}O_{17}Cl$. Aus Äther Prismen vom Schmelzp. 127°; $[\alpha]_D^{20} = +192,5°$.

Bromheptaacetyl-melibiose[17] $C_{26}H_{35}O_{17}Br$. Aus Oktaacetylmelibiose mit Bromwasser·stoff in Eisessig. Aus Äther kurze Prismen vom Schmelzp. 116°; $[\alpha]_D^{20} = +209,9°$.

Melibiosephenylhydrazon. Aus synthetischer Melibiose: Mikroskopische Nadeln. Schmelzp. 142°. Leicht löslich in Wasser[9].

[1] A. Pictet u. Hans Vogel: Helvet. chim. Acta **9**, 806 (1926) — Chem. Zbl. **1927 I**, 68.

[2] Burckhardt Helferich u. Hellmut Bredereck: Liebigs Ann. **465**, 166 (1928) — Chem. Zbl. **1928 II**, 1549.

[3] T. Swann Harding: J. amer. chem. Soc. **37**, 2734 (1915) — Chem. Zbl. **1916 I**, 605.

[4] T. Swann Harding: Sugar **25**, 514 (1924) — Chem. Zbl. **1924 I**, 2017.

[5] Richard Kuhn: Hoppe-Seylers Z. **135**, 1 (1924) — Chem. Zbl. **1924 II**, 344.

[6] Karl Josephson: Hoppe-Seylers Z. **136**, 62 (1924) — Chem. Zbl. **1924 II**, 478.

[7] Hans v. Euler: Ark. Kemi, Min. och Geol. **9**, Nr 13, 1 (1924) — Chem. Zbl. **1925 I**, 532.

[8] R. Weidenhagen: Z. dtsch. Zuckerind. **1927**, 696 — Chem. Zbl. **1928 I**, 1197 — Z. dtsch. Zuckerind. **1928**, 99 — Chem. Zbl. **1928 I**, 2263. — R. Willstätter u. E. Bamann: Hoppe-Seylers Z. **151**, 242 — Chem. Zbl. **1926 I**, 2474.

[9] A. Pictet u. H. Vogel: Helvet. chim. Acta **10**, 280 (1927) — Chem. Zbl. **1927 I**, 2406.

[10] B. Helferich u. H. Rauch: Ber. dtsch. chem. Ges. **59**, 2655 (1926) — Chem. Zbl. **1927 I**, 1290. — P. A. Levene u. Erik Jorpes: J. biol. Chem. **86**, 403 (1930): Chem. Zbl. **1930 II**, 378.

[11] G. T. Keenan: J. Washington Acad. of Science **16**, 433 (1927) — Chem. Zbl. **1927 I**, 1151.

[12] B. Verschuur: Rec. Trav. chim. Pays-Bas et Belg. (Amsterd.) **47**, 123 — Chem. Zbl. **1928 I**, 2353.

[13] Emyr Alun Moelwyn-Hughes: Trans. Faraday Soc. **25**, 503 (1929) — Chem. Zbl. **1930 I**, 817

[14] Karl Freudenberg, Walter Dürr u. Heinrich v. Hochstetter: Ber. dtsch. chem. Ges. **61**, 1738 (1928) — Chem. Zbl. **1928 II**, 2120.

[15] Guy C. Robinson: J. of biol. Chem. **53**, 125 (1922) — Chem. Zbl. **1922 III**, 1382.

[16] Martin Kristensen: Zbl. Bakter. I **101**, 220—224 (1927) — Chem. Zbl. **1927 I**, 1330.

[17] D. H. Brauns: J. amer. chem. Soc. **51**, 1820 (1929) — Chem. Zbl. **1929 II**, 861. — P. A. Levene u. Erik Jorpes: J. of biol. Chem. **86**, 403 (1930) — Chem. Zbl. **1930 III**, 378.

Melibiosephenylosazon. Aus synthetischer Melibiose: Schmelzp. 177°. Sehr wenig löslich in kaltem Wasser[1]. Schmelzp. 177°; $[\alpha]_D^{21} = +43{,}15°$ (in Pyridin); bleibt 5 Stunden unverändert[2].

Melibioseoxim[3] $C_{12}H_{23}O_{11}N$ (357,25). 50 g Raffinose werden in 500 ccm Wasser gelöst und in Gegenwart von einigen Tropfen Essigsäure und 0,1 g Malzkeimen mit frischer Oberhefe in Gärung versetzt. Nach 48 Stunden ist die Gärung so gut wie beendet. Das Filtrat wird mit basischem essigsaurem Blei behandelt, die geklärte und filtrierte Lösung mit Schwefelwasserstoff entbleit und das Filtrat unter vermindertem Druck auf 50—70 ccm eingeengt und mit dem 5—6fachen Volumen absoluten Alkohols unter Rühren versetzt, wobei die Melibiose in Form eines Sirups sich ausscheidet. Er wird in Wasser gelöst und mit einer alkoholischen Lösung von Hydroxylamin, die aus 12,5 g salzsaurem Salz mit der berechneten Menge Natriumäthylat bereitet worden war, 1 Stunde auf 65° erwärmt. Beim Einengen der Lösungen unter vermindertem Druck krystallisiert das Oxim aus. Es wird mit Alkohol verrührt und abgesaugt. Die Krystalle sind nach dem Trocknen sofort analysenrein. Ausbeute 18 g.

$[\alpha]_D^{19} = +3{,}06° \cdot 15{,}5366/1{,}014 \cdot 0{,}4938 = +95°$ in Wasser. Melibioseoxim bildet farblose, mehrere Millimeter lange Nadeln, die sich in der Capillare gegen 184° braun färben und sich gegen 186° unter Gasentwicklung zersetzen. Die Substanz ist leicht löslich in Wasser, schwer in Methyl- und Äthylalkohol, noch schwerer in anderen organischen Lösungsmitteln.

α-Galaktosido-glykose[4].

Bildung: Aus Glykose, Natriumäthylat und Galaktosylchlorid in alkoholischer Lösung 4 Stunden erhitzt. Nach Filtrieren der gummiartigen Polygalaktosane, Entfernung des Alkohols, Aufnehmen in Wasser läßt sich ein Osazon erhalten.

Derivate: α-**Galaktosido-glykosephenylosazon.** Hellbraune Nadeln aus Wasser, Schmelzp. 158°. — Ist verschieden von dem Phenylosazon der β-Galaktosido-glykose.

6-β-d-Galaktosido-d-glykose[5].

Mol-Gewicht: 342,24.
Zusammensetzung: $C_{12}H_{22}O_{11}$.

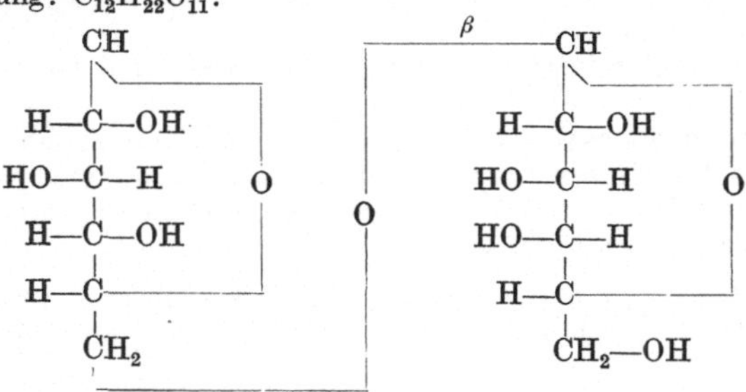

Ist verschieden von der Melibiose.

Bildung: Aus β-Oktaacetyl-6-β-d-galaktosido-d-glykose durch Verseifung.

Physikalische und chemische Eigenschaften: Weiße Flocken aus warmem Eisessig; $[\alpha]_D^{18} = +36{,}4°$ (in wässeriger Lösung).

Derivate: Phenylosazon $C_{24}H_{32}O_9N_4$. Gelbe Nadeln aus Pyridin + Wasser, Schmelzp. 185° (korr.); $[\alpha]_D^{21} = -69{,}6°$ (in Pyridin); die Drehung geht rasch zurück, nach 4 Stunden $[\alpha]_D^{21} = -23{,}9°$.

β-**Oktaacetyl-6-β-d-galaktosido-d-glykose** $C_{28}H_{38}O_{19}$. Aus zwei Molekülen 1, 2, 3, 4-β-Tetraacetyl-d-glykose und 1 Mol Acetobromgalaktose in Chloroform + Ag_2O. Nadeln aus absolutem Alkohol, Schmelzp. 166° (korr.). Zeigt infolge intramolekularer Kompensation der 10 asymmetrischen C-Atome keine Drehung. Nicht leicht löslich in Alkohol, Äther; sehr leicht löslich in Chloroform.

[1] A. Pictet u. H. Vogel: Helvet. chim. Acta 10, 280 (1927) — Chem. Zbl. 1927 I, 2406.
[2] B. Helferich u. H. Rauch: Ber. dtsch. chem. Ges. 59, 2655 (1926) — Chem. Zbl. 1927 I, 1290.
[3] Géza Zemplén: Ber. dtsch. chem. Ges. 60, 927 (1927).
[4] Amé Pictet u. Henry Vernet: Helvet. chim. Acta 5, 444 (1922) — Chem. Zbl. 1923 I, 503.
[5] B. Helferich u. H. Rauch: Ber. dtsch. chem. Ges. 59, 2655 (1926) — Chem. Zbl. 1927 I, 1290.
— B. Helferich u. W. Schäfer: Liebigs Ann. 450, 229 (1926) — Chem. Zbl. 1927 I, 1150.

Glykosido-β-6-galaktose[1].

$$C_{12}H_{22}O_{11}$$

Mol-Gewicht: 342,24.
Zusammensetzung: 42,12% C; 6,48% H.

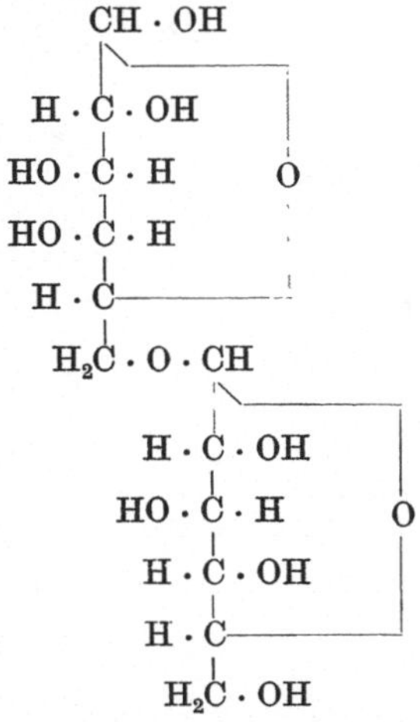

$$\begin{array}{c}
CH \cdot OH \\
H \cdot C \cdot OH \\
HO \cdot C \cdot H \quad O \\
HO \cdot C \cdot H \\
H \cdot C \\
H_2C \cdot O \cdot CH \\
H \cdot C \cdot OH \\
HO \cdot C \cdot H \quad O \\
H \cdot C \cdot OH \\
H \cdot C \\
H_2C \cdot OH
\end{array}$$

Darstellung: Aus Glykosido-β-6-diacetongalaktose. Sie verliert in heißer, sehr verdünnter H_2SO_4 die Acetongruppen, ohne an der Disaccharidbindung nennenswert hydrolysiert zu werden; geringe Mengen Glykose und Galaktose werden durch Gärung entfernt.

Physikalische und chemische Eigenschaften: Zeigt die Mutarotation einer β-Form. Es enthält Krystallwasser, das bei 110° unter 1 mm abgegeben wird. $[\alpha]_D^{19} = +8,2°$ (in Wasser), die Drehung steigt langsam im Laufe von 3 Tagen auf $+20,6°$ an; dieser Endwert wird durch etwas NH_3 sofort erreicht. $[\alpha]_D^{18} = +1,6° \rightarrow +13,9°$ (Endwert nach 2 Tagen)[2]. — Inversionskonstante[3] bei 70°; 2,2 $K \cdot 10^4$.

Derivate: Phenylosazon $C_{24}H_{32}O_9N_4$. Hellgelbe Nadeln, Schmelzp. 200°.

Glykosidodiacetongalaktose[1] $C_{18}H_{30}O_{11}$. Aus dem Tetraacetat, in heißem Alkohol mit Wasser und $Ba(OH)_2$. Krystalle aus Essigester, Schmelzp. 84—88°. $[\alpha]_D^{20} = -67,5°$ (in Wasser).

Tetraacetylglykosidodiacetongalaktose[1] $C_{26}H_{38}O_{15}$.

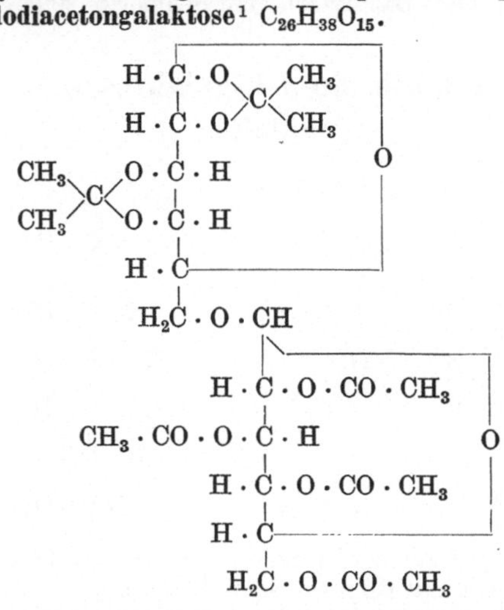

$$\begin{array}{c}
H \cdot C \cdot O \diagdown \quad CH_3 \\
\qquad \qquad C \diagup \\
H \cdot C \cdot O \diagup \quad CH_3 \\
CH_3 \diagdown \quad O \cdot C \cdot H \\
\qquad C \qquad \qquad O \\
CH_3 \diagup \quad O \cdot C \cdot H \\
H \cdot C \\
H_2C \cdot O \cdot CH \\
H \cdot C \cdot O \cdot CO \cdot CH_3 \\
CH_3 \cdot CO \cdot O \cdot C \cdot H \quad O \\
H \cdot C \cdot O \cdot CO \cdot CH_3 \\
H \cdot C \\
H_2C \cdot O \cdot CO \cdot CH_3
\end{array}$$

---

[1] K. Freudenberg, A. Noë u. E. Knopf: Ber. dtsch. chem. Ges. **60**, 238 (1927) — Chem. Zbl. **1927 I**, 1671.

[2] Karl Freudenberg, Anton Wolf, Erich Knopf u. Syed H. Zaheer: Ber. dtsch. chem. Ges. **61**, 1743 (1928) — Chem. Zbl. **1928 II**, 2122.

[3] Karl Freudenberg, Walter Dürr u. Heinrich v. Hochstetter: Ber. dtsch. chem. Ges. **61**, 1738 (1928) — Chem. Zbl. **1928 II**, 2120.

Aus Diacetongalaktose mit Acetobromglykose in CCl_4 mit Ag_2O. Krystalle aus CH_3OH und Alkohol, Schmelzp. 141°. $[\alpha]_D^{22} = -52{,}6°$ (in Acetylentetrachlorid).

4-Galaktosido-mannose[1].

$$C_{12}H_{22}O_{11}$$

Mol-Gewicht: 342,24.
Zusammensetzung: 42,12% C; 6,48% H.

Darstellung: 2 g Lactal in 20 ccm Wasser werden mit der Lösung von 2,5 g Benzopersäure in 5 ccm Essigester geschüttelt. Die Reaktion setzt in kurzer Zeit unter starker Erwärmung ein und wird zunächst durch gelinde Kühlung gemäßigt. Es wird mit Wasser ausgeschüttelt und die wässerige Lösung verdampft.

Physiologische Eigenschaften: Wird von Emulsin langsam zerlegt.

Physikalische und chemische Eigenschaften: Mikroskopische Nadeln aus Methylalkohol, Schmelzp. 196—197°; $[\alpha]_D^{23} = +23{,}04 \rightarrow +30°$ in Wasser. — Sehr leicht löslich in Wasser, schwer löslich in Methylalkohol und Alkohol, sonst fast unlöslich. — Schmeckt kaum süß, Fehlingsche Lösung wird fast momentan reduziert, ebenso ammoniakalische Silberlösung in der Wärme; fuchsinschweflige Säure wird gerötet. Wird in normaler Salzsäure in 2 Stunden bei 100° völlig gespalten. — Gibt Lactosazon vom Schmelzp. 200°.

Galaktosido-β-6-galaktose-β[2].

$$C_{12}H_{22}O_{11}$$

Mol-Gewicht: 342,24.
Zusammensetzung: 42,12% C; 6,48% H.

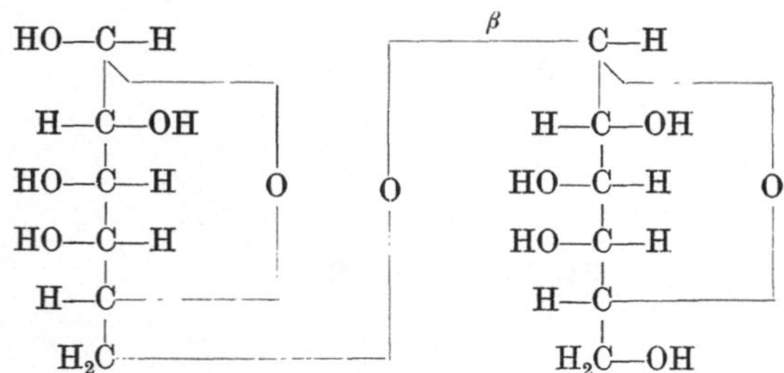

Darstellung: Durch Verseifung der Tetraacetyl-diacetonverbindung mit Barytwasser und Abspaltung der Acetongruppen mit 0,1proz. Schwefelsäure.

Physikalische und chemische Eigenschaften: Aus wasserhaltigem Methylalkohol Nädelchen, die an der Luft zerfließen. Nach Trocknen bei 115° unter 1 mm sind sie nicht mehr

[1] Max Bergmann, Herbert Scholte u. Erich Rennert: Liebigs Ann. **434**, 94 (1923).
[2] Karl Freudenberg, Anton Wolf, Erich Knopf u. Syed H. Zaheer: Ber. dtsch. chem. Ges. **61**, 1748 (1928) — Chem. Zbl. **1928 II**, 2123.

hygroskopisch. $[\alpha]_D^{17} = +25,1° \rightarrow +34,1°$ in Wasser, Endwert nach 48 Stunden. — Extrapolierter Anfangswert $+23,2°$.

Inversionskonstante[1] $K \cdot 10^4$ bei $70° = 10,2$.

Derivate: **Tetraacetyl-galaktosido-diacetongalaktose** $C_{26}H_{38}O_{15}$. Aus Diacetongalaktose und Acetobromgalaktose mit Silberoxyd. Aus Methylalkohol mit Wasser Krystalle vom Schmelzp. $101-102°$; $[\alpha]_D^{18} = -44,7°$ in Acetylentetrachlorid.

Osazon $C_{24}H_{32}O_9N_4$. Krystalle aus Wasser. Mit Aceton nachbehandelt. Schmelzp. $207°$ unter Zersetzung.

Mannosido-6-galaktose[2].

$$C_{12}H_{22}O_{11}$$

Mol-Gewicht: 342,24.

Zusammensetzung: 42,12% C; 6,48% H.

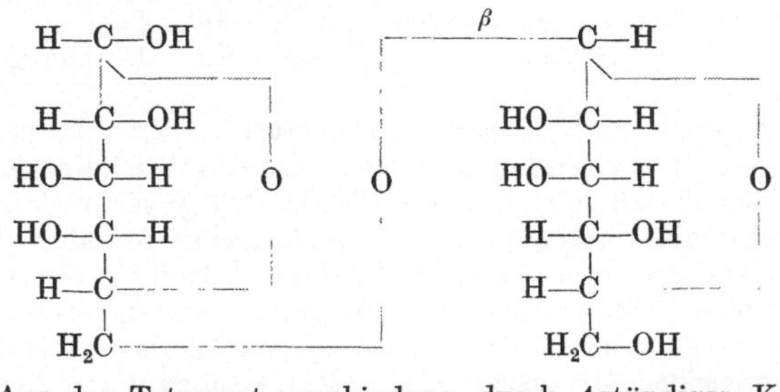

H—C—OH   β   C—H
H—C—OH   HO—C—H
HO—C—H   O   O   HO—C—H   O
HO—C—H   H—C—OH
H—C   H—C
H_2C H_2C—OH

Darstellung: Aus der Tetraacetonverbindung durch 4stündiges Kochen mit 0,01 n-Schwefelsäure.

Physikalische und chemische Eigenschaften: Aus Methylalkohol Krystalle, die Lösungsmittel enthalten. $[\alpha]_D^{20} = +142 \rightarrow +134°$ in Wasser (Enddrehung nach 3 Stunden). Extrapolierte Anfangsdrehung $+144°$.

Derivate: **Diacetonmannosidodiacetongalaktose** $C_{24}H_{38}O_{11}$. Aus Diacetonmannose-1-chlorhydrin und Diacetongalaktose mit Silberoxyd. — Glasartig erstarrendes Öl, Siedep. $205-210°$ bei 1 mm; $[\alpha]_D^{18} = -44,6°$ in Acetylentetrachlorid. — Löslich in Äther und Petroläther, unlöslich in Wasser.

Neolactose (d-Galaktosido-4-d-altrose)[3].

Mol-Gewicht: 342,24.

Zusammensetzung: $C_{12}H_{22}O_{11}$.

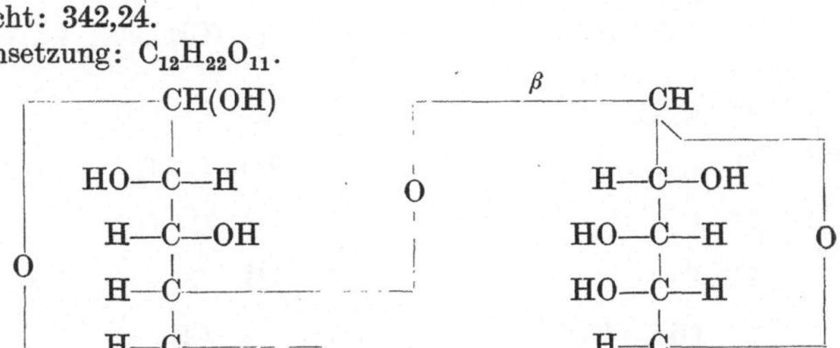

CH(OH)   β   CH
HO—C—H   O   H—C—OH
H—C—OH   HO—C—H   O
O   H—C   HO—C—H
H—C   H—C
CH_2—OH CH_2—OH

Bildung: Die Neolactose entsteht aus acetylierter Lactose (d-Galaktosido-d-glykose) durch stereochemische Umlagerung innerhalb des Glykosemoleküls bei der Einwirkung von Aluminiumchlorid.

---

[1] Karl Freudenberg, Walter Dürr u. Heinrich v. Hochstetter: Ber. dtsch. chem. Ges. **61**, 1738 (1928) — Chem. Zbl. **1928 II**, 2120.

[2] Karl Freudenberg, Anton Wolf, Erich Knopf u. Syed H. Zaheer: Ber. dtsch. chem. Ges. **61**, 1749 (1928) — Chem. Zbl. **1928 II**, 2123.

[3] A. Kunz u. C. S. Hudson: J. amer. chem. Soc. **48**, 2435 (1926) — Chem. Zbl. **1926 II**, 2415 — J. amer. chem. Soc. **48**, 1978 (1926) — Chem. Zbl. **1926 II**, 2415.

Physikalische und chemische Eigenschaften: Sirup nach der Acteylabspaltung aus ihrem Oktaacetat; rechtsdrehend; nach der Hydrolyse dreht das Gemisch der Spaltprodukte nach links. Die Hydrolyse lieferte d-Galaktose und d-Altrose. Für Neolactose wurde $[\alpha]_D^{24} = +34{,}7°$ (in Wasser) beobachtet, für d-Altrose annähernd $[\alpha]_D = -98°$ (Wasser). Die Oxydation des Zuckers mit HNO_3 ergab Schleimsäure, mit Br Neolactobionsäure[1].

Derivate: Phenylosazon. Aus heißem Wasser gelbe Krystalle, Schmelzp. 195° (unter Zersetzung)[1].

α-Oktaacetat der Neolactose[2] $C_{28}H_{38}O_{19}$. Aus Chlorheptaacetylneolactose mit Acetanhydrid und Ag_2O bzw. Na-Acetat bei 100°. Aus Alkohol sternförmig gruppierte Plättchen vom Schmelzp. 178°, $[\alpha]_D^{20} = +53{,}4°$ (Chloroform; $c = 0{,}9252$); $[\alpha]_{578}^{20} = +56{,}0°$, $[\alpha]_{546}^{20} = +63{,}1°$. $[\alpha]_{436}^{20} = +112°$. Ist ziemlich löslich in Essigester, Aceton, Benzol, Chloroform; unlöslich in Äther, Petroläther, Wasser. Reduziert siedende Fehlingsche Lösung[2].

β-Oktaacetat[1] $C_{28}H_{38}O_{19}$. Man behandelt Chloracetylneolactose zunächst in schwach siedendem Aceton mit Ag_2O und erwärmt das Reaktionsprodukt mit Na-Acetat und Acetanhydrid. Aus Alkohol Platten vom Schmelzpunkt 148°, $[\alpha]_D^{23} = -7{,}04°$ (Chloroform; $c = 1{,}0204$), $[\alpha]_{578}^{20} = -7{,}9°$, $[\alpha]_{546}^{20} = -9{,}2°$, $[\alpha]_{436}^{20} = -16{,}2°$. Durchweg etwas leichter löslich als die α-Form.

Chlorheptaacetylneolactose; Acetochlorneolactose[2]. Zur Darstellung wird frisch nach der Methode von Stockhausen und Gattermann bereitetes und fein gepulvertes $AlCl_3$ in großem Überschuß (auf 100 g Oktaacetyllactose 200 g) verwendet. Die Reaktion vollzieht man bei 65° in Chloroformlösung und unterbricht nach 2 Stunden. Das $AlCl_3$ färbt sich cherryrot, dann lila, braun, schließlich grau. Das Produkt wird mit Eis versetzt, die mit Eiswasser gewaschene und getrocknete Chloroformlösung im Vakuum eingedampft und der ölige Rückstand in Äther gelöst, aus dem sich bei 0° 50 g eines Gemisches von Chlorheptaacetyllactose und -neolactose in Krystallen abscheiden, die schon mit bloßem Auge zu unterscheiden sind. Die erste Verbindung bildet Nadelbüschel, das Isomere gut ausgebildete dicke Prismen, die bei der Extraktion mit kaltem Essigester ungelöst bleiben. Ausbeute 20 g Chlorheptaacetylneolactose. Aus siedendem Essigester umgelöst, Schmelzp. 182° (Zersetzung); $[\alpha]_D^{25} = +71{,}2°$ (Chloroform; $c = 1{,}023$), $[\alpha]_{578}^{20} = +75{,}6°$, $[\alpha]_{546}^{20} = +84{,}5°$, $[\alpha]_{436}^{20} = +147°$. Leicht löslich in Chloroform, Benzol, Aceton; wenig löslich in kaltem Alkohol; sehr wenig löslich in Äther; unlöslich in Petroläther und Wasser. Reduziert Fehlingsche Lösung in der Hitze. Ist bei Zimmertemperatur durchaus beständig[2].

Celtrobiose (d-Glykosido-4-d-altrose)[3].

Mol-Gewicht: 342,24.
Zusammensetzung: $C_{12}H_{22}O_{11}$.

$$
\begin{array}{ccc}
\text{—CH(OH)} & & \text{—CH} \\
\text{HO—C—H} & & \text{H—C—OH} \\
\text{H—C—OH} & \quad O \quad & \text{HO—C—H} \\
\text{H—C—} & & \text{H—C—OH} \\
\text{H—C—} & & \text{H—C—} \\
\text{CH}_2\text{—OH} & & \text{CH}_2\text{—OH}
\end{array}
$$

Derivate: Chlorheptaacetyl-celtrobiose; Acetochlorceltrobiose[3] $C_{26}H_{35}O_{17}Cl$. Aus Oktaacetylcellobiose entsteht bei der Umsetzung mit $AlCl_3$ in Chloroform neben α-Chlorheptaacetylcellobiose in einer Ausbeute von etwa 13% die Chlorheptaacetylceltrobiose. Sie wird von den Cellobioseverbindungen durch fraktionierte Krystallisation aus Alkohol, dann aus Äther getrennt. Aus Alkohol erhält man die Chlorheptaacetylcellobiose, aus Äther die Celtrobioseverbindung in hexagonalen Platten vom Schmelzp. 137—138°. Die Zersetzung beginnt erst oberhalb 155°. $[\alpha]_D^{20} = +59{,}2°$ (Chloroform; $c = 4{,}3512$). Sehr leicht löslich in Chloro-

[1] A. Kunz u. C. S. Hudson: J. amer. chem. Soc. **48**, 2435 (1926) — Chem. Zbl. **1926 II**, 2415 — J. amer. chem. Soc. **48**, 1978 (1926) — Chem. Zbl. **1926 II**, 2415.
[2] A. Kunz u. C. S. Hudson: J. amer. chem. Soc. **48**, 1978 (1926) — Chem. Zbl. **1926 II**, 2414.
[3] C. S. Hudson: J. amer. chem. Soc. **48**, 2002 (1926) — Chem. Zbl. **1926 II**, 2415.

form, Aceton; unlöslich in Petroläther, Wasser. Läßt sich auch an feuchter Luft unzersetzt aufbewahren. Das Cl wird leicht gegen Acetyl ausgetauscht [1].

Dextrinose [2].

Mol-Gewicht: 342,24.

Zusammensetzung: $C_{12}H_{22}O_{11}$.

Bildung: Aus Isotrihexosan durch Oxalsäure, oder durch Malzdiastase bei 40°.

Physikalische und chemische Eigenschaften: Weißes, hygroskopisches Pulver von süßem Geschmack; wird durch Jod nicht gefärbt, reduziert Fehlingsche Lösung; leicht löslich in Wasser und verdünntem Alkohol, unlöslich in abs. Alkohol, Äther, Chloroform, Petroläther, wenig löslich in kaltem Methylalkohol. In heißem 80proz. Alkohol gelöst werden Krystalle gewonnen mit 1 Mol Krystallwasser, das beim Erhitzen auf 65° über Chlorcalcium im Vakuum abgegeben wird, wobei ein amorphes weißes Pulver zurückbleibt. Zersetzung beider Körper bei 200°. Acetylierung führt zu Oktaacetylmaltose. — Durch Erhitzen im Vakuum auf 175° entsteht ein Produkt, das durch Jod nicht gefärbt wird, und Fehlingsche Lösung reduziert, und durch einfaches Kochen mit Wasser in Dextrinose umgewandelt wird.

Derivate: Phenylosazon. Gelbe Nadeln, Schmelzp. 167°.

Anhydrobiosen (Bd. X, S. 625).

Darstellung: Darstellung von Anhydride der Disaccharide mit Ausnahme von Maltose, dadurch gekennzeichnet, daß man die Disaccharide unter vermindertem Druck auf eine 190° nicht übersteigende Temperatur erhitzt [3].

Diarabinosan [4].

$$(C_5H_8O_4)_2$$

Mol-Gewicht: 254,18.

Zusammensetzung: $C_{10}H_{16}O_8$.

Bildung: Beim Erhitzen von β-l-Arabinosan 1,5 Stunden auf 150° unter 15 mm Druck in Gegenwart von wenig Zinkchlorid.

Physikalische und chemische Eigenschaften: Aus wenig Wasser mit abs. Alkohol amorphes Pulver, $[\alpha]_D^{20} = +18,9°$ in Wasser bei $c = 2,77$. Schmelzp. 153—155°. Ist nur schwach hygroskopisch, leicht löslich in Wasser, unlöslich in Alkohol und Äther. Schmeckt fade und reduziert nicht mehr Fehlingsche Lösung.

Anhydrid des Disaccharids aus 4-oxy-4-aceto-butylalkohol [5].

$$C_{12}H_{20}O_4$$

Mol-Gewicht: 228.

Zusammensetzung: C: 63,11%, H: 8,83%.

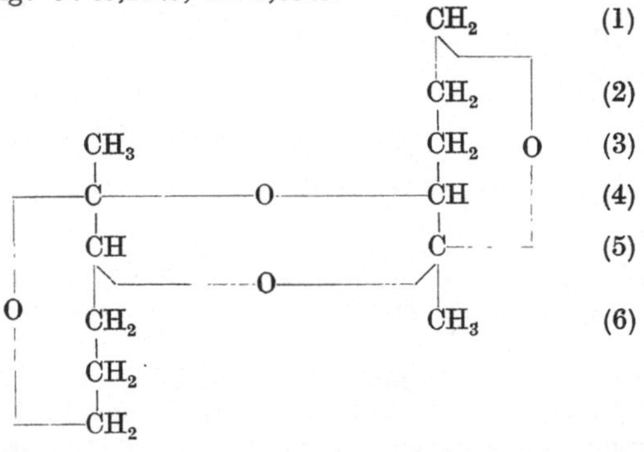

```
                                        CH2          (1)
                                         |
                                        CH2          (2)
                                         |
              CH3                       CH2    O     (3)
               |                         |     |
               C ———————— O ———————————— CH    |     (4)
               |                         |      |
              CH                         C------      (5)
               |                         |
        O     CH2 ——————— O ———————————— CH3          (6)
        |      |
        |     CH2
        |      |
        ———————CH2
```


[1] C. S. Hudson: J. amer. chem. Soc. **48**, 2002 (1926) — Chem. Zbl. **1926 II**, 2415.

[2] Amé Pictet u. Hans Vogel: Helvet. chim. Acta **12**, 700 (1929) — Chem. Zbl. **1929 II**, 1787.

[3] A. Pictet: E.P. 230855 vom 14. März 1925; Chem. Zbl. **1925 II**, 2107.

[4] Hans Vogel: Helvet. chim. Acta **11**, 1210 (1928) — Chem. Zbl. **1929 I**, 1093.

[5] Max Bergmann, Arthur Mickeley u. Fritz Stather: Ber. dtsch. chem. Ges. **56**, 255 (1923)

Darstellung: 5 g Anhydro-[4-(enol)-aceto-butylalkohol]]

$$CH_2—CH_2—CH_2—CH=C—CH_3$$
$$O$$

werden in 150 ccm einer ätherischen Lösung von 7,1 g wirksame Persäure enthaltende Benzopersäurelösung in mehreren Portionen eingetragen. — Durch entsprechende mäßige Kühlung wird dafür gesorgt, daß bei der energischen Reaktion die Temperatur den Siedepunkt des Äthers nicht erreicht. Das Oxydationsmittel ist sehr schnell verbraucht, und nach 2—3 Minuten kann schon mit 100 ccm Wasser ausgeschüttelt werden. Die ätherische Lösung, die dann noch etwas Oxy-aceto-butylalkohol-anhydrid enthält, bleibt vorerst ungeachtet. Der wässerige Teil, der etwa 375 ccm Fehlingscher Lösung entsprechendes Reduktionsvermögen zeigt, gibt beim völligen Verdampfen unter 12 mm Druck aus einem Bad von höchstens 30° in reichlicher Menge farblose Krystalle von 4-Oxy-4-aceto-butylalkohol.

Es genügt nun, dieses Rohprodukt erneut mit Wasser oder noch besser mit der abdestillierten wässerigen Flüssigkeit zu versetzen, und jetzt aus einem Bad von 60° unter vermindertem Druck zu verdampfen, um das Reduktionsvermögen weitgehend oder fast gänzlich zum Verschwinden zu bringen und das Disaccharid in Krystallen zu erhalten. Ausbeute 2 g.

Das Disaccharidanhydrid bildet sich auch bei der Einwirkung von Natriumhypobromit auf 4-Methoxy-4-acetobutylalkohol und bei der Umsetzung des Acetats des 4-Brom-4-Acetobutylalkohols mit Alkalibicarbonat. — Dabei konnte ein öliges Zwischenprodukt vom Siedep. 109° bei 3 mm abgefangen werden, das nach mehrtägigem Stehen in das Disaccharidanhydrid übergeht.

Physikalische und chemische Eigenschaften: Krystallisiert ohne Wasser und ist darin auch äußerst schwer löslich. Löst sich mehr oder weniger beträchtlich in der Hitze in Essigester, Benzol, Eisessig und Pyridin, sehr schwer in Alkohol und in Äther. Schmelzp. 195° unkorr. Ist sehr beständig. Es kann unter gewöhnlichem Druck bei etwa 268° destilliert werden, ohne sich zu zersetzen, und erstarrt augenblicklich wieder krystallinisch und farblos. Reduziert nicht Fehlingsche Lösung und ammoniakalische Silberlösung. Von Säuren wird es langsam angegriffen unter Bildung von 4-Oxy-4-aceto-butylanhydrid und 4-Oxy-4-aceto-butylalkohol. Mit methylalkoholischer Salzsäure entsteht das Methylcycloacetal des 4-Methoxy-4-acetobutylalkohols.

Pentaacetylglykosido-hexantetrolanhydrid[1].

$$C_{22}H_{32}O_{13}$$

$$
\begin{array}{l}
\text{—CH}_2 \quad\quad\quad\quad\quad\quad\quad\quad \text{CH} \\
\quad| \\
\text{CH}_2 \quad\quad O \quad\quad\quad\quad\quad H—C—O—CO—CH_3 \\
\quad| \\
\text{CH}_2 \quad\quad\quad\quad CH_3—CO—O—C—H \quad\quad O \\
\quad| \\
O \quad H—C \quad\quad\quad\quad\quad\quad H—C—O—CO—CH_3 \\
\quad| \\
H—C \quad\quad\quad\quad\quad\quad\quad\quad H—C \\
\quad| \\
CH_2—O—CO—CH_3 \quad\quad\quad\quad CH_2—O—CO—CH_3
\end{array}
$$

Bildung: Aus Hexaacetylpseudocellobial oder Pentaacetylpseudocellobial in Essigsäure mit Palladiummohr nach Wieland. Aus Pentaacetyl-glykosido-hexentetrolanhydrid bei der Hydrierung.

Physikalische und chemische Eigenschaften: Aus Essigäther mit Petroläther, Prismen vom Schmelzp. 133—134°, $[\alpha]_D^{21} = +18{,}1°$ in Acetylentetrachlorid. Ziemlich löslich in Essigäther, Essigsäure, Pyridin, wenig löslich in Alkohol, Äther, schwer löslich in Wasser, Petroläther.

---

[1] Max Bergmann u. Wilhelm Breuers: Liebigs Ann. **470**, 51 (1929) — Chem. Zbl. **1929 II**, 1154.

Isosaccharosan[1].

Mol-Gewicht: 324,22.

Zusammensetzung: $C_{12}H_{20}O_{10}$.

Konstitution noch nicht bekannt.

Bildung: Durch Erhitzen von reinstem Rohrzucker auf 185—190° bei 10—15 mm wird Wasser abgespalten, und es entstehen nacheinander Isosaccharosan, Caramelan und Caramelen. Die Verbindungen lassen sich isolieren, wenn man das Erhitzen nach einem Gewichtsverlust von 5, 10 bzw. 20 % unterbricht. Beim Erhitzen von Lävulosan und Glykose bzw. Glykosan[1].

Darstellung: Das Isosaccharosan kann von unverändertem Rohrzucker durch Vergärung oder besser durch Fällung der methylalkoholischen Lösung mit Aceton gereinigt werden.

Bei Verabreichung von Saccharosan an acidotische Personen wird die Acidose unterbrochen, der Eiweißumsatz erniedrigt, der Gesamtstoffwechsel um 25 % gesteigert, der respiratorische Quotient erhöht. Entsprechende Beeinflussung bei Diabetikern und therapeutisch günstige Erfolge mit Saccharosan[2]. Bericht über Stoffwechselversuche an Normalen und Diabetikern mit dem Zuckeranhydrid Saccharosan[3].

Physikalische und chemische Eigenschaften: Amorphes, weißes Pulver vom Schmelzp. 94 bis 94,5°, $[\alpha]_D^{22} = +64°$. — Sehr hygroskopisch, sehr leicht löslich in Wasser, leicht löslich in Methylakohol, Pyridin, ziemlich löslich in siedendem Eisessig und Alkohol, sehr wenig löslich in Aceton, unlöslich in Äther, Chloroform, Benzol. Schmeckt bitter. In wässeriger Lösung wird es selbst in der Kälte schnell hydrolysiert unter Bildung von Invertzucker. Reduziert bereits bei 40° Fehlingsche Lösung, und zwar halb so stark wie Glykose und liefert ein Osazon, es leitet sich also von einem Isomeren des Rohrzuckers ab. Die Konstitution geht daraus hervor, daß diese Verbindung auch durch Erhitzen von Lävulosan und Glykose bzw. Glykosan entsteht. Bezüglich des Reaktionsmechanismus schließen sich Pictet und Stricker[4] der Erklärung von Gèlis[5] an, wonach zunächst ein Zerfall des Rohrzuckers in Lävulosan und Glykose anzunehmen ist, dann Glykose in Glykosan übergeht und die beiden Anhydride sich von neuem vereinigen. Dieser Vorgang wird durch Spuren Zinkchlorid begünstigt. Versuche, durch Aufspaltung des Isosaccharosans zur entsprechenden Isosaccharose (vielleicht 3-Glykosylfructose) zu gelangen, führten noch zu keinem vollständigen Erfolg. Mit 5 proz. Ammoniak bei Zimmertemperatur wurde eine feste Masse erhalten, deren Zusammensetzung der Isosaccharose nahe kommt, das nicht mehr bitter schmeckt, und langsam Kaliumpermanganat entfärbt.

Derivate: Hexaacetyl-Isosaccharosan $C_{24}H_{32}O_{16}$. Aus Isosaccharosan in Pyridinlösung mit Essigsäureanhydrid bei Zimmertemperatur. Daraus mit 50 proz. Alkohol gefällt, mit Äther aufgenommen, mit Calciumchlorid getrocknet, dann eingedampft. Kleine Prismen aus Alkohol, Schmelzp. 79—80°, $[\alpha]_D = +51,8°$ in Methylalkohol bei $c = 0,56$. Unlöslich in Wasser, sonst mehr oder weniger leicht löslich. Reduziert nicht Fehlingsche Lösung und neutrale Kaliumpermanganatlösung.

Dihexosan von Pictet[6].

Ist ein Anhydrid der Maltose.

Mol-Gewicht: 324,22.

Zusammensetzung: $(C_6H_{10}O_5)_2$.

Bildung: Bei der Hydrolyse des Trihexosans mit Emulsin neben Glykose.

Physikalische und chemische Eigenschaften: Amorphes, sehr hygroskopisches Pulver vom Schmelzp. 209—210° unter Zersetzung; $[\alpha]_D^{20} = +133,2°$ in Wasser bei $c = 1,584$. Leicht löslich in Wasser, sonst unlöslich; schmeckt fade, nicht süß. Ist nicht identisch mit der Diamylose von Pringsheim. — Ob es mit dem Dihexosan von Pringsheim und Wolfsohn identisch ist, konnte nicht ermittelt werden. — Nach der Einwirkung von konzentrierter HCl als auch von Amylase aus Gerste auf Dihexosan wird Maltose erhalten[7].

---

[1] Amé Pictet u. N. Adrianoff: Helvet. chim. Acta **7**, 703 (1924) — Chem. Zbl. **1924 II**, 1176.

[2] W. Nonnenbruch: Verh. Ges. Verdgskrkh. **1926**, 373 — Chem. Zbl. **1926 II**, 3099.

[3] W. Nonnenbruch: Z. exper. Med. **48**, 233 (1925) — Chem. Zbl. **1926 I**, 3557.

[4] Amé Pictet u. Paul Stricker: Helvet. chim. Acta **7**, 708 (1924) — Chem. Zbl. **1924 II**, 1176.

[5] Gèlis: Ann. Chimie et Phys. (3) **57**, 234 (1859).

[6] Amé Pictet u. Rachel Salzmann: Helvet. chim. Acta **7**, 934 (1924) — Chem. Zbl. **1924 II**, 2519.

[7] Amé Pictet u. Rachel Salzmann: Helvet. chim. Acta **8**, 948 (1925) — Chem. Zbl. **1926 I**, 2193.

Dihexosan von Sjöberg[1].

Mol-Gewicht: 324,22.

Zusammensetzung: $C_{12}H_{20}O_{10}$.

Darstellung: 10 g Amylose werden in 500 ccm Wasser gelöst und mit 20 ccm einer undialysierten Malzamylaselösung versetzt. Nach 24 Stunden wird die Flüssigkeit auf 50 ccm eingeengt und dann mit so viel Alkohol gefällt, daß die Lösung 80% davon enthält. Nach Absitzen der klebrigen Fällung wird die Lösung dekantiert, der Rückstand in der kleinstmöglichen Menge Wasser gelöst und wieder mit Alkohol gefällt. Nach 5maliger Wiederholung der Fällung erhält man das Dihexosan als Pulver.

Physiologische Eigenschaften: Ist mit Malzamylase nicht spaltbar.

Physikalische und chemische Eigenschaften: Reduziert nicht Fehlingsche Lösung; leicht löslich in Wasser, unlöslich in allen organischen Lösungsmitteln. $[\alpha]_{Hg\ gelb}^{18} = +155°$. Mol-Gewicht gefunden 324—335.

Derivate: Tetramethyldihexosan $C_{16}H_{32}O_{10}$. Aus Dihexosan mit Methyljodid und Silberoxyd bei 65°. — $[\alpha]_{Hg\ gelb}^{18} = +144°$. Mol-Gewicht gefunden 335. Gibt bei der Säurehydrolyse 2-3-Dimethylglykose.

Hexaacetyldihexosan $C_{24}H_{32}O_{16}$. Aus Dihexosan mit Essigsäureanhydrid + Pyridin. — Schmelzp. 150—165°; wenig löslich in Alkohol, leicht in den meisten organischen Lösungsmitteln. $[\alpha]_{Hg\ gelb}^{18}$ in Essigsäureanhydrid $= +164,0°$. Mol-Gewicht gefunden 471.

Dihexosan aus Amylose von Pringsheim[2].

Mol-Gewicht: 324,22.

Zusammensetzung: $C_{12}H_{20}O_{10}$.

Bildung: Beim Erhitzen der Amylose mit Glycerin auf 200—210°.

Physikalische und chemische Eigenschaften: $[\alpha]_D^{20} = +153,9—154,8°$ in Wasser. Nimmt man an, daß im Dihexosan der eine Glykoserest α-glykosidisch, der andere β-glykosidisch gebunden ist, so beträgt die Drehungsdifferenz für die Anhydride 30,40°, für die Acetate 42,80°[3]. Das Präparat war vermutlich glycerin- und alkoholhaltig[4].

Derivate: Dihexosanhexaacetat[3] $[\alpha]_D = +151,6°$ in Chloroform.

Tetraacetyl-glykosido-monoaceton-anhydro-glykose[5].

Entsteht aus Tetraacetyl-glykosido-monoaceton-monoacetylglykose-6-Jodhydrin mit Thalliumacetat in Methylalkohol 72 Stunden bei 126°. — Das Reaktionsprodukt wird reacetyliert. Krystalle aus absolutem Alkohol 106°.

Anhydrodimannose[6].

Entsteht vielleicht beim Abbau des Mannans als Acetylverbindung.

Digalaktosan[7].

$(C_6H_{10}O_5)_2$

Entsteht beim Erhitzen von Galaktose 9 Stunden bei 145° unter 15 mm Druck. — Hellgelbe, sehr hygroskopische Substanz.

---

[1] Knut Sjöberg: Ber. dtsch. chem. Ges. **57**, 1251 (1924) — Chem. Zbl. **1924 II**, 2394.

[2] Hans Pringsheim u. Kurt Wolfsohn: Ber. dtsch. chem. Ges. **57**, 887 (1924) — Chem. Zbl. **1924 II**, 315.

[3] Hans Pringsheim u. Jesaia Leibowitz: Ber. dtsch. chem. Ges. **58**, 2808 (1926) — Chem. Zbl. **1926 I**, 2567.

[4] Endre Berner: Ber. dtsch. chem. Ges. **63**, 1356 (1930).

[5] Karl Freudenberg, Hans Toepffer u. Carl Chr. Andersen: Ber. dtsch. chem. Ges. **61**, 1758 (1928) — Chem. Zbl. **1928 II**, 2124.

[6] Hans Pringsheim u. Karl Seifert: Hoppe-Seylers Z. **123**, 205 (1922) — Chem. Zbl. **1923 I**, 407.

[7] Amé Pictet u. Henry Vernet: Helvet. chim. Acta **5**, 444 (1922) — Chem. Zbl. **1923 I**, 503

Difructosan[1].

Mol-Gewicht: 324,22.

Zusammensetzung: $C_{12}H_{20}O_{10}$.

Das Präparat war sicher glycerin- und alkoholhaltig, dies täuscht dann das niedrige Molekulargewicht vor. Es ist demnach kein definiertes Produkt[2].

Darstellung: 10 g Inulin mit 15 g Glycerin unter 15 mm 6 Stunden bei 140° erhitzen. in CH_3OH lösen, Filtrat mit Äther fällen, Niederschlag mit absolutem Alkohol waschen und im Vakuum über $CaCl_2$ trocknen. Ausbeute 51%.

Physikalische und chemische Eigenschaften: Hellgelb, krystallinisch, sehr hygroskopisch, fade schmeckend, Schmelzp. 96°, äußerst löslich in Wasser, leicht löslich in CH_3OH, Pyridin, wenig löslich in siedendem Eisessig, unlöslich in absolutem Alkohol, Äther. $[\alpha]_D^{20} = -24,8°$ in Wasser ($c = 1,0288$). Reduziert warm Fehlingsche Lösung, entfärbt schnell kaltes $KMnO_4$. Wird durch siedendes Wasser (6 Stunden) völlig in Fructose übergeführt. Liefert, mit Phenylhydrazinacetatlösung erhitzt, außer Glykosazon kugelige, gelbe Nadeln vom Schmelzp. 170°, wahrscheinlich ein Disaccharidosazon[1].

Derivate: Difructosan-hexaacetat $C_{24}H_{32}O_{16}$. Krystallinisch aus CH_3OH, Schmelzp. 92°, wenig löslich in heißem Wasser, unlöslich in Äther. $[\alpha]_D^{20} = -29,8°$ in Benzol ($c = 0,9732$). Wird in Difructosan zurückverseift[1].

Dilävulosan[1].

Mol-Gewicht: 324,22.

Zusammensetzung: $C_{12}H_{20}O_{10}$.

Bildung: Lävulosan wird mit etwas Zinkchlorid unter 14 mm 4 Stunden auf 120° erhitzt und das Produkt aus wenig Wasser mit Äther-Alkohol gefällt.

Physikalische und chemische Eigenschaften: Hellgelb, amorph; Schmelzp. 138—140°. Äußerst löslich in Wasser, leicht löslich in CH_3OH, Pyridin, wenig löslich in siedendem Eisessig, unlöslich in absolutem Alkohol, Äther. Reduziert warm Fehlingsche Lösung. $[\alpha]_D^{20} = +21,5°$ in Wasser ($c = 1,396$). Wird durch siedendes Wasser langsam in Fructose übergeführt. Liefert mit Phenylhydrazinacetatlösung erhitzt Glykosazon[1].

Derivate: Dilävulosan-hexaacetat[1] $C_{24}H_{32}O_{16}$. Mikrokrystallinisch, Schmelzp. 83—84°, schwach bitter, unlöslich in kaltem Wasser, sonst löslich[1].

Diheterolävulosan[3].

Mol-Gewicht: 324,22.

Zusammensetzung: $C_{12}H_{20}O_{10}$.

Bildung: Bei der Darstellung des Heterolävulosans bleibt bei der Extraktion mit Methylalkohol als unlöslicher Rückstand zurück.

Physikalische und chemische Eigenschaften: Aus Wasser farblose Krystalle vom Schmelzp. 266—267°, $[\alpha]_D^{18} = -43,29°$ (in Wasser). Reduziert nicht, gibt kein Osazon, gärt nicht mit Hefe[3].

Derivate: Hexabenzoat $C_{54}H_{44}O_{16}$. Aus Essigsäure Krystalle vom Schmelzp. 118°, $[\alpha]_D^{21,5} = -122,49°$ (in Wasser). Identisch mit dem aus dem Heterolävulosan gewonnenem Hexabenzoat[3].

Hexanitrat $C_{12}H_{14}N_6O_{22}$. Aus Amylalkohol umkrystallisiert, schmilzt bei 75°. $[\alpha]_D^{20} = -41,50°$ (in Benzol)[3].

Isodifructosan[2, 4].

$$(C_6H_{10}O_5)_2 + H_2O$$

Bildung: Durch 1stündiges Erhitzen von Inulin in der 5fachen Menge Glycerin auf 90—95° bei 12—13 mm.

---

[1] H. Vogel u. A. Pictet: Helvet. chim. Acta **11**, 215 — Chem. Zbl. **1928 I**, 1391.
[2] Endre Berner: Ber. dtsch. chem. Ges. **63**, 1356 (1930).
[3] A. Pictet u. J. Chavan: Helvet. chim. Acta **9**, 809 (1926) — Chem. Zbl. **1927 I**, 69.
[4] Hans Vogel: Ber. dtsch. chem. Ges. **62**, 2980 (1929) — Chem. Zbl. **1930 I**, 513.

Physikalische und chemische Eigenschaften: Lockeres, amorphes, nicht hygroskopisches Pulver; $[\alpha]_D^{20} = -34{,}01°$ in Wasser. Mol-Gewicht in Wasser 354—521. — Ist in kaltem Wasser anfangs sehr leicht löslich, wird aber allmählich zunehmend schwerer löslich, schließlich in kaltem Wasser unlöslich. Das polymere Produkt zeigt dieselbe Drehung wie das Isodifructosan.

Difructoseanhydrid I[1].

$$C_{12}H_{20}O_{10}$$

Mol-Gewicht: 324,22.

Bildung: Durch Verseifung der Hexaacetylverbindung mit Baryt.

Physikalische und chemische Eigenschaften: Mikroskopische rechtwinklige Platten aus abs. Alkohol; $[\alpha]_D^{20} = +26{,}9°$ in Wasser. Ist gegen verdünnte Schwefelsäure 25 mal stabiler als der übrige Teil des Inulinmoleküls und 325 mal stabiler als Rohrzucker.

Derivate: Hexaacetylverbindung $C_{24}H_{32}O_{16}$. — Gereinigtes Inulin wird mit 0,0732 n-Schwefelsäure bei 48,6° hydrolisiert, die gebildete Fructose als Calciumverbindung gefällt, das Filtrat in Oxalsäurelösung gegossen, mit Calciumhydroxyd neutralisiert, das Filtrat auf 15% Trockensubstanz eingeengt, mit Hefe vergoren, das Filtrat eingeengt mit Alkohol verdampft, acetyliert, und in Wasser gegossen. Ein Teil des Produktes krystallisiert aus Alkohol. Schmelzp. 137° nach vorherigem Sintern bei 125°; $[\alpha]_D^{20} = +0{,}54°$ in Chloroform.

h-1, 2′-1′, 2-Difructoseanhydrid [2, 5][2].

Mol-Gewicht: 324,22.

Zusammensetzung: $C_{12}H_{20}O_{10}$.

$$
\begin{array}{ccccccc}
OH & OH & & & & & CH_2{-}OH \\
| & | & & & & & | \\
CH{-}{-}CH & CH_2{-}{-}O & & O{-}{-}CH \\
& \diagdown C \diagup & & & \diagdown C \diagup \\
CH{-}{-}O & O{-}{-}CH_2 & & CH{-}{-}CH \\
| & & & & | & | \\
CH_2{-}OH & & & & OH & OH
\end{array}
$$

Darstellung: Ist das bei der Darstellung des h-Fructoseanhydrids [1, 2] [2, 5] erhaltene in Alkohol unlösliche Produkt.

Physiologische Eigenschaften: Hefe vergärt nicht, Schimmelpilze greifen an.

Physikalische und chemische Eigenschaften: Reduktionsvermögen 24% desjenigen der Fructose; nach 1 stündigem Erwärmen mit normaler Natronlauge ist das Reduktionsvermögen verschwunden. Leicht löslich in Wasser, unlöslich in allen gebräuchlichen organischen Lösungsmitteln. Kaliumpermanganatlösung wird langsam entfärbt. Molekulargewicht gefunden 373. Bildet mit Calciumcarbonat ein Additionsprodukt. Ein calciumcarbonathaltiges Produkt zeigte $[\alpha]_D = -25{,}5°$ in Wasser bei $c = 1{,}06$; ein calciumcarbonatfreies Produkt $[\alpha]_D^{20} = -27{,}0°$ bei $c = 1{,}04$.

Sinistrin A[3] (Dilävan[4]) (Bd. II, S. 194).

Ein Dimeres von Fructoseanhydrid-[1, 2], [2, 5]. Ist wahrscheinlich identisch mit dem synthetisch dargestellten Di-h-fructoseanhydrid und mit dem Difructoseanhydrid[5].

Darstellung: Der wässerige Auszug von Scilla maritima wird mit Bleiessig enteiweißt, und die entbleite Lösung mit Alkohol auf 70 proz. Alkohol eingestellt, wobei Sinistrin B ausfällt, aus den Mutterlaugen fällt Sinistrin A bei einer Alkoholkonzentration von 85% aus.

Physikalische und chemische Eigenschaften: Bei der Methylierung entsteht ein Trimethyläther ($[\alpha]_D^{20} = -41{,}5°$ in Chloroform), das bei der Hydrolyse mit Oxalsäure 3, 4, 6-Trimethylfructose-[2, 5] entstehen läßt.

[1] Richard F. Jackson u. Sylvia M. Goergen: Bureau Standars J. Res. **3**, 27 (1929) — Chem. Zbl. **1929 II**, 1653.

[2] Hans Heinrich Schlubach u. Horst Elsner: Ber. dtsch. chem. Ges. **61**, 2362 (1928) — Chem. Zbl. **1929 I**, 45.

[3] Hans Heinrich Schlubach u. Werner Flörsheim: Ber. dtsch. chem. Ges. **62**, 1491 (1929) — Chem. Zbl. **1929 II**, 722.

[4] Hans Heinrich Schlubach u. Horst Elsner: Ber. dtsch. chem. Ges. **62**, 1493 (1929) — Chem. Zbl. **1929 II**, 722.

[5] Vogel u. Pictet: Chem. Zbl. **1928 I**, 1391.

Inulan[1].

$$(C_6H_{10}O_5)_2$$

Mol-Gewicht: 342,22.

Ist nichts anderes als mit Acetamid und Alkohol verunreinigtes Inulin[2].

Darstellung: Inulin wird 2 Stunden in geschmolzenem Acetamid in Lösung gehalten und das Inulan mit abs. Alkohol gefällt.

Physikalische und chemische Eigenschaften: $[\alpha]_D^{20} = -31,2°$ in Wasser. Mol-Gewichtsbestimmungen in Wasser: 303, 353, bei 4 Monate gealterten Inulan: 2583.

Dilävoglykosan[3].

Mol-Gewicht: 342,22.

Zusammensetzung: $(C_6H_{10}O_5)_2$.

Konstitution: vielleicht

$$
\begin{array}{l}
\text{CH} \\
\text{HCOH} \\
\text{HC}\!-\!\!-\!O\cdot CH\cdot CHOH\cdot CHOH\cdot CHOH\cdot CH\cdot CH_2OH \\
\text{HCOH} \\
\text{CH} \\
\text{CH}_2
\end{array}
$$

oder

$$
\begin{array}{l}
\text{CH}_2 \\
\text{CH} \\
\text{CHOH} \\
\text{CHOH} \\
\text{CHOH} \\
\text{CH}
\end{array}
\qquad
\begin{array}{l}
\text{CH} \\
\text{CHOH} \\
\text{CHOH} \\
\text{CHOH} \\
\text{CH} \\
\text{CH}_2
\end{array}
\quad [4]
$$

Für diese Symbole liegen aber keine Beweise vor.

Soll ein Anhydrid der Isomaltose sein.

Darstellung: 10 g Lävoglykosan und 0,2 g $ZnCl_2$ werden 1 Stunde bei 140° erhitzt. Unter 15 mm Druck entsteht als Hauptprodukt Dilävoglykosan. Das Rohprodukt wird in Eisessig gelöst und in das 3—4fache Volumen Aceton gegossen, der Niederschlag mit Äther gewaschen, in wenig Wasser gelöst und abgedampft[5].

Physikalische und chemische Eigenschaften: Amorphes Pulver, wenig hygroskopisch. Schmelzp. 135°, Zersetzungspunkt bei 150°; sehr leicht löslich in Wasser; leicht löslich in Eisessig, Pyridin; ziemlich löslich in heißem, fast unlöslich in kaltem Alkohol, Aceton, sonst unlöslich. Geschmack schwach süß. Wirkt nicht reduzierend. $[\alpha]_D = +27,2°$ in Wasser, molekulare Drehung: $+88,1°$ [5]. Wenn man die Lösung von Dilävoglykosan in konzentrierter HCl bei Zimmertemperatur stehen läßt, die meiste HCl im Vakuum über KOH entfernt, in Wasser löst und mit Ag_2CO_3 schüttelt, so hinterläßt das Filtrat auf dem Wasserbad ein Gemisch von Glykose und Isomaltose[6]. Desgleichen erhält man Isomaltose, wenn man Dilävoglykosan mit kaltem CH_3COBr bis zur Lösung behandelt, auf Eis gießt und das erhaltene weiße Pulver mit Baryt verseift[6].

[1] H. Pringsheim, J. Reilly u. P. P. Donovan: Ber. dtsch. chem. Ges. **62**, 2378 (1929) — Chem. Zbl. **1929 II**, 2320.

[2] Endre Berner: Ber. dtsch. chem. Ges. **63**, 1356 (1930).

[3] Amé Pictet u. J. H. Roß: C. r. Acad. Sci. Paris **174**, 1113 (1922) — Chem. Zbl. **1922 III**, 346.

[4] A. Georg u. A. Pictet: Helvet. chim. Acta **9**, 612 (1926) — Chem. Zbl. **1926 II**, 1131.

[5] A. Pictet u. J. H. Roß: Helvet. chim. Acta **5**, 876 (1922) — Chem. Zbl. **1923 III**, 120.

[6] A. Pictet u. A. Georg: C. r. Acad. Sci. Paris **181**, 1035 (1925) — Chem. Zbl. **1926 I**, 2193.

Hexaacetylverbindung $C_{24}H_{32}O_{16}$ [1]. Amorphes Pulver aus Alkohol + Wasser. Schmelzp. 89—92°. Löslich in siedendem Amylalkohol.

Lactosan [2].

Mol-Gewicht: 342,22.

Zusammensetzung: $C_{12}H_{20}O_{10}$.

Darstellung: Durch vorsichtiges Erhitzen von Lactose unter vermindertem Druck auf 185°. Wird das Erhitzen bei 200° vorgenommen, so findet Polymerisation statt, an Stelle von Lactosan erhält man ein Produkt mit dem Mol-Gewicht 572.

Physikalische und chemische Eigenschaften: Amorphes, wenig hygroskopisches, weißes Pulver vom Schmelzp. 200—202° unter Zersetzung, nach dem Waschen mit Alkohol und Trocknen bei 110°. Leicht löslich in Wasser, unlöslich in Methylalkohol, Alkohol, Aceton, Benzol und Chloroform, wenig löslich in siedendem Pyridin, löslich in siedender Essigsäure. — $[\alpha]_D = +65,5—66°$ in Wasser, zeigt keine Mutarotation. Entfärbt Kaliumpermanganat in der Kälte. — Fehlingsche Lösung wird in der Wärme reduziert. Mit Phenylhydrazin entsteht Lactosoazon vom Schmelzp. 204—205°. — Durch längeres Kochen des Lactosans mit Wasser wird Lactose zurückgebildet. Beim Acetylieren entsteht Oktaacetyllactose, aus Aceton + Äther, Schmelzp. 106°. Durch halbstündiges Erhitzen von Lactosan bei 15 mm und 105° bei Gegenwart von Zinkchlorid entsteht eine polymere Verbindung, anscheinend Tetralactosan. — Wird Lactosan in Salzsäure gelöst, die Lösung unter vermindertem Druck über Kaliumhydroxyd eingedunstet, so resultiert ein braunes, wenig hygroskopisches, in Wasser leicht lösliches Pulver, unlöslich in organischen Lösungsmitteln; es enthält außer Lactosylchlorid auch Polymerisationsprodukte; bei der Acetylierung entsteht Acetochlorglykose: Schmelzp. 121°. — Gibt durch kurzes Erhitzen auf 200° unter 12—15 mm Druck Tetralactosan $(C_{12}H_{20}O_{10})_4$ [3].

Maltosan [4].

Mol-Gewicht: 324,22.

Zusammensetzung: $C_{12}H_{20}O_{10}$.

Darstellung: Maltose wird am besten bei Atmosphärendruck solange auf 140—145° erhitzt, bis das Krystallwasser fort ist, dann wird allmählich evakuiert und die Temperatur auf 160° gesteigert.

Physikalische und chemische Eigenschaften: Amorphe, voluminöse, brüchige, hellbraune Masse von bitterem Geschmack. Krystallisiert nicht. Läßt sich aus Wasser mit Alkohol oder Aceton umfällen. Auch aus heißem Eisessig fällt sie amorph aus. Wird bei 120° viscos und ist erst bei 145—150° flüssig. Leicht löslich in Wasser; ziemlich leicht in CH_3OH, Pyridin und siedendem Eisessig; unlöslich in den anderen Lösungsmitteln. $[\alpha]_D^{20} = +75,7°$. Wird von siedendem Wasser nicht zu Maltose regeneriert, reduziert jedoch Fehlingsche Lösung ebensostark wie diese. Mit Phenylhydrazin gibt es langsam Maltosazon. Entfärbt sofort $KMnO_4$-Lösung und wird von Hefe vergoren. Es gelang auf keine Weise, auch nicht mit $ZnCl_2$, vom Maltosan ein Polymerisationsprodukt zu erhalten [4].

Derivate: Hexaacetylmaltosan $C_{24}H_{32}O_{16}$. Schmelzp. 95°.

Cellobioseanhydrid [5].

Mol-Gewicht: 324,22.

Zusammensetzung: $C_{12}H_{20}O_{10}$.

Darstellung: Durch Schütteln des Tetraacetyl-cellobiose-anhydrids mit $^1/_2$ n. alkoholischer KOH 2 Tage lang bei 18—20°. Dann wird mit Essigsäure neutralisiert, abgesaugt und mit Wasser, dann mit Alkohol und Äther gewaschen und bei 78° und 0,5 mm über Phosphorpentoxyd getrocknet.

[1] A. Pictet u. J. H. Roß: Helvet. chim. Acta **5**, 876 (1922) — Chem. Zbl. **1923 III**, 120.

[2] Amé Pictet u. Margarete M. Egan: Helvet. chim. Acta **7**, 295 (1924) — Chem. Zbl. **1924 I**, 2582.

[3] Gesellschaft für Chemische Industrie (Basel), übertr. von Amé Pictet: A.P. 1602549 vom 6. März 1925, ausg. 12. Okt. 1926, Schw.Prior. vom 14. März 1924; Chem. Zbl. **1927 I**, 354.

[4] A. Pictet u. A. Marfort: Helvet. chim. Acta **6**, 129 (1923) — Chem. Zbl. **1923 I**, .1016.

[5] M. Bergmann u. E. Knehe: Liebigs Ann. **445**, 1 (1925) — Chem. Zbl. **1926 I**, 350.

Physikalische und chemische Eigenschaften: Nicht krystallinisch. Sintert über 200° und färbt sich über 285° dunkel. Unlöslich außer in verdünnten Laugen und in Kupferoxydammoniak. Die siedende alkalische Lösung färbt sich gelbbraun. Siedende Fehlingsche Lösung wird stark reduziert, alkalische Jodlösung dagegen nicht. Mit Chlorzinkjodlösung Braunviolettfärbung wie bei Cellulose. Mit Essigsäureanhydrid und Pyridin acetyliert entsteht ein Gemisch, aus diesem wurde das Tetraacetat isoliert, wahrscheinlich bildet sich auch das Hexaacetat[1].

Derivate: Tetraacetyl-cellobiose-anhydrid $C_{20}H_{28}O_{14}$ (492,22). Acetylcellulose wird in Chloroformlösung mit bei 0° gesättigtem Essigsäurebromwasserstoff 3 Stunden bei 20° behandelt, auf Eis gegossen, mit Chloroform ausgezogen, der Rückstand der getrockneten Lösung zum Ersatz von aufgenommenem Br mit Ag-Acetat in Eisessig auf 40—50° erwärmt. Nach Entfernung des Ag mit Schwefelwasserstoff wird im Vakuum eingedampft und der Rückstand mit Methylalkohol gereinigt. Ausbeute gering.

Mikroskopisch kleine, spindelförmig in die Länge gezogene Sechsecke, die bei 155° sintern, bei etwa 165° durchsichtig und bei etwa 185° dünnflüssig werden. Löslich in warmem Methylalkohol, Alkohol ziemlich, leichter in Chloroform, Acetylentetrachlorid, Benzol, sehr leicht löslich in Eisessig, Essigester, sehr wenig löslich in Äther. $[\alpha]_D^{20} = -19,6°$ (in Acetylentetrachlorid)[1].

Hexaacetylcellobioseanhydrid $C_{24}H_{32}O_{16}$ (576,26). Tetraacetylcellobioseanhydrid wird in Essigsäureanhydrid gelöst und nach Zugabe von Pyridin 5 Tage bei 37° aufbewahrt. Sie wird auf Eiswasser gegossen, die Substanz in Chloroform aufgenommen, mit Wasser gewaschen, mit Chlorcalcium getrocknet und verdampft. Krystallisiert aus Methylalkohol.

Mikroskopische Nädelchen, die von 178° ab sintern, bei 225° durchsichtig und bei 229° dünnflüssig werden. Das Hexaacetat ist ziemlich löslich in Benzol, leicht löslich in Essigester und Chloroform. $[\alpha]_D^{19} = -14,75°$ in Acetylentetrachlorid. Läßt man in Essigsäureanhydrid gelöst unter Zugabe von ein Gemisch von Essigsäureanhydrid, Eisessig und konzentrierter Schwefelsäure 2 Tage bei 20° stehen, so entsteht α-Oktaacetylcellobiose: $C_{28}H_{38}O_{19}$, Schmelzpunkt 224°, $[\alpha]_D^{20} = +41,3°$ in Chloroform.

Biosan[2].

Mol-Gewicht: 324,22.

Zusammensetzung: $C_{12}H_{20}O_{10}$.

Nach den Jodzahlen handelt es sich um Substanzen, die das Molekulargewicht 2450 bis 3900 besitzen[3]. — Molekulargewichtsbestimmungen in Bromform ergaben Zahlen gegen 3000[4]. — Nach Freudenberg[5] ist das Biosan ein Polysaccharid mit 10—16 Glykosegliedern, demnach kommt es als Grundkörper der Cellulose nicht in Frage[6].

Bildung: Aus Hexaacetylbiosan mit 2-n. methylalkoholischer NaOH.

Physikalische und chemische Eigenschaften: Zersetzt sich bei 270° unter Braunfärbung. $[\alpha]_D^{20} = -6,31°$ (in 2-n-NaOH). Die Reacetylierung von Biosan zu Hexaacetylbiosan kann leicht mit kochendem Pyridin-Essigsäureanhydrid oder noch besser mit Essigsäureanhydrid und Na-Acetat vorgenommen werden[2].

Derivate: Hexaacetylbiosan $C_{24}H_{32}O_{16}$. Bildung beim Eintragen von Baumwolle in Eisessig und Essigsäureanhydrid bei Gegenwart von H_2SO_4. Nach Beendigung der bei 30° verlaufenden Reaktion wird in Wasser gegossen. Schneeweiße Fällung, leicht löslich in Eisessig, Aceton, Chloroform, CH_2Cl_4, Pyridin, nahezu unlöslich in Äther. Tabellen für Molekulargewichtsbestimmungen in Eisessig bei Luftgegenwart, bei Luftabschluß und in Phenol. Schmelzp. 258—259°, $[\alpha]_D^{18} = -12,61°$ (in Chloroform)[2].

Hexamethylbiosan $C_{18}H_{32}O_{10}$. Aus Biosan durch Methylierung mit 45proz. NaOH und Dimethylsulfat. Schmelzp. 210—215°, $[\alpha]_D^{24} = -4,51°$ (in Benzol) und $[\alpha]_D^{20} = -10,18°$ (in

---

[1] M. Bergmann u. E. Knehe: Liebigs Ann. **445**, 1 (1925) — Chem. Zbl. **1926 I**, 350.

[2] K. Heß u. H. Friese: Liebigs Ann. **450**, 40 (1926) — Chem. Zbl. **1926 II**, 2892.

[3] Max Bergmann u. Hans Machemer: Ber. dtsch. chem. Ges. **63**, 316 (1930) — Chem. Zbl. **1930 I**, 1922.

[4] Kurt H. Meyer u. Heinrich Hopff: Ber. dtsch. chem. Ges. **63**, 790 (1930) — Chem. Zbl. **1930 I**, 3430.

[5] Karl Freudenberg: Ber. dtsch. chem. Ges. **62**, 383 (1929) — Chem. Zbl. **1929 I**, 2040.

[6] Karl Freudenberg, Ernst Bruch u. Helene Rau: Ber. dtsch. chem. Ges. **62**, 3078 (1929) — Chem. Zbl. **1930 I**, 672.

Wasser). Ist leicht löslich in kaltem Chloroform, Benzol, Toluol, Eisessig, Pyridin und kaltem Wasser. Gibt mit 100proz. methylalkoholischer HCl 60 Stunden im Autoklaven bei 100° behandelt 2, 3, 6-Trimethylglykose-(α, β)-methylglykosid [1].

Cellal [2].

Das freie Cellal ist nicht bekannt, nur als Hexaacetat.

Derivat: Cellalacetat $C_{12}H_{14}O_{10}(CO \cdot CH_3)_6$? Entsteht aus Acetobromcellobiose und einer alkoholischen Trimethylaminlösung beim Erwärmen im Autoklaven auf 85—90°. — Die abgeschiedenen Krystalle werden aus Alkohol umkrystallisiert. — Schmelzp. 205—206° unter Zersetzung. Unlöslich in Wasser, wenig löslich in Alkohol, leicht löslich in Chloroform. $[\alpha]_D$ in verschiedenen Präparaten: $= -10,98°$, $-11,14°$ und $-11,3°$ in Chloroform. Geht durch Erwärmen mit Essigsäureanhydrid und Natriumacetat in α-Oktaacetylcellobiose vom Schmelzp. 221° und eine linksdrehende in Alkohol leicht lösliche, nicht isolierbare Verbindung. — Die Verbindung reduziert so stark Fehlingsche Lösung wie eine hexaacetylierte Cellobiose. Gegen Eisessig-Bromwasserstoff ist sie sehr beständig, kann daher keine Hexaacetylanhydrocellobiose sein. — Die Barytverseifung ergab undefinierbare Produkte und Spuren einer krystallinischen Verbindung, die nicht identifiziert werden konnten. Mit Phosphorpentabromid entsteht nicht, wie aus Oktaacetylcellobiose, Aceto-1-6-dibromglykose. Mit Brom entsteht eine bromhaltige Verbindung [2]. Die Verbindung ist höchstwahrscheinlich identisch mit Heptaacetylcellobiosido-dimethylamin (s. dort).

C. Trisaccharide.

1. Pentosenderivate.

Rhamninose (Bd. II, S. 429; Bd. VIII, S. 227).

Bildung: Bei der Spaltung des Sophorins, das mit Rutin identisch ist, mit dem Enzym Rhamninase [3]:

$$C_{33}H_{42}O_{20} + H_2O \rightarrow C_{15}H_{12}O_7 + C_{18}H_{32}O_{14}$$

$\qquad$ Sophorin oder Rutin $\qquad\qquad$ Sophoretin $\quad$ Rhamninose

Physikalische und chemische Eigenschaften: $[\alpha]_D = -41°$ in wässeriger Lösung, $[\alpha]_D = -26° 37'$ in 75proz. alkoholischer Lösung. — Wird durch Salzsäure bei 100° in Rhamnose und Galaktose gespalten [3].

Robinose [4].

Mol-Gewicht: 472,35.

Zusammensetzung: $C_{18}H_{32}O_{14}$.

Ist ein Anhydrid, bestehend aus 2 Moleküle Rhamnose und 1 Molekül Galaktose.

Bildung: Bei der Hydrolyse des Robinins mit Rhamnodiastase. Der Verlauf der mit einer wässerigen Lösung dieses Ferments in mit Äther gesättigtem Wasser bei Zimmertemperatur eintretenden Spaltung des Robinins läßt deutlich die intermediäre Bildung einer Verbindung von Substrat und Ferment erkennen: es bildet sich zunächst unter Verschwinden des in kaltem Wasser unlöslichen Glykosids eine durchscheinende, schwach gelbliche, gelatinöse Masse, deren Konsistenz sich während mehrerer Tage allmählich vermindert, wobei die Färbung zunimmt; plötzlich tritt dann Ausscheidung von reichlichem gelbem Niederschlag unter Klärung der überstehenden Flüssigkeit ein. Aus der wässerigen Lösung wird nach Abdampfen und Reinigung des Rückstandes durch siedendem 95proz. Alkohol, dann durch siedendem absoluten Alkohol nach Abkühlen der letzten Lösung, Filtration und Konzentration durch Zusatz von absolutem Äther die Robinose gewonnen.

---

[1] K. Heß u. H. Friese: Liebigs Ann. **450**, 40 (1926) — Chem. Zbl. **1926 II**, 2892.

[2] P. Karrer, Angela Widmer u. Joh. Staub: Helvet. chim. Acta **7**, 519 (1924) — Chem. Zbl. **1924 II**, 174.

[3] H. ter Meulen: Rec. Trav. chim. Pays-Bas et Belg. (Amsterd.) **42**, 380 (1923) — Chem. Zbl. **1923 III**, 860.

[4] C. Charaux: Bull. Soc. Chim. biol. Paris **8**, 915 (1926) — Chem. Zbl. **1926 II**, 2922.

Physiologische Eigenschaften: Die Angaben von Waliaschko[1], daß in den Akazien-
blüten ein, das Robinin bis zu den Monosen hydrolysierendes Ferment enthalten sei, wurde
bestätigt, doch erfordert die Spaltung Monate. Dieses Ferment wird deshalb Robinase
genannt[2].

Physikalische und chemische Eigenschaften: Weißes, hygroskopisches Pulver, $[\alpha]_D$ in
Wasser (0,2576 g in 10 ccm) 2 Minuten nach Lösung $= +5,17°$, endgültig $= +1,94°$, in
90 proz. Alkohol (0,1235 g in 20 ccm) $= -16,66°$. Ist in der Wärme reduzierend, zwar 44 %
vom Reduktionsvermögen der Glykose.

2. Hexosenderivate.

Raffinose (Bd. II, S. 430; Bd. VIII, S. 227; Bd. X, S. 628).

Geschichte der Entdeckung, Identifizierung und Darstellung im Zustande hoher Reinheit
und größerer Menge[3].

Konstitution:

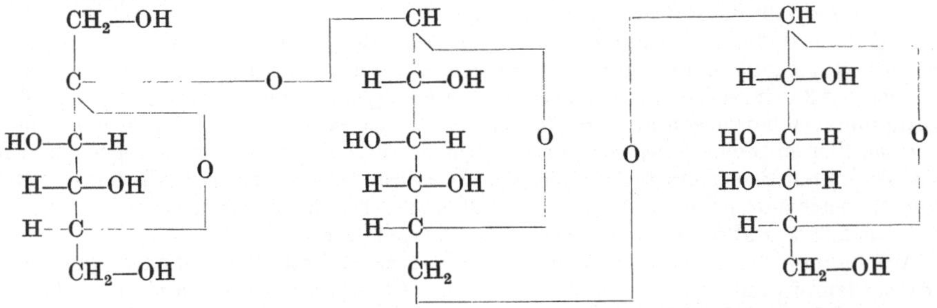

$$\text{(Strukturformel)}$$

Nach den Berechnungen von C. S. Hudson[5] unter Berücksichtigung der Konstitution
für Melibiose und Saccharose wird der Raffinose die Struktur und Konfiguration nach folgendem Symbol gegeben:

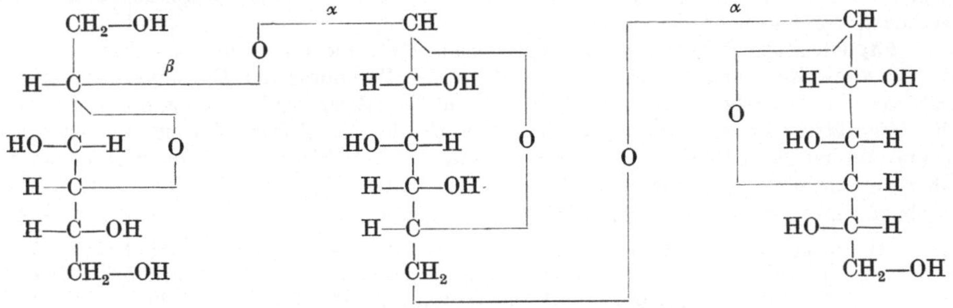

$$\text{(Strukturformel)}$$

Weitere Untersuchungen über die Konstitution der Raffinose[6].

Vorkommen: Mehrle[7] ließ 16 Jahre hindurch wöchentlich die Durchschnittsmuster
von Melasse auf Raffinose untersuchen. Der Raffinosegehalt schwankte dabei während
7 raffinosereicher Jahre zwischen 2,9—4,1 %, bei 8 Jahren zwischen 1,4 und 2,3 %. Ein ein-

---

[1] Waliaschko: Arch. Pharmaz. **247**, 447 (1909) — Chem. Zbl. **1909 II**, 2082.

[2] C. Charaux: Bull. Soc. Chim. biol. Paris **8**, 915 (1926) — Chem. Zbl. **1926 II**, 2922.

[3] T. Swann Harding: Sugar **24**, 14 (1922) — Chem. Zbl. **1922 III**, 428.

[4] William Charlton, Walter Normann Haworth u. Wilfred John Hickin Bottom:
J. chem. Soc. Lond. **1927**, 1527 — Chem. Zbl. **1927 II**, 2281.

[5] C. S. Hudson: J. amer. chem. Soc. **52**, 1718 (1930).

[6] M. Bergmann u. A. Mickeley: Ber. dtsch. chem. Ges. **55**, 1390 (1922) — Chem. Zbl.
1922 III, 247. — W. N. Haworth u. J. Law: J. amer. chem. Soc. **109**, 1314 (1917). — J. C. Irvine
u. G. Robertson: J. chem. Soc. Lond. **109**, 1305 (1917) — Chem. Zbl. **1917 I**, 1075, 1076. — W. N.
Haworth, E. L. Hirst u. D. A. Ruell: J. chem. Soc. Lond. **123**, 3125 (1923) — Chem. Zbl. **1924 I**,
1509. — Géza Zemplén: Ber. dtsch. chem. Ges. **60**, 923 (1927).

[7] Richard Mehrle: Z. dtsch. Zuckerind. **48**, 462 (1923) — Chem. Zbl. **1924 I**, 252.

ziges Jahr zeigte nur 0,6% Raffinose[1]. Isoliert wurde Raffinose aus den Samen von Anthyllis vulneraria und Esparsette aus Spanien[2]. Im Honigtauhonig der Linde[3].

Bildung. Synthese: Aus 2 Teilen Rohrzucker und 1 Teil Galaktose beim Erhitzen auf 160—165° bei 13—15 mm unter Abspaltung von Wasser in einer Ausbeute von 1%. Durch Zusammenschmelzen von Rohrzucker mit α-Galaktosan Ausbeute 1,6%[4].

Es ist wahrscheinlich, daß beim Lagern der Rüben auch eine Zunahme der Raffinose stattfindet[5].

Darstellung: 5 kg Baumwollsamenmehl werden im Perkolator mit Wasser extrahiert, bis eine Probe des Filtrats nach der Fällung mit basischem Bleiacetat im 2-dm-Rohr eine geringere Drehung als 1° zeigt, das Filtrat vom Bleiniederschlag (12—13 l) wird nach Entfernung des Bleiüberschusses mit Oxalsäure, mit Natronlauge gegen Lackmus alkalisch gemacht, wobei sich Flocken ausscheiden, und aus dem Filtrat davon die Raffinose als Calciumverbindung ausgefällt. Die Zerlegung des Calciumraffinosats mit Kohlensäure wird mittels geeigneter Rührvorrichtung bewerkstelligt. Die hohle Achse des Rührers trägt am unteren Ende eine dreieckige Platte, die gleichfalls hohl und an den Seiten offen ist. Bei einer Tourenzahl von 1500 pro Minute ist das Ca-Raffinosat in 4—5 Minuten quantitativ zerlegt. Man filtriert vom Calciumcarbonat, dampft das Filtrat bei 60° im Vakuum bis zu einem Zuckergehalt von 70 bis 75% ein und fällt die Raffinose mit Alkohol[6].

6 kg Baumwollsaatmehl werden mit 30 l Wasser, das 750 g technisches Aluminiumsulfat gelöst enthält, einige Minuten verrührt, dann zentrifugiert. Das Filtrat wird unter vermindertem Druck auf 3 l eingeengt und mit 6 l 80proz. Alkohl gefällt. Am anderen Morgen gießt man vom Aluminiumsulfatkuchen ab, fällt die Lösung mit basischem Bleiacetat, entfernt aus dem Filtrat das Blei mit Schwefelwasserstoff, entfärbt das Filtrat mit Norit und konzentriert nach dem Ansäuern mit Phosphorsäure auf 300 ccm. Der Sirup wird mit 95proz. Alkohol + 1 Raumprozent Salpetersäure gelöst und zwischen +2° und +10° der Krystallisation überlassen. — Man erhält 2,25% Raffinose, berechnet auf das Ausgangsmaterial[7].

Aus Baumwollsaatmehl: Das Mehl wird mit starkem Methylalkohol extrahiert, der Extrakt eingedampft, mit heißem Wasser versetzt, das Öl mit Petroläther entfernt, die wässerige Lösung mit Bleiacetat gefällt, das Filtrat mit H_2S entbleit und eingedampft bis 70—80% Trockengehalt und weiter nach Hudson und Harding[8] behandelt. Ausbeute 2,5%[9].

Nachweis und Bestimmung: Nachweis von Raffinose neben ihren Reaktionsprodukten[10]. Über Fehlerquellen bei der Bestimmung der Raffinose[11]. — Polarimetrische Bestimmungsmethoden vor und nach der Inversion[12].

Physiologische Eigenschaften: Vergleichende Untersuchungen über die Einwirkung des Invertins auf Rohrzucker bzw. Raffinose[13]. — Die Hemmung der Raffinosespaltung durch Raffinase durch α-Glykose ist unmeßbar klein im Verhältnis zur Hemmung durch β-Glykose. Die Affinität für Fructose ist nur wenig größer als die für Glykose. Gleichgewichtsgalaktose hemmt stärker als α-Galaktose. Eine Hemmung durch Melibiose wurde nicht gefunden[14]. — Über die Affinität von Raffinose—Raffinase hat Euler[15] Studien veröffentlicht. — Takasaccharase greift die Raffinose nur dann an, wenn die begleitende Melibiase bzw. die Galakto-

[1] Richard Mehrle: Z. dtsch. Zuckerind. **48**, 462 (1923) — Chem. Zbl. **1924 I**, 252.

[2] H. Hérissey u. R. Sibassié: C. r. Acad. Sci. Paris **178**, 884 (1924) — Chem. Zbl. **1924 I**, 1938.

[3] F. E. Nottbohm u. F. Lucius: Z. Unters. Lebensmitt. **57**, 549 (1929) — Chem. Zbl. **1929 II**, 2121.

[4] Hans Vogel u. Amé Pictet: Helvet. chim. Acta **11**, 898 (1928) — Chem. Zbl. **1929 I**, 228.

[5] Emile Saillard: C. r. Acad. Sci. Paris **178**, 2189 (1924) — Chem. Zbl. **1924 II**, 896.

[6] E. P. Clark: J. amer. chem. Soc. **44**, 210 (1922) — Chem. Zbl. **1922 III**, 489.

[7] T. S. Harding: Sugar **25**, 308 (1923) — Chem. Zbl. **1923 IV**, 1009.

[8] C. S. Hudson u. T. S. Harding: J. amer. chem. Soc. **36**, 2110 (1925) — Chem. Zbl. **1915 I**, 783.

[9] D. T. Englis, R. T. Decker u. A. B. Adams: J. amer. chem. Soc. **47**, 2724 (1925) — Chem. Zbl. **1926 I**, 882.

[10] J. Schlemmer: Listy Cukrovarnické **45**, 243 — Z. Zuckerind. tschechosl. Republik **51**, 422 (1927) — Chem. Zbl. **1927 II**, 881.

[11] G. Schecker: Z. dtsch. Zuckerind. **1924**, 85 — Chem. Zbl. **1924 I**, 2643.

[12] Emile Saillard: C. r. Acad. Sci. Paris **178**, 2189 (1924) — Chem. Zbl. **1924 II**, 896 — Monit. scient. (5) **14**, 201 (1924) — Chem. Zbl. **1925 I**, 777. — H. S. Paine u. R. T. Balch: Ind. Chem. **17**, 240—246 (1925) — Chem. Zbl. **1925 I**, 2416. — G. Schecker: Z. dtsch. Zuckerind. **1922**, 1—6 — Chem. Zbl. **1922 II**, 889.

[13] Richard Willstätter u. Richard Kuhn: Hoppe-Seylers Z. **125**, 28 (1923) — Chem. Zbl. **1923 I**, 1129.

[14] Karl Josephson: Hoppe-Seylers Z. **136**, 62 (1924) — Chem. Zbl. **1924 II**, 478.

[15] Hans v. Euler: Ark. Kemi, Min. och Geol. **9**, Nr 13, 1 (1924) — Chem. Zbl. **1925 I**, 532.

raffinase die Galaktose schon abgespalten hat[1]. Das Optimum liegt bei $p_H = 6,5$. Wird durch Meningococcus-Maltase nicht gespalten[2]. Die Hydrolyse der Raffinose durch die Enzyme geht bis zum Stadium Melibiose—Fructose und besitzt ein Optimum bei $p_H = 4,2$ bis $p_H = 4,8$ und bei $40-45°$. Die Reaktionsprodukte wie auch Glycerin und Glykose wirken verzögernd; Toluol, Chloroform, Thymol und NaF etwas beschleunigend auf die Reaktion. Die Reaktionsgeschwindigkeit ist der Konzentration des Ferments direkt proportional, ihr Temperaturkoeffizient beträgt $1,7-1,9$ und ist unabhängig von p_H. Die Reaktion zeigt den Charakter einer monomolekularen Reaktion, aber nicht in allen Fällen, was durch Verteilung des Enzyms zwischen Substrat und Reaktionsprodukt zu erklären versucht wird. Unter gleichen Bedingungen wird die Raffinose langsamer hydrolysiert als die Saccharose[3]. Ist spaltbar durch β-h-Fructosidase[4]. — Hemmung der Saponinhämolyse[5]. Raffinose verhindert die Flockung des Serums mit Neosalvarsan nicht[6]. Die relative Süßigkeit der Raffinose beträgt (Rohrzucker als Bezugswert = 100 gesetzt) 22[7]. Ist von den Honigbienen nicht verwertbar[8]. Raffinose zeigte an weißen Mäusen eine Abführwirkung[9]. Wurde bei permanenter Injektion durch die Vena jugularis oder linealis vollständig ausgeschieden[10]. Raffinose wird durch die Froschniere unverändert durchgelassen[11].

Physikalische und chemische Eigenschaften: Krystallisationsverhalten im Betrieb[12]. Im Vakuum über P_2O_5 getrocknete Raffinose absorbiert aus der Luft bei $20°$ 0,74, 12,90, 15,91% Feuchtigkeit (die Luftfeuchtigkeit war 1,60% nach 1 Stunde, 2,60% nach 9 Tagen, 3,100% nach 25 Tagen)[13]. Verhalten der Krystalle gegen polarisiertes Licht, Brechungsindex und Habitus[14]. Ultraviolettabsorption[15]. — Eine bei $24°$ gesättigte Raffinoselösung polarisiert $52,6°$ entsprechend 28,4% Raffinose; das spezifische Gewicht beträgt bei $20°$: 1,12374. — Die Raffinoselösung ist nur unwesentlich zähflüssiger als eine Rohrzuckerlösung gleicher Dichte[16]. — Die aussalzende Wirkung der Raffinose in einem Melassesirup ist sehr gering: 8 Gewichtsprozent Raffinose erniedrigen den Polarisationsquotienten nur um 1%. Da die gewöhnlichen Melassen höchstens nur 4,5% Raffinose enthalten, so kann man kaum von einer aussalzenden Wirkung sprechen, die Raffinose ist vielmehr für die Nachproduktenarbeit als nichtkrystallisierender Zucker und als Nichtzucker anzusehen. Die Raffinose stört die Krystallisation nicht, sie ist nur Ballast[17]. — Säuredissoziationskonstante[18] K_a bei $18,3° = 21,6 \cdot 10^{-14}$. — Hohe Melassereinheit wird bedingt durch höheren Raffinosegehalt[19]. Spaltet bei der Destillation in saurer, neutraler oder alkalischer Lösung Formaldehyd ab[20]. Mit unvollkommen getrockneter HCl gibt sie bei gewöhnlicher Temperatur eine Violettfärbung. Die Färbung geht allmählich in Schwarz über[21]. Mit salzsaurer Tryptophanlösung erhitzt gibt die Fructosereaktion nach P. Thomas und E. Maftei[22].

[1] Jesaia Leibowitz u. Paul Mechlinski: Hoppe-Seylers Z. **154**, 64 (1926) — Chem. Zbl. **1926 II**, 900.

[2] James M. Neill u. Emidio L. Gaspari: J. of exper. Med. **45**, 151—162 (1927) — Chem. Zbl. **1927 I**, 1325.

[3] V. J. Isajew: Chem. Listy **21**, 101, 141, 191 (1927) — Chem. Zbl. **1927 II**, 1341.

[4] Rudolf Weidenhagen: Z. dtsch. Zuckerind. **1928**, 781 (1928) — Chem. Zbl. **1929 I**, 2311.

[5] E. Ponder u. W. Ph. Kennedy: Biochemic. J. **20**, 237 (1926) — Chem. Zbl. **1926 II**, 256.

[6] Attilio Busacca: Arch. Farmacol. sper. **36**, 129, 156, 166, 186 (1923) — Chem. Zbl. **1924 I**, 1831.

[7] A. Biester, M. W. Wood u. C. S. Wahlin: Amer. J. Physiol. **73**, 387 — Chem. Zbl. **1925 II**, 1372. — Kurt Täufel: Biochem. Z. **165**, 96 (1925) — Chem. Zbl. **1926 I**, 1896.

[8] E. F. Phillips: J. agricult. Res. **35**, 385 (1927) — Chem. Zbl. **1928 I**, 937.

[9] H. Fühner: Festschrift A. Tschirch **1926**, 30 — Chem. Zbl. **1927 I**, 2572.

[10] E. O. Folkmar: Bibl. Laeg. (dän.) **115**, 120 — Ref.: Ber. Physiol. **20**, 47 (1923) — Chem. Zbl. **1923 III**, 1291.

[11] F. Wankell: Pflügers Arch. **208**, 604 — Chem. Zbl. **1925 II**, 1371.

[12] R. Mehrle: Z. dtsch. Zuckerind. **50**, 1325, 1357 (1925) — Chem. Zbl. **1926 I**, 518.

[13] C. A. Browne: Sugar **25**, 73 (1923) — Chem. Zbl. **1923 III**, 120.

[14] G. T. Keenan: J. Washington Acad. Sci. **16**, 433 (1927) — Chem. Zbl. **1927 I**, 1151.

[15] L. Kureciński u. L. Marchlewski: Bull. internat. Acad. Polon. Sci. Lettres Serie A **1928**, 271 — Chem. Zbl. **1929 I**, 1092.

[16] G. Schecker: Z. dtsch. Zuckerind. **1924**, 82 — Chem. Zbl. **1924 I**, 2643.

[17] G. Schecker: Z. dtsch. Zuckerind. **1924**, 83 — Chem. Zbl. **1924 I**, 2643.

[18] Richard Kuhn u. Harry Sobotka: Z. physik. Chem. **109**, 65 (1924) — Chem. Zbl. **1924 II**, 991.

[19] G. Schecker: Z. dtsch. Zuckerind. **1923**, 269 — Chem. Zbl. **1923 IV**, 671.

[20] G. Klein: Biochem. Z. **169**, 132 (1926) — Chem. Zbl. **1926 I**, 3221.

[21] H. Colin u. E. Ruppol: Bull. Soc. Chim. biol. Paris **9**, 928 (1927) — Chem. Zbl. **1928 I**, 555.

[22] Pierre Thomas u. Elena Maftei: Bul. Soc. Stiinte din Cluj **3**, 41—44 (1926) — Chem. Zbl. **1927 I**, 779.

Gärung: Einwirkung von pentosezersetzenden Bakterien[1]. — Es wurde die Wirkung verschiedener Salmonellabacillen auf Raffinose untersucht, doch ohne wesentliche Resulate[2]. Von gewissen mannitbildenden Bakterien der Kultur 26 und 36 wurde Raffinose unter Bildung von Essigsäure, Milchsäure, Kohledioxyd, Mannit und Alkohol vergoren[3]. Wird durch Milzbrandbacillen nicht vergoren[4]. Raffinose wird von einer Reinkultur eines Granulobaktertyps unvollständig vergoren, und die maximal erreichte Acidität bleibt dabei erhalten[5]. — Wird durch Bacillus mycoides J., B. Ellenbochia Caron-Bredemann, robur, Flügge Nr. 3 und 4, rugosus und Gersbach gespalten[6]. Es wurde die Gärung von Raffinose bei Einwirkung von Clostridium thermocellum untersucht und die Gärungsprodukte quantitativ bestimmt[7]. Wird durch milchzuckervergärende Hefen der Rohmilch vergoren[8]. — Sterigmatocystis nigra bildet aus Raffinose keine Säure[9].

Derivate: Tritritylraffinose[10] $C_{75}H_{74}O_{16}$. Aus Raffinose, Triphenylchlormethan und Pyridin. Krystalle aus Alkohol, Schmelzp. unscharf bei 130°; $[\alpha]_D^{23} = +77$ bis 79° in Alkohol; leicht löslich in Aceton, Essigester, wenig löslich in Alkohol, schwer löslich in Äther, Petroläther und Wasser.

Tritryloktaacetylraffinose[10] $C_{91}H_{90}O_{24}$. Aus voriger Verbindung mit Essigsäureanhydrid und Pyridin. Sinterung ab 118—120°, Schmelzp. 123—125°; $[\alpha]_D^{20} = +66°$ in Chloroform; leicht löslich in Aceton, Essigester, Chloroform, Äther, wenig löslich in Alkohol, schwer löslich in Petroläther und Wasser.

Melezitose (Bd. II, S. 434; Bd. VIII, S. 230; Bd. X, S. 631).

Ist vermutlich identisch mit dem „Sakcharon" der Alten[11]. Geschichte der Entdeckung, Identifizierung und Darstellung im Zustande hoher Reinheit und größerer Menge[12].

Konstitution[13]:

Näheres s. bei der Konstitutionsermittlung der Turanose.

---

[1] W. H. Peterson, E. B. Fred u. J. A. Anderson: J. of biol. Chem. **53**, 111 (1922) — Chem. Zbl. **1922 III**, 1382.

[2] Frank Wokes u. Joseph H. Irwin: Pharm. J. **118**, 747—751 — Chem. Zbl. **1927 II**, 1481.

[3] R. H. Stiles, W. H. Peterson u. E. B. Fred: J. of biol. Chem. **64**, 642 (1925) — Chem. Zbl. **1926 I**, 425.

[4] Martin Kristensen: Zbl. Bakter. I **101**, 220—224 (1927) — Chem. Zbl. **1927 I**, 1330.

[5] Guy C. Robinson: J. of biol. Chem. **53**, 125 (1922) — Chem. Zbl. **1922 III**, 1382.

[6] J. Perlberger: Zbl. Bakter. II **62**, 1 — Chem. Zbl. **1924 II**, 1217.

[7] W. H. Peterson, E. B. Fred u. E. A. Marten: J. of biol. Chem. **70**, 309—317 (1926) — Chem. Zbl. **1927 I**, 470.

[8] Ernst Trüper: Milchwirtsch. Forschgn **6**, 351 (1928) — Chem. Zbl. **1928 II**, 1276.

[9] M. Molliard: C. r. Soc. Biol. Paris **90**, 1395 (1924) — Chem. Zbl. **1924 II**, 682.

[10] Karl Josephson: Liebigs Ann. **472**, 230 (1929) — Chem. Zbl. **1929 II**, 1396.

[11] E. O. v. Lippmann: Ber. dtsch. chem. Ges. **60**, 161 (1927) — Chem. Zbl. **1927 I**, 1172.

[12] T. Swann Harding: Sugar **24**, 14 (1922) — Chem. Zbl. **1922 III**, 428 — Sugar **25**, 240 (1923) — Chem. Zbl. **1923 IV**, 1008.

[13] Géza Zemplén u. Géza Braun: Ber. dtsch. chem. Ges. **59**, 2230 (1926) — Chem. Zbl. **1926 II**, 2561.

Nimmt man in dem Rohrzucker in der Fructosegruppe eine 2,5-Sauerstoffbrücke an,
so ist bei der Konstitution der Melezitose folgendes Symbol zu benutzen[1]:

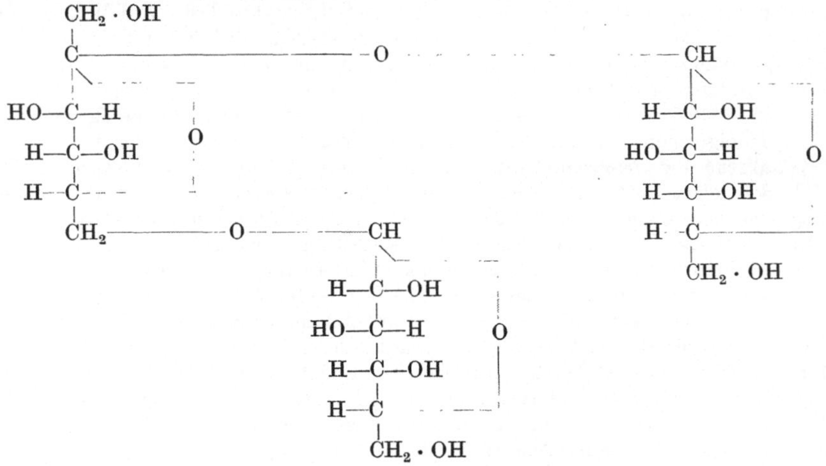

$CH_2 \cdot OH$

```
CH₂·OH
 |
 C─────────────────── O ·········       ──CH
 |\  ·· __                                |\
HO─C─H     |                          H─C─OH    |
 |         O                              |      O
H─C─OH     :                         HO─C─H
 |         :                              |
H─C─ ─ ─   |                         H─C─OH
 |                                        |
CH₂────────O── ── ──CH               H·C────────
                     |\                   |
                     |                   CH₂·OH
              H─C─OH     |
               |         |
             HO─C─H      O
               |         |
              H─C─OH     |
               |         |
              H─C  ─ ─── ─'
               |
              CH₂·OH
```

Weitere Untersuchungen über die Konstitution der Melezitose[2].

Vorkommen: Am Bambusrohr treten ab und zu süßlich schmeckende Abscheidungen
auf, deren filtrierte wässerige Lösung nach dem Eindunsten zum Sirup nach jahrelangem
Stehen Melezitose in Nadeln abschied[3]. In der Alhagi-Manna, etwa 25 %[4].

Bildung: Am Bambusrohr auftretende Melezitose verdankt ihre Herkunft den Abscheidungen von Blattläusen[3].

Darstellung: Aus einem Honig, der in Gegenden eingebracht wird, in denen Nadelwald
überwiegt. Dieser Honig krystallisiert in den Waben schnell und vollständig und enthält
5—20% Melezitose. Der Honig wird mit 80proz. Alkohol digeriert, der Rückstand wird in
Wasser gelöst, gereinigt und läßt die Melezitose daraus auskrystallisieren[5].

Physiologische Eigenschaften: Die Saccharase der Hefe wirkt auf Melezitose gar nicht
ein. Eine Erklärung hierfür scheint die von Kuhn[6] über den Wirkungsmechanismus der
Saccharasen geäußerte Auffassung zu sein. Dagegen wird Melezitose von der Glykosaccharase
des Enzymgemisches von Aspergillus oryzae angegriffen. Ob die Rohrzucker- oder die Turanose-
verbindung zuerst gespalten wird, bleibt unentschieden. Bei der partiellen Hydrolyse der
Melezitose zu Turanose + Glykose durch die Glykosaccharasen von Penicillum glaucum und
Aspergillus niger sahen schon Kuhn und Grundherr in der Spaltung der Rohrzuckerbindung in
der Melezitose trotz Besetzung des Fructoserestes eine erweiternde Bestätigung ihrer Vorstellungen über die enzymatische Hydrolyse des Rohrzuckers. Gereinigte, stark wirksame Emulsinpräparate griffen unter verschiedenen p_H-Bedingungen weder Melezitose noch Turanose an. Die
Lösung der Rohrzuckerbindung in der Melezitose durch ein Enzym in maltasehaltigen Autoly-
saten aus frischer Löwenbräuhefe wird einem besonderen Ferment der Melezitose zugeschrieben[7].

Melezitose wird durch Invertin „Bourquelot" und Sucrase „Colin" nicht hydrolysiert;
von Emulsin wird die Menge der vorhandenen reduzierenden Zucker vergrößert, ohne daß
jedoch die Reduktionskonstante sich einer der berechneten nähert. Melezitose wird besonders
durch ein Präparat aus Aspergillus niger: „Tanret" B gespalten; im Reaktionsprodukt werden
neben unveränderter Melezitose: Turanose, Glykose und Fructose gefunden; es ist daher wahr-

---

[1] Géza Zemplén: Ber. dtsch. chem. Ges. **59**, 2539 (1926) — Chem. Zbl. **1927 I**, 883.

[2] R. Kuhn u. G. E. v. Grundherr: Ber. dtsch. chem. Ges. **59**, 1655 (1926) — Chem. Zbl.
1926 II, 2561. — M. Bridel u. Ch. Aagaard: C. r. Acad. Sci. Paris **185**, 147 (1927) — Chem. Zbl.
1927 II, 1246. — T. Aagaard: Tidskr. kem. Bergvaesen **8**, 5 — Chem. Zbl. **1928 I**, 1646. — Grace
Cumming Leitch: J. chem. Soc. Lond. **1927**, 588 — Chem. Zbl. **1927 I**, 2981.

[3] E. O. v. Lippmann: Ber. dtsch. chem. Ges. **60**, 161 (1927) — Chem. Zbl. **1927 I**, 1172.

[4] T. Aagaard: Tidskr. kem. Begraesen **8**, 16, 35 — Chem. Zbl. **1928 I**, 2594.

[5] C. S. Hudson u. S. F. Sherwood: J. amer. chem. Soc. **42**, 116 (1920) — Chem. Zbl. **1920 II**,
706. — T. S. Harding: Sugar **25**, 240 (1923) — Chem. Zbl. **1923 IV**, 1008.

[6] Richard Kuhn: Hoppe-Seylers Z. **129**, 57 (1923) — Chem. Zbl. **1923 III**, 1173.

[7] Richard Kuhn u. Georg Ernst v. Grundherr: Ber. dtsch. chem. Ges. **59**, 1655 (1926) —
Chem. Zbl. **1926 II**, 2561.

scheinlich, daß im Aspergillus niger eine Melezitose vorhanden ist, die Melezitose in Turanose + Glykose spaltet, wobei aber durch die Gegenwart weiterer Fermente Sekundärreaktionen hervorgerufen werden. — Durch lufttrockene Unterhefe (α-Glykosidase) wird Melezitose ebenfalls hydrolysiert. Aus der Reduktionskonstante ergibt sich, daß keine Partialspaltung in Saccharose + Glykose stattgefunden hat; es wurden denn auch neben unverändertem Ausgangsmaterial nur Glykose und Fructose gefunden[1]. Nach den enzymatischen Spaltversuchen ist Melezitose ein α-Glykosido-β-h-fructosido-α-glykosid[2]. — Schmeckt für die Bienen süß[3]. — Ist von den Honigbienen[4] und ihren Larven[5] verwertbar.

Physikalische und chemische Eigenschaften: Schmelzp. 155°, $\alpha_D^{20} = +88{,}75°$ (in Wasser $= 6{,}35°$)[6]. Schmelzp. 152°, $\alpha_D = +88° 4'$; ihre 10proz. wässerige Lösung wird durch 45 Minuten langes Erwärmen mit 1 promill. H_2SO_4 auf dem Wasserbad zu Turanose+Glykose hydrolisiert[1]. Die kinetische Verfolgung der Melezitosespaltung verweist dieses Trisaccharid eindeutig in die Rohrzuckergruppe. Ist die monomolekulare Reaktionskonstante für die Hydrolyse des Rohrzuckers durch $^1/_2$ normale Salzsäure bei 25° 1, so beträgt die Konstante für Raffinose etwa 0,85 und für Melezitose 0,50[7]. — Gibt mit unvollkommen getrockneter HCl bei gewöhnlicher Temperatur eine Rosafärbung und wird dann schnell braun[8].

Gärung: Wird von Lactobacillus pentoaceticus und Lactobacillus pentosus nicht gespalten, wohl aber durch Lactobacillus arabinosus[9]. Verhalten gegen pentosezersetzende Bakterien[10]. — Melezitose wird von einer Reinkultur eines Granulobaktertyps unvollständig vergoren, und die maximal erreichte Acidität bleibt dabei erhalten[11].

Gentianose (Bd. II, S. 435; Bd. VIII, S. 230; Bd. X, S. 632).

Konstitution: Nach den Berechnungen von C. S. Hudson[12] wird der Gentianose folgendes Symbol erteilt:

$$
\begin{array}{lll}
\text{CH}_2\text{—OH} & \overset{\alpha}{\text{——CH}} & \overset{\beta}{\text{——CH}} \\
\mid & \text{O} & \\
\text{H—C} \overset{\beta}{\text{——}} & \text{H—C—OH} & \text{H—C—OH} \\
\mid & & \\
\text{H—C—OH} \quad \text{O} & \text{HO—C—H} \quad \text{O} \quad \text{O} & \text{HO—C—H} \quad \text{O} \\
\text{H—C——} & \text{H—C—OH} & \text{H—C—OH} \\
\mid & & \\
\text{H—C—OH} & \text{H—C} & \text{H C} \\
\text{CH}_2\text{—OH} & \text{CH}_2 & \text{CH}_2\text{—OH}
\end{array}
$$

Darstellung: An der Luft getrocknete, nicht vergorene Enzyanwurzeln werden pulverisiert und mit 10facher Menge 90proz. Alkohols auf kaltem Wege rasch perkoliert. Die so erhaltenene Lösungen krystallisieren bald aus. Es gelingt mit Leichtigkeit, 50 g Gentaniose aus 1 kg Enzianwurzelpulver zu isolieren[13].

Physikalische und chemische Eigenschaften: Viereckige Lamellen, Schmelzp. 207—209°; $[\alpha]_D^{20} = +31{,}74°$[14]. — Mit unvollkommen getrockneter HCl gibt sie bei gewöhnlicher Temperatur eine Violettfärbung. Die Färbung geht allmählich in Schwarz über[8].

[1] T. Aagaard: Tidskr. kem. Bergvaesen 8, 16, 35 — Chem. Zbl. **1928 I**, 2594.

[2] Rudolf Weidenhagen: Z. dtsch. Zuckerind. **1928**, 781 (1928) — Chem. Zbl. **1929 I**, 2311.

[3] K. v. Frisch: Naturwiss. **15**, 321; **16**, 307 (1928) — Chem. Zbl. **1928 II**, 367.

[4] E. F. Phillips: J. agricult. Res. **35**, 385 (1927) — Chem. Zbl. **1928 I**, 937.

[5] L. M. Bertholf: J. agricult. Res. **35**, 429 (1927) — Chem. Zbl. **1928 I**, 937.

[6] E. O. v. Lippmann: Ber. dtsch. chem. Ges. **60**, 161 (1927) — Chem. Zbl. **1927 I**, 1172.

[7] Richard Kuhn u. Georg Ernst v. Grundherr: Ber. dtsch. chem. Ges. **59**, 1655 (1926) — Chem. Zbl. **1926 II**, 2561.

[8] H. Colin u. E. Ruppol: Bull. Soc. Chim. biol. Paris **9**, 928 (1927) — Chem. Zbl. **1928 I**, 555.

[9] E. B. Fred, W. H. Peterson u. J. A. Anderson: J. of biol. Chem. **48**, 385—411 (1922) — Chem. Zbl. **1922 I**, 507.

[10] W. H. Peterson, E. B. Fred u. J. A. Anderson: J. of biol. Chem. **53**, 111 (1922) — Chem. Zbl. **1922 III**, 1382.

[11] Guy C. Robinson: J. of biol. Chem. **53**, 125 (1922) — Chem. Zbl. **1922 III**, 1382.

[12] C. S. Hudson: J. amer. chem. Soc. **52**, 1718 (1930).

[13] M. Bridel u. M. Desmarest: J. Pharmacie (8) **9**, 465 (1929) — Chem. Zbl. **1929 II**, 767.

[14] R. Binaghi u. P. Falqui: Ann. chim. appl. **15**, 386 (1926) — Chem. Zbl. **1926 II**, 44.

6-β-Cellobiosido-β-d-glykose[1].

$$C_{18}H_{32}O_{16}$$

Mol-Gewicht: 504,26.

Zusammensetzung: 42,83% C; 6,39% H; 50,78% O.

$$
\begin{array}{ccc}
CH(OH) & \overset{\beta}{CH} & \overset{\beta}{CH} \\
H-C-OH & H-C-OH & H-C-OH \\
HO-C-H \quad O & HO-C-H \quad O & HO-C-H \quad O \\
H-C-OH & H-C & H-C-OH \\
H-C & H-C & H-C \\
CH_2 & CH_2-OH & CH_2-OH
\end{array}
$$

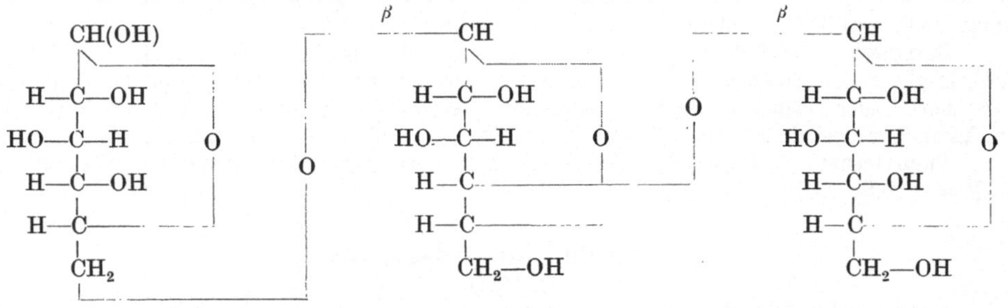

Bildung: Bei der Verseifung der Hendekaacetylverbindung in Chloroformlösung mit Natriummethylat nach Zemplén.

Physikalische und chemische Eigenschaften: Spitze Blättchen, wasserfrei aus Essigsäure, Schmelzp. 247—252° korr. unter Zersetzung, wird aus Alkohol oder Essigsäure manchmal mit 1 Mol Wasser (Schmelzp. 200° korr. unter Zersetzung) erhalten. Zeigt im Wasser Mutarotation, $[\alpha]_D^{22} = +15,0$ (Anfangsdrehung) bzw. $+8,4°$ (Enddrehung); die wasserhaltige Substanz zeigt $[\alpha]_D^{24} = +16,2°$ bzw. $+7,76°$. Schmeckt schwach süß, reduziert Fehlingsche Lösung in der Hitze. Ist nicht identisch mit der Procellose.

Derivate: **6-β-Cellobiosido-β-d-glykosehendekaacetat** $C_{40}H_{54}O_{27}$. Aus Acetobromcellobiose und 1, 2, 3, 4-Tetraacetyl-β-d-glykose in über Phosphorpentoxyd getrocknetem Chloroform mit Silberoxyd. Man dampft die filtrierte Lösung bei höchstens 35° unter vermindertem Druck ein, löst in Alkohol, dampft nochmals ein und löst in absolutem Alkohol. Nädelchen aus Chloroform+Methanol, Schmelzp. 245—247° korr., leicht löslich in Chloroform, Aceton, Essigester, Essigsäure, wenig löslich in Alkohol, Benzol, unlöslich in Äther, Petroläther. $[\alpha]_D^{21} = -10,2—10,4°$ in Chloroform. Läßt sich leicht in die Acetobromverbindung überführen.

Heptaacetyl-6-β-cellobiosido-2, 3, 4-β-triacetyl-d-glykose[2] $C_{38}H_{52}O_{26}$. Aus der Acetobromverbindung mit Silberoxyd in wasserhaltigem Aceton. Aus Chloroform mit Petroläther feine Nadeln, Schmelzp. 233; $[\alpha]_D^{15} = -5,5°$.

Acetobromverbindung[2]. Schmelzp. 209°; $[\alpha]_D^{18} = +63,8°$ in Chloroform.

Phenylosazon $C_{30}H_{42}O_{14}N_4$. Gelbe Nadeln aus wässerigem Alkohol oder Pyridin, Schmelzpunkt 224° korr. unter Zersetzung; $[\alpha]_D^{22} = 61,5°$ in Pyridin.

6-β-Lactosido-d-glykose[1].

$$C_{18}H_{32}O_{16}$$

Mol-Gewicht: 504,26.

Zusammensetzung: 42,83% C; 6,39% H; 50,78% O.

$$
\begin{array}{ccc}
CH(OH) & \overset{\beta}{CH} & \overset{\beta}{CH} \\
H-C-OH & H-C-OH & H-C-OH \\
HO-C-H \quad O & HO-C-H \quad O & HO-C-H \quad O \\
H-C-OH & H-C & HO-C-H \\
H-C & H-C & H-C \\
CH_2 & CH_2-OH & CH_2-OH
\end{array}
$$

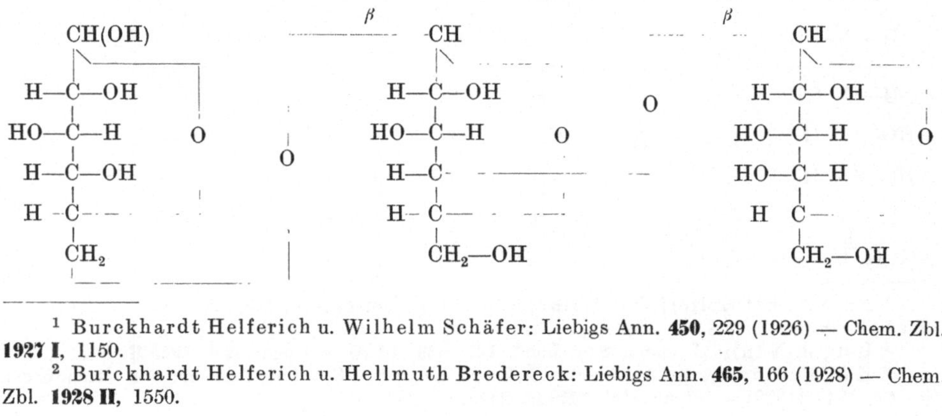

[1] Burckhardt Helferich u. Wilhelm Schäfer: Liebigs Ann. **450**, 229 (1926) — Chem. Zbl. **1927 I**, 1150.

[2] Burckhardt Helferich u. Hellmuth Bredereck: Liebigs Ann. **465**, 166 (1928) — Chem. Zbl. **1928 II**, 1550.

Bildung: Bei der Verseifung des entsprechenden Hendekaacetats in Chloroform mit Natriummethylat nach Zemplén.

Physikalische und chemische Eigenschaften: Nadeln aus Essigsäure, Schmelzp. 257° korr. unter Zersetzung; leicht löslich in Wasser, schwer löslich bis unlöslich in organischen Mitteln. Schmeckt etwas süßer als 6-β-Cellobiosido-β-d-glykose; reduziert Fehlingsche Lösung. $[\alpha]_D^{24} = +34{,}7°$ (Anfangswert); $+22{,}6$ (Endwert) in Wasser.

Derivate: Hendekaacetat $C_{40}H_{54}O_{27}$. Aus Acetobromlactose und 1, 2, 3, 4-β-α-Tetraacetylglykose mit Silberoxyd. Krystallinische Substanz aus absolutem Alkohol, Schmelzp. 198° korr.; leicht löslich in Benzol, Essigsäure, Essigester, Chloroform, Aceton, wenig löslich in Alkohol, unlöslich in Äther, Petroläther; $[\alpha]_D^{22} = -2{,}53°$ in Chloroform.

Phenylosazon $C_{30}H_{42}O_{14}N_4$. Schmelzp. 233° korr. unter Zersetzung, aus Wasser. — $[\alpha]_D^{22} = -50{,}5°$ in Pyridin.

6-Gentiobiosido-β-d-glykose[1].
$$C_{18}H_{32}O_{16}$$

Mol-Gewicht: 504,26.
Zusammensetzung: 42,83% C; 6,39% H; 50,78% O.

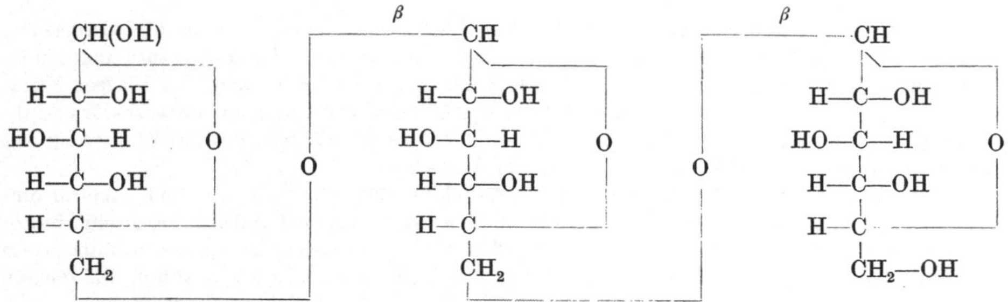

Bildung: Bei der Verseifung der Hendekaacetylverbindung in Chloroformlösung mit Natriummethylat nach Zemplén.

Physikalische und chemische Eigenschaften: Die freie Substanz ist sehr hygroskopisch und gibt ein in kaltem Wasser lösliches Osazon und erinnert darin an das Trisaccharid aus Stärke von Ling und Nanji[2].

Derivate: 6-β-Gentiobiosido-β-d-glykosehendekaacetat $C_{40}H_{54}O_{27}$. Aus Acetobromgentiobiose und 1, 2, 3, 4-β-Tetraacetylglykose. Nadeln aus Alkohol + wenig Chloroform, Schmelzp. 221° korr. Leicht löslich in Benzol, Essigsäure, Essigester, Chloroform, wenig löslich in Alkohol, unlöslich in Äther, Petroläther.

Lactosido-β-6-d-galaktose[3].
$$C_{18}H_{32}O_{16}$$

Mol-Gewicht: 504,26.
Zusammensetzung: 42,83% C; 6,39% H.

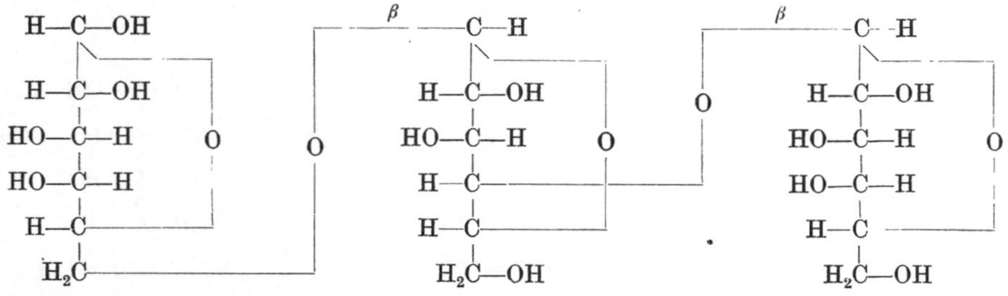

[1] Burckhardt Helferich u. Wilhelm Schäfer: Liebigs Ann. **450**, 229 (1926) — Chem. Zbl. **1927 I**, 1150.
[2] Ling u. Nanji: J. chem. Soc. Lond. **127**, 629 (1925) — Chem. Zbl. **1925 II**, 647.
[3] Karl Freudenberg, Anton Wolf, Erich Knopf u. Syed H. Zaheer: Ber. dtsch. chem. Ges. **61**, 1747 (1928) — Chem. Zbl. **1928 II**, 2123.

Darstellung: Aus Diacetongalaktose und Acetobromlactose mit Silberoxyd entsteht die Heptaacetyldiacetonverbindung, daraus durch Verseifung die Diacetonverbindung, die mit 0,02n-Schwefelsäure das freie Trisaccharid liefert.

Physikalische und chemische Eigenschaften: Amorphes Pulver; $[\alpha]_D^{18} = +22{,}2°$ in Wasser.

Derivate: Heptaacetyllactosidodiaceton-galaktose $C_{38}H_{54}O_{23}$. Amorphes Pulver.

Lactosidodiacetongalaktose $C_{24}H_{40}O_{16}$. Aus der Heptaacetylverbindung mit Barytwasser. Aus Wasser Krystalle mit Krystallwasser vom Schmelzp. 117°; $[\alpha]_D^{18} = -39{,}8°$ in Wasser.

Phenylosazon $C_{30}H_{42}O_{14}N$. Schmelzp. 211° unter Zersetzung.

<h2 align="center">Cellobiosido-β-6-galaktose-α [1].</h2>

$C_{18}H_{32}O_{16}$

Mol-Gewicht: 504,26.

Zusammensetzung: 42,83% C; 6,39% H.

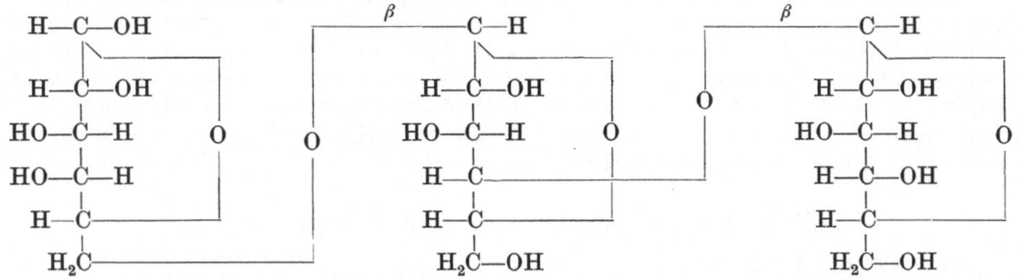

$$
\begin{array}{lll}
\text{H—C—OH} & \beta\;\;\text{C—H} & \beta\;\;\text{C—H}\\
\text{H—C—OH} & \text{H—C—OH} & \text{H—C—OH}\\
\text{HO—C—H} \quad O \quad O & \text{HO—C—H} \quad O & \text{HO—C—H} \quad O\\
\text{HO—C—H} & \text{H—C} & \text{H—C—OH}\\
\text{H—C} & \text{H—C} & \text{H—C}\\
\text{H}_2\text{C} & \text{H}_2\text{C—OH} & \text{H}_2\text{C—OH}
\end{array}
$$

Darstellung: Durch Verseifung der Heptaacetylcellobiosidodiacetongalaktose mit Barytwasser entsteht Cellobiosidodiacetongalaktose als Sirup. Daraus durch 1stündiges Kochen mit 0,02n-Schwefelsäure die freie Cellobiosido-β-6-galaktose-α.

Physikalische und chemische Eigenschaften: Aus Methylalkohol zerfließliche Krystalle, die sich allmählich in die beständige Form des Hydrats mit 2 H_2O umwandeln. $[\alpha]_D^{19} = +22{,}9°$ für das Hydrat in Wasser → $+9{,}25°$ (Endwert nach 3 Stunden).

Derivate: Heptaacetylcellobiosidodiacetongalaktose $C_{38}H_{54}O_{23}$. Aus Diacetongalaktose und Acetobromcellobiose mit Silberoxyd. — Aus viel Alkohol Nadeln vom Schmelzp. 227°; $[\alpha]_D^{18} = -47{,}1°$ in Acetylentetrachlorid.

Phenylosazon $C_{30}H_{42}O_{14}N_4$. Aus Aceton Krystalle vom Schmelzp. 207° unter Zersetzung.

<h2 align="center">Procellose [2].</h2>

Mol-Gewicht: 504,26.

Zusammensetzung: $C_{18}H_{32}O_{16}$.

Konstitution: Bertrand und Benoist halten die Procellose für ein Trisaccharid, in dem drei Glykosereste miteinander verbunden sind, und glauben, daß sie aus Cellulose unter gleichzeitiger Bindung von einem Molekül Wasser entsteht.

Darstellung: Cellulose wird der Acetolyse unterworfen, und das mit Wasser ausgefällte Rohprodukt nach dem Trocknen mit 95proz. Alkohol (2 l auf 500 g Substanz) ausgekocht. Aus der Lösung krystallisiert Oktaacetylcellobiose aus, das gesuchte Acetat bleibt in Lösung. Das Acetat wird mit Kalilauge verseift, das Kalium als Perchlorat ausgefällt. Der restierende Sirup wird bei 95° und dann bei 85° mit Alkohol ausgezogen. Der zweite Auszug liefert die Procellose.

Physikalische und chemische Eigenschaften: Aus Alkohol kugelförmige Aggregate von Krystallen mit 2 H_2O, wovon ein Mol bereits über Schwefelsäure, das andere erst über Phosphorpentoxyd bei 90° abgegeben wird. An der Luft zieht das Anhydrid schnell wieder ein Mol Wasser an. Schmelzp. etwa 210°. Leicht löslich in Wasser, unlöslich in kaltem absolutem Alkohol. 1 l 70proz. Alkohol löst bei 18° 1,2 g. Mol-Gewicht gefunden 473. $[\alpha]_D^{21} = +22{,}8°$ in Wasser. Hydrolyse mit Säuren ergibt 3 Mol Glykose. — Reduktionsvermögen 50% desjenigen der Glykose [3].

Derivate: Phenylosazon.

---

[1] Karl Freudenberg, Anton Wolf, Erich Knopf u. Syed H. Zaheer: Ber. dtsch. chem. Ges. **61**, 1746 (1928) — Chem. Zbl. **1928 II**, 2123.

[2] Gabriel Bertrand u. S. Benoist: Bull. Soc. chim. France (4) **33**, 1451 (1923) — Chem. Zbl. **1923 III**, 1604; **1924 I**, 297 — C. r. Acad. Sci. Paris **176**, 1583 (1923) — Chem. Zbl. **1923 III**, 1604.

[3] G. Bertrand u. S. Benoist: C. r. Acad. Sci. Paris **177**, 85 (1923) — Chem. Zbl. **1923 III**, 1213.

Cellotriose von Ost[1].

Mol-Gewicht: 504,26.

Zusammensetzung: $C_{18}H_{32}O_{16}$.

Bildung: Die bei der Verseifung der bei der Darstellung der Isocellobiose erhältlichen Acetyliergemische gewonnenen, in Alkohol schwer löslichen Kohlehydrate enthalten neben Dextrinen noch eine bisher nicht bekannte Cellotriose, die man durch Lösen der Kohlehydrate in Wasser und fraktioniertes Ausfällen der Dextrine mit Alkohol rein darstellt.

Physikalische und chemische Eigenschaften: Sie zeigt Mutarotation mit einer Enddrehung $[\alpha]_D = +10,5°$ und ein Reduktionsvermögen von etwa 45 (Glykose = 100). Sie kommt aus Wasser oder wässerigem Alkohol in feinnadeligen Warzen, schmeckt kaum süß und ist mit Bierunterhefe nicht vergärbar. Wird durch 3proz. Salzsäure nach 10 Stunden nur unvollständig zu Glykose aufgespalten, bildet ein leicht lösliches, schleimiges Osazon[1].

Derivate: Cellotriosehendekaacetat $C_{18}H_{21}O_{16}(C_2H_3O)_{11}$. Darstellung durch Erwärmen von 4,4 g der reinen Cellotriose mit 35 ccm Acetanhydrid und 2,2 g Chlorzink während $1/_2$ Stunde auf dem Wasserbad. Die Lösung wird in viel Wasser gegossen; der meist ölige, bald krystallinisch erstarrte Niederschlag wird ausgewaschen und aus heißem Alkohol umkrystallisiert. Schmelzp. unscharf 200—220°; die Substanz besteht offenbar aus mehreren Isomeren. Verseifung ergab 68,1% Essigsäure. Das Acetatgemisch ist leicht löslich in Chloroform, Alkohol und CH_3OH, Aceton und heißem Eisessig. $[\alpha]_D = +2,2°$ bis $+6,2°$[2] in Chloroform.

Cellotriose von Willstätter und Zechmeister[3].

Mol-Gewicht: 504,26.

Zusammensetzung: $C_{18}H_{32}O_{16}$.

Darstellung: Siehe bei Cellotetraose.

Physikalische und chemische Eigenschaften: In Wasser leicht löslich ohne Quellung, unlöslich in Alkohol; aus heißer wässeriger Lösung mit Alkohol dünne Prismen; leicht löslich in Pyridin in der Kälte, in heißem Eisessig, schwer löslich in Methylalkohol. — Schmelzp. unscharf gegen 210° unter Aufschäumen. — $[\alpha]_D = +21,2,\ +21,3,\ +21,9$ und $+21,8°$ ohne Mutarotation. Reduktionsvermögen nach Bertrand für 1 mg Substanz: 0,82; 0,83; 0,83; 0,82 mg Cu.

Isocellotriose[2].

Mol-Gewicht: 504,26.

Zusammensetzung: $C_{18}H_{32}O_{16}$.

Bildung: Bei seinen Versuchen zur Verbesserung der Darstellung der Isocellobiose stellte Ost fest, daß der Isobiose ein leicht löslicher Stoff von geringerem Drehungsvermögen beigemengt war; dieser Stoff wurde als eine neue Triose erkannt und als Isocellotriose bezeichnet. Sie muß von der ebenfalls leicht löslichen Celloisobiose durch wiederholtes Umfällen mit Alkohol getrennt werden.

Physikalische und chemische Eigenschaften: Sie ist in kaltem Wasser schlecht löslich und krystallisiert schwer; fast unlöslich in Alkohol, wenig löslich in heißem Eisessig. Aus der konzentrierten wässerigen Lösung fällt Alkohol Öltröpfchen, die zu feinnadligen Warzen erstarren. Über H_2SO_4 im Vakuum getrocknet enthält sie $1/_2$ Molekül H_2O, das bei 115—120° abgegeben wird. Molekulargewicht berechnet 504, gefunden durch Gefrierpunktserniedrigung der wässerigen Lösung 486. Spezifisches Drehungsvermögen $[\alpha]_D = +15,6°$, ohne Mutarotation. Das Reduktionsvermögen gegen Fehling-Allihnsche Lösung beträgt 29 % der Glykose. Die Isocellotriose bildet kein Osazon und wird durch 3stündiges Erhitzen mit $2^{1}/_2$proz. HCl nur sehr unvollständig zu Glykose aufgespalten; sie ist nicht identisch mit dem von Heß und Micheel[4] aus Cellulose erhaltenem Trihexosan $(C_6H_{10}O_5)_3 \cdot H_2O$, das gar kein Reduktionsvermögen besitzt. Ist mit Bierhefe nicht vergärbar und hat keinen süßen Geschmack[2].

---

[1] H. Ost: Z. angew. Chem. **39**, 1117 (1926) — Chem. Zbl. **1926 II**, 2290. — H. Ost u. Prosiegel: Z. angew. Chem. **33**, 106 (1920) — Chem. Zbl. **1920 I**, 856.

[2] H. Ost: Z. angew. Chem. **41**, 696 — Chem. Zbl. **1928 II**, 873 — Z. angew. Chem. **39**, 1117 — Chem. Zbl. **1926 II**, 2290.

[3] Richard Willstätter u. László Zechmeister: Ber. dtsch. chem. Ges. **62**, 722 (1929) — Chem. Zbl. **1929 I**, 2039.

[4] F. Micheel u. K. Heß: Liebigs Ann. **456**, 69 — Chem. Zbl. **1927 II**, 1467.

Derivate: Isocellotriosehendekaacetat[1] $C_{18}H_{21}O_{16}(C_2H_3O)_{11}$. Darstellung aus Isocellotriose mit Acetanhydrid und Chlorzink auf dem Wasserbad. Aus heißem Alkohol Krystalle; sie geben nach dem Trocknen bei der Bestimmung 67,8—68,3% Essigsäure ab. Schmelzp. unscharf 120—150°, $[\alpha]_D = +2,4°$ [1].

Hexatriose (α-Glykosidoisomaltose oder β-Glykosidomaltose) [2].

$$C_{18}H_{32}O_{16}$$

Mol-Gewicht: 504,26.

Zusammensetzung: 42,83% C; 6,39% H; 50,78% O.

Bildung: Man erwärmt Malzdiastase zunächst auf 70° und läßt sie auf α-β-Hexaamylose einwirken. Dabei entsteht als Hauptprodukt die Hexatriose.

Physiologische Eigenschaften: Gibt mit Emulsin ein Gemisch von Glykose und Maltose, wird mit Hefe oder Malzdiastase unter Bildung von Glykose und Isomaltose, durch Saccharomyces cerevisiae (obergärig) unter Hinterlassung von Isomaltose langsam vergoren[3].

Physikalische und chemische Eigenschaften: Sehr hygroskopisches Pulver. Unter dem Mikroskop mit absolutem Alkohol vergängliche dreieckige Tafeln, Schmelzp. 202—203°; ist süßer als Maltose. Gleichgewichtsdrehwert $[\alpha]_D = +165°$[3].

Derivate: Hexatriosephenylosazon $C_{18}H_{30}O_{14}(=N-NH-C_6H_5)_2$. Rosetten von kleinen Nadeln aus Wasser, in dem es leicht löslich ist, Schmelzp. 122°.

Isotrihexose[4].

$$C_{18}H_{32}O_{16}$$

Bildung: Aus Trihexosan und konz. Salzsäure.

Physikalische und chemische Eigenschaften: Zersetzt sich bei 155—160° ohne zu schmelzen. — Hygroskopisch, leicht löslich in Wasser, unlöslich in abs. Alkohol und Äther, besitzt süßen Geschmack; reduziert in der Hitze Fehlingsche Lösung, wird durch Jod nicht gefärbt. $[\alpha]_D^{22} = +102,1°$ in Wasser.

Derivate: Phenylosazon. Schmelzp. 169—171°, Zersetzung bei 180°.

Trisaccharid aus Stärke[5].

Mol-Gewicht: 504,26.

Zusammensetzung: $C_{18}H_{32}O_{16}$.

Wahrscheinlich identisch mit der β-Glykosidomaltose von Ling und Nanji[6].

Bildung: Bei der Behandlung von Stärke mit „Biolase" bei niederer Temperatur neben Glykose bildet sich ein reduzierendes Trisaccharid, das bei 70° zum Hauptprodukt wird. Man kann es am besten durch Vergärung der Glykose mittels Saccharomyces marxianus isolieren.

Physiologische Eigenschaften: Spaltbar durch Hefenmaltase, Emulsin spaltet ein Mol Glykose ab. Takadiastase spaltet ebenfalls.

Physikalische und chemische Eigenschaften: $[\alpha]_D = +160-165° \to 128-129°$.

Derivate: Acetylderivat $C_{18}H_{21}O_{16} \cdot (C_2H_3O)_{11}$. $[\alpha]_D = +120,8-121,7°$ in Chloroform. Mol-Gewicht: 846—863 in Benzol[5].

Amylotriose[7].

Mol-Gewicht: 504,26.

Zusammensetzung: $C_{18}H_{32}O_{16}$. Zur Konstitution[7].

Bildung: Bei der Einwirkung von kalter konzentrierter Salzsäure auf Amylopektin bzw. Glykogen.

[1] H. Ost: Z. angew. Chem. **41**, 696 — Chem. Zbl. **1928 II**, 873 — Z. angew. Chem. **39**, 1117 — Chem. Zbl. **1926 II**, 2290.

[2] Arthur Robert Ling u. Dinshaw Rattonji Nanji: J. chem. Soc. Lond. **123**, 2666 (1923) — Chem. Zbl. **1924 II**, 313.

[3] A. R. Ling: J. Soc. chem. Ind. **46 I**, 279 (1927) — Chem. Zbl. **1927 II**, 1466.

[4] Amé Pictet u. Hans Vogel: Helvet. chim. Acta **12**, 700 (1929) — Chem. Zbl. **1929 II**, 1787.

[5] H. Pringsheim u. E. Schapiro: Ber. dtsch. chem. Ges. **59**, 996 (1926) — Chem. Zbl. **1926 I**, 3403.

[6] A. R. Ling u. D. R. Nanji: J. chem. Soc. Lond. **127**, 629 (1925) — Chem. Zbl. **1925 II**, 646.

[7] Hans Pringsheim u. Jesaia Leibowitz: Ber. dtsch. chem. Ges. **58**, 2808 (1926) — Chem. Zbl. **1926 I**, 2567. — C. S. Hudson, H. Pringsheim u. Jesaia Leibowitz: J. amer. chem. Soc. **48**, 288 (1926) — Chem. Zbl. **1926 I**, 2568.

Physikalische und chemische Eigenschaften: (Aus Amylopektin [A] bzw. Glykogen [G].) Molekulargewicht 509—518 (in Wasser), $[\alpha]_D^{20} = +123{,}5$—$124{,}5$ (in Wasser, $p = 0{,}0696$ und $0{,}0498$) für A, $+124{,}4°$ (in Wasser, $p = 0{,}045$) für G, Reduktionskraft im Vergleich zu Maltose 22% (A) bzw. 26% (G)[1].

Derivate: Amylotriose-phenylosazon $C_{30}H_{43}O_{14}N_4$. Bei der Darstellung darf keine freie Essigsäure in der Lösung sein. Gelbe Nadeln. Zersetzungsp. 142—145°[1].

Endekaacetyl-amylotriose $C_{18}H_{21}O_{16}(C_2H_3O)_{11}$. Amorph, leicht löslich in Alkohol, Chloroform, Benzol, Toluol, unlöslich in Wasser, Äther und Petroläther[1].

α-**Amylotriosehendekaacetat**[2] $[\alpha]_D = +128°$ in Chloroform.

Amylotriose aus Glykogen[3].

Bildung: Erhalten aus dem Dialysat der Hydrolysenprodukte des Glykogens nach Einwirkung des diastatischen Ferments des Muskels.

Physikalische und chemische Eigenschaften: $[\alpha]_D^{17}$ in Wasser $(c = 0{,}75\%) = +137{,}5°$. Reduktionskraft nach Bertrand 9,7% der Glykose.

Derivate: Acetylverbindung des Trisaccharids $C_{40}H_{54}O_{27}$. $[\alpha]_D^{17}$ in Chloroform $(c = 0{,}834\%) = +127°$.

Trisaccharidacetat aus Amylopektin[4].

Mol-Gewicht: 864,56.

Zusammensetzung: $C_{36}H_{48}O_{24}$.

Bildung: Bei der Acetylierung des Amylopektins.

Physikalische und chemische Eigenschaften: $[\alpha]_D^{20} = +143{,}6°$ und $144{,}2°$ in Acetylentetrachlorid $(p = 0{,}0672$ bzw. $0{,}1356$ g).

Hexatriose aus Amylopektin[5].

Struktur: Zur Entscheidung, ob die Hexatriose aus Amylopektin eine β-Glykosidomaltose oder eine α-Glykosido-isomaltose ist, wurde ihr Osazon der Einwirkung von α- und β-Enzymen, Maltase und Emulsin unterworfen mit dem Ergebnis, daß unter Maltase bei 38° Glykosazon und Isomaltose entstanden, unter Emulsin bei 38° Maltosazon und Glykose. Demnach ist die Trihexose als β-Glykosidomaltose:

$$C_6H_{11}O_5\overset{\beta}{-}O-C_6H_{10}O_4\overset{\alpha}{-}O-C_6H_{11}O_5$$

aufzufassen.

Lichotriose[6].

Bildung: Aus der essigsauren Schneckenfermentlösung läßt sich durch wiederholte Behandlung mit Aluminiumhydroxyd die Cellobiase vollständig entziehen. Eine derartig veränderte Enzymlösung greift Lichenin noch kräftig an. Unterbricht man die Reaktion, wenn das Reduktionsvermögen der Hydrolysenflüssigkeit etwa die Hälfte des größtmöglichen beträgt, so enthält die Flüssigkeit neben wenig Glykose und anderen Produkten, die Fehlingsche Lösung noch sehr wenig reduzieren und keine krystallisierbaren Osazone geben, ein neues Trisaccharid, die Lichotriose, die als solche noch nicht isoliert werden konnte, aber ein charakteristisches Osazon liefert.

Derivate: Lichotriosephenylosazon[6]. Aus heißem Wasser Nadeldrusen vom Schmelzp. 178°; $[\alpha]_D = -46{,}47°$ in Alkohol. Beim Trocknen erfolgt oberflächliche Bräunung.

---

[1] H. Pringsheim u. K. Wolfsohn: Ber. dtsch. chem. Ges. **57**, 1581 (1924) — Chem. Zbl. **1924 II**, 2243.

[2] Hans Pringsheim u. Jesaia Leibowitz: Ber. dtsch. chem. Ges. **58**, 2808 (1926) — Chem. Zbl. **1926 I**, 2567.

[3] Karl Lohmann: Biochem. Z. **178**, 444—461 (1926) — Chem. Zbl. **1927 I**, 1037.

[4] Hans Pringsheim u. Kurt Wolfsohn: Ber. dtsch. chem. Ges. **57**, 887 (1924) — Chem. Zbl. **1924 II**, 315.

[5] Arthur Robert Ling u. Dinshaw Rattonji Nanji: J. chem. Soc. Lond. **127**, 629 (1925) — Chem. Zbl. **1925 II**, 646.

[6] P. Karrer u. H. Lier: Helvet. chim. Acta **8**, 248 (1925) — Chem. Zbl. **1925 II**, 1953.

Trisaccharid aus Mannose[1].

Aus der Steinnuß (Phytelephas Macrocarpa) kann durch die Einwirkung der eigenen Enzyme, wobei höchstwahrscheinlich als Zwischenprodukt ein Trisaccharid gebildet wird, Mannose gewonnen werden. Die Isolierung des Trisaccharids ist noch nicht gelungen.

Lävidulin[2].

Bildung: Entsteht bei der Einwirkung von Bac. mesentericus fuscus, flavus, vulgaris und Bac. leptosporus auf das Konjak-Mannan.

Physiologische Eigenschaften: Wird kräftig durch Aspergillus niger, weniger stark von Asp. albus und Penicillium glaucum gespalten, von anderen Pilzen nur in Spuren oder gar nicht. Ist durch Hefe nicht spaltbar.

Physikalische und chemische Eigenschaften: Weißes Pulver, $[\alpha]_D = -11,55°$ in Wasser. Reduziert alkalische Kupferlösung. Liefert bei der Säurehydrolyse Mannose und Glykose.

Anhydrotrisaccharide.
Anhydrotriglykose[3].

Mol-Gewicht: 486,33.

Zusammensetzung: $C_{18}H_{30}O_{15}$.

Konstitution einer der folgenden Symbole I oder II entsprechend:

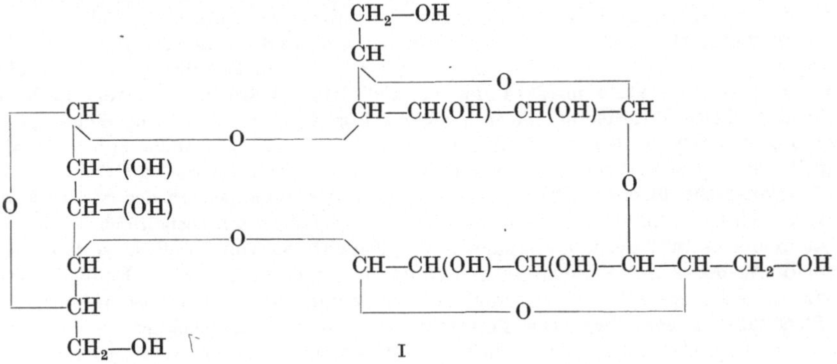

I

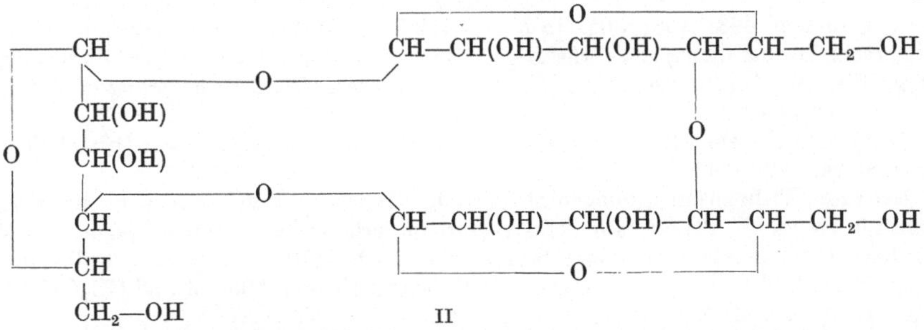

II

Darstellung und Eigenschaften eines Gemisches, das obige Substanz enthält: 40 g bei 110° getrockneter Cellulose werden allmählich zu einem Gemisch von 400 ccm Essigsäure-anhydrid und 40 ccm Schwefelsäure hinzugefügt und bei 15° 5 Stunden gerührt. — Nach 24 Stunden ist die Cellulose gelöst. Nach 72 Stunden ist die gelbliche Färbung der Lösung

---

[1] Frederic James Paton, Dinshaw Rattonji Nanji u. Arthur Robert Ling: Biochemic. J. **18**, 451 (1924) — Chem. Zbl. **1924 II**, 1211.

[2] Minoru Mayeda: J. of Biochem. **1**, 131 (1922) — Chem. Zbl. **1922 III**, 628.

[3] James Colquhoun Irvine u. George James Robertson: J. chem. Soc. Lond. **1926**, 1488 — Chem. Zbl. **1926 II**, 1263.

orange geworden, ohne daß Trübung auftrat. Die ultramikroskopische Untersuchung zeigte das Ende der Reaktion an. In 4 l Wasser erstarrte die Flüssigkeit zu einem flockigen Pulver. — Es wird aus heißem Alkohol mit Wasser umgefällt. — Ausbeute 50 g. Der Schmelzpunkt ist bei verschiedenen Präparaten 120 und 160°. — Es ist ein Gemisch der Acetate von Dextrinen 6%, Anhydrotriglykose: 35%, Triglykose: 1,5% und Diglykose: 20% und zeigt folgende Konstanten: $[\alpha]_D = +20,3°$ in Chloroform bei $c = 1,75$. Fehlingsche Lösung wird vor und nach der Hydrolyse im Verhältnis 1 : 2,2 reduziert. Die entsprechend häufig wiederholte Methylierung mit Methylsulfat in alkalischer Lösung ergab als Gemisch in der Hauptsache Tri-(trimethyl-1, 5-anhydroglykose) und das entsprechende methylierte Trisaccharid als glasige Masse vom Schmelzp. 40°, $[\alpha]_D = +7,0°$ in Chloroform bei $c = 3,564$. Die Hydrolyse und folgende Kondensation mit Methylalkohol ergab 90% Trimethylglykosid und 10% Tetramethylglykosid, wenn das methylierte Gemisch als zu 70% aus Tri-(trimethylanhydroglykose) und zu 30% aus einem vollständig methylierten Trisaccharid bestehend angenommen wird. Die Analyse bestätigte diese Annahmen. Die Hydrolyse der Glykosidgemische ergab 2, 3, 6-Trimethylglykose vom Schmelzp. 105° und $[\alpha]_D = +71,8°$ in Wasser bei $c = 1,058$ und 2, 3, 5, 6-Tetramethylglykose. — Die Behandlung des abgebauten Celluloseacetats mit Dimethylamin bei 15° ergab nach 9 Tagen ein von Cellobiose verschiedenes Disaccharid als weißes amorphes Pulver.

Trihexosan von Pictet[1] (Bd. II, S. 184).

Mol-Gewicht: 486,33.

Zusammensetzung: $(C_6H_{10}O_5)_3$.

Identisch mit dem Glykosin von Grimaux und Lefévre[2] und von Klatt[3].

Bildung: Bei der Acetylierung der rohen Isomaltose als Nebenprodukt[1].

Darstellung: Man löst Kartoffelstärke in Glycerin und erhitzt auf 200—210°, bis nach etwa $^3/_4$ Stunde die Jodreaktion, von Blau über Violett in Rot übergehend, verschwindet. Das Glycerin wird im Vakuum (2—4 mm) bei 200—210° abdestilliert, wobei eine feste, gelbliche, glasige Masse hinterbleibt, die in Wasser gelöst, filtriert, zum Sirup eingeengt und zur Entfernung von Glycerinresten mit Alkohol verrieben wird. Das weiße Pulver wird wiederholt in Wasser gelöst und mit Alkohol gefällt. Ausbeute 90% der Stärke[4].

Physiologische Eigenschaften: Das durch Hitzedepolymerisation der Stärke gewonnene Trihexosan wird von Emulsin bei 40° in Glykose und Dihexosan gespalten[5]. — Ein Glykoserest ist demnach in β-Form vorhanden[5]. Die Einwirkung von Amylase verläuft hier halb so schnell wie bei dem Hexahexosan und führt gleichfalls zu Maltose. Emulsin greift Trihexosan viel schneller an[6]. Einwirkung von Trihexosan auf die Insulinsekretion[7].

Physikalische und chemische Eigenschaften: Bei 110° getrocknet weißes, amorphes, kaum hygroskopisches Pulver; leicht löslich in Wasser und Pyridin; wenig löslich in Eisessig, unlöslich in den gebräuchlichen Lösungsmitteln. Zersetzt sich bei 230—232°. Molekulargewicht gefunden 498; 508; 505. $[\alpha]_D^{25} = +162,3°$. Es hat faden Geschmack, reduziert Fehlingsche Lösung nicht; seine wässerige Lösung wird durch konzentrierte Jodlösung in KJ nicht gefällt. Mit verdünnter H_2SO_4 liefert es Glykose[4]. Geht beim Erhitzen mit Glycerin in d-Glykosan über[8].

Acetylchlorid liefert 30—35% Heptaacetylmaltose, d. h. etwa zwei Drittel der Menge, die aus Stärke entsteht[6].

Derivate: Trihexosan-monoacetat $[C_6H_7O_5(C_2H_3O)_3]_3$. Trihexosan wird mit Essigsäureanhydrid in Pyridin $^3/_4$ Stunde auf dem Wasserbade erhitzt und in Wasser gegossen. Schmelzpunkt 153—154°, die klare Schmelze bräunt sich erst bei 270°. Es ist leicht löslich in Aceton, Eisessig, Benzol, Toluol und Pyridin; wenig löslich in kaltem Alkohol und CH_3OH; unlöslich in Wasser, Äther und Petroläther[9].

[1] A. Georg u. A. Pictet: Helvet. chim. Acta **9**, 612 (1926) — Chem. Zbl. **1926 II**, 1131.

[2] Grimaux u. Lefévre: C. r. Acad. Sci. Paris **103**, 146 (1886).

[3] Klatt: Liebigs Ann. **329**, 360 (1903).

[4] A. Pictet u. R. Jahn: Helvet. chim. Acta **5**, 640 (1922) — Chem. Zbl. **1923 I**, 1016.

[5] Amé Pictet u. Rachel Salzmann: Helvet. chim. Acta **7**, 934 (1924) — Chem. Zbl. **1924 II**, 2519.

[6] R. Castan u. A. Pictet: Helvet. chim. Acta **8**, 946 (1925) — Chem. Zbl. **1926 I**, 2193.

[7] E. Grafe u. F. Meythaler: Arch. f. exper. Path. **136**, 360 (1928) — Chem. Zbl. **1929 I**, 97.

[8] Amé Pictet u. Rachel Salzmann: Helvet. chim. Acta **10**, 276 (1927) — Chem. Zbl. **1927 I**, 2406.

[9] A. Pictet u. R. Jahn: Helvet. chim. Acta **5**, 640 (1922) — Chem. Zbl. **1923 I**, 1017.

Trihexosan von Sjöberg[1].

Mol-Gewicht: 486,33.

Zusammensetzung: $C_{18}H_{30}O_{15}$.

Bildung: Entsteht unter Bedingungen, die bei der Darstellung des Dihexosans beschrieben sind, bei der Einwirkung von Malz-Amylase-Lösung auf Amylopektin.

Physikalische und chemische Eigenschaften: Reduziert nicht Fehlingsche Lösung; ist leicht löslich in Wasser und unlöslich in den organischen Lösungsmitteln. — $[\alpha]_{Hg\ gelb}^{18} = +164,0°$. Mol-Gewicht gefunden 471.

Derivate: Nonaacetyltrihexosan $C_{36}H_{48}O_{24}$. — Schmelzp. 156—165°; $[\alpha]_{Hg\ gelb}^{18} = +131,4°$ in Essigsäureanhydrid; $+132,9°$ in Pyridin; Mol-Gewicht gefunden 878,5; berechnet 864.

Trihexosan von Pringsheim.

Mol-Gewicht: 486,33.

Zusammensetzung: $C_{18}H_{30}O_{15}$.

Es ist leicht möglich, daß das Präparat glycerin- und alkoholhaltig war[2].

Konstitution[3]: Die von Pringsheim[4] für das Trihexosan erörterten Formeln scheiden aus, da sie keine freie $CH_2(OH)$-Gruppen enthalten, während Trihexosan bei der Methylierung Monomethyltrihexosan ergibt, dessen Säurehydrolyse zu 6-Methylglykose führt[5]. Beim Abbau von Glykogen mit Glycerin bei 190° konnte das von Pringsheim[6] beschriebene Trihexosan nicht nachgewiesen werden[7].

Bildung: Aus Amylopektin beim Erwärmen mit Glycerin.

Physiologische Eigenschaften: Versuche mit dem abgetrennten, Milchsäure bildenden Ferment vom Muskel[8].

Physikalische und chemische Eigenschaften: Ein Präparat aus Amylopektin zeigte: $[\alpha]_D^{20} = +165,2 - 167,2°$ in Wasser[9]. Die Methylierung des Trihexosans führt bei dem ersten Arbeitsgang glatt zur Dimethylstufe, weitere Methylierung tritt durch mehrfache Wiederholung der Operation nur sehr langsam und allmählich ein[10].

Derivate: Trihexosannonaacetat[3] $[\alpha]_D = +151,3°$ in Chloroform gemessen.

Trihexosan von Micheel und Heß[11].

Mol-Gewicht: 486,33.

Zusammensetzung: $(C_6H_{10}O_5)_3$.

Bildung: Aus dem Acetat durch Verseifen mit methylalkoholischem NH_3.

Physikalische und chemische Eigenschaften: Zeigt den Schmelzp. 184—189° (Wasserabgabe), $[\alpha]_D^{17} = +40,5°$ (in Wasser), $[\alpha]_D^{19} = +96,8°$ (in Methanol). Leicht löslich in Wasser; sehr leicht in Methylalkohol; sehr wenig löslich in Alkohol[11].

Derivate: Trihexosan-nonaacetat $C_{36}H_{48}O_{24}$. 30 g Celluloseacetat werden mit 18 g Bromwasserstoff in 300 g Acetylbromid 23 Tage bei $+5°$ aufbewahrt, das Acetylbromid im Vakuum bei Zimmertemperatur abdestilliert, der Rückstand von Acetobromcellobiose befreit und mit großer Oberfläche im Vakuum einem wasserdampfgesättigten Luftstrom ausgesetzt. Nach 3 Tagen wird in Wasser aufgenommen, mit Chloroform ausgeschüttelt und das wasserlösliche

---

[1] Knut Sjöberg: Ber. dtsch. chem. Ges. **57**, 1251 (1924) — Chem. Zbl. **1924 II**, 2394.

[2] Endre Berner: Ber. dtsch. chem. Ges. **63**, 1356 (1930).

[3] Hans Pringsheim u. Jesaia Leibowitz: Ber. dtsch. chem. Ges. **58**, 2808 (1926) — Chem. Zbl. **1926 I**, 2567.

[4] Hans Pringsheim: Ber. dtsch. chem. Ges. **57**, 1581—1589 (1924) — Chem. Zbl. **1924 II**, 2243.

[5] R. Kuhn u. W. Ziese: Ber. dtsch. chem. Ges. **59**, 2314 (1926) — Chem. Zbl. **1926 II**, 2782.

[6] H. Pringsheim: Ber. dtsch. chem. Ges. **57**, 1581—1589 (1924) — Chem. Zbl. **1924 II**, 2245.

[7] P. Karrer u. B. Joos: Hoppe-Seylers Z. **141**, 311 (1924) — Chem. Zbl. **1925 I**, 1288.

[8] Otto Meyerhof: Naturwiss. **14**, 196 (1926) — Chem. Zbl. **1926 I**, 2809.

[9] Hans Pringsheim u. Kurt Wolfsohn: Ber. dtsch. chem. Ges. **57**, 887 (1924) — Chem. Zbl. **1924 II**, 315.

[10] Hans Pringsheim u. Arnold Steingroever: Ber. dtsch. chem. Ges. **59**, 1001 (1926) — Chem. Zbl. **1926 I**, 3531.

[11] F. Micheel u. K. Heß: Liebigs Ann. **456** 69 (1927) — Chem. Zbl.. **1927 II**, 1467.

Kohlehydrat aus Methylalkohol mit Äther gefällt. Reduktionsvermögen gegen Allihnsche Lösung 12—15% der Glykose. Das Kohlehydrat wird mit Pyridin-Essigsäureanhydrid acetyliert und das Rohacetat einer fraktionierten Fällung aus 50proz. Alkohol, absolutem Alkohol, Toluol, Xylol und dem Gemisch beider mit Petroläther unterworfen. Aus der krystallisierten Toluol- oder Xyloladditionsverbindung wird das Trihexosannonaacetat erhalten. Schmelzpunkt 123—126°; $[\alpha]_D^{20} = +86,6°$ (in Chloroform). Leicht löslich in Chloroform, Benzol, Alkohol; sehr leicht löslich in Xylol, Äther; unlöslich in Petroläther[1].

Nonamethyl-trihexosan. Aus Trihexosan durch dreimaliges Methylieren mit Dimethylsulfat und 50proz. NaOH, Schmelzp. 84—91°, $[\alpha]_D^{19} = +94,8°$ (in Chloroform). Gibt bei der Spaltung mit 35proz. methylalkoholischer Salzsäure bei 0° in 3 Tagen 2, 3, 6-Trimethylmethylglykosid[1].

Isotrihexosan[2].

$$(C_6H_{10}O_5)_3$$

Mol-Gewicht: 486,33.

Bildung: Aus Kartoffelstärke und Glycerin bei 220° durch 3stündiges Erhitzen.

Physiologische Eigenschaften: Wird von Emulsin nicht angegriffen, mit Malzdiastase entsteht Dextrinose.

Physikalische und chemische Eigenschaften: Unter dem Mikroskop Anzeichen einer krystallinen Struktur. Wird bei 235° gelb, schmilzt bei 260—262° unter völliger Zersetzung; leicht löslich in Wasser, die wässerige Lösung dialysiert schnell. Ist in allen organischen Lösungsmitteln unlöslich, besitzt keinen süßen Geschmack, wird von Jod-jodkaliumlösung violett gefärbt, reduziert nicht Fehlingsche Lösung und wird mit verdünnter Salzsäure in Glykose verwandelt. Es polymerisiert sich in konz. Lösung zu einer kolloidalen Substanz, die große Analogie mit Amylose, Amylopektin und Glykogen zeigt. Durch Oxalsäure wird in Dextrinose und Glykose gespalten. Mit Glycerin erhitzt gibt es ein Isodihexosan. Es ist möglich, daß im Molekül γ-Glykosegruppen vorhanden sind. Mit konz. Salzsäure entsteht Isotrihexose.

Derivate: Acetylverbindung $[C_6H_7O_5(CO \cdot CH_3)_3]_3$. Beim Acetylieren von Isotrihexosan. Leicht löslich in Chloroform, Benzol, wenig löslich in heißem Pyridin, unlöslich in Wasser, kaltem Alkohol und Äther. Schmelzp. 156—160°. Wird durch Jod nicht gefärbt. $[\alpha]_D^{20} = +154,3°$ in Chloroform. Bei der Verseifung wird Isotrihexosan zurückgebildet.

Trigalaktosan[3].

$$(C_6H_{10}O_5)_3$$

Mol-Gewicht: 486,33.

Wird Galaktose auf 180° bei 15 mm Druck erhitzt, so ist nach $^3/_4$ Stunde unter heftigem Schäumen der Flüssigkeit 10% des Gewichtes als Wasser verdampft. Die glasige Masse wird zu einem braunen, wenig hygroskopischen Pulver zerstoßen und hat die Zusammensetzung $C_6H_{10}O_5$, aber nach dem Molekulargewicht 478, 479 die eines Trimeren.

Trifructosan[4].

$$(C_6H_{10}O_5)_3$$

Mol-Gewicht: 486,33.

Das Präparat ist glycerin- und alkoholhaltig[5].

Darstellung: 10 g Inulin (Schmelzp. 178°, $[\alpha]_D = -37,3°$) werden mit 15 g Glycerin unter 15 mm 3 Stunden auf 120° erhitzt, in CH_3OH gelöst, das Filtrat mit Äther gefällt, der Niederschlag mit absolutem Alkohol gewaschen, im Vakuum bei 50° getrocknet. Ausbeute 9 g.

Physikalische und chemische Eigenschaften: Hellgelbes, fade schmeckendes Pulver, Schmelzp. 165°, Zersetzung bei 173°, äußerst löslich in Wasser, aber nicht hygroskopisch, etwas löslich in CH_3OH, Pyridin, sonst unlöslich. $[\alpha]_D^{21} = -29,66°$ in Wasser ($c = 2,900$). Reduziert nicht Fehlingsche Lösung, gibt kein Osazon. Wird von heißer 5proz. H_2SO_4 völlig in Fructose übergeführt.

[1] F. Micheel u. K. Heß: Liebigs Ann. **456**, 69 (1927) — Chem. Zbl. **1927 II**, 1467.
[2] Amé Pictet u. Hans Vogel: Helvet. chim. Acta **12**, 700 (1929) — Chem. Zbl. **1929 II**, 1787.
[3] Amé Pictet u. Henry Vernet: Helvet. chim. Acta **5**, 444 (1922) — Chem. Zbl. **1923 I**, 503.
[4] H. Vogel u. A. Pictet: Helvet. chim. Acta **11**, 215 — Chem. Zbl. **1928 I**, 1391.
[5] Endre Berner: Ber. dtsch. chem. Ges. **63**, 1356 (1930).

Derivate: Trifuctosan-nonaacetat $[C_6H_7O_5(C_2H_3O)_3]_3$. Mit Acetanhydrid in Pyridin (24 Stunden). Krystallinisch aus CH_3OH, Schmelzp. 91°, unlöslich in Wasser, Äther, Petroläther, $[\alpha]_D^{21} = -35,52°$ in Benzol ($c = 2,027$). Wird zu Trifructosan zurückverseift.

Dextrin III. Triglykosan[1], Trilävoglykosan (Glykosanmaltosid).

Mol-Gewicht: 486,33.
Zusammensetzung: $(C_6H_{10}O_5)_3$.
Darstellung: Aus den Mutterlaugen des Tetraglykosans durch Fällung mit Alkohol.
Physikalische und chemische Eigenschaften: $[\alpha]_D = +29,9°$ in Wasser. Stimmt im sonstigen Verhalten mit Dextrin II überein.
Derivate: Methylverbindung. Die Methylierung ist sogar nach 11maliger Behandlung mit Dimethylsulfat unvollständig. $[\alpha]_D = +53,5°$ in Chloroform bei $c = 2,1035$. Beim Erwärmen auf 180—200° unter 0,5 mm Druck erfolgt Depolymerisation.

Tetra- bzw. höhere Oligosaccharide.

Maltotetrose[2] vom Trehalosetyp.

Mol-Gewicht: 664,46.
Zusammensetzung: $C_{24}H_{42}O_{21}$.
Darstellung: Die Tetradekaacetylverbindung entsteht aus Heptaacetylmaltose in Chloroform mit Hilfe von Phosphorpentoxyd. Daraus durch Verseifung nach Zemplén die Maltotetrose.
Physikalische und chemische Eigenschaften: Aus wenig Wasser mit einer Mischung von Alkohol mit wenig Äther. Amorphes Pulver vom Schmelzp. 120—122°; $[\alpha]_D^{20} = +113,5°$ in Wasser bei $c = 0,653$.
Derivate: Tetradekaacetylverbindung $C_{52}H_{70}O_{35}$. Aus Wasser krystallinisches Pulver vom Schmelzp. 105°; $[\alpha]_D^{20} = +105,4°$ in Chloroform bei $c = 1,2904$.

6′-β-Cellobiosido-β-gentiobiose[3].

Mol-Gewicht: 664,46.
Zusammensetzung: $C_{24}H_{42}O_{21}$.

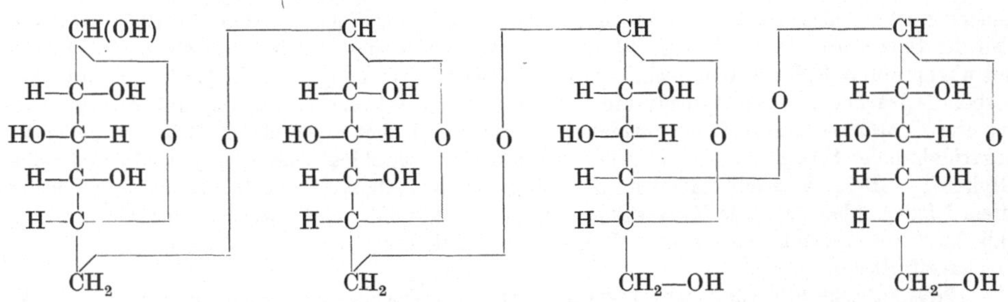

Derivate: 6′-β-Cellobiosido-β-gentiobiose-tetradekaacetat $C_{52}H_{75}O_{35}$. Aus Acetobrom-6-β-cellobiosido-d-glykose und 1, 2, 3, 4-β-Tetraacetyl-d-glykose in Chloroform mit Silberoxyd. Aus Methylalkohol lange, feine, seidenglänzende Nadeln, Schmelzp. 230—240°; $[\alpha]_D^{17} = -18,3°$ in Chloroform.

---

[1] James Colquhoun Irvine u. John Walter Hyde Oldham: J. chem. Soc. Lond. **127**, 2903 (1925) — Chem. Zbl. **1926 I**, 2673.
[2] Hans Vogel u. Halina Debowska-Kurnicka: Helvet. chim. Acta **11**, 910 (1928) — Chem. Zbl. **1929 I**, 229.
[3] Burckhardt Helferich u. Hellmuth Bredereck: Liebigs Ann. **465**, 166 (1928) — Chem. Zbl. **1928 II**, 1550.

Stachyose (Bd. II, S. 437; Bd. VIII, S. 231).

Vorkommen: Isoliert aus den Samen von Foenum graecum, Luzerne, Färberwaid[1]. — Über die Verteilung der Stachyose in verschiedenen Entwicklungsperioden der Soissons-Stangenbohne[2].

Physikalische und chemische Eigenschaften: Die Verbrennungswärme von Stachyose $+2\frac{1}{2}\,H_2O$ für 1 g ist 3808 cal[3]. — Gibt mit unvollkommen getrockneter HCl, bei gewöhnlicher Temperatur, eine Violettfärbung. Die Färbung geht allmählich in Schwarz über[4].

Lupeose (Bd. II, S. 54, 437).

Vorkommen: Die Trockensubstanz der Lupine enthält 6,36% Lupeose[5].

Physikalische und chemische Eigenschaften: Die völlig hydrolysierte Lupeose zeigt eine Drehung von $[\alpha]_D = +48 - 50°$, also denselben Wert wie das Gemisch der Hydrolysenprodukte der Cicerose[6]. Demnach ist auch die Lupeose als ein Tetrasaccharid zu betrachten[7], aufgebaut aus 2 Mol Galaktose, 1 Mol Glykose und 1 Mol Fructose.

Cicerose[6].

Konstitution: Vermutlich ein Tetrasaccharid, bestehend aus 2 Molekülen Galaktose, 1 Molekül Glykose und 1 Molekül Fructose.

Vorkommen: In den Samen von Cicer arietinum.

Darstellung: Aus dem entfetteten Samenpulver von Cicer arietinum wird durch siedenden 70 proz. Alkohol extrahiert und wird nach Behandlung des Extraktes mit Tannin, basisches Pb-Acetat und Phosphorwolframsäure mit 98 proz. Alkohol gefällt. Der Rohrzucker wird mit $Sr(OH)_2$, die reduzierenden Zucker durch Auskochen mit 90 proz. Alkohol entfernt, wobei fast nur die Cicerose gelöst wird.

Physikalische und chemische Eigenschaften: Leicht löslich in Wasser, unlöslich in absolutem Alkohol, reduziert nicht Fehlingsche Lösung, reagiert nicht mit Phenylhydrazin. Gibt die Reaktion von Seliwanoff. $[\alpha]_D = +146,8°$. $[\alpha]_D = +48 - 50°$ nach der Hydrolyse[6].

Derivate: Strontiumverbindung $C_{24}H_{42}O_{21} \cdot 4\,SrO$. Löslich in Wasser, mit viel Alkohol daraus fällbar.

Cellotetraose[8].

Mol-Gewicht: 664,46.

Zusammensetzung: $C_{24}H_{42}O_{21}$.

Darstellung: 112 g bei 115° getrocknete reine Verbandwatte werden in 1100 g hochkonzentrierter Salzsäure in 8 Minuten gelöst. Nach 3 stündigem Stehen bei 19,5° wird ein Teil der Salzsäure mit der Pumpe 10 Minuten lang abgesaugt und in 3 kg Eis gegossen, und mit abgepreßtem Silbercarbonatschlamm neutralisiert. — In einigen Versuchen wurde mit Bleicarbonat gearbeitet. Die Hydrolysate wurden durch fraktionierte Fällung mit Alkohol verarbeitet. Von 20—30 Fraktionen enthielten die schwerst löslichen Anteile mit Wasser quellende, dextrinähnliche Stoffe, die leicht löslichen enthielten Cellobiose und die Mutterlaugen reine Glykose. — Beim Versuch mit dem doppelten Volum Alkohol lieferte die gesamte Lösung einen Niederschlag und eine Mutterlauge, die mit 5 l Alkohol gefällt wurde. Der Niederschlag gab bei fraktioniertem Fällen aus Wasser durch Alkohol einen löslichen Anteil, die Tetrasaccharidfraktion.

Physikalische und chemische Eigenschaften: Schneeweiße Körnchen mit radialer Struktur. Sintert ab 205°, schmilzt unscharf gegen 240°. Löslich in Wasser ohne Quellung, in Pyri-

[1] H. Hérissey u. R. Sibassié: C. r. Acad. Sci. Paris **178**, 884 (1924) — Chem. Zbl. **1924 I**, 1938.

[2] H. Colin u. R. Frauquet: C. r. Acad. Sci. Paris **187**, 309 (1928) — Chem. Zbl. **1928 II**, 1578.

[3] P. Karrer u. W. Fioroni: Ber. dtsch. chem. Ges. **55**, 2854 (1922).

[4] H. Colin u. E. Ruppol: Bull. Soc. Chim. biol. Paris **9**, 928 (1927) — Chem. Zbl. **1928 I**, 555.

[5] F. Boas u. F. Merkenschlager: Ber. dtsch. bot. Ges. **41**, 187 (1923) — Chem. Zbl. **1923 III**, 1174.

[6] N. Castoro: Ann. chim. Appl. **15**, 146 (1925) — Chem. Zbl. **1926 I**, 415.

[7] N. Castoro: Gazz. chim. ital. **55**, 463 (1925) — Chem. Zbl. **1926 I**, 883.

[8] Richard Willstätter u. László Zechmeister: Ber. dtsch. chem. Ges. **62**, 722 (1929) — Chem. Zbl. **1929 I**, 2039.

din leichter löslich als Glykose, mäßig löslich in heißer Essigsäure, unlöslich in Methylalkohol. $[\alpha]_D = +17,9$; $+21,0$; $+21,5°$ ohne Mutarotation. Reduktionsvermögen nach Bertrand für 1 mg Substanz an den drei obigen Präparaten: 0,72; 0,72; 0,66 mg Cu.

Anhydrotetrasaccharide und höhere Anhydrooligosaccharide.

Tetraaraban[1] (Tetraanhydrotetraarabinose).
$$C_{20}H_{32}O_{16}$$

Bildung: Beim Entmischen des Hydratopektins mit 70proz. Alkohol. Es ist möglich, daß in der Pflanze im Verlauf bestimmter fermentativer Prozesse die Arabankomponente des Pektins aus der Tetragalakturonsäure durch Kohlensäureabspaltung entsteht.

Physiologische Eigenschaften: Takadiastase führt langsam aber fast vollständig zu l-Arabinose.

Physikalische und chemische Eigenschaften: Nach Umfällen aus Alkohol + Äther fast farbloses, lockeres, amorphes, neutral reagierendes Pulver, bis auf 1,42% Asche von Beimengungen frei; zieht an der Luft ohne äußere Veränderung rund 8% Wasser an; in Wasser und 70—80proz. Alkohol leicht löslich, reduziert Fehlingsche Lösung nur schwach, gibt alle Reaktionen der Pentosen, besonders stark und typisch die Orcinreaktionen. $[\alpha]_D^{20} = -123°$ in wässeriger Lösung. Hydrolyse mit verdünnten Mineralsäuren führt zu l-Arabinose.

Tetrahexosan[2].
$$(C_6H_{10}O_5)_4$$

Bildung: Ist ein Polymerisationsprodukt des Dihexosans. Entsteht als Nebenprodukt bei der Einwirkung von Emulsin auf Trihexosan.

Physiologische Eigenschaften: Bei der Einwirkung von Amylase auf Tetrahexosan entsteht Maltose.

Physikalische und chemische Eigenschaften: Farblose, kleine Prismen. Schmelzp. 260°. $[\alpha]_D = +162,6°$ in Wasser[2].

Tetraglykosan (Salabrose).
$$(C_6H_{10}O_5)_4 + 2\,H_2O$$

Darstellung: Glykose wird in Gegenwart geringer Mengen von Metallen oder Metallsalzen, ausgenommen Pt, Zn und deren Salze, mit oder ohne Zusatz indifferenter Verdünnungsmittel, wie Vaselinöl oder Phenanthren, unter vermindertem Druck oder in einem indifferenten Gas- oder Dampfstrom unter gewöhnlichem Druck erhitzt. Z. B. wird wasserfreie Glykose mit 10 Tropfen einer $Fe_2(SO_4)_3$-Lösung vermischt und einige Zeit stehengelassen. Hierauf wird die Masse, mit der gleichen Menge Vaselinöl gemischt, 1 Stunde unter 15 mm Druck auf 135° erhitzt. Das entstandene Tetraglykosan wird von Vaselinöl befreit und gepulvert. Die Ausbeute beträgt 90% der angewandten Glykose[3].

Physiologische Eigenschaften: Wird weder durch frische Hefe noch durch Macerationssaft aus Trockenhefe vergoren[4]. Wird durch untergärige und obergärige Hefe glatt vergoren, und zwar mit einer größeren Anfangsgeschwindigkeit als Gleichgewichtsglykose. — Speichel, Magensaft, Duodenalsaft, Leberpreßsaft und Muskelpreßsaft und Takadiastase spalten Tetraglykosan nicht zu α-Glykosan auf[5]. — Tetraglykosan unter den Namen Salabrose wird vom Diabetiker verwendet, ohne daß der Blutzucker oder die Glykosurie zunimmt. — Die Ketonkörper werden vermindert oder ganz zum Verschwinden gebracht. Beim gesunden Kaninchen und beim pankreaslosen Hund bewirkt es Vermehrung des Glykogens in der Le-

---

[1] Felix Ehrlich u. Friedrich Schubert: Biochem. Z. **203**, 343 (1928) — Chem. Zbl. **1929 II**, 415.

[2] A. Pictet u. R. Salzmann: Helvet. chim. Acta **8**, 948 (1925) — Chem. Zbl. **1926 I**, 2193.

[3] J. Kerb: E.P. 243348 vom 14. Nov. 1925; Fr.P. 606526 vom 19. Nov. 1925; Chem. Zbl. **1926 II**, 1786 — D.R.P. 468,454 vom 21. Nov. 1924; Chem. Zbl. **1929 I**, 1397.

[4] A. Gottschalk: Hoppe-Seylers Z. **170**, 23 (1927) — Chem. Zbl. **1928 I**, 82.

[5] Alfred Gottschalk: Dtsch. Arch. klin. Med. **104**, 87 (1929) — Chem. Zbl. **1929 II**, 589.

ber[1]. — Intravenös verabfolgtes Tetraglykosan wird so schnell von den Geweben aufgenommen, daß es schon nach wenigen Minuten nicht mehr im Blute nachzuweisen ist. Nach Insulininjektionen konnten Zuckeranhydridformen im Blute nicht nachgewiesen werden, vielleicht weil diese hypothetischen Körper ebenso schnell resorbiert werden wie das Tetraglykosan. Tetraglykosan ist nach den bisherigen Versuchen als Glykogenbildner anzusprechen. Es wird offenbar sehr langsam in ein verbrennbares Kohlehydrat verwandelt[2]. — Glykosan in Form von Salabrose zu 30 g phlorrhizinisierten oder normal hungernden Hunden gegeben führte keine Zunahme des respiratorischen Quotienten herbei. Auch war kein Anzeichen einer Umwandlung in Glykose oder Glykogen aufzufinden. Nach intraperitonealer oder subcutaner Injektion bei normalen Tieren wurde das Tetraglykosan fast quantitativ im Harn wiedergefunden[3]. Bei zwei pankreasexstirpierten Hunden hatte Salabrosefütterung keinerlei Heilwirkung. Der Fettstoffwechsel war sogar noch gesteigert[4]. Bei Fütterung von Hunden mit Salabrose wird in den ersten Tagen der Fütterung kein Tetraglykosan im Stuhl gefunden, bei Eintreten von Durchfällen bleiben etwa 50% in den Faeces. Bei intraperitonealer Applikation läßt sich im Urin kein Tetraglykosan nachweisen[5]. Salabrose kann nur ein Teil der Diätbehandlung sein[6]. — Erwies sich als eine vorläufig durch kein anderes Mittel ersetzbare Heilnahrung[7]. — Einwirkung auf die Insulinsekretion[8].

Derivate: Dodekaacetyl-tetraglykosan[9] $C_{42}H_{64}O_{32}$. Aus Tetraglykosan mit Essigsäureanhydrid und $ZnCl_2$. Schmelzp. 125°, Erweichen bei 108—109°. Leicht löslich in organischen Lösungsmitteln außer Petroläther. Hygroskopisch. $[\alpha]_D^{20} = +70{,}82$ und 70,11° in Eisessig[9].

Dodekamethyl-tetraglykosan[9] $C_{36}H_{64}O_{20}$. Aus Tetraglykosan bei zweimaliger Einwirkung von $(CH_3)_2SO_4$ und $NaOH$; nach Zusatz von Eisessig in Chloroform gelöst. Bei der Säurespaltung: Bildung von $1/_3$ des Mol Tetramethylglykose, einer in Äther löslichen Verbindung zur Hälfte und einem in Aceton löslichen Rückstand, etwa $1/_4$ der angewandten Menge[9].

Caramose.

Caramosen sind Polymeren des α-Glykosans. Bei der Blutzuckerbestimmung zeigen sie ein von α-Glykosan unterschiedliches Verhalten[10].

Physiologische Eigenschaften: Die Beobachtung der Milchsäurebildung durch zerkleinerte Froschmuskulatur unter dem Einfluß von Caramose führte zur Anschauung, daß auch bei der Spaltung des Glykogens im quergestreiften Muskel ein besonderes Kohlehydrat entsteht, das leicht weiter zu Milchsäure abgebaut wird[11].

Caramelan [12].

Mol-Gewicht: 612,41.

Zusammensetzung: $C_{24}H_{36}O_{18}$.

Bildung: Beim Erhitzen von reinstem Rohrzucker auf 185—190° bei 10—15 mm Druck wird Wasser abgespalten und zunächst Isosaccharosan, dann bei einem Gewichtsverlust von 10% Caramelan gebildet.

Physikalische und chemische Eigenschaften: Hellgelbes, amorphes Pulver vom Schmelzpunkt 144—145°, weniger hygroskopisch als Isosaccharosan und durchweg weniger löslich, schmeckt ausgesprochen bitter. — $[\alpha]_D^{22} = +80°$ in Wasser bei $c = 1{,}3$.

---

[1] Martin Nothmann u. Joachim Kühnau: Ther. Gegenw. **66**, 425 (1925) — Chem. Zbl. **1925 II**, 2281. — S. G. L. Wolf u. G. S. Haynes: Proc. Soc. exper. Biol. a. Med. **23**, 663—664 (1926) — Ber. Physiol. **38**, 228 (1927) — Chem. Zbl. **1927 I**, 1700.

[2] Johannes Kerb: Z. exper. Med. **53**, 402 (1924) — Chem. Zbl. **1925 I**, 685.

[3] H. J. Deuel jr., S. S. Waddel u. J. A. Mandel: J. of biol. Chem. **68**, 801 (1926) — Chem. Zbl. **1926 II**, 1298.

[4] E. Hèdon: C. r. Soc. Biol. Paris **96**, 680 (1927) — Chem. Zbl. **1927 I**, 3204.

[5] Karl Boytinek: Dtsch. Arch. klin. Med. **156**, 72 (1927) — Chem. Zbl. **1927 II**, 2323.

[6] E. Kaufmann: Z. exper. Med. **60**, 116 (1928) — Chem. Zbl. **1928 II**, 367.

[7] Fr. Friedrichsen: Dtsch. med. Wschr. **54**, 1294 (1928) — Chem. Zbl. **1928 II**, 2260.

[8] E. Grafe u. F. Meythaler: Arch. f. exper. Path. **136**, 360 (1928) — Chem. Zbl. **1929 I**, 97.

[9] H. Pringsheim u. K. Schmalz: Ber. dtsch. chem. Ges. **55**, 3001 (1922) — Chem. Zbl. **1923 I**, 152.

[10] Johannes Kerb u. Elisabeth Kerb-Etzdorf: Biochem. Z. **151**, 435 (1924) — Chem. Zbl. **1925 I**, 685.

[11] Fritz Laquer u. Paul Meyer: Hoppe-Seylers Z. **124**, 211 (1922) — Chem. Zbl. **1923 I**, 985.

[12] Amé Pictet u. N. Adrianoff: Helvet. chim. Acta **7**, 703 (1924) — Chem. Zbl. **1924 II**, 1176.

Caramelen[1].

$$C_{36}H_{50}O_{25}$$

Bildung: Durch Erhitzen von reinstem Rohrzucker auf 185—190° bei 10—15 mm wird Wasser abgespalten, und es entstehen nacheinander Isosaccharosan, Caramelan und Caramelen. Die Verbindungen lassen sich isolieren, wenn man das Erhitzen nach einem Gewichtsverlust von 5, 10 bzw. 20 % unterbricht.

Physikalische und chemische Eigenschaften: Braunes, nicht hygroskopisches Pulver von noch bittererm Geschmack als Caramelan. Schmelzp. 204—205°, sehr leicht löslich in Wasser, sonst unlöslich; $[\alpha]_D^{23} = +65{,}4°$

Tetralävoglykosan[2].

Mol-Gewicht: 648,44.

Zusammensetzung: $(C_6H_{10}O_5)_4$.

Bildung: Entsteht bei Atmosphärendruck, sonst unter Bedingungen, die bei Dilävoglykosan beschrieben sind. Wird durch Lösen in Wasser und Fällen mit Alkohol gereinigt.

Physikalische und chemische Eigenschaften: Weißer Niederschlag von fadem, nicht süßem Geschmack. Leicht löslich in Wasser, ziemlich löslich in Pyridin, unlöslich in Methylalkohol und Alkohol und in anderen üblichen Lösungsmitteln. Mol-Gewicht gefunden: 640; $\alpha = +111{,}9°$. — Schmelzp. 195—200°. — Drehung nicht über $+85°$ (statt über 100°)[3].

Derivate: Dodekaacetyltetralävoglykosan[3] $C_{48}H_{64}O_{32}$. Aus Tetralävoglykosan mit Essigsäureanhydrid und $ZnCl_2$. Leicht löslich in organischen Mitteln außer Petroläther und Äther. Aus Benzol + Petroläther, Schmelzp. 125°, bei 108—109° Erweichen. Hygroskopisch. $[\alpha]_D^{20} = +68{,}37°$ in Eisessig; ein anderes Mal: $+69{,}59°$[3].

Dodekamethyltetralävoglykosan[3] $C_{36}H_{64}O_{20}$. Aus Tetralävoglykosan bei zweimaliger Einwirkung von $(CH_3)_2SO_4$ und NaOH; nach Zusatz von Eisessig in Chloroform gelöst. — Schwachgelber Sirup, reduziert Fehlingsche Lösung nicht, leicht löslich in organischen Lösungsmitteln außer Petroläther. Bei einstündigem Kochen mit 5 proz. H_2SO_4 gibt mit Anilin Tetramethylglykoseanilid als Ausscheidung. Der Rückstand gibt nach Abspaltung von Anilin Dimethyl-glykose[3].

Sinistrin B[4] (Tetralävan)[5].

Darstellung: Siehe bei Sinistrin A.

Physiologische Eigenschaften: Wird von Hefe nicht vergoren, aber von Schimmelpilzen ausgenutzt.

Physikalische und chemische Eigenschaften: Amorphes, weißes, wenig hygroskopisches Pulver, von fadem Geschmack, reduziert nicht Fehlingsche Lösung.

Tetra- und Pentagalaktosan[6].

Entstehen bei der Polymerisation von Galaktosan bei 170° in Gegenwart von Spuren Zuckerchlorid.

Hexahexosan[7].

Mol-Gewicht: 972,66.

Zusammensetzung: $(C_6H_{10}O_5)_6$.

Bildung: Wenn man Stärke mit Glycerin bei 200° depolymerisiert, so ändert sich die Jodfarbe des Reaktionsproduktes je nach der Dauer des Erhitzens von Blau über Violett und

[1] Amé Pictet u. N. Adrianoff: Helvet. chim. Acta **7**, 703 (1924) — Chem. Zbl. **1924 II**, 1176. — Gesellschaft für Chemische Industrie (Basel), übertr. von Amé Pictet: A.P. 1602549 vom 6. März 1925, ausg. 12. Okt. 1926, Schw.Prior. vom 14. März 1924; Chem. Zbl. **1927 I**, 354.

[2] Amé Pictet u. J. H. Roß: C. r. Acad. Sci. Paris **174**, 1113 (1922) — Chem. Zbl. **1922 III**, 346.

[3] H. Pringsheim u. K. Schmalz: Ber. dtsch. chem. Ges. **55**, 3001 (1922) — Chem. Zbl. **1923 I**, 152.

[4] Hans Heinrich Schlubach u. Werner Flörsheim: Ber. dtsch. chem. Ges. **62**, 1491 (1929) — Chem. Zbl. **1929 II**, 722.

[5] Hans Heinrich Schlubach u. Horst Elsner: Ber. dtsch. chem. Ges. **62**, 1491 (1929) — Chem. Zbl. **1929 II**, 722.

[6] Amé Pictet u. Henry Vernet: Helvet. chim. Acta **5**, 444 (1922) — Chem. Zbl. **1923 I**, 503.

[7] Amé Pictet u. Paul Stricker: Helvet. chim. Acta **7**, 932 (1924) — Chem. Zbl. **1924 II**, 2519.

Rot nach Farblos. Unterbricht man die Reaktion in dem Moment, wo die Rotfärbung mit Jod am intensivsten eintritt, so läßt sich durch Entfernung des Glycerins mittels Alkohols ein Gemisch verschiedener Depolymerisationsprodukte abscheiden, aus dem sich das Hexahexosan durch fraktionierte Fällung der wässerigen Lösung mit Alkohol isolieren läßt. Bei der Dialyse wandert es mit dem Trihexosan durch die Membran. Die Reindarstellung von Hexahexosan ist nur durch wiederholtes Umfällen mit Alkohol möglich. (Berücksichtige die Arbeit von Berner[1].)

Physiologische Eigenschaften: Gerstenamylase spaltet Hexahexosan auf zu Maltose.

Physikalische und chemische Eigenschaften: Amorphes Pulver. Zersetzungsp. 225° ohne zu schmelzen. Reduziert nicht Fehlingsche Lösung. Reines Hexahexosan gibt mit Jodlösung eine intensiv rote Färbung. Ist es mit Polymerisationsprodukten höheren Grades verunreinigt, so fällt die Färbung violett aus. Die Polymerisationsprodukte von höherem Mol-Gewicht als Hexahexosan binden das Jod zuerst, und zwar mit blauer Farbe. Die Stabilität dieser Jodadditionsprodukte gegen erhöhte Temperatur ist abhängig vom Mol-Gewicht in dem Sinne, daß mit steigendem Mol-Gewicht die Beständigkeit zunimmt. Hexahexosan wird von den Dextrinreagenzien nicht gefällt. Bei der Einwirkung von Acetylbromid verhält sich wie die Amylosen und Stärke[2]. Mit siedendem Essigsäureanhydrid in Gegenwart von Natriumacetat findet Depolymerisation unter Bildung von Nonoacetyltrihexosan vom Schmelzpunkt 153—154° statt.

Hexaglykosan.

Mol-Gewicht: 972,66.

Zusammensetzung: $(C_6H_{10}O_5)_6$.

Derivate: Hexaglykosanacetat. Bei der Acetylierung der rohen Isomaltose mit Acetanhydrid und Na-Acetat als Nebenprodukt. $[\alpha]_D^{20} = +112,4°$ in Benzol. Mol-Gewicht in Benzol: 1749, berechnet: 1729[3].

Hexalävoglykosan[4].

Mol-Gewicht: 972,66.

Zusammensetzung: $(C_6H_{10}O_5)_6$.

Bildung: Unter Bedingungen, wie bei Dilävoglykosan beschrieben, nur wird die Reaktion in eingeschlossenen Röhren in Gegenwart von Benzol ausgeführt, wobei der Druck auf 4,6 Atmosphären erhöht wird.

Darstellung: 10 g Lävoglykosan und 0,2 g $ZnCl_2$ werden im Rohr in Gegenwart von 20—25 ccm Benzol, d. h. bei einem Druck von 4,6 Atmosphären, 1 Stunde auf 140° erhitzt. Reinigung durch fraktionierte Fällung der wässerigen Lösung mit Alkohol[5].

Physikalische und chemische Eigenschaften: Mol-Gewicht gefunden: 964. Die mittleren Fraktionen sind weiß und körnig, kaum hygroskopisch. Zersetzt sich bei etwa 195° ohne zu schmelzen. Sehr leicht löslich in Wasser, sehr wenig löslich in Pyridin, Eisessig, sonst unlöslich. Geschmack fade. $[\alpha]_D = +94,8°$ in Wasser[5].

Oktolävoglykosan[4].

Mol-Gewicht: 1296,88.

Zusammensetzung: $(C_6H_{10}O_5)_8$.

Bildung: Wie Hexalävoglykosan, nur wird statt Benzol Äther genommen, wodurch der Druck auf 13,3 Atmosphären ansteigt.

Darstellung: 10 g Lävoglykosan und 0,2 g $ZnCl_2$ werden im Rohr in Gegenwart von 20—25 ccm Äther, d. h. bei einem Druck von 13,3 Atmosphären, 1 Stunde auf 140° erhitzt. Die wässerige Lösung des Rohproduktes wird gegen eine Schweinsblase dialysiert, wobei nur sehr wenig Rückstand bleibt.

Physikalische und chemische Eigenschaften: Mol-Gewicht gefunden: 1318. Die zwischen der 4. und 13. Stunde gewonnenen, im wesentlichen identischen Fraktionen sind amorphes Pul-

[1] Endre Berner: Ber. dtsch. chem. Ges. **63**, 1356 (1930).

[2] P. Castan u. A. Pictet: Helvet. chim. Acta **8**, 946 (1925) — Chem. Zbl. **1926 I**, 2193.

[3] A. Georg u. A. Pictet: Helvet. chim. Acta **9**, 612 (1926) — Chem. Zbl. **1926 II**, 1131.

[4] Amé Pictet u. J. H. Roß: C. r. Acad. Sci. Paris **174**, 1113 (1922) — Chem. Zbl. **1922 III**, 346.

[5] A. Pictet u. J. H. Roß: Helvet. chim. Acta **5**, 876 (1922) — Chem. Zbl. **1923 III**, 120.

ver; sehr leicht löslich in Wasser, sonst unlöslich. Zersetzt sich oberhalb 210°. Geschmack fade. $[\alpha]_D = +72,8°$, molekulare Drehung $= +943,5$. Wird von J nicht gefärbt, aus der wässerigen Lösung von Chloroform, Bromwasser, Gallussäure und anderen Dextrinreagenzien nicht gefällt[1].

Polymerisationsprodukte des Lävoglykosans, des β-Glykosans[2].

Die Polymerisation erfolgt beim Erwärmen des Lävoglykosans in Gegenwart von metallischem Zink als Katalysator. Die Ausbeute an verschiedenen Polymerisationsprodukten ist abhängig von der Temperatur und der Dauer des Erhitzens. — Die Versuche wurden bei einem Druck von 15 mm ausgeführt. Die Polymerisationsprodukte wurden durch fraktionierte Fällung aus wässeriger Lösung mit Alkohol in drei Hauptfraktionen geteilt, die als Heptaglykosan, Tetraglykosan und Triglykosan angesehen werden. — Damit ist die Zahl der möglichen Substanzen nicht erschöpft, da die Darstellung von anderen Polymerisaten ebenfalls gelingt. Die Annahme, daß die Hydroxylgruppen gleichmäßig an den C_6-Komplexen eines Polysaccharids verteilt sind, bedarf in jedem Fall einer besonderen Untersuchung, da von einem polymerisierten β-Glykosan nach erfolgter Methylierung Di-, Tri- und Tetramethylglykose erhalten wird. — Da 2, 3, 4, 6-Tetramethylglykose und eine Dimethylglykose aus allen Polyglykosanen erhalten werden, so folgt daraus, daß bei der Polymerisation zuerst eine Umwandlung von β-Glykosan in Glykose stattfindet, worauf 1 Mol derselben sich mit 1 Mol Glykosan kondensiert, und so weiter. Obschon die Konstitution der entstandenen Dimethylglykose nicht feststeht, nehmen Irvine und Oldham die der 2, 4-Dimethylglykose als die wahrscheinlichere an.

Dextrin I. Heptaglykosan[2].
$$(C_6H_{10}O_5)_7$$

Darstellung: 7 g Lävoglykosan $+ 0,1$ g Zinkstaub werden in einem Vakuumkolben, in dem die Luft vollständig durch trockenen Wasserstoff verdrängt ist, auf 250° erhitzt. Beim Schmelzen des Lävoglykosans ist die Leitung zur Wasserstrahlpumpe geschlossen, da sich sonst das Produkt unverändert verflüchtigt. Durch wechselweises Öffnen und Schließen der Leitung wurde eine vollständige Polymerisation ohne Zersetzung erreicht. Der Rückstand wird mit sehr wenig heißem Wasser ausgezogen und mit Alkohol versetzt. Der dunkle Niederschlag wird in Wasser gelöst, entfärbt und wird als Alkohol wieder gefällt.

Physikalische und chemische Eigenschaften: Hygroskopisches Pulver, unlöslich in organischen Lösungsmitteln außer in Essigsäure. Reduziert nicht. $[\alpha]_D = +83,9°$ in Wasser bei $c = 2,08$. — Durch Erhitzen mit methylalkoholischer Salzsäure entsteht Methylglykosid.

Derivate: Triacetat $(C_{12}H_{16}O_8)_7$. — Aus heißem abs. Alkohol Pulver, Schmelzp. 142°. — Unlöslich in Wasser, kaltem abs. Alkohol, Äther, sonst leicht löslich. $[\alpha]_D = +85,1°$ in 50proz. Alkohol bei $c = 2,2315$.

Methylderivat: Bei der Methylierung in Methylalkohol mit Silberoxyd und Methyljodid wurde die Einwirkung unterbrochen, wenn zwei Alkylgruppen in jeden C_6-Komplex eingeführt sind. Das entstandene glasige Produkt $C_8H_{14}O_5$ ist leicht zu pulvern. $[\alpha]_D = +76°$ in Chloroform bei $c = 0,6035$. Mit Dimethylsulfat methyliert, resultiert ein Produkt von $[\alpha]_D = +89,4°$ in Chloroform bei $c = 2,745$. Durchweg leicht löslich.

Dextrin II. Tetraglykosan[2].
$$(C_6H_{10}O_5)_4$$

Ist verschieden von dem Tetraglykosan von Pictet und von Pringsheim. — Die beiden isomeren Formen des Tetraglykosans können dadurch erklärt werden, daß die Polymerisation in dem einen Fall stattfindet, indem das gebildete Diglykosan sich mit einem weiteren Molekül Lävoglykosan zum Triglykosan und dieses in gleicher Weise zum Tetraglykosan kondensiert, während im zweiten Fall 2 Moleküle der Diverbindung sich zu einer Tetraverbindung vereinigen können.

Darstellung: Wird aus den Mutterlaugen des Heptaglykosans mit Alkohol gefällt.

---

[1] A. Pictet u. J. H. Roß: Helvet. chim. Acta **5**, 876 (1922) — Chem. Zbl. **1923 III**, 120.

[2] James Colquhoun Irvine u. John Walter Hyde Oldham: J. chem. Soc. Lond. **127**, 2903 (1925) — Chem. Zbl. **1926 I**, 2673.

Physikalische und chemische Eigenschaften: Hygroskopisches Pulver. $[\alpha]_D = +60,7°$ in Wasser.

Derivate: Gibt dasselbe Triacetat wie Heptaglykosan.

Methylderivat: Mit Dimethylsulfat entsteht ein Sirup. $[\alpha]_D = +66,6°$ in Chloroform bei $c = 3,3335$. Nach 9 Methylierungen noch immer unvollständig.

Methylierung des Polyglykosangemisches[1]**.** Wird das Reaktionsgemisch sofort nach der Polymerisation des Lävoglykosans methyliert, so können folgende Fraktionen bei der Destillation erhalten werden: Fraktion I. Siedep. 135° bei 0,2 mm, wobei 17% übergehen. Diese Fraktion besteht aus Trimethyllävoglykosan. — Fraktion II. 23,6% **Di-(trimethyl-lävoglykosan)** $(C_9H_{16}O_5)_2$; Siedep. 205—210° bei 0,2 mm. Sirup $[\alpha]_D^{20} = +46,5°$ in Chloroform bei $c = 1,9515$. Der Rückstand ist **Poly-(trimethyllävoglykosan).** Glasig. $[\alpha]_D = +63,3°$ in Chloroform bei $c = 1,850$. — Di-(trimethyllävoglykosan) ergab bei der Spaltung Dimethylmethylglykosid und Tetramethyl-methylglykosid und daraus 2, 3, 4, 6-Tetramethylglykose und eine Dimethylglykose. Poly-(trimethyllävoglykosan) ergab 2, 3, 5, 6-Tetramethyl-methylglykosid, 2, 3, 4-Trimethyl-methylglykosid, Dimethyl-methylglykosid und wenig Monomethylmethylglykosid infolge unvollständiger Methylierung.

Tetralactosan[2].

Mol-Gewicht: 1296,88.

Zusammensetzung: $(C_{12}H_{20}O_{10})_4$.

Bildung: Durch halbstündiges Erhitzen von Lactosan bei 15 mm Druck auf 105° bei Gegenwart von Zinkchlorid.

Physikalische und chemische Eigenschaften: Aus wässeriger Lösung durch Alkohol fällbar. Reduziert nicht Fehlingsche Lösung, ist unlöslich in organischen Lösungsmitteln. Schmelzp. 245—246°.

Abkömmlinge der einfachen Zuckerarten
(Bd. X, S. 633).

Abkömmlinge der Monosaccharide (Bd. VIII, S. 234; Bd. X, S. 633).

l-Arabinal.

Mol-Gewicht: 116,09.

Zusammensetzung: $C_5H_8O_3$.

Konstitution:

$$
\begin{array}{l}
\;\;\;\;\rule{1cm}{0.4pt}\text{CH} \\
\;\;\;\;\;\;\;\;\; \| \\
\;\;\;\;\;\;\;\;\;\text{CH} \\
\text{O}\;\;\;\;\text{HO}\!-\!\text{C}\!-\!\text{H} \\
\;\;\;\;\text{HO}\!-\!\text{C}\!-\!\text{H} \\
\;\;\;\;\;\;\;\;\;\text{CH}_2
\end{array}
$$

Bildung: Aus Diacetyl-l-arabinal durch Verseifung mit Barytwasser bei 0° (schließlich bis 10° ansteigend)[3].

Physikalische und chemische Eigenschaften: Lange, spießige Nadeln aus Benzol vom Schmelzp. 81—83°, $[\alpha]_D^{19} = -202,8°$ (in Wasser; $c = 2,571$). Bei der Destillation im Hochvakuum erleidet geringe Zersetzung, wodurch das Destillat hygroskopisch wird. Ist sehr

[1] James Colquhoun Irvine u. John Walter Hyde Oldham: J. chem. Soc. Lond. **127**, 2903 (1925) — Chem. Zbl. **1926 I**, 2673.

[2] Amé Pictet u. Margarete M. Egan: Helvet. chim. Acta **7**, 295 (1924) — Chem. Zbl. **1924 I**, 2582. — Gesellschaft für Chemische Industrie (Basel), übertr. von Amé Pictet: A.P. 1 602 549 vom 6. März 1925, ausg. 12. Okt. 1926; Schw.Prior. vom 14. März 1924; Chem. Zbl. **1927 I**, 354.

[3] J. Meisenheimer u. H. Jung: Ber. dtsch. chem. Ges. **60**, 1462 (1927) — Chem. Zbl. **1927 II**, 1017. — M. Gehrke u. F. X. Aichner: Ber. dtsch. chem. Ges. **60**, 918 (1927) — Chem. Zbl. **1927 I**, 2723.

empfindlich gegen Säuren[1]. Siedep. 73—75° bei 0,1—0,3 mm. Krystalle aus Chloroform, Schmelzp. 51—52°; sehr hygroskopisch, schmeckt bitter; reduziert nicht Fehlingsche Lösung; rötet nicht fuchsinschweflige Säure; gibt intensive Fichtenspanreaktion; addiert 2 Atome Halogen unter Bildung leicht zersetzlicher, teils gut krystallisierender Dichlor-, Dibrom- und Dijodprodukte. — l(—)-Arabinal, $[\alpha]_D^{20} = -100{,}9°$ (in Wasser). — Das aus l(—)-Arabinal erhaltene Produkt gibt mit Br oxydiert Ribonsäure[2].

Derivate: l-Diacetyl-arabinal $C_9H_{12}O_5$. Durch mehrstündiges Schütteln von Acetobromarabinose mit der 10fachen Menge 50proz. Essigsäure und dem doppelten Gewicht Zn-Staub bei etwa 0°. Man erhält farblose Öle[1]. Siedep. 78—82° bei 0,3—0,4 mm; löslich in den gebräuchlichen Lösungsmitteln, addiert Cl und Br; färbt Fichtenspan bei Gegenwart von HCl-Dämpfen grün; reduziert nicht Fehlingsche Lösung, färbt nicht fuchsinschweflige Säure; mit siedendem Wasser wird es unter Abspaltung von 1 Mol Essigsäure umgewandelt; wird durch Säuren unter Dunkelfärbung zersetzt. l(—)-Derivat, $[\alpha]_D^{18} = -266{,}7°$ (in Chloroform). — Gibt mit Br in Chloroform ein Dibromid, Krystalle, sehr unbeständig. Gibt bei der Barytverseifung l-Arabinal[2].

d-Arabinal[3].

Mol-Gewicht: 116,09.
Zusammensetzung: $C_5H_8O_3$.

$$
\begin{array}{c}
CH \\
\| \\
CH \\
| \\
H-C-OH \qquad O \\
| \\
H-C-OH \\
| \\
CH_2
\end{array}
$$

Bildung: Analog der l-Verbindung.

Physikalische und chemische Eigenschaften: $[\alpha]_D^{23} = +100{,}5°$ in Wasser. Gibt mit Benzopersäure d(—)Ribose.

Derivate: d-Diacetyl-arabinal. $[\alpha]_D^{22} = +266{,}2°$ in Chloroform.

Dihydro-l-arabinal.

Mol-Gewicht: 118,03.
Zusammensetzung: $C_5H_{10}O_3$.

$$
\begin{array}{c}
CH_2 \\
| \\
CH_2 \\
| \\
O \qquad HO-C-H \\
| \\
HO-C-H \\
| \\
CH_2
\end{array}
$$

Derivate: Diacetyldihydroarabinal $C_9H_{14}O_5$. Aus Diacetylarabinal in methylalkoholischer Lösung mit Pd + 2 Atomen H. Siedep. 122—123°; leicht löslich in Wasser, Alkohol; hat keine Reduktionskraft, reagiert nicht mit Carbonylreagenzien; zeigt keine Fichtenspanreaktion und kein Halogenadditionsvermögen; $[\alpha]_D^{23} = +43{,}1°$ (in Chloroform)[2].

---

[1] J. Meisenheimer u. H. Jung: Ber. dtsch. chem. Ges. **60**, 1462 (1927) — Chem. Zbl. **1927 II,** 1017. — M. Gehrke u. F. X. Aichner: Ber. dtsch. chem. Ges. **60**, 918 (1927) — Chem. Zbl. **1927 I,** 2723.

[2] M. Gehrke u. F. X. Aichner: Ber. dtsch. chem. Ges. **60**, 918 (1927) — Chem. Zbl. **1927 I,** 2723. — M. Bergmann u. H. Schotte: Liebigs Ann. **434**, 99 (1927) — Chem. Zbl. **1927 I,** 643.

[3] J. Meisenheimer u. H. Jung: Ber. dtsch. chem. Ges. **60**, 1462 (1927) — Chem. Zbl. **1927 II,** 1017. — M. Gehrke u. F. X. Aichner: Ber. dtsch. chem. Ges. **60**, 918 (1927) — Chem. Zbl. **1927 I,** 2723. — M. Bergmann u. H. Schotte: Liebigs Ann. **434**, 99 (1927) — Chem. Zbl. **1927 I,** 643.

l-2-Desoxy-arabinose (l-Arabino-desose) = l-2-Ribodesose.

$$C_5H_{10}O_4$$

Konstitution:

```
              ─────────CH(OH)
                          |
              H─C─H
                          |
   O      HO─C─H
                          |
          HO─C─-H
                          |
              ─────────CH₂
```

Bildung: Kann durch Einwirkung von n-H_2SO_4 auf Arabinal gewonnen werden, wenn man die Reaktion beim Auftreten einer leichten Trübung (nach etwa 3—4 Stunden) unterbricht. Sirup, der auf Reiben oder Animpfen krystallisiert. Reinigung mit Propylalkohol.

Physikalische und chemische Eigenschaften: Schmeckt angenehm schwach süß, schmilzt unscharf bei etwa 90° zu einer trüben Flüssigkeit, ist leicht löslich in Wasser und Alkohol, weniger in Propylalkohol; heiße Alkalien und Säuren bewirken Zersetzung. Heiße Fehlingsche Lösung und ammoniakalische Silberlösung werden stark reduziert. Gibt die grüne Fichtenspanreaktion[1]. Fichtenspanreaktion violett; Fehlingsche Lösung wird reduziert, fuchsinschweflige Säure gerötet[2]. β-l-2-Ribodesose. Schmelzp. 80,5—90°; $[\alpha]_D^{23} = +2,75° \rightarrow +2,13°$ in Pyridin, $= +2,88° \rightarrow +2,13°$ in Wasser[3]. $[\alpha]_D^{25} = +91,7 \rightarrow +40,5°$ in Pyridin. Erweicht bei 67°, schmilzt bei 80°, ist aber erst bei 154° klar geschmolzen[4].

Derivate: Benzylphenylhydrazon $C_{18}H_{22}O_3N_2$. Aus Alkohol kräftige Nadeln vom Schmelzpunkt 127—129°. Läßt sich mittels Benzaldehyd in Gegenwart von Benzoesäure leicht in die Desose zurückverwandeln[1]. Aus Isopropylalkohol, Schmelzp. 115—117°; $[\alpha]_D^{25} = +37,8°$ in Pyridin[3]. Schmelzp. 125—126°, $[\alpha]_D^{25} = +17,5°$ in Pyridin[4].

Thyminose (Desoxypentose der Thymusnucleinsäure).

Erwies sich identisch mit 1, 2-Ribodesose[4].

Bildung: Aus Guaninnucleosid durch Aufkochen mit der 25fachen Menge 0,01 n-wässeriger Salzsäure, bis alles gelöst ist, dann 10 Minuten bei 100°, wobei Guaninhydrochlorid ausfällt, dann sofort in Kältemischung gekühlt. — Nach Entfernung der Salzsäure mit Silbersulfat, Fällung des Silberüberschusses mit Schwefelwasserstoff, der Schwefelsäure mit Barytwasser werden die Verunreinigungen aus Alkohol mit Äther gefällt. Aus dem Filtrat beim Eindampfen resultiert ein Sirup der allmählich krystallisiert[3].

l-Pseudoarabinal.

Mol-Gewicht: 116,09.
Zusammensetzung: $C_5H_8O_3$.

```
              CH(OH)
               |  \
              CH    |
               ‖    |
              CH    O
               |    |
      HO─C─H  |
               |  /
              CH₂
```

---

[1] J. Meisenheimer u. H. Jung: Ber. dtsch. chem. Ges. **60**, 1462 (1927) — Chem. Zbl. **1927 II**, 1017. — M. Gehrke u. F. X. Aichner: Ber. dtsch. chem. Ges. **60**, 918 (1927) — Chem. Zbl. **1927 I**, 2723.

[2] M. Gehrke u. F. X. Aichner: Ber. dtsch. chem. Ges. **60**, 918 (1927) — Chem. Zbl. **1927 I**, 2723. — M. Bergmann u. H. Schotte: Liebigs Ann. **434**, 99 (1927) — Chem. Zbl. **1927 I**, 643.

[3] P. A. Levene u. T. Mori: J. of biol. Chem. **83**, 803 (1929) — Chem. Zbl. **1929 II**, 3149.

[4] P. A. Levene, L. A. Mikeska u. T. Mori: J. of biol. Chem. **85**, 785 (1930) — Chem. Zbl. **1930 I**, 2742.

Derivate: Acetylpseudoarabinal[1] $C_9H_{12}O_5$. Aus Diacetylarabinal durch Kochen mit Wasser. Dickflüssiges Öl vom Siedep. 120—124° bei 0,2 mm; $n_D^{24} = 1,4625$. Zeigt das typische Verhalten der Pseudoglykale.

d-Xylal[2].

Mol-Gewicht: 116,09.
Zusammensetzung: $C_5H_8O_3$.

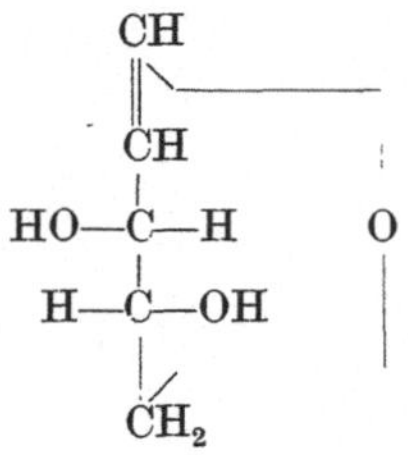

$$
\begin{array}{c}
CH \\
CH \\
HO-C-H \qquad O \\
H-C-OH \\
CH_2
\end{array}
$$

Bildung: Bei der Verseifung der Diacetylverbindung mit Baryt.

Physikalische und chemische Eigenschaften: Siedep. 108—112° bei 1,2 mm. — Wenn man von ganz reinem Acetat ausgeht, krystallisiert die mittlere Fraktion allmählich, Krystalle aus abs. Alkohol + Äther. Schmelzp. 49—50°. $[\alpha]_D^{26} = -254,5°$ in Wasser; $= -238,5°$ in Alkohol. Schmeckt süß, mit bitterem Nachgeschmack. Reduziert Fehlingsche Lösung aber nicht in Verdünnung 1:4. Rötet fuchsinschweflige Säure und gibt dunkelgrüne Fichtenspanreaktion. Ist gegen konz. Säuren sehr empfindlich, aber ziemlich beständig in alkalischer Lösung. Ist leicht löslich in Wasser, Alkohol, Aceton, schwer löslich in Äther, unlöslich in Benzol, Petroläther.

Derivate: Diacetyl-d-xylal $C_9H_{12}O_5$. Darstellung analog dem l-Arabinal. Aus Äther mit Ligroin Prismen. Schmelzp. 40°. $[\alpha]_D^{26} = -314,7°$ in Chloroform. Gibt grüne Fichtenspanreaktion, reduziert siedende Fehlingsche Lösung, gibt keine Reaktion mit fuchsinschwefliger Säure. — Durchweg leicht löslich mit Ausnahme von Ligroin.

d-2-Xylodesose[3].

Mol-Gewicht: 134,11.
Zusammensetzung: $C_5H_{10}O_4$.

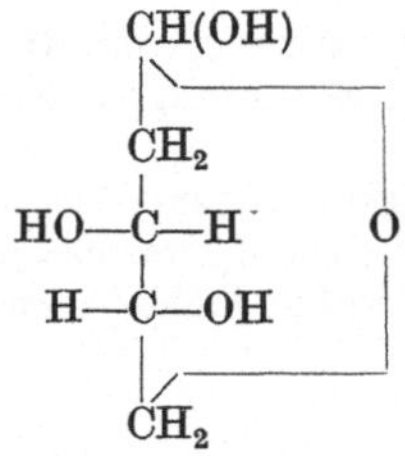

$$
\begin{array}{c}
CH(OH) \\
CH_2 \\
HO-C-H \qquad O \\
H-C-OH \\
CH_2
\end{array}
$$

Bildung: Aus d-Xylal mit 5proz. Schwefelsäure 3,75—4,5 Stunden bei 0°. — Entfernung der Verunreinigungen durch Fällung derselben aus Alkohol mit Äther. Das Filtrat wird eingedampft, der Rückstand krystallisiert allmählich.

Physikalische und chemische Eigenschaften: β-Form: Krystalle, Schmelzp. 92—96°; $[\alpha]_D^{22} = -40,25° \to +50,75°$ in Pyridin; $= -22,5° \to -2,0°$ in Wasser. Reduziert Fehlingsche Lösung, rötet fuchsinschweflige Säure, gibt die Fichtenspanreaktion, aber nicht die Reaktion mit Orcin und Anilinacetat. Schmeckt schwach, aber angenehm süß. Ist löslich in Wasser, Pyridin, Alkohol, wenig löslich in Isopropylalkohol, Aceton, unlöslich in Äther, Chloroform, Benzol, Tetrachlormethan.

---

[1] Max Bergmann u. Wilhelm Breuers: Liebigs Ann. **470**, 51 (1929) — Chem. Zbl. **1929 II**, 1154.

[2] P. A. Levene u. T. Mori: J. of biol. Chem. **83**, 803 (1929) — Chem. Zbl. **1929 II**, 3149.

[3] P. A. Levene u. T. Mori: J. of biol. Chem. **83**, 812 (1929) — Chem. Zbl. **1929 II**, 3150.

41*

Derivate: Asym. Benzylphenylhydrazon $C_{18}H_{22}N_2O_3$. Prismen aus Isopropylalkohol, aus 40proz. Alkohol Platten, Schmelzp. 116—118°, $[\alpha]_D^{25} = +13,5°$ in Pyridin. — Leicht löslich in Pyridin, Alkohol, Aceton, wenig löslich in kaltem Isopropylalkohol, Äther unlöslich in Wasser.

l-Rhamnal[1] (Bd. X, S. 633).

$$
\begin{array}{c}
\text{------ CH} \\
\|\\
\text{CH} \\
|\\
\text{O} \qquad \text{H—C—OH} \\
|\\
\text{HO—C—H} \\
|\\
\text{C—H} \\
|\\
\text{CH}_3
\end{array}
$$

Derivate: Diacetylrhamnal. Die Darstellung erfolgt bei 0° unter allmählichem Eintragen der Acetobromrhamnose in die 50proz. Essigsäure und Zinkstaub. — Ausbeute 75°.

l-Rhamnodesose[1] (2-Desoxy-l-rhamnose)

Mol-Gewicht: 148,13.
Zusammensetzung: $C_6H_{12}O_4$.
Konstitution:

$$
\begin{array}{c}
\text{---- CH(OH)} \\
|\\
\text{H—C—H} \\
|\\
\text{O} \qquad \text{H—C—OH} \\
|\\
\text{HO—C—H} \\
|\\
\text{C—H} \\
|\\
\text{CH}_3
\end{array}
$$

Bildung: Bildet sich bei der Behandlung von Rhamnal mit verdünnter Schwefelsäure und kontinuierlicher Extraktion; die Zersetzungsprodukte der l-Rhamnodesose werden mit Äther entfernt.

Physikalische und chemische Eigenschaften: Wird durch Säuren leicht verändert. Krystallisiert nicht, gibt keine krystallinischen Hydrazone, aber deutliche Blaufärbung mit eisenhaltiger Eisessig-Schwefelsäure; gibt grüne Fichtenspanreaktion.

d-Rhamnal[2].

Mol-Gewicht: 148,13.
Zusammensetzung: $C_6H_9O_3$.

$$
\begin{array}{c}
\text{CH} \\
\|\\
\text{CH} \\
|\\
\text{HO—C—H} \qquad \text{O} \\
|\\
\text{H—C—OH} \\
|\\
\text{H—C} \\
|\\
\text{CH}_3
\end{array}
$$

---

[1] Max Bergmann u. Stephan Ludewig: Liebigs Ann. **434**, 105 (1923).
[2] Fritz Micheel: Ber. dtsch. chem. Ges. **63**, 347 (1930) — Chem. Zbl. **1930 I**, 2237.

Bildung: Bei der Behandlung von Acetobrom-d-glykomethylose (Acetobrom-d-epirhamnose) mit Zinkstaub und 75proz. Essigsäure entsteht die Diacetylverbindung.

Derivate: Diacetyl-d-rhamnal $C_{10}H_{14}O_5$. $[\alpha]_D^{18} = -68{,}5°$ in Chloroform. Gibt bei der Oxydation mit Ozon d-Arabomethylose.

Glykal (Bd. VIII, S. 234; Bd. X, S. 634).

$$
\begin{array}{l}
CH \\
\parallel \\
CH \\
HO-C-H \qquad O\ ^1 \\
H-C-OH \\
H-C- \\
CH_2-OH
\end{array}
$$

Vorkommen: Die von Feulgen[2] bei der Säurespaltung der Thymonucleinsäure festgestellte und auf die Gegenwart einer glykalähnlichen Substanz zurückgeführte Verbindung ist wahrscheinlich nur Furfurol[3].

Physiologische Eigenschaften: Insulinkrämpfe können durch Glykalinjektionen aufgehoben werden, was entweder durch direkte Oxydation oder durch Bildung von Desoxyglykose wirksam sein kann[4]. Bei subcutaner oder oraler Einführung von Glykal beim Kaninchen wurden 2—3% der angewandten Menge als 2-Desoxyglykose im Harn aufgefunden[5].

Derivate: Triacetylglykal. In Gegenwart von Resorcin und reichlich Amylalkohol beim Erwärmen mit konz. Salzsäure tritt braunrote Färbung auf[6].

Triacetylglykaldichlorid (Triacetyl-1,2-dichlorglykose). $A_{Cl} = +29{,}500$. Gehört zur α-Form[7].

Tetraacetylglykalchlorid, gewonnen durch Acetylierung der vorherigen Verbindung, gehört zur β-Reihe[7].

Isoglykal[8].

Mol-Gewicht: 146,11.

Zusammensetzung: $C_6H_{10}O_4$.

Bildung: Entsteht bei der Barytverseifung des Diacetylpseudoglykals ohne vorherige Glykosidierung. Die Reinigung erfolgt am besten über das Benzylphenylhydrazon und Spaltung mittels Benzaldehyd.

Physikalische und chemische Eigenschaften: Dicker Sirup, Siedep. 120—130° bei 0,3 mm, sublimiert aber schon unterhalb 60°; $[\alpha]_D^{23} = +43{,}15°$ in Wasser. Sehr empfindlich gegen Alkalien und starke Säuren, schmeckt kühlend und bitter. Fehlingsche Lösung wird beim Kochen stark reduziert, gibt grüne Fichtenspanreaktion. Ein Präparat krystallisierte nach 6 Monaten; Schmelzp. 49—50°, $[\alpha]_D^{16} = +45{,}6°$ in Wasser; rötet nicht fuchsinschweflige Säure. Brom wird addiert und neutrale sowie alkalische Permanganatlösung sofort entfärbt. Benzopersäure ist ohne Wirkung.

---

[1] Max Bergmann u. Werner Freudenberg: Ber. dtsch. chem. Ges. **62**, 2783 (1929) — Chem. Zbl. **1930 I**, 36.

[2] Feulgen: Hoppe-Seylers Z. **100**, 241 (1917) — Chem. Zbl. **1918 I**, 450.

[3] H. Steudel u. E. Peiser: Hoppe-Seylers Z. **132**, 297 (1924) — Chem. Zbl. **1924 I**, 2149.

[4] Lewis Bland Winter: Biochemic. J. **20**, 668 (1926); **21**, 54—55 (1927) — Chem. Zbl. **1927 I**, 122; **1927 II**, 1369.

[5] Masatoshi Kondo: Biochem. Z. **150**, 337—340 — Chem. Zbl. **1924 II**, 2491.

[6] Max Bergmann: Liebigs Ann. **443**, 223 (1925) — Chem. Zbl. **1925 II**, 1145.

[7] C. S. Hudson: J. amer. chem. Soc. **46**, 462 (1924) — Chem. Zbl. **1924 I**, 2100.

[8] Max Bergmann u. Herbert Schotte: Liebigs Ann. **434**, 99 (1923).

Pseudoglykal.

Mol-Gewicht: 146,11.
Zusammensetzung: $C_6H_{10}O_4$.

$$\begin{array}{l}
CH(OH) \\
\quad | \\
CH \\
\quad \| \\
CH \qquad O^{\,1} \\
\quad | \\
H-C-OH \\
\quad | \\
H-C \\
\quad | \\
CH_2-OH
\end{array}$$

Derivate: Diacetylpseudoglykal[2]. Entsteht aus Triacetylglykal beim Erhitzen mit Wasser, wobei 1 Acetyl abgespalten wird. Durch Einwirkung methylalkoholischer Salzsäure auf Diacetylpseudoglykal und darauffolgender Abspaltung der Acetyle mit Baryt wurden folgende drei Substanzen erhalten: 1. Verbindung $C_7H_{10}O_3$, dünnflüssiges Öl, Siedep. 68—69° unter 0,3 mm; $n_D^{20} = 1,4763$, $[\alpha]_D^{22} = +1,2°$ in Wasser; von schwach ätherisch brennendem Geschmack; Fehlingsche Lösung wird nicht reduziert; addiert 4 Atome Brom. 2. Verbindung $C_8H_{12}O_4$. Schwach gelbliche Flüssigkeit von der Konsistenz der konz. Schwefelsäure, Siedepunkt bei 0,1 mm 88—90°, $n_D^{20} = 1,4984$; $[\alpha]_D^{20} = +15,50$ bis 16,1° in Wasser; fast geschmacklos, reduziert nicht Fehlingsche Lösung, Fichtenspanreaktion positiv, säureempfindlich; addiert Brom, auf obige Formel berechnet nahezu 5 Atome. 3. Verbindung $C_7H_{12}O_4$, sehr viscöses Öl, Siedep. 120—121° unter 0,2 mm; $n_D^{20} = 1,4860$, $[\alpha]_D^{20} = +71,7$ bis 72,2° in Wasser; von schwach bitterem Geschmack; grüne Fichtenspanreaktion, säureempfindlich, Fehlingsche Lösung wird reduziert, Brom wird addiert, auf obige Formel berechnet 3 Atome.

Triacetylpseudoglykal[2] $C_{12}H_{16}O_7$. Triacetylglykal spaltet beim Kochen mit Wasser einen Acetylrest ab unter gleichzeitiger Umlagerung zu Diacetylpseudoglykal, das leicht wieder ein drittes Acetyl aufnimmt unter Bildung von Triacetylpseudoglykal. — Viscoses Öl vom Siedep. 150—165° bei 0,8—0,9 mm. Besitzt bitteren Geschmack und stechenden Geruch. Der Geruch verschwindet nach wiederholter Destillation. Ist schwer löslich in Petroläther und kaltem Wasser, sonst leicht löslich; Brom wird träge addiert. Eins der beiden aufgenommenen Bromatome reagiert leicht mit Silbersalzen. Das mit Methylalkohol erhaltene Produkt (Sirup) gibt keine Fichtenspanreaktion mehr und nach saurer Hydrolyse kein Phenylglykosazon; ist gegen Alkalien sehr empfindlich, reduziert stark Fehlingsche Lösung[2].

2-Desoxyglykose, 2-Glykodesose (Bd. X, S. 516).

$$\begin{array}{l}
CH(OH) \\
\quad | \\
H-C-H \\
\quad | \\
HO-C-H \qquad O \\
\quad | \\
H-C-OH \\
\quad | \\
H-C \\
\quad | \\
CH_2-OH
\end{array}$$

Physiologische Eigenschaften: Bei subcutaner oder oraler Einführung von Glykal beim Kaninchen wurden 2—3% der angewandten Menge als 2-Desoxyglykose im Hoden aufgefunden. Bei oraler Darreichung von Desoxyglykose, welche für Kaninchen ungiftig ist, werden 7% unverändert im Harn gefunden[3]. Insulinkrämpfe werden durch Desoxyglykoseinjektionen (bei Kaninchen) nicht völlig aufgehoben, die jedoch ohne weiteres durch Glykoseinjektionen erzielt wurden. Das Ansteigen des Blutzuckerwertes ist auf unveränderte Desoxyglykose selbst zurückzuführen. Der Urin gab eine grüne Fichtenspanreaktion und bei der HCl-Modifikation der α-Naphtholprobe beim Erwärmen eine purpurrote Färbung, welche Reaktion nicht auf Furfurolbildung ruht, so daß dadurch eine Verwechslung mit Pentose nicht vorkommen kann.

---

[1] Max Bergmann: Liebigs Ann. **443**, 213 (1925) — Chem. Zbl. **1925 II**, 1145.
[2] Max Bergmann u. Herbert Schotte: Liebigs Ann. **434**, 99 (1923).
[3] Masatoshi Kondo: Biochem. Z. **150**, 337—340 — Chem. Zbl. **1924 II**, 2491.

Da der Urin Fehlingsche Lösung stark reduziert, ist es wahrscheinlich, daß Desoxyglykose unverändert ausgeschieden ist, obwohl sie mit Diphenylhydrazin nicht nachzuweisen war[1].

Physikalische und chemische Eigenschaften: α-Glykodesose[2]. 2 g β-Glykodesose werden mit 12 ccm Pyridin unter anfänglichem Schütteln 10 Minuten auf 100° erhitzt, dann fügt man nach 12 stündigem Stehen wasserfreien Äther bis zur Trübung zu; etwa abgeschiedene gelbbraune Produkte werden entfernt. Harte Krystalle, die beim Einbringen in einer Lösung von β-Desose in Wasser diese in α-Form umwandeln. Die α-Form zeigt im Wasser 5 Minuten nach der Auflösung $[\alpha]_D^{19} = +46,52°$, in Pyridin 5 Minuten nach Auflösung $[\alpha]_D^{19} = +90,11°$. Die Mutarotation in Pyridin wird durch Zusatz von Wasser noch mehr durch CH_3OH beschleunigt. Der Zusatz von CH_3OH führt zu nicht nachweisbaren Mengen glykosidartiger Stoffe. α-Glykodesose ist wahrscheinlich ein Gemisch, das noch β-Form enthält[2].

β-**Glykodesose**[2]. $[\alpha]_D^{18}$ in Wasser 5 Minuten nach der Auflösung $= +46,59°$, bzw. 46,60° oder 46,69°; 5 Minuten nach der Auflösung in Pyridin $[\alpha]_D^{18} = +15,03°$; nach 24 Stunden bei 20° $[\alpha]_D^{20} = +90,21°$.

Derivate: Tribenzoyl-glykodesose[3] $C_{27}H_{24}O_8$. Hydroxyl in Stellung 1 frei. — Darstellung aus Benzobromglykodesose durch Schütteln mit Ag_2CO_3 in Aceton oder durch Behandeln mit Zn-Staub + Essigsäure. Nadeln aus Essigester + Petroläther. Schmelzp. 123° (korr.); leicht löslich in Aceton, Chloroform, CH_3OH, Essigester und Äther, in warmem Alkohol, Pyridin, Benzol und Eisessig; unlöslich in Ligroin, Petroläther und heißem Wasser; reduziert Fehlingsche Lösung; gibt keine Fichtenspanreaktion, gegen Säuren ist ziemlich beständig; beim Erhitzen mit Alkali zersetzt sich unter Dunkelfärbung; mit konz. H_2SO_4 gibt auf Zusatz von Wasser himbeerrote Färbung; $[\alpha]_D^{19} = +38,39°$ in Acetylentetrachlorid[3].

Tetrabenzoyl-glykodesose[2]. In sämtlichen Hydroxylen benzoyliert. — Man erhält sie einheitlich aus α-Glykodesose[2]. Schmelzp. 148—149° (korr.), $[\alpha]_D^{16} = +8,96°$ in Acetylentetrachlorid. Es ist leicht löslich in Pyridin; wenig in Aceton und Chloroform; sehr wenig löslich in Alkohol, unlöslich in Äther, Petroläther und Wasser. Reduktion von Fehlingscher Lösung ist erst nach dem Spalten mit alkoholischer KOH zu beobachten; ist in kalter konz. H_2SO_4 ohne Verfärbung löslich; Zusatz eines Tropfens Wasser bewirkt himbeerrote Färbung, die langsam in schmutziges Schwarz übergeht[2].

α-**Benzobromglykodesose**[3] $C_{27}H_{23}O_7Br$. Enthält das Brom in Stellung 1, und die drei Hydroxyle sind benzoyliert. — Aus Tetrabenzoylglykodesose, in warmem Eisessig nach dem Abkühlen mit 10facher Menge HBr-Eisessig; Reinigung durch Dekantieren mit Petroläther. Schmelzp. 139° (korr.), bei raschem Erhitzen zu einer dunkelbraunen Flüssigkeit, die sich bald zersetzt. Leicht löslich in Chloroform, Aceton, Pyridin und Essigester; löslich in Eisessig, warmem Alkohol, CH_3OH, Benzol und Tetrachlormethan; unlöslich in siedendem Wasser, Äther und 50 proz. Essigsäure. Aus Chloroform mit Petroläther zunächst lange Nadeln, die sich rasch in breite Tafeln verwandeln, an Luft wenig haltbar. $[\alpha]_D^{16} = +118,9°$ in Acetylentetrachlorid[3]. $A_{Br} = +55,10°$. Ist demnach die α-Form. Das aus ihr dargestellte Glykodesosid entspricht der β-Form[4].

3, 4-Glykoenose[5].

Derivate: Diaceton-glykoenose $C_{12}H_{18}O_5$.

$$\begin{array}{l} H-C-O \\ |\quad \diagdown C(CH_3)_2 \\ H-C-O \diagup \\ | \\ C-H \\ \| \\ C \\ | \\ H-C-O \\ |\quad \diagdown C(CH_3)_2 \\ H_2C-O \diagup \end{array}$$

Diacetontoluolsulfoglykose liefert bei 20 stündigem Kochen mit Hydrazin in der Hauptsache Diacetonhydrazinoglykose. Neben der Hydrazinverbindung entsteht mit 20 proz. Aus-

[1] Lewis Bland Winter: Biochemic. J. **21**, 54—55 — Chem. Zbl. **1927 II**, 1369.

[2] M. Bergmann, H. Schotte u. W. Leschinsky: Ber. dtsch. chem. Ges. **56**, 1052 (1923) — Chem. Zbl. **1923 III**, 23 — Ber. dtsch. chem. Ges. **55**, 158 (1922) — Chem. Zbl. **1922 I**, 449.

[3] M. Bergmann, H. Schotte u. W. Leschinsky: Ber. dtsch. chem. Ges. **56**, 1052 (1923) — Chem. Zbl. **1923 III**, 23.

[4] C. S. Hudson: J. amer. chem. Soc. **46**, 462 (1924) — Chem. Zbl. **1924 I**, 2100.

[5] K. Freudenberg u. F. Brauns: Ber. dtsch. chem. Ges. **55**, 3233 (1922) — Chem. Zbl. **1923 I** 44.

beute Diacetonglykoenose. Nadeln aus Wasser. Leicht flüchtig mit Wasserdampf und an der Luft. Schmelzp. 51°. Leicht löslich in organischen Lösungsmitteln, wenig löslich in Wasser. $[\alpha]_{Hg\,(gelb)}^{17} = +21{,}56°$. Entfärbt Bromwasser. Mit warmen verdünnten Mineralsäuren tritt Gelbfärbung ein, worauf Fehlingsche Lösung schon in der Kälte reduziert wird[1].

3-Desoxy-glykose, 3-Glykodesose.

Derivate: Diaceton-desoxy-glykose[1] $C_{12}H_{20}O_5$.

$$\begin{array}{l} H-C-O \\ \quad\quad\quad\ \diagdown C(CH_3)_2 \\ H-C-O \diagup \\ CH_2 \\ H-C \\ H-C-O \\ \quad\quad\quad\ \diagdown C(CH_3)_2 \\ H_2C-O \diagup \end{array}$$

Aus der Diaceton-glyko-enose mit Pt-Mohr in Essigsäuremethylester. Prismen aus Wasser, Schmelzp. 80°. Leicht löslich in organischen Lösungsmitteln; wenig löslich in niedrig siedendem Petroläther. $[\alpha]_{Hg\,(gelb)}^{25} = -34{,}60°$ in Alkohol, $-61{,}4°$ in wässeriger Lösung[1].

Dihydro-ps-glykaldiacetat[2].

Mol-Gewicht: 232,18.
Zusammensetzung: $C_{10}H_{16}O_6$.

$$\begin{array}{l} CH(OH) \\ CH_2 \\ CH_2 \\ H-C-O-CO-CH_3 \\ H-C \\ CH_2-O-CO-CH_3 \end{array}$$

Darstellung: Aus Diacetyl-ps-Glykal bei der Hydrierung mit trägerlosem Palladiummohr nach Willstätter und Waldschmidt-Leitz.

Physikalische und chemische Eigenschaften: Aus Essigäther + Petroläther. Krystalle vom Schmelzp. 75—76°; $[\alpha]_D^{20} = +42{,}51°$ in Wasser; $+116{,}7° \rightarrow +77{,}5°$ in abs. Pyridin; Endwert nach 12 Stunden; Siedep. etwa 150° bei 0,6 mm. Wenig löslich in Wasser, Petroläther, sonst durchweg leicht löslich. Gibt nicht die beim Äthylacetal des ps-Glykals beschriebenen Farbenreaktionen; reduziert nicht Fehlingsche Lösung. Rötet sofort fuchsinschweflige Säure. Mit Phenylhydrazin entsteht ein hydrazonartiges Öl. — Bei der Acetalisierung entsteht ein Gemisch von α- und β-Äthylcycloacetal des Dihydro-ps-glykals.

Anhydrodigitoxose, Digitoxoseen 1, 2.

Mol-Gewicht: 130,11.
Zusammensetzung: $C_6H_{10}O_3$.

$$\begin{array}{l} CH \\ CH \\ H-C-OH \\ H-C-OH \\ H-C \\ CH_3 \end{array}\quad O\ ^3$$

[1] K. Freudenberg u. F. Brauns: Ber. dtsch. chem. Ges. **55**, 3233 (1922) — Chem. Zbl. **1923 I**, 44.
[2] Max Bergmann: Liebigs Ann. **443**, 223 (1925) — Chem. Zbl. **1925 II**, 1147.
[3] Fritz Micheel: Ber. dtsch. chem. Ges. **63**, 347 (1930) — Chem. Zbl. **1930 I**, 2237.

Darstellung: Aus Digitoxin oder Gitoxin im Hochvakuum auf etwa 270°[1].

Physikalische und chemische Eigenschaften: Aus ätherischer Lösung Nadeln vom Schmelzpunkt 114°. Löslich in Essigester, Alkohol und Chloroform[1]. Aus Toluol, dann aus Toluol + Benzin lange, weiße Nadeln, Schmelzp. 118,5—119,5°; $[\alpha]_D^{19}=+323°$ in Wasser. Auch in reinstem Zustand zersetzt sich im Dunkeln im Vakuumexsiccator. — Bei der Behandlung mit Benzopersäure entsteht Allomethylose. — Bei 24stündigem Schütteln mit $^1/_{10}$ n-Schwefelsäure entsteht Digitalose.

Derivate[2]: Diacetylverbindung $C_{10}H_{14}O_5$. Aus Digitoxoseen [1, 2] mit Essigsäureanhydrid und Pyridin. Schmelzp. 47,50°, $[\alpha]_D^{19}=+387°$ in Chloroform. Farblose Nadeln. Bei der Behandlung mit Ozon entsteht Diacetyl-d-ribomethylose. —

Dihydroderivat: Entsteht beim Hydrieren mit Pt und H_2 als ein farbloses Öl[1].

Glykoseen (1, 2) (2-Oxyglykal) [3].

Mol-Gewicht: 162,11.

Zusammensetzung: $C_6H_{10}O_5$.

$$\begin{array}{c}
CH \\
\| \\
C\!-\!OH \\
| \\
HO\!-\!C\!-\!H \\
| \\
H\!-\!C\!-\!OH \\
| \\
H\!-\!C \\
| \\
CH_2\!-\!OH
\end{array}$$

Derivate: Tetraacetylverbindung[3] $C_{14}H_{18}O_9$.

$$\begin{array}{c}
CH \\
\| \\
C\!-\!O\!-\!CO\!-\!CH_3 \\
| \\
CH_3\!-\!CO\!-\!O\!-\!C\!-\!H \\
| \\
H\!-\!C\!-\!O\!-\!CO\!-\!CH_3 \\
| \\
H\!-\!C \\
| \\
CH_2\!-\!O\!-\!CO\!-\!CH_3
\end{array}$$

Aus Acetobromglykose und Diäthylamin in Benzollösung bei 60°, dann bei Zimmertemperatur. Aus Alkohol mit Wasser Krystalle, Schmelzp. 65—68°; $[\alpha]_D^{20}=-20,71°$ in abs. Alkohol. Leicht löslich in Alkohol, Äther, Chloroform, Benzol; unlöslich in Petroläther. Fehlingsche Lösung wird in der Hitze reduziert. Die Substanz ist sehr empfindlich gegen Säuren. Beim Lösen in $^1/_{10}$ n-HCl erfolgt eine Drehungsänderung von links nach rechts. In Eisessig erfolgt Zersetzung. Die Addition von Halogen erfolgt leicht und ist stets begleitet von Halogenwasserstoffentwicklung. Das Bromprodukt ist wenig haltbar, das Chlorprodukt im Exsiccator beständig. Bei der Verseifung mit methylalkoholischem NH_3 entsteht ein amorphes, gelbstichiges Pulver, das bei 94° schmilzt (unscharf), zersetzt sich bei 134°. Zeigt Reduktionsvermögen, entfärbt Bromwasser sofort. Die auf die berechnete Formel $C_6H_{10}O_5$ schlecht stimmenden Analysenwerte lassen vermuten, daß der Zucker auch durch NH_3 verändert wird. Auch das negative Ergebnis der Reacetylierung spricht dafür[4].

Wird mit Kaliumpermanganat-Sodalösung leicht angegriffen unter Bildung von triacetyl-d-arabonsaurem Kalium. Mit Phenylhydrazin in essigsaurer Lösung entsteht nach

---

[1] A. Windaus u. G. Schwartz: Nachr. Ges. Wiss. Göttingen, Math.-physik. Kl. **1926**, 1 — Chem. Zbl. **1927** I, 882.

[2] Fritz Micheel: Ber. dtsch. chem. Ges. **63**, 347 (1930) — Chem. Zbl. **1930** I, 2237.

[3] Kurt Maurer: Ber. dtsch. chem. Ges. **62**, 332 (1929) — Chem. Zbl. **1929** I, 1922.

[4] K. Maurer u. H. Mahn: Ber. dtsch. chem. Ges. **60**, 1316 (1927) — Chem. Zbl. **1927** II, 806.

kurzem Aufkochen Glykosazon. — Die Verseifung führt zu keinem krystallisierten Produkt. Läßt sich auf katalytischem Wege nicht reduzieren, noch gelingt die Addition von Wasser. Chlor wird zunächst addiert, wirkt aber weiterhin substituierend. Chloriert man in abs. Äther, so erhält man einen leicht zersetzlichen Sirup, der bei der Behandlung mit Wasser und Silbercarbonat geringe Mengen eines partiell acetylierten Hydrats des Glykosons liefert. Addiert aus wässerigen Lösungen Phosphorsäure, wenn man sie in Form von Natriumpyrophosphat zur Einwirkung bringt[1].

Bei der Einwirkung von Trimethylamin auf α-Acetobromglykose als Nebenprodukt[2].

Tetraacetyl-2-oxyglykaldichlorid[3] $C_{14}H_{18}O_9Cl_2$. Aus Tetraacetyl-2-oxyglykal in abs. Äther bei 0° mit Chlor bis zur beginnenden Gelbgrünfärbung. Aus Äther bei —16° leicht zersetzliche Krystalle, von unscharfem Schmelzpunkt, völlige Verflüssigung bei 70°, dann Zersetzung. Leicht löslich in Chloroform und Alkohol unter Zersetzung. $[\alpha]_D^{20}=+48{,}57°$. — Mit feuchtem Äther und Silbercarbonat entsteht 2, 3, 4, 6-Tetraacetylglykosonhydrat.

d-Glykoseen (5, 6)[4].

Mol-Gewicht: 162,11.
Zusammensetzung: $C_6H_{10}O_5$.

$$\begin{array}{c}
CH(OH) \\
| \\
H-C-OH \\
| \\
HO-C-H \qquad O \\
| \\
H-C-OH \\
| \\
C \\
\| \\
CH_2
\end{array}$$

Bildung: Aus den entsprechenden Methylglyseeniden mit Säuren.

Physikalische und chemische Eigenschaften: Nur in Lösung .oder amorpher Substanz bekannt. Reduziert schon bei Zimmertemperatur Fehlingsche Lösung, kann durch Öffnen des Sauerstoffringes in einen Oxyenolaldehyd (II) und in eine Methylketoaldopentose (III) übergehen. Gibt mit Phenylhydrazin wenig lösliche Verbindungen und färbt sich mit Natronlauge gelb. — Gibt in saurer

$$\begin{array}{cc}
CHO & CHO \\
| & | \\
H-C-OH & H-C-OH \\
| & | \\
HO-C-H & HO-C-H \\
| & | \\
H-C-OH & H-C-OH \\
| & | \\
C-OH & C=O \\
\| & | \\
CH_2 & CH_3 \\
II & III
\end{array}$$

Lösung mit Phlorglucin, Orcin, Pyrogallol sowie mit Anilin und m-Nitranilin Reaktionen, die an die Ligninreaktionen erinnern.

Derivate: α-Tetraacetyl-d-glykoseen $C_{14}H_{18}O_9$. Aus α-Tetraacetyl-d-glykose-6-jodhydrin mit Pyridin und Silberfluorid. Krystalle aus Alkohol, Schmelzp. 115—116° korr.; $[\alpha]_D^{23}=+110{,}9°$ in Chloroform.

[1] Kurt Maurer: Ber. dtsch. chem. Ges. **62**, 332 (1929) — Chem. Zbl. **1929 I**, 1922.

[2] Fritz Micheel u. Hertha Micheel: Ber. dtsch. chem. Ges. **63**, 386 (1930) — Chem. Zbl. **1930 I**, 2235.

[3] Kurt Maurer: Ber. dtsch. chem. Ges. **63**, 25 (1930) — Chem. Zbl. **1930 I**, 1121.

[4] Burckhardt Helferich u. E. Himmen: Ber. dtsch. chem. Ges. **61**, 1830 (1928) — Chem. Zbl. **1928 II**, 2127.

β-**Tetraacetyl-d-glykoseen.** Aus β-Tetraacetyl-d-glykose-6-jodhydrin mit Pyridin und Silberfluorid. Schmelzp. 119° korr.; $[\alpha]_D^{22} = -35,0°$ in Chloroform.

Diacetonglykoseen-[5, 6] [1] $C_{12}H_{18}O_5$

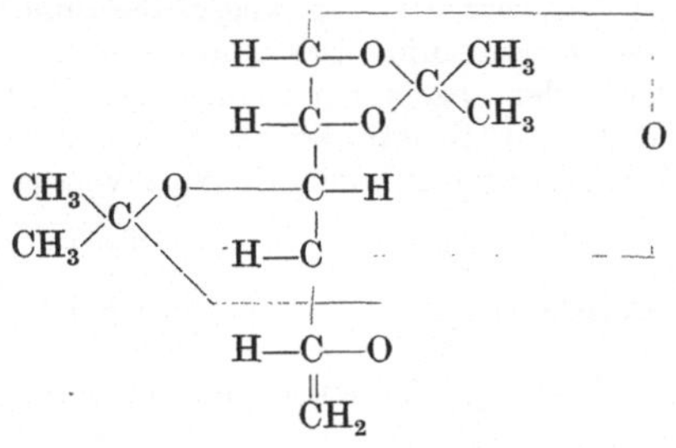

$$
\begin{array}{c}
\text{H—C—O} \diagdown \\
\text{H—C—O} \diagdown \text{C} \diagup \overset{CH_3}{\underset{CH_3}{}} \quad O \\
CH_3 \diagdown \text{C—O——C—H} \\
CH_3 \diagup \qquad \text{H—C} \\
\text{H—C—O} \\
\overset{\|}{CH_2}
\end{array}
$$

Bei der Behandlung der 6-p-Toluolsulfoisodiacetonglykose mit methylalkoholischem Ammoniak, isoliert aus den Mutterlaugen des Iso-diacetonglykosyl-6-amins. Die Reinigung geschieht durch Destillation im Hochvakuum. Siedep. 150° bei 0,1 mm. Zähflüssiges Öl, unlöslich in Wasser, sonst durchweg leicht löslich. $[\alpha]_D^{20} = +33,2°$. Entfärbt Brom in Chloroform momentan.

d-Galaktoseen (5, 6) [2].

Mol-Gewicht: 162,11.
Zusammensetzung: $C_6H_{10}O_5$.

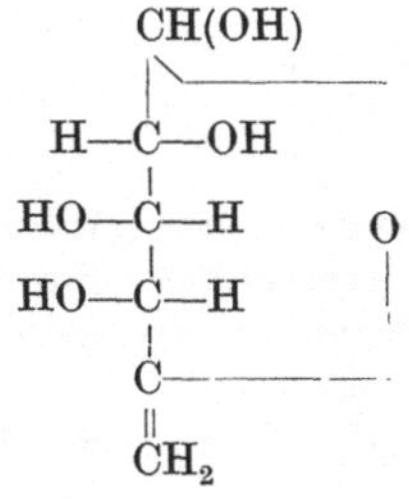

$$
\begin{array}{c}
\text{CH(OH)} \\
\text{H—C—OH} \\
\text{HO—C—H} \qquad O \\
\text{HO—C—H} \\
\text{C————} \\
\overset{\|}{CH_2}
\end{array}
$$

Derivate: Diaceton-d-galaktosen [2]. Aus Diacetongalaktose-6-jodhydrin mit Silberfluorid in Pyridin 6—7 Tage bei Zimmertemperatur.

Physikalische und chemische Eigenschaften: Aus Methylalkohol Krystalle, Schmelzp. 86 bis 87°; $[\alpha]_D^{18} = -142,6°$ in Chloroform, $= -136°$ in Acetylentetrachlorid; die Drehung sinkt ziemlich rasch infolge Zersetzungserscheinungen. Mit Schwefelsäurehydrolyse bei Zimmertemperatur entsteht Fuconose.

Derivate: Diaceton-d-galakto-5, 6-enose (Diacetongalaktoseen [5, 6]) [3] $C_{12}H_{18}O_5$

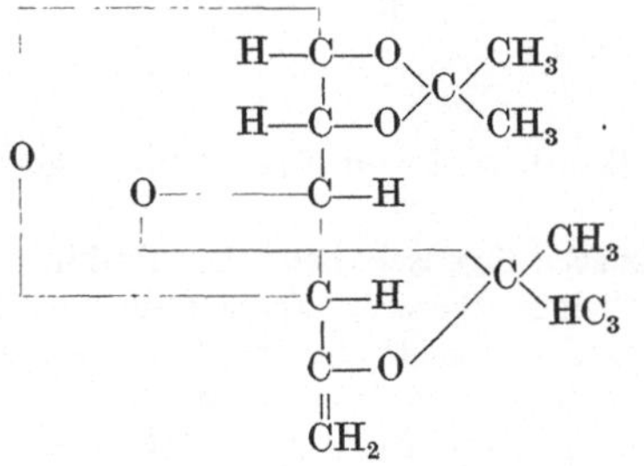

$$
\begin{array}{c}
\text{H—C—O} \diagdown \\
\text{H—C—O} \diagdown \text{C} \diagup \overset{CH_3}{\underset{CH_3}{}} \\
O \quad \text{O——C—H} \\
\text{C—H} \diagdown \text{C} \diagup \overset{CH_3}{\underset{HC_3}{}} \\
\text{C—O} \\
\overset{\|}{CH_2}
\end{array}
$$

---

[1] Heinz Ohle u. Ladislaus v. Vargha: Ber. dtsch. chem. Ges. **62**, 2425 (1929) — Chem. Zbl. **1929 II**, 2662.

[2] B. Helferich u. E. Himmen: Ber. dtsch. chem. Ges. **62**, 2136 (1929) — Chem. Zbl. **1929 II**, 2666.

[3] Karl Freudenberg u. Klaus Raschig: Ber. dtsch. chem. Ges. **62**, 373 (1929) — Chem. Zbl. **1929 I**, 1924.

Aus Diacetongalaktose-6-jodhydrin mit der halben Menge Natrium in Methylalkohol 12 Stunden bei 125—130°. Die Reinigung geschieht durch Fraktionierung im Vakuum, dann Krystallisation aus Äther. Schmelzp. 86°. Siedep. 133° bei 15 mm. Ist leicht flüchtig mit Wasserdampf und sublimiert bei etwa 100° in langen biegsamen Nadeln. Entfärbt sofort Brom. $[\alpha]_D^{20} = -128$ in Acetylentetrachlorid. Das daraus bei der Hydrierung mit Platinmohr in Äther entstehende Gemisch der Diacetonmethylpentosen besteht aus den Diacetonverbindungen der d-Fucose und der l-Altromethylose, in welchem letzteres 20—30% ausmacht. Die Trennung der beiden Verbindungen gelingt mit Hilfe von p-Toluolsulfonylhydrazin.

Galaktoseen (1, 2) (2-Oxygalaktal) [1].

Derivate: **Tetraacetat** $C_{14}H_{18}O_9$. Ist analog der entsprechenden Glykoseverbindung konstituiert.

Entsteht bei der Einwirkung von Diäthylamin auf Acetobromgalaktose. Die Substanz krystallisiert sehr gut, schmilzt bei 110°. $[\alpha]_D^{21} = +4,69°$ (in abs. Alkohol; $c = 1,2780$). Sie löst sich leicht in Äther, Alkohol, Chloroform, Benzol; ist unlöslich in Ligroin.

Dianhydro-glykose-acetessigester.

$$C_{12}H_{16}O_6$$

$$HOCH_2-\overset{\overset{\displaystyle H}{|}}{\underset{\underset{\displaystyle OH}{|}}{C}}-C=C-\overset{\overset{\displaystyle H}{|}}{\underset{\underset{\displaystyle H}{|}}{C}}=C-\overset{\overset{\displaystyle CO-CH_3}{\diagup}}{CH}-COOC_2H_5$$

Darstellung: Aus Glykosecycloacetessigester mit konz. HCl bei Zimmertemperatur

Physikalische und chemische Eigenschaften: Sirup vom Siedep. 200°/0,8 mm. $[\alpha]_D^{26} = -30,6°$ (CH_3OH, $c = 1,401$). Reduziert Fehling in der Kälte stark. Kalte verdünnte Säuren und kalte Alkalie bewirken Verharzung[2].

Derivate: **Diacetylderivat** $C_{16}H_{20}O_8$. Sirup vom Siedep. 220°/0,8 mm. $[\alpha]_D^{25} = -59,5°$ (Chloroform; $c = 1,562$)[2].

Trianhydroglykoseacetessigester.

$$C_{12}H_{14}O_5$$

$$CH_3-CO-C=C-\overset{\overset{\displaystyle H}{|}}{\underset{\underset{\displaystyle H}{|}}{C}}=C-\overset{\overset{\displaystyle CO-CH_3}{|}}{CH}-COOC_2H_5$$

Darstellung: Bei der Destillation von Dianhydro-glykoseacetessigester unter Wasseraustritt.

Physikalische und chemische Eigenschaften: Aus Pyridin mit Wasser gelbe Kryställchen vom Schmelzp. 137°. Unlöslich in Wasser; wenig löslich in Alkohol, leicht löslich in verdünnten Alkalien. Wird weder von siedenden verdünnten Alkalien noch Säuren verharzt. Reduziert Tollens Reagens nicht. Ist optisch inaktiv[2].

Derivate: **Phenylhydrazon.** Aus Pyridin mit Wasser. Schmelzp. 177°, bei raschem Erhitzen 180° (Zersetzung). Unlöslich in Alkohol[2].

---

[1] K. Maurer u. H. Mahn: Ber. dtsch. chem. Ges. **60**, 1316 (1927) — Chem. Zbl. **1927 II**, 806.

[2] E. S. West: J. of biol. Chem. **74**, 561 (1927) — Chem. Zbl. **1928 I**, 485 — J. of biol. Chem. **66**, 63 (1925) — Chem. Zbl. **1925 I**, 246.

Abkömmlinge der Disaccharide (Bd. VIII, S. 235; Bd. X, S. 640).

Maltal.

Mol-Gewicht: 308,16.
Zusammensetzung: $C_{12}H_{20}O_9$.

Derivate: Pentaacetylmaltalhydrat[1] $C_{22}H_{30}O_{14}$. Aus Hexaacetylmaltal mit siedendem Wasser; Nadeln aus Methylalkohol. Schmelzp. 173—174°. Bei der Acetylierung mit Essigsäureanhydrid und Pyridin entsteht

Hexaacetylmaltal[1] $C_{24}H_{32}O_{15}$. Aus 12 g amorpher Acetobrommaltose mit 120 ccm 50proz. Essigsäure und 24 g Zinkstaub bei 10°. — Wenn der zuerst erhaltene Sirup nach wiederholtem Anreiben mit Alkohol einmal erstarrt ist, krystallisiert die Verbindung aus Alkohol leicht in derben Prismen, Schmelzp. 134°; $[\alpha]_D^{17} = +64,36°$ in Acetylentetrachlorid. Leicht löslich in Chloroform, Aceton, Essigester, heißem Methylalkohol und Alkohol. Reduziert Kupferlösung nicht. Addiert Brom. Gibt bei Verkochen mit Wasser unter Abspaltung von Essigsäure eine Verbindung $C_{22}H_{30}O_{14}$ vom Schmelzp. 123°, aus der durch Acetylierung mit Essigsäureanhydrid und Pyridin ein Acetylderivat vom Schmelzp. 113—114° entsteht[2]. Schmelzp. 155—157°[1].

Lactal (Bd. VIII, S. 235; Bd. X, S. 643).

Mol-Gewicht: 308,16.
Zusammensetzung: $C_{12}H_{20}O_9$.
Konstitution:

Darstellung: 10 g Hexaacetyllactal werden in 100 ccm bei 0° mit Ammoniak gesättigtem trockenem Methylalkohol eingetragen, in dem sie sich nach einigem Schütteln auflöst. Nach 24 Stunden wird unter vermindertem Druck abgedampft und der acetamidhaltige krystallinische Rückstand mehrfach mit heißem Essigäther verrieben. Die Ausbeute an stickstofffreiem schön krystallisiertem, bereits analysenreinem Material beträgt 4,5 g oder 77% der Theorie[3].

Physikalische und chemische Eigenschaften: Enthält kein Krystallwasser, $[\alpha]_D^{15} = +27,7°$ in Wasser; Schmelzp. 192° (korr.) zu einer schwach gelb gefärbten Flüssigkeit, die sich etwa 20° höher ganz zersetzt. — Beim Acetylieren wird Lactal in Hexaacetat vom Schmelzp. 114°

[1] Max Bergmann u. Maria Kobel: Liebigs Ann. **434**, 109 (1923).
[2] Hans Fischer u. Fritz Kögel: Liebigs Ann. **436**, 219 (1924). — Chem. Zbl. **1924 I**, 2103.
[3] Max Bergmann, Herbert Schotte u. Erich Rennert: Liebigs Ann. **434**, 86 (1923).

überführt. Durch 1stündiges Kochen des Lactals mit Wasser steigt der Schmelzp. auf 198° und $[\alpha]_D$ auf $+36,43°$ in Wasser[1].

Derivate: Hexaacetyllactal. Die von E. Fischer und Curme jr. angegebene Reduktion von Acetobromlactose mit Zinkstaub und Essigsäure gibt öfters wegen der schlechten Beschaffenheit des käuflichen Zinkstaubes nur recht geringe Ausbeuten an Hexaacetyllactal. Sie läßt sich jedoch leicht durch einen geringen Zusatz von Platinchlorid in Eisessiglösung verbessern, besonders wenn man bei der Aufarbeitung die Essigsäure nicht neutralisiert, sondern nur mit der doppelten Menge Wasser verdünnt. Aus dieser Lösung krystallisiert dann beim Stehen das Hexaacetyllactal in nahezu reiner Form und in einer Ausbeute von etwa 75% der Theorie. Bei der Krystallisation traten keine Schwierigkeiten auf[2].

Isolactal[3].

Mol-Gewicht: 308,16.
Zusammensetzung: $C_{12}H_{20}O_9$.

Darstellung: Entsteht aus dem Pseudolactalpentaacetat durch Barytverseifung. Jedoch kann man auf dessen Abscheidung auch verzichten und direkt vom Lactal-hexaacetat ausgehen. — 5 g Hexaacetyllactal werden mit der 20fachen Menge Wasser 1 Stunde am Rückflußkühler gekocht, dann in der Kälte 12,5 g krystallisierter reiner Baryt zugefügt und das Ganze bis zum Eintritt völliger Lösung des abgeschiedenen Acetylpseudolactals bei Zimmertemperatur 2 Stunden geschüttelt. Nachdem die schwach gelb gefärbte Flüssigkeit noch über Nacht bei etwa 5° aufbewahrt war, wird der freie Baryt mit Kohlensäure gefällt, die Flüssigkeit mit Tierkohle kurze Zeit auf 60° erwärmt und filtriert. Die Flüssigkeit wird unter vermindertem Druck eingeengt, der Rückstand mehrmals mit Alkohol ausgezogen und die Auszüge eingeengt. Dabei bleibt eine weiße, undeutlich krystallinische Masse zurück.

Physikalische und chemische Eigenschaften: Reduziert sehr stark Fehlingsche Lösung, wird von warmen Alkalien rasch gelb und braun gefärbt. Starke Mineralsäuren geben rasch eine weinrote Lösung, aber keine Fällung. Fichtenspanreaktion stark grün. — Reagiert nicht mit Benzopersäure. Der Geschmack erinnert an Milchzucker und ist schwach süß. Löst sich schwer in Alkohol, leicht in Methylalkohol, spielend in Wasser. Gelegentlich wurden sehr kleine Mengen Krystalle gewonnen, das Hauptprodukt konnte trotz des Impfens nicht zur Krystallisation gebracht werden. Ob die Krystalle Isolactal sind, ist fraglich.

Derivate: Hexaacetat $C_{24}H_{32}O_{15}$. Durch Acetylierung des Isolactals. Rhombische Prismen oder Plättchen aus Alkohol, Schmelzp. 166—167°; sehr leicht löslich in Essigester, Chloroform, weniger in Alkohol, schwer in Äther; $[\alpha]_D^{22} = +55,30°$ in Acetylentetrachlorid. Schmeckt fade ohne bitteren Nachgeschmack, gibt kräftige Fichtenspanreaktion, Brom wird sehr träge addiert, von siedendem Wasser wird 1 Acetyl abgespalten.

Pseudolactal.

Mol-Gewicht: 308,16.
Zusammensetzung: $C_{12}H_{20}O_9$.

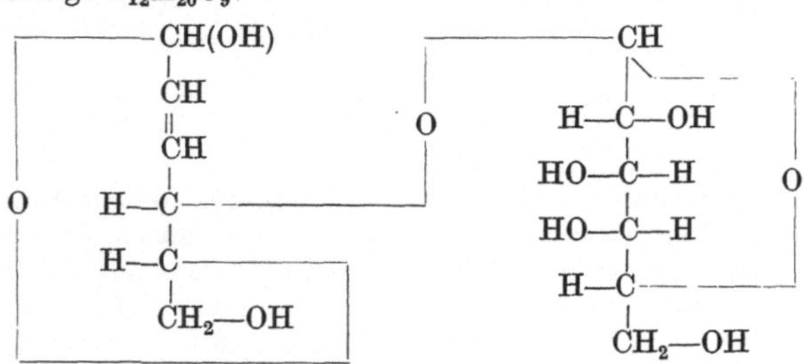

Derivate: Pseudolactalpentaacetat[1] $C_{22}H_{30}O_{14}$. Aus Lactalhexaacetat durch 1stündiges Kochen mit Wasser. Öl, auf Animpfen krystallinisches Pulver, Schmelzp. 123—124°, Zersetzung bei etwa 190°. Schwer löslich in Wasser. — Tafeln aus verdünnter Essigsäure, leicht löslich in heißem Alkohol, woraus es in schmale Prismen oder langgestreckte massive

[1] Max Bergmann, Herbert Schotte u. Erich Rennert: Liebigs Ann. **434**, 87 (1923).
[2] Max Bergmann, Herbert Schotte u. Erich Rennert: Liebigs Ann. **434**, 86 (1923).
[3] Max Bergmann, Herbert Schotte u. Erich Rennert: Liebigs Ann. **434**, 92 (1923).

Sechsecke ausscheidet. Leicht löslich in Aceton. Essigester, Benzol, Chloroform, wenig löslich in Äther, Tetrachlormethan; schmeckt widerlich bitter; $[\alpha]_D^{18} = +51,86°$ in Acetylentetrachlorid. Liefert bei der Glykosidierung mit 1 proz. methylalkoholischer Salzsäure einen nicht krystallisierenden Sirup, der direkt mit Alkali verseift und mit Dimethylsulfat behandelt ein Pentamethylderivat $C_{17}H_{30}O_9$ gab. Es bildet ein in Wasser sehr visköses, gelbliches Öl, Siedepunkt unter 0,4 mm 178—180°, $n_D^{50,5°} = 1,4661$. — Gibt bei der Verseifung mit Baryt Isolactal[1].

Pseudolactalhexaacetat[1] $C_{24}H_{32}O_{15}$. Entsteht aus dem Pentaacetat bei der Acetylierung mit Essigsäureanhydrid und Pyridin. Würfel aus Alkohol; aus Essigsäure + Wasser Prismen oder Nadeln, Schmelzp. 127—128°, $[\alpha]_D^{18} = +32,24°$ in Acetylentetrachlorid; leicht löslich außer in Äther und Petroläther. Schmeckt bitter, gibt keine Fichtenspanreaktion, reduziert aber Fehlingsche Lösung und ammoniakalische Silberlösung. Fuchsinschweflige Säure wird bei mehrstündigem Stehen gerötet, Brom wird nicht addiert[1].

Acetodibrompseudolactal[2] $C_{22}H_{30}O_{13}Br$. — Pseudolactal nimmt bei der Einwirkung von Bromwasserstoff in Eisessig 2 Mol Bromwasserstoff auf ohne Abspaltung von Acetyl und verwandelt sich in Acetodibrompseudolactal. Prismen aus Alkohol. Leicht löslich in Benzol, Chloroform, schwer löslich in Petroläther und Wasser. Schmelzp. 124°. $[\alpha]_D^{23} = +69,6°$ in Acetylentetrachlorid. Leicht zersetzlich unter Abspaltung von 1 Mol Bromwasserstoff.

Pseudolactal-bromhydroxyacetat[2] $C_{22}H_{30}O_{13}Br(OH)$. — Aus der Dibromverbindung mit feuchtem Silbercarbonat in Aceton. Aus Aceton + Wasser glänzende Schuppen, Schmelzpunkt 87—88°. Zersetzung bei 110°. Leicht löslich in Alkohol, Essigester, Aceton, weniger in warmem Äther; unlöslich in Petroläther. Die im Hochvakuum bei 56° getrocknete Substanz enthält noch $^1/_2$ Mol Krystallwasser.

Pseudolactal-brommethyoxyacetat[2] $C_{22}H_{30}O_{13}Br(OCH)_3$. Aus dem Dibromid mit Methylalkohol und Sibercarbonat bei Zimmertemperatur. Krystalle aus Essigester + Petroläther, Schmelzp. 147—148°; unlöslich in Petroläther, sonst leicht löslich. Daraus mit methylalkoholischem Ammoniak die Verbindung $C_{12}H_{20}OBr(OCH_3)$. — Nädelchen aus Essigester. Schmelzpunkt unter Zersetzung bei 119°.

Gentiobial[3].

$$C_{12}H_{20}O_9$$

Mol-Gewicht: 308,16.

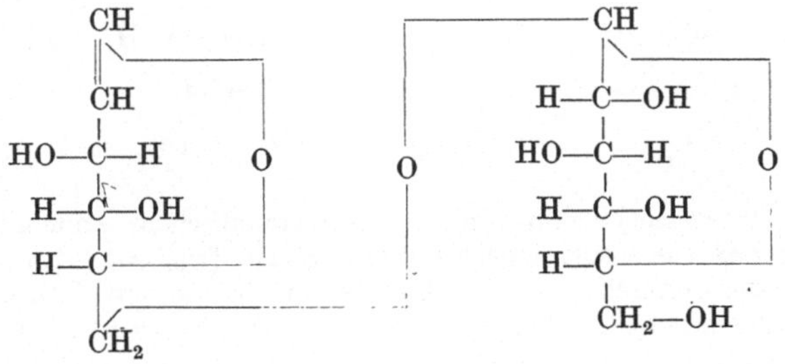

```
       CH                            ┌──────────── CH
       ‖\                            │             |\
       CH                            │         H—C—OH
       |                             │             |
  HO—C—H        O          O         │    HO—C—H        O
       |                             │             |
   H—C—OH                            │         H—C—OH
       |                             │             |
   H—C────────────┘                  └─────── H—C
       |/                                          |
      CH₂                                      CH₂—OH
```

Bildung: Aus der Hexaacetylverbindung mit methylalkoholischem Ammoniak 24 Stunden bei Zimmertemperatur.

Physikalische und chemische Eigenschaften: Aus wasserhaltigem Alkohol Nädelchen, Schmelzp. 194°; $[\alpha]_D^{23} = -5,8°$ in Wasser. Leicht löslich in Wasser, wenig löslich in Alkohol. Reduziert Fehlingsche Lösung nicht, kalte Kaliumpermanganatlösung momentan. — Rauchende Salzsäure zersetzt schnell unter Violettfärbung und Abscheidung dunkler Flocken. Gibt die dunkelbraune Ringreaktion der Glykalkörper mit konz. Schwefelsäure. Mit Resorcin, Amylalkohol und siedender konz. Salzsäure violette, dann weinrote Färbung; mit Kilianis Reagens Violettfärbung.

Derivate: Hexaacetylgentiobial $C_{24}H_{32}O_{15}$. Aus Acetobromgentiobiose mit Zinkstaub und 75 proz. Essigsäure. Leicht löslich in Aceton, Chloroform, weniger in Methylalkohol, Alkohol, fast unlöslich in Wasser und Petroläther.

[1] Max Bergmann, Herbert Schotte u. Erich Rennert: Liebigs Ann. **434**, 87 (1923).
[2] Max Bergmann, Herbert Schotte u. Erich Rennert: Liebigs Ann. **434**, 95 (1923).
[3] Max Bergmann u. Werner Freudenberg: Ber. dtsch. chem. Ges. **62**, 2783 (1929) — Chem. Zbl. **1930 I**, 36.

Hydrogentiobial[1].

$$(C_{12}H_{32}O_9)_2 + H_2O$$

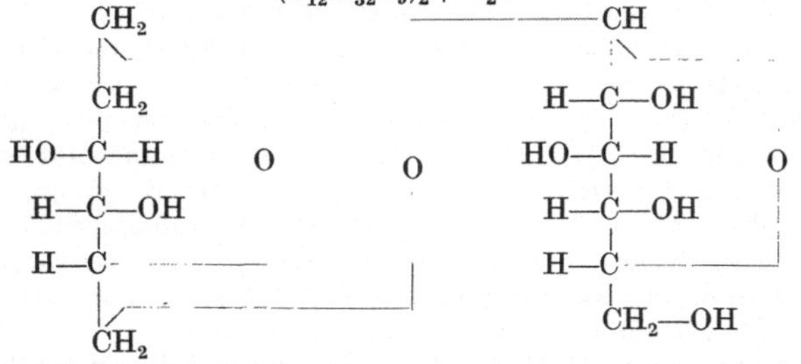

$$
\begin{array}{ll}
CH_2 & CH \\
CH_2 & H-C-OH \\
HO-C-H \quad O \qquad O & HO-C-H \quad O \\
H-C-OH & H-C-OH \\
H-C & H-C \\
CH_2 & CH_2-OH
\end{array}
$$

Bildung: Aus der Hexaacetylverbindung mit methylalkoholischem Ammoniak.

Physiologische Eigenschaften: Bei der Spaltung mit Emulsin in 10proz. Lösung nach 2 Tagen bei 37° entsteht Hydroglykal neben Glykose.

Physikalische und chemische Eigenschaften: Aus Alkohol umkrystallisiert. $[\alpha]_D^{22} = -9{,}9°$ in Wasser. Verliert bei 100° bei 0,5 mm über Phosphorpentoxyd nur 0,5 H_2O. Regeneriert bei der Acetylierung das Hexaacetat.

Derivate: Hexaacetat $C_{24}H_{34}O_5$. Durch Hydrierung von Hexaacetylgentiobial in Eisessig mit Palladiummohr. Aus Wasser Krystalle, Schmelzp. 132—133°; $[\alpha]_D^{18} = +11{,}1°$ in Pyridin. Leicht löslich in Alkohol, Ligroin, Essigester, weniger in Äther und Chloroform.

Melibial[2].

Mol-Gewicht: 308,16.

Zusammensetzung: $C_{12}H_{20}O_9$.

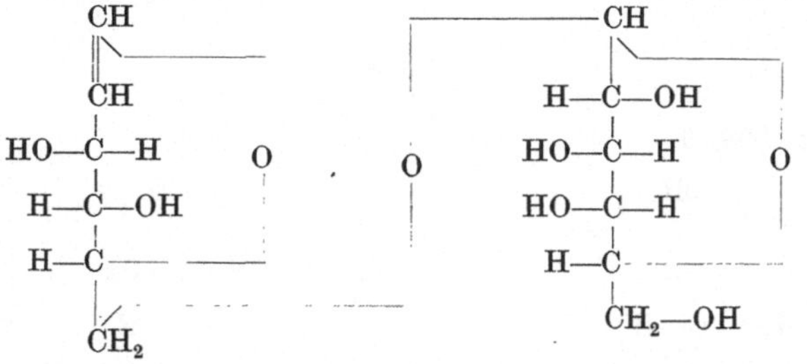

$$
\begin{array}{ll}
CH & CH \\
CH & H-C-OH \\
HO-C-H \quad O \quad . \quad O & HO-C-H \quad O \\
H-C-OH & HO-C-H \\
H-C & H-C \\
CH_2 & CH_2-OH
\end{array}
$$

Bildung: Aus Hexaacetylmelibial mit methylalkoholischem Ammoniak.

Physikalische und chemische Eigenschaften: Sirup; $[\alpha]_D^{26} = +142{,}3°$ in Wasser.

Derivate: Hexaacetylmelibial. Aus Acetobrommelibiose mit Zinkstaub und 50proz. Essigsäure. Krystalle aus abs. Alkohol, Schmelzp. 113°; $[\alpha]_D^{24} = +87°$ in Chloroform.

Pentaacetyl-glykosido-hexentetrolanhydrid[3].

$$C_{22}H_{30}O_{13}$$

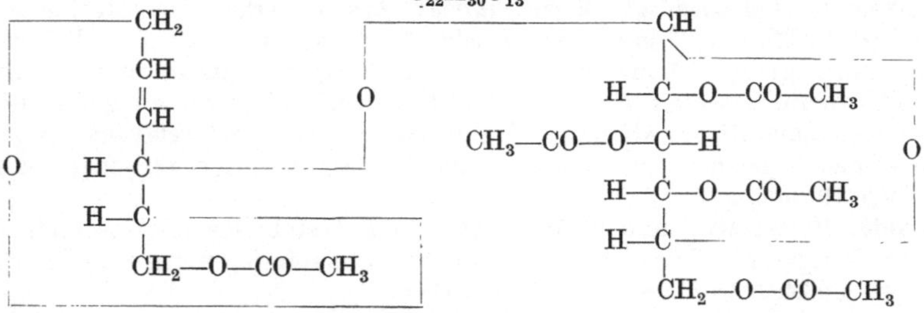

$$
\begin{array}{ll}
CH_2 & CH \\
CH & H-C-O-CO-CH_3 \\
CH & CH_3-CO-O-C-H \\
H-C \quad O & H-C-O-CO-CH_3 \quad O \\
H-C & H-C \\
CH_2-O-CO-CH_3 & CH_2-O-CO-CH_3
\end{array}
$$

[1] Max Bergmann u. Werner Freudenberg: Ber. dtsch. chem. Ges. **62**, 2783 (1929) — Chem. Zbl. **1930 I**, 36.

[2] P. A. Levene u. Erik Jorpes: J. of biol. Chem. **86**, 403 (1930) — Chem. Zbl. **1930 II**, 378.

[3] Max Bergmann u. Wilhelm Breuers: Liebigs Ann. **470**, 51 (1929) — Chem. Zbl. **1929 II**, 1154.

Bildung: Aus Pentaacetylpseudocellobial mit Palladiummohr nach Willstätter.

Physikalische und chemische Eigenschaften: Krystalle aus Essigester + Petroläther, Schmelzp. 109—110°, $[\alpha]_D^{20} = +20°$ in Acetylentetrachlorid. Addiert Brom, und liefert bei der Reduktion mit Palladiummohr das Pentaacetat des Glykosidohexontetrolanhydrids.

2-Desoxycellobiose[1] (2-Cellodesose).

$$C_{12}H_{22}O_{10}$$

Bildung: Aus Cellobial mit 2mal n-Schwefelsäure bei 0° nach 8stündigem Schütteln.

Physikalische und chemische Eigenschaften: Aus Alkohol, dann aus 90proz. Essigsäure +Äther sandiges krystallinisches Pulver; sintert bei 184° und zersetzt sich gegen 200° unter Gasentwicklung. Die wasserfreie Verbindung zieht aus feuchter Luft rasch Wasser an. $[\alpha]_D^{21} = +23,2°$ in Wasser; $[\alpha]_D^{20} = +9,82 \rightarrow +37,8°$ in Pyridin, Endwert nach 48 Stunden. Schmeckt schwach süß, ist in Wasser leicht löslich, weniger in Methylalkohol, 90proz. Essigsäure, 96proz. Alkohol, schwer löslich in Äther. Reduziert keine Fehlingsche Lösung, 1 g entsprechen 51 ccm, erheblich schwächer als Cellobiose, ferner wässerige ammoniakalische Silberlösung, sowie alkalische Jodlösung; wird schon von wässerigen verdünnten Alkalien unter Gelbfärbung verändert. Mineralsäuren zersetzen schnell unter Dunkelfärbung. Zeigt grüne Fichtenspanreaktion. Mit eisenhaltiger Schwefelsäure tritt in Gegensatz zu Digitoxose usw. keine Blaufärbung ein.

Trehalose-dien[2].

Mol-Gewicht: 306,20.

Zusammensetzung: $C_{12}H_{18}O_9$.

Bildung: Durch Verseifung der Hexaacetylverbindung nach Zemplén.

Physikalische und chemische Eigenschaften: Sirup. Mit $^n/_{10}$ Schwefelsäure in 1,5 Stunden bei Zimmertemperatur entsteht Isorhamnonose:

---

[1] M. Bergmann u. Wilhelm Breuers: Liebigs Ann. **470**, 38 (1929) — Chem. Zbl. **1929 II**, 1153.
[2] H. Bredereck: Ber. dtsch. chem. Ges. **63**, 959 (1930) — Chem. Zbl. **1930 I**, 3771.

Derivate: Hexaacetylverbindung $C_{24}H_{30}O_{15}$. Aus Hexaacetyltrehalose-6, 6'-dijod-hydrin mit Silberfluorid in Pyridin. Aus abs. Alkohol Krystalle, Schmelzp. 205—207°; $[\alpha]_D^{21} = +107,4°$ in Chloroform.

Gentiobioseen[1].

Mol-Gewicht: 324,24.
Zusammensetzung: $C_{12}H_{20}O_{10}$.

Darstellung: Durch Verseifung der Heptaacetylverbindung nach Zemplén.

Physikalische und chemische Eigenschaften: Aus Methylalkohol, dann aus Wasser mit Aceton Krystalle vom Schmelzp. 175°; $[\alpha]_D^{20} = +2,1° \to -18,7°$ in Wasser nach 6,5 Stunden. Leicht löslich in Wasser, sonst schwer bis unlöslich. Reduziert Fehlingsche Lösung in der Hitze und entfärbt Brom momentan. Regeneriert bei der Acetylierung die Heptaacetylverbindung.

Derivate: β-**Heptaacetylverbindung** $C_{26}H_{34}O_{17}$. Aus dem β-Heptaacetyl-gentiobiose-6'-bromhydrin, besser aus dem Jodhydrin mit Silberfluorid in Pyridin 12 Tage bei Zimmertemperatur geschüttelt. — Aus Tetrachlormethan Krystalle, Schmelzp. 139—143°, der Schmelzpunkt wechselt um mehrere Grade. — $[\alpha]_D^{17} = -9,1°$ in Chloroform. Unlöslich in Ligroin und Wasser, sonst mehr oder weniger leicht löslich. Entfärbt Brom momentan.

Bis-(2, 3)-desoxy-cellobiose.

Derivate: Pentaacetyl-bisdesoxycellobiose[2] $C_{22}H_{32}O_{14}$. Bei der Hydrierung von Hexaacetylpseudocellobial. Aus Essigester + Petroläther Nadelrosetten vom Schmelzp. 153 bis 155°; $[\alpha]_D^{19} = +32,1°$ in Acetylentetrachlorid; leicht löslich in Essigester, Aceton, Benzol, Chloroform, Acetylentetrachlorid, weniger in Alkohol, wenig löslich in Wasser, fast unlöslich in Petroläther.

---

[1] Burckhardt Helferich, Eckart Bohn u. Siegfried Winkler. Ber. dtsch. chem. Ges. **63**, 989 (1930) — Chem. Zbl. **1930 I**, 3771.

[2] Max Bergmann u. Wilhelm Breuers: Liebigs Ann. **470**, 51 (1929) — Chem. Zbl. **1929 II**, 1154.

Heptaacetyl-2-oxycellobiose[1,2] (Heptaacetyl-cellobioseen-1,2).

$$C_{26}H_{43}O_{17}$$

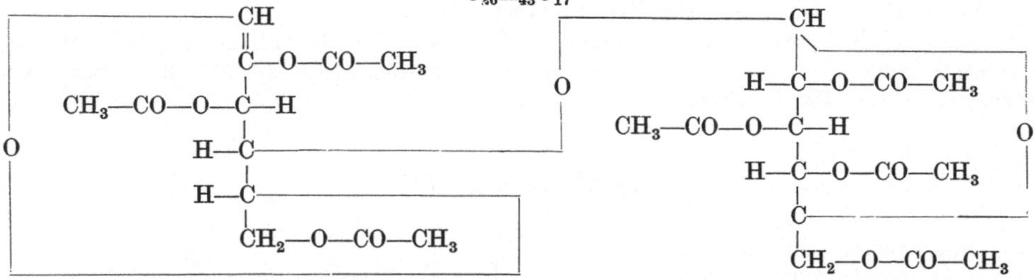

Darstellung[2]: 10 g Aceto-bromcellobiose werden in 30—40 ccm Chloroform gelöst und nach Zusatz von 3,2 g Diäthylamin 48 Stunden stehengelassen. Die Chloroformlösung wird mit Wasser halogenfrei gewaschen, getrocknet, unter vermindertem Druck zur Trockne verdampft und aus 20 ccm Alkohol + 40 ccm Wasser 3 mal umkrystallisiert. Erhalten 2,5—3 g Substanz.

Physikalische und chemische Eigenschaften: Krystalle, Schmelzp. 125°; $[\alpha]_D^{20} = -21,47°$ in Chloroform. Gibt kein Osazon[1]. $[\alpha]_D^{20} = -1,56° \cdot 9,4360/0,5066 \cdot 1,4693 = -19,78°$ in Chloroform. Die Substanz ist stickstoff- und halogenfrei, schmilzt zwischen 125 und 126°, ist leicht löslich in Alkohol, Methylalkohol, Chloroform, Aceton, Benzol und Äther, schwer in Wasser. Bromaufnahme: 0,5 g Sbst. nehmen aus einer titrierten Bromlösung in Chloroform 0,1289 g Brom nach 1 Stunde und 0,1204 g Brom nach 30 Minuten auf. Für Hexaacetylcellobioseen, $C_{24}H_{32}O_{15}$, berechnen sich 0,1427 g Br. Versuche zur Verseifung der Acetylverbindung mit Natriummethylat in Chloroformlösung führten zu keiner krystallisierten Substanz[2].

Heptaacetyl-2-oxylactal[1] (Heptaacetyl-lactoseen-1,2).

$$C_{26}H_{43}O_{17}$$

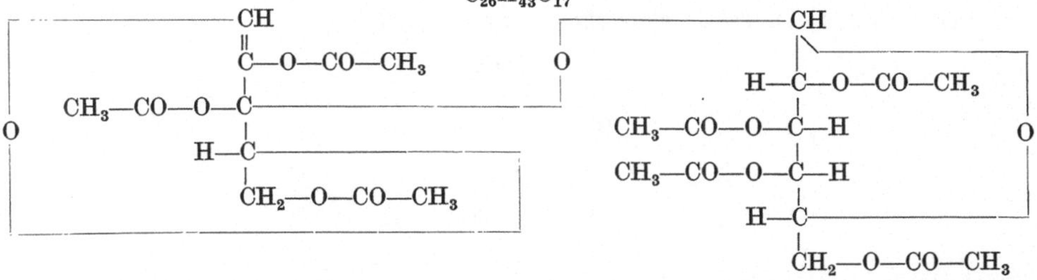

Bildung: Aus Acetobromlactose in Chloroform mit 1,5 Mol Diäthylamin 32 Stunden bei Zimmertemperatur.

Physikalische und chemische Eigenschaften: Krystalle aus Alkohol, Schmelzp. 166 bis 167°. — $[\alpha]_D^{21} = -17,07°$ in Chloroform. Leicht löslich in Chloroform, heißem Benzol und Alkohol, Essigester, mäßig in Äther, heißem Wasser, wenig löslich in kaltem Wasser und Petroläther. Ist gegen Alkali und Säuren sehr empfindlich. Gibt kein Osazon.

Fuconose[3].

Mol-Gewicht: 162,11.
Zusammensetzung: $C_6H_{10}O_5$.

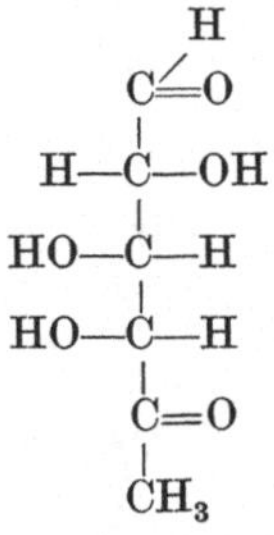

<hr>

[1] Kurt Maurer: Ber. dtsch. chem. Ges. **63**, 25 (1930) — Chem. Zbl. **1930 I**, 1120.
[2] Géza Zemplén u. Zoltán Bruckner: Ber. dtsch. chem. Ges. **61**, 2484 (1928).
[3] B. Helferich u. E. Himmen: Ber. dtsch. chem. Ges. **62**, 2136 (1929) — Chem. Zbl. **1929 II**, 2666.

42*

Bildung: Bei der Hydrolyse von Diaceton-galaktoseen-(1, 5) mit n-Schwefelsäure bei Zimmertemperatur.

Physikalische und chemische Eigenschaften: Sirup.

Derivate: Bis-p-nitrophenylhydrazon $C_{18}H_{20}O_7N_6$. Durch Fällung einer Lösung in 8 Teilen Pyridin + 8 Teilen Alkohol mit Wasser. Krystalle, Schmelzp. 209—210° unter Zersetzung. $[\alpha]_D^{20} = +59°$ in Pyridin.

Isorhamnonose[1].

Mol-Gewicht: 162,11.
Zusammensetzung: $C_6H_{10}O_5$.

$$\begin{array}{c}
H \\
C{\Large\diagup}{=}O \\
| \\
H{-}C{-}OH \\
| \\
HO{-}C{-}H \\
| \\
H{-}C{-}OH \\
| \\
C{=}O \\
| \\
CH_3
\end{array}$$

Bildung: Bei der Behandlung von Trehalose-dien mit $^n/_{10}$ Schwefelsäure[1].

Glykoson (Bd. II, S. 337; Bd. VIII, S. 173; Bd. X, S. 516).

Derivate: 2, 3, 4, 6-Tetraacetylglykosonhydrat[2] $C_{14}H_{20}O_{11}$.

$$\begin{array}{c}
CH(OH) \\
| \\
HO{-}C{-}O{-}OC{-}CH_3 \\
| \\
CH_3{-}CO{-}O{-}C{-}H \qquad O \\
| \\
H{-}C{-}O{-}CO{-}CH_3 \\
| \\
H{-}C{-\!-\!-\!-\!-\!-} \\
| \\
CH_2{-}O{-}CO{-}OH_3
\end{array}$$

Aus Tetraacetyl-2-oxyglykaldichlorid in der 50fachen Menge Äther mit einigen Tropfen Wasser und Silbercarbonat, 3 Stunden bei Zimmertemperatur geschüttelt; aus dem Niederschlag mit Chloroform extrahiert. Aus Chloroform mit Äther Krystalle, Schmelzp. 112°, $[\alpha]_D^{21} = +14,69° \rightarrow +53,66°$ in 20proz. Alkohol. — Reduziert Fehlingsche Lösung und ammoniakalische Silberlösung und Kaliumpermanganat schon bei Zimmertemperatur. Mit verdünnter Natronlauge Gelbfärbung. Gibt bei der Verseifung Glykose identifiziert durch sein Kondensationsprodukt mit o-Toluylendiamin. Mit Pyridin und Essigsäureanhydrid 20 Stunden bei 0° wird **Diacetylkojisäure** $C_{10}H_{10}O_6$

$$\begin{array}{c}
O{-}CO{-}CH_3 \\
| \\
C \qquad CH \\
O{=}C{\Large\langle}\qquad{\Large\rangle}O \\
C \qquad C \\
| \qquad | \\
H \qquad CH_2{-}O{-}CO{-}CH_3
\end{array}$$

erhalten.

---

[1] H. Bredereck: Ber. dtsch. chem. Ges. **63**, 959 (1930) — Chem. Zbl. **1930 I**, 3771.
[2] Kurt Maurer: Ber. dtsch. chem. Ges. **63**, 25 (1930) — Chem. Zbl. **1930 I**, 1121.

Dialdehydisches Kohlehydrat $C_{15}H_{28}O_{15}$ aus Glykose (?) [1].

Die Oxydation von Glykose mit wässeriger Bariumhypochloritlösung liefert angeblich als Reaktionsprodukt ein amorphes Pulver mit der Drehung $[\alpha] = +64°$. Die Reaktion soll nach der Gleichung:

$$3\,C_6H_{12}O_6 + 3\,Ba(OCl)Cl = C_{15}H_{28}O_{15} + CO_2 + CH_3 - COOH + 3\,BaCl_2 + 2\,H_2O$$

verlaufen. Die entstehende Substanz soll folgende Struktur besitzen:

Durch Reduktion entsteht eine Verbindung $C_{15}H_{32}O_{15}$, $[\alpha]_D = +98°$, von der ein Acetylderivat $C_{15}H_{21}O_{14}(COCH_3)_9$, Schmelzp. 112—114°, erhalten werden kann. **Bisosazon**, Schmelzp. 194°, entspricht der Formel $C_{39}H_{48}O_{11}N_8$. Die Oxydation führt zu einer Mono- und dann Dicarbonsäure.

Schwefel und selenhaltige Zuckerarten.

Bei den S- oder Se-haltigen 1,1-Polysacchariden [2] oder ihren Acetylderivaten ließ sich das S- oder Se-Atom nicht durch O austauschen. Mit HgO erfolgte in wässeriger Lösung Abspaltung von Glykose. In alkoholischer Lösung geben sie neben wenig Glykose: β-Äthylglykosid. Bei der Oxydation entstehen Sulfonverbindungen. Die Zuckersulfone werden durch Fermente nicht gespalten. Reduzieren Fehlingsche Lösung als auch Indigocarmin. Mit Phenylhydrazin entsteht Phenylglykosazon. Bei den freien 1,1-Diseleniden und Disulfiden wird auch bei vorsichtiger Oxydation das Se bzw. S abgespalten. Dagegen ließen sich die Sulfide und Selenide, bei denen S und Se an das C_6-Atom gebunden ist, leicht oxydieren [3].

Thiozucker aus Adenylthiozucker.

Mol-Gewicht: 180,19.
Zusammensetzung: $C_6H_{12}O_4S$.
Konstitution:

Die von Suzuki [5] für das Nucleosid gegebene Struktur kommt nicht in Frage, weil bei der Acetylierung in Pyridin ein Triacetylderivat entsteht.

---

[1] J. A. Mandel u. J. B. Niederl: XII. Internat. Physiologenkongr. Stockholm **1926**, 104 — Chem. Zbl. **1927 II**, 242.

[2] F. Wrede: Hoppe-Seylers Z. **119**, 46 (1922) — Chem. Zbl. **1922 III**, 36.

[3] F. Wrede u. W. Zimmermann: Hoppe-Seylers Z. **148**, 65 (1925) — Chem. Zbl. **1926 I**, 621.

[4] U. Suzuki u. T. Mori: Biochem. Z. **162**, 413 (1925) — Chem. Zbl. **1926 I**, 704. — U. Suzuki, S. Odake u. T. Mori: Biochem. Z. **154**, 278 (1924) — Chem. Zbl. **1925 I**, 1216.

[5] U. Suzuki, S. Odake u. T. Mori: J. agric. chem. Soc. Jap. **1**, Nr 2 (1924) — Biochem. Z. **154**, 278 (1925) — Chem. Zbl. **1925 I**, 1217.

Der Thiozucker enthält eine SCH_3- bzw. OCH_3-Gruppe und bildet leicht ein Osazon, darum bleibt nur noch die Wahl zwischen zwei Formeln, wobei vorläufig für die Stellung der OCH_3- bzw. SCH_3-Gruppe noch die 4-Stellung in Frage kommt.

$$\begin{array}{ll}
CH_2-OH & CH_2OH \\
\quad | \;\diagup OH & \quad | \;\diagup OH \\
C\diagup & C\diagup \\
\quad | & \quad | \\
CHSCH_3 & CHOCH_3 \\
\quad | \qquad O & \quad | \qquad S \\
CHOH & CHOH \\
\quad | & \quad | \\
CH_2 & CH_2
\end{array}$$

Der Thiozucker ist identisch mit dem früher[1] aus Hefe durch Spaltung eines Nucleosids erhaltenen Zucker von unbekannter Konstitution[2].

Darstellung: Durch Hydrolyse von Adenylthiozucker der Hefe[3].

Physikalische und chemische Eigenschaften: Der Nachweis der Thioäthergruppe ist nicht quantitativ. Der Zucker ist ein hellbrauner Sirup, schmeckt süßlich mit brennendem, bitteren Geschmack. Neben den allgemeinen Zuckerreaktionen gibt er die Pentosenreaktion, nicht aber die Methylpentosereaktion, da durch Salzsäure die SCH_3-Gruppe zuerst abgespalten wird. Er absorbiert Brom, gibt eine weiße Fällung mit $HgCl_2$, $Hg(NO_3)_2$ und $HAuCl_4$, nicht mit $AgNO_3$ und H_2PtCl_6[3]. Dicker Sirup, der durch Destillation bei 0,1 mm von Wasser befreit wird, der Rückstand wird mit Alkohol aufgenommen und wiederholt destilliert, wobei der Alkohol allmählich durch Methylalkohol ersetzt wird; der Rückstand zeigt in Methylalkohol $[\alpha]_D^{30} = +41,9°$[2].

Triacetylderivat $C_6H_9O_4S(OC \cdot CH_3)_3 = C_{12}H_{18}O_7S$. Mit Essigsäureanhydrid in Pyridin. Reinigung durch Destillation. Siedep. bei 0,1 mm = 170°. Praktisch inaktiv[2].

Dibenzoylderivat $C_6H_{10}O_4S(OC \cdot C_6H_5)_2$. Nadeln aus Benzol. Schmelzp. 185°. Löslich in kaltem Alkohol, Benzol, Chloroform und Eisessig, leichter löslich bei Erwärmen, unlöslich in Wasser und Äther[3].

Osazon $C_{18}H_{22}O_2N_4S$.

Thioglykose (Bd. X, S. 645).
$C_6H_{12}O_5S$

Bildung: Durch Reduktion des Diglykosyldisulfids in essigsaurer, alkoholischer Lösung mit Al- oder mit Na-Amalgam. Aus der mit NH_3 schwach alkalinisierten und von $Al(OH)_3$ filtrierten Reduktionsflüssigkeit fällt man die Thioglykose mit Äther. Die Reduktion geht auch bei längerer Einwirkung von Na-Amalgam nicht bis zum Thiohexit. Vollständig aschefreie Thioglykose erhält man durch Verseifen von Pentaacetylthioglykose mit 30 ccm gesättigtem methylalkoholischem NH_3. Nach 12 Stunden wird die Lösung eingeengt, mit absolutem Alkohol bis zur Trübung und mit dem gleichen Volumen Äther versetzt[4].

Physikalische und chemische Eigenschaften: Weißes, hygroskopisches Pulver von ähnlichen Löslichkeitseigenschaften wie Glykose. Sintert bei 70° und schäumt bei 150°. Die Lösung in 50proz. Alkohol zeigt Mutarotation. Enddrehung nach 20 Tagen $[\alpha]_D^{15} = +23°$. Geschmack unangenehm. Fehlingsche Lösung wird schon in der Kälte verfärbt. Soda-alkalische Indigocarminlösung wird in der Hitze entfärbt. Mit Phenylhydrazin entwickelt sich langsam H_2S. Beim Erhitzen in essigsaurer Lösung entsteht Phenylglykosazon[4].

Die durch Reduktion eines synthetisch hergestellten schwefelhaltigen Disaccharids erhaltene Thioglykose war mit der aus Sinigrin gewonnenen nicht identisch. Die synthetische drehte die Ebene des polarisierten Lichtes nach rechts, die aus Sinigrin hergestellte um un-

[1] P. A. Levene: J. of biol. Chem. **59**, 465 (1924) — Chem. Zbl. **1924 II**, 1200.

[2] P. A. Levene u. H. Sobotka: J. of biol. Chem. **65**, 551 (1925) — Chem. Zbl. **1926 I**, 1139.

[3] U. Suzuki u. T. Mori: Biochem. Z. **162**, 413 (1925) — Chem. Zbl. **1926 I**, 704. — U. Suzuki, S. Odake u. T. Mori: Biochem. Z. **154**, 278 (1924) — Chem. Zbl. **1925 I**, 1216.

[4] F. Wrede: Hoppe-Seylers Z. **119**, 46 (1922) — Chem. Zbl. **1922 III**, 37.

gefähr den gleichen Betrag nach links. — Es liegen α- und β-Thioglykosen vor, die sich durch die verschiedene räumliche Anordnung der Gruppen am ersten Kohlenstoffatom unterscheiden, so wie α- und β-Glykose. Da die synthetische Thioglykose nur Derivate der β-Reihe liefert, ist für die Thioglykose aus Sinigrin die α-Form anzunehmen[1].

Die aus dem Natriumsalz in Freiheit gesetzte d-Glykothiose zeigt $[\alpha]_D^{18}=+214{,}72^\circ$ (in $^1/_{500}$ n-wässeriger Salzsäure bei $c = 0{,}8825$) $\rightarrow +74{,}22^\circ$ (Endwert nach 6 Tagen). Durch Oxydation mit Jod entsteht glatt α, α-Diglykosyldisulfid[2].

β-Glykothiose: Optisches Verhalten der β-Glykothiose: $[\alpha]_D^{18}=+16{,}99^\circ \rightarrow +58{,}69^\circ$ ($^1/_{500}$n-HCl; $c = 0{,}9712$; Endwert nach 64 Stunden); $[\alpha]_D^{18}=+49{,}21^\circ$ nach Neutralisierung mit NaOH. $[\alpha]_D^{20}=+16{,}48^\circ \rightarrow +48{,}70^\circ$ (Wasser; $c = 1{,}3655$; Endwert nach 10 Tagen. Die Lösung riecht dann stark nach H_2S)[2].

Derivate: Ag-Salz der Thioglykose $C_6H_{11}O_5SAg$. Entsteht bei Zugabe einer alkoholischen ammoniakalischen Ag_2O-Lösung zur alkoholischen Lösung der Thioglykose. Weißgelbes, nicht hygroskopisches, amorphes Pulver; leicht löslich in Wasser. Mit CH_3J entsteht β-Methylthioglykosid, daneben wahrscheinlich Monomethylthioglykose[3].

Natriumsalz der α-Glykothiose[4] $C_6H_{11}O_5SNa$. Aus dem α-Pentaacetat durch Verseifung mit Natriummethylat. Tetragonale Täfelchen, Schmelzp. 129—130°, wasserfrei. Schmelzp. 155° unter Zersetzung. $[\alpha]_D^{18}=+142{,}93^\circ$ in Wasser.

Na-Salz der β-Glykothiose[2] $C_6H_{11}O_5SNa + 2 H_2O$. Aus Acetoxanthogenglykose in Chloroform mit Na-Methylatlösung unter guter Kühlung. Aus Wasser mit CH_3OH häufig sternförmig verwachsene Tetraeder vom Schmelzp. 173—174° (Zersetzung) beim raschen Erhitzen. Die Krystalle zeigen Doppelbrechung mit gerader Auslöschung in einer Richtung. Das Krystallwasser ist unterhalb 80° auch im Vakuum nicht entfernbar. $[\alpha]_D^{20} = +15{,}46^\circ$ (Wasser; $c = 4{,}273$), umgerechnet auf die wasserfreie Verbindung $+ 18{,}01^\circ$, auf Glykothiose $=+20{,}03^\circ$[2].

β-Pentaacetyl-thioglykose $C_{16}H_{22}O_{10}S$

$$CH_2OAc \cdot CH \cdot CHOAc \cdot CHOAc \cdot CHOAc \cdot CH \cdot SAc$$
$$\underset{\textstyle O}{\underline{\hspace{5cm}}}$$

1 g Diglykosyldisulfid in 1 ccm Wasser wird mit 1 ccm Eisessig und 18 ccm Alkohol versetzt und 20 Minuten mit 2 g Al-Amalgam geschüttelt. Der Fortgang der Reduktion gibt sich durch einen starken Rückgang der Linksdrehung zu erkennen. Die im Vakuum konzentrierte Lösung wird mit der 8fachen Menge Essigsäureanhydrid und etwas Na-Acetat acetyliert. Das Acetylprodukt krystallisiert aus Methylalkohol. Schmelzp. 121°. Dasselbe Produkt wird erhalten, wenn man 5 g Diglykosyldisulfidacetat mit 15 ccm Essigsäureanhydrid und 1 g Na-Acetat aufkocht und innert 15 Minuten mit etwa 10 g Zn-Staub versetzt. Die heiße filtrierte Lösung wird nach dem Abkühlen in 50 ccm Wasser gegossen, wobei das Pentaacetat auskrystallisiert. Ausbeute 4,7 g. $[\alpha]_D^{14} = +164^\circ$ (0,1827 g im Essigester zu 5 ccm). Weiße, derbe Nadeln, Schmelzp. 121°. Leicht löslich in heißem Alkohol, Benzol, Essigester und Chloroform. Wenig löslich in kaltem Alkohol und CH_3OH, fast unlöslich in Wasser. Fehlingsche Lösung wird erst beim Kochen reduziert, namentlich bei Gegenwart von Säure. Mit alkalischer Pb-Lösung entsteht in der Hitze PbS. Bei Einwirkung von HBr $+$ Eisessig entsteht keine Acetobromglykose[3]. Entsteht bei der Verseifung der Acetoxanthogenglykose mit methylalkoholischem Ammoniak. Die Reaktion wird nach 1 Stunde unterbrochen und der erhaltene Sirup mit Acetanhydrid und Natriumacetat behandelt. Aus CH_3OH, Schmelzp. 119—121°, $[\alpha]_D^{21} = +9{,}94^\circ$ ($C_2H_2Cl_4$; $c = 3{,}371$). $[\alpha]_D^{22} = +2{,}96^\circ$ (Essigester; $c = 2{,}869$)[2].

α-Pentaacetat[2] $C_{16}H_{22}O_{10}S$. Man acetyliert die Gleichgewichtsmischung der Glykothiose und fraktioniert die Acetylverbindungen mit Alkohol. Feine Nädelchen, Schmelz-

[1] F. Wrede, E. Banik u. O. Brauß: Hoppe-Seylers Z. **126**, 210 (1923) — Chem. Zbl. **1923 III**, 154. — F. Wrede: Dtsch. med. Wschr. **51**, 148 (1925) — Chem. Zbl. **1925 II**, 1148.

[2] W. Schneider, R. Gille u. K. Eisfeld: Ber. dtsch. chem. Ges. **61**, 1244 (1928) — Chem. Zbl. **1928 II**, 540.

[3] F. Wrede: Hoppe-Seylers Z. **119**, 46 (1922) — Chem. Zbl. **1922 III**, 37.

[4] Wilhelm Schneider u. Herbert Leonhardt: Ber. dtsch. chem. Ges. **62**, 1384 (1929) — Chem. Zbl. **1929 II**, 721.

664 Géza Zemplén: Die einfachen Zuckerarten.

punkt 128—129°, $[\alpha]_D^{23} = +132{,}6°$ in Acetylentetrachlorid; schwerer löslich als das β-Pentaacetat.

Tetraacetylthioglykose $C_{14}H_{20}O_9S$

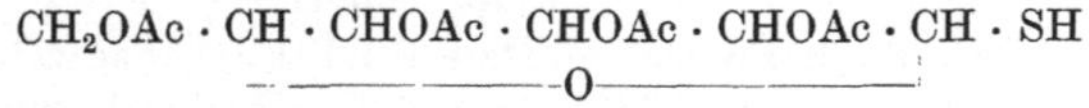

$$CH_2OAc \cdot CH \cdot CHOAc \cdot CHOAc \cdot CHOAc \cdot CH \cdot SH$$
$$\overline{O}$$

Bildung aus dem Oktaacetat des Diglykosyldisulfids durch Reduktion mit Al-Amalgam in essigsaurer Lösung. Dicke, derbe Massen aus der konzentrierten Reduktionsflüssigkeit. Krystalle aus Methylalkohol, Schmelzp. 75°. Leicht löslich in Alkohol, Äther, Chloroform, Benzol, Acetylentetrachlorid; wenig löslich in verdünntem Alkohol und heißem Wasser. In Alkohol und in Essigester zeigt die Substanz Mutarotation, $[\alpha]_D^6 = -13{,}57$ bis $-6{,}78°$, $[\alpha]_D^{15} = +0{,}5°$ (0,4073 g in Acetylentetrachlorid zu 5 ccm gelöst). Fehlingsche Lösung wird in der Kälte reduziert, ebenso sodaalkalische Indigolösung. Mit ammoniakalischer AgNO$_3$-Lösung entsteht kein unlösliches Ag-Salz. Oxydiert sich allmählich an der Luft, sehr rasch bei Gegenwart von H$_2$O$_2$. Mit Phenylhydrazin entwickelt sich in wässerig-alkoholischer Lösung H$_2$S. Mit Diazomethan entsteht Tetraacetyl-β-methyl-thioglykosid und mit Acetobromglykose bei Gegenwart von Ag$_2$CO$_3$ das Oktaacetat der Thioisotrehalose[1].

Diaceton-3-thioglykose[2].

Mol-Gewicht: 276,28.
Zusammensetzung: $C_{12}H_{20}O_5S$

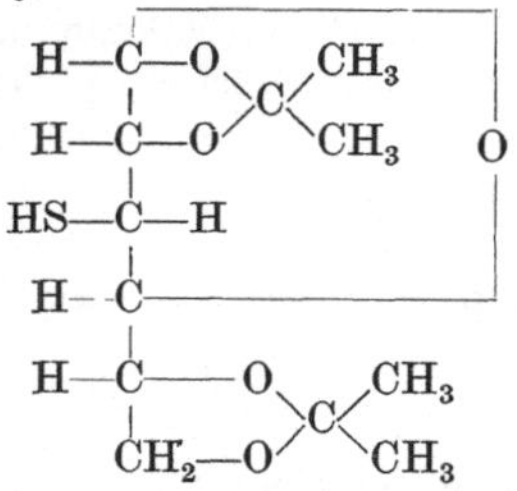

$$
\begin{array}{l}
H-C-O \\
\quad\quad\quad\searrow C \big\langle {}^{CH_3}_{CH_3} \quad O\\
H-C-O \nearrow \\
HS-C-H \\
H-C \\
H-C-O \\
\quad\quad\quad\searrow C \big\langle {}^{CH_3}_{CH_3}\\
CH_2-O \nearrow
\end{array}
$$

Bildung: Entsteht bei der Behandlung von Diacetonylglykosyldithiolkohlensäureester mit Ammoniak unter Fernhaltung des Luftsauerstoffs neben Methylmercaptan und Harnstoff.

Physikalische und chemische Eigenschaften: Gelber Sirup, leicht löslich in allen Lösungsmitteln außer Wasser und Petroläther; löslich in Natronlauge, fällt mit Essigsäure wieder aus, das Natriumsalz gibt mit alkoholischem Quecksilberchlorid farblose Krystalle; wird in Gegenwart von Alkali an der Luft zum Disulfid oxydiert; augenblicklich durch Wasserstoffsuperoxyd.

Derivate: Diacetonglykosyl-dithiolkohlensäurmethylester[2] $C_{14}H_{22}O_6S_2$

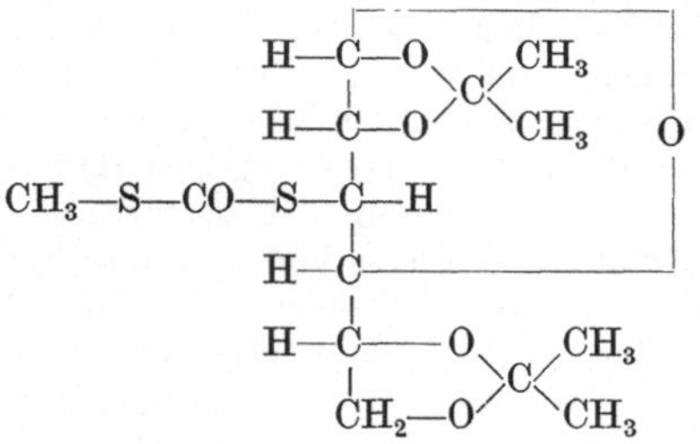

$$
\begin{array}{l}
H-C-O \\
\quad\quad\quad\searrow C \big\langle {}^{CH_3}_{CH_3} \quad O\\
H-C-O \nearrow \\
CH_3-S-CO-S-C-H \\
H-C \\
H-C-O \\
\quad\quad\quad\searrow C \big\langle {}^{CH_3}_{CH_3}\\
CH_2-O \nearrow
\end{array}
$$

Entsteht bei der Destillation der Diacetonglykose-3-xanthogensäuremethylester unter gewöhnlichem Druck. Nadeln aus Alkohol oder Methylalkohol, Schmelzp. 142°, $[\alpha]_{578}^{16} = -59{,}91°$; $[\alpha]_{633}^{16} = -52{,}84°$; $[\alpha]_{546}^{16} = -67{,}73°$ in Acetylentetrachlorid. Gibt mit Ammoniak unter Fernhalten von Luftsauerstoff Diaceton-3-thioglykose.

---

[1] F. Wrede: Hoppe-Seylers Z. **119**, 46 (1922) — Chem. Zbl. **1922 III**, 37.
[2] Karl Freudenberg u. Anton Wolf: Ber. dtsch. chem. Ges. **60**, 232 (1927) — Chem. Zbl. **1927 I**, 1670.

Di-glykosyl-3-disulfid[1].

Mol-Gewicht: 390,36.

Zusammensetzung: $C_{12}H_{22}O_{10}S_2$.

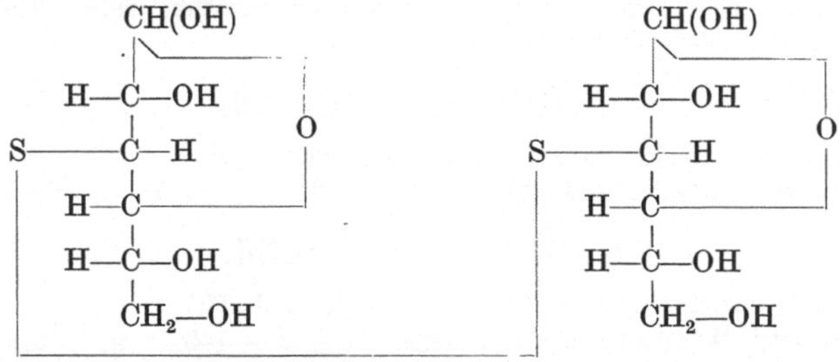

CH(OH)   CH(OH)

H—C—OH   H—C—OH

S——C—H   O   S——C—H   O

H—C   H—C

H—C—OH   H—C—OH

CH₂—OH   CH₂—OH

Bildung: Aus Di-diaceton-glykosyl-disulfid in Aceton+siedender 0,3proz. Schwefelsäure.

Physikalische und chemische Eigenschaften: Weißes amorphes Pulver, zerfließt an der Luft, reduziert Fehlingsche Lösung; $[\alpha]^{20}_{578} = +29{,}85°$ in Wasser; Mutarotation wurde nicht beobachtet; schmeckt süß mit unangenehmem Beigeschmack; gibt mit Acetonschwefelsäure die Tetraacetonverbindung zurück.

Di-diacetonglykosyl-3-disulfid[1].

Mol-Gewicht: 550,54.

Zusammensetzung: $C_{24}H_{38}O_{10}S_2$.

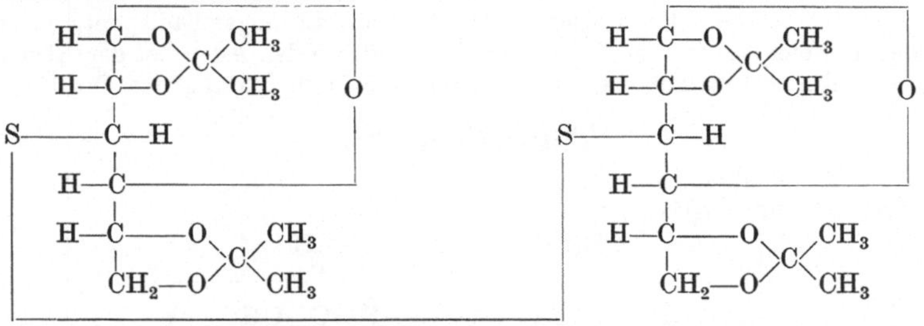

H—C—O   CH₃   H—C—O   CH₃

H—C—O   CH₃   O   H—C—O   CH₃   O

S——C—H   S——C—H

H—C   H—C

H—C——O   CH₃   H—C——O   CH₃

CH₂—O   CH₃   CH₂—O   CH₃

Bildung: Aus Diacetonglykosedithiolkohlensäureester durch Verseifung bei Luftzutritt, in Gegenwart von Wasserstoffsuperoxyd und etwas Ammoniak. Entsteht auch aus der alkoholischen Lösung des Natriumsalzes der Diacetonthioglykose mit Jod.

Physikalische und chemische Eigenschaften: Nadeln aus Methylalkohol, Schmelzp. 163°; $[\alpha]^{21}_{578} = -330{,}1°$ in Acetylentetrachlorid.

Thioisotrehalose (Bd. X, S. 646).

Physiologische Eigenschaften: Der Zucker ist süß. Einem Kaninchen subcutan injiziert, erscheint er fast quantitativ im Harn wieder, per os verfüttert, wird er verbrannt[2]. Wird durch die bekannten zuckerspaltenden Fermente nicht angegriffen[2].

Derivate: Thioisotrehalose-oktaacetat. Aus Tetraacetylthioglykose mit Acetobromglykose in Gegenwart von Ag_2CO_3. Schmelzp. 174°[3].

Schwefelhaltiges Disaccharid mit zwei reduzierenden Aldehydgruppen[2].

Diglykosyldisulfid[3] (Bd. X, S. 652).

Bildung: Bildet sich aus Oktaacetyldiglykosyltetrasulfid beim Kochen der Lösungen oder Verseifung mit methylalkoholischem Ammoniak[4].

Derivate: Diglykosyldisulfidoktaacetat. Man kocht eine alkoholische Lösung von K_2S_2, bereitet durch Auflösung von präcipitiertem S in einer alkoholischen K_2S-Lösung mit der be-

---

[1] Karl Freudenberg u. Anton Wolf: Ber. dtsch. chem. Ges. **60**, 232 (1927) — Chem. Zbl. **1927 I**, 1670.

[2] F. Wrede: Dtsch. med. Wschr. **50**, 1611 (1924) — Chem. Zbl. **1925 II**, 1148.

[3] F. Wrede: Hoppe-Seylers Z. **119**, 46 (1922) — Chem. Zbl. **1922 III**, 37.

[4] Fritz Wrede u. Otto Hettche: Hoppe-Seylers Z. **177**, 298 (1928) — Chem. Zbl. **1928 II**, 2125.

rechneten Menge Acetobromglykose. Dann wird 12 Stunden bei 0° stehengelassen, wobei ein Teil des Disulfids auskrystallisiert. Das Filtrat wird im Vakuum zum Sirup eingedampft und mit Na-Acetat + Essigsäureanhydrid reacetyliert. Das Acetylprodukt wird durch Zugabe von Wasser abgeschieden, aus Benzol umkrystallisiert und mit der ersten Fraktion vereinigt. Ausbeute 6 g aus 20 g Acetobromglykose[1].

α, α-Diglykosyldisulfid.

Bildung: Durch Oxydation von α-Glykothiose mit Jod[2].
Physikalische und chemische Eigenschaften: $[\alpha]_D^{18} = +535,5°$ in Wasser[2].

β, β-Diglykosyldisulfid.

Bildung: Durch Oxydation der β-Glykothiose mit Jod[2].
Physikalische und chemische Eigenschaften: $[\alpha]_D^{18} = -149,3°$ in Wasser[2].

Diglykosylpolysulfide[3].

Bei der Einwirkung von K_2S_3, K_2S_4 und K_2S_5 auf Acetobromglykose entstehen krystallinische Polysulfide, die aber unbeständig sind.

Diglykosyltetrasulfid[3].

Das reine **Oktaacetat** der Verbindung $C_{28}H_{38}O_{18}S_4$ entsteht durch Umsetzung von Tetraacetylthioglykose mit Schwefelchlorür in ätherischer Lösung. Lange Nadeln aus Chloroform + Äther, oder Chloroform + Methylalkohol. Schmelzp. 208°. Wenig löslich in kaltem Alkohol, Äther, Benzol oder Wasser. Beim längeren Kochen mit Lösungsmitteln entsteht unter Abspaltung von Schwefel das Oktaacetat des Diglykosyldisulfids. Auch bei der Abspaltung der Acetylgruppen mit methylalkoholischem Ammoniak erfolgt Bildung des Disulfids.

Thiocellobiose[4].

Mol-Gewicht: 358,30.
Zusammensetzung: $C_{12}H_{22}O_{10}S$.

$$
\begin{array}{ccccc}
\text{CH(SH)} & & & \text{CH} & \\
| & & & | & \\
\text{H—C—OH} & & \text{O} & \text{H—C—OH} & \\
| & & & | & \\
\text{HO—C—H} & & & \text{HO—C—H} & \text{O} \\
| & & & | & \\
\text{H—C} & & & \text{H—C—OH} & \\
| & & & | & \\
\text{H—C} & & & \text{H—C} & \\
| & & & | & \\
\text{CH}_2\text{—OH} & & & \text{CH}_2\text{—OH} &
\end{array}
$$

Bildung: Aus Oktaacetylthiocellobiose durch Verseifung mit methylalkoholischem NH_3.
Physikalische und chemische Eigenschaften: $[\alpha]_D^{20}$ in Chloroform nach $^1/_2$ Stunde $= -33,3°$. Die Drehung geht im Verlaufe von 3 Tagen auf 0 zurück, um positiv zu werden. $[\alpha]_D^{20}$ nach 6 Tagen $= +14,8°$. Weißes, zerfließliches Pulver, süß-bitter mit SO_2-ähnlichem Geschmack; sintert bei 110°, leicht löslich in Wasser, wenig löslich in Äther, fast unlöslich in anderen organischen Lösungsmitteln. Mit heißer 20proz. HCl Bildung von H_2S[4].
Derivate: Silbersalz der Thiocellobiose $C_{12}H_{21}O_{10}SAg$. Weißes, amorphes Pulver. Schmelzp. 155° (Zersetzung). Leicht löslich in Wasser, wenig löslich in organischen Solvenzien[4].

Heptaacetylthiocellobiose[4] $C_{26}H_{36}O_{17}S$. Entsteht bei der Reduktion des Dicellobiosyldisulfidacetats in Phenol bei Gegenwart von Wasser und etwas Essigsäure mit Al-Amalgan. Zur Isolierung wird die Reduktionsflüssigkeit verdampft und aus CH_3OH krystallisiert. $[\alpha]_D^{20}$ in Chloroform $= -12,4°$ bis $-12,8°$. Rosettenförmig angeordnete Blättchen und Nadeln. Schmelzp. 197°, trübe Schmelze, vollständig klar bei 220°. Leicht löslich in Chloroform und heißem Alkohol, wenig löslich in kaltem Alkohol, fast unlöslich in Wasser[4].

Oktaacetylthiocellobiose[4] $C_{12}H_{14}O_{10}S(CH_3CO)_8 = C_{28}H_{38}O_{18}S$. Bildet sich bei der Re-

[1] F. Wrede: Hoppe-Seylers Z. **119**, 46 (1922) — Chem. Zbl. **1922 II**, 37.
[2] Wilhelm Schneider u. Herbert Leonhardt: Ber. dtsch. chem. Ges. **62**, 1384 (1929) — Chem. Zbl. **1929 II**, 721.
[3] Fritz Wrede u. Otto Hettche: Hoppe-Seylers Z. **177**, 298 (1928) — Chem. Zbl. **1928 II**, 2125.
[4] F. Wrede u. O. Hettche: Hoppe-Seylers Z. **172**, 169 (1927) — Chem. Zbl. **1928 I**, 1522.

duktion des Dicellobiosyldisulfidacetats mit Zn in $(CH_3CO)_2O$, über das Mercaptan. Scheidet sich aus dem Acetylierungsgemisch beim Verdünnen mit Wasser krystallinisch ab. Krystalle aus Alkohol. $[\alpha]_D^{20}$ in Chloroform $= -12,9°$ bis $-13,0°$. Lange, weiße Nadeln. Schmelzp. 205°, leicht löslich in Chloroform und heißem Alkohol, wenig löslich in kaltem Alkohol und Wasser[1].

Di-cellobiosyl-disulfid[1].

Mol-Gewicht: 714,46.

Zusammensetzung: $C_{24}H_{42}O_{20}S_2$.

Konstitution:

```
CH——————S——————S————————————CH
 |                             |
H—C—OH                       H—C—OH
 |                             |
HO—C—H    O————CH            HO—C—H    O————CH
 |             |               |             |
O  H—C      H—C—OH          O  H—C      H—C—OH
 |   |        |               |   |        |
   H—C      HO—C—H   O          H—C      HO—C—H   O
 |   |        |               |   |        |
   CH2—OH   H—C—OH             CH2—OH   H—C—OH
              |                           |
            H—C                         H—C
              |                           |
            CH2—OH                      CH2—OH
```

Bildung: Aus dem Acetat mit methylalkoholischem Ammoniak.

Physikalische und chemische Eigenschaften: Weißes, zerfließliches Pulver aus CH_3OH + Äther. $[\alpha]_D^{20}$ in wässeriger Lösung $= -90,9°$. Geschmack kaum süß; Schmelzpunkt mit Aufschäumen bei 165—170°; leicht löslich in Wasser, wenig löslich in organischen Lösungsmitteln. Fehlingsche Lösung wird in der Hitze gelbgrün gefärbt, sodaalkalische Indigocarminlösung wird beim Kochen langsam entfärbt; entfärbt $KMnO_4$ in der Kälte allmählich, schnell beim Erhitzen[1].

Derivate: **Dicellobiosyldisulfidacetat** $[C_{12}H_{14}O_{10}(CH_3CO)_7]_2S_2 = C_{52}H_{70}O_{34}S_2$. Aus Acetobromcellobiose, mit K_2S_2, in alkoholischer Lösung. Weißes Pulver aus Chloroform + CH_3OH. Unter Mikroskop radiär gestreifte Kugeln. $[\alpha]_D^{18}$ in Chloroform $= -78,7°$ und $-79,2°$. Fast unlöslich in Äther, Petroläther, kaltem Alkohol und Wasser, leicht löslich in Chloroform. Schmelzp. 271—273°.

1, 1-Diglykosylsulfon[2].

Mol-Gewicht: 390,2.

Zusammensetzung: $C_{12}H_{22}O_{12}S$.

```
                    O
                    ‖
CH————————————S————————————CH
 |                           |
H—C—OH                     H—C—OH
 |                           |
HO—C—H         O           HO—C—H         O
 |                           |
H—C—OH                     H—C—OH
 |                           |
H—C                        H—C
 |                           |
CH2—OH                     CH2—OH
```

Darstellung: 1, 1-Oktaacetyl-diglykosylsulfon wird mit bei 0° gesättigtem methylalkoholischen Ammoniak 12 Stunden im Eisschrank aufbewahrt. Dann wird im Vakuum zum Sirup eingedampft und in wenig Wasser aufgenommen. Aus der filtrierten und mit Alkohol bis zur Trübung versetzten Lösung krystallisiert beim Stehen im Eisschrank das Sulfon fast quantitativ aus. Die Krystalle enthalten Krystallwasser, das im Vakuum bei 80° entweicht.

Physikalische und chemische Eigenschaften: Krystalle aus Wasser + Alkohol. Krystallwasser entweicht bei 80°. Schmelzp. 118°, Aufschäumen bei 128°. Schmelzp. des krystallwasserfreien Produktes 129°, bei höherer Temperatur erfolgt Zersetzung unter Braunfärbung. Löst sich leicht in Wasser, schwer in Äthylalkohol. $[\alpha]_D^{20} = -38,1°$ in Wasser. Reduziert alka-

[1] F. Wrede u. O. Hettche: Hoppe-Seylers Z. **172**, 169 (1927) — Chem. Zbl. **1928 I**, 1522.
[2] F. Wrede u. W. Zimmermann: Hoppe-Seylers Z. **148**, 65 (1925) — Chem. Zbl. **1926 I**, 621.

lische Indigocarminlösung, ebenso Fehlingsche Lösung beim Erhitzen. In wässeriger Lösung mit etwas Essigsäure und Phenylhydrazin erhitzt, entsteht das gewöhnliche Phenylglykosazon[1].

Derivate: 1, 1-Oktaacetyl-diglykosylsulfon[1] $C_{28}H_{38}O_{20}S$ (726,5). Oktaacetyl-diglykosylsulfid wird in Eisessig gelöst, mit Kaliumpermanganatlösung oxydiert. Nach einigen Stunden wird schnell aufgekocht und mit der dreifachen Menge Wasser versetzt. Nach mehreren Stunden Stehen in der Kälte wird durch Kieselgur abgesaugt, der Rückstand mit Methylalkohol ausgekocht; aus dem Filtrat krystallisiert das Sulfon in langen Nadeln. Krystalle aus Methylalkohol. Schmelzp. 189°. Ist leicht löslich in Chloroform und Essigester, schwer in kaltem Methyl- und Äthylalkohol sowie in Benzol. $[\alpha]_D^{20} = -45,5°$ in Essigester, in Acetylentetrachlorid $= -20,8°$, keine Mutarotation[1].

1, 1-Digalaktosylsulfon[1].

Mol-Gewicht: 390,2.
Zusammensetzung: $C_{12}H_{22}O_{12}S$.

Darstellung: Oktaacetyl-digalaktosylsulfon wird bei 0° in methylalkoholischem Ammoniak unter Schütteln gelöst. Nach 12 Stunden Stehen im Eisschrank wird im Vakuum eingedampft, der Rückstand in wenig Wasser gelöst und mit Alkohol bis zur Trübung versetzt. Die Krystallisation ist nach 24 Stunden vollständig.

Physikalische und chemische Eigenschaften: Krystalle aus Wasser + Alkohol. Zersetzung bei 182° unter Aufschäumen. Löst sich leicht in Wasser, schwer in Alkohol. Reduziert Fehlingsche Lösung in der Siedehitze. $[\alpha]_D^{20} = -2,16°$ [1].

Derivate: Oktaacetyl-1, 1-digalaktosylsulfon $C_{28}H_{38}O_{20}S$ (726,5). Oktaacetyl-digalaktosylsulfid wird in Eisessig gelöst und mit Permanganatlösung oxydiert. Es entstehen 2 isomere Formen. Aus Methylalkohol Krystalle vom Schmelzp. 175°, feine Nadeln. Aus Benzol derbe Blättchen vom Schmelzp. 149°. $[\alpha]_D^{20} = -5,32°$ in Benzol[1]. $[\alpha]_D^{20} = -8,48°$ in Benzol. Im Methylalkohol zeigt Mutarotation: $[\alpha]_D^{20} = +2,83°$ nach 1 Stunde, nach 18 Stunden $= +5,20°$. Die beiden Isomeren lösen sich schwer in Benzol und in Alkohol, leicht in Eisessig[1].

1, 1-Dicellosylsulfon[1].

Mol-Gewicht: 786,4.
Zusammensetzung: $C_{24}H_{42}O_{22}S + 4 H_2O$.

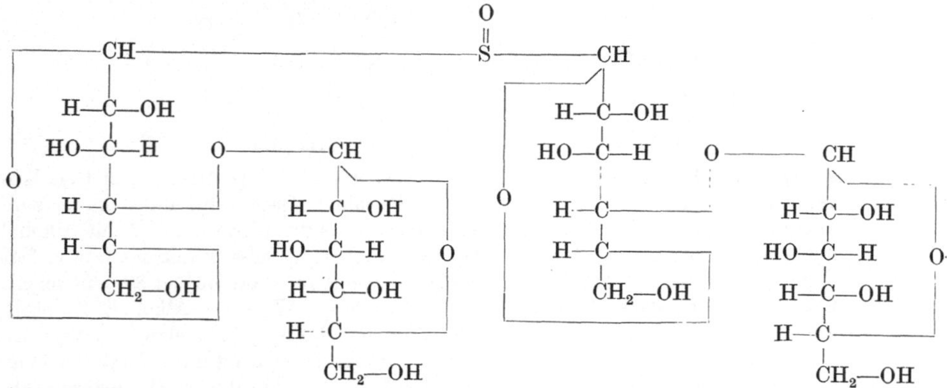

---

[1] F. Wrede u. W. Zimmermann: Hoppe-Seylers Z. **148**, 65 (1925) — Chem. Zbl. **1926 I**, 621.

Darstellung: Tetradekaacetyl-1, 1-Dicellosylsulfon wird mit methylalkoholischem Ammoniak verseift.

Physikalische und chemische Eigenschaften: Weiße Krystalle, die Krystallwasser enthalten. Das Krystallwasser entweicht bei 78° im Vakuum über Phosphorpentoxyd. Schmelzpunkt 100° unscharf, unter Aufschäumung. Bei 150° tritt Zersetzung ein. Reduziert Fehlingsche Lösung. $[\alpha]_D^{20} = -35{,}4°$ [1].

Derivate: **Tetradekaacetyl-1, 1-Dicellosylsulfon** $C_{52}H_{70}O_{36}S$ (1303). Tetradekaacetyldicellosylsulfid wird in Eisessig gelöst und mit Permanganatlösung oxydiert. Der Filterrückstand wird mit Methylalkohol aufgekocht. Die Substanz krystallisiert aus. Lange Nadeln aus Methylalkohol, die bei 162° zusammensintern. Bei weiterem Erhitzen wird die trübe Schmelze wieder fest und schmilzt dann bei 238° unter Zersetzung. Die rasch erstarrte Schmelze schmilzt ohne vorheriges Sintern bei 238°. Nach Umkrystallisieren aus Alkohol sintert die Substanz wieder bei 162°. Löst sich schwer in kaltem, leicht in heißem Alkohol, auch leicht in Eisessig und in Chloroform. $[\alpha]_D^{20} = -19{,}9°$ [1].

Methylierte und alkylierte Zuckerderivate[2].

Arbeiten allgemeiner Natur: Reaktivität der methylierten Zucker: Wirkung von verdünntem Alkali auf Tetramethyl-d-mannose[2], wobei Bildung von Tetramethyl-d-glykose eintritt.

Pentosen.

2,4-Dimethyl-d-arabinose[3].

Mol-Gewicht: 178,15.

Zusammensetzung: $C_7H_{14}O_5$.

$$\begin{array}{l}
\overline{}\text{CH(OH)} \\
CH_3\text{—O—C—H} \\
O\text{H—C—OH} \\
\text{H—C—O—CH}_3 \\
\underline{}\text{CH}_2
\end{array}$$

Darstellung: 10 g Hexamethyl-methyl-d-glyko-d-arabinosid werden in 200 ccm 5proz. Salzsäure gelöst und 1 Stunde am Rückflußkühler gekocht; dann wird nach dem Abkühlen mit Bariumcarbonat neutralisiert, mit Kohle entfärbt und das Filtrat unter vermindertem Druck bis zur starken Krystallbildung eingeengt. Hiernach wird mit 200 ccm absolutem Alkohol behandelt, vom ungelösten Bariumchlorid abgesaugt, die Mutterlauge eingeengt und durch Behandeln mit Alkohol das Chlorbarium soweit als möglich entfernt. Der Alkoholrückstand wird mit 100 ccm Chloroform extrahiert, das Filtrat unter vermindertem Druck eingeengt und der Rückstand unter 0,4 mm destilliert. Zwischen 126—128° gingen 8,6 g eines viscosen Sirups über, der 3,65 g Dimethylarabinose und 4,85 g Tetramethylglykose enthielt. Das Gemisch wurde in 50 ccm heißem Petroläther suspendiert, wobei die Hauptmenge als Sirup ungelöst blieb. Beim Erkalten goß man die Lösung vom Sirup ab und ließ die Tetramethylglykose aus dem Petroläther auskrystallisieren. Durch systematische Behandlung des Öls mit heißem Petroläther konnten auf diese Weise insgesamt 3,0 g reine Tetramethyl-glykose isoliert werden. Der Petroläther-Auszug lieferte beim Einengen und wiederholten Krystallisieren noch 1,6 g Tetramethyl-glykose, so daß sich die Gesamtausbeute auf 4,6 g stellte. Der in Petroläther ungelöst gebliebene Sirup wurde in 100 ccm Wasser aufgenommen und mit 100 ccm Chloroform ¼ Stunde geschüttelt. Das Ausschütteln mit Chloroform wurde dann noch 2mal wiederholt, wobei der Rest an Tetramethyl-glykose in das Chloroform überging. Die wässerige Lösung wurde unter vermindertem Druck eingedampft, der Rückstand mit

---

[1] F. Wrede u. W. Zimmermann: Hoppe-Seylers Z. **148**, 65 (1925) — Chem. Zbl. **1926 I**, 621.

[2] Richard D. Greene u. W. Lee Lewis: J. amer. chem. Soc. **50**, 2813 (1928) — Chem. Zbl. **1928 II**, 2643.

[3] Géza Zemplén u. Géza Braun: Ber. dtsch. chem. Ges. **59**, 2239 (1926) — Chem. Zbl. **1926 II**, 2561.

absolutem Alkohol entwässert und unter 0,32 mm destilliert. Bei 128—129° gingen 2,7 g Substanz über, die sich zu einem farblosen, viscosen Sirup kondensierten.

Physikalische und chemische Eigenschaften: Methoxyl: 34,84. Reduktionsvermögen: 20,6 (bei Glykose = 100). $[\alpha]_D^{24} = -3,66 \cdot 8,2838/0,3960 \cdot 0,8022 = -95,46°$ in Alkohol; nach 24 Stunden ist $[\alpha]_D^{24} = -105,1°$. Die Oxydation mit Salpetersäure führt zu α, α'-Dimethoxy-β-oxy-glutarsäure, s. dort.

2, 3, 4-Trimethyl-l-arabinose [1].

Mol-Gewicht: 192,13.
Zusammensetzung: $C_8H_{16}O_5$.

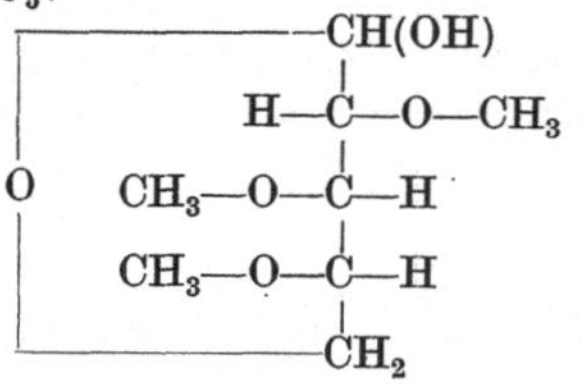

$$
\begin{array}{c}
\underset{\Big|}{\overset{\displaystyle\overline{\qquad\qquad}}{\Big|}}\text{—CH(OH)} \\
\text{H—C—O—CH}_3 \\
\text{O} \qquad \text{CH}_3\text{—O—C—H} \\
\text{CH}_3\text{—O—C—H} \\
\text{CH}_2
\end{array}
$$

Bildung: Bei der Hydrolyse des 2, 3, 4-Trimethyl-α-methyl-l-arabinosid. — Bei der Hydrolyse mit 8proz. wässeriger Salzsäure bei 90° wird ausgehend von dem Trimethyl-β-methyl-l-arabinosid der Endwert $[\alpha]_D = +146°$ bei $c = 1,469$ erreicht, gegenüber $+153°$ ausgehend von der α-Verbindung.

Physikalische und chemische Eigenschaften: Das sirupöse Rohprodukt vom Siedep. 123° unter 24 mm Druck zeigt $[\alpha]_D = +57,4°$ bei $c = 3,708$, die in saurem Methylalkohol auf $+129°$, nach der Hydrolyse auf $+110°$ ansteigt. Diese beträchtlich niedrigeren Werte lassen auf die Gegenwart von Ringisomeren schließen [2].

2, 3, 5-Trimethyl-γ-l-arabinose [3].

Mol-Gewicht: 192,13.
Zusammensetzung: $C_8H_{16}O_5$.

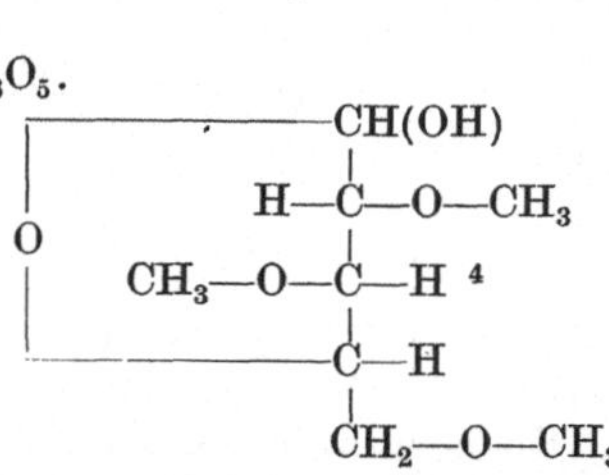

$$
\begin{array}{c}
\text{—CH(OH)} \\
\text{H—C—O—CH}_3 \\
\text{O} \qquad \text{CH}_3\text{—O—C—H} \quad [4] \\
\text{C—H} \\
\text{CH}_2\text{—O—CH}_3
\end{array}
$$

Bildung: Bei der Hydrolyse von Trimethyl-γ-methyl-l-arabinosid.

Physikalische und chemische Eigenschaften: Sirup vom Siedep. 97—99° unter 0,18 mm Druck; $n_D = 1,4503$; $[\alpha]_D = -39,5°$. — Wird durch Kaliumpermanganat leicht angegriffen. — Bei der Oxydation mit Salpertersäure entsteht das Lacton einer Oxytrimethoxyvaleriansäure und eine Oxydimethoxyglutarsäure folgender Konstitution.

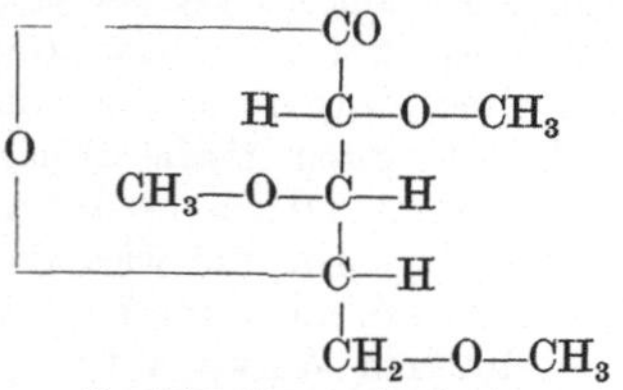

$$
\begin{array}{cc}
\begin{array}{c}
\text{—CO} \\
\text{H—C—O—CH}_3 \\
\text{O} \quad \text{CH}_3\text{—O—C—H} \\
\text{C—H} \\
\text{CH}_2\text{—O—CH}_3
\end{array}
&
\begin{array}{c}
\text{COOH} \\
\text{H—C—O—CH}_3 \\
\text{CH}_3\text{—O—C—H} \\
\text{H—C—OH} \\
\text{COOH}
\end{array} \\
\text{Oxytrimethoxyvalerolacton.} & \text{Oxydimethoxyglutarsäure.}
\end{array}
$$

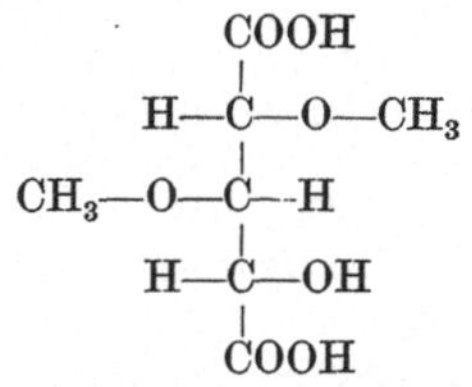

[1] John Pryde, Edmund Langley Hirst u. Robert William Humphreys: J. chem. Soc. Lond. **127**, 348 (1925) — Chem. Zbl. **1925 I**, 2369.

[2] Edmund Langley Hirst u. George James Robertson: J. chem. Soc. Lond. **127**, 358 (1925) — Chem. Zbl. **1925 I**, 2371.

[3] Stanlay Baker u. Walter Norman Haworth: J. chem. Soc. Lond. **127**, 365 (1925) — Chem. Zbl. **1925 I**, 2372.

[4] Walter Norman Haworth u. Vincent Stanlay Nicholson: J. chem. Soc. Lond. **1926**, 1899 — Chem. Zbl. **1926 II**, 2412.

Monomethylxylose[1].
(Wahrscheinlich 5-Methyl-xylose.)

Mol-Gewicht: 164,13.

Zusammensetzung: $C_6H_{12}O_5$.

Bildung: Durch Hydrolyse der entsprechenden Monoacetonverbindung.

Physikalische und chemische Eigenschaften: $[\alpha]_{Hg\ gelb}^{18} = +41,95°$[1].

Derivate: Monomethylacetonxylose $C_9H_{16}O_5$. Wahrscheinlich 5-Methyl-1, 2-aceton-xylose. Die Methylierung der Acetonxylose (mit CH_3J und Ag_2O) führt zu einem zwischen 80 und 120° siedenden Gemisch, aus dem die Verbindung auskrystallisiert. Schmelzp. 78°, Siedep. bei 0,5 mm 105—107°. $[\alpha]_{Hg\ gelb}^{18} = -21°$. Löslich in Wasser und organischen Lösungsmitteln[1].

3, 5-Dimethyl-d-xylose.

Mol-Gewicht: 178,15.

Zusammensetzung: $C_6H_{12}O_5$.

$$\begin{array}{l}
\text{CHOH} \\
\text{H—C—OH} \\
\text{CH}_3\text{O—C—H} \qquad \text{O} \quad ^2 \\
\text{H—C} \\
\text{CH}_2\cdot\text{OCH}_3
\end{array}$$

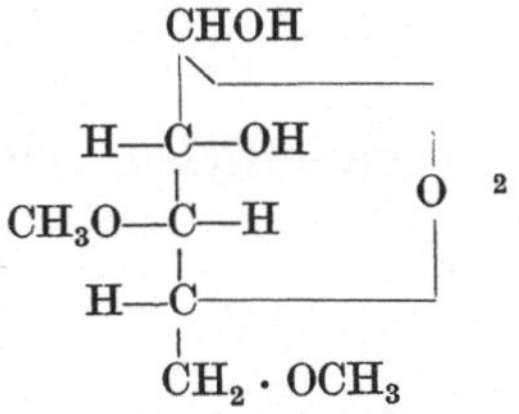

Bildung: Aus Dimethylmonoacetonxylose bei der Hydrolyse mit 2,7 proz. HBr bei 85°[2].

Physikalische und chemische Eigenschaften: $[\alpha]_{Hg\ gelb}^{18} = +23,7°$[1].

Derivate: Dimethylmonoacetonxylose[2] $C_{10}H_{18}O_5$.

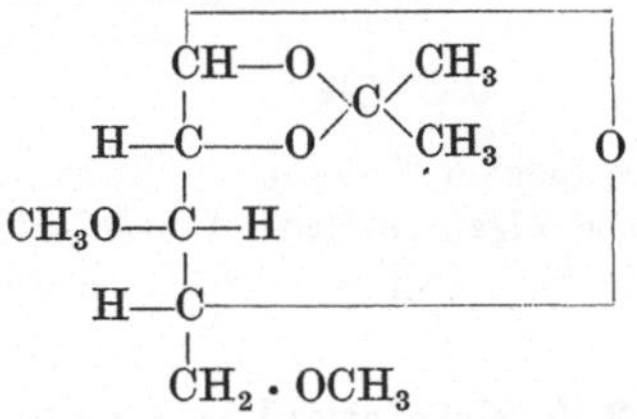

$$\begin{array}{l}
\text{CH—O} \diagdown \quad \diagup \text{CH}_3 \\
\qquad \qquad \text{C} \\
\text{H—C——O} \diagup \quad \diagdown \text{CH}_3 \qquad \text{O} \\
\text{CH}_3\text{O—C—H} \\
\text{H—C} \\
\text{CH}_2\cdot\text{OCH}_3
\end{array}$$

Entsteht aus Monoacetonxylose mit Dimethylsulfat und NaOH bei 35—45°, dann bei 60—70°. Siedep. 75—78°/0,07 mm, $[\alpha]_{5780}^{15} = -46,6°$, $n_D^{15} = 1,4455$. Wird aus dem von auskrystallisierten Monomethylacetonxylose abdekantierten flüssigen Teil durch fraktionierte Destillation im Hochvakuum gewonnen. Siedep. bei 0,5 mm 78—80°. Leicht löslich in organischen Lösungsmitteln und in Wasser. $[\alpha]_{Hg\ gelb}^{18} = -43,3°$[3].

2, 3-Dimethyl-d-xylose[4].

Mol-Gewicht: 178,15.

Zusammensetzung: $C_7H_{14}O_5$.

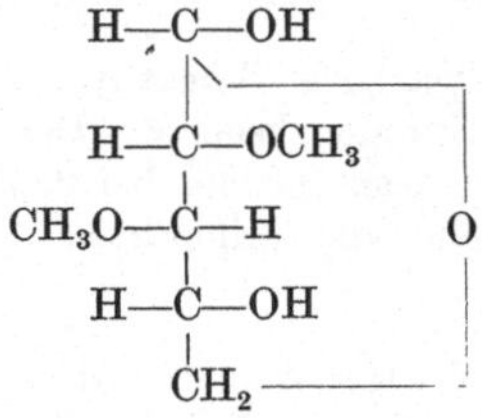

$$\begin{array}{l}
\text{H—C—OH} \\
\text{H—C—OCH}_3 \\
\text{CH}_3\text{O—C—H} \qquad \text{O} \\
\text{H—C—OH} \\
\text{CH}_2
\end{array}$$

[1] O. Svanberg: Ber. dtsch. chem. Ges. **56**, 2195 (1923) — Chem. Zbl. **1923 III**, 1637.

[2] W. N. Haworth u. C. R. Porter: J. chem. Soc. Lond. **1928**, 611 — Chem. Zbl. **1928 I**, 2933.

[3] O. Svanberg: Ber. dtsch. chem. Ges. **56**, 1448, 2195 (1923) — Chem. Zbl. **1923 III**, 907, 1637.

[4] Shigeru Komatsu, Tatsuji Inoue u. Risabuso Nakai: Mem. Coll. Sci. Eng. Imp. Univ. Kyoto A **7**, 25 (1923) — Chem. Zbl. **1924 I**, 898.

Bildung: Bei der Hydrolyse von Dimethylxylan mit 5 proz. Salzsäure bei 100° in 4 Stunden.

Physikalische und chemische Eigenschaften: Sirup, reduziert Fehlingsche Lösung, aber nicht Kaliumpermanganat. Bei der Oxydation mit Salpetersäure entsteht Dimethoxy-trioxy-glutarsäuremonolacton.

2, 3-Dimethyl-l-xylose-[1, 5] [1].

Mol-Gewicht: 178,15.

Zusammensetzung: $C_7H_{14}O_5$.

Bildung: Aus dem entsprechenden Xylosid mit 3 proz. wässeriger Salzsäure bei 100° bis $[\alpha]_D^{20} = +25°$.

Physikalische und chemische Eigenschaften: Aus Äther Sirup, $n_D^{20} = 1,4783$, $[\alpha]_D^{20} = +22,6°$ → $+24°$ in Wasser. Gibt bei der Oxydation mit Bromwasser 2, 3-Dimethyläther des γ-Xylonsäurelactons.

Derivate: Anilid $C_{13}H_{19}O_4N$. Aus Essigester + wenig Petroläther lange Nadeln, Schmelzpunkt 146°; $[\alpha]_D^{19} = +185°$ in Essigester. In Gegenwart von Essigsäure Mutarotation. Endwert nach 60 Minuten $+65,5°$; $k_1 + k_2 = 4,7 \cdot 10^{-2}$.

2, 3, 4-Trimethyl-d-xylose [1].

Mol-Gewicht: 192,14.

Zusammensetzung: $C_8H_{10}O_5$.

$$
\begin{array}{c}
CH(OH) \\
| \\
H\!-\!C\!-\!O\!-\!CH_3 \\
| \\
CH_3\!-\!O\!-\!C\!-\!H \qquad O \\
| \\
H\!-\!C\!-\!O\!-\!CH_3 \\
| \\
CH_2
\end{array}
$$

Bildung: Aus dem entsprechenden Xylosid mit 3 proz. Salzsäure 1 Stunde bei 100° [1].

Physikalische und chemische Eigenschaften: Aus Äther rechteckige Prismen, Schmelzpunkt 89—92° [1]. Schmelzp. 91—92°; $[\alpha]_D^{20} = +24,2°$, Endwert in Chloroform, $= +64,5°$ → $+17,7°$ in Wasser [2].

2, 3, 5-Trimethyl-γ-d-xylose.

Mol-Gewicht: 192,14.

Zusammensetzung: $C_8H_{16}O_5$.

$$
\begin{array}{c}
CH \cdot OH \\
| \\
H \cdot C \cdot O \cdot CH_3 \\
| \\
CH_3 \cdot O \cdot C \cdot H \qquad O \\
| \\
H \cdot C \\
| \\
CH_2 \cdot O \cdot CH_3
\end{array}
$$

Darstellung: Bei der Hydrolyse des Trimethyl-γ-methylxylosids mit $^1/_{15}$ n-HCl bei 100°. Die Hydrolyse wird nach 5 Stunden beendet. Der resultierende Sirup ergibt bei der Destillation 2 Fraktionen. Die erste vom Siedep. bei 0,06 mm 96,5° enthielt unverändertes Xylosid, die zweite Fraktion besteht aus Trimethyl-γ-xylose [3]. Aus Trimethyl-β-methyl-xylosid durch Hydrolyse [4].

[1] Horace Arthur Hampton, Walter Norman Haworth u. Edmund Langley Hirst: J. chem. Soc. Lond. **1929**, 1739 — Chem. Zbl. **1930 I**, 508.

[2] F. P. Phleps u. C. B. Purves: J. amer. chem. Soc. **51**, 2443 (1929) — Chem. Zbl. **1929 II**, 2770.

[3] W. N. Haworth u. G. C. Westgarth: J. chem. Soc. Lond. **1926**, 880 — Chem. Zbl. **1926 II**, 384.

[4] A. Carruthers u. E. L. Hirst: J. chem. Soc. Lond. **121**, 2299 (1922) — Chem. Zbl. **1923 I**, 1269.

Physikalische und chemische Eigenschaften: Siedep. bei 0,04 mm $= 110°$. $n_D = 1,4539$. $[\alpha]_D = +24,7 \to 29,5°$ nach 40 Stunden, in Wasser[1]. Krystallisiert leicht in großen Prismen aus Äther. Reduziert Fehlingsche Lösung, ist beständig gegen alkalische Permanganatlösung. Schmelzp. 87—90°. In wässeriger Lösung erfolgt so rasche Mutarotation, daß der Höchstwert von $[\alpha]_D$ für Wasser nicht ermittelt werden kann. $[\alpha]_D = +74°$ in absolutem Alkohol. Katalyse mit einer Spur NH_3 führt zu sehr langsamer Mutarotation mit einem Endwert $[\alpha]_D = +21°$. Mit 0,25% Säure in CH_3OH wird nach 60 Stunden bei 15° keine Änderung der Rotation festgestellt. Nach derselben Behandlung bei 70° wird ein konstanter Wert $[\alpha]_D = +50°$ ermittelt[2].

2, 3, 4-Trimethyl-d-lyxose[3].

Mol-Gewicht: 192,14.
Zusammensetzung: $C_8H_{16}O_5$.

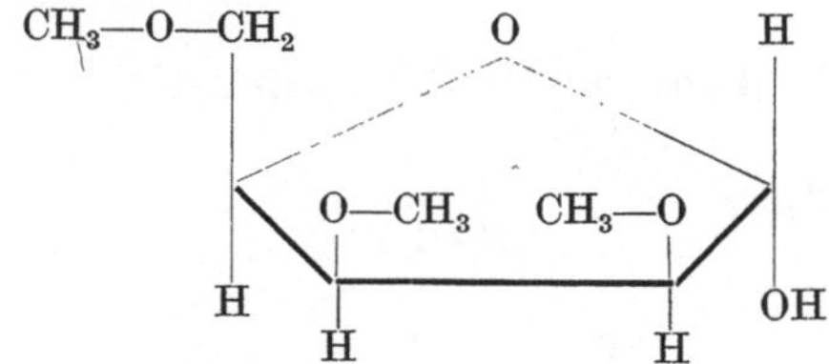

Bildung: Aus 2, 3, 4-Trimethylmethyllyxosid bei Erhitzen mit 6proz. wässeriger Salzsäure 1 Stunde bei 100°.

Physikalische und chemische Eigenschaften: Sirup, Siedep. 90° bei 0,05 mm; $n_D^{15} = 1,4629$. — Krystallisiert allmählich, dann aus Petroläther lange Nadeln vom Schmelzp. 79°. — $[\alpha]_D^{20} = -11,9° \to -22°$ (Gleichgewichtswert in Wasser, nach 30 Minuten bei $c = 2,01$). — Aus der Geschwindigkeit der Mutarotation berechnet sich die Anfangsdrehung zu $-10°$ und $K_1 + K_2 = 0,045$.

2, 3, 5-Trimethyl-d-lyxofuranose[4].

Mol-Gewicht: 192,14.
Zusammensetzung: $C_8H_{16}O_5$.

Bildung: Bei der Hydrolyse des 2, 3, 5-Trimethyl-methyllyxosids.

Physikalische und chemische Eigenschaften: Sirup vom Siedep. 95° unter 0,04 mm; $n_D^{16} = 1,4580$; $[\alpha]_D^{20} = +39°$ in Wasser. Drehungsänderung in 1proz. methylalkoholischer Salzsäure bei 20°: $[\alpha]_D^{20} = +15 \to +13°$ nach 10 Minuten $\to +55°$ nach 300 Minuten $\to +60°$. Bei der Oxydation mit Brom bildet sich der 2, 3, 5-Trimethyläther des γ-Lyxonsäurelactons. — Erleidet in der Wärme eine Selbstkondensation zum Hexamethyläther der Di-lyxofuranose.

---

[1] W. N. Haworth u. G. C. Westgarth: J. chem. Soc. Lond. 1926, 880 — Chem. Zbl. 1926 II, 384.
[2] A. Carruthers u. E. L. Hirst: J. chem. Soc. Lond. 121, 2299 (1922) — Chem. Zbl. 1923 I, 1269.
[3] Edmund Langley Hirst u. James Andrew Buchan Smith: J. chem. Soc. Lond. 1928, 3147 — Chem. Zbl. 1929 I, 1920.
[4] Harold Graham Bott, Edmund Langley Hirst u. James Andrew Buchan Smith: J. chem. Soc. Lond. 1930, 658 — Chem. Zbl. 1930 I, 231.

2, 3, 4-Trimethyl-l-rhamnose.

Mol-Gewicht: 206,15.
Zusammensetzung: $C_9H_{18}O_5$.

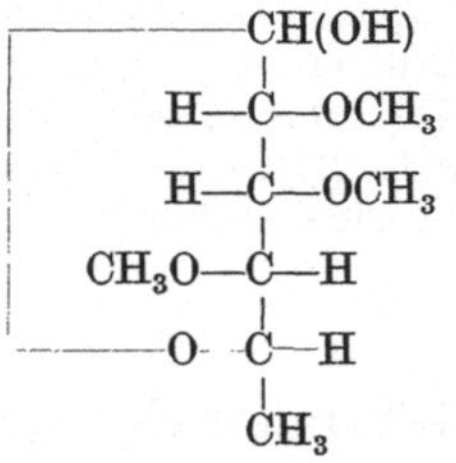

$$
\begin{array}{c}
\text{----CH(OH)} \\
\text{H--C--OCH}_3 \\
\text{H--C--OCH}_3 \\
\text{CH}_3\text{O--C--H} \\
\text{----O--C--H} \\
\text{CH}_3
\end{array}
$$

Bildung: Entsteht bei der Hydrolyse der 2, 3, 4-Trimethyl-methyl-rhamnosids [1].

Physikalische und chemische Eigenschaften: Die Verbindung ist identisch mit der von Purdie und Young [2] beschriebenen Verbindung. Sirup, $n_D^{17} = 1,4570$, $[\alpha]_D^{21} = +27°$ in Wasser [3].

3, 4-Dimethyl-l-rhamnose [3].

Mol-Gewicht: 192,16.
Zusammensetzung: $C_8H_{16}O_5$.

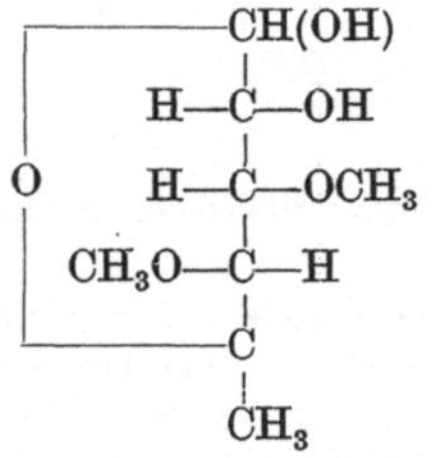

$$
\begin{array}{c}
\text{----CH(OH)} \\
\text{H--C--OH} \\
\text{O} \quad \text{H--C--OCH}_3 \\
\text{CH}_3\text{O--C--H} \\
\text{----C} \\
\text{CH}_3
\end{array}
$$

Bildung: Bei der Verseifung des 2-Monoacetyl-3, 4-dimethyl-methylrhamnoid mit siedender 2proz. Salzsäure.

Physikalische und chemische Eigenschaften: Aus Äther mit Petroläther Nadeln, Schmelzpunkt 91—92°; $[\alpha]_D^{20} = 0° \rightarrow +18,6°$ in Wasser, Gleichgewicht nach 27 Minuten, extrapolierte Anfangsdrehung $= -10°$. Gibt mit Phenylhydrazin und p-Bromphenylhydrazin nur ölige Produkte.

5-Monomethyl-l-rhamnose [4].

Mol-Gewicht: 178,15.
Zusammensetzung: $C_7H_{14}O_5$.

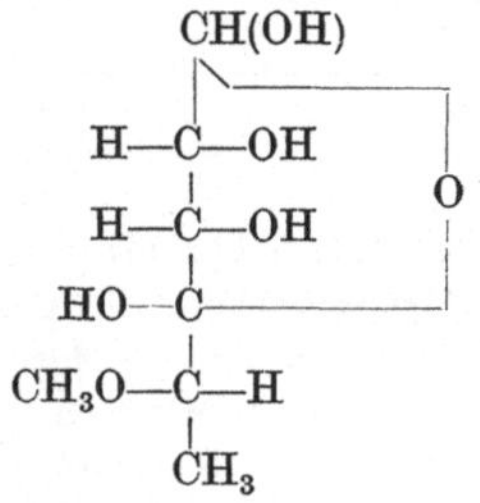

$$
\begin{array}{c}
\text{CH(OH)} \\
\text{H--C--OH} \\
\text{H--C--OH} \quad \text{O} \\
\text{HO--C} \\
\text{CH}_3\text{O--C--H} \\
\text{CH}_3
\end{array}
$$

Bildung: 2, 3-Monoaceton-rhamnose-1, 5-dimethyläther wird $1\frac{1}{2}$ Stunden mit 1proz. Schwefelsäure gekocht. Die noch warme Lösung wird mit Bariumcarbonat neutralisiert und eingedampft.

[1] Edmund Langley Hirst u. Alexander Killen Macbeth: J. chem. Soc. Lond. **1926**, 22 — Chem. Zbl. **1926 I**, 2790.

[2] Purdie u. Young: J. chem. Soc. Lond. **89**, 1194 (1906) — Chem. Zbl. **1906 II**, 1045.

[3] Walter Norman Haworth, Edmund Langley Hirst u. Ernest John Miller: J. chem. Soc. Lond. **1929**, 2469 — Chem. Zbl. **1930 I**, 2393.

[4] K. Freudenberg u. A. Wolf: Ber. dtsch. chem. Ges. **59**, 836 (1926) — Chem. Zbl. **1926 II**, 18.

Physikalische und chemische Eigenschaften: Gelblicher Sirup, reduziert Fehlingsche Lösung stark. Mit Silberoxyd 8 Stunden auf dem Wasserbad erhitzt gibt methyläthermilchsaures Ag: $C_4H_7O_3Ag$ [1].

Derivate: Phenylhydrazon $C_{13}H_{20}O_4N_2$. Schwefelgelbe, prismatische Nädelchen. Aus Methylalkohol oder Wasser umkrystallisiert zeigt ein Zersetzungsp. von 163—164°.

Hexosen.

2-Methyl-d-glykose.

Mol-Gewicht: 194,14.
Zusammensetzung: $C_7H_{14}O_6$.

$$
\begin{array}{l}
\mathrm{CH(OH)} \\
\mathrm{H-C-O-CH_3} \\
\mathrm{HO-C-H} \qquad \mathrm{O} \\
\mathrm{H-C-OH} \\
\mathrm{H-C} \\
\mathrm{CH_2-OH}
\end{array}
$$

Bildung: Durch Hydrolyse des 2-Monomethylmethylglykosids mit 5proz. wässeriger Salzsäure bei 100° während 150 Minuten [2]. — Aus 2-Methyl-1-β-Äthylglykosid mit 0,7 normaler Salzsäure in 25 Stunden bei 95° [3]. Bei der Hydrolyse der Monomethyldicellulose [4].

Physikalische und chemische Eigenschaften: Sirup $[\alpha]_D = +4,68° \rightarrow +2,95°$ in Wasser, das nicht krystallisiert, mit Phenylhydrazin reagiert, aber kein Osazon liefert [2].

Derivate: Phenylhydrazon $C_{13}H_{20}O_5N_2$. Schmelzp. 175—176°. Gelbliche Nädelchen aus Wasser, Schmelzp. 178°, darüber Zersetzung. Wenig löslich in Wasser, besser in Alkohol. $[\alpha]_D^{17} = -12,31°$, in Pyridin. Beim Erwärmen mit Phenylhydrazin auf 100° geht unter Methylalkoholabspaltung in Phenylglykosazon über [5].

3-Methyl-d-glykose.

Mol-Gewicht: 194,14.
Zusammensetzung: $C_7H_{14}O_6$.

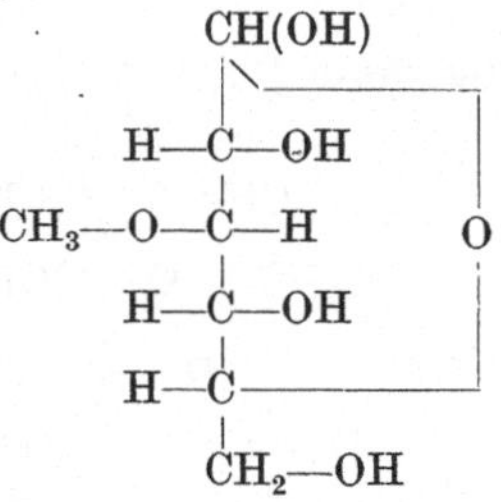

Bildung: Erhalten durch Kochen der Diacetonverbindung mit methylalkoholischer H_2SO_4 [6]. 3-Methyl-diacetonglykose liefert bei der Hydrolyse mit 1proz. alkoholisch wässeriger Schwefelsäure 2 Stunden bei 100° reine 3-Methylglykose in einer Ausbeute von 50% [7]. —

[1] K. Freudenberg u. A. Wolf: Ber. dtsch. chem. Ges. **59**, 836 (1926) — Chem. Zbl. **1926 II**, 18.

[2] James Colquhoun Irvine u. Helen Simpson Gilchrist: J. chem. Soc. Lond. **125**, 1 (1924) — Chem. Zbl. **1924 I**, 2102. — P. Brigl u. R. Schinle: Ber. dtsch. chem. Ges. **62**, 1716 (1929) — Chem. Zbl. **1929 II**, 1282.

[3] Wilfred John Hickinbottom: J. chem. Soc. Lond. **1928**, 3140 — Chem. Zbl. **1929 I**, 1922.

[4] Th. Lieser: Liebigs Ann. **470**, 104 (1929) — Chem. Zbl. **1929 II**, 1788.

[5] P. Brigl u. R. Schinle: Ber. dtsch. chem. Ges. **62**, 1716 (1929) — Chem. Zbl. **1929 II**, 1282.

[6] K. Freudenberg u. R. M. Hixon: Ber. dtsch. chem. Ges. **56**, 2119 (1923) — Chem. Zbl. **1923 III**, 1555.

[7] P. A. Levene u. G. M. Meyer: J. of biol. Chem. **60**, 173 (1924) — Chem. Zbl. **1924 II**, 1458.

Entsteht bei der Hydrolyse der Methylmonoacetonbenzylidenglykose mit 0,4% Salzsäure enthaltendem 50proz. Alkohol[1].

Physikalische und chemische Eigenschaften: Schmelzp. 156—157° und $[\alpha]_D^{20} = +103°$ → +57° in Wasser. Bei der Oxydation mit Salpetersäure bei Zimmertemperatur entsteht 1, 4-Anhydro-3-Methylzuckersäure vom Schmelzp. 207°. — Verbraucht bei der Oxydation nach Willstätter-Schudel quantitativ nur 2 Äquivalente O, d. h. es wird nur die Aldehyd- zur Carboxylgruppe oxydiert; nach Lehmann-Maquenne verbraucht etwa 3 und nach Bertrand etwa 4 Äquivalente Sauerstoff[2]. Schmelzp. 160—161°, $[\alpha]_D^{17}=+104°$ →+55,3° in Wasser, Gleichgewicht nach 19,5 Stunden[3].

Derivate: Phenylosazon. Schmelzp. 178°. $[\alpha]_{Hg\ gelb}^{16} = -173 \pm 4°$ in Pyridin[3]. Aus Diacetonglykose durch nachfolgende Methylierung und Abspaltung der Acetongruppen er- halten. Schmelzp. 164—166° und $[\alpha]_D^{23} = -75,4°$ → 38,8 in Alkohol[4]. Krystalle aus verdünn- tem Alkohol, Schmelzp. 178—179°, $[\alpha]_D=-109$ →−9° in Alkohol.[3]

3-Methyläther der Diacetonglykose[3] **[1, 4].** Siedep. 105—106° bei 0,3 mm; $[\alpha]_D^{21}=-31,4°$, $n_D^{17}=1,4518$.

<h1 style="text-align:center">3-Allyl-d-glykose[5].</h1>

Mol-Gewicht: 220,18.
Zusammensetzung: $C_9H_{16}O_6$.

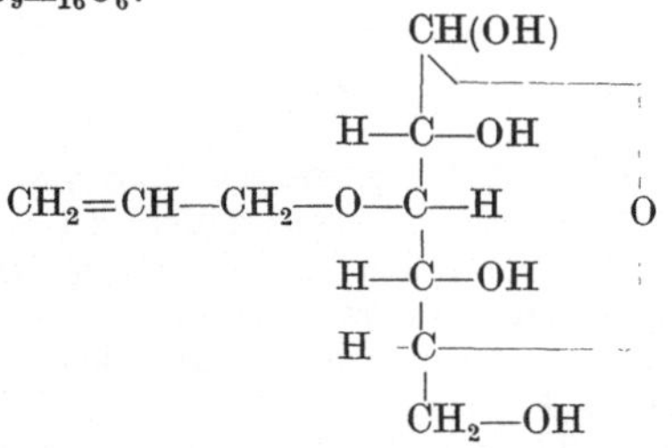

$$CH_2{=}CH{-}CH_2{-}O{-}\underset{\displaystyle \underset{\displaystyle CH_2{-}OH}{\overset{\displaystyle H{-}C{-}OH}{\underset{\displaystyle |}{\overset{\displaystyle |}{H{-}C}}}}{\overset{\displaystyle \overset{\displaystyle CH(OH)}{\overset{\displaystyle |}{H{-}C{-}OH}}}{C}}{-}H$$

Bildung: Durch Hydrolyse der Acetonverbindung, der [1, 2]-[5, 6]-Diaceton-3-allyl- glykose [1, 4] mit Methylalkohol und verdünnter Schwefelsäure.

Physikalische und chemische Eigenschaften: Krystalle aus Alkohol + Essigäther 1:3, Schmelzp. 131°. — $[\alpha]_{578} = +37,15°$ in Wasser. — Leicht löslich in Wasser und Alkohol, wenig löslich in Aceton und Essigäther.

Derivate: 3-Allyl-glykose-phenylosazon. Gelbe Nadeln aus 30proz. Alkohol, Schmelz- punkt 145°.

(1, 2)-(5, 6)-Diaceton-3-allyl-glykose [1, 4] $C_{15}H_{24}O_6$

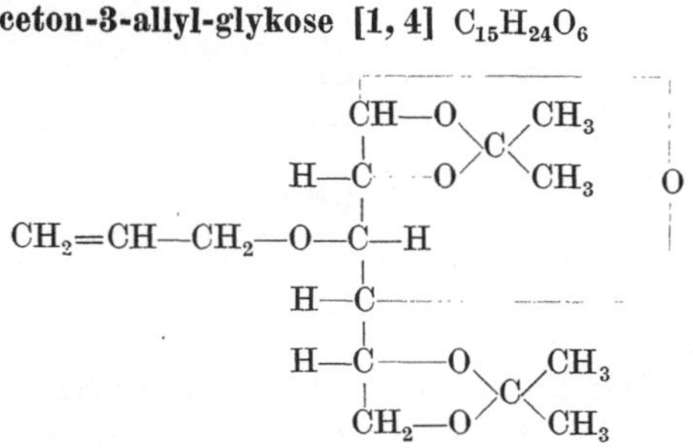

$$CH_2{=}CH{-}CH_2{-}O{-}C{-}H$$

Die Darstellung ist analog derjenigen der (1, 2)-(5, 6)-Diaceton-3-benzyl-glykose (s. dort). Dünnflüssiges Öl vom Siedep. 133° unter 2 mm Druck. — $[\alpha]_{578} = -21,01°$ in Acetylen- tetrachlorid.

---

[1] P. A. Levene u. G. M. Meyer: J. of biol. Chem. **57**, 319 (1923) — Chem. Zbl. **1924 I**, 897.
[2] H. Sobotka: J. of biol. Chem. **69**, 267 (1926) — Chem. Zbl. **1926 II**, 2289.
[3] Cameron Gorden Anderson, William Charlton u. Walter Norman Haworth: J. chem. Soc. Lond. **1929**, 1329 — Chem. Zbl. **1929 II**, 2770.
[4] Burckhardt Helferich u. Johanna Becker: Liebigs Ann. **440**, 1 (1924) — Chem. Zbl. **1924 II**, 2831.
[5] K. Freudenberg, H. v. Hochstetter u. H. Engels: Ber. dtsch. chem. Ges. **58**, (1925) — Chem. Zbl. **1925 I**, 669.

3-Benzyl-glykose [1].

Mol-Gewicht: 270,21.

Zusammensetzung: $C_{13}H_{18}O_6$.

$$\begin{array}{l} CH(OH) \\ H-C-OH \\ C_6H_5-CH_2-O-C-H \qquad O \\ H-C-OH \\ H-C \\ CH_2-OH \end{array}$$

Bildung: Durch Hydrolyse der Diacetonverbindungen mit 20 ccm Methylalkohol und 10 ccm n-Schwefelsäure 4 Stunden bei 70°.

Physikalische und chemische Eigenschaften: Aus Essigester, dann aus Aceton Krystalle. Schmelzp. 127—128°, $[\alpha]_{578} = +29,1°$ in Wasser. — Leicht löslich in Wasser und Alkohol.

Derivate: 3-Benzyl-glykose-phenylosazon. Aus Alkohol + Wasser. — Nadeln, Schmelzpunkt 149—150°.

(1, 2)-(5, 6)-Diaceton-3-benzyl-Glykose [1, 4] [1] $C_{19}H_{26}O_6$.

$$\begin{array}{l} CH-O \diagdown \quad CH_3 \\ \qquad\quad C \\ H-C-O \diagup \quad CH_3 \qquad O \\ C_6H_5-CH_2-O-C-H \\ H-C \\ H-C-O \diagdown \quad CH_3 \\ \qquad\qquad C \\ CH_2-O \diagup \quad CH_3 \end{array}$$

20 g Diacetonglykose werden in einer Druckflasche mit 25 ccm absolutem Äther übergossen und mit kleinen Natriumstückchen versetzt. Die Flasche wird mit einem Chlorcalciumrohr versehen; nach 6—8 Stunden hört die Wasserstoffentwicklung auf, das überschüssige Natrium wird mit einem spitzen Glasstab herausgenommen und der Äther bei Unterdruck entfernt. Alsdann wird mit Benzylbromid versetzt (10 ccm) und bei geschlossener Flasche auf 70° erhitzt. Die Abscheidung des Bromnatriums beginnt innerhalb der ersten Stunde und hält etwa 6 Stunden an. Um überschüssiges Benzylbromid unschädlich zu machen, wird mit 3 ccm Pyridin versetzt und 2 Stunden bei 20° aufbewahrt. Jetzt wird mit Äther verdünnt im Scheidetrichter mit Wasser, Schwefelsäure, Bicarbonatlösung und wieder Wasser gewaschen, mit Natriumsulfat getrocknet, im Vakuum verdampft und mit heißem Ligroin verdünnt. Auf Eis krystallisiert 4—5 g unveränderte Diacetonglykose aus. Das Filtrat wird erst bei 14 mm, dann bei 0,2—0,5 mm Druck destilliert. Ausbeute 13 g.

Zähes Öl vom Siedep. unter 0,2—0,5 mm 165—169°; $[\alpha]_{578} = -26,9°$ in Alkohol. Unlöslich in Wasser, sonst leicht löslich.

4-Methyl-d-glykose [2, 3].

Mol-Gewicht: 194,14.

Zusammensetzung: $C_7H_{14}O_6$.

$$\begin{array}{l} CH(OH) \\ H-C-OH \\ HO-C-H \qquad O \\ H-C-O-CH_3 \\ H-C \\ CH_2-OH \end{array}$$

[1] K. Freudenberg, H. v. Hochstetter u. H. Engels: Ber. dtsch. chem. Ges. **58**, 667 (1925) — Chem. Zbl. **1925 I**, 669.

[2] E. Pacsu: Ber. dtsch. chem. Ges. **57**, 849 (1924) — Chem. Zbl. **1924 II**, 23.

[3] E. Pacsu: Ber. dtsch. chem. Ges. **58**, 1455 (1925) — Chem. Zbl. **1926 I**, 347.

Darstellung: 8,48 g 4-Methyl-d-glykose-dibenzylmercaptal[1] werden in 1,5 l siedendem 96proz. Alkohol gelöst und mit einer alkoholischen Lösung von 20 g Quecksilberchlorid unter gleichzeitigem Abdestillieren des Alkohols einige Stunden gekocht, wobei des öfteren vom ausfallenden Hg-Salz zu filtrieren ist, bis das Volumen auf 100—150 ccm eingedunstet ist. Dann wird im Vakuum eingedampft, mit Wasser kurze Zeit gekocht, filtriert, auf 200 ccm verdünnt und mit HCl zu einer 5proz. Lösung aufgefüllt. Nach 7 Stunden bei 100° ist das Glykosid gespalten. Die Flüssigkeit wird mit Silbercarbonat neutralisiert und die filtrierte Flüssigkeit auf dem Wasserbade bis auf 20 ccm verdampft. Die mit Tierkohle entfärbte Flüssigkeit verdampft man unter vermindertem Druck, löst den Rückstand in 15—20 ccm absolutem Alkohol. Nach längerem Stehen scheidet sich der Methylzucker aus. Ausbeute 1,4 g. Aus der Mutterlauge konnte nach starkem Abkühlen noch 0,3 g erhalten werden. Die bei Zimmertemperatur verdampfte alkoholische Mutterlauge hinterläßt einen dicken Sirup, der sich langsam in eine krystalline Masse verwandelt und mit der ausgeschiedenen. Substanz identisch ist. Gesamtausbeute 2,8 g.

Physikalische und chemische Eigenschaften: Kleine, harte Prismen aus absolutem Alkohol, Schmelzp. 156—157°. Löst sich leicht in Wasser und heißem Alkohol, schwer in heißem Aceton und Essigester. Sie schmeckt schwach süß. Zeigt Mutarotation. $[\alpha]_D^{15} = +18{,}57°$ → $+61{,}92°$ in Wasser, Enddrehung nach 4 Stunden; $[\alpha]_D^{15} = +32{,}44$ → $+52{,}58°$, Endwert nach 52 Stunden in Alkohol. Die Veränderung des Drehungsvermögens verläuft im bimolekularen Sinne. Die nach der für die bimolekularen Reaktionen gültigen Formel berechneten Geschwindigkeitskonstanten liefern den Mittelwert von $k = 0{,}01935$. Die Veränderung ist reversibel, da der durch Eindampfen der Gleichgewichtslösung erhältliche Sirup allmählich wieder erstarrt und dann die Anfangsdrehung zeigt. Die mit Schwefelsäure angesäuerte Lösung der 4-Methylglykose reduziert Kaliumpermanganat etwa 6mal so schnell wie Glykose. Reagiert nicht mit Aceton[2].

Derivate: **4-Monomethyl-d-glykosedibenzylmercaptal**[1] $C_{21}H_{28}O_5S_2$. Die Methylierung des rohen Gemisches der Mono- und Diaceton-d-glykose-dibenzylmercaptal nach Freudenberg und Hixon über die Natriumverbindungen bei 36° liefert ein öliges Gemisch von Methylderivaten, die sich nicht trennen lassen. Auch bei der Destillation im Hochvakuum tritt Zersetzung ein. Zur Acetonabspaltung wird dieses Gemisch in der 10fachen Menge 90proz. Alkohols + 3 ccm n-Salzsäure 10 Minuten gekocht, dann schnell abgekühlt und 12 Stunden bei 0° aufbewahrt. Dabei fällt Monomethyl-d-glykosedibenzylmercaptal aus. Nadeln aus Alkohol, Schmelzp. 190—191°; $[\alpha]_D^{15} = -109{,}02°$ in Pyridin, sonst unlöslich in Chloroform, Benzol, Äther.

4-Methyl-β-d-glykose-phenylosazon $C_{19}H_{24}O_4N_4$. Lange, gelbe Nadeln aus wässerigem Pyridin, löslich in heißem Alkohol und Aceton, fast unlöslich in heißem Wasser. Schmelzp. 198°. $[\alpha]_D^{15} = -50{,}33°$ → $[\alpha]_D^{15} = -34{,}84°$. Enddrehung in Pyridin-Alkohol nach 19 Stunden[2].

5-Methyläther der α-Glykofuranose [1,4][3].

Mol-Gewicht: 194,14.

Zusammensetzung: $C_7H_{14}O_6$.

<pre>
              CH(OH)
             /   ┐
       H──C──OH   ╎
                     ╎ O
      HO──C──H   ╎
                     ╎
       H──C─ ── ── ──┘
           |
       H──C──O──CH₃
           |
         CH₂──OH
</pre>

Bildung: Aus der Monoacetonverbindung mit 50proz. Essigsäure. 2 Stunden bei 100°.

Physikalische und chemische Eigenschaften: Nadeln aus abs. Alkohol, Schmelzp. 143 bis 144°, $[\alpha]_D^{20} = +101{,}2°$ → $+59{,}92°$ in Wasser, Endwert nach 3 Stunden. Leicht löslich in

[1] E. Pacsu: Ber. dtsch. chem. Ges. **57**, 849 (1924) — Chem. Zbl. **1924 II**, 23.
[2] E. Pacsu: Ber. dtsch. chem. Ges. **58**, 1455 (1925) — Chem. Zbl. **1926 I**, 347.
[3] Heinz Ohle u. Ladislaus v. Vargha: Ber. dtsch. chem. Ges. **62**, 2435 (1929) — Chem. Zbl. **1929 II**, 2663.

Wasser, Methylalkohol, Alkohol, unlöslich in Essigester, Benzol, Benzin, Petroläther. Reduktionsvermögen 80% desjenigen der Glykose. Reduziert ammoniakalische Silberlösung in der Wärme, rötet aber nicht fuchsinschweflige Säure.

Derivate: **Monoacetonverbindung** $C_{10}H_{18}O_6$

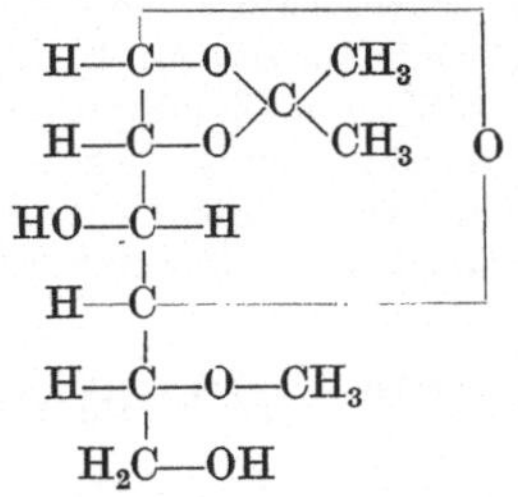

$$
\begin{array}{l}
H{-}C{-}O \\
\hspace{2.2em}\diagdown \hspace{-0.3em}C\diagup CH_3 \\
H{-}C{-}O \diagup \hspace{0.6em} CH_3 \quad O \\
HO{-}C{-}H \\
H{-}C \\
H{-}C{-}O{-}CH_3 \\
H_2C{-}OH
\end{array}
$$

Aus 5,6-Anhydromonoacetonglykose mit 2 Atomen Natrium in abs. Methylalkohol 2 Tage bei Zimmertemperatur. Sirup Siedep. 140—150° bei 0,1 mm, der beim Anreiben mit Chlor krystallisiert. Feine Nadeln aus Petroläther Schmelzp. 71—72°, $[\alpha]_D^{20} = -6{,}42°$ in Chloroform.

Phenylosazon $C_{19}H_{24}O_4N_4$. Krystalle aus Alkohol, Schmelzp. 180° unter Zersetzung. Zeigt in Pyridin ansteigende Mutarotation. Anfangswert: $[\alpha]_D^{20} = -101{,}9°$.

6-Methyl-d-glykose [1].

Mol-Gewicht: 194,14.
Zusammensetzung: $C_7H_{14}O_6$.

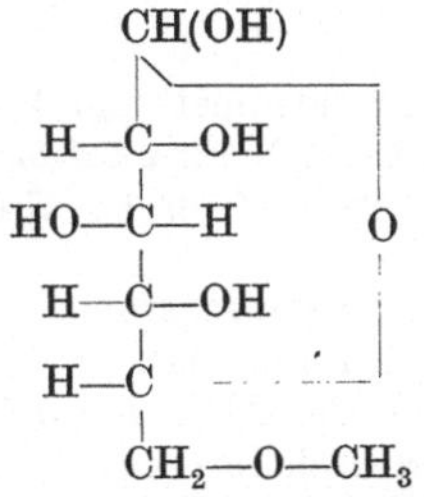

$$
\begin{array}{l}
CH(OH) \\
H{-}C{-}OH \\
HO{-}C{-}H \quad O \\
H{-}C{-}OH \\
H{-}C \\
CH_2{-}O{-}CH_3
\end{array}
$$

Darstellung: Aus 6-Methyl-α-methyl-d-glykosid mit 10 proz. Salzsäure bei Zimmertemperatur in 2 Tagen, dann $^1/_2$ Stunde bei 100°. Man neutralisiert mit Bariumcarbonat, dampft ein und extrahiert mit Alkohol.

Physikalische und chemische Eigenschaften: Gelblicher Sirup, $[\alpha]_D^{21} = +80{,}1° \rightarrow +66{,}3°$ in Wasser.

Derivate: **6-Methyl-d-phenylglykosazon** $C_{19}H_{24}O_4N_4$. — Aus Pyridin mit Wasser sehr feine gelbe Nadeln, Schmelzp. 177° und $[\alpha]_D^{20} = -70{,}3° \rightarrow -46{,}9°$ in Alkohol [1,2].

6-Methylglykofuranose [1,4].

Derivate: **6-Methyläther der Isodiacetonglykose** [2] $C_{12}H_{22}O_6$. Aus Isodiacetonglykose mit Methyljodid und Silberoxyd. Farbloser Sirup, Siedep. 105° bei 0,1 mm, $[\alpha]_D^{20} = +15{,}3°$ in Chloroform; unlöslich in Wasser, sonst leicht löslich.

2,5-Dimethylglykose (?) [3].
(Wahrscheinlich 2,6-Dimethylglykose.)

Mol-Gewicht: 208,17.
Zusammensetzung: $C_8H_{16}O_6$.

Bildung: Entsteht bei der Spaltung von Di-(trimethyllävoglykosan). Bei der Hydrolyse des Dodekamethyl-tetralävoglykosans [4]. Bei der Hydrolyse des Dimethylmethylglykosids,

[1] Burckhardt Helferich u. Johanna Becker: Liebigs Ann. **440**, 1 (1924) — Chem. Zbl. **1924 II**, 2830.

[2] Heinz Ohle u. Ladislaus v. Vargha: Ber. dtsch. chem. Ges. **62**, 2425 (1929) — Chem. Zbl. **1929 II**, 2663.

[3] James Colquhoun Irvine u. John Walter Hyde Oldham: J. chem. Soc. Lond. **127**, 2903 (1925) — Chem. Zbl. **1926 I**, 2673.

[4] H. Pringsheim u. K. Schmalz: Ber. dtsch. chem. Ges. **55**, 3001 (1922) — Chem. Zbl. **1923 I**, 152.

erhalten bei der Spaltung des methylierten Glykogens mit siedender 6proz. Salzsäure in $2^1/_2$ Stunden. Es entsteht ein Sirup, aus dem Dimethylglykose mit Aceton extrahiert werden kann[1]. Bei der Hydrolyse des entsprechenden Methylglykosids gewonnen bei der Hydrolyse der vollkommen methylierten α-Tetraamylose[2].

Physikalische und chemische Eigenschaften: $[\alpha]_D = +55,4°$ in Wasser bei $c = 1,128$. Liefert kein Osazon und reagiert nicht mit Aceton. Mit Salpetersäure vom spezifischen Gewicht 1,2 entsteht bei 80°, dann bei 64—65° eine Dimethylzuckersäure, die jedoch nicht isoliert, sondern sogleich mit Methylalkohol verestert wurde. Der Ester siedete unter 0,2 mm bei 12,5°[1]. $[\alpha]_D = +57,8°$ in Aceton, liefert kein Osazon, gibt ein linksdrehendes γ-Methylglykosid. Bei der Kondensation mit Aceton werden keine definierten Produkte erhalten[2].

2, 3-Dimethyl-d-glykose.

Mol-Gewicht: 208,17.
Zusammensetzung: $C_8H_{16}O_6$.

$$\begin{array}{l}
\text{CHOH} \\
\text{H---C---O---CH}_3 \\
\text{CH}_3\text{---O---C---H} \qquad \text{O} \\
\text{H---C---OH} \\
\text{H---C} \\
\text{CH}_2\text{---OH}
\end{array}$$

Bildung: Aus 2, 3-Dimethylbenzylidenmethylglykosid durch $^1/_2$stündiges Kochen mit 10proz. HCl, Ausäthern des Benzaldehyds, Neutralisation mit $BaCO_3$[3]. Bei der sauren Hydrolyse der permethylierten Galaktosido-glykose[4] von Fischer und Armstrong. Bei der Hydrolyse der Dimethylstärke[5].

Physikalische und chemische Eigenschaften: $[\alpha]_D = +13,60 \rightarrow +43,06$[3]. $[\alpha]_D = +50,3°$ in Aceton[5]. Verbraucht bei der Oxydation nach Willstätter und Schudel nur 2 Äquivalente O, d. h. es wird nur die Aldehyd- zur Carboxylgruppe oxydiert, nach Lehmann-Maquenne weniger als 1 und nach Bertrand 2 Äquivalente Sauerstoff[6].

Dimethyl-γ-glykose[7].

Mol-Gewicht: 208,17.
Zusammensetzung: $C_8H_{16}O_6$.
Bildung: Aus Dimethyl-γ-methylglykosid durch Verseifung mit 3proz. HCl.
Physikalische und chemische Eigenschaften: Schmelzp. 156—157°, $[\alpha]_D = +110,7°$ $\rightarrow 64,7°$ in Methylalkohol, $[\alpha]_D = +93,1° \rightarrow 62,4°$ in Wasser. Sie besitzt amylenoxydische Struktur und gibt ein Benzylidenderivat[6].

Dimethylglykose[8].

Gewonnen durch Methylierung der Stärke mit ätherischer Diazomethanlösung und Hydrolyse mit methylalkoholischer Salzsäure.

---

[1] Alexander Killen Macbeth u. John Mackay: J. chem. Soc. Lond. **125**, 1513 (1924) — Chem. Zbl. **1924 II**, 1459.

[2] James Colquhoun Irvine, Hans Pringsheim u. Andrew Forrester Skinner: Ber. dtsch. chem. Ges. **62**, 2372 (1929) — Chem. Zbl. **1929 II**, 2666.

[3] P. A. Levene u. G. M. Meyer: J. of biol. Chem. **65**, 535 (1925) — Chem. Zbl. **1926 I**, 1136.

[4] Hans Heinrich Schlubach u. Wolfgang Rauchenberger: Ber. dtsch. chem. Ges. **59**, 2102 (1926) — Chem. Zbl. **1926 II**, 2560.

[5] James Colquhoun Irvine u. John Macdonald: J. chem. Soc. Lond. **1926**, 1502 — Chem. Zbl. **1926 II**, 1264.

[6] H. Sobotka: J. of biol. Chem. **69**, 267 (1926) — Chem. Zbl. **1926 II**, 2289.

[7] W. N. Haworth u. W. G. Sedgwich: J. chem. Soc. Lond. **1926**, 2573 — Chem. Zbl. **1926 II**, 62.

[8] Leopold Schmid u. Margot Zentner: Mh. Chem. **49**, 111 (1928) — Chem. Zbl. **1928 II**, 1761.

Physikalische und chemische Eigenschaften: Enthält 29,8% Methoxyl. $[\alpha]_D = +83,85°$. Die Oxydation mit Salpetersäure und Veresterung mit methylalkoholischer Salzsäure ergab ein Produkt mit nur 3 Methoxyle. — Möglicherweise nimmt eines der Hydroxyle die Stellung 6 ein[1].

2, 3, 4-Trimethyl-d-glykose.
(Früher 2, 3, 5-Verbindung genannt, Bd. X, S. 514.)

Mol-Gewicht: 222,19.
Zusammensetzung: $C_9H_{18}O_6$.

$$
\begin{array}{c}
CH(OH) \\
H-C-O-CH_3 \\
CH_3-O-C-H \\
H-C-O-CH_3 \\
H-C \\
CH_2-OH
\end{array}
$$

Bildung: Entsteht bei der Spaltung des Heptamethyl-β-methyl-melibiosids bzw. der Hendecamethylraffinose mit Säuren[2]. — Bei der Hydrolyse von Heptamethyl-amygdalinsäuremethylester[3] und des Heptamethyl-β-methylgentiobiosids[4].

Physikalische und chemische Eigenschaften: Siedep. bei 0,3 mm = 155—170°, n_D = 1,4678. Reduziert Fehlingsche Lösung. Bei der Methylierung entsteht 2, 3, 4, 6-Tetramethyl-methylglykosid[3]. Die Hydrolyse in 1 und 6 sind nicht substituiert[5]. Reduktionsvermögen 9,8% der Glykose[6].

Derivate: **2, 3, 4-Trimethylglykose-1-6-dinitrat**[7] $C_9H_{16}O_{10}N_2$. Aus 2, 3, 4-Trimethyllävoglykosan in Chloroform mit rauchender Salpetersäure. — Nadeln aus absolutem Alkohol. Schmelzp. 86°. Unlöslich in Wasser und Petroläther, sonst löslich. — $[\alpha]_D = +149,3°$ in Chloroform bei $c = 2,3193$. Reduziert Fehlingsche Lösung weder vor noch nach dem Kochen mit Säure. Die Nitrogruppe in 1 kann durch Methoxyl beim Kochen mit Methylalkohol in Gegenwart von Bariumcarbonat ersetzt werden, wobei Trimethylmethylglykosid-6-mononitrat resultiert.

2, 3, 5-Trimethylglykose (?).

Durch Behandlung der Trimethyl-γ-glykose mit 8proz. Salzsäure nach 5stündigem Erhitzen auf dem Wasserbad. $[\alpha]_D^{20} = +74°$ in Wasser[8].

2, 4, 6-Trimethylglykose (?)[9].

Mol-Gewicht: 222,19.
Zusammensetzung: $C_9H_{18}O_6$.
Bildung: Aus Trimethyl-β-methylglykosid durch Verseifen mit 8,8% HCl.
Physikalische und chemische Eigenschaften: Schmelzp. 123°, $[\alpha]_D = +110 \to 69,7°$ in Methylalkohol; $[\alpha]_D = +89,7 \to 71,9°$ in Wasser.

---

[1] Leopold Schmid u. Margot Zentner: Mh. Chem. **49**, 111 (1928) — Chem. Zbl. **1928 II**, 1761.

[2] William Charlton, Walter Norman Haworth u. Wilfred John Hickinbottom: J. chem. Soc. Lond. **1927**, 1527 — Chem. Zbl. **1927 II**, 2281.

[3] W. N. Haworth u. G. C. Leitch: J. chem. Soc. Lond. **121**, 1921 (1922) — Chem. Zbl. **1923 I**, 1155. — W. N. Haworth u. E. L. Hirst: J. chem. Soc. Lond. **119**, 193 (1921) — Chem. Zbl. **1921 III**, 29.

[4] Géza Zemplén: Ber. dtsch. chem. Ges. **57**, 701 (1924).

[5] J. C. Irvine u. J. W. H. Oldham: J. chem. Soc. Lond. **127**, 2729 (1925) — Chem. Zbl. **1926 I**, 2184.

[6] Géza Zemplén u. Géza Braun: Ber. dtsch. chem. Ges. **58**, 2566 (1925) — Chem. Zbl. **1926 I**, 2191.

[7] John Walter Hyde Oldham: J. chem. Soc. Lond. **127**, 2840 (1925) — Chem. Zbl. **1926 I**, 2671.

[8] H. Pringsheim u. S. Kolodny: Ber. dtsch. chem. Ges. **59**, 1135 (1926) — Chem. Zbl. **1926 II**, 744.

[9] W. N. Haworth, W. G. Sedgwich: J. chem. Soc. Lond. **1926**, 2573 — Chem. Zbl. **1927 I**, 62.

2, 3, 6-Trimethyl-d-glykose (Bd. X, S. 513).

Die instabile Form scheint infolge der Anwesenheit einer freien 5ständigen Hydroxylgruppe ziemlich leicht in die amylenoxydische Form überzugehen[1].

Konstitution:

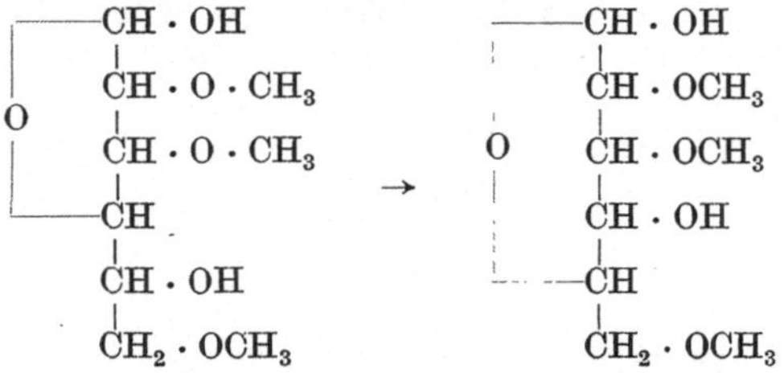

$$
\begin{array}{ccc}
\begin{array}{l}
\overline{}\!-\!\mathrm{CH\cdot OH} \\
\quad\ \ |\ \ \mathrm{CH\cdot O\cdot CH_3} \\
\mathrm{O}\ \ |\ \ \mathrm{CH\cdot O\cdot CH_3} \\
\underline{}\!-\!\mathrm{CH} \\
\quad\ \ |\ \ \mathrm{CH\cdot OH} \\
\quad\ \ |\ \ \mathrm{CH_2\cdot OCH_3}
\end{array}
& \rightarrow &
\begin{array}{l}
\overline{}\!-\!\mathrm{CH\cdot OH} \\
\quad\ \ |\ \ \mathrm{CH\cdot OCH_3} \\
\mathrm{O}\ \ |\ \ \mathrm{CH\cdot OCH_3} \\
\quad\ \ |\ \ \mathrm{CH\cdot OH} \\
\underline{}\!-\!\mathrm{CH} \\
\quad\ \ |\ \ \mathrm{CH_2\cdot OCH_3}
\end{array} \\
\text{Instabile Form} & & \text{Stabile Form}
\end{array}
$$

Bildung: Bei der Hydrolyse des 2, 3, 6-Methyl-methylglykosids mit verdünnter Salzsäure[2]. — Bei der sauren Hydrolyse der permethylierten Galaktosido-glykose[3] von Fischer und Armstrong. Entsteht bei der Hydrolyse der methylierten Reservecellulose, des Lichenins mit verdünnter Salzsäure[4].

Darstellung: Heptamethylmethylmaltosid oder Heptamethylmethylcellobiosid wird durch Erwärmen mit 5proz. wässeriger HCl hydrolysiert und die saure Lösung mit Chloroform extrahiert. Aus der Chloroformlösung krystallisiert Tetramethylglykose. Die in der wässerigen Lösung vorhandene 2, 3, 6-Trimethylglykose wird über das Methylglykosid gereinigt und nach der Hydrolyse desselben aus Äther umkrystallisiert[5]. 100 g technische Methylcellulose werden mit 1 l Methylalkohol und 25 g Schwefelsäure 3—4 Tage am Rückflußkühler gekocht, wobei nahezu vollkommene Lösung erfolgt. Nach dem Neutralisieren mit einem Überschuß von Natronlauge wird über Nacht stehengelassen, mit Kohlensäure neutralisiert, unter vermindertem Druck verdampft, und der Rückstand im Hochvakuum destilliert, und die unter 0,5 mm bei 135° übergehenden Anteile mit wässeriger Salzsäure hydrolysiert und die Trimethylglykose ausgeäthert[6]. Isolierung aus Gemischen mit methylierter Galaktose[7].

Physiologische Eigenschaften: Trimethylglykose ist gegen Insulinvergiftungen ohne Wirkung[8].

Physikalische und chemische Eigenschaften: Der Schmelzpunkt liegt gewöhnlich bei 114—115°, ganz reine Proben gaben folgende korrigierte Konstanten: Krystallform Nadeln oder kurze Prismen; Schmelzp. 122—123° oder 92—93°, Brechungsexponent des Sirups $n_D = 1,4743$; $[\alpha]_D$ in Methylalkohol $+117,7° \rightarrow 88,6°$; $[\alpha]_D$ in Wasser $+90,2° \rightarrow 70,5°$. — Die Mutarotation in Methylalkohol wird zur schnelleren Erreichung des Endwertes mit einer Spur Salzsäure beschleunigt, wodurch in 30 Minuten der Wert $[\alpha]_D + 70°$ erreicht wird. Eine β-Form des Zuckers wurde nicht erhalten. Die kurzen Prismen vom Schmelzp. 92—93° zeigen normale Mutarotation. Auf optischem Wege kann die Identität von 2, 3, 6-Trimethylglykose nachgewiesen werden dadurch, daß die Lösungen in Aceton + etwas Salzsäure 48 Stunden lang konstante optische Aktivität zeigt und daß die Lösung in Methylalkohol + etwas Salzsäure das Vorzeichen der Drehung von + zu — wechselt. Die Konstitution wird bestätigt durch Oxydation zu Dimethylsaccharinsäure[7]. Große nadelartige Krystalle aus absolutem Äther.

---

[1] C. J. Astley Cooper, W. N. Haworth u. S. Peat: J. chem. Soc. Lond. **1926**, 876 — Chem. Zbl. **1926 II**, 386.

[2] H. H. Schlubach u. K. Moog: Ber. dtsch. chem. Ges. **56**, 1957 (1923) — Chem. Zbl. **1923 III**, 1399. — Kurt Heß u. Wilhelm Weltzien: Liebigs Ann. **442**, 46 (1925) — Chem. Zbl. **1925 I**, 1700. — James Colquhoun Irvine u. John Macdonald: J. chem. Soc. Lond. **1926**, 1502 — Chem. Zbl. **1926 II**, 1264. — K. Heß u. H. Friese: Liebigs Ann. **450**, 40 (1926) — Chem. Zbl. **1926 II**, 2892.

[3] Hans Heinrich Schlubach u. Wolfgang Rauchenberger: Ber. dtsch. chem. Ges. **59**, 2102 (1926) — Chem. Zbl. **1926 II**, 2560.

[4] P. Karrer u. K. Nishida: Helvet. chim. Acta **7**, 363 (1924) — Chem. Zbl. **1924 I**, 2680.

[5] J. C. Irvine u. J. M. A. Black: J. chem. Soc. Lond. **1926**, 862 — Chem. Zbl. **1926 II**, 385.

[6] Kurt Heß u. Fritz Micheel: Liebigs Ann. **466**, 100 (1928) — Chem. Zbl. **1929 I**, 227.

[7] James Colquhoun Irvine u. Edmund Langley Hirst: J. chem. Soc. Lond. **121**, 1213 (1922) — Chem. Zbl. **1922 III**, 1332.

[8] Percy Theodor Herring, James Colquhoun Irvine u. John J. Rickard Macleod: Biochemic. J. **18**, 1023—1042 (1925) — Chem. Zbl. **1925 I**, 2388.

Schmelzp. 124°. Zeigt Mutarotation von $[\alpha]_D = +118,4°$ bis $+69,3°$[1]. Krystalle aus Äther, Schmelzp. 116°. $- [\alpha]_D = +95,5°$ in Methylalkohol, nach Zugabe eines Tropfens Salzsäure. Abnahme auf $+65°$[2]. — Nach dreimaligem Umlösen aus Äther Krystalle vom Schmelzp. 107 bis 110°, $[\alpha] = +75° \to +67,84°$ in Methylalkohol bei $c = 1,424$, erst nach 5 Tagen konstant[3]. — Nadeln aus Äther durch Abkühlen auf $-5°$. — Aus verschiedenen Fraktionen erhaltene Präparate hatten folgende Eigenschaften: a) Schmelzp. 105—110°, $[\alpha]_D^{16}$ in Methylalkohol ohne Salzsäure: $+87,7$, mit Salzsäure $+62,9°$; in Aceton: $+90,3°$; b) Schmelzp. 100 bis 105°; $[\alpha]_D^{16}$ in Methylalkohol $+79,6°$, mit Salzsäure: $+66,3°$; c) Schmelzp. 70—80°; $[\alpha]_D$ in Methylalkohol: $+82,4°$, mit Salzsäure $+66,6°$; $[\alpha]_D^{16}$ in Aceton + wenig Alkali: $+93,4°$ nach 2 Tagen auf 76,5° fallend. Liefert bei 60stündigem Erhitzen mit methylalkoholischer Salzsäure auf 100° in der Hauptsache die α-Form des Glykosids mit $[\alpha]_D^{16} = +86,3$. — Bei 24stündigem Erhitzen auf 100° gibt etwa 1 Mol Wasser ab[4]. — Schmelzp. 113—114°; $[\alpha]_D^{20} = +70,9°$, Enddrehung in Wasser[5]. — Reduktionsvermögen 27,1% der Glykose[6].

Derivate: 2, 3, 6-Trimethylglykoseoxim[7] $C_6H_{10}O_6(CH_3)N$. — Sirup, löslich in Äther, unlöslich in Petroläther; $[\alpha]_D = +42°$ in Alkohol; $n_D = 1,4762$.

2, 3, 6-Trimethylglykoseanilid[7]. Gelber Sirup. Zersetzt sich beim Erhitzen.

2, 3, 6-Trimethyl-1-chlorglykose[8]. Aus Trimethylcellulose mit trocknem Äther und trockner Salzsäure in 24 Stunden bei 35°. Der entstandene Sirup wird abwechselnd mit Äther aufgenommen und eingeengt. In Petroläther leicht löslich, wird von Wasser zersetzt. **Pyridiniumsalz** $C_{14}H_{21}O_5NCl$. Aus Alkohol + Äther umkrystallisiert, Zersetzungsp. 180°, $[\alpha]_D^{15} = +26,6°$ in Wasser[8].

2, 3, 6-Trimethyl, 1, 4-diacetyl-β-glykose[9] $C_{13}H_{22}O_8$. Aus 2, 3, 6-Trimethylglykose mit Essigsäureanhydrid und wasserfreiem Natriumacetat. Siedep. 142—143° unter 1 mm. Schmelzpunkt 67—68°; $[\alpha]_D^{19} = -8,7°$ in Chloroform.

2, 3, 6-Trimethyl-1-chlor-4-acetyl-α-glykose[9] $C_{11}H_{19}O_6Cl$. Aus 2, 3, 6-Trimethylglykose oder aus 2, 3, 6-Trimethyl-1, 4-diacetyl-β-glykose mit Acetylchlorid und Salzsäure. — Siedepunkt 143—146° bei 0,04 mm; $[\alpha]_D^{20} = +146,9°$ in Chloroform.

Verbindung $(C_9H_{16}O_6)_2PCl_3$[8]. Aus 2, 3, 6-Trimethylglykose in Benzol mit Phosphorpentachlorid behandelt. Aus Äther Krystalle, Zersetzungsp. 160°.

2, 3, 6-Trimethylglykose-4-(?)-chlorhydrin[8] $C_6H_{17}O_5Cl$. — Aus dem Chlorhydrin (Chlor in 4?) des Trimethyl-methylglykosids mit 20proz. Salzsäure. Farbloser Sirup, Siedep. 140 bis 150° bei 0,1 mm; reduziert Fehlingsche Lösung stark, in Wasser begrenzt löslich; $[\alpha]_D^{20} = +27,5°$ in Chloroform. Mit Natrium entsteht ein 2, 3, 6-Trimethylhexoseanhydrid.

2, 3, 6-Trimethyl-glykose [1, 4].

Derivate: 2, 3, 6-Trimethyl-5-benzoyl-1-chlorglykose [1, 4][10] $C_6H_{21}O_6Cl$. Aus 2, 3, 6-Trimethyl-5-benzoylmethylglykosid [1, 4] mit trockener Salzsäure in Äther. Krystalle aus Benzin + Benzol, Schmelzp. 122—123, $[\alpha]_D^{19} = -114,5°$ in Chloroform.

2, 3, 6-Trimethyl-5-benzoylglykosido-[1, 4]-trimethylammoniumchlorid[10] $C_{19}H_{30}O_6NCl$. Aus voriger Verbindung mit Trimethylamin. Krystalle aus Aceton oder Butylalkohol + Äther, Schmelzp. 146—149° unter Zersetzung; $[\alpha]_D^{17} = -60,2°$ in Wasser.

2, 3, 6-Trimethyl-glykosido-[1, 4]-trimethylammoniumhydroxyd[10] $C_{12}H_{27}O_6N$. Aus der vorhergehenden Verbindung mit Alkalien. Schmelzp. 187—188; $[\alpha]_D^{21} = -68,3°$ in Wasser. Beim Erhitzen im Hochvakuum tritt bei 180° Badtemperatur Zersetzung ein. Bei 200° destil-

---

[1] Walter Norman Haworth u. James Gibbs Mitchell: J. chem. Soc. Lond. **123**, 301 (1923) — Chem. Zbl. **1923 III**, 1003.

[2] P. Karrer u. K. Nishida: Helvet. chim. Acta **7**, 363 (1924) — Chem. Zbl. **1924 I**, 2680.

[3] Alexander Killen Macbeth u. John Mackay: J. chem. Soc. Lond. **125**, 1513 (1924) — Chem. Zbl. **1924 II**, 1459.

[4] Kurt Heß u. Wilhelm Weltzien: Liebigs Ann. **442**, 46 (1925) — Chem. Zbl. **1925 I**, 1700.

[5] J. C. Irvine u. J. M. A. Black: J. chem. Soc. Lond. **1926**, 862 — Chem. Zbl. **1926 II**, 385.

[6] Géza Zemplén u. Géza Braun: Ber. dtsch. chem. Ges. **58**, 2566 (1925) — Chem. Zbl. **1926 I**, 2191.

[7] James Colquhoun Irvine u. Edmund Langley Hirst: J. chem. Soc. Lond. **121**, 1213 (1922) — Chem. Zbl. **1922 III**, 1332.

[8] Karl Freudenberg u. Emil Braun: Liebigs Ann. **460**, 288 (1928) — Chem. Zbl. **1928 I**, 1848.

[9] Fritz Micheel u. Kurt Heß: Ber. dtsch. chem. Ges. **60**, 1898 (1927) — Chem. Zbl. **1928 I**, 30.

[10] Kurt Heß u. Fritz Micheel: Liebigs Ann. **466**, 100 (1928) — Chem. Zbl. **1929 I**, 227.

liert ein braungelbes zähes Öl über. Anhydrisierung erfolgt nicht. Mit Salzsäure entsteht das Chlorid $C_{12}H_{26}O_5NCl$, Schmelzp. 165° und $[\alpha]_D^{17} = -68,4°$ in Wasser. Mit Benzoylchlorid und Pyridin entsteht eine Molekülverbindung aus 1 Mol 2, 3, 6-Trimethyl-5-benzoylglykosido-[1, 4]-trimethylammoniumchlorid und 1 Mol Pyridin: $C_{24}H_{36}O_6N_2Cl_2$, Schmelzp. 102—104°, $[\alpha]_D^{20} = -47,1°$ in Wasser. Dieselbe Verbindung entsteht durch Krystallisieren von 2, 3, 6-Trimethyl-5-benzoylglykosido-(1, 4)-trimethylammoniumchlorid mit Pyridinchlorhydrat aus Aceton. — Letztere Verbindung kann nicht anhydrisiert werden.

2, 3, 6-Trimethyl-5-acetylglykosido-[1, 4]-trimethylammoniumchlorid[1] $C_{14}H_{28}O_6NCl$. Aus 2, 3, 6-Trimethyl-glykosido-[1, 4]-trimethylammoniumchlorid mit Acetylchlorid und Pyridin. Amorph. Liefert kein Anhydrid.

3, 5, 6-Trimethyl-γ-glykose.   3, 5, 6-Trimethyläther der Glykofuranose.

Mol-Gewicht: 222,19.

Zusammensetzung: $C_9H_{18}O_6$.

$$\begin{array}{l}
\text{CH(OH)}\\
\text{H—C—OH}\\
\text{CH}_3\text{—O—C—H} \qquad \text{O}\\
\text{H—C}\\
\text{H—C—O—CH}_3\\
\text{CH}_2\text{—O—CH}_3
\end{array}$$

Bildung: Aus 3, 5, 6-Trimethylmonoacetonglykose durch Hydrolyse mit 0,5 proz. HCl[2, 3]. Aus den entsprechenden methylierten γ-Methylglykosiden bei der Hydrolyse[4]. Aus dem 5-Methyläther der Monoacetonglykose[5].

Physikalische und chemische Eigenschaften: Sirup, Siedep. bei 0,02 mm 155°, $[\alpha]_D^{20} = -12,3°$ in Methanol bei $c = 8,1$[3, 4, 6]. — $[\alpha]_D = -37,3°$[7]. Verbraucht bei der Oxydation nach Willstätter und Schudel nur 2 Äquivalente Sauerstoff, d. h. es wird nur die Aldehyd- zur Carboxylgruppe oxydiert, nach Lehmann-Maquenne verbraucht es genau 2, nach Bertrand 2 Äquivalente Sauerstoff[8]. Siedep. 134° bei 0,04 mm, $[\alpha]_D = -44,1°$ in Alkohol, $= -25,9°$ in Wasser; $n_D = 1,4675$. Gibt ein Pentamethyläther, Siedep. 96° bei 0,025 mm, $[\alpha]_D^{18} = -20,4°$ in Wasser[9]. Siedep. 96° bei 0,05 mm, 138—140° bei 12 mm; $[\alpha]_D^{20} = -27,1°$ in Methylalkohol[5].

Derivate: 3, 5, 6-Trimethyl-1, 2-monoacetylglykose[2] $C_{12}H_{22}O_6$. Aus Monoacetonglykose und Dimethylsulfat in alkalischer Lösung, Extraktion mit Äther. Siedep. bei 0,3 mm $= 110°$, $n_D^{23} = 1,44914$. Siedep. 115—118° bei 0,6 mm. Sirup. $[\alpha]_D = -27,4$ bis $-29,7°$. Reduziert Fehlingsche Lösung erst nach Hydrolyse[10]. $[\alpha]_D = -29,5°$ in Methylalkohol, $n_D = 1,4470$.

Phenylosazon $C_{21}H_{28}O_4N_4$. Aus verdünntem Alkohol gelbe Nadeln, Schmelzp. 70—72°[9].

[1] Kurt Heß u. Fritz Micheel: Liebigs Ann. **466**, 100 (1928) — Chem. Zbl. **1929 I**, 227.

[2] P. A. Levene u. G. M. Meyer: J. of biol. Chem. **65**, 535 (1925) — Chem. Zbl. **1926 I**, 1136.

[3] J. C. Irvine u. J. P. Scott: J. chem. Soc. Lond. **103**, 564 (1913) — Chem. Zbl. **1913 II**, 245.

[4] P. A. Levene u. G. M. Meyer: J. of biol. Chem. **70**, 343 (1926) — Chem. Zbl. **1927 I**, 588.

[5] Heinz Ohle u. Ladislaus v. Vargha: Ber. dtsch. chem. Ges. **62**, 2435 (1929) — Chem. Zbl. **1929 II**, 2663.

[6] P. A. Levene u. G. M. Meyer: J. of biol. Chem. **74**, 701 (1927) — Chem. Zbl. **1928 I**, 487.

[7] James Colquhoun Irvine u. Jocelyn Patterson: J. chem. Soc. Lond. **121**, 2146 (1922) — Chem. Zbl. **1923 III**, 741.

[8] H. Sobotka: J. of biol. Chem. **69**, 267 (1926) — Chem. Zbl. **1926 II**, 2289.

[9] Cameron Gorden Anderson, William Charlton u. Walter Norman Haworth: J. chem. Soc. Lond. **1929**, 1329 — Chem. Zbl. **1929 II**, 2771.

[10] P. A. Levene u. G. M. Meyer: J. of biol. Chem. **70**, 343 (1926) — Chem. Zbl. **1927 I**, 588 — J. of biol. Chem. **60**, 173 (1924) — Chem. Zbl. **1924 II**, 1458 — J. of biol. Chem. **74**, 701 (1927) — Chem. Zbl. **1928 I**, 487.

4, 5, 6-Trimethyl-glykose.

Mol-Gewicht: 222,19.
Zusammensetzung: $C_9H_{18}O_6$.
Konstitution:

$$
\begin{array}{c}
CHO \\
| \\
H-C-OH \\
| \\
HO-C-H \\
| \\
H-C-OCH_3 \\
| \\
H-C-OCH_3 \\
| \\
H_2COCH_3
\end{array}
$$

Darstellung: Aus Trimethyl-d-glykose-dibenzylmercaptal[1] in methylalkoholischer Lösung mit konzentrierter methylalkoholischer Lösung von Quecksilberchlorid.

Physikalische und chemische Eigenschaften: Amorphe, blasige Masse, mit süßem Geschmack, hygroskopisch. Zeigt in Alkohol keine Mutarotation, deshalb ist augenscheinlich ein Gemisch von α- und β-Form. In Wasser $[\alpha]_D^{15} = +65,94° \rightarrow +61,13°$ (Endwert nach 4 Stunden)[2].

Derivate: 4, 5. 6-Trimethyl-d-glykosedibenzylmercaptal[1] $C_{23}H_{32}O_5S_2$. Aus den sauren alkoholischen Mutterlaugen des Monomethyl-d-glykosedibenzylmercaptals. Dicke hexagonale Platten aus Alkohol, Schmelzp. 73—74°; $[\alpha]_D^{15} = -63,12°$ in Pyridin. Sehr leicht löslich in Alkohol, Chloroform, Aceton, siedendem Benzol und Äther. Krystallisiert beim langsamen Verdunsten seiner alkoholischen Lösung in großen 6 kantigen Tafeln oder langen Säulen von über 1 g Gewicht. Schmelzp. 96°[2].

4, 5, 6-Trimethyl-d-glykose-phenylosazon $C_{21}H_{28}O_4N_4$ (400,26). Schöne, gelbe, lange Nadeln aus wässerigem Aceton und wässerigem Pyridin. Schmelzp. 156—157° ohne Zersetzung. Leicht löslich in Alkohol, Aceton und Äther. $[\alpha]_D^{15} = -32,63° \rightarrow -15,46°$. Endwert nach 21 Stunden in Alkohol[2].

Trimethyl-γ-glykose (1, 6) (?)[3].

Mol-Gewicht: 222,19.
Zusammensetzung: $C_6H_9O_6(OCH_3)_3$.
Bildung: Aus γ-Glykose mit Dimethylsulfat und NaOH.
Physikalische und chemische Eigenschaften: Sirup, der sich beim Verreiben mit Petroläther in ein weißes Pulver umwandelt. $[\alpha]_D^{20} = 88,1°$ in Wasser. Der Methoxylgehalt konnte durch Nachmethylierung nicht erhöht werden[3].

Trimethylglykose aus Oktamethylgalaktosidoglykose.

Ist verschieden von 2, 3, 6-, sowie 2, 3, 5-Trimethylglykose. — Liefert ein Methyl-glykosid mit $n_D^{20} = 1,4548$, daraus wird durch Spaltung die Trimethylglykose regeneriert. Letztere hat $n_D^{20} = 1,4762$, $[\alpha]_D^{20} = +35,8°$ in Methylalkohol bei $c = 1,2$[4].

2, 3, 6-Triäthyl-glykose[5].
$C_6H_9O_3(OC_2H_5)_3$

Bildung: Bei der Hydrolyse der 2, 3, 6-Triäthyl-äthylglykose oder der 2, 3, 6-Triäthyl-diacetylglykose. Aus Äthylcellulose sowie Heptaäthyl-äthylcellobiosid durch Hydrolyse.

---

[1] E. Pacsu: Ber. dtsch. chem. Ges. **57**, 849 (1924) — Chem. Zbl. **1924 II**, 23.
[2] E. Pacsu: Ber. dtsch. chem. Ges. **58**, 1455 (1925) — Chem. Zbl. **1926 I**, 347.
[3] H. Pringsheim u. S. Kolodny: Ber. dtsch. chem. Ges. **59**, 1135 (1926) — Chem. Zbl. **1926 II**, 744.
[4] Hans Heinrich Schlubach u. Wolfgang Rauchenberger: Ber. dtsch. chem. Ges. **58**, 1184 (1925) — Chem. Zbl. **1925 II**, 1952.
[5] Kurt Heß u. Gunther Salzmann: Liebigs Ann. **445**, 111 (1925) — Chem. Zbl. **1926 I**, 888.

Physikalische und chemische Eigenschaften: Nadeln aus Toluol oder Aceton, Schmelzpunkt 100—101°, wird vorher weich; $[\alpha]_D^{18} = +30{,}27$ in Wasser nach 15 Minuten; $= +53{,}81$ nach weiteren 31 Stunden; bleibt dann konstant. Die reinen α- und β-Formen, die schwer trennbar und leicht ineinander sich umlagernd sind, konnten nicht erhalten werden. — Die Gleichgewichtsdrehungen zeigten, daß die Präparate aus Oktaäthylcellobiose (Heptaäthyl-äthylcellobiosid) und aus Äthylcellulose identisch sind. Das durch Acetolyse aus Äthylcellulose erhaltene Präparat zeigte aus Aceton Schmelzp. 112° scharf, aus der Mutterlauge ein vom Schmelzp. 85—86°. Beide Präparate zeigen im Wasser einen verschiedenen Anfangswert, aber denselben Enddrehwert von etwa $[\alpha]_D^{20} = +53°$. In Aceton war der Gleichgewichtswert für das Präparat vom Schmelzp. 112°: $[\alpha]_D^{16,5} = +78{,}23$ in Methylalkohol; $[\alpha]_D^{16,5} = +75{,}65$. Alkali verändert selbst in geringen Mengen die Äthylglykosen weitgehend, wobei der Drehwert abnimmt und negative Werte erreicht.

Derivate: 2, 3, 6-Triäthyl-1, 4-diacetylglykose[1]. Oktaäthylcellobiose (Heptaäthyl-äthylcellobiosid) gibt in einer 50proz. Mischung von Essigsäure-Essigsäureanhydrid mit 96proz. Schwefelsäure in derselben Mischung bei 11° in molekularem Verhältnis 2, 3, 6-Triäthyl-diacetylglykose und 2, 3, 5, 6-Tetraäthyl-1-acetylglykose.

2, 3, 4, 6-Tetramethyl-d-glykose (Bd. X, S. 514).

Normale Tetramethylglykose, Konstitution:

$$\begin{array}{l}
\text{CH(OH)} \\
\text{H—C—O—CH}_3 \\
\text{CH}_3\text{—O—C—H} \qquad \text{O}\ ^2 \\
\text{H—C—O—CH}_3 \\
\text{H—C——} \\
\text{CH}_2\text{—O—CH}_3
\end{array}$$

Liefert bei der Oxydation ein δ-Lacton, deshalb besitzt sie die amylenoxydische Struktur[3].

Bildung: Bei der Hydrolyse des Dodekamethyl-tetralävoglykosans[4], Heptamethyl-methylgentiobiosids[5] und des Oktamethylcellobionsäuremethylesters[6]. — Bei der Hydrolyse der Oktamethyltrehalose kann man 73%, bei der Hydrolyse der Oktamethylisotrehalose kann man 17% isolieren[7].

Physiologische Eigenschaften: Die α- und β-Formen hemmen merklich die Spaltung des Rohrzuckers mittels Invertins[8]. — Ist gegen Insulinvergiftungen ohne Wirkung[9].

Physikalische und chemische Eigenschaften: Krystalle vom Schmelzp. 89° und $[\alpha]_D = +88{,}3°$; Endwert $[\alpha]_D = +83{,}2°$ in Wasser[10]. Aus Petroläther Nadeln vom Schmelzp. 93 bis 94°. $[\alpha]_D^{14} = +99{,}9° \rightarrow 83{,}0°$ (Wasser; $c = 2{,}02$)[11]. Die Anfangsdrehung der sorgfältig

[1] Kurt Heß u. Gunther Salzmann: Liebigs Ann. **445**, 111 (1925) — Chem. Zbl. **1926 I**, 888.

[2] William Charlton, Walter Norman Haworth u. Stanley Peat: J. chem. Soc. Lond. **1926**, 89 — Chem. Zbl. **1926 I**, 3025.

[3] W. N. Haworth: Nature (Lond.) **116**, 430 (1925) — Chem. Zbl. **1926 I**, 881.

[4] H. Pringsheim u. K. Schmalz: Ber. dtsch. chem. Ges. **55**, 3001 (1922) — Chem. Zbl. **1923 I**, 152.

[5] W. N. Haworth u. B. Wylam: J. chem. Soc. Lond. **123**, 3120 (1923) — Chem. Zbl. **1924 I**, 1508. — Géza Zemplén: Ber. dtsch. chem. Ges. **57**, 701 (1924).

[6] W. N. Haworth, C. W. Long u. J. H. G. Plaut: J. chem. Soc. Lond. **1927**, 2809 — Chem. Zbl. **1928 I**, 799.

[7] Hans Heinrich Schlubach u. Kurt Maurer: Ber. dtsch. chem. Ges. **58**, 1178 (1925) — Chem. Zbl. **1925 II**, 1951.

[8] Richard Kuhn: Hoppe-Seylers Z. **135**, 1 (1926) — Chem. Zbl. **1924 II**, 344.

[9] Percy Theodore Herring, James Colquhoun Irvine u. John J. Rickard Macleod: Biochemic. J. **18**, 1023—1042 (1925) — Chem. Zbl. **1925 I**, 2388.

[10] W. N. Haworth u. G. C. Leitch: J. chem. Soc. Lond. **121**, 1921 (1922) — Chem. Zbl. **1923 I**, 1155.

[11] W. N. Haworth, C. W. Long u. J. H. G. Plaut: J. chem. Soc. Lond. **1927**, 2809 — Chem. Zbl. **1928 I**, 799. — Gustus u. W. L. Lewis: J. amer. chem. Soc. **49**, 1512 (1927) — Chem. Zbl. **1927 II**, 1466.

gereinigten Tetramethylglykose beträgt $+117°$, die Enddrehung $+95°$ in wässerigem Aceton. Der Geschwindigkeitskoeffizient ist 0,0128. In wasserfreiem Aceton findet keine Mutarotation statt[1]. Die Geschwindigkeitskoeffizienten bei der Mutarotation von Tetramethylglykose in wässerigem Methanol und Alkohol sind bis zu Kontraktionen von 50% Wasser in Methanol und von 70% in Alkohol dem Wassergehalt der Lösung direkt proportional. Es bestehen keine Beziehungen zwischen der Geschwindigkeit der Mutarotation und dem Partialdruck des Wassers oder der Dielektrizitätskonstante der Lösungen[2]. $[\alpha]_{5461} = +142{,}3°$ in Äthylacetat, nach 6 Stunden beginnt Mutarotation, die nach etwa 198 Stunden vollständig ist; in Aceton $[\alpha]_{5461} = +135{,}6°$; Mutarotation beginnt nach 3 Stunden 15 Minuten, auf $120°$ erhitzte Tetramethylglykose hat in Aceton Anfangsdrehung $[\alpha]_{5461}^{11,5} = +95{,}0°$. — Tetramethylglykose mutarotationsfrei durch Umkrystallisieren eines Handelspräparates (Schmelzp. $80°$) aus Äther + Ligroin (Siedep. $30—40°$) unter Ausschluß von Feuchtigkeit bis zum Schmelzp. 103 bis $104°$ (Bad $40°$); der Schmelzpunkt dieses Präparats ist nach 18 Monaten über P_2O_5 unverändert[3]. Amphotere Lösungsmittel als Katalysatoren der Mutarotation der Tetramethylglykose[4] (s. auch Allgemeine Eigenschaften der Zucker). Wirkung alkalischer und saurer Katalysatoren auf die Mutarotation einiger Derivate der Tetramethylglykose[5]. — Verbraucht bei der Oxydation nach Willstätter und Schudel 2 Äquivalente Sauerstoff, d. h. es wird nur die Aldehyd- zur Carboxylgruppe oxydiert, nach Lehmann-Maquenne genau 1, nach Bertrand weniger als 2 Äquivalente Sauerstoff[6]. Wird in HNO_3 (D. = 1,42) bei Zimmertemperatur gelöst. Die Oxydation setzt nach 5 Minuten ein. Die Temperatur wird allmählich gesteigert und beträgt nach $1/_2$ Stunde $90°$. Das Reaktionsgemisch wird 2 Stunden bei dieser Temperatur aufbewahrt. Das Oxydationsprodukt enthält keine Oxalsäure. Es wird mit Methylalkohol verestert und durch fraktionierte Destillation in 60% d-Dimethoxybernsteinsäuremethylester und 40% Xylotrimethoxyglutarsäuremethylester getrennt. Bei der Oxydation mit HNO_3(D. = 1,2) bei $75°$ (12 Stunden) entstehen Oxalsäure und d-Dimethoxybernsteinsäure. Bei $85°$ entstehen 80% Tetramethylglykonsäurelacton und 20% Dimethoxybernsteinsäure. Mit alkalischer Permanganatlösung bei $75°$ entstehen Oxalsäure und Dimethoxybernsteinsäure[7]. Bei der Oxydation mit H_2O_2 in Gegenwart von KOH entstehen CO_2, HCOOH, Lacton der Dimethyl-d-Arabonsäure, Mono- und Dimethyl-d-erythronsäure und nicht genau definierte Substanzen, darunter möglicherweise Methylester von Säuren mit 5 C- oder 6 C-Atomen[8]. Reduktionsvermögen 13,6% der Glykose[9]. — Wird durch Alkalien in ein äquimolekulares Gemisch von Tetramethylglykose und Tetramethylmannose umgewandelt[10]. Reagiert nicht mit Natriumborat[11].

Derivate: Tetramethyl-glykose-anilid (Bd. II, S. 330). Schmelzp. $136—137°$[12]. Schmelzpunkt 133—134 unkorr.; $[\alpha]_D = +233{,}5°$ in Aceton[13]. — Schmelzp. $135°$. Geschwindigkeitskonstanten in einer 0,9n-Lösung (Mutarotation bei $25°$): Essigsäure in Äthylacetat $1{,}30 \ h^{-1}$;

[1] G. L. Jones u. T. M. Lowry: J. chem. Soc. Lond. **1926**, 720 — Chem. Zbl. **1926 I**, 3219. — T. M. Lowry u. E. M. Richards: J. chem. Soc. Lond. **127**, 1385 (1925) — Chem. Zbl. **1925 II**, 1951. — J. C. Irvine u. J. P. Scott: J. chem. Soc. Lond. **103**, 564 (1913) — Chem. Zbl. **1923 II**, 245.

[2] E. M. Richards, I. J. Faulkner u. T. M. Lowry: J. chem. Soc. Lond. **1927**, 1733 — Chem. Zbl. **1927 II**, 1559. — I. J. Faulkner u. T. M. Lowry: J. chem. Soc. Lond. **1926**, 1938 — Chem. Zbl. **1926 II**, 2414.

[3] J. W. Baker: J. chem. Soc. Lond. **1928**, 1583 — Chem. Zbl. **1928 II**, 1319.

[4] Thomas Martin Lowry u. Irvine John Faulkner: J. chem. Soc. Lond. **127**, 2883 (1925) — Chem. Zbl. **1926 I**, 1970.

[5] J. W. Baker: J. chem. Soc. Lond. **1928**, 1979 — Chem. Zbl. **1928 II**, 1320 — J. chem. Soc. Lond. **1928**, 1583 — Chem. Zbl. **1928 II**, 1319.

[6] H. Sobotka: J. of biol. Chem. **69**, 267 (1926) — Chem. Zbl. **1926 II**, 2289.

[7] E. L. Hirst: J. chem. Soc. Lond. **1926**, 350 — Chem. Zbl. **1926 I**, 3026.

[8] E. L. Gustus u. W. L. Lewis: J. amer. chem. Soc. **49**, 1512 (1927) — Chem. Zbl. **1927 II**, 1466.

[9] Géza Zemplén u. Géza Braun: Ber. dtsch. chem. Ges. **58**, 2566 (1925) — Chem. Zbl. **1926 I**, 2191.

[10] M. L. Wolfrom u. W. L. Lewis: J. amer. chem. Soc. **50**, 837 — Chem. Zbl. **1928 I**, 2377. — E. L. Gustus u. W. L. Lewis: J. amer. chem. Soc. **49**, 1512 — Chem. Zbl. **1927 II**, 1466.

[11] Milton Levy u. Edward A. Doisy: J. of biol. Chem. **84**, 749 (1929) — Chem. Zbl. **1930 I**, 1766. — Milton Levy: J. of biol. Chem. **84**, 763 (1929) — Chem. Zbl. **1930 I**, 1766.

[12] H. Pringsheim u. K. Schmalz: Ber. dtsch. chem. Ges. **55**, 3001 (1922) — Chem. Zbl. **1923 I**, 152.

[13] Hans Pringsheim u. Arnold Steingroever: Ber. dtsch. chem. Ges. **59**, 1001 (1926) — Chem. Zbl. **1926 I**, 3531.

in einer 0,0006n-Lösung von $NaOC_2H_5$ in Äther 1,11 h^{-1}, läßt man die Äthylatlösung 14 Tage bei 25° stehen, so sind die Geschwindigkeiten durchweg 20—30% niedriger; in 0,001n-$NaOC_2H_5$-Lösung 7,73 h^{-1} [1].

Tetramethylglykose-p-bromanilid [1] $C_{16}H_{24}O_5NBr$. Darstellung durch Kochen von Tetramethylglykose mit p-Bromanilin in Alkohol. Schmelzp. 154° (aus Methanol). Geschwindigkeitskonstanten (Mutarotation bei 25°) in 0,9n-Lösung von der Anilid-Essigsäure in Äthylacetat 0,394 h^{-1}, in einer 0,0006n-Lösung von $NaOC_2H_5$ in Äther 1,20 h^{-1}; läßt man die Äthylatlösung 14 Tage bei 25° stehen, so ist die Geschwindigkeit durchweg 20—30% niedriger; in 0,001n-$NaOC_2H_5$-Lösung 9,14 h^{-1}.

p-Chloranilid [1] $C_{16}H_{24}O_5NCl$. Aus Tetramethylglykose und p-Chloranilid in Alkohol. Schmelzp. 141° (aus Methanol + Ligroin). Geschwindigkeitskonstanten (Mutarotation bei 25°) in 0,9n-Lösung: Essigsäure in Äthylacetat 0,464 h^{-1}, in einer 0,0006n-Lösung von $NaOC_2H_5$ in Äther 1,32 h^{-1}; läßt man die Äthylatlösung 14 Tage bei 25° stehen, so ist die Geschwindigkeit durchweg 20—30% niedriger; in 0,001n-$NaOC_2H_5$-Lösung 11,4.

p-Toluidid [1] $C_{17}H_{27}O_5N$. Aus Tetramethylglykose und p-Toluidin. Schmelzp. 151° (aus absolutem Alkohol). Geschwindigkeitskonstanten in 0,9n-Lösung (Mutarotation bei 25°): Essigsäure in Äthylacetat 4,12 h^{-1}, in einer 0,0006n-Lösung von $NaOC_2H_5$ in Äther 1,21 h^{-1}; läßt man die Ätherlösung 14 Tage bei 25° stehen, so ist die Geschwindigkeit durchweg 20—30% niedriger, in 0,001n-$NaOC_2H_5$-Lösung 6,12 h^{-1}.

p-Anisidid [1] $C_{17}H_{27}O_6N$. Aus Tetramethylglykose und p-Anisidin. Schmelzp. 110° (aus Äther-Ligroin). Geschwindigkeitskonstanten in 0,9n-Lösung (Mutarotation bei 25°): Essigsäure in Äthylacetat 12,1 h^{-1}, in einer 0,0006n-Lösung von $NaOC_2H_5$ in Äther 2,37 h^{-1}; läßt man die Äthylatlösung 14 Tage bei 25° stehen, so sind die Geschwindigkeiten durchweg 20—30% niedriger; in 0,001n-$NaOC_2H_5$-Lösung 14,7 h^{-1}.

Oxim der 2, 3, 4, 6-Tetramethylglykose. Läßt sich mit Essigsäureanhydrid und Natriumacetat nicht in ein Nitril überführen [2].

2, 3, 5, 6-Tetramethyl-γ-glykose (Bd. X, S. 514).
2, 3, 5, 6-Tetramethyl-d-glykofuranose.

Mol-Gewicht: 236,21.

Zusammensetzung: $C_{10}H_{20}O_6$.

Konstitution:

$$
\begin{array}{c}
CH(OH) \\
| \\
H—C—O—CH_3 \\
| \\
CH_3—O—C—H \\
| \\
H—C—————O \\
| \\
H—C—O—CH_3 \\
| \\
CH_2—O—CH_3
\end{array}
$$

Besitzt eine butylenoxydische Struktur [3].

Bildung: Das durch Kondensation der 2, 3, 6-Trimethylglykose mit Methylalkohol entstandene Trimethyl-methylglykosid wurde methyliert und ergab dann bei der Hydrolyse mit Salzsäure Tetramethyl-h-glykose [4]. — h-Methylglykosid wurde methyliert und die gewonnene Pentamethyl-h-glykose mit 0,3proz. Salzsäure hydrolysiert [5]. Aus 3, 5, 6-Trimethyl-glykose-[1, 4] durch Methylierung.

---

[1] J. W. Baker: J. chem. Soc. Lond. **1928**, 1979 — Chem. Zbl. **1928 II**, 1320.

[2] Géza Zemplén u. Géza Braun: Ber. dtsch. chem. Ges. **59**, 2231 (1926).

[3] William Charlton, Walter Norman Haworth u. Stanley Peat: J. chem. Soc. Lond. **1926**, 89 — Chem. Zbl. **1926 I**, 3025. — Stanley Baker u. Walter Norman Haworth: J. chem. Soc. Lond. **127**, 365 (1925) — Chem. Zbl. **1925 I**, 2372.

[4] Hans Heinrich Schlubach u. Heinz von Bomhard: Ber. dtsch. chem. Ges. **59**, 845 (1926) — Chem. Zbl. **1926 I**, 3464. — P. A. Levene u. G. M. Meyer: J. of biol. Chem. **74**, 701 (1927) — Chem. Zbl. **1928 I**, 487.

[5] Hans Heinrich Schlubach, Friedrich Frefz u. Wolfgang Rauchenberger: Ber. dtsch. chem. Ges. **61**, 2368 (1928) — Chem. Zbl. **1929 I**, 44.

Physikalische und chemische Eigenschaften: Siedep. 122°/0,4 mm, $[\alpha]_D^{20} = -20,5°$ (CH$_3$OH; $c = 6,1$), $= -17,1°$ (Benzol; $c = 4,68$)[1]. Siedep. 100—110° bei 0,1 mm, n_D^{20} $= 1,445$; $[\alpha]_D^{20} = -27,5°$ in Chloroform bei $c = 1,052$[2]. Siedep. 120° bei 0,03 mm; $[\alpha]_D^{20} = -7,28°$ in Wasser. Siedep. 150° unter 0,08 mm, $[\alpha]_D^{19} = -14,3°$ in Wasser, $n_D^{24} = 1,4500$. Bei der Oxydation mit Brom entsteht 2, 3, 5, 6-Tetramethylglykonsäure-γ-lacton vom Schmelzp. 25,6 bis 26°[3].

Derivate: Tetramethyl-γ-glykoseacetessigsäure

$$CH_3-CO-CH_2 \underset{\overset{|}{OCO-CH_3}}{\overset{\overset{H}{|}}{C}} \quad \underset{\overset{|}{H}}{\overset{\overset{H}{|}}{C}} \quad \underset{\overset{|}{}}{\overset{\overset{OCO-CH_3}{|}}{C}} \quad \underset{\overset{|}{OCO-CH_3}}{\overset{\overset{H}{|}}{C}} \quad \underset{\overset{|}{}}{\overset{\overset{H}{|}}{C}} \quad \overset{\overset{CO-CH_3}{|}}{CH} COOH$$

Aus Tetramethyl-glykose-cycloacetessigsäure durch Kochen mit Wasser. Wurde nicht isoliert[4].

Pentamethyl-d-glykose[5].

Mol-Gewicht: 250,24.
Zusammensetzung: C$_{11}$H$_{22}$O$_6$.

$$\begin{array}{c} C \overset{H}{\diagup} \\ \parallel \\ O \\ | \\ H-C-O-CH_3 \\ | \\ CH_3-O-C-H \\ | \\ H-C-O-CH_3 \\ | \\ H-C-O-CH_3 \\ | \\ CH_2-O-CH_3 \end{array}$$

Bildung: Aus Pentamethyl-d-glykosediäthylmercaptal durch Behandlung mit HgCl$_2$.

Physikalische und chemische Eigenschaften: Sirup vom Siedep. 108—110° bei 0,4 mm, $n_D^{20} = 1,44665$, $D_4^{20} = 1,0944$, $M_D = 61,00$ (ber. 61,22), $[\alpha]_D^{20} = -35,1°$ (C$_2$H$_2$Cl$_4$; $c = 4,696$). In CH$_3$OH zeigt sie Mutarotation infolge Bildung des Acetals. $[\alpha]_D^{12} = -33,5° \rightarrow [\alpha]_D^{20} = +11,9°$ ($c = 4,2$, Endwert nach 18 Stunden). Löslich in Alkohol und Äther. Die rohe Pentamethylglykose enthielt noch geringe Mengen flüchtiger S-Verbindungen, die durch Zusatz von wenig trockenem KMnO$_4$ bei der Destillation zerstört werden. Reduziert Fehling nur beim Kochen, aber ammoniakalische AgNO$_3$-Lösung und KMnO$_4$ schon bei Zimmertemperatur energisch. Äquimolare Mengen Pentamethylglykose und Tetramethylglykose reduzieren Fehling im Verhältnis 1,85 : 1[5]. Verbraucht bei der Oxydation nach Willstätter und Schudel 2 Äquivalente Sauerstoff, d. h. es wird nur die Aldehyd- zur Carboxylgruppe oxydiert, nach Lehmann-Maquenne etwa 1,5 und nach Bertrand weniger als 2 Äquivalente Sauerstoff[6]. Ultraviolettabsorption[7].

Derivate: Pentamethyl-d-glykosediäthylmercaptal C$_{15}$H$_{32}$O$_5$S$_2$

$$C_{11}H_{22}O_5 \left(S \diagdown\diagup \begin{array}{c} C_2H_5 \\ C_2H_5 \end{array} \right)$$

[1] P. A. Levene u. G. M. Meyer: J. of biol. Chem. **74**, 701 (1927) — Chem. Zbl. **1928 I**, 487.

[2] Hans Heinrich Schlubach, Friedrich Trefz u. Wolfgang Rauchenberger: Ber. dtsch. chem. Ges. **61**, 2368 (1928) — Chem. Zbl. **1929 I**, 44.

[3] Cameron Gorden Anderson, William Charlton u. Walter Norman Haworth: J. chem. Soc. Lond. **1929**, 1329 — Chem. Zbl. **1929 II**, 2771.

[4] E. S. West: J. of biol. Chem. **74**, 561 (1927) — Chem. Zbl. **1928 I**, 485 — J. of biol. Chem. **66**, 63 (1925) — Chem. Zbl. **1925 I**, 246.

[5] P. A. Levene u. G. M. Meyer: J. of biol. Chem. **69**, 175 (1926) — Chem. Zbl. **1926 II**, 2289.

[6] H. Sobotka: J. of biol. Chem. **69**, 267 (1926) — Chem. Zbl. **1926 II**, 2289.

[7] Fritz Goos, Hans Heinrich Schlubach u. Gustav Adolf Schröter: Hoppe-Seylers Z. **186**, 148 (1930) — Chem. Zbl. **1930 I**, 3027.

d-Glykosediäthylmercaptal wird mit Dimethylsulfat und 30proz. NaOH bei 75° behandelt. Auf 35 g Ausgangsmaterial werden 60 g $(CH_3)_2SO_4$ in Portionen von 5 g angewendet. Die Reaktion muß in $^1/_2$ Stunde beendet sein, da sonst starke Verfärbung eintritt. Das Reaktionsprodukt ist ein gelber Sirup vom Siedep. 148—165° bei 0,6 mm, der aus einem Gemisch von Tetra- und Pentamethylderivat besteht und nach Freudenberg weiter methyliert wird. Die ätherische Lösung des Sirups bleibt eine Nacht über metallischem Na stehen, wird filtriert und im Vakuum eingedampft. Der Rückstand löst sich in der Kälte durchsichtig braun in CH_3J. Auf Zimmertemperatur erwärmt, hellt sich die Lösung in 20—30 Minuten auf. In diesem Zeitpunkt muß die Reaktion durch Zusatz von Äther unterbrochen werden, da sonst Dunkelfärbung eintritt. Gelber Sirup von knoblauchähnlichem Geruch, vom Siedep. 152° bei 0,6 mm. $n_D^{20} = 1,48838$. $D_4^{20} = 1,0834$. $[\alpha]_D^{20} = +19,2°$. (CH_3OH; $c = 4,04$.) Löslich in Alkohol und Äther, unlöslich in Wasser. Reduziert Fehlingsche Lösung nicht[1].

<h2 align="center">2, 3, 4, 6-Tetraäthyl-d-glykose[2].</h2>

$C_6H_8O_2(OC_2H_5)_4$

Konstitution s. bei der entsprechenden Tetramethyl-d-glykose.

Bildung: Bei der Hydrolyse der entsprechenden Tetraäthyl-1-acetylglykose[2].

Physikalische und chemische Eigenschaften: Siedep. 138—139° bei 0,5 mm. Schmelzpunkt 61—64° aus Äther + Petroläther; $[\alpha]_D^{20} = 65,3°$ in Wasser; läßt Mutarotation nicht erkennen; offenbar liegt ein Gleichgewicht von α- und β-Form vor[2].

Derivate: Tetraäthyl-acetylglykose[2]. Oktaäthylcellobiose (Heptaäthyl-äthylcellobiosid) gibt in einer 50proz. Mischung von Essigsäure-Essigsäureanhydrid mit 96proz. Schwefelsäure in derselben Mischung bei 11° in molekularem Verhältnis 2, 3, 6-Triäthyl-diacetylglykose und 2, 3, 4, 6-Tetraäthyl-1-acetylglykose.

<h2 align="center">α-d-Galaktose-4-methyläther[3].</h2>

$C_7H_{14}O_6$

Mol-Gewicht: 194,14.

<pre>
          CH(OH)
            \
      H—C—OH |
     HO—C—H   O
  CH₃—O—C—H |
      H—C
            |
          CH₂—OH
</pre>

Bildung: Aus dem Dibenzylmercaptal mit Quecksilberchlorid.

Physikalische und chemische Eigenschaften: Kleine Prismen aus Alkohol, Schmelzp. etwa 118°; $[\alpha]_D^{18} = +117,05° \to +67,77°$ in Wasser, Endwert nach 3 Stunden. Leicht löslich in kaltem Wasser, heißem Alkohol, wenig löslich in heißem Aceton. Reduziert stark Fehlingsche Lösung.

Derivate: Diaceton-d-galaktose-dibenzylmercaptal-4-methyläther. Durch Methylierung des Diaceton-d-galaktose-dibenzylmercaptals. Sirupös.

d-Galaktose-dibenzylmercaptal-4-methyläther. $C_{21}H_{28}O_5S_2$. Durch Hydrolyse der Diacetonverbindung mit der 10fachen Menge 80proz. Alkohols + 3% konz. Salzsäure 10 Minuten bei 100°. Aus Alkohol Nadeln, Schmelzp. 130—131°; $[\alpha]_D^{18} = -27,55°$ in Pyridin. Leicht löslich in Chloroform, Pyridin, heißem Alkohol, wenig löslich in Wasser, fast unlöslich in Petroläther.

Phenylosazon $C_{19}H_{24}O_4N_4$. Gelbe Nädelchen aus wässerigem Pyridin oder Alkohol. Zersetzungsp. 194—195°; $[\alpha]_D^{18} = +130,7°$.

---

[1] P. A. Levene u. G. M. Meyer: J. of biol. Chem. **69**, 175 (1926) — Chem. Zbl. **1926 II**, 2289.
[2] Kurt Heß u. Gunther Salzmann: Liebigs Ann. **445**, 111 (1925) — Chem. Zbl. **1926 I**, 888.
[3] Eugen Pacsu u. Anton Löb: Ber. dtsch. chem. Ges. **62**, 3104 (1929) — Chem. Zbl. **1930 I**, 513.

6-Methyl-d-galaktose [1].

Mol-Gewicht: 194,14.
Zusammensetzung: $C_7H_{14}O_6$.

$$\begin{array}{l} CH(OH) \\ H-C-OH \\ HO-C-H \quad\quad O \\ HO-C-H \\ H-C \\ CH_2-O-CH_3 \end{array}$$

Entspricht der α-Galaktose.

Bildung: 6-Methyl-diaceton-galaktose wird mit 1 proz. H_2SO_4 $1^1/_2$ Stunden unter Rück
fluß gekocht, die Flüssigkeit mit $BaCO_3$ neutralisiert und zum Sirup eingeengt. Krystallisier
beim Impfen. Sie wird mit wenig Alkohol angerieben, filtriert, mit Alkohol-Äther gewaschei
und aus wenig Alkohol umkrystallisiert.

Physikalische und chemische Eigenschaften: Farblose Blättchen, Schmelzp. unschar
gegen 128°. Leicht löslich in heißem Methylalkohol. $[\alpha]_{578}^{22} = +114°$ in Wasser, 5 Minuten nacl
der Auflösung. Nach 3 Stunden ist die Mutarotation bei $+77°$ beendet. Reduziert Fehling
sche Lösung [1].

Derivate: **6-Methylgalaktose-phenylhydrazon** $C_{13}H_{20}O_5N_2Cl$. Aus 1 g Zucker, 2 g Phenyl
hydrazinhydrochlorid und 3 g wasserhaltiges Na-Acetat in 20 ccm Wasser. Scheidet sicl
schon in der Kälte langsam ab. Auf dem Wasserbade erstarrt die Lösung schon nacl
1 Minute zu einem Brei farbloser Nädelchen. Umkrystallisiert aus Methylalkohol oder Wasse
Krystalle. Schmelzp. 182—183° unter Zersetzung. Ausbeute 90%. $[\alpha]_{578}^{17} = +14,5°$ in Pyri
din. Zeigt keine Mutarotation.

Phenylosazon $C_{19}H_{24}O_4N_4$. Aus 1 g Zucker mit 2,5 g salzsaurem Phenylhydrazin un(
3,5 g Na-Acetat in 60 ccm Wasser 3 Stunden auf dem Wasserbad erhitzt. Es wird aus Methyl
alkohol umkrystallisiert. Gelbe Nädelchen. Schmelzp. 204—205°. $[\alpha]_{578}^{17} = +135°$ in Pyridin [1]

Diacetonmethylgalaktose $C_{13}H_{22}O_6$. Man läßt 10 g Diacetongalaktose, 30 ccm Äthe:
und überschüssiges Na 3—4 Stunden stehenbleiben, entfernt überschüssiges Na, dampft ei
und läßt mit 2 Mol CH_3J bei 30—40° stehen. Öliges Produkt. $[\alpha]_{Hg\,gelb}^{19} = -63,2°$ (0,2516 {
in 2,351 g $C_2H_2Cl_4$-Lösung) [2]. Aus Diacetongalaktose-Na mit CH_3J. Trennung von unver
ändertem Ausgangsmaterial mit Toluolsulfochlorid in Pyridin. Siedep. bei 0,5 mm = 10(
bis 215°. $[\alpha]_{578}^{20} = -66,6°$ ohne Lösungsmittel [1].

2, 3, 4, 6-Tetramethyl-d-galaktose (Bd. II, S. 353).

$$\begin{array}{l} CH(OH) \\ H-C-O-CH_3 \\ CH_3-O-C-H \quad\quad O \\ CH_3-O-C-H \\ H-C \\ CH_2-O-CH_3 \end{array}$$

Bildung und Darstellung: Oktamethyllactobionsäuremethylester wird mit 7 proz. HC
bei 80—90° hydrolysiert. Man neutralisiert durch Erwärmen der Lösung mit $BaCO_3$, dampf
ein und extrahiert mit Äther, bis der Rückstand Fehlingsche Lösung nicht mehr reduziert

---

[1] K. Freudenberg u. K. Smeykal: Ber. dtsch. chem. Ges. **59**, 100 (1926) — Chem. Zbl
1926 I, 2190.
[2] K. Freudenberg u. R. M. Hixon: Ber. dtsch. chem. Ges. **56**, 2119 (1923) — Chem. Zbl
1923 III, 1555.

Aus dem Ätherextrakt krystallisiert die Substanz aus[1]. Die aus der permethylierten Galaktosido-glykose von Fischer und Armstrong durch saure Hydrolyse entstehende Tetramethylgalaktose ist identisch mit derjenigen, die durch Hydrolyse der permethylierten Lactose entsteht[2]. Bei der Spaltung des Heptamethyl-β-methylmelibiosids mit Säuren[3]. — Bei der Hydrolyse des Methylesters der Oktamethylmelibionsäure mit 7 proz. siedender wässeriger HCl bei 90° in 3 Stunden[4]. Aus Hendekamethylraffinose nach der Hydrolyse[5]. Bei der Hydrolyse der methylierten Methyl-galaktoside[6], der Oktamethyllactose[7] und der methylierten Cerebroside[8].

Physikalische und chemische Eigenschaften: Krystalle aus Petroläther. Schmelzp. 71 bis 72°, $[\alpha]_D = +117,8°$ (Gleichgewicht). Siedep. 132—135° bei 0,4 mm; $n_D = 1,4676$. — Aus α-Methylgalaktosidmonohydrat von $[\alpha]_D^{16} = +177°$ durch Methylierung mit Dimethylsulfat und NaOH, dann 2 mal mit Silberoxyd und Methyljodid wurde das Tetramethylmethylgalaktosid gewonnen mit $n_D^{17} = 1,4505$, das bei der Hydrolyse mit wässeriger 8 proz. Salzsäure Tetramethylgalaktose von $[\alpha]_D^{18} = +117$ Gleichgewicht im Wasser bei $c = 0,996$ und $n_D^{17} = 1,4633$ zeigte. — Daraus durch Oxydation mit Brom entsteht Tetramethyl-d-galaktonsäurelacton (1,5). Siedep. unter 0,75 mm Druck 112—116°, $n_D^{17} = 1,4574$, $[\alpha]_D^{18} = +160,67° \rightarrow +47,58°$ in Wasser bei $c = 1,086$. — Galaktose mit $[\alpha]_D^{17} = +143,1° \rightarrow +80,84°$ in Wasser bei $c = 1,22$ ergab bei der direkten Methylierung mit Dimethylsulfat und Natronlauge ein Tetramethylmethylgalaktosid, das bei der Hydrolyse mit siedender 8 proz. wässeriger Salzsäure in 30 Minuten eine Tetramethylgalaktose vom Siedep. 130° unter 0,3 mm Druck zeigte; $n_D^{15} = 1,4618$, $[\alpha]_D = +83,3°$ in Wasser bei $c = 1,799$; $[\alpha]_D = +57°$ in Alkohol bei $c = 1,535$; $[\alpha]_D = +65°$ in Benzol bei $c = 1,401$. — Ein daraus bereitetes Tetramethylgalaktonsäurelacton von $[\alpha]_D = +106,7°$ lieferte mit alkoholischem Ammoniak ein Tetramethylgalaktonsäureamid aus Petroläther, der etwas Alkohol + Äther enthält, Krystalle. Schmelzp. 121°. Galaktose wurde mit 1 proz. methylalkoholischer Salzsäure 20 Stunden auf 100° erhitzt und das Produkt zunächst mit Dimethylsulfat und Natronlauge, dann mit Silberoxyd und Methyljodid methyliert. Das Tetramethylmethylgalaktosid zeigte Siedep. 104,8—105° unter 0,48 bis 0,52 mm; $n_D^{8,6} = 1,4500$; $n_D^{12,6} = 1,4484$. Daraus eine Tetramethylgalaktose vom Siedep. 140° unter 1—1,2 mm Druck, $n_D^{15} = 1,4620$, $[\alpha]_D = +70°$ Gleichgewichtswert in Wasser. Das daraus gewonnene Tetramethylgalaktonsäurelacton gab bei der Destillation zwei Fraktionen: 1. $n_D^{15} = 1,4546$, $[\alpha]_D^{18} = +61,7° \rightarrow +2,38°$ bei $c = 1,066$; 2. $n_D^{15} = 1,4538$, $[\alpha]_D^{19} = +48,75 \rightarrow -0,39°$ bei $c = 1,077$[9].

Derivate: 2, 3, 4, 6-Tetramethylgalaktoseanilid. Aus Alkohol umkrystallisiert, zeigt den Schmelzp. 202°. Löslichkeit in 96 proz. Alkohol bei 78° 1:34, bei 15° 1:150°[10]. Aus Essigester Krystalle. Schmelzp. 192—193°[11].

---

[1] W. N. Haworth u. C. W. Long: J. chem. Soc. Lond. **1927**, 544 — Chem. Zbl. **1927 I**, 2818. — H. H. Schlubach u. K. Moog: Ber. dtsch. chem. Ges. **56**, 1957 (1923) — Chem. Zbl. **1923 III**, 1399.

[2] Hans Heinrich Schlubach u. Wolfgang Rauchenberger: Ber. dtsch. chem. Ges. **58**, 1184 (1925); **59**, 2102 (1926) — Chem. Zbl. **1925 II**, 1952; **1926 II**, 2560.

[3] William Charlton, Walter Norman Haworth u. Wilfred John Hickinbottom: J. chem. Soc. Lond. **1927**, 1527 — Chem. Zbl. **1927 II**, 2281.

[4] W. N. Haworth, J. V. Loach u. C. W. Long: J. chem. Soc. Lond. **1927**, 3146 — Chem. Zbl. **1928 I**, 1390.

[5] W. N. Haworth, E. L. Hirst u. D. A. Ruell: J. chem. Soc. Lond. **123**, 3125 (1923) — Chem. Zbl. **1924 I**, 1509.

[6] J. Pryde: J. chem. Soc. Lond. **123**, 1808 (1923) — Chem. Zbl. **1923 III**, 1397. — H. H. Schlubach u. K. Moog: Ber. dtsch. chem. Ges. **56**, 1957 (1923) — Chem. Zbl. **1923 III**, 1399.

[7] W. N. Haworth, E. L. Hirst u. D. I. Jones: J. chem. Soc. Lond. **1927**, 2428 — Chem. Zbl. **1928 I**, 184.

[8] J. Pryde u. R. W. Humphreys: Biochemic. J. **20**, 825 (1927) — Chem. Zbl. **1927 I**, 620.

[9] John Pryde, Edmund Langley Hirst u. Robert William Humphreys: J. chem. Soc. Lond. **127**, 348 (1925) — Chem. Zbl. **1925 I**, 2369.

[10] H. H. Schlubach u. K. Moog: Ber. dtsch. chem. Ges. **56**, 1957 (1923) — Chem. Zbl. **1923 III**, 1399.

[11] W. N. Haworth, J. V. Loach u. C. W. Long: J. chem. Soc. Lond. **1927**, 3146 — Chem. Zbl. **1928 I**, 1390. — W. N. Haworth u. C. W. Long: J. chem. Soc. Lond. **1927**, 544 — Chem. Zbl. **1927 I**, 2818.

2, 3, 5, 6-Tetramethyl-d-galaktose[1] (Tetramethyl-γ-galaktose).
Tetramethyl-d-galaktofuranose.

Mol-Gewicht: 236,21.
Zusammensetzung: $C_{10}H_{20}O_6$.

$$\begin{array}{c} CH(OH) \\ H-C-O-CH_3 \\ CH_3-O-C-H \\ C-H \\ H-C-O-CH_3 \\ CH_2-O-CH_3 \end{array}$$

Bildung: Bei der Hydrolyse des entsprechenden Tetramethyl-methyl-γ-d-galaktosids.

Physikalische und chemische Eigenschaften: Sirup, Siedep. 136° bei 0,05 mm, n_D = 1,4540, $[\alpha]_D = -21,2°$ in Wasser bei $c = 2,12$; zeigt keine Mutarotation. Bei ihrer Oxydation mit Bromwasser entsteht das Lacton der 2, 3, 5, 6-Tetramethylgalaktonsäure.

2, 3, 4, 5, 6-Pentamethyl-d-galaktose[2].

Mol-Gewicht: 250,24.
Zusammensetzung: $C_{11}H_{22}O_6$.

$$\begin{array}{c} H \\ C=O \\ H-C-O-CH_3 \\ CH_3-O-C-H \\ CH_3-O-C-H \\ H-C-O-CH_3 \\ CH_2-O-CH_3 \end{array}$$

Bildung: Bei der Zersetzung des entsprechenden Diäthylmercaptals mit Quecksilberchlorid.

Physikalische und chemische Eigenschaften: $[\alpha]_D^{20} = -4,8°$ in Acetylentetrachlorid bei $c = 4,12$; 0° bis $-10°$ in Methylalkohol bei $c = 4,54$; in Gegenwart von 0,2 % Salzsäure stellt sich der Endwert sofort ein.

Derivate: Pentamethyldiäthylmercapto-d-galaktose $C_{15}H_{32}O_5S_2$

$$C_{11}H_{22}O_5\left(S{<}^{C_2H_5}_{C_2H_5}\right)$$

Durch Methylierung von d-Galaktosediäthylmercaptal. — Sirup vom Siedep. 155—160°/0,2mm. $[\alpha]_D = 0°$ (CH_3OH; $c = 11$)[2].

4-Methyl-mannose[3].
$C_7H_{14}O_6$

Mol-Gewicht: 194,14.

$$\begin{array}{c} CH(OH) \\ HO-C-H \\ HO-C-H \qquad O \\ H-C-O-CH_3 \\ H-C \\ CH_2-OH \end{array}$$

[1] Walter Norman Haworth, David Arthur Ruell u. Georg Crone Westgarth: J. chem. Soc. Lond. **125**, 2468 (1924) — Chem. Zbl. **1925 I**, 1065.
[2] P. A. Levene u. G. M. Meyer: J. of biol. Chem. **74**, 695 (1927) — Chem. Zbl. **1928 I**, 486.
[3] Eugen Pacsu u. Charlotte v. Kary: Ber. dtsch. chem. Ges. **62**, 2811 (1929) — Chem. Zbl. **1929 II**, 3222.

Bildung: Aus der Diacetonverbindung des Dibenzylmercaptals wird zunächst mit alkoholischer Quecksilberchloridlösung das Äthylglykosid gewonnen, und dieses der Hydrolyse mit Salzsäure unterworfen.

Physikalische und chemische Eigenschaften: Sirup von süßem Geschmack; $[\alpha]_D^{20} = +7,38°$ in Wasser.

Derivate: 4-Methyl-d-mannosedibenzylmercaptal $C_{21}H_{28}O_5S_2$. Entsteht bei der Hydrolyse der Diacetonverbindung. Nadeln aus Alkohol, Schmelzp. 188°; $[\alpha]_D^{20} = -106,62°$ in Pyridin. Wenig löslich in heißem Wasser, unlöslich in Äther und Chloroform.

2, 3, 5, 6-Diaceton-4-methyl-d-mannosedibenzylmercaptal. Durch Acetonierung und nachheriger Methylierung des d-Mannosedibenzylmercaptals. Sirup.

Phenylhydrazon $C_{13}H_{20}O_5N_2$. Aus Wasser kaum gefärbte Nadeln, Schmelzp. 179°.

Phenylosason identisch mit 4-Methyl-glykose-phenylosazon.

Trimethylmannose.

Mol-Gewicht: 222,19.

Zusammensetzung: $C_6H_9O_3(OCH_3)_3$; $C_9H_{18}O_6$.

Darstellung: Aus Trimethylmannan. Die Hydrolyse mit methylalkoholischer HCl bleibt unvollständig und kann mit 8proz. wässeriger HCl vollendet werden. Nach dem Neutralisieren mit Pb-Carbonat und Verdampfen des Filtrates im Vakuum zur Trockne hinterbleibt ein Rückstand, dem mit Chloroform Trimethylmannose entzogen wird.

Physikalische und chemische Eigenschaften: Gelber Sirup: n_D 1,4780. $[\alpha]_D$ in Wasser $= -5,8°$ [1].

3, 4, 6-Trimethyl-d-mannopyranose [2].

Mol-Gewicht: 222,19.

Zusammensetzung: $C_9H_{18}O_6$.

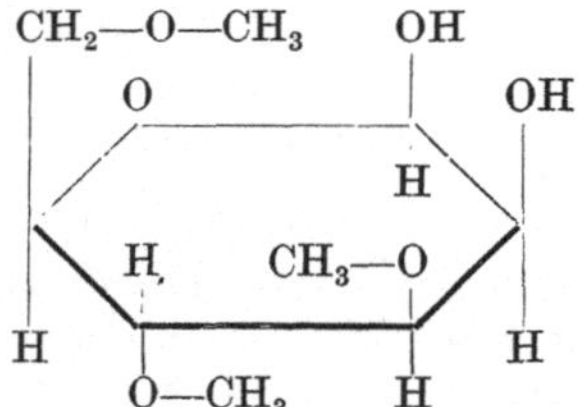

Bildung: Bei der Hydrolyse des γ-Monoacetyl-3, 4, 6-trimethyl-methyl-d-mannosids mit $^1/_2$n-Schwefelsäure in 1 Stunde bei 90°.

Physikalische und chemische Eigenschaften: Sirup, Siedep. 135° bei 0,04 mm; $n_D^{16} = 1,4734$, der alsbald krystallisiert. Aus Äther Krystalle vom Schmelzp. 101—102°; $[\alpha]_D^{23} = +36°$ in Methylalkohol bei $c = 0,8$; $= +21° \rightarrow +8,2°$ in Wasser, Endwert nach 90 Minuten. Bei der Methylierung entsteht Tetramethyl-β-methyl-mannopyranosid. — Mit Bromwasser bildet sich d-3, 4, 6-Trimethyl-δ-mannonsäurelacton.

2, 3, 4, 6-Tetramethylmannose (Bd. II, S. 343).

Mol-Gewicht: 236,21.

Zusammensetzung: $C_{10}H_{20}O_6$.

CH(OH)

CH₃—O—C—H

CH₃—O—C—H   O

H—C—OCH₃

H—C

CH₂—O—CH₃

[1] J. Patterson: J. chem. Soc. Lond. **123**, 1139 (1923) — Chem. Zbl. **1923 III**, 833.

[2] Harold Graham Bott, Walter Norman Haworth u. Edmund Langley Hirst: J. chem. Soc. Lond. **1930**, 1395 — Chem. Zbl. **1930 II**, 1520.

Bildung: Bei der Einwirkung verdünnter Alkalien (Kalk- oder Barytwasser) unter milden Bedingungen auf Tetramethylglykose. Es entsteht ein Gemisch von Tetramethylglykose und Tetramethylmannose[1].

Physikalische und chemische Eigenschaften: Sirup vom Siedep. bei 0,035 mm 114,5°, $n_D^{19} = 1,4597$, $[\alpha]^{18} = +26° \rightarrow +31°$ in Methylalkohol bei $c = 5,15$[2]. Durch Extraktion mit niedrigsiedendem Petroläther gelingt es, α-Tetramethylmannose in krystalliner Form zu erhalten; die festen, durchscheinenden Krystalle scheinen dem monoklinen System zuzugehören. Oxydation mit Brom führt zu einem sirupartigen Tetramethylmannonsäurelacton, bei Einwirkung von wässerigem Alkali erfolgt partielle Umwandlung in Tetramethylglykose[1, 3]. α-Methylmannosid wird durch Methylierung in Tetramethyl-α-methylmannosid überführt (Schmelzp. 39—40°, Siedep. 116° bei 2 mm, $[\alpha]_D = +43,5°$ in Wasser) und dieser hydrolysiert. — Schmelzp. 50,5°—51,5°; $[\alpha]_D^{20} = +2,4°$ in Wasser; $[\alpha]_D^{20} = +27,6°$ in Methylalkohol; $[\alpha]_D^{30} = +23,0°$ in Chloroform. 100 g gaben beim Behandeln mit Alkali 93,5 g Zucker zurück; das Gemisch wurde durch die Anilide getrennt. Erhalten 36,9 g Tetramethylglykose und 37,8 g Tetramethylmannose. — Eine methylierte Ketose wurde nicht gebildet[4].

Derivate: Tetramethyl-mannose-phenylhydrazid. Aus Benzol perlmutterartige Schuppen vom Schmelzp. 184—185°[2].

<h1 align="center">Tetramethyl-γ-mannose[5].</h1>
<h2 align="center">2, 3, 5, 6-Tetramethyläther der d-Mannofuranose.</h2>

Mol-Gewicht: 236,21.
Zusammensetzung: $C_{10}H_{20}O_6$.

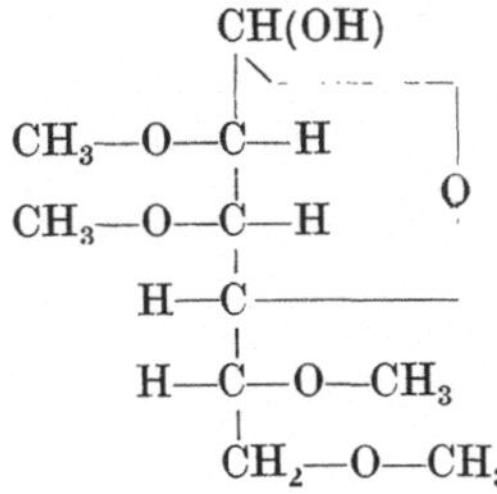

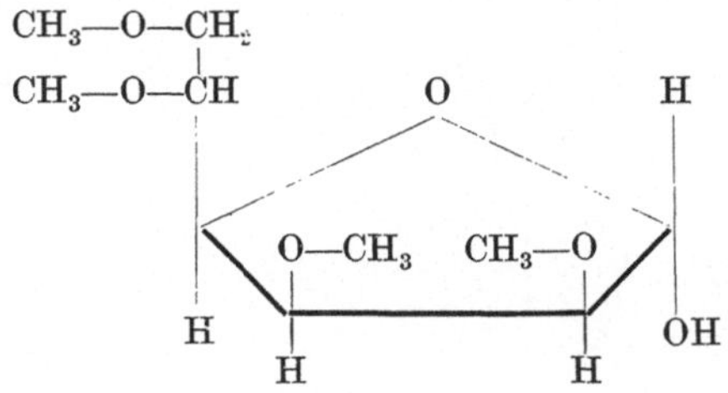

Bildung: Bei der Hydrolyse von Tetramethyl-γ-methylmannosid.

Physikalische und chemische Eigenschaften: Sirup, Siedep. 190° bei 10 mm. Krystallisiert langsam in Prismen. $n_D = 1,4647$; $[\alpha]_D^{20} = +47,4°$ in Alkohol bei $c = 1,012$; $= +48,5°$ in Methylalkohol bei $c = 1,010$. — Reduziert sehr energisch Fehlingsche Lösung und Kaliumpermanganat. Bildet mit 0,25 proz. methylalkoholischer Salzsäure bei 15° äußerst schnell das entsprechende Glykosid. — Alle Methylderivate der γ-Mannose, die 3 oder mehr Methoxylgruppen enthalten, halten eine derselben sehr fest, so daß sie mit Jodwasserstoff bei 135° nicht, sondern erst bei 145° abgespalten wird. Sirup, Siedep. 124° unter 0,1 mm; $n_D^{15} = 1,4532$; $[\alpha]_D^{21} = +39° \rightarrow +43°$ in Wasser, Gleichgewichtswert nach 10 Minuten; $[\alpha]_D^{22} = +37°$ in Methylalkohol. Durch Oxydation mit Brom entsteht der Tetramethyläther des γ-Mannonsäurelactons[6].

---

[1] M. L. Wolfrom u. W. L. Lewis: J. amer. chem. Soc. **50**, 837 — Chem. Zbl. **1928 I**, 2377. — E. L. Gustus u. W. L. Lewis: J. amer. chem. Soc. **49**, 1512 — Chem. Zbl. **1927 II**, 1466.

[2] H. D. K. Drew, E. H. Goodyear u. W. N. Haworth: J. chem. Soc. Lond. **1927**, 1237 — Chem. Zbl. **1927 II**, 1244.

[3] W. L. Lewis u. R. D. Greene: Science (N. Y.) **64**, 206 (1926) — Chem. Zbl. **1926 II**, 2781.

[4] Richard D. Greene u. W. Lee Lewis: J. amer. chem. Soc. **50**, 2813 (1928) — Chem. Zbl. **1928 II**, 2643.

[5] James Colquhoun Irvine u. William Burt: J. chem. Soc. Lond. **125**, 1343 (1924) — Chem. Zbl. **1924 II**, 2020.

[6] Walter Norman Haworth, Edmund Langley Hirst u. John Ivor Webb: J. chem. Soc. Lond. **1930**, 651 — Chem. Zbl. **1930 II**, 230.

2, 3, 4, 5, 6-Pentamethyl-d-mannose.

Mol-Gewicht: 250,24.
Zusammensetzung: $C_{11}H_{22}O_6$.

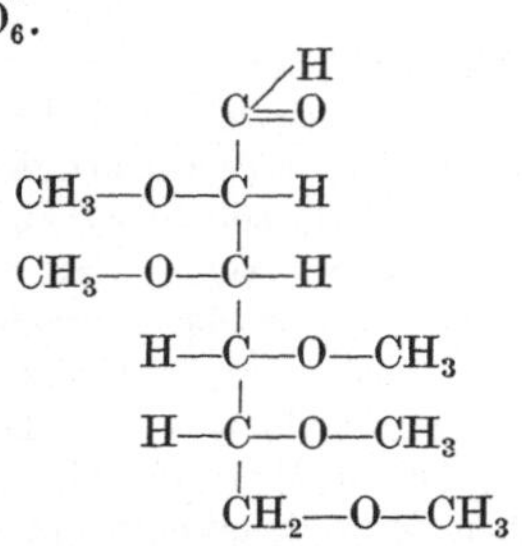

$$
\begin{array}{c}
C\!\!\diagdown\!\!{}^H_O \\
CH_3—O—C—H \\
CH_3—O—C—H \\
H—C—O—CH_3 \\
H—C—O—CH_3 \\
CH_2—O—CH_3
\end{array}
$$

Bildung: Aus dem Diäthylmercaptal.

Physikalische und chemische Eigenschaften: Sirup vom Siedep. 98—100°/0,1 mm. $[\alpha]_D^{20} = +9,1°$ ($C_2H_2Cl_4$; $c = 6,4$), in kaltem CH_3OH $[\alpha]_D^5 = +8,00°$, die bei 20° auf $+17,8°$ ansteigt. Reduziert Fehlingsche Lösung in der Wärme und ammoniakalische Ag-Lösung bereits in der Kälte[1].

Derivate: Pentamethyläther der Diäthylmercaptomannose $C_{15}H_{32}O_5S_2$. Sirup vom Siedep. 155—160°/0,2 mm. $[\alpha]_D^{20} = +39,4°$ (CH_3OH; $c = 8$)[1].

3, 5, 6-Trimethyl-d-idofuranose.

Mol-Gewicht: 222,19.
Zusammensetzung: $C_9H_{18}O_6$.

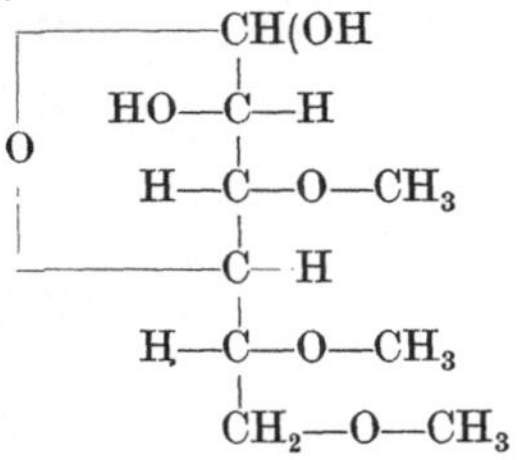

$$
\begin{array}{c}
—CH(OH \\
HO—C—H \\
O \quad H—C—O—CH_3 \\
—C·H \\
H—C—O—CH_3 \\
CH_2—O—CH_3
\end{array}
$$

Derivate: 3, 5, 6-Trimethyl-monoaceton-d-idose-[1, 4][2] $C_{12}H_{22}O_6$. Aus der in Essigester leicht löslichen Fraktion von der alkalischen Hydrolyse der 5, 6-Anhydromonoacetonglykose durch Methylierung mit Methyljodid und Silberoxyd. Leicht bewegliches Öl, Siedep. 92—93° bei 0,07 mm; $[\alpha]_D^{30} = +66,2°$ in Methylalkohol.

Monomethylfructose[3].

Mol-Gewicht: 194,14.
Zusammensetzung: $C_7H_{14}O_6$.

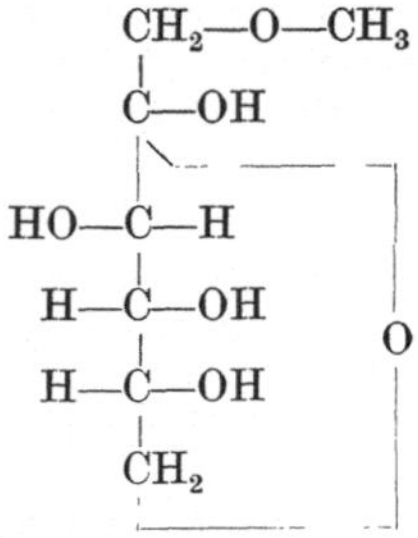

$$
\begin{array}{c}
CH_2—O—CH_3 \\
C—OH \\
HO—C—H \\
H—C—OH \quad O \\
H—C—OH \\
CH_2
\end{array}
$$

Höchstwahrscheinlich 1-Methylfructose.

Darstellung: Aus Methyl-β-diacetonfructose mit 3n-alkoholischer H_2SO_4 bei 38—40°. Nach 25 Stunden ist die Abspaltung der Acetongruppen beendet.

---

[1] P. A. Levene u. G. M. Meyer: J. of biol. Chem. **74**, 695 (1927) — Chem. Zbl. **1928 I**, 486.
[2] Heinz Ohle u. Ladislaus v. Vargha: Ber. dtsch. chem. Ges. **62**, 2435 (1929) — Chem. Zbl. **1929 II**, 2663.
[3] H. Ohle (Mitarb.: J. Koller u. G. Berend): Ber. dtsch. chem. Ges. **58**, 2577 (1925) — Chem. Zbl. **1926 I**, 2186.

Physikalische und chemische Eigenschaften: Sirup. $[\alpha]_D^{20} = -49{,}82°$ in Methylalkohol[1]. Ist nicht identisch mit der von Irvine und Hynd[2] dargestellten 3-Methylfructose. Mit Phenylhydrazin liefert nicht das 6-Methylglykosazon von Helferich und Becker[3].

Derivate: Methyl-β-diacetonfructose $C_{13}H_{22}O_6$. Durch Methylierung der β-Diacetonfructose mit CH_3J und Ag_2O. Sirup. Wird in Alkohol gelöst und Wasser zugesetzt bis zur Trübung. Beim Verdunsten des Alkohols nach Animpfen große Krystalle vom Schmelzpunkt 48—49°[4]. $[\alpha]_D^{20} = -38{,}26°$, in abs. Alkohol, $-29{,}53°$ in Chloroform.

Phenylosazon. Schmelzp. 178°. $[\alpha]_{Hg\,gelb}^{19} = -168 \pm 4°$ in Pyridin[4].

3-Methyläther der d-Fructose[5].

Mol-Gewicht: 194,14.

Zusammensetzung: $C_7H_{14}O_6$.

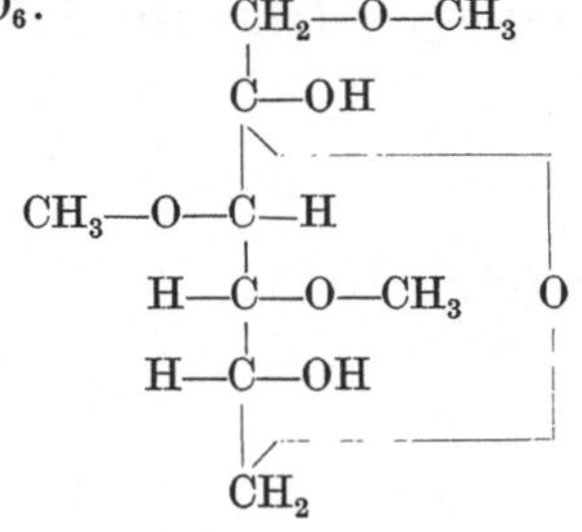

Bildung: Bei der Hydrolyse der 3-Methyl-diacetonfructose.

Physikalische und chemische Eigenschaften: Schmelzp. 128—130°, $[\alpha]_D^{20} = -84{,}1°$ → $-53{,}5°$. — Wird von Brom kaum angegriffen, bindet Bariumhydroxyd.

Derivate: Phenylosazon. Aus verdünntem Alkohol Krystalle, Schmelzp. 177—179°.

Dimethyl-γ-fructose (dextro)[6].

Mol-Gewicht: 208,17.

Zusammensetzung: $C_6H_{16}O_6$.

Bildung: Durch Hydrolyse von l-Dimethylinulin in siedender wässerig-alkoholischer Oxalsäurelösung, die nach 3 Stunden den konstanten Drehungswert von $[\alpha]_D = +18{,}2°$ zeigt. Ausbeute 72%.

Physikalische und chemische Eigenschaften: Nach dem Trocknen bei 60° unter 100 mm dicker Sirup. $[\alpha]_D^{20}$ in Chloroform $= +17{,}1°$ für $c = 2{,}675$. — Löslich in Wasser, Alkohol und Aceton. — Die wässerige Lösung reduziert kalte Permanganatlösung.

1, 3, 4-Trimethyl-fructose[7].

Mol-Gewicht: 222,19.

Zusammensetzung: $C_9H_{18}O_6$.

[1] H. Ohle (Mitarb.: J. Koller u. G. Berend): Ber. dtsch. chem. Ges. **58**, 2577 (1925) — Chem. Zbl. **1926 I**, 2186.

[2] Irvine u. Hynd: J. chem. Soc. Lond. **95**, 1220 (1909).

[3] Helferich u. Becker: Liebigs Ann. **440**, 1 (1924) — Hudson: J. amer. chem. Soc. **47**, 872 (1925).

[4] K. Freudenberg u. R. M. Hixon: Ber. dtsch. chem. Ges. **56**, 2119 (1923) — Chem. Zbl. **1923 III**, 1555.

[5] Cameron Gordon Anderson, William Charlton, Walter Norman Haworth u. Vincent Stanley Nicholson: J. chem. Soc. Lond. **1929**, 1337 — Chem. Zbl. **1929 II**, 2771.

[6] James Colquhoun Irvine, Ettie Stewart Steele u. Mary Isobel Shammon: J. chem. Soc. Lond. **121**, 1060 (1922) — Chem. Zbl. **1922 III**, 1335.

[7] Géza Zemplén: Ber. dtsch. chem. Ges. **59**, 2539 (1926) — Chem. Zbl. **1927 I**, 883.

Bildung: Bei der Hydrolyse der Oktamethylturanose neben Tetramethylglykose[1].

Physikalische und chemische Eigenschaften: Die 1, 3, 4-Trimethyl-fructose ist ein nahezu farbloser, leicht beweglicher Sirup. Sie ist in Wasser sowie in sämtlichen organischen Lösungsmitteln leicht löslich. Fehlingsche Lösung und Permanganat reduziert sie schon in der Kälte. Ihr Reduktionsvermögen ist $= 52—53\%$ von dem der Glykose. $[\alpha]_D^{16} = +1,39 \cdot 15,7316/0,740 \cdot 1,0095 = +29,27°$ in Wasser, nach 18 Stunden $[\alpha]_D^{16} = +30,3°$ in Wasser. $[\alpha]_D^{19} = +1,97 \cdot 13,2460/1,3248 \cdot 0,8215 = +23,97°$ in Alkohol, $[\alpha]_D^{19} = +24,96°$ in Alkohol nach 18 Stunden. Die Reduktion mit Natriumamalgam gibt eine Substanz, die nach Zusatz von Borsäure keine Änderung des Drehungsvermögens erleidet. Die Oxydation mit Salpetersäure führt zu α, β-Dimethoxy-γ-oxy-δ-valerolacton. Die weitere Oxydation des Lactons mit Permanganat ergibt β, γ-Dimethoxy-α-oxy-glutarsäure[2].

3, 4, 5-Trimethylfructose.

Mol-Gewicht: 222,19.
Zusammensetzung: $C_9H_{18}O_6$.

$$\begin{array}{c}
CH_2—OH \\
| \\
C—OH \\
| \\
CH_3—O—C—H \\
| \\
H—C—O—CH_3 \quad O \\
| \\
H—C—O—CH_3 \\
| \\
CH_2
\end{array}$$

Bildung: Eine 4 proz. Lösung von Trimethyl-α-fructosemonoaceton wird mit 0,1 proz. wässeriger Salzsäure auf 180° erhitzt, nach $2^1/_2$ Stunden nach Schütteln mit Silbercarbonat die Salzsäure entfernt, mit Holzkohle entfärbt, und das Filtrat unter vermindertem Druck eingedampft[3].

Physikalische und chemische Eigenschaften: Viscoser Sirup; $[\alpha]_D$ in Wasser $= -115,9°$.

Derivate: Trimethylfructosemonoaceton[3] $C_9H_{13}O_3(OCH_3)_2$. Aus α-Fructosemonoaceton (1 Mol), in wenig Methylalkohol mit 3 Mol Silberoxyd und 6 Mol Methyljodid; Siedep. bei 10 mm 135—138°, $n_D = 1,4575$, $[\alpha]_D^{20}$ in Wasser $= -147,9°$ bei $c = 0,902$, $[\alpha]_D^{20}$ in Alkohol $= -125,7°$ bei $c = 0,887$, $[\alpha]_D^{20}$ in Aceton $= -125,0°$ bei $c = 1,208$. — Bei der Hydrolyse entsteht Trimethylfructose. Liefert bei vollständiger Methylierung und folgender Hydrolyse den Tetramethyläther der Fructopyranose und weiterhin bei der Oxydation mit Salpetersäure den Methylester der Tetramethyl-2-ketoglykonsäure-[2, 6][4].

3, 4, 6-Trimethyl-γ-fructose (Bd. X, S. 548).

Mol-Gewicht: 222,1.
Zusammensetzung: $C_9H_{18}O_6$.

$$\begin{array}{c}
CH_2OH \\
| \\
HO—C— \\
| \\
CH_3O—C—H \\
| \\
H—C—OCH_3 \quad O \\
| \\
H—C— \\
| \\
CH_2—OCH_3
\end{array}$$

[1] Géza Zemplén: Ber. dtsch. chem. Ges. **59**, 2539 (1926) — Chem. Zbl. **1927 I**, 883.

[2] Géza Zemplén u. Géza Braun: Ber. dtsch. chem. Ges. **59**, 2236 (1926) — Chem. Zbl. **1926 II**, 2235.

[3] James Colquhoun Irvine u. Jocelyn Patterson: J. chem. Soc. Lond. **121**, 2146 (1922) — Chem. Zbl. **1923 III**, 741.

[4] Cameron Gordon Anderson, William Charlton, Walter Norman Haworth u. Vincent Stanley Nicholson: J. chem. Soc. Lond. **1929**, 1337 — Chem. Zbl. **1929 II**, 2771.

Bildung: Entsteht bei der Hydrolyse des Trimethylinulins. Bei der Hydrolyse von Hexamethyl-h-difructoseanhydrid (1, 2′) (1′, 2)[1].

Physikalische und chemische Eigenschaften: Sirup vom Siedep. 115°/0,02 mm. $n_D^{14} = 1,4675$. $[\alpha]_D^{20} = +27,7°$ (Chloroform; $c = 1,57$). Entfärbt sofort neutrale $KMnO_4$-Lösung. Liefert bei der Oxydation mit HNO_3 die 1, 4-Lactolform der Trimethyl-2-ketoglykonsäure[2]. $[\alpha]_D^{20} = +24,8°$ in Chloroform, $c = 1$, liefert über das Trimethyl-γ-methylfructosid Tetramethyl-γ-methylfructosid, $[\alpha]_D = +32°$[3]. — Siedep. 107° bei 0,05 mm; $n_D^{20} = 1,4680$; $[\alpha]_D^{20} = +23°$ in Chloroform bei $c = 1,13$[1].

Derivate: Phenylosazon $C_{21}H_{28}O_4N_4$. Schmelzp. 78—80°, gibt mit einem aus Trimethyl-inulin hergestellten Vergleichspräparat keine Depression[1]. — Aus verdünntem Alkohol gelbe Nadeln vom Schmelzp. 80—82° mit 1 Mol Krystallwasser. Durch vorsichtiges Trocknen oder durch wiederholtes Umkrystallisieren aus Petroläther in Gegenwart von wenig Äther erhält man die wasserfreie Form in gelben Prismen vom Schmelzp. 137—138°[2].

γ-**Trimethylfructosemonoaceton.** Erwies sich als vollkommen verschieden von der gewöhnlichen Trimethylfructosemonoacetonverbindung. Es ist rechtsdrehend und gibt rechtsdrehende Trimethylfructose bei der Hydrolyse[4].

1, 3, 4, 5-Tetramethylfructose (normale Form) (Bd. II, S. 366).
(Früher für 1, 3, 4, 6-Tetramethylfructose gehalten.)

Mol-Gewicht: 236,21.
Zusammensetzung: $C_{10}H_{20}O_6$.

$$
\begin{array}{c}
CH_2 \cdot OCH_3 \\
| \\
C \cdot OH \\
| \\
CH_3O \cdot C \cdot H \\
| \\
H \cdot C \cdot OCH_3 \\
| \\
H \cdot C \cdot OCH_3 \\
| \\
CH_2
\end{array}
$$

Bildung: Entsteht bei der Hydrolyse des entsprechenden Tetramethyl-methyl-fructosid mit 1,2 proz. Salzsäure bei 100°[4].

Physikalische und chemische Eigenschaften: Schmelzp. 95—97°, $[\alpha]_D^{20}$ in Wasser $= -87,3°$. Krystalle vom Schmelzp. 97°, $[\alpha]_D = -119°$ (Wasser; $c = 1,512$)[6]. — Führt man die Oxydation der normalen Tetramethylfructose nach dem bei den Tetramethylglykosen erprobten Verfahren aus, so erhält man neben anderen, nicht identifizierten Oxydationsprodukten d-Arabotrimethoxyglutarsäure (Symbol III).

$$
\begin{array}{c}
COOH \\
| \\
CH_3-O-C-H \\
| \\
H-C-OCH_3 \\
| \\
H-C-O-CH_3 \\
| \\
COOH
\end{array}
$$
III

[1] Hans Heinrich Schlubach u. Horst Elsner: Ber. dtsch. chem. Ges. **61**, 2363 (1928) — Chem. Zbl. **1929 I**, 45.

[2] W. N. Haworth u. A. Learner: J. chem. Soc. Lond. **1928**, 619 — Chem. Zbl. **1928 I**, 2934.

[3] James Colquhoun Irvine, Ettie Stewart Steele u. Mary Isobel Shammon: J. chem. Soc. Lond. **121**, 1060 (1922) — Chem. Zbl. **1922 III**, 1335.

[4] James Colquhoun Irvine u. Jocelyn Patterson: J. chem. Soc. Lond. **121**, 2146 (1922) — Chem. Zbl. **1923 III**, 741.

[5] W. N. Haworth, E. L. Hirst u. A. Learner: J. chem. Soc. Lond. **1927**, 1040 — Chem. Zbl. **1927 II**, 804. — T. Purdie u. D. Mac L. Pane: J. chem. Soc. Lond. **91**, 289 (1907) — Chem. Zbl. **1907 I**, 1250. — J. C. Irvine u. J. Patterson: J. chem. Soc. Lond. **121**, 2696 — Chem. Zbl. **1923 III**, 1066. — W. N. Haworth u. E. L. Hirst: J. chem. Soc. Lond. **1926**, 1858 — Chem. Zbl. **1926 II**, 2694.

[6] H. H. Schlubach u. G. A. Schröter: Ber. dtsch. chem. Ges. **61**, 1216 (1928) — Chem. Zbl. **1928 II**, 540.

und inaktive Dimethoxybernsteinsäure (Symbol IV).

$$CH: \quad \begin{array}{c} COOH \\ | \\ H-C-O-CH_3 \\ | \\ H-C-O-CH_3 \\ | \\ COOH \\ IV \end{array}$$

Daraus folgt für die normale Tetramethylfructose die oben angegebene Konstitution[1].

1, 3, 4, 6-Tetramethyl-γ-fructose (Bd. X, S. 549).
Tetramethyl-d-fructosefuranosid
(früher 1, 4, 5, 6-Tetramethylfructose genannt).

Mol-Gewicht: 236,21.
Zusammensetzung: $C_{10}H_{20}O_6$.

$$\begin{array}{c} CH_2-O-CH_3 \\ | \\ C-OH \\ | \\ CH_3-O-C-H \\ | \\ H-C-O-CH_3 \\ | \\ H-C \\ | \\ CH_2-O-CH_3 \end{array} \rangle O$$

Bildung: Aus Hendekamethylraffinose nach der Hydrolyse[2].

Darstellung: Die Darstellung der Tetramethyl-γ-fructose ist wegen ihrer großen Empfindlichkeit gegen Säuren und Alkalien am geeignetsten die Hydrolyse von Heptamethylrohrzucker mit 0,4 proz. wässeriger Salzsäure bei 60° und Neutralisation mit Bariumcarbonat. Zur Reinigung dient die Behandlung mit Bromwasser bei 35° während 16 Stunden[3].

Physikalische und chemische Eigenschaften: $[\alpha]_D^{16} = +31,3°$ bei $c = 2,015$; $n_D^{13} = 1,4513$. Gibt mit Anilinacetat oder Schiffs Reagens keine Färbung. Unter dem Einfluß von verdünnten Säuren bei 80° und bei der Einwirkung von Essigsäureanhydrid und Natriumacetat spaltet die Tetramethyl-γ-fructose 3 Moleküle Methylalkohol ab. Das weitere Studium der Reaktion mit 8 proz. Salzsäure ergab, daß das Endprodukt dieser Zersetzung das ω-Methoxy-5-methylfurfurol II

$$\begin{array}{c} C{\small\diagup}^H{\small\diagdown}_O \\ CH=CH \\ | \quad II \quad \rangle O \\ CH=CH \\ | \\ CH_2-O-CH_3 \end{array} \qquad \begin{array}{c} COOH \\ | \\ CH=CH \\ | \quad III \quad \rangle O \\ CH=CH \\ | \\ CH_2-O-CH_3 \end{array}$$

ist, was durch Oxydation zu der entsprechenden Carbonsäure III und Synthese derselben aus dem ω-Brom-5-methylfurfurol, sowie durch Umwandlung von Glykosamin über Chitose und Chitonsäure bewiesen wird. — Es ist anzunehmen, daß der Zerfall über folgende Stufen IV und V verläuft:

---

[1] Walter Norman Haworth u. Edmund Langley Hirst: J. chem. Soc. Lond. **126**, 1858 — Chem. Zbl. **1926 II**, 2694. — J. chem. Soc. Lond. **1926**, 350 — Chem. Zbl. **1926 I**, 3025.

[2] W. N. Haworth, E. L. Hirst u. D. A. Ruell: J. chem. Soc. Lond. **123**, 3125 (1923) — Chem. Zbl. **1924 I**, 1509.

[3] Walter Norman Haworth, Edmund Langley Hirst u. Vincent Stanlay Nicholson: J. chem. Soc. Lond. **1927**, 1513 — Chem. Zbl. **1927 II**, 2279.

$$
\begin{array}{ccc}
\text{IV} & \longrightarrow & \text{V}
\end{array}
$$

Die Erkenntnis dieses Verhaltens gegen Mineralsäuren ermöglichte nun auch die Aufklärung des Reaktionsverlaufs bei der Oxydation der Tetramethyl-γ-fructose mit Salpetersäure. Die vorher isolierten Sirupe waren alle mit Verbindungen V, II oder III verunreinigt, wodurch bei der Analyse ihr Kohlenstoffgehalt zu hoch ausfällt. Wie es festgestellt wird, ist das früher als Trimethyl-γ-valerolacton beschriebene erste Oxydationsprodukt als das Ringisomere XIV, der auf dem gleichen Wege aus der normalen Tetramethylfructose X erhaltenen Trimethyl-2-ketoglykonsäure XI.

$$
\begin{array}{ccc}
\text{XIV} & \text{X} & \text{XI}
\end{array}
$$

Dies geht hervor durch die Umwandlung von XIV in das krystallisierte Amid XVIII über die Zwischenprodukte XV und XVI.

$$
\begin{array}{ccc}
\text{XV} & \rightarrow & \text{XVI} & \rightarrow & \text{XVIII}
\end{array}
$$

Der Angriff der Salpetersäure erfolgt also bei der Tetramethyl-γ-fructose ebenso wie bei dem Ringisomeren X nicht an der Ketogruppe, sondern an der CH_2-O-CH_3-Gruppe in Stellung 1 [1]. — Weitere Untersuchungen über die Oxydationsprodukte mit Salpetersäure bzw. Permanganat [2].

2, 3, 6-Trimethylhexose [3].

Bildung: Bei der Verseifung des 2, 3, 6-Trimethylhexoseanhydrids mit Salzsäure.

Physikalische und chemische Eigenschaften: $[\alpha]_D = +95{,}2°$ in Wasser, ist nicht identisch mit 2, 3, 6-Trimethylglykose. — Durch Methylierung entsteht ein Hexosid $[\alpha]_D = +33°$.

[1] Walter Norman Haworth, Edmund Langley Hirst u. Vincent Stanlay Nicholson: J. chem. Soc. Lond. **1927**, 1513 — Chem. Zbl. **1927 II**, 2279.

[2] Walter Norman Haworth u. Wilfred Herbert Linnell: J. chem. Soc. Lond. **123**, 294 (1923) — Chem. Zbl. **1923 III**, 1002. — Walter Norman Haworth u. James Gibbs Mitchell: J. chem. Soc. Lond. **123**, 301 (1923) — Chem. Zbl. **1923 III**, 1002. — George Mac Owan: J. chem. Soc. Lond. **1926**, 1737 — Chem. Zbl. **1926 II**, 2696. — Hirst u. Robertson: J. chem. Soc. Lond. **127**, 358 (1925) — Chem. Zbl. **1925 I**, 2371. — Hirst u. Purves: J. chem. Soc. Lond. **123**, 1352 (1924) — Chem. Zbl. **1924 I**, 1657. — Walter Norman Haworth u. Edmund Langley Hirst: J. chem. Soc. Lond. **1926**, 1858 — Chem. Zbl. **1926 II**, 2694.

[3] Karl Freudenberg u. Emil Braun: Liebigs Ann. **460**, 288 (1928) — Chem. Zbl. **1928 I**, 1848.

2, 3, 4, 6-Tetramethylhexose[1].

Bildung: Entsteht bei der Verseifung des 2, 3, 4, 6-Trimethyl-1-methylhexosids.

Physikalische und chemische Eigenschaften: $[\alpha]_D = +55°$ in Wasser; ist nicht identisch mit Tetramethylgalaktose.

2, 3, 6-Trimethylglykosan [α 1, 5] [β 1, 4] (Formel II) und
2, 3, 6-Trimethylglykosan [α 1, 4] [1, 5] (Formel I)[2].

Mol-Gewicht: 204,18.

Zusammensetzung: $C_9H_{16}O_5$.

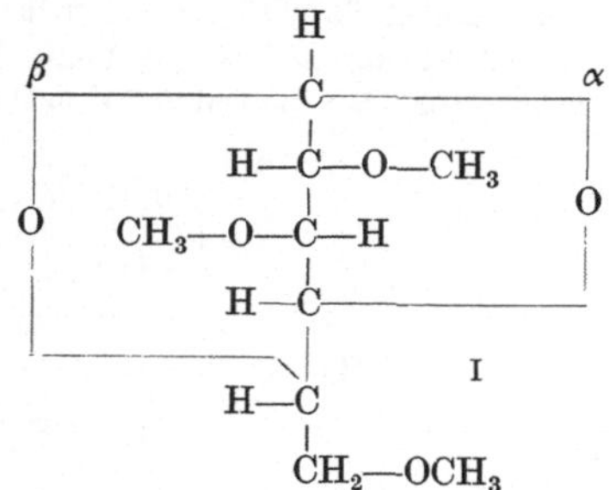
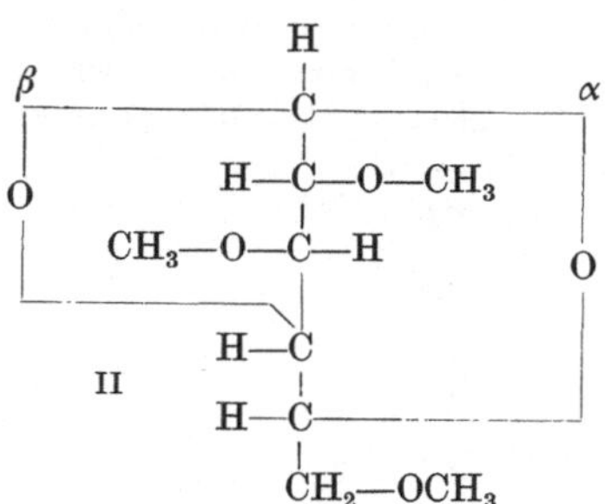

   Von den beiden denkbaren Symbolen ist durch Modelle nachweisbar, daß nur Symbol I sterisch möglich ist, dagegen ist II räumlich unmöglich[3].

   Bildung: Aus 2, 3, 6-Trimethyl-4-acetyl-glykosido-(1, 5)-trimethylammoniumchlorid beim Erwärmen mit Barytwasser.

   Physikalische und chemische Eigenschaften: Siedep. 107—108° bei 0,05—0,07 mm. Farbloser Sirup. Besteht aus 75% II und 25% von I. Reduziert Fehlingsche Lösung beim Kochen nicht, Permanganat in der Kälte sofort. Mit 1proz. methylalkoholischer Salzsäure wird das sterisch gespannte Anhydrid zum 2, 3, 6-Trimethyl-β-methylglykosid gespalten, das sterisch nicht gespannte Anhydrid I bleibt unverändert. Das Gemisch von 2, 3, 6-Trimethyl-methylglykosid und I wird methyliert. Durch Hydrolyse mit wässeriger Salzsäure wird ein Gemisch von 2, 3, 6-Trimethylglykose (1, 5) und 2, 3, 4, 6-Tetramethylglykose (1, 5) erhalten, die beide isoliert wurden. Die Anhydride I und II sind auf Grund ihrer Eigenschaften, Löslichkeit, Destillierbarkeit, Molekulargewicht mit Trimethylcellulose nicht identisch.

   Freudenberg und Braun[1] stellten das von Micheel und Heß beschriebene Gemisch der Anhydride I und II dar. — Da sie darin das Vorliegen von Hydroxylen nachweisen, schließen sie, da auch Permanganat entfärbt wird, daß es sich nicht um das Gemisch der Anhydride I und II handelt, sondern um ein Gemisch aus I und III.

H
|
C
‖
C—O—CH₃
CH₃—O—C—H   O
H—C—OH
III   C
|
CH₂—OCH₃

   Dieses konnte bei der Hydrolyse auch 2, 3, 6-Trimethylglykose liefern. — Sie erhielten das Anhydrid in sehr viel geringerer Ausbeute als Micheel und Heß; Siedep. schwankend. — Eine Fraktion vom Siedep. 80—86° bei 1 mm mit $[\alpha]_D = +23°$ in Wasser, eine andere $[\alpha]_D = +50°$, es konnten 1 und 0,3 Hydroxylgruppen nachgewiesen werden[2].

[1] Karl Freudenberg u. Emil Braun: Liebigs Ann. **460**, 288 (1928) — Chem. Zbl. **1928 I**, 1848.

[2] Fritz Micheel u. Kurt Heß: Ber. dtsch. chem. Ges. **60**, 1898 (1927) — Chem. Zbl. **1928 I**, 30.

[3] Kurt H. Meyer: Z. angew. Chem. **41**, 935 (1928) — Chem. Zbl. **1928 II**, 1871.

Ein anderes Anhydrid wurde erhalten aus 2, 3, 6-Trimethyl-1-chlorglykose in trocknem Äther mit Natriumstaub. — Nach 24 Stunden wird vom Natrium und vom Kochsalz abfiltriert und bei 0,1 mm und 83—85° destilliert. Farblose, leicht bewegliche Flüssigkeit, leicht löslich in Wasser und Petroläther; $[\alpha]_D^{16} = -10,1$ ohne Lösungsmittel $-14,6°$ in Chloroform, $-16,5°$ in Wasser; $n_D^{14} = 1,4656$; spez. Gewicht bei 15°: 1,1593, Mol-Gewicht 199; 201, berechnet 204. — Gibt bei der Hydrolyse 2, 3, 6-Trimethylglykose[1]. — Es ist beständig gegen Fehlingsche Lösung, Permanganat und Bromwasser, enthält kein Hydroxyl und geht bei der Hydrolyse vollständig in 2, 3, 6-Trimethylglykose über. Da von den beiden sterisch möglichen Anhydriden die Trimethylglykose II wegen der Spannung nicht existenzfähig sein kann, so muß die Verbindung die Konstitution I haben[1].

Enthält neben 2, 3, 6-Trimethylglykoseanhydrid $[\alpha\text{-}1, 4]$ $[\beta\text{-}1, 5]$ oder 2, 3, 6-Trimethylglykoseanhydrid $[\alpha\text{-}1, 5]$ $[\beta\text{-}1, 4]$ eine ungesättigte hydroxylhaltige Substanz. $[\alpha]_D^{19} = +70,6°$ in Chloroform. Siedep. 111—113°. Reduziert nicht. Das mit Pyridin und Essigsäureanhydrid acetylierte Produkt ist ein Öl $C_{11}H_{18}O_6$, reduziert nicht, entfärbt Brom und zeigt $[\alpha]_D^{18} = +45,5°$ in Chloroform[2].

3, 4, 6-Trimethylglykosan[3].

Mol-Gewicht: 204,18.
Zusammensetzung: $C_9H_{16}O_5$.

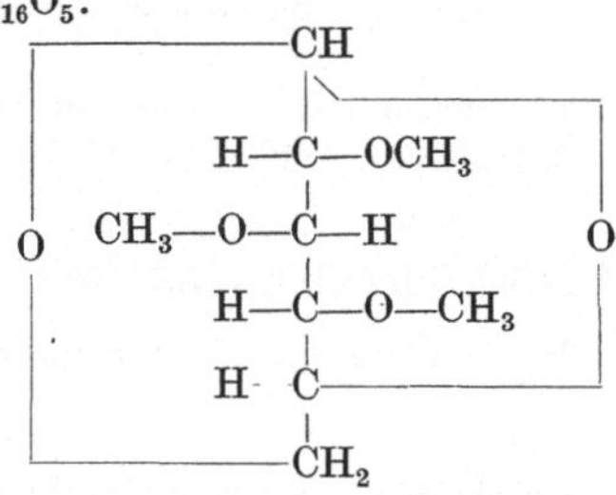

Bildung: Glykosan wird mit Dimethylsulfat und NaOH bei 35—40° methyliert (schlechte Ausbeute).

Physikalische und chemische Eigenschaften: Dickes hellgelbes Öl. Siedep. bei 9 mm 210—212°. Wird von siedendem Wasser leicht zu einem reduzierenden Zucker aufgespalten und gibt ein Phenylosazon.

Derivate: Phenylosazon $C_{21}H_{28}O_4N_4$, krystallinisch, gelb, Schmelzp. 163—164°[3].

2, 3, 4-Trimethyl-lävoglykosan.

Mol-Gewicht: 204,18.
Zusammensetzung: $C_9H_{16}O_5$.

Bildung: Bei der Methylierung von Lävoglykosan[4] und der Galaktosido-glykose[5] von Fischer und Armstrong nach der Hydrolyse.

[1] Karl Freudenberg u. Emil Braun: Liebigs Ann. **460**, 288 (1928) — Chem. Zbl. **1928 I**, 1848.
[2] Kurt Heß u. Fritz Micheel: Liebigs Ann. **466**. 100 (1928) — Chem. Zbl. **1929 I**, 227.
[3] M. Cramer u. E. H. Cox: Helvet. chim. Acta **5**, 884 (1922) — Chem. Zbl. **1923 III**, 120.
[4] James Colquhoun Irvine u. John Walter Hyde Oldham: J. chem. Soc. Lond. **119**, 1744 (1921) — Chem. Zbl. **1922 I**, 678.
[5] Hans Heinrich Schlubach u. Wolfgang Rauchenberger: Ber. dtsch. chem. Ges. **59**, 2102 (1926) — Chem. Zbl. **1926 II**, 2560.

Physikalische und chemische Eigenschaften: Siedep. 165—169° bei 17 mm. Aus Äther Aggregate von Rhomboedern, Schmelzp. 66°. $[\alpha]_D^{20} = -63,6°$ in Aceton und Wasser[1]. Reduktionsvermögen nach der Hydrolyse 10,6% der Glykose[2].

2, 3, 6-Trimethylhexoseanhydrid[3].

Bildung: Bildet sich aus 2, 3, 6-Trimethyl-4-(?)-chlorhydrin mit Natrium unter Wasserstoffentwicklung.

Physikalische und chemische Eigenschaften: Siedep. 84° bei 0,1 mm. Farbloses in Wasser und Petroläther lösliches Öl. Reduziert Fehlingsche Lösung nicht, entfärbt weder Brom noch Permanganat. $[\alpha]_D^{20} = +106,8°$, $[\alpha]_D^{20} = +112,8°$ in Wasser. Nach der Verseifung mit Salzsäure entsteht eine Trimethylhexose $[\alpha]_D = +95,2°$ in Wasser, nicht identisch mit 2, 3, 6-Trimethylglykose.

3, 4, 6-Trimethylglykal.

Konstitution (s. Glykal): Die Doppelbildung ist zwischen den C-Atomen 1 und 2[4].

Physikalische und chemische Eigenschaften: Gibt mit Ozon den Monoformylester einer Trimethylarabinose[4].

Hexamethyläther der Dilyxofuranose[5].

Mol-Gewicht: 366,32.
Zusammensetzung: $C_{16}H_{30}O_9$.

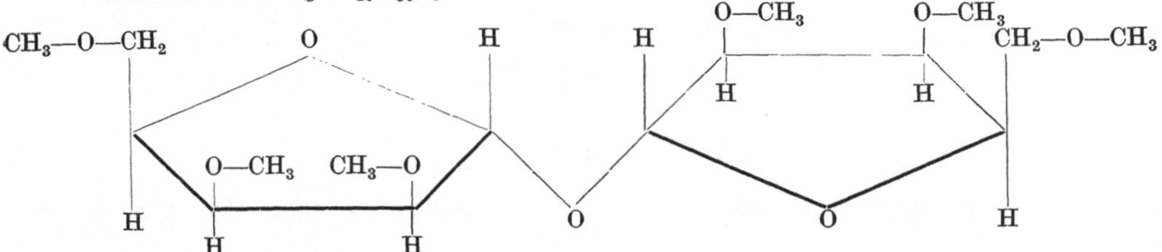

Bildung: Beim Erwärmen der 2, 3, 5-Trimethyl-lyxofuranose unter Selbstkondensation.

Physikalische und chemische Eigenschaften: Siedep. 160° unter 0,05 mm. Nadeln aus Petroläther, Schmelzp. 77°. Reduziert nicht Fehlingsche Lösung. Drehungsänderung in 3 proz. Salzsäure: $[\alpha]_D^{20} = +114° \rightarrow +43°$.

Dibenzylsaccharose[6].

Bildung: Entsteht bei der Behandlung von Rohrzucker mit Benzylchlorid und Natronlauge bei 85—95°.

Physikalische und chemische Eigenschaften: Löslich in Alkohol, Essigsäure, Chloroform, Chlorhydrin, Essigester, Benzol, Nitrobenzol, unlöslich in Petroläther.

Pentabenzylrohrzucker[6].

Bildung: Entsteht bei der Behandlung von Rohrzucker mit Benzylchlorid und Natronlauge bei 85—95°.

---

[1] James Colquhoun Irvine u. John Walter Hyde Oldham: J. chem. Soc. Lond. **119**, 1744 (1921) — Chem. Zbl. **1922 I**, 678.
[2] Géza Zemplén u. Géza Braun: Ber. dtsch. chem. Ges. **58**, 2566 (1925) — Chem. Zbl. **1926 I**, 2191.
[3] Karl Freudenberg u. Emil Braun: Liebigs Ann. **460**, 288 (1928) — Chem. Zbl. **1928 I**, 1848.
[4] M. Bergmann, H. Schotte u. W. Leschinsky: Ber. dtsch. chem. Ges. **56**, 1052 (1923) — Chem. Zbl. **1923 IV**, 23.
[5] Harold Graham Bott, Edmund Langley Hirst u. James Andrew Buchan Smith: J. chem. Soc. Lond. **1930**, 658 — Chem. Zbl. **1930 I**, 231.
[6] M. Gomberg u. C. C. Buchler: J. amer. chem. Soc. **43**, 1904 (1922) — Chem. Zbl. **1922 I**, 1396.

Physikalische und chemische Eigenschaften: Löslich in Alkohol, Essigsäure, Chloroform, Chlorhydrin, Essigester, Benzol, Nitrobenzol, Äther und Aceton, unlöslich in Petroläther.

Oktamethyltrehalose[1].

Mol-Gewicht: 454,40.

Zusammensetzung: $C_{20}H_{38}O_{11}$.

Bildung: Entsteht bei der Methylierung der natürlichen Trehalose.

Physikalische und chemische Eigenschaften: Sirup, Siedep. 170° bei 0,03 mm; $n_D^{20} = 1,4598$; $[\alpha]_D^{20} = +199,8°$ in Benzol bei $c = 0,626$. — Die Hydrolyse mit Säuren ergibt 73% an 2, 3, 5, 6-Tetramethylglykose.

Heptamethylturanose[2].

Mol-Gewicht: 440,1.

Zusammensetzung: $C_{19}H_{36}O_{11}$

$$
\begin{array}{ll}
CH_2{-}OCH_3 & CH \\
| & | \\
C{-}OH & H{-}C{-}O{-}CH_3 \\
| & | \\
CH_3{-}O{-}C{-}H \quad\quad O & CH_3{-}O{-}C{-}H \quad\quad O \\
| & | \\
H{-}C{-}O{-}CH_3 & H{-}C{-}O{-}CH_3 \\
| & | \\
H{-}C & H{-}C \\
| & | \\
CH_2 & CH_2{-}O{-}CH_3
\end{array}
$$

Bildung: Bei der Hydrolyse der Oktamethylturanose mit 2,5 proz. Salzsäure $2\frac{1}{2}$—4 Stunden im Wasserbade.

Physikalische und chemische Eigenschaften: Siedet bei 165—168° unter 0,12—0,15 mm. Reduktionsvermögen 24,5 bezogen auf Glykose = 100. — $[\alpha]_D^{19} = +7,73 \cdot 13,0838/1,1686 \cdot 0,8163 = +106,0°$ in Alkohol, nach 18 Stunden $[\alpha]_D^{19} = +104,8°$. Die Heptamethylturanose ist ein hellgelber, zäher Sirup, leicht löslich in Wasser und in organischen Solvenzien, außer in Petroläther.

Hexamethyl-h-difructoseanhydrid [1, 2'] [1', 2][3].

Mol-Gewicht: 408,35.

Zusammensetzung: $C_{18}H_{32}O_{10}$.

$$
\begin{array}{l}
OCH_3 \quad\quad OCH_3 \quad\quad\quad\quad\quad\quad\quad\quad CH_2{-}O{-}CH_3 \\
| \quad\quad\quad\quad\quad | \quad\quad\quad\quad\quad\quad\quad\quad\quad\quad\quad\quad\quad | \\
CH{-\!\!-\!\!-\!\!-}CH \quad CH_2{-\!\!-\!\!-}O \quad\quad O{-\!\!-\!\!-}CH \\
\end{array}
$$

Bildung: Bei der Methylierung von h-Fructoseanhydrid [1, 2] [2, 5].

Physikalische und chemische Eigenschaften: Nicht reduzierender Sirup, leicht löslich in Alkohol, Äther und Chloroform, unlöslich in Wasser. Gibt nach der Destillation im Hoch-

[1] Hans Heinrich Schlubach u. Kurt Maurer: Ber. dtsch. chem. Ges. **58**, 1178 (1925) — Chem. Zbl. **1925 II**, 1951.

[2] Géza Zemplén u. Géza Braun: Ber. dtsch. chem. Ges. **59**, 2235 (1926) — Chem. Zbl. **1926 II**, 2561.

[3] Hans Heinrich Schlubach u. Horst Elsner: Ber. dtsch. chem. Ges. **61**, 2363 (1928) — Chem. Zbl. **1929 I**, 45.

vakuum folgende Werte: Siedep. 150° bei 0,1 mm; $n_D^{20} = 1,4738$; $[\alpha]_D^{20} = +31,1°$ in Chloroform bei $c = 1,12$. — Gibt bei der Säurehydrolyse 3, 4, 6-Trimethyl-h-fructose.

Hendekamethyl-raffinose.

Mol-Gewicht: 658,43.

Zusammensetzung: $C_{29}H_{54}O_{16}$.

Bildung: Entsteht durch wiederholtes Methylieren von Raffinose bei 70 bzw. 100°. Das so erhaltene sirupartige Produkt wurde fraktioniert destilliert und dabei erhalten: 1. Fraktion, Siedep. 76—150° bei 0,15 mm, danach 82° bei 0,07 mm; bewegliche Flüssigkeit, $n_D = 1,4628$, der Analyse nach Tetramethylhexose; 2. Fraktion, Siedep. 179—226° bei 0,1 mm, vollständig methyliertes Disaccharid (Melibiose), aus Petroläther, Schmelzp. 78° (Sintern bei 72,5°). 3. Fraktion, Siedep. 238—240° bei 0,02 mm, vollständig methylierte Raffinose; nicht krystallisierend.

Physikalische und chemische Eigenschaften: $[\alpha]_D^{18,5} = +126,1°$ (in Wasser), bei 16,5° $+128,4°$; $[\alpha]_D^8 = +112,1°$ (in Alkohol), bei 16° $+112,7°$; bleibt lange beständig; 0,5proz. HCl bei 80° wirkt wenig ein. 2proz. Lösungen der Verbindung $+$ 1proz. HCl auf 90° erhitzt gaben Tetramethyl-γ-fructose, 2, 3, 4, 6-Tetramethylgalaktose und 2, 3, 6-Trimethylglykose[1,2].

Hendekamethyl-melezitose[3].

Mol-Gewicht: 658,43.

Zusammensetzung: $C_{29}H_{54}O_{16}$.

Bildung: Durch Methylierung der Melezitose mit Dimethylsulfat und Natronlauge[3], weiter mit Silberoxyd und Methyljodid[4].

Physikalische und chemische Eigenschaften: Hellgelber, nahezu farbloser, äußerst viscoser Sirup, der unter 0,36 mm bei 195—200° (in kleinen Mengen ohne Zersetzung) destilliert werden kann. Er löst sich spielend in Wasser und in sämtlichen organischen Solvienzien, sogar in Petroläther[3]. $[\alpha]_D^{19} = +6,60 \cdot 16,004/1,0098 \cdot 0,9936 = +105,25°$ in Wasser, $[\alpha]_D^{19} = +7,84 \cdot 13,0724/0,8147 \cdot 1,1092 = +113,4°$ in Alkohol[3]. Siedep. 236° bei 0,01 mm; $n_D = 1,4680$; $[\alpha]_D = +114°$ in Methylalkohol, $+108,6°$ in Alkohol. Mit 5proz. Salzsäure wird ein Sirup erhalten, der in einen in Chloroform und einen in Wasser löslichen Anteil zerlegt wird. Der Chloroformanteil lieferte Tetramethylglykose, Nadeln aus Petroläther, Schmelzp. 89°, $[\alpha]_D = +91,7° \rightarrow +83°$ (Gleichgewicht in Wasser), neben etwas Trimethylfructose, die zur Hauptsache aus dem Wasseranteil isoliert wird. Sirup, $n_D = 1,4660$; $[\alpha]_D = +55,5°$ in Alkohol, reduziert Fehlingsche Lösung, entfärbt Kaliumpermanganat, mit kalter Natronlauge gelbe, beim Erwärmen dunkelbraune Färbung. — Durch Methylierung nach Purdie nicht reduzierender Sirup, $n_D = 1,4445$ (Tetramethylmethylfructosid), daraus mit 3proz. Salzsäure Tetramethyl-γ-fructose, $n_D = 1,4540$, $[\alpha]_D = +24,4°$ in Methylalkohol, $+29,1°$ in Äthylalkohol, $+32,8°$ in Wasser (Endwert)[4].

Monomethyltrihexosan.

Das nach A. Pictet und Jahn[5] bereitete Trihexosan ergibt bei der Methylierung mit Dimethylsulfat bei Zimmertemperatur Monomethyltrihexosan, aus wenig Chloroform mit Petroläther gefällt. Fehlingsche Lösung wird nicht reduziert. Mit Jod tritt keine Farbenreaktion ein. $[\alpha]_D^{22} = +116,7°$ (in 1,15n-HCl; $c = 1,273$). Weder Malz- noch Pankreas-, noch Speichelamylase vermehren das Monomethylhexosan. Säurehydrolyse führt zu 6-Methylglykose[6].

[1] W. N. Haworth, E. L. Hirst u. D. A. Ruell: J. chem. Soc. Lond. **123**, 3125 (1923) — Chem. Zbl. **1924 I**, 1509.

[2] William Charlton, Walter Normann Haworth u. Wilfred John Hickinbottom: J. chem. Soc. Lond. **1927**, 1527 — Chem. Zbl. **1927 II**, 2281.

[3] Géza Zemplén u. Géza Braun: Ber. dtsch. chem. Ges. **59**, 2233 (1926) — Chem. Zbl. **1926 II**, 2561.

[4] Grace Cumming Leitch: J. chem. Soc. Lond. **1927**, 583 — Chem. Zbl. **1927 I**, 2981.

[5] A. Pictet u. R. Jahn: Helvet. chim. Acta **5**, 640 (1923) — Chem. Zbl. **1923 I**, 1016.

[6] R. Kuhn u. W. Ziese: Ber. dtsch. chem. Ges. **59**, 2314 (1926) — Chem. Zbl. **1926 II**, 2782.

3-Methylthioglykose[1].

Mol-Gewicht: 210,20.
Zusammensetzung: $C_7H_{14}O_5S$.

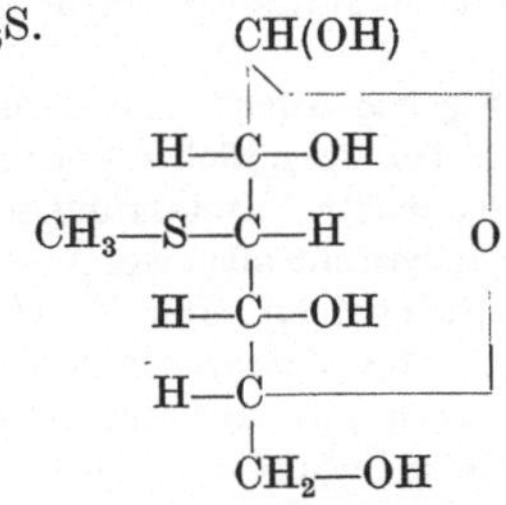

$$\begin{array}{c}
CH(OH) \\
H-C-OH \\
CH_3-S-C-H \qquad O \\
H-C-OH \\
H-C \\
CH_2-OH
\end{array}$$

Bildung: Aus der Diacetonverbindung mit 0,1 proz. siedender Schwefelsäure.

Physikalische und chemische Eigenschaften: Reduziert stark Fehling sche Lösung, schmeckt süß mit Beigeschmack nach Mercaptan.

Derivate: Diacetonverbindung $C_{13}H_{22}O_5S$.

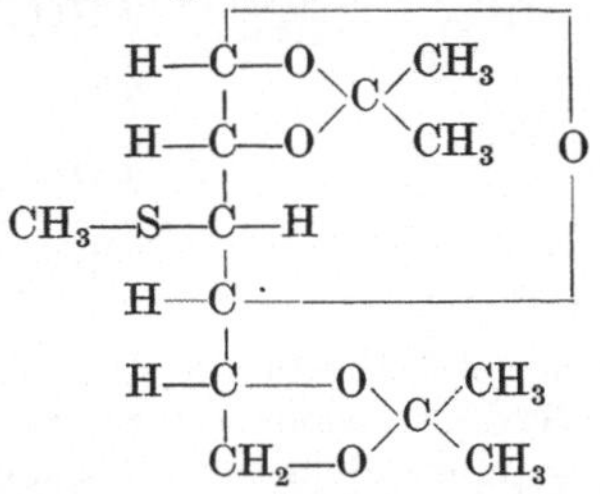

$$\begin{array}{c}
H-C-O \\
\qquad \quad C \\
H-C-O \quad CH_3 \qquad O \\
CH_3-S-C-H \\
H-C \\
H-C-O \\
\qquad \quad C \\
CH_2-O \quad CH_3
\end{array}$$

Aus Diacetonthioglykose in Äther mit Natriumgrieß und Methyljodid; Krystalle aus Alkohol + Wasser, Schmelzp. 43°; $[\alpha]_{578}^{22} = -26{,}5°$ in Acetylentetrachlorid; reduziert nicht Fehling sche Lösung.

Tetraacetylverbindung $C_{15}H_{22}O_9S$. Farblose Nadeln aus Methylalkohol, Schmelzp. 94°; $[\alpha]_{578}^{21} = +24{,}65°$ in Acetylentetrachlorid.

Anhang (Bd. II, S. 439; Bd. VIII, S. 235; Bd. X, S. 656).

1. Alkohole der Zuckerreihe
(Bd. II, S. 439; Bd. VIII, S. 235; Bd. X, S. 657).

Untersuchungen allgemeiner Natur: Verhalten der mehrwertigen Alkohole gegen Überjodsäure, worauf eine quantitative Methode zur Bestimmung der verschiedenen Alkohole der Zuckerreihe beruht[2].

Tetrite, Erythrite.

Anti- oder Mesoerythrit (Bd. II, S. 439; Bd. VIII, S. 235; Bd. X, S. 657).

Bestimmung: Erythrit reduziert Überjodsäure in der Kälte in längstens 12 Stunden zu Jodsäure. Man bestimmt den Titer der HJO_4 nach der Gleichung $HJO_4 + 7\,HJ + 8\,J + 4H_2O$, indem man angesäuerte KJ-Lösung zugibt und mit Thiosulfat titriert. In einem 2. Versuch gibt man zu einem gleichen Volumen HJO_4 eine bestimmte, ungenügende Menge Erythrit und einige ccm 10 proz. H_2SO_4, fügt nach beendeter Reaktion KJ zu und titriert die gebildete HJO_3 nach der Gleichung $HJO_3 + 5\,HJ = 6\,J + 3\,H_2O$ zusammen mit der überschüssigen HJO_4. Aus der Joddifferenz ergibt sich die reduzierte HJO_4. Die Reaktion gestattet die Bestimmung in wässeriger Lösung. — Man kann ferner ein Gemisch von JO_3' und JO_4' bestimmen, indem man dasselbe erst für sich, dann nach Reduktion mit Erythrit in schwefelsaurer Lösung (etwa $1/_2$ Stunde) titriert[2].

---

[1] Karl Freudenberg u. Anton Wolf: Ber. dtsch. chem. Ges. **60**, 232 (1927) — Chem. Zbl. **1927 I**, 1670.

[2] L. Malaprade: C. r. Acad. Sci. Paris **186**, 382 — Chem. Zbl. **1928 I**, 1755 — Bull. Soc. chim. France (4) **43**, 683 — Chem. Zbl. **1928 II**, 797.

Physiologische Eigenschaften: Bei Blättern von Reseda odorata in Nährlösungen begünstigt die Rhodoxanthinbildung nicht[1]. Ist auf die Beweglichkeit der Trypanosomen in vitro ohne Wirkung[2]. Durchlässigkeit für Blutkörperchen[3]. Wirkt in Dosen von 120—130 mg pro 100 g Ratte narkotisch[4].

Physikalische und chemische Eigenschaften: Aus Wasser mit Alkohol, Schmelzp. 120° (korr.). Molekulares Lösungsvolumen bei unendlicher Verdünnung Vm ∞ = 86,49 ml bei 20° (86,5 nach J. Traube auf 15° berechnet)[5]. Erstarrungsp. 116,6°. Das Gleichgewichtsdiagramm des Systems Erythrit—Wasser besteht aus zwei Ästen, die sich im eutektischen Punkt (—4,4°, bei etwa 3 Mol-% Erythrit) schneiden. Der Erythrit bildet mit Wasser weder Verbindungen noch feste Lösungen. Im festen Zustand bilden Erythrit und Eis lediglich mechanische Gemische[6]. Der inaktive Erythrit gibt auf einer Glasplatte geschmolzen die gewöhnliche α-Form und die bei der Abkühlung in Sphärolithen von schraubenförmiger Einrollung in 2 Typen entstehende β-Form. d- und l-Erythrit treten ebenso in der gewöhnlichen α-Form und in Sphärolithen mit schraubenförmiger Einrollung der β-Form auf[7]. Oxydation in alkalischer Lösung mit $NaMnO_4$[8]. Bei der Oxydation mit Wasserstoffsuperoxyd und Eisensalzen entsteht ein Diketon der Formel I oder II, identifiziert als Disemicarbazon vom Schmelzpunkt 224°[9].

$$
\begin{array}{cc}
CH_2\text{—}OH & CHO \\
| & | \\
CO & CO \\
| & | \\
CO & CH(OH) \\
| & | \\
CH_2\text{—}OH & CH_2\text{—}OH \\
I & II
\end{array}
$$

Erythrit reduziert Überjodsäure in der Kälte in längstens 12 Stunden zu Jodsäure[10]. Beim Erhitzen von Erythrit mit 3 Mol Hydrazin während 8 Stunden bei 220° entstehen 74% Oxalsäure[11]. Reduktionsvermögen gegenüber alkalischen Lösungen von Kaliumjodomercurat[12].

Gärung: Schien bei Vergärungsversuchen für alle Stämme von Bacillus coli commune Escherich unvergärbar[13]. Wird durch Milzbrandbacillen nicht vergoren[14]. Bacterium pneumoniae Friedländer P, Bacterium pneumoniae Friedländer N und Bacterium lactis aerogenes sind gegenüber Erythrit unwirksam[15]. Die fakultativen Milchsäurebakterien vergären Erythrit[16].

Derivate: Erythritdisulfit. Erythrit wird mit 8 Teilen Thionylchlorid 15 Stunden gekocht, das überschüssige Thionylchlorid abdestilliert, der Rückstand nach Lösen in Chloroform, Waschen mit Wasser und Trocknen im Vakuum fraktioniert. Nadeln aus Wasser, Schmelzp. 94—95°[17].

[1] T. Lippmaa: C. r. Acad. Sci. Paris **182**, 1040 (1926) — Chem. Zbl. **1926 II**, 2068.

[2] R. Kudicke u. E. Evers: Z. Hyg. **101**, 317 (1924) — Chem. Zbl. **1924 I**, 1551.

[3] Rudolf Mond u. Friedrich Hoffmann: Pflügers Arch. **219**, 467 (1928) — Chem. Zbl. **1928 II**, 682.

[4] David J. Macht u. Gill Ching Ting: Amer. J. Physiol. **60**, 496 (1922) — Chem. Zbl. **1923 I**, 1377.

[5] C. N. Riiber, T. Sörensen u. K. Thorkelsen: Ber. dtsch. chem. Ges. **58**, 964 (1925); **58**, 737 (1925) — Chem. Zbl. **1925 II**, 276; **1925 I**, 2551.

[6] N. A. Pushin u. A. A. Glagoleva: J. chem. Soc. Lond. **121**, 2813 (1922) — Chem. Zbl. **1923 III**, 429.

[7] P. Gaubert: C. r. Acad. Sci. Paris **175**, 1414 (1922) — Chem. Zbl. **1923 I**, 599.

[8] W. L. Evans, C. A. Buchler, C. D. Looker, R. A. Crawford u. C. W. Holl: J. amer. chem. Soc. **47**, 3085 (1925) — Chem. Zbl. **1926 I**, 2183.

[9] A. T. Küchlin u. J. Böeseken: Rec. Trav. chim. Pays-Bas et Belg. (Amsterd.) **47**, 1011 (1928) — Chem. Zbl. **1929 I**, 638.

[10] L. Malaprade: C. r. Acad. Sci. Paris **186**, 382 — Chem. Zbl. **1928 I**, 1755.

[11] Ernst Müller u. Hertha Kräemer-Willenberg: Ber. dtsch. chem. Ges. **57**, 575 (1924) — Chem. Zbl. **1924 I**, 2119.

[12] Paul Fleury u. Jean Marque: C. r. Acad. Sci. Paris **188**, 1686 (1929) — Chem. Zbl. **1929 II**, 1279.

[13] Hermann Hees u. Caspar Tropp: Z. Bakter. I **100**, 273—284 (1926) — Chem. Zbl. **1927 I**, 760.

[14] Martin Kristensen: Zbl. Bakter. I **101**, 220—224 (1927) — Chem. Zbl. **1927 I**, 1330.

[15] L. Müllerová: Studies from the plant. physiol. laborat. of Charles univ., Pragne **3**, 56—85 (1926) — Ber. Physiol. **40**, 588—589 — Chem. Zbl. **1927 II**, 1713.

[16] J. Makrinow: Zbl. Bakter. II **71**, 399 (1927) — Chem. Zbl. **1927 II**, 2072.

[17] R. Majima u. H. Simanuki: Proc. imp. Acad. Tokyo **2**, 544 (1927) — Chem. Zbl. **1927 I**, 2415.

Erythritwismutnitrat[1] $C_4H_8O_4(BiNO_3)$. — 12 g Erythrit werden in 25 ccm Wasser gelöst und mit 16 g Wismutnitrat versetzt; die Lösung wird nach 1 Stunde in 300 ccm Alkohol eingerührt. Der Niederschlag ist nach dem Trocknen löslich in Wasser, unlöslich in Alkali. Alkohol fällt die Natriumverbindung aus. Die wässerige Lösung ist kochbeständig. Enthält 53,45—54,01% Bi bzw. 3,58—3,65% N.

l-Arabit (Bd. II, S. 444; Bd. VIII, S. 236; Bd. X, S. 660).

Physiologische Eigenschaften: Ist auf die Beweglichkeit der Trypanosomen in vitro ohne Wirkung[2]. Wirkt in Dosen von 120—130 mg pro 100 g Ratte narkotisch[3].

Physikalische und chemische Eigenschaften: Oxydation in alkalischer Lösung mit $NaMnO_4$[4]. Gibt bei der Behandlung mit Thionylchlorid in Chloroform eine lösliche Substanz, die sich beim Waschen mit Wasser unter SO_2-Entwicklung versetzt[5].

Gärung: Wird durch Milzbrandbacillen nicht vergoren[6]. Einwirkung von Aspergillus fumaricus[7].

i-Xylit (Bd. II, S. 445).

Darstellung: Aus Xylose durch elektrolytische Reduktion[8].

Adonit (Bd. II, S. 443; Bd. VIII, S. 236; Bd. X, S. 660).

Bestimmung: Mit Hilfe von Überjodsäure[9] (s. bei Erythrit).

Gärung: Wird durch Milzbrandbacillen nicht vergoren[6]. Wurde bei Vergärungsversuchen mit Bacterium coli commune Escherich, Bacillus acidi lactici Hüppe und Bacterium lactis aerogenes Escherich von einzelnen Stämmen aus verschiedenen Gruppen vergoren[10].

Methylpentite.

Isorhodeit[11]. d-Glykomethylit.

Mol-Gewicht: 156.

Zusammensetzung: $C_6H_{14}O_5$.

Konstitution:

$$\begin{array}{c} CH_2 \cdot OH \\ | \\ H \cdot C \cdot OH \\ | \\ HO \cdot C \cdot H \\ | \\ H \cdot C \cdot OH \\ | \\ H \cdot C \cdot OH \\ | \\ CH_3 \end{array}$$

Darstellung: Isorhodeose wird in Wasser mit Na-Amalgam behandelt, bis die reduzierende Wirkung verschwunden, dabei mit H_2SO_4 schwach sauer gehalten, mit NaOH neutralisiert, Na_2SO_4 mit Alkohol gefällt[11]. Bei der Reduktion der Chinovose[12].

[1] Ernst Maschmann: Arch. Pharmaz. **263**, 99 (1925) — Chem. Zbl. **1925 II**, 159.

[2] R. Kudicke u. E. Evers: Z. Hyg. **101**, 317 (1924) — Chem. Zbl. **1924 I**, 1551.

[3] David J. Macht u. Gill Ching Ting: Amer. J. Physiol. **60**, 496 (1922) — Chem. Zbl. **1923 I**, 1377.

[4] W. L. Evans, C. A. Buchler, C. D. Looker, R. A. Crawford u. C. W. Holl: J. amer. chem. Soc. **47**, 3085 (1925) — Chem. Zbl. **1926 I**, 2183.

[5] R. Majima u. H. Simanuki: Proc. imp. Acad. Tokyo **2**, 544 (1927) — Chem. Zbl. **1927 I**, 2415.

[6] Martin Kristensen: Zbl. Bakter. I **101**, 220—224 (1927) — Chem. Zbl. **1927 I**, 1330.

[7] Reinhold Schreyer: Biochem. Z. **202**, 131 (1928) — Chem. Zbl. **1929 I**, 1707.

[8] Atlas Powder Co., übertr. von H. J. Creighton: A.P. 1612361 vom 26. März 1926; Chem. Zbl. **1927 II**, 2571.

[9] L. Malaprade: C. r. Acad. Sci. Paris **186**, 382 — Chem. Zbl. **1928 I**, 1755.

[10] Hermann Hees u. Caspar Tropp: Zbl. Bakter. I **100**, 273—284 (1926) — Chem. Zbl. **1927 I**, 760.

[11] E. Votoček u. F. Valentin: Bull. Soc. chim. France (4) **43**, 216 — Chem. Zbl. **1928 I**, 1947.

[12] E. Votoček u. F. Rāc: Collect. Trav. chim. Tchécoslovaquie **1**, 239 (1929) — Chem. Zbl. **1929 II**, 554.

Physikalische und chemische Eigenschaften: Dicker Sirup, leicht löslich in Wasser, Alkohol, im Hochvakuum unzersetzt destillierbar. Zeigt danach $[\alpha]_D = -9,7°$ in Wasser. Drehungsvermögen wird durch Zusatz von Borax vermindert[1].

Derivate: Monobenzylidenderivat

$$C_6H_{12}O_3 {<}^{O}_{O}{>} CH \cdot C_6H_5$$

Aus nicht destilliertem Isorhodeit mit Benzaldehyd und 50 proz. H_2SO_4. Aus Alkohol, Schmelzpunkt 158°[1].

Dibenzylidenderivat $C_{20}H_{22}O_5$

$$C_6H_5 \cdot CH{<}^{O}_{O}{>} C_6H_{10}O {<}^{O}_{O}{>} CH \cdot C_6H_5$$

Ebenso aus destilliertem Isorhodeit mit überschüssigem Benzaldehyd. Aus Alkohol, Schmelzpunkt 196—197°, $[\alpha]_D^{18} = +35,1°$ bzw. $+36,7°$ in Chloroform. — Destilliert man diese Verbindungen im CO_2-Strom mit 5 proz. H_2SO_4 unter ständigem Ersatz des Wassers, so wird quantitativ Benzaldehyd abgespalten, welcher in Phenylhydrazinacetatlösung geleitet und als Phenylhydrazon bestimmt wird[1].

Epirhamnit[2]. l-Iso-rhamnit, l-Glyko-methylit.

Mol-Gewicht: 156.
Zusammensetzung: $C_6H_{14}O_5$.

$$\begin{array}{c}
CH_2 \cdot OH \\
| \\
HO \cdot C \cdot H \\
| \\
H \cdot C \cdot OH \\
| \\
HO \cdot C \cdot H \\
| \\
HO \cdot C \cdot H \\
| \\
CH_3
\end{array}$$

Bildung: Dibenzylidenepirhamnit wird mit 5 proz. H_2SO_4 und etwas Alkohol 1 Stunde auf dem Wasserbad erhitzt, mit $Ba(OH)_2$ und CO_2 behandelt, das Filtrat mit Kohle entfärbt, eingedampft. Der Sirup wird mit siedendem abs. Alkohol extrahiert und verdampft.

Physikalische und chemische Eigenschaften: Dicker Sirup, bitter schmeckend; leicht löslich in Wasser, Alkohol, Aceton, Alkohol-Äther. $[\alpha]_D^{20} = +9,18°$ in Wasser[2].

Derivate: Dibenzylidenepirhamnit $C_{20}H_{22}O_5$. Man behandelt Epirhamnose in Wasser mit Na-Amalgam zum Schluß in schwach alkalischer Lösung. Dicker Sirup mit Benzaldehyd und 50 proz. H_2SO_4 wird in Dibenzylidenepirhamnit überführt. Reinigung durch Verreiben mit etwas 50 proz. NaOH, Waschen mit Wasser und Äther. Seidige Nadeln aus Alkohol, Schmelzp. 196°. $[\alpha]_D^{20} = -36,7°$ in Chloroform[2].

Epirhodeit (d-Talomethylit)[3].

Mol-Gewicht: 156.
Zusammensetzung: $C_6H_{14}O_5$.

$$\begin{array}{c}
CH_2{-}OH \\
| \\
HO{-}C{-}H \\
| \\
HO{-}C{-}H \\
| \\
HO{-}C{-}H \\
| \\
H{-}C{-}OH \\
| \\
CH_3
\end{array}$$

[1] E. Votoček u. F. Valentin: Bull. Soc. chim. France (4) **43**, 216 — Chem. Zbl. **1928 I**, 1947. — E. Votoček u. F. Râc: Collect. Trav. chim. Tchécoslovaquie **1**, 239 (1929) — Chem. Zbl. **1929 II**, 554.
[2] E. Votoček u. J. Mihšič: Bull. Soc. chim. France (4) **43**, 220 — Chem. Zbl. **1928 I**, 1947.
[3] E. Votoček u. F. Valentin: Collect. Trav. chim. Tchécoslovaquie **2**, 36 (1930) — Chem. Zbl. **1930 I**, 2544.

Bildung: Durch Reduktion der Epirhodeose mit Natriumamalgam.

Physikalische und chemische Eigenschaften: Krystalle aus Wasser, Schmelzp. 104°; $[\alpha]_D^{21} = +2°$ in Wasser.

Derivate: Dibenzalverbindung. Nadeln aus Alkohol, Schmelzp. 184°.

Epifucit (l-Talomethylit)[1].

Mol-Gewicht: 156.

Zusammensetzung: $C_6H_{14}O_5$.

$$
\begin{array}{c}
CH_2\text{—}OH \\
| \\
H\text{—}C\text{—}OH \\
| \\
H\text{—}C\text{—}OH \\
| \\
H\text{—}C\text{—}OH \\
| \\
HO\text{—}C\text{—}H \\
| \\
CH_3
\end{array}
$$

Bildung: Durch erschöpfende Reduktion der Epifuconsäure mit Natriumamalgam.

Physikalische und chemische Eigenschaften: Schmelzp. 104°; $[\alpha]_D = -2,3°$ in Wasser.

Derivate: Dibenzalverbindung. Krystalle aus Alkohol, Schmelzp. 183°; $[\alpha]_D = +39,7°$ in Chloroform.

Digitoxit[2].

Mol-Gewicht: 140.

Zusammensetzung: $C_6H_{14}O_4$.

Bildung: Bei der Hydrierung von Digitoxose mit Natriumamalgam in saurer Lösung.

Physikalische und chemische Eigenschaften: Prismen aus Aceton vom Schmelzp. 88°[2].

Derivate: Dibenzalverbindung des Digitoxits $C_{20}H_{22}O_4$. Farblose Krystalle aus blauvioletter Lösung. Nach zweimaligem Umkrystallisieren aus Methylalkohol schmilzt bei 142°[2].

Hexite..

Allgemeine chemische Eigenschaften: Bei der Oxydation in alkalischer Lösung mit einem geringen Überschuß an $NaMnO_4$ entstehen Oxalsäure, CO_2 und Spuren von Essigsäure. In neutraler Lösung keine Bildung von Oxalsäure, sondern quantitative Bildung von CO_2. Die Hexite verhalten sich gegen Oxydationsmittel widerstandsfähiger als die entsprechenden Hexosen. Die graphische Darstellung zeigt, daß bei der Oxydation die Aldosen eine Zwischenstufe bilden. Versuche mit d-Mannit, d-Sorbit und Dulcit[3].

Tetrahydro-ps-glykal = d-1, 4, 5, 6-Hexantetrol[4].

Mol-Gewicht: 140.

Zusammensetzung: $C_6H_{14}O_4$.

$$
\begin{array}{c}
CH_2\text{—}OH \\
| \\
CH_2 \\
| \\
CH_2 \\
| \\
H\text{—}C\text{—}OH \\
| \\
H\text{—}C\text{—}OH \\
| \\
CH_2\text{—}OH
\end{array}
$$

---

[1] E. Votoček u. V. Kučerenko: Collect. Trav. chim. Tchécoslovaquie **2**, 47 (1930) — Chem. Zbl. **1930 I**, 2544.

[2] A. Windaus u. G. Schwarte: Nachr. Ges. Wiss. Göttingen, Math.-physik. Kl. **1926**, 1 — Chem. Zbl. **1927 I**, 882.

[3] W. L. Evans u. C. W. Holl: J. amer. chem. Soc. **47**, 3102 (1925) — Chem. Zbl. **1926 I**, 2184. — W. L. Evans u. C. A. Buchler: J. amer. chem. Soc. **47**, 3098 (1925) — Chem. Zbl. **1926 I**, 2183. — W. L. Evans, C. A. Buchler, C. D. Looker, R. A. Crawford u. C. W. Holl: J. amer. chem. Soc. **47**, 3085 (1925) — Chem. Zbl. **1926 I**, 2183.

[4] Max Bergmann: Liebigs Ann. **443**, 223 (1925) — Chem. Zbl. **1925 II**, 1147.

Derivate: 5, 6-Diacetat $C_{10}H_{18}O_6$. Durch Reduktion des Dihydro-ps-glykaldiacetats in Essigsäure mit Palladiummohr. — Sehr dickes Öl vom Siedep. 160° bei 0,3 mm; $n_D^{20} = 1,4578$, $\alpha]_D^{20} = +2,2°$ in Alkohol; leicht löslich in Wasser, Alkohol, Äther, Benzol, wenig löslich in Petroläther und Ligroin.

Dulcit (Bd. II, S. 447, Bd. VIII, S. 237; Bd. X, S. 661).

Vorkommen: In Melampyrum arvense (Dulcit-Melampyrit)[1]. In Melampyrum pratense L., M. nemorosum L. und M. cristatum L.[2]. Aus Rhinanthus Crista-Galli L. konnte Melampyrit nicht erhalten werden[3].

Bildung: In Melampyrum arvense L. und Melampyrum pratense L. bleibt die Dulcitmenge während der ganzen Enwicklung konstant[4]. Durch Reduktion von Galaktose durch Al-Amalgam in Gegenwart von NH_3 in 55—60 proz. Ausbeute[5]. Beim Hydrieren der Galaktonsäure in Gegenwart von Pt-Schwarz, unter Druck, in einer Ausbeute von 30—45 % [6].

Physiologische Eigenschaften: Leucin gibt ein Optimum der Katalasebildung von B. coli mit Dulcit[7]. Kann von Pflanzen mit wenigen Ausnahmen weder im Licht noch im Dunkel, weder in hypotonischen noch in hypertonischen Lösungen zum Wachstum oder zur Stärkebildung ausgenutzt werden[8]. Im Intensität des süßen Geschmackes zeigen Dulcit, Mannit und Sorbit geringe Unterschiede[9]. Verhindert die Flockung des Serums mit Neosalvarsan nicht[10]. Ist gegen Insulinvergiftungen unwirksam[11]. Wirkt in Dosen von 120—130 mg pro 100 g Ratte narkotisch[12].

Physikalische und chemische Eigenschaften: 10 mal aus Wasser umgelöst, Schmelzp. 188,5° (korr.). Molekulares Lösungsvolumen bei unendlicher Verdünnung Vm∞ 118,36 ml bei 20° (319,5, nach J. Traube berechnet auf 15°)[13]. Ultraviolettabsorption[14]. Liefert in alkalischer Lösung kein Methylglyoxal[15]. Bei der Oxydation in alkalischer Lösung mit geringem Überschuß an $NaMnO_4$ entstehen Oxalsäure, CO_2 und Spuren von Essigsäure. In neutraler Lösung keine Bildung von Oxalsäure, sondern quantitative Bildung von CO_2. Ist gegen Oxydationsmittel widerstandsfähiger als Galaktose[16]. Beim Erhitzen von Dulcit mit 3 Mol Hydrazin während 6 Stunden auf 220° entsteht eine Hexose. charakterisiert als Osazon $C_{18}H_{22}O_4N_4$ vom Schmelzp. 205°[17]. — Gibt mit Thionylchlorid in Chloroform eine lösliche Substanz, die sich beim Waschen mit Wasser unter SO_2-Entwicklung zersetzt[18]. Reduktionsvermögen gegenüber alkalischen Lösungen von Kaliumjodomercurat[19].

---

[1] Marc Bridel u. Marie Braecke: J. Pharmacie (7) **25**, 449 (1922) — Chem. Zbl. **1922 III**, 925.

[2] M. Braecke: C. r. Acad. Sci. Paris **175**, 990 (1922) — Chem. Zbl. **1923 I**, 853. — M. Bridel u. M. Braecke: C. r. Acad. Sci. Paris **173**, 1403 (1922) — Chem. Zbl. **1922 III**, 278.

[3] Marie Braecke: Bull. Soc. Chim. biol. Paris **5**, 258 (1923) — Chem. Zbl. **1924 II**, 480.

[4] Marie Braecke: Bull. Soc. Chim. biol. Paris **7**, 156 (1925) — Chem. Zbl. **1925 I**, 2312.

[5] Dinshaw Rattonji Nanji u. Frederic James Paton: J. chem. Soc. Lond. **125**, 2474 (1924) — Chem. Zbl. **1925 I**, 1063.

[6] J. W. E. Glattfeld u. E. H. Shaver: J. amer. chem. Soc. **49**, 2305 (1927) — Chem. Zbl. **1927 II**, 2279.

[7] O. Fernández u. T. Garméndia: Z. Hyg. **108**, 329 — Chem. Zbl. **1928 I**, 1783.

[8] Viktor Czurda: Planta (Berl.) **2**, 67 (1926) — Chem. Zbl. **1927 I**, 1964.

[9] Kurt Täufel: Biochem. Z. **165**, 96 (1925) — Chem. Zbl. **1926 I**, 1896.

[10] Attilio Busacca: Arch. Farmacol. sper. **36**, 129, 156, 166, 186 (1923) — Chem. Zbl. **1924 I**, 1831.

[11] Percy Theodore Herring, James Colquhoun Irvine u. John J. Rickard Macleod: Biochemic. J. **18**, 1023—1042 (1925) — Chem. Zbl. **1925 I**, 2388.

[12] David J. Macht u. Gill Ching Ting: Amer. J. Physiol. **60**, 496 (1922) — Chem. Zbl. **1923 I**, 1377.

[13] C. N. Riiber, T. Sörensen u. K. Thorlaken: Ber. dtsch. chem. Ges. **58**, 964 (1925) — Chem. Zbl. **1925 II**, 276 — Ber. dtsch. chem. Ges. **58**, 737 (1925) — Chem. Zbl. **1925 I**, 2551.

[14] L. Kwieciński u. L. Marchlewski: Bull. internat. Acad. Polon. Sci. Lettres Serie A **1928**, 271 — Chem. Zbl. **1929 I**, 1092.

[15] F. Fischler: Hoppe-Seylers Z. **157**, 1 (1926) — Chem. Zbl. **1926 II**, 2414.

[16] W. L. Evans u. C. W. Holl: J. amer. chem. Soc. **47**, 3102 (1925) — Chem. Zbl. **1926 I**, 2184.

[17] Ernst Müller u. Hertha Kraemer-Willenberg: Ber. dtsch. chem. Ges. **57**, 575 (1924) — Chem. Zbl. **1924 I**, 2119.

[18] R. Majima u. H. Simanuki: Proc. imp. Acad. Tokyo **2**, 544 (1927) — Chem. Zbl. **1927 I**, 2415.

[19] Paul Fleury u. Jean Marque: C. r. Acad. Sci. Paris **188**, 1686 (1929) — Chem. Zbl. **1929 II**, 1279.

Gärung: Wird von Lactobacillus pentoaceticus und Lactobacillus arabinosus nicht gespalten. Die einzelnen Stämme von Lactobacillus pentosus verhalten sich Dulcit gegenüber verschieden[1]. Wird von der großen Mehrzahl der Bakterien schwerer angegriffen als die Hexosen[2]. Wird durch Bacillus granulobacter pectinovorum nicht vergoren[3]. Wurde bei Vergärungsversuchen von sämtlichen Stämmen von Bacillus coli commune Escherich vergoren, aber nur von 2 Stämmen von Bacillus lactis aerogenes Escherich angegriffen[4]. Wird durch Milzbrandbacillen nicht vergoren[5]. Es wurde die Wirkung 21 verschiedener Bacillen der Salmonellagruppe auf Dulcit untersucht durch Feststellung der Säureentstehung und Gasentwicklung neben colorimetrischer und elektrometrischer p_H-Bestimmung[6]. Die fakultativen Milchsäurebakterien vergären Dulcit[7]. Schizosaccharomyces hominis nov. spec. spaltet nicht Dulcit[8].

d-Mannit (Bd. II, S. 451; Bd. VIII, S. 238; Bd. X, S. 667).

Geschichte der Entdeckung, Identifizierung und Darstellung im Zustande hoher Reinheit und größerer Menge[9].

Vorkommen: Bei manchen Arten der Gattung Cystoseira bestehen die Efflorescenzen aus Mannit[10]. In Rhodymenia palmata[11]. — In Russula alutacea A. S. 8,2%, in Hypholoma fasciculare Huds. 1,60%[12]. In Amanita muscaria[13]. In den Pilzen Omphalia Campanella Batsch, Boletus caviceps Opat[14]. — In Boletus Satanas Leur.[15]. Im Mutterkorn des „Diss" 8,8% und im Mutterkorn des Hafers[16]. Aus dem Alkoholextrakt von 2400 g Orobanchepflanzen (Orobanche Cumana) werden 13,26 g Mannit isoliert[17]. In Rhinanthus Crista-Galli L. Es wurden aus 1835 g frischer Pflanzen 6 g isoliert[18]. — Die Mannitmenge bleibt in dieser Pflanze während der ganzen Entwicklung konstant[19]. — In dem wässerigen Extrakt der „Kaki"-Frucht (Dispyros Kaki L.)[20]. — Im Milchsaft von Sonchus arvensis[21]. — In Sonchus asper L., Tragopogon pratensis L.[22]. Krystallisiert gewonnen aus dem alkoholischen Extrakt der Wurzel des Apium graveolens dulce (Sellerierübe[23]). In dem Gummi von Gardenia Turgida 40%[24]. — In der Henna[25]. In den Jalappenknollen[26]. — In erkranktem Apfelwein[27].

[1] E. B. Fred, W. H. Peterson u. J. A. Anderson: J. of biol. Chem. **48**, 385—411 (1922) — Chem. Zbl. **1922 I**, 507.

[2] A. J. Kendall, R. Bly u. R. C. Hauer: J. inf. Dis. **32**, 377 (1923) — Ref.: Ber. Physiol. **21**, 129 (1924) — Chem. Zbl. **1924 I**, 1393.

[3] Horace B. Speakman: J. of biol. Chem. **58**, 395 (1923) — Chem. Zbl. **1924 I**, 2923.

[4] Hermann Hees u. Caspar Tropp: Zbl. Bakter. I **100**, 273—284 (1926) — Chem. Zbl. **1927 I**, 760.

[5] Martin Kristensen: Zbl. Bakter. I **101**, 220—224 (1927) — Chem. Zbl. **1927 I**, 1330.

[6] Frank Wokes u. Joseph H. Irwin: Pharm. J. **118**, 747—751 — Chem. Zbl. **1927 II**, 1481.

[7] J. Makrinow: Zbl. Bakter. II **71**, 399 (1927) — Chem. Zbl. **1927 II**, 2072.

[8] T. Benedek: Zbl. Bakter. **104**, 491 (1927) — Chem. Zbl. **1928 I**, 368.

[9] T. Swann Harding: Sugar **24**, 14 (1922) — Chem. Zbl. **1922 III**, 428.

[10] C. Sauvageau u. G. Denigés: C. r. Acad. Sci. Paris **173**, 1049—1053 (1921) — Chem. Zbl. **1922 I**, 758.

[11] C. Sauvageau u. G. Denigés: C. r. Acad. Sci. Paris **174**, 791 (1922) — Chem. Zbl. **1922 III**, 728.

[12] Robert Hasenöhrl u. Julius Zellner: Mh. Chem. **43**, 21 (1922) — Chem. Zbl. **1922 III**, 1062.

[13] H. King: J. chem. Soc. Lond. **122**, 1743 (1922) — Chem. Zbl. **1923 III**, 309.

[14] Norbert Fröschl u. Julius Zellner: Mh. Chem. **50**, 201 (1928) — Chem. Zbl. **1929 I**, 544.

[15] L. Bard u. J. Zellner: Mh. Chem. **44**, 9 (1923) — Chem. Zbl. **1923 III**, 680.

[16] G. Tanret: Bull. Sci. pharmacol. **29**, 169 (1922) — Chem. Zbl. **1922 III**, 1229 — Bull. Soc. chim. France (4) **31**, 444 (1923) — Chem. Zbl. **1923 III**, 564.

[17] A. Kiesel: Hoppe-Seylers Z. **126**, 257 (1923) — Chem. Zbl. **1923 III**, 154 — Ž. éksper. Biol. i Med. (russ.) **1926**, 148 — Ref.: Ber. Physiol. **36**, 278 (1928) — Chem. Zbl. **1926 II**, 1956.

[18] Marie Braecke: Bull. Soc. Chim. biol. Paris **5**, 258 (1923) — Chem. Zbl. **1924 II**, 480.

[19] Marie Braecke: Bull. Soc. Chim. biol. Paris **7**, 155 (1925) — Chem. Zbl. **1925 I**, 2312.

[20] Motoe Iwata: Bull. Inst. physic. chem. Res. Tokyo **2**, 27 (1929) — Chem. Zbl. **1929 II**, 177.

[21] Franz Stern u. Julius Zellner: Mh. Chem. **46**, 459 (1925) — Chem. Zbl. **1926 I**, 2804.

[22] J. Zellner, K. M. Knie u. O. Pollatschek: Mh. Chem. **47**, 681 (1926) — Chem. Zbl. **1927 I**, 2326.

[23] J. Charpentier: Bull. Soc. Chim. biol. Paris **6**, 142—156 — Chem. Zbl. **1924 II**, 2171.

[24] Martin Barlow Forster u. Keshaviah Aswath Narain Rao: J. chem. Soc. Lond. **127**, 2176 (1925) — Chem. Zbl. **1926 I**, 416.

[25] O. A. Oesterle: Schweiz. Apoth.-Ztg **61**, 541 (1923) — Chem. Zbl. **1924 I**, 1388.

[26] L. Rosenthaler: Arch. Pharmaz. **263**, 561 (1926) — Chem. Zbl. **1926 I**, 2592.

[27] Frank Tutin: Biochemic. J. **19**, 416, 418 (1925) — Chem. Zbl. **1925 II**, 1450.

Bildung: Der als normaler Bestandteil des aus Mais bereiteten Sauerfutters nachgewiesene Mannit entsteht durch Einwirkung von Bakterien, die sich im vergärenden Maissaft befinden, ferner in einem Farmboden und in Milch aufgefunden wurden. Sie erzeugen Mannit, reichlicher bei Überschichten der Flüssigkeit mit Öl, auch im Safte von Kohl und im Sauerfutter aus Sonnenblumen, Zuckerrohr oder Löwenzahn sowie aus Fructose, Saccharose, Honig oder Inulin, nicht aus Glycerin, Galaktose, Glykose, Meltose, Lactose und Stärke[1]. Bildet sich bei der Vergärung von Hexosen durch eine Gruppe von pentosevergärenden Bakterien[2]. — Bakterielle Bildung aus Fructose[3]. — Über zuckerinvertierende Bakterien und über ihre Verwendung zur Darstellung von verschiedenen Substanzen, unter anderem Mannit[4].

Darstellung: Sammelbericht über die Gewinnung von Mannit aus Manna und seine Herstellung aus Zuckerarten[5]. — Durch elektrolytische Reduktion aus Mannose[6]. — Durch Reduktion von Mannose mit Al-Amalgam in Gegenwart von NH_3 in 55—58 proz. Ausbeute[7].

Nachweis und Bestimmung: Mikrochemischer Nachweis durch Oxydation sowie durch das Verhalten gegen Borsäure[8]. — 0,20 g Mannit werden mit 15—20 ccm 3 proz. Bromwasser übergossen, 15—20 Minuten auf dem Wasserbad erwärmt, der Bromüberschuß weggekocht, auf 5 ccm eingedampft und einige Tropfen von diesem Rückstand in ein Reagensglas gebracht. Dazu gibt man 0,5 mg eines Phenols (Resorcin, α, β-Naphthol), Codein, Morphin oder 0,01 g Phenacetin in Staubform sowie 1 ccm konz. Schwefelsäure, dann wird vorsichtig erwärmt. Die auftretenden Farbenerscheinungen werden beschrieben. Sie treten auch auf, wenn man anstatt der Schwefelsäure 1 ccm 85 proz. Phosphorsäure oder rauchende Salzsäure nimmt[9]. Bestimmung in wässeriger Lösung durch Reduktion der Perjodsäure zu Jodsäure (s. bei Erythrit)[10].

Physiologische Eigenschaften: Besitzt weniger Affinität bei der Einwirkung von Saccharase als Mannose[11]. — Es wurde die Nitratreduktion von Aspergillus niger untersucht, wobei die Zwischenprodukte nur unter Versuchsbedingungen, die eine Anhäufung von Aminosäure und damit eine Rückstauung des ganzen Prozesses verursacht, faßbar sind. Darbietung verschiedener C-Quellen, unter anderem Mannit, verschieben zeitlich den Höhepunkt der Rückstauung[12]. Bei entstärkten Embryonen von Bohnen kann Mannit nicht als Nährstoff dienen[13]. Mannit kann von Pflanzen mit wenigen Ausnahmen weder im Licht noch im Dunkeln, weder in hypotonischer noch in hypertonischer Lösung zum Wachstum oder zur Stärkebildung ausgenutzt werden[14]. Bei Blättern von Reseda odorata in Nährlösungen begünstigt Mannit die Rhodoxanthinbildung nicht[15]. Über Veränderungen des Chlorophylls bei einer grünen Alge in Kulturversuchen bei Gegenwart von Mannit[16]. Ursprung und Kreislauf des Mannits in den Pflanzen[17]. — Die herztonisierende Wirkung von Kobu (Laminaria Japonica, Aresch)

[1] G. P. Plaisance u. B. W. Hammer: J. of Bacter. **6**, 431—443 (1921) — Chem. Zbl. **1922 I**, 829.

[2] W. H. Peterson, E. B. Fred u. J. A. Anderson: J. of biol. Chem. **53**, 111 (1922) — Chem. Zbl. **1922 IIII**, 1381.

[3] H. R. Stiles, W. H. Peterson u. E. B. Fred: J. of biol. Chem. **64**, 643 (1925) — Chem. Zbl. **1926 I**, 425.

[4] G. Mezzadroli: Giorn. Chim. Ind. ed Appl. **7**, 563 (1925) — Chem. Zbl. **1926 I**, 1428 — Chim. et Ind. **17**, Sonder-Nr 678—679 (1927) — Chem. Zbl. **1927 II**, 1766 — Bull. Assoc. Zucchero **1917**, Nr 10, Jan. — Zymol. chim. Colloidi **1925**, Nr 5—6, Dez.

[5] Piero Fenaroli: Giorn. Chim. Ind. ed Appl. **4**, 85 (1922) — Chem. Zbl. **1922 II**, 1170.

[6] G. P. Guignard: Fr.P. 550381 vom 29. Aug. (1921) — Chem. Zbl. **1923 IV**, 536. — Atlas Powder Co., übertr. von H. J. Creighton: A.P. 1612361 vom 26. März 1926 — Chem. Zbl. **1927 II**, 2571.

[7] Dinshaw Rattonji Nanji u. Frederic James Paton: J. chem. Soc. Lond. **125**, 2474 (1924) — Chem. Zbl. **1925 I**, 1065.

[8] Herbert Alber: Mikrochem. **7**, 21 (1929) — Chem. Zbl. **1929 I**, 2561.

[9] L. Eckert: Magy. gyógyn. Társaság Eótesitöje (Ber. ungar. pharmaz. Ges.) **4**, 169 — Chem. Zbl. **1928 II**, 797.

[10] L. Malaprade: Bull. Soc. chim. France (4) **43**, 683 — Chem. Zbl. **1928 II**, 797 — C. r. Acad. Sci. Paris **186**, 382 — Chem. Zbl. **1928 I**, 1755.

[11] H. v. Euler u. K. Josephson: Hoppe-Seylers Z. **132**, 301 (1924) — Chem. Zbl. **1924 I**, 1940.

[12] G. Klein, A. Eigner u. H. Müller: Hoppe-Seylers Z. **159**, 201—234 (1926) — Chem. Zbl. **1927 I**, 302.

[13] A. Maige: Cellule **35**, 325 (1925) — Chem. Zbl. **1926 I**, 412.

[14] Viktor Czurda: Planta (Berl.) **2**, 67 (1926) — Chem. Zbl. **1927 I**, 1964.

[15] T. Lippmaa: C. r. Acad. Sci. Paris **182**, 1040 (1926) — Chem. Zbl. **1926 II**, 2068.

[16] A. Perrier: C. r. Acad. Sci. Paris **188**, 339 (1929) — Chem. Zbl. **1929 I**, 2891.

[17] F. Obaton: C. r. Acad. Sci. Paris **188**, 77 (1929) — Chem. Zbl. **1929 I**, 2999.

wird durch Mannit verstärkt[1]. — Mannit fördert die Acetessigsäureoxydation[2]. Ist gegen Insulinvergiftungen unwirksam[3], dagegen nach manchen Autoren[4] ein schwaches Gegenmittel. — Die Aldehydbildung in Leberbrei wird verstärkt durch Mannit[5]. Ist ohne Wirkung auf die Beweglichkeit der Trypanosomen in vitro[6]. In dem Süßungsgrad zeigen Mannit, Sorbit und Dulcit geringe Unterschiede[7]. Beim Versuch, die Einwirkung wechselnder NaCl-Mengen auf die Quellung des Froschlaichs festzulegen, wurde eine enorme Zunahme der Quellung beobachtet, wenn — um die Isotonie zu erhalten — Nichtelektrolyte, speziell Mannit, zugesetzt wurde[8]. Mannit wird von Honigbienen nicht ausgenutzt[9]. Wirkt in Dosen von 120—130 mg pro 100 g Ratte narkotisch[10].

Physikalische und chemische Eigenschaften: 10mal aus Wasser ungelöst, Schmelzp. 165° (korr.). Molekulares Lösungsvolumen bei unendlicher Verdünnung $Vm\infty$ 118,76 ml bei 20° (119,5 ml, nach J. Traube berechnet, 15°)[11]. Im Vakuum über P_2O_5 getrocknet absorbiert aus der Luft bei 20° 0,06, 0,05, 0,42% Feuchtigkeit (die Luftfeuchtigkeit war 1. 60% nach 1 Stunde, 2. 60% nach 9 Tagen, 3. 100% nach 25 Tagen)[12]. Löslichkeit in Gemischen von Äthylalkohol und Wasser. Bezeichnet S die Löslichkeit des Mannits in einem Alkohol-Wasser-Gemisch mit x Mol-% Alkohol und a die Löslichkeit in reinem Wasser, so gilt bei der absolut gezählten Temperatur T die lineare Beziehung: $\log S = \log a + dx + gTx$. Dabei ist $d = -10,57$ und $g = 0,0260$. Die Gleichung gilt für das Intervall 0—60°. Ferner ist für jede bestimmte Temperatur innerhalb des angegebenen Intervalls $\log S = (1 - x)\log a + x\log b$, wo b die Löslichkeit des reinen Mannits in reinem Alkohol bezeichnet[13]. Elektrometrische Bestimmung der Überführungszahlen der Pikrinsäure und HCl in einer wässerigen Lösung von Mannit[14]. Ultraviolettabsorption[15]. Rotationsdispersion von Mannit und einiger seiner Derivate[16]. — Veränderungen der Siedepunkte von Chlorcalciumlösungen in Gegenwart von Mannit[17]. — Untersuchung der Acidität des Mannits[18]. Wird beim Erhitzen mit Wasser auf 150° (6 Stunden) nicht merklich verändert[19]. Einwirkung von Borsäure auf Mannit in alkalischer Lösung. Es werden 3 verschiedene Methoden angewandt: 1. Es wird die Mischungstemperatur (Temperatur der Mischbarkeit) beim Zusatz von Phenol gemessen, 2. das Drehungsvermögen, 3. die Oberflächenspannung gegen eine Lösung von Ölsäure in Benzin. Bei der graphischen Darstellung läßt sich aus dem Verlauf der Kurven auf die Existenz von wenigstens 2 bestimmten Verbindungen zwischen Mannit, Borsäure und NaOH schließen[20]. Spaltet in alkalischer Lösung kein Methylglyoxal ab[21]. Über die Oxydation von Mannit in Lösungen, die Dinatrium-

[1] Masao Watanabe: Tohoku J. exper. Med. **4**, 149 (1923) — Chem. Zbl. **1924 I**, 2891.

[2] Z. Ernst u. Gg. Förster: Magy. orv. Arch. **25**, 363 (1924) — Chem. Zbl. **1926 I**, 3077.

[3] Percy Theodore Herring, James Colquhoun Irvine u. John J. Richard Macleod: Biochemic. J. **18**, 1023—1042 (1925) — Chem. Zbl. **1925 I**, 2388.

[4] Carl Voegtlin, Edith R. Dunn u. J. W. Thompson: Amer. J. Physiol. **71**, 574—582 (1925) — Chem. Zbl. **1925 II**, 199.

[5] C. Neuberg u. A. Gottschalk: Biochem. Z. **146**, 164 (1924) — Chem. Zbl. **1924 II**, 491.

[6] R. Kudicke·u. E. Evers: Z. Hyg. **101**, 317 (1924) — Chem. Zbl. **1924 I**, 1551.

[7] Kurt Täufel: Biochem. Z. **165**, 96 (1925) — Chem. Zbl. **1926 I**, 1896.

[8] L. Emerique: C. r. Soc. Biol. Paris **92**, 850—853 (1925) — Chem. Zbl. **1925 II**, 202.

[9] E. F. Phillips: J. agricult. Res. **35**, 385 (1927) — Chem. Zbl. **1928 I**, 937.

[10] David J. Macht u. Gill Ching Ting: Amer. J. Physiol. **60**, 496 (1922) — Chem. Zbl. **1923 I**, 1377.

[11] C. N. Rüber, T. Sörensen u. K. Thorkelsen: Ber. dtsch. chem. Ges. **58**, 964 (1925) — Chem. Zbl. **1925 II**, 276 — Ber. dtsch. chem. Ges. **58**, 737 (1925) — Chem. Zbl. **1925 I**, 2551.

[12] C. A. Browne: Sugar **25**, 73 (1923) — Chem. Zbl. **1923 III**, 120.

[13] H. J. M. Creighton u. D. S. Klauder jr.: J. Franklin Inst. **195**, 687 (1923) — Chem. Zbl. **1923 III**, 610.

[14] T. Erdey-Grúz: Z. physik. Chem. **131**, 81 (1927) — Chem. Zbl. **1928 I**, 1005.

[15] L. Kwieciński u. L. Marchlewski: Bull. internat. Acad. Polon. Sci. Lettres Serie A **1928**, 271 — Chem. Zbl. **1929 I**, 1092.

[16] Thomas Stewart Patterson u. Alexander Robertus Todd: J. chem. Soc. Lond. **1929**, 2876 — Chem. Zbl. **1930 I**, 965.

[17] A. O. Herzog u. W. Bergethun: Liebigs Ann. **433**, 117 (1923) — Chem. Zbl. **1924 I**, 2243.

[18] P. Těrechov: Collect. Trav. chim. Tchécoslovaquie **1**, 551 (1929) — Chem. Zbl. **1929 II**, 3000.

[19] S. Komatsu u. C. Tanaka: Sexagint. Coll. of Papers dedicated to Y. Osaha, in celebration of his 60. Birth-day, Kyoto **1927**, 1 — Chem. Zbl. **1928 I**, 2079.

[20] R. Dubrisay: C. r. Acad. Sci. Paris **175**, 762 (1922) — Chem. Zbl. **1923 I**, 402.

[21] F. Fischler: Hoppe-Seylers Z. **157**, 1 (1926) — Chem. Zbl. **1926 II**, 2414.

hydrophosphat und Methylenblau enthalten, durch hindurchgesaugte Luft[1]. Bei der Oxydation in alkalischer Lösung mit einem geringen Überschuß an $NaMnO_4$ entstehen Oxalsäure, CO_2 und Spuren von Essigsäure. In neutraler Lösung keine Bildung von Oxalsäure, sondern quantitative Bildung von CO_2. Mannit ist gegen Oxydationsmittel widerstandsfähiger als Mannose[2]. Beim Erhitzen von Mannit mit 3 Mol Hydrazin 26 Stunden, bis der Druck und Ammoniakgeruch aufhört, entsteht Glykose, charakterisiert als Glykosazon vom Schmelzpunkt 205°[3]. — Bei der Behandlung des Hexyljodidgemisches aus Mannit mit Jodwasserstoff und Phosphor unter Druck wurden nur Spuren eines in Äther löslichen Produktes erhalten. Mannit gibt bei analoger Behandlung direkt die hochmolekularen Reduktionsprodukte[4].

Gärung: Wird von Micrococcus (isoliert aus dem Blute eines Falles von protrahierter infektiöser Endokarditis) nicht vergoren[5]. Wenn der Reduktionskoeffizient des Bacterium coli für Bernsteinsäure = 100 gesetzt wird, ist er für Mannit 5000[6]. Durch Zusatz von Safranin und Malachitgrün dem Kulturmilieu von Colibacillus wird dessen Verhalten gegen Mannit verändert[7]. Wurde bei Vergärungsversuchen von allen Stämmen von Bacterium coli Escherich, Bacillus acidi lactici Hüppe und Bacterium lactis aerogenes Escherich vergoren[8]. Untersuchungen über das Verhalten gegenüber Bacillus Welchii, Vibrio septicus, B. fallax, B. tertius, B. tetani, B. pseudotetani, B. botulinus, B. bifermentans, B. oedomaticus, B. aerofoetidus, B. sporogenes, B. histolyticus, und B. putrificus[9]. Einwirkung von Bact. solanecearum E. F. Smith und Bac. Nelliae spec. nov. auf Mannit[10]. Mannit als Kohlenstoffquelle der Coli- und Paratyphus-B-Bacillen[11]. Mannit wird von einer Reinkultur eines Granulobactertyps unvollständig vergoren, und die maximal erreichte Acidität bleibt dabei erhalten[12]. — Wird von Bacillus Truffanti assimiliert[13]. Der aus gesunden Austern isolierte Bacillus ostrei spaltet Mannit auf lackmushaltigem Agar[14]. Verschiedene Rassen des Bacillus pyocyaneus, die ihre Färbungsfähigkeit verloren haben, gewinnen diese schwach wieder bei der Passage über Nährböden, die Mannit enthalten[15]. Mannit wird durch Bacillus granulobacter pectinovorum abnormal vergoren[16]. Mannit wird von den Kaltblütertuberkelbacillen als Kohlenstoffquelle nicht verwertet[17]. — Virulente und avirulente Diphtheriebacillen sind auf Mannit ohne Wirkung[18]. Wird von der großen Mehrzahl der Bakterien schwerer als Mannose angegriffen[19]. Die echten Milchsäurebakterien bauen Mannit ab[20]. — Ob Mannit durch Milzbrandbacillen vergoren wird, ist zweifelhaft[21]. Es wurden 50 Stämme von Bakterien auf die Fähigkeit mit Mannit Säure zu bilden untersucht[22]. 20proz. Lösungen von Mannit, die bei 5° aufbewahrt

---

[1] H. A. Spoehr: J. amer. chem. Soc. **46**, 1494 (1924) — Chem. Zbl. **1924 II**, 937.

[2] W. L. Evans u. C. W. Holl: J. amer. chem. Soc. **47**, 3102 (1925) — Chem. Zbl. **1926 I**, 2184.

[3] Ernst Müller u. Hertha Kraemer-Willenberg: Ber. dtsch. chem. Ges. **57**, 575 (1924) — Chem. Zbl. **1924 I**, 2119.

[4] R. Willstätter u. L. Kalb: Ber. dtsch. chem. Ges. **55**, 2637 (1922).

[5] S. Costa u. L. Boyer: C. r. Soc. Biol. Paris **88**, 493 (1923) — Chem. Zbl. **1923 III**, 501.

[6] Juda Hirsch Quastel u. Margaret Dampier Whetham: Biochemic. J. **19**, 645 (1925) — Chem. Zbl. **1926 I**, 967.

[7] Jeanne Lommel: C. r. Soc. Biol. Paris **95**, 714—716 (1926) — Chem. Zbl. **1927 I**, 304.

[8] Hermann Hees u. Caspar Tropp: Zbl. Bakter. I **100**, 273—284 (1926) — Chem. Zbl. **1927 I**, 760.

[9] Arthur Isaac Kendall, Alexander Alfred Day u. Arthur Williams Walker: J. inf. Dis. **30**, 141—210 (1922) — Chem. Zbl. **1922 III**, 389.

[10] Colin G. Welles: Philippine J. Sci. **20**, 279 (1922) — Chem. Zbl. **1922 III**, 967.

[11] H. Braun u. R. Goldschmidt: Zbl. Bakter. I **109**, 353 (1928) — Chem. Zbl. **1929 I**, 763.

[12] Guy C. Robinson: J. of biol. Chem. **53**, 125 (1922) — Chem. Zbl. **1922 III**, 1382.

[13] G. Truffant u. N. Bezssonoff: C. r. Acad. Sci. Paris **175**, 544 (1922) — Chem. Zbl. **1923 I**, 110.

[14] A. Besson u. G. Ehringer: C. r. Soc. Biol. Paris **87**, 1017 (1922) — Chem. Zbl. **1923 I**, 780.

[15] A. Rochaix u. E. Banssillon: C. r. Soc. Biol. Paris **89**, 538 (1923) — Chem. Zbl. **1923 III**, 1036.

[16] Horace B. Speakman: J. of biol. Chem. **58**, 395 (1923) — Chem. Zbl. **1924 I**, 2923.

[17] H. Braun, A. Stamatelakis, Seigo Kondo u. R. Goldschmidt: Biochem. Z. **146**, 573 (1924) — Chem. Zbl. **1924 II**, 682.

[18] M. M. Barratt: J. of Hyg. **23**, 241—259 (1924) — Ber. Physiol. **30**, 801 (1925) — Chem. Zbl. **1925 II**, 1177.

[19] A. J. Kendall, R. Bly u. R. C. Hamer: J. inf. Dis. **32**, 377 (1923) — Ref.: Ber. Physiol. **21**, 129 (1924) — Chem. Zbl. **1924 I**, 1393.

[20] J. Makrinow: Zbl. Bakter. II **71**, 399 (1927) — Chem. Zbl. **1927 II**, 2072.

[21] Martin Kristensen: Zbl. Bakter. I **101**, 220—224 (1927) — Chem. Zbl. **1927 I**, 1330.

[22] H. Frohböse: Zbl. Bakter. I **100**, 213—218 (1926) — Chem. Zbl. **1927 I**, 303.

werden, behalten ihre spezifischen Eigenschaften bezüglich bakterieller Vergärbarkeit für mindestens 20 Monate[1]. Wurde bei Vergärungsversuchen mit Bacterium coli commune Escherich, Bacillus acidi lactici Hüppe, Bacillus lactis aerogenes Escherich von allen Stämmen vergoren[2]. Es wurde die Wirkung 21 verschiedener Bacillen der Salmonellagruppe untersucht auf Mannit, durch Feststellung der Säureentstehung und Gasentwicklung, neben colorimetrischer und elektrometrischer p_H-Bestimmung[3]. Mannitagar wurde durch Stämme des Yersinschen Pestbacillus ohne Gasentwicklung vergoren; nur von einem Teil ($^2/_3$) der Stämme unmittelbar nach der Isolierung angegriffen, von allen nach 6 monatiger Aufbewahrung in eihaltigem Nährboden[4]. — Es wurde die Gärung von Mannit bei Einwirkung von Clostridium thermocellum untersucht und die Gärungsprodukte quantitativ bestimmt. Die flüchtigen Säurebestandteile bestehen nicht bloß aus Essigsäure, was bei den meisten Zuckerarten der Fall, sondern es findet sich noch eine höhere Säure (8,2 % der flüchtigen Säuren) als Buttersäure dabei[5]. Nitrobacter Winogradskyi, N. roseo-albus, N. flavus, N. punctatus und N. opacus können ihren C-Bedarf aus Mannit decken[6]. Bakterieller Abbau des Mannits im Boden[7]. — Mannit wird durch Alfa-alfa-Stämme von Knöllchenbakterien der Leguminosen gespalten. Es werden 5,5—7,3 % des gespaltenen Zuckers als Brenztraubensäure wiedergefunden[8]. Unter ähnlichen Verhältnissen, wie bei Rohrzucker, zeigte sich eine beträchtliche Abnahme der Trockensubstanz der Hefe in Gegenwart von Mannit[9]. — Mannit kann durch Hefe zu CO_2 und Alkohol verarbeitet werden, aber nur bei reichlichem O-Zutritt und allem Anschein nach nur in dem Maße, wie der H einer OH-Gruppe abgespalten und an den Luftsauerstoff gebunden wird. Die Möglichkeit einer Verarbeitung von Mannit durch Hefe in Gegenwart eines Wasserstoff-Acceptors zeigt, daß Hefe das Vermögen besitzt, den Wasserstoff der OH-Gruppen zu aktivieren. Dieser Vorgang der H-Aktivierung spielt, entsprechend den Angaben von Kostytschew, wohl eine wichtige Rolle bei sämtlichen Gärungen[10]. Schizosaccharomyces hominis nov. spec. spaltet Mannit[11]. Kulturen von Aspergillus niger auf Mannit produzieren Alkohol bei Sauerstoffabschluß, aber nur bei neutraler Reaktion der Nährlösung[12]. Aspergillus niger bildet aus Mannit Citronensäure[13]. — Eine dem Aspergillus flavus sehr ähnliche Schimmelpilzart nutzt Mannit gut aus[14]. Bildet ein sehr schlechtes Ausgangsmaterial für die Bildung der Citronensäure durch Aspergillus niger und Citromyces glaber[15]. — Weiteres über Citronensäurebildung[16]. — Verhalten gegen Sterigmatocystis nigra[17].

Derivate: Mannitmonophosphorsäure und Mannitdiphosphorsäure[18] Man behandelt Mannit mit P_2O_5 in Gegenwart von tertiären Basen und fällt die entstandene Phosphorsäureester aus der Lösung mit $CaCO_3$ als Ca-Salz aus.

Mannitschwefelsaures Kalium. Arzneimittel in 20 proz. Lösung (Incalven)[19].

[1] Lucy Dell Henry u. M. S. Marshall: J. Labor. a. clin. Med. **12**, 474—477 (1927) — Ber. Physiol. **40**, 527 (1927) — Chem. Zbl. **1927 II**, 1971; **1927 I**, 2229.

[2] Hermann Hees u. Caspar Tropp: Zbl. Bakter. I **100**, 273—284 (1926) — Chem. Zbl. **1927 I**, 760.

[3] Frank Wokes u. Joseph H. Irwin: Pharm. J. **118**, 747—751 — Chem. Zbl. **1927 II**, 1481.

[4] R. Pons: Ann. Inst. Pasteur **39**, 884 (1925) — Chem. Zbl. **1926 I**, 1428.

[5] W. H. Peterson, E. B. Fred u. E. A. Marten: J. of biol. Chem. **70**, 309—317 (1926) — Chem. Zbl. **1927 I**, 470.

[6] J. Sack: Zbl. Bakter. II **62**, 15 — Chem. Zbl. **1924 II**, 1216.

[7] Harald R. Christensen: Tidskr. for Planteval **28 I** (1922) — Chem. Zbl. **1923 III**, 1423.

[8] J. A. Anderson, W. H. Peterson u. E. B. Fred: Soil Sci. **25**, 123 — Chem. Zbl. **1928 I**, 2623.

[9] Th. Bokorny: Allg. Brauer- u. Hopfen-Ztg **1922**, 1057, 1149 — Chem. Zbl. **1923 I**, 360.

[10] S. Kostytschew u. V. Faërmann: Hoppe-Seylers Z. **173**, 72 — Chem. Zbl. **1928 I**, 1785. — S. Kostytschew u. P. Eliasberg: Hoppe-Seylers Z. **111**, 141 (1920) — Chem. Zbl. **1921 III**, 1130.

[11] T. Benedek: Zbl. Bakter. **104**, 491 (1927) — Chem. Zbl. **1928 I**, 368.

[12] S. Kostytschew u. M. Afanassjewa: Jb. Bot. **60**, 628 (1921) — Ber. Physiol. **12**, 530 (1922) — Chem. Zbl. **1922 III**, 391.

[13] H. Amelung: Hoppe-Seylers Z. **166**, 161 (1927) — Chem. Zbl. **1927 II**, 583.

[14] W. C. Tausson: Biochem. Z. **155**, 356 (1925) — Chem. Zbl. **1925 I**, 1881.

[15] Wl. Butkewitsch: Biochem. Z. **142**, 195 (1923) — Chem. Zbl. **1924 I**, 490.

[16] K. Bernhauer: Biochem. Z. **197**, 309 (1928) — Chem. Zbl. **1928 II**, 1342.

[17] Martin Molliard: C. r. Acad. Sci. Paris **178**, 161 (1924) — Chem. Zbl. **1924 I**, 1813.

[18] Société Chimique des Usines du Rhône, übertr. von P. E. Goissedet u. A. L. Husson: A.P. 1598370 vom 15. Sept. 1925; Canad.P. 259038 vom 16. Sept. 1925; Chem. Zbl. **1926 II**, 2493.

[19] P. W. Danckworth: Pharm. Zentralhalle **67**, 264, 281 (1926) — Chem. Zbl. **1926 I**, 3612.

Mannit-tetrachlorhydrinsulfat[1] $C_6H_8O_4Cl_4S$. Darstellung aus Mannit durch Eintragen in ein ganz frisch bereitetes Gemenge von Pyridin, Chloroform und Sulfurylchlorid. Blättchen aus Chloroform + Petroläther. Schmelzp. 107°. Löslich außer in Wasser, Ligroin, Petroläther $[\alpha]_D^{15} = +105,13°$.

Mannittetrachlorhydrinsulfit, Tetrachlorhexylenglykolsulfit[2] $C_6H_8Cl_4(SO_3)$. Aus Mannit Thionylchlorid und Pyridin unter heftiger Reaktion. Siedep. 170—180° bei 4,5—6 mm. Oktaedrische Körner aus Petroläther, Schmelzp. 50,5°. Liefert beim längeren Schütteln mit kalter Sodalösung Tetrachlorhexylenglykol, $C_6H_8Cl_4(OH)_2 + \frac{1}{2}H_2O$, Schmelzp. 67—68°, $[\alpha]_D^{18,5} = +5,9°$ [2].

Mannittrisulfit[2] $C_6H_8(SO_3)_3$

$$\text{CH}_2\text{——CH—CH——CH—CH——CH}_2$$
$$\text{O—SO—O}\quad\text{O—SO—O}\quad\text{O—SO—O}$$

Mannit wird mit 8 Teilen Thionylchlorid 15 Stunden gekocht, das überschüssige $SOCl_2$ abdestill ert, der Rückstand nach Lösen in Chloroform, Waschen mit Wasser und Trocknen im Vakuum fraktioniert. Dicke, gelbliche, in der Kälte erstarrende, aber nicht krystallisierende Flüssigkeit, Siedep. 220—228° bei 3,5 mm. Leicht löslich in Chloroform, Äther, Petroläther, CCl_4. Wird von warmem $Ba(OH)_2$ zu Mannit verseift.

4, 5-Dibenzoyl-mannit[3] $C_{20}H_{22}O_8$. Nadeln, Schmelzp. 183°, $[\alpha]_D^{20} = +16,20°$ in Pyridin, $= +22,42°$ in Aceton, unlöslich in Wasser, Chloroform, Äther, Benzin, Petroläther, schwer löslich in kaltem Alkohol und Aceton, viel leichter in der Wärme, besonders wenn mit viel Tribenzoat verunreinigt.

Tribenzoylmannit[3] $C_{27}H_{26}O_9$. Bildet sich neben 4,5-Dibenzoylmannit, bei der Benzoylierung von Mannit in Pyridin. Aus den Acetonmutterlaugen beim Einengen dicke Krystallnadeln, Schmelzp. 152°, die durch längeres Kochen mit Alkohol in Gegenwart von Kupfersulfat vom Dibenzoat gereinigt werden. Nadeln vom Schmelzp. 162°; $[\alpha]_D^{20} = -44°$ in Pyridin, $= -18°$ in Aceton. Ist in organischen Lösungsmitteln durchweg leichter löslich als das Dibenzoat. Gibt bei der Verseifung mit methylalkoholischem Ammoniak Mannit in einer Ausbeute von 90% der Theorie, bei weiterer Benzoylierung Hexabenzoylmannit, Schmelzp. 149°.

1, 2, 3, 6-Tetraacetyl-4, 5-dibenzoyl-d-mannit[3] $C_{18}H_{30}O_{12}$, durch Acetylierung von 4, 5-Dibenzoylmannit mit Essigsäureanhydrid und Pyridin oder Natriumacetat. Nadeln aus Alkohol, Schmelzp. 126°; $[\alpha]_D^{20} = +41,35°$ in Chloroform. — Oxydation mit Permanganat gibt Dibenzoylmesoweinsäure.

Di-p-Toluolsulfo-4, 5-dibenzoylmannit[3] $C_{34}H_{34}O_{12}S_2$. Durch Toluolsulfonierung von 4, 5-Dibenzoylmannit mit 5,5 Mol Toluolsulfochlorid in Pyridin 3 Tage bei 37°. $[\alpha]_D^{20} = +43,14°$ in Chloroform. Leicht löslich in Äther und Chloroform. Aus Alkohol Krystalle, Schmelzp. 137°.

1, 2-Isopropyliden-4, 5-dibenzoyl-d-mannit[3] $C_{23}H_{26}O_8$. Aus 4, 5-Dibenzoylmannit in der 10fachen Menge Aceton unter Eintropfen von 2 Vol.-% Schwefelsäure unter starkem Turbinieren bis nach etwa 45 Minuten klare Lösung eingetreten ist. Man neutralisiert unter Einleitung von Ammoniak und starker Kühlung. Aus Aceton mit Benzin lange prismatische Nadeln, Schmelzp. 96,5°; $[\alpha]_D^{20} = +41,36°$ in Aceton. Leicht löslich in Alkohol, Äther, Chloroform, Aceton, Essigester, wenig löslich in Benzin, unlöslich in Wasser und Petroläther. Bildet sich auch bei der Acetonierung mit wasserfreiem Kupfersulfat. Oxydation mit Permanganat gibt Dibenzoylmesoweinsäure.

1, 2-Isopropyliden-3, 4, 5, 6-tetrabenzoylmannit[3] $C_{37}H_{34}O_{10}$. Bei der Benzoylierung der vorstehenden Verbindung Schmelzp. 123°.

1, 2-Isopropyliden-3, 6-diacetyl-4, 5-dibenzoylmannit[3] $C_{27}H_{30}O_{10}$. Bei der Acetylierung von 1, 2-Isopropyliden-4, 5-dibenzoyl-mannit. — Aus Alkohol Krystalle, Schmelzp. 75°; $[\alpha]_D^{20} = +21,22°$ in Chloroform.

1, 2-Isopropyliden-4, 5-dibenzoyl-6(?)p-toluolsulfo-d-mannit[3] $C_{30}H_{32}O_{10}S$. Bei der Toluolsulfonierung von 1, 2-Isopropyliden-4, 5-dibenzoylmannit. Aus Äther mit Benzin Nadeln, aus Ligroin Prismen, Schmelzp. 132°; $[\alpha]_D^{20} = +40°$ in Chloroform. — Die Di-toluolsulfo-

[1] B. Helferich, A. Löwe, W. Nippe u. H. Riedel: Ber. dtsch. chem. Ges. **56**, 1083 (1923) — Chem. Zbl. **1923 III**, 198. — B. Helferich: Ber. dtsch. chem. Ges. **54**, 1082 (1921) — Chem. Zbl. **1921 III**, 172.

[2] R. Majima u. H. Simanuki: Proc. imp. Acad. Tokyo **2**, 544 (1927) — Chem. Zbl. **1927 I**, 2415.

[3] Heinz Ohle, Heinz Erlbach, Hans Hepp u. Gerhard Toussaint: Ber. dtsch. chem. Ges. **62**, 2982 (1929) — Chem. Zbl. **1930 I**, 509.

verbindung scheint sich erst bei sehr langer Einwirkungszeit zu bilden, und sehr zersetzlich zu sein.

1, 2-Isopropyliden-d-mannit[1]. Aus der 4, 5-Dibenzoylverbindung mit methylalkoholischem Ammoniak. Aus Alkohol + Äther Krystalle, Schmelzp. 86°.

1, 2-Benzyliden-4, 5-dibenzoyl-d-mannit[1] $C_{27}H_{26}O_8$. Aus 4, 5-Dibenzoylmannit mit der 6fachen Menge Benzaldehyd und der doppelten Menge Natriumsulfat 2 Stunden bei 130° im Wasserstoffstrom. Aus Chloroform mit Petroläther Nadeln, Schmelzp. 117°; $[\alpha]_D^{20} = +28,04°$ in Chloroform. Leicht löslich in Alkohol, Aceton, Chloroform, mässig in Äther, schwer löslich in Benzin, unlöslich in Wasser, Ligroin und Petroläther.

1, 2-Benzylidenmannit[1] $C_{13}H_{18}O_6$. Aus der vorherstehenden Verbindung mit methylalkoholischem Ammoniak. Aus Essigester Krystalle, Schmelzp. 136°; $[\alpha]_D^{20} = +28,83°$ in Wasser. Leicht löslich in Wasser, Alkohol, weniger in Aceton, wenig löslich in kaltem Essigester, unlöslich in Chloroform, Benzol, Petroläther und Benzin.

Di-brom-äthyliden-mannit[2] $C_{10}H_{16}O_6Br_2$

$$CH_2\!\!-\!\!CH\!-\!CH(OH)\!-\!CH(OH)\!-\!CH\!\!-\!\!CH_2$$

Reines Bromacetaldehyd wird mit Mannit in konz. Salzsäure kondensiert. Nadeln aus Benzol. Schmelzp. 137—141°. Leicht löslich in heißem Wasser und Alkohol; ziemlich leicht in Äther[2].

Natrium-Mannitborat. Optische Drehung $= [\alpha]_D +22,1°$[3].

Hexaacetylmannit. Rhombische Krystalle aus Alkohol, $[\alpha]_D = +18,8°$ in Essigsäure. Rotationsdispersion[4]. Wird von Titantetrachlorid nicht verändert[5].

Tribenzylidenverbindung[6] $C_{27}H_{26}O_6$. Fadenförmige Krystalle aus Alkohol, Schmelzpunkt 213—219°. Rotationsdispersion[4].

Hexabenzoylmannit. Schmelzp. 147—148°. Rotationsdispersion[4].

Mannithexanitrat. Schmelzp. 112—113°. Rotationsdispersion[4].

Tri-m-nitrobenzalmannit. Schmelzp. 248—249°. Rotationsdispersion in Chloroform und Pyridin[4].

Dicarbomethoxymannitdicarbonat[7] $C_{12}H_{14}O_{12}$
Vielleicht:

Aus Mannit, Chlorkohlensäuremethylester und Pyridin. — Gelbes Harz; $[\alpha]_D = +29,6°$ in Aceton bei $c = 1,2$.

Alkoholate mit Alkalimetalle $C_6H_{13}O_6Me$ (Me = K oder Na)[8].

[1] Heinz Ohle, Heinz Erlbach, Hans Hepp u. Gerhard Toussaint: Ber. dtsch. chem. Ges. **62**, 2982 (1929) — Chem. Zbl. **1930 I**, 509.

[2] H. Hibbert u. H. S. Hill: J. amer. chem. Soc. **45**, 734 (1923) — Chem. Zbl. **1923 III**, 27.

[3] George van Barnevald Gilmour: J. chem. Soc. Lond. **121**, 1330 (1922) — Chem. Zbl. **1922 III**, 1373.

[4] Thomas Stewart Patterson u. Alexander Robertus Todd: J. chem. Soc. Lond. **1929**, 2876 — Chem. Zbl. **1930 I**, 965.

[5] Géza Zemplén u. Zoltán Csürös: Ber. dtsch. chem. Ges. **62**, 993 (1929) — Chem. Zbl. **1929 I**, 2405.

[6] Motoe Iwata: Bull. Inst. physic. chem. Res. Tokyo **2**, 27 (1929) — Chem. Zbl. **1929 II**, 177.

[7] Charles Frederick Allpress u. Walter Norman Haworth: J. chem. Soc. Lond. **125**, 1223 (1924) — Chem. Zbl. **1924 II**, 2023.

[8] L. Schmid u. B. Becker: Ber. dtsch. chem. Ges. **58**, 1966 (1925) — Chem. Zbl. **1926 I**, 56.

Mannitkupferverbindung[1].

Mannitwismutnitrat[2] $C_6H_{12}O_6(BiNO_3)$. Aus 18 g Mannit, 30 ccm Wasser und 16 g $Bi(NO_3)_3$, sowie 300 ccm Alkohol. — **Natriummannitwismuthydroxyd.** Aus 12 g Mannit, 25 ccm Wasser und 24 g $Bi(NO_3)_3$, sowie NaOH und Alkohol. — Leicht löslich in Wasser; enthält berechnet 51,73% Bi, gefunden 37,57%.

Mannitan (Bd. X, S. 677).

Mol-Gewicht: 164,13.

Zusammensetzung: $C_6H_{12}O_5$.

Konstitution:

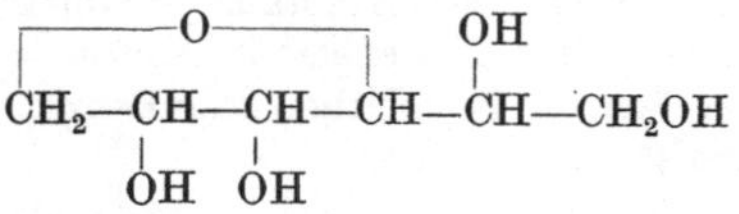

$$\overset{\displaystyle \overset{\rule{3cm}{0.4pt}O\rule{3cm}{0.4pt}}{}}{CH_2-CH-CH-CH-CH-CH_2OH} \quad OH$$

Physikalische und chemische Eigenschaften: Die elektrische Leitfähigkeit ist mehr als das 2,5fache des Mannits[3].

Derivate: Diacetonverbindung des Mannitans. Farblose, glänzende Blättchen vom Schmelzp. 155°[3].

Tetraformiat von Mannitan. Beim Erhitzen von Mannit mit Ameisensäure neben dem Diformiat von Isomannit[3].

Mannitandioleat[4] $C_{42}H_{76}O_7$

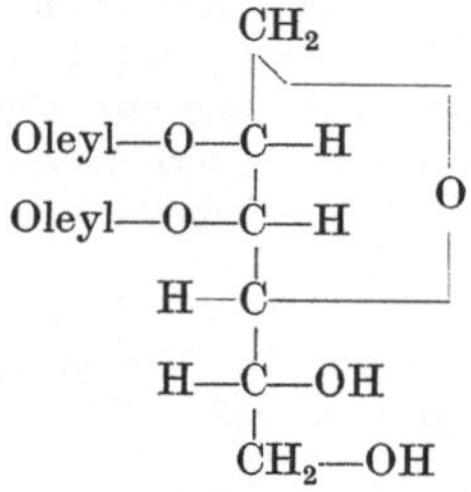

$$
\begin{array}{l}
CH_2 \\
Oleyl-O-C-H \\
Oleyl-O-C-H \quad O \\
H-C \\
H-C-OH \\
CH_2-OH
\end{array}
$$

Beim Erhitzen von Mannit mit Olivenöl und Natriumäthylat. Hellgelbes, sehr viscoses Öl, das bei gewöhnlicher Temperatur zu einer festen, amorphen Masse erstarrt. Es enthält noch geringe Mengen Mannit.

Monomethylmannitandioleat[4] $C_{42}H_{78}O_7$. Bei der Methylierung der vorstehenden Verbindung. Sirup. Beim Erhitzen unter 10 mm Druck gehen zwischen 100 und 160° einige Öltropfen über, wahrscheinlich Monomethylisomannid, $C_7H_{12}O_4$, der als Verunreinigung dem Dioleat beigemischt war.

Monomethylmannitan[4] $C_7H_{14}O_5$. Entsteht bei der Hydrolyse von Monomethylmannitandioleat mit 0,5proz. alkoholischer Salzsäure neben Äthyloleat. Unlöslich in kaltem Äther. Die Reinigung geschieht mit Aceton und Essigester.

Trimethylmannitan[4] $C_9H_{18}O_5$

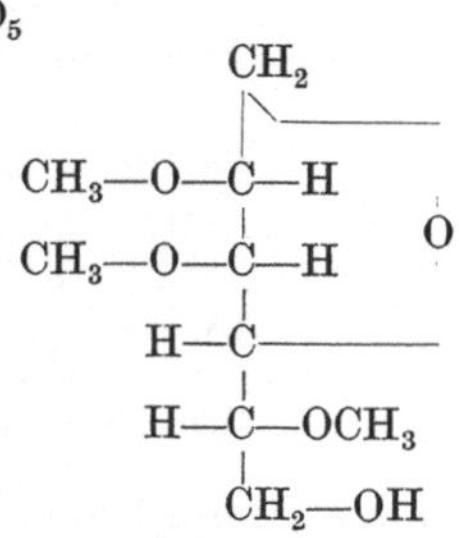

$$
\begin{array}{l}
CH_2 \\
CH_3-O-C-H \\
CH_3-O-C-H \quad O \\
H-C \\
H-C-OCH_3 \\
CH_2-OH
\end{array}
$$

[1] Kurt Heß u. Ernst Meßmer: Ber. dtsch. chem. Ges. **55**, 2432 (1922).

[2] Ernst Maschmann: Arch. Pharmaz. **263**, 99 (1925) — Chem. Zbl. **1925 II**, 159.

[3] P. van Romburgh u. J. H. N. van der Burg (mit van Maanen): Versl. Akad. Wetensch. Amsterd., Wis- en natuurkd. Afd. **31**, 426 (1923) — Chem. Zbl. **1923 I**, 1086.

[4] James Colquhoun Irvine u. Helen Simpson Gilchrist: J. chem. Soc. Lond. **125**, 10 (1924) — Chem. Zbl. **1924 I**, 2103.

Bei der Methylierung von Monomethylmannitan. Leicht beweglicher Sirup vom Siedep. 115 bis 120° bei 0,18 mm. $n_D = 1,4518$.

Isomannit[1].

$$C_6H_{10}O_4$$

Konstitution:

$$\begin{array}{ccccccc} & \lceil & \text{---O---} & & \text{OH} & & \\ & | & & | & | & & \\ CH_2 & \text{---CH---CH---CH---CH---} & CH_2 \\ & | & & \lfloor & & \rfloor \\ & OH & & \text{---O---} & & \end{array}$$

Derivate: Diformiat. Entsteht beim Erhitzen von Mannit mit Ameisensäure neben dem Tetraformiat von Mannitan[1].

Aceritol[2].

Mol-Gewicht: 164,13.
Zusammensetzung: $C_6H_{12}O_5$.

$$\begin{array}{cccccc} \lceil & \text{---O---} & & & \text{OH} & \\ | & H & H & & OH & \\ CH_2 & \text{---C---C---C---C---} CH_2OH \\ & OH & OH & H & H & \end{array}$$

Das Aceritol hat weder die Eigenschaften einer Aldose noch einer Ketose, sondern stellt wahrscheinlich einen Anhydrohexit, ein Derivat des Mannits oder Sorbits, dar.

Bildung: Die Blätter von Acer gimnata enthalten Acertannin, das bei der Hydrolyse neben Gallussäure Aceritol liefert. Acertannin liefert bei der Hydrolyse mit 5proz. H_2SO_4 2 Moleküle Gallussäure und Aceritol:

$$C_{20}H_{20}O_{13} + 2\,H_2O = 2\,C_7H_6O_5 + C_6H_{12}O_5 \,.$$

Physikalische und chemische Eigenschaften: Mäßig löslich in Alkohol, daraus Prismen. Die aus der Lösung in 6 Teilen heißem Wasser durch Eindunsten im Exsiccator gewonnenen großen Krystalle sind monoklin, $a:b:c = 0,8334:1:0,5692$, $\beta = 109°\,59'$. Destilliert fast ohne Zersetzung. $[\alpha]_D^{19} = +39°$ (1proz. wässerige Lösung)[2].

Derivate: Tetraacetylaceritol $C_6H_8O_5(C_2H_3O)_4$. Aceritol wird mit 2 Teilen Essigsäureanhydrid bei Gegenwart einer Spur $ZnCl_2$ 10 Minuten erhitzt. Aus CH_3OH und dann aus Benzol und Petroläther umkrystallisiert bildet feine Nadeln vom Schmelzp. 74—75°. Leicht löslich in Benzol und Alkohol[2].

d-Sorbit (Bd. II, S. 457; Bd. VIII, S. 242; Bd. X, S. 678).

Vorkommen: Im Apfelsaft[3]. — An der Kerbe eines Eichstammes[4].

Darstellung: 100 ccm 25proz. Glykoselösung werden mit 10 g amalgamiertem Al und 1 ccm wässeriger NH_3 mehrere Stunden bei 45—55° zur Reaktion gebracht. Die Lösung wird mit Alkohol bis zu 60 bzw. 40% versetzt und das Al mit Schwefelsäure bzw. Oxalsäure in filtrierbarer Form gebracht. Die unangegriffene Glykose wird mit Hefe vergoren. Ausbeute 60% Sorbit[5]. Darstellung aus Glykose durch elektrolytische Reduktion[6]. Aus den Früchten von Sorbus commixta Hedlund. Die zerriebenen Früchte werden mit Äther extrahiert, dann mit heißem Wasser behandelt, der wässerige Extrakt ausgedampft, der Rückstand mit Adsol und Magnesiumoxyd gekörnt und mit heißem Methylalkohol extrahiert, dann der eingedampfte

<hr>

[1] P. van Romburgh u. J. H. N. van der Burg (mit van Maanen): Versl. Akad. Wetensch. Amsterd., Wis- en natuurkd. Afd. **31**, 426 (1923) — Chem. Zbl. **1923 I**, 1086.

[2] A. G. Perkin u. Y. Uyeda: J. chem. Soc. Lond. **121**, 66 (1922) — Chem. Zbl. **1922 III**, 271.

[3] Frank Tutin: Biochemic. J. **19**, 416, 418 (1925) — Chem. Zbl. **1925 II**, 1450.

[4] E. O. von Lippmann: Ber. dtsch. chem. Ges. **60**, 161 (1927) — Chem. Zbl. **1927 I**, 1172.

[5] Dinshaw Rattonji Nanji u. Frederic James Paton: J. chem. Soc. Lond. **125**, 2474 (1924) — Chem. Zbl. **1925 I**, 1065.

[6] Atlas Powder Co., übertr. von H. J. Creighton: A.P. 1612361 vom 26. März 1926 — Chem. Zbl. **1927 II**, 2571.

Extrakt mit Benzaldehyd und Schwefelsäure in die Tribenzalverbindung überführt und abgeschieden[1].

Nachweis und Bestimmung: Nachweis als Dibenzalsorbit und Überführung in Hexaacetylsorbit[2]. Obstweinnachweis mit Hilfe von Dibenzalsorbit[3].

Physiologische Eigenschaften: In der Intensität des süßen Geschmackes zeigen Sorbit, Mannit und Dulcit geringe Unterschiede[4]. Zeigt in den ersten 2 Stunden geringen Einfluß auf die Beweglichkeit der Trypanosomen in vitro[5]. Einwirkung auf die Insulinsekretion[6]. — Besitzt Wert in der Therapie des Diabetes, indem er ein angenehmes Hilfsmittel ist, ein gewisses Bindungsvermögen besitzt und als Calorienträger nutzbar gemacht werden kann, ohne Schädigung der Toleranz[7].

Physikalische und chemische Eigenschaften: 10 mal aus Alkohol umkrystallisiert, Schmelzpunkt $87-95°$, $[\alpha]_D^{20} = -2,01°$. Molekulares Lösungsvolumen bei unendlicher Verdünnung $Vm \infty$ 117,86 ml bei 20° (119,5 ml, nach J. Traube berechnet, auf 15° bezogen)[8]. Aus Wasser Nädelchen, Schmelzp. 112°, $\alpha_D^{15} = -1,75°$ (in Wasser, $c = 4,12$), $= +1,52°$ (in boraxhaltiger wässeriger Lösung)[9]. Votoček und Lukeš[10] hatten bei der Oxydation von Sorbit mit Bromwasser neben Glykose und Fructose Gulose und Sorbose erhalten. Talen[11] hat nun gefunden, daß sich aus diesem Gemisch Gulose und Sorbose leicht mittels Hefe isolieren lassen, da hierbei nur Glykose und Fructose vergoren werden. In der von NaBr abfiltrierten alkoholischen Lösung der Zucker wird nach dem Verjagen des Alkohols der zurückbleibende Sirup mit Wasser aufgenommen und mit Hefe versetzt. Nach Beendigung der Gärung wird abfiltriert, die Lösung eingedampft und der Rückstand mit Phenylhydrazin versetzt. Zu dem nach der Vorschrift von Votoček und Lukeš aufgearbeiteten Reaktionsprodukt konnte Sorbose und Gulose in Form ihres gemeinsamen Phenylosazons nachgewiesen werden[11]. Bei der Oxydation in alkalischer Lösung mit einem geringen Überschuß an $NaMnO_4$ entstehen Oxalsäure, CO_2 und Spuren von Essigsäure. In neutraler Lösung keine Bildung von Oxalsäure, sondern quantitative Bildung von CO_2. Ist gegen Oxydationsmittel widerstandsfähiger als Glykose. Bei der Oxydation von d-Sorbit wird d-Glykose als Zwischenprodukt gebildet[12].

Gärung: Wird von der großen Mehrzahl der Bakterien schwerer als die Hexosen angegriffen[13]. Wurde bei Vergärungsversuchen durch Bacterium coli commune Escherich, Bacillus acidi lactici Hüppe und Bacillus lactis aerogenes Escherich von fast allen Stämmen vergoren[14]. Wird durch Milzbrandbacillen nicht vergoren[15]. Es wurde die Wirkung 21 verschiedener Bacillen der Salmonellagruppe auf Sorbit untersucht, durch Feststellung der Säureentstehung und Gasentwicklung, neben colorimetrischer und elektrometrischer p_H-Bestimmung[16].

[1] Y. Asahina u. H. Shimada: J. pharm. Soc. Jap. **50**, 1 (1930) — Chem. Zbl. **1930 I**, 2265.

[2] C. Zäck: Mitt. Lebensmittelunters. **20**, 14 (1929) — Chem. Zbl. **1929 I**, 2599. — Fiesselmann: Mitt. Lebensmittelunters. **20**, 45 (1929) — Chem. Zbl. **1929 I**, 2599.

[3] J. Werder: Mitt. Lebensmittelunters. **21**, 121 (1930) — Chem. Zbl. **1930 II**, 830. — H. Jahr: Z. Unters. Lebensmitt. **59**, 285 (1930) — Chem. Zbl. **1930 II**, 831. — Clemens Zäch: Mitt. Lebensmittelunters. **21**, 123 (1930) — Chem. Zbl. **1930 II**, 831. — O. E. Kalberer: Mitt. Lebensmittelunters. **21**, 93 (1930) — Chem. Zbl. **1930 II**, 831.

[4] Kurt Täufel: Biochem. Z. **165**, 96 (1925) — Chem. Zbl. **1926 I**, 1896.

[5] R. Kudicke u. E. Evers: Z. Hyg. **101**, 317 (1924) — Chem. Zbl. **1924 I**, 1551.

[6] E. Grafe u. F. Meythaler: Arch. f. exper. Path. **136**, 360 (1928) — Chem. Zbl. **1929 I**, 97.

[7] H. Reinwein: Dtsch. Arch. klin. Med. **164**, 61 (1929) — Chem. Zbl. **1929 II**, 589.

[8] C. N. Rüber, T. Sörensen u. K. Thorkelsen: Ber. dtsch. chem. Ges. **58**, 964 (1925) — Chem. Zbl. **1925 II**, 276 — Ber. dtsch. chem. Ges. **58**, 737 (1925) — Chem. Zbl. **1925 I**, 2551.

[9] E. O. von Lippmann: Ber. dtsch. chem. Ges. **60**, 161 (1927) — Chem. Zbl. **1927 I**, 1172.

[10] E. Votoček u. R. Lukeš: Rec. Trav. chim. Pays-Bas et Belg. (Amsterd.) **44**, 345 — Chem. Zbl. **1925 II**, 1950.

[11] H. W. Talen: Rec. Trav. chim. Pays-Bas et Belg. (Amsterd.) **44**, 891 (1925) — Chem. Zbl. **1928 II**, 438.

[12] W. L. Evans u. C. W. Holl: J. amer. chem. Soc. **47**, 3102 (1925) — Chem. Zbl. **1926 I**, 2184.

[13] A. J. Kendall, R. Bly u. R. C. Hauer: J. inf. Dis. **32**, 377 (1923) — Ref.: Ber. Physiol. **21**, 129 (1924) — Chem. Zbl. **1924 I**, 1393.

[14] Hermann Hees u. Caspar Tropp: Zbl. Bakter. I **100**, 273—284 (1926) — Chem. Zbl. **1927 I**, 760.

[15] Martin Kristensen: Zbl. Bakter. I **101**, 220—224 (1927) — Chem. Zbl. **1927 I**, 1330.

[16] Frank Wokes u. Joseph H. Irwin: Pharm. J. **118**, 747—751 — Chem. Zbl. **1927 II**, 1481.

Derivate: Anhydroverbindungen aus Sorbit[1].

Pentabenzoylderivat[2] $C_{41}H_{34}O_{11}$. Krystalle aus Pyridin, Schmelzp. 222°; $[\alpha]_D^{12} = +24{,}54°$ in Pyridin.

Hexabenzoylderivat[2] $C_{48}H_{38}O_{12}$. Durch 6stündiges Erhitzen mit Benzoesäureanhydrid und Natriumbenzoat. Nadeln aus Pyridin, Schmelzp. 129°, $[\alpha]_D^{19} = +24{,}3°$ in Pyridin.

Triacetonsorbit $[\alpha]_D^{15} = +12{,}87°$ in Alkohol.

Tri-[o-nitrobenzyliden]-sorbit[3] $C_{27}H_{23}O_{12}N_3$ (I oder II)

Eine Lösung von 5 g Sorbit in 35 ccm Schwefelsäure 1:1 wird mit 15 g o-Nitrobenzaldehyd versetzt und nach 24 Stunden unter starkem Schütteln viel Wasser zugegeben. Es scheiden sich Flocken und kugelige Aggregate ab. Die Flocken gaben aus viel Alkohol Nadelrosetten vom Schmelzp. 212—215°. Schwer löslich in kaltem Alkohol und Benzol. Die Kugeln liefern aus Alkohol Nadeln, Schmelzp. 142—146°, die in Alkohol viel leichter löslich sind, so daß auch dadurch eine leichte Trennung möglich ist. Die tiefschmelzende Verbindung geht bei längerem Kochen der alkoholischen Lösung in die hochschmelzende über. **Isomere Verbindung** $C_{27}H_{23}O_{12}N_2$. Die filtrierte Lösung der vorigen Verbindung wird in Benzollösung an der Sonne belichtet. Zuerst erfolgt Grünfärbung, dann Abscheidung eines Niederschlages. Man kann auch in Chloroform arbeiten und die tiefgrüne Lösung verdampfen. Weißes Pulver aus Benzol, nach dem Sintern Schmelzp. 144°. Wird durch Alkohol verharzt. Liefert ein **Dibenzoylderivat** $C_{41}H_{31}O_{14}N_3$. Gelbliches Pulver aus Alkohol nach Sintern, Schmelzp. 124° unter Zersetzung.

Styracit = 1,5-Anhydrosorbit[4] (Bd. VIII, S. 244).

Bildung: Durch katalytische Hydrierung des Tetraacetyloxyglykals mit Palladiummohr.

Physikalische und chemische Eigenschaften: Das synthetische Produkt krystallisiert aus Methylalkohol in Krystallen vom Schmelzp. 155° (korr. 157°); $[\alpha]_D^{17} = -49{,}4°$ in Wasser.

[1] I. G. Farbenindustrie A.-G.: E.P.301655 vom 19. Dez. 1927; Chem. Zbl. **1929 I**, 1505.

[2] Y. Asahina u. H. Shimada: J. pharm. Soc. Jap. **50**, 1 (1930) — Chem. Zbl. **1930 I**, 2265.

[3] Joan Tanasesen u. Eugen Macovski: Bull. Soc. chim. France (4) **47**, 457 (1930) — Chem. Zbl. **1930 II**, 717.

[4] Leonidas Zervas: Ber. dtsch. chem. Ges. **63**, 1689 (1930) — Chem. Zbl. **1930 II**, 1515.

2-Desoxysorbit (2-Desoxymannit).

Mol-Gewicht: 166,15.
Zusammensetzung: $C_6H_{14}O_5$.

$$
\begin{array}{c}
CH_2OH \\
| \\
H—C—H \\
| \\
HO—C—H \\
| \\
H—C—OH \\
| \\
H—C—OH \\
| \\
CH_2OH
\end{array}
$$

Bildung: Aus Glykodesose durch Reduktion in neutraler wässeriger Lösung mit Na-Amalgam.

Physikalische und chemische Eigenschaften: Anfangs tafelförmige Krystalle, die sich bald in Nadeln umwandeln. Erweichen gegen 104°, Schmelzp. 105—106° zu einem trüben Sirup, der sich gegen 190° dunkel färbt. $[\alpha]_D^{18} = +15,61°$ in Wasser. Leicht löslich in Wasser, Alkohol, 50proz. Essigsäure und CH_3OH; löslich in Pyridin und Eisessig; wenig löslich in Aceton; sehr wenig löslich in Essigester, Tetrachlormethan, Äther, Petroläther, Chloroform und Ligroin; ist gegen Mineralsäuren ziemlich beständig; zeigt nicht die charakteristischen Reaktionen der Desoxyzucker[1].

Derivate: Diaceton-2-desoxysorbit $C_{12}H_{22}O_5$. Entsteht durch Acetonierung des 2-Desoxysorbits. — Sirupartig, Siedep. bei 1 mm = 120—125° (Badtemperatur), $[\alpha]_D^{20} = +11,08°$ in Acetylentetrachlorid. Leicht löslich in Alkohol, Aceton, Benzol, Äther, Petroläther und Tetrachlormethan; unlöslich in kaltem Wasser. Geschmack bitter und unangenehm[1].

1, 3, 4, 6-Tetramethylhexit (Tetramethylhexitol)[2].

Mol-Gewicht: 238,23.
Zusammensetzung: $C_{10}H_{22}O_6$.

$$
\begin{array}{c}
CH_2—OCH_3 \\
| \\
CH(OH) \\
| \\
CH_3—O—C—H \\
| \\
H—C—OCH_3 \\
| \\
H—C—OH \\
| \\
CH_2—OCH_3
\end{array}
$$

Bildung: Bei der Reduktion der Tetramethyl-γ-fructose mit Natriumalgam und feuchtem Äther.

Physikalische und chemische Eigenschaften: Sirup, Siedep. 171° bei 17 mm; $n_D = 1,4572$; $[\alpha]_D^{12} = +10,8°$ in Wasser bei $c = 2,5$. — Wahrscheinlich ein Gemisch der beiden Epimeren, das in Gegenwart von Borsäure keine Änderung seines Drehungsvermögens zeigt, also nicht 2 benachbarte Hydroxylgruppen enthält.

Heptite.

α-Glykoheptit (Bd. II, S. 461; Bd. VIII, S. 243; Bd. X, S. 678).

Bildung: Durch Behandlung von Glykose mit Nitromethan in Gegenwart von Kaliumbicarbonat, Reduktion zum Amin und Zersetzung desselben mit Natriumnitrit. Die Ausbeute ist sehr schlecht[3]. — Bei der Reduktion von α-Glykoheptulose neben α-Glykoheptulit[4].

[1] M. Bergmann, H. Schotte u. W. Leschinsky: Ber. dtsch. chem. Ges. **56**, 1052 (1923) — Chem. Zbl. **1923 III**, 23.

[2] Walter Norman Haworth u. James Gibbs Mitchel: J. chem. Soc. Lond. **123**, 301 (1923) — Chem. Zbl. **1923 III**, 1003.

[3] Amé Pictet u. André Barbier: Helvet. chim. Acta **4**, 924 (1921) — Chem. Zbl. **1922 I**, 403.

[4] G. Bertrand u. G. Nitzberg: C. r. Acad. Sci. Paris **186**, 1172 — Chem. Zbl. **1928 I**, 3051.

Physikalische und chemische Eigenschaften: Schmelzp. 134—135°[2], 129—130°, optisch inaktiv, zu 1,70 g löslich in 100 ccm 80proz. Alkohol von 18°[1].

α-Glykoheptulit[2].

Mol-Gewicht: 212,17.

Zusammensetzung: $C_7H_{16}O_7$.

Konstitution: Da α-Glykoheptit wegen seiner Darstellungsweise und Inaktivität nur Formel I besitzen kann, so würde dem α-Glykoheptulit, wenn die für α-Glykoheptulose angenommenen Formeln richtig sind, Formel II oder III zukommen. Diese Formeln müßten theoretisch die beiden β-Glykoheptite repräsentieren.

$$
\begin{array}{ccc}
CH_2 \cdot OH & CH_2 \cdot OH & CH_2 \cdot OH \\
| & | & | \\
HC \cdot OH & HO \cdot CH & HC \cdot OH \\
| & | & | \\
HC \cdot OH & HC \cdot OH & HC \cdot OH \\
| & | & | \\
HO \cdot CH & HO \cdot CH & HO \cdot CH \\
| & | & | \\
HC \cdot OH & HC \cdot OH & HC \cdot OH \\
| & | & | \\
HC \cdot OH & HC \cdot OH & HO \cdot CH \\
| & | & | \\
CH_2 \cdot OH & CH_2 \cdot OH & CH_2 \cdot OH \\
I & II & III
\end{array}
$$

Die α-Form ist von Philippe[3] beschrieben worden[2].

Bildung: Bei der Reduktion von α-Glykoheptulose mit Natriumamalgam neben α-Glykoheptit[4].

Physikalische und chemische Eigenschaften: Sie ist leicht löslich in Wasser; ziemlich wenig löslich in 80proz. Alkohol (etwa 1,5:100 bei Raumtemperatur) und krystallisiert aus diesem in sphärisch angeordneten seidigen Nadeln. Schmelzp. 144° (Maquenne-bloc.), $[\alpha]_D^{20} = -2° 24'$ in 5proz. wässeriger Lösung[2].

Derivate: α-Glykoheptulit-acetat. Das Acetat erhält man durch Erhitzen mit Acetanhydrid-ZnCl$_2$ und längeres Behandeln mit Wasser; aus Alkohol-Wasser (2:1), Schmelzpunkt 116—117°. Drehung einer 1,5proz. Chloroformlösung bei 22 cm Rohrlänge nur $+2'$[2].

α-d-Mannoheptit, Perseit (Bd. II, S. 462; Bd. X, S. 680).

Physiologische Eigenschaften: Wirkt in Dosen von 120—130 mg pro 100 g Ratte narkotisch[5].

α-Sedoheptit, Volemit (Bd. II, S. 464; Bd. VIII, S. 243; Bd. X, S. 680).

Vorkommen: Vielleicht in der Primulawurzel[6].

Darstellung: Durch Extraktion von Lactarius volemus mit Alkohol und Reinigen des Extraktes mit Pyridin und Äther[7].

Physiologische Eigenschaften: Wirkt in Dosen von 120—130 mg pro 100 g Ratte narkotisch[5].

---

[1] G. Bertrand u. G. Nitzberg: C. r. Acad. Sci. Paris **186**, 925 — Chem. Zbl. **1928 I**, 2594.

[2] G. Bertrand u. G. Nitzberg: C. r. Acad. Sci. Paris **186**, 1773 — Chem. Zbl. **1928 II**, 642 — C. r. Acad. Sci. Paris **186**, 1172 — Chem. Zbl. **1928 I**, 3051.

[3] Philippe: Bd. II, S. 462; Bd. VIII, S. 243; Bd. X, S. 679.

[4] G. Bertrand u. G. Nitzberg: C. r. Acad. Sci. Paris **186**, 1172 (1928) — Chem. Zbl. **1928 I**, 3051 — Bull. Soc. chim. France (4) **43**, 1019 (1928) — Chem. Zbl. **1928 II**, 2345.

[5] David J. Macht u. Gill Ching Ting: Amer. J. Physiol. **60**, 496 (1922) — Chem. Zbl. **1923 I**, 1377.

[6] Ludwig Kofler u. Hans Frauendorfer: Arch. Pharmaz. **262**, 318 (1924) — Chem. Zbl. **1924 II**, 1929.

[7] V. Ettel: Collect. Trav. chim. Tchécoslovaquie **1**, 288 (1929) — Chem. Zbl. **1929 II**, 714.

Physikalische und chemische Eigenschaften: Über die Identität von α-Sedoheptit mit Volemit[1]: Beide Präparate zeigen denselben Schmelzp. 151°, der in den Mischungen erhalten bleibt. Die Drehungen in Wasser und Boraxlösung stimmen überein. Die Äthylacetale zeigen in Chloroform gleiche Drehung ($-46°$ bzw. $-45°$), doch weichen die Schmelzpunkte erheblich ab. Das Tribenzalderivat des α-Sedoheptits ist bekannt und schmilzt bei 225°. Eine Benzalverbindung des Volemits ist nicht genauer identifiziert[1]. Krystalle aus Äthylacetat, Schmelzpunkt 153—154°, Nadeln, leicht löslich in siedendem Wasser und Pyridin, wenig löslich in Aceton. In 3proz. wässeriger Lösung $[\alpha]_D^{20} = +2,07°$; in 10proz. Lösung $[\alpha]_D^{20} = +2,07°$; in wässeriger Boraxlösung $[\alpha]_D = +20,71°$. — In wässeriger Lösung mit Uranylnitrat in Kaliumhydroxyd $[\alpha]_D^{20} = +43,3°$, mit Ammoniummolybdat $[\alpha]_D^{20} = +39,8°$[2].

Derivate: Triformalverbindung[2] $C_{10}H_{16}O_7$. Durch Erhitzen mit 40proz. Formalin und konz. Salzsäure. Aus siedendem Wasser Nadeln, Schmelzp. 212—213°; $[\alpha]_D$ in 1proz. Chloroformlösung $= -13,84°$, in 1proz. Pyridinlösung $= -83,04°$, in 1proz. Chinolinlösung $= -186,84°$.

Triacetalderivat[2] $C_{13}H_{22}O_7$. Mit Paraldehyd aus Volemit in 50proz. Schwefelsäure. Aus siedendem Wasser oder Äthylacetat, Schmelzp. 161—162°. In 1proz. Chloroformlösung $[\alpha]_D^{20} = -72,35$; in Pyridin $= -117,6°$, in Chinolin $= -225,2°$.

Tribenzalderivat[2] $C_{28}H_{20}O_7$. Aus Volemit in alkoholischer Salzsäure und Benzaldehyd. Aus Pyridin und Toluol Krystalle, Schmelzp. 214—215°. Feine Nadeln, leicht löslich in den gewöhnlichen organischen Lösungsmitteln. In Chloroform $[\alpha]_D^{20} = -1,7°$; in Pyridin $= -48,4°$; in Chinolin $= -138,4°$.

Heptaacetat[2] $C_{21}H_{30}O_{14}$. Mit Essigsäureanhydrid und Natriumacetat. Aus Toluol Plättchen, Schmelzp. 120—121°. In 1 proz. Chloroformlösung $[\alpha]_D^{20} = +20,7°$; in Pyridin und Essigsäure $= +20,7°$.

Heptaphenylcarbamat[2] $C_{56}H_{51}O_{14}N_7$. Durch Erhitzen von Volemit in Pyridin mit Phenylisocyanat. Schmelzp. 266° unter Zersetzung. Unlöslich in den gebräuchlichen Lösungsmitteln.

Thioalkohol, erhalten bei der Reduktion des Thiozuckers aus Adenylthiozucker.

Mol-Gewicht: 182,20.

Zusammensetzung: $C_5H_{14}O_4S$.

Konstitution:

$$\begin{array}{l} CH_2 \cdot OH \\ | \\ CH \cdot OH \\ | \\ CH \cdot OH \qquad (?) \\ | \\ CH \cdot OH \\ | \\ CH_2 \cdot S \cdot CH_3 \end{array}$$

Zur Konstitution s. noch S. 661.

Darstellung: Aus dem Thiozucker durch Reduktion mit Na-Amalgam.

Physikalische und chemische Eigenschaften: Büschelförmige Nadeln aus Benzol-Eisessig. Schmelzp. 115—117°. Leicht löslich in Alkohol, Wasser, Aceton und Eisessig, unlöslich in Äther, Benzol und Chloroform. Schmeckt süßlich, reduziert nicht, gibt keine Nitroprussidreaktion, absorbiert Brom.

Acetylderivat: Öliges Produkt und scheidet sich als ein Gemisch von Tri- und Tetraacetat aus.

Dibenzalderivat $C_6H_{10}O_4S \cdot (CH \cdot C_6H_5)_2$. Nadeln aus Alkohol. Schmelzp. 135—136°. Löslich in Aceton, Benzol, Chloroform; unlöslich in Wasser[3].

2. Säuren der Zuckergruppe (Bd. II, S. 466; Bd. X, S. 681).

Bildung: Die Oxydation der Aldosen mit Brom ist nie quantitativ, sondern die entstandene Säurelösung enthält immer noch einen gewissen Prozentsatz des Zuckers, der bei

[1] F. B. La Forge u. C. S. Hudson: J. of biol. Chem. **79**, 1—3 (1928) — Chem. Zbl. **1929 I**, 37.
[2] V. Ettel: Collect. Trav. chim. Tchécoslovaquie **1**, 288 (1929) — Chem. Zbl. **1929 II**, 714.
[3] U. Suzuki u. T. Mori: Biochem. Z. **162**, 413 (1925) — Chem. Zbl. **1926 I**, 704. — U. Suzuki, S. Odake u. T. Mori: Biochem. Z. **154**, 278 (1924) — Chem. Zbl. **1925 I**, 1216.

sehr leicht löslichen Säuren und Lactonen deren Auskrystallisieren und deshalb die Ausbeute wesentlich beeinflußt. Man kocht deshalb zweckmäßig die vom Bromwasserstoff befreite Säurelösung zuerst mit Calciumcarbonat, dampft auf ein kleines Volumen ein, fällt das Calciumsalz mit Alkohol, saugt ab, wäscht mit Alkohol aus und zerlegt es durch die äquivalente Menge Oxalsäure[1].

Darstellung: Bei der Oxydation der Zucker und der Polyoxysäuren mittels Salpetersäure ohne Erwärmung empfiehlt es sich, die überschüssige Salpetersäure durch 5—6maliges Ausschütteln der nötigenfalls verdünnten Lösung mit dem $1\frac{1}{2}$fachen Volum Äther zu beseitigen[2]. — Herstellung von Monocarbonsäuren aus Aldosen, dadurch gekennzeichnet, daß man den Zucker in alkalischer Lösung mit Hypochlorit bei Gegenwart kleiner Mengen geeigneter Br- oder J-Verbindungen oxydiert. — Es gelingt so, unter Verwendung des billigen Hypochlorits einen weitgehenden Abbau der Aldosen ebenfalls zu vermeiden und die entsprechenden Monocarbonsäuren in guter Ausbeute zu gewinnen. Die Menge des zuzusetzenden Br oder J, auch in Form eines löslichen Salzes, kann weniger als $^1/_{10}$ Äquivalent des zur Oxydation notwendigen Hypochlorits betragen. Als Basen lassen sich mit demselben Erfolge Alkalien, Erdalkalien oder $Mg(OH)_2$ verwenden. Man kann entweder die fertige Hypochloritlösung zu einer Br- oder J-haltigen Zuckerlösung geben oder gasförmiges Cl_2 in ein Gemisch von Alkali, Br- oder J-Salz und Zucker einleiten. Wesentlich ist die Innehaltung einer niedrigen Temperatur bei der Oxydation[3]. Zur Zerlegung der Bariumsalze der Säuren der Zuckergruppe wird Oxalsäure statt Schwefelsäure empfohlen, da das Bariumsulfat sich meist außerordentlich schwer absetzt und die Filtration sehr erschwert. Eine vorherige quantitative Bestimmung des Bariumgehaltes ist bei diesem Verfahren unbedingt erforderlich, um die zur Abscheidung der freien Säure erforderliche Menge Oxalsäure berechnen zu können. — Das Verfahren wird am Beispiel der Bariumsalze der d- und l-Glykonsäure und Metasasaccharinsäure beschrieben[4]. Die Oxydation der Aldosen durch Bromwasser wird durch Zusatz von Calcium oder Bariumbenzoat wesentlich verbessert. — Die Oxydationsgeschwindigkeit wird erhöht, und die Hydrolyse von Disacchariden und anderen zusammengesetzten Aldosen verhindert[5]. — Die Epimerisation der Carbonsäuren der Zuckergruppe gelingt nicht nur mit Chinolin oder Pyridin, sondern auch mit wässerigem Ammoniak im Autoklaven bei 135—140° in 3 Stunden[6].

Nachweis: Methylisobrenzschleimsäure und Isobrenzschleimsäure geben mit $FeCl_3$ eine intensive bläulichgrüne Färbung. Die Reaktion läßt sich zur Erkennung sehr kleiner Mengen von Säuren der Zuckergruppe benutzen, indem man die Säure, ihr Lacton, Salz oder Ester mit $KHSO_4$ erhitzt und die sich an den kälteren Teilen des Reagensrohres kondensierenden Tröpfchen mit $FeCl_3$ prüft. Bei positivem Ausfall liegt eine Dicarbonsäure der Hexosengruppe oder eine Monocarbonsäure der Pentosen- bzw. Methylpentosengruppe vor. Bei negativem Ausfall wird man die Substanz vorsichtig oxydieren, da eine Monocarbonsäure der Hexosengruppe vorliegen kann, und den Versuch wiederholen[7].

Physikalische und chemische Eigenschaften: Um eine Grundlage für die Zuweisung von Strukturformeln an isomeren Lactonen zu gewinnen, die in gleicher Richtung drehen, wurden quantitative Untersuchungen der Geschwindigkeiten der Bildung und Aufspaltung derartiger Isomeren angestellt[8]. — Die Strukturmodelle isomerer normaler Zuckersäuren weisen darauf hin, daß alle diese Säuren Lactone des gleichen Typus mit annähernd gleicher Geschwindigkeit bilden sollten, wozu die Beobachtung im Gegensatz steht, daß einige dieser Säuren leichter in Lactonform isoliert werden können als andere. Die Untersuchungen wurden ausgeführt an den Monocarbonsäuren: Gulonsäure, Galaktonsäure, Glykoheptonsäure, Mannonsäure,

[1] H. Kiliani: Ber. dtsch. chem. Ges. **55**, 75 (1922) — Chem. Zbl. **1922 I.** 946.

[2] H. Kiliani: Ber. dtsch. chem. Ges. **55**, 2817 (1922).

[3] Chem. Fabr. vorm. Sandoz: D.R.P. 461370, Kl. 12o vom 13. Juni 1925; E.P. 289280 vom 17. Juni 1927; Fr.P. 635603 vom 7. Juni 1927; Schweiz.P. 124761 vom 22. Mai 1926; Chem. Zbl. **1928 II**, 1382. — Chem. Fabr. vorm. Sandoz, übertr. von A. Stoll u. W. Kußmaul: A.P. 1648368 vom 16. Mai 1927; Chem. Zbl. **1928 II**, 1382.

[4] H. Kiliani: Ber. dtsch. chem. Ges. **61**, 1155 (1928) — Chem. Zbl. **1928 I**, 2932.

[5] C. S. Hudson u. H. S. Isbell: Bureau Standards J. Res. **3**, 57 (1929) — Chem. Zbl. **1929 II**, 1652 — J. amer. chem. Soc. **51**, 2225 (1929) — Chem. Zbl. **1929 II**, 2660.

[6] Swigel Posternak u. Théodore Posternak: Helvet. chim. Acta **12**, 118 (1929) — Chem. Zbl. **1930 I**, 2407.

[7] L. J. Simon u. A. J. A. Guillaumin: C. r. Acad. Sci. Paris **175**, 1208 (1922) — Chem. Zbl. **1923 IV**, 6. — G. Chavanne: Ann. Chim. et Phys. (8) **3**, 507 (1905) — Chem. Zbl. **1905 I**, 374.

[8] P. A. Levene u. H. S. Simons: J. of biol. Chem. **65**, 31 (1925) — Chem. Zbl. **1926 I**, 54.

4-Methylglykoheptonsäure, 2, 3, 4, 6- und 2, 3, 5, 6-Tetramethylmannonsäure und an den Dicarbonsäuren: Zuckersäure, Mannozuckersäure, Schleimsäure, Alloschleimsäure. Es wurde gefunden, daß die von Hexosen und normalen Heptosen abzuleitenden Monocarbonsäuren untereinander in der Geschwindigkeit der Lactonbildung praktisch übereinstimmen, und daß gleiches von den Dicarbonsäuren gilt. Die Monocarbonsäuren bilden gleichzeitig 2 Lactone; eins mit 6gliedrigem Ring, das in wenigen Stunden ein Gleichgewicht von 20—30°% erreicht, und eins mit 5gliedrigem Ring, das ein Gleichgewicht von 75—80% nach mehreren 100 Stunden erreicht. Die Anfangsgeschwindigkeit der ersten Reaktion ist 8mal so groß als die der zweiten. Gewisse methylierte Säuren, bei denen nur der eine Lactontypus entstehen konnte, zeigten stets die diesem Typus entsprechende Anfangsgeschwindigkeit und das entsprechende Gleichgewicht. Diese Ergebnisse wurden polarimetrisch gewonnen, und es ergab sich dabei, daß die Drehung des Lactons stest mehr nach rechts geht als die der Säure, wenn ein Dextro-Kohlenstoffatom, und mehr nach links, wenn ein Lävo-Kohlenstoffatom von der Bindung beansprucht wird[1]. — Bei den titrimetrisch ermittelten Geschwindigkeiten der Lactonbildung der Dicarbonsäuren zeigte sich Unabhängigkeit von der Löslichkeit der Lactone und der Leichtigkeit, mit der sie isoliert werden können. — Innerhalb der untersuchten Zeit (200 Stunden) verliefen die Reaktionen im wesentlichen monomolekulär, ohne die scharfen Knicke, die in den Kurven der Monocarbonsäuren gefunden wurden, doch verliefen die Reaktionen in der Beobachtungszeit nicht vollständig. Es konnte nicht festgestellt werden, welche von den 4—5 möglichen Lactonen sich bildeten, bei der Schleimsäure gehörten wenigstens 22% nicht der dominierenden Form an. Die Bildung der Lactone erfolgt unter gleichen Bedingungen bei den Dicarbonsäuren etwas langsamer als die der 5-Ring-Lactone aus den Monocarbonsäuren, aber anscheinend demselben Gleichgewichte sich nähernd[1].

Einbasische Säuren.

Säuren der C_4-Reihe.

d-Erythronsäure (Bd. II, S. 466; Bd. X, S. 682).

Bildung: Bei der Oxydation von d-Glykose mit Hilfe von Kupfer in Natriumcarbonatlösung (Soldainis Reagens), 3,6 g aus 200 g Glykose[2]. Aus 100 g Glykose wurden nach der Oxydation in Kalkwasser mit Luftsauerstoff 6 g hochschmelzendes, in Alkohol unlösliches Brucinsalz, wahrscheinlich der d-Erythronsäure, erhalten[3].

d-Threonsäure (Bd. VIII, S. 247; Bd. X, S. 683).

Bildung: In Spuren bei der Oxydation von d-Glykose mit Hilfe von Kupfer in Natriumcarbonatlösung (Soldainis Reagens)[2].

Rhodeotetronsäure (d-Galakto-methylotetronsäure)[4].

Mol-Gewicht: 166,02.
Zusammensetzung: $C_5H_{10}O_6$.

$$\begin{array}{c}
\text{COOH} \\
| \\
\text{HO}-\text{C}-\text{H} \\
| \\
\text{HO}-\text{C}-\text{H} \\
| \\
\text{H}-\text{C}-\text{OH} \\
| \\
\text{CH}_3
\end{array}$$

[1] P. A. Levene u. H. S. Simons: J. of biol. Chem. **65**, 31 (1925) — Chem. Zbl. **1926 I**, 54.
[2] Fr. W. Jensen u. Fr. W. Upson: J. amer. chem. Soc. **47**, 3019 (1925) — Chem. Zbl. **1926 I**, 1635.
[3] M. N. Power u. Fred. W. Upson: J. amer. chem. Soc. **48**, 195 (1926) — Chem. Zbl. **1926 I**, 2566.
[4] E. Votoček u. F. Valentin: Collect. Trav. chim. Tchécoslovaquie **2**, 36 (1930) — Chem. Zbl. **1930 I**, 2544.

Bildung: Durch Oxydation der Rhodeotetrose mit Brom.

Derivate: Lacton. Hygroskopische Prismen; $[\alpha]_D = +44,2°$ in Wasser. Zeigt keine Mutarotation.

Säuren der C_5-Reihe.

l-Arabonsäure (Bd. II, S. 469; Bd. VIII, S. 247; Bd. X, S. 684),

Bildung: Bei der Oxydation von d-Glykose mit Hilfe von Kupfer in Natriumcarbonatlösung (Soldainis Reagens), 6 g aus 200 g Glykose[1].

Darstellung: Man hydrolysiert Kirschgummi mit 2proz. HCl bei 100°, oxydiert mit Br, neutralisiert mit frisch gelöschtem Kalk, dampft bis zur Hautbildung ein. Das arabonsaure Ca scheidet sich sehr langsam ab. Die Krystallisation wird beschleunigt durch Fällen der organischen Ca-Salze mit Alkohol und Aufnahme dieses Niederschlages mit Wasser[2].

Physikalische und chemische Eigenschaften: Lösungen, die durch Zerlegung des Ca-Salzes mit HCl erhalten werden, zeigen sofort nach der Herstellung die Anfangsdrehung $[\alpha]_D = -10,82°$ und nach 11—12 Tagen die konstante Enddrehung $[\alpha]_D = -51,5°$[3].

Derivate: Arabonsaures Calcium. Das von Tollens und Hauers[4] aus Rübenschnitzeln gewonnene Ca-Salz besteht in der Hauptsache aus arabonsaurem Calcium[3].

Mercurosalz[3] $(C_5H_9O_6)_2Hg_2 + Hg_2(OH)_2$. Gelbgrünes, metallisch schimmerndes Pulver, geht bei 14tägigem Stehen über $CaCl_2$ in das Salz $(C_6H_9O_6)_2Hg_2 + Hg_2O$ über.

Mercurisalz[3] $(C_5H_9O_6)_2Hg + H_2O$. Weiße Krystalle; leicht löslich in Wasser. Zersetzt sich beim Kochen mit Wasser unter Abscheidung von Hg.

Brucinsalz. Krystallisiert mit 1 H_2O[4].

l-Arabonsäurelacton. Anfangsdrehung: $[\alpha]_D = -63,4$ bis $-70,8°$. Enddrehung nach etwa 40 Tagen $[\alpha]_D = -51,1$ bis $-51,6°$[3]. Mit Hydrazinhydrat klare Lösung, später im entstandenen Sirup dichte Nadelwarzen und allmählich völliges Erstarren[4].

Triacetyl-l-arabonsäurelacton[5]. Aus l-Arabonsäurelacton, Acetanhydrid und $ZnCl_2$. Aus Äther. Schmelzp. 67°, $[\alpha]_D^{20} = -67,2°$ in Benzol. Leicht verseifbar zum Salz oder Ester der Arabonsäure[5].

Dibenzoyl-l-arabonsäurelacton[5]. Durch Einwirkung von Benzoylchlorid auf das Lacton in Pyridin. Schmelzp. 200°. $[\alpha]_D^{20} = -37,65°$ in Aceton[5].

Tribenzoyl-l-arabonsäurelacton[5]. Durch Einwirkung von Benzoylchlorid auf das Lacton in Pyridin. Schmelzp. 120°. $[\alpha]_D^{20} = +24°$ in Aceton und $+28,2°$ in Benzol.

l-Arabonsäure-methylester $C_5H_9O_6 \cdot CH_3$. Aus Arabonsäurelacton und verdünntem Methylalkohol oder aus arabonsaurem Ca, Methylalkohol und konz. H_2SO_4 bei 100°. Krystalle aus Methylalkohol. Anfangsdrehung $[\alpha]_D = -5,7$ bis $-6,7°$. Die Linksdrehung nimmt beim Stehen der Lösungen infolge des Zerfalles des Esters in Alkohol und Säure bzw. Lacton zu und erreicht nach 32 Tagen den konstanten Wert der Gleichgewichtsmischung von Arabonsäurelacton und Arabonsäure[3]. Wird 1 Teil l-Arabonsäurelacton mit 3 Teilen Methylalkohol bis zur eben erfolgten Lösung erwärmt, so krystallisiert der l-Arabonsäuremethylester. Schmelzpunkt 148°, $[\alpha]_D^{20} = -6,30°$ in Wasser. Zugabe von wenig HCl beschleunigt die Veresterung; beim Erhitzen wird bei etwa 110° Methylalkohol abgespalten und das Lacton zurückgebildet[5].

Tetraacetyl-l-arabonsäuremethylester[5]. Durch Acetylierung des l-Arabonsäuremethylesters. Schmelzp. 129,5—131°. $[\alpha]_D^{20} = -34,1°$ in Essigsäure.

l-Arabonsäureäthylester[5]. 1 Teil l-Arabonsäurelacton wird mit 3 Teilen Äthylalkohol bis zur eben erfolgten Lösung erwärmt. Schmelzp. 126,5 (Maquenne-bloc). Sehr schwach rechtsdrehend.

Tetraacetyl-l-arabonsäureäthylester[5]. Durch Acetylierung des l-Arabonsäureäthylesters. Schmelzp. 68°. $[\alpha]_D^{20} = -26,70°$ in Essigsäure[5].

l-Triacetyl-arabonsäurenitril. Abbau nach Zemplén[6].

[1] Fr. W. Jensen u. Fr. W. Upson: J. amer. chem. Soc. **47**, 3019 (1925) — Chem. Zbl. **1926 I**, 1635.

[2] H. Kiliani: Ber. dtsch. chem. Ges. **58**, 2344 (1925) — Chem. Zbl. **1926 I**, 1137.

[3] K. H. Böddener u. B. Tollens: Ber. dtsch. chem. Ges. **43**, 1645 (1910) — Chem. Zbl. **1910 II**, 146.

[4] R. Hauers u. B. Tollens: Ber. dtsch. chem. Ges. **36**, 3321 (1903) — Chem. Zbl. **1903 II**, 1167.

[5] L. J. Simon u. V. Hasenfratz: C. r. Acad. Sci. Paris **179**, 1165—1168 (1924) — Chem. Zbl. **1925 I**, 639.

[6] Venancio Deulofen u. Paul J. Selva: J. chem. Soc. Lond. **1929**, 225 — Chem. Zbl. **1929 I**, 2873.

d-Arabonsäure (Bd. II, S. 469; Bd. X, S. 685).

Bildung: Aus 100 g Glykose wurden nach der Oxydation in Kalkwasser mit Luftsauerstoff 14,7 g unreines d-Arabonsäurephenylhydrazid isoliert[1].

Physikalische und chemische Eigenschaften: Die freie Säure (0,2302 g Ba-Salz in 1 ccm n-HCl, mit Wasser auf 5 ccm aufgefüllt) zeigt $[\alpha]_D$ nach dem Auflösen $+18,65°$, nach 2 Stunden $+28,75°$, nach 24 Stunden $+47,1°$, nach 48 Stunden $+48,62°$[2].

Derivate: d-Arabonsäurelacton[1]. Schmelzp. $90-92°$; $[\alpha]_D^{20} = +69,6°$.

d-arabonsaures Calcium[1] $Ca(C_5H_9O_6)_2 \cdot 5\,H_2O$; $[\alpha]_D^{22} = -2,58°$.

Ba-Salz $C_{10}H_{18}O_{12}Ba$. Zeigt in wässeriger Lösung kaum Linksdrehung[2].

d-Arabonsäurephenylhydrazid. Schmelzp. $210°$; $[\alpha]_D^{20} = -14,1°$[1]. Schmelzp. $213°$. Zeigt in Wasser $[\alpha]_D^{20} = -13,9°$ ($c = 0,568$)[2].

Brucinsalz. Schmelzp. $163-165°$. $[\alpha]_D^{20} = -26,1°$ (in Wasser, $c = 4,100$)[2].

Triacetyl-d-arabonsaures Kalium[3] $C_{11}H_{15}O_6K$. Bei der Oxydation von Tetraacetylglykoseen (1, 2), Tetraacetyl-2-oxy-d-Glykal mit Kaliumpermanganat-Sodalösung. Krystalle aus Wasser und Alkohol, Schmelzp. $214-215°$. Gibt bei der Verseifung mit methylalkoholischem Ammoniak d-arabonsaures Kalium.

d-Xylonsäure (Bd. II, S. 297; Bd. VIII, S. 473; Bd. X, S. 687).

Darstellung: Durch Oxydation der Xylose mit Brom in Gegenwart von Bariumbenzoat. Ausbeute 90%[4].

l-Xylonsäure (Bd. II, S. 472; Bd. X, S. 686).

Derivate: Tetraacetyl-l-xylonsäurenitril[5] $C_{13}H_{17}O_8N$. Aus l-Xyloseoxim mit Essigsäureanhydrid und Natriumacetat. Krystalle aus Alkohol, Schmelzp. $82°$; leicht löslich in Chloroform, löslich in Äther, fast unlöslich in Wasser.

l-Ribonsäure (Bd. II, S. 471; Bd. X, S. 686).

Derivate: l-Ribonsäurelacton. Das aus dem Arabonsäurelacton zu erhaltende l-Ribonsäurelacton hat Schmelzp. $84-86°$, $[\alpha]_D^{15} = -18°$. Es läßt sich durch Lösen in Methylalkohol in den Methylester der l-Ribonsäure nicht überführen[6].

Phosphoribonsäure[7].

Mol-Gewicht: 246,155.

Zusammensetzung: $C_5H_{11}O_9P$

Konstitution:

$$
\begin{array}{c}
COOH \\
| \\
HO-C-H \\
| \\
HO-C-H \\
| \\
HO-C-H \\
| \\
CH_2-O-PO_3H_2
\end{array}
$$

Darstellung: Durch Oxydation der Ribophosphorsäure mit Hypojodit oder mit Salpetersäure.

Physikalische und chemische Eigenschaften: Die Messungen der Mutarotation des Calciumsalzes sprechen für obige Konstitution[7].

[1] M. H. Power u. Fred. W. Upson: J. amer. chem. Soc. **48**, 195 (1926) — Chem. Zbl. **1926 I**, 2566.

[2] H. Ohle u. G. Berend: Ber. dtsch. chem. Ges. **60**, 1159 (1927) — Chem. Zbl. **1927 II**, 803.

[3] Kurt Maurer: Ber. dtsch. chem. Ges. **62**, 332 (1929) — Chem. Zbl. **1929 I**, 1923.

[4] C. S. Hudson u. H. S. Isbell: Bureau Standards J. Res. **3**, 57 (1929) — Chem. Zbl. **1929 II**, 1652 — J. amer. chem. Soc. **51**, 2225 (1929) — Chem. Zbl. **1929 II**, 2660.

[5] Venancio Deulofen: J. chem. Soc. Lond. **1929**, 2458 — Chem. Zbl. **1930 I**, 2392.

[6] L. J. Simon u. V. Hasenfratz: C. r. Acad. Sci. Paris **179**, 1165—1168 (1924) — Chem. Zbl. **1925 I**, 639.

[7] P. A. Levene u. T. Mori: J. of biol. Chem. **81**, 215 (1929) — Chem. Zbl. **1929 I**, 1328.

1-2-Arabinodesonsäure.

Mol-Gewicht: 149,10.
Zusammensetzung: $C_5H_9O_5$

$$\begin{array}{c} COOH \\ | \\ H-C-H \\ | \\ HO-C-H \\ | \\ HO-C-H \\ | \\ CH_2-OH \end{array}$$

Bildung: Aus β-1-2-Ribodesose bei der Oxydation mit Bariumhypojodit nach Goebel, isoliert als Bariumsalz[1].

Derivate: l-Arabinodesonsaures Ba $C_{10}H_{18}O_{10}Ba$. Die sirupartige Arabinodesose gibt in Wasser mit Br Arabinodesonsäure und nach Entfernung des Br und HBr mit $^1/_5$n-Ba(OH)$_2$-Lösung bei 80° das Ba-Salz. Farblose Nadeln, hygroskopisch[2]. Aus wenig Wasser + Alkohol und Äther. Amorphes Pulver; $[\alpha]_D^{25} = -0,43°$ in Wasser. Für die freie Säure: $[\alpha]_D^{25} = +8,5°$ → $-12,2°$ in Wasser[1].

Säuren der C$_6$-Reihe.

Arbeiten allgemeiner Natur: Oxydation der Methylpentonsäuren usw.[3].

l-Rhamnonsäure, l-Mannomethylonsäure (Bd. II, S. 473; Bd. X, S. 687).

$$\begin{array}{c} COOH \\ | \\ H-C-OH \\ | \\ H-C-OH \\ | \\ HO-C-H \\ | \\ HC-C-H \\ | \\ CH_3 \end{array}$$

Darstellung: Bei der Darstellung der Rhamnonsäure verdient die Oxydation mit Brom den Vorzug gegenüber der Salpetersäure-Methode; im ersteren Fall ist die Ausbeute 60—64% der Theorie, im letzteren höchstens 30%[4]. Bei der Reduktion des 5-Ketorhamnolactons mit Natriumamalgam und Kohlensäure neben d-Guleomethylonsäure. Man trennt das Gemisch der Lactone mit Hilfe von Phenylhydrazin[5].

Physikalische und chemische Eigenschaften: Das reine Lacton der l-Rhamnonsäure gibt im Gegensatz zu einer Angabe von Lippmann mit alkalischer Kupferlösung keine Spur einer Reduktion. — Gibt bei der Oxydation mit Salpetersäure das Lacton der 2-Ketorhamnonsäure[4].

Derivate: l-Rhamnolacton. Die Acetylierung mit Acetanhydrid und konzentrierter H_2SO_4 liefert ein amorphes Produkt, vielleicht Triacetylrhamnonsäure[6].

1, 4-Lacton. Krystalle aus Aceton. System orthorhombisch; Krystallographische Messungen[7].

[1] P. A. Levene, L. A. Mikeska u. T. Mori: J. of biol. Chem. **85**, 785 (1930) — Chem. Zbl. **1930 I**, 2742.

[2] M. Gehrke u. F. X. Aichner: Ber. dtsch. chem. Ges. **60**, 918 (1927) — Chem. Zbl. **1927 I**, 2723. — M. Bergmann u. H. Schotte: Liebigs Ann. **434**, 99 (1927) — Chem. Zbl. **1927 I**, 643.

[3] E. Votoček u. L. Beneš: Bull. Soc. chim. France (4) **43**, 1328 (1928) — Chem. Zbl. **1929 I**, 1676.

[4] H. Kiliani: Ber. dtsch. chem. Ges. **55**, 75 (1922) — Chem. Zbl. **1922 I**, 946.

[5] Emil Votoček u. L. Beneš: Chem. Listy **22**, 362, 385 (1928) — Chem. Zbl. **1929 I**, 1676.

[6] J. Mikšić: Vestn. Král. Čes. Spol. Nauk. II **1926**, 18 — Chem. Zbl. **1928 I**, 2704.

[7] F. E. Wright: J. amer. chem. Soc. **52**, 1276 (1930) — Chem. Zbl. **1930 I**, 3546.

1, 5-Lacton[1] $C_6H_{10}O_5$. Bei der Oxydation der l-Rhamnose nach dem Verfahren von Hudson mit Bromwasser in Gegenwart von Natriumbenzoat. — Aus Aceton Krystalle vom Schmelzp. 172—181°; der Schmelzpunkt schwankt mit der Erhitzungsgeschwindigkeit. — $[\alpha]_D^{22} = -98,4° \rightarrow -61,0° \rightarrow -30,1°$ in Wasser; mittlerer Wert nach 6 Stunden, Endwert nach 11 Wochen — daneben entstehen geringe Mengen des bekannten Lactons vom Schmelzpunkt 148—150° und $[\alpha]_D^{23} = -39,7°$. — Beide Lactone geben das gleiche **l-Rhamnonsäureamid** vom Schmelzp. 126—129, getrocknet Schmelzp. 134—134,5°; $[\alpha]_D^{20} = +27,7°$ in Wasser. — Das 1, 5-Lacton ist das instabile. Kiliani[2] hat offenbar bei der Reduktion der d-l-Rhamnoketonsäure dasselbe 1, 5-l-Rhamnonsäurelacton erhalten, aber als Lacton der Gulomethylonsäure betrachtet[1]. — Krystallographische Messungen[3], nach welchen die Substanz wahrscheinlich identisch ist mit derjenigen von Will u. Peters[4].

Phenylhydrazid[5]. Schmelzp. 195—196°.

d-Rhamnonsäure.   d-Mannomethylonsäure.

Mol-Gewicht: 165,10.
Zusammensetzung: $C_5H_9O_6$.

$$
\begin{array}{c}
\text{COOH} \\
|\\
\text{HO—C—H} \\
|\\
\text{HO—C—H} \\
|\\
\text{H—C—OH} \\
|\\
\text{H—C—OH} \\
|\\
\text{CH}_3
\end{array}
$$

Darstellung: Isorhodeose wird mittels Bromwasser zur Isorhodeonsäure oxydiert und diese nach dem Pyridinverfahren epimerisiert.

Physikalische und chemische Eigenschaften: Sie ist optische Antipode des gewöhnlichen Rhamnonsäurelactons, bildet glänzende Nadeln, $[\alpha]_D^{18} = -40,9°$ in 10proz. Lösung[6].

5-Epi-l-rhamnonsäure, l-Guleonsäure[7], d-Guleomethylonsäure[5].

Mol-Gewicht: 165,10.
Zusammensetzung: $C_5H_9O_6$.

$$
\begin{array}{c}
\text{COOH} \\
|\\
\text{H—C—OH} \\
|\\
\text{H—C—OH} \\
|\\
\text{HO—C—H} \\
|\\
\text{H—C—OH} \\
|\\
\text{CH}_3
\end{array}
$$

Darstellung: Man löst Ketorhamnonsäurelacton in berechneter Menge $^1/_5$ n-Natronlauge, sättigt nach $^1/_4$ Stunde mit Kohlensäure, gibt unter ständigem Durchleiten eines schwachen Kohlensäurestromes 20 Teile 3proz. Natriumamalgam zu, verdünnt, bestimmt in einem abgemessenen Teil das Natrium, gibt zur Hauptmenge die berechnete Menge Schwefelsäure, verdampft bis zum Krystallbrei, digeriert diesen 6 Stunden nach dem Erkalten und Zerkleinern mit 85proz. Alkohol und verdunstet.

[1] Ernest L. Jackson u. C. S. Hudson: J. amer. chem. Soc. **52**, 1270 (1930) — Chem. Zbl. **1930 I**, 3770.
[2] H. Kiliani: Ber. dtsch chem. Ges. **55**, 2817 (1922) — Chem. Zbl. **1922 III**, 1333.
[3] F. E. Wright: J. amer. chem. Soc. **52**, 1276 (1930) — Chem. Zbl. **1930 I**, 3546.
[4] Will u. Peters: Ber. dtsch. chem. Ges. **22**, 1704 (1889).
[5] Emil Votoček u. L. Beneš: Chem. Listy **22**, 362, 385 (1928) — Chem. Zbl. **1929 I**, 1676.
[6] E. Votoček u. F. Valentin: C. r. Acad. Sci. Paris **183**, 62 (1926) — Chem. Zbl. **1926 II**, 1129.
[7] H. Kiliani: Ber. dtsch. chem. Ges. **55**, 2817 (1922).

Physikalische und chemische Eigenschaften: Das Lacton bildet Säulen und derbe Tafeln, neutral, Schmelzp. 152°. $[\alpha]_D = -84,9°$ (0,3956 g vakuumtrocknes Lacton in 16 ccm Wasser, $l = 2$), nach 16 Stunden $[\alpha]_D = -50°$; die Lösung in Natronlauge zeigt bald Rechtsdrehung[1]. Das Lacton schmilzt unscharf von 103—153°; $[\alpha]_D = -58,3°$ bis $[\alpha]_D = -38,3°$. Gibt mit Phenylhydrazin keine krystalline Verbindung. — Bei der Reduktion mit Natriumamalgam entsteht d-Guleomethylose[2].

Derivate: Das **Kalium, Natrium** und **Bariumsalz** sind amorph.

Brucinsalz. Derbe Tafeln.

Phenylhydrazid. Farblose Nadeln, Schmelzp. 152°. Wenig löslich in Wasser.

Hydrazid. Schmelzp. 155—156°, leicht löslich in Wasser; $[\alpha]_D = +15,2°$ ($c = 7,2225$ in Wasser, $l = 2$).

l-Fuconsäure, l-Galakto-methylonsäure (Bd. X, S. 687).

$$
\begin{array}{c}
COOH \\
|\\
HO-C-H \\
|\\
H-C-OH \\
|\\
H-C-OH \\
|\\
HO-C-H \\
|\\
CH_3
\end{array}
$$

Derivate: **l-Fuconsäureamid** $C_6H_{13}O_5N$. Fucose wird mit Br-Wasser zur Fuconsäure oxydiert und als Ba-Salz abgeschieden, dann in das Lacton verwandelt. Der resultierende Sirup wird in alkoholischer Lösung mit NH_3 behandelt, wobei alsbald das Amid auskrystallisiert. Schmelzp. 180,5°. $[\alpha]_D^{20} = -31,13°$ [3].

Rhodeonsäure, d-Galaktomethylonsäure (Bd. II, S. 474; Bd. X, S. 687).

$$
\begin{array}{c}
COOH \\
|\\
H-C-OH \\
|\\
HO-C-H \\
|\\
HO-C-H \\
|\\
H-C-OH \\
|\\
CH_3
\end{array}
$$

Derivate: **Phenylhydrazid**[4]. Nadeln aus 85proz. Alkohol, Schmelzp. 205°; $[\alpha]_D = +12°$ in Wasser.

Epirhodeonsäure (d-Talomethylonsäure)[4].

Mol-Gewicht: 165,10.
Zusammensetzung: $C_5H_9O_6$.

$$
\begin{array}{c}
COOH \\
|\\
HO-C-H \\
|\\
HO-C-H \\
|\\
HO-C-H \\
|\\
H-C-OH \\
|\\
CH_3
\end{array}
$$

[1] H. Kiliani: Ber. dtsch. chem. Ges. **55**, 75 (1922) — Chem. Zbl. **1922 I**, 946.

[2] Emil Votoček u. L. Beneš: Chem. Listy **22**, 362, 385 (1928) — Chem. Zbl. **1928 I**, 1676.

[3] E. B. Clark: J. of biol. Chem. **54**, 65 (1922) — Chem. Zbl. **1923 III**, 483.

[4] E. Votoček u. F. Valentin: Collect. Trav. chim. Tchécoslovaquie **2**, 36 (1930) — Chem. Zbl. **1930 I**, 2544.

Bildung: Bei der Epimerisation der Rhodeonsäure mit Pyridin.
Derivate: Bariumsalz. Nadeln.
Lacton. Nicht hygroskopische Krystalle, Schmelzp. 128°, $[\alpha]_D = -28,6°$ in Wasser. Gleichgewichtswert nach 6 Tagen. Anfangswert liegt nur wenig höher.
Phenylhydrazid. Nadeln aus Wasser, Schmelzp. 179°; $[\alpha]_D = -17,7°$ in Wasser.

Epifuconsäure (l-Talomethylonsäure) [1].

Mol-Gewicht: 165,10.
Zusammensetzung: $C_5H_9O_6$.

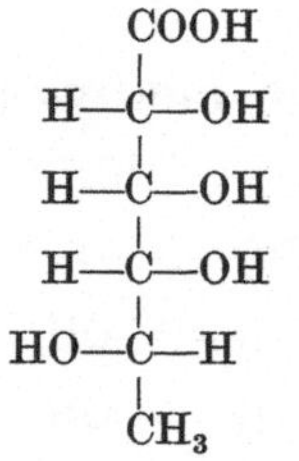

$$
\begin{array}{c}
COOH \\
| \\
H\!-\!C\!-\!OH \\
| \\
H\!-\!C\!-\!OH \\
| \\
H\!-\!C\!-\!OH \\
| \\
HO\!-\!C\!-\!H \\
| \\
CH_3
\end{array}
$$

Darstellung: Durch Epimerisation der Fuconsäure mit Pyridin.
Derivate: Lacton. Krystalle aus Alkohol, Schmelzp. 126—127°; $[\alpha]_D^{20} = +36,7° \rightarrow +31,0°$ in Wasser, Gleichgewicht nach 3 Tagen.
Phenylhydrazid. Krystalle aus 85proz. Alkohol. Schmelzp. 178°; $[\alpha]_D^{20} = +18,0°$ in Wasser.

Digitoxonsäure (Bd. X, S. 688).

Konfiguration:

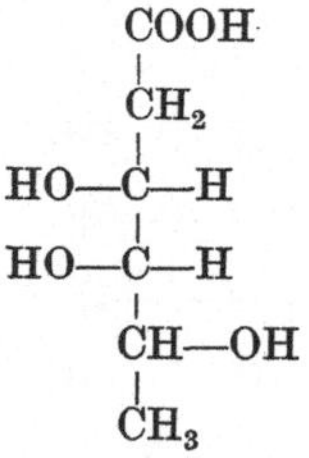

$$
\begin{array}{c}
COOH \\
| \\
CH_2 \\
| \\
HO\!-\!C\!-\!H \\
| \\
HO\!-\!C\!-\!H \\
| \\
CH\!-\!OH \\
| \\
CH_3
\end{array}
$$

β, γ, δ-Trioxy-n-capronsäure. Synthetische Digitoxonsäure [3].

Mol-Gewicht: 164,13.
Zusammensetzung: $C_6H_{12}O_5$.

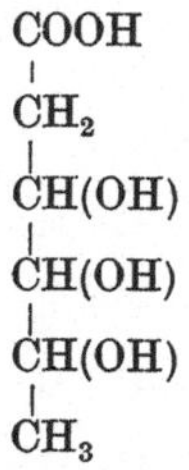

$$
\begin{array}{c}
COOH \\
| \\
CH_2 \\
| \\
CH(OH) \\
| \\
CH(OH) \\
| \\
CH(OH) \\
| \\
CH_3
\end{array}
$$

Darstellung: Aus Oxyhydrosorbinsäureester mit Benzopersäure, wobei der Ester gewonnen wird:

---

[1] E. Votoček u. V. Kučerenko: Collect. Trav. chim. Tchécoslovaquie **2**, 47 (1930) — Chem. Zbl. **1930 I**, 2544.
[2] H. Kiliani: Ber. dtsch. chem. Ges. **55**, 75 (1922) — Chem. Zbl. **1922 I**, 946.
[3] Géza Zemplén: Ber. dtsch. chem. Ges. **56**, 686 (1923) — Chem. Zbl. **1923 I**, 1076.

$$CH_3 \cdot CH : CH \cdot CH \cdot CH_2 \cdot CO \cdot OC_2H_5 + C_6H_5 \cdot CO$$
$$\overset{\bullet}{O}H \qquad\qquad \overset{\bullet}{O} \cdot OH$$

$$\longrightarrow CH_3 \cdot CH\!-\!\!CH \cdot CH \cdot CH_2 \cdot CO \cdot OC_2H_5 + C_6H_5 \cdot CO$$
$$\underset{O}{\diagdown\diagup} \quad \overset{\bullet}{O}H \qquad\qquad\qquad \overset{\bullet}{O}H$$

$$\xrightarrow{\;H_2O\;} CH_3 \cdot CH \cdot CH \cdot CH \cdot CH_2 \cdot CO \cdot OC_2H_5$$
$$\overset{\bullet}{O}H \;\; \overset{\bullet}{O}H \;\; \overset{\bullet}{O}H$$

Derivate: Bariumsalz $(C_6H_{11}O_5)_2Ba$.

Phenylhydrazid $C_{12}H_{18}O_4N_2$. Krystalle aus Alkohol. Schmelzp. 159°. Ziemlich leicht löslich in Wasser, schwer in kaltem Alkohol, nahezu unlöslich in Äther.

l-Rhamnodesonsäure[1] (2-Desoxy-l-rhamnonsäure).

Mol-Gewicht: 164,13.

Zusammensetzung: $C_6H_{12}O_5$.

$$\begin{array}{c}
COOH \\
| \\
H\!-\!C\!-\!H \\
| \\
H\!-\!C\!-\!OH \\
| \\
HO\!-\!C\!-\!H \\
| \\
HO\!-\!C\!-\!H \\
| \\
CH_3
\end{array}$$

Bildung: Bei der Oxydation des Methylcycloacetals der l-Rhamnodesose mit Brom in Wasser bei Zimmertemperatur.

Derivate: Bariumsalz $(C_6H_{11}O_5)_2Ba$. Aus Wasser + Aceton Nadeln.

Phenylhydrazid $C_{12}H_{18}O_4N_2$. Aus Wasser Krystalle. Schmelzp. 172—172,5°.

Digitalonsäure[2] (Bd. X, S. 397).

Mol-Gewicht: 193,14.

Zusammensetzung: $C_7H_{13}O_6$.

$$\begin{array}{c}
COOH \\
| \\
CH_3\!-\!O\!-\!C\!-\!H \\
| \\
CH(OH) \\
| \\
HO\!-\!C\!-\!H \\
| \\
CH(OH) \\
| \\
CH_3
\end{array}$$

Physikalische und chemische Eigenschaften: Liefert bei der Oxydation mit Salpetersäure eine zweibasische Säure $C_6H_{10}O_7$, die bisher als Trioxyadipinsäure angesehen wurde, so daß für die Digitalonsäure die Formeln

$$CH_3\!-\![CH(OH)]_4\!-\!CH_2\!-\!COOH$$

oder

$$CH_3\!-\!CH(OH)\!-\!CH_2\!-\![CH(OH)]_3\!-\!COOH$$

in Betracht kamen. Dies wurde unhaltbar durch die Auffindung eines Methoxyls im Molekül. Da ferner die Digitalonsäure ein gut krystallisierendes Lacton bildet, muß am vierten Kohlenstoffatom ein Hydroxyl stehen, und wegen der Linksdrehung des Lactons ist vorläufig obiges Schema anzunehmen. Für die Stellung des Methoxyls kommt das fünfte Kohlenstoffatom

[1] Max Bergmann u. Stephan Ludewig: Liebigs Ann. **434**, 105 (1923).
[2] H. Kiliani: Ber. dtsch. chem. Ges. **55**, 75 (1922) — Chem. Zbl. **1922 I**, 948.

nicht in Frage, da es bei der Salpetersäureoxydation verschwinden mußte unter Bildung einer reinen Trioxyglutarsäure, während die Analysenzahlen sicher zugunsten von $C_6H_{10}O_7$, d. h. einer Methoxytrioxyglutarsäure, sprechen. Der Osazonversuch entscheidet die Frage, ob das Methoyxl dem zweiten oder dritten Kohlenstoffatom zugeteilt werden muß, dahin, daß die Digitalose höchstwahrscheinlich kein Osazon bilden kann, so daß in ihrem Molekül das Methoxyl die 2-Stellung einnehmen dürfte.

Derivate: **Phenylhydrazid** $[\alpha]_D =$ etwa $-16°$.

2-Ketorhamnonsäure[1], später als 5-Ketorhamnonsäure[2] erkannt.

Mol-Gewicht: 178,11.

Zusammensetzung: $C_6H_{10}O_6$.

$$
\begin{array}{c}
\text{COOH} \\
|\\
\text{H—C—OH} \\
|\\
\text{H—C—OH} \\
|\\
\text{HO—C—H} \\
|\\
\text{CO} \\
|\\
\text{CH}_3
\end{array}
$$

Bildung: Rhamnose gibt bei der Oxydation mit Salpetersäure bei gewöhnlicher Temperatur 40% Rhamnonsäure, 51% der Theorie an 5-Ketorhamnonsäure. In den Mutterlaugen steckt auch eine zweibasische Säure, vielleicht l-Trioxyglutarsäure. Als Nebenprodukt bei der Oxydation der Rhamnose mit Brom. Aus 1 kg Rhamnose erhalten 560 g Rhamnonsäurelacton und 35 g 5-Ketorhamnonsäurelacton[3].

Physikalische und chemische Eigenschaften: Das Lacton $C_6H_8O_5$ schmilzt unscharf bei 168° unter Verfärbung, eigentliches Abschmelzen erst bei 188° unter Blasenbildung. Löslichkeit in Wasser von 20° etwa 1:20. $[\alpha]_D = -25,2°$ in Wasser für $c = 4,954$. Aus heißem Alkohol Krystalle vom Schmelzp. 196°. — $[\alpha]_D = -25,7°$, in 6 Stunden $[\alpha]_D = -24,7°$ in Wasser. — Bei der Reduktion mit Natriumamalgam entsteht ein Gemisch von l-Rhamnonsäure und d-Guleomethylonsäure. — Keine Reaktion mit fuchsinschwefliger Säure, dagegen sehr starke mit Fehlingscher Lösung. Besonders charakteristisch ist die Reaktion mit salzsaurem p-Nitrophenylhydrazin in wässeriger Lösung 1:20[1]. Aus dem Verhalten des Ketorhamnolactons ist zu schließen, daß auch Ketoverbindungen der Zuckergruppe scheinbar gleichartig reagieren, wenn in ihrem Molekül ein endständiges Methyl neben $>CH(OH)$ oder $>C = O$ vorhanden ist, indem es dann zur Bildung von Jodoform kommt[4]. — Gibt man zu der Lösung der Säure J, Jodkalium und dann tropfenweise Kalilauge bis zur Gelbfärbung, so liefert Ketorhamnolacton sofort massenhaft Jodoform, während Rhamnose bei derselben Probe klar bleibt. Dies deutet darauf hin, daß in dem Keton die Carbonylgruppe direkt am Methyl haftet, also 5-Stellung einnimmt. Dafür spricht auch die Auffindung der l-Trioxyglutarsäure als Nebenprodukt der Ketonsäure sowie die bei der Reduktion beobachtete Bildung von 5-Epi-l-rhamnonsäure oder l-Guleonsäure[5]. Durch Einwirkung von Salzsäuregas auf eine methylalkoholische Lösung von 5-Ketorhamnonsäurelacton bei gewöhnlicher Temperatur, oder besser bei 35—38° bildet sich α-Methyl-β-methoxyfurancarbonsäuremethylester[6]:

$$
\begin{array}{c}
\text{HC——C—O—CH}_3 \\
\text{CH}_3\text{—C} \quad\quad \text{C—CO—OCH}_3 \\
\diagdown \quad \diagup \\
\text{O}
\end{array}
$$

Liefert mit Hydrazinhydrat direkt keine Krystalle[5].

[1] H. Kiliani: Ber. dtsch. chem. Ges. **55**, 75 (1922) — Chem. Zbl. **1922 I**, 946.

[2] H. Kiliani: Ber. dtsch. chem. Ges. **55**, 2817 (1922).

[3] Emil Votoček u. Stanislaus Malachta: An. Soc. Española Fisica Quim **27**, 494 (1929) — Chem. Zbl. **1930 I**, 1614.

[4] H. Kiliani u. Aug. Wingler: Ber. dtsch. chem. Ges. **55**, 493 (1922) — Chem. Zbl. **1922 I**, 948.

[5] H. Kiliani: Ber. dtsch. chem. Ges. **58**, 2344 (1925) — Chem. Zbl. **1926 I**, 1137.

[6] E. Votoček u. S. Malachta: Collect. Trav. chim. Tchécoslovaquie **1**, 449 (1929) — Chem. Zbl. **1929 II**, 2889.

Derivate: Phenylhydrazon $C_{12}H_{14}O_4N_2$. Hellgelbe Krystalle, Schmelzp. 165°.

p-Nitrophenylhydrazon $C_{12}H_{13}O_6N_3$. Enthält 1 Mol Wasser, färbt sich von 130° an dunkler und schmilzt von etwa 150° ab[1]. — Schmelzp. 176°[2]. $C_{12}H_{13}O_6N_3 + H_2O$. Gelbe Krystalle aus Alkohol, Schmelzp. 176°.

o-Nitrophenylhydrazon $C_{12}H_{13}O_6N_3$. Rote Krystalle aus Alkohol. Schmelzp. 192 bis 193°.

m-Nitrophenylhydrazon $C_{12}H_{13}O_6N_3$. Gelbe Krystalle aus Alkohol. Schmelzp. 190°.

p-Bromphenylhydrazon $C_{12}H_{13}O_4N_2Br$. Krystalle aus Alkohol. Schmelzp. 175°.

Oxim $C_6H_9O_5N$. Krystalle aus Alkohol oder Essigsäure. Schmelzp. 191—192°.

d-Galaktonsäure (Bd. II, S. 475; Bd. VIII, S. 250; Bd. X, S. 688).

Darstellung: Verbessertes Verfahren[3]. Aus Galaktose mit Bariumhypobromit in Gegenwart von Bariumhydroxyd oder mit Chlorkalk in Gegenwart von Calciumhydroxyd[4].

Physiologische Eigenschaften: Besitzt stark zahnsteinlösende Eigenschaften[3].

Physikalische und chemische Eigenschaften: Schmelzp. 122°[5]. $[\alpha]_D = -11{,}2°$, nach 23 Tagen $-57{,}6°$[6]. Aus dem Lacton dargestellt $[\alpha]_D = -8{,}0°$[7]. Liefert bei der Oxydation mit 45proz. HNO_3 bei 16—20° neben Schleimsäure 1-Galakturonsäure[8]. Untersuchungen über die Reaktionsgeschwindigkeit der Lactonbildung[9]. Liefert mit Hydrazinhydrat kurze, derbe Nadeln, wenig löslich in Wasser[10]. Galaktonsäure liefert beim Hydrieren in Gegenwart von Pt-Schwarz unter Druck 30—45% Dulcit[11].

Gärung: Ist mit Ausnahme einzelner Bakterienarten ebenso vergärbar wie Galaktose[12].

Derivate: Natriumsalz. Oxydiert man d-Galaktonsäure in 3 Teilen Wasser mit Br und Soda, so scheiden sich in 2 Stunden erhebliche Mengen des Na-Salzes der d-Galaktonsäure mit 2 Molekülen H_2O aus. Löst man in 6 statt 3 Teilen Wasser, so bleibt die Krystallisation des Salzes aus. Löslichkeit des Na-Salzes in Wasser bei Zimmertemperatur 1:8,49.

Cadmiumsalz. Aus der Lösung des Na-Salzes (1:25) auf Zusatz von $Cd(NO_3)_2 + 4 H_2O$ (1:5). Zur Reinigung großer Mengen des Salzes eignet sich nicht das Umlösen aus Wasser. Folgende Arbeitsweise hat sich gut bewährt. Das lufttrockne Salz wird mit der gleichen Menge Wasser übergossen und unter Rühren mit einer gerade zur Lösung ausreichenden Menge Salzsäure versetzt. Die Wiederabscheidung erfolgt durch Zusatz von Natriumacetat entsprechend der Menge der Salzsäure in 1,2 Teilen lauwarmen Wassers. Nach 18—24 Stunden reichliche Abscheidung mikroskopischer derber Säulen und Tafeln. Aus der Mutterlauge durch Neutralisieren der Essigsäure zu $^2/_3$ mit Natronlauge 1:4 erneute Krystallisation und aus den Mutterlaugen davon durch völlige Neutralisation eine dritte Krystallisation. Ausbeute fast quantitativ. Das Salz scheidet sich unter diesen Bedingungen mit 5 Mol Wasser ab, während es aus heißem Wasser ohne Krystallwasser, beim Eindunsten der verdünnten Lösung mit 1 Mol Wasser krystallisiert[13].

Calciumsalz. Aus der Lösung des Na-Salzes (1:25) auf Zusatz von $CaCl_2 + 6 H_2O$ (1:1). Durch Oxydation von Galaktose mit $Ca(OCl)_2$ in Gegenwart von Br und $Ca(OH)_2$.

---

[1] H. Kiliani: Ber. dtsch. chem. Ges. **55**, 75 (1922) — Chem. Zbl. **1922 I**, 946.

[2] Emil Votoček u. L. Beneš: Chem. Listy **22**, 362, 385 (1928) — Chem. Zbl. **1929 I**, 1676.

[3] Special-Chem.-Co., übertr. von C. Pfahnstiehl: A.P. 1445352 vom 28. Nov. 1921; E.P. 207419 vom 11. Jan. 1923; Chem. Zbl. **1924 II**, 1607.

[4] M. König u. W. Ruziczka: Ber. dtsch. chem. Ges. **62**, 1434 (1929) — Chem. Zbl **1929 II**, 719.

[5] H. Kiliani: Ber. dtsch. chem. Ges. **55**, 75 (1922) — Chem. Zbl. **1922 I**, 948.

[6] J. Pryde: J. chem. Soc. Lond. **123**, 1808 (1923) — Chem. Zbl. **1923 III**, 1397.

[7] P. A. Levene: J. of biol. Chem. **59**, 123 (1924) — Chem. Zbl. **1924 I**, 2509.

[8] H. Kiliani: Ber. dtsch. chem. Ges. **56**, 2016 (1923) — Chem. Zbl. **1923 III**, 1398 — Ber. dtsch. chem. Ges. **55**, 2817 (1922) — Chem. Zbl. **1922 III**, 1332.

[9] P. A. Levene u. H. S. Simms: J. of biol. Chem. **65**, 31 (1923) — Chem. Zbl. **1926 I**, 54.

[10] H. Kiliani: Ber. dtsch. chem. Ges. **58**, 2344 (1925) — Chem. Zbl. **1926 I**, 1137.

[11] J. W. E. Glattfeld u. E. H. Shaver: J. amer. chem. Soc. **49**, 2305 (1927) — Chem. Zbl. **1927 II**, 2279.

[12] A. J. Kendall, R. Bly u. R. C. Haner: J. inf. Dis. **32**, 377 (1923) — Ref.: Ber. Physiol. **21**, 129 (1924) — Chem. Zbl. **1924 I**, 1393.

[13] H. Kiliani: Ber. dtsch. chem. Ges. **59**, 1469 (1926) — Chem. Zbl. **1926 II**, 1129.

Aus heißem Wasser Krystalle mit 2 Molekülen Wasser[1]. Bildet mit schleimsaurem Calcium ein in Wasser wenig lösliches Doppelsalz, vermutlich von der Zusammensetzung:

$$(C_6H_{11}O_7)CaOOC[CHOH]_4 \cdot COOCa(C_6H_{11}O_7) + 8\,H_2O\ [2]$$

Zinksalz $2\,(C_6H_{11}O_7)_2Zn + 3\,H_2O$. Bildet leicht übersättigte Lösungen, ist daher zur Abscheidung der Säure nicht geeignet. Dicke Warzen feiner Nadeln[2].

Monoacetyl-d-galaktonsäure[2] $C_8H_{14}O_8$. Aus d-Galaktonsäure mit Eisessig in Gegenwart von HCl (D. = 1,19) oder besser HNO_3 (55%) bei Zimmertemperatur. Aus heißem Wasser Krusten derber Tafeln. Schmelzp. 160°[2].

d-Galaktonsäuresemicarbazid[2] $C_7H_{15}O_7N_3 + H_2O$. Man löst Galaktonsäure, Semicarbazid-Hydrochlorid, krystallisiertes Na-Acetat in Wasser und kocht am Rückfluß 30 Minuten lang. Nach dem Erkalten reagiert die Impfung sofort, nach 12 Stunden starke Fällung. — Schmelzp. 189°[2].

l-Galaktonsäure (Bd. II, S. 476).

Derivate: l-Galaktonsäurelacton (1, 4). $[\alpha]_D = -70{,}7°$, nach 24 Stunden $-70{,}1°$ (auch bei 70° keine Veränderung)[3].

d-Glykonsäure (Bd. II, S. 477; Bd. VIII, S. 250; Bd. X, S. 690).

Vorkommen: In einem Getränk, „Kombucha" genannt[4].

Bildung: Bei der Einwirkung von Bisulfitlösungen auf Glykose bei höherer Temperatur[5]. — Bei der Oxydation von Glykose mit Indigo, Ferricyankalium, Kitonblau sowie Rosindulin 2B und nachher mit Methylenblau[6]. Bei der Oxydation von d-Glykose mit Hilfe von Kupfer in Natriumcarbonatlösung (Soldainis Reagens), 1—2 g aus 200 g Glykose[7]. Bei der Oxydation der Glykose mit Mercurioxyd ist das Ergebnis verschieden, je nach der Qualität des Quecksilberoxyds. Verwendet man frisch dargestelltes Quecksilberoxyd und erhitzt 20 g Glykose in 10 proz. Lösung mit 80 g Quecksilberoxyd etwa 8 Stunden, so erhält man, wie Heffter[8], Mercuroglykonat in 60 proz. Ausbeute. Bei Verwendung von altem Quecksilberoxyd dagegen verläuft die Reaktion wie Blanchetière[9] angibt, und man erhält Glykonsäure[10].

Bei der Einwirkung von Citronensäure bildenden Organismen, z. B. Aspergillus niger, Asperg. cinnamomeus und Asperg. fuscus aus Kohlehydraten, wurde immer das Auftreten von Glykonsäure festgestellt. — Citronensäure tritt erst später und unter Rückgang der Glykonsäure auf[11]. — Gibt man zur Nährflüssigkeit bei konstantem Glykosegehalt wechselnde Mengen von Fructose, so wächst die Menge der von Sterigmatocystis nigra gebildeten Glykonsäure mit dem Gehalt an Fructose, bis diese den an Glykose erreicht. Die Aschenbestandteile der verwendeten Zuckerpräparate spielen dabei keine Rolle. — Von anderen Zuckern lieferte nur Maltose eine merkliche Menge Säure, anscheinend Glykonsäure. Fructose wirkte hier nicht steigernd. Lactose, Galaktose, Arabinose, Raffinose führten nicht zur Bildung von Säure[12]. Entsteht aus Zucker bei der Einwirkung von Aspergillus niger[13, 14] und von Citromyces glaber[13]. — Versuche über die Bildung von Glykonsäure mit dem Pilz Aspergillus fumaricus aus ver-

---

[1] Chem. Fabr. vorm. Sandoz: D.R.P. 461370, Kl. 12o vom 13. Juni 1925; E.P. 289280 vom 17. Juni 1927; Fr.P. 635603 vom 7. Juni 1927; Schweiz.P. 124761 vom 22. Mai 1926; Chem. Zbl. **1928 II**, 1382.

[2] H. Kiliani: Ber. dtsch. chem. Ges. **58**, 2344 (1925) — Chem. Zbl. **1926 I**, 1137.

[3] J. Pryde: J. chem. Soc. Lond. **123**, 1808 (1923) — Chem. Zbl. **1923 III**, 1347.

[4] S. Rywosch: Umsch. **32**, 610, 614 (1928) — Chem. Zbl. **1928 II**, 2200.

[5] Erik Hägglund: Ber. dtsch. chem. Ges. **62**, 437 (1929) — Chem. Zbl. **1929 I**, 2037.

[6] Edmund Knecht u. Eva Hibbert: J. chem. Soc. Lond. **127**, 2854 (1925) — Chem. Zbl. **1926 I**, 2674.

[7] Fr. W. Jensen u. Fr. W. Upson: J. amer. chem. Soc. **47**, 3019 (1925) — Chem. Zbl. **1926 I**, 1635.

[8] Heffter: Ber. dtsch. chem. Ges. **22**, 1049 (1898) — Chem. Zbl. **1924 I**, 2099.

[9] Blanchetière: Bull. Soc. chim. France (4) **33**, 345 (1923) — Chem. Zbl. **1923 III**, 1066.

[10] Leonce Bert: Bull. Soc. chim. France (4) **33**, 733 (1923) — Chem. Zbl. **1924 I**, 2099.

[11] R. Falck u. S. N. Kapur: Ber. dtsch. chem. Ges. **57**, 920 (1924) — Chem. Zbl. **1924 II**, 316.

[12] M. Molliard: C. r. Soc. Biol. Paris **90**, 1395 (1924) — Chem. Zbl. **1924 II**, 682.

[13] Wl. Butkewitsch: Biochem. Z. **154**, 177 (1924) — Chem. Zbl. **1925 I**, 1215.

[14] H. Amelung: Hoppe-Seylers Z. **166**, 161 (1927) — Chem. Zbl. **1927 II**, 583. — K. Bernhauer: Hoppe-Seylers Z. **177**, 86 (1928) — Chem. Zbl. **1928 II**, 1888. — W. Butkewitsch: Biochem. Z. **182**, 99 (1927) — Chem. Zbl. **1927 II**, 841. — K. Bernhauer: Biochem. Z. **172**, 313 (1926); **197**, 278 (1928) — Chem. Zbl. **1926 II**, 2070; **1928 II**, 1341.

schiedenen Zuckerarten[1]. — Abnahme des Säuerungsvermögens und Änderung der Säure bei einem Pilz: Glykonsäure- statt Fumarsäuregärung[2]. Über Glykonsäure bildende Aspergillusstämme[3]. — Aus Glykose durch Penicillium luteum purpurogeneum[3], durch Rhizopusarten[4]. Bacterium xylinum bildet aus Glykose bis 80% Glykonsäure[5]. Lippmann[6] berichtet über die Bildung von Citronensäure und d-Glykonsäure aus Zucker durch Oxydationsgärung unter dem Einfluß gewisser Mikroben, die jedoch nicht sicher nachgewiesen werden konnten. Eine ähnliche Bildung von d-Glykonsäure beschreibt bereits Stanêk[6].

Darstellung: Ling und Nanji[7] haben das Verfahren von Herzfeld und Lénárt[8] verbessert, indem sie an Stelle von Br eine Lösung von $CaBr_2$ verwenden und aus dieser durch Einleiten von Cl (1 Blase in 1 Sekunde) das Br in Freiheit setzen: sie kommen dadurch mit etwa 26% der Menge des von Herzfeld und Lénárt verwendeten Br aus. Die Temperatur wird während der Reaktion auf 45—50° gehalten. Verwendet wird eine 20proz. Lösung von Glykose, die als Katalysator 0,025% Co-Nitrat enthält. Zum Neutralisieren der gebildeten Säure wird von Zeit zu Zeit $CaCO_3$ zugesetzt. Die Reaktion ist in etwa 4 Stunden beendigt; die Lösung enthielt das Ca-Salz der Glykonsäure, $CaCl_2$ und $CaBr_2$. Ausbeute 90% der Theorie[7].

Eine wässerige Glykoselösung wird mit Kalkmilch und einer kleinen Menge einer wässerigen NaBr-Lösung gemischt und dann unter guter Kühlung und Rühren Cl_2-Gas eingeleitet. Durch Kühlung und Verlangsamung des Cl_2-Stromes wird die Temperatur unterhalb 15° gehalten. Nach völligem Verbrauch des Oxydationsmittels (KJ-Stärkepapier!) wird das Ca mit einer wässerigen Na_2SO_4-Lösung gefällt, die Rohlösung des glykonsauren Na eingeengt, aus dem Na-Salz durch Zusatz der berechneten Menge HCl die Glykonsäure freigemacht und bis zur Sirupdicke eingeengt. Das ausgeschiedene NaCl wird abfiltriert oder ausgeschleudert und die konzentrierte Glykonsäurelösung durch Reinigen über das Ca-Salz weiterverarbeitet. — Oder man trägt in kleinen Anteilen eine wässerige Lösung von KOCl, gegen Ende der Reaktion langsamer, in eine gut gekühlte wässerige Lösung von Glykose und etwas KBr ein, engt dann ein, scheidet die freie Säure durch konzentrierte HCl ab und neutralisiert die Säure nach Abscheidung der KCl-Krystalle mit Kalkmilch. Nach einigen Stunden erstarrt die Masse, und das glykonsaure Ca, 13,51% Ca enthaltend, wird aus heißem Wasser umkrystallisiert[9]. Man beschleunigt die Bromoxydation durch andauerndes Schütteln, vermeidet die Benutzung der Silbersalze bei der Entfernung der Bromwasserstoffsäure, neutralisiert einfach mit Bariumcarbonat und fraktioniert die Bariumsalze mit Alkohol geeigneter Konzentration. — Ausbeute 65% an Rohprodukt[10]. Aus Glykose mit Bariumhypobromit in Gegenwart von Bariumhydroxyd oder mit Chlorkalk in Gegenwart von Calciumhydroxyd[11]. Durch Oxydation der Glykose mit Brom in Gegenwart von Bariumbenzoat. Ausbeute 96% der Theorie[12]. Durch Vergären von Kohlehydraten, insbesondere Glykose in wässeriger Lösung mit Pilzen, z. B. Penicillium citrinum, divaricatum oder luteum purpurogenum[13]. — Um aus dem Kalksalz die Säure zu gewinnen, werden 39,3 g in 170 ccm siedendem Wasser gelöst, nach Erkalten 10,75 g Oxalsäure in 55 ccm Wasser zugegeben, in ein Gemisch von je 650 ccm 96proz. Alkohol und Amylalkohol gegossen, das Filtrat im Vakuum bei 36—40° in $3^{1}/_2$ Stunden eingeengt,

[1] Reinhold Schreyer: Biochem. Z. **202**, 131 (1928) — Chem. Zbl. **1929 I**, 1707.

[2] C. Wehmer: Biochem. Z. **197**, 418 (1928) — Chem. Zbl. **1928 II**, 1341.

[3] O. E. May, H. T. Herrick, C. Thom u. M. B. Church: J. of biol. Chem. **75**, 417 (1927) — Chem. Zbl. **1928 II**, 161. — H. T. Herrick u. O. E. May: J. of biol. Chem. **77**, 185 — Chem. Zbl. **1928 II**, 903.

[4] Teizo Takahashi u. Toshinobu Asai: Proc. imp. Acad. Tokyo **3**, 86 (1927) — Chem. Zbl. **1927 II**, 583.

[5] K. Bernhauer u. K. Schön: Hoppe-Seylers Z. **180**, 232 (1929) — Chem. Zbl. **1929 I**, 1952.

[6] E. O. v. Lippmann: Ber. dtsch. chem. Ges. **61**, 222 (1928) — Chem. Zbl. **1928 I**, 1428. — V. Stanêk: Z. Zuckerind. Böhmen **33**, 547 — Chem. Zbl. **1909 II**, 662.

[7] Arthur R. Ling u. Dinshaw Rattonji Nanji: J. Soc. chem. Ind. I **41**, 28—29 (1922) — Chem. Zbl. **1922 I**, 1172.

[8] Herzfeld u. Lénárt: Z. dtsch. Zuckerind. **1919**, 122 — Chem. Zbl. **1919 III**, 44.

[9] Chem. Fabr. vorm. Sandoz: D.R.P. 461370, Kl. 12o vom 13. Juni 1925; E.P. 289280 vom 17. Juni 1927; Fr.P. 635603 vom 7. Juni 1927; Schweiz.P. 124761 vom 22. Mai 1926; Chem. Zbl. **1928 II**, 1382.

[10] H. Kiliani: Ber. dtsch. chem. Ges. **62**, 588 (1929) — Chem. Zbl. **1929 I**, 2164.

[11] M. König u. W. Ruziczka: Ber. dtsch. chem. Ges. **62**, 1434 (1929) — Chem. Zbl. **1929 II**, 719.

[12] C. S. Hudson u. H. S. Isbell: Bureau Standards J. Res. **3**, 57 (1929) — Chem. Zbl. **1929 II**, 1652 — J. amer. chem. Soc. **51**, 2225 (1929) — Chem. Zbl. **1929 II**, 2660.

[13] Goverment and the People of the United States of America, übertragen von Horace T. Herrick u. Orville E. May: A.P. 1726067 vom 28. VII. 1927 — Chem. Zbl. **1929 II**, 2261.

in fließendem Wasser gekühlt, die rohe Säure im Soxhlet bis zur Geruchlosigkeit mit Äther extrahiert. — Ausbeute etwa 50%. Aus 70proz. Alkohol + Äther umgefällt, wird im Vakuum-exsiccator, dann an der Luft krystallisieren gelassen, dann mit Alkohol und Äther gewaschen[1].

Es werden die Refraktionen des Ammonium, Kalium, Natrium und Bleisalzes und des Glykonsäure γ-Lacton bestimmt[2].

Physiologische Eigenschaften: Besitzt weniger Affinität bei der Einwirkung von Saccharase als Glykose[3]. Fördert nicht die Beweglichkeit der Trypanosomen in vitro[4].

Physikalische und chemische Eigenschaften: Nadeln, sintert bei 110—112°, Schmelzpunkt 130—132°. Genau einbasisch. $[\alpha]_D^{20}$ in Wasser $= -6,72°$ nach 5 Minuten, $+11,90°$ nach 5 Tagen. Gleichzeitig Abnahme der Acidität infolge Lactonbildung[1]. Aus dem Calciumsalz mit Salzsäure zeigt sie $[\alpha]_D = 0°$[5]. $[\alpha]_D = -1,7°$ (Anfangs-) und $+11,6°$ (Endwert)[6]. $[\alpha]_D^{20} = -2,5° \rightarrow +7,3°$ in Wasser, Endwert nach 30 Minuten; Dissoziationskonstante $K = 1,65 \cdot 10^4$[7]. Wird durch Salzsäure nicht in das Lacton überführt[8]. — d-Glykonsäure läßt sich in Gegenwart von Pt-Schwarz unter Druck hydrieren. Aus dem Reaktionsgemisch können 14—28% Phenylglykosazon isoliert werden[9]. Farbenreaktion mit Carbazol und Schwefelsäure[10]. Liefert mit Hydrazinhydrat kein krystallisiertes Produkt[11].

Gärung: Ist mit Ausnahme einzelner Bakterienarten ebenso vergärbar wie Glykose[12]. Bildet kein Ausgangsmaterial für die Bildung der Citronensäure durch Aspergillus niger und Citromyces glaber[13].

Mit einem hellfarbigen Aspergillus fumaricus gelang die Darstellung von Citronensäure nicht aus 10proz., wohl aber aus 15proz. Lösungen von Calciumglykonat[14]. Verhalten gegen Citronensäure bildende Organismen[15]. — Glykonsaures Calcium ergibt durch die Einwirkung von Rhizopusarten Ameisensäure, Essigsäure, Fumarsäure und Bernsteinsäure[16].

Derivate: Glykonsaures Calcium (s. auch Darstellung der Glykonsäure). Bereitung nach der Hypojoditmethode[17]. — Findet als **Calcium Sandoz** Verwendung in der nervenärztlichen Praxis[18].

Glykonsaures Magnesium[19]. Darstellung durch Oxydation von Glykose mit $Mg(OCl)_2$ in Gegenwart von Br und $Mg(OH)_2$. Aus heißem verdünntem Alkohol Krystalle + 3 Mol H_2O mit 10,11% MgO.

---

[1] K. Rehorst: Ber. dtsch. chem. Ges. **61**, 163 (1928) — Chem. Zbl. **1928 I**, 1019.

[2] Georg L. Keenan u. Samul M. Weisberg: J. physic. Chem. **33**, 791 (1929) — Chem. Zbl. **1929 II**, 413.

[3] H. v. Euler u. K. Josephson: Hoppe-Seylers Z. **132**, 301 (1924) — Chem. Zbl. **1924 I**, 1940.

[4] R. Kudicke u. E. Evers: Z. Hyg. **101**, 317 (1924) — Chem. Zbl. **1924 I**, 1551.

[5] P. A. Levene: J. of biol. Chem. **59**, 123 (1924) — Chem. Zbl. **1924 I**, 2509.

[6] J. Pryde: J. chem. Soc. Lond. **123**, 1808 (1923) — Chem. Zbl. **1923 III**, 1397.

[7] Orville E. May, Samuel M. Weisberg u. Horace T. Herrick: J. Washington Acad. Sci. **19**, 443 (1929) — Chem. Zbl. **1930 I**, 2389.

[8] H. Kiliani: Ber. dtsch. chem. Ges. **55**, 493 (1922) — Chem. Zbl. **1922 I**, 948.

[9] J. W. E. Glattfeld u. E. H. Shaver: J. amer. chem. Soc. **49**, 2305 (1927) — Chem. Zbl. **1927 II**, 2279.

[10] Zacharias Dische: Biochem. Z. **189**, 77 (1927) — Chem. Zbl. **1928 II**, 1761.

[11] H. Kiliani: Ber. dtsch. chem. Ges. **58**, 2344 (1925) — Chem. Zbl. **1926 I**, 1137.

[12] A. J. Kendall, R. Bly u. R. C. Haner: J. inf. Dis. **32**, 377 (1923) — Ref.: Ber. Physiol. **21**, 129 (1924) — Chem. Zbl. **1924 I**, 1343. — H. Davenport Kay: Biochemic. J. **20**, 321 (1926) — Chem. Zbl. **1926 II**, 241.

[13] Wl. Butkewitsch: Biochem. Z. **142**, 195 (1923) — Chem. Zbl. **1924 I**, 490 — Biochem. Z. **154**, 177 (1924) — Chem. Zbl. **1925 I**, 1215.

[14] R. Schreyer: Ber. dtsch. chem. Ges. **58**, 2647 (1925) — Chem. Zbl. **1926 I**, 696 — Biochem. Z. **202**, 131 (1928) — Chem. Zbl. **1929 I**, 1707.

[15] R. Falck u. van Beyma thoe Kingma: Ber. dtsch. chem. Ges. **57**, 915 (1924) — Chem. Zbl. **1924 II**, 315. — K. Bernhauer: Biochem. Z. **197**, 327 (1928) — Chem. Zbl. **1928 II**, 1342. — H. Amelung: Hoppe-Seylers Z. **166**, 161 (1927) — Chem. Zbl. **1927 II**, 583. — C. Wehmer: Ber. dtsch. chem. Ges. **58**, 2616 (1925) — Chem. Zbl. **1926 I**, 969.

[16] Teizo Takahashi u. Toshinobu Asai: Proc. imp. Acad. Tokyo **3**, 86 (1927) — Chem. Zbl. **1927 II**, 583.

[17] W. F. Goebel: J. of biol. Chem. **72**, 809 (1927) — Chem. Zbl. **1927 II**, 1144.

[18] Max Steger: Münch. med. Wschr. **75**, 1795 (1928) — Chem. Zbl. **1928 II**, 2575. — Max Wülfing: Dtsch. med. Wschr. **54**, 1884 (1928) — Chem. Zbl. **1929 I**, 672.

[19] Chem. Fabr. vorm. Sandoz: D.R.P. 461370, Kl. 12o vom 13. Juni 1925; E.P. 289280 vom 17. Juni 1927; Fr.P. 635603 vom 7. Juni 1927; Schweiz.P. 124761 vom 22. Mai 1926; Chem. Zbl. **1928 II**, 1382.

δ-Glykonsäurelacton $C_6H_{10}O_6$

$$
\begin{array}{l}
CO \\
\quad | \\
H-C-OH \\
\quad | \\
HO-C-H \qquad O\ \ [1] \\
\quad | \\
H-C-OH \\
\quad | \\
H-C \\
\quad | \\
CH_2-OH
\end{array}
$$

Die Säure spaltet bei 78° unter 12 mm über P_2O_5 1 H_2O ab und geht dabei überwiegend in das δ-Lacton neben wenig γ-Lacton über. Das Produkt zeigt $[\alpha]_D^{19} = +58,34°$ nach 3 Minuten, $+20,07°$ nach 7 Tagen[2]. Wegen seinen stark zahnsteinlösenden Eigenschaften dient es zur Herstellung von Zahnpasten[3].

Tetraacetyl-d-glykonsäurelacton

$$CH_3 \cdot CO \cdot O \cdot CH_2 \cdot CH(O \cdot CO \cdot CH_3) \cdot CH \cdot [CH(OCOCH_3)]_2 \cdot CO \cdot O$$

Zu 10 g Lacton in 50 ccm Acetanhydrid gibt man 35 ccm Pyridin, hält einige Stunden in Eis und über Nacht bei gewöhnlicher Temperatur, gießt auf Eis, nimmt in Äther auf, wäscht mit verdünnter H_2SO_4 und Sodalösung, verdunstet den Äther, behandelt nach 14 Tagen mit Äther und abs. Alkohol. Krystalle aus abs. Alkohol, Schmelzp. 103°. $[\alpha]_D^{20} = +13,46°$ (0,5874 g in 20 ccm Chloroformlösung)[4].

Pentaacetyl-d-glykonsäureamid[5] $C_{16}H_{25}O_{11}N$. Ber. N 3,45. 10 g Pentaacetyl-glykonsäurenitril werden mit 10 ccm Eisessig + 10 ccm mit Bromwasserstoff gesättigtem Eisessig geschüttelt. Nach der bald erfolgenden Lösung wird das Gemisch noch 4 Stunden bei gewöhnlicher Temperatur stehengelassen und dann auf Eis und Wasser gegossen. Alsbald beginnt eine krystallinische Abscheidung. Nach $^1/_2$ stündigem Stehen wird abgesaugt, mit kaltem Wasser gewaschen, dann aus 120 ccm heißem Alkohol umkrystallisiert. Ausbeute 8 g oder 76% der Theorie. Molekulargewichtsbestimmung nach Rast: ber. 405,27, gef. 442. $[\alpha]_D^{21,5} = +0,81°$ $\cdot$ 25,3974/1,0158 $\cdot$ 0,9752 $= +20,8°$ in Pyridin. Farblose, gut ausgebildete, glasglänzende, derbe Prismen, die in der Capillare zwischen 183,5° und 184° zu einer farblosen Flüssigkeit schmelzen. Sie löst sich leicht in warmem Pyridin und Eisessig, schwer in Methylalkohol und Alkohol; in warmem Chloroform löst sie sich mäßig leicht, in kaltem schwer, in Äther sehr schwer und in Petroläther sowie in Wasser so gut wie gar nicht. Schwer löslich ist sie auch in Aceton, Essigester und Benzol.

Glykonsäurenitril[6] $C_6H_{11}O_5N$ (177,13). Ber. C 40,67, H 6,26, N 7,91. 10 g Pentaacetyl-glykonsäurenitril werden in 20 ccm abs. Alkohol auf dem Wasserbade gelöst. Zu der kochenden Lösung setzt man tropfenweise 6 ccm 10 proz. Schwefelsäure. Das Reaktionsgemisch wiegt jetzt 33 g. Nach rund 20 Minuten ist eine herausgenommene Probe in Wasser völlig löslich geworden. Man erwärmt dann weiter (im ganzen 45 Minuten), wobei die Flüssigkeit auf 20 g eindunstet. Der dicke Sirup wird mit 4—5 ccm abs. Alkohol versetzt und mit einem Glasstabe durchgerührt. Hierbei beginnt bald eine kräftige Krystallisation, die durch Abkühlen mit Eis vervollständigt wird. Nach etwa 2 stündigem Stehen wird scharf abgesaugt. Trocknet man dieses Produkt, so schmilzt es unscharf gegen 145° und enthält noch etwas Sulfat. Man löst es, ohne zu trocknen, in etwa 30—35 ccm heißem abs. Alkohol, filtriert und läßt ruhig stehen. Beim Erkalten scheiden sich silberglänzende, farblose Plättchen des Nitrils aus. Sie werden bei 40° getrocknet. Erhalten 1,6 g. Die erste Mutterlauge wird mit 20 ccm Äther versetzt. Nach dem Stehen über Nacht wird scharf abgesaugt und aus heißem Alkohol umkrystal-

---

[1] Walter Norman Haworth u. Vincent Stanlay Nicholson: J. chem. Soc. Lond. **1926**, 1899 — Chem. Zbl. **1926 II**, 2412. — J. Pryde: J. chem. Soc. Lond. **123**, 1808 (1923) — Chem. Zbl. **1923 III**, 1397.

[2] K. Rehorst: Ber. dtsch. chem. Ges. **61**, 163 (1928) — Chem. Zbl. **1928 I**, 1019.

[3] Special Chem. Co., übertr. von C. Pfahnstiehl: A.P. 1445352 vom 28. Nov. 1921; E.P. 207419 vom 11. Jan. 1923; Chem. Zbl. **1924 II**, 1607.

[4] J. Mikšić: Věstn. Král. Čespol. Nauk. II **1926**, 18 — Chem. Zbl. **1928 I**, 2704.

[5] Géza Zemplén u. Dionys Kiss: Ber. dtsch. chem. Ges. **60**, 170 (1927) — Chem. Zbl. **1927 I**, 1672.

[6] Géza Zemplén: Ber. dtsch. chem. Ges. **60**, 173 (1927) — Chem. Zbl. **1927 I**, 1673.

lisiert. Dabei erhält man noch 0,4, insgesamt also 2 g Reinprodukt. Das sind 45% der Theorie. $[\alpha]_D^{21} = +0,29° \cdot 15,4332/1,0127 \cdot 0,5004 = +8,8°$ in Wasser. Seidenglänzende, farblose Plättchen, die beim Erhitzen in der Capillare gegen 115—120° unter Zersetzung schmelzen. Sie ist leicht löslich in Wasser, schwerer in Methylalkohol, noch schwerer in Äthylalkohol. Von Pyridin wird das Nitril aufgenommen, weniger von Aceton; Äther, Petroläther, Chloroform, Benzol sind keine Lösungsmittel für die Substanz. Wird das Nitril mit Essigsäureanhydrid und wasserfreiem Natriumacetat auf dem Wasserbade acetyliert, so gewinnt man nach dem Eingießen in Wasser ein rasch krystallisierendes Produkt, das, abgesaugt und aus Alkohol umkrystallisiert, sich als Pentaacetyl-glykonsäurenitril (Schmelzp. 84,5°) erweist. Das Nitril wird schon durch Erwärmen auf dem Wasserbade zu glykonsaurem Ammonium verseift.

Pentaacetylglykonsäurenitril[1]. 100 g wasserfreie d-Glykose werden in 50 ccm lauwarmem Wasser gelöst und bei 60° mit einer Lösung von 28 g freiem Hydroxylamin in 700 ccm Alkohol in kleinen Portionen versetzt. Die Zugabe muß so erfolgen, daß keine Ausscheidung dabei entsteht. Das Reaktionsgemisch wird dann 1 Stunde auf 65° erwärmt und hiernach unter vermindertem Druck zum dicken Sirup eingedampft. Der Rückstand wird 2mal mit abs. Alkohol verrührt und wiederum möglichst stark eingedampft, um das Wasser zu entfernen. Alsdann werden 700 ccm Essigsäureanhydrid und 120 g wasserfreies Natriumacetat zugegeben, worauf man auf dem Wasserbade vorsichtig erwärmt. Nach Eintritt der Lösung wird das Reaktionsgemisch 1 Stunde bei 90° gehalten, dann in 3 l Wasser eingerührt. Alsdann beginnt bald die Krystallisation des Rohproduktes. Man läßt über Nacht stehen, saugt scharf ab, wäscht gründlich mit kaltem Wasser und löst in 300 ccm heißem Alkohol. Über Nacht krystallisieren 115 g Reinsubstanz aus. Schmelzp. 84°. (Wohl: 80 bis 81°.) Die Mutterlauge ergibt noch 5 g Rohprodukt. Ausbeute 56,8% der Theorie. $[\alpha]_D^{22} = +2,00° \cdot 22,5372/1,5066 \cdot 0,6474 = +46,2°$ in Chloroform. Vorschriften zum Abbau des Nitrils zu d-Arabinose[1]. — Mit Eisessig + HBr entsteht Pentaacetylglykonsäureamid (s. dort). — Wird von Titantetrachlorid nicht verändert[2].

Glykonsäurehydrazid. Die Darstellung gelingt aus sirupöser Glykonsäure ebenfalls. Aus Wasser mit der gleichen Menge 95proz. Alkohols nach Animpfen kurze Säulchen, vielfach dünn-tafelförmig vom Schmelzp. 143°[3].

d-Glykonsäure-phenylhydrazid $C_{12}H_{18}O_6N_2$. Schmelzp. 199—200°. $[\alpha]_D^{20,5} = +12,51°$[4].

Triphenylmethyl-d-glykonsaures K[5] $C_{25}H_{25}O_7K$. Aus Triphenylmethyl-d-glykonsäurephenylhydrazid mit 5proz. alkoholischer KOH bei 106° in $^1/_2$ Stunde. Aus Alkohol mit Wasser amorph, Zersetzung bei 198—199°. $[\alpha]_D^{22} = +77°$ (Aceton), unlöslich in Äther, Ligroin, sonst mehr oder weniger leicht löslich.

Triphenylmethyl-d-glykonsäurephenylhydrazid[5] $C_{31}H_{32}O_6N_2$. Aus Glykonsäurephenylhydrazid. Aus mit Wasser gesättigtem Benzol Blättchen, Zersetzung bei etwa 101°, mit 2,5 Molekül Krystallwasser, das bei 56°/13 mm über P_2O_5 abgegeben wird. $[\alpha]_D^{25}$ wasserfei $= +4,8°$, lufttrocken $[\alpha]_D^{25} = +3,0°$ (Pyridin); unlöslich in Äther und Ligroin, sonst leicht löslich. Die Abspaltung des Triphenylmethylrestes gelingt schon mit 1proz. methylalkoholischer HCl bei Zimmertemperatur in 20 Stunden. Mit 5proz. KOH bei 100° wird in $^1/_2$ Stunde das K-Salz der Triphenylmethyl-d-gykonsäure gewonnen.

Tetrabenzoyltriphenylmethyl-d-glykonsäurephenylhydrazid[5] $C_{59}H_{48}O_{10}N_2$. Durch Benzoylierung des Triphenylmethyl-d-glykonsäurephenylhydrazids in Pyridin. Prismen, aus Aceton, Schemlzp. 173°, $[\alpha]_D^{18} = +36,0°$ (Pyridin), leicht löslich in Chloroform, sonst weniger bis unlöslich. Mit HCl-haltigem CH_3OH oder Chloroform wird der Triphenylmethylrest schon bei Zimmertemperatur rasch abgelöst.

1-Äthylester der Benzyliden-2-chlorglykonsäure[6] $C_{15}H_{19}O_6Cl$. Schmelzp. 127°, $[\alpha]_D^{20} = -20°$.

---

[1] Géza Zemplén u. Dionys Kiss: Ber. dtsch. chem. Ges. **60**, 168 (1927) — Chem. Zbl. **1927 I**, 168.

[2] Géza Zemplén u. Zoltán Csürös: Ber. dtsch. chem. Ges. **62**, 993 (1929) — Chem. Zbl. **1929 I**, 2405.

[3] H. Kiliani: Ber. dtsch. chem. Ges. **59**, 1469 (1926) — Chem. Zbl. **1926 II**, 1129.

[4] K. Rehorst: Ber. dtsch. chem. Ges. **61**, 163 (1928) — Chem. Zbl. **1928 I**, 1019.

[5] B. Helferich, L. Moog u. A. Jünger: Ber. dtsch. chem. Ges. **58**, 872 (1925) — Chem. Zbl. **1925 II**, 279 — Liebigs Ann. **440**, 1 — Chem. Zbl. **1924 II**, 2829.

[6] P. A. Levene: J. of biol. Chem. **53**, 449 (1922) — Chem. Zbl. **1922 II**, 962.

Salze der d-Glykonsäure: Natriumsalz[1] $C_6H_{11}O_7Na$. $[\alpha]_D^{20} = +10,3°$; Löslichkeit bei 25° = 46,1 g in 100 ccm Lösung.

Kaliumsalz[1] $C_6H_{11}O_7K$. $[\alpha]_D^{20} = +10,3°$; Löslichkeit bei 25° = 51 g in 100 ccm Lösung.

Ammoniumsalz[1] $C_6H_{11}O_7 \cdot NH_4$. $[\alpha]_D^{20} = +11,8°$; Löslichkeit bei 25° = 30 g in 100 ccm Lösung.

Bariumsalz[1] $(C_6H_{11}O_7)_2Ba$, H_2O. $[\alpha]_D^{20} = +9,0°$; Löslichkeit bei 25° = 8,7 g in 100 ccm Lösung.

Calciumsalz[1] $(C_6H_{11}O_7)_2Ca$. $[\alpha]_D^{20} = +9,8°$; Löslichkeit bei 25° = 3,9 g in 100 ccm Lösung.

Magnesiumsalz[1] $(C_6H_{11}O_7)_2Mg \cdot 3 H_2O$. $[\alpha]_D^{20} = +9,9°$; Löslichkeit bei 25° = 7,8 g in 100 ccm Lösung.

Nickelsalz[1] $(C_6H_{11}O_7)_2Ni \cdot 3 N_2O$. $[\alpha]_D^{20} = -0,5°$; Löslichkeit bei 25° = 9,7 g in 100 ccm Lösung.

Mangansalz[1] $(C_6H_{11}O_7)_2Mn$. $[\alpha]_D^{20} = +10,1°$; Löslichkeit bei 25° = 16,8 g in 100 ccm Lösung.

Zinksalz[1] $(C_6H_{11}O_7)_2Zn \cdot 3 H_2O$. $[\alpha]_D^{20} = +9,0°$; Löslichkeit = 12,7 g in 100 ccm Lösung.

Bleisalz[1] $(C_6H_{11}O_7)_2$. $[\alpha]_D^{20} = -7,2°$; Löslichkeit bei 25° = 5,1 g in 100 ccm Lösung.

l-Glykonsäure (Bd. II, S. 477; Bd. VIII, S. 250; Bd. X, S. 690).

Darstellung: l-Arabinose in gleicher Menge Wasser + Cyanwasserstoff + 10proz. Ammoniak (einige Tropfen) gibt bei Zimmertemperatur l-Mannonsäureamid; dieses über das Bariumsalz mit Schwefelsäure das vorzüglich krystallisierende Lacton der l-Mannonsäure. Zur Verarbeitung der Mutterlauge auf l-Glykonsäure eignet sich sehr gut das Brucinsalz[2].

Das bei der Kondensation der l-Arabinose mit Cyanwasserstoff anfallende Gemisch der beiden Hexonsäuren läßt sich vorteilhaft in der Weise trennen, daß man nach Abscheidung des Mannonsäurelactons die l-Glykonsäure als Bariumsalz aus 50proz. Alkohol krystallisieren läßt. Die Krystallisation gelingt dagegen nicht, wenn man das Reaktionsprodukt direkt in die Bariumsalze verwandelt[3]. Das Brucinsalz enthält noch l-mannonsaures Brucin. Trennung über die Ba-Salze[4].

Derivate: l-Glykonsaures Barium[4] krystallisiert gut mit $3 H_2O$.

l-Glykonsaures Brucin[4] $C_6H_{12}O_7$, $C_{23}H_{26}O_4N_2 + 4 H_2O$. Schmelzp. 167—168°, 155°. Aus 90proz. Alkohol, Schmelzp. 181—182°, $[\alpha]_D^{20} = -25,43°$[5].

l-Glykonsäurelacton[5]. Aus den Mutterlaugen von l-Mannonsäurelacton; über das Brucinsalz gereinigt, aus Alkohol oder Eisessig Platten vom Schmelzp. 134—135°, $[\alpha]_D = -68,7° \rightarrow -13,7°$ (Wasser; Enddrehung nach 15 Tagen)[5].

Phenylhydrazid der l-Glykonsäure[5]. Aus Wasser, Schmelzp. 200°, $[\alpha]_D = -11,7°$ (in Wasser).

l-Gulonsäure (Bd. II, S. 481; Bd. X, S. 694).

Physikalische und chemische Eigenschaften: Aus dem Lacton dargestellt, zeigt $[\alpha]_D = +1,6°$[6]. — Dissoziationskonstante der Lactonbildung: $10^{-3,68}$[7].

d-Idonsäure (Bd. II, S. 482; Bd. X, S. 695).

Physikalische und chemische Eigenschaften: Dreht nach rechts[6].

[1] Orville E. May, Samuel M. Weisberg u. Horace T. Herrick: J. Washington Acad. Sci. **19**, 443 (1929) — Chem. Zbl. **1930 I**, 2389.

[2] H. Kiliani: Ber. dtsch. chem. Ges. **55**, 75 (1922) — Chem. Zbl. **1922 I**, 948.

[3] H. Kiliani: Ber. dtsch. chem. Ges. **59**, 1469 (1926) — Chem. Zbl. **1926 II**, 1128.

[4] H. Kiliani: Ber. dtsch. chem. Ges. **58**, 2344 (1925) — Chem. Zbl. **1926 I**, 1137.

[5] F. W. Upson, L. Sands u. C. H. Whitnah: J. amer. chem. Soc. **50**, 519 — Chem. Zbl. **1928 I**, 2375.

[6] P. A. Levene: J. of biol. Chem. **59**, 123 (1924) — Chem. Zbl. **1924 I**, 2509.

[7] P. A. Levene u. H. S. Simms: J. of biol. Chem. **65**, 31 (1925) — Chem. Zbl. **1926 I**, 54.

d-Mannonsäure (Bd. II, S. 483; Bd. VIII, S. 251; Bd. X, S. 695).

Bildung: Bei der Oxydation von d-Glykose mit Hilfe von Kupfer in Natriumcarbonatlösung (Soldainis Reagens) in kleinen Mengen[1].

Darstellung des γ-Lactons nach Hudson und Isbell[2] (S. 727) aus reiner Mannose mit
einer Ausbeute von 63%. Man braucht aber nicht von reiner Mannose ausgehen, sondern
kann auch Lösungen derselben verwenden, die durch Hydrolyse von Steinnußspänen bereitet
worden sind. 100 g mit 1proz. Natronlauge gereinigtes Steinnußmehl lieferten 40 g reines
Lacton[3].

Physikalische und chemische Eigenschaften: Aus dem Lacton über das Natriumsalz,
$[\alpha]_D^0 = +15{,}6°$[4]. — Untersuchungen über die Geschwindigkeit der Lactonbildung[5]. Salzsäure bewirkt leicht Lactonbildung[6]. Mannonsäure läßt sich in Gegenwart von Pt-Schwarz
unter Druck nicht hydrieren. Aus dem Reaktionsgemisch kann nur 0,2% Mannonosazon
erhalten werden[7].

Gärung: Ist mit Ausnahme einzelner Bakterienarten ebenso vergärbar wie Mannose[8].

Derivate: δ-**Mannonsäurelacton**

$$
\begin{array}{c}
\mathrm{CO} \\
| \\
\mathrm{HO-C-H} \\
| \\
\mathrm{HO-C-H} \qquad \mathrm{O}\ [9] \\
| \\
\mathrm{H-C-OH} \\
| \\
\mathrm{H-C} \\
| \\
\mathrm{CH_2-OH}
\end{array}
$$

Entgegen der Annahme von Nef[10] schreiben Haworth und Nicholson[9] der instabilen Form
des Mannonsäurelactons nicht die β-, sondern die δ-Struktur zu, so daß es eine 1—5 Sauerstoffbrücke enthält. Bei der gebräuchlichen Darstellungsmethode der Lactone ist die Ausbeute
an δ-Verbindung sehr gering[9]. Besitzt stark zahnsteinlösende Eigenschaften. Dient zur Herstellung von Zahnpasten[11].

1-Äthylester der Benzyliden-2-brom-d-mannonsäure[12] $C_{15}H_{19}O_6Br$. Krystalle aus
Äther + Ligroin, Schmelzp. 119° korr. $[\alpha]_D^{20} = -33°$.

1-Äthylester der Benzyliden-2,3,-anhydro-d-mannonsäure[12] $C_{15}H_{18}O_6$. Aus dem
vorigen mit konz. Ammoniumhydroxydlösung in Alkohol bei Zimmertemperatur. Schmelzpunkt 122,5° korr. $[\alpha]_D = -73{,}3°$.

Diacetonmannonsäure[13]. Bildet sich beim Lösen des Lactons in Wasser.

Diacetonmannonsäurelacton[13] $C_{12}H_{18}O_6$. Aus dem K-Salz mit n-H_2SO_4. Farblose
Nädelchen aus heißem Benzin. Schmelzp. 126°. $[\alpha]_D^{20} = +51°$ in Chloroform. Löst sich langsam in Wasser unter Bildung von Säure.

---

[1] Fr. W. Jensen u. Fr. W. Upson: J. amer. chem. Soc. **47**, 3019 (1925) — Chem. Zbl.
1926 I, 1635.

[2] Hudson u. Isbell: J. amer. chem. Soc. **51**, 2225 (1929) — Chem. Zbl. **1929 II**, 1652, 2660.

[3] William L. Nelson u. Leonhard H. Cretcher: J. amer. chem. Soc. **52**, 403 (1930) — Chem.
Zbl. **1930 I**, 2542.

[4] P. A. Levene: J. of biol. Chem. **59**, 123 (1924) — Chem. Zbl. **1924 I**, 2509.

[5] P. A. Levene u. H. S. Simms: J. of biol. Chem. **65**, 31 (1925) — Chem. Zbl. **1926 I**, 54.

[6] H. Kiliani: Ber. dtsch. chem. Ges. **55**, 493 (1922) — Chem. Zbl. **1922 I**, 948.

[7] J. W. E. Glattfeld u. E. H. Shaver: J. amer. chem. Soc. **49**, 2305 (1927) — Chem. Zbl.
1927 II, 2279.

[8] A. J. Kendall, R. Bly u. R. C. Haner: J. inf. Dis. **32**, 377 (1923) — Ref.: Ber. Physiol. **21**,
129 (1924) — Chem. Zbl. **1924 I**, 1393.

[9] Walter Norman Haworth u. Vincent Stanley Nicholson: J. chem. Soc. Lond. **1926**,
1899 — Chem. Zbl. **1926 II**, 2412.

[10] Nef: Liebigs Ann. **403**, 204 (1914) — Chem. Zbl. **1914 I**, 1491.

[11] Special Chem. Co., übertr. von C. Pfahnstiehl: A.P. 1445352 vom 28. Nov. 1921;
E.P. 207419 vom 11. Januar 1923; Chem. Zbl. **1924 II**, 1607.

[12] P. A. Levene: J. of biol. Chem. **53**, 449 (1922) — Chem. Zbl. **1922 III**, 962.

[13] H. Ohle u. G. Berend: Ber. dtsch. chem. Ges. **58**, 2590 (1925) — Chem. Zbl. **1926 I**, 2188.

Kaliumsalz $C_{12}H_{19}O_7K + H_2O$. Aus Diacetonmannose durch Oxydation mit Permanganat (1 Atom aktiven Sauerstoffs) in Gegenwart von 1 Mol KOH. Aus alkoholischer Lösung mit Äther gefällt. Ausbeute etwa 90%. Schmelzp. oberhalb 210° unter Zersetzung. $[\alpha]_D^{20} = -31{,}8°$ in Wasser.

Benzoyl-diacetonmannonsäurelacton[1]. Aus dem K-Salz in Pyridin mit der berechneten Menge Benzoylchlorid. Lange, feine Nadeln aus Benzin, Schmelzp. 121°. $[\alpha]_D^{20} = +53{,}2°$ in Chloroform[1].

Monoaceton-γ-mannonsäurelacton[2] $C_9H_{14}O_6$. Darstellung durch Auflösen von γ-Mannonsäurelacton in Aceton mit 0,1% HCl. Dauer etwa 20 Minuten. Aus Aceton mit Ligroin Nadeln vom Schmelzp. 133°, $[\alpha]_D^{20} = +55{,}4°$ (Wasser; $c = 1{,}62$)[2].

Diaceton-γ-mannonsäurelacton[2] $C_9H_{14}O_6$. Darstellung mit 0,2% HCl enthaltendem Aceton in 3 Stunden. Aus Ligroin Krystalle vom Schmelzp. 126°, $[\alpha]_D^{20} = +50{,}6°$ (Chloroform; $c = 1$), $+73{,}65°$ (50proz. Alkohol), nach 20 Tagen konstant bei $45{,}9°$[2].

l-Mannonsäure (Bd. II, S. 484; Bd. X, S. 697).

Darstellung: Das bei der Kondensation der l-Arabinose mit Cyanwasserstoff anfallende Gemisch der beiden Hexonsäuren läßt sich vorteilhaft in der Weise trennen, daß man nach Abscheidung des Mannonsäurelactons die l-Glykonsäure als Bariumsalz aus 50proz. Alkohol krystallisieren läßt. Die Krystallisation gelingt dagegen nicht, wenn man das Reaktionsprodukt direkt in die Bariumsalze verwandelt[3]. — Verbesserte Vorschrift mittels der Cyanhydrinsynthese aus l-Arabinose s. bei l-Glykonsäure[4].

Physikalische und chemische Eigenschaften: Liefert kein schwer lösliches Semicarbasid[4].

Derivate: Brucinsalz der l-Mannonsäure. Schmelzp. 161—162°, $[\alpha]_D^{20} = -15{,}78°$[5].

l-Mannonsäure-γ-lacton[5] $C_6H_{10}O_6$. Aus Alkohol, dann aus Eisessig umkrystallisiert. Schmelzp. 150,5—151°. $[\alpha]_D = -51{,}8°$.

l-Mannonsäure-δ-lacton[5]. Aus dem Ca-Salz der l-Mannonsäure mit Oxalsäure. Mikroskopische Platten vom Schmelzp. 160—162°. $[\alpha]_D = -113{,}6° \to -30{,}9° \to -40{,}9°$ (Wasser, Minimum nach 32,5 Stunden, Endwert nach 28 Tagen)[5]. Liefert bei der Oxydation mit HNO_3 l-Mannuronsäure[6].

l-Mannonsäurehydrazid-l-Mannonsäurelacton liefert mit Hydrazinhydrat auch in kalter wässeriger Lösung das Hydrazid vom Schmelzp. 161°. Löslichkeit in Wasser 1:15[4].

d-Talonsäure (Bd. II, S. 485; Bd. X, S. 697).

Darstellung: Hedenburg und Cretcher stellten d-Galaktonsäure durch Oxydation von d-Galaktose mit Brom nach Kiliani[7] her und führten sie durch Epimerisation mit Pyridin in d-Talonsäure über, wobei die Methode von Fischer[8] vereinfacht werden konnte[9].

Physikalische und chemische Eigenschaften: Krystallisiert mit $^1/_2\,H_2O$, das nur schwer entweicht. Schmelzp. 125°. $[\alpha]_D^{25} = 3$ Minuten nach Lösen in Wasser $+16{,}73°$. Sobald die Drehung konstant war, wurde die Lösung in der Kälte mit Standardalkali titriert. Die Ergebnisse zeigten, daß die Lösung 28% freie Säure und 72% Lacton enthielt. Aus diesen Zahlen und der optischen Drehung der Säure und der Gleichgewichtsmischung wurde für das Lacton $[\alpha]_D = -41°$ als angenäherter Wert berechnet[9].

---

[1] H. Ohle u. G. Berend: Ber. dtsch. chem. Ges. **58**, 2590 (1925) — Chem. Zbl. **1926 I**, 2188.

[2] E. H. Goodyear u. W. N. Haworth: J. chem. Soc. Lond. **1927**, 3136 — Chem. Zbl. **1928 I**, 1388.

[3] H. Kiliani: Ber. dtsch. chem. Ges. **59**, 1469 (1926) — Chem. Zbl. **1926 II**, 1128.

[4] H. Kiliani: Ber. dtsch. chem. Ges. **58**, 2344 (1925) — Chem. Zbl. **1926 I**, 1137.

[5] F. W. Upson, L. Sands u. C. H. Whitnah: J. amer. chem. Soc. **50**, 519 — Chem. Zbl. **1928 I**, 2375.

[6] H. Kiliani: Ber. dtsch. chem. Ges. **56**, 2016 (1923) — Chem. Zbl. **1923 III**, 1398 — Ber. dtsch. chem. Ges. **55**, 2817 (1922) — Chem. Zbl. **1922 III**, 1332.

[7] H. Kiliani: Ber. dtsch. chem. Ges. **13**, 2307 (1880).

[8] E. Fischer: Ber. dtsch. chem. Ges. **24**, 2136 (1891).

[9] O. F. Hedenburg u. L. H. Cretcher: J. amer. chem. Soc. **49**, 478 (1927) — Chem. Zbl. **1927 I**, 2062.

d-Allonsäure (Bd. VIII, S. 252, Bd. X, S. 697).

Physikalische und chemische Eigenschaften: Aus dem Lacton dargestellt, zeigt $[\alpha]_D^0 = -10°$ [1].

d-Altronsäure (Bd. VIII, S. 251; Bd. X, S. 697).

Physikalische und chemische Eigenschaften: Aus dem Calciumsalz mit Salzsäure, zeigt $[\alpha]_D^0 = +8,0°$, $c = 2,5$ [1].

2-Ketoglykonsäure.

Mol-Gewicht: 194,11.
Zusammensetzung: $C_6H_{10}O_7$.
Konstitution:

$$
\begin{array}{ll}
\begin{array}{c}
\text{COOH} \\
|\\
\text{CO} \\
|\\
\text{HO—C—H} \\
|\\
\text{H—C—OH} \\
|\\
\text{H—C—OH} \\
|\\
\text{CH}_2\text{—OH}
\end{array}\ ^2
&
\begin{array}{c}
\text{COOH} \\
|\\
\text{HO—C} \\
|\\
\text{HO—C—H} \\
|\\
\text{H—C—OH} \quad \text{O} \\
|\\
\text{H—C—OH} \\
|\\
\text{CH}_2
\end{array}\ ^3
\end{array}
$$

Bildung: Aus Fructose bei der Einwirkung von Kitonblau, wobei auf 1 Mol Fructose eine Aufnahme von 2 Atomen Sauerstoff entspricht [4]. Bildet sich bei der Oxydation der Glykose mit Hypobromit [5]; mit Wasserstoffsuperoxyd und Eisensalzen [6].

Darstellung: Man läßt d-Glykoson 3—4 Tage in Licht mit Br-Wasser stehen, entfernt überschüssiges Br und entstandene HBr, neutralisiert mit $CaCO_3$ und gießt die wässerige Lösung unter starkem Rühren in abs. Alkohol; dabei scheidet sich das Ca-Salz in Flocken ab, die durch Lösen in Wasser und Fällen mit Alkohol gereinigt werden [7]. Die Säure erhält man rein aus dem K-Salz der Diaceton-2-ketoglykonsäure in $n\text{-}H_2SO_4$, Extraktion mit Äther und Aufbewahren der freien Säure zur Abspaltung der Acetonreste (etwa 26 Stunden) bis zur Drehungskonstanz bei etwa 40° [2].

Physikalische und chemische Eigenschaften: Mikrokrystallines, sehr hygroskopisches Pulver, enthält 1 Mol Krystallwasser. $[\alpha]_D^{20} = -70°$ in Wasser und $-74°$ in $^1/_{10}$n-HCl, d. h. auf die freie Ketohexonsäure bezogen $-95,35°$. Keine Mutarotation [8]. Die freie Säure konnte nicht krystallisiert erhalten werden [9]. Reduktionsvermögen 71,1% derjenigen der Glykose bezogen auf äquimolekulare Mengen. Unter dem Einfluß stärkerer Alkalien erleidet die Säure komplizierte Veränderungen, die sich im Abfall der Drehung, Verfärbung und Abnahme des Reduktionsvermögens äußern [9]. $[\alpha]_D^{23}$ der freien Säure $= -75,5°$ (0,2322 g Ba-Salz + 0,89 ccm n-HCl mit Wasser auf 10 ccm aufgefüllt) [7]. Bei der Behandlung mit Schwefelsäure geht sie zum Teil in die furoide Form über [3]. Spektroskopische Untersuchung der 2-Ketoglykonsäure im Ultraviolett [10]. Zur Oxydation der 2-Keto-d-glykonsäure wird das Ba-Salz in Wasser gelöst und mit

[1] P. A. Levene: J. of biol. Chem. **59**, 123 (1924) — Chem. Zbl. **1924 I**, 2509.

[2] H. Ohle u. G. Berend: Ber. dtsch. chem. Ges. **60**, 1159 (1927) — Chem. Zbl. **1927 II**, 803.

[3] Cameron Gordon Anderson, William Charlton, Walter Norman Haworth u. Vincent Stanley Nicholson: J. chem. Soc. Lond. **1929**, 1337 — Chem. Zbl. **1929 II**, 2171.

[4] Edmund Knecht u. Eva Hibbert: J. chem. Soc. Lond. **127**, 2854 (1925) — Chem. Zbl. **1926 I**, 2674.

[5] M. Hönig u. Tempus: Ber. dtsch. chem. Ges. **57**, 787 (1924) — Chem. Zbl. **1924 II**, 23.

[6] A. T. Küchlin u. J. Böeseken: Rec. Trav. chim. Pays-Bas et Belg. (Amsterd.) **47**, 1011 (1928) — Chem. Zbl. **1929 I**, 638.

[7] C. Neuberg u. T. Kitasato: Biochem. Z. **183**, 485 (1927) — Chem. Zbl. **1927 II**, 802.

[8] H. Ohle, J. Koller u. G. Berend: Ber. dtsch. chem. Ges. **58**, 2577 (1925) — Chem. Zbl. **1926 I**, 2186.

[9] Heinz Ohle u. Reinhold Wolter: Ber. dtsch. chem. Ges. **63**, 843 (1930) — Chem. Zbl. **1930 I**, 3769.

[10] P. Niederdorff: Hoppe-Seylers Z. **181**, 83 (1929) — Chem. Zbl. **1929 II**, 30.

5n-H_2SO_4 versetzt, das Filtrat im Vakuum bei etwa 30—40° eingeengt und mit $KMnO_4$ in schwefelsaurer Lösung behandelt; nach der Oxydation mit 1 aktivem Sauerstoff reduziert die Flüssigkeit noch erheblich, nach Oxydation mit $^3/_2$ O dagegen nicht mehr[1]. Nach der Oxydation in alkalischer Lösung mit 1 Atom aktiven Sauerstoffs dreht die Lösung noch erheblich links und reduziert stark Fehlingsche Lösung, nach der Oxydation mit 2 Atomen aktivem O besteht noch sehr geringe Linksdrehung sowie schwaches Reduktionsvermögen; erst bei Anwendung von 3 Atomen aktivem O resultiert eine Lösung ohne Reduktions- und Drehvermögen. Ansäuern der Lösung hatte keinen Effekt; die Oxydation verläuft also nicht über d-Arabonsäure[1]. Mit Bariumhypobromit entsteht Arabonsäure[2].

Derivate: Kaliumsalz[3]. Aus dem K-Salz der Diacetonketoglykonsäure, gelöst in n-H_2SO_4 und bei 40° bis zur Drehungskonstanz aufbewahrt. Man neutralisiert mit Barytwasser, filtriert und engt im Vakuum auf ein kleines Volumen ein. Aus der Lösung fällt das Salz auf Zusatz von Methylalkohol aus. Krystalle vom Schmelzp. 152° (unter Zersetzung); $[\alpha]_D^0 = -69,95°$ (in Wasser; $c = 2,216$); $[\alpha]_D^0 = -77,0°$ (in der berechneten Menge verdünnter HCl; $c = 1,948$); d. i. bezogen auf die freie 2-Ketoglykonsäure $= -99,62°$; zeigt keine Mutarotation[1].

Natriumsalz[4] $C_6H_9O_7Na$. Aus Wasser große prismatische Krystalle; $[\alpha]_D^{20} = -81,72°$ in Wasser. Aus konzentrierten wässerigen Lösungen mit Methylalkohol Nadeln mit 1 H_2O.

Ammoniumsalz[4]. Aus 50proz. wässeriger Lösung mit 2 Teilen Methylalkohol Nadeln, die sich bei 160—161° zersetzen.

Calciumsalz. Wird durch Hefe in Kohlensäure und Arabinose gespalten[1]. — Krystallinisch erhalten durch Eintropfen der konzentrierten Lösung in CH_3OH. In Wasser leicht löslich[1].

Ba-Salz $C_{12}H_{18}O_{14}Ba + 2 H_2O$. Es ist in Wasser leicht löslich. Verliert 2 H_2O im Vakuum bei 80° über P_2O_5[1].

Bariumsalz $(C_6H_9O_7)_2Ba$. Aus dem Ca-Salz mit einem geringen Überschuß von Oxalsäure, dann mit $BaCO_3$. In reinerer Form aus dem Brucinsalz[5].

Brucinsalz $C_{23}H_{26}O_4N_2 \cdot C_6H_{10}O_7$. Zur Darstellung entfernt man das Metall aus dem Ca-Salz mit Oxalsäure, erwärmt die wässerige Lösung 15 Minuten mit Brucin, filtriert, schüttelt mit Chloroform aus und engt ein; aus 85proz. Alkohol unter Zusatz von Knochenkohle Nadeln, Schmelzp. 171° (unter Zersetzung), $[\alpha]_D^{20} = -50,8°$ (in Wasser; $c = 1,467$), $[\alpha]_D^{22} = -42,7°$ (in 50proz. Alkohol; $c = 1,453$)[5]. $C_{29}H_{36}O_{11}N_2 + 3 H_2O$, aus wässerigem Aceton. Schmelzpunkt 166° (Zersetzung). $[\alpha]_D^{20} = -56,9°$ in Wasser[3].

Methylester[4] $C_7H_{12}O_7$. Aus dem Natriumsalz mit Methylalkohol und der berechneten Menge konz. Schwefelsäure oder durch Spaltung des Kaliumsalzes der Diaceton-2-ketoglykonsäure mit 50proz. methylalkoholischer 2n-Schwefelsäure. Aus 80proz. Methylalkohol Krystalle vom Schmelzp. 173° unter Zersetzung. $[\alpha]_D^{20} = -82,08° \rightarrow -77,44$ in Wasser, Endwert nach 3 Tagen. Leicht löslich in Wasser mit saurer Reaktion. Wird von Alkalien schon in der Kälte leicht verseift, wobei neben den Alkalisalzen der 2-Ketoglykonsäure andere Substanzen entstehen. In organischen Lösungsmitteln schwer löslich oder unlöslich mit Ausnahme von Essigsäure und Pyridin. Wird in Gegenwart von Kupfersulfat nicht acetoniert. Gibt ein charakteristisches **Phenylhydrazon** $C_{12}H_{18}O_6N_2$. Aus Alkohol schwach gelbliche Nädelchen vom Schmelzp. 163°; $[\alpha]_D^{20} = -124,1° \rightarrow -220° \rightarrow -40°$ in Wasser. Maximum nach 9 Tagen, letzter Wert nach 25 Tagen.

Äthylester[4] $C_8H_{14}O_7$. Aus dem Kaliumsalz mit abs. Alkohol und der berechneten Menge konz. Schwefelsäure. Aus Alkohol derbe Prismen, Schmelzp. 123—124°; $[\alpha]_D^{17} = -66,64°$ in Wasser. Zersetzt sich schon beim Aufbewahren an feuchter Luft.

Lacton der Triacetyl-2-ketoglykonsäure[4] $C_{12}H_{14}O_9$. Aus dem Natriumsalz der 2-Ketoglykonsäure mit Essigsäureanhydrid und Pyridin. Aus Alkohol Krystalle vom Schmelzp. 154°; $[\alpha]_D^{20} = -60,4°$ in Chloroform.

Methylester der Tetraacetyl-2-ketoglykonsäure[4] $C_{15}H_{20}O_{11}$. Aus dem Methylester mit Essigsäureanhydrid in Pyridin. Öl vom Siedep. 199—203° unter 0,3 mm; $[\alpha]_D^{18} = -38,8°$ in Chloro-

[1] H. Ohle u. G. Berend: Ber. dtsch. chem. Ges. **60**, 1159 (1927) — Chem. Zbl. **1927 II**, 803.

[2] M. Hönig u. F. Tempus: Ber. dtsch. chem. Ges. **57**, 787 (1924) — Chem. Zbl. **1924 II**, 23.

[3] H. Ohle (Mitarb. J. Koller u. G. Berend): Ber. dtsch. chem. Ges. **58**, 2577 (1925) — Chem. Zbl. **1926 I**, 2186.

[4] Heinz Ohle u. Reinhold Wolter: Ber. dtsch. chem. Ges. **63**, 843 (1930) — Chem. Zbl. **1930 I**, 3769.

[5] C. Neuberg u. T. Kitasato: Biochem. Z. **183**, 485 (1927) — Chem. Zbl. **1927 II**, 802.

form. Durchweg leicht löslich in organischen Lösungsmitteln. Ist vermutlich ein Gemisch verschiedener Isomerer. Die Darstellung des Methyllactolids des Methylesters der 2-Ketoglykonsäure mit methylalkoholischer Salzsäure gelang nicht. Das Ausgangsmaterial wird selbst bei Anwendung siedender 1proz. methylalkoholischer Salzsäure zum größten Teil zurückgewonnen.

Phenylhydrazinsalz des Ketosäurephenylhydrazids[1]. Das früher[2] als **Phenylosazon** gekennzeichnete Produkt ist ein Hydrazon des Ketosäurehydrazids[3]. $C_{18}H_{24}O_6N_4$.

$$HO \cdot CH_2 \cdot [CH \cdot OH]_3 \cdot \overset{\|}{C} \cdot COOH, \quad (H_2N \cdot NH \cdot C_6H_5)$$
$$N \cdot NH \cdot C_6H_5 \quad ^3$$

Krystalle aus siedendem Wasser. Schmelzp. 108°. Enthält Krystallwasser. Schmelzp. nach dem Trocknen (Vakuum, 80°, P_2O_5) 121°; $[\alpha]_D^0 = -36{,}15°$ (in 1 ccm Pyridin + 9 ccm Wasser; $c = 1{,}75$). Bei der Einwirkung von Phenylhydrazin und warmer Essigsäure auf die 2-Ketoglykonsäure entsteht ein Gemisch verschiedener Substanzen, die alle den N-Gehalt des Phenylhydrazinsalzes eines Phenylosazons der 2-Ketoglykonsäure besitzen[4].

Phenylhydrazinsalz des Phenylosazons[5] $C_{24}H_{28}O_5N_6$. Die Lösung der Ketoglykonsäure wird in verdünnter Essigsäure mit Phenylhydrazin auf dem Wasserbad erwärmt. Nach etwa 20 Stunden tiefrotes Pulver. In Alkohol leicht löslich, auf Zusatz von Wasser wieder abgeschieden zeigt den Schmelzp. 102—103°[5].

Diaceton-2-ketoglykonsaures Kalium $C_{12}H_{17}O_7 \cdot K + H_2O$. 30 g β-Diacetonfructose unter Turbinieren in 4,5 l Wasser gelöst, dazu 31 ccm 33proz. KOH (2 Molekülen auf 1 Mol Zucker) und 25,4 g feingepulvertes $KMnO_4$. Oxydation nach 24—36 Stunden beendet. Ausbeute 87%. Aus dem Ba-Salz der 2-Ketoglykonsäure mit Aceton und konz. H_2SO_4 (Schütteln), dann KOH. Aus Alkohol + Äther Nadeln. $[\alpha]_D^{20} = -32{,}43°$ (in Wasser, $c = 1{,}326$); das reine Salz dreht $-36{,}4°$[4].

Diaceton-2-ketoglykonsäure[5] $C_{12}H_{18}O_7$. Durch Lösen des K-Salzes in der berechneten Menge $2n\text{-}H_2SO_4$, Ausschütteln mit Äther, mit Wasser waschen, trocknen und eindampfen. Öl. Bei der Destillation des Anilinsalzes im Hochvakuum geht Anilin bei etwa 70° über, die freie Säure destilliert bei 150° (0,1 mm) als braunes, viscoses Öl. In allen Lösungsmitteln leicht löslich. Aus Benzol mit Benzin prismatische Krystalle, Schmelzp. 99—100°; $[\alpha]_D^{18} = -49{,}35°$ in Chloroform. Durchweg leicht löslich mit Ausnahme von Benzin und Petroläther. In Wasser erheblich löslich; wird in Berührung mit der nahezu gesättigten Lösung sirupös. Ist im Hochvakuum ohne Zersetzung destillierbar. Das Natriumsalz enthält kein Krystallwasser, das Ammoniumsalz bildet aus Alkohol derbe Nadeln, Schmelzp. 204—205° unter Zersetzung, sublimiert bereits bei 100° im Vakuum. Brucinsalz $C_{34}H_{45}O_{11}N_2 + H_2O$. Aus Alkohol feine Nädelchen, aus Wasser dünne, hexagonale Plättchen, Schmelzp. 175° unter Zersetzung; $[\alpha]_D^{18} = -36{,}28°$ in Wasser[6].

Methylester der Diaceton-2-ketoglykonsäure[6] $C_{13}H_{20}O_7$. Durch Überführung der Säure mit Phosphorpentachlorid in abs. Äther in ihr Chlorid bei Zimmertemperatur und Umsetzung mit Natriummethylat in abs. Methylalkohol unter starker Kühlung. Aus verdünntem Alkohol Krystalle, Schmelzp. 52°; $[\alpha]_D^{20} = -44{,}70°$ in Chloroform; $[\alpha]_D^{20} = -54{,}56°$ in Methylalkohol. Mit Ausnahme von Wasser durchweg leicht löslich.

Amid der Diaceton-2-ketoglykonsäure[6] $C_{12}H_{19}O_6N$. Aus dem Methylester oder aus dem Chlorid mit methylalkoholischem Ammoniak. Sirup, der nach Destillation im Hochvakuum krystallisiert. Aus Benzol + Benzin dünne Nadeln, Schmelzp. 98—99°; $[\alpha]_D^{17} = -50{,}58°$ in Chloroform. Ziemlich löslich in kaltem Wasser, wird daraus durch Natronlauge oder Kochsalz gefällt. Spaltet mit Alkalien schon in der Kälte allmählich Ammoniak ab.

Methylamid der Diaceton-2-ketoglykonsäure[6] $C_{13}H_{21}O_6N$. Analog dem Amid dargestellt. Aus ätherhaltigem Benzin derbe Krystalle, Schmelzp. 123—124°.

---

[1] C. B. van Niel u. F. Visser 't Hooft: Ber. dtsch. chem. Ges. **58**, 1606 (1925) — Chem. Zbl. **1926 I**, 143.

[2] M. Hönig u. F. Tempus: Ber. dtsch. chem. Ges. **57**, 787 (1924) — Chem. Zbl. **1024 II**, 23.

[3] M. Hönig: Ber. dtsch. chem. Ges. **58**, 2644 (1925) — Chem. Zbl. **1926 I**, 1526.

[4] H. Ohle u. G. Berend: Ber. dtsch. chem. Ges. **60**, 1159 (1927) — Chem. Zbl. **1927 II**, 803.

[5] H. Ohle (Mitarb. J. Koller u. G. Berend): Ber. dtsch. chem. Ges. **58**, 2577 (1925) — Chem. Zbl. **1926 I**, 2186.

[6] Heinz Ohle u. Reinhold Wolter: Ber. dtsch. chem. Ges. **63**, 843 (1930) — Chem. Zbl. **1930 I**, 3769.

Anilid der Diaceton-2-ketoglykonsäure[1] $C_{18}H_{23}O_6N$. Aus Benzin prismatische Krystalle, Schmelzp. $107-107,5°$; $[\alpha]_D^{20} = -16,15°$ in Chloroform.

Diaceton-2-ketoglykonsäure: Anilinsalz $C_{18}H_{25}O_7N$. Aus dem K-Salz in abs. alkoholischer Lösung mit Anilinchlorhydrat. Aus Benzol Nädelchen vom Schmelzp. $120°$. $[\alpha]_D^{20} = -31,3°$ in Chloroform[2].

d-Oxyglykonsäure[3], 5-Keto-d-glykonsäure.

Mol-Gewicht: 194,11.
Zusammensetzung: $C_6H_{10}O_7$.

$$\begin{array}{c} COOH \\ | \\ H-C-OH \\ | \\ HO-C-H \\ | \\ H-C-OH \\ | \\ CO \\ | \\ CH_2-OH \end{array}$$

Bildung: d-Glykose und d-Glykonsäure liefern bei der Oxydation mit Salpetersäure im Oxydationskolben und Wasserkühlung bei Zimmertemperatur dasselbe Produkt, abscheidbar als derb krystallisiertes Calciumsalz, der 5-Keto-d-glykonsäure[4]. Aus Glykose bei der Einwirkung von Bacterium xylinum[5]. Bacterium gluconicum ist imstande, Glykonsäure zu 5-Ketoglykonsäure zu oxydieren[6].

Darstellung[7]: 20 g d-Glykose im Oxydationskolben + 20 ccm 50proz. Salpetersäure spez. Gewicht 1,312, Kühlwasser 440 ccm, Temperatur $20-25°$; nach $3^1/_2$ Tagen werden 15 ccm Wasser + festes krystallisiertes Natriumacetat zugegeben. — Nach negativer Reaktion auf Oxalsäure wird mit 20 ccm $CaCl_2 + 6 H_2O$ (1:2), versetzt, nach 24 Stunden abgesaugt. Ausbeute 15—16 g aus 100 g Glykose. Das rohe Calciumsalz verliert bei $105°$ nur etwa 1% Wasser (Unterschied von zuckersaurem Calcium, und enthält 9—9,6% Calcium (als Oxalat). — Zur Reinigung löst man kalt in 20proz. Salzsäure, verdünnt mit Wasser, fügt verdünnte Natriumacetatlösung (1:20) zu und filtriert. Nach 12 Stunden scheiden sich Krusten des reinen Salzes aus. Daraus wird die freie Säure mit Schwefelsäure dargestellt.

Physiologische Eigenschaften: Kann durch Hefe in Reinkultur nicht vergoren werden[3, 8].

Physikalische und chemische Eigenschaften: Die Untersuchung der Ketosäure wurde erschwert von deren Abtrennung durch die gleichzeitig anwesende d-Zuckersäure und durch die Unmöglichkeit, aus dem wenig löslichen krystallisierten Calciumsalz das Calcium durch Oxalsäure in der Kälte zu beseitigen[4]. Das nach Kiliani-Boutroux[9] dargestellte Ca-Salz der Ketoglykonsäure zeigte in kalter verdünnter HCl $[\alpha]_D^0 = -13,65°$ und keine Mutarotation; mit Aceton und H_2SO_4 tritt Kondensation ein; das so erhaltene K-Salz der Diaceton-ketoglykonsäure ist verschieden von der Diaceton-2-ketoglykonsäure[10]. Ist verschieden von der 2-Ketoglykonsäure von Hönig und Tempus[8, 11]. — Reduziert Fehlingsche Lösung nicht. Gibt kein Osazon, nur harzige Produkte[8].

Derivate: Phenylhydrazon[8] **des Calciumsalzes.** Aus der Lösung des Ca-Salzes mit essigsaurem Phenylhydrazin.

---

[1] Heinz Ohle u. Reinhold Wolter: Ber. dtsch. chem. Ges. **63**, 843 (1930) — Chem. Zbl. **1930 I**, 3769.

[2] H. Ohle (Mitarb. J. Koller u. G. Berend): Ber. dtsch. chem. Ges. **58**, 2577 (1925) — Chem. Zbl. **1926 I**. 2186.

[3] L. Boutroux: C. r. Acad. Sci. Paris **127**, 1224 (1898) — Chem. Zbl. **1899 I**, 250. — C. B. van Niel u. F. Viser 't Hooft: Ber. dtsch. chem. Ges. **58**, 1606 (1925) — Chem. Zbl. **1926 I**, 143.

[4] H. Kiliani: Ber. dtsch. chem. Ges. **55**, 75 (1922) — Chem. Zbl. **1922 I**, 946.

[5] K. Bernhauer u. K. Schön: Hoppe-Seylers Z. **180**, 232 (1929) — Chem. Zbl. **1929 I**, 1952.

[6] Siegwart Hermann: Biochem. Z. **214**, 357 (1930) — Chem. Zbl. **1930 II**, 257.

[7] H. Kiliani: Ber. dtsch. chem. Ges. **55**, 2817 (1922).

[8] H. Kiliani: Ber. dtsch. chem. Ges. **58**, 2344 (1925) — Chem. Zbl. **1926 I**, 1137.

[9] H. Kiliani: Ber. dtsch. chem. Ges. **58**, 2352 (1925) — Chem. Zbl. **1926 I**, 1137.

[10] H. Ohle u. G. Berend: Ber. dtsch. chem. Ges. **60**, 1159 (1927) — Chem. Zbl. **1927 II**, 803.

[11] M. Hönig u. F. Tempus: Ber. dtsch. chem. Ges. **57**, 788 (1925) — Chem. Zbl. **1925 II**, 23.

Semicarbazonsemicarbazidsalz [1] $C_{18}H_{18}O_8N_6$. Schwer löslich in allen Lösungsmitteln, auch in heißem Wasser, sowie kalter Kalilauge. Verfärbt sich von 170° an und erweicht bei etwa 200°.

l-Oxyglykonsäure (= 5 Keto-1-glykonsäure).

Mol-Gewicht: 194,11.
Zusammensetzung: $C_6H_{10}O_7$.

$$\begin{array}{c} COOH \\ | \\ HO-C-H \\ | \\ H-C-OH \\ | \\ HO-C-H \\ | \\ C=O \\ | \\ CH_2-OH \end{array}$$

Die Darstellung erfolgt in der gleichen Weise wie die der d-Form. Das Calciumsalz wird aus 80 Teilen siedendem Wasser mit Alkohol in mikroskopischen derben Tafeln gefällt und enthält 3 Mol Wasser. — $[\alpha]_D$ der freien Säure $= +14,6°$ [2].

2-Keto-d-galaktonsäure, α-Keto-d-galaktonsäure (d-Tagaturonsäure) [3].

Mol-Gewicht: 194,11.
Zusammensetzung: $C_6H_{10}O_7$.

$$\begin{array}{c} COOH \\ | \\ CO \\ | \\ HO-C-H \\ | \\ HO-C-H \\ | \\ H-C-OH \\ | \\ CH_2-OH \end{array}$$

Bildung: d-Galaktoson wird im Licht mit Bromwasser 3—4 Tage stehengelassen, Brom und Bromwasserstoff entfernt und als Calciumsalz isoliert.

Physikalische und chemische Eigenschaften: $[\alpha]_D^{20} = -7,6°$ (0,1379 g Bariumsalz in 5 ccm Salzsäure). Reduziert stark Fehlingsche Lösung und ammoniakalisches Silbernitrat schon langsam in der Kälte.

Derivate: Calciumsalz. Amorph.

Bariumsalz $(C_6H_9O_7)_2Ba + H_2O$.

Brucinsalz $C_{23}H_{26}O_4N_2 \cdot C_6H_{10}O_7 + 3 H_2O$. Aus 80proz. Aceton mikroskopische Nadeln. $[\alpha]_D^{21} = -24,55°$ in Wasser, $[\alpha]_D^{21} = -24,39°$ in 50proz. Alkohol. Schmelzp. des wasserfreien Salzes 175° unter Zersetzung.

d-Glykodesonsäure.

Mol-Gewicht: 180,13.
Zusammensetzung: $C_6H_{12}O_6$.

$$\begin{array}{c} COOH \\ | \\ H-C-H \\ | \\ HO-C-H \\ | \\ H-C-OH \\ | \\ H-C-OH \\ | \\ CH_2-OH \end{array}$$

---

[1] H. Kiliani: Ber. dtsch. chem. Ges. **55**, 2817 (1922).
[2] H. Kiliani: Ber. dtsch. chem. Ges. **59**, 1469 (1926) — Chem. Zbl. **1926 II**, 1128.
[3] Torao Kitasata: Biochem. Z. **207**, 217 (1929) — Chem. Zbl. **1929 II**, 859.

Bildung: Bei der Oxydation der d-Glykodesose mit Brom.

Physikalische und chemische Eigenschaften: Aus dem Ba-Salz durch Zersetzung mit siedender n-H_2SO_4, Schmelzp. 146—147° (korr.) unter Gasentwicklung (Abspaltung von Wasser, Lactonbildung.) Die Schmelze erstarrt beim Reiben: $[\alpha]_D = +4{,}30°$ in Wasser, langsam steigend innerhalb 24 Stunden bis $[\alpha]_D = +10{,}85°$. Trocknen im Hochvakuum bei 110° führte unter Gewichtsverlust und Schmelzen zu der Verbindung $C_6H_{10}O_5$, anscheinend dem Lacton der Desonsäure[1].

Derivate: Glykodesonsaures Barium $(C_6H_{11}O_6)_2Ba$. Aus Glykodesose, durch Oxydation mit Br-Prismen. $[\alpha]_D^{19} = +13{,}37°$ in Wasser. Wenig löslich in Wasser, unlöslich in organischen Lösungsmitteln; löslich in warmem Eisessig und 50proz. Essigsäure[1].

5,6-Benzyliden-1-Äthyl-2-desoxyglykonat(-mannonat) $C_{15}H_{20}O_6$. Aus 1-Äthylester der Benzyliden-2,3-anhydromannonsäure mit Wasserstoff und kolloidalem Palladium[2]. Aus Benzyliden-1-äthyl-2-diazoglykonat durch Reduktion mit Al-Amalgam neben Benzyliden-äthyl-chitosaminat[3]. Schmelzp. 126° korr. und $[\alpha]_D^{20} = -26°$[2].

Chitonsäure (Bd. X, S. 698). 2,5-Anhydroglykonsäure.

Konstitution:

$$\begin{array}{ccc}
OH & & COOH \\
| & & | \\
CH & \!\!-\!\!-\!\!-\!\! & CH \\
| & & \diagdown O\;\;4 \\
CH & \!\!-\!\!-\!\!-\!\! & CH \\
| & & | \\
OH & & CH_2\!-\!OH
\end{array}$$

Bildung: Chondrosin wird mit Barytwasser auf 40° erwärmt und mit Cinchonin neutralisiert. Es erfolgt Abscheidung eines krystallisierten Cinchoninsalzes $C_{25}H_{31}N_2O_7$[5].

Physikalische und chemische Eigenschaften: $[\alpha]_D^0 = +38{,}3°$ (Calciumsalzlösung in 5proz. Salzsäure[6]). Der 2,5-Oxydring verhindert die Bildung des Lactons, deshalb zeigt die Substanz keine Mutarotation[6].

2,5-Anhydromannonsäure (Bd. X, S. 701).

Physikalische und chemische Eigenschaften: Der 2,5-Oxydring verhindert die Bildung des Lactons, deshalb zeigt die Substanz keine Mutarotation[6].

Säuren der C₇-Reihe.

Fructoseheptonsäure (Lävulosecarbonsäure) (Bd. II, S. 488; Bd. X, S. 699).

Darstellung: Durch Benutzung des Brucinsalzes konnte die Darstellung verbessert werden[7]. — Während das früher aus rohem Lävulosesirup bereitete Cyanhydrin der Fructose ziemlich beständig war, erhält man beim Arbeiten mit reinster krystallisierter Fructose wohl ein schön krystallisiertes Präparat, das sich jedoch auf der Nutsche schnell in einen zähen Sirup verwandelt. Man verzichtet deshalb auf die Isolierung des Cyanhydrins und reinigt die Säure über das Brucinsalz[8].

Derivate: Brucinsalz. Schmelzp. wasserfrei 162°.

Fructosecarbonsäurelacton[8] zeigt $[\alpha]_D = +72{,}9°$ in Wasser. Auf Zusatz von Hydrazin

[1] M. Bergmann, H. Schotte u. W. Leschinsky: Ber. dtsch. chem. Ges. **56**, 1052 (1923) — Chem. Zbl. **1923 III**, 23.

[2] P. A. Levene: J. of biol. Chem. **53**, 449 (1922) — Chem. Zbl. **1922 III**, 962.

[3] P. A. Levene: J. of biol. Chem. **54**, 809 (1922) — Chem. Zbl. **1923 I**, 649 — J. of biol. Chem. **53**, 449 (1922) — Chem. Zbl. **1922 III**, 961.

[4] Walter Norman Haworth, Edmund Langley Hirst u. Vincent Stanley Nicholson: J. chem. Soc. Lond. **1927**, 1513 — Chem. Zbl. **1927 II**, 2279.

[5] W. Sawjalow: Hoppe-Seylers Z. **126**, 243 (1923) — Chem. Zbl. **1923 III**, 157.

[6] P. A. Levene: J. of biol. Chem. **59**, 135 (1924) — Chem. Zbl. **1924 I**, 2509.

[7] H. Kiliani: Ber. dtsch. chem. Ges. **55**, 75 (1922) — Chem. Zbl. **1922 I**, 948.

[8] H. Kiliani: Ber. dtsch. chem. Ges. **61**, 1155 (1928) — Chem. Zbl. **1928 I**, 2933.

geht die Drehung innerhalb 24 Stunden auf 0° zurück. Für die Oxydation des Lactons zur α, β, γ-δ-Tetraoxybutan-α, α, δ-tricarbonsäure wird eine neue Vorschrift gegeben.

Phenylhydrazid der Fructosecarbonsäure[1]. Farblose, derbe, scharfkantige Säuren. Wenig löslich in kaltem Wasser, Schmelzp. 187°, $[\alpha]_D = -29,5°$ ($c = 4,798$ in Wasser, $l = 2$).

Sorbosecarbonsäure, Sorbinosecarbonsäure.

Darstellung: Aus Sorbose durch die Cyanhydrinreaktion. Zur Isolierung dient das Brucinsalz[2].

α-Rhamnohexonsäure (Bd. II, S. 486).

Derivate: **Ammoniumsalz**[3] $(NH_4)C_7H_{14}O_7$. Schmelzp. 151°, leicht löslich in Wasser, wenig löslich in Pyridin[3].

Tetraacetyl-α-rhamnohexonsäurelacton

$$CH_3 \cdot [CH(O \cdot CO \cdot CH_3)]_2 \cdot CH \cdot [CH(O \cdot CO \cdot CH_3)]_2 \cdot CO \cdot O$$

Aus rhamnohexonsaurem Ammonium mit Acetanhydrid und konz. H_2SO_4 oder Pyridin. Schmelzp. 128,5—129°. Löslich in Chloroform, Benzol, Aceton, weniger in Äther, wenig löslich in kaltem, leicht in heißem Alkohol. $[\alpha]_D^{20} = +9,66°$ (0,6230 g in 50 ccm Chloroform)[3].

α-Rhamnohexonsäureamid[3] $C_{17}H_{15}O_6N$. Aus 30 g Rhamnose in 15 ccm Wasser mit 6 g HCN (in 28,5 proz. Lösung) und 2 Tropfen verdünntem NH_3; man bewahrt 36 Stunden kalt, dann im Exsiccator auf und behandelt erst mit Alkohol, dann mit Pyridin + Acetanhydrid, wobei das Amid ungelöst bleibt. Aus dem Nitril beim Kochen mit Alkohol und etwas Wasser Krystalle. Schmelzp. 194°; leicht löslich in Wasser, 50 proz. Alkohol; sehr wenig löslich in abs. Alkohol; unlöslich in Äther; wenig löslich in heißem Pyridin; unlöslich in Pyridin + Acetanhydrid. Drehung in 0,8 proz. wässeriger Lösung, $[\alpha]_D^{20} = -47,26°$, nach 2 Tagen nicht merklich verändert, nach $^1/_2$ Stunde auf dem Wasserbad $-32,22°$, nach 2 Stunden $-21,48°$.

Hexaacetyl-α-rhamnohexonsäureamid[3] $CH_3 \cdot [CH(O \cdot CO \cdot CH_3)]_5 \cdot CO \cdot NH \cdot CO \cdot CH_3$. Aus α-Rhamnohexonsäureamid mit Acetanhydrid und konz. H_2SO_4. Gelbes Pulver. Schmelzpunkt 71—72°. Ziemlich löslich in Wasser, besonders bei Zusatz von Alkohol unter langsamer Hydrolyse zu acetylfreiem Lacton[3].

α-Rhamnohexonsäurenitril[3] $C_{17}H_{13}O_5N$. Aus 27 g 1-Rhamnose in 14 ccm Wasser mit 16 ccm 28,5 proz. HCN und etwas NH_3, man kühlt sofort mit Eis, bewahrt kurze Zeit kalt auf und versetzt mit abs. Alkohol. Krystalle, Schmelzp. 145°. Leicht löslich in Wasser, Pyridin + Acetanhydrid, wenig löslich in heißem Pyridin, unlöslich in Äther, Chloroform, Benzin, Acetanhydrid. $[\alpha]_D^{20} = -23,47°$ (0,5130 g in 50 ccm Wasser). Geht beim Kochen mit etwas Wasser in alkoholischer Lösung in das Amid über[3].

Pentaacetyl-α-rhamnohexonsäurenitril[3] $CH_3 \cdot [CH(O \cdot CO \cdot CH_3)]_5 \cdot CN$. Aus dem Nitril mit Acetanhydrid und H_2SO_4. Nadeln, Schmelzp. 85—86°. Leicht löslich in Chloroform, Alkohol, Benzol, Äther. $[\alpha]_D^{20} = -76,43°$ (0,6413 g in 50 ccm Chloroform).

Digitoxosecarbonsäure (Bd. II, S. 278).

Mol-Gewicht: 194,15.
Zusammensetzung: $C_7H_{14}O_6$.

$$\begin{array}{c} COOH \\ | \\ HO-C-H \\ | \\ CH_2 \\ | \\ HO-C-H \quad [4] \\ | \\ HO-C-H \\ | \\ HO-C-H \\ | \\ CH_3 \end{array}$$

[1] H. Kiliani: Ber. dtsch. chem. Ges. **55**, 2817 (1922).
[2] H. Kiliani: Ber. dtsch. chem. Ges. **55**, 75 (1922) — Chem. Zbl. **1922 I**, 948.
[3] J. Mikšić: Věstn. Král. Čes. Spol. Nauk. II **1926**, 18 — Chem. Zbl. **1928 I**, 2704.
[4] H. Kiliani: Ber. dtsch. chem. Ges. **55**, 75 (1925) — Chem. Zbl. **1922 I**, 947.

Physikalische und chemische Eigenschaften: Das gut krystallisierte Lacton $C_7H_{12}O_5$ der Digitoxosecarbonsäure dreht nach links, $[\alpha]_D = -13,67°$. Das bei der Cyanhydrinsynthese neu entstandene Hydroxyl muß daher links stehen[1].

Derivate: Phenylhydrazid. $[\alpha]_D = -37,7°$. Das Barium-, Zinn-, Zink-, Blei- und Kaliumsalz sind amorph[1].

α-d-Galaheptonsäure (Bd. II, S. 488; Bd. X, S. 698).

Darstellung: Das Phenylhydrazidverfahren von E. Fischer lieferte mit einigen wesentlichen Änderungen gute Ergebnisse[2].

Physikalische und chemische Eigenschaften: Während die β-Galaheptonsäure keine Neigung zur Lactonbildung zeigt, bildet die α-Galaheptonsäure von selbst ihr Lacton[3].

Derivate: Lacton der α-Galaheptonsäure: Schmelzp. bei 145—147°, $[\alpha]_D = -51°$; ist leicht umzukrystallisieren[2]. — Gibt mit Salpetersäure im Oxydationskolben das Lacton der Aldehydgalaktonsäure bzw. l-Mannohepturonsäure[4].

Phenylhydrazid. Dichte Nadelwärzchen, Schmelzp. 220°[2].

Heptaacetyl-α-galaheptonsäureamid[5] $CH_3 \cdot CO \cdot O \cdot CH_2 \cdot [CH(O \cdot CO \cdot CH_3)]_5 \cdot CO \cdot NH \cdot CO \cdot CH_3$. Aus α-Galaheptonsäureamid mit Acetanhydrid und H_2SO_4-Krystalle. Schmelzpunkt 125,5—126°. $[\alpha]_D^{20} = +21,79°$ (Anfangsdrehung) bzw. $+23,86°$ (nach 24 Stunden, 0,8287 g in 50 ccm Chloroform).

β-d-Galaheptonsäure (Bd. II, S. 489; Bd. X, S. 698).

Physikalische und chemische Eigenschaften: Die freie, aus dem Bariumsalz bereitete freie Galaheptonsäure liefert, mit Salpetersäure oxydiert, einen stark reduzierenden Sirup[2].

Derivate: Phenylhydrazid. Schmelzp. 185°[2].

α-d-Glykoheptonsäure (Bd. II, S. 490; Bd. VIII, S. 253; Bd. X, S. 698).

Physikalische und chemische Eigenschaften: Das Lacton vom Schmelzp. 148° hat $[\alpha]_D^{20} = -56,0 \rightarrow -50,0°$ in Wasser, bei $c = 2$, in 0,5-n-Natronlauge: $[\alpha]_D^{20} = +3,98°$ bei $c = 2,012$. Die freie Säure hat $[\alpha]_D^{20} = -8,7° \rightarrow -42,4°$ in Wasser bei $c = 2,072$[6]. — Untersuchungen über die Geschwindigkeit der Lactonbildung[7].

Derivate: α-Glykoheptonsäure-lacton (Hediosit). Liefert bei der Oxydation mit HNO_3 und nachherigem Behandeln mit Semicarbazidhydrochlorid das Semicarbazon einer stark reduzierenden Säure. Aus siedendem Wasser derbe Kryställchen vom Schmelzp. etwa 190°[8]. Liefert mit Hydrazinhydrat keine Krystalle, mit Semicarbazid nur sehr geringe Mengen eines wenig löslichen Produktes[9].

α-d-Glykoheptonsäure-amid-acetat[10]. 20 g α-d-Glykoheptonsäure-lacton (Hediosit) werden in 300 ccm kalten, mit trocknem Ammoniak gesättigten, abs. Alkohol eingerührt und geschüttelt. Das Lacton geht in Lösung, und sofort beginnt das Amid auszufallen; Schmelzpunkt 129°, optisches Drehungsvermögen in Wasser: $[\alpha]_D^{22} = +9,1°$. Ausbeute 19,5 g. 20 g Amid werden mit 120 ccm Essigsäure-anhydrid und 120 ccm abs. Pyridin auf dem Wasserbade erwärmt. Nach erfolgter Lösung läßt man über Nacht stehen, dann wird in 300 ccm kaltes Wasser eingerührt. Erhalten 28,4 g Substanz vom Schmelzp. 160—161°. Durch einmaliges

[1] H. Kiliani: Ber. dtsch. chem. Ges. **55**, 75 (1922) — Chem. Zbl. **1922 I**, 947.

[2] H. Kiliani: Ber. dtsch. chem. Ges. **55**, 75 (1922) — Chem. Zbl. **1922 I**, 948.

[3] H. Kiliani: Ber. dtsch. chem. Ges. **55**, 493 (1922) — Chem. Zbl. **1922 I**, 948.

[4] H. Kiliani: Ber. dtsch. chem. Ges. **55**, 75 (1922) — Chem. Zbl. **1922 I**, 946.

[5] J. Mikšić: Věstn. Král. Čes. Spol. Nauk. II **1926**, 18 — Chem. Zbl. **1928 I**, 2704.

[6] P. A. Levene u. G. M. Meyer: J. of biol. Chem. **60**, 173 (1924) — Chem. Zbl. **1924 II**, 1458.

[7] P. A. Levene u. H. S. Simms: J. of biol. Chem. **65**, 31 (1925) — Chem. Zbl. **1926 I**, 54.

[8] H. Kiliani: Ber. dtsch. chem. Ges. **56**, 2016 (1923) — Chem. Zbl. **1923 III**, 1396 — Ber. dtsch. chem. Ges. **55**, 2817 (1922) — Chem. Zbl. **1922 III**, 1332.

[9] H. Kiliani: Ber. dtsch. chem. Ges. **58**, 2344 (1925) — Chem. Zbl. **1926 I**, 1137.

[10] Géza Zemplén: Ber. dtsch. chem. Ges. **60**, 169 (1927) — Chem. Zbl. **1927 I**, 1672.

Umlösen aus heißem Alkohol steigt der Schmelzpunkt auf 163°. $[\alpha]_D^{20} = +0{,}79° \cdot 22{,}8246/$ $1{,}4793 \cdot 0{,}6982 = +17{,}4°$ in Chloroform. Kleine, farblose Prismen. Sie löst sich leicht in kaltem Chloroform, in warmem Alkohol, Methylalkohol, Aceton, Eisessig und Äthylacetat. Sehr schwer löslich ist sie in Äther, noch weniger in Petroläther sowie in Wasser.

   α-d-Hexaacetyl-glykoheptonsäurenitril $C_{19}H_{25}O_{12}N$[1]. 10 g Glykoheptonsäure-amidacetat werden mit 20 ccm Phosphoroxychlorid in einem mit Luftkühler und Chlorcalciumverschluß versehenen Kolben auf 70—75° erwärmt. Die Substanz geht rasch in Lösung, und bald erfolgt Salzsäureentwicklung, die nach einigen Minuten aufhört. Nach weiterem 10 Minuten langem Erwärmen wird der Überschuß des Phosphoroxychlorids unter vermindertem Druck rasch verdampft, der Rückstand in Chloroform gelöst, die Lösung 3mal mit Eiswasser ausgeschüttelt, dann die Chloroformlösung unter vermindertem Druck verdampft und der Rückstand mit Wasser durchgeschüttelt. Unter Wasser erstarrt er bald zu einem Rohprodukt (6,7 g), das nach der Nitrilbestimmung 71proz. ist. Durch mehrmaliges Umkrystallisieren aus heißem Methyl- oder Äthylalkohol steigt der Schmelzpunkt auf den konstanten Wert von 112,5—113,5°. $[\alpha]_D^{21} = +0{,}99° \cdot 22{,}4884/1{,}4911 \cdot 0{,}6062 = +24{,}6°$ in Chloroform. Kleine, farblose Prismen und zeigt dieselben Löslichkeitsverhältnisse wie das acetylierte Glykoheptonsäure-amid. Dieselbe Verbindung ist auch aus der freien α-Glykoheptose durch Überführung in das Oxim und nachherige Acetylierung erhältlich, doch ist diese Methode wegen der Darstellung der α-Glykoheptose bedeutend weniger bequem. Läßt sich zu d-Glykose abbauen[1].

   α-d-Glykoheptonsäurenitril. Bei glykosehaltigen Harnen liefert der Zusatz von Mercuricyanid wegen der Bildung von Glykoheptonsäurenitril bei der Ammoniakbestimmung wegen der Verseifung des Nitrils fehlerhafte Werte[2].

β-d-Glykoheptonsäure (Bd. II, S. 380; Bd. VIII, S. 187).

Derivate: *β*-**Glykoheptonsäurelacton.** Der von dem α-Lacton abgesaugte Sirup wird in 2 Teilen Wasser gelöst und in das Brucinsalz übergeführt, das mit 3 H_2O krystallisiert. Die daraus über das Ba-Salz erhaltene β-Glykoheptonsäure krystallisiert beim Einengen der Lösung prompt als Lacton in langen Nadeln[3].

d-Mannoheptonsäure (Bd. II, S. 491; Bd. X, S. 699).

Derivate: Mannoheptonsaures Ammonium. Schmelzp. 154°. $[\alpha]_D^{20} = +31{,}31°$ (Anfangsdrehung) bzw. $+7{,}22°$ (Enddrehung; 0,3570 g in 50 ccm wässeriger Lösung)[4].

   Mannoheptonsäureamid[4]**.** Mannoheptonsäurenitril geht beim Aufkochen der wässerigen Lösung oder beim Aufbewahren der wässerigen Lösung im Licht in Säureamid über. Dieses ist sehr wenig löslich in Wasser und in Pyridin + Acetanhydrid, schmilzt bei mäßig raschem Erhitzen bei 188—189°, bei raschem bei 200°. Das Präparat (Schmelzp. 181°) von E. Fischer und Hirschberger[5] dürfte etwas Ammoniumsalz enthalten haben[4].

   Mannoheptonsäurenitril[4] $HO \cdot CH_2 \cdot (CHOH)_5 \cdot CN$. Aus 30 g Mannose in 20 g Wasser und einigen Tropfen NH_3 117 ccm 28,5proz. HCN-Lösung und 37 ccm Alkohol. Nadeln, Schmelzp. 121—122°. Sehr leicht löslich in Wasser, leicht löslich in Pyridin-Acetanhydrid; unlöslich in Äther, Chloroform, Aceton, Pyridin. $[\alpha]_D^{20} = +31{,}4°$ (Anfangsdrehung) bzw. $+23{,}11°$ (Enddrehung: 0,4652 g in 50 ccm wässeriger Lösung). Das Nitril geht beim Aufkochen der wässerigen Lösung oder beim Aufbewahren der wässerigen Lösung in Mannoheptonsäureamid über[4].

   Hexaacetyl-α-mannoheptonsäurenitril[4] $CH_3 \cdot CO \cdot O \cdot CH_2 \cdot [CH(O \cdot CO \cdot CH_3)]_5 \cdot CN$. Aus α-Mannoheptonsäurenitril mit Acetanhydrid und Pyridin. Krystallpulver aus Alkohol. Schmelzp. 124,5—125°. Leicht löslich in Chloroform, Benzol, Aceton. $[\alpha]_D^{20} = +31{,}45°$ (0,4101 g in 50 ccm Chloroform).

---

[1] Géza Zemplén: Ber. dtsch. chem. Ges. **60**, 169 (1927) — Chem. Zbl. **1927 I**, 1672.
[2] W. Mestrezat u. M. Janet: Bull. Soc. Chim. biol. Paris **5**, 464 (1923) — Chem. Zbl. **1924 II**, 379.
[3] H. Kiliani: Ber. dtsch. chem. Ges. **58**, 2344 (1925) — Chem. Zbl. **1926 I**, 1137.
[4] J. Mikšić: Věstn. Král. Čes. Spol. Nauk. II **1926**, 18 — Chem. Zbl. **1928 I**, 2704.
[5] E. Fischer u. J. Hirschberger: Ber. dtsch. chem. Ges. **22**, 365 (1889).

Säuren der C_{11}-Reihe.

d-Glyko-d-arabonsäure.

Mol-Gewicht: 328,22.
Zusammensetzung: $C_{11}H_{20}O_{11}$.

$$\begin{array}{l}
\text{COOH} \\
\text{HO—C—H} \\
\text{H—C———————O——————CH} \\
\text{H—C—OH} \qquad\qquad \text{H—C—OH} \\
\text{CH}_2\text{—OH} \qquad\qquad \text{HO—C—H} \qquad \text{O} \\
\qquad\qquad\qquad\qquad \text{H—C—OH} \\
\qquad\qquad\qquad\qquad \text{H—C} \\
\qquad\qquad\qquad\qquad \text{CH}_2\text{—OH}
\end{array}$$

Darstellung: Die aus Glykoarabinoseheptaacetat nach Zemplén bereitete Glykoarabinose wird nach Göbel mit Ba-Hypojodit oxydiert und über das basische Pb-Salz gereinigt.

Physikalische und chemische Eigenschaften: Die aus dem Ca-Salz in Freiheit gesetzte Säure zeigt $[\alpha]_D^{22} = +20,0° \rightarrow 16,9°$ (nach 2,5 Stunden) $\rightarrow 19,8°$ nach 29 Stunden[1].

Derivate: Kaliumsalz $Ca(C_{11}H_{19}O_{11})_2 \cdot H_2O$. Aus Wasser mit einer Mischung von CH_3OH + Aceton, Nadelbüschel. Das Krystallwasser wird auch bei 110° im Vakuum über H_2CO_4 nicht abgegeben. $[\alpha]_D^{22} = +14,4$ (Wasser: $c = 1,88$)[1].

d-Galakto-d-arabonsäure[2].

Mol-Gewicht: 328,22.
Zusammensetzung: $C_{11}H_{20}O_{11}$.

$$\begin{array}{l}
\text{COOH} \\
\text{HO—C—H} \\
\text{H—C———————O——————CH} \\
\text{H—C—OH} \qquad\qquad \text{H—C—OH} \\
\text{CH}_2\text{—OH} \qquad\qquad \text{HO—C—H} \qquad \text{O} \\
\qquad\qquad\qquad\qquad \text{HO—C—H} \\
\qquad\qquad\qquad\qquad \text{H—C} \\
\qquad\qquad\qquad\qquad \text{CH}_2\text{—OH}
\end{array}$$

Darstellung: Aus Galaktoarabinose durch Oxydation nach Goebel[3].

Physikalische und chemische Eigenschaften: $[\alpha]_D^{34} = +31,9°$ [3].

Derivate: Heptaacetyl-d-galakto-d-arabonsäurenitril[2] $C_{25}H_{33}O_{16}N$. — Aus d-Galakto-d-arabinose gewonnen durch Abbau der Lactose über das Oxim und nachheriger Acetylierung. Krystalle aus Methylalkohol. Schmelzp. 132°, $[\alpha]_D^{23,5} = +5,6°$ in Chloroform, Reduktionsvermögen 9% von dem der Glykose. Derbe Prismen, die Löslichkeit entspricht derjenigen des Oktaacetylcellobionsäurenitril, nur ist das Heptaacetyl-galaktoarabonsäurenitril in jedem der erwähnten Lösungsmitteln leichter löslich.

---

[1] P. A. Levene u. M. L. Wolfrom: J. of biol. Chem. **77**, 671 — Chem. Zbl. **1928 II**, 542.
[2] Géza Zemplén: Ber. dtsch. chem. Ges. **59**, 2410 (1926) — Chem. Zbl. **1927 I**, 67.
[3] P. A. Levene u. O. Wintersteiner: J. of biol. Chem. **75**, 315 (1927) — Chem. Zbl. **1928 II**, 748.

48*

Ca-Salz der Galaktoarabonsäure $(C_{11}H_{19}O_{11})_2 \cdot Ca \cdot 1\,H_2O$. Aus verdünntem Alkohol Krystalle, die das letzte Molekül Krystallwasser nicht ohne Zersetzung verlieren. $[\alpha]_D = +33,6°$ [1].

Säuren der C_{12}-Reihe.

Maltobionsäure (Bd. II, S. 497; Bd. VIII, S. 257; Bd. X, S. 700).

Bildung: Bei der Einwirkung von Bariumhypobromit auf Stärke unter Anwendung der Quecksilberquarzlampe [2].

Darstellung: Durch Oxydation von Maltose mit Hypochlorit [3]. Die Säure wurde durch Zersetzung des Ca-Salzes mit der äquivalenten Menge HCl hergestellt. Zur Reinigung wurde das Ca-Salz in 25 proz. Lösung mit dem $1^1/_2$ fachen Volumen 95 proz. Alkohol gefällt und der Niederschlag nach Dekantieren und Lösen in möglichst wenig Wasser durch Umfällen mit Methylalkohol weiter gereinigt [4].

Physikalische und chemische Eigenschaften: Die Annahme von einer (1,5)-Lactonnatur der Maltobionsäure wird gestützt [5]. Die Drehung der Maltobionsäure ist in 0,125-normal-Lösung im 2 dm-Rohr bei 24° und $\lambda = 5892$ Å sofort 9,58°, nach 2 Stunden 10,72° und bleibt dann (24 Stunden) unverändert. Die Säurezahl hat während der ganzen Zeit den theoretischen Wert von 377 [5].

Derivate: Maltobionsaures Calcium $Ca(C_{12}H_{21}O_{12})_2$. Aus Maltose durch Oxydation mit $Ba(OH)_2$, BaJ_2 und Jod. Krystalle aus Wasser und Methanol [6].

Oktaacetyl-maltobionsäurenitril [7]

C≡N   CH (α)

H—C—O · OC · CH₃   H—C—O · OC · CH₃

CH₃ · CO · O—C—H   CH₃ · CO · O—C—H

H—C   H—C—O · OC · CH₃

H—C—O · OC · CH₃   H—C

CH₂ · O · OC · CH₃   CH₂ · O · OC · CH₃

Aus Maltose über das Oxim und nachheriger Acetylierung mit Natriumacetat und Essigsäureanhydrid. Ein 64 proz. Präparat hat $[\alpha]_D^{21} = +92,8°$ in Chloroform.

Cellobionsäure (Bd. VIII, S. 257).

Darstellung: Aus Cellobiose durch Oxydation mit Ba-Hypojodit nach Goebel, isoliert als amorphes Ca-Salz, durch Fällung der konz. wässerigen Lösung mit abs. CH_3OH.

Physikalische und chemische Eigenschaften: Die aus dem Calciumsalz in Freiheit gesetzte Säure zeigte $[\alpha]_D^{22} = -3,6 \rightarrow +1,0$. Das Gleichgewicht wird schon nach 4 Stunden erreicht. Die Lactonbildung findet nur in ganz untergeordneter Menge statt und läßt sich titrimetrisch kaum nachweisen [8].

---

[1] P. A. Levene u. O. Wintersteiner: J. of biol. Chem. **75**, 315 (1927) — Chem. Zbl. **1928 II**, 478.

[2] M. Hönig u. W. Ruziczká: Biochem. Z. **218**, 397 (1930) — Chem. Zbl. **1930 I**, 3031.

[3] Chem. Fabr. vorm. Sandoz: D.R.P. 461370, Kl. 12o vom 13. Juni 1925; E.P. 289280 vom 17. Juni 1927; Fr.P. 635603 vom 7. Juni 1927; Schweiz.P. 124761 vom 22. Mai 1926; Chem. Zbl. **1928 II**, 1382.

[4] P. A. Levene u. H. Sobotka: J. of biol. Chem. **71**, 471 (1927) — Chem. Zbl. **1928 II**, 747.

[5] P. A. Levene u. H. Sobotka: J. of biol. Chem. **71**, 471 (1927) — Chem. Zbl. **1928 II**, 747. — P. A. Levene u. M. L. Wolfrom: J. of biol. Chem. **77**, 671 — Chem. Zbl. **1928 II**, 542.

[6] W. F. Goebel: J. of biol. Chem. **72**, 809 (1927) — Chem. Zbl. **1927 II**, 1144.

[7] Géza Zemplén: Ber. dtsch. chem. Ges. **60**, 1561 (1927) — Chem. Zbl. **1927 II**, 914.

[8] P. A. Levene u. M. L. Wolfrom: J. of biol. Chem. **77**, 671 — Chem. Zbl. **1928 II**, 542.

Derivate: Oktaacetylcellobionsäurenitril[1] $C_{28}H_{37}O_{18}N$ (675,45).

$$
\begin{array}{l}
\mathrm{C\!:\!N} \\
\quad | \\
\mathrm{H \cdot C \cdot O \cdot OC \cdot CH_3} \\
\quad\quad | \\
\mathrm{CH_3 \cdot CO \cdot O \cdot C \cdot H} \\
\quad\quad\quad | \\
\mathrm{H \cdot C\!\!-\!\!-\!\!-O\!\!-\!\!-\!\!-\overset{\beta}{}\!\!-\!\!-CH} \\
\quad\quad\quad | \\
\mathrm{H \cdot C \cdot O \cdot OC \cdot CH_3} \qquad \mathrm{H \cdot C \cdot O \cdot OC \cdot CH_3} \\
\quad\quad\quad\mathrm{CH_2 \cdot O \cdot OC \cdot CH_3} \quad \mathrm{CH_3 \cdot CO \cdot O \cdot C \cdot H} \\
\quad\quad\quad\quad\quad\quad\quad\quad\quad\quad\quad \mathrm{H \cdot C \cdot O \cdot OC \cdot CH_3} \\
\quad\quad\quad\quad\quad\quad\quad\quad\quad\quad\quad \mathrm{H \cdot C} \\
\quad\quad\quad\quad\quad\quad\quad\quad\quad\quad\quad\mathrm{CH_2 \cdot O \cdot OC \cdot CH_3}
\end{array}
$$

100 g salzsaures Hydroxylamin (77 proz.) werden mit 25 ccm Wasser auf dem Wasserbade geschmolzen und mit einer kalten Natriumäthylatlösung, die durch Lösen von 23 g Natrium in 500 ccm abs. Alkohol bereitet worden war, unter Schütteln versetzt. Nach $^1/_2$ stündigem Stehen in einer Kältemischung wird abgesaugt und mit abs. Alkohol gründlich ausgewaschen. Die so bereitete alkoholische Hydroxylaminlösung — etwa 1 l — wird in kleinen Portionen zu einer Lösung von 150 g Cellobiose in 600 ccm warmem Wasser auf dem Wasserbade hinzugesetzt. Die Operation muß so geleitet werden, daß sich beim Zufügen der alkoholischen Hydroxylaminlösung keine Cellobiose ausscheidet. Jetzt wird der Kolben in Wasser von 55° eingestellt und bei dieser Temperatur $1^1/_2$ Stunden erhalten; hiernach wird unter vermindertem Druck zum dicken Sirup eingedampft, mit abs. Alkohol durchgeschüttelt, zur Trockne verdampft und die Behandlung mit abs. Alkohol sowie das Verdampfen nochmals wiederholt. Der Kolbenrückstand wird mit 1 l Essigsäure-anhydrid und 150 g geschmolzenem Natriumacetat auf dem Wasserbade erwärmt. Dabei ist größte Vorsicht geboten; denn die Reaktion tritt manchmal sehr stürmisch ein und führt dann zu größerer Harzbildung. Bei richtig verlaufender Umsetzung, die man durch Eintauchen des Kolbens in dem richtigen Moment in kaltes Wasser erzielt, darf die Temperatur niemals 100° erreichen, bevor völlige Lösung des Reaktionsgemisches eintritt. Jetzt wird noch 1 Stunde im Ölbade auf 110° erhitzt, und dann gießt man nach dem Abkühlen auf etwa 80° das Ganze in 3,5 l Wasser. Dabei scheidet sich ein dunkelbraun gefärbtes Öl aus. Man gießt die wässerige Lösung ab und arbeitet das Öl mit frischem Wasser durch, wobei es ziemlich rasch krystallinisch erstarrt und sich schließlich zu einem Pulver zerstampfen läßt. Die erste Mutterlauge scheidet beim Stehen über Nacht schöne, lange, farblose Nadeln des acetylierten Nitrils ab. Die beiden festen Produkte werden am nächsten Tage scharf abgesaugt, mit Wasser gewaschen und dann in 1 l Chloroform gelöst; das Wasser wird im Scheidetrichter abgetrennt, die Chloroformlösung mit Tierkohle geschüttelt, durch ein doppeltes Faltenfilter filtriert und dann 2 mal im Scheidetrichter mit 400 ccm Wasser gewaschen; dann wird die Chloroformschicht abgetrennt, filtriert und unter vermindertem Druck zu einem dicken Öl eingeengt. Dasselbe wird in 1 l heißem Alkohol gelöst und das Filtrat über Nacht stehengelassen. Hierbei scheidet sich die Substanz in farblosen, zu Büscheln vereinigten Nadeln ab. Die Ausbeute beträgt rund 150 g aus 150 g Cellobiose, d. s. 50% der Theorie. $[\alpha]_D^{18,5} = +2,30° \cdot 23,3322/1 \cdot 1,472 \cdot 1,0640 = +34,3°$ in Chloroform. Reduktionskraft vor der Hydrolyse: 17,6% Glykose. Nach der Hydrolyse durch 2 stündiges Kochen mit 10 proz. Salzsäure: 26,7% Glykose. Die Substanz schmilzt scharf bei 132° zu einer farblosen Flüssigkeit. Sie ist leicht löslich in Chloroform, Aceton und Essigester, auch in heißem Alkohol und Methylalkohol, schwerer in den kalten Lösungsmitteln, schwer in Äther, sehr schwer in Petroläther[1]. Der Abbau des Nitrils führt zu d-Glyko-d-arabinose; s. dort[1].

Lactobionsäure (Bd. II, S. 496; Bd. VIII, S. 257).

Konstitution: Analog derjenigen der Cellobionsäure. Die Annahme von einer (1,5)-Lactonnatur der Lactobionsäure wird gestützt[2].

---

[1] Géza Zemplén: Ber. dtsch. chem. Ges. **59**, 1259 (1926) — Chem. Zbl. **1926 II**, 556. — P. A. Levene u. M. L. Wolfrom: J. of biol. Chem. **77**, 671 (1928) — Chem. Zbl. **1928 II**, 542.

[2] P. A. Levene u. H. Sobotka: J. of biol. Chem. **71**, 471 (1927) — Chem. Zbl. **1928 II**, 747. — P. A. Levene u. M. L. Wolfrom: J. of biol. Chem. **77**, 671 — Chem. Zbl. **1928 II**, 542.

Darstellung: Die Säure wurde durch Zersetzung des Ca-Salzes mit der äquivalenten Menge HCl hergestellt. Zur Reinigung wurde das Ca-Salz in 25proz. Lösung mit dem $1^1/_2$fachen Volumen 95proz. Alkohols gefällt und der Niederschlag nach Dekantieren und Lösen in möglichst wenig Wasser durch Umfällen mit Methylalkohol weiter gereinigt[1]. Durch Oxydation der Lactose mit Brom in Gegenwart von Bariumbenzoat. Ausbeute 96% an Calciumsalz[2].

Physikalische und chemische Eigenschaften: Die Drehung der Lactobionsäure war in 0,117-normal-Lösung im 2 dm-Rohr bei 24° und $\lambda = 5892$ Å sofort $+162$ und 166° (in 2 Versuchen), nach 2 Stunden $+2,02$ und $2,03°$[3].

Derivate: Bariumsalz. Man rührt die wässerige Lösung des Ba-Salzes in Alkohol ein; das erhaltene mikrokrystallinische Salz enthält ebenso wie das analog hergestellte Ca-Salz anscheinend 3 Moleküle Alkohol[3].

Calciumsalz $Ca(C_{12}H_{21}O_{12})_2$. Aus Lactose durch Oxydation mit $Ba(OH)_2$, BaJ_2 und Jod[4]. 250 g Milchzucker werden in 1,8 l Wasser gelöst; hiernach werden 200 g Brom zugesetzt; das wiederholt durchgeschüttelte Gemisch bleibt dann 4 Tage an einem möglichst hellen Ort stehen. Hierauf wird das überschüssige Brom mittels eines Luftstromes entfernt und die Lösung mit Bleicarbonat neutralisiert. Das Filtrat wird mit einer Lösung, bestehend aus 1,2 l basischen Bleiacetats[5], die zunächst mit 90 ccm Ammoniak versetzt worden ist, ausgefällt. Der Niederschlag wird stark abgesaugt, dann mit viel Wasser verrührt, wiederum abgesaugt und ausgewaschen. Der feuchte Niederschlag wird in Wasser suspendiert, mit Schwefelsäure verrührt, bis Kongopapier blau gefärbt wird, dann abgesaugt und im Filtrat der Überschuß an Schwefelsäure quantitativ ausgefällt. Die filtrierte Lösung wird unter vermindertem Druck zum dicken Sirup eingeengt und dann mit abs. Alkohol wiederholt durchgearbeitet, um die Essigsäure zu entfernen. Die Substanz wird jetzt in Wasser gelöst, 1 Stunde mit Calciumcarbonat auf dem Wasserbade erwärmt, das Filtrat unter vermindertem Druck stark eingedampft und dann das lactobionsaure Calcium mit abs. Alkohol ausgefällt. Erhalten 80 g[6].

Doppelsalz des lactobionsauren Calciums mit $CaCl_2$ $(C_{12}H_{21}O_{12})_2 \cdot Ca, CaCl_2$. Man versetzt eine wässerige Lösung von Milchzucker mit einer Lösung von etwas J in Kalkmilch, oxydiert weiter mit $Ca(OCl)_2$, engt die schwach trübe Lösung ein und fällt mit Alkohol. Aus heißem Wasser + Alkohol Krystalle mit 9,33% Ca und 8,28% Cl, die ihr Krystallösungsmittel auch im Hochvakuum bei 100—150° nur sehr langsam abgeben[7].

Oktaacelyllactobionsäurenitril[8]

$$
\begin{array}{l}
\quad\quad\quad C\vdots N \\
\quad\quad\quad | \\
H\!-\!C\!-\!O\cdot OC\cdot CH_3 \\
\quad\quad\quad | \\
CH_3\cdot CO\cdot O\!-\!C\!-\!H \\
\quad\quad\quad | \\
H\!-\!C\!-\!\!-\!\!-\!\!-\!O\!-\!\!-\!\!-\!\!\overset{\beta}{-}\!\!-CH \\
\quad\quad\quad | \quad\quad\quad\quad\quad\quad\quad\quad | \\
H\!-\!C\!-\!O\cdot OC\cdot CH_3 \quad\quad H\!-\!C\!-\!O\cdot OC\cdot CH_3 \\
\quad\quad\quad | \quad\quad\quad\quad\quad\quad\quad\quad | \\
CH_2\cdot O\cdot OC\cdot CH_3 \quad\quad CH_3\cdot CO\cdot O\!-\!C\!-\!H \\
\quad\quad\quad\quad\quad\quad\quad\quad\quad\quad\quad CH_3\cdot CO\cdot O\!-\!C\!-\!H \quad\quad O \\
\quad\quad\quad\quad\quad\quad\quad\quad\quad\quad\quad\quad H\quad C\!-\!\!-\!\!-\!\!-\!\!-\!\!-\! \\
\quad\quad\quad\quad\quad\quad\quad\quad\quad\quad\quad\quad\quad CH_2\cdot O\cdot OC\cdot CH_3
\end{array}
$$

Aus Lactose durch das Oxim und Acetylierung mit Essigsäureanhydrid und wasserfreiem Natriumacetat.

---

[1] P. A. Levene u. H. Sobotka: J. of biol. Chem. **71**, 471 (1927) — Chem. Zbl. **1928 II**, 747.

[2] C. S. Hudson u. H. S. Isbell: Bureau Standards J. Res. **3**, 57 (1929) — Chem. Zbl. **1929 II**, 1652 — J. amer. chem. Soc. **51**, 2225 (1929) — Chem. Zbl. **1929 II**, 2660.

[3] W. N. Haworth u. C. W. Long: J. chem. Soc. Lond. **1927**, 544 — Chem. Zbl. **1927 I**, 2818.

[4] W. F. Goebel: J. of biol. Chem. **72**, 809 (1927) — Chem. Zbl. **1927 II**, 1144.

[5] Vanino, Handbuch d. präparativ. Chemie S. 495 (1913).

[6] Géza Zemplén: Ber. dtsch. chem. Ges. **60**, 1310 (1927) — Chem. Zbl. **1927 II**, 805.

[7] Chem. Fabr. vorm. Sandoz: D.R.P. 461370, Kl. 12o vom 13. Juni 1925; E.P. 289280 vom 17. Juni 1927; Fr.P. 635603 vom 7. Juni 1927; Schweiz.P. 124761 vom 22. Mai 1926; Chem. Zbl. **1928 II**, 1382.

[8] Géza Zemplén: Ber. dtsch. chem. Ges. **59**, 2405 (1926) — Chem. Zbl. **1927 I**, 67.

Melibionsäure (Bd. II, S. 497).

Darstellung: Aus roher Raffinose mit Bäckerhefe ($[\alpha]_D^{26} = +117,4°$) und Oxydation mit Ba-Hypojodit. $[\alpha]_D^{32}$ der freien Säure $= +108,8°$ [1].

Derivate: Calciumsalz der Melibionsäure $(C_{12}H_{21}O_{12})_2 \cdot Ca$. Aus verdünntem Alkohol Krystalle [1]. Abscheidung durch Eintropfen der konz. wässerigen Lösung in CH_3OH-haltigem Sprit, amorphes Pulver [2].

Oktaacetylmelibionsäurenitril [3]. Durch Acetylierung des Oxims mit Essigsäureanhydrid und Natriumacetat.

Neolactobionsäure [4]. 4-d-Glykosido-d-altronsäure.

Mol-Gewicht: 358,24.
Zusammensetzung: $C_{12}H_{22}O_{12}$.

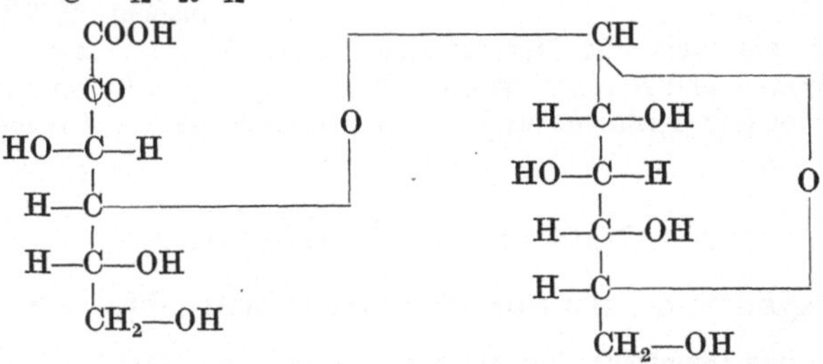

Bildung: Eine wässerige Lösung der sirupösen Neolactose wird mit Br 2 Tage bei Zimmertemperatur aufbewahrt.

Physikalische und chemische Eigenschaften: Farbloser Sirup, der keine krystallinen Salze liefert. Die Hydrolyse ergab d-Galaktose und d-Altronsäure.

α-Keto-maltobionsäure (d-Glykosido-d-frukturonsäure) [5].

Mol-Gewicht: 356,22.
Zusammensetzung: $C_{12}H_{20}O_{12}$.

Bildung: Aus Maltoson durch Oxydation mit Brom und Isolierung als Bariumsalz.

Physikalische und chemische Eigenschaften: $[\alpha]_D^{20}$ der freien Säure $= +54,9°$ (0,1410 g Bariumsalz in 5 ccm Salzsäure). Fehlingsche Lösung wird in der Wärme stark reduziert. — Durch Schwefelsäure wird zu Glykose und d-Frukturonsäure gespalten.

Derivate: Bariumsalz $(C_{12}H_{19}O_{12})_2Ba$. $[\alpha]_D^{20} = +54,8°$ in Wasser.

Brucinsalz $C_{12}H_{20}O_{12} \cdot C_{23}H_{26}O_4N_2 + 2 H_2O$. Schmelzp. 150—160° unter Zersetzung; $[\alpha]_D^{20} = +11,2°$ in Wasser, $[\alpha]_D^{20} = +16,1°$ in 50proz. Alkohol.

[1] P. A. Levene u. O. Wintersteiner: J. of biol. Chem. **75**, 315 (1927) — Chem. Zbl. **1928 II**, 748.
[2] W. N. Haworth, J. V. Loach u. C. W. Long: J. chem. Soc. Lond. **1927**, 3146 — Chem. Zbl. **1928 I**, 1390.
[3] Géza Zemplén: Ber. dtsch. chem. Ges. **60**, 928 (1927).
[4] A. Kunz u. C. S. Hudson: J. amer. chem. Soc. **48**, 2435 (1926) — Chem. Zbl. **1926 II**, 2415 — J. amer. chem. Soc. **48**, 1978 (1926) — Chem. Zbl. **1926 II**, 2415.
[5] Torao Kitasato: Biochem. Z. **207**, 217 (1929) — Chem. Zbl. **1929 II**, 859.

Zweibasische Säuren.

Säuren der C_5-Reihe.

Dioxyglutarsäure[1] (Bd. X, S. 701).

Mol-Gewicht: 164,09.
Zusammensetzung: $C_5H_8O_6$.

$$\begin{array}{c} COOH \\ | \\ CH_2 \\ | \\ HO—C—H \\ | \\ HO—C—H \\ | \\ COOH \end{array}$$

Bildung: Entsteht bei der Oxydation der Digitoxose.
Physikalische und chemische Eigenschaften: Dreht nach rechts.

l-Trioxyglutarsäure (Bd. II, S. 499; Bd. VIII, S. 261).

Bildung: Entsteht als Nebenprodukt bei der Darstellung von Ketorhamnolactons und wird aus den letzten Mutterlaugen als Kaliumsalz gewonnen[2].
Physikalische und chemische Eigenschaften: $[\alpha]_D = -21,2°$ in Wasser bei $c = 1,065$[3].
Derivate: Kaliumsalz[2] $C_5H_6O_7$. — Tafeln und Säulen aus heißem Wasser.
Calciumsalz[3]. Aus der wässerigen Lösung durch Alkohol gefällt und bei 40° auf Ton getrocknet, enthält nur 1 Mol Krystallwasser.
Diphenylhydrazinsalz[2] $C_5H_8O_7, 2\,C_6H_5NH \cdot NH_2$. — Verästelte Warzen.
Chininsalz $C_5H_8O_7,\ 2$ Chinin $+\ 5\,H_2O$ [3].

Xylotrioxyglutarsäure (Bd. II, S. 500; Bd. VIII, S. 261).

Bildung: Xylan wird mit HNO_3 $(D = 1,2)$ oxydiert. Ausbeute 21,7 % der Theorie.
Physikalische und chemische Eigenschaften: Krystalle aus Wasser. Schmelzp. 151,5°. Leicht löslich in Wasser und Alkohol; wenig löslich in Äther und Chloroform.
Derivate: Xylotrioxy-glutarsaures K. Sechsseitige Prismen aus Wasser[4].

Säuren der C_6-Reihe.

Trioxyadipinsäure aus Metasaccharin (Bd. X, S. 702).

Physikalische und chemische Eigenschaften: Wird durch Salzsäure nicht in das Lacton überführt[5].
Derivate: Calciumsalz[3].
Strontiumsalz $C_6H_8O_7Sr + 4\,H_2O$ [3].
Magnesiumsalz $C_6H_8O_7Mg + 3\,H_2O$.
Bariumsalz. Sehr schwer krystallisierbar.
Neutrales Kaliumsalz $C_6H_8O_7K_2 + H_2O$.
Silbersalz.
Cadmiumsalz $C_6H_8O_7Cd + 2\,H_2O$.
Chininsalz $C_6H_{10}O_7, 2$ Chinin $+ 6\,H_2O$ [3].

---

[1] H. Kiliani: Ber. dtsch. chem. Ges. **55**, 75 (1922) — Chem. Zbl. **1922 I**, 947.
[2] H. Kiliani: Ber. dtsch. chem. Ges. **55**, 2817 (1922).
[3] H. Kiliani: Ber. dtsch. chem. Ges. **55**, 75 (1922) — Chem. Zbl. **1922 I**, 948.
[4] E. Heuer u. G. Jaymé: J. prakt. Chem. (2) **105**, 283 (1923) — Chem. Zbl. **1923 III**, 308.
[5] H. Kiliani: Ber. dtsch. chem. Ges. **55**, 493 (1922) — Chem. Zbl. **1922 I**, 948.

d-Mannozuckersäure (Bd. II, S. 264; Bd. X, S. 702).

Darstellung[1]:

Physikalische und chemische Eigenschaften: Untersuchungen über die Geschwindigkeit der Lactonbildung[2]. — Liefert bei der Oxydation mit Permanganat nur Oxalsäure[3].

Derivate[1]: Liefert wie die l-Säure ebenfalls 2 scharf unterscheidbare Reihen von Salzen, von welchen die eine direkt aus dem Doppellacton, die andere über das Diamid erhältlich ist.

Kaliumsalz aus dem Lacton $[\alpha]_D = +7{,}46°$ in Wasser. Die Lösung verfärbt sich beim Erhitzen und reduziert stark Fehlingsche Lösung.

Kaliumsalz aus dem Diamid $[\alpha]_D = -13{,}01$. Die wässerige Lösung bleibt beim Kochen farblos und reduziert Fehlingsche Lösung nicht.

Zinksalze $C_6H_8O_8Zn + 4\,H_2O$. Aus dem Doppellacton mäßige Ausbeute von Aggregaten sehr kleiner Kryställchen; aus dem Diamid in sehr großer Menge derbe Warzen dicht gelagerter mikroskopischer Säulen.

Cadmiumsalz $C_6H_8O_8Cd + 2\,H_2O$. Aus dem Diamid voluminöser Niederschlag, der sich in wenigen Minuten in sandige Körnchen umwandelt.

Calciumsalze[1] $C_6H_8O_8 + 4\,H_2O$. Aus dem Doppellacton dicker amorpher Niederschlag, der sich nach 6—7 Tagen nahezu vollständig in derbe kleine Tetraeder oder Sphenoide umgewandelt hat; aus dem Diamid: dicker Gallertniederschlag, in dem nach 1—2 Stunden die Umwandlung in Säulenwarzen beginnt. Das letztere Salz liefert das Doppellacton unverändert zurück.

Metazuckersäure (= l-Mannozuckersäure) (Bd. II, S. 505; Bd. X, S. 702).

Darstellung: Bei der Darstellung der l-Mannozuckersäure aus l-Mannonsäurelacton mit Salpetersäure ist die Innehaltung der richtigen Oxydationstemperatur, am besten 50°, von Bedeutung[4].

Physikalische und chemische Eigenschaften: Die Nachprüfung früherer Angaben führte zur Bestätigung der Tatsache, daß das aus dem Diamid gewonnene Kaliumsalz dieser Säure Fehlingsche Lösung nicht reduziert, während das direkt aus dem Doppellacton bereitete Kaliumsalz starkes Reduktionsvermögen aufweist. Auch durch die Drehung unterscheiden sich die beiden Präparate. Das aus dem Doppellacton bereitete Salz zeigt $[\alpha]_D = -7{,}42°$, das aus dem Diamid gewonnene $[\alpha]_D = +15{,}58°$. — Nur die eine Beobachtung weicht von den früheren ab, daß nämlich das aus dem Diamid bereitete Kaliumsalz nicht krystallisiert erhalten werden konnte, jedenfalls nicht, wenn man die Lösung längere Zeit, etwa 1 Stunde, gekocht hat. Bei der Bildung des Kaliumsalzes aus dem Doppellacton ist zu bemerken, daß der eine Lactonring rasch, der andere dagegen sehr langsam gelöst wird. Die auf beiden Wegen bereiteten Lösungen des Kaliumsalzes gaben das gleiche Zink- und Calciumsalz, jedoch die vom Diamid stammenden in weit größerer, fast quantitativer Ausbeute. Die aus dem Doppellacton gewonnene Lösung des Kaliumsalzes gab mit Cadmiumnitrat einen voluminösen Niederschlag, der sich in 3 Tagen nur unvollständig in kuglige Körner umgewandelt hatte, während im andern Falle eine dicke Gallerte entsteht, die sich in wenigen Minuten in ein strukturloses Pulver verwandelt hat. Das aus dem Calciumsalz regenerierte Doppellacton verhält sich genau wie das ursprüngliche Ausgangsmaterial. Beim Erhitzen des Doppellactons mit Wasser beginnt eine langsame Zersetzung desselben, die zunächst zur Bildung großer Mengen dunkel gefärbter Produkte führt, die jedoch bei andauerndem Erhitzen (etwa 20 Stunden) wieder abnehmen. Dafür steigt die Menge der früher erwähnten, in Äther löslichen krystallisierten Säure, die jetzt als Brenzschleimsäure identifiziert werden konnte. Die Hauptprodukte des Zerfalls sind jedoch Wasser und Kohlensäure[5].

Nachdem die Konstitution des Doppellactons (I) und seines neutralen Kaliumsalzes (II) als gesichert gelten darf, bleibt das Reduktionsvermögen dieser Substanzen gegenüber Feh-

[1] H. Kiliani: Ber. dtsch. chem. Ges. **63**, 369 (1930) — Chem. Zbl. **1930 I**, 1766.
[2] P. A. Levene u. H. S. Simms: J. of biol. Chem. **65**, 31 (1925) — Chem. Zbl. **1926 I**, 54.
[3] R. Behrend u. W. Greinert: Liebigs Ann. **429**, 152 (1922) — Chem. Zbl. **1923 I**, 230.
[4] H. Kiliani: Ber. dtsch. chem. Ges. **61**, 1155 (1928) — Chem. Zbl. **1928 I**, 2932.
[5] H. Kiliani: Ber. dtsch. chem. Ges. **59**, 1469 (1926) — Chem. Zbl. **1926 II**, 1128.

lingscher Lösung noch rätselhaft und verleiht ihnen eine einzigartige Sonderstellung unter den Carbonsäuren der Zuckergruppe[1]. Dieses Verhalten kann nur so erklärt werden, daß

$$
\begin{array}{c}
\text{C=O} \\
| \\
\text{H—C—OH} \\
| \\
\text{H—C} \\
| \\
\text{C—H} \\
| \\
\text{HO—C—H} \\
| \\
\text{C=O} \\
\text{I}
\end{array}
\qquad
\begin{array}{c}
\text{COOK} \\
| \\
\text{H—C—OH} \\
| \\
\text{H—C—OH} \\
| \\
\text{HO—C—H} \\
| \\
\text{HO—C—H} \\
| \\
\text{COOK} \\
\text{II}
\end{array}
$$

unter dem Einfluß des Alkalis die Dehydrierung einer Carbinolgruppe zu CO stattfindet. Um diese Auffassung zu prüfen, wurde das Doppellacton mit Kaliumcyanid behandelt. Wenn die CO-Gruppe in α-Stellung zum Carboxyl entsteht, so mußte eine dreibasische Säure (IV) resultieren, deren Spiegelbild bereits früher aus d-Fructose über ihr Cyanhydrin und die Lävulose-

$$
\begin{array}{c}
\text{COOH} \\
| \\
\text{H—C—OH} \\
| \\
\text{H—C—OH} \\
| \\
\text{HO—C—H} \\
| \\
\text{C(OH)} \\
\diagdown \\
\text{HOOC COOH} \\
\text{IV}
\end{array}
$$

carbonsäure gewonnen worden ist. Die erhaltene Tricarbonsäure zeigt jedoch ein ganz anderes Verhalten als die enantiomorphe Form von IV. Es ist mithin anzunehmen, daß die CO-Gruppe in β-Stellung zum Carboxyl der Mannozuckersäure gebildet wird. Der Tricarbonsäure wäre mithin die Formeln Va oder b zu erteilen[1]. — Über den Verbleib der beiden Was-

$$
\begin{array}{c}
\text{COOH} \\
| \\
\text{H—C—OH} \\
| \\
\text{H—C—OH} \\
| \\
\text{HOOC—C—OH} \\
| \\
\text{HO—C—H} \\
| \\
\text{COOH} \\
\text{Va}
\end{array}
\qquad
\begin{array}{c}
\text{COOH} \\
| \\
\text{H—C—OH} \\
| \\
\text{H—C—OH} \\
| \\
\text{HO—C—COOH} \\
| \\
\text{HO—C—H} \\
| \\
\text{COOH} \\
\text{Vb}
\end{array}
$$

serstoffatome, die beim Übergang der Mannozuckersäure in die hypothetische β-Ketonsäure frei werden müssen, kann man noch keine definitive Aussage machen. Die Annahme, daß sie in Analogie zur Osazonreaktion zur Reduktion des Kaliumcyanids im Sinne der Gleichung $KCN + 4 H + H_2O = CH_3 \cdot NH_2 + KOH$ verwendet werden würden, konnte nicht bestätigt werden, da Methylamin nicht nachzuweisen war.

Derivate: l-Mannozuckersäure-Doppellacton[2]. Das Reduktionsvermögen beträgt etwa ein Viertel desjenigen der Glykose. In alkalischer Lösung verbraucht das Lacton 4 Atome Jod. Reduzierbar mit Na-Amalgam in alkalischer Lösung unter Verschwinden des Reduktionsvermögens. Ferner reagiert die Lösung mit KCN. Es ist daher möglich, daß das Lacton nicht einheitlich ist und eine Ketoaldehydsäure der gleichen Zusammensetzung enthält. Mit Hydrazinhydrat entsteht eine blumenkohlartige Masse, aus Wasser Krusten kurzer Nädelchen vom Schmelzpunkt 182° unter Aufschäumen[2].

---

[1] H. Kiliani: Ber. dtsch. chem. Ges. **61**, 1155 (1928) — Chem. Zbl. **1928 I**, 2932.
[2] H. Kiliani: Ber. dtsch. chem. Ges. **58**, 2344 (1925) — Chem. Zbl. **1926 I**, 1137.

Monoseamicarbazid des Doppellactons[1] $C_7H_{11}O_7N_3$. Aus dem Doppellacton mit Semi-carbazid-hydrochlorid und krystallisiertem Na-Acetat in Gegenwart von Essigsäure. Hübsche Warzen von scharf zugespitzten Nadeln aus viel kochendem Wasser. Schmelzp. 193° unter plötzlichem Aufschäumen. Schwer löslich in kochendem Wasser, auch in heißem 50proz. Alkohol, desgleichen in Pyridin, Methylalkohol, in Eisessig und in heißer 50proz. Essigsäure[1].

Alloschleimsäure (Bd. II, S. 501).

Bildung: Die Umlagerung von Schleimsäure in Alloschleimsäure erfolgt nur in kupfernen, jedoch nicht in silbernen Autoklaveneinsätzen, in letzteren aber ebenfalls auf Zusatz von etwas Kupferdraht oder Kupferoxyd[2]. Aus 100 g Schleimsäure, 1000 ccm Wasser und 100 g Pyridin beim Erhitzen[3].

Darstellung: Durch Erhitzen von Schleimsäure mit wässerigem Ammoniak im Auto-klaven bei 135—140° in 3 Stunden, und Abtrennung der Schleimsäure als Ammoniumsalz mit Alkohol. — Aus den Mutterlaugen gewinnt man über das Bleisalz die Alloschleimsäure[4].

Physikalische und chemische Eigenschaften: Rechteckige Tafeln, Schmelzp. 176°. Unter-suchungen über die Geschwindigkeit der Lactonbildung[5]. — Gibt weder selbst noch mit ihren Salzen komplexe Borsäuren, woraus folgt, daß vielleicht der Alloschleimsäure eine andere Konfiguration zukommt; vielleicht sind die Carboxyle bzw. ihre Hydroxyle anders gelagert, wie man annimmt, wie dies folgende Symbole zeigen:

$$\begin{matrix} O & & O \\ \| & & \| \\ C-OH & & HO-C \\ | & & | \\ H-C-OH & & H-C-OH \\ | & & | \end{matrix}$$

Wird am besten in einer Mischung von Wasser und Pyridin bei Zimmertemperatur mit Phenol-phthalein titriert. Der Titer von 99,85% eines frisch dargestellten Präparates war nach einem Jahre auf 99,05% ohne Änderung der Zusammensetzung gesunken[2].

Derivate: Calciumsalz $C_6H_8O_8Ca + 4 H_2O$. Verliert $3 H_2O$ bei 110—115°, bei 130° noch $^1/_2 H_2O$.

Phenylhydrazid $C_{18}H_{22}O_6N_4$. Schmelzp. 218°.

Diäthylester[3] $C_{10}H_{18}O_8$. Schmelzp. 137—138°.

Monoamid[3] $C_6H_{11}O_7N$. Aus der Säure und konz. Ammoniak über das Lacton. Schmelz-punkt 175—175,5°.

Diamid[3] $C_6H_{12}O_6N_2$. Aus dem Diäthylester und konz. Ammoniak. Schmelzp. 209° unter Zersetzung.

Schleimsäure (Bd. II, S. 506; Bd. VIII, S. 254; Bd. X, S. 702).

Bildung: Aus Quercit durch Oxydation mit HNO_3[6].

Darstellung: Die Oxydation der Galaktose durch Salpetersäure kann durch Vanadin-pentoxyd beschleunigt werden. Die höchste Ausbeute an Schleimsäure wird bei 85° und etwa mit 35proz. Salpetersäure erreicht. Erhöhung der Säurekonzentration führt zu verstärkter Bildung von Oxalsäure und Kohlensäure. Den gleichen Effekt löst die Zugabe von Vanadin-pentoxyd aus[7].

Bestimmung: Titrimetrisch in saurer Lösung bei Siedetemperatur mit überschüssiger Kaliumpermanganatlösung und Zurückmessen mit Oxalsäure[8].

[1] H. Kiliani: Ber. dtsch. chem. Ges. **58**, 2344 (1925) — Chem. Zbl. **1926 I**, 1137.

[2] R. Hac u. B. Hodina: Bull. Soc. chim. France (4) **37**, 1242 (1925) — Chem. Zbl. **1926 I**, 879.

[3] C. L. Butler u. Leonhard H. Cretcher: J. amer. chem. Soc. **51**, 2167 (1929) — Chem. Zbl. **1929 II**, 1394.

[4] Swigel Posternak u. Théodore Posternak: Helvet. chim. Acta **12**, 118 (1929) — Chem. Zbl. **1930 I**, 2407.

[5] P. A. Levene u. H. S. Simms: J. of biol. Chem. **65**, 31 (1925) — Chem. Zbl. **1926 I**, 54.

[6] E. O. von Lippmann: Ber. dtsch. chem. Ges. **60**, 161 (1927) — Chem. Zbl. **1927 I**, 1172.

[7] E. O. Whittier: Ind. Chem. **16**, 744 (1925) — Chem. Zbl. **1925 II**, 17.

[8] E. O. Whittier: J. amer. chem. Soc. **45**, 1391 (1923) — Chem. Zbl. **1923 IV**, 788.

Physiologische Eigenschaften: Fördert die Beweglichkeit der Trypanosomen in vitro nicht[1]. — Zerstört die Nierentubuli[2].

Physikalische und chemische Eigenschaften: Schleimsäurepräparate amerikanischer Herkunft enthielten große Mengen Oxalsäure, gekennzeichnet durch hohe Löslichkeit in Wasser[3]. Schmelzp. $222°$[4]. Es wurden drei gesättigte Lösungen mit großem Überschuß freier Schleimsäure hergestellt. Die eine wurde bei Zimmertemperatur gelassen, die zweite 1 Stunde lang bei $30°$, die dritte 30 Minuten lang bei $100°$ digeriert. Nun wurden die Lösungen in einen Thermostat bei $25°$ eingesetzt und ihr Gehalt an Schleimsäure und deren Lactonen von Zeit zu Zeit titrimetrisch bestimmt. Die Säure titriert man in der Kälte mit Alkali, die Lactone werden nach alkalischer Verseifung in der Siedehitze mit 0,1 n-Salzsäure zurücktitriert. — Mit der Zeit strebte die Konzentration der Lösungen in allen drei Fällen dem nämlichen Grenzwert zu[5]: in 25 ccm 0,165 g-Ääquivalent Säure und 0,33 g-Äquivalent Lactone. Untersuchungen über die Geschwindigkeit der Lactonbildung[6]. Weder Schleimsäure selbst noch ihre Salze sind befähigt zur Bildung komplexer Borsäuren. Die Umlagerung in Alloschleimsäure gelingt nur in kupfernen, jedoch nicht in silbernen Autoklaveneinsätzen, in letzteren aber ebenfalls auf Zusatz von etwas Kupferdraht oder Kupferoxyd. In Gegenwart von feinverteiltem Nickel war die Ausbeute geringer. Der Schmelzpunkt der frisch dargestellten Säure steigt bei Zimmertemperatur allmählich von $208°$ auf $217°$. Nach Erhitzen auf $130°$ liegt der Schmelzpunkt bei $225°$, fällt aber von selbst wieder[7]. — Neutralisiert man eine wässerige Suspension von Schleimsäure mit 2 Mol Methylaminlösung, verdampft zur Trockne und unterwirft den viscosen Rückstand der trocknen Destillation, so erhält man hauptsächlich N-Methylpyrrol-α-carbonsäuremethylamid und wenig N-Methylpyrrol. Dagegen liefert reines schleimsaures Methylaminsalz die beiden Produkte in umgekehrten Mengenverhältnissen. Die Bestimmung des Lactonisierungsgrades nach Hjelt ist unkorrekt, denn sorgfältige Versuche ergaben, daß sich selbst bei $0°$ etwa 3,4% der Säure der Titrierung durch Alkali entziehen[8]. Liefert bei der Oxydation mit $KMnO_4$ Traubensäure[9].

Derivate: Natriumsalz[8] $C_6H_8O_8Na_2$. Wenn man nach Fischer Schleimsäure mit 2 Mol n-Natriumhydroxyd neutralisiert, so beobachtet man häufig, daß, bevor alles gelöst ist, ein krystallinischer Niederschlag ausscheidet, und zwar um so schneller, je höher die Temperatur ist. Derselbe ist wasserfreies Natriummucat. Fügt man unmittelbar nach der Lösung der Säure Alkohol zu, so fällt ein wasserhaltiges Salz aus, das aber schon bei Zimmertemperatur sein Krystallwasser verliert. Der Niederschlag bildet sich nicht, wenn man mit frisch dargestellter, noch feuchter Schleimsäure arbeitet; es genügt die Säure einige Stunden auf Ton zu trocknen oder kurz auf $100°$ zu erhitzen, um die Erscheinung hervorzurufen[8]. Das neutrale Salz ist unlöslich in kochendem Wasser. In Wasser (3,8 g in 25 ccm) von $100°$ löst sich die Hauptmenge auf, dann scheiden sich 22,4% als wasserfreies Salz ab, aus den Mutterlaugen krystallisiert nach dem Einengen auf $^1/_3$ Volum beim Abkühlen das wasserhaltige Salz mit 4,5 oder 5 Mol (?) H_2O, das an der Luft langsam verwittert[10].

Calciumsalz[10]. Aus K-Salz-Lösungen durch $CaCl_2$ gefällt: voluminöser Niederschlag, der sich rasch in derbe Körner verwandelt. Bildet mit d-galaktonsaurem Ca ein in Wasser mäßig lösliches Doppelsalz, vermutlich von der Zusammensetzung $(C_6H_{11}O_7)CaOOC[CHOH]_4$ $\cdot COOCa(C_6H_{11}O_7) + 8 H_2O$[10].

Schleimmethylamidsaures Methylamin[8] $CH_3 \cdot NH—CO—[CH(OH)]_4—COOH, CH_3NH_2$. Durch Kochen der wässerigen Lösung hergestellte Lactonlösung wird mit Methylamin neutralisiert und im Vakuum verdampft. Der sirupöse Rückstand liefert im Vakuumexsiccator Kry-

---

[1] R. Kudicke u. E. Evers: Z. Hyg. **101**, 317 (1924) — Chem. Zbl. **1924 I**, 1551.

[2] Ralph C. Cosley u. William C. Rose: J. of Pharmacol. **27**, 165 (1926) — Chem. Zbl. **1926 II**, 1877. — F. F. Blicke u. J. L. Powers: J. amer. pharmaceut. Assoc. **16**, 1146 (1927) — Chem. Zbl. **1928 I**, 1435.

[3] L. Weil: Ann. Falsific. **18**, 529 (1925) — Chem. Zbl. **1926 I**, 1895.

[4] E. O. v. Lippmann: Ber. dtsch. chem. Ges. **60**, 161 (1927) — Chem. Zbl. **1927 I**, 1172.

[5] W. A. Taylor u. S. F. Acree: J. physic. Chem. **20**, 118 (1925) — Chem. Zbl. **1925 I**, 2162.

[6] P. A. Levene u. H. S. Simms: J. of biol. Chem. **65**, 31 (1925) — Chem. Zbl. **1926 I**, 54.

[7] R. Hac u. B. Hodina: Bull. Soc. chim. France (4) **37**, 1242 (1925) — Chem. Zbl. **1926 I**, 879.

[8] Eugène Khotinsky u. T. Epifanowa: Bull. Soc. chim. France (4) **37**, 548 (1925) — Chem. Zbl. **1925 II**, 463.

[9] R. Behrend u. W. Greinert: Liebigs Ann. **429**, 152 (1922) — Chem. Zbl. **1923 I**, 230.

[10] H. Kiliani: Ber. dtsch. chem. Ges. **58**, 2344 (1925) — Chem. Zbl. **1926 I**, 1137. — E. Khotinsky u. T. Epifanowa: Bull. Soc. chim. France (4) **37**, 553 (1925) — Chem. Zbl. **1925 II**, 463.

stalle. Sehr leicht löslich in Wasser, sonst fast unlöslich. Die wässerige Lösung gibt mit Salzsäure einen krystallinischen Niederschlag. — Mit siedender Natronlauge wird Methylamin abgespalten. Bei der trocknen Destillation entsteht in recht guter Ausbeute N-Methylpyrrol-α-carbonsäuremethylamid und sehr wenig N-Methylpyrrol.

Tetraacetylschleimsäure[1]. Die Säure läßt sich aus siedendem Wasser umkrystallisieren, es tritt hierbei nur geringe Hydrolyse ein, indem sich Essigsäure und das Lacton der Schleimsäure bildet. Durch heißes Alkali findet vollständige Hydrolyse statt. Mit Helianthin als Indicator läßt sich die Säure titrieren. Aus Methylalkohol krystallisiert Tetraacetylschleimsäure mit 2 Mol CH_3OH[1]. **K-Salz:** Durchsichtige Tafeln mit 8 Mol Krystallwasser; **Ba-** und **NH_4-Salze** sind analog darstellbar; **Hydroxylaminsalz:** Nadeln aus methylalkoholischer Lösung[1].

Tetraacetylschleimsäurechlorid[1]. Aus der trocknen Säure in Acetylchlorid $+ SOCl_2$. Wird durch $^1/_2$stündiges Kochen mit Wasser nicht verändert, vollständige Hydrolyse erfolgt durch Alkali. Durch Einwirkung von siedenden Alkoholen Esterbildung.

Tetraacetylschleimsäureester[1]. Entstehen aus den entsprechenden Schleimsäureestern durch Acetylieren mittels Acetanhydrid und $ZnCl_2$[1].

Tetraacetylschleimsäuredimethylester[1]. Aus der methylalkoholischen Lösung der Tetraacetylschleimsäure mit wenig HCl[1]. Prismen. Schmelzp. 117°. Siedep.$_1$ etwa 250°. Wird durch Alkali vollständig verseift[1].

d-Zuckersäure (Bd. II, S. 510; Bd. VIII, S. 265).

Bildung: Beim Wachsen von Aspergillus niger auf Glykose als einzige C-Quelle[2]. Zuckersäure tritt bei der Bildung von Citronensäure aus Glykose als Zwischenprodukt auf[2].

Darstellung: Es sind anzuwenden auf je 1 g Stärke 3,4 ccm 20proz. HNO_3. Die Lösung ist erst nach 12stündigem Stehen zu erhitzen auf 75°, zum Schluß einige Stunden auf 100°. Die entstandene Oxalsäure (5,5—6%) wird mittels der berechneten Menge $CaCO_3$ beseitigt. Die verbleibende Säurelösung wird mit KOH (1:2) neutralisiert, bei 50° eingedunstet und mit Eisessig ausgefällt. Ausbeute 23—25% der Theorie an saurem K-Salz. Umlösen aus 2,5 Teilen heißen Wassers. Zur Überführung in die Zuckerlactonsäure wird das K-Salz in das Ca-Salz übergeführt, mit Oxalsäure die Säure in Freiheit gesetzt und bei 35—50° eingedampft. Der Sirup krystallisiert leicht über H_2SO_4. Reinigung durch Auswaschen mit Aceton[3]. Darstellung von Zuckersäure und Weinsäure durch Oxydation von Kohlehydraten in geeigneter, besonders schwefelsaurer Lösung in Gegenwart von Metalloxyden[4]. 30 g zuckersaures Ag werden in 45 ccm Wasser von 0° suspendiert, 40 ccm 3n-HCl auf —15° abgekühlt zugegeben, unter Eiskühlung $^3/_4$ Minute durchgeschüttelt und sofort ein Gemisch von 570 ccm Isobutylalkohol und 285 ccm abs. Alkohol zugefügt. Aus dem Filtrat werden Alkohol und Wasser unter 12 mm abdestilliert und die ausgeschiedene Säure mit Alkohol verrieben, dann mit Alkohol und Äther gewaschen. Ausbeute 43%[5].

Physiologische Eigenschaften: Wird durch viele Organismen der Coli-Typhus-Gruppe leicht vergoren[6]. Versuche über Citronensäurebildung[7]. Fördert nicht die Beweglichkeit der Trypanosomen in vitro[8]. Einwirkung auf die Insulinsekretion[9].

Physikalische und chemische Eigenschaften: Nadelrosetten aus 93proz. Alkohol, Schmelzpunkt 125—126°. Genau zweibasisch. $[\alpha]_D^{19}$ in Wasser $= +6,86°$ nach 3 Minuten, $+20,60°$ nach 18 Tagen. Gleichzeitig mit der Drehungszunahme nimmt die Acidität infolge teilweiser

---

[1] L. J. Simon u. A. J. A. Guillaumin: C. r. Acad. Sci. Paris **179**, 1324—1326 (1924) — Chem. Zbl. **1925 I**, 639.

[2] F. Challenger, V. Subramaniam u. T. K. Walker: Nature (Lond.) **119**, 674 (1927) — Chem. Zbl. **1927 II**, 841 — J. chem. Soc. Lond. **1927**, 206 — Chem. Zbl. **1927 I**, 2561. — H. Franzer u. F. Schmidt: Ber. dtsch. chem. Ges. **58**, 222 (1925) — Chem. Zbl. **1925 I**, 1063.

[3] H. Kiliani: Ber. dtsch. chem. Ges. **58**, 2344 (1925) — Chem. Zbl. **1925 I**, 1137 — Ber. dtsch chem. Ges. **56**, 2016 (1923) — Chem. Zbl. **1923 III**, 1396.

[4] Diamalt-A.-G., übertr. von Ludwig Graf u. Ernst Jacoby: Canad.P. 233734 von 25. Aug. 1917; Oe.P. 89263 vom 14. Dez. 1916; Chem. Zbl. **1924 I**, 2204.

[5] K. Rehorst: Ber. dtsch. chem. Ges. **61**, 163 (1928) — Chem. Zbl. **1928 I**, 1019. — F. Ehrlich u. K. Rehorst: Ber. dtsch. chem. Ges. **58**, 1989 (1925) — Chem. Zbl. **1926 I**, 54.

[6] H. Davenport Kay: Biochemic. J. **20**, 321 (1926) — Chem. Zbl. **1926 II**, 241.

[7] Wl. Butkewitsch: Biochem. Z. **142**, 195 (1923) — Chem. Zbl. **1924 I**, 490. — K. Bernhauer: Biochem. Z. **197**, 309 (1928) — Chem. Zbl. **1928 II**, 1342.

[8] R. Kudicke u. E. Evers: Z. Hyg. **101**, 317 (1924) — Chem. Zbl. **1924 I**, 1551.

[9] E. Grafe u. F. Meythaler: Arch. f. exper. Path. **136**, 360 (1928) — Chem. Zbl. **1929 I**, 97

Lactonbildung ab. Durch Erwärmen wird letztere beschleunigt[1]. Untersuchungen über die Geschwindigkeit der Lactonbildung[2]. Liefert bei der Permanganatoxydation 61,4% d-Weinsäure und 38,6% Traubensäure[3]. Bei der elektrolytischen Oxydation wird in einer Ausbeute von 50—60% Weinsäure gebildet[4]. — Überführung in Weinsäure[5]. — Liefert mit Hydrazinhydrat direkt keine Krystalle[6]. Normale zuckersaure Salze geben leicht komplexe Borsäuresalze[7]. Farbenreaktion mit Carbazol und Schwefelsäure[8].

Derivate: Monokaliumsalz $C_6H_9O_8K$. Aus der krystallisierten Säure mit K_2CO_3 und verdünnter Essigsäure. Nadeln aus Wasser[9].

Kupfersalz der d-Zuckersäure[10] $C_6H_8O_8Cu + 4^1/_2 H_2O$. Aus 1 Teil reinem sauren Kaliumsalz in berechneter Menge $^n/_5$-Kalilauge + berechnete Menge Cuprinitrat + $6 H_2O$ (1 : 2). Schwer löslich in Wasser.

Cinchoninsalz der d-Zuckersäure[9] $C_6H_{10}O_8 \cdot (C_{19}H_{22}ON_2)_2$. Aus Wasser. Zersetzung ab 190°. $[\alpha]_D^{20} = +149,1°$ in Wasser.

d-Zuckersäuremonolacton[6]. Schmelzp. 130°. Auf Grund von Leitfähigkeitsmessungen findet in wässeriger Lösung des Lactons keine merkliche Verseifung zur zweibasischen Säure statt.

d-Zuckersäuremonolacton-Na-Salz $C_6H_7O_7Na$. Löslichkeit in Wasser bei Zimmertemperatur 1 : 28. Trotz der geringen Löslichkeit eignet es sich nicht zur Abscheidung der Säure, da seine Abscheidung durch andere organische Substanzen, wie sie bei der Oxydation von Glykose oder Stärke entstehen, leicht verhindert wird. Während eine Lösung von Zuckersäuremonolacton in 4 Teilen Wasser, mit festem Na-Acetat versetzt, leicht das Na-Salz ausscheidet, gelingt es nicht, mit der berechneten Menge NaOH unter diesen Bedingungen das Salz zur Krystallisation zu bringen. In wässeriger Lösung wird es weder von Al-Amalgan noch von Na-Amalgan und CO_2 zu Glykonsäure reduziert[11].

d-Zuckersäuremonolacton-Kaliumsalz[11] $C_6H_7O_7K$.

α-d-Isosaccharin (Bd. VIII, S. 271).

Bildung: Die Isosaccharinbildung, die bei der Kalkkochung der Oxycellulose und gewisser Hydrocellulosepräparate beobachtet wurde, tritt bei der nativen Cellulose nicht ein[12].

Darstellung: 10 g Cellobiose, 90 g Wasser, 2,8 g $Ca(OH)_2$ werden 42 Stunden geschüttelt und $3^1/_2$ Stunden im Wasserbad erwärmt. Das Filtrat wird auf 30 ccm eingedampft. Erhalten 2 g isosaccharinsaures Ca, daraus Isosaccharin vom Schmelzp. 92°[13].

Physikalische und chemische Eigenschaften: Liefert bei der Oxydation mit HNO_3 und nachherigem Behandeln mit Semicarbazidhydrochlorid das Semicarbazon einer Aldehydsäure von ähnlichen Eigenschaften wie die Galakturonsäure[14]. Liefert mit Semicarbazid nur sehr geringe Mengen schwer löslicher Produkte[6].

Derivate: Isosaccharinsaures Chinin. Nadeln. Schmelzp. 194°[13].

α-d-Glykosaccharin (Peligotscher Saccharin) (Bd. VIII, S. 270).

Darstellung: Gewinnung aus Mélasse durch Eindicken der angesäuerten Melasse mit trockenem Na_2SO_4 und Ausziehen der Masse mit Aceton. Der Auszug wird durch Extraktion mit Äther von den die Krystallisation des Saccharins störenden Stoffen befreit und dieses selbst durch Überführen in das Ba-Salz und Fällen mit Alkohol und Aceton gereinigt[15].

[1] K. Rehorst: Ber. dtsch. chem. Ges. **61**, 163 (1928) — Chem. Zbl. **1928 I**, 1019.

[2] P. A. Levene u. H. S. Simms: J. of biol. Chem. **65**, 31 (1925) — Chem. Zbl. **1926 I**, 54.

[3] R. Behrend u. W. Greinert: Liebigs Ann. **429**, 152 (1922) — Chem. Zbl. **1923 I**, 230.

[4] Diamat-A.-G.: Schweiz.P. 99519 vom 3. Dez. 1921; Chem. Zbl. **1924 I**, 963.

[5] Diamalt-A.-G. (München): D.R.P. 389624, Kl. 12o vom 4. Juni 1918; Chem. Zbl. **1924 I**, 963, 1712.

[6] H. Kiliani: Ber. dtsch. chem. Ges. **58**, 2344 (1925) — Chem. Zbl. **1926 I**, 1137.

[7] R. Hac u. B. Hodina: Bull. Soc. chim. France (4) **37**, 1242 (1925) — Chem. Zbl. **1926 I**, 879.

[8] Zacharias Dische: Biochem. Z. **189**, 77 (1927) — Chem. Zbl. **1928 II**, 1761.

[9] K. Rehorst: Ber. dtsch. chem. Ges. **61**, 163 (1928) — Chem. Zbl. **1928 I**, 1019.

[10] H. Kiliani: Ber. dtsch. chem. Ges. **55**, 2817 (1922).

[11] H. Kiliani: Ber. dtsch. chem. Ges. **58**, 2344 (1925) — Chem. Zbl. **1926 I**, 1137 — Ber. dtsch. chem. Ges. **56**, 2016 (1923) — Chem. Zbl. **1923 III**, 1396.

[12] P. Karrer u. Th. Lieser: Cellulosechemie **7**, 1 (1926) — Chem. Zbl. **1926 I**, 2675.

[13] S. V. Hintikka: Ann. Ac. Scient. Fennicae (A) **9**, 3 (1922) — Chem. Zbl. **1923 I**, 296.

[14] H. Kiliani: Ber. dtsch. chem. Ges. **56**, 2016 (1923) — Chem. Zbl. **1923 III**, 1396 — Ber. dtsch. chem. Ges. **55**, 2817 (1922) — Chem. Zbl. **1922 III**, 1332.

[15] K. Vnuk: Listy Cukrovarnické **45**, 263 — Z. Zuckerind. tschechosl. Republik **51**, 460, 467 (1927) — Chem. Zbl. **1927 II**, 987.

Parasaccharinsäure (Bd. VIII, S. 268).

Bildung: Eine der Parasaccharinsäure nahestehende, in den Kulturen sich recht beträchtlich anhäufende Säure bildet sich bei der Citronensäuregärung der Hexosen durch Aspergillus niger und Citromyces glaber[1].

2, 5-Anhydrotetraoxyadipinsäuren.

Sowohl die optische Untersuchung wie die Titration ergab, daß die 2, 5-Anhydrotetraoxyadipinsäuren nicht zur Lactonbildung befähigt sind[1]. Weitere Aufschlüsse über die räumliche Lagerung der Substituenten lieferte die Bestimmung der Dissoziationskonstanten und der Vergleich der nach der Bjerrumschen Formel

$$r = \frac{3,1}{-\log \dfrac{K_2}{4K_1}} \quad \text{für } 18° \text{ oder } = \frac{3,0}{pK_2 - pK_1 - 0,6}$$

für 25° berechneten r-Werte. Während die r-Werte bei den Tetraoxyadipinsäuren von der gleichen Größenordnung sind, lassen sich die 2,5-Anhydrotetraoxyadipinsäuren danach in zwei Gruppen einteilen. In der einen Gruppe mit kleinen r-Werten stehen die Karboxylgruppen in bezug auf die Ringebene in cis-Stellung, in der anderen mit großen r-Werten in trans-Stellung:

Säure	pK_1	pK_2	r
Zuckersäure	3,24	4,12	11 Å
Mannozuckersäure	(3,1)	4,1	(8)
Schleimsäure	3,19	3,99	16
Alloschleimsäure	3,30	4,16	11
cis-2, 5-Anhydrozuckersäure	1,98	4,94	1,3 Å
cis-2, 5-Anhydroschleimsäure	2,02	4,53	1,6
trans-2, 5-Anhydromannozuckersäure . .	2,81	3,80	7,9
trans-2. 5-Anhydroidozuckersäure . . .	3,03	4,00	8,3

Diese Ergebnisse stehen im besten Einklang mit den Folgerungen, die man aus den Atommodellen ziehen kann[2].

Isozuckersäure (Bd. II, S. 502).

Bildung: Aus Chondrosin mit Salpetersäure vom spez. Gewicht 1,2 über das Calcium und das Cinchoninsalz vom Schmelzp. 208°[3].

α-Oxo-trioxyadipinsäure[4].

Mol-Gewicht: 208,09.
Zusammensetzung: $C_6H_8O_8$.

$$\begin{array}{c} COOH \\ | \\ CO \\ | \\ CH(OH) \\ | \\ CH(OH) \\ | \\ CH(OH) \\ | \\ COOH \end{array}$$

Bildung: Durch Hydrolyse des Diphosphats.

Physikalische und chemische Eigenschaften: Sehr saurer Sirup, reduziert Fehlingsche Lösung. — Gibt mit Phloroglucin und Orcin weißliche Niederschläge schon in der Kälte.

Derivate: Diphosphat. Läßt sich aus Pferdeblut zusammen mit 1-Glycerinsäuremonophosphat als Bariumsalz isolieren; die Trennung der beiden Phosphate wird mit Eisenchlorid ausgeführt. $[\alpha]_D = +8,88°$, nach Neutralisierung mit Ammoniak $= +15,04°$. Ist gegen siedende Natronlauge beständig. Hydrolyse tritt nach 100 stündigem Kochen oder 6—7 stündigem Erhitzen auf 125—130° ein.

---

[1] Wl. Butkewitsch: Biochem. Z. **142**, 195 (1923) — Chem. Zbl. **1924 I**, 490.
[2] P. A. Levene u. H. S. Simms: J. of biol. Chem. **63**, 351 (1925) — Chem. Zbl. **1925 II**, 539.
[3] W. Sawjalow: Hoppe-Seylers Z. **126**, 244 (1923) — Chem. Zbl. **1923 III**, 157.
[4] S. Posternak: C. r. Acad. Sci. Paris **187**, 1165 (1928) — Chem. Zbl. **1929 I**, 916.

Inaktive Pentaoxypimelinsäure (Bd. II, S. 516).

Physikalische und chemische Eigenschaften: Gibt mit Hydrazinhydrat direkt keine Krystalle[1] und kein unlösliches Semicarbazid[1].

Derivate: Monolacton der inaktiven Pentaoxypimelinsäure[2] $C_7H_{10}O_8$. Aus je 1 g feinst verriebenem Lacton der α-Glykoheptonsäure (höchstens 20 g in einer Portion) $+$ je 0,8 ccm 55 proz. Salpetersäure (spez. Gewicht 1,35) im Oxydationskolben; Kühlwasser 300—400 ccm, Temperatur 17—20°, nach 4 Tagen $^1/_2$ Volum Wasser, 6 maliges Ausäthern, Verdunsten der wässerigen Schicht (nach freiwilligem Abdunsten des Äthers) bei 30°. — Ausbeute 23—25% der Theorie. Schmelzp. 150° (früher 143°). **Chininsalz** $C_7H_{12}O_9$, 2 Chinin $+$ 4 H_2O, aus reinem Monolacton $+$ berechneter Menge $^n/_2$-Lauge $+$ berechnetem Vol. saccharinsaurem Chinin (1 : 10). — Lange stark glänzende Nadeln. **Brucinsalz** $C_7H_{12}O_1$, 2 Brucin $+$ 6 H_2O. Krusten kurzer, mikroskopisch derber Säulen aus 85 proz. heißem Alkohol.

Calciumsalz. Kann man leicht reinigen, krystallisiert dann sogar sehr schön und liefert auch einen Säuresirup, welcher mit größter Leichtigkeit zu einem Kuchen des krystallisierten Monolactons erstarrt. Rührt man das rohe Ca-Salz in 2 Teile kalten Wassers ein und läßt 36—48 Stunden damit in Berührung, so verwandelt sich das Pulver unter Herauslösung reduzierender Verunreinigungen in mikroskopische Säulen mit 4 Mol Krystallwasser. Es reduziert dann nicht mehr Fehlingsche Lösung. Das schon ziemlich reine Ca-Salz läßt sich auch durch Lösen in verdünnter HCl und Ausfällen mit Na-Acetat reinigen. Das reine Ca-Salz liefert leicht das krystallisierte Monolacton der inaktiven Pentoxypimelinsäure[1].

β-Galaheptonpentoldisäure[3] (Bd. II, S. 515).

Derivate: Monolacton $C_7H_{10}O_8$. Aus je 1 g feinst verriebener krystallisierter β-Galaheptonsäure (in 1 Portion höchstens 12 g) und je 1 ccm Salpetersäure vom spez. Gewicht 1,35 bei Zimmertemperatur. Nach $2^1/_2$ Tagen im Vakuum über Kaliumhydroxyd 1,1 g. — Krystalle ohne Schmelzpunkt; von 145° an Verfärbung, bis 180° dunkler werdend.

Cadmiumsalz[4].
Bariumsalz[4].
Calciumsalz[4].

Säuren der C_8-Reihe.

α-Galaoctanhexoldisäure[3].

Mol-Gewicht: 270,15 $+$ 2 H_2O.
Zusammensetzung: $C_8H_{14}O_{10}$ $+$ 2 H_2O.

$$\begin{array}{c} COOH \\ | \\ H-C-OH \\ | \\ H-C-OH \\ | \\ HO-C-H \\ | \\ HO-C-H \\ | \\ H-C-OH \\ | \\ H-C-OH \\ | \\ COOH \end{array}$$

Darstellung: Aus l-Mannohepturonsäure:

$$\begin{array}{c} COOH \\ | \\ [CH(OH)]_5 \\ | \\ C\diagdown^H_O \end{array}$$

[1] H. Kiliani: Ber. dtsch. chem. Ges. **58**, 2344 (1925) — Chem. Zbl. **1926 I**, 1137.
[2] H. Kiliani: Ber. dtsch. chem. Ges. **55**, 2817 (1922).
[3] H. Kiliani u. Aug. Wingler: Ber. dtsch. chem. Ges. **55**, 493 (1922) — Chem. Zbl. **1922 I**, 948.
[4] H. Kiliani: Ber. dtsch. chem. Ges. **55**, 75 (1922) — Chem. Zbl. **1922 I**, 948.

1 Teil, in 1 Teil Wasser, 1,2mal berechneter Menge einer 30proz. Cyanwasserstofflösung und 1,2mal berechneter Menge 10proz. Ammoniaklösung. — Nach 48 Stunden wird das Amid-ammoniumsalz abgesaugt, mit Wasser bis zum Verschwinden der Fehlingschen Reaktion gewaschen und über Schwefelsäure ohne Vakuum getrocknet. Ausbeute 60%. Das Calciumsalz wird daraus hergestellt und mit zwei Drittel der berechneten Menge einer $^3/_{10}$n-Oxalsäure-lösung 1 Stunde kräftig geschüttelt und die Lösung abgesaugt. Aus der Lösung scheidet sich beim Einengen im Vakuum über Schwefelsäure die freie Säure[1].

Physikalische und chemische Eigenschaften: Prismatische Tafeln, schwer löslich in heißem Wasser. Besitzt keinen Schmelzpunkt, verfärbt sich bei 190°, zersetzt sich bei 200° ohne zu schmelzen. Das Monolacton $C_8H_{10}O_9$ entsteht durch Zerlegen des Bleisalzes mit Schwefel-wasserstoff und Verdunsten des Filtrats bei 60—70°. — Leicht löslich in Wasser, 1 Teil Mono-lacton löst sich glatt in 15 Teilen heißen Wassers. Besitzt keinen Schmelzpunkt. Doppel-lacton $C_8H_{10}O_8$: Aus dem Calciumsalz und 1,2 mal berechneter Menge 20proz. Salzsäure durch Verdünnen, Erwärmen und Eindunsten. Kurze, flächenreiche Prismen, schwer löslich in kaltem Wasser, auch noch in heißem Wasser, bei 200° Zersetzung ohne Schmelzpunkt. Ist optisch inaktiv. Salzsäure bewirkt mit überraschender Leichtigkeit Lactonbildung bei der α-Galaoctanhexoldisäure[1]. — Wird das Lacton vorher in Alkali gelöst, so tritt keine Reduk-tion der Fehlingschen Lösung ein. Bringt man dagegen das Lacton in fester Form in die Fehlingsche Lösung, so tritt eine deutliche, aber nur sehr schwache Reduktion ein, sofern man große Mengen des Lactons verwendet[1]. Die Präparate von Peirce[2] werden noch geringe Mengen von Aldehyd bzw. Ketonsäuren enthalten haben, die bei der Oxydation mit Salpeter-säure stets als Nebenprodukte entstehen. Die α-Galaoctanhexoldisäure reagiert nicht mit Cyankalium[3].

Derivate: Amid-Ammoniumsalz $C_8H_{12}O_9 \cdot (NH_2)(NH_4)$. S. Darstellung. — Fast unlöslich in kaltem Wasser, löslich in heißem unter Ammoniakentwicklung. Schmelzp. 192° unter starker Zersetzung[1].

Neutrales Kaliumsalz $C_8H_{12}O_{10}K_2 + H_2O$. Durch Kochen des Amid-Ammoniumsalzes mit dem berechneten Volum $^1/_2$n-Kalilauge unter Ersatz des verdampften Wassers. Aus sie-dendem Wasser umkrystallisiert unter dem Mikroskop glänzende Blättchen, löslich in 10 Teilen heißen Wassers, fast unlöslich in Alkohol, oberhalb 100° Zersetzung[1].

Calciumsalz $2\,C_8H_{12}O_{10}Ca + 7\,H_2O$. Aus der Kaliumsalzlösung und 10proz. Calcium-chloridlösung[1].

Zinksalz $C_8H_{12}O_{10}Zn + 2\,H_2O$. Aus der Kaliumsalzlösung und 10proz. Zinknitratlösung[1].

Cadmiumsalz $C_8H_{12}O_{10}Cd + 5\,H_2O$[1].

Bleisalz. Ohne Krystallwasser, aus der Kaliumsalzlösung und Bleiacetatlösung.

Neutrales Chininsalz $C_8H_{14}O_{10}$, 2 Chinin + 3 H_2O. Aus der Kaliumsalzlösung (1 : 100) + berechneter Menge saccharinsauren Chinins (1 : 10); kleine glänzende Nadeln, Schmelz-punkt 201°[1].

Neutrales Brucinsalz $C_8H_{14}O_{10}$, 2 Brucin + 9 H_2O. Aus freier Säure + berechneter Menge Brucin. Ziemlich wenig löslich in kaltem Wasser, leicht löslich in heißem Wasser. Bei 100° getrocknet. Schmelzp. 170—171° unter Zersetzung[1].

Doppelphenylhydrazid $C_{20}H_{26}O_8N_4$. — Fast unlöslich in Wasser, schwer löslich in Alko-hol und Pyridin. Schmelzp. 285—286°[1].

Aldehydsäuren.

d-Glykuronsäure (Bd. II, S. 517; Bd. VIII, S. 271; Bd. X, S. 716).

Geschichtliches und Methodisches[4].

Vorkommen: Im Blut normaler Menschen[5]. In der Tube von Mesochaeotopterus Taylori Potts[6]. In jungen Blättern von Taraxacum officinale, bei keimenden Samen von Bohnen,

[1] H. Kiliani u. Aug. Wingler: Ber. dtsch. chem. Ges. **55**, 493 (1922) — Chem. Zbl. **1922 I**, 948.
[2] George Peirce: J. of biol. Chem. **23**, 327 (1915) — Chem. Zbl. **1916 I**, 289.
[3] H. Kiliani: Ber. dtsch. chem. Ges. **61**, 1155 (1928) — Chem. Zbl. **1928 I**, 2932.
[4] W. Palladin: Bull. Acad. St. Pétersbourg (6) **1916**, 1021 — Chem. Zbl. **1925 I**, 2630.
[5] Arthur Dighton Stammers: Trans. roy. Soc. S. Africa **13**, 337 (1926) — Chem. Zbl. **1927 II**, 277.
[6] C. Berkeley: J. of biol. Chem. **50**, 113—120 (1922) — Chem. Zbl. **1922 I**, 763.

Gerste, Kürbis, in etiolierten Bohnenblättern und in Aspergillus niger[1]. In Bambusschößlingen (Phyllostachis quilioli F. M.)[2]. Die gesunden Moste und Weine enthalten nur Spuren, die kranken aber bis 1,25 g Glykuronsäure[3]. Im gereinigten Urochrom[4].

Bildung: Entsteht nicht bei der Oxydation der d-Glykose mit Brom[5]. — Bei der Hydrolyse von aus dem Fucus serratus dargestellter Polyglykuronsäure B[6]. Aus dem Saponin der Zuckerrübe mit Schwefelsäure[7]; aus Segosaponin[8], aus Kastaniensamensaponin: 10% Glykuronsäure[9]; aus Githagin[10]. Aus gebleichtem Strohzellstoff wurde mittels Extraktion mit $^1/_2$proz. Natronlauge unter Druck bei 130—135°, Zugeben von Schwefelsäure, daß die Lösung etwa $^1/_2$% freie Säure enthält, und Erhitzen im Autoklaven auf 135° das Vorhandensein von d-Glykuronsäure nachgewiesen. Im Weizenstroh wurden 4,10%, im Roggenstroh 4,11% Glykuronsäure nachgewiesen, aber nicht quantitativ isoliert[11]. Bei der Hydrolyse der Aldobionsäuren, gewonnen aus dem Polysaccharid des Friedländer-Bacillus Typ A[12] und Pneumococcus Typ III[13]. — In den Kulturen von Aspergillus niger auf Rohrzuckerlösungen[14]. — Von gesunden Personen wurden bei gemischter Kost ungefähr 0,003 g Glykuronsäure pro Liter Urin ausgeschieden[15]. Durch Insulin oder Phlorrhizin kann die Glykuronsäurebildung nach Mentholdarreichung vermindert werden. Hunger wirkt ähnlich wie Phlorrhizin. Bei der Glykuronsäurebildung kommt es also auf den Kohlehydratgehalt der Gewebe an[16, 17]. Allerdings sind widersprechende Angaben gegen diese Beobachtung ebenfalls vorhanden[18].

Darstellung: Ist erleichtert durch die leichte Krystallisierbarkeit aus Naturstoffen (Rübensaponin). Lactonfreie, krystallisierte d-Glykuronsäure erhält man, wenn gepaarte Glykuronsäureverbindungen mit verdünnter Schwefelsäure bei Wasserbadwärme gespalten werden. Aus Mentholglykuronsäure mit 50—70% Ausbeute[19]. 1 Teil Mentholglykuronsäure in 10 Teilen 50 proz. Alkohols wird mit so viel konz. Salzsäure versetzt, daß die Mischung 2% Salzsäure beträgt, und 7 Stunden auf 75—80° erwärmt. Die farblose Flüssigkeit wird mit 1,5 l Wasser verdünnt, vom Menthol filtriert, mit Silbercarbonat von der Salzsäure befreit, bei 35° zum dünnen Sirup eingeengt, mit Äther ausgeschüttelt und zum Sirup eingedickt, der auf Animpfen mit Glykuronsäurelacton sofort krystallisiert. — Aus 85 proz. Alkohol gewinnt man derbe Krusten des Lactons vom Schmelzp. 172[20]. — Bei der Darstellung aus dem Ammoniumsalz der Mentholglykuronsäure ist die Säure mit Äther auszuschütteln. Beim Neutralisieren der Schwefelsäure nach Verseifung der Mentholglykuronsäure ist eine längere Einwirkung von überschüssigem Bariumcarbonat zu vermeiden[21]. Baumwolle wird in Kupferoxydammoniak gelöst und mit

[1] W. Palladin u. W. Lewtschenko: Bull. Acad. St. Pétersbourg (6) **1916**, 1267 — Chem. Zbl. **1925 I**, 2630.

[2] S. Komatsu u. Y. Sasaoka: Bull. chem. Soc. Jap. **2**, 57 (1927) — Chem. Zbl. **1927 I**, 2626.

[3] D. Chouchak: C. r. Acad. Sci. Paris **186**, 520 — Chem. Zbl. **1928 I**, 2468 — Ann. Falsificat. **21**, 198 — Chem. Zbl. **1928 I**, 2468; **1928 II**, 606.

[4] Fanny Pollecoff: Biochemic. J. **18**, 1252 (1924) — Chem. Zbl. **1926 I**, 1091. — A. W. van der Haar: Biochem. Z. **88**, 205 (1918) — Chem. Zbl. **1918 II**, 475.

[5] K. Smolénski: Roczn. chemyi (poln.) **3**, 153 (1924) — Chem. Zbl. **1924 II**, 317.

[6] E. Schmidt u. F. Vocke: Ber. dtsch. chem. Ges. **59**, 1585 (1926) — Chem. Zbl. **1926 II**, 744.

[7] K. Rehorst: Ber. dtsch. chem. Ges. **62**, 519 (1929) — Chem. Zbl. **1929 I**, 2059. — F. Ehrlich u. K. Rehorst: Ber. dtsch. chem. Ges. **58**, 1989 (1925) — Chem. Zbl. **1926 I**, 54.

[8] C. Matsunami: J. pharm. Soc. Jap. **1927**, Nr 545, 87—88 (1927) — Chem. Zbl. **1927 II**, 1848.

[9] A. W. van der Haar: Rec. Trav. chim. Pays-Bas et Belg. (Amsterd.) **1923**, 1080 — Chem. Zbl. **1924 I**, 1806.

[10] E. Wedekind u. R. Krecke: Hoppe-Seylers Z. **155**, 122 (1926) — Chem. Zbl. **1926 II**, 597.

[11] Carl G. Schwalbe u. Gustav Adolf Feldtmann: Ber. dtsch. chem. Ges. **58**, 1534 (1925) — Chem. Zbl. **1925 II**, 2280.

[12] Walther F. Goebel: J. of biol. Chem. **74**, 619 (1927) — Chem. Zbl. **1928 II**, 675.

[13] Michael Heidelberger u. Walther F. Goebel: J. of biol. Chem. **74**, 613 (1927) — Chem. Zbl. **1928 II**, 676. — Michael Heidelberger u. Oswald T. Avery: J. of exper. Med. **40**, 301—316 — Chem. Zbl. **1924 II**, 2174.

[14] K. Bernhauer: Biochem. Z. **153**, 517—521 (1924) — Chem. Zbl. **1925 I**, 682.

[15] J. Bénech: C. r. Soc. Biol. Paris **87**, 345 (1922) — Chem. Zbl. **1923 I**, 1194.

[16] T. E. Friedmann u. J. Koechig: Proc. Soc. exper. Biol. a. Med. **23**, 369—370 (1926) — Ber. Physiol. **36**, 480 (1927) — Chem. Zbl. **1927 I**, 312.

[17] Armand J. Quick: J. of biol. Chem. **70**, 397—404 (1926) — Chem. Zbl. **1927 I**, 626.

[18] Rudolf Kürthle: Z. exper. Med. **47**, 141 (1925) — Chem. Zbl. **1926 I**, 710

[19] F. Ehrlich u. K. Rehorst: Ber. dtsch. chem. Ges. **58**, 1989 (1925) — Chem. Zbl. **1926 I**, 54.

[20] H. Kiliani: Ber. dtsch. chem. Ges. **59**, 1469 (1926) — Chem. Zbl. **1926 II**, 1128.

[21] Felix Ehrlich u. Kurt Rehorst: Ber. dtsch. chem. Ges. **62**, 628 (1929) — Chem. Zbl. **1929 I**, 2164.

Kaliumpermanganat oxydiert (mit 2 Atomen O pro $C_6H_{10}O_5$). Der Dialysenrückstand wird in Wasser gelöst, die Säuren 2mal als Ba-Salze gefällt und mit verdünnter H_2SO_4 in Freiheit gesetzt, ammoniakalisch eingedampft, die Säuren mit wenig konz. HCl in Freiheit gesetzt, in Alkohol gelöst und mit Cinchonin versetzt. Nach dem Eindampfen und Entfernen von überschüssigem Cinchonin mit Chloroform wurde aus Wasser umkrystallisiert. Ausbeute 16,1%, bezogen auf den Trockenrückstand der Dialyse, 9,4% bezogen auf Cellulose[1].

Aus dem Gummi arabicum (Handelsmarke Kordofan) erhält man durch Erwärmen mit 2proz. Salzsäure auf 100° in 1,5 Stunden bis zum Konstantwerden der Drehung die amorphe Gummisäure in einer Ausbeute von 40%. Letztere ergibt nach 15stündiger Hydrolyse mit siedender normaler Schwefelsäure d-Glykuronsäure und Galaktose. Die Säure wird als Bariumsalz isoliert. Ausbeute 5% freie d-Glykuronsäure bezogen auf den angewandten Gummi[2].

Nachweis und Bestimmung: Zur Bestimmung in pflanzlichen Faserstoffen[3] werden 100 g absolut gedachter, im Holländer aufgeschlagener, gebleichter Strohzellstoff mit 2 l 1proz. Schwefelsäure 2 Stunden im Autoklaven auf 135° erhitzt; nachdem so die Carbonate sicher zerstört, enthält der zurückbleibende Stoff 0,4365 g Glykuron, der Schwefelsäureextrakt 0,5743 g; so daß also das Ausgangsprodukt 1,01% Glykuron enthalten mußte; die betreffenden Furfurolzahlen waren 7,9744 g + 7,1180 g = 15,0924, es waren also etwa 1% Furfurol durch die Kochung zerstört worden. Zur Identifizierung wurde das Cinchoninsalz $C_6H_{10}O_7$, $C_{12}H_{22}ON_2$ benutzt, weiße Nadeln aus Alkohol; Schmelzp. 202° (korr. 204°); $[\alpha]_D = +139{,}9°$ (136,6°) ($c = 2{,}096$%), $\alpha = 1{,}5°$, 0,5 dm. — Galakturonsaures Cinchonin schmilzt bei 158° und zeigt $[\alpha]_D = +134°$[3]. — Bestimmung im Urin[4]; in verdorbenen Weinen[5]. — Durch Vergleich mit reiner krystallisierter freier Glykuronsäure im Spektrophotometer unter Benutzung des Bialschen Orcinreagens kann man nach 10 Minuten langem Erhitzen in siedendem Wasser und Extraktion mit Amylalkohol den Gehalt von Lösungen an Glykuronsäuren bestimmen. Die gepaarten Säuren verhalten sich bei dieser Probe qualitativ und quantitativ gleich[6]. — Reduktionstabelle nach der Methode von Shaffer-Hartmann[7].

Physiologische Eigenschaften: Wird durch viele Organismen der Coli-Typhusgruppe leicht vergoren[8]. Bei Lebergesunden und Leberkranken wird durch eine Camphergabe eine vermehrte Ätherglykuronsäureausscheidung provoziert[9]. Wegen gewisser Nachteile der durch Zufuhr von Campher hervorgerufenen Glykuronurie verwendet Schmid[10] Menthol. Die ausgeschiedene Mentholglykuronsäure wurde nach Bang bestimmt. Auf die Leberfunktion gestatten beide Methoden keine sicheren Schlüsse[10]. — Bei Zuführung größerer Mengen Glykuronsäure (Kaninchen etwa 0,54 g pro kg, Hund 0,58 g pro kg) wird etwa 45—50% unverändert im Harn ausgeschieden. Bei geringerer Zufuhr werden etwa 25% ausgeschieden[11]. Wird vom Diabetiker ebenso wie Glykon- und Zuckersäure verbrannt[12]. Einwirkung auf die Insulinsekretion[13].

Physikalische und chemische Eigenschaften: Über das Ba-Salz dargestellt: weiße Nadeln aus Alkohol oder Essigester. Deutlich sauer ($p_H = 2{,}5—2{,}8$). Zeigt positive Mutarotation. Anfangsdrehung $[\alpha]_D^{24} = +11{,}73°$. Enddrehung nach 1,5—2 Stunden $[\alpha]_D^{24} = +36{,}26°$. Die durch Fällen der alkoholischen Lösung mit Äther erhaltene Säure zeigt sofort richtige Enddrehung[14]. Die krystallisierte Säure zeigt in Wasser $[\alpha]_D^{19} = +16{,}58°$ bis $+35{,}68°$ bei $c = 0{,}995$. Die Enddrehung scheint von der Konzentration abhängig zu sein, und zwar nimmt sie mit steigender Konzentration zu. Anfangsdrehung aus dem Natriumsalz mit Schwefelsäure freigelegt $= +3{,}61°$

[1] L. Kalb u. F. v. Falkenhausen: Ber. dtsch. chem. Ges. **60**, 2514 (1927) — Chem. Zbl. **1928 I**, 1020.

[2] Fritz Weinmann: Ber. dtsch. chem. Ges. **62**, 1637 (1929) — Chem. Zbl. **1929 II**, 719.

[3] Carl G. Schwalbe u. Gustav Adolf Feldtmann: Ber. dtsch. chem. Ges. **58**, 1534 (1925) — Chem. Zbl. **1925 II**, 2280.

[4] M. Brulé, H. Garban u. A. Amer: C. r. Soc. Biol. Paris **92**, 1216 — Chem. Zbl. **1925 II**, 1375.

[5] D. Chouchak: C. r. Acad. Sci. Paris **186**, 520 — Chem. Zbl. **1928 I**, 2468.

[6] Georg Scheff: Biochem. Z. **183**, 341 (1927) — Chem. Zbl. **1927 II**, 143.

[7] Georg Scheff: Biochem. Z. **194**, 96 (1928) — Chem. Zbl. **1929 I**, 2634.

[8] H. Davenport Kay: Biochemic. J. **20**, 321 (1926) — Chem. Zbl. **1926 II**, 241.

[9] M. Händel: Z. exper. Med. **42**, 172 — Chem. Zbl. **1924 II**, 1706.

[10] F. Schmid: C. r. Soc. Biol. Paris **86**, 612 (1922) — Chem. Zbl. **1922 II**, 1243.

[11] R. Hürthle: Biochem. Z. **181**, 105 (1927) — Chem. Zbl. **1927 I**, 2665.

[12] Arthur Dighton Stammers: Trans. roy. Soc. S. Africa **13**, 337 (1926) — Chem. Zbl. **1927 II**, 277.

[13] E. Grafe u. F. Meythaler: Arch. f. exper. Path. **136**, 360 (1928) — Chem. Zbl. **1929 I**, 97.

[14] F. Ehrlich u. K. Rehorst: Ber. dtsch. chem. Ges. **58**, 1989 (1925) — Chem. Zbl. **1926 I**, 54.

für $c = 1,938$. — Der berechnete Wert von $-5°$ konnte nie erreicht werden[1]. — Reduziert Fehlingsche Lösung erst beim Kochen. Die wässerige Lösung zersetzt sich beim Kochen unter Bildung des Lactons[1]. Farbenreaktion mit Carbazol und Schwefelsäure[2].

Derivate: Glykuronlacton. Gibt mit Hydrazinhydrat direkt keine Krystalle[3].

Natriumsalz[1] mit 1 H_2O, kolloidaler Niederschlag, der nach einiger Zeit in kleine, nadelförmige Krystalle übergeht, $[\alpha]_D^{20} = -0,56° > +22,51$ in Wasser bei $c = 5,243$. 1 g wasserfreies Natriumsalz reduziert nach 2 Minuten langem Kochen 173 ccm Fehling, 1 g freie Säure 193 ccm.

Kaliumsalz[1] mit 1,5 H_2O, krystallinisches Pulver, $[\alpha]_D^{21} = +4,53 \rightarrow +20,02°$ in Wasser bei $c = 2,647$. Für das wasserfreie Salz $[\alpha]_D^{21,5} = -2,78° \rightarrow +22,47$ bei $c = 1,246$.

Ammoniumsalz[1]. Feine Nädelchen, $[\alpha]_D^{20} = -4,05 \rightarrow +23,17°$ in Wasser bei $c = 3,453$.

Bariumsalz[1]. Amorphes Pulver, $[\alpha]_D^{20,5°} = +17,45°$ (keine Mutarotation bei $c = 3,725$).

Brucinsalz[1] mit 1 H_2O. Aus Alkohol Nadeln vom Schmelzp. 156—157°, $[\alpha]_D^{20} = -15,08°$ in Wasser bei $c = 3,117$.

Cinchoninsalz. Nadeln aus Wasser. Schmelzp. 199—200°. $[\alpha]_D^{24} = 135°$[4].

Diphenylacetylglykuronsäure[5] $C_{20}H_{20}O_8$. Amorph, leicht löslich in Wasser und den meisten organischen Lösungsmitteln, löslich in kaltem Äther. Zersetzung bei 180—185°, reduziert Fehlingsche Lösung. Sie bildet kein Cyanhydrin und reagiert nicht mit Phenylhydrazin.

α-Glykuronsäure-benzylphenylhydrazon[6] $C_{19}H_{20}O_5N_2$. Durch Schütteln von β-Mentholglykuronsäure in Alkohol mit CH_3COONa + Benzylphenylhydrazin; aus CH_3OH wird mit Wasser vorsichtig gefällt. — Leicht löslich in Essigäther, Alkohol, 50 proz. Essigsäure; wenig löslich in Benzol. Schmelzp. 155°, bei 158° Aufschäumen und Dunkelfärbung. $[\alpha]_D^{26} = -25,75°$ in Methylalkohol.

Phenylhydrazinverbindung des Phenylhydrazons[6] $C_{18}H_{22}O_5N_4$. Aus 65 proz. Alkohol, Schmelzp. 182°, bei 185° Zersetzung unter Dunkelfärbung und Aufschäumen.

Anilinverbindungen[6]: $(C_{12}H_{14}O_6NNa)_2 + H_2O$. Durch Spalten von β-Mentholglykuronsäure und Behandeln mit CH_3COONa, $C_6H_5NH_2$ in Äther. Die Verbindung enthält auf 1 Glykuronrest 1 Mol $C_6H_5NH_2$, 1 Na und $^1/_2$ H_2O. Farblos, Schmelzp. 212°.

$C_{18}H_{25}O_{14}NNa_2 + H_2O$. Aus der Lösung der Verbindung $(C_{12}H_{14}O_6NNa)_2 + H_2O$ in Wasser und Fällen mit Alkohol. Die Verbindung enthält auf 2 Mol Glykuronsäure 2 Na, aber nur 1 $C_6H_5NH_2$. Schmelzp. 147° (unter Zersetzung).

Glykuronsäure-p-nitrophenylhydrazon[7] $C_{18}H_{20}O_9N_6$. Bildet sich auch in der Kälte in essigsaurer Lösung aus Glykuronsäure und p-Nitrophenylhydrazin. Sehr wenig löslich in siedendem Wasser. Aus Pyridin mit Wasser gelbe Nadelbüschel. Schmelzp. 224°.

Phenylosazon der Glykuronsäure[8]. Gelbe, nadelförmige Krystalle, löslich in heißem Wasser, unlöslich in Benzol. Schmelzp. 131—132°, manchmal 114—115°.

p-Bromphenylosazon des d-Glykuronsäure-p-bromphenylhydrazids. $[\alpha]_D^{20} = -208° \rightarrow -180°$[9] in Pyridin + Alkohol.

Gepaarte Glykuronsäuren (Bd. II, S. 521; Bd. VIII, S. 275; Bd. X, S. 718).

Geschichtliches und Methodisches[10].

Thymol-glykuronsäure (Bd. II, S. 523; Bd. VIII, S. 276). Thymol wird im Organismus des Hundes in gleicher Weise wie in dem des Menschen und Kaninchen als Thymol-

---

[1] Felix Ehrlich u. Kurt Rehorst: Ber. dtsch. chem. Ges. **62**, 628 (1929) — Chem. Zbl. **1929 I**, 2164.

[2] Zacharias Dische: Biochem. Z. **189**, 77 (1927) — Chem. Zbl. **1928 II**, 1761.

[3] H. Kiliani: Ber. dtsch. chem. Ges. **58**, 2344 (1925) — Chem. Zbl. **1926 I**, 1137.

[4] F. Ehrlich u. K. Rehorst: Ber. dtsch. chem. Ges. **58**, 1989 (1925) — Chem. Zbl. **1926 I**, 54.

[5] S. R. Miriam, J. T. Wolf u. Carl P. Sherwin: J. of biol. Chem. **71**, 249—253 (1927) —. Chem. Zbl. **1927 I**, 1612.

[6] M. Bergmann u. W. W. Wolff: Ber. dtsch. chem. Ges. **56**, 1060 (1923) — Chem. Zbl. **1923 III**, 25.

[7] H. Kiliani: Ber. dtsch. chem. Ges. **58**, 2344 (1925) — Chem. Zbl. **1926 I**, 1137. — van Ekenstein u. Blanksma: Rec. Trav. chim. Pays-Bas et Belg. (Amsterd.) **24**, 63 (1905).

[8] D. Chouchak: C. r. Acad. Sci. Paris **186**, 520 — Chem. Zbl. **1928 I**, 2468.

[9] P. A. Levene u. G. M. Meyer: J. of biol. Chem. **60**, 173 (1924) — Chem. Zbl. **1924 II**, 1458.

[10] W. Palladin: Bull. Acad. St. Pétersbourg (6) **1916**, 1021 — Chem. Zbl. **1925 I**, 2630.

glykuronsäure ausgeschieden. Sie läßt sich über das Bleisalz isolieren und als Dichlorthymol-glykuronsäure identifizieren[1].

5-Jodguajacolglykuronsäureester[2]. Entsteht nach Eingabe von größeren Mengen 5-Jod-guajacols an Menschen, wobei es im Harn ausgeschieden wird.

Dihydronaphtholglykuronsäure[3]. Verfüttertes Tetralin wird im Harn hauptsächlich in Form gepaarter Dihydronaphtholglykuronsäure ausgeschieden. Beim Kaninchen entsteht als Hauptprodukt die Glykuronsäure des optisch-aktiven ac-β-Tetralols, beim Hunde bildet sich ac-α-Tetralolglykuronsäure. — Die ac-α-Tetralolglykuronsäure gibt mit Nitrit bei saurer Reaktion eine schöne grüne Färbung. Bei der β-Tetralolglykuronsäure tritt nur eine gelblich-grüne Färbung auf[3].

Gepaarte Glykuronsäure des p-Oxyphenylharnstoffs[4]. Nach Verfütterung von „Elbon" = Cinnamoyl-p-oxyphenylharnstoff an Kaninchen konnte aus dem Harn als Bleiverbindung isoliert werden. **Kaliumsalz** $K \cdot C_3H_{15}O_8N_4$. Lange, wasserhelle Prismen, sehr leicht löslich in kaltem Wasser, unlöslich in Alkohol, Schmelzp. 231° unter Zersetzung. $[\alpha]_D^{20} = -74,99°$ in 2,0282proz. Lösung. Nach der Spaltung mit 5proz. Schwefelsäure kann p-Aminophenol isoliert werden[4].

Borneolglykuronsäure[5] (Bd. II, S. 524; Bd. VIII, S. 277). Durch Verfütterung von Borneol an Hunde bildet sich Borneolglykuronsäure, die man als Zn-Salz aus dem Urin isolieren kann[5]. Die Hydrolyse mit verdünnter H_2SO_4 ergibt ein farbloses krystallinisches Produkt, das 70% Glykuronsäure enthält[5].

Campherolglykuronsäure[6]. Bei der Reinigung eines nach Campherverfütterung isolierten Campherolglykuronsäuregemischs wurde bei der Reinigung durch das Strychninsalz ein krystallisiertes Strychninsalz der 5(p)-Oxycampherglykuronsäure $C_{37}H_{46}O_{10}N_2$, Nadeln mit $3 H_2O$ aus Wasser, wasserfrei, Schmelzp. 190—195°, $[\alpha]_D^{15} = -41,06°$, erhalten. Daraus mit Ammoniak entstand p-Oxycampherylglykuronsäure: $C_{16}H_{24}O_8$, Blättchen mit $2 H_2O$ aus Essigester, Schmelzp. etwa 130°, nach Trocknen bei 80° über Pentoxyd, Schmelzp. 138° unter Zersetzung, $[\alpha]_D^{16} = -23,08°$. Wird durch Säuren zu p-Oxycampher und Glykuronsäure gespalten, ist auch durch Emulsin spaltbar. Neben dem krystallisierten Strychninsalz wird ein amorphes Salz erhalten, das durch saure Hydrolyse ein Gemisch von 3(α)-Oxycampher und p-Oxycampher liefert. Die α-Camphoglykuronsäure (Schmelzp. 128—130°) von Schmie-deberg und Mayer, und die l-Campherolglykuronsäure (Schmelzp. 120—130°) von Magnus Levy (Bd. II, S. 524) sind p-Oxycampherglykuronsäure.

Anthranylsäure-Glykuronsäureester. Findet sich im Harn von Hunden und Kaninchen neben Uraminobenzoesäure. Wird durch Säuren und Alkali unter Freiwerden von Anthranil-säure gespalten[7].

Benzoeglykuronsäure (Bd. II, S. 526).

Magnus-Levy hat der freien Säure Formel I gegeben. Quick[8] nimmt Formel II an, da die Verbindung mutarotiert und mit HCN ein Cyanhydrin ohne Bildung von Benzoesäure gibt. Für die Stellung des Benzoyls hält er das 2. oder 5. Kohlenstoffatom für wahrscheinlich.

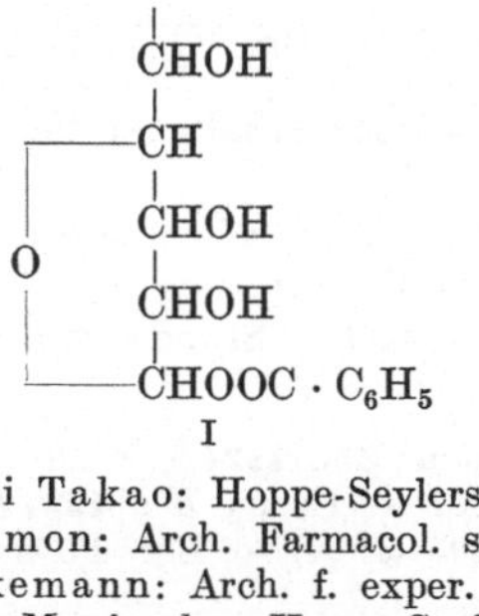

<pre>
                                    H OH
                                     \ /
          COOH   C————————
           | | |
          CHOH   H · C · OOC · C₆H₅ |
           | | O
     ┌────CH   HO · C · H |
     | | | |
     | CHOH   H · C ————————————
     O | |
     | CHOH   H · C · OH
     | | |
     └────CHOOC · C₆H₅   COOH
           I   II
</pre>

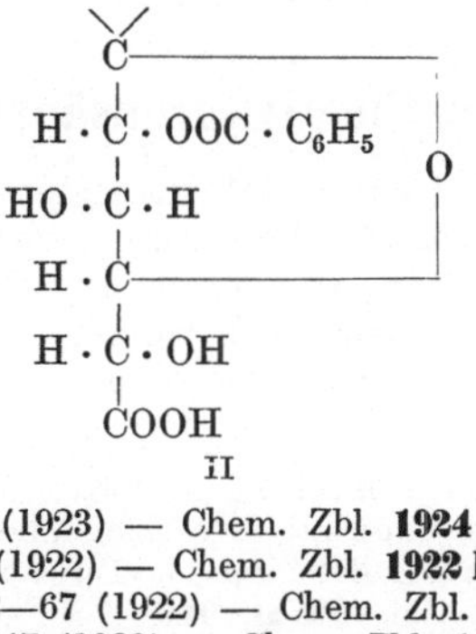

[1] Katsumi Takao: Hoppe-Seylers Z. **131**, 304 (1923) — Chem. Zbl. **1924 I**, 932.
[2] Italo Simon: Arch. Farmacol. sper. **33**, 133 (1922) — Chem. Zbl. **1922 III**, 1206.
[3] W. Röckemann: Arch. f. exper. Path. **92**, 52—67 (1922) — Chem. Zbl. **1922 I**, 1115.
[4] Kiyoshi Morinaka: Hoppe-Seylers Z. **124**, 247 (1923) — Chem. Zbl. **1923 I**, 978.
[5] A. J. Quick: J. of biol. Chem. **74**, 331 (1927) — Chem. Zbl. **1928 I**, 821.
[6] M. Ishidate: J. pharmac. Soc. Jap. **49**, 56 (1929) — Chem. Zbl. **1929 II**, 423.
[7] K. Mitsuba u. K. Ichihara: Hoppe-Seylers Z. **164**, 244 (1927) — Chem. Zbl. **1927 I**, 3208.
[8] A. J. Quick: J. of biol. Chem. **69**, 549 (1926) — Chem. Zbl. **1927 I**, 264.

Bildung: Entsteht vermutlich in einer Menge von 7,5—11% neben 90% Hippursäure bei der Verfütterung von Natriumbenzoat[1]. Die Menge der ausgeschiedenen Säure beim Schwein beträgt, falls Casein die einzige Proteinquelle in dem Futter ist, täglich 9,58 g, falls 10 g Glycin zugesetzt wurde 2,77 g, bei Gelatinezufuhr 2,49 g. Also es steht die Glykuronsäureausscheidung mit dem Glycingehalt im Futter im umgekehrten Verhältnis[2]. Nach Verabfolgung von benzoesaurem Na kann der Mensch nur einen Teil als Hippursäure ausscheiden, weil dem Körper offenbar nicht mehr als 13 g Glykokoll täglich zur Verfügung stehen. Weitere höchstens 4,5 g können an Glykuronsäure gebunden werden, der Rest wird unverändert im Harn ausgeschieden[3]. Der hungernde pankreaslose Hund scheidet Borneol und Benzoesäure in gleicher Weise und Menge an Glykuronsäure gebunden aus wie der normale, gleichzeitig wird der Glykuronsäure entsprechend weniger Zucker im Harn ausgeschieden[4]. Oberhalb einer Dosis von 0,5 g Benzoesäure pro kg an Kaninchen wird die Säure teils als Benzoylglykuronsäure ausgeschieden, und zwar bis 1 g pro kg, durchschnittlich 18%[5].

Darstellung[6]: Hunden wurde täglich 5—10 g Benzoesäure dem Futter beigemischt und der gesammelte Urin mit Eisessig und Toluol konserviert. Nach Verfütterung von 30—50 g wurde mit Pb-Acetat versetzt, das Filtrat nach Eiskühlung mit NH_3 neutralisiert, mit basischem Pb-Acetat gefällt, der Niederschlag abgetrennt, durch H_2S zerlegt und im Vakuum auf 100—200 ccm eingeengt. Nach Abtrennen der Hippursäure krystallisieren durch Eiskühlung 5—12 g Verbindung. Umkrystallisiert aus heißem Wasser, die restliche Hippursäure wird mit Äther extrahiert.

Physikalische und chemische Eigenschaften: Kleine Nadeln ohne Krystallwasser, häufig in Rosetten; Schmelzp. 170—172° unter Zersetzung. Löslich etwa 3 : 100 in Wasser von 20°, leicht löslich in CH_3OH, weniger in Alkohol, Geschmack ist sauer. $K = 1,4 \cdot 10^{-3}$. $[\alpha]_D^{20} = -25,2$ (in Wasser, ebenso in $^1/_{10}$n-HCl oder in zur Hälfte mit NaOH neutralisierter Lösung). Bei schwach alkalischer Reaktion mutarotiert die Verbindung. In $^1/_{10}$n-Na_2CO_3-Lösung wird nach 12 Stunden, in $^1/_{10}$n-Na_2CO_3-Lösung nach $^1/_2$ Stunde ein Gleichgewicht von $[\alpha] = +50—54°$ erreicht. Mit $^1/_{10}$n-NaOH wird das Maximum sofort erreicht, fällt nach einigen Minuten schnell, wird fast konstant und fällt dann langsam auf 0°. Bei einem p_H von 10—11 oder weniger keine Hydrolyse, p_H bleibt konstant, nach Erreichung des Maximums auch durch Säure keine Änderung. Mit NaCN tritt zunächst Mutarotation, dann unter Zunahme der Alkalität Bildung eines Cyanhydrins, von $[\alpha]_D^{20} = -4,5—5°$ ohne Abspaltung von Benzoesäure ein, keine Reduktionskraft mehr. — Durch Einwirkung von $Ba(OH)_2$ auf Benzoylglykuronsäure, bis $[\alpha]_D = +44°$, und Neutralisieren mit H_2SO_4 wird ein Sirup erhalten, dessen $K = 1,3 \cdot 10^{-3}$ ist[6].

Derivate: Lacton. Aus den Mutterlaugen der Darstellung der Benzoylglykuronsäure. Schmelzp. 98—102°; gelbliches, körniges Pulver, wahrscheinlich mit 1 Mol Krystallwasser, gibt mit Na_2CO_3-keine CO_2-Entwicklung[6].

Methylester des β-d-Glykuronsäuremonobenzoats. Schmelzp. 178—180° unter teilweiser Zersetzung, löslich in Wasser 1 : 500, $[\alpha]_D^{20} = -25,0°$, mit 1 Tropfen NH_4OH Mutarotation bis $[\alpha]_D^{20} = +35—37°$. Der Ester löst sich in gesättigter methylalkoholischer HCl, die Drehung wird positiv, die Reduktionskraft geht verloren[6].

l-Mentholglykuronsäure (Bd. II, S. 525; Bd. VIII, S. 277).

Steht mit der aus α-l-Menthylglykosid durch Oxydation erhaltenen Verbindung im Verhältnis von α- und β-Glykosid. Es entspricht der β-Form[7].

Bildung: Etwas weniger als 3 g scheint das Maximum zu sein, das ein Kaninchen von 2 kg an Gewicht ausscheiden kann, welche Menge nach Verfütterung von 3,5 g Menthol gewonnen wird. Mentholglykuronsäure erschien im Harn nach 1 Stunde von der Darreichung

---

[1] J. Neuberg: Biochem. Z. **145**, 249 (1924) — Chem. Zbl. **1924 I**, 2717.

[2] Frank A. Csonka: J. of biol. Chem. **60**, 545—581 — Chem. Zbl. **1924 II**, 1949.

[3] G. Bignami: Biochimica e Ter. sper. **11**, 383—393 (1924) — Ber. Physiol. **30**, 418—419 (1925) — Chem. Zbl. **1925 II**, 944.

[4] Armand J. Quick: J. of biol. Chem. **70**, 59 (1926) — Chem. Zbl. **1926 II**, 3064.

[5] Wendell H. Griffith: Proc. Soc. exper. Biol. a. Med. **23**, 750—751 (1926) — Ber. Physiol. **38**, 233 (1927) — Chem. Zbl. **1927 I**, 1702.

[6] A. J. Quick: J. of biol. Chem. **69**, 549 (1926) — Chem. Zbl. **1927 I**, 264.

[7] C. S. Hudson: J. amer. chem. Soc. **47**, 537 (1925) — Chem. Zbl. **1925 I**, 2549.

an, 90% waren nach 2 mg Menthol in 6 Stunden, mehr als 90% auch nach größeren Gaben in 24 Stunden ausgeschieden [1].

Nachweis und Bestimmung: Im Harn [1].

Physikalische und chemische Eigenschaften: Mit verdünnter Schwefelsäure bei Wasserbadwärme behandelt entsteht d-Glykuronsäure mit 50—70% Ausbeute [2].

Derivate: β-Mentholglykuronsäure-Anilinverbindung [3] $C_{38}H_{63}O_{14}N$. Tafeln aus Wasser. Schmelzp. 182°.

α-Mentholglykuronsäure.

Darstellung: Zu 12 g α-Mentholglykosid in 150 ccm Pyridin gibt man eine Lösung von 12 g Br in 240 ccm n-NaOH. Hieraus durch Ansäuern und Extrahieren mit Äther.

Physikalische und chemische Eigenschaften: Die aus Essigester + Petroläther umkrystallisierte Säure hat die Zusammensetzung $2\,C_{16}H_{28}O_7 + H_2O$. Das Krystallwasser läßt sich nur schwierig und unter geringer Zersetzung entfernen. Flache, prismatische Platten, Schmelzp. 130°, sie schmilzt zu einer zähen Flüssigkeit, die 10° höher aufschäumt. Leicht löslich in Alkohol; löslich in Äther und Essigäther; sehr wenig löslich in Petroläther und Wasser. $[\alpha]_D^{18} = +51{,}9°$ in abs. Alkohol. Fehlingsche Lösung wird erst nach Abspaltung des Menthols reduziert [3].

Derivate: Natriumsalz [3] $C_{16}H_{27}O_7Na$. Gibt mit $AgNO_3$ einen flockigen Niederschlag, der sich bald in rosettenförmige Aggregate verwandelt. In der Hitze wird das Salz braun.

Bariumsalz [3]. Nadeln aus Wasser.

Cadmiumsalz [3]. Nadeln aus Wasser.

Bleisalz [3] $(C_{16}H_{27}O_7)_2Pb$. Anfangs gelatinös, in der Hitze Nädelchen bildend.

Polyglykuronsäure [4].

Vorkommen: In Braunalgen, speziell in Fucus serratus. In der Skelettsubstanz der Buche als polymere Anhydrosäure [5].

Darstellung: Aus 125 g lufttrockener Fucus serratus werden nach Maceration mit 0,5 proz. HCl, Bleichen mit 1 proz. ClO_2-Lösung und Reinigung des noch etwas kohlehydrathaltigen Niederschlags mit wasserfreier Ameisensäure (48 Stunden bei 30°) etwa 18 g Polyglykuronsäuren $a + b$ erhalten.

Physikalische und chemische Eigenschaften: b ist eine leicht hydrolysierbare und a eine sehr beständige Form. In der berechneten Menge $^1/_5$n-KOH gelöst, ist $[\alpha]_D$ des Gemisches $= -140{,}4°$. Bei der Hydrolyse des Rohproduktes wird a von b getrennt. Die Hydrolyse erfolgt mit dem etwa gleichen Gewicht 80 proz. H_2SO_4 (48 Stunden), die auf 4—5% H_2SO_4 verdünnte Lösung wird noch 3 Stunden gekocht. Ausbeute an a etwa 40%. $[\alpha]_D$ der Lösung in der berechneten Menge $^1/_5$n-KOH $= -147{,}8°$ [4].

Analogen der Glykuronsäuren [6]: Uronsäuren.

Bei der direkten Oxydation der Zucker mit Salpetersäure gelingt es nicht, die Analogen der Glykuronsäure zu gewinnen, weil in der Mehrzahl der bisher untersuchten Fälle nicht Aldehyd, sondern Ketonsäuren entstehen, höchstwahrscheinlich mit der Ketongruppe in 2-Stellung (α-Ketonsäuren).— Zum „Abfangen" von „Uronsäuren" kommen in Frage: p-Nitrophenylhydrazin, p-Bromphenylhydrazin, Benzhydrazid, o-Tolylhydrazin und Hydrazinhydrat [7].

[1] Armand J. Quick: J. of biol. Chem. **61**, 679—683 (1924) — Chem. Zbl. **1925 I**, 253.

[2] F. Ehrlich u. K. Rehorst: Ber. dtsch. chem. Ges. **58**, 1989 (1925) — Chem. Zbl. **1926 I**, 54.

[3] M. Bergmann u. W. W. Wolff: Ber. dtsch. chem. Ges. **56**, 1060 (1923) — Chem. Zbl. **1923 III**, 25.

[4] E. Schmidt u. F. Vocke: Ber. dtsch. chem. Ges. **59**, 1585 (1926) — Chem. Zbl. **1926 II**, 744.

[5] E. Schmidt: Naturwiss. **14**, 1282 (1926) — Chem. Zbl. **1927 I**, 1173.

[6] H. Kiliani: Ber. dtsch. chem. Ges. **55**, 75 (1922) — Chem. Zbl. **1922 I**, 947.

[7] H. Kiliani: Ber. dtsch. chem. Ges. **58**. 2344 (1925) — Chem. Zbl. **1926 I**. 1137.

d-Mannuronsäure.

Mol-Gewicht: 194,11.
Zusammensetzung: $C_6H_{10}O_7$.

$$\begin{array}{c} CH(OH) \\ HO-C-H \\ HO-C-H \\ H-C-OH \\ H-C \\ COOH \end{array} \quad O$$

Bildung: Vermutlich bei der Hydrolyse der Alginsäure aus Macrocystis pyrifera[1].

l-Mannuronsäure.

Mol-Gewicht: 194,11.
Zusammensetzung: $C_6H_{10}O_7$.

$$\begin{array}{c} CH(OH) \\ H-C-OH \\ H-C-OH \\ HO-C-H \\ C-H \\ COOH \end{array} \quad O$$

Derivate: l-Mannuronsäure Semicarbazon $C_7H_{11}O_6N_3 + 2H_2O$. Das Lacton der l-Mannonsäure wird mit HNO_3 oxydiert und dann das Semicarbazon mit Semicarbazidhydrochlorid dargestellt. Nadeln oder Säulchen. Schmelzp. 189° (unter Zersetzung). Sehr wenig löslich in kaltem Wasser und Alkohol. Das Krystallwasser entweicht im Vakuum über H_2SO_4 nicht[2].

d-Galakturonsäure (Bd. X, S. 719).

Bildung: Der Gehalt an Galakturonsäureanhydrid schwankte bei 5 verschiedenen Pektinproben, welche untersucht wurden zwischen 39,66 und 61,26%[3]. Bei der Hydrolyse der Zellmembranen[4]. — Bei der Hydrolyse der Polygalakturonsäuren[5]; der Saponine aus Aralia montana Bl.[6] der Pektinsubstanz aus Rübenschnitzel[7]; des Ca-Mg-Salzes der Pektinsäure des Flachses zu 40%[8]. Aus der Diacetonverbindung mit n-Schwefelsäure[9].

Nachweis und Bestimmung: Sie beruht auf der Eigenschaft der Galakturonsäure, beim Kochen mit Salzsäure in Furfurol und Kohlensäure zu zerfallen, indem eine Modifikation der Lefèvre-Tollensschen Methode zur Ermittlung der gebildeten Kohlensäure angewandt wird[3].

Physiologische Eigenschaften: Nach Zuführung an Kaninchen und Hunden werden auch bei kleinen Gaben (0,06 g pro kg) etwa 50% unverändert ausgeschieden[10].

[1] William L. Nelson u. Leonhard H. Cretcher: J. amer. chem. Soc. **51**, 1914 (1929) — Chem. Zbl. **1929 II**, 758.

[2] H. Kiliani: Ber. dtsch. chem. Ges. **56**, 2016 (1923) — Chem. Zbl. **1923 III**, 1398 — Ber. dtsch. chem. Ges. **55**, 2817 (1922) — Chem. Zbl. **1922 III**, 1332.

[3] W. H. Dore: J. amer. chem. Soc. **48**, 232 (1926) — Chem. Zbl. **1926 I**, 2610.

[4] Erich Schmidt, Walther Haag u. Ludwig Sperling: Ber. dtsch. chem. Ges. **58**, 1394 (1925) — Chem. Zbl. **1925 II**, 1765.

[5] Felix Ehrlich: Z. dtsch. Zuckerind. **49**, 1046 (1924) — Chem. Zbl. **1924 II**, 2797.

[6] A. W. van der Haar: Ber. dtsch. chem. Ges. **55**, 3041 (1922) — Chem. Zbl. **1923 I**, 95.

[7] K. Smolenski, Eug. Smolenska, A. Komornicka u. W. Stypiński: Roczn. chemji (poln.) **3**, 86 (1924) — Chem. Zbl. **1924 II**, 316.

[8] F. Ehrlich u. F. Schubert: Biochem. Z. **169**, 13 (1926) — Chem. Zbl. **1926 I**, 3340.

[9] H. Ohle u. G. Berend: Ber. dtsch. chem. Ges. **58**, 2585 (1925) — Chem. Zbl. **1926 I**, 2187.

[10] R. Hürthle: Biochem. Z. **181**, 105 (1927) — Chem. Zbl. **1927 I**, 2665.

Physikalische und chemische Eigenschaften: Schmelzp. 159°, rechtsdrehend, Mutarotation in positivem Sinne; Anfangsdrehung $[\alpha]_D = +33,5°$, Enddrehung $+53,4°$ [1]. — Nach mehrmaligem Umkrystallisieren aus 70—80proz. Alkohol wurde das Hydrat der d-Galakturonsäure $C_6H_{10}O_7H_2O$ erhalten. Schmelzp. 110—112° und 158—159° für das Anhydrid. $[\alpha]_D = +49,9°$, Mutarotation [2]. $[\alpha]_D^{20} = +46,7°$, bestimmt durch Auflösen in der berechneten Menge HCl. Keine Mutarotation [3].

Derivate: Bariumsalz [3] $C_{12}H_{18}O_{14}Ba + 2H_2O$. Krystallinisches Pulver, hygroskopisch. Zersetzt sich bei etwa 180°. $[\alpha]_D^{20} = +25,1°$ in Wasser.

Brucinsalz [3] $C_{29}H_{36}O_{11}N_2 + H_2O$. Aus Wasser und Aceton. Schmelzp. 189° (unter Zersetzung). $[\alpha]_D^{20} = -7,5°$ in Wasser.

Phenylhydrazinsalz des Phenylhydrazons [3] (wahrscheinlich). Die Lösung der Säure wird so lange tropfenweise mit Phenylhydrazin versetzt, als sich die Base noch auflöst. Nach kurzer Zeit ist der Boden des Gefäßes mit einer Krystallkruste bedeckt, das beim Umlösen aus siedendem Wasser nicht mehr erhalten werden kann.

Phenylhydrazinsalz des Phenylosazons der d-Galakturonsäure [3] $C_{24}H_{28}O_5N_6$. Aus der Lösung der d-Galakturonsäure, beim Erwärmen mit Phenylhydrazin und verdünnter Essigsäure auf dem Wasserbade. Schmutziggelbe Flocken. Braune Kryställchen aus Alkohol, Schmelzp. 140° unter Zersetzung [3].

Diaceton-d-galakturonsäure [3] $C_{12}H_{18}O_7$. Aus dem K-Salz mit berechneter Menge n-H_2SO_4. Glasklare Krystalle aus abs. Äther. Schmelzp. 157°.

Kaliumsalz der Diaceton-d-galakturonsäure $C_{12}H_{17}O_7K + \frac{1}{2}H_2O$. Aus 45 g Diacetongalaktose 14 l Wasser, 2 Mol KOH und 58 g Permanganat (3 Atom aktiv O). Nach 24 Stunden ist die Oxydation beendet. Es wird filtriert, mit CO_2 neutralisiert, im Vakuum eingedampft und der Rückstand mit Äther extrahiert, dann mit Alkohol herausgelöst. Auf Zusatz von Äther scheidet sich in feinen, langen Nadeln aus. Enthält $\frac{1}{2}$ Mol Krystallwasser. Zersetzt sich oberhalb 200°. Sehr hygroskopisch. $[\alpha]_D^{20} = -61,09°$ in Wasser [3].

d-Galakturonsäurehydrat [4] $C_6H_{10}O_7 \cdot H_2O$.

$$CH(OH)_2\text{—}(CHOH)_4\text{—}COOH$$

Das Wasser ist im Molekül gebunden. Das gereinigte Pektin der Rübenmelasse wurde mit NaOH hydrolysiert. In angesäuerter Lösung fällt durch Alkohol eine Substanz aus, die man als rohe Pektinsäure bezeichnet. Diese wurde mit $\frac{1}{10}$n-H_2SO_4 3 Stunden bei 130—135° hydrolysiert. Nach Entfernung der H_2SO_4 und Konzentrierung wurde die Lösung mit Alkohol versetzt und die gebildete Säure durch $Ba(OH)_2$ gefällt. Mikroskopische Nadeln, Schmelzpunkt 118—120°, $[\alpha]_D = +54°$ [4].

l-Galakturonsäure.

Mol-Gewicht: 194,11.

Zusammensetzung: $C_6H_{10}O_7$.

$$\begin{array}{c}
\text{———CH(OH)} \\
| \quad \text{HO—C—H} \\
\text{O} \quad \text{H—C—OH} \\
| \quad \text{H—C—OH} \\
\text{———C—H} \\
| \\
\text{COOH}
\end{array}$$

Derivate: l-Galakturonsäuresemicarbazon $C_7H_{11}O_6N_3 \cdot H_2O$. d-Galaktonsäure liefert bei der Oxydation mit 45proz. HNO_3 (auf 1 g Säure je 1,5 ccm HNO_3) bei 16—20° neben Schleimsäure, die sich im Verlaufe des Oxydationsprozesses ausscheidet, l-Galakturonsäure. Die Oxydation wird nach 45—48 Stunden vollendet, die Schleimsäure abgesaugt und dem

[1] Felix Ehrlich: Z. dtsch. Zuckerind. **49**, 1046 (1924) — Chem. Zbl. **1924 II**, 2797.

[2] Kazimierz Smoleński u. Wanda Włostowska: Roczn. chemji (poln.) **7**, 591 (1927) — Chem. Zbl. **1928 II**, 440.

[3] H. Ohle u. G. Berend: Ber. dtsch. chem. Ges. **58**, 2585 (1925) — Chem. Zbl. **1926 I**, 2187.

[4] K. Smoleński u. W. Włostowska: Roczn. chemji (poln.) **6**, 743 (1926) — Chem. Zbl. **1927 I**, 2980.

Filtrat Na-Acetat und Semicarbazidhydrochlorid zugegeben. Das Semicarbazon krystallisiert aus in Krusten von mikroskopischen Prismen oder Pyramiden neben scharf zugespitzten Krystallen. Die Ausscheidung dauert etwa 14 Tage. Fast unlöslich in Alkohol; sehr wenig löslich in kalten, leicht in etwa 10 Teilen siedendem Wasser; ist neutral, also Lactonverbindung enthaltend. Schmelzp. (vakuumtrocken) 196° (unter Zersetzung)[1].

1-Galakturonsäurelacton-semicarbazon[2]. Erwies sich auf Grund seiner Aufspaltung zu d-Galaktonsäure sowie seiner Synthese aus dieser Säure als d-Galaktonsäuresemicarbazid.

Polygalakturonsäure.

Darstellung: Zur Darstellung erwärmt man 100 g Hydropektin in 500 ccm 2proz. Salzsäure, wobei innerhalb 8—10 Stunden ein dicker, flüssiger, brauner Niederschlag ausfällt, den man nach dem Stehen über Nacht abfiltriert und mit kaltem Wasser gut auswäscht. Durch Behandeln mit siedendem Alkohol entfernt man Farbstoffe und Saponinkörper; die hellbraune, lufttrockne Masse kocht man erschöpfend mit viel Wasser aus, filtriert nach Zusatz von Kieselgur und fällt das schwach gefärbte Filtrat mit viel Salzsäure. Der farblose Niederschlag wird abfiltriert, mit Wasser und dann mit Alkohol und Äther gut ausgewaschen und an der Luft und bei 110° getrocknet. — Ausbeute 15% des Hydropektins[3].

Physikalische und chemische Eigenschaften: Schneeweißes, lockeres, aschefreies Pulver. Gibt beim Erhitzen mit 1proz. Schwefelsäure: 5 g in 200 ccm $^1/_2$ Stunde bei 4 Atm. über das Bariumsalz reine krystallisierte d-Galakturonsäure[3]. — Die Polygalakturonsäure ist nach neueren Untersuchungen von Ehrlich[4] eine Digalakturonsäure, entstanden durch Zusammenschluß von 2 Molekülen d-Galakturonsäure unter Austritt von 2 Mol Wasser, wobei die Aldehydgruppen mit Hydroxyl-Gruppen wechselseitig in Bindung getreten sind, beide Carboxylgruppen aber frei auftreten, als $C_{10}H_{14}O_8(COOH)_2$. — Neben der bisher beschriebenen Säure, die als Digalakturonsäure A bezeichnet wird, entsteht bei der Behandlung von Hydropektin mit Salzsäure, wegen größerer Löslichkeit in Wasser und Salzsäure in den Mutterlaugen verbleibend, die isomere Digalakturonsäure B vom $[\alpha]_D = +240°$, mit sonst sehr ähnlichen Eigenschaften, bei der Säurehydrolyse gleichfalls krystallisierte d-Galakturonsäure liefernd. Die früher in der Pektinsäure vermutete Galaktosegalakturonsäure $C_{12}H_{20}O_{12}$ scheint nicht zu bestehen, es handelt sich offenbar um zufällige Gemische aus Digalakturonsäure B und Galaktanresten.

Digalakturonsäure.

Die Digalakturonsäure ist wahrscheinlich eine Verbindung, die durch Austritt von 1 Mol Wasser aus 2 Molekülen d-Galakturonsäure entsteht[5]. Die durch Hydrolyse mit HCl nach Ehrlich und Sommerfeld[4] erhaltene Digalakturonsäure ist mit der nach dem Verfahren von Wichmann und Csernoff[6] durch alkalische Hydrolyse von Pektin gewonnenen Pektinsäure identisch[7].

Darstellung: 100 g Citruspektin werden in Wasser gelöst und 15 Minuten bei Zimmertemperatur mit verdünnter NaOH hydrolysiert. Dann wurde nach Wichmann und Csernoff mit HCl angesäuert und 5 Minuten gekocht. Der unlösliche Niederschlag wurde abfiltriert, in verdünnter NaOH gelöst und das Verfahren wiederholt. Schließlich wurde die Säure HCl-frei gewaschen, mit Alkohol und Äther behandelt und im Vakuumexsiccator getrocknet[7].

Physikalische und chemische Eigenschaften: 1 g der Säure $C_{10}H_{14}O_8 \cdot (COOH)_2 + H_2O$ erfordert 52,9 ccm 0,1n-NaOH zur Neutralisation, während Ehrlich angibt, daß seine Digalakturonsäure 54,0 ccm verbraucht. Wird 1 g der Säure mit NaOH neutralisiert und auf 100 ccm aufgefüllt, so ergibt sich $[\alpha]_D = +289,5°$; Ehrlich fand $+272—285°$. Bei der Hydrolyse der Digalakturonsäure mit verdünnter H_2SO_4 oder Oxalsäure bei 2—3 at Druck (130

[1] H. Kiliani: Ber. dtsch. chem. Ges. **56**, 2016 (1923) — Chem. Zbl. **1923 III**, 1398.

[2] H. Kiliani: Ber. dtsch. chem. Ges. **58**, 2344 (1925) — Chem. Zbl. **1926 I**, 1137.

[3] Felix Ehrlich: Z. dtsch. Zuckerind. **49**, 1046 (1924) — Chem. Zbl. **1924 II**, 2797.

[4] Felix Ehrlich u. Robert v. Sommerfeld: Biochem. Z. **168**, 263 (1926) — Chem. Zbl. **1926 I**, 2367.

[5] R. B. MacKinnis: J. amer. chem. Soc. **50**, 1911 — Chem. Zbl. **1928 II**, 871.

[6] Wichmann u. Csernoff: J. Assoc. official agricult. Chemists **8**, 129 (1924).

[7] E. K. Nelson: J. amer. chem. Soc. **48**, 2412 (1926) — Chem. Zbl. **1926 II**, 2416.

bis 140°) erhielt Ehrlich[1] Galakturonsäure. Unter den gleichen Bedingungen gibt die Pektinsäure von Wichmann und Csernoff eine Säure, die sich aber leicht zu einem schwarzen teer- oder huminartigen Material oxydiert oder polymerisiert. Sie gibt die Naphthoresorcinreaktion und reduziert Fehlingsche Lösung in der Kälte. Die Säure liefert ein Ba-Salz, das in wässeriger Lösung mit der berechneten Menge Cinchoninsulfat das Cinchoninsalz ergibt[2].

Die Digalakturonsäure aus Flachs $C_{12}H_{16}O_{12}$[3]: Dimolekulares Anhydrid der d-Galakturonsäure. Identisch mit der Digalakturonsäure b aus Rübensaft[3].

Aldehydsäuren der C_7-Reihe.
d-Mannohepturonsäure[4].

Bildung: Aus d-Mannoheptonsäure durch Oxydation mit Salpetersäure neben Pentaoxypimelinsäure.

Aldehydgalaktonsäure bzw. l-Mannohepturonsäure[5].

Bildung: Das Lacton $C_7H_{10}O_7$ entsteht bei der Oxydation des α-Galaheptonsäurelactons mit Salpetersäure.

Physikalische und chemische Eigenschaften: Reduziert sehr stark Fehlingsche Lösung, verfärbt sich bei etwa 190°, erweicht bei 205—206° unter Blasenbildung. In Wasser bei Zimmertemperatur löslich etwa zu 1:15; $[\alpha]_D = -195,8°$. — Die Prüfung des Verhaltens der l-Mannohepturonsäure zu Jod und Natronlauge nach Willstätter und Schudel ergab, daß die Säure sich hierbei genau wie eine Aldose verhält; die Reaktion wird jedoch erst nach Ablauf einer Stunde vollständig[6].

Derivate: Phenylhydrazonphenylhydrazid[6] $C_{19}H_{24}O_6N_4$. Aus 1 Teil Lacton der Mannohepturonsäure gelöst in 10 Teilen heißem Wasser, nach völligem Erkalten versetzt mit 4 Mol Phenylhydrazin + gleichem Volum 50proz. Essigsäure. Der Niederschlag wird nach Absaugen und Waschen mit Alkohol und mit Äther in einem Gemisch von 2 Teilen Pyridin + 1 Teil Methylalkohol heiß gelöst, und die Lösung vorsichtig mit Wasser gesättigt. Schmelzp. 199°.

Phenylosazonphenylhydrazid[6] $C_{25}H_{28}O_5N_6$. — Durch Erhitzen einer Lösung von 1 Teil Aldehydlacton in 50 Teilen Wasser mit 4 Mol Phenylhydrazin und gleichem Volum 50proz. Essigsäure 4 Stunden am Rückfluß in siedendem Wasser, Waschen des abgesaugten Produktes mit Wasser und wenig Alkohol und Äther, Umkrystalliseren aus warmem Pyridin und Sättigen mit Wasser. Gelbe Nadeln, Schmelzp. 203—204°. Fast unlöslich in Wasser und Alkohol.

p-Nitrophenylhydrazon $C_{13}H_{25}O_8N_3$. — Aus 1 Teil Mannohepturonsäurelacton in 5 Teilen heißem Wasser gelöst, und 1 Mol salzsaurem p-Nitrophenylhydrazin. Intensiv gelbe, lange Nadeln, Schmelzp. 167° unter Zersetzung, leicht löslich in heißem Wasser, daraus in Gallertform sich abscheidend.

Semicarbazon[6] $C_8H_{18}O_7N_3$. Aus 1 Teil Lacton, in 5 Teilen Wasser heiß gelöst, und nach dem Erkalten berechneter Menge Semicarbazid und äquivalenter Menge Natriumacetat in 5 ccm Wasser; fast unlöslich in Alkohol, zuletzt im Vakuum; Schmelzp. 174—175° unter Zersetzung; wenig löslich in kaltem, leicht löslich in heißem Wasser, fast unlöslich in Alkohol.

l-Mannohepturonlacton[7]. Liefert mit p-Bromphenylhydrazin in vesdünnter kalter Essigsäure farblose, derbe Warzen, die sehr wenig löslich sind in Wasser, Methylalkohol und Alkohol. Aus 50proz. Alkohol glänzende Säulen vom Schmelzp. 145°, unter Aufschäumen. Ist wahrscheinlich ein Hydrazon. Benzhydrazid gibt mit l-Mannohepturonlacton kein wenig lösliches Produkt. o-Tolylhydrazin gibt Warzen spießiger, gelber Blätter; wenig löslich in Wasser, umkrystallisierbar aus 50proz. Alkohol, aber mit großem Verlust. Die Krystalle sind ursprünglich gelb, färben sich aber schnell dunkel. Hydrazinhydrat liefert mit l-Mannohepturonlacton einen Krystallbrei, der sich in 6 Stunden wieder löst. Nach mäßiger frei-

---

[1] F. Ehrlich: Chem.-Ztg **41**, 198 (1917) — Chem. Zbl. **1917 I**, 854.
[2] E. K. Nelson: J. amer. chem. Soc. **48**, 2412 (1926) — Chem. Zbl. **1926 II**, 2416.
[3] F. Ehrlich u. F. Schubert: Biochem. Z. **169**, 13 (1926) — Chem. Zbl. **1926 I**, 3340.
[4] H. Kiliani: Ber. dtsch. chem. Ges. **63**, 369 (1930) — Chem. Zbl. **1930 I**, 1766.
[5] H. Kiliani: Ber. dtsch. chem. Ges. **55**, 75 (1922) — Chem. Zbl. **1922 I**, 946.
[6] H. Kiliani u. Aug. Wingler: Ber. dtsch. chem. Ges. **55**, 493 (1922) — Chem. Zbl. **1922 I**, 948.
[7] H. Kiliani: Ber. dtsch. chem. Ges. **58**, 2344 (1925) — Chem. Zbl. **1926 I**, 1137.

williger Verdunstung entsteht eine schwächere Ausscheidung von strukturlosen Kügelchen, später völliges Erstarren. Das Produkt ist nachher in Wasser schwer löslich [1].

Arabinogalakturonsäure [2].

Kommt in dem weißen Bestandteil der Orangeschalen vor und wird daraus von heißer 1 proz. Natronlauge extrahiert. Zerfällt bei der Hydrolyse in l-Arabinose und Galakturonsäure.

Aldehydsäuren der Biosereihe.

Aldobionsäure, erhalten bei der Hydrolyse von Acacia oder arabischen Gummis [3, 4]. Glykuronogalaktose [4].

$$C_{12}H_{20}O_{12} \cdot 2\,H_2O$$

```
                                                      (α) CH(OH)
                                                           |
                                                      H—C—OH
                                                           |
  CH————————————O————————————C—H        O [5]
      |                                                    |
  H—C—OH                                             HO—C—H
      |                                                    |
 HO—C—H          O                                  H—C
      |                                                    |
  H—C—OH                                             CH₂—OH
      |
  H—C
      |
  COOH
```

Darstellung: Gummiarabicum aus Acacia Senegal wird nach O'Sullivan [6] mit verdünnter Schwefelsäure hydrolysiert, wobei eine Substanz gewonnen wird, die mit seiner λ-Arabinsäure identisch ist [4].

Physikalische und chemische Eigenschaften: Isoliert durch das Cinchoninsalz aus Wasser mit Aceton Nädelchen, Schmelzp. 116°, Aufschäumen bei 128°. $[\alpha]_D = +10,50° \to -7,75°$ in Wasser für die wasserhaltige Säure, $= +11,6° \to -8,56°$ für die wasserfreie Säure, für das Natriumsalz $[\alpha]_D = -7,85°$. Auf Zusatz von Säure bleibt die Drehung konstant. Mit Salpetersäure entsteht Schleimsäure und Zuckersäure. Bei der Einwirkung von Phenylhydrazin auf die Aldobionsäure in 50 proz. Essigsäure bei 100° färbt sich die Lösung tiefbraunrot, ohne Abscheidung eines Osazons. Mit Alkohol fällt daraus ein amorphes gelbes Produkt, das aus Methylalkohol mit Äther umgefällt wird. Es liegt scheinbar ein Gemisch des Osazons und seines Phenylhydrazinsalzes vor. Siehe noch Glykuronogalakturonsäure und die Methyllactolide der Glykuronogalaktose.

Derivate: Calciumsalz gibt starke Naphthoresorcinreaktion und reduziert stark Fehlingsche Lösung. Beim Kochen mit 12 proz. Salzsäure wird die berechnete Menge Kohlensäure frei, ebenso stimmt die Glykosezahl berechnet, aus dem bei der Oxydation verbrauchten Jod, wie auch der Prozentsatz an Calcium auf eine Substanz der obigen Formel mit einer Aldehyd- und einer Carboxylgruppe.

---

[1] H. Kiliani: Ber. dtsch. chem. Ges. **58**, 2344 (1925) — Chem. Zbl. **1926 I**, 1137.

[2] John R. Bowman u. Rowald B. McKinnis: J. amer. chem. Soc. **52**, 1209 (1930) — Chem. Zbl. **1930 I**, 3799.

[3] O'Sullivan: J. chem. Soc. Lond. **45**, 41 (1884); **59**, 1029 (1891); **79**, 1164 (1901).

[4] Walter F. Goebel: J. of biol. Chem. **73**, 809 (1927) — Chem. Zbl. **1927 II**, 1144. — C. L. Butler u. Leonhard Cretcher: J. amer. chem. Soc. **51**, 1519 (1929) — Chem. Zbl. **1929 II**, 298.

[5] Michael Heidelberger u. Forrest E. Kendall: J. of biol. Chem. **84**, 639 (1929) — Chem. Zbl. **1930 I**, 2543.

[6] Leonhard H. Cretscher u. C. L. Butler: Science (N. Y) **68**, 116 (1928) — Chem. Zbl. **1928 II**, 2566.

Cinchonidinsalz $C_{12}H_{20}O_{12} \cdot C_{19}H_{22}ON_2 \cdot 2\,H_2O$. Aus Wasser Nadelrosetten, Schmelzpunkt 172° unter Zersetzung.

Glykuronogalaktonsäure[1].

$$C_{12}H_{20}O_{13}$$

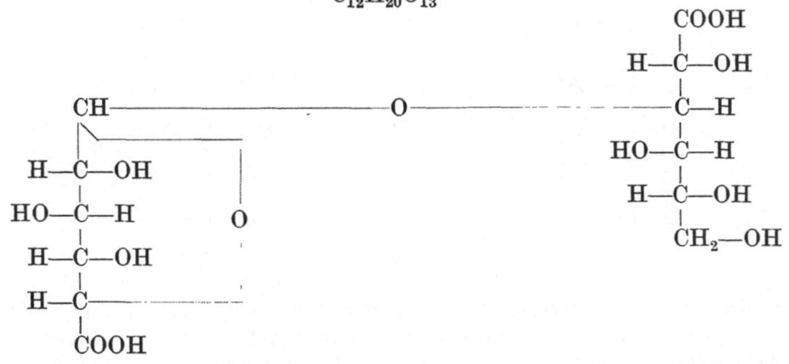

```
                                                        COOH
                                                         |
                                                     H—C—OH
                                                         |
   CH————————————————O————————————————C—H
    |                                                    |
    |                                                HO—C—H
   H—C—OH              |                                 |
    |                                              H—C—OH
   HO—C—H             O                                  |
    |                                                  CH₂—OH
   H—C—OH
    |
   H—C————————————
    |
   COOH
```

Bildung: Aus Glykuronogalaktose bei der Oxydation mit Bariumhypojodit nach Goebel.

Derivate: Calciumsalz $C_{12}H_{18}O_{13}Ca \cdot 6\,H_2O$. Mikroskopische Nadeln aus Wasser, $[\alpha]_D = -22{,}83°$ in Wasser. Zeigt in saurer Lösung Mutarotation, die nach 48 Stunden beendet ist, unter Bildung des Lactons.

Aldobionsäure 1, gewonnen bei der Hydrolyse des Polysaccharids des Friedländer-Bacillus Typ A[2].

Darstellung: Wird nach der Hydrolyse mit normaler Schwefelsäure aus dem Polysaccharid als Calciumsalz durch Fällung der wässerigen Lösung des Reaktionsgemisches mit Methylalkohol von den beiden anderen Komponenten abgetrennt.

Physikalische und chemische Eigenschaften: Zerfällt bei der Hydrolyse in Glykose und Glykuronsäure. Letztere wurde durch Spaltung der Aldobionsäure mit Bromwasserstoff und Brom durch die Bildung von saurem zuckersaurem Kalium nachgewiesen. Bei der Oxydation mit Bariumhypojodid liefert die Aldobionsäure eine Glykuronglykonsäure, die noch den unveränderten Komplex der Glykuronsäure enthält. Sie bildet daher Furfurol und gibt eine starke Naphthoresorcinreaktion. Die Aldobionsäure ist daher aufzufassen als ein Glykuronsäureglykosid, in dem eine der alkoholischen Hydroxylgruppen der Glykose durch Glykuronsäure substituiert ist. Sie ist also analog gebaut wie diejenige Aldobionsäure, die aus dem spezifischen Kohlehydrat vom Pneumococcus Typ IV gewonnen worden ist, erwies sich jedoch nicht identisch mit ihr. Das Reduktionsvermögen der Aldobionsäure beträgt 50% desjenigen der Glykose, gemessen nach den Methoden von Schaffer-Hartmann und Willstätter-Schudel. $[\alpha]_D$ der freien Säure $= -54°$.

Aldobionsäure 2, gewonnen bei der Hydrolyse des Polysaccharids des Friedländer-Bacillus Typ A[2].

Darstellung: Das Lacton der 2. Aldobionsäure wurde nach Vergärung der Glykose abgetrennt und als basisches Bleisalz isoliert.

Physikalische und chemische Eigenschaften: Die aus dem Bleisalz regenerierte Säure zeigt $[\alpha]_D = -58{,}8°$ und ein Reduktionsvermögen von 40%, bezogen auf Glykose. Sie ist verschieden von der Aldobionsäure[2], denn sie gibt keine Naphthoresorcinreaktion.

---

[1] Michael Heidelberger u. Forrest E. Kendall: J. of biol. Chem. **84**, 639 (1929) — Chem. Zbl. **1930 I**, 2543. — C. L. Butler u. Leonard H. Cretcher: J. amer. chem. Soc. **51**, 1519 (1929) — Chem. Zbl. **1929 II**, 298.

[2] Walther F. Goebel: J. of biol. Chem. **74**, 619 (1927) — Chem. Zbl. **1928 II**, 675.

Aldobionsäure, gewonnen bei der Hydrolyse des Polysaccharids aus Pneumococcus Typ III[1].

Mol-Gewicht: 356,22.

Zusammensetzung: $C_{12}H_{20}O_{12}$.

Darstellung: 30 g des lufttrockenen Polysaccharids werden in 120 ccm 75 proz. Schwefelsäure bei 0° gelöst und über Nacht aufbewahrt, dann mit 3 l Wasser verdünnt und 5 Stunden gekocht. Die Isolierung erfolgt als Calciumsalz, die Reinigung durch fraktionierte Fällung der wässerigen Lösung mit Alkohol.

Physikalische und chemische Eigenschaften: Die Aldobionsäure zerfällt bei der Hydrolyse in Glykose und Glykuronsäure. Man erhält bei der Oxydation der Aldobionsäure mit Bariumhypojodit eine Dicarbonsäure, die bei der Hydrolyse noch eine reduzierende Substanz liefert. Die Dicarbonsäure gibt noch die Naphthoresorcinreaktion und die gleiche Ausbeute an Furfurol wie die Aldobionsäure. Daraus geht hervor, daß bei der Oxydation derselben die Aldehydgruppe der Glykosekomponente angegriffen worden ist. Nimmt man die Hydrolyse der Aldobionsäure mit Bromwasserstoff in Gegenwart von Brom vor, so läßt sich saures zuckersaures Kalium isolieren, woraus hervorgeht, daß die zweite Komponente der Aldobionsäure Glykuronsäure sein muß, denn Glykose geht unter denselben Bedingungen nicht in Zuckersäure über.

Derivate: **Calciumsalz der Dicarbonsäure Glykuronglykonsäure** $C_{10}H_{18}O_9(COO)_2Ca$. Viel weniger löslich als das Calciumsalz der Aldobionsäure. $[\alpha]_D = -7,5°$. — Die freie Säure bläut Kongopapier.

Tricarbonsäuren.

$\alpha, \beta, \gamma, \delta$-Tetraoxybutan-$\alpha, \alpha, \delta$-tricarbonsäure[2].

Mol-Gewicht: 254,11.

Zusammensetzung: $C_7H_{10}O_{10}$.

Darstellung: Durch Oxydation des Lävulosecarbonsäurelactons.

Physikalische und chemische Eigenschaften: Krystallisiert aus ihrem Sirup in großen Tafeln oder Säulen und scheint optisch inaktiv zu sein.

Derivate: Calciumsalz $(C_7H_7O_{10})_2Ca_3 + 6 H_2O$. — Anfänglich amorpher Niederschlag der sich allmählich in derbe, zu Krusten vereinigte Krystallkörner verwandelt.

Kupfersalz $(C_7H_7O_{10})_2Cu_3 + 2 H_2O$. Derbe Körnchen bzw. mikroskopische Täfelchen.

Dikaliumsalz $C_7H_8O_{10}K_2 + 4 H_2O$. Gibt bei 100° 2 Mol H_2O ab.

---

[1] Michael Heidelberger u. Walther F. Goebel: J. of biol. Chem. **74**, 613 (1927) — Chem. Zbl. **1928 II**, 676.

[2] H. Kiliani: Ber. dtsch. chem. Ges. **61**, 1155 (1928) — Chem. Zbl. **1928 I**, 2933.

Tricarbonsäure aus 1-Mannozuckersäurelacton[1].

Mol-Gewicht: 254,11.
Zusammensetzung: $C_7H_{10}O_{10}$.

COOH   COOH
H—C—OH   H—C—OH
H—C—OH   oder   H—C—OH
HOOC—C—OH   HO—C—COOH
HO—C—H   HO—C—H
COOH   COOH

Bildung: Aus 1-Mannozuckersäurelacton Cyankalium und Verseifung des Nitrils. Die Säure wird als Calciumsalz abgeschieden.

Physikalische und chemische Eigenschaften: Durch Zerlegen des Kupfersalzes sehr hygroskopische Krystalle[2]. $[\alpha]_D = -22,8°$.

Derivate: Kupfersalz $(C_7H_7O_{10})_2Cu_3$, $Cu(OH)_2 + 18\,H_2O$. Zunächst strukturlose Körnchen, die sich in Berührung mit der Mutterlauge allmählich in mikroskopische hellblaue Säulchen verwandeln.

Calcium und Zinksalz[2]. Enthalten auf 1 Mol Säure nur 1 Atom Metall. Aus dem Kupfersalz läßt sich durch Zerlegung mit Schwefelwasserstoff die freie Säure in Krystallen erhalten.

Schwefelhaltige Säuren der Zuckerreihe.
Sulfoxydierte Monocarbonsäure des Thiozuckers[3].

Zusammensetzung: $C_6H_{12}O_6S$.
Konstitution:

COOH
CHOH
CHOH
CHOH
$CH_2 \cdot SO \cdot CH_3$

Darstellung: Durch milde Oxydation des entsprechenden Thiozuckers mit HNO_3 (D. = 1,15) ohne Zusatz von Vanadin.

Physikalische und chemische Eigenschaften: Tafeln aus Eisessig, Schmelzp. 183—184°, löslich in warmem Wasser und Eisessig, wenig löslich in heißem Alkohol und kaltem Eisessig, unlöslich in kaltem Alkohol, Äther, Benzol und Aceton. Reduziert nicht, absorbiert kein Brom. Liegt nicht als Lacton vor.

Derivate: Phenylosazon $C_{18}H_{22}O_3N_4S$

$CH : N \cdot NH \cdot C_6H_5$
$C : N \cdot NH \cdot C_6H_5$
CHOH
CHOH
$CH_2 \cdot SO \cdot CH_3$

Hellgelbe Nadeln aus heißem Alkohol, Schmelzp. 223—224°. Mit Zn + HCl erhitzt, schwacher Mercaptangeruch. Sehr leicht löslich in Pyridin, ziemlich leicht in heißem Alkohol, wenig in Äther, unlöslich in Wasser, Aceton, Chloroform und Benzol.

---

[1] H. Kiliani: Ber. dtsch. chem. Ges. **61**, 1155 (1928) — Chem. Zbl. **1928 I**, 2932.
[2] H. Kiliani: Ber. dtsch. chem. Ges. **63**, 369 (1930) — Chem. Zbl. **1930 I**, 1766.
[3] U. S. Suzuki u. T. Mori: Biochem. Z. **162**, 413 (1925) — Chem. Zbl. **1926 I**, 704.

Methylierte bzw. alkylierte Säuren der Zuckergruppe.

Die Epimerisation von α-Oxysäuren durch Erhitzen mit Chinolin oder anderen tertiären Basen ist auch bei methylierten Oxysäuren durchführbar, wenn man verdünnten wässerigen Pyridin anwendet. 2 Gewichtsteile Lacton werden mit 15 Teilen verdünntem wässerigen Pyridin (1:15) 100—120 Stunden im Wasserbade gekocht, das Pyridin wird im Vakuum abdestilliert[1].

Einbasische Säuren.

Säuren der C_4-Reihe.

Monomethyl-d-Erythronsäure.

Bildung: Bei der Oxydation von 2, 3, 4, 6-Tetramethylglykose mit H_2O_2 in Gegenwart von KOH [2].

Dimethyl-d-Erythronsäure.

Bildung[2]**:** Bei der Oxydation von 2, 3, 4, 6-Tetramethylglykose mit H_2O_2 in Gegenwart von KOH.

2, 3-Dimethoxy-4-oxybuttersäure[3].

Mol-Gewicht: 164,13.
Zusammensetzung: $C_6H_{12}O_5$.

COOH	┌────CO
H—C—O—CH$_3$	│ H—C—OCH$_3$
H—C—O—CH$_3$	O H—C—OCH$_3$
CH$_2$—OH	└────CH$_2$
	(Lacton)

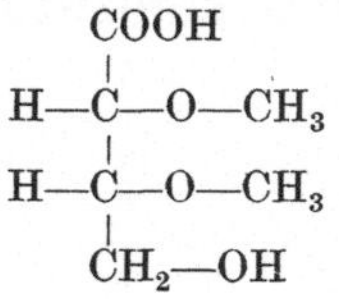

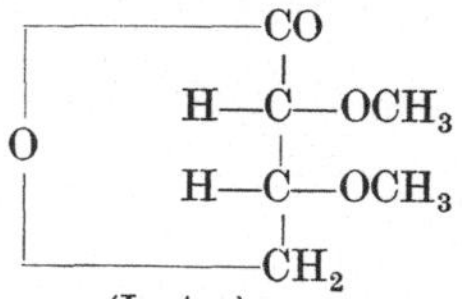

Bildung: Bei der Oxydation der Tetramethyl-γ-fructose mit Kaliumpermanganat.
Derivate: Dimethoxyoxybutyrolacton $C_6H_{10}O_4$. Farbloser Sirup vom Siedep. 130 bis 135° unter 0,14 mm und $n_D = 1,4419$. Das destillierte Produkt krystallisiert nur zum kleinsten Teil, es scheint sich beim Aufbewahren zu polymerisieren.
Kaliumsalz $C_6H_{11}O_5K$. Sirup. Konnte auch aus der Reaktionsflüssigkeit der Darstellung gewonnen werden, was beweist, daß die CH$_2$—OH-Gruppe vor der Lactonbildung nicht methyliert war.

3-Oxy-2, 4-dimethoxybuttersäure[4].

Mol-Gewicht: 164,13.
Zusammensetzung: $C_6H_{12}O_5$.

COOH
H—C—O—CH$_3$
H—C—OH
CH$_2$—O—CH$_3$

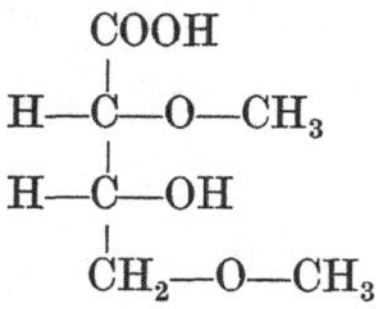

[1] Walter Norman Haworth u. Charles William Long: J. chem. Soc. Lond. **1929**, 345 — Chem. Zbl. **1929 II**, 552.

[2] E. L. Gustus u. W. L. Lewis: J. amer. chem. Soc. **49**, 1512 (1927) — Chem. Zbl. **1927 II**, 1466.

[3] Walter Norman Haworth u. James Gibbs Mitchell: J. chem. Soc. Lond. **123**, 301 (1923) — Chem. Zbl. **1923 III**, 1003.

[4] John Avery, Walter Norman Haworth u. Edmund Langley Hirst: J. chem. Soc. Lond. **1927**, 2308 — Chem. Zbl. **1927 II**, 2445.

Bildung: Entsteht bei der Oxydation der Trimethyl-2-ketoglykonsäure mit Kaliumpermanganat.

Derivate: Methylester. 2,5 g Trimethyl-2-ketoglykonsäure werden bei 70° mit 20 ccm 2mal n-Kaliumhydroxyd und allmählich mit 88 ccm n-Kaliumpermanganat versetzt. Die neutralisierte und vom Mangandioxyd befreite Lösung liefert beim Eindampfen unter vermindertem Druck einen krystallinischen Salzrückstand, der an organischen Lösungsmitteln nichts abgibt. Daher werden die organischen Säuren mit Mineralsäuren in Freiheit gesetzt, nach dem Eindampfen unter vermindertem Druck mit Chloroform extrahiert und mit Methylalkohol verestert. Siedep. 100° bei 0,07 mm, $[\alpha]_D^{20} = +19°$ in Wasser bei $c = 0,96$; $n_D^{17} = 1,4400$. — Bei anderen Ansätzen wurden etwas höhere Werte gefunden. — Bei der Hydrolyse des Esters wurde die entsprechende Säure als Sirup erhalten, der bei der Fraktionierung im Hochvakuum Wasser abspaltet und in ein Produkt übergeht, das wahrscheinlich identisch ist mit der früher als Lacton der Oxy-dimethoxybuttersäure beschriebenen Verbindung.

Amid $C_6H_{13}O_4N$. Krystalle aus Petroläther vom Schmelzp. 104—105°, $[\alpha]_{5461}^{19} = +37°$, $[\alpha]_D^{19} = +33°$ in Wasser bei $c = 1,05$.

2, 3, 4-Trimethoxybuttersäure[1].

Mol-Gewicht: 178,14.
Zusammensetzung: $C_7H_{14}O_5$.

$$\begin{array}{c}COOH\\ |\\ H—C—O—CH_3\\ |\\ H—C—O—CH_3\\ |\\ CH_2—O—CH_3\end{array}$$

Bildung: Aus Oxy-dimethoxybuttersäure-methylester durch Methylierung entsteht der Methylester.

Derivate: Methylester $C_8H_{16}O_5$. Sirup, $[\alpha]_D^{21} = +19°$ in Wasser bei $c = 1,04$, $n_D^{12} = 1,4282$.

Amid. Nadeln aus Petroläther vom Schmelzp. 58—59°, $[\alpha]_D^{18} = +40,5°$ in Wasser bei $c = 1,09$.

3, 4-Dimethoxyketobuttersäure[2].

Mol-Gewicht: 162,11.
Zusammensetzung: $C_6H_{10}O_5$.

$$\begin{array}{c}COOH\\ |\\ CO\\ |\\ CH—O—CH_3\\ |\\ CH_2—O—CH_3\end{array}$$

Bildung: Bildet sich bei der Oxydation der Tetramethyl-γ-fructose (s. dort).

Derivate: Methylester $C_7H_{12}O_5$. Sirup vom Siedep. 115° bei 0,18 mm. $n_D = 1,4542$. Methoxyl 49,0°, ber.: 52,3%.

Säuren der C_5-Reihe.

Lacton der Dimethyl-d-arabonsäure.

Bildung[3]: Entsteht bei der Oxydation von 2, 3, 4, 6-Tetramethyl-glykose mit H_2O_2 in Gegenwart von KOH.

---

[1] John Avery, Walter Norman Haworth u. Edmund Langley Hirst: J. chem. Soc. Lond. **1927**, 2308 — Chem. Zbl. **1927 II**, 2445.

[2] George McOwan: J. chem. Soc. Lond. **1926**, 1737 — Chem. Zbl. **1926 II**, 2696.

[3] E. L. Gustus u. W. L. Lewis: J. amer. chem. Soc. **49**, 1512 (1927) — Chem. Zbl. **1927 II**, 1466.

2, 3-Dimethoxy-4-oxy-5-valerolacton[1].

α, β-Dimethoxy-γ-oxy-δ-valerolacton.

Mol-Gewicht: 176,1.

Zusammensetzung: $C_7H_{12}O_5$.

Bildung: Durch Oxydation der 1, 3, 4-Trimethyl-fructose: Man erwärmt 2,5 g Trimethyl-fructose mit 25 ccm Salpetersäure vom spez. Gewicht 1,2 20 Stunden auf 60°. Dann wird der allergrößte Teil der überschüssigen Salpetersäure unter vermindertem Druck abdestilliert und der Rückstand wiederholt mit Alkohol verdampft, um die Salpetersäure möglichst zu entfernen. Hierauf folgen einige Verdampfungen mit Alkohol + Äther, dann wird der Rückstand in 15 ccm Wasser aufgenommen und zunächst mit 150 ccm, dann 2mal mit je 100 ccm Äther ausgeschüttelt. Die vereinigten Ätherauszüge werden mit Natriumsulfat getrocknet und unter vermindertem Druck eingedampft; dann wird der Rückstand zunächst 10 Stunden bei 10 mm und hiernach noch 5 Stunden bei 0,35 mm bis zur Gewichtskonstanz getrocknet. Ausbeute 1,7 g eines hellgelben Sirups, der Salpetersäure nicht mehr enthält. Nach längerem Stehen tritt Krystallisation ein.

Physikalische und chemische Eigenschaften: Die Substanz enthält neben dem Lacton geringe Mengen zweibasischer Säure. Methoxyl. Ber. CH_3O 35,23. Gef. CH_3O 35,67. $[\alpha]_D^{23} = +1,13 \times 8,3894/0,4976 \times 0,8102 = +23,5°$ in Wasser. Das Drehungsvermögen ändert sich im Laufe von 24 Stunden nicht. Die Oxydation mit Permanganat liefert die Säuren I und II.

2, 3, 4-Trimethyl-l-arabonsäure[2].

Mol-Gewicht: 208,17.

Zusammensetzung: $C_8H_{16}O_6$.

Physikalische und chemische Eigenschaften: Die aus dem Natriumsalz in Freiheit gesetzte Trimethylcarbonsäure zeigte sofort $[\alpha]_D^{17} = +22,9°$ in Wasser bei $c = 1,485$. Die Salze sind alle leicht löslich. — Für die freie Säure (als Lacton berechnet) $[\alpha]_{5461}^{19} = +16°$, nach 2 Tagen $+18°$ $(c = 0,72)$[3].

Derivate: 2, 3, 4-Trimethylarabonsäurelacton $C_8H_{14}O_5$

[1] Géza Zemplén u. Géza Braun: Ber. dtsch. chem. Ges. **59**, 2238 (1926) — Chem. Zbl. **1926 II**, 2561.

[2] John Pryde, Edmund Langley Hirst u. Robert William Humphreys: J. chem. Soc. Lond. **127**, 348 (1925) — Chem. Zbl. **1925 I**, 2369.

[3] H. D. K. Drew, E. H. Goodyear u. W. N. Haworth: J. chem. Soc. Lond. **1927**, 1237 — Chem. Zbl. **1927 II**, 1244.

Trimethyl-α-methyl-l-arabinosid entsteht aus α-Methyl-l-arabinosid mit Methyljodid und Silberoxyd; $[\alpha]_D^{17,5} = +225,3$ in Methylalkohol bei $c = 1,308$; $[\alpha]_D^{18} = +246,1°$ in Wasser, bei $c = 0,723$. Da bei der Hydrolyse zu Trimethyl-l-arabinose gleichzeitig große Mengen unter Bildung von Furfurol zersetzt werden, so wird die ·Oxydation zum Trimethylarabonsäurelacton schon während der Hydrolyse durchgeführt. Zu diesem Zwecke wurden 7,7 g Trimethyl-methylarabinosid in 85 ccm 3proz. wässeriger Bromwasserstoffsäure 1 Stunde auf 85° erhitzt, dann bei 75° in Intervallen von 30 Minuten in kleinen Portionen mit Brom versetzt, bis nach 4 Stunden 3,5 ccm zugefügt sind. Nach 24stündigem Aufbewahren bei Zimmertemperatur werden nochmals bei 75° 5 ccm Brom eingetragen. Die Aufarbeitung ist wie üblich. Der so erhaltene, zuvor 2 Stunden auf 100° unter 9 mm erhitzte Sirup lieferte bei der Destillation 5,15 g Trimethyl-l-arabonsäurelacton (1,5) vom Siedep. 156° unter 12 mm Druck; $n_D^{15} = 1,4596$ und 0,2 g einer Fraktion vom Siedep. 158° unter 12 mm, $n_D^{15} = 1,4592$; $[\alpha]_D = +136°$ in Alkohol bei $c = 1,830$, $[\alpha]_D^{18} = +145° \rightarrow +22,4°$ in Wasser, konstant nach 24 Stunden. l-Arabinose wurde mit 0,2proz. methylalkoholischer Salzsäure 24 Stunden auf 105° erhitzt und das erhaltene Glykosidgemisch direkt weiterverarbeitet. Die Methylierung mit Dimethylsulfat und Natriumhydroxyd ergab ein Trimethylarabinosid (A) vom Siedep. 120° unter 13 mm; $n_D^{13} = 1,4448$, $[\alpha]_D = +79,6°$ in Methylalkohol bei $c = 3,332$. — Nach 8stündiger Hydrolyse des Präparates mit saurem Methylalkohol bei 90° wurde ein Gleichgewichtswert von $+60°$ erreicht, gegenüber $+150°$ aus reinem Material. Die Methylierung mit Methyljodid und Silberoxyd lieferte ein Trimethylmethylarabinosid von $[\alpha]_D = +79°$, bei der Hydrolyse eine Trimethylarabinose von $[\alpha]_D = +36,2°$ Gleichgewicht in Wasser und ein Trimethylarabonsäurelacton vom Siedepunkt 80—90° bei 0,2—0,4 mm Druck; $[\alpha]_D = +17,45° \rightarrow -20,95°$ in Wasser. — Methyliert man mit Dimethylsulfat und Natronlauge, dann mit Methyljodid und Silberoxyd, so erhält man ein Trimethylmethylarabinosid von $[\alpha]_D = +59,8°$ in Wasser und ein Lacton von $[\alpha]_D = +55,8° \rightarrow -13,9°$ in Wasser. Bei der Oxydation des Präparates A mit Salpetersäure vom spez. Gewicht 1,2 und Isolierung der Oxydationsprodukte als Methylester wurde ein Sirup von $[\alpha]_D = +25,8°$ in Methylalkohol bei $c = 1,43$; $[\alpha]_D = +22°$ Endwert in Wasser bei $c = 0,82$, Siedep. 155—160° unter 22—28 mm Druck und $n_D^{14} = 1,4392$ erhalten, der nach den Analysenzahlen augenscheinlich ein Gemisch von nahezu gleichen Teilen Trimethoxyglutarsäuredimethylester und Trimethylarabonsäurelacton ist. Das Trimethoxyglutarat wurde als Diamid vom Schmelzp. 233° nachgewiesen. — Spätere Darstellungen lieferten Produkte mit höheren Anfangs-, aber gleichen Endwerten. (Anfangswert: $+176°$, Endwert $+21,4$ bzw. $+21,95°$.) Darstellung aus Trimethyl-β-methylarabinosid ($[\alpha]_D$ in Methanol Anfang $+26,17°$, Endwert nach Erwärmen mit angesäuertem Methanol $+151,6°$, Schmelzp. 46°) durch Behandlung mit HBr und Br. Farbloser, beweglicher Sirup, $[\alpha]_D$ in Wasser $= +178,3°$, nach 24 Stunden $+21,5°$ (Gleichgewicht)[1]. Aus Trimethyl-l-arabinosid mit 3proz. Bromwasserstoffsäure und Oxydation mit Brom bei 65—70°. Leicht löslich in organischen Lösungsmitteln. Krystalle, Schmelzp. 45°; $[\alpha]_D = +180°$ in Wasser; nach 4 Stunden $[\alpha]_{5461}^{20} = +17$ in Wasser, $[\alpha]_{5461}^{21} = +203,0$ in Benzol. Beim Liegen an der Luft zerfließen die Krystalle im Laufe von 2 Tagen unter Bildung der freien einbasischen Säure. Wird das Lacton in einer Atmosphäre, welche Spuren von Acetylchlorid oder Salzsäure enthält, aufbewahrt, so entsteht ein Polymeres $(C_8H_{14}O_5)_{10}$, welches aus heißem Benzol in mikroskopischen Krystallen vom Schmelzp. 135—138° fällt. Letzteres ist an der Luft beständig, zeigt in Benzol nur ein Fünftel der spez. Drehung der Ausgangsverbindung ($[\alpha]_{5461}^{21} = +39°$ in Benzol)[2]. — Nach 20minutigem Erhitzen mit einem geringen Überschuß an $^1/_{10}$n-Natronlauge liefert es das Natriumsalz der einfachen Säure. Die Molekulargewichtsbestimmungen in siedendem Benzol geben für das Polymere Zahlen von 1900 und 2100. Erhitzen auf 175° unter vermindertem Druck ergibt das Ausgangsmaterial mit dem einfachen Molekulargewicht zurück.

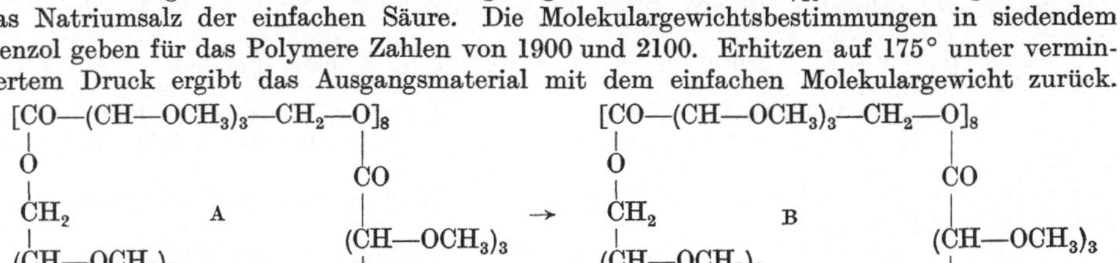

$$[\text{CO}—(\text{CH}—\text{OCH}_3)_3—\text{CH}_2—\text{O}]_8 \qquad\qquad [\text{CO}—(\text{CH}—\text{OCH}_3)_3—\text{CH}_2—\text{O}]_8$$

<pre>
[CO—(CH—OCH3)3—CH2—O]8   [CO—(CH—OCH3)3—CH2—O]8
 | | | |
 O   CO   O   CO
 | | | |
 CH2   A   (CH—OCH3)3   →   CH2   B   (CH—OCH3)3
 | | | |
 (CH—OCH3)3 | (CH—OCH3)3 |
 | | | |
 CO——————O——————CH2   COOH   CH2—OH
</pre>

---

[1] J. Pryde u. R. W. Humphreys: J. chem. Soc. Lond. **1927**, 559 — Chem. Zbl. **1927** I, 2901. — J. Pryde, E. L. Hirst u. R. W. Humphreys: J. chem. Soc. Lond. **127**, 348 (1925) — Chem. Zbl. **1925 I**, 2369.

[2] Harry Dugald Keith Drew u. Walter Norman Haworth: J. chem. Soc. Lond. **1927**, 775 — Chem. Zbl. **1927 II**, 43.

Drew und Haworth geben dem Polymeren die Konstitution A. Dieses liefert in siedendem Wasser eine linksdrehende Verbindung, die vielleicht Konstitution nach B besitzt. Einengen zur Trockne liefert A. zurück. Schmelzp. 45°, $[\alpha]_{5461}^{20} = +306°$ → $+17°$ ($c = 1,411$; Endwert nach 3,8 Stunden). $[\alpha]_{5780}^{21} = 183,5°$, $[\alpha]_D^{21} = +179,5°$ [1].

Trimethyl-l-arabonsäurediamid. Schmelzp. 233°.

l-2, 3, 5-Trimethyl-γ-arabonsäure.

Mol-Gewicht: 208,17.

Zusammensetzung: $C_8H_{16}O_6$.

$$\begin{array}{c}
\text{COOH} \\
| \\
\text{H—C—O—CH}_3 \\
| \\
\text{CH}_3\text{—O—C—H} \\
| \\
\text{HO—C—H} \\
| \\
\text{CH}_2\text{—O—CH}_3
\end{array}$$

Physikalische und chemische Eigenschaften: Für die freie Säure $[\alpha]_D^{16} = -3°$, nach 40 Stunden $-15°$ [1].

Derivate: Trimethyl-γ-arabonsäuremethylester. Aus 2, 3, 5-Trimethyl-γ-arabinolacton durch Methylierung. Siedep. 100—105° bei 1 mm, $n_D^{15} = 1,4396$, $[\alpha]_D = -8,4°$ (in Wasser). Gibt bei der Hydrolyse mit Barytwasser bei 85° Trimethyl-γ-arabinolacton [2].

4-Oxy-2, 3, 5-trimethoxyvalerolacton (aus γ-Trimethyl-l-arabinose) [3].
l-2, 3, 5-Trimethyl-γ-arabonsäurelacton.

Mol-Gewicht: 190,15.

Zusammensetzung: $C_8H_{14}O_5$.

$$\begin{array}{c}
\text{CO} \\
| \\
\text{H—C—O—CH}_3 \\
\text{O} \quad | \\
\text{CH}_3\text{—O—C—H} \\
| \\
\text{C—H} \\
| \\
\text{CH}_2\text{—O—CH}_3
\end{array}$$

Bildung: Bei der Oxydation der Trimethyl-γ-l-arabinose mit Salpetersäure [3]. — Das aus l-Arabinose durch Oxydation mit Bromwasser erhaltene γ-Arabonsäurelacton ergab nach der Methylierung Trimethyl-γ-arabonsäurelacton [4].

Physikalische und chemische Eigenschaften: Siedep. 90° unter 0,03 mm; $n_D = 1,4430$, Ausbeute 75%, des Oxydationsproduktes. Erstarrt zu einer harten Krystallmasse vom Schmelzpunkt 29°; $[\alpha]_D = -43,2°$ → $-23,9°$ in Wasser, Endwert nach 20 Tagen [3]. — Schmelzp. 33°. Ist identisch mit dem Produkt, das durch Oxydation von Trimethyl-γ-arabinose mit Salpetersäure früher [5] gewonnen war [4]. — Aus Trimethylmethyl-γ-arabinosid mit Br und HBr: Sirup, Siedep. 115° bei 2 mm, $n_D^{17} = 1,4452$; erstarrt zu Krystallen, Schmelzp. 29°. $[\alpha]_D = -42,0°$ → $-25,1°$ in 20 Tagen in Wasser [6]. — $[\alpha]_D = -44,4°$ → $-25,2°$ (Endwert nach 480 Stunden) [1]. Schmelzp. 30—32°, $[\alpha]_D = -44°$ → $-25°$ [7].

[1] H. D. K. Drew, E. H. Goodyear u. W. N. Haworth: J. chem. Soc. Lond. **1927**, 1237 — Chem. Zbl. **1927 II**, 1244.

[2] J. Pryde u. R. W. Humphreys: J. chem. Soc. Lond. **1927**, 559 — Chem. Zbl. **1927 I**, 2901. — J. Pryde, E. L. Hirst u. R. W. Humphreys: J. chem. Soc. Lond. **127**, 348 (1925) — Chem. Zbl. **1925 I**, 2369.

[3] Stanley Baker u. Walter Norman Haworth: J. chem. Soc. Lond. **127**, 365 (1925) — Chem. Zbl. **1925 I**, 2372.

[4] Baker u. Haworth: J. chem. Soc. Lond. **127**, 365 (1925) — Chem. Zbl. **1925 I**, 2372.

[5] Walter Norman Haworth u. Vincent Stanley Nicholson: J. chem. Soc. Lond. **1926**, 1899 — Chem. Zbl. **1926 II**, 2412.

[6] William Charlton, Walter Norman Haworth u. Stanley Peat: J. chem. Soc. Lond. **1926**, 89 — Chem. Zbl. **1926 I**, 3025.

[7] W. N. Haworth, E. L. Hirst u. A. Learner: J. chem. Soc. Lond. **1927**, 2432 — Chem. Zbl. **1928 I**, 184.

d-2, 3, 5-Trimethyl-γ-arabonsäurelacton[1].

Mol-Gewicht: 190,15.
Zusammensetzung: $C_8H_{14}O_5$.

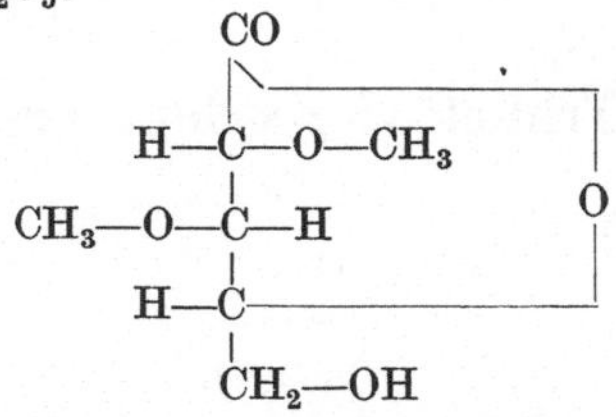

Bildung: Aus Trimethyl-2-Keto-d-glykonsäure oder ihrem Äthylester bei der Oxydation mit Bariumpermanganat in saurer Lösung bei Zimmertemperatur. Erhalten bei der Oxydation von 1, 4-Lactolform der Trimethyl-2-ketoglykonsäure mit $KMnO_4$ in saurer Lösung[2].
Physikalische und chemische Eigenschaften: Aus Petroläther Nadeln oder Platten vom Schmelzp. 32 und 33°; $[\alpha]_D = +44,5° \rightarrow +25,5°$ in Wasser bei $c = 0,712$; Endwert nach 18 Tagen. — Aus Petroläther Krystalle vom Schmelzp. 31—32°. Gibt bei der Oxydation mit HNO_3 l-Dimethoxybernsteinsäure[2]. Schmelzp. 33°, $[\alpha]_D = +44,5° \rightarrow +25,5°$ (Wasser)[3].

2, 3-Dimethyläther des γ-Xylonsäurelactons-[1, 4][4].

Mol-Gewicht: 176,13.
Zusammensetzung: $C_7H_{12}O_5$.

Bildung: Bei der Oxydation der 2, 3-Dimethyläther der Xylose [1, 5] mit Bromwasser.
Physikalische und chemische Eigenschaften: Siedep. 115 bei 0,02 mm; $n_D^{16,5} = 1,4640$, $[\alpha]_D^{22,8} = +97°$ Anfangswert in Wasser. Anfangsdrehung der freien Säure in Wasser: $[\alpha]_D^{22} = +30,4°$, Gleichgewicht $[\alpha]_D^{20} = +69°$ nach 400 Stunden, mit 58% Lacton. $K_1 + K_2 = 3,0 \cdot 10^{-3}$.
Derivate: Phenylhydrazid der 2, 3-dimethyl-γ-xylonsäure $C_{13}H_{20}O_5N_2$. Aus Essigester + wenig Petroläther Nadeln, Schmelzp. 107—108°, $[\alpha]_D^{23} = +30°$ in Alkohol.
p-Bromphenylhydrazid der 2, 3-dimethylxylonsäure $C_{13}H_{19}O_5N_2Br$. Aus Essigester + wenig Petroläther. Lange Nadeln, Schmelzp. 150—151°.

d-3, 5-Dimethyl-γ-xylonsäurelacton.

Mol-Gewicht: 176,13.
Zusammensetzung: $C_7H_{12}O_5$.

<hr>

[1] John Avery, Walter Norman Haworth u. Edmund Langley Hirst: J. chem. Soc. Lond. **1927**, 2308 — Chem. Zbl. **1927 II**, 2445.
[2] W. N. Haworth u. A. Learner: J. chem. Soc. Lond. **1928**, 619 — Chem. Zbl. **1928 I**, 2934.
[3] W. N. Haworth, E. L. Hirst u. A. Learner: J. chem. Soc. Lond. **1927**, 2432 — Chem. Zbl. **1928 I**, 184.
[4] Horace Arthur Hampton, Walter Norman Haworth u. Edmund Langley Hirst: J. chem. Soc. Lond. **1929**, 1739 — Chem. Zbl. **1930 I**, 508.

Darstellung durch Hydrolyse von Dimethylmonoacetonxylose mit 2,7 proz. HBr bei 85° und nachfolgender Oxydation mit Br.

Physikalische und chemische Eigenschaften: Siedep. 105—106°/0,08 mm, $n_D^{15} = 1,4643$, $[\alpha]_{5780}^{21,5} = +81,5° \rightarrow +39°$, Enddrehung nach 49 Tagen[1].

Derivate: Phenylhydrazid des Dimethyl-γ-xylonsäurelactons $C_{13}H_{20}O_5N_2$. Aus Benzol Nadelrosetten vom Schmelzp. 94—95°, löslich in Chloroform, weniger in Äther und Wasser, unlöslich in Petroläther[1].

d-2, 3, 5-Trimethyl-γ-xylonsäure.

Mol-Gewicht: 208,17.

Zusammensetzung: $C_8H_{16}O_6$.

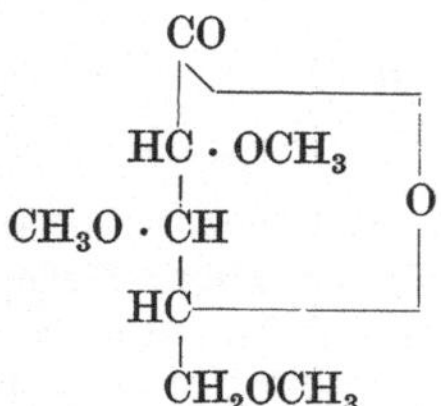

Physikalische und chemische Eigenschaften: Für die freie Säure $[\alpha]_D^{16} = +31,7°$, nach 17 Stunden $+33,5°$ $(c = 0,944)$[2]. Für die freie Säure aus dem Na-Salz mittels HCl in Freiheit gesetzt: $[\alpha]_{7580}^{17} = +42,5° \rightarrow +62,5°$, $[\alpha]_{5461}^{17} = +46° \rightarrow +68°$ (Wasser; $c = 0,856$; Endwerte nach 43 Tagen)[1].

Derivate: Phenylhydrazid[1] $C_{14}H_{22}O_5N_2$. Aus Benzol Nadelrosetten vom Schmelzpunkt 89—90°.

d-2, 3, 5-Trimethyl-γ-xylonsäurelacton[1].

Mol-Gewicht: 190,15.

Zusammensetzung: $C_8H_{14}O_5$.

Darstellung aus Dimethylxylonsäure-γ-lacton durch Methylierung. Siedep. 84°/0,1 mm, $n_D^{15,5} = 1,4472$. Aus Trimethyl-γ-xylose durch Oxydation mit Br-Wasser bei 30—35°[3].

Physikalische und chemische Eigenschaften: Das aus dem Phenylhydrazid durch Hydrolyse mit $^1/_{10}$ n-HCl bei 90° regenerierte Lacton zeigt Siedep. 82°/0,06 mm, $n_D^{17} = 1,4464$. $[\alpha]_{5780}^{17} = +108° \rightarrow 67,5°$, $[\alpha]_{5461}^{17} = +118° \rightarrow 72,5°$ (Wasser; $c = 1,998$; Enddrehungen nach 43 Tagen). Gibt bei der Oxydation durch 8stündiges Erhitzen mit HNO_3 (D. 1,42) bei 95 bis 100° den Dimethylester der Dimethoxybernsteinsäure[1]. Siedep. bei 0,04 mm 105°. $n_D = 1,4465$. $[\alpha]_D = +74,1°$ nach 5 Minuten und $+61,4°$ nach 21 Tagen in Wasser[3]. $[\alpha]_D = +74°$. nach 504 Stunden $+61,4°$ $(c = 1,106)$[4]. Sirup, Siedep. 84° bei 0,03 mm; $n_D^{20} = 1,4426$; $[\alpha]_{5461}^{19} = +100°$, Anfangswert in Wasser. Für die entsprechende Säure $[\alpha]_{5461}^{20} = +41°$[5].

Derivate: Phenylhydrazid. Nadeln aus Benzol, Schmelzp. 89°. Wird zu 60% beim Erhitzen mit wässerigem Pyridin in 2, 3, 5-Trimethyl-lyxonsäure-γ-lacton umgelagert[6].

---

[1] W. N. Haworth u. C. R. Porter: J. chem. Soc. Lond. **1928**, 611 — Chem. Zbl. **1928 I**, 2933.

[2] H. D. K. Drew, E. H. Goodyear u. W. N. Haworth: J. chem. Soc. Lond. **1927**, 1237 — Chem. Zbl. **1927 II**, 1244. — P. A. Levene u. H. S. Simms: J. of biol. Chem. **65**, 45 (1926) — Chem. Zbl. **1926 I**, 54.

[3] W. N. Haworth u. G. C. Westgarth: J. chem. Soc. Lond. **1926**, 880 — Chem. Zbl. **1926 II**, 384.

[4] H. D. K. Drew, E. H. Goodyear u. W. N. Haworth: J. chem. Soc. Lond. **1927**, 1237 — Chem. Zbl. **1927 II**, 1244.

[5] Horace Arthur Hampton, Walter Norman Haworth u. Edmund Langley Hirst: J. chem. Soc. Lond. **1929**, 1739 — Chem. Zbl. **1930 I**, 508.

[6] Walter Norman Haworth u. Charles William Long: J. chem. Soc. Lond. **1929**, 345 — Chem. Zbl. **1929 II**, 552.

d-2, 3, 4-Trimethyl-*d*-xylonsäure[1].

Mol-Gewicht: 208,17.
Zusammensetzung: $C_8H_{16}O_6$.

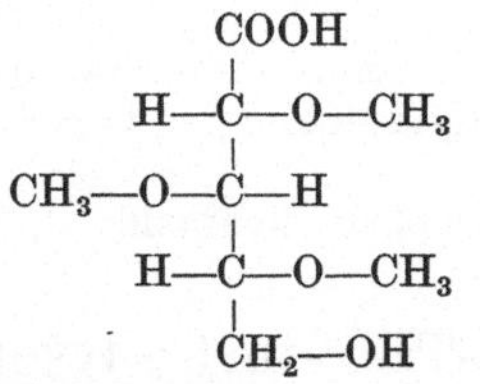

$$
\begin{array}{c}
COOH \\
| \\
H-C-O-CH_3 \\
| \\
CH_3-O-C-H \\
| \\
H-C-O-CH_3 \\
| \\
CH_2-OH
\end{array}
$$

Physikalische und chemische Eigenschaften: Für die freie Säure $[\alpha]_{5461}^{16} = +32,7° \rightarrow +21,5°$ ($c = 0,977$; Endwert nach 8 Stunden)[1].

d-2, 3, 4-Trimethyl-*d*-xylonsäurelacton[2].

Mol-Gewicht: 190,15.
Zusammensetzung: $C_8H_{14}O_5$.

$$
\begin{array}{c}
CO \\
H \cdot C \cdot O \cdot CH_3 \\
CH_3 \cdot O \cdot C \cdot H \\
H \cdot C \cdot O \cdot CH_3 \quad O \\
CH_2
\end{array}
$$

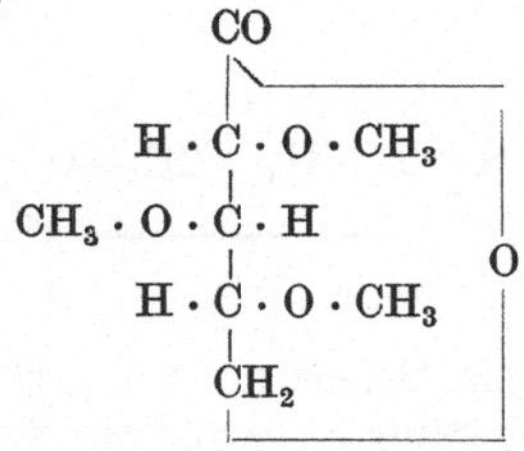

Darstellung: Das normale Trimethylmethylxylosid wird mit 3 proz. wässeriger HBr durch 1 stündiges Erhitzen auf 85° hydrolysiert und darauf bei 75° mit Br oxydiert. Der gelbliche Sirup krystallisiert auf Zusatz von Äther, wird zur Reinigung destilliert.

Physikalische und chemische Eigenschaften: Siedep. bei 0,05 mm 115—120°. Nadeln aus Petroläther vom Schmelzp. 55°. $[\alpha]_D^{15} = -3,8°$ nach 4 Minuten, $+20,8°$ nach 8 Tagen in Wasser[2]. Sirup vom Siedep. bei 0,04 mm 101°, der nach der Destillation sofort krystallisiert; aus Petroläther lange Nadeln vom Schmelzp. 56°. $[\alpha]_{5461}^{20} = 0° \rightarrow +21,4°$ ($c = 1,871$; Endwert nach 70—75 Stunden)[3]. Liefert beim Erhitzen mit wasserhaltigem Pyridin 63% Furan-α-carbonsäure, daneben 2, 3, 4-Trimethyllyxonsäure-δ-lacton[4].

Derivate: Phenylhydrazid[4] Schmelzp. 137—138,5°.

d-2, 3, 4-Trimethyl-*d*-lyxonsäurelacton[5].

Mol-Gewicht: 190,15.
Zusammensetzung: $C_8H_{14}O_5$.

$$
\begin{array}{c}
CO \\
CH_3-O-C-H \\
CH_3-O-C-H \\
H-C-O-CH_3 \quad O \\
CH_2
\end{array}
$$

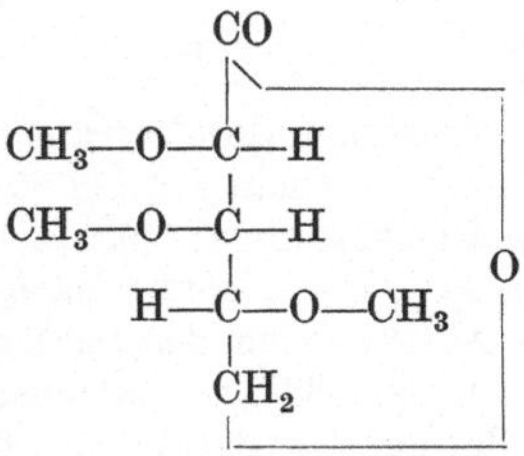

[1] H. D. K. Drew, E. H. Goodyear u. W. N. Haworth: J. chem. Soc. Lond. **1927**, 1237 — Chem. Zbl. **1927 II**, 1244. — P. A. Levene u. H. S. Simms: J. of biol. Chem. **65**, 45 (1926) — Chem. Zbl. **1926 I**, 54.

[2] W. N. Haworth u. G. C. Westgarth: J. chem. Soc. Lond. **1926**, 880 — Chem. Zbl. **1926 II**, 384.

[3] H. D. K. Drews, E. H. Goodyear u. W. N. Haworth: J. chem. Soc. Lond. **1927**, 1237 — Chem. Zbl. **1927 II**, 1244.

[4] Walter Norman Haworth u. Charles William Long: J. chem. Soc. Lond. **1929**, 345 — Chem. Zbl. **1929 II**, 552.

[5] Edmund Langley Hirst u. James Andrew Buchan Smith: J. chem. Soc. Lond. **1928**, 3147 — Chem. Zbl. **1929 I**, 1920.

Bildung: Durch Oxydation der 2, 3, 4-Trimethyllyxose mit Bromwasser. Neben Furan-α-carbonsäure beim Erhitzen von 2, 3, 4-Trimethylxylonsäure-δ-lacton mit wässerigem Pyridin[1].

Physikalische und chemische Eigenschaften: Sirup, Siedep. 105° bei 0,02 mm; $n_D^{18} = 1,4620$; $[\alpha]_D^{19} = +35,5°$, $-9,3°$ in Wasser bei $c = 1,2$. — Für die freie Trimethylxylonsäure berechnet sich die Anfangsdrehung der sauren Lösung ihres Natriumsalzes zu $[\alpha]_D^{19} = -13,4°$. Für die Geschwindigkeit der Mutarotation ergibt sich: $K_1 + K_2 = 0,027$. — Die Oxydation mit Salpetersäure liefert Trimethoxyglutarsäure.

Derivate: Trimethyllyxonsäurephenylhydrazid[2] $C_{14}H_{22}O_5N_2$. — Aus Benzol Krystalle vom Schmelzp. 180—181°.

d-2, 3, 5-Trimethyl-γ-lyxonsäure[1].

Mol-Gewicht: 208,17.

Zusammensetzung: $C_8H_{16}O_6$.

Bildung: Bei der Oxydation der 2, 3, 5-Trimethyl-lyxofuranose mit Brom. Beim Erhitzen von 2, 3, 5-Trimethyl-xylonsäure-γ-lacton mit wässerigem Pyridin[1].

Derivate: γ-Lacton $C_8H_{14}O_5$.

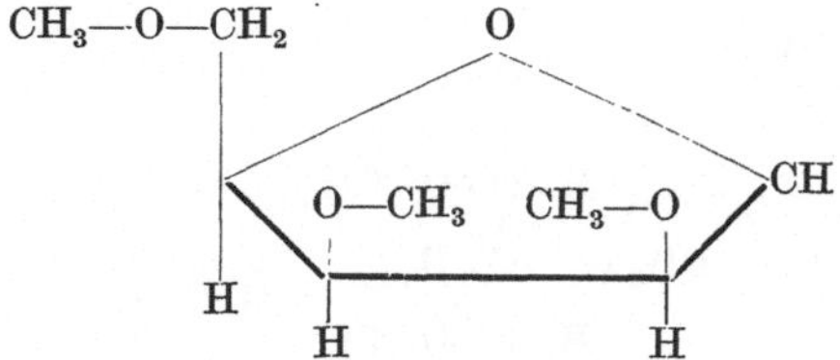

Aus Petroläther lange Nadeln, Schmelzp. 44°; $[\alpha]_D^{20} = +82,5° \to +56,5°$ nach 1000 Stunden. Das Gleichgewicht Lacton-Säure ist nach dieser Zeit noch nicht erreicht. Im Gleichgewicht sind etwa 55% Lacton vorhanden. Die freie Säure zeigt $[\alpha]_D^{20} = -20,8° \to +25,6°$ nach 500 Stunden.

Phenylhydrazid $C_{14}H_{22}O_5N_2$. Aus Benzol Nadeln vom Schmelzp. 140—142°[3].

2, 3, 4-Trimethoxy-5-oxy-valeriansäurelacton[4].
d-2, 3, 4-Trimethyl-d-arabonsäurelacton.

$$C_8H_{14}O_5$$

Mol-Gewicht: 190,15.

$$
\begin{array}{c}
\text{CO} \\
\text{CH}_3\text{—O—C—H} \\
\text{O} \quad \text{H—C—O—CH}_3 \\
\text{H—C—O—CH}_3 \\
\text{CH}_2
\end{array}
$$

Bildung: Entsteht bei der Oxydation der Tetramethyl-γ-fructose aus Heptamethylrohrzucker mit Salpetersäure vom spez. Gewicht 1,2 bei 60° und 20stündiger Versuchsdauer.

Physikalische und chemische Eigenschaften: Mattgelbe Flüssigkeit vom Siedep. 129° bei 0,1 mm, $n_D = 1,4565$ und $[\alpha]_D = +18,5°$, sofort nach der Auflösung in Wasser, nach 16 Stunden $[\alpha]_D = +36°$. — Beim Aufbewahren des Lactons an feuchter Luft schieden sich aus dem Sirup Krystalle vom Schmelzp. 83° ab, augenscheinlich aus der entsprechenden Oxysäure $C_8H_{16}O_6$ bestehend. — Bei der Oxydation mit Kaliumpermanganat entsteht Trimethoxyglutarsäure.

[1] Walter Norman Haworth u. Charles William Long: J. chem. Soc. Lond. **1929**, 345 — Chem. Zbl. **1929 II**, 552.

[2] Edmund Langley Hirst u. James Andrew Buchan Smith: J. chem. Soc. Lond. **1928**, 3147 — Chem. Zbl. **1929 I**, 1920.

[3] Harold Graham Bott, Edmund Langley Hirst u. James Andrew Buchan Smith: J. chem. Soc. Lond. **1930**, 658 — Chem. Zbl. **1930 I**, 231.

[4] Walter Norman Haworth u. Wilfred Herbert Linnell: J. chem. Soc. Lond. **123**, 294 (1923) — Chem. Zbl. **1923 III**, 1002.

Säuren der C_6-Reihe.

3,4-Dimethyl-l-rhamnonsäure[1].

Mol-Gewicht: 208,13.
Zusammensetzung: $C_8H_{16}O_6$.

```
              COOH
               |
          H—C—OH
               |
          H—C—O—CH₃
               |
   CH₃—O—C—H
               |
   HO—C—H
               |
              CH₃
```

Bildung: Bei der Oxydation von 3,4-Dimethyl-l-rhamnose mit Bromwasser.

Physikalische und chemische Eigenschaften: $[\alpha]_D^{21} = -15,9 \to 118,1°$. Beim Gleichgewicht enthält die Lösung 75% Lacton.

Derivate: 3,4-Dimethyl-l-rhamnonsäurelacton $C_8H_{14}O_5$. Aus Äther + Petroläther lange Nadeln, Schmelzp. 66—68°; $[\alpha]_D^{22} = -153° \to -119°$ in Wasser.

3,4-Dimethyl-rhamnonsäure-l-amid $C_8H_{17}O_5N$. Aus Alkohol + Petroläther Nadeln, Schmelzp. 152—155°. Löslich in Wasser, Methylalkohol, Alkohol.

2,3,4-Trimethyl-l-rhamnonsäure[2].

Mol-Gewicht: 222,19.
Zusammensetzung: $C_9H_{18}O_6$.

```
              COOH
               |
          H—C—O—CH₃
               |
          H—C—O—CH₃
               |
   CH₃—O—C—H
               |
          H—C—OH
               |
              CH₃
```

Bildung: Bei der Oxydation der 2,3,4-Trimethylrhamnose-[1,5] mit Brom.

Physikalische und chemische Eigenschaften: Zeigt in Wasser $[\alpha]_{21}^D = +14,5° \to 79°$. Das Gleichgewicht ist nach 50 Stunden erreicht. Beim Gleichgewicht sind 64% Lacton und 36% freie Säure vorhanden.

Derivate: Lacton $C_9H_{16}O_5$. Sirup, Siedep. 96° bei 0,15 mm. Das Destillat krystallisiert, Schmelzp. 40—41°. Läßt sich nicht umkrystallisieren. — Zeigt in Wasser Mutarotation; $[\alpha]_D^{18} = -130° \to -78°$. Geschwindigkeitskonstante der Mutarotation, $K_1 + K_2 = 0,015$. Liefert bei der Oxydation l-Arabo-2,3,4-trimethoxyglutarsäure.

Phenylhydrazid $C_{15}H_{24}O_5N_2$. Aus Äther oder Benzol lange Nadeln, Schmelzp. 177°.

Methylierte Glykonsäuren.

Alle methylierten Säuren zeigen höhere Rechtsdrehung als die Muttersubstanz; Säuren mit gleicher Zahl von Methylgruppen können verschieden stark drehen, wenn die Methylgruppen verschieden verteilt sind (z. B. 2,3,5- und 3,5,6-Trimethylglykonsäure). Pentamethylglykonsäure zeigt geringere Drehung als einige der Glykonsäuren mit weniger Methyl-

---

[1] Walter Norman Haworth, Edmund Langley Hirst u. Ernest John Miller: J. chem. Soc. Lond. **1929**, 2469 — Chem. Zbl. **1930 I**, 2393.

[2] John Avery u. Edmund Langley Hirst: J. chem. Soc. Lond. **1929**, 2466 — Chem. Zbl. **1930 I**, 2392.

gruppen. Es verursacht demnach die Methylierung einiger Hydroxylgruppen Erhöhung (+), anderer dagegen Erniedrigung (—) der Drehung. Der Einfluß der Methylierung auf die mol. Drehung beträgt in Stellung 2: +134,88, in Stellung 3: —63,02, in Stellung 4: —50,46, in Stellung 5: +55,16 und in Stellung 6: +39,14. Da in allen methylierten Glykonsäuren die Drehungen der freien Säuren von denen der Salze differieren, kann demnach das Verhalten der 2, 5-Anhydrozuckersäuren (gleiche mol. Drehung als Salz wie als Säure) nicht durch das Fehlen von ersetzbaren H-Atomen in 2- und 5-Stellung erklärt werden, sondern ist durch die Starrheit der Strukturen dieser beiden Säuren bedingt[1].

2, 3-Dimethylglykonsäure.

Physikalische und chemische Eigenschaften: $[\alpha]_D^0 = +22,5°$, nach 24 Stunden $[\alpha]_D^{20} = +40,4°$.

Derivate: Natriumsalz. $[\alpha]_D^{20} = +44,1°$ [1].

d-2, 3-Dimethylglykonsäurelacton[1].

Mol-Gewicht: 206,15.
Zusammensetzung: $C_8H_{14}O_6$.

$$
\begin{array}{c}
CO \\
| \\
H-C-OCH_3 \\
| \\
CH_3-O-C-H \qquad O \\
| \\
H-C-OH \\
| \\
H-C \\
| \\
CH_2-OH
\end{array}
$$

Aus 2, 3-Dimethylglykose durch Oxydation mit Br bei 30—35° unter Umrühren, bis Fehlingsche Lösung nicht mehr reduziert wird, Entfernung des überschüssigen Br durch Destillation unter vermindertem Druck und des HBr durch Ag_2CO_3. Eindampfen und Aufnehmen mit Äther[1].

d-2, 3, 4-Trimethylglykonsäure
(früher 2, 3, 5-Trimethylglykonsäure genannt).

Mol-Gewicht: 238,20.
Zusammensetzung: $C_9H_{18}O_7$.

$$
\begin{array}{c}
CO \\
| \\
H-C-O-CH_3 \\
| \\
CH_3-O-C-H \qquad O \\
| \\
H-C-OCH_3 \\
| \\
H-C \\
| \\
CH_2-OH
\end{array}
$$
Lacton

Physikalische und chemische Eigenschaften: $[\alpha]_D^0 = +19,3°$, nach 24 Stunden $[\alpha]_D^{20} = +23,5°$ (in wässerigem Alkohol).

Derivate: Lacton $C_9H_{16}O_6$. Aus 2, 3, 5-Trimethylglykose durch Oxydation mit Br. Siedep.$_{0,14} = 142°$. $[\alpha]_D = +90,8°$, nach 24 Stunden $[\alpha]_D^{20} = +55,0°$ (in wässerigem Alkohol).
Natriumsalz. $[\alpha]_D^{20} = +64,4°$ (in wässerigem Alkohol)[1].

---

[1] P. A. Levene u. G. M. Meyer: J. of biol. Chem. **65**, 535 (1925) — Chem. Zbl. **1926 I**, 1136.

d-3, 4, 6-Trimethylglykonsäure[1]

(früher 3, 5, 6-Trimethylglykonsäure genannt).

Mol-Gewicht: 238,20.
Zusammensetzung: $C_9H_{18}O_7$.

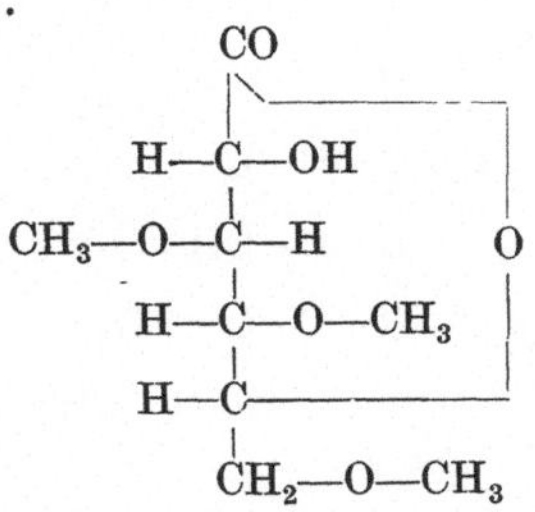

$$
\begin{array}{l}
CO \\
H-C-OH \\
CH_3-O-C-H \qquad O \\
H-C-O-CH_3 \\
H-C \\
CH_2-O-CH_3
\end{array}
$$
Lacton

Physikalische und chemische Eigenschaften: $[\alpha]_D^0 = -6,3°$, nach 24 Stunden $= +5,4°$ (in wässerigem Alkohol).

Derivate: Natriumsalz. $[\alpha]_D^{20} = +24,0°$ (in wässerigem Alkohol)[1].

3, 5, 6-Trimethylglykonsäurelacton $C_9H_{16}O_6$. Aus 3, 5, 6-Trimethylglykose durch Oxydation mit Br, Neutralisation der HBr mit NaOH, Extraktion mit Äther. Siedep.$_1 = 155°$, $[\alpha]_D^{20} = +44,1$, nach 24 Stunden $= +39,8°$ (in wässerigem Alkohol)[1].

d-3, 5, 6-Trimethylglykonsäure-γ-lacton[2].

Mol-Gewicht: 220,18.
Zusammensetzung: $C_9H_{16}O_6$.

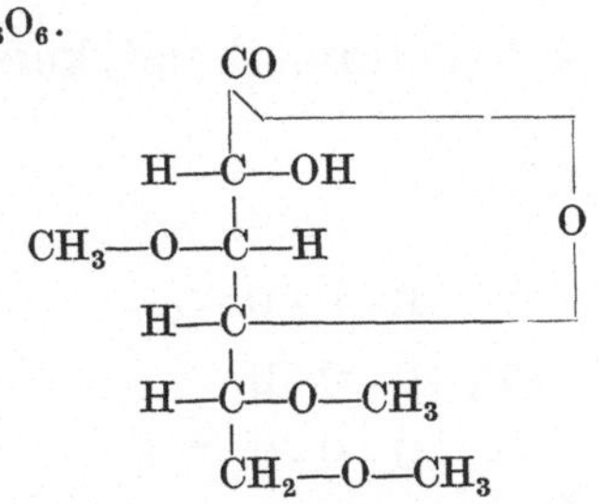

$$
\begin{array}{l}
CO \\
H-C-OH \\
CH_3-O-C-H \qquad O \\
H-C \\
H-C-O-CH_3 \\
CH_2-O-CH_3
\end{array}
$$

Bildung: Durch Oxydation der 3, 5, 6-Trimethylglykose mit Br bei $35-40°$.
Derivate: Natriumsalz in wässeriger Lösung $[\alpha]_D^{20} = +31,0°$ $(c = 5,0)$[2].

d-2, 3, 4, 5-Tetramethylglykonsäure.

Mol-Gewicht: 252,21.
Zusammensetzung: $C_{10}H_{20}O_7$.

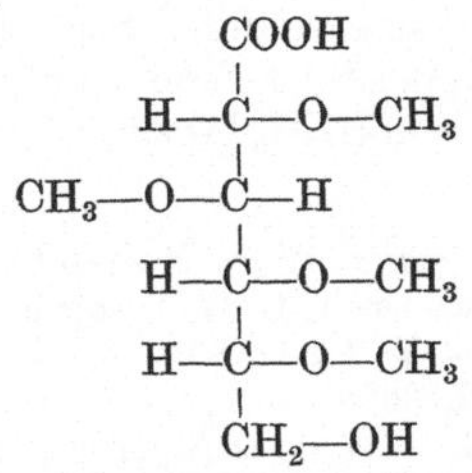

$$
\begin{array}{l}
COOH \\
H-C-O-CH_3 \\
CH_3-O-C-H \\
H-C-O-CH_3 \\
H-C-O-CH_3 \\
CH_2-OH
\end{array}
$$

Bildung: Bei der Hydrolyse des Methylesters der Oktamethylmelibionsäure.
Physikalische und chemische Eigenschaften: Sirup, der bei $164°/0,05$ mm unter Zusammentritt von 2 Molekülen zu einer Anhydroverbindung destilliert[3].

---

[1] P. A. Levene u. G. M. Meyer: J. of biol. Chem. **65**, 535 (1925) — Chem. Zbl. **1926 I**, 1136.
[2] P. A. Levene u. G. M. Meyer: J. of biol. Chem. **74**, 701 (1927) — Chem. Zbl. **1928 I**, 487.
[3] W. N. Haworth, J. V. Loach u. C. W. Long: J. chem. Soc. Lond. **1927**, 3146 — Chem. Zbl. **1928 I**, 1390.

d-2, 3, 5, 6-Tetramethyl-γ-glykonsäure[1].

Mol-Gewicht: 252,21.
Zusammensetzung: $C_{10}H_{20}O_7$.

$$\begin{array}{c}
COOH \\
| \\
H-C-O-CH_3 \\
| \\
CH_3-O-C-H \\
| \\
H-C-OH \\
| \\
H-C-O-CH_3 \\
| \\
CH_2-O-CH_3
\end{array}$$

Bildung: Bei der Hydrolyse des Oktamethylcellobionsäuremethylesters mit 7 proz. Salzsäure bei 80—90°. Aus Oktamethylmaltobionsäuremethylester sowie Oktamethyllactobionsäuremethylester. Aus Tetramethyl-γ-Glykose mit Brom.

Physikalische und chemische Eigenschaften: Schmelzp. des Lactons 26—28°; $[\alpha]_D^{14}$ $= +60,2°$ in Wasser, nach 13 Tagen $+43,1°$; Siedep. bei 0,02 mm etwa 90°, $n_D^{14} = 1,4501$. — $[\alpha]_{5461}^{21} = +72°$, $[\alpha]_{5780}^{21} = +65°$, $[\alpha]_D^{21} = +62,5°$ (in Wasser; $c = 1,415$). Gleichgewicht nach 21 Tagen $[\alpha]_{5461}^{19} = +38,8°$ [1]. Abbau durch Oxydation[2]. Schmelzp. 26—27,5°; epimerisiert sich beim Erwärmen mit wässerigem Pyridin in einer Ausbeute von 60% zu 2, 3, 5, 6-Tetramethylmannonsäure-γ-lacton[3].

Derivate: Phenylhydrazid $C_{16}H_{26}O_6N_2$. Schmelzp. 135—136°.

d-2, 3, 4, 6-Tetramethylglykonsäure.

Mol-Gewicht: 252,21.
Zusammensetzung: $C_{10}H_{20}O_7$.

$$\begin{array}{c}
COOH \\
| \\
H-C-O-CH_3 \\
| \\
CH_3-O-C-H \\
| \\
H-C-O-CH_3 \\
| \\
H-C-OH \\
| \\
CH_2-O-CH_3
\end{array}$$

Bildung: Entsteht durch Zugabe von Brom zu einer wässerigen Lösung von Tetramethylglykose, Schütteln mit Bleiglätte bei 50°, bis die Lösung neutral gegen Kongo geworden, nach dem Filtrieren wird mit Silberoxyd geschüttelt, bis die Lösung gegen Lackmus neutral geworden. — Nach Entfernung der Silbersalze durch Schwefelwasserstoff wird das Filtrat konzentriert, mit Alkohol extrahiert und der Rückstand der alkoholischen Lösung in Äther gelöst[4]. 7 g Tetramethylglykose werden in 50 ccm HNO_3 bis zum Oxydationsbeginn auf 85° erhitzt, dann

[1] H. D. K. Drew, E. H. Goodyear u. W. N. Haworth: J. chem. Soc. Lond. **1927**, 1237 — Chem. Zbl. **1927 II**, 1244. — W. N. Haworth, C. W. Long u. J. H. G. Plant: J. chem. Soc. Lond. **1927**, 2809 — Chem. Zbl. **1928 I**, 799. — W. Charlton, W. N. Haworth u. Stanley Peat: J. chem. Soc. Lond. **1926**, 89 — Chem. Zbl. **1926 I**, 3025. — P. A. Levene u. H. S. Simms: J. of biol. Chem. **65**, 46 (1926) — Chem. Zbl. **1926 I**, 54. — Walter Norman Haworth u. Stanley Peat: J. chem. Soc. Lond. **1926**, 3094 — Chem. Zbl. **1927 I**, 1289. — W. N. Haworth u. C. W. Long: J. chem. Soc. Lond. **1927**, 544 — Chem. Zbl. **1927 I**, 2818.

[2] W. N. Haworth, E. L. Hirst u. E. J. Miller: J. chem. Soc. Lond. **1927**, 2436 — Chem. Zbl. **1928 I**, 184.

[3] Walter Norman Haworth u. Charles William Long: J. chem. Soc. Lond. **1929**, 345 — Chem. Zbl. **1929 II**, 552.

[4] James Colquhoun Irvine u. John Pryde: J. chem. Soc. Lond. **125**, 1045 (1924) — Chem. Zbl. **1924 II**, 621.

auf 60° abgekühlt und $4^1/_2$ Stunden stehengelassen. Dabei entstehen 80% Tetramethylglykonsäurelacton und 20% Dimethoxybernsteinsäure[1].

Physikalische und chemische Eigenschaften: Farblose, bewegliche Flüssigkeit, Siedep. bei 0,5 mm 120—123°; $n_D^{15} = 1,4580$. — Für die freie Säure $[\alpha]_{5461}^{19} = +27,4° \rightarrow +33,8°$ (in Wasser; $c = 1,094$; Endwert nach 6 Tagen)[2]. Für das Lacton $[\alpha]_{5461}^{19} = +112,5° \rightarrow +32°$ (in Wasser; $c = 1,564$; Endwert nach 16,75 Stunden)[3]. Siedep. bei 0,8 mm $= 128°$. $[\alpha]_D^{20} = +106,1°$, nach 24 Stunden $= +52,2°$ (in wässerigem Alkohol)[4]. Siedep. 100° bei 0,05 mm; $n_D = 1,4532$. — Eine wässerige Lösung war nach 24 Stunden zu 90% in die freie Säure übergegangen[5]. Abbau durch Oxydation[6]. Wird beim Erhitzen mit wässerigem Pyridin zu 90% in das entsprechende Mannonsäurederivat umgewandelt[7]. Das Lacton gibt mit Ammoniak Tetramethyl-d-glykonamid[8].

Derivate: Natriumsalz[4]. $[\alpha]_D^{20} = +76,4°$ (in wässerigem Alkohol)[4].

Tetramethylglykonsäuremethylester[9] $C_{12}H_{24}O_7$. Aus Tetramethylglykonsäurelacton mit Methyljodid und Silberoxyd in Gegenwart von 1 Mol Wasser bei 40°. Neutrales bewegliches Öl; $n_D^{15} = 1,4480$.

2, 3, 4, 6-Tetramethyl-d-glykonamid[8] $C_6H_9O_2N(O \cdot CH_3)_4$. Besitzt vermutlich die Konstitution eines Aminolactons: Aus Tetramethyl-d-glykonsäurelacton mit Ammoniak. — Aus 1 Mol Äther + 3 Vol. Petroläther weiße, wachsartige, weiche, zerfließliche Nadeln vom Schmelzp. 68—70° unter vorherigem Erweichen; $[\alpha]_D^5 = +77,5°$ in Benzol, $+60,4°$ in Aceton. — Das Ammoniumsalz spaltet bei Temperaturen über 100° Ammoniak ab unter Rückbildung des Tetramethyl-d-glykonsäurelactons. — Mit Natriumhypochlorit kann keine Kohlensäure abgespalten werden, dabei entsteht ein Carbimid.

2, 3, 4, 6-Tetramethyl-d-glykoncarbimid[8] $C_{10}H_{19}O_6N$. Aus Tetramethyl-d-glykonamid mit Natriumhypochlorit. — Auf $^1/_{10}$ Mol Amid 150 ccm Natriumhypochloritlösung mit 5,57% aktivem Chlor und 9,87% Gesamtalkali unter Schütteln. — Nach 10 Minuten wird mit verdünnter Salzsäure angesäuert, mit Calciumcarbonat neutralisiert, nach dem Eindampfen unter vermindertem Druck mit siedendem Alkohol extrahiert, der Rückstand des alkoholischen Extraktes in siedendem Aceton gelöst. — Rechteckige Prismen bei schnellem Erhitzen. Schmelzpunkt 162°, bei langsamem Erhitzen tritt allmählich Zersetzung ein, Schmelzp. 150—160°; $[\alpha]_D^{15} = +169°$ in Wasser, in 1proz. salzsaurer Lösung bei 50° geht das Drehungsvermögen von $[\alpha]_D^{15} = +161°$ im Laufe von 7 Stunden auf $+1,3°$ zurück; mit 4proz. Säure bei 100° tritt dieser Wechsel sofort ein. Das so veränderte Produkt gibt beim Neutralisieren mit Silbercarbonat ein Silbersalz, das in der Kälte leicht Silberspiegel gibt. Durch Zersetzung mit Schwefelwasserstoff entsteht ein amorphes Produkt mit Säureeigenschaften, mit Kaliumpermanganat und Brom reagierend. Die Zusammensetzung entspricht einer Verbindung $C_9H_{17}O_6N$ mit 3 Methoxylgruppen. Durch Erhitzen mit methylalkoholischer Salzsäure wird ein Sirup erhalten, der nach einiger Zeit Nadeln vom Schmelzp. 94—97° ergibt, $[\alpha]_D^{15} = -23,1°$ in Aceton, enthält 48,3% Methoxyl; ist keine glykosidische Verbindung.

Phenylhydrazid[5] $C_{16}H_{26}O_6N_2$. Aus Äther + Petroläther. Schmelzp. 109—112°; 113 bis 114°[7].

---

[1] E. L. Hirst: J. chem. Soc. Lond. **1926**, 350 — Chem. Zbl. **1926 I**, 3026.

[2] H. D. K. Drew, E. H. Goodyear u. W. N. Haworth: J. chem. Soc. Lond. **1927**, 1237 — Chem. Zbl. **1927 II**, 1244. — P. A. Levene u. H. S. Simms: J. of biol. Chem. **65**, 46 (1926) — Chem. Zbl. **1926 I**, 54.

[3] H. D. K. Drew, E. H. Goodyear u. W. N. Haworth: J. chem. Soc. Lond. **1927**, 1237 — Chem. Zbl. **1927 II**, 1244.

[4] P. A. Levene u. G. M. Meyer: J. of biol. Chem. **65**, 535 (1925) — Chem. Zbl. **1926 I**, 1136.

[5] William Charlton, Walter Norman Haworth u. Stanley Peat: J. chem. Soc. Lond. **1926**, 89 — Chem. Zbl. **1926 I**, 3025.

[6] W. N. Haworth, E. L. Hirst u. E. J. Miller: J. chem. Soc. Lond. **1927**, 2436 — Chem. Zbl. **1928 I**, 184.

[7] Walter Norman Haworth u. Charles William Long: J. chem. Soc. Lond. **1929**, 345 — Chem. Zbl. **1929 II**, 552.

[8] James Colquhoun Irvine u. John Pryde: J. chem. Soc. Lond. **125**, 1045 (1924) — Chem. Zbl. **1924 II**, 621.

[9] John Pryde: J. chem. Soc. Lond. **125**, 520 (1924) — Chem. Zbl. **1924 I**, 2508.

d-2, 3, 4, 5, 6-Pentamethylglykonsäure[1].

Mol-Gewicht: 266,24.
Zusammensetzung: $C_{11}H_{22}O_7$.

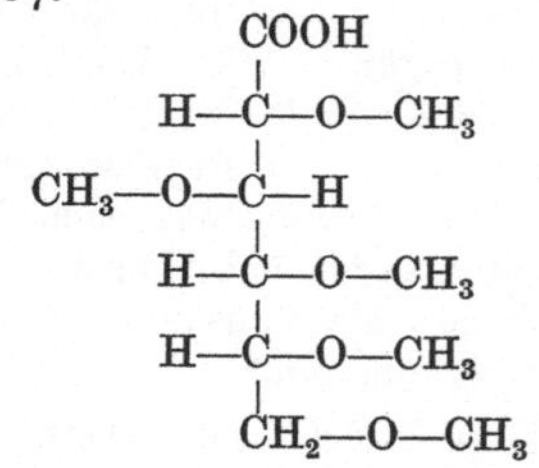

$$
\begin{array}{c}
COOH \\
H-C-O-CH_3 \\
CH_3-O-C-H \\
H-C-O-CH_3 \\
H-C-O-CH_3 \\
CH_2-O-CH_3
\end{array}
$$

Bildung: Aus glykonsaurem Calcium durch Methylierung mit Dimethylsulfat in alkalischer Lösung, Neutralisieren auf Kongorot mit H_2SO_4, Einengen unter vermindertem Druck, Abfiltrieren von dem ausgeschiedenen Na_2SO_4, Ansäuern mit H_2SO_4 und kontinuierliche Extraktion mit Äther und Verdampfen des Äthers. Der Sirup enthält nur 38—40% CH_3O. Er wird 2mal mit Methyljodid und Ag_2O, dann mit Diazomethan methyliert. $CH_3O = 62,6$, Siedep.$_1 = 112°$. Das Produkt wird durch 2stündiges Kochen mit $^1/_{10}$n-NaOH hydrolysiert, unter vermindertem Druck eingeengt, mit Dimethylsulfat und Alkali weiter methyliert und isoliert.

Physikalische und chemische Eigenschaften: Siedep. bei 1 mm = 155°. $[\alpha]_D^{20} = +22,5°$ in Wasser[1].

Derivate: Natriumsalz. $[\alpha]_D = +53,7°$[1].

Pentamethylglykonsäuremethylester[2] $C_{12}H_{24}O_7$. Entsteht bei der Methylierung des Tetramethylglykonsäuremethylesters. Die Methylierung erfolgt durch Silberoxyd und Methyljodid sehr schwer, sie muß 5mal wiederholt werden. Neutrales leicht bewegliches Öl, Siedep. bei 1 mm etwa 100° (Badtemperatur); $n_D^{14} = 1,4412$; $[\alpha]_{546i} = +24,9°$ in Wasser, $c = 1,3813\%$; fällt in 4 Monaten auf $+21,9°$; $= +42,7°$ in Alkohol bei $c = 1,099\%$.

1-2, 3, 4, 6-Tetramethyl-glykonsäure.

Mol-Gewicht: 252,21.
Zusammensetzung: $C_{10}H_{20}O_7$.

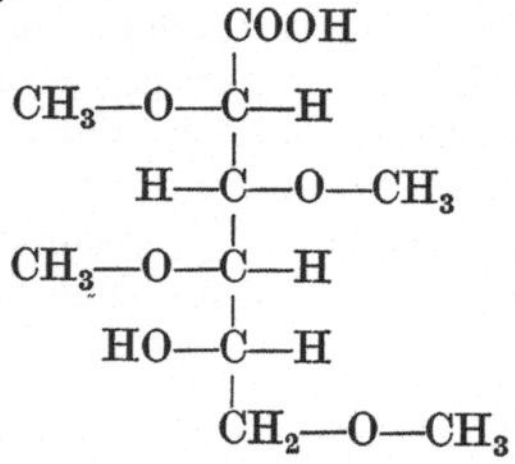

$$
\begin{array}{c}
COOH \\
CH_3-O-C-H \\
H-C-O-CH_3 \\
CH_3-O-C-H \\
HO-C-H \\
CH_2-O-CH_3
\end{array}
$$

Derivate: δ-Lacton. Aus 1-2, 3, 5-Trimethylarabofuranose durch eine Modifikation der Cyanhydrinsynthese, wobei gleichzeitig mit Chlorkohlensäureester eine Hydroxylgruppe verestert wird, und nachträglicher Verseifung bzw. Methylierung[3].

Phenylhydrazid[3]. Aus Äther Krystalle, Schmelzp. 115°; $[\alpha]_{5780}^{19} = -50°$.

d-Dimethyl-γ-mannonsäurelacton[4].

Mol-Gewicht: 182,14.
Zusammensetzung: $C_6H_{14}O_6$.

Bildung: Entsteht durch Hydrolyse von Dimethylmonoaceton-γ-mannonsäurelacton mit 0,1 proz. wässeriger HCl.

___

[1] P. A. Levene u. G. M. Meyer: J. of biol. Chem. **65**, 535 (1925) — Chem. Zbl. **1926 I**, 1136.
[2] John Pryde: J. chem. Soc. Lond. **125**, 520 (1924) — Chem. Zbl. **1924 I**, 2508.
[3] Walter Norman Haworth u. Stanley Peat: J. chem. Soc. Lond. **1929**, 350 — Chem. Zbl. **1929 II**, 552.
[4] E. H. Goodyear u. W. N. Haworth: J. chem. Soc. Lond. **1927**, 3136 — Chem. Zbl. **1928 I**, 38.

Physikalische und chemische Eigenschaften: Aus Essigester + Petroläther Nadeln vom Schmelzp. 109—110°, $[\alpha]_D^{20} = +61,1 \rightarrow +60,5°$ (Wasser; $c = 1,03$)[1].

Derivate: Dimethylmonoaceton-γ-mannonsäurelacton $C_{11}H_{18}O_6$. Aus Monoaceton-γ-mannonsäurelacton mit CH_3J und Ag_2O oder aus γ-Mannonsäurelacton durch Methylierung in Gegenwart von Aceton. Aus Petroläther Nadeln, aus CCl_4 Prismen vom Schmelzp. 110 °, $[\alpha]_D^{20} = +64,2°$, $+55,8°$ (Wasser; $c = 1,1$)[1].

d-3, 4, 6-Trimethyl-mannonsäure[2].

Mol-Gewicht: 238,20.

Zusammensetzung: $C_9H_{18}O_7$.

Bildung: Bei der Oxydation von 3, 4, 6-Trimethyl-d-mannopyranose mit Bromwasser.

Physikalische und chemische Eigenschaften: $[\alpha]_D^{20} = +31° \rightarrow +111°$ in Wasser; im Gleichgewicht nach 48 Stunden enthält die Lösung etwa 58% Lacton.

Derivate: d-3, 4, 6-Trimethyl-mannonsäure-δ-lacton.

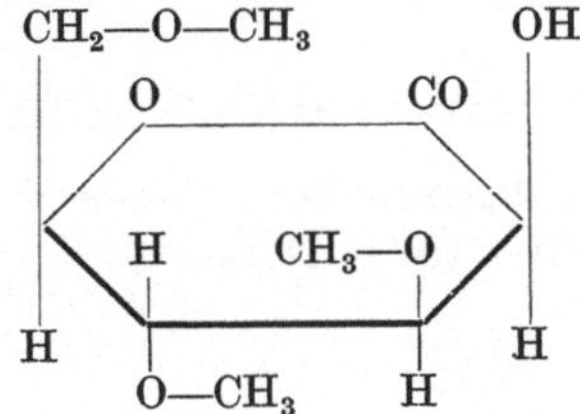

Aus Äther Krystalle, Schmelzp. 96—97°; $[\alpha]_D^{19} = +167,5°$ in Wasser.

Phenylhydrazid. Aus Benzol Krystalle, Schmelzp. 137—139°.

d-2, 3, 5, 6-Tetramethyl-γ-mannonsäure.

Physikalische und chemische Eigenschaften: Untersuchungen über die Geschwindigkeit der Lactonbildung[3]. Für die freie Säure $[\alpha]_D^{21} = -23°$, nach 5 Tagen $-17°$ ($c = 0,923$)[4].

d-2, 3, 5, 6-Tetramethyl-γ-mannonsäurelacton.

Mol-Gewicht: 234,19.

Zusammensetzung: $C_{10}H_{18}O_6$.

Bildung: Entsteht bei der Methylierung des γ-Mannonsäurelactons mit Methyljodid und Silberoxyd zuerst in Methylalkohol, dann in Aceton, schließlich ohne Lösungsmittel[5].

[1] E. H. Goodyear u. W. N. Haworth: J. chem. Soc. Lond. **1927**, 3136 — Chem. Zbl. **1928 I**, 38.

[2] Harold Graham Bott, Walter Norman Haworth u. Edmund Langley Hirst: J. chem. Soc. Lond. **1930**, 1395 — Chem. Zbl. **1930 II**, 1520.

[3] P. A. Levene u. H. S. Simms: J. of biol. Chem. **65**, 31 (1925) — Chem. Zbl. **1926 I**, 54.

[4] H. D. K. Drew, E. H. Goodyear u. W. N. Haworth: J. chem. Soc. Lond. **1927**, 1237 — Chem. Zbl. **1927 II**, 1244. — P. A. Levene u. H. S. Simms: J. of biol. Chem. **65**, 45 (1926) — Chem. Zbl. **1926 I**, 54.

[5] P. A. Levene u. G. M. Meyer: J. of biol. Chem. **60**, 167 (1924) — Chem. Zbl. **1924 II**, 1459.

Physikalische und chemische Eigenschaften: Siedet bei 0,3 mm bei 135°. Glänzende Krystalle aus Äther vom Schmelzp. 107°. $- [\alpha]_D^{20} = +65,2° \rightarrow +56,3°$ in Wasser bei $c = 1,916$; $+62,1 \rightarrow 39,5°$ in 0,3n-Salzsäure bei $c = 1,770$. — Die dazugehörige Säure zeigt $[\alpha]_D^{20} = -25,3°$ $\rightarrow +48,2°$ in Wasser bei $c = 1,947$; das Natriumsalz zeigt $[\alpha]_D^{20} = -22,5°$ (0,2n-Natronlauge, $c = 1,856)$[1]. — Dargestellt nach Levene und Simms[2], zeigt den Schmelzp. 106—107°. $[\alpha]_D^{19} = +63°$, nach 9 Tagen $+61°$ ($c = 2,51$). Endwert in Gegenwart von HCl $[\alpha]_D^{20} = +53°$[3]. Durch Methylierung von γ-Mannonsäurelacton in Gegenwart von CH_3OH: Aus Ligroin Platten oder lange Nadeln vom Schmelzp. 108°, $[\alpha]_D^{18} = +65,2 \rightarrow 61,2°$, $[\alpha]_{5461}^{18} = +77,0 \rightarrow 71,8°$ (Wasser; $c = 1,038$)[4]. Zur Oxydation von Tetramethyl-γ-mannonsäurelacton werden 1,5 g mit 13 ccm HNO_3 (D. 1,42) etwa 7 Stunden auf 100° erwärmt. Die übliche Aufarbeitung ergibt einen von Krystallen durchsetzten Sirup, der mit 4proz. methylalkoholischer HCl verestert wird, wobei der Methylester der Dimethoxybernsteinsäure vom Schmelzp. 68° entsteht[4]. Aus Äther und Petroläther: Nadeln vom Schmelzp. 107—108°. $[\alpha]_D^{1} = +64,8°$ (Wasser; $c = 1,728°$)[5]. Aus Benzin lange durchscheinende Nadeln, Schmelzp. 109°. Lagert sich beim Erhitzen mit wässerigem Pyridin zu 30% in das entsprechende Glykonsäurederivat um[6].

Derivate: Phenylhydrazid $C_{16}H_{26}O_6N_2$. Aus Äther, Schmelzp. 167°[4].

d-2, 3, 4, 6-Tetramethyl-d-mannonsäure.

Physikalische und chemische Eigenschaften: Untersuchungen über die Geschwindigkeit der Lactonbildung[7]. — Für die freie Säure $[\alpha]_{5461}^{14} = +17° \rightarrow +60,7°$ ($c = 1,12$; Endwert nach 88 Stunden). $[\alpha]_D^{14} = +14,8°$[8].

d-2, 3, 4, 6-Tetramethyl-d-mannonsäurelacton.

Mol-Gewicht: 234,19.
Zusammensetzung: $C_{10}H_{18}O_7$.

$$
\begin{array}{l}
\mathrm{C{=}O} \\
\mathrm{CH_3{-}O{-}C{-}H} \\
\mathrm{CH_3{-}O{-}C{-}H} \qquad\qquad \mathrm{O} \\
\mathrm{H{-}C{-}OCH_3} \\
\mathrm{H{-}C} \\
\mathrm{CH_2{-}O{-}CH_3}
\end{array}
$$

Physikalische und chemische Eigenschaften: Durch Oxydation von Tetramethylmannose mit Bromwasser entsteht ein Sirup, der bei 0,5 mm Druck bei 115—120° siedet, sauer reagiert, also schon etwas der entsprechenden Säure enthält. Dieses Lacton zeigt: $[\alpha]_D^{20} = +105°$ $\rightarrow +45,6°$ in Wasser bei $c = 2,85$. — Die freie Säure hat: $[\alpha]_D^{20} = +17,5° \rightarrow 42,4°$ in Wasser bei $c = 2,724$, das Natriumsalz $[\alpha]_D^{20} = +41,6°$ in 0,2 n-Natronlauge bei $c = 2,512$[1]. — Das Lacton ist farbloser Sirup. $[\alpha]_D = +136,4°$ in Wasser, die in 6 Tagen auf $+62,8°$ zurückgeht[9].

[1] P. A. Levene u. G. M. Meyer: J. of biol. Chem. **60**, 167 (1924) — Chem. Zbl. **1924 II**, 1459.

[2] P. A. Levene u. H. S. Simms: J. of biol. Chem. **65**, 45 (1926) — Chem. Zbl. **1926 I**, 54.

[3] H. D. K. Drew, E. H. Goodyear u. W. N. Haworth: J. chem. Soc. Lond. **1927**, 1237 — Chem. Zbl. **1927 II**, 1244.

[4] E. H. Goodyear u. W. N. Haworth: J. chem. Soc. Lond. **1927**, 3136 — Chem. Zbl. **1928 I**, 1388.

[5] P. A. Levene u. G. M. Meyer: J. of biol. Chem. **76**, 809 — Chem. Zbl. **1928 II**, 539.

[6] Walter Norman Haworth u. Charles William Long: J. chem. Soc. Lond. **1929**, 345 — Chem. Zbl. **1929 II**, 552.

[7] P. A. Levene u. H. S. Simms: J. of biol. Chem. **65**, 31 (1925) — Chem. Zbl. **1926 I**, 54.

[8] H. D. K. Drew, E. H. Goodyear u. W. N. Haworth: J. chem. Soc. Lond. **1927**, 1237 — Chem. Zbl. **1927 II**, 1244. — P. A. Levene u. H. S. Simms: J. of biol. Chem. **65**, 45 (1926) — Chem. Zbl. **1926 I**, 54.

[9] Richard D. Greene u. W. Lee Lewis: J. amer. chem. Soc. **50**, 2813 (1928) — Chem. Zbl. **1928 II**, 2643.

— Das Lacton, dargestellt aus reinem α-Methylmannosid über sein Tetramethylderivat (Siedepunkt bei 0,03 mm 105°, $n_D^{16} = 1,4494$; Schmelzp. 38—40°) und über Tetramethylmannose, gereinigt über das Phenylhydrazid, bildet einen Sirup vom Siedep. bei 0,02 mm 104°, n_D = 1,4650, der zu prismatischen Nadeln vom Schmelzp. 23—25° erstarrt. $[\alpha]_{5461}^{18} = +172,03°$, $[\alpha]_{5780}^{18} = +153°$, $[\lambda]_D^{18} = +150°$. Gleichgewicht $[\alpha]_{5461}^{19} = +36,0°$, nach 146,3 Stunden [1]. Tetramethyl-δ-mannonsäurelacton wird mit HNO_3 (D. 1,42) bei 90° oxydiert, Dauer 4 Stunden 15 Minuten. Das Reaktionsprodukt wird mit 40proz. methylalkoholischer HCl verestert. Das sirupöse Gemisch der Methylester wird mit Methylamin behandelt. Aus der Lösung des Reaktionsproduktes in Essigester scheiden sich meist geringe Mengen des Methylamids der inaktiven Dimethoxybernsteinsäure ab. Aus den Mutterlaugen d-Arabotrimethoxyglutarsäuremethylamid, Nadeln vom Schmelzp. 172°, $[\alpha]_D^{18} = -59,7°$ (Wasser; $c = 0,94$)[2]. Liefert beim Erhitzen mit wässerigem Pyridin nur 8% des entsprechenden Glykonsäurederivates[3].

Derivate: Phenylhydrazid[3]. Schmelzp. 184—185°.

1-2, 3, 4, 6-Tetramethyl-δ-mannonsäurelacton.

Mol-Gewicht: 234,19.
Zusammensetzung: $C_{10}H_{18}O_7$.

$$
\begin{array}{c}
\text{C}=\text{O} \\
\text{H}-\text{C}-\text{O}-\text{CH}_3 \\
\text{H}-\text{C}-\text{O}-\text{CH}_3 \\
\text{CH}_3-\text{O}-\text{C}-\text{H} \\
\text{C}-\text{H} \\
\text{CH}_2-\text{O}-\text{CH}_3
\end{array}
$$

Bildung: Aus 1-2, 3, 5-Trimethyl-arabofuranose durch eine Modifikation der Cyanhydrinsynthese, wobei gleichzeitig mit Chlorkohlensäureester eine Hydroxylgruppe verestert wird, und nachträglicher Verseifung und Methylierung[4].

1-2, 3, 5, 6-Tetramethylmannonsäure-γ-lacton[5].

Mol-Gewicht: 234,19.
Zusammensetzung: $C_{10}H_{18}O_6$.

$$
\begin{array}{c}
\text{C}=\text{O} \\
\text{H}-\text{C}-\text{O}-\text{CH}_3 \\
\text{H}-\text{C}-\text{O}-\text{CH}_3 \\
\text{C}-\text{H} \\
\text{CH}_3-\text{O}-\text{C}-\text{H} \\
\text{CH}_2-\text{OCH}_3
\end{array}
$$

Bildung: Aus 1-Mannonsäure-γ-lacton mit CH_3J und Ag_2O.

Physikalische und chemische Eigenschaften: Lange, schmale Platten vom Schmelzp. 109°, $[\alpha]_D = -65,51° \rightarrow -47,4°$ (Wasser; Enddrehung nach 18 Tagen)[5].

---

[1] H. D. K. Drew, E. H. Goodyear u. W. N. Haworth: J. chem. Soc. Lond. **1927**, 1237 — Chem. Zbl. **1927 II**, 1244.

[2] E. H. Goodyear u. W. N. Haworth: J. chem. Soc. Lond. **1927**, 3136 — Chem. Zbl. **1928 I**, 1388.

[3] Walter Norman Haworth u. Charles William Long: J. chem. Soc. Lond. **1929**, 345 — Chem. Zbl. **1929 II**, 552.

[4] Walter Norman Haworth u. Stanley Peat: J. chem. Soc. Lond. **1929**, 350 — Chem. Zbl. **1929 II**, 552.

[5] F. W. Upson, L. Sands u. C. H. Whitnak: J. amer. chem. Soc. **50**, 913 — Chem. Zbl. **1928 I**, 2375.

d-Galaktonsäure-6-methyläther[1].

Mol-Gewicht: 210,15.

Zusammensetzung: $C_7H_{14}O_7$.

$$\begin{array}{c} COOH \\ | \\ H-C-OH \\ | \\ HO-C-H \\ | \\ HO-C-H \\ | \\ H-C-OH \\ | \\ CH_2-O-CH_3 \end{array}$$

Darstellung: 3 g 6-Methyl-d-galaktose werden in 60 ccm Wasser mit 14 g gelbem Queck-silberoxyd und 1,8 g $CaCO_3$ 24—36 Stunden gekocht. Das Filtrat wird eingeengt und als dünner Sirup in viel Aceton eingegossen. Der gallertige Niederschlag wird in Wasser gelöst, mit Oxalsäure von Calcium befreit und die Lösung zum dicken Sirup eingeengt.

Physikalische und chemische Eigenschaften: Beim Stehen erstarrt zu einem Brei farb-loser Blättchen. Schmelzp. 156°. $[\alpha]_{578}^{18} = -5,54 \to -40,2°$ in Wasser; Endwert nach 8 Tagen[1].

Derivate: Lacton[1]. Wird nicht krystallisiert erhalten. Zufolge der Hudsonschen Regel gibt sich durch die starke Linksdrehung der lactonhaltigen Lösung zu erkennen, daß das Hydroxyl am C-Atom 4 an der Lactonbildung teilnimmt.

Ammoniumsalz[1] $C_7H_{17}O_7N$. Aus der Hexonsäure, aufgelöst in konz. Ammoniak. Krystalle aus wenig Wasser, Schmelzp. 185°. $[\alpha]_D = $ etwa 30° in Wasser.

Phenylhydrazinsalz[1] $C_{13}H_{22}O_7N_2$. Prismen vom Schmelzp. 158—159°. $[\alpha]_{578}^{17} = +4,7°$ in Wasser. Die wässerige Lösung reagiert sauer, Pikrinsäure fällt daraus das Pikrat des Phenyl-hydrazins[1].

d-2, 3, 5, 6-Tetramethyl-γ-galaktonsäure.

Physikalische und chemische Eigenschaften: Für die freie Säure $[\alpha]_D^{16} = -8,6°$ $(c = 0,896)$[2].

d-2, 3, 5, 6-Tetramethylgalaktonsäure-γ-lacton[3].

Mol-Gewicht: 234,19.

Zusammensetzung: $C_{10}H_{18}O_6$.

$$\begin{array}{c} CO \\ | \\ H-C-O-CH_3 \\ | \\ CH_3-O-C-H \\ | \\ C-H \\ | \\ H-C-O-CH_3 \\ | \\ CH_2-OCH_3 \end{array}$$

Bildung: Bei der Oxydation von 2, 3, 5, 6-Tetramethylgalaktose mit Bromwasser bei 30—35° in 6 ½ Stunden, dann über Nacht bei Zimmertemperatur.

Physikalische und chemische Eigenschaften: Mattgelber Sirup, Siedep. 127—128° bei 0,02 mm, $n_D = 1,4502$, $[\alpha]_D = -27,1 \to 25,2$ in Wasser bei $c = 1,47$. Ist identisch mit der bei der Methylierung der Galaktonsäure gewonnenen Verbindung. — $[\alpha]_D = -27°$, nach 12 Tagen $-25°$ $(c = 1,47)$[4].

---

[1] K. Freudenberg u. K. Smeykal: Ber. dtsch. chem. Ges. **59**, 100 (1926) — Chem. Zbl. **1926 I**, 2190.

[2] H. D. K. Drew, E. H. Goodyear u. W. N. Haworth: J. chem. Soc. Lond. **1927**, 1237 — Chem. Zbl. **1927 II**, 1244. — P. A. Levene u. H. S. Simms: J. of biol. Chem. **65**, 46 (1926) — Chem. Zbl. **1926 I**, 54.

[3] Walter Norman Haworth, David Arthur Ruell u. George Crone Westgarth: J. chem. Soc. Lond. **125**, 2468 (1924) — Chem. Zbl. **1925 I**, 1065.

[4] H. D. K. Drew, E. H. Goodyear u. W. N. Haworth: J. chem. Soc. Lond. **1927**, 1237 — Chem. Zbl. **1927 II**, 1244.

2, 3, 4, 6-Tetramethyl-d-galaktonsäure[1].

Mol-Gewicht: 252,21.

Zusammensetzung: $C_{10}H_{20}O_7$.

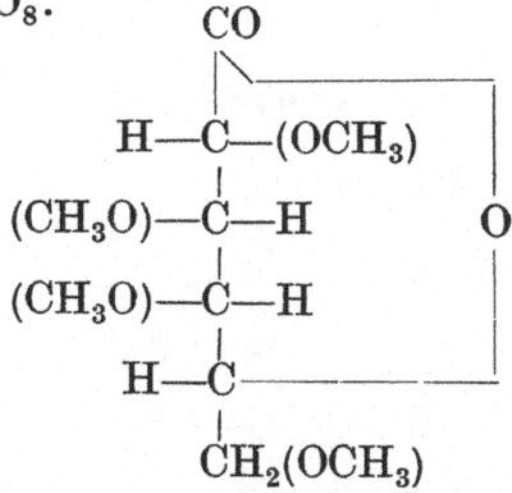

Bildung: Bei der Oxydation der entsprechenden reinen, aus Tetramethylgalaktose-anilid dargestellten 2, 3, 4, 6-Tetramethylgalaktose mit Bromwasser neben seinem 1, 5-Lacton.

Physikalische und chemische Eigenschaften: Krystallinische Masse, wenig löslich in Äther. Schmelzp. 84°, $[\alpha]_D = +22{,}6° \to +26{,}6°$ in Wasser bei $c = 0{,}58$[1]. — Für die freie Säure $[\alpha]_D^{21} = +24° \to +26{,}3°$ ($c = 1{,}228$; Endwert nach 48 Stunden)[2].

Derivate: **Tetramethyl-d-galaktonsäure-phenylhydrazid**[3]. Krystalle aus Äther oder Benzol, Schmelzp. 135—137°[3].

Tetramethylgalaktonsäureamid[4] $C_{10}H_{21}O_6N$. Krystalle aus Petroläther, der etwas Alkohol + Äther enthält, Schmelzp. 121°, $[\alpha]_D^{19{,}5} = +35{,}7°$ in Aceton bei $c = 0{,}937$. Gibt mit Natriumhypochlorit wahrscheinlich ein cyclisches Urethan. Schmelzp. 150° und $[\alpha]_D = +85{,}7°$ in Wasser, bei $c = 0{,}998$.

d-2, 3, 4, 6-Tetramethylgalaktonsäure-ϑ-lacton.

Mol-Gewicht: 234,19.

Zusammensetzung: $C_{10}H_{18}O_8$.

Bildung; Tetramethylgalaktose wird mit wässerigem Brom bei 30—35° einige Stunden lang oxydiert, die Mischung auf die Hälfte des Volumens eingedampft, mit PbO bei 35—40° neutralisiert, dann wird Silberoxyd oder Carbonat zugesetzt, überschüssiges Ag mit H_2S ausgefällt, im Vakuum eingedampft und mit Äther extrahiert.

Physikalische und chemische Eigenschaften: Siedep. bei 0,5 mm = 110—115°. $[\alpha]_D = +106{,}7°$, nach 24 Stunden $+16{,}7°$[5]. Sirup, Siedep. 128° bei 0,03 mm; $n_D = 1{,}4571$, $[\alpha]_D = +155° \to 27{,}4°$ in Wasser bei $c = 1{,}04$[1]. Sirup vom Siedep. 163—166°/0,18 mm, $[\alpha]_D = +157 \to +26{,}2°$[3]. $[\alpha]_D = +161{,}1° \to +27{,}2°$ in 22 Stunden bei $c = 0{,}95$ in Wasser[6]. $[\alpha]_D^{21} = +166{,}5° \to +26{,}2°$ ($c = 1{,}891$; Endwert nach 21 Stunden)[7].

[1] Walter Norman Haworth, David Arthur Ruell u. George Crone Westgarth: J. chem. Soc. Lond. **125**, 2468 (1924) — Chem. Zbl. **1925 I**, 1065.

[2] H. D. K. Drew, E. H. Goodyear u. W. N. Haworth: J. chem. Soc. Lond. **1927**, 1237 — Chem. Zbl. **1927 II**, 1244. — P. A. Levene u. H. S. Simms: J. of biol. Chem. **65**, 45 (1926) — Chem. Zbl. **1926 I**, 54.

[3] W. N. Haworth, E. L. Hirst u. D. J. Jones: J. chem. Soc. Lond. **1927**, 2428 — Chem. Zbl. **1928 I**, 184.

[4] John Pryde, Edmund Langley Hirst u. Robert William Humphreys: J. chem. Soc. Lond. **127**, 348 (1925) — Chem. Zbl. **1925 I**, 2369.

[5] J. Pryde: J. chem. Soc. Lond. **123**, 1808 (1923) — Chem. Zbl. **1923 III**, 1397.

[6] William Charlton, Walter Norman Haworth u. Stanley Peat: J. chem. Soc. Lond. **1926**, 89 — Chem. Zbl. **1926 I**, 3025.

[7] H. D. K. Drew, E. H. Goodyear u. W. N. Haworth: J. chem. Soc. Lond. **1927**, 1237 — Chem. Zbl. **1927 II**, 1244.

1-2, 3, 5, 6-Tetramethyl-γ-galaktonsäure.

Mol-Gewicht: 252,21.

Zusammensetzung: $C_{10}H_{20}O_7$.

Derivate: 1-2, 3, 5, 6-Tetramethylgalaktonsäurelacton $C_6H_6O_2(OCH_3)_4$.

$$\begin{array}{c}
CO \\
(CH_3O)-C-H \\
H-C-(OCH_3) \qquad O \\
H-C \\
(CH_3O)-C-H \\
CH_2-(OCH_3)
\end{array}$$

Darstellung aus dem Ester durch n-Ba(OH)$_2$-Lösung bei 80—90° 1¹/₂ Stunden lang, Eindampfen zur Trockne im Vakuum und Extraktion des Rückstandes mit Äther. Siedep. bei 2 mm 130—135°. $n_D^{15} = 1,4496$. $[\alpha]_D = -29,5°$, nach 5 Tagen $-27,0°$ [1].

1-2, 3, 5, 6-Tetramethylgalaktonsäuremethylester $C_6H_7O_2(OCH_3)_5$. Aus 1-Galaktonsäure-γ-lacton durch Ag$_2$O und CH$_3$J, Ausziehen des Reaktionsproduktes mit CH$_3$OH und Aceton nach je einer Methylierung und erneute 2malige Methylierung, Ausziehen mit Äther und Destillation im Hochvakuum. Siedep. bei 0,75 mm 100°, $n_D^{16,3} = 1,4402$. $[\alpha]_D = +9,93°$ in wässeriger Lösung (c = 1,773) [1].

Säure, erhalten bei der Oxydation der normalen Tetramethylfructose [2].
3, 4, 5-Trimethylfructonsäure.   3, 4, 5-Trimethyl-2-ketoglykonsäure.

Mol-Gewicht: 236,18.

Zusammensetzung: $C_9H_{16}O_7$.

$$\begin{array}{c}
COOH \\
HO-C \\
CH_3-O-C-H \\
H-C-O-CH_3 \qquad O \\
H-C-O-CH_3 \\
CH_2
\end{array}$$

Bildung: 5,5 g normale Tetramethylfructose werden nach den Angaben von Irvine und Patterson [3] mit 75 ccm Salpetersäure vom spez. Gewicht 1,2 oxydiert und das Gemisch der Reaktionsprodukte mit Methylalkohol verestert. Ein Teil des Sirups krystallisiert. Die in Äther + Petroläther unlöslichen Krystalle werden abgetrennt (2,2 g) und der aus der Mutterlauge anfallende Sirup destilliert. Siedep. 150—160° bei 10 mm; n_D des Destillats 1,4490. Es ist ein kompliziertes Gemisch, das beim Stehen noch etwas derselben krystallisierten Substanz absetzt. Die Krystalle bestehen aus dem Methylester der Säure.

Derivate: Methylester. Rektanguläre Platten aus Petroläther, Schmelzp. 119—120°, Siedep. etwa 160° bei 12 mm, $[\alpha]_D = -107°$ in Wasser bei c = 0,844; $[\alpha] = -94°$ in Methylalkohol bei c = 1,342. Färbt sich in heißen Alkalien braun; 60 mg geben nach 10 Minuten langem Kochen mit Fehlingscher Lösung 71 mg Kupferoxydul. Mit Methyljodid und Silberoxyd wird das Hydroxyl methyliert [2].

Äthylester der 3, 4, 5-Trimethylfructonsäure [4] $C_{11}H_{20}O_7$. Die Oxydation der 1, 3, 4, 5-Tetramethylfructose mit HNO$_3$ (D. 1,2) und Veresterung der entstandenen Säure liefert den

[1] J. Pryde: J. chem. Soc. Lond. **123**, 1808 (1923) — Chem. Zbl. **1923 III**, 1397.

[2] Walter Norman Haworth u. Edmund Langley Hirst: J. chem. Soc. Lond. **1926**, 1858 — Chem. Zbl. **1926 II**, 2694.

[3] Irvine u. Patterson: J. chem. Soc. Lond. **121**, 2146 (1923) — Chem. Zbl. **1923 III**, 741.

[4] W. N. Haworth, E. L. Hirst u. A. Learner: J. chem. Soc. Lond. **1927**, 1040 — Chem. Zbl. **1927 II**, 804.

Äthylester. Krystalle aus Petroläther vom Schmelzp. 87—88°. $[\alpha]_D = -98°$ (in Wasser; $c = 0,928$). Reduziert Fehlingsche Lösung. Bei der Oxydation mit HNO_3 (D. 1,42) bei 90—95° liefert inaktive Dimethyloxybernsteinsäure und Arabotrimethoxyglutarsäure.

2, 3, 4, 5-Tetramethyl-2-ketoglykonsäure[1].

Mol-Gewicht: 250,19.
Zusammensetzung: $C_{10}H_{18}O_7$.

$$
\begin{array}{c}
COOH \\
|\\
C—OCH_3 \\
|\\
CH_3—O—C—H \\
|\\
H—C—O—CH_3 \\
|\\
H—C—O—CH_3 \qquad O \\
|\\
CH_2
\end{array}
$$

Bildung: Bei der Oxydation von 1, 3, 4, 5-Tetramethylfructose mit Salpetersäure und Methylierung.

Derivate: Methylester. Aus 2-Ketoglykonsäure durch Methylierung. Aus Äther hexagonale Platten, Schmelzp. 102—103°; $[\alpha]_D^{20} = -130°$ in Wasser.

Amid. Schmelzp. 118—119°.

2, 3, 4, 6-Tetramethoxy-n-capronsäure. 2, 3, 4, 6-Tetramethyl-γ-fructonsäure[2].

Bildung und Darstellung: 10 g Tetramethyl-γ-fructose werden mit 70 ccm Salpetersäure vom spez. Gewicht 1,42 behandelt. Die lebhafte Oxydation beginnt bei 70°. Die Temperatur steigt in einer Stunde auf 92° und wird noch $1^3/_4$ Stunden auf dieser Höhe gehalten. Die Salpetersäure wird bei 50° unter 15 mm unter wiederholtem Nachgeben von Wasser abdestilliert. — Das sirupöse Produkt gibt nach Entfernung der letzten Wasserreste durch Eindampfen mit Methylalkohol bei 4stündigem Kochen mit Methylalkohol den Ester, s. Symbol A.

$$
\begin{array}{c}
COOCH_3 \\
|\\
C—OH \\
|\\
CH_3—O—C—H \\
|\\
H—C—OCH_3 \qquad O \\
|\\
H—C——— \\
|\\
A \quad CH_2—O—CH_3
\end{array}
$$

Durch weitere Methylierung werden Derivate der Säure erhalten.

Derivate: Tetramethoxy-n-valeriansäureamid $C_{10}H_{19}O_6N$. Der obige Ester (Symbol A) wird mit Methyljodid und Silberoxyd behandelt. Der restierende Sirup wird in 4 Fraktionen zerlegt. Die erste besteht aus Lösungsmittel und Methyloxalat, Fraktion 2 geht über bei der Badtemperatur 161°, 4,4 g, $n_D^{15} = 1,4422$. Fraktion 3 bei 166°, 3 g, $n_D^{15} = 1,442$; Fraktion 4 bei 180°, 1,1 g, $n_D^{15} = 1,4470$, Druck 16 mm. Fraktion 2 reduziert nicht und wird von Alkalien

[1] Cameron Gordon Anderson, William Charlton, Walter Norman Haworth u. Vincent Stanley Nicholson: J. chem. Soc. Lond. **1929**, 1337 — Chem. Zbl. **1929 II**, 2771.

[2] Walter Norman Haworth, Edmund Langley Hirst u. Vincent Stanley Nicholson: J. chem. Soc. Lond. **1927**, 1513 — Chem. Zbl. **1927 II**, 2279. — Cameron Gordon Anderson, William Charlton, Walter Norman Haworth u. Vincent Stanley Nicholson: J. chem. Soc. Lond. **1929**, 1337; — Chem. Zbl. **1929 II**, 2771.

nicht angegriffen: $[\alpha]_D = -8°$ in Methylalkohol bei $c = 2,452$. — Daraus entsteht mit methylalkoholischem Ammoniak das Amid:

$$
\begin{array}{c}
CO-NH_2 \\
| \\
C-O-CH_3 \\
| \\
CH_3-O-C-H \\
| \\
H-C-O-CH_3 \\
| \\
H-C \\
| \\
CH_2-O-CH_3
\end{array}
$$

Aus Petroläther Ballen feiner Nadeln vom Schmelzp. 100—101°. — Leicht löslich in Alkohol, Methylalkohol und Wasser, weniger in Aceton. Aus dem restlichen Sirup konnten noch 0,6 g einer wahrscheinlich nicht einheitlichen Substanz vom Schmelzp. 177—178°, löslich in Alkohol und Methylalkohol, sonst unlöslich, isoliert werden, die in der Hauptsache das Amid eines weiteren Abbauproduktes der Tetramethyl-γ-Glykose sein dürfte.

3, 4, 6-Trimethyl-2-ketoglykonsäure[1].

Mol-Gewicht: 236,18.
Zusammensetzung: $C_9H_{16}O_7$.

$$
\begin{array}{c}
COOH \\
| \\
C-OH \\
| \\
CH_3-O-C-H \\
| \\
H-C-OCH_3 \\
| \\
H-C \\
| \\
CH_2-OCH_3
\end{array}
$$

Bildung: Bildet sich bei der Oxydation der Tetramethyl-γ-fructose mit Salpetersäure.

Physikalische und chemische Eigenschaften: Bei der Oxydation mit alkalischer Kaliumpermanganatlösung liefert diese Säure eine Oxy-dimethoxybuttersäure:

$$
\begin{array}{c}
COOH \\
| \\
H-C-O-CH_3 \\
| \\
H-C-OH \\
| \\
CH_2-O-CH_3
\end{array}
$$

die als Methylester isoliert und als Amid identifiziert wurde. Dieses Amid erwies sich als identisch mit dem einen der entsprechend umgewandelten Produkte der direkten Oxydation der Tetramethyl-γ-fructose. Die weitere Methylierung des Esters führte zum Methylester einer Trimethoxybuttersäure, die gleichfalls durch ihr Amid identifiziert wurde. Unter bestimmten Bedingungen verliert Oxy-dimethoxybuttersäure ein Mol Wasser, doch läßt sich noch nicht sagen, welche Konstitution das hygroskopische Umwandlungsprodukt hat. Die Anwendung der Weermanschen Reaktion auf α-Oxysäuren zeigte, daß die Oxy-dimethoxybuttersäure nicht zu dieser Gruppe gehört. Ferner erwies sich die Säure beständig gegen Salpetersäure, was gegen die Annahme einer CH_2-OH-Gruppe spricht. Bei der Oxydation der Trimethyl-2-ketoglykonsäure mit Bariumpermanganat in saurer Lösung entsteht bei Verbrauch von 1 Atom

---

[1] John Avery, Walter Norman Haworth u. Edmund Langley Hirst: J. chem. Soc. Lond. **1927**, 2308 — Chem. Zbl. **1927 II**, 2445.

aktiven Sauerstoff pro Mol der Säure in einer Ausbeute von 50% d-Trimethyl-γ-arabonsäure-lacton:

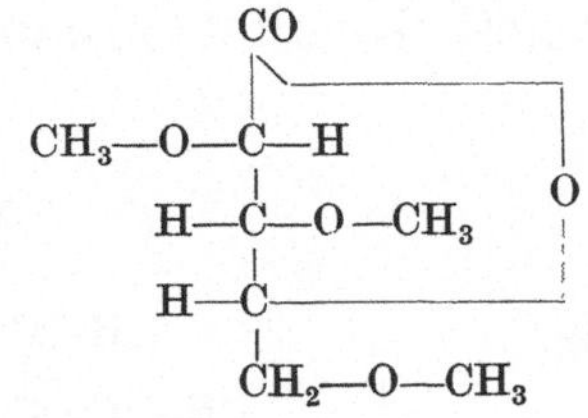

$$
\begin{array}{l}
\mathrm{CO} \\
\mathrm{CH_3-O-C-H} \\
\quad\quad\mathrm{H-C-O-CH_3} \quad\quad \mathrm{O} \\
\quad\quad\mathrm{H-C} \\
\quad\quad\mathrm{CH_2-O-CH_3}
\end{array}
$$

Derivate: **Äthylester** $C_{11}H_{20}O_7$. 10 g Tetramethyl-γ-glykose werden mit 70 ccm Salpetersäure vom spez. Gewicht 1,42 vorsichtig auf 70° erwärmt, bei welcher Temperatur die Reaktion energisch einsetzt und schließlich allmählich auf 93° erwärmt. Nach $1^1/_2$ Stunden ist die Reaktion beendet. Nach Abdestillieren der Salpetersäure im Vakuum wird das Reaktionsprodukt in üblicher Weise mit Alkohol verestert und im Hochvakuum fraktioniert. Fraktion I bis 125° Badtemperatur: 2,2 g, $n_D^{16} = 1,4500$; Fraktion II Siedep. 130—135° bei 0,1 mm 7 g, $n_D^{14} = 1,4520$; Fraktion III Siedep. 150° bei 0,1 mm 0,5 g, $n_D^{14} = 1,4564$. — Fraktion II enthält den Äthylester der Trimethyl-2-ketoglykonsäure. $[\alpha]_D^{24} = +25,8°$ in Wasser bei $c = 2,7$. — Reduziert Fehlingsche Lösung. Mit Purdies Reagens liefert sie das entsprechende **Methyllactolid**, das Fehlingsche Lösung nicht mehr reduziert. Siedep. 155—160° bei 12 mm; $[\alpha]_D^{23} = +3°$ in Wasser bei $c = 1,07$. Sirup vom Siedep. 132—140°/0,18 mm, $n_D^{15} = 1,4529$, $[\alpha]_D^{16} = +27,1°$ [1].

Amid $C_{10}H_{19}O_6N$. Aus dem Ester mit methylalkoholischem Ammoniak. Krystalle aus Petroläther vom Schmelzp. 99—100°; $[\alpha]_{5461}^{21} = -83°$ in Wasser bei $c = 0,98$.

Säuren der C_7-Reihe.

d-4-Methyl-α-glykoheptonsäure [2].

Mol-Gewicht: Säure: 240,17, Lacton: 222,15.
Zusammensetzung: Säure: $C_8H_{16}O_8$, Lacton: $C_8H_{14}O_7$.

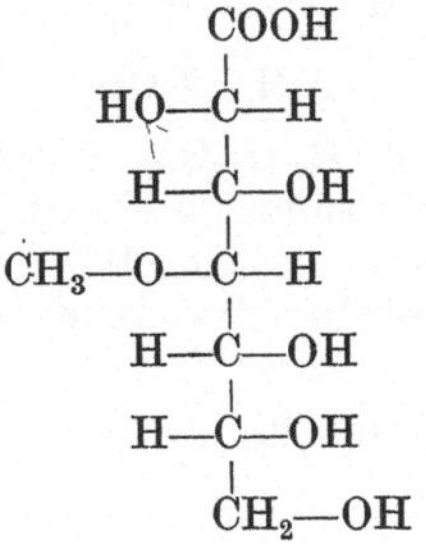

$$
\begin{array}{ll}
\mathrm{COOH} & \quad\quad \mathrm{O\!=\!C} \\
\mathrm{HO-C-H} & \quad\quad \mathrm{HO-C-H} \\
\mathrm{H-C-OH} & \quad\quad \mathrm{H-C-OH} \quad \mathrm{O} \\
\mathrm{CH_3-O-C-H} & \quad\quad \mathrm{CH_3-O-C-H} \\
\mathrm{H-C-OH} & \quad\quad \mathrm{H-C} \\
\mathrm{H-C-OH} & \quad\quad \mathrm{H-C-OH} \\
\mathrm{CH_2-OH} & \quad\quad \mathrm{CH_2-OH} \\
\text{Säure} & \quad\quad \text{Lacton}
\end{array}
$$

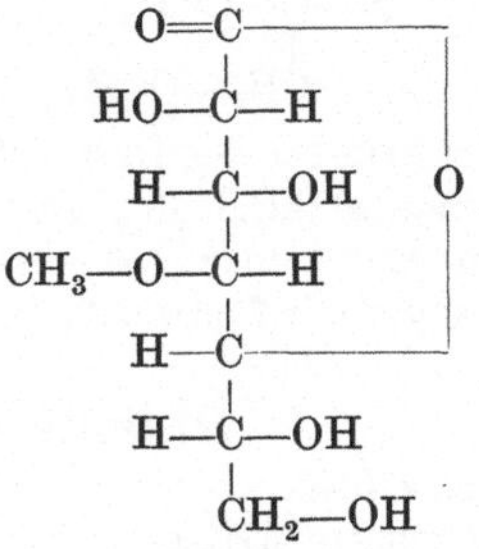

Bildung: Aus 3-Methyl-d-glykose mit Cyanwasserstoff 5 Tage bei Zimmertemperatur.

Physikalische und chemische Eigenschaften: Das Lacton bildet Krystalle aus Methylalkohol vom Schmelzp. 204° und $[\alpha]_D^{20} = +48°$ → $+3,5°$ in Wasser bei $c = 2$. Die entsprechende Säure zeigt in Wasser $[\alpha]_D^{20} = -14,9°$ → $+3,0°$ bei $c = 2,006$; ihr Natriumsalz: $[\alpha]_D^{20} = +7,2°$ in 0,5 normaler Natronlauge und $c = 0,1938$. — Untersuchungen über die Geschwindigkeit der Lactonbildung [3].

---

[1] W. N. Haworth u. A. Learner: J. chem. Soc. Lond. **1928**, 619 — Chem. Zbl. **1928 I**, 2934.

[2] P. A. Levene u. G. M. Meyer: J. of biol. Chem. **60**, 173 (1924) — Chem. Zbl. **1924 II**, 1458.

[3] P. A. Levene u. H. S. Simms: J. of biol. Chem. **65**, 31 (1925) — Chem. Zbl. **1926 I**, 54.

Säuren der C_{12}-Reihe.

Oktamethyl-maltobionsäure.

Mol-Gewicht: 470,40.

Zusammensetzung: $C_{20}H_{38}O_{12}$.

```
        COOH                          α    CH
         |                                  |
  H——C——OCH₃          O          H——C——O——CH₃
         |                                  |
CH₃——O——C——H                   CH₃——O——C——H        O
         |                                  |
  H——C————                         H——C——OCH₃
         |                                  |
  H——C——O——CH₃                     H——C————
         |                                  |
       CH₂——O——CH₃                       CH₂——O——CH₃
```

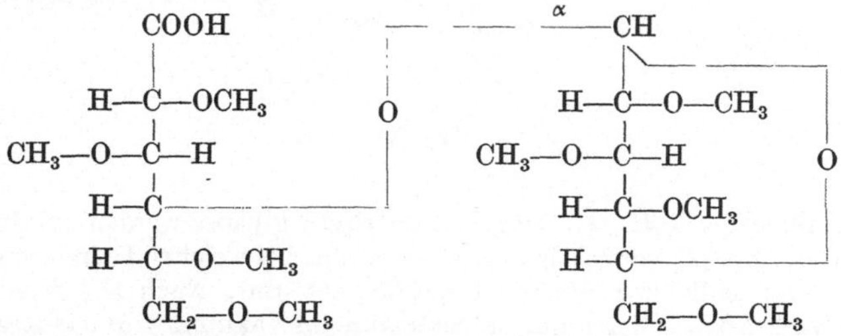

Derivate: **Oktamethylmaltobionsäuremethylester**[1] $C_{21}H_{40}O_{12}$. — Calciummmaltobionat wird mit Alkali und Dimethylsulfat zweimal methyliert, die partiell methylierte Säure bei 0,03 mm und 160—170° ausfraktioniert, und mit feuchtem Silberoxyd und Methyljodid wiederholt weiter methyliert. Hierauf wird mit wässerigem Barytwasser bei 40° digeriert, mit Silbersulfat umgesetzt und das Silbersalz wieder mit Silberoxyd und Methyljodid methyliert. $n_D^{14} = 1{,}4620$, Siedep. 170—173° bei 0,05 mm. Bei der Hydrolyse resultiert 2, 3, 4, 6-Tetramethylglykose und 2, 3, 5, 6-Tetramethyl-γ-glykonsäurelacton.

Oktamethylcellobionsäure.

Mol-Gewicht: 470,40.

Zusammensetzung: $C_{20}H_{38}O_{12}$.

```
        COOH                          β    CH
         |                                  |
  H——C——O——CH₃        O          H——C——O——CH₃
         |                                  |
CH₃——O——C——H                   CH₃——O——C——H        O
         |                                  |
  H——C————                         H——C——O——CH₃
         |                                  |
  H——C——OCH₃                       H——C————
         |                                  |
       CH₂——OCH₃                         CH₂——OCH₃
```

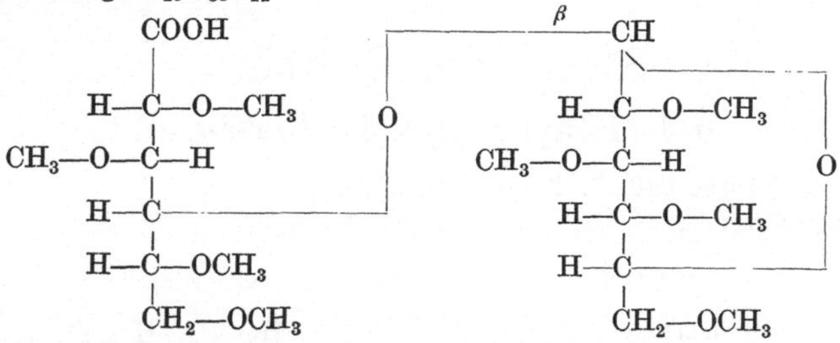

Derivate: **Methylester der Oktamethylcellobionsäure** $C_{21}H_{40}O_{12}$. Entsteht aus dem Ca-Salze der Cellobionsäure durch Methylierung mit Dimethylsulfat und NaOH, dann mit Ag_2O und CH_3J. Sirup vom Siedep. 169—171°/0,05 mm (Badtemperatur 192°), $n_D^{14} = 1{,}4609$. — Gibt bei der Hydrolyse mit 7proz. HCl bei 80—90° Tetramethylglykonsäure und Tetramethylglykose[2].

Oktamethyllactobionsäure.

Mol-Gewicht: 470,40.

Zusammensetzung: $C_{20}H_{38}O_{12}$.

```
        COOH                          β    CH
         |                                  |
  H——C——OCH₃          O          H——C——O——CH₃
         |                                  |
CH₃——O——C——H                   CH₃——O——C——H        O
         |                                  |
  H——C————                         CH₃——O——C——H
         |                                  |
  H——C——OCH₃                       H——C————
         |                                  |
       CH₂——O——CH₃                       CH₂——OCH₃
```

<hr>

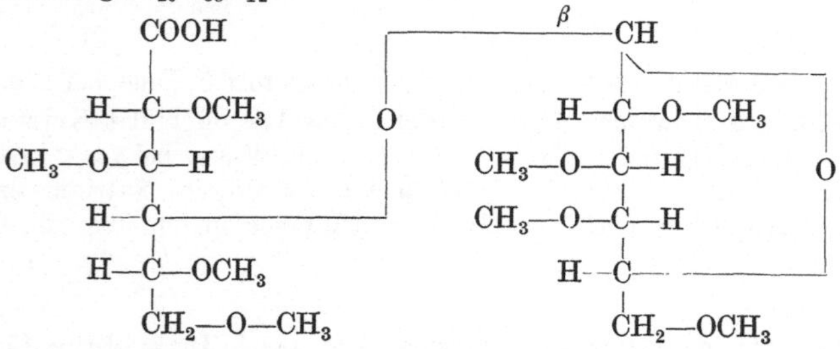

[1] Walter Norman Haworth u. Stanley Peat: J. chem. Soc. Lond. **1926**, 3094 — Chem. Zbl. **1927 I**, 1289.

[2] W. N. Haworth, C. W. Long u. J. H. G. Plant: J. chem. Soc. Lond. **1927**, 2809 — Chem. Zbl. **1928 I**, 799.

Derivate: Oktamethyllactobionsäuremethylester $C_{21}H_{40}O_{12}$. Aus Lactobionsäure durch Methylierung mit Destillation bei 0,09 mm und Weitermethylierung der Fraktion 178—210° ($n_D^{12} = 1,4625—1,4689$) mit Ag_2O und CH_3J. Siedep. 157—164° bei 0,05 mm; $n_D^{13} = 1,4632$. Bei der Hydrolyse mit 7 proz. HCl bei 80—90° entstehen 2, 3, 4, 6-Tetramethylgalaktose und 2, 3, 5, 6-Tetramethylglykonsäurelacton[1].

Oktamethylmelibionsäure.

Mol-Gewicht: 470,40.

Zusammensetzung: $C_{20}H_{38}O_{12}$.

$$
\begin{array}{ll}
\text{COOH} & \text{CH} \\
| & | \\
\text{H—C—OCH}_3 & \text{H—C—O—CH}_3 \\
| & | \\
\text{CH}_3\text{—O—C—H} & \text{CH}_3\text{—O—C—H} \quad\quad O \\
| \quad\quad\quad\quad O & | \\
\text{H—C—OCH}_3 & \text{CH}_3\text{—O—C—H} \\
| & | \\
\text{H—C—OCH}_3 & \text{H—C—} \\
| & | \\
\text{CH}_2 & \text{CH}_2\text{—OCH}_3
\end{array}
$$

Derivate: Oktamethylmelibionsäuremethylester, Methyloktamethylmelibionat[2] $C_{21}H_{40}O_{12}$. Sirup vom Siedep. 173—175°/0,06 mm, $n_D^{14} = 1,4640$, $[\alpha]_D^{13} = +106,40$ (Wasser, $c = 1,63$). Bei der Hydrolyse mit 7 proz. wässeriger HCl bei 90° in 3 Stunden zerfällt sie in 2, 3, 4, 6-Tetramethylgalaktose und 2, 3, 4, 5-Tetramethylglykonsäure[2].

Zweibasische Säuren.
Säuren der C_3-Reihe.
Methyltartronsäurelacton.
$$C_5H_8O_4.$$

Bildung: 50 g Fucose in 250 ccm Wasser werden zu einer Lösung von 93 g KOH in $5^1/_4$ l Wasser gegeben und bei 40—50° ein kräftiger CO_2-freier Luftstrom 60 Stunden lang durchgeleitet. Die Lösung wird mit HCl neutralisiert, eingedampft, der Rückstand mit Alkohol aufgenommen, wiederum eingedampft, dieselbe Operation mit weniger Alkohol wiederholt, der schließlich verbleibende Rückstand mit 500 ccm trocknem Essigester extrahiert, vom unlöslichen Anteil abgegossen, im Vakuum eingedampft und mit Äther behandelt. Nach 2 tägigem Stehen scheiden lange Krystalle aus. Ausbeute 7,5 g.

Physikalische und chemische Eigenschaften: Aus wenig Äthylacetat umgelöst, Schmelzpunkt 111°. $[\alpha]_D^{20} = -63,65°$.

Derivate: Methyltartronsäureamid $C_5H_{11}O_4N$. Sirup, der nach mehrtägigem Stehen unter absolutem Äther krystallisiert. Schmelzp. 112,5°. $[\alpha]_D^{20} = +18,48°$[3].

Säuren der C_4-Reihe.
Inaktive Dimethoxybernsteinsäure[4].

Mol-Gewicht: 176,09.

Zusammensetzung: $C_6H_8O_6$.

$$
\begin{array}{l}
\text{COOH} \\
| \\
\text{H—C—O—CH}_3 \\
| \\
\text{H—C—O—CH}_3 \\
| \\
\text{COOH}
\end{array}
$$

[1] W. N. Haworth u. C. W. Long: J. chem. Soc. Lond. **1927**, 544 — Chem. Zbl. **1927 I**, 2818.

[2] W. N. Haworth, J. V. Loach u. C. W. Long: J. chem. Soc. Lond. **1927**, 3146 — Chem. Zbl. **1928 I**, 1390.

[3] E. P. Clark: J. of biol. Chem. **54**, 65 (1922) — Chem. Zbl. **1923 III**, 483.

[4] Walter Norman Haworth u. Edmund Langley Hirst: J. chem. Soc. Lond. **1926**, 1858 — Chem. Zbl. **1926 II**, 2694.

Bildung: Bildet sich bei der Oxydation der normalen Tetramethylfructose. 7 g n-Tetramethylfructose und 50 ccm Salpetersäure vom spez. Gewicht 1,42 werden bis zum Einsetzen der Reaktion auf etwa 70° erwärmt, und die Oxydation durch abwechselndes Kühlen und Erwärmen so reguliert, daß die NO-Entwicklung nicht heftig wird. Schließlich wird eine Stunde auf 90° erhitzt. Das esterifizierte Reaktionsprodukt schied 0,9 g der Verbindung I vom Schmelzp. 119—120° ab.

$$\begin{array}{l} COOCH_3 \\ HO-C-\!\!\!-\!\!\!-\!\!\!\!\! \\ CH_3-O-C-H \\ H-C-O-CH_3 \\ H-C-O-CH_3 \quad O \\ CH_2 \\ \mathrm{I} \end{array}$$

Der sirupöse Anteil liefert bei der Destillation 2 Fraktionen; a) 2,8 g vom Siedep. 135 bis 140° bei 10 mm, $n_D^{18} = 1{,}4370$ und b) 1,35 g vom Siedep. 145—160° bei 10 mm, $n_D^{18} = 1{,}4488$. — Aus dieser Fraktion krystallisieren noch geringe Mengen der Substanz I. Oxalsäure war nicht in beachtenswerter Menge entstanden. Fraktion a) besteht aus einem Gemisch nahezu gleicher Teile der Methylester von inaktiver Dimethoxybernsteinsäure und d-Arabotrimethoxyglutarsäure. — Die Trennung und Identifizierung geschieht über die Amide, wobei jedoch die Abtrennung des Amids der Dimethoxybernsteinsäure nicht gelang.

Derivate: Dimethylester $C_8H_{14}O_6$. Aus Äther + Petroläther Platten vom Schmelzp. 67 bis 68°. — 1,5 g Tetramethyl-γ-mannonsäurelacton werden mit 13 ccm HNO_3 (D. 1,42) etwa 7 Stunden auf 100° erwärmt. Die übliche Aufarbeitung ergibt einen von Krystallen durchsetzten Sirup, der mit 4proz. methylalkoholischer HCl verestert wird, wobei der Methylester vom Schmelzp. 68° entsteht[1].

Diamid $C_6H_{12}O_4N_2$. — Aus Methylalkohol rektanguläre Prismen vom Schmelzp. 245 bis 246° unter Zersetzung. Schmelzp. 245—250° (Dunkelfärbung). $[\alpha]_D^{18} = -94°$ (Wasser; $c = 0{,}9$)[2]. Schmelzp. 239°[1].

Dimethoxybernsteinsäuremethylamid[3] $C_8H_{16}O_4N_2$. Krystalle aus Essigester, Schmelzpunkt 210°.

d-Dimethoxybernsteinsäure.

Mol-Gewicht: 176,09.
Zusammensetzung: $C_6H_8O_6$.

$$\begin{array}{l} COOH \\ H-C-O-CH_3 \\ CH_3-O-C-H \\ COOH \end{array}$$

Darstellung: Aus Trimethyl-γ-xylonsäurelacton durch Oxydation mit HNO_3 (D. 1,42) durch 8stündiges Erhitzen auf 95—100° Der Ester destilliert bei 117—120°/0,15 mm. $n_D^{14} = 1{,}4429$[4].

Derivate: d-Dimethoxybernsteinsäureamid. Schmelzp. 269° (Dunkelfärbung)[2].

d-Dimethoxybernsteinsäuremethylamid $C_8H_{16}O_4N_2$. Aus Petroläther lange Nadeln vom Schmelzp. 205°. $[\alpha]_D^{15} = +132{,}6°$ (in Wasser; $c = 1{,}95$)[3,4]. Aus Essigester lange Nadeln vom Schmelzp. 205—206°[2].

---

[1] E. H. Goodyear u. W. N. Haworth: J. chem. Soc. Lond. **1927**, 3136 — Chem. Zbl. **1928 I**, 1388.

[2] W. N. Haworth, E. L. Hirst u. A. Learner: J. chem. Soc. Lond. **1927**, 2432 — Chem. Zbl. **1928 I**, 184.

[3] W. N. Haworth u. D. J. Jones: J. chem. Soc. Lond. **1927**, 2349 — Chem. Zbl. **1927 II**, 2447.

[4] W. N. Haworth u. C. R. Porter: J. chem. Soc. Lond. **1928**, 611 — Chem. Zbl. **1928 I**, 2933.

l-Dimethoxybernsteinsäure.

Mol-Gewicht: 176,09.
Zusammensetzung: $C_6H_8O_6$.

$$
\begin{array}{c}
COOH \\
| \\
CH_3{-}O{-}\overset{|}{C}{-}H \\
| \\
H{-}\overset{|}{C}{-}O{-}CH_3 \\
| \\
COOH
\end{array}
$$

Derivate: Methylester der l-Dimethoxybernsteinsäure. Sirup vom Siedep. bei 0,77 mm 83 °, $n_D^{18} = 1,4345$. $[\alpha]_D^{18} = -78,8°$ (CH_3OH, $c = 3,12$)[1].

l-Dimethoxybernsteinsäureamid $C_6H_{12}O_4N_2$. Nadeln vom Schmelzp. 278° unter vorheriger Verfärbung von 250° an, zersetzt sich bei 294°[1].

l-Dimethoxybernsteinsäuremethylamid $C_8H_{16}O_4N_2$. Aus Essigester lange Nadeln vom Schmelzp. 205°. $[\alpha]_D^{17} = -131,8°$ (in Wasser; $c = 1,61$)[1,2].

Säuren der C_5-Reihe.

α, α-Dimethoxy-β-oxyglutarsäure[3].

Mol-Gewicht: 208,14.
Zusammensetzung: $C_7H_{12}O_7$.

$$
\begin{array}{c}
COOH \\
| \\
CH_3{-}O{-}\overset{|}{C}{-}H \\
| \\
H{-}\overset{|}{C}{-}OH \\
| \\
H{-}\overset{|}{C}{-}O{-}CH_3 \\
| \\
COOH
\end{array}
$$

Bildung: Durch Oxydation der 2, 4-Dimethyl-d-arabinose mit Salpetersäure. 2 g 2, 4-Dimethyl-d-arabinose werden in 25 ccm Salpetersäure vom spez. Gewicht 1,2 gelöst und 20 Stunden auf 60° erwärmt; das Reaktionsprodukt wird dann, wie es bei der Oxydation der 1, 2, 4-Trimethylfructose beschrieben ist, weiter behandelt. Das Endprodukt wird zunächst 10 Stunden unter 8 mm, dann 4 Stunden unter 0,24 mm Druck bei 70° getrocknet. Erhalten 1,08 g eines nahezu farblosen, etwas gelblichen Sirups, der ziemlich schnell krystallisiert. Das Produkt ist die α, α'-Dimethoxy-β-oxyglutarsäure.

Physikalische und chemische Eigenschaften: $[\alpha]_D^{23} = -1,86 \cdot 8,3548/0,4334 \cdot 0,8059 = -44,5°$ in Alkohol. Die Drehung bleibt nach 24 Stunden konstant.

α, β-Dimethoxy-γ-oxyglutarsäure[4].

Mol-Gewicht: Säure 208,1, Lacton 190,08.
Zusammensetzung: Säure: $C_7H_{12}O_7$, Lacton: $C_7H_{10}O_6$.

$$
\begin{array}{cc}
\begin{array}{c}
COOH \\
| \\
CH_3 \cdot O{-}\overset{|}{C}{-}H \\
| \\
H{-}\overset{|}{C}{-}O \cdot CH_3 \\
| \\
H{-}\overset{|}{C}{-}OH \\
| \\
COOH
\end{array}
&
\begin{array}{c}
CO \\
| \\
CH_3 \cdot O{-}\overset{|}{C}{-}H \\
| \\
H{-}\overset{|}{C}{-}O \cdot CH_3 \\
| \\
H{-}\overset{|}{C}{-}OH \\
| \\
CO
\end{array}
\\
\text{Säure} & \text{Lacton}
\end{array}
$$

---

[1] W. N. Haworth u. D. J. Jones: J. chem. Soc. Lond. **1927**, 2349 — Chem. Zbl. **1927 II**, 2447.

[2] W. N. Haworth, E. L. Hirst u. A. Learner: J. chem. Soc. Lond. **1927**, 2432 — Chem. Zbl. **1928 I**, 184.

[3] Géza Zemplén u. Géza Braun: Ber. dtsch. chem. Ges. **59**, 2241 (1926) — Chem. Zbl. **1926 II**, 2561.

[4] Géza Zemplén u. Géza Braun: Ber. dtsch. chem. Ges. **59**, 2239 (1926) — Chem. Zbl. **1926 II**, 2561.

Bildung: Durch Oxydation des Lactons:

$$
\begin{array}{l}
\quad\text{—CO} \\
\text{CH}_3\cdot\text{O—C—H} \\
O\quad\quad\text{H—C—O}\cdot\text{CH}_3 \\
\quad\quad\text{H—C—OH} \\
\quad\quad\quad\text{CH}_2
\end{array}
$$

mit alkalischer Permanganatlösung. Zur Lösung von 1 g Substanz in 100 ccm Wasser werden 146 ccm $^{n}/_{10}$-KOH zugegeben und im Laufe von 1 Stunde bei 70° 255 ccm $^{n}/_{10}$-KMnO$_4$ zugetropft, bis die Farbe der Lösung dauernd hellrosa bleibt. Nach dem Erkalten wird die Lösung mit Kohlensäure gesättigt und das Filtrat unter vermindertem Druck auf 100 ccm eingeengt. Hiernach gibt man etwas weniger als die berechnete Menge Überchlorsäure hinzu und verdampft unter vermindertem Druck zum Sirup. Letzterer wird mit abs. Alkohol entwässert und dann nochmals mit abs. Alkohol behandelt, wobei das Kaliumperchlorat ungelöst zurückbleibt. Das Filtrat wird unter vermindertem Druck eingeengt und wiederholt mit abs. Alkohol extrahiert; dann wird verdampft, bis der Alkoholrückstand in Äther völlig löslich geworden ist. Die Ätherlösung wird unter vermindertem Druck verdampft und zunächst 10 Stunden bei 10 mm, dann 3 Stunden bei 0,5 mm Druck getrocknet. Es resultieren 0,5 g eines hellgelben Sirups, der nach kurzer Zeit zu Krystallnadeln erstarrt.

Physikalische und chemische Eigenschaften: $[\alpha]_D^{24} = +1{,}02\cdot 8{,}1868/0{,}2826\cdot 0{,}798 = +36{,}9°$ in Alkohol, nach 24 Stunden $[\alpha]_D^{24} = +34{,}5°$ in Alkohol.

α,β-Dimethoxy-γ-oxyglutarsäure [1].

(Aus γ-Trimethyl-l-arabinose erhalten.)

Mol-Gewicht: Säure 208,1; Lacton 190,08.
Zusammensetzung: Säure: $C_7H_{12}O_7$, Lacton: $C_7H_{10}O_6$.

$$
\begin{array}{l}
\text{COOH} \\
\text{H—C—O—CH}_3 \\
\text{CH}_3\text{—O—C—H} \\
\text{HO—C—H} \\
\text{COOH}
\end{array}
$$

Bildung: Bei der Oxydation der Trimethyl-γ-l-arabinose mit Salpetersäure.
Physikalische und chemische Eigenschaften: Wird bei der Methylierung in Arabotrimethoxyglutarsäure umgewandelt.

d-Arabotrimethoxyglutarsäure [2].

Mol-Gewicht: 234,16.
Zusammensetzung: $C_9H_{14}O_7$.

$$
\begin{array}{l}
\text{COOH} \\
\text{CH}_3\text{—O—C—H} \\
\text{H—C—O—CH}_3 \\
\text{H—C—O—CH}_3 \\
\text{COOH}
\end{array}
$$

Bildung: Bei der Oxydation der normalen Tetramethylfructose mit Salpetersäure neben Dimethoxybernsteinsäure. Darstellung s. dort.
Physikalische und chemische Eigenschaften: $[\alpha]_D = -26°$ in Methylalkohol bei $c = 1{,}142$ bzw. $[\alpha]_D = -28°$ in Wasser bei $c = 1{,}768$.

[1] Walter Norman Haworth u. Vincent Stanley Nicholson: J. chem. Soc. Lond. **1926**, 1899 — Chem. Zbl. **1926 II**, 2412.
[2] Walter Norman Haworth u. Edmund Langley Hirst: J. chem. Soc. Lond. **1926**, 1858 — Chem. Zbl. **1926 II**, 2694.

Derivate: **Dimethylester der d-Arabotrimethoxyglutarsäure**[1] $C_{10}H_{18}O_7$. Sirup, Siedepunkt 143° bei 15 mm; $n_D^{16} = 1,4375$; $[\alpha]_D^{16} = -47,5°$ in Methylalkohol bei $c = 1,98$; $= -42,5°$ in Wasser bei $c = 1,259$[1].

d-Arabotrimethoxyglutarsäureamid[1]. Schmelzp. 232–233°; $[\alpha]_D^{16} = -49,54$ in Wasser bei $c = 0,545$.

l-Arabo-2, 3, 4-trimethoxyglutarsäure[2].

·Mol-Gewicht: 234,16.
Zusammensetzung: $C_9H_{14}O_7$.

$$
\begin{array}{ccc}
\text{COOH} & & \text{COOH} \\
| & & | \\
\text{H—C—OCH}_3 & & \text{H—C—OCH}_3 \\
| & & | \\
\text{CH}_3\text{—O—C—H} & \text{oder} & \text{H—C—OCH}_3 \\
| & & | \\
\text{CH}_3\text{—O—C—H} & & \text{CH}_3\text{O—C—H} \\
| & & | \\
\text{COOH} & & \text{COOH}
\end{array}
$$

Bildung: Eine Lösung von 2, 3, 4-Trimethyl-α-methylrhamnosid oder 2, 3, 4-Trimethylrhamnose wird mit Salpetersäure vom spez. Gewicht 1, 2 bis zum Oxydationsbeginn vorsichtig auf 85° erhitzt. Die Reaktion ist nach 4 Stunden beendet. Danach wird noch $2^1/_2$ Stunden erwärmt. Das von Salpetersäure befreite und getrocknete Oxydationsprodukt wird mit Methylalkohol verestert[2]. Bei der Oxydation des 2, 3, 4-Trimethoxy-5-oxyvaleriansäurelactons mit Kaliumpermanganat und Zersetzung des Kaliumsalzes mit Perchlorsäure[3]. — Bei der Oxydation des Trimethyl-methyl-l-arabinosids[4] und des Äthylesters der Trimethylfructonsäure[5] mit Salpetersäure. — Aus l-Trimethylarabonsäure δ-Lacton[6].

Derivate: **Trimethoxyglutarsäureanhydrid** $C_8H_2O_6$. Bildet sich bei der Hochvakuumdestillation der Säure. — Siedep. 100° bei 0,05 mm[3].

Dimethylester $C_{10}H_{18}O_7$. Sirup vom Siedep. 105° bei 0,14 mm. $n_D^{15} = 1,4365$; $[\alpha]_D^{20} = +37,6°$ in Wasser bei $c = 2,52$; $[\alpha]_D^{18} = +41,2°$ in Methylalkohol bei $c = 1,31$[6, 7]. Siedepunkt 95°/0,08 mm, $n_D^{15} = 1,4359$, $[\alpha]_D^{20} = +44,7°$ (in Wasser, $c = 1,2$)[8].

Diamid[7, 8] $C_8H_{16}O_5N_2$. Aus CH_3OH umkrystallisiert, zersetzt sich bei 230°. $[\alpha]_D = +50,2$ (Wasser, $c = 1,14$)[8].

Methylamid[8] $C_{10}H_{20}O_5N_2$. Schmelzp. 172°. $[\alpha]_D = +59,9°$.

2, 3, 4-Lyxotrimethoxyglutarsäure[9].

Mol-Gewicht: 234,16.
Zusammensetzung: $C_9H_{14}O_7$.

$$
\begin{array}{c}
\text{COOH} \\
| \\
\text{CH}_3\text{—O—C—H} \\
| \\
\text{CH}_3\text{—O—C—H} \\
| \\
\text{H—C—O—CH}_3 \\
| \\
\text{COOH}
\end{array}
$$

[1] George Mac Owan: J. chem. Soc. Lond. **1926**, 1737 — Chem. Zbl. **1926 II**, 2696.

[2] Edmund Langley Hirst u. Alexander Killen Macbeth: J. chem. Soc. Lond. **1926**, 22 — Chem. Zbl. **1926 I**, 2790.

[3] Walter Norman Haworth u. Wilfred Herbert Linnell: J. chem. Soc. Lond. **123**, 294 (1923) — Chem. Zbl. **1923 III**, 1002.

[4] John Pryde, Edmund Langley Hirst u. Robert William Humphreys: J. chem. Soc. Lond. **127**, 348 (1925) — Chem. Zbl. **1925 I**, 2369.

[5] W. N. Haworth, E. L. Hirst u. A. Learner: J. chem. Soc. Lond. **1927**, 1040 — Chem. Zbl. **1927 II**, 804.

[6] W. N. Haworth u. D. J. Jones: J. chem. Soc. Lond. **1927**, 2349 — Chem. Zbl. **1927 II**, 2447.

[7] Edmund Langley Hirst u. George James Robertson: J. chem. Soc. Lond. **127**, 358 (1925) — Chem. Zbl. **1925 I**, 2371.

[8] W. N. Haworth, E. L. Hirst u. D. J. Jones: J. chem. Soc. Lond. **1927**, 2428 — Chem. Zbl. **1928 I**, 184.

[9] Edmund Langley Hirst u. James Andrew Buchan Smith: J. chem. Soc. Lond. **1928**, 3147 — Chem. Zbl. **1929 I**, 1920.

Bildung: Bei der Oxydation des Trimethyllyxonsäurelactons mit Salpetersäure vom spez. Gewicht 1,42 $1\frac{1}{2}$ Stunden bei 90°. Wurde als Methylester isoliert. In guter Ausbeute kann man die Substanz durch direkte Oxydation des Trimethylmethyllyxosids erhalten.

Derivate: Amid. Schmelzp. 230° unter Zersetzung.

Methylamid. Schmelzp. 171—172°.

Dimethylester. Siedep. 100° bei 0,1 mm. $n_D^{20} = 1,4355$, $[\alpha]_D^{20} = -34°$ in Wasser bei $c = 1,3$; $-39°$ in Methylalkohol bei $c = 0,4$.

2,3-Dimethoxy-3-oxyglutarsäuremonolacton[1].
2,3-Xylo-dimethoxy-glutarsäuremonolacton.

Mol-Gewicht: 190,08.

Zusammensetzung: $C_7H_{10}O_6$.

$$
\begin{array}{c}
\mathrm{CO} \\
\mathrm{H-C-O-CH_3} \\
\mathrm{CH_3-O-C-H} \quad \mathrm{O} \\
\mathrm{H-C} \\
\mathrm{COOH}
\end{array}
$$

Bildung: Entsteht bei der Oxydation der aus Dimethylxylan durch Hydrolyse erhaltenen Dimethylxylose mit Salpetersäure.

Physikalische und chemische Eigenschaften: Sirup $[\alpha]_D = +132°$ in Alkohol.

Inaktive Trimethoxyglutarsäure.

Mol-Gewicht: 234,16.

Zusammensetzung: $C_9H_{14}O_7$.

$$
\begin{array}{c}
\mathrm{COOH} \\
\mathrm{H-C-O-CH_3} \\
\mathrm{CH_3-O-C-H} \\
\mathrm{H-C-O-CH_3} \\
\mathrm{COOH}
\end{array}
$$

Derivate: Dimethylester der inaktiven Trimethoxyglutarsäure[2]. Darstellung durch Oxydation von Trimethyl-xylonsäure-δ-lacton mit HNO_3 (D. = 1,42) und darauffolgender Veresterung. Sirup vom Siedep. 102—104°/0,09 mm. $n_D = 1,4402$[2].

Inaktive Trimethoxyglutarsäure-amid[2]. Schmelzp. 195—198° unter Blaufärbung[2].

Inaktive Trimethoxyglutarsäure-methylamid[2] $C_{10}H_{20}O_5N_2$. Aus Essigester seidige Nadeln vom Schmelzp. 167—168°[2].

Säuren der C_6-Reihe.
2,3-Dimethylzuckersäure.

Mol-Gewicht: 238,15.

Zusammensetzung: $C_8H_{14}O_8$.

$$
\begin{array}{c}
\mathrm{COOH} \\
\mathrm{H-C-O-CH_3} \\
\mathrm{CH_3-O-C-H} \\
\mathrm{H-C-OH} \\
\mathrm{H-C-OH} \\
\mathrm{COOH}
\end{array}
$$

---

[1] Shigeru Komatsu, Tatsuj Inoue u. Risabuso Nakai: Mem. Coll. Sci. Eugui imp. Univ. Kyoto A **7**, 25 (1923) — Chem. Zbl. **1924 I**, 898.

[2] W. N. Haworth u. D. J. Jones: J. chem. Soc. Lond. **1927**, 2349 — Chem. Zbl. **1927 II**, 2447.

Derivate: Dimethylzuckersäurelacton-äthylester[1]. Bei der Oxydation der 2, 3, 6-Trimethylglykose mit HNO_3 (D. = 1,2) in der Wärme und nachfolgender Behandlung mit HCl-haltigem Alkohol entsteht der Äthylester. Siedep. bei 0,03 mm = 110—115°[1].

Dimethylzuckersäure (2, 5?).

Bildung: Entsteht bei der Oxydation der 2, 5(?) Dimethylglykose mit Salpetersäure[2].
Derivate: Dimethylzuckersäuredimethylester. Siedet unter 0,2 mm Druck bei etwa 125°; n_D = 1,4630[2].

2, 3, 4-Trimethylzuckersäure.

Mol-Gewicht: 252,18.
Zusammensetzung: $C_9H_{16}O_8$.

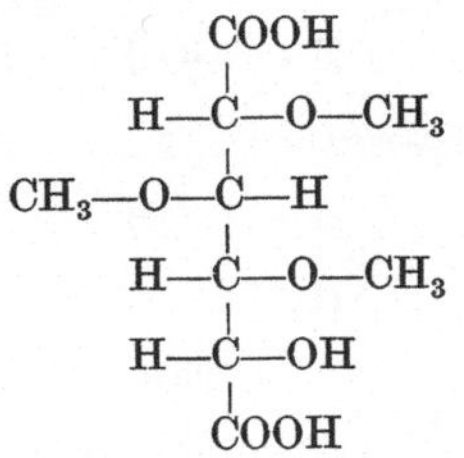

$$
\begin{array}{c}
COOH \\
H-C-O-CH_3 \\
CH_3-O-C-H \\
H-C-O-CH_3 \\
H-C-OH \\
COOH
\end{array}
$$

Derivate: 2, 3, 4-Trimethyl-zuckersäure-monolacton[3] $C_9H_{14}O_7$. Aus 2, 3, 4-Trimethylglykose durch Oxydation mit HNO_3 (D. = 1,2) bei 68°. Hellgelber Sirup; $[\alpha]_D$ = +69,2°, Enddrehung +51,2° in 50proz. Alkohol[3].

2, 3, 4, 5-Tetramethylzuckersäure.

Mol-Gewicht: 266,19.
Zusammensetzung: $C_{10}H_{18}O_8$.

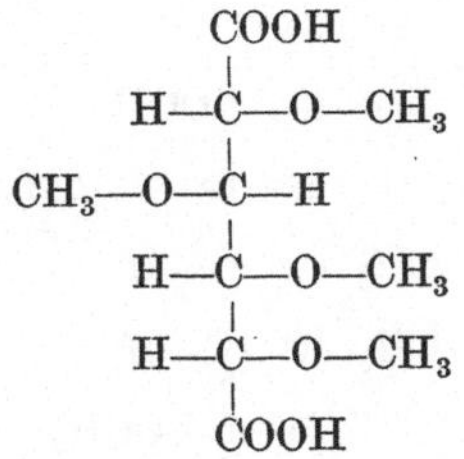

$$
\begin{array}{c}
COOH \\
H-C-O-CH_3 \\
CH_3-O-C-H \\
H-C-O-CH_3 \\
H-C-O-CH_3 \\
COOH
\end{array}
$$

Derivate: Tetramethylzuckersäuredimethylester[4] $C_{12}H_{22}O_8$. Zuckersaures Kalium wird in konz. Natronlauge und wenig Wasser gelöst und bei 85° in Anteilen mit Dimethylsulfat und 25proz. Natronlauge unter Rühren versetzt. Die Lösung wird eingeengt, heiß vom Natriumsulfat abfiltriert, mit Schwefelsäure neutralisiert, unter vermindertem Druck zur Trockne verdampft und mit Chloroform ausgezogen. Der Chloroformrückstand wird im Hochvakuum destilliert. Siedep. unter 0,3 mm 180—190°. Zähflüssiger Sirup. Dieser wird mit Silberoxyd und Methyljodid weiter auf dem Wasserbade einige Tage methyliert. — Sirup. Siedep. bei 1 mm 150°. Erstarrt beim Stehen. Derbe Nadeln aus Äther. Schmelzp. 68°. Leicht löslich in Wasser, Chloroform und Äther; $[\alpha]_D^{18}$ = +8,88° bzw. +10,26°. Darstellung durch Oxydation der nichtdestillierten Tetramethylglykonsäure mit HNO_3 (D. 1,2) bei 100°, Dauer 5 Stunden

[1] C. J. A. Cooper, W. N. Haworth u. S. Peat: J. chem. Soc. Lond. **1926**, 876 — Chem. Zbl. **1926 II**, 386.
[2] Alexander Killen Macbeth u. John Mackay: J. chem. Soc. Lond. **125**, 1513 (1924) — Chem. Zbl. **1924 II**, 1459.
[3] W. N. Haworth u. G. C. Leitch: J. chem. Soc. Lond. **121**, 1921 (1922) — Chem. Zbl. **1923 I**, 1155.
[4] P. Karrer u. P. Peyer: Helvet. chim. Acta **5**, 577 (1922) — Chem. Zbl. **1922 III**, 666.

und Veresterung in der üblichen Weise. Aus Äther hexagonale Prismen vom Schmelzp. 77 bis 78°[1].

Tetramethylzuckersäurediamid[2] $C_{10}H_{20}O_6N_2$. Beim Stehen des Esters mit konz. wässerigem Ammoniak bei 0°. Glänzende, rhombisch aussehende Platten, Schmelzp. 237°. $[\alpha]_D^{18}$ = +12,22°. — Aus Wasser hexagonale Platten vom Schmelzp. 237 bis 239°[1].

Tetramethylzuckersaures Barium[2] $C_{10}H_{16}O_8Ba$. Aus dem Ester mit Barytwasser bei 85° (3 Stunden). Lange Nadeln, sehr leicht löslich in Wasser. — **Silbersalz.** Aus dem Bariumsalz mit Silbersulfat in heißem Wasser. Weißes Pulver, sehr leicht löslich in Wasser.

1, 5-Anhydro-3-methyl-zuckersäure.

Mol-Gewicht: 206,12.
Zusammensetzung: $C_7H_{10}O_7$.

$$
\begin{array}{c}
C{=}O \\
| \\
H{-}C{-}OH \\
| \\
CH_3{-}O{-}C{-}H \qquad O \\
| \\
H{-}C{-}OH \\
| \\
H{-}C \\
| \\
COOH
\end{array}
$$

Bildung: Entsteht bei der Oxydation der 3-Monomethylglykose vom Schmelzp. 156 bis 157°, erhalten durch Hydrolyse der Methylmonoacetonbenzylidenglykose[3]. — Diacetonglykose wird mit $(CH_3)_2SO_4$ methyliert und die erhaltene Methylglykose mit 50 proz. HNO_3 bei Zimmertemperatur oxydiert.

Physikalische und chemische Eigenschaften: Sintert bei 190°, schmilzt bei 206—207°. $[\alpha]_D^{20}$ = +15°[4].

2, 3, 4, 5-Tetramethylschleimsäure.

Mol-Gewicht: 266,19.
Zusammensetzung: $C_{10}H_{18}O_8$.

$$
\begin{array}{c}
COOH \\
| \\
H{-}C{-}O{-}CH_3 \\
| \\
CH_3{-}O{-}C{-}H \\
| \\
CH_3{-}O{-}C{-}H \\
| \\
H{-}C{-}OCH_3 \\
| \\
COOH
\end{array}
$$

Derivate: Tetramethylschleimsäuredimethylester[5] $C_{12}H_{22}O_8$. Die Darstellung geschieht analog dem Tetramethylzuckersäuredimethylester. Monoklin oder rhombisch aussehende Tafeln. Schmelzp. 103°.

Trimethylschleimsäuredimethylester. Krystallisiert nach der Methylierung der Schleimsäure mit Dimethylsulfat und Natronlauge aus dem mit Chloroform isolierten Sirup. Kleine Nädelchen aus Alkohol, Schmelzp. 165—166°. Fast unlöslich in Äther.

Tetramethylschleimsäurediamid[5] $C_{10}H_{20}O_6N_2$. — Aus dem Dimethylester mit Ammoniak. Kleine tafelige Krystalle. Schmelzp. 276°.

---

[1] W. N. Haworth, J. V. Loach u. C. W. Long: J. chem. Soc. Lond. **1927**, 3146 — Chem. Zbl. **1928 I**, 1390.

[2] P. Karrer u. P. Peyer: Helvet. chim. Acta **5**, 577 (1922) — Chem. Zbl. **1922 III**, 666.

[3] P. A. Levene u. G. M. Meyer: J. of biol. Chem. **57**, 319 (1923) — Chem. Zbl. **1924 I**, 847.

[4] P. A. Levene u. G. M. Meyer: J. of biol. Chem. **54**, 805 (1922) — Chem. Zbl. **1923 I**, 649. — P. A. Levene u. G. M. Meyer (mit J. Weber): J. of biol. Chem. **53**, 431 (1922) — Chem. Zbl. **1922 III**, 959.

[5] P. Karrer u. P. Peyer: Helvet. chim. Acta **5**, 577 (1922) — Chem. Zbl. **1922 III**, 665.

Dimethylsaccharinsäure[1].

Mol-Gewicht: 238,15.
Zusammensetzung: $C_8H_{14}O_8$.

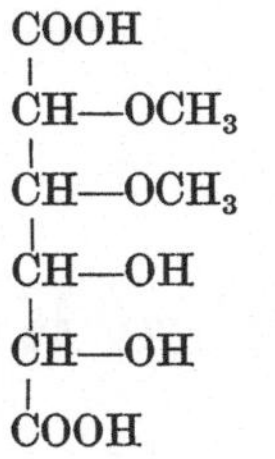

$$COOH$$
$$CH—OCH_3$$
$$CH—OCH_3$$
$$CH—OH$$
$$CH—OH$$
$$COOH$$

Bildung: Entsteht in Form des Diäthylesters bei der Oxydation von 2, 3, 6-Trimethyl-glykose mit Salpetersäure und nachheriger Behandlung mit Alkohol.

Dimethylsaccharinsäurediäthylester $C_6H_6O_8(C_2H_5)_2 \cdot (CH_3)_2$. — $n_D = 1{,}4610$. $[\alpha]_D = +61{,}7°$ ($c = 1{,}163$) in Alkohol und in 50proz. wässerig alkoholischer Lösung.

Bleidimethylsaccharat $C_6H_6O_8(CH_3)_2Pb$. Weißes Pulver.

Alkylierte Aldehydsäuren.

3-Methylglykuronsäure[2].

Mol-Gewicht: 208,12.
Zusammensetzung: $C_7H_{11}O_7$.

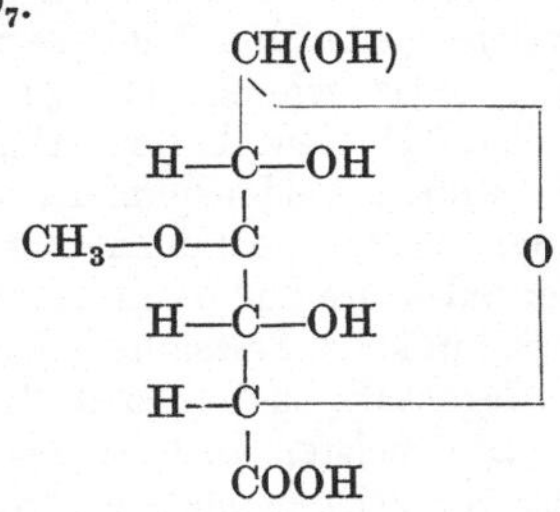

$$CH(OH)$$
$$H—C—OH$$
$$CH_3—O—C \qquad O$$
$$H—C—OH$$
$$H—C$$
$$COOH$$

Bildung: Das aus Methyldiacetonylglykose über 3-Methylglykose gewonnene d-Methyl-zuckersäuremonolacton liefert bei der Reduktion mit Natriumamalgam 3-Methylglykuron-säure, das als p-Bromphenylosazon isoliert wurde.

Derivate: **p-Bromphenylosazon des 3-Methylglykuronsäure-p-bromphenylhydrazids** $C_{25}H_{27}O_5N_6$. Wiederholt mit Äther und Essigsäure von Öltröpfchen befreit, dann aus Äther + Alkohol umgelöst, bildet es gelbe, mikroskopische Nädelchen vom Schmelzp. 157°. $[\alpha]_D^{20} = -104° \rightarrow -14°$ in Pyridin + Alkohol bei $c = 0{,}5$.

---

[1] James Colquhoun Irvine u. Edmund Langley Hirst: J. chem. Soc. Lond. **121**, 1213 (1922) — Chem. Zbl. **1922 III**, 1333.

[2] P. A. Levene u. G. M. Meyer: J. of biol. Chem. **60**, 173 (1924) — Chem. Zbl. **1924 II**, 1458.

Stickstoffhaltige Kohlehydrate.

Von

Géza Zemplén-Budapest.

Chitin (Bd. II, S. 526; Bd. VIII, S. 280; Bd. X, S. 721).

Vorkommen: In der Wandung der Fruchtkörper des Schleimpilzes Lycogala epidendron nicht nachweisbar[1]. In der Zellmembran der Sporen von Aspergillus Oryzae[2]. In Agaricus campestris, Lactarius volemus und Armillaria mellea zwischen 2,8—5,5%[3]. — Bei Polyporus betulinus wurde an Stelle von Chitin Glykosamin und glykosebildende Komplexe erhalten, erst durch Verschmelzen mit Kalilauge konnte Chitosan erhalten werden; doch konnte man nicht einwandfrei feststellen, ob es dem ursprünglichen Chitin entstammte[3]. Findet sich in heterotrophen Phanerogamen nicht vor[4]. — Beim vorsichtigen Entkalken der Schalen verschiedener Foraminiferen (Miliola, Pencroplis) findet man eine sehr feine, durchscheinende, schwach gelb gefärbte Membran, welche die äußeren Umrisse und das innere Zellgewebe wiedergibt. Es besteht aus Chitin[5]. Bei Untersuchung von Quallen der Velella spirans wurden von 1000 lufttrocknen Gewichtsteilen 111 Gewichtsteile Chitin gefunden[6]. Fehlt im Entosternit von Limulus[7]. — In den wilden Seidenspinnern (Dictyoptoca japonica Moore)[8].

Darstellung: Die Krebsschalen werden gemahlen, mit Wasser ausgekocht, nach viermaliger Behandlung mit verdünnter Salzsäure und dann mit warmer Natronlauge mit Alkohol, dann mit Äther extrahiert. Jetzt wird in konz. Salzsäure gelöst und durch Eingießen in Wasser ausgefällt. — Ausbeute 25%[9] im Gegensatz zu Schmidt[10].

Nachweis und Bestimmung: Die meisten vorhandenen Inkrusten sind mit Kalilauge, noch besser mit Chlordioxyd-Essigsäure (Diaphanol) entfernbar. Mit einem Ligninreagens (Kobaltcarbonat + Kaliumrhodanat) gelingt auch eine Inkrustenfärbung des Chitins. — Die beste Chlorzinkjodlösung für den Chitinnachweis nach Schulze ist die Lösung nach Benecke[11]. — Die Chlorzinkjodreaktion kommt bei dem mikrochemischen Nachweis dem reinen pflanzlichen und tierischen Chitin zu, sie tritt auch bei anderen alkaliresistenten Polysacchariden auf. Sichere Resultate sind nur unter ganz gleichen Versuchsbedingungen zu erwarten. Die Fehlerquellen der Probe werden eingehend besprochen. Der exakteste Nachweis von Chitin wird durch die Wisselinghsche Überführung in Chitosan geführt[12]. Der Nachweis von Chitin gelingt gut mit der Reaktion von Molisch (α-Naphthol). Bei tropfen-

---

[1] A. Kiesel: Hoppe-Seylers Z. **150**, 102 (1925) — Chem. Zbl. **1926 I**, 1423.

[2] Midzuho Sumi: Biochem. Z. **195**, 161 (1928) — Chem. Zbl. **1929 I**, 2545.

[3] N. Proskuriakow: Biochem. Z. **167**, 68 (1926) — Chem. Zbl. **1926 I**, 3162. — Dous u. Ziegenspeck: Süddtsch. Apoth.-Ztg **67**, 415 — Chem. Zbl. **1927 I**, 1172; **1927 II**, 1710.

[4] Julius Zellner: Bot. Zbl., Beihefte **40**, 1 (1923) — Chem. Zbl. **1924 I**, 783.

[5] E. Lacroix: C. r. Acad. Sci. Paris **176**, 1673 (1923) — Chem. Zbl. **1923 III**, 1170.

[6] Felix Haurowitz u. Heinrich Waelsch: Hoppe-Seylers Z. **161**, 300—317 (1926) — Chem. Zbl. **1927 I**, 909.

[7] A. P. Mathews: Hoppe-Seylers Z. **130**, 169 (1923) — Chem. Zbl. **1922 IV**, 63.

[8] O. Shinoda: Mem. Coll. Sci. Engin. imp. Univ. Kyoto A **9**, 225 (1925) — Chem. Zbl. **1926 I**, 1671.

[9] Edmund Knecht u. Eva Hibbert: J. Soc. Dyers Colourists **42**, 343 (1926) — Chem. Zbl. **1927 II**, 90.

[10] Schmidt: Liebigs Ann. **54**, 229 (1854).

[11] Paul Schulze: Z. Morph. u. Ökol. Tiere **2**, 643 (1924) — Chem. Zbl. **1925 II**, 933. — Adrienne Koehler: Zool. Anz. **53**, 85—87 (1921) — Chem. Zbl. **1922 I**, 210.

[12] W. Kühnelt: Biol. Zbl. **48**, 374 — Chem. Zbl. **1928 II**, 1362.

weisem Zusatz einer 15proz. alkoholischen Lösung von β-Naphthol zu mit Cl_2O dekrustierten Skeletsubstanzen werden Cellulose, Tunicin, Glykogen violett (wie mit α-Naphthol), Chitin gelb, allmählich braun[1].

Physiologische Eigenschaften: Den Abbau des Chitins in Pilzen kann man durch folgende Übergangsstadien charakterisieren: Chitin → Viscosin → Chitosane → Lycoperdine → Glykosamin[2]. Beim Süßwasserpolypen Hydra fehlen die chitinspaltenden Fermente[3]. Chitin wird durch Schneckensaft besonders in frisch umgefälltem Zustande angegriffen unter Bildung von N-Acetyl-glykosamin[4]. Chitin aus Steinpilze wird durch Schneckenchitinase ebenfalls zu 80% in N-Acetylglykosamin gespalten[5]. Einige Insekten, mit starken Chitin-panzer, sind gegen die Giftigkeit des Cyclondampfes (bestehend aus 90% Cyankohlensäure-ester und 10% Chlorkohlensäureester) weniger empfindlich[6]. Chitinbestimmungen während der Metamorphose der Insekten[7].

Physikalische und chemische Eigenschaften: Krabbenschalen und Steinpilze werden nach gründlicher Extraktion mit Alkohol und Äther mit alkoholischer Kalilauge behandelt, mit verdünnter Salzsäure gereinigt und mit Wasser gewaschen. Das nochmals mit Alkohol und Äther extrahierte Material wird verschieden starken Hydrolysen unterworfen, deren Er-gebnisse die Identität von Pflanzen und Tierchitin unwahrscheinlich machen. Da das Pflanzen-chitin (Mycetin) noch ein anderes, schwer hydrolysierbares Kohlehydrat enthalten konnte, werden beide Präparate durch Hydrolyse mit Salzsäure in Glykosamin überführt; das Tier-produkt wird Chitosamin genannt, weil sich aus ihm durch Desamidierung mit Natrium-nitrit nicht Glykose, sondern Chitose (in Aceton lösliches Osazon) bzw. Isozuckersäure her-stellen läßt; das Pflanzenprodukt erhält den Namen Mycetosamin und baut sich auf aus einem Saccharid Mycetose (eine Methylpentose, die nicht mit Rhamnose oder Fucose identisch ist).. — Die Aminozucker, Monosaccharide und Zuckersäuren werden der Einwirkung ver-schiedener Reagenzien unterworfen. $[\alpha]_D$ des Chlorhydrates des Aminozuckers aus Tieren $+ 87,4°$, aus Pflanzen: $+70,2°$[8]. — Bei der Zinkstaubdestillation des Chitins entsteht Chito-pyrrol, (2-Methyl-1-n-hexylpyrrol)

$$\begin{array}{c} CH\!-\!CH \\[1mm] \parallel \quad \parallel \\[1mm] CH \quad C\!-\!CH_3 \\[1mm] \diagdown \;\, \diagup \\[1mm] N \\[1mm] | \\[1mm] (CH_2)_5\!-\!CH_3 \end{array}$$

Die ehemaligen Glykosaminreste sind im Chitopyrrol durch Stickstoff verbunden, woraus folgt, daß die Verknüpfung der einzelnen Glykosamingruppen im Chitin ebenfalls durch Stickstoff-atome statthat[9]. — Wenn der Elementarkörper des Chitins ein acetyliertes Anhydrid aus nur 2 Moleküle Glykosamin darstellt, so mußte dieser Elementarkörper die Konstitution wie folgt haben:

$$\begin{array}{c} NH \\ O\!-\!\!\!-\!\!\!-\!\!\!-\!\!\!-\!\!\!-\!\!\!-\!HC \diagup\!\!\diagdown CH\!-\!CH(OH)\!-\!CH(OH)\!-\!CH\!-\!CH_2\!-\!OH \\ HO\!-\!CH_2\!-\!CH\!-\!CH(OH)\!-\!CH(OH)\!-\!CH \diagdown\!\!\diagup CH\!-\!\!\!-\!\!\!-\!\!\!-\!\!\!-\!O \\ NH \end{array}$$

Ein solches Gebilde wäre als die hydrierte Form des Fructosazins aufzufassen. Es wurde daher untersucht, ob sich Fructosazin bei der Zinkstaubdestillation ebenso verhält wie Chitin. Das ist nicht der Fall. Pyrrole entstehen dabei nur in ganz geringer Menge. Aus dem Basengemisch

---

[1] P. Schulze u. G. Kunike: Biol. Zbl. **43**, 556 (1923) — Ref.: Ber. Physiol. **25**, 20 (1924) — Chem. Zbl. **1924 II**, 873.

[2] N. N. Iwanow: Biochem. Z. **137**, 320 (1923) — Chem. Zbl. **1923 III**, 861.

[3] Ruth Beutler: Z. vergl. Physiol. **1**, 1—56 — Ber. Physiol. **26**, 464—465 — Chem. Zbl. **1924 II**, 2534.

[4] P. Karrer u. A. Hofmann: Helvet. chim. Acta **12**, 616 (1929) — Chem. Zbl. **1929 II**, 2052.

[5] P. Karrer u. Götz v. Francois: Helvet. chim. Acta **12**, 986 (1929) — Chem. Zbl. **1929 II**, 3019.

[6] M. Waagenaar: Pharm. Weekblad **60**, 649 (1923) — Chem. Zbl. **1923 IV**, 580.

[7] Józef Heller: Biochem. Z. **172**, 59 (1926) — Chem. Zbl. **1926 II**, 786.

[8] Dous u. Ziegenspeck: Arch. Pharmaz. **264**, 751 (1926) — Chem. Zbl. **1927 I**, 1172.

[9] P. Karrer u. Alex. P. Smirnoff: Helvet. chim. Acta **5**, 832 (1922) — Chem. Zbl. **1923 I**, 604.

konnte durch oxydativen Abbau lediglich Pyrazin-2, 5-dicarbonsäure isoliert werden. Das Elementarmolekül des Chitins muß also aus mehr wie 2 Glykosaminresten aufgebaut sein[1].

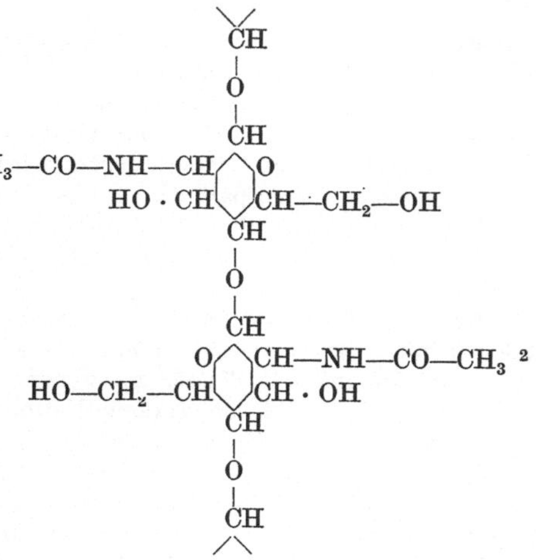

$$\begin{array}{c}
\text{CH} \\
| \\
\text{O} \\
| \\
\text{CH} \\
\text{CH}_3\text{---CO---NH---CH} \diagup \text{O} \\
\text{HO} \cdot \text{CH} \diagdown \text{CH---CH}_2\text{---OH} \\
\text{CH} \\
| \\
\text{O} \\
| \\
\text{CH} \\
\text{O} \diagup \text{CH---NH---CO---CH}_3 \quad ^2 \\
\text{HO---CH}_2\text{---CH} \diagdown \text{CH} \cdot \text{OH} \\
\text{CH} \\
| \\
\text{O} \\
| \\
\text{CH} \\
\text{I}
\end{array}$$

Chitin ist vermutlich nach obenstehendem Symbol I aufgebaut und enthält mindestens 20 Acetylglykosaminreste. Dies wird aus dem Faserdiagramm gefolgert[2]. — Röntgenbild[3]. — Brechungsindex (n_D) für Chitin von Krabben und Insekten $= 1{,}525 \pm 0{,}005$[4]. Der Stickstoff ist nur teilweise in Form von Amidogruppen des durch Säuren leicht abspaltbaren Glykosamins vorhanden, zum Teil in Form einer beständigen Verbindung, aus der er erst durch Behandlung mit konzentrierter Schwefelsäure frei wird; in der zweiten Form ist etwa $^1/_3$ des Stickstoffs enthalten. Die bei der Hydrolyse erhaltene flüchtige Säure ist wahrscheinlich ein Gemisch niedriger Fettsäuren; ihre Bildung geht parallel mit der Zersetzung des Glykosaminmoleküls. Die höchste Ausbeute an dieser betrug etwa 81% vom Gewichte des Chitins[5]. Allgemeine Methode, Chitin mit Hilfe von konz. wässerigen Lösungen von leicht löslichen und stark hydratationsfähigen Salzen in den zähplastischen Zustand und in kolloidale Lösung überzuführen[6]. Alle Organe werden durch Neutralrot rot gefärbt, mit Ausnahme des Nervensystems, der Tracheen und der Chitinhülle[7]. Chitin und chitinöse Bestandteile färben sich mit Pikrinsäure intensiv und gleichmäßig, ohne daß die Färbung nach Jahren abblaßt[8]. — Das Produkt von Knecht und Hibbert (siehe Darstellung) ergab bei der Hydrolyse 90,4% Glykosamin. Verhalten gegen Farbstoffe[9].

Chitosan (Bd. II, S. 534; Bd. VIII, S. 281; Bd. X, S. 722).

Physiologische Eigenschaften: Wird durch Schneckensaft angegriffen; das Abbauprodukt ist nicht einheitlich, und ist sehr beständig gegen Mineralsäuren[10]. Acetyliertes Chitosan wird durch Schnecken-Chitinase in N-Acetylglykosamin überführt[11].

[1] P. Karrer, O. Schinder u. A. P. Smirnoff: Helvet. chim. Acta 7, 1039 (1924) — Chem. Zbl. 1925 I, 656.

[2] Kurt H. Meyer u. H. Mark: Ber. dtsch. chem. Ges. 61, 1956 (1928) — Chem. Zbl. 1928 II, 2654.

[3] R. O. Herzog: Naturwiss. 12, 955 (1924) — Chem. Zbl. 1925 II, 133. — H. W. Gonell: Hoppe-Seylers Z. 152, 18 (1926) — Chem. Zbl. 1926 I, 2676.

[4] L. B. Becking u. J. C. Chamberlin: Proc Soc exper. Biol. a. Med. 22, 256 (1925) — Ber. Physiol. 34, 292 (1926) — Chem. Zbl. 1926 II, 444.

[5] SergiusMorgulis u. E. W. Fuller: Amer. J. Physiol. 43, 328 (1917) — Chem. Zbl. 1922 III, 834.

[6] P. P. de Weimarn: Rev. gén. des Matikéres plastiques 2, 743—751 (1926) — Chem. Zbl. 1927 I, 249, 1539.

[7] C. Vaney u. J. Pelosse: C. r. Acad. Sci. Paris 174, 1372 (1922) — Chem. Zbl. 1923 I, 710.

[8] C. van Douwe: Zool. Anz. 64, 294 (1925) — Chem. Zbl. 1927 II, 612.

[9] Edmund Knecht u. Eva Hibbert: J. Soc. Dyers Colourists 42, 343 (1926) — Chem. Zbl. 1927 II, 90.

[10] P. Karrer u. A. Hofmann: Helvet. chim. Acta 12, 616 (1929); Chem. Zbl. 1929 II, 2052.

[11] P. Karrer u. Götz v. Francois: Helvet. chim. Acta 12, 986 (1929) — Chem. Zbl. 1929 II, 3019.

Physikalische und chemische Eigenschaften: Die Zinkstaubdestillation des Chitosans verläuft weniger gut wie die des Chitins, liefert aber, soweit festgestellt werden konnte, die gleichen Produkte wie dieses. Um die aus quantitativen Abspaltungen des Stickstoffs aus Chitosan mittels salpetriger Säure gezogenen Schlußfolgerungen weiterhin zu stützen, wurde das Glykoseanilid, das ja ebenfalls zum Typus der Aldehydammoniake gezählt werden kann, auf sein Verhalten gegen salpetriger Säure untersucht. Auch hier wurde in Abwesenheit freier Mineralsäure der Anilidrest quantitativ abgelöst und als Diazoamidobenzol abgeschieden[1].

Chitosanähnliche Substanzen.

Durch Behandlung der nacheinander mit Äther, Alkohol, Wasser erschöpfend extrahierten trockenen Fruchtkörper von Lycoperdon piriforme mit etwa 3proz. HCl bei Zimmertemperatur werden Substanzen gewonnen, die einen zwischen 5,37—6,72% schwankenden N-Gehalt und 0,94—3,94% P-Gehalt aufweisen und bei der Hydrolyse Glykosamin liefern. Daher sind sie zur Gruppe der Chitosane zu zählen[2].

Mykose (Bd. X, S. 723).

Vorkommen: In Inoloma alboviolaceum Pers.[3].

Mycetid (Bd. X, S. 723)[3].

Vorkommen: In Amanita muscaria L.
Physikalische und chemische Eigenschaften: Bei der Hydrolyse ist nur Glykose mit Sicherheit nachweisbar[3].

Viscosin von Iwanow.

Verschieden von dem stickstofffreien Viscosin von Bd. X, S. 225.
Vorkommen: In den unreifen Fruchtkörper von Lycopedon piriforme: 11—25%[6].
Darstellung: Durch Ausfällen des Preßsaftes mit Alkohol[4].
Physikalische und chemische Eigenschaften: Enthält 6,12—6,51% Stickstoff. Nach der Hydrolyse mit konz. Salzsäure in Gegenwart von Stannochlorid entsteht salzsaures Glykosamin[4].

Chondrosin (Bd. IV, S. 961).

Zusammensetzung: $C_{14}H_{18}NO_8$[5].
Darstellung: Eine 10proz. Lösung von Chondroitinschwefelsäure wird 2 Stunden mit 2% Salpetersäure gekocht, mit Bariumcarbonat neutralisiert, filtriert, konzentriert und mit Alkohol gefällt. — Der Niederschlag wird aus Wasser + Alkohol umgefällt. Die Analysen entsprechen der Formel $C_{14}H_{17}NO_8 + 5 H_2O$. Die gleiche Verbindung wird erhalten, wenn man eine 10proz. Lösung von Chondrosinschwefelsäure mit 10% Schwefelsäure 2 Stunden kocht, die Schwefelsäure mit Bariumcarbonat entfernt und das Chondrosin über das Bleisalz isoliert[5].
Physikalische und chemische Eigenschaften: Beim Erwärmen mit Barytwasser wird Chitonsäure gebildet. Mit Salpetersäure entsteht Isozuckersäure[6].
Derivate: Chondrosinsulfat[5] $C_{14}H_{26}NO_{13}, H_2SO_4$. Man kocht eine 10proz. Lösung von Chondrosinschwefelsäure 3 Stunden mit 2% Salpetersäure, dann $1/_2$ Stunde mit 10% Salpetersäure, fällt die Flüssigkeit mit 2 Volum Alkohol und 10 Volum Äther, trennt den sirupösen Niederschlag ab und wäscht ihn mit Alkohol und Äther.
Chondrosinphenylhydrazid[5] $C_{26}H_{28}N_5O_6$. Calciumfreie Chondroitinschwefelsäure wird in 10proz. Lösung mit Schwefelsäure 2 Stunden gekocht, mit Baryt neutralisiert, filtriert,

[1] P. Karrer, O. Schinder u. A. P. Smirnoff: Helvet. chim. Acta 7, 1039 (1924) — Chem. Zbl. 1925 I, 656.
[2] N. N. Iwanow: Biochem. Z. 137, 320 (1923) — Chem. Zbl. 1923 III, 861 — Biochem. Z. 137, 331 (1923) — Chem. Zbl. 1923 III, 861.
[3] L. Barel u. J. Zellner: Mh. Chem. 44, 9 (1923) — Chem. Zbl. 1923 III, 680.
[4] N. N. Iwanow: Biochem. Z. 137, 320 (1923) — Chem. Zbl. 1923 III, 861.
[5] W. Sawjalow: Hoppe-Seylers Z. 126, 239 (1923) — Chem. Zbl. 1923 III, 157.
[6] W. Sawjalow: Hoppe-Seylers Z. 126, 243 (1923) — Chem. Zbl. 1923 III, 157.

konzentriert, mit Tierkohle entfärbt, zum Sirup eingeengt und mit Phenylhydrazinchlorhydrat oder Acetat erwärmt. Man gießt die Flüssigkeit von einer öligen, zum Teil krystallisierten Abscheidung ab und verdünnt mit Wasser, wobei sich ein krystallisierter Niederschlag abscheidet. — Das Öl wird in Alkohol gelöst und liefert beim Verdünnen mit Wasser ebenfalls einen krystallisierten Niederschlag, der aus heißem Wasser in lichtgelben büscheligen Krystallen, Schmelzp. 154°, krystallisiert.

Chondran[1]
$$C_{32}H_{36}NO_{16}$$

Bildung: Bei der Hydrolyse der Chondroitinschwefelsäure.

Darstellung: Eine 10proz. Lösung der Chondroitinschwefelsäure wird $^1/_2$ Stunde mit 2% Schwefelsäure gekocht, mit Bariumhydroxyd oder Natronlauge neutralisiert und das Filtrat bzw. die Lösung nach Schotten-Baumann benzoyliert. Nach Aufarbeitung bleibt eine harzige, amorphe, kolophoniumartig riechende Substanz. Die Zusammensetzung stimmt auf ein Tetrabenzoat $C_{60}H_{52}NO_{20}$. Bei den Versuchen zur Spaltung des Tetrabenzoats konnte unverändertes Chondran nicht isoliert werden, dagegen eine Bleiverbindung, $C_{25}H_{27}NO_{34}Pb_{10}$. — Derselbe Stoff wurde auch aus den Hydrolysenprodukten der Chondroitinschwefelsäure ohne vorhergehende Benzoylierung erhalten. Unter anderen Verseifungsbedingungen wurden Produkte der Zusammensetzung $(C_{11}H_{14}NO_9)_2Pb_5$ oder $C_{11}H_{16}NO_9Ca + H_2O$ isoliert.

Chondroitin (Bd. II, S. 361; Bd. IV, S. 961; Bd. X, S. 726)[2].
$$C_{10}H_{28}NO_{14}$$

Bildung: Das Tribenzoat dieser Verbindung $C_{40}H_{32}NO_{12} \cdot HCl$ bleibt bei der Darstellung des Chondrans als in Äther unlöslich krümelige Verbindung zurück. Nach Verseifung kann das freie Chondroitin isoliert werden.

Chondroitinschwefelsäure (Bd. IV, S. 958; Bd. X, S. 726).

Bildung: Durch Einwirkung von Aluminiumhydroxyd auf wässerige Lösungen von Chondrin 24 Stunden bei Zimmertemperatur[3]. Im Serum von Amyloidkranken und Lipoidnephritikern[4]. — Aus dem Entosternit von Limulus: 1,21—2,82% Chondroitinschwefelsäure[5].

Darstellung[1]: Zerkleinerte Rinderknorpel werden 3 Tage mit Kalkmilch digeriert, die Flüssigkeit dekantiert und die Extraktion in der gleichen Weise dreimal wiederholt. Die Flüssigkeiten werden mit Schwefelsäure neutralisiert, nach 24 Stunden vom Niederschlag dekantiert und gekocht, wobei die Reaktion alkalisch wird. Man neutralisiert, konzentriert, versetzt mit $^1/_5$ Volum 40proz. Natronlauge und 2—3 Volum Alkohol, wobei sich das Calciumsalz der Chondroitinschwefelsäure ausscheidet. Der abgepreßte Niederschlag wird in Wasser gelöst, mit Essigsäure angesäuert und mit Alkohol versetzt. Nach 24 Stunden wird die Flüssigkeit abgehebert, der Niederschlag nochmals mit Alkohol und darauf mit Äther digeriert. Die so erhaltene rohe Chondroitinschwefelsäure wird gereinigt, durch Fällen aus wässeriger Lösung mit Essigsäure oder durch Ausfällen einer alkalischen Lösung mit Alkohol oder über das Bleisalz.

Physikalische und chemische Eigenschaften: $C_{32}H_{37}S_2N_2O_{21} + XH_2O(?)$[1]. Mikrokrystallinisch, Schmelzp. 180° unter Zersetzung. $[\alpha] = -46,59°$ in Wasser[6]. Als erstes Produkt der Hydrolyse entsteht Chondran, dann Chondroitin und Chondrosin[1]. — Die Gegenwart von Chondroitinschwefelsäure zeigt einen Einfluß auf die Hausmannschen Zahlen der Gelatine. Sie konnte nebst ähnlichen Verbindungen durch längere Behandlung: 60 Tage des zunächst mit Salzwasser und 0,5proz. Salzsäure 24 Stunden behandelten, dann mit fließendem Wasser gut gewaschenen Osseins mit 0,2proz. Natronlauge vollständig entfernt werden[7].

[1] W. Sawjalow: Hoppe-Seylers Z. **126**, 219 (1923) — Chem. Zbl. **1923 III**, 157.

[2] W. Sawjalow: Hoppe-Seylers Z. **126**, 233 (1923) — Chem. Zbl. **1923 III**, 157.

[3] M. Rakusin u. E. Brando: J. russ. phys.-chem. Ges. **49**, 200 (1917) — Chem. Zbl. **1923 III**, 786. — M. A. Rakusin: Biochem. Z. **130**, 268 (1922) — Chem. Zbl. **1922 III**, 1263.

[4] K. Dresel: Klin. Wschr. **2**, 2344 (1923) — Chem. Zbl. **1924 I**, 1554.

[5] A. P. Mathews: Hoppe-Seylers Z. **130**, 169 (1923) — Chem. Zbl. **1922 IV**, 63.

[6] M. A. Rakusin: Biochem. Z. **130**, 268 (1922) — Chem. Zbl. **1922 III**, 1263.

[7] John Knaggs u. Samuel Barnett Schryver: Biochemic. J. **18**, 1079 (1924) — Chem. Zbl. **1925 I**, 232.

Derivate: **Calciumsalz**[1] $C_{33}H_{76}N_2S_2O_{40}Ca$ oder $C_{30}H_{72}N_2S_2O_{46}Ca_4$ oder $C_{32}H_{65}N_2S_2O_{42}Ca$. Entgegen den Angaben anderer Forscher wurden in diesen Formeln je 2 N- und S-Atome angenommen, weil dem Chondran die Formel $C_{32}H_{36}NO_{16}$ zukommt und weil ein die Biuretreaktion gebendes Spaltprodukt isoliert werden konnte.

Mucoitinschwefelsäure.

Vorkommen: Im Schleim und Fuß der Schnecke Helix aspersa und Helix pomatia[2].

Physikalische und chemische Eigenschaften: Gibt bei teilweiser Spaltung ein Disaccharid, Mucosin, und bei völliger Spaltung Chitosamin und eine flüchtige Säure in einer Menge, die 1 C_2H_3O 1 N entspricht, gibt bei der Destillation mit Salzsäure Furfurol. Die Ausbeute an letzterem aus Mucosin entsprach der Theorie von gleichen Verhältnissen von Glykuronsäure und Chitosamin, doch ist es zweifelhaft, ob es sich wirklich um Glykuronsäure oder um Galakturonsäure, oder eine andere Verbindung dieses Typus handelt. Die fragliche Substanz ist gleich allen anderen Mucoitinschwefelsäuren unlöslich in organischen Lösungsmitteln, mit Einschluß von Essigsäure, in Wasser und Alkalien löslich in starken Mineralsäuren. Sie ist in diesen Lösungen rechtsdrehend. Die Glykuronsäureprobe mit Naphthoresorcin ist positiv, Fehlingsche Lösung wird erst nach der Spaltung reduziert. Das komplexe Kohlehydrat, das aus dem Mucoprotein des Fußes isoliert wurde, glich demjenigen aus dem Schleime, enthielt aber eine kleine Menge eines anderen Polysaccharids, das reichlicher im Schneckenkörper vorhanden ist und wohl dem Sinistrin von Hammarsten entspricht und vermutlich nicht so rein wie von diesem erhalten wurde. Es war wenig löslich in Wasser, leicht löslich in starken Mineralsäuren, auch in gewissem Grade in Alkalien. Die Lösungen waren meist zu opak, um Drehungsbestimmungen ausführen zu können, es dreht wahrscheinlich nach rechts oder einige Male inaktiv. Diese Substanz gab bei der Spaltung maximal 60% Galaktose und 20—30% Essigsäure. Sie kann als tierisches Gummi bezeichnet werden[2].

Acetylaminopolysaccharid[3].

Gereinigtes Ovomucoid wurde tryptisch, peptisch und alkalisch mit Barytwasser gespalten. Das Verhältnis Stickstoff:Essigsäure war 1:1,15. — Die schneeweiße Substanz, ein Acetylaminopolysaccharid ist leicht löslich in Wasser, unlöslich in Alkohol und Äther, fällbar nur mit Phosphorwolframsäure, Bleiessig und Alkohol; sie gibt die Biuret- sowie starke Ninhydrinreaktion. Bei kürzerer und längerer Hydrolyse werden 2 reduzierende Substanzen (Zucker und Glykosamin?) erhalten.

Kohlehydratgruppe in Ovomucoid[4].

$$C_{18}H_{33}O_{15}N$$

Molekulargewicht gefunden 2000. Ist aus 4 Glykosamin- und 8-Mannoseeinheiten aufgebaut[5].

Das Kohlehydrat besteht zwar aus Glykosamin und Mannose, jedoch entspricht nicht der Formel von Fränkel und Jellinek[6]. Ist wahrscheinlich ein Polysaccharid, vielleicht ein Trisaccharidanhydrid.

Darstellung: Aus 100 g Eieralbumin gewonnen 0,26 g Trisaccharidanhydrid, aus 100 g Ovomucoid 5,1 g.

Physikalische und chemische Eigenschaften: Leicht löslich in Wasser, unlöslich in Pyridin, Alkohol, Äther. Zersetzung bei 191°; $[\alpha]_D^{25} = +31,0°$ in Wasser, $= +30,0°$ in 3 proz. Salzsäure. Wird weder von Pikrinsäure noch von Quecksilbersulfat gefällt und nur wenig von Phosphorwolframsäure. Reagiert gegen Lackmus neutral. Bei der völligen Hydrolyse mit konz. Salzsäure entsteht Glykosamin und Lävulinsäure, bei der Hydrolyse mit 4 proz. Salzsäure: Mannose. Bei 20 Minuten langer Hydrolyse mit 10 proz. Salzsäure bei 100° entsteht ein reduzierendes Trisaccharid $C_{18}H_{33}O_{15}N$ aus Wasser mit Alkohol, bestehend aus einem Glykosamin und 2 Mannosekomplexen.

[1] W. Sawjalow: Hoppe-Seylers Z. **126**, 219 (1923) — Chem. Zbl. **1923 III**, 157.

[2] P. A. Levene: J. of biol. Chem. **65**, 683 (1925) — Chem. Zbl. **1926 I**, 1431.

[3] Yutaka Komoro: J. of Biochem. **6**, 1 (1926) — Chem. Zbl. **1926 II**, 780.

[4] P. A. Levene u. T. Mori: J. of biol. Chem. **84**, 49 (1929) — Chem. Zbl. **1930 I**, 393.

[5] P. A. Levene u. Alexander Rothen: J. of biol. Chem. **84**, 63 (1929) — Chem. Zbl. **1930 I**, 394.

[6] Sigmund Fränkel u. Curt Jellinek: Biochem. Z. **185**, 392 (1927) — Chem. Zbl. **1927 II**, 1152.

Die primäre Amidogruppe ist im Polysaccharid nicht substituiert. Besitzt kein Reduktionsvermögen.

Spezifische Kohlehydratsubstanz der Aerogenesgruppe[1].

Darstellung: Durch Ausfällen der Nucleoproteide mit Essigsäure, Filtration, Fällung mit Alkohol, weitere Reinigung durch Wiederholung der Alkoholfällung. Ähnliche Körper werden aus Colistämmen gewonnen.

Physikalische und chemische Eigenschaften: Enthält 0,9% Stickstoff, wird teilweise durch Bariumsulfat, vollkommen durch alkalisches Bleiacetat gefällt. Nach der Hydrolyse entspricht der reduzierende Anteil 66% Glykose.

Nicht näher bekannte stickstoffhaltige Polysaccharide.

Der wirksame Stoff von Kulturen von Achorion Quinckeanum enthält ein dialysierbares linksdrehendes Polysaccharid, das Kupfer nicht reduziert, Jod blau färbt und beim Abbau Glykosamin liefert. Gehalt an Stärke und Wirksamkeit gehen parallel und wird erst durch Hydrolyse mit 12,5proz. Säure zerstört[2]. Beim Abbau durch lebende Pilzkulturen werden 80% davon zerstört. Beim Eindampfen der Lösungen von stickstoffhaltigen Monosacchariden in verdünnter Salzsäure im Vakuum und nachheriger Behandlung mit Alkohol entstehen wenig lösliche und schwach reduzierende Substanzen, die vermutlich Polysaccharide enthalten[3].

[Triacetyl-l-arabinosido]-trimethylammoniumbromid[4].

$$C_{14}H_{24}O_7NBr$$

Bildung: Aus Acetobrom-l-arabinose mit Trimethylamin in abs. Alkohol + abs. Benzol.

Physikalische und chemische Eigenschaften: Lange, verfilzte Nadeln. Äußerst hygroskopisch. $[\alpha]_D^{17} = +27,6°$ in Wasser.

Hexosamine.

Zusammenfassende Darstellung der in den letzten Jahren ausgeführten Untersuchungen, deren Zweck die Gewinnung von Vergleichsmaterial zur Identifizierung der 2-Aminohexosen war, besonders bezüglich der Konfiguration am 2-C-Atom[5].

1-Aminoglykose[6] (Glykosimin) (Bd. II, S. 332) = Isoglykosamin[7]

(nicht identisch mit dem Isoglykosamin von E. Fischer Bd. II, S. 545; Bd. VIII, S. 283).

Mol-Gewicht: 179,14.

Zusammensetzung: $C_6H_{13}O_5N$.

$$
\begin{array}{c}
CH(NH_2) \\
H-C-OH \\
HO-C-H \\
H-C-OH \\
H-C \\
CH_2-OH
\end{array} \Bigg\rangle O
$$

---

[1] Joseph Tomesik: Proc. Soc. exper. Biol. a. Med. **24**, 810 (1927) — Chem. Zbl. **1928 II**, 1340.

[2] Br. Bloch, A. Labouchére u. Fr. Schaaf: Arch. f. Dermat. **148**, 413—424 (1925) — Chem. Zbl. **1925 II**, 411.

[3] P. A. Levene u. R. Ulpts: J. of biol. Chem. **64**, 475 (1925) — Chem. Zbl. **1926 I**, 349.

[4] Fritz Micheel u. Hertha Micheel: Ber. dtsch. chem. Ges. **63**, 386 (1930) — Chem. Zbl. **1930 I**, 2236.

[5] P. A. Levene: Biochem. Z. **124**, 37—83 (1921) — Chem. Zbl. **1922 I**, 319.

[6] Percy Brigl u. Helmut Keppler: Hoppe-Seylers Z. **180**, 38 (1929) — Chem. Zbl. **1929 I**, 2297.

[7] A. R. Ling u. D. R. Nanji: J. chem. Soc. Lond. **121**, 1682 (1922) — Chem. Zbl. **1922 III**, 825.

Darstellung: Bei der Einwirkung von Ammoniak auf eine methyl- oder äthylalkoholische Suspension von Glykose.

Physikalische und chemische Eigenschaften: Aus Methylalkohol umkrystallisiert. Schmelzp. 121—122°. Molekulargewicht gefunden 180. Leicht löslich in kaltem Wasser mit basischer Reaktion. Beim Erhitzen der wässerigen Lösung wird NH_3 abgespalten. Entwickelt mit HNO_2 lebhaft N_2. Gibt mit wasserentziehenden Mitteln (Glycerin, $ZnCl_2$) kein Pyrrolderivat. Der Pyrrolring entsteht nur beim Erwärmen in einem Ammoniakstrom auf 200°[1].

Derivate: 1-Aminoglykosepentaacetat[2] $C_{16}H_{23}O_{10}N$. — Man versetzt 1-Aminoglykose mit einem Gemisch von Pyridin und Essigsäureanhydrid unter Eiskühlung, verdünnt nach 48 Stunden mit Chloroform, wäscht mit Wasser und Sodalösung usw. Aus Chloroform mit Ligroin Prismen, die ab 157° sintern und bei 159—160° unter geringer Gasentwicklung schmelzen. — $[\alpha] = +16,2°$ (0,6065 g in 25 ccm Chloroform). — Die Mutterlauge enthält das Oktaacetat des β-Diglykosylamins.

1-Aminoglykosemonoacetat[2]. Das Acetyl sitzt in der Amidogruppe. $C_8H_{15}O_6N$. — Man läßt 1-Aminoglykosepentaacetat 3 Stunden mit methylalkoholischem Ammoniak stehen und fällt mit Äther. Aus Wasser durch Versetzen mit Aceton krystalline Masse. Bräunt bei etwa 230°, bei 257° unter Gasentwicklung und Verkohlung.

Heptabenzoylverbindung $C_6H_6(C_7H_5O)_7O_5N$. Entsteht bei der Benzoylierung in alkalischer Lösung. Aus Alkohol umkrystallisiert schmilzt bei 91°. Reduziert nicht, wird nur von siedender alkoholischer Lauge verseift. Gibt ein **Nitrosamin**, Öl, im Exsiccator krystallinisch erstarrend, Schmelzp. unterhalb 40°[3,4].

Formaldehydsulfitverbindung $OHCH_2 \cdot (CHOH)_4 \cdot CHOH \cdot NH \cdot CH_2SO_3Na$. Aus 1-Aminoglykose, Formalin und $NaHSO_3$. Entsteht in wässeriger Lösung der Komponenten bei 40° in 2 Tagen; mit Alkohol ausgefällt amorph, sehr hygroskopisch[5].

Phenylisocyanat[6] $C_{13}H_{18}O_6N_2$. Aus 10 g Aminoglykose in 30 ccm, Wasser 5 ccm. $^n/_{10}$-Natronlauge und unter Kühlung 6 g Phenylisocyanat. Schmelzp. 207—208°. Unlöslich in Wasser, Alkohol und Äther. Reduziert Fehlingsche Lösung. Beim Erhitzen mit 20proz. Essigsäure entsteht Diphenylharnstoff, im Gegensatz zum Phenylisocyanat des Glykosamins, das unter diesen Bedingungen ein Imidazol bildet.

Phenylsenfölderivat[6] $C_{13}H_{18}O_5N_2S$. Aus Aminoglykose und Phenylsenföl in Aceton + Wasser. Krystalle aus Alkohol, Schmelzp. 121°. Leicht löslich in heißem Alkohol und heißem Wasser. Reduziert Fehlingsche Lösung.

Glykamin (Bd. II, S. 331).

$$C_6H_{15}O_5N$$

Bildung: Aus (Glykoseammoniak) 1-Aminoglykose durch Reduktion: katalytisch mit elektrisch reduziertem Ni in absoluter methylalkoholischer Lösung oder mit Al-Amalgam. Beste Ausbeute liefert die elektrolytische Reduktion mit Pb-Elektroden, Anodenflüssigkeit Na_2CO_3, 0,2 Amp. pro qcm, 6—7 Volt, 40°, 4 Stunden[7].

---

[1] A. Schmuck: Ber. dtsch. chem. Ges. **56**, 1817 (1923) — Chem. Zbl. **1923 III**, 1213. — A. Hynd u. M. G. Mac Farlane: Biochemic. J. **20**, 1264 (1926) — Chem. Zbl. **1927 I**, 1291.

[2] Percy Brigl u. Helmut Keppler: Hoppe-Seylers Z. **180**, 38 (1929) — Chem. Zbl. **1929 I**, 2297.

[3] Lobry de Bruyn: Rec. Trav. chim. Pays-Bas et Belg. (Amsterd.) **12**, 286 (1893); **14**, 98, 134 (1895); **15**, 81 (1896); **18**, 72 (1899).

[4] A. Schmuck: Ber. dtsch. chem. Ges. **56**, 1817 (1923) — Chem. Zbl. **1923 III**, 1213.

[5] A. R. Ling u. D. R. Nanji: J. chem. Soc. Lond. **121**, 1682 (1922) — Chem. Zbl. **1923 I**, 1155 — J. Soc. chem. Ind. **41**, 151 (1922) — Chem. Zbl. **1922 III**, 825.

[6] A. A. Schmuck: J. Russ. phys. chem. Ges. **61**, 1759 (1929) — Chem. Zbl. **1930 I**, 3173.

[7] A. R. Ling u. D. R. Nanji: J. chem. Soc. Lond. **121**, 1682 (1922) — Chem. Zbl. **1923 I**, 1155 — J. Soc. chem. Ind. **41**, 151 (1922) — Chem. Zbl. **1922 III**, 825. — L. Maquenne u. E. Roux: C. r. Acad. Sci. Paris **132**, 980 (1901) — Chem. Zbl. **1901 I**, 1196.

Di-(1-glykosyl)-amin[1] (Bd. VIII, S. 284).

Mol-Gewicht: 340,19.
Zusammensetzung: $C_{12}H_{23}O_{10}N$.

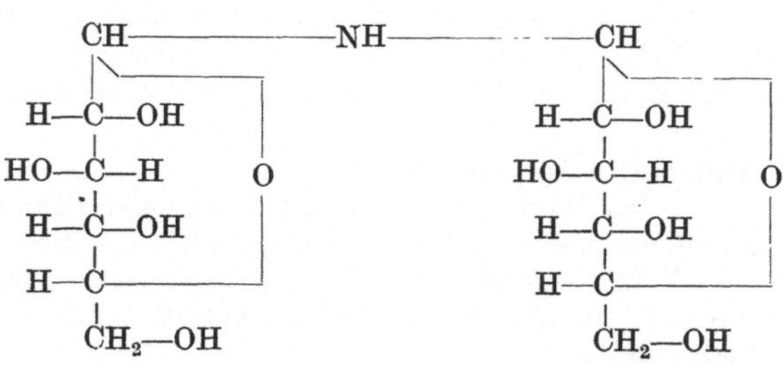

Darstellung: α-Diglykosylamin wird erhalten durch Verseifung des α-Oktaacetats mit methylalkoholischem Ammoniak. — Die β-Verbindung wird nach Sjollema[2] gewonnen.

Physikalische und chemische Eigenschaften: α-Verbindung: Aus Methylalkohol mit Aceton Nadeln, Zersetzung bei 167°—168°; $[\alpha] = +85,1°$ (0,3651 g in 25 ccm Wasser). — β-Verbindung: Zersetzt sich bei 125—126°.

Derivate: α-**Diglykosylaminoktaacetat** $C_{28}H_{39}O_{18}N$. — Durch 5stündiges Erhitzen von 1-Aminoglykose und wasserfreier Glykose mit Pyridin auf 75—80°, Versetzen mit Essigsäureanhydrid unter Kühlung. Aus Chloroform durch Fällen mit Methylalkohol Nadeln; sintert bei etwa 205°. Schmelzp. 213—214° unter Gasentwicklung. $[\alpha] = +85,0°$ (0,3175 g in 25 ccm Chloroform). Nach dem Extrahieren mit abs. Äther oder Schütteln mit abs. Alkohol ist der Schmelzp. 216—217°, $[\alpha] = +87,0°$. — Ist durch Acetylierung von β-Diglykosylamin mit Pyridin und Essigsäureanhydrid bei gleicher Verarbeitung erhältlich.

β-**Diglykosylaminoktaacetat.** β-Diglykosylamin wird acetyliert und die α-Verbindung durch Extraktion mit viel Äther entfernt. Amorphe glasige Masse, sintert bei 135—140°, Aufklärung und Meniscusbildung bei 190—192°. — $[\alpha] = +7,6°$ (0,2132 g in 25 ccm Chloroform). Läßt sich mit methylalkoholischem Ammoniak zu β-Diglykosylamin verseifen.

N-Acetyl-diglykosylaminoktaacetat (Nonacetat)[1] $C_{30}H_{41}O_{19}N$. Durch kurzes Kochen einer Lösung von α- oder β-Oktaacetat mit Essigsäureanhydrid-Zinkchlorid. Entsteht als Nebenprodukt bei der Zersetzung der Nitrosaminacetate. Beim Erhitzen von 1-Aminoglykose-pentaacetat mit Essigsäureanhydrid-Zinkchlorid. Nadeln aus Alkohol, Schmelzp. 192°; $[\alpha] = -9,2°$ (0,3159 g in 25 ccm Chloroform).

α-**Diglykosyl-nitrosaminoktaacetat (α-Nitrosaminacetat)**[1] $C_{28}H_{38}O_{19}N_2$. Durch Einleiten von N_2O_3 in eine Suspension von α-Acetat in Äther. Gelbe Blättchen, Schmelzp. 204 bis 205° unter Gasentwicklung; $[\alpha] = +80,4°$ (0,3267 g in 25 ccm Chloroform). Regeneriert beim Stehen in Methylalkohol das α-Acetat. Gibt beim Verseifen mit methylalkoholischem Ammoniak α-Diglykosylnitrosamin. — Durch Erwärmen mit Essigsäureanhydrid und Zinkchlorid entsteht α-Pentaacetylglykose.

α-**Diglykosyl-nitrosaminoktabenzoat**[1] $C_{68}H_{54}O_{19}N_2$. Man läßt α-Diglykosyl-nitrosamin-oktaacetat mit methylalkoholischem Ammoniak 24 Stunden stehen, trocknet über Schwefelsäure und benzoyliert in Gegenwart von Natronlauge mit Benzoylchlorid. Aus Toluol durch Versetzen mit Alkohol feinkrystallinischer Niederschlag. Sintert ab 198°, Schmelzp. 202 bis 203° unter Gasentwicklung. Mit Essigsäureanhydrid und Zinkchlorid erwärmt entsteht 1-Acetyl-2, 3, 4, 6-Tetrabenzoylglykose.

β-**Diglykosylnitrosaminoktaacetat**[1] $C_{28}H_{38}O_{19}N_2$. — Aus dem β-Oktaacetat mit N_2O_3 in Äther. Durch Versetzen einer Lösung von α-Acetat in Essigsäure mit Natriumnitrit und Eingießen in Wasser. — Aus heißem Alkohol oder aus Chloroform + Äther Nadeln. Sintert bei 215°, Schmelzp. 218 —220° unter Gasentwicklung. $[\alpha] = +12,5°$.

---

[1] Percy Brigl u. Helmut Keppler: Hoppe-Seylers Z. **180**, 38 (1929) — Chem. Zbl. **1929 I**, 2297.

[2] Sjollema: Rec. Trav. chim. Pays-Bas et Belg. (Amsterd.) **18**, 292 (1899).

d-Glykosamin (Bd. II, S. 536; Bd. VIII, S. 281; Bd. X, S. 731).

Konstitution:

$$
\begin{array}{ll}
\text{H—C—O} & \text{H—C—OH} \\
\text{H—C—N(H)(H)(H)} & \text{H—C—NH}_3 \\
\text{HO—C—H} & \text{HO—C—H} \\
\text{H—C—OH} & \text{H—C—OH} \\
\text{H—C} & \text{H—C} \\
\text{CH}_2\text{—OH} & \text{CH}_2\text{—OH} \\
\qquad\text{I} & \qquad\text{II}
\end{array}
$$

I geht in mineralsaurer Lösung in die offene Aminoform II über[1]. — Bezüglich der Konfiguration des Glykosamins stimmt **Karrer**[2] der Ansicht von **Levene** bei, wonach es das der Mannose entsprechende Aminoderivat ist, auf Grund folgender Überlegung: die Aminosäuren der Proteine besitzen am asymmetrischen Kohlenstoffatom alle die gleiche Konfiguration, und zwar auf Grund ihrer Beziehungen zu den entsprechenden Oxysäuren die minus- oder l-Konfiguration. Glykosaminsäure liefert bei der Reduktion d-α-Amino-n-capronsäure, die auch als Baustein natürlicher Proteine nachgewiesen ist. Daraus folgt für die Glykosaminsäure und damit für Glykosamin die l-Konfiguration am Kohlenstoffatom 2[2].

Bildung: Aus der Schale von Limulus polyphemus[3]. Aus der Pilzsubstanz von Lycoperdon piriforme[4]. Aus dem wirksamen Stoff der Kulturen von Achorion Quinckeanum[5]. Bei der Hydrolyse der Hefezellmembran 34%[6]. — Es ist möglich, daß etwa $^1/_{15}$ der Gesamtmenge an reduzierender Substanz, die bei der Hydrolyse des Serums und des Plasmas entsteht, d-Glykosamin ist[7]. — Ovomucoid gibt bei der Hydrolyse mit 3proz. Salzsäure ein Reduktionsvermögen, das 25,8 bzw. 26,82% Glykose entspricht. Diese Menge entspricht dem gebildeten Glykosamin. — Der Gehalt von krystallisiertem Ovalbumin an reduzierender Substanz beträgt 3,21—3,84% auf Glykose berechnet[8]. Bei der Hydrolyse der Mucoitinschwefelsäure bzw. des Mucosins[9].

Darstellung: Rohe Garneelenschalen werden durch eintägiges Behandeln mit der doppelten Menge 10proz. Salzsäure und Natronlauge in der Kälte oder mit derselben Menge 3proz. Säure und Lauge 6 Stunden auf dem Wasserbad gereinigt. 100 g gereinigtes Material kocht man mit $^1/_2$ l konz. Salzsäure bis zur Lösung, filtriert und dampft auf ein kleines Volum ein. Das salzsaure Glykosamin scheidet sich krystallin ab und wird nach Entfärben mit Tierkohle aus warmem Wasser umkrystallisiert. Ausbeute 45 g Reinprodukt aus 100 g gereinigten Schalen[10].

Nachweis und Bestimmung: Der Glykoseäquivalent von Glykosamin wurde für die Methoden von **Folin** und **Wu**, **Shaffer** und **Hartmann**, **MacLean**, **Benedict** und **Osterberg** (mit Na_2CO_3 und NaOH) und **Summer** bestimmt. Die Cu-Methode und die Pikratmethode mit Na_2CO_3 geben identische Werte, die Pikratmethode mit NaOH niedrigere und die Disalicylatmethode noch niedrigere[11]. Quantitative Bestimmung durch Reduktion mit $TiCl_3$-Lösung[12].

[1] A. Hynd u. M. G. Mac Farlane: Biochemic. J. **20**, 1264 (1926) — Chem. Zbl. **1927 I**, 1291.

[2] P. Karrer, O. Schinder u. A. P. Smirnoff: Helvet. chim. Acta **7**, 1039 (1924) — Chem. Zbl. **1925 I**, 656.

[3] S. Fränkel u. C. Jellinek: Biochem. Z. **185**, 384 (1927) — Chem. Zbl. **1927 II**, 1044.

[4] N. N. Iwanow: Biochem. Z. **137**, 331 (1923) — Chem. Zbl. **1923 III**, 862.

[5] Br. Bloch, A. Labouchére u. Fr. Schaaf: Arch. f. Dermat. **148**, 413—424 (1925) — Chem. Zbl. **1925 II**, 411.

[6] Josef Schumacher: Zbl. Bakter. I **108**, 193 (1928) — Chem. Zbl. **1929 I**, 547.

[7] H. Bierry: C. r. Soc. Biol. Paris **98**, 431 (1928) — Chem. Zbl. **1928 II**, 681.

[8] S. Izumi: Hoppe-Seylers Z. **142**, 175 (1925) — Chem. Zbl. **1925 I**, 2008.

[9] P. A. Levene: J. of biol. Chem. **65**, 683 (1925) — Chem. Zbl. **1926 I**, 1431.

[10] J. van Alphen: Chem. Weekbl. **26**, 602 (1929) — Chem. Zbl. **1930 I**, 1049.

[11] Joseph Greenwald, Jerome Samet u. Joseph Gross: J. of biol Chem. **62**, 397—399 (1924) — Chem. Zbl. **1925 I**, 1336.

[12] Edmund Knecht u. Eva Hibbert: J. chem. Soc. Lond. **125**, 2009—2013 (1924) — Chem. Zbl. **1925 I**, 310. — Knecht: J. chem. Soc. Lond. **125**, 1537 (1924) — Chem. Zbl. **1924 II**, 1346.

Physiologische Eigenschaften: Bei der Fäulnis von 20—30 g Glykosamin durch Bacillus subtilis entstehen 1,8 g Bernsteinsäure und wenig l-Milchsäure. Bacillus coli bildet Bernsteinsäure und d-Milchsäure. B. prodigiosus nur l-Milchsäure. — Erfolgt die Einwirkung des B. subtilis auf Glykosamin in Hendersohnscher Phosphatmischung, so entsteht nur l-Milchsäure[1]. — Salzsaures Glykosamin wurde bei Gärungsversuchen mit Bacillus acidi lactici Hüppe, Bacillus lactis aerogenes Escherich und Bacterium coli commune Escherich von allen Stämmen vergoren, wenn die bei der Sterilisation abgespaltene HCl neutralisiert wurde[2]. Der hypoglykämische Symptomenkomplex beim Insulinkaninchen kann weder durch subcutane Zufuhr des salzsauren Glykosamins noch durch perorale beseitigt werden. Dagegen tritt der Zustand später und schwächer auf, wenn gleichzeitig mit oder vor der Insulingabe 8—10 g Glykosamin gegeben werden, woraus geschlossen wird, daß diese Substanz im Organismus nur langsam in Zucker umgewandelt wird[3]. Einwirkung auf die Insulinsekretion[4]. — Wird durch die Froschniere unverändert durchgelassen[5]. Glykosamin vermindert bei Kaninchen die Erythrocytenzahl[6].

Physikalische und chemische Eigenschaften: Beim Erhitzen von Glykosaminchlorhydrat mit Zinkchlorid entstehen beträchtliche Mengen von Pyrrol und Pyrrolen. Die bei der trocknen Destillation der Knochen gebildeten Pyrrolbasen entstehen wahrscheinlich in ähnlicher Weise aus dem Glykosamin des Chondromucoins[7]. — Bei der Destillation von Glykosamin mit Zinkstaub erfolgt starke Verkohlung, dabei entstehen Spuren Öl mit Pyrrolreaktion, beträchtliche Mengen Ammoniak und Spuren Pyridin. Das Verhalten von salzsaurem Glykosamin bei der Destillation ist ähnlich[8]. — Glykosamin liefert bei der Behandlung mit $NaHCO_3$ Acetol, das mit Hilfe der Reaktion mit o-Aminobenzaldehyd leicht nachgewiesen werden kann[9]. Spaltet mit HNO_2 nur in Gegenwart von organischen Säuren, wie Essigsäure, Stickstoff ab[10]. — Die von Glykosaminchlorhydrat reduzierte Indigomenge entspricht einer Aufnahme von 3 Atomen Sauerstoff auf 1 Mol Glykosaminchlorhydrat[11]. Gibt beim Erhitzen mit salzsaurer Tryptophanlösung keine Farbreaktionen[12].

Derivate: Glykosaminhydrochlorid (Glykosaminchlorhydrat). Das von Tanret[13] untersuchte „β-Glykosaminhydrochlorid" ist keine reine optische Varietät, sondern ein Gemisch von 2 Formen mit weit auseinandergehenden spez. Drehungen. Dies Gemisch wird aus Chitin dargestellt, in Wasser gelöst und mit Alkohol gefällt, wobei die α-Form sich abscheidet und die β-Form in Lösung bleibt. Aus der Lösung wird die β-Form mit Äther ausgefällt. Sie zeigt in wässeriger Lösung Aufwärtsmutarotation im Rechtssinn, und durch systematische fraktionierte Fällung wird schließlich β-Glykosaminhydrochlorid in reiner Form erhalten. Die graphische Darstellung der Resultate der polarimetrischen Untersuchungen ergibt vollkommen normale Kurven. Anfangswerte: α-Glykosaminhydrochlorid; β-Glykosaminhydrochlorid: $+100 \rightarrow 72,5°$, $+25° \rightarrow 72,6°$. Mol. Rotationsdifferenz $= 16,160$[14].

---

[1] Katsumo Takao: Hoppe-Seylers Z. **131**, 307 (1923) — Chem. Zbl. **1924 I**, 926.

[2] Hermann Hees u. Caspar Tropp: Zbl. Bakter. I **100**, 273—284 (1926) — Chem. Zbl. **1927 I**, 760.

[3] A. Moschini: Boll. soc. med.-chir. **36**, 353 — Chem. Zbl. **1925 II**, 1459 — Arch. ital. Biol. **74**, 117 (1924) — Chem. Zbl. **1926 I**, 2112.

[4] E. Grafe u. F. Meythaler: Arch. f. exper. Path. **136**, 360 (1928) — Chem. Zbl. **1929 I**, 97.

[5] F. Wankell: Pflügers Arch. **208**, 604 — Chem. Zbl. **1925 II**, 1371.

[6] Samuel Leites: Z. exper. Med. **40**, 52 (1924) — Chem. Zbl. **1924 II**, 197.

[7] Herm. Pauly u. Ernst Ludwig: Hoppe-Seylers Z. **121**, 170 (1922) — Chem. Zbl. **1922 III**, 1193.

[8] P. Karrer u. Alex. P. Smirnoff: Helvet. chim. Acta **5**, 832 (1922) — Chem. Zbl. **1923 I**, 604.

[9] O. Baudisch u. H. J. Deuel: J. amer. chem. Soc. **44**, 1581, 1585 (1922) — Chem. Zbl. **1923 IV**, 280, 281.

[10] A. Hynd u. M. G. Mac Farlane: Biochemic. J. **20**, 1264 (1926) — Chem. Zbl. **1927 I**, 1291.

[11] Edmund Knecht u. Eva Hibbert: J. chem. Soc. Lond. **127**, 2854 (1925) — Chem. Zbl. **1926 I**, 2672.

[12] Pierre Thomas u. Elena Maftei: Bul. Soc. da Stiinte din Cluj **3**, 41—44 (1926) — Chem. Zbl. **1927 I**, 779.

[13] C. Tanret: Bull. Soc. Chim. biol. Paris (3) **17**, 802 (1897) — Chem. Zbl. **1897 II**, 801.

[14] J. C. Irvine u. J. C. Earl: J. chem. Soc. Lond. **121**, 2370 (1922) — Chem. Zbl. **1923 I**, 1423. — J. C. Irvine, D. Mac Nicoll u. A. Hynd: J. chem. Soc. Lond. **99**, 250 (1911) — Chem. Zbl. **1911 I**, 1045.

N-Acetylglykosamin[1]. Man leitet in eine Lösung von Glykosaminhydrochlorid in mit etwas Wasser verdünnter normaler NaOH einen kontinuierlichen Strom von gasförmigem überschüssigen Keten, gewonnen durch Überleiten von Acetondampf über glühende Pt-Spiralen bis zur kongosauren Reaktion der Lösung, dampft bei niederer Temperatur im Vakuum ein und trennt das entstandene N-Acetylglykosamin durch mehrmaliges Ausziehen mit abs. CH_3OH vom vorhandenen NaCl[1]. Entsteht bei der Spaltung von Chitin mit Schneckensaft. Sehr leicht löslich in Wasser, wenig löslich in kaltem Methylalkohol und Alkohol, leichter in heißem. Schmeckt stark süß. Schmelzp. unscharf bei 190° unter Zersetzung. Reduktionsvermögen 60% desjenigen des Traubenzuckers. $[\alpha]_D = +55,6° \rightarrow +41,3°$. Ist identisch mit dem Körper von Fränkel und Kelly (Bd. II, S. 542)[2].

Glykosamin-Harnstoff[3]. Spaltet mit HNO_2 keinen N_2 ab.

Bromtriacetylglykosamin

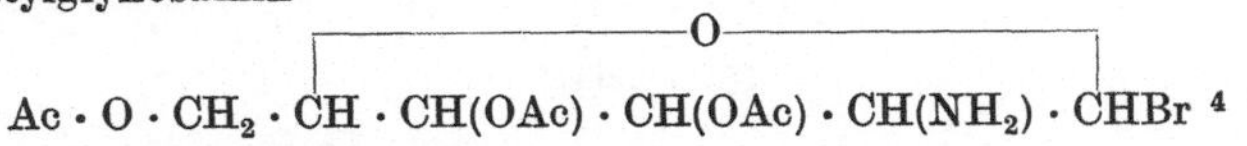

$$Ac \cdot O \cdot CH_2 \cdot CH \cdot CH(OAc) \cdot CH(OAc) \cdot CH(NH_2) \cdot CHBr \quad [4]$$

Bromtriacetyl-glykosaminhydrobromid[5]. $A_{Br} = 48,100$. — Ist ein α-Derivat.

2-Salicyliden-glykosamin[5]. Kanariengelb. Schmelzp. 183,5°, $[\alpha]_D = +11°$ in CH_3OH[4].

1-Brom-2-salicyliden-3, 4, 6-triacetylglykosamin[4]. Konst.

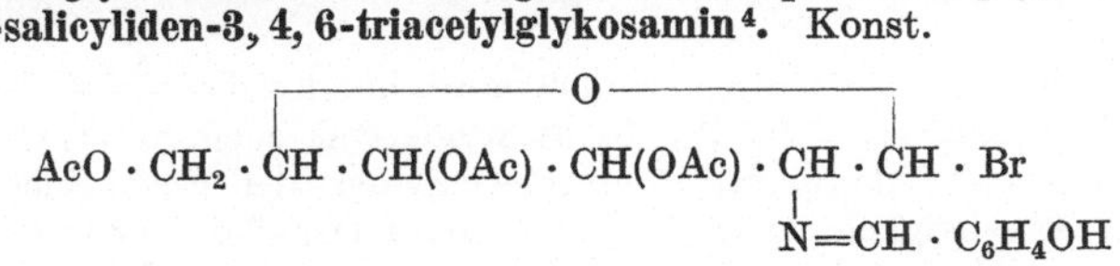

$$AcO \cdot CH_2 \cdot CH \cdot CH(OAc) \cdot CH(OAc) \cdot CH \cdot CH \cdot Br$$
$$N=CH \cdot C_6H_4OH$$

$A_{Br} = +55,000$ in Methylalkohol. Ist ein α-Derivat[5]. — Aus Triacetylbromglykosaminhydrobromid und Salicylaldehyd. Kanariengelbe Krystalle. Schmelzp. 118°. Pseudomutarotation in CH_3OH[4]. $[\alpha]_D = +241,9$ in Methylalkohol. Mit Methylalkohol entsteht 2-Salicyliden-3, 4, 6-triacetyl-1-methyl-glykosamin[1].

1-Brom-2-o-methoxybenzyliden-3, 4, 6-triacetylglykosamin. Aus Triacetylbromglykosamin und o-Methoxybenzaldehyd. Zeigt in alkoholischer Lösung Pseudomutarotation. Gibt mit CH_3OH Triacetylmethylglykosamin als Endprodukt[6].

Dilignoceryl-N-diglykosaminmonophosphorsäureester.

$$C_{60}H_{117}O_{14}N_2P$$

Unter diesem Namen wurde eine Verbindung beschrieben[7]. — Die Analyse der Bleiverbindung ergab abwechselnde Resultate. Nach der Hydrolyse fand sich 3,1% Zucker als Galaktose, berechnet statt 25% der Theorie. Nach der Hydrolyse mit konz. Salzsäure konnte kein Glykosaminchlorhydrat nachgewiesen werden[8].

N-Methyl-d-glykosamin.

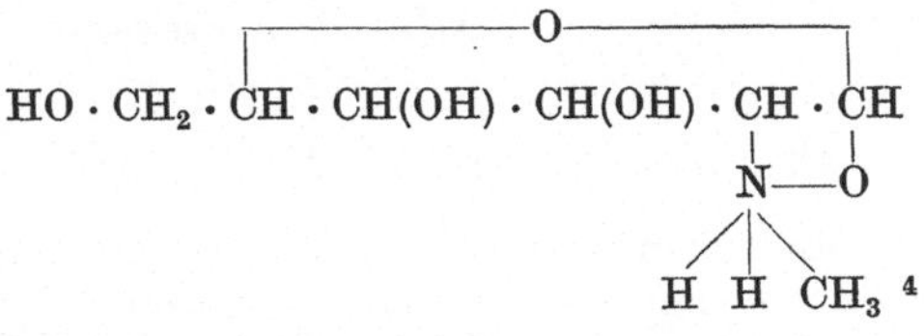

$$HO \cdot CH_2 \cdot CH \cdot CH(OH) \cdot CH(OH) \cdot CH \cdot CH$$
$$N\!-\!O$$
$$H \quad H \quad CH_3 \quad [4]$$

Derivate: Triacetyl-methyl-glykosamin. Hat keine betainartige Struktur, aber geht bei Eliminierung der Acetylgruppen in eine Verbindung dieses Typs über. Möglicherweise

---

[1] M. Bergmann u. F. Stern: D.R.P. 453577, Kl. 12o vom 21. Juli 1925; Chem. Zbl **1928 I**, 2663.

[2] P. Karrer u. A. Hofmann: Helvet. chim. Acta **12**, 616 (1929) — Chem. Zbl. **1929 II**, 2052.

[3] A. Hynd u. M. G. Mac Farlane: Biochemic. J. **20**, 1264 (1926) — Chem. Zbl. **1927 I**, 1291.

[4] J. C. Irvine u. J. C. Earl: J. chem. Soc. Lond. **121**, 2376 (1922) — Chem. Zbl. **1923 I**, 1424.

[5] C. S. Hudson: J. amer. chem. Soc. **46**, 462 (1924) — Chem. Zbl. **1924 I**, 2100.

[6] J. C. Irvine u. J. C. Earl: J. chem. Soc. Lond. **121**, 2370 (1922) — Chem. Zbl. **1923 I**, 1423.

[7] S. Fränkel u. F. Kafka: Biochem. Z. **101**, 159 (1920) — Chem. Zbl. **1920 I**, 538.

[8] H. Thierfelder u. E. Klenk: Hoppe-Seylers Z. **145**, 221 (1925) — Chem. Zbl. **1925 II**, 1287.

existiert aber ein linksdrehendes Isomeres. Bei der Darstellung von Triacetylmethylglykosamin aus Triacetylbromglykosamin mit Pyridin[1] wird eine Verbindung mit einer spez. Drehung von $+23{,}3°$ in CH_3OH erhalten, während bei Verwendung von Morphin[2] in geringer Ausbeute eine Verbindung vom Zersetzungsp. $201-202°$ und mit $[\alpha]_D = -14{,}6°$ entsteht[3].

Epichitosamin (Epiglykosamin) (Bd. X, S. 734).

$$\begin{array}{c}
CH(OH) \\
| \\
H_2N-C-H \\
| \\
HO-C-H \qquad O \\
| \\
H-C-OH \\
| \\
H-C \\
| \\
CH_2-OH
\end{array}$$

Darstellung: Bei der Behandlung von Triacetylmethylglykosid-2-chlor- oder -bromhydrin mit konz. NH_3 resultiert nicht das Monoacetylderivat, sondern das essigsaure Salz der Base, umwandelbar in das Chlorhydrat. Die Schwierigkeit, den freien Zucker zu gewinnen, beruht nicht auf der Schwierigkeit der Hydrolyse, sondern darauf, daß er in Gegenwart starker konz. Mineralsäuren rasch in ein inneres Glykosid, Anhydroepiglykosamin, übergeht. Bei Anwendung von sehr verdünnter Säure erhält man ein Gleichgewicht mit etwa 60 % des freien Zuckers, aus dem das Phenylosazon erhalten werden kann[4].

Physikalische und chemische Eigenschaften: 2 g Epiglykosaminacetat werden mit 50 ccm 2 proz. HCl 2 Stunden gekocht, bei $0°$ mit Silbernitrat und HCl versetzt, vom Ag-Überschuß befreit, neutralisiert, auf 100 ccm eingeengt und mit 1,5 g Phenylhydrazin in Eisessig versetzt; das Filtrat von Osazonniederschlag erneut mit 1 g Phenylhydrazin behandelt, beide Anteile aus Wasser + etwas Pyridin umkrystallisiert. Das Osazon: $C_{18}H_{20}O_3N_4$, bildet hellgelbe mikroskopische Rosetten aus verdünntem Alkohol, Schmelzp. $160°$, bei $185-190°$ tritt Zersetzung ein. Aus Pyridin und Wasser krystallisiert: $[\alpha]_D^{20} = -44°$ (Anfangswert) bzw. $-8°$ (Endwert), aus verdünntem Alkohol $[\alpha]_D^{20} = -24°$ (Anfangswert) bzw. $-8°$ (Endwert) (in Methanollösung). In dem erhaltenen Osazon liegt wahrscheinlich 3, 6-Anhydroallosazon vor[5].

Derivate: Essigsaures Salz $C_7H_{15}O_5N$. Schmelzp. $214°$ (korr.); $[\alpha]_D^{20} = -130°$ in 2,5 proz. HCl. Umwandelbar in das **Chlorhydrat**[1] $C_7H_{15}O_5N \cdot HCl$. Nadeln, $[\alpha]_D^{20} = -138°$ in 2,5 proz. HCl[4].

α-**Epichitosaminpentaacetat**[6]. $[M]_D = +19{,}450°$.

β-**Epichitosaminpentaacetat**[6] $C_{16}H_{23}O_{10}N$. Durch Acetylierung von Epichitosaminchlorhydrat mit Essigsäureanhydrid und Pyridin bei $37°$, 24 Stunden, dann bei Zimmertemperatur 24 Stunden. Lange Nadeln aus Alkohol, Schmelzp. $158-159°$ korr., $[\alpha]_D^{20} = -18°$ in Chloroform $[M]_D = -3890°$. Wird durch Zinkchlorid in Essigsäure bei $40°$ in die α-Form isomerisiert[6].

Chondrosamin (Bd. X, S. 734).

Derivate: β-**Chondrosaminchlorhydrat**[7]. 10 g Rohprodukt von $[\alpha]_D^{20} = +80°$ werden in 80 ccm konz. Salzsäure gelöst, mit Alkohol gefällt, noch warm filtriert. Der Niederschlag hat Schmelzp. $187°$ unter Zersetzung und $[\alpha]_D^{20} = +48°$. Aus den Mutterlaugen gewinnt man durch analoge Behandlung weitere Krystalle von $[\alpha]_D^{25} = +46°$, der extrapolierte Wert ist $+44{,}5°$. — Für die Mutarotationsgeschwindigkeit ergibt sich $K_1 + K_2 = 0{,}0131$.

---

[1] J. C. Irvine, D. Mac Nicoll u. A. Hynd: J. chem. Soc. Lond. **99**, 250 (1911) — Chem. Zbl. **1911 I**, 1045.

[2] J. C. Irvine u. A. Hynd: J. chem. Soc. Lond. **101**, 1128 (1912) — Chem. Zbl. **1912 II**, 1194.

[3] J. C. Irvine u. J. C. Earl: J. chem. Soc. Lond. **121**, 2376 (1922) — Chem. Zbl. **1923 I**, 1424.

[4] P. A. Levene u. G. M. Meyer: J. of biol. Chem. **55**, 221 (1923) — Chem. Zbl. **1923 I**, 1215.

[5] P. A. Levene u. H. Sobotka: J. of biol. Chem. **71**, 181 (1926) — Chem. Zbl. **1927 I**, 1289.

[6] P. A. Levene: J. of biol. Chem. **57**, 323 (1923) — Chem. Zbl. **1924 I**, 897.

[7] P. A. Levene: J. of biol. Chem. **57**, 337 (1923) — Chem. Zbl. **1924 I**, 898.

α-Chondrosaminchlorhydrat[1]. 50 g Rohprodukt von $[\alpha]_D^{20} = +80°$ werden in 600 ccm warmem 60proz. Alkohol gelöst, und nach $^1/_4$stündigem Erhitzen auf 100° mit 600 ccm Aceton gefällt. Das gebildete Öl wird mit Methylalkohol zur Krystallisation gebracht, dann weitere 400 ccm Aceton zugesetzt und nach einer Stunde filtriert. — Der Niederschlag besteht vorwiegend aus der β-Form. Das Filtrat wird bei 40° unter vermindertem Druck eingedampft. Der Sirup wird in wenig Methylalkohol gelöst, mit Aceton gefällt, nach 15 Minuten filtriert. $[\alpha]_D^{20} = +95°$ entsprechend der Gleichgewichtsmischung. 20 g dieses Produktes werden bei 15° 3 Minuten lang mit 150 ccm Methylalkohol extrahiert und die Lösung mit Äther gefällt. — Nach zweimaliger Wiederholung dieses Vorganges werden 5 g vom Schmelzp. 185° und $[\alpha]_D^{20} = +121°$ erhalten. — $K_1 + K_2 = 0{,}0140$.

Hexosamin aus den eßbaren Nestern chinesischer Vögel[2].

Darstellung: Man erwärmt die Nester etwa 5 Stunden mit der 7fachen Menge 3proz. Salzsäure, bis alles in Lösung gegangen ist. Es darf sich kein schwarzer Niederschlag bilden. Im Vakuum bei Zimmertemperatur über Schwefelsäure und festem Natriumhydroxyd wird zur Trockne verdampft und der zähflüssige schwarze Rückstand 15—20mal mit 95proz. Alkohol extrahiert. Den Alkohol läßt man durch langes Stehen bei gewöhnlicher Temperatur langsam verdunsten. Der Sirup wird in Methylalkohol aufgenommen, wobei Krystallisation erfolgt, durch Zugabe von Alkohol oder Äther wird diese vermehrt. Ausbeute $3^1/_2$%.

Physikalische und chemische Eigenschaften: Durch Umkrystallisieren des Rohproduktes erhält man 3 Fraktionen. Ihre Zusammensetzung ist die eines Hexosamins, sie stimmen in all ihren Eigenschaften überein, beim zweiten nimmt die Drehung beim Stehen über Nacht ab, bei der dritten dagegen zu. Sie sind sehr leicht löslich in Wasser und 80proz. Alkohol, leicht löslich in 95proz. Alkohol, Methylalkohol und abs. Alkohol, unlöslich in Äther, Chloroform und Aceton, schmecken süß und geben positive Mohlische und Fehlingsche Reaktion, dagegen keine Proteinreaktion. — Enddrehung $[\alpha]_D^{10} = +71$. — Das Phenylosazon krystallisiert nach dem Abkühlen aus, Schmelzp. 214° aus Wasser + Pyridin, nach dem Stehen über Schwefelsäure nach 1 Woche Schmelzp. 170°.

3-Amino-d-glykose, Glykosyl-3-amin.

Mol-Gewicht: 179,14.
Zusammensetzung: $C_6H_{13}O_5N$.

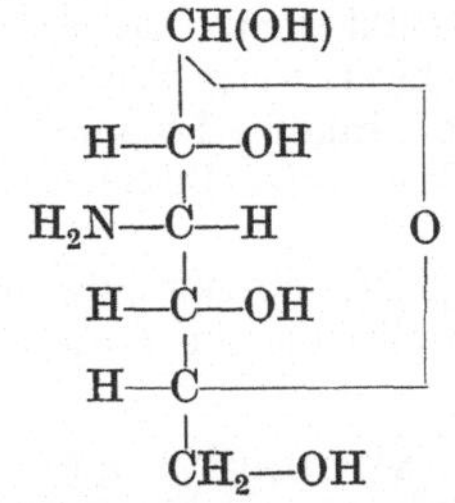

$$
\begin{array}{l}
\text{CH(OH)} \\
\text{H—C—OH} \\
\text{H}_2\text{N—C—H} \qquad \text{O} \\
\text{H—C—OH} \\
\text{H—C—} \\
\text{CH}_2\text{—OH}
\end{array}
$$

Derivate: **Glykosyl-3-[benzoyl-amin]** $C_{13}H_{17}O_6N$. Aus der Diaceton-benzoylamin-Verbindung mit n-H_2SO_4. Weiße Nadelbüschel aus Essigester. Schmelzp. 128—130°[3].
Diaceton-glykosyl-3-amin $C_{12}H_{21}O_5N$.

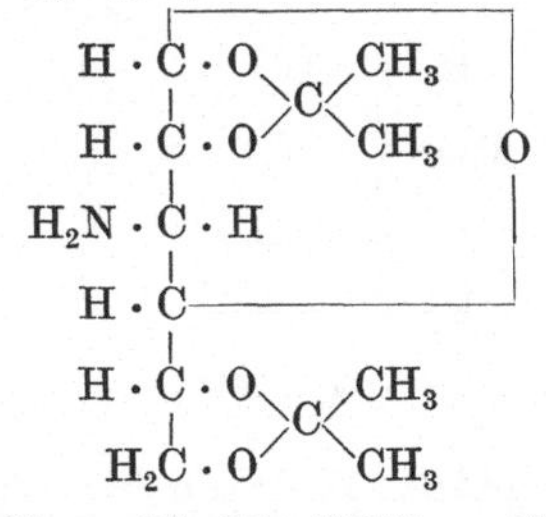

$$
\begin{array}{l}
\text{H} \cdot \text{C} \cdot \text{O} \diagdown \\
\text{H} \cdot \text{C} \cdot \text{O} \diagup \!\!\! \text{C} \diagdown \!\! \begin{array}{l}\text{CH}_3\\\text{CH}_3\end{array} \quad \text{O}\\
\text{H}_2\text{N} \cdot \text{C} \cdot \text{H} \\
\text{H} \cdot \text{C—} \\
\text{H} \cdot \text{C} \cdot \text{O} \diagdown \\
\text{H}_2\text{C} \cdot \text{O} \diagup \!\!\! \text{C} \diagdown \!\! \begin{array}{l}\text{CH}_3\\\text{CH}_3\end{array}
\end{array}
$$

[1] P. A. Levene: J. of biol. Chem. **57**, 337 (1923) — Chem. Zbl. **1924 I**, 898.
[2] Chi Che Wang: J. of biol. Chem. **49**, 441 (1921) — Chem. Zbl. **1922 II**, 1181.
[3] K. Freudenberg, O. Burkhardt u. E. Braun: Ber. dtsch. chem. Ges. **59**, 714 (1926) — Chem. Zbl. **1926 II**, 16.

Aus Diaceton-toluolsulfo-glykose mit alkoholischem NH_3 bei 170°. Aus Ligroin schöne, farblose Nadeln, Schmelzp. 92—93°. Löst sich leicht in Wasser, Alkoholen, Essigester und Chloroform, schwerer in Benzol, CCl_4 und Ligroin.

Diaceton-glykosyl-3-amin-Benzoylderivat $C_{19}H_{25}O_6N$. Aus Diacetonglykosyl-3-amin mit Benzoylchlorid und 2n-NaOH. Krystalle aus Ligroin. Schmelzp. 142—143°. $[\alpha]_{578}^{18} = +96,64°$ in Acetylen-tetrachlorid[1].

Diaceton-glykosyl-3-tetramethylammoniumjodid $C_{15}H_{28}O_5NJ$. Aus Diaceton-toluolsulfo-glykose in Methylalkohol mit Dimethylamin und danach mit Jodmethyl. Krystalle aus Essigester. $[\alpha]_{578}^{18} = +49,5°$ in Wasser[1].

Glykosyl-3-amino-phenylosazon $C_{18}H_{23}O_3N_5$. Diaceton-glykosyl-amin wird mit 2proz. Salzsäure 2 Stunden im offenen Gefäß auf 70° erwärmt. Nach Zugabe von Wasser werden Na-Acetat, Phenylhydrazin und Eisessig zugesetzt. Dann wird 2 Stunden auf 100° erhitzt und nach dem Erkalten 2 Stunden in Eis gestellt. Das Osazon wird mit Äther gewaschen, in Glykolchlorhydrin gelöst und mit Äther gefällt. Hellockergelbe Krystallnädelchen vom Zersetzungsp. 207° (korr.). Drehung in einem Gemisch von 4 Volumteilen Pyridin und 6 Volumteilen 50proz. wässerigen Methylalkohol: $[\alpha]_{578}^{18} = -56°$, $-61°$, $-57°$, Durchschnitt $-58°$ (± 6)[1].

Diaceton-3-hydrazinoglykose.

Mol-Gewicht: 274,26.
Zusammensetzung: $C_{12}H_{22}O_5N_2$.

$$\begin{array}{l} H-C-O \\ \quad\quad \rangle C(CH_3)_2 \\ H-C-O \\ H_2N \cdot NH \cdot C-H \quad\quad\quad O\\ H-C \\ H-C-O \\ \quad\quad \rangle C(CH_3)_2 \\ H_2C-O \end{array}$$

Darstellung: Aus Diaceton-toluolsulfo-glykose durch 20stündiges Kochen mit Hydrazin. Ausbeute 60%.

Physikalische und chemische Eigenschaften: Schmelzp. 96—97°. Leicht löslich in Wasser, CH_3OH, Alkohol, Aceton und Chloroform; wenig löslich in Äther. Zersetzt sich an der Luft unter Gasentwicklung. Reduziert Fehlingsche Lösung in der Kälte. $[\alpha]_{Hg\,(gelb)}^{17} = +83,4°$ in Wasser. In Aceton, mit dem die Base unter Bildung der Acetonverbindung reagiert, ist $[\alpha]_{Hg\,(gelb)}^{17} = +163,6°$.

Derivate: Benzalderivat $C_{19}H_{26}O_5N_2$. Sternförmig angeordnete Prismen aus verdünntem CH_3OH. Schmelzp. 99—100°. Leicht löslich außer in Ligroin und Wasser. $[\alpha]_{Hg\,(gelb)}^{20} = +144,2°$[2].

6-Aminoglykose[3].

Mol-Gewicht: 179,14.
Zusammensetzung: $C_6H_{13}O_5N$.

$$\begin{array}{l} CH(OH) \\ H-C-OH \\ HO-C-H \quad\quad O\\ H-C-OH \\ H-C \\ CH_2-NH_2 \end{array}$$

---

[1] K. Freudenberg, O. Burkhardt u. E. Braun: Ber. dtsch. chem. Ges. **59**, 714 (1926) — Chem. Zbl. **1926 II**, 16.

[2] K. Freudenberg u. F. Brauns: Ber. dtsch. chem. Ges. **55**, 3233 (1922) — Chem. Zbl. **1923 I**, 44.

[3] H. Ohle u. L. v. Vargha: Ber. dtsch. chem. Ges. **61**, 1203 (1928) — Chem. Zbl. **1928 II**, 643.

Derivate: Carbonat der 6-Aminoglykose. Amorphes Pulver vom Schmelzp. 96—98° unter CO_2-Entwicklung, leicht löslich in Wasser, sehr wenig löslich in CH_3OH und Alkohol, sonst unlöslich. $[\alpha]_D^{20} = +12,5°$ (Wasser, $c = 2,077$)[1].

p-Toluolsulfosaures Salz. Amorphes, sehr hygroskopisches Pulver, löslich in CH_3OH und Alkohol, $[\alpha]_D^{20} = +31,68°$ (Wasser; $c = 1,128$)[1].

Pikrat $C_{12}H_{16}O_{12}N_4$. Aus 50proz. Alkohol tiefgelbe Nadeln, die sich von 140° an zersetzen und bei 160° zu einer schwarzen Flüssigkeit schmelzen. Verpufft beim raschen Erhitzen. $[\alpha]_D^{20} = +7,40$ (Wasser; $c = 2,036$)[1].

p-Toluolsulfosaures Salz des Phenylhydrazons der 6-Amino-d-glykose $C_{16}H_{27}O_7N_3S$. Aus Wasser hellgelbe Nadeln vom Schmelzp. 182—183°, $[\alpha]_D^{20} = +6,8° \rightarrow +1,3°$ (Alkohol; $c = 2.514$)[1].

Kohlensäureverbindung der 6-Aminomonoaceton-d-glykose $C_{19}H_{24}O_{12}N_2$. Entsteht durch Eindampfen der wässerigen Lösung des toluolsulfosauren Salzes mit Na_2CO_3. Vermutlich liegt in dieser Verbindung das Salz einer Carbaminsäure. Aus Essigester Blättchen, die bei raschem Erhitzen bei 80° unter Gasentwicklung schmelzen. Bei langsamem Erhitzen Zersetzung zwischen 180—190°. $[\alpha]_D^{20} = 0° \rightarrow -6,25°$ (Wasser; $c = 4,002$)[1].

p-Tolusloulfosaures Salz der 6-Amino-monoaceton-d-glykose[1] $C_{16}H_{25}O_8NS$

$$
\begin{array}{l}
\mathrm{H-C-O} \diagdown \\
\mathrm{H-C-O} \diagup \mathrm{C} \diagup \begin{array}{l}\mathrm{CH_3}\\\mathrm{CH_3}\end{array} \quad \mathrm{O} \\
\mathrm{HO-C-H} \\
\mathrm{H-C} \\
\mathrm{H-C-OH} \\
\mathrm{CH_2-NH_2-HO-SO_2-\!\!\bigcirc\!\!-CH_3}
\end{array}
$$

Aus p-Toluolsulfo-monoacetonglykose mit methylalkoholischem Ammoniak. Aus Alkohol + Äther Nadeln, Schmelzp. 176—177°; $[\alpha]_D^{20} = -7,02°$ in Wasser bei $c = 5,01$.

Isodiacetonglykosyl-6-amin[2].

$$
\begin{array}{l}
\mathrm{H-C-O} \diagdown \\
\mathrm{H-C-O} \diagup \mathrm{C} \diagup \begin{array}{l}\mathrm{CH_3}\\\mathrm{CH_3}\end{array} \quad \mathrm{O} \\
\mathrm{O-\!\!-C-H} \\
\mathrm{H-C} \\
\begin{array}{l}\mathrm{CH_3}\\\mathrm{CH_3}\end{array}\diagup \mathrm{C} \\
\mathrm{H-C-O} \\
\mathrm{CH_2-NH_2}
\end{array}
$$

Bildung: Aus 6-p-Toluolsulfo-iso-diacetonglykose mit methylalkoholischem Ammoniak 4 Stunden bei 100°.

Physikalische und chemische Eigenschaften: Liefert bei der Hydrolyse Glykosyl-6-amin.

Derivate: p-Toluolsulfosaures Salz $C_{19}H_{29}O_8NS$. Aus Essigester, dann aus Benzol Nadeln vom Schmelzp. 172,5°; $[\alpha]_D^{20} = +30,96°$ in Wasser. Leicht löslich in Wasser, weniger in kaltem Essigester und Benzol, wenig löslich in Chloroform, unlöslich in Äther, Benzin und Petroläther. Gibt mit Natriumnitrit Isodiacetonglykose.

---

[1] H. Ohle u. L. v. Vargha: Ber. dtsch. chem. Ges. **61**, 1203 (1928) — Chem. Zbl. **1928 II**, 643.

[2] Heinz Ohle u. Ladislaus v. Vargha: Ber. dtsch. chem. Ges. **62**, 2425 (1929) — Chem. Zbl. **1929 II**, 2662.

Bis-(isodiacetonglykosyl-6-)imin [1].

$$C_{24}H_{39}O_{10}N$$

Bildung: Bei der Einwirkung von methylalkoholischem Ammoniak bei 100° auf 6-p-Toluolsulfoisodiacetonglykose. Isoliert aus den Mutterlaugen des Iso-diacetonglykosyl-6-amins bei der Hochvakuumdestillation als zweite Fraktion.

Physikalische und chemische Eigenschaften: Siedep. bei 0,05 mm 220° (Badtemperatur). Spröde kolophoniumartige Masse. Unlöslich in Wasser, sonst durchweg leicht löslich. $[\alpha]_D^{20} = +41,4°$ in Chloroform.

Derivate: p-Toluolsulfosaures Salz $C_{31}H_{47}O_{13}NS$. Aus abs. Alkohol + Petroläther, feine Nadeln, Schmelzp. 183°, unter Zersetzung. $[\alpha]_D^{20} = +20,1°$ in Chloroform. Leicht löslich in Alkohol, Essigester, Benzol, Chloroform, weniger in Wasser, Äther, unlöslich in Petroläther und Benzin.

d-Glykosido-1-trimethylammoniumsalze [2].

Derivate: Bromid $C_9H_{20}O_5NBr$.

Aus Tetraacetyl-glykosido-1-trimethylammoniumbromid bei 2 stündigem Erhitzen mit HBr (D. = 1,48) auf dem Wasserbade. Im Vakuum eingedampft, dann nach Lösen in heißem absoluten Alkohol stark eingeengt. Derbe, glänzende Polyeder aus abs. Alkohol. Hygroskopisch. Schmelzp. 161—162°. $[\alpha]_D^{16} = +5,0°$ in Wasser. Beim Erhitzen mit Barytwasser Bildung von Lävoglykosan unter Entwicklung von $(CH_3)_3N$.

Chlorid. Aus dem Bromid $C_9H_{20}O_5NCl$. Sehr hygroskopisch, leicht löslich in Wasser und Alkohol; unlöslich in Äther.

Jodid $C_9H_{20}O_5NJ$. Aus abs. Alkohol durchsichtige, farblose Krystalle, Schmelzp. 162 bis 163°. Etwas hygroskopisch. Sehr leicht löslich in Wasser, weniger löslich in Alkohol.

Chloroplatinat $C_{18}H_{40}O_{10}N_4Cl_6Pt$. Aus abs. Alkohol orangebraune Krystalle, leicht löslich in Wasser, löslich in heißem Alkohol.

Chloraurat $C_9H_{20}O_5NCl_4Au$. Leicht löslich in Wasser. Beim längeren Erwärmen tritt Reduktion ein.

Pikrat $C_{15}H_{22}O_{12}N_4$. Aus Alkohol gelbe Nadeln, Schmelzp. 141°, löslich in Wasser und Alkohol, unlöslich in Äther [2].

Tetraacetyl-d-glykosido-1-trimethylammoniumchlorid $C_{17}H_{28}O_9NCl$. Aus dem Bromid mit frisch gefälltem AgCl beim Schütteln. Farblose Krystalle, Schmelzp. 173°, hygroskopisch. $[\alpha]_D^{18} = +6,26°$ in Wasser. **Perchlorat** $C_{17}H_{28}O_{13}NCl$. Mikroskopische Krystallnadeln, Schmelz-

[1] Heinz Ohle u. Ladislaus v. Vargha: Ber. dtsch. chem. Ges. **62**, 2425 (1929) — Chem. Zbl. **1929 II**, 2662.

[2] P. Karrer u. J. ter Kuile: Helvet. chim. Acta **5**, 870 (1922) — Chem. Zbl. **1923 I**, 581. — P. Karrer u. A. P. Smirnoff: Helvet. chim. Acta **9**, 817 (1922) — Chem. Zbl. **1922 I**, 403.

punkt 190°. **Pikrat** $C_{23}H_{30}O_{16}N_4$. Aus Wasser gelbe feine Nadeln, Schmelzp. 133°. **Chloroplatinat** $C_{34}H_{56}O_{18}N_2Cl_6Pt$. Orangefarbene, feine Nadeln, aus siedendem Wasser umkrystallisierbar, in Alkohol kaum löslich. Bei 204—205° Schwarzfärbung, bei 209—210° schmilzt unter Gasentwicklung. **Chloraurat** $C_{17}H_{28}O_9NCl_4Au$. Gelbe Nadeln, nicht ganz unzersetzt heiß unlösbar (Reduktion unter Dunkelfärbung)[1].

d-Glykosido-1-amino-derivate.

Tetraacetylglykosediäthylamid[2]. Aus Acetobromglykose und Diäthylamin bei 30—40°. Gelb amorph. Salzsaures Salz $C_{18}H_{29}O_9N$ + HCl, Schmelzp. 152—153°.

Tetraacetylglykosedimethylamid[2]. Salzsaures Salz: $C_{16}H_{25}O_9N$ + HCl. Schmelzp. 159 bis 160° unter Zersetzung. 100 ccm abs. Alkohol lösen 0,362 g bei 24,5°; die gesättigte Lösung hat $[\alpha]_{5461} = -15,1°$, nach 26 Stunden: $+95°$. K in 90proz. Alkohol $32 \, h^{-1}$.

Tetraacetylglykosebenzylmethylamid[3] $C_{22}H_{29}O_9N$. Aus Acetobromglykose und Benzylmethylamin. Krystalle aus Äther + Ligroin, Schmelzp. 125°. Salzsaures Salz: $C_{22}H_{29}O_9N$ + HCl. Schmelzp. 80°. K der Spaltung bei 24,5° in 90proz. Alkohol $6,1—6,8 \, h^{-1}$, in Essigester + HCl: $0,036 \, h^{-1}$; in abs. Alkohol ist $[\alpha]_{5461}$ anfangs $-4,4°$, nach 24 Stunden $+29,4°$, Endwert 54°. Der Eindampfrückstand der alkoholischen Lösungen hinterläßt nach Extraktion mit Äther salzsaures Benzylmethylamin.

Tetraacetylglykose-p-methyl-benzylmethylamid[3] $C_{23}H_{33}O_9N$. Aus Acetobromglykose und p-Methyl-benzyl-methylamin. Nadeln aus Äther + Ligroin, Schmelzp. 99—100°. Salzsaures Salz: $C_{23}H_{31}O_9N$ + HCl. Krystalle aus Alkohol + Ligroin, Schmelzp. 175° unter Zersetzung. K in 90proz. Alkohol $13,3 \, h^{-1}$.

Tetraacetyl-glykose-p-chlorbenzylmethylamid[3] $C_{22}H_{28}O_9NCl$. Aus Acetobromglykose und p-Chlorbenzylmethylamin. Krystalle aus Äther + Ligroin, Schmelzp. 104—105°. Salzsaures Salz $C_{22}H_{28}O_9NCl$ + HCl. Nadeln aus Alkohol + Ligroin, Schmelzp. 137° unter Zersetzung. K in 90proz. Alkohol $5,8 \, h^{-1}$, in Essigester + HCl: $0,052 \, h^{-1}$ unter Bildung von salzsaurem p-Chlorbenzylmethylamin.

Tetraacetylglykose-p-cyanbenzylmethylamid[2] $C_{23}H_{28}O_9N_2$. Aus Acetobromglykose und p-Cyanbenzylmethylamin. Nadeln aus Äther + Ligroin, Schmelzp. 85—86°; salzsaures Salz $C_{23}H_{28}O_9N_2$ + HCl. Aus heißem Alkohol, Schmelzp. 146° unter Zersetzung. K in 90proz. Alkohol: $13,3 \, h^{-1}$.

Tetraacetylglykose-piperidid A[2] $C_{19}H_{29}O_9N$. Man setzt Acetobromglykose rasch zu unverdünntem Piperidin und kalt bei 0—10°; sobald eine heftige Reaktion einsetzt, fügt man viel Äther zu. Prismen aus Äther + etwas Methanol, Schmelzp. 123°, die geschmolzene Substanz zersetzt sich langsam. Salzsaures Salz: $C_{19}H_{29}O_9N$ + HCl. Prismen aus Alkohol + Ligroin, Schmelzp. 126°. K in 90proz. Alkohol $12,8 \, h^{-1}$.

Tetraacetylglykose-piperidid B[2] $C_{19}H_{29}O_9N$. Man setzt Acetobromglykose langsam unter Eiskühlung zu Piperidin + $^1/_2$ Vol. Äther. Nadeln aus Methanol + Ligroin, Schmelzp. 136° unter Zersetzung. Salzsaures Salz: $C_{19}H_{29}ON$ + HCl. Prismen aus Alkohol + Ligroin, Schmelzp. 130—131° unter Zersetzung; langsame Krystallisation liefert ein stark entacetyliertes Produkt.

1-Dimethylamino-2, 3, 6-trimethyl-glykose[4].

Mol-Gewicht: 249,25.

Zusammensetzung: $C_{11}H_{23}O_5N$.

$$
\begin{array}{c}
C\!\!-\!\!\!-\!\!\!-\!\!\!-\!\!\!-\!\!\!-\!\!\!-\!\!\!-\!\!\!-N\!\!<^{CH_3}_{CH_3} \\
| \\
H\!-\!C\!-\!OCH_3 \\
| \\
CH_3\!-\!O\!-\!C\!-\!H \qquad O \\
| \\
H\!-\!C\!-\!OH \\
| \\
C \\
| \\
CH_2\!-\!O\!-\!CH_3
\end{array}
$$

[1] P. Karrer u. J. ter Kuile: Helvet. chim. Acta **5**, 870 (1922) — Chem. Zbl. **1923 I**, 581. — P. Karrer u. A. P. Smirnoff: Helvet. chim. Acta **4**, 817 (1922) — Chem. Zbl. **1922 I**, 403.

[2] John William Baker: J. chem. Soc. Lond. **1929**, 1205 — Chem. Zbl. **1929 II**, 984.

[3] John William Baker: J. chem. Soc. Lond. **1929**, 1205 — Chem. Zbl. **1929 II**, 985.

[4] Karl Freudenberg u. Emil Braun: Liebigs Ann. **460**, 288 (1928) — Chem. Zbl. **1928 I**, 1848.

Bildung: Aus 2, 3, 6-Trimethylglykose mit einer 33proz. methylalkoholischen Dimethyl-aminlösung.

Physikalische und chemische Eigenschaften: Siedep. 109° bei 0,1 mm.

2, 3, 6-Trimethyl-glykosido-1-trimethylammoniumjodid[1].

$$C_{12}H_{26}O_5NJ$$

Bildung: Aus 1-Dimethylamino-2, 3, 6-trimethyl-glykose mit Jodmethyl[1]. Aus 2, 3, 6-Trimethyl-1-chlor-4-acetyl-d-glykose mit Trimethylamin[2].

Physikalische und chemische Eigenschaften: Krystalle aus Alkohol + Äther, $[\alpha]_D^{15} = -41,2°$ in Wasser.

Derivate: Das entsprechende **Chlorid** aus dem Jodid in Wasser mit Chlorsilber dargestellt, Nadeln aus Alkohol + Äther, $[\alpha]_D^{16} = -9,2°$ in Wasser, identisch mit dem von F. Micheel und K. Heß[2] angegebenen Salz der gleichen Zusammensetzung[1]. $[\alpha]_D^{19} = -3,6°$ in Chloroform[2].

Bis-[dihydro-ps-glykalyl]-imin[3].

Mol-Gewicht: 277,25.

Zusammensetzung: $C_{12}H_{23}O_6N$.

Bildung: Aus Diacetyl-dihydro-ps-glykal mit bei 0° gesättigtem methylalkoholischem Ammoniak. Aus methylalkoholhaltigem Essigester Krystalle vom Schmelzp. 142—143°.

Diacetonmannose-1-amin[4].

Mol-Gewicht: 257,2.

Zusammensetzung: $C_{12}H_{21}O_5N$.

Darstellung: 5 g Diacetonmannose werden mit der 6fachen Menge methylalkoholischem Ammoniak, das bei 0° gesättigt ist, im Rohr 60 Stunden auf 95—98° erhitzt. Die dunkle Lösung wird bei Unterdruck eingeengt, in Äther aufgenommen, filtriert, mit Kaliumcarbonat getrocknet und in zwei Teile getrennt, die gesondert destilliert werden. Bei der Destillation größerer Mengen als 2—3 g tritt zu leicht Ammoniakabspaltung und Bildung von sekundärem Amin

---

[1] K. Freudenberg u. E. Braun: Liebigs Ann. **460**, 288 (1928) — Chem. Zbl. **1928 I**, 1848.

[2] F. Micheel u. K. Heß: Chem. Zbl. **1927 II**, 1467.

[3] Max Bergmann: Liebigs Ann. **443**, 223 (1925) — Chem. Zbl. **1925 II**, 1147.

[4] Karl Freudenberg u. Anton Wolf: Ber. dtsch. chem. Ges. **58**, 300 (1925) — Chem. Zbl. **1925 I**, 1396.

ein. Bei 1 mm geht die Hauptmenge des primären Amins zwischen 126 und 130° als gelbliches Öl über; die Ausbeute beträgt 40% der angewendeten Diaceton-Mannose.

Physikalische und chemische Eigenschaften: $[\alpha]_{578}^{17}$ in abs. Alkohol $= +9,4°$. — Leicht löslich in Äther, Chloroform, Benzol und Alkohol, nicht ganz so leicht in Wasser, schwerer in verdünnten Laugen. In verdünnter Essigsäure löst es sich leicht, nach 20 Minuten beginnt die Krystallisation reiner Diacetonmannose. In starker Kalilauge löst sich das Amin selbst in der Wärme kaum. Eine Probe wurde mehrere Minuten mit starker Lauge gekocht, dabei entwickelte sich Ammoniak, aber die Substanz ging nicht in Lösung. Nach 8tägigem Stehen krystallisierte die ölige Suspension, die Krystalle bestanden aus sekundärem Amin.

Derivate: Benzoylverbindung $C_{17}H_{25}O_6N$. Aus dem Amin, Natronlauge und Benzoylchlorid. Farblose Nadeln aus Alkohol, Schmelzp. 178°.

Bis-[diaceton-mannose]-imin [1].

$$C_{24}H_{39}O_{10}N$$

Mol-Gewicht: 501,44.

Zusammensetzung: 57,46% C, 7,85% H, 2,79% N.

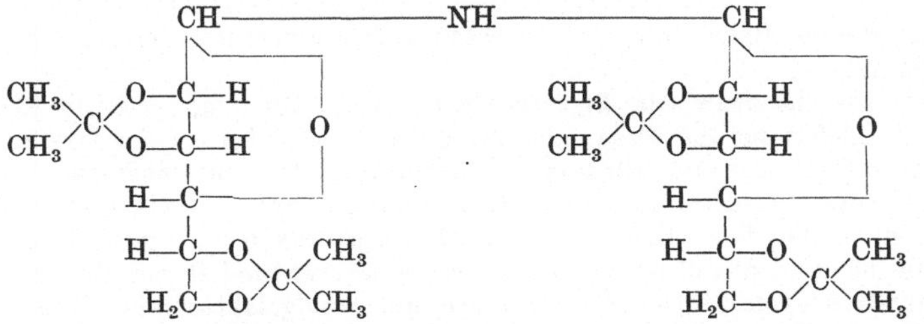

Darstellung: Die Destillationsrückstände des Diaceton-mannose-amins werden in Äther gelöst. Nach einigen Tagen haben sich schöne prismatische Nadeln ausgeschieden.

Physikalische und chemische Eigenschaften: Krystalle aus Alkohol, Schmelzp. 160°; $[\alpha]_{578}^{17} = +26°$ in Acetylentetrachlorid. Leicht löslich in Chloroform, Aceton und Essigester; in Ligroin, Benzol, Äther, Methyl- und Äthylalkohol ist es in der Kälte schwer, in der Wärme leicht löslich; in Wasser und niedrig siedendem Petroläther ist es fast unlöslich. Mit verdünnter Essigsäure übergossen und gelinde erwärmt, verwandelt sich das Produkt sofort in Diacetonmannose.

Diaceton-mannose-1-dimethylamin [1].

$$C_{14}H_{25}O_5N$$

Mol-Gewicht: 287,28.

Zusammensetzung: 4,88 % N.

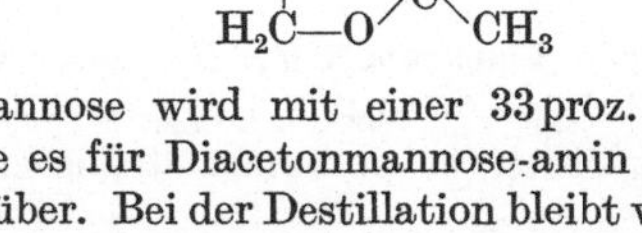

Darstellung: Diacetonmannose wird mit einer 33proz. alkoholischen Dimethylaminlösung genau so behandelt wie es für Diacetonmannose-amin beschrieben wird. Die Hauptmenge geht bei 1 mm und 115° über. Bei der Destillation bleibt wenig Rückstand. Das Destillat erstarrt bald, die Krystalle werden mit wenig Wasser ausgelaugt.

Physikalische und chemische Eigenschaften: Leicht löslich in den gebräuchlichsten organischen Lösungsmitteln. — Schmelzp. 76°. $[\alpha]_{578}^{17} = +42,5°$ in abs. Alkohol. Verhält sich Lösungsmitteln sowie verdünnter Essigsäure gegenüber wie Diaceton-mannose-amin.

---

[1] Karl Freudenberg u. Anton Wolf: Ber. dtsch. chem. Ges. **58**, 302 (1925) — Chem. Zbl. **1925 I**, 1396.

Galaktosamin.

Vorkommen: Wahrscheinlich in der Tube von Mesochaetopterus Taylori Potts[1].

3-Galaktosamin[2].

Mol-Gewicht: 179,14.
Zusammensetzung: $C_6H_{13}O_5N$.

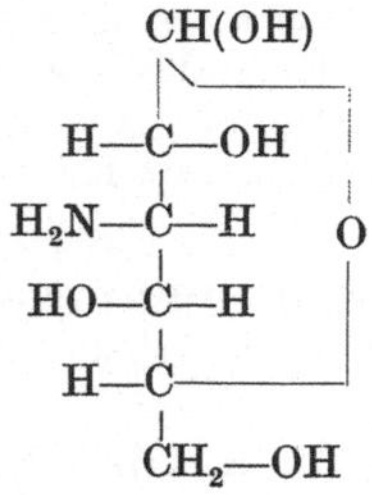

$$\begin{array}{c}
CH(OH) \\
H-C-OH \\
H_2N-C-H \quad O \\
HO-C-H \\
H-C \\
CH_2-OH
\end{array}$$

Bildung: Bei der Behandlung des Diacetongalaktosamins mit 2 mal n-Schwefelsäure bei 70° in $1^1/_2$ Stunden.

Physikalische und chemische Eigenschaften: Sirup, Drehung $+6,8°$ in 10 proz. Lösung in 1 dm Rohr. Liefert bei der Desamidierung ein Gemisch, das bei der Oxydation mit Salpetersäure neben Oxalsäure nur halb soviel Schleimsäure liefert wie Galaktose. Dieses Gemisch gibt 2 Phenylhydrazone, die jedoch nicht rein erhalten wurden. Galaktose ist darin augenscheinlich nicht vorhanden. Läßt sich mit Quecksilberoxyd zu einer Galaktosaminsäure oxydieren, die nicht identisch ist mit Chondrosaminsäuren und ihrem Epimeren.

Derivate: Benzoylgalaktosamin. Aus Diacetonbenzoylgalaktosamin mit 2 mal n-Schwefelsäure 2 Stunden bei 70°. — Gibt ein Phenylhydrazon aus Alkohol oder aus Pyridin + Äther, Schmelzp. 201°.

Diaceton-3-galaktosamin[2].

Mol-Gewicht: 257,2.
Zusammensetzung: $C_{12}H_{21}O_5N$.

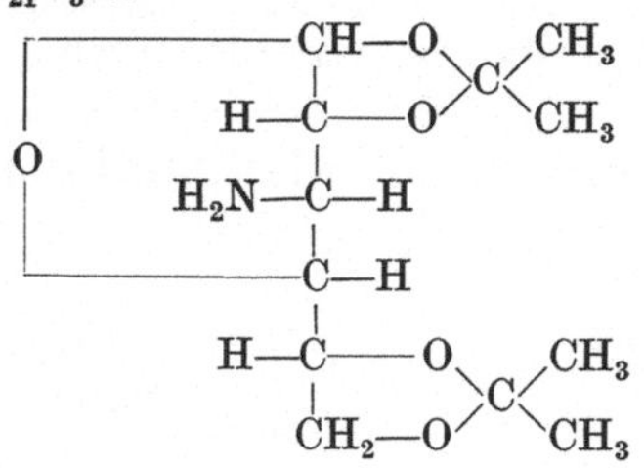

$$\begin{array}{c}
CH-O \diagdown C \diagup CH_3 \\
H-C-O \diagup \diagdown CH_3 \\
H_2N-C-H \\
C-H \\
H-C-O \diagdown C \diagup CH_3 \\
CH_2-O \diagup \diagdown CH_3
\end{array}$$

Bildung: Toluolsulfodiacetonglykose setzt sich mit flüssigem Ammoniak im Bombenrohr bei Zimmertemperatur schon in 24 Stunden um. Einfacher ist das Verfahren durch Erhitzen mit methylalkoholischem Ammoniak, das bei 25° gesättigt ist, nach 12 stündigem Erwärmen auf 100°. Dabei entsteht neben Diacetongalaktosamin Bis-[diacetongalaktos]-amin, die durch Umkrystallisieren aus verdünntem Alkohol getrennt werden, wobei die Bis-Verbindung auskrystallisiert.

Physikalische und chemische Eigenschaften: Farbloses Öl vom Siedep. 122—126° bei 0,5—1 mm; $[\alpha]_{578}^{19} = -63,09°$, $[\alpha]_{633} = -50,42°$, $[\alpha]_{546} = -70,85°$, $[\alpha]_{434} = -127,2°$ ($\pm 4°$) bei $c = 1,1742$. Durchweg leicht löslich; reagiert stark alkalisch. Liefert bei der Desaminierung Diacetongalaktose zurück.

Derivate: Carbonat. Feste Substanz.

Chlorhydrat. Aus Chloroform. Zersetzungsp. 229°; ist nicht haltbar.

Pikrolonat. Aus Alkohol filzige Nadeln vom Schmelzp. 223° unter Zersetzung.

---

[1] C. Berkeley: J. of biol. Chem. **50**, 113—120 (1922) — Chem. Zbl. **1922 I**, 763.
[2] Karl Freudenberg u. Arnold Doser: Ber. dtsch. chem. Ges. **58**, 294 (1925) — Chem. Zbl. **1925 I**, 1396.

Monobromamin. Aus der Base in verdünnter Natronlauge mit Bromwasser. Niederschlag, aus Petroläther umkrystallisierbar.

Benzoylderivat $C_{19}H_{25}O_6N$. Aus Benzin. Schmelzp. 132,5°; $[\alpha]_{578}^{18} = -26,74°$ in Aceton.

Bis-3-galaktosimin[1].

Mol-Gewicht: 340,19.

Zusammensetzung: $C_{12}H_{23}O_{10}N$.

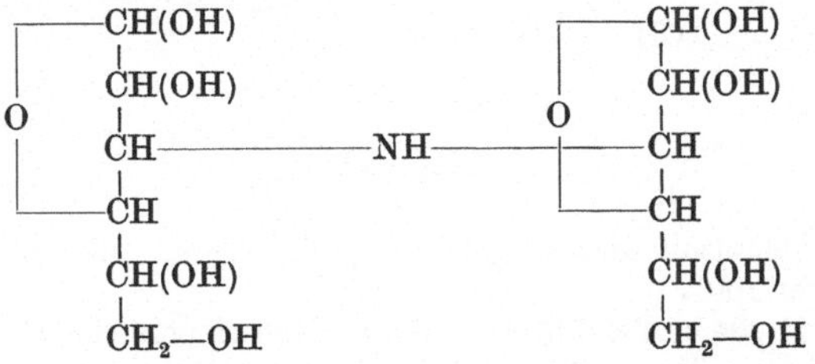

Bildung: Aus der Acetonverbindung mit 2mal n-Schwefelsäure in 4 Stunden bei 70°.

Physikalische und chemische Eigenschaften: Sirup, leicht löslich in Wasser, Glykol, Glycerin, Pyridin, unlöslich in Alkohol, Äther.

Derivate: Bisphenylhydrazon $C_{24}H_{35}O_8N_5$. — Aus Wasser farblose Nadeln, Zersetzungspunkt bei 192°. Fast unlöslich in Alkohol und Äther, wenig löslich in Pyridin.

Bis-[diaceton-3-galaktose]-imin[1].

$C_{24}H_{39}O_{10}N$

Mol-Gewicht: 501,44.

Zusammensetzung: 57,45% C, 7,84% H, 2,79% N.

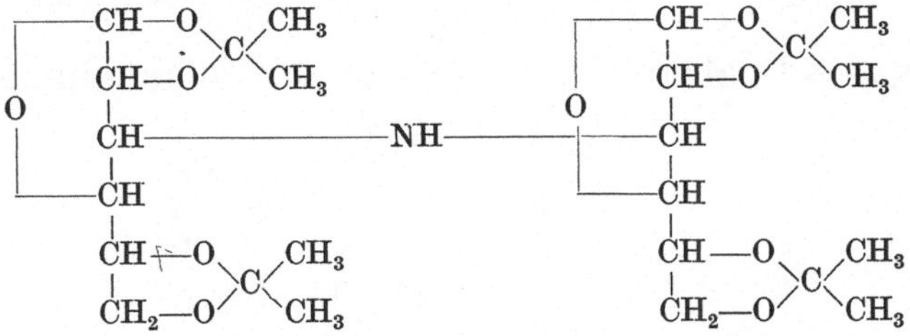

Darstellung: Bei der Behandlung von Diacetontoluolsulfogalaktose mit Ammoniak entsteht ein Gemisch von Diacetongalaktosamin und Bis-[diacetongalaktose]-imin, die durch Umlösen aus verdünntem Alkohol voneinander getrennt werden, wobei letztere Verbindung auskrystallisiert.

Physikalische und chemische Eigenschaften: Aus Methylalkohol + Wasser zentimeterlange Nadeln, vom Schmelzp. 108°. Aus Ligroin umkrystallisiert, Schmelzp. 125—126°. Wird letztere Substanz wieder aus Methylalkohol + Wasser umkrystallisiert, so gewinnt man das tiefer schmelzende Präparat. $[\alpha]_{578}^{18} = -84,35°$ in Aceton.

Derivate: Benzoylderivat. Aus dem sekundären Amin, Pyridin und Benzoylchlorid. Mit Wasser ausgefällt und aus Ligroin, dann aus Alkohol umkrystallisiert; Schmelzp. 129°. $[\alpha]_{578}^{18} = -53,9°$ in Aceton. Ziemlich leicht löslich in Alkohol, Äther, Chloroform, Tetrachlorkohlenstoff, Essigester, Aceton; schwerer in Ligroin und Benzol.

Nitrosamin. 1 g sekundäres Amin wird in 30 ccm 10proz. Essigsäure gelöst und mit verdünnter Natriumnitritlösung versetzt. Krystalle aus Methylalkohol, Schmelzp. 181—182°. $[\alpha]_{578}^{19} = -7,9°$ in Aceton; $[\alpha]_{633}^{19} = -6,8°$; $[\alpha]_{546} = -8,5°$; $[\alpha]_{434} = -33,4°$. Dasselbe Nitrosamin bildet sich aus dem asymmetrischen Di-[diaceton-galaktosyl]-hydrazin mit salpetriger Säure.

---

[1] Karl Freudenberg u. Arnold Doser: Ber. dtsch. chem. Ges. **58**, 294 (1925) — Chem. Zbl. **1925 I**, 1396.

Diaceton-galaktosyl-6-dimethylamin[1].

Mol-Gewicht: 287,28.
Zusammensetzung: $C_{14}H_{25}O_5N$.

$$\begin{array}{l}
CH\!-\!\!-\!\!-O \\
\quad| \qquad\quad C\!\!<\!\!{}^{CH_3}_{CH_3} \\
H\!-\!C\!-\!O \\
\qquad| \\
CH_3\!\!>\!\!C\!\!<\!\!{}^{O\!-\!C\!-\!H}_{O\!-\!C\!-\!H} \qquad O \\
\qquad\qquad| \\
\qquad\qquad C \\
\qquad\qquad| \\
\qquad CH_2\!-\!NH\!\!<\!\!{}^{CH_3}_{CH_3}
\end{array}$$

Bildung: Aus Toluolsulfodiacetongalaktose mit 33 proz. alkoholischer Dimethylaminlösung, 20 Stunden bei 100°.

Physikalische und chemische Eigenschaften: Glycerinähnliche Flüssigkeit. Siedep. bei
$1\!-\!2$ mm $= 110\!-\!115°$. $[\alpha]_{578}^{18} = -85{,}7°$ ohne Lösungsmittel.

Derivate: Jodmethylat $C_{15}H_{28}O_5NJ$. Beim Vermengen mit Jodmethyl, Krystalle aus
Alkohol. $[\alpha]_{578}^{18} = -32°$ in Wasser. Hat keinen Schmelzpunkt. Löslich in Wasser und Methylalkohol[1].

Galaktosyl-6-trimethylammoniumjodid[1].

$$C_9H_{20}O_5NJ + H_2O$$

Bildung: Aus Diacetongalaktosyl-6-dimethylaminjodmethylat mit n-H_2SO_4. 5 Stunden
bei 70°.

Physikalische und chemische Eigenschaften: Aus Methylalkohol umgelöst sintert von
90° an und zersetzt sich bei 140°. $[\alpha]_{578}^{12} = +65{,}3°$ in Wasser, nach 3 Minuten, Endwert nach
12 Stunden $+51{,}8°$. Sehr leicht löslich in Wasser; wenig löslich in Methylalkohol und sehr
wenig löslich in Alkohol[1].

Tetraacetyl-β-d-galaktosido-[1, 5]-trimethylammoniumbromid[2].

$$C_{17}H_{28}O_9NBr$$

$$\begin{array}{l}
\qquad\qquad\qquad\qquad Br\;\;{}_{CH_3} \\
\qquad\qquad\qquad\qquad| \;/ \\
CH\!-\!\!-\!\!-\!\!-\!\!-\!\!-\!\!-\!N\!\!<\!\!{}^{CH_3}_{CH_3} \\
\quad| \\
H\!-\!C\!-\!O\!-\!CO\!-\!CH_3 \\
\qquad| \\
CH_3\!-\!CO\!-\!O\!-\!C\!-\!H \qquad O \\
\qquad| \\
CH_3\!-\!CO\!-\!O\!-\!C\!-\!H \\
\qquad| \\
H\!-\!C \\
\quad| \\
CH_2\!-\!O\!-\!CO\!-\!CH_3
\end{array}$$

Darstellung: 20 g Acetobromgalaktose werden bei 0° mit einem Gemisch von 7,5 g abs.
Alkohol und 7,5 g Benzol und 7,5 g Trimethylamin übergossen; beim Stehen über Nacht
scheidet sich ein Teil des Reaktionsproduktes in Krystallen ab; die Mutterlaugen werden im
Vakuum eingedampft, nach dem Umkrystallisieren aus Aceton erhält man farblose Nadeln.

Physikalische und chemische Eigenschaften: Schmelzp. 173° unter Zersetzung. Leicht
löslich in Wasser, Alkohol, Chloroform, unlöslich in Äther und Petroläther. $[\alpha]_D^{20} = +31{,}1°$
in Chloroform. Gibt beim Erwärmen mit Barytwasser Galaktosan $[\alpha\ 1{,}5]\ [\beta\ 1{,}6]$.

Derivate: Galaktosido-[1, 5]-trimethylammoniumbromid[2] $C_9H_{10}O_5NBr$. Beim Erwärmen der vorhergehenden Verbindung mit verdünnter Bromwasserstoffsäure und Lösen
des sirupösen Rückstandes in Alkohol. Farblose Nadeln, Schmelzp. $162\!-\!164°$; $[\alpha]_D^{20} = +37{,}6°$
in Wasser.

---

[1] K. Freudenberg u. K. Smeykal: Ber. dtsch. chem. Ges. **59**, 100 (1926) — Chem. Zbl.
1926 I, 2190.
[2] Fritz Micheel: Ber. dtsch. chem. Ges. **62**, 687 (1929) — Chem. Zbl. **1929 I**, 2037.

Glykimidazol[1].

Mol-Gewicht: 188,15.
Zusammensetzung: $C_7H_{12}O_4N_2$.

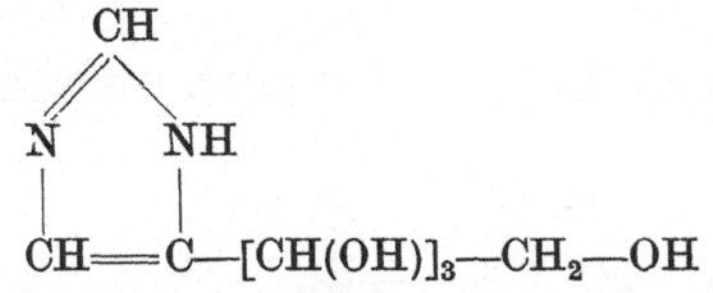

$$CH$$
$$N \quad NH$$
$$CH\!=\!\!=\!\!C\!\!-\![CH(OH)]_3\!\!-\!CH_2\!\!-\!OH$$

Darstellung: 5 g μ-Thiolglykimidazol werden in warmem Wasser gelöst, und mit 30 ccm 3proz. Wasserstoffsuperoxyd 1 Stunde auf 60° erwärmt, bis keine schweflige Säure mehr entweicht. Die gebildete Schwefelsäure wird entfernt, die Base mit Quecksilberchlorid und Soda gefällt, und der Niederschlag mit Schwefelwasserstoff zerlegt. — Aus der Lösung krystallisiert das Chlorhydrat. — Aus Thiolglykimidazol durch Entschwefelung mittels H_2O_2[2].

Physikalische und chemische Eigenschaften: Die freie Base konnte nicht krystallisiert erhalten werden. Bei der Behandlung mit Salpetersäure wird Imidazolcarbonsäure gebildet.

Derivate: **Chlorhydrat** $C_7H_{12}O_4N_2 \cdot HCl$. Büschelige Nadeln, Schmelzp. 162°, sehr leicht löslich in Wasser, wenig löslich in Alkohol. — Auch die anderen Salze sind in Wasser löslich. Nur das Imidazoldicarbonsäuresalz ist weniger löslich, dissoziiert aber leicht.

Glykimidazolon[1].

$$C_7H_{12}O_5N_2 \cdot {}^1/_2\,H_2O$$
$$CH\!=\!\!=\!\!C\!\!-\![CH\!\!-\!(OH)]_3\!\!-\!CH_2\!\!-\!OH$$
$$HN\!\!-\!CO\!\!-\!NH$$

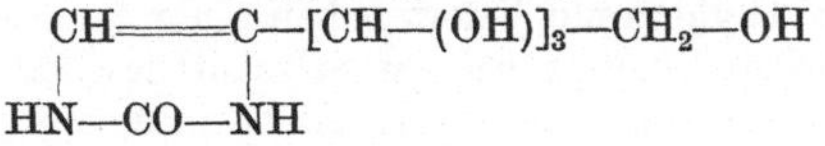

Bildung: Aus 5 g Glykosaminchlorhydrat und 4 g mit 40 ccm Wasser aufgeschlämmtem Silbercyanat. Aus dem konz. Filtrat krystallisiert das Produkt in Nadeln, rascher beim Aufnehmen in Methylalkohol und Zugabe von Alkohol.

Physikalische und chemische Eigenschaften: Nadeln. Schmelzp. 130—135°. — Leicht löslich in Wasser und Methylalkohol, wenig löslich in Alkohol, unlöslich in Äther und anderen organischen Lösungsmitteln. $[\alpha]_D^{20} = -49,36°$ in Wasser.

μ-Thiolglykimidazol[1,2].

$$C_7H_{12}O_4N_2S + H_2O$$
$$C\!\!-\!SH$$
$$N \quad NH$$
$$CH\!=\!\!=\!\!C\!\!-\![CH(OH)]_3\!\!-\!CH_2\!\!-\!OH$$

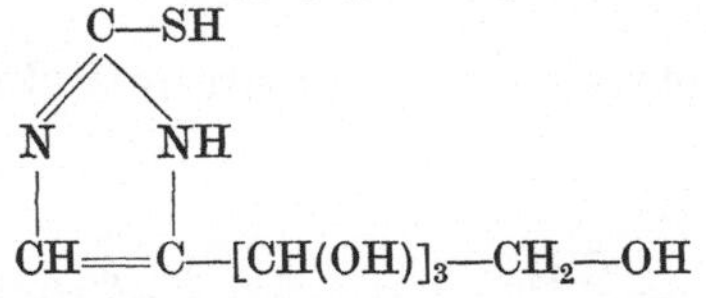

Darstellung: Man erwärmt 10 g Glykosaminchlorhydrat und 5 g Kaliumrhodanat in konz. wässeriger Lösung 1—2 Stunden, löst in Methylalkohol und konzentriert bis zur Krystallisation.

Physikalische und chemische Eigenschaften: Kleine verfilzte Nadeln aus heißem Wasser; das Krystallwasser entweicht bei 105°. Schmelzp. 168° unter Zersetzung. Wasserfrei 210°. 1 Teil löst sich in 15 Teile kalten Wassers, leicht löslich in heißem Wasser, schwer löslich in Methylalkohol und in Alkohol. $[\alpha]_D^{20} = -17,94°$ in Wasser.

α-Methyl-β-acetyl-glykopyrrol[3].

Mol-Gewicht: 255,21.
Zusammensetzung: $C_{12}H_{17}O_5N$.

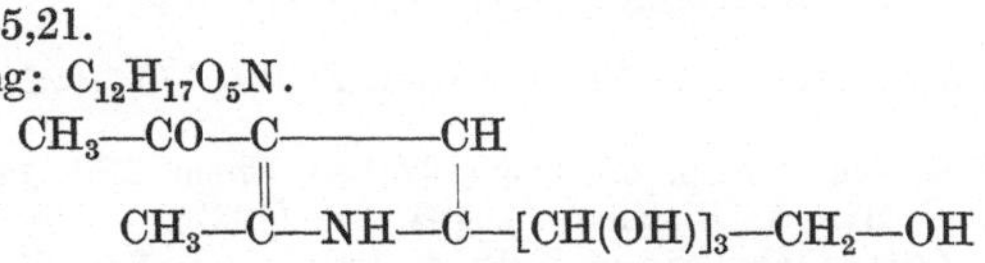

$$CH_3\!\!-\!CO\!\!-\!C\!\!-\!\!-\!\!-\!\!-\!CH$$
$$CH_3\!\!-\!C\!\!-\!NH\!\!-\!C\!\!-\![CH(OH)]_3\!\!-\!CH_2\!\!-\!OH$$

[1] Herm. Pauly u. Ernst Ludwig: Hoppe-Seylers Z. **121**, 170 (1922) — Chem. Zbl. **1922 III**, 1192.
[2] K. Ishifuku: J. pharm. Soc. Jap. **48**, 81 — Chem. Zbl. **1928 II**, 988.
[3] Herm. Pauly u. Ernst Ludwig: Hoppe-Seylers Z. **121**, 170 (1922) — Chem. Zbl. **1922 III**, 1193.

Darstellung: Aus Glykosaminbase und Acetylaceton.

Physikalische und chemische Eigenschaften: Feine Nadeln aus Alkohol, Schmelzp. 98°. Pyrrolreaktion positiv. $[\alpha]_D^{20} = -25{,}14°$ in Wasser.

α-Methylglykopyrrol-β-carbonsäureester[1].

Mol-Gewicht: 273,22.

Zusammensetzung: $C_{12}H_{19}O_6N$.

$$C_2H_5\text{—}O \cdot OC \cdot C\text{————}CH$$
$$CH_3\text{—}C\text{—}NH\text{—}C\text{—}[CH(OH)]_3\text{—}CH_2\text{—}OH$$

Darstellung: Aus 5 g Glykosaminbase und 4 g Acetessigester beim Erhitzen auf dem Wasserbade. Die über Schwefelsäure konzentrierte Masse krystallisiert aus heißem Alkohol.

Physikalische und chemische Eigenschaften: Sternförmig gruppierte Nadeln, Schmelzpunkt 120°. Löslich in Wasser und heißem Alkohol, unlöslich in Äther und Chloroform. Beim Erhitzen mit Zinkstaub werden Pyrroldämpfe entwickelt. $[\alpha]_D^{20} = +49{,}68°$ in Wasser.

Stickstoffhaltige Biosen.

Mucosin[2].

Ist ein Disaccharid, das bei der partiellen Hydrolyse der Mucoitinschwefelsäure entsteht und bei völliger Hydrolyse Glykosamin liefert neben einer flüchtigen Säure in einer Menge, die 1 C_2H_3O auf 1 N entspricht. Liefert bei der Salzsäuredestillationsmethode Furfurol. Die Ausbeute an letzterem aus Mucosin entsprach der Theorie von gleichen Verhältnissen von Glykonsäure und Glykosamin, doch ist es zweifelhaft, ob es wirklich um Glykuronsäure oder um Galakturonsäure oder eine andere Verbindung dieses Typus handelt.

Glykosaminomannose

(vergleiche noch Kohlehydratgruppe im Ovomucoid S. 824).

Entsteht bei Anwendung der Barytspaltung auf frisches Hühnereiweiß als auch durch tryptische Verdauung dieses Produktes oder Dotteralbumins aus Hühnerdotter. Ist optisch inaktiv, reduziert Fehlingsche Lösung nicht. Die Spaltung mit HCl liefert Glykosaminchlorhydrat und Mannose[3].

Heptaacetyl-cellobiosido-dimethylamin[4, 5].

Mol-Gewicht: 664,34.

Zusammensetzung: $C_{28}H_{42}O_{17}N$.

$$\begin{array}{ll}
CH\text{—}N<^{CH_3}_{CH_3} & \overset{\beta}{\quad}CH \\
H\text{—}C\text{—}O\text{—}CO\text{—}CH_3 & H\text{—}C\text{—}O\text{—}CO\text{—}CH_3 \\
CH_3\text{—}CO\text{—}O\text{—}C\text{—}H & CH_3\text{—}CO\text{—}O\text{—}C\text{—}H \\
H\text{—}C & H\text{—}C\text{—}O\text{—}CO\text{—}CH_3 \\
H\text{—}C & H\text{—}C\text{—}O\text{—}CO\text{—}CH_3 \\
CH_2\text{—}O\text{—}CO\text{—}CH_3 & CH_2\text{—}O\text{—}CO\text{—}CH_3
\end{array}$$

[1] Herm. Pauly u. Ernst Ludwig: Hoppe-Seylers Z. **121**, 170 (1922) — Chem. Zbl. **1922 III**, 1193.

[2] P. A. Levene: J. of biol. Chem. **65**, 683 (1925) — Chem. Zbl. **1926 I**, 1431.

[3] S. Fränkel u. K. Jellinek: Biochem. Z. **185**, 392 (1927) — Chem. Zbl. **1927 II**, 1152.

[4] Géza Zemplén, Zoltán Csürös u. Zoltán Bruckner: Ber. dtsch. chem. Ges. **61**, 927 (1928) — Chem. Zbl. **1928 I**, 2937. — Géza Zemplén u. Zoltán Bruckner: Ber. dtsch. chem. Ges. **61**, 2481 (1928).

[5] Siehe auch Cellal S. 616.

Darstellung: 17,5 g feingepulverte Aceto-bromcellobiose wurden mit 50 g 33proz. abs.-alkoholischer Trimethylaminlösung 1,5 Stunden in zugeschmolzenen Glasröhren auf 85—95° erwärmt. Nach dem Erkalten werden die ausgeschiedenen Krystalle abgesaugt, mit Wasser gewaschen und aus heißem Alkohol umkrystallisiert, bis der Schmelzp. 205—206° unter Zersetzung erreicht ist. Ausbeute 3,5 g. 10 g Aceto-bromcellobiose werden in 30—40 ccm Chloroform gelöst, 2,6 g Trimethylamin zugesetzt und 10 Tage bei Zimmertemperatur stehengelassen. Aus der langsam sich bräunenden Lösung setzen sich farblose Krystalle ab; diese werden abgesaugt, mit Chloroform gewaschen und getrocknet. Erhalten 1 g. Die Krystalle wurden aus abs. Alkohol umgelöst und erwiesen sich als Tetramethyl-ammoniumbromid[1]. Die Chloroformlösung wird mit Wasser halogenfrei gewaschen, mit Chlorcalcium getrocknet, unter vermindertem Druck verdampft und der Rückstand wiederholt aus heißem Alkohol umkrystallisiert. Erhalten 3—4 g Substanz vom Schmelzp. 198—199° unter Zersetzung[1]. 30 g Aceto-bromcellobiose werden in 90 ccm Chloroform gelöst und nach Zusatz von 6 g Dimethylamin 48 Stunden bei Zimmertemperatur stehengelassen. Die Chloroformschicht wird dann mit Wasser halogenfrei gewaschen, mit Chlorcalcium getrocknet, unter vermindertem Druck verdampft, der Rückstand in 75 ccm Alkohol gelöst und nach Klärung mit Tierkohle umkrystallisiert. Die beim Erkalten gewonnenen Krystalle werden wiederholt aus 50 ccm Alkohol umkrystallisiert. Erhalten 5—7 g Krystalle vom Schmelzp. 203°[1].

Physikalische und chemische Eigenschaften: $[\alpha]_D^{16,5} = -11,07°$ in Chloroform. Gibt bei der Verseifung mit Natriummethylat Cellobiose. Löslich in Alkohol, Methylalkohol, Aceton, Chloroform, schwer in Äther, unlöslich in Wasser. 8 g der Base, die nach der Karrerschen Vorschrift zur Darstellung von Cellalacetat gewonnen waren, wurden in Alkohol gelöst, mit Alkali verseift und in einem Kjedahl-Apparat abdestilliert, wobei die Vorlage eine entsprechende Menge verdünnter Bromwasserstoffsäure enthielt. Das Destillat wurde unter vermindertem Druck zur Trockne verdampft und der Rückstand in 5 ccm heißem abs. Alkohol gelöst. Daraus wurden nach dem Erkalten 0,6 g Krystalle gewonnen, die Mutterlauge setzte nach Zusatz von abs. Äther weitere 0,4 g Krystalle ab. Beide Fraktionen erwiesen sich als Dimethylaminbromhydrat vom Schmelzp. 133°, entsprechend den Angaben der Literatur, in welcher der Schmelzp. 133,5° angegeben wird. Ber. für Dimethylaminbromhydrat (125,99) 63,44% Br.

Derivate: Heptaacetylcellobiosidodimethylaminbromid $C_{28}H_{42}O_{17}NBr$ (744,26). — $[\alpha]_D^{18} = -7,53°$ in Chloroform. Entsteht aus dem Amin mit Brom. — Die Bromverbindung gibt leicht mit Silbercarbonat, Silberacetat und mit schwefliger Säure das Ausgangsmaterial zurück. Ein Austausch des Broms gegen Hydroxyl, Methoxyl, Acetatreste gelingt nicht. Ebensowenig addiert die bromfreie Substanz Bromwasserstoff.

Heptaacetyl-cellobiosido-piperidin [1].
$$C_{31}H_{45}O_{17}N \ (703,37)$$

Darstellung: 5 g Aceto-bromcellobiose werden in 20 ccm Chloroform gelöst und mit 2 ccm Piperidin 24 Stunden bei Zimmertemperatur stehengelassen. Die Chloroformlösung wird mit Wasser halogenfrei gewaschen, getrocknet und unter vermindertem Druck verdampft. Der Rückstand wird zunächst aus 5 ccm Chloroform + 80 ccm Alkohol, das zweitemal aus 4 ccm Chloroform + 50 ccm Alkohol umkrystallisiert. Erhalten 1,5—2 g.

Physikalische und chemische Eigenschaften: Die Substanz bildet farblose Nadeln und schmilzt in der Capillare bei 215—220° unter Zersetzung; sie ist leicht löslich in Chloroform, Aceton, warmem Äthyl- und Methylalkohol, schwer löslich in Äther, nahezu unlöslich in Wasser.

$$[\alpha]_D^{18} = -1,42° \cdot 9,6298/1,4860 \cdot 0,6022 = -15,28° \ \text{in Chloroform.}$$

Bromaufnahme: 0,5 g Substanz werden in 5 ccm Chloroform gelöst, 2 ccm einer frisch bereiteten und titrierten Brom-Chloroformlösung zugegeben und nach 1 Stunde der Bromüberschuß in Gegenwart von Jodkalium mit $^n/_{10}$ Thiosulfatlösung zurücktitriert. 2 ccm Bromlösung = 22,64 ccm $^n/_{10}$ $Na_2S_2O_3$, davon verbraucht 12,42 ccm = 0,0993 g Brom. Ein ähnlich ausgeführter Versuch zeigte nach 3 Stunden eine Bromaufnahme von 0,1001 g, während die Theorie, berechnet für eine Aufnahme von 2 Atomen Brom, 0,1137 g Brom verlangt.

Derivate: Bromverbindung. 2 g Heptaacetyl-cellobiosido-piperidin werden in 10 ccm Chloroform gelöst und nach Zugabe von 1 g Brom 3 Stunden stehengelassen. Dann wird mit Wasser gewaschen, getrocknet, unter vermindertem Druck eingeengt und mit Äther ver-

---

[1] Géza Zemplén u. Zoltán Bruckner: Ber. dtsch. chem. Ges. **61**, 2481 (1928).

setzt, wobei bald Krystallisation eintritt. Erhalten 1,5 g Krystalle vom Schmelzp. 132—133° unter Zersetzung. Die Substanz wird nochmals aus Chloroform + Äther umgelöst, der Schmelzpunkt bleibt 132—133° unter Zersetzung. Bromgehalt: 12,53% Br. Für 1 Atom Brom berechnen sich 10,20%, für 2 Atome 18,52% Brom.

Heptaacetyl-maltosido-dimethylamin[1].

Mol-Gewicht: 664,34.

Zusammensetzung: $C_{28}O_{42}O_{17}N$. Konstitution analog dem Cellobiosidoderivat.

Darstellung: Aus Acetobrommaltose und Trimethylamin.

Physikalische und chemische Eigenschaften: Krystalle, Schmelzp. 164°. Die Substanz löst sich leicht in Chloroform und Benzol, weniger leicht in Aceton und Essigester, leicht in heißem Äthyl- und Methylalkohol, wenig in kaltem Äthyl- und Methylalkohol. Wasser, Äther sowie Petroläther sind keine Lösungsmittel. $[\alpha]_D^{21} = +4,23° \cdot 15,3412/1,482 \cdot 0,6674 = +65,59°$, in Chloroform. 0,667 g nahmen in Chloroformlösung 0,0853 g Brom auf; die Theorie verlangt 0,0787 g. Die bromhaltige Verbindung kann nicht krystallisiert gewonnen werden; bei ihrer Behandlung mit einer wässerigen Lösung von schwefliger Säure wird die ursprüngliche Substanz vom Schmelzp. 164° zurückgewonnen.

Hexosaminsäuren.

2-Hexosaminsäuren, α-Hexosaminsäuren.

Zusammenfassende Darstellung der in den letzten Jahren ausgeführten Untersuchungen, deren Zweck die Gewinnung von Vergleichsmaterial zur Identifizierung der 2-Aminohexosen war, besonders bezüglich der Konfiguration am 2-C-Atom[2]. In der Reihe der Hexonsäuren zeigen die freien Säuren eine Drehung von umgekehrten Vorzeichen gegenüber derjenigen ihrer Natriumsalze, Phenylhydrazide und Amide. Für die 2-Aminohexonsäuren trifft diese Regel nicht zu. Bei den Arabinohexosaminsäuren und Lykohexosaminsäuren haben die Epimeren die gleiche Drehungsrichtung. Diese wird also nicht bestimmt durch die Drehung des Kohlenstoffatoms 2[3].

d-Chitosaminsäure, d-Glykosaminsäure
(Bd. II, S. 544; Bd. VIII, S. 282; Bd. X, S. 737).

$$
\begin{array}{c}
\text{COOH} \\
|\\
\text{H—C—NH}_2 \\
|\\
\text{HO—C—H} \\
|\\
\text{H—C—OH} \\
|\\
\text{H—C—OH} \\
|\\
\text{CH}_2\text{—OH}
\end{array}
$$

Entspricht ihrer Konfiguration nach der Glykonsäure[4].

Physikalische und chemische Eigenschaften: $[\alpha]_D^0 = 1,3°$ in 5proz. Natronlauge bei $c = 5$; $[\alpha]_D^0 = -15°$ in 2,5proz. Salzsäure bei $c = 5$[3].

Derivate: Äthylester des Benzylidenchitosaminsäurechlorhydrat[5] $C_{15}H_{21}O_7N \cdot HCl$. Aus der Lösung in Methylalkohol nach Zusatz von abs. Äther. Krystalle vom Schmelzp. 200°

[1] Géza Zemplén, Zoltán Csürös u. Zoltán Bruckner: Ber. dtsch. chem. Ges. **61**, 936 (1928) — Chem. Zbl. **1928 I**, 2937.
[2] P. A. Levene: Biochem. Z. **124**, 37—83 (1921) — Chem. Zbl. **1922 I**, 319.
[3] P. A. Levene: J. of biol. Chem. **59**, 123 (1924) — Chem. Zbl. **1924 I**, 2509.
[4] P. A. Levene: J. of biol. Chem. **63**, 95 (1925) — Chem. Zbl. **1925 I**, 2369.
[5] P. A. Levene: J. of biol. Chem. **53**, 449 (1922) — Chem. Zbl. **1922 III**, 962.

(unkorr.). $[\alpha]_D^{20} = -30°$. — Der freie Ester bildet lange Prismen aus abs. Alkohol, Schmelzp. 120° (korr.). $[\alpha]_D^{21} = -50°$ (in Methylalkohol).

Benzylidenchitosaminsäure $C_{13}H_{17}O_6N$. Neben dem Ester bei Zerlegung seines Chlorhydrates mit Natronlauge. — Unlöslich in Alkohol. Prismatische Tafeln aus heißem Wasser nach Zusatz von Alkohol. Schmelzp. 230° (unkorr.); $[\alpha]_D = +28°$ in Wasser.

Benzyliden-äthyl-chitosaminat[1]

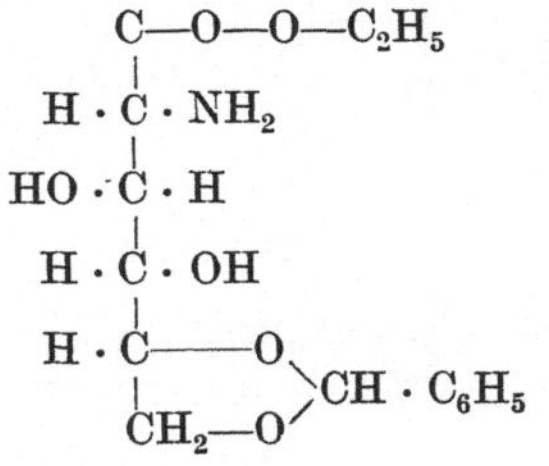

$$
\begin{array}{l}
\text{C}-\text{O}-\text{O}-\text{C}_2\text{H}_5 \\
\text{H} \cdot \text{C} \cdot \text{NH}_2 \\
\text{HO} \cdot \text{C} \cdot \text{H} \\
\text{H} \cdot \text{C} \cdot \text{OH} \\
\text{H} \cdot \text{C}-\text{O} \\
\text{CH}_2-\text{O}
\end{array}\Big\rangle\text{CH} \cdot \text{C}_6\text{H}_5
$$

Aus Benzyliden-1-äthyl-2-diazoglykonat durch Reduktion mit Al-Amalgam neben 5, 6-Benzyliden-1-äthyl-2-desoxyglykonat(-mannonat).

Äthylester der Benzylidenacetonchitosaminsäure $C_{18}H_{25}O_6N$. Beim Erwärmen des Äthylesterchlorhydrates der Benzylidenchitosaminsäure mit Aceton. Prismatische Krystalle (aus Aceton), Schmelzp. 128°, $[\alpha]_D^{20} = -70°$. Spaltet mit Methylalkohol und Salzsäure das Aceton ab.

Diazoderivat des Äthylesters der Benzylidenchitosaminsäure[2,3] $C_{15}H_{16}O_6N_2 \cdot [\alpha]_D^{20} = -50°$. Die Reduktion mit Al-Amalgam liefert Benzylidenäthylchitosaminat und 5, 6-Benzyliden-1-äthyl-2-desoxyglykonat(-mannonat):

$$
\begin{array}{l}
\text{CO}_2\text{C}_2\text{H}_5 \\
\text{CH}_2 \\
\text{HO} \cdot \text{C} \cdot \text{H} \\
\text{H} \cdot \text{C} \cdot \text{OH} \\
\text{H} \cdot \text{C}-\text{O} \\
\text{CH}_2-\text{O}
\end{array}\Big\rangle\text{CH} \cdot \text{C}_6\text{H}_5
\quad\longleftarrow\quad
\begin{array}{l}
\text{CO}_2\text{C}_2\text{H}_5 \\
\text{C} \stackrel{\text{N}}{\underset{\text{N}}{|\!|}} \\
\text{HO} \cdot \text{C} \cdot \text{H} \\
\text{H} \cdot \text{C} \cdot \text{OH} \\
\text{H} \cdot \text{C}-\text{O} \\
\text{CH}_2-\text{O}
\end{array}\Big\rangle\text{CH} \cdot \text{C}_6\text{H}_5
\quad\longrightarrow\quad
\begin{array}{l}
\text{CO}_2\text{C}_2\text{H}_5 \\
\text{H} \cdot \text{C} \cdot \text{NH}_2 \\
\text{HO} \cdot \text{C} \cdot \text{H} \\
\text{H} \cdot \text{C} \cdot \text{OH} \\
\text{C}-\text{O} \\
\text{CH}_2-\text{O}
\end{array}\Big\rangle\text{CH} \cdot \text{C}_6\text{H}_5
$$

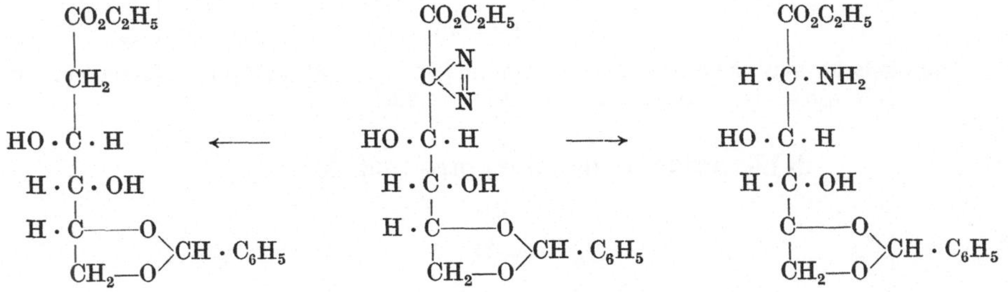

d-Epichitosaminsäure, Epiglykosaminsäure (Bd. X, S. 738).

Entspricht ihrer Konfiguration nach der Mannonsäure[4].

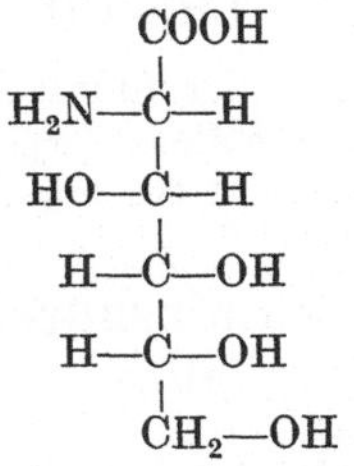

$$
\begin{array}{l}
\text{COOH} \\
\text{H}_2\text{N}-\text{C}-\text{H} \\
\text{HO}-\text{C}-\text{H} \\
\text{H}-\text{C}-\text{OH} \\
\text{H}-\text{C}-\text{OH} \\
\text{CH}_2-\text{OH}
\end{array}
$$

Physikalische und chemische Eigenschaften: $[\alpha]_D^{0} = -5{,}0°$ in 5proz. Natronlauge bei $c = 5$; $[\alpha]_D^{0} = +10°$ in 2,5proz. Salzsäure bei $c = 5$[5].

---

[1] P. A. Levene: J. of biol. Chem. **54**, 809 (1922) — Chem. Zbl. **1923 I**, 649 — J. of biol. Chem. **53**, 449 (1922) — Chem. Zbl. **1922 III**, 961.

[2] P. A. Levene: J. of biol. Chem. **53**, 449 (1922) — Chem. Zbl. **1922 III**, 962.

[3] Levene Laforge: J. of biol. Chem. **21**, 345 (1915) — Chem. Zbl. **1915 II**, 690.

[4] P. A. Levene: J. of biol. Chem. **63**, 95 (1925) — Chem. Zbl. **1925 I**, 2369.

[5] P. A. Levene: J. of biol. Chem. **59**, 123 (1924) — Chem. Zbl. **1924 I**, 2509.

Chondrosaminsäure (Bd. X, S. 739).

Entspricht ihrer Konfiguration nach der d-Galaktonsäure[1].

$$
\begin{array}{c}
\text{COOH} \\
| \\
\text{H—C—NH}_2 \\
| \\
\text{HO—C—H} \\
| \\
\text{HO—C—H} \\
| \\
\text{H—C—OH} \\
| \\
\text{CH}_2\text{—OH}
\end{array}
$$

Physikalische und chemische Eigenschaften: $[\alpha]_D^0 = -15°$ in 5proz. Natronlauge bei $c = 2,5$; $[\alpha]_D^0 = -17°$ in 2,5proz. Salzsäure bei $c = 2,5$[2].

Epichondrosaminsäure (Bd. X, S. 740).

Entspricht ihrer Konfiguration nach der Talonsäure[1].

$$
\begin{array}{c}
\text{COOH} \\
| \\
\text{H}_2\text{N—C—H} \\
| \\
\text{HO—C—H} \\
| \\
\text{HO—C—H} \\
| \\
\text{H—C—OH} \\
| \\
\text{CH}_2\text{—OH}
\end{array}
$$

Physikalische und chemische Eigenschaften: $[\alpha]_D^0 = -1,8°$ in 5proz. Natronlauge bei $c = 2,5$; $[\alpha]_D^0 = +8,0°$ in 2,5proz. Salzsäure bei $c = 2,5$[2].

·d-Lävoxylohexosaminsäure (Bd. X, S. 740).

$$
\begin{array}{c}
\text{COOH} \\
| \\
\text{H}_2\text{N—C—H} \\
| \\
\text{H—C—OH} \\
| \\
\text{HO—C—H} \\
| \\
\text{H—C—OH} \\
| \\
\text{CH}_2\text{—OH}
\end{array}
$$

Entspricht ihrer Konfiguration nach der Idonsäure[1].

Physikalische und chemische Eigenschaften: $[\alpha]_D^0 = +2,0°$ in 5proz. Natronlauge bei $c = 2,5$; $[\alpha]_D^0 = -11,0°$ in 2,5proz. Salzsäure bei $c = 2,5$[2].

d-Dextroxylohexosaminsäure (Bd. X, S. 740).

$$
\begin{array}{c}
\text{COOH} \\
| \\
\text{H—C—NH}_2 \\
| \\
\text{H—C—OH} \\
| \\
\text{HO—C—H} \\
| \\
\text{H—C—OH} \\
| \\
\text{CH}_2\text{—OH}
\end{array}
$$

---

[1] P. A. Levene: J. of biol. Chem. **63**, 95 (1925) — Chem. Zbl. **1925 I**, 2369.
[2] P. A. Levene: J. of biol. Chem. **59**, 123 (1924) — Chem. Zbl. **1924 I**, 2509.

Entspricht ihrer Konfiguration nach der Gulonsäure[1].

Physikalische und chemische Eigenschaften: $[\alpha]_D^0 = -16°$ in 5proz. Natronlauge bei $c = 2,5$; $[\alpha]_D^0 = +14°$ in 2,5proz. Salzsäure bei $c = 2,5$[2].

Lävo-d-ribohexosaminsäure (Bd. X, S. 741).

$$
\begin{array}{c}
COOH \\
| \\
H-C-NH_2 \\
| \\
HO-C-H \\
| \\
HO-C-H \\
| \\
HO-C-H \\
| \\
CH_2-OH
\end{array}
$$

Entspricht ihrer Konfiguration nach der Altronsäure[1].

Physikalische und chemische Eigenschaften: $[\alpha]_D^0 = -15,0$ in 5proz. Natronlauge bei $c = 2,5$, $[\alpha]_D^0 = -26,0°$ in 2,5proz. Salzsäure bei $c = 2,5$[2].

d-Dextroribohexosaminsäure (Bd. X, S. 741).

Entspricht ihrer Konfiguration nach der Allonsäure[1].

$$
\begin{array}{c}
COOH \\
| \\
H_2N-C-H \\
| \\
HO-C-H \\
| \\
HO-C-H \\
| \\
HO-C-H \\
| \\
CH_2-OH
\end{array}
$$

Physikalische und chemische Eigenschaften: $[\alpha]_D^0 = +2,6°$ in 5proz. Natronlauge bei $c = 2,5$; $[\alpha]_D^0 = +12,5°$ in 2,5proz. Salzsäure bei $c = 2,5$[2].

3-Aminoglykonsäure[3].

Mol-Gewicht: 185,24.
Zusammensetzung: $C_6H_{13}O_6N$.

$$
\begin{array}{c}
COOH \\
| \\
H-C-OH \\
| \\
H_2N-C-H \\
| \\
H-C-OH \\
| \\
H-C-OH \\
| \\
CH_2-OH
\end{array}
$$

Bildung: Aus Diacetonglykosyl-3-amin mit Quecksilberoxyd.

Physikalische und chemische Eigenschaften: Aus wässerigem Alkohol umkrystallisiert, schmilzt die Säure bei 168° unter Zersetzung. $[\alpha]_{578}^{18} = +13°$ in Wasser[3].

---

[1] P. A. Levene: J. of biol. Chem. **63**, 95 (1925) — Chem. Zbl. **1925 I**, 2369.
[2] P. A. Levene: J. of biol. Chem. **59**, 123 (1924) — Chem. Zbl. **1924 I**, 2509.
[3] K. Freudenberg, O. Burkhardt u. E. Braun: Ber. dtsch. chem. Ges. **59**, 714 (1926) — Chem. Zbl. **1926 II**, 16.

3-Galaktosaminsäure[1].

Mol-Gewicht: 185,24.
Zusammensetzung: $C_6H_{13}O_6N$.

$$
\begin{array}{c}
COOH \\
| \\
H-C-OH \\
| \\
H_2N-C-H \\
| \\
HO-C-H \\
| \\
H-C-OH \\
| \\
CH_2-OH
\end{array}
$$

Darstellung: Man oxydiert 3-Galaktosamin mit Quecksilberoxyd unter den Bedingungen, die **Pringsheim** und **Ruschman**[2] bei der Oxydation des salzsauren Glykosamins beschreiben. Ausbeute 50%.

Physikalische und chemische Eigenschaften: Krystallisiert in sternförmig angeordneten Nadeln. 1 Teil braucht zur Lösung etwa 80 Teile kochendes Wasser; die Säure krystallisiert trotzdem beim Erkalten nur sehr langsam aus. — Die Lösung reagiert neutral und reduziert Fehlingsche Lösung nicht. — Hat keinen Schmelzp. $[\alpha]_{578}^{16}$ in $^n/_5$-Natronlauge $= +9,23°(\pm1)$.

Derivate: Phenylhydrazid. Krystalle.

---

[1] **Karl Freudenberg** u. **Arnold Doser**: Ber. dtsch. chem. Ges. **58**, 298 (1925) — Chem. Zbl. **1925 I**, 1396.

[2] H. **Pringsheim** u. G. **Ruschman**: Ber. dtsch. chem. Ges. **48**, 681 (1915).

Cyklosen.

Von

Géza Zemplén-Budapest.

i-Inosit (Bd. II, S. 555; Bd. VIII, S. 285; Bd. X, S. 743).

Konstitution[1]: Inaktiver Inosit hat folgende Konfiguration:

$$\frac{1,\ 2,\ 3,\ 4,\ 5}{6}$$

Vorkommen: Es ist wahrscheinlich, daß das von Rakusin und Iwanow[2] aus Pepsin gewonnene Kohlehydrat Rohrzucker und kein Inosit war[3]. — In Maispollen 0,83%[4]. In der Brombeere (Rubus argutus Link) und in blühendem Dogwood (Cornus florida)[5]. In Tragopogon pratensis L.[6], Sonchus asper L., Cichorium Endivia L., Scorzonera hispanica L.[7].

Bildung: Bei der Spaltung von Inositpentaphosphorsäure[8].

Darstellung: 1 Teil Phytin wird mit 4 Teilen 10proz. Schwefelsäure 5—6 Stunden lang bei 150—160° im Autoklav behandelt, die überschüssige Säure mit Calciumhydroxyd neutralisiert, der überschüssige Kalk mit Kohlensäure gefällt, die übrigbleibende Schwefelsäure mit Bariumhydroxyd entfernt, dessen Überschuß wiederum mit Kohlensäure abgeschieden. Die eingedampfte Lösung wird mit Alkohol und wenig Äther gefällt, der Niederschlag aus 50proz. Essigsäure umkrystallisiert[9].

Nachweis und Bestimmung: Nachweis im Harne mit der „mykologischen Methode von Castellani"[10]. — Bestimmung[11].

Physiologische Eigenschaften: Bei der Einwirkung des Bacillus lactis aerogenes in Gegenwart von $CaSO_3$ entsteht neben Milchsäure und Bernsteinsäure Acetaldehyd[12]. Wurde bei Vergärungsversuchen durch alle Stämme von Bacillus lactis aerogenes Escherich vergoren[13]. Wird durch Milzbrandbacillen nicht vergoren[14]. Bei Vergärung durch Bac. lactis aerogenes konnten Hewitt und Steabben Glykose als Zwischenprodukt in keinem Falle nachweisen. — Aus einem unveröffentlichten Versuche Harders geht hervor, daß Milchsäure als Gärungsprodukt zwar entsteht, aber in verhältnismäßig kleinerer Menge. Er fand bei Vergärung von

---

[1] Swigel Posternak u. Théodore Posternak: C. r. Acad. Sci. **188**, 1296 (1929) — Chem. Zbl. **1929 II**, 731 — Bull. Soc. Chim. biol. Paris **11**, 937 (1929) — Chem. Zbl. **1930 I**, 977.

[2] Rakusin u. Iwanow: J. russ. phys.-chem. Ges. **54**, 234 (1923) — Chem. Zbl. **1923 III**, 1038.

[3] B. Moldawski: J. russ. phys.-chem. Ges. **57**, 13 (1925) — Chem. Zbl. **1926 I**, 2714.

[4] R. J. Anderson u. W. L. Kulp: J. of biol. Chem. **50**, 433—453 (1922) — Chem. Zbl. **1922 I**, 1079. — Suguru Miyake: J. of Biochem. **2**, 27 (1922) — Chem. Zbl. **1924 I**, 1211.

[5] C. E. Sando: J. of biol. Chem. **68**, 403 (1926) — Chem. Zbl. **1926 II**, 901.

[6] J. Zellner u. O. Pollatschek: Mh. Chem. **47**, 681 (1926) — Chem. Zbl. **1927 I**, 2326.

[7] J. Zellner, K. M. Knie, A. Spitzer u. M. Stein: Mh. Chem. **47**, 681 (1926) — Chem. Zbl. **1927 I**, 2326.

[8] Jan Bielecki u. Józef Sztencel: Roczn. chemji (poln.) **4**, 63 (1924) — Chem. Zbl. **1924 II**, 2170.

[9] B. Moldawski: J. chim. de l'Ukraine **1**, 408 (1925) — Chem. Zbl. **1926 I**, 640.

[10] P. Pietra: Giorn. Batter. **2**, 1 — Ref.: Ber. Physiol. **40**, 264 (1927) — Chem. Zbl. **1927 II**, 963.

[11] J. Needham: Biochemic. J. **17**, 422 (1923) — Chem. Zbl. **1923 IV**, 386.

[12] H. Kumagawa: Biochem. Z. **131**, 157 (1922) — Chem. Zbl. **1923 I**, 1042.

[13] Hermann Hees u. Caspar Tropp: Zbl. Bakter. I **100**, 273—284 (1926) — Chem. Zbl. **1927 I**, 760.

[14] Martin Kristensen: Zbl. Bakter. I **101**, 220—224 (1927) — Chem. Zbl. **1927 I**, 1330.

10 g Inosit 2,33 g Alkohol, 1,43 g Essigsäure, 0,10 g Ameisensäure, 0,54 g Milchsäure, 2,22 g
Bernsteinsäure, 1,92 g CO_2, außerdem H_2[1]. Bei Eiern von schwarzen und von weißen Leghorn-
hühnern waren die absoluten Mengen i-Inosit absolut verschieden. Ihre Änderung im Laufe der
Entwicklung aber folgte demselben Gange. Einspritzung von Glykose in das befruchtete
unbebrütete Ei verursachte erhebliche Vermehrung des Inositgehaltes während der folgenden
Entwicklung. Die Glykose dürfte demnach als normales Ausgangsmaterial für Inosit zu betrachten sein[2]. Zeigte an weißen Mäusen eine Abführwirkung[3]. Der im Körpergewebe der
Ratte vorhandene Inosit erfuhr keine Veränderung bei 8 Monate langer Ernährung mit inosit-
freier Kost, auch nicht, wenn durch starken Salzgehalt eine dauernde und starke Ausfuhr
von Inosit durch den Harn herbeigeführt wurde. Der Tierkörper scheint somit zur Synthese
von Inosit befähigt[4]. Nach Greenwald und Weiß[5] soll Inosit, an durch Phlorrhizin dia-
betisch gemachte Hunde gegeben, quantitativ als Glykose ausgeschieden werden.

Physikalische und chemische Eigenschaften: Das Inosit aus Muschelfleisch ist mit dem
aus Phytin identisch[6]. Farblose, wasserfreie Krystalle, Schmelzp. 218°[7]. — Inosit reagiert
mit $SOCl_2$ nur in Gegenwart von Pyridin und liefert Chlorpentaoxycylohexan, $C_6H_6(OH)_5Cl$,
Zersetzungsp. 248°; Tetrachlordioxycyclohexan, $C_6H_6(OH)_2Cl_4$, Schmelzp. 186—187°; Gemisch
von Tri- und Tetrachlorbenzol und Gemisch von Tri- und Tetrachlorphenol[8]. Erhöht die Leitfähigkeit der Borsäure nicht. Dieses Verhalten wäre verständlich, wenn sich die OH-Gruppen
1, 3, 5 auf der einen und 2, 4, 6 auf der anderen Seite des Ringes befänden[9]. Es gelingt nicht,
inaktiven Inosit mit Aceton oder Benzaldehyd zu kondensieren[10]. Ein Gemisch von Mono-
und Diphosphat liefert mit rauchender Salpetersäure ein Weinsäuremonophosphat und dieses
durch Hydrolyse racemische und Mesoweinsäure. Mit alkalischer Permanganatlösung gibt
freier Inosit ein Gemisch von Dicarbonsäuren, und zwar 6% Oxal- und Weinsäure, fast 30%
als komplexes Gemisch von Trioxyglutar- und Tetraoxyadipinsäuren, aus welchem 2—3%
Alloschleimsäure isoliert werden konnte[11]. Reduktionsvermögen gegenüber alkalischer Lösungen
von Kaliumjodomercurat[12].

Derivate: Hexa-isovalerianester[7] $(C_4H_6COO)_6C_6H_6$. — Krystalle aus Alkohol, Schmelzpunkt 137°; leicht löslich in Äther, Benzol, Chloroform, wenig löslich in Petroläther. — Die
Krystalle sind monoklin, deutlich spaltbar nach Pinakoid (100). Schmelzp. 151°[13].

Hexa-palmitylester[7] $(C_{15}H_{31}COO)_6C_6H_6$. — Krystalle aus Petroläther, Schmelzp. 75°;
leicht löslich in Chloroform, wenig löslich in kaltem Äther und Benzol. Schmelzp. 83°[13].

Hexa-äthylcarbonsäure-ester[7] $(C_2H_5O\text{-}CO\text{-}O)_6C_6H_6$. — Aus Chlorkohlensäureäthyl-
ester, Inosit und Pyridin. — Monoklinische Krystalle aus Methylalkohol, Schmelzp. 131—135°.
— Leicht löslich in Chloroform, Benzol, wenig löslich in Äther und Petroläther[7].

Inositphosphorsäure. Verfahren zur Gewinnung löslicher saurer Calcium- oder Calcium-
Magnesiumsalze der Inositphosphorsäure[14]. In 57 Nährstoffen (Gersten-, Hafer-, Roggen-,
Weizensorten, Hanf-, Hirse-, Rapssamen, Sojabohnen und Nüsse) zwischen 0,68—3,33%[15].
Das Phytin wird nach Äther-Alkoholextraktion durch Ausziehen mit 1,5proz. HCl aus Reis-
kleie gewonnen und nach Filtration unter Kochen mit Ammoniak ausgefällt. Dann folgt

---

[1] James Arthur Hewitt u. Dorothy Beatty Steabben: Biochemic. J. **15**, 665—666
(1921) — Chem. Zbl. **1922 I**, 762.
[2] Joseph Needham: Biochemic. J. **18**, 1371 (1924) — Chem. Zbl. **1925 I**, 1097.
[3] H. Fühner: Festschrift A. Tschirch **1926**, 30 — Chem. Zbl. **1927 I**, 2572.
[4] Joseph Needham: Biochemic. J. **18**, 891—904 (1924) — Chem. Zbl. **1925 I**, 113.
[5] Greenwald u. Weiß: J. of biol. Chem. **31**, 1 — Chem. Zbl. **1921 III**, 186.
[6] J. Needham: Biochemic. J. **17**, 422 (1923) — Chem. Zbl. **1923 IV**, 386.
[7] B. Moldawski: J. chim. de l'Ukraine **1**, 408 (1925) — Chem. Zbl. **1926 I**, 640.
[8] R. Majima u. H. Simanuki: Proc. imp. Acad. Tokyo **2**, 544 (1927) — Chem. Zbl. **1927 I**,2415.
[9] J. Bösseken u. A. Julius: Rec. Trav. chim. Pays-Bas et Belg. (Amsterd.) **45**, 489 (1926) —
Chem. Zbl. **1926 II**, 739 — D.R.P. 411956, Kl. 12o, vom 23. März 1929; Chem. Zbl. **1925 II**, 326.
[10] P. Karrer: Helvet. chim. Acta **9**, 116 (1926) — Chem. Zbl. **1926 I**, 2450.
[11] Swigel Posternak u. Théodore Posternak: C. r. Acad. Sci. Paris **188**, 1296 (1929) — Chem.
Zbl. **1929 II**, 731.
[12] Paul Fleury u. Jean Marque: C. r. Acad. Sci. Paris **188**, 1686 (1929) — Chem. Zbl. **1929 II**,
1279.
[13] T. G. Levi: Gazz. chim. Ital. **59**, 550 (1929) — Chem. Zbl. **1930 I**, 681.
[14] Gesellschaft für Chemische Industrie (Basel): A.P. 1644246 u. 1645233 (1927);
Chem. Zbl. **1928 I**, 547; D.R.P. 411956, Kl. 12o, vom 23. März 1924; E.P. 218014 vom 29. März
1923; Chem. Zbl. **1925 II**, 326.
[15] H. P. Averil u. C. G. King: J. amer. chem. Soc. **48**, 724 (1926) — Chem. Zbl. **1926 I**, 3366.

Extraktion der Fällung mit 0,2proz. HCl, Eiweißfällung durch Kochen, neuerlich Ammoniakzusatz, Extraktion des Präcipitats mit Essigsäure, neuerliche Ammoniakfällung und Lösung in Essigsäure, dann Befreiung von allen anorganischen Phosphorsäure-, Ammoniak- und Essigsäureestern. Man erhält ein wasserunlösliches Produkt, löslich in Mineralsäuren. Aus dem Rohphytin wird durch Alkoholbehandlung ein in kaltem Wasser lösliches Produkt gewonnen. Chemisch ist es ein Ca-Mg-Salz der Inosithexaphosphorsäure[1]. Das neutrale Na-Salz der Inositphosphorsäure ist ein weißes, in Wasser sehr leicht lösliches hygroskopisches Pulver[2]. Zur Bestimmung ist am genauesten die Methode von Schultze-Castoro[3]. Langelüddeke empfiehlt das Roboran-Phytin als wertvolles Hilfsmittel bei der Behandlung von Appetitlosigkeit bei Depressionszuständen und anderen psychischen Erkrankungen[4]. Rotklee kann organisch gebundenen P, aus Phytin, ausnutzen[5]. Hefe- und Schimmelpilze können in einem Medium mit Phytin als einziger Phosphorquelle gedeihen und es mit Hilfe einer Phytase spalten. Die optimale Temperatur liegt für die verschiedenen Hefen und für Aspergillus bei $55-60°$, bei $p_H = 2,2-4,4$. Nach der Spaltung ist Inosit nachweisbar[1].

Inositpentaphosphorsäure. In den Früchten des Nußbaumes (Juglans regia)[6]. — Kupfersalz[6] $C_6H_6(OH)(PO_4Cu)_5 + 8 H_2O$. Aus dem Calcium-Magnesiumsalz gelöst in 1proz. Essigsäure, gefällt mit Kupferacetat. Hellblau, amorph, löslich in verdünnten Mineralsäuren und Ammoniak. Bleisalz[6] $C_6H_6(OH)(PO_4Pb)_5 + 3 H_2O$. — Amorph.

Polyphosphorsäureester des Inosits[7]. Man erhitzt Inosit mit überschüssiger Phosphorsäure in Gegenwart eines zur Entziehung des bei der Esterifizierung frei werdenden Wassers genügenden Menge Phosphorpentoxyd, usw., und Überführung der gebildeten Ester in Salze.

Inosittetraphosphorsäure $C_6H_{16}O_{18}P_4$. Getreidekörner werden längere Zeit mit siedendem Alkohol behandelt, um die Phosphatase zu zerstören; dann wird mit wässeriger Pikrinsäurelösung extrahiert. Bariumacetat fällt 89% des Phosphors aus dem Pikrinsäureextrakt aus. Der Ba-Niederschlag wird in der berechneten Menge 10proz. HCl gelöst. Die alsbald aus dieser Lösung ausfallenden Krystalle entsprechen, nach dem Trocknen im Vakuum über P_2O_5 bei $110°$, der Formel $C_6H_{12}O_{18}P_4Ba_2 \cdot H_2O$. Das Na-Ca-Salz dieses Produktes aber läßt sich in das Salz des Inosithexaphosphorsäureesters und ein Na-Ca-Inosittetraphosphat zerlegen. Die Inosittetraphosphorsäure ist ein nicht krystallisierender Sirup. Mit einer äquimolekularen Menge Inosithexaphosphat liefert sie krystallisierende, gemischte Ba-Salze. Bei 6stündigem Erhitzen der wässerigen Lösung im Autoklaven auf $130°$ erhält man Phosphorsäure und 96% der Theorie an inaktivem Inosit. Die freie Säure zeigt eine Drehung von $\alpha_D^{14,5} = -3,92°$; nach der Neutralisation mit Natronlauge $\alpha_D^{14,5} = -7,94°$[8].

Inosittriphosphorsäure[9]. Bariumsalz $(C_6H_{12}O_{15}P_3)_2Ba_3 \cdot 2 H_2O$ zeigt $[\alpha]_D^{15} = -8,26°$ in Wasser, als Natriumsalz $[\alpha]_D^{15} = -21,64°$ in Wasser.

Inositdiphosphorsäure[9] Bariumsalz $C_6H_{12}O_{12}P_2Ba \cdot H_2O$; $[\alpha]_D^{21} = -5,95°$ in Wasser, Natriumsalz: $[\alpha]_D^{21} = -10,54°$ in Wasser.

Inositmonophosphorsäure[9]. Gereinigt über das Bleisalz, isoliert als Bariumsalz.

l-Inosit (Bd. II, S. 569).

Vorkommen: Im Milchsaft von Sonchus arvensis[10].

Darstellung: Durch Behandlung des aus Hevea Braziliensis dargestellten Quebrachits mit Wasser unter Druck und hoher Temperatur erfolgt teilweise Entmethylierung zum l-Inosit[11].

Derivate: l-Inosithexaphosphorsäure[11]. Schmelzp. 238° und Phosphorsäure. $\alpha = -5,20°$ (2 dm Rohr, 13°). Ba-Salz $C_6H_6(PO_4)_6Ba_6 + 3 H_2O$[11].

[1] C. Shimoda: Zbl. Bakter. II **71**, 232 (1927) — Chem. Zbl. **1927 II**, 2074.

[2] Gesellschaft für Chem. Industrie (Basel): D.R.P. 411956, Kl. 12o, vom 23. März 1929; Engl. Pat. 218014 vom 29. März 1923; Chem. Zbl. **1925 II**, 326.

[3] Schultze-Castoro: Russ. J. exper. Landw. **1914** — Chem. Zbl. **1924 I**, 947.

[4] A. Langelüddeke: Dtsch. med. Wschr. **52**, 2123 (1926) — Chem. Zbl. **1927 I**, 766.

[5] A. F. Heck u. A. L. Whiting: Soil Sci. **24**, 17 (1927) — Chem. Zbl. **1927 II**, 1357.

[6] Jan Bielecki u. Józef Sztencel: Roczn. chemji (poln.) **4**, 63 (1924) — Chem. Zbl. **1924 II**, 2170.

[7] Swigel Posternak: Schw.P. 91727 vom 21. Mai 1919; Chem. Zbl. **1922 IV**, 837.

[8] S. Posternak u. T. Posternak: C. r. Acad. Sci. Paris **186**, 261 — Chem. Zbl. **1928 I**, 2265 — Helvet. chim. Acta **12**, 1165 (1929) — Chem. Zbl. **1930 I**, 2407.

[9] Swigel Posternak u. Théodore Posternak: Helvet. chim. Acta **12**, 1165 (1929) — Chem. Zbl. **1930 I**, 2407.

[10] Franz Stern u. Julius Zellner: Mh. Chem. **46**, 459 (1925) — Chem. Zbl. **1926 I**, 2804.

[11] A. Contardi: Ann. chim. Appl. **14**, 281—289 (1924) — Chem. Zbl. **1925 I**, 533.

Quebrachit (Quebrachitol) (Bd. II, S. 569; Bd. VIII, S. 287; Bd. X, S. 749).

$$C_6H_6(OCH_3) \cdot (OH)_5$$

Ist ein Monomethyläther des l-Inosits.

Darstellung: Das nach Koagulation des Kautschuks in Hevealatex mit CH_3COOH oder anderen Mitteln erhältliche Serum wird im Vakuum stark eingedampft. Aus dem konz. Sirup scheidet sich beim Stehen krystallinisch aus[1]. Aus dem auf dem Wasserbade einzudampfenden Serum von Hevealatex werden die Proteine mit Gerbsäure gefällt und dann weiter bis zur völligen Entwässerung eingedampft. Der Rückstand wird mit dem gleichen Gewicht Essigsäure aufgenommen, worauf völlige Lösung und reichliche Krystallisation von Quebrachit erfolgt. Ausbeute 12,5 g auf das kg Serum. Besser noch erfolgt die Abscheidung aus dem Serum von „Slabkautschuk", ein gereifter Kautschuk, den man erhält, wenn man das Koagulum einige Tage im Serum läßt. Hier braucht man die Proteine nicht fällen, man muß nur im Verlauf des Eindampfens das Magnesiumammoniumphosphat abfiltrieren[2].

Physikalische und chemische Eigenschaften: Schmelzp. 191°, $[\alpha] = -80°$[1]. Durch Erhitzen mit verdünnter HCl oder H_2SO_4 verändert Quebrachit seine chemischen Eigenschaften nicht, nur seine optische Aktivität. Durch Behandlung mit Wasser unter Druck und hoher Temperatur erfolgt teilweise Entmethylierung zum l-Inosit. Oxydation mittels konz. HNO_3 führt zur Leuconsäure (wie Inosit).

Derivate: Methoxy-l-inosityl pentadihydrophosphat[3] $C_6H_6(OCH_3) \cdot (O \cdot PO_3H_2)_5$. Quebrachit wird mit H_3PO_4 unter 15 mm Druck auf 130—150° erhitzt, wobei sich Wasser abscheidet. Das Produkt gibt bei der Neutralisation mit Basen Salze. Auch Doppelsalze, wie Ca-Mg-Salze, lassen sich bei Verwendung von Gemischen der Basen erhalten. Diese Salze weisen eine dem Phytin völlig analoge physiologische Wirkung auf. **Ca-Salz** $C_6H_6(OCH_3) \cdot (O \cdot PO_3Ca)_5$. **Mg-Salz** $C_6H_6(OCH_3) \cdot (OPO_3Mg)_5$.

Quebrachitpentaphosphorsäure. Erhalten durch Veresterung mit H_3PO_4 oder durch Ersatz der Acetylgruppen des Pentaacetats durch Phosphorsäurereste. $[\alpha] = -23,28°$. Ba-Salz: $C_7H_9O_{21}P_5Ba_5 + 5 H_2O$[1].

Pentaacetylverbindung. Schmelzp. 91°, $[\alpha] = -16,78°$ (in Chloroform)[1].

Isovaleriansäureester $(C_4H_9COO)_5—(O—CH_3) \cdot C_6H_6$. Flüssig bei gewöhnlicher Temperatur.

Laurinsäurester $(C_{11}H_{23}COO)_5 \cdot (O—CH_3) \cdot C_6H_6$. Krystalle aus Alkohol, Schmelzpunkt 32°.

Palmitinsäureester $(C_{15}H_{31}COO)_5 \cdot (OCH_3) \cdot C_6H_6$. Krystalle aus Alkohol, Schmelzp. 58°.

Pinit (Bd. II, S. 568; Bd. X, S. 750).

Vorkommen: Aus den Ausschwitzungen der Zweige von Ceratonia siliqua (Johannisbrotbaum) ließen sich aus dem alkoholischen Extrakt 84% der ursprünglichen Masse als Pinit abscheiden[4].

Darstellung: Sherrard und Kurth[5] haben Pinit aus dem Sägemehl des lufttrockenen Kernholzes von Sequoia sempervirens (Rotholz) auf folgendem Wege isoliert: Der Kaltwasserextrakt wurde auf Sirupdicke eingeengt (Vakuum) und nach Zusatz von 3—4 Volumen Alkohol mehrere Tage der Krystallisation überlassen. Die dunkel gefärbte, durch wiederholte Filtration heller werdende Lösung der Krystalle in wenig Wasser wurde auf dem Dampfbad zur Sirupdicke eingeengt und nach Zusatz von 1 Volumen Alkohol zur Entfernung ausgeschiedener Verunreinigungen filtriert, die Lösung dann auf einen Alkoholgehalt von 70—75 Vol.-% gebracht und hierauf der Krystallisation überlassen[5].

Physikalische und chemische Eigenschaften: Krystalle aus heißem Alkohol, Schmelzpunkt 185°, $[\alpha]_D^{20} = +65,4°$. Die Süßigkeit entspricht der von Rohrzucker, Fehling wird nicht reduziert[5].

---

[1] A. Contardi: Ann. chim. Appl. **14**, 281—289 (1924) — Chem. Zbl. **1925 I**, 533.

[2] T. G. Levi: Gazz. chim. Ital. **59**, 550 (1929) — Chem. Zbl. **1930 I**, 681.

[3] G. Bruni: Engl. P. 216982 v. 28. März 1923; Chem. Zbl. **1926 II**, 828.

[4] C. Charaux: Bull. Soc. Chim. biol. Paris **4**, 597 (1922) — Chem. Zbl. **1924 II**, 347.

[5] E. C. Sherrard u. E. F. Kurth: Ind. Chem. **20**, 722 — Chem. Zbl. **1928 II**, 1105.

Scyllit (Bd. II, S. 571; Bd. VIII, S. 288).

Darstellung: Aus Blüten und Nebendeckblättern von Dogwood (Cornus florida) durch alkoholische Extraktion.
Derivate: Hexaacetat. Schmelzp. 291° [1].

Mytilit (Bd. X, S. 750).

Mytilit ist nicht ein Isomeres des Quercits, sondern ein einfach methyliertes Cyclohexanhexol [2].
Vorkommen: Unter den Extraktivstoffen von Mytilus edulis fand sich Mytilit im Filtrat der Phosphorwolframsäurefällung [3].

d-Quercit (Bd. II, S. 575).

Konstitution: d-Quercit muß wegen seiner optischen Aktivität mindestens 2 cisständige benachbarte OH-Gruppen enthalten [4] und sollte daher eine Acetonverbindung geben. Dies ist nicht der Fall, auch verhält es sich negativ gegen Borsäure. Daraus folgt, daß die fraglichen beiden OH-Gruppen nicht nur ziemlich weit voneinander entfernt sind (Borsäure), sondern auch ungünstig stehen (Aceton) [5]. Von den 10 theoretisch denkbaren cis-trans-isomeren Formeln scheiden 4 symmetrisch gebaute aus. Von den übrigen kommen auf Grund des oxydativen Abbaus zu Schleimsäure nur Symbol I und III in Frage.

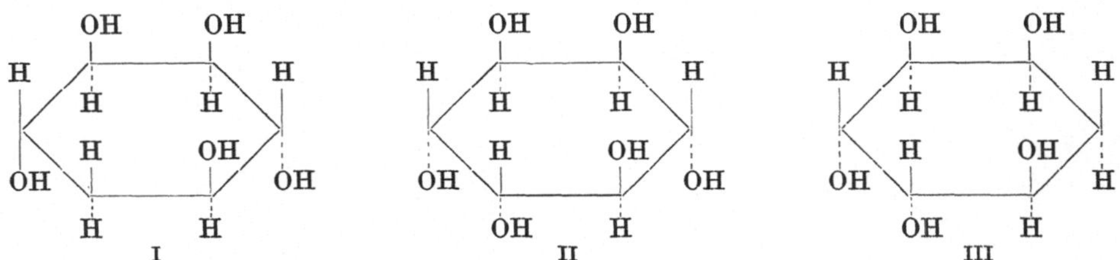

Ein Vergleich dieser Formeln mit der des aktiven Inosits (Symbol II) zeigt, daß alle drei in der Konfiguration sämtlicher asymmetrischer Kohlenstoffatome übereinstimmen. Bei I und III fehlt nur ein Hydroxyl. d-Quercit entspricht also konfigurativ dem aktiven Inosit (Galaktosekonfiguration) [4].
Vorkommen: In den Samenkernen von Achras sapota L. [6]. In der Rinde von Tiliacora acuminata Miers [7]. An der Kerbe eines Eichstammes fanden sich Krystalle von Quercit [8].
Darstellung: Mit Petroläther entfettetes Samenkornpulver von Achras sapota L. wird kalt mit Methylalkohol extrahiert und die konzentrierte Lösung mit einigen Volumen Äther gemischt. Der Krystallbrei wird nach einigen Tagen mit kaltem CH_3OH vom Sirup befreit und besteht aus Rohrzucker, wenig Saponin und Quercit. Nach nicht zu langem Ausziehen mit 70 proz. Alkohol wird er hieraus wiederholt umkrystallisiert. Schmelzp. 233—234°. $\alpha_D^{15} = +25°$ (Ventzke-Soleil), +23,75° (Laurent), im Mittel +24,37° [6].
Physikalische und chemische Eigenschaften: Schmelzp. 232°, $\alpha_D^{20} = +27,10$ (in Wasser, $c = 3,85$). Liefert bei der Oxydation mit HNO_3 Schleimsäure [8]. Erhöht die Leitfähigkeit der Borsäure nicht [5]. Es gelingt nicht, d-Quercit mit Aceton oder Benzaldehyd zu kondensieren [4].

---

[1] H. M. Hann u. C. E. Sando: J. of biol. Chem. **68**, 399 (1926) — Chem. Zbl. **1926 II**, 901.
[2] Richard Jellicoe Daniel u. William Doran: Biochemic. J. **20**, 676—684 (1927) — Chem. Zbl. **1927 I**, 472.
[3] D. Ackermann: Z. Biol. **80**, 193 (1924) — Chem. Zbl. **1924 I**, 2162.
[4] P. Karrer: Helvet. chim. Acta **9**, 116 (1926) — Chem. Zbl. **1926 I**, 2450.
[5] J. Böeseken u. A. Julius: Rec. Trav. chim. Pays-Bas et Belg. (Amsterd.) **45**, 489 (1926) — Chem. Zbl. **1926 II**, 739.
[6] A. W. van der Haar: Rec. Trav. chim. Pays-Bas et Belg. (Amsterd.) **41**, 784 (1922) — Chem. Zbl. **1923 I**, 852.
[7] L. van Itallie u. A. J. Steenhauer: Pharm. Weekblad **59**, 1381 (1922) — Chem. Zbl. **1923 I**, 548.
[8] E. O. von Lippmann: Ber. dtsch. chem. Ges. **60**, 161 (1927) — Chem. Zbl. **1927 I**, 1172.

Polygalit (Bd. II, S. 577)[1].

Darstellung: Aus 850 g frischer blühender Polygala amara L. ohne Wurzeln 19 g rohe Krystalle.

Physikalische und chemische Eigenschaften: Krystalle, Schmelzp. 141—142°, leicht löslich in Wasser, weniger in Äther und Alkohol; $[\alpha]_D = +41,6°$, nicht reduzierend.

Sequoit[2].
$$C_7H_{14}O_6$$

Ist ein Monomethyläther des inaktiven Inosits.

Vorkommen: Im Kernholz von Sequoia sempervirens.

Darstellung: Läßt sich von Pinit durch Krystallisation aus verdünntem Alkohol abtrennen; Sequoit krystallisiert aus 50proz. Alkohol leicht, Pinit aus 70proz. Alkohol langsam.

Physikalische und chemische Eigenschaften: Bei der Einwirkung von Jodwasserstoff entsteht inaktiver Inosit. Oxydation mit Salpetersäure gibt Oxalsäure.

Derivate: Pentaacetat $C_{17}H_{24}O_{11}$. Nadeln aus Alkohol, Schmelzp. 198° unkorr., sublimiert oberhalb des Schmelzpunktes. Löslich in Äther, unlöslich in Wasser.

---

[1] P. Picard: Bull. Soc. Chim. biol. Paris **9**, 692—696 — Chem. Zbl. **1927 II**, 1354.

[2] E. C. Sherrard u. E. F. Kurth: J. amer. chem. Soc. **51**, 3139 (1929) — Chem. Zbl. **1930 I**, 85 — Ind. Chem. **20**, 722 — Chem. Zbl. **1928 II**, 1105.

Glykoside.

Von

Géza Zemplén-Budapest.

Stickstofffreie Glykoside.

A. Künstliche Glykoside.

Bildung: Mit möglichst aktiven Emulsinpräparaten wurden Versuche zur Synthese des β-Methyl- und β-Äthylglykosids sowie einige orientierende Versuche zur Synthese des β-Phenyl-glykosids angestellt. Die Geschwindigkeit der meist während mehrerer Tage verfolgten Synthese von β-Methyl- und β-Äthylglykosid ist der Enzymmenge proportional. Die Aktivität der p_H-Kurve fällt mit der Kurve der β-Glykosidspaltung nahe zusammen. Zur Methodik der p_H-Messung wird gezeigt, daß bis zu einer Konzentration von 40% Alkohol bei Anwendung der Gaskettenmethode auf Methylalkoholwassergemische die Berechnung wie in reinen wässerigen Lösungen erfolgen kann. Das Optimum der Synthese liegt bei p_H 4,6; die Hälfte der maximalen Geschwindigkeit wurde bei $p_H \backsim 3,6$ bzw. $\backsim 6,2$ gefunden. Bei Änderung der Substratkonzentration läßt sich eine Affinitätskonstante der Glykose-Enzym-Verbindung berechnen. Die so berechnete Affinität des synthetisierenden Enzyms zum Substrat (Glykose) hat nahezu den gleichen Wert, nämlich $K_M = 5,4$, wie die ermittelte Konstante der Glykose-Enzym-Verbindung. Die Affinitätskonstante ist unabhängig von der Konzentration des Alkohols. Die Geschwindigkeit der Synthese wird durch die Konzentration des Alkohols gehemmt. Es scheint das bei der Spaltung erreichbare Gleichgewicht nahe bei der vollständigen Spaltung des Glykosides zu liegen[1].

Darstellung von α-Glykosiden aus 2-Trichloracetyl-3, 4, 6-triacetyl-β-glykosylchlorid und aus 3, 4, 6-Triacetyl-β-glykosylchlorid[2].

Bei der Umsetzung von 2-Trichloracetyl-3, 4, 6-triacetyl-β-glykosylchlorid und 3, 4, 6-Triacetyl-β-glykosylchlorid mit Methylalkohol in Gegenwart von Silberoxyd, Silbercarbonat oder Silbernitrat + Pyridin entstehen stets in sehr überwiegender Menge die α-Methylglykoside, entsprechend dem Verhalten der α-Glykosylhaloide, dagegen mit Natriummethylat und Natriumäthylat die β-Methyl- bzw. Äthylglykoside. Mit Natriumphenolat entsteht ein Gemisch von 64% α- und 36% β-Phenolglykosid. Intermediär treten vermutlich Additionsprodukte der Halogenosen mit den angewandten Reagenzien auf[3].

Aus Acetobromglykose, Phenol in Benzollösung gelingt durch Schütteln mit Silbercarbonat die Darstellung des Tetraacetyl-β-phenolglykosids, dagegen ist dieselbe Reaktion mit substituierten Phenolen, z. B. p-Kresol und Eugenol nicht durchführbar[4].

Darstellung der α- und β-Alkylcellobioside und des α-Phenylcellobiosids mit Hilfe von Quecksilberacetat aus Acetobromcellobiose s. dort.

Physiologische Eigenschaften: Colin und Chaudun untersuchten an einigen Alkoholglykosiden der β-Reihe die hydrolytische Spaltung durch Emulsin und stellten fest, daß das Hydrolysengesetz auch hier volle Gültigkeit hat. Die Mengen Enzym, die die gleichen Gewichts-

---

[1] Karl Josephson: Hoppe-Seylers Z. **147**, 155 (1925) — Chem. Zbl. **1926 I**, 690.
[2] Wilfred John Hickinbottom: J. chem. Soc. Lond. **1929**, 1676 — Chem. Zbl. **1930 I**, 510.
[3] Wilfred John Hickinbottom: J. chem. Soc. Lond. **1930**, 1338 — Chem. Zbl. **1930 II**, 1522.
[4] N. M. Carter: Ber. dtsch. chem. Ges. **63**, 586 (1930) — Chem. Zbl. **1930 I**, 2394.

mengen der verschiedenen Glykoside zersetzten, stehen im umgekehrten Verhältnis zu den Molekulargewichten der letzteren[1]. Untersuchungen mit Bacillus mycoides an Glykosidlösungen[2].

Physikalische und chemische Eigenschaften: Aus den sichergestellten Standardwerten der $[M]_D$ der α- und β-Formen der Methylglykoside von d-Glykose, d-Galaktose, d-Xylose und l-Arabinose ergibt sich als Differenz der $[M]_D$-Werte der α- und β-Form: $2a_{Me} = 36\,950$ und daraus die Drehung des Kohlenstoffatoms 1 zu $a_{Me} = 18,500$. Als weitere Folgerung aus dem van't Hoffschen Prinzip der optischen Superposition ergibt sich, daß der Wert $a_{Me} - a_{OH}$ für alle Zucker mit gleicher Ringstruktur numerisch konstant sein muß, d. h. daß der durch Austausch der Hydroxylgruppen gegen die Methoxygruppe bedingte Drehungseffekt bei allen diesen Zuckern gleich ist. — Für α-Verbindungen der d-Reihe ist $a_{Me} - a_{OH}$ positiv, für β-Verbindungen negativ. In der l-Reihe sind die Vorzeichen umgekehrt. Man erhält folgende Werte für $a_{Me} - a_{OH}$: α-d-Glykose 10,290, β-d-Glykose —9700, α-d-Galaktose 11,460, β-d-Galaktose —9440, β-d-Fructose —9500. α-d-Mannose 9930, α-l-Rhamnose —9860, β-d-α-Glykoheptose —10,750, β-Gentiobiose —9060, α-d-Xylose 11,440, β-Cellobiose —12,170, β-l-Arabinose 14,010. — Die Werte stimmen in 8 von 12 Fällen hinreichend gut überein. In den anderen Fällen dürften die Abweichungen durch die mangelnde Reinheit der Zuckerformen bedingt sein[3]. Die von Hudson[4] gemachte Annahme eines 1,4-Ringes für das α-Methylglykosid lehnen Haworth und Hirst[5] ab und sehen in den Berechnungen Hudsons nur die Forderung, daß dem C_4 in der Pentosidreihe ein anderer Wert zuzuschreiben ist, als demselben C_4 in der Hexosidreihe[5]. α-Glykoside geben bei der Spaltung zunächst hochdrehende Glykose, die sich dann allmählich in die Glykose von $[\alpha]_D = +52,5$ verwandelt[6]. β-Glykoside geben bei der Spaltung zunächst niedrigdrehende Glykose, die sich dann allmählich in die Glykose von $[\alpha]_D = +52,5°$ verwandelt[6]. Über die Temperaturveränderlichkeit der relativen Hydrolysengeschwindigkeiten der Glykoside[7]. — Geben bei der Destillation in saurer, neutraler oder alkalischer Lösung, besonders nach der Hydrolyse, Formaldehyd oder Acetaldehyd ab[8]. Acetate der β-Methylglykoside wandeln sich bei der Einwirkung von Stannichlorid in α-Verbindungen um[9]. — Noch besser erfolgt dieselbe Umwandlung mit Titantetrachlorid[10]. Diese Reaktion ist auf die Phenolglykoside nicht anwendbar.

Bildung und Spaltung von Glykosiden als Methode zur chemischen und biochemischen Trennung racemischer Alkohole in ihre optisch-aktiven Formen[11].

<h2 style="text-align:center">Glykolaldehyd-methyl-cycloacetal[12].</h2>

Mol-Gewicht: 474,06.
Zusammensetzung: $C_3H_6O_2$.

$$\begin{array}{l} CH\!-\!O\!-\!CH_3 \\ \vert\!\!>\!O \\ CH_2 \end{array}$$

Bildung: 15 g Brom-glykolaldehyd werden mit 15 ccm trockenem Methylalkohol und 3 g Ag_2CO_3 zur Reaktion gebracht. Nach 20 Minuten wird filtriert, der Methylalkohol bei gewöhnlichem Druck abdestilliert und der Rückstand bei 90—100° Badtemperatur im Wasserstrahlvakuum destilliert. Das Destillat erstarrt sofort eisblumenartig. Ausbeute 0,2 g = 22% der Theorie.

[1] H. Colin u. A. Chaudun: C. r. Acad. Sci. Paris **176**, 440 (1923) — Chem. Zbl. **1923 IV**, 189 — C. r. Acad. Sci. Paris **172**, 278 (1921) — Chem. Zbl. **1921 II**, 713.

[2] J. Perlberger: Zbl. Bakter. II **62**, 1 — Chem. Zbl. **1924 II**, 1217.

[3] C. S. Hudson: J. amer. chem. Soc. **47**, 268 (1925) — Chem. Zbl. **1925 I**, 2548.

[4] C. S. Hudson: J. amer. chem. Soc. **48**, 1424 — Chem. Zbl. **1926 II**, 1012.

[5] W. N. Haworth u. E. L. Hirst: J. chem. Soc. Lond. **1928**, 1221 — Chem. Zbl. **1928 II**, 341.

[6] H. Colin u. A. Chaudun: C. r. Acad. Sci. Paris **178**, 779 (1924) — Chem. Zbl. **1924 I**, 1918.

[7] Emyr Alun Moelroyn-Hughes: J. gen. Physiol. **13**, 317 (1930) — Chem. Zbl. **1930 II**, 544.

[8] G. Klein: Biochem. Z. **169**, 132 (1926) — Chem. Zbl. **1926 I**, 3221.

[9] Eugen Pacsu: Ber. dtsch. chem. Ges. **61**, 137 (1928) — Chem. Zbl. **1928 I**, 1391.

[10] Eugen Pacsu: Ber. dtsch. chem. Ges. **61**, 1508 (1928) — Chem. Zbl. **1928 II**, 872.

[11] C. Neuberg, K. P. Jacobsohn u. J. Wagner: Fermentforschg **10**, 491 (1929) — Chem. Zbl. **1929 II**, 2051.

[12] H. O. L. Fischer u. C. Taube: Ber. dtsch. chem. Ges. **60**, 1704 (1927) — Chem. Zbl. **1927 II**, 1341 — Ber. dtsch. chem. Ges. **60**, 479 (1927) — Chem. Zbl. **1927 I**, 1816.

Physikalische und chemische Eigenschaften: Zeigt nach dem Abpressen auf Ton den Schmelzp. 72° und erstarrt beim Abkühlen wieder krystallinisch[1].

Glykolaldehyd-äthyl-cycloacetal[1].

Mol-Gewicht: 88,08.
Zusammensetzung: $C_4H_8O_2$.

$$\begin{array}{c} CH \cdot OC_2H_5 \\ \diagdown O \\ H_2C \end{array}$$

Bildung: 2,2 g Brom-glykolaldehyd werden mit 3,7 g Silbercarbonat, die mit 20 ccm trockenem Äthylalkohol angerieben sind, unter heftigem Schütteln zur Reaktion gebracht. Nach 30 Minuten wird filtriert, die Silbersalze mit wenig Äther ausgewaschen und die vereinigten Filtrate bei gewöhnlichem Druck eingeengt. Der Rückstand geht im Vakuum der Wasserstrahlpumpe bei einer Badtemperatur von 110—120° über und erstarrt beim Anreiben zu großblättrigen Krystallen. Ausbeute 0,12 g. Die Substanz zeigt den Schmelzp. 59,5° unter Wiedererstarren beim Abkühlen[1].

Glycerinaldehyd-methyl-cycloacetal.

Mol-Gewicht: 104,08.
Zusammensetzung: $C_4H_8O_3$.

$$\begin{array}{c} HC \cdot OCH_3 \\ \diagdown O \\ HC \\ | \\ CH_2OH \end{array}$$

Bildung: Aus dem Acetylderivat durch Verseifung mit methylalkoholischem NH_3.
Physikalische und chemische Eigenschaften: Aus Aceton Krystalle, Schmelzp. 158,5 bis 159,5°[1].
Derivate: Acetylglycerinaldehydmethylcycloacetal $C_6H_{10}O_4$. Aus Acetobromglycerinaldehyd mit Methylalkohol und Ag_2CO_3. Aus Methylalkohol Krystalle mit Schmelzp. von 101,5—102,5°[1].

Dimeres-d, l-glycerinaldehydmonomethyläther[2].

$$(C_4H_8O_3)_2.$$

Bildung: Entsteht bei der Einwirkung von 4% Chlorwasserstoff enthaltendem Methylalkohol auf Glycerinaldehyd.
Physikalische und chemische Eigenschaften: Aus Essigester prismatische Nadeln, Schmelzpunkt 204,5°. Leicht löslich in Wasser und Benzol, wenig löslich in Chloroform, Ligroin, unlöslich in Äther. Reduziert nicht Fehlingsche Lösung.

α, α'-Dioxy-aceton-methyl-cycloacetal (Dimeres-β-methoxy-glycid)[1].

Mol-Gewicht: 104,08.
Zusammensetzung: $C_4H_8O_3$.

$$\begin{array}{c} CH_2 \\ \diagdown O \\ C{-}OCH_3 \\ | \\ CH_2OH \end{array}$$

Darstellung: 100 g destilliertes und aus Alkohol umkrystallisiertes Dioxyaceton werden in 100 ccm trockenem Methylalkohol, welcher 0,5% Salzsäure enthält. gelöst und über Nacht

---

[1] H. O. L. Fischer u. C. Taube: Ber. dtsch. chem. Ges. **60**, 1704 (1927) — Chem. Zbl. **1927 II**. 1341 — Ber. dtsch. chem. Ges. **60**, 479 (1927) — Chem. Zbl. **1927 I**, 1816.
[2] H. Gorden Reeves: J. chem. Soc. Lond. **1929**, 1327 — Chem. Zbl. **1929 II**, 2658.

aufbewahrt. Hierauf wird 1 Stunde mit überschüssigem Silbercarbonat auf der Maschine geschüttelt, filtriert und das Filtrat in einer großen Krystallisierschale mit einem Föhn schnell eingeengt. Beim Anreiben krystallisiert das Methyl-cycloacetal in einer Ausbeute von 3,5 g = 45% der Theorie aus. Geht durch 3stündiges Erhitzen auf 138—140°, dann 4 Stunden bei 140—100°, schließlich 16 Stunden bei 100° in Di-(dioxyacetonyl)-methyldioxyaceton[1] über.

Physikalische und chemische Eigenschaften: Aus Aceton umkrystallisiert enthält die Verbindung 1 Mol Krystallwasser und zeigt den Schmelzp. 91°. Bei 95° im Vakuum über Phosphorpentoxyd getrocknet, schmilzt die wasserfreie Substanz bei 131—132°[2]. Leicht löslich in Wasser, Alkohol, Methylalkohol, ziemlich löslich in Essigester, wenig löslich in Äther, Bromoform[3].

Derivate: Acetyl-α, α'-dioxy-aceton-methyl-cycloacetal (Dimeres-β-Methoxy-glycid-acetat) $C_8H_{10}O_4$. 16 g Dioxy-aceton-methyl-cycloacetal, bei 75° im Vakuum getrocknet, werden in einem Gemisch von 10 ccm Essigsäureanhydrid und 10 ccm Pyridin gelöst und über Nacht aufbewahrt. Hierauf wird die Lösung auf 0° abgekühlt und die ausgeschiedenen Krystalle abgesaugt. Ausbeute 1,9 g = 85% der Theorie. Aus Methylalkohol krystallisiert in rhombischen Blättchen vom Schmelzp. 138°[2].

Di-(dioxyacetonyl)-methyldioxyaceton[1].

$$C_{10}H_{16}O_7$$

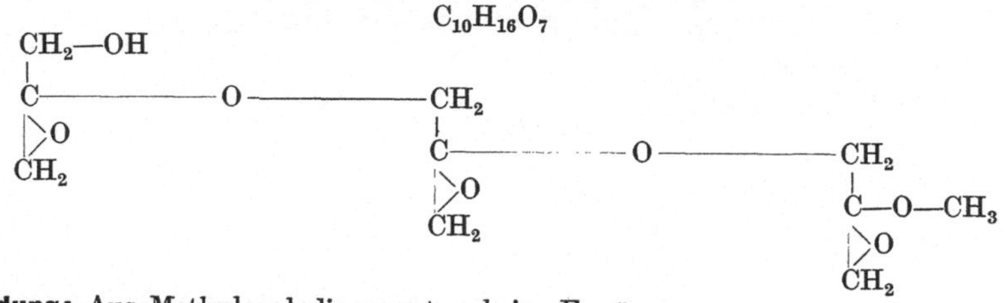

Bildung: Aus Methylcyclodioxyaceton beim Erwärmen.

Physikalische und chemische Eigenschaften: Aus Äther + Alkohol Krystalle, die sich bei etwa 300° zersetzen. Schwer löslich in Pyridin, fast unlöslich in Wasser, Alkohol, Aceton, Äther, Benzol, Essigester. Reduziert stark Fehlingsche Lösung.

Äthylcycloacetal des Dioxyacetons[4].

$$C_{10}H_{20}O_6$$

Besitzt wahrscheinlich folgende Konstitution:

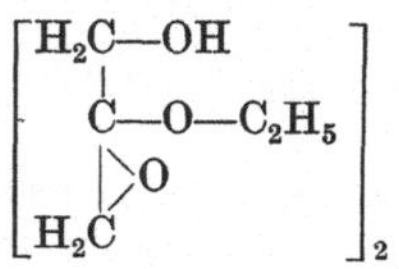

Bildung: Aus Dioxyaceton, gelöst in Alkohol und Orthoameisensäureäthylester und Ammoniumchlorid, gelöst in Alkohol.

Physikalische und chemische Eigenschaften: Nädelchen aus Essigester, Schmelzp. 126° korr. Sehr leicht löslich in Wasser, Methylalkohol und Alkohol, löslich in Äther und Bromoform; die wässerige Lösung reduziert Fehlingsche Lösung erst nach kurzem Kochen mit verdünnter Salzsäure.

Derivate: Acetylverbindung des Dioxyacetonäthylcylcoacetals[3] $(C_7H_{12}O_4)_2$. Aus Diacetonäthylcycloacetal mit Essigsäureanhydrid und Pyridin. Tafeln aus Alkohol, Schmelzpunkt 109—110°; leicht löslich in Alkohol, Äther, Benzol; wenig löslich in Wasser, Petroläther.

p-Toluolsulfoverbindung des Dioxyacetonäthylcycloacetals[3] $C_{12}H_{10}O_5S$. Krystalle aus Alkohol, Schmelzp. 117—118° unter Zersetzung. Leicht löslich außer Wasser.

[1] P. A. Levene u. A. Walti: J. of biol. Chem. **84**, 39 (1929) — Chem. Zbl. **1930 I**, 361.
[2] H. O. L. Fischer u. C. Taube: Ber. dtsch. chem. Ges. **60**, 1704 (1927) — Chem. Zbl. **1927 II**, 1341 — Ber. dtsch. chem. Ges. **60**, 479 (1927) — Chem. Zbl. **1927 I**, 1816.
[3] Hermann O. L. Fischer u. Carl Taube: Ber. dtsch. chem. Ges. **57**, 1502 (1924).
[4] Hermann O. L. Fischer u. Hans Milbrand: Ber. dtsch. chem. Ges. **57**, 707 — Chem. Zbl. **1924 II**, 171.

Arabinoside.

α-Methyl-l-arabinosid (Bd. VIII, S. 291).

Bildung: Aus l-Arabinose nach dem Bourquelotschen Verfahren[1].

Physikalische und chemische Eigenschaften: Nach mehrmaliger Reinigung mit Essigäther, Schmelzp. 131° und $[\alpha]_D^{25} = +17,3°$ in Wasser bei $c = 3,4144$[1]. — Gibt bei der Methylierung und Oxydation α-2, 3, 4-Trimethylarabonolacton. Die Mutterlauge vom α-Methylarabinosid gibt beim Eindampfen und Methylieren mit NaOH und Dimethylsulfat und Purdies Reagens ein Trimethylmethyl-γ-arabinosid enthaltendes Produkt, $[\alpha]_D = -15°$ (in Wasser), woraus durch Hydrolyse und Oxydation 2, 3, 5-Trimethylarabonsäurelacton, Schmelzpunkt 29°, $[\alpha]_D = -42,4°$[2].

β-Methyl-l-arabinosid (Bd. II, S. 582; Bd. VIII, S. 291; Bd. X, S. 760).

Bildung: Aus l-Arabinose, Methylalkohol und Emulsin[1]. Aus dem Benzylmercaptal mit Methylalkohol und Quecksilberchlorid, Ausbeute 90 %[3].

Physiologische Eigenschaften: Wird bei Vergärungsversuchen mit Bacterium coli commune, Bacillus acidi lactici und Bacillus lactis aerogenes nur bei Einhaltung bestimmter Bedingungen (2 proz. Lösung, p_H genau 7) zerlegt von allen Stämmen von Bacillus lactis aerogenes und nur einem von Bacllus coli commune[4].

Physikalische und chemische Eigenschaften: Schmelzp. 169°; $[\alpha]_D^{20} = +245,5°$ in Wasser bei $c = 7,252$[1]. Blättchen oder feine Nadeln aus Alkohol, Schmelzp. 169—170°; $[\alpha]_D^{20} = +246,1°$ in Wasser[3].

Derivate: β-Triacetyl-methyl-l-arabinosid. Beobachtete Drehung $[\alpha]_D = +182°$ in Chloroform; berechnete Drehung: $+197°$[5].

γ-Methyl-l-arabinosid[6].

Mol-Gewicht: 164,14.
Zusammensetzung: $C_6H_{12}O_5$.

$$
\begin{array}{c}
\ \ \text{—CH— O—CH}_3 \\
\ \ \ \ \text{H—C—OH} \\
\text{O} \quad \text{HO—C—H} \\
\ \ \ \ \text{C—H} \\
\ \ \ \ \text{CH}_2\text{—OH}
\end{array}
$$

Darstellung: Aus l-Arabinose durch Schütteln mit der 20fachen Menge 1proz. methylalkoholischer Salzsäure bei 18°. — Nach 6 Stunden tritt völlige Lösung bei $[\alpha]_D = -1°$, nach 17—21 Stunden ist das Minimum der Drehung: $[\alpha]_D = -42°$ erreicht.

Physikalische und chemische Eigenschaften: Sirup vom Siedep. 173—175° unter 0,15 mm Druck; $n_D = 1,4880$, $[\alpha]_D = -71,3°$ in Methylalkohol bei $c = 0,8$; $[\alpha]_D = -46,8°$ in Wasser. Entfärbt neutrales Kaliumpermanganat momentan. Wird schon von stark verdünnten Säuren äußerst leicht gespalten.

[1] C. S. Hudson: J. amer. chem. Soc. **47**, 265 (1925) — Chem. Zbl. **1925 I**, 2547.

[2] J. Pryde u. R. W. Humphreys: J. chem. Soc. Lond. **1927**, 559 — Chem. Zbl. **1927 I**, 2901. — J. Pryde, E. L. Hirst u. B. W. Humphreys: J. chem. Soc. Lond. **127**, 348 (1925) — Chem. Zbl. **1925 I**, 2369.

[3] Eugen Pacsu u. Nada Ticharich: Ber. dtsch. chem. Ges. **62**, 3008 (1929) — Chem. Zbl. **1930 I**, 512.

[4] Herrmann Hees u. Caspar Tropp: Zbl. Bakter. I **100**, 273—284, 1 Tafel (1926) — Chem. Zbl. **1927 I**, 760.

[5] C. S. Hudson u. F. P. Phleps: J. amer. chem. Soc. **46**, 2591 (1924) — Chem. Zbl. **1925 I**, 640.

[6] Stanley Baker u. Walter Norman Haworth: J. chem. Soc. Lond. **127**, 365 (1925) — Chem. Zbl. **1925 I**, 2372.

α-Methyl-d-arabinosid.

Physikalische und chemische Eigenschaften: Krystalle aus Methylalkohol vom Schmelzpunkt 168°; $[\alpha]_D^6 = -241{,}07°$ in Wasser bei $c = 1{,}12$ [1].

α-Allyl-l-arabinosid (Bd. II, S. 582).

Bildung: Aus l-Arabinose in 10—95proz. Alkohol unter der Einwirkung von Emulsin [2].

Physikalische und chemische Eigenschaften: Mikroskopische Nädelchen aus Essigester von erst süßem, dann bitterem Geschmack, wasserfrei. Schmelzp. 122—123° (Maquenne-bloc), $[\alpha]_D = +9{,}95°$. Reduziert nicht. Wird von 3proz. H_2SO_4 bei 105° leicht und glatt in Arabinose und C_2H_5OH gespalten. Dieselbe Hydrolyse bewirkt Emulsin in wässeriger Lösung; bei 33° waren nach 14 Tagen etwa 66% gespalten [3].

Xyloside.

α- und β-Methylxylosid besitzen die gleiche Ringstruktur [4].

α-Methyl-d-xylosid (Bd. II, S. 295, 584).

$$C_5H_9O_4(OCH_3)$$

Bildung: Aus d-Xylose nach dem Bourquelotschen Verfahren [5].

Physikalische und chemische Eigenschaften: Aus Methyläthylketon umkrystallisiert: $[\alpha]_D^{20} = +153{,}9°$ in Wasser bei $c = 10{,}556$ [5].

β-Methyl-d-xylosid (Bd. II, S. 584).

$$C_5H_9O_4(OCH_3)$$

Bildung: Aus d-Xylose mit Emulsin und Methylalkohol [5].

Physikalische und chemische Eigenschaften: Schmelzp. 157°; $[\alpha]_D^{20} = -65{,}5°$ in Wasser bei $c = 13{,}72$.

α-Methyl-d-xylosid (1, 4).

Physikalische und chemische Eigenschaften: Berechnetes Drehungsvermögen in Wasser $[\alpha]_D = -100°$ [6].

Derivate: **Triacetat.** Brechnetes Drehungsvermögen $[\alpha]_D = +69°$ in Chloroform [6].

γ-Methyl-l-xylosid.

$$C_5H_9O_4(OCH_3)$$

Bildung: Eine 5proz. Lösung trockener, feingepulverter Xylose in HCl-haltigem (1%) Methylalkohol wird 7 Tage bei Zimmertemperatur aufbewahrt. Es resultiert ein Sirup, der ohne Zersetzung destilliert werden kann.

Physikalische und chemische Eigenschaften: Siedep. bei 0,03 mm = 161,5°. $[\alpha]_D = +62{,}8°$ in Alkohol [7].

---

[1] George McOwan: J. chem. Soc. Lond. **1926**, 1737 — Chem. Zbl. **1926 II**, 2696.

[2] M. Bridel u. C. Béguin: C. r. Acad. Sci. Paris **182**, 659 (1926) — Chem. Zbl. **1926 I**, 3024 — Bull. Soc. Chim. biol. Paris **8**, 469 (1926) — Chem. Zbl. **1926 I**, 3396; **1926 II**, 1941. — C. S. Hudson: J. amer. chem. Soc. **47**, 265 (1925) — Chem. Zbl. **1925 I**, 2547.

[3] M. Bridel u. C. Béguin: C. r. Acad. Sci. Paris **182**, 812 (1926) — Chem. Zbl. **1926 I**, 3396 — C. r. Acad. Sci. Paris **182**, 659 (1926) — Chem. Zbl. **1926 I**, 3024.

[4] F. P. Phleps u. C. B. Purves: J. amer. chem. Soc. **51**, 2443 (1929) — Chem. Zbl. **1929 II**, 2770.

[5] C. S. Hudson: J. amer. chem. Soc. **47**, 265 (1925) — Chem. Zbl. **1925 I**, 2547.

[6] F. P. Phleps u. C. S. Hudson: J. amer. chem. Soc. **50**, 2049 (1928) — Chem. Zbl. **1928 II**, 872.

[7] W. N. Haworth u. G. C. Westgarth: J. chem. Soc. Lond. **1926**, 880 — Chem. Zbl. **1926 II**, 384.

Lyxoside.
α-Methyl-d-lyxosid.

Mol-Gewicht: 164,14.
Zusammensetzung: $C_6H_{12}O_5$.

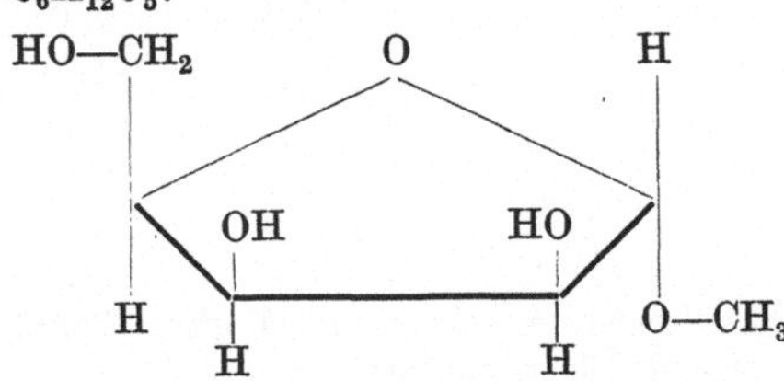

Im Gegensatz zu der Auffassung von Phleps und Hudson soll α-Methyl-lyxosid zur Pyranosegruppe gehören[1].

Darstellung: Durch $2^1/_2$stündiges Kochen von 19 g d-Lyxose mit 0,7 proz. methylalkoholischer Salzsäure wurden 13 g reines α-Methyl-d-lyxosid erhalten[2].

Physikalische und chemische Eigenschaften: Mehrmals aus einem Gemisch von Methylalkohol und Essigester umgelöst, Krystalle, Schmelzp. 108—109°; $[\alpha]_D^{20} = +59,4°$, $[\alpha]_{578}^{20} = +61,9°$; $[\alpha]_{546,1}^{20} = +69,9°$; $[\alpha]_{435}^{20} = +117°$ in Wasser. $[\alpha]_D$ nähert sich den berechneten Werten. Diese sind 66°, berechnet aus der Drehung der α-d-Lyxose und des α-Benzyl-d-lyxosids, und 61°, berechnet aus α-Methyl-d-xylosid. Das Verhältnis der $[\alpha]$-Werte für gelbes und grünes Quecksilberlicht beträgt 0,8497, ist also nahezu gleicher Größe wie für Rohrzucker und für Quarz. α-Methyl-d-lyxosid wird sehr schnell hydrolysiert: $M_{98} = 0,0041$ für 0,05 normaler Salzsäure. Wahrscheinlich liegt in dieser Verbindung eine 1—4-Sauerstoffbrücke vor[2]. — Berechnetes Drehungsvermögen $[\alpha]_D = +113°$ in Wasser[3].

Derivate: α-Methyl-d-lyxosidtriacetat[4] $C_{12}H_{18}O_8$. Berechnetes Drehungsvermögen $[\alpha]_D = +80°$ in Chloroform. Aus α-Methyl-d-lyxosid in Pyridin und Essigsäureanhydrid. Aus Alkohol prismatische Nadeln vom Schmelzp. 96°. $[\alpha]_D^{24} = +30,6°$ in Chloroform bei $c = 4,0$. — Krystalle aus heißem Wasser vom Schmelzp. 96°. $[\alpha]_D^{20} = +30,1°$; $[\alpha]_{578}^{20} = +31,7°$; $[\alpha]_{546}^{20} = +35,8°$; $[\alpha]_{436}^{20} = 62,0°$ in Chloroform[3]. — Leicht löslich in Äther, Chloroform, Methylalkohol, weniger in Alkohol, wenig löslich in Petroläther und merklich löslich in Wasser. $[\alpha]_D^{25} = +30,0°$ in Methylalkohol. — Entsteht neben γ-Methyl-d-lyxosidtriacetat bei der Behandlung von Acetobromlyxose in Methylalkohol mit Silbercarbonat. — In 0,1 proz. methylalkoholischer Salzsäure zeigt es keine Drehungsänderung[4]. Hydrolysengeschwindigkeit[5].

α- und β-Methyllyxofuranosid[6].

Mol-Gewicht: 164,14.
Zusammensetzung: $C_6H_{12}O_5$.

<hr>

[1] Edmund Langley Hirst u. James Andrew Buchan Smith: J. chem. Soc. Lond. **1928**, 3147 — Chem. Zbl. **1929 I**, 1920.

[2] F. P. Phleps u. C. S. Hudson: J. amer. chem. Soc. **48**, 503 (1926) — Chem. Zbl. **1926 I**, 2789. — C. S. Hudson: J. amer. chem. Soc. **47**, 268 (1925) — Chem. Zbl. **1925 I**, 2548.

[3] F. P. Phleps u. C. S. Hudson: J. amer. chem. Soc. **50**, 2049 (1928) — Chem. Zbl. **1928 II**, 872.

[4] P. A. Levene u. M. L. Wolfrom: J. of biol. Chem. **78**, 525 (1928) — Chem. Zbl. **1928 II**, 2345.

[5] P. A. Levene u. M. L. Wolfrom: J. of biol. Chem. **79**, 471 (1928) — Chem. Zbl. **1929 I**, 43.

[6] Harold Graham Bott, Edmund Langley Hirst u. James Andrew Buchan Smith: J. chem. Soc. Lond. **1930**, 658 — Chem. Zbl. **1930 II**, 231.

Bildung: Bei der Einwirkung von 1 proz. methylalkoholischer Salzsäure auf Lyxose steigt die Drehung der Lösung anfangs steil an, passiert ein Maximum und sinkt allmählich wieder. Unterbricht man die Reaktion am Maximum, so enthält die Flüssigkeit hauptsächlich die α- und β-Form des Methyllyxofuranosids (75%), daneben 15% freie Lyxose und 10% Methyllyxopyranosid. Unterbricht man die Reaktion erst nach Erreichung des Gleichgewichtswertes, so erhält man vorwiegend das Pyranosid.

Physikalische und chemische Eigenschaften: Ist in Abwesenheit von Säuren durchaus beständig, wird aber schon von $^1/_{15}$ n-Salzsäure bei 95° in weniger als 20 Minuten völlig gespalten.

γ-Methyl-d-lyxosid.
$C_6H_{12}O_5$

Derivate: γ-Methyl-d-lyxosidtriacetat[1]. Entsteht aus Acetobrom-d-lyxose zusammen mit der α-Verbindung bei der Umsetzung mit Methylalkohol und Silbercarbonat. Verwendet man statt Silbercarbonat Natriummethylat, so entsteht allein die γ-Verbindung. Aus Methylalkohol hexagonale Platten vom Schmelzp. 90° und $[\alpha]_D^{22} = -103,1°$ in Chloroform bei $c = 4,0$. Bei der Verseifung mit Alkalien sitzt eine Acetylgruppe sehr fest. In 0,1 proz. methylalkoholischer Lösung wird die γ-Form schnell unter ansteigender Drehung verändert. Ist wahrscheinlich ebenfalls ein Derivat der Orthoessigsäure. Siehe Methyl-1-rhamnosid.

Riboside.
Alkylribosid[2]

Aus der Silberfällung des Acetonextraktes von Ziegenfleisch wurden 2 Pentosederivate isoliert. Der Ätherextrakt der Fällung enthält ein Alkylribosid, wahrscheinlich die α-Form der Methyl- oder Äthylverbindung, die aus Wasser sowie aus abs. Alkohol in Krystallen erhalten wurde. $[\alpha]_{Hg\,grün} = -108,8°$ in abs. Alkohol, Schmelzp. 65—66°, Verfärbung bei 58°. Die Verbindung ist hygroskopisch und reduziert Fehlingsche Lösung nur nach Hydrolyse. Das nach der Hydrolyse dargestellte Phenylosazon hat eine $[\alpha]_{Hg\,grün}$ von $-70,2°$ in Pyridinalkohol. Das Drehungsvermögen entspricht nach der Hydrolyse in verdünnter Schwefelsäure derjenigen der Ribose. Es wurde in einer Menge von 2,5 mg/kg isoliert.

Rhamnoside.
α-Methyl-1-rhamnosid (Bd. X, S. 765).

$$
\begin{array}{c}
\text{---CH(OCH}_3) \\
\text{H---C---OH} \\
\text{H---C---OH} \\
\text{HO---C---H} \\
\text{C---H} \\
\text{CH}_3
\end{array}
$$

Bildung: Aus 1-Rhamnosedibenzylmercaptal mit Methylalkohol und Quecksilberchlorid[3].
Physikalische und chemische Eigenschaften: Sirup[3].
Derivate: Triacetat. Lange Nadeln aus Wasser, Schmelzp. 86—87°; $[\alpha]_D^{20} = +53,7°$ in Acetylentetrachlorid[3].

---

[1] P. A. Levene u. M. L. Wolfrom: J. of biol. Chem. **78**, 525 (1928) — Chem. Zbl. **1928 II**, 2345.

[2] Lewis Bland Winter: Biochemic. J. **21**, 467—478 (1927) — Chem. Zbl. **1927 II**, 1855.

[3] Eugen Pacsu u. Nada Ticharich: Ber. dtsch. chem. Ges. **62**, 3008 (1929) — Chem. Zbl. **1930 I**, 512.

Methyl-l-rhamnosid.

Derivate: **Triacetylmethyl-l-rhamnosid**[1] [1, 5], mit folgendem Bau des Pyranoseringes:

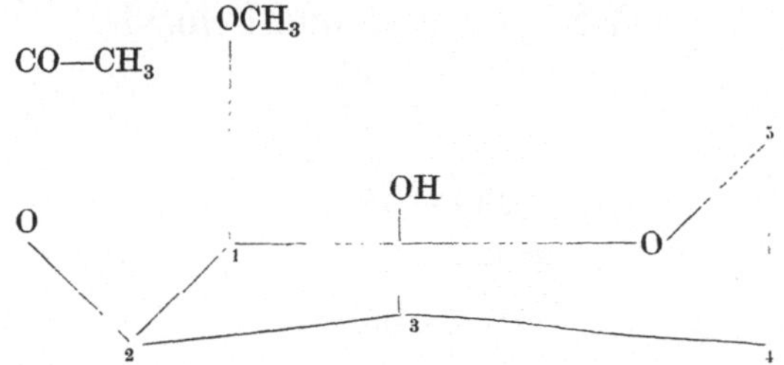

Ist ein Derivat der Orthoessigsäure folgender Konstitution[2]

Die neuartige Erklärung von Haworth, Hirst, Miller ist unnötig.

Aus Acetobrom-l-rhamnose mit Methylalkohol in Gegenwart von Chinolin. Schmelzpunkt 83°, $[\alpha]^{21} = +35°$ in abs. Alkohol, $= +35°$ in Chloroform.

γ-Monoacetylmethylrhamnosid. Aus der Triacetylverbindung bei der Verseifung, wobei das sehr beständige Monoacetylderivat entsteht. Schmelzp. 140—141°; $[\alpha]_D^{21} = +10°$ in abs. Alkohol. — Gibt bei der Methylierung 2-Monoacetyl-3-4-dimethyl-methylrhamnosid.

Methylcycloacetal der l-Rhamnodesose[3].
(Methylcycloacetal der 2-Desoxy-l-rhamnose.)

$$C_7H_{14}O_4$$

Mol-Gewicht: 162,11°.

Zusammensetzung: $C_7H_{14}O_4$, C: 51,83%, H: 8,70%.

Bildung: Bei der Behandlung von l-Rhamnodesose mit methylalkoholischer Salzsäure.

Physikalische und chemische Eigenschaften: Sirup, Siedep. 120—130° bei 0,2 mm; $n_D^{20} = 1,4656$. Reduziert nicht Fehlingsche Lösung, wird schon von $^1/_{1000}$ n-Salzsäure gespalten. Bei der Oxydation mit Brom entsteht l-Rhamnodesonsäure.

---

[1] Walter Norman Haworth, Edmund Langley Hirst u. Ernest John Miller: J. chem. Soc. Lond. **1929**, 2469 — Chem. Zbl. **1930 I**, 2393.

[2] K. Freudenberg: Naturwiss. **18**, 393 (1930) — Chem. Zbl. **1930 II**, 717.

[3] Max Bergmann u. Stephan Ludewig: Liebigs Ann. **434**, 105 (1923).

Isorhamnoside.

α-Methyl-d-isorhamnosid [1] (Bd. VIII, S. 292).
α-Methyl-d-glykomethylosid.

$$C_7H_{14}O_5$$

```
          CH(OCH₃)
          |
   H—C—OH
          |
  HO—C—H        O
          |
   H—C—OH
          |
   H—C
          |
          CH₃
```

Darstellung: Aus Triacetyl-α-methyl-d-isorhamnosid durch Verseifung mit Ammoniak in methylalkoholischer Lösung. Aus Tribenzoyl-α-methyl-d-isorhamnosid mit methylalkoholischem Ammoniak. Methylalkohol und Ammoniak werden im Vakuum verjagt, der Rückstand in Wasser aufgenommen, filtriert und wieder eingedampft. Der sirupöse Rückstand destilliert bei etwa 1 mm Druck über 162° und erstarrt krystallinisch.

Physiologische Eigenschaften: Keine Spaltung durch α-Glykosidase aus Hefe.

Physikalische und chemische Eigenschaften: Krystalle aus Essigester. Schmelzp. 98 bis 99°. Siedep. bei 1 mm Druck = 162—163°. Schmeckt süßlich. $[\alpha]_D^{19} = +29,2°$ in Wasser. Sehr wenig löslich in Äther und Petroläther, sonst leicht löslich.

Derivate: **Triacetyl-α-methyl-d-isorhamnosid** $C_{13}H_{20}O_8$. Aus Triacetyl-α-methylglykosid-bromhydrin durch Reduktion mit Zinkstaub in 50proz. Essigsäure, in Gegenwart von einem Tröpfchen Platinchloridlösung. Weiße Krystalle (Prismen) aus Ligroin. Schmelzpunkt 75°. In Wasser, Petroläther, Ligroin sehr schwer, in den anderen gebräuchlichen organischen Lösungsmitteln leicht löslich. $[\alpha]_D^{20} = +159,2°$ in Chloroform [1].

Tribenzoyl-α-methyl-d-isorhamnosid [1] $C_{28}H_{26}O_8$. Durch Reduktion des 2, 3, 5-Tribenzoyl-α-methylglykosid-6-bromhydrin in 75proz. Essigsäure mit Zn-Staub in Gegenwart von $PtCl_4$ bei 100°. Nadeln aus Äther, Schmelzp. 139—140°. $[\alpha]_D^{19} = +106,7°$ in Pyridin. Sehr wenig löslich im Petroläther und Ligroin, sonst leicht löslich [1].

β-Methyl-d-isorhamnosid (Bd. VIII, S. 292).

Nach Berechnungen von C. S. Hudson [2] besitzt das β-Methyl-d-isorhamnosid furoide Struktur.

Äthylchinovosid (Äthyl-d-epirhamnosid), Äthyl-d-glykomethylosid)
(Bd. II, S. 309, 585).

Physikalische und chemische Eigenschaften: Siedep. 136° bei 1 mm. Glasartig erstarrendes sehr hygroskopisches Öl, $[\alpha]_D^0 = +106°$ in abs. Alkohol [3].

Fucoside.

Methylfucosid.

Physikalische und chemische Eigenschaften: Prismen aus Essigester vom Schmelzp. 57°, $[\alpha]_D = -62,28°$ [4].

[1] B. Helferich, W. Klein u. W. Schäfer: Ber. dtsch. chem. Ges. **59**, 79 (1926) — Chem. Zbl. **1926 I**, 1968.

[2] C. S. Hudson: J. amer. chem. Soc. **48**, 1434 (1926) — Chem. Zbl. **1926 II**, 1014.

[3] Karl Freudenberg u. Klaus Raschig: Ber. dtsch. chem. Ges. **62**, 373 (1929) — Chem. Zbl. **1929 I**, 1923.

[4] T. Tadokoro u. Y. Nakamura: J. of biol. Chem. **2**, 461 (1923) — Ref.: Ber. Physiol. **21**, 172 (1924) — Chem. Zbl. **1924 I**, 1507.

α-Methyl-l-fucosid. α-Methyl-l-galaktomethylit.

$$C_7H_{14}O_5$$

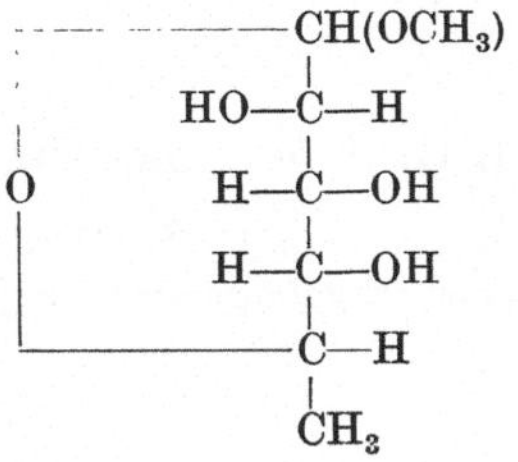

$$
\begin{array}{c}
\text{—CH(OCH}_3) \\
\text{HO—C—H} \\
\text{H—C—OH} \\
\text{H—C—OH} \\
\text{C—H} \\
\text{CH}_3
\end{array}
$$

Physikalische und chemische Eigenschaften: $[\alpha]_D$ berechnet: $-188°$ bis $-190°$[1].

α-Methyl-rhodeosid (α-Methyl-d-galaktomethylosid[2]).

$$C_7H_{14}O_5$$

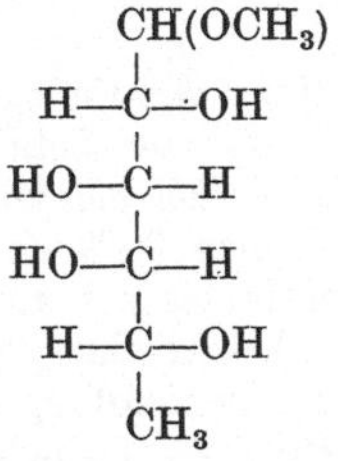

$$
\begin{array}{c}
\text{CH(OCH}_3) \\
\text{H—C—OH} \\
\text{HO—C—H} \\
\text{HO—C—H} \\
\text{H—C—OH} \\
\text{CH}_3
\end{array}
$$

Bildung: Aus Rhodeose mit 0,25 % Salzsäure enthaltendem abs. Methylalkohol. 50 Stunden bei 100°.

Physikalische und chemische Eigenschaften: $[\alpha] = +189,9°$ in Wasser.

Glykose — Glykoside.

Methylglykoside.

Physiologische Eigenschaften: Die Hemmung der Wirkung von Enzymen kann entweder durch Verlangsamen der Zerfallsgeschwindigkeit des Enzymsubstrats erfolgen (Saccharosespaltung mit Invertin durch Glycerin) oder durch Konkurrenz des hemmenden Stoffes mit dem spaltbaren Substrat um die Bindung des Fermentes (Saccharosespaltung mit Invertin durch Fructose). Bei Saccharosespaltung mittels Hefesaccharase hemmt β-Methylglykosid nicht, dagegen α-Methylglykosid stark nach dem Glycerintypus. Bei Takasaccharase liegen die Verhältnisse umgekehrt, doch kann der Glycerintypus der β-Methylglykosidhemmung wohl abgesprochen werden, wodurch der Fructosetypus wahrscheinlich gemacht, aber nicht sicher bewiesen ist, da die Affinität zwischen Ferment und Substrat bei der Takadiastase nicht klar bekannt ist. Die Einwirkung fand bei $p_H = 5,7$ und 28,0° statt[3]. Wurden bei Vergärungsversuchen mit Bacterium coli commune, Bacillus acidi lactici und Bacillus lactis aerogenes in der α-Form durch alle Stämme von Bacillus lactis aerogenes und wenigen Stämmen von Bacterium coli commune angegriffen, wogegen die β-Form durch dieselben Stämme sehr schnell, langsamer auch meist durch die anderen zerlegt wurde[4].

---

[1] C. S. Hudson: J. amer. chem. Soc. **47**, 268 (1925) — Chem. Zbl. **1925 I**, 2548.

[2] E. Votoček u. F. Valentin: Collect. Trav. chim. Tchécoslovaquie **2**, 36 (1930) — Chem. Zbl. **1930 I**, 2544.

[3] Yajiro Hattori: Biochem. Z. **150**, 150—158 — Chem. Zbl. **1924 II**, 1804.

[4] Hermann Hees u. Caspar Tropp: Zbl. Bakter. I **100**, 273—284 (1926) — Chem. Zbl. **1927 I**, 760.

Physikalische und chemische Eigenschaften: Gleichgewichtsform (α, β): $[\alpha]$ bei d-Methylglykosid $= +62,5°$[1]. Reagieren nicht mit Natriumborat[2].

Derivate: Methylglykosidtetraacetat. Gleichgewichtsform (α, β): d-Methylglykosidtetraacetat: $[\alpha] = +57°$ in Methanol[1].

α-Methyl-d-glykosid (Bd. II, S. 587; Bd. VIII, S. 293; Bd. X, S. 770).

Konstitution: Nach Berechnungen von C. S. Hudson besitzt α-Methyl-d-glykosid furoide Struktur[3], die experimentellen Ergebnisse weisen jedoch auf eine amylenoxydische Struktur[4].

<pre>
        CH(OCH₃)   CHO(CH₃)
       /   ┐   /   ┐
    H—C—OH | H—C—OH |
    HO—C—H   O 3   HO—C—H   O 4
    H—C | H—C—OH |
    H—C—OH   ┘   H—C   ┘
       CH₂—OH   CH₂—OH
</pre>

Bildung: Entsteht bei der Behandlung von Celloglykosan mit siedendem Methylalkohol + wenig Salzsäure[5]. Bei der Behandlung von Cellulosetriacetat mit Methylalkohol und Salzsäure[6]. Aus Glykosebenzylmercaptal 2 Mol Mercurichlorid in siedendem Methylalkohol. Man erhält nach 5—10stündigem Erwärmen 90% der Theorie an überwiegend α-Methylglykosid[7]. — Die Tetraacetylverbindung bildet sich aus β-Tetraacetylmethylglykosid bei der Einwirkung von Stannichlorid[8], noch besser mit Titantetrachlorid[9]. 1-Chlor-2-[trichloracetyl]-3, 5, 6-triacetylglykose gibt bei der Behandlung mit Methylalkohol und Silbercarbonat und Abspaltung der Acyle reines α-Methylglykosid neben einem gewissen Anteil β-Glykosid, der beim Arbeiten unter Zimmertemperatur bis 46%, bei Siedehitze etwa 25% beträgt[10].

Darstellung: 200 g wasserfreie Glykose werden in 400 g Methylalkohol mit 3% Salzsäuregas $4^1/_2$ Stunden am Rückflußkühler gekocht, mit Tierkohle entfärbt und das Filtrat mit Eis gekühlt. Erhalten 82, dann 44 g reines α-Methylglykosid[11].

Physiologische Eigenschaften: Einwirkung von Hefemaltase auf α-Methylglykosid[12]. — Reaktionskinetische Untersuchung bei der Spaltung mit Maltase[13]. Malzmaltase spaltet das α-Methylglykosid weder bei seiner optimalen Acidität noch bei der optimalen Acidität des Hefefermentes; dementsprechend wurde auch die mit Hefemaltase leicht zu bewirkende Synthese des α-Glykosids nicht durch Malzmaltase katalysiert[14]. Takamaltase spaltet α-Methylglykosid nicht[15]. — Wird von der Linamarase aus Dimorphotheca Ecklonis D. C. nicht gespalten[16]. —

[1] H. D. K. Drew u. W. N. Haworth: J. chem. Soc. Lond. **1926**, 2303 — Chem. Zbl. **1927 I**, 997.

[2] Milton Levy u. Edward A. Doisy: J. of biol. Chem. **84**, 749 (1929) — Chem. Zbl. **1930 I**, 1766. — Milton Levy: J. of biol. Chem. **84**, 763 (1929) — Chem. Zbl. **1930 I**, 1766.

[3] C. S. Hudson: J. amer. chem. Soc. **48**, 1434 (1926) — Chem. Zbl. **1926 II**, 1014.

[4] W. N. Haworth u. E. L. Hirst: J. chem. Soc. Lond. **1928**, 1221 — Chem. Zbl. **1928 II**, 341.

[5] Kurt Heß, W. Weltzien u. F. Kunau: Liebigs Ann. **435**, 99 (1924)'— Chem. Zbl. **1924 I**, 755.

[6] Emil Hauser u. S. S. Aigar: Z. angew. Chem. **37**, 27 (1924) — Chem. Zbl. **1924 I**, 1659. — Irvine u. Hirst: J. chem. Soc. Lond. **121**, 1585 (1922) — Chem. Zbl. **1923 I**, 1426.

[7] Eugen Pacsu: Ber. dtsch. chem. Ges. **58**, 509 (1925) — Chem. Zbl. **1925 I**, 2303.

[8] Eugen Pacsu: Ber. dtsch. chem. Ges. **61**, 137 (1928) — Chem. Zbl. **1928 I**, 1391.

[9] Eugen Pacsu: Ber. dtsch. chem. Ges. **61**, 1508 (1928) — Chem. Zbl. **1928 II**, 872.

[10] P. Brigl u. H. Keppler: Ber. dtsch. chem. Ges. **59**, 1588 (1926) — Chem. Zbl. **1927 I**, 62.

[11] Thomas Stewart Patterson u. John Robertson: J. chem. Soc. Lond. **1929**, 300 — Chem. Zbl. **1929 I**, 2874.

[12] Richard Willstätter, Richard Kuhn u. Harry Sobotka: Hoppe-Seylers Z. **134**, 224 (1924) — Chem. Zbl. **1924 II**, 344.

[13] Richard Kuhn u. Harry Sobotka: Z. physik. Chem. **109**, 65 (1924) — Chem. Zbl. **1924 II**, 991.

[14] Jesaia Leibowitz: Hoppe-Seylers Z. **149**, 184 (1925) — Chem. Zbl. **1926 I**, 1661.

[15] Jesaia Leibowitz u. Paul Mechlinski: Hoppe-Seylers Z. **154**, 64 (1926) — Chem. Zbl. **1926 II**, 899.

[16] L. Rosenthaler: Fermentforschg **6**, 197 (1922) — Chem. Zbl. **1923 I**, 257.

Wird von der Mondbohne, Phaseolus lunatus L. gespalten[1]. α-Methylglykosid verzögert nicht nur die Hydrolyse von Rohrzucker durch Hefeinvertase, sondern schwächt die hemmende Wirkung des gebildeten Invertzuckers[2]. Untersuchungen über die Hemmung der Wirkung der Saccharase[3]. — Wird von Bacillus peritomaticus bis zur Bildung von Säure angegriffen[4]. Einwirkung von Bakterien der Coligruppe[5].

Physikalische und chemische Eigenschaften: Die Verbindung wurde durch Umkrystallisieren so lange gereinigt, bis das Verhältnis zwischen dem spez. Gewicht und dem Brechungsindex der 10proz. wässerigen Lösung konstant bleibt. Schmelzp. 166°, $[\alpha]_D^{20} = +158,9°$. Ultraviolettabsorption[6]. $D_4^{20} = 1,031022$ und $n_D = 1,34680$ in 10proz. Lösung. $v_m = 132,61$ ml. (Lösungsvolumen) und Molekularrefraktion $= 70,17$ (Mol-Gewicht $= 194,112$). Differenz von α-Glykose: α-Methylglykosid-α-glykose $v_m = 21,38$ ml. $M = 7,49$[7]. Bei α-Methylglykosid verursacht Schweizersche Kupferlösung eine Drehungsänderung, die nicht auf reine Alkaliwirkung, sondern auf eine spez. Kupferwirkung zurückgeführt werden muß[8]. — Einwirkung von überhitztem Wasser auf α-Methylglykosid[9]. Wird bei der Acetonierung nur sehr langsam angegriffen und liefert dabei als Hauptprodukt Diacetonglykose[10]. — Wird von normaler Salzsäure bei 100° in 3 Stunden völlig gespalten[11]. — Säuredissoziationskonstante[12]: K_a bei $18,7° = 1,34 \cdot 10^{-14}$. — Inversionskonstante[13]: $K \cdot 10^4$ bei 70° $= 0,70$. Kinetik der Hydrolyse[14]. — Behandelt man α-Methylglykosid mit einer mit HBr gesättigten Chloroformlösung, so gewinnt man ω-Brommethylfurfurol in 15proz. Ausbeute[15]. Gibt eine negative Fichtenspanreaktion[16]. Beim Schütteln mit Br $+$ Ba(OH)$_2$ entsteht Glyoxylsäure[17]. Die Oxydation von α-Methylglykosid mit Brom bzw. mit Wasserstoffsuperoxyd bei Gegenwart von Ferrohydroxyd ergibt 20,30% Methylglykuronid, isoliert als Brucinsalz[18]. — Bei 20stündiger Einwirkung von Chromsäure (in Schwefelsäure von 3—6%, Temperatur 20—22°), so daß auf 1 Mol Glykosid 2 Atome aktiven Sauerstoffs treffen, bilden sich Ameisensäure und Furfurol etwa in halb so großen Mengen wie aus Glykose. An Glykuronsäure bildet sich nur eine kleine Menge, Essigsäure ist nicht nachweisbar[19].

Derivate: Alkoholate mit Alkalimetalle $C_7H_{13}O_6Me$ (Me $=$ K oder Na)[20].

Trithalliummethylglykosid $C_7H_{11}O_6Tl_3$. Aus Methylglykosid und Thalliumhydroxyd. Gelbes, amorphes Pulver, gibt mit CH$_3$J 5 Stunden erhitzt Trimethylmethylglykosid[21].

Mono-äthyliden-α-methylglykosid[22] $C_9H_{16}O_6$. Aus α-Methylglykosid Schwefelsäure

[1] Leopold Rosenthaler: Fermentforschg 8, 282 (1925) — Chem. Zbl. 1925 II, 1447.

[2] J. M. Nelson u. Benjamin Freeman: J. of biol. Chem. 63, 365 (1925) — Chem. Zbl. 1925 II, 540.

[3] Richard Kuhn u. Herbert Münch: Hoppe-Seylers Z. 150, 220 (1925) — Chem. Zbl. 1926 I, 2207. — C. D. Ingersoll: Bull. Soc. Chim. biol. Paris 8, 264, 276 (1926) — Chem. Zbl. 1926 II, 231. — J. M. Nelson u. C. I. Post: J. of biol. Chem. 68, 265 (1926) — Chem. Zbl. 1926 II, 745.

[4] J. Perlberger: Zbl. Bakter. II 62, 1 — Chem. Zbl. 1924 II, 1217.

[5] A. Weintraub: Zbl. Bakter. I 91, 273 (1924) — Chem. Zbl. 1924 I, 2922.

[6] Fritz Goos, Hans Heinrich Schlubach u. Gustav Adolf Schröter: Hoppe-Seylers Z. 186, 148 (1930) — Chem. Zbl. 1930 I, 3027.

[7] C. N. Riiber: Ber. dtsch. chem. Ges. 57, 1797—1799 (1924) — Chem. Zbl. 1925 I, 221.

[8] Kurt Heß, Wilhelm Weltzien u. Ernst Meßmer: Liebigs Ann. 435, 20 (1924).

[9] S. Komatsu u. C. Tanaka: Sexagint. Coll. of Papers dedicated to Y. Osaka, in celebration of his 60. Birth-day, Kyoto 1927 1 — Chem. Zbl. 1928 I, 2079.

[10] P. A. Levene u. G. M. Meyer: J. of biol. Chem. 79, 357 (1928) — Chem. Zbl. 1929 I, 43.

[11] Max Bergmann: Liebigs Ann. 443, 223 (1925) — Chem. Zbl. 1925 II, 1145.

[12] Richard Kuhn u. Harry Sobotka: Z. physik. Chem. 109, 65 (1924) — Chem. Zbl. 1924 II, 991.

[13] Karl Freudenberg, Walter Dürr u. Heinrich v. Hochstetter: Ber. dtsch. chem. Ges. 61, 1738 (1928) — Chem. Zbl. 1928 II, 2120.

[14] Emyr Alun Moelwyn-Hughes: Trans. Faraday Soc. 25, 81 (1929) — Chem. Zbl. 1929 I, 2874.

[15] H. Hibbert u. H. J. Hill: J. amer. chem. Soc. 45, 176 (1923) — Chem. Zbl. 1923 I, 899.

[16] H. Steudel u. E. Peiser: Hoppe-Seylers Z. 139, 205—211 (1924) — Chem. Zbl. 1925 I, 94.

[17] M. Bergmann u. W. W. Wolff: Ber. dtsch. chem. Ges. 56, 1060 (1923) — Chem. Zbl. 1923 III, 25.

[18] K. Smoleński: Roczn. chemji (poln.) 3, 153 (1924) — Chem. Zbl. 1924 II, 317.

[19] H. Hibbert u. S. M. Hassan: J. Soc. chem. Ind. 46 I, 407 (1927) — Chem. Zbl. 1928 I, 323.

[20] L. Schmid u. B. Becker: Ber. dtsch. chem. Ges. 58, 1966 (1925) — Chem. Zbl. 1926 I, 56.

[21] C. M. Fear u. R. C. Menzies: J. chem. Soc. Lond. 1926, 937 — Chem. Zbl. 1926 II, 372.

[22] Harold S. Hill u. Harold Hibbert: J. amer. chem. Soc. 45, 3108 (1923) — Chem. Zbl. 1924 I, 2510.

und Acetylen in Gegenwart eines Quecksilbersalzes als Katalysator. — Seidige Nadeln aus Ligroin + Äther vom Schmelzp. 77°.

Benzyliden-α-methyl-d-glykosid (Benzal-α-methylglykosid). Diskussion der Konstitution der Verbindung, wofür folgende Formel mit Wahrscheinlichkeit aufgenommen wird[1]:

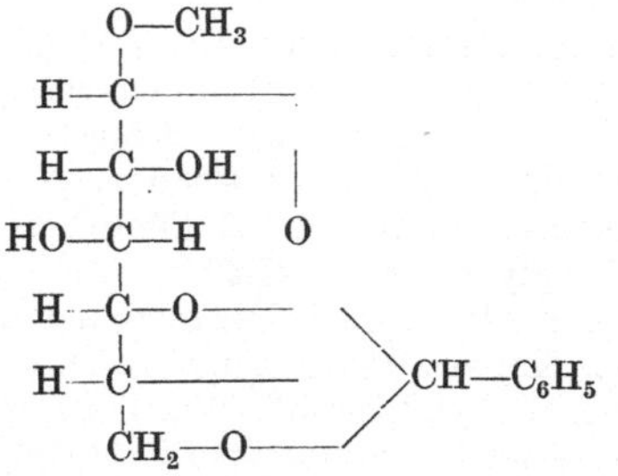

$$
\begin{array}{l}
O-CH_3 \\
| \\
H-C——— \\
| \\
H-C-OH \quad| \\
| \\
HO-C-H \quad O \\
| \\
H\cdot\cdot C-O——— \quad\diagdown \\
| \qquad\qquad \diagup CH-C_6H_5 \\
H-C———\diagup \\
| \\
CH_2-O——\diagup
\end{array}
$$

Aus α-Methylglykosid Benzaldehyd und Chlorzink bei Zimmertemperatur[2] oder Natriumsulfat in der Wärme[3]. Schmelzp. 162—163°. Das am zweiten und dritten Kohlenstoffatom sitzende Hydroxyl ist frei. — Bei der Hydrierung wird die Benzalgruppe abgespalten[2].

Dimethylbenzal-α-methylglykosid[1]. Schmelzp. 122—123°[2].

2, 3-Dibenzoyl-4, 6-benzyliden-α-methyl-d-glykosid[1] $C_{28}H_{26}O_8$. — Aus Alkohol Krystalle vom Schmelzp. 148°; $[\alpha]_D^{19} = +96,89°$ in Chloroform bei $c = 2,828$.

2, 3-Di-p-toluolsulfo-4, 6-benzyliden-α-methyl-d-glykosid[1] $C_{28}H_{30}O_{10}S_2$. Aus Alkohol Krystalle vom Schmelzp. 149°; $[\alpha]_D^{19} = +66,5°$ in Chloroform bei $c = 3,068$.

α-Methylglykosidschwefelsaures Ba[4] $C_{14}H_{26}O_{18}S_2Ba$. Nach der Einwirkung des SO_2Cl_2 (1 Mol) auf das Methylglykosid wird das Pyridin verjagt. Stark hygroskopisches Pulver; sehr leicht löslich in Wasser, spurenweise löslich in CH_3OH, in anderen organischen Lösungsmitteln unlöslich. $[\alpha]_D^{19}$ in wässeriger Lösung $\dfrac{+7,44 \cdot 1,6431}{0,1438 \cdot 1,047} = +81,16°$. Wird durch α-Glykosidase nicht gespalten[4].

2, 3, 4-Triacetyl-α-methyl-d-glykosid $C_{13}H_{20}O_9$[5]

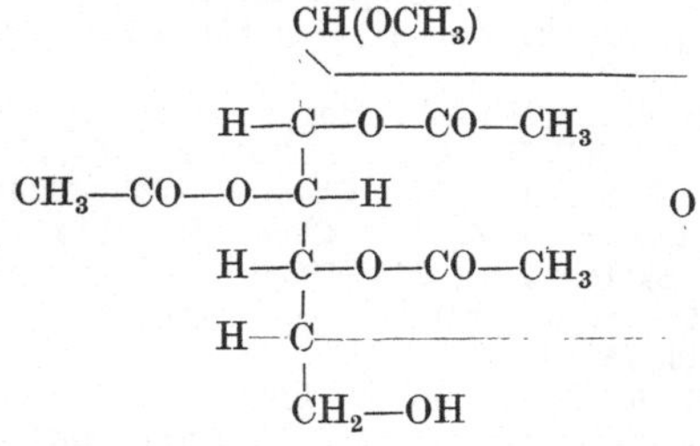

$$
\begin{array}{l}
CH(OCH_3) \\
\diagdown——————— \\
H-C-O-CO-CH_3 \\
| \\
CH_3-CO-O-C-H \qquad\qquad O \\
| \\
H-C-O-CO-CH_3 \\
| \\
H-C——— \\
| \\
CH_2-OH
\end{array}
$$

Aus 6-Triphenylmethyl-triacetylmethyl-d-glykosid durch Abspaltung der Triphenylmethylgruppe mit Bromwasserstoff-Eisessig. Aus Äther mit Petroläther Krystalle vom Schmelzpunkt 111° (korr.). $[\alpha]_D^{20,5} = +148,8°$ (in Chloroform). Leicht löslich in Chloroform, Äther, Aceton, schwerer in Alkohol und Methanol, schwer, aber merklich in Wasser, so gut wie unlöslich in Ligroin. Unter dem Einfluß sehr verdünnten Alkalis wird die Wanderung eines Acetyls an das 6-Hydroxyl beobachtet[5].

2, 3, 4, 6-Tetraacetyl-α-methylglykosid[6]. Bildet sich bei der Methylierung der

---

[1] Heinz Ohle u. Kurt Spencker: Ber. dtsch. chem. Ges. **61**, 2387 (1928) — Chem. Zbl. **1929 I**, 43.

[2] Karl Freudenberg, Hans Toepffer u. Carl. Chr. Andersen: Ber. dtsch. chem. Ges. **61**, 1758 (1928) — Chem. Zbl. **1928 II**, 2123.

[3] P. A. Levene u. G. M. Meyer: J. of biol. Chem. **65**, 535 (1925) — Chem. Zbl. **1926 II**, 1136.

[4] B. Helferich, A. Löwa, W. Nippe u. H. Riedel: Hoppe-Seylers Z. **128**, 141 (1923) — Chem. Zbl. **1923 III**, 1003.

[5] B. Helferich, H. Bredereck u. A. Schneidmüller: Liebigs Ann. **458**, 111 (1927) — Chem. Zbl. **1927 II**, 2541.

[6] P. Brigl u. W. Scheyer: Hoppe-Seylers Z. **160**, 214 (1926) — Chem. Zbl. **1927 I**, 418.

Tetraacetylglykose, die bei der Einwirkung von Alkalien aus 1, 2, 3, 4-Tetraacetylglykose entsteht[1]. Schmelzp. 101—102°[2].

Tetratriacetyl-galloyl-α-methylglykosid[3]. Aus α-Methylglykosid, Triacetylgalloylchlorid ($4^1/_2$ Mol) unter Zusatz von Chinciin ($5^1/_2$ Mol) in Chloroform. Aus siedendem Alkohol gereinigt, $[\alpha]_D^{18,5} = +42,36°$ in Aceton[3].

2, 3, 4-Tribenzoyl-α-methylglykosid[4]. Schmelzp. 143°.

6-Triphenylmethyl-α-methyl-d-glyklosid[5] $C_{26}H_{28}O_6$

$$
\begin{array}{l}
\text{CH(OCH}_3) \\
\text{H—C—OH} \\
\text{HO—C—H} \qquad \text{O} \\
\text{H—C—OH} \\
\text{H—C} \\
\qquad \text{CH}_2\text{—O—C} \begin{array}{l} \text{C}_6\text{H}_5 \\ \text{C}_6\text{H}_5 \\ \text{C}_6\text{H}_5 \end{array}
\end{array}
$$

Aus 1 Teil α-Methylglykosid und 1,4 Teilen Triphenylchlormethan in 8 Teilen reinstem, wasserfreiem Pyridin unter Ausschluß der Luftfeuchtigkeit 1 Stunde bei 100° oder in schlechterer Ausbeute 24 Stunden bei Zimmertemperatur; mit Wasser gefällt, gut damit ausgewaschen, aus Alkohol Nadeln mit 1,5 Mol Krystallalkohol. Schmelzp. beim raschen Erhitzen etwa 80°, getrocknet Schmelzp. 151—152°. Das alkoholhaltige Produkt zeigt $[\alpha]_D^{15} = +72,8°$ in Pyridin, das getrocknete $[\alpha]_D^{16} = +86,3°$ in Pyridin. Aus Essigäther sehr feine Nadeln vom Schmelzp. 138—140° mit wechselnden Mengen Krystallflüssigkeit. Leicht löslich in Chloroform, Aceton, Benzol, weniger in Methylalkohol, Alkohol, wenig löslich in Äther, fast unlöslich in Petroläther und Wasser.

Triacetyl-6-triphenyl-α-methyl-d-glykosid[5] $C_{22}H_{34}O_9$. Aus voriger Verbindung mit Essigsäureanhydrid + Pyridin. 10 g Methylglykosid (1 Mol) und 14 g Triphenylchlormethan (1 Mol) in 80 ccm trockenem Pyridin werden 2 Stunden auf dem Wasserbad erwärmt, abgekühlt, dann 37 ccm (etwa 9 Mol) Essigsäureanhydrid zgeugeben und die Lösung 18 Stunden bei Zimmertemperatur aufbewahrt. Man gießt in Eiswasser und filtriert den Niederschlag sofort. Die amorphe Substanz wird aus abs. Alkohol oder Methylalkohol umkrystallisiert. Ausbeute 20 g, das sind 69% der Theorie[6]. Aus Alkohol oder Ligroin Nadeln vom Schmelzpunkt 136°, $[\alpha]_D^{21} = +136,9°$ in Pyridin. Sehr leicht löslich in Alkohol, Chloroform, Aceton, wenig löslich in Äther, Petroläther, unlöslich in Wasser. Durch 0,06 proz. Salzsäure in Methylalkohol werden bei 0° in 12 Stunden die Triphenylmethyl- und die Acetylgruppen abgespalten; mit methylalkoholischem Ammoniak wird die acetylfreie Verbindung regeneriert[5].

Tribenzoyl-6-triphenylmethyl-α-methyl-d-glykosid[5] $C_{47}H_{40}O_9$. Aus 6-Triphenylmethyl-α-methyl-d-glykosid in Pyridin + Benzoylchlorid bei Zimmertemperatur oder ohne Isolierung des 6-Triphenylmethyl-α-methyl-d-glykosids durch direkte Benzoylierung der Reaktionsflüssigkeit aus α-Methyl-d-glykosid Pyridin und Triphenylchlormethan. Aus Essigäther mit Alkohol Nadeln vom Schmelzp. 171° und $[\alpha]_D^{17} = +100,3$ in Pyridin. In einem Falle wurde beim Umlösen des Rohproduktes aus Alkohol ein Produkt vom Schmelzp. 108—110° von gleicher Zusammensetzung erhalten, das sich indessen durch Umkrystallisieren aus Alkohol und Animpfen mit dem hochschmelzenden Präparat in dieses überführen ließ. Leicht löslich

[1] Walter Norman Haworth, Edmund Longley Hirst u. Ethel Gertrud Teece: J. chem. Soc. Lond. **1930**, 1405 — Chem. Zbl. **1930 II**, 1521. — B. Helferich u. Klein: Liebigs Ann. **455**, 173 (1927) — Chem. Zbl. **1927 II**, 807.

[2] P. Brigl u. W. Scheyer: Hoppe-Seylers Z. **160**, 214 (1926) — Chem. Zbl. **1927 I**, 418.

[3] P. Karrer, H. R. Salomon u. J. Peyer: Helvet. chim. Acta **6**, 3 (1923) — Chem. Zbl. **1923 I**, 955. — P. Karrer u. H. R. Salomon: Helvet. chim. Acta **5**, 108 (1922) — Chem. Zbl. **1922 I**, 1339.

[4] B Helferich, W. Klein u. W. Schäfer: Liebigs Ann. **447**, 19 (1926) — Chem. Zbl. **1926 I**, 2192.

[5] Burckhardt Helferich u. Johanna Becker: Liebigs Ann. **440**, 1 (1924) — Chem. Zbl. **1924 II**, 2831.

[6] B. Helferich, W. Klein u. W. Schäfer: Ber. dtsch. chem. Ges. **59**, 79 (1926) — Chem. Zbl. **1926 I**, 1968.

in Benzol, Chloroform; weniger in Äther, Methylalkohol, Alkohol, schwer löslich in Petroläther und Ligroin.

Tribenzoyl-α-methyl-d-glykosid[1] $C_{28}H_{26}O_9$. Aus vorstehender Verbindung mit einer bei 0° gesättigten Salzsäure-Chloroform-Lösung, nach $^1/_2$ Stunde mit eiskalter Kaliumhydrocarbonatlösung neutralisiert. Aus Alkohol Krystalle von $[\alpha]_D^{17} = +131,4°$ in Pyridin, wenig löslich in Petroläther, Ligroin, sonst sehr leicht löslich. Daraus mit Benzoylchlorid und Pyridin Tetrabenzoyl-α-methyl-d-glykosid $C_{35}H_{30}O_{10}$ vom Schmelzp. 105°.

6-Methyl-tribenzoyl-α-methyl-d-glykosid[1] $C_{29}H_{28}O_9$. — Aus vorstehender Verbindung mit Methyljodid und Silberoxyd. — Aus wenig Alkohol Nadeln vom Schmelzp. 116—117°, $[\alpha]_D^{20} = +116,4°$ in Pyridin.. Durchweg leicht löslich.

α-Methylglykosid-6-chlorhydrin[2] $C_7H_{13}O_5Cl$

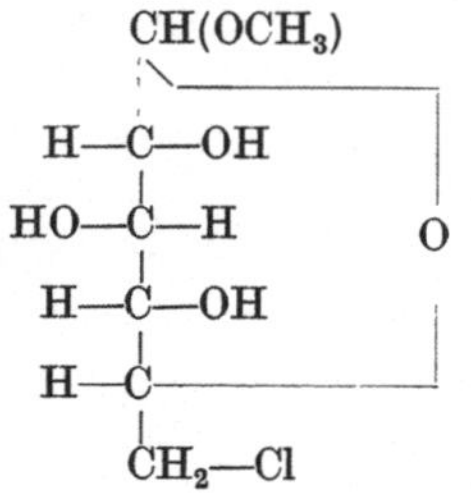

$$\begin{array}{c}
CH(OCH_3) \\
H-C-OH \\
HO-C-H \\
H-C-OH \\
H-C \\
CH_2-Cl
\end{array}$$

Aus 2, 3, 5-Triacetyl-α-methylglykosid-6-chlorhydrin durch Verseifung mit Barythydrat. Krystallisiert aus Benzol. Spaltet sich durch α-Glykosidase aus Hefe nicht. Weiße Blättchen aus Benzol. Schmelzp. 110—112°, sintert von 102° ab. $[\alpha]_D^{21} = +139,72°$ in Wasser. Ist leicht löslich in Wasser, Methanol, Alkohol und Aceton, schwerer in Essigester und Benzol, sehr schwer in Ligroin und Äther. Es reduziert Fehlingsche Lösung erst nach der Hydrolyse mit Säuren.

2, 3, 4-Triacetyl-α-methylglykosid-6-chlorhydrin[2] $C_{13}H_{19}O_8Cl$

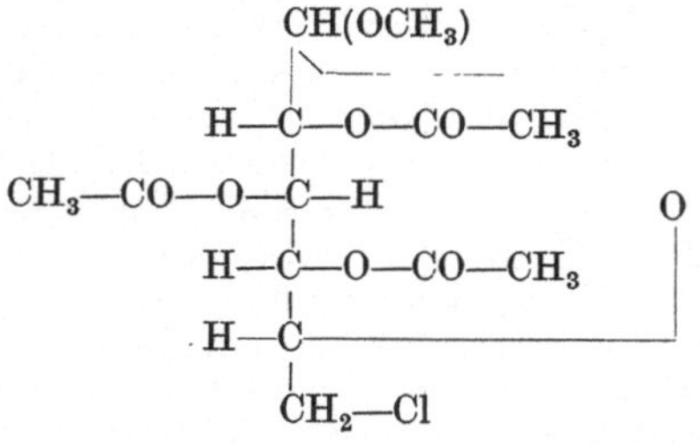

$$\begin{array}{c}
CH(OCH_3) \\
H-C-O-CO-CH_3 \\
CH_3-CO-O-C-H \\
H-C-O-CO-CH_3 \\
H-C \\
CH_2-Cl
\end{array}$$

20 g Triacetyl-triphenylmethyl-α-methylglykosid (1 Mol) werden mit 8 g PCl_5 (1 Mol) innig vermischt und einige Minuten auf dem Wasserbad erhitzt. Das Phosphoroxychlorid wird unter vermindertem Druck herausdestilliert, der Rückstand mit Äther aufgenommen, mit Wasser und mit Kaliumcarbonatlösung gewaschen und nach dem Trocknen unter vermindertem Druck eingedampft. Der Rückstand ist ein Öl, das von Krystallen des Triphenyl-chlormethans durchsetzt ist. Er wird in 100 ccm Methylalkohol gelöst und mit trockenem Ammoniak, unter Eiskühlung, gesättigt. Nach 5 stündigem Aufbewahren bei Zimmertemperatur werden Ammoniak und Methanol unter vermindertem Druck verjagt und der Rückstand mit 50 ccm Wasser ausgezogen. Dabei bleiben die Verbindungen des Triphenylcarbinols unlöslich zurück, und es gehen Ammoniumsalze, Acetamid und der Zucker in Lösung. Nach der Entfernung der Ammoniumsalze und des Acetamids wird das α-Methylglykosid-6-chlorhydrin mit Pyridin und Essigsäureanhydrid acetyliert[2].

Die Darstellung wird derart abgeändert, daß zur Abtrennung des Triphenylmethylchlorids die Schwerlöslichkeit des Bromids in Eisessig benutzt wird. Das Öl (aus 20 g Ausgangsmaterial) wird in 40 ccm Eisessig durch gelindes Erwärmen gelöst und die eiskalte

---

[1] Burckhardt Helferich u. Johanna Becker: Liebigs Ann. **440**, 1 (1924) — Chem. Zbl. **1924 II**, 2831.

[2] B. Helferich, W. Klein u. W. Schäfer: Ber. dtsch. chem. Ges. **59**, 79 (1926) — Chem. Zbl. **1926 I**, 1968.

Lösung, unbekümmert um eine Ausscheidung von Triphenylmethylchlorid, mit 7 ccm einer eiskalten Lösung von Bromwasserstoff in Eisessig (bei 0° gesättigt) versetzt. Der Niederschlag von Triphenylmethylbromid wird abgesaugt, die Filtrate werden in Eiswasser gegossen, und der ausfallende Niederschlag wird in Chloroform gelöst, mit Wasser gewaschen, getrocknet und bei niedrigem Druck verdampft. Das zurückbleibende hellgelbe Öl wird in 20 ccm warmem abs. Alkohol gelöst. Nach dem Abkühlen krystallisieren 4 g aus[1]. Krystalle aus Ligroin. Schmelzp. 98—99°, nach Sintern von 95° an. $[\alpha]_D^{18} = +163,8°$. Leicht löslich in den meisten organischen Lösungsmitteln. Reduziert Fehlingsche Lösung erst nach der Hydrolyse in Eisessig mit Salzsäure[2].

α-Methyl-d-glykosid-5-chlorhydrinschwefelsaures Natrium[3] $C_7H_{12}O_8ClNa$. Bei der alkalischen Verseifung von α-Methyl-d-glykosid-5, 6-dichlorhydrinsulfat. — Blättchen mit 1 Mol Krystallwasser vom Schmelzp. 131° unter Zersetzung; nach dem Trocknen bei 100°/15 mm Schmelzp. 135°. Beim kurzen Kochen mit Silbernitrat keine Chlorabspaltung, $[\alpha]_D^{20} = 48,9°$ in Wasser. Leicht löslich in Wasser, sonst durchweg sehr wenig löslich bis unlöslich.

6-p-Toluolsulfo-2, 3, 4-tribenzoyl-α-methyl-d-glykosid[4] $C_{35}H_{32}O_{11}S$. Aus Alkohol Nädelchen vom Schmelzp. 166° und $[\alpha]_D^{20} = +89,7°$ in Pyridin. — Ziemlich löslich in Essigäther, Chloroform, Benzol, wenig löslich in Methylalkohol und Alkohol.

6-p-Toluolsulfo-α-methyl-d-glykosid[4] $C_{14}H_{20}O_8S$. Aus vorstehender Verbindung mit bei 0° gesättigtem methylalkoholischem Ammoniak 4 Tage bei Zimmertemperatur. Aus vorstehender Verbindung durch vorsichtiges Verseifen nach Zemplén[5]. Aus Wasser Prismen vom Schmelzp. 55—58° mit 2,5 H_2O. $[\alpha]_D^{22} = +98,1°$ in Pyridin; $[\alpha]_D^{20} = +69,7°$ in Wasser. Leicht löslich in Alkohol, Essigester, Aceton.

2, 3, 4-Triacetyl-α-methyl-d-glykosid-6-p-toluolsulfosäureester[5] $C_{20}H_{26}O_{11}S$. Aus 2, 3, 4-Triactyl-α-methyl-d-glykosid mit p-Toluolsulfochlorid in Pyridin bei Zimmertemperatur. — Leicht löslich in Äther, Aceton, Chloroform, Essigester, Benzol, schwerer in Alkohol, so gut wie unlöslich in Wasser und Petroläther. — Aus Alkohol Krystalle, Schmelzp. 77—78,5° (korr.); $[\alpha]_D^{23} = +127,1°$ in Chloroform.

α-Methyl-d-glykosid-5, 6-dichlorhydrin[6] $C_7H_{12}O_4Cl_2$. Aus α-Methyl-d-glykosid-5, 6-dichlorhydrinsulfat mit starker Schwefelsäure bei 70°. 1 g α-methylglykosiddichlorhydrinschwefelsaures Na wird mit 8 g kryst. Kupfersulfat in 60 ccm Wasser rückfließend 40 Stunden gekocht, dann unter vermindertem Druck völlig zur Trockne verdampft und der Rückstand mit 60 ccm Benzol heiß ausgezogen. Beim Erkalten krystallisiert sie in weißen Nadeln aus. Ausbeute 0,2 g. Schmelzp. 155°. Sie ist löslich in Alkohol, Aceton, Eisessig; wenig löslich in Wasser, Äther; sehr wenig löslich in Chloroform, Benzol, Ligroin, Petroläther. $[\alpha]_D^{20} = +180,7°$. Reduziert Fehlingsche Lösung nach dem Erhitzen mit verdünnten Mineralsäuren[6].

Diacetyl-α-methyl-d-glykosid-5, 6-dichlorhydrin[6] $C_{11}H_{16}O_6Cl_2$. — Aus α-Methyl-d-glykosid-5, 6-dichlorhydrin mit Essigsäureanhydrid und Pyridin. Krystalle aus abs. Alkohol, Schmelzp. 110°. — Leicht löslich in Pyridin, Chloroform, unlöslich in Wasser.

Dibenzoyl-α-methyl-d-glykosid-5, 6-dichlorhydrin $C_{21}H_{20}O_6Cl_2$. Schmelzp. 117°, $[\alpha]_D^{22} = +180,6°$ in Pyridin.

Di-p-toluolsulfo-α-methyl-d-glykosid-5, 6-dichlorhydrin $C_{21}H_{24}O_8S_2Cl_2$. Sintert bei etwa 117° ohne zu schmelzen; unlöslich in Wasser, leicht löslich in Pyridin, Chloroform und heißem Alkohol.

α-Methylglykosid-dichlorhydrinsulfat[6]. In eine auf 15° gebrachte Mischung von 220 ccm trocknem Chloroform, 66 ccm wasserfreiem Pyridin und 10 g feingepulvertem α-Methylglykosid werden unter Umschwenken ohne Kühlung 28 g Sulfurylchlorid zugegeben. Das

---

[1] B. Helferich u. H. Bredereck: Ber. dtsch. chem. Ges. **60**, 1995 (1927) — Chem. Zbl. **1927 II**, 2177 — Ber. dtsch. chem. Ges. **59**, 79 (1926) — Chem. Zbl. **1926 I**, 1968.

[2] B. Helferich, W. Klein u. W. Schäfer: Ber. dtsch. chem. Ges. **59**, 79 (1926) — Chem. Zbl. **1926 I**, 1968.

[3] Burckhardt Helferich, Gottfried Sprock u. Eduard Besler: Ber. dtsch. chem. Ges. **58**, 886 (1925) — Chem. Zbl. **1925 II**, 282.

[4] Burckhardt Helferich u. Johanna Becker: Liebigs Ann. **440**, 1 (1924) — Chem. Zbl. **1924 II**, 2831.

[5] Burckhardt Helferich u. E. Himmen: Ber. dtsch. chem. Ges. **61**, 1831 (1928) — Chem. Zbl. **1928 II**, 2127.

[6] Burckhardt Helferich, Gottfried Sprock u. Eduard Besler: Ber. dtsch. chem. Ges. **58**, 886 (1925) — Chem. Zbl. **1926 II**, 282. — B. Helferich, A. Löwa, W. Nippe u. H. Riedel: Ber. dtsch. chem. Ges. **56**, 1083 (1923) — Chem. Zbl. **1923 III**, 198.

Glykosid geht unter Erwärmung in Lösung. Nach etwa 2 Stunden wird die Lösung mit Eis versetzt, die Chloroformlösung abgehoben, mit Wasser gewaschen, mit Chlorcalcium getrocknet und unter vermindertem Druck zur Trockne verdampft. Der ölige Rückstand wird unter Wasser allmählich fest. Er wird aus Äther mit Petroläther gefällt. Ausbeute 36%. Schmelzpunkt 106°. Die Cl-Atome sitzen fest, werden durch heiße Silbernitratlösung nicht abgespalten. Dagegen wird die Verbindung von $Ba(OH)_2$ verändert, bei 37° werden in ctwa 20 Stunden genau $1^1/_2$ Äquivalente verbraucht, in der Lösung sind nur Cl-, keine SO_4-Ionen enthalten, und es läßt sich das **Ba-Salz** einer Glykosidoschwefelsäure von der Zusammensetzung $C_{14}H_{21}O_{14}Cl_3S_2Ba$, allerdings amorph, isolieren. Danach scheint der H_2SO_4-Rest halbseitig abverseift und aus einem der beiden Zuckerreste 1 Mol HCl abgespalten zu sein. Gibt in alkalischer Lösung als lösliches Verseifungsprodukt das Salz einer α-Methyl-d-glykosid-5, 6-dichlorhydrinschwefelsäure, das bei weiterer Einwirkung von Alkali unter Austausch eines Chlors gegen Hydroxyl, vermutlich des Chlors in Stellung 6, in α-Methyl-d-glykosid-5-chlorhydrinschwefelsäure übergeht. Starke Schwefelsäure spaltet bei 70° den SO_3H-Rest schneller ab als die Methoxylgruppe, es bildet sich α-Methyl-d-glykosid-5, 6-dichlorhydrin-; konz. Salzsäure greift dagegen bei Zimmertemperatur im wesentlichen nur die Glykosidgruppe an und liefert d-Glykose-5, 6-dichlorhydrinsulfat.

α-**Methylglykosiddichlorhydrinschwefelsaures Natrium** $C_7H_{11}O_7Cl_2SNa$. Man behandelt das α-Methylglykosiddichlorhydrinsulfat mit gesättigter methylalkoholischer Ammoniaklösung bei Zimmertemperatur und den amorphen Rückstand des NH_4-Salzes mit NaOH und erhält in ziemlich guter Ausbeute das Na-Salz. Nadeln aus Alkohol, meist unlöslich außer in Wasser; wenig löslich in Methylalkohol. Reduziert Fehlingsche Lösung erst nach dem Erhitzen mit Säuren. **Cu-Salz** $(C_7H_{11}O_7Cl_2S)_2Cu$. Aus dem NH_4-Salz erhält man ein amorphes Ba-Salz und aus diesem mit $CuSO_4$ das Cu-Salz. Blaue Blättchen mit $3^1/_2$ H_2O aus Essigäther, dann aus Alkohol + Äther, Schmelzp. 125°. Das Salz ist sehr wenig löslich außer in Wasser und Alkohol, zersetzt sich beim Aufbewahren. Die Drehung ist 4 Tage nach der Darstellung $+123,87°$, nach zwei weiteren Tagen $+125,56°$.

Tri-[2, 3, 4-triacetyl-α-methyl-d-glykosid-6]-phosphat[1] $C_{39}H_{57}O_{28}P$. — Aus 2, 3, 4-Triacetyl-α-methyl-d-glykosid mit Pyridin und Phosphoroxychlorid. Schmelzp. 185°. Leicht löslich in Pyridin, löslich in Aceton, schwerer in Methylalkohol und Alkohol, unlöslich in Äther, Wasser, Petroläther. $[\alpha]_D^{18} = +151,9°$ in Chloroform.

Tri-[α-methyl-d-glykosid-6]-phosphat[1] $C_{21}H_{39}O_{10}P$. Aus der vorhergehenden Verbindung durch Verseifen nach Zemplén. Aus Alkohol farblose, amorphe, etwas hygroskopische Masse. — Leicht löslich in Wasser, wenig löslich in Methylalkohol und Alkohol, unlöslich in den übrigen Lösungsmitteln. Sintert von 50° ab. $[\alpha]_D^{20} = +145,7°$. Ist reacetylierbar.

α-**Methylglykosid-6-bromhydrin**[2] $C_7H_{13}O_5Br$. Aus 2, 3, 5-Triacetyl-α-methylglykosid-6-bromhydrin durch Verseifung mit Ammoniak in Methylalkohol. Wird durch α-Glykosidase aus Hefe nicht gespalten. Schöne Nadeln. Schmelzp. 129—130°, nach Sintern von 126° an. Reduziert Fehlingsche Lösung erst nach dem Kochen mit Säuren. $[\alpha]_D^{18} = +107,4°$ in Wasser.

2, 3, 4-Triacetyl-α-methylglykosid-6-bromhydrin[2] $C_{13}H_{19}O_8Br$. Aus Triacetyl-triphenylmethyl-α-methylglykosid mit 1 Mol PBr_5. Aus Triacetyl-6-(triphenyl-methyl)-β-methyl-d-glykosid durch 5—10 Minuten langes Zusammenschmelzen mit PBr_5 bei 100°. Ausbeute 12% der Theorie. Krystalle. Schmelzp. 117°, $[\alpha]_D^{19} = +125,8°$ in Pyridin; 115—117,5°, $[\alpha]_D^{19} = +131,1°$ (in Pyridin)[3]. Es löst sich leicht in Äther, Essigester, Chloroform, etwas schwerer in Methylalkohol und Alkohol, sehr schwer in Petroläther und Ligroin. Reduziert Fehlingsche Lösung erst nach dem Kochen mit Eisessig und Salzsäure[2].

2, 3, 4-Tribenzoyl-α-methylglykosid-6-bromhydrin[4] $C_{28}H_{25}O_8Br$. Aus Triphenylmethyl-triacetyl-α-methylglykosid mit PBr_5, 5—10 Minuten auf dem Wasserbade bis zur Entfärbung, Verseifung des Triacetats mit methylalkoholischem NH_3 bei Zimmertemperatur, Trennung des Methyläthers des Triphenylmethylcarbinols und des 6-Brom-α-methylglykosids mittels Wasser, Reinigung des letzteren aus Essigester und Benzoylierung in Pyridin. Oder direkt aus Tribenzoyl-α-methylglykosid in CCl_4 mit PBr_5 bei Zimmertemperatur. Nadeln aus Methylalkohol, Schmelzp. 122°. $[\alpha]_D^{18} = +90,9°$ in Pyridin[4].

---

[1] B. Helferich u. H. du Mont: Hoppe-Seylers Z. **181**, 300 (1929) — Chem. Zbl. **1929 I**, 2873.

[2] B. Helferich, W. Klein u. W. Schäfer: Ber. dtsch. chem. Ges. **59**, 79 (1926) — Chem. Zbl. **1926 I**, 1968.

[3] B. Helferich u. A. Schneidmüller: Ber. dtsch. chem. Ges. **60**, 2002 (1927) — Chem. Zbl. **1927 II**, 2178.

[4] B. Helferich, W. Klein u. W. Schäfer: Liebigs Ann. **447**, 19 (1926) — Chem. Zbl. **1926 I**, 2192.

2,3,4-Triacetyl-α-methyl-d-glykosid-6-jodhydrin [1] $C_{13}H_{19}O_8J$. Aus Triacetyl-α-methyl-d-glykosid-6-p-toluolsulfoester mit Natriumjodid in Aceton 25 Stunden bei 130°. — Aus Methylalkohol Krystalle. Schmelzp. 150—151° korr., $[\alpha]_D^{24} = +160,1°$ in Chloroform.

Methylglykosid-2-chlorhydrin. Gibt mit wasserfreiem Hydrazin 20 Stunden auf 100° erhitzt Trioxypropylpyrazolhydrochlorid $C_6H_{10}O_3N_{21}HCl$. Identisch mit dem früher beschriebenen Glycerinopyrazolhydrochlorid [2].

Methylglykosid-2-jodhydrin (?). Glykosan wird mit CH_3J und CH_3OH einige Stunden auf 125—130° erhitzt [3].

β-Methyl-d-glykosid (Bd. II, S. 589; Bd. VIII, S. 295; Bd. X, S. 773).

Vorkommen: In den Blättern der Dipsacee scabiosa succisa L [4]. In den Chlorophyll enthaltenden Pflanzenteilen von Dipsacus arvensis [5].

Bildung: Aus dem durch Spaltung der Maltose mit Maltase resultierenden Reaktionsgemisch mit Methylalkohol und Emulsin [6]. Geschwindigkeitsmessungen bei der Synthese des β-Methylglykosids durch die Einwirkung des Emulsins [7]. Aus β-Methylcellobiosid mit Hilfe des aus dem Magendarmkanal der Weinbergschnecke stammenden Fermentgemischs [8]. Leitet man in die methylalkoholische Lösung von Glykose-1, 2-anhydrid-3, 5, 6-triacetat NH_3, so werden die Acetylgruppen abgespalten, und man kann in fast quantitativer Ausbeute reines β-Methylglykosid isolieren [9].

Darstellung: Man methyliert Glykose mit Dimethylsulfat und Natronlauge bis zum Verschwinden der Reduktionskraft, dampft das Reaktionsgemisch ein und acetyliert den Rückstand mit Essigsäureanhydrid und Pyridin. Mit Wasser scheidet sich sofort reines Tetraacetyl-β-methylglykosid aus [10]. — Aus den Mutterlaugen des α-Mthylglykosids [11].

Physiologische Eigenschaften: Studien über den Einfluß von β-Glykosidase [12]. Bei 36° sind für 6 g Glykosid zur Bildung der maximalen Menge Glykose 3,1 ccm einer 1proz. Emulsinlösung erforderlich [13]. Berechnungen über enzymatisches Methylglykosidgleichgewicht [14]. — Hydrolysengeschwindigkeit bei der Spaltung mit Emulsin [15]. — Über die Wirkungsweise der β-Glykosidase des Emulsins auf β-Methylglykosid und über die Hemmung dieser Wirkung durch verschiedene Zucker [16]. — Wurde durch Takadiastase bei $p_H = 6,8$ (ohne Puffer) in 240 Stunden zu 35,3% gespalten [17]. β-Methylglykosid hemmt die Wirkung des Hefeinvertins auf Rohrzucker [18]. — Die Hemmung der Saccharase durch α-Methylglykosid ist der Konzen-

---

[1] Burckhardt Helferich u. E. Himmen: Ber. dtsch. chem. Ges. **61**, 1831 (1928) — Chem. Zbl. **1928 II**, 2127.

[2] K. Freudenberg, O. Burckhardt u. E. Braun: Ber. dtsch. chem. Ges. **69**, 714 (1926) — Chem. Zbl. **1926 II**, 16. — K. Freudenberg u. R. M. Hixon: Ber. dtsch. chem. Ges. **56**, 2119 (1923) — Chem. Zbl. **1923 III**, 1555.

[3] M. Cramer u. E. H. Cox: Helvet. chim. Acta **5**, 884 (1922) — Chem. Zbl. **1923 III**, 120.

[4] N. Wattiez: J. pharm. Belgique **7**, 81 (1925) — Chem. Zbl. **1925 I**, 1330 — Bull. Soc. Chim. biol. Paris **7**, 917 (1925) — Chem. Zbl. **1926 I**, 698.

[5] N. Wattiez: Bull. Soc. Chim. biol. Paris **8**, 501 (1926) — Chem. Zbl. **1926 II**, 1957 — Bull. Soc. Chim. biol. Paris **7**, 1917 (1926) — Chem. Zbl. **1926 I**, 698.

[6] Marc Bridel: C. r. Acad. Sci. Paris **178**, 1636 (1924) — Chem. Zbl. **1924 II**, 251.

[7] Karl Josephson: Hoppe-Seylers Z. **147**, 155 (1925) — Chem. Zbl. **1926 I**, 690.

[8] P. Karrer u. M. Tschau: Helvet. chim. Acta **9**, 680 (1926) — Chem. Zbl. **1926 II**, 1133.

[9] P. Brigl: Hoppe-Seylers Z. **122**, 245 (1922) — Chem. Zbl. **1923 I**, 43.

[10] Hans Heinrich Schlubach u. Kurt Maurer: Ber. dtsch. chem. Ges. **57**, 1686 (1924) — Chem. Zbl. **1924 II**, 2394.

[11] Thomas Stewart Patterson u. John Robertson: J. chem. Soc. Lond. **1929**, 300 — Chem. Zbl. **1929 I**, 2874.

[12] R. Willstätter, R. Kuhn u. H. Sobotka: Hoppe-Seylers Z. **129**, 33 (1923) — Chem. Zbl. **1923 III**, 1172. — R. Kuhn: Hoppe-Seylers Z. **127**, 234 (1923) — Chem. Zbl. **1923 III**, 315. — R. Willstätter u. R. Kuhn: Ber. dtsch. chem. Ges. **56**, 509 (1923) — Chem. Zbl. **1923 I**, 1330.

[13] H. Colin u. A. Chaudun: C. r. Acad. Sci. Paris **176**, 440 (1923) — Chem. Zbl. **1923 IV**, 189 — C. r. Acad. Sci. Paris **172**, 278 (1921) — Chem. Zbl. **1921 III**, 713.

[14] H. v. Euler u. K. Josephson: Hoppe-Seylers Z. **132**, 301 (1924) — Chem. Zbl. **1924 I**, 1940.

[15] Richard Kuhn u. Harry Sobotka: Z. physikal. Chem. **109**, 65 (1924) — Chem. Zbl. **1924 II**, 991.

[16] Karl Josephson: Hoppe-Seylers Z. **147**, 1 (1925) — Chem. Zbl. **1926 I**, 688.

[17] J. Hatano: Biochem. Z. **151**, 501—503 — Chem. Zbl. **1924 II**, 2852.

[18] Richard Kuhn: Hoppe-Seylers Z. **135**, 1 (1924) — Chem. Zbl. **1924 II**, 344.

tration des Glykosids proportional; bei 2% Glykosid beträgt die Wirkung des Enzyms nur noch 11% des ursprünglichen Wertes. Die Raffinosespaltung wird durch 2% α-Methylglykosid in der Lösung nur auf die Hälfte herabgesetzt[1]. Untersuchungen über die Hemmung der Saccharase und Raffinasewirkung durch β-Methylglykosid[2]. — Wird durch dialisierte Schneckenlichenase nicht gespalten[3]. — Einwirkung von Bakterien der Coligruppe[4]. — Wird von Bacillus filamentosus, Mazun, Ellenbachia, robur, petroselini bis zur Bildung von Säure angegriffen[5]. Aus verschiedenen frischen Organen des Hundes, besonders aus Darmschleimhaut hergestellte, für sich und in Salzlösung optisch-inaktiver Alkoholtrockenpräparate bewirkten in Lösungen von β-Methylglykosid Rückgang der Drehung ohne Änderung der titrimetrischen Werte[6].

Physikalische und chemische Eigenschaften: Die Verbindung wurde durch Umkrystallisieren so lange gereinigt, bis das Verhältnis zwischen dem spez. Gewicht und dem Brechungsindex der 10proz. wässerigen Lösung konstant blieb. Schmelzp. 105°, $[\alpha]_D^{20} = -34,2°$. $D_4^{20} = 1,030670$, $n_D^{20} = 1,34688$ in 10proz. Lösung, $v_m = 133,26$ ml. (Lösungsvolumen) und Molekularrefraktion $= 70,55$. Differenz von β-Glykose: β-Methylglykosid-β-glykose $v_m = 21,61$ ml. M 7,48[7]. Wird mit $^n/_2$-HCl bei 75° gespalten. Die Spaltung wird nach Willstätter und Schudel[8] verfolgt und ergibt für k im Mittel 0,0177[9]. Die Reaktionskonstante k der Säurehydrolyse mit $^1/_2$n-Salzsäure bei 77 ± 1° ist für β-Methylglykosid $46,10^{-5}$[10]. Inversionskonstante[11] $k \cdot 10^4$ bei 70° $= 1,7$. Kinetik der Hydrolyse[12]. — Säuredissoziationskonstante[10] k_a bei 18,5° $= 1,97 \cdot 10^{-14}$. — Bei β-Methylglykosid verursacht Schweizersche Kupferlösung eine Drehungsänderung, die nicht auf reine Alkaliwirkung, sondern auf eine spez. Kupferwirkung zurückgeführt werden muß[13]. — β-Tetraacetylmethylglykosid geht bei der Einwirkung von Titantetrachlorid in 4—5 Stunden ohne geringste Zersetzung in α-Tetraacetylmethylglykosid über[14].

Derivate: β-**Methylglykosidophosphorsaures Ba**[15]. Darstellung analog wie beim Schwefelsäureester unter Verwendung von $POCl_3$ in Pyridinlösung. Die Analysen stimmen meist nur auf Gemische. $[\alpha]_D^{18} = -31,0°$ in Wasser. Ist der Fermenthydrolyse nicht zugänglich.

β-**Methylglykosidschwefelsaures Ba**[15]. Aus Triacetyl-β-methylglykosidschwefelsäure durch Verseifung mit Barytwasser. $[\alpha]_D^{23} = -19,12°$ in Wasser. Wird durch Emulsin aus Pflanzenkernen nicht gespalten.

β-**Methylglykosidschwefelsaures Brucin**[16]. Aus Alkohol und Aceton Krystalle mit 1 Mol Alkohol von unscharfem Schmelzp. (136—155° unter Zersetzung). $[\alpha]_D^{19,5} = -32,54°$.

Triacetyl-β-methylglykosidschwefelsäure[16] $C_{13}H_{20}O_{12}S$. **Na-Salz.** Aus Triacetyl-β-methylglykosid und $ClSO_3H$ in Chloroform und Pyridin. Prismen aus Alkohol mit 1,5 Mol Krystallwasser. Schmelzp. 141—142° unter Zersetzung. $[\alpha]_D^{18} = -5,24°$ in Wasser.

---

[1] Karl Josephson: Hoppe-Seylers Z. **149**, 71 (1925) — Chem. Zbl. **1925 II**, 304; **1926 I**, 1212.

[2] Karl Josephson: Hoppe-Seylers Z. **149**, 71 (1925) — Chem. Zbl. **1925 II**, 304; **1926 I**, 1212. — Richard Kuhn u. Herbert Münch: Hoppe-Seylers Z. **150**, 220 (1925) — Chem. Zbl. **1926 I**, 2207.

[3] P. Karrer u. M. Staub: Helvet. chim. Acta **7**, 916 (1924) — Chem. Zbl. **1924 II**, 2487.

[4] A. Weintraub: Zbl. Bakter. I **91**, 273 (1924) — Chem. Zbl. **1924 I**, 2922.

[5] J. Perlberger: Zbl. Bakter. II **62**, 1 — Chem. Zbl. **1924 II**, 1217.

[6] A. Richaud u. J. Coirre: Bull. Soc. Chim. biol. Paris **5**, 890 (1923) — Ref.: Ber. Physiol. **24**, 451 (1924) — Chem. Zbl. **1924 II**, 701.

[7] C. N. Riiber: Ber. dtsch. chem. Ges. **57**, 1797—1799 (1924) — Chem. Zbl. **1925 I**, 221.

[8] R. Willstätter u. G. Schudel: Ber. dtsch. chem. Ges. **51**, 780 (1918) — Chem. Zbl. **1918 II**, 406.

[9] H. H. Schlubach u. K. Moog: Ber. dtsch. chem. Ges. **56**, 1957 (1923) — Chem. Zbl. **1923 III**, 1399.

[10] Richard Kuhn u. Harry Sobotka: Z. physik. Chem. **109**, 65 (1924) — Chem. Zbl. **1924 II**, 991.

[11] Karl Freudenberg, Walter Dürer u. Heinrich v. Hochstetter: Ber. dtsch. chem. Ges. **61**, 1738 (1928) — Chem. Zbl. **1928 II**, 2120.

[12] Emyr Alun Moelwyn-Hughes: Trans. Faraday Soc. **25**, 503 (1929) — Chem. Zbl. **1930 I**, 817.

[13] Kurt Heß, Wilhelm Weltzien u. Ernst Meßmer: Liebigs Ann. **435**, 20 (1924).

[14] Eugen Pacsu: Ber. dtsch. chem. Ges. **61**, 1508 (1928) — Chem. Zbl. **1928 II**, 872.

[15] B. Helferich, A. Löwa, W. Nippe u. H. Riedel: Hoppe-Seylers Z. **128**, 141 (1923) — Chem. Zbl. **1923 III**, 1003.

[16] H. Ohle: Biochem. Z. **131**, 601 (1922) — Chem. Zbl. **1923 III**, 481. — C. Neuberg u. L. Liebermann: Biochem. Z. **121**, 326 (1921) — Chem. Zbl. **1921 III**, 1116.

3, 4, 6-β-Methyl-glykosid-triacetat[1] $C_{13}H_{20}O_9$. Man läßt das 3, 4, 6-Triacetat des Glykose-1, 2-anhydrids über Nacht mit CH_3J stehen und verdunstet die Lösung. Der Rückstand krystallisiert aus Äther in gedrungenen Nadeln. Schmelzp. 96—98°. Etwas löslich in Wasser, leicht löslich in organischen Lösungsmitteln; weniger löslich in Äther, löslich in Essigester. $[\alpha]_D^{17} = +9,4°$ in Essigester[1]. Aus 3, 4, 6-Triacetylglykose-1, 2-anhydrid mit Methylalkohol. Prismen vom Schmelzp. 95—97°, $[\alpha]_D = +19°$: — Daraus durch Acetylierung Tetraacetyl-β-methylglykosid vom Schmelzp. 101—103°[2].

2, 3, 4-Triacetyl-β-methyl-d-glykosid[3]. $C_{13}H_{20}O_9$. Aus 6-Triphenylmethyl-triacetyl-β-methyl-d-glykosid durch Abspaltung der Triphenylmethylgruppe mit Bromwasserstoff-Eisessig. Aus abs. Alkohol Krystalle vom Schmelzp. 134°. $[\alpha]_D^{18} = -18,8°$ (in Chloroform). Aus α-1-Chlor-2, 3, 4-triacetylglykose mit Methylalkohol und Silbercarbonat. Farblose, seidenglänzende Nadeln aus Chloroform und Petroläther oder Chloroform und Äther. Schmelzpunkt 131—132°; $[\alpha]_D^{19} = -13,59°$ in Chloroform[4]. Unter dem Einfluß sehr verdünnten Alkalis wird die Wanderung eines Acetyls an das 6-Hydroxyl beobachtet. Die Wanderung findet schon unter dem Einfluß der Alkalinität des Glases statt, natürlich langsamer als in $^1/_{1000}$n-NaOH, doch wird in beiden Fällen der gleiche Endwert der Drehung erreicht[3]. Aus Triacetylmethylglykosid-6-mononitrat. Krystalle aus Äther, Schmelzp. 134—134,5°; $[\alpha]_D = -19,1°$ in Chloroform bei $c = 1,514$[5].

Isomeres Triacetyl-β-methyl-d-glykosid[3]

Vermutliche Formel:

$$\begin{array}{c}
CH(OCH_3) \\
| \\
H{-}C{-}O{-}CO{-}CH_3 \\
| \\
CH_3{-}CO{-}O{-}C{-}H \\
| \\
H{-}C{-}OH \\
| \\
H{-}C \\
| \\
CH_2{-}O{-}CO{-}CH_3
\end{array} \quad O \ (?)$$

Bildet sich aus 2, 3, 4-Triacetyl-β-methyl-d-glykosid durch Acylwanderung in wässeriger Lösung. Sie wird mit Chloroform ausgeschüttelt, mit $NaSO_4$ getrocknet und verdampft. Das Öl wird in Alkohol gelöst und mit Petroläther vorsichtig gefällt. Schmelzp. 114—115°. $[\alpha]_D^{18} = -64,9°$ (in Chloroform)[3].

2, 3, 4, 6-Tetraacetyl-β-methylglykosid[6]. Schmelzp. 104—105,5°.

Triacetyl-2-chlor-1-methylglykosid, gewonnen aus Triacetylglykaldichlorid mit Methylalkohol und Silberoxyd. Entspricht der β-Form[7].

β-Methyl-d-glykosid-6-chlorhydrin[8] $C_7H_{13}O_5Cl$. Aus der Triacetylverbindung in Methanol mit Ammoniakgas. Krystalle aus Essigester, Schmelzp. 156—157° (korr.). $[\alpha]_D^{17} = -48,7°$ (in Wasser). Liefert bei saurer Verseifung d-Glykose-6-chlorhydrin.

2, 3, 4-Triacetyl-β-methyl-d-glykosid-6-chlorhydrin[9] $C_{13}H_{19}O_8Cl$. Aus Aceto-1-brom-d-glykose-6-chlorhydrin mit Silberoxyd in Methanol. Krystalle aus Essigester, Schmelzp. 141° (korr.). $[\alpha]_D^{19} = -9,8°$ (in Pyridin).

---

[1] P. Brigl: Hoppe-Seylers Z. **122**, 245 (1922) — Chem. Zbl. **1923 I**, 43.

[2] Wilfred John Hickinbottom: J. chem. Soc. Lond. **1928**, 3140 — Chem. Zbl. **1929 I**, 1922.

[3] B. Helferich, H. Bredereck u. A. Schneidmüller: Liebigs Ann. **458**, 111 (1927) — Chem. Zbl. **1927 II**, 2541.

[4] Géza Zemplén u. Zoltán Csürös: Ber. dtsch. chem. Ges. **62**, 993 (1929) — Chem. Zbl. **1929 I**, 2405.

[5] John Walter Hyde Oldham: J. chem. Soc. Lond. **127**, 2840 (1925); Chem. Zbl. **1926 I**, 2672.

[6] P. Brigl u. W. Scheyer: Hoppe-Seylers Z. **160**, 214 (1926) — Chem. Zbl. **1927 I**, 418.

[7] C. S. Hudson: J. amer. chem. Soc. **46**, 462 (1924) — Chem. Zbl. **1924 I**, 2100.

[8] B. Helferich u. A. Schneidmüller: Ber. dtsch. chem. Ges. **60**, 2002 (1927) — Chem. Zbl. **1927 II**, 2178.

[9] B. Helferich u. H. Bredereck: Ber. dtsch. chem. Ges. **60**, 1995 (1927) — Chem. Zbl. **1927 II**, 2177 — Ber. dtsch. chem. Ges. **59**, 79 (1926) — Chem. Zbl. **1926 I**, 1968. — B. Helferich u. A. Schneidmüller: Ber. dtsch. chem. Ges. **60**, 2002 (1927) — Chem. Zbl. **1927 II**, 2178.

β-**Methylglykosid-6-bromhydrin**[1] $C_7H_{13}O_5Br$. Aus Triacetylmethylglykosidbromhydrin mit 5proz. ammoniakalischem Methylalkohol. Bei einer spez. Drehung von $-19,3°$ wird zur Trockne eingedampft und mit Chloroform ausgezogen. Krystalle aus Essigester, Schmelzpunkt $153-154°$ unter Zersetzung. $[\alpha]_D = -33,6°$ in Wasser.

Tribenzoylmethylglykosidbromhydrin[1] $C_{28}H_{25}O_8Br$. Aus Eisessig, auf Zusatz von abs. Alkohol Nadeln. Schmelzp. $160-162°$. $[\alpha]_D = -5,0°$ in Chloroform. Unlöslich in Wasser und Petroläther, leicht löslich in organischen Lösungsmitteln außer Alkohol und Äther.

Triacetylmethyl-β-glykosidbromhydrin[1] $C_{13}H_{19}O_8Br$. Aus Triacetyldibromglykose[2]. Krystalle aus abs. Alkohol, Schmelzp. $126-127°$. $[\alpha]_D = -1,4°$ in Chloroform; $-3,1°$ in Methylalkohol und $-2,7°$ in Eisessig[1].

2, 3, 4-Triacetyl-β-methylglykosid-6-jodhydrin[3] $C_{13}H_{19}O_8J$. Entsteht bei der Behandlung von Triacetyl-methylglykosid-6-mononitrat mit Jodnatrium in Acetonlösung. Aus wässerigem Alkohol Nadeln vom Schmelzp. $111-112,5°$. Unlöslich in Wasser, Petroläther. $[\alpha]_D = +0,9°$ in Chloroform bei $c = 3,027$.

1-β-Methylglykosid-6-jodhydrin[3] $C_7H_{13}O_5J$. Bei der Behandlung voriger Triacetylverbindung mit Dimethylamin. Farblose Krystalle aus Chloroform und Essigester; gewöhnlich schwach rosa gefärbt. Schmelzp. $157-158°$; $[\alpha]_D = -16,1°$ in Chloroform bei $c = 1,677$.

2, 3, 4-Triacetyl-1-β-methyl-glykosid-6-mononitrat[3] $C_{13}H_{19}O_{11}N$. Aus Triacetyl-glykose-1-6-dinitrat mit Methylalkohol und Bariumcarbonat. Der rote Rückstand krystallisiert aus abs. Alkohol. Schmelzp. $133,5-134,5°$; $[\alpha]_D = -14,3°$ in Chloroform bei $c = 5,964$. Mit Eisenstaub in Essigsäure entsteht 2, 3, 5-Triacetyl-methylglykosid.

2, 3, 4-Triacetyl-6-p-toluolsulfo-β-methyl-glykosid-(1, 5)[4]. Aus p-Toluolsulfoisodiacetonglykose mit Bromwasserstoff-Eisessig 20 Stunden bei Zimmertemperatur und Umsetzung des sirupösen Bromkörpers mit Methylalkohol und Silbercarbonat. Aus Alkohol Krystalle, Schmelzp. $164°$.

Methylglykosid-6-mononitrat[3]. Entsteht bei der Desacetylierung von 2, 3, 4-Triacetylmethylglykosid-6-mononitrat mit einer methylalkoholischen Lösung von Dimethylamin. — Sirup, der nicht krystallisiert. Nach 2maliger Methylierung mit Methyljodid und Silberoxyd entsteht Trimethyl-methylglykosid-6-mononitrat[3].

6-Triphenylmethyl-β-methyl-d-glykosid[5]. **6-Trityl-β-methylglykosid**[6] $C_{26}H_{28}O_6$. Aus β-Methyl-d-glykosid, Pyridin und Triphenylchlormethan. Aus Alkohol Nadeln, Schmelzpunkt $50°$ mit Krystallalkohol, getrocknet $105-109°$. — Aus Methylalkohol Krystalle vom Schmelzp. $105-110°$, nach Wiedererstarren Schmelzp. $148°$ (korr.).

6-Trityl-2, 3, 4-tribenzoyl-β-methylglykosid[6] $C_{47}H_{40}O_9$. Aus vorstehender Verbindung durch Benzoylieren in Pyridin. Aus Methylalkohol Krystalle mit 1 Mol Methylalkohol vom Schmelzp. $99-101°$.

2, 3, 4-Tribenzoyl-β-methyl-glykosid[6] Aus vorstehender Verbindung in Chloroform + Essigsäure mit Bromwasserstoff in Essigsäure. — Öl.

6-(Triphenyl-methyl)-triacetyl-β-methyl-d-glykosid[7] $C_{32}H_{34}O_9$. β-Methyl-d-glykosid wird mit 1 Mol Triphenyl-methylchlorid in abs. Pyridin 2 Stunden auf dem siedenden Wasserbad erhitzt, nach dem Abkühlen 9 Mol Essigsäureanhydrid zugegeben und die Mischung etwa 18 Stunden bei Zimmertemperatur aufbewahrt. Dann gibt man Wasser bis zur bleibenden Trübung zu. Beim Erkalten krystallisiert die Substanz in dichten Drusen aus. Sie wird aus 2 Teilen Schwefelkohlenstoff umkrystallisiert. Ausbeute 65% der Theorie. Schmelzp. $126°$ (korr.), $[\alpha]_D^{22} = +32,0°$ (in Pyridin[7]).

6-Acetyl-2, 3, 4-tribenzoyl-β-methylglykosid[8] $C_{30}H_{28}O_{10}$. Aus 6-Acetyl-tribenzoylglykose-bromhydrin, Methylalkohol und Silbercarbonat. Aus Chloroform mit Petroläther, dann aus

[1] J. C. Irvine u. J. W. H. Oldham: J. chem. Soc. Lond. **127**, 2729 (1925) — Chem. Zbl. **1926 I**, 2184.

[2] E. Fischer: Ber. dtsch. chem. Ges. **35**, 857 (1902); **53**, 873 (1920).

[3] John Walter Hyde Oldham: J. chem. Soc. Lond. **127**, 2840 (1925) — Chem. Zbl. **1926 I**, 2672.

[4] Heinz Ohle u. Ladislaus v. Vargha: Ber. dtsch. chem. Ges. **62**, 2425 (1929) — Chem. Zbl. **1929 II**, 2662.

[5] Burckhardt Helferich u. Johanna Becker: Liebigs Ann. **440**, 1 (1924) — Chem. Zbl. **1924 II**, 2830.

[6] Karl Josephson: Ber. dtsch. chem. Ges. **62**, 313 (1929) — Chem. Zbl. **1929 I**, 1921.

[7] B. Helferich u. A. Schneidmüller: Ber. dtsch. chem. Ges. **60**, 2002 (1927) — Chem. Zbl. **1927 II**, 2178.

[8] Max Bergmann u. F. K. V. Koch: Ber. dtsch. chem. Ges. **62**, 311 (1929) — Chem. Zbl. **1929 I**, 1921.

Methylalkohol Krystalle vom Schmelzp. 150—151° (korr.); $[\alpha]_D^{17} = -5{,}23°$ in Acetylentetrachlorid; $[\alpha]_D^{20} = -6{,}5$ in Chloroform. Flache Prismen, ziemlich löslich in heißem Alkohol, sehr leicht löslich in kaltem Chloroform[1]. — Aus 2, 3, 4-Tribenzoyl-β-Methylglykosid durch Acetylierung. Aus Methylalkohol. Schmelzp. 150°; $[\alpha]_{Hg\,gelb}^{20} = -6{,}9°$ in Chloroform bei $c = 1{,}595$[2]. Die partielle Verseifung des 6-Acetyl-2, 3, 4-tribenzoyl-β-methyl-glykosids läßt sich nicht so leiten, daß nur die 6ständige Acetylgruppe abgesprengt wird, sondern es wird außerdem noch eine Benzoylgruppe verseift. Man gelangt so zu einem Dibenzoyl-β-methylglykosid[3].

Dibenzoyl-β-methylglykosid[3] $C_{21}H_{22}O_8$

$$
\begin{array}{l}
CH(O\!-\!CH_3) \\
\quad\diagdown \\
H\!-\!C\!-\!O\!-\!CO\!-\!C_6H_5 \\
C_6H_5\!-\!CO\!-\!O\!-\!C\!-\!H \qquad O\ (?) \\
H\!-\!C\!-\!OH \\
H\cdot C \\
CH_2\!-\!OH
\end{array}
$$

Aus 6-Acetyl-2, 3, 4-tribenzoyl-β-methylglykosid in einem Gemisch von Methylalkohol und Benzol mit der äquimolekularen Menge 1,1n-methylalkoholischem Ammoniak 50 Stunden bei Zimmertemperatur. Etwa 50% des Ausgangsmaterials bleiben unverändert. Aus Essigester + Petroläther, dann aus 50proz. Alkohol Krystalle, Schmelzp. 167,5—168,5° (korr.).

Diacetyl-dibenzoyl-β-methylglykosid $C_{25}H_{26}O_{10}$. Aus vorstehender Verbindung mit Pyridin und Essigsäureanhydrid. Krystalle aus Methylalkohol. Schmelzp. 166°.

Tetrabenzoyl-β-methylglykosid[3, 4]. Aus dem Dibenzoat mit Benzoylchlorid in Pyridin. Schmelzp. 160—161°.

6-Benzoyl-triacetyl-β-methylglykosid[5] $C_{20}H_{24}O_{10}$

$$
\begin{array}{l}
CH_3\!-\!O\!-\!C\!-\!H \\
\quad\diagdown \\
H\!-\!C\!-\!O\!-\!CO\!-\!CH_3 \\
CH_3\!-\!CO\!-\!O\!-\!C\!-\!H \qquad O \\
H\!-\!C\!-\!O\!-\!CO\!-\!CH_3 \\
C \\
CH_2\!-\!O\!-\!CO\!-\!C_6H_5
\end{array}
$$

Entsteht aus 6-Benzoyl-1-brom-triacetylglykose bei der Umsetzung mit Methylalkohol und Silbercarbonat oder aus 6-Brom-triacetyl-β-methylglykosid durch 18stündigem Kochen mit Silberbenzoat in Pyridin. — Schmelzp. 127°, $[\alpha]_D^{19} = +15{,}15°$ in Chloroform bei $c = 1{,}650$.

Triacetyltoluolsulfomethylglykosid. Entspricht der β-Form[4].

2, 4, 6-Triacetyl-3-p-toluolsulfo-β-methylglykosid[6] $C_{20}H_{26}O_{11}S$

$$
\begin{array}{l}
CH_3\!-\!O\!-\!C\!-\!H \\
\quad\diagdown \\
H\!-\!C\!-\!O\!-\!CO\!-\!CH_3 \\
CH_3\!-\!\langle\bigcirc\rangle\!-\!SO_2\!-\!O\!-\!C\!-\!H \qquad O \\
H\!-\!C\!-\!O\!-\!CO\!-\!CH_3 \\
H\!-\!C \\
CH_2\!-\!O\!-\!CO\!-\!CH_3
\end{array}
$$

[1] Max Bergmann u. F. K. V. Koch: Ber. dtsch. chem. Ges. **62**, 311 (1929) — Chem. Zbl. **1929 I**, 1921.

[2] Karl Josephson: Ber. dtsch. chem. Ges. **62**, 313 (1929) — Chem. Zbl. **1929 I**, 1921.

[3] Karl Josephson: Ber. dtsch. chem. Ges. **62**, 317 (1929) — Chem. Zbl. **1929 I**, 1921.

[4] C. S. Hudson: J. amer. chem. Soc. **46**, 462 (1924) — Chem. Zbl. **1924 I**, 2100.

[5] Heinz Ohle u. Kurt Spencker: Ber. dtsch. chem. Ges. **59**, 1836 (1926) — Chem. Zbl. **1926 II**, 2556.

[6] Karl Freudenberg u. Otto Ivers: Ber. dtsch. chem. Ges. **55**, 929 (1922) — Chem. Zbl. **1922 I**, 1197.

Beim Schütteln von Triacetyl-3-p-toluolsulfo-bromglykose in Methylalkohol 14 Stunden mit Silbercarbonat. Das Filtrat wird unter vermindertem Druck eingedampft. Aus wässerigem Methylalkohol feine Nadeln, im Vakuum bei 79° getrocknet. Schmelzp. 138°, leicht löslich in Methylalkohol, Alkohol, Aceton; wenig löslich in Äther; unlöslich in Wasser. $[\alpha]_D^{25} = -17,1°$ und $-16,9°$ in Acetylentetrachlorid.

4(?)-Toluolsulfo-2, 3, 6(?)-triacetyl-β-methyl-d-glykosid[1]. Aus 2, 3, 6-(?)-Triacetyl-β-methyl-d-glykosid in abs. Pyridin mit p-Toluolsulfochlorid Schmelzp. 118°. $[\alpha]_D^{18} = -29,7°$ (in Pyridin)[1].

6-Toluolsulfotriacetyl-β-methylglykosid[1, 2] $C_{20}H_{26}O_{11}S$. — Entsteht analog dem 6-Benzoyltriacetyl-β-methylglykosid. — Aus Alkohol Krystalle. Schmelzp. 155°, $[\alpha]_D^{20} = +12,03°$ in Chloroform bei $c = 2,828$[2]. Aus 2,3,4-Triacetyl-β-methyl-d-glykosid in abs. Pyridin mit 2 Mol p-Toluolsulfochlorid 12 Stunden bei Zimmertemperatur. Mit Wasser fällt die Substanz krystallin aus. Aus abs. Alkohol umkrystallisiert zeigt den Schmelzp. 171° (unkorr.). $[\alpha]_D^{19} = +33,1°$ (in Pyridin)[1].

Tetra-triacetyl-galloyl-β-methylglykosid[3] $C_{58}H_{51}O_{33}(OCH_3)$. Aus β-Methylglykosid, Triacetylgalloylchlorid ($4^1/_2$ Mol) unter Zusatz von Chinolin ($5^1/_2$ Mol) in Chloroform. Aus Alkohol gereinigt sintert bei 110°, Tropfenbildung bei 125—135°, schmilzt bei 150—160°. $[\alpha]_D^{19} = +32,9°$ in Aceton. Löslich in Aceton und Chloroform; wenig löslich in heißem Alkohol; sehr wenig löslich in kaltem Alkohol[3]. Aus Tetratriacetyl-galloyl-1-bromglykose mit CH_3OH und Ag_2CO_3. Das Filtrat wird nach Verdampfen im Vakuum mit Pyridin und Essigsäureanhydrid reacetyliert. Aus Chloroformlösung durch Eintropfen in kaltem Alkohol erhält man gelblich gefärbte Flocken. Wenig löslich in heißem Alkohol. $[\alpha]_D^{16} = +31,52°$.

Benzyliden-β-methyl-d-Glykosid[4], **Benzal-$\overline{\beta}$-methyl-glykosid** $C_{14}H_{18}O_6$. Diskussion der Konstitution s. bei der α-Verbindung[4]. Aus β-Methylglykosid, Benzaldehyd und Chlorzink. — Schmelzp. 134°; $[\alpha]_D^{23} = -61,0°$ in Alkohol[5].

2, 3-Dibenzoyl-4, 6, benzyliden-β-methyl-d-Glykosid[4] Aus Alkohol Krystalle vom Schmelzp. 185°; $[\alpha]_D^{19} = +15,84°$ in Chloroform bei $c = 2,84$.

2, 3-Di-p-toluolsulfo-4, 6-benzyliden-β-methyl-d-glykosid[4]. Aus Alkohol Krystalle. Schmelzp. 158°, $[\alpha]_D^{19} = -54,70°$ in Chloroform bei $c = 2,796$.

Dimethylbenzal-β-methylglykosid[5] $C_{16}H_{22}O_6$. — Schmelzp. 134°; $[\alpha]_D^{23} = -61,0°$ in Alkohol.

β-Methylglykosid [1,4] (h-Methylglykosid). β-Methyl-d-glykofuranosid.

$$C_7H_{14}O_6$$

$$\begin{array}{c}
CH(OCH_3) \\
\vert \\
H-C-OH \\
\vert \\
HO-C-H \quad O \\
\vert \\
H-C \\
\vert \\
H-C-OH \\
\vert \\
CH_2-OH
\end{array}$$

Bildung: Entsteht bei der Verseifung der Tetrabenzoylverbindung mit methylalkoholischem Ammoniak[6].

---

[1] B. Helferich, H. Bredereck u. A. Schneidmüller: Liebigs Ann. **458**, 111 (1927) — Chem. Zbl. **1927 II**, 2541.

[2] Heinz Ohle u. Kurt Spencker: Ber. dtsch. chem. Ges. **59**, 1836 (1926) — Chem. Zbl. **1926 II**, 2556.

[3] P. Karrer, H. R. Salomon u. J. Peyer: Helvet. chim. Acta **6**, 3 (1923) — Chem. Zbl. **1923 I**, 955. — P. Karrer u. H. R. Salomon: Helvet. chim. Acta **5**, 108 (1922) — Chem. Zbl. **1922 I**, 1339.

[4] Heinz Ohle u. Kurt Spencker: Ber. dtsch. chem. Ges. **61**, 2387 (1928) — Chem. Zbl. **1929 I**, 43.

[5] Karl Freudenberg, Hans Toepffer u. Carl Chr. Andersen: Ber. dtsch. chem. Ges. **61**, 1758 (1928) — Chem. Zbl. **1928 II**, 2124.

[6] Hans Heinrich Schlubach, Friedrich Trefz u. Wolfgang Rauchenberger: Ber. dtsch. chem. Ges. **61**, 2368 (1928) — Chem. Zbl. **1929 I**, 44.

Physikalische und chemische Eigenschaften: Sirup; $[\alpha]_D^{20} = -16{,}4$ in Wasser bei $c = 1{,}07$[1]. — Bei der Methylierung entsteht Tetramethyl-methylglykosid-[1,4]. Siedep. 142—144° bei 12 mm; $n_D^{20} = 1{,}4472$, $[\alpha]_D^{20} = -17°$ und daraus durch Hydrolyse eine Tetramethylglykose-[1,4]; Sirup, Siedep. 100—110° bei 0,1 mm, $n_D^{20} = 1{,}445$, $[\alpha]_D^{20} = -27{,}5°$ in Chloroform bei 1,052[1].

Derivate: β-**Methyl-glykofuranosid-5, 6-monocarbonat**[2] $C_8H_{12}O_7$. Aus Methylalkohol mit abs. Äther. Krystalle. Schmelzp. 143—145° unter Zersetzung; $[\alpha]_{5780}^{22} = -66°$; $[\alpha]_{5461}^{22} = -75°$ in Wasser. Sehr leicht löslich in Alkohol oder Wasser, weniger in Chloroform, Benzol, Äther.

Tetrabenzoyl-β-methyl-glykosid-[1, 4][1]. Aus Tetrabenzoyl-h-glykose-[1, 4] mit Silberoxyd und Methyljodid. Öl. $[\alpha]_D^{20} = -48{,}6°$ in Chloroform bei $c = 0{,}9768$.

3-p-Toluolsulfo-2, 5, 6-triacetyl-β-methylglykosid-[1, 4][3] $C_{20}H_{26}O_{11}S$. — Aus 3-p-Toluolsulfo-2, 5, 6-triacetyl-6-glykosyl-1-bromid-[1, 4] mit Methylalkohol und Silbercarbonat. Aus Alkohol Krystalle, Schmelzp. 128°; $[\alpha] = -64{,}25°$ in Chloroform bei $c = 1{,}323$.

2-Acetyl-3, 5-di-p-toluolsulfo-6-benzoyl-β-methyl-d-glykosid-[1, 4][3] $C_{30}H_{32}O_{12}S_2$. — Aus 2-Acetyl-3, 5-di-p-toluolsulfo-6-benzoyl-d-glykosyl-1-bromid-[1,4] mit Methylalkohol und Silbercarbonat. — Kleine Täfelchen aus Alkohol. Schmelzp. 105°; $[\alpha]_D^{20} = -4{,}160°$ in Chloroform bei $c = 3{,}85°$.

2-Acetyl-3, 5, 6-tri-p-toluolsulfo-β-methyl-glykosid-[1, 4][4] $C_{30}H_{34}O_{13}S_3$. — Aus 2-Acetyl-3, 5, 6-tri-p-toluolsulfo-d-glykosyl-1-bromid-[1, 4] mit Methylalkohol und Silbercarbonat. Krystalle aus abs. Alkohol. Schmelzp. 129,5°; $[\alpha]_D^{20} = -8{,}9°$ in Chloroform bei $c = 6{,}21$.

2-Acetyl-3-p-toluolsulfo-5, 6-dibenzoyl-β-methyl-d-glykosid-[1, 4][4] $C_{30}H_{30}O_{11}S$. Aus Alkohol Nädelchen vom Schmelzp. 132,5°; $[\alpha]_D^{20} = -74{,}3°$ in Chloroform bei $c = 4{,}266$.

γ-Methylglykosid (Bd. X, S. 780).

Physiologische Eigenschaften: Das γ-Methylglykosid[5] konnte durch wässerige Auszüge aus Schweinehirn, -pankreas, -schilddrüse, -niere und aus Kalbsmuskel, ferner Schweineleber-autolysat und -preßsaft, Schweineblutserum, Menschenspeichel, Kuhmilch, weiterhin durch Emulsin, Takadiastase, Malzamylase, Autolysate von Aspergillus niger und Grünmalz nicht gespalten werden. Aspergillus niger wächst auf einer nur γ-Methylglykosid als C-Quelle enthaltenden Nährlösung, jedoch ist das hieraus bereitete Autolysat ebenfalls wirkungslos. Bei Verwendung von Hefeautolysat und wässerigen Auszügen aus Schweineleber konnte Spaltung von 8,2 bis höchstens 15,4 bzw. 5,4 bis höchstens 13,6% beobachtet werden[6].

Physikalische und chemische Eigenschaften: Siedep. bei 0,3 mm 210—215°. $n_D^{48°} = 1{,}4912$. — Mol-Gewicht berechnet für $C_7H_{14}O_6 = 194{,}1$; gefunden in Wasser kryoskopisch 186,7[7]. — Durch polarimetrische und reduktometrische Verfolgung der Hydrolyse von γ-Methylglykosid mit 0,5n-HCl bei 25° ließ sich der Nachweis führen, daß in γ-Methylglykosid ein Gemisch von α- und β-Methylglykosid, und zwar wahrscheinlich im Verhältnis 1:2, vorliegt. Die γ-Glykose konnte bei der Hydrolyse nicht nachgewiesen werden[6].

Derivate: Tetraacetyl-γ-methyl-glykosid[7]. Entsteht bei der Acetylierung von γ-Methyl-glykosid mit Essigsäureanhydrid und Pyridin. — Destilliert bei 0,3 mm bei 156°. — $[\alpha]_D^{13} = +54{,}6°$ in Benzol. Molekulargewicht in Benzol bestimmt 368, berechnet 362.

5, 6-Acetonmethylglykosid-[1, 4]. Die Versuche von Macdonald[8] sowie Irvine, Fyfe und Hogg[9] wurden wiederholt. Am besten wird die Acetonierung mit wasserfreiem

[1] Hans Heinrich Schlubach, Friedrich Trefz u. Wolfgang Rauchenberger: Ber. dtsch. chem. Ges. **61**, 2368 (1928) — Chem. Zbl. **1929 I**, 44.

[2] Walter Norman Haworth u. Charles Raymond Porter: J. chem. Soc. Lond. **1929**, 2796 — Chem. Zbl. **1930 I**, 3028.

[3] Heinz Ohle u. Heinz Erlbach: Ber. dtsch. chem. Ges. **61**, 1870 (1928) — Chem. Zbl. **1928 II**, 2118.

[4] Heinz Ohle, Heinz Erlbach u. Kurt Vogl: Ber. dtsch. chem. Ges. **61**, 1875 (1928) — Chem. Zbl. **1928 II**, 2120.

[5] E. Fischer: Ber. dtsch. chem. Ges. **47**, 1980 (1914).

[6] R. Kuhn u. T. Wagner-Jauregg: Hoppe-Seylers Z. **162**, 103 (1926) — Chem. Zbl. **1927 I**, 1029.

[7] Max Bergmann u. Erich Kann: Liebigs Ann. **438**, 291 (1924) — Chem. Zbl. **1924 II**, 1078.

[8] Macdonald: J. chem. Soc. Lond. **103**, 1896 (1913).

[9] Irvine, Fyfe u. Hopp: J. chem. Soc. Lond. **107**, 524 (1915) — Chem. Zbl. **1915 II**, 266.

Kupfersulfat ausgeführt[1]. Sirup, Siedep. 148° bei 0,1 mm; löslich in Wasser, Alkohol, Äther, Aceton; $[\alpha]_D^{25} = +36,4°$ in Methylalkohol bei $c = 5,0$. — Wird mit 0,1n-Salzsäure bei 100° in 90 Minuten vollständig zu Glykose hydrolysiert[1]. Nach der Vorschrift von Macdonald wird ein linksdrehendes Produkt erhalten mit $[\alpha]_D^{25} = -11,95°$ in Methylalkohol bei $c = 4,6$, das einen wesentlich geringeren Methylgehalt zeigt. Bei der Destillation im Vakuum bei 148—150° und 0,1 mm schlägt die Drehung nach rechts um und der Methylgehalt nimmt weiter ab[1].

α-Äthyl-d-glykosid (Bd. II, S. 590).

Physiologische Eigenschaften: Die Spaltung des α-Äthylglykosids durch Hefemaltase erfolgt bei der optimalen Wasserstoffionenkonzentration von $p_H = 6,8$ [2].

α-Äthyl-d-glykofuranosid-[1, 4] [3].

$$C_8H_{16}O_6$$

$$CH(O-C_2H_5)$$

$$H-C-OH$$
$$HO-C-H \qquad O$$
$$H-C$$
$$H-C-OH$$
$$CH_2-OH$$

Bildung: Durch alkalische Verseifung seines 2, 3-Diacetyl-5, 6-carbonats.

Physikalische und chemische Eigenschaften: Aus Essigester + wenig Alkohol Nadeln. Schmelzp. 82—83°, $[\alpha]_{5780}^{23} = +106°$; $[\alpha]_{5461}^{23} = +116°$; $[\alpha]_D^{23} = +98°$ in Wasser.

Derivate: 2, 3-Diacetyl-α-äthylglykofuranosid-5, 6-monocarbonat $C_{13}H_{18}O_9$. Monoacetonglykosecarbonat wird mit äthylalkoholischer Salzsäure in das Gemisch der α- und β-Äthylglykosidcarbonate überführt, woraus die β-Verbindung auskrystallisiert. Die Mutterlaugen geben nach der Acetylierung die gewünschte Substanz. Aus Essigester, oder Alkohol, oder Wasser Blättchen, Schmelzp. 159—160° unter Zersetzung; $[\alpha]_{5780}^{21} = +143°$, $[\alpha]_{5461}^{21} = +157°$ in Aceton.

β-Äthyl-d-glykosid (Bd. II, S. 591).

Bildung: Bei der Einwirkung von Natriumalkoholat in abs. alkoholischer Lösung auf Acetobromglykose[4]. — Geschwindigkeitsmessungen bei der Synthese des β-Ätylglykosids durch die Einwirkung des Emulsins[5]. — Diglykosylselenid wird in 90proz. Alkohol gelöst und mit Quecksilberoxyd geschüttelt. Nach 2 Stunden wird durch Kieselgur filtriert, das Filtrat im Vakuum eingedampft, der Rückstand in Wasser gelöst und 24 Stunden mit Hefe vergoren. Nach dem Filtrieren wird zur Trockne gebracht und acetyliert mit Pyridin-Essigsäureanhydridgemisch. Aus dem Gemisch krystallisiert die Tetraacetylverbindung aus. Schmelzp. 106° [6].

Physikalische und chemische Eigenschaften: Gleichgewichtsform $[\alpha]_D = +58,5°$ [7].

Derivate: 3, 4, 6-Triacetyl-β-äthylglykosid [8] $C_{14}H_{22}O_9$. — Aus 3, 4, 6-Triacetylglykose-1, 2-anhydrid mit Äthylalkohol. Aus Alkohol hexagonale Prismen; Schmelzp. 121°; $[\alpha]_D = +14,4°$ in Alkohol bei $c = 2,57$. — Daraus durch Acetylierung Tetraacetyl-β-Äthylglykosid; Schmelzp. 105 bis 106°.

---

[1] P. A. Levene u. G. M. Meyer: J. of biol. Chem. **79**, 357 (1928) — Chem. Zbl. **1929 I**, 43.

[2] Richard Willstätter, Richard Kuhn u. Harry Sobotka: Hoppe-Seylers Z. **134**, 224 (1924) — Chem. Zbl. **1924 II**, 344.

[3] Walter Norman Haworth u. Charles Raymond Porter: J. chem. Soc. Lond. **1929**, 2796 — Chem. Zbl. **1930 I**, 3028.

[4] Géza Zemplén u. Alfons Kunz: Ber. dtsch. chem. Ges. **56**, 1710 (1923) — Chem. Zbl. **1923 III**, 1554.

[5] Karl Josephson: Hoppe-Seylers Z. **147**, 155 (1925) — Chem. Zbl. **1926 I**, 690.

[6] F. Wrede u. W. Zimmermann: Hoppe-Seylers Z. **148**, 65 (1925) — Chem. Zbl. **1926 I**, 621.

[7] H. D. K. Drew u. W. N. Haworth: J. chem. Soc. Lond. **1926**, 2303 — Chem. Zbl. **1929 I**, 997.

[8] Wilfred John Hickinbottom: J. chem. Soc. Lond. **1928**, 3140 — Chem. Zbl. **1929 I**, 1922.

β-Äthyl-d-glykofuranosid-[1, 4] [1].
$C_8H_{16}O_6$

Bildung: Bei der alkalischen Verseifung seines 5, 6-Carbonats.

Physikalische und chemische Eigenschaften: Aus Essigester mit abs. Äther große Krystallbüschel, Schmelzp. 59—60°; $[\alpha]_D^{26,5} = -86°$; $[\alpha]_{5780}^{26,5°} = -66°$; $[\alpha]_{5461}^{22} = -75°$ in Wasser.

Derivate: β-Äthylglykofuranosid-5, 6-monocarbonat $C_9H_{14}O_7$. Durch Spaltung des Monoacetonglykose-5-6-carbonats mit 2,5 proz. abs. alkoholischer Salzsäure bei einer Zuckerkonzentration von 1,6% bei 45—50°. — Aus Alkohol + abs. Äther oder aus gewöhnlichem Äther mit Petroläther lange seidige Nadeln, Schmelzp. 164—165°; $[\alpha]_{5780}^{19} = -50,6°$; $[\alpha]_{5461}^{19} = -55°$ in Wasser. Leicht löslich in Wasser, Alkohol, Aceton, Chloroform, schwer löslich in abs. Äther. Aus den Mutterlaugen gewinnt man ein sirupöses Gemisch der α_1- und β-Formen, die durch Acetylierung die α-Form ergab.

2, 3-Diacetyl-β-äthylfuranosid-5, 6-monocarbonat $C_{13}H_{18}O_9$. Aus verdünntem Alkohol Nadeln, Schmelzp. 79—81°. $[\alpha]_{5780}^{23} = -39°$, $[\alpha]_{5461}^{23} = 42°$ in Aceton.

β-Propyl-d-glykosid (Bd. VIII, S. 297).

Physiologische Eigenschaften: Bei 36° sind für 6 g Glykosid zur Bildung der maximalen Menge Glykose 2,75 ccm einer 1 proz. Emulsinlösung erforderlich [2].

β-Isopropyl-d-glykosid (Bd. VIII, S. 298).

Physiologische Eigenschaften: Bei 36° sind für 6 g Gykosid zur Bildung der maximalen Menge Glykose 2,71 ccm einer 1 proz. Emulsinlösung erforderlich [2].

Derivate: 3, 4, 6-Triacetyl-β-isopropylglykosid [3]. Aus 3, 4, 6-Triacetylglykose-1, 2-anhydrid mit Isopropylalkohol. Öl, das sehr langsam krystallisiert.

2, 3, 4, 6-Tetraacetyl-β-isopropylglykosid [3] $C_{17}H_{26}O_{10}$. Aus vorherstehender Verbindung durch Acetylierung. Aus Alkohol Nadeln vom Schmelzp. 134—135°. $[\alpha]_D = -23,4°$ in Alkohol.

β-n-Butyl-d-glykosid (Bd. VIII, S. 298).

Physiologische Eigenschaften: Bei 36° sind für 6 g Glykosid zur Bildung der maximalen Menge Glykose 2,60 ccm einer 1 proz. Emulsinlösung erforderlich [2].

β-Isobutyl-d-glykosid (Bd. VIII, S. 298).

Physiologische Eigenschaften: Bei 36° sind für 6 g Glykosid zur Bildung der maximalen Menge Glykose 2,56 ccm einer 1 proz. Emulsinlösung erforderlich [2].

β-1-d-Glykosido-glycerin [4].
$C_6H_{11}O_5 \cdot O \cdot CH_2 \cdot CHOH \cdot CH_2OH$

Mol-Gewicht 254,18.

Zusammensetzung: $C_9H_{18}O_8$.

Darstellung: Aus 2, 3-Diacetyl-1-(tetraacetyl-d-glykosido)-glycerin mit kalt gesättigter Barytlösung. Der Barytüberschuß wird mit H_2SO_4 entfernt, die Flüssigkeit im Vakuum eingedunstet, der Rückstand in Alkohol gelöst und mit Äther gefällt.

Physiologische Eigenschaften: Es wird in Wasser mit Emulsin in 14 Stunden zu 10% aufgespalten [4].

Physikalische und chemische Eigenschaften: Öl, erstarrt im Vakuum über P_2O_5 bei 60°, dann im Exsiccator über H_2SO_4 zu einer pulverisierbaren Masse; wird nicht krystallisiert erhalten.

---

[1] Walter Norman Haworth u. Charles Raymond Porter: J. chem. Soc. Lond. **1929**, 2796 — Chem. Zbl. **1930 I**, 3028.

[2] H. Colin u. A. Chaudun: C. r. Acad. Sci. Paris **176**, 440 (1923) — Chem. Zbl. **1923 IV**, 189 — C. r. Acad. Sci. Paris **172**, 278 (1921) — Chem. Zbl. **1921 III**, 713.

[3] Wilfred John Hickinbottom: J. chem. Soc. Lond. **1928**, 3140 — Chem. Zbl. **1929 I**, 1922.

[4] P. Karrer u. O. Hurwitz: Helvet. chim. Acta **5**, 864 (1922) — Chem. Zbl. **1923 I**, 582.

Derivate: **1-Tetraacetyl-d-glykosidoglycerin**[1] $C_{17}H_{26}O_{12}$

$$(CH_3CO)_4 \cdot C_6H_7O_5 \cdot O \cdot CH_2 \cdot CHOH \cdot CH_2OH$$

Aus 1-Tetraacetyl-d-glykosidoacetonylglycerin beim Schütteln mit alkoholischer H_2SO_4 bei 45—48°. Die Flüssigkeit wird bei 0° mit $Ba(OH)_2$ schwach alkalisch gemacht, Überschuß an $Ba(OH)_2$ mit CO_2 entfernt, die Flüssigkeit im Vakuum eingedunstet und der Rückstand mit abs. Alkohol ausgekocht. Beim Einengen erhält man einen schwach gelblichen Sirup, der im Exsiccator über P_2O_5 getrocknet eine feste, pulverisierbare Masse liefert. Gibt beim Schütteln mit HCl in Aceton 1-Tetraacetyl-d-glykosido-acetonyl-glycerin[1].

2, 3-Diacetyl-1-(tetraacetyl-d-glykosido)-glycerin[1] $C_{21}H_{30}O_{14}$

$$(CH_3CO)_4 \cdot C_6H_7O_5 \cdot O \cdot CH_2 \cdot CH(OCOCH_3) \cdot CH_2 \cdot (OCOCH_3)$$

Aus 1-Tetraacetyl-d-glykosidoglycerin mit Essigsäureanhydrid und Na-Acetat auf dem Wasserbade. Die Flüssigkeit wird in Eiswasser gegossen. Krystalle aus Alkohol. Schmelzp. 98°. Sehr wenig löslich in Wasser; leicht löslich in warmem Alkohol. $[\alpha]_D^{15} = -30,96°$ in Alkohol[1].

1-Tetraacetyl-d-glykosido-acetonyl-glycerin[1] $C_{20}H_{30}O_{12}$

$$\begin{array}{ccc}
CH_2\!\!-\!\!-\!\!-\!\!-\!\!-\!\!-\!\!-\!\!-\!\!-\!\!-\!\!-\!\!-\!\!-\!\!-\!\!CH\!\!-\!\!-\!\!CH_2 \\
| \qquad\qquad\qquad\qquad\quad | \quad | \\
O \cdot C_6H_7O_5(COCH_3)_4 \qquad O \quad O \\
\qquad\qquad\qquad\qquad\qquad \backslash\;/ \\
\qquad\qquad\qquad\qquad\quad C(CH_3)_2
\end{array}$$

Aus Acetobromglykose und Glycerinaceton beim Schütteln mit Ag_2CO_3. Der Niederschlag wird mit Benzol ausgekocht, die konz. Benzollösung mit Äther gefällt. Schmelzp. 132°, vorher kurzes Sintern. Aus Wasser umkrystallisierbar; leicht löslich in Benzol, Alkohol, heißem Wasser; wenig löslich in kaltem Wasser, Äther. $[\alpha]_D^{26} = -20,77°$ in Chloroform.

2-Glycerin-β-d-glykosid[2].

$$C_9H_{18}O_8$$
$$\begin{array}{l}
CH_2\!\!-\!\!OH \\
| \\
CH\!\!-\!\!O\!\!-\!\!C_6H_{11}O_5 \\
| \\
CH_2\!\!-\!\!OH
\end{array}$$

Bildung: Aus 1, 3-Benzyliden-2-β-d-glykosido-glycerin durch katalytische Hydrierung mit Palladiummohr.

Physiologische Eigenschaften: Wird von Emulsin leicht gespalten.

Physikalische und chemische Eigenschaften: Aus 90 proz. Alkohol kleine Nädelchen vom Schmelzp. 166° und süßem Geschmack. $[\alpha]_D^{20} = -30,1°$ in Wasser; leicht löslich in Wasser und wässerigem Pyridin, wenig löslich in heißem Methylalkohol, sonst unlöslich. Eine Umlagerung von 2-Glykosidoglycerin in 1-Glykosidoglycerin findet unter dem Einfluß von Salzsäure nicht statt, denn die Spaltung mit verdünnter Salzsäure und nachheriger Acetylierung führt glatt zum Hexaacetat des 2-Glykosidoglycerins.

Derivate: Hexaacetat $C_{21}H_{30}O_{14}$. Aus 95 proz. Alkohol Nädelchen, Schmelzp. 128°; $[\alpha]_D^{20} = -14,9°$ in Chloroform; $= -15,8°$ in Acetylentetrachlorid, leicht löslich in Chloroform, Äther, Methylalkohol, Aceton, Tetrachlormethan, schwer löslich in Petroläther.

2-Glycerin-β-tetraacetyl-glykosid $C_{17}H_{26}O_{12}$. Aus 1, 3-Benzyliden-2-tetraacetyl-glykosido-glycerin durch katalytische Spaltung mit Palladiummohr. Aus Benzol feine, gebogene Nädelchen vom Schmelzp. 103°; $[\alpha]_D^{19} = -22,1°$ in Wasser; $= +3,3°$ in Chloroform.

1, 3-Benzyliden-2-tetraacetyl-glykosido-glycerin $C_{24}H_{30}O_{12}$

$$\begin{array}{c}
\qquad\qquad O\!\!-\!\!CH_2 \\
\qquad\qquad\qquad | \\
\bigcirc\!\!-\!\!CH \qquad CH\!\!-\!\!O\!\!-\!\!C_6H_7O_5(CO \cdot CH_3)_4 \\
\qquad\qquad\qquad | \\
\qquad\qquad O\!\!-\!\!CH_2
\end{array}$$

Aus 1, 3-Benzylidenglycerin und Acetobromglykose mit Silbercarbonat in Benzol 3 Stunden bei 50—60°. Aus Benzol Krystalle, Schmelzp. 133°; $[\alpha]_D^{20} = -33,9°$ in Chloroform. —

[1] P. Karrer u. O. Hurwitz: Helvet. chim. Acta **5**, 864 (1922) — Chem. Zbl. **1923 I**, 582.
[2] Neal M. Carter: Ber. dtsch. chem. Ges. **63**, 1684 (1930) — Chem. Zbl. **1930 II**, 1523.

Leicht löslich in Chloroform, Essigester, Aceton, heißem Methylalkohol, Alkohol, Benzol, schwer löslich in Äther, Ligroin und Tetrachlormethan.

1, 3-Benzyliden-2-β-d-glykosidoglycerin $C_{16}H_{22}O_8$. Aus vorstehender Verbindung mit methylalkoholischem Ammoniak bei 20°. Aus Benzol + Alkohol Krystalle, Schmelzp. 138°, welche Lösungsmittel enthalten. Die bei 100° getrocknete, glasig gewordene Substanz schmilzt bei 85—95°, wird bei 110° wieder fest, und schmilzt nochmals bei 155—162°. — $[\alpha]_D^{20} = -18,5°$ in abs. Alkohol bei der lufttrockenen Substanz; $= -17,7°$ bei der getrockneten Substanz. Leicht löslich in heißem Alkohol, schwer löslich in Benzol, Essigester, Äther, Aceton.

1, 2-Glycerylenglykose[1].

Mol-Gewicht: 236,18.
Zusammensetzung: $C_9H_{16}O_7$.

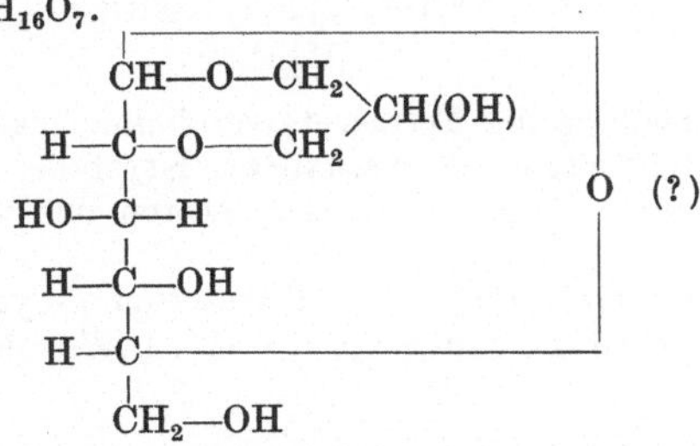

Bildung: Trihexosan wurde mit 2 Teilen Glycerin 15 Stunden auf 200—210° erhitzt, das Glycerin bei 2—3 mm abdestilliert, das sirupöse Produkt, das in Wasser, Alkohol, Methylalkohol löslich war, in wenig abs. Alkohol gelöst und mit trocknem Äther oder Aceton gefällt. Entsteht auch aus α-Glykosan und Glycerin beim Erhitzen unter vermindertem Druck.

Physikalische und chemische Eigenschaften: Die erhaltenen Kryställchen sind so hygroskopisch, daß sie sich beim Filtrieren sofort verflüssigen, doch wird die Flüssigkeit nach dem Trocknen bei 100° im Vakuum über Phosphorpentoxyd wieder krystallinisch und schmilzt bei etwa 40°. Die Verbindung ist durch Abspaltung von Wasser aus je 1 Mol Hexosan $C_6H_{10}O_5$ und Glycerin hervorgegangen, denn sie liefert beim Erhitzen mit verdünnten Säuren Glykose und mit Kaliumbisulfat Acrolein; reduziert nicht Fehlingsche Lösung, gibt kein Osazon und wird von siedendem Wasser nicht verändert. $[\alpha]_D^{23} = +69,21°$.

Derivate: Tetrabenzoat $C_{37}H_{32}O_{11}$. Krystallinisch, Schmelzp. 65°
Acetat. Schmelzp. 36—37°.

γ-Glycerin-d-glykosid.

Bildung: Bei der Hydrolyse des Hexamethylglyceringlykosids[2].

Glykolaldehyd-β-d-glykosid[3].

Mol-Gewicht: 222,15.
Zusammensetzung: $C_8H_{14}O_7$.

<hr>

[1] Amé Pictet u. Rachel Salzmann: Helvet. chim. Acta **10**, 276 (1927) — Chem. Zbl. **1927 I**, 2406.
[2] H. S. Gilchrist u. C. B. Purves: J. chem. Soc. Lond. **127**, 2735 (1925) — Chem. Zbl. **1926 I**, 2185.
[3] Hermann O. L. Fischer u. Leonhard Feldmann: Ber. dtsch. chem. Ges. **62**, 854 (1929) — Chem. Zbl. **1929 I**, 2871.

Derivate: Glykolaldehydglykosidtetraacetat $C_{16}H_{22}O_{11}$. Aus in Essigsäure gelöstem Allylglykosidtetraacetat mit Ozon und Zinkstaub. Amorph, leicht löslich in Äther, Alkohol, Benzol, Essigsäure und Chloroform; unlöslich in Wasser und Ligroin. Die Spaltung mit Schwefelsäure ergibt Glykose und Glykolaldehyd.

Dimethylacetal des Glykolaldehydglykosidtetraacetats[1] $C_{18}H_{28}O_{12}$. Durch 2tägiges Stehen von Glykolaldehydglykosidtetraacetat mit 0,5proz. methylalkoholischer Salzsäure. Man entfernt die Salzsäure mit Silbercarbonat, reacetyliert mit Essigsäureanhydrid und Pyridin. Krystalle aus Ligroin, Schmelzp. 84°. — $[\alpha]_D^{18} = -20,48°$ in abs. Methylalkohol. Aus Acetobromglykose und Glykolaldehyddimethylacetal beim Schütteln mit Silbercarbonat.

α-Cyclohexylglykosid[2].
$C_{12}H_{22}O_6$

Bildung: Durch Verseifung der Tetraacetylverbindung nach Zemplén.

Physikalische und chemische Eigenschaften: Krystalle, Schmelzp. 125—126°; $[\alpha]_D^{20} = +133,2°$ in Wasser. Leicht löslich in Wasser, Aceton und Alkohol, schwerer in heißem Äthylacetat und Benzol.

Derivate: Tetraacetylverbindung. Aus Tetraacetyl β-Cyclohexylglykosid mit Titantetrachlorid in Chloroformlösung. Schmelzp. 40—41°, $[\alpha]_D^{20} = +121,7°$ in Chloroform.

α-n-Hexylglykosid[3].

Derivate: Tetraacetylverbindung. Entsteht aus der β-Verbindung beim Erwärmen mit Titanchlorid in Chloroformlösung. Schmelzp. 61°; $[\alpha]_D^{20} = +116,6°$ in Chloroform.

β-n-Hexylglykosid[3].

Derivate: Tetraacetylverbindung. Aus Acetobromglykose n-Hexylalkohol und Silberoxyd in Ätherlösung. Schmelzp. 51,5°; $[\alpha]_D^{20} = -19,9°$ in Chloroform.

α-Phenol-d-glykosid (Bd. X, S. 789).

Physiologische Eigenschaften: Einwirkung von Hefenmaltase auf α-Phenylglykosid[4]. — Hydrolysengeschwindigkeit bei der Spaltung mit Maltase[5].

Physikalische und chemische Eigenschaften: Schmelzp. 173—174°[6]. Hydrat des α-Phenylglykosids $C_{12}H_{16}O_6$, H_2O: Aus Essigester Krystalle. Schmelzp. 155—160°, $[\alpha]_D = +157°$ in Alkohol[7]. — Inversionskonstante[8] $k \cdot 10^4$ bei 70° = 37,0. Säuredissoziationskonstante[5] k_a bei 17,8° $= 20,1 \cdot 10^{-14}$.

Derivate: 2, 3, 4, 6-Tetraacetyl-α-Phenylglykosid. Schmelzp. 114—115°[6]. Schmelzpunkt 112°, $[\alpha]_D = +162°$ in Alkohol bei $c = 1,0$[7].

3, 4, 6-Triacetyl-α-phenylglykosid[7]. Aus 3, 4, 6-Triacetylglykose-1, 2-anhydrid mit Phenol 20 Stunden bei 100°. — Daraus durch Acetylierung gewinnt man das Tetraacetat.

---

[1] Hermann O. L. Fischer u. Leonhard Feldmann: Ber. dtsch. chem. Ges. **62**, 854 (1929) — Chem. Zbl. **1929 I**, 2871.

[2] Eugen Pacsu: J. amer. chem. Soc. **52**, 2568 (1930).

[3] Eugen Pacsu: J. amer. chem. Soc. **52**, 2563 (1930).

[4] Richard Willstätter, Richard Kuhn u. Harry Sobotka: Hoppe-Seylers Z. **134**, 224 (1924) — Chem. Zbl. **1924 II**, 344.

[5] Richard Kuhn u. Harry Sobotka: Z. physik. Chem. **109**, 65 (1924) — Chem. Zbl. **1924 II**, 991.

[6] P. Brigl u. W. Scheyer: Hoppe-Seylers Z. **160**, 214 (1926) — Chem. Zbl. **1927 I**, 418.

[7] Wilfred John Hickinbottom: J. chem. Soc. Lond. **1928**, 3140 — Chem. Zbl. **1929 I**, 1922.

[8] Karl Freudenberg, Walter Dürr u. Heinrich v. Hochstetter: Ber. dtsch. chem. Ges. **61**, 1738 (1928) — Chem. Zbl. **1928 II**, 2120.

β-Phenol-d-glykosid (Bd. II, S. 593; Bd. X, S. 799).

Bildung: Geschwindigkeitsmessungen bei der Synthese des β-Phenolglykosids durch die Einwirkung des Emulsins[1] — Glykosylfluorid wird mit Ba-Phenolat $^1/_2$ Stunde auf dem Wasserbad erhitzt, von dem BaF_2 filtriert, mit Äther ausgeschüttelt und eingedunstet[2].

Physiologische Eigenschaften: Willstätter, Kuhn und Sobotka untersuchten die Einwirkung von β-Glykosidase auf β-Phenolglykosid[3]. Hydrolysengeschwindigkeit bei der Spaltung mit Emulsin[4]. — Reaktionskinetische Untersuchungen über die Wirkungsweise des Emulsins auf β-Phenolglykosid[5].

Physikalische und chemische Eigenschaften: Schmelzp. 175—176°[6]. Die Reaktionskonstante K der Säurehydrolyse mit $^1/_2$n-Salzsäure bei $77 \pm 1°$ ist für β-Phenolglykosid $243,10^{-5}$[4]. — Inversionskonstante[7] $K \cdot 10^4$ bei 70° = 13,7. Säuredissoziationskonstante[4] K_a bei 18,0° = $7,6 \cdot 10^{-14}$.

Derivate: β-phenolglykosidphosphorsaures Ba[8]. Ist der Fermenthydrolyse nicht zugänglich. $[\alpha]_D^{21} = -51,1°$ in Wasser.

2, 3, 5, 6-Tetraacetyl-β-Phenolglykosid[6]. Aus Acetobromglykose, Phenol in Benzollösung durch Schütteln mit Silbercarbonat[9]. Aus β-1-(Trichloracetyl)-tetraacetyl-d-glykose beim Erhitzen mit Phenol 15 Minuten auf 170°[10]. Schmelzp. 126—127°.

β-o-Nitrophenol-d-glykosid[11].

Mol-Gewicht: 301,19 (wasserfrei).
Zusammensetzung: $C_{12}H_{15}O_8N \cdot H_2O$.

Darstellung: Durch Verseifung der Tetraacetylverbindung.

Physiologische Eigenschaften: Wird durch Emulsin gespalten. Besitzt nur geringe Giftigkeit und keine Desinfektionswirkung, fördert sogar das Bakterienwachstum.

Physikalische und chemische Eigenschaften: Krystallisiert im rhombischen System mit 1 Mol Wasser, das bei 100° abgegeben wird. — Schmelzp. 130—131°. $[\alpha]_D^{14} = -82,72°$ (0,1734 g in 20 ccm Wasser). — Ist hygroskopisch, löslich in Wasser, Alkohol, Methylalkohol, Aceton, Essigsäure und Kalilauge, unlöslich in Äther und Chloroform. — Bildet mit Ammoniak eine krystallinische Verbindung.

---

[1] Karl Josephson: Hoppe-Seylers Z. **147**, 155 (1925) — Chem. Zbl. **1926 I**, 690.

[2] B. Helferich, K. Bäuerlein u. F. Wiegand: Liebigs Ann. **447**, 27 (1926) — Chem. Zbl. **1926 I**, 2324.

[3] R. Willstätter, R. Kuhn u. H. Sobotka: Hoppe-Seylers Z. **129**, 33 (1923) — Chem. Zbl. **1923 III**, 1172. — R. Kuhn: Hoppe-Seylers Z. **127**, 234 (1923) — Chem. Zbl. **1923 III**, 315. — R. Willstätter u. R. Kuhn: Ber. dtsch. chem. Ges. **56**, 509 (1923) — Chem. Zbl. **1923 I**, 1330.

[4] Richard Kuhn u. Harry Sobotka: Z. physik. Chem. **109**, 65 (1924) — Chem. Zbl. **1924 II**, 991.

[5] Karl Josephson: Hoppe-Seylers Z. **147**, 1 (1925) — Chem. Zbl. **1926 I**, 688.

[6] P. Brigl u. W. Scheyer: Hoppe-Seylers Z. **160**, 214 (1926) — Chem. Zbl. **1927 I**, 418.

[7] Karl Freudenberg, Walter Dürr u. Heinrich v. Hochstetter: Ber. dtsch. chem. Ges. **61**, 1738 (1928) — Chem. Zbl. **1928 II**, 2120.

[8] B. Helferich, A. Löwa, W. Nippe u. H. Riedel: Hoppe-Seylers Z. **128**, 141 (1923) — Chem. Zbl. **1923 III**, 1003.

[9] M. M. Carter: Ber. dtsch. chem. Ges. **63**, 586 (1930) — Chem. Zbl. **1930 I**, 2394.

[10] Burckhardt Helferich u. Richard Gootz: Ber. dtsch. chem. Ges. **62**, 2788 (1929) — Chem. Zbl. **1929 II**, 3222.

[11] Erhard Glaser u. Wilhelm Wulwek: Biochem. Z. **145**, 514 (1924) — Chem. Zbl. **1924 II**, 62.

Derivate: o-Nitrophenol-glykosid-tetraacetat $C_{20}H_{23}O_{12}N$. Aus o-Nitrophenol in alkalischer Lösung und Acetobromglykose gelöst in Aceton. — Monokline Nadeln aus heißem Alkohol. Schmelzp. 158—159°; $[\alpha]_D^{18} = +36{,}14°$ (0,1044 g in 15 ccm Chloroform). — Löslich in Alkohol, schwer in Methylalkohol, Ammoniak, Phenol, Chloroform und Aceton; unlöslich in Wasser, Äther, Essigsäure und Kalilauge.

β-m-Nitrophenol-d-glykosid[1].

Mol-Gewicht: 301,19 (wasserfrei).
Zusammensetzung: $C_{12}H_{15}O_8N \cdot H_2O$.

Darstellung: Durch Verseifung der Tetraacetylverbindung.

Physiologische Eigenschaften: Wird durch Emulsin gespalten. Besitzt nur geringe Giftigkeit und keine Desinfektionswirkung; fördert sogar das Bakterienwachstum.

Physikalische und chemische Eigenschaften: Rhombische Nadeln mit 1 Mol Wasser, das bei 100° abgegeben wird. Schmelzp. 167—168°, $[\alpha]_D^{22} = -84{,}89°$ (0,0989 g in 20 ccm Wasser). Löslich in Wasser, Alkohol, Methylalkohol, Phenol, Ammoniak und Kalilauge; unlöslich in Äther, Benzol, Chloroform, Petroläther, Aceton und Essigsäure. Bildet mit Ammoniak eine krystallinische Verbindung.

Derivate: m-Nitrophenol-glykosid-tetraacetat $C_{20}H_{23}O_{12}N$. Aus m-Nitrophenol in alkalischer Lösung und Acetobromglykose gelöst in Aceton. — Monokline, sternförmig geordnete Nadeln, Schmelzp. 136—137°; $[\alpha]_D^{18} = -18{,}26°$ (0,1006 g in 15 ccm Chloroform). Löslichkeit ungefähr wie bei der Orthoverbindung.

β-p-Nitrophenol-d-glykosid[1].

Mol-Gewicht: 301,19 (wasserfrei).
Zusammensetzung: $C_{12}H_{15}O_8N \cdot H_2O$.

Darstellung: Durch Verseifung der Tetraacetylverbindung.

Physiologische Eigenschaften: Wird durch Emulsin gespalten. Besitzt nur geringe Giftigkeit und keine Desinfektionswirkung; fördert sogar das Bakterienwachstum.

Physikalische und chemische Eigenschaften: Bildet rhombische Nadeln, Schmelzpunkt 164—165°; $[\alpha]_D^{22} = -99°$ (0,1134 g in 15 ccm Wasser); löslich in Wasser, Alkohol, Methylalkohol, Ammoniak und Kalilauge; unlöslich in Äther, Aceton, Benzol, Chloroform, Petroläther, Amylalkohol und Phenol. Bildet mit Ammoniak eine krystallinische Verbindung.

Derivate: p-Nitrophenol-glykosid-tetraacetat $C_{20}H_{23}O_{12}N$. Aus p-Nitrophenol in alkalischer Lösung und Acetobromglykose gelöst in Aceton. — Monokline Nadeln, Schmelzp. 174 bis 175°, $[\alpha]_D^{16} = 27{,}17°$ (0,1689 g in 15 ccm Chloroform). Löslichkeit etwa wie bei der o-Verbindung.

---

[1] Erhard Glaser u. Wilhelm Wulwek: Biochem. Z. **145**, 514 (1924) — Chem. Zbl. **1924 II**, 62.

β-1, 2, 4-Dinitrophenol-d-glykosid.

Mol-Gewicht: 346,19.

Zusammensetzung: $C_{12}H_{14}O_{10}N_2$.

Derivate: 1, 2, 4-Dinitrophenol-glyko-tetraacetat $C_{20}H_{22}O_{14}N_2$. Durch Einwirkung von Acetobromglykose in Acetonlösung auf alkalischer Dinitrophenollösung. Aus heißem Alkohol Nadeln vom Schmelzp. 196°. $[\alpha]_D^{19} = +36,8°$ in Chloroform. Geringe Spuren von Säuren oder Alkalien zersetzen die Substanz auch in trockenem Zustande[1].

β-1, 2, 5-Dinitrophenol-d-glykosid.

Mol-Gewicht: 346,19.

Zusammensetzung: $C_{12}H_{14}O_{10}N_2$.

Derivate: 1, 2, 5-Dinitrophenol-glyko-tetraacetat $C_{20}H_{22}O_{14}N_2$. Durch Einwirkung von Acetobromglykose in Acetonlösung auf alkalischer Dinitrophenollösung. Schmelzp. 149°. $[\alpha]_D^{19} = +36,7°$ in Chloroform. Mit einigen Tropfen Jod-Jodkaliumlösung und NaOH versetzt, gibt 1, 2, 5-Dinitrophenol eine Purpurfärbung. Dieselbe Reaktion zeigt auch das Tetraacetat[1].

β-o-Kresyl-d-glykosid (Bd. II, S. 594).

Derivate: Tetraacetyl-β-o-kresylglykosid[2]. Entsteht bei der Behandlung von Tetraacetylsalicinbromid in Essigsäure mit Zink. Schmelzp. 141°. $[\alpha]_D^{25} = -25,4°$ in Chloroform.

---

[1] E. Glaser u. A. Ch. Thaler: Arch. Pharmaz. **264**, 228 (1926) — Chem. Zbl. **1926 I**, 3600.
[2] Alfons Kunz: J. amer. chem. Soc. **48**, 262 (1926) — Chem. Zbl. **1926 I**, 2590.

Leicht löslich in Äther; löslich in Chloroform, Benzol und heißem Alkohol; unlöslich in Petroläther. Durch Behandlung desselben mit Brom in Chloroform an der Sonne entsteht Tetraacetylsalicinbromid.

o-Kresyl-d-glykosid.

Bildung: Entsteht bei der Hydrierung des Salicins mit PtO_2 ohne Zuckerabspaltung[1].
Physikalische und chemische Eigenschaften: Nadeln aus Essigester, Schmelzp. 164°,
$[\alpha]_D^{31} = +61,75°$ [1].

β-m-Nitro-p-kresol-d-glykosid.

Mol-Gewicht: 315,22.
Zusammensetzung: $C_{13}H_{17}O_8N$.

Physiologische Eigenschaften: Wird durch Emulsin nur unvollkommen gespalten, nicht mehr, wenn die Konzentration an Nitrokresol 0,29% erreicht.
Physikalische und chemische Eigenschaften: Prismatische Säulen, hygroskopisch. Schmelzpunkt 128—129°. $[\alpha]_D^{22} = -77,53°$ in Wasser. Löslich in Wasser, Alkohol, Methylalkohol, Aceton, Essigester; unlöslich in Chloroform, Äther und Phenol.
Derivate: m-Nitrokresol-glyko-tetraacetat $C_{21}H_{22}O_{12}N$. Aus 3-Nitro-p-kresol in alkalischer Lösung und Acetobromglykose in Aceton. Prismatische Säulen aus Alkohol. Schmelzpunkt 201—203°. $[\alpha]_D^{18} = +26,78°$ in Chloroform. Sehr leicht löslich in Chloroform, Aceton, Phenol, heißem Alkohol; weniger löslich in Äther; unlöslich in Wasser und Benzol[2].

α-Nitronaphthol-β-d-glykosid.

Mol-Gewicht: 375,24.
Zusammensetzung: $C_{16}H_{17}O_8N + H_2O$.

Bildung: Aus α-Nitronaphtholglykotetraacetat durch Verseifung.
Physiologische Eigenschaften: Zeigt Widerstandsfähigkeit gegen Emulsin.
Physikalische und chemische Eigenschaften: Gelbliche Nadeln vom Schmelzp. 214—215° (Zersetzung). $[\alpha]_D^{18} = -73°$ in Alkohol.
Derivate: Tetraacetat $C_{24}H_{25}O_{12}N$. Aus Acetobromglykose und α-Nitronaphthol. Nadeln aus heißem Alkohol, Schmelzp. 150—151°. $[\alpha]_D^{19} = -66°$ in Chloroform[3].

---

[1] T. Kariyone u. K. Kondo: J. pharm. Soc. Jap. **48**, 90 — Chem. Zbl. **1928 II**, 1338.
[2] E. Glaser u. H. Prüfer: Biochem. Z. **137**, 429 (1923) — Chem. Zbl. **1923 IV**, 310.
[3] E. Glaser u. A. Ch. Thaler: Arch. Pharmaz. **264**, 228 (1926) — Chem. Zbl. **1926 I**, 3600.

β-Dekahydro-β-naphthol-d-glykosid[1].

Mol-Gewicht: 316,30.

Zusammensetzung: $C_{16}H_{28}O_6$.

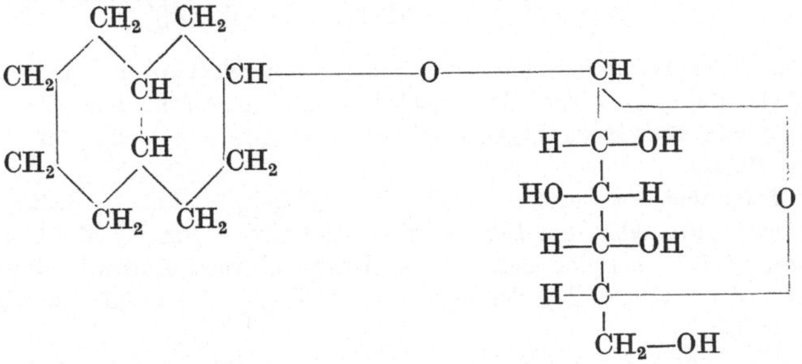

Darstellung: Durch Verseifung der Tetraacetylverbindung mit methylalkoholischem Ammoniak.

Physikalische und chemische Eigenschaften: Aus Wasser dünne Blättchen, Schmelzp. 196°.

Derivate: Tetraacetylverbindung $C_{24}H_{36}O_{10}$. Aus Acetobromglykose, Dekahydro-β-naphthol und Silberoxyd in Äther. Krystalle aus Methylalkohol, Schmelzp. 149—151°.

Phlorin (Phloroglucin-d-glykosid) (Bd. II, S. 597; Bd. VIII, S. 307).

Derivate: Bromphlorin[2] $C_{12}H_{15}O_8Br$

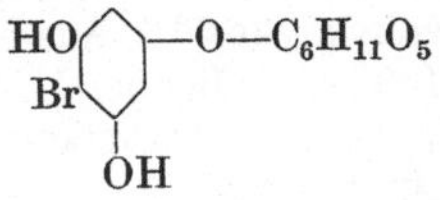

6 g Dibromphlorrhizin werden mit 80 ccm 12,5proz. Bariumhydroxydlösung 9 Stunden erhitzt, mit Schwefelsäure angesäuert und mit Äther extrahiert. Aus dem Äther läßt sich Bromphloretinsäure isolieren. Die wässerige Lösung wird mit Bleiacetat gefällt, die Fällung mit Barytwasser im Filtrat vervollständigt, der Niederschlag mit 10proz. Schwefelsäure verrieben, filtriert, mit Bariumcarbonat von der Schwefelsäure befreit und eingeengt. Krystalle aus Wasser. Schmelzp. 280°, Sinterung bei 230°. Wenig löslich in kaltem, leicht löslich in heißem Wasser, unlöslich in Chloroform, Benzol und Alkohol. Linksdrehend.

Phlorglucin-2-glykosido-4-methyläther-aldehyd[3].

Derivate: Tetraacetylverbindung

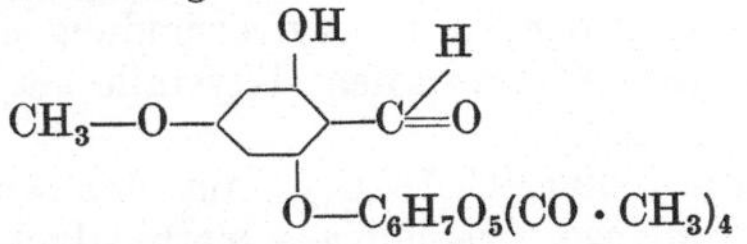

Aus Acetobromglykose und Phloroglucinaldehyd-4-methyläther in Aceton unter Schütteln und Zutropfen von 1 g Kaliumhydroxyd in 10 ccm Wasser bei 5—10°. — Schmelzp. 177°.

Phloroglucin-4-glykosido-2-methyläther-1-aldehyd[3].

Derivate: Tetraacetylverbindung

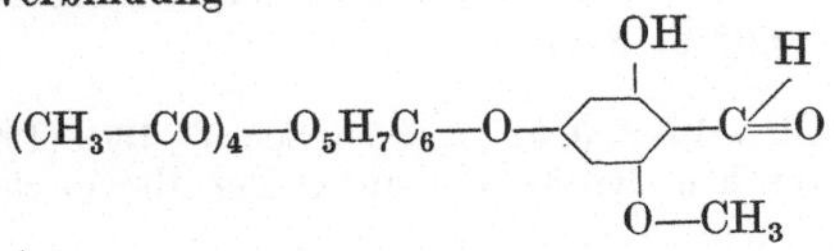

[1] K. H. Slotta u. H. Heller: Ber. dtsch. chem. Ges. **63**, 1024 (1930) — Chem. Zbl. **1930 II**, 59.

[2] Keizo Misaki: J. of Biochem. **5**, 1, 9 (1925) — Chem. Zbl. **1925 II**, 1528.

[3] P. Karrer, N. Lichtenstein u. A. Helfenstein: Helvet. chim. Acta **12**, 991 (1929) — Chem. Zbl. **1930 I**, 371.

Aus Phloroglucinaldehyd-2-methyläther gelöst in Natronlauge mit einer ätherischen Lösung von Acetobromglykose. Schmelzp. 151°.

α-Benzylglykosid (Bd. II, S. 593).

Bildung: Entsteht bei der Behandlung von α-Methylglykosid mit Benzylchlorid und Natronlauge bei 85—95°[1]. Aus dem Tetraacetat durch Verseifung nach Zemplén.

Physikalische und chemische Eigenschaften: Krystalle aus Essigester, Schmelzp. 122°; $[\alpha]_D^{13} = +131°$ in Wasser.

Derivate: Tetraacetyl-α-benzyl-d-glykosid $C_{21}H_{26}O_{10}$. Aus α-Acetojodglykose mit 4 Mol Benzylalkohol und siedendem Benzol unter Eintropfen von 1,7 Mol Chinolin in Benzol (3 Stunden), dann noch 2 Stunden gekocht. — Durch abwechselndes Umkrystallisieren aus Alkohol und abs. Äther Krystalle, Schmelzp. 111°; $[\alpha]_D^{15,5} = +143,3°$ in Chloroform; $[\alpha]_D^{16} = +134,3°$ in Alkohol[2].

β-Benzyl-d-glykosid (Bd. VIII, S. 303).

Darstellung: Günstiges Verhältnis bei der Darstellung mit Silberoxyd. 3 g Benzylalkohol auf 1 g Acetobromglykose in Äther[3].

Physiologische Eigenschaften: Das synthetische β-Benzylglykosid ist weit weniger toxisch als Benzylbenzol; beim Hunde war eine toxische Dosis nicht aufzufinden[4]. Speichel und Pankreassaft greifen Benzylglykosid nicht an. Auch durch HCl in einer dem Magensaft entsprechenden Konzentration wird das Glykosid nicht gespalten. Gegenüber dem Emulsin der Darmschleimhaut ist es ebenfalls resistent[5].

Derivate: 3, 4, 6-Triacetyl-β-benzylglykosid[6]. Aus 3, 4, 6-Triacetylglykose-1, 2-anhydrid mit Benzylalkohol in 2 Stunden bei 100°. Öl. Bei der Verseifung bildet sich β-Benzylglykosid vom Schmelzp. 119°, $[\alpha]_D = -49°$, bei der Acetylierung die Tetraacetylverbindung vom Schmelzp. 98—99° und $[\alpha]_D = -44$ in Alkohol.

Glykoacetosyringon[7].

$$C_{16}H_{22}O_9$$

<pre>
            O—C_6H_11O_5
              |
CH_3—O—⌬—O—CH_3
              |
            CO—CH_3
</pre>

Bildung: Bei der Verseifung der Tetraacetylverbindung mit Baryt.

Physikalische und chemische Eigenschaften: Krystalle aus abs. Alkohol, Schmelzp. 208 bis 209°, leicht löslich in Aceton.

Derivate: Tetraacetylverbindung $C_{24}H_{30}O_{13}$. Aus Acetosyringon Acetobromglykose in Aceton mit verdünnter Natronlauge. Nadeln aus Methylalkohol + Wasser. Schmelzp. 119 bis 120°.

β-Menthyl-d-glykosid (Bd. II, S. 597; Bd. X, S. 801).

Derivate: 3, 4, 6-Triacetyl-β-menthylglykosid[6]. Aus 3, 4, 6-Triacetylglykose-1, 2-anhydrid mit Menthol 30 Stunden bei 90—100°. Aus Tetrachlormethan oder Alkohol Krystalle, Schmelzp. 144°, $[\alpha]_D = -10,6°$ in Benzol.

---

[1] M. Gomberg u. C. C. Buchler: J. amer. chem. Soc. **43**, 1904 (1922) — Chem. Zbl. **1922 I**, 1396.
[2] Burckhardt Helferich u. Richard Gootz: Ber. dtsch. chem. Ges. **62**, 2788 (1929) — Chem. Zbl. **1929 II**, 3222.
[3] K. H. Slotta u. H. Heller: Ber. dtsch. chem. Ges. **63**, 1024 (1930) — Chem. Zbl. **1930 II**, 59.
[4] A. Richaud: C. r. Soc. Biol. Paris **86**, 649—651 (1922) — Chem. Zbl. **1922 III**, 187.
[5] R. Richaud: C. r. Soc. Biol. Paris **86**, 770—772 (1922) — Chem. Zbl. **1922 III**, 279.
[6] Wilfred John Hickinbottom: J. chem. Soc. Lond. **1928**, 3140 — Chem. Zbl. **1929 I**, 1922.
[7] F. Mauthner: J. prakt. Chem. (2) **124**, 313 (1930) — Chem. Zbl. **1930 I**, 2896.

β-d-Bornyl-glykosid (Bd. VIII, S. 311).

Konstitution: Beweis der β-Glykosidbindung[1].

Physiologische Eigenschaften: d-Bornyl-glykosid wird von Emulsin 3,4mal rascher hydrolysiert als d-Bornyl-d-glykosid[2].

Physikalische und chemische Eigenschaften: Inversionskonstante[3] $K \cdot 10^4$ bei $70° = 1,9$.

β-l-Bornyl-d-glykosid (Bd. VIII, S. 311; Bd. X, S. 805).

Konstitution: Beweis der β-Glykosidbindung[1].

Physiologische Eigenschaften: l-Bornyl-glykosid wird von Emulsin 3,4mal rascher hydrolysiert als d-Bornyl-d-glykosid[2].

α-Oxycampherglykosid[4].
$$C_{16}H_{26}O_7$$

Bildung: Durch Verseifung der Tetraacetylverbindung mit Baryt.

Physikalische und chemische Eigenschaften: Nadeln mit $1\ H_2O$, Schmelzp. $82-83°$, $[\alpha]_D^{19} = -6,1°$ in Alkohol. Nach dem Trocknen bei $90°$ über Phosphorpentoxyd wasserfrei, Schmelzp. $113-114°$.

Derivate: Tetraacetylverbindung $C_{24}H_{34}O_{11}$. Aus α-Oxycampher, Acetobromglykose und Silbercarbonat. Nadeln aus Alkohol, Schmelzp. $192-193°$, $[\alpha]_D^{28} = -62,2°$ in Benzol.

Oxim der Tetraacetylverbindung $C_{24}H_{35}O_{11}N$. Nadeln oder Blättchen aus verdünntem Alkohol, Schmelzp. $182-183°$.

β-Oxycampherglykosid[4].
$$C_{16}H_{26}O_7$$

Bildung: Aus der Tetraacetylverbindung mit Baryt.

Physikalische und chemische Eigenschaften: Krystallisiert schwer, enthält $1\ H_2O$, Schmelzpunkt unscharf $86-88°$, $[\alpha]_D^{19} = -13,7°$ in Alkohol, wasserfrei, Schmelzp. $140-143°$.

Derivate: Tetraacetylverbindung $C_{24}H_{34}O_{11}$. Aus β-Oxycampher von Manasse[5], Acetobromglykose und Silbercarbonat. Prismen, Schmelzp. $152-153°$, $[\alpha]_L^{18,5} = +12,1°$ in Benzol.

Semicarbazon der Tetraacetylverbindung $C_{25}H_{37}O_{11}N_3$. Nadeln, Schmelzp. $116-117°$.

p-Oxycampherylglykosid[4].
$$C_{10}H_{15}O-O-C_6H_{11}O_5$$

Bildung: Durch Verseifung des Oxims der Tetraacetylverbindung.

Physikalische und chemische Eigenschaften: Nach dem Trocknen im Vakuum glasiges Pulver, bei Raumtemperatur mit $1\ H_2O$, fast optisch inaktiv, an der Luft sofort verharzend. Die wässerige Lösung ist geruchlos und bitter. Wird durch Säuren und Emulsin gespalten.

Derivate: Tetraacetyl-p-oxycampherylglykosid $C_{10}H_{15}O-O-C_6H_7O_5(CO-CH_3)_4$. Aus p-Oxycampher, Acetobromglykose und Silbercarbonat in Äther. Nadeln aus verdünntem Alkohol, Schmelzp. $147-148°$ nach Sinterung bei $142°$. $[\alpha]_D^{17,5} = -11,7°$ in Benzol.

Oxim der Tetraacetylverbindung. Nadeln aus verdünntem Alkohol, Schmelzp. $135-136°$.

---

[1] C. S. Hudson: J. amer. chem. Soc. **47**, 537 (1925) — Chem. Zbl. **1925 I**, 2550.
[2] Stotherd Mitchell: J. chem. Soc. Lond. **127**, 208 (1925) — Chem. Zbl. **1925 I**, 2451.
[3] Karl Freudenberg, Walter Dürr u. Heinrich v. Hochstetter: Ber. dtsch. chem. Ges. **61**, 1738 (1928) — Chem. Zbl. **1928 II**, 2120.
[4] M. Ishidate: J. pharm. Soc. Jap. **49**, 56 (1929) — Chem. Zbl. **1929 II**, 423.
[5] Manasse: Ber. dtsch. chem. Ges. **35**, 3816 (1902).

β-d-Glykosidosalicylsäure (Bd. X, S. 794).

Physiologische Eigenschaften: Wird durch dialysierte Schneckenlichenase nicht gespalten[1].

p-[β-d-Glykosido]-oxybenzoesäure[2].

$$C_6H_{11}O_5-O-C_6H_4-COOH$$

Bildung: Aus der Tetraacetylverbindung des Methylesters durch Verseifung mit Barytwasser.

Physiologische Eigenschaften: Die bactericide Wirkung, gemessen an Staphylococcus pyogenes aureus bei Phenol = 1 ist 3,0. — Der Methylester hat 2,7.

Physikalische und chemische Eigenschaften: Schmelzp. 213° korr.; $[\alpha]_D^{17} = -79,2°$.

Derivate: p-[β-d-Glykosido]-oxybenzoesäuremethylester $C_6H_{11}O_5-O-C_6H_4-COOCH_3$. Aus dem Glykosid in Methanol und Diazomethan in Wasser. Schmelzp. 169° korr.; $[\alpha]_D^{16} = -78,1°$. Sehr leicht löslich in Alkohol, wenig löslich in kaltem, ziemlich löslich in heißem Wasser, Aceton, Essigester, unlöslich in kaltem, wenig löslich in heißem Benzol und Toluol, unlöslich in Äther, Chloroform, Tetrachlormethan, Ligroin, Benzin und Petroläther.

p-[β-Tetraacetyl-d-glykosido]-oxybenzoesäuremethylester $[(CH_3 \cdot CO)_4 \cdot C_6H_7O_5]-O-C_6H_4-COOCH_3$. — Aus Acetobromglykose in der dreifachen Menge Aceton und dem Natriumphenolat des p-Oxybenzoesäuremethylesters in der doppelten Menge Wasser durch allmähliches Zugeben unter Schütteln und 12stündigem Stehen. Schmelzp. 162,5° korr.; $[\alpha]_D^{17} = -24,0°$. Ausbeute 25%.

3-Chlor-4-[β-d-glykosido]-oxybenzoesäure[2].

$$(C_6H_{11}O_5) \cdot O \cdot C_6H_3Cl-COOH$$

Bildung: Durch Verseifung der Tetraacetylverbindung des Methylesters mit Baryt.

Physiologische Eigenschaften: Bactericide Wirkung, gemessen an Staphylococcus pyogenes aureus bei Phenol = 1, ist 4,3.

Physikalische und chemische Eigenschaften: Schmelzp. 183° korr. unter Zersetzung; $[\alpha]_D^{17} = -70,7°$. Wenig löslich in kaltem, sehr leicht löslich in heißem Wasser, leicht löslich in Alkohol, wenig löslich in Aceton, unlöslich in Äther, Chloroform, Benzol, Benzin, Ligroin, Petroläther, Essigester.

Derivate: 3-Chlor-4-[β-d-glykosido]-oxybenzoesäuremethylester $(C_6H_{11}O_5) \cdot O \cdot C_6H_3Cl$ —$COOCH_3$. Darstellung analog der chlorfreien Verbindung. Schmelzp. 214,5° korr.; $[\alpha]_D^{18} = -50,3°$. Wenig löslich in kaltem, leichter in heißem Wasser, sehr leicht löslich in Alkohol, wenig löslich in kaltem, leicht löslich in heißem Aceton, unlöslich in Chloroform, Tetrachlormethan, Ligroin, Benzin, Petroläther.

3-Chlor-4-[β-tetraacetyl-d-glykosido]-oxybenzoesäuremethylester $[(CH_3 \cdot CO)_4 \cdot C_6H_7O_5]$ —$O-C_6H_3Cl-COOCH_3$. Darstellung analog der chlorfreien Verbindung. Schmelzp. 137,5° korr., $[\alpha]_D^{17} = -44,9°$. Wenig löslich in Wasser und Äther, leicht löslich in Chloroform und Aceton, noch leichter in Benzol, leicht löslich in heißem Alkohol, unlöslich in Benzin, Ligroin, Petroläther, etwas löslich in warmem Tetrachlormethan und Schwefelkohlenstoff.

3,5-Dichlor-4-[β-d-glykosido]-oxybenzoesäure[2].

$$(C_6H_{11}O_5)-O-C_6H_2Cl_2-COOH$$

Derivate: 3,5-Dichlor-4-[β-d-glykosido]-oxybenzoesäureamid$(C_6H_{11}O_5)-O-C_6H_2Cl_2-$ $CO-NH_2$. — Bei der Verseifung des acetylierten Methylesters mit methylalkoholischem Ammoniak. Zersetzt sich bei etwa 150°, je nach der Schnelligkeit des Erhitzens, ohne zu schmelzen. — Schwer löslich in kaltem, besser löslich in heißem Wasser, Alkohol und Aceton, schwer löslich in anderen Lösungsmitteln. Bei einer 0,7proz. methylalkoholischen Lösung konnte im 2-dm-Rohr keine Drehung beobachtet werden.

---

[1] P. Karrer u. M. Staub: Helvet. chim. Acta **7**, 916 (1924) — Chem. Zbl. **1924 II**, 2487.
[2] Th. Sabalitschka: Arch. Pharmaz. **267**, 675 (1929) — Chem. Zbl. **1930 I**, 1330.

3, 5-Dichlor-4-[β-tetraacetyl-d-glykosido]-oxybenzoesäuremethylester $[(CH_3CO)_4-C_6H_7O_5]-O-C_6H_2Cl_2-COOCH_3$. — Darstellung analog der chlorfreien Verbindung. Schmelzpunkt 112° korr. Unlöslich in kaltem, wenig löslich in warmem Wasser; wenig löslich in kaltem, sehr leicht löslich in warmem Alkohol, schwer löslich in Äther, kalt gut, warm reichlich löslich in Chloroform und Benzol; wenig löslich in kaltem, leicht löslich in heißem Aceton und Tetrachlormethan; unlöslich in Benzin, Petroläther, Ligroin. Bei der Einwirkung von Baryt wird Glykose abgespalten.

β-5-Chlorsalicylglykosid[1].

Mol-Gewicht: 320,67.
Zusammensetzung: $C_{13}H_{17}O_7Cl$.

Bildung: Aus 5-Chlorsaligenin, Glykose und Emulsin in Aceton und Wasser.

Physikalische und chemische Eigenschaften: Aus Essigester, dann Alkohol krystallisiert und nochmals mit Äther gewaschen, Nadeln; ist linksdrehend, reduziert schwach Fehlingsche Lösung, wird von wässeriger H_2SO_4 und Emulsin hydrolisiert, wonach die Lösung rechts dreht und stärker reduziert. Die Lösung in konz. H_2SO_4 ist grün; Färbung mit $FeCl_3$ in Wasser blauviolett wie bei 5-Chlorsaligenin.

β-d-Glykosido-m-kresotinsäure[2].

Mol-Gewicht: 307,16.
Zusammensetzung: $C_{14}H_{11}O_8$.

Bildung: Aus dem Tetraacetat mit n-$Ba(OH)_2$ bei Raumtemperatur in 24 Stunden.

Physikalische und chemische Eigenschaften: Krystalle aus Wasser beim Eindunsten im Vakuum, Schmelzp. 142°, $[\alpha]_D^{20} = -56,2°$ in Wasser[2].

Derivate: Tetraacetylverbindung entsteht als Nebenprodukt bei der Darstellung von m-Kresotinsäuretetraacetylglykoseester aus dem Ag-Salz der m-Kresotinsäure und Acetobromglykose. Aus den ammoniakalischen Auszügen wird mit HCl gefällt. Aus Alkohol + Wasser: Schmelzp. 145° (korr.), $[\alpha]_D^{20} = -28,3°$ in Chloroform[2].

[1] P. Delauney: C. r. Acad. Sci. Paris **183**, 990 (1926) — Chem. Zbl. **1927 I**, 721.
[2] K. Josephson: Liebigs Ann. **464**, 227 (1928) — Chem. Zbl. **1928 II**, 983.

β-d-Glykosido-p-Kresotinsäure[1].

Mol-Gewicht: 307,16.
Zusammensetzung: $C_{14}H_{18}O_8$.

$$CH_3-\langle\ \rangle-O-CH\ \ \overset{COOH}{|}$$

$$\begin{array}{l} H-C-OH \\ HO-C-H \quad O \\ H-C-OH \\ H-C \\ CH_2-OH \end{array}$$

Bildung: Aus dem Tetraacetat durch Verseifung mit kalter gesättigter Barytlösung während 20 Stunden bei Zimmertemperatur.

Physiologische Eigenschaften: Die mit KOH auf $p_H = 5$ gestellte Lösung des Glykosids wird mit Emulsinlösung gespalten.

Physikalische und chemische Eigenschaften: Krystalle aus wenig Wasser; Schmelzp. 148 bis 149°; sehr leicht löslich in Wasser. $[\alpha]_D = -48,4°$ (in Wasser).

Derivate: Tetraacetyl-d-glykosido-p-kresotinsäure $C_{22}H_{26}O_{12}$. Aus der NH_3-Ausschüttelung bei der Aufarbeitung der p-Kresontisäuretetraacetyl-d-glykoseester durch Ansäuern gewonnen. Nadeln aus Alkohol + Wasser; Schmelzp. 161°; sehr wenig löslich in Wasser; leicht löslich in Alkohol[2].

β-d-Glyko-protocatechualdehyd[3].

Mol-Gewicht: 300,20.
Zusammensetzung: $C_{13}H_{16}O_8$.

$$\overset{H}{\underset{O}{}}C-\langle\ \rangle-O-CH$$

$$(?)\quad \begin{array}{l} H-C-OH \\ HO-C-H \quad O \\ H-C-OH \\ H-C \\ CH_2-OH \end{array}$$

Der Glykoserest ist wahrscheinlich in die OH-Gruppe in p-Stellung zur CHO-Gruppe gebunden.

Bildung: Aus dem Tetraacetat durch Verseifung.

Physikalische und chemische Eigenschaften: Nadeln aus Essigester. Schmelzp. 73—74°. Leicht löslich in Wasser, Alkohol; wenig in Essigester; unlöslich in Benzol, Aceton, Benzin. $[\alpha]_D^{11} = -36,21°$.

Derivate: Tetraacetat. Aus Protocatechualdehyd und Acetobromglykose. Nadeln aus Alkohol. Schmelzp. 179—180°. Leicht löslich in Alkohol, Methylalkohol, Aceton, Essigäther, verdünnten Alkalien; wenig löslich in Chloroform; unlöslich in Wasser, Äther, Benzol, Benzin. $[\alpha]_D^{11} = -49,5°$ [3].

---

[1] K. Josephson: Ark. Kemi, Min. och Geol. 9, Nr 36, 1 (1927) — Chem. Zbl. 1927 I, 1444. — P. Karrer: Ber. dtsch. chem. Ges. 50, 833 (1917) — Chem. Zbl. 1917 II, 381 — Helvet. chim. Acta 2, 425 — Chem. Zbl. 1925 I, 385.
[2] K. Josephson: Liebigs Ann. 464, 227 (1928) — Chem. Zbl. 1928 II, 983.
[3] E. Glaser u. S. Ueberall: Biochem. Z. 138, 192 (1923) — Chem. Zbl. 1923 III, 859.

4-o-Glykosidooxy-2-oxybenzaldehyd[1].

Derivate: 4-o-Tetraacetyl-glykosidooxy-2-oxybenzoldehyd $C_{21}H_{24}O_{12}$

$$HO\!-\!\!\bigcirc\!\!-\!O \cdot C_6H_7O(OCOCH_3)_4$$
$$\underset{H}{\overset{O}{\diagdown}}\!C$$

Entsteht aus Acetobromglykose in Aceton mit einer Lösung von β-Resorcylaldehyd in wässeriger KOH mit Ag_2CO_3. Aus 85% Methylalkohol umkrystallisiert. Schmelzp. 134—135°[1].

Parigenin-d-glykosid[2].

$$C_{32}H_{52}O_8$$

Bildung: Aus der Tetraacetylverbindung durch Verseifung.

Physikalische und chemische Eigenschaften: Schmelzp. 225—230°. Krystallinisch. Die Lösung in Alkohol schäumt stark beim Mischen mit Wasser. Bei der Hydrolyse entsteht Parigenin.

Derivate: Tetraacetylverbindung. Aus Acetobromglykose, Parigenin und Chinolin in siedendem Toluol.

d-Glyko-coniferylaldehyd[3].

$$C_{16}H_{20}O_8$$

$$CH\!\!=\!\!CH\!\!-\!\!C\!\!\overset{H}{\underset{}{\diagup}}\!\!\overset{}{\diagdown}\!O$$
$$\bigcirc\!\!-\!O\!\!-\!\!CH_3$$
$$O\!\!-\!C_6H_{11}O_5$$

Bildung: Aus Tetraacetyl-glyko-coniferylaldehyd durch Verseifung mit Barytwasser oder Ammoniak.

Physikalische und chemische Eigenschaften: Schmelzp. 206°[3].

Derivate: Oxim. Schmelzp. 206°.

Tetraacetylderivat $C_{24}H_{28}O_{12}$. Entsteht durch 3tägiges Schütteln von Coniferylaldehydkalium in Wasser mit Acetobromglykose in Äther. Ausbeute 50%. Nadeln vom Schmelzp. 160°. Leicht löslich in heißem Alkohol, wenig löslich in Äther, unlöslich in Wasser. Durch Verseifung mit Barytwasser oder Ammoniak entsteht der schon von Tiemann[4] beschriebene Glyko-coniferylaldehyd[3].

ω-o-Tetraacetyl-β-glykosidooxyacetophenon.

$$C_{22}H_{26}O_{11}$$

$$C_6H_5 \cdot CO \cdot CH_2 \cdot O \cdot C_6H_7O(OCOCH_3)_4$$

Darstellung: Aus Acetobromglykose, Benzoylcarbinol und Ag_2CO_3 durch 14stündiges Erhitzen in abs. Äther.

Physikalische und chemische Eigenschaften: Aus 86proz. Methylalkohol umkrystallisiert, Schmelzp. 104—105°[1].

---

[1] A. Robertson u. R. Robinson: J. chem. Soc. Lond. **1927**, 242 — Chem. Zbl. **1927 I**, 2427 — J. chem. Soc. Lond. **1926**, 1713 — Chem. Zbl. **1926 II**, 2180.

[2] A. W. van der Haar: Rec. Trav. chim. Pays-Bas et Belg. (Amsterd.) **48**, 726 (1929) — Chem. Zbl. **1930 I**, 689.

[3] H. Pauly u. K. Feuerstein: Ber. dtsch. chem. Ges. **60**, 1031 (1927) — Chem. Zbl. **1927 I**, 3197.

[4] F. Tiemann: Ber. dtsch. chem. Ges. **18**, 3482 (1885).

4'-Glykosidooxyflavon[1].

Mol-Gewicht: 400,28.
Zusammensetzung: $C_{21}H_{20}O_8$.

$$\text{(Struktur)} \quad\text{—O—}C_6H_{11}O_5$$

Bildung: Aus dem Tetraacetat beim Einleiten von NH_3 in die methylalkoholische Lösung.

Physikalische und chemische Eigenschaften: Nadeln aus Methanol; Schmelzp. 252—254°. Unlöslich in Alkali, Äther, Petroläther, Benzol, Chloroform CS_2; ziemlich leicht löslich in siedendem Wasser, Alkohol, Aceton, Essigester. Gibt mit konz. H_2SO_4 eine gelbe Färbung und eine farblose Lösung. Dreht links. 4-Oxy-, 4-Glykosidoxy- und 4-Tetraacetylglykosidoxyflavon adsorbieren übereinstimmend bei 3100[1].

Derivate: 4'-Tetraacetylglykosidooxyflavon $C_{29}H_{28}O_{12}$. Aus 4'-Oxyflavon mit wässeriger NaOH und Acetobromglykose in Aceton. Nadeln aus Methanol, Schmelzp. 216—217°. Unlöslich in Alkali. Gibt mit konz. H_2SO_4 eine hellgelbe Färbung und eine farblose, blauviolett fluorescierende Lösung. Ziemlich leicht löslich in Alkohol, Aceton, löslich in warmem Essigester; unlöslich in Äther, Petroläther, Chloroform, Benzol, CS_2[1].

7-Glykosidooxyflavon[1].

Mol-Gewicht: 400,28.
Zusammensetzung: $C_{21}H_{20}O_8$.

$$C_6H_{11}O_5\text{—O—}\text{(Struktur)}$$

Bildung: Aus der Tetraacetylverbindung in Methanol beim Einleiten von trocknem NH_3.

Physikalische und chemische Eigenschaften: Gelbliche feine Nadeln, nur aus Methanol umkrystallisierbar. Schmelzp. 255°. Leicht löslich in warmem Alkohol, Essigester, Aceton; scheidet sich daraus beim Abkühlen gallertig ab. $[\alpha]_D = -160,42°$ (in abs. Methanol). Adsorbiert wie seine Tetraacetylverbindung und das freie 7-Oxyflavon bei den Frequenzen 3200 und 4000; die Kurven sind völlig gleich.

Derivate: 7-Tetraacetylglykosidooxyflavon $C_{29}H_{28}O_{12}$. Aus 7-Oxyflavon mit KOH in Wasser und Acetobromglykose in Aceton. Gelbe Krystalle aus Alkohol; Schmelzp. 183°. Löslich in Alkohol, Aceton, Essigester; unlöslich in Äther, Benzol, Petroläther, Chloroform, Alkali. Löslich in konz. H_2SO_4 farblos mit schwach violetter Fluorescenz[1].

7-Glykosidooxy-3, 3', 4'-trimethoxyflavyliumchlorid[2].

Mol-Gewicht: 510,80.
Zusammensetzung: $C_{24}H_{27}O_{10}Cl$.

$$C_6H_{11}O_5 \cdot \text{O} \text{(Struktur)} \text{—OCH}_3 \quad \text{OCH}_3,\ \text{OCH}_3$$

Bildung: Aus 4-o-Tetraacetylglykosidoxy-2-oxybenzaldehyd mit ω-Methoxyacetoveratron und HCl in abs. Äther. Das krystallinische Produkt wird aus 85proz. Methylalkohol umkrystallisiert.

Physikalische und chemische Eigenschaften: Rote, rhombische Platten mit goldenem Reflex, krystallisiert mit $1\ H_2O$.

Derivate: Pikrat. Aus 85proz. Alkohol rote, biegsame Nadeln vom Zersetzungspunkt 240—252°[2].

[1] S. Hattori: Acta phytochim. (Tokyo) **4**, 41, 63 — Chem. Zbl. **1928 II**, 1090, 1091.
[2] A. Robertson u. R. Robinson: J. chem. Soc. Lond. **1927**, 242 — Chem. Zbl. **1927 I**, 2427 — J. chem. Soc. Lond. **1926**, 1713 — Chem. Zbl. **1926 II**, 2180.

3-β-Glykosidooxy-7-oxyflavyliumchlorid.

Mol-Gewicht: 436,72.
Zusammensetzung: $C_{21}H_{21}O_8Cl$.

Bildung: Aus ω-o-Tetraacetyl-β-glykosidooxyacetophenon mit β-Resorcylaldehyd in Äther, Sättigen mit Chlorwasserstoff und Aufbewahren über 96 Stunden scheidet sich ein dunkelbraunes Harz aus, welches mit methylalkoholischem NH_3 verseift und mit HCl behandelt wird.

Physikalische und chemische Eigenschaften: Krystallisiert mit $1/2$ H_2O. Mikroskopische Prismen mit goldenem Reflex[1].

1-[Tetraacetylglykosido]-anthrachinon[2].

$C_{28}H_{26}O_{12}$

Bildung: Aus Acetobromglykose, Erythrooxyanthrachinon, Chinolin und Silberoxyd.

Physikalische und chemische Eigenschaften: Blattgrüne, lange Nadeln, Schmelzp. 200°, $[\alpha]_D^{26} = -8,44°$ in Acetylentetrachlorid. Leicht löslich in Chloroform, Tetrachlormethan, löslich in Essigester und Alkohol, Aceton, unlöslich in Benzol, Äther, Wasser. Farbe mit Alkalien hellrot.

2-Glykosido-anthrachinon[2].

Derivate: 2-[Tetraacetyl-glykosido-]anthrachinon $C_{28}H_{26}O_{12}$. Aus Acetobromglykose, 2-Oxyanthrachinon, Chinolin und Silberoxyd. Hellgelbe Büschel, durch fraktionierte Krystallisation aus Alkohol in 2 Komponente zerlegbar: beide Verbindungen enthalten Krystallalkohol, beide gehen leicht ineinander über. Verbindung I: Schmelzp. 164°, farblose Nadeln, $[\alpha]_D^{20} = -4,64°$ in Acetylentetrachlorid; Verbindung II: Schmelzp. 132°, blaßgelbe Nadeln, $[\alpha]_D^{26} = -4,81°$ in Acetylentetrachlorid. Beide Verbindungen leicht löslich in Essig und Ameisensäureester, Aceton, Methyläthylketon, Essigsäure, warmem Alkohol, Methanol, Chloroform, Tetrachlormethan, wenig löslich in Benzol, kaltem Alkohol, Schwefelkohlenstoff, unlöslich in Petroläther, Wasser. Farbenreaktion mit Alkalien orangerot.

---

[1] A. Robertson u. R. Robinson: J. chem. Soc. Lond. **1927**, 242 — Chem. Zbl. **1927 I**, 2427 — J. chem. Soc. Lond. **1926**, 1713 — Chem. Zbl. **1926 II**, 2180.
[2] Alexander Müller: Ber. dtsch. chem. Ges. **62**, 2793 (1929) — Chem. Zbl. **1930 I**, 67.

β-Alizarin-d-glykosid.

Mol-Gewicht: 402,24.
Zusammensetzung: $C_{20}H_{18}O_9$.

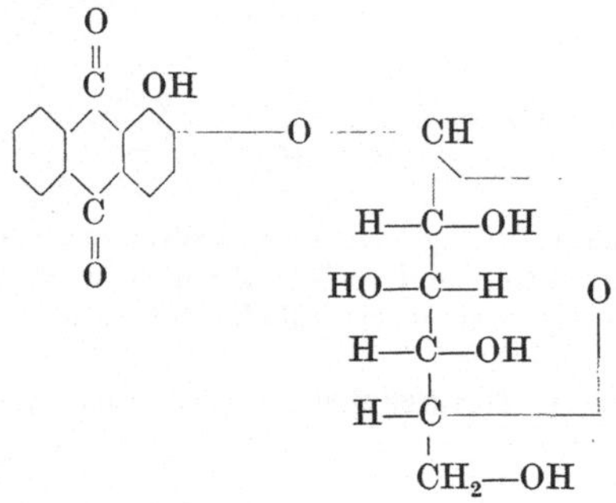

Bildung: Bei der Verseifung der Tetraacetylverbindung mit Kaliumhydroxyd[1]. Die Bereitung des freien Glykosids kann entweder durch saure Verseifung der Ammoniakverbindung oder durch alkalische Verseifung des Tetraacetyl- bzw. Tetrabenzoyl-alizaringlykosids bewerkstelligt werden. Saure Verseifung: 1,25 g der Ammoniakverbindung des Alizaringlykosids werden mit 45 ccm $^n/_{10}$-HCl in 65 ccm Alkohol versetzt und auf dem Wasserbade unter häufigem Umschütteln erwärmt. Die Verbindung geht dabei in Lösung, deren Farbe in gelb umschlägt. $^1/_2$ Stunde nach erfolgter Lösung wird filtriert und beiseite gestellt. Das freie Glykosid krystallisiert beim Erkalten in flachen, büschelartig geordneten Nadeln. Nach einigen Stunden werden sie abgesogen und mit Alkohol gut ausgewaschen. Zur Analyse wird das gewonnene Produkt aus 80proz. Essigsäure umkrystallisiert. Ausbeute 0,9 g. Schmelzp. 235—237°. Alkalische Verseifung: 0,5 g Tetraacetyl-alizaringlykosid wird mit 20 ccm Alkohol aufgekocht und 1 ccm 33proz. Natronlauge in 9 ccm Wasser auf dem siedenden Wasserbade zugefügt. Hierbei scheidet sich die tiefrote Alkaliverbindung ab, die nach einigen Minuten mit 50 ccm warmem Wasser in Lösung gebracht wird. Diese Lösung wird noch 5 Minuten erwärmt und dann mit 10proz. Salzsäure vorsichtig angesäuert. Nach etwa $^1/_2$ Stunde fallen gelbe, in kleinen Büscheln angeordnete Nädelchen aus, die nach 2 Tagen abgesogen werden. Rohausbeute 0,32 g[2].

Physikalische und chemische Eigenschaften: Gelbe Nadeln aus eisessighaltigem Alkohol. Schmelzp. 230—231°[1]. Diese Substanz kann entweder aus wässerigem Alkohol umkrystallisiert oder mit 30 ccm Eisessig und 20 ccm Alkohol auf dem Wasserbade ausgekocht werden, wobei ein Teil in Lösung geht und beim Erkalten wieder auskrystallisiert. Die Ausbeute an nunmehr reiner Substanz beträgt 88%. Schmelzp. 235—236° (Takahashi: 230—231°). Die Verbindung bildet gelbe Nädelchen, die in warmem Alkohol und Methanol nicht gut, in warmem Eisessig etwas leichter, in Benzol, Essigsäure- und Ameisensäureester, Chloroform, Benzol und Wasser nicht löslich sind. In Alkalien lösen sie sich mit kirschroter, in konz. Schwefelsäure mit roter Farbe.

Derivate: Tetraacetylalizaringlykosid $C_{28}H_{26}O_{13}$. Aus 12 g Alizarin, 40 g Acetobromglykose und 25 g Ag_2O in 100 g Chinolin. — Orangegelbe Nadeln aus eisessighaltigem Alkohol. Schmelzp. 205—206°. Löslich in Aceton, Chloroform, Eisessig; wenig löslich in Alkohol, Benzol. Die Lösung in konz. H_2SO_4 ist rot, in verdünnter KOH rosarot[1]. Alizarin wird in NaOH gelöst und mit Acetobromglykose in Aceton kondensiert. Goldgelbe Nadeln vom Schmelzpunkt 203°. Leicht löslich in heißem Alkohol, Chloroform und heißem Wasser. $[\alpha]_D^{17} = -6,9$[3]. 20 g Aceto-bromglykose vom Schmelzp. 88—89° werden mit 6 g sublimiertem, trocknem Alizarin gut durchgemischt und mit 50 ccm trocknem, frisch destilliertem Chinolin übergossen, wobei teilweise Lösung eintritt[2]. Ohne abzuwarten, daß sich diese Mischung in einen Brei verwandelt hat, werden 12,5 g trocknes Silberoxyd in 2 Portionen zugefügt und das Ganze gut durchgearbeitet. Es tritt bald eine Selbsterwärmung ein, die man durch kräftiges Durchrühren dämpfen kann. Die anfangs noch dünnfließende Masse fängt an, dickflüssig zu werden und wird langsam breiig, erstarrt aber nur selten vollständig[2]. In

---

[1] R. Takahashi: J. pharm. Soc. Jap. **1925**, Nr 525, 4 — Chem. Zbl. **1926 I**, 1646.
[2] Géza Zemplén u. Alexander Müller: Ber. dtsch. chem. Ges. **62**, 2107 (1929).
[3] E. Glaser u. O. Kahler: Ber. dtsch. chem. Ges. **60**, 1349 (1927) — Chem. Zbl. **1927 II**, 941.

diesem Zustande färbt sich eine kleine, in Alkohol gelöste Probe des halbfesten Kuchens auf Zusatz von Alkalien kirschrot, wenn die Reaktion richtig verlief. Anderenfalls zeigt sich die tiefviolette Farbe des Alizarins bzw. seiner Alkaliverbindung. Der Kolben wird dann 2 Stunden sich selber überlassen, hiernach der Kuchen in 500 ccm Chloroform gelöst und vom Silberniederschlag in einen Scheidetrichter abfiltriert. Die dunkelbraune Lösung wird zweimal mit je 200 ccm 5proz. Schwefelsäure ausgewaschen, wodurch die Lösung heller wird; dann wird die Chloroformschicht abgetrennt und zur Entfernung des größten Teiles der mitgerissenen Schwefelsäure in dünnem Strahl durch eine hohe Wasserschicht getropft und schließlich mit Handels-Chlorcalcium getrocknet (das schwach basisch reagiert und dementsprechend einen noch vorhandenen Schwefelsäureüberschuß unschädlich macht). Die Lösung wird hierauf unter vermindertem Druck bei 35° zu einem dicken Öl eingedampft. Das rötlichbraune, meist durchsichtige Öl wird mit 50 ccm Alkohol versetzt, wobei sich amorphe Klumpen ausscheiden, die aber durch längeres Umschwenken des Kolbens wieder in Lösung gebracht werden können. Das Acetyl-glykosid krystallisiert nach einigen Stunden in kleinen, gelben oder braungelben, eisblumenartig angeordneten Büschelchen. Die Krystallisation kann durch Impfen beschleunigt werden. Nach 12—20 Stunden wird die Lösung mit weiteren Alkoholmengen versetzt, wodurch die Ausbeute an krystallisierter Substanz erheblich gesteigert werden kann. Wenn die Krystalle sich nicht weiter vermehren, werden sie abgesogen, mit sehr wenig Alkohol von der anhaftenden Mutterlauge befreit, in 40 ccm Essigester unter Erwärmen gelöst, filtriert und mit 60 ccm heißem Alkohol versetzt. Es fallen dann sehr bald schöne, lange, gelbliche oder gelblichbraune Nadeln aus. Ausbeute 3,0 g (d. i. 20,8% d. Th., auf Alizarin berechnet). Schmelzpunkt 205°, nach Sintern bei 201° (Schmelzpunkt: nach Takahashi 205—206°; nach Glaser und Kahler 203°). Bei nochmaligem Umkrystallisieren in obiger Weise steigt zwar der Schmelzpunkt nicht, aber die Farbe der Krystalle wird rein goldgelb. Das Umkrystallisieren ist fast verlustlos[3].

Die Verbindung bildet zentimeterlange, goldgelbe Nadeln, die in Chloroform und Tetrachlormethan leicht, in Eisessig, Pyridin, warmem Ameisensäure- und Essigsäureester gut, in kaltem und heißem Alkohol, sowie in Methanol und warmem Wasser, ferner in Benzol und kaltem Eisessig schwer, in Äther, Petroläther und in kaltem Wasser unlöslich sind. $[\alpha]_D = -7,32°$ in Acetylentetrachlorid[1].

Pentaacetylderivat $C_{30}H_{28}O_{18}$. Aus dem Tetraacetat mit Essigsäureanhydrid und Pyridin (1:7). Gelbgrüne Nadeln; Schmelzp. 192—193°. Leicht löslich in kaltem und heißem Pyridin, heißem Methylalkohol und Alkohol, kaltem und heißem Chloroform, Aceton[2].

Tetrabenzoyl-alizaringlykosid[3]. 6 g Pentabenzoyl-glykose[4] werden in 20 ccm Chloroform gelöst, mit 10 ccm Bromwasserstoff-Eisessig versetzt und bei Zimmertemperatur 3 Stunden stehengelassen; dann wird die Lösung mit weiteren 40 ccm Chloroform verdünnt, 5mal mit je 60 ccm Wasser säurefrei gewaschen, mit Chlorcalcium getrocknet und unter vermindertem Druck eingeengt. Hierbei hinterbleibt die Bromverbindung als farbloses, 6 g wiegendes Öl. Diese Substanz wird nun direkt zur Synthese benützt, indem man sie in 10 ccm Chinolin löst und der Lösung 1,2 g Alizarin und 2 g Silberoxyd zufügt. Es tritt bald Selbsterwärmung ein, die Mischung wird breiig, erstarrt aber nicht vollkommen, und die Laugenreaktion zeigt meist noch freies Alizarin an. Nach einigen Stunden wird die Masse in 150 ccm Chloroform gelöst, filtriert, 2mal mit je 200 ccm 5proz. Schwefelsäure gewaschen, wobei sich das nicht in Reaktion getretene Alizarin an der Grenze der Schichten als Schaum ausscheidet. Sobald es entfernt ist, wird die nunmehr ganz klare Chloroformlösung heller und gibt eine kirschrote Färbung mit Alkalien. Sie wird dann durch eine 5 ccm hohe Wasserschicht getropft, mit Handels-Chlorcalcium getrocknet und unter vermindertem Druck zu einem dünnen Öl eingeengt. Hiernach werden 10 ccm Alkohol zugefügt, wobei sich die Verbindung in Form amorpher Flocken ausscheidet, die durch vorsichtiges Zufügen von Chloroform knapp in Lösung gebracht werden. Beim Stehen scheiden sich sehr bald derbe, gelbbraune Nädelchen ab, die nach einem Tage abgesogen, mit Alkohol und mit Äther gewaschen werden. Die Krystalle werden in 10 ccm Essigester warm gelöst und noch in der Wärme mit 20 ccm Alkohol versetzt. Bei langsamer Abkühlung scheiden sich lange, goldgelbe Nadeln ab. Ausbeute 1,2 g oder 15,8% d. Th. Die Verbindung besteht aus goldgelben Krystallnadeln, deren Schmelzpunkt bei

---

[1] Alexander Müller: Ber. dtsch. chem. Ges. **62**, 2793 (1929) — Chem. Zbl. **1930 I**, 67.
[2] E. Glaser u. O. Kahler: Ber. dtsch. chem. Ges. **60**, 1349 (1927) — Chem. Zbl. **1927 II**, 941.
[3] Géza Zemplén u. Alexander Müller: Ber. dtsch. chem. Ges. **62**, 2107 (1929).
[4] E. Fischer u. K. Freudenberg: Ber. dtsch. chem. Ges. **45**, 2725 (1912).

232° liegt. Sie ist in Chloroform, Aceton, Pyridin, Eisessig, warmem Ameisensäure- und Essigsäureester löslich, in warmem Alkohol und Methanol nur sehr schwer, in kaltem Alkohol und Methanol, ferner in Äther, Petroläther und Wasser unlöslich.

Ammoniakverbindung des Alizarin-glykosids[1]. Aus Tetraacetyl-alizaringlykosid: 2 g Tetraacetyl-alizaringlykosid werden in 200 ccm Methanol suspendiert; dann wird unter Eiswasser-Außenkühlung ein trockener Ammoniakgas-Strom in die Suspension eingeleitet. Hierbei nimmt das Methanol eine carminrote Farbe an, und die gelben Nadeln gehen allmählich in Lösung. Die vollständige Lösung erfolgt ungefähr nach der Sättigung des Methanols. Wird dann der Kolben unverkorkt stehengelassen, so erscheinen schon nach 12 Stunden einige amorphe, carminrote Flocken, denen bald heller gefärbte, büschelige Krystalle folgen, worauf dann auch die Flocken krystallisieren. Nach etwa 4—5 Tagen werden sie abgesogen und mit Alkohol gewaschen. Ausbeute 1,5 g. Schmelzp. 197—198° (Glaser: 193—194°). Dieses Produkt ist analysenrein. Es läßt sich aus viel Alkohol umkrystallisieren, wobei aber die Farbe und der Schmelzpunkt unverändert bleiben. Es ist löslich in Pyridin, schwer löslich in heißem Methanol und Alkohol, Eisessig und in heißem Wasser, unlöslich in Äther, Ameisensäure- und Essigsäure-ester, Chloroform, Benzol, Petroläther und kaltem Wasser. In verdünnten Mineralsäuren löst es sich unter Farbenveränderung nach gelbbraun auf.

Dieselbe Verbindung entsteht aus Tetrabenzoylalizaringlykosid und aus Alizaringlykosid mit alkoholischem Ammoniak. — Die Substanz enthält nach wiederholten Bestimmungen weder Acetyl noch Methoxyl, und demnach auch kein Methanol. Ihre Zusammensetzung war trotz zahlreicher Analysen nicht genau festzustellen, da die Zahlen auch für ein und dieselbe Substanzprobe stark variieren. Sicher ist nur, daß die Substanz kein Diglykosid, sondern ein Monoglykosid darstellt, und daß sie dem Alizarin-glykosid noch sehr nahesteht. Man könnte an ein Ammoniumsalz des Alizaringlykosids oder an eine mit ihm in naher Beziehung stehende Substanz denken, jedoch weichen auch hier die Analysenresultate von den berechneten Zahlen erheblich ab.

Diglykosid des Alizarins.

(Existiert nach den Untersuchungen von Zemplén und Müller nicht.)

Mol-Gewicht: 564,35.

Zusammensetzung: $C_{26}H_{28}O_{14}$.

Bildung: Aus Diglykosido-1, 2-dioxy-9, 10-diaminoanthrahydrochinon mit konz. HCl in der Kälte.

Physikalische und chemische Eigenschaften: Nach Extraktion mit Äther gelbe büschelförmige Krystalle. Schmelzp. 213—214°[2].

Derivate: Diglykosido-1, 2-dioxy-9, 10-diaminoanthrahydrochinon $C_{26}H_{34}O_{14}N_2$.

$$
\begin{array}{c}
\text{HO} \quad \text{NH}_2 \quad \text{O—C}_6\text{H}_{11}\text{O}_5 \\
\text{CH} \quad \text{C} \quad \text{C} \\
\text{HC} \quad \text{C} \quad \text{C} \quad \text{C}\cdot\text{O}\cdot\text{C}_6\text{H}_{11}\text{O}_5 \\
\text{HC} \quad \text{C} \quad \text{C} \quad \text{CH} \\
\text{CH} \quad \text{C} \quad \text{CH} \\
\text{HO} \quad \text{NH}_2
\end{array}
$$

Entsteht durch Verseifung des Monoglykotetraacetat des Alizarins in abs. Methylalkohol unter Eiskühlung mit NH_3. Feine, verfilzte, rote Nadeln vom Schmelzp. 193—194°. Löslich in heißem Methyl- und Äthylalkohol. Bei der Emulsinspaltung entsteht ein in rubinroten Büscheln krystallisierender, N-haltiger Körper: 1, 2-Dioxy-9, 10-diaminoanthrahydrochinon[2].

---

[1] Géza Zemplén u. Alexander Müller: Ber. dtsch. chem. Ges. **62**, 2107 (1929).

[2] E. Glaser u. O. Kahler: Ber. dtsch. chem. Ges. **60**, 1349 (1927) — Chem. Zbl. **1927 II**, 941.

Purpuringlykosid.

Mol-Gewicht: 586,21.
Zusammensetzung: $C_{28}H_{26}O_{14}$.
Der Zucker haftet am β-ständigen Hydroxyl.

Derivate: Tetraacetylpurpuringlykosid. Aus Purpurin und Acetobromglykose in Chinolin in Gegenwart von Ag_2O. Zinnoberrote Nadeln. Schmelzp. 203—204°[1]; $[\alpha]_D^{26} = -6,04°$ in Acetylentetrachlorid. Löslich in Chloroform, Tetrachlormethan, Eisessig, Ameisen- und Essigsäureester mit orangegelber Farbe, unlöslich in Benzol, Petroläther, Äther. — Mit wässerigen Alkalien blaulila Färbung, beim Kochen oder Verdünnen mit Alkohol carminrot[2].

Emodinglykosid[1].

Mol-Gewicht: 432,27.
Zusammensetzung: $C_{21}H_{20}O_{10}$.
Der Zuckerrest haftet am β-ständigen OH.
Physikalische und chemische Eigenschaften: Gelbe Nadeln. Schmelzp. 239°. Leicht löslich in heißem Alkohol, Äther; wenig löslich in Chloroform. Die H_2SO_4-Lösung ist rot.
Derivate: Tetraacetylemodinglykosid. Aus Emodin und Acetobromglykose. Gelatinöse Masse, leicht löslich in Chloroform[1].

Chrysazinglykosid[1].

Mol-Gewicht: 402,24.
Zusammensetzung: $C_{20}H_{18}O_9$.

Physikalische und chemische Eigenschaften: Gelbe Nadeln, Schmelzp. 237 bzw. 248° (langsam bzw. rasch erhitzt).
Derivate: Tetraacetylchrysazinglykosid $C_{28}H_{26}O_{13}$. Aus Chrysazin und Acetobromglykose. Gelbe Nadeln. Schmelzp. 214,5°. Leicht löslich in Chloroform, wenig in Alkohol, Äther. Gelbe Nadeln, Schmelzp. 212°; gut umkrystallisierbar aus Alkohol, leicht löslich in Chloroform,

[1] R. Takahashi: J. pharm. Soc. Jap. **1925**, Nr 525, 4 — Chem. Zbl. **1926 I**, 1646.
[2] Alexander Müller: Ber. dtsch. chem. Ges. **62**, 2793 (1929) — Chem. Zbl. **1930 I**, 67.

Tetrachlormethan, Aceton, löslich in Essig- und Ameisensäureester, Eisessig, warmem Alkohol, Methanol, unlöslich in Äther und Petroläther[1].

Chrysophansäureglykosid.

Mol-Gewicht: 416,27.

Zusammensetzung: $C_{21}H_{20}O_9$.

Bildung: Durch Verseifung der Tetraacetylverbindung.

Physikalische und chemische Eigenschaften: Gelbe Nadeln aus Aceton. Schmelzp. 245 bzw. 256° (langsam bzw. rasch erhitzt). Wenig löslich in Alkohol, Äther, Chloroform, Eisessig; löslich in NaOH (rot), färbt NH_4OH rot, ohne sich zu lösen.

Derivate: Tetraacetylchrysophansäureglykosid $C_{29}H_{28}O_{13}$. Aus Chrysophansäure und Acetobromglykose. Gelbe Nadeln. Schmelzp. 213°[2].

1,5,8-Trioxy-2-[tetraacetylglykosido]-anthrachinon[1].

$C_{28}H_{26}O_{15}$

Bildung: Aus Acetobromglykose, Chinalizarin, Chinolin und Silberoxyd.

Physikalische und chemische Eigenschaften: Goldgelbe Nadeln, Schmelzp. 236°; $[\alpha]_D^{26} = -9,89°$ in Acetylentetrachlorid. — Mit Alkalien intensiv carminrote Färbung.

1,5-Dioxy-2-[tetraacetylglykosido]-anthrachinon[1].

$C_{28}H_{26}O_{14}$

Bildung: Aus Acetobromglykose, Oxyanthrarufin, Chinolin und Silberoxyd.

Physikalische und chemische Eigenschaften: Dunkelgelbe Nadeln, Schmelzp. 235°. Mit alkoholischen Alkalien hellcarminrote Farbe, durch Wasserzusatz Umschlag zu fleischrot. $[\alpha]_D^{26} = -7,33°$ in Acetylentetrachlorid.

---

[1] Alexander Müller: Ber. dtsch. chem. Ges. **62**, 2793 (1929) — Chem. Zbl. **1930 I**, 67.
[2] R. Takahashi: J. pharm. Soc. Jap. **1925**, Nr 525, 4 — Chem. Zbl. **1926 I**, 1646.

1, 4-Bis-[tetraacetyl-glykosido]-anthrachinon[1].

$$C_{42}H_{44}O_{22}$$

$$O—C_6H_7O_5(CO \cdot CH_3)_4$$

$$O—C_6H_7O_5(CO \cdot CH_3)_4$$

Bildung: Aus Chinizarin, Acetobromglykose, Chinolin, Silberoxyd.

Physikalische und chemische Eigenschaften: Blaßgelbe lange Nadeln, Schmelzp. 254°. Mit Alkalien kirschrote Färbung.

1, 5-Bis-[tetraacetylglykosido]-anthrachinon[1].

$$C_{42}H_{44}O_{22}$$

$$O—C_6H_7O_5(CO \cdot CH_3)_4$$

$$(CO \cdot CH_3)_4C_6H_7O_5—O$$

Bildung: Aus Anthrarufin, Acetobromglykose, Chinolin und Silberoxyd.

Physikalische und chemische Eigenschaften: Goldgelbe Nadeln, Schmelzp. 167°; $[\alpha]_D^{26} = -10,91°$ in Acetylentetrachlorid.

2, 6-Bis-[tetraacetylglykosido]-anthrachinon[1].

$$C_{42}H_{44}O_{22}$$

$$(CO \cdot CH_3)_4C_6H_7O_5—O$$

$$O—C_6H_7O_5(CO \cdot CH_3)_4$$

Bildung: Aus Acetobromglykose, Anthraflavinsäure, Chinolin und Silberoxyd.

Physikalische und chemische Eigenschaften: Weiße, lange Nadeln, Schmelzp. 252°, $[\alpha]_D^{26} = -5,49$ in Acetylentetrachlorid. Leicht löslich in Chloroform, Tetrachlormethan, warmer Essigsäure, Ameisen- und Essigsäureester, heißem Alkohol, heißem Methanol, heißem Benzol und Toluol, schwer löslich in kalter Essigsäure, Essigester, Benzol, unlöslich in kaltem Alkohol, Petroläther, Äther und heißem Alkohol. Farbe mit Alkalien braungelb.

2, 7-Bis-[tetraacetyl-glykosido]-anthrachinon[1].

$$C_{42}H_{44}O_{22}$$

$$(CO \cdot CH_3)_4C_6H_7O_5—O$$

$$O—C_6H_7O_5(CO \cdot CH_3)_4$$

---

[1] Alexander Müller: Ber. dtsch. chem. Ges. **62**, 2793 (1929) — Chem. Zbl. **1930 I**, 67.

Bildung: Aus Isoanthraflavinsäure, Acetobromglykose, Chinolin und Silberoxyd.

Physikalische und chemische Eigenschaften: Hellgrüne Nadeln, Schmelzp. 244°. Leicht löslich in Chloroform, warmem Eisessig, wenig löslich in Tetrachlormethan, Essig- und Ameisensäureester, Aceton, kaltem Eisessig, unlöslich in Äther, Petroläther, Benzol, Chlorbenzol, Schwefelkohlenstoff und Wasser. Mit Alkalien rosarote Färbung.

1-Oxy-2,6-bis-[tetraacetylglykosido]-anthrachinon[1].

$$C_{42}H_{44}O_{23}$$

$$(CO \cdot CH_3)_4C_6H_7O_5—O—\ldots—O—C_6H_7O_5(CO \cdot CH_3)_4$$

Bildung: Aus Acetobromglykose, Flavopurpurin, Chinolin und Silberoxyd.

Physikalische und chemische Eigenschaften: Hellgelbe Nadeln, Schmelzp. 258°; $[\alpha]_D^{26} = -6{,}43°$ in Acetylentetrachlorid. Wird mit Alkalien kirschrot.

1-Oxy-2,7-bis-[tetraacetylglykosido]-anthrachinon[1].

$$C_{42}H_{44}O_{23}$$

$$(CO \cdot CH_3)_4C_6H_7O_5—O—\ldots—O—C_6H_7O_5(CO \cdot CH_3)_4$$

Bildung: Aus Acetobromglykose, Anthrapurpurin, Chinolin und Silberoxyd.

Physikalische und chemische Eigenschaften: Hellgelbe Nadeln, Schmelzp. 260°; $[\alpha]_D^{26} = -7{,}30°$ in Acetylentetrachlorid. Wird mit Alkalien kirschrot.

1,5-Dioxy-2,6-bis-[tetraacetylglykosido]-anthrachinon[1].

$$C_{42}H_{44}O_{24}$$

$$(CO \cdot CH_3)_4C_6H_7O_5—O—\ldots—O—C_6H_7O_5(CO \cdot CH_3)_4$$

Bildung: Aus Acetobromglykose, Rufiopin, Chinolin und Silberoxyd.

Physikalische und chemische Eigenschaften: Dunkelgelbe Nadeln, Schmelzp. 275°; $[\alpha]_D^{26} = -8{,}97°$ in Acetylentetrachlorid. Mit Alkalien entsteht eine hellcarminrote Färbung.

1,8-Dioxy-2,7-bis-[tetraacetylglykosido]-anthrachinon[1].

$$C_{42}H_{44}O_{24}$$

$$(CO \cdot CH_3)_4C_6H_7O_5—O—\ldots—O—C_6H_7O_5(CO \cdot CH_3)_4$$

---

[1] Alexander Müller: Ber. dtsch. chem. Ges. **62**, 2793 (1929) — Chem. Zbl. **1930 I**, 67.

Bildung: Aus Acetobromglykose, 1, 2, 7, 8-Tetraoxyanthrachinon, Chinolin und Silberoxyd.

Physikalische und chemische Eigenschaften: Goldgelbe, verfilzte Nadeln, Schmelzp. 297°. Mit Alkalien kirschrote Färbung.

1, 2, 3-Tris-[tetraacetylglykosido]-anthrachinon[1].

$$C_{56}H_{62}O_{32}$$

$$\begin{array}{c} O \\ \| \\ C \end{array} \quad O\text{—}C_6H_7O_5(CO \cdot CH_3)_4$$

$$\text{—}O\text{—}C_6H_7O_5(CO \cdot CH_3)_4$$

$$\text{—}O\text{—}C_6H_7O_5(CO \cdot CH_3)_4$$

$$\begin{array}{c} C \\ \| \\ O \end{array}$$

Bildung: Aus Acetobromglykose, Anthragallol, Chinolin und Silberoxyd.

Physikalische und chemische Eigenschaften: Blaßgelbe Nadeln, Schmelzp. 134—135°; $[\alpha]_D^{26} = -5,68°$ in Acetylentetrachlorid. Leicht löslich in Chloroform, Tetrachlormethan, Essig und Ameisensäureester, warmem Alkohol, Methanol, Benzol, Chlorbenzol, Toluol, schwer löslich in kaltem Alkohol, Methanol, Eisessig, Benzol, Äther, Petroläther, Schwefelkohlenstoff und heißem Wasser. — Wird mit Alkalien kirschrot.

Anhydromethyl-d-glykosid (VIII, S. 322).

Konstitution: Nach den Berechnungen der optischen Superposition besitzt es eine andere Ringstruktur als Anhydro-l-menthyl-d-glykosid[2].

Anhydro-α-methyl-d-glykosid.

Mol-Gewicht: 176,14.
Zusammensetzung: $C_7H_{12}O_5$.

$$\overset{\text{——O——}}{CH_2 \cdot CH \cdot CH(OH) \cdot CH \cdot CH(OH) \cdot CH \cdot O \cdot CH_3}$$
$$\underset{\text{——O——}}{}$$

Darstellung: Aus dem Triacetyl-α-methylglykosid-bromhydrin auf die gleiche Weise wie die β-Verbindung[3].

Physiologische Eigenschaften: Wird durch α-Glykosidase aus Hefe nicht gespalten.

Physikalische und chemische Eigenschaften: Hygroskopische Krystalle, Schmelzpunkt zwischen 89—95°. Schmeckt stark bitter. Leicht löslich in Wasser, Alkohol, Methylalkohol; schwer in Petroläther, Ligroin und Äther. $[\alpha]_D^{20} = +40,3°$ in Wasser[4].

Nicht näher bekanntes Anhydro-α-methylglykosid.

Derivate: Acetylanhydromethylglykosidmonooleat[5] $C_{25}H_{44}O_6$. Aus 28 g α-Methylglykosid, 38 g Olivenöl und 1,5 g Natriumäthylat beim langsamen Erhitzen auf 220° unter 10—12 mm. Nach Abkühlen und Ansäuern mit Essigsäure wird das Glycerin mit Dampf abdestilliert und der Rückstand mit Äther extrahiert und der Äther verdampft. Sehr viscoses goldgelbes Öl, $[\alpha]_D^{15} = +33,29°$ in Essigester; $= +38,22°$ in Chloroform. Zersetzt sich bei der Destillation im Hochvakuum[5].

[1] Alexander Müller: Ber. dtsch. chem. Ges. **62**, 2793 (1929) — Chem. Zbl. **1930 I**, 67.

[2] C. S. Hudson: J. amer. chem. Soc. **47**, 537 (1925) — Chem. Zbl. **1925 I**, 2550.

[3] E. Fischer u. K. Zach: Ber. dtsch. chem. Ges. **45**, 456 (1912).

[4] B. Helferich, W. Klein u. W. Schäfer: Ber. dtsch. chem. Ges. **59**, 79 (1926) — Chem. Zbl. **1926 I**, 1968.

[5] James Colquhoun Irvine u. Helen Simpson Gilchrist: J. chem. Soc. Lond. **125**, 1 (1924) — Chem. Zbl. **1924 I**, 2102.

Anhydro-l-mentholglykosid (Bd. VIII, S. 322).

Konstitution: Nach den Berechnungen der optischen Superposition besitzt es eine andere Ringstruktur als Anhydro-methyl-d-glykosid [1].

Anhydro-diglykose-resorcin.
$$C_{18}H_{22}O_{10}$$

Bildet sich, wenn man überschüssiges Resorcin auf Glykose bei Gegenwart von HCl in der Hitze einwirken läßt. Die Verbindung ist leicht löslich in Alkohol und Epichlorhydrin; unlöslich in kaltem und sehr wenig löslich in heißem Wasser [2].

d, l-Glykoside.

d, l-Glykosido-d, l-Mandelsäure.

Derivate: d, l-Tetraacetylglykosido-d, l-mandelsäure [3].

$$(d, l)C_6H_5-CH \begin{matrix} O-C_6H_7O_5(CO \cdot CH_3)_4(d, l) \\ \\ COOH \end{matrix}$$

2 g d, l-Acetobromglykose werden mit 3,6 g d, l-mandelsaurem Ag verrieben und mit 12 ccm Toluol $1^1/_2$ Minuten gekocht. Nach Abfiltrieren von AgBr krystallisiert eine Mischung von d, l-Mandelsäure-d, l-tetraacetylglykoseester und d, l-Tetraacetylglykosido-d, l-mandelsäure-d, l-tetraacetylglykoseester. Das Toluolfiltrat enthält die d, l-Tetraacetylglykosido-d, l-mandelsäure, die mit sehr verdünntem NH_3 extrahiert werden kann [3].

d, l-Tetraacetylglykosido-d, l-mandelsäure-d, l-tetraacetylglykoseester.

$$d, l-C_6H_5-CH \begin{matrix} O-C_6H_7O_5(CO \cdot CH_3)_4(d, l) \\ \\ COO-C_6H_7O_5(CO \cdot CH_3)_4 \end{matrix}$$

Sehr wenig löslich in Alkohol, krystallisierbar aus Chloroform + Essigester. Schmelzp. 227°.

Mannoside.

Bildung: $\alpha \cdot d \cdot$ Mannosidase bewirkt die Synthese der Mannoside aus Mannose und Äthylalkohol, Isopropylalkohol und normalem Butylalkohol [4].

Physikalische und chemische Eigenschaften: Die isomeren 1-Methyl- und 1-Äthyltetraacetylmannosiden besitzen eine verschiedene Ringstruktur. Diejenigen Verbindungen, die sich von den Methyl- oder Äthylmannosiden ableiten, weisen eine amylenoxydische Ringstruktur auf, während diejenigen, die genetisch mit der Acetobrommannose im Zusammenhang stehen, einen anderen Ring besitzen [5].

Methylmannoside.

Acetobrommannose, die durch Einwirkung von Bromwasserstoff in Eisessig auf β-Pentaacetylmannose entsteht, gibt ein Tetraacetylmethylmannosid vom Schmelzp. 105° und $[\alpha]_D = -24,7°$, das mit der von Dale beschriebenen γ-Form identisch ist. Die alkalische Verseifung führt zu einem Monoacetylmethylmannosid. Dagegen gibt α-Methylmannosid bei der Acetylierung ein zweites Tetraacetylmannosid vom Schmelzp. 62—63° und $[\alpha]_D = +49°$, das mit der α-Form von Dale identisch ist. — Dieses Produkt liefert bei der Verseifung α-Methylmannosid [5].

[1] C. S. Hudson: J. amer. chem. Soc. **47**, 537 (1925) — Chem. Zbl. **1925 I**, 2550.

[2] B. Glassmann: Hoppe-Seylers Z. **150**, 16 (1925) — Chem. Zbl. **1926 I**, 1465.

[3] P. Karrer, E. Nägeli u. A. P. Smirnoff: Helvet. chim. Acta **5**, 141 (1922) — Chem. Zbl. **1923 I**, 581.

[4] H. Hérissey u. J. Cheymol: C. r. Acad. Sci. Paris **178**, 123 (1924) — Chem. Zbl. **1924 I**, 1212 — J. Pharmacie (7) **29**, 441 (1924) — Chem. Zbl. **1924 II**, 991 — Bull. Soc. Chim. biol. Paris **6**, 186 (1924) — Chem. Zbl. **1924 I**, 1212; **1924 II**, 2168.

[5] P. A. Levene u. Harry Sobotka: J. of biol. Chem. **67**, 759, 771 (1926) — Chem. Zbl. **1926 II**, 188.

α-Methyl-d-mannosid (Bd. II, S. 599; Bd. X, S. 829).

Konstitution: Nach Berechnungen von C. S. Hudson[1] besitzt α-Methyl-d-Mannosid amylenoxydische Struktur.

$$
\begin{array}{l}
CHOCH_3 \\
HO-C-H \\
HO-C-H \quad O \quad 1,2 \\
H-C-OH \\
H-C \\
H_2C-OH
\end{array}
$$

Bildung: Mit Hilfe von Mannosidase[3]. Die Gewinnung sehr reinen Mannosids gelingt auch bei Verwendung von Mannane enthaltenden Rohprodukten, wie Johannisbrotsamen[4]. Aus Mannantriacetat durch Hydrolyse mittels methylalkoholischer HCl in 95proz. Ausbeute. Entsteht auch aus Mannan durch Erhitzen mit methylalkoholischer HCl[5].

Physiologische Eigenschaften: Das Ferment des Luzernesamens[6] vermag in 10proz. Methylalkohollösung sowohl die Synthese wie die Spaltung des Mannosids zu bewirken; das Gleichgewicht wird von beiden Seiten bei Überführung von 46—47% der Mannose in das Mannosid erreicht[6].

Physikalische und chemische Eigenschaften: Schmelzp. 193° auf dem Maquenneblock; $[\alpha]_D = +77,5°$ (0,2775 g in 15 ccm)[7]. — Schmelzp. 189°[5]. $[\alpha]_D$ in Wasser $= +68,6°$. Reaktionsgeschwindigkeit der Hydrolyse: $K_{98} = 0,00089$ in Gegenwart von 0,05n-Salzsäure bei 3 g Zucker in 100 ccm Lösung[8]. — Die Acetonierung des α-Methylmannosids ist mit einer Verengerung des Ringes, Umwandlung in γ-Form verknüpft[9, 10].

Derivate: α-Tetraacetyl-methyl-d-mannosid[11] $C_{15}H_{22}O_{10}$. Bei der üblichen Acetylierung von α-Methyl-d-mannosid mit Essigsäureanhydrid und Natriumacetat. Krystalle aus verdünntem Alkohol, Schmelzp. 65° (korr.); $[\alpha]_D^{20} = +48,9°$ in Chloroform. Hydrolysengeschwindigkeit[12].

β-Methyl-d-mannosid.

Derivate: β-Tetraacetyl-methyl-d-mannosid[11] $C_{15}H_{22}O_{10}$. — Wenn γ-Tetraacetylmethyl-d-mannosid in Methylalkohol in Gegenwart von Salzsäure behandelt wird, so schlägt die Drehung bald ins positive Gebiet um, und wird bei $+10,4°$ nahezu konstant. Aus dieser Mischung läßt sich β-Tetraacetyl-methyl-d-mannosid in geringer Menge isolieren. Krystalle aus Äther; Schmelzp. 162° (korr.); $[\alpha]_D^{20} = -47°$. — Gegen Alkalien verhält sich die Verbindung normal. — Hydrolysengeschwindigkeit[12].

γ-Methyl-d-mannosid.

Bildung: Aus einer 3proz. Lösung von Diacetonmannose in 0,1proz. methylalkoholischer HCl. Verlängert man die Einwirkungsdauer, bis die gesamte Diacetonmannose verschwunden ist, so erhält man in der Hauptsache γ-Methylmannosid als Sirup, der allmählich krystallisiert[13]. Bei der Einwirkung von methylalkoholischer Salzsäure auf Mannose entsteht neben α-Methyl-

[1] C. S. Hudson: J. amer. chem. Soc. **48**, 1434 (1926) — Chem. Zbl. **1926 II**, 1014.
[2] E. H. Goodyear u. W. N. Haworth: J. chem. Soc. Lond. **1927**, 3136 — Chem. Zbl. **1928 I**, 1388.
[3] H. Hérissey: J. pharmacie (7) **25**, 497 (1922) — Chem. Zbl. **1922 I**, 1396; **1923 I**, 43.
[4] H. Hérissey: Bull. Soc. Chim. biol. Paris **5**, 133 (1923) — Chem. Zbl. **1924 II**, 59 — C. r. Acad. Sci. Paris **175**, 1110 — J. Pharmacie (7) **27**, 180 (1922) — Chem. Zbl. **1923 III**, 1001.
[5] J. Patterson: J. chem. Soc. Lond. **123**, 1139 (1923) — Chem. Zbl. **1923 III**, 833.
[6] H. Hérissey: C. r. Acad. Sci. Paris **176**, 779 (1923) — Chem. Zbl. **1923 III**, 1232.
[7] H. Hérissey: C. r. Acad. Sci. Paris **173**, 1406 (1922) — Chem. Zbl. **1922 I**, 1396.
[8] F. P. Phleps u. C. S. Hudson: J. amer. chem. Soc. **48**, 503 (1926) — Chem. Zbl. **1926 I**, 2789.
[9] P. A. Levene u. G. M. Meyer: J. of biol. Chem. **78**, 363 (1928) — Chem. Zbl. **1928 II**, 2345.
[10] P. A. Levene u. G. M. Meyer: J. of biol. Chem. **79**, 357 (1928) — Chem. Zbl. **1929 I**, 43.
[11] J. K. Dale: J. amer. chem. Soc. **46**, 1046 (1924) — Chem. Zbl. **1924 II**, 312.
[12] P. A. Levene u. M. L. Wolfrom: J. of biol. Chem. **79**, 471 (1928) — Chem. Zbl. **1929 I**, 43.
[13] J. C. Irvine u. A. F. Skinner: J. of chem. Soc. Lond. **1926**, 1089 — Chem. Zbl. **1926 II**, 1129.

mannosid ein Sirup, der neutrale Kaliumpermanganatlösung sofort reduziert, also ein γ-Methylmannosid oder mehrere Isomeren enthält[1].

Darstellung[1]: Mannose wird in möglichst wenig heißem Wasser gelöst und mit einem großen Überschuß bei 0° gesättigter methylalkoholischer Salzsäure bei 15° bis zur Beendigung der Reaktion aufbewahrt. Der durch Auskochen mit wenig Alkohol vom α-Methylmannosid befreite Sirup wird mit kaltem Essigäther extrahiert, eingedampft und zur Entfernung geringer Mengen unumgesetzten Zuckers bei 15° mit 5proz. methylalkoholischer Salzsäure behandelt. — Der dann erhaltene Sirup abermals mit Essigäther extrahiert liefert nach Verdampfen des Lösungsmittels unter vermindertem Druck γ-Methylmannosid[2]. 35 g Mannose werden durch 3 Stunden Schütteln bei 15° in 700 ccm 1proz. methylalkoholischer Salzsäure gelöst und 15 Stunden später genau nach den Angaben Emil Fischers[2] für γ-Methylglykosid aufgearbeitet. Etwa 50% des Zuckers wurden unverändert zurückgenommen.

Physikalische und chemische Eigenschaften: Das nach dem ersten Verfahren dargestellte Produkt ist ein viscoser Sirup von $[\alpha]_D^{20} = +21,8°$ in Alkohol bei $c: 4,344_1 = +27,8°$ in Wasser bei $c = 4,457$. — Zersetzung bei 210° unter 0,01 mm. — Bei der Spaltung mit $^1/_{50}$n-Salzsäure bei 100° steigt die Drehung erst an, dann fällt sie wieder, woraus folgt, das vermutlich zwei Formen des γ-Methylmannosids vorliegen. Von $^1/_{10}$n-Salzsäure bei 20° wird das Gemisch nicht angegriffen. — Nach dem zweiten Verfahren wird eine Substanz gewonnen mit $[\alpha]_D^{20} = +80°$ in Alkohol bei $c = 2,306$, also fast der gleichen Drehung wie die α-Form, unterscheidet sich von dieser aber durch die geringere Beständigkeit gegen Säuren; es wird von $^1/_{10}$n-Salzsäure bei 100° in 2 Stunden vollständig aufgespalten, während die α-Form kaum angegriffen wird. Beim Aufbewahren wandelt sich die γ-Form allmählich in die α-Form um, ohne daß Methylalkohol abgespalten wird.

Derivate: Trimethyl-γ-methylmannosid. Durch Methylierung von γ-Methylmannosid in zwei Etappen mit Silberoxyd und Methyljodid. Mit Dimethylsulfat geht die Methylierung schlecht.

Tetramethyl-γ-methylmannosid $C_{11}H_{22}O_6$. Die Einführung des fünften Methyls macht große Schwierigkeiten, sie ist erst nach 5 Methylierungen beendet. Nach jeder Methylierung muß das Reaktionsprodukt destilliert werden, wobei stets ein beträchtlicher Rückstand verbleibt. Ziemlich leicht bewegliches Öl vom Siedep. 141° bei 13 mm; $n_D = 1,4482$; $[\alpha]_D^{20} = +24,9°$ in Alkohol bei $c = 4,046$; $= +30,9°$ in Aceton bei $c = 4,134$; $= +22,6°$ in Wasser bei $c = 4,011$. — Es besteht ebenfalls aus zwei Isomeren, die sich durch verschieden leichte Hydrolysierbarkeit unterscheiden; das Drehungsvermögen steigt anfangs, dann fällt es.

Diaceton-γ-methylmannosid[3] $C_{13}H_{22}O_6$

$$
\begin{array}{c}
\text{H---C---O---CH}_3 \\
\text{CH}_3\diagdown \\
\qquad\text{C}\diagup \text{O---C---H} \\
\text{CH}_3\diagup \quad\ \text{O---C---H} \qquad\qquad \text{O} \\
\text{H---C} \\
\text{H---C---O}\diagdown \\
\qquad\qquad\qquad\text{C}\diagup\text{CH}_3 \\
\text{H---C---O}\diagup\ \ \diagdown\text{CH}_3
\end{array}
$$

Bei der Methylierung der Diacetonmannose mit Methyljodid und Silberoxyd. — Entsteht auch bei der Acetonierung von Methylmannosid mit Salzsäure als Katalysator. — Als Nebenprodukt wurde eine rechtsdrehende Substanz erhalten, ein Kondensationsprodukt aus 1 Mol Methylmannosid und 2 Mol Mesithyloxyd entsprechend. — Das aus Diacetonmannose erhaltene Präparat ist ein Sirup, Siedep. bei 1,2 mm 115°; $[\alpha]_D^{20} = +23°$ in Acetylentetrachlorid bei $c = 2,58$. — Das aus Methylmannosid gewonnene Präparat hat den Siedep. 105 bei 0,5 mm und $[\alpha]_D^{20} = +34,9°$ in Acetylentetrachlorid bei $c = 2,58$. — Wird bei der Hydrolyse zu α-Mannose abgebaut. — Die Verbindung ist nicht identisch mit der Substanz, die bei der Methylierung der Diacetonmannose mit Dimethylsulfat[4] entsteht. — Eine 3proz. Lösung von Diaceton-

---

[1] James Colquhoun Irvine u. William Bust: J. chem. Soc. Lond. **125**, 1343 (1924) — Chem. Zbl. **1924 II**, 2020.

[2] Emil Fischer: Ber. dtsch. chem. Ges. **47**, 1980 (1914).

[3] P. A. Levene u. G. M. Meyer: J. of biol. Chem. **59**, 145 (1924) — Chem. Zbl. **1924 I**, 2508.

[4] K. Freudenberg u. R. M. Hixon: Ber. dtsch. chem. Ges. **56**, 2119 (1923) — Chem. Zbl. **1923 III**, 1555.

mannose in 0,1 proz. methylalkoholischer HCl zeigte bei 17° folgenden Anstieg der Drehung: $[\alpha]_D = +13,6° \to 21,7°$ nach 48 Stunden. Bei der Aufarbeitung wurde ein Sirup vom Siedepunkt 115—125°/0,3—0,7 mm erhalten, bestehend aus 64% Diaceton-methylmannosid und 36% Ausgangsmaterial[1].

Diaceton-β-1-methylmannose $C_{13}H_{22}O_6$. Man läßt 10 g Diacetonmannose, 30 ccm Äther und überschüssige Na 3—4 Stunden stehenbleiben, entfernt das überschüssige Na, dampft ein und läßt mit 2 Mol CH_3J bei 30—40° stehen. Die Flüssigkeit siedet unter 0,2—0,5 mm bei 118—124° als farblose Flüssigkeit von der Konsistenz des Glycerins. Nach einem Monat krystallisiert sie vollständig. Die Verbindung läßt sich nicht umkrystallisieren und schmilzt bei 37°. $[\alpha]_{Hg\ gelb}^{19} = -41,0°$ (0,2083 g in 2,186 g $C_2H_2Cl_4$-Lösung)[2]. Bei der Methylierung von Diacetonmannose entsteht ein rohes Diacetonmethylmannosid, das neben einer krystallisierten Verbindung vom Schmelzp. 40—41° und $[\alpha]_D = -42°$ noch einen flüssigen rechtsdrehenden Anteil enthält. Nach Levene und Meyer entstehen ebenfalls Gemische[3]. — Bei der Acetonierung des β-Methyl-d-mannosids. $[\alpha]_D^{20} = -41,0°$. Die Hydrolyse mit 0,1 n-Salzsäure ist bei 100° in 90 Minuten beendet. Besitzt eine furoide Struktur[4].

Diaceton-α-methyl-d-mannosid [1, 4][4]. Bei der Acetonierung von α-Methyl-d-mannosid. $[\alpha]_D^{20} = +56,0°$. — Die Hydrolyse mit 0,1 n-Salzsäure bei 100° ist nach 90 Minuten beendet. Besitzt furoide Struktur.

γ-Methyl-d-mannosid[5].

Derivate: γ-Monoacetyl-methyl-d-mannosid ist ein Derivat der Orthoessigsäure[6] $C_9H_{16}O_7$.

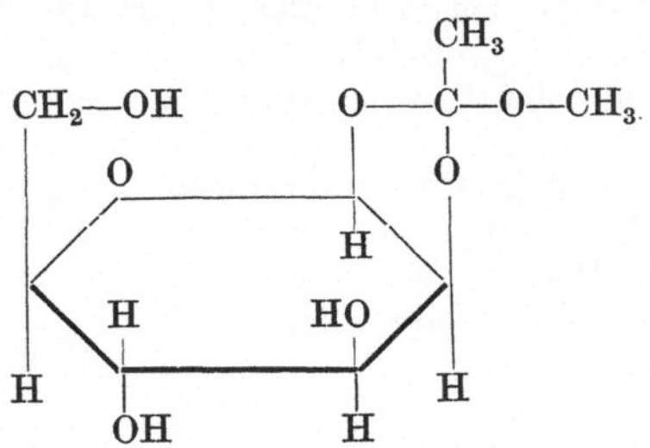

Aus γ-Tetraacetylmethylmannosid mit $^1/_2$ normal alkoholischer Natronlauge 16 Stunden bei 0°. Hygroskopisches Pulver. $[\alpha]_D^{24} = -6°$. Reduziert Fehlingsche Lösung nicht. Regeneriert bei der Acetylierung das γ-Tetraacetylmethylmannosid, aus dem es durch alkalische Hydrolyse entstanden ist.

γ-Tetraacetyl-methyl-d-mannosid[7] $C_{11}H_{22}O_{10}$. — β-d-Mannosepentaacetat liefert bei der Behandlung mit in Eisessig gelöstem Bromwasserstoff zunächst eine ölige Acetobrommannose, die in Methylalkohol mittels Silbercarbonat in γ-Tetraacetyl-methyl-d-mannosid übergeht. Krystalle aus Äther, Schmelzp. 105° (korr.); $[\alpha]_D^{20} = -26,4°$. Spaltet beim Schütteln mit 0,1 n-Natronlauge bei 0° nur drei Acetylgruppen ab. — Die vierte Acetylgruppe wird bei der Destillation mit 20 proz. Schwefelsäure abgespalten. — Nadeln aus Methylalkohol, Schmelzpunkt 105°, $[\alpha]_D^{20} = -33,4°$ in Methylalkohol bei $c = 1,5$; $[\alpha]_D = -24,7°$ in Chloroform. — In Methylalkohol in Gegenwart von Salzsäure schlägt die Drehung bald ins positive Gebiet um und wird bei $+10,4°$ nahezu konstant. Aus dieser Mischung läßt sich β-Tetraacetylmethyl-d-mannosid in geringer Menge isolieren[7]. — Hydrolysengeschwindigkeit[8].

[1] J. C. Irvine u. A. F. Skinner: J. chem. Soc. Lond. **1926**, 1089 — Chem. Zbl. **1926 II**, 1129.

[2] K. Freudenberg u. R. M. Hixon: Ber. dtsch. chem. Ges. **56**, 2119 (1923) — Chem. Zbl. **1923 III**, 1555.

[3] Karl Freudenberg, Walter Dürr u. Heinrich v. Hochstetter: Ber. dtsch. chem. Ges. **61**, 1740 (1928) — Chem. Zbl. **1928 II**, 2121.

[4] P. A. Levene u. G. M. Meyer: J. of biol. Chem. **78**, 363 (1928) — Chem. Zbl. **1928 II**, 2345.

[5] Harold Graham Bott, Walter Norman Haworth u. Edmund Langley Hirst: J. chem. Soc. Lond. **1930**, 1395 — Chem. Zbl. **1930 II**, 1520.

[6] K. Freudenberg: Naturwiss. **18**, 393 (1930) — Chem. Zbl. **1930 II**, 717.

[7] J. K. Dale: J. amer. chem. Soc. **46**, 1046 (1924) — Chem. Zbl. **1924 II**, 312.

[8] P. A. Levene u. M. L. Wolfrom: J. of biol. Chem. **79**, 471 (1928) — Chem. Zbl. **1929 I**, 43.

α-Methyl-d-mannofuranosid (γ-Methyl-d-mannosid)[1].

Mol-Gewicht: 194,15.
Zusammensetzung: $C_7H_{14}O_6$.

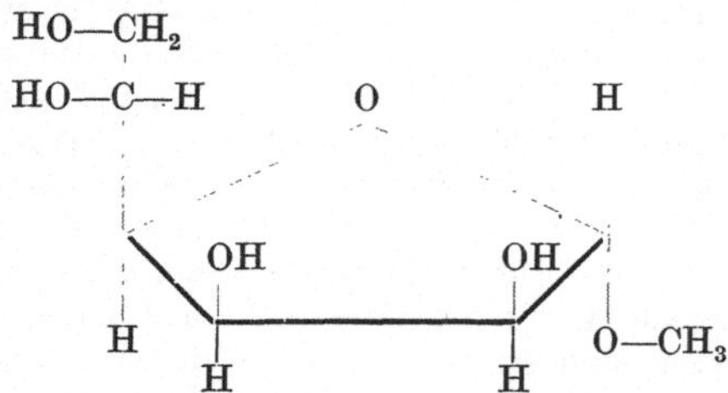

Bildung: Durch Methylierung des Mannosedicarbonats mit Diazomethan oder Methyljodid und Silberoxyd entsteht das krystallisierte Methylmannofuranosiddicarbonat, welches bei der Hydrolyse mit Bariumhydroxyd das krystallisierte α-Methylmannofuranosid liefert. Dieselbe Verbindung bildet sich auch bei der Behandlung von Mannose mit 1proz. methylalkoholischer Salzsäure bei Zimmertemperatur neben dem bekannten α- und β-Methylmannopyranosid.

Physikalische und chemische Eigenschaften: Aus Methylalkohol mit Äther Nadeln vom Schmelzp. 118—119°; $[\alpha]_D^2 = +113°$ ($c = 1,1$), $[\alpha]_D^5 = +117°$; $[\alpha]_{5780}^{25} = +123°$, $[\alpha]_{5461}^{25} = +137°$ in Methylalkohol bei $c = 0,8$. In neutralem alkalischem Medium ist die Substanz durchaus beständig, wird aber bereits von $^1/_{100}$n-Salzsäure in 2 Stunden völlig zu Mannose aufgespalten. Geschwindigkeitskonstante $K = 0,015$, während für das α-Methylmannopyranosid $K = 0,0002$ beträgt.

Derivate: **Tetraacetyl-α-methylmannofuranosid** $C_{15}H_{22}O_{10}$. Aus verdünntem Alkohol Nadeln, Schmelzp. 63°; $[\alpha]_D^{19} = +107°$ in Chloroform. Löslich in Aceton, Äther, Alkohol, Chloroform, wenig löslich in Wasser, fast unlöslich in Petroläther.

α-Methylmannofuranosiddicarbonat $C_9H_{10}O_8$

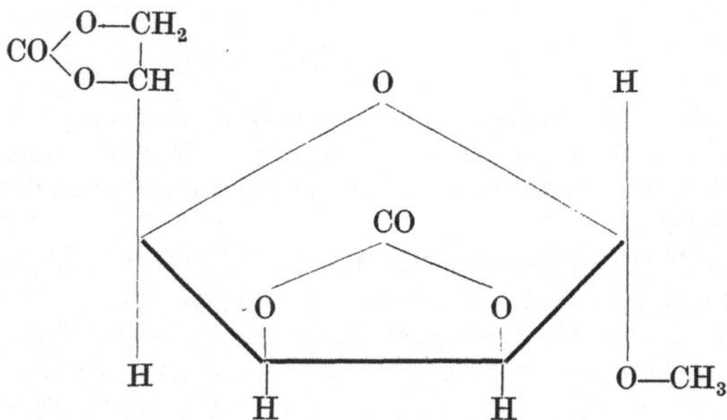

Durch Methylierung des Mannosedicarbonats mit Diazomethan oder Methyljodid und Silberoxyd. Krystalle aus Essigester, Schmelzp. 172—173° unter Zersetzung. $[\alpha]_{5780}^{22} = +87°$; $[\alpha]_{5461}^{22} = +98°$ in Aceton.

Äthylmannoside.

Aus sirupösem Äthylmannosid, das bei der Einwirkung von äthylalkoholischer Salzsäure auf Mannose entsteht, bildet sich bei der Acetylierung wenig krystallines Produkt I vom Schmelzp. 110—113 und $[\alpha]_D = +1,80$ in Chloroform und ein Öl II, dessen spez. Drehung $+42,5°$ beträgt. Beide Formen ergeben bei der Verseifung das Ausgangsmaterial. Von der Acetobrommannose ausgehend wurde eine dritte Form III vom Schmelzp. 81—82° und $[\alpha]_D = -28°$ isoliert. Bei der Verseifung verhält sie sich wie das analog dargestellte Methylderivat.

---

[1] Walter Norman Haworth u. Charles Raymond Porten: J. chem. Soc. Lond. **1930**, 649 — Chem Zbl. **1930 II**, 230. — Walter Norman Haworth, Edmund Langley Hirst u. John Ivor Webb: J. chem. Soc. Lond. **1930**, 651 — Chem. Zbl. **1930 II**, 230.

Daraus folgt, daß die Verbindungen I und II β- und α-Form desselben Ringsystems sind, das verschieden ist von der im Produkt III vorliegenden Ringstruktur. Dieses Produkt und das linksdrehende Methylderivat besitzen augenscheinlich den gleichen Sauerstoffring[1].

β-Äthyl-d-mannosid (Bd. II, S. 600).

Bildung: Alkoholische Salzsäure und Mannose liefern Äthylmannosid als Sirup. Dieser ergab bei der Acetylierung ein sirupöses Gemisch der Tetraacetylmannosiden. Aus Petroläther krystallisierte die β-Form in sehr geringer Ausbeute[1].

Derivate: Tetraacetyl-β-äthylmannosid[1]. Krystalle aus Chloroform. Schmelzp. 110 bis 113 (korr.). $[\alpha]_D = +1{,}80$ in Chloroform bei 4,888.

Tetraacetyl-äthylmannosid aus Acetobrommannose[1]. Produkt III $C_{16}H_{24}O_{10}$. Nadeln aus der 100fachen Menge Petroläther, Schmelzp. $81-82°$; $[\alpha]_D = -46{,}5°$ in Alkohol bei $c = 1{,}205$.

α-Glykol-d-mannosid.

Bildung: Bei der biochemischen Synthese aus d-Mannose und Glykol[2].

α-Glycerin-d-mannosid.

Bildung: Entsteht bei der biochemischen Synthese aus d-Mannose und Glycerin[2].

Methylgalaktoside.

Physiologische Eigenschaften: Wurden bei Vergärungsversuchen mit Bacterium coli commune, Bacillus acidi lactici und Bacillus lactis aerogenes in der α-Form etwas langsam, in der β-Form ziemlich schnell angegriffen, wo aber auch fast alle Stämme selbst durch die α-Verbindung langsam zerlegt werden mit alleiniger Ausnahme des auch gegen die β-Verbindung widerstandsfähigen Králschen Stammes von Bacillus acidi lactici[3].

Physikalische und chemische Eigenschaften: α, β-Gleichgewichtsform. $[\alpha] = +89{,}5°$[4].

α-Methyl-d-galaktosid (Bd. II, S. 601; Bd. X, S. 830).

Bildung: Bei der Einwirkung von methylalkoholischer Salzsäure auf d-Galaktosan[5]. Aus Galaktose-benzylmercaptal mit Methylalkohol und Quecksilberchlorid, Ausbeute 80%[6].

Darstellung: Aus Galaktose mit Methanol und wässeriger Salzsäure bei gewöhnlicher Temperatur[6].

Physikalische und chemische Eigenschaften: Inversionskonstante[7] $K \cdot 10^4$ bei $70° = 4{,}6$. Nadeln aus Alkohol, Schmelzp. $111°$; $[\alpha]_D^{20} = +177{,}6°$ in Wasser[8]. $[\alpha]_D^{20} = +196{,}6°$, $V_m = 130{,}66$, $[Rg]_D = 69{,}83°$ in Wasser bei $c = 10$[9].

Derivate: Tetraacetyl-α-methyl-galaktosid[1] $C_{15}H_{22}O_{10}$. Aus α-Methylgalaktosid durch Acetylierung. Öl, Siedep. $190°$ bei 0,8 mm. $[\alpha]_D = +88{,}4°$ in Methylalkohol bei $c = 1{,}90$. — $[\alpha]_D = +69{,}3°$ in Chloroform.

[1] P. A. Levene u. Harry Sobotka: J. of biol. Chem. **67**, 759, 771 (1926) — Chem. Zbl. **1926 II**, 188.

[2] H. Hérissey u. J. Cheymol: C. r. Acad. Sci. Paris **178**, 1372 (1924) — Chem. Zbl. **1924 II**, 60 — J. Pharmacie (7) **30**, 272 (1924) — Chem. Zbl. **1925 I**, 356.

[3] Hermann Hees u. Caspar Tropp: Zbl. Bakter. I **100**, 273—284 (1926) — Chem. Zbl. **1927 I**, 760.

[4] H. D. K. Drew u. W. N. Haworth: J. chem. Soc. Lond. **1926**, 2303 — Chem. Zbl. **1927 I**, 997.

[5] Fritz Micheel: Ber. dtsch. chem. Ges. **62**, 687 (1929) — Chem. Zbl. **1929 I**, 2037.

[6] F. Micheel u. O. Littmann: Liebigs Ann. **466**, 115 (1928) — Chem. Zbl. **1929 I**, 227.

[7] Karl Freudenberg, Walter Dürr u. Heinrich v. Hochstetter: Ber. dtsch. chem. Ges. **61**, 1738 (1928) — Chem. Zbl. **1928 II**, 2120.

[8] Eugen Pacsu u. Nada Ticharich: Ber. dtsch. chem. Ges. **62**, 3008 (1929) — Chem. Zbl. **1930 I**, 512.

[9] Claus Nissen Riiber, Josef Minsaas u. Ralph Tambs Lyche: J. chem. Soc. Lond. **1929**, 2173 — Chem. Zbl. **1930 I**, 511.

2, 3, 4, 6-Tetraacetyl-α-methyl-d-galaktosid[1] $C_{15}H_{22}O_{10}$. Leicht löslich in den üblichen organischen Lösungsmitteln, schwer löslich in Wasser und Petroläther, Schmelzp. 86—87°; $[\alpha]_D^{20} = +132,5°$ in Chloroform.

β-Methyl-d-galaktosid (Bd. VIII, S. 318).

Physikalische und chemische Eigenschaften: Inversionskonstante[2] $K \cdot 10^4$ bei 70° = 7,5. $D_4^{20} = 1,031257$, $n_D^{20} = 1,3468516$, $[\alpha]_D^{20} = 0°$; $V_m = 130,88$ ml, $[Rg]_D = 70,20°$[3].

Derivate: **Tetraacetyl-β-methyl-galaktosid**[2] $C_{15}H_{22}O_{10}$. Aus Acetobromgalaktose. Prismen, Schmelzp. 94°. Identisch mit dem aus Acetonitrogalaktose erhaltenen Produkt. $[\alpha]_D = -4,5°$ in Methylalkohol bei $c = 5,32$. — $[\alpha]_D = -10,5°$ in Chloroform.

3, 4-Isopropyliden-β-methylgalaktosid [1, 5][4] $C_{10}H_{18}O_6$

Aus β-Methylgalaktosid, Aceton und wasserfreiem Kupfersulfat. Nadeln, Schmelzp. 134 bis 135°, leicht löslich in Wasser und abs. Alkohol. $[\alpha]_D^{17} = +20,96°$ in Wasser.

Methylgalaktosid (1, 4)[5].

Mol-Gewicht: 194,15.
Zusammensetzung: $C_7H_{14}O_6$.

Bildung: Läßt man methylalkoholische Salzsäure bei 15° und nicht bei 100° auf Galaktose einwirken, so entstehen nicht die lange bekannten α- und β-Methylgalaktoside, sondern ein stark linksdrehendes Methylgalaktosid, dessen Methylierung zu einem Tetramethylmethylgalaktosid von $[\alpha]_D = -45,2°$ führt. — Die Bildungsgeschwindigkeit dieses Methylgalaktosids hängt von der Korngröße, dem Mengenverhältnis Galaktose zu Lösungsmittel und der Schüttelgeschwindigkeit ab. Die optische Drehung des Reaktionsgemisches durchläuft dabei ein Minimum, das in allen Fällen bei $[\alpha]_D = -58,1$ liegt. Die negative Drehung wird dann allmählich kleiner und nach genügend langer Zeit positiv.

Physikalische und chemische Eigenschaften: Sirup, für dessen Einheitlichkeit die Darsteller den Umstand anführen, daß bei wiederholter Extraktion mit trocknem Essigäther stets das gleiche Produkt erhalten wird.

---

[1] F. Micheel u. O. Littmann: Liebigs Ann. **466**, 115 (1928) — Chem. Zbl. **1929 I**, 227.
[2] P. A. Levene u. Harry Sobotka: J. of biol. Chem. **67**, 759, 771 (1926) — Chem. Zbl. **1926 II**, 188.
[3] Claus Nissen Riiber, Josef Minsaas u. Ralph Tambs Lyche: J. chem. Soc. Lond. **1929**, 2173 — Chem. Zbl. **1930 I**, 511.
[4] Fritz Micheel: Ber. dtsch. chem. Ges. **62**, 687 (1924) — Chem. Zbl. **1929 I**, 2037.
[5] Walter Norman Haworth, David Arthur Ruell u. George Crone Westgarth: J. chem. Soc. Lond. **125**, 2468 (1924) — Chem. Zbl. **1925 I**, 1065.

Äthyl-d-galaktoside.

Physikalische und chemische Eigenschaften: α, β-Gleichgewichtsform: $[\alpha] = +91°$ [1].

β-Äthyl-d-galaktosid (Bd. VIII, S. 318; Bd. X, S. 831).

Bildung: Aus arabischem Gummi [2]. Aus d-Galaktosebenzylmercaptal, Methylalkohol und Quecksilberchlorid [3].

Physikalische und chemische Eigenschaften: Nadeln aus verdünntem Alkohol, Schmelzpunkt 139—140°; $[\alpha]_D^{20} = +186,8°$ in Wasser [3].

α-Allyl-d-galaktosid [3].
$$C_6H_{16}O_6$$

Bildung: Aus d-Galaktosebenzylmercaptal, Allylalkohol und Quecksilberchlorid, Ausbeute 50%.

Physikalische und chemische Eigenschaften: Feine Nadeln aus Alkohol, Schmelzp. 138 bis 142°; $[\alpha]_D^{20} = +171,7°$ in Wasser.

α-Phenol-d-galaktosid.

Derivate: Tetraacetyl-α-phenol-d-galaktosid [4] $C_{20}H_{24}O_{10}$. Aus Acetobromgalaktose und Phenol in Gegenwart von Chinolin. Aus abs. Alkohol Krystalle, Schmelzp. 131—132°. $[\alpha]_D^{20} = +173,3°$ in Benzol; $= +175,5°$ in Chloroform. Leicht löslich in Chloroform, Benzol, Essigester, Aceton.

β-p-Oxyphenylgalaktosid [5].
$$C_{12}H_{16}O_7 + 2 H_2O$$

OH
|

O—$C_6H_{11}O_5$

Bildung: Aus der Tetraacetylverbindung mit methylalkoholischem Ammoniak.

Physikalische und chemische Eigenschaften: Prismen aus Wasser, Schmelzp. 246—247°; $[\alpha]_D^{20} = -53,2°$ in Wasser. Aus 75proz. Methylalkohol prismatische Nadeln mit 1,5 H_2O, aber gleichem Schmelzpunkt.

Derivate: O-Tetraacetyl-β-p-oxyphenylgalaktosid $C_{20}H_{24}O_{11}$. Aus Hydrochinon in Aceton und Acetobromgalaktose mit wässeriger Kalilauge unter 10° in einer Stickstoffatmosphäre. Prismen aus Alkohol, Schmelzp. 202—203°.

β-p-Anisylgalaktosid [5].
$$C_{13}H_{18}O_7$$

O—CH_3
|

O—$C_6H_{11}O_5$

[1] H. D. K. Drew u. W. N. Haworth: J. chem. Soc. Lond. **1926**, 2303 — Chem. Zbl. **1927 I**, 997.

[2] J. Charpentier: J. Pharmacie (7) **27**, 368 (1923) — Chem. Zbl. **1923 III**, 367.

[3] Eugen Pacsu u. Nada Ticharich: Ber. dtsch. chem. Ges. **62**, 3008 (1929) — Chem. Zbl. **1930 I**, 512.

[4] Burckhardt Helferich u. Hellmuth Bredereck: Liebigs Ann. **465**, 166 (1928) — Chem. Zbl. **1928 II**, 1550.

[5] Alexander Robertson: J. chem. Soc. Lond. **1929**, 1820 — Chem. Zbl. **1930 I**, 511.

Bildung: Aus der Tetraacetylverbindung durch Verseifung mit methylalkoholischem Ammoniak.

Physikalische und chemische Eigenschaften: Prismatische Nadeln aus Alkohol, Schmelzpunkt 161°, $[\alpha]_D^{20} = -40°$ in Wasser. Aus Wasser lange Prismen mit 1 H_2O.

Derivate: O-Tetraacetyl-β-p-anisylgalaktosid $C_{21}H_{26}O_{11}$. Aus p-Oxyanisol, Acetobromglykose in Aceton und wässeriger Kalilauge unter 10°. Aus 90proz. Methylalkohol Prismen, Schmelzp. 104°.

β-l-Menthyl-d-galaktosid [1].
$$C_{16}H_{30}O_6 + 2\,H_2O$$

Bildung: Durch Verseifung der Tetraacetylverbindung.

Physikalische und chemische Eigenschaften: Rechteckige Platten aus Wasser, Schmelzpunkt 40—41°; $[\alpha]_D^{20} = -74,2°$ in Alkohol.

Derivate: O-Tetraacetyl-β-l-menthyl-galaktosid. Aus Acetobromgalaktose und l-Menthol in Benzol mit Silberoxyd. Prismen aus 50proz. Alkohol, Schmelzp. 100—101°; $[\alpha]_D^{20} = -48,6°$ in Chloroform.

β-d-Bornyl-d-galaktosid [1].
$$C_{16}H_{28}O_6$$

Bildung: Bei der Verseifung der Tetraacetylverbindung.

Physikalische und chemische Eigenschaften: Aus Benzol haarfeine Nadeln, die benzolhaltig sind, Schmelzp. der trockenen Substanz 137—138°; aus Wasser hexagonale Platten mit 1 H_2O, Schmelzp. 123°; $[\alpha]_D^{20} = -6,5°$ in Alkohol. Wird von siedendem Wasser allmählich hydrolysiert.

Derivate: O-Tetraacetyl-β-d-bornyl-d-galaktosid $C_{24}H_{36}O_{10}$. Aus Acetobromgalaktose d-Borneol und Silberoxyd in Benzollösung. Aus 70proz. Alkohol Nadeln, Schmelzp. 140°.

α-Methyl-d-idosid.

Physikalische und chemische Eigenschaften: Berechnetes Drehungsvermögen: $[\alpha]_D = +30°$ [2].

β-Methyl-d-idosid.

Physikalische und chemische Eigenschaften: Berechnetes Drehungsvermögen: $[\alpha]_D = -160°$ [2].

α-Methyl-d-talosid.

Physikalische und chemische Eigenschaften: Berechnetes Drehungsvermögen: $[\alpha]_D = +110°$ [2].

β-Methyl-d-talosid.

Physikalische und chemische Eigenschaften: Berechnetes Drehungsvermögen: $[\alpha]_D = -80°$ [2].

α-Methyl-d-allosid.

Physikalische und chemische Eigenschaften: Berechnetes Drehungsvermögen: $[\alpha]_D = +75°$ [2].

β-Methyl-d-allosid.

Physikalische und chemische Eigenschaften: Berechnetes Drehungsvermögen: $[\alpha]_D = -120°$ [2].

---

[1] Alexander Robertson: J. chem. Soc. Lond. **1929**, 1820 — Chem. Zbl. **1930 I**, 511.
[2] H. S. Isbell: Bureau Standards J. Res. **3**, 1041 (1929) — Chem. Zbl. **1930 I**, 2725.

α-Methyl-d-altrosid.

Physikalische und chemische Eigenschaften: Berechnetes Drehungsvermögen: $[\alpha]_D$ $= -5°$[1].

β-Methyl-d-altrosid.

Physikalische und chemische Eigenschaften: Berechnetes Drehungsvermögen: $[\alpha]_D$ $= -200°$[1].

Fructoside.
Derivate der normalen Fructosen [2, 6].

α-Methyl-d-fructosid[2] (Bd. X, S. 835).

Bildung: Aus der Tetraacetylverbindung mit Bariumhydroxyd. Durch Verseifung der Tetraacetylverbindung mit einer alkoholischen Dimethylaminlösung[3].

Physikalische und chemische Eigenschaften: Schmelzp. 102°, $[\alpha]_D^{20} = +92{,}7°$ in Alkohol, $= +91°$ in Essigester, $= +46{,}5°$ in Wasser[3]. Sirup, der nach mehrmonatigem Stehen krystallinisch erstarrt. Nacheinander umkrystallisiert aus Amylalkohol, i-Butylalkohol, Propylalkohol ist wahrscheinlich noch nicht ganz rein. $[\alpha]_D = +45°$ (Wasser; $c = 2{,}048$).

Derivate: Tetraacetyl-α-methylfructosid $C_{15}H_{22}O_{16}$. In eine unter sorgfältigem Feuchtigkeitsausschluß bereitete methylalkoholische $AgNO_3$-Lösung gibt man zunächst trockenes Pyridin und läßt dann unter Rühren eine ätherische Lösung der β-Acetochlorfructose einfließen. AgCl scheidet sich sofort quantitativ ab. Aus Äther Krystalle vom Schmelzp. 112°, $[\alpha]_D$ $= +45{,}0°$ (Chloroform; $c = 1{,}3104$)[2]. $[\alpha]_D = +45{,}5°$ in Chloroform, $= +57°$ in Alkohol, $= +44{,}3°$ in Essigester[3].

β-Methyl-d-fructosid (Bd. X, S. 835).

Physiologische Eigenschaften: Widerstand bei Vergärungsversuchen mit Bacterium coli commune, Bacillus acidi lactici und Bacillus lactis aerogenes allen Stämmen[4].

Physikalische und chemische Eigenschaften: $[\alpha]_D = -172°$ in Wasser, $= -172{,}7°$ in Alkohol, $= -164°$ in Essigester[3].

Derivate: Tetraacetyl-β-methyl-fructosid. $[\alpha]_D = -124°$ in Chloroform, $= -118°$ in Alkohol, $= -123°$ in Essigester[3].

Tetracarbomethoxymethylfructosid[5] $C_{15}H_{22}O_{14}$. Aus Tetracarbomethoxyfructose mit Methyljodid und Ag_2O. Aus Essigester Krystalle vom Schmelzp. 107°. $[\alpha]_D = -126{,}1°$ (in Chloroform; $c = 0{,}6$).

Tetracarbäthoxymethylfructosid[5] $C_{19}H_{30}O_{14}$. Aus Tetracarbäthoxyfructose mit Methyljodid und Silberoxyd. Sirup. $[\alpha]_D = -90{,}9°$ (in Aceton; $c = 1{,}2$).

γ-Methyl-d-fructosid (Bd. X, S, 836). h-Methyl-d-fructosid[6].

Darstellung: 7 g Fructose werden in CH_3OH gelöst, die Lösung mit methylalkoholischer HCl auf 350 ccm mit einem HCl-Gehalt von 0,5% gebracht, nach etwa $^1/_2$ Stunde, wenn die

---

[1] H. S. Isbell: Bureau Standards J. Res. **3**, 1041 (1929) — Chem. Zbl. **1930 I**, 2725.

[2] H. H. Schlubach u. G. A. Schröter: Ber. dtsch. chem. Ges. **61**, 1216 — Chem. Zbl. **1928 II**, 540.

[3] Hans Heinrich Schlubach u. Gustav Adolf Schröter: Ber. dtsch. chem. Ges. **63**, 364 (1930) — Chem. Zbl. **1930 I**, 1767.

[4] Hermann Hees u. Caspar Tropp: Zbl. Bakter. I **100**, 273—284 (1926) — Chem. Zbl. **1927 I**, 760.

[5] C. F. Allpress, W. N. Haworth u. J. J. Inkster: J. chem. Soc. Lond. **1927**, 1233 — Chem. Zbl. **1927 II**, 1246 — J. chem. Soc. Lond. **1926**, 1751 — Chem. Zbl. **1926 II**, 2556.

[6] H. H. Schlubach u. G. Rauchalles: Ber. dtsch. chem. Ges. **58**, 1842 (1925) — Chem. Zbl. **1926 I**, 349.

Drehung ein positives Maximum ($[\alpha]_D = +6°$) zeigt, mit CH_3ONa neutralisiert und zuerst auf dem Wasserbad, dann im Vakuumexsiccator eingedunstet. Der zurückbleibende Sirup wird durch Schütteln mit über K_2CO_3 getrocknetem Äthylacetat zerlegt in einen linksdrehenden, in Äthylacetat unlöslichen Sirup ($[\alpha]_D = -27°$ in CH_3OH) und in das darin lösliche rechtsdrehende γ-Methylfructosid, das nach Entfernung des Lösungsmittels als farbloser, hygroskopischer Sirup zurückbleibt.

Physiologische Eigenschaften: Wird zu einem bestimmten Bruchteil von Hefeinvertin rasch gespalten. Bei der Spaltung fiel $[\alpha]_D$ innerhalb 35 Minuten bei 30° von $+19,38°$ auf $+6,9°$ und blieb bei etwa 6,36° konstant, während der Reduktionswert von 2% auf 35% anstieg. — Methylfructosid ist ein Gemisch der α- und β-Formen des n- und h-Methylfructosids. Da n-Methylfructosid von Hefeinvertin nicht gespalten wird, so muß der hydrolysierbare Anteil des h-Methylfructosides das β-h-Methylfructosid sein. Takasaccharase spaltet h-Methylfructosid ebenso rasch wie Rohrzucker[1].

Physikalische und chemische Eigenschaften: $[\alpha]_D = +25,2°$ in Äthylacetat, $+26,6°$ in Wasser. Es entfärbt $^1/_{500}$n-$KMnO_4$-Lösung in 30 Minuten. Wird in der Kälte durch 0,033 proz. HCl vollständig hydrolysiert. Gibt ein Phenylosazon vom Schmelzpunkt wie beim Glykosephenylosazon[2]. Hydrolyse mit HCl verschiedener Konzentration, Reduktionswerte nach der Hydrolyse 95,9 und 97,2%[1]. — γ-Methylfructosid ($[\alpha]_D = +16°$) in Äthylacetat kann durch Aceton und Salzsäure in eine Acetonverbindung umgewandelt werden. Diese Acetonverbindung ist identisch mit Fischers α-Fructosediaceton[3].

Derivate: Tetracarbomethoxy-γ-methylfructosid[4] $C_{15}H_{22}O_{14}$. Aus γ-Methylfructosid und Chlorameisensäuremethylester in Pyridin + Chloroform. Öl vom Siedep. bei 0,1 mm 226 bis 227°. $[\alpha]_D = +19,8°$ (in Aceton, $c = 1,5$). Ist gegen eine wässerig-alkoholische Lösung mit 0,5% HCl auffallend beständig.

Tetracarbäthoxy-γ-methylfructosid[4] $C_{19}H_{30}O_{14}$. Öl vom Siedep. bei 0,07 mm 235 bis 238°. $[\alpha]_D = +22,5°$ (in Alkohol). Reduziert leicht neutrale, kalte $KMnO_4$-Lösung, aber nicht Fehlingsche Lösung. Wird von 10 proz. wässerig-alkoholischer HCl bei 80° merklich hydrolisiert.

<h2 style="text-align:center">α-Methyl-γ-fructosid[5].</h2>

Bildung: Bei der Spaltung der Hexosediphosphorsäure mit Knochenphosphatase[5].
Physikalische und chemische Eigenschaften: $[\alpha]_{5461} = +55°$.

<h2 style="text-align:center">β-Methyl-γ-fructosid[5].</h2>

Bildung: Bei der Spaltung der Hexosediphosphorsäure mit Knochenphosphatase.
Physikalische und chemische Eigenschaften: $[\alpha]_{5461} = -47°$.

<h2 style="text-align:center">γ-Äthylfructosid.</h2>

$C_8H_{16}O_6$

Darstellung: 7,5 g Fructose werden mit 500 ccm abs. Alkohol, enthaltend 0,5% HCl, 25 Minuten geschüttelt und in üblicher Weise aufgearbeitet. Die anfängliche Linksdrehung ist dann nach rechts umgeschlagen und hat ihren maximalen Wert erreicht. Bei längerer Versuchsdauer wird α_D wieder negativ[6].

---

[1] H. H. Schlubach u. G. Rauchalles: Ber. dtsch. chem. Ges. **58**, 1842 (1925) — Chem Zbl. **1926 I**, 349.

[2] R. C. Menzies: J. chem. Soc. Lond. **121**, 2238 (1922) — Chem. Zbl. **1923 I**, 1270.

[3] James Colquhoun Irvine u. Jocelyn Patterson: J. chem. Soc. Lond. **121**, 2146 (1922) — Chem. Zbl. **1923 III**, 741.

[4] C. F. Allpress, W. N. Haworth u. J. J. Inkster: J. chem. Soc. Lond. **1927**, 1233 — Chem. Zbl. **1927 II**, 1246 — J. chem. Soc. Lond. **1926**, 1751 — Chem. Zbl. **1926 II**, 2556.

[5] Walter Thomas James Morgan u. Robert Robison: Biochemic. J. **22**, 1270 (1929) — Chem. Zbl. **1929 I**, 870.

[6] James Colquhonn Irvine, John Walter Hyde Oldham u. Andrew Forrester Skinner: J. amer. chem. Soc. **51**, 1279 (1929) — Chem. Zbl. **1929 II**, 287.

Physikalische und chemische Eigenschaften: Sirup, leicht löslich in Wasser, Alkohol Aceton und Pyridin. $[\alpha]_D = +28°$ (in Alkohol). Reduziert Fehlingsche Lösung nur nach langem Kochen, entfärbt sofort neutrale $KMnO_4$-Lösung[1].

Derivate: Tetracarbäthoxy-γ-äthylfructosid $C_{20}H_{32}O_{14}$. Sirup vom Siedep. (bei 0,05 mm) 228°. $[\alpha]_D = +27,5°$ (in Alkohol). Löslich in Aceton und Chloroform. Ist gegen wässerig-alkoholischer HCl sogar bei 100° auffallend beständig[1].

Tetraacetyl-γ-äthylfructosid $C_{16}H_{24}O_{10}$. Durch Acetylieren von γ-Äthyl-fructosid mit Essigsäureanhydrid und Natriumacetat. Öl. Da die Darstellung ein Gemisch der α- und β-Form gibt, wechselt die Drehung bei verschiedenen Versuchen von $[\alpha]_D = +39,0°$ bis $+47,9°$ in Chloroform.

Derivate der Hexosidphosphate.

Methyllactolid des Hexosemonophosphats von Robison[2]. Aus dem Hexosemono-phosphat, Methylalkohol und 0,5proz. Salzsäure in der Kälte. Isoliert als Bariumsalz, welches in 35proz. Alkohol ziemlich löslich ist, fast unlöslich in Alkohol von 80%.

Ba-Methylhexosidomonophosphat[3] $C_6H_{10}O_4(OCH_3)PO_4Ba$. Gewonnen aus den leicht-löslichen Anteilen bei der Methylierung von Ba-Hexosediphosphat mit $CH_3OH + HCl$. $[\alpha]_{Hg\,grün}^{19,5} = +0,92°$. **Brucinsalz:** $[\alpha]_{Hg\,grün}^{19} = -31,7°$ [3].

α-Methylhexosidodiphosphat[3]. $[\alpha]_{Hg\,grün}^{18} = +19,7°$. **Ba-Salz:** $[\alpha]_{Hg\,grün}^{18} = +8,2°$. **Brucinsalz:** Entsteht mit der β-Verbindung beim Behandeln von Ba-Hexosediphosphat mit $CH_3OH + HCl$. Aus den Mutterlaugen der β-Verbindung wird als mikrokrystalline Masse erhalten durch Umfällung der alkoholischen Lösung mit Aceton und Umkrystallisieren aus Alkohol[3].

β-Methylhexosidodiphosphat[3]. $[\alpha]_{Hg\,grün}^{18} = -23,2°$, in Wasser. Die freie Säure spaltet schon bei Zimmertemperatur einen Teil des Methoxyls ab und wirkt dann reduzierend. **Ba-Salz:** $C_6H_9O_3(OCH_3)(PO_4Ba)_2$. Aus dem Brucinsalz. $[\alpha]_{Hg\,grün}^{18} = -10,4°$ in Wasser[3]. **Brucinsalz:** $C_6H_9O_3(PO_4H_2)_2 \cdot (OCH_3)(C_{23}H_{26}N_2O_4)_4$. Aus 50proz. Alkohol Krystalle. $[\alpha]_{Hg\,grün}^{18} = -38,4°$ in 10proz. Alkohol[3].

Methyl-hamamelosid[4].

$$C_7H_{14}O_6$$

$$
\begin{array}{ccc}
CH_2{-}OH & & H \\
| & & | \\
HO{-}C{-}{-}{-}{-}{-} & C{-}OCH_3 \\
| & & | \\
CH(OH) & & | \\
| & & | \\
CH{-}{-}{-}{-}{-}O & \\
| & & \\
CH_2{-}OH & &
\end{array}
$$

Bildung: Krystallisiertes Hamamelitannin wird mit methylalkoholischer Salzsäure bei 37° in das Methyllactolid überführt, dann dieses mit $^n/_2$-Natronlauge in der Siedehitze gespalten.

Physikalische und chemische Eigenschaften: Sirup, Siedep. 180—190° (Badtemperatur) im Hochvakuum. Leicht löslich in Wasser, Alkohol, Methylacetat und Essigester, unlöslich in Äther; $[\alpha]_{589,3}^{18} = -75°$ in Methylalkohol. Reduziert nicht Fehlingsche Lösung, aber soda-alkalische Permanganatlösung; in 0,5n-Schwefelsäure bei 70° ist $K = 35-36 \cdot 10^{-4}$.

Derivate: Acetat $C_{13}H_{20}O_9$. Aus Äther + Petroläther Nädelchen, Schmelzp. 72,5°; $[\alpha]_{Hg}^{20} = -34,8°$ in abs. Alkohol. Gibt bei der Hydrolyse mit n-Schwefelsäure Hamamelose.

---

[1] C. F. Allpress, W. N. Haworth u. J. J. Inkster: J. chem. Soc. Lond. **1927**, 1233 — Chem. Zbl. **1927 II**, 1246 — J. chem. Soc. Lond. **1926**, 1751 — Chem. Zbl. **1926 II**, 2556.

[2] P. A. Levene u. Albert L. Raymond: J. of biol. Chem. **81**, 279 (1929) — Chem. Zbl. **1929 II**, 286.

[3] W. T. J. Morgan: Biochemic. J. **21**, 675 (1927) — Chem. Zbl. **1927 II**, 1685.

[4] Otto Th. Schmidt: Liebigs Ann. **476**, 250 (1929) — Chem. Zbl. **1930 I**, 534.

Glykoheptoside.

β-Benzyl-α-glykoheptosid[1].

Mol-Gewicht: 300,23.

Zusammensetzung: $C_{14}H_{20}O_7$.

Bildung: Durch Verseifung der Pentaacetylverbindung.

Physiologische Eigenschaften: Wird von Emulsin und Hefeenzym unverändert gelassen.

Physikalische und chemische Eigenschaften: Farblose Nadeln aus Essigester vom Schmelzpunkt 147—148°. Reduziert Fehlingsche Lösung nicht, ist mit H_2SO_4 in der Wärme leicht spaltbar.

Derivate: Pentaacetylverbindung $C_{24}H_{30}O_{12}$. Aus Acetobromglykoheptose, Benzylalkohol und Silberoxyd. Rhombische Tafeln aus verdünntem Alkohol. Schmelzp. 116—117°[1].

β-Vanillin-α-glykoheptosid[1].

Mol-Gewicht: 312,24.

Zusammensetzung: $C_{15}H_{20}O_7$.

Bildung: Durch Verseifung der Pentaacetylverbindung.

Physiologische Eigenschaften: Wird von Emulsin und Hefeenzym unverändert gelassen.

Physikalische und chemische Eigenschaften: Nadeln aus Methylalkohol. Schmelzp. 206 bis 207°. Reduziert Fehlingsche Lösung nicht, ist mit H_2SO_4 in der Wärme leicht spaltbar.

Derivate: Pentaacetylverbindung $C_{25}H_{30}O_{14}$. Aus Acetobromglykoheptose, Vanillin und Silberoxyd. Aus verdünntem Alkohol Säulen vom Schmelzp. 179—180°.

β-Cyclohexanol-α-glykoheptosid[1].

Mol-Gewicht: 292,26.

Zusammensetzung: $C_{13}H_{24}O_7$.

Bildung: Durch Verseifung der Pentaacetylverbindung.

Physiologische Eigenschaften: Wird von Emulsin und Hefeenzym unverändert gelassen.

Physikalische und chemische Eigenschaften: Büschelförmige Nadeln aus heißem Eisessig. Schmelzp. 153—157°. Reduziert Fehlingsche Lösung nicht, ist mit H_2SO_4 in der Wärme leicht spaltbar.

Derivate: Pentaacetylverbindung $C_{23}H_{34}O_{12}$. Aus Acetobromglykoheptose, Cyclohexanol und Silberoxyd. Prismatische Säulen aus verdünntem Alkohol. Schmelzp. 140—140,5°.

β-Geraniol-α-glykoheptosid[1].

Mol-Gewicht: 346,33.

Zusammensetzung: $C_{17}H_{30}O_7$.

Bildung: Entsteht aus der Pentaacetylverbindung durch Verseifung der methylalkoholischen Lösung mittels trockenem NH_3.

Physiologische Eigenschaften: Wird von Emulsin und Hefeenzym unverändert gelassen.

Physikalische und chemische Eigenschaften: Farblose Nadeln vom Schmelzp. 128—129°. Reduziert Fehlingsche Lösung nicht, ist mit H_2SO_4 in der Wärme leicht spaltbar.

β-Borneol-α-Glykoheptosid[1].

Mol-Gewicht: 346,23.

Zusammensetzung: $C_{17}H_{30}O_7$.

Bildung: Durch Verseifung der Pentaacetylverbindung.

Physiologische Eigenschaften: Wird von Emulsin und Hefeenzym unverändert gelassen.

Physikalische und chemische Eigenschaften: Nadeln vom Schmelzp. 217°. Reduziert Fehlingsche Lösung nicht, ist mit H_2SO_4 in der Wärme leicht spaltbar.

---

[1] E. Glaser u. N. Zuckermann: Hoppe-Seylers Z. **166**, 103 (1927) — Chem. Zbl. **1927 II**, 807.

Derivate; **Pentaacetylverbindung** $C_{27}H_{40}O_{12}$. Aus Acetobromglykoheptose, Borneol und Silberoxyd. Nadeln aus verdünntem Alkohol. Schmelzp. 146—146,5°[1]

β-Methyl-maltosid (Bd. II, S. 589, 606; Bd. X, S. 836).
$$C_{13}H_{24}O_{11}$$

Bildung: Aus Maltosylchlorid mit Natriummethylat[2]. Aus Heptaacetyl-β-methyl-maltosid durch Abspaltung der Acetyle[3].

Physiologische Eigenschaften: Die Maltosebindung im β-Methylmaltosid wurde von Hefe und Emulsin, nicht aber von Malzmaltase angegriffen[4].

Physikalische und chemische Eigenschaften: Krystalle aus Alkohol+Essigester. Schmelzpunkt 110—111°. $[\alpha]_D = +63,5°$ in Alkohol und $+83,9°$ in Wasser, bei der wasserfreier Substanz[5]. Aus Alkohol + Äther Krystalle mit 1 Mol Wasser. $[\alpha]_D^{19} = +76°$ in Wasser, wasserfrei $[\alpha]_D^{19} = +78,8°$. — Die wasserfreie Substanz beginnt gegen 105° zu sintern und zersetzt sich bei 155°[6]. — $[\alpha]_D$ berechnet $= +85°$[7].

Derivate: **Methylmaltosidsulfosaures Ba** $C_{26}H_{46}O_{28}S_2Ba$. $[\alpha]_D^{18} = +53,8°$ in Wasser. Wird durch Emulsin, das Na-Salz auch, gespalten[8].

Heptaacetyl-β-methylmaltosid[3] $C_{27}H_{38}O_{18}$. Aus Acetobrommaltose, Methylalkohol und Silbercarbonat. Schmelzp. 129°. Aus abs. Alkohol. Schmelzp. 128—129°. $[\alpha]_D = +53°$ in Chloroform. Aus den Mutterlaugen krystallisiert ein zweites Produkt, $C_{24}H_{34}O_{16}$, aus Alkohol, Schmelzp. 145—146°, $[\alpha]_D = +69,1°$ in Chloroform[5]. $[\alpha]_D = +55°$ in Chloroform[9].

Methylmaltosid[10].

Mol-Gewicht: 356,26.

Zusammensetzung: $C_{13}H_{24}O_{11}$.

Bildung: Aus der Heptaacetylverbindung mit flüssigem Ammoniak nach 48 Stunden bei 20°, das Acetamid wird durch Fällen aus Methylalkohol mit Äther entfernt. Sirup, $[\alpha]_{578} = +117,12°$ in Wasser. Regeneriert bei der Acetylierung mit Essigsäureanhydrid in Gegenwart von Pyridin das Heptaacetyl-methylmaltosid vom Schmelzp. 163°.

Derivate: **Heptaacetylmethylmaltosid** (ist ein Derivat der Orthoessigsäure[11] $C_{27}H_{38}O_{18}$).

Aus Heptaacetyl-Chlormaltose (Freudenberg) mit Methylalkohol und Silbercarbonat in Gegenwart von Pyridin. Aus Methylalkohol große, sternförmige Krystalle vom Schmelzpunkt 163—164°, $[\alpha]_{578} = +101,5°$ in Acetylentetrachlorid, unlöslich in Wasser; wenig

[1] E. Glaser u. N. Zuckermann: Hoppe-Seylers Z. **166**, 103 (1927) — Chem. Zbl. **1927 II**, 807.

[2] A. Pictet u. A. Marfort: Helvet. chim. Acta **6**, 129 (1923) — Chem. Zbl. **1923 I**, 1016.

[3] Hans Fischer u. Fritz Kögl: Liebigs Ann. **436**, 219 (1924) — Chem. Zbl. **1924 I**, 2103.

[4] Jesaia Leibowitz: Hoppe-Seylers Z. **149**, 184 (1925) — Chem. Zbl. **1926 I**, 1661.

[5] J. C. Irvine u. J. M. A. Black: J. chem. Soc. Lond. **1926**, 862 — Chem. Zbl. **1926 II**, 385.

[6] Burckhardt Helferich, Johanna Becker u. Wiegand: Liebigs Ann. **430**, 1 (1924) — Chem. Zbl. **1924 II**, 2831.

[7] C. S. Hudson: J. amer. chem. Soc. **47**, 268 (1925) — Chem. Zbl. **1925 I**, 2549.

[8] B. Helferich, A. Löwa, W. Nippe u. H. Riedel: Hoppe-Seylers Z. **128**, 141 (1923) — Chem. Zbl. **1923 III**, 1003.

[9] C. S. Hudson u. F. P. Phelps: J. amer. chem. Soc. **46**, 2591 (1924) — Chem. Zbl. **1925 I**, 641.

[10] K. Freudenberg, H. v. Hochstetter u. H. Engels: Ber. dtsch. chem. Ges. **58**, 667 (1925) — Chem. Zbl. **1925 I**, 669.

[11] K. Freudenberg: Naturwiss. **18**, 393 (1930) — Chem. Zbl. **1930 II**, 717.

löslich in Alkohol, Äther; leicht löslich in Aceton, Essigäther, Chloroform. — Wird sehr leicht gespalten, ist also außerordentlich unbeständig[1].

α-Äthylmaltosid[2].

Mol-Gewicht: 370,28.

Zusammensetzung: $C_{14}H_{26}O_{11}$.

Derivate: Heptaacetyl-α-äthylmaltosid. Aus β-Oktaacetylmaltose in äthylalkoholischem Chloroform mit sublimiertem Eisenchlorid. Amorphe Pulver vom Schmelzp. $90-100°$; $[\alpha]_D^{17} = +122°$ in Chloroform. Die Behandlung mit Titantetrachlorid in Chloroform führt zu keiner merklichen Erhöhung des Drehungsvermögens.

β-Äthylmaltosid[3].
$C_{14}H_{26}O_{11}$

Physikalische und chemische Eigenschaften: Krystalle aus Methylalkohol + Essigester, Schmelzp. $168-169°$. Geschmack erst süß, dann indifferent. Löslichkeit ähnlich wie bei Benzylmaltosid.

Derivate: Heptaacetyl-β-äthylmaltosid $C_{28}H_{40}O_8$. Aus Acetobrommaltose, Äthylalkohol und Silbercarbonat. Prismen aus Alkohol. Schmelzp. $132°$; $[\alpha]_D^{14} = +48,93°$ in Acetylentetrachlorid. Löslichkeit und Eigenschaften wie bei dem Heptaacetylbenzylmaltosid beschrieben.

Äthylmaltosid[4].
(Orthoessigsäurederivat, Näheres siehe bei Methyl-maltosid.)

Mol-Gewicht: 370,28.

Zusammensetzung: $C_{14}H_{26}O_{11}$.

Bildung: Analog dem entsprechenden Methylmaltosid.

Physikalische und chemische Eigenschaften: Sirup.

Derivate: Heptaacetyläthylmaltosid $C_{28}H_{40}O_{18}$. Entsteht analog dem entsprechenden Heptaacetyl-methylmaltosid. Schmelzp. $142-143°$.

β-Benzylmaltosid[3].

Mol-Gewicht: 432,32.

Zusammensetzung: $C_{19}H_{28}O_{11}$.

Bildung: Durch Verseifung der Heptaacetylverbindung mit methylalkoholischem Ammoniak.

Physikalische und chemische Eigenschaften: Nadeln aus viel Essigester. Schmelzp. 147 bis 148°. Bittersüßlich mit intensiv bitterem Nachgeschmack. $[\alpha]_D^{17} = +47,64°$ in Wasser. Leicht löslich in Wasser, Methylalkohol und Alkohol; schwer löslich in abs. Äther, Chloroform, Aceton und Petroläther; ziemlich wenig löslich in Essigester. Löst Kupferhydroxyd auf, die Lösung scheidet beim Kochen kein Kupferoxydul ab.

Derivate: Heptaacetylbenzylmaltosid $C_{32}H_{42}O_{18}$. Durch Schütteln von amorpher Acetobrommaltose und Benzylalkohol in abs. Äther mit Silbercarbonat. Prismen aus Alkohol + Wasser. Schmelzp. nach vorheriger Sinterung bei $125°$; $[\alpha]_D^{16,5} = +27,64-27,76°$ in Acetylentetrachlorid. Leicht löslich in Essigester, Benzol, Chloroform, Aceton; weniger löslich in Äther und kaltem Alkohol. Reduziert alkalische Kupferlösung nicht.

α-l-Menthylmaltosid.

Physikalische und chemische Eigenschaften: $[\alpha]_D$ berechnet $= +120°$[5].

<hr>

[1] Karl Freudenberg, Walter Dürr u. Heinrich v. Hochstetter: Ber. dtsch. chem. Ges. **61**, 1740 (1928) — Chem. Zbl. **1928 II**, 2121.

[2] Géza Zemplén: Ber. dtsch. chem. Ges. **62**, 985 (1929) — Chem. Zbl. **1929 I**, 2525.

[3] Hans Fischer u. Fritz Kögl: Liebigs Ann. **436**, 219 (1924) — Chem. Zbl. **1924 I**, 2103.

[4] K. Freudenberg, H. v. Hochstetter u. H. Engels: Ber. dtsch. chem. Ges. **58**, 667 (1925) — Chem. Zbl. **1925 I**, 669.

[5] C. S. Hudson: J. amer. chem. Soc. **47**, 537 (1925) — Chem. Zbl. **1925 I**, 2550.

β-l-Menthylmaltosid (Bd. VIII, S. 320).

Physikalische und chemische Eigenschaften: [α] = +14°, berechnet: +15°[1].

Alkylcellobioside.

· **Bildung** (s. auch Äthylcellobioside): — Aus Acetobromcellobiose, Quecksilberacetat, Alkohole in Benzol.

Man kann die α-Form des Heptaacetyl-isopropyl-cellobiosids leichter als die Äthyl-verbindung gewinnen, denn bei einem Überschuß von 40—200% ist das Präparat in guter Ausbeute und in vorzüglicher optischer Reinheit zu gewinnen. Sehr auffallend und noch deutlicher als bei den Versuchen mit Äthylalkohol zeigt sich mit der weiteren Erhöhung der Isopropylalkoholkonzentration ein Maximum des Reduktionsvermögens der isolierten Produkte. Um ein größeres Vergleichsmaterial zu gewinnen und die Anwendbarkeit der Methode zu prüfen, stellte man die α-Heptaacetyl-cellobioside noch folgender Alkohole dar: n-Propyl, n-Butyl, Isobutyl, sec. Butyl, sec. Amyl, n-Hexyl und Phenyläthyl. Bei diesen Ver-suchen zeigte sich ebenfalls, daß in der Nähe eines Überschusses von 100% Alkohol in vielen Fällen auch die höchste optische Drehung der isolierten α-Formen zu beobachten ist. Bei der Darstellung der Heptaacetyl-β-alkyl-cellobioside mit Quecksilberacetat ist demnach ein großer Überschuß an dem betreffenden Alkohol zu nehmen. Bei den niedrigeren Gliedern ist es vor-teilhaft, als Reaktionsmedium den Alkohol selbst zu verwenden, wobei sehr leicht vollkommen reduktionsfreie Produkte zu erhalten sind. Optische Reinheit wird aber erst nach wiederholtem Umkrystallisieren erreicht, s. die Darstellung des β-Methylcellobiosids, des Heptaacetyl-β-iso-propylcellobiosids. In Gegenwart von Benzol sind die meisten Heptaacetylcellobioside eben-falls mit Quecksilberacetat gewinnbar, falls man einen genügenden Überschuß an den Al-koholen anwendet, z. B. Heptaacetyl-β-n-butyl-cellobiosid, ·Heptaacetyl-β-hexyl-cellobiosid und Heptaacetyl-β-phenyl-äthylcellobiosid. Man gewinnt außerdem die Heptaacetyl-β-cello-bioside oft leicht durch Umsetzung der Acetobromcellobiose in den Alkoholen selbst, oder in Benzollösung mit Hilfe von Quecksilbercyanid, z. B. Heptaacetyl-β-methylcellobiosid, Hepta-acetyl-β-isopropylcellobiosid, Heptaacetyl-β-n-butyl-cellobiosid, Heptaacetyl-β-isobutyl-cello-biosid, und Heptaacetyl-β-sec. butylcellobiosid. Es wurde versucht, die Quecksilbercyanid-methode zur Darstellung der α-Bioside anzuwenden, aber mit wenig Erfolg.

Die höchsten beobachteten Drehungen der mit Quecksilbersalzen dargestellten Prä-parate: $[α]_D$ der Heptaacetylcellobioside sind folgende[2]:

	α-Form:	β-Form:
Methyl . ·		—25,0°
Äthyl.	+57,23°	
n-Propyl	+58,79°	
Isopropyl	+59,54°	—22,7°
n-Butyl	+52,40°	—24,60°
Isobutyl	+45,51°	—23,04°
sec. Butyl	+55,76°	—23,20°
sec. Amyl	+52,23°	
n-Hexyl	+53,42°	—24,37°
Phenyläthyl	+54,16°	—25,28°

x-Methylcellobiosid[3].

$$C_{13}H_{24}O_{11}$$

Bildung: Bei der Verseifung der Tetraacetylverbindung nach Zemplén.

Physikalische und chemische Eigenschaften: Schmelzp. 144—145°; $[α]_D^{20} = 96,8°$ in Wasser.

Derivate: Heptaacetylverbindung. Aus Heptaacetyl-β-methylcellobiosid beim Erwärmen mit Titantetrachlorid in Chloroformlösung. Schmelzp. 185°; $[α]_D^{20} = +55,7°$ in Chloro-form. Als Nebenprodukt wurde eine Substanz, Schmelzp. 174° und $[α]_D = +23,8°$ in Chloro-form beobachtet.

---

[1] C. S. Hudson: J. amer. chem. Soc. **47**, 537 (1925) — Chem. Zbl. **1925 I**, 2550.
[2] Géza Zemplén u. Árpád Gerecs: Ber. dtsch. chem. Ges. **63**, 2720 (1930).
[3] Eugen Pacsu: J. amer. chem. Soc. **52**, 2571 (1930).

β-Methylcellosid; β-Methylcellobiosid (Bd. X, S. 837).

Bildung: Bei der Einwirkung von methylalkoholischem NH_3 auf die Heptaacetylverbindung. Prismen aus Alkohol. Ausbeute: 86%.

Physikalische und chemische Eigenschaften: Schmelzp. 193°. $[\alpha]_D^{17} = -19,09°$ in Wasser. Leicht löslich in Wasser; ziemlich wenig löslich in CH_3OH und Alkohol; in anderen organischen Lösungsmitteln ist es sehr wenig löslich. Wird durch Emulsin in stark reduzierende Bestandteile (Cellose oder Glykose?) gespalten[1].

Derivate: Heptaacetylmethylcellosid. Bildung beim Erwärmen von Heptaacetylbromcellose mit Ag_2O in CH_3OH. Krystalle aus Alkohol vom Schmelzp. 186,5°. Ausbeute: 90% der Theorie. $[\alpha]_D^{19} = -26,03°$ in C_2Cl_4; $[\alpha]_D^{17} = -31,61°$ in Eisessig[1]. Entsteht bei der Einwirkung von Aluminiumgrieß und Quecksilberacetat auf Acetobromcellobiose in abs. Alkohol[2]. Quecksilberacetatmethode: 150 g Acetobromcellobiose werden in 1700 ccm abs. Methylalkohol gelöst und nach Zugabe von 36 g Quecksilberacetat 5 Minuten am Rückflußkühler gekocht. Aus dem Filtrat scheidet sich beim Abkühlen eine kräftige Krystallisation. Diese wird abgesaugt und aus 1200 ccm heißem Alkohol umkrystallisiert. Erhalten 103 g Reduktionsvermögen 0. $[\alpha]_D = -21,16°$. Nach nochmaligem Umkrystallisieren steigt das Drehungsvermögen auf $[\alpha]_D = -22,66°$, ist deshalb optisch noch immer nicht vollkommen rein[3]. Quecksilbercyanidmethode: A. 10 g Acetobromcellobiose werden in Gegenwart von 110 ccm abs. Methylalkohol und 2 g Quecksilbercyanid $1/2$ Stunde am Rückflußkühler gekocht, dann abgekühlt, wobei eine kräftige Krystallisation auftritt. Die Krystalle werden abgesaugt und aus 60 ccm heißem Alkohol umkrystallisiert. Ausbeute 5 g. Das Präparat ist vollkommen reduktionsfrei. $[\alpha]_D^{25°} = -24,7°$ in Chloroform. B. 10 g Acetobromcellobiose werden in 100 ccm Benzol suspendiert, eine Lösung von 2 g Quecksilbercyanid in 50 ccm Methylalkohol zugegeben und bis zur homogenen Lösung des Reaktionsgemisches geschüttelt, dann über Nacht stehengelassen. Nach dem Auswaschen, Verdampfen der Benzollösung und zweimaligem Umkrystallisieren aus je 40 ccm Alkohol, erhalten 2,4 g. Reduktionsvermögen: 0. $[\alpha]_D^{26°} = -25,0°$ in Chloroform[3].

Methylcellosidschwefelsaures Ba[1] $(C_{13}H_{23}O_{14}S)_2Ba$. $[\alpha]_D^{18} = -16,2°$ in Wasser. Wird durch Emulsin nicht gespalten[1].

Methylcellosidschwefelsaures Na[1]. Wird durch Emulsin nicht gespalten.

Methylcellosidphosphorsaures Na[1]. Wird durch Emulsin nicht gespalten[1].

Methylcellosidphosphorsaures Ba[1] $(C_{13}H_{24}O_{14}P)_2Ba$. Wird durch Emulsin nicht gespalten. $[\alpha]_D^{22} = -14,98°$ in Wasser[1].

6, 6'-Ditrityl-β-methylcellobiosid[4] $C_{51}H_{52}O_{11}$. Aus β-Methylcellobiosid, Tritylchlorid und Pyridin. Aus Alkohol + Wasser amorph; $[\alpha]_D^{17} = -12,1°$ in Chloroform.

6, 6'-Ditrityl-2, 3, 4, 2', 3'-pentaacetyl-β-methylcellobiosid[4] $C_{61}H_{62}O_{16}$. Aus obiger Substanz durch Acetylierung. Aus Alkohol amorph; $[\alpha]_D^{20} = +19,0°$ in Chloroform.

2, 3, 4, 2', 3'-Pentaacetyl-β-methylcellobiosid[4] $C_{23}H_{34}O_{16}$. Aus obiger Verbindung mit Bromwasserstoff in Eisessig. Aus Chloroform, evtl. nach Zusatz von Äther, Krystalle, Schmelzpunkt 191—196°. $[\alpha]_D^{23} = -37,9°$ in Chloroform. Wenig löslich in Äther, Petroläther, Wasser. Gibt bei der Acetylierung Heptaacetyl-β-methyl-cellobiosid.

6, 6'-p-Toluolsulfo-2, 3, 4, 2', 3'-pentaacetyl-β-methylcellobiosid[4] $C_{37}H_{46}O_{20}S_2$. Aus Alkohol oder aus Aceton mit Wasser, oder aus Chloroform mit Petroläther: Krystalle, Schmelzpunkt 160—162°; $[\alpha]_D^{21} = -2,5°$ in Chloroform.

6, 6'-Dijod-2, 3, 4, 2', 3'-pentaacetyl-β-methylcellobiosid[4] $C_{23}H_{32}O_{14}J_2$. Aus vorstehender Verbindung mit Jodnatrium in Aceton 60 Stunden bei 100°. Aus Methylalkohol oder aus Essigester mit Petroläther, Chloroform + Petroläther, oder Alkohol + Wasser, Nadeln, Schmelzp. 216—219°; $[\alpha]_D^{17} = -7,5°$ in Chloroform.

Äthylcellobioside.

Bildung: Aus Acetobromcellobiose, Äthylalkohol und Quecksilberacetat in Benzollösung. — Die Versuche zeigen deutlich, daß bei der Reaktion mit Quecksilberacetat die Isolierbarkeit

[1] B. Helferich, A. Löwa, W. Nippe u. H. Riedel: Hoppe-Seylers Z. **128**, 141 (1923) — Chem. Zbl. **1923 III**, 1003.

[2] Géza Zemplén: Ber. dtsch. chem. Ges. **62**, 990 (1929) — Chem. Zbl. **1929 I**, 2526.

[3] Géza Zemplén u. Árpád Gerecs: Ber. dtsch. chem. Ges. **63**, 2720 (1930).

[4] Burckhardt Helferich, Eckhart Bohn u. Siegfried Winkler: Ber. dtsch. chem. Ges. **63**, 989 (1930) — Chem. Zbl. **1930 I**, 3771.

der α- oder der β-Form einfach durch die richtige Wahl der Alkoholmenge regulierbar ist. Im Fall des Äthylcellobiosids kann man z. B. die α-Form sicher fassen, wenn man mit einem Überschuß in der Nähe von 100% an Äthylalkohol arbeitet; noch bei 200% Überschuß ist das Produkt ziemlich rein, doch ist die Ausbeute dabei nicht mehr befriedigend. Das Präparat, was man z. B. bei 100% Überschuß gewinnt, ist, was Ausbeute und optische Reinheit betrifft, ebenbürtig mit dem durch Isomerisation des Heptaacetyl-β-Biosids mit Titantetrachlorid[1] gewonnenen, und die Arbeitsmethode ist in der Ausführung bedeutend einfacher. Sehr frappant ist aber, daß das Reduktionsvermögen der gewonnenen Präparate nach Erreichung eines Überschusses des Äthylalkohols von etwa 300% wiederum ansteigt und daß zwischen 300% und 400% ein schroffer Übergang in Richtung der β-Form stattfindet. Bei 10 g Acetobromcellobiose genügt eine Differenz von 0,74 g Äthylalkohol, um bei den isolierten Präparaten das Drehungsvermögen von $+50,86°$ auf $-18,26°$ zu bringen. Es versteht sich dann, daß, wenn man zufällig innerhalb dieser veränderlichen Zone arbeitet und auf die Alkoholmenge, wie bisher üblich, keine besondere Rücksicht nimmt, man keine reproduzierbare Resultate erhalten kann. Vermutlich entstehen bei der Einwirkung von Quecksilberacetat stets beide Formen, aber in wechselnden Mengen. Unterhalb einem Überschuß von 300% überwiegt die α-Form, überhalb 400% die β-Form. Aus der Tabelle, die im Original beigefügt wird, ist auch zu ersehen, daß bei diesem Arbeitsgang eigentlich die β-Verbindung in optischer Reinheit schwerer darzustellen ist als die α-Verbindung[2].

α-Äthylcellobiosid[3].

Mol-Gewicht: 370,18.
Zusammensetzung: $C_{14}H_{26}O_{11}$.
Derivate: Heptaacetyl-α-äthylcellobiosid $C_{28}H_{40}O_{18}$. Aus α-Oktaacetylcellobiose in alkoholhaltigem Chloroform mit sublimiertem Eisenchlorid. Feine Nädelchen vom Schmelzpunkt $160—170°$; $[\alpha]_D^{16} = +49,7°$ in Chloroform. Ausbeute: 6—7%. Durch Behandlung mit Titantetrachlorid in Chloroform wird der Schmelzp. auf $174°$ erhöht, das Drehungsvermögen auf $+52,6°$. Die Spaltung mit Bromwasserstoff in Eisessig liefert Acetobromcellobiose. Die Drehung des reinsten α-Äthylheptaacetylcellobiosids dürfte noch oberhalb $+55,6°$ sein[3]. Krystalle aus Alkohol, Schmelzp. $174,5—175,5°$ korr. $[\alpha]_D^{23°} = +57,23°$ in Chloroform[2].

α-Heptaacetyl-n-propyl-cellobiosid[2].
$$C_{29}H_{42}O_{18}$$

Bildung: 10 g Acetobromcellobiose, 60 ccm abs. Benzol, 1,05 g n-Propylalkohol (Überschuß 20% der berechneten Menge), 2,0 g Quecksilberacetat, Kochdauer $^1/_2$ Stunde. Der Rückstand wurde 3mal aus je 50 ccm heißem Alkohol umkrystallisiert. Ausbeute 2,2 g.
Physikalische und chemische Eigenschaften: $[\alpha]_D^{20} = +58,79°$ in Chloroform.

Heptaacetyl-α-isopropylcellobiosid.
$$C_{29}H_{42}O_{18}$$

Bildung: Aus 10 g Acetobromcellobiose, 1,20 g Isopropylalkohol, 2,0 g Quecksilberacetat in 60 ccm Benzol nach $^1/_2$stündigem Kochen. Ausbeute 3,2 g.
Physikalische und chemische Eigenschaften: Schmelzp. $209°$; $[\alpha]_D = +59,54°$ in Chloroform.

Heptaacetyl-β-isopropyl-cellobiosid[2].
$$C_{29}H_{42}O_{18}$$

Bildung: 10 g Acetobromcellobiose, 70 ccm Benzol, 30 ccm Isopropylalkohol, 2 g Quecksilbercyanid werden bis zum Eintritt der Lösung geschüttelt, dann 2 Tage stehengelassen. Der Rückstand wird zunächst aus 60 ccm, dann aus 50 ccm Alkohol umkrystallisiert. Ausbeute 3,9 g. Das Präparat ist völlig reduktionsfrei.
Physikalische und chemische Eigenschaften: $[\alpha]_D^{26} = -22,7°$ in Chloroform.

---

[1] E. Pacsu: J. amer. chem. Soc. **52**, 25 (1930).
[2] Géza Zemplén u. Árpád Gerecs: Ber. dtsch. chem. Ges. **63**, 2720 (1930).
[3] Géza Zemplén: Ber. dtsch. chem. Ges. **62**, 985 (1929) — Chem. Zbl. **1929 I**, 2525.

α-Heptaacetyl-n-butyl-cellobiosid [1].
$C_{30}H_{44}O_{18}$

Bildung: 10 g Acetobromcellobiose, 60 ccm abs. Benzol, 1,5 g n-Butylalkohol (Überschuß 40% der theoretischen Menge), 2,0 g Quecksilberacetat, Kochzeit $^1/_2$ Stunde. Der Rückstand wird einmal aus 40, dann aus 25 ccm heißem Alkohol umkrystallisiert. Ausbeute 2,9 g.

Physikalische und chemische Eigenschaften: Schmelzp. 172°. $[\alpha]_D^{23°} = +52,40°$ in Chloroform.

β-n-Butyl-cellobiosid [1].

Derivate: Heptaacetyl-β-n-butyl-cellobiosid $C_{30}H_{44}O_{18}$. I. Quecksilberacetatmethode. 10 g Acetobromcellobiose, 60 ccm Benzol, 40 ccm n-Butylalkohol, 2,0 g Quecksilberacetat. Kochzeit $^1/_2$ Stunde. Erstes Umkrystallisieren aus 70, zweites aus 60, drittes aus 50 ccm heißem Alkohol. Erhalten 2,2 g. $[\alpha]_D^{24°} = -24,17°$ in Chloroform. II. Quecksilbercyanidmethode. 10 g Acetobromcellobiose, 80 ccm Benzol, 30 ccm n-Butylalkohol, 2 g Quecksilbercyanid, Kochzeit $^1/_2$ Stunde unter dem Abzug. Der Rückstand wird zweimal aus 50, einmal aus 40 und endlich einmal aus 35 ccm heißem Alkohol umkrystallisiert. Ausbeute 3,2 g. $[\alpha]_D^{23°} = -24,60°$ in Chloroform.

α-Heptaacetyl-isobutylcellobiosid [1].
$C_{30}H_{44}O_{18}$

Bildung: 10 g Acetobromcellobiose, 60 ccm abs. Benzol, 2,1 g Isobutylalkohol (100% Überschuß der theoretischen Menge), 2,0 g Quecksilberacetat, Kochdauer $^1/_2$ Stunde. Der Rückstand wird einmal aus 40, das zweitemal aus 20 ccm Alkohol umkrystallisiert. Ausbeute 1,7 g.

Physikalische und chemische Eigenschaften: Schmelzp. 174°; $[\alpha]_D^{21} = +45,51°$ in Chloroform.

β-Isobutylcellobiosid [1].

Derivate: Heptaacetyl-β-isobutylcellobiosid $C_{30}H_{44}O_{18}$. 10 g Acetobromcellobiose, 30 ccm Isobutylalkohol, 80 ccm Benzol und 2 g Quecksilbercyanid werden unter dem Abzug $^1/_2$ Stunde am Rückflußkühler gekocht, wobei völlige Lösung erfolgt. Nach Aufarbeitung des Reaktionsgemisches wird zweimal aus 60 ccm, das drittemal aus 50 ccm heißem Alkohol umkrystallisiert. Ausbeute 5,1 g. Das Präparat ist reduktionsfrei. $[\alpha]_D^{25°} = -23,04°$ in Chloroform.

β-sec. Butylcellobiosid [1].

Derivate: Heptaacetyl-β-sec. butylcellobiosid $C_{30}H_{44}O_{18}$. 10 g Acetobromcellobiose, 70 ccm abs. Benzol, 30 ccm sec. Butylalkohol, 2,0 g Quecksilbercyanid, Kochzeit $^1/_2$ Stunde. Der Rückstand wird zweimal aus 30 ccm und zweimal aus je 25 ccm heißem Alkohol umkrystallisiert. Ausbeute 3,3 g. Das Präparat ist reduktionsfrei. $[\alpha]_D^{23°} = -23,20°$ in Chloroform.

α-Heptaacetyl-sec.-amyl-cellobiosid.

Bildung: 10 g Acetobromcellobiose, 60 ccm abs. Benzol, 1,50 g sec. Amylalkohol (Überschuß 20% der theoretischen Menge), 2,0 g Quecksilberacetat, Kochzeit $^1/_2$ Stunde. Der Rückstand wird aus 50, dann aus 40 ccm heißem Alkohol umkrystallisiert. Erhalten 2,4 g.

Physikalische und chemische Eigenschaften: Schmelzp. 193°. $[\alpha]_D^{21°} = +45,51°$ in Chloroform.

α-Heptaacetyl-n-hexyl-cellobiosid [1].
$C_{32}H_{48}O_{18}$

Bildung: 10 g Acetobromcellobiose, 60 ccm abs. Benzol, 2,9 g n-Hexylalkohol (Überschuß 100% der theoretischen Menge), 2,0 g Quecksilberacetat, Kochdauer $^1/_2$ Stunde. Der Rückstand wird zunächst aus 40, dann aus 20 ccm Alkohol umkrystallisiert. Ausbeute 1,8 g.

Physikalische und chemische Eigenschaften: Schmelzp. 182°; $[\alpha]_D^{21} = +53,42°$ in Chloroform.

---

[1] Géza Zemplén u. Árpád Gerecs: Ber. dtsch. chem. Ges. **63** 2720 (1930).

β-Hexyl-cellobiosid [1].

Derivate: Heptaacetyl-β-hexyl-cellobiosid. I. Quecksilberacetatmethode. 10 g Aceto-bromcellobiose, 60 ccm abs. Benzol, 40 ccm Hexylalkohol, 2,0 g Quecksilberacetat, Kochzeit $^1/_2$ Stunde. Erstes Umkrystallisieren aus 50, zweites aus 10 ccm heißem Alkohol. Erhalten 0,8 g. Das Präparat ist reduktionsfrei. $[\alpha]_D^{23°} = -20,8°$ in Chloroform. II. Quecksilbercyanid-methode. 10 g Acetobromcellobiose, 50 ccm abs. Benzol, 20 ccm Hexylalkohol, 2,0 g Queck-silbercyanid, Kochzeit $^1/_2$ Stunde. Der Rückstand wird einmal aus 30, dann aus 20, endlich aus 10 ccm heißem Alkohol umkrystallisiert. Erhalten 1,3 g. Das Präparat ist reduktionsfrei. $[\alpha]_D^{23°} = -24,37°$ in Chloroform.

α-Heptaacetyl-phenyläthyl-cellobiosid [1].
$$C_{34}H_{44}O_{18}$$

Bildung: 10 g Acetobromcellobiose, 60 ccm abs. Benzol, 3,6 g Phenyläthylalkohol (Über-schuß 100% der theoretischen Menge), 2,0 g Quecksilberacetat, Kochzeit $^1/_2$ Stunde. Der Rückstand wird zunächst aus 25 ccm, dann aus 30 ccm heißem Alkohol umkrystallisiert. Ausbeute 3,0 g.

Physikalische und chemische Eigenschaften: Schmelzp. 207°. $[\alpha]_D^{21} = +54,16°$ in Chloroform.

β-Phenyläthyl-cellobiosid [1].

Derivate: Heptaacetyl-β-phenyläthylcellobiosid. 10 g Acetobromcellobiose, 80 ccm abs. Benzol, 30 ccm Phenyläthylalkohol und 2,0 g Quecksilberacetat werden $^1/_2$ Stunde gekocht, dann wie üblich aufgearbeitet, wobei der Rückstand wiederholt mit Alkohol unter vermin-dertem Druck verdampft wird, um Reste des Phenyläthylalkohols zu entfernen. Die erste Krystallisation erfolgt aus 40, die zweite aus 30 ccm heißem Alkohol. Erhalten 2,5 g. Das Präparat ist völlig reduktionsfrei. $[\alpha]_D^{23°} = -25,28°$ in Chloroform.

β-Benzylcellobiosid [2] (Bd. X, S. 838).

Bildung: Durch Verseifung von Heptaacetyl-benzylcellobiosid mit Methylalkohol und Ammoniak.

Physikalische und chemische Eigenschaften: Nadeln aus heißem Alkohol, Schmelz-punkt 187°; $[\alpha]_D^{18} = -35,57°$ in Wasser.

Derivate: Heptaacetyl-β-benzylcellobiosid. Schmelzp. 187°; $[\alpha]_D^{20} = -37,40°$ in Chlo-roform.

α-Phenylcellobiosid [3].

Mol-Gewicht: 418,30.

Zusammensetzung: $C_{18}H_{26}O_{11}$.

Derivate: Heptaacetyl-α-phenylcellobiosid $C_{32}H_{40}O_{18}$. Bei der Einwirkung von Alu-miniumgrieß und trocknem Quecksilberacetat auf Acetobromcellobiose und Phenol in Benzol-lösung. Aus Alkohol seidige Nadeln. Schmelzp. 217°. $[\alpha]_D^{17} = +81,10°$ in Chloroform. — Bei der Spaltung mit Bromwasserstoff in Eisessig wird Acetobromcellobiose regeneriert. Die Gegenwart von Aluminium ist nicht erforderlich. Dagegen ist die Menge des Quecksilber-acetats von ausschlaggebender Bedeutung für das Gelingen der Reaktion. Sie ist kleiner zu bemessen als zur völligen Bindung des bei der Reaktion entstehenden Bromwasserstoffs er-forderlich ist. Oberhalb dieser Grenze tritt Bildung von Oktaacetylcellobiose in den Vorder-grund [4].

[1] Géza Zemplén u. Árpád Gerecs: Ber. dtsch. chem. Ges. **63** 2720 (1930).
[2] Kurt Heß u. Günther Salzmann: Liebigs Ann. **445**, 111 (1925) — Chem. Zbl. **1926 I**, 888.
[3] Géza Zemplén: Ber. dtsch. chem. Ges. **62**, 990 (1929) — Chem. Zbl. **1929 I**, 2526.
[4] Géza Zemplén u. Zoltán Szomolyai Najy: Ber. dtsch. chem. Ges. **63**, 368 (1930) — Chem. Zbl. **1930 I**, 1767.

α-Cyclohexylcellobiosid[1].

Mol-Gewicht: 424,35.

Zusammensetzung: $C_{18}H_{32}O_{11}$.

Derivate: Heptaacetyl-α-cyclohexylcellobiosid. Bei der Einwirkung von Aluminiumgrieß und trocknem Quecksilberacetat auf Acetobromcellobiose und Cyclohexanol in Benzollösung. — Aus Alkohol seidige Nadeln, Schmelzp. 203,5°; $[\alpha]_D^{20} = +63,4°$ in Chloroform. Durch Behandlung mit Titantetrachlorid läßt sich die Drehung nicht erhöhen.

2-Alizarin-cellobiosid[2].

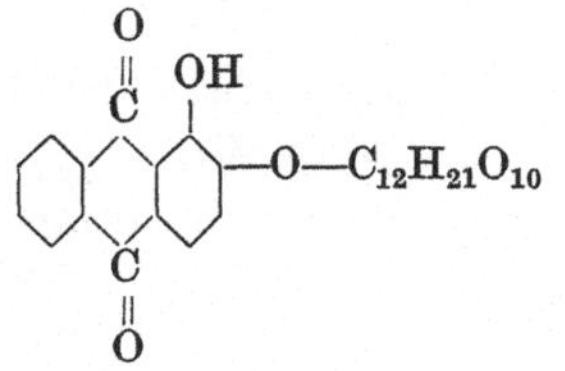

$$\text{Anthrachinon-Gerüst mit } -OH \text{ und } -O-C_{12}H_{21}O_{10}$$

Darstellung: Aus der Heptaacetylverbindung durch Verseifung.

Physikalische und chemische Eigenschaften: Die Substanz besteht aus feinen, gelben Nädelchen, die in warmem Eisessig und in 50proz. warmem Alkohol löslich, in den meisten übrigen Lösungsmitteln unlöslich sind. In viel warmem Wasser läßt sich die Verbindung lösen, scheidet sich aber beim Erkalten gallertig aus. Schmelzp. 256°.

Derivate: Heptaacetyl-alizarincellobiosid $C_{40}H_{42}O_{21}$. 7 g (1 cmol.) reinste Acetobromcellobiose wurden mit 1,2 g (0,5 cmol.) trocknem, sublimiertem Alizarin vom Schmelzp. 289° versetzt, gut durchgemischt und mit 8 ccm wasserfreiem, frisch destilliertem Chinolin übergossen. Es entsteht eine teilweise Lösung. Dann werden 2,3 g (2 cmol.) im Vakuum getrocknetes Silberoxyd zugefügt und mit der halbflüssigen Masse gut verarbeitet. Bald tritt Selbsterwärmung ein, der Kolbeninhalt wird dünnflüssig und nimmt eine tiefbraune Farbe an, die sich aber rasch aufhellt, während die Masse breiig und schließlich ganz fest wird. Der entstandene Kuchen nimmt zuletzt eine grüngelbe Farbe an und gibt in diesem Zustande mit Alkalien eine kirschrote Färbung. Die sich langsam abkühlende Reaktionsmasse wird nun für einige Stunden sich selber überlassen, nachher in 4mal 60 ccm Chloroform aufgenommen, die dunkelbraune Lösung in einen Scheidetrichter filtriert, 2mal mit je 150 ccm 5proz. Schwefelsäure gewaschen, wobei sich die Lösung aufhellt und klärt, dann in Wasser eingetropft (ein Waschen ist wegen der starken Schaumbildung nicht zu empfehlen), mit Handels-Chlorcalcium getrocknet und unter vermindertem Druck bei 40° Badtemperatur zur Trockne verdampft. Der bräunliche, halbfeste Rückstand wird unter Erwärmen in wasserfreiem Ameisensäureester gelöst und beiseite gestellt. Es beginnt bald die Krystallabscheidung, deren Geschwindigkeit von der Menge der Verunreinigungen stark beeinflußt wird. Nach einigen Tagen werden die Krystalle abgesogen, mit Ameisensäureester, hiernach mit Alkohol und schließlich mit Äther gewaschen. Die gewonnene Rohsubstanz wird aus Ameisensäureester nochmals umkrystallisiert. Nunmehr löst sie sich aber bedeutend schwerer auf; sie fällt, wenn die Lösung rasch erkalten kann, in kleinen Krystallen wieder aus, die ein goldgelbes, glitzerndes Krystallpulver darstellen (diese Form ist zum Weiterverarbeiten am besten geeignet), oder bei langsamer Abkühlung in wohlausgebildeten, 3—4 mm langen, dicken Prismen. Ausbeute 2,8—3,0 g, d. i. 64—67% d. Th., auf Alizarin berechnet. Die Verbindung besteht aus goldgelben, prismatischen Krystallen, die in der Capillare bei 249° schmelzen. Sie ist löslich in Chloroform, Tetrachlormethan, warmem Eisessig, Essigsäure-, Ameisensäure- und Benzoesäureäthylester, schwer löslich in Aceton, Benzol, kaltem Eisessig, Essigsäure- und Ameisensäureester, beinahe unlöslich in warmem Alkohol, Methanol, kaltem Amylalkohol und Schwefelkohlenstoff, unlöslich in Wasser, Äther und Petroläther. Sie färbt sich mit Alkalien rubinrot, mit konz. Schwefelsäure' carminrot.

Heptaacetyl-(1-acetyl-alizarin)-cellobiosid $C_{42}H_{44}O_{22}$. Durch Acetylierung der Heptaacetylverbindung mit Essigsäureanhydrid und Pyridin. Die Substanz besteht aus citronengelben Nadeln oder Tafeln, deren Farbe beträchtlich heller als die des Heptaacetyl-alizarin-

---

[1] Géza Zemplén: Ber. dtsch. chem. Ges. **62**, 990 (1929) — Chem. Zbl. **1929 I**, 2526.
[2] Géza Zemplén: u. Alexander Müller: Ber. dtsch. chem. Ges. **62**, 2107 (1929).

cellobiosids ist. Die Löslichkeitsverhältnisse sind denen der voranstehend beschriebenen Verbindung gleich, nur die Löslichkeit in Säureestern ist eine größere. Die Farbenreaktionen sind ebenfalls die gleichen.

Ammoniakverbindung des Alizarin-cellobiosids. Entsteht bei der Behandlung der Acetylverbindungen mit Ammoniak in Methanol. Die Verbindung besteht aus rubinroten, glänzenden Nadeln, die in der Capillare bei 220° sintern und bei 230° schmelzen. Die Substanz löst sich schwer in Alkohol und Methanol, warmem Eisessig und warmem Wasser; in Aceton, Äther, Benzol, Ameisensäure- und Essigsäureester, Toluol, Xylol, ferner in Chloroform, Tetrachlormethan und Schwefelkohlenstoff ist sie unlöslich. Verd. Mineralsäuren lösen sie unter Zersetzung. Die Substanz läßt sich aus viel Alkohol umkrystallisieren; aber schon das erstgewonnene Produkt ist analysenrein, und der Schmelzpunkt läßt sich nicht weiter steigern.

1,4-Dioxy-2-[heptaacetyl-cellobiosido]-anthrachinon [1].

$$C_{40}H_{42}O_{22}$$

$$\text{Anthrachinon mit } OH,\ OH,\ O\text{--}C_{12}H_{14}O_{10}(CO \cdot CH_3)_7$$

Bildung: Aus Acetobromcellobiose, Purpurin, Chinolin und Silberoxyd.

Physikalische und chemische Eigenschaften: Orangerote Prismen, Schmelzp. 267°; $[\alpha]_D^{26} = -7{,}65°$ in Acetylentetrachlorid. Löslichkeit wie bei der entsprechenden Glykosidverbindung.

2,6-Bis-[heptaacetyl-cellobiosido]-anthrachinon [1].

$$C_{66}H_{78}O_{38}$$

$$(CO \cdot CH_3)_7C_{12}H_{14}O_{10}\text{--}O\text{--}[\text{Anthrachinon}]\text{--}O\text{--}C_{12}H_{14}O_{10}(CO \cdot CH_3)_7$$

Bildung: Aus Acetobromcellobiose, Anthraflavinsäure, Chinolin und Silberoxyd.

Physikalische und chemische Eigenschaften: Farblose Nadeln, Schmelzp. 287°; $[\alpha]_D^{26} = -5{,}26°$ in Acetylentetrachlorid, Löslichkeitsverhältnisse den analogen Glykoseverbindungen ähnlich. Mit Alkalien hellbraungelbe Farbe.

2,7-Bis-[heptaacetylcellobiosido]-anthrachinon [1].

$$C_{66}H_{78}O_{38}$$

$$(CO \cdot CH_3)_7C_{12}H_{14}O_{10}\text{--}O\text{--}[\text{Anthrachinon}]\text{--}O\text{--}C_{12}H_{14}O_{10}(CO \cdot CH_3)_7$$

Bildung: Aus Acetobromcellobiose, Chinolin, Isoanthraflavinsäure und Silberoxyd.

---

[1] Alexander Müller: Ber. dtsch. chem. Ges. **62**, 2793 (1929) — Chem. Zbl. **1930 I**, 67.

Physikalische und chemische Eigenschaften: Blaßgrüne Nadeln, Schmelzp. 246°. Leicht löslich in Chloroform, warmem Eisessig, schwer löslich in warmem Tetrachlormethan, Essigester. — Farbe mit Alkalien rosarot.

α-Methylgentiobiosid [1], 6-β-Glykosido-α-methyl-d-glykosid.

Mol-Gewicht: 356,26.

Zusammensetzung: $C_{13}H_{24}O_{11}$.

Darstellung: Aus 6-Tetraacetyl-β-glykosido-tribenzoyl-α-methyl-d-glykosid mit methylalkoholischem Ammoniak bei Zimmertemperatur.

Physiologische Eigenschaften: Wird von α-Glykosidase der untergärigen Bierhefe nicht gespalten.

Physikalische und chemische Eigenschaften: Aus Alkohol bei 0° klare, hygroskopische Krystallkrusten mit 1 Mol Alkohol, das erst im Vakuum bei etwa 142° entweicht. Schmelzpunkt 102° unter starker Gasentwicklung, nach nochmaligem Trocknen im Schmelzpunktröhrchen Schmelzp. 120°. Die bei Zimmertemperatur getrocknete Substanz zeigt $[\alpha]_D^{24} = +59{,}4°$ in Wasser, bei 142° getrocknet $[\alpha]_D^{23} = +61{,}88°$. — Sehr leicht löslich in Wasser, sonst wenig löslich bis unlöslich. $[\alpha]_D^{18} = +58{,}5°$ für die krystallalkoholhaltige Substanz und für die getrocknete $[\alpha]_D^{18} = +65{,}5°$ in Wasser [2]. $[\alpha]_D$ berechnet $= +65°$ [3].

Derivate: α-**Methylgentiobiosid-heptaacetat.** Aus α-Methylgentiobiosid in Pyridin und Acetanhydrid. Schöne Nadeln, Schmelzp. 96°, nach geringem Sintern von 96° an. $[\alpha]_D^{20} = +64{,}5°$ in Chloroform [2].

6-Tetraacetyl-β-glykosido-tribenzoyl-α-methyl-d-glykosid $C_{42}H_{44}O_{18}$. Aus 35 g Tribenzoyl-α-methyl-d-glykosid in 70 ccm trocknem Tetrachlormethan mit 7 g Acetobromglykose und 7 g Silberoxyd 3 Stunden bei Zimmertemperatur geschüttelt, das Lösungsmittel im Vakuum entfernt, in Alkohol gelöst, in viel Eiswasser eingerührt, wobei ein Niederschlag von unverändertem Tribenzoyl-α-methyl-d-glykosid und der gewünschten Substanz sich ausscheidet. Die Trennung geschieht durch wiederholte Krystallisation aus Alkohol. Glänzende Nadeln vom Schmelzp. 152° und $[\alpha]_D^{24} = +50{,}5°$ in Pyridin. Das Endprodukt wird am besten mit Methylalkohol statt Alkohol aufgearbeitet. Schmelzp. 173°, $[\alpha]_D^{19} = +53{,}2°$ [2].

β-Methylgentiobiosid.

Derivate: β-**Heptaacetylmethyl-gentiobiosid.** Berechnetes Drehungsvermögen: $[\alpha]_D = -17°$ in Chloroform [4].

2-Alizarin-gentiobiosid [5].

Bildung: Bei der Verseifung der Heptaacetylverbindung.

Physikalische und chemische Eigenschaften: Kleine gelbe Prismen, Schmelzp. 178—180°.

Derivate: Heptaacetylverbindung $C_{40}H_{42}O_{21}$. — Darstellung wie die Cellobiosidverbindung. Schmelzp. 258°. Die Verbindung besteht aus seidenglänzenden, goldgelben Nädelchen. Sie löst sich leicht in Chloroform, Tetrachlormethan, etwas schwerer in Eisessig, warmem Ameisensäure-, Essigsäure- und Benzoesäureester; sehr schwer löslich ist sie in Aceton, Benzol, warmem Alkohol und Methanol, unlöslich in kaltem Alkohol und Methanol, Wasser, Äther, Petroläther und Schwefelkohlenstoff. Sie färbt sich mit Alkalien kirschrot.

Heptaacetyl-[1-acetyl-alizarin]-gentiobiosid $C_{42}H_{44}O_{22}$. Durch Acetylierung der Heptaacetylverbindung mit Essigsäureanhydrid und Pyridin. Schmelzp. 232°.

Ammoniakverbindung des Alizarin-gentiobiosids. Tiefrote glänzende Nadeln.

---

[1] Burckhardt Helferich u. Johanna Becker: Liebigs Ann. **440**, 1 (1924) — Chem. Zbl. **1924 II**, 2831.

[2] B. Helferich, W. Klein u. W. Schäfer: Liebigs Ann. **447**, 19 (1926) — Chem. Zbl. **1926 I**, 2192.

[3] C. S. Hudson: J. amer. chem. Soc. **47**, 537 (1925) — Chem. Zbl. **1925 I**, 2550.

[4] C. S. Hudson u. F. B. Phelps: J. amer. chem. Soc. **46**, 2591 (1924) — Chem. Zbl. **1925 I**, 641.

[5] Géza Zemplén u. Alexander Müller: Ber. dtsch. chem. Ges. **62**, 2107 (1929).

α-l-Menthylgentiobiosid.

Physikalische und chemische Eigenschaften: $[\alpha]_D$ berechnet $= +26°$ [1].

β-l-Menthylgentiobiosid.

Physikalische und chemische Eigenschaften: $[\alpha]_D$ berechnet $= -78°$ [1].

α-d-Menthylgentiobiosid.

Physikalische und chemische Eigenschaften: $[\alpha]_D$ berechnet $= +95°$ [1].

β-d-Menthylgentiobiosid.

Physikalische und chemische Eigenschaften: $[\alpha]_D$ berechnet $= -9°$ [1].

Glykosido-β-2- oder -3-(α-methyl-)glykosid [2].

$$C_{13}H_{24}O_{11}$$

Mol-Gewicht: 356,2.
Zusammensetzung: 43,80 C; 6,79 H.

$$
\begin{array}{ll}
\text{H—C—OCH}_3 & \text{C—H} \\
\text{H—C} & \text{H—C—OH} \\
\text{HO—C—H} \quad\text{O} & \text{HO—C—H} \quad\text{O} \\
\text{H—C—OH} & \text{H—C—OH} \\
\text{H—C} & \text{H—C} \\
\text{H}_2\text{C—OH} & \text{H}_2\text{C—OH}
\end{array}
$$

oder

$$
\begin{array}{ll}
\text{H—C—OCH}_3 & \text{C—H} \\
\text{H—C—OH} & \text{H—C—OH} \\
\text{O—C—H} \quad\text{O} & \text{HO—C—H} \quad\text{O} \\
\text{H—C—OH} & \text{H—C—OH} \\
\text{H—C} & \text{H—C} \\
\text{H}_2\text{C—OH} & \text{H}_2\text{C—OH}
\end{array}
$$

Darstellung: Aus dem Glykosidobenzal-x-methylglykosid mit 1proz. Salzsäure 1 Stunde auf 100° in Kohlensäurestrom.

Physikalische und chemische Eigenschaften: Lange verfilzte Nadeln aus Methylalkohol. Schmelzp. 252° unter Zersetzung; $[\alpha]_D^{18} = +62,1°$ in Wasser. — Wird von Hefe nicht gespalten.

Derivate: Tetraacetylglykosido-benzal-α-methylglykosid $C_{28}H_{36}O_{15}$. Aus Benzal-α-methylglykosid und Acetobromglykose mit Silbercarbonat. — Aus Methylalkohol feine Nadeln vom Schmelzp. 232°. $[\alpha]_D^{21} + 47°$ in Chloroform.

Glykosidobenzal-α-methylglykosid $C_{20}H_{28}O_{11}$. Aus der vorherstehenden Verbindung bei der Verseifung mit Natriummethylat nach Zemplén. Aus Wasser oder 50proz. Methylalkohol feine biegsame Nadeln; Schmelzp. 245°.

---

[1] C. S. Hudson: J. amer. chem. Soc. **47**, 537 (1925) — Chem. Zbl. **1925 I**, 2550.

[2] Karl Freudenberg, Hans Toepffer u. Carl Chr. Andersen: Ber. dtsch. chem. Ges. **61**, 1759 (1928) — Chem. Zbl. **1928 II**, 2125.

β-Methyllactosid (Bd. X. S. 842).

Physikalische und chemische Eigenschaften: $[\alpha]_D$ berechnet $= +6°$ [1].

β-Heptaacetyl-oxyäthyllactosid [2].

$$C_{28}H_{40}O_{19}$$

Bildung: Aus Acetobromlactose und Glykol mit Silbercarbonat bei Zimmertemperatur.

Physikalische und chemische Eigenschaften: Aus 50proz. Alkohol Blättchen, Schmelzpunkt $64-65°$; $[\alpha]_D^{20} = -6,31°$ in Alkohol. Sehr leicht löslich in Alkohol, Chloroform, weniger in Aceton, fast unlöslich in Ligroin. Bei der Verseifung mit Bariumhydroxyd wurden keine krystallisierten Produkte erhalten.

β-l-Menthyllactosid (Bd. VIII. S. 320).

Bildung: Durch Verseifung der Heptaacetylverbindung mit Barytwasser [3].

Physikalische und chemische Eigenschaften: $[\alpha]_D = -38°$; berechnet $-44°$ [4]. Aus Wasser Nadeln, Schmelzp. 182°. Enthält 2 Mol Krystallwasser, die bei 120° entweichen. — Leicht löslich in Wasser, Alkohol, Chloroform, Aceton, wenig löslich in Äther, Petroläther; schmeckt bitter und adstringierend. $[\alpha]_D^{18} = +28,04°$ [3].

Derivate: Heptaacetylmenthollactosid [3] $C_{36}H_{54}O_{18}$. Aus Acetobromlactose und l-Menthol in Chloroform mit Silbercarbonat. Aus Chloroform $+$ Petroläther zähes Öl, dann aus Alkohol Nadeln, Schmelzp. 92°; $[\alpha]_D^{20} = -34,84°$ in Alkohol.

α-l-Menthyllactosid.

Physikalische und chemische Eigenschaften: $[\alpha]_D$ berechnet $= +60°$ [4].

Methylmelibiosid [1, 4] [5].

Mol-Gewicht: 356,26.
Zusammensetzung: $C_{13}H_{24}O_{11}$

CH(OCH$_3$) ——— CH

H—C—OH   H—C—OH

HO—C—H   O   HO—C—H

H—C   O   HO—C—H

H—C—OH   H—C

CH$_2$ CH$_2$—OH

Bildung: Aus Melibiose mit 0,5proz. methylalkoholischer Salzsäure nach 24 Stunden bei Zimmertemperatur.

Physikalische und chemische Eigenschaften: Aus Alkohol mit Amylalkohol amorphes Pulver. $[\alpha]_D^{29} = +107,0°$ in Wasser. Es wird von 0,1 n-Salzsäure bei 100° in 10 Minuten zu 90% gespalten.

---

[1] C. S. Hudson: J. amer. chem. Soc. **47**, 268 (1925) — Chem. Zbl. **1925 I**, 2549.

[2] Norbert Fröschl, Julius Zellner u. Heinz Zak: Mh. Chem. **55**, 25 (1930) — Chem. Zbl. **1930 I**, 3297.

[3] Norbert Fröschl, Julius Zellner u. Heinz Zak: Mh. Chem. **55**, 25 (1930) — Chem. Zbl. **1930 I**, 3296.

[4] C. S. Hudson: J. amer. chem. Soc. **47**, 537 (1925) — Chem. Zbl. **1925 I**, 2550.

[5] P. A. Levene u. Erik Jorpes: J. of biol. Chem. **86**, 403 (1930) — Chem. Zbl. **1930 II**, 377.

β-Methylmelibiosid [1, 5][1].

Mol-Gewicht: 356,26.

Zusammensetzung: $C_{13}H_{24}O_{11}$.

Bildung: Durch Hydrolyse der Heptaacetylverbindung mit Barytwasser bei Zimmertemperatur.

Physikalische und chemische Eigenschaften: Amorphes Pulver; $[\alpha]_D^{27} = +75,0°$ in Wasser. Wird schwerer als die [1, 4] Verbindung gespalten.

Derivate: Heptaacetylverbindung $C_{27}H_{28}O_{18}$. Aus Acetobrommelibiose mit Methylalkohol und Silbercarbonat. Aus Alkohol Krystalle vom Schmelzp. 150°; $[\alpha]_D^{23} = +90,5°$ in Chloroform.

Cyclohalbacetal des Monoacetylpseudoarabinals[2].

Bildung: Aus Diacetylarabinal mit siedendem Wasser und Salmiak, orthoameisensaurem Äthyl und wasserfreiem Alkohol.

Physikalische und chemische Eigenschaften: Siedep. 77—79° bei 1 mm; $[\alpha]_D^{23} = -146,8°$ (in Benzol); leicht löslich außer in Wasser; färbt sich an der Laboratoriumsluft weinrot, zersetzt sich unter Abscheidung schmutzigbrauner Flocken; die grüne Fichtenspanreaktion geht unter Einwirkung der Säuredämpfe in Dunkel über; die Br-Aufnahme verläuft langsamer als beim Diacetylarabinal; Reduktionskraft gegen Fehlingsche Lösung fehlt[2].

2-Desoxymethylglykosid, Methyl-2-glykodesosid[3];
2-Desoxyglykose-methylcycloacetal.

Mol-Gewicht: 178,14.

Zusammensetzung: $C_7H_{14}O_5$.

---

[1] P. A. Levene u. Erik Jorpes: J. of biol Chem. **86**, 403 (1930) — Chem. Zbl. **1930 II**, 378.

[2] M. Gehrke u. F. X. Aichner: Ber. dtsch. chem. Ges. **60**, 918 (1927) — Chem. Zbl. **1927 I**, 2723. — M. Bergmann u. H. Schotte: Liebigs Ann. **434**, 99 (1927) — Chem. Zbl. **1927 I**, 643.

[3] M. Cramer u. E. H. Cox: Helvet. chim. Acta **5**, 884 (1922) — Chem. Zbl. **1923 III**, 120.

Bildung: Methylglykosid-2-jodhydrin wird mit Na-Amalgam, wobei die Flüssigkeit durch H_2SO_4 stets schwach alkalisch zu halten ist, reduziert.

Physikalische und chemische Eigenschaften: 2-Desoxyglykose-α-methylcyclo-acetal: Wird von $^1/_{100}$n-Salzsäure bei 100° in 1 Stunde hydrolysiert[1]. 2-Desoxyglykose-β-methylcycloacetal: Wird von $^1/_{100}$n-Salzsäure bei 100° in 1 Stunde hydrolysiert[1].

Derivate: Triacetylverbindung $C_{13}H_{20}O_8$. Schmelzp. 96—97°. Aus Tribenzoyl-methyl-glykodesosid durch Abspalten der Benzoylgruppen mit alkoholischem NH_3 und Acetylieren des Rückstandes. Schmelzp. 96—97°, $[\alpha]_D = -30,3°$[2].

Tribenzoyl-methyl-glykodesosid[2]. Darstellung durch Schütteln der Brombenzoverbindung in CH_3OH mit Ag_2CO_3. Aus CH_3OH Krystalle, Schmelzp. 88°, $[\alpha]_D^{19} = -34,31°$ in Acetylentetrachlorid. Es ist leicht löslich in Chloroform, Eisessig, Äther, Aceton, Pyridin und CCl_4; wenig löslich in Alkohol; sehr wenig löslich in Petroläther und Ligroin; unlöslich in Wasser. Fichtenspanreaktion ist negativ, Reaktion mit konzentrierter H_2SO_4 positiv (himbeerrote Färbung), Geschmack ist kreidig.

<h2 style="text-align:center">α-Methyl-d-glykoseenid (= 5, 6)[4].</h2>

$$C_7H_{12}O_5$$

Mol-Gewicht: 176,1.
Zusammensetzung: 47,70% C; 6,87% H.

<pre>
              CH(OCH₃)
               \
      H—C—OH |
     HO—C—H   O
      H—C—OH |
        C——————|
        ‖
        CH₂
</pre>

Darstellung: Durch Verseifung der Triacetylverbindung.

Physikalische und chemische Eigenschaften: Sirup, der langsam krystallinisch erstarrt. Wird durch Säuren sehr leicht hydrolysiert.

Derivate: Triacetyl-α-methyl-d-glykoseenid $C_{13}H_{18}O_8$. — Aus Triacetyl-α-methyl-d-glykosid-6-jodhydrin mit Pyridin und Silberfluorid. Krystalle aus Methylalkohol, die noch Methylalkohol enthalten, Schmelzp. 100—101° (korr.) unter Gasentwicklung. $[\alpha]_D^{23} = +116,9°$ in Chloroform; $[\alpha]_D^{18} = +123,8°$ für die getrocknete Substanz. Das Ozonid gibt bei der Reduktion Triacetyl-α-methyl-d-xyluronsäure.

<h2 style="text-align:center">β-Methyl-d-glykoseenid (= 5, 6)[4].</h2>

$$C_7H_{12}O_5$$

Mol-Gewicht: 176,1.
Zusammensetzung: 47,70% C; 6,87% H.
Konstitution der α-Verbindung analog.

Darstellung: Durch Verseifung der Triacetylverbindung nach Zemplén.

Physikalische und chemische Eigenschaften: Dünne Plättchen aus Essigester, Schmelzpunkt 109—110° (korr.); $[\alpha]_D^{15} = -115,5°$ in Wasser. Leicht löslich in Wasser, Aceton, Alkohol; wenig löslich in Essigester, sonst schwer löslich. Schmeckt fade, ganz schwach süßlich mit etwas bitterem Nachgeschmack. — Die Reacetylierung gelingt leicht mit Essigsäureanhydrid und Pyridin bei 0°, schließlich bei Zimmertemperatur. Wird durch Säuren sehr leicht hydrolysiert.

Derivate: Diacetyl-β-methyl-d-glykoseenid[5]. Aus Triacetyl-β-methyl-d-glykosid-6-bromhydrin beim Schütteln mit Pyridin 3—4 Tage bei Zimmertemperatur. Aus Methylalkohol

[1] Max Bergmann: Liebigs Ann. **443**, 223 (1925) — Chem. Zbl. **1925 II**, 1145.

[2] M. Bergmann, H. Schotte u. W. Leschinsky: Ber. dtsch. chem. Ges. **56**, 1052 (1923) — Chem. Zbl. **1923 III**, 23.

[3] Burckhardt Helferich u. E. Himmen: Ber. dtsch. chem. Ges. **61**, 1832 (1928) — Chem. Zbl. **1928 II**, 2128.

[4] Burckhardt Helferich u. E. Himmen: Ber. dtsch. chem. Ges. **61**, 1834 (1928) — Chem. Zbl. **1928 II**, 2128.

[5] B. Helferich u. E. Himmen: Ber. dtsch. chem. Ges. **62**, 2136 (1929) — Chem. Zbl. **1929 II**, 2665.

+ Wasser Krystalle, Schmelzp. 92—93°. — Bei der Verseifung mit Säuren entsteht Isorhamnonose.

Triacetyl-β-methyl-d-glykoseenid $C_{13}H_{18}O_8$. — Aus Triacetyl-β-metyhl-d-glykosid-6-jodhydrin mit Pyridin und Silberfluorid. Krystalle aus Methylalkohol + Wasser, Schmelzpunkt 92—93° (korr.); $[\alpha]_D^{20} = -34{,}8°$ in Chloroform.

Dichloradditionsprodukt der vorstehenden Verbindung $C_{13}H_{18}O_8Cl_2$. Aus Triacetyl-β-methyl-d-glykoseenid mit Chlor in Tetrachlormethan. — Krystalle aus Methylalkohol, Schmelzp. 129,5—132° (korr.), die Fehlingsche Lösung in der Siedehitze reduzieren und mit siedendem Wasser Salzsäure abspalten. — Ob die Substanz sterisch einheitlich ist, steht noch offen.

Äthylcycloacetal des ps-Glykals [1].

Mol-Gewicht: 150,14.

Zusammensetzung: $C_8H_{14}O_4$.

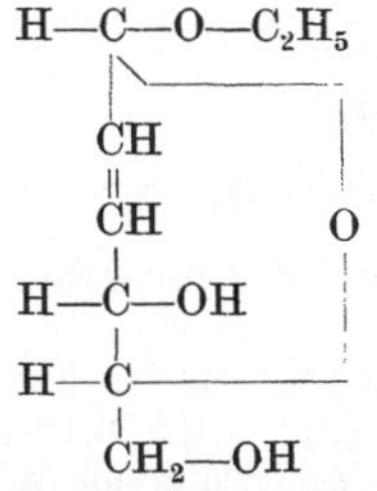

$$
\begin{array}{l}
H-C-O-C_2H_5 \\
\quad | \\
\quad CH \\
\quad \| \\
\quad CH \qquad O \\
H-C-OH \\
\quad | \\
H-C--- \\
\quad | \\
\quad CH_2-OH
\end{array}
$$

Darstellung: Bei der Verseifung der entsprechenden Diacetylverbindung mit Barytwasser 20 Stunden bei 20°.

Physikalische und chemische Eigenschaften: Aus Essigester mit Petroläther Stäbe oder Prismen oder Platten vom Schmelzp. 100—101°; $[\alpha]_D^{20} = +100{,}3°$ in Alkohol; $= +71{,}26°$ in Wasser. — Sehr leicht löslich in kaltem Wasser; leicht löslich in Alkohol, Äther und Benzol; wenig löslich in Petroläther. Färbt Fichtenholz in Gegenwart von Salzsäure erst grün, dann dunkel. Mit siedender konz. Salzsäure entsteht eine gelbgrüne Flüssigkeit und ein dicker, schmutzig-blaugrüner Niederschlag unter Entwicklung eines obstartig-erdigen Geruchs. In Gegenwart von Resorcin und reichlich Amylalkohol beim Erwärmen mit konz. Salzsäure sehr kräftige violette bis weinrote Färbung. Die wässerige Lösung gibt beim Unterschichten mit konz. Schwefelsäure an der Berührungsstelle stark dunkle Färbung, die oben grün, unten braunrot ausläuft. Fehlingsche Lösung wird beim Kochen nicht reduziert. Wird von $^1/_{100}$n-Salzsäure schon in der Kälte rasch hydrolysiert, jedoch entsteht kein ps-Glykal, sondern ein Umwandlungsprodukt, das Fehlingsche Lösung nicht reduziert, aber Brom augenblicklich entfärbt und mit Benzopersäure reagiert. Von Orthoameisensäureester wird es alkyliert. Es entsteht ein Öl vom Siedep. 80—90° unter 1 mm Druck von kamillenähnlichem Geruch.

Äthylcycloacetal des Diacetyl-pseudo-glykals [1].

Mol-Gewicht: 270,21.

Zusammensetzung: $C_{12}H_{18}O_6$.

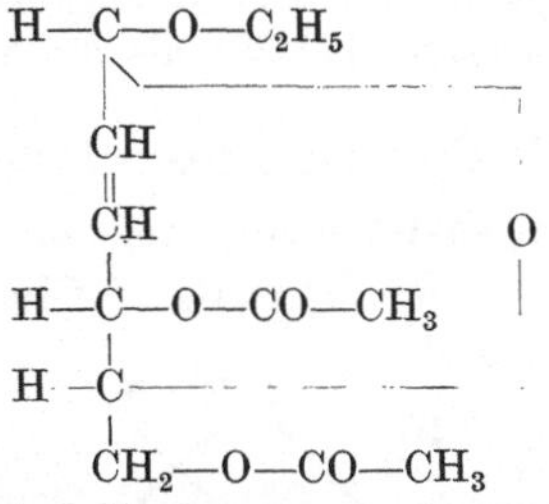

$$
\begin{array}{l}
H-C-O-C_2H_5 \\
\quad | \\
\quad CH \\
\quad \| \\
\quad CH \qquad O \\
H-C-O-CO-CH_3 \\
H-C--- \\
\quad | \\
\quad CH_2-O-CO-CH_3
\end{array}
$$

Darstellung: Durch direkte Acetalisierung von rohem Diacetyl-ps-glykal aus 20 g Triacetyl-glykal mit Orthoameisensäureäthylester in siedendem Alkohol während 30 Minuten in Gegenwart von Ammoniumchlorid. Ausbeute an Rohprodukt 10 g, an krystallisiertem Produkt 6—7 g.

Physikalische und chemische Eigenschaften: Teilweise krystallisierender Sirup. Siedepunkt bei 1 mm etwa 130°. Nadeln aus verdünntem Alkohol, Schmelzp. 81—82°. $[\alpha]_D^{20}$

---

[1] Max Bergmann: Liebigs Ann. **443**, 223 (1925) — Chem. Zbl. **1925 II**, 1145.

$= +102{,}7°$ in Benzol. — Leicht löslich in Äther, Benzol; ziemlich löslich in kaltem Alkohol; wenig löslich in Wasser. — Gibt bei der Verseifung mit Barytwasser das Äthylacetal des Pseudoglykals. — In Gegenwart von Resorcin und reichlich Amylalkohol beim Erwärmen mit konz. Salzsäure braunrote Färbung.

α-Äthylcycloacetal des Dihydro-ps-glykals[1].

Mol-Gewicht: 176,17.
Zusammensetzung: $C_8H_{16}O_4$.

$$\begin{array}{c} CH\!-\!O\!-\!C_2H_5 \\ | \\ CH_2 \\ | \\ CH_2 \qquad O \\ | \\ H\!-\!C\!-\!OH \\ | \\ H\!-\!C \\ | \\ CH_2\!-\!OH \end{array}$$

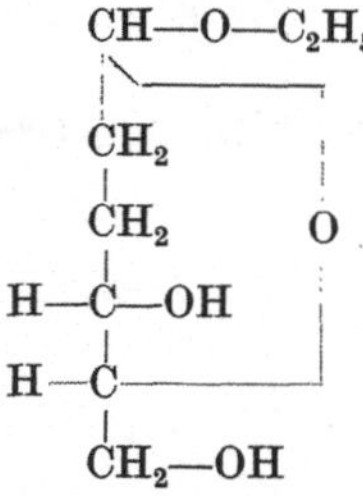

Darstellung: Aus dem Äthylacetal des ps-Glykals bei der Hydrierung mit Palladiummohr in Methylalkohol oder Alkohol.

Physikalische und chemische Eigenschaften: Aus Essigäther mit Petroläther mikroskopische Prismen vom Schmelzp. $72—72{,}5°$, $[\alpha]_D^{17} = +156{,}1°$ in abs. Alkohol; $[\alpha]_D^{20} = +137{,}3°$ in Wasser; sehr leicht löslich in Wasser, Methylalkohol, Alkohol; leicht löslich in Äther, heißem Benzol; wenig löslich in Petroläther. — Die beim Äthylacetal des ps-Glykals beschriebenen charakteristischen Farbenreaktionen fallen hier negativ aus. — Wird mit $^1/_{1000}$ n-Salzsäure bei $96°$ in 20 Minuten hydrolysiert.

Derivate: **Diacetat** $C_{12}H_{20}O_6$. Siedep. $125—127°$ bei 0,5 mm. $[\alpha]_D^{20} = +117{,}9°$ in abs. Alkohol; $n_D^{20} = 1{,}4457$. Regeneriert beim Verseifen mit Barytwasser das α-Äthylcycloacetal des Dihydro-ps-glykals.

β-Äthylcycloacetal des Dihydro-ps-glykals[1].

Mol-Gewicht 176,17.
Zusammensetzung: $C_8H_{16}O_4$.

Darstellung: Bei der Acetalisierung des Dihydro-ps-glykals mit Orthoameisensäureäthylester. — Dabei entsteht ein Gemisch von α- und β-Äthylacetal des Diacetyl-Dihydro-ps-glykals vom Siedep. $121—123°$ bei 0,8 mm, $n_D^{20} = 1{,}4490$, $[\alpha]_D^{20} = +47{,}6°$ in abs. Alkohol. Liefert bei der Verseifung mit Barytwasser ein Öl vom Siedep. $132—136°$ unter 1 mm, das aus Essigäther mit Petroläther krystallisiert. $[\alpha]_D$ liegt bei verschiedenen Präparaten zwischen $+40°$ und $+65°$. — Die Trennung dieses Gemisches gelingt durch wiederholtes fraktioniertes Umfällen aus Essigester mit Petroläther, wobei sich die β-Form zuerst abscheidet.

Physikalische und chemische Eigenschaften: Nadeln oder Prismen vom Schmelzpunkt $95°$; $[\alpha]_D^{20} = -29{,}5°$ in 5proz. wässeriger Lösung. — Zerfällt noch leichter bei der Einwirkung von $^1/_{1000}$ normaler Salzsäure bei $96°$ als die α-Verbindung.

β-Methylcellobiose-dien[2].

Derivate: 2, 3, 4, 2′, 3′-Pentaacetyl-β-methyl-cellobiose-dien $C_{23}H_{30}O_{14}$.

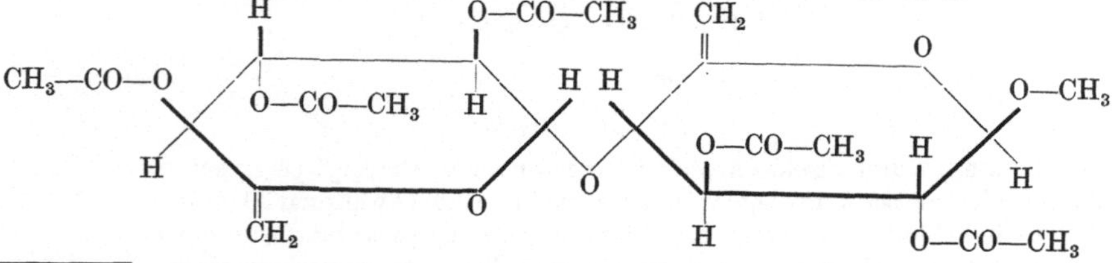

$$\text{(Strukturformel)}$$

---

[1] Max Bergmann: Liebigs Ann. **443**, 223 (1925) — Chem. Zbl. **1925 II**, 1145.
[2] Burckhardt Helferich, Eckhart Bohn u. Siegfried Winkler: Ber. dtsch. chem. Ges. **63**, 989 (1930) — Chem. Zbl. **1930 I**, 3771.

Aus 6, 6'-Dijod-2, 3, 4, 2', 3'-pentaacetyl-β-methyl-cellobiosid nach 2wöchigem Schütteln mit Pyridin und Silberfluorid. Aus Alkohol + Wasser, dann aus abs. Alkohol Krystalle vom Schmelzp. 99—102°; $[\alpha]_D^{21} = -90,4°$ in Chloroform. Entfärbt Brom momentan, reduziert Fehlingsche Lösung nicht. Beide Glykosekomplexe sind pyroid gebaut. Wird von verdünnter Salzsäure leicht hydrolysiert.

α-Methyllactolide der Cellodesose[1].

$$C_{13}H_{24}O_{10}$$

```
        CH(OCH₃)
         |‾‾‾‾‾‾‾‾‾‾‾‾‾‾‾‾‾‾‾‾‾‾‾|
        CH₂                     |
         |                      |
  HO—C—H                        O
         |                      |
   H—C—O—C₆H₁₁O₅                |
         |                      |
   H—C————————————————————————
         |
        CH₂—OH
```

Aus Cellodesose mit der 50fachen Menge 1proz. Salzsäure enthaltendem Methylalkohol 1 Stunde bei Zimmertemperatur. Es wurden 2 Präparate, wahrscheinlich α- und β-Form, isoliert, in optisch nicht einwandfreier Reinheit: Verbindung A Schmelzp. 169—171°, $[\alpha]_D^{22} = +40°$ in Wasser; Verbindung B Schmelzp. 220° unter Zersetzung, $[\alpha]_D^{20} = -19,9°$ in Wasser. Beide schmecken schwach süß, sind leicht löslich in Wasser, Alkohol, Pyridin, wenig löslich in Essigester, fast unlöslich in Äther, Aceton, Benzol, Tetrachlormethan, Petroläther. Reduzieren nicht Fehlingsche Lösung. Bei 100° werden von der 80fachen Menge $^n/_{100}$ Salzsäure beide Lactolide in etwa 30 Minuten quantitativ zur Cellodesose hydrolysiert, von $^n/_{1000}$ Salzsäure in 1 Stunde zu etwa 50% gespalten.

Pseudocellobial-α-methyllactolid[1].

$$C_{13}H_{22}O_9$$

```
   ┌——————CH(OCH₃)              ┌—————————CH
   |      CH                    |         |‾‾‾‾‾‾‾‾‾‾‾‾|
   |      ‖                      |    H—C—OH           |
   |      CH                O    |                     |
   |       |                |   HO—C—H                 O
   O   H—C————————————————       |                     |
   |       |                     H—C—OH                 |
   |   H—C——————┐                 |                     |
   |       |    |                H—C——————————————————
   └—————CH₂—OH ┘                  |
                                  CH₂—OH
```

Bildung: Durch Verseifung der Pentaacetylverbindung mit Barytwasser.

Physikalische und chemische Eigenschaften: Aus Methylalkohol mit Äther, dann mit Essigester prismatische Nädelchen, die an der Luft 1,5 H_2O aufnehmen. Schmelzp. 112—113°, $[\alpha]_D^{21} = +97,3°$ in Wasser; leicht löslich in Wasser, Alkohol, Aceton, fast unlöslich in Äther, Chloroform, Benzol, Petroläther. Addiert Brom, ist außerordentlich empfindlich gegen Säuren.

Derivate: Pentaacetylverbindung. Aus Pentaacetylpseudocellobial mit der 10fachen Menge 0,25proz. Salzsäure enthaltendem Methylalkohol 15 Minuten bei Zimmertemperatur und Nachacetylieren in Pyridin. Aus Methylalkohol Nädelchen vom Schmelzp. 131,5—132,5°, $[\alpha]_D^{21} = +65,3°$ in Acetylentetrachlorid, leicht löslich in Benzol, Chloroform, Essigester, Acetylentetrachlorid, weniger in Alkohol, Äther, wenig löslich in Wasser, Petroläther. — Addiert

---

[1] Max Bergmann u. Wilhelm Breuers: Liebigs Ann. **470**, 38 (1929) — Chem. Zbl. **1929 II**, 1153.

Brom, schmeckt fade; wird nicht nachacetyliert, so läßt sich ein Tetraacetat vom Schmelzp. 203 bis 205° abscheiden.

α-Methyllactolid der 2, 3-Bisdesoxycellobiose[1].

$$C_{13}H_{24}O_9$$

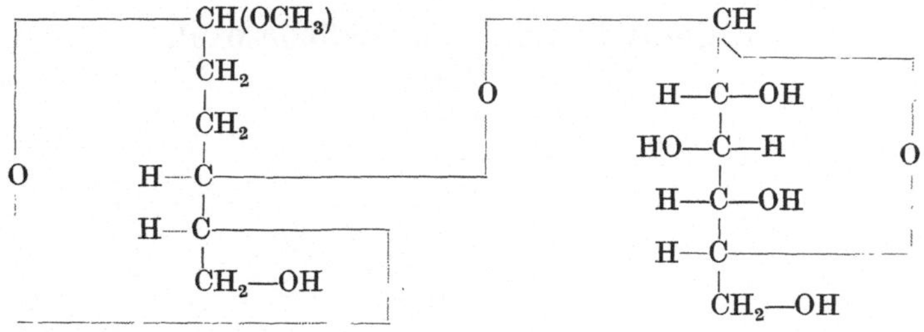

$$
\begin{array}{lll}
\text{CH(OCH}_3\text{)} & & \text{CH} \\
\text{CH}_2 & & \text{H—C—OH} \\
\text{CH}_2 & \text{O} & \text{HO—C—H} \\
\text{H—C} & & \text{H—C—OH} \\
\text{H—C} & & \text{H—C} \\
\text{CH}_2\text{—OH} & & \text{CH}_2\text{—OH}
\end{array}
$$

Darstellung: Aus dem α-Methyllactolid des Pseudocellobials durch Hydrierung mit Palladium in Methylalkohol.

Physikalische und chemische Eigenschaften: Aus Essigester kurze Prismen vom Schmelzpunkt 147—148°, $[\alpha]_D^{21} = +90{,}2°$ in Wasser; schmeckt schwach süß mit bitterem Beigeschmack, nimmt an feuchter Luft $1\,H_2O$ auf; ist leicht löslich in Alkohol, Wasser, weniger in heißem Essigester, unlöslich in Äther, Chloroform und Benzol.

α-Methyl-d-xyluronsäure[2].

Mol-Gewicht: 178,11.
Zusammensetzung: $C_6H_{10}O_6$ (Lacton).

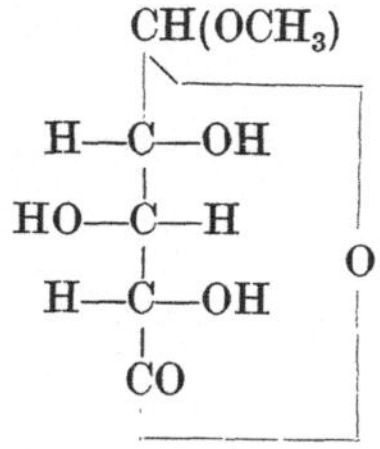

$$
\begin{array}{l}
\text{CH(OCH}_3\text{)} \\
\text{H—C—OH} \\
\text{HO—C—H} \\
\text{H—C—OH} \quad \text{O} \\
\text{CO}
\end{array}
$$

Lacton

Derivate: Triacetyl-α-methyl-d-xyluronsäure $C_{12}H_{16}O_9$. Aus Triacetyl-α-methyl-d-glykoseenid ($= 5, 6$) in Eisessig mit Ozon bei 0° und nach Verdünnen mit Äther durch Reduktion des Ozonids und der Peroxyde mit Zinkstaub auf dem Wasserbad. Nädelchen aus Äther und Petroläther, Schmelzp. 83—84°; $[\alpha]_D^{18} = +92°$ in Chloroform. Löst sich in konz. Natronlauge langsam auf, wobei eine tiefgreifende Zersetzung vor sich geht, da die Lösung Fehlingsche Lösung nicht reduziert. Mit verdünnter Natronlauge färbt sich die Substanz zunächst rot und löst sich zu einer intensiv gelben Flüssigkeit, die Fehlingsche Lösung beim Kochen stark reduziert. — Auch in Wasser löst sie sich schwach und scheinbar unter Veränderung.

Methyl-d-glykuronid.

Entsteht bei der Oxydation von Methyl-d-glykosid mit Brom bzw. mit Wasserstoffsuperoxyd in Gegenwart von Ferrihydroxyd in einer Ausbeute von 20,30%[3].

[1] Max Bergmann u. Wilhelm Breuers: Liebigs Ann. **470**, 38 (1929) — Chem. Zbl. **1929 II**, 1153.

[2] Burckhardt Helferich u. E. Himmen: Ber. dtsch. chem. Ges. **61**, 1832 (1928) — Chem. Zbl. **1928 II**, 2128.

[3] K. Smoleński: Roczn. chemji **3**, 153 (1924) — Chem. Zbl. **1924 II**, 317.

α-Methyllactolid der Glykuronogalaktose[1].

```
                                      CH(OCH₃)
                                         |
                                    H—C—OH
                                         |
        CH——————————O——————————C—H
          |                          |
          \                          |
        H—C—OH                   HO—C—H
          |                          |
        HO—C—H        O           H—C—OH
          |                          |
        H—C—OH        |            CH₂—OH
          |           |
        H—C——————————
          |
        COOH
```

Bildung: Bei der Einwirkung von 0,5proz. methylalkoholischer Salzsäure bei 100° auf Glykurongalaktose.

Physikalische und chemische Eigenschaften: Sirup, $[\alpha]_D = +22{,}8°$ in Wasser. Die Hydrolyse mit 0,1n-Salzsäure bei 100° ist erst nach 6 Stunden beendet.

β-Methyllactolid der Glykuronogalaktose[1].

Bildung: Bei der Einwirkung von 0,5proz. methylalkoholischer Salzsäure bei 25° auf Glykuronogalaktose.

Physikalische und chemische Eigenschaften: Sirup, $[\alpha]_D = -66{,}4°$. Die Hydrolyse mit 0,1n-Salzsäure bei 100° ist erst nach 6 Stunden beendet.

Synthetische Thioglykoside bzw. Selenverbindungen.

Darstellung: Thiophenolglykoside werden wie folgt dargestellt. Man geht von den vollständig acetylierten Zuckern aus, überführt sie in Chloroformlösung in die Acetobromverbindung. — Nach dem Auswaschen wird die Chloroformlösung direkt mit einer alkoholischen Lösung des Thiophenols als Natriumverbindung umgesetzt. — Ausbeuten 70% der Theorie[2].

Physikalische und chemische Eigenschaften: Das Prinzip der optischen Superposition gilt bei den acetylierten Thiophenolglykosiden; bei den durch Verseifung erhaltenen freien Thiolactoliden ist das Gesetz nicht mehr erfüllt[2].

β-Thiophenolxylosid[2].

Bildung: Durch Verseifung der Triacetylverbindung mit methylalkoholischem Ammoniak.

Physikalische und chemische Eigenschaften: Dicke Prismen aus Alkohol, Schmelzp. 144°; leicht löslich in Wasser, Alkohol, Aceton, Essigester. $[\alpha]_C^{20} = -70{,}8°$ in Wasser, $= -87{,}05°$ in Aceton.

Derivate: Triacetylverbindung. Kleine Prismen aus Äther + Petroläther, Schmelzpunkt 78° und $[\alpha]_D^{20} = -58{,}9°$ in Chloroform.

β-Methyl-thioglykosid (Bd. X, S. 808).

Derivate: Tetraacetyl-β-methylthioglykosid $C_{15}H_{22}O_9S$. Aus dem Ag-Salz der Thioglykose mit CH_3J entsteht β-Methylthioglykosid, daneben wahrscheinlich Monomethylthioglykose. β-Methylthioglykosid wird als Tetraacetat isoliert[3]. Entsteht aus Tetraacetylthioglykose in ätherischer Lösung mit Diazomethan. Krystalle aus CH_3OH. Schmelp. 95°. $[\alpha]_D^{18} = -16{,}18°$ (0,1638 g in Acetylentetrachlorid zu 5 ccm gelöst).

[1] Michael Heidelberger u. Forrest E. Kendall: J. of biol. Chem. **84**, 639 (1929) — Chem. Zbl. **1930 I**, 2543.

[2] Clifford B. Purves: J. amer. chem. Soc. **51**, 3619 (1929) — Chem. Zbl. **1930 I**, 1121.

[3] F. Wrede: Hoppe-Seylers Z. **119**, 46 (1922) — Chem. Zbl. **1922 III**, 37.

β-Äthylglykothiosid; β-Äthyl-thioglykosid.

Bildung: Aus dem Na-Salz der β-Glykothiose und Äthyljodid mit 50 proz. Alkohol bei Zimmertemperatur.

Physikalische und chemische Eigenschaften: Aus der Drehung der Lösung berechnet für β-Äthylglykothiosid, $[\alpha]_D^{19} = -60,14$. Das Glykosid selbst konnte nicht isoliert werden[1].

Derivate: Tetraacetat $C_{16}H_{24}O_9S$. Aus Alkohol. Schmelzp. $83-84°$, $[\alpha]_D^{21} = -27,25°$ $(C_2H_2Cl_4;\ c = 5,412)$[1].

α-Benzylthioglykosid (Bd. X, S. 810).

Bildung: Aus Glykosebenzylmercaptal und Mercurichlorid in äquimolekularen Mengen in alkoholischer Lösung bei 70° in 5—10 Minuten. — Ausbeute etwa 80% der Theorie[2]. — Vorwiegend bildet sich das α-Glykosid[2].

Physiologische Eigenschaften: Wird nur durch die Stämme von Bacillus lactis aerogenes Escherich zerlegt, nicht aber durch denen von Bacterium coli commune Escherich und Bacillus acidi lactici Hüppe[3].

β-Thiophenolglykosid[4] (Bd. VIII, S. 317).

Bildung: Bei der Hydrolyse des β-Thiophenollactosid und Cellobiosids mit 0,8 proz. Schwefelsäure[5].

Physikalische und chemische Eigenschaften: Aus Essigester + wenig Methylalkohol Krystalle vom Schmelzp. 133°; $[\alpha]_D^{19} = -70,5°$ in Wasser bei $c = 2$, $= -72,15°$ bei $c = 9,774$[4]. — Ziemlich beständig gegen verdünnte Säuren[5].

Derivate: **Tetraacetylverbindung.** Lange Nadeln aus Alkohol, $[\alpha]_D^{20} = -17,5°$ in Chloroform, $[\alpha]_D^{21} = -40,8°$ in Toluol[4].

3-Oxy-1-thionaphthenglykosid; Thioindican[6].

Mol-Gewicht: 312,19.
Zusammensetzung: $C_{14}H_{16}O_6S$.

$$
\begin{array}{l}
\text{C---O---CH} \\
\text{CH} \qquad \text{H---C---OH} \\
\text{S} \qquad \text{HO---C---H} \qquad \text{O} \\
\qquad \text{H---C---OH} \\
\qquad \text{H---C---} \\
\qquad \text{CH}_2\text{---OH}
\end{array}
$$

Bildung: Durch Verseifung der Tetraacetylverbindung mit Bariumhydroxyd oder besser mit alkoholischem Ammoniak.

Bestimmung: Die Methode zur Bestimmung des Indicans in Pflanzen mittels Isatin[7] läßt sich auch auf Thioindican übertragen, wenn man in alkoholischer Lösung arbeitet. In wässeriger Lösung werden um etwa 50% zu niedrige Werte erhalten.

---

[1] W. Schneider, R. Gille u. K. Eisfeld: Ber. dtsch. chem. Ges. **61**, 1244 (1928) — Chem. Zbl. **1928 II**, 540.

[2] Eugen Pacsu: Ber. dtsch. chem. Ges. **58**, 509 (1925) — Chem. Zbl. **1925 I**, 2303.

[3] Hermann Hees u. Caspar Tropp: Zbl. Bakter. I **100**, 275—284 (1926) — Chem. Zbl. **1927 I**, 760.

[4] Clifford B. Purves: J. amer. chem. Soc. **51**, 3619 (1929) — Chem. Zbl. **1930 I**, 1121.

[5] Clifford B. Purves: J. amer. chem. Soc. **51**, 3627 (1929) — Chem. Zbl. **1930 I**, 1121.

[6] James Craik u. Alexander Killen Macbeth: J. chem. Soc. Lond. **127**, 1637 (1925) — Chem. Zbl. **1925 II**, 2279.

[7] Orchardson, Wood, Bloxam: J. Soc. chem. Ind. **26**, 4 (1907) — Chem. Zbl. **1925 II**, 2279.

Physikalische und chemische Eigenschaften: Aus verdünntem Alkohol feine Nadeln vom Schmelzp. 73,5°. — Löslich in Alkohol, Aceton; unlöslich in Äther, Petroläther, Wasser. Dreht schwach nach rechts.

Derivate: 3-Oxy-1-thionaphthen-tetraacetylglykosid $C_{22}H_{24}O_{10}S$. Aus Acetobromglykose und 3-Oxy-1-thionaphthen in Chinolin 2 Stunden bei 105—110° in einer Kohlensäureatmosphäre und Reacetylierung des Reaktionsproduktes nach Abtrennung unumgesetzten Oxythionaphthens. Nach wiederholtem Umlösen aus 60proz. Alkohol, Nadeln vom Schmelzp. 106°; $[\alpha]_D = +7,4°$ in Aceton. Die Substanz krystallisiert sehr schwer. Mitunter ist sie nur amorph zu erhalten.

Methylthiocellobiosid[1].

Mol-Gewicht: 372,32.

Zusammensetzung: $C_{13}H_{24}O_{10}S$.

Bildung: Durch Verseifung der Heptaacetylverbindung.

Physikalische und chemische Eigenschaften: Krystalle aus Alkohol + Äther. $[\alpha]_D^{20}$ in Wasser $= -30,5-31,4°$. Feine Nadeln, rosettenartig gruppiert. Leicht löslich in Wasser, mäßig löslich in heißem Alkohol, fast unlöslich in Äther. Schmelzp. 220°, süßlich bitter. Fehlingsche Lösung wird erst nach Kochen mit HCl reduziert. Emulsin spaltet das Methylthiocellobiosid in Methylthioglykosid und Glykose[1].

Derivate: Methylthiocellobiosid-heptaacetat[1] $C_{12}H_{14}O_{10}(CH_3CO)_7SCH_3 = C_{27}H_{38}O_{17}S$. Aus dem Silbersalz der Thiocellobiose mit CH_3J oder auch aus der Heptaacetylthiocellobiose mit Diazomethan. Nadeln aus heißem Alkohol. $[\alpha]_D^{20}$ in Chloroform $= -20,40°$. Leicht löslich in Chloroform und heißem Alkohol; wenig löslich in kaltem Alkohol; sehr wenig löslich in Wasser. Schmelzp. 200°[1].

Äthylthiocellobiosid[1].

Mol-Gewicht: 386,34.

Zusammensetzung: $C_{14}H_{26}O_{10}S$.

Physikalische und chemische Eigenschaften: $[\alpha]_D^{20}$ in Wasser $= -37,9°$, Nadeln, Schmelzpunkt 219°[1].

Derivate: Äthylthiocellobiosid-Heptaacetat[1] $C_{28}H_{40}O_{17}S$. Aus dem Silbersalz der Thiocellobiose mit C_2H_5J. $[\alpha]_D^{20}$ in Chloroform $= -26,9°$, feine weiße Nadeln. Schmelzp. 139°[1].

β-Thiophenolcellobiosid[2].

Bildung: Durch Verseifung der Heptaacetylverbindung.

Physikalische und chemische Eigenschaften: Krystalle aus Methylalkohol + wenig Äther, Schmelzp. 230°; $[\alpha]_D^{17} = -59,2°$ in Wasser[2]. Wird durch verdünnte Schwefelsäure in Glykose und β-Thiophenolglykosid gespalten[3].

Derivate: Heptaacetylverbindung. Nädelchen aus Chloroform mit abs. Alkohol. — Zersetzungsp. 295°; $[\alpha]_D^{20} = -28,5°$ in Chloroform, leicht löslich in Chloroform, Aceton, wenig löslich in Alkohol, fast unlöslich in Äther, Petroläther.

β-Thiophenolmaltosid[4].

Physikalische und chemische Eigenschaften: Amorphe, äußerst hygroskopische Masse. $[\alpha]_D^{27} = +38°$ in Wasser.

Derivate: Heptaacetat. Nadeln, Schmelzp. 93—95°; $[\alpha]_D^{27} = 49,0°$ in Chloroform. Liefert bei der Spaltung mit alkoholischer Schwefelsäure Thiophenolglykosid.

β-Thiophenollactosid[5] (Bd. VIII, S. 321).

Physikalische und chemische Eigenschaften: Krystalle aus 95proz. Alkohol, Schmelzpunkt 220°, $[\alpha]_D^{19} = -39,3°$ in Wasser bei $c = 1$, $= -40,36°$ in Wasser bei $c = 6,5632$[5].

[1] F. Wrede u. O. Hettche: Hoppe-Seylers Z. **172**, 169 (1927) — Chem. Zbl. **1928 I**, 1522.
[2] Clifford B. Purves: J. amer. chem. Soc. **51**, 3619 (1929) — Chem. Zbl. **1930 I**, 1121.
[3] Clifford B. Purves: J. amer. chem. Soc. **51**, 3627 (1929) — Chem. Zbl. **1930 I**, 1122.
[4] Clifford B. Purves: J. amer. chem. Soc. **51**, 3631 (1929) — Chem. Zbl. **1930 I**, 1122.
[5] Clifford B. Purves: J. amer. chem. Soc. **51**, 3619 (1929) — Chem. Zbl. **1930 I**, 1122.

— Wird durch verdünnte Schwefelsäure in Galaktose mit β-Thiophenolglykosid gespalten[1].

Derivate: Heptaacetylverbindung. Lange seidige Nadeln, Schmelzp. 217°; $[\alpha]_D^{20} = -28{,}0°$ in Chloroform.

Dimethylglykosid des Bis-[glykosyl-6]sulfids[2].

$$C_{14}H_{26}O_{10}S$$

CH(OCH$_3$)	CH(OCH$_3$)
H—C—OH	H—C—OH
HO—C—H　　O	HO—C—H　　O
H—C—OH	H—C—OH
H—C	H—C
CH$_2$	CH$_2$

$$\text{CH}_2\text{—S—CH}_2$$

Bildung: Aus der Hexaacetylverbindung durch Verseifung mit alkoholischem Ammoniak bei 0°.

Physikalische und chemische Eigenschaften: Derbe Drusen aus Alkohol + Äther, Schmelzpunkt 188°; $[\alpha]_D^{18} = +6{,}39°$. Leicht löslich in Wasser und heißem Alkohol, wenig löslich in kaltem Alkohol und in Äther. Alkalische Bleilösung bildet erst nach längerem Erhitzen Bleisulfid. Mit alkoholischer Kalilauge entsteht das Kaliumsalz, weißer Niederschlag, leicht löslich im Überschuß. Wässerige Kaliumpermanganatlösung wird sofort entfärbt. Fehlingsche Lösung wird erst nach dem Kochen mit Säuren reduziert. Geschmack süß.

Derivate: Hexaacetat $C_{16}H_{38}O_{16}S$. Bei 2stündigem Erhitzen von 2 g Triacetyl-methyl-glykosid-6-bromhydrin mit einer alkoholischen Lösung von Kaliumhydrosulfid. Das Reaktionsprodukt wird vom ausgeschiedenen Kaliumbromid befreit, zum Sirup eingedampft, mit Essigsäureanhydrid und Natriumacetat reacetyliert, mit Wasser versetzt und mit Äther aufgenommen. Weiße Nadeln aus Äther, Schmelzp. 168°; $[\alpha]_D^{15} = -10{,}51°$ in Essigester. Leicht löslich in Chloroform und Essigester, schwerer löslich in kaltem Methylalkohol, Alkohol und Äther, unlöslich in Wasser. Scheidet mit alkalischem Bleioxyd allmählich Bleisulfid ab. Mit einer ammoniakalischen Lösung von Silbernitrat entsteht keine Fällung. In Acetonlösung wird Kaliumpermanganat allmählich entfärbt. Ein Kaliumsalz bildet sich mit alkoholischer Kaliumhydroxydlösung, es ist löslich im Überschuß und in viel Alkohol.

Hexaacetat des Dimethylglykosid-bis-(glykosyl-6-)sulfons[3].

Mol-Gewicht: 640,49.

Zusammensetzung: $C_{26}H_{38}O_{18}S$.

CH(O · CH$_3$)	CH(OCH$_3$)
H—C—O—CO—CH$_3$	H—C—O—OC—CH$_3$
CH$_3$—CO—O—C—H　　O	CH$_3$—CO—O—C—H　　O
H—C—O—COCH$_3$	H—C—O—CO—CH$_3$
H—C	H—C
CH$_2$	CH$_2$

$$\text{CH}_2\text{—SO}_2\text{—CH}_2$$

Darstellung: Aus dem Hexaacetat des Dimethylglykosids des Bis-(glykosyl-6-)sulfids durch Permanganatoxydation.

Physikalische und chemische Eigenschaften: Kryställchen aus Methylalkohol. Schmelzpunkt 232—233° Löst sich schwer in kaltem Alkohol, nicht in Wasser, leicht in Eisessig.

---

[1] Clifford B. Purves: J. amer. chem. Soc. **51**, 3627 (1929) — Chem. Zbl. **1930 I**, 1122.

[2] Fritz Wrede: Hoppe-Seylers Z. **115**, 284 (1921) — Chem. Zbl. **1921 III**, 1409.

[3] F. Wrede u. W. Zimmermann: Hoppe-Seylers Z. **148**, 65 (1925) — Chem. Zbl. **1926 I**, 621.

Dimethyl-glykosid des Bis-(glykosyl-6-)selenids[1].

$$C_{14}H_{26}O_{10}Se$$

CH(OCH$_3$)   CH(OCH$_3$)

H—C—OH   H—C—OH

HO—C—H   O   HO—C—H   O

H—C—OH   H—C—H

H C——   H C——

└———————Se———————┘

CH$_2$ CH$_2$

Bildung: Bei der Verseifung der Hexaacetylverbindung.

Physikalische und chemische Eigenschaften: Aus 90proz. Alkohol derbe Drusen vom Schmelzp. 138°; $[\alpha]_D^{14} = +14,58°$ in Wasser. Geschmack angenehm süß.

Derivate: Hexaacetat $C_{26}H_{38}O_{16}Se$. Aus Triacetyl-methyl-glykosid-6-bromhydrin mit Kaliumselenid. — Lange, weiße Nadeln aus Methylalkohol, Schmelzp. 179—180°. Als Nebenprodukt entsteht etwas Diselenid. $[\alpha]_D^{16} = -3,1°$ in Essigester. Etwas schwerer löslich als das entsprechende Sulfid. Mit alkoholischer Kaliumhydroxydlösung entsteht ein Kaliumsalz. Kaliumpermanganat in Aceton wird nur allmählich entfärbt. Mit einer alkoholischen Lösung von Silbernitrat + Ammoniak bildet sich kein Niederschlag. 50proz. Salpetersäure scheidet kein Selen ab.

Hexaacetat des Dimethylglykosid-bis-(glykosyl-6-)selenoxyds[2].

Mol-Gewicht: 701,5.

Zusammensetzung: $C_{26}H_{38}O_{27}Se$.

Darstellung: Das entsprechende Selenid wird in Eisessig gelöst und mit Permanganatlösung oxydiert.

Physikalische und chemische Eigenschaften: Nadeln aus Methylalkohol. Schmelzp. 231°. Löst sich leicht in Chloroform, Eisessig und heißem Alkohol; schwer in kaltem Alkohol und kaltem Benzol. Er läßt sich mit methylalkoholischem Ammoniak leicht verseifen; das verseifte Produkt ist aber nicht zur Krystallisation zu bringen. $[\alpha]_D^{20} = -19,1$ in Chloroform[2].

Dimethylglykosid des Bis-(glykosyl-6-)diselenids[1].

$$C_{14}H_{26}O_{10}S_2$$

CH(OCH$_3$)   CH(OCH$_3$)

H—C—OH   H—C—OH

HO—C—H   O   HO—C—H   O

H—C—OH   H—C—OH

H—C   H—C

└———Se——— -Se——— ┘

CH$_2$ CH$_2$

Bildung: Bei der Verseifung der Hexaacetylverbindung.

Physikalische und chemische Eigenschaften: Aus Alkohol Drusen von geraden Nadeln; Schmelzp. 96—97° nach vorherigem Sintern. $[\alpha]_D^{11} = +75,65°$ in Wasser. Leicht löslich in Wasser und in warmem Alkohol, sonst wenig löslich. Geschmack süß. Mit heißem alkalischem Bleioxyd Schwarzfärbung. Mit einer alkoholischen Lösung von Silbernitrat + Ammoniak erfolgt Abscheidung eines gelben Silbersalzes $C_7H_{13}O_5S_2Ag$, das in Wasser löslich ist. Offenbar sind auch die Hydroxylgruppen des Glykosids an der Bindung des Silbers beteiligt, da das Hexaacetat nicht mit ammoniakalischem Silbernitrat reagiert.

[1] Fritz Wrede: Hoppe-Seylers Z. **115**, 284 (1921) — Chem. Zbl. **1921 III**, 1410.
[2] F. Wrede u. W. Zimmermann: Hoppe-Seylers Z. **148**, 65 (1925) — Chem. Zbl. **1926 I**, 621.

Derivate: Hexaacetat $C_{26}H_{38}O_{16}S_2$. Aus Acetobromglykose und Selenhydrosulfid. Gerade, gelblich gefärbte Krystalle aus Methylalkohol, Schmelzp. 148°. — $[\alpha]_D^{18} = +49,40°$ in Essigester. Unlöslich in Wasser, wenig löslich in kaltem Alkohol, in Äther, leicht löslich in heißem Alkohol, Chloroform und Essigester.

Synthetische stickstoffhaltige Glykoside.
1-β-Methylglykosido-6-trimethylammoniumsalze[1].

Derivate: 1-β-Methylglykosido-6-trimethylammoniumbromid[1] $C_{10}H_{22}O_5NBr$.

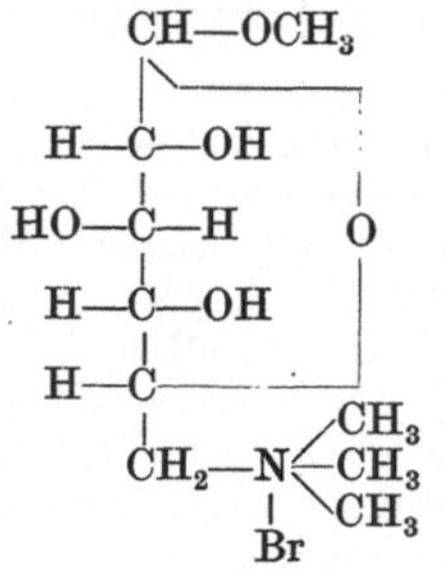

$$\begin{array}{c}
CH-OCH_3 \\
H-C-OH \\
HO-C-H \quad O \\
H-C-OH \\
H-C \\
CH_2-N\langle\begin{smallmatrix}CH_3\\CH_3\\CH_3\end{smallmatrix} \\
Br
\end{array}$$

Aus 6-Bromtriacetyl-β-methylglykosid beim Erhitzen mit einer alkoholischen Trimethylaminlösung bei 110—115° im Rohr. — Krystalle aus Alkohol oder Essigester, Schmelzp. 263—266° unter Zersetzung, ab 240° Dunkelfärbung. Leicht löslich in Wasser und in warmem verdünnten Alkohol; schwer löslich in abs. Alkohol; schwach linksdrehend in Chloroform.

1-β-Methylglykosido-6-trimethylammoniumchlorid $C_{10}H_{22}O_5NCl$. Krystalle aus Alkohol, Schmelzp. 274—275° unter Zersetzung und vorherige Bräunung. Leicht löslich in Wasser, Chloroform und in warmem verdünnten Alkohol.

1-β-Methylglykosido-6-trimethylammoniumperchlorat $C_{10}H_{22}O_9NCl$. Nadeln aus 90 proz. Alkohol, Schmelzp. 125°; $[\alpha]_D^{18} = -9,68°$.

1-β-Methylglykosido-6-trimethylammoniumpikrat $C_{16}H_{24}O_{12}N_4$. Mikrokrystallinisches Pulver aus Äther.

1-β-Methylglykosido-6-trimethylammoniumchloridaurichlorid[1], $C_{10}H_{22}O_5NAuCl_4$. Gelbe Prismen aus Alkohol, Schmelzp. 136°, zersetzt sich bei längerem Aufbewahren.

β-Methyl-d-glykosido-6-pyridiniumsalze.

p-Toluolsulfosaures Salz des Triacetyl-β-methylglykosid-6-pyridiniums[2] $C_{25}H_{31}O_{11}NS$. Aus Aceton Nadeln, Schmelzp. 169—170° unter Zersetzung; $[\alpha]_D^{2''} = -17,9°$ in Wasser bei $c = 3,352$.

1-Methylglykosamin.

Mol-Gewicht: 193,16.
Zusammensetzung: $C_7H_{15}O_5N$.

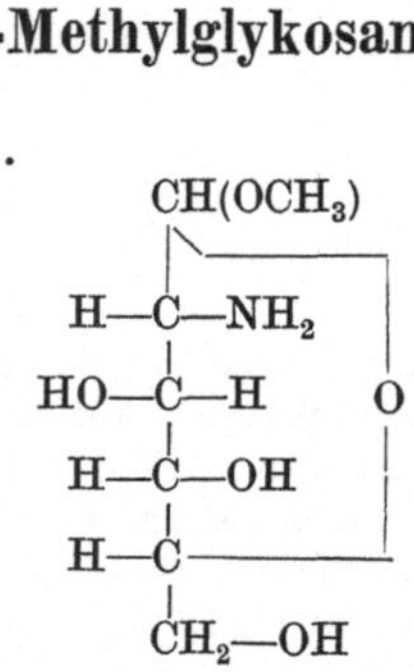

$$\begin{array}{c}
CH(OCH_3) \\
H-C-NH_2 \\
HO-C-H \quad O \\
H-C-OH \\
H-C \\
CH_2-OH
\end{array}$$

[1] P. Karrer, Angela Widmer u. Joh. Staub: Helvet. chim. Acta **7**, 519 (1924) — Chem. Zbl. **1924 II**, 174.

[2] Heinz Ohle u. Kurt Spencker: Ber. dtsch. chem. Ges. **59**, 1836 (1926) — Chem. Zbl. **1926 II**, 2556.

Derivate: 3, 5, 6-Triacetyl-1-methylglykosamin[1]. Aus Salicylidentriacetylbromglykos-amin in CH_3OH nach mehreren Wochen als Endprodukt. — **Hydrobromid.** Schmelzp. 233 bis 234° (unter Zersetzung), $[\alpha]_D = +21,7°$ in CH_3OH[1].

2-Salicyliden-1-methylglykosamin[1]. Dunkelgelb, Schmelzp. 120°, $[\alpha]_D = +2,2°$ in Methylalkohol[1].

2-Salicyliden-3, 5, 6-triacetyl-1-methylglykosamin[1].

$$\text{Ac} \cdot \text{O} \cdot CH_2 \cdot \overset{\displaystyle \overbrace{}^{O}}{CH} \cdot CH \cdot CH(OAc) \cdot CH—CH \cdot OCH_3$$
$$\underset{(OAc)}{|} \qquad \underset{N=CH \cdot C_6H_4 \cdot OH}{|}$$

2-Salicyliden-3, 5, 6-triacetyl-1-methylglykosamin[2]. Aus dem Bromderivat dargestellt. Hellgelb, Schmelzp. 151°, $[\alpha]_D = +75,7°$ in CH_3OH[2]. Gehört zur β-Reihe[3].

1-Äthylglykosamin.

Derivate: 2-Salicyliden-3, 5, 6-triacetyl-1-äthylglykosamin[2]. Hellgelb. Schmelzp. 135°. $[\alpha]_D = +40,7°$ in CH_3OH[2].

1-Methylglykosyl-3-amin.

Mol-Gewicht: 193,16.
Zusammensetzung: $C_7H_{15}O_5N$.

$$\begin{array}{c}
CH(OCH_3) \\
| \\
H—C—OH \\
| \\
H_2N—C—H \qquad O \\
| \\
H—C—OH \\
| \\
H—C \\
| \\
CH_2—OH
\end{array}$$

Derivate: 1-Methylglykosyl-3-aminhydrochlorid $C_7H_{16}O_5NCl$. Diaceton-glykosylamin wird in wasserfreiem Methylalkohol, der 1 g HCl auf 100 ccm enthält, 30 Stunden auf 100° erhitzt. Krystalle aus Alkohol. Schmelzpunkt gegen 207° unter Zersetzung. $[\alpha]_{578}^{18} = -46,6°$ und $-45,9°$ in Wasser[4].

Anilin-d-glykosid (Bd. II, S. 333).
$$C_{12}H_{17}O_5N$$

Bildung: Aus Tetraacetylanilin-d-glykosid durch $Ba(OH)_2 \cdot 8 H_2O$ in wasserfreiem Methyl-alkohol bei Zimmertemperatur. Scheidet sich aus den verschiedenen heißen Lösungsmitteln bei Erkalten stets gelatinös ab; verwandelt sich nach Abnutschen der aus heißem Alkohol bei Er-kalten erhaltenen Abscheidung bei Trocknen im Vakuum in ein weißes Pulver.

Physikalische und chemische Eigenschaften: Schmelzpunkt bei ziemlich raschem Erhitzen 147° ohne vorherige Dunkelfärbung, beim Schmelzen entsteht aber eine dunkle Flüssigkeit, die sich unter Gasentwicklung zersetzt. Bei langsamem Erhitzen liegt der Schmelzpunkt einige Grade tiefer. $[\alpha]_D^{20}$ (0,25 g in 10 ccm CH_3OH, heiß gelöst) nach 1 Tage $= -15,4°$, nach 2 Tagen $= -49,2°$, am 4. Tage $= -52,4°$, dann ziemlich konstant. Das nach Sorokin[5] direkt aus Glykose und Anilin hergestellte Produkt zeigte die gleichen Eigenschaften[6].

[1] J. C. Irvine u. J. C. Earl: J. chem. Soc. Lond. **121**, 2370 (1922) — Chem. Zbl. **1923 I**, 1423.
[2] J. C. Irvine u. J. C. Earl: J. chem. Soc. Lond. **121**, 2376 (1922) — Chem. Zbl. **1923 I**, 1424.
[3] C. S. Hudson: J. amer. chem. Soc. **46**, 462 (1924) — Chem. Zbl. **1924 I**, 2100.
[4] K. Freudenberg, O. Burkhardt u. E. Braun: Ber. dtsch. chem. Ges. **59**, 714 (1926) — Chem. Zbl. **1926 II**, 16.
[5] Sorokin: J. prakt. Chem. **37**, 292 — Ber. dtsch. chem. Ges. **19**, 513.
[6] Th. Sabalitschka: Ber. dtsch. pharm. Ges. **31**, 439—445 (1921) — Chem. Zbl. **1922 I**, 542.

Derivate: Tetraacetylanilin-d-glykosid. Aus Acetobromglykose und Anilin. Lange Nadeln, Schmelzp. 95—96°, $[\alpha]_D^{24} = -59{,}5°$ (0,6802 g in 10 ccm Benzol) nach 24 Stunden, leicht löslich in Benzol, daraus durch Petroleumäther fällbar[1].

Kondensationsprodukt der Glykose mit p-Anisidin[2].
$$C_{13}H_{19}O_6N$$

Darstellung: Aus p-Anisidin und Glykose in Methylalkohol oder Alkohol in der Kälte.

Physikalische und chemische Eigenschaften: Weiße Nadeln, löslich in Wasser, unter langsamer Zersetzung, löslich in kaltem und besonders in heißem Methylalkohol und Alkohol, unlöslich in Äther und Benzol. Diazotierungsversuche ergeben die Abwesenheit einer Amidogruppe. $[\alpha]_D^{20}$ der 2proz. wässerigen Lösung $= -86°$, langsam unter Trübung der Lösung abnehmend; $[\alpha]_D^{20}$ der 2proz. Lösung in Methylalkohol frisch $= -82°$, nach 8 Stunden $= -38°$, dann konstant. Ist gegen Alkali ziemlich beständig, mehr als die entsprechende Phenetidinverbindung. Besitzt die Konstitution eines Glykosids.

Glykoseanilid-o-carbonsäure (Bd. VIII, S. 170).

Die Glykoseanilid-o-carbonsäure von Merck und Flimm[3] dürfte ein Glykosid und nicht eine Schiffsche Base sein[1].

Tetraacetylglykosido-saccharin[4].
$$C_{21}H_{23}O_{12}NS$$

$$C_6H_4\!\!<^{CO}_{SO_2}\!\!>N \cdot C_6H_7O_5(C_2H_3O)_4$$

Bildung: Entsteht beim Erwärmen von Saccharinsilber und Acetobromglykose in Xylol.

Physikalische und chemische Eigenschaften: Nadeln aus Alkohol vom Schmelzp. 154° (korr.). $[\alpha] = -40{,}3°$ (in Chloroform). Leicht löslich in Benzol, Chloroform, Essigester, Aceton; sehr wenig löslich in Petroläther. Die durch Verseifung mit methylalkoholischem NH_3 gewonnenen Produkte sind rechtsdrehend[4].

Glykosid des Phenylthiocarbamidsäurephenylesters.

Das Silbersalz des Phenylthiocarbamidsäurephenylesters setzt sich mit Acetobromglykose in Chloroformlösung um zu einer Verbindung, welche nach ihrem Schwefelgehalt als das entsprechende Tetraacetylglykosid $C_{27}H_{29}O_{10}NS = C_6H_5N : C(OC_6H_5) \cdot S \cdot C_6H_7O_5(C_2H_3O)_4$ anzusehen ist[5].

Tetraacetyl-ps-thioharnstoff-S-d-glykosid-hydrobromid (Tetraacetyl-d-glykosido-S-thiuroniumbromid).
$$(CH_3 \cdot CO)_4 \cdot C_6H_7O_5 \cdot S \cdot C(NH_2) \cdot (: NH), HBr = C_{15}H_{23}O_9N_2SBr$$

Aus Acetobromglykose und Thioharnstoff in siedendem Toluol. Aus Alkohol feine Nadeln vom Schmelzp. 192°, $[\alpha]_D^{20} = -8{,}72°$ (Wasser; $c = 5{,}102$)[6]. **Bicarbonat** $C_{16}H_{24}O_{12}N_2S$. Aus dem Bromid mit $NaHCO_3$-Lösung bei 0°. Krystalle von 92° unter Aufschäumen, die an der Luft unter CO_2-Abgabe verwittern[6]. **Primäres Oxalat:** voluminöser krystallinischer Niederschlag vom Schmelzp. 159° (Zersetzung)[6].

---

[1] Th. Sabalitschka: Ber. dtsch. pharm. Ges. **31**, 439—445 (1921) — Chem. Zbl. **1922 I**, 542.
[2] M. Amadori: Atti Accad. naz. Lincei (Roma) (6) **9**, 226 (1929) — Chem. Zbl. **1929 II**, 32.
[3] Merck u. Flimm: D.R.P. 217945; Chem. Zbl. **1910 I**, 702.
[4] K. Josephson: Ber. dtsch. chem. Ges. **60**, 1822 (1927) — Chem. Zbl. **1927 II**, 2311.
[5] Wilhelm Schneider u. Fritz Wrede: Ber. dtsch. chem. Ges. **47**, 2038—2043 (1914) — Chem. Zbl. **1914 II**, 621.
[6] W. Schneider u. K. Eisfeld: Ber. dtsch. chem. Ges. **61**, 1260 (1928) — Chem. Zbl. **1928 II**, 542.

Tetraacetyl-(monophenyl-ps-thioharnstoff)-S-d-glykosid.
$$C_{21}H_{26}O_9N_2S$$

Aus Acetobromglykose und Monophenylthioharnstoff in siedendem Benzol. Aus Alkohol feine Nadeln vom Schmelzp. 150°, $[\alpha]_D^{22} = +19,15°$ (Essigester; $c = 1,410$), in $C_2H_2Cl_4$ optisch inaktiv. Bei der Verseifung nach Zemplén gibt in guter Ausbeute das Na-Salz der Glykothiose[1]. **Primäres Oxalat** $C_{23}H_{28}O_{13}N_2S$[1]. Aus Alkohol, Schmelzp. 146°, $[\alpha]_D^{22} = -15,55°$ (50proz. Alkohol; $c = 1,994$).[1]

Sarkosin-amid-glykosid.

Mol-Gewicht: 250,11.
Zusammensetzung: $C_9H_{18}O_6N_2$.
Bildung: Aus O-Tetraacetyl-sarkosinester-glykosid mit methylalkoholischem NH_3.
Physikalische und chemische Eigenschaften: Harte Krystalle aus abs. Alkohol, Schmelzpunkt 169—170° unter Aufschäumen[2].

O-Tetraacetyl-sarkosinester-glykosid.

Mol-Gewicht: 447,34.
Zusammensetzung: $C_{19}H_{29}O_{11}N$.
Darstellung: Acetobromglykose wird in Sarkosinester gelöst. Das Bromhydrat des überschüssigen Esters krystallisiert aus. Das Glykosid kann durch Extraktion mit Äther gewonnen werden. Das isolierte Öl bräunt sich beim Stehen unter Zersetzung. Bei der Verseifung entsteht das Amid des Sarkosinglykosides.
Physikalische und chemische Eigenschaften: Feine Nadeln aus Methylalkohol. Schmelzpunkt 87—88°. Leicht löslich in Alkohol, Äther, Chloroform, Benzol; unlöslich in Wasser und Ligroin[2].

Theophyllin-d-xylosid.
$$C_{12}H_{16}O_6N_4$$

Der Zucker ist wahrscheinlich mit der 7-Stellung des Purinkerns verknüpft (N-Bindung).
Darstellung: Aus Triacetyltheophyllinxylosid durch Verseifung mit methylalkoholischem Ammoniak in der Kälte.
Physikalische und chemische Eigenschaften: Nadeln vom Schmelzp. 229° (korr.). $[\alpha]_D^{25} = -28,5°$ in Methylalkohol, $[\alpha]_D^{25} = -27,4°$ in Wasser. Die Hydrolyse einer 2,45proz. Lösung in $^1/_{10}$n-HCl bei 100° ist nach 200 Minuten zu 23,5%, nach 350 Minuten zu 40,6% und nach 500 Minuten zu 52,4% erfolgt.
Derivate: Triacetyltheophyllinxylosid $C_{18}H_{22}O_9N_4$. Aus Theophyllin-Ag und Acetobrom-d-xylose in Xylol (unter Rückfluß kochen, bis eine Probe keine Bromreaktion mehr gibt). Das Filtrat wird mit einem Überschuß von Petroläther versetzt. Leicht löslich in Wasser, Alkohol, Äther, Toluol; wenig löslich in Essigester. $[\alpha]_D^{25} = -21,9°$ in Methylalkohol[3].

Theophyllinribosid[3].
$$C_{12}H_{16}O_6N_4$$

Der Zucker ist wahrscheinlich mit der 7-Stellung des Purinkerns verknüpft (N-Bindung). Gehört zu der beständigen Gruppe der Puringlykoside. Identisch mit Dimethylxanthosin.
Darstellung: Aus Triacetyltheophyllinribosid durch Verseifung mit methylalkoholischem Ammoniak.
Physikalische und chemische Eigenschaften: Hygroskopische, harte, gelbe Krystalle. Schmelzp. 234° (korr.). $[\alpha]_D^{25} = -21°$ in Alkohol. Stimmt mit Dimethylxanthosin in der optischen Drehung und der Hydrolysegeschwindigkeit überein, beide Verbindungen sind daher identisch.

---

[1] W. Schneider u. K. Eisfeld: Ber. dtsch. chem. Ges. **61**, 1260 (1928) — Chem. Zbl. **1928 II**, 542.
[2] K. Maurer: Ber. dtsch. chem. Ges. **59**, 827 (1926) — Chem. Zbl. **1926 I**, 3315.
[3] P. A. Levene u. H. Sobotka: J. of biol. Chem. **65**, 463 (1925) — Chem. Zbl. **1926 I**, 1190.

Derivate: Triacetyltheophyllinribosid. Aus Theophyllin-Ag und Acetobromribose in Xylol. $[\alpha]_D^{25} = -4,25°$ in Methylalkohol[1].

Theophyllin-d-glykosid (Bd. IX, S. 255; Bd. X, S. 824).

Physikalische und chemische Eigenschaften: Gibt die Fichtenspanreaktion stark[2].

Adeninhexosid.

Physikalische und chemische Eigenschaften: Gibt eine negative Fichtenspanreaktion[2].

Tetraacetyl-veronal (?)-glykosid[3].

Mol-Gewicht: 447,34.

Zusammensetzung: $C_{22}H_{30}O_{12}N_2$.

$$(Ac{-}O) \cdot CH_2 \cdot CH$$

$$CH \cdot CH(O \cdot Ac] \cdot CH(O \cdot Ac) \cdot CH{-}{-}N{-}CO$$
$$\underset{NH \cdot CO}{CO{<}\quad{>}C(C_2H_5)_2}$$

Darstellung: Eine Mischung von 3,5 ccm Diäthyl-malonylchlorid (1 Mol), 3,4 ccm abs. Pyridin (2,2 Mol), 8 g Tetraacetylglykoseharnstoff und 100 ccm abs. Chloroform wird unter Ausschluß von Luftfeuchtigkeit etwa 50 Stunden auf 50° gehalten, dann die gelbe Lösung nacheinander mit Kaliumbisulfatlösung, mit Wasser, mit Bicarbonatlösung und wieder mit Wasser gewaschen und mit Chlorcalcium getrocknet. Die Lösung wird unter vermindertem Druck eingedampft und der Rückstand aus Essigester und Ligroin auskrystallisiert. Ausbeute 1,5 g feine Nadeln, die aus wässerigem Alkohol nochmals umkrystallisiert werden.

Physikalische und chemische Eigenschaften: $[\alpha]_D^{19} = -20,2—21,0°$ in Pyridin. Sintert von 165° an, Schmelzpunkt 169—170°. Sehr leicht löslich in Pyridin, Essigester, Chloroform, Benzol, Aceton; etwas schwerer in Methylalkohol und Alkohol; noch ziemlich gut in Äther, in Tetrachlorkohlenstoff; so gut wie unlöslich in Wasser und Petroläther. Reduziert Fehlingsche Lösung erst nach einigem Kochen, auch nach vorhergehendem Erhitzen in Säuren nicht rascher. Beim Verreiben mit Natronlauge wird sie erst klebrig und löst sich dann. Eine heiße Lösung der Substanz in verdünntem Alkohol gibt mit Quecksilbernitrat sofort eine weiße, amorphe Fällung wie das Veronal selbst[3].

Substituierte Uracilxyloside.

Bei Uracilderivaten ist die Wahrscheinlichkeit der Substitution des Zuckerrestes in einer nichtenolisierenden Imidgruppe gering. Je nach der Verteilung der Substituenten in den Uracilderivaten bestehen verschiedene Möglichkeiten für den Eintritt des Zuckerrestes. Die Einwirkung von Acetobrompentosen auf die Ag-Verbindungen der Uracile ergibt nur O-substituierte Verbindungen (2- oder 6-Stellung), die durch Säure oder Alkali leicht hydrolysiert werden. Dieselben Produkte werden mit den Alkaliverbindungen der Uracile erhalten. Aus der polarimetrischen Messung der Hydrolysegeschwindigkeiten ergibt sich, daß die 2-Bindung stabiler als die 6-Bindung ist. Die erheblichen Unterschiede in der Stabilität dieser synthetischen und der natürlichen Nucleoside sowie die Erfolge bei der Synthese von N-gebundenen Theophyllinnucleosiden[1] sprechen zugunsten der von Levene und La Forge[4] angegebenen Uridinformel[5].

Derivate: 1-Methyl-5-nitrouraciltriacetylxylosid[5] $C_{16}H_{19}O_{11}N_3$. Zuckergruppe in 2-Stellung. Aus dem K-Salz des 1-Methyl-5-nitrouracils und Acetobromxylose. Grünliche Krystalle. Schmelzp. 243° (korr.). $[\alpha]_D^{25} = -45,5°$ in Pyridin + Methylalkohol 1:1.

[1] P. A. Levene u. H. Sobotka: J. of biol. Chem. **65**, 463 (1925) — Chem. Zbl. **1926 I**, 1190.
[2] H. Steudel u. E. Peiser: Hoppe-Seylers Z. **139**, 205—211 (1924) — Chem. Zbl. **1925 I**, 94.
[3] B. Helferich u. W. Kosche: Ber. dtsch. chem. Ges. **59**, 69 (1926) — Chem. Zbl. **1926 I**, 1967.
[4] P. A. Levene u. F. B. la Forge: J. of biol. Chem. **13**, 507 (1913) — Chem. Zbl. **1913 I**, 945.
[5] P. A. Levene u. H. Sobotka: J. of biol. Chem. **65**, 469 (1925) — Chem. Zbl. **1926 I**, 1190.

1-Methyluracilxylosid[1] $C_{10}H_{14}O_6N_2$. Aus 1-Methyluracilxylosetriacetat. Reduziert Fehlingsche Lösung. $[\alpha]_D^{25} = +27{,}3°$ in Methylalkohol. Gegen $^1/_5$ n-HCl. 3 Stunden bei 100° beständig. Triacetat $C_{16}H_{20}O_9N_2$. Zuckergruppe in 2- oder 6-Stellung. Aus 1-Methyluracil-Ag und Acetobromxylose in Xylol. Amorph. Zeigt in 2proz. Lösung im 2 dm-Rohr keine optische Aktivität.

5-Nitrouracil-acetyl-xylosid. Aus 5-Nitrouracilacetylxylosid durch vorsichtige Verseifung, nicht analytisch rein erhalten. $[\alpha]_D^{25} = -1{,}80°$. 5-Nitrouracilacetylxylosid. Zuckergruppe in 2- oder 6-Stellung. Aus 5-Nitrouracil-Ag und Acetobromxylose. Ockerfarbiges Produkt, konnte durch Krystallisation nicht gereinigt werden, da beim Erhitzen in Lösung bei 60° Zersetzung erfolgte (wahrscheinlich Reaktion zwischen NO_2 und dem Zuckerrest). Dieselben Schwierigkeiten traten bei der Entacetylierung uf.

Thiouracilxyloside.

2-Äthylthiouracilxylosid
$C_{11}H_{16}O_5N_2S$.

Bildung: Aus 2-Äthylthiouraciltriacetylxylose durch Verseifung mit methylalkoholischem Ammoniak.

Physikalische und chemische Eigenschaften: Weiße Nadeln aus Alkohol. Schmelzpunkt 114—115° (korr.). $[\alpha]_D^{25} = +21{,}5°$ in Methylalkohol. Sehr unbeständig gegen Alkali.

Derivate: 2-Äthylthiouraciltriacetylxylose $C_{17}H_{22}O_8N_2S$. Zuckergruppe wahrscheinlich in der 6-Stellung. Aus 2-Äthylthiouracil-Ag und Acetobromxylose in Xylol (unter Rückfluß bis zum Verschwinden der Bromwasserstoffreaktion kochen), Filtrieren und 2malige Extraktion des Rückstandes mit heißem Xylol. Aus Alkohol und Methylalkohol umkrystallisiert. Schmelzp. 104—105° (korr.).

i-Cytosin-d-glykosid[2].

Mol-Gewicht: 273,20.

Zusammensetzung: $C_{10}H_{15}O_6N_3$.

Konstitution:

$$\begin{array}{ccc} N\!\!=\!\!\overset{.}{C}O\cdot C_6H_{11}O_5 & & C_6H_{11}O_5\cdot N\!\!-\!\!CO \\ \mid \qquad \mid & & \mid \qquad \mid \\ H_2N\!\!-\!\!C \quad CH & \text{oder} & H_2N\cdot C \quad CH \\ \parallel \qquad \mid & & \parallel \qquad \parallel \\ NH\!\!-\!\!CH & & N\!\!-\!\!CH \end{array}$$

Darstellung: Aus dem Tetraacetat durch kurzes Kochen mit n-HCl.

Physiologische Eigenschaften: Es wird von Emulsin und auch von Takadiastase, dagegen nicht von Hefemaltase gespalten.

Physikalische und chemische Eigenschaften: Krystalle aus 85proz. Alkohol, Schmelzpunkt 166° (leichte Zersetzung). Leicht löslich in Wasser; sehr wenig löslich in Methylalkohol und Alkohol. $[\alpha]_D^{24} = -72{,}60°$. Reduziert nicht Fehlingsche Lösung. Aufspaltung schon durch kalte n-HCl oder Kochen der wässerigen Lösung.

Derivate: Tetraacetyl-d-glykosid von i-Cytosin $C_{18}H_{23}N_3O_{10}$. Aus i-Cytosin-Silber und Acetobromglykose. Nadeln aus Petroläther. Sintert bei 129°, Schmelzp. bei 131—132°. Leicht löslich in Methylalkohol und Alkohol; sehr wenig löslich in Wasser. $[\alpha]_D^{13} = -17{,}7°$. Reduziert nicht Fehlingsche Lösung.

Pikrat des Tetraacetyl-d-glykosids von i-Cytosin $C_{24}H_{26}O_{17}N_6$. Nadeln aus Alkohol, sintert bei 165°, zersetzt sich bei 190—200°[2].

Methyl-i-cytosin-d-glykosid.

Mol-Gewicht: 287,23.

Zusammensetzung: $C_{11}H_{17}O_6N_3$.

$$\begin{array}{ccc} N\!\!=\!\!CO\cdot C_6H_{11}O_5 & & C_6H_{11}O_5\cdot N\!\!=\!\!CO \\ \mid \qquad \mid & & \mid \qquad \mid \\ H_2N\cdot C \quad CH & \text{oder} & H_2N\cdot C \quad CH \\ \parallel \qquad \parallel & & \parallel \qquad \mid \\ N\!\!-\!\!C\cdot CH_3 & & N\!\!-\!\!C\cdot CH_3 \end{array}$$

[1] P. A. Levene u. H. Sobotka: J. of biol. Chem. **65**, 469 (1925) — Chem. Zbl. **1926 I**, 1190.
[2] A. Hahn, W. Laves u. L. Schäfer: Z. Biol. **84**, 1411 (1926) — Chem. Zb. **1926 I**, 3464.

Darstellung: Aus dem Tetraacetyl-methyl-i-cytosin-d-glykosid durch Verseifung.

Physikalische und chemische Eigenschaften: Nadeln aus Alkohol, Schmelzp. 190° unter Zersetzung. Reduziert nicht Fehlingsche Lösung. Ziemlich löslich in Wasser, sehr wenig löslich in Alkohol und Methylalkohol. $[\alpha]_D^{24} = -66{,}91°$ in Wasser.

Derivate: Tetraacetyl-methyl-i-cytosin-d-glykosid ($C_{19}H_{25}O_{10}N_3$). Aus Methyl-i-cytosin-Silber und Acetobromglykose in Xylollösung. Nadeln durch Fällung mit Petroläther aus Chloroform. Schmelzp. 142—145°. Reduziert nicht Fehlingsche Lösung. Sehr wenig löslich in Wasser, leicht löslich in Alkohol und Methylalkohol. $[\alpha]_D^{21} = -19{,}1°$ in Methylalkohol.

Pikrat des Tetraacetyl-d-glykosids $C_{25}H_{28}O_{17}N_6$. Aus Alkohol. Sintert bei 150°, zersetzt sich bei 170—180°[1].

d-Glykosid von 2-Methylanilino-6-oxypyrimidin[2].

Mol-Gewicht: 363,29.

Zusammensetzung: $C_{17}H_{21}O_6N_3$.

$$\begin{array}{ccc}
 & N{=}C\cdot O\cdot C_6H_{11}O_5 & \\
\left.\begin{array}{c}C_6H_5\\CH_3\end{array}\right\rangle N\cdot & \overset{|}{\underset{\|}{C}} \quad \overset{|}{\underset{\|}{CH}} & \\
 & N{-}CH &
\end{array}
\qquad \text{oder} \qquad
\begin{array}{ccc}
 & C_6H_{11}O_5\cdot N\cdot CO & \\
\left.\begin{array}{c}C_6H_5\\CH_3\end{array}\right\rangle N\cdot & \overset{|}{\underset{\|}{C}} \quad \overset{|}{\underset{\|}{CH}} & \\
 & N\cdot CH &
\end{array}$$

Darstellung: Aus dem Tetraacetat mit methylalkoholischem NH_3 (4°, 15 Stunden).

Physikalische und chemische Eigenschaften: Krystalle aus Alkohol-Benzol (1:4). Sintern bei 112°, Schmelzp. 116—118° zu einer unklaren Flüssigkeit. $[\alpha]_D^{18} = -66{,}39°$ (in Alkohol). Reduziert siedende Fehlingsche Lösung nicht; wird aber schon von kaltem Wasser gespalten[2].

Tetraacetat $C_{25}H_{29}O_{10}N_3$. Nadeln aus Alkohol. Sintern bei 142°, Schmelzp. bei 145°. $[\alpha]_D^{20} = -45{,}04°$ (in Toluol). Reduziert nicht siedende Fehlingsche Lösung, wird von siedender n-HCl gespalten[2].

d-Glykosid von 2-Äthylmercapto-6-oxypyrimidin.
$$C_{12}H_{16}O_6N_2S$$

Physikalische und chemische Eigenschaften: Krystalle aus Alkohol-Toluol (1:5), Schmelzpunkt 144—145°. $[\alpha]_D^{20} = -68{,}47°$ (in Wasser). Reduziert siedende Fehlingsche Lösung, wird von siedender n-HCl unter weitergehender Zersetzung (Bildung von C_2H_5SH) gespalten[2].

Derivate: Tetraacetat $C_{20}H_{26}O_{10}N_2S$. Entsteht durch Schütteln des Pikrats des Tetraacetyl-d-glykosids in Chloroform mit 5proz. NH_4OH und Fällen mit Petroläther[2].

Pikrat des Tetraacetyl-d-glykosid von 2-Äthylmercapto-6-oxypyrimidin $C_{26}H_{29}O_{17}N_5S$. Krystalle aus Alkohol, Schmelzp. 109—110°[2].

3-β-Glykosidoxyindol-2-carbonsäure.
$$C_{15}H_{17}O_8N$$

$$\begin{array}{c}
CH\\
\overset{\displaystyle CH}{\underset{\displaystyle CH}{\bigcirc}}\;\begin{array}{c}C\\\\C\end{array}\;\begin{array}{c}C{-}\!\!{-}\!\!{-}O{-}\!\!{-}\!\!{-}CH\\\\C\cdot COOH\end{array}\\
NH
\end{array}$$

$$\begin{array}{l}
H{-}C{-}OH\\
HO{-}C{-}H\\
H{-}C{-}OH\\
H{-}C\\
CH_2{-}OH
\end{array} \Big\rangle O$$

[1] R. Hahn, H. Fasold u. L. Schäfer: Z. Biol. **84**, 35 (1926) — Chem. Zbl. **1926 I**, 2109.

[2] A. Hahn u. W. Lawes: Z. Biol. **85**, 280 (1926) — Chem. Zbl. **1927 I**, 1023. — A. Hahn, W. Lawes u. L. Schäfer: Z. Biol. **84**, 411 (1926) — Chem. Zbl. **1926 I**, 3464.

Bildung: Entsteht aus 3-Tetraacetyl-β-glykosidoxyindol-2-carbonsäuremethylester mit KOH in Methanol.

Physikalische und chemische Eigenschaften: Fast farblose Prismen aus Wasser. Wird bei 215—220° braun, zersetzt sich bei 230—231°. Gibt in verdünnter HCl mit $FeCl_3$ Indigotin[1].

Derivate: **3-β-Glykosidoxyindol-2-carbonsäuremethylester**[1]. Entsteht als unreines, sirupöses Nebenprodukt aus in Methanol suspendierten 3-Tetraacetyl-β-glykosid-oxyindol-2-carbonsäuremethylester beim Einleiten von NH_3[1].

3-Tetraacetyl-β-glykosidoxyindol-2-carbonsäuremethylester $C_{24}H_{27}O_{12}N$.

$$C \cdot O \cdot C_6H_7O(O \cdot COCH_3)_4$$
$$C_6H_4{<}{>}C \cdot CO_2CH_3$$
$$NH$$

Aus 3-Acetoxyindol-2-carbonsäuremethylester mit Tetraacetyl-α-glykosidylbromid und wässeriger NaOH in Aceton. Prismen aus Methanol, Schmelzp. 229—230°. Wenig löslich in Äther und in kaltem Alkohol[1].

3-β-Glykosidoxyindol-2-carbonsäureamid[1] $C_{15}H_{18}O_7N_2$. Aus 3-Tetraacetyl-β-glykosid-oxyindol-2-carbonsäuremethylester in Methanol suspendiert, durch Einleiten von NH_3. Tafeln aus Wasser. Zersetzt sich bei 254—255°. Ziemlich löslich in Alkohol und heißem Wasser[1].

Indican (Bd. VI, S. 125, 375).

Mol-Gewicht: 195,22.
Zusammensetzung: $C_{14}H_{17}O_6N$.

Bildung: Aus Pentaacetylindican in Methanol mit NH_3.

Physikalische und chemische Eigenschaften: Nadeln mit $3\,H_2O$ aus Wasser. Schmelzpunkt 57—58°; schmilzt, über H_2SO_4 getrocknet, bei 100—101°, wird bei 160° wieder fest und schmilzt wieder bei 176—178°, dem Schmelzpunkt, der auch durch scharfes Trocknen bei 100—160° oder durch Krystallisieren aus Alkohol-Benzol erhaltenen, wasserfreien Verbindung. Mit 3proz. HCl entstehen Glykose und Indoxyl bzw. „Indoxylbraun", bei Zusatz von $FeCl_3$ und Durchleiten von Luft oder mit HCl, Eisessig und Nitrosodimethylanilin Indigotin; mit HCl in Gegenwart von Isatin Indirubin, in Gegenwart von p-Nitrobenzaldehyd p-Nitrobenzaldehyd-indogenid.

Derivate: Pentaacetylindican (1-Acetyl-3-tetraacetyl-β-glykosidoxyindol)[1] $C_{24}H_{27}O_{11}N$. Aus dem K-Salz der 3-β-Glykosidoxyindol-2-carbonsäure durch Erhitzen mit Na-Acetat und Acetanhydrid. Entsteht auch aus 3-Tetraacetyl-β-glykosidoxyindol-2-carbonsäuremethylester mit Barytwasser bei 40—45°, sowie aus 1-Acetyl-3-oxyindol und Tetraacetyl-α-glykosidylbromid in Aceton mit wässeriger KOH. Prismen aus Alkohol, Schmelzp. 148°. Wenig löslich in kaltem, leicht löslich in heißem Alkohol und in kaltem Chloroform[1].

Glykoside des Salvarsans.

Arabinosid des Salvarsans[2].

Rhamnosid des Salvarsans[2].

---

[1] A. Robertson: J. chem. Soc. Lond. **1927**, 1937 — Chem. Zbl. **1927 II**, 2061.
[2] A. Contardi u. U. Cazzani: Atti del 1. Congr. Nat. di Chim. pura ed appl. **1923**, 329 — Chem. Zbl. **1924 I**, 2512.

Glykoside der Arsenobenzole, des Salvarsans[1].

Bildung: Mit konz. Glykoselösungen (50proz.) reagiert freies 4,4'-Dioxy-3-3'-diamino-arsenobenzol besonders in der Wärme, und kuppelt die Glykose am Stickstoff, je nach den Bedingungen erhält man ein Mono- oder Diglykosid.

Derivate: Monoglykosid $C_{18}H_{22}O_7N_2As_2 \cdot 2H_2O$.

$$\text{As}-\text{C}_6\text{H}_3\big\langle{}^{\text{OH}}_{\text{NH}}-\text{CH}-\text{CH(OH)}-\text{CH(OH)}-\text{CH(OH)}-\text{CH}-\text{CH}_2-\text{CH}$$
$$\text{As}-\text{C}_6\text{H}_3\big\langle{}^{\text{NH}_2}_{\text{OH}} \underline{\qquad\qquad\quad\text{O}\qquad\qquad\qquad}$$

Schwach gelbliches Pulver, sehr leicht löslich in Wasser, schwer löslich in Alkohol, unlöslich in Äther. Mit konz. Salzsäure, verdünnter Schwefelsäure, Kohlensäure fallen die entsprechenden wenig löslichen Salze aus, löslich in Natronlauge, und wenn frisch gefällt, auch in Natrium-carbonat sowie Natriumbicarbonatlösung. $[\alpha]_D^{20} = -137{,}1°$ in Wasser bei $c = 0{,}918\%$; fällt innerhalb 8 Tagen von $\alpha_D = -2{,}52°$ auf $\alpha_D = -1°$. Liefert ein in Wasser unlösliches Pikrat mit 2 Mol Pikrinsäure. Mit Salzsäure schlägt $[\alpha]_D$ ins positive Gebiet um, Endwert $[\alpha]_D = +204°$; dabei enthält die Lösung keine freie Glykose. Vielleicht geht dabei das ur-sprüngliche α-Glykosid in β-Glykosid über. Eine 1proz. Lösung des Monoglykosids gibt mit 25proz. Kupfersulfatlösung, n-Schwefelsäure und Pikrinsäure sofort dicke Niederschläge.

Diglykosid. Die Eigenschaften sind denjenigen des Monoglykosids ähnlich. Fällt mit Kupfersulfat und normaler Schwefelsäure aus 1proz. Lösungen erst nach längerer Zeit, mit Pikrinsäure reagiert es überhaupt nicht. — Ist weniger toxisch, aber auch minderwertiger als das Monoglykosid. — Beim Kaninchen intravenös in wässeriger Lösung oder in Glykose-lösung injiziert, erwies sich als giftig. Es vermindert die Zahl der roten Blutkörperchen, doch in nicht sehr hohem Grade und mit schnellem, dann anhaltendem Wiederanstieg auf die ursprüng-liche und selbst höhere Zahl; die Verminderung läuft nicht proportional der angewendeten Dosis. Leukocyten werden wenig beeinflußt, Gerinnbarkeit des Blutes anscheinend gar nicht[2].

Galaktosid des Salvarsans[3].

B. Natürliche Glykoside (Bd. X, S. 843).

Zusammenfassende Veröffentlichungen[4].

Bildung: Grüne Blätter der Eßkastanie führen stets mehr Glykoside als Chlorote[5].

Darstellung: Verfahren zur Gewinnung von Pflanzenglykosiden unter Abtrennung der unwirksamen und Nebenwirkungen erzeugenden Begleitstoffe, dadurch gekennzeichnet, daß die Glykoside aus unveränderten wässerigen Auszügen des betreffenden Pflanzenmaterials ausgesalzen und sodann durch Extraktion des Niederschlages mit flüchtigen Lösungsmitteln abgeschieden werden[6].

Nachweis und Bestimmung: Biochemische Methode zum Nachweis hydrolysierbarer Glykoside in Pflanzen mittels Rhamnodiastase. Darstellung der Rhamnodiastase aus den Samen verschiedener Rhamnusarten[7]. Biochemische Untersuchungen über die Natur und die

[1] A. Contardi u. U. Cazzani: Atti del 1. Congr. Nat. di Chim. pur. ed appl. **1923**, 329 — Chem. Zbl. **1924 I**, 2512. — L. Anderson: Chem. Ind. **42**, 55 (1923) — Chem. Zbl. **1923 III**, 913. — A. Aubry u. E. Dormoy: C. r. Acad. Sci. Paris **175**, 819 (1923) — Chem. Zbl. **1923 III**, 369. — Boots Pure Drug Co. Ldt. u. L. Anderson: E.P. 177283 vom 7. Januar 1921; Chem. Zbl. **1922 IV**, 837.

[2] A. Luquet: C. r. Soc. Biol. Paris **87**, 1020, 1163 (1922) — Chem. Zbl. **1923 III**, 871.

[3] A. Contardi u. U. Cazzani: Atti del 1. Congr. Nat. di Chim. pur. ed appl. **1923**, 329 — Chem. Zbl. **1924 I**, 2512.

[4] H. Hérissey: Bull. Soc. chim. France (4) **33**, 349 (1923) — Chem. Zbl. **1924 I**, 1386. — M. Bergmann: Naturwiss. **10**, 838 (1922) — Chem. Zbl. **1923 III**, 23. — E. Merck: Jahresbericht **35**, 4 — Wiss. Abh. a. d. Geb. d. Pharmakotherapie, Pharmazie usw. Nr 36, 156 (1922) — Chem. Zbl. **1923 I**, 174 — Jahresbericht **36**, 3—78 (1924) — Chem. Zbl. **1924 II**, 76.

[5] H. Colin u. A. Grandsoie: C. r. Acad. Sci. Paris **179**, 288 (1924) — Chem. Zbl. **1924 II**, 1476.

[6] Chemische Fabrik „Norgine" Viktor Stein (Außig a. Elbe) u. Wilhelm Wiechowski (Prag): Ö.P. 92913 vom 26. Juni 1920; Chem. Zbl. **1924 I**, 2449.

[7] M. Bridel u. C. Charaux: Pharm. Acta Helvet. **1**, 107 (1926) — Chem. Zbl. **1926 II**, 1557. C. r. Acad. Sci. Paris **181**, 1167 (1925) — Chem. Zbl. **1926 I**, 2612 — Bull. Soc. Chim. biol. Paris **8**, 40 (1926) — Chem. Zbl. **1926 I**, 2612, 3062.

Menge der in einigen Hülsenfrüchten enthaltenen durch Emulsin hydrolysierbaren Prinzipien [1]. — Verwendung der hydrolysierenden Fermente zur Auffindung und zum Studium von Glykosiden [2].

Physiologische Eigenschaften: Die Angaben der Literatur, daß glykosidhaltige Drogen nach der Behandlung mit Halogen ihre Giftigkeit verlieren, während alkaloidhaltige in der Toxizität steigen, konnten experimentell bewiesen werden. Die Glykoside werden dabei durch Hydrolyse abgebaut [3]. — Über die Rolle der Glykoside in den Pflanzen [4]. Zusammenfassende Darstellung über den Stand der Kenntnisse auf diesem Gebiet. In der Pflanze existieren 2 Arten von Zuckerreserve. Die eine, bewegliche Art sind die durch Invertin spaltbare Zucker und Stärke, die andere, weniger bewegliche Art sind Glykoside. Die Pflanze benutzt zunächst immer die erste und erst im Notfall die zweite Art [4]. — Zusammenfassender Überblick über die Ergebnisse der Untersuchungen über die glykosidspaltenden Enzyme [5]. Es wurde festgestellt, wieviel Emulsin nötig ist, um aus den verschiedenen Glykosiden in derselben Zeit die gleiche Zuckermenge abzuspalten. Zwischen Geschwindigkeit der Spaltung und dem Molekulargewicht der Glykoside besteht keine einfache Beziehung, doch kann man berechnen, daß die Menge des mit einem Glykosid in Reaktion tretenden Emulsins dessen Molekulargewicht umgekehrt proportional ist. Wenn, wie bei Amygdalin, 2 Fermentwirkungen bei der Spaltung beteiligt sind, ist der Emulsinindex komplizierter [6]. — Auf verschiedenem Wege gewonnene Fermentauszüge aus Aspergillus niger werden an einer Reihe von Glykosiden geprüft und die Resultate in Tabellenform angegeben [7]. Von 7 untersuchten Glykosiden erwies sich nur Salicin gegen Insulinvergiftungen etwas wirksam [8]. 21 verschiedene Bacillen der Salmonellagruppe wurden auf ihre Wirkung auf Glykosiden untersucht [9].

Physikalische und chemische Eigenschaften: Verhalten einer Anzahl von Glykosiden gegenüber einigen Alkaloidfällungsmitteln [10].

Arbutin (Bd. II, S. 608; Bd. VIII, S. 328; Bd. X, S. 844).

Konstitution [11]:

Vorkommen: In Blättern der in Japan kultivierten Pfirsichbäume, Pirus sinensis Lindl. (im Juli 0,300%, im September 0,170%) und in Pirus communis (0,577%) [12]. In den Bärentraubenblättern (Arctostaphylus Uva Ursi) [13]. Zahlreiche der als Kapseln oder Tees im Handel befindlichen Zuckerreduktionsmittel enthalten Arbutin [14]. In den frischen Blättern von Saxifraga crassifolia (Badan) [15].

Nachweis und Bestimmung: Mikrochemischer Nachweis in Drogen und anderen pharmazeutischen Produkten [16]. Nachweis durch Mikrosublimation des Spaltungsproduktes Hydrochinon. Die erhaltenen Krystalle sind vorübergehend in $FeCl_3$-Lösung mit schwarze-Farbe löslich, in NH_3 färben sie sich rotbraun [14].

Physiologische Eigenschaften: Die mit der Spaltung von Arbutin in Glykose und Hydrochinon bei Luftzutritt verbundene Bräunung wird zur Erkennung und Differenzierung von Vibrionen benutzt [17]. Einwirkung von Bakterien der Coligruppe [18]. — Es wurde die Wirkung

[1] H. Hérissey u. R. Sibassié: Bull. Soc. Chim. biol. Paris **6**, 759 (1924) — Chem. Zbl. **1925 I**, 678.

[2] Braecke: J. pharm. Belg. **10**, 463 (1928) — Chem. Zbl. **1928 II**, 1000.

[3] A. Pitini: Arch. Farmacol. sper. **38**, 164 (1924) — Chem. Zbl. **1925 I**, 867.

[4] Marc Bridel: Rev. gén. Sci. pures et appl. **37**, 134 (1926) — Chem. Zbl. **1926 I**, 3161.

[5] R. Kuhn: Naturwiss. **11**, 732 (1923) — Chem. Zbl. **1923 III**, 1416 — Hoppe-Seylers Z. **129**, 57 (1923) — Chem. Zbl. **1923 III**, 1173.

[6] H. Colin u. A. Chaudun: Bull. Soc. Chim. biol. Paris **5**, 382 (1923) — Chem. Zbl. **1924 II**, 57.

[7] T. Aagaard: Tidskr. kem. Bergvaesen **8**, 16, 35 — Chem. Zbl. **1928 I**, 2594.

[8] Percy Theodore Herring, James Colquhoun Irvine u. John J. Rickard Macleod: Biochemic. J. **18**, 1023—1042 (1925) — Chem. Zbl. **1925 I**, 2388.

[9] Frank Wokes u. Joseph H. Irwin: Pharmac. J. **118**, 747—751 — Chem. Zbl. **1927 II**, 1481.

[10] L. Rosenthaler: Pharm. Acta Helvet. **3**, 93 — Chem. Zbl. **1928 II**, 373.

[11] A. K. Macbeth u. J. Mackay: J. chem. Soc. Lond. **123**, 717 (1923) — Chem. Zbl. **1923 III**, 154.

[12] T. Kariyone u. J. Kimura: J. pharm. Soc. Jap. **1923**, Nr 494, 23 — Chem. Zbl. **1923 III**, 455.

[13] Ludwig Kroeber: Pharm. Zentralhalle **65**, 607, 640 (1924) — Chem. Zbl. **1924 II**, 2679; **1925 I**, 407. — L. Rosenthaler: Pharm. Acta Helvet. **2**, 181 (1927) — Chem. Zbl. **1927 II**, 2766.

[14] W. Brandrup: Apoth.-Ztg **43**, 373 — Chem. Zbl. **1928 I**, 2277.

[15] A. E. Tschitschibabin, A. W. Kirssanow u. M. G. Rudenko: Liebigs Ann. **479**, 303 (1930) — Chem. Zbl. **1930 I**, 3799.

[16] L. Rosenthaler: Pharm. Zentralhalle **67**, 353 (1926) — Chem. Zbl. **1926 II**, 805.

[17] M. Pergola: Ann. Igiene **31**, 266—271 (1921) — Chem. Zbl. **1922 IV**, 17.

[18] A. Weintraub: Zbl. Bakter. I **91**, 273 (1924) — Chem. Zbl. **1924 I**, 2922.

21 verschiedener Bacillen der Salmonellagruppe untersucht auf Arbutin durch Feststellung der Säureentstehung und Gasentwicklung, neben colorimetrischer und elektrometrischer p_H-Bestimmung[1]. Von 78 Stämmen von Streptococcus hämolyticus (vom Menschen) spalteten 76 Arbutin bei $p_H = 7$ zu Glykose und Hydrochinon, bei $p_H = 7{,}4$ schienen 10 Stämme energischer zu wirken, bei $p_H = 8{,}2$ waren die Unterschiede noch erheblicher. Die Spaltung erfolgt bei 37° und bei 20°. Enterokokken spalten beim hohen p_H Arbutin schnell, Pneumokokken bei $p_H = 7{,}4$ ebenfalls[2]. Bacillus mycoides Flügge Nr. 3, B. olfactorius und robur bilden aus Arbutin Säure, B. mycoides var. ovoäthylicus auch Gas[3]. Reaktionskinetische Untersuchungen über die Wirkungsweise des Emulsins auf Arbutin[4]. — Physiologische Wirkung der Bestandteile der Bärentraubenblätter[5]. Kann in Verbindung mit Lecithin Hämolyse hervorrufen[6]. Nach wochenlangen Gebrauch von arbutinhaltigen Drogen zeigten die Harne normale Reaktionen und normale Vergärbarkeit[7].

Physikalische und chemische Eigenschaften: $[\alpha]_D^{25} =$ in Wasser $-62{,}26°$, in 1n-HCl $-63{,}13°$. Schmilzt sofort beim Einbringen in ein Bad von 170°, erstarrt beim Abkühlen bei 165° und schmilzt bei darauffolgendem Erhitzen bei 194°. Die bei der Hydrolyse auftretende Rotfärbung beruht wahrscheinlich auf Oxydation von Hydrochinon durch Luftsauerstoff, nicht auf Oxydasewirkung. — Bei der Hydrolyse durch 1n-HCl bei 60 und 70° zeigen die Werte: für monmolekulare Reaktion k (60°) $4{,}22 \cdot 10^{-5}$ und für kritisches Inkrement 31400[8]. Spaltet bei der Hydrierung mit PtO_2 1 Molekül Glykose ab und liefert wahrscheinlich Hexahydrophenol[9].

Methylarbutin (Bd. II, S. 610; Bd. VIII, S. 331).

Vorkommen: In den Blättern der Bärentrauben (Arctostaphylus uva ursi)[10, 11]. Aus Walliser Bärentraubenblättern dargestelltes Arbutin enthält 25,5% Methylarbutin, während das aus spanischen Blättern gewonnene nur 5% Methylarbutin enthält[12].

Gein (Geosid) (Bd. II, S. 611).

(Eugenolvicianosid.)

Mol-Gewicht: 458,35 für die wasserfreie Substanz.

Zusammensetzung: $C_{21}H_{30}O_{11} + H_2O$.

Konstitution:

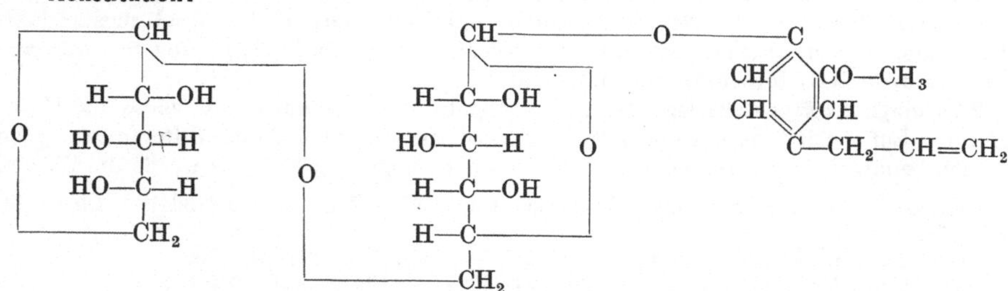

Vorkommen: In der Wurzel von Geum urbanum L.[13]

[1] Frank Wokes u. Joseph H. Irwin: Pharm. J. **118**, 747—751 — Chem. Zbl. **1927 II**, 1481.

[2] P. Sédallian: C. r. Soc. Biol. Paris **91**, 686—687 — Chem. Zbl. **1924 II**, 2173.

[3] J. Perlberger: Zbl. Bakter. II **62**, 1 — Chem. Zbl. **1924 II**, 1217.

[4] Karl Josephson: Hoppe-Seylers Z. **147**, 1 (1925) — Chem. Zbl. **1926 I**, 688.

[5] E. Deussen: Dermat. Wschr. **79**, 8 (1925) — Chem. Zbl. **1926 I**, 699.

[6] K. A. Friede: Z. Immun.forschg I **40**, 69 — Chem. Zbl. **1924 II**, 1005.

[7] Engelb. Schlecht: Pharmaz. Ztg **73**, 1006 (1928) — Chem. Zbl. **1929 I**, 419.

[8] E. A. Moelwyn-Hughes, S. N. H. Stothardt u. A. J. Kieran: Trans. Faraday Soc. **24**, 309 — Chem. Zbl. **1928 II**, 1076.

[9] T. Kariyone u. K. Kondor: J. pharm. Soc. Jap. **48**, 90 — Chem. Zbl. **1928 II**, 1338.

[10] Ludwig Kroeber: Pharm. Zentralhalle **65**, 607, 640 (1924) — Chem. Zbl. **1924 II**, 2679; **1925 I**, 407.

[11] L. Rosenthaler: Pharm. Acta Helvet. **2**, 181 (1927) — Chem. Zbl. **1927 II**, 2766.

[12] L. Rosenthaler: Pharm. Acta Helvet. **1**, 147 (1926) — Chem. Zbl. **1926 II**, 1957. — C. Mannick: Arch. Pharmaz. **250**, 547 (1912) — Chem. Zbl. **1912 II**, 1924.

[13] J. Cheymol: Schweiz. Apoth.-Ztg **66**, 283 — Chem. Zbl. **1928 II**, 457.

Darstellung: Der mit siedendem Wasser aus den frischen unterirdischen Teilen des Benediktenkrauts, Geum urbanum L., wird mit Alkohol aufgenommen, der aus dieser Lösung gewonnene Extrakt mit schwach wasserhaltigem Aceton erschöpft, der daraus gewonnene Rückstand mit Essigäther behandelt, aus dem das Gein nach Impfung krystallisiert und dann aus wasserhaltigem Essigäther umkrystallisiert werden kann. — Es ist nur schwierig von Spuren eines in Wasser unlöslichen Produktes zu befreien.

Physiologische Eigenschaften[1]**:** Wird durch Gease in 1 Mol Eugenol und 1 Mol einer Biose, die aus d-Glykose und l-Arabinose aufgebaut ist, gespalten. — Die Gease spaltet das Geosid in Eugenol und Vicianose. Emulsin hydrolysiert krystallinisches Geosid in wässeriger Lösung vollkommen zu Eugenol, Glykose und Arabinose. Unter die Froschhaut injiziert, wirkt das Geosid nicht giftig; bei Injektion in die Blutbahn eines Hundes wirkte es in 48 Stunden tödlich, es wirkt auf Herz und Atmung. Zahlreiche Pflanzen enthalten ein Ferment, das das Geosid unter Bildung von Eugenol spaltet. Die Gease ihrerseits hydrolysiert auch andere Glykoside als das Geosid[2]. Mit dem Geosid wurden selbst nach 35 Tagen bei $33-35°$ keine Entwicklung von Aspergillus niger oder nur eine ganz unbedeutende Entwicklung erhalten. Die Nährlösung roch weder nach Eugenol noch reduzierte sie alkalische Kupferlösung[3].

Physikalische und chemische Eigenschaften: Feine, leichte Nadeln, Schmelzp. 146 bis $147°$. Es ist wenig löslich in kaltem Wasser und Alkohol bei $95°$, sehr wenig löslich in kaltem Essigäther, unlöslich in Äther. Die optische Drehung in wässeriger Lösung: $[\alpha]_D = -53,80°$[2]. Die kryoskopische Molekulargewichtsbestimmung des Geins in Wasser (Werte zwischen 420 und 520), die Analysen und die Ergebnisse der hydrolytischen Spaltung führen zu der Formel $C_{21}H_{30}O_{11} + H_2O$. Die fermentative Spaltung verläuft nach I, die Säurespaltung nach II:

$$C_{21}H_{30}O_{11} + H_2O = C_{11}H_{20}O_{10} \text{ (Vicianose)} + C_{10}H_{12}O_2 \text{ (Eugenol) I.}$$

$$C_{21}H_{30}O_{11} + 2\,H_2O = C_6H_{12}O_6 \text{ (d-Glykose)} + C_5H_{10}O_5 \text{ (l-Arabinose)} + C_{10}H_{12}O_2 \text{ II.}$$

Da Gein in wässeriger Lösung weder alkalische Cu-Lösung reduziert, noch $FeCl_3$-Reaktion gibt, so muß die freie Aldehydgruppe des Glykoserestes mit dem OH des Eugenols verbunden sein[4].

Phlorrhizin (Bd. II, S. 611; Bd. VIII, S. 331; Bd. X, S. 845).

Konstitution[5, 6]**:**

$$\text{HO}-\overset{\displaystyle \overset{\text{OH}}{|}}{\underset{\underset{\text{O}-\text{C}_6\text{H}_{11}\text{O}_5}{|}}{\langle\!\langle\ \rangle\!\rangle}}-\text{CO}-\text{CH}_2-\text{CH}_2-\langle\!\langle\ \rangle\!\rangle-\text{OH}$$

Vorkommen: Im Extrakt frischer Apfelblätter etwa 1%[7].

Bildung: Es gelang nicht p-Oxyphenylpropionsäurenitril mit acetyliertem Phlorin zu Phlorrhizin zu kondensieren. Ebensowenig glückte die Kondensation von Phloretin mit Acetobromglykose und die Kupplung eines Triacetylphloretins, das durch Spaltung des vollständig acetylierten Phlorrhizins mit Bromwasserstoff-Eisessig gewonnen worden war, mit Acetobromglykose[8].

[1] H. Hérissey u. J. Cheymol: C. r. Acad. Sci. Paris **180**, 384 (1925) — Chem. Zbl. **1925 I**, 1750.

[2] J. Cheymol: Schweiz. Apoth.-Ztg **66**, 283 — Chem. Zbl. **1928 II**, 457.

[3] H. Hérissey: Bull. Soc. Chim. biol. Paris **9**, 943 (1927) — Chem. Zbl. **1928 I**, 1294.

[4] H. Hérissey u. J. Cheymol: C. r. Acad. Sci. Paris **183**, 1307 (1926) — Chem. Zbl. **1927 I**, 1025 — C. r. Acad. Sci. Paris **181**, 565 (1926) — Chem. Zbl. **1926 I**, 2358 — J. Pharmacie (8) **1**, 561; **5**, 145 (1925) — Chem. Zbl. **1925 I**, 1749; **1927 I**, 1025, 2203 — Bull. Soc. Chim. biol. Paris **8**, 50 (1926); **9**, 99 (1927) — Chem. Zbl. **1926 I**, 2358, 2706; **1927 I**, 1025, 2746.

[5] Fritz Wessely u. Karl Sturm: Mh. Chem. **53/54**, 554 (1929) — Chem. Zbl. **1929 II**, 3021.

[6] Francis Raban Johnson u. Alexander Robertson: J. chem. Soc. Lond. **1930**, 21 — Chem. Zbl. **1930 I**, 2102.

[7] Gustave Riviére u. Georges Pichard: C. r. Acad. Sci. Paris **179**, 775—777 (1924) — Chem. Zbl. **1925 I**, 99.

[8] Géza Zemplén, Zoltán Csürös, Árpád Gerecs u. Stefan Aczél: Ber. dtsch. chem. Ges. **61**, 2486 (1928) — Chem. Zbl. **1929 I**, 640.

Physiologische Eigenschaften: B. coli und B. typhi zersetzen den Phlorrhizinzucker viel langsamer als den diabetischen infolge der hemmenden Wirkung des Phlorrhizins bzw. Zerfallsproduktes auf die Lebenstätigkeit der Bakterien[1]. Gibt mit verschiedenen Bacillen der Salmonellagruppe keine Reaktion[2]. Bei der Vergärung der Glykose durch Acetonhefe (Zymin) bewirkte 10^{-4} g-Molekül Phlorrhizin 31% Hemmung, 10^{-3} g-Mol sogar 59% Hemmung. Die Wirkung von Phlorrhizin ist größer als die von Salicin, Äsculin oder Amygdalin. Phlorrhizin hemmt nicht die Vergärung von Brenztraubensäure durch Zymin, sowie auch nicht die Vergärung von Brenztraubensäure oder Glykose durch lebende Hefe[3]. Der Einfluß des Phlorrhizins auf den anorganischen Stoffwechsel[4]. — Bei Hunden erzeugt Phlorrhizin Hypoglykämie, Zunahme der Lipoide und des Cholesterins im Blut, Abnahme der Alkalireserve und der p_H und Zunahme des Nichteiweiß-Stickstoffes[5]. Hunde nach Phlorrhizinvergiftung zeigen gegen Fettsäuren besondere Empfindlichkeit[6]. Phlorrhizin wirkt gar nicht oder nur unsicher und wenig auf die Bildung von Gallensalzen[7]. Wirkung schwacher Phlorrhizindosen auf die Stickstoffausscheidung[8]. — Die Wirkung von Adrenalin auf die Ketose bei normalen und mit Phlorrhizin behandelten Ratten[9]. — Die Einwirkung von Phlorrhizin und Gynergin auf den respiratorischen Stoffwechsel und ihre gegenseitige Beeinflussung[10]. Über die Wirkung von Glykose und Fructosefütterung an phlorrhizinisierten Tieren[11]. — Bei Phlorrhizintieren nimmt durch Glykosegaben die Bildung der Ketonkörper ab[12]. Mit Phlorrhizin behandelte Tiere zeigen starke Ermüdbarkeit, aber keine Veränderung des Glykogenstoffwechsels im Muskel[13]. Über den Glykogengehalt phlorrhizinisierter Hunde sowie über die Wirkung von Adrenalin auf dieselben[14]. — Mittels Ergotamins konnte die Phlorrhizinglykosurie verhindert bzw. vermindert werden[15]. — Die Pituitrinhemmung wird durch Phlorrhizin nicht durchgebrochen[16]. — Der phlorrhizindiabetische Hund vermag ebenso wie l-Prolin l-Oxyprolin in Zucker zu verwandeln. 15 g l-Oxyprolin lieferten 10,48 g Extrazucker, 15 g l-Prolin bildeten 12,08 g[17]. Schicksal der normalen α-Aminocapronsäure im phlorrhizinisierten Hund[18]. Nach Darreichung von Aconit bzw. Itaconsäure subcutan an phlorrhizinvergiftete Hunde erfolgte keine Ausscheidung von Extrazucker[19]. Nach subcutaner Einspritzung von Acetaldehyd zeigten sich erhebliche Mengen von Extrazucker[19]. Phlorrhizin vermehrt die Katalase des Blutes[20]. — Bei Ratten bewirkte Phlorrhizin eine Steigerung des „Vakat-Sauerstoffs" des Harnes um 150%[21]. Durch Phlorrhizin kann die Glykuronsäurebildung nach Mentholdarreichung vermindert werden[22]. Einfluß des Phlorrhizins auf den Kohlehydratstoffwechsel bei Avitaminosen[23]. — In Dünndarmschlingen hemmt Phlorrhizin stark die Absorption von Glykose, nicht die von Wasser, Kochsalz, Glykokoll

---

[1] M. Benjasch: Dtsch. med. Wschr. **52**, 1733 (1926) — Chem. Zbl. **1926 II**, 3068.

[2] Frank Wokes u. Joseph H. Irwin: Pharm. J. **118**, 747—751 — Chem. Zbl. **1927 II**, 1481.

[3] W. J. Dann u. J. H. Quastel: Biochemic. J. **22**, 245 — Chem. Zbl. **1928 I**, 3083.

[4] Arthur O. Kastler: J. of biol. Chem. **76**, 643 (1928) — Chem. Zbl. **1928 II**, 166.

[5] Harold N. Ets: Amer. J. Physiol. **70**, 695—697 (1924) — Chem. Zbl. **1925 I**, 403.

[6] Frederik M. Allen u. Mary B. Wishart: J. med. Res. **4**, 613—648 (1923) — Chem. Zbl. **1925 II**, 1064.

[7] F. S. Smyth u. G. H. Whipple: J. of biol. Chem. **59**, 655 — Chem. Zbl. **1924 II**, 1002.

[8] Pierre Thomas, Maria Malevanaia u. Roza Imas: C. r. Soc. Biol. Paris **100**, 375 (1929) — Chem. Zbl. **1929 I**, 2202.

[9] Alan Bruce Anderson u. Margaret Dampier Anderson: Biochemic. J. **21**, 1398 (1927) — Chem. Zbl. **1928 II**, 457.

[10] F. Kerti: Wien. klin. Wschr. **41**, 1119 (1928) — Chem. Zbl. **1928 II**, 2038.

[11] Curt Hornemann: Z. exper. Med. **37**, 56 (1923) — Chem. Zbl. **1924 I**, 795.

[12] W. A. Selle: Proc. Soc. exper. Biol. a. Med. **25**, 219 (1927) — Chem. Zbl. **1929 I**, 919.

[13] Magdei Kobayashi: Z. Biol. **18**, 263—275 — Chem. Zbl. **1924 II**, 1820.

[14] A. J. Ringer, H. Dubin u. F. Hulton Frankel: Proc. Soc. exper. Biol. a. Med. **19**, 92 (1921) — Chem. Zbl. **1922 III**, 577.

[15] Rella Beck: Magy. orv. Arch. **27**, 594 (1926) — Chem. Zbl. **1927 II**, 453.

[16] H. Molitor u. E. P. Pick: Arch. f. exper. Path. **101**, 169 (1924) — Chem. Zbl. **1924 I**, 2891.

[17] J. Kapfhammer u. C. Bischoff: Hoppe-Seylers Z. **172**, 251 (1927) — Chem. Zbl. **1927 I**, 1547.

[18] Isidor Greenwald: J. of biol. Chem. **25**, 31—86 (1916) — Chem. Zbl. **1922 II**, 589.

[19] Hans Pingel: Beitr. Physiol. **2**, 13 (1922) — Chem. Zbl. **1922 III**, 394.

[20] W. v. Moraczewski: Biochem. Z. **141**, 471 (1923) — Chem. Zbl. **1924 I**, 354.

[21] Hans Edwin Büttner: Z. exper. Med. **57**, 721 (1927) — Chem. Zbl. **1928 I**, 1058.

[22] T. E. Friedmann u. J. Koechig: Proc. Soc. exper. Biol. a. Med. **23**, 369—370 (1926) — Ber. Physiol. **36**, 480 (1927) — Chem. Zbl. **1927 I**, 312.

[23] J. A. Collazo u. S. N. Gohṣe: Biochem. Z. **139**, 285 (1923) — Chem. Zbl. **1923 III**, 1238.

und Fettsäuren[1]. — Die Art der als Energiespender für Muskelarbeit oxydierbaren Nahrungsmittel beim Phlorrhizintier[2]. — Es gelang nicht, unter Phlorrhizinwirkung am Gefäßsympathicus Tonus bzw. Erregbarkeitsveränderungen nachzuweisen[3]. — Der nach Eingabe von Phlorrhizin im Harn auftretende Zucker zeigte niemals die der γ-Glykose zugeschriebenen Eigenschaften, sondern diejenigen der gewöhnlichen Glykose, wie sie auch im Diabetikerharn vorhanden ist[4]. — Wirkung des Phlorrhizins bei Diabetes[5]. Versuche mit Phlorrhizin an hungernden Tieren[6]. — Untersuchungen über Phlorrhizinglykosurie[7]. — Einwirkung von Phlorrhizin auf die Nierenfunktionen[8]. Einwirkung von Phlorrhizin auf die verschiedenen Leberfunktionen[9]. — Epstein und Maechling[10] nehmen bei Phlorrhizin zwei Wirkungen an:

[1] Fusakichi Nakazawa: Tohoku J. exper. Med. 3, 288 (1922) — Chem. Zbl. 1923 III, 959.

[2] David Rapport u. Elaine P. Rall: Amer. J. Physiol. 85, 21 (1928) — Chem. Zbl. 1928 II, 781.

[3] Stefan Hetényi u. Josef Patai: Z. exper. Med. 54, 816 (1927) — Chem. Zbl. 1927 II, 117.

[4] Kenneth Tallermann: Biochemic. J. 18, 583 (1924) — Chem. Zbl. 1924 II, 1359.

[5] Max Rosenberg: Klin. Wschr. 2, 342 (1923) — Chem. Zbl. 1923 I, 1241. — Lasar Dünner u. Max Mecklenburg: Z. exper. Med. 58, 525 (1927) — Chem. Zbl. 1928 I, 1054.

[6] P. Junkersdorf: Pflügers Arch. 200, 443 (1923) — Chem. Zbl. 1924 I, 1219. — Theodor Brugsch, S. v. Exten u. Hans Horsters: Biochem. Z. 150, 49—59 (1925) — Chem. Zbl. 1925 II, 936. — Frank L. Alban, B. R. Dickson u. J. Markowitz: Amer. J. Physiol. 70, 333—343 (1924) — Chem. Zbl. 1925 II, 1063. — P. Junkersdorf u. Werner Bickenbach: Pflügers Arch. 208, 638—660 (1925) — Chem. Zbl. 1925 II, 1293. — P. Junkersdorf u. Richard Kühn: Pflügers Arch. 208, 617—637 (1925) — Chem. Zbl. 1925 II, 1293. — H. J. Deuel u. W. H. Chambers: J. of biol. Chem. 65, 7 (1925) — Chem. Zbl. 1926 I, 154. — M. Wierzuchowski: Proc. Soc. exper. Biol. a. Med. 22, 425 (1925) — Chem. Zbl. 1926 I, 3249. — Jean la Barre: Arch. f. exper. Path. 113, 368 (1926) — Chem. Zbl. 1926 II, 1971.

[7] Howard T. Karsner, Herbert L. Koeckert u. Spencer A. Wahl: J. of exper. Med. 34, 349—363 (1921) — Chem. Zbl. 1922 I, 303. — Waclaw Moraczewski u. Egon Lindner: Biochem. Z. 125, 49—68 (1921) — Chem. Zbl. 1922 I, 986. — R. G. Pearce: Amer. J. Physiol. 40, 418—425 (1916) — Chem. Zbl. 1922 III, 305. — Richard Puff: Beitr. Physiol. 2, 7—10 (1922) — Ber. Physiol. 12, 480 (1922) — Chem. Zbl. 1922 III, 394 — L. R. Grote: Verh. dtsch. Ges. inn. Med. 1921, 291—296 — Chem. Zbl. 1922 IV, 220. — P. Junkersdorf u. P. Török: Pflügers Arch. 204, 127; 206, 443 — Chem. Zbl. 1924 I, 1219. — L. Dünner: Dtsch. med. Wschr. 50, 367 — Chem. Zbl. 1924 II, 1363. — Cl. Veltmann: Beitr. Physiol. 2, 295—300 (1924) — Chem. Zbl. 1925 I, 861. — P. Junkersdorf: Pflügers Arch. 207, 433—463 (1925) — Chem. Zbl. 1925 I, 2634. — Lasar Dünner u. Max Mecklenburg: Z. exper. Med. 45, 518—525 (1925) — Chem. Zbl. 1925 II, 665. — Anton Fischer u. Heinrich Weiß: Biochem. Z. 159, 141—145 (1925) — Chem. Zbl. 1925 II, 945. — S. Hirayama: J. Biophysics 1, 69 (1925) — Chem. Zbl. 1926 II, 449. — Paul Saxl u. Ferd. Donath: Verh. dtsch. Ges. inn. Med. 1925, 301 — Chem. Zbl. 1926 II, 913. — H. Shioya: Kokhaide Igaku Zasshi 3, 49 (1925) — Chem. Zbl. 1926 II, 1967. — Adolf Hartwich: Arch. f. exper. Path. 115, 328 (1926) — Chem. Zbl. 1926 II, 2086. — Th. Koppányi, A. C. Ivy, A. L. Tatum u. F. T. Jung: XII. intern. Physiologen-Kongreß in Stockholm 1926, 91 — Chem. Zbl. 1927 I, 2663. — D. Adlersberg u. E. Röth: Arch. f. exper. Path. 121, 131 (1927) — Chem. Zbl. 1927 I, 3017. — Noah Morris u. Stanley Graham: Lancet 212, 1020 (1927) — Chem. Zbl. 1927 II, 450. — A. B. Anderson u. M. D. Anderson: J. of Physiol. 64, 350 — Chem. Zbl. 1928 I, 2957. — A. Robert Peskin: Biochem. Z. 202, 5 (1928) — Chem. Zbl. 1929 I, 1365. — J. Snapper, A. Grünbaum u. Ch. Mendes de Leon: Biochem. Z. 201, 473 (1928) — Chem. Zbl. 1929 I, 1581. — G. Viale, L. Napoleoni u. D. Rosselli: C. r. Soc. Biol. Paris 99, 2005 (1929) — Chem. Zbl. 1929 I, 1708. — Torao Kanamori: Biochem. Z. 170, 410 (1926) — Chem. Zbl. 1926 I, 3556.

[8] Paul Schenk: Z. exper. Med. 25, 62—65 (1921) — Chem. Zbl. 1922 I, 297. — Thomas P. Nash jr.: J. of biol. Chem. 51, 171 (1922) — Chem. Zbl. 1922 I, 1386. — Stefan Hetényi: Biochem. Z. 129, 183 (1922) — Chem. Zbl. 1922 III, 398. — H. J. Hamburger: Biochem. Z. 128, 207 (1922) — Chem. Zbl. 1922 III, 535. — Richard Wagner: Z. exper. Med. 28, 378 (1922) — Chem. Zbl. 1922 III, 846. — H. L. White: Amer. J. Physiol. 65, 537 (1923) — Chem. Zbl. 1923 III, 1183. — E. B. Mayrs: J. of Physiol. 57, 461 (1923) — Chem. Zbl. 1923 III, 1182. — Werner Teschendorf: Klin. Wschr. 3, 1811—1813 — Chem. Zbl. 1924 II, 2276. — Takeyoshi Nagayama u. Toshiteru Yokota: J. of Biochem. 3, 83—90 (1923) — Chem. Zbl. 1925 I, 706. — T. Hermann u. A. Sachs: Wien. klin. Wschr. 39, 1414—1418 (1926) — Chem. Zbl. 1927 I, 762. — Walter Kempner: Arch. f. exper. Path. 122, 1 (1927) — Chem. Zbl. 1927 II, 450.

[9] Gustav Embden, Ernst Schmitz u. Maria Wittenberg: Hoppe-Seylers Z. 88, 210 bis 245 (1913) — Chem. Zbl. 1914 I, 559.

[10] Albert A. Epstein u. Eugenie Hirschberg-Maechling: Proc. Soc. exper. Biol. a. Med. 20, 541 (1923) — Chem. Zbl. 1924 I, 1805. — Geuko Gira: Mitt. med. Fak. Tokyo 30, 51, 65, 75 (1922) — Chem. Zbl. 1924 I, 1950. — Erich Schilling u. Käthe Gröbel: Dtsch. med. Wschr. 50, 460 (1924) — Chem. Zbl. 1924 II, 221. — K. Sato: Tohoku J. exper. Med. 4, 312, 347 (1923) — Ref.: Ber. Physiol. 24, 343 (1924) — Chem. Zbl. 1924 II, 705. — C. Alexandrescu-Dersca, V. Cio-

Glykosurie und Förderung der Bildung von Glykogen in der Leber. — Untersuchungen über die Wirkung des Insulins und Phlorrhizins[1]. — Wirkung von Phlorrhizin im Falle von Gravidität[2]. Die Phlorrhizinreaktion, die darauf beruht, daß Schwangere schon auf kleine Mengen mit Zuckerausscheidung reagieren, gibt zur Diagnose der Frühgravidität eine Sicherheit von 75,7%[3].

Physikalische und chemische Eigenschaften: 6mal aus Wasser umkrystallisiert: farblose Nadeln mit 2 Molekülen Wasser, Schmelzp. 110,5°; $[\alpha]_D^{60} =$ in 1n-HCl $-50,02°$; $[\alpha]_D^{20} =$ in Alkohol $-52,40°$, in Aceton $-51,23°$. Löslichkeit (60°) 1,578 g auf 100 g Wasser, (70°) 4,567 g auf 100 g Wasser. — Die Hydrolyse durch 1n-HCl zeigt die Werte: für unimolekulare Konstante k (60°) $9,45 \cdot 10^{-5}$ und für kritisches Inkrement 23100[4]. Gibt bei der Destillation in saurer, neutraler oder alkalischer Lösung, besonders nach der Hydrolyse, Formaldehyd ab[5].

Derivate: Phlorrhizinacetat[6]. Aus Phlorrhizin mit Natriumacetat und Essigsäureanhydrid 1 Stunde bei 100° oder mit Essigsäureanhydrid und Pyridin bei Zimmertemperatur. — Aus Essigsäure mit Wasser, amorphes farbloses Pulver, $[\alpha]_D = -41,33°$ in Chloroform; $[\alpha]_D = -35,86°$ in Alkohol. Die Verseifung des Acetats nach Zemplén gelingt nicht. Dagegen führt die Verseifung mit alkoholischer Natronlauge zum Ziele. — Durch Spaltung der Chloroformlösung mit Bromwasserstoff in Eisessig in 3 Stunden bei Zimmertemperatur wird Acetobromglykose und Triacetylphloretin vom Schmelzp. 188—189° gewonnen.

Tetrabenzylphlorrhizin[7] (?), (soll wahrscheinlich Tetrabenzoylphlorrhizin heißen). Schmelzp. 94,5—96°, löslich in heißem Alkohol, Aceton, Pyridin, wenig löslich in Äther, unlöslich in Ligroin, Wasser und Alkali.

Tetra-p-nitrobenzoylphlorrhizin[7]. Amorph, grünlichgelb, Schmelzp. 122°, leichtlöslich in Pyridin, wenig löslich in siedendem Alkohol.

Pentapalmitylphlorrhizin[7]. Amorph, gelb, Schmelzp. 51,5°, leicht löslich in Chloroform, Äther, Alkohol.

Natriumphlorrhizintrisazobenzol[7] Schwärzung bei 190°, Zersetzung bei 405°, löslich in Alkohol, in Alkalien mit roter Farbe.

Dibromphlorrhizin[8] $C_{21}H_{22}O_{10}Br_2$. Durch vorsichtiges Eintragen der berechneten Menge Brom in mit Kältemischung gekühlte methylalkoholische Lösung von Phlorrhizin, bei Zusatz von Wasser, Nadeln aus Wasser. Sintert bei 130°, Schmelzp. 180° unter Zersetzung. Leicht löslich in Methylalkohol, Alkohol, Essigäther, Amylalkohol und Pyridin, wenig löslich in heißem Wasser, in Äther und Chloroform. Ist in physikalisch-chemischen und in physiologischen Eigenschaften dem Phlorrhizin sehr ähnlich. 50 g reinstes Phlorrhizin werden in 250 ccm abs. Methylalkohol bei -5 bis $-10°$ mit 34 g Brom tropfenweise versetzt und, nachdem die Lösung

calteau u. L. Adlersberg: Bull. Soc. méd. Hôp. Bucarest **6**, 147—152 (1924) — Ber. Physiol. **29**, 619—620 (1925) — Chem. Zbl. **1925 II**, 53. — Alfred Gottschalk: Arch. f. exper. Path. **106**, 209 bis 213 (1925) — Chem. Zbl. **1925 II**, 941. — Florence B. Seibert u. Frederic F. Jung: J. metabol. Res. **4**, 607—611 (1923) — Chem. Zbl. **1925 II**, 1064. — Carl Schwarz u. Helmut Sassler: Biochem. Z. **198**, 250 (1928) — Chem. Zbl. **1929 I**, 254.

[1] Sordelli, O. M. Pico u. P. Mazzocco: C. r. Soc. Biol. Paris **90**, 251 (1924) — Chem. Zbl. **1924 I**, 2385. — Michael Ringer: J. of biol. Chem. **58**, 483 (1923) — Chem. Zbl. **1924 I**, 1959. — Thomas P. Nash jr.: J. of biol. Chem. **58**, 453 (1923) — Chem. Zbl. **1924 I**, 1959. — A. R. Colwell: J. of biol. Chem. **61**, 289—301 (1924) — Chem. Zbl. **1925 I**, 116. — A. B. Anderson: Austral. J. exper. Biol. a. med. Sci. **1**, 1—3 (1924) — Ber. Physiol. **28**, 78 (1924) — Chem. Zbl. **1925 I**, 864. — S. U. Page: Proc. Trans. roy. Soc. Canada (3) **18**, Sekt. V, 135—140 (1924) — Chem. Zbl. **1925 I**, 1506 — J. of biol. Chem. **58**, 453 — Chem. Zbl. **1924 I**, 1959 — J. of biol. Chem. **58**, 483 (1924) — Chem. Zbl. **1924 I**, 1959. — Gerty T. Cori: Amer. J. Physiol. **71**, 708—713 (1925) — Chem. Zbl. **1925 II**, 198. — V. Bolcato: Boll. Soc. Biol. sper. **1**, 372 (1926) — Chem. Zbl. **1927 II**, 949. — K. Aoki: Fol. endocrin. jap. **3**, 11 (1927) — Chem. Zbl. **1929 II**, 588.

[2] Erich Schilling u. Mechthild Göbel: Klin. Wschr. **1**, 889 (1922) — Chem. Zbl. **1922 IV**, 353. — Karl Hellmuth: Klin. Wschr. **1**, 1152 (1922) — Chem. Zbl. **1922 IV**, 480 — Dtsch. med. Wschr. **49**, 117 (1923) — Chem. Zbl. **1923 II**, 667.

[3] O. Gragert: Z. Geburtsh. **93**, 75 (1930) — Chem. Zbl. **1930 II**, 1740.

[4] E. A. Mollwyn-Hughes, S. N. H. Stothardt u. A. J. Kierau: Trans. Faraday Soc. **24**, 309 — Chem. Zbl. **1928 II**, 1076.

[5] G. Klein: Biochem. Z. **169**, 132 (1926) — Chem. Zbl. **1926 I**, 3221.

[6] Géza Zemplén, Zoltán Csürös, Árpád Gerecs u. Stefan Aczél: Ber. dtsch. chem. Ges. **61**, 2486 (1928) — Chem. Zbl. **1929 I**, 640.

[7] Albert A. Epstein u. Eugenie Hirschberg-Maschling: Proc. Soc. exper. Biol. a. Med. **20**, 541 (1923) — Chem. Zbl. **1924 I**, 1806.

[8] Tomihide Shimizu: Beitr. Physiol. **2**, 235 (1924) — Chem. Zbl. **1924 II**, 1104.

durch Brom gefärbt erscheint, mit dem 4fachen Volum eiskalten Wassers versetzt. Aus Methylalkohol, mit Wasser gefällt, krystallinisiert Dibromphlorrhizin in Nadeln vom Schmelzp. 160° nach vorheriger Sinterung bei 130°. — Leicht löslich in Methylalkohol und Alkohol, Aceton, Pyridin und Amylalkohol, wenig löslich in Wasser, Äther, Chloroform und Benzol; $[\alpha]_D = -35{,}8°$. — Die weitere Bromierung führt zu Hexabromphloretin, wobei die Glykosegruppe abgespalten wird. — Die Spaltung mit Barytwasser ergibt Bromphloretinsäure und Bromphlorin[1]:

$$HO \diagup \diagdown -O-C_6H_{11}O_5 \qquad CH_2-CH_2-COOH$$

Bromphlorin $\qquad$ Bromphloretinsäure

Trimethylphlorrhizinhydrat[2] $C_{21}H_{21}O_7(O \cdot CH_3)_3$. Aus Phlorrhizin, Methyljodid und Kaliumcarbonat in Aceton. Prismen aus Wasser, Schmelzp. 63—65° nach Erweichen bei 60°. Leicht löslich in Alkohol. Bei der Spaltung mit wässeriger methylalkoholischer Schwefelsäure entsteht Glykose und 6-Oxy-2, 4, 4′-trimethoxy-β-phenyl-propiophenon.

4, 2′, 4′-Trimethylphlorrhizin[3] $C_{24}H_{30}O_{10}$. Bei der Methylierung von Phlorrhizin mit Diazomethan oder Dimethylsulfat. $[\alpha]_D^{24} = -58{,}69°$. — Bei der Hydrolyse mit verdünnter Schwefelsäure entsteht 4, 2′, 4′-Trimethylphloretin und Glykose.

Salicin (Bd. II, S. 613; Bd. VIII, S. 333; Bd. X, S. 848).

Physiologische Eigenschaften: Einwirkung von Bakterien der Coligruppe[4]. — Es wurde die Gärung von Salicin bei Einwirkung von Clostridium thermocellum untersucht und die Gärungsprodukte quantitativ bestimmt. Das Salicin zeigt dabei eine große Ähnlichkeit mit den einfachen Zuckern[5]. Bacillus mycoides Flügge Nr. 3, B. olfactorius und robur bilden aus Salicin Säure; Bac. mycoides var. ovoäthylicus, B. filamentosus und rugosus bilden auch Gas[6]. Wird durch Milzbrandbacillen ohne Gasentwicklung vergoren[7]. Versuche an einem Colistamm zeigen, daß ein Nichtvergärer von Salicin durch vielfache spezifische Passagen zu einem starken Salicinvergärer gemacht werden kann, aber nur, wenn keine anderen Zuckerarten daneben vorhanden sind[8]. Zeigt mit verschiedenen Bacillen der Salmonellagruppe Säureentwicklung[9]. Die optimale Temperatur für die Tätigkeit der Salicinase ist keine Konstante, sondern abhängig von der Länge der Zeit, während der das Ferment wirksam ist. Sie ist um so höher, je kürzer die Einwirkungsdauer ist[10]. Wird von der Linamarase aus Dimorphotheca Ecklonis in sehr geringem Maß gespalten[11]. — Die Einwirkung von β-Glykosidase auf Salicin[12]. Salicin hemmt die Wirkung des Hefeinvertins auf Rohrzucker. Die Aktivitäts-p_s-Kurve erleidet durch einen konstanten Salicinzusatz keine Parallelverschiebung, es entsteht also keine Salicin-Invertin-Verbindung[13]. Die Aktivitäts-p_H-Kurve der Salicinspaltung mit Emulsin Merck ist angenähert eine Dissoziationskurve mit dem Parameter $1{,}8 \cdot 10^{-7}$ bei $p_H = 6{,}8$[14]. — Wurde durch Takadiastase in 168 Stunden zu 93,75 % gespalten[15]. Über

[1] Keizo Misaki: J. of Biochem. **5**, 1, 9 (1925) — Chem. Zbl. **1925 II**, 1528.

[2] Francis Raban Johnson u. Alexander Robertson: J. chem. Soc. Lond. **1930**, 21 — Chem. Zbl. **1930 I**, 2102.

[3] Fritz Wessely u. Karl Sturm: Mh. Chem. **53/54**, 554 (1929) — Chem. Zbl. **1929 II**, 3021.

[4] A. Weintraub: Zbl. Bakter. I **91**, 273 (1924) — Chem. Zbl. **1924 I**, 2922.

[5] W. H. Peterson, E. B. Fred u. E. A. Marten: J. of biol. Chem. **70**, 309—317 (1926) — Chem. Zbl. **1927 I**, 470.

[6] J. Perlberger: Zbl. Bakter. II **62**, 1 — Chem. Zbl. **1924 II**, 1217.

[7] Martin Kristensen: Zbl. Bakter. I **101**, 220—224 (1927) — Chem. Zbl. **1927 I**, 1330.

[8] Emmy Klieneberger: Zbl. Bakter. I **101**, 461 (1927) — Chem. Zbl. **1927 I**, 1966.

[9] Frank Wokes u. Joseph H. Irwin: Pharm. J. **118**, 747—751 — Chem. Zbl. **1927 II**, 1481.

[10] Gabriel Bertrand u. Arthur Compton: Ann. Inst. Pasteur **35**, 702—712 (1921) — Chem. Zbl. **1922 I**, 1044.

[11] L. Rosenthaler: Fermentforschg **6**, 197 (1922) — Chem. Zbl. **1923 I**, 257.

[12] R. Willstätter, R. Kuhn u. H. Sobotka: Hoppe-Seylers Z. **129**, 33 (1923) — Chem. Zbl. **1923 III**, 1172. — R. Kuhn: Hoppe-Seylers Z. **127**, 234 (1923) — Chem. Zbl. **1923 III**, 315. — R. Willstätter u. R. Kuhn: Ber. dtsch. chem. Ges. **56**, 509 (1923) — Chem. Zbl. **1923 I**, 1330.

[13] Richard Kuhn: Hoppe-Seylers Z. **135**, 1 (1924) — Chem. Zbl. **1924 II**, 344.

[14] Richard Kuhn u. Harry Sobotka: Z. physik. Chem. **109**, 65 (1924) — Chem. Zbl. **1924 II**, 991.

[15] J. Hatano: Biochem. Z. **151**, 501—503 — Chem. Zbl. **1924 II**, 2852.

die Wirkungsweise des Emulsins auf Salicin[1]. — Untersuchungen über die Hemmung der Saccharase und Raffinasewirkung durch Salicin[2]. — Es wurde die Permeabilität der Epidermiszellen der Blattunterseite von Rhoeo discolor für Salicin untersucht[3]. Austreiben von Salix viminalis-Schößlingen unter dem Einfluß von Salicin[4]. — Salicin ist gegen Insulinvergiftungen ganz wenig wirksam[5].

Physikalische und chemische Eigenschaften: $[\alpha]_D^{20} = -45{,}60°$ in abs. Alkohol bei $c = $ etwa $0{,}6$[6]. — $[\alpha]_D^{25} = $ in Wasser $-62{,}25°$, in 1n-HCl $-62{,}81°$. Schmelzp. (korr.) $200-201°$; Löslichkeit ($25°$) 4,49 g auf 100 ccm 1n-HCl. Während der Hydrolyse trübt sich die Lösung, wahrscheinlich infolge Bildung einer Emulsion von Saliretin. k ($60°$) = unimolekulare Konstante $= 1{,}63 \cdot 10^{-5}$ und $E = $ kritisches Inkrement $= 31\,900$[7]. Säuredissoziationskonstante[8] K_a bei $18{,}0° = 7{,}6 \cdot 10^{-14}$. — Die Reaktionskonstante $K = 1/t \cdot \log_{10} a/(a - x)$ der Säurehydrolyse mit $^1/_2$n-Salzsäure bei $77 \pm 1°$ ist für Salicin $111{,}10^{-5}$[11]. — Spaltet bei der Destillation in saurer, neutraler oder alkalischer Lösung, besonders nach der Hydrolyse, Formaldehyd ab[9].

Derivate: Tetraacetylsalicin[10]. Entsteht aus Tetraacetylsalicinbromid mit Silbercarbonat. Nadeln, Schmelzp. $126°$, $[\alpha]_D^{25} = -15{,}9$. Leicht löslich in Äther, löslich in Alkohol, Aceton, Essigäther und Chloroform, unlöslich in Petroläther. Läßt sich leicht zu Pentaacetylsalicin acetylieren, woraus durch Einwirkung von Natrium Salicin bereitet werden konnte.

Pentaacetylsalicin[10] $C_{23}H_{28}O_{12}$. Entsteht bei der Acetylierung von Salicin mit Essigsäureanhydrid in Gegenwart von Pyridin oder Natriumacetat. — Schmelzp. $130°$; $[\alpha]_D^{23{,}5} = -18{,}5°$ in Chloroform. — Wurde früher irrtümlich als Tetraacetylsalicin angesehen. Schmelzpunkt $131-132°$; $[\alpha]_D^{20} = -18{,}34°$ in Chloroform bei $c = 8$. Wird erst durch 5stündiges Kochen mit $^1/_4$n-Schwefelsäure vollständig verseift[6].

Pentaacetylchlorsalicin[6] $C_{23}H_{27}O_{12}Cl$. Schmelzp. $157°$; $[\alpha]_D^{20} = -22{,}31°$ in Chloroform bei $c = 8$.

Pentaacetylbromsalicin[6]. Schmelzp. $146°$; $[\alpha]_D^{20} = -21{,}96°$.

Pentaacetyljodsalicin[6]. Schmelzp. $122°$; $[\alpha]_D^{20} = -21{,}65°$.

Tetraacetylsalicinchlorid[11] $C_{21}H_{25}O_{10}Cl$. Analog konstituiert wie Tetraacetylsalicinbromid. Entsteht bei der Einwirkung von Phosphorpentachlorid auf Pentaacetylsalicin. Blättchen aus Benzol + Petroläther; Schmelzp. $159°$, sehr leicht löslich in Chloroform und heißem Benzol, schwer löslich in Äther, schwerer in Petroläther, fast unlöslich in Wasser. — $[\alpha]_D^{22} = +16{,}5°$ in Chloroform. Aus Pentaacetylsalicin mit Titantetrachlorid[12]. Nadeln, Schmelzpunkt $160°$; $[\alpha]_D^{23{,}5} = +11{,}5°$. Die Tetraacetylsalicinhalogenide zeigen eigentümlicherweise eine optische Rechtsdrehung, obwohl sie ohne Zweifel β-Glykoside sind[10].

Tetraacetylsalicinbromid[10]. Durch Behandeln von Tetraacetyl-β-o-Kresylglykosid mit Brom in Chloroform in der Sonne. — $[\alpha]_D^{24{,}5} = +42{,}7°$ in Chloroform. Bei der Behandlung mit Zink und Essigsäure entsteht Tetraacetyl-β-o-Kresylglykosid.

Tetraacetylsalicinjodid[10]. Schmelzp. $158°$; $[\alpha]_D^{24} = +62{,}7°$ in Chloroform.

Tetraacetylsalicinmethyläther[11] $C_{22}H_{28}O_{11}$. Das Methyl sitzt in der Seitenkette des Saligeninrestes. — Aus Tetraacetylsalicinbromid in Methylalkohol und Silberoxyd. Blättchen aus Alkohol, Schmelzp. $142°$, sehr leicht löslich in Chloroform, heißem Benzol, Alkohol und Methylalkohol, schwer löslich in Petroläther und Wasser, $[\alpha]_D^{19} = -21{,}36°$ in Chloroform.

[1] Karl Josephson: Hoppe-Seylers Z. **147**, 1 (1925) — Chem. Zbl. **1926 I**, 688.

[2] Karl Josephson: Hoppe-Seylers Z. **149**, 71 (1925) — Chem. Zbl. **1925 II**, 304; **1926 I**, 1212.

[3] Runar Collander u. Hugo Bärlund: Commentationes Bilogicae **2**, Nr 9 (1926) — Chem. Zbl. **1927 I**, 1325.

[4] Phyllis A. Hicks: Bot. Gaz. **86**, 193 (1928) — Chem. Zbl. **1929 I**, 762.

[5] Percy Theodore Herring, James Colquhoun Irvine u. John J. Rickard Macleod: Biochemic. J. **18**, 1023—1042 (1925) — Chem. Zbl. **1925 I**, 2388.

[6] D. H. Brauns: J. amer. chem. Soc. **47**, 1280 (1925) — Chem. Zbl. **1925 II**, 1669.

[7] E. A. Moelwyn-Hughes, S. N. H. Stothardt u. A. J. Kieran: Trans. Faraday Soc. **24**, 309 — Chem. Zbl. **1928 II**, 1076.

[8] Richard Kuhn u. Harry Sobotka: Z. physik. Chem. **109**, 65 (1924) — Chem. Zbl. **1924 II**, 991.

[9] G. Klein: Biochem. Z. **169**, 132 (1926) — Chem. Zbl. **1926 I**, 3221.

[10] Alfons Kunz: J. amer. chem. Soc. **48**, 262 (1926) — Chem. Zbl. **1926 I**, 2590.

[11] Géza Zemplén u. Géza Braun: Ber. dtsch. chem. Ges. **58**, 1405 (1925) — Chem. Zbl. **1925 II**, 1027.

[12] Eugen Pacsu: Ber. dtsch. chem. Ges. **61**, 1508 (1928) — Chem. Zbl. **1928 II**, 872.

Tetraacetylsalicinallyläther[1] $C_{24}H_{30}O_{11}$. Aus Tetraacetylsalicinbromid und Allylalkohol in Gegenwart von Silberoxyd. Nadeln aus Alkohol, Schmelzp. 139,5°, sehr leicht löslich in Chloroform und Benzol, leicht löslich in heißem Alkohol und Methylalkohol, schwer löslich in Äther, noch schwerer in Petroläther, fast unlöslich in Wasser; spez. Gewicht 1,4702; $[\alpha]_D^{22} = -21,36°$ in Chloroform.

Tetraacetylsalicinglycerinäther[1] $C_{24}H_{32}O_{13}$. Aus Tetraacetylsalicinallyläther mit Benzopersäure und Zerlegung des intermediär gebildeten Oxyds mit Wasser. — Nadeln, Schmelzpunkt 146°. Löslichkeit wie beim Allyläther. $[\alpha]_D^{19} = -24,3°$ in Chloroform.

Tetraacetylsalicinallylätherdibromid[1] $C_{24}H_{30}O_{11}Br_2$. Aus Tetraacetylsalicinallyläther mit Brom. Nadeln, Schmelzp. 124°. Löslichkeitsverhältnisse wie beim Tetraacetylsalicinallyläther. $[\alpha]_D^{21} = -16,07°$ in Chloroform.

Hexaacetylsalicinglycerinäther[1] $C_{28}H_{38}O_{17}$. Die Darstellung aus dem Dibromid mit Silberacetat führt nicht zu reinem Produkt.

Tetraacetylsalicinbenzyläther[1] $C_{28}H_{31}O_{11}$. Aus Tetraacetylsalicinbromid, Benzylalkohol und Silberoxyd. Blättchen aus Alkohol, dann aus Petroläther, Schmelzp. 94,5—95°; sehr leicht löslich in Chloroform und Benzol, leicht löslich in heißem Alkohol und Methylalkohol, wenig löslich in Äther, schwer löslich in Petroläther, fast unlöslich in Wasser. $[\alpha]_D^{20} = -26,7°$ in Chloroform.

Tetraacetylsalicinphenyläther[1] $C_{27}H_{30}O_{11}$. Gelbliche Nadeln aus Alkohol vom Schmelzpunkt 161°; sehr leicht löslich in Chloroform und Benzol, leicht löslich in heißem Alkohol und Methylalkohol, schwer löslich in Äther, schwerer in Petroläther, unlöslich in Wasser. $[\alpha]_D^{18} = -29,33°$ in Chloroform.

Monochlorsalicin[2] $C_{13}H_{17}O_7Cl \cdot 2 H_2O$. Schmelzp. wasserfrei 164°; $[\alpha]_D^{20} = -52,66°$ in abs. Alkohol bei $c = 0,6$.

Monobromsalicin[2] $C_{13}H_{17}O_7Br \cdot 2 H_2O$. Schmelzp. wasserfrei 171°; $[\alpha]_D^{20} = -49,77°$ in abs. Alkohol bei $c = 0,8$. Gibt bei 100° beide Moleküle Krystallwasser ab wie die Chlor- und Jodverbindung.

Monojodsalicin[2] $C_{13}H_{17}O_7J \cdot 2 H_2O$. Schmelzp. wasserfrei 171°; $[\alpha]_D^{20} = -47,95°$ in abs. Alkohol bei $c = 0,6$.

Populin (Bd. II, S. 619; Bd. VIII, S. 335).

Physiologische Eigenschaften: Populin wird durch Takadiastase, unter Bildung von Saligenin und Benzoylglykose zerlegt. Daneben scheint eine geringe Hydrolyse der Benzoylglykose unter Bildung von Benzoesäure stattzufinden[3].

Helicin (Bd. II, S. 620; Bd. VIII, S. 335; Bd. X, S. 858).

Physiologische Eigenschaften: Die Samen von Rhamnus utilis enthalten ein Ferment, das Helicin spaltet[4]. — Versuche über die Einwirkung von β-Glykosidase auf das Helicin[5]. Reaktionskinetische Untersuchungen über die Wirkungsweise des Emulsins auf Helicin[6]. — Helicin hemmt die Wirkung des Hefeinvertins auf Rohrzucker[7].

Physikalische und chemische Eigenschaften: Die Reaktionskonstante K der Säurehydrolyse mit $^1/_2$ n-Salzsäure bei $77 \pm 1°$ ist für Helicin $125 \cdot 10^{-5}$ [8]. — Es gelang nicht, Helicin mit Picein zu kondensieren[9].

---

[1] Géza Zemplén u. Géza Braun: Ber. dtsch. chem. Ges. **58**, 1405 (1925) — Chem. Zbl. **1925 II**, 1027.

[2] D. H. Brauns: J. amer. chem. Soc. **47**, 1280 (1925) — Chem. Zbl. **1925 II**, 1669.

[3] T. Kitasato: Biochem. Z. **190**, 109 (1927) — Chem. Zbl. **1928 I**, 2411.

[4] C. Charaux: C. r. Acad. Sci. Paris **178**, 1312 (1924) — Chem. Zbl. **1924 II**, 50.

[5] R. Willstätter, R. Kuhn u. H. Sobotka: Hoppe-Seylers Z. **129**, 33 (1923) — Chem. Zbl. **1923 III**, 1172. — R. Kuhn: Hoppe-Seylers Z. **127**, 234 (1923) — Chem. Zbl. **1923 III**, 315. — R. Willstätter u. R. Kuhn: Ber. dtsch. chem. Ges. **56**, 509 (1923) — Chem. Zbl. **1923 I**, 1330.

[6] Karl Josephson: Hoppe-Seylers Z. **147**, 1 (1925) — Chem. Zbl. **1926 I**, 688.

[7] Richard Kuhn: Hoppe-Seylers Z. **135**, 1 (1926) — Chem. Zbl. **1924 II**, 344.

[8] Richard Kuhn u. Harry Sobotka: Z. physik. Chem. **109**, 65 (1924) — Chem. Zbl. **1924 II**, 991.

[9] G. Bargellini u. P. Leone: Atti Accad. naz. Lincei (6) **2**, 35 (1925) — Chem. Zbl. **1925 II**, 1965.

Derivate: **2-Oxybenzalindenglykosid**[1] $C_{22}H_{22}O_6$

$$C\!=\!=\!CH \quad O\!-\!C_6H_{11}O_5$$

Aus Inden, Helicin und Natriumäthylat in Alkohol bei gewöhnlicher Temperatur. Gelbe Nadeln aus Alkohol, Schmelzp. 205—206°. Die Lösung in konz. Schwefelsäure ist grün, nach einigen Stunden rot.

2-Oxybenzalfluorenglykosid[1] $C_{26}H_{24}O_6$

$$C\!=\!=\!=\!CH \quad O\!-\!C_6H_{11}O_5$$

Aus Fluoren und Helicin mit Natriumäthylat. Gelbe Nadeln aus Alkohol, Schmelzp. 198 bis 200°. Die alkoholische Lösung gibt beim Unterschichten mit konz. Schwefelsäure einen rotvioletten Ring. Konz. Schwefelsäure färbt das Glykosid rotbraun und löst rotviolett.

2-Oxybenzal-acenaphthenonglykosid[1] $C_{25}H_{22}O_7$

$$O\!=\!C\!-\!\!-\!C\!=\!=\!=\!=\!CH$$
$$-\!O\!-\!C_6H_{11}O_5$$

Aus Acenaphthenon und Helicin mit Natriumäthylat. Hellgelbe Nadeln aus Alkohol, Schmelzpunkt 246—248°. — Konz. Schwefelsäure löst orangefarbig mit grüner Fluorescenz.

Coniferin (Bd. II, S. 627; Bd. VIII, S. 336; Bd. X, S. 859).

Bildung: Aus Tetraacetylconiferin durch 3stündiges Erhitzen mit 20proz. wässeriger NH_3 in geschlossenem Glase auf 90°[2].

Physikalische und chemische Eigenschaften: Gibt bei der Destillation in saurer, neutraler oder alkalischer Lösung, besonders nach der Hydrolyse, Formaldehyd ab[3].

Derivate: **Tetraacetyl-glyko-coniferylalkohol (Tetraacetyl-coniferin)**[2]. Aus Tetraacetyl-glyko-coniferylaldehyd durch 2tägige Einwirkung einer Gärflüssigkeit (Zucker, Ammoniumphosphat in Wasser und Preßhefe) bei 36°. Nadeln aus 50proz. Holzgeist. Ausbeute 83%, Schmelzp. 132°[2].

Syringin (Bd. II, S. 629).

Bildung: Synthese: Pyrogalloldimethyläther wird mit Chloral zum [3, 5-Dimethylpyrogallyl]-1-[trichlormethyl]-carbinol umgesetzt und dieses nach einem nicht näher beschriebenen Patentverfahren in Syringaaldehyd überführt. Bei Umsetzung des Natriumsalzes des Syringaaldehyds mit Chlordimethyläther resultiert Methoxymethylosyringaaldehyd, dessen Kondensation mit Acetaldehyd den 3, 5-Dimethoxy-4-[methoxymethoxy]-zimtaldehyd liefert. Durch Hydrolyse des letzteren entsteht der 3, 5-Dimethoxy-4-oxyzimtaldehyd, dessen Kaliumsalz mit Acetobromglykose zum 3, 5-Dimethoxy-4-[tetraacetylglykoxy]-zimtaldehyd führt, der durch Hefegärung zu dem nicht weiter isolierten Tetraacetylsyringin reduziert wird, aus dem die Abspaltung der Acetyle Syringin ergibt[4].

---

[1] Remo de Fazi: Atti Accad. naz. Lincei (5) **31 I**, 209 (1922) — Chem. Zbl. **1922 III**, 673 — Gazz. chim. ital. **52 I**, 429 (1922) — Chem. Zbl. **1923 I**, 1028.

[2] H. Pauly u. K. Feuerstein: Ber. dtsch. chem. Ges. **60**, 1031 (1927) — Chem. Zbl. **1927 I**, 3197.

[3] G. Klein: Biochem. Z. **169**, 132 (1926) — Chem. Zbl. **1926 I**, 3221.

[4] Hermann Pauly u. Lothar Straßberger: Ber. dtsch. chem. Ges. **62**, 2277 (1929) — Chem. Zbl. **1929 II**, 2202.

Salinigrin (Bd. II, S. 631; Bd. X, S. 796).

Salinigrin ist identisch mit Picein[1].

Picein; Piceosid (Bd. II, S. 633; Bd. X, S. 798) (siehe Ameliarosid).

Bildung: Aus dem Tetraacetat durch Verseifung.

Physikalische und chemische Eigenschaften: Schmelzp. 195—196°. Adsorbiert bei 4200[2]. Es gelang nicht, Picein mit Helicin zu kondensieren[3].

Derivate: p-Tetraacetylglykosidoxyacetophenon. Aus p-Oxyacetophenon und Acetobromglykose. Schmelzp. 172—173°. Adsorbiert bei 4200[2].

Piceosidphenylhydrazon[4] $C_{20}H_{24}O_8N_2$. Schwach cremefarbiges, mikrokrystallinisches Pulver mit 2% Wasser, welches bei 50° entweicht; bei 100° Braunfärbung. Schmelzp. 185° auf dem Maquennebloc. — $[\alpha]_D = -63,65°$, $[\alpha]_{5769} = -64,29°$, $[\alpha]_{5461} = -82,75°$ in verdünntem Alkohol. Ziemlich löslich in siedendem Wasser, leicht löslich in Alkohol, unlöslich in Äther. Bei der Hydrolyse mit heißer 5proz. Schwefelsäure bildet sich ein schwarzer Niederschlag. Wird durch Emulsin in Glykose und Piceolphenylhydrazin gespalten.

Piceosidoxim[4] $C_{14}H_{19}O_7N$. Spindelförmige Nadeln aus Wasser, Schmelzp. 228° auf dem Maquennebloc; $[\alpha]_D = -77,01°$, $[\alpha]_{5769} = -73,35°$, $[\alpha]_{5461} = -95,42°$ in Wasser. — Löslich in Alkohol und Aceton. Wird durch Emulsin in Glykose und Piceoloxim gespalten.

Piceosidsemicarbazon[4] $C_{15}H_{21}O_7N_5$. Mikroskopisch verzweigte Nadeln mit 3,62% Wasser. Schmelzp. 220° auf dem Maquennebloc; $[\alpha]_D = -77,98°$, $[\alpha]_{5769} = -81,59°$, $[\alpha]_{5461} = -94,86°$ in Wasser für das wasserfreie Produkt. Wenig löslich in Wasser, leicht löslich in Alkohol, Aceton. Emulsin bildet Glykose und Piceolsemicarbazon.

Glykosid des 4'-Oxychalkons[3] $C_{21}H_{22}O_7$

Aus Tetraacetylpicein (Tetraacetylglykosid des p-Oxyacetophenons) mit Benzaldehyd in alkoholischer Lösung + 40proz. Natronlauge in 12 Stunden bei gewöhnlicher Temperatur und Ansäuern mit Salzsäure. Hellgelbe Krystalle aus Alkohol, Schmelzp. 195°. Leicht löslich in Alkohol, wenig löslich in Aceton, unlöslich in Äther.

Glykosid des 4'-Oxy-4-methoxychalkons[3] $C_{22}H_{24}O_8$

Aus Tetraacetylpicein und Anisaldehyd in alkoholischer Lösung mit 40proz. Natronlauge. Hellgelbe Nadeln aus Alkohol, Schmelzp. 183°; wenig löslich in kaltem Alkohol, leicht löslich in heißem Alkohol, unlöslich in Äther und Aceton.

---

[1] M. Bridel u. J. Rabaté: C. r. Acad. Sci. Paris **189**, 1304 (1929) — Chem. Zbl. **1930 I**, 2568.
[2] S. Hattori: Acta photochim. (Tokyo) **4**, 41, 63 — Chem. Zbl. **1928 II**, 1090, 1091.
[3] G. Bargellini u. P. Leone: Ati Accad. naz. Lincei (6) **2**, 35 (1925) — Chem. Zbl. **1925 II**, 1965.
[4] J. Rabaté: Bull. Soc. Chim. biol. Paris **12**, 441 (1930) — Chem. Zbl. **1930 II**, 1704.

Glykosid des 4, 4'-Dioxy-3-methoxychalkons[1] $C_{22}H_{24}O_9$

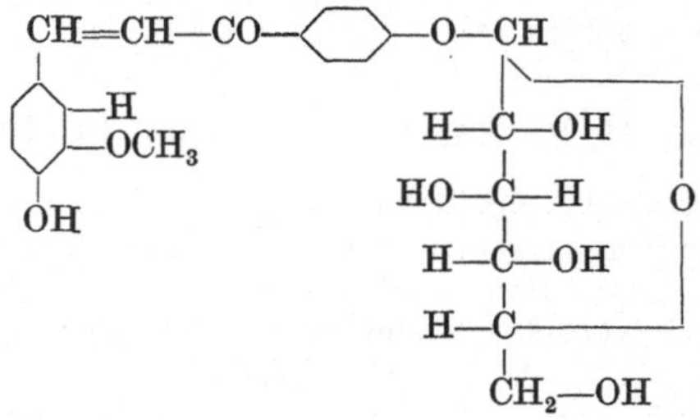

$$CH{=}CH{-}CO{-}\langle\ \rangle{-}O{-}CH$$

$$\begin{array}{l} {-}H \\ {-}OCH_3 \\ OH \end{array} \qquad \begin{array}{l} H{-}C{-}OH \\ HO{-}C{-}H \\ H{-}C{-}OH \\ H{-}C \\ CH_2{-}OH \end{array} \;O$$

Aus Tetraacetylpicein und Vanillin in alkoholischer Lösung mit 40 proz. Natronlauge. Goldgelbe Nadeln aus Alkohol, Schmelzp. 193°. Wenig löslich in kaltem Alkohol, ziemlich löslich in heißem Alkohol, unlöslich in Äther und Aceton.

Glykosid des 4'-Oxy-3, 4-methylendioxychalkons[1] $C_{22}H_{22}O_9 \cdot H_2O$

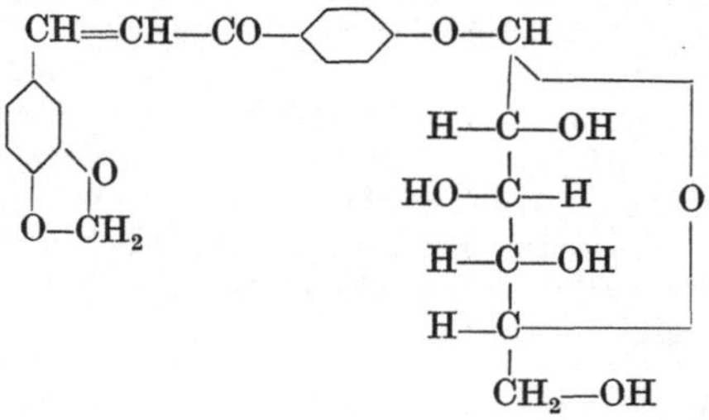

$$CH{=}CH{-}CO{-}\langle\ \rangle{-}O{-}CH$$

$$\begin{array}{l} O \\ O{-}CH_2 \end{array} \qquad \begin{array}{l} H{-}C{-}OH \\ HO{-}C{-}H \\ H{-}C{-}OH \\ H{-}C \\ CH_2{-}OH \end{array} \;O$$

Aus Tetraacetylpicein und Piperonal bei der Kondensation in alkoholischer Lösung mit 40 proz. Natronlauge. Gelbe Krystalle, Schmelzp. 181°. Das Krystallwasser wird bei 100° abgegeben. Wenig löslich in Aceton und kaltem Alkohol, löslich in heißem Alkohol, unlöslich in Äther.

Glykosid des Cinnamyliden-p-oxyacetophenons[1] $C_{23}H_{24}O_7$

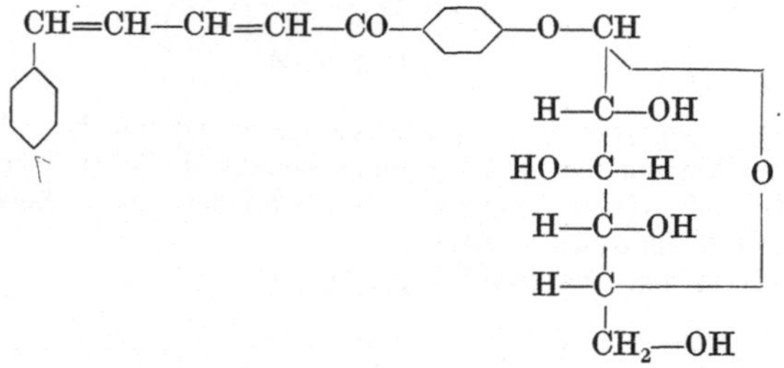

$$CH{=}CH{-}CH{=}CH{-}CO{-}\langle\ \rangle{-}O{-}CH$$

$$\begin{array}{l} H{-}C{-}OH \\ HO{-}C{-}H \\ H{-}C{-}OH \\ H{-}C \\ CH_2{-}OH \end{array} \;O$$

Aus Tetraacetylpicein und Zimtaldehyd in alkoholischer Lösung mit 40 proz. Natronlauge. Krystalle aus Alkohol, Schmelzp. 185°. Unlöslich in Äther, wenig löslich in Aceton, leicht löslich in Alkohol und Essigsäure.

Glykosid des Furfuryliden-p-oxyacetophenons[1] $C_{19}H_{20}O_8 \cdot H_2O$

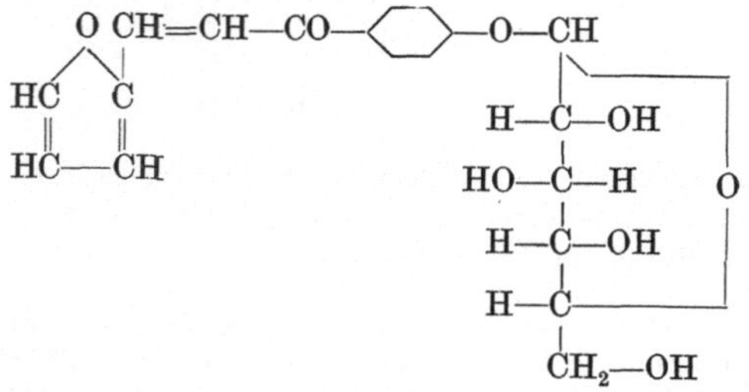

$$O\ CH{=}CH{-}CO{-}\langle\ \rangle{-}O{-}CH$$

$$\begin{array}{l} HC \quad C \\ HC{-}CH \end{array} \qquad \begin{array}{l} H{-}C{-}OH \\ HO{-}C{-}H \\ H{-}C{-}OH \\ H{-}C \\ CH_2{-}OH \end{array} \;O$$

[1] G. Bargellini u. P. Leone: Atti Accad. naz. Lincei (6) **2**, 35 (1925) — Chem. Zbl. **1925 II**, 1965.

Aus Tetraacetylpicein und Furfurol in alkoholischer Lösung mit 40 proz. Natronlauge. Goldgelbe Krystalle aus Alkohol. Das Krystallwasser wird bei 100° abgegeben. Unlöslich in Wasser, Aceton und Äther, leicht löslich in Alkohol.

Gaultherin (Bd. II, S. 634; Bd. VIII, S. 337).

Ein Glykosid von der angeblichen Konstitution des Gaultherins fand sich nicht in Betula lenta[1]. — Dagegen enthält die Rinde der Pflanze Monotropitin[2]. Salicylsäuremethylesterglykosid von Gaultheria procumbens L. ist Monotropitosid[3].

Primveroside.

Vorkommen: Sie scheinen in der Natur sehr verbreitet zu sein, denn sie wurden bereits in 6 zu den Dicotyledonen zählenden Familien aufgefunden: Betulaceae, Primulaceae, Gentianaceae, Rhamnaceae, Monotropeae, Rosaceae[4].

Primverin (Bd. VIII, S. 339; Bd. X, S. 861).

Konstitution:

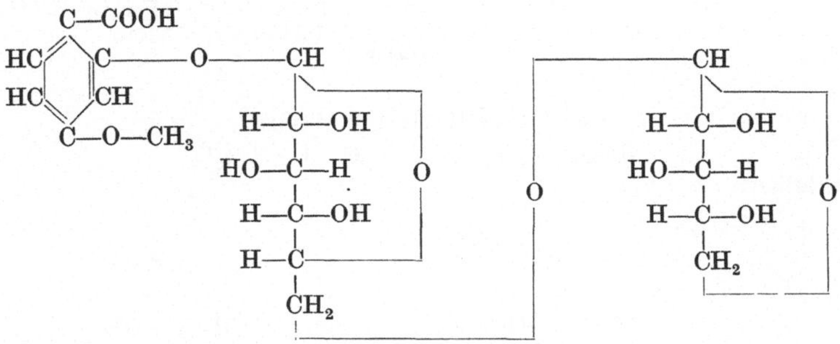

Physiologische Eigenschaften: Die Samen von Rhamnus utilis enthalten ein Ferment, das Primverin spaltet[5].

Monotropitin (Monotropitosid).

Mol-Gewicht: 446,31.

Zusammensetzung: $C_{19}H_{26}O_{12} + H_2O$.

Ist ein Salicylsäuremethylester-primverosid folgender Konstitution:

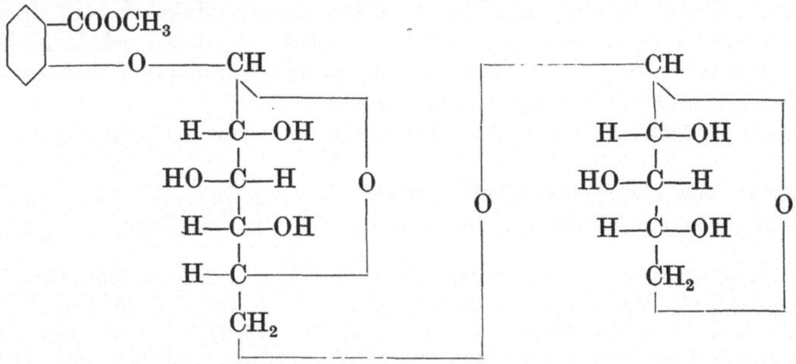

Zusammenhängende Wiedergabe der Untersuchungen Bridels über Monotropitosid[6].

---

[1] Marc Bridel: C. r. Acad. Sci. Paris **178**, 1310 (1924) — Chem. Zbl. **1924 II**, 59.

[2] Marc Bridel: Bull. Soc. Chim. biol. Paris **6**, 659 (1924) — Chem. Zbl. **1924 II**, 2666 — Rev. gén. Sci. pures appl. **39**, 5 — Chem. Zbl. **1928 I**, 1673.

[3] M. Bridel u. S. Grillon: C. r. Acad. Sci. Paris **187**, 609 (1928) — Chem. Zbl. **1928 II**, 2565.

[4] Marc Bridel: C. r. Acad. Sci. Paris **180**, 1421 (1925) — Chem. Zbl. **1925 II**, 408. — Bull. Soc. Chim. biol. Paris **7**, 925 (1925) — Chem. Zbl. **1926 I**, 698.

[5] C. Charaux: C. r. Acad. Sci. Paris **178**, 1312 (1924) — Chem. Zbl. **1924 II**, 50.

[6] M. Bridel: Rev. gén. Sci. pures et appl. **39**, 5 — Chem. Zbl. **1928 I**, 1073.

Vorkommen: Aus dem Extrakt der frischen Rinde von Betula lenta L. konnte 8 g Glykosid aus 4 kg gewonnen werden[1]. — In den frischen Wurzeln der Spiräenarten: Spiraea ulmaria L., S. filipendula L., S. gigantea, var rosea[2]. In der Wurzel von Spiraea ulmaria 0,058 g, in Spiraea gigantea 0,180 g, in Spiraea filipendula 0,297 g Glykosid pro kg frischer Wurzel[3].

Darstellung Aus der frischen Rinde von Betula lenta, erhalten 60 g aus 20 kg Rinde[4].

Physiologische Eigenschaften: Wird von Emulsin zu Salicylsäuremethylester, Xylose und Glykose gespalten[5]. — Mit dem Fermentpulver aus Monotropa hypopitys entsteht Salicylsäuremethylester und Primverose[6].

Physikalische und chemische Eigenschaften: Prismen aus Aceton, dann Wasser, mit 3,84% H_2O. Schmelzp. 179,5° (korr.); $\alpha]_D = -58,22$ in Wasser bei $p = 0,2061$, $v = 10$, $l = 2$ dm); — 58,80° in Aceton; — 59,25° in Alkohol. — 1 g (wasserfrei) löst sich bei 18,2° in 12,361 g Wasser, 150,33 g Alkohol, 581,395 g Essigäther, 649,35 g Aceton, 13,698 g Äther. Gibt mit konz. Schwefelsäure rosenrote Färbung und Geruch nach Salicylsäuremethylester[7]. — Von kalter wässeriger Kalilauge wird Methylalkohol abgespalten. Verseifungszahl 86,7, statt 86,2. — Dagegen tritt die glykosidische Spaltung auch mit siedender verdünnter Kalilauge nicht ein, wohl aber mit Schwefelsäure. — Dabei wurden 75,89 statt 73,99% reduzierenden Zuckers erhalten, und die Säurespaltung wird durch folgende Gleichung wiedergegeben[8].

$$C_{19}H_{26}O_{12} + 2\,H_2O = C_8H_8O_3 + C_6H_{12}O_6 + C_5H_{10}O_5$$

Monotropitosid   Salicylsäure-   Glykose   Xylose
methylester

Salicylsäureprimverosid[9].

$$HOOC \cdot C_6H_4 \cdot O \cdot C_6H_{10}O_4 \cdot O \cdot C_5H_9O_4$$

Konstitution:

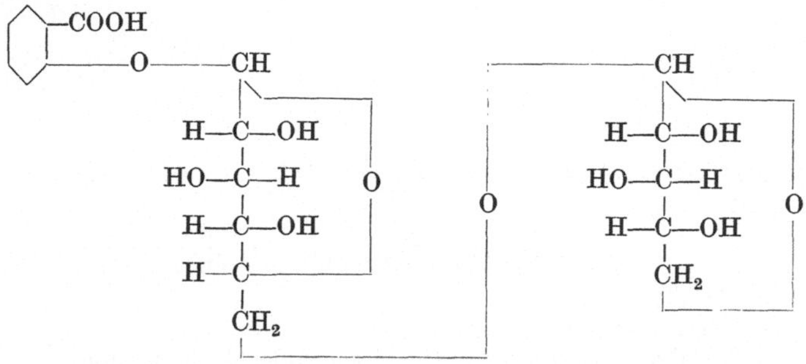

Darstellung: Dieses in der Natur nicht vorkommende Glykosid wird durch Verseifung seines Methylesters, des Monotropitosids, mit kalter wässeriger KOH erhalten. Man gibt dann die berechnete Menge H_2SO_4 zu, verdampft, nimmt mit Alkohol auf und krystallisiert den Rückstand der alkoholischen Lösung aus Aceton um.

Physiologische Eigenschaften: Wird durch Rhamnodiastase in Salicylsäure und Primverose gespalten.

Physikalische und chemische Eigenschaften: Nadeln, $[\alpha]_D = -61,6°$ in Wasser, nicht reduzierend, lackmussauer. Wird von Bleiessig gefällt, gibt mit Orcin und HCl violette Fär-

[1] Marc Bridel: C. r. Acad. Sci. Paris **178**, 1310 (1924) — Chem. Zbl. **1924 II**, 59.

[2] Marc Bridel: J. Pharmacie (7) **30**, 400 (1924) — Chem. Zbl. **1924 II**, 2666.

[3] Marc Bridel: Bull. Soc. Chim. biol. Paris **6**, 679 (1924) — Chem. Zbl. **1924 II**, 2666.

[4] Marc Bridel: Bull. Soc. Chim. biol. Paris **5**, 918 (1923) — Chem. Zbl. **1924 II**, 1354. — M. Bridel u. P. Picard: J. Pharmacie (8) **3**, 49 (1925) — Chem. Zbl. **1925 II**, 2062; **1926 II**, 2318.

[5] Marc Bridel: Bull. Soc. Chim. biol. Paris **8**, 67 (1926) — Chem. Zbl. **1926 I**, 2708.

[6] Marc Bridel: C. r. Acad. Sci. Paris **179**, 991 (1924) — Chem. Zbl. **1925 I**, 833 — Bull. Soc. Chim. biol. Paris **6**, 679 (1924) — Chem. Zbl. **1924 II**, 2666.

[7] Marc Bridel u. P. Picard: C. r. Acad. Sci. Paris **180**, 1864 (1925) — Chem. Zbl. **1925 II**, 2062. — Marc Bridel: C. r. Acad. Sci. Paris **177**, 642 (1923) — J. Pharmazie (7) **5**, 217 (1924) — Chem. Zbl. **1924 I**, 2273.

[8] Marc Bridel u. P. Picard: C. r. Acad. Sci. Paris **180**, 1864 (1925) — Chem. Zbl. **1925 II**, 2062.

[9] M. Bridel u. P. Picard: C. r. Acad. Sci. Paris **186**, 98 (1928) — Chem. Zbl. **1928 I**, 1173 — Bull. Soc Chim. biol. Paris **10**, 381 — Chem. Zbl. **1928 I**, 1173, **1928 II**, 1200.

bung (Pentosereaktion). Wird von siedender 3,5proz. H_2SO_4 zu Salicylsäure, Xylose und Glykose hydrolysiert.

Vanillinglykosid (Bd. II, S. 628, 631).

Vorkommen: Schied sich auf der sonnenbeschienenen Rinde junger Buchen zeitweilig ab[1].

Äsculin (Bd. II, S. 637; Bd. VIII, S. 337; Bd. X, S. 859).

Vorkommen: In der roten Roßkastanie (Pavia rubra Lam.)[2].

Bildung: Synthese: Aus Äsculatin und Acetobromglykose in alkalischer Lösung und Verseifung des entstandenen Äsculetinglykotetraacetats mit NH_3[3].

Physiologische Eigenschaften: Zeigt mit verschiedenen Bacillen der Salmonellagruppe Säureentwicklung[4]. Wird durch Takadiastase gespalten[5]. Das Lichtschutzmittel Zeozon (Äsculinpräparat) macht keine Mydriasis[6].

Physikalische und chemische Eigenschaften: Aus wässerigem Alkohol Krystalle, $C_{15}H_{16}O_9$ $+ 1^1/_2 H_2O$; Schmelzp. 202° (wasserfrei)[2]. Über die Fluorescenz des Äsculins[7]. Gibt bei der Destillation in saurer, neutraler oder alkalischer Lösung, besonders nach der Hydrolyse, Formaldehyd ab[8]. Das synthetische Äsculin hat $2 H_2O$, von denen $1^1/_2$ Mol bei 100° abgegeben werden, $^1/_2$ Mol erst beim Schmelzen entweicht. $[\alpha]_D^{11}$ in $CH_3OH = -146°$. Zeigt keine nennenswerte Fluorescenz, so daß die beim natürlichen beobachtete auf Zerfallsprodukte oder Verunreinigungen zurückzuführen ist[3].

Derivate: Äsculetinglykotetraacetat. Aus Äsculetin und Acetobromglykose in alkalischer Lösung. Aus CH_3OH Säulen und Drusen vom Schmelzp. 181—182°. Ziemlich wenig löslich in Wasser, Äther; wenig löslich in Petroläther, Chloroform, Essigäther, Aceton; leicht löslich in heißem Alkohol und CH_3OH, NH_3, verdünnten Alkalien mit gelber Farbe. $[\alpha]_D^{11}$ in CH_3OH $= -21°$[3].

Methyläsculin (4-Oxy-5-methoxycumarin-glykosid)[9].

Bildung: Aus der Tetraacetylverbindung mit methylalkoholischem Ammoniak. Ausbeute 30%.

Physikalische und chemische Eigenschaften: Synthetisches Produkt: Lange Nadeln aus heißem Alkohol, Schmelzp. 127—128°; $[\alpha]_D^{12} = -37,5°$. Leicht löslich in heißem Alkohol, Methylalkohol, Wasser und Essigsäure, fast unlöslich in kaltem Wasser, Benzol, Äther, leicht löslich in Alkalien mit prächtiger Fluorescenz.

Derivate: 4-Oxy-5-methoxycumaringlykotetraacetat. Synthetisches Produkt: Aus 4-Oxy-5-methoxycumarin, Alkali und Wasser bzw. Acetobromglykose in Aceton. Ausbeute 25%. Seidenartig glänzende Nadelbüschel aus Methylalkohol, Schmelzp. 104—105°. Löslich in Alkohol, sehr leicht löslich in Ammoniak und verdünnten Alkalien mit gelblicher Farbe. $[\alpha]_D^{15} = -39°$.

Daphnin[10] (Bd. VI, S. 77).

HO—\[structure\]—CO 10 $(C_6H_{11}O_5)$—O—\[structure\]—CO 11

$C_6H_{11}O_5$—O OH

I.   II.

---

[1] E. O. von Lippmann: Ber. dtsch. chem. Ges. **60**, 161 (1927) — Chem. Zbl. **1927 I**, 1172.

[2] J. Zellner u. M. Stein: Mh. Chem. **47**, 659 (1926) — Chem. Zbl. **1927 I**, 2325.

[3] E. Glaser u. M. Kraus: Biochem. Z. **138**, 183 (1923) — Chem. Zbl. **1923 III**, 859.

[4] Frank Wokes u. Joseph H. Irwin: Pharm. J. **118**, 747—751 — Chem. Zbl. **1927 II**, 1481.

[5] J. Hatano: Biochem. Z. **151**, 501—503 — Chem. Zbl. **1924 II**, 2852.

[6] S. Batschwarowa: Graefes Arch. **116**, 622—637 (1926) — Ber. Physiol. **36**, 864—865 (1926) — Chem. Zbl. **1927 I**, 764.

[7] J. C. Mac Lennan: Proc. roy. Soc. Lond. (A) **102**, 256 (1922) — Chem. Zbl. **1923 I**, 543. — R. W. Wood: Philosophic. Mag. **43**, 757 (1922) — Chem. Zbl. **1922 III**, 219.

[8] G. Klein: Biochem. Z. **169**, 132 (1926) — Chem. Zbl. **1926 I**, 3221.

[9] Erhard Glaser: Arch. Pharmaz. **266**, 573 (1928) — Chem. Zbl. **1929 I**, 402.

[10] F. Wessely u. K. Sturm: Ber. dtsch. chem. Ges. **62**, 115 (1929) — Chem. Zbl. **1929 I**, 1006.

[11] F. Wessely u. K. Sturm: Ber. dtsch. chem. Ges. **63**, 1299 (1930) — Chem. Zbl. **1930 II**, 917.

Darstellung: Aus Tetraacetyldaphnetin mit methylalkoholischem Ammoniak[1]. Aus ganz frischer Seidelbastrinde, die nach dem Zerkleinern mit heißem Alkohol extrahiert wird. Nach Verdampfen des Alkohols wird der Rückstand mehrmals mit Wasser ausgekocht. Nach der Reinigung mittels Bleiessig und Wiederentfernen des Bleis wird eingedampft und mit Alkohol versetzt[2].

Physikalische und chemische Eigenschaften: Schmelzp. 216—217°; $[\alpha]_D^{17} = +29{,}36°$ in Methylalkohol[3]. Krystalle aus heißem Wasser. Schmelzp. 215° unter Zersetzung; $[\alpha]_D^{22} = -123{,}92°$ bzw. $-114{,}66°$. Das synthetische Produkt hat Konstitution I, das natürliche II.

Physiologische Eigenschaften: Wird durch Mandelemulsin gespalten[2].

Derivate: Tetraacetyldaphnin $C_{23}H_{24}O_{13}$. Schmelzp. 217°; $[\alpha]_D^{17} = -31{,}64°$ in Methylalkohol[3]. — Aus Daphnetin in alkalischer Lösung und β-Acetobromglykose in Aceton, 12 Stunden stehenlassen. Winzige nadelähnliche Krystalle aus Methylalkohol. Schmelzp. 220°. $[\alpha]_D^{17} = -52{,}52°$ [1].

Fraxin (Bd. II, S. 638; Bd. VIII, S. 337).

Vorkommen: In der Rinde von Diervilla diervilla (L). 0,2 % [5].

Darstellung: Die Rinde von Fraxinus excelsior wird mit Wasser ausgezogen, mit Bleiacetat gefällt, der Niederschlag entfernt, das Filtrat mit Bleiessig gefällt, der Niederschlag mit Schwefelwasserstoff zerlegt, im Vakuum eingeengt, Alkohol zugesetzt[4].

Physikalische und chemische Eigenschaften: Gelbe Nadeln aus abs. hellere Krystalle aus 80proz. Alkohol. Ist wasserhaltig, erst bei 0,2 mm und 120—130° wasserfrei; dann Schmelzpunkt 205°. — Blaugrün fluorescierend, besonders in schwach alkalischer Lösung. — Wird durch heiße verdünnte Schwefelsäure schnell, durch Emulsin bei $p_H = 4{,}5$ und 35° in 12 Stunden gespalten[4]. Die alkoholische Lösung fluoresciert grünblau, besonders nach Zugabe von wenig Ammoniak. — Mit Ferrichlorid Grünfärbung und Niederschlag[5].

Iridin (Bd. II, S. 634).

Der Stammkörper Irigenin des Glykosids Iridin aus Veilchenwurzel (von Iris germanica, pallida und florentina) ist entgegen den Ansichten von de Laire und Tiemann[6] und Bargellini[7] als Isoflavonderivat der Formel I zu formulieren. Durch Methylierung von Iridin und Abbau des Methylierungsproduktes ergibt sich, daß der Glykoserest das durch * bezeichnete H des Irigenins ersetzt hat[8].

Darstellung: Aus Veilchenwurzeln des Handels durch Auskochen mit Alkohol. Ausbeute etwa 18 g aus 2 kg[8].

Physikalische und chemische Eigenschaften: Gibt in Alkohol mit einer Spur $FeCl_3$ eine stumpfe rötlich violette, mit einem Überschuß stumpf olivgrün werdende Färbung. Lösung

[1] P. Leone: Gazz. chim. ital. **55**, 673 (1925) — Chem. Zbl. **1926 I**, 937.

[2] F. Wessely u. K. Sturm: Ber. dtsch. chem. Ges. **63**, 1299 (1930) — Chem. Zbl. **1930 II**, 917.

[3] F. Wessely u. K. Sturm: Ber. dtsch. chem. Ges. **62**, 115 (1929) — Chem. Zbl. **1929 I**, 1006.

[4] F. Wessely u. E. Demmer: Ber. dtsch. chem. Ges. **62**, 120 (1929) — Chem. Zbl. **1929 I**, 1007.

[5] D. R. McCullagh, C. H. A. Walton u. F. D. White: Trans. roy. Soc. Canada (3) **23**, 159 (1929) — Chem. Zbl. **1930 II**, 1714.

[6] G. de Laire u. F. Tiemann: Ber. dtsch. chem. Ges. **26**, 2010 (1893).

[7] G. Bargellini: Gazz. chim. ital. **55**, 945 (1925) — Chem. Zbl. **1926 II**, 425.

[8] W. Baker: J. chem. Soc. Lond. **1928**, 1022 — Chem. Zbl. **1928 II**, 158.

in konz. H_2SO_4 gelb; die Lösung wird bei 100° dunkel (die des Irigenins bleibt hierbei unverändert) [1].

Vaccinin (Bd. VIII, S. 339; Bd. X, S. 860).

Ist vielleicht 6-Benzoylglykose [2].

Adonin (Bd. II, S. 639; Bd. VIII, S. 340).

Physiologische Eigenschaften: Es wurden die feinen strukturellen Änderungen untersucht, die sich beim Frosch in der Querstreifung der Myofibrillen unter der Einwirkung von Adonin beobachten lassen [3]. Soxhletextraktion mit abs. Alkohol und Perkolation mit gewöhnlichem Alkohol und Methanol gibt gleiche Werte und ist erschöpfend. Auch längere Extraktion mit 20facher Menge kalten Wassers ist erschöpfend. Längere Einwirkung von Alkohol führt zu einer Erhöhung der Froschherzwertigkeit. Erwärmen des Kaltwasserextraktes schwächt seine Wirkung ab, qualitativ ändert sich dabei die Wirkung, indem ein digitalisartiger Charakter hervortritt [4].

Adonidin (Bd. II, S. 639; Bd. VIII, S. 340).

Physiologische Eigenschaften: Wird oral und per Injektionen angewandt. Ist von günstiger Wirkung auf Arythmie, Herzinsuffizienz und Tachykardie. — Adogenin-Kola-Sekt enthält noch Kaffein und Theobromin außer Adonidin [5]. Die Reizbarkeit des Herzens der Kröte wird durch Adonidin erhöht, am Muskelstreifen und am Kaninchenherzen ist die Reizbarkeit gegenüber länger dauernden Reizen erhöht, gegenüber kurzdauernden herabgesetzt [6]. Bei subcutaner Verabfolgung von 0,25—0,5 mg pro kg Hund werden sehr schwere toxische Erscheinungen hervorgerufen. Eine direkte diuretische Wirkung wurde nicht nachgewiesen [7].

Ameliarosid [8].

Ist identisch mit Picein [9].

Vorkommen: In der Rinde von Amelanchier vulgaris Mönch. Die Rinde ist bedeutend reicher an Glykosid als die Zweige.

Darstellung: Das trockene Rindenpulver wird mit 92proz. Alkohol perkoliert, die Lösung zur Trockne gebracht, mit Wasser aufgenommen, eingedickt, mit MgO gemischt, mit heißem 92proz. Alkohol erschöpft. 1 kg lieferte 10 g Glykosid.

Physikalische und chemische Eigenschaften: Prismen aus wenig Wasser, bitter, enthaltend 4,54% Wasser, Schmelzp. 195° (Maquennebloc), $[\alpha]_D = -86,56°$ (wasserfrei), löslich in Wasser, Alkohol, CH_3OH, wenig löslich in Aceton, Essigester. Mit Säuren oder Alkalien keine Farbenreaktionen, mit wässerigem $FeCl_3$ schwach violett. 1 g reduziert gleich 0,0641 g Glykose. — Hydrolyse von 1 g durch 1proz. H_2SO_4 bei 100° ergab 0,6043 g reduzierenden Zucker von $[\alpha]_D = +51,4°$. Der Zucker wurde als Glykose erkannt. Das Aglykon, Ameliarol genannt, ist in Äther löslich und bildet aus Wasser große hexagonale Tafeln, Schmelzp. 110° (Maquennebloc). Hydrolyse mit Emulsin verläuft ebenso. Enzymolytischer Reduktionsindex des Ameliarosids = 232, Reduktionsindex durch saure Hydrolyse = 229° [8].

[1] W. Baker: J. chem. Soc. Lond. **1928**, 1022 — Chem. Zbl. **1928 II**, 158.

[2] H. Ohle: Biochem. Z. **131**, 611 (1922) — Chem. Zbl. **1923 I**, 1037.

[3] Luigi Tocco-Tocco: Arch. internat. Pharmacodynamie **29**, 359—376 (1925) — Ber. Physiol. **29**, 814—815 (1925) — Chem. Zbl. **1925 II**, 210.

[4] O. Steppuhn u. G. Pewsner: Arch. f. exper. Path. **105**, 334—342 (1925) — Chem. Zbl. **1925 II**, 212.

[5] W. von Noorden: Münch. med. Wschr. **69**, 745 (1922) — Chem. Zbl. **1922 III**, 533.

[6] H. Lassalle: C. r. Soc. Biol. Paris **97**, 612 (1927) — Chem. Zbl. **1927 II**, 2690.

[7] L. Jung u. P. Fontenaille: C. r. Soc. Biol. Paris **98**, 1338 (1928) — Chem. Zbl. **1928 II**, 1354.

[8] M. Bridel, C. Charaux u. J. Rabaté: C. r. Acad. Sci. Paris **187**, 56 — Chem. Zbl. **1928 II**, 669. — Bull. Soc. Chim. biol. Paris **10**, 1111 (1928) — J. Pharmacie (8) **8**, 345 (1928) — Chem. Zbl. **1929 I**, 251.

[9] J. Rabaté: Bull. Soc. Chim. biol. Paris **12**, 146 (1930) — Chem. Zbl. **1930 II**, 246 — J. Pharmacie (8) **11**, 260 (1930) — Chem. Zbl. **1930 II**, 1555.

Androsin (Bd. VIII, S. 340).

$$C_{15}H_{20}O_8 + 2\,H_2O.$$

Ist identisch mit Glyko-acetovanillon[1]. Bd. X, S. 798.

Konstitution:

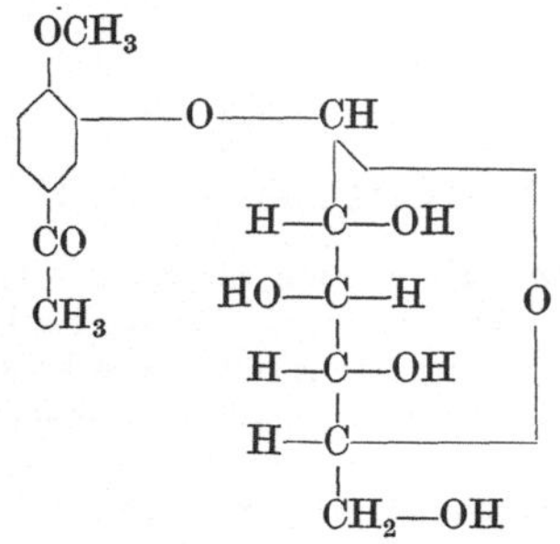

$$\begin{array}{l}
OCH_3 \\
\bigcirc\!\!-\!\!O\!\!-\!\!CH \\
CO \qquad H\!-\!C\!-\!OH \\
CH_3 \qquad HO\!-\!C\!-\!H \qquad O \\
\qquad\quad H\!-\!C\!-\!OH \\
\qquad\quad H\!-\!C \\
\qquad\quad CH_2\!-\!OH
\end{array}$$

Physikalische und chemische Eigenschaften: Das natürliche, aus Apocynum androsae-folium L. dargestellte wasserhaltige Produkt schmilzt bei 223°. Die Tetraacetylverbindung schmilzt bei 156°[1].

Apocynin (Bd. II, S. 640).

Ist identisch mit Cymarin, s. dort.

Asperulosid.

Vorkommen: In Rubia tinctorum L., Rubia peregrina L., Galium cruciatum Scop., G. verum L., G. mollugo L., G. Aparine L., Asperula tinctoria L., Sherardia arvensis L[2]. Es kommt noch in folgenden Rubiaceen vor: Manettia bicolor Paxt., Paederia foetida L. (halb-getrocknete Zweige), Putoria calabarica (Lim. fil.) Pers. (frische, beblätterte Zweige). Lepto-dermis lanceolata Wall. (Blätter und Zweige), Seriosa foetida Commerç. (Blätter und frische Zweige), Coprosma Baueriana Hook., lucida Forst. und robusta Ravue (frische Blätter) sowie Concianella stylosa Trin. (frisches Kraut)[3]. In den oberirdischen, im Mai gesammelten Teilen von Asperula odorata L., 0,5 g aus 1 kg frischer Pflanze[4].

Darstellung: Man extrahiert getrocknetes Kraut von Galium verum mit Essigäther. Der Abdampfrückstand wird mit Wasser aufgenommen und im Vakuum zur Trockne gedampft. Nochmalige Extraktion mit siedendem Essigäther liefert (aus 400 g Kraut) 0,19 g krystalli-siertes Asperulosid. Durch weitere Behandlung lassen sich noch 0,65 g erhalten[5].

Physiologische Eigenschaften: Wird durch Emulsin gespalten.

Physikalische und chemische Eigenschaften: Krystallisiert aus Essigester mit 1 Mol Wasser in langen, seidenglänzenden Nadeln. Löst sich in Wasser ziemlich; in Alkohol und Essigester ziemlich wenig; unlöslich in Äther. Es ist N-frei. Mol-Gewicht 409. Schmelzp. 126 bis 127° (korr.); $[\alpha]_D$ der getrockneten Substanz $-204°\,4'$. Bei der Spaltung durch Säuren und durch Milchsaft entsteht 1 Mol α-Glykose und Asperuligenol[6]. Der bei der Hydrolyse auftretende Geruch und die blaugrüne Färbung, die Asperulosid beim Erhitzen mit Alkohol und einer Spur Salzsäure gibt, erinnern stark an Aucubin[4].

---

[1] F. Mauthner: J. prakt. Chem. **110**, 123 (1925) — Chem. Zbl. **1925 II**, 1361.

[2] H. Hérissey: C. r. Acad. Sci. Paris **180**, 1695; **182**, 865 (1926) — Chem. Zbl. **1925 II**, 659; **1926 I**, 3340.

[3] H. Hérissey: C. r. Acad. Sci. Paris **184**, 1674 (1927) — Chem. Zbl. **1927 II**, 2071 — J. Pharmacie (8) **6**, 497 (1927) — Bull. Soc. Chim. biol. Paris **9**, 953 (1927) — Chem. Zbl. **1927 II**, 2071; **1928 I**, 933.

[4] H. Hérissey: C. r. Acad. Sci. Paris **180**, 1695 (1925) — Chem. Zbl. **1925 II**, 659.

[5] H. Hérissey: C. r. Acad. Sci. Paris **184**, 1674 (1927) — Chem. Zbl. **1927 II**, 2071 — Bull. Soc. Chim. biol. Paris **8**, 489 (1926) — Chem. Zbl. **1926 I**, 3340; **1926 II**, 1957 — J. Pharmacie (8) **6**, 497 (1927) — Bull. Soc. Chim. biol. Paris **9**, 953 (1927) — Chem. Zbl. **1928 I**, 933.

[6] H. Hérissey: Bull. Soc. Chim. biol. Paris **7**, 1009 (1925) — Chem. Zbl. **1926 I**, 2366.

Aucubin (Bd. II, S. 641; Bd. VIII, S. 341).

(S. auch Rhinanthin, das unreines Aucubin ist.)

Zusammensetzung: $C_{15}H_{22}O_9 \cdot H_2O$ (oder $C_{15}H_{24}O_9 \cdot H_2O$).

Die bisher allgemein angenommene Formel $C_{13}H_{19}O_8 + H_2O$ [1] ist nicht aufrechtzuerhalten. Die Analysen von Bergmann und Michalis stimmen auf $C_{15}H_{24}O_{10} = C_{15}H_{22}O_9 + H_2O$; daneben kommt noch $C_{15}H_{26}O_{10} = C_{15}H_{24}O_9 + H_2O$ in Betracht. Aucubin scheint in vielen Lösungsmitteln zu unbekannten Strukturkomponenten zu dissoziieren, die kleiner sind als $C_{15}H_{22}O_9$; dieses Verhalten wird durch Eintritt von Acetylgruppen nicht ganz verhindert. Die Formel $C_{15}H_{22}O_9$ ist demnach nur eine Minimalangabe für die atomare Zusammensetzung des Aucubins. — Aucubin gehört zu einer besonderen Klasse von Glykosiden, der vielleicht auch das Meliatin aus Menyanthes trifoliata angehört [1]. Kariyone und Kondo haben Formel $C_{15}H_{24}O_9$ als richtig befunden [2].

Vorkommen: In den Körnern des Wachtelweizens [3]. In dem Samen von Rhinanthus cristagalli L. [4]: 1,1 g [5], in Melampyrum arvense L. 1,5 g, in Melampyrum pratense 1,9 g auf 100 g frische Pflanzen; der Gehalt schwankt etwas um diese Werte und ist während der Blütezeit am höchsten [5]. — In Melampyrum nemorosum L. und M. cristatum L. [6]. In den Samen von Veronica hederaefolia L. [7]. In den Samen von Penstemon hybridus, in denen von P. barbatus Roth, von Collinsia bicolor Benth. und in den Blattsprossen von Freylinia cestoides Colla [8]. Wahrscheinlich in folgenden Pflanzen: Veronica Chamaedrys, V. hederaefolia L., V. persica Poir., V. teucrium L., Varietät rupestris Hort., V. arvensis L., V. Beccabunga L., V. anagallis L., Euphrasia officinalis L., Odontites Odontites Dum. (Euphrasia Odontites L., Odontites rubra Pers.), Pentstemon Harhoigi Benth., Bartsia viscosa L. [9].

Darstellung: Feingemahlene Samen von Plantago lanceolata werden mit etwas $CaCO_3$ vermischt, in siedendem 90proz. Alkohol eingetragen, $^3/_4$ Stunde gekocht, filtriert, das Filtrat unter geringem Druck eingedampft, mit Wasser versetzt, mit Bleiacetat gefällt. Das Filtrat wird entbleit, unter Zusatz von $CaCO_3$ eingedampft, mit Sand verrieben und mit Essigester $+ 3\%$ Alkohol extrahiert [1]. Kariyone und Kondo [2] haben das Glykosid aus den Früchten von Aucuba japonica mit etwa 1,7 % Ausbeute erhalten [2].

Physikalische und chemische Eigenschaften: Nadeln oder Prismen vom Schmelzp. 181° (korr.), $[\alpha]_D^{21} = -171,4°$ bzw. $-170,2°$; für das wasserfreie Glykosid $-179,1°$ (in Wasser) [1]. Wasserfreies, bei 110° getrocknetes Aucubin zeigt $[\alpha]_D = -174,7°$ [10]. Verbraucht in Wasser 2 Atome Br unter Bildung von 2 Molekülen HBr. Wasserfreies Aucubin ergibt in Wasser und in Phenol mittlere Teilchengrößen („Molekulargewichte") von 240—250 statt 346; ähnliche Werte gibt krystallwasserhaltiges Aucubin in Wasser. Enthält kein OCH_3. $FeCl_3$ gibt keine Färbung. Beim Unterschichten der wässerigen Lösung mit konz. H_2SO_4 entsteht ein brauner Ring. Versetzt man mit Bromwasser bis zur Gelbfärbung, kocht und unterschichtet in der Kälte mit H_2SO_4, so entsteht ein braunroter Ring, der nach oben carminrot ausläuft. — Aucubin nimmt bei Gegenwart von Palladiummohr 4 Atome Wasserstoff auf; das Hydrierungsprodukt gibt mit Säuren oder Emulsin keine dunklen Zersetzungsprodukte mehr [1]. Molekulargewicht in siedendem Alkohol 370,5. — Schüttelt man eine wässerige Lösung von Aucubin nach Zusatz von neutralisierter $PtCl_4$-Lösung mit Wasserstoff, so werden schnell 4 H_2 ab-

---

[1] M. Bergmann u. G. Michalis: Ber. dtsch. chem. Ges. **60**, 935 (1927) — Chem. Zbl. **1927 I**, 2746.

[2] T. Kariyone u. K. Kondo: J. pharm. Soc. Jap. **48**, 90 — Chem. Zbl. **1928 II**, 1338.

[3] Marc Bridel u. Marie Braecke: C. r. Acad. Sci. Paris **173**, 1403—1405 (1921) — Chem. Zbl. **1922 III**, 278.

[4] M. Bridel u. M. Braecke: C. r. Acad. Sci. Paris **175**, 532 (1922) — Chem. Zbl. **1923 I**, 101 — C. r. Acad. Sci. Paris **173**, 1403 (1922) — Chem. Zbl. **1922 III**, 278 — J. Pharmacie (7) **27**, 103, 131 (1923) — Chem. Zbl. **1923 I**, 1283 — C. r. Acad. Sci. Paris **175**, 532, 640 (1923) — Chem. Zbl. **1923 I**, 101, 256 — Bull. Soc. Chim. biol. Paris **5**, 10 (1923) — Chem. Zbl. **1924 I**, 2881.

[5] Marie Braecke: Bull. Soc. Chem. biol. Paris **7**, 155 (1925) — Chem. Zbl. **1925 I**, 2312.

[6] M. Braecke: C. r. Acad. Sci. Paris **175**, 990 (1922) — Chem. Zbl. **1923 I**, 853. — M. Bridel u. M. Braecke: C. r. Acad. Sci. Paris **173**, 1403 (1922) — Chem. Zbl. **1922 III**, 278.

[7] C. Charaux: Bull. Soc. Chim. biol. Paris **4**, 568 (1922) — Chem. Zbl. **1924 II**, 1213.

[8] M. Braecke: Bull. Soc. Chim. biol. Paris 4, 407 (1922) — Ref.: Ber. Physiol. **16**, 337 (1923) — Chem. Zbl. **1923 III**, 247 — C. r. Acad. Sci. Paris **175**, 990 (1923) — Chem. Zbl. **1923 I**, 853.

[9] Marie Braecke: Bull. Soc. Chim. biol. Paris **6**, 665 (1924) — Chem. Zbl. **1924 II**, 2666.

[10] Marc Bridel u. Marie Braecke: Bull. Soc. Chim. biol. Paris **5**, 10 (1923) — Chem. Zbl. **1924 I**, 2881.

sorbiert. Die Hydrierung verläuft wie folgt: $C_9H_{13}O_3 \cdot O \cdot C_6H_{11}O_5 + 4 H_2 = C_6H_{12}O_6 + C_9H_{18}O_2 + H_2O$. Hierbei werden 2 H_2 für beide Doppelbindungen, 1 H_2 für die Reduktion eines OH und 1 H_2 für die Abspaltung des Glykoserestes verbraucht. Das gebildete, mit Äther isolierbare Produkt ist Tetrahydrodesoxyaucubigenin. Aus der Mutterlauge wurde Glykose als Osazon isoliert. — Bei der Hydrierung des Aucubins mit PtO_2 in Alkohol bei 50° und $^1/_2$ at Überdruck werden 3 H_2 absorbiert und keine Glykose abgespalten. Der erhaltene Sirup reduziert Fehlingsche Lösung erst nach Erwärmen mit verdünnter Mineralsäure und liefert durch Hydrolyse keinen schwarzen Niederschlag wie Aucubin. Hier liegt wahrscheinlich Hydroaucubin vor[1].

Derivate: Hexaacetylaucubin $C_{27}H_{34}O_{15}$ oder $C_{27}H_{36}O_{15}$. Bildung aus Aucubin mit Acetanhydrid + Pyridin. Nädelchen aus Methanol durch Wasser, Schmelzp. 128° (korr.). $[\alpha]_D^{18} = -154{,}9°$ (in Tetrachloräthan). Sehr leicht löslich in Essigester, Chloroform; ziemlich leicht löslich in heißem Alkohol; sehr wenig löslich in Petroläther, Wasser. In Eisessig gelöst und mit H_2SO_4 unterschichtet, gibt es einen braunen Ring, der unten gelblich, oben grünlich ausläuft, beim Kochen mit wässerigen Säuren entsteht eine tiefviolette Färbung[2].

Isomere Bromaucubinhexaacetate $C_{27}H_{35}O_{15}Br$ oder $C_{27}H_{33}O_{15}Br$. Aus Aucubinhexaacetat in Methanol mit einer Lösung von Brom in Methanol. Bromid A (Hauptanteil). Nädelchen aus Essigester durch Petroläther. Schmelzp. 181,5°. $[\alpha]_D^{20} = -64{,}4°$ (in Tetrachloräthan). Bromid B. Nädelchen aus Essigester + Petroläther. Schmelzp. 127°, $[\alpha]_D^{20} = -122{,}7°$ (in Tetrachloräthan). Geben in Eisessig mit konz. H_2SO_4 einen unten gelben, oben erst grünen, dann tiefblauen Ring. Bromid A spaltet durch mehrstündiges Kochen mit Silberacetat in Eisessig kein Br ab. Sie geben mit Eisessig und konz. HCl erst grünblaue, dann tiefblaue Färbung[2].

Aucubinhexaacetatdibromid[2]. Aus Acetylaucubin in Chloroform mit Br in Chloroform. Nadeln aus Essigester durch Petroläther. Zersetzung bei 111° unter Grünfärbung. Feuchtigkeit bewirkt Zersetzung unter Blaufärbung. Im Exsiccator erfolgt nach mehreren Tagen Zersetzung. Gibt mit Eisessig und konz. HCl erst grünblaue, dann tiefblaue Färbung[2].

Bailloniosid[3].

Vorkommen: In Baillonia spicata.
Darstellung: Wird mit Alkohol extrahiert und gereinigt.
Physiologische Eigenschaften: Mit Emulsin versetzt bilden sich Glykose und Baillonigenol.
Physikalische und chemische Eigenschaften: Bildet prismatische Nadeln, Schmelzp. 185 bis 186°. Ist in Wasser wenig, in Äther sehr wenig, in Alkohol und Eisessig aber löslich, aus letzterem ist durch Wasser fällbar. $[\alpha] = -36{,}37°$ in Alkohol; die Drehung schlägt bei Zugabe von NaOH nach rechts um; Na_2CO_3 und $NaHCO_3$ werden nicht zersetzt; die Verbindung ist in NaOH mit gelber Farbe löslich, beim Ansäuern wird eine Säure mit Schmelzp. 131° gefällt. Das Baillonigenol ist demnach als Lacton aufzufassen[3].

Campanulin.

Vorkommen: In dem Alkoholauszug von Campanula Trachelium.
Physikalische und chemische Eigenschaften: Feine Nädelchen. Schmelzp. 210°. Bei der Hydrolyse mit Salzsäure entsteht Glykose und ein nicht näher bekanntes phenolartiges Aglykon[4].

Cymarin (Bd. X, S. 861) = Apocynin.

Darstellung: Aus krystallinem K-Strophanthin: 20 g krystallines K-Strophanthin[5, 6] werden mit einem Gemisch von 200 ccm Chloroform und 200 ccm Wasser mehrere

[1] T. Kariyone u. K. Kondo: J. pharm. Soc. Jap. **48**, 90 — Chem. Zbl. **1928 II**, 1338.
[2] M. Bergmann u. G. Michalis: Ber. dtsch. chem. Ges. **60**, 935 (1927) — Chem. Zbl. **1927 I**, 2746.
[3] H. Hérissey: C. r. Acad. Sci. Paris **179**, 1419 (1924) — Chem. Zbl. **1925 I**, 678.
[4] Julius Zellner: Mh. Chem. **50**, 211 (1928) — Chem. Zbl. **1929 I**, 546.
[5] W. A. Jacobs: J. of biol. Chem. **57**, 569—572 (1923) — Chem. Zbl. **1924 I**, 918.
[6] Walter A. Jacobs u. Alexander Hoffmann: J. of biol. Chem. **67**, 609—620 (1926) — Chem. Zbl. **1926 II**, 220.

Stunden geschüttelt, bis eine beinahe völlige Lösung eingetreten ist. Dann werden beide Schichten getrennt, die abgetrennte wässerige Lösung wiederholt mit Chloroform extrahiert. Die vereinigte Chloroformextrakte werden über Chlorcalcium getrocknet und auf 50 ccm eingeengt, dann mit 700 ccm Petroläther versetzt. Das in weiße, amorphe Flocken ausgefällte Cymarin wird abgesaugt und getrocknet; Ausbeute etwa 11 g. Zur Reinigung wird es in 25 ccm heißem Methylalkohol gelöst und die Lösung mit 120 ccm heißem Wasser langsam versetzt. Cymarin krystallisiert in langen Prismen aus. Ausbeute 7,5 g. Aus der Mutterlauge können durch vorsichtiges Eindampfen noch 2,5 g Substanz erhalten werden[1].

Darstellung aus K-Strophanthin-β[2]: 10 g K-Strophanthin-β werden so lange mit 700 ccm Wasser geschüttelt bis alles in Lösung geht. Die Lösung wird dann mit 5 g Strophanthobiase und 5 ccm Toluol versetzt und das Reaktionsgemisch bei 37° gehalten. Nach 66 Stunden zeigt eine kleine entnommene Probe einen Reduktionswert, gegen Fehlingsche Lösung, der etwa 88proz. Spaltung entspricht. Das Reaktionsgemisch wird jetzt mit dem 5fachen Volum Alkohol vermischt und schwach erwärmt. Das Coagulum wird abgeschleudert, die Flüssigkeit mit Blutkohle geklärt und auf etwa 150 ccm im Vakuum eingeengt. Die eingeengte Lösung, welche mit Cymarinkrystalle durchgesetzt ist, wird mit Chloroform mehrmals extrahiert. Die Chloroformauszüge werden mit Chlorcalcium getrocknet, auf ungefähr 30 ccm eingeengt und mit Petroläther gefällt. Ausbeute 7,4 g Rohcymarin.

Darstellung aus amorphem K-Strophanthin[2]: 500 g entfettete Strophanthus Kombé-Samen werden mit 70proz. Alkohol extrahiert. Die Auszüge werden im Vakuum eingedampft und der Rückstand in Wasser gelöst. Die Lösung wird mit basischem Bleiacetat gereinigt. Das Filtrat wird mit Ammonsulfat entbleit und nochmals filtriert. Durch Extraktion der Lösung mit Chloroform können 3,3 g Rohcymarin gewonnen werden. Der wässerige Teil wird mit Ammonsulfat saturiert, der entstandene Niederschlag wieder in Wasser gelöst und nochmals mit Ammonsulfat gefällt. Jetzt wird der Niederschlag in Alkohol gelöst, die Lösung von anorganischen Substanzen abgesaugt und das Filtrat im Vakuum abgedampft. Der Rückstand wird in 150 ccm Wasser gelöst und die Lösung auf p_H 5,5 eingestellt. 50 ccm der Lösung wird auf 500 ccm verdünnt und mit 4 g Strophanthobiase und einige ccm Toluol versetzt. Die Hydrolyse ist in 70 Stunden beendet. Das Reaktionsgemisch wird wie oben angegeben aufgearbeitet, die Chloroformextraktion gibt 4,75 g Rohcymarin.

Darstellung der Strophanthobiase[2]: 500 g frischer Strophanthus courmonti-Samen werden zerkleinert und mit kaltem Petroläther entfettet. Die entfetteten Samen werden mit 2 l Thymolwasser bedeckt und 8 Stunden bei Zimmertemperatur, dann 16 Stunden bei 0° stehengelassen. Die Mischung wird durch Filtriertuch gegossen und ausgepreßt. Das Filtrat wird mit der 5fachen Menge Alkohol versetzt, der Niederschlag abgeschleudert und in 400 ccm Wasser gelöst. Die Lösung wird in der Zentrifuge geklärt und die klare Lösung wieder mit der 5fachen Menge Alkohol gefällt. Der Niederschlag wird gesammelt, erst mit 80%, dann mit 95% und endlich mit abs. Alkohol und Aceton gewaschen und über Chlorcalcium im Exsiccator getrocknet. Ausbeute etwa 15 g. — Strophanthus Kombé und Str. eminii-Samen geben ein Enzympräparat, welches — wenigstens qualitativ — die gleiche Wirkung besitzt, wie die Strophanthobiase aus Str. courmonti.

Physiologische Eigenschaften: Nach elektrokardiographischen Untersuchungen gehört Cymarin hauptsächlich zur Adonigengruppe[3]. Das durch Ca-freie Ringerlösung stillgestellte Froschherz wird durch Cymarin gar nicht oder nicht zum regelmäßigen Schlagen gebracht. Ca-arm ernährte Herzen werden durch Cymarin sehr bald toxisch beeinflußt, was sich durch Unregelmäßigkeit des Herzschlages und Pulshalbierungen zu erkennen gibt[4]. Bewirkt an der Arterie des isolierten Kaninchenohres Gefäßverengerungen, die oft zum Spasmus führen, in dieser Periode treten bei Druckerhöhung rhythmische Schwankungen der Gefäßwand ein. Apocynin wirkt schwach verendernd auf die Gefäße[5]. Cymarin hat sich bei Behandlungen von Herzkrankheiten, wie Klappenfehlern und Myokarditis, bewährt[6, 7]. Bei Herzaffektionen

[1] Walter A. Jacobs u. Alexander Hoffmann: J. of biol. Chem. **67**, 609—620 (1926) — Chem. Zbl. **1926 II**, 220.

[2] Walter A. Jacobs u. Alexander Hoffmann: J. of biol. Chem. **69**, 153—163 (1926) — Chem. Zbl. **1927 I**, 294.

[3] Julius Citron: Dtsch. med. Wschr. **47**, 1285—1287 (1921) — Chem. Zbl. **1922 I**, 106.

[4] Hans Hoffmann: Arch. f. exper. Path. **96**, 105—114 (1923) — Chem. Zbl. **1923 I**, 1245.

[5] J. Kraft: Pflügers Arch. **204**, 491—497 (1924) — Chem. Zbl. **1924 II**, 1829.

[6] E. Kaufmann: Dtsch. med. Wschr. **52**, 824—828 (1926) — Chem. Zbl. **1926 II**, 463.

[7] E. Kaufmann u. G. Panzer-Osenberg: Z. klin. Med. **103**, 286 (1926) — Chem. Zbl. **1926 II**, 2828.

0,3—0,5 mg pro dosi[1]. Cymarin wirkt am „isolierten Kopf" nicht direkt erregend auf das Vaguszentrum, die eintretende Pulsverlangsamung ist reflektorischen Ursprungs[2]. Aus dem Ausfall der Amplitudenreaktion kann auf die Verschiedenheit des Angriffspunkts von Barium und Cymarin geschlossen werden[3]. Nach Versuchen an Mäusen und Kaninchen besitzt Cymarin die geringsten kumulierenden Eigenschaften unter dem gebräuchlichen Digitalispräparaten[4].

Physikalische und chemische Eigenschaften: Lange Prismen (aus verdünntem Methylalkohol), die bei 138° sintern und bei 148° unter Aufschäumen schmelzen. — Aus verdünntem Äthylalkohol krystallisiert Cymarin in hexagonale Blättchen, (mit $1^1/_2$ Molekülen Krystallwasser), die bei 185—187° schmelzen. Wasserfreies Cymarin schmilzt bei· 204—205°. — $[\alpha]_D^{20} = +37{,}8°$ ($c = 4{,}94$ in Chloroform); $[\alpha]_D^{20} = +37{,}5°$ ($c = 1{,}76$ in 95proz. Alkohol). — Mit dem Keller-Kilianischen Reagens behandelt gibt Cymarin eine rein blaue Farbenreaktion. Wird Cymarin in Eisessig gelöst, die Lösung mit einigen Eisen[II]-Sulfat-Krystallen und wenig konz. Schwefelsäure versetzt, so entsteht eine tiefgrüne Färbung[5].

Derivate: Monoacetylcymarin[5] $C_{32}H_{46}O_{10} + 1/_2 H_2O$; 0,5 g wasserfreies Cymarin werden in 3 ccm trockenem Pyridin gelöst und die Lösung mit 1 ccm Essigsäureanhydrid versetzt. Nach 12 Stunden mit Wasser verdünnt krystallisiert das Acetylprodukt in Rosetten aus. Nach Umkrystallisieren aus verdünntem Methylalkohol schmilzt die Substanz bei 160 bis 161°. Seidenartige Nadeln. — In Acetylcymarin ist die freie Hydroxylgruppe der Cymarose acyliert.

Clandestin[6].

Aus den oberirdischen Teilen von Lathraea clandestina L., früher gegen Unfruchtbarkeit der Frauen verwendet, wurde in Lösung ein in Essigester lösliches Glykosid gewonnen, das durch Emulsin spaltbar ist, und nach den bei dieser Spaltung gewonnenen Daten wahrscheinlich identisch mit Meliatin ist[7].

Centaurein[7].
$$C_{24}H_{26}O_{13}$$

Vorkommen: In der Wurzelrinde von Centaurea jacea L., und wird daraus durch Extraktion mit 90proz. Alkohol gewonnen.

Physiologische Eigenschaften: Es wird durch kein bekanntes Ferment hydrolysiert.

Physikalische und chemische Eigenschaften: Krystallinisches blaßgelbes Pulver. Mol-Gewicht zwischen 500 und 550. Verliert im Vakuum bei 50° 9,96% Wasser. — Erweicht bei 150—160°, schmilzt anscheinend bei 190—200°. $[\alpha]_D = -85°$ in Methylalkohol. Fast unlöslich in Wasser, Äther und Chloroform, in 5proz. Natronlauge mit goldgelber Farbe löslich. Löslich in 30 Teilen siedenden Wassers, löslich in heißem Alkohol, Aceton und kaltem Methylalkohol. 5proz. Schwefelsäure spaltet Glykose und Centaureidin ab.

Digitalisglykoside (Bd. II, S. 651; Bd. VIII, S. 342; Bd. X, S. 861).

Sammelreferate über neuere Ergebnisse der Digitalisglykosidforschung[8].

Vorkommen: Über Digitaliskultur in Österreich[9] und in der Provinz Florenz[10]. Die in Polen kultivierte Fingerhutvarietäten, Digitalis ambigua und im besonderen D. purpurea

---

[1] E. Kaufmann: Pharm. Zentralhalle **67**, 345—346, 361—363, 392—393 (1926) — Chem. Zbl. **1926 II,** 791.

[2] J. F. Heymans u. C. Hieymans: J. of Pharmacol. **29**, 203—222 (1926) — Chem. Zbl. **1927 I,** 1982.

[3] Kazuji Hayashi: Fol. jap. pharmacol. **3**, 425—441 (1926) — Chem. Zbl. **1927 II,** 1049.

[4] Hiroaki Utsunomiya: Okayama-Igakkai-Zasshi (jap.) **1927,** 71—88, 89—90 — Chem. Zbl. **1927 II,** 2208.

[5] Walter A. Jacobs u. Alexander Hoffmann: J. of biol. Chem. **67**, 609—620 (1926) — Chem. Zbl. **1926 II,** 220.

[6] A. Goris: C. r. Acad. Sci. Paris **178**, 1203 (1924) — Chem. Zbl. **1924 II,** 194.

[7] M. Bridel u. C. Charaux: C. r. Acad. Sci. Paris **175**, 833 (1922) — Chem. Zbl. **1923 III,** 1282 — C. r. Acad. Sci. Paris **175**, 1168 (1922) — Chem. Zbl. **1923 III,** 1282.

[8] P. Wolff: Dtsch. med. Wschr. **48**, 306 (1922) — Chem. Zbl. **1922 I,** 1052. — Focke: Jber. der Caesar & Loretz-A.-G. **1924,** 147—164 — Chem. Zbl. **1925 I,** 1103. — A. Windaus: Nachr. Ges. Wiss. Göttingen, Math.-physik. Kl. **1924,** 237—245 — Chem. Zbl. **1925 II,** 1469. — R. Lillig: Apoth.-Ztg **40**, 1236—1237, 1263—1265 (1925) — Chem. Zbl. **1926 I,** 1234. — E. Høst-Madsen: Dansk. Tidsskr. Farmaci **1**, 307—321 (1927) — Chem. Zbl. **1927 I,** 3109.

[9] B. Pater: Pharm. Mh. **3**, 94—97 (1922) — Chem. Zbl. **1922 IV,** 727.

[10] Luigi Alessandri: Arch. Farmacol. sper. **31**, 143—144 (1921) — Chem. Zbl. **1922 IV,** 569.

var. gloxiniaeflora zeigen beträchtlichen Gehalt an wirksamen Stoffen[1]. Das auf den Hochebenen von Desulo (Sardinien) wild wachsende Digitalis purpurea L. eignet sich vorzüglich zu medizinischen Zwecken, da sie genügend hohe Mengen Digitoxin enthält[2]. Blätter von Digitalis Campanulata haben zu Beginn der Blütezeit nur $1/_2$ der Wirksamkeit derjenigen der D. purpurea, die von D. alba stehen in der Mitte. Am meisten wirksame Substanzen enthalten Knospen, dann Blütenblatt und mittleres Laubblatt, weiter folgen Grundblatt und untere Blätter, Blattstiel, schließlich Stengel und Wurzel. Bei der dreijährigen Pflanze ist der Gehalt etwa doppelt so groß wie bei jüngeren und älteren[3].

Darstellung: 50 g lufttrockene und gepulverte Digitalisblätter werden im Soxleth mit 500 g abs. Alkohol 20 Stunden extrahiert, die Lösung abgegossen und erneut mit der gleichen Menge Alkohol 15—20 Stunden extrahiert. Extraktionsrückstande werden mit Wasser angefeuchtet und 20—25 Stunden bei gewöhnlicher Temperatur stehengelassen. Dann absaugen, wässerige Lösung bei 30° im Vakuum auf 50 ccm einengen, mit dem ebenfalls eingeengten alkoholischen Extrakte mischen und auf 100 ccm bringen. Dann mit Bleiessig (D. 1,24) gefällt, filtriert, Filtrat mit H_2S entbleit. Das Bleisulfid wird mit 100 ccm 60proz. Alkohol gewaschen und die vereinigten Flüssigkeiten bei 30° im Vakuum eingedampft. Der Rückstand wird zweimal mit 100 ccm Chloroform ausgezogen. Der größte Teil von Digitoxin und Gitalin geht in Lösung, (A). Dieselbe wird mit 100 ccm Wasser ausgeschüttelt, wobei Gitalin gelöst wird. Der in Chloroform unlösliche Rückstand (B) wird mit 100 ccm Wasser aufgenommen und mit 50 ccm Chloroform ausgeschüttelt. Die Chloroformlösung wird mit dem gitalinfreien Chloroform (A) vereinigt, mit Na_2SO_4 getrocknet und eingedampft, Rückstand gewogen: Digitoxin. Die wässerige Ausschüttelung (C), welche Digitonin, Digitalin und Digitalein enthält, wird abgedampft, der Rückstand mit 50 ccm Alkohol und zweimal mit 10 ccm Wasser ausgezogen, wobei Rohdigitalin in Lösung geht. Will man genauer arbeiten, so sättigt man (C) mit Kochsalz, schüttelt mit 50 ccm Aceton aus, welches Digitalin löst, die wässerige Lösung wird dann bei 30° im Vakuum eingedampft, der Rückstand mit abs. Alkohol extrahiert, mit gleichem Volumen Äther versetzt; es fällt Digitonin. Gelöst bleibt Digitalein, welches durch Abdampfen gewonnen wird[4]. Gewinnung eines Trockenpulvers aus Digitalisextrakt nach dem Krause-Trocknungsverfahren[5]. Aus den Blättern wird ein alkoholisch-wässeriger Auszug (mit 30—50 Vol.-% Alkohol) bereitet, dann Bleiessig, in einer nur zur Fällung des Chlorophylls ausreichenden Menge, zugesetzt; Filtrat mit Chloroform extrahiert, Chloroformextrakt mit Wasser gewaschen und abgedampft[6]. Ein Gemisch von Digitalisglykosiden kann dargestellt werden, wenn man die Lösung eines von Ballaststoffen befreiten Digitalisblätterextraktes in verdünntem Alkohol mit basischem Bleiacetat fällt, das Filtrat entbleit und die bleifreie Lösung bei neutraler Reaktion im Vakuum bis zur Ausscheidung der Glykoside einengt. Die Glykoside scheiden sich als schwach gefärbte Körner ab. Sie werden mit wenig Wasser gewaschen und durch Auflösen in verdünntem Alkohol und langsames Verdunsten der Lösung weiter gereinigt[7]. Die Extraktion der Digitalisblätter kann mit verdünnten organischen Lösungsmitteln auch bei 40—80° ausgeführt werden[8]. Man extrahiert die Digitalisblätter mit Wasser, welches bis zu 35% an organischen Lösungsmitteln gelöst enthält, bei 40° nicht übersteigenden Temperaturen und isoliert aus dem Extrakt die wirksamen Glykoside, nach einer Reinigung mit Blei, teilweise durch Ausschütteln mit Chloroform, teilweise durch Fällen mit Gerbsäure (Zerlegen des Niederschlages mit Zinkoxyd)[9].

Wertbestimmung: Bewertung der Digitalisdroge, ihrer Zubereitungen und der gebräuchlichsten Handelspräparate[10]. Bericht über Vorträge und Beschlüsse über Digitalis-Standardi-

[1] Jan Muszynski: Pharm. J. **107**, 443—444 (1921) — Chem. Zbl. **1922 II**, 602.

[2] R. Binaghi: Gazz. chim. ital. II **51**, 284—288 (1921) — Chem. Zbl. **1922 II**, 972.

[3] Masao Matanabe: Tohoku J. exper. Med. **4**, 98—148 (1923) — Chem. Zbl. **1924 I**, 1228.

[4] Efisio Mameli: Giorn. Chim. ind. ed. appl. **4**, 355—358 (1922) — Chem. Zbl. **1922 III**, 1056.

[5] Metallbank u. Metallurgische Gesellschaft A.-G.: D.R.P. 378713; Chem. Zbl. **1924 I**, 1061.

[6] Carl Mannich: D.R.P. 383480; Chem. Zbl. **1924 I**, 2449.

[7] Carl Mannich: D.R.P. 427274; Chem. Zbl. **1926 II**, 1102.

[8] J. D. Riedel-A.-G.: D.R.P. 444735; Chem. Zbl. **1927 II**, 718; Zus.-P. zu D.R.P. 434264; Chem. Zbl. **1926 II**, 2458.

[9] J. D. Riedel-A.-G.: D.R.P. 434264, Erfinder K. Wegener; Chem. Zbl. **1926 II**, 2458.

[10] P. Wolff: Dtsch. med. Wschr. **48**, 306 (1922) — Chem. Zbl. **1922 I**, 1052. — Joachimoglu: Apoth.-Ztg **40**, 139—140 (1925) — Chem. Zbl. **1925 I**, 1629. — Willy Peyer: Pharm. Mh. **6**, 97—105 (1925) — Chem. Zbl. **1925 II**, 1772.

sierung der Gesundheitskommission der Liga der Nationen in Genf im September 1925[1].
Über die amtliche Prüfung der Digitalis[2]. Wertbestimmung nach den Froschmethoden[3];
nach den Katzenmethoden[4]. — Colorimetrische Methoden[5]. — Nach Wible[6] geben die
Frosch- und Katzenmethode vergleichbare, die colorimetrische Methode höhere, nicht parallel
liegende Werte[6]. Wertbestimmung mit Hilfe von Lupinenkeimlingen[7]. Versuche an Meerschweinchen[8], an Tauben[9]. — Proben von angebauter Digitalis, die in der Provinz von Massa
Carrara gezogen worden waren, erwiesen sich in bezug auf ihre pharmakodynamische Wirkung
der sonst bevorzugten D. sylvatica gleichwertig. 3,6—2,4 g dieser Droge entsprachen 0,4 g
Oubain[10].

Physiologische Eigenschaften: Untersuchungen über die Wirksamkeit der Digitalissubstanzen[11]. Untersuchungen an Fröschen[12], Fischen[13], Ratten[14], Kaninchen[15], Guinea-

---

[1] A. Bilhuber: J. amer. pharmaceut. Assoc. **15**, 748—750 (1926) — Chem. Zbl. **1926 II**, 2828.
— C. Heymans: J. pharm. Belg. **9**, 119—125 (1927) — Chem. Zbl. **1927 I**, 2585.

[2] E. Rost: Dtsch. med. Wschr. **53**, 1262 (1927) — Chem. Zbl. **1927 II**, 1599. — Charles
E. Haskell u. R. H. Courtney: Amer. J. med. Sci. **167**, 816—820 (1924) — Chem. Zbl. **1925 II**,
1081 — Pharm. Ztg **71**, 1015—1016 (1926) — Chem. Zbl. **1926 II**, 1675. — Edgard Zunz: Ann.
Soc. roy. Sci. méd. et natur. Brux. **1926**, 182—212 — Chem. Zbl. **1927 I**, 1992. — L. E. Martin u.
E. C. Andrus: XII. internat. Physiologenkongreß in Stockholm **1926**, 108—109 — Chem. Zbl.
1927 I, 2754.

[3] A. Heffter: Ber. dtsch. pharmaz. Ges. **31**, 319—323 (1921) — Chem. Zbl. **1922 II**, 295. —
Wilhelm Wiechowski: Ther. Halbmh. **25**, 681—690 (1921) — Chem. Zbl. **1922 II**, 420. — M. S.
Dooley u. C. D. Higley: Proc. Soc. exper. Biol. a. Med. **19**, 250—252 (1922) — Chem. Zbl. **1922 IV**,
979. — J. amer. pharmaceut. Assoc. **11**, 911—918 (1922) — Chem. Zbl. **1923 II**, 1267. — E. Rost:
Arch. f. exper. Path. **97**, 386—402 (1923) — Chem. Zbl. **1923 III**, 410. — Masao Matanabe: Tohoku
J. exper. Med. **4**, 98—148 (1923) — Chem. Zbl. **1924 I**, 1228. — John Grönberg: Pharm. Zentralhalle **64**, 403—406 (1923) — Chem. Zbl. **1924 I**, 1413. — Focke: Pharm. Zentralhalle **65**, 97—99
(1924) — Chem. Zbl. **1924 I**, 2448. — Adriano Valenti: Arch. Farmacol. sper. **38**, 46—58 (1924) —
Chem. Zbl. **1924 II**, 1967. — A. Jaquet: Schweiz. med. Wschr. **56**, 639—641 (1926) — Chem. Zbl.
1927 I, 1715. — Fr. Uhlmann: Arch. f. exper. Path. **122**, 219—227 (1927) — Chem. Zbl. **1927 II**, 1185.

[4] Chas. C. Haskell, D. S. Daniel u. G. S. Terry: J. amer. pharmaceut. Assoc. **11**, 918—922
(1922) — Chem. Zbl. **1923 II**, 1266. — Chas. C. Haskell: J. amer. pharmaceut. Assoc. **14**, 492—495
(1925) — Chem. Zbl. **1925 II**, 1772. — T. Kuroda: Arch. f. exper. Path. **108**, 230—237 (1925) —
Chem. Zbl. **1926 I**, 721. — C. de Lind van Wyngaarden: Dissertation Utrecht 1925 — Chem.
Zbl. **1926 I**, 2813 — Arch. f. exper. Path. **112**, 252—260 (1926) — Chem. Zbl. **1926 II**, 473 (vgl. Ber.
Physiol. **32**, 910 — Chem. Zbl. **1926 I**, 2813). — Emil Leyko: Med. doświadcz. i. społ. (poln.) **4**,
247—249 (1925) — Chem. Zbl. **1926 II**, 1069. — R. N. Chopra u. Premankur De: Indian J. med.
Res. **13**, 781—787 (1926) — Chem. Zbl. **1926 II**, 2468. — W. R. Bond: J. amer. pharmaceut. Assoc.
16, 137—140 (1927) — Chem. Zbl. **1927 I**, 2459. — A. Mac Farlane u. G. A. Masson: J. of Pharmacol. **30**, 293—311 (1927) — Chem. Zbl. **1927 I**, 2934. — H. B. Haag: J. amer. pharmaceut. Assoc.
16, 516—518 (1927) — Chem. Zbl. **1927 II**, 1496.

[5] Hatcher u. Brody: Amer. J. Pharmacy **82**, 360 (1910) — Chem. Zbl. **1910 II**, 1331. —
Arthur Knudson u. Melvin Dresbach: J. of Pharmacol. **20**, 205—220 (1922) — Chem. Zbl.
1923 II, 979. — R. Wasicky, F. Lasch u. K. Schonovski: Arch. Pharmaz. **264**, 92—98 (1926) —
Chem. Zbl. **1926 I**, 2396. — L. W. Rowe: J. amer. pharmaceut. Assoc. **16**, 510—516 (1927) —
Chem. Zbl. **1927 II**, 1496.

[6] Charles L. Wible: Amer. J. Pharmacy **98**, 396—401 (1926) — Chem. Zbl. **1926 II**, 2210.

[7] David J. Macht u. John C. Krautz: J. amer. pharmaceut. Assoc. **13**, 1115—1117 (1924) —
Chem. Zbl. **1925 I**, 1113 — J. amer. pharmaceut. Assoc. **16**, 210—218 (1927) — Chem. Zbl. **1927 II**, 149.

[8] Erik Knaffl-Lenz: J. of Pharmacol. **29**, 407—425 (1926) — Chem. Zbl. **1927 I**, 2228. —

[9] P. J. Hanzlik u. H. A. Shoemaker: Proc. Soc. exper. Biol. a. Med. **23**, 298—299 (1926) —
Chem. Zbl. **1927 I**, 2572.

[10] Carmen Cippini: Giorn. farm. Chim. **71**, 169—176 (1922) — Chem. Zbl. **1923 II**, 284.

[11] M. Ide: C. r. Soc. Biol. Paris **85**, 669—670 (1921) — Chem. Zbl. **1922 I**, 369. — Eschricht:
Dtsch. med. Wschr. **47**, 1298—1299 (1921) — Chem. Zbl. **1922 II**, 108. — Karam Samaan: Pharm.
J. **106**, 481—482 (1921) — Chem. Zbl. **1922 II**, 770. — R. Wasicky: Pharm. Mh. **2**, 173—179 (1921) —
Chem. Zbl. **1922 II**, 836. — G. Joachimoglu: Arch. f. exper. Path. **91**, 156—169 (1921) — Chem.
Zbl. **1922 II**, 294 — Arch. f. exper. Path. **92**, 194 (1922) — Chem. Zbl. **1922 II**, 1237. — Masao
Matanabe: Tohoku J. exper. Med. **4**, 98—148 (1923) — Chem. Zbl. **1924 I**, 1228. — Maurice
Brot: Rev. méd. Suisse rom. **43**, 350—356 (1923) — Chem. Zbl. **1924 I**, 1968. — John Grönberg:
Pharm. Zentralhalle **64**, 403—406 (1923) — Chem. Zbl. **1924 I**, 1413. — Focke: Pharm. Zentralhalle
65, 97—99 (1924) — Chem. Zbl. **1924 I**, 2448. — Ernst Edens: Klin. Wschr. **1**, 375—381 (1922) —
Chem. Zbl. **1922 I**, 836. — U. G. Bijlsma, A. A. Slijmans van den Bergh, R. Magnus, J. S.
Meulenhoff u. M. J. Roessingk: Reichsinstitut f. pharmacotherap. Unters. **1922**, 111 Seiten,
Leiden — Chem. Zbl. **1922 III**, 1020. — F. Gudzeut, W. Lueg, W. H. Jansen: Klin. Wschr. **1**,

schweinen[1], Hunden[2], Katzen[3]. — Klinische Abhandlung über die verschiedenen Formen der Herzinsuffizienz und über Anwendungsart und Wirkungen verschiedener Methoden der Digitalisdarreichung[4]. Digitalis steigert die Reizbarkeit an den Kammern infolge unmittelbarer Beeinflussung (nicht über den Vagus) kardiomotorischer Zentren. Auch die Vorhöfe werden erregt, wohl über die Sinusknoten[5]. Digitalisstoffe erzeugen keine Erweiterung der Diastole oder Verstärkung der Systole am normalen Herzen. Die in kleinen Gaben zu beobachtende Vergrößerung des Pulsvolums ist bedingt durch die gleichzeitige Verlangsamung. Eine Verstärkung der Systole findet bloß bei Minderung der Diastole statt und umgekehrt. Digitalisstoffe sind fördernd wirksam nur am Herzen, deren Leistung in bestimmter Weise herabgesetzt wurde (erhöhte Anfangsspannung, Ca-Mangel, Chinin, Campher und bestimmte pathologische Verhältnisse)[6]. Bei den durch Ca-freie Ringerlösung diastolisch stillgestellten Herzen bewirken Digitalisblätterpräparate (Digipurat und Liquitalis) Wiederherstellung des Herzschlages und führen, wenn auch unter Pulsverlangsamung, die Amplitudenhöhe zur ursprünglichen Größe zurück. Wenn nach Wiederherstellung des Herzschlages ein Füllungswechsel mit Ca-freier Ringerlösung vorgenommen wird, so wird das Herz nicht mehr zum diastolischen Stillstand gebracht. Bei mehrmaligen Wechsel kann sogar ein Abfall der Amplitudenhöhe fast vollkommen vermieden werden, was auf Fixation der Digitalissubstanzen im Herzen beruht[7]. Forderung um die genauere Festsetzung der Maximaldosen von Digitalis nach dem Körpergewicht, dem Gesundheitszustand usw.[8] Im Gegensatz zu der Behauptung

---

1890—1891 (1922) — Chem. Zbl. **1922 III**, 1144. — G. Pietrowski: Klin. Wschr. **1**, 1890 (1922) — Chem. Zbl. **1922 IV**, 1023. — Ilse Joachimoglu: Arch. Pharmaz. **262**, 305—317 (1924) — Chem. Zbl. **1924 II**, 2773. — A. Sluyters: Arch. Pharmaz. **263**, 52—66 (1925) — Chem. Zbl. **1925 II**, 212. — W. H. Veil u. Alexander Sturm: Dtsch. Arch. klin. Med. **147**, 166—223 (1925) — Chem. Zbl. **1925 II**, 1187. — E. Veiel: Dtsch. Arch. klin. Med. **147**, 257—272 (1925) — Chem. Zbl. **1925 II**, 1469. — J. S. Meulenhoff: Pharm. Weekblad **62**, 961—982 (1925) — Chem. Zbl. **1926 I**, 167. — J. Planelles: Archivos Cardiol. **6**, 193—203 (1925) — Chem. Zbl. **1926 I**, 3414. — Maurice L. Tainter: J. amer. pharmaceut. Assoc. **15**, 255—259 (1926) — Chem. Zbl. **1926 II**, 265. — Moritz Mandelstamm: Z. exper. Med. **51**, 633—651 (1926) — Chem. Zbl. **1926 II**, 1981.

[12] Julius Citron: Dtsch. med. Wschr. **47**, 1285—1287 (1921) — Chem. Zbl. **1922 I**, 106. — E. Rost: Arch. f. exper. Path. **97**, 386—402 (1923) — Chem. Zbl. **1923 III**, 410. — Béla v. Issekutz: Pflügers Arch. **198**, 429—438 (1923) — Chem. Zbl. **1923 III**, 411. — Hans Breuer: Pflügers Arch. **194**, 57—87 (1923) — Chem. Zbl. **1923 III**, 511. — Marcelle Lapicque: C. r. Soc. Biol. Paris **89**, 317—319 (1923) — Chem. Zbl. **1923 III**, 1242. — Walter Simon: Arch. f. exper. Path. **100**, 307—315 (1924) — Chem. Zbl. **1924 I**, 1832. — Erich Hesse u. Hans Raida: Z. exper. Med. **40**, 380 bis 393 (1924) — Chem. Zbl. **1924 II**, 211. — Viktor Hoffmann: Klin. Wschr. **3**, 1802—1805 (1924) — Chem. Zbl. **1924 II**, 2279. — L. Lendle: Arch. f. exper. Path. **109**, 35—49 (1925) — Chem. Zbl. **1926 I**, 1468. — Adolf Schott: Arch. f. exper. Path. **114**, 32—35 (1926) — Chem. Zbl. **1926 II**, 1881. — Shiro Takagi: Fol. jap. pharmacol. **1**, 324—340 (1925) — Chem. Zbl. **1927 I**, 1614. — Otto Geßner: Arch. f. exper. Path. **118**, 325—357 (1926) — Chem. Zbl. **1927 II**, 121.

[13] J. Lopez-Lomba: C. r. Soc. Biol. Paris **87**, 1268—1269 (1922) — Chem. Zbl. **1923 IV**, 86.

[14] Walter E. Wentz jr.: J. amer. pharmaceut. Assoc. **14**, 774—778 (1925) — Chem. Zbl. **1926 I**, 1846.

[15] Masakazu Nakamura: Tohoku J. exper. Med. **6**, 278—285 (1925) — Chem. Zbl. **1926 II**, 1068.

[1] Charles C. Haskell: J. amer. pharmaceut. Assoc. **16**, 639—644 (1927) — Chem. Zbl. **1927 II**, 1865.

[2] Soma Weiß u. Robert A. Hatcher: J. amer. pharmaceut. Assoc. **12**, 26—39 (1923) — Chem. Zbl. **1923 III**, 69. — E. Bardier u. A. Stillmunkés: C. r. Soc. Biol. Paris **88**, 593—594 (1923) — Chem. Zbl. **1923 III**, 1244. — J. B. Berardi: J. amer. pharmaceut. Assoc. **15**, 563—566 (1926) — Chem. Zbl. **1926 II**, 1560. — J. F. Heymans u. C. Heymans: Arch. internat. Pharmacodynamie **32**, 9—41 (1926) — Chem. Zbl. **1927 II**, 288.

[3] E. L. Newcomb: Proc. Soc. exper. Biol. a. Med. **20**, 285—286 (1923) — Chem. Zbl. **1923 IV**, 692. — Harry Gold: Arch. int. Med. **32**, 779—795 (1923) — Chem. Zbl. **1924 II**, 708. — M. Snamenski: Arch. f. exper. Path. **116**, 147—157 (1926) — Chem. Zbl. **1926 II**, 2198. — A. J. Boekelman jr.: Nederl. Tijdschr. Geneesk. **70 II**, 2112—2118 (1926) — Chem. Zbl. **1927 I**, 135.

[4] R. Ehrmann u. L. Dinkin: Dtsch. med. Wschr. **48**, 1675—1677 (1922) — Chem. Zbl. **1923 I**, 791.

[5] M. Semerau: Z. exper. Med. **31**, 236—281 (1923) — Chem. Zbl. **1923 I**, 1140.

[6] M. U. C. Karl Junkmann: Arch. f. exper. Path. **96**, 63—104 (1923) — Chem. Zbl. **1923 I**, 1244.

[7] Hans Hoffmann: Arch. f. exper. Path. **96**, 105—114 (1923) — Chem. Zbl. **1923 I**, 1245.

[8] George Walker: Pharm. J. **109**, 607—609 (1922) — Chem. Zbl. **1923 II**, 547.

Löwes lassen sich durch Digitalislösungen an Kammerstreifen, die frei von Vorhofelementen sind, Contracturen hervorrufen, die durch Cocain und Kaliumchlorid zu beseitigen sind[1]. Digitalis steigert gesunkene Herzkraft bestenfalls zur Norm, aber nie darüber hinaus[2]. Über Pharmakologie und therapeutische Verwendung der Digitalisglykoside[3]. Im ersten Jahre gewachsene Digitalisblätter sind im therapeutischen Wert den im zweiten Jahre gewachsenen gleichwertig, wenn die langen Blattstiele nicht mit verarbeitet werden[4]. Digitalis verlängert durch unmittelbare Wirkung auf den Herzmuskel Leitungszeit und refraktäre Phase, verlangsamt dadurch die Frequenz des Vorhofsflatterns[5]. Digitalis wirkt erst in sehr hoher Konzentration (1% der Durchströmungsflüssigkeit) vasoconstrictorisch auf von ihren zentralen Verbindungen mit Nerven und Herz isolierten Gefäßen[6]. Physikalische Überlegungen über die Kreislaufverhältnisse und mathematische Ableitung einiger Formeln für das Sekunden-, Schlag- und Amplitudenvolumen usw. mit besonderer Berücksichtigung der durch die Körper der Digitalisklasse geschaffenen Änderungen in der peripheren Blutzirkulation und Herztätigkeit[7]. Die Geschwindigkeit der Digitaliswirkung, gemessen am Eintritt der Amplitudenhalbierung oder des Beginns vom Atrioventrikularblock, wird durch vorangegangene Chinidinbehandlung verzögert. Digitalis ändert nichts an der Wirkung einer tödlichen Chinidinkonzentration[8]. Kasuistisches über Digitaliswirkung bei ventrikulären Extrasystolen[9]. — Digitalis wirkt am „isolierten Kopf" nicht direkt erregend auf das Vaguszentrum, die eintretende Pulsverlangsamung ist reflektorischen Ursprungs[10]. In physiologischer Hinsicht ist das Wesentliche der Digitaliswirkung bei den Warmblütern eine Abnahme des Herzvolums, obwohl die Herzmuskelleistung gesteigert und das in der Minute ausgeworfene Blutvolum größer wird[11]. Die Pharmaca der Digitalisgruppe sind schon ganz von früher Embryonalzeit an imstande, die Herzautomatie zu beeinflussen[12]. Bei permanentem Vorhofflattern steigern Dosen von 0,1 Katzeneinheit pro 1 engl. Pfund Folia digitalis nach 1 Tag das Vorhof-Kammer-Intervall. Nach 3—10 Tagen wird die Frequenz des Vorhofs beeinflußt und tritt Vorhofflimmern ein, etwas früher oder gleichzeitig Übelkeit und andere Störungen. — Dosen von 0,13—0,4 Katzeneinheiten pro Pfund beeinflussen bald die Vorhoffrequenz, und es erfolgt Vorhofflimmern[13]. Das Minutenvolum des Herzschlages wird durch Digitalis vermindert, wahrscheinlich durch einen sedativen Einfluß des Digitalis auf das Herz, indem es seine Arbeitsleistung vermindert. Bei Herzkrankheiten dient das verminderte Minutenvolum zur Schonung des Herzens[14]. — 0,1 ccm eines Digitalisinfusums pro kg Körpergewicht verursacht im allgemeinen Reduktion des Pulsschlags um 10% bei normalen Menschen, jedoch werden zahlreiche individuelle Abweichungen festgestellt[15]. — Die Digitaliskörper reizen den Herzmuskel direkt primär: steilerer Anstieg des Druckes, höheres Druckmaximum in der Kammer, kürzere Systole und unter gewissen Bedingungen eine schnellere isometrische Erschlaffung. Ursache ist Beschleunigung des Kontraktionsablaufs. Diese primäre Wirkung ist bisher überschätzt worden. Sie folgt aus oder wird unterstützt durch die sekundäre Wirkung vermehrter Anfangsspannung bei größerer Anfangslänge. Diese ist die Hauptursache für die Änderungen im Druckablauf. — Steigt der arterielle Druck in Diastole und wird so der Widerstand größer, so beeinflußt dies

---

[1] Martin Braun: Arch. f. exper. Path. **94**, 222—234 (1922) — Chem. Zbl. **1922 III**, 1066.
[2] Ernst Geiger u. Adolf Garisch: Arch. f. exper. Path. **94**, 52—73 (1922) — Chem. Zbl. **1923 III**, 971.
[3] C. Hirsch: Dtsch. med. Wschr. **49**, 1173—1176, 1202—1205 (1923) — Chem. Zbl. **1923 III**, 1653.
[4] E. L. Newcomb: Proc. Soc. exper. Biol. a. Med. **20**, 285—286 (1923) — Chem. Zbl. **1923 IV**, 692.
[5] A. M. Wedd: Heart **11**, 87—95 (1924) — Chem. Zbl. **1925 I**, 714.
[6] Ch. Richet fils: J. Physiol. et Path. gén. **22**, 303—311 — Chem. Zbl. **1925 I**, 985.
[7] A. Schestakow: Arch. f. exper. Path. **108**, 353—364 (1925) — Chem. Zbl. **1926 II**, 78.
[8] Mac Keen Cattell: J. of Pharmacol. **27**, 287—297 (1926) — Chem. Zbl. **1926 II**, 788.
[9] Harold L. Otto u. Harry Gold: Arch. int. Med. **37**, 562—566 (1926) — Chem. Zbl. **1927 I**, 1185.
[10] J. F. Heymans u. C. Hieymans: J. of Pharmacol. **29**, 203—222 (1926) — Chem. Zbl. **1927 I**, 1982.
[11] Focke: Jber. d. Caesar & Loretz-A.-G. **1925**, 115—119 — Chem. Zbl. **1927 I**, 2448.
[12] Michio Fujii: Fol. jap. pahrmacol. **4**, 309—330 (1927) — Chem. Zbl. **1927 II**, 2691.
[13] John Wykoff: Proc. Soc. exper. Biol. a. Med. **23**, 551—553 (1926) — Chem. Zbl. **1927 I**, 2100.
[14] Tinsley Randolph Harrison u. Bernard W. Leonard: J. clin. Invest. **3**, 1—36 (1926) — Chem. Zbl. **1927 II**, 848.
[15] Albert Schneider: J. amer. pharmaceut. Assoc **16**, 614—616 (1927) — Chem. Zbl. **1927 II**, 1874.

die Kraft des Herzschlags erheblich. So werden die diastolische Länge, das Druckmaximum, der Druckanstieg und das Auswurfsvolumen weiter vergrößert. — Nur wenn der Herzschlag beschleunigt ist, kann das Auswurfsvolumen abnehmen. Während der Digitaliswirkung kommt dies nicht vor[1]. — Digitalis soll in großen Dosen bei Hypertonie meist blutdrucksenkend wirken[2]. Bei Herzmuskelinsuffizienz und Dekompensation gelingt es gelegentlich durch intravenöse Injektion von 0,1 ccm einer 10proz. $CaCl_2$-Lösung die Digitaliswirkung auf das Herz und die Diurese zu verstärken. Der Ca-Einfluß erschöpft sich schnell, tritt aber sehr schnell ein. Diese Kombination ist also indiziert bei chronischer Kreislaufschwäche mehrere Tage lang, bei Hypertension mit Stauung, nephritischen Ödemen[3]. Die Pulsverlangsamung durch Digitalis ist lediglich auf eine Reizung des Vaguskerns zurückzuführen. Die Vergrößerung des Pulsvolumens ist bedingt durch Verlangsamung der Herzaktion und Tonussteigerung des Myokards. Die Blutdrucksteigerung ist hervorgerufen durch die Zunahme der Herzkontraktionen und durch Verengerung der Gefäße. Eine Zunahme der Diurese, die man auf eine Erweiterung der Nierengefäße zurückgeführt hat, konnte in Tierversuchen nicht beobachtet werden. Es tritt eine Verengerung der Nierengefäße ein, und die Diurese nimmt ab[4]. Über die Brechwirkung der Digitalisglykoside[5]. Die Digitaliswirkung wird durch eine gleichzeitig gegebene intravenöse Injektion von 2proz. Na_2HPO_4-Lösung sowie eines Phosphatgemischs von 3,8 g $NaH_2PO_4(H_2O)$, 27 g Na_2HPO_4 (12 H_2O) ad 1000 g Wasser, verstärkt[6]. Für die Digitaliswirkung ist Bindung an das Herz Voraussetzung; nur ein kleiner Teil der resorbierten Digitalisstoffe gelangt zur Wirkung; wieviel, hängt davon ab, welche Mengen sich auf dem Wege bis zum Herzen nicht zersetzen. Ohne Kumulation gibt es keine Digitaliswirkung[7]. Bei der Reaktion des Blutes ($p_H = 7,8$) wirkt Digitalis wie Strophanthus in saurer Lösung, es verursacht also eine Contractur auch am ermüdeten Muskel. Bei deutlich alkalischer Reaktion wirkt Digitalis aber wie Strophanthin bei der Reaktion des Blutes, hat dementsprechend keine Wirkung am nichtermüdeten Muskel, erhöht aber wesentlich die Zuckungen eines ermüdeten Muskels[8]. In Fällen der therapeutischen Digitaliswirkung am Menschen ist die empfindlichkeitssteigernde Schädigung wohl stets auf das Herz beschränkt, wodurch der Anschein einer selektiven Herzwirkung erweckt wird[9]. Intravenös injizierte Digitalisstoffe bewirken eine Senkung der Wasserstoffionenkonzentration des Magensaftes[10]. Aus den Untersuchungen über die extrakardiale Digitaliswirkung an normalen Menschen ergeben sich vornehmlich Zweiphasenwirkungen in den sekretorischen Funktionen von Niere, Magen, Pankreas und Schilddrüse, Verschiebung des Säure-Basengleichgewichtes im Blute nach der alkalotischen Seite und vagotonisierende Eigenschaft der Digitalis. Daraus wurden Schlüsse für ausgedehntere praktische Anwendung gezogen zur Förderung der Nierensekretion, Einwirkung auf intermediäre Verschiebungen in Blut und Geweben, Behandlung der Achlorhydrie des Magens und Dyspepsien[11]. Untersuchungen über die feinen strukturellen Änderungen, die sich beim Frosch in der Querstreifung der Myofibrillen unter der Einwirkung von Digitalin beobachten lassen[12]. Meerzwiebel soll den Vagus stärker

[1] Carl J. Wiggers u. Barbara Stimson: J. of Pharmacol. **30**, 251—269 (1927) — Chem. Zbl. **1927 I**, 2215.

[2] J. Enesco: Bull. Soc. méd. Hôp. Bucarest **3**, 21—29 (1921) — Chem. Zbl. **1922 I**, 301.

[3] Gustav Singer: Ther. Halbmh. **35**, 758—765 (1921) — Chem. Zbl. **1922 I**, 654.

[4] Lucien Beco: Arch. internat. Physiol. **18**, 53—66 (1921) — Chem. Zbl. **1922 I**, 1207.

[5] Robert A. Hatcher u. Soma Weiß: Proc. Soc. exper. Biol. a. Med. **19**, 7—8 (1921) — Chem. Zbl. **1922 I**, 1307. — U. G. Bijlsma, A. A. Hijmans van den Bergh, R. Magnus, J. S. Meulenhoff u. M. J. Roessingh: Reichsinstitut f. pharmacotherap. Unters. **1922**, 111 Seiten, Leiden — Chem. Zbl. **1922 III**, 1020. — N. Dresbach u. N. Y. Albany: XII. internat. Physiologenkongreß in Stockholm **1926**, 41—42 — Chem. Zbl. **1927 II**, 289.

[6] H. Staub: Biochem. Z. **127**, 255—274 (1922) — Chem. Zbl. **1922 I**, 1248.

[7] U. G. Bijlsma, A. A. Hijmans van den Bergh, R. Magnus, J. S. Meulenhoff u. M. J. Roessingh: Reichsinstitut f. pharmacotherap. Unters. **1922**, 111 Seiten, Leiden — Chem. Zbl. **1922 III**, 1020.

[8] S. M. Neuschlosz: Pflügers Arch. **197**, 235—256 (1922) — Chem. Zbl. **1923 I**, 864.

[9] Rudolf Schoen: Arch. f. exper. Path. **96**, 158—179 (1923) — Chem. Zbl. **1923 I**, 1405.

[10] Robert Heilig: Z. exper. Med. **40**, 427—436 (1924) — Chem. Zbl. **1924 II**, 210.

[11] W. H. Veil u. Ludwig Heilmeyer: Dtsch. Arch. klin. Med. **147**, 22—81 (1925) — Chem. Zbl. **1925 II**, 71.

[12] Luigi Tocco-Tocco: Arch. internat. Pharmacodynamie **29**, 359—376 (1924) — Chem. Zbl. **1925 II**, 210.

beeinflussen als Digitalis[1]. Digitalis bewirkt auf die Erregbarkeit des autonomen Nervensystems des Darms eine derartige Veränderung, daß der motorische Effekt einer das autonome Nervensystem reizenden Substanz verstärkt wird; das Phänomen ist reversibel. Die Reaktionsänderung beruht entweder auf einer Modifikation der Erregbarkeit und Kontraktibilität der glatten Muskelzellen oder aber ist eine Folge einer vergrößerten Erregbarkeit der nervösen Organe des autonomen Nervensystems[2]. Durch Digitalisdarreichung kann unter Umständen eine negative Wassermannsche Reaktion oder Meinickesche Reaktion (3. Modifikation) positiv werden, trotzdem keine Lues besteht. Diese Reaktion schwindet innerhalb weniger Tage[3]. Die Kombination von Chinin mit Digitalis ist dort angebracht, wo es sich darum handelt, der Digitaliskumulation oder sonstigen Intoxikationsgefahren vorzubeugen[4]. Über die Behandlung der Arrhythmia perpetua mit Chinidin und Digitalis[5]. Digitalissubstanzen bewirken in geringeren Gaben eine Senkung des venösen Druckes, in größeren Gaben tritt eine Steigerung des venösen und arteriellen Druckes ein[6]. Digitalisglykoside lassen die Bronchen unbeeinflußt, hohe Dosen führen zu sehr energischen Lungengefäßkontraktionen[7]. Calcium und Digitalis gleichen sich beim Menschen völlig sowohl im Angriffspunkt wie in ihrer Wirkung, nur mit dem Unterschied, daß die Wirkung bei dem einen flüchtig, bei dem anderen dauerhaft ist, denn Calcium bewirkt neben den Pulsverlangsamungen und der Umkehr in den Beschleunigungstyp bei tiefer Atmung Irregularitäten vom Typus des Sinusblocks und der Sinusarrhythmie, also die der Digitalis eigenen spezifischen Effekte[8]. Nach einer Digitalisinjektion wird alkalischer Harn abgesondert[9]. Digitalisstoffe bewirken eine Herabsetzung der Senkungsgeschwindigkeit der roten Blutkörperchen[10]. Bei zwei klinischen Fällen von arterieller Hypertonie wurde mit dem durch eine Diuretin-Digitalisbehandlung herbeigeführten Sinken des Blutdrucks eine erhebliche Mehrausscheidung von Dimethylguanidin beobachtet[11]. Durch gleichzeitige Anwendung von Digitalis und Novasurol als Diuretikum bei Herzleiden wird die Wirkung beider erhöht[12]. Als krampfstillend bewährte sich eine Kombination von Adonis vernalis mit Digitalis, besonders, wenn es sich darum handelt, pathologische Nervenfunktionen durch Herz- oder Kreislaufmittel zu regulieren[13]. Durch Digitalisstoffe werden die durch Cocain, Campher und Pikrotoxin hervorgerufenen Krämpfe abgeschwächt. Strychninkrämpfe und fibrilläre Zuckungen nach Physostygmin werden nicht beeinflußt[14]. Bei vermehrter Thyreoidinwirkung ist die Digitaliswirkung herabgesetzt, und umgekehrt bei verminderter Thyreoidinwirkung erhöht[15]. Kleinste sonst indifferente Dosen von Saponine erhöhen die Wirkung von Digitalis auf das 50 fache, was auf Erhöhung der Resorption zurückgeführt wurde[16]. Digitalis verhindert die Auslösbarkeit einer auriculären paroxysmalen Tachykardie nicht[17]. Die Digitalissubstanzen wirken selbst bei stärkster Verdünnung stets kontrahierend auf die Nierengefäße[18].

Physikalische und chemische Eigenschaften: In der Digitalistinktur entstehen bei 1- bis 2 jähriger Aufbewahrung saure Produkte unter Verschiebung der p_H, z. B. von anfangs p_H 5,88 in 1 Jahr auf 5,66, in 2 Jahren auf 5,38. Durch Zusatz einer schwachen Säure, z. B. Weinsäure, läßt sich mittels Pufferung eine Konstanz der p_H und damit eine bessere Haltbarkeit der

[1] Ferdinand Lehr: Ther. Gegenw. **67**, 352—353 (1926) — Chem. Zbl. **1926 II**, 1768.
[2] Peter Weger: C. r. Soc. Biol. Paris **96**, 803—806 (1927) — Chem. Zbl. **1927 II**, 120.
[3] Karl Bauer: Wien. klin. Wschr. **35**, 173—175 (1922) — Chem. Zbl. **1922 II**, 778.
[4] Emil Starkenstein: Dtsch. med. Wschr. **48**, 414—416, 448—451 (1922) — Chem. Zbl. **1922 III**, 575.
[5] Willhelm v. Kapff: Dtsch. med. Wschr. **48**, 445—448 (1922) — Chem. Zbl. **1922 III**, 575.
[6] Michinosuke Yokota: Tohoku J. exper. Med. **4**, 23—51 (1923) — Chem. Zbl. **1924 I**, 1961.
[7] Hanns Löhr: Z. exper. Med. **39**, 67—130 (1924) — Chem. Zbl. **1924 I**, 2790.
[8] Ernst Billigheimer: Z. klin. Med. **100**, 411—457 (1924) — Chem. Zbl. **1924 II**, 2279.
[9] G. v. Paunewitz: Z. urol. Chir. **15**, 227—245 (1924) — Chem. Zbl. **1925 I**, 690.
[10] S. Hara: J. of orient. Med. **2**, 191—194 (1924) — Chem. Zbl. **1925 II**, 939.
[11] Ralph H. Major: Bull. Hopkins Hosp. **36**, 357—360 (1925) — Chem. Zbl. **1926 I**, 428.
[12] A. R. Gilchrist: Lancet **209**, 1019—1021 (1925) — Chem. Zbl. **1926 I**, 1231.
[13] Hans Januschke: Wien. med. Wschr. **75**, 2725 (1925) — Chem. Zbl. **1926 I**, 1449.
[14] M. Masslow: Arch. f. exper. Path. **111**, 114—125 (1926) — Chem. Zbl. **1926 I**, 2720.
[15] Pietro Maria Niccolini: Arch. internat. Pharmacodynamie **31**, 71—89 (1925) — Chem. Zbl. **1926 II**, 1655.
[16] R. Wasicky: Wien. klin. Wschr. **39**, 1095 (1926) — Chem. Zbl. **1926 II**, 2455.
[17] Harold L. Otto u. Harry Gold: Amer. Heart J. **2**, 1—11 (1926) — Chem. Zbl. **1927 II**, 601.
[18] Masamichi Ozaki: Arch. f. exper. Path. **123**, 305—330 (1927) — Chem. Zbl. **1927 II**, 1171.

Tinktur erreichen[1]. Im Digitalisinfus entstehen innerhalb weniger Tage saure Produkte. Die Wirksamkeitsabnahme ist im angesäuerten Infus am geringsten, in alkalischem ($NaHCO_3$-Zusatz) am stärksten. Der unbehandelte Infus hält die Mitte[2]. Polarisiertes Licht übt einen ausgesprochenen Einfluß auf Digitalistinktur aus. Dies hat praktische Bedeutung, denn transparente Cellulosefilme polarisieren das Licht bis zu einem bestimmten Umfange. Digitalistinktur, die sich in zwei Flintflaschen gleicher Form und Quantität befand, von denen aber die eine Flasche in dünnes Papier eingewickelt war, die andere nicht, zeigte nach mehrwöchigem Stehen im Sonnenlicht Unterschiede im Wirkungswert von etwa 15%[3]. Die Digitoglykotannoide (= die Gesamtheit der Digitalisglykoside in ihrer natürlichen Form) geben mit Harnstoff, Natriumsalicylat und Natriumbenzoat wasserlösliche Doppelverbindungen[4].

Verschiedene Digitalispräparate[5].

Gitapurin (Herstellerin: J. D. Riedel, Berlin) enthält von den wirksamen Komponenten der Digitalis nur das Gitalin und Digitalein. Durch den Fortfall des toxischen Digitoxins ist die kumulierende Wirkung geringer und die Toxizität herabgesetzt[6].

Digipurat. Wirkt bei rectaler Verabfolgung im Prinzip in vielen Fällen wie die intravenöse[7].

Digitrapin[8] besteht aus 1 ccm Digitalis-Bürger und 0,2 mg Atropin.

Digirenan enthält die Bestandteile der Digitalis und der Nebenniere[8].

Digiclarin enthält alle wirksame Bestandteile der Digitalisblätter ohne Saponine und Ballaststoffe, 1 ccm = 0,1 g Folia Digit. titr.[9].

Digatropin enthält in 1 ccm Digitalis-Bürger 0,2 mg Atropinsulfat[10].

Diginorm ist ein die wirksamen Bestandteile erhaltendes von Ballaststoffen befreites Präparat[11].

Wird **Digitalis-Dispert** $^1/_2$ Stunde auf dem Wasserbade erhitzt, so erfährt der Extrakt einen Titersturz von etwa 60%, verursacht durch die Thermolabilität der Aktivglykosiden[12].

Die in **Digistrophan-Dragees** (Goedecke und Co.) vorhandene Digitalis-Strophanthus-Kombination führt zu längerem Anhalten der Digitaliswirkung, während das zugesetzte Cocain die Nebenwirkungen auf den Verdauungskanal weitgehend ausschaltet[13].

Unter **Digitoglykotannoide** soll die Gesamtheit der Digitalisglykoside in ihrer natürlichen Form verstanden werden. Darstellung von einer Ca-Verbindung derselben[14].

Digitalin, Digitalinum verum (Bd. II, S. 651, 652; Bd. X, S. 869).

Mol-Gewicht: 720[15].

Zusammensetzung: $C_{37}H_{58}O_{14}$.

Darstellung: Die feingemahlenen, mit Äther erschöpfend extrahierten Samen aus Digitalis purpurea (17 kg) werden mit abs. Alkohol extrahiert; die konzentrierten alkoholischen Lösungen

---

[1] G. Joachimoglu u. P. Bose: Arch. f. exper. Path. **102**, 17—22 (1924) — Chem. Zbl. **1924 II**, 503.

[2] U. Hintzelmann u. G. Joachimoglu: Arch. f. exper. Path. **112**, 56—59 (1926) — Chem. Zbl. **1926 I**, 3414.

[3] David J. Macht u. W. T. Anderson jr.: J. amer. chem. Soc. **49**, 2017—2034 (1927) — Chem. Zbl. **1927 II**, 1792.

[4] Knoll u. Co.: D.R.P. 444064; Chem. Zbl. **1927 II**, 744.

[5] P. Wolff: Dtsch. med. Wschr. **48**, 306 (1922) — Chem. Zbl. **1922 I**, 1052. — Wilhelm Wiechowski: Ther. Halbmh. **25**, 681—690 (1921) — Chem. Zbl. **1922 II**, 420. — Ernst Romberg: Münch. med. Wschr. **70**, 899—901 (1923) — Chem. Zbl. **1923 III**, 959. — R. Lillig: Apoth.-Ztg **40**, 1236—1237, 1263—1265 (1925) — Chem. Zbl. **1926 I**, 1234. — Ernst Richter: Apoth.-Ztg **41**, 1419—1420 (1927) — Chem. Zbl. **1927 I**, 914, 915.

[6] Schoch: Münch. med. Wschr. **72**, 809 (1925) — Chem. Zbl. **1925 II**, 414. — Werner Bohnstedt: Dtsch. med. Wschr. **51**, 1234—1235 (1925) — Chem. Zbl. **1925 II**, 1469. — Albert Cohn: Ther. Gegenw. **66**, 461 (1925) — Chem. Zbl. **1925 II**, 2281.

[7] Erich Meyer: Klin. Wschr. **1**, 57—58 (1922) — Chem. Zbl. **1922 I**, 774.

[8] H. Mentzel: Pharm. Zentralhalle **62**, 532—534 (1922) — Chem. Zbl. **1922 II**, 55.

[9] H. Mentzel: Pharm. Zentralhalle **63**, 23—24 (1922) — Chem. Zbl. **1922 II**, 910.

[10] Ohne Autor: Pharm. Zentralhalle **63**, 287—289 (1922) — Chem. Zbl. **1922 IV**, 914.

[11] S. Rabow: Chem.-Ztg **46**, 157—158 (1922) — Chem. Zbl. **1922 II**, 1005.

[12] G. Pietrowski: Klin. Wschr. **1**, 1890 (1922) — Chem. Zbl. **1922 IV**, 1023.

[13] Carl Robert: Ther. Gegenw. **64**, 40 (1923) — Chem. Zbl. **1923 I**, 1245.

[14] Knoll u. Co.: D.R.P. 434280; Chem. Zbl. **1926 II**, 2459.

[15] A. Windaus, A. Bohne u. A. Schwieger: Ber. dtsch. chem. Ges. **57**, 1386 (1924) — Chem. Zbl. **1924 III**, 2050.

werden mit trockenem Äther versetzt, solange ein deutlicher Niederschlag entsteht. Die Fällung wird mehrmals wiederholt. Die alkoholisch-ätherischen Lösungen werden auf ein kleines Volumen eingedampft und nach den von Kiliani gegebenen Vorschriften verarbeitet (Ausbeute 22 g)[1]. — Das so bereitete Glykosid ist noch nicht rein weiß und besitzt einen unscharfen Schmelzpunkt. Es wird darum in einem Extraktionsapparat erst 6 Stunden mit Äther und dann weitere 6 Stunden mit Chloroform extrahiert. Das zurückbleibende Material wird dann mit siedendem Aceton extrahiert; hierbei löst sich die Hauptmenge des Glykosids auf und scheidet sich im Extraktionskolben in groben Körnern wieder aus. Dieselben werden aus Methylalkohol-Äther umkrystallisiert, und das so gewonnene Material in 2 Teilen Methylalkohol gelöst und mit 3 Teilen destilliertem Wasser gefällt. Zur Analyse muß das Digitalinum verum im Vakuum bei 115° bis zu konstantem Gewicht getrocknet werden[1].

Physiologische Eigenschaften: Nach intravenöser Injektion von $^1/_{20}$ mg Digitalin pro kg wird die Diurese bei Kaninchen herabgesetzt[2]. Digitalinlösungen 1:5000 sind für Vorhof und Ventrikel des isolierten Herzens von Testudo graeca giftig. Lösungen 1:100000 regulieren den Ventrikelrhythmus, sind aber für den Vorhof giftig[3]. Digitalin bewirkt an der Arterie des isolierten Kaninchenohres Gefäßverengerung, die oft zum Spasmus führt; in dieser Periode treten bei Druckerhöhung rhythmische Schwankungen der Gefäßwand ein. Bei der Digitaliswirkung sind die rhythmischen Kontraktionen sehr stark ausgesprochen bei bedeutender Höhe und Dauer der Kontraktionswelle[4]. Digitalin bewirkt an der durchströmten Katzenleber Verengerung der Gefäße[5]. Die Wirkung von Digitalin am Kaninchendarm wird durch Serumzusatz stark abgeschwächt[6]. Digitalin verlängert die Chronaxie des Myokards[7]. Wirkt kontrahierend auf einen isolierten Mesenterialvenenstreifen[8]. Digitalin, intracutan in die Bauchhaut von Kaninchen injiziert, hat in 0,005proz. Lösung schwache, in 0,05proz. Lösung starke Reizwirkung, die durch Stehenlassen mit 0,2proz. Salzsäure nicht aufgehoben wird[9]. Entwickelt am isolierten Pferdedarm eine entsprechende Wirkung wie am Herzen. Bezüglich der austreibenden Wirkung läßt sich eine Zunahme der Füllung — diastolische Wirkung — und eine Vervollkommnung der Kontraktion — systolische Wirkung — erkennen. Der Tonus wird erhöht; die Wirkung ist eine muskuläre[10]. Ruft nach leichten temperaturerhöhenden Schwankungen Temperatursenkung hervor[11]. Coffein verhindert am isolierten Froschherzen in Dosen von $^1/_{10000}-^1/_{5000}$, die an sich die Herztätigkeit verbessern, die Giftwirkung von Digitalin[12]. Wirkt auf Aortenstreifen von Kaninchen kontrahierend[13].

Physikalische und chemische Eigenschaften: Wird Digitalinum verum im Vakuum bei 115° bis zu konstantem Gewicht getrocknet, so schmilzt es bei 229° — Digitalinum verum ist das Derivat eines einfach ungesättigten Trioxylactons $C_{24}H_{36}O_5$, dessen eine Hydroxylgruppe frei ist, die beide anderen mit 1 Mol Glykose bzw. 1 Mol Digitalose glykosidisch verknüpft sind. Beim Erhitzen mit verdünnten Säuren werden aus dem Digitalin nicht nur 2 Mol Zucker, sondern außerdem 2 Mol Wasser abgespalten, und an Stelle des erwarteten einfach ungesättigten Genins $C_{24}H_{36}O_5$ erhält man ein dreifach ungesättigtes Monooxylacton $C_{24}H_{32}O_3$, das Digitaligenin:

$$C_{37}H_{58}O_{14} + 2H_2O = C_{24}H_{36}O_5 + C_6H_{12}O_6 + C_7H_{14}O_5$$
$$C_{24}H_{36}O_5 = C_{24}H_{32}O_3 + 2H_2O$$

Digitalinum verum nimmt bei der katalytischen Hydrierung genau 1 Mol Wasserstoff auf[1, 14].

[1] A. Windaus, A. Bohne u. A. Schwieger: Ber. dtsch. chem. Ges. **57**, 1386 (1924) — Chem. Zbl. **1924 III**, 2050.

[2] Lucien Beco u. L. L. Plumier: J. Physiol. et Path. gén. **20**, 346—352 (1922) — Chem. Zbl. **1923 III**, 1113.

[3] Domenica Liotta: Arch. Farmacol. sper. **36**, 145—155, 161—165 (1923) — Chem. Zbl. **1924 I**, 1829.

[4] J. Kraft: Pflügers Arch. **204**, 491—497 (1924) — Chem. Zbl. **1924 II**, 1829.

[5] W. Lampe u. J. Méhes: Arch. f. exper. Path. **117**, 115—131 (1926) — Chem. Zbl. **1927 I**, 314.

[6] Hysjiro Tanaka: Ber. Physiol. **37**, 445 (1926) — Chem. Zbl. **1927 I**, 1609.

[7] Henri Fredericq: C. r. Soc. Biol. Paris **92**, 739—742 (1925) — Chem. Zbl. **1925 I**, 71.

[8] K. J. Franklin: J. of Pharmacol. **26**, 215—225 (1925) — Chem. Zbl. **1926 I**, 978.

[9] Masakazu Nakamura: Tohoku J. exper. Med. **6**, 278—285 (1925) — Chem. Zbl. **1926 II**, 1068.

[10] J. Kolda: Arch. f. exper. Path. **119**, 165—192 (1926) — Chem. Zbl. **1927 I**, 1982.

[11] Efisio Mameli u. Edoardo Filippi: Ann. chim. appl. **16**, 556—602 (1926) — Chem. Zbl. **1927 I**, 2338.

[12] A. M. Preobraschenszky: Z. exper. Med. **55**, 226—238 (1927) — Chem. Zbl. **1927 II**, 600.

[13] Nobuharu Kitamura: Fol. jap. pharmacol. **4**, 76—78 (1927) — Chem. Zbl. **1927 II**, 232.

[14] A. Windaus u. G. Bandte: Ber. dtsch. chem. Ges. **56**, 2001—2007 (1923) — Chem. Zbl. **1923 III**, 1368.

Digitalin (Merck) gibt keine Pentosereaktion nach Thomas[1]. Zur Identifizierung werden die Handelspräparate mit Chloroform extrahiert, letzteres verdampft und konzentrierte Salzsäure zugesetzt, wodurch eine grüne Färbung entsteht. Auch die Reaktion mit alkoholischer Schwefelsäure und Eisenchloridlösung eignet sich zur Identifizierung[2].

Das **prymäre Aglykon** des Digitalinum verum, $C_{24}H_{36}O_5$, ist als solches nicht zu fassen, man erhält nur das Dianhydroderivat desselben, das Digitaligenin. Das primäre Aglykon ist wahrscheinlich identisch mit dem Gitoxigenin[3].

Derivate: Dihydro-digitalin $C_{37}H_{60}O_{14}$. Eine Lösung von 0,984 g reinem Digitalin in 50 ccm Methylalkohol wird mit einer Lösung von 0,2 g kolloidalem Palladium in 50 ccm Wasser vermischt und mit Wasserstoff geschüttelt. Im Verlauf von 4 Stunden werden 35 ccm aufgenommen, während sich für eine Doppelbindung 30 ccm berechnen. — Dihydro-digitalin ist vollkommen ungiftig, so z. B. hatten 6 mg Dihydro-digitalin bei einem Frosche von 55 g nicht die geringste Wirkung auf die Herztätigkeit[4].

Digitoxin (Bd. II, S. 654; Bd. VIII, S. 347; Bd. X, S. 872).

Zusammensetzung: Kiliani[5] hat für das Digitoxin die Formel $C_{34}H_{54}O_{11}$ abgeleitet und formuliert dessen Spaltung in Digitoxigenin und Digitoxose nach der Gleichung:

$$C_{34}H_{54}O_{11} + H_2O = C_{22}H_{32}O_4 + 2\,C_6H_{12}O_4$$

Dagegen entspricht den Versuchen Cloettas[6] die Formel $C_{44}H_{70}O_{14}$ für Digitoxin und die Hydrolysengleichung:

$$C_{44}H_{70}O_{14} + 2\,H_2O = C_{24}H_{36}O_4 + 2\,C_6H_{12}O_4 + C_8H_{14}O_4$$

Windaus und Freese[7] haben auf Grund der für Digitoxigenin scheinbar feststehenden Formel $C_{24}H_{36}O_4$ nach den Spaltstücken, die nach ihrer Bestimmung aus 1 Mol Digitoxigenin und 3 Mol. Digitoxose bestehen, die folgende Gleichung aufgestellt:

$$C_{42}H_{66}O_{13} + 3\,H_2O = C_{24}H_{26}O_4 + 3\,C_6H_{12}O_4$$

Da die Analysenwerte für Digitoxin nicht ganz mit der Formel $C_{42}H_{66}O_{13}$ übereinstimmen, wurde der Substanz $^1/_2$ Mol Krystallwasser zugeschrieben. — Die neuesten Untersuchungen von Windaus ergeben, daß eine Formel $C_{41}H_{64}O_{13}$ für Digitoxin am besten den Analysen, den Mol-Gewichts-Bestimmungen und der ermittelten Ausbeute an Spaltstücken entspricht. Die Spaltgleichung lautet dann:

$$C_{41}H_{64}O_{13} + 3\,H_2O = C_{23}H_{34}O_4 + 3\,C_6H_{12}O_4 \ [8]$$

Vorkommen: Die Menge des krystallisierten Digitoxins, erhalten nach Keller aus verschiedenen Digitalisarten, wie Dig. ferruginea, purpurea, lanata und ambigua, ist nur wenig (um etwa 0,3%) verschieden. Der Gehalt der Blätter an Digitoxin hängt von der Kultur ab und nicht von der wenig abweichenden Struktur der verschiedenen Arten[9]. Das Mengenverhältnis des Digitoxins der im Digitalisblatt vorhandenen Wirkstoffe beträgt 50%[10]. Gitapurin (Herstellerin: J. D. Riedel, Berlin) enthält kein Digitoxin, nur Gitalin und Digitalein[11].

---

[1] Pierre Thomas u. Rosa Imas: C. r. Soc. Biol. Paris **92**, 300—302 (1925) — Chem. Zbl. **1925 II**, 77. — Vgl. auch Thomas u. Berariu: C. r. Soc. Biol. Paris **91**, 1470 (1924) — Chem. Zbl. **1925 I**, 1233.

[2] Guil. Rouchesne: J. pharmac. Belg. **9**, 349—351 (1927) — Chem. Zbl. **1927 II**, 150.

[3] A. Windaus u. G. Schwarte: Ber. dtsch. chem. Ges. **58**, 1515—1519 (1925) — Chem. Zbl. **1926 I**, 407.

[4] A. Windaus, A. Bohne u. A. Schwieger: Ber. dtsch. chem. Ges. **57**, 1386—1388 (1924) — Chem. Zbl. **1924 II**, 2050.

[5] Kiliani: Ber. dtsch. chem. Ges. **51**, 1613 (1918) — Chem. Zbl. **1918 II**, 1036.

[6] Cloetta: Arch. f. exper. Path. **88**, 113 (1920); **112**, 261 (1926) — Chem. Zbl. **1921 I**, 451; **1926 II**, 771.

[7] A. Windaus u. C. Freese: Ber. dtsch. chem Ges. **58**, 2503 (1925) — Chem. Zbl. **1926 I**, 2199.

[8] A. Windaus: Nachr. Ges. Wiss. Göttingen, Math.-physik. Kl. **1926**, 170—174 — Chem. Zbl. **1927 I**, 2912.

[9] S. Biernacki: Roczn. Farmacji **1**, 57—107 (1923) — Chem. Zbl. **1924 II**, 212.

[10] Focke: Jahresber. der Caesar u. Loretz-A.-G. **1925**, 115—119 — Chem. Zbl. **1927 I**, 2448.

[11] Schoch: Münch. med. Wschr. **72**, 809 (1925) — Chem. Zbl. **1925 II**, 414.

Darstellung: Zur Gewinnung des Digitoxins im großen hält Binaghi[1] die Extraktionsmethode von Nativelle für die beste. Die Blätter werden zweckmäßig erst mit Wasser, dann mit Alkohol extrahiert[2].

Nachweis und Bestimmung: 0,01 mg Digitoxin ad 10,0 g Wasser kann durch die Pikrinsäuremethode nachgewiesen werden[3]. In Digitan (Digitan ist eine Mischung von Digitalisglykosiden in Form ihrer Tannate mit Milchzucker) kann Digitoxin folgenderweise bestimmt werden: Man löst 10 g Digitan bei gelinder Wärme in 50 ccm Wasser, setzt 5 ccm NH_3 (10 %) zu und extrahiert mit Chloroform, filtriert, destilliert das Chloroform ab, löst den Rückstand in 3 g Chloroform, mischt die Lösung mit 7 g Äther und 50 g Petroläther und läßt über Nacht stehen. Die auf einem Filter gesammelten abgeschiedenen Flocken löst man in abs. Alkohol, destilliert aus tariertem Gefäß den Alkohol ab und trocknet den Rückstand bis zum konstanten Gewicht. Die so erhaltene Substanz wird gewogen, ist jedoch kein reines Digitoxin[4].

Physiologische Eigenschaften: Das durch Ca-freie Ringerlösung stillgestellte Froschherz wird durch Digitoxin gar nicht oder nicht zum regelmäßigen Schlagen gebracht. Ca-arm ernährte Herzen werden durch Digitoxin sehr bald toxisch beeinflußt, was sich durch Unregelmäßigkeit des Herzschlages und Pulshalbierungen zu erkennen gibt[5]. Feststellung der Wirkungen des Ozons auf das durch Digitoxin geschädigte Froschherz[6]. Bei Fröschen und Mäusen wird durch gleichzeitige Verabreichung von Saponinen die Wirkung von stomachal zugeführtem Digitoxin wesentlich gesteigert[7]. Nach Versuchen an Mäusen und Kaninchen besitzt Digitoxin die größten kumulierenden Eigenschaften unter den gebräuchlichen Digitalispräparaten[8]. An Katzen werden durch langsame intravenöse Infusion von Digitoxin in einer Menge von etwa 30 % der tödlichen Dosis noch keinerlei Schadenwirkungen am Herzen und Kreislauf verursacht, demnach werden in diesem Bereich die sog. therapeutischen Dosen zu suchen sein[9]. Nach Versuchen an Kaninchen, Katzen und Hunden liegt die unterste wirksame Dose des intravenös gegebenen Digitoxins bei etwa $^1/_{24}$ der letalen. Auch weit unter den toxischen liegende Gaben ($^1/_3 - ^1/_{24}$ der letalen) wirken außer auf das Herz auf die Gefäße; die Gefäßwirkung überdauert zumeist die Herzwirkung und ist eine zweifache: erweiternd und verengernd. Die anfängliche erweiternde ist im allgemeinen die flüchtigere, die verengernde die länger anhaltende. Die Verengerung ist an den Darm- und Nierengefäßen im allgemeinen am deutlichsten ausgesprochen; doch hält die Erweiterung an den Nierengefäßen meist bedeutend länger an als am Darm. Die toxischen Dosen wirken an beiden Gefäßgebieten mehr im Sinne der Verengerung[10]. Quantitative Studien über die Empfindlichkeit junger Kaninchen gegen Digitoxin[11]. Intracutan in die Bauchhaut von Kaninchen injiziert, hat es in 0,005proz. Lösung schwache, in 0,05proz. Lösung starke Reizwirkung, die durch Stehenlassen mit 0,2proz. Salzsäure nicht aufgehoben wird[12]. Bewirkt an der durchströmten Katzenleber Verengerung der Gefäße[13]. Besitzt die stärkste Gefäßwirkung[14]. Digitoxin (und Digitalein) wird durch das Herz am stärksten fixiert[5]. Bei Digitoxin sind die letalen Dosen bei peroraler und subcutaner Injektion nicht viel unterschieden[15]. Die wirksame Grenzkonzentration von Digitoxin beträgt

[1] R. Binaghi: Gazz. chim. ital. **51 II**, 284—288 (1921) — Chem. Zbl. **1922 II**, 971.

[2] C. H. Boehringer Sohn: A.P. 1586116; Chem. Zbl. **1927 II**, 1091.

[3] Arthur Knudson u. Melvin Dresbach: J. of Pharmacol. **20**, 205—220 (1920) — Chem. Zbl. **1923 II**, 979.

[4] L. E. Warren: J. amer. pharmaceut. Assoc. **11**, 8—12 (1922) — Chem. Zbl. **1923 IV**, 311.

[5] Hans Hoffmann: Arch. f. exper. Path. **96**, 105—114 (1923) — Chem. Zbl. **1923 I**, 1245.

[6] Tsunematsu Tsurumaki: Acta Scholae med. Kioto **7**, 113—121 (1925) — Chem. Zbl. **1926 I**, 2495.

[7] L. Kofler u. R. Kaurek: Arch. f. exper. Path. **109**, 362—369 (1925) — Chem. Zbl. **1926 I**, 1448.

[8] Hiroaki Utsunomiya: Okayama-Igakkai-Zasshi (jap.) **1927**, 71—88, 89—90 — Chem. Zbl. **1927 II**, 2208.

[9] J. Planelles u. F. F. Werner: Arch. f. exper. Path. **96**, 21—27 (1923) — Chem. Zbl. **1923 I**, 1241.

[10] W. Schemensky: Arch. f. exper. Path. **100**, 367—378 (1924) — Chem. Zbl. **1924 I**, 2180.

[11] Hiroshi Takahashi: Tohoku J. exper. Med. **6**, 72—74 (1925) — Chem. Zbl. **1926 II**, 264.

[12] Masakazu Nakamura: Tohoku J. exper. Med. **6**, 278—285 (1925) — Chem. Zbl. **1926 II**, 1068.

[13] W. Lampe u. J. Méhes: Arch. f. exper. Path. **117**, 115—131 (1926) — Chem. Zbl. **1927 I**, 314.

[14] U. G. Bijlsma, A. A. Hijmans van den Bergh, R. Magnus, J. S. Meulenhoff u. M. J. Roessingh: Reichsinstitut f. pharmakotherapeut. Unters. **1922**, 111 Seiten, Leiden — Chem. Zbl. **1922 III**, 1020.

[15] L. Lendle: Arch. f. exper. Path. **109**, 35—49 (1925) — Chem. Zbl. **1926 I**, 1468.

1:250000—300000[1]. Saponine fördern die Resorption von Digitoxin bei Eingabe in den Magendarmkanal[2]. Acetylcholin hemmt die durch Digitoxin verursachte Erregung des isolierten Froschherzens[3]. Digitoxin wirkt durch Reizung des Brechzentrums erbrechend[4]. Aus dem Ausfall der Amplitudenreaktion kann auf die Verschiedenheit des Angriffspunkts am Muskel von Barium und Digitoxin geschlossen werden[5]. Atropin besitzt gegen Digitoxin keine entgiftende Wirkung, es konnte eher eine Addition der Wirkungen festgestellt werden[6].

Physikalische und chemische Eigenschaften: Digitoxinkrystalle präsentieren sich als schlanke prismatische Individuen ohne jede deutliche Endbegrenzung. Die Doppelbrechung ist gering; mit der Längsachse der Prismen fällt $n\gamma$ zusammen, die Auslöschung ist somit eine gerade. Krystallsystem vermutlich tetragonal oder rhombisch[7]. Digitoxin (Schmelzp. 241°) in alkoholischer $1/_{1000}$n-Lösung zeigt kontinuierliche Absorption von 2221,1 Å (für 1 mm Schichtdicke) bis 2586,0 Å (100 mm)[8]. Wird Digitoxin im Hochvakuum auf 270° erhitzt, so entsteht Anhydrodigitoxose[9]. Digitoxin besitzt eine reduzierende Wirkung gegenüber dem Reagens von Tollens in Pyridinlösung und gibt eine intensive Rotfärbung mit Nitroprussidnatriumlösung und wenig Alkali in Pyridinlösung. Wird Digitoxin mit Lauge verseift, so bleibt die Nitroprussidreaktion aus. Digitoxin soll daher eine ungesättigte Lactongruppe enthalten[10].

Digitoxigenin (Bd. II, S. 655; Bd. VIII, S. 343; Bd. X, S. 872).

Zusammensetzung: $C_{23}H_{34}O_4$[11] (vgl. auch Digitoxin).

Physiologische Eigenschaften: Zeigt am Herzen, wenn auch in einzelnen Punkten quantitative und qualitative Unterschiede bestehen, eine dem Digitoxin ähnliche Wirkung[12].

Physikalische und chemische Eigenschaften: Prismatische Krystalle. Man kann einen positiven Bisektrix bei großem Achsenwinkel (gegen 96°) beobachten. Die Achsenebene $(n\alpha)$ ist parallel der Prismenachse, die Auslöschung ist also gerade. Krystallsystem wohl rhombisch[7]. Ist ein einfach ungesättigtes Dioxylacton, das sich aus einer ungesättigten Trioxymonocarbonsäure, der Dixgeninsäure, aufspalten läßt. Beim Erwärmen mit Salzsäure geht es unter Wasserabspaltung in ein doppelt ungesättigtes Monooxylacton, das Anhydrodigitoxigenin, $C_{23}H_{32}O_3$ über[11]. Wird Digitoxigenin durch Einwirkung von Natronlauge bei Zimmertemperatur verseift, so gibt die entstandene Säure weder ein Oxim noch ein Semicarbazon; die Verseifung führt also nicht zu einer Ketosäure, sondern zu einer Oxysäure, welche beim Ansäuern unverändertes Digitoxigenin zurückliefert[13]. Verbraucht bei der Titration der Doppelbindungen nach Winklers Verfahren — trotz der vorhandenen Doppelverbindung — kein Brom[13].

Digitalein (Bd. II, S. 640, 652, 656; Bd. X, S. 874).

Vorkommen: Das Mengenverhältnis des Digitaleins der im Digitalisblatt vorhandenen Wirkstoffe beträgt 14%[14].

Darstellung: Digitalisblätter werden mit Wasser extrahiert, der Auszug mit Bleiacetat gereinigt und dann mit Chloroform ausgeschüttelt, wobei Gitalin in Lösung geht. Aus dem Rückstand der Chloroformbehandlung erhält man nach Zusatz von Butylalkohol und hierauf Äther das Digitalein[15].

[1] E. de Giacomi: Arch. f. exper. Path. **117**, 69—86 (1926) — Chem. Zbl. **1927 I**, 482.

[2] F. Lasch u. S. Brügel: Arch. f. exper. Path. **120**, 144—145 (1927) — Chem. Zbl. **1927 I**, 2089.

[3] Gompei Morita: Fol. pharmacol. jap. **2**, 159—191 (1926) — Chem. Zbl. **1927 I**, 1607.

[4] N. Dresbach u. N. Y. Albany: XII. Internat. Physiologenkongreß in Stockholm **1926**, 41—42 — Chem. Zbl. **1927 II**, 289.

[5] Kazuji Hayashi: Fol. jap. pharmacol. **3**, 425—441 (1926) — Chem. Zbl. **1927 II**, 1049.

[6] Shigeru Uchida: Fol. paj. pharmacol. **4**, 144—145 (1927) — Chem. Zbl. **1927 II**, 1174.

[7] M. Cloetta: Arch. f. exper. Path. **112**, 261—342 (1926) — Chem. Zbl. **1926 II**, 771.

[8] V. Brustier: Bull. Soc. chim. France (4) **39**, 1527—1543 (1926) — Chem. Zbl. **1927 I**, 2395.

[9] A. Windaus u. G. Schwarte: Nachr. Ges. Wiss. Göttingen, Math.-physik. Kl. **1926**, 1—7 — Chem. Zbl. **1927 I**, 883.

[10] Walter A. Jacobs u. Alexander Hoffmann: J. of biol. Chem. **67**, 333—339 (1926) — Chem. Zbl. **1926 II**, 1049.

[11] A. Windaus: Nachr. Ges. Wiss. Göttingen, Math.-physik. Kl. **1926**, 170—174 — Chem. Zbl. **1927 I**, 2912.

[12] Emil Lenz: Arch. f. exper. Path. **114**, 77—124 (1926) — Chem. Zbl. **1926 II**, 1881.

[13] Walter A. Jacobs, Alexander Hoffmann u. Edwin L. Gustus: J. of biol. Chem. **70**, 1—11 (1926) — Chem. Zbl. **1927 I**, 105.

[14] Focke: Jahresbr. d. Caesar u. Loretz-A.-G. **1925**, 115—119 — Chem. Zbl. **1927 I**, 2448.

[15] C. H. Boehringer Sohn: A.P. 1586116; Chem. Zbl. **1927 II**, 1091.

984 Géza Zemplén: Glykoside.

Physiologische Eigenschaften: Digitalein (und Digitoxin) wird durch das Herz am stärksten fixiert[1]. Aus dem Ausfall der Amplitudenreaktion kann auf die Verschiedenheit des Angriffspunktes am Muskel von Barium und Digitalein geschlossen werden[2]. Im Vergleich mit den Gefäßen auf der unversehrten Seite reagieren die entnervten Gefäße auf Digitalein mit einer stärkeren Verengerung[3]. Das Herz von Lepodactylus ocellatus ist gegen Digitalein relativ widerstandsfähig[4]. Verliert bei peroraler Darreichung am Frosch viel an Wirkungsstärke[5]. An dem Bauchvenenpräparat des Frosches und der Randvene des Kaninchenohrs wirkt Digitalein kontrahierend[6]. Fördert das Wachstum der Gewebskultur aus der embryonalen Hühnerherzkammer[7]. Intracutan in die Bauchhaut von Kaninchen injiziert, hat es in 0,005proz. Lösung schwache, in 0,05proz. Lösung starke Reizwirkung, die durch Stehenlassen mit 0,2proz. Salzsäure nicht aufgehoben wird[8]. Nach Versuchen an Mäusen und Kaninchen wird Digitalein in größerer Menge kumuliert als Strophanthin, Scillaren und Cymarin und in kleinerer Menge als Digitoxin[9].

Digitonin (Bd. II, S. 651, 653; Bd. VIII, S. 343; Bd. X, S. 875).

Mol-Gewicht: 1158, berechnet unter der Annahme, daß 1 Mol Digitonin sich mit 1 Mol Cholesterin verbindet.

Zusammensetzung: $C_{55}H_{90}O_{29}$[10].

Vorkommen: Samen von Digitalis purpurea enthalten etwa 1,4% Digitonin, Digitalin Merck 31,1%, Digitonin Merck 81,1%[11].

Darstellung: Das nach Kiliani[12] dargestellte Digitonin enthält stets geringe Mengen Gitonin. Zur Reinigung löst man das Rohprodukt zu 5% in Wasser von 85° und versetzt nach dem Erkalten mit überschüssigem Äther. Die nach 30 Minuten abgeschiedene Fällung wird nochmals in gleicher Weise umgefällt[13].

Physiologische Eigenschaften: Die hämolytische Wirkung des Digitonins wird durch Elektrodialyse entweder nicht geändert, oder sie wird erhöht. Diese Zunahme der Hämolysenwirkung ist nicht nur durch Entfernung indifferenter Verunreinigungen zu erklären, sondern muß noch andere Ursachen haben[14]. Digitonin gehört in bezug auf die [H·] auf die Hämolyse in die Gruppe vom Quillajatypus[15]. In genügend verdünnten Lösungen von Digitonin lassen sich bedeutende Zeitunterschiede in der Hämolyse von Kaninchen-, Meerschweinchen- und Hundeblutkörperchen beobachten. Diese sind bedingt durch deren Cholesteringehalt. War der vergleichende Cholesteringehalt der 3 Blutkörperchenarten 0,16 : 0,24 : 0,38%, so war bei einer Konzentration von 1,5 mg Digitonin/100 ccm die Zeit der Hämolyse 10 : 35 : 120 Minuten[16]. Die Wirkungen des Digitonins auf Blutkörperchen und Herz werden durch molekulare Mengen von Phyto- und Coprosterin und β-Cholestanol aufgehoben, nicht aber durch Pseudocoprosterin und Cholalsäure. Eine Mischung des Digitonins mit Gehirnbrei hebt jene Wirkungen auch auf. Es wird daher angenommen, daß die Wirkung auf die Zellen des Zentralnervensystems (bei Fischen), auf Blutkörperchen und Zellen des Herzmuskels im wesentlichen die gleiche ist, beruhend auf dem Angriff auf eine mit Cholesterin verwandte oder identische Substanz[17]. Die mit Digitonin gefällte Fraktion von bestrahltem Cholesterin verhindert den

[1] Hans Hoffmann: Arch. f. exper. Path. **96**, 105—114 (1923) — Chem. Zbl. **1923 I**, 1245.
[2] Kazuji Hayashi: Fol. jap. pharmacol. **3**, 425—441 (1926) — Chem. Zbl. **1927 II**, 1049.
[3] Sukekichi Goto: Fol. jap. pharmacol. **4**, 564—571 (1927) — Chem. Zbl. **1927 II**, 2690.
[4] O. M. Pico: C. r. Soc. Biol. Paris **87**, 568—569 (1922) — Chem. Zbl. **1922 III**, 1310.
[5] L. Lendle: Arch. f. exper. Path. **109**, 35—49 (1925) — Chem. Zbl. **1925 I**, 1468.
[6] Fumio Seto: Fol. jap. pharmacol. **2**, 305—318 (1926) — Chem. Zbl. **1927 I**, 1616.
[7] Keizo Uei: Fol. jap. pharmacol. **1**, 275—300; **2**, 228—236 — Chem. Zbl. **1927 I**, 2097.
[8] Masakazu Nakamura: Tohoku J. exper. Med. **6**, 278—285 (1925) — Chem. Zbl. **1926 III**, 1068.
[9] Hiroaki Utsunomiya: Okayama-Igakkai-Zasshi (jap.) **1927**, 71—88, 89—90 — Chem. Zbl. **1927 II**, 2208.
[10] A. Windaus u. K. Weil: Hoppe-Seylers Z. **121**, 62—79 (1922) — Chem. Zbl. **1922 III**, 1047. — Adolf Windaus: Nachr. Ges. Wiss. Göttingen, Math.-physik. Kl. **1925**, 45—48 — Chem. Zbl. **1926 I**, 1814.
[11] J. S. Mellanoff: Amer. J. Pharmacy **99**, 390—402 (1927) — Chem. Zbl. **1927 II**, 1599.
[12] Kiliani: Ber. dtsch. chem. Ges. **51**, 1613 (1918) — Chem. Zbl. **1918 II**, 1036.
[13] A. Windaus: Hoppe-Seylers Z. **150**, 205—210 (1925) — Chem. Zbl. **1926 I**, 1418.
[14] L. Kofler u. A. Wolkenberg: Biochem. Z. **160**, 398—460 (1925) — Chem. Zbl. **1925 II**, 1841.
[15] L. Kofler: Wien. med. Wschr. **77**, 179—181 (1927) — Chem. Zbl. **1926 I**, 2331.
[16] René Fabre: J. Pharmacie (8) **4**, 385—390 (1926) — Chem. Zbl. **1927 I**, 762.
[17] Fred Ransom: Biochemic. J. **16**, 668—677 (1922) — Chem. Zbl. **1923 I**, 1603.

Ausbruch der Rachitis nicht, dagegen ist der nicht fällbare Anteil antirachitisch wirksam[1]. Bestrahltes Cholesterin verhindert die hämolytische Wirkung des Digitonins stärker als nichtbestrahltes Sterin[2]. Digitonin wirkt in geringer Konzentration gärungsfördernd, in stärkerer Konzentration gärungshemmend. Die Wirkung von Digitonin beruht auf einer chemischen Verbindung mit dem Cholesterin der Zelle[3]. Gegen Digitonin sind Asterias-, Arbacia- und Echinarachniuseier wenig resistent[4]. Weiße Mäuse scheinen intravenös bedeutend höhere Dosen von Digitonin pro kg zu vertragen als die anderen bisher untersuchten Säugetiere. Subcutane Injektion führt zu steriler Eiterung an der Injektionsstelle. Um hämolytisch unwirksam zu werden, verbraucht Digitonin weniger Cholesterin als Sapotoxin, aber mehr als z. B. Roßkastanien- und Guajacsaponin. Jedoch scheint zwischen Cholesterinbindungsvermögen und Toxizität keine direkte Beziehung zu bestehen[5].

Physikalische und chemische Eigenschaften: Zusammenfassung über Eigenschaften und Reaktionen des Digitonins[6]. Mit sehr verdünnten Digitoninlösungen konnte nur ein Maximum der Verdampfungsgeschwindigkeit verwirklicht werden (im Gegensatz zu einer Natriumoleatlösung); die aus der entsprechenden Konzentration berechnete Dicke der monomolekularen Oberflächenschicht ist 22 Å[7]. — Digitonin (und Primulasäure, also die krystallinische Saponine) dialysiert durch eine Pergamenthülse viel schneller als die übrigen Saponine. Zur Reinigung läßt sich die Elektrodialyse zweckmäßig benutzen[8]. Läßt in wässeriger $^1/_{10000}$n-Lösung nur im äußersten Ultraviolett schwache Absorption erkennen[9]. Wird in Wasser leicht durch Tierkohle, Stärke oder Kaolin adsorbiert[10]. Kann zum Nachweis von pflanzlichen Fetten in tierischen Fetten benutzt werden[11]. Verwendung des Digitonins zur Mikrobestimmung des Cholesterins in der unverseifbaren Fraktion der Fette[12]. Die Säurehydrolyse liefert außer Hexosen auch Pentosen[13], und zwar beträgt die Menge der Pentosen etwa 1 Mol auf 1 Mol Digitonin. Die Spaltung verläuft wahrscheinlich nach folgender Gleichung:

$$C_{55}H_{90}O_{29} + 5\,H_2O \rightarrow C_{26}H_{42}O_5 + 4\,C_6H_{12}O_6 + C_5H_{10}O_5$$

Die Verbindungen, welche die antiophthalmischen und antirachitischen Eigenschaften des Lebertrans bedingen, sind durch Digitonin nicht fällbar[14]. Das antirachitische Provitamin (Ergosterin) gibt mit Digitonin ein Digitonid[15]. Das antirachitische Vitamin kann mit Digitoninfällung aus mit ultraviolettem Licht bestrahltem Cholesterin angereichert werden[16].

Digitogenin (Bd. VII, S. 153).

Zusammensetzung: $C_{26}H_{42}O_5$[17].

Physikalische und chemische Eigenschaften: Ist ein neutraler Stoff und enthält 3 Hydroxylgruppen; es besitzt weder eine Lactongruppe noch eine Methoxylgruppe; Aldehyd- und

[1] J. J. Nitzescu u. G. Popoviciu: C. r. Soc. Biol. Paris **94**, 1301—1303 (1926) — Chem. Zbl. **1926 II**, 786.

[2] Alfred F. Heß, Mildred Weinstock u. Elizabeth Sherman: J. of biol. Chem. **67**, 413—423 (1926) — Chem. Zbl. **1926 II**, 1296.

[3] Friedrich Boas: Ber. dtsch. chem. Ges. **40**, 249—253 (1922) — Chem. Zbl. **1923 I**, 357.

[4] Irvine H. Page u. G. H. A. Clowes: Amer. J. Physiol. **63**, 117—126 (1922) — Chem. Zbl. **1923 I**, 700.

[5] L. Kofler u. W. Schrutka: Biochem. Z. **159**, 327—336 (1925) — Chem. Zbl. **1925 II**, 952.

[6] J. S. Melanoff: Amer. J. Pharmacy **99**, 390—402 (1927) — Chem. Zbl. **1927 II**, 1599.

[7] Pierre Lecomte du Noüy: C. r. Acad. Sci. Paris **184**, 1062—1064 (1927) — Chem. Zbl. **1927 II**, 2162.

[8] L. Kofler u. A. Wolkenberg: Biochem. Z. **160**, 398—460 (1925) — Chem. Zbl. **1925 II**, 1841.

[8] V. Brustier: Bull. Soc. chim. France (4) **39**, 1527—1543 (1926) — Chem. Zbl. **1927 I**, 2395.

[10] Fred Ransom: Biochemic. J. **16**, 668—677 (1922) — Chem. Zbl. **1923 I**, 1603.

[11] C. F. Muttelet: Ann. Falsifications **14**, 327—333 (1921) — Chem. Zbl. **1922 II**, 342.

[12] Rudolf Mancke: Hoppe-Seylers Z. **162**, 238—263 (1927) — Chem. Zbl. **1927 I**, 2445.

[13] A. Windaus u. K. Weil: Hoppe-Seylers Z. **121**, 62—79 (1922) — Chem. Zbl. **1922 III**, 1047. — Adolf Windaus: Nachr. Ges. Wiss. Göttingen, Math.-physik. Kl. **1925**, 45—48 — Chem. Zbl. **1926 I**, 1814.

[14] E. M. Nelson u. K. Steenbock: J. of biol. Chem. **64**, 299—312 (1925) — Chem. Zbl. **1925 II**, 2065.

[15] Adolf Windaus: Chem.-Ztg **12**, 113—114 (1927) — Chem. Zbl. **1927 I**, 1976.

[16] J. J. Nitzescu u. G. Popoviciu: XII. Internat. Physiologenkongreß in Stockholm **1926**, 118 — Chem. Zbl. **1927 I**, 2443.

[17] Adolf Windaus: Nachr. Ges. Wiss. Göttingen, Math.-physik. Kl. **1925**, 45—48 — Chem. Zbl. **1926 I**, 1814.

Ketongruppen sind darin nicht nachweisbar, vermutlich sind die anderen Sauerstoffatome oxydartig gebunden. Destilliert im Vakuum unzersetzt[1]. Enthält 3 sekundäre Alkoholgruppen, die beiden anderen O-Atome vermutlich oxydartig gebunden. Die 3 Hydroxylgruppen stehen in hydrierten Ringen, 2 in demselben Ring in α-Stellung zueinander, die dritte in einem Nachbarring. Digitogenin ist gesättigt und enthält demnach 4 hydrierte Ringe. Die Seitenkette des Digitogenins wird durch energische Oxydation zu α-Methylglutarsäure abgebaut, verhält sich also wie die des Cholesterins[2]. Verbraucht beim Kochen mit alkoholischem Kali kein Alkali; beim Erwärmen mit 10 proz. Kalilauge auf 130° bleibt es unverändert; die Angabe[3], daß Digitogenin eine krystallisierte Kaliumverbindung liefere, ist unzutreffend[1]. Über Abbau- und Oxydationsprodukte des Digitogenins[4]. Über weitere Abbauprodukte des Digitogenins[5].

Derivate: Triacetyldigitogenin $C_{32}H_{48}O_8$. — Kilianis „Diacetyldigitogenin"[6] wird aus Alkohol umkrystallisiert. Die Krystalle vom Schmelzp. 178—180° sind noch nicht einheitlich, bestehen aus einem Gemisch verschiedener Acetyldigitogenine. Nach mehrmaligem Umkrystallisieren aus Äther-Petroläther erhält man ein Produkt, welches bei 190° schmilzt und reines Triacetyldigitogenin darstellt. Das sicherste Kriterium für die Reinheit des Triacetyldigitogenins ist sein Verhalten zu Methylmagnesiumjodid im Apparat von Zerewitinoff; es soll hierbei keine Spur Methan entwickeln[1].

Gitalin (Bd. VIII, S. 345; Bd. X, S. 875).

Vorkommen: Das Mengenverhältnis des Gitalins der im Digitalisblatt vorhandenen Wirkstoffe beträgt 35%[7]. Gitapurin (Herstellerin: J. D. Riedel, Berlin) enthält von den wirksamen Komponenten der Digitalis neben Digitalein nur Gitalin[8].

Darstellung: Digitalisblätter werden mit Wasser extrahiert, der wässerige Auszug mit Bleiacetat gereinigt, dann mit Chloroform extrahiert. Die Chloroformlösung wird eingedampft, aus dem Rückstand fällt Petroläther Gitalin aus. Oder der mit Bleiacetat gereinigte wässerige Auszug wird mit Amylalkohol extrahiert, die amylalkoholischen Extrakte im Vakuum eingeengt und solange noch ein Niederschlag entsteht, mit trockenem Äther versetzt. Man erhält so Gitalin und Digitalein als schwach bräunlichen, körnigen Niederschlag, der durch wiederholtes Fällen aus amylalkoholischer Lösung mit Äther gereinigt werden kann. Zur Trennung der beiden Glykoside verrührt man den Niederschlag mit Chloroform, filtriert, wobei Digitalein ungelöst bleibt. Aus der Chloroformlösung wird dann mit Äther Gitalin gefällt[9].

Physiologische Eigenschaften: Von den Digitalisglykosiden zeigt Gitalin die geringste Fixation am Herzen[10]. Bewirkt an der durchströmten Katzenleber Verengerung der Gefäße[11]. Die wirksame Grenzkonzentration von Gitalin beträgt 1 : 100000—125000[12].

Gitalinum crystallisatum[13].

Mol-Gewicht: 328,3.

Zusammensetzung: $C_{17}H_{28}O_6$.

Darstellung: Die von der Digitalindarstellung herrührende Essigester- und Ätherauszüge werden in Petroläther eingegossen, wobei eine weiße Fällung entsteht. Diese wird zusammengebracht mit den alkoholischen Auszügen aus der schwer löslichen Substanz. Nach gutem Trocknen im Vakuum wird dieses Gemenge noch zweimal in wenig Aceton gelöst, mit trockenem Äther versetzt und in Petroläther eingerührt. Die fast rein weiße Substanz wird

[1] A. Windaus u. K. Weil: Hoppe-Seylers Z. **121**, 62—79 (1922) — Chem. Zbl. **1922 III**, 1047.

[2] Adolf Windaus: Nachr. Ges. Wiss. Göttingen, Math.-physik. Kl. **1925**, 45—48 — Chem. Zbl. **1926 I**, 1814.

[3] H. Kiliani: Ber. dtsch. chem. Ges. **23**, 1555—1560 (1890).

[4] A. Windaus u. U. Willerding: Hoppe-Seylers Z. **133**, 33—47 (1925) — Chem. Zbl. **1925 I**, 2003.

[5] A. Windaus u. S. V. Shah: Hoppe-Seylers Z. **151**, 86—97 (1926) — Chem. Zbl. **1926 I**, 2200.

[6] H. Kiliani: Ber. dtsch. chem. Ges. **24**, 342 (1891).

[7] Focke: Jahresber. d. Caesar u. Loretz-A.-G. **1925**, 115—119 — Chem. Zbl. **1927 I**, 2448.

[8] Schoch: Münch. med. Wschr. **72**, 809 (1925) — Chem. Zbl. **1925 II**, 414.

[9] C. H. Boehringer Sohn: A.P. 1586116; Chem. Zbl. **1927 II**, 1091.

[10] Hans Hoffmann: Arch. f. exper. Path. **96**, 105—114 (1923) — Chem. Zbl. **1923 I**, 1245.

[11] W. Lampe u. J. Méhes: Arch. f. exper. Path. **117**, 115—131 (1926) — Chem. Zbl. **1927 I**, 314.

[12] E. de Giacomi: Arch. f. exper. Path. **117**, 69—86 (1926) — Chem. Zbl. **1927 I**, 482.

[13] M. Cloetta: Arch. f. exper. Path. **112**, 261—342 (1926) — Chem. Zbl. **1926 II**, 771.

in Aceton gelöst, mit Äther bis zur beginnenden Opalescenz versetzt und mit Ammoniakwasser geschüttelt. Der eingetrocknete Ätherrückstand wird nun wieder mit trockenem Essigester bei kühler Temperatur behandelt, wobei ein kleiner Teil der Substanz ungelöst bleibt. Dieselbe ist leicht löslich in Alkohol, Chloroform, Aceton und heißem Essigester. Aus allen diesen Lösungsmitteln kann durch Zusatz von Wasser oder durch trockenen Äther eine krystallinische Ausscheidung erzielt werden.

Physiologische Eigenschaften: Gitalinum crystallisatum ergibt bei der Stundenmethode einen Giftwert $V = 4{,}6$; bei der zeitlosen Methode 116000 F.D. per 1 g Substanz. Am isolierten Froschherzen beträgt die Minimalkonzentration, welche Stillstand bewirkt, 1:90000. An der Katze geprüft, zeigt das Gitalinum crystallisatum genau dieselben Erscheinungen wie das Digitalin. Die Dosis letalis schwankt zwischen 0,5—0,6 mg pro kg, höhere Dosen wie 1,0 mg pro kg führen schon innerhalb 3 Stunden unter starkem Erbrechen, Arrhythmie, starker Pulsverlangsamung und Atemnot zum Exitus.

Physikalische und chemische Eigenschaften: Krystallographische Bestimmung des aus verdünntem Alkohol krystallisierten Körpers: Die sehr kleinen Individuen haben $n\gamma$ in der Prismenachse und sind typisch zu radialfaserigen Aggregaten vereinigt. — Schmelzp. 245 bis 247°. Optisch völlig inaktiv. — Gitalinum crystallisatum wird durch Mineralsäuren äußerst leicht gespalten, wobei Gitaligeninum crystallisatum und 1 Mol Digitoxose entsteht:

$$C_{17}H_{28}O_6 + H_2O = C_{11}H_{18}O_3 + C_6H_{12}O_4$$

Derivate: Diacetylprodukt von Gitalinum crystallisatum [1] $C_{21}H_{32}O_8$. 0,4 g Gitalinum crystallisatum werden mit 0,4 g Natriumacetat und 12 ccm Essigsäureanhydrid kurze Zeit auf freier Flamme bis zum Schmelzen erhitzt und dann während 1 Stunde weiter auf dem Wasserbad erwärmt und in Wasser eingerührt. Aus Alkohol durch Wasserzusatz umkrystallisiert, feine Nädelchen, Schmelzp. 127°. — Mit der Stundenmethode wird ein Giftwert $V = 0{,}7$ erhalten. Bei der zeitlosen Methode entspricht 1 g Substanz 50000 F.D. Für die Katze ist die letale Dosis 1,5 mg pro kg.

Gitaligeninum crystallisatum [1].

Mol-Gewicht: 198,20.

Zusammensetzung: $C_{11}H_{18}O_3$.

Vorkommen: Gitaligeninum crystallisatum kommt in Digitalisblättern bereits präformiert vor.

Darstellung: Gitalinum crystallisatum wird in verdünntem Alkohol durch Salzsäure auf dem Wasserbade schon in 3—4 Minuten gespalten. Die Isolierung des Genins geschieht in analoger Weise wie die des Bigitaligenins. Zur Reinigung der Substanz wird dieselbe in einer Mischung von Methylalkohol und Chloroform zu gleichen Volumteilen aufgelöst und mit Äther gefällt; die Fällungen müssen durch Zusatz von Petroläther vervollständigt werden, weil das Genin leicht löslich ist. Falls das Präparat nicht völlig weiß wird auf diese Weise, empfiehlt sich die Behandlung mit Tierkohle.

Physiologische Eigenschaften: Bei der Stundenmethode am freigelegten Froschherzen zeigt sich erst bei Dosen über 0,5 mg eine Wirkung; es kommt zu eigenartigen kurzen Herzstillständen, unterbrochen durch einzelne kräftige Herzbewegungen. Zu einem bleibenden Stillstand innerhalb 1 Stunde kommt es erst bei Dosen von 5 mg an auf mittelschwere Frösche, also V kleiner als 0,2. — Der systolische Stillstand tritt erst bei einer Verdünnung von 1:18000 ein. Bei der zeitlosen Methode entspricht 1 g Substanz ungefähr 16000 F.D. — Auch bei den Versuchen an Katzen ergeben sich ganz ähnliche Wirkungen wie bei Bigitaligenin. — Die wirksame Grenzkonzentration von Gitaligenin beträgt 1:15000—20000 [2].

Physikalische und chemische Eigenschaften: Das reine Produkt krystallisiert in feinen Nädelchen, die häufig in strahligen Kugeln angeordnet sind. Die Krystalle sind nur mit mehr als 400 fachen Vergrößerungen deutlich sichtbar. — Der Schmelzp. beträgt 222°. $[\alpha]_D^{22} = +31{,}23°$ (in Methylalkohol). — Leicht löslich in Alkohol, Aceton, Essigester, Chloroform, schwer löslich in Äther und Wasser. Die Farbenreaktionen nach Keller und Kiliani sind genau dieselben wie bei dem Bigitaligenin. — Wird das Gitaligeninum crystallisatum mit Essigsäureanhydrid und Natriumacetat behandelt, so erhält man das Diacetylprodukt von Bigitaligenin. Ebenso wird durch die Einwirkung von Benzoylchlorid und Pyridin unter Kühlung Dibenzoylbigi-

[1] M. Cloetta: Arch. f. exper. Path. **112**, 261—342 (1926) — Chem. Zbl. **1926 II**, 771.

[2] E. de Giacomi: Arch. f. exper. Path. **117**, 69—86 (1926) — Chem. Zbl. **1927 I**, 482.

taligenin gebildet. Wird Gitaligeninum crystallisatum in Alkohol gelöst und mit Platinschwarz und Wasserstoff hydriert, so erhält man ausschließlich Tetrahydrobigitaligenin. Durch Einwirkung von konz. alkoholischer Salzsäure und konz. wässeriger Salzsäure wird das Genin in Dianhydrobigitaligenin verwandelt. — Auf Grund dieser Reaktionen kann die Entstehung des Bigitaligenins durch Zusammentritt von 2 Mol Gitaligeninum crystallisatum unter Austritt von 1 Mol Wasser aufgefaßt werden.

Bigitalinum crystallisatum, Synonym: Bigitalin[1].

Mol-Gewicht: 768,71.

Zusammensetzung: $C_{40}H_{64}O_{14}$.

Darstellung: Als Ausgangsmaterial dient das aus dem wässerigen Auszug der Digitalisblätter bereitete, von Kraft als „Gitalin" benannte Produkt. Wird von diesem ein Teil in $1^{1}/_{2}$ Teilen Alkohol gelöst und mit $^{3}/_{4}$ Teilen Wasser versetzt, so erstarrt das Ganze zu einem Brei (den Kraft als Gitalinhydrat bezeichnete). Der Brei wird abgesaugt, der Niederschlag im Vakuum scharf getrocknet, das weiße Pulver mit 6 Teilen trockenem Essigäther übergossen und einige Tage stehengelassen, wobei ein Teil ungelöst zurückbleibt. Der durch Filtration abgetrennte Niederschlag wird wiederholt mit einem Gemisch von Essigäther und Äther digeriert, bis die Lösung sich nicht mehr gelb färbt. Dann wird die Substanz mit heißem Alkohol, welchem Pyridin bis zum Gehalt von 40% zugesetzt wurde, ausgekocht. Die Krystallisation dieser Substanz gelingt auf folgende Weise: 1 g des Pulvers wird am Rückfluß mit einem Gemenge von gleichen Volumen Alkohol und Chloroform, im ganzen 250 ccm gekocht, bis Lösung eingetreten ist, dann wird die Lösung auf 30—40° erwärmt und mit einem Ventilator das Chloroform abgeblasen. Zu der alkoholischen Lösung werden 50 ccm heißes Wasser zugegeben und langsam erkalten gelassen. Aus der noch lauwarmen Lösung wird die ausgeschiedene Substanz abgesaugt und mit 50proz. Alkohol gewaschen. Die ganz reine Substanz zeigt eine charakteristische Krystallform. — Ausbeute: Aus dem Wasserextrakt von 15 kg Blättern erhält man bei sorgfältigem Arbeiten etwa 20 g Gitalin-Kraft. Durch Behandeln mit Essigester werden daraus 7,2 g des schwer löslichen Glykosides gewonnen, aus dem durch weitere Reinigung 3,5 g Bigitalin resultieren. — Bigitalin läßt sich wie angegeben isolieren: aus dem „Gitalin" der Firma C. F. Böhringer & Söhne, aus dem „schwer löslichen Nebenprodukt der Digitoxinfabrikation" der Firma E. Merck und auch aus dem „schwer löslich" bezeichneten Produkt der Firma Hoffman-La Roche & Co.

Physiologische Eigenschaften: Die physiologische Prüfung des Bigitalins ergibt an Fröschen nach der Stundenmethode den Giftwert $V = 5,1$ (Mittelwert); bei der zeitlosen Methode nach Straub läßt sich für 1 g Substanz 118000 F.D. berechnen. Am isolierten Froschherzen beträgt die minimale Konzentration, die noch Herzstillstand bewirkt 1:80000. Ist am isolierten Herzen der Stillstand eingetreten, so läßt sich die Giftwirkung in der Regel nicht durch Auswaschen aufheben; beim Herzen in situ ist der Stillstand auch ein definitiver. — Bei der Prüfung an der Katze ergibt sich, daß von 0,3 mg pro kg an Erbrechen auftritt, leichte Pulsverlangsamung mit rascher Erholung innerhalb 3—4 Stunden. Bei Dosen von 0,7 mg · pro kg sind die Erscheinungen entsprechend schwerer; die Tiere gehen in der Regel bei 0,8 mg pro kg nach 4—6 Stunden unter den Zeichen der Pulsverlangsamung mit Arrhythmie, leichten, klonischen Zuckungen und Atemstörungen zugrunde[1]. — Die wirksame Grenzkonzentration von Bigitalin beträgt 1:50000—100000[2].

Physikalische und chemische Eigenschaften: Bigitalin bildet mikroskopische, prismatische Krystalle von isometrischem Habitus. Doppelbrechung gering, gerade Auslöschung nγ in der Prismenachse. Krystallsystem vielleicht rhombisch. — Bei raschem Erhitzen bleibt die Substanz völlig rein bis zu 265°, dann beginnt sie sich etwas gelb zu färben, und schäumt bei 282° auf. — $[\alpha] = 0°$. — Die Substanz ist unlöslich in Wasser, sehr wenig löslich in heißem Alkohol, etwas leichter bei Zugabe von Chloroform, leicht löslich in warmem, reinem Pyridin, aus dem sie durch Zugabe von Wasser krystallinisch ausfällt ohne Änderung des Schmelzpunktes. Wird Bigitalin im Hochvakuum bis zum Schmelzen erhitzt, so entsteht ein aus Anhydrodigitoxose bestehendes Sublimat. Bei der Kellerschen Reaktion gibt Bigitalin eine blaugrüne Zone oben und einen roten Ring unten. In dem Kilianischen Reagens gelöst gibt die Substanz eine braunviolette Färbung. — Durch Säuren wird die Substanz in der Kälte nicht, nur in der Hitze gespalten, und zwar zu Bigitaligenin und 3 Mol Digitoxose.

---

[1] M. Cloetta: Arch. f. exper. Path. **112**, 261—342 (1926) — Chem. Zbl. **1926 II**, 771.
[2] E. de Giacomi: Arch. f. exper. Path. **117**, 69—86 (1926) — Chem. Zbl. **1927 I**, 482.

Derivate: Hexaacetyl-bigitalin $C_{52}H_{76}O_{20}$. — 0,4 g Bigitalin werden mit 0,4 g Natrium-acetat und 12 g Essigsäureanhydrid auf freier Flamme zur Lösung gebracht, dann für 1 Stunde auf das kochende Wasserbad gestellt und nachher ganz kurz wieder auf freier Flamme erwärmt. Dann wird das Reaktionsprodukt in Wasser gegossen. In Alkohol gelöst und mit Wasser versetzt scheidet sich die Substanz, nach zweimaliger Wiederholung dieser Prozedur, in feinen Nädelchen aus. — Schmelzp. 134°. — Der Giftwert des Acetylbigitalins beträgt am Frosch bei der Stundenmethode $V = 0,9$. Bei der zeitlosen Prüfung entspricht 1 g des Acetylglykosides 45000 F.D. Die letale Dosis für die Katze beträgt 1,6 mg pro kg.

Hexabenzoyl-bigitalin $C_{82}H_{88}O_{20}$. — Erhalten durch Benzoylierung des Bigitalins mit Benzoylchlorid in Pyridinlösung. Das Reaktionsprodukt wird in Alkohol gelöst, mit Tierkohle gekocht und die Lösung mit Wasser versetzt. Amorphes Pulver. — Schmelzp. 155°. — 5 mg des Benzoylproduktes pro kg ruft bei der Katze gar keine Wirkung hervor.

Bigitaligenin [1].

Ist wahrscheinlich identisch mit Gitoxigenin [2].

Mol-Gewicht: 378,38.

Zusammensetzung: $C_{22}H_{34}O_5$.

Darstellung: Bigitalin wird mit der 40fachen Menge 60proz. Alkohols übergossen und so viel Salzsäure zugefügt, daß die Konzentration an HCl zwischen 0,3—1,5% schwanken soll. Der Kolben wird dann am Rückflußkühler in das kochende Wasserbad gestellt, die Substanz geht in 45—55 Minuten in Lösung; damit ist auch die Spaltung vollendet. Zu der heißen Lösung wird das gleiche Volumen Wasser zugesetzt und das Ganze für einige Stunden in den Gefrierraum gebracht. Der Niederschlag wird abgesaugt und getrocknet und ist stets etwas gelblich gefärbt. Zur Reinigung wird es in Methylalkohol-Chloroform gelöst und mit Äther versetzt, worauf sofort eine weiße Masse auskrystallisiert. Man wiederholt diese Umfällung noch dreimal.

Physiologische Eigenschaften [1]: Bei der Stundenmethode am freigelegten Herzen zeigen Dosen bis zu 0,5 mg Bigitaligenin bei Fröschen von 40—50 g Gewicht keine Wirkung; bei 0,7 mg stellt sich etwas Ventrikelperiplastik ein, von der sich die Tiere schnell wieder erholen. Werden Dosen von 2—3 mg eingespritzt, so tritt nach ungefähr 15 Minuten ein sehr starkes Wogen des Herzens auf, es kommt aber nicht zu einem definitiven Herzstillstand. Wohl bleibt der Ventrikel öfters völlig kontrahiert während $\frac{1}{2}$—1 Minute stehen, aber dann setzen wieder einige Kontraktionen ein. Etwa 1 Stunde nach der Injektion lassen die Erscheinungen nach und die Herztätigkeit wird wieder regelmäßig. Ein bleibender Stillstand ist nur schwer zu erzielen, jedenfalls erst mit Dosen von 4 mg an, woraus sich etwa ein Giftwert von $V = 0,2$ ergibt. Bei der zeitlosen Methode ist das Bigitaligenin wenig wirksam, so daß 1 g Substanz 18000 Froscheinheiten entspricht. Will man am isolierten Herzen einen bleibenden Stillstand erzielen, so braucht es Konzentrationen von 1:20000. — An der Katze sind Dosen bis 1,5 mg pro kg unwirksam bei subcutaner Injektion (3proz. Lösung in 30% Alkohol + 1% Novocain). Bei steigenden Dosen tritt regelmäßig Erbrechen und Pulsverlangsamung ein, Krämpfe sind nur selten zu beobachten. Die letale Dosis liegt höher als 10 mg pro kg [1]. Die wirksame Grenz-konzentration von Bigitaligenin beträgt 1:15000—20000 [3].

Physikalische und chemische Eigenschaften [1]: Das Bigitaligenin schmilzt scharf bei 232°, eine Gelbfärbung tritt erst bei 230° ein. — $[\alpha]_D^{20} = +34,64°$ (in Äthylalkohol); $[\alpha]_D^{22} = +32,62°$ (in Methylalkohol). — Krystallisiert in typischen Tafeln. Man kann unterscheiden 1. gestreckte Individuen mit scharfen, spiegelbildlich gestellten Endflächen, 2. regelmäßige rhombenförmige Schnitte. Vereinzelt werden Zwillinge nachgewiesen. Krystallsystem vermutlich rhombisch oder monoklin. Doppelbrechung sehr schwach. Auslöschung parallel den langen Kanten von 1. Diese Richtung fällt mit $n\alpha$ zusammen. — Leicht löslich in Alkohol, Chloroform, Aceton, Essigester; unlöslich in Äther. — Bei der Kellerschen Reaktion gibt die Substanz einen leuchtend rotvioletten Ring; beim Durchschütteln der Lösung wird dieselbe kirschrot und behält mindestens 24 Stunden diese Farbe. In Kilianis Reagens löst sich die Substanz erst gelblich, dann rotviolett.

---

[1] M. Cloetta: Arch. f. exper. Path. **112**, 261—342 (1926) — Chem. Zbl. **1926 II**, 771.

[2] Walter A. Jacobs, Alexander Hoffmann u. Edwin L. Gustus: J. of biol. Chem. **70**, 1—11 (1926) — Chem. Zbl. **1927 I**, 105.

[3] E. de Giacomi: Arch. f. exper. Path. **117**, 69—86 (1926) — Chem. Zbl. **1927 I**, 482.

Derivate: Monoacetylbigitaligenin [1] $C_{24}H_{36}O_6$. — 0,4 g des Genins werden in eine geschmolzene Mischung von 0,4 g Natriumacetat und 6 ccm Essigsäureanhydrid eingetragen. Sofort nach der Lösung der Substanz wird das Reaktionsprodukt abgekühlt, 6 Stunden stehengelassen und in Wasser eingetragen. Das Produkt wird in Alkohol gelöst und mit Wasser auskrystallisiert. Diese Prozedur wird noch zweimal wiederholt. — Feine Nadeln, die bei 170° schmelzen. — Bei der Stundenmethode beträgt der Giftwert des Monoacetylproduktes $V = 1{,}8$. Bei der zeitlosen Prüfung am Frosch erhält man für 1 g Substanz 23 000 F.D. Wird 2,5 mg pro kg der Katze injiziert, so tritt schon nach 10 Minuten Erbrechen und Stuhlgang auf; die tödliche Dosis beträgt 3,5 mg pro kg.

Diacetylbigitaligenin [1] $C_{26}H_{38}O_7$. — 0,4 g Genin werden in eine geschmolzene Mischung von 0,4 g Natriumacetat und 12 ccm Essigsäureanhydrid eingetragen, worauf sofort Lösung mit starkem Sieden eintritt; es wird noch 2 Minuten lang auf der Flamme gekocht, dann der Kolben unter $CaCl_2$-Abschluß für 24 Stunden in den Brutschrank gestellt. Rechteckige Tafeln aus verdünntem Alkohol. Schmelzp. 240°. — Bei der Stundenmethode beträgt der Giftwert des Diacetylproduktes $V = 1{,}0$. Bei der zeitlosen Prüfung am Frosch erhält man für 1 g Substanz 20 000 F.D. Wird 2,5 mg pro kg der Katze injiziert, so tritt schon nach 10 Minuten Erbrechen und Stuhlgang auf; die tödliche Dosis beträgt 4,0 mg pro kg.

Dibenzoyl-bigitaligenin [1], 0,4 g Genin gelöst in 4 ccm Pyridin und 1,5 ccm Benzoylchlorid unter gleichzeitiger Abkühlung. 6 Stunden stehenlassen, Eingießen in verdünnte Schwefelsäure. Gelöst in Methylalkohol, mit Tierkohle gekocht, fällt das Präparat auf Wasserzusatz als weißer Niederschlag aus. Durch mehrfaches Umkrystallisieren aus verdünntem Methylalkohol wird es in schönen Nadeln erhalten; Schmelzp. 278°.

Dianhydro-bigitaligenin [1] $C_{22}H_{30}O_3$. — 0,4 g Genin werden in einem Gemenge von 4 ccm konz. Salzsäure + 4 ccm gesättigter alkoholischer Salzsäurelösung gelöst. Man läßt das Reaktionsgemenge 4 Stunden lang stehen und gießt dann in Wasser. Das ausgeschiedene Produkt wird in verdünntem Alkohol mit Tierkohle behandelt und aus demselben Lösungsmittel umkrystallisiert. — Schmelzp. 209°. $[\alpha]_D^{20} = +576°$ (in Methylalkohol). Lange, schmale Tafeln, die bei der Kellerschen und Kilianischen Reaktion die gleichen Farben geben wie das ursprüngliche Genin. — Schmeckt nicht mehr bitter und ist physiologisch inaktiv.

Monoacetyl-dianhydro-bigitaligenin [1] $C_{24}H_{32}O_4$. — Feine Nadeln vom Schmelzp. 213°.

Tetrahydro-dianhydro-bigitaligenin (?) [1] $C_{22}H_{34}O_3$. — Entsteht bei der katalytischen Hydrierung von - Dianhydro-bigitaligenin. Tafeln aus Methylalkohol durch Wasserzusatz. Schmelzp. 181°. Gibt keine Farbenreaktionen.

Dihydro-bigitaligenin [1] $C_{22}H_{36}O_5$. — Bigitaligenin wird in alkoholischer Lösung mit Platinschwarz und Wasserstoff behandelt, wobei ein Gemenge von Di- und Tetrahydrobigitaligenin entsteht. Das Dihydroprodukt ist schwerer löslich und krystallisiert in Tafeln. — Schmelzp. 212°; $[\alpha]_D^{20} = -10{,}3°$ (in Methylalkohol). Fast unlöslich in Chloroform, schwer löslich in Essigester, leicht in verdünntem Alkohol. Gibt weder die Kilianische noch die Kellersche Farbenreaktion. — Am gefensterten Frosch zeigen Dosen von 2 mg auf 30 g Frosch gar keine Herzwirkung, dagegen stellen sich bei 1,0—2,5 mg nach 25—30 Minuten deutliche Zuckungen in den Extremitäten ein. Bei der zeitlosen Prüfung ist eine sicher letale Wirkung nicht festzustellen, die Giftwirkung ist gewiß weniger als 15 000 F.D. pro 1 g Substanz.

Tetrahydro-bigitaligenin [1] $C_{22}H_{38}O_5$. — Entsteht neben Dihydrobigitaligenin. Nadeln vom Schmelzp. 241°. $[\alpha]_D^{20} = -24{,}34°$ (in Methylalkohol). Löslichkeit wie die des Dihydroprodukts, nur leichter löslich in Wasser. — Gibt keine Farbenreaktionen und ist physiologisch unwirksam.

Gitogenin [2] (Bd. X, S. 878).

Zusammensetzung: $C_{26}H_{42}O_4$.

Vorkommen: Gitogenin kommt in den Digitalisblättern vor [3]. Es erscheint nicht wahrscheinlich, daß das Gitogenin sekundär aus Gitonin entstanden ist, da sich neben ihm das viel leichter spaltbare Digitoxin unverändert vorfindet. Es müßte denn in den Blättern ein spezifisches, gitoninspaltendes Enzym anwesend sein [2].

Physikalische und chemische Eigenschaften: Geruch- und geschmacklose Nadeln oder Blättchen, die bei 260° erweichen; Schmelzp. 272—274° (Rothscher Apparat). $[\alpha]_D^{20} = -12{,}9°$

[1] M. Cloetta: Arch. f. exper. Path. **112**, 261—342 (1926) — Chem. Zbl. **1926 II**, 771.
[2] A. Windaus u. J. Brunken: Hoppe-Seylers Z. **145**, 37—39 (1925) — Chem. Zbl. **1925 II**, 1049.
[3] E. Merck: Jber. **36**, 86—87 (1924) — Chem. Zbl. **1924 II**, 81.

($c = 2{,}702\%$ in Chloroform-Alkohol). Reagiert neutral, unlöslich in Wasser, Essigester, Petroläther, Hexalin, Anilin, Schwefelkohlenstoff, wenig löslich in Benzol, Toluol, Äther, löslich in Phenol, Pyridin, Chloroform, heißen Eisessig, heißen Alkohol und Methylalkohol. Gibt mit konzentrierter Schwefelsäure oder Kilianischem Reagens anfangs grüne, bald in tiefviolett übergehende Färbung, aber nicht die Kellersche Reaktion. Zeigt auffallende Neigung zur Bildung von Komplexverbindungen. Liefert keine Natriumverbindung[1].

Gitoxin.

Mol-Gewicht: 794.

Zusammensetzung: $C_{42}H_{66}O_{14}(+H_2O)$.

Darstellung: 10 g des „Merckschen Nebenproduktes der Digitalinfabrikation" werden mit 250 ccm Chloroform und 250 ccm Methylalkohol unter Rückfluß erhitzt, wobei allmählich eine fast vollständige Lösung eintritt. Die filtrierte Lösung wird mit 1 g Blutkohle 10 Minuten gekocht und nach erneutem Filtrieren etwa auf $^1/_3$ ihres Volums eingedampft; sie beginnt dann allmählich Krystalle abzuscheiden, die nach 12 Stunden abgesaugt werden. Ausbeute 6,3 g. Diese Menge wird nunmehr in 600 ccm siedendem Chloroform-Methylalkohol gelöst und die Lösung wieder bis auf etwa 170 ccm eingedampft. Dieses Reinigungsverfahren wird nochmals wiederholt. Ausbeute 4,2 g.

Physikalische und chemische Eigenschaften: Gitoxin bildet Nadeln, die sich beim raschen Erhitzen bei $266{-}269°$ zersetzen. Es ist in Wasser, Alkohol und Chloroform sehr schwer und auch in einem Gemisch von Chloroform und Alkohol ziemlich schwer löslich, etwa $1:200$ bei $18°$. Gitoxin läßt sich als Lacton mit heißer $^n/_{10}$-Lauge titrieren und gibt ein Äquivalentengewicht von etwa 770. — Gitoxin wird durch Säuren verhältnismäßig leicht zu Gitoxigenin und 3 Mol Digitoxose gespalten. Wird Gitoxin im Hochvakuum auf etwa $270°$ erhitzt, so entsteht Anhydrodigitoxose, $C_6H_{10}O_3$[2]. Gitoxin besitzt eine reduzierende Wirkung gegenüber dem Reagens von Tollens in Pyridinlösung und gibt eine intensive Rotfärbung mit Nitroprussidnatriumlösung und wenig Alkali in Pyridinlösung. Wird Gitoxin mit Lauge verseift, so bleibt die Nitroprussidreaktion aus. Gitoxin soll demzufolge eine ungesättigte Lactongruppe enthalten[3].

Gitoxigenin[4].

Ist wahrscheinlich identisch mit Bigitaligenin[5].

Zusammensetzung: $C_{24}H_{36}O_5$.

Darstellung: 10 g Gitoxin werden mit 150 ccm 50proz. Alkohol und 1,5 ccm konz. Salzsäure (spez. Gewicht 1,19) 25 Minuten im siedendem Wasserbad erwärmt und geht hierbei allmählich in Lösung; aus der erkalteten Lösung krystallisiert das Gitoxigenin in schönen Krystallen aus, die nach 12 Stunden abfiltriert werden. Ausbeute 2,5 g. Aus den Mutterlaugen gelingt es, teils durch Zusatz von Wasser, teils durch Ausschütteln mit Chloroform, noch $0{,}95+1{,}5$ g weniger reines Gitoxigenin zu gewinnen, im ganzen also etwa 50% des angewandten Gitoxins. Zur Reinigung wird es noch mehrmals aus verdünntem Methylalkohol umkrystallisiert.

Physikalische und chemische Eigenschaften: Blättchen, die bei $224{-}225°$ unter Zersetzung schmelzen. Gitoxigenin ist in Wasser fast unlöslich, in Essigester löst es sich bei $18°$ etwa $1:500$. — Gitoxigenin enthält eine Lactongruppe, 3 Hydroxylgruppen und eine Doppelbindung; beim Behandeln mit kalter konz. Salzsäure spaltet es 2 Mol Wasser ab, und liefert ein dreifach ungesättigtes Monooxylacton, das Dianhydro-gitoxigenin, welches mit Digitaligenin identisch ist[4]. Gitoxigenin verbraucht bei der Titration der Doppelbindungen nach Winklers Verfahren — trotz der vorhandenen Doppelbindung — nur zu vernachlässigende Mengen Brom[5]. Wird Gitoxigenin durch Einwirkung von Natronlauge bei Zimmertemperatur

---

[1] E. Merck: Jber. **36**, 86—87 (1924) — Chem. Zbl. **1924 II**, 81.

[2] A. Windaus u. G. Schwarte: Nachr. Ges. Wiss. Göttingen, Math.-physik. Kl. **1926**, 1—7 — Chem. Zbl. **1927 I**, 883.

[3] Walter A. Jacobs u. Alexander Hoffmann: J. of biol. Chem. **67**, 333—339 (1926) — Chem. Zbl. **1926 II**, 1049.

[4] A. Windaus u. G. Schwarte: Ber. dtsch. chem. Ges. **58**, 1515—1519 (1925) — Chem. Zbl. **1926 I**, 407.

[5] Walter A. Jacobs, Alexander Hoffmann u. Edwin L. Gustus: J. of biol. Chem. **70**, 1—11 (1926) — Chem. Zbl. **1927 I**, 105.

verseift, so gibt die entstandene Säure weder ein Oxim noch ein Semicarbazon; die Verseifung führt also nicht zu einer Ketosäure, sondern zu einer Oxysäure. Aus dem angesäuerten Reaktionsgemisch kann kein unverändertes Gitoxigenin regeneriert werden, weil dieses durch Alkalien verändert wird[1].

Derivate: Dibenzoyl-gitoxigenin $C_{38}H_{44}O_7$ [2]. — 0,8 g Gitoxigenin in 40 ccm Pyridin werden mit 2 g Benzoylchlorid versetzt und das ganze 48 Stunden stehengelassen. Nach Zusatz von 200 ccm Wasser fällt eine klebrige Masse aus, die nach dem Waschen mit Wasser und Verrühren mit Methylalkohol krystallin erstarrt. Das Material wird aus Essigester umkrystallisiert und schmilzt bei 262°. — Rechteckige Tafeln; schwer löslich in Alkohol und Aceton.

Dihydro-gitoxigenin $C_{24}H_{38}O_5$ [2]. — Gitoxigenin wird in Eisessig gelöst und nach Zusatz von Platinmohr mit Wasserstoff geschüttelt. Die Substanz nimmt begierig 1 Mol Wasserstoff auf. — Das Hydrierungsprodukt ist in Essigester schwer löslich und schmilzt bei 226°. Wird Gitoxigenin in Eisessiglösung mit Palladiumschwarz hydriert, so entsteht ein Produkt, welches bei 165—167° schmilzt und in Nadeln krystallisiert[1].

Dianhydro-gitoxigenin $C_{24}H_{32}O_3$ [2]. — Ist identisch mit Digitaligenin[3].

Digitaligenin (Bd. II, S. 653; Bd. X, S. 870).

Identisch mit Dianhydro-gitoxigenin[2].

Zusammensetzung: $C_{24}H_{32}O_3$ [3].

Darstellung: Das reine Digitalinum verum wird nach den Angaben Kilianis[4] gespalten und das gebildete Digitaligenin wiederholt unter Zusatz von Blutkohle aus verdünntem Methylalkohol umkrystallisiert. Das schon weit gereinigte Material wird schließlich aus abs. Methylalkohol umkrystallisiert. — 1 g reines Gitoxigenin wird mit 7,5 ccm konz. Salzsäure in der Kälte behandelt. Aus der gelben Lösung fällt nach kurzer Zeit Digitaligenin aus.

Physikalische und chemische Eigenschaften: Nadeln vom Schmelzp. 209—210°; 211 bis 212° (unter Bräunung). Digitaligenin verbraucht bei der Titration der Doppelbindungen nach Winklers Verfahren 2 Molekülen Brom[1].

Derivate: Monoacetyldigitaligenin $C_{26}H_{34}O_4$ [2, 3]. — 0,7 g Digitaligenin werden mit 10 ccm Essigsäureanhydrid und 0,7 g wasserfreiem Natriumacetat 1 Stunde unter Rückfluß erhitzt; das beim Abkühlen auskrystallisierte Material wird abfiltriert, gründlich mit Wasser gewaschen und aus Methylalkohol umkrystallisiert. — Nadeln vom Schmelzp. 208°.

Tetrahydro-digitaligenin $C_{24}H_{36}O_3$ [3]. — 1 g Digitaligenin wird in 50 ccm Methylalkohol gelöst und mit Palladiummohr in einer Wasserstoffatmosphäre geschüttelt bis die für 2 Doppelbindungen berechnete Menge Wasserstoff aufgenommen wird. Sehr lange Krystallnadeln aus der eingeengten Lösung. Schmelzp. scharf bei 194° nach mehrfachem Umkrystallisieren aus Methyl-, Äthylalkohol oder Essigester. — Tetrahydro-digitaligenin liefert ein Acetylprodukt vom Schmelzp. 167—168°.

Hexahydro-digitaligenin $C_{24}H_{38}O_3$ [2, 3]. — 1 g Digitaligenin wird in 50 ccm Methylalkohol gelöst und mit Palladiummohr in einer Wasserstoffatmosphäre bis zur Sättigung geschüttelt. Das Palladium wird abfiltriert, die Lösung auf die Hälfte eingedampft. Feine, schillernde Blättchen, die aus Methylalkohol oder Essigester umkrystallisiert werden. Schmelzp. 186 bis 187°. — Liefert ein Acetylprodukt vom Schmelzp. 154—155°.

Hexahydro-digitaligenon $C_{24}H_{36}O_3$ [2, 3]. — Durch Oxydation von Hexahydrodigitaligenin mit Chromsäure in Eisessiglösung. Feine Nadeln aus Methylalkohol, die bei 205—207° schmelzen. — Liefert ein Oxim, welches ebenfalls bei 205—206° schmilzt. — Bei der Reduktion nach Clemmensen entsteht das Lacton $C_{24}H_{38}O_2$, es schmilzt bei 168—169° läßt sich unzersetzt bei 14 mm Druck destillieren und krystallisiert in langen Nadeln.

---

[1] Walter A. Jacobs, Alexander Hoffmann u. Edwin L. Gustus: J. of biol. Chem. **70**, 1—11 (1926) — Chem. Zbl. **1927 I**, 105.

[2] A. Windaus u. G. Schwarte: Ber. dtsch. chem. Ges. **58**, 1515—1519 (1925) — Chem. Zbl. **1926 I**, 407.

[3] A. Windaus u. G. Bandte: Ber. dtsch. chem. Ges. **56**, 2001—2007 (1923) — Chem. Zbl. **1923 III**, 1368.

[4] H. Kiliani: Arch. Pharmaz. **252**, 30 (1914).

Digalen (Bd. X, S. 878).

Physiologische Eigenschaften: Nach intravenöser Injektion von $1/_{20}$ mg Digalen pro kg wird die Diurese bei Kaninchen herabgesetzt[1].

Nicht näher bekannte Digitalisglykoside.

Hamilton[2] berichtet über 2 verschiedene Aktivglykoside, die nicht mit Digitoxin identisch sind. Eines der beiden ist unlöslich in Chloroform und Äther, ist physiologisch wirksamer als das andere, welches in Chloroform löslich ist. Beide geben die Kellersche Farbenreaktion.

Erytaurin (Bd. II, S. 658).

Bei der Anwendung der Darstellungsmethode des Swertiamarins auf das Tausendgüldenkraut wird eine Substanz vom Schmelzp. 205—207° (Sintern bei etwa 190°) gewonnen, die durch Emulsin in Erythrocentaurin und Zucker gespalten wird und mit dem Erytaurin von Hérissey und Bourdier[3] identisch sein könnte[4].

Fabiatrin[5].

$$C_{16}H_{18}O_9 \cdot 2 H_2O$$

$$C_6H_{11}O_5{-}O{-}\text{(Ring)}{-}CO$$

Scopoletin-Glykosid

Vorkommen: In der Pflanze Fabiana imbricata oder Pichi-Pichi.

Physikalische und chemische Eigenschaften: Aus verdünntem Alkohol rosettenförmige Nadeln vom Schmelzp. 226—228°, verliert bei 130° erst 1 Molekül H_2O. Leicht löslich in heißem Wasser, wenig löslich in organischen Lösungsmitteln; die beim Versetzen der wässerigen Lösung mit NH_3 oder Soda auftretende Gelbfärbung zeigt die Öffnung des Pyronringes an.

Githagin[6].

$$C_{34}H_{55}O_{11}$$

Darstellung: 100 g des sirupösen methylalkoholischen Extraktes der Radekörner von Agrostemma githago werden mit $1/_2$ l Wasser und ebensoviel 5—10proz. H_2SO_4 1 Stunde gekocht, die gelatinösen, auf Ton getrockneten Flocken (etwa 20 g) in siedendem Essigester mit Tierkohle entfärbt.

Physikalische und chemische Eigenschaften: Nädelchen vom Zersetzungsp. 222°. Leicht löslich in Alkohol, Eisessig, Essigester, Soda, wenig löslich in Aceton. Zerfällt durch Säure unter Druck in Githagenin und wahrscheinlich Glykuronsäure oder eine isomere Säure[6].

Githaginglykosid.

Darstellung: Geschrotene Radekörner aus Agrostemma githago werden mit Petroläther entfettet, mit wässerigem CH_3OH extrahiert, der stark eingeengte Extrakt mit Äther gefällt. Ausbeute 5—6%.

Physikalische und chemische Eigenschaften: Gelblich weißes, sehr hygroskopisches Pulver mit allen typischen Saponineigenschaften. Eine Kolloidanalyse mit 2—4proz. wässerigen

[1] Lucien Beco u. L. L. Plumier: J. Physiol. et Path. gén. **20**, 346—352 (1922) — Chem. Zbl. **1923 III**, 1113.

[2] Herbert C. Hamilton: J. amer. pharmaceut. Assoc. **12**, 494 (1923) — Chem. Zbl. **1923 IV**, 480.

[3] Hérissey u. Bourdier: J. Pharmacie **28**, 252 (1908).

[4] T. Kariyone u. Y. Matsushima: J. pharm. Soc. Jap. **1927**, Nr 540, 25 — Chem. Zbl. **1927 I**, 2660. — T. Nakaohi: J. pharm. Soc. Jap. **1927**, 27 — Chem. Zbl. **1927 I**, 2660.

[5] G. R. Edwards u. H. Rogerson: Biochemic. J. **21**, 1010 (1927) — Chem. Zbl. **1927 II**, 2681. — Kunz-Krause: Arch. Pharmaz. **237**, 1 (1899) — Chem. Zbl. **1927 II**, 2681.

[6] E. Wedekind u. R. Krecke: Hoppe-Seylers Z. **155**, 122 (1926) — Chem. Zbl. **1926 II**, 597.

Lösungen ergibt, daß das Saponinkolloid negativ geladen, sehr beständig gegen Elektrolyte und ein typisches Schutzkolloid ist. Goldzahl (nach Zsigmondy) einer 2proz. wässerigen Lösung 4—10[1].

Galuteolin[2], Luteolin-glykosid.
$$C_{21}H_{20}O_{11} \cdot 3\,H_2O$$

Vorkommen: Das Glykosid wurde gelegentlich der Darstellung von Galegin aus den Samen von Galega officinalis durch Fällung des Extraktes mit Pb-Acetat gewonnen.

Physikalische und chemische Eigenschaften: Krystallisiert aus verdünntem Alkohol in Aggregaten gelber Nadeln. Gibt die für Catechinderivate charakteristische Grünfärbung mit $FeCl_3$. Schmelzp. 280° (unter Zersetzung). Unlöslich in Wasser; sehr wenig löslich in abs. Alkohol. $2^1/_2$ Moleküle H_2O entweichen bei 130°, der Rest erst bei 160° oder im Vakuum über P_2O_5 in $C_2H_2Cl_4$-Dampf. Enthält kein OCH_3. Hydrolyse mit verdünnter H_2SO_4 führt zu Glykose und Luteolin.

Glykotannoid[3].

Aus in Schatten getrockneten Pfirsichblättern (Folia prunipersica) wurde eine Art Glykosid, welches zum Glykotannoid oder kondensierten Gerbstoff gehört, isoliert. Dieses Glykosid wird durch H_2SO_4 in einen pflanzlichen Farbstoff, Prupesin genannt und in eine Hexose hydrolysiert[3]

Fatsin[4].
$$C_{31}H_{53}O_{20}$$

Darstellung: Isoliert aus Fatsia japonica durch die Buchholzsche Alkohol-Äther-Methode, als auch durch die Magnesiamethode von Greene.

Physiologische Eigenschaften: Die hämolytische Wirkung von Fatsin ist schwach. Eine Abspaltung von Zucker aus Fatsin mittels Takadiastase wurde nicht beobachtet.

Physikalische und chemische Eigenschaften: Ist ein amorphes, hygroskopisches Pulver, das sich unter Schäumen leicht zu einer bitteren Flüssigkeit löst. Durch Hydrolyse entstehen unlösliche Saponine, Zucker und flüchtige, organische Säuren.

Gentiacaulin (Gentiacaulosid)[5] (Bd. X, S. 879).

Physiologische Eigenschaften: Wird sowohl durch das von Charaux[6] aus den Samen von Rhamnus utilis als auch durch ein aus Monotropa hypopitis gewonnenes Ferment gespalten in Gentiacauleol und eine Xyloglykose, in die Primverose[7].

Physikalische und chemische Eigenschaften: Bei der sauren Hydrolyse entstehen Gentiacauleol, Glykose und Xylose in äquimolekularen Mengen[8].

Gentiamarin[9] (Bd. II, S. 659).
$$C_{16}H_{22}O_{10} \text{ oder } C_{16}H_{20}O_{10}$$

Physikalische und chemische Eigenschaften: $[\alpha]_D^{20} = -83{,}30°$.

---

[1] E. Wedekind u. R. Krecke: Hoppe-Seylers Z. **155**, 122 (1926) — Chem. Zbl. **1926 II**, 598.

[2] G. Barger u. F. D. White: Biochemic. J. **17**, 836 (1923) — Chem. Zbl. **1924 I**, 1544.

[3] K. Inuki: Fol. jap. pharmacol. **4**, 446 (1927) — Ref.: Ber. Physiol. **41**, 335 (1928) — Chem. Zbl. **1928 I**, 80.

[4] K. Ohta: Kitasato Arch. of exper. Med. **7**, 325 (1926) — Ref.: Ber. Physiol. **40**, 348 (1927) — Chem. Zbl. **1927 II**, 1157.

[5] Marc Bridel: C. r. Acad. Sci. Paris **179**, 780—782 (1924) — Chem. Zbl. **1925 I**, 41 — J. Pharmacie (7) **10**, 329 (1915) — Chem. Zbl. **1915 I**, 613 — Bull. Soc. Chim. biol. Paris **7**, 31 (1925) — Chem. Zbl. **1925 I**, 1700.

[6] Charaux: Bull. Soc. Chim. biol. Paris **6**, 631 (1924) — Chem. Zbl. **1924 II**, 2665.

[7] Goris, Mascré u. Vischniac: Bull. Sci. pharmacol. **19**, 577 (1913) — Chem. Zb. **1913 I**, 310.

[8] Marc Bridel: J. Pharmacie (8) **1**, 371 — Chem. Zbl. **1925 II**, 408.

[9] R. Binaghi u. P. Falqui: Ann. chim. appl. **15**, 386 (1925) — Chem. Zbl. **1926 II**, 44.

Gentiin[1] (Bd. II, S. 705).

$$C_{25}H_{28}O_{14}$$

Physikalische und chemische Eigenschaften: Weiße Krystalle, Schmelzp. 274—275°; $[\alpha]_D^{20} = +39{,}93°$.

Gentiopikrin[1] (Bd. II, S. 659; Bd. VIII, S. 345; Bd. X, S. 879).

$$C_{16}H_{20}O_9 \cdot {}^1/_2\,H_2O$$

Vorkommen: In der Wurzel von Gentiana lutea L.

Physikalische und chemische Eigenschaften: Weiße Prismen aus Essigäther, Schmelzpunkt 127—128°. $[\alpha]_D^{20} = -197{,}63°$. Zerfällt bei der Hydrolyse in 53,08% Glykose und 46,88% Gentiogenin.

Baptisin (Bd. II, S. 303, 691; Bd. X, S. 888).

Physiologische Eigenschaften: Die Samen von Rhamnus utilis enthalten ein Ferment, das Baptisin spaltet[2].

Convallarin (Bd. II, S. 698; Bd. VIII, S. 353: Bd. X, S. 889).

Physiologische Eigenschaften: Die getrockneten Pflanzenteile von Convallaria majalis ergeben eine 3mal höhere F.D.-Zahl wie Digitalis; die höchsten Werte zeigen die Blüten; die aus den Blüten oder dem Kraut hergestellte Tinktur zeigte nach 1 Jahr keine Abnahme ihres Wirkungswertes[3]. Von Convalon wird die minimale Konzentration bestimmt, die imstande ist, in 30—40 Minuten die Ausflußmenge des Schenkel- und Eingeweidegefäßpräparats des Frosches und der Kaninchenohrgefäße auf die Hälfte der anfänglichen zu reduzieren[4].

Convallamarin (Bd. II, S. 697; Bd. VIII, S. 353).

Wertbestimmung: Die colorimetrische Pikrinsäuremethode ist bei Convallariapräparaten nicht anwendbar[5].

Physiologische Eigenschaften: Bewirkt an der Arterie des isolierten Kaninchenohres Gefäßverengerung, die oft zum Spasmus führt; in dieser Periode treten bei Druckerhöhung rhythmische Schwankungen der Gefäßwand ein. Convallamarin gibt schnell aufeinanderfolgende, kurze Kontraktionen[6]. Verliert bei peroraler Darreichung am Frosch ziemlich viel an Wirkungsstärke[7]. Wirkt auf das isolierte Krötenherz wie am Froschherzen, jedoch ist zur Erzielung der gleichen Vergiftungserscheinungen eine 80—100fach höhere Konzentration notwendig[8]. Verursacht Störungen in der Erregbarkeit des Myokards und der Reizleitung[9]. Aus dem Ausfall der Amplitudenreaktion kann auf die Verschiedenheit des Angriffspunkts am Muskel von Barium und Convallamarin geschlossen werden[10].

Helleborein (Bd. II, S. 662; Bd. VIII, S. 347).

Physiologische Eigenschaften: Untersuchungen an den überlebenden roten und weißen Kaninchenmuskeln[11]. — Bewirkt an der Arterie des isolierten Kaninchenohres Gefäßverengerungen, die oft zum Spasmus führt; in dieser Periode treten bei Druckerhöhung rhyth-

[1] R. Binaghi u. P. Falqui: Ann. chim. appl. **15**, 386 (1925) — Chem. Zbl. **1926 II**, 44.
[2] C. Charaux: C. r. Acad. Sci. Paris **178**, 1312 (1924) — Chem. Zbl. **1924 II**, 50.
[3] A. Heffter: Ber. dtsch. pharm. Ges. **31**, 319—323 (1921) — Chem. Zbl. **1922 II**, 295.
[4] K. Matsushima: Fol. jap. pharmacol. **2**, 30 (1926) — Ref.: Ber. Physiol. **37**, 466 (1927) — Chem. Zbl. **1927 I**, 1615.
[5] L. W. Rowe: J. amer. pharmaceut. Assoc. **16**, 113—115 (1927) — Chem. Zbl. **1927 I**, 2459.
[6] J. Kraft: Pflügers Arch. **204**, 491—497 (1924) — Chem. Zbl. **1924 II**, 1829.
[7] L. Lendle: Arch. f. exper. Path. **109**, 35—49 (1925) — Chem. Zbl. **1926 I**, 1468.
[8] Otto Geßner: Arch. f. exper. Path. **118**, 325—357 (1926) — Chem. Zbl. **1927 II**, 121.
[9] J. Walser u. L. Deglaude: Ann. Méd. **20**, 288—297 (1926) — Chem. Zbl. **1927 II**, 288.
[10] Kazuji Hayashi: Fol. jap. pharmacol. **3**, 425—441 (1926) — Chem. Zbl. **1927 II**, 1049.
[11] Yoshiji Ishikawa: Acta Scholae med. Kioto **5**, 123 (1922) — Chem. Zbl. **1924 I**, 1957.

mische Schwankungen der Gefäßwand ein. Helleborein wirkt stark verengernd auf die Gefäße bei nur schwachen rhythmischen Kontraktionen[1]. Untersuchungen über die feinen strukturellen Änderungen, die sich beim Frosch in der Querstreifung der Myofibrillen unter der Einwirkung von Helleborein beobachten lassen[2]. Wirkt auf das isolierte Krötenherz wie am Froschherzen, jedoch ist zur Erzielung der gleichen Vergiftungserscheinungen eine 80—100fach höhere Konzentration notwendig[3]. Von Helleborein wird die minimale Konzentration bestimmt, die imstande ist, in 30—40 Minuten die Ausflußmenge des Schenkel- und Eingeweidegefäßpräparats des Frosches und der Kaninchenohrgefäße auf die Hälfte der anfänglichen zu reduzieren[4]. Wirkung von Helleborein auf das isolierte Krötenherz[3]. Aus dem Ausfall der Amplitudenreaktion kann auf die Verschiedenheit des Angriffspunktes am Muskel von Barium und Helleborein geschlossen werden[5]. Fördert das Wachstum der Gewebskultur aus der embryonalen Hühnerherzkammer[6].

Heparin.

Gereinigtes Heparin, ein koagulationshemmender, im Blut nachgewiesener Stoff verhindert die Blutkoagulation in vitro in Konzentrationen von 1 mg auf 50 ccm Blut. Heparin dürfte eine gepaarte Glykuronsäure von glykosidartiger Struktur sein[7].

Loganin (Bd. II, S. 667).

Ist identisch mit Meliatin.

Nach Dunstan und Short[8] ist Loganin ein Glykosid aus dem Fruchtmus von Strychnos nux vomica von der Zusammensetzung $C_{25}H_{34}O_{14}$ oder $C_{25}H_{36}O_{14}$. Ist identisch mit dem Meliatin[9]. Da Loganin zuerst aufgefunden wurde, ist der Name Meliatin zu streichen.

Physikalische und chemische Eigenschaften: Schmelzp. 223—224°, $[\alpha]_D = -82{,}8$. 51,7° C, 6,73% H. Bildet aus Wasser Prismen, aus Essigäther lange Nadeln, gibt mit Bleiessig oder Tannin keinen Niederschlag, spaltet sich mit Emulsin in Glykose unter Blaugrünfärbung der Flüssigkeit, gibt beim Eindampfen mit verdünnter H_2SO_4 Violettfärbung und beim Überschichten der wässerigen Lösung auf konz. H_2SO_4 einen purpurfarbenen Ring, beim Umschütteln eine rötliche Flüssigkeit und blaue Fluorescenz[10].

Loroglossin (Loroglossid) (Bd. X, S. 880).

Zusammensetzung: $C_{30}H_{42}O_{18}$ (?).

Vorkommen: In Epipactis latifolia All., E. atrorubens Hoffm., Ophrys muscifera Huds., Orchis pyramidalis L., O. conopsea L., O. purpurea Huds., O. Morio L., O. maculata L., O. latifolia L., O. mascula L., O. militaris Huds.[11]. In den Orchideen: Goodyera repens R. Br. Limodorum abortivum Sw., Spiranthes autumnalis Rich., Orchis ustulata[12]. In den Wurzeln

[1] J. Kraft: Pflügers Arch. **204**, 491—497 (1924) — Chem. Zbl. **1924 II**, 1829.

[2] Luigi Tocco-Tocco: Arch. internat. Pharmacodynamie **29**, 359—376 (1924) — Chem. Zbl. **1925 II**, 210.

[3] Otto Geßner: Arch. f. exper. Path. **118**, 325—357 (1926) — Chem. Zbl. **1927 II**, 121.

[4] K. Matsushima: Fol. jap. pharmacol. **2**, 30 (1926) — Ref.: Ber. Physiol. **37**, 466 (1927) — Chem. Zbl. **1927 I**, 1615.

[5] Kazuji Hayashi: Fol. jap. pharmacol. **3**, 425—441 (1926) — Chem. Zbl. **1927 II**, 1049.

[6] Keizo Uei: Fol. jap. pharmacol **1**, 275—300; **2**, 228—236 — Chem. Zbl. **1927 I**, 2097.

[7] W. H. Howell: XII. Intern. Physiologenkongreß in Stockholm **1926**, 80. — Chem. Zbl. **1927 II**, 277.

[8] Dunstan u. Short: Pharmac. J. (3) **14**, 1025.

[9] M. Bridel: J. Pharmacie (7) **4**, 49 (1911) — Chem. Zbl. **1911 II**, 769 — Bull. Soc. Chim. biol. Paris **5**, 801 (1923) — Chem. Zbl. **1924 II**, 873.

[10] L. Rosenthaler: Schweiz. Apoth.-Ztg **61**, 398 (1923) — Chem. Zbl. **1923 III**, 932.

[11] P. Delauney: J. Pharmacie (7) **28**, 53 (1923) — Chem. Zbl. **1923 III**, 1029 — J. Pharmacie (7) **23**, 265 — C. r. Acad. Sci. Paris **176**, 568 — Chem. Zbl. **1921 I**, 1022; **1923 III**, 313 — Bull. Soc. Chim biol. Paris **5**, 398 (1923) — Chem. Zbl. **1925 II**, 926 — C. r. Acad. Sci. Paris **176**, 598 (1923) — Chem. Zbl. **1923 IV**, 313 — J. Pharmacie (7) **23**, 265 (1921) — Chem. Zbl. **1921 I**, 1022.

[12] P. Delauney: C. r. Acad. Sci. Paris **180**, 224 (1925) — Chem. Zbl. **1925 I**, 1499 — Bull. Soc. Chim. biol. Paris **7**, 1144 (1925) — Chem. Zbl. **1926 I**, 1821.

von Listera ovata R. Br. und Epipactis palutris Crantz. Die Ausbeute wechselt stark mit der Jahreszeit, in der die Wurzeln geerntet werden[1].

Physikalische und chemische Eigenschaften: Lufttrockenes Loroglossin enthält 6,26% Wasser, die es bei 50° unter vermindertem Druck verliert; es sintert dann bei 133,5° und wird durchsichtig unter Heraufziehen an der Rohrwand bei 143,4° (korr.); $[\alpha]_D = -45,65°$ (0,4016 g in 20 ccm Wasser). — Zusammensetzung im Mittel C 52,19%, H 16,13%. Molekulargewicht kryoskopisch in Wasser 756. — Die wässerige Lösung schäumt stark, wird durch Bleiessig nicht gefällt. — Bei der Spaltung mit Säuren und Emulsin entsteht Glykose und die Verbindung $C_{18}H_{22}O_8$, Loroglossigenin genannt (Krystalle, Schmelzp. 77°, von angenehmem Heugeruch; bei der Spaltung mit Säure wird es weiter verändert)[2]. $[\alpha]_D = -34,05°$ (wasserhaltiges Produkt in Methylalkohol 2,0068 g in 100 ccm)[3]. Mit Schwefelsäure + Kaliumbichromat rohe Färbung, nach einigen Augenblicken gelblich unter Entwicklung eines an Valeriasäure erinnernden Geruches. Die Reaktion von Fröhde gibt nacheinander eine blauviolette, rotviolette, rote Färbung. Mit kalter Salpetersäure farblose Lösung, beim Erhitzen nitrose Dämpfe, darauf mit Kalilauge intensiv goldgelbe Färbung[1].

Meliatin (Bd. VIII, S. 348).

Ist identisch mit Loganin. Da Loganin zuerst aufgefunden wurde, ist der Name Meliatin zu streichen[4]. Allerdings waren die Loganinpräparate meistens nur Gemische, demnach soll doch der Name Meliatin benutzt werden[5].

Melilotosid (Cumarsäure-d-glykosid)[6].

Zusammensetzung: $C_{15}H_{18}O_8 + H_2O$.

Vorkommen: In den Blüten von Melilotus altissima Thuil und von Melilotus arvensis Wallr.

Darstellung: Die Blüten von Melilotus werden mit siedendem 90proz. Alkohol extrahiert, der Extrakt mit siedendem Wasser aufgenommen, nach Erkalten 2mal mit Äther ausgeschüttelt. Die abgegossene wässerige Lösung wird mit gesättigter Bleizuckerlösung versetzt, das Filtrat vom braungelben Niederschlag mit Bleiessig, der rein gelben Niederschlag erzeugt. Er liefert nach Zerlegung mit H_2S und Eindampfen der Lösung einen Sirup, der über Nacht zu krystallisiertem Melilotosid erstarrt. Reinigung durch Umkrystallisieren aus 20 Teilen siedendem Wasser.

Physikalische und chemische Eigenschaften: Nadeln von leicht bitterem, zugleich säuerlichem und adstringierendem Geschmack. Schmelzp. 240—241°, unter Bräunung und Gasentwicklung. $[\alpha]_D = -64,10°$; nach Trocknen bei 110° (Verlust von 1 H_2O) $= -68,10°$. Löslich in kaltem Wasser, etwas < 1%, sehr leicht löslich in siedendem Wasser, ziemlich löslich in kaltem Alkohol, sehr wenig löslich auch in warmem Aceton und Essigester, ausgesprochen sauer (Zerlegung von $CaCO_3$), verdünnte Säure und Emulsin spalten zu je 1 Mol d-Glykose und Cumarsäure.

Derivate: Pb-Salz. Krystalle aus heißem Wasser.

Nodakenin[7].

Mol-Gewicht: 408,19.

Zusammensetzung: $C_{20}H_{24}O_9$.

Vorkommen: In der Wurzel von Peucedanum decursivum Maxim., einem in Japan und China als Hustenmittel oder Stomachicum gebrauchten Kraut.

[1] C. Charaux u. P. Delauney: C. r. Acad. Sci. Paris **180**, 1770 (1925) — Chem. Zbl. **1925 II**, 658.

[2] Marc Bridel u. Pierre Delauney: C. r. Acad. Sci. Paris **177**, 776 (1923) — Chem. Zbl. **1924 I**, 343.

[3] M. Bridel u. P. Delauney: Bull. Soc. chim. France (4) **33**, 1801 (1923) — Chem. Zbl. **1924 I**, 1543. — C. Charaux u. P. Delauney: Bull. Soc. Chim. biol. Paris **7**, 1148 (1925) — Chem. Zbl. **1926 I**, 1821.

[4] L. Rosenthaler: Schweiz. Apoth.-Ztg **61**, 398 (1923) — Chem. Zbl. **1923 III**, 932. — M. Bridel: J. Pharmacie (7) **4**, 49 (1911) — Chem. Zbl. **1911 II**, 769.

[5] Marc Bridel: J. Pharmacie (7) **29**, 172 (1924) — Chem. Zbl. **1924 I**, 2727.

[6] C. Charaux: Bull. Soc. Chim. biol. Paris **7**, 1056 (1925) — Chem. Zbl. **1926 I**, 1821.

[7] Junzo Arima: Bull. Chem. Soc. Jap. **4**, 16 (1929) — Chem. Zbl. **1929 I**, 1698.

Darstellung: Die Wurzeln werden mit 1 proz. Schwefelsäure extrahiert, mit Phosphorwolframsäure gefällt, der Niederschlag mit Barytwasser zerlegt, das Filtrat vom Baryt befreit, und unter vermindertem Druck eingeengt.

Physikalische und chemische Eigenschaften: Prismen mit 1 Mol Wasser, Schmelzp. 215 bis 216°; $[\alpha]_D^{30} = +56{,}6°$ in wässeriger Lösung. — Die wässerige Lösung reagiert neutral, etwas bitter mit violetter Fluorescenz. Zerfällt bei der Hydrolyse in Glykose und ein Aglykon $C_{14}H_{14}O_4$, Nodakenetin genannt.

Orobanchin[1] (Orobanchosid).

Vorkommen: In den frischen Knollen von Orobanche Rapum Thuill[1]. — Wahrscheinlich in Orobanche minor Sutt. und Orobanche cruenta Bert.[1].

Physiologische Eigenschaften: Der Saft von Russula delica bildet ein braunes, amorphes, unlösliches Oxydationsprodukt. Emulsin wirkt nicht ein, ein Ferment aus den Samen von Rhamnus utilis ebenfalls nicht[5]. — Bei Orobanchen tritt beim Trocknen Schädigung der Pflanzen ohne Spaltung des Orobanchosids auf[2].

Physikalische und chemische Eigenschaften: Prismen aus Wasser von bitterem Geschmack. Verliert bei 50° im Vakuum 10,73%. — Schmelzp. 160° auf dem Maquenneschen Block, $[\alpha]_D = -66{,}22°$ in Wasser bei etwa 2,5 proz. Lösung der lufttrockenen Substanz. Sehr leicht löslich mit braungelber Farbe in Alkalien und Ammoniak, mit gelber ohne Entwicklung von Kohlensäure in gesättigter Natriumbicarbonatlösung. — Eisenchlorid gibt in der wässerigen Lösung grüne, auf Zusatz von Natriumcarbonat blaue Färbung. Bleiessig fällt gelb. — Das Glykosid reduziert: 1 g wasserfreie Substanz gleich 0,120 g Glykose. Schwefelsäure spaltet in Rhamnose, Glykose und Kaffeesäure. Durch Alkali wird ebenfalls Kaffeesäure abgespalten[1]. Färbt sich in Berührung mit konz. Schwefelsäure anfangs gelb und gibt danach eine gelbe Lösung; auf Zugabe von Wasser verschwindet die gelbe Farbe, es entsteht ein Niederschlag. Mit konz. Salpetersäure färbt sich Orobanchin erst orangerot; die Lösung ist ebenso gefärbt, Zugabe von Wasser bringt die Farbe nicht zum Verschwinden[3].

Orobosid[4].

Vorkommen: In Orobus tuberosus.

Physikalische und chemische Eigenschaften: Mikroskopisch hellgelbe Prismen aus verdünntem Alkohol, Schmelzp. 220—221°; $[\alpha]_D = -61{,}29°$; $[\alpha]_{5461} = -76{,}62°$ in Pyridin. — Löst sich in verdünnter Natronlauge gelb, infolge Luftoxydation sehr schnell kirschrot. Wird durch Purpureokobaltsalz sofort unter Bildung eines schwarzvioletten Niederschlages oxydiert. 1 g reduziert wie 0,470 g Glykose. Die Hydrolyse mit Schwefelsäure liefert 39,77% Glykose und 64,46% Orobol, wahrscheinlich ein Tetraoxyflavon. Emulsin hydrolysiert langsam.

Oleandrin[5] (Bd. II, S. 670; Bd. VIII, S. 353).

Mol-Gewicht in Campher gefunden 504 und 457.

Die Analyse stimmt für Formeln zwischen $C_{28}H_{42}O_8$ und $C_{35}H_{54}O_{10}$, am besten für $C_{31}H_{48}O_9$.

Physikalische und chemische Eigenschaften: Nadeln aus 50 proz. Alkohol. Schmelzpunkt 249°. Fast unlöslich in Wasser, löslich in Alkohol und Chloroform. Spaltet bei Erwärmen mit Säuren Zucker ab. Verbraucht bei Erwärmen mit Laugen Alkali, enthält also eine Lactongruppe. Gibt 5,61—6,17% OCH_3. Der bei Säurespaltung entstehende Aglykon ist mit Digitaligenin identisch. Wie bei dessen Bildung aus Digitalinum verum dürfte auch hier die Spaltung stufenweise verlaufen, vermutlich nach folgenden Reaktionen:

$$C_{31}H_{48}O_3 + H_2N = C_{24}H_{36}O_5 + C_7H_{14}O_5$$
$$C_{24}H_{36}O_5 = C_{24}H_{32}O_3 + 2 H_2O$$

[1] Marc Bridel u. C. Charaux: C. r. Acad. Sci. Paris **178**, 1839 (1924) — Chem. Zbl. **1924 II**, 850

[2] M. Bridel u. C. Charaux: Bull. Soc. Chim. biol. Paris **7**, 474 (1925) — Chem. Zbl. **1925 II**, 1174.

[3] M. Bridel u. C. Charaux: Bull. Soc. chim. France (4) **35**, 1153 (1924) — Chem. Zbl. **1924 II**, 2590.

[4] M. Bridel u. C. Charaux: C. r. Acad. Sci. Paris **190**, 387 (1930) — Chem. Zbl. **1930 I**, 3196.

[5] A. Windaus: Nachr. Ges. Wiss. Göttingen, Math.-physik. Kl. **1925**, 78—85 — Chem. Zbl. **1926 I**, 1814.

Der abgespaltene Zucker (welcher noch nicht krystallisiert erhalten werden konnte) ist vermutlich Digitalose.

Oleandrin Böhringer.

Nach dem Verfahren der Firma Böhringer & Söhne wird ein aus Oleander gewonnener Kaltwasserextrakt mit Chloroform ausgeschüttelt. Der erhaltene Rückstand ist das Glykosid Oleandrin 6 von Böhringer, $C_{24}H_{34}O_7$. Aus Essigester, Benzin: Schmelzp. im geschlossenen, mit CO_2 gefüllten Röhrchen 225°, das auch aus dem Böhringerschen Oleandrin 1 dargestellt wird; es wird zu braunem harzigen Aglykon und einem rechtsdrehenden Zucker hydrolysiert. Oleandrin 4 kann nicht aus den Blättern isoliert werden; ein von der Firma Böhringer hergestelltes Präparat, $C_{33}H_{46}O_8$ oder $C_{33}H_{48}O_8$, schmilzt bei 224—225° (im geschlossenen Röhrchen) und wird mit Acetanhydrid (+ wenig Na-Acetat) in ein Acetylprodukt, aus Essigester Benzin, Schmelzp. 110°, übergeführt. Die Mutterlaugen des Oleandrin 6 enthalten ein Oleandringemisch, Schmelzp. 90—120°[1].

Periplocin (Bd. II, S. 673).

Physiologische Eigenschaften: Bewirkt an der Arterie des isolierten Kaninchenohres Gefäßverengerungen, die oft zum Spasmus führt; in dieser Periode treten bei Druckerhöhung rhythmische Schwankungen der Gefäßwand ein. Periplocin wirkt sehr schwach verengernd auf die Gefäße [2]. Ist ein ausgesprochenes Herzgift der Digitalisgruppe. Tödliche Dosen: Frosch 25 mg (?), Kaninchen 10 mg, Katze 2,5 mg, Ratte 450 mg pro kg. Frühsymptom der Vergiftung ist Muskelschwäche. Das isolierte Herz steht in Systole still. Am Warmblüterherzen läßt sich die fördernde, reine Muskelwirkung demonstrieren. Hemmende Einwirkungen machen sich in Rhythmus- und Koordinationsstörungen bemerkbar. Die beträchtliche Blutdrucksteigerung ist eine Folge der zunehmenden Herztätigkeit und Vasoconstriction. Der Tonus der Darm- und Uterusmuskulatur nimmt unter der Einwirkung von Periplocin zu. Die Medullazentren werden erregt. Im Gegensatz zu Digitalis ist der Effekt auf die Vaguszentren aber geringer. Die geringe Empfindlichkeit der Ratte steht in Parallele zur Resistenz dieser Tiere gegenüber anderen Glykosiden [3].

Pikrocrocin (Bd. II, S. 674).

Darstellung: Safran aquila wird perkoliert, dann die wässerige Lösung mit Äther extrahiert und die ätherische Lösung verdampft, wobei eine teilweise krystallinische Substanz zurückbleibt. Der Rückstand wird in heißem Wasser gelöst, und die Lösung angeimpft. — Die Reinigung geschieht durch Umkrystallisieren aus heißem Wasser, oder Lösen in siedendem Chloroform + Alkohol, dann Fällen mit Äther [4].

Physikalische und chemische Eigenschaften: Harte, glänzende, monosymmetrische Krystalle, Schmelzp. 154—155°, löslich in Wasser und Alkohol; wenig löslich in Chloroform und Äther, unlöslich in Petroläther und Benzol. $[\alpha]_D = -50,3$. Zus. gefunden im Mittel C: 56,62%, H: 7,63%, O: 35,75%. — Bei 1stündigem Kochen mit 1proz. Schwefelsäure entstehen 54% Zucker, ein Gemisch von etwa 81,7% d-Glykose und 18,3% d-Fructose und ein Keton $C_{10}H_{14}O$, das mit Dampf überdestilliert. — Das Rohöl ist hellgelb, leicht flüchtig, von intensivem, die Augen reizendem Safrangeruch. Die Reinigung des Ketons geschieht über das Semicarbazon, das mittels Phthalsäureanhydrid gespalten wird [4,5]. Siedep. bei 14 mm 93°. — Spez. Gewicht bei 17° = 0,985. n = 1,5240 · $n_F - n_C$ = 0,02283. — Reduziert nicht Fehlingsche Lösung. Vermutlich liegt ein cyclisches Keton vor. Addiert Schwefelwasserstoff beim Sättigen der alkoholischen Lösung, auf Zusatz von konz. alkoholischem Ammoniak und nochmaligem Einleiten von Schwefelwasserstoff beim Abkühlen Krystalle, Schmelzp. 80° unter Zersetzung (Sinterung bei 65°), von höchst unangenehmem Geruch.

Derivate: **Semicarbazon** $C_{11}H_{17}ON_3$, aus Methylalkohol Krystalle vom Schmelzp. 162 bis 163°[4].

---

[1] H. Tauber u. J. Zellner: Arch. Pharmaz. **264**, 689 (1926) — Chem. Zbl. **1927 I**, 1174.

[2] J. Kraft: Pflügers Arch. **204**, 491—497 (1924) — Chem. Zbl. **1924 II**, 1829.

[3] M. H. MacKeith: J. of Pharmacol. **27**, 449—466 (1926) — Chem. Zbl. **1926 II**, 1663.

[4] E. Winterstein u. J. Teleczky: Helvet. chim. Acta **5**, 376 (1822) — Chem. Zbl. **1922 III**, 381 — Hoppe-Seylers Z. **120**, 141 (1922) — Chem. Zbl. **1922 III**, 1007.

[5] Tiemann, Schmidt: Ber. dtsch. chem. Ges. **33**, 3721 (1921) — Chem. Zbl. **1921 I**, 394.

Podalirin[1].

$$(C_{11}H_{22}O_{11})_2 \cdot C_5H_8O_4$$

Vorkommen: In Anagyris foetida.

Darstellung: Aus mit siedendem Wasser hergestelltem Extrakt der Samenschalen von Anagyris foetida wird nach Eindampfen bis zur sirupösen Konsistenz und Fällung mit Alkohol eine gelatinöse Substanz abgeschieden, die nach Filtrieren mit Alkohol gewaschen wird. Die Substanz wird nach nochmaligem Lösen in Wasser und Fällung mit Alkohol so lange mit Alkohol gewaschen, bis sie vollkommen weiß erscheint.

Physikalische und chemische Eigenschaften: Optisch inaktiv, leicht löslich in Wasser, fällt aus der wässerigen Lösung mit Alkohol oder Pb-Acetat, dagegen nicht mit $(NH_4)_2SO_4$ oder $MgSO_4$. Gibt mit J keine blaue Färbung, mit HCl und Phloroglucin die Reaktion der Pentosen. Aschengehalt 3,5% (S_1O_2). Bei der Hydrolyse mit 4proz. H_2SO_4 lassen sich Arabinose und Galaktose als Osazone isolieren. 4,825 g Podalirin geben 0,4473 g Furfurol, 2 g Podalirin: 0,4684 g Schleimsäure.

Polydatosid[2].

Vorkommen: In den frischen Wurzeln von Polygonum cuspidatum Sieb und Zucc.

Darstellung: Die frische Rinde der Wurzeln von Polygomun cuspidatum wird mit Alkohol gekocht, die Lösung im Vakuum eingedampft, der Rückstand mit warmem Wasser aufgenommen und das Filtrat derartig verdünnt, daß 1000 ccm Lösung 1000 g Rinde entsprechen. Invertin verändert die Drehung dieser Lösung um 1° 20′ nach links und unter Bildung von 0,830 g reduzierenden Zuckers pro 100 ccm, was 0,788 g Rohrzucker in 100 g frischer Rinde entspricht. Rhamnodiastase bewirkt eine Änderung der Drehung um 13′ nach rechts und eine Zunahme des reduzierenden Zuckers um 0,086 g. Aus der Lösung krystallisiert das Glykosid aus.

Physikalische und chemische Eigenschaften: Blättchen. Schmelzp. 153—154° (bloc Maquenne). Unlöslich in kaltem Wasser. Reduziert nicht. Enthält 11,38% Wasser, das bei 100° abgegeben wird. $[\alpha]_D = -57°\,91'$ in Alkohol für das wasserhaltige und $-65°\,35'$ für das wasserfreie Produkt. Hydrolyse mit siedender 5proz. H_2SO_4 liefert ein in Wasser unlösliches, ein in Äther lösliches Produkt und Glykose. Hydrolyse mit Rhamnodiastase liefert außer einem reduzierenden Zucker (als Glykose berechnet 42,24% des wasserfreien Glykosids) Polydatogenol, ein in Wasser unlösliches Produkt. Ist nicht identisch mit dem von Perkin[3] aus Polygonum cuspidatum gewonnenen Glykosid Polygonin. Polydatosid und Polydatogenol zeigen folgende Farbenreaktionen: Mit konz. H_2SO_4 carminrot, dann orangefarbige Lösung, auf Zusatz von konz. HNO_3 vergänglich olivgrün, dann hellorangefarbig. Mit konz. HNO_3 schwärzlichgrün, darauf mit Wasser erst olivgrüne, dann braune Lösung. Mit konz. HCl orangegelb, dann hellgelbe Lösung. Mit verdünnter KOH rosafarbige Lösung. Mit $FeCl_3$ in Alkohol gelb. Von Bleiessig wird Polydatosid aus seiner alkoholischen Lösung gefällt[3].

Rhinanthin (Bd. II, S. 676).

Ist unreines Aukubin[4].

Rhamnicosid.

Vorkommen: In folgenden Rhamnusarten: Rh. cathartica L., Rh. infectoria L., Rh. utilis Dene; Rh. saxatilis Jacq.; Rh. oleoides L., Rh. italicus (horticole).

[1] P. Condorelli: Ann. chim. appl. **15**, 426 (1925) — Chem. Zbl. **1926 II**, 44.

[2] M. Bridel u. C. Béguin: C. r. Acad. Sci. Paris **182**, 157 (1926) — Chem. Zbl. **1926 I**, 2366.

[3] M. Bridel u. C. Béguin: Bull. Soc. Chim. biol. Paris **8**, 136 (1926) — Chem. Zbl. **1926 II**, 597.

[4] M. Bridel u. M. Braecke: C. r. Acad. Sci. Paris **175**, 532 (1922) — Chem. Zbl. **1923 I**, 101 — C. r. Acad. Sci. Paris **173**, 1403 (1922) — Chem. Zbl. **1922 III**, 278 — J. Pharmacie (7) **27**, 103, 131 (1923) — Chem. Zbl. **1923 I**, 1283 — C. r. Acad. Sci. Paris **175**, 532, 640 (1923) — Chem. Zbl. **1923 I**, 101, 256 — Bull. Soc. Chim. biol. Paris **5**, 10 (1923) — Chem. Zbl. **1924 I**, 2881.

Physiologische Eigenschaften: Rhamnicosid ist durch ein in der Rinde von Rhamnus cathartica befindliches Ferment in Primverose und Rhamnicogenol spaltbar. — Dasselbe erfolgt mit dem Fermentpulver aus Cornus sanguinea[1,2].

Scabiosin (Scabiosid) (Bd. X, S. 880).

Vorkommen: In den Blättern der Dipsacee Scabiosa Succisa[3].

Scillaglykoside.

Zusammenfassende Darstellung der bisherigen Scillaforschungen[4].

Vorkommen: In Scilla autumnalis L. wurden die gleichen wirksamen Bestandteile wie in Scilla maritima nachgewiesen[5].

Darstellung: Ein therapeutisch wirksames Präparat soll aus Meerzwiebeln gewonnen werden, wenn man das Ausgangsgut erst mit Alkohol, Methylalkohol, Aceton oder Essigester erschöpft, das Lösungsmittel aus dem Auszug entfernt, den so erhaltenen Rückstand mit einer wässerigen Lösung von Alkalicarbonat oder Alkalidicarbonat löst, die filtrierte Lösung zur Trockne bringt und den Trockenrückstand nochmals mit Alkohol, Methylalkohol, Aceton oder Essigester auszieht, worauf zuletzt das Lösungsmittel wieder entfernt wird[6]. Die Herstellung wurde dadurch gekürzt, daß man den wässerigen Auszug der zerkleinerten frischen oder getrockneten Droge, welcher die Tannide des Glykosids enthält, mit geeigneten Adsorptionsmitteln behandelt, wobei diese unter Zerlegung der Tannide das Glykosid adsorbieren, das diesen Adsorptionsmitteln anhaftende Glykoside nach vorherigem Trocknen mit einem wasserfreien organischen Lösungsmittel auszieht und aus der Lösung des erhaltenen Auszuges das reine Glykosid durch Behandeln mit organischen Lösungsmitteln zur Abscheidung bringt. — Z. B. werden frische zerkleinerte Meerzwiebeln (Bulbus Scillae) 15 Stunden mit Wasser in der Kälte gerührt. Man filtriert durch ein Koliertuch und preßt den Rückstand aus. Der wässerige Auszug wird gegebenenfalls durch Zentrifugieren geklärt, unter Rühren mit Tierkohle versetzt und weitere 2 Stunden gerührt. Nach kurzem Stehen hat sich die Kohle abgesetzt, wird scharf abgenutscht, mit wenig Wasser gewaschen und bei 15° im Vakuumtrockenschrank getrocknet. Aus dem Kohleadsorbat zieht man das Glykosid mit trockenem heißem Chloroform vollständig aus und destilliert das Chloroform im Vakuum ab. Der Rückstand wird in Methanol gelöst und die Lösung mit Petroläther ausgeschüttelt, wobei nur wenig aktive Stoffe vom Petroläther aufgenommen werden. Das Methanol wird im Vakuum abgetrieben und der Rückstand in wenig abs. Alkohol gelöst und die Lösung in überschüssigen abs. Äther gegossen, wobei das reine Glykosid ausfällt. — Aus dem in analoger Weise gewonnenen Fullererdeadsorbat kann das Glykosid durch Extraktion mit wasserfreiem heißem Methanol und weitere Verarbeitung der methanolischen Lösung ebenfalls rein gewonnen werden. Das fast reine Pulver, von dem bereits weniger als 0,001 mg einer Froschdosis entspricht, findet therapeutische Verwendung[7]. Verfahren zur Gewinnung des herzwirksamen Reinglykosids aus Bulbus Scillae[8].

Nachweis und Wertbestimmung: Besprechung der in fremden Pharmakopoen vorgeschriebenen Bestimmungsmethoden für Scilla[9]. — Die colorimetrische Pikrinsäuremethode ist bei Scillapräparaten nicht anwendbar[10].

Physiologische Eigenschaften: Durch Verabreichung der Meerzwiebel kann ein völliger Umschwung in der Arbeitsleistung des erlahmenden Herzens erzielt werden, und zwar gerade

[1] M. Bridel u. C. Charaux: Bull. Soc. Chim. biol. Paris **7**, 822 (1925) — Chem. Zbl. **1926 I**, 698, 1215.

[2] Marc Bridel u. C. Charaux: C. r. Acad. Sci. Paris **180**, 1219 (1925) — Chem. Zbl. **1925 II**, 2061 — Ann. Chim. (10) **4**, 79 (1925) — Chem. Zbl. **1925 II**, 2213.

[3] N. Wattiez: J. pharm. de Belgique **7**, 81 (1925) — Chem. Zbl. **1925 I**, 1330 — Bull. Soc. Chim. biol. Paris **8**, 501 (1926) — Chem. Zbl. **1926 II**, 1957.

[4] Joseph Marckwalder: Klin. Wschr. **1**, 212—215 (1922) — Chem. Zbl. **1922 II**, 770.

[5] Galavielle u. P. Cristol: Bull. Sci. pharmacol. **29**, 29—31 (1922) — Chem. Zbl. **1922 III**, 57.

[6] C. W. Rose u. L. Rosenthaler: D.R.P. 357043; Chem. Zbl. **1922 IV**, 780.

[7] F. Hoffmann-La Roche & Co., A.-G. (Basel): E.P. 255689 vom 14. Okt. 1925, ausg. 19. Aug. 1926; Schw.P. 115211 vom 23. Okt. 1924, ausg. 1. Juni 1926; Chem. Zbl. **1927 I**, 141.

[8] Chemische Fabrik vorm. Sandoz (Basel): D.R.P. 448536, Kl. 12o vom 8. Mai 1924, ausg. 24. Aug. 1927; Schw.Prior. vom 7. Juni 1923, Zus. zu D.R.P. 446782; Chem. Zbl. **1925 II**, 1775; **1927 II**, 1091, 1866 — Schw.P. 105412.

[9] Edgar Zunz: Ann. Soc. roy. Sci. méd. et natur. Brux. **1926**, 182—212 — Chem. Zbl. **1927 I**, 1992.

[10] L. W. Rowe: J. amer. pharmaceut. Assoc. **16**, 113—115 (1927) — Chem. Zbl. **1927 I**, 2459.

in solchen Fällen, in denen Digitalis keine Besserung der gestörten Funktion zu erwirken vermochte. Die harntreibende Wirkung ist ausschließlich als kardiale aufzufassen. Schädliche Nebenwirkungen wurden nicht beobachtet[1]. Die Herzwirkung der Scillaglykoside wird durch eine gleichzeitig gegebene intravenöse Injektion von 2 proz. Na_2HPO_4-Lösung sowie einer Phosphatmischung von 3,8 g $NaH_2PO_4(H_2O)$, 27 g $Na_2HPO_4(12\ H_2O)$ ad 1000 g Wasser verstärkt[2]. Die von Marckwalder[3] hergestellten Extrakte zeigen eine hohe Wirksamkeit (8550000 F.D.), Handelspräparate sind viel weniger wirksam. Die herzwirksame Substanz des Bulbus Scillae ist hinsichtlich der Froschwertigkeit den Digitalisstoffen überlegen[3]. Von Scillaren muß zur tödlichen Vergiftung bei Katzen intravenös etwa die doppelte Menge der für 1 g Frosch tödlichen Dosis verwendet werden wie von Digitalis[4]. Bei klinischen Versuchen mit Scillaren wurde in 13 Fällen 6mal eine gute, 4mal eine geringe Besserung, 3mal eine Verschlechterung der Herzkraft beobachtet[5]. An Katzen werden durch langsame intravenöse Infusion von Scillaren in einer Menge von etwa 30% der tödlichen Dosis noch keinerlei Schadenswirkungen am Herzen und Kreislauf verursacht, demnach werden in diesem Bereich die sog. therapeutischen Dosen zu suchen sein[6]. Forderung um die genauere Festsetzung der Maximaldosen von Scillapräparaten nach dem Körpergewicht, dem Gesundheitszustand usw.[7] Meerzwiebel ist für Ratten toxisch zu 1 mg, aber unschädlich für Geflügel[8]. 1 mg des Glykosids gibt nach der Bestimmungsmethode von Houghton-Straub eine Wirksamkeit von 1200 bis 1300 Froschdosen. Bei höherer Temperatur, in rein wässeriger Lösung schon bei 60—70°, nimmt der Wirkungswert des Glykosids schon nach kurzer Zeit beträchtlich ab[9]. In auffallend günstiger Weise wird die Arhythmia irregularis perpetua durch Scillapräparate beeinflußt, bei dekompensierten Herzklappenfehlern wirken sie günstig. Meerzwiebel soll den Vagus stärker beeinflussen als Digitalis[10]. Scillaglykoside entwickeln aus isoliertem Pferdedarm eine entsprechende Wirkung wie am Herzen. Bezüglich der austreibenden Wirkung läßt sich eine Zunahme der Fällung — diastolische Wirkung — und eine Vervollkommnung der Kontraktion — systolische Wirkung — erkennen. Der Tonus wird erhöht; die Wirkung ist eine muskuläre[11]. — Die am isolierten Froschherzen vom Strophanthin unterschiedliche Wirkung des Scillarens soll auf dessen Kaliumgehalt beruhen[12]. Untersuchungen von Scillazwiebeln, Streifenstücken und -pulver ergaben F.D.-Werte von 1500—8500 (frische Zwiebel, geschnittene Droge 3000—3500, Pulver 1500—2300). Auffallend ist die Beständigkeit der Wertstoffe gegen Feuchtigkeit, Schimmel usw[13]. Eine Reizwirkung von Scillaren auf Conjunctiva- und Abdominalgefäße (subcutan) beim Kaninchen ist nicht bzw. nur vereinzelt in geringem Grade zu bemerken. Im Gastrointestinaltrakt des Kaninchens geringe Reizerscheinungen (Gefäßdilatation und Schleimaustritt). Vom Magendarmkanal aus wird das Scillaren resorbiert. Der Einfluß auf den Blutdruck ist gering, bei intravenöser Injektion 10 mm Hg. Auf das Herz wirkt es digitalisähnlich[14].

Derivate: Aglykon. Zusammensetzung; C: 78,2% H 8,0%, im Hochvakuum bis zur Gewichtskonstanz getrocknet[9]. Säulen (aus Alkohol krystallisiert), leicht löslich in Chloroform und Eisessig, mäßig löslich in siedendem Alkohol, fast unlöslich in Wasser. Zersetzt sich beim Erhitzen unterhalb seines Schmelzpunktes unter Gelb- und Rotfärbung, bei etwa 240° eine rote Schmelze bildend[9, 15].

[1] Felix Mendel: Berl. klin. Wschr. **58**, 1378—1381 (1921) — Chem. Zbl. **1922 I**, 298.

[2] H. Staub: Biochem. Z. **127**, 255—274 (1922) — Chem. Zbl. **1922 I**, 1248.

[3] Joseph Marckwalder: Klin. Wschr. **1**, 212—215 (1922) — Chem. Zbl. **1922 II**, 770.

[4] Joseph Marckwalder: Schweiz. med. Wschr. **52**, 560—562 (1922) — Chem. Zbl. **1923 I**, 553.

[5] Wilhelm v. Kapff: Dtsch. med. Wschr. **49**, 9—10 (1923) — Chem. Zbl. **1923 I**, 791.

[6] J. Planelles u. F. F. Werner: Arch. f. exper. Path. **96**, 21—27 (1923) — Chem. Zbl. **1923 I**, 1241.

[7] George Walker: Pharmaceut. J. **109**, 607—609 (1922) — Chem. Zbl. **1923 II**, 547.

[8] Dujardin-Beaumetz: Ann. Hyg. publ. **1**, 124—144 (1923) — Chem. Zbl. **1924 I**, 954.

[9] Chemische Fabrik vorm. Sandoz: Schw.P. 102141 u. 105412; A.P. 1516552 (übertragen von Arthur Stoll u. Emil Suter); Chem. Zbl. **1925 II**, 1775, 1776.

[10] Ferdinand Lehr: Ther. Gegenw. **67**, 352—353 (1926) — Chem. Zbl. **1926 II**, 1768.

[11] J. Kolda: Arch. f. exper. Path. **119**, 165—192 (1926) — Chem. Zbl. **1927 I**, 1982.

[12] Hiroaki Utsunomija: Okayama-Igakkai-Zasshi (jap.) **1926**, 400—415 — Chem. Zbl. **1927 I**, 2100.

[13] C. Focke: Arch. Pharmaz. **265**, 91—96 (1927) — Chem. Zbl. **1927 I**, 2928.

[14] Premankur De: J. of Pharmacol. **31**, 35—41 (1927) — Chem. Zbl. **1927 II**, 848.

[15] Chemische Fabrik vorm. Sandoz (Basel, Schweiz): Schw.P. 102141 vom 17. Juni 1922, 105412 vom 7. Juni 1923; A.P. 1516552 vom 8. Juni 1923; Chem. Zbl. **1925 II**, 1776.

Scillaren[1].

Herstellerin: Chemische Fabrik vorm. Sandoz, Basel.

Physiologische Eigenschaften: Scillaren steht in bezug auf Wirksamkeit am Frosch dem Strophanthin nahe, 1 F.D. Scillaren = 0,0000008 g. Die durch intracutane Injektion am Kaninchenohr festgestellte Reizwirkung der Scillarenlösung erwies sich bedeutend geringer als die der Digitalis- und Strophanthusglykoside[2]. Das durch die Infusionsmethode von Hatscher und Brody[3] festgestellte Haftvermögen des Giftes am Katzenherzen ist eine vergleichsweise sehr geringe. Dies vermindert die Gefahr der Kumulationswirkungen[2]. Wirkt auf das isolierte Krötenherz wie am Froschherzen, jedoch ist zur Erzielung der gleichen Vergiftungserscheinungen eine 80—100fach höhere Konzentration notwendig[4]. Nach Versuchen an Mäusen und Kaninchen wird Scillaren in größerer Menge kumuliert als Cymarin und in kleinerer Menge als Digitalein und Digitoxin[5]. Scillarentabletten entsprechen 600 Froscheinheiten[6]. Klinische Berichte über die Wirkung von Scillaren[7, 8, 9].

Scillaridin (Genin des Scillarens).

Ist physiologisch fast unwirksam[10].

Summascil.

Enthält alle wirksamen Glykoside der Meerzwiebel in alkoholischer Lösung. Es bewährte sich als Cardiacum[11].

Scillitoxin.

Entwickelt am Darm eine entsprechende Wirkung wie am Herzen[12].

Salidrosid[13].

Vorkommen: In der Rinde von Salix triandra L.

Physikalische und chemische Eigenschaften: Farb- und geruchloses, durchsichtiges, sehr bitteres, nicht krystallisiertes Produkt. Reduziert nicht Fehlingsche Lösung. Hydrolyse mit H_2SO_4 liefert 63,17% reduzierenden Zucker von $[\alpha]_D = +50,9°$. Bei der Hydrolyse mit Emulsin wird außer krystallisierter Glykose ein ätherisches Öl von schönem Rosengeruch erhalten. Nimmt man dieses in Äther auf und fällt die eingeengte Lösung mit Petroläther, so fallen Blättchen aus, welche viel weniger aromatisch riechen und vielleicht ein Polymerisationsprodukt des ätherischen Öls sind[13].

Swertiamarin[14].

$$C_{16}H_{22}O_{10}$$

Darstellung: Die Droge von Swertia japonica, Malmio (japanisches Chirettakraut) wird mit heißem Alkohol unter Zusatz von $CaCO_3$ ausgezogen, der Extrakt im Vakuum konzentriert,

[1] Joseph Marckwalder: Klin. Wschr. **1**, 212—215 (1922) — Chem. Zbl. **1922 II**, 770.

[2] Kwanichiro Okushima: Arch. f. exper. Path. **95**, 258—266 (1922) — Chem. Zbl. **1923 I**, 1049.

[3] Hatscher u. Brody: Amer. J. Pharmacy **82**, 360 (1910) — Chem. Zbl. **1910 II**, 1331.

[4] Otto Geßner: Arch. f. exper. Path. **118**, 325—357 (1926) — Chem. Zbl. **1927 II**, 121.

[5] Hiroaki Utsunomiya: Okayama-Igakkai-Zasshi (jap.) **1927**, 71—88, 89—90 — Chem. Zbl. **1927 II**, 2208.

[6] H. Mentzel: Pharm. Zentralhalle **68**, 84, 114—116 (1922) — Chem. Zbl. **1922 II**, 1196.

[7] Eugen Körner: Klin. Wschr. **3**, 1072—1075 (1924) — Chem. Zbl. **1924 II**, 715.

[8] Alfred Alker: Ther. Gegenw. **65**, 286—288 (1924) — Chem. Zbl. **1924 II**, 715.

[9] J. B. Polak: Meded. Rijksinst. pharmacother. Onderz. (holl.) **1924**, 34—39 — Chem. Zbl. **1924**, 2863.

[10] Kwanichiro Okushima: Arch. f. exper. Path. **95**, 258—266 (1922) — Chem. Zbl. **1923 I**, 1049.

[11] A. Brunner: Wien. klin. Wschr. **39**, 214 (1926) — Chem. Zbl. **1926 I**, 3558.

[12] J. Kolda: Arch. f. exper. Path. **119**, 165 (1926) — Chem. Zbl. **1927 I**, 1982.

[13] M. Bridel u. C. Béguin: C. r. Acad. Sci. Paris **183**, 231 (1926) — Chem. Zbl. **1926 II**, 1289.

[14] T. Kariyone u. Y. Matsushima: J. pharm. Soc. Jap. **1927**, Nr 540, 25 — Chem. Zbl. **1927 I**, 2660.

der Rückstand mit Wasser erschöpft, die abfiltrierte Lösung mit Bleiessig versetzt, filtriert, H_2S eingeleitet, im Vakuum zur Sirupkonsistenz verdampft und der Rückstand mit heißem Essigäther extrahiert; aus letzterem fällt beim Abkühlen mit Kältemischung ein gelber Niederschlag, der nach wiederholter Umfällung aus Essigäther ein weißes Pulver bildet.

Physikalische und chemische Eigenschaften: Schmelzp. 112—114° (sintert gegen 50°), $[\alpha]_D^{13} = -126{,}9°$ (in wässeriger Lösung). Bei der Hydrolyse mit Emulsin spaltet es sich nach der Gleichung:

$$C_{16}H_{22}O_{10} + H_2O = C_{10}H_8O_3 + 2\,H_2O + C_6H_{12}O_6$$

in Glykose und Erythrocentaurin. Letzteres soll nach Méhn die Zusammensetzung $C_{27}H_{24}O_8$ besitzen und bei 136° schmelzen; aus nordamerikanischem Tausendgüldenkraut (Erythrea centaurium) kann nach Méhn ein Erythrocentaurin der Zusammensetzung $C_{10}H_8O_3$ vom Schmelzp. 141° hergestellt werden.

Tectoridin[1].
$$C_{22}H_{24}O_{11}$$

Glykosid des Tectorigenins:

$$\text{HO}—\langle\ \rangle—\text{CH}_2—\text{CH}\underset{\text{O}}{\overset{\text{CO}}{\diagup}}\ \overset{\text{OH}}{\underset{\text{OH}}{\diagdown}}\text{OCH}_3$$

Vorkommen: In Iris tectorum Max.

Darstellung: Frische Rhizomen des in Japan heimischen Iris tectorum Max. werden mit siedendem Alkohol ausgekocht, der Extrakt nach Entfernung des Alkohols mit Bleizucker gereinigt, das Filtrat entbleit und schließlich der Rückstand mit Essigester ausgekocht.

Physikalische und chemische Eigenschaften: Nadeln oder Blättchen aus Alkohol vom Schmelzp. 258°. Leicht löslich in heißem Alkohol; wenig löslich in Wasser, kaltem Alkohol, Eisessig; löslich in Lauge (tiefgelb). Reduziert Fehlingsche Lösung und ammoniakalische Ag-Lösung. Wird von siedender 20proz. H_2SO_4 hydrolysiert nach der Gleichung:

$$C_{22}H_{24}O_{11} + H_2O = C_{16}H_{14}O_6 + C_6H_{12}O_6\,[1].$$

Glykosid aus Thevetia neriifolia Juss (Cerbera Thevetia L.)[2].

Physiologische Eigenschaften: 0,5 mg, subcutan einem Meerschweinchen injiziert, ist ohne Wirkung; 2 mg bewirken innerhalb 27 Minuten Herztod; im allgemeinen scheint 4 mg pro kg die tödliche Dosis zu sein. — Bei chloralisierten Hunden entspricht die Wirkung der des Onabains, ist aber nur halb so stark. Bei intravenöser Injektion bewirken 0,34—0,48 mg pro kg in 1 Stunde Tod. Beim atropinisierten Hund tritt nur die Erhöhung des Blutdrucks auf; das Nierenvolum wird nicht vergrößert[2].

Physikalische und chemische Eigenschaften : Das Glykosid ist amorph, linksdrehend. Schmelzp. 191°. Sehr wenig löslich in Wasser[2].

Ulexosid.

Vorkommen: In den frischen Blüten von Ulex europaeus L.

Darstellung: Die Blüten von Ulex europaeus (430 g) werden mit siedendem Alkohol extrahiert, der Alkohol abdestilliert, der wässerige Rückstand mit Äther extrahiert (Beseitigung eines Öles), im Vakuum eingeengt. Im Laufe von Monaten krystallisiert das Ulexosid (1,75 g) aus und wird aus Wasser, 30proz. und 70proz. Alkohol umkrystallisiert[3].

Physikalische und chemische Eigenschaften: Mikroskopische, quadratische Blättchen, die im Vakuum bei 50° 4,46% Wasser abgeben. Schmelzp. 247° (Maquenne-bloc), $[\alpha]_D = -51{,}92°$ in 70proz. Alkohol. Liefert beim Erhitzen mit verdünnter H_2SO_4 Geruch nach Methylfurfurol (Methylpentose). Es ist unlöslich im Wasser, aber sehr leicht löslich in ver-

---

[1] B. Shibata: J. pharm. Soc. Jap. **1927**, Nr 543, 61 — Chem. Zbl. **1927 II**, 839.

[2] René Weitz u. André Boulay: C. r. Soc. Biol. Paris **87**, 1105—1107 (1922) — Chem. Zbl. **1923 I**, 788.

[3] M. Bridel u. C. Charaux: C. r. Acad. Sci. Paris **181**, 1167 (1926) — Chem. Zbl. **1926 I**, 2612.

dünnter NaOH mit gelber Farbe, die schnell über hellrot nach bläulichrot umschlägt. Diese Reaktion erinnert an Rhamnicosid[1]. Hydrolyse mittels Rhamnodiastase liefert außer einem reduzierenden Zucker ein Spaltprodukt, das Ulexogenol[2].

Uzarin[3].

Physiologische Eigenschaften: Die wirksame Substanz der Uzara wirkt nicht auf autonome Organe des Darms, seine kontraktionserregende Wirkung wird durch Adrenalin und Atropin nicht aufgehoben, am Darm, der durch Pilocarpin erregt ist, wirkt es diesem entgegengesetzt, Tonus und Bewegungen werden vermindert.

Verbenalin (Bd. II, S. 681; Bd. X, S. 881).

Darstellung[4]: Die Auszüge des Pflanzenmaterials werden durch Fällen mit Erdalkali oder Schwermetallsalzen von der Hauptmenge der Ballaststoffe befreit, aus dem Filtrat wird das Glykosid mit NH_3 und Bleiessig gefällt und der erhaltene Niederschlag entbleit; die das Glykosid enthaltende wässerige Lösung zweckmäßig unter Zuhilfenahme des Vakuums eingeengt und aus dem Rückstand das Glykosid mit einem organischen Lösungsmittel wie Essigester abgeschieden. Durch diese Arbeitsmethode wird eine erhebliche Ersparnis an organischen Lösungsmitteln erzielt. Durch Umkrystallisieren aus Alkohol wird das Verbenalin in farblosen Prismen vom Schmelzp. 179—180° erhalten[4].

Violutosid[5].

Konstitution: Besteht aus 1 Mol Salicylsäuremethylester und einer Hexopentose, wie auch das Monotropitosid. Die Pentose ist aber nicht Xylose, sondern sehr wahrscheinlich l-Arabinose und diese scheint mit Glykose kombiniert zu sein. Der Zucker dürfte also mit der Vicianose identisch sein.

Vorkommen: In Viola cornuta L.

Darstellung: Die Pflanze wird mit siedendem Alkohol extrahiert, der Extrakt mit wässerigem Essigester ausgezogen, die wässerige Lösung mit $CaCO_3$, dann Bleiessig gereinigt, das Produkt schließlich aus Aceton + Äther umkrystallisiert. Erhalten nur 0,01 g aus 1 kg frischer Pflanze.

Physiologische Eigenschaften: Zur fermentativen Spaltung werden 0,5226 g in 100 ccm Wasser mit dem Ferment von Cornus sanguinea L. behandelt. Anfangsdrehung —0,378°, Enddrehung +0,310°, Bildung von 0,2140 g reduzierenden Zuckers (ausgedrückt in Glykose), also enzymolitischer Reduktionsindex 311.

Physikalische und chemische Eigenschaften: Enthält 3,40% H_2O. Schmelzp. 168,5° (Maquenne-bloc), $[\alpha]_D = -35,18°$ in Wasser, oder —36,20° für das wasserfreie Produkt. Gibt mit Orcin-HCl die blauviolette Färbung der Pentosen. Spaltung mit siedender, 30proz. H_2SO_4 liefert 75,74% reduzierenden Zucker, also Reduktionsindex 418. Der Salicylsäuregehalt ist 31,14%[6].

Hesperidin (Bd. II, S. 683; Bd. X, S. 881).

Physikalische und chemische Eigenschaften: Spaltet bei der Destillation in saurer, neutraler oder alkalischer Lösung, besonders nach der Hydrolyse, Formaldehyd ab[7].

[1] M. Bridel u. C. Charaux: C. r. Acad. Sci. Paris **180**, 1047 (1925) — Chem. Zbl. **1925 II**, 1452.

[2] M. Bridel u. C. Béguin: C. r. Acad. Sci. Paris **183**, 75 (1926) — Chem. Zbl. **1926 II**, 1289.

[3] J. Lévy u. Raymond Hamet: C. r. Soc. Biol. Paris **97**, 615 (1927) — Chem. Zbl. **1927 II**, 2690.

[4] J. D. Riedel A.-G.: D.R.P. 358873, Kl. 12o vom 9. März 1920; Chem. Zbl. **1923 II**, 337.

[5] P. Picard: Bull. Soc. Chim. biol. Paris 8, 568 (1926) — Chem. Zbl. **1926 II**, 235, 1957. M. Bridel: Rev. gén. Sci. pures appl. **39**, 5 — Chem. Zbl. **1928 I**, 1673.

[6] P. Picard: C. r. Acad. Sci. Paris **182**, 1167 (1926) — Chem. Zbl. **1926 II**, 235.

[7] G. Klein: Biochem. Z. **169**, 132 (1926) — Chem. Zbl. **1926 I**, 3221.

Ist wasserfrei, besitzt die Zusammensetzung $C_{28}H_{34}O_{15}$ und liefert bei der Hydrolyse 49,05% Hesperetin, 32,13% Glykose und 23,4% Rhamnose, entsprechend der Gleichung[1]:

$$C_{28}H_{34}O_{15} + 2 H_2O = C_{16}H_{14}O_6 + C_6H_{12}O_6 + C_6H_{12}O_5.$$

Liefert mit Barytwasser Ferulasäure und ein amorphes Glykosid (Phlogluzinrhamnoglykosid ?).

Derivate: Diacetylderivat $C_{32}H_{38}O_{17}$. Nadeln aus Essigsäure und Wasser, Schmelzp. 142 bis 143°; $[\alpha]_D^{21} = -32,9°$. Gibt keine Färbung mit Eisenchlorid, aber Violettfärbung mit Magnesium und Salzsäure[1].

Naringin (Bd. II, S. 684; Bd. VIII, S. 350).

Physikalische und chemische Eigenschaften: Bei 110° getrocknet schmilzt es bei 171° und besitzt die Zusammensetzung $C_{27}H_{32}O_{14} + 2 H_2O$. Die aus Wasser umkrystallisierte Substanz besitzt die Zusammensetzung $C_{27}H_{32}O_{14} + 8 H_2O$. Die Hydrolyse liefert 43,4% Naringenin, 31,9% Glykose und 22,8% Rhamnose entsprechend der Gleichung[1]:

$$C_{27}H_{32}O_{14} + 2 H_2O = C_{15}H_{12}O_5 + C_6H_{12}O_6 + C_6H_{12}O_5.$$

Wird Naringin in Bariumhydroxydlösung 12 Stunden in einer Wasserstoffatmosphäre auf dem Wasserbad erwärmt, mit Schwefelsäure angesäuert und ausgeäthert, so liefert der Ätherextrakt p-Oxybenzaldehyd. Die wässerige Flüssigkeit mit Bleizucker und Schwefelwasserstoff gefällt, hinterläßt beim Verdampfen Phloracetophenonrhamnoglykosid. — Durch Einwirkung von Diazomethan auf Naringin in Methylalkohol entsteht eine sirupöse Substanz und aus dieser durch saure Hydrolyse das Isosakuranetin (5, 7-Dioxy-4'-methoxyflavanon). Es ist anzunehmen, daß im Naringin der Zuckerrest sich in Stellung 7 befindet[1].

Phloracetophenonrhamnoglykosid[1].

Mol-Gewicht: 476,32 für die wasserfreie Substanz.

Zusammensetzung: $C_{20}H_{28}O_{13} + H_2O$.

Bildung: Bei 12 stündigem Erhitzen von Naringin mit Barytwasser auf dem Wasserbad.

Physikalische und chemische Eigenschaften: Aus Wasser Nadeln $C_{20}H_{28}O_{13} + 5 H_2O$. Schmelzp. 149, 150°, leicht löslich in verdünntem Alkohol, Aceton, Lauge, unlöslich in Äther. $[\alpha]_D^{21} = -86,51°$. Mit Ferrichlorid in Alkohol violettrot. — Reduziert nicht Fehling sche Lösung. Wird durch heiße verdünnte Säure in Phloracetophenon, Glykose und Rhamnose gespalten.

Ouabain (g-Strophanthin) (Bd. V, S. 685; Bd. VIII, S. 350; Bd. X, S. 881).

Vorkommen: Aus den Wurzeln von Acokanthera Ouabaio konnte 0,26%, aus den Stämmen und Zweigen 0,15% krystallinisches Quabain isoliert werden[2].

Physiologische Eigenschaften: Zusammenfassung der bereits vorhandenen Forschungsergebnisse[3]. Das Herz von Leptodactylus ocellatus ist gegen Ouabain relativ widerstandsfähig[4]. Ouabainlösungen 1:10000 sind für den Vorhof des Herzens von Testudo graeca giftig, nicht für den Ventrikel. Lösungen 1:100000 regulieren den Ventrikelrhythmus unter Verstärkung der Kontraktionen. Der Vorhof wird auch reguliert, aber in geringerem Grade als der Ventrikel[5]. Ouabain wird beim Frosch stärker kumuliert als Gitalin (Boehringer) und die Digitannoide, wahrscheinlich deshalb, weil es schwerer entgiftet wird. Mit Gitalin vorbehandelte Herzen sind für Ouabain überempfindlich und umgekehrt[6]. Der Angriffspunkt des Ouabains am isolierten Froschherzen ist ein mehrfacher. Die Reizbildung wird geschädigt. Ferner greift es an nervösen Gebilden des Oberherzens wie direkt am Muskel an.

[1] Y. Asahina u. M. Inubuse: J. pharm. Soc. Jap. **49**, 11 (1929) — Chem. Zbl. **1929 I**, 2429.

[2] Ohne Autor: Bull. Imp. Inst. London **25**, 10—12 (1927) — Chem. Zbl. **1927 II**, 291.

[3] M. Tiffeneau: Bull. Sci. pharmacol. **29**, 68—74, 123—132, 184—190 (1922) — Chem. Zbl. **1922 III**, 936.

[4] O. M. Pico: C. r. Soc. Biol. Paris **807**, 568—569 (1922) — Chem. Zbl. **1922 III**, 1310.

[5] Domenica Liotta: Arch. Farmacol. sper. **36**, 145—155, 161—165 (1923) — Chem. Zbl. **1924 I**, 1829.

[6] T. Takayanaji: Arch. f. exper. Path. **99**, 17—32 (1923) — Chem. Zbl. **1923 III**, 1189.

Die nach der Latenzzeit sich schnell entwickelnde Kontraktion am ganzen Herzen ist auf Impulse des Oberherzens, auf nervösem Wege übermittelt, zurückzuführen. Die am isolierten Ventrikel zu beobachtende Muskelwirkung führt zu einer langsam sich ausbildenden Contractur. Meist wird der Muskel vorher unerregbar, und der Stillstand erfolgt diastolisch. Die Ouabainwirkung äußert sich dann meist in einer Nachschrumpfung. Mittels Nicotin und Cocain kann auch am ganzen Herzen infolge Ausschaltung der Nervenverbindung zwischen Vorhof und Ventrikel die Muskelwirkung des Ouabains zur Anschauung gebracht werden. Bariumchlorid erschwert das Eindringen des Ouabains in den Muskel; es kann durch Veränderungen des Salzgehaltes der Nährlösungen beschleunigt werden[1]. Neben dem Einfluß auf die Erregbarkeit des Herzens spielt auch derjenige auf dessen elektrischen Leitfähigkeit bei der Wirkung des Ouabains eine Rolle. Dieser Einfluß konnte am Froschherzen in situ elektrokardiographisch verfolgt werden[2]. Bei Fröschen und Mäusen wird durch gleichzeitige Verabreichung von Saponinen die Wirkung stomachal zugeführten Ouabain wesentlich gesteigert. Bei Kaninchen ist der Einfluß der Saponine auf die Toxizität des Ouabains zweifelhaft[3]. Bei subcutaner Einverleibung ist Ouabain beim Kaninchen $1^1/_2$ mal so toxisch wie krystallisiertes Strophanthin, beim Meerschweinchen umgekehrt. Sicherer ist die Bestimmung der Toxizität bei intravenöser Einverleibung. Die letale Dosis für Ouabain ist für Präparate jeglicher Herkunft 0,15 mg pro kg Körpergewicht[4]. Beim Hunde 0,2—0,5 mg intravenöse Erregung der herzhemmenden Elemente und Blutdrucksteigerung, nach großen Gaben Blutdrucksenkung und tödliche Vasomotorenlähmung. Am isolierten Kaninchenherzen zunächst Tonussteigerung. Die Wirkung entspricht derjenigen von Strophanthin[5]. Experimentelle Untersuchungen über die physiologischen Herz- und Gefäßwirkungen des Ouabains beim Hund[6]. Ouabain wird unter denselben Verhältnissen wie Strophanthin angewandt, z. B. wenn Digitalis versagt, und zwar in der Regel intravenös in Dosen von 0,5 mg in 1 ccm destill. Wassers, beginnend mit 0,25 mg; nach 24 Stunden injiziert man 0,5 mg und wiederholt die Injektion während 3 oder 4 Tagen. Die Anwendung per os (in Tabletten zu 0,1 mg) ist oft unzuverlässig[7]. Ouabain wirkt durch Reizung des Brechzentrums erbrechend[8]. Ouabain hat nicht nur per os eine kumulative Wirkung, sondern auch das subcutan gegebene. Bei täglicher Gabe von 0,15—0,25 mg tritt der Tod des Tieres ein, wenn die gesamte injizierte Glykosidmenge ungefähr die doppelte letale Dosis erreicht hat. Der Koeffizient der täglichen Elimination ist etwa $^1/_{12}$ der letalen Dosis[9]. Ouabain wirkt nicht auf die fibrillären Zuckungen des Skeletmuskels[10]. Ouabain verursacht Störungen in der Erregbarkeit des Myokards und der Reizleitung[11].

Physikalische und chemische Eigenschaften: Ouabain reduziert Tollenssche Lösung und gibt eine intensive Rotfärbung mit Nitroprussidnatriumlösung und wenig Alkali. Wird Ouabain mit Alkali verseift oder hydriert, so bleiben beide obenerwähnte Reaktionen aus. Ouabain soll daher eine ungesättigte Lactongruppe enthalten[12]. Wird Ouabain durch Einwirkung von Natronlauge bei Zimmertemperatur verseift, so gibt die entstandene Säure weder ein Oxim noch ein Semicarbazon; die Verseifung führt also nicht zu einer Ketosäure, sondern zu einer Oxysäure, welche beim Ansäuern unverändertes Ouabain zurückliefert[13]. Ouabain verbraucht bei der Titration der Doppelbindungen nach Winklers Verfahren — trotz der vorhandenen Doppelverbindung — kein Brom[13].

[1] Hans Schlossmann: Arch. f. exper. Path. **102**, 348—366 (1924) — Chem. Zbl. **1924 II**, 1481.

[2] Ch. Laubry u. L. Deglande: C. r. Soc. Biol. Paris **91**, 1236—1239 (1924) — Chem. Zbl. **1925 I**, 706.

[3] L. Kofler u. R. Kaurek: Arch. f. exper. Path. **109**, 362—369 (1925) — Chem. Zbl. **1926 I**, 1448.

[4] M. Tiffeneau: Bull. Sci. pharmacol. **29**, 244—249 (1922) — Chem. Zbl. **1923 I**, 121.

[5] A. Jappelli: Arch. di Sci. biol. **2**, 408—422 (1921) — Chem. Zbl. **1922 III**, 188.

[6] Lucien Beco: Arch. inernat. Méd. expér. **2**, 223—257 (1926) — Chem. Zbl. **1927 I**, 2099.

[7] Ed. Desesquelle: Bull. Sci. pharmacol. **29**, 564—568 (1922) — Chem. Zbl. **1923 I**, 369.

[8] N. Dresbach u. N. Y. Albany: XII. Internat. Physiologenkongr. in Stockholm **1926**, 41—42 — Chem. Zbl. **1927 II**, 289.

[9] C. Dimitracoff: Bull. Sci. pharmacol. **29**, 489—491 (1922) — Chem. Zbl. **1923 I**, 1049.

[10] Soma Weiss: Proc. Soc. exper. Biol. a. Med. **23**, 567—568 (1926) — Chem. Zbl. **1927 I**, 1615.

[11] J. Walser u. L. Deglaude: Ann. Méd. **20**, 288—297 (1926) — Chem. Zbl. **1927 II**, 288.

[12] Walter A. Jacobs u. Alexander Hoffmann: J. of biol. Chem. **67**, 333—339 (1926) — Chem. Zbl. **1926 II**, 1049.

[13] Walter A. Jacobs, Alexander Hoffmann u. Edwin L. Gustus: J. of biol. Chem. **70**, 1—11 (1926) — Chem. Zbl. **1927 I**, 105.

Strophanthusglykoside.

Wertbestimmung: Tinkturen werden mit Bleiacetat entfärbt, Bleiüberschuß durch Natriumphosphat entfernt, dann colorimetrischer Vergleich mit einer Ouabainlösung auf Grund der Baljetschen Reaktion (Orangefärbung mit verdünnter alkalischer Pikratlösung)[1]. Bei Strophanthuspräparaten scheint eine chemische Wertbestimmung möglich zu sein[2].

Physiologische Eigenschaften: Arbeiten zusammenfassender Natur[3]. Über Aufnahme des Strophanthins durch die Zelle[4]. Strophantin wirkt bei Injektion mit Intervallen von 5—10 Minuten stärker[5]. Das Herz von Leptodactylus ocellatus ist gegen amorphes Strophanthin relativ widerstandsfähig[6]. Strophanthin verursacht an dem isolierten Herzen von Aplysia limacina Tonussteigerung und Frequenzvermehrung[7]. Das durch Ca-freie Ringerlösung stillgestellte Froschherz wird durch Strophanthin gar nicht oder nicht zum regelmäßigen Schlagen gebracht. Ca-arm ernährte Herzen werden durch Strophanthusglykoside sehr bald toxisch beeinflußt, was sich durch Unregelmäßigkeit des Herzschlages und Pulshalbierungen zu erkennen gibt[8]. Auf die Strophanthinwirkung am Froschherzen übt die Erhöhung der Temperatur auf über 20° einen geringen reaktionsbeschleunigenden Einfluß aus[9]. Plethysmographische Untersuchungen am isolierten Froschherzen nach Strophanthin[10]. Untersuchungen über die feinen strukturellen Änderungen, die sich beim Frosch in der Querstreifung der Myofibrillen unter der Einwirkung von Strophanthin beobachten lassen[11]. Die am isolierten Froschherzen vom Strophanthin unterschiedliche Wirkung des Scillarens soll auf dessen Kaliumgehalt beruhen[12]. Nach Einspritzung einer klinischen Dosis von Strophanthin zeigt das Röntgenphotogramm des normalen Kaninchenherzens eine mäßige Verkleinerung an; deutlichere, wenn das Herz zuvor durch wiederholte kombinierte intravenöse Einspritzungen von Sparteinsulfat und Epinephrinchlorid im Sinne einer Myokarditis geschädigt war[13]. Von Strophanthin-Tinktur bewirkt bei weißen Ratten 1,71—2,08 mg/kg Körpergewicht den Tod, die nicht mehr tödliche Gabe 1,47—1,71 mg, in je 15 Versuchen. Da in der geringsten tödlichen Gabe der Gehalt an Alkohol nur mehr 50% der tödlichen Menge beträgt, beruht die Giftigkeit auf dem Gehalte an Strophanthusstoffen. In allen Fällen, in denen die Ratte die Injektion 10 Minuten überlebte, war die Gabe nicht mehr tödlich. Die Giftigkeit ist für weiße Ratten etwa 25—30mal größer als für Frösche, für Kaninchen wieder 30mal größer als für Ratten[14]. An Katzen werden durch langsame intravenöse Infusion von Strophanthin in einer Menge von etwa 30% der tödlichen Dosis noch keinerlei Schadenwirkungen am Herzen und Kreislauf verursacht, demnach werden in diesem Bereich die sog. therapeutischen Dosen zu suchen sein[15]. Versuche am Katzenherzen in situ mit durch Faradisierung der Vorkammer hervorgerufener Arrhythmie lassen erkennen, daß Digitalis stärker anregend als Strophanthin auf den Nervus vagus wirkt. Wohl dadurch ist die scheinbar geringere Wirkung des ersten auf die Contractilität zu erklären. Jedenfalls ist Digitalis da angebracht, wo man neben einer

---

[1] Arthur Knudson u. Melvin Dresbach: Proc. Soc. exper. Biol. a. Med. **19**, 389—390 (1922) — Chem. Zbl. **1923 II**, 210.

[2] J. S. Meulenhoff: Pharm. Weekblad **62**, 961—982 (1925) — Chem. Zbl. **1926 I**, 167.

[3] Clemens Grimme: Dtsch. med. Wschr. **48**, 314 (1922) — Chem. Zbl. **1922 I**, 1118. — George Walker: Pharmaceut. J. **109**, 607—609 (1922) — Chem. Zbl. **1923 II**, 547. — E. Veiel: Dtsch. Arch. klin. Med. **147**, 257—272 (1925) — Chem. Zbl. **1925 II**, 1469.

[4] Karl Zipf: Arch. f. exper. Path. **124**, 259—285 (1927) — Chem. Zbl. **1927 II**, 1968.

[5] Shigeru Uchida: Fol. jap. pharmacol. **3**, 1—15 (1926) — Chem. Zbl. **1927 I**, 2097.

[6] O. M. Pico: C. r. Soc. Biol. Paris **87**, 568—569 (1922) — Chem. Zbl. **1922 III**, 1310.

[7] C. Heymans: Arch. internat. Pharmacodynamie **28**, 337—347 (1923) — Chem. Zbl. **1924 II**, 1112.

[8] Hans Hoffmann: Arch. f. exper. Path. **96**, 105—114 (1923) — Chem. Zbl. **1923 I**, 1245.

[9] E. Rost: Arch. f. exper. Path. **97**, 386—402 (1923) — Chem. Zbl. **1923 III**, 410.

[10] Erich Hesse u. Hans Raida: Z. exper. Med. **40**, 380—393 (1924) — Chem. Zbl. **1924 II**, 211.

[11] Luigi Tocco-Tocco: Arch. internat. Pharmacodynamie **29**, 359—376 (1924) — Chem. Zbl. **1925 II**, 210.

[12] Hiroaki Utsunomija: Okayama-Igakkai-Zasshi (jap.) **1926**, 400—415 — Chem. Zbl. **1927 I**, 2100.

[13] G. F. Strong u. Burgess Gordon: Arch. internat. Med. **32**, 510—516 (1923) — Chem. Zbl. **1924 II**, 80.

[14] David W. Beddow jr.: J. amer. pharmaceut. Assoc. **14**, 778—781 (1925) — Chem. Zbl. **1926 I**, 1846.

[15] J. Planelles u. F. F. Werner: Arch. f. exper. Path. **96**, 21—27 (1923) — Chem. Zbl. **1923 I**, 1241.

Einwirkung auf die Contractilität vor allem von der Pulsverlangsamung Erfolg erwartet, Strophanthin da, wo man nicht die Frequenzverminderung, sondern hauptsächlich die erste Wirkung wünscht[1]. Mit einer besonderen Versuchstechnik, die gestattet, neben dem Carotisdruck ein isoliertes Plethysmogramm des rechten und linken Ventrikels aufzunehmen, wurde bei Strophanthus eine deutliche Digitaliswirkung festgestellt. Strophanthus wirkt leicht toxisch, ohne daß sich eine unschädliche Grenzkonzentration genau festlegen läßt[2]. Durch vorherige Vermischung von Spinatsekretinlösung mit Strophanthin wird der Eintritt des systolischen Herzstillstandes deutlich hinausgezogen. Sekretin wirkt demnach entgiftend auf Strophanthin[3]. Das Studium der Dynamik der Strophanthinwirkung an dem nach Starling isolierten Herz-Lungen-Kreislauf führte zur Auffassung, daß die therapeutische Wirkung des Strophanthins auf einer Änderung der physiologischen Eigenschaften des Herzmuskels beruht, wodurch der gleiche mechanische Effekt bei kleinerer Anfangslänge erzielt wird. Daraus folgt eine Verkleinerung des Herzvolumens, wodurch das Herz weiter von seiner physiologischen Dilatationsgrenze entfernt wird[4]. Bei Strophanthin ist die Bindung an das Herz und die Anhäufung am schwächsten; die Wirkung tritt am schnellsten ein, ist aber auch am flüchtigsten[5]. Stärkere Strophanthinlösungen als 1:100000 sind schädlich für Ventrikel und Vorhof des isolierten Herzens von Testudo graeca. Lösungen 1:500000 regulieren dagegen vollständig den Ventrikelrhythmus, auch nach vorheriger Vergiftung mit größeren Strophanthusmengen. Der Vorhof ist weniger empfindlich für die regulierende Wirkung[6]. Strophanthus wirkt kontrahierend auf einen isolierten Mesenterialstreifen[7]. Auch bei Calciummangel läßt sich am isolierten Warmblüterherzen eine Strophanthinwirkung feststellen. Für das Gefäßlumen sind beide Stoffe nicht gleichwertig, beide besitzen eine Wirkung sui generis (Calcium verengend, Strophanthin häufig erweiternd)[8]. Der Vergleich des Wirkungswertes verschiedenster Mischungen von Strophanthus- und Digitalisglykosiden durch Ermittelung des Grenzwertes für den Herzstillstand an der Katze deutet statt des zu erwartenden additiven Zusammenwirkens beider gruppengemeinsamer Komponenten einen „potenziert" synergetischen an. Möglicherweise sind aber die diesbezüglichen Befunde an die besonderen Versuchsbedingungen geknüpft[9]. Strophanthustinktur wirkt in großen Dosen bei Hypertonie meist blutdrucksenkend. Die Wirkung tritt langsam ein, hält aber an[10]. Strophanthustinktur soll in großen Dosen bei Hypertonie meist blutdrucksenkend wirken[10]. In großen Dosen bewirkt Strophanthin eine Abnahme der Konzentration des Blutes, keine Diurese an sich, aber nach Zufuhr von Wasser[11]. Die Gefäße der isolierten Nebennieren verengern sich auf Strophanthin nur schwach oder gar nicht[12]. Die durch Cocain oder Strychnin hervorgerufenen Rhythmusstörungen des Froschherzens werden durch Strophanthin nicht beeinflußt[13]. Hohe Strophanthindosen führen zu sehr energischen Lungengefäßkontraktionen[14]. Am Gefäßpräparat nach Trendelenburg konnte festgestellt werden, daß die Strophanthinempfindlichkeit durch Antimon gesteigert wird. Kupfer ist für Versuche dieser Art ungeeignet, da es selbst in stärkster Verdünnung noch selbst gefäßverändernd wirkt[15]. Strophanthus bewirkt auf die Erregbarkeit des auto-

---

[1] A. J. Boekelman jr.: Nederl. Tijdschr. Geneesk. **70 II**, 2112—2118 (1926) — Chem. Zbl. **1927 I**, 135.

[2] P. Wolfer: Schweiz. med. Wschr. **51**, 587—590 (1921) — Chem. Zbl. **1922 I**, 148.

[3] K. Miyadera: Dtsch. med. Wschr. **48**, 313 (1922) — Chem. Zbl. **1922 I**, 1116.

[4] N. G. Bijlsma u. M. J. Roessingh: Arch. f. exper. Path. **94**, 235—276 (1922) — Chem. Zbl. **1922 III**, 1067.

[5] N. G. Bijlsma, A. A. Hijmans van den Bergh. R. Magnus, J. S. Meulenhoff u. M. J. Roessingh: Reichsinstitut f. Pharmakotherap. Unters. **1922,** 111 Seiten. Leiden — Chem. Zbl. **1922 III**, 1020.

[6] Domenica Liotta: Arch. Farmacol. sper. **36**, 145—155, 161—165 (1923) — Chem. Zbl. **1924 I**, 1829.

[7] K. J. Franklin: J. of Pharmacol. **26**, 215—225 (1925) — Chem. Zbl. **1926 I**, 978.

[8] Moritz Mandelstamm: Z. exper. Med. **51**, 633—651 (1926) — Chem. Zbl. **1926 II**, 1981.

[9] M. Snamenski: Arch. f. exper. Path. **116**, 147—157 (1926) — Chem. Zbl. **1926 II**, 2198.

[10] J. Enesco: Bull. Soc. méd. Hôp. Bucarest **3**, 21—29 (1921) — Chem. Zbl. **1922 I**, 301.

[11] Frank P. Underhill u. George T. Pack: Amer. J. Physiol. **66**, 520—552 (1923) — Chem. Zbl. **1924 I**, 800.

[12] G. L. Schkawera u. A. J. Kusutzeow: Z. exper. Med. **38**, 37—66 (1923) — Chem. Zbl. **1924 I**, 935.

[13] Walter Simon: Arch. f. exper. Path. **100**, 307—315 (1924) — Chem. Zbl. **1924 I**. 1832.

[14] Hans Löhr: Z. exper. Med. **39**, 67—130 (1924) — Chem. Zbl. **1924 I**, 2790.

[15] Helene Grumach: Arch. f. exper. Path. **98**, 123—128 (1923) — Chem. Zbl. **1923 III**, 1189.

nomen Nervensystems des Darms eine derartige Veränderung, daß der motorische Effekt einer das autonome Nervensystem reizenden Substanz verstärkt wird; das Phänomen ist reversibel. Die Reaktionsänderung beruht entweder auf einer Modifikation der Erregbarkeit und Contractilität oder aber ist eine Folge einer vergrößerten Erregbarkeit der nervösen Organe des autonomen Nervensystems[1]. Die Resistenzveränderungen und Volumenänderungen roter Blutkörperchen bei der Hypotoniehämolyse werden in Kochsalz-, Ringer- und Phosphat- lösung bei Zusatz von Strophanthin untersucht[2]. Kleinste, sonst indifferente Dosen von Saponine erhöhen die Wirkung von Strophanthin auf das 30fache, was auf Erhöhung der Resorption zurückgeführt wurde[3]. Nach Natriumoxalatinjektion sind beim Warmblüter erst größere Dosen Strophanthin erforderlich als normal, nach Calcium kleinere. Die Wirkung des Strophanthins fehlt beim isolierten Esculentaherzen nach mehrfachem Auswaschen mit calciumfreier Ringerlösung. Gibt man ihr Strontiumlösung zu, so tritt die typische Wirkung wieder ein. Nach Barium und Magnesium erfolgt Tonuszunahme, obwohl Magnesium allein tonuserschlaffend wirkt. — Die Gegenwart von Erdalkalien ist notwendig für den Eintritt der Wirkung des Strophanthins. Steigerung von Kalium in calciumfreier Ringerlösung wirkt tonuserschlaffend in Gegenwart von Strophanthin[4]. In schwachen Dosen bewirkt Strophan- thin eine Leukämie, während diese Wirkung bei stärkerer Konzentration verringert wird. Strophanthin bewirkt im Gegenteil keine Veränderung in dem Verhältnis von mehr- und einkernigen Leukocyten. Strophanthin reagiert sehr stark auf Thrombocyten, eine einzige Injektion verursacht eine langdauernde, starke Thrombocytose. Scheinbar reizt Strophanthin das Knochenmark, den Ursprungsort der Thrombocyten[5]. Strophanthin erweitert die Pupille[6].

Strophanthin (Bd. II, S. 688; Bd. VIII, S. 352; Bd. X, S. 882).

Vorkommen: Besprechung der verschiedenen Strophanthinarten, insbesondere Stro- phanthus Kombé, hispidus und gratus[7].

Darstellung: Beim Perkolieren von Strophanthussamen soll man, nach Angaben der internationalen Pharmakopöe-Kommission, nicht vorher entfetten[8].

Nachweis und Bestimmung: Anweisung zum mikrochemischen Nachweis von Strophan- thin in Drogen und pharmazeutischen Produkten[9]. Die Schwefelsäurereaktion auf Strophan- thin wird am deutlichsten von dem Endosperm des Strophanthussamens gegeben[10].

Wertbestimmung: Nach Focke soll eine 10proz. Strophanthustinktur 5400—6000 F.D. enthalten, entsprechend 5,4—6% Strophanthin in dem Strophanthussamen (Kombe oder hispidus)[11, 12]. Rowe erhält mit der colorimetrischen Pikrinsäuremethode Resultate, die mit den nach der Froschmethode erhaltenen weitgehend übereinstimmen. Als Standardlösungen eignen sich am besten U. S. P.-Ouabain 1:25000 oder Strophanthustinktur U. S. P. X in der Verdünnung 1:140. Bei den Strophanthuspräparaten ist die Farbenentwicklung stets pro- portional der physiologischen Wirkung[13]. Handelt es sich um den Nachweis von Strophanthin in Organen, so werden 10 g der zerkleinerten Masse zunächst mit einer Lösung von 4 g Pankreatin in 200 ccm Wasser nach gelinder Alkalisierung 48 Stunden bei 40° behandelt, die Flüssigkeit abgegossen und der Rückstand nochmals 48 Stunden bei gleicher Temperatur mit einer Lösung von 0,3 g Pankreatin in 80 ccm Wasser digeriert. Die vereinigten Auszüge dienen zum weiteren

[1] Peter Weger: C. r. Soc. Biol. Paris **96**, 803—806 (1927) — Chem. Zbl. **1927 II**, 120.

[2] Konrad Baade: Arch. f. exper. Path. **114**, 137—155 (1926) — Chem. Zbl. **1926 II**, 1438.

[3] R. Wasicky: Wien. klin. Wschr. **39**, 1095 (1926) — Chem. Zbl. **1926 II**, 2455.

[4] Isao Tominaga: Fol. jap. pharmacol. **1**, 1—14 (1925) — Chem. Zbl. **1927 I**, 1704.

[5] Peter Weger: C. r. Soc. Biol. Paris **96**, 806—808 (1927) — Chem. Zbl. **1927 II**, 105.

[6] Theodore Koppányi u. K. H. Sun: Amer. J. Physiol. **78**, 358—363 (1926) — Chem. Zbl. **1927 I**, 315.

[7] Em. Perrot: Bull. Sci. pharmacol. **34**, 465—469 (1927) — Chem. Zbl. **1927 II**, 2692.

[8] Arthur Roos: Farm. Rev. **23**, 551 (1924) — Apoth.-Ztg **39**, 1617 (1924) — Chem. Zbl. **1925 I**, 866.

[9] L. Rosenthaler: Pharm. Zentralhalle **67**, 353—357 (1926) — Chem. Zbl. **1926 II**, 805.

[10] Luigi Tocco-Tocco: Arch. internat. Pharmacodynamie **31**, 91—106 (1925) — Chem. Zbl. **1926 II**, 2832.

[11] Focke: Pharm. Ztg **71**, 782 (1926) — Chem. Zbl. **1926 II**, 926.

[12] W. Peyer: Pharm. Ztg **71**, 778—781 (1926) — Chem. Zbl. **1926 II**, 926.

[13] L. W. Rowe: J. amer. pharmaceut. Assoc. **16**, 113—115 (1927) — Chem. Zbl. **1927 I**, 2459.

Nachweis des Strophanthins[1]. Die Methode des D. A. B. 6 zur Gehaltsbestimmung der Tinctura strophanthi eignet sich nur für mit Strophanthus gratus hergestellte Tinkturen[2]. **Physiologische Eigenschaften:** Zusammenfassung der bereits vorhandenen Forschungsergebnisse[3]. Auf das Urstadium eines Herzens, wie es die rhythmisch sich kontrahierenden Dorsalgefäße des Regenwurms (Lumbricus terrestris) darstellen, wirkt Strophanthin zuerst beschleunigend, dann verlangsamend und schließlich zum Stillstand zwingend[4]. Nach Versuchen am Froschmuskel, Froschherz und Schneckenmuskel ist Strophanthin ein Muskelgift, das allgemein eine Verstärkung der Chronaxie und eine Erhebung der Rheobase bis zur Unerregbarkeit hervorruft. Seine Wirkung auf einen Muskel ist eine Funktion der Chronaxie dieses Muskels. Am Herzen wird das atrioventrikuläre Bündel eher beeinflußt als die Höhlen[5]. Wirkung auf das durch Calciumentzug geschädigte Froschherz sowie auf das normale Herz[6]. — Mit kleinen Dosen Strophanthin vorbehandelte Froschherzen schlagen in einer Ringerlösung, die mit 5% Alkohol versetzt wurde, weiter; bei dieser Alkoholkonzentration tritt ohne Strophanthinvorbehandlung Stillstand ein. Nach großen Dosen Strophanthin findet sich dagegen umgekehrt größere Empfindlichkeit gegen Alkohol (Stillstand schon bei 3%)[7]. Strophanthin verliert bei peroraler Darreichung am Frosch viel an Wirkungsstärke[8]. Strophanthin bewirkt, dem Frosch injiziert, eine Zunahme des Herzmuskels an Wasser um 2,7% bei systolischem Herzstillstand[9]. Die Resorption von Strophanthin wird auch bei folgender Versuchsanordnung begünstigt: Injektion eines Saponins in den Lymphsack des Frosches und des Strophanthins nach einer oder mehreren Stunden in den Magen[10]. Die an der isolierten Froschniere durch Strophanthin erzielte Diurese ist von der Menge der durchströmenden Flüssigkeit in weitem Umfange abhängig[11]. Strophanthin ruft auch bei verhältnismäßig gut erhaltener Erregbarkeit des belasteten Muskels eine Verhärtung des Froschgastrocnemius hervor[12]. Das durch Strophanthininjektion am ganzen Tier vorbehandelte Herz (Rana esculenta nach Straub) zeigt gegen die lähmende Wirkung von Emetin, Chinin, Cocain eine Resistenzzunahme. Unverändert bleibt die Chloralhydratwirkung[13]. Acetylcholin hemmt die durch Strophanthin verursachte Erregung des isolierten Froschherzens[14]. Strophanthin 1:100000 ist auf die Phosphatabgabe des gesunden und geschädigten Froschherzens ohne Einfluß[15]. Geringe, die Herztätigkeit sonst nicht auffällig beeinflussende Alkalimengen können die Erscheinungen des Herzblocks, die an Froschherzen durch Strophanthin erzeugt wurde, beheben[16]. Strophanthin wirkt auf das isolierte Krötenherz wie am Froschherzen, jedoch ist zur Erzielung der gleichen Vergiftungserscheinungen eine 80—100fach höhere Konzentration notwendig[17]. Coffein verhindert am isolierten Froschherzen in Dosen von $^1/_{10\,000}$—$^1/_{1000}$, die an sich die Herztätigkeit verbessern, die Giftwirkung von Digitalin[18]. An dem an der Straubschen Kanüle schlagenden Herz von Rana temporaria bewirkt Strophanthin eine Verkürzung der refraktären Phase, auch die durch Coffein oder Chloralhydrat verlängerte Refraktärphase wird durch Strophanthin verkürzt. An dem Herzen von Rana esculenta wird durch Strophanthin eine

---

[1] Mario Aiazzi Maucini: Arch. Farmacol. sper. **41**, 170—176, 177—183 (1926) — Chem. Zbl. **1927 I**, 2855.

[2] Hans Kaiser: Süddtsch. Apoth.-Ztg **67**, 626 (1927) — Chem. Zbl. **1927 II**, 2613.

[3] M. Tiffeneau: Bull. Sci. pharmacol. **29**, 68—74, 123—132, 184—190 (1922) — Chem. Zbl. **1922 III**, 936.

[4] Charles L. Wible: J. of Pharmacol. **26**, 199—201 (1925) — Chem. Zbl. **1926 I**, 979.

[5] L. u. M. Lapicque: C. r. Soc. Biol. Paris **89**, 315—317 (1923) — Chem. Zbl. **1923 III**, 1242.

[6] Ernst Geiger u. Adolf Jarisch: Arch. f. exper. Path. **94**, 52—73 (1922) — Chem. Zbl. **1922 III**, 971.

[7] Viktor Hoffmann: Klin. Wschr. **3**, 1802—1805 (1924) — Chem. Zbl. **1924 II**, 2279.

[8] L. Lendle: Arch. f. exper. Path. **109**, 35—49 (1925) — Chem. Zbl. **1926 I**, 1468.

[9] Adolf Schott: Arch. f. exper. Path. **114**, 32—35 (1926) — Chem. Zbl. **1926 II**, 1881.

[10] L. Kofler u. R. Fischer: Arch. f. exper. Path. **116**, 35—38 (1926) — Chem. Zbl. **1926 II**, 2196.

[11] Adolf Hartwich: Arch. f. exper. Path. **111**, 206—217 (1926) — Chem. Zbl. **1926 II**, 1767.

[12] Lothar Klotz: Z. exper. Med. **48**, 614—624 (1926) — Chem. Zbl. **1926 I**, 1840.

[13] Kazuji Hayashi: Fol. jap. pharmacol. **3**, 124—157 (1926) — Chem. Zbl. **1927 I**, 1185.

[14] Gompei Morita: Fol. jap. pharmacol. **2**, 159—191 (1926) — Chem. Zbl. **1927 I**, 1607.

[15] Walter Frey u. Fritz Tiemann: Z. exper. Med. **53**, 658—665 (1927) — Chem. Zbl. **1927 I**, 1853.

[16] A. Fröhlich u. A. Solé: Arch. f. exper. Path. **117**, 341—346 (1926) — Chem. Zbl. **1927 I**, 121.

[17] Otto Geßner: Arch. f. exper. Path. **118**, 325—357 (1926) — Chem. Zbl. **1927 II**, 121.

[18] A. M. Preobraschensky: Z. exper. Med. **55**, 226—238 (1927) — Chem. Zbl. **1927 II**, 600.

Verlängerung der Refraktärphase bewirkt[1]. Strophanthin wirkt auf die refraktäre Phase des Schildkrötenherzenventrikels verkürzend[2]. Amphibienlarven (Bombinator pachypus) wurde ein zweites Herz von derselben Spezies eingepflanzt. So werden Tiere mit zwei voneinander unabhängig schlagenden Herzen erhalten. Strophanthin lähmt beide Herzen nach längerer Zeit[3]. Das Herz der weißen Ratte ist gegen Strophanthin recht widerstandsfähig. Diese Resistenz erklärt sich aus Fehlen des Verkürzungsrückstandes unter normalen Verhältnissen; das Rattenherz erschlafft rasch und vollkommen. Nach Strophanthin fehlt dementsprechend systolische Contractur[4]. Bei subcutaner Einverleibung ist Ouabain beim Kaninchen $1^1/_2$mal so toxisch wie krystallisiertes Strophanthin, beim Meerschweinchen umgekehrt. Diese Abweichung ist von der leichten Zersetzbarkeit des Strophanthins verursacht[5]. Nach intravenöser Injektion von $^1/_{20}$ mg Strophanthin pro kg ist die Diurese bei Kaninchen herabgesetzt[6]. Strophanthin bewirkt an der Arterie des isolierten Kaninchenohres Gefäßverengerung, die oft zum Spasmus führt; in dieser Periode treten bei Druckerhöhung rhythmische Schwankungen der Gefäßwand ein. Strophanthin gibt schnell aufeinanderfolgende, kurze Kontraktionen[7]. Quantitative Studien über die Empfindlichkeit junger Kaninchen gegen Strophanthin[8]. Die dem ganz frischen, körperwarmen Hunde- oder Kaninchenherzen entnommenen, isoliert in 37,5° warmer Ringerlösung, sich rhythmisch kontrahierenden 3 falschen Sehnenfäden werden Strophanthinlösungen ausgesetzt. Strophanthin bewirkt Verstärkung der Kontraktionen, der Frequenz, aber mit Schrumpfung der Fasern. Es steigert also die reizerzeugenden Apparate in der Kammer (Purkinjesche Fasern)[9]. Nach Versuchen an Mäusen und Kaninchen wird Strophanthin in größerer Menge kumuliert als Cymarin und in kleinerer Menge als Digitalein und Digitoxin[10]. Die wiederholte Applikation von Strophanthin am überlebenden Kaninchendarm führt zu einer gesteigerten Wirksamkeit[11]. Strophanthin bewirkt an der durchströmten Katzenleber Verengerung der Gefäße[12]. Am isolierten Katzenherzen sensibilisiert Adrenalin die Wirkung des Strophanthins, am auffälligsten bei der an sich unwirksamen Strophanthinkonzentration von 1:10 Millionen bzw. der schwach wirksamen 1:8 Millionen. Für Warmblüterherzen ist Strophanthin ein sympathicotropes Gift[13]. Strophanthin entwickelt am isolierten Pferdedarm eine entsprechende Wirkung wie am Herzen. Bezüglich der austreibenden Wirkung läßt sich eine Zunahme der Füllung — diastolische Wirkung — und eine Vervollkommnung der Kontraktion — systolische Wirkung — erkennen. Der Tonus wird erhöht; die Wirkung ist eine muskuläre[14]. Auf die Gefäße normaler Hunde- und Menschenmilz wirkt Strophanthin verengend[15]. Aus dem Ausfall der Amplitudenreaktion kann auf die Verschiedenheit des Angriffspunkts am Muskel von Barium und Strophanthin geschlossen werden[16]. Durch elektrokardiographische Untersuchungen kann man unter den digitalisartigen Substanzen die Gruppen des Digipurats, des Adonigens und der Convallaria majalis-Tinktur unterscheiden. Strophanthin gehört zur Digipurat- und Adonigengruppe[17]. Eingehende Beschreibung und Erörterung der Strophanthinwirkung auf Vorhof und Ventrikel[18].

[1] Konrad Gies: Z. Biol. **86**, 427—446 (1927) — Chem. Zbl. **1927 II**, 2691.

[2] W. S. Love jr.: Heart **13**, 87—93 (1926) — Chem. Zbl. **1927 II**, 601.

[3] Konrad Schübel u. Philipp Stöhr jr.: Arch. f. exper. Path. **107**, 87—99 (1924) — Chem. Zbl. **1925 I**, 714.

[4] A. Fröhlich u. K. Paschkis: Klin. Wschr. **1**, 1894—1895 (1922) — Chem. Zbl. **1922 III**, 1147.

[5] M. Tiffeneau: Bull. Sci. pharmacol. **29**, 244—249 (1922) — Chem. Zbl. **1923 I**, 121.

[6] Lucien Beco u. L. L. Plumier: J. Physiol. et Path. gén. **20**, 346—352 (1922) — Chem. Zbl. **1923 III**, 1113.

[7] J. Kraft: Pflügers Arch. **204**, 491—497 (1924) — Chem. Zbl. **1924 II**, 1829.

[8] Hiroshi Takahashi: Tohoku J. exper. Med. **6**, 72—74 (1925) — Chem. Zbl. **1926 II**, 264.

[9] Makoto Ishihara u. Ernst P. Pick: J. of Pharmacol. **29**, 355—372 (1926) — Chem. Zbl. **1927 I**, 2216.

[10] Hiroaki Utsunomiya: Okayama-Igakkai-Zasshi (jap.) **1927**, 71—88, 89—90 — Chem. Zbl. **1927 II**, 2208.

[11] Yoshitada Okazaki: Fol. jap. pharmacol. **4**, 349—363 (1927) — Chem. Zbl. **1927 II**, 2691.

[12] W. Lampe u. J. Méhes: Arch. f. exper. Path. **117**, 115—131 (1926) — Chem. Zbl. **1927 I**, 314.

[13] P. Popow: Arch. f. exper. Path. **117**, 279—281 (1926) — Chem. Zbl. **1927 I**, 2207.

[14] J. Kolda: Arch. f. exper. Path. **119**, 165—192 (1926) — Chem. Zbl. **1927 I**, 1982.

[15] G. Schkawera: Sitzgsber. Ges. inn. Med. St. Petersburg **1922**, 14. Febr. — Chem. Zbl. **1922 III**, 1068.

[16] Kazuji Hayashi: Fol. jap. pharmacol. **3**, 425—441 (1926) — Chem. Zbl. **1927 II**, 1049.

[17] Julius Citron: Dtsch. med. Wschr. **47**, 1285—1287 (1921) — Chem. Zbl. **1922 I**, 106.

[18] J. Lewis, A. N. Drury u. C. C. Iliescu: Heart **9**, 21—53 (1921) — Chem. Zbl. **1922 III**, 289.

Mit Hilfe der photographischen Spiegelregistrierung am Frankschen Kymographion wird gezeigt, daß Strophanthin die Atmung erst sekundär schädigt[1]. Bei der Reaktion des Blutes ($p_H = 7,8$) ist Strophanthin am nicht ermüdeten Muskel ohne Wirkung, erhöht aber die Zuckungen eines ermüdeten Muskels wesentlich[2]. Im Laufe der Diurese durch Strophanthin tritt eine Herabsetzung der spezifischen Serumviscosität auf. Gleichzeitig kommt es zu einer Eindickung des Blutes durch Wasserabgabe[3]. Strophanthin ist peritoneal injiziert weniger giftig als subcutan[4]. Über elektrische Reizversuche am Chloralherzen und über die Wirkung des Strophanthins auf das Reizleitungssystem[5]. Strophanthin wirkt besonders auf den graviden Uterus erregend[6]. Strophanthin wirkt selbst bei stärkster Verdünnung stets kontrahierend auf die Nierengefäße[7]. Strophanthin steigert erheblich nur die Leistung des unter Sauerstoff schlagenden Herzstreifens. Seine Wirkung unter Kaliumcyanid und Wasserstoff ist äußerst gering. Der durch Strophanthin hervorgerufene „systolische Stillstand" der Herzstreifen ist an die Gegenwart von Sauerstoff gebunden. Unter Kaliumcyanid und Wasserstoff werden die Streifen in „diastolischer" Stellung unerregbar[8]. Strophanthin wirkt am „isolierten Kopf" nicht direkt erregend auf das Vaguszentrum, die eintretende Pulsverlangsamung ist reflektorischen Ursprungs[9]. Durch Simultanbehandlung mit intravenöser Einverleibung von Strophanthin und intramuskulärer von Novasurol werden bei Hydrops gute Erfolge erzielt[10]. Durch die lähmenden Schwermetalle Antimon und Kupfer gelingt es, am überlebenden Herzen und Skeletmuskel des Frosches eine gesteigerte Empfindlichkeit gegen Strophanthin zu erzeugen[11]. Bei postmortalen Veränderungen der Organe gesunder Tiere erhalten die Gefäße die typischen Reaktionen auf Gifte für einige Tage. Die Funktion der gefäßverengernden Apparate erlischt vor der der gefäßerweiternden. Nach Erlöschen der gefäßverengernden Funktion beobachtet man in einigen Fällen sogar Erweiterung der Gefäße auf typische Gefäßverengerer wie Strophanthin[12]. Gegen Strophanthin ist die Herzkammer etwa 2—3mal empfindlicher als der Vorhof[13]. Reizversuche an chloralisierten Herzstreifen nach Vorbehandlung mit Strophanthin[14]. Untersuchungen mit Strophanthin an Herzstreifenpräparaten, die verschiedenen Abschnitten des Herzens entnommen sind[15]. Versuche an Herzkammerstreifen zeigen, daß Strophanthin den Schädigungen, die durch Emetin, Cocain oder Sauerstoffabschluß verursacht wurden, entgegenwirkt[16]. Wird Strophanthin unmittelbar in das Nebennierenmark injiziert, so wird kein Adrenalin ausgeschüttet[17]. Das Verschwinden von injizierten Ölteilchen (20% Ölemulsion) im Blut (Dunkelfeldprüfung) wird durch Strophanthin verlangsamt[18]. Strophanthin erhöht die absolute Kraft des normalen Herzens und des durch Arbeit ermüdeten Herzens nicht, vermag aber die durch Urethan herabgesetzte absolute Kraft zu erhöhen[19]. Saponine fördern die Resorption von Strophanthin bei Eingabe in den Magendarmkanal[20]. Am Trendelenburg-Präparat fördert Strophanthin die durch Guanidin verursachten

[1] F. Felix Werner: Pflügers Arch. **196**, 83—91 (1922) — Chem. Zbl. **1922 IIII**, 1361.
[2] S. M. Neuschloß: Pflügers Arch. **197**, 235—256 (1922) — Chem. Zbl. **1923 I**, 864.
[3] S. M. Neuschloß: Z. exper. Med. **41**, 664—680 (1924) — Chem. Zbl. **1924 II**, 713.
[4] Guido Vernoni: Sperimentale **79**, 23—42 (1925) — Chem. Zbl. **1926 I**, 165.
[5] Shirô Takagi: Fol. jap. pharmacol. **4**, 425—434 (1927) — Chem. Zbl. **1927 II**, 2690.
[6] Minoru Shinagawa: Fol. jap. pharmacol. **2**, 390—399 (1926) — Chem. Zbl. **1927 I**, 2216.
[7] Masamichi Ozaki: Arch. f. exper. Path. **123**, 305—330 (1927) — Chem. Zbl. **1927 II**, 1171.
[8] Hermann Sommerkamp: Arch. f. exper. Path. **124**, 248—258 (1927) — Chem. Zbl. **1927 II**, 1730.
[9] J. F. Heymans u. C. Hieymans: J. of Pharmacol. **29**, 203—222 (1926) — Chem. Zbl. **1927 I**, 1982.
[10] Julius Flesch: Wien. klin. Wschr. **35**, 865—866 (1922) — Chem. Zbl. **1923 I**, 266.
[11] Rudolf Schoen: Arch. f. exper. Path. **96**, 158—179 (1923) — Chem. Zbl. **1923 I**, 1405.
[12] G. Schkawera: Z. exper. Med. **44**, 701—705 (1925) — Chem. Zbl. **1925 I**, 2171.
[13] E. Jacobs: Z. exper. Med. **50**, 336—338 (1926) — Chem. Zbl. **1926 II**, 914.
[14] Kunki Kataishi: Kinki Fujinkwa Gakkwai Zassi (jap.) **8**, 6 (1925) — Chem. Zbl. **1927 II**, 1769.
[15] Sanya Uéda: Acta Scholae med. Kioto **6**, 193—223 (1923) — Chem. Zbl. **1926 I**, 1597.
[16] Fumiwo Shiratori: J. of orient. Med. **3**, 185 (1925) — Chem. Zbl. **1926 II**, 788.
[17] B. A. Houssay u. E. A. Molinelli: C. r. Soc. Biol. Paris **93**, 1133 (1925) — Chem. Zbl. **1926 I**, 1221 — Amer. J. Physiol. **77**, 184—191 (1926) — Chem. Zbl. **1926 II**, 904.
[18] Paul Saxl u. Ferdinand Donath: Verh. dtsch. Ges. inn. Med. **1925**, 301—305 — Chem. Zbl. **1926 II**, 913.
[19] E. Geiger u. L. Orosz: Arch. f. exper. Path. **111**, 32—37 (1926) — Chem. Zbl. **1926 I**, 2720.
[20] F. Lasch u. S. Brügel: Arch. f. exper. Path. **120**, 144—145 (1927) — Chem. Zbl. **1927 I**, 2089.

Zuckungen[1]. Die durch Strophanthin verengten Gefäße der Leber werden durch Papaverin erweitert[2]. Die Herzen von krank gemachten Tieren besitzen eine gesteigerte Empfindlichkeit gegen Strophanthin[3]. Auf das säuregeschädigte Herz wirkt Strophanthin günstig[4].

Physikalische und chemische Eigenschaften: Strophanthin in wässeriger $^1/_{1000}$- und $^1/_{500}$ n-Lösung absorbiert das äußerste Ultraviolett total. Die Absorption steigt dann von 2327,5 Å bis etwa 3075,8 Å progressiv[5].

K-Strophanthin (Bd. II, S. 688).

Physiologische Eigenschaften: In den Samen von Strophanthus Kombé — sowohl im Endosperm wie auch in der Schale, aber nicht im Embryo — befinden sich Substanzen, welche auf die Dauer die Toxizität von Strophanthin bis zu Null herabsetzen. Die Wirkung dieser Substanz schwankt mit der Temperatur, Feuchtigkeit und der Zeit der Einwirkung. Hieraus folgt, daß die klimatischen Verhältnisse während der Ernte und die Zeit des Lagerns entschiedenen Einfluß auf die Toxizität haben müssen. Beziehungen zwischen der Farbreaktion mit Schwefelsäure und Toxizität läßt sich nicht feststellen[6].

K-Strophanthin β.

Zusammensetzung: $C_{36}H_{54}O_{14}$, mit wechselndem Krystallwassergehalt[7].

Darstellung: 20 g krystallines K-Strophanthin[8] werden mit 200 ccm Wasser und 200 ccm Chloroform mehrere Stunden geschüttelt, bis eine beinahe vollständige Lösung eingetreten ist. Dann werden beide Schichten getrennt, die abgetrennte wässerige Lösung wiederholt mit Chloroform extrahiert und im Vakuum eingeengt, bis der Kolbeninhalt zu einer weißen, krystallinischen Masse erstarrt. Dieselbe wird abgesaugt, mit wenig kaltem Wasser vorsichtig gewaschen und getrocknet. Ausbeute 2,65 g[7]. Zur weiteren Reinigung werden 10 g Substanz in 100 ccm 95proz. Alkohol gelöst, die Lösung mit 500 ccm Wasser versetzt und dann bei 15 mm Druck zu einem dünnen Brei eingedampft[9].

Physiologische Eigenschaften: Durch das Enzym Strophanthobiase wird K-Strophanthin β zu Cymarin und Glykose gespalten[9].

Physikalische und chemische Eigenschaften: Lange, dünne Nadeln, die mit wechselndem Krystallwassergehalt wechselnde Schmelzpunkte zeigen. Schmelzp. 150—151° (mit $2^1/_2$ Mol Krystallwasser); 176° (mit $^3/_4$ Mol Krystallwasser); ganz reines Produkt zeigt einen Schmelzpunkt von 187°[9]. $[\alpha]_D^{20} = +33,6°$ ($c = 0,97$ in Wasser)[7]; $[\alpha]_D^{20} = +32,6°$ ($c = 1,00$ in Wasser)[9]. — Leicht löslich in Methyl- und Äthylalkohol; löslich zu 1% in kaltem Wasser. Die Löslichkeit in Wasser wird durch Erhitzen nicht wesentlich beeinflußt. Die Substanz löst sich in 75proz. Schwefelsäure mit smaragdgrüner Farbe auf. Die Keller-Kilianische Reaktion ist negativ. Mit dem Reagens von Jacobs gibt K-Strophanthin β erst eine schmutziggrüne Färbung, die sich bald in eine violette verwandelt[7]. Wird durch verdünnte Salzsäure in wässerig-alkoholische Lösung bei Zimmertemperatur zu Strophanthidin und zu einer Biose gespalten, die aus Cymarose und Glykose zusammengesetzt ist[9].

Derivate: Tetraacetyl-K-Strophanthin β $C_{44}H_{62}O_{18}$. Krystallwasserfreies K-Strophanthin β wird in Pyridinlösung mit Essigsäureanhydrid acetyliert. Nadeln aus verdünntem Alkohol. Schmelzp. 167°[7].

[1] Hyorijo Tanaka: Fol. jap. pharmacol. **2**, 400—429 (1926) — Chem. Zbl. **1927 I**, 2100.

[2] A. Lampe u. J. Méhes: Arch. f. exper. Path. **119**, 73—82 (1926) — Chem. Zbl. **1927 I**, 1175.

[3] W. Heubner: Nachr. Ges. Wiss. Göttingen, Math.-physik. Kl. **1926**, 229—234 — Chem. Zbl. **1927 II**, 957.

[4] H. Rosencrantz, O. Bruns u. N. Richter: Z. exper. Med. **56**, 778—792 (1927) — Chem. Zbl. **1927 II**, 1865.

[5] V. Brustier: Bull. Soc. chim. France (4) **39**, 1527—1543 (1926) — Chem. Zbl. **1927 I**, 2395.

[6] Luigi Tocco-Tocco: Arch. internat. Pharmacodynamie **29**, 359—376 (1924) — Chem. Zbl. **1925 II**, 211.

[7] Walter A. Jacobs u. Alexander Hoffmann: J. of biol. Chem. **67**, 609—620 (1926) — Chem. Zbl. **1926 II**, 220.

[8] Walter A. Jacobs: J. of biol. Chem. **57**, 569—572 (1923) — Chem. Zbl. **1924 I**, 918.

[9] Walter A. Jacobs u. Alexander Hoffmann: J. of biol. Chem. **69**, 153—163 (1926) — Chem. Zbl. **1927 I**, 294.

Krystallines K-Strophanthin[1].

Das krystalline Kombé-Strophanthin ist ein Gemenge, aus welchem Cymarin und K-Strophanthin-β in krystallinischer Form isoliert werden konnte[2,3].

Glykosid aus Strophanthus letei Merrill[4].

Vorkommen: Die Wurzelrinde enthält 2,1%, die Stammrinde 0,9% Glykosid.

Darstellung: Stamm- und Wurzelrinde des auf den Philippinen wachsenden Strauches werden mit Wasser extrahiert, das Filtrat unter vermindertem Druck konzentriert und durch Bleiacetat und Fällen mit Äther gereinigt.

Physikalische und chemische Eigenschaften: Braunes, nichtkrystallisierendes Pulver; leicht löslich in Wasser, die Lösung schäumt. Schmelzp. 152°, unter Zersetzung. Mit konz. Schwefelsäure in der Kälte orangebraune Färbung, in der Hitze violett, bald rotbraun werdend. Fehlingsche Lösung wird reduziert (?); durch 2,5proz. Salzsäure Hydrolyse unter Bildung eines in Wasser unlöslichen, in organischen Lösungsmitteln löslichen Niederschlages; mit Acetanhydrid entsteht ein Acetylprodukt. Einwirkung von konz. Salpetersäure führt unter Gasentwicklung (CO?) zu Oxalsäure und einem Gemisch unlöslicher Nitroderivate. Die letzteren krystallisieren aus Aceton und Methylalkohol.

Physiologische Eigenschaften: Herzschlag wird verlangsamt, Tonus und Herzkontraktion erhöht. Der Blutdruck wird auf eine Dauer von ungefähr 30 Minuten erhöht. Tiefe und Geschwindigkeit der Atmung werden vermehrt. Alle Wirkungen zeigen sich sowohl bei subcutaner wie bei intramuskulärer und intravenöser Injektion. Eingabe des Pulvers per os erzeugt wenige Minuten später Erbrechen. 0,4proz. und schwächere Lösungen bewirken keine Hämolyse, von 0,6% aufwärts tritt Hämolyse ein. Die letale Dosis des Pulvers beträgt 2 mg pro kg Katze.

Unbekanntes Glykosid von Strophanthus Preussii.

Physiologische Eigenschaften: Samen von Strophanthus Preussii aus Süd-Nigeria werden grob gepulvert und liefern bei Petrolätherextraktion 29% Öl. Die pharmakologische Wirksamkeit dieses Öles wurde am isolierten Froschherzen festgestellt. Die Herzdurchströmungsversuche mit dem mit Wasser gewaschenen Öl wie mit dem Waschwasser zeigten, daß 1. in dem Öl eine geringe Menge der im Strophantussamen vorkommenden pharmakologisch wirksamen Stoffe enthalten ist, 2. das Öl durch Waschen mit Wasser kaum hiervon zu befreien ist, 3. die Wirkung der im Öl enthaltenen Stoffe die gleiche wie die der Tinctura strophanthii Preusii ist, 4. durch Emulgierung in Gummi-Ringerlösung diese Emulsion für Herzdurchströmungsversuche unbrauchbar wird[5].

Strophanthidin (Bd. II, S. 689).

Zusammensetzung: $C_{23}H_{32}O_6 + \frac{1}{2} H_2O$.

Darstellung: Gemahlene Strophanthus-Kombé-Samen werden mit Benzin entfettet und dann mit 70proz. Alkohol erschöpfend perkoliert. Das Perkolat wird im Vakuum zu einem dicken Sirup eingedampft. Je 500 g des Sirups werden dann in 1 kg Wasser gelöst, die Lösung mit basischem Bleiacetat gefällt und filtriert. Das Filtrat wird mit 25proz. Schwefelsäure so lange versetzt, bis das gelöste Blei als Sulfat ausfällt. Zu der filtrierten Lösung wird dann vorsichtig konz. Salzsäure zugefügt, bis rotes Kongopapier eben gebläut wird. Ein Überschuß muß sorgfältig vermieden werden. Die Lösung wird dann 3—4 Stunden lang auf 70—80° erwärmt. Aus der olivgrünen Lösung scheidet sich das Strophanthidin in glänzenden Tafeln

---

[1] Walter A. Jacobs: J. of biol. Chem. **57**, 569—572 (1923) — Chem. Zbl. **1924 I**, 918.

[2] Walter A. Jacobs u. Alexander Hoffmann: J. of biol. Chem. **67**, 609—620 (1926) — Chem. Zbl. **1926 II**, 220.

[3] Walter A. Jacobs u. Alexander Hoffmann: J. of biol. Chem. **69**, 153—163 (1926) — Chem. Zbl. **1927 I**, 294.

[4] A. H. Wells u. Faustino Garcia: Philippine J. Sci. **26**, 9—18 (1925) — Chem. Zbl. **1925 I**, 2022.

[5] Karam Samaan: Pharm. J. **109**, 83—85 (1922) — Chem. Zbl. **1922 III**, 792.

aus. Dieselbe werden abgesaugt, mit Wasser gewaschen und an der Luft getrocknet. Ausbeute beträgt 25 g pro kg Samen. Zur Reinigung wird die Substanz aus 95proz. Alkohol umkrystallisiert[1].

Physikalische und chemische Eigenschaften: Rhombische Tafeln. Schmelzp. $171-175°$ unter Aufschäumen. Der Schmelzpunkt wechselt mit der Schnelligkeit des Erhitzens. Manchmal wurde auch ein Schmelzp. von $230°$ beobachtet. Das Krystallwasser entweicht bei 100 bis $110°$ unter 20 mm Druck über Phosphorpentoxyd. Wird Schwefelsäure anstatt Phosphorpentoxyd angewendet, so tritt eine weitgehende Zersetzung des Strophanthidins ein. — $[\alpha]_D^{25°} = +43,1°$ ($c = 2,796$ in Methylalkohol)[1]. Strophanthidin wird in Acetonlösung durch Kaliumpermanganat zu der Säure $C_{23}H_{32}O_7$ oxydiert[2,3]. Strophanthidin (und sämtliche Derivate des Strophanthidins, welche die ungesättigte Lactongruppe unverändert enthalten) besitzt eine reduzierende Wirkung gegenüber dem Reagens von Tollens in Pyridinlösung und gibt eine intensive Rotfärbung mit Nitroprussidnatriumlösung und wenig Alkali in Pyridinlösung[4]. Strophanthidin verbraucht bei der Titration der Doppelbindungen nach Winklers Verfahren — trotz der vorhandenen Doppelverbindung — nur zu vernachlässigende Mengen Brom[5].

Derivate: Monobenzoylstrophanthidin $C_{30}H_{36}O_7 + 1\frac{1}{2} H_2O$. Leicht löslich in Chloroform und Aceton, schwer löslich in kaltem Methyl- und Äthylalkohol. — $[\alpha]_D^{26} = +47,8$ ($c = 1,067$ in Aceton)[1].

p-Brombenzoylstrophanthidin $C_{30}H_{35}O_7Br + H_2O$. 2 g Strophanthidin werden in 30 ccm Pyridin gelöst und die abgekühlte Lösung mit einer Lösung von 2 g p-Brombenzoylchlorid behandelt. Nach 24 Stunden wird das Reaktionsgemisch mit Wasser verdünnt, der Niederschlag mit Soda und dann mit Wasser gewaschen. Zur Reinigung wird die Substanz in warmer Essigsäure gelöst und die warme Lösung vorsichtig mit Wasser versetzt. — Die krystallwasserfreie Substanz schmilzt bei $222-224°$ unter Zersetzung. $[\alpha]_D^{20} = +42,0°$ ($c = 1,094$ in Aceton)[1].

Strophanthidinoxim $C_{23}H_{33}O_6N$. Durch Kochen äquivalenter Mengen Strophanthidin, Hydroxylaminchlorhydrat und Natriumacetat in alkoholischer Lösung. Aus Alkohol umkrystallisiert kleine, glänzende Prismen, welche bei $270-275°$ unter Aufschäumen schmelzen. Leicht löslich in Pyridin, schwerer löslich in Alkohol und Essigsäure. $[\alpha]_D^{23} = +71,3°$ ($c = 1,009$ in Pyridin)[1].

Strophanthidinphenylhydrazon $C_{29}H_{38}O_5N_2 + 2 H_2O$. 2 g Strophanthidin werden in 20 ccm abs. Alkohol gelöst und mit 1 g Phenylhydrazin versetzt. Das Lösungsmittel läßt man bei Zimmertemperatur verdunsten, wobei große Prismen sich ausscheiden. Die Substanz wird aus Alkohol umkrystallisiert. Das Hydrazon sintert bei $175°$ und schmilzt bei $230-232°$. — $[\alpha]_D^{20} = -5,0°$ ($c = 1,000$ in Chloroform). Leicht löslich in Chloroform, Aceton und Alkohol, schwer löslich in Äther und Benzol[1].

Strophanthidin-p-bromphenylhydrazon $C_{29}H_{37}O_5N_2Br + 1\frac{1}{2} CH_3OH$. Äquimolekulare Mengen von Strophanthidin und p-Bromphenylhydrazin werden in wenig Eisessig gelöst. Das Hydrazon krystallisiert bald in farblosen Rhomben aus. Zur Reinigung wird die Substanz aus Methylalkohol umkrystallisiert. Schmelzp. $180-185°$ (unscharf). $[\alpha]_D^{25,5} = +105,5$ ($c = 1,004$ in Chloroform). Leicht löslich in Alkohol und Aceton, schwerer in Chloroform und Äther, sehr schwer in Benzol[1].

Dihydrostrophanthidin $C_{23}H_{34}O_6 + xH_2O$. 15 g sorgfältig gereinigtes Strophanthidin werden in 300 ccm reinem Methylalkohol gelöst, mit 0,5 g kolloidales Palladium, welches in 50proz. Methylalkohol gelöst wurde, versetzt und in einer Wasserstoffatmosphäre geschüttelt. Die Geschwindigkeit der Wasserstoffabsorption ist eine sehr geringe, 1 Mol Wasserstoff (etwa 950 ccm) wird in ungefähr 2 Wochen absorbiert. Die Lösung wird dann mit einigen Tropfen Essigsäure angesäuert und das koagulierte Palladium abfiltriert. Aus dem Filtrat wird der Alkohol abgedampft, der Rückstand mit 1 l Wasser und wenig Knochenkohle aufgekocht.

---

[1] Walter A. Jacobs u. Michael Heidelberger: J. of biol. Chem. **54**, 253—261 (1922) — Chem. Zbl. **1923 I**, 96.

[2] Walter A. Jacobs: J. of biol. Chem. **57**, 553—567 (1923) — Chem. Zbl. **1924 I**, 918.

[3] Walter A. Jacobs u. Arnold M. Collins: J. of biol. Chem. **65**, 491—505 (1925) — Chem. Zbl. **1926 II**, 953.

[4] Walter A. Jacobs u. Alexander Hoffmann: J. of biol. Chem. **67**, 333—339 (1926) — Chem. Zbl. **1926 II**, 1049.

[5] Walter A. Jacobs, Alexander Hoffmann u. Edwin L. Gustus: J. of biol. Chem. **70**, 1—11 (1926) — Chem. Zbl. **1927 I**, 105.

Aus der heiß filtrierten Lösung scheiden sich beim Erkalten rhombische Prismen, welche aus wenig 50proz. Alkohol umkrystallisiert werden. Ausbeute 12 g. Die Prismen enthalten 2 Mol Krystallwasser und schmelzen unter Aufschäumen bei $100-103°$. Bei dieser Temperatur wird die erhitzte Substanz wieder fest. Bei weiterem Erhitzen schmilzt die Substanz wieder bei $145-147°$. (Manchmal, bei langsamem Erhitzen, sintert die Substanz bei $145-147°$ und schmilzt erst bei $190-195°$). Aus siedendem Wasser krystallisiert Dihydrostrophanthidin als Monohydrat mit dem Schmelzp. $145-147°$. Das Krystallwasser entweicht im Vakuum bei Zimmertemperatur. Der Schmelzpunkt der wasserfreien Substanz beträgt $190-195°$. — $[\alpha]_D^{25} = +34,85$ ($c = 1,004$ in Methylalkohol). Leicht löslich in Alkohol, Aceton und Essigsäure; schwerer in Chloroform, warmem Wasser und Benzol; noch schwerer in Äther[1].

Benzoyldihydrostrophanthidin $C_{30}H_{38}O_7$. Darstellung wie Benzoylstrophanthidin. Die Substanz wird aus 85proz. Alkohol umkrystallisiert. Kleine, glänzende Prismen, die unter Aufschäumen bei $225-227°$ schmelzen. Löslich in Chloroform und Essigsäure, schwerer löslich in Alkohol und Benzol[1].

Isostrophanthidin[1] $C_{23}H_{32}O_6 + \frac{1}{2}H_2O$ (= Isocymarigenin von Windaus und Hermans[2]) ist ein Gemisch bestehend aus α- und β-Isostrophanthidin. Die β-Form konnte noch nicht rein erhalten werden[3].

α-Isostrophanthidin $C_{23}H_{32}O_6$. 10 g Strophanthidin werden in einer kalten Lösung von 2,4 g Kaliumhydroxid in 100 ccm Methylalkohol gelöst. Die Lösung wird bei Zimmertemperatur $1\frac{1}{2}$ Stunde stehengelassen, dann mit 400 g Eiswasser verdünnt. α-Isostrophanthidin scheidet sich als ein voluminöser Niederschlag aus, der abgesaugt wird. Die Mutterlauge wird stark kongosauer gemacht und auf $40-50°$ erwärmt. Es scheidet sich wieder ein aus α-Isostrophanthidin bestehender Niederschlag aus. Die beiden Fraktionen werden vereinigt und aus 50proz. Alkohol umkrystallisiert. — Glänzende Blättchen, welche bei $255-257°$ unter Aufschäumen schmelzen. $[\alpha]_D^{22} = +34$ ($c = 0,0993$ in Methylalkohol). Die Substanz enthält kein Krystallwasser. Leicht löslich in Aceton, weniger leicht in Alkohol und Chloroform, nur spurenweise löslich in Äther. Gibt die Liebermannsche Cholesterinreaktion atypisch. — α-Isostrophanthidin konnte weder mit kolloidalem Palladium noch mit Palladiumschwarz hydriert werden. In Acetonlösung wird α-Isostrophanthidin durch Kaliumpermanganat schwerer angegriffen als Strophanthidin[3]. — Durch α-Isostrophanthidin wird die Tollenssche Lösung nicht reduziert. Wird die Substanz in Pyridinlösung mit einer alkalischen Lösung von Nitroprussidnatrium versetzt, so tritt keine Rotfärbung ein[4]. Über Oxydationsprodukte des α-Isostrophanthidins[3].

α-Isostrophanthidinoxim $C_{23}H_{33}O_6N + 2H_2O$. Aus α-Isostrophanthidin und Hydroxylaminchlorhydrat und Natriumacetat in Alkohol oder aus Strophanthidinoxim durch Einwirkung von alkoholischer Kalilauge. Flache Nadeln, die bei $233°$ sintern und bei $236°$ schmelzen. $[\alpha]_D = +75°$ ($c = 1,00°$ in Pyridin)[3].

Monoanhydrostrophanthidin $C_{23}H_{30}O_5(+ 2H_2O)$. 13 g Äthylal von Oxydomonoanhydrostrophanthidin werden mit 600 ccm 50proz. Alkohol, welcher 1% Salzsäure enthält, 10 Minuten gekocht. Die Substanz geht in Lösung. Bei Abkühlen scheidet sich Monoanhydrostrophanthidin aus. Ausbeute 10 g. Aus 50proz. Alkohol umkrystallisiert, scheidet sich die Substanz in Nadeln aus, die bei $223-226°$ unter Aufschäumen schmelzen. $[\alpha]_D = -145°$ (0,0922 g in 10 ccm 95proz. Alkohol). — Löslich in Alkohol, Aceton und Essigsäure, spurenweise löslich in Chloroform, Benzol und Äther. Gibt eine olivgrüne Liebermannsche Reaktion. Schmeckt wenig bitter. — Monoanhydrostrophanthidin gibt ein Oxim, Phenylhydrazon und ein Monoacylderivat. In Acetonlösung wird es durch Kaliumpermanganat viel langsamer oxydiert als Strophanthidin[5].

Äthylal von Oxydomonoanhydrostrophanthidin $C_{25}H_{34}O_5$. 50 g Strophanthidin werden in 250 g abs. Alkohol, welcher 10% trockenes Salzsäuregas enthält, gelöst und bei Zimmertemperatur stehengelassen, wobei eine harte Krystallkruste sich abscheidet. Nach 24 Stunden

[1] Walter A. Jacobs u. Michael Heidelberger: J. of biol. Chem. **54**, 253—261 (1922) — Chem. Zbl. **1923 I**, 96.

[2] A. Windaus u. L. Hermans: Ber. dtsch. chem. Ges. **48**, 979 (1915) — Chem. Zbl. **1915 II**, 227.

[3] Walter A. Jacobs u. Arnold M. Collins: J. of biol. Chem. **61**, 387—403 (1924) — Chem. Zbl. **1924 II**, 2658.

[4] Walter A. Jacobs u. Alexander Hoffmann: J. of biol. Chem. **67**, 333—339 (1926) — Chem. Zbl. **1926 II**, 1049.

[5] Walter A. Jacobs u. Arnold M. Collins: J. of biol. Chem. **59**, 713—730 (1924) — Chem. Zbl. **1924 II**, 339.

wird das Reaktionsgemisch stark abgekühlt und die Krystalle abgesaugt. Ausbeute 25 g. Dieselben werden aus abs. Alkohol umkrystallisiert, wobei die Ausbeute auf 13 g sinkt. — Feine Nadeln, die bei 223—230° schmelzen. Leicht löslich in Chloroform und Essigsäure, schwer löslich in Alkohol, Methylalkohol und Äther in der Kälte. — $[\alpha]_D = -50°$ ($c = 1,002$ in Chloroform). — Die Substanz reagiert nicht mit Ketonreagenzien und gibt kein Acylprodukt. Kochende Lauge öffnet den Lactonring ohne Hydrolyse des Äthylals. Beim Kochen mit 5proz. absolut alkoholischer Salzsäure bildet sich das Äthylal von Oxydodianhydrostrophanthidin[1]. Wird das Äthylal von Oxydoanhydrostrophanthidin durch Einwirkung von Alkalien verseift, so gibt die entstandene Säure beim Behandeln mit Hydroxylamin ein Oxim (Schmelzpunkt 153—155°); die Verseifung führt also zu einer Ketosäure[2].

Dianhydrostrophanthidin $C_{23}H_{28}O_4$. 15 g Äthylal von Oxydodianhydrostrophanthidin werden mit 750 ccm 2% Salzsäure enthaltendem 50proz. Alkohol 45 Minuten gekocht. Die resultierende Lösung wird mit Wasser verdünnt, die ausgeschiedenen Krystalle abgesaugt und aus Aceton umkrystallisiert. Ausbeute 11 g. — Schmelzp. 233—236°. $[\alpha]_D = -222°$ (0,5015 g in 25 ccm Chloroform). Leicht löslich in Chloroform, weniger löslich in Aceton, schwer löslich in Alkohol und Benzol. — Die Substanz gibt die Liebermannsche Reaktion. Entfärbt in Acetonlösung Kaliumpermanganat nur langsam. Schmeckt nicht bitter[1, 3]. Dianhydrostrophanthidin verbraucht bei der Titration der Doppelbindungen nach Winklers Verfahren 2 Moleküle Brom[2]. Dianhydrostrophanthidin liefert ein Oxim, Phenylhydrazon und ein Monoacylderivat. Das letztere besitzt noch die oximierbare Carbonylgruppe[1]. Das Äthylal von Dianhydrostrophanthidin verbraucht bei der Titration der Doppelverbindungen nach Winklers Verfahren 2 Moleküle Brom[2].

Äthylal von Oxydodianhydrostrophanthidin $C_{25}H_{32}O_4$. 100 g trockenes Strophanthidin werden in 500 g 5% Salzsäuregas enthaltendem abs. Alkohol gelöst und die klare Lösung $^1/_2$ Stunde unter Rückfluß gekocht. Das Reaktionsgemisch erstarrt dabei zu einer dicken Masse, wird abgekühlt und abgesaugt. Das aus feinen Nadeln bestehende Rohprodukt wiegt ungefähr 50 g und wird aus 4,5 l 95proz. Alkohol umkrystallisiert. Ausbeute 40 g. Nadeln, die schnell erhitzt bei 238° sintern und bei 249—251° schmelzen. Leicht löslich in Chloroform, weniger löslich in Benzol und Aceton, sehr wenig löslich in Äther. $[\bar{\bar{\alpha}}]_D^{23} = -143°$ (0,5009 g in 10 ccm Chloroform). Durch kochende Lauge wird der Lactonring geöffnet. Die Substanz liefert kein Acylprodukt und reagiert nicht mit Ketonreagenzien[4].

Methylal von Oxydodianhydrostrophanthidin $C_{24}H_{30}O_4$. Darstellung analog mit der des Äthylals. Die Substanz ist identisch mit „Anhydrocymarigenin" von Windaus und Hermanns[3, 5]. — $[\alpha]_D^{24} = -131°$ (0,5002 g in 10 ccm Chloroform). Schmelzp. 252—254°[4].

Trianhydrostrophanthidin $C_{23}H_{26}O_3$. 15 g Dianhydrostrophanthidin werden 30 Minuten mit 225 g konz. Salzsäure (spez. Gewicht: 1,18) bei Zimmertemperatur turbiniert. Die entstandene olivgrüne Lösung wird in viel Wasser gegossen, der abgeschiedene amorphe Niederschlag abgesaugt und aus Alkohol umkrystallisiert. Ausbeute 11,6 g. Flache Nadeln, die mehrmals umkrystallisiert bei 135,5—137,5° schmelzen. $[\alpha]_D^{21} = +98°$ ($c = 1,015$ in Chloroform). Sehr leicht löslich in Benzol, Chloroform, Aceton und Eisessig, schwerer löslich in kaltem Alkohol, Äther und Ligroin. — Die Substanz bildet sich auch aus Monoanhydrostrophanthidin durch Behandeln mit konz. Salzsäure. — Trianhydrostrophanthidin bildet kein Oxim. Bei der Hydrierung bildet Trianhydrostrophanthidin ein Di-, Hexa- und Oktahydroprodukt[4]. Trianhydrostrophanthidin verbraucht bei der Titration nach Winklers Verfahren — trotz der vorhandenen Doppelbindungen — kein Brom[2].

Pseudo-(ψ)-Strophanthidin (Bd. II, S. 691).

Zusammensetzung: $C_{23}H_{32}O_6$.

Darstellung: 43 g Strophanthidin werden bei 0° mit 400 ccm konz. Salzsäure 4 Stunden lang behandelt. Die olivgrüne Lösung wird dann in 3 l Wasser gegossen und der amorphe Nieder-

---

[1] Walter A. Jacobs u. Arnold M. Collins: J. of biol. Chem. **59**, 713—730 (1924) — Chem. Zbl. **1924 II**, 339.

[2] Walter A. Jacobs, Alexander Hoffmann u. Edwin L. Gustus: J. of biol. Chem. **70**, 1—11 (1926) — Chem. Zbl. **1927 I**, 105.

[3] A. Windaus, G. Reverey u. A. Schwieger: Ber. dtsch. chem. Ges. **58**, 1509—1515 (1925) — Chem. Zbl. **1926 I**, 406.

[4] Walter A. Jacobs u. Arnold M. Collins: J. of biol. Chem. **63**, 123—133 (1925) — Chem. Zbl. **1925 I**, 2380.

[5] A. Windaus u. L. Hermanns: Ber. dtsch. chem. Ges. **48**, 979 (1915) — Chem. Zbl. **1915 II**, 227.

schlag abfiltriert. Aus dem Filtrat scheiden sich langsam Krystalle aus, die nach mehreren Tagen abgesaugt und aus 50proz. Alkohol umkrystallisiert werden. Ausbeute 10 g.

Physikalische und chemische Eigenschaften: Nadeln, die bei 123—127° erweichen. $[\alpha]_D^{21} = +51°$ ($c = 1,003$ in Alkohol). Sehr leicht löslich in Alkohol und Essigsäure, weniger löslich in Aceton und Chloroform, schwer löslich in Äther, Benzol und Ligroin. — Wird durch Einwirkung von Alkalien nicht isomerisiert. Beim Behandeln mit Hydroxylamin liefert Pseudostrophanthidin kein Oxim[1]. Die Substanz reduziert Tollenssche Lösung und gibt eine Rotfärbung mit alkalischer Nitroprussidnatriumlösung in Pyridinlösung[2]. Wird Pseudostrophanthidin durch Einwirkung von Natronlauge bei Zimmertemperatur verseift, so gibt die entstandene Säure weder ein Oxim noch ein Semicarbazon; die Verseifung führt also nicht zu einer Ketosäure, sondern zu einer Oxysäure, welche beim Ansäuern unverändertes Pseudostrophanthidin zurückbildet[3].

K-Strophanthidin (Bd. II, S. 689).

Physiologische Eigenschaften: Das Erbrechen nach Strophanthidin wird wahrscheinlich durch zentrale Wirkung (Brechzentrum), nicht durch Wirkung auf das Herz bedingt[4].

Verschiedene Strophanthinpräparate.

Die in **Digistrophan-Dragées** (Goedecke & Co.) vorhandene Strophanthus-Digitalis-Kombination führt zu längerem Anhalten der Digitaliswirkung, während das zugesetzte Cocain die Nebenwirkungen in den Verdauungskanal weitgehend ausschaltet[5].
Strophalen „Tosse". Herztonikum[6, 7].

Xysmalobin[8].
$$C_{46}H_{70}O_{20} \cdot 5\,H_2O$$

Vorkommen: In der Wurzel von Xysmalobium undulatum R. Br. in einer Menge von 0,3%. Die Wurzel enthält noch ein zweites nicht näher bekanntes Glykosid.

Physikalische und chemische Eigenschaften: Weiße Nadeln oder Federbündel, Schmelzpunkt 177—179° unter Zersetzung nach vorherigem Sintern. Löslich in Wasser, Alkalien und Säuren, unlöslich in Äther. Gibt mit konz. Schwefelsäure braune, dann blaue Färbung.

Convolvulin (Bd. II, S. 696; Bd. X, S. 889).

Das Aglykon des Convolvulins aus Jalapenharz ist die Convolvulinsäure[9].

Rhamnoconvolvulinsäure[10].
$$C_{52}H_{92}O_{32} \cdot 7\,H_2O$$
$$C_{15}H_{29}\begin{cases} O \cdot C_{18}H_{31}O_{14} \\ O \cdot C_{18}H_{31}O_{14} \\ COOH \end{cases}$$

Darstellung: 4 kg Handelsconvolvulin Merck wird in alkoholischer Lösung mit wässerigem Barytwasser bis zur Alkalität der Lösung versetzt, nach Entfernen des Alkohols die Lösung

[1] Walter A. Jacobs u. Arnold M. Collins: J. of biol. Chem. **63**, 123—133 (1925) — Chem. Zbl. **1925 I**, 2380.
[2] Walter A. Jacobs u. Alexander Hoffmann: J. of biol. Chem. **67**, 333—339 (1926) — Chem. Zbl. **1926 II**, 1049.
[3] Walter A. Jacobs, Alexander Hoffmann u. Edwin L. Gustus: J. of biol. Chem. **70**, 1—11 (1926) — Chem. Zbl. **1927 I**, 105.
[4] Melvin Dresbach u. Kenneth C. Waddell: J. of Pharmacol. **27**, 9—39 (1926) — Chem. Zbl. **1926 I**, 3086.
[5] Carl Robert: Ther. Gegenw. **64**, 40 (1923) — Chem. Zbl. **1923 I**, 1245.
[6] Clemens Grimme: Dtsch. med. Wschr. **48**, 314 (1922) — Chem. Zbl. **1922 I**, 1118.
[7] H. Mentzel: Pharm. Zentralhalle **63**, 23—24, 38, 55—56 (1922) — Chem. Zbl. **1922 II**, 910.
[8] Maria G. Brandwyk: Trans. roy. Soc. S. Africa **14**, 353 (1928) — Chem. Zbl. **1928 II**, 1578.
[9] J. Asahina u. M. Alkasu: J. pharm. Soc. Jap. **1925**, Nr 525, 1 — Chem. Zbl. **1926 I**, 915.
[10] E. Votoček u. F. Valentin: Collect. Trav. chim. Tchécoslovaquie **1**, 47 (1929) — Chem. Zbl. **1929 II**, 578.

von Barium und Schwefelsäure befreit, das Filtrat wird eingedampft in Alkohol aufgenommen und mit der 5fachen Menge Äther versetzt. Nach dreimaliger Ätherfällung erscheinen Krystalle.

Physiologische Eigenschaften: Emulsin, Amylase, Brennereihefe und Rhamnodiastase sind ohne Wirkung.

Physikalische und chemische Eigenschaften: Aus 96proz. Alkohol Nadeln, leicht löslich in Wasser wenig löslich in Alkohol, Schmelzp. wasserfrei 187° unter Aufschäumen. $[\alpha]_D$ $=-35{,}31°$. Bei der Hydrolyse mit 10proz. Oxalsäure oder Schwefelsäure entstehen 1 Mol 3, 12-Dioxypalmitinsäure, 4 Mol Glykose und 2 Mol Rhamnose. In der Säure sind wahrscheinlich die 6 Mol Monosen symmetrisch an die beiden Hydroxylgruppen der Dioxypalmitinsäure gebunden unter Bildung von 2-Triglykosidradikalen von denen jedes je 2 Mol d-Glykose und je 1 Mol l-Rhamnose enthält.

Jalapin (Bd. II, S. 698; Bd. VIII, S. 353; Bd. X, S. 890).

Das Aglykon des falschen Jalapenharzes ist die Jalapinolsäure. Die Jalapinolsäure kann man auch aus dem Scammoniumharz über die Jalapinsäure (Glykosidsäure) isolieren[1].

Anhang.

Glycyrrhizin (Bd. II, S. 706; Bd. VIII, S. 354; Bd. X, S. 890).

Vorkommen: Trockene Glycyrrhiza enthält: aus dem Peloponnes 7,316°, aus Kleinasien 5,895%; Succus: aus dem Peloponnes 18,812% und aus Kleinasien 12,990% Glycyrrhizin[2].

Darstellung: Man engt die wässerigen Auszüge auf 12° Bé ein, versetzt dann an Stelle der bisher üblichen Schwefelsäure je Liter mit 20 g Salzsäure, die zuvor mit dem doppelten Volum Wasser verdünnt war, und achtet darauf, daß die Arbeitstemperatur 30° nicht über-steigt[3].

Nachweis und Bestimmung: Bestimmung in Succus Liquiritiae[4]. Auf Grund der Furfurolbestimmungsmethode[5]. Masticogna ist der eingedickte Extrakt der Wurzel von Atractylis gummifera L., der Mastixdistel, einer im Mittelmeergebiet heimischen Komposite, das zur „Streckung" von Süßholzsaft mißbraucht wurde. Physikalische und chemische Nachweismethoden[6].

Physiologische Eigenschaften: Obwohl alle chemischen, physikalischen und pharmakologischen Eigenschaften des Glycirrhizins sich mit dem Verhalten der Saponine decken, wird die Frage der Zugehörigkeit durch Luigi Tocco-Tocco offengelassen[7]. Aus trockener Süßholzwurzel (Glycyrrhiza glabra L., Glycyrrhiza atipica, Reg. und Herd.) bei 60° bereiteter alkoholischer Extrakt, nach Eindampfen in Wasser aufgenommen, mit NH_3 neutralisiert, wurde (meist in 4proz. Lösung) pharmakologisch geprüft. Per os unschädlich, parenteral für alle Versuchstiere tödlich unter allgemeinen Depressionserscheinungen seitens des Herzens und des Zentralnervensystems. Endolumbal injiziert macht die Lösung Verlust der Sensibilität, völlige Paraplegie, schließlich Tod, ebenso bei unmittelbarer Einführung in das Gehirn schon in intravenös noch unschädlichen Gaben. Bei unmittelbarer Einwirkung auf das Herz zunächst durch Hemmung der Vaguswirkung Pulsbeschleunigung, dann Pulsverlangsamung, schließlich Lähmung durch unmittelbare Schädigung des Myokards. Auf periphere Nerven und Muskulatur ebenfalls echt depressorische, dann völlig lähmende Wirkung; durch Lähmung der Geschmacksnerven kann der bittere Geschmack des Chinins aufgehoben werden[8]. Die depressive und lähmende Wirkung des wirksamen Prinzips besteht auch gegenüber einzelligen Lebewesen noch bei Verdünnung 1:2000. In gleicher Verdünnung wirkt es in etwa 2 Stunden hämolytisch,

---

[1] J. Asahina u. J. Javi: J. pharm Soc. Jap. **1925**, Nr 523, 5 (1925) — Chem. Zbl. **1926 I**, 916.

[2] E. Emmanuel: Festschrift A. Tschirch **1926**, 288 — Chem. Zbl. **1927 I**, 2753.

[3] P. Bertolo: Giorn. Chim. ind. ed appl. **5**, 497 (1923) — Chem. Zbl. **1924 I**, 1059.

[4] Willy Peyer: Apoth.-Ztg **40**, 501 (1925) — Chem. Zbl. **1925 II**, 753.

[5] R. Eder u. Anna Sack: Pharm. Acta Helvet. **4**, 23 (1929) — Chem. Zbl. **1929 I**, 3016.

[6] P. Casparis: Schweiz. Apoth.-Ztg **63**, 121—126 (1925) — Chem. Zbl. **1925 I**, 2240.

[7] Luigi Tocco-Tocco: Arch. internat. Pharmacodynamie **28**, 445—454 — Chem. Zbl. **1924 II**, 2184.

[8] L. Tocco-Tocco: Arch. internat. Pharmacodynamie **28**, 11 (1923) — Ref.: Ber. Physiol. **24**, 503 (1924) — Chem. Zbl. **1924 II**, 709.

bei 1:4000 in 6 Stunden unvollkommen. — 1proz. Lösung verursacht Conjunctivitis. Es besteht weder kumulative Wirkung des Giftes noch Gewöhnung an dasselbe. Von per os eingeführter Substanz wird nur sehr wenig innerhalb $1/_2$ Stunde durch den Harn, die Hauptmenge in 24 Stunden durch den Kot ausgeschieden. Dabei werden weder die pharmakologischen noch die chemischen Eigenschaften verändert. Abgesehen vom Magendarmkanal reichert sich dann Glycyrrhizin besonders in Leber und Gallenblase an, nach subcutaner Injektion hauptsächlich in Nieren und Harn[1].

Physikalische und chemische Eigenschaften: Ist wahrscheinlich glykosidartiger Natur und spaltet sich in Glykose und ein noch unbekanntes Phenol. Wird über das Cd-Salz durch Zersetzung mit Essigsäure gereinigt. Es löst sich in konz. H_2SO_4 mit gelber Farbe, die Lösung wird bei gelindem Erwärmen rotviolett unter Abscheidung eines grauen, pulverigen Niederschlags. Zugabe von 1 Tropfen wässeriger Piperonallösung zur H_2SO_4-Lösung erzeugt eine weinrote Färbung, übergehend in Violett. Gibt man das Piperonal in Substanz zu, so entsteht an den Berührungspunkten eine grünliche Zone, welche beim Erwärmen über Rot in Violett übergeht. Ersatz des Piperonals durch festes Vanillin gibt Rotviolettfärbung, welche sich bald der ganzen Flüssigkeit mitteilt und mehrere Tage haltbar ist. 1 Tropfen Salicylaldehyd färbt die schwefelsaure Lösung blutrot, später violett. Ähnlich verhalten sich die meisten aromatischen Aldehyde mit Ausnahme von Benzaldehyd und Nitrobenzaldehyd, welche erste beim Erwärmen eine bräunliche Färbung geben. Glykose erzeugt bei gelindem Erwärmen Violettfärbung, Furfurol das gleiche mit späterem Übergang in Tiefblau[2].

Stickstoffhaltige natürliche Glykoside.

Amygdalin (Bd. II, S. 707; Bd. VIII, S. 356; Bd. X, S. 892).

Konstitution[3]**:** Ist das Gentiobiosid des linksdrehenden Mandelsäurenitrils laut folgendem Schema:

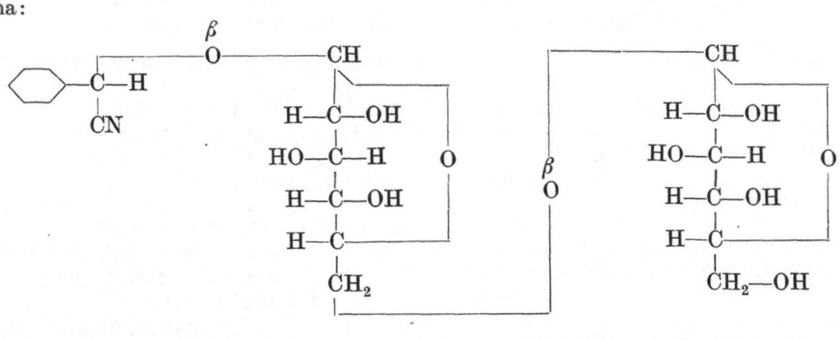

$$\text{C}_6\text{H}_5{-}\underset{\text{CN}}{\overset{\text{H}}{\text{C}}}{-}\overset{\beta}{\text{O}}{-}\text{Gentiobiosid}$$

(Schema: Mandelsäurenitril-Rest, verknüpft über β-O mit Gentiobiose aus zwei Glukoseeinheiten:)

erste Glukose-Einheit:

- CH
- H—C—OH
- HO—C—H
- H—C—OH (O-Ring)
- H—C
- CH_2

zweite Glukose-Einheit (β-O verknüpft):

- CH
- H—C—OH
- HO—C—H
- H—C—OH (O-Ring)
- H—C
- CH_2—OH

Vorkommen: Aprikosenkerne enthalten bis 8,4%, Pfirsichkerne bis 6,5% Amygdalin[4].

Darstellung: Synthese[5]: Aus Acetobromgentiobiose und l-mandelsaurem Silber, Überführung in den Ester, dann Amid, endlich in das Nitril. — Aus Acetobromgentiobiose und l-Mandelsäureester usw. — Darstellung aus dem Ölkuchen der bitteren Mandeln[6].

---

[1] Luigi Tocco-Tocco: Arch. internat. Pharmacodynamie **28**, 445—454 — Chem. Zbl. **1924 II**, 2184.

[2] P. Bertolo: Giorn. Chim. ind. ed appl. **7**, 404 (1926) — Chem. Zbl. **1926 II**, 75.

[3] Haworth u. Wylam: J. chem. Soc. Lond. **123**, 3120 (1923) — Chem. Zbl. **1924 I**, 1508. — Géza Zemplén: Ber. dtsch. chem. Ges. **57**, 698 (1924) — Chem. Zbl. **1924 I**, 2591. — W. N. Haworth u. G. C. Leitch: J. chem. Soc. Lond. **121**, 1921 (1922) — Chem. Zbl. **1923 I**, 1155 — J. chem. Soc. Lond. **119**, 193 (1921) — Chem. Zbl. **1921 III**, 29. — C. S. Hudson: J. amer. chem. Soc. **46**, 483 (1924) — Chem. Zbl. **1924 I**, 2101. — R. Kuhn: Ber. dtsch. chem. Ges. **56**, 857 (1923) — Chem. Zbl. **1923 I**, 1458.

[4] L. Rosenthaler: Ber. dtsch. pharm. Ges. **32**, 240 (1922) — Chem. Zbl. **1923 II**, 209.

[5] Campbell u. Haworth: J. chem. Soc. Lond. **125**, 1337 (1924) — Chem. Zbl. **1924 II**, 847. — Géza Zemplén u. Alfons Kunz: Ber. dtsch. chem. Ges. **57**, 1357 (1924) — Chem. Zbl. **1924 II**, 2049. — Kuhn u. Sobotka: Ber. dtsch. chem. Ges. **57**, 1767 (1924) — Chem. Zbl. **1924 II**, 2405.

[6] M. Bridel u. M. Desmarest: Bull. Soc. Chim. biol. Paris **10**, 373 — Chem. Zbl. **1928 II**, 1222 — C. r. Acad. Sci. Paris **185**, 1514 (1927) — Chem. Zbl. **1928 I**, 1198.

Nachweis und Bestimmung: Mikroskopischer Nachweis mit Emulsin und gejodeten Stärkekörnern[1]. Bestimmung des Blausäuregehalts von Amygdalin durch die Lüftungsmethode[2]. — Mikrochemischer Nachweis in Drogen und anderen pharmazeutischen Produkten[3].

Physiologische Eigenschaften: Bacillus mycoides Flügge Nr. 3, Bacillus olfactorius, B. robur und Bacillus mycoides var. ovoäthylicus bilden aus Amygdalin Säure[4]. Gibt mit verschiedenen Bacillen der Salmonellagruppe keine Reaktion[5]. Einwirkung von Bakterien der Coligruppe[6], von Milzbrandbacillen[7]. — Amygdalin kann bei der Nahrung von Penicillium glaucum gleichzeitig sowohl als C- wie als N-Quelle dienen[8]. Untersuchungen über die Spaltung mit Emulsin und dem Ferment von Helix pomatia[9]. — Die Samen von Rhamnus utilis enthalten ein Ferment, das Amygdalin spaltet[10]. — Wird von der Linamarase aus Dimorphotheca Ecklonis in sehr geringem Maße gespalten[11]. — Wird von der Mondbohne, Phaseolus lunatus L., gespalten[12]. — 1 g Amygdalin wurde durch 0,3 g Takadiastase (in 100 ccm Wasser + 1 ccm Toluol) in 120 Stunden zu 99,46% aufgespalten[13]. Amygdalin ist ohne Wirkung auf die Spaltung des Rohrzuckers mittels Hefeinvertin[14]. — Die Spaltung des Amygdalins wird durch ein von der Hefenmaltase unabhängiges Ferment ausgeführt. — Die Spaltung verläuft nach der Gleichung einer monomolekularen Reaktion und bei einer optimalen Wasserstoffionenkonzentration von $p_H = 5,5$ [15]. — Aus verschiedenen frischen Organen des Hundes, besonders aus Darmschleimhaut hergestellte, für sich und in Salzlösungen optisch inaktive Alkoholtrockenpräparate bewirkten in Lösungen von Amygdalin Rückgang der Drehung ohne Änderung der titrimetrischen Werte[16].

Physikalische und chemische Eigenschaften: Löslichkeit (25°) 11,83 g auf 100 ccm 1 n-HCl [17]. Amygdalin wird schnell gespalten, aber im Gegensatz zu Salicin findet eine Änderung der Polarisation nicht mehr statt, wenn die reduzierende Wirkung der abgespaltenen Glykose konstant geworden ist, und auf Zusatz von Natronlauge oder Ammoniumhydroxyd tritt nur eine sehr geringe Veränderung der Drehung ein[18].

Derivate: Heptaacetylamygdalin. Aus Heptaacetylamygdalinamid mit Phosphorpentoxyd in Xylol[19]. Aus dem Amid mit Phosphoroxychlorid[20].

Isoamygdalin (Bd. II, S. 710; Bd. VIII S. 360).

Physiologische Eigenschaften: Entbindet unter Einwirkung von Emulsin 2 Mol Glykose[21].

[1] L. Rosenthaler u. K. Seiler: Ber. dtsch. pharm. Ges. **32**, 245 (1922) — Chem. Zbl. **1923 I**, 256.

[2] Joseph H. Roe: J. of biol. Chem. **58**, 667 (1924) — Chem. Zbl. **1924 I**, 2290.

[3] L. Rosenthaler: Pharm. Zentralhalle **67**, 353 (1926) — Chem. Zbl. **1926 II**, 805.

[4] J. Perlberger: Zbl. Bakter. II **62**, 1 — Chem. Zbl. **1924 II**, 1217.

[5] Frank Wokes u. Joseph H. Irwin: Pharm. J. **118**, 747—751 — Chem. Zbl. **1927 II**, 1481.

[6] A. Weintraub: Zbl. Bakter. I **91**, 273 (1924) — Chem. Zbl. **1924 I**, 2922.

[7] Martin Kristensen: Zbl. Bakter. I **101**, 220—224 (1927) — Chem. Zbl. **1927 I**, 1330.

[8] H. Coupin: C. r. Acad. Sci. Paris **185**, 963 (1927) — Chem. Zbl. **1928 I**, 1429.

[9] J. Giaja: J. Chim. physique **19**, 77 (1921) — Chem. Zbl. **1922 I**, 1416. — L. Rosenthaler: Arch. Pharmaz. **263**, 563 (1925) — Chem. Zbl. **1926 I**, 2802. — J. Leibowitz: Hoppe- Seylers Z. **149**, 184 (1925) — Chem. Zbl. **1926 I**, 1661. — K. Josephson: Hoppe-Seylers Z. **169**, 301 (1927) — Chem. Zbl. **1928 I**, 78.

[10] C. Charaux: C. r. Acad. Sci. Paris **178**, 1312 (1924) — Chem. Zbl. **1924 II**, 50.

[11] L. Rosenthaler: Fermentforschg **6**, 197 (1922) — Chem. Zbl. **1923 I**, 257.

[12] Leopold Rosenthaler: Fermentforschg **8**, 282 (1925) — Chem. Zbl. **1925 II**, 1447.

[13] J. Hatano: Biochem. Z. **151**, 498—500 — Chem. Zbl. **1924 II**, 2852.

[14] Richard Kuhn: Hoppe-Seylers Z. **135**, 1 (1926) — Chem. Zbl. **1924 II**, 344.

[15] Richard Willstätter, Richard Kuhn u. Harry Sobotka: Hoppe-Seylers Z. **134**, 224 (1924) — Chem. Zbl. **1924 II**, 344.

[16] A. Richaud u. J. Coirre: Bull. Soc. Chim. biol. Paris **5**, 890 (1923) — Ref.: Ber. Physiol. **24**, 451 (1924) — Chem. Zbl. **1924 II**, 701.

[17] E. A. Moelwyn-Hughes, S. N. H. Stothard u. A. J. Kieran: Trans. Faraday Soc. **24**, 309 — Chem. Zbl. **1928 II**, 1076.

[18] H. Colm u. A. Chaudon: Bull. Soc. chim. France (4) **35**, 974 (1924) — Chem. Zbl. **1924 II**, 2023.

[19] Ray Campbell u. Walter Norman Haworth: J. chem. Soc. Lond. **125**, 1337 (1924) — Chem. Zbl. **1924 II**, 847.

[20] Géza Zemplén u. Alfons Kunz: Ber. dtsch. chem. Ges. **57**, 1357 (1924) — Chem. Zbl. **1924 II**, 2049.

[21] R. Kuhn: Ber. dtsch. chem. Ges. **56**, 857 (1923) — Chem. Zbl. **1923 I**, 1458. — H. D. Dakin: J. chem. Soc. Lond. **85**, 1512 (1905) — Chem. Zbl. **1905 I**, 182.

Heptaacetyl-l-amygdalinsäure (Heptaacetyl-d′-amygdalinsäure)
(Bd. X, S. 896).

Darstellung [1]: Das aus dem natürlichen l-Amygdalin gewinnbare Gemisch von d- und l-Amygdalinsäure wurde in das Gemisch der Heptaacetylderivate überführt. Es ergab sich, daß diese sich durch Äther, noch besser durch Zusatz von Äther zur Lösung in Benzol trennen lassen in einen schwerer löslichen und einen leichter löslichen Teil, von denen der erste sich als labile l-Heptaacetylamygdalinsäure erwies (Bestimmung der Mandelsäurekomponente).

Physikalische und chemische Eigenschaften: Nadeln, Schmelzp. unscharf 115°, $[\alpha]_D^{18}$ $= +60,06°$ in Chloroform; sehr leicht löslich in Aceton, Chloroform, Essigester, weniger löslich in kaltem Benzol und Alkohol, wenig löslich in Äther und Petroläther, nicht umkrystallisierbar. — Deren Verseifung führte zu l-Amygdalinsäure, nicht krystallisierbar, $[\alpha]_D = -132,7°$ bis $-133,2°$ in Wasser [1].

Derivate: l-Heptaacetylamygdalinsäureäthylester [1] $C_{36}H_{46}O_{20}$. Man verseift das Gemisch der acetylierten d- und l-Amygdalinsäure in abs. Alkohol und reacetyliert das erhaltene Produkt, wobei das acetylierte l-Äthylester entsteht. — Leicht krystallisierbar in Nadeln aus heißem Alkohol, Schmelzp. 195—196°; $[\alpha]_D^{18} = -65,5°$ in Chloroform; leicht löslich in kaltem Chloroform, Benzol, Aceton, Essigester, Eisessig, ziemlich löslich in heißem Alkohol und Methylalkohol, schwer löslich in Äther und Petroläther [1]. — Aus der ätherischen Mutterlauge des Heptaacetylgentiobiosido-l-mandelsäureesters nach Ausschütteln mit 0,5proz. Ammoniaklösung bei 0°, Behandeln des bei Neutralisation ausgeschiedenen und getrockneten Niederschlags mit Natriumäthylat in abs. Alkohol, Verdampfen nach Neutralisation mit 1proz. Essigsäure enthaltendem abs. Alkohol unter wiederholtem Zusatz von abs. Alkohol und Acetylierung des Rückstandes [2]. — Aus Acetobromgentiobiose und d, l-Mandelsäureäthylester mit Ag_2O entsteht bei Zimmertemperatur ein Gemisch von d- und l-Heptaacetylgentiobiosidomandelsäureester, das durch 4malige fraktionierte Krystallisation abwechselnd aus CH_3OH und Alkohol getrennt wird, wobei die d′-Verbindung abgeschieden wird. Schmelzp. 212,5—213,5°, $[\alpha]_D^{20}$ $= -72,8°$ (Chloroform). Campbell und Haworth bezeichnen sie fälschlich als Äthyl-d, l-Heptaacetylamygdalinat. Die synthetisch bereitete Verbindung war identisch mit dem aus Amygdalin über das Ag-Salz der Amygdalinsäure und ihren Äthylester gewonnenen d-Heptaacetylamygdalinsäureäthylester [3]. Nadeln, Schmelzp. 205°, $[\alpha]_D = -62,1°$ in Chloroform bei $c = 0,8$. Unlöslich in Wasser, Äther und kaltem Alkohol; löslich in heißem Alkohol, Aceton und Chloroform [4].

Heptaacetyl-l-amygdalinsäureamid [2] $C_{34}H_{43}O_{19}$. Aus Heptaacetyl-l-amygdalinsäureester mit alkoholischem Ammoniak. Nadeln aus heißem Alkohol, Schmelzp. 180—181°, $[\alpha]_D^{24}$ $= -66,3°$ in Chloroform. Leicht löslich in Chloroform, Aceton, Essigester, Benzol und heißem Alkohol; wenig löslich in Äther und Petroläther. Gibt mit Phosphoroxychlorid Heptaacetylamygdalin.

d, l-Amygdalinamid [4]. Aus d, l-Heptaacetylamygdalinsäureäthylester mit Ammoniak. $[\alpha]_D = -77°$, löslich in Wasser und Pyridin; wenig löslich in heißem Alkohol.

Heptaacetylamygdalinamid + 1 Mol. Pyridin d-Form [4]. Bei der Acetylierung von d, l-Amygdalinamid mit Essigsäureanhydrid und Pyridin. Schmelzp. 166—167°. $[\alpha]_D = -68,6°$. **l-Form.** Schmelzp. 152—153°, $[\alpha]_D = -49,7°$ in Chloroform.

d, l-Amygdalinsäure.

Derivate: Amygdalinsäuresulfosaures Ba [5]. $[\alpha]_D^{18} = -45,1°$ in Wasser, die Substanz war nicht analysenrein. Wird durch Emulsin, auch als Na-Salz, gespalten [5].

Amygdalinsäurephosphorsaures Ba [5] (Gemisch verschiedener Verbindungen). $[\alpha]_D^{23}$ $= -49,0°$ in Wasser [5].

---

[1] Géza Zemplén u. Alfons Kunz: Ber. dtsch. chem. Ges. **57**, 1194 (1924) — Chem. Zbl. **1924 II**, 988.

[2] Géza Zemplén u. Alfons Kunz: Ber. dtsch. chem. Ges. **57**, 1357 (1924) — Chem. Zbl. **1924 II**, 2049.

[3] R. Kuhn u. H. Sobotka: Ber. dtsch. chem. Ges. **57**, 1767 — Chem. Zbl. **1924 II**, 2405 — Ber. dtsch. chem. Ges. **56**, 857 — Chem. Zbl. **1923 I**, 1458.

[4] Ray Campbell u. Walter Norman Haworth: J. chem. Soc. Lond. **125**, 1337 (1924) — Chem. Zbl. **1924 II**, 847.

[5] B. Helferich, A. Löwa, W. Nippe u. H. Riedel: Hoppe-Seylers Z. **128**, 141 (1923) — Chem. Zbl. **1923 III**, 1003.

Heptamethyl-amygdalinsäure-methylester $C_{28}H_{44}O_{13}$. Die Methylierung mit Methylsulfat ist beim Amygdalin nicht vollständig. Es ist daher notwendig, sie mit CH_3J und Ag_2O zu Ende zu führen. Der Methylester ist im Hochvakuum destillierbar, er geht unter 0,2 mm bei einer Bodentemperatur von 270° über und krystallisiert dann teilweise[1]. Aus Leichtpetroleum feine Nädelchen, Schmelzp. 91°. $[\alpha]_D^{16} = -49,3°$ in CH_3OH; $-51,7°$ in Alkohol; $-50,8°$ in Aceton; $-55,7°$ in 20proz. Alkohol. Bei der Hydrolyse entsteht 2, 3, 4-Tri- und 2, 3, 4, 6-Tetramethylglykose[1].

Mandelnitrilglykosid (Prunasin) (Bd. II, S. 709; Bd. VIII, S. 359; Bd. X, S. 897).

Vorkommen: In den frischen Blättern von Prunus macrophylla[2].

Bildung: Bildet sich wahrscheinlich in der ersten Phase der Einwirkung von Emulsin auf Amygdalin[3].

Prulaurasin (Bd. II, S. 711; Bd. X, S. 897).

Nachweis und Bestimmung: Mikroskopischer Nachweis mit Emulsin und gejodeten Stärkekörnern[4].

Sambunigrin (Bd. II, S. 712; Bd. X, S. 897).

Vorkommen: In Acacia glaucesceus und Acacia Checlii Blattelly[5].

Linamarin (Bd. II, S. 713; Bd. VIII, S. 360; Bd. X, S. 901).

Vorkommen: Hauptsächlich in den Blättern und Blütenköpfen von Dimorphotheca Ecklonis D. C.[6]. In Dimorphotheca Ecklonis D. C.[7].

Physiologische Eigenschaften: Neben dem Glykosid Linamarin enthält Dimorphotheca Ecklonis D. C. auch ein Enzym, das jenes in Cyanwasserstoff, Glykose und Aceton zu spalten vermag[7]. — Von 50 untersuchten Samen und Früchten enthielten 47 das Enzym Linamarase, welches Linamarin in Cyanwasserstoff, Aceton und Glykose spaltet. — Wird durch Emulsin, Invertin, Maltase und Diastase nicht gespalten[8]. — Die Mondbohne, Phaseolus lunatus L., spaltet Linamarin[9].

Vicianin (Bd. II, S. 389, 729; Bd. VIII, S. 362).

Vorkommen: In den Samen von Vicia sativa L. var. angustifolia[10].

Nicht näher bekannte cyanhaltige Glykoside[11] (Bd. X, S. 905).

Vorkommen: In Prunus occidentalis und Prunus myrtifolia[12]. In verschiedenen Lotusarten[13, 14]. — In der Mohrhirse (Sorghum)[15]. In Pirus aucuparia Gärtner[16], in Chloris petraea[16],

---

[1] W. N. Haworth u. G. C. Leitch: J. chem. Soc. Lond. **121**, 1921 (1922) — Chem. Zbl. **1923 I**, 1155 — J. chem. Soc. Lond. **119**, 193 (1921) — Chem. Zbl. **1921 III**, 29.

[2] T. Kariyone u. G. Matsushima: J. pharm. Soc. Jap. **1924**, Nr 514, 7 — Chem. Zbl. **1925 I**, 1750.

[3] L. Rosenthaler: Arch. Pharmaz. **263**, 563 (1925) — Chem. Zbl. **1926 I**, 2802.

[4] L. Rosenthaler u. K. Seiler: Ber. dtsch. pharm. Ges. **32**, 245 (1922) — Chem. Zbl. **1923 I**, 256.

[5] Horace Finnemore u. Charles Bertram Cox: J. Proc. roy. Soc. New-South Wales **62**, 369 (1929) — Chem. Zbl. **1930 I**, 1807.

[6] L. Rosenthaler: Schweiz. Apoth.-Ztg **60**, 234 (1922) — Chem. Zbl. **1922 III**, 522.

[7] L. Rosenthaler: Fermentforschg **6**, 197 (1922) — Chem. Zbl. **1923 I**, 257.

[8] Leopold Rosenthaler: Fermentforschg **8**, 279 (1925) — Chem. Zbl. **1925 II**, 1447.

[9] Leopold Rosenthaler: Fermentforschg **8**, 282 (1925) — Chem. Zbl. **1925 II**, 1447.

[10] L. A. P. Anderson, A. Howard u. J. L. Simonsen: Nature (Lond.) **116**, 260 (1925) — Chem. Zbl. **1926 I**, 165.

[11] Luis Floriani: Rev. Centro Estudiantes Farmacia Bioquimica **17**, 343 (1928) — Chem. Zbl. **1929 I**, 761.

[12] Eva Mameli-Calvino: Atti Accad. naz. Linzei (5) **32 II**, 423 (1923) — Chem. Zbl. **1924 I**, 2713.

[13] H. Foley u. L. Musso: Arch. Inst. Pasteur Algérie **3**, 394 — Ref.: Ber. Physiol. **38**, 42 (1925) — Chem. Zbl. **1927 I**, 2659.

[14] Paul Guérin: C. r. Acad. Sci. Paris **187**, 1158 (1928) — Chem. Zbl. **1929 I**, 1951.

[15] Kazue Tsukunaga: J. pharm. Soc. Jap. **48**, 14 (1928) — Chem. Zbl. **1928 I**, 1882.

[16] L. Rosenthaler: Arch. Pharmaz. **263**, 561 (1926) — Chem. Zbl. **1926 I**, 2592.

in Achillea millefoluim L.[1]. In Euphorbia drummondii, Boiss, Acacia Checlii, Goodia latifolia Salisb,, Poranthera microphylla, Poranthera corymbosa, Eucalyptus corynocalix[2].

Nachweis der cyanhaltigen Glykoside[3].

Sinigrin (Sinigrosid) (Bd. II, S. 714; Bd. VIII, S. 361; Bd. X, S. 906).

$$C_{10}H_{16}NS_2KO_9 + H_2O \;^4$$

Konstitution: Die Thioglykose aus dem Sinigrin gehört zu der α-Reihe[4].

Vorkommen: In Alliaria officinalis D. C.[5].

Darstellung: Man extrahiert die gepulverten schwarzen Senfsamen mit einem Gemisch aus 1 Teil Wasser und 3 Teilen Aceton, das Filtrat wird zum Teil verdampft, vom Öl getrennt, mit Calciumcarbonat neutralisiert und zu einem Sirup verdampft. Eine längere und wiederholte Extraktion mit heißem Alkohol ergibt 11—12 g aus 1 kg Mehl[6].

Nachweis und Bestimmung: Mikrochemischer Nachweis in Drogen und anderen pharmazeutischen Produkten[7].

Physiologische Eigenschaften: Die enzymatische Spaltung von Sinigrin in Allylsenföl + Glykose + K_2SO_4 wird durch Bestimmung der entstehenden H_2SO_4 als Benzidinsulfat verfolgt. Das Optimum der Abspaltung von Sulfat bei einem aus dem wässerigen Extrakt der Senfsamen (Sinapis alba) mit Alkohol erhaltenen Trockenpräparat liegt in der Nähe des Neutralpunktes[8]. Sinigrin wird durch Sulfatase (aus Aspergillus oryzae) nicht gespalten, dagegen stark durch Myrosinase aus Samen von Sinapis alba[9]. Wird von Leber, Muskel, Niere von Pferd und Kaninchen gespalten (Leberbrei in 3 Tagen 50% des Substrates, Muskelbrei in 10 Tagen 13%), während Sulfatase aus Aspergillus oryzae auch nach 25 Tagen ohne Einwirkung war[10]. Ist sehr wenig giftig. Die Kreislaufwirkung äußert sich in Blutdrucksteigerung; die Atmung wird etwas verlangsamt[11].

Physikalische und chemische Eigenschaften: Das krystallwasserhaltige Sinigrin schmilzt bei 128°. 1 Mol Wasser läßt sich ihm entziehen, wenn man zur methylalkoholischen Lösung abs. Alkohol fügt und kocht. Schmelzp. des krystallwasserfreien Sinigrins 179°. Derbe, weiße, glänzende Nadeln; leicht löslich in Wasser; wenig löslich in kaltem Alkohol; fast unlöslich in Äther und Benzol[4]. Die C—S-Bindung wird durch Silbernitrat ohne Schwierigkeit gesprengt[12]. Bei der Spaltung mit Silbernitrat ist eine Waldensche Umkehrung am Kohlenstoffatom des Zuckers anzunehmen[13]. $[\alpha]_D$ in 82—83proz. Alkohol $= -17,42°$; $-17,56°$[12].

Sinalbin (Bd. II, S. 715).

Nachweis und Bestimmung: Mikrochemischer Nachweis in Drogen und anderen pharmazeutischen Produkten[7].

---

[1] L. Rosenthaler: Arch. Pharmaz. **263**, 561 (1926) — Chem. Zbl. **1926 I**, 2592.

[2] Horace Finnemore u. Charles Bertram Cox: J. Proc. roy. Soc. New-South Wales **62**, 369 (1929) — Chem. Zbl. **1930 I**, 1807.

[3] Carl L. Alsberg u. Otis F. Black: J. of biol. Chem. **25**, 133—140 (1916) — Chem. Zbl. **1922 II**, 502. — N. Wattier: Ann. Soc. roy. Sci. méd. et natur. Brux. **1922**, 70 — Ref.: Ber. Physiol. **16**, 211 (1923) — Chem. Zbl. **1923 III**, 159. — Eva Mameli Calvin: Riv. Jt. delle essenze e profuni **6**, 121—123 (1924) — Chem. Zbl. **1925 I**, 2234. — L. Rosenthaler: Schweiz. Apoth.-Ztg **62**, 705 (1924) — Chem. Zbl. **1925 II**, 1076. — L. R. Bishop: Biochemic. J. **21**, 1162 (1927) — Chem. Zbl. **1928 I**, 1985.

[4] F. Wrede, E. Banih u. O. Brauß: Hoppe-Seylers Z. **126**, 210 (1923) — Chem. Zbl. **1923 III**, 154.

[5] H. Hérissey u. R. Boivin: J. pharm. Chim. (8) **6**, 385 (1927) — Chem. Zbl. **1928 I**, 358.

[6] H. Hérissey u. R. Boivin: J. pharm. Chim. (8) **6**, 337, 385 (1927) — Chem. Zbl. **1928 I**, 358 — Bull. Soc. Chim. biol. Paris **9**, 947 (1927) — Chem. Zbl. **1928 I**, 358, 1294.

[7] L. Rosenthaler: Pharm. Zentralhalle **67**, 353 (1926) — Chem. Zbl. **1926 II**, 805.

[8] H. v. Euler u. S. E. Eriksson: Fermentforschg **8**, 518 (1926) — Chem. Zbl. **1926 II**, 232.

[9] C. Neuberg u. J. Wagner: Biochem. Z. **174**, 457 (1926) — Chem. Zbl. **1926 II**, 2975.

[10] Carl Neuberg u. Joachim Wagner: Zbl. exper. Med. **56**, 334—343 — Chem. Zbl. **1927 II**, 1480.

[11] C. Mladoveanu: C. r. Soc. Biol. Paris **99**, 747 (1928) — Chem. Zbl. **1929 I**, 1126.

[12] H. Hérissey u. R. Boivin: J. pharm. Chim. (8) **6**, 337, 385 (1927) — Chem. Zbl. **1928 I**, 358.

[13] W. Schneider u. M. Becker: Naturwiss. **18**, 133 (1930) — Chem. Zbl. **1930 I**, 2102.

Glykoside unbekannter Natur (Bd. II, S. 720; Bd. VIII, S. 362; Bd. X, S. 911).

In den Veilchenwurzeln[1], in Sedum Telephium L.[2], in Pedicularis palustris L.[3], in den Samen von Gleditschia triacanthos L.[4], in Viburnum opulus[5], in Securidaca longepedunculata[6], in den Früchten von Thevetia neriifolia Juss.[7], in der Rinde von Terminalia Arjuna[8], in den Samen des Besenginsters und des Copaivabaumes[9], in Baillonia spicata H. Br.[10], in den Blüten von Melilotus altissima Thml. und von Melilotus arvensis Walbr.[11], in Asperula odorata[12], in der Wurzel von Chlorocodon Whiteii[13], in Salix triandra L.[14], in den frischen Blüten von Ulex europeus L.[15], in Galeopsis grandiflora[16], in Urginea Burkei Bkr.[17], Caulophyllum thalictroides[18], in den Jutesamen (Corchorus capsularis)[19]. In einer Reihe von westkanadischen Pflanzen[20]: Salix inferior, Malia nudicaulis, Azarum canadense, Diervilla diervilla, Cypripedium parviflorum, Pulsatilla patens, Rhus toxicodendron, Prunus pennsylvanica, Padus virginiana, Comondra pallida, Pyrola sp., Symphoricarpus racemosus und occidentalis.

Methylierte bzw. alkylierte Glykoside.

Konstitution[21].

2,3,4-Trimethyl-α-methyl-l-arabinosid[22].

Mol-Gewicht: 206,18.

Zusammensetzung: $C_9H_{18}O_5$.

$$
\begin{array}{c}
CH(OCH_3) \\
\mid \\
H-C-OCH_3 \\
\mid \\
CH_3O-C-H \\
\mid \\
CH_3O-C-H \\
\mid \\
CH_2 \\
\end{array}
\quad O
$$

Bildung: Aus α-Methyl-l-arabinosid durch Methylierung.

Physikalische und chemische Eigenschaften: Das Produkt aus α-Methyl-l-arabinosid mit Methyljodid und Silberoxyd gewonnen zeigt $[\alpha]_D^{17,5} = +225,3°$ in Methylalkohol bei $c = 1,308$;

[1] A. Goris u. Ch. Vischniac: Bull. Sci. et ind. de Roure-Bertrand Fils (4) **3**, 1—8 (1921) — Chem. Zbl. **1922 I**, 360.

[2] Marc Bridel: C. r. Acad. Sci. Paris **174**, 186 (1922) — Chem. Zbl. **1922 III**, 1302.

[3] Marie Braecke: Schweiz. Apoth.-Ztg **67**, 38 (1929) — Chem. Zbl. **1929 I**, 1473.

[4] B. Aszkenazy: Mh. Chem. **44**, 1 (1923) — Chem. Zbl. **1923 III**, 679.

[5] F. W. Heyl: J. amer. pharmaceut. Assoc. **11**, 329 (1922) — Chem. Zbl. **1923 I**, 1515.

[6] Fabrégue: Bull. Sci. pharmacol. **30**, 16 (1923) — Chem. Zbl. **1923 I**, 1283.

[7] R. Weitz u. A. Boulay: C. r. Soc. Biol. Paris **87**, 1105 (1922) — Chem. Zbl. **1923 I**, 788.

[8] S. Ghosh: J. amer. pharmaceut. Assoc. **12**, 1080 (1923) — Chem. Zbl. **1924 I**, 1414.

[9] H. Hérissey u. R. Sibassié: C. r. Acad. Sci. Paris **178**, 884 (1924) — Chem. Zbl. **1924 I**, 1938.

[10] H. Hérissey: J. Pharmacie (8) **1**, 208—215 (1925) — Chem. Zbl. **1925 I**, 678, 2234.

[11] C. Charaux: Bull Soc. Chim. biol. Paris **7**, 1056 (1925) — Chem. Zbl. **1926 I**, 1821.

[12] H. Hérissey: Bull. Soc. Chim. biol. Paris **7**, 1009 (1925) — Chem. Zbl. **1926 I**, 2366.

[13] W. J. Dilling: J. of Pharmacol. **26**, 397 (1926) — Chem. Zbl. **1926 II**, 261.

[14] M. Bridel u. C. Béguin: Bull. Soc. Chim. biol. Paris **8**, 901 (1926) — Chem. Zbl. **1926 II**, 1289, 2922.

[15] M. Bridel u. C. Béguin: Bull. Soc. Chim. biol. Paris **8**, 895 (1926) — Chem. Zbl. **1926 II**, 1289, 2922.

[16] J. Zellner u. J. Falkowsky: Arch. Pharmaz. **265**, 27 (1927) — Chem. Zbl. **1927 I**, 1489.

[17] J. M. Watt: Arch. f. exper. Path. **120**, 65 (1927) — Chem. Zbl. **1927 I**, 2342.

[18] Eduard D. Day u. H. P. Chu: J. amer. pharmaceut. Assoc. **16**, 302 (1927) — Chem. Zbl. **1927 II**, 581.

[19] Nirmal Kumar Sen: Quart. J. Indian. chem. Soc. **4**, 205—208 (1927) — Chem. Zbl. **1927 II**, 1710.

[20] D. Roy McCullagh: Trans. roy. Soc. Canada (3) **20**, Sect. V, 331—337 (1926) — Chem. Zbl. **1927 II**, 1157.

[21] A. K. Macbeth u. J. Mackay: J. chem. Soc. Lond. **123**, 717 (1923) — Chem. Zbl. **1923 III**, 154.

[22] John Pryde, Edmund Langley Hirst u. Robert William Humphreys: J. chem. Soc. Lond. **127**, 348 (1925) — Chem. Zbl. **1925 I**, 2369.

$[\alpha]_D^{18} = +246{,}1°$ in Wasser bei $c = 0{,}723$. l-Arabinose wurde mit 0,2proz. methylalkoholischer Salzsäure 24 Stunden auf 105° erhitzt und das erhaltene Glykosidgemisch direkt methyliert. Die Methylierung mit Dimethylsulfat und Natronlauge ergab ein Produkt mit dem Siedepunkt 120° unter 13 mm; $n_D^{13} = 1{,}4448$, $[\alpha]_D = +79{,}6°$ in Methylalkohol bei $c = 3{,}332$. Nach 8 stündiger Hydrolyse dieses Präparates mit saurem Methylalkohol bei 90° wurde ein Gleichgewichtswert von $+60°$ erreicht gegenüber $+150°$ aus reinem Material. Die Methylierung mit Methyljodid und Silberoxyd lieferte ein Trimethylmethylarabinosid von $[\alpha]_D = +79°$, bei der Hydrolyse eine Trimethylarabinose von $[\alpha]_D = +36{,}2°$ Gleichgewicht in Wasser und bei der Oxydation ein Trimethylarabonsäurelacton vom Siedep. 80—90° unter 0,2—0,4 mm Druck, $[\alpha]_D = +17{,}45° \rightarrow -20{,}95°$ in Wasser. Methyliert man zuerst mit Dimethylsulfat und Natriumhydroxyd, dann mit Methyljodid und Silberoxyd, so erhält man ein Trimethylmethylarabinosid von $[\alpha]_D = +59{,}8°$ in Wasser und bei der Oxydation ein Lacton von $[\alpha]_D = +55{,}8° \rightarrow -13{,}9°$ in Wasser. — Schmelzp. 44—46°, $[\alpha]_D = +250°$ in Wasser bei $c = 1{,}2$; $[\alpha]_D = +223°$ in Methylalkohol bei $c = 1{,}32$; $n_D^{30} = 1{,}4432$; $n_D^{25} = 1{,}4450$ für die unterkühlte Schmelze. — Kann zu gewissem Grade mit methylalkoholischer Salzsäure in Trimethyl-β-methyl-l-arabinosid überführt werden[1].

2, 3, 4-Trimethyl-β-methyl-l-arabinosid[1].

Darstellung: 10 g l-Arabinose werden mit 50 ccm Dimethylsulfat und 40 g Natronlauge in 85 ccm Wasser methyliert. Wenn genügend langsam gearbeitet wird, kann die Bildung der gefärbten Nebenprodukte gänzlich vermieden werden. Nach nochmaliger Wiederholung dieser Operation erhält man einen Sirup vom Siedep. 123° unter 24 mm Druck, $[\alpha]_D^{17} = 1{,}4473$, der allmählich zu langen Nadeln erstarrt.

Physikalische und chemische Eigenschaften: Nadeln aus Petroläther, Schmelzp. 46—48°, sonst sehr leicht löslich; $[\alpha]_D = +24°$ in Methylalkohol bei $c = 1{,}1$; $[\alpha]_D = +46{,}2°$ in Wasser bei $c = 0{,}865$. Beim Erhitzen mit methylalkoholischer Salzsäure geht es teilweise in die α-Form über.

2, 3, 6-Trimethyl-γ-methyl-l-arabinosid[2].

Mol-Gewicht: 206,18.

Zusammensetzung: $C_9H_{18}O_5$.

$$
\begin{array}{l}
\rule{0pt}{0pt}\!\!\!\!\!\!\!\text{CH—O—CH}_3 \\
\text{H—C—O—CH}_3 \\
\text{O}\quad\text{CH}_3\text{O—C—H} \\
\text{C—H} \\
\text{CH}_2\text{—O—CH}_3
\end{array}
$$

Bildung: Bei der erschöpfenden Methylierung von γ-Methyl-l-arabinosid.

Physikalische und chemische Eigenschaften: Sirup vom Siedep. 85—87° unter 0,3 mm Druck; $n_D = 1{,}4355$; $[\alpha]_D = -55{,}8°$ in Wasser bei $c = 1{,}04$. Entfärbt Kaliumpermanganat schnell. — Es besteht aus einem Gemisch der α- und β-Formen. Bei der Hydrolyse mit $^1/_{100}$ n-Salzsäure wird nur die β-Form angegriffen; die Drehung steigt von $[\alpha]_D = -38{,}6°$ auf $-58°$ in 3 Stunden. Erhöht man zu diesem Zeitpunkt die Säurekonzentration auf $^1/_{10}$ normal, so fällt die Drehung innerhalb weiterer 3,5—4 Stunden wieder auf $-32{,}2°$. — Mit $^1/_{15}$ n-Salzsäure ist die Hydrolyse in 4 Stunden beendet. Die Drehungskurve weist auch hierbei ein Maximum im negativen Sinne auf. Durch Methylierung von Methyl-γ-arabinosidgemisch mit NaOH und Dimethylsulfat. Sirup, nach Destillation im Hochvakuum $n_D^{15,5} = 1{,}4370$; $[\alpha]_D = -33{,}62°$ (in Wasser); $-34{,}37°$ (in Methanol); $-56{,}33°$ (in Methanol nach 5 stündigem Erwärmen mit angesäuertem Methanol)[3].

---

[1] Edmund Langley Hirst u. George James Robertson: J. chem. Soc. Lond. **127**, 358 bis 364 (1925) — Chem. Zbl. **1925 I**, 2371.

[2] Stanley Baker u. Walter Norman Haworth: J. chem. Soc. Lond. **127**, 365 (1925) — Chem. Zbl. **1925 I**, 2373.

[3] J. Pryde u. R. W. Humphreys: J. chem. Soc. Lond. **1927**, 559 — Chem. Zbl. **1927 I**, 2901. — J. Pryde, E. L. Hirst u. R. W. Humphreys: J. chem. Soc. Lond. **127**, 348 (1925) — Chem. Zbl. **1925 I**, 2369.

2,3,4-Trimethyl-α-methyl-d-arabinosid.

Mol-Gewicht: 206,18.
Zusammensetzung: $C_9H_{18}O_5$.

$$
\begin{array}{c}
CH(OCH)_3 \\
| \\
CH_3O—C—H \\
| \\
H—C—OCH_3 \\
| \\
H—C—OCH_3 \qquad O \\
| \\
CH_2
\end{array}
$$

Physikalische und chemische Eigenschaften: Sirup, Siedep. 126° bei 30 mm, der alsbald krystallisiert, Schmelzp. 43—45°; $n_D^{25} = 1,4452$ für die unterkühlte Schmelze; $[\alpha]_D^{16} = -217,53$ in Methylalkohol bei $c = 1,164$[1].

2,3-Dimethyläther des Methylxylopyranosids[2].

$$C_8H_{16}O_5$$

$$
\begin{array}{c}
CH—(O—CH_3) \\
| \\
H—C—O—CH_3 \\
| \\
CH_3—O—C—H \\
| \\
H—C—OH \\
| \\
CH_2
\end{array}
$$

Bildung: Aus Dimethylxylan mit siedender 1,2proz. methylalkoholischer Salzsäure bis zur konstanten Drehung der Lösung: $[\alpha]_D^{20} = +54°$. Bei Anwendung von 0,8proz. Salzsäure ist die Enddrehung: $[\alpha]_D^{20} = +34°$.

Physikalische und chemische Eigenschaften: Sirup, Siedep. 80° bei 0,04 mm; $n_D^{17} = 1,4581$, $[\alpha]_D^{21,5} = +61,8°$ in Methylalkohol. Gleichgewichtswert in 0,8proz. methylalkoholischer Salzsäure, nach 5 Stunden bei 100°: $[\alpha]_D^{22} = +43°$.

2,3,4-Trimethyl-α-methylxylosid.

Mol-Gewicht: 206,18.
Zusammensetzung: $C_9H_{18}O_5$.

$$
\begin{array}{c}
CH(OCH_3) \\
| \\
H—C—O—CH_3 \\
| \\
CH_3—O—C—H \\
| \\
H—C—O—CH_3 \qquad O \\
| \\
CH_2
\end{array}
$$

Bildung: Aus α-Methylxylosid durch Methylierung.

Physikalische und chemische Eigenschaften: Die α-Form, die nicht ganz frei von der β-Verbindung zu erhalten ist, wird 5mal mittels der Silberoxyd-CH$_3$J-Methode (CH$_3$OH als Lösungsmittel) methyliert und liefert einen farblosen, nichtkrystallisierenden Sirup vom Siedepunkt bei 12 mm 115—118°; $n_D^{25} = 1,4410$; $n_D^{29} = 1,4380$; $[\alpha]_D = +86°$ in CH$_3$OH; nach Behandeln mit angesäuertem CH$_3$OH bei 100° ist der Gleichgewichtswert der spez. Drehung $[\alpha]_D = +50,4°$. Bei der Hydrolyse gibt keine Trimethylxylose, sondern einen äußerst viscosen,

[1] George McOwan: J. chem. Soc. Lond. **1926**, 1737 — Chem. Zbl. **1926 II**, 2696.
[2] Horace Arthur Hampton, Walter Norman Haworth u. Edmund Langley Hirst: J. chem. Soc. Lond. **1929**, 1739 — Chem. Zbl. **1930 I**, 508.

linksdrehenden Sirup mit Säureeigenschaften[1]. Sirup, Siedep. 110° bei 10 mm $n_D^{23} = 1,4397$; $[\alpha]_D^{20} = +121,5°$ in Chloroform, $= +112,7°$ in Wasser, $= +122,2°$ in Methylalkohol[2].

2, 3, 4-Trimethyl-β-methylxylosid.

Darstellung: Bei der Methylierung von Xylose mit Methylsulfat und anschließender Behandlung mit CHJ und Silberoxyd resultiert ein Produkt, das bei der Destillation einen farblosen, beim Abkühlen krystallinisch erstarrenden Sirup liefert; aus diesem Gemisch der α- und β-Verbindung wird die β-Form durch Krystallisation aus Leichtpetroleum, worin sie mäßig löslich ist, isoliert.

Physikalische und chemische Eigenschaften: Schmelzp. 46—48°; $n_D^{32} = 1,4316$; $n_D^{20} = 1,4350$. $[\alpha]_D = -66,6°$ in CH_3OH; $-64,0°$ in Alkohol; $-67,0°$ in Wasser. In methylalkoholischer Lösung ist der Gleichgewichtswert der spez. Drehung nach Behandlung mit angesäuertem CH_3OH bei 100° 8 Stunden: $[\alpha]_D = +49,5°$. Bei der Hydrolyse gibt nur etwa 50% der berechneten Menge Trimethylxylose infolge von Sekundärreaktionen und Auftretens größerer Mengen von Furfuralderivaten[1]. Schmelzp. 51°; $[\alpha]_D^{20} = -69,5°$ in Chloroform, $= -81,7°$ in Wasser[2].

2, 3, 5-Trimethyl-γ-methylxylosid.

Mol-Gewicht: 206,18.
Zusammensetzung: $C_9H_{18}O_5$.

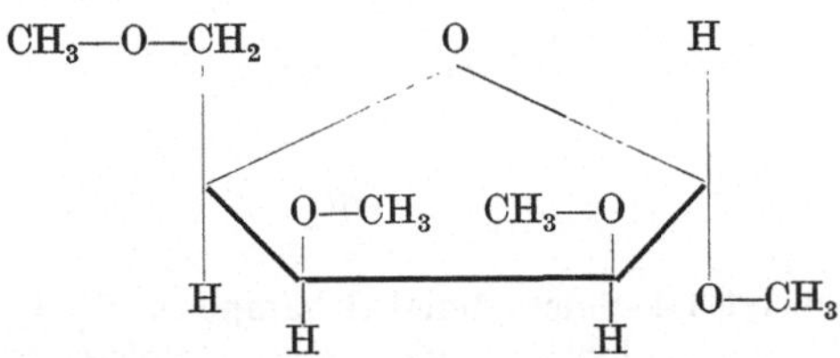

Bildung: Aus γ-Methylxylosid durch Methylierung.

Physikalische und chemische Eigenschaften: Siedep. bei 14 mm = 110—114° und bei 0,06 mm = 96,5°. $[\alpha]_D = +32,0°$ in Methylalkohol. Bei der Hydrolyse mit $^1/_{15}$ n-HCl entsteht Trimethyl-γ-xylose[3].

2, 3, 5-Trimethyl-methyllyxosid[4].

Mol-Gewicht: 206,18.
Zusammensetzung: $C_9H_{18}O_5$.

Bildung: Bei der Methylierung des rohen, das α- und β-Methyl-lyxofuranosid enthaltenden Reaktionsgemischs mit Dimethylsulfat und Kalilauge entsteht das Gemisch der beiden Trimethyläther des Methyl-lyxofuranosids.

[1] A. Carruthers u. E. L. Hirst: J. chem. Soc. Lond. **121**. 2299 (1922 — Chem. Zbl. **1923 I**, 1269.

[2] F. P. Phelps u. C. B. Purves: J. amer. chem. Soc. **51**, 2443 (1929) — Chem. Zbl. **1929 II**, 2770.

[3] W. N. Haworth u. G. C. Westgarth: J. chem. Soc. Lond. **1926**, 880 — Chem. Zbl. **1926 II**, 384.

[4] Harold Graham Bott, Edmund Langley Hirst u. James Andrew Buchan Smith: J. chem. Soc. Lond. **1930**, 658 — Chem. Zbl. **1930 I**, 231.

Physikalische und chemische Eigenschaften: Siedep. 90° unter 0,06 mm. $n_D^{17} = 1,4457$; $[\alpha]_D^{22} = +52°$ in Wasser; $= +41°$ in Methylalkohol; $= +52°$ Gleichgewicht in 1 proz. methylalkoholischer Salzsäure.

Trimethylmethyllyxosid[1].

$$C_9H_{18}O_5$$

Bildung: Aus α-Methyllyxosid mit Methyljodid und Silberoxyd.

Physikalische und chemische Eigenschaften: Öl. Siedep. 70° bei 0,02 mm; $n_D^{14} = 1,4460$; $[\alpha]_{5461}^{20} = +10°$ in Wasser bei $c = 2,61$.

Methylhalbacetal des Digitoxosemonomethyläthers[2].

$$C_8H_{16}O_4$$

Darstellung: Durch Methylierung der Digitoxose mit Dimethylsulfat. Der Rückstand des Chloroformauszuges wird destilliert und liefert bei 100° (0,5 mm) ein klares Öl, leicht löslich in Äther[2].

2, 3-Monoacetonrhamnose-1, 5-dimethyläther.

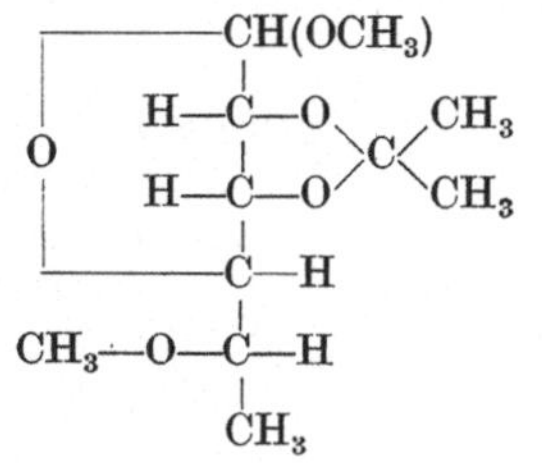

$$
\begin{array}{c}
\text{CH(OCH}_3) \\
\text{H—C—O} \diagdown \text{CH}_3 \\
\diagup\text{C}\diagdown \\
\text{H—C—O} \diagup \text{CH}_3 \\
\text{C—H} \\
\text{CH}_3\text{—O—C—H} \\
\text{CH}_3
\end{array}
$$

Bildung: Aus Monoacetonrhamnose mit Jodmethyl und Silberoxyd.

Physikalische und chemische Eigenschaften: Öl, Siedepunkt bei 0,5—1 mm = 65—67°. $[\alpha]_{578}^{16} = -32,5°$[3].

3, 4-Dimethyl-methylrhamnosid[4].

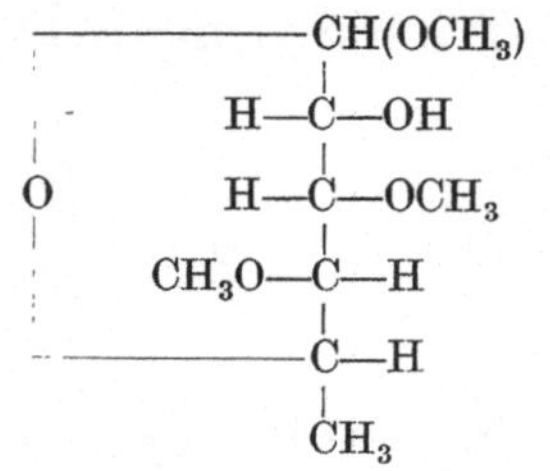

$$
\begin{array}{c}
\text{CH(OCH}_3) \\
\text{H—C—OH} \\
\text{H—C—OCH}_3 \\
\text{CH}_3\text{O—C—H} \\
\text{C—H} \\
\text{CH}_3
\end{array}
$$

Derivate: 2-Monoacetyl-3-4-dimethylmethylrhamnosid $C_{11}H_{20}O_6$. Bildung bei der Methylierung von γ-Triacetylmethylrhamnosid oder γ-Monoacetylmethylrhamnosid [1, 5] mit Silberoxyd und Methyljodid. Siedep. 90° bei 0,1 mm; $n_D^{17} = 1,4510$; lange Nadeln, Schmelzpunkt 67°; $[\alpha]_D^{20} = +36°$ in Wasser. Durchweg sehr leicht löslich.

[1] Edmund Langley Hirst u. James Andrew Buchau Smith: J. chem. Soc. Lond. **1928**, 3147 — Chem. Zbl. **1929 I**, 1920.

[2] A. Windaus u. G. Schwartz: Nachr. Ges. Wiss. Göttingen, Math.-physik. Kl. **1926**, 1 — Chem. Zbl. **1927 I**, 882.

[3] K. Freudenberg u. A. Wolff: Ber. dtsch. chem. Ges. **59**, 836 (1926) — Chem. Zbl. **1926 II**, 18.

[4] Walter Norman Haworth, Edmund Langley Hirst u. Ernest John Miller: J. chem. Soc. Lond. **1929**, 2469 — Chem. Zbl. **1930 I**, 2393.

2, 3, 4-Trimethylmethylrhamnosid[1].

Mol-Gewicht: 220,21.
Zusammensetzung: $C_{10}H_{20}O_5$.

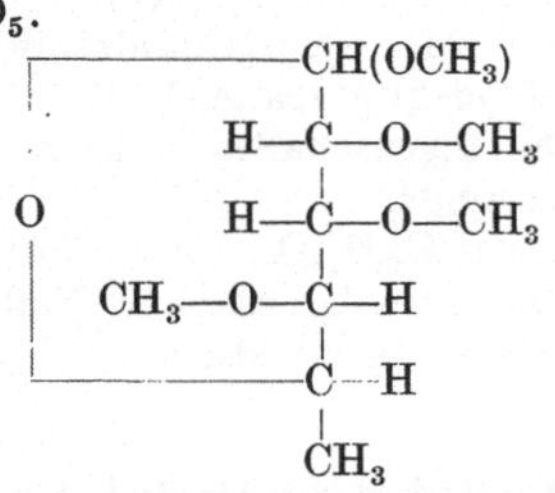

$$
\begin{array}{c}
\text{CH(OCH}_3) \\
\text{H—C—O—CH}_3 \\
\text{H—C—O—CH}_3 \\
\text{CH}_3\text{—O—C—H} \\
\text{C—H} \\
\text{CH}_3
\end{array}
$$

Bildung: Ein Gemisch von α- und β-Methylrhamnosid liefert bei der Methylierung Trimethyl-α-Methylrhamnosid. Die Methylierung der Rhamnose ergab ein Gemisch der α- und β-Form des Trimethylmethylrhamnosids.

Physikalische und chemische Eigenschaften: α-Form: $[\alpha]_D = -15°$ in Wasser; $[\alpha]_D = -54°$ in Alkohol bei $c = 2,15$. Das Gemisch der α- und β-Form: Sirup, Siedep. $100—101°$ bei 9 mm. $n_D^{18} = 1,4415$; $[\alpha]_D = -11,3°$ in Alkohol bei $c = 1,77$; $[\alpha]_D = +11,5°$ in Wasser bei $c = 2,001$. Bei der Hydrolyse mit 8proz. Salzsäure steigt die Drehung nach Durchgang durch ein Minimum $(0°)$ bis auf $+19,5°$ bei $c = 6,4$. — Die bei der Hydrolyse entstehende 2, 3, 4-Trimethylrhamnose[2] ist identisch mit der von Purdie und Young[3] beschriebenen.

2, 3, 4-Trimethyl-β-methyl-l-rhamnosid[4].

$$C_{10}H_{20}O_5$$

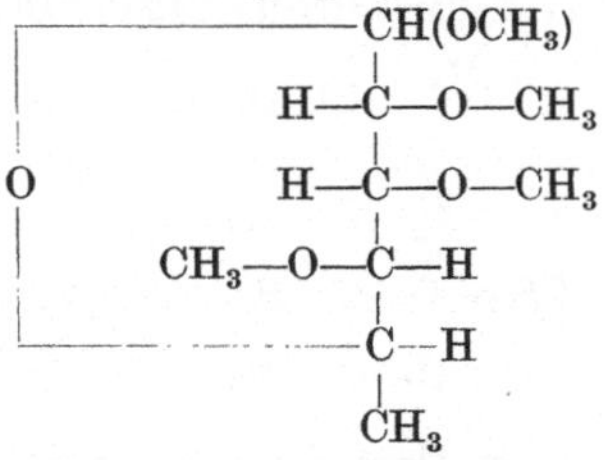

$$
\begin{array}{c}
\text{CH(OCH}_3) \\
\text{H—C—O—CH}_3 \\
\text{H—C—O—CH}_3 \\
\text{CH}_3\text{—O—C—H} \\
\text{C—H} \\
\text{CH}_3
\end{array}
$$

Bildung: Aus 3, 4-Dimethylrhamnose mit Methyljodid und Silberoxyd 8 Stunden bei $45—50°$.

Physikalische und chemische Eigenschaften: Lange, prismatische Krystalle, Schmelzpunkt $53—54°$; $[\alpha]_D^{21} = +106°$ in Wasser.

6-Methyl-α-methyl-d-glykosid[5].

Mol-Gewicht: 208,17.
Zusammensetzung: $C_8H_{16}O_6$.

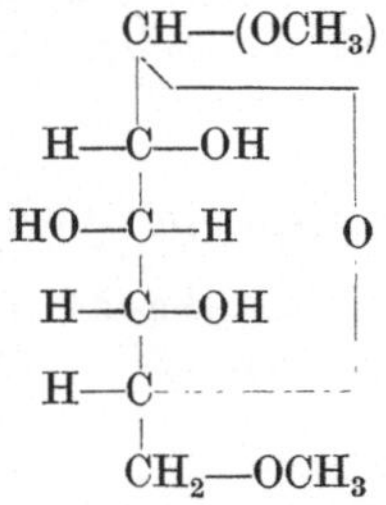

$$
\begin{array}{c}
\text{CH—(OCH}_3) \\
\text{H—C—OH} \\
\text{HO—C—H} \qquad \text{O} \\
\text{H—C—OH} \\
\text{H—C} \\
\text{CH}_2\text{—OCH}_3
\end{array}
$$

[1] Edmund Langley Hirst u. Alexander Killen Macbeth: J. chem. Soc. Lond. **1926**, 22 — Chem. Zbl. **1926 I**, 2791.

[2] Edmund Langley Hirst u. Alexander Killen Macbeth: J. chem. Soc. Lond. **1926**, 22 — Chem. Zbl. **1926 I**, 2790.

[3] Purdie u. Young: J. chem. Soc. Lond. **89**, 1194 (1906) — Chem. Zbl. **1926 I**, 2790.

[4] Walter Norman Haworth, Edmund Langley Hirst u. Ernest John Miller: J. chem. Soc. Lond. **1929**, 2469 — Chem. Zbl. **1930 I**, 2393.

[5] Burckhardt Helferich u. Johanna Becker: Liebigs Ann. **440**, 1 (1924) — Chem. Zbl. **1924 II**, 2831.

Darstellung: Aus der Benzoylverbindung mit bei 0° gesättigtem methylalkoholischem Ammoniak 2,5 Tage bei Zimmertemperatur. Trennung von Benzoesäure und Benzamid durch wiederholtes Extrahieren mit Wasser und Eindampfen.

Physiologische Eigenschaften: Wird von α-Glykosidase der untergärigen Bierhefe gespalten. Wird durch α-Glykosidase aus Hefe nicht gespalten[1].

Physikalische und chemische Eigenschaften: Siedep. bei 1 mm Druck = 195—200°. $[\alpha]_D^{19} = + 127,9°$ in wässeriger Lösung[1].

Derivate: Tribenzoylverbindung $C_{29}H_{28}O_9$. Aus Tribenzoyl-6-methyl-d-glykosid mit Methyljodid und Silberoxyd. Aus wenig Alkohol Nadeln vom Schmelzp. 116—117°, $[\alpha]_D^{20} = +116,4°$ in Pyridin. Durchweg leicht löslich.

6-Methyl-β-methylglykosid.
$C_8H_{16}O_6$

Physikalische und chemische Eigenschaften: Aus Essigester Krystalle, Schmelzp. 133 bis 135°, $[\alpha]_D^{20} = -27,0°$ in Wasser[2].

Derivate: 2,3,4-Triacetyl-β-methyl-d-glykosid-6-methyläther[2] $C_{14}H_{22}O_9$ Aus Triacetyl-β-methyl-d-glykosid-6-jodhydrin mit Silberfluorid in siedendem Methylalkohol in 12 Stunden neben Triacetyl-β-methyl-d-glykoseenid. Trennung durch systematisches Fraktionieren aus Methylalkohol und denaturiertem Alkohol. Nadeln, Schmelzp. 107—108°. Daraus durch Verseifung mit methylalkoholischem Ammoniak bei Zimmertemperatur β-Methyl-d-glykosid-6-methyläther.

3-Methyl-α-methylglykosid.

$$CH(OCH_3)$$
$$H-C-OH$$
$$CH_3-O-C-H \qquad O$$
$$H-C-OH$$
$$H-C-$$
$$CH_2-OH$$

Bildung: Aus 3-Glykosemonomethyläther mit methylalkoholischer Salzsäure[3].

Physikalische und chemische Eigenschaften: Sirup. — Gibt bei der Methylierung mit Methyljodid und Silberoxyd Tetramethylglykopyranose, Schmelzp. 90—94°[3].

Derivate: Benzal-3-methyl-α-methylglykosid[4]. 3-Methylglykose wird mit Methylalkohol und Salzsäure in das Gemisch der Methylglykoside umgewandelt und mit Benzaldehyd und Zinkchlorid in Reaktion gebracht. Schmelzp. 133°; $[\alpha]_D^{22} = +49,1°$ in Acetylentetrachlorid.

3-Methyl-β-methylglykosid.

Derivate: Benzal-3-methyl-β-methylglykosid[4]. Darstellung wie bei der analogen Verbindung des α-Methylglykosids. Schmelzp. 164°; $[\alpha]_D^{22} = -39,1°$ in Acetylentetrachlorid. Unlöslich in siedendem Wasser.

---

[1] B. Helferich, W. Klein u. W. Schäfer: Ber. dtsch. chem. Ges. **59**, 79 (1926) — Chem. Zbl. **1926 I**, 1968.

[2] B. Helferich u. E. Himmen: Ber. dtsch. chem. Ges. **62**, 2136 (1929) — Chem. Zbl. **1929 II**, 2665.

[3] Cameron Gorden Anderson, William Charlton u. Walter Norman Haworth: J. chem. Soc. Lond. **1929**, 1329 — Chem. Zbl. **1929 II**, 2770.

[4] Karl Freudenberg, Hans Toepffer u. Carl Chr. Andersen: Ber. dtsch. chem. Ges. **61**, 1758 (1928) — Chem. Zbl. **1928 II**, 2124.

2-Methyläther des β-Methylglykosids[1].

$$C_8H_{16}O_6$$

$$CH(OCH_3)$$

$$
\begin{array}{l}
H\!-\!C\!-\!O\!-\!CH_3 \\
HO\!-\!C\!-\!H \qquad\quad O \\
H\!-\!C\!-\!OH \\
H\!-\!C \\
\quad CH_3\!-\!OH
\end{array}
$$

Bildung: Aus der entsprechenden Triacetylverbindung mit methylalkoholischem Ammoniak bei 0°.

Physikalische und chemische Eigenschaften: Feine Nadeln aus Essigester, Schmelzp. 95 bis 97°, die wahrscheinlich $^{1}/_{2}\,H_2O$ enthalten. $[\alpha]_D^{17} = -23{,}90°$ in Alkohol.

Derivate: Triacetylverbindung $C_{14}H_{22}O_9$. — Aus 3, 4, 6-Triacetylglykose mit Methyljodid und Silberoxyd. Aus Wasser, dann aus Ligroin Krystalle, Schmelzp. 74—75°; $[\alpha]_D^{18} = +5{,}88°$ in Chloroform. Leicht löslich in Äther, Alkohol, Aceton, weniger in Chloroform.

Monomethyl-methylglykosid.

Bildung: Bei der Hydrolyse der Hexamethyldiamylose entsteht ein Monomethyl-methylglykosid, welches sehr ähnlich derjenigen Verbindung ist, die Irvine aus Diacetonglykose dargestellt hatte und 3-Methylmethylglykosid nannte[2].

Monomethyl-methylglykosid.

Zusammensetzung: $C_8H_{16}O_6$.

Bildung: Entsteht bei der Spaltung des Monomethyl-anhydromethylglykosids mit siedendem Barytwasser.

Physikalische und chemische Eigenschaften: Viscoser neutraler Sirup[3].

Monomethyl-anhydromethyl-d-glykosid.

$$C_8H_{14}O_5$$

Bildung: Durch Verseifung des Oleats mit siedender 0,5proz. methylalkoholischer Salzsäure während 80 Stunden und Abtrennung des Methyloleats durch Behandlung des Gemisches mit Äther, wobei das Glykosid ungelöst bleibt. Die Reinigung geschieht durch Extraktion mit siedendem Aceton, Eindampfen und Extraktion des Rückstandes mit siedendem Essigester. Das Produkt reagiert noch sauer[3].

Derivate: Monomethyl-anhydromethylglykosidmonooleat[3] $C_{26}H_{46}O_6$. Durch Methylierung des Anhydromethylglykosidmonooleats mit 4 Mol Methyljodid und Silberoxyd. Gelbes bewegliches Öl.

2, 5(?)-Dimethyl-methylglykosid.

Bildung: Bildet sich bei der Hydrolyse des methylierten Glykogens mit methylalkoholischer Salzsäure[4]. Bei der Hydrolyse der vollkommen methylierten α-Tetraamylose[5].

[1] P. Brigl u. R. Schinle: Ber. dtsch. chem. Ges. **62**, 1716 (1929) — Chem. Zbl. **1929 II**, 1282.

[2] Hans Pringsheim u. Arnold Steingroewer: Ber. dtsch. chem. Ges. **59**, 1001 (1926) — Chem. Zbl. **1926 I**, 3531.

[3] James Colquhoun Irvine u. Helen Simpson Gilchrist: J. chem. Soc. Lond. **125**, 1 (1924) — Chem. Zbl. **1924 I**, 2102.

[4] Alexander Killen Macbeth u. John Mackay: J. chem. Soc. Lond. **125**, 1513 (1924) — Chem. Zbl. **1924 II**, 1459.

[5] James Colquhoun Irvine, Hans Pringsheim u. Andrew Forrester Skinner: Ber. dtsch. chem. Ges. **62**, 2372 (1929) — Chem. Zbl. **1929 II**, 2666.

Physikalische und chemische Eigenschaften: Siedep. unter 0,2 mm 142—145°; $n_D = 1,4736$; $[\alpha]_D = +80,15°$ in Aceton bei $c = 1,78$. — Kann durch weitere Methylierung in 2, 3, 5, 6-Tetramethyl-methylglykosid überführt werden. — Bei der Hydrolyse mit siedender 6proz. Salzsäure in $2^1/_3$ Stunden entsteht ein Sirup, aus dem die Dimethylglykose mit Aceton extrahiert wird. Letztere hat $[\alpha]_D = +55,4°$ in Wasser, gibt kein Osazon[1].

2, 3-Dimethyl-methylglykosid.

Derivate: 2, 3-Dimethylbenzylidenmethylglykosid $C_{16}H_{22}O_6$. Aus Benzylidenmethylglykosid durch Methylierung. Schmelzp. 122—123°[2].

Dimethyl-γ-methylglykosid.
$C_9H_{18}O_6$

Bildung: Glykose liefert mit überschüssigem Dimethylsulfat und berechnetem Alkali bei 35° vorbehandelt, bei 70—100° methyliert, mit verdünnter Essigsäure neutralisiert, mit Na_2CO_3 alkalisch gemacht und mit Chloroform extrahiert einen destillierten Sirup. Die Fraktionierung ergab: 1. Tetramethylglykose; 2. Trimethyl-β-methylglykosid und 3. Dimethyl-γ-methylglykosid. Siedep. 140—144° bei 0,04 mm, $n_D = 1,4710$, $[\alpha]_D = -7,9°$[3].

Dimethylmonoaceton-γ-methylglykosid [1, 4].
$C_{11}H_{20}O_6$

Bildung: Aus 5, 6-Acetonmethylglykosid [1,4] mit Methyljodid und Silberoxyd.

Physikalische und chemische Eigenschaften: Leicht bewegliche Flüssigkeit vom Siedepunkt 105° bei 0,3 mm. $[\alpha]_D^{25} = +3,76°$[4].

Dimethyl-anhydromethyl-d-glykosid.

Derivate: Dimethyl-anhydromethylglykosid[5] $C_9H_{16}O_5$. Aus der Monomethylverbindung mit Methyljodid und Silberoxyd. Leicht beweglicher Sirup vom Siedep. 115—120° bei 0,2 mm; $n_D = 1,4419$.

Dibenzyl-α-methylglykosid[6].

Bildung: Entsteht bei der Behandlung von α-Methyl-d-glykosid mit Benzylchlorid und Natronlauge bei 85—90°.

Physikalische und chemische Eigenschaften: Halbfeste Masse, löslich in Benzol, Chloroform, Aceton, Essigester; wenig löslich in Alkohol und Essigsäure; unlöslich in Äther und Petroläther. Fehlingsche Lösung wird nicht reduziert. Durch 8proz. Salzsäure wird es bei Siedehitze gespalten.

2, 3, 4-Trimethyl-α-methyl-d-glykosid (Bd. X, S. 772).

Bildung: Trithalliummethylglykosid gibt, 5 Stunden in CH_3J rückfließend erhitzt, in guter Ausbeute Trimethylmethylglykosid[7].

---

[1] Alexander Killen Macbeth u. John Mackay: J. chem. Soc. Lond. **125**, 1513 (1924) — Chem. Zbl. **1924 II**, 1459.

[2] P. A. Levene u. G. M. Meyer: J. of biol. Chem. **65**, 535 (1925) — Chem. Zbl. **1926 I**, 1136.

[3] W. N. Haworth u. W. G. Sedgwich: J. chem. Soc. Lond. **1926**, 2573 — Chem. Zbl. **1926 II**, 62.

[4] P. A. Levene u. G. M. Meyer: J. of biol. Chem. **79**, 357 (1928) — Chem. Zbl. **1929 I**, 43.

[5] James Colquhoun Irvine u. Helen Simpson Gilchrist: J. chem. Soc. Lond. **125**, 1 (1924) — Chem. Zbl. **1924 I**, 2102.

[6] M. Gomberg u. C. C. Buchler: J. amer. chem. Soc. **43**, 1904 (1922) — Chem. Zbl. **1922 I**, 1396.

[7] C. M. Fear u. R. C. Menries: J. chem. Soc. Lond. **1926**, 937 — Chem. Zbl. **1926 II**, 372.

Physikalische und chemische Eigenschaften: Reduktionsvermögen nach der Hydrolyse 9,4% der Glykose[1].

2, 3, 4-Trimethyl-6-triphenylmethyl-α-methyl-d-glykosid[2] $C_{29}H_{34}O_6$. Durch Methylierung von 6-Triphenylmethyl-α-methyl-d-glykosid mit Methyljodid und Silberoxyd in siedendem Benzol; aus Ligroin schwach gelbliche, sehr hygroskopische Flocken. — Spaltet bei der Verseifung mit 1,2proz. methylalkoholischer Salzsäure die Triphenylmethylgruppe als Triphenylcarbinolmethyläther ab.

2, 3, 4-Trimethyl-β-methyl-d-glykosid.

Mol-Gewicht: 236,21.

Zusammensetzung: $C_{10}H_{20}O_6$.

$$
\begin{array}{c}
CH(OCH_3) \\
H-C-O-CH_3 \\
CH_3-O-C-H \qquad O \\
H-C-O-CH_3 \\
H-C \\
CH_2-OH
\end{array}
$$

Bildung: Aus Trimethyl-methylglykosidbromhydrin: eine 3proz. Lösung in Methylalkohol, mit einem Überschuß von K-Acetat, 3 Tage auf 150° erhitzt. Aus 2, 3, 4-Trimethylglykose[3].

Physikalische und chemische Eigenschaften: Krystalle aus Petroläther, Schmelzp. 93 bis 94°. $[\alpha]_D = -11,9°$ in Chloroform[4]. Siedep. bei 0,06 mm 109°. Aus Leichtpetroleum Nadeln vom Schmelzp. 94,5°[3].

Derivate: 2,3,4-Trimethyl-methylglykosid-6-bromhydrin $C_{10}H_{19}O_5Br$. Aus Methylglykosidbromhydrin nur mit Ag_2O und CH_3J darstellbar. Leicht flüssiger Sirup, Siedep. unter 1 mm Druck = 140°, $n_D = 1,4720$. $[\alpha]_D = -20,5$ in Methylalkohol. Gemisch von 80% Trimethyl-methylglykosidbromhydrin und 20% Trimethylanhydromethylglykosid. Die Lösung in Äther wird wiederholt mit Wasser ausgezogen, nach dem Verdampfen des Äthers bleibt ein Sirup, der nach Destillation im Hochvakuum allmählich krystallisiert. Löslich in allen Lösungsmitteln. Schmelzp. 24°. $[\alpha]_D = -5,8°$ in Aceton, $-4,7°$ in Methylalkohol, $-7,7°$ in Benzin, $-3,5°$ in Chloroform[4]. Berechnetes Drehungsvermögen $[\alpha]_D = -7°$ in Chloroform[5].

2, 3, 4-Trimethyl-methylglykosid-6-jodhydrin[6] $C_{10}H_{19}O_5J$. Nadeln. Schmelzp. 31—34°. Löslich in allen Lösungsmitteln außer dem Wasser. $[\alpha]_D = +8,6°$ in Chloroform, $+4,1°$ in Aceton und $+6,5°$ in Methylalkohol[4].

2, 3, 4-Trimethyl-α, β-methylglykosid[7]. Aus Heptamethyl-methylgentiobiosid nach der Hydrolyse mit verdünnter HCl, Trennung von 2, 3, 5, 6-Tetramethylglykose und Überführung des erhaltenen Sirups in das Methylglykosid. Krystalle aus Petroläther, Schmelzp. 92,5°, $[\alpha]_D^{17} = -25,1°$ (in CH_3OH)[7]. Siedep. 109° bei 0,05 mm, $n_D = 1,4562$, Krystalle aus Petroläther, Schmelzp. 74°, $[\alpha]_D^{17} = -24,8°$ (in CH_3OH)[8].

[1] Géza Zemplén u. Géza Braun: Ber. dtsch. chem. Ges. **58**, 2566 (1925) — Chem. Zbl. **1926 I**, 2191.

[2] Burckhardt Helferich u. Johanna Becker: Liebigs Ann. **440**, 1 (1924) — Chem. Zbl. **1924 II**, 2830.

[3] W. N. Haworth u. G. C. Leitch: J. chem. Soc. Lond. **121**, 1921 (1922) — Chem. Zbl. **1923 I**, 1155. — J. C. Irvine u. J. W. H. Oldham: J. chem. Soc. Lond. **119**, 1758 (1922) — Chem. Zbl. **1922 I**, 678.

[4] J. C. Irvine u. J. W. H. Oldham: J. chem. Soc. Lond. **127**, 2729 (1925) — Chem. Zbl. **1926 I**, 2184.

[5] C. S. Hudson u. F. P. Phelps: J. amer. chem. Soc. **46**, 2591 (1924) — Chem. Zbl. **1925 I**, 640.

[6] Finkelstein: Ber. dtsch. chem. Ges. **43**, 1528 (1910).

[7] W. N. Haworth u. B. Wylam: J. chem. Soc. Lond. **123**, 3120 (1923) — Chem. Zbl. **1924 I**, 1509.

[8] W. N. Haworth, E. L. Hirst u. D. A. Ruell: J. chem. Soc. Lond. **123**, 3125 (1923) — Chem. Zbl. **1924 I**, 1509.

2, 3, 4-Trimethyl-β-methylglykosid[1] $C_{10}H_{20}O_6$. Nadeln aus Petroläther, Schmelzpunkt 60,5°. Siedepunkt bei 0,04 mm 81°. $n_D^{20} = 1,4548$; $[\alpha]_D^{16} = -34,6°$ in Wasser. Es ist in organischen Lösungsmitteln durchweg leicht löslich. Für die Spaltung des Glykosids mit 5proz. HCl bei 70° wird $k = 0,001559$ gefunden[1].

2, 3, 4-Trimethyl-6-acetyl-β-methylglykosid $C_{12}H_{22}O_7$. Entsteht durch Acetylieren des Glykosids mit Acetanhydrid in Pyridin 4 Stunden bei 80°. Sirup vom Siedep. bei 0,055 mm 106—108°. $n_D = 1,4474-1,4478$. $[\alpha]_D^{26} = -14,17°$ in Wasser[1].

2, 3, 4-Trimethyl-6-benzoyl-β-methylglykosid $C_{17}H_{24}O_7$. Sirup vom Siedep. bei 0,08 = 134—135°. $n_D^{20} = 1,502-1,5028$. $[\alpha]_D^{18} = -23,87°$ in 50proz. Alkohol. Wenig löslich in Wasser[1].

2, 3, 4-Trimethyl-methylglykosid-6-mononitrat[2] $C_{10}H_{19}O_8N$. Entsteht nach 2maliger Methylierung von Methylglykosid-6-mononitrat mit Methyljodid und Silberoxyd[2]. Aus 2, 3, 5-Trimethylglykose-1,6-dinitrat beim Kochen mit Methylalkohol in Gegenwart von Bariumcarbonat, wobei die 1-Nitrogruppe mit Methoxyl ersetzt wird. Aus Petroläther Krystalle. Schmelzpunkt 53—54°; $n_D = 1,4565$. Unlöslich in Wasser, sonst löslich; $[\alpha]_D = -5,2°$ in Chloroform bei $c = 2,0653$. — Liefert durch Kochen mit Eisenstaub in Essigsäure in 50proz. Lösung Trimethylmethyl-glykosid, dasselbe Produkt, das aus Trimethyllävoglykosan erhalten wird. — Einen endgültigen Beweis für die 6-Stellung der Nitrogruppe bildet der Übergang mit Jodnatrium in dasselbe Trimethyl-methylglykosidjodhydrin, das aus der Acetodibromglykose erhalten wurde[3].

2, 3, 6-Trimethyl-α, β-methyl-d-glykosid.

Mol-Gewicht: 236,21.
Zusammensetzung: $C_6H_8O_2(OCH_3)_4 = C_{10}H_{20}O_6$.

$$
\begin{array}{l}
\mathrm{CH(OCH_3)} \\
\mathrm{H-C-OCH_3} \\
\mathrm{CH_3-O-C-H} \qquad \mathrm{O} \\
\mathrm{H-C-OH} \\
\mathrm{H-C} \\
\mathrm{CH_2-OCH_3}
\end{array}
$$

Bildung: Entsteht bei der Behandlung von Trimethylstärke mit salzsäurehaltigem Methylalkohol[4]. Bei der Spaltung der Trimethylcellulose A mit methylalkoholischer Salzsäure. Beim Erhitzen von 2, 3, 6-Trimethylglykose mit methylalkoholischer Salzsäure[5]. Aus Hexamethylbiosan mit 1proz. methylalkoholischer HCl 60 Stunden im Autoklaven bei 100°[6]. Bei der Hydrolyse des methylierten Glykogens[7].

Darstellung: Durch 30stündiges Ehitzen einer 7proz. Lösung von 2, 3, 6-Trimethylglykose in Methylalkohol + 0,5% Salzsäure auf 100°[8].

Physikalische und chemische Eigenschaften: Farbloser Sirup; Siedep. bei 0,07 mm 150°, $n_D = 1,4583$. Enthält die α- und die β-Form in unbekannter Proportion. Leicht löslich

[1] H. H. Schlubach u. K. Moog: Ber. dtsch. chem. Ges. **56**, 1957 (1923) — Chem. Zbl. **1923 III**, 1399.

[2] John Walter Hyde Oldham: J. chem. Soc. Lond. **127**, 2840 (1925) — Chem. Zbl. **1926 I**, 2672.

[3] John Walter Hyde Oldham: J. chem. Soc. Lond. **127**, 2840 (1925) — Chem. Zbl. **1926 I**, 2671.

[4] James Colquhoun Irvine u. John Macdonald: J. chem. Soc. Lond. **1926**, 1502 — Chem. Zbl. **1926 II**, 1264.

[5] Kurt Heß u. Wilhelm Weltzien: Liebigs Ann. **442**, 46 (1925) — Chem. Zbl. **1925 I**, 1700.

[6] K. Heß u. H. Friese: Liebigs Ann. **450**, 40 (1926) — Chem. Zbl. **1926 II**, 2892.

[7] Alexander Killen Macbeth u. John Mackay: J. chem. Soc. Lond. **125**, 1513 (1924) — Chem. Zbl. **1924 II**, 1459.

[8] James Colquhoun Irvine u. Edmund Langley Hirst: J. chem. Soc. Lond. **121**, 1213 (1922) — Chem. Zbl. **1922 III**, 1332.

in Wasser und in organischen Lösungsmitteln außer Petroläther. Die Hydrolyse mit heißer Salzsäure ergibt 2, 3, 6-Trimethylglykose ($[\alpha]_D = +70°$) [1]. — Siedep. bei 1 mm Druck 132,5—135°, $n_D^{18} = 1,4572$, $[\alpha]_D^{16} = +87,2°$ in Methylalkohol. Ein Präparat aus Trimethylhydrocellulose hatte Siedep. bei 1 mm: 133—135°, $n_D^{18} = 1,4582$, $[\alpha]_D^{16} = +81,2°$ in Methylalkohol [2]. Siedep. unter 0,15 mm 119—122°, $[\alpha]_D = +57,9°$ in Chloroform bei $c = 1,52$; $n_D = 1,4584$. — Gibt bei der Hydrolyse 2, 3, 6-Trimethylglykose [3].

2, 3, 6-Trimethyl-β-methylglykosid.

Bildung: Bei der Hydrolyse der vollkommen methylierten α-Tetraamylose [4].

Darstellung: Zur Darstellung des Glykosids wurde Oktamethyllactose mit methylalkoholischer HCl im Autoklaven gespalten, das Spaltungsgemisch benzoyliert, mit Äther aufgenommen und die Pentamethylgalaktose entfernt. Nach Entbenzoylierung und Hydrolyse resultierte 2, 3, 6-Trimethylglykose. Die Chloroformlösung dieses Produktes wurde bei 15° mit HCl gesättigt, 24 Stunden bei 0° stehengelassen und nach Entfernung des Lösungsmittels und der HCl mit CH_3OH und Ag_2CO_3 geschüttelt. Es resultiert das Methylglykosid [5]. Eine Lösung von 12 g krystallisierter 2, 3, 6-Trimethylglykose in 120 ccm trocknem Äther wird bei —15° mit Chlorwasserstoff gesättigt und 36 Stunden im Rohr bei 20° aufbewahrt. Äther und Chlorwasserstoff wurde bei Unterdruck verjagt, der Rückstand einige Male mit Äther aufgenommen und wieder eingedampft, um die Salzsäure zu entfernen. Jetzt wird in 100 ccm Methylalkohol gelöst, mit 24 g Silbercarbonat über Nacht geschüttelt, und nach der Filtration und Eindampfen destilliert. Unter 1 mm Druck geht die Hauptmenge bei 110 bis 130° über und krystallisiert alsbald. Erhalten 6 g. Krystalle aus Petroläther, Schmelzpunkt 58—59° [6].

Physikalische und chemische Eigenschaften: Nadeln aus Petroläther, Schmelzp. 60,5°, Siedep. bei 0,04 mm 81°. $n_D^{20} = 1,4548$; $[\alpha]_D^{16} = -34,6°$ in Wasser. In organischen Lösungsmitteln durchweg leicht löslich. Gibt bei der Hydrolyse 2, 3, 6-Trimethylglykose [7].

Derivate: 2, 3, 6-Trimethyl-4-Benzoyl-β-methylglykosid [7] $C_{17}H_{24}O_7$. Sirup vom Siedepunkt 134—135° bei 0,08 mm. $n_D^{20} = 1,502—1,5028$; $[\alpha]_D^{18} = -23,87°$ in 50 proz. Alkohol, wenig löslich in Wasser.

2, 3, 6-Trimethyl-5-acetyl-β-methylglykosid $C_{12}H_{22}O_7$. Durch Acetylierung des Glykosids. Sirup vom Siedep. 106—108° unter 0,055 mm; $n_D = 1,4474—1,4478$; $[\alpha]_D^{26} = -14,17°$ in Wasser.

2, 3, 6-Trimethyl-4-kalium-β-methylglykosid. Es wurde mit CH_3J, C_3H_7J, $C_6H_5CH_2Cl$ und Acetobromglykose in der Wärme behandelt. Nur mit CH_3J fand eine Umsetzung statt [8].

Chlorhydrin (Chlor in 4?) des 2, 3, 6-Trimethyl-methylglykosids [9] $C_{10}H_{19}O_5Cl$. Entsteht aus 2, 3, 6-Trimethyl-1-methylglykosid in Chloroform mit Phosphorpentachlorid. Farbloser Sirup, Siedep. 88—95° bei 0,1 mm; in Wasser begrenzt löslich. $[\alpha]_D^{20} = +16,4°$ in Chloroform.

---

[1] James Colquhoun Irvine u. Edmund Langley Hirst: J. chem. Soc. Lond. **121**, 1213 (1922) — Chem. Zbl. **1922 III**, 1332.

[2] Kurt Heß u. Wilhelm Weltzien: Liebigs Ann. **442**, 46 (1925) — Chem. Zbl. **1925 I**, 1700.

[3] Alexander Killen Macbeth u. John Mackay: J. chem. Soc. Lond. **125**, 1513 (1924) — Chem. Zbl. **1924 II**, 1459.

[4] James Colquhoun Irvine, Hans Pringsheim u. Andrew Forrester Skinner: Ber. dtsch. chem. Ges. **62**, 2372 (1929) — Chem. Zbl. **1929 II**, 2666.

[5] H. H. Schlubach u. H. Frigau: Ber. dtsch. chem. Ges. **59**, 2100 (1926) — Chem. Zbl. **1926 II**, 2559.

[6] Karl Freudenberg, Andersen, Go, Friedrich u. Richtmyer. Ber. dtsch. chem. Ges. **63**, 1964 (1930).

[7] Hans Heinrich Schlubach u. Karl Moog: Ber. dtsch. chem. Ges. **56**, 1957 (1923) — Chem. Zbl. **1923 III**, 1400. — Fritz Micheel u. Kurt Heß: Liebigs Ann. **449**, 146 (1926).

[8] H. H. Schlubach u. H. Frigau: Ber. dtsch. chem. Ges. **59**, 2100 (1926) — Chem. Zbl. **1926 II**, 2559. — K. Freudenberg u. R. M. Hixon: Ber. dtsch. chem. Ges. **56**, 2125 (1923) — Chem. Zbl. **1923 III**, 1555.

[9] Karl Freudenberg u. Emil Braun: Liebigs Ann. **460**, 288 (1928) — Chem. Zbl. **1928 I**, 1848.

2, 3, 6-Trimethyl-γ-methylglykosid [1, 4].

Mol-Gewicht: 236,21.
Zusammensetzung: $C_{10}H_{20}O_6$.

$$\begin{array}{c}
CH(OCH_3) \\
H\!-\!C\!-\!O\!-\!CH_3 \\
CH_3\!-\!O\!-\!C\!-\!H \qquad O \\
H\!-\!C \\
H\!-\!C\!-\!O\!-\!CH_3 \\
CH_2\!-\!O\!-\!CH_3
\end{array}$$

Bildung: Bei der Behandlung der 2, 3, 6-Trimethylglykose in der Kälte mit methylalkoholischer Salzsäure.

Physikalische und chemische Eigenschaften: Gibt bei der Hydrolyse mit Salzsäure Tetramethyl-h-glykose von $[\alpha]_D^{17} = -23,6°$ in Chloroform[1].

Derivate: 2, 3, 6-Trimethyl-5-benzoyl-methylglykosid [1, 4][2] $C_{17}H_{24}O_7$. Durch Benzoylierung des Glykosids mit Benzoylchlorid in Gegenwart von Pyridin, Sirup, $[\alpha]_D^{20} = -39,5°$ in Methanol.

3, 5, 6-Trimethyl-α-methylglykosid-[1, 4].
$C_{10}H_{20}O_6$

Bildung: Aus Trimethylmonoacetonglykose mit 0,5proz. HCl in CH_3OH.

Physikalische und chemische Eigenschaften: Siedep. 105—109° unter 0,4 mm. $[\alpha]_D^{20} = +93$ (CH_3OH; $c = 3,08$)[3, 4].

3, 5, 6-Trimethyl-β-methylglykosid-[1, 4][3].

Bildung: Aus Trimethylmonoacetonglykose mit 0,5proz. HCl in CH_3OH 24 Stunden bei 100° im Autoklaven. Von der α-Form wird durch fraktionierte Destillation abgetrennt.

Physikalische und chemische Eigenschaften: Siedep. 145—150° / 0,2 mm, $[\alpha]_D^{20} = -87°$ (CH_3OH; $c = 2,804$).

Umwandlungsgeschwindigkeit der beiden Methylglykoside ineinander in 0,1proz. methylalkoholischer HCl, enthaltend 10% Glykosid, bei 23°. Die Konstanten wurden berechnet nach der Formel $(k_1 + k_2) = \dfrac{1}{t} \log \dfrac{(r_0 - r_\infty)}{r_0 - r_t}$. Für die α-Form: $985 \cdot 10^{-5}$, für die β-Form: $840 \cdot 10^{-5}$. Gleichgewichtsdrehung $= -13°$. Aus den Gleichgewichtsgemischen wurden beide Formen wieder herausfraktioniert[3].

2, 4, 6 (?)-Trimethyl-β-methylglykosid[5].
$C_{10}H_{20}O_6$

Bildung: Glykose liefert mit überschüssigem Dimethylsulfat und berechnetem Alkali bei 35° vorbehandelt, bei 70—100° methyliert, mit verdünnter Essigsäure neutralisiert, mit Na_2CO_3 alkalisch gemacht und mit Chloroform extrahiert einen destillierbaren Sirup. Die Fraktionierung bzw. nachfolgende Verseifung ergab: 1. Tetramethylglykose, Schmelzp. 86 bis 87°, 2. Trimethyl-β-methylglykosid, 3. Dimethyl-γ-methylglykosid.

---

[1] Hans Heinrich Schlubach u. Heinz von Bomhard: Ber. dtsch. chem. Ges. **59**, 845 (1926) — Chem. Zbl. **1926 I**, 3464.
[2] Kurt Heß u. Fritz Micheel: Liebigs Ann. **466**, 100 (1928) — Chem. Zbl. **1929 I**, 227.
[3] P. A. Levene u. G. M. Meyer: J. of biol. Chem. **74**, 701 (1927) — Chem. Zbl. **1928 I**, 487.
[4] P. A. Levene u. G. M. Meyer: J. of biol. Chem. **70**, 343 (1926) — Chem. Zbl. **1927 I**, 588.
[5] W. N. Haworth u. W. G. Sedgwich: J. chem. Soc. Lond. **1926**, 2573 — Chem. Zbl. **1926 II**, 62.

Physikalische und chemische Eigenschaften: Schmilzt bei $67-68°$. Siedep. $126°$ bei $0,01$ mm, $n_D = 1,4575$, $[\alpha]_D = -19,1°$ in Wasser, $-13,5°$ in Methylalkohol[1].

2, 3, 4, 6-Tetramethyl-methylglykoside[2].

Physiologische Eigenschaften: Wurde bei Vergärungsversuchen mit Bacillus acidi lactici, Bacillus lactis aerogenes und Bacterium coli commune in keiner Weise angegriffen[3].

Physikalische und chemische Eigenschaften: Reduktionsvermögen nach der Hydrolyse $12,5\%$ der Glykose[4]. Ultraviolettabsorption[5].

2, 3, 4, 6-Tetramethyl-(α, β)-glykosid.

Bildung: Aus 2, 3, 6-Trimethyl-methylglykosid bei der Methylierung mit Methyljodid und Silberoxyd[6].

Physikalische und chemische Eigenschaften: Siedep. unter $0,7$ mm $110-112°$; $n_D = 1,4460$, gibt bei der Hydrolyse Tetramethylglykose 2, 3, 5, 6; Schmelzp. $94°$, $[\alpha]_D = +92,4° \rightarrow +83,3°$ in Wasser[6]. — Siedep. $107-111°$ bei 1 mm; $[\alpha]_D = +98,7$ in Methylalkohol; $[\alpha]_D^{16} = 92,6°$ in Wasser. Es ist ein Gemisch von 65% α- und 35% β-Glykosid[7].

2, 3, 4, 6-Tetramethyl-β-methylglykosid (Bd. X, S. 775).

Physiologische Eigenschaften: Tetramethyl-β-methylglykosid hat keinen erkennbaren Einfluß auf die Spaltung des Rohrzuckers mittels Invertin[8]. Wurde bei Vergärungsversuchen mit Bacterium coli commune, Bacillus acidi lactici und Bacillus lactis aerogenes in keiner Weise angegriffen[3]. Durch Emulsin ist keine Spaltung nachweisbar[9].

Physikalische und chemische Eigenschaften: Schmelzp. $40-41°$; $[\alpha]_D^{17} = -18,38°$ in Methanol, $= -17,65°$ in Alkohol. Bestimmung des α, β-Gleichgewichts der entsprechenden Glykoside[10].

2, 3, 5, 6-Tetramethyl-α-methylglykosid-[1, 4].
$$C_{11}H_{22}O_6$$

Bildung: Aus 3, 5, 6-Trimethyl-α-methylglykosid. Die Methylierung nach Freudenberg ist mit starker Zersetzung verbunden. Sie gelingt am besten mit Ag_2O und einem großen Überschuß von CH_3J.

Physikalische und chemische Eigenschaften: Siedep. $105°/0,2$ mm, $[\alpha]_D^{20} = +104°$ $(CH_3OH; c = 3,96)$[11].

---

[1] W. N. Haworth u. W. G. Sedgwich: J. chem. Soc. Lond. **1926**, 2573 — Chem. Zbl. **1926 II**, 62.

[2] P. A. Levene u. G. M. Meyer: J. of biol. Chem. **76**, 513 — Chem. Zbl. **1928 I**, 2378 — J. of biol. Chem. **74**, 701 (1927) — Chem. Zbl. **1928 I**, 487. — Emyr Alun Moelwyn-Hughes: Trans. Faraday Soc. **25**, 81 (1929) — Chem. Zbl. **1929 I**, 2874.

[3] Hermann Hees u. Caspar Tropp: Zbl. Bakter. I **100**, 273—284 (1926) — Chem. Zbl. **1927 I**, 760.

[4] Géza Zemplén u. Géza Braun: Ber. dtsch. chem. Ges. **58**, 2566 (1925) — Chem. Zbl. **1926 I**, 2191.

[5] Fritz Goos, Hans Heinrich Schlubach u. Gustav Adolf Schröter: Hoppe-Seylers Z. **186**, 148 (1930) — Chem. Zbl. **1930 I**, 3027.

[6] Alexander Killen Macbeth u. John Mackay: J. chem. Soc. Lond. **125**, 1513 (1924) — Chem. Zbl. **1924 II**, 1459.

[7] Fritz Micheel u. Kurt Heß: Liebigs Ann. **449**, 146 (1926) — Chem. Zbl. **1926 II**, 2890.

[8] Richard Kuhn: Hoppe-Seylers Z. **135**, 1 (1926) — Chem. Zbl. **1924 II**, 344.

[9] Richard Kuhn u. Hans Heinrich Schlubach: Hoppe-Seylers Z. **143**, 154 (1925) — Chem. Zbl. **1925 II**, 44.

[10] F. Micheel u. O. Littmann: Liebigs Ann. **466**, 115 (1928) — Chem. Zbl. **1929 I**, 227.

[11] P. A. Levene u. G. M. Meyer: J. of biol. Chem. **74**, 701 (1927) — Chem. Zbl. **1928 I**, 487. — J. of biol. Chem. **70**, 343 (1926) — Chem. Zbl. **1927 I**, 588.

2, 3, 5, 6-Tetramethyl-β-methylglykosid-[1, 4].

$$C_{11}H_{22}O_6$$

Bildung: Aus 3, 5, 6-Trimethyl-β-methylglykosid mit Ag_2O und einem großen Überschuß von CH_3J. Die Methylierung nach Freudenberg ist mit starker Zersetzung verbunden. Entsteht bei der Methylierung von h-Methylglykosid[1].

Physikalische und chemische Eigenschaften: Siedep. 105°/0,2 mm, $[\alpha]_D^{20} = -64°$ (CH_3OH, $c = 4,06$). Gleichgewichtsdrehung in 0,2proz. methylalkoholischer HCl, enthaltend 20% Glykosid, bei 24,8° = etwa $-20°$ $(k_1 + k_2)$ für die α-Form: $170 \cdot 10^{-5}$, für die β-Form: $158 \cdot 10^{-5}$[2]. Siedep. 142—144° bei 12 mm; $n_D^{20} = 1,4472$; $[\alpha]_D^{20} = -17°$[1]. Siedep. 96° bei 0,025 mm, $[\alpha]_D^{16} = -20,4°$ in Wasser, $n_D^{16} = 1,4440$[3].

Pentamethylglykose-dimethylacetal.

Mol-Gewicht: 296,29.
Zusammensetzung: $C_{13}H_{28}O_7$.

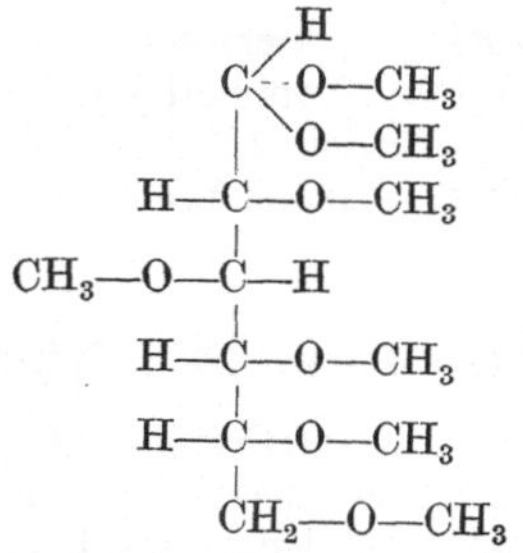

$$
\begin{array}{l}
\quad\;\;\; H \\
C{<}\;O\!-\!CH_3 \\
\quad\;\;\; O\!-\!CH_3 \\
H\!-\!C\!-\!O\!-\!CH_3 \\
CH_3\!-\!O\!-\!C\!-\!H \\
H\!-\!C\!-\!O\!-\!CH_3 \\
H\!-\!C\!-\!O\!-\!CH_3 \\
CH_2\!-\!O\!-\!CH_3
\end{array}
$$

Bildung: Mit 1proz. methylalkoholischer HCl aus Pentamethylglykose.

Physikalische und chemische Eigenschaften: Sirup vom Siedep. 95° bei 0,8 mm, $n_D^{20} = 1,43730$, $[\alpha]_D = +15,09°$ (CH_3OH; $c = 4,44$). Löslich in Alkohol, Äther, Wasser[4].

2-Methyl-1-β-äthylglykosid[5].

Mol-Gewicht: 222,18.
Zusammensetzung: $C_9H_{18}O_6$.

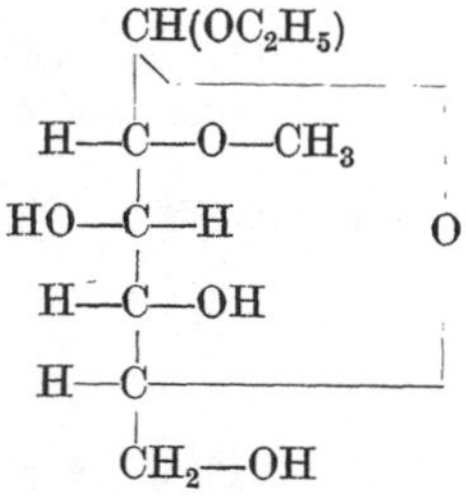

$$
\begin{array}{l}
CH(OC_2H_5) \\
H\!-\!C\!-\!O\!-\!CH_3 \\
HO\!-\!C\!-\!H \qquad O \\
H\!-\!C\!-\!OH \\
H\!-\!C \\
CH_2\!-\!OH
\end{array}
$$

Bildung: 3, 4, 6-Triacetyl-β-äthylglykosid wird methyliert und der Verseifung unterworfen.

Physikalische und chemische Eigenschaften: Sirup. Die Hydrolyse mit 0,7n-Salzsäure 25 Stunden bei 95° liefert 2-Methylglykose.

Derivate: 3, 4, 6-Triacetyl-2-methyl-β-äthylglykosid $C_{15}H_{24}O_9$. Durch Methylierung von 3, 4, 6-Triacetyl-β-äthylglykosid. Nadeln aus Alkohol, Schmelzp. 95—96°, $[\alpha]_D = +5,0°$ in Alkohol bei $c = 1,01$. Dünne Nadeln aus Petroläther.

---

[1] Hans Heinrich Schlubach, Friedrich Trefz u. Wolfgang Rauchenberger: Ber. dtsch. chem. Ges. **61**, 2368 (1928) — Chem. Zbl. **1929 I**, 44. — Max Bergmann u. Erich Kann: Liebigs Ann **438**,. 291 (1924) — Chem. Zbl. **1924 II**, 1078.

[2] P. A. Levene u. G. M. Meyer: J. of biol. Chem. **74**, 701 (1927) — Chem. Zbl. **1928 I**, 487 — J. of biol. Chem. **70**, 343 (1926) — Chem. Zbl. **1927 I**, 588.

[3] Cameron Gordon Anderson, William Charlton u. Walter Norman Haworth: J. chem. Soc. Lond. **1929**, 1329 — Chem. Zbl. **1929 II**, 2771.

[4] P. A. Levene u. G. M. Meyer: J. of biol. Chem. **69**, 175 (1926) — Chem. Zbl. **1926 II**, 2289.

[5] Wilfred John Hickinbottom: J. chem. Soc. Lond. **1928**, 3140 — Chem. Zbl. **1929 I**, 1922.

2, 3, 6-Triäthyl-äthyl-d-glykosid.

$$C_{14}H_{28}O_6$$

Bildung: Aus Oktaäthylcellobiose (Heptaäthyl-äthylcellobiosid) bei der Behandlung mit einer siedenden 5proz. äthylalkoholischen Salzsäure[1]. Aus Triäthylcellulose mit 1proz. äthylalkoholischer Salzsäure[2].

Physikalische und chemische Eigenschaften: Farbloses, leicht bewegliches Öl, Siedep. 120 bis 123° bei 0,2 mm; $[\alpha]_D^{18} = +63,37°$ in Wasser, löslich in Wasser und organischen Lösungsmitteln[2].

2, 3, 4, 6-Tetraäthyl-äthyl-d-glykosid.

Bildung: Aus Oktaäthylcellobiose (Heptaäthyl-äthylglykosid) bei der Behandlung mit einer siedenden 5proz. äthylalkoholischen Salzsäure[1].

2, 3, 4, 6-Tetraallyl-α-methyl-d-glykosid[3].

$$C_{19}H_{30}O_4$$

Physikalische und chemische Eigenschaften: Farbloses Öl, Siedep. bei 1,5 mm 182°. — Unlöslich in Wasser, löslich in Alkohol und Äther; $n_D^{18} = 1,4836$; spez. Gewicht 1,1519; $[\alpha]_D^{30} = 116,5°$ in abs. Alkohol.

Hexamethylglyceringlykosid[4].

$$C_{15}H_{30}O_8$$

Bildung: Durch Methylierung des Glyceringlykosids, das aus einer Lösung von Glykose in Glycerin und 0,25proz. HCl bei 100° dargestellt wurde, mit Dimethylsulfat und NaOH. Das entstandene Produkt wird noch 2mal mit Ag_2O methyliert.

Physikalische und chemische Eigenschaften: Farblose, leicht bewegliche Flüssigkeit. Siedep. 190—192° bei 12 mm. $n_D = 1,4497$. Bei der Hydrolyse mit 8proz. HCl entsteht Tetramethylglykose: aus Petroläther Krystalle vom Schmelzp. 88°.

Tetrabenzyl-α-benzylglykosid[5].

Bildung: Entsteht bei der Behandlung von α-Methyl-d-glykosid mit Benzylchlorid und Natronlauge bei 85—95°.

Physikalische und chemische Eigenschaften: Öl, löslich in den gebräuchlichen Lösungsmitteln. Wird von Salzsäure nur langsam angegriffen.

Trimethyl-methylmannosid.

Entsteht aus Trimethylmannose durch Kondensation mit HCl in CH_3OH [6].

2, 3, 4, 6-Tetramethyl-methylmannosid.
Tetramethyl-β-methyl-d-mannopyranosid.

Bildung: Aus Trimethyl-methylmannosid durch Methylierung mittels $Ag_2O + CH_3J$. Bei der Methylierung von 3, 4, 6-Trimethyl-methyl-mannopyranose[7].

Physikalische und chemische Eigenschaften: Siedep. bei 0,4 mm = 105—108°. Schmelzpunkt 37—38°. $n_D = 1,4465$[6]. Aus Petroläther lange Nadeln, Schmelzp. 36—37°; $[\alpha]_D^{24} = -78°$ in Wasser[7].

---

[1] Kurt Heß u. Gunther Salzmann: Liebigs Ann. **445**, 111 (1925) — Chem. Zbl. **1926 I**, 888.

[2] Kurt Heß u. Alexander Müller: Liebigs Ann. **466**, 94 (1928) — Chem. Zbl. **1929 I**, 235.

[3] C. G. Tomecko u. Roger Adams: J. amer. chem. Soc. **45**, 2698 (1923) — Chem. Zbl. **1924 I**, 1915.

[4] H. S. Gilchrist u. C. B. Purves: J. chem. Soc. Lond. **127**, 2735 (1925) — Chem. Zbl. **1926 I**, 2185.

[5] M. Gomberg u. C. C. Buchler: J. amer. chem. Soc. **43**, 1904 (1922) — Chem. Zbl. **1922 I**, 1396.

[6] J. Patterson: J. chem. Soc. Lond. **123**, 1139 (1923) — Chem. Zbl. **1923 III**, 833.

[7] Harold Graham Bott, Walter Norman Haworth u. Edmund Langley Hirst: J. chem. Soc. Lond. **1930**, 1395 — Chem. Zbl. **1930 II**, 1520.

Tetramethyl-γ-methylmannosid[1].

Sirup vom Siedep. 105°/0,3 mm. $[\alpha]_D^{20} = +24,7°$ (CH_3OH; $c = 4$)[1].

Aus der Tatsache, daß aus Tetramethyl-γ-mannose bei der Oxydation nach Willstätter und Schudel Tetramethylmannonsäurelacton-[1, 4] erhalten wird, folgern Levene und Meyer, daß das Tetramethyl-γ-methylmannosid wenigstens teilweise aus der furoiden Form besteht. Ob noch ein anderes Ringisomeres darin vorhanden ist, bleibt aufzuklären.

2, 3, 5, 6-Tetramethyläther des α-Methyl-d-mannofuranosid[2].

Mol-Gewicht: 250,24.

Zusammensetzung: $C_{11}H_{22}O_6$.

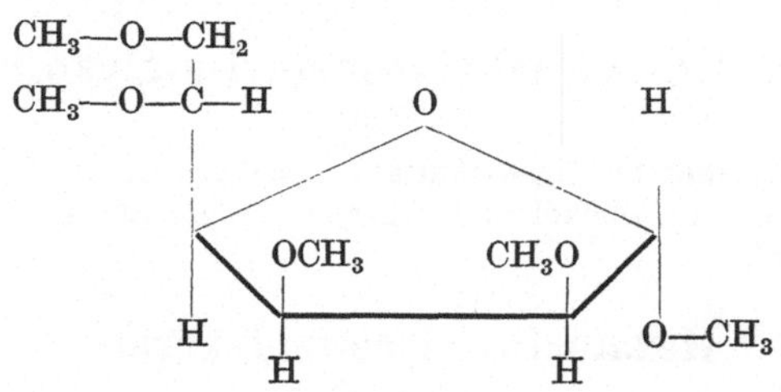

Bildung: Durch Methylierung des α-Methyl-d-mannofuranosids mit Dimethylsulfat und Kaliumhydroxyd, oder Methyljodid und Silberoxyd.

Physikalische und chemische Eigenschaften: Sirup der nach Destillation bei 0,23 mm und 120° erstarrt. Aus Petroläther Krystalle, Schmelzp. 24°; $[\alpha]_D^{19} = +98,6°$ in Wasser; $[\alpha]_D^{22} = +65°$ (Gleichgewichtsdrehung in 1 proz. methylalkoholischer Salzsäure).

γ-Monoacetyl-3, 4, 6-trimethylmethyl-d-mannosid[3].

$$C_{12}H_{22}O_7$$

Bildung: Aus γ-Monoacetyl-methyl-d-mannosid bei der Methylierung in Aceton + Wasser bei 50°.

Physikalische und chemische Eigenschaften: Sirup, Siedep. 120° bei 0,1 mm; $n_D^{15} = 1,4594$; $[\alpha]_D^{23} = -20°$ in Wasser, $= -11°$ in Chloroform. Fehlingsche Lösung wird nach längerem Kochen schwach reduziert. Von $1/_{100}$ n-Salzsäure wird es schon bei 20° unter erheblicher Drehungsänderung hydrolysiert, die nach 60 Minuten beendet ist. Freie Essigsäure ist nach dieser Zeit nicht nachweisbar, aber die Lösung reduziert stark heiße Fehlingsche Lösung. Die Acetylgruppe wird erst von $1/_2$ n-Schwefelsäure bei 90° in 60 Minuten abgespalten unter Bildung von 3, 4, 6-Trimethyl-mannopyranose.

[1] P. A. Levene u. G. M. Meyer: J. of biol. Chem. **76**, 809 — Chem. Zbl. **1928 II**, 539.

[2] Walter Norman Haworth, Edmund Langley Hirst u. John Ivor Webb: J. chem. Soc. Lond. **1930**, 651 — Chem. Zbl. **1930 II**, 230.

[3] Harold Graham Bott, Walter Norman Haworth u. Edmund Langley Hirst: J. chem. Soc. Lond. **1930**, 1395 — Chem. Zbl. **1930 II**, 1520.

Pentamethyl-d-mannosedimethylacetal[1].

$$C_{13}H_{28}O_7$$

$$
\begin{array}{c}
\quad\;\; H \\
C\!\!<\!\!\begin{array}{l} O\!-\!CH_3 \\ O\!-\!CH_3 \end{array} \\
CH_3\!-\!O\!-\!C\!-\!H \\
CH_3\!-\!O\!-\!C\!-\!H \\
H\!-\!C\!-\!O\!-\!CH_3 \\
H\!-\!C\!-\!O\!-\!CH_3 \\
CH_2\!-\!O\!-\!CH_3
\end{array}
$$

Bildung: Analog der entsprechenden Glykoseverbindung.

Physikalische und chemische Eigenschaften: Sirup vom Siedep. $112-114°/0,1$ mm. $[\alpha]_D^{20} = +21,2°$ (CH_3OH; $c = 6,7$), $= +19,3°$ ($C_2H_2Cl_4$; $c = 5,7$)[1].

2, 3, 4, 6-Tetramethyl-β-methylgalaktosid.

$$C_{11}H_{22}O_6$$

Darstellung: Aus Galaktose und Dimethylsulfat. Das Rohprodukt (95%) wird im Vakuum destilliert und die höher siedenden Fraktionen nochmals mit Dimethylsulfat behandelt. Ausbeute 90,8%.

Physikalische und chemische Eigenschaften: Nadeln aus Petroläther. Schmelzp. 48 bis 48,5°. Siedep. bei 0,035 mm 87°. $n_D^{20} = 1,4420$. $[\alpha]_D^{20} = +19,59°$ in Wasser[2].

2, 3, 4, 6-Tetramethyl-α-methyl-d-galaktosid[3].

Physikalische und chemische Eigenschaften: Aus α-Methyl-galaktosidmonohydrat von $[\alpha]_D^{16} = +177°$ durch Methylierung mit Dimethylsulfat und Natronlauge, dann 2mal mit Silberoxyd und Methyljodid wurde ein Tetramethyl-methylgalaktosid gewonnen mit $n_D^{17} = 1,4505$, das nach der Verseifung mit 3proz. methylalkoholischer Salzsäure bei 100° die Gleichgewichtsdrehung $[\alpha]_D^{22} = +96°$ bei $c = 0,728$ zeigte und bei der Hydrolyse mit 8proz. wässeriger Salzsäure Tetramethylgalaktose von $[\alpha]_D^{18} = +117,3°$ (Gleichgewicht in Wasser bei $c = 0,996$) und $n_D^{17} = 1,4633$ lieferte. Galaktose mit $[\alpha]_D^{17} = +143,1° \rightarrow +80,84°$ in Wasser, bei $c = 1,22$ ergab bei der direkten Methylierung mit Dimethylsulfat und Natronlauge ein Tetramethylmethylgalaktosid, das bei der Hydrolyse mit 8proz. wässeriger Salzsäure nach 30 Minuten eine Tetramethylgalaktose vom Siedep. 130° bei 0,3 mm Druck lieferte; $n_D^{15} = 1,4618$, $[\alpha]_D = +83,3°$ in Wasser bei $c = 1,799$; $[\alpha]_D = +57°$ in Alkohol bei $c = 1,535$; $[\alpha]_D = +65°$ in Benzol bei $c = 1,401$. Galaktose wurde mit 1proz. methylalkoholischer Salzsäure 20 Stunden auf 100° erhitzt und das Produkt zunächst mit Dimethylsulfat und Natronlauge, dann mit Silberoxyd und Methyljodid methyliert. Das Tetramethyl-methylgalaktosid siedete bei 104,8 bis 105° unter $0,48-0,52$ mm Druck, $n_D^{8,6} = 1,4500$; $n_D^{12,6} = 1,4484$. — Bei der Hydrolyse entstand daraus eine Tetramethylgalaktose vom Siedep. 140° unter $1-1,2$ mm Druck mit $n_D^{15} = 1,4620$, $[\alpha] = +70°$ Gleichgewichtswert in Wasser. Tetramethyl-methylgalaktosid und die Tetramethylgalaktose von Pryde[4] sind nicht einheitlich[5]. Siedep. $80-84°$ bei 0,05 mm; $[\alpha]_D^{20} = +188,5°$ in Wasser, $= +148,0°$ in Alkohol. Bestimmung des α, β-Gleichgewichts der 2, 3, 4, 6-Tetramethyl-methyl-galaktoside[6].

---

[1] P. A. Levene u. G. M. Meyer: J. of biol. Chem. **74**, 695 (1927) — Chem. Zbl. **1927 I**, 486.

[2] H. H. Schlubach u. K. Moog: Ber. dtsch. chem. Ges. **56**, 1957 (1923) — Chem. Zbl. **1923 III**, 1399.

[3] John Pryde, Edmund Langley Hirst u. Robert William Humphreys: J. chem. Soc. Lond. **127**, 348 (1925) — Chem. Zbl. **1925 I**, 2369.

[4] Pryde: J. chem. Soc. Lond. **123**, 1808 (1923) — Chem. Zbl. **1923 III**, 1397.

[5] Walter Norman Haworth, David Arthur Ruell u. George Crone Westgarth: J. chem. Soc. Lond. **125**, 2468 (1924) — Chem. Zbl. **1925 I**, 1065.

[6] F. Micheel u. O. Littmann: Liebigs Ann. **466**, 115 (1928) — Chem. Zbl. **1929 I**, 227.

Tetramethyl-γ-methylgalaktosid (?).

Das Präparat von Cunningham[1] ist nicht einheitlich, sondern augenscheinlich ein Gemisch der Amylen- und Butylenoxydformen[2].

Tetramethyl-γ-methyl-d-galaktosid[2].

Mol-Gewicht: 250,24.
Zusammensetzung: $C_{11}H_{22}O_6$.

$$\begin{array}{c}
CH(OCH_3)\\
|\\
H-C-O-CH_3\\
|\\
CH_3-O-C-H\\
|\\
C-H\\
|\\
H-C-O-CH_3\\
|\\
CH_2-O-CH_3
\end{array}$$

Bildung: Durch Methylierung des entsprechenden Methyl-galaktosids mit Dimethylsulfat und Natronlauge oder Methyljodid und Silberoxyd.

Physikalische und chemische Eigenschaften: Flüssigkeit vom Siedep. 112° bei 0,015 mm, $n_D = 1,4405$, $[\alpha]_D = -46,3°$ in Alkohol, $= -45,2°$ in Wasser bei $c = 1,42$. — Wird von $0,137$ n-Salzsäure bei 95° in 400 Minuten vollständig gespalten.

Pentamethyl-d-galaktosedimethylacetal.

$$C_{13}H_{28}O_7$$

$$\begin{array}{c}
H\\
C{<}\!\!{}^{OCH_3}_{OCH_3}\\
|\\
H-C-O-CH_3\\
|\\
CH_3-O-C-H\\
|\\
CH_3-O-C-H\\
|\\
H-C-O-CH_3\\
|\\
CH_2-OCH_3
\end{array}$$

Physikalische und chemische Eigenschaften: Siedep. 118—120°/0,6 mm. $[\alpha]_D = 0°$ $(C_2H_2Cl_4;\ c = 7)$[3].

3-Monomethyl-methylfructosid[4].

Mol-Gewicht: 208,17.
Zusammensetzung: $C_8H_{16}O_6$.

$$\begin{array}{c}
CH_2-OH\\
|\\
C-\ O\ \ CH_3\\
|\\
CH_3-O-C-H\\
|\\
H-C-OH\\
|\\
H-C-OH\\
|\\
CH_2
\end{array}$$

---

[1] Cunningham: J. chem. Soc. Lond. **113**, 596 (1918) — Chem. Zbl. **1919 I**, 714.

[2] Walter Norman Haworth, David Arthur Ruell u. George Crone Westgarth: J. chem. Soc. Lond. **125**, 2468 (1924) — Chem. Zbl. **1925 I**, 1065.

[3] P. A. Levene u. G. M. Meyer: J. of biol. Chem. **74**, 695 (1927) — Chem. Zbl. **1928 I**, 486.

[4] Charles Frederick Allpress: J. chem. Soc. Lond. **1926**, 1720 — Chem. Zbl. **1926 II**, 2694.

Bildung: Bei der Kondensation von 3-Methyl-fructose mit salzsäurehaltigem Methylalkohol. Das sirupöse Produkt erstarrt nach mehreren Extraktionen mit Äther und Essigester.

Physikalische und chemische Eigenschaften: Große Tetraeder vom Schmelzp. 143° und $[\alpha]_D = -36,4°$ in Alkohol bei $c = 1,1$.

Monomethyl-γ-methylfructosid[1].

Mol-Gewicht: 208,17.

Zusammensetzung: $C_8H_{16}O_6$.

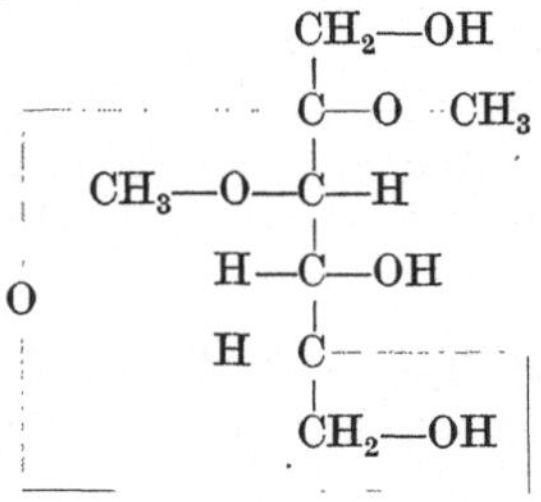

$$
\begin{array}{c}
CH_2-OH \\
C-O\ \cdots CH_3 \\
CH_3-O-C-H \\
H-C-OH \\
H\ C \\
CH_2-OH
\end{array}
$$

Bildung: Wird 3-Methylfructose mit kalter 0,5 proz. Salzsäure enthaltendem Methylalkohol behandelt, so steigt $[\alpha]_D$ von $-29,5°$ auf den konstanten Wert $+35,4°$ in 40 Minuten.

Physikalische und chemische Eigenschaften: Sirup.

Trimethyl-γ-methylfructosid[2].

Entsteht aus d-Trimethyl-γ-fructose mit methylalkoholischer Salzsäure.

Tetramethylfructose; Trimethyl-methylfructosid.

Darstellung: Trimethylfructosemonoaceton wird in 4 proz. Lösung mit 0,1 proz. wässeriger Salzsäure durch Erhitzen auf 180° $2^1/_2$ Stunden hydrolysiert, mit Silbercarbonat geschüttelt, das Filtrat mit Holzkohle bei 60° geklärt und das Filtrat eingedampft, wobei Trimethylfructose als viscoser Sirup mit $[\alpha]_D$ in Wasser $= -115,9°$ zurückbleibt. Letztere wird mit Methylalkohol durch 4 stündiges Erhitzen mit 0,22% Salzsäure bei 40° in Tetramethylfructose umwandelt. Man neutralisiert mit Silbercarbonat, behandelt mit Holzkohle und entfernt das Lösungsmittel unter vermindertem Druck[3].

3, 4, 5-Trimethyl-2-methyl-1-fructonsäure.

Derivate: Methyliertes Methylester der 3, 4, 5-Trimethyl-fructonsäure[4]

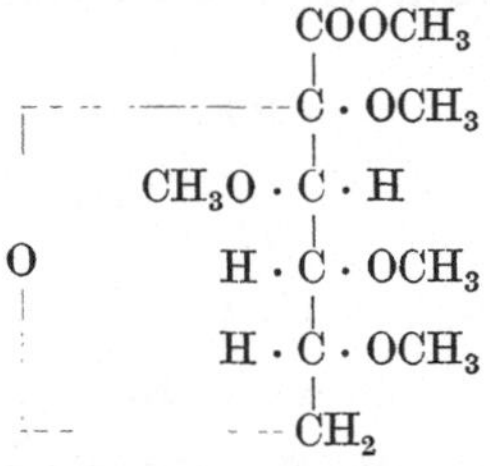

$$
\begin{array}{c}
COOCH_3 \\
C\cdot OCH_3 \\
CH_3O\cdot C\cdot H \\
H\cdot C\cdot OCH_3 \\
H\cdot C\cdot OCH_3 \\
CH_2
\end{array}
$$

Aus dem Methylester der 3, 4, 5-Trimethylfructonsäure durch Einführung einer weiteren Methylgruppe. Schmelzp. 102°. Reduziert nicht Fehlingsche Lösung.

[1] Charles Frederick Allpress: J. chem. Soc. Lond. **1926**, 1720 — Chem. Zbl. **1926 II**, 2694.

[2] James Colquhoun Irvine, Ettie Stewart Steele u. Mary Isobel Shammon: J. chem. Soc. Lond. **121**, 1060 (1922) — Chem. Zbl. **1922 III**, 1335.

[3] James Colquhoun Irvine u. Jocelyn Patterson: J. chem. Soc. Lond. **121**, 2146 (1922) — Chem. Zbl. **1923 III**, 741.

[4] W. N. Haworth, E. L. Hirst u. A. Learner: J. chem. Soc. Lond. **1927**, 1040 — Chem. Zbl. **1927 II**, 804. — W. N. Haworth u. E. L. Hirst: J. chem. Soc. Lond. **1926**, 1858 — Chem. Zbl. **1926 II**. 2694.

Methyliertes 3, 4, 5-Trimethylfructonsäure-Amid[1] $C_{10}H_{19}O_6N$

$$\begin{array}{c}
CO \cdot NH_2 \\
| \\
C \cdot OCH_3 \\
| \\
CH_3O \cdot C \cdot H \\
| \\
H \cdot C \cdot OCH_3 \\
| \\
H \cdot C \cdot OCH_3 \\
| \\
CH_2
\end{array}$$

Aus dem methylierten Methylester vom Schmelzp. 102° entsteht in methylalkoholischer Lösung durch Sättigen mit NH_3 bei 0° das Amid. Aus Benzol + Petroleum, dann aus Petroläther Nadeln oder lange, dünne Platten. Schmelzp. 118—119°. $[\alpha]_D = -137°$ (annähernd, in Wasser, $c = 0,94$)[1].

3, 4, 6-Trimethyl-2-methyl-1-fructonsäure; Tetramethyl-2-ketoglykonsäure [1, 4].

Derivate: Äthylester[2].

$$\begin{array}{c}
CO-OC_2H_5 \\
| \\
C(OCH_3) \\
| \\
CH_3-O-C-H \\
| \\
H-C-O-CH_3 \\
| \\
H-C \\
| \\
CH_2-O-CH_3
\end{array}$$

Aus dem Äthylester der Trimethyl-2-ketoglykonsäure-[2, 5]. Sirup, der bei 0,1 mm zwischen 115 und 130° Badtemperatur übergeht. $n_D^{15} = 1,4453$. $[\alpha]_D^{16} = +2°$ (Wasser; $c = 1,2$)[2].

Amid[2] $C_{10}H_9O_6N$. Krystalle aus Petroläther, Schmelzp. 100—101°.

Tetramethyl-α-methylfructosid.

Physikalische und chemische Eigenschaften: Die mit Methyljodid und Silberoxyd aus α-Methylfructosid dargestellten Präparate isomerisieren schon teilweise bei der Vakuumdestillation. Die durch Methylierung mit Dimethylsulfat und Alkali bereiteten Präparate isomerisieren dabei vollständig. $[\alpha]_D = +16,7°$ in Wasser, $= +83,7°$ in Chloroform, $= +90°$ in Alkohol, $= +93°$ in Essigester[3].

1, 3, 4, 5-Tetramethyl-β-methyl-fructosid[4].

Mol-Gewicht: 250,24.

Zusammensetzung: $C_{11}H_{22}O_6$.

$$\begin{array}{c}
CH_2-OCH_3 \\
| \\
C-O-CH_3 \\
| \\
CH_3-O-C-H \\
| \\
H-C-OCH_3 \\
| \\
H-C-OCH_3 \\
| \\
CH_2
\end{array}$$

---

[1] W. N. Haworth, E. L. Hirst u. A. Learner: J. chem. Soc. Lond. **1927**, 1040 — Chem. Zbl. **1927 II**, 804. — W. N. Haworth u. E. L. Hirst: J. chem. Soc. Lond. **1926**, 1858 — Chem. Zbl. **1926 II**, 2694.

[2] W. N. Haworth u. A. Learner: J. chem. Soc. Lond. **1928**, 619 — Chem. Zbl. **1928 I**, 2934.

[3] Hans Heinrich Schlubach u. Gustav Adolf Schröter: Ber. dtsch. chem. Ges. **63**, 364 (1930) — Chem. Zbl. **1930 I**, 1767.

[4] W. N. Haworth, E. L. Hirst u. A. Learner: J. chem. Soc. Lond. **1927**, 1040 — Chem. Zbl. **1927 II**, 804.

Bildung: Aus Tetraacetyl-β-methylfructosid mit Methylsulfat und Alkali.

Physikalische und chemische Eigenschaften: Krystalle aus Petroläther bei 0°. Schmelzpunkt 33—34°. $[\alpha]_D^{17} = -149,1°$ (in Wasser; $c = 3,1$). $[\alpha]_D = -149,8°$ in Wasser, $= -137°$ in Chloroform, $= -124,5°$ in Alkohol, $= -113,7°$ in Essigester[1].

1, 3, 4, 6-Tetramethyl-γ-methylfructosid[2].

$$C_{11}H_{22}O_6.$$

CH₂—O—CH₃
|
C—O—CH₃

CH₃—O—C—H
|
H—C—OCH₃
|
H—C
|
CH₂—OCH₃

Bildung: Aus Tetramethyl-γ-fructose mit Methylalkohol + Salzsäure bei 35°.

Physikalische und chemische Eigenschaften: Sirup vom Siedep. 137—139° bei 13 mm; $n_D = 1,4461$. Beim Erwärmen der Lösung nimmt $[\alpha]_D$ zu, geht aber beim Abkühlen wieder auf den ursprünglichen Wert zurück. Dies beruht wahrscheinlich auf der reversiblen Bildung von α- bzw. β-Form. $[\alpha]_D^{18} = +48,8$ in Wasser bei $c = 2,42$; $+38,7°$ in Alkohol bei $c = 2,95$; $+40,0°$ in Methylalkohol bei $c = 2,32$[2].

Tetramethyl-methylfructosid.

Darstellung: Trimethylfructosemonoaceton wird in 4proz. Lösung mit 0,1proz. Salzsäure bei 180° während $2^1/_2$ Stunden hydrolysiert, die Salzsäure mit Silbercarbonat entfernt, und die geklärte Lösung unter vermindertem Druck eingedampft, wobei Trimethylfructose mit $[\alpha]_D$ in Wasser $= -115,9°$ zurückbleibt. Diese wird durch 4stündiges Erhitzen mit Methylalkohol und 0,22% Salzsäure auf 40° in Trimethylmethylfructosid überführt. Letzteres wird mit 3 Mol Silberoxyd und 6 Mol Methyljodid und ein drittes Mal nach Isolierung und Destillierung des Methylierungsproduktes methyliert[3].

Physikalische und chemische Eigenschaften: Farblose Flüssigkeit vom Siedep. 134° bei 11 mm. Bei der Hydrolyse mit 1,2proz. Salzsäure bei 100° entsteht Tetramethylfructose.

2, 3, 6-Trimethyl-1-methylhexosid[4].

Bildung: Entsteht bei der Methylierung von 2, 3, 6-Trimethylhexose.

Physikalische und chemische Eigenschaften: $[\alpha]_D = +33°$; bei der Verseifung entsteht eine Tetramethylhexose von $[\alpha]_D = +55°$ in Wasser, nicht identisch mit Tetramethylgalaktose.

4-Methyl-α-benzyl-thio-glykosid.

Mol.-Gewicht: 300,23.

Zusammensetzung: $C_{14}H_{20}O_5S$.

Darstellung: 4-Methyl-d-glykose-dibenzylmercaptal[5] werden in siedendem abs. Alkohol mit einer heißen Lösung von Quecksilberchlorid in abs. Alkohol zerlegt.

---

[1] Hans Heinrich Schlubach u. Gustav Adolf Schröter: Ber. dtsch. chem. Ges. **63**, 364 (1930) — Chem. Zbl. **1930 I**, 1767.

[2] Walter Norman Haworth u. James Gibbs Mitchell: J. chem. Soc. Lond. **123**, 301 (1923) — Chem. Zbl. **1923 III**, 1003.

[3] James Colquhoun Irvine u. Jocelyn Patterson: J. chem. Soc. Lond. **121**, 2146 (1922) — Chem. Zbl. **1923 III**, 741.

[4] Karl Freudenberg u. Emil Braun: Liebigs Ann. **460**, 288 (1928) — Chem. Zbl. **1928 I**, 1848.

[5] E. Pacsu: Ber. dtsch. chem. Ges. **58**, 1455 (1925) — Chem. Zbl. **1926 I**, 347.

Physikalische und chemische Eigenschaften: Dünne, seideglänzende Blättchen aus Wasser. Schmelzp. 136°. Löst sich leicht in kaltem Alkohol, in heißem Wasser und Essigester. Die heiße benzolische Lösung erstarrt in der Kälte zu einer durchsichtigen Gallerte, die nach einigen Stunden koaguliert. $[\alpha]_D^{15} = +249{,}61°$ in Alkohol[1].

Hexamethyl-d-glyko-d-arabinosid[2].

Mol-Gewicht: 410,27.

Zusammensetzung: $C_{18}H_{34}O_{10}$.

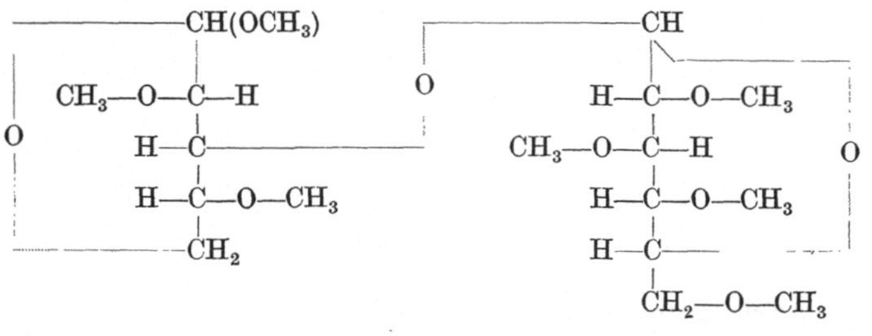

$$
\begin{array}{ll}
\text{—CH(OCH}_3) & \text{—CH} \\
\text{CH}_3\text{—O—C—H} \qquad \text{O} & \text{H—C—O—CH}_3 \\
\text{H—C——} & \text{CH}_3\text{—O—C—H} \qquad \text{O} \\
\text{H—C—O—CH}_3 & \text{H—C—O—CH}_3 \\
\text{—CH}_2 & \text{H—C——} \\
& \text{CH}_2\text{—O—CH}_3
\end{array}
$$

Darstellung: Durch Methylierung der durch Abbau der Cellobiose entstehenden d-Glykosido-d-arabinose.

Physikalische und chemische Eigenschaften: Schmelzp. 96,5—97°, der bei wiederholtem Umkrystallisieren nicht mehr ansteigt. Leicht löslich in Wasser und in organischen Lösungsmitteln, wenig in Petroläther. $[\alpha]_D^{24} = -1{,}69 \cdot 10{,}4922/0{,}5018 \cdot 1{,}002 = -35{,}26°$ in Wasser; nach 24 Stunden war die Drehung unverändert. $[\alpha]_D^{24} = -0{,}57 \cdot 8{,}440/0{,}8021 \cdot 0{,}5260 = -11{,}4°$ in Alkohol. Reduktionsvermögen nach der Hydrolyse = 18,2 (bei Glykose = 100).

Oktamethylsaccharose (Bd. X, S. 591).

Mol-Gewicht: 454,40.

Zusammensetzung: $C_{20}H_{38}O_{11}$.

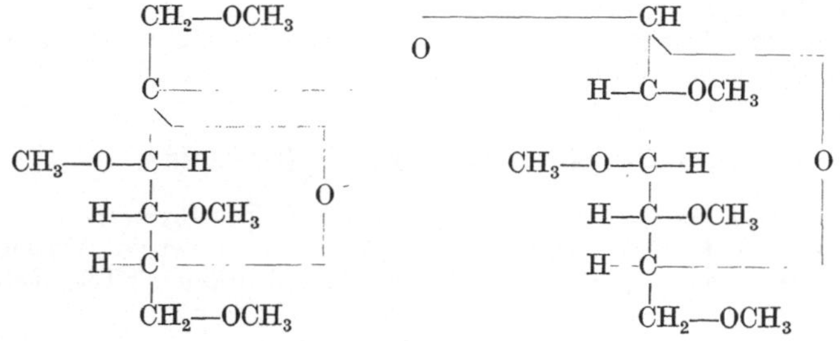

$$
\begin{array}{ll}
\text{CH}_2\text{—OCH}_3 & \text{—CH} \\
\text{C} \qquad \text{O} & \text{H—C—OCH}_3 \\
\text{CH}_3\text{—O—C—H} & \text{CH}_3\text{—O—C—H} \qquad \text{O} \\
\text{H—C—OCH}_3 \qquad \text{O} & \text{H—C—OCH}_3 \\
\text{H—C——} & \text{H—C——} \\
\text{CH}_2\text{—OCH}_3 & \text{CH}_2\text{—OCH}_3
\end{array}
$$

Darstellung: Gelingt auch ohne Anwendung von Methyljodid mit Dimethylsulfat allein, wenn man die zweite und dritte Methylierung in sehr großer Verdünnung und mit einem großen Überschuß von Dimethylsulfat und Natronlauge ausführt[3].

Physikalische und chemische Eigenschaften: Siedep. 176° bei 0,3 mm; $n_D = 1{,}4582$. Die Hydrolyse mit 0,4 proz. Salzsäure führt zu einem Gemisch von Tetramethylglykose und Tetramethyl-γ-fructose, welch letztere in das Fructosid überführt und durch Destillation bei 13 mm entfernt wird. Die zurückbleibende Tetramethylglykose krystallisiert beim Erkalten[3].

---

[1] E. Pacsu: Ber. dtsch. chem. Ges. **58**, 1455 (1925) — Chem. Zbl. **1926 I**, 347.

[2] Géza Zemplén u. Géza Braun: Ber. dtsch. chem. Ges. **59**, 2239 (1926) — Chem. Zbl. **1926 II**, 2561.

[3] Walter Norman Haworth u. James Gibbs Mitchell: J. chem. Soc. Lond. **123**, 301 (1923) — Chem. Zbl. **1923 III**, 1003.

Heptamethyl-methylmaltosid (Bd. X, S. 837).

Mol-Gewicht: 454,40.

Zusammensetzung: $C_{20}H_{38}O_{11}$.

$$\text{CH(OCH}_3)\ \text{---------}\ \text{CH}$$
$$\text{H---C---OCH}_3 \qquad O \qquad \text{H---C---OCH}_3$$
$$\text{CH}_3\text{---O---C---H} \qquad \text{CH}_3\text{---O---C---H} \qquad O$$
$$O \qquad \text{H---C---------} \qquad \text{H---C---OCH}_3$$
$$\text{H C---------} \qquad \text{H---C}$$
$$\text{CH}_2\text{---OCH}_3 \qquad \text{CH}_2\text{---O---CH}_3$$

Bildung: Aus Methylmaltosid, durch Methylierung.

Physikalische und chemische Eigenschaften: $n_D = 1,4662$, $[\alpha]_D = +88,1°$ in Wasser. Gibt bei der Hydrolyse Tetramethylglykose und 2, 3, 6-Trimethylglykose[1].

Heptamethyl-methyl-cellobiosid.

Bildung: Ein Gemisch der α- und β-Form entsteht bei der Einwirkung von Acetobromglykose auf 2, 3, 6-Trimethyl-methylglykosid (α- und β-Form) und nachheriger Methylierung des Reaktionsgemisches. Das Produkt wird durch Destillation in Hochvakuum isoliert[2].

Physikalische und chemische Eigenschaften: Reduktionsvermögen nach der Hydrolyse: 20,2% der Glykose[3]. Reduktionsvermögen des synthetischen Produktes nach der Hydrolyse 18,1%. $[\alpha]_D^{21} = +44,7°$ in Alkohol[2].

Heptamethyl-β-methyl-cellobiosid.

Physikalische und chemische Eigenschaften: Spaltung mit methylalkoholischer Salzsäure bei $0°$[4].

Heptamethyl-β-benzylcellobiosid[5].

$$C_{26}H_{42}O_{11}$$

Bildung: Bei der Methylierung von β-Benzyl-cellobiosid mit Dimethylsulfat und Natronlauge bei $75°$.

Physikalische und chemische Eigenschaften: Nadeln aus Methylalkohol vom Schmelzpunkt $71{-}72,5°$. — Leicht löslich in organischen Lösungsmitteln, wenig löslich in Wasser; $[\alpha]_D^{19} = -32,5°$ in Chloroform.

Heptaäthyl-β-äthylcellobiosid[5].

$$C_{12}H_{14}O_3(OC_2H_5)_8$$

Bildung: Aus Cellobiose oder Oktaacetylcellobiose, besser aus Äthylcellobiosid oder Heptaacetyläthylcellobiosid mit Diäthylsulfat und Alkali bei höchstens $65°$.

Physikalische und chemische Eigenschaften: Nadeln aus Methylalkohol bei $-10°$. — Schmelzp. $64{-}66°$. — Siedep. $185{-}190°$ bei 0,5 mm; $[\alpha]_D^{20} = -2,06$ in Chloroform; $= -3,07°$ in Methylalkohol, sehr leicht löslich. Läßt sich aus Malonsäurediäthylester umkrystallisieren. — Gibt in einer Mischung von Eisessig-Essigsäureanhydrid mit 96proz. Schwefelsäure in derselben Mischung bei $11°$ in molekularem Verhältnis 2, 3, 6-Triäthyldiacetylglykose und 2, 3, 4, 6-Tetraäthylacetylglykose. — Oktaäthylcellobiose gibt mit siedender 5proz. äthylalkoholischer Salzsäure ein molekulares Gemisch von 2, 3, 4, 6-Tetraäthyl-äthylglykosid und 2, 3, 6-Triäthyläthylglykosid[5].

---

[1] J. C. Irvine u. J. M. A. Black: J. chem. Soc. Lond. **1926**, 862 — Chem. Zbl. **1926 II**, 385.
[2] Géza Zemplén: Ber. dtsch. chem. Ges. **63**, 1820 (1930).
[3] Géza Zemplén u. Géza Braun: Ber. dtsch. chem. Ges. **58**, 2566 (1925) — Chem. Zbl. **1926 I**, 2191.
[4] F. Micheel u. O. Littmann: Liebigs Ann. **466**, 115 (1928) — Chem. Zbl. **1929 I**, 227.
[5] Kurt Heß u. Günther Salzmann: Liebigs Ann. **445**, 111 (1925) — Chem. Zbl. **1926 I**, 888.

Heptamethyl-methylgentiobiosid[1].

Mol-Gewicht: 454,40.
Zusammensetzung: $C_{20}H_{38}O_{11}$.

$$
\begin{array}{cc}
\text{CH—OCH}_3 & \text{CH} \\
\text{H—C—OCH}_3 & \text{H—C—OCH}_3 \\
\text{CH}_3\text{—O—C—H} \quad O & \text{CH}_3\text{—O—C—H} \quad O \\
\text{H—C—OCH}_3 & \text{H—C—OCH}_3 \\
\text{H—C} & \text{H—C} \\
\text{CH}_2 & \text{CH}_2\text{—OCH}_3
\end{array}
$$

Bildung: Aus dem K-Derivat des Zuckers in Wasser durch Methylierung mit Dimethylsulfat.

Physikalische und chemische Eigenschaften: Nadeln aus Äther, Petroläther, Schmelzpunkt 106°. Fehlingsche Lösung wird nicht reduziert, $[\alpha]_D = -33,9°$ (in Wasser), $-29,9°$ in Alkohol, $-30,0°$ in CH_3OH, $-27°$ in Aceton. Gibt bei der Hydrolyse mit HCl 2, 3, 4, 6-Tetramethylglykose und 2, 3, 4-Trimethylglykose[1]. Reduktionsvermögen nach der Hydrolyse 12,1 % der Glykose[2].

Heptamethyl-β-methyl-melibiosid[3].

Mol-Gewicht: 454,40.
Zusammensetzung: $C_{20}H_{38}O_{11}$.

$$
\begin{array}{cc}
\text{CH(OCH}_3\text{)} & \text{CH} \\
\text{H—C—OCH}_3 & \text{H—C—OCH}_3 \\
\text{CH}_3\text{—O—C—H} \quad O & \text{CH}_3\text{O—C—H} \quad O \\
\text{H—C—OCH}_3 & \text{CH}_3\text{O—C—H} \\
\text{H—C} & \text{H—C} \\
\text{CH}_2 & \text{CH}_2\text{—OCH}_3
\end{array}
$$

Darstellung: 22 g Melibiose in 100 ccm Wasser werden unter starkem Rühren mit 56 ccm 30proz. Natronlauge und 38 ccm Dimethylsulfat bei 30° in 3 Stunden versetzt derart, daß die Lösung nicht alkalisch wird, solange sie noch Fehling reduziert. Dann wird bei 70° weiter methyliert und zum Schluß 1 Stunde auf 100° erhitzt. Die teils durch Chloroform, teils nach Neutralisieren und Eindampfen mit Alkohol extrahierten Methylierungsprodukte werden nochmals mit Dimethylsulfat, dann 2mal mit Methyljodid und Silberoxyd methyliert.

Physikalische und chemische Eigenschaften: Zeigt nach 11maligem Umkrystallisieren den Schmelzp. 106—107° und $[\alpha]_D = +97,8°$ in Wasser bei $c = 1$; $[\alpha]_D = +85,0°$ in Alkohol bei $c = 1,1$. Aus den Mutterlaugen wurde die α-Form vom Schmelzp. 122—123° gewonnen. Zur Hydrolyse wurden 2 g dieses Melibiosids in 150 ccm 5proz. Salzsäure bei 95—100° erhitzt, wobei die Drehung von 1,34° in 4 Stunden auf 1,18° fällt und dann konstant bleibt. Der mit Silbercarbonat neutralisierten und konz. Lösung entzieht Chloroform 1 g 2, 3, 4, 6-Tetramethyl-galaktose. — Aus der wässerigen Lösung durch Eindampfen und Extraktion mit Chloroform erhält man 0,56 g Trimethylglykose. — Daraus entsteht mit 0,5proz. methylalkoholischer

[1] W. N. Haworth u. B. Wylam: J. chem. Soc. Lond. **123**, 3120 (1923) — Chem. Zbl. **1924 I**, 1508.

[2] Géza Zemplén u. Géza Braun: Ber. dtsch. chem. Ges. **58**, 2566 (1925) — Chem. Zbl. **1926 I**, 2191.

[3] William Charlton, Walter Norman Haworth u. Wilfred John Hickinbottom: J. chem. Soc. Lond. **1927**, 1527 — Chem. Zbl. **1927 II**, 2281.

Salzsäure in 10 Stunden bei 100—110° 2, 3, 4-Trimethyl-β-methylglykosid. Nadeln aus Petroläther vom Schmelzp. 98,5°, Siedep. 163° unter 0,015 mm; $n_D^{20} = 1,4662$; $[\alpha]_D^{20} = +1,0416°$ in 96proz. Alkohol bei $c = 1,0272$; $[\alpha]_D^{20} = +87,72$ in Benzol bei $c = 1,0374$[1].

Heptamethyl-β-methyllactosid[2] (Bd. X, S. 842).

Mol-Gewicht: 454,40.
Zusammensetzung: $C_{20}H_{38}O_{11}$.

Physiologische Eigenschaften: Oktamethyllactose hat keinen erkennbaren Einfluß auf die Spaltung des Rohrzuckers mittels Invertin. Durch Emulsin ist keine Spaltung nachweisbar[3].

Physikalische und chemische Eigenschaften: Siedep. bei 0,08 mm $= 148—156°$, $n_D^{20} = 1,4642—1,4680$. Schmelzpunkt nach dem Umkrystallisieren aus Petroläther 81,5—82°. $[\alpha]_D^{17} = -1,62°$ in Wasser. Die Spaltung des Heptamethylmethyllactosids mit 5proz. wässeriger HCl gibt 2, 3, 5, 6-Tetramethylgalaktose und Trimethyl-β-methylglykosid[4]. Spaltung mit methylalkoholischer Salzsäure bei 0°[5].

Oktamethyl-di-galaktose.

Das Präparat von Cunningham[6] ist wahrscheinlich nichts als unverändertes Tetramethylmethylgalaktosid[7].

Oktamethylturanose.

Mol-Gewicht: 454,40.
Zusammensetzung: $C_{20}H_{38}O_{11}$.

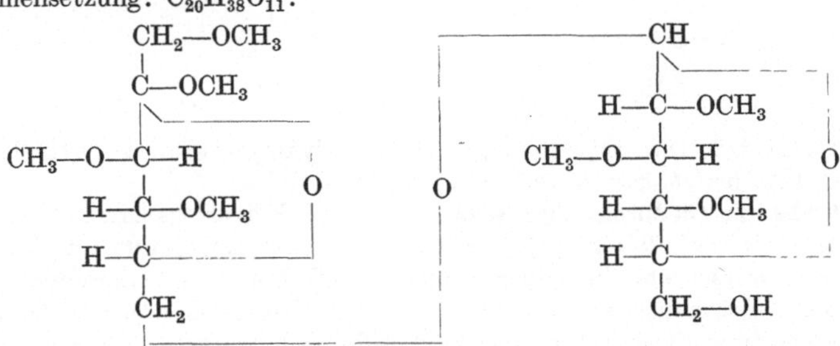

Bildung: Bei der völligen Methylierung der bei der Spaltung der Hendekamethylmelezitose entstehenden Produkte[8], s. dort.

[1] Hans Heinrich Schlubach u. Wolfgang Rauchenberger: Ber. dtsch. chem. Ges. **58**, 1184 (1925) — Chem. Zbl. **1925 II**, 1952.

[2] Richard Kuhn: Hoppe-Seylers Z. **135**, 1 (1926) — Chem. Zbl. **1924 II**, 344.

[3] Richard Kuhn u. Hans Heinrich Schlubach: Hoppe-Seylers Z. **143**, 154 (1925) — Chem. Zbl. **1925 II**, 44.

[4] H. H. Schlubach u. K. Moog: Ber. dtsch. chem. Ges. **56**, 1957 (1923) — Chem. Zbl. **1923 III**, 1399.

[5] F. Micheel u. O. Littmann: Liebigs Ann. **466**, 115 (1928) — Chem. Zbl. **1929 I**, 227.

[6] Cunningham: J. chem. Soc. Lond. **113**, 596 (1918) — Chem. Zbl. **1919 I**, 714.

[7] Walter Norman Haworth, David Arthur Ruell u. George Crone Westgarth: J. chem. Soc. Lond. **125**, 2468 (1924) — Chem. Zbl. **1925 I**, 1065.

[8] Géza Zemplén u. Géza Braun: Ber. dtsch. chem. Ges. **59**, 2234 (1926) — Chem. Zbl. **1926 II**, 2561.

Physikalische und chemische Eigenschaften: 4 g der Substanz wurden unter 0,15 mm der Destillation unterworfen; zwischen 159° und 162° gingen hierbei 3 g in Form eines hellgelben, stark viscosen Sirups über. $[\alpha]_D^{19} = +4,64 \cdot 15,6738/0,6768 \cdot 1,0067 = +106,7°$ in Wasser. $[\alpha]_D^{19} = +4,58 \cdot 12,678/0,6530 \cdot 0,8068 = +109,7°$ in Alkohol. Die Substanz ist sehr leicht löslich in Wasser und in den gebräuchlichen organischen Solvenzien, sogar in Petroläther.

<h2 style="text-align:center">Pentamethyl-arbutin.</h2>

$$C_{12}H_{11}O_2(OCH_3)_5$$

Darstellung: Durch Methylieren von natürlichem Arbutin (20% Methylarbutin enthaltend) mit Methylsulfat oder $CH_3J + Ag_2O$. Synthese: 6proz. Lösung von Tetramethylglykose in Benzol, 0,25% HCl enthaltend + äquivalente Menge Hydrochinonmonomethyläther im zugeschmolzenen Rohr auf 110° erhitzt (27 Stunden).

Physikalische und chemische Eigenschaften: Nadeln aus Alkohol, farblos. Schmelzp. 75,5°. Leicht löslich in Aceton, Äther, Alkohol, Chloroform, Benzol; wenig löslich in kaltem Wasser, $[\alpha]_D^{18} = -43,2°$ in Aceton, $[\alpha]_D^{18} = -48,2°$ in Alkohol, $[\alpha]_D^{18} = -41°$ in Chloroform. Gibt beim Behandeln mit 1proz. methylalkoholischer HCl Hydrochinonäther und Tetramethylmethylglykosid[1].

<h1 style="text-align:center">Nachträge zu Schwefelhaltige Disaccharide (S. 665).</h1>

<h2 style="text-align:center">Bis-(glykosyl-6)-sulfid[2].</h2>

$$C_{12}H_{22}O_{10}S$$

<pre>
   CH(OH)   CH(OH)
     | |
  H—C—OH   H—C—OH
     | |
 HO—C—H   O   HO—C—H   O
     | |
  H—C—OH   H—C—OH
     | |
  H—C——   H—C——
     | |
   CH₂········ S ·········   CH₂
</pre>

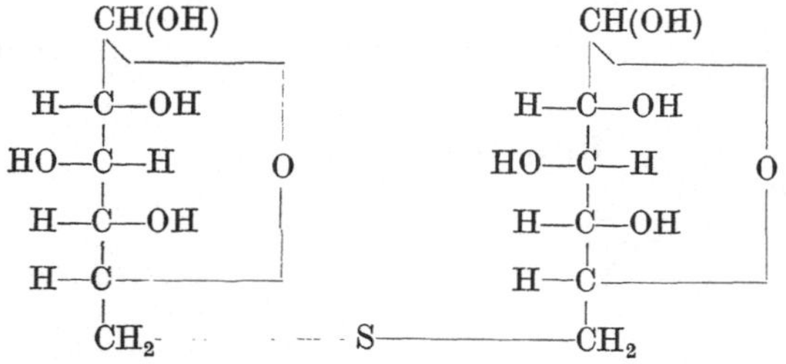

Bildung: Aus dem Dimethyl-glykosid des Bis-(glykosyl-6)-sulfid durch 3stündiges Erhitzen mit der 10fachen Menge 5proz. Schwefelsäure.

Physikalische und chemische Eigenschaften: Weißes Pulver aus Alkohol+Äther. Sintert bei 135°, ist bei etwa 150° flüssig. $[\alpha]_D^0 = +80,9°$ in Wasser, keine Mutarotation. Sehr leicht löslich in heißem Wasser und in heißem Alkohol. Alkoholisches Kaliumhydroxyd gibt ein Kaliumsalz. Kaliumpermanganat wird sofort entfärbt, ebenso alkalische Indigocarminlösung. Bleioxyd bildet leichter Bleisulfid als das Glykosid. Fehlingsche Lösung wird in der Hitze reduziert. Mit Phenylhydrazin erfolgt Gelbfärbung und Abscheidung eines gelbbraunen Niederschlages. Mit Brom entsteht in wässeriger Lösung bei 35° eine Säure, welche nach dem Verjagen des überschüssigen Broms mit Bleicarbonat in das Bleisalz übergeführt wird, das nach der Zerlegung mit Schwefelwasserstoff und Kochen mit Calciumcarbonat ein Calciumsalz $C_{12}H_{18}O_{12}SCa_2$ liefert. Es bildet aus Wasser derbe Blättchen, die bei 250° noch nicht schmelzen. Ein Calcium findet sich an den Carboxylen, ein weiteres an zwei Hydroxylgruppen.

Derivate: Oktaacetyl-bis-(glykosyl-6)-sulfid $C_{28}H_{38}O_{18}S$. Beim Acetylieren des Bis-(glykosyl-6)-sulfid mit Essigsäureanhydrid und Pyridin bei 0°. Das durch Wasser ausgefällte Rohprodukt krystallisiert aus Äther+Petroläther in Drusen, Schmelzp. unscharf bei 163°; $[\alpha]_D^{18} = +56,2°$.

[1] A. K. Macbeth u. J. Mackay: J. chem. Soc. Lond. **123**, 717 (1923) — Chem. Zbl. **1923 III**, 154.

[2] Fritz Wrede: Hoppe-Seylers Z. **115**, 284 (1921) — Chem. Zbl. **1921 III**, 1410.

Bis-(glykosyl-6)-selenid[1].

$C_{12}H_{22}O_{10}Se$

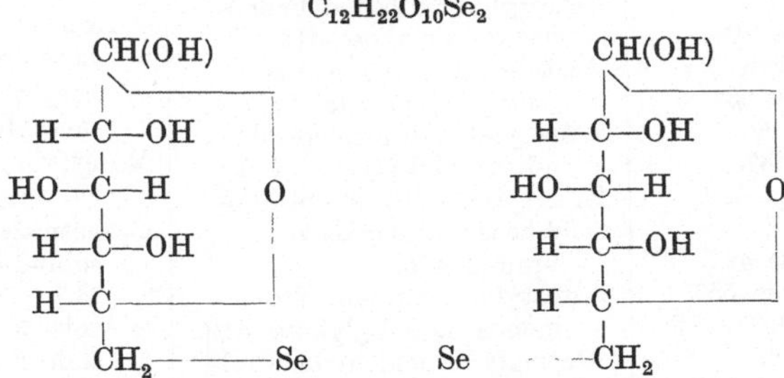

Bildung: Bei der Hydrolyse des entsprechenden Dimethylglykosids mit 5 proz. Schwefelsäure.

Physikalische und chemische Eigenschaften: Gelblich weißes, hygroskopisches Pulver von süßem Geschmack; sintert bei etwa 160° und zersetzt sich bei 200°. — $[\alpha]_D^{14} = +70{,}3°$ in Wasser, keine Mutarotation. Mit 50 proz. Salpetersäure erfolgt keine Abscheidung von Selen.

Derivate: Oktaacetylverbindung $C_{28}H_{38}O_{18}Se$. Aus Äther+Petroläther wenig ausgebildete Drusen, Schmelzp. unscharf 150—155°; $[\alpha]_D$ in Essigester etwa +40°. In den meisten organischen Lösungsmitteln außer Ligroin leicht löslich.

Bis-(glykosyl-6)-diselenid[1].

$C_{12}H_{22}O_{10}Se_2$

Bildung: Bei der Hydrolyse des entsprechenden Dimethylglykosids mit verdünnter Schwefelsäure.

Physikalische und chemische Eigenschaften: Gelblich weißes, hygroskopisches Pulver von süßem Geschmack; zersetzt sich bei 125° unter Schwarzfärbung. Mit alkalischem Bleioxyd und Fehlingscher Lösung erfolgt Dunkelfärbung. $[\alpha]_D^{14} = +139{,}3°$ in Wasser. Keine Mutarotation. Liefert wie das Methylglykosid ein Silbersalz von der Zusammensetzung $C_6H_{11}O_5SeAg$.

Derivate: Oktaacetylverbindung $C_{28}H_{38}O_{18}Se_2$. Krystalle aus Äther + Petroläther; Schmelzpunkt nach vorherigem Sintern bei 175—179°. In organischen Lösungsmitteln, außer Ligroin, leicht löslich.

---

[1] Fritz Wrede: Hoppe-Seylers Z. **115,** 284 (1921) — Chem. Zbl. **1921 III,** 1410.

Sachverzeichnis.